SCHLOMANN-OLDENBOURG

ILLUSTRIERTE
ECHNISCHE WÖRTERBÜCHER

IN SECHS SPRACHEN

TSCH-ENGLISCH-RUSSISCH-FRANZÖSISCH-ITALIENISCH-SPANISCH

*

HERAUSGEGEBEN VON

ALFRED SCHLOMANN

*

BAND XVI

WEBEREI UND GEWEBE

MIT ÜBER 1300 ABBILDUNGEN UND FORMELN

OLDENBOURG VERLAGS-A.G., MÜNCHEN

Vorwort.

Das Geleitwort zu dem Bande „Faserrohstoffe" enthält alles Wesenswichtige, was über die Bearbeitung des Gesamtgebiets der „Faserstofftechnik" zu sagen war.

Der nunmehr fertiggestellte XVI. Fachband der Illustrierten Technischen Wörterbücher, der die „Weberei und Gewebe" behandelt, bildet den vorläufigen Abschluß der Faserstofftechnik. Die Fachgebiete Strickerei, Wirkerei, Stickerei, Nähmaschinen usw. wie das Gebiet des gesamten Veredelungswesens (Bleicherei Färberei, Druckerei und Appretur) sind in Bearbeitung genommen. Über den Zeitpunkt der Herausgabe dieser Bände läßt sich noch nichts Bestimmtes sagen.

Ich danke an dieser Stelle nochmals herzlichst allen Mitarbeitern und Förderern, die von mir in den Vorworten zu Band XIV und XV namentlich aufgeführt wurden. Ich kann es aber nicht unterlassen, an dieser Stelle noch meinen ganz besonderen persönlichen Dank Herrn Prof. H. Brüggemann von der Technischen Hochschule in München für die unermüdliche und tatkräftige Beratung und Mitwirkung auszusprechen, die er der Schriftleitung der I. T. W. bei der Bearbeitung des wörterbuchtechnisch so schwierig zu behandelnden Gebietes der Faserstofftechnik geleistet hat.

Die Schriftleitung der Illustrierten Technischen Wörterbücher beklagt das Ableben der Herren Ingenieur Edgard Charlier-Desmet aus Brüssel, Ing. Eugen Eichel, Berlin, Dipl. Bergingenieur S. Michaelis, Berlin, Oberbaurat Reischle, Direktor des Bayerischen-Revisions-Vereins München, Geh.-Rat Prof. Dr. Moritz Schröter von der Technischen Hochschule München und russ. Dipl.-Ing. Nikolai Smirnoff aus St. Petersburg. Den Verstorbenen, die sich als langjährige Mitarbeiter und Förderer meiner Arbeiten ganz besondere Verdienste um diese erworben haben, werde ich ein dankbares Andenken bewahren.

Schlomann.

München, im November 1925.

Verzeichnis der Mitarbeiter

1. Für die deutsche Sprache

Bauer, Wilhelm, Direktor der Mechan. Baumwollspinnerei und Weberei, Kempten (Allgäu).

Brüggemann, Heinrich, Professor an der Technischen Hochschule, München.

Feßmann, L., Direktor der Mechan. Baumwollspinnerei und Weberei Augsburg, †.

Glafey, Hugo, Geh. u. Ober-Reg.-Rat, Dipl.-Ing., Berlin.

Geheimrat Dr.-Ing. A. Hausding, Nicolassee b. Berlin.

Rohn, Gustav, Direktor, Chemnitz, †.

Aktiengesellschaft für Seilindustrie vorm. Ferdinand Wolff, Mannheim-Neckarau.

Allgemeine Elektrizitäts-Gesellschaft, Berlin.

S. Aston Maschinenfabrik A.-G., Berlin u. Burg, Bez. Magdeburg.

Außenhandelsnebenstelle für Wolle, Berlin.

H. Baer & Co., Textilmaschinenfabrik, Zürich.

Barber & Colman G. m. b. H., München.

Bastfaserkontor, Berlin.

H. F. Baumann, Calw (Württemberg).

Berliner Jutespinnerei und Weberei, Stralau bei Berlin.

Bernhardt, Maschinenfabrik u. Eisengießerei, Leisnig i. Sa.

Louis Blumer, Chemische Fabrik, Zwickau i. Sa.

Bremer Baumwollbörse, Bremen.

Leop. Cassella & Co., G. m. b. H., Frankfurt a. Main.

Chemische Fabrik Griesheim-Elektron, Frankfurt a. M.

Chemnitzer Aktien-Spinnerei, Chemnitz.

Wilhelm G. Clasen, Hamburg.

Cox, Mc Euen & Co., Hamburg.

Deutsches Museum, München.

Deutsche Werke, Berlin-Ingolstadt.

Elsässische Maschinenbauges., Mülhausen.

Elsässisches Textil-Blatt, Gebweiler.

A. Engelmann & Co., Mechan. Seilfabrik, Hannover.

Erckens & Brix, Maschinenfabrik, Gera.

Friedr. Erdmann, Maschinenfabrik, Rheydt.

Farbenfabriken vorm. Friedr. Bayer & Co., Elberfeld.

Forschungsinstitut Sorau des »Verbandes Deutscher Leinen-Industrieller e. V.«, Sorau, N.-L.

Gas-Bügelofen-Gesellschaft m. b. H., Hamburg.

Fr. Gebauer, Maschinenfabrik, Berlin.

H. Gentsch, Maschinenfabrik, Glauchau i. Sa.

Ernst Geßner, Textil-Maschinenfabrik, Aue i. Erzgeb.

Gutehoffnungshütte, Aktienverein für Bergbau- und Hüttenbetrieb, Oberhausen i. Rheinland.

Gebr. Haaga, G. m. b. H., Stuttgart.

Friedr. Haas G. m. b. H., Machinenfabrik, Lennep.

Carl Hamel A.-G., Schönau b. Chemnitz.

Hanfwerke Füssen-Immenstadt A.-G., Füssen.

Gebr. Harnisch, Gera-Reuß.

C. G. Haubold jr. G. m. b. H., Maschinenfabrik, Chemnitz.

Wilh. Ferdinand Heim, Maschinenfabrik, Offenbach a. Main.

L. Ph. Hemmer G. m. b. H., Maschinenfabrik, Aachen.

Severin Heusch, Aachen.

Robert Hibbert, Basel.

Hurling & Biedermann, Maschinenfabrik, Zittau.

Ferd. Emil Jagenberg, Maschinenfabrik, Düsseldorf.

Moritz Jahr A.-G., Maschinenfabrik, Gera-Reuß.

G. Josephy's Erben, Maschinenfabrik und Eisengießerei, Bielitz.

Klein, Hundt & Co., Düsseldorf.

Joh. Kleinewefers Söhne, Krefeld.

Eugen Klotz, Maschinenfabrik Stuttgart.

Max Kohl, A.-G., Chemnitz.

Julius Köhler, Nähmaschinenfabrik, Limbach i. Sa.

Ulrich Kohllöffel, Maschinenfabrik, Reutlingen (Württemberg).

H. Krantz, Maschinenfabrik, Aachen.

Karl Krause, Maschinenfabrik, Leipzig.

Friedr. Krupp A.-G., Grusonwerk, Magdeburg-Buckau.

Johannes Küchenmeister, Flachsbereitungsanstalt, Freiberg i. Sa.

Walter Kuhlen, Düsseldorf.

Leipziger Wollkämmerei, Leipzig.

Wilhelm Leos Nachfolger (Inh. Wilh. Finckh und Eugen Hettler), Stuttgart.

C. Oswald Liebscher, Maschinenfabrik, Chemnitz.

Martinot & Galland, A.-G., Maschinenfabrik, Bitschweiler-Thann (Elsaß).

Maschinenfabrik Arbach, Reutlingen.

Maschinenfabrik Kappel A.-G., Chemnitz-Kappel.

Maschinenfabrik und Eisengießerei Chn. Mansfeld, Leipzig-Reudnitz.

Maschinenfabrik Oerlikon, Oerlikon bei Zürich.

Maschinenfabrik Zell i. W., Zell i. W. (Baden).

Mechanische Bindfadenfabrik Schretzheim A.-G., Schretzheim (Bayern).

Mechanische Seilerwarenfabrik Bamberg A.-G., Bamberg.

Gebr. Meyer, Spulmaschinenfabrik, Barmen.

A. Monforts, Maschinenfabrik, München-Gladbach.

H. Mundlos & Co., Magdeburg.

Netzschkauer Maschinenfabrik, Franz Stark & Söhne, Netzschkau i. Sa.

Norddeutsche Netzwerke, G. m. b. H., Itzehoe.

U. Pornitz & Co., Maschinenfabrik, Chemnitz.

Preußische höhere Fachschule für Textilindustrie, Krefeld.

B. B. Regen, Zinnowitz i. P.

Reichspatentamt Berlin.

C. A. Roscher Söhne, Mittweida i. Sa.

Roßberger & Schröter, Chemnitz.

Sächs. Maschinenfabrik vorm. Richard Hartmann, Chemnitz.

Sächs. Webstuhlfabrik (Louis Schönherr), Chemnitz.

Benno Schilde, Maschinenfabrik, Hersfeld.

Oscar Schimmel & Co., A.-G., Maschinenfabrik, Chemnitz.

H. Schirp, Maschinenfabrik, Vohwinkel.

W. Schlafhorst & Co., Maschinenfabrik, München-Gladbach.

Louis Schopper, Fabrik für wissenschaftliche und technische Apparate, Leipzig.

Herm. Schroers, Maschinenfabrik, Krefeld.

Jos. Schwaigers Wwe., Tauwerk, München München.

I. Schweiter, Maschinenfabrik, Horgen (Schweiz).

S. Schwenzke, Leipzig.

C. Georg Semper G. m. b. H., Strickmaschinenfabrik, Altona-Bahrenfeld.

C. Senssenbrenner G. m. b. H., Maschinenfabrik, Düsseldorf-Oberkassel.

Seydel & Co., Spinnereimaschinenfabrik, Bielefeld.

Seyfert & Donner, Strickmaschinenfabrik, Chemnitz.

Gebr. Stäubli, Maschinenfabrik, Horgen (Schweiz).

G. Stein, Maschinenfabrik, Berlin.
Dr. Paul Straumer, Danzig.
Gebr. Sucker, Maschinenfabrik, Grünberg (Schlesien).
Gebr. Sulzer, Winterthur.
C. Terrot Söhne, Maschinenfabrik, Stuttgart-Cannstatt.
Verein Süddeutscher Baumwoll-Industrieller, Augsburg.
Curt R. Vincentz, Hannover.
Vogtländische Maschinenfabrik, vorm. I. C. & H. Dietrich A.-G., Plauen i. Vogtl.
Theodor Wilckens G. m. b. H., Hamburg.
Carl Zeiß, Jena.

2. Für die englische Sprache

Eigenbertz, H., Ingenieur, Manchester, jetzt Rheydt.
Hall, Oscar, Bury.
W. Kellner, Direktor, Spinnerei am Stadtbach, Augsburg.
Lewenz H.I., M.I.E.E., M.I. Mech. E., London.
Taggart, W. Scott, Bolton.
Withnell, James, Manchester.

Arundel & Co., Stockport.
Asa Lees & Co. Ltd., Oldham.
Baerlein & Sons, Manchester.
The Berlin Machine Works, Wis., U.S.A.
Wilson Brothers Bobbin Co. Ltd., Liverpool.
J. & T. Boyd Ltd., Shettleston Iron Works near Glasgow.
The Bradford Conditioning House, Bradford.
Bridgewater Works, Pendleton, Manchester.
The British Northrop Loom Co. Ltd., Blackburn.
Robert Broadbent & Son Ltd., Phoenix Iron Works, Stalybridge.
Thomas Broadbent & Sons Ltd., Central Iron Works, Huddersfield.
Brooks & Doxey Ltd., Manchester.
The George P. Clark Company, Windsor Locks, Conn., U.S.A.
T. Coulthard & Co. Ltd., Preston.
Curtis & Marble Machine Co., Worcester.
The Defiance Button Machine Company, New York.
Devoge & Co., Manchester.
Dobson & Barlow Ltd., Bolton.
Dronsfield Brothers Ltd., Atlas-Works, Oldham.
Eastman Machine Company, Buffalo, N.Y., U.S.A.
The Easton & Burnham Machine Co., Pawtucket, R. I., U. S. A.
Farrel Foundry & Machine Co., Ansonia, Conn., U. S.A.
P. & C. Garnett Ltd., Engineers, Cleckheaton.
Greenwood & Batley Ltd., Albion-Works, Leeds.
The Gum Tragasol Supply Compy. Ltd., Hooton.
Hacking & Co. Ltd., Bury.
Robert Hall & Sons Ltd., Bury.
John T. Hardaker Ltd. Bradford.
Hartford Iron Works, Oldham.
L. M. Hartson Co., North Windham, Conn., U. S. A.
George Hattersley & Sons Ltd., Keighley.
International Winding Company, Boston.
E. Jagger & Co., Oldham.
John Jardine Ltd., Deering Str., Nottingham.
Kitson Machine Shop, Lowell, Mass., U. S. A.
Lawsons, Leeds.
Levinstein Ltd., Blackley, Manchester.
Henry Livesey Ltd., Greenbank Iron-Works, Blackburn
Lupton & Place Ltd., Queen Street Iron-Works, Burnley.
Mather & Platt Ltd., Park-Works, Manchester.
Merrow Machine Co., Hartford, Conn., U. S. A.
The National Machine Comp., Hartford, Conn., U. S. A.
Parks & Woolson Machine Co., Springfield Vermont.
Platt Brothers & Co. Ltd., Oldham.
Polle Engineering & Machine Co., Woodberry, Baltimore, M. D.
The Pulsometer Engineering Company Ltd., Reading.
Hans Renold Ltd., Manchester.
John Royle & Sons, Paterson, U. S. A.
Saco-Pettee Company, Newton Upper Falls, Mass., U. S. A.
Charles H. Schnitzler, Philadelphia.
Scott & Williams, Philadelphia.
Joseph Stubbs Ltd., Manchester.
Tolhurst Machine Works, Troy, N. Y., U. S. A.
Tweedales & Smalley Ltd., Castleton/Manchester.
Whittaker, Hall & Co. Ltd., Engineers, Radcliffe (Lancashire).
Wildt & Co., Ltd., Leicester.
The Yaryan Company, New-York.

3. Für die russische Sprache

Kolberg, Feodor F., Fabrikbesitzer aus Moskau, z. Zt. Berlin.
Smirnoff, Nikolai, russ. Dipl.-Ing., aus St. Petersburg.
Warjagin, Julius, Spinnerei-Direktor aus St. Petersburg, z. Zt. Prag-Smichov.
Zenker, Andreas v., Dipl.-Ing., aus Moskau, z. Zt. Berlin.
Verband Russischer Großkaufleute, Industrieller und Finanziers in Deutschland, E. V., Berlin.
Verband zum Wiederaufbau d. Baumwoll-Textilindustrie in Zentral-Rußland, E. V., Berlin.
Dorboff & Nabholz, Moskau.

4. Für die französische Sprache

Brüggemann, Heinrich, Professor an der Technischen Hochschule, München.
D. de Prat, Rédacteur-en-chef de »La France Textile«, Draveil (Seine et Oise).
Dr. Jules Simon, Professor, München.
Compagnie des Garnitures Métalliques Américaines, Lille.
Maurice Couvreur, Verviers.
Théodore Houben, Verviers.
Gustave de Keukelaere, Ruysbroeck.
I. O. Lindsay, Lille-Gare.
Neyret, Beylier, Ducrest & Cie., Grenoble.

5. Für die italienische Sprache

Ingenieur G. Kuhn, Turin.
Dr. Giuseppe Passaquindici, Associazione Serica Italiana, Mailand.
Sansone, Raffaele, Professor, Genua.
Steinweg, Max, Oberingenieur, Genua.
Corderia Nazionale già Carrena & Torre, S.A., Sampierdarena.
Giovanni Hensemberger, Monza.
Gebr. Schwarzenbach, Seveso San Martino bei Mailand.

6. Für die spanische Sprache

Laskow, B., Ing., München.
Massó Llorens, Manuel, Prof., Ingeniero Industrial, Barcelona.
Seither, Carl, Inh. d. Librería Nacional y Extranjera, Barcelona.
Eduardo Viedma González, Ingeniero textil, Barcelona.

Inhaltsübersicht.

A. Allgemeines über das Weben Seite

B. Webstoffe

I. **Allgemeines** 8

II. **Garnarten** 12

1. Baumwollgarne 12
2. Flachsgarne 12
3. Hanfgarne 13
4. Jutegarne 13
5. Garne aus anderen Pflanzenfasern 13
6. Schafwollgarne 14
   a) Streichgarne 14
   b) Kammgarne 14
7. Haargarne 15
8. Seidengarne 16
9. Kunstseidengarne 17
10. Asbestgarne 17
11. Zierfäden 18

C. Vorarbeiten für das Weben

I. **Vorbereiten der Kette** 21

1. Allgemeines 21
2. Spulen 22
   a) Allgemeines 22
   b) Spulrad 26
   c) Kettgarnspulmaschine 26
      α) Allgemeines 26
      β) Kettgarnspulmaschine mit liegenden Spindeln 30
      γ) Kettgarnspulmaschine mit stehenden Spindeln 36
3. Scheren 40
   a) Allgemeines 40
   b) Spulengatter 43
   c) Scherrahmen 45
   d) Schermaschine 47
      α) Schermaschine mit Scherbaum 47
      β) Schermaschine mit Scherspule 54
      γ) Schermaschine für die Bandweberei 56
      δ) Schermaschine mit liegendem Scherrahmen 56
      ε) Seidenschermaschine . . . 60
      ζ) Kettenschermaschine für kreuzspulenförmige Wickel . 63
4. Knäuelwickeln und Umspulen der Kette 63
5. Schlichten, Leimen 63
   a) Allgemeines 63
   b) Schlichtmittel 66
   c) Schlichtekocher 68
   d) Schlichten oder Leimen des Garnes im Strähn 69
   e) Schlichten oder Leimen der Kette im Strang 71
   f) Breitschlichten 72
      α) Schottische Schlichtmaschine 72
      β) Trommelschlichtmaschine . 73
      γ) Schlichtmaschine mit Heißlufttrocknung 75
      δ) Schlichtvorrichtung am Webstuhl 75
6. Bäumen der Kette 76
   a) Allgemeines 76
   b) Bäummaschinen 80
      α) Bäumstuhl 80
      β) Bäummaschine für gewickelte Ketten 80
      γ) Baumfachmaschine 82
   c) Putzen der Kette 83

II. **Vorbereitung des Schusses** . . 84

1. Schußspulen 84
   a) Schuß 84
   b) Spulrad 86
   c) Schußspulmaschine 86
      α) Allgemeines 86
      β) Schußspulmaschine für Laufspulen 89
      γ) Schußspulmaschine für Schleifspulen 91
         γ_1) Morrison Schußspulmaschine für Kreuzkötzer 91
         γ_2) Trichterspulmaschine . 93
         γ_3) Kötzerspulmaschine mit Leitrollen 98
         γ_4) Schußspulmaschinen mit Reibrollenfadenführer . 100
2. Anfeuchten des Schusses 101

III. **Einziehen der Kettfäden** . . 102

1. Allgemeines 103
2. Einziehvorrichtungen 105

IV. **Blattstechen** 106

V. **Anlängern der Kette** 109

1. Allgemeines 110
2. Vorrichtungen zum Anlängern der Kette 111

D. Das Weben

I. **Ketten- und Warenlauf** . . . 114

1. Allgemeines 114
2. Kettenbewegung 117
   a) Allgemeines 117
   b) Kettenablaßvorrichtung . . . 119
      α) Kettenspannung durch Fadenwirkung 119
      β) Spannungsregelung mittels Zackenrad 119
      γ) Passive Kettenablaßvorrichtungen 119
         γ_1) Allgemeines 119
         γ_2) Reibungsbremse 120
         γ_3) Gewichtsbremse . . . 121
         γ_4) Zusammengesetzte Bremse 124

Seite

δ) Aktive Kettenablaßvorrichtungen 126
$δ_1$) Allgemeines 126
$δ_2$) Positiv wirkende Kettbaumregler 128
$δ_3$) Negativ wirkender Kettbaumregler 129
3. Warenaufwickelung 129
a) Allgemeines 130
b) Warenaufwickelvorrichtung . . 132
c) Warenbaumregler 134
α) Stetig wirkender zwangläufiger Warenbaumregler . . . 134
β) Mit Unterbrechung wirkender zwangläufiger Warenbaumregler 136
γ) Kraftschlüssiger Warenbaumregler mit Gewichtsbelastung 137
δ) Kraftschlüssiger Warenbaumregler mit Federbelastung . 137
4. Kreuzschiene 137
5. Breithalter 138
a) Spannstock 138
b) Mechanischer Breithalter . . . 139

II. **Fachbildung** 141

1. Allgemeines 141
2. Bindungslehre 143
a) Allgemeines 143
b) Bindungsarten 145
α) Bindungen für glatte Gewebe 145
β) Bindung für gestreifte, gewürfelte und gemusterte Gewebe 153
γ) Bindung für verstärkte Gewebe 154
δ) Bindung für lanzierte Gewebe 162
ε) Bindung für broschierte Gewebe 162
ζ) Bindung für Drehergewebe . 163
η) Bindung für Schlingengewebe 166
ϑ) Bindung für Samt und samtartige Gewebe 166
3. Mittel für die Fachbildung . . . 170
a) Fachbildung durch Schäfte . . 171
α) Schäfte 171
β) Litzenarten 173
γ) Litzenknüpfmaschine 176
δ) Litzenflechtmaschine 178
ε) Zurichtung der Zwirnlitzen . 179
ζ) Drahtlitzenwindemaschine . 180
η) Allgemeines über die Schaftweberei 181
ϑ) Trittwebstuhl 182
b) Fachbildung durch Schaftmaschinen 186
α) Schaftmaschinenarten . . . 186
β) Einzelheiten der Schaftmaschine 197
$β_1$) Schaftregler 197
$β_2$) Fachbildegetriebe . . . 197
$β_3$) Schaftmaschinenantrieb 203
$β_4$) Nadelbrett 204
$β_5$) Zylinderbewegung . . . 205
$β_6$) Kartenlauf 206
$β_7$) Schaftmaschinenwebstuhl 206
c) Fachbildung mittels Harnisch . 207
α) Allgemeines 207
β) Vorläufer der Jacquardmaschine 208
γ) Jacquardmaschine 209
$γ_1$) Allgemeines 209
$γ_2$) Nummerung der Jacquardmaschinen 214
$γ_3$) Einteilung der Jacquardmaschinen 215
$γ_4$) Platineneinteilung der Jacquardmaschine 216

Seite

$γ_5$) Fachbildung mit Jacquardmaschine 216
δ) Vorrichten des Jacquardwebstuhls 217
ε) Schnürordnung 220
ζ) Jacquardmaschinen mit besonderen Einrichtungen . . 225
$ζ_1$) Englische Schnurmaschine 225
$ζ_2$) Jacquardmaschine mit schwingendem Nadelgehäuse 226
$ζ_3$) Jacquardmaschine mit geteiltem Messerkasten . 226
$ζ_4$) Offenbach-Jacquardmaschine 226
$ζ_5$) Hoch- und Tieffach-Jacquardmaschine 228
$ζ_6$) Jacquardmaschine für Schrägfach 228
$ζ_7$) Verdolmaschine 229
$ζ_8$) Jacquardmaschine mit zwei Kartenketten . . 230
$ζ_9$) Jacquardmaschine für Damastweberei 231
$ζ_{10}$) Tringlesmaschinen . . 233
$ζ_{11}$) Repetiervorrichtung . . 235

III. **Eintragen des Schusses** 236

1. Schuß 236
2. Webschützen 237
3. Schützenbewegung 246
a) Bewegung des Schützens von Hand 246
b) Schützenschlag 246
c) Schützenbewegung durch Druckluft 256
d) Zwangläufige Schützenbewegung 256
4. Schußeintragung durch Greiferschützen 257
5. Schußeintragung ohne Schützen . 259
6. Schußzuführung 260
a) Spulenwechsel von Hand . . . 260
b) Selbsttätige Spulenauswechslung 260
c) Selbsttätige Schützenauswechslung 266
7. Schußwechsel 271
a) Allgemeines 271
b) Steigladenwechsel 273
c) Revolverladenwechsel 279
d) Wechselkarte 280

IV. **Anschlagen des Schusses** . . . 282

1. Ried 282
a) Allgemeines 282
b) Riedarten 284
c) Riedmachen 286
2. Lade, Schlag 288
3. Ladenbewegung 292

E. Handweberei im besonderen

I. **Allgemeines** 296
II. **Webstuhlgestell** 297
III. **Führung von Kette und Ware** . 298
IV. **Musterwebstuhl** 299

F. Mechanische Weberei im besonderen

I. **Stuhlbauarten** 300
II. **Stuhlantrieb** 305
1. Allgemeines 305
2. Riemenantrieb 307
3. Räderantrieb 307

Seite
4. Elektrischer Antrieb 309
5. Stuhlbremse 311

III. **Sicherheitsvorrichtungen** . . . 312
1. Schützenfänger 312
2. Sicherheitsvorrichtungen gegen Schlagzeugbruch 313
3. Schützenwächter 315
4. Schußwächter 317
5. Kettfadenwächter 319

G. Besondere Webstühle

I. **Baumwollwebstuhl** 321
II. **Handwebstuhl für Leinengewebe** 323
III. **Handwebstuhl für Seidengewebe** 323
IV. **Handwebstuhl für Drahtgewebe** 324
V. **Handwebstuhl für Frottierwaren** 325
VI. **Handwebstuhl für Piquéwaren** 325
VII. **Mechanischer Rutensamtwebstuhl** 326
VIII. **Plüschwebstühle** 330
IX. **Stühle für Gobelins und Teppiche** 334
X. **Webstuhl für lanzierte Waren** 344
XI. **Webstuhl für broschierte Waren** 344
XII. **Stickereiwebstuhl** 349
XIII. **Webstuhl mit Häkchenstab** . 351
XIV. **Webstuhl für Drehergewebe** . 352
XV. **Webstuhl für Perlengewebe** . 354
XVI. **Webstuhl für Fransenware** . 355
XVII. **Bandwebstuhl** 355
XVIII. **Webstuhl mit Vorrichtung zur Herstellung einer Mittelleiste** 361
XIX. Bobbinetwebstühle 363
1. Allgemeines 363
2. Webstuhl für glatten Tüll . . . 366
3. Gardinenwebstuhl 368
4. Spitzenwebstuhl 369

H. Zähl- und Meßvorrichtungen

I. Hilfsmittel für den Betrieb

K. Musterzeichnen

I. **Allgemeines** 376
II. **Musterzeichnung** 376
III. **Patronieren** 378

L. Jacquardkarte

Seite
I. **Allgemeines** 382
II. **Schneiden der Kartenblätter** . . 383
III. **Kartenschlagen** 384
IV. **Kartenkopieren** 389
V. **Kartenschnüren** 389

M. Gewebe

I. **Allgemeines** 391
II. **Einteilung der Gewebe nach Material, Bindung und Gebrauchszweck** 392
1. Baumwollgewebe 392
a) Baumwollgewebe in Leinwandbindung 392
α) Dichte Gewebe 392
β) Undichte Gewebe 393
b) Baumwollgewebe in Köper- und Atlasbindung 394
c) Gemusterte Baumwollgewebe . 394
d) Samtartige Baumwollgewebe . 394
2. Leinengewebe 395
a) Flachs- und Hanfgewebe in Leinwandbindung 395
b) Leinengewebe in Köper- und Atlasbindung 396
c) Gemusterte Leinengewebe . . 396
3. Jutegewebe 396
a) Jutegewebe in Leinwandbindung 396
b) Jutegewebe in Köperbindung . 397
4. Wollengewebe 397
a) Streichgarngewebe 397
α) Streichgarngewebe in Leinwandbindung 397
β) Streichgarngewebe in Köper- und Atlasbindung 398
b) Kammgarngewebe 398
α) Kammgarngewebe in Leinwandbindung 398
β) Kammgarngewebe in Köper- und Atlasbindung 399
γ) Gemusterte Kammgarngewebe 399
δ) Samtartige Kammgarngewebe 399
c) Halbwollene Gewebe 400
5. Seidengewebe 400
a) Seidengewebe in Leinwandbindung 400
b) Gazeartige Seidengewebe . . 401
c) Seidengewebe in Köperbindung 401
d) Seidengewebe in Atlasbindung 402
e) Gemusterte Seidengewebe . . 402
f) Samtartige Seidengewebe . . 403
6. Florgewebe 403
a) Allgemeines 403
b) Samt 403
α) Schußsamt 403
β) Kettsamt 404
c) Plüsch 404
α) Allgemeines 404
β) Möbelplüsch 404
$β_1$) Allgemeines 404
$β_2$) Moquette 405
$β_3$) Mohairplüsch 405
γ) Dekorationsplüsch 406
δ) Plüsch für Bekleidungszwecke 406
ε) Krimmer 406
7. Teppiche 407
a) Allgemeines 407
b) Einfache Teppiche 408
c) Doppelte Teppiche 408
d) Florteppiche 408

Seite

α) Schußflorteppiche 408
$α_1$) Knüpfteppiche 408
$α_2$) Raupenteppiche . . . 410
β) Kettflorteppiche 411
8. Bobbinetgewebe 412
9. Gewebe für Papierfilze 414
10. Pferdehaargewebe 414
11. Perlengewebe 414
12. Kautschukgewebe 415
13. Strohgewebe 416
14. Holzgewebe 416
15. Drahtgewebe 416
16. Winterrockstoffe 417
17. Möbelstoffe 418
18. Vorhangstoffe 418
19. Deckenstoffe 419
20. Wäsche 420
21. Umschlagtücher 420
22. Verzierte Gewebe 421
23. Tapetengewebe 422
24. Paramente 422
25. Gewebte Spitzen 423
26. Bandgewebe 424
a) Bänder 424
b) Borten 427
c) Gurten 428

N. Gewebeprüfung

I. **Allgemeines** 429
II. **Benennung der Gewebe** . . 430
III. **Bezeichnung der Stoffe nach ihrer Verwendung** 432
IV. **Bestimmen der Bindung** . . . 433
V. **Fadendichte** 434

Seite

VI. **Fadenbestimmung** 435
VII. **Feinheitsbestimmung, Garnnumerierung** 435
VIII. **Rohstoffbestimmung** 436
IX. **Bestimmen der Appretur** . . . 436
X. **Hilfsmittel für die Gewebeprüfung** 438

O. Gewebeberechnung

I. **Allgemeines** 441
II. **Warenmessung** 441
III. **Garnbedarf** 443
1. Berechnen der Kette 443
2. Berechnen des Schusses 444
IV. **Löhne** 444
V. **Betriebskosten, allgemeine Unkosten** 445

Alphabetisch geordnetes Wörterverzeichnis

Deutsch 450
Englisch 496
Russisch 537
Französisch 606
Italienisch 641
Spanisch 676

Zeichenerklärung

(m), (м р) = masculinum
(f), (ж р) = femininum
(n), (с р) = neutrum

(A) bedeutet, daß der Ausdruck in den Vereinigten Staaten von Nordamerika gebraucht wird.

s. = siehe, see
s. a. = siehe auch, see also
v. = voir, vedi, ver
v. a. = voir aussi, vedi anche
v. t. = ver también
см. = смотри
с. т. = смотри также

A.

1 **Allgemeines (n) über das Weben**
General Terms on Weaving
Общее (ср) о ткачестве
Généralités (fpl) sur le tissage
Generalità (fpl) sulla tessitura
Generalidades (fpl) sobre la tejedura

2	Faserstofftechnik (f), [Textiltechnik (f)] technology of textiles текстильное производство (ср)	technique (f) textile tecnica (f) tessile técnica (f) textil
3	Weberei (f), Weben (n), Webkunst (f) [art of] weaving тканье (ср), ткачество (ср), ткацкое производство (ср)	[art (m) du] tissage (m) tessitura (f), arte (f) di tessere tejedura (f), tejeduría (f), tisaje (m)
4	weben to weave ткать	tisser tessere tejer
5	Webereibesitzer (m) manufacturer владелец (мр) ткацкой фабрики	propriétaire (m) de tissage proprietario (m) di tessitura propietario (m) de una fábrica de tejidos
6	Webereidirektor (m), Webereileiter (m) weaving mill manager директор (мр) *или* заведующий(мр) ткацкой фабрики	directeur [-gérant] (m) de tissage direttore (m) di tessitura director (m) de tejeduría
7	Weberei (f), Webwarenfabrik (f) weaving mill *or* factory ткацкая (жр), ткальня (жр)	atelier (m) *ou* manufacture (f) de tissage, tissage (m) [stabilimento (m) di] tessitura (f), tessoria (f) tejeduría (f), fábrica (f) de tejidos
8	Websaal (m) weaving shed ткацкий (-ое) зал (мр) *или* отделение (ср)	salle (f) de tissage sala (f) di tessitura sala (f) de tejidos
9	Webvorgang (m), [Webprozeß (m)] weaving process процесс (мр) тканья	procédé (m) de tissage processo (m) di tessitura proceso (m) de tejido
10	Weberei (f), Webwarenindustrie (f), Webereigewerbe (f) weaving industry ткацкая промышленность (жр)	industrie (f) du tissage industria (f) tessile industria (f) de tejidos
11	Webweise (f), Webart (f) method of weaving способ (мр) тканья, род (мр) ткачества	méthode (f) de tissage metodo (m) *o* modo (m) di tessere método (m) de tejido
12	Verweben (n) der Kett- und Schußfäden interlacing the warp and weft threads воткание (ср) *или* ваткание (ср) основных и уточных нитей	entrelacement (m) des fils de chaîne et de trame incrociamento (m) *o* intreccio (m) dei fili d'ordito e di trama, unione (f) della trama alla catena enlace (m) de los hilos de urdimbre y de trama
13	den Schuß mit der Kette verweben, den Schuß in die Kette einweben to interlace warp and weft воткать уток (мр) в основу	entrelacer la chaîne et la trame, insérer la trame dans la chaîne inserire la trama nella catena entrelazar la trama con la urdimbre
14	den Kopf *oder* die Marke *oder* den Schlag weben to weave the heading ткать опушку (жр) ткани	tisser le chef de la pièce tessere le testate tejer la muestra
15	gewebt woven тканый	tissé tessuto tejido

No.		
1	webtechnisch referring to the technology of weaving по технике ткачества	au point de vue [de la technique] du tissage riferentesi alla tecnica tessile con referencia a la técnica del tejido
2	Webkunde (f), [Webereitechnologie (f)] technology of weaving технология (жр) ткачества	technologie (f) du tissage tecnologia (f) tessile tecnología (f) textil
3	Weißweberei (f) weaving white goods тканье (ср) белых суровых товаров	tissage (m) en écru tessitura (f) in greggio *o* di articoli di biancheria tejedura (f) en crudo
4	Buntweberei (f) weaving coloured goods пестроткачество (ср)	tissage (m) en couleur tessitura (f) in colore *o* di colorati tejedura (f) en color
5	Weben (n) glatter Stoffe, Glattweberei (f) weaving plain goods тканье (ср) гладких товаров	tissage (m) des étoffes unies tessitura (f) di stoffe liscie, tessitura tipo tela tejedura (f) de telas lisas
6	Musterweberei (f) pattern weaving узорчатое ткачество (ср)	tissage (m) des étoffes à dessin tessitura (f) di stoffe ad armatura tejedura (f) de [tejidos con] pequeños dibujos
7	Bildweberei (f) fancy weaving фигурное *или* фасонное ткачество (ср)	tissage (m) des étoffes façonnées tessitura (f) di stoffe operate tejedura (f) de grandes dibujos
8	Bildweberei (f) durch Schäfte und Tritte fancy weaving by shaft and treadle фигурное ткачество (ср) при помощи ремиз и проступных рычагов *или* подножек	tissage (m) des étoffes façonnées par lame et marche tessitura (f) di stoffe operate con licci e pedali tejedura (f) de grandes dibujos con lizos y cárcolas
9	Bildweberei (f) durch Zug und Harnisch fancy weaving by harness фигурное ткачество (ср) при помощи аркатной подвязи	tissage (m) des étoffes façonnées par harnais tessitura (f) di stoffe operate mediante trazione tejedura (f) de grandes dibujos con cuerpo de lizos
10	Baumwollweberei (f) cotton weaving, cotton goods manufacture бумаго-ткацкое производство (ср)	tissage (m) du coton, fabrication (f) de cotonnades *ou* de tissus de coton tessitura (f) del cotone tejedura (f) del algodón
11	Leinenweberei (f) linen weaving льно-ткацкое производство (ср)	tissage (m) de la toile tessitura (f) del lino *o* della tela, fabbricazione (f) *o* manifattura (f) di telerie tejedura (f) del lino
12	Juteweberei (f) jute weaving джутовое ткацкое производство (ср)	tissage (m) du jute tessitura (f) della juta tejedura (f) del yute
13	Woll[en]weberei (f) woollens *or* wool weaving шерстоткацкое производство (ср)	tissage (m) de la laine tessitura (f) della lana tejedura (f) de la lana
14	Wollwarenfabrik (f) woollen goods factory фабрика (жр) шерстяных изделий	fabrique (f) de lainages, manufacture (f) de laine fabbrica (f) di laneria *o* d'articoli di lana, lanificio (m), tessoria (f) di lana manufactura (f) de lana
15	Tuchweberei (f) cloth manufacture суконное ткацкое производство (ср)	tissage (m) du drap, fabrication (f) de draps *ou* de draperies tessitura (f) del panno tejedura (f) del paño
16	Wollstoffindustrie (f) manufacture of woollen goods шерстяная промышленность (жр)	industrie (f) des articles laine industria (f) laniera *o* degli articoli di lana industria (f) de telas de lana
17	Tuchfabrik (f) cloth manufactory, cloth mill суконная фабрика (жр)	fabrique (f) de drap, draperie (f) fabbrica (f) *o* manifattura (f) di panni, drapperia (f) fábrica (f) de paños
18	Tuchindustrie (f) cloth industry суконная промышленность (жр)	industrie (f) drapière industria (f) del panno *o* delle drapperie industria (f) del paño
19	Seidenweberei (f) silk weaving шелкоткацкое производство (ср)	tissage (m) de la soie tessitura (f) serica *o* della seta tejedura (f) de la seda
20	Seidenverarbeitung (f) silk manufacture обработка (жр) шелка	travail (m) de la soie, fabrication (f) des soieries lavorazione (f) della seta elaboración (f) de la seda
21	Papiergarnweberei (f) paper yarn weaving бумажно-ткацкое производство (ср)	tissage (m) du fil de papier tessitura (f) dei filati di carta tejedura (f) del hilo de papel
22	Drahtweberei (f) wire cloth weaving проволочно-ткацкое производство (ср)	tissage (m) de la toile métallique fabbricazione (f) dei tessuti metallici tejedura (f) de la tela metálica
23	Plüschweberei (f) plush weaving плюшевое производство (ср)	tissage (m) de la peluche tessitura (f) della felpa tejedura (f) de la felpa
24	Samtweberei (f) velvet *or* pile weaving производство (ср) бархата	tissage (m) du velours tessitura (f) del velluto tejedura (f) de terciopelos

1	Teppichweberei (f) carpet weaving ковровое производство (ср)	manufacture (f) de tapis, tissage (m) des tapis tessitura (f) dei tappeti tejedura (f) de alfombras
2	Bandweberei (f) ribbon weaving ленточное *или* тесемочное производство (ср)	tissage (m) de rubans tessitura (f) dei nastri tejedura (f) de cintas
3	Bortenweberei (f) weaving of trimmings кромочное *или* бордюрное производство (ср)	passementerie (f) passamanteria (f) pasamanería (f)
4	Gurtenweberei (f) strap *or* belt *or* tape weaving производство (ср) тканых ремней	fabrication (f) de sangles tessitura (f) delle cinghie *o* delle cigne tejedura (f) de correas
5	Perlenweberei (f) bead weaving бисерно-ткацкое производство (ср)	tissage (m) de fils de perles tessitura (f) a perle *o* con fili perlati tejedura (f) de hilos de perlas
6	Webgut (n), [Webmaterial (n)] weaving material ткацкое суровье (ср) *или* вещество (ср)	matière (f) de tissage materiale (m) da tessere materias (fpl) para la tejedura
7	gewebter Stoff (m) woven fabric тканый товар (мр)	tissu (m) ordinaire tessuto (m) semplice tejido (m)
8	gewirkter Stoff (m) knitted fabric вязаный товар (мр)	tissu (m) par mailles tessuto (m) a maglia genero (m) de punto
9	Gewebe (n), Zeug (m), Stoff (m) cloth, stuff, fabric ткань (жр)	tissu (m), étoffe (f) tessuto (m), stoffa (f), drappo (m) tejido (m), tela (f)
10	Geweberand (m), Leiste (f), Kante (f), Sahlband (n), Sahlleiste (f), Endleiste (f), Warenleiste (f), Egge (f) selvage, selvedge, list[ing] кромка (жр) ткани	lisière (f) cimossa (f), lisiera (f), lista (f) laterale orilla (f), orillo (m)
11	Stücklänge (f), Warenlänge (f) length woven, length of the piece длина (жр) ткани *или* товара	longueur (f) de l'étoffe *ou* du coupon lunghezza (f) del tessuto *o* della pezza largo (m) de la pieza
12	Warenbreite (f) width of goods ширина (жр) ткани *или* товара	largeur (f) du tissu, laize (f), laise (f) larghezza (f) della stoffa, altezza (f) del tessuto ancho (m) de la pieza
13	Warendichte (f), Schußzahl (f) sett *or* gauge *or* density of the cloth, picks per inch плотность (жр) ткани	compte (m) densità (f) del tessuto número (m) de hilos [por unidad de medida]
14	Benennung (f) des Gewebes name of the cloth название (ср) *или* обозначение (ср) ткани	désignation (f) du tissu denominazione (f) del tessuto denominación (f) del tejido
15	Güte (f) [*oder* Qualität (f)] des Gewebes quality of the cloth качество (ср) ткани	qualité (f) du tissu qualità (f) del tessuto calidad (f) del tejido
16	glattes *oder* schlichtes Gewebe (n) plain cloth гладкая ткань (жр)	tissu (m) uni stoffa (f) liscia, tessuto (m) liscio, tessuto (m) [tipo] tela; *seta:* taffetà (m) tejido (m) liso, tafetán (m)
17	gemustertes [*oder* figuriertes *oder* fassoniertes *oder* dessiniertes] Gewebe (n), Bildgewebe (n) fancy cloth, figured goods узорчатая ткань (жр), ткань с рисунком	étoffe (f) façonnée stoffa (f) operata tejido (m) con dibujos
18	Gewebe (n) mit kleinen Mustern cloth with small pattern ткань (жр) с малыми рисунками	tissu (m) à petits dessins, petits façonnés (mpl) tessuto (m) a piccoli disegni tejido (m) a pequeños dibujos
19	geköperter Stoff (m) twilled cloth, twill киперная *или* саржевая диагональная ткань (жр)	étoffe (f) croisée *ou* satinée tessuto (m) incrociato tejido (m) cruzado
20	Farbenwirkung (f) im Muster colour effects in the design сочетание (ср) цветов *или* эффект (мр) расцветка в рисунке	effets (mpl) de couleur dans le dessin effetti (mpl) di colore nel disegno efectos (mpl) del color en los dibujos
21	Farbpostennummer (f), Nummer (f) der Farbe number of colour номер (мр) расцветка	numéro (m) de la couleur numero (m) della tinta número (m) de la tinta
22	kettgestreiftes Gewebe (n) cloth with warp stripes ткань (жр) с продольными полосами	tissu (m) à rayures en chaîne tessuto (m) rigato con effetti di catena tejido (m) rayado en la urdimbre
23	in der Kette gemusterte Ware (f) cloth with warp effects товар (мр) с основным узором	tissu (m) à effet de chaîne tessuto (m) con effetti di catena tejido (m) con efectos por urdimbre
24	im Schuß gemusterte Ware (f) cloth with weft effects товар (мр) с уточным узором	tissu (m) à effet de trame tessuto (m) con effetti di trama tejido (m) con efectos por trama

1	Muster (n), Bild (n), Warenmuster (n), Warenbild (n), [Figur (f), Dessin (n)] design, pattern, ornament, weave рисунок (мр) товара	dessin (m), motif (m) disegno (m), figura (f) dibujo (m)
2	Jacquardmuster (n) Jacquard design Жаккардовый рисунок (мр)	dessin (m) Jacquard disegno (m) Jacquard dibujo (m) a Jacquard
3	Webfehler (m) fault in weaving порок (мр) *или* недостаток (мр) ткачества, ткацкий порок	défaut (m) de tissage difetto (m) di tessitura, malafatta (f), irregolarità (f) nel tessuto defecto (m) de tejedura
4	Webernest (n) float, bore, tangle, flaw, knotting, skip подплетина (жр)	forlançure (f), nid (m), brèche (f) cordone (m) defecto (m) de una tela que no es bien urdida
5	Reißen (n) des Fadens, Fadenbruch (m) thread breakage обрыв (мр) нити	rupture (f) de fil rottura (f) del filo ruptura (f) de hilo
6	Massenfadenbruch (m), Hecht (m), Schützenschlag (m) threads broken by shuttle, cut threads сплошной обрыв (мр) нитей	rupture (f) de fils en masse, pas (m) de chat squarcio (m) nell'ordito ruptura (f) de hilos por paro de lanzadera en el urdimbre
7	gassige *oder* rohrstreifige *oder* kettstreifige Ware reed marked *or* reedy fabric товар (мр) с белизной, полосистый товар	tissu (m) avec entreba[t]s tessuto (m) con chiarelle tejido (m) con clarianas
8	fadenscheiniges Gewebe (n) bare *or* sleazy cloth редная ткань (жр)	tissu (m) lâche *ou* maigre, tissu (m) peu couvert tessuto (m) poco coperto *o* poco fitto, tessuto rado tejido (m) poco tupido
9	Fertigware (f), [Ganzfabrikat (n)] fully manufactured article, finished goods готовый товар (мр)	article (m) fabriqué *ou* fini, tissu (m) confectionné tessuto (m) finito *o* ultimato *o* terminato, stoffa (f) finita artículo (m) acabado
10	Rohgewicht (n), [Bruttogewicht (n)] gross weight вес (мр) брутто	poids (m) brut peso (m) brutto *o* lordo peso (m) bruto
11	Beschwerung (f) *oder* Verstärkung (f) des Gewebes weighting of the cloth отягчение (ср) *или* утяжеление (ср) ткани	augmentation (f) de poids du tissu aumento (m) di peso del tessuto aumento (m) del peso del tejido
12	Ballennummer (f) bale number номер (мр) кипы	numéro (m) de la balle numero (m) della balla *o* del ballotto número (m) del rollo [de piezas]
13	Webereiabfall (m) weaver's waste, weaving waste ткацкий угар (мр), угар ткачества	déchets (mpl) de tissage cascami (mpl) di tessitura, strazza (f) [di seta] desperdicios (mpl) del tejido
14	Fadenabfall (m) thread waste, loom waste ткацкие концы (мр)	déchets (mpl) de fil cascami (mpl) di filato, filetti (mpl) desperdicios (mpl) de hilo
15	Stuhlflug (m) loom fly ткацкий пух (мр)	duvet (m) de métier pulviscolo (m) del telaio borras (fpl) de tejedura
16	Arbeitsverlust (m) loss in work, loss in efficiency потеря (жр) в работе	perte (f) de travail perdita (f) nel lavoro pérdida (f) de trabajo
17	Zeitverlust (m) loss in time потеря (жр) во времени	perte (f) de temps perdita (f) di tempo pérdida (f) de tiempo
18	Handweberei (f), Weben (n) mit der Hand hand loom weaving, weaving by hand ручное ткачество (ср)	tissage (m) à bras tessitura (f) a mano tejedura (f) a mano
19	mit der Hand weben to weave by hand ткать вручную	tisser à bras tessere a mano tejer a mano
20	Arbeiterschaft workmen рабочие (мр) [фабрики]	ouvriers (mpl) maestranza (f) personal (m) obrero, obreros (mpl)
21	Weber (m) weaver ткач (мр)	tisserand (m), [ouvrier (m)] tisseur (m) [operaio (m)] tessitore (m) tejedor (m)
22	Weberin (f) weaver ткачиха (жр)	tisserande (f), tisseuse (f) [operaia (f)] tessitrice (f) tejedora (f)
23	Handweber (m) hand loom weaver ткач (мр) вручную	tisseur (m) *ou* tisserand (m) à bras [operaio (m)] tessitore (m) a mano tejedor (m) a mano
24	Handweberin (f) hand loom weaver ткачиха (жр) вручную	tisseuse (f) *ou* tisserande (f) à bras [operaia (f)] tessitrice a mano tejedora (f) a mano

1	Maschinenweber (m) power loom weaver ткач (мр) на механическом станке	tisserand (m) à la mécanique tessitore (m) per telaio meccanico tejedor (m) mecánico
2	Maschinenweberin (f) power loom weaver ткачиха (жр) на механическом станке	tisserande (f) *ou* tisseuse (f) à la mécanique tessitrice (f) per telaio meccanico tejedora (f) mecánica
3	Trittweber (m) treadle loom weaver, tappet weaver ткач (мр) на проступном станке	tisseur (m) à pédales tessitore (m) al telaio a pedale tejedor (m) de pedal
4	Vorarbeiter (m) foreman подмастер (мр)	premier ouvrier (m), aide (m) du contremaitre capo-operaio (m) contramaestre (m)
5	Saalmeister (m) shed master ткацкий мастер (мр)	contremaitre (m) de salle capo-sala (m) contramaestre (m)
6	Stuhlmeister (m) overlooker ткацкий подмастер (мр) *или* подмастерье (мр)	contremaitre (m) du métier capo-tessitore (m) mayordomo (m) *o* contramaestre (m) de telar
7	Ersatzarbeiter (m), Ersatzweber (m) temporary worker *or* weaver, worker for sick запасный ткач (мр)	tisseur (m) supplémentaire, remplaçant (m) tessitore (m) supplementare tejedor (m) sustituto
8	Hilfsarbeiter (m) labourer вспомогательный рабочий (мр), подручный (мр)	manœuvre (m) assistente-tessitore (m) ayudante (m)
9	Bildweber (m), Bildzeugweber (m) figured cloth weaver ткач (мр) узорчатых тканей	tisseur (m) d'étoffes façonnées tessitore (m) di stoffe figurate tejedor (m) de piezas en dibujo
10	Baumwollweber (m) cotton weaver ткач (мр) на бумаготкацкой [фабрике]	tisseur (m) de coton tessitore (m) d'articoli di cotone tejedor (m) de algodón
11	Lein[wand]weber (m) linen weaver ткач (мр) на полотняной фабрике	tisseur (m) de toile tessitore (m) di tela tejedor (m) de lienzo
12	Flachsweber (m) flax weaver ткач (мр) на льноткацкой	tisseur (m) de lin tessitore (m) di lino tejedor (m) de lino
13	Hanfweber (m) hemp weaver ткач (мр) пеньки	tisseur (m) de chanvre tessitore (m) di canapa tejedor (m) de cáñamo
14	Juteweber (m) jute weaver ткач (мр) джута	tisseur (m) de jute tessitore (m) di juta tejedor (m) de yute
15	Wergweber (m) tow weaver ткач (мр) пакли	tisseur (m) d'étoupe tessitore (m) di stoppa tejedor (m) de estopa
16	Nesselweber (m) nettle fibre weaver ткач (мр) крапивы	tisseur (m) de fil d'ortie tessitore (m) d'ortica tejedor (m) de fibra de ortiga
17	Wollweber (m) woollen stuff weaver, wool weaver ткач (мр) шерсти	tisseur (m) de laine *ou* de lainages tessitore (m) di lanerie *o* d'articoli di lana tejedor (m) [de paños] de lana
18	Tuchweber (m), Tuchmacher (m) cloth maker, cloth weaver, cloth worker суконщик (мр)	tisseur (m) de draps tessitore (m) di drappi o di panni tejedor (m) de paños
19	Deckenmacher (m) blanket maker одеяльщик (мр)	couverturier (m) fabbricante (m) di coperte fabricante (m) de mantas
20	Streichgarnweber (m) [carded] wool weaver ткач (мр) аппаратной шерсти	tisseur (m) de laine cardée tessitore (m) di lana cardata tejedor (m) de lana cardada
21	Kammgarnweber (m) worsted weaver ткач (мр) камвольной шерсти	tisseur (m) de laine peignée tessitore (m) di lana pettinata tejedor (m) de estambre
22	Drillichweber (m), Zwillichweber (m) ticking weaver, drill weaver ткач (мр) тика *или* тиковых товаров	tisseur (m) de coutil, coutier (m) tessitore (m) di traliccio tejedor (m) de cuti *o* de terliz
23	Sackweber (m) bag weaver ткач (мр) мешков	tisseur (m) de sacs *ou* de toile à sacs tessitore (m) di tessuto da sacco tejedor (m) de tela de sacos
24	Feinleinwandweber (m), Batistweber (m) lawn *or* cambric weaver ткач (мр) тонких льняных батистов	tisseur (m) de linon *ou* en batiste tessitore (m) di batista tejedor (m) de linón *o* de batista
25	Damastweber (m) damask weaver ткач (мр) дамасковой ткани	damasseur (m) tessitore (m) di damasco tejedor (m) de damasco
26	Bandweber (m) ribbon weaver ткач (мр) лент *или* ленточно-ткацкой	rubanier (m) tessitore (m) di nastri tejedor (m) de cintas
27	Samtweber (m) velvet weaver ткач (мр) бархата *или* плиса	tisseur (m) de velours, veloutier (m) tessitore (m) di velluti tejedor (m) de terciopelos
28	Roßhaarweber (m) horsehair weaver ткач (мр) конского волоса *или* козьей шерсти	tisseur (m) de crin tessitore (m) di crine di cavallo tejedor (m) de crines
29	Asbestweber (m) asbestos weaver ткач (мр) асбестовой ткани	tisseur (m) d'amiante tessitore (m) di filato di amianto tejedor (m) de amianto

1	Stoffschauer (m), Warenbeschauer (m), Warenschaffner (m), Stückbeschauer (m), Stückbeseher (m), Schaumeister (m), Warendurchseher (m), [Stückrevisor (m)] examiner, cloth *or* cut looker приемщик (мр), проверяльщик (мр), браковщик (мр)	réceptionnaire (m) *ou* vérificateur (m) de pièces verificatore (m) di pezze examinador (m), verificador (m), revisor (m)
2	Stopfmeister (m) darner мастер (мр) по починке ткани	contremaître (m) de rentrayage capo-rammendatore (m) zurcidor (m)
3	Stoffmesser (m) measurer, yarder мерильщик (мр) товара	mesureur (m) *ou* métreur (m) de pièces misuratore (m) per tessuto medidor (m)
4	Stoffmesserin (f) measurer, yarder мерильщица (жр) товара	mesureuse (f) *ou* métreuse (f) de pièces misuratrice (f) per tessuto medidora (f)
5	Ausrüster (m) finisher отделывальщик (мр)	appréteur-finisseur (m) apparecchiatore (m) acabador (m), aprestador (m)
6	Namenstickerin (f) name embroiderer вышивальщица (жр)	brodeuse (f) ricamatrice (f) del nome bordadora (f)
7	Falzer (m) folder, plaiter складальщик (мр)	ouvrier (m) plieur piegatore (m) plegador (m), fruncidor (m)
8	Falzerin (f) folder, plaiter складальщица (жр)	ouvrière (f) plieuse operaia (f) piegatrice plegadora (f), fruncidora (f)
9	Stabfalzer (m), Stoffleger (m) hand folder [with sticks] ручной складальщик (мр)	baguetteur (m), plieur à la baguette piegatore (m) a bacchette plegador (m) *o* fruncidor (m) con bastón
10	Maschinenfalzer (m), Maschinenleger (m) folding machine operator машинный складальщик (мр)	plieur (m) à la machine piegatore (m) a macchina plegador (m) *o* fruncidor (m) a máquina
11	Maschinenfalzerin (f), Maschinenlegerin (f) folding machine operator складальщица (жр) на машине	plieuse (f) à la machine piegatrice (f) a macchina plegadora (f) *o* fruncidora (f) a máquina
12	Roller (m), Wickler (m) lapper, cloth roller накатчик (мр)	enrouleur (m) d'étoffes avvolgitore (m) di tessuti arrollador (m) de tejido
13	Auszeichner (m), Etikettierer (m) labeller, ticketer этикетчик (мр), наклейщик (мр) этикеток	étiqueteur (m) piazza-etichette (m) etiquetador (m)
14	Presser (m) pressman, hydraulic press tenter прессовщик (мр), рабочий (мр) на прессе	presseur (m) operaio (m) alle presse prensador (m)
15	Einwickler (m), Einschlager (m), [Wrapper (m)] bander, paperer уборщик (мр)	placeur (m) de bandes, empaqueteur (m) collocatore (m) di nastri di carta colocador (m) de fajas *o* bandas
16	Musteraufkleberin (f) sample maker up наклейщица (жр) образцов	encarteuse (f), colleuse (f) d'échantillons incollatrice (f) di campioni encoladora (f) de muestras
17	Markierer (m) marker, stenciller, piece marker маркировщик (мр), отметчик (мр)	marqueur (m) marca-pezze (m) marcador (m)
18	Packer (m) packer упаковщик (мр), паковщик (мр)	emballeur (m) imballatore (m) embalador (m)
19	Hausweberei (f) home *or* domestic weaving кустарное ткачество (ср)	tissage (m) à domicile tessitura (f) casalinga *o* a domicilio tejedura (f) a domicilio
20	im Lohn weben to weave in commission ткать из давальческой пряжи	tisser à façon tessere a fattura *o* a cottimo *o* a contratto *o* per conto terzi tejer a destajo
21	Lohnweberei (f) weaving in commission, commission weaving ткачество (ср) из давальческой пряжи	tissage (m) à façon tessitura (f) a fattura tejedura (f) a destajo
22	Lohnweber (m) commission weaver ткач (мр), работающий из давальческой пряжи	tisserand (m) à façon tessitore (m) a fattura tejedor (m) a destajo
23	Webwarenfabrikant (m) mit Hauswebern commission weaver [for home weaving] ткацкий фабрикант (мр) на ткачах-кустарях	fabricant (m) de tissus sans atelier de tissage tessitore (m) a commissione [per lavoro casalingo] fabricante (m) de tejidos mercenario [sin sala de tejeduría]
24	Ausgeber (m), Faktor (m), Zwischenmeister (m) putter out давалец (мр)	chargeur (m) dattore (m) di lavoro factor (m)
25	Ausgang (m) des Materials issue of material выход (мр) материала	sortie (f) des matières uscita (f) del materiale salida (f) del material
26	Eingang (m) der fertigen Ware arrival of fabric вход (мр) готового товара	entrée (f) *ou* arrivée (f) du tissu entrata (f) del tessuto entrada (f) del tejido
27	Ablieferung (f) der fertigen Ware delivery of fabric сдача (жр) готового товара	livraison (f) du tissu consegna (f) del tessuto entrega (f) del tejido

1	Abnahme (f) der fertigen Ware	acceptance of the fabric	приемка (жр) готового товара	réception (f) et vérification (f) des pièces	accettazione (f) e collaudo (m) della pezza	aceptación (f) y verificación (f) del tejido
2	mechanische Weberei (f)	power loom weaving	механическое ткачество (ср)	tissage (m) mécanique	tessitura (f) meccanica *o* a macchina	tejedura (f) mecánica
3	Webereimaschinen (fpl)	weaving machinery	ткацкие машины (жр)	métiers (mpl) *ou* machines (fpl) de tissage	macchinario (m) per tessitura	maquinaria (f) de tejidos
4	Webstuhlfabrik (f)	loom factory	фабрика (жр) ткацких станков	atelier (m) de construction de métiers à tisser	fabbrica (f) di telai	fábrica (f) de telares
5	Webstuhlfabrikant (m)	loom maker	фабрикант (мр) ткацких станков	fabricant (m) de métiers à tisser	fabbricante (m) di telai	constructor (m) de telares
6	Webstuhl (m), Stuhl (m)	loom	ткацкий станок (мр) *или* стан (мр)	métier (m) à tisser	telaio (m)	telar (m)
7	Handwebstuhl (m), Handstuhl (m)	hand loom	ручной ткацкий станок (мр)	métier (m) à tisser à bras	telaio (m) a mano	telar (m) a mano
8	mechanischer Webstuhl (m), Kraftstuhl (m)	power loom, mechanical loom	механический ткацкий станок (мр)	métier (m) à tisser mécanique	telaio (m) meccanico	telar (m) mecánico
9	halbmechanischer Webstuhl (m)	dandy loom, semi-power loom	полумеханический ткацкий станок (мр)	métier (m) à tisser mi-mécanique	telaio (m) semi-meccanico	telar (m) semi-mecánico
10	Schaftwebstuhl (m), Schaftstuhl (m)	dobby loom	кареточный ткацкий станок (мр)	métier (m) à ratière *ou* à mécanique d'armure	telaio (m) a ratiera *o* a meccanica	telar (m) de maquinita
11	Schaftmaschine (f)	dobby	каретка (жр) ткацкого станка	ratière (f), mécanique (f) d'armure	ratiera (f), macchina (f) *o* meccanica (f) ad armatura, piccolo Jacquard (m)	maquinita (f)
12	Jacquardwebstuhl (m), Jacquardstuhl (m)	Jacquard loom, French draw loom	Жаккардовый ткацкий станок (мр)	métier (m) [à la] Jacquard	telaio (m) Jacquard	telar (m) Jacquard
13	Jacquardmaschine (f)	Jacquard [machine]	Жаккардовая машина (жр)	machine (f) [à la] Jacquard	macchina (f) Jacquard	máquina (f) Jacquard
14	den Webstuhl vorrichten	to set out *or* to prepare the loom	налаживать ткацкий станок (мр)	appareiller le métier à tisser	preparare il telaio	disponer el telar para el trabajo
15	Webstuhlnummer (f)	number of the loom	номер (мр) ткацкого станка	numéro (m) du métier	numero (m) del telaio	número (m) del telar
16	Stuhlzettel (m), Part (m)	weaving plan, tappet plan, lifting plan, pegging plan, tie up	товарная карточка (жр) для станка, станковый паспорт (мр)	fiche (f) de tissage, dessin (m) *ou* bref (m) de rentrage	messa (f) in carta, armatura (f)	tabla (f) de indicaciones para la tejedura
17	Musternummer (f)	number of pattern	номер (мр) образца *или* сорта *или* рисунка	numéro (m) du dessin	numero (m) del disegno	número (m) de la muestra *o* del dibujo
18	Schermuster (n)	warp pattern	набор (мр) основы *или* основных нитей	rapport (m) en chaîne	ripetizione (f) dei fili di catena	evoluciones (fpl) de la urdimbre, curso (m)
19	Schußmuster (n), Schußfolge (f)	weft pattern	уточный узор (мр), чередование (ср) утка	rapport (m) en trame, tramage (m)	disposizione (f) della trama	dibujo (m) *o* evoluciones (fpl) de la trama
20	Kette (f), Zettel (m), Schweif (m), Aufzug (m)	warp; *silk:* cane	основа (жр)	chaîne (f)	catena (f), ordito (m)	urdimbre (f)
21	Kettnummer (f)	warp count	номер (мр) основы	numéro (m) de la chaîne	numero (m) della catena	número (m) de la urdimbre
22	Schuß (m), Einschlag (m), Eintrag (m)	weft, woof, shot, abb, filling (A)	уток (мр)	trame (f)	trama (f), ripieno (m), tessimento (m)	trama (f)
23	Scherzettel (m)	[plan of] warp particulars	сновальная карточка (жр), расписание (ср) основы	bulletin (m) d'ourdissage	prescrizione (f) per l'ordimento	lista (f) de indicaciones sobre la urdimbre
24	Schußzettel (m)	[list of] weft particulars	уточная карточка (жр), расписание (ср) утка	fiche (f) de renseignements sur la trame	prescrizione (f) per la trama	lista (f) de indicaciones sobre la trama
25	Bindung (f), Fadenverschränkung (f), Fadenkreuzung (f)	weave	переплетение (ср)	armure (f), liage (m), croisement (m)	armatura (f), armura (f), legamento (m), incrocio (m)	ligamento (m)

1 Bindungsrapport (m), Musterrapport (m), Musterwiederholung (f), [Musterregistrierung (f)], Bindungseinheit (f)
repeat[ing] of design, weaving *or* pattern repeat
рапорт (мр) переплетения

rapport (m) de dessin *ou* de liage, répétition (f) du dessin
rapporto (m) d'armatura
muestra (f) *o* dibujo (m) de repetición, curso (m) del ligamento

2 Fachbildevorrichtung (f)
shedding mechanism *or* motion
приспособление (ср) для образования переплетений

mouvement (m) du pas *ou* de la foule, mécanisme (m) pour la formation du pas *ou* de la foule
meccanismo (m) per formare il passo *o* per l'alzata dei licci
dispositivo (m) para la formación de la calada

3 Schußeintragvorrichtung (f)
picking motion
приспособление (ср) для введения утка

dispositif (m) d'insertion de la trame
meccanismo (m) per il movimento della navetta
mecanismo (m) de despedir la lanzadera

4 Webersprache (f)
weavers terms
ткацкия выражения (ср), ткацкое наречие (ср)

termes (mpl) de tisserand
linguaggio (m) *o* gergo (m) dei tessitori
términos (mpl) *o* palabras (fpl) de tejedor

5 Weberregel (f)
weaving rule
ткацкое правило (ср), правило (ср) ткачества

règle (f) de tisserand
regola (f) del tessitore
regla (f) de tejedor

Webereigeräte (npl)
weaver's implements *or* tools
орудия (ср) ткацкого производства

outils (mpl) de tisserand
attrezzi (mpl) di tessitura, utensili (mpl) pel tessitore
útiles (mpl) de tejedor 9

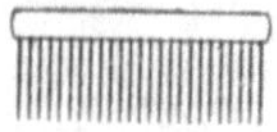

Weberkamm (m)
weaver's comb
ткацкая гребенка (жр)

peigne (m) de tisserand
pettine (m) del tessitore
peine (m) de tejedor 10

Schere (f), Weberschere (f)
weaver's shears

ткацкие ножницы (жр)
ciseaux (mpl) de tisserand
forbici (fpl) *o* forbicine (fpl) del tessitore
tijera (f) de tejedor 11

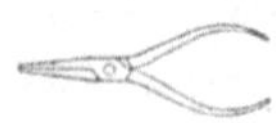

Weberzange (f)
weaver's nippers *or* tweezers
ткацкие щипцы (мр)

pincettes (fpl) de tisserand
pinzetta (f) del tessitore
tenacillas (fpl) planas *o* alicates (fpl) del tejedor 12

Webschule (f), Fachschule (f) für Weberei
weaving school
ткацкая школа (жр)

école (f) de tissage
scuola (f) di tessitura
escuela (f) de tejidos 13

B.

6

Webstoffe (mpl), Webgut (n), [Webmaterialien (npl)]
Weaving Materials
Ткацкие материалы (мр)

Matières (fpl) textiles
Materiali (mpl) tessili
Materias (fpl) textiles

I.

7

Allgemeines (n)
General Terms
Общее (ср)

Généralités (fpl)
Generalità (fpl)
Generalidades (fpl)

8 Rohstoff (m), [Rohmaterial (n)]
raw material
сырье (ср)

matière (f) première
materiale (m) greggio
primera materia (f)

Webstoffbenennung (f), [Materialbenennung (f), Materialbezeichnung (f)]
name of material
название (ср) материалов

désignation (f) des matières
denominazione (f) dei materiali
denominación (f) de las materias 14

Webgut (n) für Kette, [Kettmaterial (n)]
materials for warp
основный материал (мр)

matières (fpl) pour chaine
materiale (m) per catena
materias (fpl) para la urdimbre 15

No.	Term (German / English / Russian)	Term (French / Italian / Spanish)
1	Webgut (n) für Schuß, [Schußmaterial (n)] materials for weft уточный материал (мр)	matières (fpl) pour trame materiale (m) per trama materias (fpl) para la trama
2	Garn (n) yarn пряжа (жр)	fil (m), filé (m) filo (m), filato (m) hilo (m), hilado (m)
3	einfaches Garn (n) single yarn обыкновенная пряжа (жр)	fil (m) simple filato (m) semplice *o* unico *o* ad un capo hilo (m) sencillo *o* a un cabo
4	gedoppeltes *oder* gefachtes Garn (n) doubled yarn сдвоенная пряжа (жр)	fils (mpl) doublés filo (m) binato *o* a due capi hilo (m) a dos cabos
5	Zwirn (m), gezwirntes Garn (n) twisted thread крученая нить (жр)	[fil (m)] retors (m) [filato (m)] ritorto (m) hilo (m) torcido
6	gleichmäßiges Garn (n) evenly *or* uniformly spun yarn, regular yarn равномерная *или* ровная пряжа (жр)	fil (m) régulier filato (m) regolare *o* uniforme hilo (m) regular
7	ungleichmäßiges Garn (n) irregular yarn неровно выпряденая *или* неровная *или* переслежистая пряжа (жр)	fil (m) irrégulier filato (m) irregolare *o* ineguale di titolo hilo (m) irregular
8	dünne Garnstelle (f) thin place in the yarn переслежина (жр)	place (f) fine dans le fil, coupure (f) tratto (m) sottile *o* fino nel filato adelgazamiento (m) en el hilo
9	dicke Garnstelle (f) bead *or* thick place in the yarn плохая присучка (жр), место (ср) утолщения нити	place (f) grosse dans le fil, grosseur (f) tratto (m) grosso nel filato grueso (m), botón (m) *o* gata (f) en el hilo
10	rechts gedrehtes Garn (n), Garn umgekehrter Drehung right hand twisted yarn вправо крученая пряжа (жр), пряжа противоположной крутки	fil (m) tordu à droite, fil à torsion inverse *ou* reverse filato (m) destro *o* a torsione destra hilo (m) torcido a derecha *o* a la inversa
11	links gedrehtes Garn (n), Garn gewöhnlicher Drehung left hand twisted yarn влево крученая пряжа (жр), пряжа обыкновенной крутки	fil (m) tordu à gauche, fil à torsion ordinaire filato (m) sinistro *o* a torsione sinistra, filato a torsione ordinaria hilo (m) torcido a izquierda *o* a torsión ordinaria
12	Rechtsdrehung (f), Rechtsdraht (m) right hand *or* reversed twist правая крутка (жр)	tors (m) droit, torsion (f) à droite *ou* inverse torsione (f) a destra torsión (f) a derecha *o* a la inversa
13	Linksdrehung (f), Linksdraht (m) left hand twist левая крутка (жр)	tors (m) gauche, torsion (f) ordinaire *ou* à gauche torsione (f) a sinistra torsión (f) a izquierda
14	hart gedrehtes Garn (n) hard *or* strong twisted yarn крутая пряжа (жр)	fil (m) à torsion forte *ou* montée filo (m) a forte torsione, filato (m) duro hilo (m) a fuerte torsión
15	weich gedrehtes *oder* offenes Garn (n) soft twisted yarn, open yarn пологая пряжа (жр)	fil (m) à torsion douce *ou* floche filato (m) a torsione dolce *o* soffice, filato morbido hilo (m) a torsión débil
16	Garndicke (f) thickness of yarn толщина (жр) пряжи	épaisseur (f) du fil spessore (m) *o* grossezza (f) del filato grueso (m) del hilo
17	dünnes *oder* feines Garn (n) fine yarn тонкая *или* отборная пряжа (жр)	fil (m) fin filato (m) sottile hilo (m) delgado *o* fino
18	grobes *oder* dickes Garn (n) coarse *or* thick yarn грубая *или* толстая пряжа (жр)	fil (m) gros filato (m) grosso hilo (m) grueso
19	elastisches Garn (n) elastic yarn эластичная *или* упругая пряжа (жр)	fil (m) élastique filato (m) elastico hilo (m) elástico
20	glattes Garn (n) smooth yarn гладкая пряжа (жр)	fil (m) lisse filato (m) liscio hilo (m) liso
21	rauhes Garn (n) rough *or* fibrous yarn шероховатая *или* мохнатая пряжа (жр)	fil (m) rude *ou* duveteux filato (m) ruvido *o* lanuginoso hilo (m) rugoso *o* áspero
22	sprödes *oder* brüchiges Garn (n) brittle yarn хрупкая *или* ломкая пряжа (жр)	fil (m) cassant filato (m) fragile hilo (m) quebradizo *o* frágil
23	rohes Garn (n), Rohgarn (n) raw yarn суровая пряжа (жр)	fil (m) brut filato (m) greggio hilo (m) en crudo
24	gebleichtes Garn (n) bleached yarn беленая пряжа (жр)	fil (m) blanchi filato (m) sbiancato *o* candeggiato hilo (m) blanqueado
25	gefärbtes Garn (n) dyed yarn крашеная пряжа (жр)	fil (m) teint filato (m) tinto *o* colorato hilo (m) teñido
26	in der Farbe verbranntes *oder* durch Färben geschwächtes Garn (n) yarn scorched in dyeing перетравленная краской пряжа (жр)	fil (m) affaibli *ou* brûlé par la teinture filato (m) bruciato in tintura hilo (m) quemado por el tinte
27	bedrucktes Garn (n) printed yarn набивная *или* печатаная пряжа (жр)	fil (m) imprimé filato (m) stampato, filo (m) colorato stampato hilo (m) estampado

1	einfarbiges Garn (n), [Unigarn (n)] single coloured yarn одноцветная пряжа (жр)	fil (m) unicolore filato (m) a tinta unica hilo (m) de un solo color *o* unicolor
2	mehrfarbiges Garn (n) multiple coloured yarn многоцветная пряжа (жр)	fil (m) à plusieurs couleurs filato (m) a più colori hilo (m) de varios colores
3	Sprenkelgarn (n), gemischtfarbiges [*oder* meliertes] Garn (n) mixture yarn меланж (мр), меланжевая пряжа (жр)	fil (m) mélangé en couleur filato (m) misto hilo (m) mezcla de' fibras de diferente color
4	gestärktes *oder* appretiertes Garn (n) dressed yarn отделанная пряжа	fil (m) apprêté filato (m) apprettato *o* apparecchiato hilo (m) aprestado
5	beschwertes Garn (n) loaded *or* weighted yarn утяжеленная *или* отягченная пряжа (жр)	fil (m) chargé filato (m) caricato hilo (m) cargado
6	Garn (n) im Fett yarn in oil жирная пряжа (жр)	fil (m) en graisse filato (m) ingrassato hilo (m) engrasado
7	entfettetes Garn (n) scoured yarn обезжиренная пряжа (жр)	fil (m) dégraissé filato (m) sgrassato hilo (m) desgrasado
8	Kettgarn (n) warp yarn основная пряжа (жр), пряжа для основы, основа (жр)	fil (m) de chaîne filato (m) d'ordito *o* per ordito, filato di catena *o* per catena, ordito (m) hilo (m) de urdimbre
9	Halbkettgarn (n), Zwirngarn (n), [Mediogarn (n), Medio-twist (m)] medio twist, medio yarn, mock water медио (ср)	fil (m) mi-chaîne [filato (m)] medio (m), filato di mezza catena hilo (m) media-urdimbre
10	Schußgarn (n) weft yarn, woof yarn, filling (A) уток (мр), уточная пряжа (жр)	fil (m) de trame filato (m) di trama *o* per trama, trama (f) hilo (m) de trama
11	Papierhülse (f), Dütchen (n) paper tube бумажная (-ый) гильза (жр) *или* патрончик (мр)	tube (m) en papier tubetto (m) di carta tubo (m) de papel
12	Blechhülse (f) sheet metal tube жестяная гильза (жр)	tube (m) métallique *ou* en tôle tubetto (m) metallico tubo (m) metálico
13	kurze Hülse (f), Kurzhülse (f) short tube короткая гильза (жр)	tube (m) court tubetto corto tubo (m) corto
14	durchgehende Hülse (f), Durchhülse (f) [paper] through tube сквозная гильза (жр)	tube (m) traversant tubetto (m) passante tubo (m) largo
15	gelochte [*oder* perforierte] Hülse (f) perforated tube продырявленная *или* перфорированная гильза (жр)	tube (m) perforé tubetto (m) perforato tubo (m) perforado
16	gespultes Garn (n), Spulengarn (n) wound yarn пряжа (жр) на шпулях	fil (m) bobiné filato (m) incannato *o* bobinato; *seta:* filo (m) stracannato hilo (m) bobinado *o* encarretado
17	Scheibenspule (f), Pfeife (f) flanged bobbin, disc spool катушка (жр) с дисками *или* с фланцами	bobine (f) à rebords *ou* à plateaux *ou* à disques *ou* à rondelles rocchetto (m) a flange carrete (m)
18	Kreuzspule (f) cross wound bobbin, quick traverse bobbin, cheese катушка (жр) крестовой мотки	bobine (f) à fil croisé rocca (f) *o* rocchetto (m) a filo incrociato bobina (f) a plegado cruzado, bobina cruzada
19	Holzspule (f) wood spool, wooden bobbin деревянная шпуля (жр) *или* катушка (жр)	bobine (f) *ou* roquet (m) en bois rocchetto (m) di legno bobina (f) *o* carrete (m) de madera
20	geweiftes Garn (n), Haspelgarn (n), Strähngarn (n), Stranggarn (n) yarn in hanks, reeled *or* hank yarn пряжа (жр) в мотках	fil (m) en écheveaux *ou* en asples filato (m) aspato *o* in matasse hilo (m) aspeado *o* en madejas
21	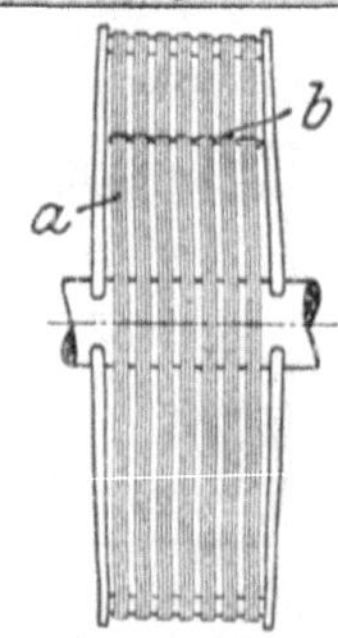	Garnstrahn (m), Schneller (m) hank моток (мр) *или* петинка (жр) пряжи écheveau (m) matassa (f) madeja (f)
22	*a* Gebinde (n), Wiedel (n), Wiel (n), Fitze (f), Bind (n), Unterband (n) lea, skein пасьма (жр)	échevette (f) filzuolo (m), matassina (f) madejita (f), troquillón (m)
23	*b* Fitzfaden (m) tie up thread, hank tie перевязь (жр), перевязочная *или* талечная нить (жр)	centaine (f), sentène (f), capie[use] (f), ligature (f), attache (f) legaccio (m), bandolo (m), cordoncino (m) di cappiatura hilo (m) de atar [las madejitas]
24	gefitzter *oder* unterbundener Strahn (m) tied up hank перевязанный моток (мр)	écheveau (m) lié en centaines matassa (f) a filzuoli *o* impantinata madeja (f) atada
25	Rotfitz (m) red label красная перевязка (жр)	étiquette (f) rouge legatura (f) rossa etiqueta (f) *o* marca (f) roja
26	Weißfitz (m) white label белая перевязка (жр)	étiquette (f) blanche legatura (f) bianca etiqueta (f) blanca

1	das Garn hat eine Strahnlänge von x Meter *oder* läuft x Meter the length of the hank is x meters длина (жр) пряжи в x метров	l'écheveau (m) mesure x mètres la matassa è lunga metri x la madeja mide x metros
2	Kreuzhasplung (f) cross reeling, Grant's reeling крестовая мотка (жр) на мотовиле	dévidage (m) croisé *ou* à grande croisure, dévidage Grant aspatura (f) incrociata; *seta:* zetto (m) americano, zettatura (f) Grant devanado (m) en cruz
3	Docke (f), Stück (n) knot куфта (жр)	poupée (f), torque (f) de fil matassa (f) ripiegata, manella (f) madeja (f) trenzada
4	Garnbündel (n) bundle of yarn пачка (жр) пряжи	paquet (m) de fil pacco (m) *o* mazzotto (m) di filato paquete (m) de hilo
5	Schock (n) schock двенадцать куфт (жр), связка (жр)	soixantaine (f) balla (f) a dodici pacchi rollo (m)
6	Feinheitsnummer (f) des Garnes, Garnnummer (f) number *or* count of yarn номер (мр) [тонины] пряжи	numéro (m) *ou* titre (m) du fil numero (m) *o* titolo (m) del filato número (m) del hilo
7	grobe Nummer (f) coarse count низкий номер (мр)	gros numéro (m) titolo (m) basso *o* grosso; *seta:* titolo (m) tondo número (m) grueso
8	mittlere Nummer (f) medium count ровный *или* средний номер (мр)	numéro (m) moyen titolo (m) medio número (m) mediano
9	feine Nummer (f) fine count тонкий номер (мр)	numéro (m) fin titolo (m) fino número (m) fino
10	die Nummer bestimmen, nummern to number номеровать	numéroter, titrer numer[izz]are numerar
11	Nummerbestimmung (f) determination of the count, counting, numbering определение (ср) номера	détermination (f) du numéro, numérotage (m); *soie:* titrage (m) titolazione (f), determinazione (f) del numero *o* titolo, provinatura (f) determinación (f) del número del hilo
12	Garnumrechnung (f) conversion of counts перевод (мр) номера пряжи	conversion (f) des numéros conversione (f) del titolo conversión (f) del número
13	umzurechnende Nummer (f) count to be converted номер (мр), подлежащий пересчету	numéro (m) à convertir numero (m) da trasformare *o* da convertire *o* da ridurre número (m) a convertir
14	umgerechnete Nummer converted count пересчитанный номер (мр)	numéro (m) converti numero (m) trasformato número (m) convertido
15	gesuchte Nummer (f) count required искомый номер (мр)	numéro (m) cherché numero (m) cercato número (m) buscado
16	tatsächliches [*oder* effektives] Gewicht (n) actual *or* effective weight действительный вес (мр)	poids (m) réel *ou* effectif peso (m) reale *o* effettivo peso (m) real *o* efectivo
17	rechnerisch ermitteltes *oder* errechnetes Gewicht (n), [Kalkulationsgewicht (n)] calculated weight of yarn теоретический *или* высчитанный вес (мр)	poids (m) calculé du fil peso (m) teorico *o* calcolato del filato peso (m) calculado del hilo
18	Gewichtsprüfung (f), [Gewichtskontrolle (f)] checking of weight проверка (жр) веса	vérification (f) du poids verifica (f) *o* controllo (m) del peso comprobación (f) *o* verificación (f) del peso
19	Garnmenge (f) quantity of yarn количество (ср) пряжи	quantité (f) de fil quantità (f) di filato cantidad (f) de hilo
20	Garnverbrauch (m) yarn consumption расход (мр) пряжи	consommation (f) de fil consumo (m) di filato consumo (m) de hilo
21	Verbrauchslänge (f) length [of yarn] worked up израсходованная длина (жр) пряжи	longueur (f) du fil consommé lunghezza (f) di filato consumato longitud (f) de hilo consumido
22	Garnvergeudung (f), Garnverschwendung (f) spoiling of yarn перерасход (мр) пряжи	gaspillage (m) de fil spreco (m) di filato gasto (m) innecesario de hilo
23	Garnabfall (m), Garnabgang (m), Garnverlust (m) loss of yarn угар (мр) *или* потеря (жр) пряжи	perte (f) de fil perdita (f) di filato *o* in filetti pérdida (f) de hilo
24	Garnverlust (m) auf die Länge berechnet loss in yarn per unit length потеря (жр) в пряже, отнесенная к длине	perte (f) de fil par [unité de] longueur perdita (f) di filato calcolata in rapporto alla lunghezza pérdida (f) de hilo por unidad de longitud
25	Gütebezeichnung (f) [*oder* Qualitätsbezeichnung (f)] für Garne quality term for yarns обозначение (ср) качества пряжи	désignation (f) de la qualité des fils indicazione (f) della qualità del filato denominación (f) del hilo por la calidad
26	Kaufgarn (n), Handelsgarn (n) commercial yarn рыночная пряжа (жр)	fil (m) commercial filato (m) commerciale hilo (m) comercial
27	Garnkiste (f) case of yarn ящик (мр) для [упаковки] пряжи	caisse (f) de fil cassa (f) di filati caja (f) de hilo

II.

1	**Garnarten** (fpl) **Kinds of Yarn** **Сорта** (мр) **пряжи**	**Espèces** (fpl) **de fils** **Specie** (fpl) *o* **tipi** (mpl) **di fili** **Clases** (fpl) **de hilo**
2	**1. Baumwollgarne** (npl) **Cotton Yarns** **Хлопчато-бумажная пряжа** (жр)	**Fils** (mpl) **de coton** **Fili** (mpl) **di cotone** **Hilos** (mpl) **de algodón**
3	Louisianagarn (n) Louisiana yarn пряжа (жр) из луизианского хлопка	fil (m) Louisiane filato (m) di cotone Louisiana, filato america hilo (m) de Louisiana
4	Makogarn (n) Egyptian yarn пряжа (жр) мако	fil (m) Jumel *ou* en coton d'Egypte filato (m) macò *o* makò *o* di Jumel *o* di cotone egiziano hilado (m) de Jumel *o* de algodón egipcio
5	Baumwoll-Streichgarn (n), gekardetes Baumwollgarn (n) carded cotton yarn аппаратная *или* кардная хлопчатобумажная пряжа (жр)	fil (m) de coton cardé filato (m) di cotone cardato [hilado (m)] cardado (m)
6	Baumwoll-Kammgarn (n), gekämmtes Baumwollgarn (n) combed cotton yarn гребенная *или* гребнечесная хлопчатобумажная пряжа (жр)	fil (m) de coton peigné filato (m) di cotone pettinato [hilado (m)] peinado (m)
7	Zweizylindergarn (n), Barchentgarn (n), Imitatgarn (n) condensed yarn, imitation yarn, barchant yarn пряжа (жр) простой вытяжки, конденсорная пряжа, пряжа-имитация (жр)	fil imitation, fil (m) à futaine filato (m) d'imitazione, filato dalla carda continua, filato uso lana, filato per fustagni hilo (m) de fustán, hilo imitación [a lana]
8	Vigognegarn (n) vigogne yarn пряжа (жр) вигонь, вигоньевая пряжа	fil (m) imitation vigogne filato (m) uso vigogna hilo (m) vigogne
9	Halbwollgarn (n) half woollen yarn полушерстяная пряжа (жр)	fil (m) mi-laine filato (m) di mezza lana hilado (m) media-lana
10	Drosselgarn (n), Ringspinngarn (n), [Watergarn (n), Water-[twist] (m)] ring warp, water twist, ring spun yarn ватерная пряжа (жр), ватер (мр)	fil (m) de [métier] continu à anneau filato (m) water, filato sul ring *o* sul filatoio continuo hilado (m) de continua
11	Selbstspinnergarn (n), Mulegarn (n), Mule [-twist] (m), [Selfaktorgarn (n)] mule [spun] yarn мюльная пряжа (жр), мюль (мр)	fil (m) de [métier] renvideur filato (m) sul selfacting *o* del filatoio automatico hilado (m) de selfactina
12	Baumwollabfallgarn (n) cotton waste yarn угарная бумажная пряжа (жр)	fil (m) de déchet de coton filato (m) di cascami di cotone hilado (m) de desperdicios de algodón
13	mercerisiertes Garn (n) mercerised yarn мерсеризованная пряжа (жр)	fil (m) mercerisé filato (m) [di cotone] mercerizzato hilo (m) mercerizado
14	Baumwollzwirn (m) cotton twist бумажная крученая нить (жр)	coton (m) retors ritorto (m) di cotone torcido (m) de algodón
15	gasiertes Baumwollgarn (m), Florgarn (n) gassed cotton yarn опаленая хлопчатобумажная пряжа (жр)	fil (m) de coton gazé filato (m) di cotone gazato hilo (m) de algodón gaseado
16	Litzengarn (n), Kordonnetgarn (n) cordonnet yarn бечевочная пряжа (жр), кордонет (мр)	fil (m) cordonnet cordonetto (m) cordón (m)
17	Glanzgarn (n), Eisengarn (n) glacé thread, polished yarn, patent strong yarn глянцевая пряжа (жр)	fil (m) glacé filato (m) lustrato *o* brillantato *o* glacé hilo (m) glacé *o* pulido
18	**2. Flachsgarne** (npl) **Flax Yarns** **Льняная пряжа** (жр)	**Fils** (mpl) **de lin** **Filati** (mpl) **di lino** **Hilos** (mpl) **[de lino]**
19	Langflachsgarn (n) linen yarn, flax line yarn пряжа (жр) из чесаного льна	fil (m) de lin [long] filato (m) di lino [lungo] hilo (m) [de hilaza]
20	Werggarn (n), Hedegarn (n), [Towgarn (n)] tow yarn пряжа (жр) из кудели	fil (m) d'étoupe filato (m) di stoppa hilo (m) de estopa
21	Handgarn (n) hand spun yarn пряжа (жр) ручной выпрядки	fil (m) à fuseau *ou* à rouet, fil de main filato (m) [prodotto] a mano hilo (m) *o* hilado (m) a mano, hilo con huso y rueca
22	Maschinengarn (n) machine *or* mill spun yarn пряжа (жр) машинной выпрядки	fil (m) mécanique filato (m) meccanico *o* a macchina hilo (m) *o* hilado (m) a máquina
23	Trockengespinst (n) dry spun yarn пряжа (жр) сухой выпрядки	fil (m) [de filage] au sec filato (m) [prodotto] a secco hilo (m) en seco

1	Naßgespinst (n) wet spun yarn пряжа (жр) мокрой выпрядки	fil (m) filé à l'eau chaude, fil au mouillé filato (m) di filatura ad umido hilo (m) en mojado
2	mercerisiertes Leinengarn (n) mercerised linen yarn мерсеризованная льняная пряжа (жр)	fil (m) de lin mercerisé filato (m) di lino mercerizzato hilo (m) de lino mercerizado
3	Glanzleinengarn (n), lüstriertes Leinengarn (n) lustered linen yarn люстровая льняная пряжа (жр)	fil (m) de lin lustré filato (m) di lino lucidato hilor (m) de lino lustrado
4	**3. Hanfgarne** (npl) **Hemp Yarns** **Пеньковая пряжа** (жр)	**Fils** (mpl) **de chanvre** **Filati** (mpl) **di canapa** **Hilos** (mpl) **de cáñamo**
5	leichtes Hanfgarn (n) fine hemp yarn тонкая пеньковая пряжа (жр)	fil (m) de chanvre délié filato (m) di canapa fino hilo (m) fino de cáñamo
6	dickes Hanfgarn (n) coarse hemp yarn толстая пеньковая пряжа (жр)	gros fil (m) de chanvre filato (m) di canapa grossolano hilo (m) grueso de cáñamo
7	Hanfwerggarn (n) hemp tow yarn пряжа (жр) из пеньковой пакли	fil (m) d'étoupe de chanvre filato (m) di stoppa di canapa hilo (m) de estopa de cáñamo
8	**4. Jutegarne** (npl) **Jute Yarns** **Джутовая пряжа** (жр)	**Fils** (mpl) **de jute** **Filati** (mpl) **di juta** **Hilos** (mpl) **de yute**
9	Jutehechelgarn (n) jute [long] line yarn, hackled jute yarn прочесанная джутовая пряжа (жр)	fil (m) de jute peigné filato (m) di juta pettinata hilo (m) de yute peinado *o* de yute de hilaza
10	Jutewerggarn (n), Jutehedegarn (n), kardiertes Jutegarn (n) jute tow yarn пряжа (жр) из джутовой кудели	fil (m) d'étoupe de jute filato (m) di stoppa di juta hilo (m) de estopa de yute
11	Jutekettgarn (n), [Jutewarp (n)] jute warp yarn джутовая основа (жр), джутовая пряжа (жр) для основы	[fil (m) pour] chaîne (f) de jute catena (f) *o* ordito (m) di juta urdimbre (f) de yute
12	Juteschußgarn (n), [Juteweft (n)] jute weft yarn джутовая уточная пряжа (жр), джутовый уток (мр)	[fil (m) pour] trame (f) de jute trama (f) di juta trama (f) de yute
13	Mischgarn (n) blended *or* mixed yarn мешаная пряжа (жр)	fil (m) mixte filato (m) misto hilo (m) de mezcla
14	**5. Garne** (npl) **aus anderen Pflanzenfasern** **Yarns from Other Vegetable Fibres** **Пряжа** (жр) **из прочих растительных волокон**	**Fils** (mpl) **d'autres fibres végétales** **Filati** (mpl) **ricavati d'altre fibre vegetali** **Hilos** (mpl) **de otras fibras vegetales**
15	Chinagrasgarn (n), Ramiegarn (n) ramie yarn, china grass yarn пряжа-рами (жр)	fil (m) de ramie filato (m) di ramiè *o* d'ortica bianca hilo (m) de ramio
16	Brennesselgarn (n) nettle yarn пряжа (жр) из крапивы	fil (m) d'ortie filato (m) d'ortica hilo (m) de ortiga
17	Kokosgarn (n) coir yarn пряжа (жр) из кокоса	fil (m) de coco filato (m) di cocco hilo (m) de coco
18	Cochingarn (n) cochin coir yarn пряжа (жр) из кокосовых волокон с острова Кохина	fil (m) du coco Cochin filato (m) di cocco Cochin hilo (m) de coco Cochin
19	Coconadakokosgarn (n) coconada coir yarn пряжа-коконада (жр) из кокоса	fil (m) [du coco] de Coconada filato (m) di cocco Coconada hilo (m) de coco Coconada
20	Ceylongarn (n) Ceylon coir yarn цейлонская [кокосовая] пряжа (жр)	fil (m) de Ceylan filato (m) di cocco di Ceylon hilo (m) de coco de Ceylon
21	Torffasergarn (n) peat yarn пряжа (жр) из волокон торфа	fil (m) de tourbe filato (m) di torba hilo (m) de lana y turba
22	Zellstoffgarn (n), [Zellulosegarn (n)] cellulose yarn пряжа (жр) из клетчатки	fil (m) de cellulose filato (m) di cellulosa hilo (m) de celulosa
23	Holzfasergarn (n) wood fibre yarn пряжа (жр) из древесных волокон *или* древесины	fil (m) de fibre de bois filato (m) di fibre di legno hilo (m) de fibra de madera
24	Papiergarn (n) paper yarn пряжа (жр) из бумаги	fil (m) de papier filato (m) di carta hilo (m) de papel
25	Silvalin[garn] (n) silvalin [pulp] yarn бумажная пряжа (жр) сильвалин	fil (m) [de pâte] silvaline filato (m) [di pasta] silvalina hilo (m) [de pasta] silvalina
26	Textilose (f) textilose [paper] yarn текстилоза (жр)	fil (m) [de papier] textilose [filato (m) di carta] tessilosa (f) hilo (m) textilose [de papel]

1	Textilit (n) textilite [paper] yarn текстилит (мр)	fil (m) [de papier] textilite filato (m) [di carta] tessilite hilo (m) textilita [de papel]
2	Textilin (n) textiline [paper] yarn текстилин (мр)	fil (m) [de papier] textiline filato (m) [di carta] tessiline hilo (m) textilina [de papel]
3	**6. Schafwollgarne (npl)** **Wool Yarns** **Пряжа (жр) овечьей шерсти**	**Fils (mpl) de laine, laine (f) filée** **Filati (mpl) di lana** **Hilos (mpl) de lana**
4	**a) Streichgarne (npl)** **Woollen or Carded Yarns** **Аппаратная пряжа (жр)**	**Fils (mpl) de laine cardée** **Filati (npl) di lana cardata** **Hilos (mpl) de lana [cardada]**
5	Lamawollgarn (n) woollen yarn for lama пряжа (жр) для ламы	fil (m) pour napolitaine filato (m) per lama hilo (m) para lama
6	Flanellgarn (n) flannel yarn пряжа (жр) для фланели	fil (m) pour flanelles filato (m) per flanella hilo (m) para franela
7	Brillantinegarn (n) brilliantine yarn бриллиантиновая пряжа (жр)	fil (m) brillantine filato (m) brillantino hilo (m) de mezcla lustroso
8	Zibelinegarn (n) zibeline yarn пряжа (жр) из крашеной шерсти с примесью длинных животных волос, пряжа для имитации меха	fil (m) zibeline filato (m) zibelino hilo (m) zibelina
9	Homespungarn (n) home spun yarn пряжа (жр) для домотканых *или* кустарных товаров	fil (m) pour homespun filato (m) per homespun hilo (m) para homespun
10	Trikotgarn (n) hosiery yarn пряжа (жр) для трико	fil (m) de bonneterie filato (m) per maglieria hilo (m) para género de punto
11	Strickgarn (n) knitting yarn вязальная пряжа (жр)	fil (m) à tricoter filato (m) da calze *o* per calzetteria hilo (m) de [punto de] medias
12	Teppichgarn (n) carpet yarn ковровая пряжа (жр)	fil (m) de tapisserie filato (m) da tappeti hilo (m) para tapices *o* para alfombras
13	Mottledgarn (n) mottled yarn пестро-глянцевая (из двух цветных ровниц) пряжа (жр)	fil (m) marbré *ou* zébré filato (m) marmorizzato hilo (m) multicolor *o* estucado
14	Bouclégarn (n) bouclé yarn грубая ковровая пряжа (жр)	fil (m) bouclé filato (m) bouclé hilo (m) bouclé
15	Leistengarn (n) selvedge yarn, list yarn, border thread кромочная пряжа (жр)	fil (m) à lisière filato (m) per cimosse hilo (m) para orillos
16	Abfallgarn (n) waste yarn угарная пряжа (жр)	fil (m) de déchet filato (m) di cascame hilo (m) de desperdicios
17	Kunstwollgarn (n) remanufactured yarn угарная шерстяная пряжа (жр)	fil (m) de laine renaissance filato (m) di lana artificiale *o* di lana meccanica [hilo (m) de] regenerado (m)
18	Mungogarn (n) mungo yarn пряжа (жр) мунго	fil (m) mungo filato (m) mungo hilo (m) de mungo
19	Shoddygarn (n) shoddy yarn пряжа (жр) шодди	fil (m) de shoddy filato (m) [di] shoddy hilo (m) de shoddy
20	Alpakagarn (n), Extraktgarn (n) extract yarn пряжа (жр) альпака	fil (m) extract filato (m) estract *o* alpaga hilo (m) de alpaca-extract
21	Tibetgarn (n) „Thibet" yarn пряжа-тибет (жр)	fil (m) „Thibet" filato (m) „Thibet" hilo (m) „Thibet"
22	**b) Kammgarne (npl)** **Worsted Yarns** **Камвольная пряжа (жр)**	**Fils (mpl) de laine peignée** **Filati (mpl) di lana pettinata** **Hilos (mpl) de estambre**
23	hartes Kammgarn (n) hard worsted yarn крутая камвольная пряжа (жр)	fil (m) peigné dur filato (m) di lana pettinata duro hilo (m) duro de estambre
24	weiches Kammgarn (n) soft worsted yarn пологая камвольная пряжа (жр)	fil (m) peigné doux filato (m) di lana pettinata dolce hilo (m) blando de estambre
25	Lüstergarn lustre wool yarn люстриновая пряжа (жр)	fil (m) de laine brillante filato (m) di lana brillante hilo (m) de lana brillante
26	Merinogarn (n) merino yarn пряжа (жр) из мериносовой шерсти	fil (m) mérinos filato (m) merino hilo (m) merino
27	Zephirgarn (n) zephyr yarn зефирная пряжа (жр)	fil (m) zéphyr *ou* zéphire filato (m) zef[f]iro hilo (m) zephyr
28	Mooswolle (f), Häkelgarn (n) crochet yarn двойная крутая пряжа-зефир (жр)	fil (m) à crochet filato (m) per l'uncinetto hilo (m) de ganchillo *o* de crochet
29	Kastorgarn (n) castor yarn касторовая пряжа (жр)	fil (m) „castor" filato (m) castorino hilo (m) castor
30	Cheviotgarn (n) cheviot yarn пряжа (жр) для шевиота	fil (m) cheviot filato (m) cheviot hilo (m) cheviot

1	Schußkammgarn (n) worsted weft, worsted woof уточная камвольная пряжа (жр), камвольный уток (мр)	fil (m) peigné pour trame, peigné-trame (m) filato (m) di trama pettinato trama (f) de estambre
2	Kettkammgarn (n) worsted warp камвольная пряжа (жр) для основы, камвольная основа (жр)	fil (m) peigné pour chaîne, peigné-chaîne (m) filato (m) di catena pettinato urdimbre (f) de estambre
3	Tournaigarn (n) Tournay yarn пряжа (жр) Турнэ	fil (m) de Tournai filato (m) di Tournai hilo (m) de Tournai
4	Genappegarn (n) genappe yarn пряжа (жр) женапп (двойная крутая опаленая нить)	fil (m) génappe filato (m) genappe retorcido (m) fuerte gaseado, genappe (m)
5	Moulinégarn (n) [double] coloured twist yarn пряжа (жр) мулинэ	fil (m) mouliné filato (m) mouliné hilo (m) molinado
6	Vigoureuxgarn (n) Vigoureux yarn, melange yarn пряжа (жр) из набивного выческа	fil (m) Vigoureux filato (m) Vigoureux hilo (m) Vigoureux
7	Halbkammgarn (n), [Sayettegarn (n), Tapisseriegarn (n)] carded worsted yarn, half worsted, imitation worsted, semi-worsted yarn, mock worsted полукамвольная пряжа (жр)	fil (m) de sayette, peigné-cardé (m), peigné-mixte (m), cardé-peigné (m) filato (m) semi-pettinato *o* mezzo pettinato medio-estambre (m), semi-estambre (m), hilo (m) de estambre cardado
8	Smyrnagarn (n) Smyrna yarn смирнская пряжа (жр)	fil (m) Smyrne filato (m) di Smyrne hilo (m) de Esmirna
9	Musselingarn (n) muslin yarn пряжа (жр) для муслина	fil (m) pour mousseline filato (m) per mussolina hilo (m) para muselina
10	Grenadinegarn (n) grenadine yarn пряжа (жр) для гренадина	fil (m) grenadine filato (m) grenadine hilo (m) granadina
11	Lastinggarn (n) lasting yarn пряжа (жр) для ластика *или* сатина	fil (m) pour lasting filato (m) per lasting *o* stoffa per calzatura hilo (m) para lasting
12	Kamelottgarn (n) camlet yarn пряжа (жр) для камлота	fil (m) pour camelot filato (m) cambellotto *o* camelot hilo (m) para camelot
13	Damastgarn (n) damask yarn пряжа (жр) для дамаска, дамасковая пряжа	fil (m) pour damassé filato (m) per damascati hilo (m) para damasco
14	Schleiergarn (n), Voilegarn (n) voile yarn пряжа (жр) для вуаля	fil (m) voile filato (m) voile *o* per velati hilo (m) para velos
15	Kreppgarn (n), [Crêpegarn (n)] crepe *or* crape yarn пряжа (жр) для крэпа, крэповая пряжа	fil (m) crêpe filato (m) crespato *o* crêpe hilo (m) cresponado

7. Haargarne (npl) — Fils (mpl) de poils — 16
Hair Yarns — Filati (mpl) di peli
Пряжа (жр) из волоса — Hilos (mpl) de pelo

17	Ziegenhaargarn (n) goat's hair yarn пряжа (жр) козьей шерсти	fil (m) de poils de chèvre filato (m) di pelo di capra hilo (m) de pelo de cabra
18	Mohärgarn (n) mohair yarn пряжа (жр) ангорской шерсти	fil (m) mohair filato (m) mohair hilo (m) mohair, hilo (m) de pelo de cabra de Angora
19	Reinmohärgarn (n) pure mohair yarn чистая ангорская пряжа (жр)	fil (m) mohair pur filato (m) mohair puro hilo (m) mohair puro
20	Mohärmischgarn (n) mixed mohair yarn мешаная пряжа (жр) из ангорской и обыкновенной шерсти	fil (m) mohair mixte filato (m) mohair misto hilo (m) mohair mezclado
21	weißes Mohärgarn (n) white mohair yarn белая ангорская пряжа (жр)	fil (m) mohair blanc filato (m) mohair bianco hilo (m) mohair blanco
22	Kaschmirgarn (n), Tibetgarn (n) cashmere yarn пряжа (жр) из кашмирской шерсти	fil (m) cachemire filato (m) cachemire hilo (m) cachemira
23	Kamelhaargarn (n) camel hair yarn пряжа (жр) из верблюжьей шерсти	fil (m) de poils de chameau filato (m) di pelo di camello hilo (m) de pelo de camello
24	Vicuñagarn (n), Vigognewollgarn (n) vicuna yarn пряжа (жр) шерсти ламы-викуньи	fil (m) de vigogne filato (m) di vigogna hilo (m) de vicuña
25	Lamahaargarn (n) lama yarn пряжа (жр) из шерсти ламы	fil (m) de lama filato (m) di [pelo di] lama hilo (m) de [pelo de] llama
26	Alpakawollgarn (n) Alpaca yarn пряжа (жр) альпака	fil (m) d'alpaga *ou* d'alpaca filato (m) d'alpaca hilo (m) de alpaca
27	Kuhhaargarn (n) cow hair yarn пряжа (жр) из коровьего волоса	fil (m) de poils de vache filato (m) di pelo di vacca hilo (m) de pelo de vaca
28	Roßhaargarn (n) horsehair yarn пряжа (жр) из конского волоса	fil (m) de crin filato (m) di crine [di cavallo] hilo (m) de crin *o* de pelo de caballo

1	**8. Seidengarne** (npl) **Silk Yarns** **Шелковая пряжа** (жр)	**Fils** (mpl) **de soie** **Filati** (mpl) **di seta** **Hilos** (mpl) **de seda**
2	Rohseide (f), rohe Seide (f) [Grège (f), Grezseide (f)] raw silk, grege шелк-сырец (мр), грежа (жр), греж (мр)	soie (f) grège, grège (f) seta (f) greggia, greggia (f) seda (f) aspeada *o* cruda
3	feinste Rohseide (f) finest grege грежа (жр) высшего сорта	soie (f) grège extra-fine greggia (f) di primo ordine seda (f) cruda extra-fina
4	gezwirnte [*oder* mulinierte] Seide (f) thrown silk крученый шелк (мр)	soie (f) [re]torse *ou* moulinée *ou* ouvrée seta (f) ritorta *o* operata *o* molinata seda (f) torcida
5	Kettseide (f), [Organsinseide (f), Organzin (m), Orsoyseide (f)] organzine шелковая основа (жр), органзин (мр)	organsin (m), soie (f) chaîne organzino (m) organzín (m), torzal (m)
6	Schußseide (f), Einschlagseide (f) [Trama (f), Tramseide (f)] tram, weft silk уточный шелк (мр), шелковый уток (мр), трама (жр)	soie (f) trame seta (f) trama, trama (f) seda (f) trama, trama (f) de seda
7	Trametteseide (f) coarse tram грубая трама (жр), грубый шелковый уток (мр)	tramette (f) seta (f) tramé trama (f) basta *o* gruesa
8	festgedrehte Trama (f) hard twisted tram крутой шелковый уток (мр)	trame (f) à torsion montée trama (f) di forte torsione, trama organzinata *o* stratorta trama (f) a torsión fuerte
9	Ondé (n) ondee шелковая крученка (жр), шелк-ондэ (мр)	ondé (m), soie (f) ondée seta (f) ondata, risaltato (m), ondé (m) seda (f) ondeada *o* roscada
10	Crêpe (m) crape yarn крэповая пряжа (жр)	fil (m) soie crêpe crespo (m), crêpe (m) hilo (m) de seda de crespón, hilo de crepe de seda
11	Crêpe-de-Chinegarn (n) Crêpe-de-Chine yarn крэп-де-шиновая пряжа (жр)	fil (m) soie crêpe de Chine crespo (m) della China hilo (m) de crespón de China
12	Pel[seide] (f) single простой шелк (мр)	poil (m) pelo (m) [di seta] pelo (m), sencillo (m)
13	Maraboutseide (f) marabou silk шелк (мр) марабу	soie (f) marabout, marabout (m) seta (f) marabout, marabout (m) seda (f) marabú, marabú (m)
14	Kordonnetseide (f), kordonnierte Seide (f) purse silk, purse twist, cordonnet кордонет (мр)	soie (f) cordonnet, cordonnet (m) cordonetto (m), cordoncino (f), tortiglia (f) cordoncillo (m) de seda
15	Câbléseide (f) cable silk толстый кордонет (мр)	soie (f) câblée, câblé (m) cordonetto (m) cablé cableado (m)
16	Zwirn[ungs]grad (m) [*oder* Muliniergrad (m)] der Seide degree *or* amount of twist in the silk степень (жр) крутки шелка	nombre (m) d'apprêts de la soie grado (m) di torcitura della seta grado (m) de apresto de la seda
17	Seide (f) mit Samtzwirnung, Samtzwirn (m), [Stratorto (m)] stratorto шелк (мр) бархатной крутки	organsin (m) à faible apprêt stratorto (m) stratorto (m)
18	Seide (f) mit Satinzwirnung, Atlaszwirn (m), [Strafilato (m)] strafilato шелк (мр) сатиновой крутки	fort apprêt (m), organsin (m) à fort apprêt strafilato (m) fuerte apresto (m)
19	Seide (f) mit mittlerer Zwirnung, Moyen apprêt (m) moyen apprêt шелковая основа (жр) средней крутки	moyen apprêt (m) torsione (f) media, medio (m), comune (m) medio apresto (m)
20	Grenadineseide (f), Seide (f) mit Grenadinezwirnung grenadine silk гренадин (мр), шелк (мр) гренадиновой крутки	soie (f) grenadine granatina (f), organzino (m) grenadine seda (f) granadina
21	ungekochte *oder* unentschälte Seide (f), [Crüseide (f), Ecrüseide (f)] unscoured *or* crude silk шелк-крю (мр), шелк-экрю (мр), пряжа (жр) из некипяченого *или* неочищенного от клеевины шелка-сырца	soie (f) écrue *ou* crue seta (f) cruda seda (f) no desgrasada, seda cruda
22	halbentschälteSeide (f), Souple[seide] (f), souplierte *oder* assouplierte Seide (f) half boiled silk пряжа (жр) из умягченного шелка	soie (f) mi-cuite, soie souple seta (f) raddolcita, seta souple, seta mezza purgata *o* mezza cotta seda (f) suavizada, seda medio cocida
23	entbastete *oder* entschälte *oder* linde [*oder* degummierte] Seide (f) scoured *or* degummed silk шелк (мр), очищенный от клеевины; дегумированный шелк	soie (f) décreusée *ou* dégommée seta (f) sgommata *o* purgata seda (f) desengomada
24	gekochte Seide (f), Cuite-Seide (f) boiled off silk кипяченый шелк (мр)	soie (f) cuite seta (f) cotta seda (f) cocida

1	beschwerte [*oder* chargierte] Seide (f) loaded silk отяжеленный шелк	soie (f) chargée seta (f) caricata seda (f) cargada
2	farbige Seide (f) coloured silk крашеный *или* цветной шелк (мр)	soie (f) couleur seta (f) colorata *o* a colori seda (f) de color
3	lüstrierte Seide (f) glazed silk шелк-люстрин (мр), люстрированный *или* глянцевый шелк	soie (f) glacée seta (f) brillantata seda (f) brillante
4	laminierte Seide (f) flattened silk плющеный крашеный шелк (мр)	soie (f) laminée seta (f) laminata seda (f) laminada
5	gaufrierte Seide (f) goffered silk гофрированный шелк (мр)	trame (f) gaufrée seta (f) goffré seda (f) gofrada *o* estampada
6	Tussahseidengarn (n) tussore *or* tussah silk yarn шелковая пряжа (жр) тусса	fil (m) de soie tussah filato (m) di seta tussah hilo (m) de seda tussah
7	Schappegarn (n), Florettgarn (n) schappe silk yarn прочесный шелк (мр), флорет (мр)	fil (m) de fleuret *ou* de schappe filato (m) di chappe hilo (m) de schappe
8	einfädiges Schappegarn (n), Schußschappe (f), [Canetteseide (f)] single schappe silk yarn одинарный прочесный шелк (мр)	trame (f) de schappe simple filato (m) di chappe ad un sol capo, trama (f) di chappe hilo (m) sencillo de schappe
9	gezwirnte Schappe (f), Kettschappe (f), [Assembléseide (f)] schappe silk twist крученый прочесный шелк (мр), основа (жр) из прочесного шелка	chaîne (f) de schappe catena (f) di chappe torcido (m) de schappe
10	Phantasieseide (f) fancy silk yarn фасонный шелк (мр)	fil (m) de schappe fantaisie seta (f) fantasia seda (f) de fantasia
11	Galettegarn (n), Filosellegarn (n) filoselle yarn пряжа (жр) галэт, пряжа филозель	fil (m) de soie galette, filoselle (f) filato (m) di filosella *o* di galettame seda (f) de capullos o de todo capullo
12	Weißbast (m) white schappe silk yarn белый флорет (мр)	fil (m) de fleuret blanc chappe (m) bianco hilo (m) de schappe blanco
13	Gelbbast (m) yellow schappe silk yarn желтый флорет (мр)	fil (m) de fleuret jaune chappe (m) giallo hilo (m) de schappe amarillo
14	Bourrettegarn (n) bourrette yarn буретная пряжа (жр), бурет (мр)	fil (m) de bourrette filato (m) di bourrette *o* di borretta hilo (m) de seda basta
15	Seidenshoddygarn (n) silk shoddy yarn шелковая пряжа (жр) шодди	fil (m) de soie shoddy filato (m) di seta shoddy hilo (m) de seda shoddy
16	Tussahschappegarn (n) tussore schappe yarn прочесная шелковая пряжа (жр) тусса	schappe (f) tussah chappe (m) tussah schappe (f) tussah
17	**9. Kunstseidengarne (npl)** **Artificial Silk Yarns** **Пряжа (жр) из искусственного шелка**	**Fils (mpl) de soie artificielle** **Fili (mpl) di seta artificiale** **Hilos (mpl) de seda artificial**
18	Kupfer[oxydammoniak]seide (f), Glanzstoff (m), Elberfelder *oder* Oberbrucher Kunstseide (f) cuprated silk, lustracellulose, Glanzstoff меднокисло-аммиачный шелк (мр), глянцштоф (мр)	soie (f) artificielle au cuivre *ou* à l'oxyde de cuivre ammoniacal, soie Glanzstoff seta (f) all'ossido di rame ammoniacale, seta artificiale al cuprammonio, seta artificiale „Glanzstoff" *o* di Elberfeld *o* di Oberbruch seda (f) artificial al cobre *o* al óxido cupro-amoniacal *o* de Elberfeld *o* de Oberbruch, Glanzstoff (m)
19	Nitro[zellulose]seide (f), Lehnerseide (f), Nitratseide (f), Kollodiumseide (f), Silkin (n) nitro-cellulose *or* Chardonnet silk, collodion silk, gun cotton silk шелк (мр) из нитроцеллулозы, нитрошелк (мр), нитрошелк силкин	soie (f) artificielle à la nitrocellulose *ou* de Chardonnet *ou* au pyroxyle *ou* au collodion seta (f) artificiale di nitro-cellulosa *o* di pirossilina *o* di collodio, seta Chardonnet seda (f) artificial de nitro-celulosa *o* de colodión, seda Chardonnet
20	Viskose[seide] (f), Lunaseide (f) viscose silk, Luna silk вискозный шелк (мр)	soie (f) viscose seta (f) viscosa, seta Luna seda (f) viscose, seda viscosa, seda Luna
21	künstliches Roßhaar (n), Robinseide (f) artificial horsehair искусственный конский волос (мр)	crin (m) artificiel, crinol (m) crine (m) artificiale pelo (m) de caballo artificial, crin (m) artificial, crenol (m)
22	**10. Asbestgarne (npl)** **Asbestos Yarns** **Пряжа (жр) из асбеста**	**Fils (m) d'amiante** **Filati (mpl) di amianto** **Hilos (m) de amianto**
23	einfaches Garn (n) single yarn обыкновенная *или* простая пряжа (жр)	fil (m) simple filato (m) semplice hilo (m) sencillo
24	fest gedrehtes Garn (n) hard twisted yarn крутая пряжа (жр)	fil (m) fortement tordu *ou* à torsion forte filato (m) a forte torsione hilo (m) de fuerte torsión

No.		
1	weich gesponnenes Garn (n) soft spun *or* soft twisted yarn пологая пряжа (жр)	fil (m) filé floche filato (m) a torsione dolce hilo (m) de torsión floja
2	ungleichmäßiges Gespinst (n) irregularly spun yarn неравномерная пряжа (жр)	fil (m) irrégulier filato (m) irregolare hilo (m) irregular
3	rauhes Garn (n) rough *or* fibrous yarn мохнатая *или* шероховатая *или* суровая пряжа (жр)	fil (m) rugueux filato (m) ruvido hilo (m) áspero
4	Asbestgarn (n) mit Baumwollseele asbestos yarn with cotton core асбестовая пряжа (жр) с хлопчатобумажной жилой	fil (m) d'amiante avec âme en coton filato (m) d'amianto con centro *o* con anima di cotone hilo (m) de amianto con ánima de algodón
5	Asbestgarn (n) mit Messingseele asbestos yarn with brass core асбестовая пряжа (жр) с латунной жилой	fil (m) d'amiante avec âme en laiton filato (m) d'amianto con centro *o* con anima d'ottone hilo (m) de amianto con ánima de latón
6	gezwirntes Garn (n) twisted yarn крученая пряжа (жр)	fil (m) retors filo (m) *o* filato (m) ritorto hilo (m) torcido
7	**11. Kunstgarne** (npl), **Zierfäden** (mpl) **Fancy Yarns** **Фасонная пряжа** (жр)	**Fils** (mpl) **[de] fantaisie** **Filati** (mpl) **di fantasia** **Hilos** (mpl) **de fantasía**
8	 Noppengarn (n) knop yarn шишковатая *или* шишковидная пряжа (жр)	fil (m) mélangé boutonneux filo (m) ritorto a bottoni hilo (m) de nudos *o* con botones
9	Noppenabstand (m), Noppenentfernung (f) interval between knops расстояние (ср) между шишками	écartement (m) des boutons distanza (f) dei bottoni espacio (m) *o* distancia (f) entre dos nudos
10	falsches Noppengarn (n), Garn (n) mit aufgedruckten Noppen printed *or* artificial knop yarn имитация (жр) шишковидной пряжи	fil (m) boutonneux artificiel *ou* imprimé filo (m) con nodi stampati hilo (m) de nudos imitación
11	Baumwollnoppe (f) cotton knop хлопчато-бумажная шишка (жр)	bouton (m) de coton bottone (m) *o* nodo (m) *o* fiocchetto (m) di cotone nudo (m) *o* botón (m) de algodón
12	Wollnoppe (f) wool knop шерстяная шишка (жр)	bouton (m) de laine bottone (m) di lana nudo (m) de lana
13	Seidennoppe (f) silk knop шелковая шишка (жр)	bouton (m) de soie nodo (m) di seta nudo (m) de seda
14	natürliche Noppe (f) natural knop естественная шишка (жр)	bouton (m) naturel nodo (m) naturale nudo (m) natural
15	künstliche Noppe (f) artificial *or* manufactured knop искусственная шишка (жр)	bouton (m) artificiel nodo (m) artificiale nudo (m) artificial
16	farbige Noppe (f) coloured knop цветная шишка (жр)	bouton (m) de couleur nodo (m) di colore, bottone (m) colorato nudo (m) de color
17	lockere Noppe (f) loose knop, slub рыхлая шишка (жр)	bouton (m) floche nodo (m) molle nudo (m) flojo
18	feste Noppe (f) fast knop плотная шишка (жр)	bouton (m) solide nodo (m) solido nudo (m) duro, botón (m) fuerte
19	Knotengarn (n), Perlgarn (n) spot yarn узловатая *или* узловидная пряжа (жр)	fil (m) boutonné *ou* boutonneux filo (m) ritorto a nodi hilo (m) de nudos *o* con botones
20	Flamm[en]garn (n), geflammtes *oder* flammiertes Garn (n), [Flamégarn (n)] flake yarn застилистая пряжа (жр)	fil (m) flammé filo (m) flammé hilo (m) llameado *o* de llamas
21	durch Fachen erzeugtes Flammgarn (n) flake yarn made by doubling winding сдвоенная застилистая пряжа (жр)	fil (m) flammé produit par doublage filo (m) flammé prodotto per addoppiatura hilo (m) llameado obtenido por doblado
22	durch Spinnen erzeugtes Flammgarn (n) flake yarn made by spinning застилистая пряжа (жр), изготовленная прядением	fil (m) flammé produit par filage filo (m) flammé prodotto per filatura hilo (m) llameado obtenido por hilado
23	durch Zwirnen erzeugtes Flammgarn (n) flake yarn made by twisting застилистая пряжа (жр), изготовленная кручением	fil (m) flammé produit par retordage filo (m) flammé prodotto per ritorcitura hilo (m) llameado obtenido por torcido
24	durch Färben erzeugtes Flammgarn (n) flake yarn made by dyeing крашеная застилистая пряжа (жр)	fil (m) flammé produit par teinture filo (m) flammé prodotto per tintura hilo (m) llameado obtenido por teñido
25	durch Bedrucken erzeugtes Flammgarn (n) flake yarn made by printing набивная застилистая пряжа (жр)	fil (m) flammé produit par impression, fil chiné filo (m) flammé prodotto per stampa hilo (m) llameado estampado

1	Polkräuselgarn (n) ostrich yarn вьющаяся *или* завитая ворсовая пряжа (жр)	fil (m) à poil frisé, fil autruche filato (m) increspato hilo (m) [de pelo] de avestruz
2	Musterzwirn (m), Zierzwirn (m), Kunstzwirn (m), [Phantasiezwirn (m), Effektzwirn (m)] fancy twist фасонная крученая нить (жр)	fil (m) fantaisie ritorto (m) di fantasia [re]torcido (m) de fantasia
3	Zusammenzwirnen (n) bunter Fäden twisting various coloured ends together сдваивание (ср) цветных нитей	retordage (m) de fils de couleurs différentes ritorcitura (f) di fili di colore diverso retorcido (m) de hilos de diferentes colores
4		Kreuzzwirn (m) diamond yarn нить (жр) крестовой крутки retors (m) croisé ritorto (m) incrociato torcido (m) cruzado
5	 Flammenzwirn (m) flake twist	застилистая крученая нить (жр) retors (m) flammé ritorto (m) flammé torcido (m) llameado
6	 Wellenzwirn (m), Kräuselzwirn (m), Perlzwirn (m), Schlangenzwirn (m) waved yarn	волнистая *или* завитковая *или* жемчужная крученая нить (жр) fil (m) ondé filato (m) ondulato, ritorto (m) ad ondulazioni hilo (m) ondeado *o* con efectos de rizado
7	Schleifenzwirn (m), Schlingenzwirn (m), Ringelzwirn (m), Loppgarn (n) loop yarn петлистая крученая нить (жр)	retors (m) bouclé filato (m) arricciato, ritorto (m) ad anellini hilo (m) de bucles *u* ojetes
8	Perlfaden (m) bead yarn бисерная нить (жр)	fil (m) perlé simple filo (m) perlato semplice hilo (m) sencillo con perlas
9	Perlschlung (m) beaded twist тонкая бисерная нить (жр)	fil (m) perlé à plusieurs bouts filo (m) perlato multiplo hilo (m) de varios cabos con perlas
10	einreihiger Perlschlung (m) single beaded twist бисерная нить (жр) с одной оплеткой	fil (m) garni d'une rangée de perles filo (m) guarnito d'una fila di perle hilo (m) adornado de una hilera de perlas
11	zweireihiger Perlschlung (m) double beaded twist бисерная нить (жр) двойной оплетки	fil (m) garni de deux rangées de perles filo (m) guarnito di due file di perle hilo (m) adornado de doble hilera de perlas
12	Glasperle (f) glass bead стеклянный бисер (мр)	perle (f) en verre perla (f) di vetro perla (f) de vidrio
13	Goldperle (f) gold bead золотистый бисер (мр)	perle (f) dorée perla (f) dorata perla (f) dorada
14	Silberperle (f) silver bead серебристый бисер (мр)	perle (f) argentée perla (f) argentata perla (f) plateada
15	Schellackperle (f) shellac bead шеллачный бисер (мр)	perle (f) de laque *ou* en écaille perla (f) di lacca perla (f) de laca
16	Metallkügelchen (n) metal bead металлический шарик (мр)	perle (f) métallique perla (f) metallica perla (f) metálica *o* de metal
17	Filzgarn (n), gefilzter Faden (m) felted yarn *or* thread войлочная пряжа (жр), валеная нить (жр)	fil (m) feutré filo (m) feltrato hilo (m) fieltrado
18	Grundfaden (m), Kernfaden (m), Seelenfaden (m) ground thread, core thread, foundation thread стержневая *или* основная *или* грунтовая нить (жр)	fil (m) de fond *ou* de support, fil (m) [d']âme, âme (f) filo (m) fondamentale *o* di fondo hilo (m) de fondo, hilo [de] ánima
19	Baumwollkernfaden (m), baumwollene Einlage (f) cotton ground thread хлопчатобумажная основная нить (жр), заполнение (ср) из хлопка	fil (m) de fond en coton filo (m) di fondo in cotone hilo (m) de ánima de algodón
20	Seidenkernfaden (m) silk ground thread шелковая основная нить (жр)	fil (m) de fond en soie filo (m) di fondo in seta hilo (m) de ánima de seda *o* de fondo de seda
21	Drahtkern (m) wire core проволочная (-ый) сердцевина (жр) *или* стержень (мр)	âme (f) métallique anima (f) metallica ánima (f) metálica
22	Gimpe (f), Gorl (f) gimp нить (жр), обвитая шелком	guimperie (f) filo (m) placcato guimpe (f)
23	Metallstickgespinst (n) metal covered embroidery yarn вышивальная пряжа (жр), обвитая металлом	fil (m) de broderie recouvert de métal filo (m) per ricamo rivestito con metallo hilo (m) de bordar recubierto de metal
24	Leonische *oder* Lyonische Gespinste (n pl) *oder* Fäden (m pl) *oder* Drähte (m pl) wires and tinsel for trimmings лионская пряжа (жр)	traits (mpl) et lames (fpl) pour passementerie fili (mpl) di Lione hilos (m) metálicos para pasamanería
25	echtes Goldgespinst (n) genuine gold thread неподдельная золотая пряжа (жр)	fil (m) d'or fin filo (m) d'oro genuino hilo (m) de oro legítimo

1	halbechtes Goldgespinst (n) gilt wire получистая золотая пряжа (жр)	fil (m) d'or demi-fin filo (m) d'oro mezza-imitazione hilo (m) de oro semi-imitación
2	unechtes Goldgespinst (n) imitation gold thread фальсифицированная золотая пряжа (жр)	fil (m) [d']or imitation *ou* faux filo (m) d'oro imitazione hilo (m) de oro imitación
3	echtes Silbergespinst (n) genuine silver thread неподдельная серебряная пряжа (жр)	fil (m) d'argent fin filo (m) d'argento genuino hilo (m) [de] plata legitima
4	halbechtes Silbergespinst silver plated wire получистая серебряная пряжа (жр)	fil (m) d'argent demi-fin filo (m) d'argento semi-imitazione hilo (m) de plata semi-imitación
5	unechtes Silbergespinst (n) imitation silver thread фальсифицированная серебряная пряжа (жр)	fil (m) [d']argent imitation *ou* faux filo (m) d'argento imitazione hilo (m) de plata imitación
6	leichtes Gespinst (n) light thread легкая металлическая пряжа (жр)	fil (m) léger filo (m) leggiero hilo (m) ligero
7	schweres Gespinst (n) heavy thread тяжелая металлическая пряжа (жр)	fil (m) lourd filo (m) pesante hilo (m) pesado
8	Deckfaden (m) covering thread оплетка (жр)	fil (m) de couverture filo (m) di rivestimento hilo (m) de cubrir
9	Metallfaden (m) metal thread, wire металлическая нить (жр)	fil (m) métallique, trait (m) filo (m) metallico hilo (m) metálico, alambre (m)
10	Flachdraht (m), Lahn (m), geplätteter Draht (m), platter *oder* bandförmiger Metallfaden (m), Plätte (f) flat wire, tinsel плоская проволока (жр)	lame (f), fil (m) métallique aplati lama (f), lamina (f), filo (m) metallico piatto hilo (m) metálico plano, bricho (m)
11	gaufrierter Lahn (m) goffered tinsel гофрированная плоская проволока (жр)	lame (f) gaufrée lama (f) goffrata hilo (m) metálico plano gaufré, bricho (m) gaufré
12	Schraubendraht (m), Kantille (f) [Cannetille (f), Bouillon (f)] bullion, purl канитель (жр)	cannetille (f), bouillon (m) can[n]utiglia (f) cañutillo (m), briscado (m)
13	mit Draht umspinnen to cover with wire оплетать *или* обвивать проволокой	envelopper avec du fil métallique rivestire con filo metallico cubrir con hilo metálico
14	lang umsponnener Grundfaden (m) ground thread with extended coil covering редко оплетенная основная нить (жр)	fil (m) de fond enveloppé à spires allongées filo (m) di fondo rivestito in spire a passo largo hilo (m) de fondo envuelto en forma de hélice de paso largo
15	dicht umsponnener Grundfaden (m) ground thread with closely coiled covering плотно оплетенная основная нить (жр)	fil (m) de fond à enveloppe serrée filo (m) di fondo a rivestimento serrato hilo (m) de fondo completamente revestido
16	Metallgespinst (n), plattiertes Garn (n) metal covered yarn парчевая нить (жр); нить, обвитая металлической нитью	fil (m) recouvert de métal filo (m) placcato di metallo hilo (m) recubierto de metal
17	mit Metallüberzug versehener [*oder* metallisierter] Faden (m) metallised yarn металлизированная нить (жр)	fil (m) métallisé filo (m) metallizzato hilo (m) metalizado
18		Raupengarn (n), Chenille (f) chenille yarn гусеничная пряжа (жр), шениль (жр) fil (m) chenille ciniglia (f) hilo (m) de chenilla
19	gewebtes Raupengarn (n), [gewebte Chenille (f)] woven chenille тканая шениль (жр)	chenille (f) tissée ciniglia (f) tessuta chenilla (f) tejida
20	genähtes Raupengarn (n), [genähte Chenille (f)] sewn chenille шитая гусеничная пряжа (жр)	chenille (f) cousue ciniglia (f) cucita chenilla (f) cosida
21	gedrehtes Raupengarn (n), [gedrehte Chenille (f)] twisted chenille крученая гусеничная пряжа (жр)	chenille (f) tordue ciniglia (f) torta chenilla (f) torcida
22	Flachraupengarn (n), [Flachchenille (f)] flat chenille плоская гусеничная пряжа (жр)	chenille (f) plate ciniglia (f) piatta chenilla (f) plana
23	U-Raupengarn (n), [U-Chenille (f), gebrannte Flachchenille (f)] U-shaped chenille паленая плоская *или* u-образная гусеничная пряжа (жр)	chenille (f) en U ciniglia (f) a U chenilla (f) en forma de U
24	rundes Raupengarn (n), [runde Chenille (f)] round chenille круглая шениль (жр)	chenille (f) ronde ciniglia (f) rotonda chenilla (f) redonda

1	ungeschnittenes Raupengarn (n), Schraubenraupen (fpl), [ungeschnittene Chenille (f), Correl-Chenille (f)] uncut chenille нерезаная *или* витая *или* корелева шениль (жр)	chenille (f) non découpée, chenille en hélice ciniglia (f) elicoidale a forma di bruco chenilla (f) en espiral
9	gemustertes Raupengarn (n), [Musterchenille (f), fassonierte Chenille (f)] patterned chenille фасонная шениль (жр)	chenille (f) façonnée ciniglia (f) operata chenilla (f) de fantasía
10	Federraupengarn (n), [Federchenille (f)] feather chenille перистая шениль (жр)	chenille (f) en plumes ciniglia (f) con penne chenilla (f) con plumas

C.

2

Vorarbeiten (fpl) für das Weben
Processes Preparatory to Weaving
Приготовительные работы (жр) для ткачества
Préparation (f) du tissage
Lavori (mpl) di preparazione per la tessitura
Preparación (f) de la tejedura

I.

3

Vorbereitung (f) der Kette
Preparation of the Warp
Приготовление (ср) основы
Préparation (f) de la chaîne
Preparazione (f) della catena
Preparación (f) de la urdimbre

4

1. Allgemeines (n)
General Terms
Общее (ср)
Généralités (fpl)
Generalità (fpl)
Generalidades (fpl)

5	Garnkette (f) single yarn warp основа (жр) из пряжи	chaîne (f) en fil simple catena (f) di filato semplice urdimbre (f) de hilo sencillo
6	Zwirnkette (f) doubled warp нитяная основа (жр), основа из крученки	chaîne (f) en fil retors catena (f) di filato ritorto urdimbre (f) de hilo torcido
7	rohe Kette (f), Rohkette (f) grey warp суровая основа (жр)	chaîne (f) écrue catena (f) greggia urdimbre (f) en crudo
8	gebleichte Kette (f), Bleichkette (f) bleached warp белая основа (жр), основа из беленой пряжи	chaîne (f) blanchie catena (f) sbiancata urdimbre (f) blanqueada
11	einfarbige Kette (f) single coloured warp одноцветная основа (жр)	chaîne (f) unicolore catena (f) unicolore urdimbre (f) de un solo color
12	Buntkette (f), mehrfarbige Kette (f) multicoloured warp цветная *или* разноцветная основа (жр)	chaîne (f) multicolore catena (f) multicolore urdimbre (f) de varios colores
13	schwere Kette (f) heavy warp тяжелая основа (жр)	chaîne (f) lourde catena (f) pesante urdimbre (f) pesada
14	leichte Kette (f) light warp легкая основа (жр)	chaîne (f) légère catena (f) leggiera urdimbre (f) ligera
15	Kettgarn (n), Kettfaden (m), [Watergarn (n)] warp thread *or* yarn пряжа (жр) для основы, основная пряжа *или* нить (жр), ватерная пряжа, ватер (мр)	fil (m) de chaîne filo (m) d'ordito *o* di catena *o* per catena hilo (m) de urdimbre
16	Ringspinnerkettgarn (n) ring frame twist, ring warp [yarn] ватерная пряжа (жр) с кольцевых ватеров	fil (m) de chaîne continu à anneau filo (m) per catena da filatoio ad anelli urdimbre (f) de continua de hilar
17	Ringspinnerkettgarnkötzer (m) ring warp cop початок (мр) ватерной пряжи с кольцевых ватеров	canette-chaîne (f) de continu à anneau bobina (f) *o* cannetta (f) di catena da filatoio ad anelli bobina (f) de urdimbre de continua

1	Selbstspinnerkettgarn (n), [Selfaktorkettgarn (n)] mule warp, self actor warp yarn мюльная основа (жр), основная пряжа (жр) с мюлей, мюльная основная пряжа, мюльный ватер (мр)	fil (m) de chaîne de renvideur filo (m) per catena da filatoio automatico urdimbre (f) de selfactina
2	Selbstspinnerkettgarnkötzer (m), [Selfaktorkettgarnkötzer (m)] mule warp cop початок (мр) мюльной основы	canette-chaîne (f) de renvideur cannetta (f) *o* bobina (f) di catena di filatoio automatico husada (f) de urdimbre de selfactina
3	Stranggarn (n), Strähngarn (n) yarn in hanks моточная пряжа (жр), пряжа с мотка	fil (m) en écheveaux filato (m) in matasse hilo (m) en madejas
4	**2. Spulen (n), Treiben (n), Winden (n), Wickeln (n)** **Winding** **Мотка (жр), перегон (мр)**	**Bobinage (m)** **Incannatura (f)** **Bobinado (m)**
5	**a) Allgemeines (n)** **General Terms** **Общее (ср)**	**Généralités (f pl)** **Generalità (fpl)** **Generalidades (fpl)**
6	Spulerei (f) winding department *or* room мотальн[а]я (жр), мотальное отделение (ср)	salle (f) de bobinage [riparto (m) d'incannatura (f)] sala (f) *o* sección (f) de bobinado
7	spulen, treiben, winden, wickeln to wind мотать	bobiner incannare bobinar
8	die Spule vollspulen *oder* volltreiben to wind a full bobbin намотать шпулю до отказа	remplir une bobine incannare al completo il rocchetto llenar una bobina *o* un carrete
9	rückspulen, umspulen, umfahren, umwinden to rewind перематывать, перегонять	rebobiner trapassare il filo da.... a....; *seta:* stracannare rebobinar
10	Rückspulen (n), Umspulen (n), Umfahren (n) rewinding перегон (мр)	rebobinage (m) trapasso (m) del filo da .... a ....; *seta:* stracannatura (f) rebobinado (m)
11	Spulenrest (m), Fadenrest (m) waste left on bobbin, thread waste, bobbin waste концы (мр) *или* остатки (мр) пряжи на шпулях	bouts (mpl) *ou* déchets (mpl) *ou* restes (mpl) *ou* fonds (mpl) de bobines filo (m) che rimane sopra il rocchetto, cascami (mpl) delle bobine fondo (m) *o* resto (m) de carrete *o* de bobina, desechos (mpl) *o* restos (mpl) de hilos, desperdicios (mpl) de bobinas

12	Spulenreste (mpl) umspulen to rewind the thread waste перематывать концы (мр) со шпуль	rebobiner les restes de bobines stracannare i cascami delle bobine rebobinar restos de carretes
13	Umspulen (n) von Spulenresten rewinding the thread waste перегон (мр) концов со шпуль	rebobinage (m) des restes de bobines stracannatura (f) dei cascami delle bobine rebobinado (m) de restos de carretes
14	Windevorgang (m), Spulvorgang (m), Wickelvorgang (m) [Spulprozeß (m)], [Wickelprozeß (m)] winding process процесс (мр) мотки *или* наматывания *или* навивания на шпули	procédé (m) de bobinage processo (m) d'incannatura proceso (m) del bobinado
15	Fadenwindung (f) coil of yarn виток (мр) нити	spire (f) de fil spira (f) di filo espira (f) del hilo
16	Aufwinderichtung (f) direction of winding направление (ср) навивания	direction (f) *ou* sens (m) de bobinage direzione (f) *o* senso (m) dell'incannatura dirección (f) del bobinado
17	die Fadenwindungen (fpl) gleichmäßig auf die Spule verteilen to distribute the coils of yarn uniformly on the bobbin равномерно распределять витки нити на шпуле	bobiner le fil régulièrement incannare regolarmente il filo, distribuire il filo regolarmente sul rocchetto arrollar *o* plegar el hilo regularmente sobre el carrete, bobinar el hilo regularmente
18	veränderliche Windungsdichte (f) variable pitch *or* closeness in winding переменная плотность (жр) навивки	densité (f) variable de renvidage densità (f) variabile dell'incannatura paso (m) *o* densidad (f) variable del plegado
19	den Faden in Schraubenlinie *oder* in Spirallinie um die Spule legen to wind the thread in spirals on the bobbin навивать нить (жр) на шпулю по спирали	placer le fil en spirales sur la bobine avvolgere il filo in spire sulla bobina bobinar el hilo en espirales
20	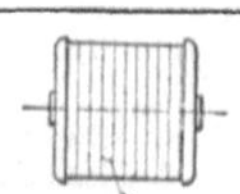 a zylindrische Spule (f) straight bobbin, cylindrical bobbin	цилиндрическая шпуля (жр) bobine (f) droite *ou* cylindrique bobina (f) cilindrica bobina (f) derecha *o* cilindrica
21	zylindrische Wicklung (f) cylindrical winding цилиндрическая мотка (жр) *a*	enroulement (m) cylindrique incannatura (f) cilindrica bobinado (m) cilindrico

1	geschlossene Fadenlage (f) close lay of threads замкнутый *или* плотный нитяной слой (мр)	disposition (f) du fil à spires juxtaposées disposizione (f) del filo a spire chiuse disposición (f) del hilo en espiras juxtapuestas
2	den Faden in Kreuzwindung aufwickeln to cross wind the thread навивать *или* наматывать нить (жр) крестообразно	bobiner en croisé incannare il filo a spire incrociate bobinar en cruz
3	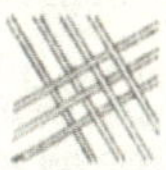 offene Kreuzwicklung (f) spaced *or* open cross winding	разомкнутая *или* редкая крестовая мотка (жр) bobinage (m) croisé ouvert incannatura (f) incrociata aperta bobinado (m) cruzado abierto
4	Spulart (f) type of winding род (мр) намотки на шпули	sorte (f) de bobinage specie (f) d'incannatura clase (f) de bobinado
5	volle Spule (f) full bobbin полная шпуля (жр) *или* катушка (жр)	bobine (f) pleine *ou* formée bobina (f) piena bobina (f) llena
6	leere Spule (f), Leere (f), Hülse (f) empty bobbin пустая *или* холостая шпуля (жр)	bobine (f) vide, fût (m), tube (m) rocchetto (m) vuoto bobina (f) vacía
7	harte Spulung (f) hard winding крепкая намотка (жр)	bobinage (m) dur incannatura (f) ben compatta bobinado (m) duro
8	harte Spule (f) hard bobbin тугая *или* твердая шпуля (жр)	bobine (f) dure rocchetto (m) duro *o* ben compatto bobina (f) dura
9	weiche Spulung (f) soft winding слабая мотка (жр)	bobinage (m) mou incannatura (f) poco compatta bobinado (m) blando *o* flojo
10	weiche Spule (f) soft bobbin мягкая *или* слабая шпуля (жр)	bobine (f) molle rocchetto (m) poco compatto bobina (f) floja
11	Spulenform (f), [Spulenprofil (n)] shape *or* profile of bobbin очертание (ср) *или* профиль (мр) шпули	forme (f) de la bobine forma (f) della spola, profilo (m) del rocchetto forma (f) de la bobina
12	Fläche (f) der Fadenbewicklung *oder* Fadenmantelfläche (f) der Spule winding surface of the bobbin наружная поверхность (жр) намотки шпули	surface (f) de bobinage de la bobine superficie (f) d'incannatura della spola superficie (f) del plegado de la bobina
13	Spulenbewicklung (f) bobbin winding мотка (жр) шпули	enroulement (m) sur la bobine, bobinage (m) avvolgimento (m) sulla spola, incannatura (f) plegado (m) sobre la bobina

ballige *oder* bauchige *oder* tonnenartige *oder* tonnenförmige [*oder* konvexe] Spulenbewicklung (f) barrelled *or* barrel shape bobbin winding выпуклая *или* бочкообразная *или* пузатая мотка (жр) шпули	bobinage (m) bombé *ou* convexe incannatura (f) convessa plegado (m) *o* bobinado (m) convexo	14
die Spulen (fpl) bauchig machen to wind the bobbins barrel shape придавать катушкам пузатый вид	bomber les bobines dare alle spole il profilo convesso bobinar en forma convexa	15
Ausbauchung (f) *oder* Wölbung (f) der Spule bulge *or* swell of the bobbin выпуклость (жр) шпули	renflement (m) *ou* bombement (m) de la bobine gonfiamento (m) della spola convexidad (f) de la bobina	16
ausgebauchte Spulenform (f) barrel shape of bobbin выпуклый *или* пузатый вид (мр) катушки	forme (f) bombée de la bobine profilo (m) convesso della bobina forma (f) convexa de la bobina	17
 bauchige *oder* ballige Scheibenspule (f) barrel shaped double flanged bobbin	выпуклая *или* бочкообразная дисковая *или* фланцевая катушка (жр) bobine (f) bombée rocchetto (m) a superficie convessa *o* a schiena d'asino *o* rigonfiato nel mezzo bobina (f) convexa *o* combada	18
 Sonnenspule (f) flat conical cheese	плоская *или* узкая катушка (жр) (крестовой мотки большого диаметра) bobine (f) soleil rocca (f) incrociata piatta bobina (f) cruzada plana	19
	Spule mit Kreuzwicklung (f), Kreuzspule (f) cross wound bobbin, cheese катушка (жр) крестовой *или* винтообразной мотки bobine (f) à fil croisé rocca (f) a filo incrociato bobina (f) cruzada, ovillo (m) de plegado cruzado, queso (m)	20
zylindrische Kreuzspule (f) cylindrical *or* parallel cheese цилиндрическая катушка (жр) крестовой мотки	bobine (f) croisée cylindrique, bobine Alexandre, fromage (m) rocca (f) incrociata cilindrica bobina (f) cruzada cilindrica, queso cilíndrico *o* paralelo	21

1	kegelige [*oder* konische] Wicklung (f) *oder* Bewicklung (f) taper *or* conical winding коническая мотка (жр)	renvidage (m) *ou* bobinage (m) conique avvolgimento (m) conico bobinado (m) cónico
2	kegelige Kreuzspule (f) conical *or* tapered cheese коническая катушка (жр) крестовой мотки	bobine (f) croisée conique rocca (f) incrociata conica bobina (f) cónica cruzada
3	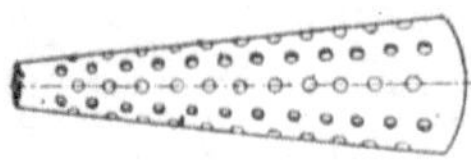 kegelige, gelochte Kreuzspulenhülse (f) perforated conical tube for cheeses коническая дырчатая *или* перфорированная гильза (жр) для шпули крестовой мотки	tube (m) conique perforé pour bobine croisée tubo (m) perforato conico per rocca incrociata tubo (m) cónico perforado para bobina cruzada
4	gerauhte Kreuzspulenhülse (f) roughened tube for cheeses гильза (жр) с надиром для шпули крестовой мотки	tube (m) rugueux pour bobine croisée tubo (m) a superficie ruvida per rocca incrociata tubo (m) rugoso para bobina cruzada
5	Papierhülse (f) paper tube бумажный патрончик (мр)	tube (m) en papier tubo (m) di carta tubo (m) de papel
6	 zylindrische Papierhülse (f) cylindrical paper tube	цилиндрический бумажный патрончик (мр) tube (m) cylindrique en papier tubo (m) di carta cilindrico tubo (m) cilindrico de papel
7	dampfdichte Hülse (f) dampproof tube паронепроницаемая *или* непропускающая пар гильза (жр)	tube (m) imperméable à la vapeur tubo (m) impermeabile al vapore tubo (m) impermeable al vapor
8	wasserdichte Hülse (f) waterproof tube водонепроницаемая гильза (жр)	tube (m) imperméable à l'eau tubo (m) resistente all'acqua tubo (m) impermeable al agua
9	 kegelige Papierhülse (f) tapered *or* conical paper tube	конический бумажный патрончик (мр) tube (m) conique en papier tubo (m) conico di carta tubo (m) cónico de papel
10	Kegelspule (f), spitzendige Spule (f), [Konusspule (f)] conical *or* tapered bobbin коническая *или* остроконечная шпуля (жр)	bobine (f) conique rocca (f) conica bobina (f) cónica
11	geriffelte Kreuzspulenhülse (f) fluted tube for cheeses рифленая гильза (жр) для шпули крестовой мотки	tube (m) cannelé pour bobines croisées tubo (m) scanalato per rocche incrociate tubo (m) acanalado para bobinas cruzadas
12	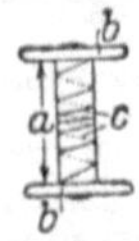 Holzhülse (f) *oder* Holzleere (f) mit Randscheiben double flanged wooden bobbin	деревянная гильза (жр) с дисками *или* фланцами, пустая фланцевая катушка (жр) tube (m) en bois à plateaux rocchetto (n) di legno a flange piane carrete (m) de madera
13	a: lichte Spulenweite (f), Spulenhöhe (f) width between the flanges расстояние (ср) между дисками катушки	distance (f) entre les plateaux distanza (f) fra le flange distancia (f) entre los platos del carrete
14	b: Spulenscheibe (f), Randscheibe (f) der Spule flange *or* rim of the bobbin диск (мр) *или* фланец (мр) *или* тарелка (жр) катушки	rebord (m) *ou* disque (m) *ou* plateau (m) de la bobine flangia (f) della spola plato (m) *o* disco (m) *o* valona (f) del carrete
15	c: Fadenwindungen (fpl) coils of yarn витки (мр) нити	spires (fpl) de fil spire (fpl) di filo espiras (fpl) de hilo
16	Papierhülse (f) mit Randscheiben double flanged paper tube бумажная гильза (жр) с фланцами	tube (m) en carton à plateaux rocchetto (m) di carta a flange piane carrete (m) de cartón
17	Blechhülse (f) mit Randscheiben double flanged sheet metal tube жестяная гильза (жр) с фланцами	tube (m) en métal à plateaux rocchetto (m) di latta a flange piane carrete (m) metálico
18	die Spulenscheiben (fpl) werfen sich *oder* verziehen sich the bobbin flanges warp диски (мр) катушки коробятся	les plateaux (mpl) de la bobine gauchissent le flange della spola si incurvano los platos de los carretes se tuercen
19	Spulgeschwindigkeit (f), Windegeschwindigkeit (f) speed of winding скорость (жр) вращения катушки *или* навивания	vitesse (f) de bobinage velocità (f) d'avvolgimento velocidad (f) de bobinado
20	mit der Hand spulen to wind by hand наматывать *или* мотать вручную	bobiner à la main incannare a mano bobinar a mano
21	Handspulen (n), Spulen (n) mit der Hand hand winding, winding by hand мотка (жр) *или* наматывание (ср) *или* мотание (ср) вручную	bobinage (m) à la main incannatura (f) a mano bobinado (m) a mano

1	Handspuler (m), Handtreiber (m) hand winder *or* spooler мотальщик (мр) *или* намотчик (мр) *или* перегонщик (мр) вручную	bobineur (m) à la main incannatore (m) a mano bobinador (m) a mano
2	Handspulerin (f), Handtreiberin (f) hand spooler *or* winder мотальщица (жр) *или* перегонщица (жр) вручную	bobineuse (f) à la main incannatrice (f) a mano bobinadora a mano
3	Kettspuler (m) warp spooler *or* winder мотальщик (мр) *или* перегонщик (мр) основы	bobineur (m) de fil de chaine incannatore (m) della catena bobinador (m) de urdimbre
4	Kettspulerin (f) warp spooler *or* winder мотальщица (жр) *или* перегонщица (жр) основы	bobineuse (f) de fil de chaine incannatrice (f) della catena bobinadora (f) de urdimbre
5	vom Strähn spulen to wind from hanks мотать с мотка	bobiner des écheveaux incannare dalla matassa bobinar de madejas
6	vom Kötzer spulen to wind from cops мотать с початка	bobiner des canettes incannare dalla canetta bobinar de husadas
7	von der Pfeife spulen to wind from bobbins мотать с цевки	bobiner des bobines incannare dalla spola bobinar de bobinas
8	den Garnsträhn abspulen *oder* abwinden to unwind the hank сматывать моток (мр) пряжи	bobiner l'écheveau incannare *o* dipanare *o* svolgere la matassa bobinar la madeja
9	Abspulen (n) *oder* Abwinden (n) des Garnsträhns unwinding the hank сматывание (ср) *или* смотка (жр) мотка пряжи	bobinage (m) de l'écheveau svolgimento (m) *o* dipanamento (m) della matassa bobinado (m) de la madeja
10	den Strähn strecken to stretch the hank растягивать *или* расправлять моток (мр)	tendre *ou* étirer l'écheveau (m) stirare *o* distendere la matassa extender la madeja
11	die Strähnspannung ändern to alter the tension ón the yarn изменять натяжение (ср) мотка	changer la tension de l'écheveau cambiare la tensione sulla matassa cambiar la tensión de la madeja
12	den Strähn schlagen to shake the hank отбивать *или* набивать моток (мр)	battre l'écheveau (m) sbattere la matassa golpear *o* sacudir la madeja
13	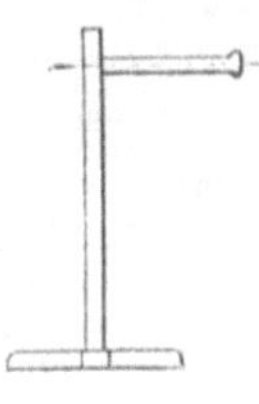	Schlagstock (m), Dorn (m) hank hook отбойка (жр), стержень (мр) crochet (m) à battre bastone (m) per sbattere le matasse brazo (m) de golpear *o* de sacudir, sacudidor (m), golpeador (m)
14	gleichmäßige Fadenlage (f) parallel order of threads равномерное расположение (ср) нити	disposition (f) parallèle des fils posizione (f) parallela dei fili disposición (f) paralela de los hilos
15	verwirrter Strähn (m) entangled hank перепутанный моток (мр)	écheveau (m) vrillé matassa (f) aggrovigliata *o* arruffata *o* intrecciata madeja (f) enredada
16	den Strähn auf den Haspel auflegen to place the hank on the reel накладывать моток (мр) на мотовило	placer l'écheveau (m) sur l'aspe collocare la matassa sull'aspo colocar la madeja sobre el aspe
17	Auflegen (n) des Strähns auf den Haspel placing *or* putting the hank on the reel накладывание (ср) мотка на мотовило	placement (m) de l'écheveau sur l'aspe collocamento (m) della matassa sull'aspo colocación (f) de la madeja sobre el aspe
18	den Strähn ausbreiten to spread out the hank расстилать моток (мр)	étaler l'écheveau (m) distendere la matassa extender la madeja
19	Haspel (m), Weife (f), Winde (f) reel мотовило (ср), баранчик (мр)	aspe (m), asple (m), asplet (m), tournette (f), dévidoir (m), guindre (m); *soie:* tavelle (f) aspo (m), naspo (m) aspe (m)
20	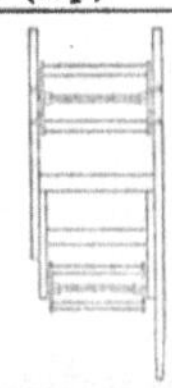	Fallhaspel (m) collapsible reel падающее мотовило (ср) tournette (f) à bras retombants aspo (m) a bracci cadenti aspe (m) a corredera
21	die Haspelspeichen (fpl) durch Schnüre verbinden to fix the open reel with cord связывать спицы (жр) мотовила шнурами *или* бечевами	relier les rayons de l'aspe par des ficelles legare i bracci *o* i raggi dell'aspo con spago unir los brazos del aspe por cuerda
22	Haspelumfang (m), Haspelgröße (f) circumference of reel обхват (мр) *или* окружность (жр) *или* размер (мр) мотовила	périmètre (m) de l'aspe periferia (f) dell'aspo perimetro (m) del aspe
23	Haspelachse (f) reel centre ось (жр) мотовила	axe (m) de l'aspe centro (m) *o* asse (f) dell'aspo eje (m) del aspe
24	den Haspel durch Riemen bremsen to brake the reel by a strap затормаживать *или* тормозить мотовило (ср) ремнем	freiner le dévidoir par une courroie frenare l'aspo a mezzo di cinghia frenar la devanadera por correa
25	durch Schnur bremsen to brake by a cord тормозить шнуром *или* веревкой	freiner par une corde frenare con una corda frenar por cuerda
26	Haspelgeschwindigkeit (f) speed of reel скорость (жр) вращения мотовила	vitesse (f) du dévidoir velocità (f) dell'aspo velocidad (f) del aspe

1	mit Maschine spulen to wind by machine мотать механическим способом		bobiner à la machine incannare a macchina bobinar a máquina
2	Maschinenspulen (n), Spulen (n) mit Maschine machine winding механическая *или* машинная мотка (жр)		bobinage (m) mécanique incannatura (f) meccanica bobinado (m) mecánico
3	Spul[lohn]satz (m), [Spultarif (m)] winding tariff расценок (мр) *или* расценка (жр) мотки		tarif (m) de bobinage tariffa (f) d'incannatura tarifa (f) de bobinado
4	Spulkosten (pl) cost of winding стоимость (жр) *или* себестоимость (жр) мотки		coût (m) *ou* prix (m) de revient du bobinage costo (m) *o* prezzo (m) dell'incannatura coste (m) de bobinado
5	Spullohn (m), Treiblohn (m) winding wages заработок (мр) *или* заработная плата (жр) за мотку *или* перегон		main-d'œuvre (f) de bobinage salario (m) per l'incannatura, mano (f) d'opera dell'incannatura, paga (f) d'incannatura mano (f) de obra *o* salario (m) del bobinado
6	gespultes *oder* getriebenes Garn (n) wound yarn перемотанная *или* перегнанная пряжа (жр)		fil (m) bobiné filato (m) incannato hilo (m) bobinado
7	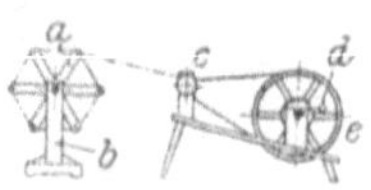		**b) Spulrad (n), Treibrad (n), Handrad (n)** **Hand Reel, Spooling Wheel** **Ручное мотальное колесо (ср)** **Bobinoir (m) à main** **Incannatoio (m) a mano** **Bobinadora (f) a mano**
8	Winde (f), Krone (f), Haspel (m), Garnhaspel (m), Weife (f) reel мотовило (ср)	a	asple (m), aspe (m) aspo (m) aspe (m), devanadera (f)
9	Windstock (m), Haspelhalter (m) reel stand стойка (жр) мотовила	b	support (m) d'asple montante (m) *o* appoggio (m) dell'aspo soporte (m) de la aspa
10	Spulenspindel (f) bobbin skewer шпиль (мр) *или* веретено (ср) катушки	c	brochette (f) du bobinoir brocca della bobina husillo (m) de la bobina
11	Handkurbel (f) crank handle рукоятка (жр), ручка (жр)	d	manivelle (f) manovella (f) manivela (f)
12	Schnurrad (n) band pulley шнурочное колесо (ср)	e	roue (f) à corde ruota (f) a corda rueda (f) de garganta para el cordón
13	den Faden längs der Spule hin- und herführen to traverse the thread вести нить (жр) взад и вперед вдоль шпули		conduire le fil le long de la bobine condurre il filo lungo la spola guiar *o* conducir el hilo a lo largo de la bobina
14			Spindel (f), Spille (f) spindle веретено (ср), шпиндель (мр), шпиль (мр) broche (f) fuso (m) huso (m), púa (f)
15	Spindelwirtel (m), Wirtel (m), Schnurrolle (f) wharve блочек (мр) *или* вертушка (жр) *или* шнурочный ролик (мр) веретена	a	noix (f) noce (f) *o* carrucolina (f) del fuso poleita (f), nuez (f)
16	**c) Kettgarnspulmaschine (f), Kettgarnwindemaschine (f), Treibmaschine (f), Zettelspulmaschine (f)** **Warp Winding Frame, Warp Winder** **Мотальная *или* шпульная машина (жр) *или* перегонная машина для основы**		**Bobinoir (m), machine (f) à bobiner** **Incannatoio (m) per filo d'ordito, rocchettiera (f)** **Bobinadora (f)**
17	α) Allgemeines (n) General Terms Общее (ср)		Généralités (fpl) Generalità (fpl) Generalidades (fpl)
18	einseitige Kettgarnspulmaschine (f) single faced *or* one-sided warp winding frame односторонняя мотальная машина (жр) для основы		bobinoir (m) simple *ou* à une face incannatoio (m) semplice per filo d'ordito bobinadora (f) simple *o* de una sola cara
19	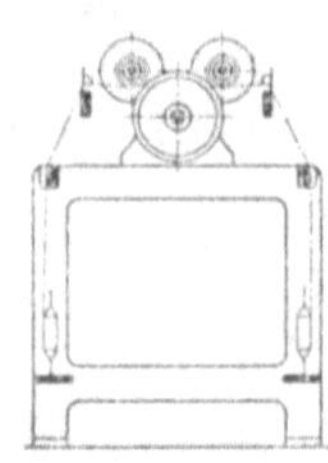		doppelseitige *oder* zweiseitige Kettgarnspulmaschine (f) twofaced *or* double-sided warp winding frame двусторонняя мотальная машина (жр) для основы bobinoir (m) double *ou* à deux faces incannatoio (m) doppio *o* a due fronti per filo d'ordito bobinadora (f) doble *o* de dos caras

1
Kettgarnspulmaschine (f) mit zwangläufig angetriebenen Spindeln
warp winding frame with positively driven spindles
мотальная машина (жр) для основы с принудительным вращением веретен
bobinoir (m) à broches positives
incannatoio (m) per filo d'ordito con comando positivo dei fusi
bobinadora (f) de husos con mando positivo de la púa

2
Kettgarnspulmaschine (f) mit Reibungsantrieb für die Spulen
warp winding frame with friction driven bobbins
мотальная машина (жр) для основы с фрикционным приводом для вращения катушек
bobinoir (m) à commande des bobines par friction
incannatoio (m) per filo d'ordito con comando a frizione delle spole
bobinadora (f) con movimiento de los carretes por fricción

3
zweiseitige Kettgarnspulmaschine (f) mit einer Reihe Spulentriebtrommeln
doublesided warp winding frame with single row of bobbin driving drums
двусторонняя мотальная машина (жр) для основы с одним рядом вращающих катушки барабанов
bobinoir (m) double face à une seule rangée de tambours pour la commande des bobines
incannatoio (m) doppio per filo d'ordito con una sola fila di cilindri di comando per le spole
bobinadora (f) de doble cara con una sola hilera de tambores para el movimiento de las bobinas

---

4
von Reibwalzen angetriebene Spulen (fpl)
bobbins driven by friction rollers
катушки (жр), приводимые во вращение фрикционными роликами
bobines (fpl) commandées par cylindres de friction
spole (fpl) azionate con rulli d'attrito
bobinas (fpl) movidas por cilindros de fricción

5
Reibwalze (f), Reibrolle (f), Reibtrommel (f)
friction roller, friction drum
фрикционный ролик (мр) *или* валик (мр) *или* барабан (мр)
cylindre (m) de friction
rullo (m) d'attrito
cilindro (m) de fricción

6
Reibscheibe (f)
friction disc
фрикционный (-ая) диск (мр) *или* шайба (жр)
disque (m) de friction
disco (m) di frizione
disco (m) de fricción

7
Stirnseite (f) der Spulmaschine
front end of winding frame
лобовая *или* торцевая сторона (жр) мотальной машины
têtière (f) du bobinoir
fianco (m) dell'incannatoio
testera (f) de la bobinadora

8
Langseite (f) der Spulmaschine
long side of winding frame
долевая *или* продольная *или* передняя сторона (жр) мотальной машины
long côté (m) du bobinoir
fronte (m) dell'incannatoio
cara (f) de la bobinadora

9
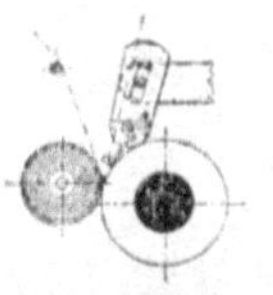
selbsttätige Einfädelung (f)
automatic threading, selfthreading
самодействующее приспособление (ср) для продевания нити
enfilage (m) automatique
infilatura (f) automatica
pasado (m) automático de los hilos

10
der Faden fädelt sich selbsttätig ein
the yarn threads itself automatically
нить (жр) сама вдевается *или* заводится *или* продевается
le fil se place automatiquement
il filo s'infila automaticamente
el hilo se coloca automáticamente

11
die Spule durch Reibung mitnehmen
to drive the bobbin by friction
захватывать катушку трением
actionner la bobine par frottement
azionare la spola per attrito
accionar la bobina por medio de rozamiento

12
der Faden überschlägt sich
the yarn rides over
нить (жр) захлестывается
le fil saute
il filo salta
el hilo salta

13
Überschlagen (n) des Fadens
riding over of the yarn
захлестывание (ср) нити
surjet (m) *ou* ressaut (m) du fil
salto (m) del filo
salto (m) del hilo

14
Auge (n) *oder* Öse (f) des Fadenführers
thread guide eye[let]
глазок (мр) нитевода
œillet (m) du guide-fil
occhiello (m) del guidafilo
ojete (m) *u* ojal (m) del guía-hilos

15
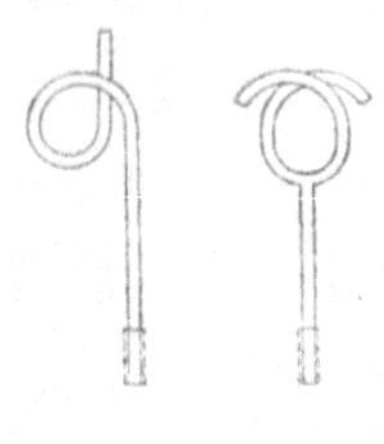
Sauschwanz (m), Drahtfadenführer (m)
wire thread guide
свиной хвостик (мр), ушко (ср)
queue (f) de cochon, guide-fil (m) métallique
codino (m) di porco, riccio-guidafilo (m), guida-filo metallico
guía-hilos (m) metálico *o* de alambre, cola (f) de puerco

16
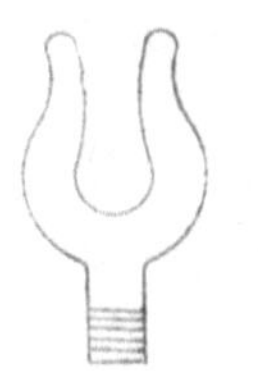
Porzellanfadenführer (m)
porcelain thread guide
фарфоровый нитевод (мр)
guide-fil (m) en porcelaine
guida-filo (m) di porcellana
guía-hilos (m) de porcelana

1

Fadenführerblech (n), Fadenreiniger (m)
slit plate, clearing plate, clearer guide plate, yarn clearer
жестяной нитеводный щиток (мр), жестяная пластинка (жр) нитевода
guide-fil (m) à fente, purgeur (m) du fil
placchetta (f) guidafilo, pulitore (m) per filo, stribbia (f)
planchita (f) limpiadora o purgadora, guía-hilos (m) con hendiduras diagonales

---

2

das Blech streift die Nissen ab
the slit plate clears the yarn of neps
жестяной щиток (мр) задерживает *или* счищает шишечки
le guide-fil à fente nettoie le fil des boutons
la placchetta guidafili elimina i nodi *o* fiocchetti
el guía-hilos quita los defectos del hilo *o* purga *o* limpia el hilo

---

3

Grobfaden (m), dicke Stelle (f) des Fadens, Klotzfaden (m), schlechter Andreher (m)
thick place *or* bead in the yarn
место (ср) утолщения нити, плохая присучка (жр)
grosseur (f) dans le fil, gros fil (m), mauvaise rattache (f)
nodo (m) lungo, ingrossamento (m) *o* tratto (m) grosso del filo, giuntura (f) mal fatta
grueso (m) *o* botón (m) *o* gata (f) *o* vientre (m) en el hilo

---

4

den Grobfaden zurückhalten
to hold back the thick places of the yarn
задерживать место (ср) утолщения нити
retenir les grosseurs (fpl) du fil
trattenere gli ingrossamenti del filo
retener los gruesos del hilo

5

Knotenfänger (m)
knot catcher, snarl catcher
узлоуловитель (мр)
nettoyeur (m) *ou* épurateur (m) *ou* purgeur (m) de nœuds
afferratore (m) di nodi
purgador (m) de defectos del hilo

6

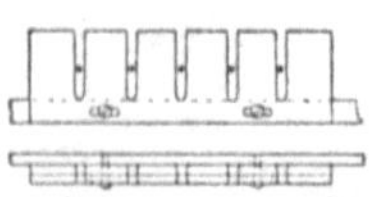

Fadenführer (m) mit zwei gegeneinander verstellbaren geschlitzten Blechen
thread guide with two adjustable slit plates
нитевод (мр), состоящий из двух взаимно устанавливаемых жестяных щитков с прорезами
épurateur (m) à deux plaques en tôle d'ouverture réglable
guida-fili (m) con due placche bucate aggiustabili
purgador (m) de dos planchas de abertura regulable

7

den Führungsschlitz nach der Fadenstärke einstellen
to adjust the guide slit to suit the counts of yarn
устанавливать направляющий прорез (мр) по толщине нити
régler la fente suivant le numéro du fil
regolare la fenditura *o* fessura a secondo del numero del filo
regular la ranura del guía-hilos según el número del hilo

8

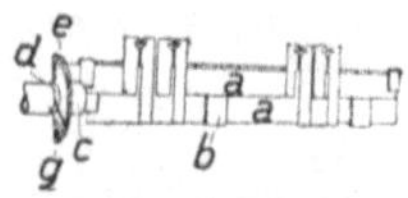

Fadenführer (m) mit geteilten gegeneinander verstellbaren Führungsblechen
double plate adjustable yarn clearer
нитевод (мр), состоящий из раздельных, взаимно устанавливаемых жестяных направляющих пластинок
épurateur (m) à doubles plaques réglables
guida-fili (m) con placche in due parti regolabili
purgador (m) de dobles láminas regulables

---

9 — *a*

verschiebbare Stahlschiene (f)
sliding steel guide holder
передвижная стальная полоса (жр) *или* рейка (жр)
réglette (f) déplaçable en acier
asta (f) dei guida-fili d'acciaio spostabile
reglilla (f) desplazable de acero

---

10 — *b*

Schienenführungsbacken (m)
rail guide cap
направляющая державка (жр) рейки
guide-rail (m)
sopporto (m) dell'asta dei guida-fili
guía-rail (m)

---

11 — *c*

Stellvorrichtung (f)
regulating device
установочное приспособление (ср)
dispositif (m) de réglage
dispositivo (m) regolatore
dispositivo (m) regulador

---

12 — *d*

Feinstellschraube (f), [Mikrometerschraube (f)]
micrometer screw
микрометрический винт (мр)
vis (f) micrométrique
vite (f) micrometrica
tornillo (m) micrométrico

---

13 — *e*

Teilung (f), [Skala (f)]
scale, index
деления (ср), шкала (жр)
échelle (f), index (m)
scala (f)
escala (f), índice (m)

---

14 — *g*

Zeigerstellung (f)
position of indicator *or* pointer
положение (ср) стрелки *или* указателя
position (f) du doigt indicateur
posizione (f) della sfera indicatrice
posición (f) del índice o de la aguja indicadora

15

Sechseckhaspel (m), Sternhaspel (m)
six armed reel
шестигранное мотовило (ср)
aspe (m) à six bras *ou* en étoile
aspo (m) esagonale
aspe (m) de seis brazos

16

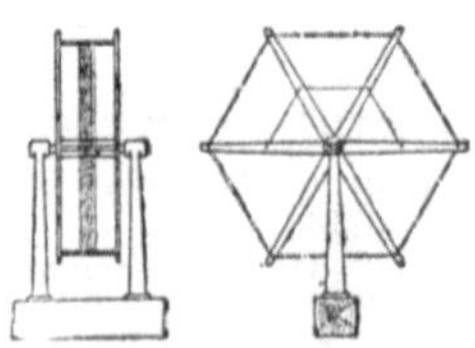

zusammenklappbarer Haspel (m)
collapsible racer *or* ryce, drop motion swift
складное мотовило (ср)
aspe (m) à bras repliables sur eux-mêmes
aspo (m) a bracci pieghevoli
aspe (m) de brazos plegables

17

den Haspel zusammenlegen *oder* zusammenklappen
to close up *or* to fold up the reel
складывать мотовило (ср)
replier l'aspe (m) sur lui-même
chiudere l'aspo (m)
plegar el aspe sobre sí misma

1 den Haspel aufklappen *oder* aufspannen
to open out the reel
раскрывать *или* расправлять мотовило (ср)
ouvrir les bras du dévidoir
aprire l'aspo (m)
abrir los brazos de la devanadera

2 drehbares Armpaar (n)
movable pair of spokes
вращающаяся пара (жр) спиц
paire (f) de bras mobiles
paio (m) di bracci girevoli
par (m) de brazos móvil

3 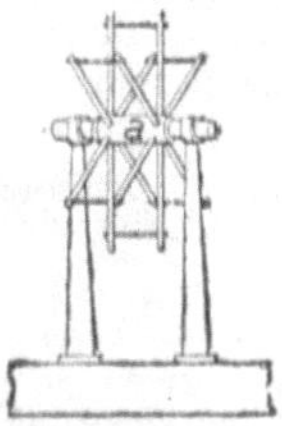
Sternhaspel (m) mit festen Armen
racer with fixed spokes *or* arms
крестовое мотовило (ср) с крепко сидящими спицами
aspe (m) en étoile à bras fixes
aspo (m) essagonale con bracci fissi
devanadera (f) de seis brazos fijos

4 Haspelachse (f), Haspelwelle (f)
reel spindle
ось (жр) мотовила
a
arbre (m) de l'aspe
albero (m) dell'aspo
árbol (m) del aspe

5 die Arme sitzen in Nuten
the spokes are fixed in grooves
спицы (жр) сидят в пазах
les bras (mpl) sont fixés dans des gorges
i bracci si trovano in scanalature
los brazos se fijan en los encajes

6 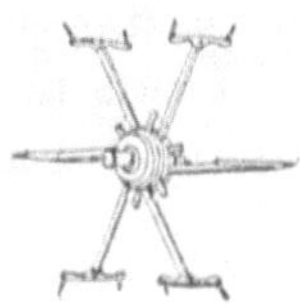
ausziehbarer Haspel (m), [Expansionshaspel (m)]
expanding reel
растяжное мотовило (ср)
dévidoir (m) extensible
aspo (m) estensibile
devanadera (f) extensible

7 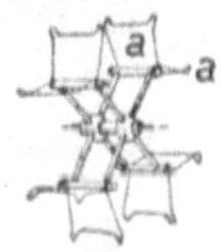
elastischer Haspel (m)
elastic reel
упругое мотовило (ср)
dévidoir (m) élastique
aspo (m) elastico
devanadera (f) elástica

8 elastischer Garnträger (m)
elastic yarn carrier
упругая мотальная планка (жр), упругое крыло (ср) мотовила
a
support (m) de fil élastique
porta-fili (m) elastico
soporte (m) elástico del hilo

9 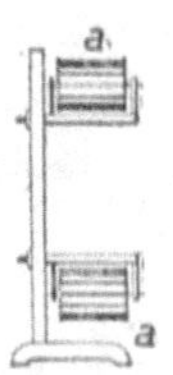
Schweizerhaspel (m), Rollenhaspel (m)
birdcage reel
швейцарское *или* барабанное мотовило (ср)
dévidoir (m) à cages d'écureuil
aspo (m) a ruzzelle, aspo registrabile
devanadera (f) corrediza *o* de linternas

10 Sprossenrolle (f), Lattenrolle (f)
birdcage bobbin
барабан (мр) мотовила
a
tournette (f) en cage d'écureuil
ruzzella (f) d'aspo
linterna (f) de devanadera

die Sprossenrolle verschieben
to adjust the birdcage bobbin
сдвинуть барабан (мр) мотовила
ajuster la tournette
spostare la ruzzella
ajustar la linterna
11

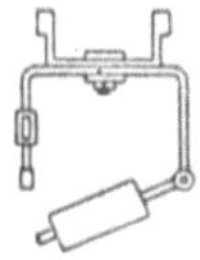
aufklappbare Spindel (f)
hinged spindle *or* bobbin peg
откидной (-ое) шпиндель (мр) *или* веретено (ср)
porte-bobine (m) à charnière
fuso (m) porta-bobina a cerniera
porta-bobinas (m) a bisagra *o* charnela
12

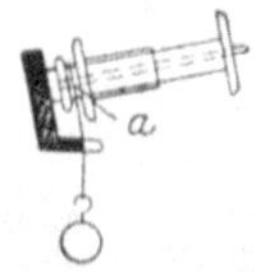
Spulenbremse (f)
bobbin brake
тормаз (мр) катушки
frein (m) de bobine
freno (m) della bobina
freno (m) de bobina
13

Spindelwirtel (m)
spindle wharve
блочек (мр) веретена
a
noix (f) de la broche
noce (f) del fuso
nuez (f) del huso
14

die Spulen gegen Vorlaufen bremsen
to brake the bobbins to prevent overrunning
торможением задерживать катушки от опережения
freiner les bobines pour prévenir l'avance
mettere il freno alle bobine per impedire l'anticipo
frenar las bobinas para evitar el avance
15

gleichmäßige Fadenspannung (f)
uniform yarn tension
равномерное натяжение (ср) нити
tension (f) uniforme du fil
tensione (f) uniforme del filo
tensión (f) uniforme del hilo
16

ungleichmäßige Fadenspannung
irregular yarn tension
неравномерное натяжение (ср) нити
tension (f) irrégulière du fil
tensione (f) irregolare del filo
tensión (f) irregular del hilo
17

Spulenspindel (f) mit Feder
bobbin spindle *or* bobbin peg with spring
пружинное веретено (ср) катушки
porte-bobine (m) à ressort
fuso (m) porta-bobina a linguetta
porta-bobina (m) de muelle
18

die Spule nach bestimmter Fadenlänge abstellen
to stop the bobbin after a given length is wound
останавливать катушку после намота определенной длины нити
arrêter la bobine après une longueur de fil déterminée
fermare la spola dopo una data lunghezza di filo
parar la bobina luego de una longitud fijada
19

1

β) Kettgarnspulmaschine (f) mit liegenden Spindeln
Warp Winding Frame with Horizontal Spindles
Мотальная машина (жр) для основы с горизонтальными веретенами

Bobinoir (m) à broches horizontales
Incannatoio (m) per filo d'ordito con fusi orizzontali
Bobinadora (f) de husos horizontales

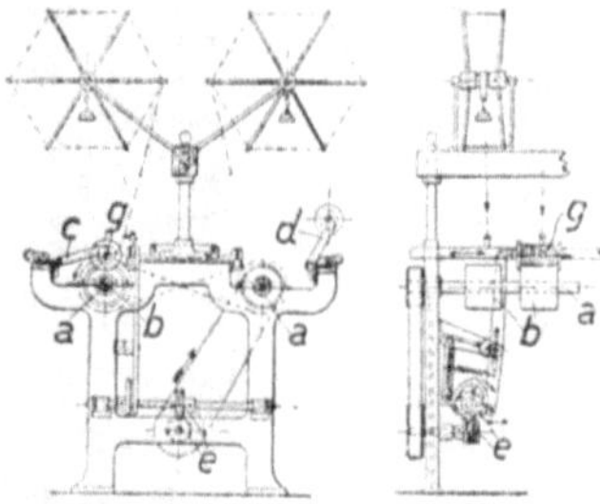

2
zweiseitige Kettgarnspulmaschine (f) für Scheibenspulen mit zwei Reihen Triebtrommeln und oben gelagerten Haspeln
doublesided double drum warp winding frame for flanged bobbins with reels on top
двусторонняя мотальная машина (жр) для основы на катушках с двумя рядами вращающих барабанов и с расположенными вверху мотовилами

bobinoir (m) double face pour bobines à plateaux avec double rangée de tambours et râtelier supérieur
rocchettiera (f) doppia con doppia serie di tamburi ed aspi posti in alto
bobinadora (f) de doble cara para carretes con doble hilera de tambores y devanadera superior

---

3 — *a*
Trommelwelle (f)
drum shaft
ось (жр) *или* вал (мр) барабанов

arbre (m) de commande des tambours
albero (m) di comando dei tamburi
árbol (m) de los tambores

---

4 — *b*
Spulentriebtrommel (f), Treibwalze (f), Reibungswalze (f), [Friktionswalze (f)]
winding drum, tin roller
вращающий катушки барабан (мр), фрикционный валик (мр)

tambour (m) de friction
tamburo (m) *o* rullo (m) di attrito
tambor (m) de fricción

---

5 — *c*
Spindelhalter (m), Gabel (f), Spulengabel (f), Rahmenwerk (n)
bobbin frame, spool carrier
вилка (жр) *или* державка (жр) *или* рамка (жр) веретена

porte-bobine (m), support (m) de bobine
telaio (m) della bobina
porta-bobina (m), soporte (m) de la bobina

---

6 — *d*
hochgeklappter Spindelhalter (m)
raised spool carrier
откинутая вверх вилка (жр) веретена

support (m) de bobine relevé
telaio (m) di bobina rialzato
soporte (m) levantado de la bobina

---

7 — *e*
Schraubenradgetriebe (n)
worm and wheel
червячная передача (жр)

mouvement (m) à vis sans fin
meccanismo (m) a vite perpetua
mecanismo (m) por tornillo sin fin

---

8 — *g*
liegende Spule (f), [Horizontalspule (f)]
horizontal bobbin
лежащая *или* горизонтальная катушка (жр)

bobine (f) horizontale
bobina (f) orizzontale
bobina (f) horizontal

9
spiralförmiger Gabelschlitz (m)
spiral slot in spool carrier
спиральная щель (жр) вилки

fente (f) du support de bobine en forme de spirale
scanalatura (f) spirale del porta-spole
ranura (f) del soporte de forma espiral

10
Trommelmantel (m)
surface of drum
оболочка (жр) барабана

surface (f) du tambour
superficie (f) *o* camicia (f) del tamburo
superficie (f) del tambor

11
den Spindelhalter hochklappen
to raise the spool carrier
откинуть вверх державку (жр) веретена

relever le support de bobine
alzare il telaio della bobina
levantar el soporte de la bobina

12
die Spulen (fpl) einlegen
to place the bobbins in the spool carrier, to creel the bobbins
вставлять *или* насаживать катушки (жр)

placer les bobines (fpl) dans leur support
caricare le spole
colocar las bobinas

13
die Spulen (fpl) auslegen *oder* herausnehmen
to remove *or* to take off *or* to creel off the bobbins
снимать катушки (жр)

enlever les bobines (fpl) de leur support
scaricare le spole
sacar las bobinas

14
Fadenführerweg (m), Fadenführerhub (m), Ausschlag (m) des Fadenführers
length of traverse
ход (мр) *или* разгон (мр) *или* под'ем (мр) нитевода

course (f) du guide-fil
corsa (f) del guida-filo
carrera (f) del guía-hilos

15
hin- und hergehender Fadenführer (m)
traversing thread guide
возвратно движущийся нитевод (мр)

guide-fil (m) à va-et-vient
guida-filo (m) con moto di va e vieni
guía-hilos (m) de vaivén

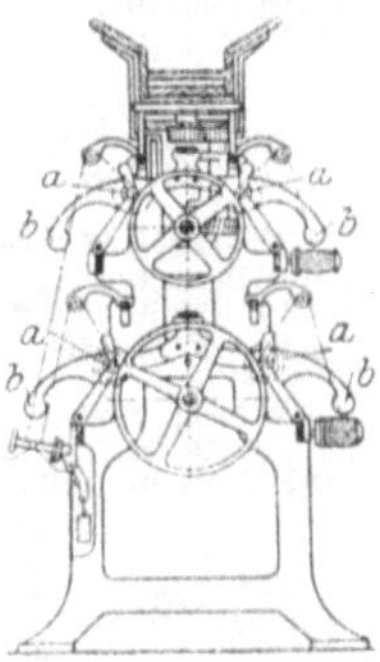

zweiseitige Kettgarnspulmaschine (f) für Scheibenspulen mit einer Reihe Triebtrommeln
doublesided single drum warp winding frame for flanged bobbins
двусторонняя мотальная машина (жр) для основы на катушках с фляндами с одним рядом вращающих барабанов
bobinoir (m) double face pour bobines à plateaux avec une seule rangée de tambours
rocchettiera (f) doppia con una sola serie di tamburi
bobinadora (f) de doble cara para carretes con una sola hilera de tambores

---

2 in Schwenkhebeln gelagerte Spulenspindeln (fpl)
spindles in swivelling bobbin carriers
катушечные веретена (ср), укрепленные в откидывающихся коромыслах
a
brochettes (fpl) placées dans des supports à charnière
fusi (mpl) piazzati in telai a cerniera
husos (mpl) colocados en soportes a charnela

---

3 geschweifter Druckhebel (m)
curved pressure lever
хвостообразный грузовой рычаг (мр)
b
levier (m) de pression courbe
leva (f) di pressione ricurva
palanca (f) encorvada de presión

---

4 Hebeldrehachse (f)
fulcrum of lever
ось (жр) вращения коромысла
axe (m) de rotation du levier
asse (f) di rotazione della leva
eje (m) de rotación de la palanca

---

5 die Spulen (fpl) durch Gewichtshebel an die Antriebscheiben andrücken
to press the bobbins by weighted levers against the driving discs
прижимать катушки (жр) к приводным шкивам грузовыми рычагами
presser les bobines (fpl) par des leviers chargés sur les disques de commande
stringere le spole a mezzo di leve a peso ai tamburi di comando
apretar las bobinas con romanas sobre los tambores de fricción

---

6 die Spule stillsetzen
to stop the bobbin
остановить катушку (жр)
arrêter la bobine
arrestare o fermare la spola
parar la bobina

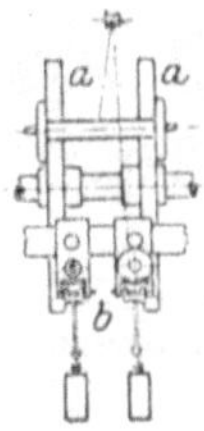

Aufwindevorrichtung (f) für Scheibenspulen
motion for winding on to flanged bobbins
приспособление (ср) для наматывания на флянцевые катушки 7
mécanisme (m) de bobinage pour bobines à plateaux
dispositivo (m) o meccanismo (m) d'incannatura per spole a flangia
mecanismo (m) de bobinado para carretes

Antriebscheibe (f)
driving disc
вращающий (-ая) диск (мр) *или* шайба (жр)
a
disque (m) *ou* poulie (f) de commande
disco (m) di comando 8
polea (f) de movimiento

Fadenbremse (f)
yarn brake
тормаз (мр) для нитей
b
frein (m) du fil
freno (m) per il filo 9
freno (m) del hilo

Geschwindigkeitsänderung (f) des Fadenführers
speed change of thread guide
изменение (ср) скорости нитевода
changement (m) de vitesse du guide-fil
cambio (m) di velocità del guida-filo 10
cambio (m) de velocidad del guia-hilos

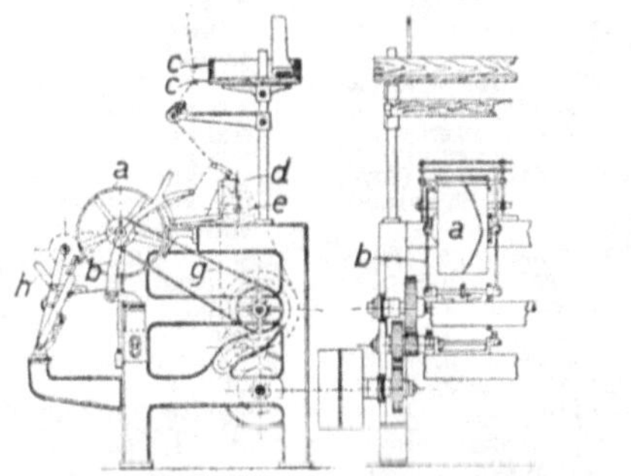

Kreuzspulmaschine (f) mit Schlitztrommel
split drum winder for cheeses
машина (жр) для крестовой мотки с прорезным барабаном
bobinoir (m) croisé à tambour fendu
incannatoio (m) ad avvolgimento incrociato con tamburo a scanalatura spirale 11
bobinadora (f) cruzada con tambor con ranura

Schlitztrommel (f), Nutentrommel (f), Fadenführertrommel (f)
split drum
прорезной барабан (мр), барабан с прорезом, нитеводный барабан
a
tambour (m) fendu
tamburo (m) a scanalatura spirale 12
tambor (m) con ranura

Trommeltraghebel (m)
drum supporting lever
рычаг (мр), несущий барабан; рычаг барабана
b
levier-support (m) du tambour
leva (f) di sopporto del tamburo 13
palanca (f) soporte del tambor

1	Fadenleiter (m), Fadenführer (m) thread guide нитевод (мр)	c	guide-fil (m) guida-filo (m) guía-hilos (m)
2	Anschlaggewicht (n) stop weight упорный (-ая) груз (мр) *или* гиря (жр)	d	poids (m) pour arrêter peso (m) per arrestare peso (m) para frenar
3	Abstellflügel (m) catch pawl крыло (ср) останова	e	aile (f) d'arrêt ala (f) d'arresto barra (f) de freno
4	Trommelscheibenschnurtrieb (m) driving band for drum шнурочный привод барабана	g	corde (f) de commande du tambour corda (f) di azionamento del tamburo cuerda (f) de mando del tambor
5	Handgriff (m) für die Spulenabstellung, Handgriff für das Anlassen der Spulen bobbin stop handle, setting on handle for bobbins рукоятка (жр) для остановки катушки	h	poignée (f) d'arrêt de la bobine manico (m) d'arresto per la spola mango (m) de paro de la bobina
6	zweigängige Trommel (f) double traverse drum барабан (мр) с двухходовым (-ой) прорезом *или* щелью		tambour (m) à double va-et-vient *ou* à deux spires tamburo (m) a due scanalature tambor (m) de doble vaivén *o* de dos ranuras
7	zwei Fadengänge (mpl) auf eine Trommeldrehung double traverse during one revolution of the drum два хода (мр) нити на один оборот барабана		deux allées et venues du fil pendant un tour du tambour due movimenti di va e vieni del filo durante un giro del tamburo doble vaivén (m) del hilo durante una vuelta del tambor
8	schräg verlaufender Mantelschlitz (m) *oder* Trommelschlitz (m), schraubengangförmige Trommelspalte (f) *oder* Trommelnut (f) helical slot in drum винтообразная щель (жр) барабана		fente (f) du tambour courant obliquement scanalatura (f) spirale del tamburo ranura (f) helicoidal del tambor
9	die Fadenführer (mpl) bewegen sich auf einstellbaren Schienen the thread guides move in adjustable rails нитеводы (мр) движутся в устанавливаемых полозках *или* поползушках		les guide-fil (mpl) se déplacent sur des rails réglables i guida-fili si muovono sopra aste regolabili los guía-hilos se desplazan sobre reglillas ajustables
10	einstellbare Fadenführerschiene (f) adjustable thread guide rail, adjustable traverse rail устанавливаемый (-ая) полозок (мр) *или* поползушка (жр) нитевода		rail (m) des guide-fil réglable asta (f) dei guida-fili regolabile reglilla ajustable de los guía-hilos

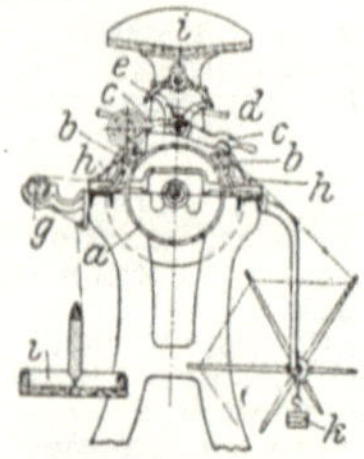

	Kreuzspulmaschine (f) mit Kurvenscheiben für die Fadenführer quick traverse winder with curved discs for the thread guides		машина (жр) для крестовой мотки с изогнутыми дисками для нитеводов bobinoir (m) croisé avec disques courbes pour les guide-fil rocchettiera (f) ad avvolgimento incrociato con dischi ricurvi per i guida-fili bobinadora (f) cruzada con poleas de llanta corva para los guía-hilos	11
	Kurvenscheibe (f), Triebscheibe (f), [Axialexzenter] curved disc косой *или* изогнутый диск (мр)	a	disque (m) courbe, excentrique (m) axial disco (m) ricurvo polea (f) de llanta corva	12
	Fadenführerschiene (f) traverse guide rail полозок (мр) *или* поползушка (жр) нитевода	b	barre (f) des guide-fil asta (f) dei guida-fili barra (f) de los guía-hilos	13
	Spulengabel (f) spool carrier вилка (жр) катушки	c	support (m) de bobine telaio (m) porta-spola soporte (m) de la bobina	14
	Gabelarm (m) zur Spulenpressung carrier arm for pressing the bobbin on to the drum плечо (ср) вилки для нажима на катушку	d	bras (m) de support pour presser sur la bobine braccio (m) del telaio per stringere la spola al tamburo brazo (m) del soporte para hacer presión sobre la bobina	15
	Bremsbacken (m), Preßbügel (m) brake shoe тормозная колодка (жр)	e	patin (m) de frein braccio (m) di pressione patín (m) de freno	16
	mit Plüsch überzogene Putzwalze (f) plush covered clearer roller чистильный валик (мр), обтянутый плюшем	g	cylindre (m) nettoyeur recouvert de peluche cilindro (m) pulitore ricoperto di felpa cilindro (m) limpiador recubierto de felpa	17
	Schutzblech (n) tin guard, thread guard кожух (мр)	h	plaque (f) métallique de protection lamiera (f) protettrice placa (f) metálica protectora	18
	Spulentisch (m) top box [for cheeses], shelf катушечный стол (мр)	i	casier (m) aux bobines tavola (f) porta-spole estante (m) para bobinas	19
	Bremsgewicht (n) drag weight груз (мр) тормаза, тормозной груз	k	poids (m) du frein peso (m) del freno peso (m) del freno	20
	Mulde (f) bottom box [for cops], cop tray лоток (мр)	l	auge (f) à bobines truogolo (m) *o* cassetta (f) per cannette cajón (m)	21

1		Spulenantriebwelle (f) bobbin driving shaft вал (мр) для приведения катушек во вращение	arbre (m) moteur des bobines albero (m) motore delle spole árbol (m) motor de las bobinas
2		die Spule an die Welle andrücken to press the bobbin on to the shaft прижимать катушку (жр) к валу	presser la bobine sur l'arbre stringere la spola all'albero apretar la bobina sobre el árbol
3		Spulenbeförderungstuch (n) travelling apron for bobbins бесконечное полотно (ср) для передвижения шпуль	tablier (m) transporteur des bobines nastor (m) trasportatore per le spole telera-guía (f) para las bobinas
4		Haspelbremsung (f), Windenbremsung (f) reel braking торможение (ср) мотовила	freinage (m) de l'aspe raffrenamento (m) dell'aspo frenado (m) de la devanadera
5		vom Haspel spulen to wind from the reel мотать с мотовила	bobiner du dévidoir incannare dall'aspo bobinar de la devanadera
6		Vorlaufen (n) *oder* Überlaufen (n) *oder* Überschlagen (n) des Haspels overrunning of the reel перелет (мр) *или* перебег (мр) мотовила	devancement (m) du dévidoir anticipo (m) dell'aspo avance (m) de la devanadera
7		Zurückbleiben (n) des Haspels retardation of the reel отставание (ср) мотовила	retard (m) du dévidoir scorrimento (m) ritardato dell'aspo retardamiento (m) de la devanadera

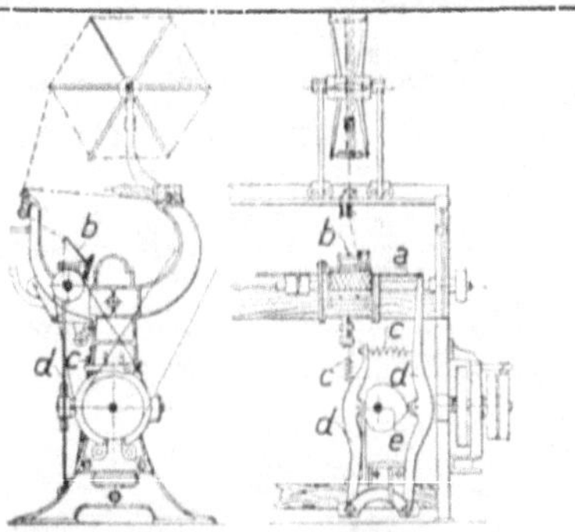

8		Kreuzspulmaschine (f) mit Fadenführer von Schönherr Schönherr's cross winder with traverse motion машина (жр) для крестовой мотки с нитеводом, сист. Шенгерра	bobinoir (m) croisé avec guide-fil, de Schönherr macchina (f) a far rocche incrociate con movimento guidafili, di Schönherr bobinadora (f) cruzada con guía-hilos, de Schönherr
9	a	Fadenführerstange (f) traverse rail нитеводный (-ая) пруток (мр) *или* рейка (жр)	tringle (f) à guide-fil asta (f) guida-fili barra (f) guía-hilos
10	b	Drahtbügel (m) drop wire проволочное стремячко (ср)	fil (m) de fer avec œillet filo (m) di ferro con occhiello alambre (m) con ojete
11	c	Spannungsfeder (f) tension spring натяжная пружина (жр)	ressort (m) de tension molla (f) di tensione muelle (m) de tensión
12	d	Triebhebel (m) für die Fadenführerstange [diamond shaped] cam lever for traverse rail приводный (-ое) рычаг (мр) *или* коромысло (ср) нитеводного бруса	levier (m) de commande de la tringle à guide-fil leva (f) di comando per l'asta guida-fili palanca (f) impulsora de la barra guía-hilos
13	e	Herzscheibe (f), [Herzexzenter (n)] heart, heart-shaped cam сердцевидная шайба (жр) эксцентрика, сердечник (мр)	came (f) en cœur eccentrico (m) a cuore excéntrico (m) de corazón

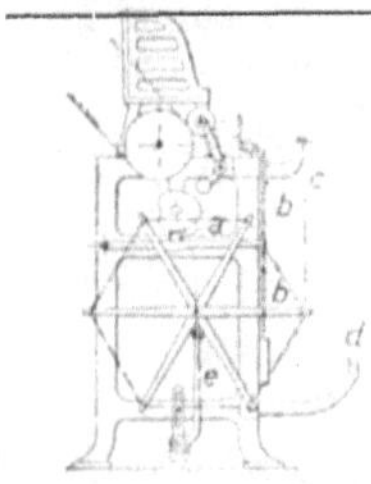

14		Leinengarnspulmaschine (f) winding machine for linen мотальная машина (жр) для льняной пряжи	bobinoir (m) à lin incannatoio (m) per lino bobinadora (f) de lino
15	a	Hebelrolle (f) bowl of cam lever ролик (мр) *или* каточек (мр) [подъемного] рычага	galet (m) du levier rullo (m) della leva rodillo (m) de la palanca
16	b	Fadenführerschienenkette (f) chain of traverse rail полозковая *или* реечная цепь (жр) нитевода	chaîne (f) du rail guide-fil catena (f) della traversa dell'asta guida-fili cadena (f) de la barra guía-hilos
17	c	Kettenrolle (f) chain bowl направляющий цепной ролик (мр)	galet (m) de la chaîne puleggia (f) della catena rodillo (m) de la cadena
18	d	Haspelschutzschiene (f) knee board ограждающий мотовило брус (мр)	planche (f) à genoux barra (f) di protezione dell'aspo plancha (f) de protección del aspe
19	e	Haspellager (n), Haspelhalter (m) reel carrier *or* support стойка (жр) *или* станок (мр) мотовила	support (m) de dévidoir sopporto (m) dell'aspo soporte (m) de devanadera

1	die Rolle liegt an der Hubscheibe an the bowl presses against the cam ролик (мр) прилегает к эксцентрику		le galet appuie sur la came il rullo appoggia sull'eccentrico el rodillo se apoya sobre el excéntrico

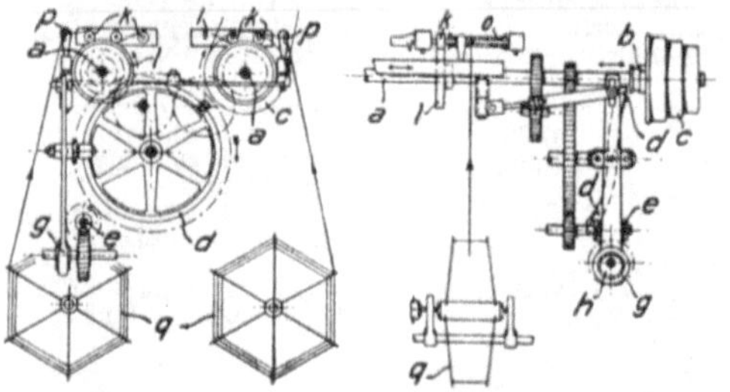

2	Seidenspulmaschine (f) silk winding frame шелко-мотальная машина (жр)		bobinoir (m) mécanique pour soie incannatoio (m) meccanico per seta bobinadora (f) mecánica para seda
3	Triebwelle (f), Hauptwelle (f) driving *or* main shaft приводный *или* ведущий вал (мр), главный вал	a	arbre (m) moteur albero (m) motore árbol (m) motor *o* principal
4	Reibungskupplung (f), [Friktionskupplung (f)] friction coupling фрикционная муфта (жр)	b	embrayage (m) à friction innesto (m) *o* accoppiamento (m) a frizione acoplamiento (m) de fricción
5	Stufenscheibe (f) step pulley ступенчатый шкив (мр)	c	cône (m) à gradins, poulie (f) à étages puleggia (f) a gradini polea (f) múltiple *o* escalonada, cono (m) de poleas
6	Kurvenscheibe (f), gewundene *oder* krumme Scheibe (f) curved disc косой *или* изогнутый диск (мр)	d	disque (m) courbe disco (m) ricurvo polea (f) de llanta corva
7	Schraubengetriebe (n), Wurmgetriebe (n) worm and worm wheel drive червячная передача (жр)	e	engrenage (m) à vis sans fin ingranaggio (m) a vite perpetua engranaje (m) de tornillo sin fin
8	Hubring (m), Steuerring (m), [Exzenterring (m)] eccentric strap эксцентриковый хомут (мр)	g	collier (m) de l'excentrique anello (m) dell'eccentrico collar (m) del excéntrico
9	Hubscheibe (f), Steuerscheibe (f) [Exzenterscheibe (f)] eccentric sheave эксцентриковый диск (мр), диск эксцентрика	h	plateau (m) de l'excentrique disco (m) dell'eccentrico plato (m) del excéntrico
10	Schlitzlager (n) slotted bearing стойка (жр) с прорезом	i	support (m) à rainures sopporto (m) a scanalature soporte (m) de ranuras
11	Reibungsrolle (f), [Friktionsrolle(f)] friction roller фрикционный ролик (мр)	k	rouleau (m) de friction rullo (m) di frizione rodillo (m) de fricción
12	Reibungsscheibe (f), [Friktionsscheibe (f)] friction disc фрикционный диск (мр)	l	disque (m) de friction disco (m) di frizione disco (m) de fricción
13	Seidenzettelspule (f) silk warp bobbin сновальная катушка (жр) для шелка	o	bobine (f) de chaîne soie spola (f) d'ordito di seta bobina (f) de urdimbre de seda
14	gläsernes Fadenführerauge (n) glass eyelet стеклянный глазок (мр) нитевода	p	œillet (m) en verre occhiello (m) di vetro, barbino (m) ojete (m) de vidrio
15	Ablaufhaspel (m), Ablaufwinde (f) winding off reel сгонное *или* размоточное мотовило (ср)	q	asple (m) de dévidage aspo (m) di svolgimento *o* di dipanamento aspa (f) de devanadera
16	veränderliche Antriebgeschwindigkeit (f) variable driving speed переменная рабочая скорость (жр)		vitesse (f) motrice variable velocità (f) motrice variabile velocidad (f) motriz variable
17	die Stufenscheibe sitzt lose auf der Welle the step pulley is loose on the shaft ступенчатый шкив (мр) сидит свободно на валу		la poulie à étages est folle sur l'arbre moteur la puleggia a gradini è folle sull'albero motore la polea múltiple está loca en el árbol motor
18	zum Exzenterring ausgebildetes Hebelende (n) end of lever forming eccentric strap конец (мр) рычага в виде эксцентрикового хомута		extrémité (f) du levier en forme d'excentrique estremità (f) della leva in forma d'eccentrico extremidad (f) de la palanca en forma de excéntrico

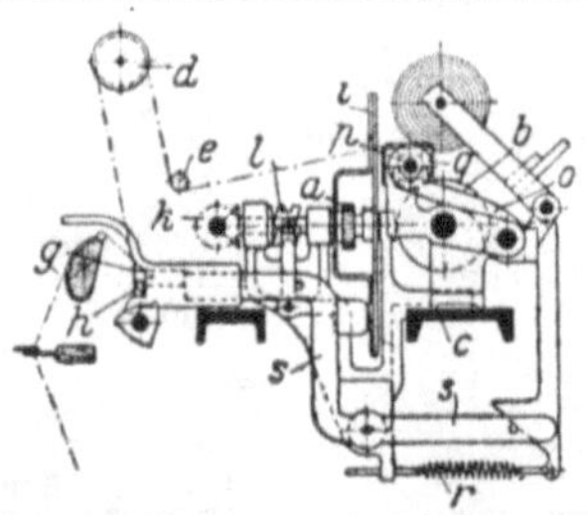

19	Kreuzspulmaschine (f) mit kreisendem Fadenführer cross winder with revolving thread guide машина (жр) для крестовой мотки с вращающимся нитеводом		bobinoir (m) à fil croisé avec guide-fil à mouvement rotatif bobinatrice (f) a filo incrociato con guidafilo rotativo bobinadora (f) cruzada con guía-hilos giratorio

1	Rad (n) zum Antrieb des zweiten Fadenführers wheel for driving second yarn guide колесо (ср) для привода в движение второго нитевода	a	roue (f) de commande du second guide-fil ruota (f) di comando del secondo guidafilo rueda (f) accionadora del segundo guíahilos
2	Reibungstrommel (f) friction drum фрикционный барабан (мр)	b	tambour (m) de friction tamburo (m) a frizione tambor (m) de fricción
3	Trommelbank (f) drum beam барабанный брус (мр)	c	banc (m) des tambours banco (m) dei tamburi banco (m) de los tambores
4	Laufrolle (f) runner bowl, guide bowl холостой *или* направляющий ролик (мр)	d	galet-guide (m) carrucolina (f) cilindro (m) tensor *o* compensador
5	Glasstab (m) glass rod стеклян[н]ый пруток (мр)	e	tringle (f) en verre bacchetta (f) di vetro varilla (f) de vidrio
6	Abstellnadel (f), Fadenreiter (m), Reiter (m), Drahtreiter (m), Drahtnadel (f), Drahthaken (m) detector wire, drop wire, drop pin, drop detector, dropper игла (жр) останова	g	aiguille (f) détectrice, cavalier (m), lamelle (f) métallique ago (m) *o* lamella (f) d'arresto paraurdimbre (m), horquilla (f), laminilla (f), caballero (m), aguja (f), chapita (f), alambre (m) revelador
7	Fallkasten (m), Nadelkasten (m) drop box, pin box желоб (мр) для игл	h	boîte (f) à aiguilles cassettina (f) *o* cassettiera (f) a bilancini caja (f) de caballeros *o* de agujas
8	kreisender Fadenführer (m) revolving thread guide вращающийся нитевод (мр)	i	guide-fil (m) à mouvement rotatif guida-filo (m) rotativo guía-hilos (m) giratorio
9	Fadenführerantrieb (m) thread guide drive привод (мр) *или* приводный механизм (мр) нитевода	k	commande (f) du guide-fil comando (m) del guida-filo impulsor (m) del guíahilos
10	Fadenführerkupplung (f) thread guide coupling муфта (жр) нитевода	l	embrayage (m) de guide-fil innesto (m) del guidafilo acoplamiento (m) del guía-hilos
11	Abstellhebel (m) stop lever остановочный рычаг (мр)	o	levier (m) d'arrêt leva (f) d'arresto palanca (f) de desembrague
12	Abstellblock (m) stop block остановочная колодка (жр), колодка останова	p	plaque (f) *ou* bloc (m) d'arrêt placca (f) *o* blocco (m) d'arresto bloque (m) de desembrague
13	belederte Walze (f) leather covered roller валик (мр), обтянутый кожей; кожаный валик	q	cylindre (m) recouvert de cuir cilindro (m) ricoperto di cuoio cilindro (m) cubierto de cuero
14	Abstellfeder (f) stop motion spring пружина (жр) останова	r	ressort (m) d'arrêt molla (f) d'arresto resorte (m) del freno
15	Schwinghebel (m) für die Abstellung stop motion rocking lever коромысло (ср) *или* качающийся рычаг (мр) останова	s	levier (m) oscillant du mouvement d'arrêt leva (f) oscillante del meccanismo d'arresto palanca (f) oscilante del freno
16	die Kupplung ausschalten to disengage the coupling выключить муфту (жр)		débrayer l'embrayage (m) liberare *o* sconnettere *o* disbracare l'innesto desembragar el acoplamiento
17	die Walze von der Trommel abheben to lift the roller from the drum приподнять валик (мр) с барабана		enlever le cylindre du tambour levare il cilindro dal tamburo separar el cilindro del tambor
18	der Faden läuft zwischen Friesscheiben the yarn passes between frieze lined discs нить (жр) проходит между байковыми катками		le fil passe entre des disques garnis de frise il filo passa tra dischi ricoperti di rascia el hilo se desliza entre discos recubiertos de frisa *o* de pañete
19	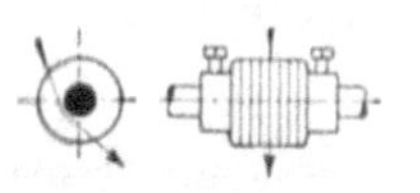 Friesscheibe (f) zur Fadenbremsung frieze lined tension disc		байковый каток (мр) для торможения нити disque (m) garni de frise pour la tension du fil disco (m) tendifilo ricoperto di rascia disco (m) cubierto de frisa para la tensión del hilo

1	**γ) Kettgarnspulmaschine (f) mit stehenden Spindeln** **Upright *or* Vertical Spindle Warp Winding Frame** **Мотальная машина (жр) для основы с отвесными *или* вертикальными веретенами**		**Bobinoir (m) mécanique à broches verticales** **Macchina (f) a far spole a fusi verticali** **Bobinadora (f) mecánica de husos verticales**

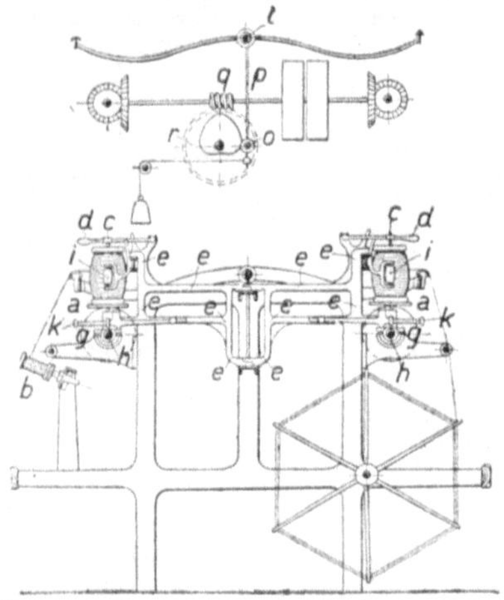

2	Kettgarnspulmaschine (f) mit stehenden, durch Reibscheiben angetriebenen Spindeln warp winding frame with friction driven upright spindles мотальная машина (жр) для основы с отвесными веретенами, приводимыми во вращение фрикционными дисками		bobinoir (m) mécanique à broches verticales conduites par friction macchina (f) a far spole a fusi verticali e con comando a frizione bobinadora (f) mecánica de husos verticales accionados por fricción
3	Spindelscheibe (f), Spindelteller (m), Spindelplatte (f) spindle plate *or* washer тарелка (жр) *или* плошка (жр) веретена	*a*	assiette (f) à broche piatto (m) del fuso plato (m) del huso
4	Feingarnspule (f) Feinspinnspule (f) spinner's bobbin, spinning [frame] bobbin катушка (жр) тонкой пряжи, тонкопрядильная катушка	*b*	bobine (f) de filature spola (f) di filatura bobina (f) de hilatura
5	Kopflager (n) top spindle bearing верхний подшипник (мр) веретена	*c*	support (m) supérieur de la bobine sopporto (m) superiore della bobina soporte (m) superior de la bobina

Kopflagerhebel (m), Spindelhebel (m) top bearing lever рычажек (мр) верхнего подшипника *или* державки веретена	*d*	levier (m) du support supérieur de la broche leva (f) del sopporto superiore del fuso palanca (f) del soporte superior del huso	6
Spindelgestell (n), Spindelrahmen (m) spindle frame рама (жр) для веретен, веретенный брус (мр)	*e*	rail (m) *ou* plate-bande (f) des bobines telaio (m) *o* sopporto (m) dei fusi caballete (m) *o* marco (m) de los husos, fileta (f)	7
Triebscheibe (f), Antriebscheibe (f), Reibscheibe (f) driving disc, driver, friction disc вращающий *или* приводный диск (мр), фрикционный диск	*g*	disque (m) de friction, disque de conduite disco (m) di comando *o* di frizione disco (m) de fricción	8
Reibscheibenwelle (f) friction disc shaft вал (мр) фрикционных дисков	*h*	arbre (m) des disques de friction albero (m) dei dischi di frizione árbol (m) de los discos de fricción	9
Abstellrolle (f) stop [motion] roller остановочный ролик (мр)	*i*	galet (m) d'arrêt cilindro (m) d'arresto rodillo (m) del freno	10
Abstellstange (f) stop rod остановочный прут (мр) *или* брус (мр)	*k*	tige (f) d'arrêt bacchetta (f) d'arresto tirante (m) del freno	11
Welle (f) der Fadenführerstange *oder* des Hubhebels shaft of the thread guide rod вал (мр) нитеводной рейки	*l*	arbre (m) de la tringle guide-fil albero (m) dell'asta guida-fili árbol (m) de la barra de los guía-hilos	12
Steuerscheibenrolle (f), [Exzenterrolle (f)] cam bowl ролик (мр) эксцентрика	*o*	galet (m) de l'excentrique rotella dell'eccentrico rodillo (m) del excéntrico	13
Hauptantriebwelle (f) main shaft главный приводный вал (мр)	*p*	arbre (m) de commande albero (m) principale árbol (m) principal	14
eingängige Schraube (f) zum Steuerscheibenantrieb [*oder* Exzenterantrieb] single thread worm to drive the cam одноходовой червяк (мр) для привода эксцентрика во вращение	*q*	vis (f) sans fin à pas simple pour la commande de l'excentrique vite (f) perpetua a passo semplice per l'azionamento dell'eccentrico tornillo (m) sin fin impulsor de un filete del excéntrico	15

1	Steuerscheibenschraubenrad (n) [Exzenterschraubenrad (n)] worm wheel on cam червячное колесо (ср) эксцентрика	roue (f) à vis sans fin sur l'arbre de l'excentrique ruota (f) a vite perpetua sull'albero dell'eccentrico rueda (f) de tornillo sin fin sobre el árbol del excéntrico
2	Spindelantrieb (m) durch Reibscheiben spindle drive by friction discs фрикционный привод (мр) веретен	commande (f) des broches par disques à friction azionamento (m) dei fusi con dischi a frizione impulso (m) de los husos por discos de fricción
3	Gleiten (n) der Reibscheibe slip of the friction disc скольжение (ср) фрикционного диска	glissement (m) du disque à friction scivolamento (m) del disco a frizione deslizamiento (m) del disco de fricción
4	von Spulen winden to wind from bobbins перематывать с тонкопрядильных катушек	bobiner de la bobine incannare da bobine encanillar de las bobinas
5	vom Strähn winden to wind from the hank перематывать с мотка	bobiner de l'écheveau incannare dalla matassa encanillar de la madeja
6	das Kopflager auflegen *oder* schließen to place the top spindle bearing in position надевать державку (жр)	mettre en place le support supérieur de la bobine mettere in posizione il sopporto superiore della bobina ajustar el soporte superior a la bobina
7	Abnehmen (n) der Spule doffing the bobbin снимание (ср) катушки	enlèvement (m) de la bobine ritiro (m) della spola separación (f) de la bobina
8	die Spule von der Spindel abnehmen to doff the bobbin, to remove the bobbin from the spindle снять катушку с веретена	enlever la bobine de la broche ritirare *o* togliere la spola dal fuso separar *o* quitar la bobina del huso
9	die Spindel seitlich verschieben to slide the spindle sideways сдвигать веретено (ср) в сторону	déplacer la broche latéralement spostare lateralmente il fuso deslizar el huso lateralmente
10	Selbstabstellung (f) bei voller Spule automatic knocking off when bobbin is full автоматический останов (мр) при полной катушке	arrêt (m) automatique pour bobine pleine arresto (m) automatico a spola ultimata paro (m) automático cuando está llena la bobina
11	die Abstellrolle berührt den Spulenmantel *oder* die Spulenfläche the stop roller is in contact with the bobbin surface остановочный ролик (мр) прикасается к поверхности шпули	le galet d'arrêt est en contact avec la surface de la bobine il cilindro d'arresto è in contatto colla superficie della spola el rodillo de paro está en contacto con la superficie de la bobina
12	schwingende Fadenführerstange (f) oscillating thread guide rod качающаяся рейка (жр) нитевода	tringle (f) guide-fil oscillante asta (f) guida-fili oscillante barra (f) de guía-hilos oscilante
13	die Fadenführer (mpl) schwingen um die Welle the thread guides rock on the shaft нитеводы (мр) качаются около вала	les guide-fil (mpl) oscillent sur l'arbre i guida-fili oscillano sull'albero los guía-hilos oscilan sobre el árbol
14	Windungssteuerscheibe (f), [Windungsexzenter (n)] winding cam мотальный эксцентрик (мр)	came (f) de formation eccentrico (m) d'incannatura excéntrico (m) de formación
15	die Steuerscheibenrolle [*oder* Exzenterrolle] durch Gewicht andrücken to press the bowl against the cam by a weight прижимать ролик (мр) эксцентрика посредством груза	faire presser le galet contre la came par un poids stringere il cilindro all'eccentrico con un peso apretar el rodillo contra el excéntrico por medio de un peso
16	Steuerscheibenhub (m), [Exzenterhub (m)] cam lift *or* throw ход (мр) эксцентрика	course (f) de la came corsa (f) dell'eccentrico carrera (f) del excéntrico
17	Begrenzungskurven (fpl) der Steuerscheibe [*oder* des Exzenters] profile of the cam образующие кривые (жр) эксцентрика	profil (m) de la came profilo (m) dell'eccentrico perfil (m) del excéntrico

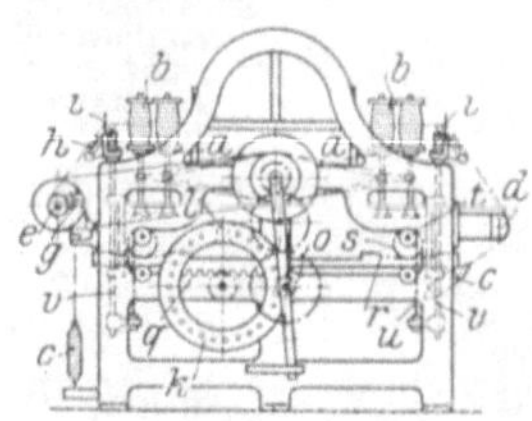

No.		
18	Spulmaschine (f) mit stehenden, durch Schnuren angetriebenen Spindeln winder with band driven upright spindles мотальная машина (жр) с отвесными веретенами, приводимыми во вращение шнурами	bobinoir (m) mécanique avec broches verticales à commande par cordes incannatoio (m) con fusi verticali azionati con corde máquina (f) de hacer carretes con husos verticales accionados por cuerdas

1	Spindelteller (m), Spindelscheibe (f), Spindelplatte (f) spindle washer *or* plate тарелка (жр) *или* плошка (жр) веретена	a	assiette (f) à broche piatto (m) del fuso plato (m) del huso
2	Kettspule (f), Zettelspule (f) warping bobbin, warper's bobbin *or* spool основная *или* ватерная катушка (жр)	b	bobine (f) d'ourdissoir rocca (f) *o* spola (f) d'orditoio carrete (m) de urdidor
3	Garnkötzer (m) cop початок (мр)	c	cannette (f) bobina (f), fusone (m), cannetta (f), cop (m) husada (f)
4	Plüschschiene (f), Plüschbrett (n) plush board плюшевая рейка (жр) *или* дощечка (жр) *или* планка (жр)	d	planche (f) à peluche piatto (m) di legno coperto di felpa tabla (f) *o* guía (f) cubierta de felpa
5	Plüschwalze (f), Putzwalze (f) plush [covered clearer] roller плюшевый *или* чистильный валик (мр)	e	cylindre (m) [garni] de peluche cilindro (m) [guarnito] di felpa cilindro (m) forrado de felpa
6	Plüschwalzenbürste (f) plush roller brush щетка (жр) для плюшевых валиков	g	brosse (f) nettoyeuse du cylindre de peluche spazzola (f) per il cilindro di felpa cepillo (m) descargador *o* limpiador del cilindro de felpa
7	Fadenreinigungsbürste (f) thread clearer *or* thread cleaning brush чистильная щетка (жр) для нитей	h	brosse-nettoyeuse (f) du fil spazzola (f) per pulire il filo cepillo (m) limpiador del hilo
8	auf- und absteigender Fadenführer (m) up and down traversing thread guide движущийся вверх и вниз нитевод (мр)	i	guide-fil (m) à mouvement de montée et de descente guida-fili (m) a movimento di saliscendi guía-hilos (m) con movimiento de ascenso y descenso *o* con movimiento de vaivén vertical
9	Mangelrad (n), Stiftrad (n) mangle wheel маточное колесо (ср), шпеньковое колесо	k	[roue (f) dentée à] lanterne (f) ruota (f) a lanterna linterna (f), rueda (f) de husillos
10	Umkehrstelle (f) reversing position поворотная точка (жр), точка перемены хода	l	position (f) de renversement posizione (f) d'invertimento posición (f) de inversión
11	Triebstockrad (n) mangle wheel pinion приводная шестерня (жр) маточного *или* фонарного колеса	o	pignon (m) de commande de la lanterne pignone (f) di comando della lanterna piñón (m) de la linterna
12	Zahnstange (f) rack зубчатая рейка (жр)	q	crémaillère (f) dentiera (f), asta (f) dentata, cremagliera (f) cremallera (f)
13	Zahnbogen (m), [Zahnsektor (m)] toothed sector зубчатая (-ый) дуга (жр) *или* сектор (мр)	r	secteur (m) denté settore (m) dentato sector (m) dentado
14	Steuerrad (n), [Exzenterrad (n)] eccentric wheel эксцентриковое колесо (ср)	s	roue (f) excentrique ruota (f) eccentrica rueda (f) excéntrica
15	Kettenscheibe (f) chain bowl цепной блок (мр)	t	galet (m) de la chaîne nocciolo (m) della catena rodillo (m) de la cadena
16	Hubkette (f) traverse chain подъемная *или* ходовая цепь (жр)	u	chaîne (f) pour le mouvement des guide-fil catena (f) per la manovra dei guida-fili cadena (f) para el movimiento de los guía-hilos
17	Fadenführerhubstange (f), Fadenführertragstange (f), Fadenführerstelze (f) guide rail lifting rod, poker подъемная рейка (жр) *или* стойка (жр) нитевода, нитеводный брус (мр)	v	tringle (f) de levée guide-fil, chandelle (f) asta (f) porta-guida-fili varilla (f) guía-hilos de alza
18	stehende Spindel (f) vertical *or* upright spindle отвесное *или* вертикальное веретено (ср)		broche (f) verticale fuso (m) verticale huso (m) vertical
19	die Spindel steht still *oder* ist in Ruhe *oder* außer Betrieb the spindle is stopped веретено (ср) стоит *или* остановлено *или* не работает		la broche est au repos il fuso è fermo *o* inattivo el huso está parado *o* en reposo
20	die Spule sitzt auf einer Scheibe the bobbin rests on a plate катушка (жр) сидит на диске		la bobine reste sur une assiette la spola resta sopra un piatto la bobina está sobre un plato *o* disco
21	Aufstecken (n) der Kötzer setting *or* creeling the cops надевание (ср) *или* ставка (жр) початков		montage (m) des cannettes infilamento (m) delle cannette montura (f) de las husadas
22	den Kötzer auf die Spindel aufschieben, den Kötzer aufstecken to set the cop насаживать *или* надевать початок (мр) на веретено		embrocher la cannette infilare la cannetta sentar *o* colocar la husada en el huso

1	Aufsteckspindel (f) skewer, peg насадочное *или* неподвижное веретено (ср), шпилька (жр)	brochette (f) spina *o* perno (m) [per i tubetti] husillo (m)
2	der Faden läuft gebrochen the yarn deviates from a straight course нить (жр) сбегает косо	le fil forme un angle il filo fa angolo el hilo forma un ángulo
3	die den Fäden entgegenlaufende Plüschwalze regelt die Fadenspannung the plush roller running in opposite direction regulates the yarn tension плюшевый валик (мр), вращающийся против движения нитей, регулирует их натяжение	le cylindre de peluche tournant en sens inverse règle la tension du fil il cilindro di felpa che gira nel senso inverso regola la tensione del filo el cilindro forrado de felpa girando en sentido inverso regula la tensión del hilo
4	der Faden streicht sich auf der Plüschwalze ab the yarn rubs against the plush roller нить (жр) откатывается с плюшевого валика	le fil frotte contre le cylindre de peluche il filo sfrega contro il cilindro di felpa el hilo frota con el cilindro de felpa
5	mit Kratzen beschlagenes Putzbrett (n) clearer board covered with card clothing чистильная дощечка (жр), обитая кардой	nettoyeur (m) à garniture de carde pulitore (m) con guarnizioni da carde descargador (m) con guarniciones de cardas
6	Fadenreinigungsvorrichtung (f) thread clearer приспособление (ср) для очистки нитей	dispositif (m) de purgeage du fil dispositivo (m) per purgare *o* pulire il filo dispositivo (m) depurador del hilo
7	der Faden geht durch den Fadenführer the yarn passes through the thread guide нить (жр) проходит через *или* сквозь нитевод	le fil passe par le guide-fil il filo passa nel guida-fili el hilo atraviesa el guía-hilos
8	Fadenführerhochgang (m) upward travel of the thread guide восходящее движение (ср) нитевода, движение нитевода вверх	mouvement (m) de montée du guide-fil movimento (m) in alto *o* ascesa (f) del guida-fili movimiento (m) ascensional del guía-hilos
9	Fadenführertiefgang (m) downward travel of the thread guide нисходящее движение (ср) нитевода, движение нитевода вниз, опускание (ср) нитевода	mouvement (m) de descente du guide-fil movimento (m) in basso *o* discesa (f) del guida-fili movimiento (m) descensional del guía-hilos
10	gleichzeitiger Fadenführerhub (m) synchronous motion of the thread guides одновременный ход (мр) нитеводов	mouvement (m) simultané des guide-fil movimento (m) simultaneo dei guida-fili movimiento (m) simultáneo de los guía-hilos
11	wechselseitiger Fadenführerhub (m) alternating motion of the thread guides комбинированный ход (мр) нитеводов	mouvement (m) alternatif des guide-fil movimento (m) alternativo dei guida-fili movimiento (m) alternativo de los guía-hilos
12	Hubumkehrung (f) reversal of traverse motion перемена (жр) хода, поворот (мр)	renversement (m) de la course inversione (f) della corsa inversión (f) de la carrera
13	Triebstock (m), Zahnstift (m) pin, peg шип (мр), зуб (мр)	aiguille (f), cheville (f) perno (m) aguja (f), husillo (m)
14	schwingende [*oder* oszillierende] Bewegung (f) rocking *or* oscillating motion качательное движение (ср)	mouvement (m) oscillatoire movimento (m) oscillante *o* oscillatorio movimiento (m) oscilatorio

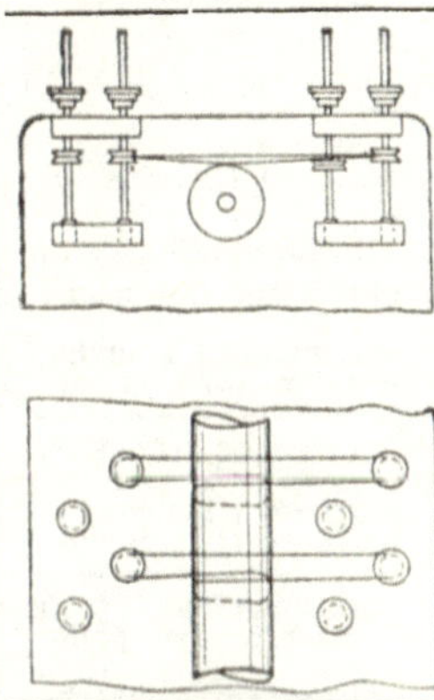

15	Spindelantrieb (m) spindle driving gear привод (мр) веретен, передача (жр) к веретенам	mécanisme (m) de commande des broches meccanismo (m) di comando dei fusi mecanismo (m) de mando de los husos
16	eintrommeliger Spindelantrieb (m) zweier Spindelreihen single tin roller driving for two rows of spindles однобарабанный привод (мр) двух рядов веретен	commande (f) des broches par tambour unique conduisant deux rangées de broches comando (m) dei fusi con tamburo unico azionando due file di fusi tambor (m) único impulsor de los husos en dos líneas
17	zweireihige Spindelanordnung (f) double row spindle arrangement двухрядное расположение (ср) веретен, расположение веретен в два ряда	disposition (f) des broches sur deux rangées disposizione (f) dei fusi in due file disposición (f) de los husos en dos líneas

1	**3. Scheren** (n), **Schären** (n), **Schieren** (n), **Schweifen** (n), **Kettaufschlagen** (n), **Zetteln** (n), **Kettscheren** (n) **Warping** **Сновка** (жр), **снованье** (ср)	**Ourdissage** (m) **Orditura** (f) **Urdido** (m), **urdidura** (f)
2	**a) Allgemeines** (n) **General Terms** **Общее** (ср)	**Généralités** (fpl) **Generalità** (fpl) **Generalidades** (fpl)
3	Schererei (f), Zettelei (f) warping room *or* department сновальня (жр), сновальное отделение (ср)	salle (f) d'ourdissage sala (f) di orditura recinto (m) donde se urde
4	Kettscherer (m), Kettler (m), Schweifer (m), Zettler (m), Anzettler (m) warper сновальщик (мр), наборщик (мр) основы	ourdisseur (m) orditore (m) urdidor (m) (obrero)
5	Kettschererin (f), Schweiferin (f), Kettlerin (f), Zettlerin (f), Anzettlerin (f) warper сновальщица (жр), наборщица (жр) основы	ourdisseuse (f) orditrice (f) urdidora (f) (obrera)
6	Handkettscherer (m) hand [mill] warper сновальщик (мр) вручную	ourdisseur (m) à la main orditore (m) a mano urdidor (m) a mano
7	Handkettschererin (f) hand [mill] warper сновальщица (жр) вручную	ourdisseuse (f) à la main orditrice (f) a mano urdidora (f) a mano
8	Maschinenscherer (m), Maschinenzettler (m) machine warper машинный сновальщик (мр)	ourdisseur (m) à la machine, warpeur (m) orditore (m) a macchina urdidor (m) a máquina
9	Hilfsscherer (m) creeler мальчик (мр) при сновальной	aide-ourdisseur (m), garçon (m) de râtelier aiuto-orditore (m) ayudante (m) de urdidor
10	Schermeister (m) foreman warper сновальный мастер (мр)	chef-ourdisseur (m), contremaître (m) d'ourdissage capo-orditore (m) jefe (m) urdidor
11	das Garn *oder* die Kette *oder* die Fäden (mpl) scheren *oder* zetteln to warp the yarn сновать пряжу (жр) *или* нити (жр)	ourdir les fils de chaîne ordire i fili *o* la catena urdir los hilos
12	Scherzettel (m), Scherbrief (m), Schweifzettel (m) card of warping particulars сновальная карточка (жр)	carte (f) *ou* bulletin (m) *ou* feuille (f) d'ourdissage carta (f) dell'orditura carta (f) *o* boletin (m) *u* hoja (f) de urdido
13	Schermuster (n), Schweifmuster (n) warp pattern набор (мр) основы, распределение (ср) основных нитей	rapport (m) en chaîne ripetizione (f) *o* rapporto (m) dei fili di catena evoluciones (fpl) *o* modelo (m) de la urdimbre, curso (m)
14	gemusterte Kette (f) fancy *or* multicoloured warp, warp for coloured goods узорчатая *или* разноцветная основа (жр)	chaîne (f) fantaisie, chaîne couleur catena (f) a più colori urdimbre (f) de fantasía *o* de novedad
15	Musterhälfte (f) half of pattern половина (жр) узора	moitié (f) du chemin *ou* du cours metà (f) del disegno *o* della via *o* del corso mitad (f) del modelo *o* del curso
16	Fadenrapport (m) repeat of pattern рапорт (мр), периодическое повторение (ср) чередования нитей	rapport (m) de dessin, chemin (m), cours (m) rapporto (m) del disegno, via (f), corso (m) curso (m) [del urdido], repetición (f) de la disposición
17	von Spulen scheren *oder* schären to warp from bobbins сновать с катушек *или* шпуль	ourdir [en partant] de bobines ordire da spole urdir partiendo de bobinas
18	von Kötzern scheren to warp from cops сновать с початков	ourdir [en partant] de cannettes ordire da cannette urdir partiendo de husadas
19	Scheren (n) auf dem Baum, Baumscheren (n), Vorbäumen (n) beam warping снование (ср) с навоя	ourdissage (m) sur des roules orditura (f) su rulli *o* cilindri urdido (m) sobre anteplegadores
20	Vorbaum (m) back beam, warper's beam, sizing beam, warp roller вспомогательный навой (мр)	roule (m) *ou* rouleau (m) à ourdir *ou* d'ourdissage, ensouple (m) d'ourdissage cilindro (m) *o* rullo (m) dell'ordito plegador (m) de urdidor
21	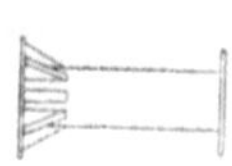	Kegelvorbaum (m) conical ended warper's beam конусный навой (мр), навой с конусом roule (m) à bout conique rullo (m) ad estremità conica ante-plegador (m) cónico

1	Scheren (n) in Bändern, Bandscheren (n) mill warping снование (ср) жгутами *или* рядками, рядковая *или* жгутовая сновка (жр)	ourdissage (m) par nappe orditura (f) a nastri *o* in divisioni urdido (m) por fajas
2	bandweise scheren to warp in sheets сновать жгутами *или* рядками	ourdir en nappe ordire a nastri urdir por fajas
3	ein Fadenband auftragen *oder* aufwickeln to wind on a sheet of threads наматывать *или* накатывать *или* навивать жгут (мр) пряжи	enrouler une nappe de fils avvolgere un nastro di fili plegar *o* arrollar una faja de hilos
4	Scheren (n) in Abschnitten [*oder* in Sektionen], [Sektionsscheren (n)] sectional warping снование (ср) участками *или* частями, дробное снование	ourdissage (m) à sections orditura (f) sezionale *o* a sezioni urdido (m) por secciones
5	in Abschnitten [*oder* Sektionen] scheren to warp in sections сновать участками	ourdir à sections ordire a sezioni urdir por secciones
6	Scherbandbreite (f), Scherbreite (f) width of warped sheet ширина (жр) полоски *или* участка основы	largeur (f) de la nappe larghezza (f) del nastro *o* del fascio di fili anchura (f) de la faja
7	Teilschiene (f) dividing rod делительная рейка (жр)	baguette (f) de séparation asta (f) di divisione varilla (f) de separación
8	Scheren (n) auf Spulen warping on section blocks снование (ср) на катушки	ourdissage (m) sur des blocs sectionnels orditura (f) sopra spole *o* bobine urdido (m) sobre bobinas
9	Scheren (n) auf den Rahmen, Gangscheren (n) chain *or* lease warping ходовая сновка (жр) [на барабан]	ourdissage (m) à la main *ou* au moulin rond orditura (f) a mano urdido (m) sobre soportes *o* a mano
10	von Hand scheren to warp by hand сновать от руки	ourdir à la main ordire a mano urdir a mano
11	die Kettfadenlagen (fpl) liegen unmittelbar übereinander the warp yarn layers lie side by side слои (мр) сновальных нитей лежат непосредственно друг на друге	les couches (fpl) de fils de chaîne se placent les unes à côté des autres gli strati di fili della catena restano gli uni accanto degli altri los lechos de los hilos de urdimbre se colocan unos al lado de otros
12	die Kettfadenlagen (fpl) liegen stufenförmig übereinander the warp yarn layers lie stepped over each other слои (мр) сновальных нитей лежат уступами друг на друге	les couches (fpl) de fils de chaîne se placent en échelons gli strati di fili della catena formano gradini gli uni sugli altri los lechos de los hilos de urdimbre se colocan escalonadamente
13	stufenförmige Fadenschichten (f) stepped warp layers ступенчатые слои (мр) нитей	couches (fpl) de fil en échelons strati (mpl) di filo a gradini lechos (mpl) de hilo escalonados
14	Scherlänge (f), Kettenlänge (f), Zettellänge (f), Schweiflänge (f) length warped длина (жр) основы	longueur (f) à ourdir lunghezza (f) dell'ordito longitud (f) de la urdimbre
15	Kettendichte (f), Einstelldichte (f), Gesamtfadenzahl (f) der Kette, Gesamtkettfadenzahl (f), Fadenmenge (f) set[t] of warp, number of threads per inch in the warp, number of ends of a warp плотность (жр) основы	compte (m) en chaîne, nombre (m) de fils dans la chaîne par unité de longueur numero (m) dei fili d'ordito per unità di lunghezza cuenta (f) de la urdimbre
16	endgültige Einstelldichte (f) total number of ends окончательная плотность (жр) набора	compte (m) total numero (m) totale dei fili d'ordito cuenta (f) definitiva de hilos, número (m) definitivo de hilos
17	Kettgarnfläche (f) surface of web площадь (жр) развернутой основы	surface (f) de la nappe superficie (f) della catena superficie (f) de la urdimbre
18	die Fäden (mpl) in einer Ebene ausbreiten to spread out the threads in a level surface разостлать нити (жр) в одной плоскости	partager les fils sur une surface plane disporre i fili su superficie unica extender *o* repartir los hilos en una superficie plana
19	die Fäden (mpl) über Leitstäbe führen to pass the threads over guide rods тянуть нити по направляющим пруткам	passer les fils sur des tringles-guides passare i fili sopra delle aste di guida llevar *o* pasar los hilos sobre los guía-hilos
20	ungeradzahlige Fäden (mpl) odd numbered threads нечетные нити (жр)	fils (mpl) impairs fili (mpl) dispari hilos (mpl) impares
21	geradzahlige Fäden (mpl) even numbered threads четные нити (жр)	fils (mpl) pairs fili (mpl) pari hilos (mpl) pares
22	eine Kette zu x Stück a warp of x cuts *or* x pieces основа (жр) на x кусков	une chaîne à x pièces una catena per x pezze una urdimbre para x piezas
23	Garnmenge (f) quantity of yarn количество (ср) пряжи	quantité (f) de fil quantità (f) del filato cantidad (f) de hilos

No.	Deutsch / English / Русский	Français / Italiano / Español
1	Kettengewicht (n) weight of warp вес (мр) основы	poids (m) de la chaine peso (m) della catena peso (m) de la urdimbre
2	die Kette am Scherrahmen befestigen *oder* anschlagen to make fast the warp threads on the mill заправлять основу на сновальной раме	fixer la chaine sur l'ourdissoir applicare i fili d'ordito all'orditoio fijar la urdimbre en el urdidor
3	die Kette lang anlegen to have the chain long заготовлять основу с запасом	mettre la chaine longue mettere la catena lunga colocar la urdimbre larga
4	die Kette kurz anlegen to have the chain short заготовлять основу в обрез	mettre la chaine courte mettere la catena corta colocar la urdimbre corta
5	eine Normalkette zetteln to build up a standard warp заготавливать *или* набирать основу нормальной длины	ourdir une chaine normale ordire una catena normale producir una urdimbre normal
6	Schergeschwindigkeit (f), Garngeschwindigkeit (f) speed of warping скорость (жр) снования	vitesse (f) d'ourdissage velocità (f) dell'orditura velocidad (f) de urdido
7	mit gleichbleibender Garngeschwindigkeit scheren to warp at a uniform speed сновать с равномерной скоростью движения пряжи	ourdir à une vitesse uniforme ordire ad una velocità uniforme urdir a una velocidad uniforme
8	die Fäden (mpl) verkreuzen, das Fadenkreuz machen, schränken, die Fäden ins Kreuz legen, das Kreuz einlesen *oder* bilden to lease, to cross the warp threads скрещивать нити	enverger *ou* encroiser les fils, former l'encroix (m) incrociare i fili encruzar los hilos, formar la cruz

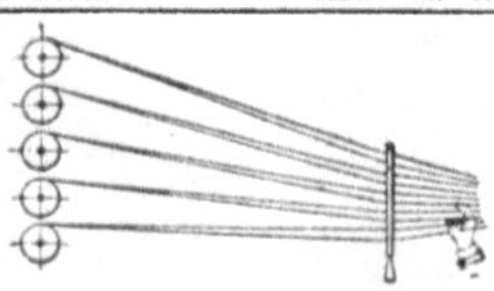

No.	Deutsch / English / Русский	Français / Italiano / Español
9	Einlesen (n), Kreuzgreifen (n), Schränken (n) crossing the warp threads, making the lease заправка (жр) *или* набор (мр) нитей накрест	envergeure (f) *ou* enverjure (f) *ou* encroisure (f) *ou* division (f) des fils, formation (f) de l'encroix incrociatura (f) *o* invergatura (f) dei fili d'ordito formación (f) de la cruz
10	fadenweise einlesen to cross thread by thread заправить каждую нить отдельно, последовательно заправить нити	enverger *ou* encroiser fil à fil incrociare *o* invergare filo a filo hazer la cruz hilo por hilo
11	paarweise einlesen to lease by pairs of threads заправить нити парами *или* попарно	enverger par paires de fils invergare per paio di fili hacer la cruz de dos en dos hilos
12	 Fadenkreuz (n), Kreuz (n), Gelese(n), Rispe (f), Schrank (m), Lese (f) lease, lese, leese	крест (мр) нитей, провязка (жр), ценовый крест encroix (m), envergeure (f), enverjure (f), croisure (f) invergatura (f) cruz (f), encruzamiento (m), divergencia (f)
13	den Kreuzfaden einlegen, die Gangschnur einlesen to pass the lease band *or* lease cord between the threads заправлять *или* закладывать нить (жр) накрест, провязывать	mettre l'enverjure (f), passer le cordon *ou* la ficelle dans les encroix entrare lo spago d'incrociatura pasar la cinta de encruzamiento
14	Kreuzeinleser (m) leaser проборщик (мр) цен	ouvrier (m) croiseur invergatore (m) obrero (m) que hace la cruz
15	Kreuzeinleserin (f) leaser проборщица (жр) цен	ouvrière (f) croiseuse invergatrice (f) obrera (f) que hace la cruz
16	die Fadenkreuze (npl) festbinden, die Kette abbinden to tie the leases, to secure the leases by bands отвязывать *или* перевязывать основу (жр)	maintenir *ou* assurer l'encroix (m) par des ficelles assicurare l'incrociatura (f) a mezzo di spago mantener firme la cruz mediante cordeles, asegurar la cruz por ligaduras
17	Fitzschnur (f), Fitzband (n), Kreuzschnur (f), Unterbindungsschnur (f) lease band перевязь (жр)	ficelle (f) *ou* cordon (m) d'encroix, enverjure (f), envergeure (f) spago (m) *o* corda (f) d'incrociatura cordel (m), hilo (m) bramante, cordón (m), cinta (f) de encruzamiento
18	die Unterbindungsschnur aus dem Fadenkreuz entfernen to remove the band from the lease удалить перевязь(жр) из провязки	déverger levare lo spago d'incrociatura quitar *o* alejar la cinta de encruzamiento
19	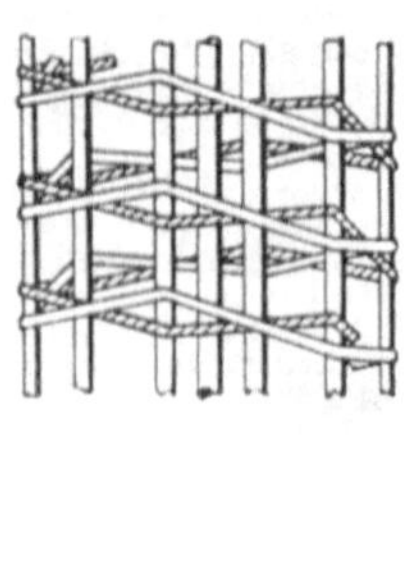	Schränken (n) des Fadenstrangs crossing of the porters разводить *или* складывать накрест прядь (жр) нитей croisure (f) des portées incrociatura (f) delle portate *o* dei fasci di fili cruzado (m) *o* cruzamiento (m) *o* evolución (f) de las portadas

1 die Gänge (mpl) *oder* Fadenstränge (mpl) schränken
to cross the porters
разводить *или* складывать накрест жгуты (мр) *или* рядки (мр) *или* пряди (жр) нитей
croiser les portées (fpl)
incrociare le portate
cruzar las portadas

2 Nachscheren (n) der Leistenfäden
additional warping of the selvedge threads
досновывание (ср) кромочных нитей
ourdissage (m) additionnel des fils de lisière *ou* de cordon
orditura (f) addizionale dei fili di cimossa
urdido (m) adicional de los orillos

3 das Fadenband von dem Scherrahmen abwinden
to withdraw the warp from the mill
сматывать прядь (жр) нитей со сновальной рамы
dérouler la chaine de l'ourdissoir
svolgere la catena dall'orditoio
desarrollar la urdimbre del urdidor

4 kreuzgeschweifter *oder* kreuzgewickelter Strang (m)
cross wound warp rope
накрест намотанный жгут (мр)
boule (f) de chaine croisée, boyau (m) de chaine croisé
fascio (m) d'ordito incrociato
cuerda (f) cruzada de urdimbre

5 das Fadenband zurückscheren
to reverse in warping
сновать жгут (мр) в обратном направлении
renverser dans l'ourdissage
ordire in salita *o* di sotto in su
retroceder en el urdido

6 Zurückscheren (n)
reversal in warping
сматывание (ср) обратно основы, снование (ср) в обратном направлении
renversement (m) dans l'ourdissage
orditura (f) in salita *o* di sotto in su
retroceso (m) en el urdido

7 Ketteln (n) der gescherten Kette
linking *or* looping the warp yarn into chain
заплетание (ср) цепью *или* петлями жгута основы
mise (f) en mailles *ou* en anneaux de la chaine ourdie
messa (f) in maglie della catena ordita, rimettaggio (m)
remetido (m) por mallas

8 die Kette ketten *oder* ketteln
to link [up] *or* to loop the warp, to put the warp into chains
заплетать основу (жр) цепью *или* в цепь
mettre la chaine en mailles
mettere la catena in maglie
remeter la urdimbre por mallas

9 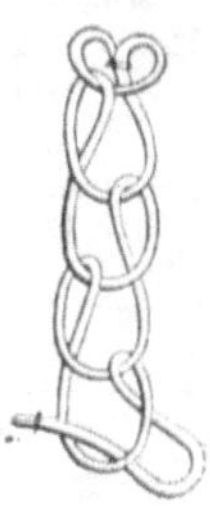
Kettel (f)
chain warp
цепь (жр)
chaine (f) mise en mailles, chainette (f)
catena (f) d'ordito
ganchillo (m)

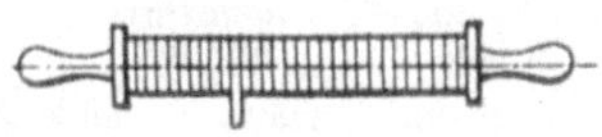

Seidenstock (m), Seidenrolle (f)
silk warp bobbin
ролик (мр) шелка
bobine (f) de chaine soie
bobina (f) di catena di seta 10
bobina (f) de urdimbre de seda

b) Spulengatter (npl)
Bobbin Creels
Рамы (мр) для катушек
Cantres (mpl)
Rastrelliere (fpl) 11
Filetas (fpl)

Spulengestell (n), Abtreibegestell (n), Spulengatter (n), Spulenstock (m), Spulenfeld (n), Rollengestell (n), Scherlatte (f), Scherstock (m), Scherbank (f), Schertafel (f), Schweiflatte (f), Schweifgestell (n), Schweifrahmen (m), Kanter (m)
warping *or* bobbin *or* warper's creel, bobbin frame, [warper's] bank
сновальная катушечная рамка (жр) *или* решетка (жр) *или* стойка (жр) *или* клетка (жр)
râtelier (m) *ou* cantre (m) *ou* dévidoir (m) d'ourdissoir, support (m) des bobines d'ourdissoir 12
rastrelliera (f) dell'orditoio
fileta (f) [del urdidor], caballete (m) *o* marco (m) del urdidor

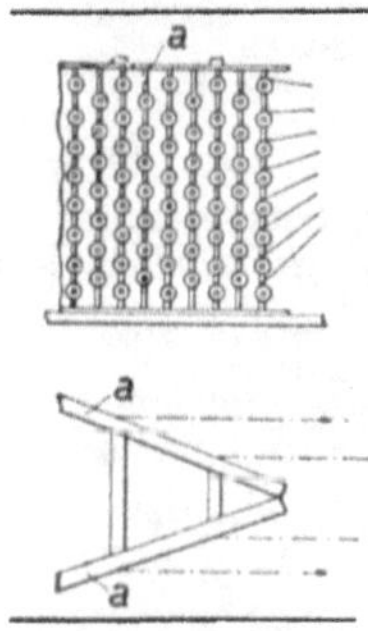

stehendes Spulengestell (n), stehender Spulenrahmen (m)
vertical *or* upright creel
стоячая катушечная рамка (жр)
cantre (m) vertical 13
rastrelliera (f) verticale
fileta (f) vertical

Spulengestellflügel (m)
side *or* wing of creel — a
крыло (ср) катушечной рамки
bras (m) du cantre
lato (m) *o* braccio (m) della rastrelliera 14
flanco (m) *o* brazo (m) de la fileta

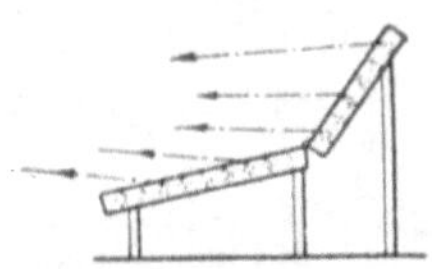

liegendes Spulengestell (n)
horizontal creel
лежачая катушечная рамка (жр)
cantre (m) horizontal 15
rastrelliera (f) orizzontale
fileta (f) horizontal

schrägstehendes Spulengestell (n)
inclined creel
косая *или* косо стоящая катушечная рамка (жр)
cantre (m) oblique
rastrelliera (f) obliqua 16
fileta (f) inclinada

№		
1	an der Decke hängender Rahmen (m) suspended creel подвешенная к потолку рамка (жр)	cantre (m) suspendu au plafond rastrelliera (f) sospesa fileta (f) colgante
2	einfaches Spulengestell (n) single creel одинарная *или* простая катушечная рамка (жр)	cantre (m) simple rastrelliera (f) semplice fileta (f) simple *o* sencilla
3	doppeltes Spulengestell (n) double [form] creel двойная катушечная рамка (жр)	cantre (m) double rastrelliera (f) doppia fileta (f) doble
4		geteiltes *oder* offenes Spulengestell (n) divided *or* open creel раздельная *или* открытая катушечная рамка (жр) cantre (m) ouvert à angle rastrelliera (f) aperta fileta (f) abierta en ángulo
5	flaches Spulengestell (n) straight *or* flat creel плоская катушечная рамка (жр)	cantre (m) droit rastrelliera (f) piana fileta (f) lisa *o* en forma de plano
6	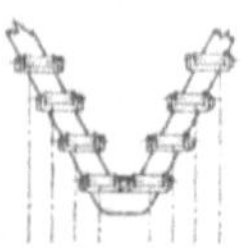	keilförmiges *oder* V-förmiges Spulengestell (n) V [-shaped] creel угловая *или* клиновидная катушечная рамка (жр) cantre (m) en forme de V rastrelliera (f) a forma di V fileta (f) en forma de V
7	bogenförmiges Spulengestell (m) circular creel дугообразная катушечная рамка (жр)	cantre (m) semi-circulaire rastrelliera (f) circolare *o* ad arco fileta (f) semicircular
8	Scherspule (f) warper's bobbin *or* spool сновальная катушка (жр)	bobine (f) d'ourdissoir *ou* à ourdir spola (f) d'orditoio bobina (f) de urdido
9	Spulenpartie (f), Pfeifenpartie (f) set *or* group of bobbins партия (жр) катушек	groupe (m) *ou* assortiment (m) de bobines partita (f) di spole grupo (m) *o* conjunto (m) de bobinas
10	den Rahmen füllen *oder* mit Spulen bestecken to fill the creel with spools, to creel the bobbins, to set up заполнять *или* заправить катушечную рамку катушками	garnir le cantre guarnire *o* caricare la rastrelliera, riempire con spole la rastrelliera montar las bobinas en la fileta
11	die Spulen (fpl) auf Drähte *oder* Aufsteckspindeln stekken to place the bobbins on wire pegs надевать катушки (жр) на прутки *или* на катушечные веретена	placer les bobines (fpl) sur des brochettes mettere le spole sopra perni di filo metallico colocar las bobinas en los husillos
12	einmalige Spulenzurichtung (f) single arrangement of bobbins простая заправка(жр) катушек	disposition (f) des bobines unique disposizione (f) unica delle spole disposición (f) única de las bobinas
13	mehrmalige Spulenzurichtung (f) repeated arrangement of bobbins повторная заправка (жр) катушек	disposition (f) des bobines répétée disposizione (f) ripetuta delle spole disposición (f) repetida de las bobinas
14	liegende Spindel (f) horizontal creel peg лежачее веретено (ср)	brochette (f) horizontale perno (m) orizzontale husillo (m) horizontal
15	stehende Spindel (f) vertical creel peg стоячее веретено (ср)	brochette (f) verticale perno (m) verticale husillo (m) vertical
16	 Aufsteckspindel (f), Spille (f) pin, creel peg, skewer	веретено (ср) *или* шпилька (жр) для [надеванія] катушек, катушечное веретено brochette (f), broche (f) de cantre *ou* de râtelier perno (m) della rastrelliera husillo (m)
17	Holzspindel (f) wooden creel peg деревянное веретено (ср)	brochette (f) en bois perno (m) di legno husillo (m) de madera
18	Drahtspindel (f) wire creel peg проволочная шпилька (жр)	brochette (f) métallique perno (m) metallico husillo (m) metálico
19	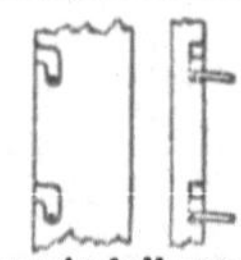 Scherspindellagerung (f) *oder* Scherspindelführung (f) in Holzausschnitten wood bush for creel pegs	расположение (ср) сновальных шпилек в выпиленных в дереве вырезах support (m) en bois pour les brochettes sopporto (m) in legno per i perni marco (m) *o* soporte (m) de madera para los husillos
20	Glasspindellager (n) glass bush *or* step for creel peg стеклянный подшипник (мр) веретена	support (m) en verre pour les brochettes sopporto (m) in vetro per i perni soporte (m) de vidrio para los husillos
21	Anfangsfaden (m) im Spulengestell first end in the creel начальная нить (жр) в катушечной рамке	premier fil (m) du râtelier primo filo (m) della rastrelliera primer hilo (m) de la fileta
22	Endfaden (m) im Spulengestell last end in the creel концевая нить (жр) в катушечной рамке	dernier fil (m) du râtelier ultimo filo (m) della rastrelliera último hilo (m) de la fileta
23	die Spulenfäden (mpl) abziehen to draw the ends from the bobbins отматывать *или* сгонять катушки (жр)	dérouler les fils des bobines svolgere *o* ritirare i fili dalle spole desarrollar *o* tirar los hilos de las bobinas

1
Spulenrest (m)
bobbin waste, waste left on bobbin
концы (мр) на катушках
bouts (mpl) de bobines
cascami (mpl) delle spole, filo (m) che rimane sopra il rocchetto
desechos (mpl) de hilos

2
Leerlaufen (n) *oder* Auslaufen (n) der Spule
running out of spool
опоражнивание (ср) катушки
épuisement (m) de la bobine
esaurimento (m) del filo sulla spola
vaciamiento (m) de la bobina

3
die Spulen umstecken *oder* auswechseln
to change the bobbins
заменить *или* сменить *или* переставить катушки
changer les bobines
cambiare le spole
cambiar las bobinas

4
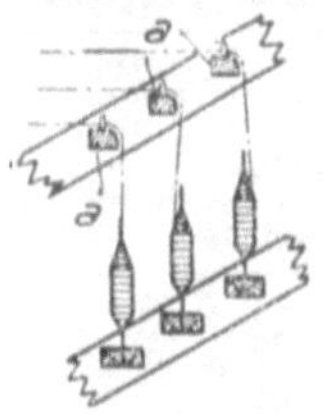

a
Fadenführungsleiste (f)
thread guide rail
нитеводная рейка (жр)
tringle (f) guide-fil
asta (f) guida-fili
regla (f) *o* listón (m) guía-hilos

5
Fadenleitauge (n)
eyelet
нитеводный глазок (мр)
œillet (m)
occhiello (m) di guida
ojal (m)

6
der Faden geht durch das Auge
the thread passes through the eyelet
нить (жр) проходит сквозь глазок
le fil passe par l'œillet
il filo passa nell'occhiello
el hilo atraviesa el ojal

7
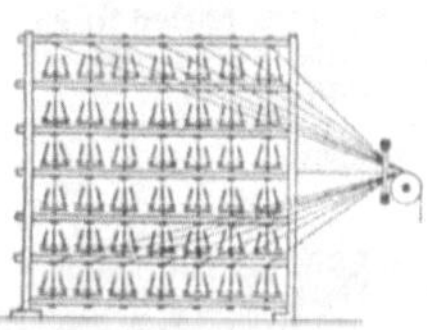
Kötzerschergatter (n), Kötzerzettelgestell (n)
creel for cops, cop creel
початочная сновальная рамка (жр)
cantre (m) pour cannette
rastrelliera (f) per cannette *o* cops
fileta (f) para husadas

8
Zusammenknüpfen (n) der Fäden mehrerer Kötzer
tying the threads from several cops
ссучивание (ср) нитей нескольких початков
réunion (f) des fils de plusieurs cannettes
unione (f) dei fili di più cannette
reunión (m) de los hilos de diversas husadas

9
Enden (npl) der Kötzerfäden
ends of cop threads
концы (мр) нитей початков
bouts (mpl) des fils de cannette
estremità (fpl) dei fili delle cannette
cabos (mpl) *o* extremidades (fpl) de los hilos de las husadas

10
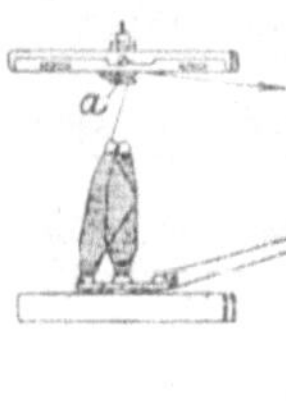

drehbarer Kötzerhalter (m)
revolving cop carrier
вращающаяся початочная плошка (жр) *или* тарелка (жр)
support (m) de cannette tournant
sopporto (m) di cannette girevole
soporte (m) rotatorio de husadas

11
a
verstellbarer Fadenführer (m)
adjustable thread guide
передвижной нитевод (мр)
guide-fil (m) réglable
guida-fili (m) regolabile
guía-hilos regulable

12
umklappbare Spindel
hinged peg [(f)
откидное веретено (ср)
brochette (f) à charnière
perno (m) a cerniera
husillo (m) de charnela

13
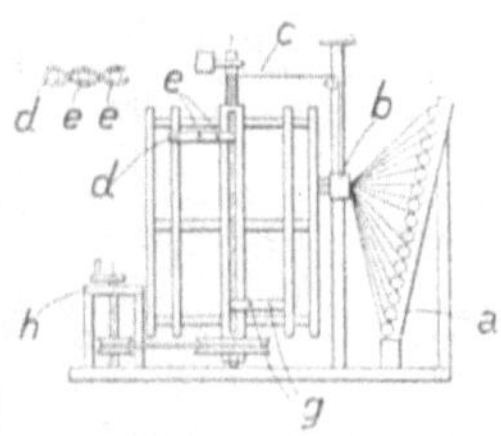

c) **Scherrahmen (m), Schweifrahmen (m), Schweifstock (m), Zettelrahmen (m), Schermühle (f)**
[Bradford] Warping Mill
Ручная сновальная машина (жр), сновальная рама (жр)
Ourdissoir (m) rond *ou* tournant
Orditoio (m) semplice
Urdidor (m) de tambor

14
a
Spulengatter (n)
[bobbin] creel
катушечная рамка (жр)
cantre (m)
rastrelliera (f)
fileta (f)

15
b
Katze (f), Gangführer (m), Führer (m)
jack, heck box, hake box
жгутонаправитель (мр), направитель (мр), поползушка (жр)
plot (m)
guida-fili (m) scorrevole
corrón (m), escabel (m), banqueta (f)

16
c
Katzenschnur (f)
heck cord
[подъемный] шнур (мр) жгутонаправителя
corde (f) *ou* cordon (m) du plot
corda (f) della guida
cordón (m) del corrón

17
d
Kopfnagel (m)
head peg, top fork, weaver's lease peg
головной шпенек (мр) *или* колок (мр)
cheville (f) supérieure
spina (f) della testiera
clavija (f) superior

18
e
Kreuznägel (mpl)
lease pegs, drawer's lease pegs
ценовые шпеньки (мр) *или* колки (мр)
chevilles (fpl) d'encroix *ou* d'envergeure
spine (fpl) per incrociatura
clavijas (fpl) de encruzamiento *o* para formar la cruz

19
g
Fußnägel (mpl), Schranknägel (mpl)
beamer's lease pegs, foot pegs, lower forks
нижние *или* разводные колки (мр)
chevilles (fpl) inférieures *ou* du bas
spine (f) inferiori
clavijas (fpl) inferiores

20
h
Handgetriebe *oder* Trissel (m) für den Rahmen
hand drive for the mill
ручной привод (мр) сновальной рамы
mouvement (m) à manivelle de l'ourdissoir
meccanismo (m) a manovella per l'aspo
mecanismo (m) de manivela del urdidor

1 den Rahmen von Hand drehen
to drive the mill by hand
приводить сновальную раму (жр) во вращение от руки
manœuvrer le moulin à la main
manovrare l'aspo a mano
manipular la devanadera, mover la devanadera a mano

2 Fadenverläß (n)
guide reed, [leasing] heck *or* hake
направляющая гребенка (жр)
grille (f), grillette (f)
pettine (m) di guida
peine (m) guia

3 auf- und niedersteigende Katze (f)
up and down traversing heck box
восходящий и нисходящий жгутонаправитель (мр)
plot (m) à monte et baisse
guida (f) a movimento di saliscendi
corrón (m) de alza y baja

4 Nagel (m), Pflock (m), Holzbolzen (m)
pin, peg, fork
шпенек (мр), колок (мр)
cheville (f) de l'ourdissoir
spina (f) *o* perno (m) *o* chiodo (m) di legno
clavija (f) del urdidor

5 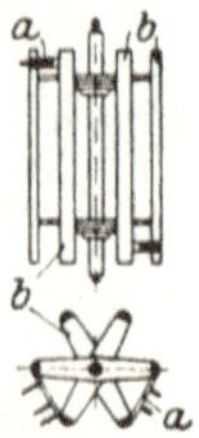

Haspel (m), runder Scherrahmen (m), Scherkrone (f), Schweifrahmen
mill, reel, swift
баран (мр), мотовило (ср), круглая сновальная рама (жр), навивальная рама
moulin (m), dévidoir (m) vertical
aspo (m) dell'orditoio
plegador (m) del urdidor, devanadera (f)

6 Gangkreuzholz (n), Schrangholz (n), Schrankholz (n), Scherholz (n), Querholz (n), Kreuzbrett (n)
lease rod
ходовая поперечина (жр) *или* колодка (жр), разводная *или* сновальная поперечина
traverse (f) d'envergeure
a asta (f) *o* verga (f) per incrociare
listón (m) de encruzamiento

7 Schweifrahmenflügel (m)
wing of warping mill
крыло (ср) *или* рейка (жр) *или* планка (жр) сновальной *или* навивальной рамы
montant (m) vertical du moulin
costola (f) dell'aspo
b brazo (m) del aspe

8 Rahmenumfang (m), Haspelumfang (m)
circumference of reel
обхват (мр) *или* окружность (жр) рамы
circonférence (f) du moulin
circonferenza (f) dell'aspo dell'orditoio
circunferencia (f) del plegador del urdidor

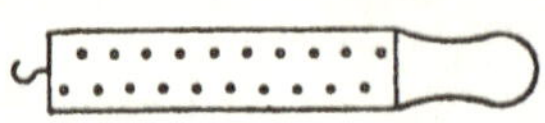

9 Scherbrett (n), Lesebrett (n)
hole board
сновальная дощечка (жр)
planche (f) à trous
tavoletta (f) d'orditoio
tabla (f) agujereada

Lesebrett mit Glasaugen
hole board with glass eyelets
сновальная дощечка (жр) со стеклянными глазками
planche (f) à trous avec œillets en verre
tavoletta (f) con occhielli di vetro
tabla (f) agujereada con ojales de vidrio 10

Porzellanauge (n)
porcelain eyelet
фарфоровый глазок (мр)
œillet (m) en porcelaine
occhiello (m) di porcellana
ojal (m) de porcelana 11

einreihiges Scherbrett (n)
single row hole board
однорядная сновальная дощечка (жр)
planche (f) à une seule rangée de trous
tavoletta (f) ad una sola fila di buchi
tabla (f) con una sola hilera de agujeros 12

zweireihiges Scherbrett (n)
double row hole board
двухрядная сновальная дощечка (жр)
planche (f) à double rangée de trous
tavoletta (f) a due file di buchi
tabla (f) de doble hilera de agujeros 13

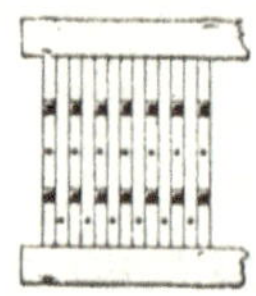
Lesekamm (m), Rispelkamm (m), Rispelblatt (n)
lease reed
сновальная гребенка (жр)
peigne (m) d'envergeure
pettine (m) d'invergatura
peine (m) fijo especial para tomar la cruz, rastel (m) 14

Ring (m), Schmitz (m), Schmit (m), Kehre (f), Band (n)
turn length
окружность (жр), обхват (мр)
longueur (f) du tour
sviluppo (m) dell'aspo
perímetro (m) del plegador 15

Schmitzen (n) der Kette
marking *or* keeling the warp
отмечание (ср) основы
marquage (m) de la chaîne
marcaggio (m) *o* segnaggio (m) della catena
contado (m) *o* marcado (m) de la urdimbre 16

Schmitzer (m)
automatic keeler
отметчик (мр), отмечающее приспособление (ср)
marqueur (m) automatique
segnatore (m) automatico
contador (m) *o* marcador (m) automático 17

das Kettgarn auf den Haspel aufwinden
to lap the warp round the mill
наматывать основу (жр) на мотовило
enrouler la chaîne sur le moulin
avvolgere il fascio di fili sull'aspo
arrollar la urdimbre en el plegador 18

die Kettfäden (mpl) in Schraubengangform auf den Haspel auflegen
to coil the warp threads in spiral form upon the mill
накладывать нити (жр) основы по винтовой линии на крылья [мотовила]
enrouler *ou* disposer la chaîne en spirale sur le moulin
avvolgere a spira i fasci di fili da una costola all'altra
arrollar la urdimbre en espiral sobre la devanadera 19

1
die Kettfäden (mpl) um die Kreuznägel legen
to lay the warp threads upon the lease pegs
заправлять нити (жр) основы на крестовые колки
disposer les fils (mpl) de chaine sur les chevilles d'envergeure
applicare i fili da catena alle spine per incrociatura
colocar los hilos de urdimbre sobre las clavijas de encruzamiento

2
die Kettfäden (mpl) um die Fußnägel legen
to lay the warp threads on the foot pegs
заправлять нити (жр) основы на разводные колки
disposer les fils (mpl) de chaine sur les chevilles inférieures
applicare i fili da catena alle spine inferiori
colocar los hilos de urdimbre sobre las clavijas inferiores

3
großes Kreuz (n), Kopfkreuz (n)
lease [proper], thread by thread lease, drawer's *or* top lease, head lease, end-and-end lease
большой *или* головной крест (мр) [нитей]
envergeure (f) du haut
incrociatura (f) grossa *o* di testa
encruzamiento (m) superior

4
kleines Kreuz (n), Fußkreuz (n), Gangkreuz (n)
bottom lease, beamer's lease, foot lease, pin lease, chain lease
малый *или* нижний крест (мр) [нитей]
envergeure (f) du bas
incrociatura (f) bassa
encruzamiento (m) inferior

5
Fadenbündel (n), Fadenband (n), Fadenstrang (m), Gang (m), Schergang (m)
porter, portee, beer, group of threads
прядь (жр) нитей, сновальная прядь
portée (f), groupe (m) *ou* faisceau (m) de fils
portata (f), fascio (m) di fili
portada (f), cama (f)

6
halber Gang (m)
halfporter, half beer
полпряди (жр)
demi-portée (f), musette (f)
mezza portata (f)
media portada (f)

7
Herabschweifen (n)
winding downwards
[со]сновывание (ср) полоски вниз
ourdissage (m) par en bas
orditura (f) in discesa *o* dall'alto al basso
urdido (m) por abajo

8
das Fadenband herabschweifen
to wind the chain downwards
[со]сновать полоску (жр) *или* рядок (мр) *или* прядь (жр) нитей вниз
ourdir la chaine par en bas
ordire il fascio di fili in discesa
urdir por abajo

9
das Fadenband auf- und abschweifen
to wind the chain upwards and downwards
сновать полоску (жр) взад и вперед *или* вверх и вниз
ourdir la chaine par en haut et par en bas
ordire il fascio di fili in salita e discesa
urdir por arriba y por abajo

10
stürzen
to reverse the order of warp threads
сновать нити (жр) основы в обратном порядке
renverser l'ordre des fils de chaine
invertire l'ordine dei fili da catena
invertir el orden de los hilos de urdimbre

11
Gangzahl (f)
number of beers
число (ср) ходов
nombre (m) de portées
numero (m) delle portate
número (m) de portadas

12
Ganghöhe (f)
number of threads in the beer
ширина (жр) хода, число (ср) нитей в полоске
nombre (m) de fils dans une portée
numero (m) di fili in una portata
número (m) de hilos en una portada

13
verdrehter Gang (m)
twisted beer
перекрученый ход (мр) *или* рядок (мр)
portée (f) tordue
portata (f) torta
portada (f) torcida

14
Gangabteilung (f)
section of warp
отделение (ср) ходов
section (f) de chaine
sezione (f) della catena
sección (m) *o* faja (f) de urdimbre

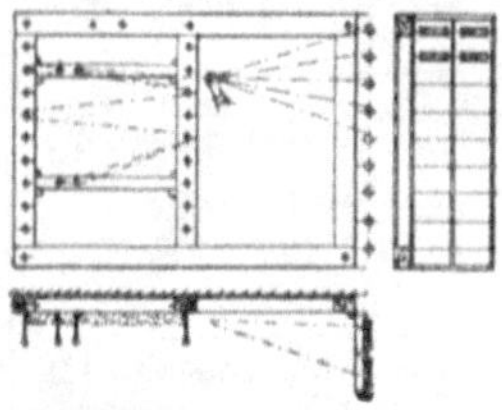

15
Musterkettenschweifgestell (n)
sample warping frame
сновальная рамка (жр) для образцов основы
ourdissoir (m) droit
orditoio (m) rettilineo
urdidor (m) para muestras

16
Musterkette (f)
sample warp
образец (мр) *или* образчик (мр) основы
chaine (f) d'échantillonnage
catena (f) da saggio
urdimbre (f) de muestra

17
Handmuster (n)
hand sample
небольшой образчик (мр)
échantillon (m)
campione (m)
muestra (f)

18
d) Schermaschinen (fpl), Kettenschermaschinen, Zettelmaschinen (fpl)
Warping Machines, Warpers
Сновальные машины (жр)
Métiers (mpl) *ou* machines (fpl) à ourdir, ourdissoirs (m) mécaniques
Banchi (mpl) ad ordire, macchine (fpl) orditrici, orditoi (mpl) meccanici
Urdidores (mpl) mecánicos

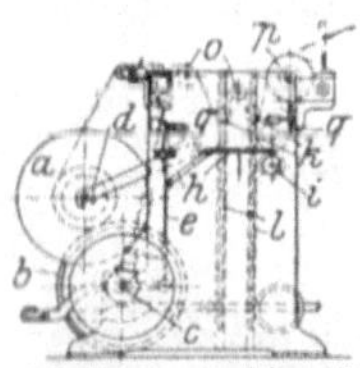

19
α) Schermaschine (f) mit Scherbaum, englische Schermaschine
Beam Warper, Beam Warping Machine
Сновальная машина (жр) с навоем, английская сновальная машина
Ourdissoir (m) mécanique à ensouple
Macchina (f) orditrice inglese
Urdidor (m) mecánico con plegador

20 *a*
Scherbaum (m), Vorbaum (m), Hilfsbaum (m), Zettelbaum (m), Vorratsbaum (m)
warper's beam, warping beam, back beam
вспомогательный *или* промежуточный навой (мр)
ensouple (m) d'ourdissage *ou* provisoire, roule (m), rouleau (m)
rullo (m) *o* cilindro (m) dell'orditoio
plegador (m) de urdidor, ante-plegador (m)

1	Antriebwalze (f), Triebtrommel (f), [Friktionstrommel (f)] driving *or* friction drum накатный *или* фрикционный барабан (мр)	*b*	tambour (m) d'appel *ou* de friction tamburo (m) di comando *o* di frizione tambor (m) de fricción
2	Trommelwelle (f) drum shaft вал (мр) барабана	*c*	arbre (m) du tambour albero (m) del tamburo árbol (m) del tambor
3	Klauenhebel (m) beam holder ухватный рычаг (мр), ухват (мр)	*d*	levier (m) à auge leva (f) del rullo palanca (f) del plegador
4	Klinkenstange (f), Hakenstange (f), Abstellstange (f) stop rod выключатель (мр), щеколдовая тяга (жр)	*e*	tringle (f) d'arrêt, tige (f) de déclanchement asta (f) d'arresto tirante (m) de freno
5	Rast (f) notch приклон (мр)	*g*	cran (m), encoche (f) tacca (f) descanso (m)
6	gekröpfter Abstellhebel (m) crumped stop lever загнутое остановочное коромысло (ср)	*h*	levier (m) d'arrêt coudé leva (f) d'arresto a scatto palanca (f) acodada del freno
7	eingekerbte Scheibe (f), Kerbenscheibe (f) notched bowl мерное (-ый) колесо (ср) *или* диск (мр) с зарубкой	*i*	disque (m) encoché *ou* à crans disco (m) con tacca *o* con scatto disco (m) contador, disco con entalladura *o* con muesca
8	Fallwalze (f), Spannwalze (f), Rücklaufwalze (f), Fühlwalze (f), Fallstab (m) falling roller, rod tension roller, drop roller, tension bar натяжной *или* спускной *или* компенсационный валик (мр)	*k*	cylindre (m) de rappel *ou* de tension *ou* tombant, rouleau (m) tendeur, rouleau (m) plongeur rullo (m) di tensione cilindro (m) tensor, cilindro compensador
9	Walzenführung (f), Gestellschlitz (m), Gestellrille (f), Gestellnute (f) drop roller guide slot, slot *or* groove in the framing направляющий прорез (мр) станины	*l*	rainure (f) du bâti, guide (m) du rouleau tendeur guida (f) del cilindro, fessura (f) del sopporto ranura (f) del caballete *o* del bastidor
10	Führungswalze (f), Leitwalze (f) guide roller направляющий валик (мр)	*o*	rouleau (m) guide cilindro (m) di guida cilindro (m) guía
11	Meßtrommel (f), Meßwalze (f) measuring roller мерный барабан (мр) *или* вал (мр)	*p*	rouleau (m) mesureur *ou* de mesurage rullo (m) misuratore cilindro (m) medidor

Zähler (m), Zähleruhr (f), Meßwerk (n) [yarn] indicator, measuring motion счетчик (мр), счетный механизм (мр)	*q*	compteur (m) contatore (m) contador (m)	12
Klauenlager (n) beam bearing вилка (жр) ухвата		support (m) à auge sopporto (m) del rullo soporte (m) del plegador	13
die Wellenzapfen (mpl) werden durch Klauenhebel gehalten the shaft ends are carried by the beam holders шипы (мр) вала держатся ухватными рычагами		les extrémités (fpl) de l'arbre sont supportées par les leviers à auge i perni del tamburo sono portati dalle leve del rullo las espigas del árbol son soportadas por las palancas del plegador	14
den Baum einlegen to put in the beam вкладывать навой (мр)		disposer le roule montare il rullo disponer el plegador	15
voller *oder* gescherter Baum (m) full beam снованный навой (мр)		roule (m) plein rullo (m) pieno, cilindro (m) riempito plegador (m) lleno	16
Trommelgeschwindigkeit (f) speed of drum скорость (жр) вращения [накатнаго] барабана		vitesse (f) du tambour velocità (f) del tamburo velocidad (f) del tambor	17
Trommellänge (f), Trommelbreite (f) width *or* length of drum длина (жр) барабана		longueur (f) du tambour lunghezza (f) del tamburo anchura (f) del tambor	18
ausziehbare Trommel (f), [Expansionstrommel (f)] expanding drum вытяжной барабан (мр)		tambour (m) extensible tamburo (m) estensibile tambor (m) extensible	19
Einschnappen (n) der Klinke in die Rast engagement of the catch защелкивание (ср) щеколды за приклон		enclanchement (m) du crochet imboccamento (m) dello scatto asentamiento (m) del gancho en el descanso	20
die Klinke wird aus der Rast gedrückt the catch is disengaged щеколда (жр) сталкивается *или* спихивается с приклона		le crochet est déclanché lo scatto è disbracato el gancho es desembragado	21
der gekröpfte Hebel fällt in die Kerbe the crumped lever drops into the notch загнутый рычаг (мр) западает в зарубку		le levier à encoche tombe dans le cran la leva d'arresto cade nella tacca la palanca del disparo cae en la muesca	22
Umlauf (m) *oder* Runde (f) der Kerbenscheibe one revolution of the notched bowl оборот (мр) мерного диска		un tour du disque à cran un giro del disco a tacca una revolución *o* una vuelta del disco contador	23

No.		
1	Rundenlänge (f) length of warp wound on during one revolution of notched bowl отмер (мр) *или* мера (жр) основы на оборот мерного колеса	longueur (f) de la chaîne développée pendant un tour du disque à cran lunghezza (f) della catena avvolta durante un giro del disco a tacca longitud (f) de hilo urdido durante una vuelta del disco contador
2	Umlaufzahl (f) *oder* Rundenzahl (f) der gekerbten Scheibe number of revolutions of the notched bowl число (ср) оборотов мерного колеса	nombre (m) de tours du disque à cran numero (m) di giri del disco a tacca número (m) de vueltas del disco contador
3	Teilrunde (f) der Kerbscheibe partial revolution of the notched bowl часть (жр) оборота мерного колеса	révolution (f) partielle du disque à cran giro (m) parziale del disco a tacca revolución (f) parcial del disco contador
4	die Kettenlänge nach Umläufen der gekerbten Scheibe bemessen to determine the length of warp by the revolutions of the notched bowl соразмерять длину (жр) основы с числом оборотов мерного колеса	déterminer la longueur de la chaîne par le nombre de tours du disque à cran misurare la lunghezza della catena dal numero di giri del disco a tacca determinar la longitud de la urdimbre por el número de vueltas del disco contador
5	die schlaffen Fäden (mpl) in Zickzackwindungen aufspeichern to take up the slack yarn in a zigzag form складывать провисающие нити зигзагообразными витками	mettre les fils floches (mpl) en forme de zig-zag raccogliere i fili allentati a zig-zag recoger los hilos flojos en zig-zag
6	Gewichtbelastung (f) der Kettfäden weighting of the warp threads нагрузка (жр) нитей основы гирями	tension (f) des fils de chaîne par poids tensione (f) dei fili di catena con pesi carga (f) de los hilos de urdimbre
7	die Fallwalze wird durch die Fäden in der Schwebe gehalten the falling roller is kept freely suspended by the threads спускной валик (мр) держится нитями в подвешенном состоянии *или* в равновесии	le cylindre de rappel est maintenu en suspension par les fils il rullo di tensione è tenuto liberamente sospeso dai fili el cilindro tensor está suspendido por los hilos
8	Fallhöhe (f) height of drop высота (жр) опускания, разгон (мр)	hauteur (f) du rappel altezza (f) della discesa elevación (f) del cilindro tensor
9	wechselnde Fadenspannung (f) variable tension of the yarn переменное *или* меняющееся натяжение (ср) нитей	tension (f) variable des fils tensione (f) variabile dei fili tensión (f) variable de los hilos
10	Fadenspannungsunterschied (m), [Fadenspannungsdifferenz (f) difference in yarn tension разность (жр) натяжения нитей	différence (f) dans la tension des fils differenza (f) nella tensione dei fili diferencia (f) en la tensión de los hilos
11	Zurückdrehen (n) des Zettelbaumes turning back the warper's beam обратное вращение (ср) навоя	rappel (m) *ou* détournement (m) *ou* recul (m) du roule giro (m) indietro del cilindro d'ordito retroceso (m) del plegador
12	die Kette nachlassen *oder* lockerlassen *oder* lockern to slacken the warp отпустить *или* ослабить основу (жр)	relâcher la chaîne rallentare la catena aflojar la urdimbre
13	lockergelassene Kette (f) slackened warp ослабленная основа (жр)	chaîne (f) relâchée catena (f) rallentata urdimbre (f) aflojada
14	rückgewundene Kettenlänge (f) length of warp turned back обратно смотанная длина (жр) основы	longueur (f) de chaîne rappelée lunghezza (f) della catena girata indietro longitud (f) de urdimbre desarrollada
15	die Walzenzapfen (mpl) gleiten in den Führungsschlitzen the drop roller ends slide in slots шипы (мр) валиков скользят в направляющих прорезах	les tourillons (mpl) des cylindres de rappel glissent dans des rainures i perni del cilindro di tensione scorrono in guide las espigas del cilindro tensor se deslizan en las ranuras
16	Rietblatt (n), Geleseblatt (n), Leseblatt (n), Scherblatt (n), Reichkamm (m) reed, comb задний сновальный гребень (мр), сновальное бердо (ср)	peigne (m) pettine (m) peine (m)
17	geschlossenes Blatt (n), geschlossener Kamm (m) closed reed закрытый гребень (мр)	peigne (m) fermé pettine (m) chiuso peine (m) cerrado
18	offener Kamm (m) open reed открытый гребень (мр)	peigne (m) ouvert pettine (m) aperto peine (m) abierto
19	abhebbarer Kammdeckel (m) removable reed cover съемная крышка (жр) гребня	chapeau (m) déplaçable du peigne coperchio (m) spostabile del pettine cubierta (f) móvil del peine
20	Zickzackkamm (m), Rautenkamm (m) zigzag reed *or* comb зигзагообразный гребень (мр)	peigne (m) en zig-zag pettine (m) a zig-zag peine (m) en zig-zag
21	ausziehbares Riet (n), [Expansionsriet (n)] expanding reed вытяжной *или* растяжной гребень (мр)	peigne (m) extensible pettine (m) ad espansione *o* ad estensione peine (m) extensible

1	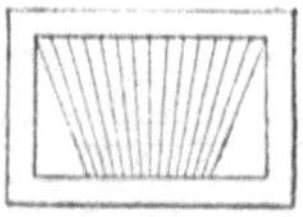	Scherblatt (n) mit auseinander laufenden Rietstäben, [divergierendes Scherblatt (n)] divergent reed гребень (мр) с расходящимися зубьями peigne (m) divergent pettine (m) divergente peine (m) divergente *o* de abanico
2	die Fäden (mpl) laufen schräg in das Blatt the threads run to the reed at an angle нити (жр) косо *или* сбоку входят в гребень	les fils (mpl) passent obliquement dans le peigne i fili passano obliquamente nel pettine los hilos atraviesan oblicuamente el peine
3	die Fäden (mpl) laufen gebrochen the threads deviate from a straight course нити (жр) перегибаются	les fils (mpl) forment un angle i fili fanno angolo los hilos evolucionan rotos
4	Fadenwinkel (m) angular path of yarn перегиб (мр) нити	angle (m) de passage du fil angolo (m) di passaggio del filo ángulo (m) de remetido *o* de pasaje del hilo
5	fest gelagerte Führungswalze fixed guide roller направляющий валик (мр), лежащий в неподвижных подшипниках	rouleau-guide (m) fixe cilindro-guida (m) fisso cilindro (m) guia fijo
6	Meßwalzenumlauf (m) revolution of measuring roller оборот (мр) мерного вала	révolution (f) du rouleau de mesurage giro (m) del rullo misuratore revolución (f) del cilindro medidor
7	die Meßwalze wird von den Fäden mitgenommen the measuring roller is driven by the threads мерный барабан (мр) приводится во вращение нитями	le cylindre compteur est entrainé par les fils il rullo misuratore è stracinato dai fili el cilindro medidor está movido por los hilos
8	Mitnahme (f) durch Reibung driving by friction приведение (ср) в движение трением, захватывание (ср) при помощи трения	entrainement (m) par frottement strascinamento (m) per attrito conducción (f) por fricción
9	Gleiten (n) der Kette slipping of the warp скольжение (ср) основы	glissement (m) de la chaine scivolamento (m) della catena deslizamiento (m) de la urdimbre
10	die Kette gleitet the warp slips основа (жр) скользит	la chaine glisse la catena scivola la urdimbre se desliza

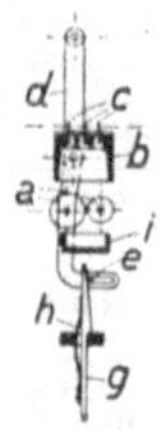

		Kettfadenwächter (m) warp stop motion, drop needle stop motion, detector останов (мр) *или* остановочный прибор (мр) при обрыве основных нитей casse-chaine (m) *ou* casse-fil (m) automatique arresto (m) automatico alla rottura di un filo di catena para-urdimbre (m) mecánico	11
sich ständig drehende [*oder* rotierende] Walzen (fpl) continuously revolving nip rollers, fixed nip rollers вращающиеся валики (мр)	*a*	cylindres (mpl) tournant continuellement cilindri (mpl) a rotazione continua cilindros (mpl) de rotación continua	12
Eisenstabrost (m), Schlitzplatte (f), Tisch (m) mit Schlitzen steel drop pin grid, detector box колосник (мр), решетка (жр) *или* стол (мр) с прорезами	*b*	grille (f) de la boite détectrice placca (f) a fessure, tavola (f) con fessure placa (f) *o* plancha (f) hendida	13
Abstellnadel (f), Reiter (m) drop pin остановочная игла (жр), скобка (жр), солдатик	*c*	cavalier (m), aiguille (f) ago (m) d'arresto caballero (m)	14
Abstellhebel (m), Ein- und Ausrücker (m) stopping lever остановочный рычаг (мр), включающий и выключающий рычаг	*d*	levier (m) d'arrêt leva (f) d'arresto palanca (f) de freno, disparo (m)	15
verstellbarer Hebelansatz (m) adjustable lever arm переставная цапфа (жр) *или* устанавливаемый шип (мр) рычага	*e*	butoir (m) réglable braccio (m) della leva regolabile brazo (m) de palanca regulable	16
Hakenstange (f), Abstellstange (f) stop rod выключатель (мр), щеколдовая тяга (жр)	*g*	tige (f) de déclanchement asta (f) d'arresto tirante (m) de freno, pértiga (f) de paro	17
Blattfeder (f) plate spring плоская пружина (жр)	*h*	ressort (m) à lame molla (f) ad arco resorte (m) de cinta	18
Nadelfangmulde (f), Nadelkasten (m) needle tray *or* trough корыто (ср) *или* желоб (мр) для улавливания шпилек	*i*	boite (f) à aiguilles cassa (f) ad aghi estuche (m) de las agujas	19

1 ausschwingbar gelagerte Walze (f), Abstellwalze (f)
independently mounted nip roller
остановочный *или* откидной валик (мр)
cylindre (m) d'arrêt, cylindre oscillant
cilindro (m) oscillante, cilindro d'arresto
cilindro (m) frenador

2 die Abstellnadeln (fpl) auf die Fäden hängen
to place the drop pins on the threads
надевать *или* вешать остановочные иглы (жр) на нити
placer les cavaliers sur les fils, mettre les aiguilles à cheval
mettere gli aghi d'arresto sui fili
montar los caballeros en los hilos

3 die Abstellnadel fällt durch den Schlitz
the drop pin falls through the slit
остановочная игла (жр) проваливается сквозь щель
le cavalier tombe par la fente
l'ago (m) d'arresto cade per la fessura
el caballero cae por la hendedura

4 die Nadel zwängt sich zwischen den Walzen durch
the pin is forced between the rollers
игла (жр) протискивается между валиками
l'aiguille (f) est forcée entre les cylindres
l'ago (m) viene forzato fra i cilindri
el caballero pasa forzadamente por entre los cilindros

5 Reißen (n) des Fadens, Fadenbruch (m)
breaking of an end
обрыв (мр) нити
rupture (f) *ou* casse (f) du fil
rottura (f) di un filo
ruptura (f) de un hilo

6 gerissener Faden (m)
broken end
оборванная нить (жр)
fil (m) cassé
filo (m) rotto *o* spezzato
hilo (m) roto

7 Abstellen (n) bei Reißen des Fadens
stoppage when an end breaks
останов (мр) при обрыве нити
arrêt (m) par rupture de fil
arresto (m) alla rottura di un filo
parada (f) por ruptura de un hilo

8 Fadensuchen (n)
finding the broken end
отыскивание (ср) нити
recherche (f) du fil cassé
ricerca (f) del filo rotto
busca (f) del hilo roto

9 den Faden suchen
to find the broken end
отыскивать нить
[re]chercher *ou* retrouver le fil cassé
cercare il filo rotto
buscar el hilo roto

10 Fadenende (n)
end [of the yarn]
конец (мр) нити
bout (m) du fil
capo (m) *o* estremità (f) del filo
cabo (m) del hilo

11 die Enden (npl) des gerissenen Fadens aneinanderschlingen
to tie *or* to piece the broken ends
ссучивать концы (мр) оборванной нити
renouer *ou* rattacher les fils cassés
annodare i fili rotti
anudar los hilos rotos

12
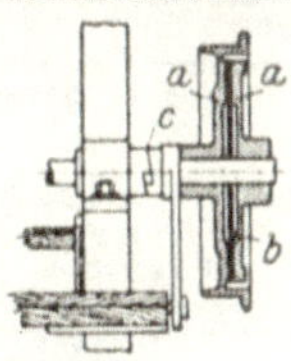

Planscheibenkupplung (f)
friction disc coupling
дисковая муфта (жр)
accouplement (m) à disques de friction
accoppiamento (m) a dischi di frizione
acoplamiento (m) por discos de fricción

13 Reibscheibe (f)
friction disc
фрикционный диск (мр)
a
disque (m) de friction
disco (m) di frizione
disco (m) de fricción

Reibscheibenfutter (n), Reibscheibeneinlage (f)
lining of friction disc
набойка (жр) *или* накладка (жр) фрикционного диска
b
garniture (f) du disque de friction
rivestimento (m) del disco di frizione
revestimiento (m) del disco de fricción 14

Klauenkupplung (f)
claw coupling
шипообразная *или* кулачная *или* зубчатая муфта (жр)
c
accouplement (m) à griffes
giunto (m) a denti
acoplamiento (m) por dientes 15

Scheibendruck (m)
pressure on friction disc
давление (ср) между дисками
pression (f) sur le disque de friction
pressione (f) sul disco di frizione
presión (f) sobre el disco de fricción 16

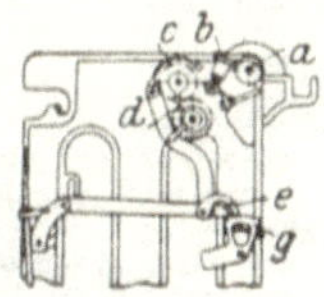

Hitchons Meßvorrichtung (f) *oder* Zähler (m)
Hitchon's indicator *or* measuring motion
мерное приспособление (ср) *или* счетчик (мр) Гитчона
compteur (m) Hitchon
meccanismo (m) misuratore *o* contatore (m) Hitchon
indicador (m) *o* contador (m) Hitchon 17

Meßwalzenschraube (f)
worm of measuring roller
червяк (мр) мерного вала
a
vis (f) sans fin du cylindre compteur
vite (f) perpetua del cilindro misuratore
tornillo (m) sin fin del cilindro contador 18

Schraubenrad (n)
worm wheel
червячное колесо (ср)
b
roue (f) à vis sans fin
ruota (f) a vite perpetua
rueda (f) de tornillo sin fin 19

Stirnrad (n)
spur wheel
цилиндрическое зубчатое колесо (ср)
c
roue (f) droite
ruota (f) cilindrica
rueda (f) cilindrica 20

Zeigerrad (n)
indicator wheel
колесо (ср) указателя
d
roue (f) à aiguille
ruota (f) indicatrice, ruota indice
rueda (f) indicadora 21

Schaltklinke (f)
pawl
собачка (жр)
e
cliquet (m)
nottolino (m), scatto (m)
gatillo (m) 22

gezahnter Bogen (m), Sperrbogen (m), Schaltzahnbogen (m), [Quadrant (m)]
toothed segment
храповая (-ой) дуга (жр) *или* квадрант (мр) *или* сектор (мр)
g
quadrant (m) denté
settore (m) dentato
cuadrante (m) dentado 23

die Schraube (f) sitzt auf der Meßwalzenwelle
the worm is mounted on the measuring roller shaft
червяк (мр) сидит на оси мерного вала
la vis sans fin est montée sur l'arbre du cylindre compteur
la vite perpetua è montata sull'albero del cilindro contatore
el tornillo sin fin está montado sobre el árbol del cilindro contador 24

1		Zifferblatt (n) der Zähluhr dial of indicator циферблат (мр) счетчика	cadran (m) du compteur quadrante (m) del contatore cuadrante (m) numerado del contador
2		der Zeiger gibt die Umlaufzahl [*oder* Tourenzahl] an the pointer shows the number of revolutions указатель (мр) *или* стрелка (жр) обозначает число отмеров нитей	l'aiguille (f) indique le nombre de tours l'ago (m) indica il numero dei giri la saeta indica el número de vueltas
3		englischer Umlauf (m), [englische Tour (f)] English warping measure английский (-ая) отмер (мр) *или* мера (жр)	mesure (f) anglaise de la chaîne misura (f) inglese della catena medida (f) inglesa de la urdimbre
4		Strähn (m), Schneller (m) hank моток (мр)	écheveau (m) matassa (f) madeja (f)
5		die gescherte Länge nach Strähnen messen to measure in hanks the length warped измерять длину основы мотками	mesurer en écheveaux la longueur de la chaîne ourdie misurare in matasse la lunghezza della catena ordita medir por madejas la longitud de urdimbre urdida
6		Vorsprung (m) am Stirnrad projection on spur wheel выступ (мр) на цилиндрическом зубчатом колесе	nez (m) sur la roue droite nasello (m) della ruota cilindrica resalto (m) de la rueda cilíndrica
7		geschlitzter Vorsprung (m) am Zeigerrad slotted projection on indicator wheel выступ (мр) со щелью на колесе указателя	nez (m) à fente sur la roue à aiguille nasello (m) incavato sulla ruota indice resalto (m) con ranura sobre la rueda indicadora
8		den gezahnten Bogen vorschieben to advance the toothed segment задвигать храповую дугу	faire avancer le quadrant denté far avanzare il settore dentato mover el cuadrante dentado
9		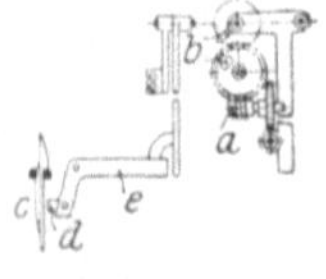	Längenmesser (m), [Längenindikator (m)] measuring and knocking off motion измеритель (мр) *или* указатель (мр) длины indicateur (m) de longueur indicatore (m) di lunghezza contador (m) *o* reloj (m) *o* medidor (m) de longitud
10	*a*	Schraubengetriebe (n), Wurmgetriebe (n) worm and wheel червячная передача (жр)	engrenage (m) à vis sans fin ingranaggio (m) a vite perpetua engranaje (m) de tornillo sin fin
11	*b*	Vorsprünge (mpl) an Stirnrad und Zeigerrad projections on spur wheel and indicator wheel выступы (мр) на цилиндрическом зубчатом колесе и на колесе указателя	nez (mpl) sur la roue droite et la roue à aiguille naselli (mpl) della ruota cilindrica e la ruota indice resaltos (mpl) en la rueda cilíndrica y en la indicadora
12	*c*	Abstellhebel (m), Hakenstange (f), [Platine (f)] stop rod выключатель (мр), щеколдовая тяга (жр)	tige (f) de déclanchement asta (f) d'arresto tirante (m) de freno
13	*d*	Ausrückhebelanschlag (m) stop lever catch упорка (жр) выключательного коромысла	butoir (m) du levier d'arrêt tacchetto (m) della leva di disinnesto tope (m) de la palanca del freno
14	*e*	Ausrückhebel (m) stop lever выключательное *или* остановочное коромысло (ср)	levier (m) d'arrêt leva (f) di disinnesto palanca (f) del freno
15		den Abstellhebel aus der Rast drücken to disengage the stop rod сталкивать *или* спихивать щеколду с приклона	déclancher la tige d'arrêt disbracare l'asta d'arresto desembragar el tirante del freno
16		die Schermaschine stellt sich selbsttätig ab the warping machine stops automatically сновальная машина (жр) автоматически выключается	l'ourdissoir (m) s'arrête automatiquement l'orditoio (m) si ferma automaticamente el urdidor se para automáticamente
17		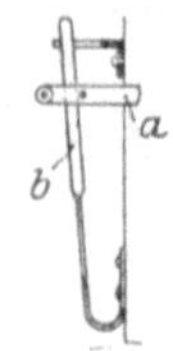	Ausrücker (m) für Schermaschinen disengaging device for warping machines выключатель (мр) для сновальных машин dispositif (m) de débrayage pour ourdissoir mécanique dispositivo (m) di disinnesto per orditoi dispositivo (m) de freno del urdidor
18	*a*	Riemengabelstange (f) strap fork rod вилкообразная ременная отводка (жр)	tige (f) de fourchette de la courroie asta (f) della forcella sposta cinghia, leva (f) del guida-cinghia horquilla (f) de la correa
19	*b*	federnder Hebel (m), Federhebel (m) spring lever пружинный рычаг (мр)	levier (m) à ressort leva (f) a molla disparo (m) *o* palanca (f) de resorte
20		der Hebel schnappt in den Schlitz the lever clicks into the slot рычаг (мр) вскакивает в прорез	le levier s'engage dans l'échancrure la leva scatta nella guida la palanca se agarra a la hendedura

1	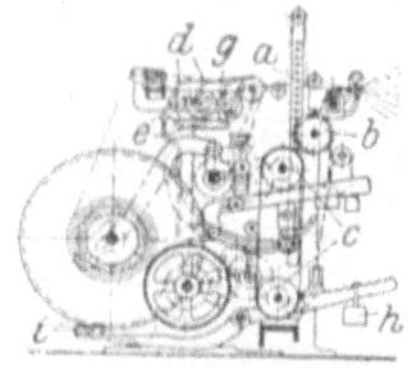		amerikanische Schermaschine (f), Drapers Schermaschine warping machine American system, American *or* Draper's warper американская сновальная машина (жр), Дрэпера ourdissoir (m) américain, type Draper orditoio (m) sistema americano urdidor (m) americano, tipo Draper
2	Führungsstange (f) *oder* Zahnstange (f) der Spannwalze guide rod *or* rack for the tension roller рейка (жр) натяжного валика	a	tringle-guide (f) *ou* crémaillère (f) du cylindre de tension cremagliera (f) del cilindro di tensione cremallera (f) del cilindro tensor
3	Kettenscheibe (f) mit Belastungsgewicht chain bowl with weight блок (мр) грузовой цепи	b	roue (f) à chaîne avec contrepoids ruota (f) a catena con contrappeso rueda (f) de cadena con contrapeso
4	Riemenkegel (m), [Riemenkonus (m)] cone drum, cone pulley ременной конус (мр), конус ременной передачи	c	poulie (f) conique, cône (m) [puleggia (f) a] cono (m) polea (f) cónica
5	Abstellnadelöse (f) eyelet of drop pin петля (жр) *или* очко (ср) остановочной иглы	d	œillet (m) de l'aiguille occhiello (m) dell'ago ojal (m) de la chapita o del caballero
6	Hebelwerk (n) zur Ausrückung stop motion levers система (жр) рычагов *или* рычажный прибор (мр) для останова	e	système (m) de leviers du mécanisme d'arrêt sistema (f) di leve del meccanismo d'arresto sistema (f) de palancas del mecanismo de freno
7	drehbar gelagerte Fadenwächternadel (f) hinged drop pin поворачивающаяся игла (жр) останова от обрыва нити	g	aiguille-tâteur (f) *ou* aiguille casse-fil articulée bilancino (m) chapita (f) articulada
8	Belastungsgewicht (n) counterweight гиря (жр), противовес (мр)	h	contrepoids (m) contrappeso (m) contrapeso (m)
9	Fußtritt (m), Trittbehel (m) foot board, foot lever, pedal lever педаль (мр)	i	pédale (f) leva (f) a pedale pedal (m)
10	Fadenwächter (m) warp stop motion остановочный прибор (мр) при обрыве нити		tâteur (m) de fil, casse-chaîne (m) arresto (m) automatico alla rottura di un filo di catena para-urdimbre (m) mecánico
11	gleichbleibende Aufwindegeschwindigkeit (f) uniform winding speed постоянная скорость (жр) навивания		vitesse (f) d'enroulement uniforme velocità (f) d'avvolgimento uniforme velocidad (f) uniforme de arrollamiento
12	veränderliche Trommelumdrehungszahl (f) variable number of revolutions of drum переменное число (ср) оборотов барабана		nombre (m) de tours variable du tambour numero (m) di giri variabile del tamburo número (m) de vueltas variable del tambor
13	veränderliche Antriebgeschwindigkeit (f) variable driving speed переменная скорость (жр) передачи		vitesse (f) motrice variable velocità (f) motrice variabile velocidad (f) motriz variable
14	Antriebscheibe (f) für Langsamgang driving pulley for slow speed приводное колесо (ср) для тихого хода		poulie (f) de ralentissement puleggia (f) per piccola velocità polea (f) de retardamiento
15	die Bewegung durch Räderübersetzung verlangsamen to reduce the speed by change wheels уменьшать скорость (жр) движения посредством зубчатых передач		ralentir la vitesse par engrenages rallentare la velocità con ingranaggi disminuir la velocidad por engranajes
16	selbsttätige Riemenverschiebung (f) automatic shifting of belt самодействующая передвижка (жр) ремня		déplacement (m) automatique de la courroie spostamento (m) automatico della cinghia desplazamiento (m) automático de la correa
17	Knagge (f), Abstellklinke (f) catch, pawl остановочная щеколда (жр)		taquet (m) d'arrêt scatto (m) d'arresto tope (m)
18	die Fadenwächternadel wird durch Fadenspannung hochgehalten the drop pin is held up by the tension of the yarn натяжением нити игла (жр) держится в верхнем положении		l'aiguille (f) est maintenue par la tension du fil l'ago (m) viene sostenuto dalla tensione del filo la chapita se mantiene por la tensión del hilo
19	die Fadenwächternadeln (fpl) durch ein Hebelwerk zum Einführen der Fäden heben to lift the drop pins by levers for threading поднимать иглы рычажным прибором для введения нитей		faire lever les aiguilles par un système des leviers pour enfile les fils alzare gli aghi con un sistema di leve per infilare i fili levantar las chapitas, por un sistema de palancas para enhebrar o introducir los hilos
20	Abstellschiene (f), Sperrschiene (f) stop rod остановочная *или* запорная рейка (жр)		tringle (f) d'arrêt asta (f) d'arresto tirante (m) del freno

1	die Maschine durch Fußtritt einrücken to start the machine by the foot lever включить машину при помощи педали		mettre en route la machine par la pédale mettere in moto la macchina a mezzo del pedale poner en marcha *o* disparar la máquina con el pedal
2	β) Schermaschine (f) mit Scherspule, Scheibenschermaschine (f), [Blockschermaschine (f), [Sektionalschermaschine (f)] Section[al] Warping Machine Катушечная *или* секционная сновальная машина (жр)		Ourdissoir (m) mécanique à sections Orditoio (m) sezionale *o* a sezioni Urdidor (m) de secciones

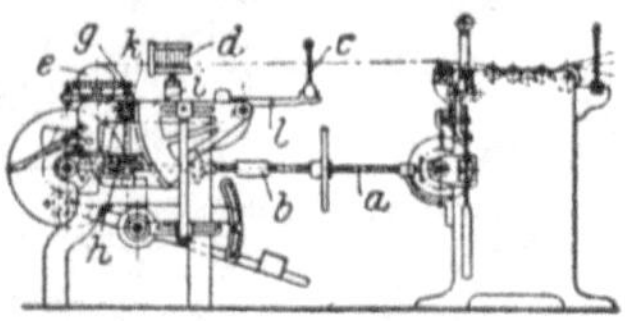

3	Antriebwelle (f) driving shaft приводный вал (мр)	*a*	arbre (m) de commande albero (m) motore árbol (m) principal
4	Kupplung (f) der Antriebwelle driving shaft coupling муфта (жр) приводного вала	*b*	accouplement (m) de l'arbre de commande accoppiamento (m) dell'albero motore acoplamiento (m) del árbol principal
5	Leseblatt (n), Geleseblatt (n) leese reed задний *или* нитеразделительный гребень (мр)	*c*	peigne (m) fixe pettine (m) fisso peine (m) fijo
6	Winkelriet (n), stellbares *oder* verstellbares Scherblatt (n) V wraith угловой гребень (мр), передвижное сновальное бердо (ср)	*d*	peigne (m) en forme de V, rot (m) ourdisseur mobile, rot *ou* ros V pettine (m) a V peine (m) en forma de V
7	Meßwalze (f) measuring roller мерный вал (мр)	*e*	rouleau (m) mesureur rullo (m) misuratore cilindro (m) medidor
8	Umdrehungszähler (m), Umlaufzähler (m), [Tourenzähler (m)] revolution counter счетчик (мр) оборотов	*g*	indicateur (m) *ou* compteur (m) de tours contatore (m) *o* registratore (m) di giri indicador (m) *o* contador (m) de vueltas
9	Meßvorrichtung (f) measuring motion измерительный прибор (мр)	*h*	mécanisme (m) compteur dispositivo (m) misuratore mecanismo (m) contador
10	gezahntes Bogenstück (n) *oder* Zahnbogen (m) für die Belastungsänderung toothed segment to vary the pressure зубчатая дуга (жр) для изменения нагрузки	*i*	segment (m) denté pour faire varier la pression settore (m) dentato per variare la pressione segmento (m) dentado para variar la presión
11	endlose Schraube (f), Wurm (m) worm безконечный червяк (мр)	*k*	vis (f) sans fin vite (f) perpetua tornillo (m) sin fin
12	drehbarer Arm (m) movable arm поворачивающееся плечо (ср)	*l*	bras (m) mobile braccio (m) mobile brazo (m) oscilante *o* móvil
13	Garnschicht (f) yarn layer слой (мр) пряжи		couche (f) de fils strato (m) di fili lecho (m) *o* capa (f) de hilos
14	Holzzylinder (m), Hülse (f), Brot (n), Block (m), Scherblock (m) section block деревянная цевка (жр) *или* гильза (жр)		bloc (m) *ou* roule (m) sectionnel tamburo (m) *o* blocco (m) d'orditura árbol (m) *o* tambor (m) de secciones
15	Merkzeiger (m) indicator finger стрелка (жр), указатель (мр)		aiguille (f) indicatrice ago (m) indicatore saeta (f) indicadora
16	Meterzähler (m) cent indicator метрический счетчик (мр), счетчик числа метров		compteur (m) métrique registratore (m) metrico contador (m) métrico
17	den Zeiger in die Nullstellung bringen to set the indicator finger at zero поставить *или* привести стрелку (жр) в нулевое положение		mettre l'aiguille à zéro mettere a zero l'ago indicatore colocar la saeta indicadora en el cero
18	 scheibenförmiger Garnkörper (m), Scherabschnitt (m), [Sektion (f)] cheese, section [of warp]		круг (мр) пряжи, сновальный отрез (мр), сснованная секционная катушка (жр) fromage (m), section (f) de fils sezione (f) *o* fascio (m) di fili sección (f) *o* faja (f) de hilos
19	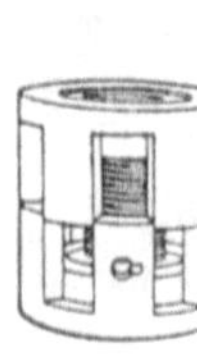		Ausdehnungsblock (m), ausziehbarer Scherblock (m), [Expansionsblock (m)] expanding block раздвижная *или* вытяжная сновальная катушка (жр) *или* колодка (жр) bloc (m) extensible blocco (m) estensibile tambor (m) extensible
20	Blockbreite (f) length *or* width of block ширина (жр) *или* длина (жр) колодки		largeur (f) du bloc larghezza (f) del blocco anchura (f) del tambor

1	Blockkeilnut (f) keyway of block шпоночная канавка (жр) колодки		mortaise (f) *ou* rainure (f) du bloc scanalatura (f) a chiavetta del blocco entalladura (f) *o* mortaja (f) del tambor	
2	den Block auf die Welle stecken to put the block on the shaft посадить колодку (жр) на вал		enfiler le bloc sur l'arbre montare il blocco sull'albero montar el tambor sobre el árbol	

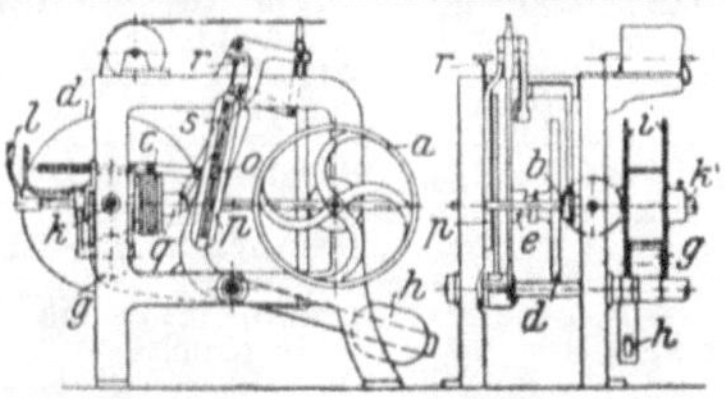

3	Wickelvorrichtung (f) für Schermaschinen mit Scherspule section head stock навивальное приспособление(ср) для катушечных секционных сновальных машин		dispositif (m) d'enroulement pour ourdissoirs à sections dispositivo(m) d'avvolgimento per orditoi a sezioni dispositivo (m) de arrollamiento para urdidor de secciones	
4	Schwungrad (n) flywheel маховичек (мр)	a	volant (m) volante (m) volante (m)	
5	Kegelrad (n) bevel wheel коническая шестерня (жр)	b	roue (f) conique ruota (f) conica rueda (f) cónica	
6	Reibrolle (f), [Friktionsrolle (f)] friction bowl фрикционный ролик (мр)	c	galet (m) de friction rullo (m) di frizione rodillo (m) de fricción	
7	Reibscheibe (f), [Friktionsscheibe (f)] friction disc фрикционный диск (мр)	d	disque (m) de friction disco (m) di frizione disco (m) de fricción	
8	Nutenscheibe (f), [Nutenexzenter (n)] grooved cam диск (мр) с канавкой *или* пазом, пазовый диск	e	excentrique (m) à rainure eccentrico (m) a scanalatura exoéntrico (m) de ranura	
9	Preßrolle (f), Preßwalze (f) pressure roller нажимной ролик (мр)	g	cylindre (m) de pression cilindro (m) di pressione cilindro (m) de presión	
10	Hebelgewicht (n), Druckgewicht(n) weight on pressure lever противовес (мр), контргруз (мр)	h	contrepoids (m) du levier contrappeso (m) della leva contrapeso (m) de la palanca	
11	Randscheiben (fpl) flanges торцевые диски (мр) *или* тарелки (жр) *или* шайбы (жр)	i	flasques (fpl) flange (fpl) platos (mpl)	
	Hülsenwelle (f), Blockwelle (f) shaft of section block ось (жр) колодки	k	arbre (m) du bloc albero (m) del blocco árbol (m) del tambor	12
	Handhebel (m) hand lever рукоятка (жр), ручка (жр)	l	levier (m) à main leva (f) a mano palanca (f) a mano	13
	Gleitstück (n) sliding nut ползун (мр), камень (мр)	o	écrou (m) glissant dado (m) scorritore bloque (m) corredor	14
	Schlitzhebel (m) slotted arm кулисный рычаг (мр)	p	bras (m) à coulisse pezzo (m) a glifo, pattino (m) palanca (f) con colisa *o* con hendedura	15
	Endlager (n) der Antriebswelle end bearing of driving shaft концевой подшипник (мр) приводного вала	q	support (m) de l'extrémité de l'arbre de commande sopporto (m) dell'estremità dell'albero motore soporte (m) de la extremidad del árbol principal	16
	Spindelhandrad (n) hand wheel on adjusting screw маховичек (мр) винта *или* шпинделя	r	volant (m) de la vis ruota (f) a mano dell'asta filettata rueda (f) *o* volante (m) de mano *o* manivela (f) de la varilla fileteada	17
	Schraubenspindel (f) screw spindle винтовой шпиндель (мр)	s	tige (f) filetée asta (f) filettata, vite (f) tornillo (m), varilla (f) fileteada	18
	die Reibrolle auf der Welle verschieben to displace the friction bowl along the shaft передвигать фрикционный ролик (мр) по валу		déplacer le galet de friction le long de l'arbre spostare il rullo di frizione sull'albero desplazar el rodillo de fricción a lo largo del árbol	19
	die Walze durch Hebelgewicht an den Block drücken to press the roller against the block by means of lever and weight прижимать валик (мр) противовесом к колодке		presser le cylindre contre le bloc par levier et contrepoids stringere il cilindro contro il blocco a mezzo di leva e contrappeso apretar el cilindro contra el tambor por medio de palanca y contrapeso	20
	das Lager verstellen to adjust the bearing переставлять *или* передвигать концевой подшипник (мр)		ajuster le support regolare il sopporto ajustar el soporte	21
	die Schraubenspindel durch Handrad drehen to turn the screw spindle by the hand wheel вращать винтовой шпиндель (мр) маховичком		faire tourner la vis par le volant girare la vite con ruota a mano hacer girar el tornillo mediante el volante de mano	22

1	Abwickelbock (m) running off frame прикладной *или* накладной конус (мр)		réunisseuse (f) pour chaîne ourdie riunitrice (f) per catene ordite bastidor (m) de desplegado
2	**γ) Schermaschine (f) für die Bandweberei** **Warping Mill for Ribbon Weaving** **Сновальная машина (жр) для ленточного ткачества**		**Ourdissoir (m) pour le tissage de rubans** **Orditoio (m) per la tessitura di nastri** **Urdidor (m) para el tejido de cintas**
3	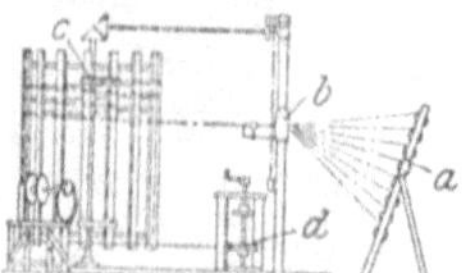		stehender Scherrahmen (m) upright mill вертикальная сновальная рама (жр) moulin (m) vertical aspo (m) verticale devanadera (f) vertical
4	Schertafel (f) bank сновальная решетка (жр) *или* клетка (жр)	*a*	cantre (m) rastrelliera (f) fileta (f), caballete (m)
5	Katze (f) heck box жгутонаправитель (мр) *или* ползушка (жр) [сновального барабана]	*b*	plot (m) cassa (f) della rastrelliera, guida-fili (m) scorrevole corrón (m)
6	Kreuzbrett (n) lease rod крестовинная колодка (жр)	*c*	traverse (f) d'envergeure verga (f) per incrociare listón (m) de encruzamiento
7	Schnurrolle (f) driving band pulley шнурочный блок (мр)	*d*	poulie (f) de commande du cordon puleggia (f) motrice della corda polea (f) motriz del cordón
8	Abkettbock (m), Abwickelbock (m) winding off frame счемные козла (мр)	*e*	bâti (m) de déroulement aspo (m) di svolgimento caballete de desplegado
9	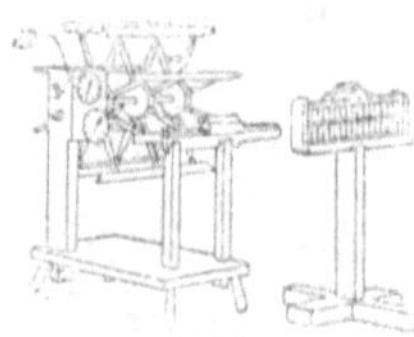		Scherhaspel (m) horizontal warping reel сновальный (-ое) баран (мр) *или* мотовило (ср) moulin (m) horizontal aspo (m) orizzontale devanadera (f) horizontal
10	Meßuhr (f) dial indicator счетчик (мр)	*a*	cadran-compteur (m) misuratore (m) automatico cuadrante (m) contador, reloj (m)
11	Scherlage (f), Schore (f) layer of warp насованный слой (мр)		couche (f) de fils de chaine strato (m) d'ordito napa (f) *o* lecho (m) de hilos de urdimbre

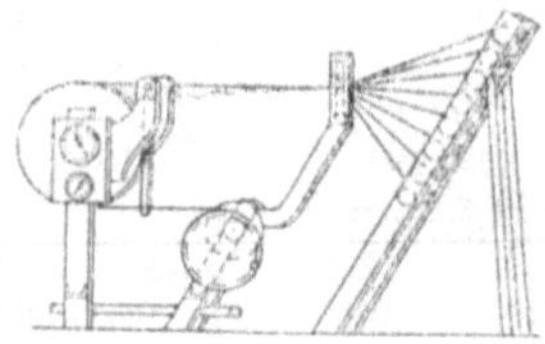

12	Scherbock (m) small hand warping mill сновальные козла (мр)	petit moulin (m) à ourdir à la main piccolo orditoio (m) a mano pequeño urdidor (m) a mano
13	Scheren (m) von Gummifäden warping India rubber threads сновка (жр) резиновых нитей	ourdissage (m) des fils de caoutchouc orditura (f) dei fili di caucciù urdido (m) de los hilos de caucho
14	nackter Gummifaden (m) bare rubber thread голая резиновая нить (жр)	fil (m) de caoutchouc nu filo (m) di caucciù nudo hilo (m) desnudo de caucho
15	Pudern (n) der Gummifäden powdering the rubber threads обсыпка (жр) резиновых нитей пудрой *или* порошком	recouvrage (m) de poudre des fils de caoutchouc copritura (f) dei fili di caucciù con polvere recubrimiento (m) de polvo de los hilos de caucho
16	umsponnener Gummifaden (m) covered rubber thread оплетеная резиновая нить (жр)	fil (m) de caoutchouc guipé filo (m) di caucciù rivestito hilo (m) de caucho forrado
17	**δ) Schermaschine (f) mit liegendem Scherrahmen** **Scotch Warping Mill** **Сновальная машина (жр) с горизонтальной сновальной рамой**	**Ourdissoir (m) à tambour horizontal** **Orditoio (m) a tamburo orizzontale** **Urdidor (m) de tambor horizontal**
18	liegender Scherrahmen (m), liegende Schertrommel (f) horizontal mill [cylinder] горизонтальная сновальная рама (жр)	tambour (m) horizontal tamburo (m) orizzontale tambor (m) horizontal
19	Ersatztrommel (f), Aushilfstrommel (f), [Reservetrommel (f)] reserve cylinder вспомогательный *или* запасный барабан (мр)	tambour (m) de réserve tamburo (m) di riserva tambor (m) de repuesto
20	Trommelbewicklung (f) warp layers on mill обмотка (жр) барабана	couches (fpl) de fils sur le tambour strati (mpl) di fili sul tamburo, riempimento (m) del tamburo capa (f) *o* napa (f) de hilos sobre el tambor

1	das Fadenband an die Trommel anhängen to make fast *or* to fasten the warp ends to the mill прикреплять прядь (жр) нитей к барабану	fixer la nappe sur le tambour applicare il fascio sul tamburo fijar la napa sobre el tambor
2	Abrutschen (n) der Fäden slipping of the threads сползание (ср) *или* сдвиг (мр) нитей	glissement (m) des fils scivolamento (m) dei fili deslizamiento (m) *o* desviamiento (m) de los hilos
3	die Kette vom Scherrahmen abnehmen to withdraw the chain from the mill снимать основу (жр) с сновальной рамы	retirer la chaîne du tambour ritirare *o* togliere la catena dal tamburo separar la urdimbre del tambor
4	von der Schertrommel auf den Kettbaum umbäumen to transfer *or* to run the chain from the mill on to the warper's beam пересновывать со сновального барабана на навой	rebobiner la chaîne du tambour sur l'ensouple passare la catena dal tamburo di ordito al subbio del telaio trasladar la urdimbre del tambor al plegador
5	die Kette hart bäumen to beam tightly плотно навивать *или* накатывать основу (жр)	ensoupler avec forte tension avvolgere sul subbio a forte tensione plegar la urdimbre con gran tensión
6	die Kette weich oder locker bäumen to beam soft слабо накатывать основу (жр)	ensoupler avec faible tension avvolgere sul subbio a poca tensione plegar la urdimbre flojamente *o* con débil tensión
7	Einsinken (n) der Fäden sinking in of the threads провисание (ср) нитей	éboulement (m) des fils affondamento (m) dei fili hundimiento (m) de los hilos
8	die Fäden (mpl) sinken ein the threads sink in нити (жр) провисают	les fils (mpl) s'éboulent i fili s'affondano los hilos se hunden
9	Vorlaufen (n) der Schertrommel overrunning of the mill cylinder опережение (ср) сновального барабана	avance (f) du tambour anticipo (m) nella corsa del tamburo avance (m) del tambor
10	das Bremsband um die Bremsscheibe legen to set the brake band on the friction pulley накладывать тормозную ленту (жр) на тормозной блок	mettre la bande de frein sur la poulie de friction mettere la cinghia del freno sulla puleggia di frizione colocar la cinta de freno sobre la polea de fricción
11	 abgerundetes Führungsbrett (n) *a* rounded off guide plate	закругленная ведущая планка (жр) plateau-guide (m) arrondi placca (f) di guida arrotondata tablero (m) guia redondeado
12	das Führungsbrett auf die Schiene schieben to put the guide plate on the rail надвигать ведущую планку (жр) на брус	placer le plateau-guide sur le rail mettere la placca di guida sulla traversa colocar el tablero guia sobre la traviesa
13	die Fäden (mpl) über einen glatten Stab führen to guide the threads over a smooth rod вести нити (жр) поверх гладкого прутка	conduire les fils (mpl) sur une tringle lisse guidare i fili sopra un'asta liscia conducir los hilos por encima de una varilla lisa
14	die Fadenenden (npl) in Zöpfe schlingen to twist the yarn ends up in a tress or in pigtail fashion заплетать концы (мр) нитей в косы	tresser les bouts (mpl) de fils intrecciare le estremità dei fili trenzar los cabos de los hilos
15	Stiftenschermaschine (f) warping machine with separating pins игольчатая сновальная машина (жр)	ourdissoir (m) mécanique à aiguilles *ou* à chevilles de séparation orditoio (m) con aghi di separazione urdidor (m) mecánico de agujas *o* clavijas de separación
16	die Scherabteilungen (fpl) auf der Trommel durch Stifte trennen to separate the sections on the mill cylinder by pins делить иглами участки (мр) на сновальном барабане	séparer les sections sur le cylindre au moyen de chevilles separare le sezioni d'ordito sul cilindro con aghi separar las secciones sobre el tambor por medio de clavijas
17	Schertrommel (f) mit Stiften mill cylinder with pins сновальный барабан (мр), снабженный иглами *или* шпильками	tambour (m) avec chevilles tamburo (m) con aghi tambor (m) con clavijas
18	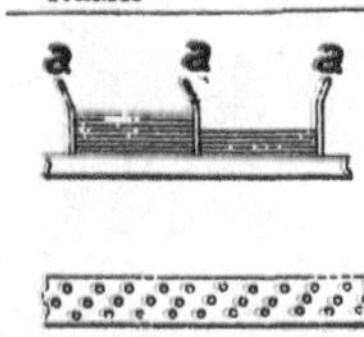	Latte (f) mit Stiften, Stecklatte (f) lath with pins игольчатая планка (жр) latte (f) avec chevilles lista (f) con aghi *o* spine listón (m) con clavijas
19	gebogener Stift (m) bent pin изогнутая игла (жр) *a*	cheville (f) recourbée ago (m) ricurvo clavija (f) curvada
20	die Stiftenlöcher (npl) sind schräg gereiht the pin holes are set in echelon отверстия (ср) игл расположены косыми рядами	les trous (mpl) pour les chevilles sont placés en rangées obliques i buchi per gli aghi sono disposti in linee inclinate los agujeros para las clavijas están colocados en líneas oblicuas
21	das Scherband läuft zwischen den Stiften the warp sheet is run between the pins сновальная прядь (жр) проходит между иглами	la nappe court entre les chevilles il fascio di fili corre fra gli aghi la faja de urdimbre corre entre las clavijas

No.			
1	Einlaufen (n) des Fadenbandes running in of warp sheet набегание (ср) пряди нитей		passage (m) de la nappe sur le tambour passaggio (m) del fascio di fili sul tamburo plegado (m) de la faja sobre el tambor
2	die Scherabteilungen (fpl) sind auf der Trommel durch Scheiben oder Bleche getrennt the sections on the cylinder are separated by sheet metal flanges участки (мр) на барабане разделены дисками *или* жестяными перегородками		les sections sur le cylindre sont séparées par des feuillets métalliques le sezioni d'ordito sul cilindro sono separate da dischi metallici las secciones están separadas sobre el tambor por planchas metálicas
3	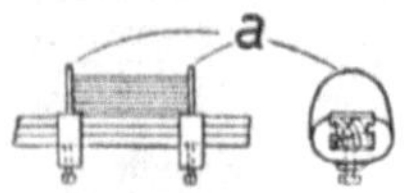 Latte (f) mit Scheiben, Scheibenlatte (f) lath with sheet metal plates		планка (жр) с перегородками latte (f) avec feuillets métalliques lista (f) con dischi metallici listón (m) con planchas metálicas
4	Halbmondscheibe (f) halfmoon plate лунка (жр)	a	disque (m) demi-rond disco (m) semi-circolare disco (m) semicircular o de media luna
5	die Halbmondscheibe festklemmen to fix the halfmoon plate зажать лунку (жр)		fixer le disque demi-rond fissare il disco semicircolare fijar el disco semicircular

			No.
b	Handgriff (m), Handhebel (m) handle, hand lever ручка (жр), рукоятка (жр)	poignée (f) maniglia (f), manico (m) empuñadura (f), puño (m)	8
c	Sperrklinke (f) catch, pawl защелка (жр)	cliquet (m) nottolino (m) *o* scatto (m) d'arresto gatillo (m)	9
d	Fadenbremsvorrichtung (f), Fadenspannungsregler (m), Regelwalze (f) thread tension regulator регулятор (мр) натяжения нитей	régulateur (m) de tension des fils regolatore (m) della tensione sui fili regulador (m) de tensión de los hilos	10
e	Schaltrad (n) ratchet wheel храповик (мр), подающее храповое колесо (ср)	roue (f) à cliquet *ou* à rochet ruota (f) a denti di sega rueda (f) de gatillo	11
g	Schaltklinke (f) pawl собачка (жр)	cliquet (m) scatto (m) gatillo (m)	12
h	Kurbelschaltstange (f) connecting rod храповой шатун (мр)	bielle (f) biella (f) biela (f)	13
i	Schaltkurbel (f) crank кривошип (мр) распределительного механизма	manivelle (f) manovella (f) manivela (f)	14
k	Meßtrommel (f) measuring roller мерный каток (мр)	rouleau (m) mesureur rullo (m) misuratore cilindro (m) medidor	15
l		Umlaufzähler (m) revolution counter счетчик (мр) оборотов compteur (m) de tours contatore (m) *o* registratore (m) di giri contador (m) de vueltas	16
o		Schertrommel (f), Haspeltrommel (f) warping cylinder сновальный *или* мотальный барабан (мр) tambour (m) ourdisseur tamburo (m) d'orditoio tambor (m) urdidor	17

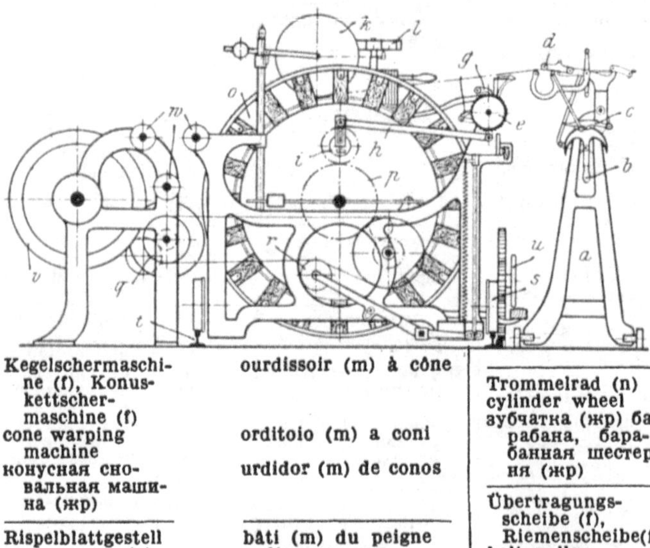

No.			
6	Kegelschermaschine (f), Konusketschermaschine (f) cone warping machine конусная сновальная машина (жр)		ourdissoir (m) à cône orditoio (m) a coni urdidor (m) de conos
7	Rispelblattgestell (n) lease stand стойка (жр) берда	a	bâti (m) du peigne d'envergeure sopporto (m) del pettine caballete (m) del peine

			No.
p	Trommelrad (n) cylinder wheel зубчатка (жр) барабана, барабанная шестерня (жр)	roue (f) du tambour ruota (f) del tamburo rueda (f) del tambor	18
q	Übertragungsscheibe (f), Riemenscheibe (f) belt pulley передаточный ременной шкив (мр)	poulie (f) de la courroie puleggia (f) a cinghia polea (f)	19

No.			
1	Spannscheibe (f), Spannrolle (f) tension roller натяжной ролик (мр)	r	poulie (f) de tension cilindro (m) di tensione cilindro (m) tensor
2	Laufrad (n) trailing wheel бегунок (мр)	s	roue (f) porteuse ruota (f) portante rueda (f) transportadora
3	Laufschiene (f), Bodenschiene (f) rail полоз (мр), рельс (мр)	t	rail (m) rotaia (f) carril (m), rail (m)
4	Handrad (n) für die Trommelverschiebung hand wheel to move the cylinder маховичек (мр) для передвижения барабана	u	volant (m) pour déplacer le tambour volantino (m) per spostare il tamburo volante (m) para desplazar el tambor
5	Bäumvorrichtung (f) beaming appliance накатное приспособление (ср)	v	appareil (m) d/ensouplage apparecchio (m) per piegare *o* avvolgere sul subbio aparato (m) de plegado
6	Streichrohr (n), rohrartiger Riegel (m) warp tension rod трубчатый натяжной нитенаправитель (мр)	w	tringle (f) de tension des fils asta (m) di tensione dei fili varilla (f) tensora de los hilos
7	Schaltwerk (n), Schaltgetriebe (n) ratchet wheel mechanism передаточный распределительный механизм (мр)		mécanisme (m) de la roue à cliquet arpionismo (m) mecanismo (m) de trinquete
8	Kurbelzapfen (m), Krummzapfen (m) crank pin палец (мр) *или* цапфа (жр) кривошипа		bouton (m) de manivelle perno (m) *o* bottone (m) della manovella gorrón (m) de manivela
9	den Kurbelzapfen verstellen to adjust *or* to set the crank pin передвинуть палец (мр) кривошипа		régler le bouton de manivelle regolare il perno della manovella ajustar el gorrón de manivela
10	in Ständern gelagerte Schertrommel (f) warping cylinder mounted on a frame лежащий в стойках сновальный барабан (мр)		tambour (m) ourdisseur monté sur bâti tamburo (m) d'ordito montato in sopporti tambor (m) urdidor montado sobre caballete
11	die Trommel geht *oder* läuft langsam an the cylinder starts slowly барабан(мр) медленно трогается *или* приходит во вращение		le tambour part lentement il tamburo parte piano el tambor parte lentamente
12	die Fäden (mpl) werden langsam angezogen the threads are gradually tensioned нити (жр) медленно натягиваются		les fils (mpl) prennent lentement leur tension i fili prendono lentamente la tensione los hilos se tensionan gradualmente
13	die Trommel verschieben to displace the cylinder передвигать барабан (мр)		déplacer le tambour spostare il tamburo desplazar el tambor

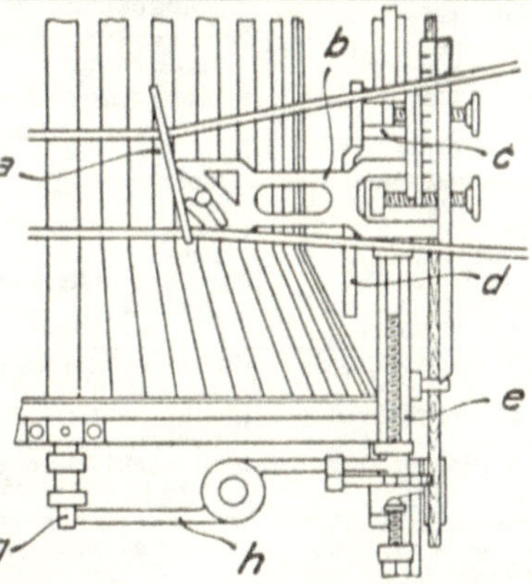

No.			
14	Scherblatt (n) wraith сновальная доска (жр) *или* планка (жр) *или* гребенка (жр)	a	peigne (m) d'avant secondo pettine (m) peine (m) móvil
15	Scherblatthalter (m) wraith holder держатель (мр) сновальной планки, планкодержатель (мр)	b	support (m) du peigne porta-pettine (m) soporte (m) del peine
16	Träger (m), Support (m)] support, bracket супорт (мр)	c	console (f), support (m) sopporto (m) soporte (m)
17	schräge Schiene (f) inclined rail косая рейка (жр) *или* шина (жр)	d	tringle (f) inclinée guida (f) inclinata rail (m) inclinado
18	Schaltstange (f), Schraubenspindel (f) screw spindle винтовой шпиндель (мр)	e	tige (f) filetée asta (f) filettata tornillo (m), varilla (f) fileteada
19	Schaltkurbel (f) crank кривошип (мр) распределительного механизма	g	manivelle (f) manovella (f) manivela (f)
20	Kurbelstange (f) crank connecting rod шатун (мр)	h	bielle (f) biella (f) biela (f)
21	den Scherblatthalter auf der Schiene verschieben to move the wraith holder along the inclined rail передвигать планкодержатель (мр) по рейке		déplacer le support du peigne le long de la tringle inclinée spostare il porta-pettine sulla guida inclinata desplazar el soporte del peine a lo largo del rail inclinado
22	geteilte Mutter (f) split nut разрезная гайка (жр)		écrou (m) à fente dado (m) tagliato *o* a due parti tuerca (f) hendida

1 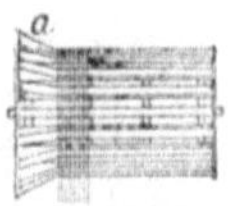

Kegelschertrommel (f), [Konusschertrommel (f)]
conical ended cylinder
конусный сновальный барабан (мр)
tambour (m) à bout conique
tamburo (m) ad estremità conica
tambor (m) cónico

2 Holzlattenkegel (m), Anlegekegel (m), Rahmenkegel (m) — *a*
wood lath cone
конус (мр) из деревянных планок *или* брусков
cône (m) à lattes de bois
cono (m) a regoli di legno
cono (m) de listones de madera

3 Schräge (f) der Kegelfläche
taper of conical end
наклон (мр) конуса
inclinaison (f) du bout conique
inclinazione (f) dell'estremità conica
inclinación (f) del cono *o* de la parte cónica

4 das Fadenband legt sich an den Rahmenkegel an
the warp sheet is laid to the cone
прядь (жр) нитей накладывается на конус рамы
la nappe se pose sur le cône à lattes en bois
il fascio si mette sul cono
la napa se aplica sobre el cono

5 fester Schertrommelkegel (m)
fixed cone of warping cylinder
укрепленный конус (мр) сновального барабана
cône (m) fixe du tambour ourdisseur
cono (m) fisso del tamburo d'orditura
cono (m) fijo al tambor urdidor

6 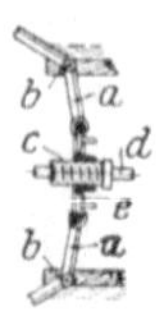

verstellbarer Schertrommelkegel (m)
adjustable cone of warping cylinder
установочный конус (мр) сновального барабана
cône (m) réglable du tambour ourdisseur
cono (m) regolabile del tamburo d'orditura
cono (m) regulable del tambor urdidor

7 Winkelhebel (m) zur Verstellung des Scherkegels — *a*
bent lever to operate the cone
угловой рычаг (мр) для перестановки сновального конуса
levier (m) en équerre pour régler l'inclinaison du cône
leva (f) angolare per regolare l'inclinazione del cono
palanca (f) angular para regular la inclinación del cono

8 Winkelhebeldrehzapfen (m) — *b*
fulcrum pin for bent lever
палец (мр) *или* шип (мр) углового рычага
tourillon (m) du levier en équerre
perno (m) di rotazione della leva angolare
espiga (f) de la palanca angular

9 Schraubenspindel (f) in festsitzender Büchse — *c*
screw spindle in a fixed bush
винтовая резьба (жр) в крепкосидящей втулке
tige (f) filetée dans un coussinet fixe
asta (f) filettata in un cuscinetto fisso
tornillo (m) en un cojinete fijo

10 Trommelwelle (f) — *d*
cylinder shaft
вал (мр) барабана
arbre (m) du tambour
albero (m) del tamburo
árbol (m) del tambor

Handrad (n) mit Muttergewinde — *e*
hand wheel with female thread
маховичек (мр) с внутренней резьбой
volant (m) à filet taraudé
volante (m) con filetto femmina
rueda (f) de mano *o* volante (m) con filete matriz 11

verschiebbarer Trommelkegel (m)
sliding cone of cylinder
передвижной конус (мр) барабана
cône (m) glissant du tambour
cono (m) scorrevole del tamburo
cono (m) deslizante del tambor 12

die Kegellehre an das Fadenband anlegen
to apply the bevel gauge to the warp layers
прикладывать шаблон (мр) конуса к пряди нитей
appliquer une forme conique *ou* une jauge conique sur les couches de fils de chaîne
porre il calibro conico sull'involucro di fili
aplicar un marco de forma cónica sobre la napa de hilos 13

Scherband (n) mit Kegellehre
warp layers with bevel gauge
сновальная лента (жр) с приложенным к ней шаблоном конуса
couche (f) de fils de chaîne avec jauge conique
nastro (m) ordito con calibro conico
napa (f) de hilos con marco cónico 14

Trommelkegel (m) — *a*
conical end of cylinder
барабанный конус (мр)
bout (m) conique du tambour
cono (m) del tamburo
cono (m) del tambor 15

Maßwinkel (m)
square gauge
измерительный угольник (мр)
forme (f) *ou* jauge (f) carrée
calibro (m) quadrato
marco (m) cuadrado 16

ε) **Seidenschermaschine (f), Seidenzettelmaschine (f)**
Silk Warping Machine
Шелкосновальная машина (жр)
Ourdissoir (m) mécanique pour soie
Orditoio (m) meccanico per seta
Urdidor (m) mecánico para seda 17

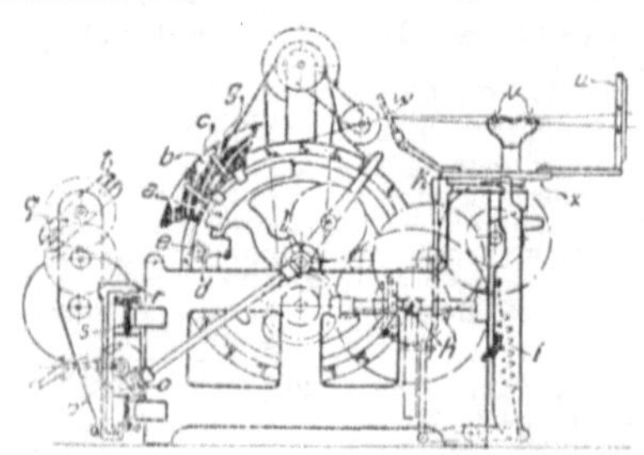

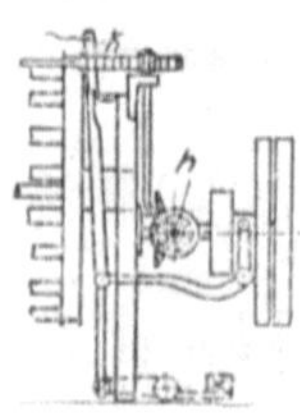

Trommelkranz (m) — *a*
crown of cylinder
барабанный венец (мр)
couronne (f) du tambour
corona (f) del tamburo
corona (f) del tambor 18

No.			
1	exzentrischer Kranzschlitz (m) eccentric slit in crown эксцентричная щель (жр) венца	b	fente (f) excentrique dans la couronne scanalatura (f) eccentrica nella corona ranura (f) excéntrica en la corona
2	verschiebbarer Kranz (m) adjustable crown переставной венец (мр)	c	couronne (f) réglable corona (f) regolabile corona (f) regulable
3	Zahnrad (n) für den verschiebbaren Kranz toothed wheel for adjustable crown зубчатое колесо (ср) для переставного венца	d	roue (f) dentée pour couronne réglable ruota (f) dentata per la corona regolabile rueda (f) dentada para la corona regulable
4	Kranzverzahnung (f) teeth of the crown зубчатое зацепление (ср) венца	e	denture (f) de la couronne dentatura (f) della corona endentadura (f) *o* conjunto (m) de dientes de la corona
5	Kegelschiene (f) conical ended lath рейка (жр) конуса	g	latte (f) à bout conique assicella (f) *o* regolo (m) ad estremità conica listón (m) con estremidad cónica
6	Reibscheibe (f) mit Feder und Nut friction disc with tongue and groove фрикционный ролик (мр) с шпонкой и шпоночной канавкой	h	disque (m) de friction avec languette et rainure disco (m) di frizione con linguetta e scanalatura disco (m) de fricción con lengüeta y ranura
7	Sicherungsfeder (f) safety spring предохранительная пружина (жр)	i	ressort (m) de sûreté molla (f) di sicurezza muelle (m) *o* resorte (m) de seguridad
8	Hakenstange (f) stop rod щеколдовая тяга (жр)	k	tige (f) de déclanchement asta (f) d'arresto tirante (m) de freno
9	Kegelrad (n) bevel wheel коническая шестерня (жр)	l	roue (f) conique ruota (f) conica rueda (f) cónica
10	endlose Schraube (f), Wurm (m) worm бесконечный винт (мр), червяк (мр)	o	vis (f) sans fin vite (f) perpetua *o* senza fine tornillo (m) sin fin
11	Schraubenrad (n) worm wheel червячное колесо (ср)	p	roue (f) à vis sans fin ruota (f) a vite perpetua rueda (f) de tornillo sin fin
12	verstellbares Kettbaumlager (n) adjustable bearing for warp beam передвижной подшипник (мр) для навоя	q	support (m) réglable pour ensouple sopporto (m) regolabile per subbio soporte (m) regulable para plegador

			No.
Lagerschlitten (m) beam carrier slide салазки (жр) подшипника	r	glissière (f) du support d'ensouple scorritoio (m) del sopporto per subbio carro-soporte (m) del plegador	13
Führung (f) des Lagerschlittens, Lagerschlittenführung (f) slide rail направляющий брус (мр) для салазок	s	rail (m) de la glissière guida (f) dello scorritoio carril (m) *o* rail (m) del carro-soporte del plegador	14
Mitnehmer (m) driver захватчик (мр), водок (мр)	t	conducteur (m) moteur, entraineur (m) pezzo (m) di strascinamento conductor (m) motor	15
Rispelkamm (m), Rispelblatt (n) lease reed гребень (мр), [заднее] бердо (ср)	u	peigne (m) fixe pettine (m) d'invergatura, primo pettine peine (m) fijo para tomar la cruz	16
Kreuzstäbe (mpl) lease bars, lease *or* crossing rods цены (мр)	v	baguettes (fpl) d'envergeure *ou* d'encroix bacchette (fpl) d'invergatura varillas (fpl) de encruzamiento	17
Scherblatt (n) wraith сновальная доска (жр)	w	peigne (m) mobile pettine (m) mobile peine (m) móvil	18
feststellbarer Träger (m) adjustable support устанавливающийся кронштейн (мр) *или* супорт (мр)	x	support (m) réglable sopporto (m) regolabile soporte (m) regulable	19
den Träger um Bandbreite seitlich verstellen to traverse the support the full width of section переставлять супорт (мр) в сторону на ширину ленты		déplacer le support latéralement suivant la largeur de la section spostare il sopporto lateralmente a secondo la larghezza della sezione desplazar el soporte siguiendo la anchura de la faja	20
Klemmschraube (f) set screw зажимный винт (мр)		vis (f) de serrage vite (f) di arresto tornillo (m) de presión	21
die Schiene senken to lower the lath опустить рейку (жр) конуса		abaisser la latte abbassare l'assicella bajar el listón	22
die Schiene heben to raise the lath поднимать рейку		lever la latte alzare l'assicella levantar el listón	23
Bäumvorrichtung (f) beaming appliance накатное приспособление (ср)		appareil (m) d'ensouplage apparecchio (m) per piegare sul subbio aparato (m) de plegado	24
verschiebbarer Abwickelbock (m) movable running off frame передвижные козла (мр)		réunisseuse (f) mobile pour chaîne ourdie riunitrice (f) spostabile per catene ordite bastidor (m) móvil de desplegado	25

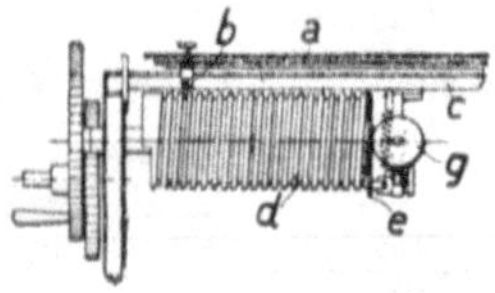

1	Trägerantrieb (m), [Supportantrieb (m)] support drive привод (мр) супорта		mécanisme (m) du support meccanismo (m) del sopporto mecanismo (m) del soporte
2	Schlitten (m) slide салазки (жр)	a	glissière (f) scorritoio (m) [marco (m)] deslizante (m)
3	Schlittenmitnehmer (m) slide tappet захватный палец (мр) салазок	b	taquet (m) de la glissière, curseur (m) tacchetto (m) dello scorritoio taco (m) del deslizante
4	Schlittenführung (f) slide rail направляющие (жр) салазок	c	rail (m) de la glissière guida (f) dello scorritoio rail (m) del deslizante
5	Zählitrommel (f) counter счетный барабан (мр)	d	tambour (m) compteur tamburo (m) contatore contador (m)
6	Zahnscheibe (f) toothed disc зубчатый диск (мр)	e	disque (m) denté disco (m) dentato disco (m) dentado
7	Läutwerk (n), [Signalglocke (f)] signal bell, alarm bell сигнальный звонок (мр)	g	sonnerie (f), timbre-avertisseur (m) suoneria (f), campanello (m) avvisatore timbre (m) de alarma, campana (f)
8	Glockenzeichen (n), [Glockensignal (n)] bell signal звонок (мр), звонковый сигнал (мр)		signal (m) du timbre segnale (m) a suoneria señal (f) de campanilla, toque (m) de alarma
9	den Schlitten zurückschieben to reverse the slide отводить *или* отодвигать салазки (жр) назад		renverser la glissière rimuovere lo scorritoio hacer retroceder el deslizante
10	den Mitnehmer ausheben to disengage the tappet откинуть захватной палец (мр)		dégager le taquet liberare il tacchetto sacar *o* separar el taco
11	die Kettenlänge durch das Zählwerk feststellen to ascertain the length of warp by the counting mechanism установить длину (жр) основы счетчиком		déterminer la longueur de chaine d'après le compteur determinare la lunghezza della catena col contatore determinar la longitud de urdimbre mediante el contador

Teilstrich (m) division mark деление (ср)	trait (m) [de graduation], marque (f) indicatrice tratto (m) di graduazione raya (f) *o* trazo (m) de graduación	12
Einlegen (n) der Teilschnur *oder* Kontrollschnur putting in the marking band закладывание (ср) *или* закладка (жр) делительного шнура	mise (f) en place du cordon de contrôle entrata (f) del cordone di controllo colocación (f) de la lista divisoria	13
Zurückschieben (n) des Schlittens von Hand reversing the slide by hand отвод (мр) салазок назад от руки	renversement (m) de la glissière à la main spinta (f) indietro dello scorritoio a mano retroceso (m) del deslizante a mano	14
Einlegen (n) von Kartonblättern zwischen die Fadenschichten placing sheets of paper between the layers of yarn закладывание (ср) картона между слоями нитей	placement (m) de feuilles de papier entre les couches de fils entrata (f) di fogli di carta tra gli strati di fili colocación (f) de hojas de papel entre las napas de hilos	15
	Spulengestell (n) bobbin creel подставка (жр) для катушек, шпульный станок (мр) râtelier (m) rastrelliera (f) caballete (m), fileta (f)	16
fahrbares Spulengestell (n) travelling creel катучий шпульный станок (мр)	râtelier (m) mobile rastrelliera (f) mobile fileta (f) móvil	17
Putzen (n) der Fäden clearing the threads чистка (жр) нитей	nettoyage (m) *ou* purgeage (m) des fils pulitura (f) dei fili limpia (f) *o* purga (f) de los hilos	18
ein dunkles Tuch unter der hellen Kette aufspannen to spread a dark cloth under the light warp натягивать темное сукно (ср) под светлой основой	étendre une étoffe de couleur foncée sous la chaine de couleur claire distendere un tessuto scuro sotto la catena chiara extender un paño de color oscuro debajo de la urdimbre de color claro	19
ein helles Tuch unter der dunklen Kette aufspannen to spread a light cloth under the dark warp натягивать светлое сукно (ср) под темной основой	étendre une étoffe de couleur claire sous la chaine de couleur foncée distendere un tessuto chiaro sotto la catena scura extender un paño de color claro debajo de la urdimbre de color oscuro	20

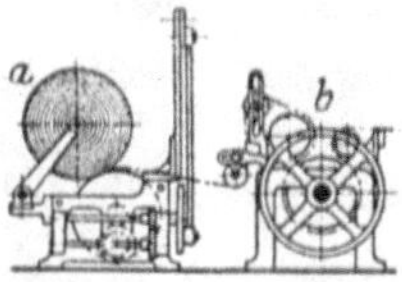

c) Kettschermaschine (f) für kreuzspulenförmige Wickel — **Ourdissoir (m) pour bobines croisées**

1 **Cheese Warping Machine** — **Orditoio (m) per far rocche incrociate**

Сновальная машина (жр) для кругов крестовой мотки — **Urdidor (m) para hacer bobinas cruzadas**

kreuzspulenförmiger Kettenwickel (m), kreuzgespulter Wickel (m) — bobine (f) de chaine croisée

2 warp cheese — *a* — rocca (f) incrociata d'ordito

сновальный круг (мр) крестовой мотки — bobina (f) de urdimbre cruzada

Meßtrommel (f) — rouleau (m) mesureur

3 measuring roller — *b* — rullo (m) misuratore

мерный барабан (мр) — cilindro (m) medidor

4. Knäuelwickeln (n) und Umspulen (n) der Kette — Pelotonnage (m) et rebobinage (m) de la chaine

4 **Balling and Rewinding the Warp** — **Aggomitolatura (f) e stracannatura (f) della catena**

Мотание (ср) в клубки и перематывание (ср) основы — **Ovillado (m) y rebobinado (m) de la urdimbre**

Knäuelwickelmaschine (f) für Ketten — pelotonneuse (f) mécanique pour chaines

5 warp balling machine — macchina (f) per fare gomitoloni d'ordito, aggomitolatrice (f) meccanica per catene

клубочная машина (жр) для основы — ovillera (f) mecánica para urdimbres

die Kette zu einem Knäuel wickeln — pelotonner la chaine

6 to wrap *or* to coil the warp into a ball — aggomitolare l'ordito

мотать основу (жр) в клубок — arrollar la urdimbre en ovillos *o* en pelota

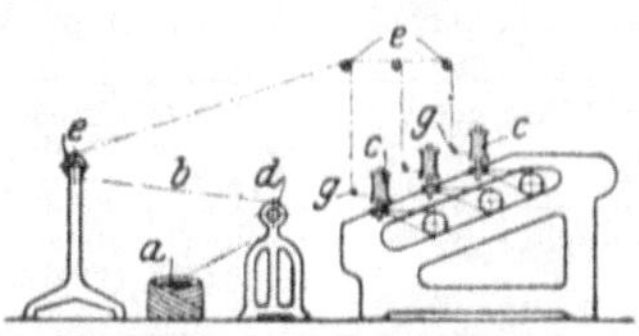

Kettumspulmaschine (f), Spulmaschine (f) für Kettenwickel — rebobineuse (f) mécanique pour pelotes de chaine

7 rewinding machine for warp balls — stracannatoio (m) per gomitoloni d'ordito

машина (жр) для перематывания с клубков основы — rebobinadora (f) mecánica para ovillos de urdimbre

Kettknäuel (m), Kettenwickel (m) — pelote (f) *ou* boule (f) de chaine

warp ball, ball of warp — *a* — gomitolone (m) d'ordito 8

клубок (мр) *или* круг (мр) основы — ovillo (m) *o* pelota (f) *o* rollo (m) de urdimbre

Kettstrang (m) — boyau (m) [de fils] de chaine, chaine (f) en boyau

rope *or* chain of warp yarn — *b* — fascio (m) d'ordito 9

жгут (мр) *или* лента (жр) *или* полоска (жр) *или* прядь (жр) основы — cuerda (f) de urdimbre

Scheibenspule (f) — bobine (f) à rebords

flanged bobbin — *c* — bobina (f) flangiata 10

дисковая *или* флянцевая катушка (жр) — carrete (m)

Spannwalze (f) — rouleau (m) de tension

tension roller — *d* — rullo (m) di tensione 11

натяжной валик (мр) — cilindro (m) tensor

Leitwalze (f) — cylindre-guide (m)

guide roller — *e* — cilindro (m) di guida 12

направляющий валик (мр) — cilindro (m) guía

Fadenführer (m) — guide-fil (m)

thread guide — *g* — guida-fili (m) 13

нитевод (мр) — guía (m) hilos

Abspulen (n) eines Kettenwickels — dévidage (m) d'une pelote de chaine

unwinding a ball of warp — svolgimento (m) d'un gomitolone d'ordito 14

сматывание (ср) *или* разматывание (ср) клубка основы — devanado (m) de un ovillo de urdimbre

Kettenwickel (mpl) zu Kötzern umspulen — remettre les pelotes (fpl) de chaine en canettes

to rewind warp balls into cops — stracannare i gomitoloni d'ordito sopra cannette 15

перематывать клубки (мр) основы на початки — arrollar los ovillos de urdimbre en husadas

Kettknäuel (mpl) zu Zettelspulen umspulen — remettre les pelotes (fpl) de chaine en bobines

to rewind ball warps on to bobbins — stracannare i gomitoloni d'ordito sopra rocchetti 16

перематывать клубки (мр) основы на сновальные катушки — arrollar los ovillos de urdimbre en carretes

5. Schlichten (n), Leimen (n) — Parage (m), encollage (m)

Sizing, Dressing — **Imbozzimatura (f), collatura (f)** 17

Шлихтование (ср), шлихтовка (жр), проклейка (жр) — **Encolado (m), engomado (m), empesado (m)**

a) Allgemeines (n) — **Généralités (fpl)**

General Terms — **Generalità (fpl)** 18

Общее (ср) — **Generalidades (fpl)**

Garnbaum (m) — ensouple (m) de chaine

warp beam — subbio (m) d'ordito 19

навой (мр) пряжи — plegador (m) de urdimbre

No.		
1	Garnstrang (m), Garnsträhn (m) hank [of yarn] моток (мр) пряжи	écheveau (m) de fil matassa (f) madeja (f)
2	Rohkette (f) grey warp суровая основа (жр)	chaîne (f) brute *ou* écrue ordito (m) greggio urdimbre (f) cruda
3	Buntkette (f) coloured warp цветная основа (жр)	chaîne (f) couleur catena (f) colorata urdimbre (f) coloreada
4	die Kette schlichten to dress *or* to size the warp шлихтовать основу (жр)	parer la chaîne imbozzimare la catena encolar *o* engomar *o* aprestar *o* empesar la urdimbre
5	geschlichtete Kette (f) sized *or* dressed warp шлихтованая основа (жр)	chaîne (f) parée catena (f) imbozzimata urdimbre (f) engomada *o* encolada *o* empesada *o* aprestada
6	die Kette leimen to dress *or* to size the warp проклеивать основу (жр)	encoller la chaîne collare la catena encolar *o* engomar la urdimbre
7	geleimte Kette (f) dressed *or* sized warp проклееная основа (жр)	chaîne (f) encollée catena (f) collata urdimbre (f) encolada *o* engomada
8	Beschweren (n) der Kette weighting the warp утяжеление (ср) основы	chargement (m) de la chaîne imbozzimatura (f) della catena con carica carga (f) *o* empesado (m) de la urdimbre
9	die Kette beschweren to weight the warp утяжелять основу (жр)	charger la chaîne caricare la catena cargar *o* empesar la urdimbre
10	beschwerte Kette (f) weighted warp утяжеленная *или* отягченная основа (жр)	chaîne (f) chargée catena (f) carica urdimbre (f) empesada *o* cargada
11	die Kette gegen Aufrauhen schützen to protect the warp against rubbing up предохранять основу (жр) от мохнатости	protéger la chaîne contre la formation de duvet proteggere la catena contro la formazione di peluria proteger la urdimbre contra la formación de pelusilla
12	die Festigkeit des Fadens erhöhen to increase the strength of the yarn увеличить крепость (жр) нити	augmenter la résistance du fil aumentare la resistenza del filo aumentar la resistencia del hilo
13	die hervorstehenden Faserenden (npl) am Faden ankleben to lay the loose fibres on the surface of the thread прилеплять торчащие волокна (ср) нити	coucher le duvet du fil lisciare la peluria del filo aplacar la pelusilla del hilo
14	die Rauhigkeit des Fadens vermindern to reduce the roughness of the yarn уменьшать шероховатость (жр) нити	diminuer la rugosité du fil ridurre la ruvidezza del filo disminuir la rugosidad del hilo
15	die Fadenoberfläche glätten to smooth the surface of the yarn сглаживать поверхность (жр) нити	lisser la surface du fil lisciare la superficie del filo suavizar la superficie del hilo
16	der Faden wird steif und hart the yarn becomes stiff and hard нить (жр) становится жесткой и твердой	le fil devient raide et dur il filo diviene rigido e duro el hilo llega a ser rigido y duro
17	der Faden wird brüchig the yarn becomes brittle нить (жр) делается хрупкой	le fil devient cassant il filo diventa fragile el hilo degenera quebradizo
18	den Faden durch Talgzusatz geschmeidig machen to make the yarn pliable *or* supple by the addition of tallow делать нить (жр) гибкой прибавлением сала	rendre le fil souple par addition de suif addolcire il filo coll'aggiunta di sego hacer flexible *o* elástico el hilo por adición de sebo
19	weichbleibendes Kettgarn (n) warp yarn of permanent softness ватерная пряжа (жр), сохраняющая мягкость	fil (m) de chaîne d'une douceur permanente filo (m) di catena di morbidezza permanente hilo (m) de urdimbre de elasticidad permanente
20	Abspringen (n) der Schlichte cracking off *or* breaking away of the size отскакивание (ср) шлихта	écaillement (m) de l'empois screpolamento (f) della bozzima escamamiento (m) de la cola
21	Schlichtflüssigkeit (f), Schlichte (f) size, dressing шлихт (мр), шлихтовальная жидкость (жр)	apprêt (m), empois (m), parement (m) bozzima (f), paramento (m), appretto (m) cola (f), goma (f)
22	Leimflüssigkeit (f) size клей (мр)	colle (f) colla (f) cola (f), goma (f)
23	Schlichtebereitung (f) preparation of size приготовление (ср) шлихта	préparation (f) de l'apprêt preparazione (f) della bozzima preparación (f) de la cola
24	Mischen (m) der Schlichte size mixing перемешивание (ср) шлихта	mélange (m) de l'apprêt mescolatura (f) della bozzima mezcla (f) de la cola
25	weiche Schlichte (f) soft size мягкий шлихт (мр)	colle (f) douce bozzima (f) dolce cola (f) ligera *o* suave
26	harte Schlichte (f) hard size жесткий шлихт (мр)	colle (f) dure bozzima (f) dura cola (f) fuerte
27	warme Schlichte (f) warm size теплый шлихт (мр)	colle (f) chaude bozzima (f) calda cola (f) caliente
28	Kochen (n) der Schlichte boiling the size варка (жр) шлихта	cuisson (f) de la colle cottura (f) della bozzima cocción (f) de la cola

1	die Schlichte kochen *oder* aufkochen to boil the size разварить *или* вскипятить шлихт (мр)	faire bouillir la colle bollire la bozzima hacer hervir la cola
2	kochende Schlichte (f) boiling size кипящий шлихт (мр)	colle (f) bouillante bozzima (f) bollente cola (f) hirviente
3	gekochte Schlichte (f) boiled size кипяченый шлихт (мр)	colle(f) bouillie *ou* cuite bozzima (f) bollita cola (f) hervida
4	frische Schlichte (f) freshly made size свежий шлихт (мр)	colle (f) fraiche bozzima (f) fresca cola (f) fresca
5	geruchlose Schlichte (f) odourless size шлихт (мр) без запаха	colle (f) inodore bozzima (f) inodora cola (f) inodora
6	Verderben (n) der Schlichte deterioration of the size порча (жр) шлихта	décomposition (f) de la colle decomposizione (f) della bozzima descomposición (f) de la cola
7	Gärung (f) fermentation брожение (ср)	fermentation (f) fermentazione (f) fermentación (f)
8	die Schlichte schimmelt the size develops mildew шлихт (мр) плесневеет	la colle moisit la bozzima s'ammuffisce la cola se enmohece
9	Schimmelbildung (f) growth of mildew образование (ср) плесени	formation (f) de la moisissure formazione (f) della muffa formación (f) de moho
10	die Schlichte wird sauer the size becomes sour шлихт (мр) киснет *или* прокисает	la colle devient acide la bozzima diviene acida la cola degenera en ácida
11	sauere Schlichte (f) sour size кислый *или* прокисший шлихт (мр)	colle (f) acide bozzima (f) acida cola (f) ácida
12	das Garn durch die Schlichte ziehen to pass the yarn through the size протягивать *или* волочить пряжу (жр) через шлихт	passer le fil dans la colle passare il filato per la bozzima pasar el hilo a través de la cola
13	die Kette [durch-] tränken [*oder* imprägnieren] to impregnate the warp пропитывать основу (жр)	imprégner *ou* imbiber la chaine impregnare la catena impregnar la urdimbre
14	getränkt, durchtränkt, [imprägniert] impregnated пропитанный	imprégné, imbibé impregnato impregnado
15	die Schlichte auf die Fäden auftragen to apply the size to the yarn наносить *или* намазывать шлихт (мр) на нити	appliquer la colle sur les fils applicare la bozzima sui fili aplicar la cola sobre los hilos
16	die Schlichte auf den Fäden verstreichen to spread *or* to distribute the size on the yarn замазывать нити (жр) шлихтом, размазывать шлихт (мр) по нитям	répartir *ou* étendre la colle sur les fils distribuire la bozzima sui fili repartir *o* extender la cola sobre los hilos
17	ohne Perlen *oder* Bart schlichten to size evenly шлихтовать без капели	encoller bien également *ou* sans tresses *ou* ficelles imbozzimare uniformemente encolar con regularidad
18	kühl schlichten to size cold шлихтовать входолдную	encoller à froid imbozzimare a freddo encolar en frio
19	warm schlichten to size warm шлихтовать теплованым шлихтом	encoller à chaud imbozzimare a caldo encolar en caliente
20	das Garn auswinden to squeeze *or* to press out the yarn выжимать *или* отжимать пряжу (жр)	exprimer *ou* essorer les fils (mpl) spremere i fili escurrir *o* exprimir los hilos
21	Auswinden (n) des Garnes squeezing *or* pressing out the yarn отжимка (жр) пряжи	essorage (m) des fils spremitura (f) dei fili escurrimiento (m) *o* expresión (f) de los hilos
22	die geschlichtete Kette trocknen to dry the sized warp сушить прошлихтованную основу (жр)	sécher la chaine encollée asciugare la catena imbozzimata secar la urdimbre encolada
23	Trockner (m) dryer сушильщик (мр)	ouvrier (m) sécheur operaio (m) addetto agli asciugatoi obrero (m) secador
24	Trocknerin (f) dryer сушильщица (жр)	ouvrière (f) sécheuse operaia (f) addetta agli asciugatoi obrera (f) secadora
25	Trocknen (n) im Schatten drying in the shade сушка (жр) в тени	séchage (m) à l'ombre essiccazione (f) all'ombra secado (m) a la sombra
26	Trocknen (n) bei mäßig warmer Luft drying in moderately warm air сушка (жр) при умеренно-теплом воздухе	séchage (m) à l'air tempéré asciugamento (m) in aria temperata secado (m) a calor moderado
27	Aufhängen (n) des Garnes auf Stangen festooning the yarn on rods развешивание (ср) пряжи на жердях	suspension (f) du fil sur des perches sospensione (f) del filato sulle pertiche suspensión (f) de los hilos en perchas
28	das Garn in der Schlichte umziehen to move the yarn about in the size перетягивать пряжу в шлихте	remuer les fils dans la colle muovere e rimovere i fili nella bozzima remover los hilos en la cola
29	die geschlichtete Kette trocken wedeln to fan the sized warp сушить прошлихтованную основу (жр) промахиванием	ventiler la chaine encollée ventilare la catena imbozzimata secar ventilando la urdimbre encolada

No.		
1	Trockenfächer (m)	ventilateur (m) sécheur
	drying fan *or* blower	ventilatore (m) d'essiccazione
	сушильный веер (мр)	ventilador (m) [secador]
2	Trennen (n) der zusammengeklebten Fäden durch Klopfen	séparation (f) des fils collés ensemble par le battage
	separating the adherent threads by beating	separazione (f) dei fili aderenti a mezzo di battitura
	отделение (ср) склеившихся нитей колочением	separación (f) de los hilos adheridos por batido
3	Trocknen (n) mittels Maschine	séchage (m) mécanique
	machine drying	essiccazione (f) a macchina
	машинная сушка (жр)	secado (m) mecánico
4	Strecken (n) der Kette	tension (f) de la chaîne
	stretching of the warp	tensione (f) della catena
	вытягивание (ср) основы	tensión (f) de la urdimbre
5	die Kette strecken	tendre la chaîne
	to stretch the warp	tendere l'ordito
	вытягивать основу (жр)	tender la urdimbre
6	Schlichtmaschine (f)	machine (f) à parer *ou* à encoller, pareuse (f) *ou* encolleuse (f) mécanique
	sizing machine, dressing machine	macchina (f) a imbozzimare *o* a parer, imbozzimatrice (f) meccanica
	шлихтовальная машина (жр)	encoladora (f)
7	Schlichterei (f)	salle (f) d'encollage *ou* de parage
	sizing room *or* department	sala (f) d'imbozzimatura
	шлихтовальня (жр), шлихтовальное отделение (ср) *или* заведение (ср)	sala (f) de encolado *o* de apresto
8	Kettenleimer (m), Kettenstärker (m), Kettenschlichter (m)	colleur (m) *ou* encolleur (m) de chaînes
	sizer, warp dresser	imbozzimatore (m)
	шлихтовальщик (мр)	encolador (m) de urdimbres
9	Kettenleimerin (f), Kettenstärkerin (f), Kettenschlichterin (f)	colleuse (f) *ou* encolleuse (f) de chaînes
	sizer, warp dresser	imbozzimatrice (f)
	шлихтовальщица (жр)	encoladora (f) de urdimbres
10	Handschlichter (m)	colleur (m) *ou* encolleur (m) à la main
	hand sizer	imbozzimatore (m) a mano
	шлихтовальщик (мр) вручную	encolador (m) a mano
11	Handschlichterin (f)	colleuse (f) *ou* encolleuse (f) à la main
	hand sizer	imbozzimatrice (f) a mano
	шлихтовальщица (жр) вручную	encoladora (f) a mano
12	Maschinenschlichter (m)	colleur (m) *ou* encolleur (m) à la machine, pareur (m) de chaînes, pareur (m) encolleur
	machine sizer *or* slasher	imbozzimatore (m) a macchina
	шлихтовальщик (мр) на машине	encolador (m) a máquina
13	Lohnschlichterei (f)	encollage (m) à façon
	commission sizing	imbozzimatura (f) a fattura *o* per conto terzi
	шлихтовальное заведение (ср) для давальческого товара	encolado (m) a comisión
14	den Längenunterschied [*oder* die Längendifferenz] der Schergänge ausgleichen	égaliser les différences de longueur des portées
	to equalise the difference in length of porters	eguagliare *o* uguagliare le differenze di lunghezza delle portate
	выравнивать разницу (жр) в длине ходов основы	igualar las diferencias de longitud de las portadas
15	die Kettenlänge geht ein *oder* schwindet	la chaîne se raccourcit
	the warp shortens *or* shrinks *or* contracts	la catena si raccorcia
	основа (жр) садится	la urdimbre se contrae
16	Schwinden (n) *oder* Eingehen (n) der Kettenlänge	raccourcissement (m) de la chaîne, embuvage (m)
	shortening *or* shrinkage *or* contraction of the warp	raccorciamento (m) della catena
	усадка (жр) основы	contracción (f) de la urdimbre

b) Schlichtmittel (npl), [Leimmittel (npl)] — **Produits (mpl) de parage *ou* d'encollage**

Sizing Agents *or* Ingredients — **Mezzi (mpl) d'imbozzimatura** 17

Шлихтовальные материалы (мр), вещества (ср) для проклейки — **Productos (mpl) encoladores, materias (fpl) de encolado**

No.		
18	Klebstoff (m)	substance (f) adhésive
	adhesive substance	materia (f) collante
	клеющее *или* клейкое вещество (ср)	substancia (f) adhesiva
19	Stärkekleister (m)	pâte (f) d'amidon
	starch paste	pasta (f) d'amido
	крахмаловый клейстер (мр)	cola (f) *o* pasta (f) *o* engrudo (m) de almidón
20	Abkochung (f) von Kartoffelmehl	décoction (f) de fécule de pomme de terre
	decoction of potato meal	pasta (f) di fecola di patate
	отваривание (ср) картофельной муки	[de]cocción (m) de la fécula *o* del almidón de patata
21	Weizenmehl (n)	farine (f) de froment
	wheat meal	farina (f) di frumento
	пшеничная мука (жр)	harina (f) de trigo
22	Roggenmehl	farine (f) de seigle
	rye meal	farina (f) de segale
	ржаная мука (жр)	harina (f) de centeno
23	Sago (m)	sagou (m)
	sago	sago (m)
	саго (ср)	sagú (m)
24	Reis (m)	riz (m)
	rice	riso (m)
	рис (мр)	arroz (m)
25	$C_6H_{10}O_5$	декстрин (мр)
	Dextrin (n)	dextrine (f)
	dextrine	destrina (f)
		dextrina (f)
26	tierischer Leim (m)	colle (f) animale
	animal glue	colla (f) animale
	животный клей (мр)	cola (f) animal
27	Knochenleim (m)	osséine (f)
	bone glue, ossein[e]	colla (f) d'ossa
	костяной клей (мр)	oseina (f)

1	Hautleim (m), Lederleim (m) glue from skin and hides мяздровый клей (мр)	colle (f) de peau colla (f) da pelli *o* da carniccio cola (f) de cuero *o* de piel *o* de carnaza
2	Gelatine (f) gelatine желатин (мр)	gélatine (f) gelatina (f) gelatina (f)
3	Gummitragant (m), Tragantgummi (m) [gum] tragacanth, gum dragon драгант (мр)	gomme (f) adragante gomma (f) dragante goma (f) adragante, tragacanto (m)
4	weich und geschmeidig machender Zusatz (m) addition to produce a soft and pliable condition примесь (жр), придающая мягкость и гибкость	addition (f) pour rendre doux et flexible aggiunta (f) per rendere dolce e flessibile adición (f) que produce suavidad y flexibilidad
5	Schmiermittel (npl) fatty substances, lubricants смазочные средства (ср), мази (жр)	substances (fpl) grasses, lubrifiants (mpl) sostanze (fpl) grasse, lubrificanti (mpl) substancias (fpl) grasas, lubricantes(mpl)
6	Schutzmittel (n) gegen Austrocknen medium or agent to prevent drying предохранительное средство (ср) против высушивания	agent (m) pour prévenir le desséchage mezzo (m) per prevenire l'essiccazione agente (m) para prevenir el secamiento
7	Wachs (n) wax воск (мр)	cire (f) cera (f) cera (f)
8	verseiftes Bienenwachs (n) saponified bees wax омыленный пчелиный воск (мр)	cire (f) d'abeille saponifiée cera (f) d'api saponificata cera (f) de abejas saponificada
9	Talg (m) tallow, suet сало (ср)	suif (m) sevo (m), sego (m) sebo (m)
10	Palmöl (n) palm oil пальмовое масло (ср)	huile (f) de palme olio (m) di palma aceite (m) de palma
11	Kokosnußöl (n) coco nut oil кокосовое масло (ср)	huile (f) de coco olio (m) di cocco aceite (m) de coco
12	Rizinusöl (n) castor oil касторовое масло (ср)	huile (f) de ricin olio (m) di ricino aceite (m) de ricino
13	Olivenöl (n) olive oil оливковое масло (ср)	huile (f) d'olive olio (m) d'oliva aceite (m) de oliva
14	Paraffinöl (n) paraffin oil парафиновое масло (ср)	huile (f) de paraffine olio (m) di paraffina aceite (m) de parafina
15	Stearin (n) stearine стеарин (мр)	stéarine (f) stearina (f) estearina (f)
16	Schmierseife (f) potash soap, soft soap жидкое мыло (ср)	savon (m) de potasse, savon (m) mou *ou* vert sapone (m) molle *o* di potassa jabón (m) blando
17	verseifen to saponify омыливать	saponifier saponificare saponificar
18	verseift saponified омыленный, омыленый	saponifié saponificato saponificado
19	schleimgebende Masse (f) [*oder* Substanz (f)] glutinous substance слизеобразующее вещество (ср)	substance (f) agglutinante sostanza (f) agglutinante substancia (f) aglutinante
20	Leinsamenabkochung (f) linseed decoction отвар (мр) льняного семени	décoction (f) de graine de lin decozione (f) di seme di lino decocción (f) *o* cocimiento (m) de linaza
21	Chondrus crispus irländisches Moos (n), Perlmoos (n), Carageen[moos] (n) Irish moss, carragheen moss	ирландский мох (мр) mousse (f) d'Irlande, mousse (f) perlée, carragaheen (m) carragheen (m) musgo (m) de Irlanda, alga (f) marina
22	Cetraria islandica isländisches Moos (n) Iceland moss исландский мох (мр)	cétraire (m) *ou* mousse (f) d'Islande, lichen (m) lichene (m) islandico liquen (m) islándico
23	Mittel (n) zur Fäulnisverhinderung der Schlichte medium *or* agent to prevent decomposition of the size средство (ср) для предохранения шлихта от гниения *или* загнивания	agent (m) pour empêcher la décomposition de la colle mezzo (m) per evitare la decomposizione della colla medio (m) *o* agente (m) para prevenir *o* impedir la descomposición de la cola
24	Mittel (n) gegen Schimmelbildung medium to prevent mildew, antiseptic средство (ср) против образования плесени	agent (m) pour empêcher la moisissure mezzo (m) per evitare la formazione di muffa agente (m) contra la formación de moho, antiséptico (m)
25	$Al_2 3 SO_4,\ K_2SO_4 + 24 H_2O$ Alaun (m) alum квасцы (мр)	alun (m) allume (m) alumbre (m)
26	$Na_2 B_4 O_7 + 10 H_2O$ Borax (m) borax	бура (жр) borax (m) borace (m) borax (m)
27	arsenigsaures Salz (n) salt of arsenious acid соль (жр) мышьяковистой кислоты	sel (m) de l'acide arsénieux sale (m) dell'acido arsenioso sal (f) del ácido arsenioso
28	Na Cl Kochsalz (n), Chlornatrium (n) common salt, chloride of sodium, sodium chloride поваренная соль (жр)	sel (m) commun *ou* ordinaire, sel de cuisine, chlorure (m) de sodium sale (m) comune *o* da cucina, cloruro (m) di sodio sal (f) común *o* de cocina, cloruro (m) de sodio
29	$Zn SO_4$ Zinkvitriol (n), Zinksulphat (n) sulphate of zinc, white vitriol, white copperas сернокислый цинк (мр), цинковый купорос (мр)	sulfate (m) de zinc, vitriol (m) blanc, couperose (f) blanche solfato (m) di zinco, vitriolo (m) bianco sulfato (m) de zinc, vitriolo (m) blanco

No.		
1	$ZnCl_2$ Chlorzink (n), Zinkchlorid (n) chloride of zinc, zinc chloride	хлористый цинк (мр) chlorure (m) de zinc cloruro (m) di zinco cloruro (m) de zinc
2	$CuSO_4$ Kupfervitriol (n), schwefelsaures Kupfer (n), Kupfersulfat (n) sulphate of copper, copper sulphate, blue vitriol *or* copperas *or* stone	медный купорос (мр) sulfate (m) de cuivre, vitriol (m) de cuivre vitriolo (m) *o* solfato (m) di rame sulfato (m) de cobre, vitriolo (m) *o* caparrosa (f) azul
3	$C_7H_6O_3$ Salizylsäure (f) salicylic acid	салициловая кислота (жр) acide (m) salicylique acido (m) saliciloso *o* salicilico ácido (m) salicílico
4	$NaOH$ Ätznatron (n), kaustische Soda (f), Natriumhydroxyd (n) caustic soda	каустическая сода (жр), едкий натр (мр) soude (f) caustique soda (f) caustica sosa (f) cáustica
5	$C_6H_{12}O_6$ Traubenzucker (m), Kartoffelzucker (m) grape sugar, glucose, dextrose	виноградный сахар sucre (m) de raisin, glucose (f) zucchero (m) d'uva, glucosio (m) azúcar (m) de uvas, glucosa (f)
6	C_6H_6O Karbolsäure (f), Phenol (n) carbolic acid карболовая кислота (жр)	acide (m) carbolique *ou* phénique, phénol (m) acido (m) carbolico *o* fenico ácido (m) fénico *o* carbólico
7	Wasserzugabe (f), Wasserzusatz (m) addition of water прибавление (ср) воды	addition (f) d'eau aggiunta (f) d'acqua adición (f) de agua
8	Schmälzmittel (npl), Erweichungsmittel (npl) deliquescents, softeners умягчающие *или* мягчильные средства (ср)	produits (mpl) déliquescents *ou* adoucissants *ou* ensimants prodotti (mpl) deliquescenti *o* addolcenti materias (fpl) delicuescentes *o* emolientes
9	Ölsüß (n), [Glyzerin (n)] glycerine глицерин (мр)	glycérine (f) glicerina (f) glicerina (f)
10	Seife (f) soap мыло (ср)	savon (m) sapone (m) jabón (m)
11	$CaCl_2$ Chlorkalzium (n), Kalziumchlorid (n) chloride of calcium	хлористый кальций (мр) chlorure (m) de calcium cloruro (m) di calcio cloruro (m) de calcio
12	Beschwerungsmittel (n) weighting substance, loading agent утяжеляющее средство (ср)	substance (f) pour la charge sostanza (f) per la carica substancia (f) pesante, espesante (f), empesante (f)
13	$MgCl_2$ Chlormagnesium (n), Magnesiumchlorid (n) chloride of magnesium хлористый магний (мр)	chlorure (m) de magnésium cloruro (m) di magnesio cloruro (m) de magnesio
14	$H_4Al_2Si_2O_9$ Porzellanerde (f) China clay, kaolin фарфоровая глина (жр), каолин (мр)	kaolin (m) caolino (m), argilla (f) caolina kaolín (m), tierra (f) de China
15	$MgSO_4$ Bittersalz (n), schwefelsaure Magnesia (f), Magnesiumsulfat (n)] magnesium sulphate, Epsom salt сернокислый магний (мр), горькая соль (жр)	sulfate (m) de magnésium, sel (m) anglais, sel d'Epsom solfato (m) di magnesio, sale (m) amaro, sale d'Epsom *o* di Sedlitz sulfato (m) de magnesio, sal (f) de Epsom
16	$CaSO_4 + 2H_2O$ Kalksulfat (n), schwefelsaurer Kalk (m) sulphate of lime	сернокислая известь (жр) sulfate (m) de chaux solfato (m) di calce sulfato (m) de cal, yeso (m)
17	Talk (m) French chalk тальк (мр)	talc (m) talco (m) talco (m)
18	kieselsaure Magnesia (f), Magnesiumsilikat (n), silicate of magnesia силикат (мр) магния, кремнекислый магний (мр)	silicate (m) de magnésium silicato (m) di magnesio silicato (m) de magnesio
19	Na_2SO_4 schwefelsaures Natron (n), Natriumsulphat (n) sulphate of soda, sodium sulphate	сернокислый натр (мр) sulfate (m) de soude solfato (m) di sodio sulfato (m) de sosa
20	$Na_2SO_4 + 10H_2O$ Glaubersalz (n) Glauber's salt	глауберова соль (жр) sel (m) de Glauber sal[e] (m) Glauber sal (f) de Glauber

c) Schlichtekocher (mpl) — **Appareils (mpl) de préparation de colle**

No.		
21	**Size Mixing Apparatus** **Аппараты (мр) для шлихтоварения, варочные аппараты для шлихта**	**Apparecchi (mpl) di cottura della materia collante** **Aparatos (mpl) para la preparación de la cola**

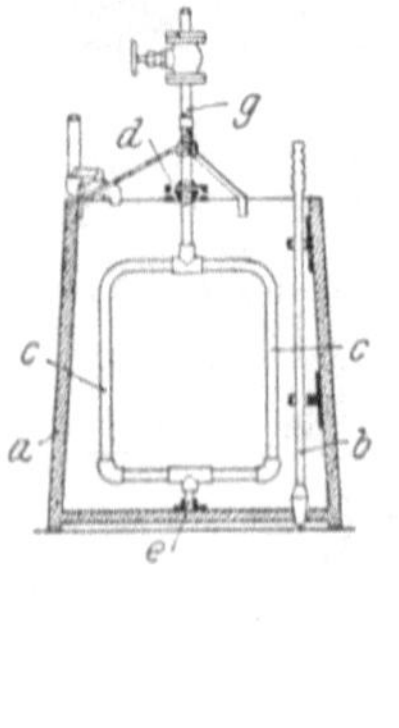

No.		
22	Schlichtekocher (m) mit Rührwerk size mixing apparatus with agitator аппарат (мр) для шлихтоварения с мешалкой	appareil (m) de préparation de colle avec agitateur apparecchio (m) di cottura della materia collante con agitatore aparato (m) para la preparación de la cola con agitador

1 Holzbottich (m)
wooden beck, wooden cistern *or* vat
деревянный чан (мр)
a
cuve (f) en bois
tino (m) di legno
cuba (f) de madera

2 Ventilstange (f)
valve rod
стержень (мр) вентиля *или* клапана
b
tige (f) de valve
stelo (m) della valvola
vástago (f) de la válvula

3 Rührwerk (n)
[steam pipe] agitator, [revolving] dasher, paddle mixer
мешалка (жр)
c
agitateur (m) mécanique
agitatore (m)
agitador (m), batidor (m) giratorio

4 Halslager (n)
collar
подшипник (мр) для шейки
d
[palier (m) à] collet (m)
collare (m)
collar (m)

5 unterer Drehzapfen (m)
bottom journal
нижняя цапфа
e
tourillon (m) inférieur
perno (m) di rotazione inferiore
pivote (m)

6 Dampfrohrleitung (f)
steam pipe
паровая труба (жр)
g
conduite (f) de vapeur
condotta (f) del vapore
tubo (m) de admisión del vapor

7 Kochgefäß (n)
boiling pan
варочный сосуд (мр) *или* котел (мр)
bac (m) à cuisson
caldaia (f) di cottura
caldera (f) de cocción

8 Umrühren (n)
stirring
перемешивание (ср)
agitation (f)
agitazione (f)
agitación (f)

9
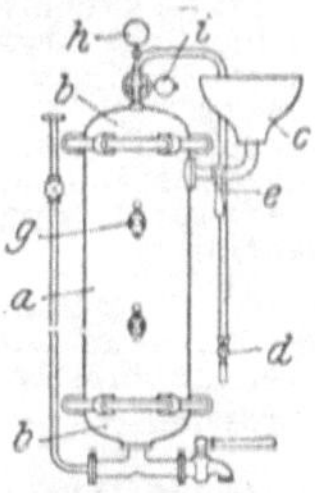

Hochdruckdampfkocher (m)
high pressure steam mixing apparatus
паровой кипятильник (мр) высокого давления
appareil (m) de préparation de colle à haute pression
caldaia (f) di cottura ad alta pressione
aparato (m) para la preparación de la cola a alta presión

10 Kupferkessel (m)
copper boiler
медный котел (мр)
a
chaudière (f) en cuivre
caldaia (f) in rame
caldera (f) de cobre

11 gewölbter *oder* geschweifter [*oder* bombierter] Boden (m)
spherical end of boiler
выпуклое днище (ср)
b
fond (m) de la chaudière en forme de cuvette
fondo (m) a bombé
fondo (m) de forma combada *o* abovedada

12 Trichter (m)
funnel
воронка (жр)
c
entonnoir (m)
imbuto (m)
embudo (m)

13 Lufthahn (m)
air cock
воздушный кран (мр)
d
robinet (m) d'air
robinetto (m) *o* rubinetto (m) ad aria
grifo (m) de aire

14 Einfüllhahn (m)
feed cock, filler cock
кран (мр) для наполнения
e
robinet (m) alimentaire
robinetto (m) di alimentazione
espita (f) de alimentación, grifo (m) alimentario

Prüfhahn (m), Eichhahn (m), [Probierhahn (m)]
test cock
пробный кран (мр)
g
robinet (m) d'épreuve 15
robinetto (m) di prova
grifo (m) de prueba

Druckmesser (m), [Manometer (n)]
pressure gauge
манометр (мр)
h
manomètre (m) 16
manometro (m)
manómetro (m)

Sicherheitsventil (n)
safety valve
предохранительный клапан (мр)
i
soupape (f) de sûreté
valvola (f) di sicurezza 17
válvula (f) de seguridad

Schlichtebereiter (m), Schlichtekocher (m)
size mixer
варильщик (мр) шлихта, шлихтовар (мр)
préparateur (m) *ou* cuiseur (m) de colle
preparatore (m) di bozzime 18
preparador (m) de la goma

d) Schlichten (n) ***oder*** **Leimen (n) des Garnes im Strähn**
Dressing ***or*** **Sizing the Yarn in Hanks**
Шлихтовка (жр) ***или*** **проклейка (жр) пряжи в мотках**
Encollage (m) des fils en écheveaux
Imbozzimatura (f) ***o*** **collatura (f) del filato in matasse** 19
Encolado (m) ***o*** **engomado (m) de los hilos en madejas**

das Garn im Strähn schlichten
to size the yarn in hanks
шлихтовать пряжу (жр) в мотках
encoller les fils en écheveaux
imbozzimare *o* collare il filato in matasse 20
encolar los hilos en madejas

die Schlichte gleichmäßig verteilen
to distribute the size evenly
равномерно распределять шлихт (мр)
distribuer la colle uniformément
distribuire la bozzima in modo uniforme 21
distribuir la cola con regularidad *o* con uniformidad

gleichmäßige Schlichteverteilung (f)
even distribution of size
равномерное распределение (ср) шлихта
distribution (f) uniforme de la colle
distribuzione (f) uniforme della bozzima 22
distribución (f) uniforme de la cola

den Schlichteüberschuß auspressen
to press out the excess *or* surplus size
отжимать избыток (мр) шлихта
exprimer l'excédent (m) de colle
spremere l'eccedente (m) di colla 23
exprimir el sobrante *o* el exceso de cola

mit der Hand schlichten
to size by hand, to hand size
шлихтовать вручную
encoller à la main
collare a mano 24
encolar a mano

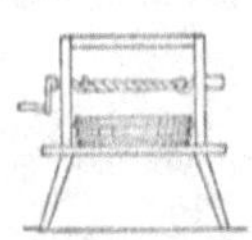
Handschlichtvorrichtung (f) für Strähngarn
hand sizer for hanks
ручное шлихтовальное приспособление (ср) для моточной пряжи
encolleur (m) à la main pour écheveaux
apparecchio (m) di collatura a mano per matasse 25
dispositivo (m) para encolar a mano las madejas

No.			
1	Eintauchen (n) des Garns in die Schlichte dipping the yarn into the size погружение (ср) пряжи в шлихт		immersion (f) du fil dans la colle immersione (f) del filato nella colla inmersión (f) del hilo en la cola
2	Auswringen (n) des eingetauchten Strähns wringing out the dipped hank выжимание (ср) погруженного мотка		torsion (f) de l'écheveau immergé torsione (f) della matassa immersa torsión (f) de la madeja inmergida
3	mit der Maschine schlichten to size by machine шлихтовать машинным способом		encoller à la machine collare a macchina encolar a máquina
4	Schlichten (n) mit der Maschine machine sizing шлихтование (ср) машинным способом		encollage (m) à la mécanique incollatura (f) a macchina encolado (m) a máquina

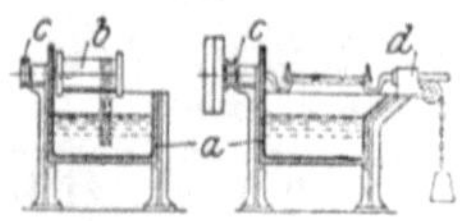

No.			
5	Strähngarnschlichtmaschine (f) hank sizing and wringing machine		шлихтовальная машина (жр) для моточной пряжи machine (f) à encoller les écheveaux, encolleuse (f) mécanique pour écheveaux macchina (f) per incollare le matasse máquina (f) para encolar madejas
6	mit Kupferblech ausgeschlagener Holztrog (m) copper lined wood box *or* beck деревянное корыто (ср), обитое медным листом	a	cuve (f) doublée de cuivre à l'intérieur truogo (m) *o* tino (m) di legno foderato con lamiera di rame cuba (f) de madera revestida interiormente de cobre
7	Kupferwalze (f) copper roller медный валик (мр)	b	rouleau (m) en cuivre cilindro (m) di rame cilindro (m) de cobre
8	Schnurscheibe (f) band pulley шнурочный блок (мр)	c	poulie (f) à corde puleggia (f) a corda polea (f) de garganta
9	Hakenführung (f) hook guide направление (ср) крючка	d	guide-crochet (m) guida (f) dell'uncino guía (f) del gancho, cabezal (m)

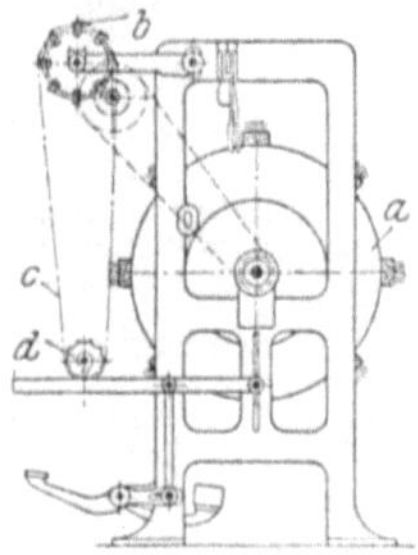

No.			
10	Strähnbürstmaschine (f), Bürstmaschine (f) für geschlichtete Garnsträhne hank brushing machine щеточная машина (жр) для прошлихтованных мотков пряжи		brosseuse (f) mécanique pour écheveaux, machine (f) à brosser les écheveaux macchina (f) per spazzolare filati in matasse máquina (f) para cepillar madejas
11	Bürstentrommel (f) brush roller щеточный барабан (мр)	a	tambour (m) brosseur cilindro (m) spazzolatore tambor (m) cepillador
12	Rippenwalze (f) ribbed roller реечный валик (мр), баранчик (мр)	b	cylindre (m) côtelé cilindro (m) a costole trasversali tambor (m) de listones transversales
13	durchtränkter Strähn (m) soaked hank пропитанный моток (мр)	c	écheveau (m) imprégné matassa (f) impregnata madeja (f) impregnada
14	Riffelwalze (f) fluted roller рифленый валик (мр)	d	cylindre (m) cannelé cilindro (m) scanalato cilindro (m) acanalado

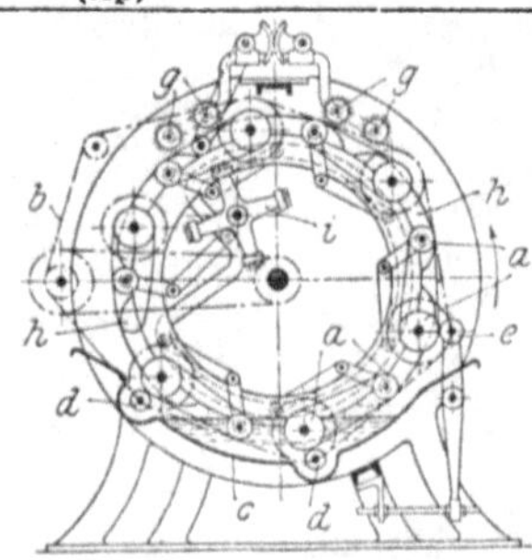

No.			
15	Revolverschlicht- und Bürstmaschine (f) für Strähngarn revolver sizing and brushing machine for hanks револьверная шлихтовально-щеточная машина (жр) для моточной пряжи		brosseuse (f) et encolleuse (f) mécanique revolver pour écheveaux macchina (f) a revolver per incollare e spazzolare il filato in matasse cepilladora (f) y encoladora mecánica circular *o* revólver para madejas
16	Walzenpaar (n) pair of rollers пара (жр) валиков	a	paire (f) de cylindres coppia (f) di cilindri par (m) de cilindros
17	Kettentrieb (m) chain drive цепной (-ая) привод (мр) *или* передача (жр)	b	transmission (f) par chaîne trasmissione (f) per catena transmisión (f) de cadena
18	Schlichttrog (m) sizing *or* dressing trough, size *or* starch *or* sowe box шлихтовальное корыто (ср)	c	bac (m) *ou* bâche (f) à colle, cuve (f) à la colle bacino (m) a colla cuba (f) *o* tina (f) de encolar
19	Druckwalze (f) press[ure] roller нажимной валик (мр)	d	cylindre (m) de pression cilindro (m) di pressione cilindro (m) de presión
20	Quetschwalze (f) squeezing roller отжимной валик (мр)	e	cylindre (m) exprimeur cilindro (m) spremitore cilindro (m) expresor
21	Häkchenwalze (f) needle covered roller валик (мр) с крючками, надирочный валик	g	cylindre (m) recouvert d'aiguilles cilindro (m) ad aghi cilindro (m) recubierto de cardas .

1	Bogenrippe (f) curved rib дугообразное ребро (ср)	h	nervure (f) courbe nervatura (f) ricurva nervio (m) *o* saliente (m) curvo, nervura (f) curva
2	Bürstenwalze (f) revolving brush щеточный валик (мр)	i	brosse (f) rotative spazzola (f) rotativa cepillo (m) giratorio

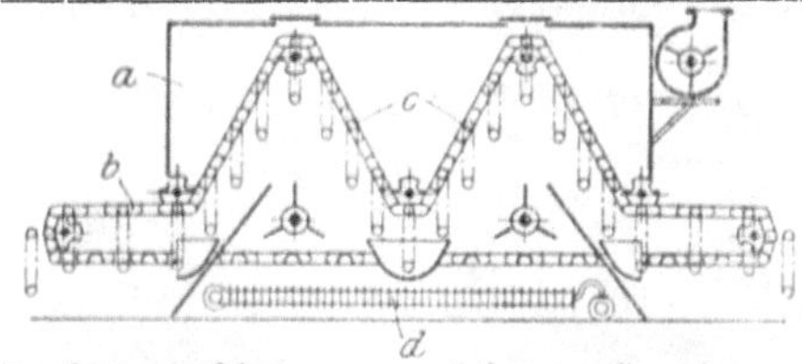

3	Trockenmaschine (f) für geschlichtete Garnsträhne hank drying machine сушильная машина (жр) для прошлихтованных мотков пряжи		sécheuse (f) mécanique pour écheveaux essiccatoio (m) per filato in matassa secadora (f) mecánica para madejas
4	Trockenkammer (f) drying chamber сушильная камера (жр)	a	chambre (f) de séchage camera (f) d'essiccazione cámara (f) de desecación, cámara *o* recinto (m) de secamiento
5	Gallesche Kette (f) Galle's chain цепь (жр) Галля	b	chaine (f) Galle catena (f) Galle cadena (f) Galle
6	mit Garnsträhnen behängter Stock (m) rod with suspended hanks увешанная мотками пряжи жердь (жр)	c	perche (f) avec des écheveaux suspendus pertica (f) con matasse sospese bastón (m) *o* percha (f) con madejas suspendidas
7	Rippenheizrohr (n) ribbed heating pipe ребристая нагревательная трубка (жр)	d	radiateur (m) de chauffage radiatore (m) ad alette tubo (m) de calefacción de aletas
8	**e) Schlichten (n) *oder* Leimen (n) der Kette im Strang** **Sizing the Ball Warp, Ball Warp Sizing** **Шлихтовка (жр) *или* проклеивание (ср) основы прядью**		**Encollage (m) de la chaine en boyau** **Imbozzimatura (f) *o* collatura (f) della catena in corda** **Engomado (m) *o* encolado (m) de la urdimbre en ovillo**
9	die Kette im Strang schlichten to size the ball warp шлихтовать основу (жр) прядью		encoller la chaine en boyau incollare la catena in corda encolar la urdimbre en ovillo

10	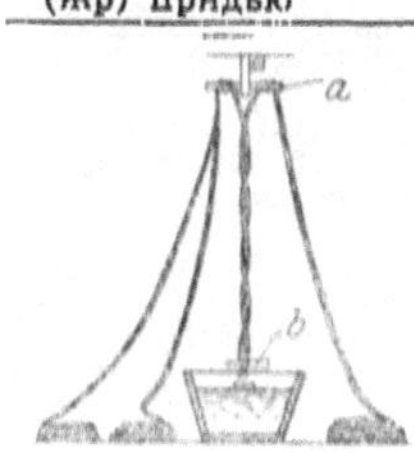	Leimen (n) im Fasse sizing in a tub проклеивание (ср) в боченке *или* в бадье encollage (m) en cuve collatura (f) in tino encolado (m) en cuba

Holzgalgen (m) wooden cross bar деревянная подвеска (жр) *или* поперечина (жр)	a	traverse (f) en bois traversa (f) in legno percha (f) *o* soporte (m) de madera	11
Knebel (m) tightening stick кляп (мр)	b	cheville (f) à tourniquet bastone (m) di restringimento tarabilla (f), clavija (f)	12
die Kette mit Leimbrühe durchtränken to impregnate the warp with a glue solution пропитывать основу (жр) клейкой массой		imprégner la chaine d'une solution de colle impregnare la catena con soluzione di colla impregnar *o* embeber la urdimbre con una solución de cola	13

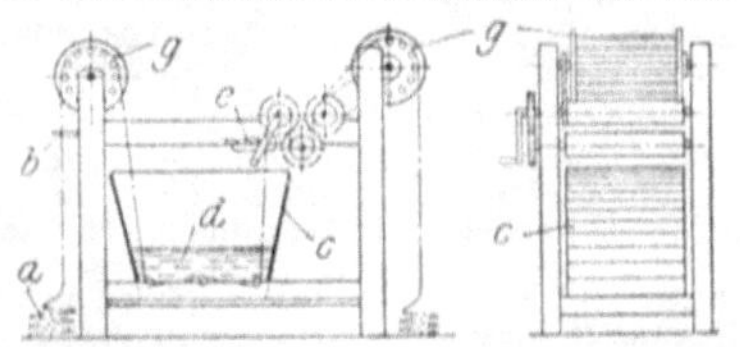

Handleimvorrichtung (f) hand sizing apparatus ручное приспособление (ср) для проклейки		appareil (m) d'encollage à la main apparecchio (m) per collare a mano aparato (m) de encolado a mano	14
Scherwickel (m) warp ball круг (мр) *или* клубок (мр) основы	a	pelote (f) de chaine gomitolone (m) d'ordito ovillo (m) de urdimbre	15
Leitring (m) guide eye направляющее кольцо (ср)	b	œillet-guide (m) occhiello (m) di guida ojal (m) guia	16
Leimbottich (m) sizing trough чан (мр) *или* бадья (жр) для клея	c	cuve (f) à la colle tino (m) per colla cuba (f) *o* tina (f) para la cola	17
Leimbrühe (f) glue solution, size mixture клейкая масса (жр) *или* жидкость (жр)	d	solution (f) de colle soluzione (f) di colla solución (f) de cola	18
Ausquetschplatte (f) wringing plate отжимная доска (жр)	e	plaque (f) à exprimer placca (f) spremitrice placa (f) expresora	19
Leitwalze (f), Führungswalze (f) guide roller направляющий валик (мр)	g	cylindre-guide (m) cilindro (m) di guida cilindro (m) guía	20
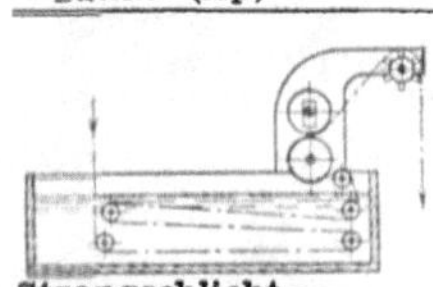 Strangschlichtmaschine (f) ball *or* tape sizing machine		жгутовая шлихтовальная машина (жр) encolleuse (f) mécanique pour chaines en boyau macchina (f) per incollare la catena in corda encoladora (f) mecánica para pelotas	21

1 Trocknen (n) der Kette im Freien
drying the warp in the open air
сушка (жр) основы на открытом воздухе
séchage (m) de la chaîne à l'air libre
essiccamento (m) della catena all'aria libera
secado (m) de la urdimbre al aire libre

2 im Schatten trocknen
to dry in the shade
сушить в тени
sécher à l'ombre
essiccare all'ombra
secar a la sombra

3 Kettentrockengestell (n)
warp drying frame
сушильная стойка (жр) для основы
cadre (m) de séchage pour chaîne
telaio (m) per essiccare la catena
caballete (m) de secado de la urdimbre

4 Aufspannen (n) der geschlichteten Kette
spreading out the sized warp
натягивание (ср) прошлихтованной основы
étendage (m) de la chaîne encollée
distendimento (m) della catena collata
extensión (f) de la urdimbre encolada

5 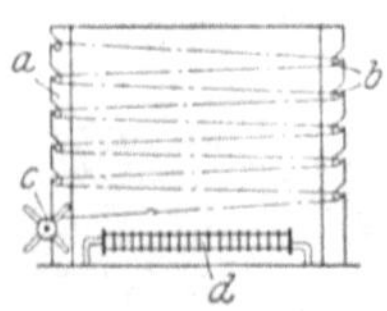

Kettentrockenvorrichtung (f)
warp drying apparatus
сушильное приспособление (ср) для основы
appareil (m) de séchage pour chaîne
apparecchio (m) di essiccazione per catene
dispositivo (m) de secado de la urdimbre

6 *a* Holzsäule (f)
wooden post
деревянная стойка (жр)
poteau (m) en bois
sopporto (m) di legno, montante (m) in legno
columna (f) *o* soporte (m) de madera

7 *b* Spannriegel (m)
stretching bar
натяжной пруток (мр)
barre (f) de tension
barra (f) di tensione
varilla (f) tensora

8 *c* Winde (f)
capstan
ворот (мр)
cabestan (m)
argano (m)
cabrestante (m)

9 *d* Dampfheizrohr (n)
steam heating pipe
паровая нагревательная труба (жр)
tuyau (m) de chauffage à vapeur
tubo (m) di riscaldamento a vapore
tubo (m) de calefacción de vapor

10 Trockenstube (f)
drying room
сушильное помещение (ср), сушилка (жр)
chambre (f) de séchage
camera (f) di essiccazione
cámara (f) *o* recinto (m) de secado

11 Trockenboden (m)
drying loft
сушильный чердак (мр)
grenier (m) à séchage
solaio (m) di essiccazione
desván (m) de secado

f) Schlichten (n) *oder* Leimen (n) der Kette im ausgebreiteten Zustande, Breitschlichten (n)
Beam Sizing, Slashing, Full Width Sizing
Шлихтовка (жр) *или* проклеивание (ср) основы в расправку
Encollage (m) au large
Bozzimatura (f) *o* collatura (f) della catena in tutta altezza 12
Encolado (m) a lo ancho de la urdimbre

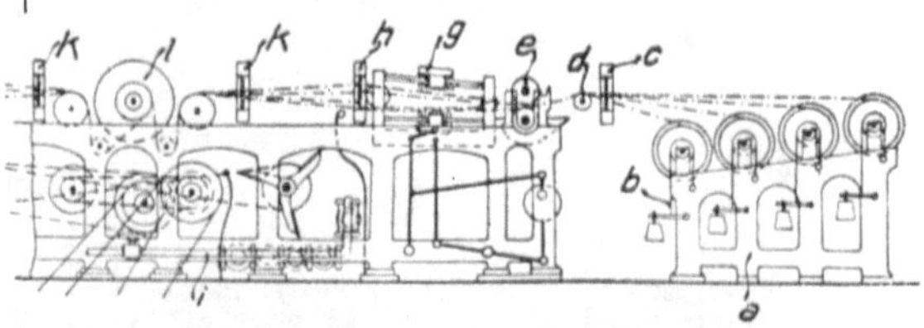

a) Schottische Schlichtmaschine (f), Kurbelschlichtmaschine (f)
Scotch Dressing Machine, Crank Dressing Machine
Шотландская *или* кривошипная шлихтовальная машина (жр)
Machine (f) à parer écossaise, pareuse (f) écossaise
Macchina (f) a parer scozzese, imbozzimatrice (f) *o* pareuse (f) scozzese 13
Máquina (f) escocesa de encolar

a Scherbaumgestell (n)
beam creel *or* stand
станок (мр) *или* стойка (жр) *или* козлы (мр) для навоев
porte-rouleaux (m), râtelier (m), bâti (m) d'entrée
porta-rulli (m) 14
bancada (f) *o* caballete (m) de los plegadores, porta-plegadores (m)

b Lederbremsband (n)
leather brake band
кожаная тормазная лента (жр)
bande (f) de frein en cuir
cinghia (f) del freno in cuoio 15
cinta (f) de cuero del freno

c Lesekamm (m)
lease reed
нитеразделительный гребень (мр)
peigne (m) fixe
pettine (m) fisso
peine (m) fijo 16

d Führungsstab (m)
guide rod
направляющий прут (мр)
tringle-guide (f)
asta (f) di guida 17
varilla-guía (f)

e Schlichtvorrichtung (f)
sizing apparatus
шлихтовальное приспособление (ср)
appareil (m) de parage, rouleaux (mpl) encolleurs
apparecchio (m) per collare 18
dispositivo (m) encolador *o* de encolado

g Verstreichbürste (f)
distributing brush
щетка (жр) для промазывания
brosse (f) distributrice
spazzola (f) distributrice
cepillo (m) distribuidor, brocha (f) distribuidora 19

h Teilschiene (f)
dividing rod
делительная рейка (жр)
baguette (f) de séparation
asta (f) di divisione 20
varilla (f) de separación

1	Heizrohr (n) heating pipe, steam pipe нагревательная труба (жр)	i	tuyau (m) de chauffage *ou* de vapeur tubo (m) di riscaldamento tubo (m) de calefacción	
2	stellbarer Kamm (m) expanding reed устанавливаемый гребень (мр)	k	peigne (m) extensible pettine (m) estensibile peine (m) extensible	
3	Kettbaum (m) weaver's beam, winding on beam, loom beam навой (мр)	l	ensouple (f) subbio (m) d'ordito plegador (m) de urdimbre	
4	die Schlichte auftragen to apply the size наносить шлихт (мр)		appliquer le parement applicare la colla aplicar la cola	
5	Bürsten (n) des Garnes brushing the yarn чистка (жр) пряжи щетками		brossage (m) *ou* brossement (m) du fil spazzolatura (f) dei fili cepillamiento (m) de los hilos	
6	Schlichtbürste (f) dressing *or* sizing brush щетка (жр) для шлихта		brosse (f) à parer spazzola (f) per collare cepillo (m) de encolado	
7	langhaarige Bürste (f) longhaired brush длинноволосая щетка (жр), щетка из длинной щетины		brosse (f) à poils longs spazzola (f) a peli lunghi cepillo (m) de cerdas largas	
8	die Bürste ausheben to lift out the brush снять *или* вынуть щетку (жр)		[en]lever *ou* relever la brosse sollevare la spazzola levantar el cepillo	
9	Schlichtraumwärmegrad (m), [Schlichtraumtemperatur (f)] temperature of sizing room *or* dressing room температура (жр) шлихтовального помещения		température (f) de la salle *ou* de l'atelier de parage temperatura (f) della sala di imbozzimatura temperatura (f) *o* grado (m) de calor de la sala *o* del recinto de encolado	

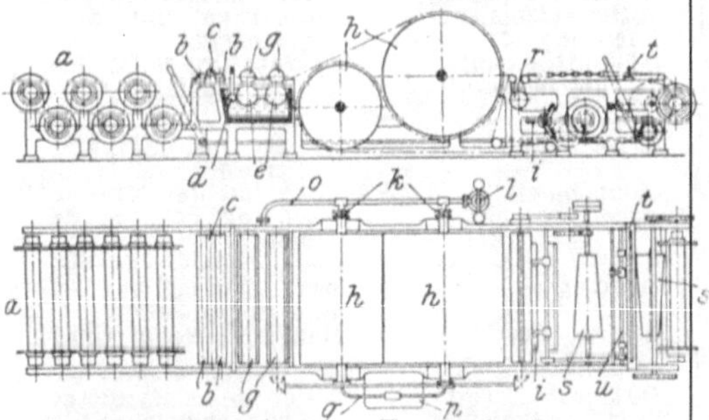

10	β) Trommelschlichtmaschine (f), Zylinderschlichtmaschine (f), englische Schlichtmaschine (f) Slasher Sizing Machine, Slasher Sizer, Cylinder Sizing Machine Барабанная *или* английская шлихтовальная машина (жр)		Encolleuse à tambours *ou* à cylindres Macchina (f) per imbozzimare a tamburi Encoladora (f) *o* máquina (f) de parar de tambores	
	Scherbaum (m) warper's beam, back beam навой (мр)	a	rouleau (m) d'ourdissage rullo (m) a catena plegador (m) de urdidor	11
	Führungswalze (f) guide roller направляющий валик (мр)	b	rouleau-guide (m) cilindro (m) di guida cilindro (m) guía	12
	Spannwalze (f) tension roller, compensating roller натяжной валик (мр)	c	rouleau (m) de tension, cylindre (m) tendeur cilindro (m) tenditore cilindro (m) tensor, cilindro compensador	13
	kupferne Tauchwalze (f) copper immersion roller медный погрузочный валик (мр)	d	rouleau (m) plongeur en cuivre cilindro (m) d'immersione in rame cilindro (m) inmersor de cobre	14
	Schlichtwalze (f) sizing roller, size box roller шлихтовальный валик (мр)	e	cylindre (m) d'encollage, rouleau-encolleur (m) cilindro (m) collatore *o* a parer cilindro (m) encolador	15
	Druckwalze (f), Preßwalze (f) press[ure] roller нажимной валик (мр)	g	cylindre (m) de pression, rouleau-presseur (m) cilindro (m) di pressione cilindro (m) de presión	16
	Trommel (f) aus verzinntem Kupferblech cylinder of tinned copper барабан (мр) луженой листовой меди	h	tambour (m) en cuivre étamé tamburo (m) in rame stagnato tambor (m) de cobre estañado	17
	Windflügel (m) fan крыло (ср) вентилятора, воздуходувное крыло	i	ventilateur (m) ventilatore (m) ventilador (m)	18
	Stopfbüchse (f) stuffing box сальник (мр)	k	presse-étoupe (m) premistoppa (m), premibaderne (m), bossolo (m) *o* scatola (f) a stoppa prensa-estopas (m), caja (f) de estopas	19
	Druckreglerventil (n) pressure regulator valve вентиль (мр) регулятора давления	l	valve (f) de réglage de la pression valvola (f) per regolare la pressione válvula (f) para regular la presión	20
	Dampfleitung (f) steam pipe паропровод (мр)	o	conduite (f) *ou* tuyau (m) de vapeur condotta (f) del vapore conductor (m) *o* tubo (m) de vapor	21
	Niederschlagwasserabscheider (m), [Kondens[ations]wasserabscheider (m)] steam trap водоотводчик (мр), конденсационный горшок (мр)	p	purgeur (m) automatique *ou* séparateur (m) *ou* extracteur (m) d'eau de condensation separatore (m) *o* raccoglitore (m) dell'acqua di condensazione colector (m) *o* separador (m) del agua de condensación	22

1	Wasserableitung (f) water way спуск (мр) воды	q	conduite (f) d'eau condotta (f) d'acqua conducto (m) *o* cañería (f) de agua
2	Meß- und Transportwalze (f) measuring and carrier roller мерный передаточный валик (мр)	r	cylindre (m) mesureur et transporteur cilindro (m) misuratore e trasportatore cilindro (m) medidor y de transporte
3	Riemenkegel (m), [Riemenkonus (m)] belt cone ременной конус (мр)	s	cône (m) puleggia (f) a cono polea (f) cónica
4	ausziehbarer Kamm (m), [Expansionskamm (m)] expanding raddle *or* reed вытяжной *или* растяжной гребень (мр)	t	peigne (m) extensible pettine (m) ad espansione peine (m) extensible
5	Schraubenspindel (f) screwed spindle винтовой шпиндель (мр)	u	tige (f) filetée asta (f) filettata varilla (f) fileteada
6	große Trommel (f) large cylinder большой барабан (мр)		grand tambour (m) gran tamburo (m) gran tambor (m)
7	kleine Trommel (f) small cylinder малый барабан (мр)		petit tambour (m) piccolo tamburo (m) pequeño tambor (m)
8	die Fäden (mpl) durch die Schlichte hindurchführen to pass the threads through the size протягивать нити (жр) сквозь шлихт		faire passer les fils dans la colle far passare i fili nella colla conducir los hilos a través de la cola
9	Zerkochen (n) der Fäden overboiling the threads разваривание (ср) нитей		cuisson (f) exagérée des fils cottura (f) esagerata dei fili cocción (f) desmesurada *o* exagerada de los hilos
10	Ankleben (n) *oder* Haften (n) der Fäden an der Schlichtwalze adhesion of the yarn on the sizing roller прилипание (ср) *или* приставание (ср) нитей к шлихтовальному валику		adhésion (f) *ou* collage (m) des fils sur le rouleau-encolleur adesione (f) dei fili sul cilindro collatore adhesión (f) de los hilos al cilindro encolador
11	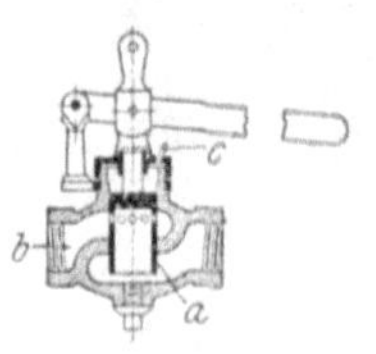		Druckminderungsventil (n), [Reduzierventil (n)] reducing valve редукционный клапан (мр) soupape (f) de réduction, réducteur (m) de pression valvola (f) di riduzione *o* di strozzamento válvula (f) de reducción
12	hohler Kolben (m) hollow piston полый поршень (мр)	a	piston (m) creux stantuffo (m) cavo émbolo (m) *o* pistón (m) hueco

Zuleitung (f) des hochgespannten Dampfes high pressure steam inlet подвод (мр) пара высокого давления	b	tuyau (m) d'arrivée pour vapeur à haute pression tubo (m) d'introduzione del vapore ad alta pressione tubo (m) de llegada de vapor a alta presión	13
Luftdüse (f) air vent воздушный клапанчик (мр), трубка (жр) для выпуска воздуха	c	tuyau (m) d'échappement de l'air tubo (m) di scappamento dell'aria tubo (m) de escape del aire	14
verminderter [*oder* reduzierter] Druck (m) reduced pressure уменьшенное *или* редуцированное давление (ср)		pression (f) réduite pressione (f) ridotta presión (f) reducida	15
Dampfdruck (m) steam pressure давление (ср) пара		pression (f) de vapeur pressione (f) del vapore presión (f) del vapor	16
Luftdruck (m), atmosphärischer Druck (m) atmospheric pressure давление (ср) воздуха		pression (f) atmosphérique *ou* de l'air pressione (f) atmosferica, pressione d'aria presión (f) atmosférica	17
Sicherheitsventil (n) mit Belastung dead weight safety valve предохранительный клапан (мр) с непосредственной нагрузкой		soupape (f) de sûreté à contrepoids valvola (f) di sicurezza a contrappeso válvula (f) de seguridad con contrapeso	18
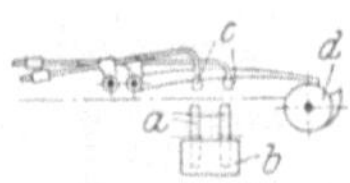Markiervorrichtung (f), Stückzeichenvorrichtung (f), Schmitzer (m) marking motion		отметочное *или* маркировочное приспособление (ср) appareil (m) marqueur, mécanisme (m) de marquage, compteur (m) marqueur dispositivo (m) di marcaggio aparato (m) marcador *o* contador de listas	19
Farbscheibe (f) colour bowl красящая шайба (жр)	a	disque (m) chargé d'encre de couleur disco (m) del colore disco (m) cargado de color	20
Farbtrog (m) colour trough корытце (ср) для краски	b	cuve (f) à couleur tino (m) a colore tina (f) para el color	21
Markierhebel (m) für Stückzeichen cut marker отметочный *или* маркировочный рычаг (мр) для отметки кусков	c	levier (m) de marquage de la coupe leva (f) per segnare la pezza palanca (f) que marca la lista	22
Nasenscheibe (f) lifting plate кулачная шайба (жр)	d	disque (m) à came disco (m) ad orecchio disco (m) de resalto *o* de nariz	23
das Stück zeichnen to keel *or* to mark the chain отмечать *или* помечать кусок (мр)		marquer la pièce segnare la pezza marcar la lista *o* el trazo	24

No.			
1	Stücklänge (f) length of cut длина (жр) куска		longueur (f) de la pièce *ou* de la coupe lunghezza (f) della pezza longitud (f) de la lista
2	Stückzeichen (n) cut mark метка (жр); знак (мр), отмечающий куски		marque (f) de la coupe segno (m) della pezza marcado (m) de la lista
3	Markierhebel (m) für Unterabteilungen oder Teilstücke dhootee marker отметочный *или* маркировочный рычаг (мр) для отметки частей кусков		levier (m) de marquage pour les subdivisions leva (f) per segnare le suddivisioni palanca (f) que marca las subdivisiones
4	**γ) Schlichtmaschine (f) mit Heißlufttrocknung** **Hot Air Sizing Machine** **Шлихтовальная машина (жр) с сушкою горячим воздухом**		**Encolleuse (f) à air chaud** **Macchina (f) imbozzimatrice ad aria calda** **Encoladora (f) de cámara de aire caliente**

No.			
5	Leimtrog (m), Schlichtetrog(m) size box, sowe box корыто (ср) для клея	a	bac (m) *ou* bâche (f) à colle bacino (m) a colla *o* di amido tina (f) *o* cuba (f) de encolar
6	Schlichter (m) sizer, sizeman шлихтовальщик (мр)	b	pareur (m), colleur (m), encolleur (m), ouvrier (m) encolleur imbozzimatore (m), incollatore (m) encolador (m)
7	Trockenkammer (f) hot air chamber сушильная камера (жр)	c	chambre (f) à sécher *ou* à air chaud, chambre de séchage *ou* de chaleur camera (f) di essiccazione cámara (f) de aire caliente
8	Windflügel (m) fan крыло (ср) вентилятора, воздуходувное крыло	d	ventilateur (m) ventilatore (m) ventilador (m)
9	Heizkörper (m) multitubular heater нагревательный (-ая) прибор (мр) *или* батарея (жр)	e	corps (m) chauffant *ou* de chauffe radiatore (m) tubos (mpl) calentadores
10	Skelettrommel (f) skeleton cylinder реечный *или* решетчатый барабан (мр)	g	tambour (m) à claire-voie tamburo (m) a scheletro tambor (m) secador
11	durch bewegte Luft trocknen to dry by air current сушить движением (мр) *или* струей (жр) воздуха		sécher par air circulant essiccare con aria circolante secar por medio de aire circulante

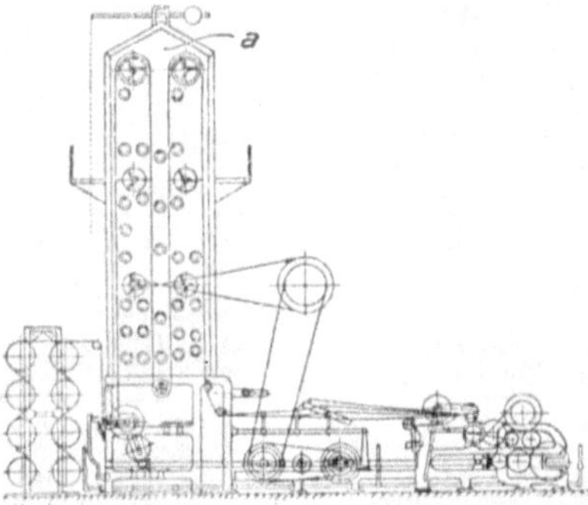

No.			
12	Schlichtmaschine mit turmartiger Trockenkammer für Lufttrocknung hot air sizing machine with vertical chamber шлихтовальная машина (жр) с башенной воздушной сушилкой		pareuse (f) à air chaud à chambre verticale macchina (f) imbozzimatrice ad aria calda e camera verticale encoladora (f) de cámara de aire caliente en forma de torre, encoladora (f) vertical
13	Abzugkamin (m) für die mit Feuchtigkeit gesättigte Luft shaft for the discharge of air saturated with moisture вытяжная труба (жр) для воздуха, насыщенного влажностью	a	cheminée (f) pour évacuer les buées cammino (m) per eliminare l'aria satura d'umidità chimenea (f) para evacuar el aire cargado de humedad

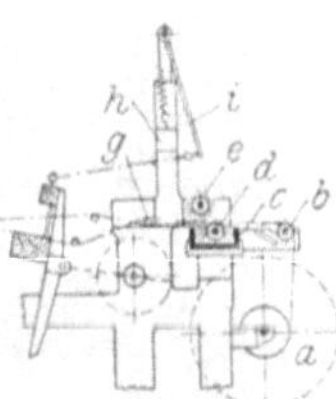

No.			
14	**δ) Schlichtvorrichtung (f) am Webstuhl** **Sizing Apparatus Attached to the Loom**		**Шлихтовальное приспособление (ср) для ткацкого станка** **Appareil (m) d'encollage sur métier** **Apparecchio (m) per collare sul telaio** **Dispositivo (m) encolador montado sobre el telar**
15	Kettbaum (m) yarn beam навой (мр)	a	ensouple (f) subbio (m) a catena plegador (m) de urdimbre
16	Streichbaum (m) back rest направляющий валик (мр)	b	porte-fils (m) porta-fili (m) guía-hilos (m)

1	Schlichttrog (m) size box корыто (ср) для шлихта	c	bac (m) à colle bacino (m) a colla tina (f) de encolar, pastera (f)
2	Schlichtwalze (f) sizing roller шлихтовальный валик (мр)	d	rouleau (m) encolleur cilindro (m) collatore cilindro (m) encolador
3	Walzenbürste (f), Bürstenwalze (f) brush roller щеточный валик (мр), круглая щетка (жр)	e	cylindre (m) brosseur cilindro (m) spazzolatore cilindro (m) cepillador *o* descargador
4	Kreuzrute (f) lease rod цен (мр), нитеразделительный пруток (мр)	g	baguette (f) d'envergeure bacchetta (f) per invergare varilla (f) *o* caña (f) de encruzamiento
5	Windflügelständer (m) frame for fan стойка (жр) воздуходувного крыла	h	support (m) du ventilateur sopporto (m) del ventilatore soporte (m) del ventilador
6	Windflügel (m) fan воздуходувное крыло (ср)	i	ventilateur (m) ventilatore (m) ventilador (m)
7	den Windflügel durch die Lade bewegen to drive the fan by the sley приводить воздуходувное крыло (ср) в движение батаном		actionner le ventilateur par le battant azionare il ventilatore col battente accionar el ventilador por medio del batán
8	Schlichten (m) im Webstuhl sizing on the loom шлихтовка (жр) на ткацком станке		encollage (m) sur métier collatura (f) sul telaio encolado (m) sobre el telar
9	die Kette auf dem Stuhl *oder* im Stuhl schlichten to size the warp on the loom шлихтовать основу (жр) на станке		encoller la chaine sur métier collare la catena sul telaio encolar la urdimbre en el telar
10	die Kette geht über den Streichbaum the warp passes over the back rest основа (жр) огибает направляющий валик		la chaine passe sur le porte-fils la catena passa sul porta-fili la urdimbre pasa sobre el guía-hilos
11	die Schlichtwalze taucht in den Schlichttrog the sizing roller dips into the size box шлихтовальный валик (мр) погружается в шлихтовальное корыто		le rouleau-encolleur plonge dans le bac à colle il cilindro collatore pesca nel bacino a colla el cilindro encolador se inmerge en la tina de encolar
12	die Schlichtwalze liegt an den Kettfäden an the sizing roller is in contact with the warp threads шлихтовальный валик (мр) прилегает к нитям основы		le rouleau-encolleur est en contact avec les fils de chaine il cilindro collatore è in contatto coi fili della catena el cilindro encolador está en contacto con los hilos de urdimbre
13	die Schlichtwalze wird von den Kettfäden gedreht the sizing roller is rotated by the warp threads шлихтовальный валик (мр) приводится во вращение нитями основы		le rouleau-encolleur est entrainé par les fils de chaine il cilindro collatore è trascinato dai fili della catena el cilindro encolador gira por frotamiento con los hilos de urdimbre

6. Bäumen (n) *oder* Aufbäumen der Kette, Kettbäumen (n) — Montage (m) *ou* ensouplage (m) de la chaine 14

Warp Beaming — Montaggio (m) della catena, avvolgimento (m) *o* arrotolamento (m) sul subbio

Навивание (ср) *или* накатывание (ср) основы — Plegado (m) *o* arrollamiento (m) de la urdimbre en el plegador

a) Allgemeines (n) — Généralités (fpl)
General Terms — Generalità (fpl) 15
Общее (ср) — Generalidades (fpl)

16	die Kette bäumen *oder* aufbäumen *oder* aufrollen to beam the warp навивать *или* накатывать *или* наматывать основу (жр)	monter *ou* ensoupler la chaine montare la catena plegar la urdimbre
17	Gutbäumen (n) beaming direct on to the weaver's beam накатывание (ср) непосредственно на ткацкий навой	montage (m) direct sur l'ensouple du métier à tisser avvolgimento (m) diretto sul subbio del telaio arrollamiento (m) de la urdimbre en el plegador del telar
18	Gutbaum (m) weaver's beam, loom beam ткацкий навой (мр)	ensouple (f) du métier à tisser subbio (m) del telaio plegador (m) del telar
19	ungleichmäßige Bäumung (f) irregular beaming неравномерная накатка (жр)	ensouplage (m) irrégulier montaggio (m) irregolare plegado (m) irregular
20	die Kette umbäumen *oder* überbäumen to wind the warp from beam to beam перематывать *или* перекатывать основу (жр)	enrouler la chaine du rouleau d'ourdissage sur l'ensouple du métier à tisser avvolgere l'ordito dal rullo a catena sul subbio del telaio arrollar la urdimbre del plegador de urdidor en el plegador del telar

1 Umbäumen (n), Überbäumen (n)
winding the warp from beam to beam
перемотка (жр) *или* перекатка (жр) основы [с навоя на навой]
enroulement (m) de la chaine du rouleau d'ourdissage sur l'ensouple du métier à tisser
avvolgimento (m) dell'ordito dal rullo a catena sul subbio del telaio
arrollamiento (m) de la urdimbre del plegador de urdidor en el plegador del telar

---

2 die Kette abwickeln
to wind off *or* to unwind the warp
сматывать основу (жр)
dérouler la chaine
svolgere la catena
desarrollar *o* desplegar la urdimbre

---

3 Abwickeln (n) der Kette
winding off *or* unwinding the warp
смотка (жр) основы
déroulement (m) de la chaine
svolgimento (m) della catena
desarrollo (m) *o* desplegado (m) de la urdimbre

---

4 leerer Baum (m)
empty beam
пустой *или* холостой навой (мр)
ensouple (f) vide
subbio (m) vuoto
plegador (m) vacío

---

5 Füllen (n) des Baumes
filling the beam
заполнение (ср) навоя
remplissage (m) de l'ensouple
riempimento (m) del subbio
llene (m) del plegador

---

6 voller *oder* gefüllter Baum (m)
filled *or* full beam
полный *или* сснованный *или* накатанный навой (мр)
ensouple (f) garnie
subbio (m) pieno
plegador (m) lleno

---

7 Bäumgeschwindigkeit (f)
speed of beaming
скорость (жр) накатки на навой
vitesse (f) d'ensouplage
velocità (f) dell'avvolgimento
velocidad (f) del plegado

---

8 abgepaßte Kette (f)
warp with border design
основа (жр) с кромочными нитями
chaine (f) avec dessin à bordures
catena (f) con disegno per i bordi
urdimbre (f) con hilos destinados a las orlas

---

9 Stücklänge (f)
length of cut
длина (жр) куска *или* отреза
longueur (f) de la pièce *ou* de la coupe
lunghezza (f) della pezza
longitud (f) de la lista

---

10 mehrere Stücke (npl) auf den Kettbaum bäumen
to beam several cuts on one roller
накатывать несколько кусков на навой
monter plusieurs coupes sur une ensouple
montare più pezze sopra un subbio
arrollar varias listas en el plegador

---

11 Stückzeichen (n)
cut mark
метка (жр); отметка (жр); знак (мр), обозначающий куски
marque (f) de la coupe
segno (m) della pezza
marcado (m) de la lista

---

12 das Stück abtrennen *oder* abschneiden
to separate the cuts
отрезать кусок (мр)
séparer les coupes (fpl)
separare le pezze
separar las listas

Zeichengeber (m), [Signalapparat (m)]
counter bell
сигнальный прибор (мр)
compteur (m) à sonnette
contatore (m) a suoneria 13
contador (m) con timbre

Aufbäumer (m), Aufwinder (m), Kettenbäumer (m), Kettenaufzieher (m), Kettenaufleger (m), Kettenaufbäumer (m), Bäumer (m)
beamer
навивальщик (мр) *или* накатчик (мр) основы
enrouleur (m), ensoupleur (m), monteur (m) *ou* dresseur (m) *ou* plieur (m) de chaines
insubbiatore (m), montatore (m) della catena 14
obrero (m) montador *o* arrollador *o* plegador de urdimbres

Handbäumer (m)
hand beamer
навивальщик (мр) вручную
enrouleur (m) à la main
insubbiatore (m) a mano 15
obrero (m) montador de urdimbres a mano

Maschinenbäumer (m)
machine beamer
накатчик (мр) основы на машине
enrouleur (m) à la machine
insubbiatore (m) a macchina 16
obrero (m) montador de urdimbres a máquina

Garnbaum (m), Kettbaum (m), Kettbaumwalze (f), Zettelbaum (m)
warp beam, yarn beam
навой (мр) 17
ensouple (f) de chaine
subbio (m) a catena *o* d'ordito
plegador (m) de urdimbre

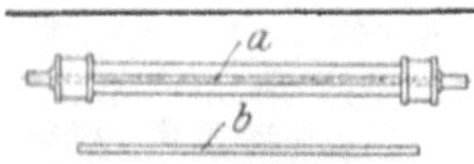

Nut (f) *oder* Fuge (f) *oder* Vertiefung (f) im Kettbaum, Kettbaumrinne (f)
notch *or* groove in the warp beam
a
щель (мр) *или* прорез (мр) *или* канавка (жр) *или* углубление (ср) *или* впадина (жр) в навое 18
rainure (f) de l'ensouple
scanalatura (f) del subbio
ranura (f) del plegador

Rute (f), Einlegestab (m), Baumrute (f), Peitsche (f), Fitzrute (f)
beam bar
закладной прут (мр), закладка (жр)
b
baguette (f) de l'ensouple, verdillon (m), verguillon (m)
asta (f) *o* regolo (m) *o* listello (m) *o* bacchetta (f) del subbio 19
hierro (m) *o* varilla (f) del plegador

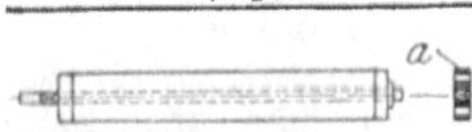

Holzkettbaum (m)
wood beam
деревянный навой (мр)
ensouple (f) en bois 20
subbio (m) in legno
plegador (m) de madera

Garnbaumring (m)
end ring *or* grip ring of warp beam
кольцо (ср) навоя
a
collier (m) de l'ensouple
anello (m) del subbio 21
argolla (f) *o* aro (m) del plegador

---

runde Garnbaumwelle (f)
circular beam shaft
круглая ось (жр) навоя
arbre (m) d'ensouple rond
albero (m) del subbio rotondo 22
árbol (m) redondo del plegador

1 vierkantige Garnbaumwelle (f)
square beam shaft
квадратная *или* четырехгранная ось (жр) навоя
arbre (m) d'ensouple carré
albero (m) del subbio a sezione quadrata
árbol (m) cuadrado *o* cuadrangular del plegador

2 Stahlrohrkettbaum (m), Rohrgarnbaum (m)
steel tube warp beam
стальной трубчатый навой (мр)
ensouple (f) en acier
subbio (m) in acciaio
plegador (m) de acero

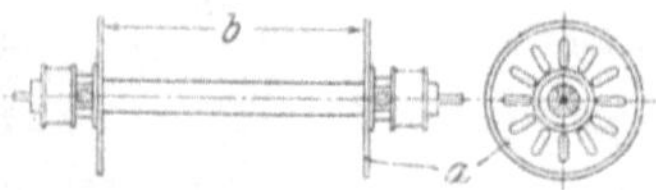

3 Kettbaum (m) mit Randscheiben
warp beam with flanges
навой (мр) с торцевыми дисками
ensouple (f) à plateaux
subbio (m) con dischi
plegador (m) con platos

---

4 durchbrochene Randscheibe (f)
perforated flange
перфорированный *или* дырчатый диск (мр) навоя, диск навоя с отверстиями
a
plateau (m) à claire-voie
disco (m) perforato
plato (m) calado *o* agujereado

---

5 Kettbaumbreite (f)
length *or* width of warp beam
ширина (жр) навоя
b
largeur (f) de l'ensouple
altezza (f) del subbio
anchura (f) del plegador

---

6 Baumscheibe (f), Kettbaumflansch (m), Garnscheibe (f)
warp beam flange
фланец (мр) *или* диск (мр) навоя, навойный круг (мр)
plateau (m) *ou* flasque (f) *ou* disque (m) d'ensouple
disco (m) *o* flangia (f) del subbio
plato (m) *o* disco (m) del plegador

7 volle Garnbaumscheibe (f)
plain beam flange
полный *или* массивный фланец (мр) навоя
plateau (m) d'ensouple plein
disco (m) del subbio piano
plato (m) lleno del plegador

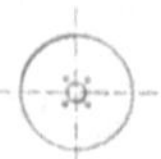

8 Blechbaumscheibe (f)
sheet metal beam flange
жестяной фланец (мр), диск (мр) навоя
plateau (m) d'ensouple en métal
disco (m) del subbio in lamiera
plato (m) metálico del plegador

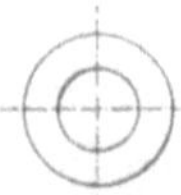

9 Holzbaumscheibe (f)
wooden beam flange
фланец (мр) деревянного навоя
plateau (m) d'ensouple en bois
disco (m) del subbio in legno
plato (m) de madera del plegador

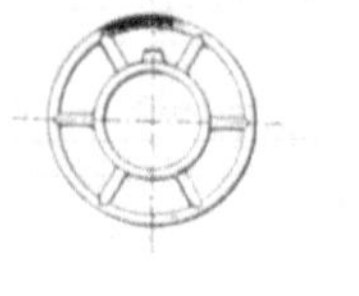

Garnbaumscheibe (f) mit Rippen
beam flange with corrugations *or* ribs
ребристый навойный диск (мр)
plateau (m) d'ensouple avec côtes 10
disco (m) del subbio con nervature
plato (m) del plegador con radios

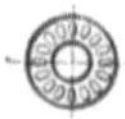

ganze Garnbaumscheibe (f)
undivided beam flange
цельный диск (мр) навоя
plateau (m) d'ensouple d'une seule pièce
disco (m) del subbio intero 11
plato (m) de una pieza del plegador

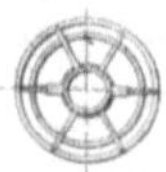

zweiteilige *oder* geteilte Baumscheibe (f), zweiteiliger Flansch (m)
beam flange in halves
свертный из двух половин диск (мр) навоя
plateau (m) d'ensouple à deux pièces 12
disco (m) del subbio in due pezzi
plato (m) de dos piezas del plegador

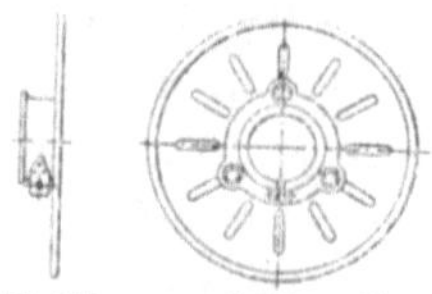

Kettbaumscheibe (f) mit Klemmuffe
beam flange with coupling sleeve
навойный диск (мр) с зажимной муфтой
plateau (m) d'ensouple avec manchon de serrage
disco (m) del subbio con manicotto di chiusura 13
plato (m) del plegador con collar *o* casquillo *o* aro de presión

---

die Randscheiben (fpl) des Kettbaumes verstellen
to set the beam flanges
переставлять диски (мр) навоя
régler les plateaux de l'ensouple
regolare i dischi del subbio 14
regular los platos del plegador

Garnbaumstellschiene (f)
regulating plate on the warp beam
установочная рейка (жр) для навойных фланцев
plaque (f) de réglage de l'ensouple 15
placca (f) regolatrice del subbio
listón (m) para regular el plegador

---

die Kette zwischen die Randscheiben bäumen
to beam the warp between the flanges
накатывать основу (жр) между торцевыми фланцами
monter la chaîne entre les plateaux
montare la catena fra i dischi 16
plegar *o* arrollar la urdimbre entre los platos

---

das Garn sanft an die Baumscheiben anliegend auflaufen lassen
to run the yarn on the beam in slight contact with the flanges
накатывать пряжу (жр) на навой при легком ея прилегании к фланцам
faire passer les fils sur l'ensouple en léger contact avec les plateaux
far passare il fili sul subbio in lieve contatto coi dischi 17
hacer pasar los hilos sobre el plegador con suave contacto con los platos

1 Vertiefung (f) in der Wicklung
hollow in the winding
углубление (ср) *или* провал (мр) в мотке
creux (m) dans l'enroulement
incavatura (f) nell'avvolgimento
hueco (m) *o* vacío (m) en el arrollamiento

---

2 Wulst (m) in der Wicklung
swelling in the winding
шишка (жр) *или* валек (мр) *или* возвышение (ср) в мотке
bourrelet (m) *ou* bosse (f) dans l'enroulement
gonfiatura (f) nell'avvolgimento
bulto (m) en el arrollamiento

---

3 die Fäden (mpl) reißen beim Ablauf
the threads break in winding off
нити (жр) рвутся *или* обрываются при сматывании
les fils se cassent dans l'enroulement
i fili si rompono durante lo svolgimento
los hilos se rompen al evolucionar *o* al desarrollarse

---

4 die Kette auf einen Baum ohne Randscheiben bäumen
to wind the warp on a beam without flanges, to beam without flanges
накатывать основу (жр) на навой без флянцев
monter la chaîne sur ensouple sans plateaux
avvolgere la catena sopra un subbio senza flange
arrollar la urdimbre en plegador sin platos

---

5 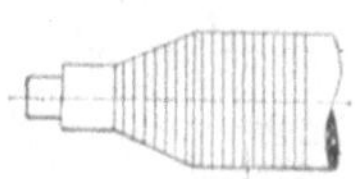
Kettenhals (m)
conical end of warp
конус (мр) *или* шейка (жр) основы
extrémité (f) conique de la chaîne
collo (m) della catena
extremidad (f) cónica *o* cuello (m) de la urdimbre

---

6 die Kette straff aufwickeln
to wind *or* to lap the warp tightly
туго наматывать основу (жр)
enrouler la chaîne avec forte tension
avvolgere strettamente la catena
arrollar la urdimbre con fuerte tensión

---

7 die Fäden bleiben straff
the threads remain tight
нити (жр) остаются туго-натянутыми
les fils restent tendus
i fili restano tesi
los hilos quedan tensos

---

8 die Kette mit gleichmäßiger Spannung aufwickeln
to wind the warp at a uniform tension
накатывать основу (жр) с равномерным натяжением
enrouler la chaîne sous une tension uniforme
avvolgere la catena sotto tensione uniforme
arrollar la urdimbre con una tensión uniforme

---

9 die Kette hart bäumen
to beam the warp hard
туго накатывать основу (жр)
monter dur la chaîne
avvolgere duro la catena
plegar apretadamente la urdimbre

Lockerwerden (n) der Fäden
slackening of the threads
слабение (ср) *или* ослабевание (ср) *или* распускание (ср) нитей
relâchement (m) des fils
allentamento (m) dei fili
aflojamiento (m) de los hilos 10

Anspannen (n) der Fäden
tightening of the threads
подтягивание (ср) нитей
tension (f) des fils
tensione (f) dei fili 11
tensión (f) de los hilos

Garnbaumbremsscheibe (f), Kettbaumbremsring (m)
ruffle, drag head of beam
тормазное (-ый) кольцо (ср) *или* обод (мр) *или* воротник (мр) навоя
disque (m) *ou* collier (m) du frein de l'ensouple 12
collare (m) del freno sul subbio
polea (f) *o* tambor (m) del freno del plegador

Garnbaumbremsscheibe (f) mit Knagge
ruffle with slot
тормазный обод (мр) навоя с зацепкой
collier (m) du frein avec encoche
collare (m) del freno con orecchio 13
polea (f) del freno con muesca

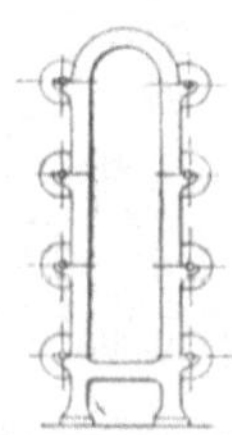
Kettbaumständer (m)
warp beam creel
стойка (жр) *или* козлы (мр) для навоев
râtelier (m) pour ensouples 14
rastrelliera (f) per subbi
caballete (m) *o* fileta (f) para plegadores

Kettbaumträger (m)
[warp] beam carrier
основоносец (мр), носильщик (мр) навоев
porteur (m) d'ensouples
portatore (m) di subbi 15
portador (m) de plegadores

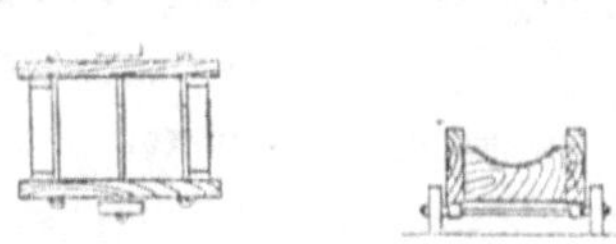
Kettbaum[förder]wagen (m), [Kettbaumtransportwagen (m)]
runner for carrying beams
тележка (жр) для перевозки навоев
chariot (m) porte-ensouple
carro (m) porta-subbi 16
carro (m) transportador de los plegadores

b) Bäummaschinen (fpl)

Machines (fpl) à monter [sur ensouple], dresseuses (fpl)

1 **Warp Beaming Machines**
Накатные машины (жр)
Macchine (fpl) per avvolgere le catene
Máquinas (fpl) para montar plegadores de urdimbre

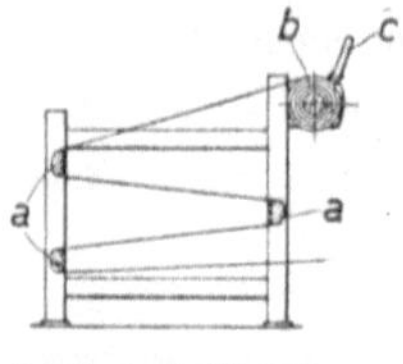

Накатный стан (мр) *или* станок (мр)
Bâti (m) à dresser
Telaio (m) di avvolgimento della catena

α) **Bäumstuhl (m), Aufbäumgestell (n)**
Beaming Frame
Caballete (m) para plegar *o* montar el plegador

3 Querriegel (m), Spannbalken (m) — cross bar, tension bar — натяжной брус (мр) — *a* — traverse (f) de tension — traversa (f) di tensione — travesaño (m) *o* barra (f) de tensión

4 Kettbaum (m) — warp beam — навой (мр) — *b* — ensouple (f) — subbio (m) d'ordito — plegador (m) de urdimbre

5 Ziehstock (m), Bäumknüttel (m), Drehzeug (n) — crank handle — навивальная колодка (жр) — *c* — poignée (f) — manico (m) — mango (m), puño (m)

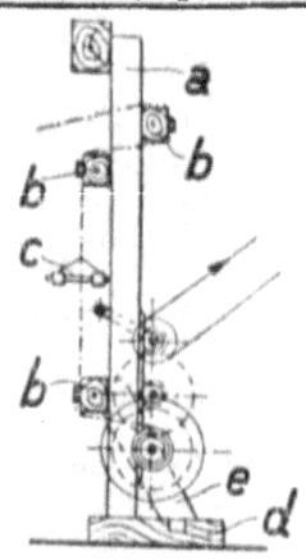

Bäumgestell (n)
beaming frame
навивальный станок (мр)
bâti (m) à dresser
telaio (m) di avvolgimento della catena
caballete (m) para plegar la urdimbre

7 Säule (f) — upright — стояк (мр), стойка (жр) — *a* — montant (m) — montante (m) — soporte (m), columna (f)

8 Streichriegel (m), Spannriegel (m) — tension bar — натяжной брус (мр), скало (ср) — *b* — barre (f) de tension — barra (f) di tensione — barra (f) de tensión

9 aufgehängter Kamm (m) — suspended comb *or* reed — подвесный гребень (мр) — *c* — peigne (m) suspendu — pettine (m) sospeso — peine (m) suspendido

10 geschlitzte Bodenplatte (f) — nicked plate, ground plate with groove — основная *или* нижняя доска (жр) с прорезом — *d* — pied (m) avec fente *ou* avec rainure — placca (f) di fondo con scanalatura — pie (m) con ranura

verschiebbares Baumlager (n) — adjustable beam carrier — передвижное гнездо (ср) для навоя — *e* — support (m) de l'ensouple réglable — sopporto (m) del subbio regolabile — soporte (m) regulable del plegador 11

Bodenplattenschlitz (m) — nick *or* groove in the ground plate — прорез (мр) *или* щель (жр) основной доски — fente (f) dans le pied du bâti — scanalatura (f) nella placca di fondo — ranura (f) en el pie del caballete 12

das Lager im Bodenplattenschlitz verschieben — to adjust the beam carrier in the nick of the ground plate — передвигать гнездо (ср) в прорезе основной доски — ajuster le support d'ensouple dans la rainure du pied — aggiustare il sopporto del subbio nella scanalatura della placca di fondo — ajustar el soporte del plegador en la ranura del pie 13

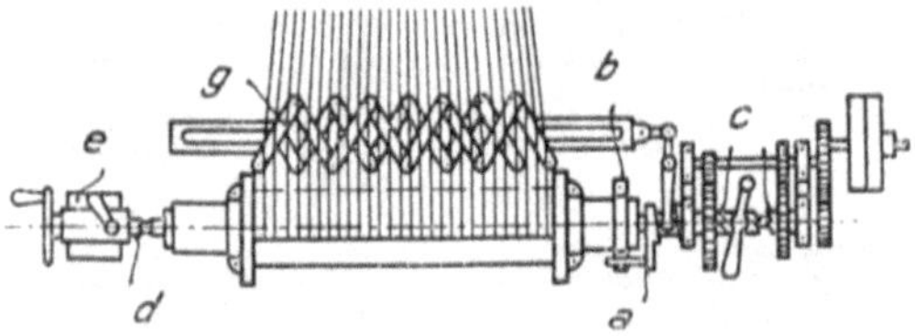

β) **Bäummaschine (f) für gewickelte Ketten**
Ball Warp Beaming Machine
Накатная машина (жр) для основ в мотках
Dresseuse (f) mécanique pour chaîne en boyau
Macchina (f) per avvolgere da gomitoloni
Máquina (f) de montar plegadores de urdimbre procedente de ovillos 14

Mitnehmer (m) — driving pin, tappet — захватный палец (мр), прихватка (жр) — *a* — taquet (m) — tacchetto (m) — tope (m) 15

Schelle (f), Klammer (f) — grip ring — скоба (жр), хомут (мр) — *b* — collier (m) — anello (m) — argolla (f), aro (m) 16

Klauenmuffe (f) — clutch sleeve — кулачная муфта (жр) — *c* — manchon (m) à griffes — giunto (m) a denti — manguito (m) de embrague 17

Körnerspindel (f), Reitstockspindel (f) — centre spindle, tail spindle — шпиндель (мр) подвижной бабки — *d* — broche (f) de la poupée mobile — fuso (m) della testa mobile — broca (f) del cabezal móvil, huso (m) de contra-punta 18

Reitstock (m) — sliding poppet, tailstock, tail block — задняя *или* подвижная бабка (жр) — *e* — poupée (f) mobile, contre-poupée (f) — testa (f) o testiera (f) mobile — cabezal (m) móvil, contra-punta (f) 19

1	Strangöffner (m), Scheidekamm (m) zigzag comb жгутоправитель (мр), расправляющий гребень (мр)	peigne (m) en zig-zag pettine (m) a zig-zag peine (m) de ballesta *o* en zig-zag
2	die Kette läuft aus dem Wickel the warp runs from the ball основа (жр) сматывается с круга	la chaîne vient du boyau la catena viene dal gomitolone la urdimbre proviene del ovillo
3	der Wickel liegt auf dem Drehtisch *oder* Wickeltisch the ball lies on the warp dish *or* turntable круг (мр) лежит на вертящемся столе	le boyau de chaîne est placé sur la table tournante il gomitolone resta sul tavolo girevole el ovillo *o* el rollo de urdimbre está encima de la mesa giratoria
4	der linke Baumzapfen steckt auf der Körnerspindel the left side beam pivot is placed on the centre spindle левый шип (мр) навоя лежит в гнезде шпинделя подвижной бабки	le tourillon gauche de l'ensouple est placé sur la broche à pointeau l'estremità (f) sinistra del subbio è piazzata sul fuso centrale la extremidad izquierda del plegador encaja en la broca [de punzón]
5	der rechte Baumzapfen steckt in einer Bohrung der Mitnehmerwelle the right side beam pivot goes into a recess in the driving shaft правый шип (мр) навоя лежит в гнезде ведущего вала	le tourillon droit de l'ensouple est placé dans un creux de l'arbre moteur l'estremità (f) destra del subbio è piazzata in una scanalatura dell'albero motore la extremidad derecha del plegador encaja en una cavidad *o* en un hueco del árbol motor
6	den Strangöffner hin- und herbewegen to move the comb to and fro передвигать жгутоправитель (мр) взад и вперед	faire aller et venir le peigne dare un movimento di va e vieni al pettine dar un movimiento de vaivén al peine
7	Parallellegung (f) der Fäden parallelisation of the threads параллелизация (жр) нитей	parallélisation (f) des fils parallelizzazione (f) dei fili paralelización (f) de los hilos
8	die Fäden (mpl) nebeneinander liegend [*oder* parallel] aufwinden *oder* aufwickeln to beam the threads parallel параллельно навивать нити (жр)	enrouler les fils parallèlement avvolgere parallelamente i fili arrollar los hilos paralelamente
9	Anknüpfspule (f), Ersatzspule (f), [Reservespule (f)] spare bobbin приставная *или* запасная катушка (жр)	bobine (f) de réserve rocchetto (m) di riserva bobina (f) de recambio *o* de reserva
10	den Faden nachführen to take up a dropped end подводить нить (жр)	rattraper un bout tombé sollevare un capo caduto *o* un filo caduto ligar un cabo suelto *o* caído, hacer seguir el hilo
11	verführter Faden (m) end placed in a wrong dent of reed неверно подведенная *или* заведенная нить (жр)	fil (m) placé dans une dent fausse filo (m) fuori posto hilo (m) conducido por un claro que no le corresponde
12	die Fäden (mpl) sind verwirrt *oder* verfilzt the threads are entangled нити (жр) перепутаны *или* запутаны	les fils sont mêlés i fili sono arruffati *o* intrecciati los hilos están enredados *o* embrollados
13	Fadenverwicklung (f), Fadenverschlingung (f) entanglement of threads спутанность (жр) *или* захлестывание (ср) нитей	enchevêtrement (m) des fils arruffamento (m) *o* intreccio (m) dei fili enredamiento (m) de los hilos
14	die Fäden (mpl) entwirren to disentangle the threads распутывать нити (жр)	démêler les fils sbrogliare i fili desenredar los hilos
15	die Kettfäden (mpl) gehen offen the warp threads go free and open нити (жр) основы идут открыто	les fils s'en vont librement il fili d'ordito vanno liberi los hilos van sueltos *o* evolucionan libremente
16	Kluppe (f), Fadenkluppe (f) clip зажим (мр) [для нитей]	pince (f) morsetta (f) mordacillas (fpl) [para fijar los cabos de los hilos]
17	die Kettfäden (mpl) festklemmen to grip the warp threads зажать нити (жр) основы	fixer les fils de chaîne afferrare i fili d'ordito fijar los hilos de urdimbre
18	die ausgebreitete Kette aufwickeln *oder* aufbäumen to beam the open warp навивать *или* накатывать основу (жр) в расправку	ensoupler *ou* dresser la nappe avvolgere l'ordito disteso sopra il subbio plegar la tela de urdimbre
19	den Kettstrang anspannen to tension the warp chain натягивать прядь (жр) основы	tendre le boyau de chaîne stirare la corda d'ordito estirar la cuerda de urdimbre
20	den Reihkamm halten to hold the ravel держать *или* удерживать нитеразделительный гребень (мр)	tenir le vautoir tenere il pettine separatore sustentar *o* sostener el peine repartidor *o* distribuidor

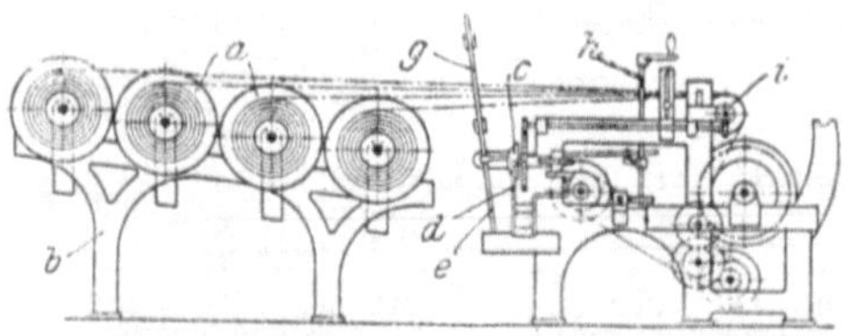

1	γ) Baumfachmaschine (f) [Baumdubliermaschine (f)] Machine for Beaming from Warper's to Weaver's Beams Дублирная машина (жр) для навоев		Dresseuse-doubleuse (f) Macchina (f) per avvolgere da rulli a catena al subbio del telaio Máquina (f) de reunir las urdimbres urdidas sobre el plegador
2	Scherbaum (m) warpers beam навой (мр)	a	rouleau (m) d'ourdissage rullo (m) d'ordito plegador (m) de urdidor
3	Scherbaumgestell (n) framing for warpers beams козлы (мр) *или* станок (мр) для навоя	b	bâti (m) des rouleaux d'ourdissage sopporto (m) dei rulli d'ordito caballete (m) de los plegadores de urdidor
4	Glocke (f), Läutwerk (n), Klingelvorrichtung (f) bell motion звонок (мр), звоночный прибор (мр)	c	mécanisme (m) de sonnette s[u]oneria (f) timbre (m)
5	Klöppelhebel (m), Schlägel (m) bell hammer ударник (мр), молоточек (мр)	d	marteau (m) *ou* battant (m) de la sonnette martello (m) della soneria martillo (m) del timbre
6	verstellbarer Kammhebel (m) adjustable comb lever установочный рычаг (мр) гребня	e	levier (m) réglable du peigne leva (f) regolabile del pettine montante (m) regulable del peine
7	Kamm (m) comb гребень (мр)	g	peigne (m) pettine (m) peine (m)
8	Ausrückspindel (f) stop rod выключательный шпиндель (мр)	h	tringle (f) d'arrêt asta (f) d'arresto disparo (m)
9	Meßwalze (f) measuring roller мерный валик (мр)	i	cylindre-mesureur (m) cilindro (m) misuratore cilindro (m) medidor
10	Baumdoppeln (n), Baumfachen (n) running the warp ends together on the beam дублирование (ср) *или* сдваивание (ср) *или* складывание (ср) навоев		doublage (m) des nappes avvolgimento (m) multiplo plegado (m) múltiple
11	die gescherten Ketten (fpl) doppeln to run the completed warps on the beam сдваивать сснованные основы (жр)		doubler les chaînes ourdies addoppiare le catene ordite doblar las urdimbres urdidas
12	Leserute (f) lease bar нитеразделительный пруток (мр), ценочная палочка (жр), цен (мр)		baguette (f) d'envergeure bacchetta (f) per invergare varilla (f) de encruzamiento

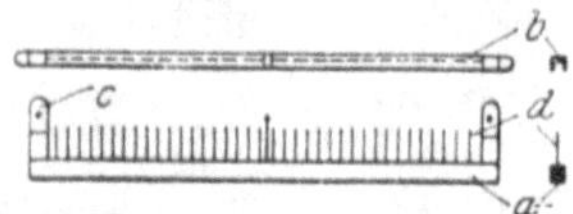

13	Öffner (m), Teiler (m), Reihkamm (m), Teilkamm (m), Scheidekamm (m), Rietblatt (n) dividing comb, raddle нитеразделительный гребень (мр)		râteau (m), vautoir (m), peigne (m) répartiteur pettine (m) separatore peine (m) distribuidor
14	Unterleiste (f) lower raddle plate нижняя (-ний) планка (жр) *или* рейка (жр) *или* брус (мр)	a	jumelle (f) inférieure du vautoir listello (m) inferiore del pettine listón (m) inferior del peine
15	Oberleiste (f), Deckelleiste (f) top raddle plate верхняя планка (жр), крышка (жр) гребня	b	jumelle (f) supérieure *ou* chapeau (m) du vautoir listello (m) superiore del pettine listón (m) superior del peine
16	Vorstecker (m), Deckelhalter (m) holder for top raddle plate торчек (мр) *или* шип (мр) для наладки крышки гребня	c	goupille (f) pour le chapeau du vautoir sopporto (m) del listello superiore espiga (f) para el listón superior
17	Riednagel (m), Riedstift (m), Rohr (n), Ried (n) dent of raddle зуб (мр) берда	d	lame (f) *ou* dent (f) de râteau, broche (f) de râteau dente (m) del pettine diente (m) del peine
18	Rohröffnung (f) space *or* split *or* dent between the wires просвет (мр) между зубьями		intervalle (m) entre les dents intervallo (m) *o* vano (m) *o* luce (f) fra i denti espacio (m) *o* claro (m) *o* intersticio (m) entre diente y diente
19	das Blatt einlesen to lease набирать гребень (мр)		introduire les fils entre les dents du peigne, empeigner, piquer passare i fili fra i denti del pettine remeter los hilos por los claros
20	Einlesen (n) der Fäden ins Blatt leasing, to draw into the raddle drawing into the raddle набирание (ср) гребня нитями		piquage (m) en peigne, empeignage (m) passaggio (m) dei fili fra i denti del pettine remetido (m) de los hilos por los claros

No.	Deutsch / English / Русский		Français / Italiano / Español
1	die Fäden (mpl) gängeweise einlegen to lease by porters закладывать *или* заводить нити (жр) прядями		introduire les fils entre les dents par portées passare i fili per portate remeter los hilos por portadas *o* camas
2	Gängchenstärke (f) number of threads in the porter толщина (жр) пряди		nombre (m) de fils dans une portée numero (m) di fili in una portata número (m) de hilos por portada
3	mit Zwischenräumen belesen to lease at intervals набирать с промежутками *или* пропусками		introduire les fils par intervalles passare i fili ad intervalli remeter los hilos a intervalos
4	Rohr an Rohr belegen to draw in dent after dent набирать зуб (мр) к зубу		introduire les fils dent par dent passare i fili dente per dente remeter los hilos diente por diente

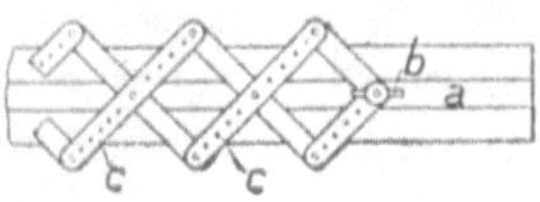

No.	Deutsch / English / Русский		Français / Italiano / Español
5	Zickzackkamm (m), Rautenkamm (m), Scherenkamm (m) zigzag comb растяжной *или* вытяжной гребень (мр)		peigne (m) en zig-zag pettine (m) a zig-zag peine (m) de ballesta *o* en zig-zag
6	Schienenschlitz (m) stock slot прорез (мр) направляющей рейки	a	glissière (f) guide scanalatura (f) di guida hendedura (f) guía
7	Flügelschraube (f) thumb screw, wing screw винт (мр) с барашком	b	vis (f) ailée *ou* à oreilles vite (f) ad alette tornillo (m) de oreja, rosca (f) de mariposa
8	mit Stiften besetzter Stab (m) bar with pins планка (жр), набранная зубьями	c	barre (f) à aiguilles barra (f) ad aghi listón (m) guarnecido con clavijas
9	den Kamm einstellen to adjust the comb устанавливать гребень (мр)		régler le peigne regolare il pettine regular el peine
10	die Flügelschraube feststellen to tighten the wing screw закрепить винт (мр) с барашком		fixer la vis ailée fissare la vite ad alette fijar el tornillo de mariposa

e) Putzen der Kette — **Nettoyage (m) de la chaîne**

11 **Warp Cleaning *or* Clearing** — **Pulitura (f) della catena**

Чистка (жр) основы — **Limpieza (f) *o* purga (f) de la urdimbre**

No.	Deutsch / English / Русский		Français / Italiano / Español
12	die Kette putzen to clean *or* to clear the warp чистить основу (жр)		nettoyer la chaîne pulire la catena limpiar la urdimbre
13	Knoten (m) im Faden knot in the yarn узелок (мр) в нити		nœud (m) dans le fil nodo (m) nel filo nudo (m) en el hilo
14	Fadenwulst (f) slub *or* thick place in the yarn валек (мр) *или* утолщение (ср) нити		grosseur (f) dans le fil tratto (m) grosso nel filo grueso (m) *o* gata (f) en el hilo
15	zusammenhängende Fäden (mpl) cottered ends соединенные между собой нити (жр), приставшие одна к другой нити		fils (mpl) liés fili (mpl) legati hilos (mpl) ligados

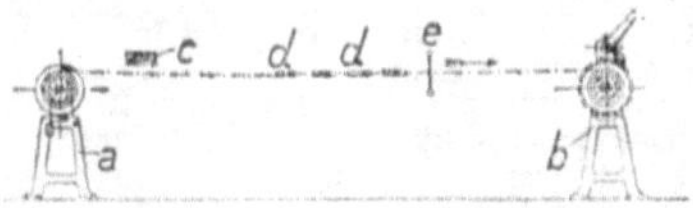

No.	Deutsch / English / Русский		Français / Italiano / Español
16	Putzmaschine (f) cleaning machine, cleaner чистильная машина (жр)		démêleuse-nettoyeuse (f) macchina (f) pulitrice máquina (f) limpiadora *o* purgadora
17	Vorbaumgestell (n) Scherbaumgestell (n) warper's beam stand козлы (мр) для промежуточного навоя	a	support (m) du rouleau d'ourdissage sopporto (m) del rullo d'ordito soporte (m) del plegador de urdidor
18	Kettbaumgestell (n) weaver's beam stand козлы (мр) для основного навоя	b	support (m) de l'ensouple du métier à tisser sopporto (m) del subbio del telaio soporte (m) del plegador de telar
19	Handbürste (f) hand brush ручная щетка (жр)	c	brosse (f) à main spazzola (f) a mano cepillo (m) de mano
20	Teilstab (m) dividing rod нитеделительный пруток (мр)	d	baguette (f) de séparation bacchetta (f) di divisione varilla (f) de separación
21	Kamm (m) reed гребень (мр)	e	peigne (m), ros (m), rot (m) pettine (m) peine (m)
22	die Kette bürsten to brush the warp чистить основу (жр) щеткой		brosser la chaîne spazzolare la catena cepillar la urdimbre
23	die Kettfäden (mpl) abteilen to divide the warp threads разводить *или* отделять *или* разделять нити (жр) основы		diviser les fils de chaîne dividere i fili della catena dividir los hilos de urdimbre
24	Abteilen (n) der Kettfäden dividing of the warp threads отделение (ср) *или* разводка (жр) нитей основы		division (f) des fils de chaîne divisione (f) dei fili della catena división (f) de los hilos de urdimbre

No.	Deutsch / English / Русский	Français / Italiano / Español
1	die Kettfäden (mpl) springen auseinander the warp threads separate from each other нити (жр) основы раз'единяются *или* отделяются одна от другой	les fils de chaîne se séparent l'un de l'autre i fili della catena si separano l'uno dall'altro los hilos de urdimbre se separan uno del otro
2	Aufspringen (n) *oder* Auseinanderspringen (n) der Kette separating of the warp threads отделение (ср) *или* раз'единение (ср) нитей основы	séparation (f) des fils de chaîne separazione (f) dei fili della catena separación (f) de los hilos de urdimbre
3	die Kette mit dem Kamm durchfahren to comb the warp прочесывать основу (жр) гребнем	peigner la chaîne pettinare la catena peinar la urdimbre
4	die Fäden (mpl) trennen to separate *or* to open out the threads раз'единять *или* разделять нити (жр)	séparer les fils separare i fili separar los hilos

II.

No.	Deutsch / English / Русский	Français / Italiano / Español
5	**Vorbereitung (f) des Schusses** **Preparation of the Weft** **Приготовление (ср) утка**	**Préparation (f) du fil de trame, tramage (m)** **Preparazione (f) della trama** **Preparación (m) de la trama**
6	**1. Schußspulen (fpl)** **Weft Winding** **Размотка (жр) *или* мотка (жр) *или* перегон (мр) утка**	**Cannetage (m), époulage (m)** **Incannatura (f) della trama, formazione (f) delle spolette** **[En]Canillado (m)**
7	**a) Schuß (m), Eintrag (m), Einschlag (m), Einschuß (m)** **Weft, woof, filling (A)** **Уток (мр)**	**Trame (f), duite (f)** **Trama (f), ripieno (m), tessimento (m)** **Trama (f)**
8	Schußgarn (n) weft yarn, woof yarn, filling thread (A) уточная пряжа (жр)	fil (m) pour trame filo (m) per trama hilo (m) de trama
9	Kötzer (m), Kop (m), Cop (m) cop початок (мр)	cannette (f), époule (f) cannetta (f), spoletta (f), cop (m) canilla (f), husada (f)
10	Schuß[garn]kötzer (m), [Schußkop (m)] pin cop, weft cop, mule cop уточный початок (мр)	cannette (f) trame cannetta (f) di trama husada (f) de trama
11	Schlauchkötzer (m) solid cop, tubular cop, cop winding from inside трубчатый початок (мр)	cannette (f) à dévidage intérieur, cannette-cocon cannetta (f) senz'anima canilla (f) maciza *o* sin huso *o* sin alma, canilla de desarrollo interior
12	Schußspule (f), Einschußspule (f), Eintragspule (f) [weaving] spool, weft bobbin уточная шпуля (жр)	bobine-trame (f) spoletta (f) di trama carrete (m) de trama
13	Kötzerkörper (m), Kötzerkern (m), Kötzerseele (f) cop body стержень (мр) початка	corps (m) *ou* noyau (m) de l'époule nucleo (m) *o* anima (f) *o* corpo (m) della cannetta tubo (m) *o* alma (f) de la canilla
14	spulen, aufspulen, winden to wind, to spool мотать	enrouler, canneter, bobiner avvolgere, incannare [en]canillar
15	den Schuß spulen *oder* winden to wind the weft мотать уток (мр)	enrouler *ou* canneter la trame avvolgere *o* incannare la trama canillar *o* arrollar la trama
16	Webgarnausgeber (m), Schußverteiler (m), Spulenverteiler (m) yarn distributor, weft distributor выдавальщик (мр) пряжи, раздатчик (мр) утка	distributeur (m) *ou* donneur (m) *ou* livreur (m) de trames distributore (m) di trame distribuidor (m) de tramas
17	Webgarnausgeberin (f), Schußverteilerin (f), Spulenverteilerin (f) yarn distributor, weft distributor выдавальщица (жр) пряжи, раздатчица (жр) утка	distributrice (f) de trames distributrice (f) di trame distribuidora (f) de tramas
18	Einschlagspuler (m), Schußgarnspuler (m) weft winder, (silk manuf.:) quiller мотальщик (мр) уточной пряжи	canneteur (m), cannetier (m), épeuleur (m), époulеur (m) [operaio (m)], cannettiere canillero (m)
19	Einschlagspulerin (f), Schußgarnspulerin (f) weft winder, (silk manuf:) quiller мотальщица (жр) уточной пряжи	canneteuse (f), époulеuse (f), épeuleuse (f) [operaia (f)], cannettiera canillera (f)
20	Spuljunge (m) winder's boy, (silk manuf.:) quill boy разносчик (мр) шпуль	aide-bobineur (m) giovane (m) alle cannettiere muchacho (m) para las canillas
21	Garnträger (m) yarn carrier раздатчик (мр) шпуль, носильщик (мр) *или* подносчик (мр) пряжи	porteur (m) de cannettes portatore (m) di bobine distribuidor (m) de bobinas
22	Schußspulerei (f), Schußspulen (n), Spulen (m) des Schusses weft [pirn] winding [раз]мотка (жр) *или* перегон (мр) утка	cannetage (m) *ou* bobinage (m) de la trame incannatura (f) della trama [en]canillado (m) de la trama

No.	Deutsch / English / Русский	Français / Italiano / Español
1	Schußspulerei (f) weft winding room *or* department уточное мотальное отделение (ср) *или* заведение (ср)	salle (f) de cannetage sala (f) d'incannatura sala (f) *o* departamento (m) de canillado
2	trocken spulen to wind dry мотать сухим способом	canneter à sec incannare il filo a secco canillar en seco
3	naß spulen to wind wet мотать мокрым способом	canneter au mouillé incannare il filo a umido canillar en mojado
4	Garnzuführung (f) yarn feed подводка (жр) *или* подача (жр) пряжи	alimentation (f) du fil alimentazione (f) del filo alimentación (f) *o* suministro (m) del hilo
5	Auflaufgeschwindigkeit (f), Aufwicklungsgeschwindigkeit (f) winding speed скорость (жр) намота *или* навивания	vitesse (f) de cannetage velocità (f) dell'incannatura velocidad (f) de canillado
6	gleichbleibende Aufwindegeschwindigkeit (f) uniform speed of winding постоянная скорость (жр) намота	vitesse (f) uniforme de cannetage velocità (f) costante *o* uniforme di avvolgimento velocidad (f) uniforme de canillado
7	Höchstgeschwindigkeit (f) maximum speed наибольшая *или* максимальная скорость (жр)	vitesse (f) maximum velocità (f) massima velocidad (f) máxima
8	der Faden hält eine hohe Geschwindigkeit aus the thread withstands a high speed нить (жр) выдерживает большую скорость	le fil résiste à une grande vitesse il filo resiste ad una grande velocità el hilo soporta una gran velocidad
9	Schußspulenbewicklung (f) winding on to weft pirns обмотка (жр) уточной шпули	cannetage (m) sur cannettes de trame incannatura (f) su cannelli di trama arrollado (m) en canillas de trama
10	auf die Spindel spulen to wind on to the bare spindle мотать на веретено (ср)	canneter sur broche nue avvolgere sul fuso nudo canillar en husos
11	auf Hülsen spulen to wind on to tubes мотать на гильзы (жр)	canneter sur tubes avvolgere su tubi canillar en tubos
12	kurze Hülse (f) short tube короткая гильза (жр)	tube (m) court, petit tube, busette (f) tubetto (m) corto tubo (m) corto, tubito (m)
13	lange *oder* durchgehende Hülse (f), Durchhülse (f) through tube длинная *или* сквозная гильза (жр)	tube (m) traversant tubetto (m) passante tubo (m) largo, tubo atravesador
14	auf Schußhülsen wickeln to wind on to weft pirns мотать на уточные патроны (мр)	canneter sur tubes trame avvolgere su tubetti di trama canillar en tubos de trama
15	Doppelkegelspule (f) double conical bobbin шпуля (жр) с двойным конусом	bobine (f) à bouts coniques bobina (f) conica alle due estremità husada (f) de doble cono
16	durchbohrter Spulenzylinder (m) spool with hole straight through просверленный стержень (мр) шпули	cylindre (m) creux de la bobine cilindro (m) cavo della bobina cilindro (m) hueco de la canilla
17	Kötzerwickeln (n) cop winding мотка (жр) початков	cannetage (m) incannatura (f) delle spolette canillado (m)
18	das Garn in Kötzerform spulen to wind the yarn into cops мотать пряжу (жр) в початки	renvider sur cannette incannare il filato sotto forma di spolette plegar el hilo en canilla
19	Spulenkegel (m), Spulenkonus (m) conical end of bobbin конус (мр) шпули	cône (m) de la bobine estremità (f) conica della bobina cono (m) de la husada
20	umspulen to rewind перематывать, перегонять	recanneter, rebobiner rincannare, stracannare recanillar, canillar de nuevo
21	abspulen to wind off, to unwind сматывать, сгонять	dévider, bobiner svolgere desarrollar
22	harte *oder* feste Windung (f) hard winding тугая *или* жесткая мотка (жр)	renvidage (m) dur incannatura (f) dura canillado (m) *o* arrollado (m) compacto *o* apretado
23	weiche *oder* lose Windung (f) soft winding мягкая мотка (жр)	renvidage (m) lâche incannatura (f) molle canillado (m) flojo *o* blando
24	fest aufwinden to wind tightly плотно *или* туго мотать	renvider dur incannare compatto arrollar el hilo compacto
25	lose aufwinden to wind loosely слабо мотать	renvider lâche incannare molle arrollar el hilo flojo *o* blando
26	vom Strähn winden to wind from hanks мотать с мотка	dévider des écheveaux avvolgere dalla matassa arrollar partiendo de madejas
27	von der Spule winden to wind from bobbins мотать с шпули	dévider des bobines avvolgere dalla bobina arrollar partiendo de husadas
28	Kötzerrest (m) cop bottom початочные концы (мр), початочный угар (мр), сметка (жр)	fond (m) de cannette cascame (m) di cannette desperdicios (mpl) *o* mermas (fpl) de husadas
29	Spulenrest (m) bobbin waste шпульные концы (мр), шпульный угар (мр)	reste de bobine cascame (m) di bobine desperdicios (mpl) de bobinas
30	Garnabfall (m) waste yarn угар (мр) пряжи	déchets (mpl) de fil cascame (m) di filato, filetti (mpl) desperdicios (mpl) de hilo

1 übermäßige Abfallbildung (f)
excessive production of waste
чрезмерное образование (ср) угаров
production (f) excessive de déchets
produzione (f) eccessiva di cascame
producción (f) excesiva de desperdicios

---

2 Abrutschen (n) *oder* Abfallen (n) einer Fadenschicht
slipping of a thread layer
сползание (ср) слоя пряжи
glissement (m) d'une couche de fil
scivolamento (m) d'uno strato di filo
deslizamiento (m) de una capa de hilo

---

3 eingefallene *oder* abgefallene *oder* abgebrochene Kötzerspitze (f)
ruffled *or* fuzzy *or* soft nose of cop
провалившаяся *или* ввалившаяся *или* обломанная вершина (жр) початка
pointe (f) de cannette éboulée *ou* mêlée
punta (f) di cannetta arruffata
punta (f) de canilla embrollada *o* enredada *o* floja

4 **b) Spulrad (n)**
Winding Wheel
Мотальное колесо (ср)
Bobinoir (m) à main
Ruota (f) a formare spolette a mano
Bobinadora (f) a mano

5 Spulen (n) mit der Hand
winding by hand
мотка (жр) вручную
cannetage (m) à la main
incannatura (f) a mano
canillado (m) a mano

---

6 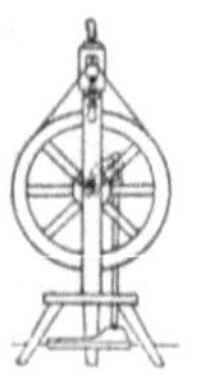
Spulrad (n) mit Fußbetrieb
winding wheel with treadle
мотальное колесо (ср) с ножным приводом
bobinoir (m) à pédale
ruota (f) a formar spolette con pedale
bobinadora (f) de pedal

7 **c) Schußspulmaschine (f)**
Weft Pirn Winder, Pirn *or* Weft Winding Machine, Spool Winder
Уточная мотальная машина (жр)
Cannetière (f) *ou* canneteuse (f) *ou* coconneuse (f) *ou* époulolr (m) mécanique, bobinoir (m)
Incannatrice (f) per trame, macchina (f) a far spolette *o* rocchette di trama
Canillera (f), máquina (f) de hacer carretes de trama

8 α) Allgemeines (n)
General Terms
Общее (ср)
Généralités (fpl)
Generalità (fpl)
Generalidades (fpl)

9 Leere (f), Ledge (f), Ledige (f)
tube
холостая гильза (жр)
tube (m)
tubo (m)
tubo (m)

---

10 Teichrohrhülse
reed tube
трубчатая гильза (жр)
tube (m) de roseau
tubo (m) di canna
tubo (m) de caña

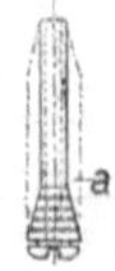

Holzleere (f), hölzerne Schußhülse (f)
wood[en] pirn
деревянная шпуля (жр)
tube (m) *ou* fuseau (m) en bois, bois (m) 11
spola (f) di legno
tubo (m) *o* huso (m) de madera

Garnkörper (m)
wound yarn
початок (мр) [пряжи], тело (ср) початка *a*
corps (m) de la cannette
corpo (m) della cannetta 12
cuerpo (m) de la canilla

Holzhülse (f) mit Ansatz
wooden tube with head
деревянная гильза (жр) с насадком
tube (m) avec cercle
cannello (m) di legno con cerchio 13
tubo (m) *o* huso (m) de madera con resalto

Pappleere (f), Papierhülse (f)
paper tube
бумажный патрончик (мр)
tube (m) en papier 14
tubo (m) di carta *o* di cartone
tubo (m) de papel

Papierhülse (f) mit Grundkegel *oder* Kegelansatz
paper pirn with conical base
бумажная гильза (жр) с основным конусом *или* с конусным насадком 15
tube (m) en papier avec embase conique
tubo (m) di carta con base conica
tubo (m) de papel de base cónica

---

den Kegelansatz der Hülse bewickeln
to wind on the conical base of the pirn
обматывать конусный насадок (мр) шпули
canneter sur la base conique du tube
incannare sulla base conica del tubo 16
arrollar el hilo en la base cónica del tubo

Spulart (f) beim Schußspulen
style of pirn winding
род (мр) уточной мотки
genre (m) de cannetage
genere (m) di incannatura 17
husada (f) especial para canilla

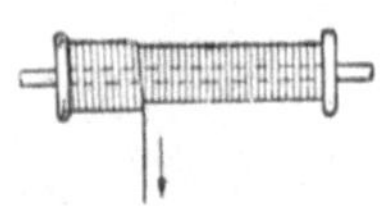
Laufspule (f), Abrollspule (f)
revolving *or* rolling bobbin
вращающаяся шпуля (жр)
bobine (f) à dérouler
spoletta (f) girevole *o* mobile, spoletta a svolgimento tangenziale 18
carrete (m), bobina (f) de desplegado por rotación, bobina para devanado tangencial

---

Schleifspule (f)
fixed pirn
неподвижная сгонная шпуля (жр)
cannette (f) à défiler
spoletta (f) fissa *o* a svolgimento assiale 19
canilla (f) para devanado axial

No.	Deutsch / English / Русский	Français / Italiano / Español
1	Kötzerspulmaschine (f) [Kopmaschine (f)] cop winder, cop winding machine початочная мотальная машина (жр)	canneteuse (f) *ou* cannetière (f) mécanique macchina (f) a far cannette, cannettiera (f) canillera (f) mecánica
2	Arbeitsweise (f) der Kötzerspulmaschine function of the cop winder образ (мр) действия початочной мотальной машины	fonctionnement (m) de la cannetière funzionamento (m) della cannettiera funcionamiento (m) de la canillera
3	Spulmaschine (f) für Schlauchkötzer winding machine for solid cops мотальная *или* шпульная машина (жр) для трубчатых початков	cannetière (f) pour cannette à dévidage intérieur incannatoio (m) per cannette senz'anima canillera (f) para canillas de desarrollo interior
4	Kötzerform (f) cop shape форма (жр) *или* вид (мр) початка	forme (f) de cannette forma (f) della cannetta forma (f) de la canilla
5	Kegelbildung (f) formation of cone образование (ср) конуса	formation (f) du cône formazione (f) del cono formación (f) del cono
6	Garnschicht (f), Fadenschicht (f) yarn layer, layer of yarn слой (мр) пряжи	couche (f) de fil strato (m) di filo capa (f) de hilo
7	kegelförmige Garnschicht (f) conical layer of yarn конусный слой (мр) пряжи	couche (f) de fil conique strato (m) di filo conico capa (f) cónica de hilo
8	Kegellänge (f), Kegelhöhe (f) length of cone высота (жр) конуса	hauteur (f) du cône altezza (f) del cono altura (f) del cono
9	Garnkegel (m) yarn cone, cone of yarn конус (мр) пряжи	cône (m) de fil cono (m) di filo cono (m) de hilo
10	Anfangskegel (m), Grundkegel (m), Ansatz (m) cop bottom, cop bit начальный *или* основной конус (мр) початка, начинок (мр)	fond (m) *ou* base (f) *ou* noyau (m) *ou* cul (m) de la cannette nocciolo (m) della cannetta fondo (m) de la husada
11	fortschreitende Hebung (f) der Spindel progressive raising of the spindle поступательное движение (ср) веретена, подъем (мр) веретена	élévation (f) progressive de la broche rialzo (m) progressivo del fuso elevación (f) progresiva del huso
12	Kreuzwicklung (f) cross winding крестовая мотка (жр)	cannetage (m) croisé incannatura (f) incrociata arrollamiento (m) cruzado
13	Steigung (f) der Fadenwindung pitch of coil наклон (мр) *или* шаг (мр) витка нити	pas (m) de l'enroulement passo (m) dell'avvolgimento del filo paso (m) de arrollamiento
14	kegeliger [*oder* konischer] Spulenhals (m) conical end of bobbin конусная шейка (жр) шпули	extrémité (f) conique de la bobine estremità (f) conica della bobina extremidad (f) cónica de la canilla
15	Kötzerspulmaschine mit liegenden Spindeln weft pirn winder with horizontal spindles початочная мотальная машина (жр) с горизонтальными веретенами	cannetière (f) à broches horizontales macchina (f) a spolette con fusi orizzontali canillera (f) de husos *o* de brocas horizontales
16	Kötzerspulmaschine mit stehenden Spindeln weft pirn winder with upright *or* vertical spindles початочная мотальная машина (жр) с вертикальными веретенами	cannetière (f) à broches verticales macchina (f) a spolette con fusi verticali canillera (f) de husos verticales
17	die Spulen (fpl) anlaufen lassen to start the bobbins привести шпули (жр) во вращение	mettre en route les bobines mettere in moto le spole poner en marcha las canillas
18	die Spule drehen to rotate the bobbin вращать шпулю (жр)	faire tourner la bobine far girare la spola hacer girar la canilla
19	die Spule durch Reibung treiben to drive the bobbin by friction приводить шпулю (жр) в движение при помощи трения	actionner la bobine par friction azionare la spola per frizione accionar la canilla por fricción
20	die Spule füllt sich the pirn is filling шпуля (жр) заполняется	la bobine se remplit la spola si riempisce la canilla se llena
21	Spulenfüllung (f), Füllen (n) der Spule bobbin filling *or* building заполнение (ср) шпули	remplissage (m) de la bobine riempimento (m) della spola llene (m) de la canilla
22	die gefüllte Spule stellt sich ab the full pirn *or* complete bobbin stops automatically заполненная шпуля (жр) сама останавливается	la bobine une fois pleine s'arrête automatiquement la spola riempita si ferma automaticamente la canilla una vez llena se para automáticamente
23	Aufwinden (n) des Fadens durch Drehung der Spindel winding on the yarn by revolving the spindle навивание (ср) нити вращением веретена	renvidage (m) du fil par rotation de la broche avvolgimento (m) del filo per rotazione del fuso arrollamiento (m) del hilo por rotación de la broca
24	leere Spindel (f) bare spindle пустое веретено (ср)	broche (f) nue fuso (m) nudo huso (m) desnudo, broca (f) desnuda
25	Spindel[an]zahl (f) number of spindles число (ср) веретен	nombre (m) de broches numero (m) dei fusi número (m) de husos
26	Spindelreihe (f) row of spindles ряд (мр) *или* рядок (мр) веретен	rangée (f) de broches fila (f) di fusi hilera (f) de husos

1
Spindelteilung (f)
spindle gauge, spindle pitch
деление (ср) веретен
écartement (m) des broches
scartamento (m) dei fusi
separación (f) de los husos, distancia (f) entre los husos

2
Spindelgeschwindigkeit (f)
speed of spindle
скорость (жр) вращения веретен
vitesse (f) de la broche
velocità (f) del fuso
velocidad (f) del huso

3
veränderliche Spindelgeschwindigkeit (f)
variable spindle speed
переменная скорость (жр) вращения веретен
vitesse (f) variable de la broche
velocità (f) variabile del fuso
velocidad (f) variable del huso

4
Spindellieferung (f)
production per spindle
выход (мр) с веретена, выпуск (мр) веретена
production (f) par broche
produzione (f) per fuso
producción (f) por huso

5
die Spindel einrücken
to start the spindle
включать веретено (ср)
embrayer la broche
innestare il fuso
insertar el huso

6
die Spindel ausrücken
to stop the spindle
выключать веретено (ср)
débrayer la broche
disbracare il fuso
separar el huso

7
die Wirtelschnur rutscht
the spindle band slips
блочный шнур (мр) скользит
la corde de la broche glisse
la cordetta del fuso slitta
el cordel del huso se desliza

8
Rutschen (n) der Wirtelschnur
slipping of the spindle band
скольжение (ср) блочного шнура
glissement (m) de la corde à broche
slittamento (m) della cordetta del fuso
deslizamiento (m) del cordel del huso

9
die Schnur läuft im Winkel auf den Wirtel
the band runs out of truth on to the wharve
шнур (мр) набегает углом на блочек
la corde court sur la gorge suivant un certain angle
la cordetta corre ad angolo nella scanalatura
el cordel evoluciona sobre la poleita *o* nuez según un determinado ángulo

10
Spindelauslösung (f), Spindelausrückung (f)
stoppage *or* disengagement of the spindle
выключение (ср) веретена
débrayage (m) de la broche
disinnesto (m) del fuso
separación (f) *o* desprendimiento (m) del huso

11
selbsttätige Ausrückvorrichtung (f) der Spindel bei Fadenbruch
self stopping motion of the spindle when an end breaks
автоматическое приспособление (ср) для выключения веретена при обрыве нити
mécanisme (m) d'arrêt automatique de la broche en cas de rupture d'un fil
meccanismo (m) d'arresto automatico alla rottura d'un filo
mecanismo (m) de paro *o* de freno cuando se rompe un hilo

12
Fadenführerspiel (n)
traverse of thread guide
ход (мр) нитевода
traverse (f) du guide-fil
gioco (m) del guida-fili
carrera (f) del guia-hilos

13
der Fadenführer bewegt sich auf und ab
the thread guide moves up and down
нитевод (мр) движется вверх и вниз
le guide-fil monte et descend
il guida-fili sale e discende
el guia-hilos sube y baja

14
der Fadenführer bewegt sich hin und her
the thread guide moves to and fro
нитевод (мр) движется взад и вперед
le guide-fil va et vient
il guida-fili va e viene
el guia-hilos va y viene

15
gleichbleibender Fadenführerhub (m)
uniform traverse *or* throw of thread guide
постоянная величина (жр) хода нитевода
course (f) uniforme du guide-fil
corsa (f) uniforme del guida-fili
carrera (f) uniforme del guia-hilos

16
wachsender Fadenführerhub (m)
increasing throw of thread guide
увеличивающаяся величина (жр) хода нитевода
course (f) accélérée du guide-fil
corsa (f) accelerata del guida-fili
carrera (f) acelerada del guia-hilos

17
Reißen (n) des Fadens
breakage of thread
обрыв (мр) нити
rupture (f) *ou* casse (f) du fil
rottura (f) del filo
rotura (f) *o* ruptura (f) del hilo

18
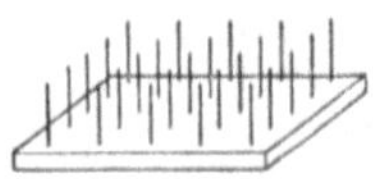
Spulenbrett (n)
bobbin cage, spiked bobbin board
шпульная доска (жр)
support (m) de bobines, planche (f) à bobines
sopporto (m) per spole
tabla (f) de canillas

19
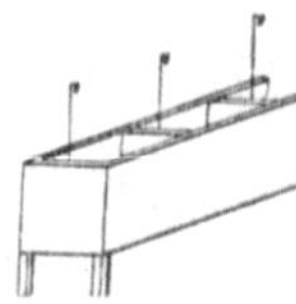
Spulenkasten (m)
bobbin box
ящик (мр) для шпуль
casier (m) *ou* boîte (f) à bobines
cassa (f) a spole
caja (f) de canillas

20

Feinmeßgarnwage (f), [mikrometrische Garnwage (f)]
[micrometric] yarn quadrant
микрометрические весы (мр) для пряжи
romaine (f) micrométrique pour fil
bilancia (f) *o* romana (f) micrometrica per filato
balanza (f) *o* romana (f) micrométrica para hilos

21
Lohnspulerei (f)
commission winding
мотальная (жр) для давальческой пряжи
cannetage (m) à façon
incannatura (f) a fattura *o* per conto terzi
canillado (m) a comisión

22
Spullohn (m), Windelohn (m)
winding wages
заработная плата (жр) за мотку
main-d'œuvre (f) de cannetage
paga (f) d'incannatura
mano (f) de obra *o* salario (m) de canillado

23
Spulkosten (pl)
cost of winding, winding cost
стоимость (жр) мотки
prix (m) de revient du cannetage
costo (m) dell'incannatura
coste (m) del encanillado

1	Spullohnsatz (m), [Spultarif (m)] winding tariff расценок (мр) *или* расценка (жр) мотки		tarif (m) de cannetage tariffa (f) d'incannatura tarifa (f) de encanillado
2	**β) Schußspulmaschine (f) für Laufspulen** **Weft Winding Machine for Rotating Pirns** **Уточная мотальная машина(жр)для вращающихся шпуль**		**Bobinoir (m) pour fils de trame** **Incannatoio (m) per bobine girevoli** **Canillera (f) para carretes *o* bobinas de desarrollo por rotación**

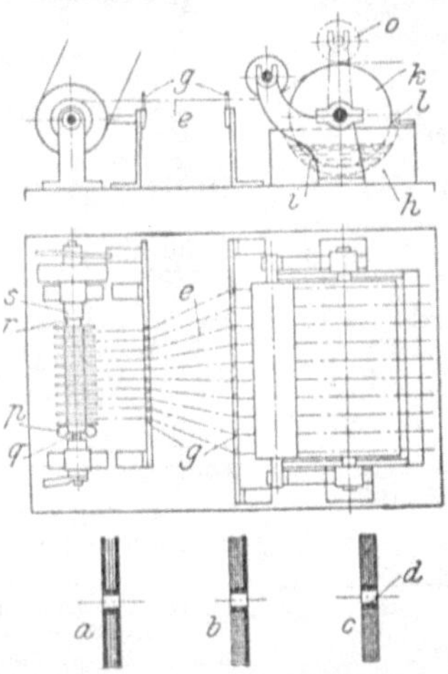

3	Spulmaschine (f) für flache Spulen winding machine for flat bobbins мотальная машина (жр) для плоских катушек		bobinoir (m) pour bobines plates incannatoio (m) per bobine piatte canillera (f) para bobinas chatas
4	Spule (f) zwischen zwei Seitenscheiben bobbin between two flanges катушка (жр) между двумя боковыми дисками	a	bobine (f) entre deux disques spola (f) fra due dischi bobina (f) entre dos discos
5	Spule (f) mit einer Seitenscheibe bobbin with one flange катушка (жр) с одним боковым фланцем	b	bobine (f) à disque unique spola (f) con disco unico bobina (f) con un solo disco
6	Spule (f) ohne Seitenscheiben bobbin without flanges катушка (жр) без боковых фланцев	c	bobine (f) sans disques tubo (m) semplice *o* senza dischi bobina (f) sin disco
7	Spulenhülse (f) tube боковая гильза (жр)	d	tube (m) de la bobine tubo (m) della spola tubo (m) *o* huso (m) de la bobina
8	auflaufende Spulfäden (mpl) threads to be wound on набегающие нити (жр) со шпуль	e	fils (mpl) à enrouler fili (mpl) per incannare hilos (mpl) a plegar
9	Fadenleitkamm (m) guide comb направляющий гребень (мр) для нитей	g	peigne (m) guide-fil pettine (m) guida-fili peine (m) guía-hilos
10	Trog (m) trough корыто (ср)	h	auge (f), bac (m) truogo (m) barreño (m), cuba (f), tina (f)
11	Bindemittel (n) adhesive material, binding agent связующее вещество (ср)	i	matière (f) collante materia (f) collante substancia (f) encoladora, materia (f) encoladora
12	Feuchtwalze (f), Anfeuchtwalze (f) damping roller смачивающий валик (мр)	k	cylindre (m) plongeur cilindro (m) per inumidire cilindro (m) mojador, cilindro humectador
13	biegsamer Abstreicher (m) flexible stripper гибкий (-ая) скребок (мр) *или* ракля (жр)	l	racloir (m) flexible spogliatore (m) flessibile rasqueta (f) flexible
14	Druckwalze (f) pressure roller нажимной валик (мр)	o	cylindre (m) de pression cilindro (m) di pressione cilindro (m) de presión
15	Flügelmutter (f) thumb nut, fly nut, wing nut барашек (мр), гайка (жр) с барашком, крыльчатая гайка	p	écrou (m) à oreilles dado (m) ad alette tuerca (f) de oreja
16	Spulenspindel (f) spool spindle катушечный пруток (мр)	q	broche (f) des bobines fuso (m) delle spole broca (f) de las bobinas
17	Bundring (m) collar кольцевой наварок (мр)	r	collet (m) collare (m) manguito (m)
18	Antriebwelle (f) driving shaft приводный вал (мр)	s	arbre (m) moteur, arbre de commande albero (m) motore árbol (m) motor
19	Seitenscheibe (f) flange боковой диск (мр)		disque (m) disco (m) disco (m)
20	von Kreuzspulen abwinden to wind from cross wound bobbins *or* quick traverse bobbins *or* cheeses мотать с катушек крестовой мотки		dévider de bobines croisées svolgere da rocchetti a fili incrociati arrollar partiendo de bobinas cruzadas
21	Bremswalze (f) friction roller тормозной валик (мр)		cylindre (m) de friction cilindro (m) di frizione cilindro (m) de fricción

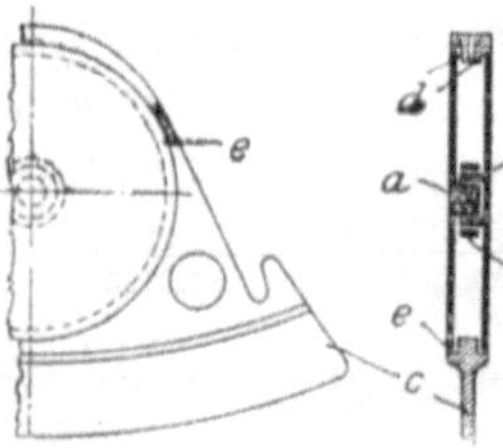

No.	Deutsch / English / Русский		Français / Italiano / Español
1	Spule (f) für Bobbinetstühle spool for bobbinet frames бобинка (жр) *или* шпуля (жр) для тюлевых станков		bobinc (f) plate pour métier-tulle spola (f) per telaio per tulle bobina (f) de telar para tejer tul
2	Zapfen (m) pivot шип (мр)	*a*	pivot (m) perno (m) pivote (m)
3	kurze Hülse (f) short tube короткая втулка (жр)	*b*	tube (m) court tubo (m) corto tubo (m) corto
4	Spulenschlitten (m), [Bobbinetschützen (m)] spool slide салазки (жр) шпули	*c*	chariot (m) du métier-tulle corsoio (m) *o* carrello (m) del telaio per tulle lanzadera (f) del telar para tejer tul
5	Falz (m) recess четверть (жр), паз (мр)	*d*	rainure (f) scanalatura (f) ranura (f)
6	Scheibenrand (m) edge of disc [наружный] край (мр) диска	*e*	rebord (m) du disque orlo (m) del disco reborde (m) del disco
7	Pappring (m), Papphülse (f) paper [centre] tube картонное кольцо (ср)	*g*	tube (m) en papier tubo (m) in carta tubo (m) de cartón
8	im Spulenschlitten festsitzende Spulenscheibe (f) disc fixed in the carriage диск (мр) катушки, крепко сидящий в салазках		disque (m) fixé dans le chariot disco (m) fissato nel corsoio disco (m) fijo en la lanzadera
9	lösbare Spulenscheibe (f) detachable disc от'емный диск (мр) катушки		disque (m) enlevable disco (m) staccabile disco (m) separable

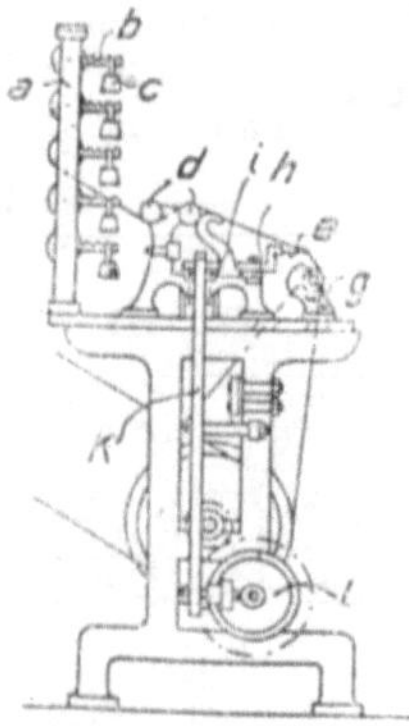

Schußspulmaschine (f) für die Bandweberei weft winding machine for ribbon weaving уточная мотальная машина (жр) для ленточно-ткацкой		cannetière (f) pour rubanerie macchina (f) a far spolette per tessitura di nastri canillera (f) para cintería	10
Spulengestell (m) bobbin creel рамка (жр) *или* стойка (жр) для шпуль	*a*	râtelier (m) porte-bobines rastrelliera (f) caballete (m), fileta (f)	11
gezahnter Bremshebel (m) für die Spule notched brake lever for bobbin тормозной рычаг (мр) с зарубками для шпули	*b*	levier (m) de frein à dents pour les bobines leva (f) del freno dentato per le spole palanca (f) dentada del freno para las bobinas	12
Belastungsgewicht (n) weight гиря (жр), груз (мр)	*c*	contrepoids (m) contrappeso (m) contrapeso (m)	13
Spannungsdraht (m) tension wire натяжной пруток (мр)	*d*	fil (m) de tension filo (m) di tensione alambre (m) compensador, alambre tensor	14
Fadenführer (m) thread guide нитевод (мр)	*e*	guide-fil (m) guida-filo (m) guía-hilos (m)	15
Spulenböckchen (n) bobbin cradle державка (жр) *или* стоечка (жр) для шпули	*g*	châssis (m) à bobine sopporto (m) della spoletta bastidor (m) de la bobina	16
festliegende Schiene (f) fixed rail закрепленная *или* неподвижная рейка (жр)	*h*	rail (m) fixe traversa (f) fissa rail (m) fijo	17
hin- und herbewegte Schiene (f) traverse bar возвратно-движущаяся рейка (жр)	*i*	barre (f) de va-et-vient barra (f) a movimento di va e vieni barra (f) con movimiento de vaivén	18
schwingender Hebel (m) rocking lever качающийся рычаг (мр)	*k*	levier (m) oscillant leva (f) oscillante palanca (f) oscilante	19
Kurvenscheibe (f) cam disc диск (мр) с направляющей кривой	*l*	excentrique (m) axial disco (m) ricurvo disco (m) *o* plato (m) curvado	20

No.	Deutsch / English / Русский		Français / Italiano / Español
1	**γ) Schußspulmaschine (f) für Schleifspulen** **Weft Winding Machine for Fixed Pirns** **Уточная мотальная машина (жр) для неподвижных сгонных шпуль**		**Cannetière (f) pour fils de trame** **Macchina (f) a far spolette fisse** **Canillera (f) de canillas para devanado axial**
2	**γ_1) Morrison Schußspulmaschine (f) für Kreuzkötzer** **Morrison's Weft Winder for Cross Wound Cops** **Уточная мотальная машина (жр) Моррисона для початков крестовой мотки**		**Cannetière (f) Morrison à fils croisés** **Macchina (f) a far cannette ad avvolgimento incrociato di Morrison** **Canillera (f) Morrison para canillas de capas cruzadas**

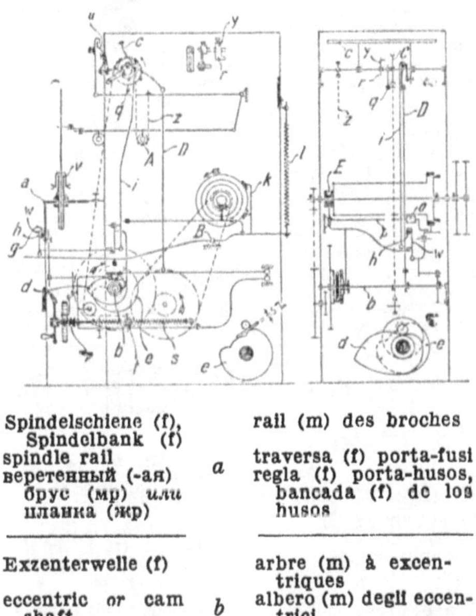

No.	Deutsch / English / Русский		Français / Italiano / Español
3	Spindelschiene (f), Spindelbank (f) spindle rail веретенный (-ая) брус (мр) *или* планка (жр)	a	rail (m) des broches traversa (f) porta-fusi regla (f) porta-husos, bancada (f) de los husos
4	Exzenterwelle (f) eccentric *or* cam shaft вал (мр) эксцентрика	b	arbre (m) à excentriques albero (m) degli eccentrici árbol (m) de los excéntricos
5	Schwingschaufel(f) für die Abstellvorrichtung vibrating arm for stop motion качающаяся лопасть (жр) для остановочного приспособления	c	bras (m) à mouvement vibratoire pour mécanisme d'arrêt braccio (m) oscillante per il meccanismo d'arresto brazo (m) oscilatorio para el mecanismo de freno
6	Formscheibe (f), [Formexzenter (n)] cop shaper cam шаблонная шайба (жр), образующий эксцентрик (мр)	d	excentrique (m) de formation de la cannette eccentrico (m) di formazione della cannetta excéntrico (m) de formación de la canilla
7	Exzenter (n) für Kreuzwindung cam for crossing layer эксцентрик (мр) для крестовой мотки	e	excentrique (m) pour le croisement des couches de fil eccentrico (m) per avvolgimento incrociato excéntrico (m) para el arrollamiento cruzado de las capas
8	Abstellfinger (m), Abstellstift (m) stop motion tappet остановочный палец (мр)	g	doigt (m) tâteur pour arrêt dito (m) d'arresto tope (m) de disparo
9	Anstoß (m), Abstellansatz (m) knock[er] off упорка (жр), остановочный прилив (мр) *или* приклон (мр)	h	nez (m) d'arrêt nottolino (m) d'arresto freno (m) de paro
10	Abstellhebel (m) stop lever остановочный рычаг (мр)	i	levier (m) d'arrêt leva (f) d'arresto palanca (f) del freno
11	Bremsbacken (m) brake block тормозная колодка (жр)	k	sabot (m) de frein ceppo (m) del freno zapata (f) del freno
12	Schraubenfeder (f) helical spring винтовая пружина (жр)	l	ressort (m) à boudin *ou* en hélice molla (f) ad elica resorte (m) helicoidal o cilíndrico
13	Belastungsgewicht (n) weight гиря (жр), груз (мр)	o	contrepoids (m) contrappeso (m) contrapeso (m)
14	Gewichtshebel (m) weight lever грузовой рычаг (мр)	p	levier (m) du contrepoids leva (m) contrappesata palanca (f) del contrapeso
15	Stift (m) pin водок (мр)	q	cheville (f) perno (m) clavija (f)
16	Absteller (m) für vollen Kötzer full cop stop motion останов (мр) для полного початка	r	mécanisme (m) d'arrêt pour cannette pleine meccanismo (m) di arresto a cannetta ultimata mecanismo (m) de paro cuando la canilla está llena
17	Schaltradleitspindel (f) screwed spindle for ratchet wheel винтовой шпиндель (мр) включающего колеса	s	tige (f) filetée pour roue à rochet asta (f) filettata per ruota d'arresto varilla (f) fileteada para rueda de estrella
18	Laufnuß (f), Laufmutter (f) nut передвижной (-ая) камень (мр) *или* гайка (жр)	t	écrou (m), curseur (m) dado (m) scorrevole tuerca (f) corredora, bloque (m) corredor
19	Absteller (m) für das Abnehmen stop motion for doffing останов (мр) для с'ема	u	mécanisme (m) d'arrêt pour faire la levée meccanismo (m) d'arresto per far la levata mecanismo (m) de paro para mudar

1	Halslager (n) bolster втулка (жр) для шейки	v	collet (m) [sopporto (m) a] collare (m) cuello (m)
2	Vorderhaken (m) front hook передний крючек (мр)	w	crochet (m) antérieur gancio (m) anteriore gancho (m) anterior
3	Sperrfeder (f) ratchet spring запорная *или* щеколдовая пружина (жр)	x	ressort (m) du cliquet molla (f) del nottolino resorte (m) del gatillo
4	Abstellring (m) für volle Kötzer full cop stopping ring остановочное кольцо (ср) для полных початков	y	anneau (m) d'arrêt pour cannette pleine anello (m) d'arresto per cannetta ultimata anillo (m) frenador por canilla llena
5	Kette (f) chain цепь (жр)	z	chaîne (f) catena (f) cadena (f)
6	Kettenrolle (f) chain bowl цепной блок (мр)	A	galet (m) de la chaîne puleggia (f) della catena polea (f) de la cadena
7	Hebeldrehpunkt (m) fulcrum of lever точка (жр) вращения рычага	B	point (m) fixe du levier punto (m) di rotazione della leva punto (m) de oscilación de la palanca
8	Hubkettenrolle (f) traverse chain bowl ролик (мр) под'емной цепи	C	galet (m) de la chaîne de levée puleggia (f) della catena d'alzata polea (f) de la cadena de alza
9	Abstellstange (f), Auslösungstange (f) stop motion rod выключательная *или* остановочная тяга (жр)	D	tige (f) d'arrêt asta (f) di disinnesto varilla (f) de desembrague
10	Kerbenrolle (f) grooved bowl ролик (мр) с гнездами, желобчатый блок (мр)	E	poulie (f) à gorge puleggia (f) a gola polea (f) de garganta
11	Antrieb (m) einzelner Spindelgruppen spindle section driving привод (мр) единичных групп веретен		mise (f) en marche de groupes de broches azionamento (m) di gruppi singoli di fusi puesta (f) en marcha de grupos de husos
12	stillgesetzte Spindelgruppe (f) stopped spindle section остановленная *или* выключенная группа (жр) веретен		groupe (m) de broches arrêtées gruppo (m) di fusi fermati sección (f) *o* grupo (m) de husos frenados
13	die Exzenterwelle einstellen to adjust the cam shaft устанавливать вал (мр) эксцентрика		régler l'arbre à excentriques regolare l'albero degli eccentrici ajustar el árbol de los excéntricos

der Haken verläßt den Abstellansatz the hook frees the brake крючек (мр) соскакивает с упорки		le crochet libère le nez d'arrêt il gancio libera il nottolino d'arresto el gancho deja libre el disparo	14
den Abstellhebel verkürzen to shorten the stop lever укоротить остановочный рычаг (мр)		raccourcir le levier d'arrêt raccorciare la leva d'arresto acortar la palanca del freno	15
die Feder straff spannen to put the spring under strong tension туго натянуть пружину (жр)		tendre fortement le ressort mettere la molla sotto forte tensione tender fuertemente el resorte	16
Kötzeransatzformer (m) shaper cam for cop bottom образующий начинок, шаблонный механизм (мр)		excentrique (m) pour la formation du bas de la cannette eccentrico (m) per formare il fondo della cannetta excéntrico (m) para la formación del fondo de la canilla	17
den Former ausschalten to put the cam out of gear выключить образующий механизм (мр)		désengrener l'excentrique liberare l'eccentrico separar el excéntrico	18
Herausgleiten (n) des Fadens aus dem Garnführer slipping of yarn out of the thread guide выскакивание (ср) нити из нитевода		glissement (m) du fil hors du guide-fil scappamento (m) del filo dal guida-filo deslizamiento (m) del hilo por el guia-hilos	19
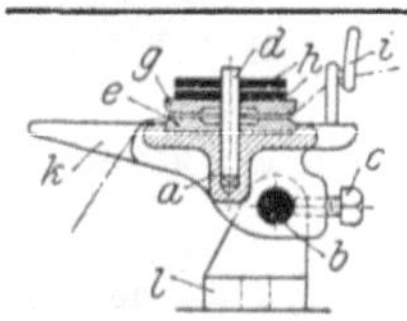 Fadenbremse (f) *oder* Fadenspannvorrichtung (f) nach Morrison thread brake *or* thread tension device Morrison's system		нитяной тормаз (мр) *или* прибор (мр) для натяжения нитей по Моррисону dispositif (m) de tension du fil, système Morrison tendi-fili (m) *o* [apparecchio (m)] tenditore (m) dei fili, sistema Morrison dispositivo (m) para la tensión del hilo, sistema Morrison	20
Bremsscheibenhalter (m) carrier for tension washers державка (жр) *или* супорт (мр) тормозных шкивов	a	support (m) des disques de tension sopporto (m) dei dischi di tensione soporte (m) de los discos de tensión	21
Befestigungsstange (f) fastening rod укрепительный стержень (мр) *или* прут (мр)	b	tige (f) de maintien asta (f) di fissaggio vástago (m) fijador	22
Stellschraube (f) set screw установительный винт (мр)	c	vis (f) de réglage vite (f) di registro tornillo (m) regulador	23

No.	Deutsch / English / Русский		Français / Italiano / Español
1	drehbarer Stift (m) loose pin вращающийся *или* поворачивающийся шип (мр)	d	cheville (f) mobile perno (m) mobile clavija (f) giratoria
2	untere Bremsscheibe (f) bottom friction washer нижняя тормозная шайба (жр)	e	disque (m) de friction inférieur disco (m) di frizione inferiore disco (m) *o* plato (m) inferior de fricción
3	obere Bremsscheibe (f) top friction washer верхняя тормозная шайба (жр)	g	disque (m) de friction supérieur disco (m) di frizione superiore disco (m) superior de fricción
4	Belastungscheibe (f) weighting washer загрузочная шайба (жр)	h	plateau (m) de contrepoids disco (m) del contrappeso plato (m) de presión
5	Sauschwänzchenfadenführer (m) wire guide, pig tail guide нитевод (мр) в форме свиного хвостика	i	guide-fil (m) en queue de cochon codino (m) di porco, riccio (m) guida-fili cola (f) de puerco
6	Führungsschlitz (m) guide slot нитеводная щель (жр)	k	rainure-guide (f) scanalatura (f) di guida ranura (f) guia
7	Befestigungsstück (n) für die Stange, Stangenlager (n), Halter (m) fixing rod bracket подставка (жр) *или* стойка (жр) стержня	l	support (m) de la tige de maintien sopporto (m) dell'asta di fissaggio soporte (m) del vástago fijador
8	γ_2) Trichterspulmaschine (f) Cup Winding Machine Вороночная мотальная машина (жр)		Cannetière (f) à godet Macchina (f) a far spolette ad imbuto Canillera (f) de embudo
9	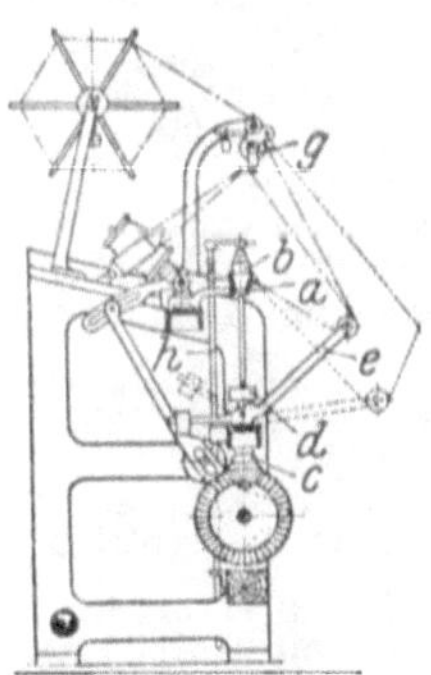		Trichterspulmaschine (f) mit stehenden Spindeln cup pirn winding machine with upright spindles вороночная мотальная машина (жр) с вертикальными веретенами cannetière (f) à godet à broches verticales macchina (f) a far spolette ad imbuto con fusi verticali canillera (f) de embudo de husos verticales
10	Spultrichter (m), Fadentrichter (m) cup мотальная воронка (жр)	a	godet (m) imbuto (m) embudo (m)

kegelförmiger Spindelansatz (m), kegeliger Holzkörper (m), Holzkegel (m) conical spindle base, wood cone конусообразный (-ая) *или* конический(-ая) придаток (мр) *или* насадка (жр) веретена	b	embase (f) conique de la broche, cône (m) en bois base (f) conica del fuso, cono (m) di legno base (f) cónica del huso, cono (m) de madera	11
Spindelantriebhülse (f), Spindelbüchse (f), Spindelmitnehmerbüchse (f) spindle bearing приводный стакан (мр) *или* [захватывающая] втулка (жр) веретена	c	douille (f) entraineuse de la broche sopporto (m) del fuso soporte (m) *o* estuche (m) del huso *o* de la púa	12
Spindelwellenkopf (m), Spindelmitnehmer (m), Mitnehmernuß (f) spindle drive захватная головка (жр) веретена	d	conduite (f) de la broche noce (f) di comando del fuso impulsor (m) *o* accionador (m) del huso	13
Fadenspannhebel (m), Fadenwächter[rollen]hebel (m) tension bowl lever натяжной рычаг (мр) для нитей	e	levier (m) de tension leva (f) di tensione palanca (f) de tensión	14
Bremsrolle (f) tension brake roller тормозной ролик (мр)	g	galet (m) de tension formant frein rullo (m) del freno rodillo (m) frenador para la tensión	15
Belastungsstange (f) für den Kötzer weighting rod, weight stalk нагрузочный стержень (мр) для початка	h	tige (f) de pression pour la cannette asta (f) di pressione per la cannetta varilla (f) de presión para la canilla	16
kegelige Form (f) des Trichters conical *or* funnel shape of the cup коническая форма (жр) воронки		forme (f) conique du godet forma (f) conica dell'imbuto forma (f) cónica del embudo	17
die Spindel tritt aus der Mitnehmerbüchse heraus the spindle rises out of the bearing веретено (ср) выскакивает из захватывающей втулки		la broche s'élève en dehors de sa douille il fuso si alza fuori del sopporto el huso se eleva del soporte	18
Spindelbüchsenbelederung (f) leather lining of the spindle bearing кожаная обтяжка (жр) *или* гарнитура (жр) втулки веретена		garniture (f) en cuir du support de broche fodera (f) di cuoio del sopporto del fuso guarnición (f) de cuero del soporte del huso	19

1	Selbstregelung (f) der Fadenspannung automatic regulation of the yarn tension саморегулирование (ср) натяжения нитей		réglage (m) automatique de la tension du fil regolazione (f) automatica della tensione del filo regulado (m) automático de la tensión del hilo
2	Reiben (n) *oder* Scheuern (n) des Garnes an der Trichterwandung rubbing of the yarn in the cup трение (ср) пряжи о стенку воронки		friction (f) du fil sur le godet sfregamento (m) del filo sull'imbuto rozamiento (m) del hilo con las paredes del embudo
3	der Faden wird geglättet *oder* glänzend the thread is polished нить (жр) гладится *или* делается глянцевитой		le fil est poli il filo è lisciato el hilo es lustrado
4	plattgedrückter Faden (m) flattened thread сплющенная нить (жр)		fil (m) aplati filo (m) appiatito hilo (m) aplastado

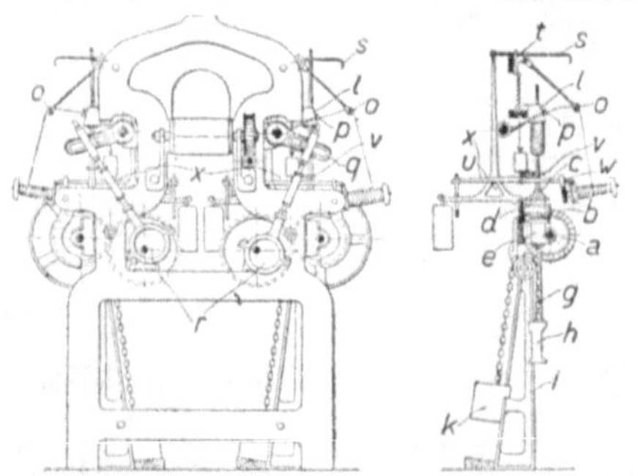

5	Trichterschlauchspulmaschine (f) winding machine for solid cops вороночная мотальная машина (жр) для твердых трубчатых початков		cannetière (f) à godet pour cannettes à dévidage intérieur macchina (f) ad imbuto per far cannette senz'anima canillera (f) de embudo para canillas de desarrollo interior
6	hyperbolisch verzahntes Triebrad (n) skew bevel wheel ведущее колесо (ср) с гиперболическим зубчатым зацеплением	*a*	roue (f) de commande hyperbolique ruota (f) di comando iperbolica rueda (f) motriz hiperbólica
7	hyperbolisches Spindelrad (n) skew bewel pinion for spindle drive гиперболическая зубчатка (жр) веретена	*b*	pignon (m) hyperbolique de la commande des broches pignone (m) iperbolico per il commando dei fusi piñon (m) hiperbólico del mando de los husos

Büchse (f), Spindelbüchse (f) spindle bush стакан (мр) *или* втулка (жр) веретена	*c*	douille (f) de la broche sopporto (m) del fuso soporte (m) del huso	8
Plankupplung (f), Scheibenkupplung (f) flanged coupling дисковая муфта (жр)	*d*	embrayage (m) à plateaux giunto (m) a dischi embrague (m) de discos	9
Muffenkupplung (f) coupling sleeve сцепляющая втулка (жр) муфты	*e*	manchon (m) d'accouplement manicotto (m) d'accoppiamento, ghiera (f) di congiunzione manguito (m) de acoplamiento	10
vierkantige Spindel (f) square spindle четырехгранное веретено (ср)	*g*	broche (f) carrée fuso (m) a sezione quadrata púa (f) cuadrada	11
Kugelzapfenlager (n) der Spindel ball pivot bearing of spindle шариковый подпятник (мр) веретена	*h*	support (m) du tourillon à boulet de la broche sopporto (m) sferico del fuso soporte (m) esférico de la púa	12
Führungsbock (m), Gleitbock (m) guide rail направляющая стойка (жр)	*i*	glissière-guide (f) scorritoio (m) di guida rail (m) guía	13
Gegengewicht (n) der Spindelbank balance weight for spindle rail противовес (мр) веретенного бруса	*k*	contrepoids (m) du rail des broches contrappeso (m) della traversa porta-fusi contrapeso (m) de la regla porta-husos	14
geschlitzter Spulentrichter (m) slit cup мотальная воронка (жр) с прорезом *или* щелью	*l*	godet (m) à fente imbuto (m) a fessura embudo (m) de ranura	15
Fadenführungsrolle (f), Fadenspannrolle (f) yarn tension bowl ролик (мр) нитевода; каток (мр), натягивающий нить	*o*	galet (m) de tension rullo (m) di tensione del filo rodillo (m) guía-hilos de tensión, rodillo tensor de hilos	16
Fadenführer (m) thread guide нитевод (мр)	*p*	guide-fil (m) guida-filo (m) guía-hilos (m)	17
Fadenführerhebel (m) thread guide lever серьга (жр) *или* рычаг (мр) нитевода	*q*	levier (m) de guide-fil leva (f) del guida-filo palanca (f) del guía-hilos	18
exzentrische Scheibe (f) eccentric sheave эксцентриковая шайба (жр)	*r*	disque (m) excentrique disco (m) eccentrico disco (m) excéntrico	19
Hakenstange (f) hooked rod крючек (мр) *или* захватка (жр) останова	*s*	tige (f) à crochet asta (f) ad uncino vástago (m) de gancho	20

1	Gestellbock (m), Gestellstück (n) thread guide holder полка (жр) *или* кронштейн (мр) станины	t	support (m) du guide-fil sopporto (m) del guida-filo soporte (m) del guía-hilos
2	Winkelhebel (m), Ausrückhebel (m) bellcrank lever, bent lever, disengaging lever угловой рычаг (мр), выключательный (-ое) рычаг *или* коромысло (ср)	u	levier (m) coudé *ou* de débrayage leva (f) a gomito *o* di disinnesto palanca (f) *o* brazo (m) de desacoplamiento
3	verstellbarer Auslösefinger (m) adjustable stop motion tappet передвижной выключательный палец (мр)	v	doigt (m) à bascule réglable dito (m) d'arresto regolabile horquilla (f) regulable
4	geschlitzte Spulenbank (f) slotted bobbin rail шпульная доска (жр) *или* полка (жр) с прорезами	w	rail (m) des bobines avec rainures traversa (f) porta-bobine con fessure bancada (f) de bobinas con ranuras
5	Bremshebel (m), Spulenbremse (f) bobbin brake lever тормозной рычаг (мр), шпульный тормаз (мр)	x	levier (m) de frein leva (f) del freno palanca (f) de freno
6	hyperbolisches Getriebe (n) skew bevel drive привод (мр) с гиперболическим зацеплением		mouvement (m) hyperbolique movimento (m) iperbolico movimiento (m) hiperbólico
7	die Spindeltriebräder (npl) kuppeln to couple the spindle driving wheels сцеплять ведущие колеса (ср)		accoupler les roues (fpl) de commande des broches accoppiare le ruote di comando dei fusi acoplar las ruedas impulsoras de los husos
8	Spindeltriebradkupplung (f) spindle driving wheel coupling сцепляющая муфта (жр) ведущего колеса веретена		accouplement (m) des roues de commande des broches accoppiamento (m) delle ruote di comando dei fusi acoplamiento (m) de las ruedas de impulsión de los husos
9	die Kupplung an das Rad anpressen to press the coupling on the wheel прижимать муфту (жр) к колесу		mettre en contact l'accouplement avec la roue mettere in contatto l'accoppiamento colla ruota poner en contacto el acoplamiento con la rueda
10	Trichterschlitz (m) cup slit щель (жр) *или* прорез (мр) воронки		fente (f) du godet fessura (f) *o* scanalatura (f) dell'imbuto ranura (f) *o* rendija (f) del embudo

die Spindel gegen den Trichter drücken to press the spindle against the cup прижимать веретено (ср) к воронке		presser la broche contre le godet stringere il fuso all'imbuto apretar el huso contra el embudo	11
die Schwingweite *oder* den Hub des Fadenführers verändern to vary the traverse of the thread guide изменять размах (мр) качания *или* ход (мр) нитевода		faire varier la course du guide-fil variare la corsa del guida-filo hacer variar la carrera del guía-hilos	12
die eingeklinkte Zugstange auslösen to free the latched hook rod освободить защелкнутый крючек (мр) останова		libérer la tige à crochet enclanchée liberare l'asta ad uncino agganciata dejar en libertad el vástago de gancho encajado	13
 a b		federnde Kötzerspindel (f) spring cop spindle пружинящее *или* пружинное початочное веретено (ср) broche (f) pour cannette à ressort fuso (m) per cannette a molla huso (m) de resorte para canilla	14
Spindelwirtel (m) spindle wharve блочек (мр) веретена	a	noix (f) de la broche noce (f) del fuso nuez (f) del huso	15
Wirtelöffnung (f), Spindelmitnehmer (m) slot in wharve for spindle отверстие (ср) блочка, захватка (жр) веретена	b	fente (f) dans la noix de la broche fessura (f) nella noce del fuso ranura (f) en la nuez del huso	16
die Nase greift in den Spulenschlitz the nose grips in the bobbin slit носик (мр) ухватывается за прорез катушки		le nez engrène dans la fente de la bobine il nasello s'impegna nella fessura della bobina la nariz se fija en la ranura de la bobina	17
Bremswiderstand (m) braking resistance сопротивление (ср) торможения		résistance (f) du frein resistenza (f) al frenamento resistencia (f) de frenado	18
den Bremshebel abheben to lift up the brake lever приподнять *или* снять тормозной рычаг (мр)		soulever le levier du frein sollevare la leva del freno levantar la palanca del freno	19
Abwicklungswiderstand (m) resistance to unwinding сопротивление (ср) размотки		résistance (f) au dévidage resistenza (f) allo svolgimento resistencia (f) al desarrollamiento	20

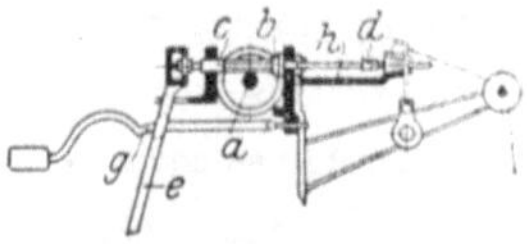

No.	Deutsch / English / Русский		Français / Italiano / Español
1	Trichterspulmaschine (f) mit liegenden Spindeln cup pirn winding frame with horizontal spindles		воронoчная мотальная машина (жр) с горизонтальными веретенами cannetière (f) à godet à broches horizontales cannettiera (f) a coppe per fusi orizzontali canillera (f) de embudo de husos horizontales
2	Spindeltriebwelle (f) spindle driving shaft приводный вал (мр) для веретен	a	arbre (m) de commande des broches albero (m) di comando dei fusi árbol (m) motor de los husos
3	Spindelrad (n) spindle wheel колесо (ср) для привода веретен	b	roue (f) de la broche ruota (f) del fuso rueda (f) del huso
4	Lagerhülse (f) mit Längsschlitz split sleeve back bearing втулка (жр) подушки с продольным прорезом, разрезная втулка (жр)	c	boîte (f) de la broche avec fente longitudinale manicotto (m) del fuso con fessura longitudinale estuche (m) *o* soporte (m) del huso con ranura longitudinal
5	Spindelkopf (m) spindle head головка (жр) веретена	d	tête (f) de la broche testa (f) del fuso cabeza (f) del huso
6	Schlitzhebel (m) slotted lever рычаг (мр) с прорезом	e	levier (m) à glissière leva (f) a glifo palanca (f) deslizante *o* con hendedura
7	Gewichtshebel (m) weight lever грузовой рычаг (мр)	g	levier (m) de contrepoids leva (f) a contrappeso palanca (f) de contrapeso
8	Spindeltrog (m) spindle trough корыто (ср) под веретена	h	auget (m) de la broche truogo (m) del fuso artesa (f) *o* depósito (m) del huso
9	die Spule fällt in den Trog the pirn falls into the trough шпуля (жр) падает в корыто		la bobine tombe dans l'auget la cannetta cade nel truogo la canilla cae en la artesa
10	Trichterspulmaschine (f) mit stehenden Spindeln für das Bewickeln von Hülsen ohne Kegelansatz cup pirn winding machine with upright spindles for winding on plain tubes воронoчная мотальная машина (жр) с вертикальными веретенами для мотки гильз без основного конуса		cannetière (f) à godet avec broches verticales pour canneter sur tube sans embase conique cannettiera (f) a coppe con fusi verticali per avvolgere su cannelli canillera (f) de embudo con husos verticales para arrollamiento sobre tubo sin base cónica

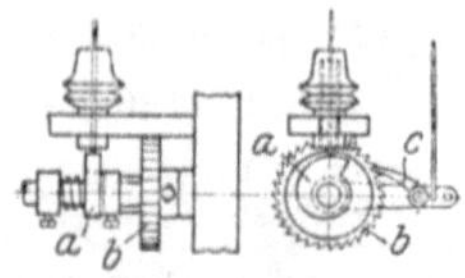

No.	Deutsch / English / Русский		Français / Italiano / Español
11	Kötzerformer (m), [Extraregulator (m)] cop building motion		образующий початок прибор (мр), mécanisme (m) de formation de la cannette meccanismo (m) di formazione della cannetta mecanismo (m) de formación de la canilla
12	Daumenscheibe (f) cam disc кулачная шайба (жр)	a	disque (m) à came disco (m) eccentrico disco (m) excéntrico
13	Daumenscheibenschaltrad (n) ratchet wheel for cam disc храповое колесо (ср) с кулачной шайбой	b	[roue (f) à] rochet (m) du disque à came ruota (f) dentata del disco eccentrico rueda (f) dentada del disco excéntrico
14	Schaltklinke (f), Schiebeklinke (f) pawl, catch собачка (жр) храповика	c	cliquet (m) nottolino (m) gatillo (m)
15	das Schaltrad durch die Klinke drehen to turn the ratchet wheel by the pawl вращать храповое колесо (ср) при помощи собачки		faire tourner la roue à rochet par le cliquet girare la ruota dentata a mezzo del nottolino hacer girar la rueda dentada mediante el gatillo
16	der Trichter hebt die Spule the cup raises the pirn воронка (жр) подымает шпулю		le godet soulève la bobine la coppa solleva la cannetta el embudo levanta la canilla
17	Trichterspulmaschine (f) mit umlaufendem Fadenführer cup pirn winding machine with revolving thread guide воронoчная мотальная машина (жр) с вращающимся нитеводом		cannetière (f) à godet à guide-fil tournant cannettiera (f) a coppe a guida-filo rotativo canillera (f) de embudo con guía-hilos giratorio
18	Schußdupliermaschine (f), Schußfachmaschine (f) weft doubler winder дублирная уточная машина (жр)		cannetière (f) doubleuse cannettiera (f) addoppiatrice canillera (f) dobladora, canillera reunidora

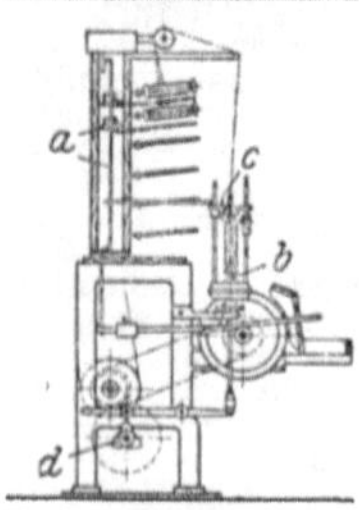

No.	Deutsch / English / Русский		Français / Italiano / Español
19	Schußspulmaschine (f) für Seide pirn *or* quill winding machine for silk уточная мотальная машина (жр) для шелка		cannetière (f) pour soie cannettiera (f) per seta canillera (f) para seda
20	Fadenwächter (m) stop motion останов (мр) при обрыве нити	a	casse-fil (m) meccanismo (m) d'arresto alla rottura d'un filo para-hilos (m)

1	sich auf- und abbewegende Spindel (f) rising and falling spindle веретено (ср) с движением вверх и вниз	b	broche (f) à mouvement de monte-et-baisse fuso (m) a movimento di salita e discesa huso (m) con movimiento de ascenso y descenso
2	umlaufender Fadenführer (m) revolving thread guide вращающийся нитевод (мр)	c	guide-fil (m) tournant guida-filo (m) rotativo guia-hilos (m) giratorio
3	dreiteiliges Exzenter (n) three throw cam эксцентрик (мр) из трех частей	d	excentrique (m) à trois bosses eccentrico (m) triplice triple excéntrico (m)
4	Auf- und Abwärtsbewegung (f) der Spindel up and down motion of the spindle возвратно-поступательное движение (ср) веретена, движение веретена вверх и вниз		mouvement (m) de monte-et-baisse de la broche moto (m) di salita e discesa del fuso movimiento (m) de ascenso y descenso del huso
5	der Fadenführer läuft um die Spule the thread guide revolves round the bobbin нитевод (мр) обращается вокруг шпули		le guide-fil tourne autour de la bobine il guida-filo gira attorno alla bobina el guia-hilos gira alrededor de la canilla
6	nebeneinander [*oder* parallel] liegende Fäden (mpl) parallel lying threads смежные *или* параллельно-расположенные нити (жр)		fils (mpl) disposés parallèlement fili (mpl) disposti parallelamente hilos (mpl) dispuestos paralelamente
7	gezwirnte Fäden (mpl) twisted threads скрученные нити (жр)		fils (mpl) retordus fili (mpl) ritorti hilos (mpl) torcidos
8	Hubscheibe (f) [*oder* Exzenter (n)] für verschiedene Schichtenhöhe cam for varying height of layers эксцентрик (мр) для различной высоты слоев		excentrique (m) pour hauteurs variables des couches de fil eccentrico (m) per variare l'altezza degli strati excéntrico (m) para variar la altura de la capa de hilo
9	gegeneinander verschobene Fadenschichten (fpl) thread layers displaced relatively сдвинутые друг против друга слои (мр) нитей		couches (fpl) de fil alternées strati (mpl) di fili spostati l'uno contro l'altro capas (fpl) alternadas de hilo
10	Abgleiten (n) *oder* Abrutschen (n) der Fadenlagen slipping of thread layers сползание (ср) слоев нитей		éboulement (m) des couches de fil sfasciamento (m) degli strati di fili desplazamiento (m) de las capas de hilo

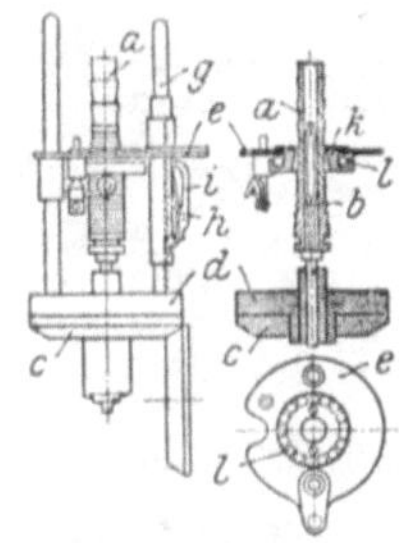

		Spulenhubvorrichtung (f) bobbin lifting motion механизм (мр) подъема шпуль mécanisme (m) de levée de la bobine meccanismo (m) d'alzata della bobina dispositivo (m) elevador de la canilla	11
Spule (f) mit Kegelansatz, Kegelspule (f) pirn with conical base шпуля (жр) с коническим насадком *или* основанием	a	bobine (f) à embase conique bobina (f) con base conica canilla (f) de fondo cónico	12
Spindel (f) mit Feder spring spindle веретено (ср) с пружиной	b	broche (f) à ressort fuso (m) a molla huso (m) de resorte	13
Reibkegelscheibe (f), [Friktionskonusscheibe (f)] friction bevel конусный фрикционный диск (мр)	c	cône (m) de friction cono (m) di frizione cono (m) de fricción	14
Teller (m) disc тарелка (жр)	d	plateau (m) disco (m) plato (m)	15
Fadenführerplatte (f) thread guide plate полка (жр) нитевода	e	plaque (f) guide-fil placca (f) guida-fili disco (m) guia-hilos	16
gezahnte Führungsstange (f) notched guide зубчатая направляющая рейка (жр)	g	crémaillère-guide (f) cremagliera (f) di guida cremallera (f) guia	17
Blattfeder (f) flat spring плоская пружина (жр)	h	ressort (m) à lame molla (f) a lamina resorte (m) de cinta [de acero]	18
Federklinke (f) spring catch пружинная щеколда (жр)	i	loquet (m) à ressort scatto (m) a molla gatillo (m) de resorte	19
Fibretrichter (m) fibre cup фибровая воронка (жр)	k	entonnoir (m) en fibre vulcanisée imbuto (m) di fibra vulcanizzata embudo (m) de fibra vulcanizada	20
Kugellagerung (f) ball bearing шариковая подушка (жр)	l	support (m) *ou* palier (m) à billes cuscinetto (m) a biglie *o* a sfere cojinete (m) de bolas	21

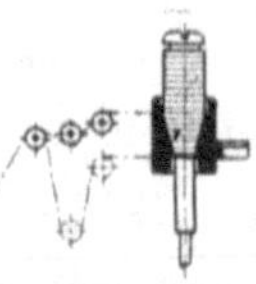

1 Fadenspannungsausgleicher (m)
thread tension equaliser

выравнитель (мр) натяжения нити
égaliseur (m) de tension du fil
eguaglizzatore (m) della tensione del filo
igualador (m) de tensión del hilo

---

2 Fadenvorrat (m), [Fadenreserve (f)]
yarn reserve
запас (мр) нитей [в подмотке]

réserve (f) de fil
riserva (f) del filo
reserva (f) de hilo

---

3 die Fadenspannung regeln
to regulate the tension of the thread
уравнивать *или* регулировать натяжение (ср) нитей

régler la tension du fil
regolare la tensione del filo
regular la tensión del hilo

---

4 die Fadenspannung gleichmäßig halten
to maintain uniform tension
держать *или* сохранять натяжение (ср) нити постоянным

maintenir uniforme la tension des fils
mantenere uniforme la tensione dei fili
mantener uniforme la tensión de los hilos

---

5 die Stange hebt sich
the bar rises
штанга (жр) *или* прут (мр) поднимается

la barre se lève
l'asta (f) si alza
el vástago sube

---

6 die Stange senkt sich
the bar falls
прут (мр) опускается

la barre s'abaisse
l'asta (f) s'abbassa
el vástago baja

---

7 Zuckungen (fpl) im Faden
twitching of the thread
дрожания (ср) нити

chocs (mpl) sur le fil
scosse (fpl) sul filo
choques (mpl) en el hilo

---

8 lockere Fadenwindungen (fpl)
loose coils
слабые *или* рыхлые витки (мр) нити

spires (fpl) enroulées lâchement
spire (fpl) flosce
espiras (fpl) flojas *o* arrolladas flojamente

---

9 den Fadenüberschuß abziehen
to take up the surplus of yarn
стягивать *или* смахивать избыток (мр) нитей

enlever le surplus du fil
levare l'eccesso (m) di filo
quitar el exceso de hilo

---

10 Fadenbeanspruchung (f)
strain on yarn
напряжение (ср) нити

effort (m) sur le fil
sforzo (m) sul filo
esfuerzo (m) sobre el hilo

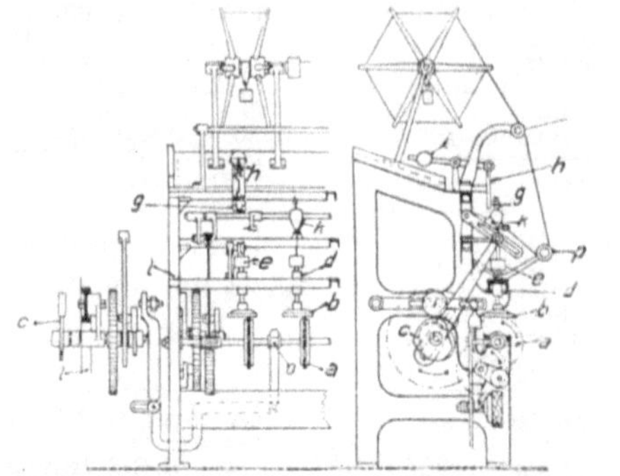

γ_3 **Kötzerspulmaschine (f) mit Leitrollen**
Cop Winder with Guide Cones
Початочно-мотальная машина (жр) с направляющим роликом

Cannetière (f) à cônes de guidage 11
Cannettiera (f) a coni di guida
Canillera (f) con rodillos cónicos guías

---

a Reibrad (n) [Friktionsrädchen (n)]
friction driving disc
фрикционное колесо (ср)

disque (m) de friction à commande positive 12
disco (m) di frizione a comando positivo
disco (m) motor de fricción

---

b Reibteller (m), [Friktionsteller]
driven friction disc, follower
фрикционная тарелка (жр)

disque (m) de friction entraîné 13
disco (m) di frizione strascinato
disco (m) *o* plato (m) conducido de fricción

---

c Hubscheibe (f), [Hubexzenter (n)]
cam
под'емный эксцентрик (мр)

excentrique (m) 14
eccentrico (m)
excéntrico (m)

---

d Spindelbüchse (f)
spindle bush
втулка (жр) веретена

support (m) *ou* boite (f) de la broche 15
sopporto (m) del fuso
estuche (m) del huso

---

e Spindelantriebrolle (f), Spindelmitnehmer (m)
spindle drive
приводный ролик (мр) *или* захватка (жр) веретена

conduite (f) de la broche 16
noce (f) di comando del fuso
impulsor (m) del huso

---

g Spindelgelenk (n), Gelenkstück (n), Spulenschieber (m)
spindle collar
шарнир (мр) веретена

collet (m) de la broche 17
collare (m) del fuso
collar (m) del huso

---

h Gelenkstückführung (f), Spulenschieberführung (f), Spindelgleitstück (n)
spindle collar guide
ползушка (жр) шарнира

glissière (f) du collet de la broche 18
scorritoio (m) del collare del fuso
deslizante (m) o corredera (f) del collar del huso

1 Gegengewichtshebel (m)
balance weight lever
рычаг (мр) противовеса
i
levier (m) à contrepoids
leva (f) del contrappeso
palanca (f) con contrapeso

---

2 Leitkegel (m), Kegelrolle (f)
guide cone
направляющий конус (мр)
k
cône (m) de guidage
cono (m) di guida
cono (m) guía

---

3 Schiene (f), Tisch (m), Spindelbank (f)
spindle rail
полка (жр) *или* брус (мр) *или* доска (жр) для веретен
l
plate-bande (f) *ou* rail (m) des broches
traversa (f) porta-fusi
regla (f) de los husos, bancada (f) portahusos

---

4 Ringnut[e] (f), Ringführung (f)
grooved ring
кольцевая канавка (жр), направляющее кольцо (ср)
o
anneau (m) à gorge
anello (m) a scanalatura
anillo (m) acanalado

---

5 Fadenspannrolle(f)
thread stop motion roller
натяжной ролик (мр)
p
galet (m) de tension du fil
cilindro (m) di tensione del filo
cilindro (m) tensor

---

6 die Hauptwelle verschiebt sich in ihrer Längsrichtung
the main shaft moves axially
главный вал (мр) сдвигается вдоль оси
l'arbre (m) principal se meut dans le sens de son axe
l'albero (m) principale si sposta nel senso del suo asse
el árbol principal se desplaza en el sentido de su eje

---

7 Kegelbildung (f) durch Trichterstück und Laufrolle
formation of cone by segment and guide
образование (ср) конуса при помощи воронки и направляющего каточка
formation (f) du cône par l'entonnoir et le rouleau-guide
formazione (f) del cono a mezzo dell'imbuto e del cilindro di guida
formación (f) del cuerpo cónico mediante el embudo y el rodillo-guía

---

8 Kegelbasis (f) der Spule
conical base of the pirn
конусное основание (ср) шпули
base (f) conique de la cannette
base (f) conica della cannetta
fondo (m) cónico de la canilla

---

9 der Kötzer dreht sich durch Reibung
the cop revolves by friction
початок (мр) вращается посредством трения
la cannette tourne par friction
la cannetta gira per attrito
la canilla gira por fricción

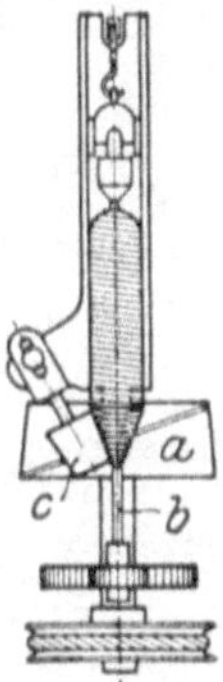

Kreuzschußspulmaschine (f), Kötzerspulmaschine (f) mit Leitrolle und Schlitztrommelfadenführer
cop winder with guide roller and split drum thread guide
початочно-мотальная машина (жр) с направляющим каточком и прорезным нитеводным барабаном **10**
cannetière (f) à cône avec rouleau-guide et tambour fendu pour le guidage du fil
cannettiera (f) con cilindro-guida e tamburo guida-fili a scanalatura spirale
canillera (f) con rodillo guía y tambor de ranura guía-hilos

Schlitztrommel (f)
split drum
прорезной барабан (мр), барабан со щелью
a
tambour (m) fendu
tamburo (m) a scanalatura spirale **11**
tambor (m) de ranura

---

zwangläufig getriebene Spindel (f)
positively driven spindle
веретено (ср) с принудительным приводом
b
broche (f) à commande positive
fuso (m) a comando positivo **12**
huso (m) de impulsión positiva

Leitrolle (f), Laufrolle (f), Formrolle (f), Führungsrolle (f)
guide roller, roller shaper
c
направляющий каточек (мр) **13**
rouleau-guide (m)
cilindro (m) di guida
rodillo (m) guía

Schlitztrommelfadenführung (f), Fadenführung (f) durch Schlitztrommel
thread guiding [operated] by split drum
направление (ср) нити при помощи прорезного барабана
guidage (m) du fil par tambour fendu
guida (f) del filo a mezzo tamburo a scanalatura spirale **14**
conducción (f) del hilo por tambor de ranura

Kötzerspulmaschine(f) mit Leitrolle und Flügelfadenführer
cop winder with guide roller and flyer thread guide
початочная мотальная машина (жр) с направляющим каточком и рогульчатым нитеводом
cannetière (f) à rouleau-guide et guide-fil à ailette
cannettiera (f) a cilindro di guida e guidafilo ad alette **15**
canillera (f) de cilindro guía y guía-hilos de aleta

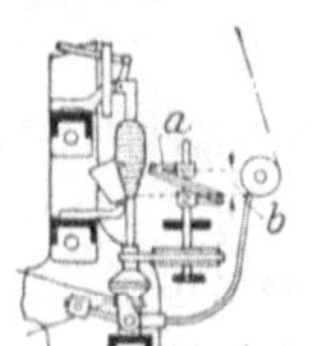

Flügelfadenführer (m)
flyer thread guide
рогульчатый *или* крыльчатый нитевод (мр) **16**
guide-fil (m) à ailette
guida-filo (m) ad alette
guía-hilos (m) de aleta

1 verstellbarer Drahtbügel (m)
adjustable wire hoop
передвижное (-ая) проволочное (-ая) стремя (ср) *или* скоба (жр)
a
pièce (f) réglable en fil métallique courbé
cerchio (m) di filo metallico regolabile
pieza (f) regulable de alambre

2 Schichtenhöhe (f)
length of traverse
под'ем (мр), величина (жр) под'ема, длина (жр) мотки
b
hauteur (f) de l'enroulement
altezza (f) dell'avvolgimento
altura (f) de arrollamiento

3 γ₄ Schußspulmaschinen (fpl) mit Reibrollenfadenführer
Weft Winding Machines with Friction Roller Thread Guide
Уточные мотальные машины (жр) с фрикционно-роликовым нитеводом
Cannetières (fpl) à guide-fil actionné par rouleau de friction
Macchine (pl) a far spolette con guidafili azionato da cilindro di frizione
Canilleras (fpl) con guía-hilos accionado por rodillo de fricción

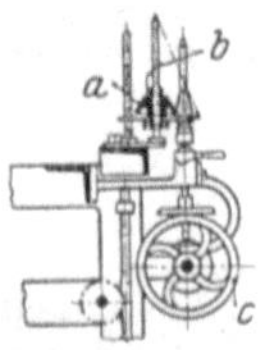

4 Schußspulmaschine (f) mit stehenden Spindeln und Reibrollenfadenführer
weft winding machine with upright spindles and friction roller thread guide
уточная мотальная машина (жр) с фрикционно-роликовым нитеводом и с вертикально стоящими веретенами
cannetière (f) à broches verticales et guide-fil actionné par rouleau de friction
macchina (f) a far spolette con fusi verticali e guida-fili azionato da cilindro di frizione
canillera (f) de husos verticales y guía-hilos accionado por rodillo de fricción

5 Reibrolle (f)
friction roller
фрикционный ролик (мр)
a
rouleau (m) de friction
cilindro (m) di frizione
rodillo (m) de fricción

6 Leitspindel (f), Schraubenspindel (f)
guide screw spindle
направляющий *или* винтовой шпиндель (мр)
b
vis-guide (f)
vite (f) di guida
tornillo (m) guía

7 Reibrad (n)
friction wheel
фрикционное колесо (ср)
c
roue (f) de friction
ruota (f) di frizione
rueda (f) de fricción

8 die Feder steigt im Schraubengewinde
the spring rises up the screw
пружина (жр) движется вверх по винтовой резьбе *или* нарезке
le ressort monte dans le filet
la molla sale nel filetto della vite
el resorte monta sobre el tornillo

9 flaches Schraubengewinde (n)
square screw thread
прямоугольная нарезка (жр)
filet (m) carré *ou* rectangulaire
filetto (m) *o* pane (m) *o* verme (m) quadrangulare
filete (m) de tornillo cuadrado

Planscheibe (f), Reibscheibe (f)
friction disc
фрикционный диск (мр)
disque (m) de friction, plateau (m) d'entraînement 10
disco (m) di frizione
disco (m) de fricción

die Spindel durch eine Planscheibe antreiben
to drive the spindle by means of a friction disc
приводить веретено (ср) во вращение посредством фрикционного диска
commander la broche par un disque de friction
azionare il fuso da un disco di frizione 11
accionar el huso mediante un disco de fricción

gleichförmige Spindeldrehbewegung (f) *oder* Spindeldrehung (f)
uniform rotation of spindle
постоянное вращательное движение (ср) веретена
rotation (f) uniforme de la broche
rotazione (f) uniforme del fuso 12
rotación (f) uniforme del huso

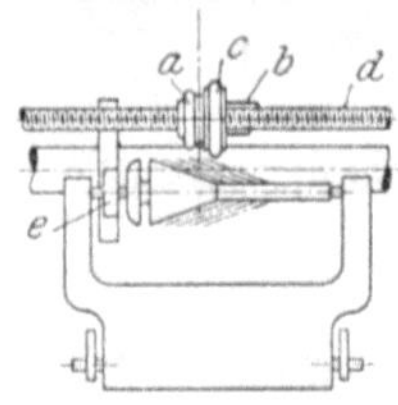

Schußspulmaschine (f) mit liegenden Spindeln und Reibrollenfadenführer
weft winding machine with horizontal spindles and friction driven thread guide
уточная мотальная машина (жр) с горизонтальными веретенами и фрикционно-роликовым нитеводом
cannetière (f) à broches horizontales et guide-fil actionné par rouleau de friction 13
macchina (f) a far spolette con fusi orizzontali e guida-fili azionato da cilindro a frizione
canillera (f) de husos horizontales y guía-hilos accionado por rodillo de fricción

Doppelrolle (f), Fadenführerrolle (f)
thread guide roller
двойной *или* нитеводный ролик (мр)
a
disque (m) guide-fil à gorge
disco (m) guida-filo con scanalatura 14
disco (m) guía-hilos de garganta

federnder Haken (m), Führungsfeder (f)
spring catch *or* hook
пружинящий крючек (мр), направляющая пружина (жр)
b
crochet (m) à ressort
gancio (m) molleggiante
gancho (m) de resorte 15

gerauhte Rolle (f)
roughened disc
ролик (мр) с грубонасеченной поверхностью
c
disque (m) rugueux
disco (m) ruvido
disco (m) de superficie áspera 16

schraubenspindelartige Fadenführerstange (f)
thread guide screw spindle
нитеводный стержень (мр) в виде винтового шпинделя
d
tringle (f) guide-fil en forme de vis
asta (f) del guida-fili a forma di vite 17
vástago (m) guía-hilos en forma de tornillo

1	Lederrolle (f), Reibrolle (f) leather covered friction disc *e* кожаный фрикционный ролик (мр)	disque (m) de friction en cuir disco (m) di frizione in cuoio disco (m) de fricción de cuero
2	der Faden läuft in der Rollennut the thread runs in the groove нить (жр) проходит по канавке ролика	le fil court dans la gorge il filo scorre nella scanalatura el hilo corre por la garganta
3	geriffelte Rolle (f) grooved disc рифленый ролик (мр)	disque (m) cannelé disco (m) scanalato disco (m) acanalado
4	die Rolle liegt am Garn an the disc is in contact with the yarn ролик (мр) прилегает к пряже	le disque est au contact avec le fil il disco è in contatto col filo el disco está en contacto con el hilo
5	die Fadenführerschaltung regelt sich nach der Dicke der Fadenschichten the thread guide motion is regulated by the thickness of yarn layers передача (жр) к нитеводу регулируется сообразно с толщиной слоев нитей	le mouvement du guide-fil se règle d'après l'épaisseur des couches de fil lo spostamento del guida-fili si regola a secondo dello spessore degli strati di filo el movimiento del guia-hilos se regula según el espesor de la capa de hilo

2. Anfeuchten (n) *oder* Nässen (n) des Schusses — Humidification (f) *ou* humectation (f) *ou* vaporisage (m) *ou* mouillage (m) de la trame

6 Moistening *or* Damping the Weft — Inumidimento (m) *o* bagnamento (m) della trama

Увлажнение (ср) утка — Humidificación (f) *o* mojado (m) de la trama

7	den Schuß anfeuchten to damp *or* to moisten the weft увлажнять уток (мр)	mouiller *ou* humidifier la trame inumidire *o* bagnare la trama mojar *o* humidificar la trama
8	das Garn im Strähn nässen to damp the yarn in the hank увлажнять пряжу (жр) в мотках	mouiller le fil en écheveau inumidire il filato in matassa mojar el hilo en madeja
9	die Spulen (fpl) nässen to damp the bobbins смачивать шпули (жр)	mouiller les bobines inumidire le bobine mojar las bobinas

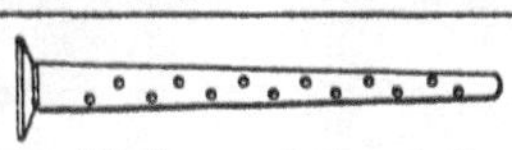

10	durchlöcherte Blechhülse (f) perforated sheet metal tube дырчатая жестяная гильза (жр)	tube (m) métallique perforé tubo (m) metallico perforato tubo (m) metálico perforado
11	Wasser (n) in die Spulen treiben to force water into the bobbins нагонять воду (жр) в шпули	forcer l'eau à pénétrer dans la bobine forzare dell'acqua nelle bobine inyectar del agua en las bobinas
12	die Spulen (fpl) mit der Handspritze anfeuchten to damp the bobbins by hand sprinkler увлажнять шпули (жр) ручной спринцовкой	mouiller les bobines par la seringue inumidire le bobine collo spruzzatore mojar las canillas por la regadera
13	die Spulen (fpl) mit der Hand ausdrükken to squeeze the bobbins by hand вручную выжимать шпули (жр)	exprimer à la main l'eau des bobines spremere le bobine a mano expresar *o* exprimir con la mano el agua de las canillas
14	durchnäßte Spule (f) soaked bobbin насквозь смоченная шпуля (жр)	bobine (f) trempée bobina (f) bagnata canilla (f) mojada
15	angefeuchtete Spule (f) damped bobbin увлажненная шпуля (жр)	bobine (f) mouillée *ou* humectée bobina (f) inumidita canilla (f) humedecida
16	Garnnässer (m), Spulennässer (m), Einweicher (m) yarn moistener *or* damper *or* sprinkler *or* soaker *or* steeper рабочий (мр) по умягчению пряжи *или* шпуль, мягчильщик (мр)	ouvrier (m) mouilleur *ou* assouplisseur de trame operaio (m) bagnatore per la trama obrero (m) mojador *o* suavizador de trama

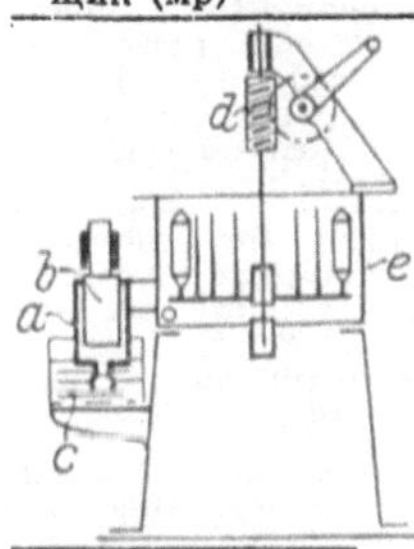

17	Anfeuchtvorrichtung (f) für Garne yarn damping arrangement устройство (ср) для увлажнения пряжи	appareil (m) humidificateur pour fils apparecchio (m) umettatore *o* di umidificazione per filati aparato (m) humidificador *o* mojador para hilos
18	Pumpenzylinder (m) pump cylinder *a* насосный цилиндр (мр)	cylindre (m) de la pompe cilindro (m) della pompa cuerpo (m) *o* cilindro (m) de la bomba
19	Kolben (m) piston *b* поршень (мр)	piston (m) pistone (m) pistón (m), émbolo (m)
20	Wasserbecken (n) water trough *c* ящик (мр) для воды	bac (m) à eau truogo (m) ad acqua artesa (f) *o* barreño (m) *o* recipiente (m) de agua
21	Schraubenradgetriebe (n) worm and wheel *d* передача (жр) винтовыми колесами	engrenage (m) à vis sans fin ingranaggio (m) a vite senza fine engranaje (m) de tornillo sin fin
22	Mantel (m) casing *e* кожух (мр)	enveloppe (f) inviluppo (m) estuche (m)

1	Garnbefeuchtungskammer(f), Befeuchtungsraum (m) moistening chamber камера (жр) для увлажнения пряжи, увлажнительное помещение (ср)	chambre (f) de mouillage camera (f) d'umidificazione recinto (m) de mojado
2	Luftkammer (f), Luftschacht air chamber воздушная камера (жр) *или* шахта (жр)	chambre (f) à air camera (f) d'aria cámara (f) de aire
3	Umleitungsrohr (n) by-pass pipe обводная *или* обходная труба (жр)	conduite (f) de dérivation condotto (m) di derivazione tubería (f) en derivación
4	Gebläse (n) blower воздуходувка (жр)	souffleur (m) soffiatore (m) insuflador (m), inyector (m)
5	Wasserzerstäuber (m), Wasserdüse (f) water atomiser распылитель (мр) воды, пульверизатор (мр) для воды, водяное сопло (ср)	pulvérisateur(m) d'eau polverizzatore (m) ad acqua pulverizador (m) de agua
6	fahrbares Korbgestell (n) travelling yarn skip carrier катающийся станок (мр) для корзины	panier (m) à fil roulant paniere (m) di filato mobile cesta (f) de hilo móvil
7	selbsttätige Zu- und Abführung (f) der Garnkörbe automatic conveying of yarn skips автоматические подача (жр) и удаление (ср) корзин с пряжей	transport (m) automatique des paniers à fil trasporto (m) automatico dei panieri di filato transporte (m) automático de lascestas de hilo
8	Garnbefeuchtungskorb (m), Korb (m) für Garnbefeuchtung skip for yarn damping корзина (жр) для увлажнения пряжи	panier (m) pour le mouillage du fil paniere (m) per inumidire il filato cesto (m) para el mojado del hilo
9	Garnhorde (f) yarn hurdle решетка (жр) *или* стеллаж (мр) *или* полки (жр) для пряжи	*a* claie (f) à bobines graticcio (m) per filato zarzo (m) *o* rejilla (f) de hilo
10	Befeuchtungskasten (m) moistening *or* conditioning chamber увлажнительный ящик (мр) chambre (f) d'humidification camera (f) d'umidificazione cámara (f) de humidificación	*b*
11	Luftbefeuchter (m) air moistener увлажнитель (мр) воздуха humecteur (m) d'air umettatore (m) d'aria humidificador (m) del aire	*c*
12	Kreislaufrohr (n) circulating pipe *d* циркуляционная труба (жр)	tuyau (m) de circulation tubo (m) di circolazione tubo (m) de circulación
13	Entleeren (n) der Horde emptying the hurdle опоражнивание (ср) *или* разгружение (ср) решетки	vidange (f) des claies scaricamento (m) dei graticci descarga (f) del zarzo
14	Beschicken (n) der Horde filling the hurdle заполнение (ср) *или* загружение (ср) решетки	remplissage (m) des claies riempimento (m) *o* caricamento (m) dei graticci carga (f) del zarzo
15	Kreislauf (m) der Befeuchtungsluft circulation of the damp air кругооборот (мр) увлажняющего воздуха	circulation (f) de l'air humide circolazione (f) dell'aria umida circulación (f) del aire húmedo

III.

16	**Einziehen** (n) ***oder*** **Durchziehen** (n) ***oder*** **Einreihen** (n) ***oder*** **Reihen** (n) ***oder*** **Einpassieren** (n) ***oder*** **Passieren** (n) **der Kettfäden** **Drawing in** ***or*** **Looming** ***or*** **Heddling** ***or*** **Entering** ***or*** **Passing the Warp Threads** **Пробирание** (ср) **или проборка** (жр) **основы**	**Passage** (m) ***ou*** **remettage** (m) ***ou*** **rentrage** (m) **des fils de chaîne** **Passaggio** (n) **delle catene nei licci, rimettitura** (f) **Remetido** (m) ***o*** **pasado** (m) **de la urdimbre**

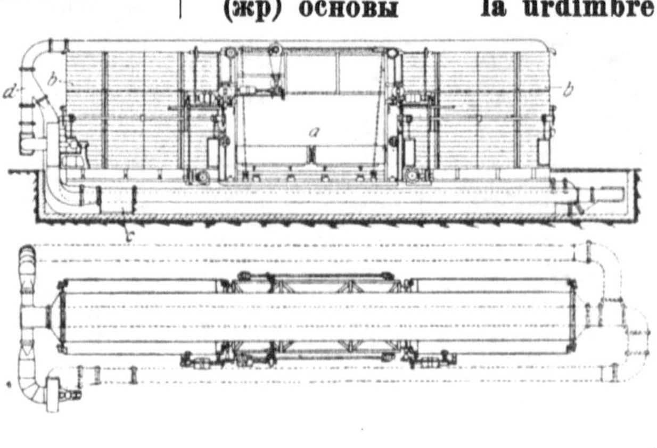

1	**1. Allgemeines** (n) **General Terms** **Общее** (ср)	**Généralités** (fpl) **Generalità** (fpl) **Generalidades** (fpl)
2	die Kette in das Geschirr einziehen to draw in *or* to heddle *or* to enter *or* to pass *or* to loom the warp threads пробирать основу (жр) сквозь ремиз	rentrer *ou* passer les fils (mpl) de chaîne dans l'équipage, remettre les fils, renfiler passare *o* rimettere i fili di catena nei licci remeter la urdimbre
3	das Geschirr neu mit Kette beziehen to draw in a new warp заново пробирать основу (жр) сквозь ремиз	rentrer une nouvelle chaîne passare una nuova catena remeter una urdimbre nueva
4	Schafteinzug (m), Geschirreinzug (m), Einzug (m), Fadeneinzug (m), Reihzug (m), Reihung (f), [Passage (f)] draft, pass пробор (мр) ремиза	passage (m) rimettaggio (m) remetido (m) de los lizos
5	eine Schnur durch die Litzenaugen ziehen to pass a cord through the heald eyes протягивать шнур (мр) сквозь глазки колышек *или* галей	passer une ficelle dans les maillons des lisses passare uno spago nelle maglie dei licci pasar un cordel por los ojales *o* las mallas de los lizos
6	die Einziehnadel durch das Litzenauge stechen to pass the heddle hook through the heald eye продевать проборную иглу (жр) сквозь глазок колышки	passer le crochet dans les maillons des lisses passare l'uncino nelle maglie dei licci pasar el gancho por las mallas de los lizos
7	Einzieher (m), Ketteinzieher (m), Reiher (m), [Passierer (m)] warp drawer, drawer in, healder проборщик (мр)	passeur (m) *ou* remetteur (m) *ou* rentreur (m) *ou* [r]enfileur *ou* [r]entrayeur (m) de chaînes, lamier (m) operaio (m) passalicci pasador (m), obrero (m) remetedor de urdimbres
8	Einzieherin (f), Ketteinzieherin (f), Reiherin (f), [Passiererin (f)] warp drawer, drawer in, healder проборщица (жр)	passeuse (f) *ou* remetteuse (f) *ou* rentreuse (f) *ou* [r]enfileuse (f) *ou* [r]entrayeuse (f) de chaînes operaia (f) passa-licci pasadora (f), obrera (f) remetedora de urdimbres
9	der Einzieher zieht die Kettfäden in die Litzenaugen ein the drawer in passes the warp threads through the heald eyes проборщик (мр) пробирает нити (жр) основы сквозь глазки колышек	le rentreur passe les fils de chaîne à travers les maillons il passa-licci entra i fili di catena nelle maglie el pasador remete los hilos de urdimbre por las mallas
10	der Aufgeber reicht zu *oder* legt auf *oder* gibt auf the reacher passes the threads подавальщик (мр) подает	l'aide-rentreur (m) passe le fil dans le crochet il passa-fili da il filo nell'uncino el ayudante coloca el hilo en el gancho
11	die Fäden aufgeben *oder* auflegen *oder* zureichen to pass *or* to reach *or* to hand the threads подавать *или* накладывать нити (жр)	passer les fils dans le crochet dare il filo nell'uncino entregar los hilos
12	Aufgeben (n), Auflegen (n), Zureichen (n) reaching *or* passing *or* handing the threads подача (жр), накладка (жр)	passage (m) des fils de chaîne dans le crochet passaggio (m) dei fili nell'uncino pasado (m) de los hilos de urdimbre en el gancho
13	Anreicher (m), Zureicher (m), Aufgeber (m), Aufleger (m), Einleger (m) reacher [in] подавальщик (мр)	aide-rentreur (m), donneur (m) *ou* livreur (m) de fils [operaio (m)] passa-fili (m) ayudante (m) del pasador, obrero (m) entrega hilos
14	Auflegerin (f), Anreicherin (f), Aufgeberin (f), Zureicherin (f), Einlegerin (f) reacher, reacher in подавальщица (жр)	aide-rentreuse (f), donneuse (f) *ou* livreuse (f) de fils operaia (f) passa-fili ayudante (f) del pasador, obrera (f) entrega hilos
15	Einzugweise (f), Einzugordnung (f), Einzugart (f) draft, order of drawing in род (мр) проборки	façon (f) de rentrage metodo (m) di rimettitura orden (m) *o* clase (f) de remetido
16	 Einzug (m) von vorn nach hinten drawing in from front to back	проборка (жр) с лица *или* с лицевой стороны rentrage (m) d'avant à l'arrière rimettaggio (m) dal davanti al di dietro remetido (m) de delante atrás
17	von vorn nach hinten einziehen to draw in from front to back пробирать с лица	rentrer d'avant à l'arrière passare dal davanti al di dietro remeter de delante atrás
18	 Einzug (m) von hinten nach vorn drawing in from back to front	проборка (жр) сзади *или* с затылка *или* с зада на перед rentrage (m) de l'arrière à l'avant rimettaggio (m) dal di dietro all'avanti remetido (m) de detrás adelante
19	von hinten nach vorn einziehen to draw in from back to front пробирать с зада на перед	rentrer de l'arrière à l'avant passare dal di dietro all'avanti remeter de detrás adelante

Einzugeinheit (f), Einzugrapport (m)
1 repeat of the draft
проборный рапорт (мр)
répétition (f) des fils sur les lames *ou* de l'armure dans la largeur
ripetizione (f) dei fili di catena
repetición (f) de los hilos de urdimbre

Einzugfehler (m)
2 drawing in fault
порок (мр) *или* недочет (мр) проборки
faute (f) de rentrage
sbaglio (m) *o* errore (m) di rimettaggio
falta (f) de remetido

---

der Faden kommt in ein unrechtes Litzenauge
3 the thread is drawn through the wrong heald eye
нить (жр) попадает не в тот глазок колышки
le fil est rentré à travers un maillon faux
il filo viene passato per una maglia sbagliata
el hilo es remetido por una malla que no corresponde

---

die Kettenfäden (mpl) falsch einziehen
4 to draw in the warp threads in a wrong order
неверно *или* неправильно пробирать нити (жр) основы
rentrer les fils de chaîne à faux
sbagliare la maglia
remeter los hilos de urdimbre por mallas falsas

---

der Einzug ist verkehrt *oder* falsch
5 the drawing in is done in a wrong order
пробор (мр) неправилен
le rentrage est effectué dans un mauvais ordre
il rimettaggio è sbagliato
el remetido está efectuado en mal orden

---

verkehrter *oder* falscher Einzug (m)
6 false draft
неправильный пробор (мр)
mauvais rentrage (m)
rimettaggio (m) sbagliato
mal remetido (m)

Reihgrat (m), Grat (m), Gratlinie (f)
7 looming line
рядковый хребет (мр), вершинная линия
course (f) *ou* chemin (m) de remettage
corso (m) *o* via (f) di rimettaggio
curso (m) *o* linea (f) de remetido

---

x gratiger Einzug (m)
8 *x* line draft *or* pass
пробор (мр) о *x* вершинах
remettage (m) à course *ou* à répétition de *x* fils
rimettaggio (m) a corsa di *x* fili
remetido (m) de *x* hilos

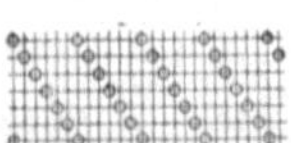

9 Einzug (m) gerade durch, glatter *oder* fortlaufender *oder* regelmäßiger Einzug
straight pass, continuous pass
сквозной *или* рядовой *или* беспрерывный *или* равномерный пробор (мр)
remettage (m) suivi *ou* à la course
rimettaggio (m) diretto *o* seguito *o* seguente *o* alla corsa
remetido (m) a orden seguido

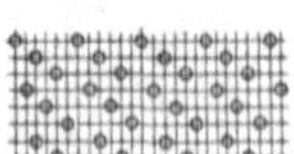

10 atlasartiger *oder* zerstreuter *oder* sprungweiser *oder* springender *oder* versetzter Einzug (m)
skip pass
пробор (мр) в разбивку, прерывистый пробор
remettage (m) sauté, remettage satin
rimettaggio (m) saltuario *o* interrotto
remetido (m) en forma de raso

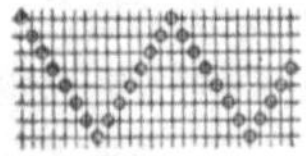

Spitzeinzug (m), Einzug spitz
return *or* point *or* diamond pass
зубчатый *или* зигзагообразный *или* остроконечный пробор (мр)
remettage (m) [suivi] à retour, rentrage (m) chevron *ou* à pointe 11
rimettaggio (m) a punta
remetido (m) [de orden] a punta

---

einfacher Spitzeinzug (m)
simple point pass
обыкновенный *или* простой зигзагообразный пробор (мр)
remettage (m) à retour simple
rimettaggio (m) a punta semplice 12
remetido (m) [de orden] a punta simple

Doppelspitzeinzug (m)
double point pass
сложный зигзагообразный пробор (мр)
remettage (m) à retour redoublé
rimettaggio (m) a doppia punta 13
remetido (m) [de orden] a punta doble

Spitzschaft (m)
point shaft
вершинная ремизка (жр)
lame (f) de pointe
lama (f) di punta 14
malla (f) de punta

Spitzfaden (m)
centre thread
вершинная нить (жр)
fil (m) de pointe
filo (m) di punta *o* di vertice 15
hilo (m) de punta

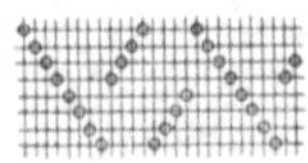

gebrochener Einzug (m), Einzug gebrochen, Kreuzeinzug (m), versetzter Spitzeinzug (m)
broken pass
ломаный *или* крестовой *или* угольчатый *или* сдвинутый пробор (мр)
remettage (m) chevron interrompu, rentrage (m) à pointe et à retour 16
rimettaggio (m) interrotto
remetido (m) [de orden] interrumpido

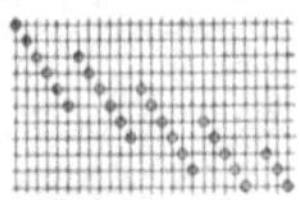

abgesetzter *oder* absetzender *oder* schraubenförmiger Einzug (m), schreitender Einzug, Einzug absetzen
stage pass
ступенчатый пробор (мр)
remettage (m) en escalier 17
rimettaggio (m) progressivo
remetido (m) [de orden] escalonado

---

gruppenweiser Einzug (m)
grouped pass
групповой пробор (мр)
remettage (m) par groupes *ou* à paquets
rimettaggio (f) combinato *o* a gruppi *o* a fasci 18
remetido (m) [de orden] a grupos

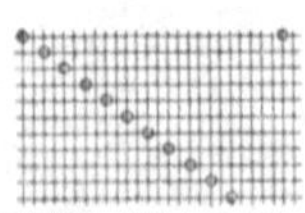

verteilter Einzug (m), mehrfacher Einzug, Einzug mehrfach
repeated pass
пробор (мр) в раскладку
remettage (m) par deux *ou* plusieurs remises 19
rimettaggio (m) suddiviso
remetido (m) a dos remesas *o* varias remesas

1 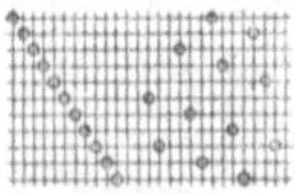

gemischter *oder* zusammengesetzter Einzug (m)
mixed pass
смешанный *или* сборный пробор (мр)
remettage (m) amalgamé
rimettaggio (m) amalgamato
remetido (m) [de orden] mixto *o* amalgamado

---

2 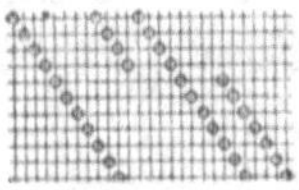

Eckeinzug (m)
pass for corner pieces
угловой пробор (мр), пробор для углов
remettage (m) pour bordures
rimettaggio (m) per bordure *o* per orli
remetido (m) para orillos

---

3 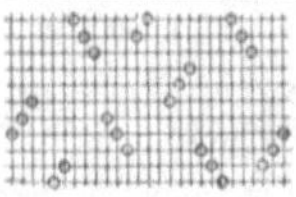

scheinbar unregelmäßiger Einzug (m), gemusterter Einzug
fancy pass
ложно-неравномерный пробор (мр)
remettage (m) façonné
rimettaggio (m) fantasia
remetido (m) caprichoso

---

4 beschränkter *oder* reduzierter Einzug (m)
reduced pass
ограниченный пробор (мр)
remettage (m) réduit
rimettaggio (m) ridotto
remetido (m) reducido

---

5 verwickelte [*oder* komplizierte] Verreihung (f), [komplizierter Einzug (m)]
complicated pass
сложный пробор (мр)
remettage (m) compliqué
rimettaggio (m) complicato
remetido (m) complicado

---

6 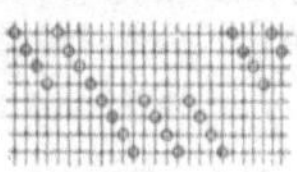

mehrchöriger *oder* mehrteiliger *oder* mehrwerkiger *oder* satzweiser Einzug (m)
space pass
составной групповой пробор (мр)
remettage (m) à plusieurs corps
rimettaggio (m) a più corpi
remetido (m) a varios cuerpos

---

7 gazeartiger Einzug (m)
gauze draft
газовой гробор (мр)
remettage (m) gaze *ou* sinueux
rimettaggio (m) sinuoso
remetido (m) sinuoso

---

8 **2. Einziehvorrichtungen** (fpl)
Drawing in ***or*** **Looming Appliances**
Устройства (ср) **для проборки**
Outils (mpl) **de rentrage**
Dispositivi (mpl) **di rimettaggio**
Dispositivos (mpl) ***o*** **útiles** (mpl) **de remetido**

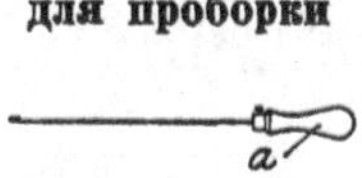

9 Einziehnadel (f), Einziehhaken (m), Reihhaken (m)
drawing in hook, heald hook, heddle hook
проборная (-ый) игла (жр) *или* крючек (мр)
passette (f)
uncino (m) per passare i fili, uncino di rientramento
pasador (m), repasadera (f), gancho (m) repasador

---

a Heft (n), Handgriff (m)
handle, haft
ручка (жр)
manche (m)
manico (m) 10
mango (m)

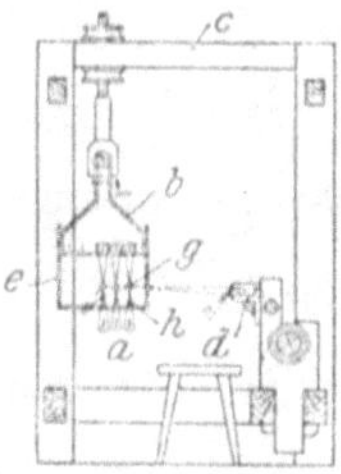

Einziehgestell (n), Ketteneinziehstuhl (m), Geschirreihstuhl (m), Geschirreinziehmaschine (f)
drawing in *or* looming frame
проборный станок (мр) 11
métier (m) *ou* banc (m) à rentrer les chaînes
banco (m) di rimettaggio
caballete (m) *o* aparato (m) para remeter urdimbres

---

a Geschirr (n), Webgeschirr (n), Zeug (n), Werk (n), Schaftwerk (n)
mounting, harness
ремиз (мр)
équipage (m), lisses (fpl), remisse (m), harnais (m), harnat (m)
licciata (f), licciatura (f), rimessa (f), gioco (m) 12
remesa (f)

---

b Geschirrhalter (m), Schafthalter (m)
harness frame
ремиводержатель (мр), подвеска (жр) для ремизок
porte-lisse (m), porte-lame (m)
porta-licci (m)
soporte (m) de la remesa 13

---

c Riegel (m)
cross beam
[верхняя] перекладина (жр) *или* поперечина (жр)
traverse (f)
traversa (f)
travesaño (m) 14

---

d verstellbarer Bock (m)
adjustable carrier *or* bracket [for dividing rods]
передвижные козлы (мр)
console (f) réglable
cavalletto (m) regolabile
mesa (f) regulable, soporte (m) regulable de las cañas de la cruz 15

---

e verstellbarer Schienenhalter (m)
adjustable support for ridge bars
переставной суппорт (мр) для реек
support (m) réglable pour les barres de soutien des lisses
sopporto (m) regolabile per le aste di sostegno dei licci 16
soporte (m) regulable para las barras de sostén de los lizos

---

g Litzenauge (f), Helfenauge (n)
heald eye[let], mail
глазок (мр) колышки, петлица (жр)
maillon (m), maille (f), œillet (m)
anello (m), maglia (f) 17
mallón (m), malla (f), ojal (m)

---

h Helfenschiene (f), Litzenschiene (f)
ridge bar
фланка (жр) ремизки
barre (f) de soutien des lisses
asta (f) di sostegno dei licci 18
barra (f) de sostén de los lizos

1 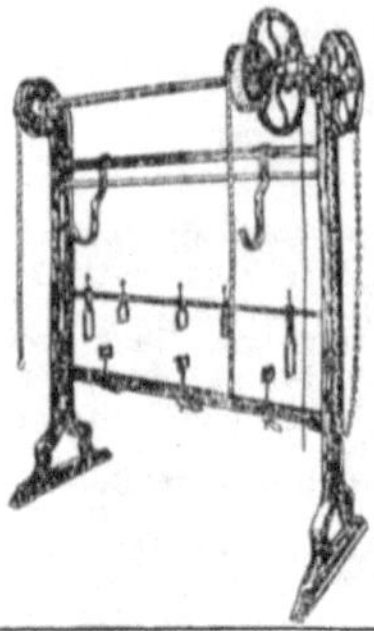

Ketteneinziehstuhl (m)
looming frame, drawing in frame
станок (мр) для проборки основы
métier (m) à rentrer les chaînes
telaio (m) per entrare le catene
máquina (f) *o* aparato (m) *o* caballete (m) para remeter las urdimbres

2 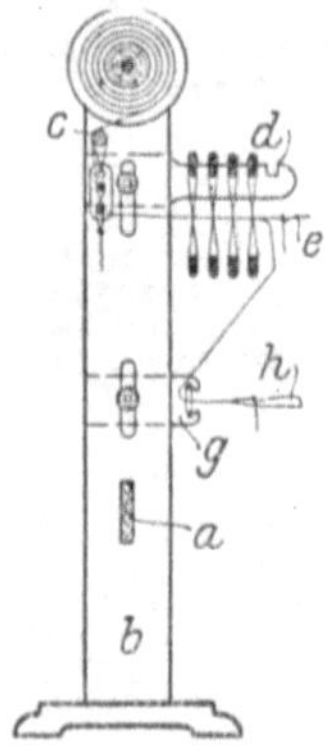

Geschirreihstuhl (m)
drawing in frame
проборный станок (мр)
métier (m) à rentrer les chaînes
telaio (m) per entrare le catene
aparato (m) para remeter las urdimbres

3 Querriegel (m)
cross bar
поперечина (жр)
a entretoise (f)
traversa (f)
pasador (m)

4 Gestellwand (f)
frame end
стойка (жр) станка
b montant (m)
parete (f) del telaio
montante (m)

5 feststeckender Holzstab (m)
fixed wooden rod
закрепленный деревянный пруток (мр)
c baguette (f) de bois fixe
bacchetta (f) di legno fissa
vástago (m) de madera fijo

6 Ausschnitt (m) für das Einlegen des Schaftstabes
notch to put in the heald shaft
вырез (мр) *или* паз (мр) для закладывания ремизной фланки
d encoche (f) pour placer le liseron
tacca (f) per piazzare la licciola
muesca (f) *o* entalladura (f) para colocar el listón

7 Einziehhäkchen (n)
drawing in hook
проборный крючек (мр)
e passette (f)
uncino (m) per passare i fili
gancho (m) repasador

8 Blatthalter (m), Riedgestell (n)
bracket for holding reed, reed holder
бердодержатель (мр)
g support (m) du peigne
sopporto (m) del pettine
soporte (m) del peine

9 Blattstecher (m), Blattmesser (n)
reed hook
бердочное (-ый) шило (ср) *или* крючек (мр)
h passette (f) pour peigne
utensile (m) pel passaggio nel pettine
repasadera (f) de peine

die Schäfte (mpl) einhängen
to hang up the shafts
навешивать ремизки (жр)
accrocher les lames (fpl)
appendere le lame
colgar los lizos 10

Hebevorrichtung (f) für den Kettbaum
yarn beam lifting motion
под'емное приспособление (ср) для навоя
dispositif (m) de soulèvement de l'ensouple de chaîne
dispositivo (m) per alzare il subbio della catena
dispositivo (m) de levantamiento del plegador de urdimbre 11

den Kettbaum einlegen *oder* einhängen
to put in *or* to suspend the yarn beam
вкладывать навой (мр)
placer l'ensouple de chaîne
collocare il subbio di catena
colocar el plegador de urdimbre 12

IV.

Blattstechen (n), Riedstechen (n), Kammstechen (n), Blatteinzug (m), Kammeinzug (m), Riedeinzug (m)

Reeding

Пробирание (ср) берда

Piquage (m) en peigne, empeignage (m), passage (m) au peigne

Passatura (f) *o* passaggio (m) [nel pettine], impettinatura (f) 13

Remetido (m) del peine

Kamm (m), Blatt (m), Riedblatt (m)
reed, comb
бердо (ср)
peigne (m), ros (m), rot (m)
pettine (m)
peine (m) 14

den Kamm [für das Gewebe] auswählen
to choose *or* to select the reed [suitable for the weave]
выбирать бердо (ср) [для ткани]
choisir le peigne [pour le tissu]
scegliere il pettine [per il tessuto]
escoger el peine [para el tejido] 15

Einstellen (n) der Kette ins Blatt
slaying, setting [the warp in the reed]
расположение (ср) основы в берде
compte (m) de chaîne en peigne
distribuzione (f) della catena nel pettine
cuenta (f) de la urdimbre 16

die Kette ins Blatt einstellen
to slay, to set [the warp in the reed]
располагать основу (жр) в берде
faire le compte de chaîne en peigne
fare la distribuzione della catena nel pettine
hacer la cuenta de la urdimbre 17

1	Riedstecher (m), Blattstecher (m), Riedeinzieher (m) (Arbeiter) reeder, reed drawer in проборщик (мр) берд	empeigneur (m), passeur (m) *ou* repasseur (m) de peigne, piqueur (m) au peigne, remetteur (m) *ou* rentreur (m) en peigne, renfileur (m) passatore (m) d'ordito obrero (m) remetedor del peine, pasador (m) del peine
2	Riedstecherin (f), Blattstecherin (f), Riedeinzieherin (f) reeder, reed drawer in проборщица (жр) берд	empeigneuse (f), passeuse (f) *ou* repasseuse (f) de peigne, piqueuse (f) au peigne, remetteuse (f) *ou* rentreuse (f) en peigne, renfileuse (f) passatrice (f) d'ordito obrera (f) remetedora *o* pasadora del peine
3	die Fäden (mpl) ins Ried nehmen, das Blatt anstechen to reed, to arrange the threads in the dent пробирать нити (жр) в бердо, продевать нити сквозь бердо	piquer au peigne passare i fili nel pettine remeter los hilos en el peine
4	den Zahn beziehen to fill the dent заправлять зуб (мр)	garnir la dent guarnire il dente llenar el claro
5	Art (f) des Kammeinzugs reeding order род (мр) пробора берда	ordre (m) du piquage au peigne ordine (m) della passatura orden (m) de remetido
6	lichte *oder* schüttere Fadeneinstellung (f) clear set [of warp threads] редкое расположение (ср) нитей	compte (m) de chaine réduit *ou* clair distribuzione (f) chiara della catena cuenta (f) clara de urdimbre
7	die Kette licht einstellen to set *or* to reed the warp clear редко располагать основу (жр)	faire un compte de chaine réduit fare una distribuzione chiara della catena hacer una cuenta clara de urdimbre
8	lichte Kette (f) clearly set warp редкая основа (жр)	chaine (f) en compte réduit catena (f) distribuita chiaramente urdimbre (f) de cuenta clara
9	Einstelldichte (f), Fadendichte (f), Fadeneinstellung (f), Kettendichte (f), Kettenstand (m), Einstellweite (f) set [of warp threads], ends per inch плотность (жр) заправки *или* нитей *или* основы, расположение (ср) нитей, ширина (жр) набора	compte (m) de fils distribuzione (f) dei fili di catena cuenta (f) de hilos
10	dichte Stellung (f) der Kette close set [of warp threads] плотное (-ый) расположение (ср) *или* набор (мр) основы	compte (m) de chaine serré distribuzione (f) di catena serrata cuenta (f) crecida *o* espesa *o* densa de urdimbre
11	die Kette dicht stellen to set *or* to reed the warp close плотно набирать основу (жр)	faire un compte de chaine serré fare una distribuzione di catena serrata hacer una cuenta crecida de urdimbre
12	dichte Kette (f) closely set warp плотно набранная основа (жр)	chaine (f) en compte serré catena (f) serrata urdimbre (f) de cuenta crecida
13	die Kette steht hoch im Blatt the warp is crowded in the reed основа (жр) плотно пробрана в берде	la chaine est piquée forte dans la dent l'ordito (m) è forte nei vani del pettine la urdimbre está apretada *o* densa en los claros
14	Fadenzahl (f) auf den Zahn, Fädigkeit (f) number of threads per dent число (ср) нитей на зуб	nombre (m) de fils en dent numero (m) di fili per dente número (m) de hilos por claro *o* espacio
15	*x* Fäden (mpl) im Rohr *oder* Zahn *x* threads in the dent *x* нитей в берде	*x* fils par dent *x* fili nel dente *x* hilos por claro
16	die Kettfäden (mpl) *x*fach in das Ried einziehen to arrange *x* warp threads in a dent пробирать по *x* нитей основы сквозь бердо	piquer *x* fils en dent passare *x* fili nel dente remeter *x* hilos en el claro
17	Riedstreifen (m), Gasse (f), Rohrstreifen (m), Längsfurche (f), Rohrstelle (f) reed mark бердочный (-ая) желоб (мр) *или* паз (мр) *или* канавка (жр), паз сволочки	rainure (f) *ou* rayure (f) *ou* trace (f) *ou* sillon (m) de peigne segno (m) del pettine ranura (f) de peine
18	Gang (m) beer, bear, porter ход (мр)	portée (f) portata (f) portada (f), cama (f)
19	das Ried nach Gängen abteilen to divide the reed into beers разделять бердо (ср) по ходам	diviser le peigne d'après les portées dividere il pettine a secondo delle portate dividir el peine según las portadas
20	die Kette steht *x* Gang the warp is in *x* beers основа (жр) о *x* ходах, *x*-ходовая основа	la chaine comprend *x* portées la catena comprende *x* portate la urdimbre consta de *x* portadas
21	fünfgängige Kette (f) five beer warp пятиходовая основа (жр)	chaine (f) à cinq portées catena (f) a cinque portate urdimbre (f) de cinco portadas
22	die Fäden (mpl) sind verdreht the threads are entangled нити (жр) закручены *или* перекручены	les fils sont enchevêtrés i fili sono intralciati los hilos están enredados
23	Verdrehung (f) der Fäden entanglement of the threads перекрутка (жр) нитей	enchevêtrement (m) des fils intralciamento (m) dei fili enredado (m) de los hilos

No.	Fig.	German / English / Russian	French / Italian / Spanish
1		Blattstecher (m), Rietstecher (m), Blattmesser (n), Kammmesser (n), Einziehmesser (n), Rietmesser (n), Kammhäkchen (n) reed hook, sley hook бердочная (-ое, -ый) игла (жр) *или* шило (ср) *или* нож (мр)	crochet (m) *ou* passette (f) pour peigne uncino (m) per il pettine gancho (m) para pasar en el peine, repasadera (f)
2		messerartiges Werkzeug (n) blade tool ножевидный инструмент (мр)	outil (m) en forme de couteau utensile (m) in forma di coltello herramienta (f) *o* útil (m) en forma de cuchillo
3		das Häkchen geht um einen Zahn weiter the reed hook passes from dent to dent крючек (мр) продвигается на зуб вперед	la passette traverse successivement chaque dent l'uncino (m) passa di dente a dente la repasadera pasa de diente a diente
4		Blattstechmaschine (f) reeding machine машина (жр) для проборки берда	piqueuse (f) mécanique macchina (f) per il passaggio nel pettine máquina (f) remetedora del peine
5		Blattstechmaschine (f) mit schwingendem Einziehmesser reeding machine with swinging reed hook машина (жр) с качающимся шилом для проборки берда	piqueuse (f) mécanique à crochet oscillant macchina (f) di passatura a uncino oscillante máquina (f) remetedora de repasadera oscilante

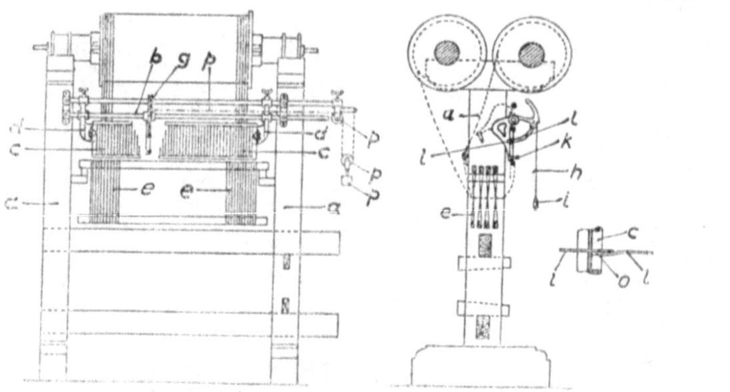

No.	Fig.	German / English / Russian	French / Italian / Spanish
6	a	Holzständer (m) wood frame деревянная стойка (жр)	bâti (m) en bois montante (m) di legno bastidor (m) *o* montante (m) de madera
7	b	wag[e]rechte Führungsstange (f) horizontal guide rod горизонтальный направляющий прут (мр)	tige-guide (f) horizontale asta (f) di guida orizzontale barra-guía (f) horizontal
8	c	Blatt (n) reed бердо (ср)	peigne (m) pettine (m) peine (m)
9	d	Einstellbügel (m) für das Blatt reed adjusting bracket установочная скоба (жр) для берда	support (m) de réglage du peigne sopporto (m) di regolazione del pettine soporte (m) de regulación del peine
10	e	Litzen (mpl) healds ремизки (жр)	lisses (fpl) licci (mpl) lizos (mpl)
11	g	Blattstechhebel (m) reed hook lever рычажек (мр) для проборки берда	levier (m) de la passette leva (f) dell'uncino palanca (f) de la repasadera
12	h	Zugschnur (f) pulling cord тяжник (мр)	cordon (m) de commande corda (f) di comando cordel (m) accionador
13	i	Schlaufe (f) loop дергалка (жр), груша (жр), шишка (жр)	nœud (m) occhiello (m) nudo (m)
14	k	Blattstecher (m) reed hook бердочное шило (ср)	passette (f) pour peigne uncino (m) per pettine repasadera (f)
15	l	Rohröffner (mpl) dent *or* reed openers разводки (жр) бердочных зубьев	ouvreurs (mpl) de dents apritoi (mpl) dei denti abridores (mpl) *o* separadores (mpl) de dientes
16	o	seitlich abgebogene Spitze (f) des Rohröffners bent point of reed opener отогнутая (-ое) оконечность (жр) *или* острие (ср) разводки бердочных зубьев	pointe (f) recourbée de côté de l'ouvreur de dents punta (f) ricurva lateralmente dell'apritoio di denti punta (f) curvada lateralmente del separador de dientes
17	p	Gewichtszug (m) tackle грузовой блок (мр)	palan (m) palanco (m) garrucha (f)
18		gewichtbelasteter zweiarmiger Hebel (m) weighted two armed lever двуплечий, нагруженный гирей, рычаг (мр)	levier (m) à deux bras à contrepoids leva (f) a due bracci con contrappeso palanca (f) de dos brazos con contrapeso

1	der Hebel erhält Seitenverschiebung the lever is drawn sideways рычагу сообщается боковое движение (ср)	le levier est tiré de côté la leva riceve un movimento laterale la palanca es desplazada lateralmente
2	gebogene Hebelarmenden (npl) bent lever arms изогнутые концы (мр) плечь рычага	bras (mpl) recourbés du levier bracci (mpl) ricurvi della leva brazos (mpl) curvados de la palanca
3	ungleiche Gewichtsverteilung (f) unequal weighting неравномерное распределение (ср) груза	répartition (f) inégale du poids ripartizione (f) ineguale del peso repartimiento (m) desigual del peso
4	der Blattstecher zieht den Faden durch das Blatt the reed hook draws the warp thread through the reed бердочное шило (ср) протягивает прихваченную нить сквозь бердо	la passette tire le fil à travers le peigne l'uncino (m) passa il filo attraverso il pettine la repasadera arrastra el hilo a través del peine
5	aus den Schäften ausgelesener Faden (m) thread picked from the healds выбранная из ремизок нить (жр)	fil (m) tiré des lisses filo (m) tirato dai licci hilo (m) [de urdimbre] arrastrado por los lizos
6	die Enden (npl) der Rohröffner greifen übereinander the ends of the reed openers slide above one another концы (мр) разводок бердочных зубьев заходят один за другой	les extrémités (fpl) des ouvreurs de dents glissent l'une au-dessus de l'autre le estremità degli apritoi di denti scivolano l'una sull'altra las extremidades de los separadores de dientes resbalan una debajo de otra
7	der Rohröffner tritt in das nächstfolgende Rohr ein the reed opener passes through the next dent of the reed разводка (жр) бердочных зубьев входит в соседний межзубный промежуток	l'ouvreur (m) de dents passe dans la dent suivante l'apritoio (m) del pettine passa per il prossimo dente el separador de dientes pasa por el diente siguiente
8	die Rohröffner (fpl) öffnen die Blattzähne the reed openers open the wires of the reed разводки (жр) раздвигают зубья берда	les ouvreurs (mpl) ouvrent les dents du peigne gli apritoi aprono i denti del pettine los separadores abren o separan los dientes del peine
9	Bewegung (f) des Blattstechers von rechts nach links movement of the reed hook from right to left движение (ср) бердочного шила справа налево	mouvement (m) de la passette de droite à gauche movimento (m) dell'uncino da destra a sinistra movimiento (m) de derecha a izquierda de la repasadera
10	Bewegung (f) des Blattstechers von links nach rechts movement of the reed hook from left to right движение (ср) бердочного шила слева направо	mouvement (m) de la passette de gauche à droite movimento (m) dell'uncino da sinistra a destra movimiento (m) de izquierda a derecha de la repasadera
11	seitliche Fortschaltung (f) sideways movement боковая продвижка (жр)	avancement (m) latéral avanzamento (m) laterale avance (m) lateral
12	Blattstechmaschine (f) mit umlaufendem Blattstecher reeding machine with revolving reed hook машина (жр) для проборки берда с вращающимся бердочным шилом	piqueuse (f) mécanique à crochet tournant macchina (f) per il passaggio a uncino girevole máquina (f) remetedora del peine de gancho giratorio
13	Bewegung (f) des Blattstechers durch Fußtritt movement of the reed hook by treadle движение (ср) бердочного шила при посредстве педали	mouvement (m) du crochet par pédale movimento (m) dell'uncino a mezzo di pedale movimiento (m) del gancho por pedal
14	Maschine (f) zum Einziehen der Kettfäden in das Geschirr und das Blatt drawing in and reeding frame машина (жр) для пробора основных нитей для ремиза и берда	rentreuse (f) mécanique pour harnais et peigne macchina (f) per entrare i fili della catena nei licci e nel pettine máquina para remeter los hilos de urdimbre en los lizos y peine
15	die Kette durch Geschirr und Blatt ziehen to draw the warp through the healds and the reed пробирать основу (жр) в ремизки и бердо	rentrer la chaîne dans les lisses et le peigne entrare la catena nei licci e nel pettine remeter la urdimbre en los lizos y peine

V.

16	**Anlängern** (n) **der Kette** **Joining** *or* **Attaching the Warp Threads** **Наращивание** (ср) **основы**	**Rappondage** (m) **de la chaîne, mise** (f) **en corde** *ou* **à cheval** **Riunione** (f) **dei fili d'ordito** **Unión** (m) *o* **engarzamiento** (m) **de la urdimbre**

1	**1. Allgemeines** (n) **General Terms** **Общее** (ср)	**Généralités** (fpl) **Nozioni(fpl)generali** **Generalidades** (fpl)
2	die Kette anlängern to join *or* to attach the warp threads наращивать основу (жр)	[r]appondre les fils de chaîne riunire *o* collegare i fili della catena engarzar *o* unir los hilos de urdimbre
3	die Kettfäden (mpl) in Abteilungen am Warenbaum befestigen to fasten the warp threads by sections on the cloth beam прикреплять нити (жр) основы участками на товарный ролик	attacher les fils de chaîne par sections sur l'ensouple du tissu fissare i fili della catena a sezioni sul subbio del tessuto atar *o* fijar los hilos de urdimbre por secciones sobre el arrollador de tejido
4	die Anlängerschnur um den Warenbaum wickeln to wind the tie band on the cloth beam обвивать вокруг товарного ролика шнур (мр) для наращивания	enrouler le cordon de rappondage sur l'ensouple du tissu avvolgere la corda di collegamento sul subbio del tessuto arrollar el cordón de unión sobre el plegador de tejido
5	Untertuch (n), Längertuch (n) tie piece, lengthening piece, gait up lap подкладка (жр)	tissu (m) à rappondre pezza (f) per unire tejido (m) de unión
6	mit dem Tuch anlängern to join with the tie piece наращивать при помощи подкладки	rappondre avec le tissu riunire colla pezza unir mediante el tejido
7	die Kettfäden (mpl) mittels Bürste egalisieren to equalise the warp threads with a brush выравнить нити (жр) основы при помощи щеток	égaliser les fils de chaîne avec une brosse eguagliare i fili d'ordito con una spazzola igualar los hilos de urdimbre con un cepillo
8	die Kettfäden (mpl) mittels Kamm ausrichten [egalisieren] to equalise the warp threads with a comb выравнить нити (жр) основы при помощи гребня	égaliser les fils de chaîne avec un peigne eguagliare i fili d'ordito con un pettine igualar los hilos de urdimbre con un peine
9	die Kettfäden (mpl) mit feuchten Fingern egalisieren to equalise the warp threads with moistened fingers выравнить нити (жр) основы влажными пальцами	égaliser les fils de chaîne avec les doigts mouillés eguagliare i fili d'ordito coi diti bagnati igualar los hilos de urdimbre con los dedos mojados
10	die Kettfäden (mpl) anschnellen *oder* andrehen *oder* anschlingen to twist in *or* to piece the warp ends присучать *или* сучать *или* прихлестывать нити (жр) основы	rappondre les fils de chaîne par torsion riunire i fili della catena per torsione unir los [cabos de] hilos de urdimbre por torsión
11	 Andreher (m) twist, [two] warp ends pieced together	присучка (жр), ссучка (жр), присученая петля (жр) nœud (m) de rattachage attaccatura (f) ligadura (f) de torsión
12	die Andreher (mpl) laufen durch das Ried the twists pass through the reed присученые петли (жр) проходят сквозь бердо	les nœuds (mpl) de rattachage passent à travers le peigne le attaccature passano per il pettine las ligaduras de torsión atraviesan el peine
13	Andreher (m) twister in присучальщик (мр) основы	[r]appondeur (m), noueur (m) [de chaînes] annodatore (m) *o* attaccatore (m) d'orditi anudador (m) de urdimbres
14	Andreherin (f) twister in присучальщица (жр) основы	[r]appondeuse (f), noueuse (f) [de chaînes] annodatrice (f) *o* attaccatrice (f) d'orditi anudadora (f) de urdimbres
15	die Fäden (mpl) der neuen Kette anknoten *oder* anknüpfen to knot *or* to tie the warp ends связывать узлами концы (мр) нитей основы	nouer les fils de la nouvelle chaîne annodare *o* collegare i fili della nuova catena anudar los hilos de la nueva urdimbre
16	Anknoten (n) *oder* Anknüpfen (n) der Kettfäden knotting *or* tying the warp ends связывание (ср) узлами концов нитей основы	nouage (m) des fils de chaîne annodatura (f) dei fili della catena anudado (m) de los hilos de urdimbre
17	 Kettfadenknoten (m) warper's knot	узелок (мр) нити основы nœud (m) de tisserand nodo (m) di fili d'ordito nudo (m) de tejedor
18	die Kette ist abgearbeitet *oder* ausgearbeitet the warp is worked up *or* used up основа (жр) сработана *или* отработана	la chaîne est épuisée la catena è esaurita la urdimbre está agotada *o* gastada
19	Drehm (m), Drohm (m), Andrehstück (n), Kettentrumm (n), Trumm (n) thrum фартук (мр) *или* заработок (мр) основы	bout (m) de chaîne estremità (f) dell'ordito cabo (m) *o* extremidad (f) de la urdimbre

2. Vorrichtungen (fpl) zum Anlängern der Kette
Rappondeuses (fpl) mécaniques
1 **Apparatus for Joining the Warp Threads**
Dispositivi (mpl) per unire i fili d'ordito
Устройства (ср) **для наращивания основы**
Anudadoras (fpl) **mecánicas**

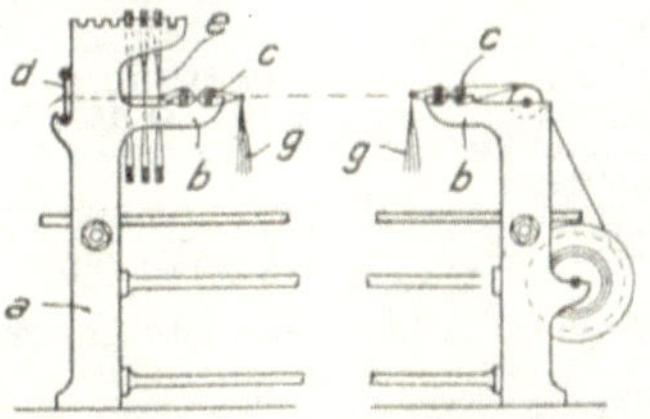

2 Andrehgestell (n)
twisting in frame
присучальный станок (мр), станок для сращивания *или* надвязки основы
rappondeuse (f), banc à rappondre
dispositivo (m) per annodare
banco (m) de anudado

---

3 Ständer (m)
framing
стойка (жр)
a
montant (m)
montante (m)
bastidor (m), montante (m)

---

4 Kreuzstabarm (m)
bracket for dividing rods
ценовый кронштейн (мр)
b
console (f) de support des baguettes d'envergeure
sopporto (m) delle bacchette d'invergatura
soporte (m) de la cruz

---

5 Kreuzstab (m), Kreuzschiene (f)
dividing rod
нитеразделитель (мр), ценочный пруток (мр)
c
baguette (f) d'envergeure, bâton (m) d'encroix
bacchetta (f) d'invergatura
caña (f) *o* varilla (f) *o* vástago (m) de encruzamiento

---

6 Ersatzblatt (n)
reed for the new warp
сменное бердо (ср)
d
peigne (m) de la nouvelle chaîne
pettine (m) della nuova catena
peine (m) de la nueva urdimbre

---

7 Ersatzgeschirr (n)
healds for the new warp
сменный ремиз (мр)
e
harnais (m) de la nouvelle chaîne
licci (mpl) della nuova catena
lizos (mpl) de la nueva urdimbre

---

8 Kettenenden (npl), Troddel (f)
warp thrums
хвост (мр) основы
g
penne (f), bouts (mpl) de chaîne, mèche (f), tresse (f)
estremità (fpl) della catena
borla (f) de cabos de hilos, penacho (m)

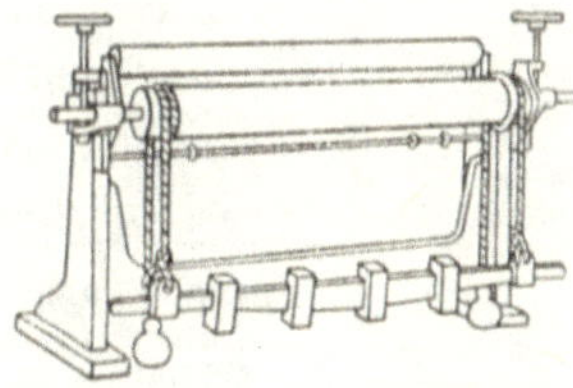

9 Kettbaumgestell (n)
weaver's beam frame, beam stand
козлы (мр) для навоя
support (m) de l'ensouple de métier à tisser
sopporto (m) del subbio d'ordito
caballete (m) soporte del plegador de urdimbre

---

10 Höherstellen (n) des Baumes
raising of the beam
поднятие (ср) навоя
élévation (f) de l'ensouple
rialzamento (m) del subbio
elevación (f) del plegador

---

11 Tieferstellen (n) des Baumes
lowering of the beam
опускание (ср) навоя
abaissement (m) de l'ensouple
abbassamento (m) del subbio
descenso (m) del plegador

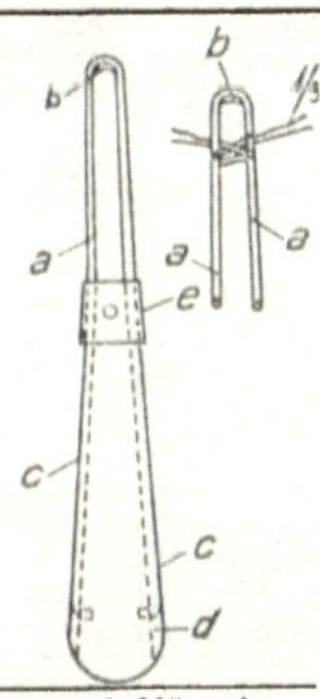

12 Knotenbildner (m)
knotter
узловязатель (мр)
noueur (m)
annodatore (m)
aparato (m) anudador

---

13 haarnadelförmig gebogener Draht (m)
hairpin shaped wire
согнутая в виде шпильки проволока (жр)
a
fil (m) métallique en forme d'épingle à cheveux
filo (m) metallico in forma di forcina
alambre (m) en forma de horquilla

---

14 Schneidkante (f)
cutting edge
режущее ребро (ср), нож (мр)
b
tranchant (m)
orlo (m) tagliante
arista (f) cortante

---

15 Holzgriff (m)
wood handle
деревянная ручка (жр)
c
mancho (m) en bois
manico (m) di legno
mango (m) de madera

---

16 Rille (f)
groove
канавка (жр), желобок (мр)
d
rainure (f)
scanalatura (f)
ranura (f)

---

17 Zwinge (f)
ferrule
скобочка (жр)
e
virole (f)
ghiera (f)
virola (f)

---

18 an der Biegungsstelle zugeschärfter Draht (m)
wire ground off at the bend
отточенная на изгибе проволока (жр)
fil (m) métallique aiguisé à la courbure
filo (m) metallico affilato alla curva
alambre (m) afilado en la curvatura

1 Weberschere (f)
weaver's shears
ткацкие ножницы (жр)
ciseaux (mpl) de tisserand
forbici (fpl) da tessitore
tijera (f) del tejedor

2 Weberzange (f)
tweezer, weaver's nippers
ткацкие щипцы (мр)
pincettes (fpl) de tisserand
pinzetta (f) da tessitore
pinzas (fpl) del tejedor

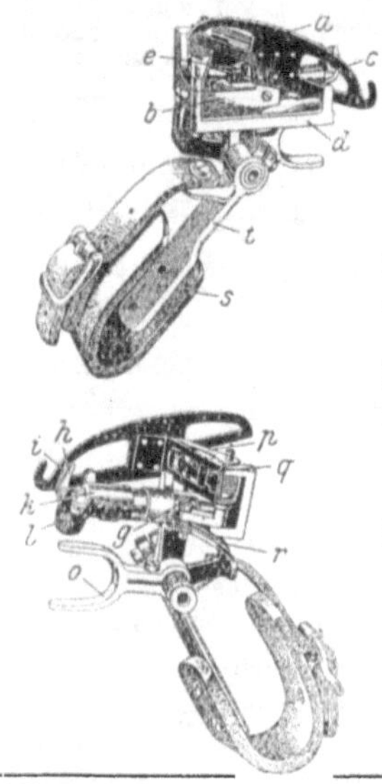

3 Barberscher Knotenmacher (m)
Barber's knotter
узловязатель (мр) Барбера
noueur (m) Barber
annodatore (m) Barber, forbice (f) annodatrice Barber
anudador (m) Barber

4	Seitenarm (m) side arm крыло (ср)	a	bras (m) latéral braccio (m) laterale brazo (m) lateral
5	Rahmen (m) frame рамка (жр)	b	cadre (m) telaio (m) marco (m), bastidor (m)
6	Schnabel (m) bill носик (мр), клюв (мр)	c	bec (m) becco (m) pico (m)
7	Klammer (f) clamp bar скобка (жр)	d	crampon (m) morsetto (m) grapa (f)
8	Fänger (m) catch нитеуловитель (мр)	e	cliquet (m) gancio (m) uña (f)
9	Schnecke (f) pinion улитка (жр)	g	pignon (m) pignone (m) piñon (m)
10	Schnabelfeder (f) bill spring пружина (жр) носика	h	ressort (m) à bec molla (f) a becco resorte (m) de pico
11	Messer (n) blade нож (мр)	i	couteau (m) coltello (m) cuchillo (m)
12	Exzenter (n) barrel эксцентрик (мр)	k	excentrique (m) eccentrico (m) excéntrico (m)

Fadenführer (m) thread guide нитевод (мр)	l	guide-fils (m) guida-fili (m) guia-hilos (m)	13
Daumengabel (f) thumb piece вилка (мр) для большого пальца	o	fourchette (f) du pouce forchetto (m) del pollice horquilla (f) del pulgar	14
Seitenarmhalter (m) swinging bracket державка (жр) крыла	p	support (m) du bras latéral sopporto (m) del braccio laterale soporte (m) del brazo lateral	15
Fängerfeder (f) catch spring пружина (жр) нитеуловителя	q	ressort (m) du cliquet molla (f) del gancio resorte (m) de la uña	16
Zahnsegment (n) gear, toothed segment зубчатый (-ая) сегмент (мр) *или* дуга (жр)	r	segment (m) denté segmento (m) dentato segmento (m) dentado	17
Riemen (m) strap ремень (мр), обойма (жр)	s	courroie (f) cinghia (f) correa (f)	18
Handhabe (f) handle ручка (жр)	t	poignée (f) manico (m) mango (m)	19

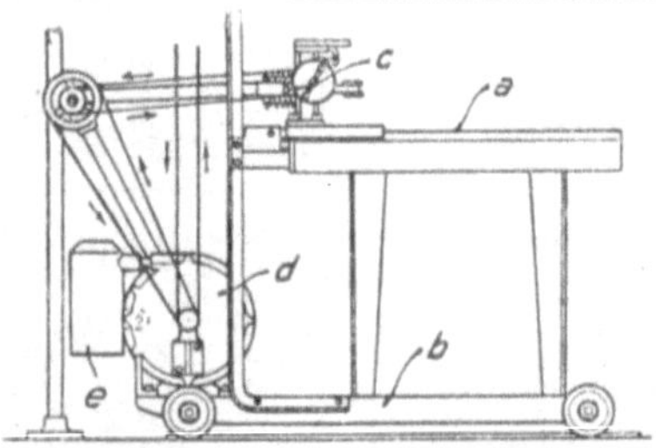

Barbersche Kettenanknüpfmaschine (f) *oder* Anknotmaschine (f)
Barber's warp tying machine
присучальная *или* узловязальная машина (жр) Барбера для основы
rappondeuse (f) *ou* noueuse (f) mécanique Barber
macchina (f) Barber da annodare le catene 20
[máquina (f)] anudadora (f) de urdimbre de Barber

obere Fahrbahn (f) upper slide rail верхние полозья (мр)	a	rail (m) de guide supérieur traversa (f) di guida superiore rail (m) guia superior	21
Kettfahrgestell (n) beam truck катающийся станок (мр) для основы, тележка (жр) для основы	b	chariot (m) de l'ensouple carrello (m) del subbio carro (m) del plegador	22
Fadenabteil- und Knüpfvorrichtung (f) thread separating and tying mechanism нитеразделительный и присучальный прибор (мр)	c	mécanisme (m) à séparer et à nouer les fils meccanismo (m) per separare ed annodare i fili dispositivo (m) para separar y anudar los hilos	23

1	Lüfter (m), Ventilator (m) fan вентилятор (мр)	d	ventilateur (m) ventilatore (m) ventilador (m)
2	Abfallsammler (m) waste collector сборник (мр) для угаров	e	collecteur (m) de déchets raccoglitore (m) di cascame colector (m) de desperdicios
3	Lader (m) loader зарядник (мр)		chargeur (m) caricatore (m) cargador (m)
4	Motor (m) motor двигатель (мр)		moteur (m) motore (m) motor (m)

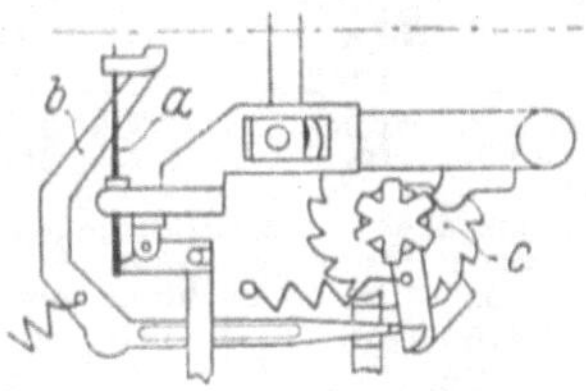

5	Abstechvorrichtung (f) thread selecting mechanism сколочное приспособление (ср), прибор (мр) для сколки		mécanisme (m) de sélection de fils meccanismo (m) selettore dei fili dispositivo (m) selector de hilos
6	Abstechnadel (f) selector сколочная игла (жр)	a	aiguille (f) de sélection ago (m) selettore aguja (f) selectora
7	Speisehebel (m) feed lever питательный *или* подающий рычаг (мр)	b	levier (m) d'alimentation leva (f) di alimentazione palanca (f) de alimentación
8	Schaltvorrichtung (f) feeding device механизм (мр) для подачи	c	mécanisme (m) d'alimentation dispositivo (m) di alimentazione mecanismo (m) de alimentación
9	Maschinenbett (n) machine bed машинная плита (жр) *или* станина (жр)		fond (m) de la machine fondo (m) della macchina fondo (m) de la máquina

Deutsch / English / Русский	Français / Italiano / Español	No.
rechtsseitiges Ende (n) des Maschinenbettes end of machine bed right hand правая сторона (жр) машинной плиты	extrémité (f) côté droit du fond de la machine estremità (f) destra del fondo della macchina extremidad (f) derecha del fondo de la máquina	10
linksseitiges Ende (n) des Maschinenbettes end of machine bed left hand левая сторона (жр) машинной плиты	extrémité (f) côté gauche du fond de la machine estremità (f) sinistra del fondo della macchina extremidad (f) izquierda del fondo de la máquina	11
unterer Kettrahmen (m) lower warp frame нижняя рама (жр) для основы	support (m) de chaîne inférieur sopporto (m) inferiore per la catena soporte (m) inferior de urdimbre	12
oberer Kettrahmen (m) upper warp frame верхняя рама (жр) для основы	support (m) de chaîne supérieur sopporto (m) superiore per la catena soporte (m) superior de urdimbre	13
Klemmvorrichtung (f) clamping device зажимное приспособление (ср)	dispositif (m) de pinçage dispositivo (m) di afferramento dispositivo (m) de pinzado	14
Geschirrkette (f), alte Kette (f) old warp пробранная основа (жр)	ancienne chaîne (f), chaîne terminée vecchia catena (f) urdimbre (f) antigua	15
abgestochener Faden (m) der Geschirrkette selected thread of the old warp сколотая нить (жр) пробранной основы	fil (m) choisi de l'ancienne chaîne filo (m) selezionato della vecchia catena hilo (m) escogido *o* seleccionado de la urdimbre antigua	16
neue Kette (f) new warp новая основа (жр)	nouvelle chaîne (f) nuova catena (f) nueva urdimbre (f)	17
abgestochener Faden (m) der neuen Kette selected thread of the new warp сколотая нить (жр) новой основы	fil (m) choisi de la nouvelle chaîne filo (m) selezionato della nuova catena hilo (m) escogido de la nueva urdimbre	18

D.

1 Das Weben / Weaving / Тканье (ср) / Le tissage / La tessitura / La tejedura, el tisaje

I.

2 Ketten- und Warenlauf (m) / Movement of Warp and Cloth / Движение (ср) *или* ход (мр) основы и суровья / Marche (f) de la chaîne et du tissu / Movimento (m) della catena e del tessuto / Movimiento (m) de la urdimbre y del tejido

3 1. Allgemeines (n) / General Terms / Общее (ср) / Généralités (fpl) / Nozioni (fpl) generali / Generalidades (fpl)

4
Kette (f), Schweif (m), Zettel (m), Aufzug (m), Webkette (f)
warp
[ткацкая] основа (жр)
chaîne (f)
catena (f), ordito (m)
urdimbre (f)

5
Zugfestigkeit (f)
tensile breaking strength
крепость (жр) на растяжение
résistance (f) à la rupture par traction
resistenza (f) alla trazione
resistencia (f) a la tracción

6
elastisches Kettgarn (n)
elastic warp yarn
растяжимая ватерная пряжа (жр)
fil (m) de chaîne élastique
filo (m) da catena elastico
hilo (m) elástico de urdimbre

7
Fadendehnung (f)
yarn elongation
растяжение (ср) *или* удлинение (ср) нитей
allongement (m) du fil
allungamento (m) del filo
alargamiento (m) del hilo

8
die Kette webt ein
the warp shrinks *or* contracts
основа (жр) урабатывается при тканье
la chaîne se resserre *ou* se rétrécit *ou* se raccourcit
l'ordito (m) si accorcia
la urdimbre se encoge *o* se contrae

9
Einarbeiten (n) *oder* Einweben (n) der Kette
shrinking of the warp
уработка (жр) *или* усадка (жр) основы при тканье
raccourcissement (m) de la chaîne, embuvage (m)
[r]accorciamento (m) dell'ordito
contracción (f) de la urdimbre

10
die Kette hängt im Sack
the warp hangs loose *or* baggy
основа (жр) провисает
la chaîne pend lâche *ou* fait poche
l'ordito (m) pende
la urdimbre está floja

11
die Kettenfäden (mpl) legen sich näher aneinander
the threads are drawn nearer to each other
нити (жр) основы прилегают ближе друг к дружке
les fils (mpl) de chaîne se rapprochent
i fili di catena s'avvicinano
los hilos (mpl) de urdimbre se acercan entre sí

12
die Kettenbreite schwindet
the width of the warp shrinks *or* contracts
основа (жр) садится по ширине
la largeur de la chaîne se contracte
la larghezza della catena si contrae
la anchura de la urdimbre disminuye

13
die Kettendichte vergrößern
to increase the sett of the warp
увеличивать плотность (жр) основы
augmenter la densité de la chaîne
aumentare la densità della catena
aumentar la densidad de la urdimbre

14
Vergrößerung (f) der Kettendichte
increase of the sett of the warp
увеличение (ср) плотности основы
augmentation (f) de la densité de la chaîne
aumento (m) della densità della catena
aumento (m) de la densidad de la urdimbre

15
die Kette geht gut
the warp goes well
основа (жр) идет хорошо
la chaîne marche bien
l'ordito (m) passa bene
la urdimbre evoluciona bien

16
Gang (m) der Kette
travel *or* pace of the warp
ход (мр) основы
marche (f) de la chaîne
passo (m) dell'ordito
evolución (f) de la urdimbre

17
Kettbaum (m), Garnbaum (m)
warp beam, yarn beam
навой (мр) [для основы]
ensouple (f) de derrière *ou* à chaîne, ensouple dérouleuse
subbio (m) dell'ordito *o* a catena, subbio posteriore *o* di svolgimento
plegador (m) de urdimbre, enjulio (m)

18
Fertigbaum (m)
loom beam, weaver's beam
ткацкий навой (мр)
ensouple (f) définitive *ou* de métier à tisser
subbio (m) del telaio
plegador (m) de telar

19
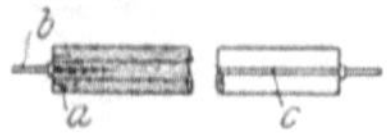

hölzerner Kettbaum (m)
wooden warp beam
деревянный навой (мр)
ensouple (f) de derrière en bois
subbio (m) dell'ordito in legno
plegador (m) de madera

1 a
eingekeilter Ring (m)
ring driven in
всаженное *или* забитое кольцо (ср)
anneau (m) enfoncé
anello (m) calato
anillo (m) incrustado

2 b
Zapfen (m)
beam pike
шип (мр)
tourillon (m)
perno (m)
pivote

3 c
Längsnut (f), Keilnut (f)
groove
продольный паз (мр)
gorge (f), rainure (f)
scanalatura (f) longitudinale
ranura (f) longitudinal

4
Kettbaum (m) mit eisernen Zapfen
warp beam with iron pike
навой (мр) с железными шипами
ensouple (f) à chaîne avec tourillon en fer
subbio (m) d'ordito con perno di ferro
plegador (m) de urdimbre con pivote de hierro

5
zusammengeleimter Baum (m)
beam glued together
склеенный навой (мр)
ensouple (f) collée
subbio (m) incollato assieme
plegador (m) encolado

6
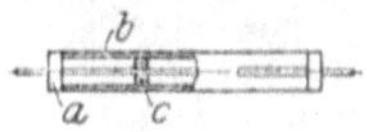

hohler Kettbaum (m)
hollow warp beam
полый *или* пустотелый навой (мр)
ensouple (f) à chaîne creuse
subbio (m) d'ordito cavo
plegador (m) hueco de urdimbre

7 a
Kopfscheibe (f), Sternscheibe (f)
beam end plate
торцевой кружок (мр), дно (ср), концевая шайба (жр)
plaque (f) de bout de l'ensouple
placca (f) del subbio
disco (m) extremo del plegador

8 b
Holzsegment (m)
wooden segment
долевая деревянная планка (жр) [сегментного сечения], клепка (жр)
segment (m) en bois
segmento (m) in legno
segmento (m) de madera

9 c
Holzscheibe (f)
wooden [stiffening] disc
деревянная шайба (жр)
disque (m) en bois
disco (m) in legno
disco (m) de madera

10
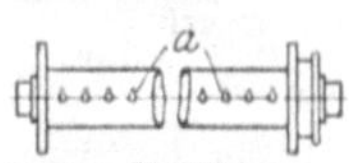

eiserner Kettbaum (m)
iron warp beam
железный навой (мр)
ensouple (f) à chaîne en fer
subbio (m) a catena di ferro
plegador (m) de urdimbre, de hierro

11 a
Bohrung (f) mit Einschnitt
drilled hole with notch
сверленая дыра (жр) с вырезом
trou (m) avec entaille
buco (m) con taglio
agujero (m) con muesca

12
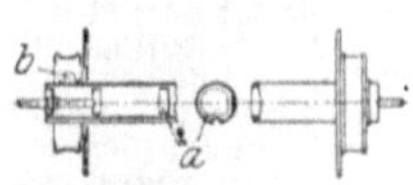

Kettbaum (m) aus Stahlblech, Stahlröhrenkettbaum (m)
steel tube warp beam
навой (мр) из листовой стали
ensouple (f) à chaîne en tube d'acier
subbio (m) d'ordito in lamiera d'acciaio
plegador (m) de urdimbre con tubo de acero

13 a
Versteifungsboden (m)
strengthening ring, stiffener
донышко (ср) для придания жесткости
disque (m) *ou* anneau (m) de renfort
disco (m) di rinforzo
aro (m) de refuerzo

14 b
Flansch (m) mit Klammern
flange with clips
фланец (мр) со скобами
frette (f) de serrage avec goupilles
anello (m) di chiusura con fermagli
anillo (m) con clavijas

15 a
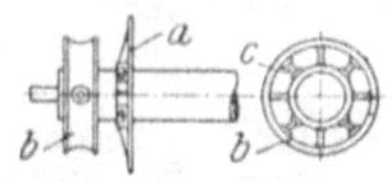

Garnscheibe (f)
yarn beam flange
концевой диск (мр) для пряжи, навойный круг (мр)
plateau (m) d'ensouple à chaîne
flangia (f) del subbio
plato (m) del plegador

16 b
Bremsscheibe (f), Bremshülse (f)
weighting ring, ruffle, brake ring
тормозной воротник (мр) *или* обод (мр)
disque (m) *ou* poulie (f) de frein
disco (m) del freno
polea (f) de freno

17 c
Druckschraube (f)
pressure screw
нажимной винт (мр)
vis (f) de serrage
vite (f) di pressione
tornillo (m) de presión

18
Feststellen (n) der Garnscheiben
fixing the flanges
установка (жр) навойных кругов
fixation (f) des disques
fissaggio (m) delle flange
fijación (f) de los discos

19
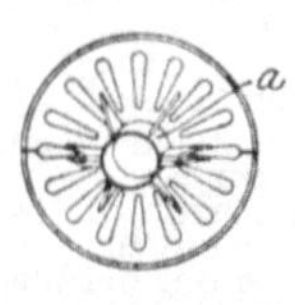

geteilte Scheibe (f), Klemmscheibe (f)
split flange, gripping flange
разрезной *или* зажимной фланец (мр)
plateau (m) en deux parties
flangia (f) in due parti
plato (m) bipartido

20 a
Nabe (f) mit Versteifungsrippen
boss with strengthening ribs
втулка (жр) с ребрами для жесткости
moyeu (m) avec nervures de renfort
mozzo (m) con nervature di rinforzo
aro (m) con nervios de refuerzo

21
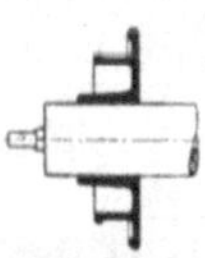
vereinigte Garn- und Bremsscheibe (f)
combined beam flange and brake ring
навойный круг (мр), служащий одновременно тормозным воротником
plateau (m) formant frein
flangia (f) a freno
plato (m) formando freno

22
Kettbaumhalbmesser (m)
radius of the warp beam
радиус (мр) сечения навоя
rayon (m) *ou* demi-diamètre (m) de l'ensouple à chaîne
raggio (m) del subbio a catena
radio (m) del plegador de urdimbre

1 Unrundgehen (n) des Baumes
untrue running *or* eccentric movement of the beam
некруглое вращение (ср) *или* коробление (ср) *или* разверка (жр) навоя
faux-rond (m) de l'ensouple
movimento (m) scentrato del subbio
movimiento (m) excéntrico del plegador

2 Baum, der sich geworfen
warped beam, skellered beam
навой (мр) разверился *или* покоробился *или* бьет
ensouple (f) déjetée
subbio (m) deformato
plegador (m) encorvado *o* deformado

3 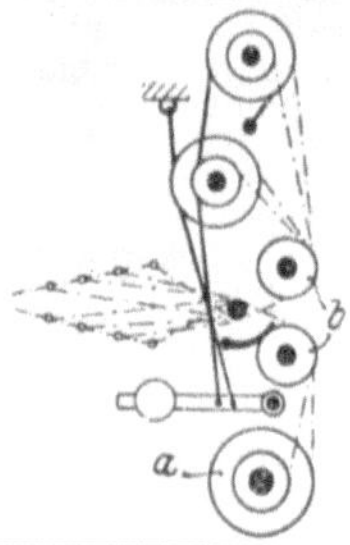

Anordnung (f) für mehrere Kettbäume
arrangement for using several beams
приспособление (ср) для нескольких навоев
disposition (f) pour plusieurs ensouples
dispositivo (m) per più subbi
disposición (f) para varios plegadores

4 *a* Hauptkettbaum (m)
main beam, ground beam
главный *или* основной навой (мр)
ensouple (f) de chaine principale
subbio (m) d'ordito principale
plegador (m) principal

5 *b* Walkwelle (f), Walkbaum (m)
rocking beam
скало (ср)
porte-fil (m) mobile
subbio (m) di tensione mobile
plegador (m) móvil

6 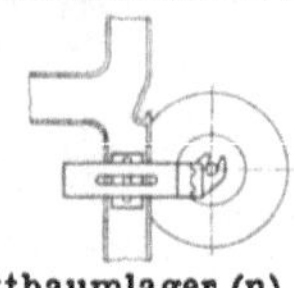
Kettbaumlager (n)
beam bearing
гнездо (ср) *или* постель (жр) для навоя
support (m) d'ensouple de chaine
sopporto (m) del subbio d'ordito
soporte (m) del plegador

7 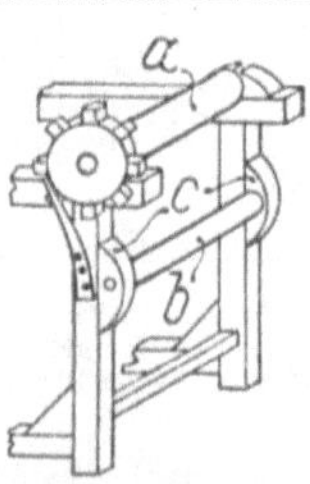

a hochliegender Kettbaum (m)
beam placed high in the frame
расположенный вверху навой (мр)
ensouple (f) placée à la partie supérieure du bâti
subbio (m) d'ordito collocato sopra
plegador (m) colocado en la parte superior del bastidor

8 *b* Streichbaum (m)
back rest, back rail, yarn rest, back bearer
скало (ср) (в виде ролика), подскальник (мр)
barre (f) d'arrière, traverse (f) arrière, porte-fil (m), traverse (f) guide-fil
traversa (f) posteriore
traviesa (f) guía-hilos, guía-hilos (m)

9 *c* Streichbaumlager (n)
back rest bearing
подушка (жр) скала
support (m) de la barre d'arrière
sopporto (m) della traversa posteriore
soporte (m) del guíahilos

10 tiefliegender Kettbaum (m)
beam placed low in the frame
расположенный внизу навой (мр)
ensouple (f) placée à la partie inférieure du bâti
subbio (m) d'ordito collocato sotto
plegador (m) situado en la parte inferior del bastidor

11 Befestigen (n) der Kette am Kettbaum
fastening the warp to the beam
закрепление (ср) основы на навое
attache (f) *ou* fixation (f) de la chaine sur l'ensouple
fissaggio (f) della catena al subbio
fijación (f) de la urdimbre en el plegador

12 runder drehbarer Streichbaum (m)
round revolving back rest
круглое вращающееся скало (ср)
barre (f) d'arrière ronde et tournante
traversa (f) posteriore rotonda e girevole
guía-hilos (m) cilíndrico y giratorio

13 halbrunder festliegender Streichbaum (m)
half round and fixed back rest
полукруглое неподвижное скало (ср)
barre (f) d'arrière demironde et fixe
traversa (f) posteriore semi-cilindrica e fissa
guía-hilos (m) semicilíndrico y fijo

14 hölzernes Lager (n), Käffer (m), Grippel (m)
wooden bearing bracket
деревянное гнездо (ср)
support (m) en bois
sopporto (m) di legno
soporte (m) de madera

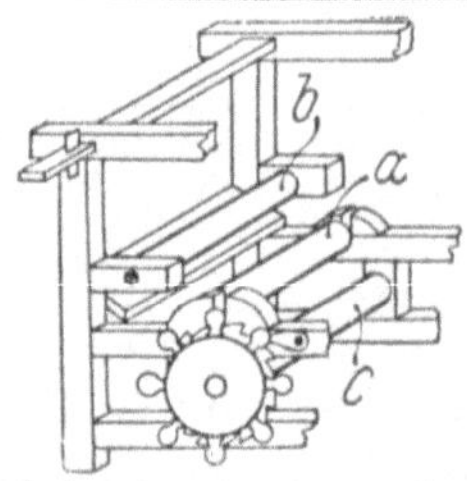

15 *a* Warenstreichriegel (m), Warenstreichbaum (m)
guide rod for cloth
товарное скало (ср)
ensouple (f) d'appel
traversa (f) di guida del tessuto
guía (f) inferior del tejido

16 *b* Brustbaum (m)
breast beam
грудница (жр)
ensouple (f) de devant, poitrinière (f), encouloir (m), encouloire (f)
subbiello (m) *o* subbio (m) anteriore
guía (f) superior del tejido, larguero (m) superior, antepecho (m)

17 *c* Warenbaum (m), Unterbaum (m), Zeugbaum (m), Tuchbaum (m), Stoffbaum (m)
cloth beam, cloth roller, piece beam
товарный ролик (мр)
ensouple (f) de l'étoffe *ou* de la toile, ensouple (f) de travail, ensouple (f) enrouleuse, ensoupleau (m), cylindre (m) enrouleur
subbio (m) da stoffa *o* del tessuto *o* di avvolgimento
[rodillo (m)] arrollador (m) del tejido

1 Gleiten (n) der Kette über den Streichbaum
sliding of the warp over the back rest
скольжение (ср) основы по скалу
glissement (m) de la chaîne sur la traverse arrière
scorrimento (m) della catena sulla traversa superiore
deslizamiento (m) de la urdimbre por el guía-hilos

2 
ruhender *oder* fester Streichbaum (m)
fixed back rest
неподвижное скало (ср)
traverse (f) arrière fixe
traversa (f) posteriore fissa
guía-hilos (m) fijo

3 Streichbaumbewegung (f)
oscillation of back rest
движение (ср) скала
oscillation (f) de la traverse arrière
oscillazione (f) della traversa posteriore
oscilación (f) del guía-hilos

4 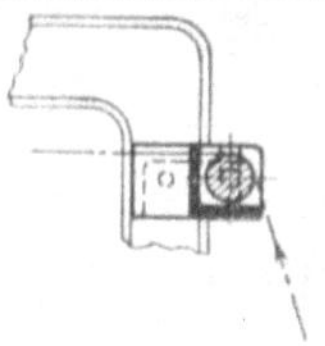
drehbarer Streichbaum (m)
revolving back rest
вращающееся скало (ср)
traverse (f) arrière tournante
traversa (f) posteriore girevole
guía-hilos (n) giratorio

5 
beweglicher *oder* schwingender Streichbaum (m), Schwingstange (f), Schwingbaum (m)
oscillating back rest
качающееся скало (ср)
traverse (f) arrière oscillante
traversa (f) posteriore oscillante
guía-hilos (m) móvil *u* oscilante

6 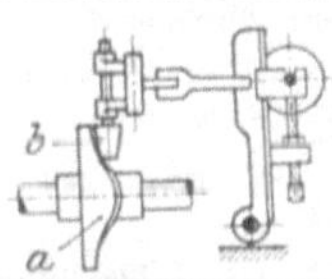

a Nockenscheibe (f)
disc cam
кулачная шайба (жр)
disque (m) à came
disco (m) eccentrico
disco (m) excéntrico

7 b kegelige [*oder* konische] Rolle (f)
conical bowl
конический ролик (мр) *или* каточек (мр)
roulette (f) conique
rotella (f) conica
rodillo (m) cónico

8 vierseitiger Baum (m) mit abgerundeten Kanten
foursided beam with rounded edges
четырехгранный навой (мр) с закругленными краями
barre (f) quadrangulaire à coins arrondis
barra (m) quadrangolare con spigoli smussati
árbol (m) cuadrangular de espigas redondeadas

9 mit Stahlkratzen bezogener Brustbaum (m)
fillet covered breast beam
грудница (жр), обтянутая полотном со стальными надиральными иглами
ensouple (f) de devant recouverte de garnitures de carde
subbiello (m) anteriore ricoperto di guarnizioni da carda
guía (m) del tejido recubierto de guarniciones de carda

10 genarbtes Blech (n)
grained *or* roughened sheet metal
бугорчатый *или* рубчатый металлический лист (мр)
tôle (f) à picots *ou* à grain
lamiera (f) a grana ruvida
chapa (f) labrada de granos *o* de picos

11 gelochtes [*oder* perforiertes] Blech (n)
perforated sheet metal
продырявленный металлический лист (мр)
tôle (f) perforée
lamiera (f) perforata
chapa (f) perforada

12 mit Fischhaut überzogener Brustbaum (m)
breast beam covered with fish skin
грудница (жр), обтянутая рыбьей чешуей
ensouple (f) de devant recouverte de peau de poisson
subbiello (m) anteriore ricoperto di pelle di pesce
guía (m) del tejido recubierto de lija

13 mit Stiften besetzter Brustbaum (m)
breast beam set with pins
усаженная шипами грудница (жр)
ensouple (f) de devant garnie de petites aiguilles
subbiello (m) anteriore guarnito di punte
guía (m) del tejido guarnecido de pequeñas agujas

14 Messingstift (m), Tempialstift (m)
brass pin
латунное (-ая) острие (ср) *или* игла (жр)
aiguille (f) en cuivre jaune
punta (f) in ottone
aguja (f) de latón

15 Zugbaum (m), Hilfsbaum (m)
surface roller, take up roller, feed roller
вспомогательный навой (мр)
rouleau (m) d'appel
cilindro (m) strascinatore
cilindro (m) guía, cilindro auxiliar *o* de contacto

16 Sandbaum (m)
sand roller, sand beam, emery roller
покрытый песком ролик (мр)
rouleau (m) garni de sable
rullo (m) a sabbia
cilindro (m) guarnecido de arena

17 Riffelbaum (m)
fluted roller
рифленый валик (мр)
rouleau (m) cannelé
rullo (m) *o* subbio (m) scanalato
cilindro (m) acanalado

18 Nadelwalze (f), Stachelwalze (f), Nadelbaum (m)
needle roller, spiked roller
игольчатый валик (мр)
rouleau (m) garni d'aiguilles
cilindro (m) ad aghi
cilindro (m) guarnecido de agujas

2. Kettenbewegung (f) — Mouvement (m) de la chaîne

19 **Movement of the Warp**
Движение (ср) **основы**
Movimento (m) **della catena**
Movimiento (m) **de la urdimbre**

a) Allgemeines (n) — Généralités (fpl)

20 **General Terms**
Общее (ср)
Nozioni (fpl) generali
Generalidades (fpl)

21 Kettenschaltgetriebe (f)
chain feed motion, let off motion, pacing motion
движение (ср) подачи основы
mouvement (m) d'avance de la chaîne
meccanismo (m) di avanzamento della catena
movimiento (m) de avance de la urdimbre

1	die Kettenabgabe regeln [*oder* regulieren] to regulate the letting off *or* the delivery of the warp, to govern the warp регулировать подачу (жр) основы	régler la livraison *ou* la donnée de la chaîne regolare la consegna della catena regular el desarrollo de la urdimbre
2	die Kette nachliefern *oder* hereinlassen *oder* nachlassen *oder* ablassen to let off *or* to deliver the warp подавать *или* спускать основу (жр)	[dé]livrer *ou* fournir la chaîne consegnare *o* fornire la catena suministrar la urdimbre
3	Ketten[nach]lieferung (f), Kettenablaß (n), Ablassen (n) der Kette let[ting] off of the warp, delivering *or* governing the warp подача (жр) *или* спуск (мр) основы	livraison (f) *ou* déroulement (m) de la chaîne consegna (f) *o* svolgimento (m) dell'ordito suministro (m) *o* desarrollo (m) *o* desplegado (m) de la urdimbre
4	die Kette vom Baum abwinden to draw *or* to unwind the warp from the beam спускать *или* сматывать основу (жр) с навоя	dérouler la chaîne de l'ensouple svolgere *o* srotolare la catena dal subbio desarrollar la urdimbre del plegador
5	der Kettenabwicklung sich entgegenstellender Widerstand (m) resistance opposing the unwinding of the warp сопротивление (ср) сматыванию основы	résistance (f) s'opposant au déroulement de la chaîne resistenza (f) che si oppone allo svolgimento della catena resistencia (f) que se opone al desplegado *o* desarrollo de la urdimbre
6	den Widerstand überwinden to overcome the resistance преодолевать сопротивление (ср)	vaincre *ou* surmonter la résistance sormontare la resistenza vencer la resistencia
7	Überwinden (n) des Widerstandes overcoming the resistance преодоление (ср) сопротивления	surmontage (m) de la résistance vincita (f) della resistenza vencimiento (m) de la resistencia
8	die Kette bremsen to brake the warp затормаживать основу (жр)	freiner la chaîne frenare la catena frenar la urdimbre
9	abgewickeltes Kettenstück (n), abgewickelte Kettenstrecke (f), freiliegende Kette (f) piece *or* length of warp unwound спущенный *или* смотанный *или* свободный конец (мр) основы	longueur (f) de chaîne déroulée tratto (m) libero della catena longitud (f) de la urdimbre desarrollada
10	Spannen (n) der Kette stretching *or* tightening the warp натяжка (жр) основы	tension (f) de la chaîne tensione (f) della catena tensión (f) de la urdimbre
11	Entspannen (n) der Kette slackening of the warp отпуск (мр) основы, ослабление (ср) натяжения основы	relâchement (m) de la chaîne rilassamento (m) dell'ordito aflojamiento (m) de la urdimbre
12	Spannungsverhältnis (n) der Kette ratio of strains on the warp степень (мр) натяжения основы	rapport (m) entre les tensions de la chaîne rapporto (m) fra gli sforzi di tensione della catena relación (f) entre las tensiones de la urdimbre
13	Aufzugspannung (f) shedding *or* lifting strain, tension caused by shedding натяжение (ср) заправки	tension (f) due à la formation de la foule tensione (f) dovuta alla formazione del passo tensión (f) debida a la formación de la calada
14	Aufziehen (n) *oder* Aufspannen (n) der Kette mounting of the warp, gaiting up *or* looming up the warp заправка (жр) основы	montage (m) de la chaîne montaggio (m) della catena montaje (m) de la urdimbre
15	die Kette aufziehen *oder* aufspannen to put in the warp заправлять *или* натягивать основу (жр)	monter la chaîne montare la catena montar la urdimbre
16	Kettenspannung (f) tension of the warp натяжение (ср) *или* натяжка (жр) основы	tension (f) de la chaîne tensione (f) della catena tensión (f) de la urdimbre
17	gespannte Kette (f) stretched warp натянутая основа (жр)	chaîne (f) tendue catena (f) tesa urdimbre (f) tensa
18	feste *oder* harte Spannung (f) strong tension тугая натяжка (жр)	tension (f) forte tensione (f) forte tensión (f) fuerte
19	die Kette wird gezerrt the warp is jerked *or* tugged основа (жр) дергается	la chaîne est tiraillée la catena viene scattata la urdimbre es sacudida
20	straffgespannte Kette (f) tightly stretched warp туго натянутая основа (жр)	chaîne (f) fortement tendue catena (f) fortemente tesa urdimbre (f) fuertemente tensa
21	Straffheit (f) der Kette tightness of the warp тугость (жр) натяжки основы	rigidité (f) de la chaîne rigidezza (f) della catena rigidez (f) de la urdimbre
22	locker gespannte Kette (f) loose warp, lightly stretched warp слабо-натянутая основа (жр)	chaîne (f) tendue lâche catena (f) poco tesa urdimbre (f) tendida flojamente
23	nachgiebige *oder* weiche *oder* lockere *oder* federnde *oder* lose [*oder* elastische] Spannung (f) weak or slack tension податливое *или* упругое натяжение (ср)	tension (f) souple *ou* élastique *ou* faible tensione (f) cedevole *o* dolce *o* elastica tensión (f) floja *o* débil

1 die Kettenspannung regeln
to regulate the tension of the warp
регулировать натяжение (ср) основы
régler la tension de la chaîne
regolare la tensione della catena
regular la tensión de la urdimbre

2 die Spannung vergrößern
to increase the tension
увеличивать натяжение (ср)
augmenter la tension
aumentare la tensione
aumentar la tensión

3 die Spannung vermindern
to reduce the tension
уменьшать натяжение (ср)
diminuer la tension
diminuire la tensione
disminuir la tensión

4 bei abnehmendem Kettbaumumfang die Spannung vermindern
to reduce the tension with decreasing diameter of the beam
уменьшать *или* убавлять натяжение (ср) при уменьшении окружности навоя
réduire la tension avec la diminution du diamètre de l'ensouple
ridurre la tensione diminuendo il diametro del subbio
reducir la tensión disminuyendo el diámetro del plegador

5 Spiel (n) in der Spannung
play in the tension
игра (жр) в натяжении
jeu (m) dans la tension
gi[u]oco (m) nella tensione
juego (m) en la tensión

6 die Spannung ausgleichen
to equalise the tension
уравнивать натяжение (ср)
compenser la tension
compensare la tensione
compensar la tensión

7 **b) Kettenablaßvorrichtung (f)**
Let off Motion, Warp Governing *or* Delivering Motion
Устройство (ср) для спуска основы
Dispositif (m) de détente de la chaîne
Dispositivo (m) tenditore della catena
Dispositivo (m) frenador de la urdimbre

8 α) Kettenspannung (f) durch Federwirkung
Warp Tension Controlled by Springs
Натяжение (ср) основы при помощи действия пружины
Tension (f) de la chaîne par des ressorts
Tensione (f) della catena con molle
Tensión (f) de la urdimbre mediante resortes

9 kreuzweise Lochung (f) des Kettbaums
holes in the beam bored at right angles to each other
крестообразное сверление (ср) навоя
trous (mpl) en forme de croix dans l'ensouple
fori (mpl) a croce nel rullo d'ordito
taladros (mpl) *u* orificios (mpl) en forma de cruz en el plegador

10 Beileger (m)
warp beam rod
накладной брус (мр) *или* ролик (мр)
barre (f) d'ensouple
bastone (m) del subbio
bastón (m) del plegador

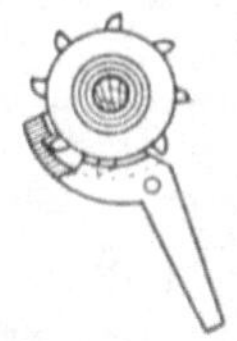

β) Spannungsregelung (f) mittels Zackenrad
Tension Regulation by a Sprocket Wheel
Установление (ср) натяжения при помощи кулачного колеса
Réglage (m) de la tension par roue à taquets
Regolamento (m) della tensione con ruota a tacchetti
Regulación (f) de la tensión mediante rueda de estacas 11

harte Spannung (f)
strong tension
тугая натяжка (жр)
tension (f) forte
tensione (f) forte
tensión (f) fuerte 12

Holzscheibe (f)
wooden disc
деревянный кружок (мр)
disque (m) en bois
disco (m) di legno
disco (m) de madera 13

Zackenscheibe (f)
sprocket wheel
кулачное колесо (ср)
roue (f) à taquets
ruota (f) a tacchetti
rueda (f) de estacas 14

Sperrhebel (m)
ratchet lever
храповой рычаг (мр)
levier (m) à cliquet
leva (f) a scatto
palanca (f) de gatillo 15

Sperrfeder (f)
ratchet spring
храповая пружина (жр)
ressort (m) du cliquet
molla (f) della ruota d'arresto
resorte (m) de gatillo 16

Zugschnur (f)
cord
тяжник (мр)
cordon (m) de commande
corda (f) di comando
cordón (m) accionador 17

γ) Passive Kettenablaßvorrichtungen (fpl), Kettbaumbremsen (fpl)
Frictional Let off Motions, Warp Beam Brakes
Навойные тормазы (мр)
Dispositifs (mpl) de déroulement de la chaîne par freinage de l'ensouple
Freni (mpl) del subbio a catena
Frenos (mpl) del plegador de urdimbre 18

γ₁) Allgemeines (n)
General Terms
Общее (ср)
Généralités (fpl)
Nozioni (fpl) generali
Generalidades (fpl) 19

den Kettbaum bremsen
to brake the warp beam
затормаживать навой (мр)
freiner l'ensouple
frenare il subbio a catena
frenar el plegador 20

Bremsen (n) des Kettbaumes
braking the warp beam
торможение (ср) навоя
freinage (m) de l'ensouple
frenatura (f) del subbio a catena
frenado (m) del plegador 21

1	Bremsen (n) durch Druck senkrecht zur Kettbaumachse braking by vertical pressure on the beam shaft торможение (ср) посредством давления перпендикулярно к оси навоя	freinage (m) par une pression verticale sur l'ensouple frenatura (f) con pressione verticale sul subbio frenado (m) mediante una presión vertical sobre el plegador
2	Bremsen (n) durch Druck in Richtung der Kettbaumachse braking by pressure in the direction of the axis of beam shaft торможение (ср) посредством давления вдоль оси навоя	freinage (m) par une pression suivant l'axe de l'ensouple frenatura (f) con pressione nella direzione assiale del subbio frenado (m) mediante una presión siguiendo el eje del plegador
3	gebremster Kettbaum (m) warp beam with brake on заторможенный навой (мр)	ensouple (f) freinée subbio (m) a catena frenato plegador (m) frenado
4	Bewegung (f) der Kette in der Längsrichtung lengthwise movement of the warp поступательное *или* продольное движение (ср) основы	mouvement (m) longitudinal de la chaîne movimento (m) longitudinale della catena movimiento (m) longitudinal de la urdimbre
5	Garnkörper (m) des Kettbaumes body of yarn on the beam основа (жр) на навое, намотанная на навое пряжа (жр)	corps (m) de fil sur l'ensouple corpo (m) del filo sul subbio d'ordito cuerpo (m) de hilo en el plegador
6	Durchmesserabnahme (f) des Kettbaumes reduction in diameter of the beam уменьшение (ср) диаметра навоя	diminution (f) du diamètre de l'ensouple riduzione (f) del diametro del subbio di catena disminución (f) de diámetro del plegador
7	Spannungszuwachs (m), Spannungszunahme (f) increase of tension увеличение (ср) *или* прирост (мр) натяжения	augmentation (f) de tension aumento (m) della tensione aumento (m) de tensión
8	Schwankung (f) der Kettenspannung variation in warp tension колебание (ср) натяжения основы	variation (f) de la tension de la chaîne variazione (f) della tensione della catena variación (f) de la tensión de la urdimbre
9	Wirkungsweise (f) der Bremse mode of action of the brake способ (мр) действия тормаза	manière (f) d'action du frein modo (m) di funzione del freno modo (m) de acción del freno
10	Gleichgewichtszustand (m) der Bremse [condition of] equilibrium of the brake состояние (ср) равновесия тормаза	état (m) d'équilibre du frein stato (m) d'equilibrio del freno condición (f) *o* estado (m) de equilibrio del freno
11	mittelbare [*oder* indirekte] Belastung (f) indirect weighting *or* loading of the brake косвенная нагрузка (жр)	charge (f) indirecte du frein caricamento (m) indiretto del freno cargado (m) indirecto del freno
12	Spielvermögen (n) der Bremse play of the brake игра (жр) тормаза	jeu (m) du frein giuoco (m) del freno juego (m) del freno
13	Reibungszahl (f), [Reibungskoeffizient (m)] coefficient of friction коэффициент (мр) трения	coefficient (m) de friction coefficiente (m) d'attrito coeficiente (m) de fricción
14	Reibungswiderstand (m) resistance to friction сопротивление (ср) трения	résistance (f) à la friction resistenza (f) alla frizione resistencia (f) al frote *o* a la fricción
15	Bremswiderstand (m) resistance to braking сопротивление (ср) тормаза	résistance (f) au freinage resistenza (f) alla frenatura resistencia (f) al frenado
16	Neueinstellung (f) von Hand aus readjustment by hand начальная установка (жр) от руки	réajustement (m) à la main raggiustamento (m) a mano reajustamiento (m) a mano
17	selbsttätige Neueinstellung (f) der Bremse automatic readjustment of the brake самодействующая начальная установка (жр) тормаза	réajustement (m) automatique du frein raggiustamento (m) automatico del freno reajustamiento (m) automático del freno
18	Zapfenreibung (f) des Kettbaumes friction of weaver's beam gudgeons трение (ср) в шипах навоя	friction (f) du tourillon de l'ensouple frizione (f) del perno del subbio fricción (f) del tornillo del plegador
19	γ_2) Reibungsbremse (f) Brake Фрикционный тормаз (мр)	Frein (m) à friction Freno (m) a frizione Freno (m) por fricción
20	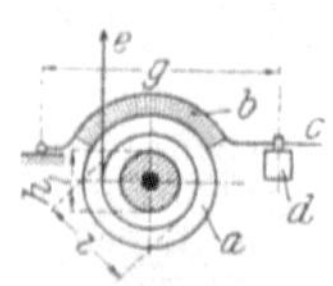	Backenbremse (f) shoe brake колодочный тормаз (мр) frein (m) à sabot freno (m) a ceppo *o* a zoccolo freno (m) de zapata *o* de almohadilla
21	Bremsscheibe (f) friction pulley тормозной блок (мр) *или* воротник (мр) — *a*	poulie (f) de friction puleggia (f) del freno polea (f) de fricción
22	Bremsbacke (f), Bremsklotz (m) brake shoe *or* block тормозная колодка (жр) — *b*	sabot (m) de frein ceppo (m) del freno zapata (f) *o* almohadilla (f) de freno
23	belasteter Hebel (m) weighted lever плечо (ср) рычага, нагруженное гирею — *c*	levier (m) à contrepoids leva (f) contrappesata palanca (f) con contrapeso

Hebelgewicht (n) — contrepoids (m) du levier
1 weight on lever — *d* — contrappeso (m) della leva
груз (мр) на конце рычага — contrapeso (m) de la palanca

Richtung (f) der Kettenabwicklung — sens (m) de déroulement de la chaîne
2 winding off direction of the warp — *e* — direzione (f) di svolgimento della catena
направление (ср) сматывания основы — sentido (m) de desarrollo de la urdimbre

Länge (f) des Kraftarms — longueur (f) du bras de levier [jusqu'au poids]
3 length of brake arm — *g* — distanza (f) del peso dal punto d'appoggio
длина (жр) плеча нагрузки — longitud (f) del brazo de potencia

Durchmesser (m) des leeren Kettbaumes — diamètre (m) de l'ensouple vide
4 diameter of empty beam — *h* — diametro (m) del subbio vuoto
диаметр (мр) холостого навоя — diámetro (m) del plegador vacío

Durchmesser (m) des bewickelten Kettbaumes — diamètre (m) de l'ensouple pleine *ou* garnie
5 diameter of full beam — *i* — diametro (m) del subbio pieno
диаметр (мр) намотанного *или* обмотанного навоя — diámetro (m) del plegador lleno

Eigengewicht (n) des Hebels — poids (m) mort du levier
6 dead weight of lever — peso (m) morto della leva
собственный вес (мр) рычага — peso (m) muerto de la palanca

γ₂) Gewichtsbremse (f) — Frein (m) à poids
7 Rope Brake — Freno (m) con peso
Грузовой тормаз (мр) — Freno (m) de peso

8 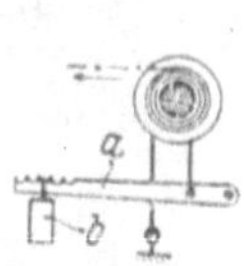

Seilbremse (f) — cord *or* rope brake — канатный тормаз (мр) — frein (m) à corde — freno (m) a corda — freno (m) de cuerda

Belastungshebel (m) — bascule (f)
9 weighted lever — *a* — leva (f) di pressione
грузовой рычаг (мр) — báscula (f), romana (f)

Belastungsgewicht (n) — poids (m) [de tension], contrepoids (m)
10 weight — *b* — contrappeso (m)
гиря (жр), груз (мр) — peso (m), contrapeso (m)

Belastung (f) des Bremsseils — charge (f) sur la corde du frein
11 loading of the brake rope — peso (m) sulla corda del freno
нагрузка (жр) тормозного каната — peso (m) o carga (f) sobre la cuerda del freno

der Hebel ist belastet — la bascule est chargée
the lever is weighted — la leva è contrappesata 12
рычаг (мр) нагружен — la báscula está cargada

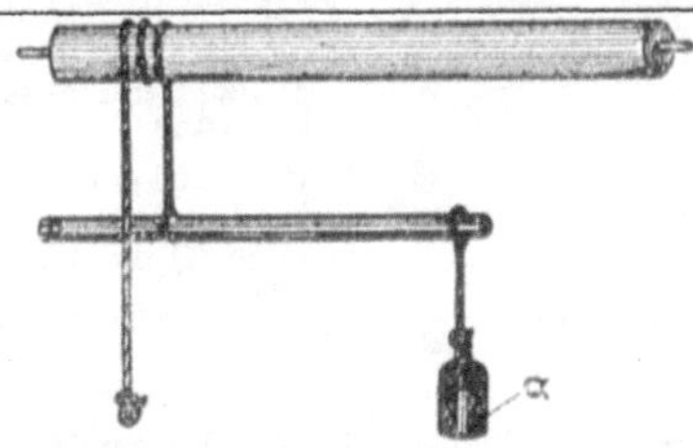

Kettbaum (m) mit Seilbremse und Belastungshebel — ensouple (f) avec frein à corde et bascule
warp beam with lever weighted rope brake — subbio (m) d'ordito con freno a corda e leva a peso 13
навой (мр) с канатным тормазом и грузовым рычагом — plegador (m) con freno de cuerda y báscula

Belastungsgewicht (n) — contrepoids (m)
counterweight — *a* — contrappeso (m) 14
гиря (жр), груз (мр) — contrapeso (m)

Gewichtverminderung (f) — diminution (f) du poids
reduction of weight — riduzione (f) del peso 15
уменьшение (ср) груза — reducción (f) o disminución (f) del peso

das Bremsseil *oder* den Strick um den Kettbaum legen — enrouler la corde de freinage autour de l'ensouple
to wrap the brake rope round the beam — avvolgere la corda del freno in giro al subbio 16
накладывать тормозной канат (мр) на навой — arrollar la cuerda de freno alrededor del plegador

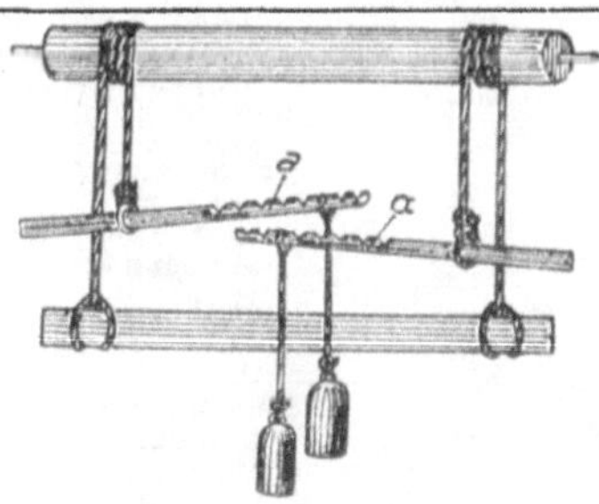

Seilbremse (f) mit zwei Hebeln — frein (m) à corde avec double bascule
rope brake with a pair of levers — freno (m) a corda con doppia leva a peso 17
канатный тормаз (мр) с двумя рычагами — freno (m) de cuerda con doble báscula

Hebeleinschnitt (m) — cran (m) de la bascule
lever notch — *a* — intaccatura (f) o tacca (f) della leva
выемка (жр) *или* заруб (мр) на рычаге — muesca (f) o entalladura (f) de la báscula 18

1
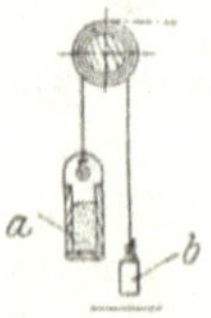

Spannung (f) durch Gegengewicht
tension by counterweight
натяжение (ср) противовесом
tension (f) par contrepoids *ou* par bascule à besace
tensione (f) a contrappeso
tensión (f) por contrapeso

---

2 Gewichtskasten (m)
weight box
грузовой *или* загрузочный ящик (мр)
a
boîte (f) à poids
cassetta (f) a pesi
caja (f) de lastres *o* de pesos

---

3 Spannungsgewicht (n)
tension weight
натяжной груз (мр)
b
poids (m) de tension
peso (m) di tensione
peso (m) de tensión

4
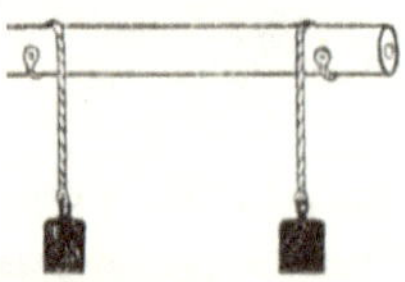

Spannung (f) mit Rollgewicht
tension by winding up weights
натяжение (ср) при помощи наматывающегося *или* подвижного груза
tension (f) [directe] par poids mobile
tensione (f) con peso mobile
tensión (f) por peso móvil

---

5 das Seil wickelt sich auf
the cord winds up
канат (мр) наматывается *или* обвивается
la corde est enroulée
la corda si avvolge
la cuerda se arrolla

6
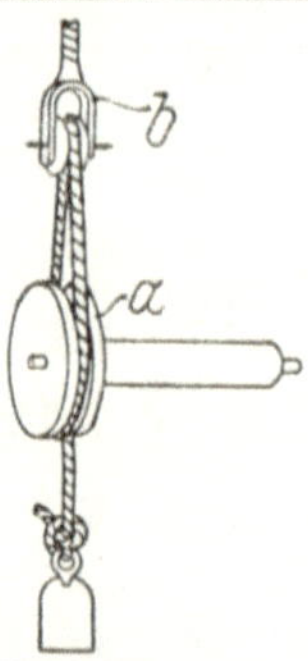

Spannung (f) mit Schleifgewicht *oder* Rutschgewicht
tension by sliding weight
натяжение (ср) посредством скользящей нагрузки *или* неподвижного груза
tension (f) par poids immobile
tensione (f) con peso immobile
tensión (f) por peso inmóvil

---

7 Scheibe (f) mit Hohlkehle
grooved pulley
блок (мр) с желобком
a
poulie (f) à gorge
puleggia (f) a gola
polea (f) de garganta

---

8 Kloben (m)
stirrup
блочная вилка (жр) *или* серьга (жр)
b
moufle (f)
bozzello (m), carrucola (f)
motón (m), polea (f), garrucha (f)

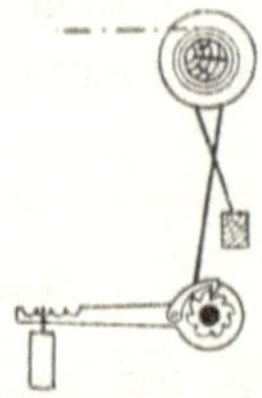

das Seil mit Sperrad und Gewichthebel in Spannung halten
to maintain the tension on the rope by ratchet wheel and weighted lever
держать канат (мр) в натянутом состоянии при помощи храповика и грузового рычага
maintenir la tension de la corde par roue à cliquet et levier à contrepoids 9
mantenere la tensione sulla corda con ruota a scatto e leva a contrappeso
mantener la tensión de la cuerda por rueda de gatillo y romana

---

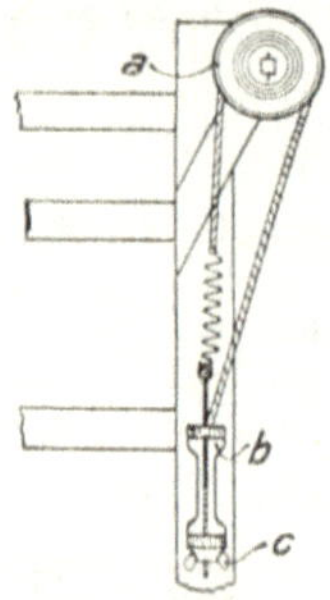

Kettbaum (m) mit unter Federwirkung stehender Seilbremse
warp beam with spring loaded rope brake
навой (мр) с канатным тормазом, находящимся под действием пружины
ensouple (f) avec frein à corde maintenu par un ressort 10
subbio (m) d'ordito con freno a corda e molla
plegador (m) con freno de cuerda mantenida en tensión por resorte

---

Rillenscheibe (f)
grooved pulley
желобчатый блок (мр)
a
poulie (f) à gorge
puleggia (f) a gola 11
polea (f) de garganta

Bremsböckchen (n)
spring tightening block
тормозная головка (жр)
b
bloc (m) de point d'appui du ressort
ceppo (m) della molla 12
bloque (m) del resorte

Flügelmutter (f)
thumb nut, wing nut
гайка (жр) с барашком
c
écrou (m) à oreilles
dado (m) ad alette 13
tuerca (f) de oreja

---

leichtes Gleiten (n) des Baumes im Bremsband
easy movement of the beam in the brake band
свободное *или* легкое скольжение (ср) навоя по тормозной ленте
mouvement (m) léger de l'ensouple dans la bride de frein
movimento (m) facile del subbio nel nastro del freno 14
resbalamiento (m) ligero del plegador en la banda de freno

---

schweres Gleiten (n) des Baumes im Bremsband
stiff movement of the beam in the brake band
тугое *или* тяжелое скольжение (ср) по тормозной ленте
mouvement (m) lourd de l'ensouple dans la bride de frein
movimento (m) difficile del subbio nel nastro del freno 15
resbalamiento (m) pesado del plegador en la banda de freno

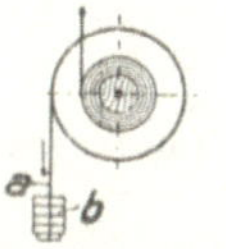

1 gewichtbelastetes Seil (n) — a
weighted cord *or* rope
нагруженный гирей канат (мр)
corde (f) chargée par contrepoids
corda (f) con contrappeso
cuerda (f) con contrapeso

2 Gewicht (n) — b
weight
гиря (жр)
poids (m), charge (f)
peso (m)
peso (m)

3 Gewichtauflegen (n)
adding weights
накладывание (ср) гирь
addition (f) de poids
aggiunta (f) di pesi
adición (f) de pesos

4 Gewichtswirkung (f)
effect of the weight
действие (ср) груза
effet (m) du poids
effetto (m) del peso
efecto (m) del peso

5 Verkleinerung (f) der Gewichtsbelastung, Entlastung (f)
reduction of the weight
уменьшение (ср) нагрузки гирями
réduction (f) de la charge, décharge (f)
riduzione (f) del peso
reducción (f) del peso

6 Gewichtszug (m)
pull of the weight
натяжение (ср) груза
traction (f) par poids
trazione (f) del peso
tracción (f) por peso

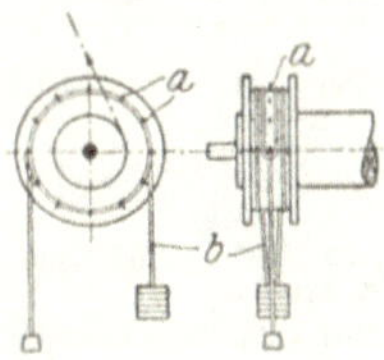

7 Gegengewichtsbremse (f), schwebende Bremse (f)
counterpoise weight brake
тормаз (мр) с противовесом, висячий тормаз
frein (m) à contrepoids
freno (m) a contrappeso
freno (m) con contrapeso

8 Stift (m) — a
pin
шпенек (мр), пуговица (жр)
cheville (f)
perno (m)
clavija (f)

9 Doppelschnur (f) — b
double cord
двойной шнур (мр)
corde (f) double
corda (f) doppia
cuerda (f) doble

10 das Bremsgewicht anheben
to lift up the brake weight
приподнять тормозной груз (мр)
lever le poids du frein
levare il peso sul freno
levantar el peso del freno

11 Spielen (n) der Bremse
play of the brake
игра (жр) тормаза
jeu (m) du frein
giuoco (m) del freno
juego (m) del freno

12 Nebenwiderstand (m)
secondary resistance
побочное сопротивление (ср)
résistance (f) secondaire
resistenza (f) secondaria
resistencia (f) secundaria

13 Seilsteifigkeit (f)
stiffness of rope
жесткость (жр) каната
raideur (f) de la corde
rigidità (f) della corda
rigidez (f) de la cuerda

14 Massenbeschleunigung (f)
acceleration of mass
ускорение (ср) массы
accélération (f) des masses
accelerazione (f) della massa
aceleración (f) de la masa

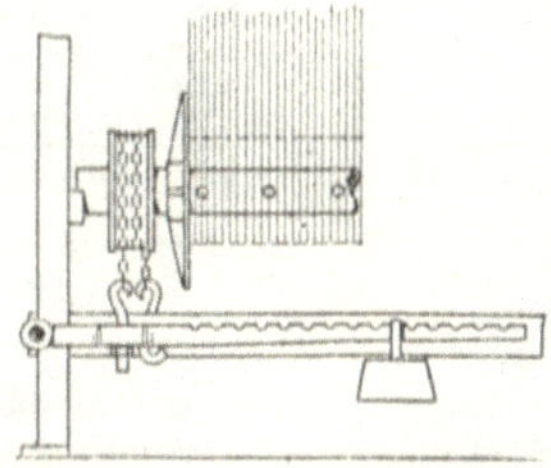

Kettenbremse (f)
chain brake
цепной тормаз (мр)
frein (m) à chaîne
freno (m) a catena
freno (m) de cadena 15

gezahnter Hebel (m)
notched lever
зубчатый рычаг (мр)
levier (m) à crans
leva (f) intaccata
palanca (f) entallada 16

Bremsmuffe (f)
brake rim
тормозная муфта (жр)
disque (m) de frein
disco (m) del freno
polea (f) del freno 17

Bandbremse (f)
band brake
ленточный тормаз (мр)
frein (m) à ruban *ou* à bande
freno (m) a nastro
freno (m) de cinta 18

Wollfilzeinlage (f)
woollen felt lining
войлочная обшивка (жр)
garniture (f) en feutre de laine
guarnizione (f) in feltro di lana
guarnición (f) de fieltro de lana 19

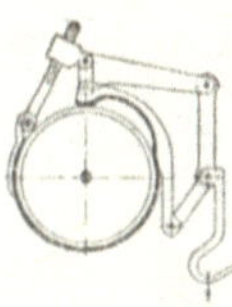

schwebende Bandbremse (f)
suspended band brake
висячий ленточный тормаз (мр)
frein (m) à bande suspendue
freno (m) a nastro sospeso
freno (m) de cinta suspendida 20

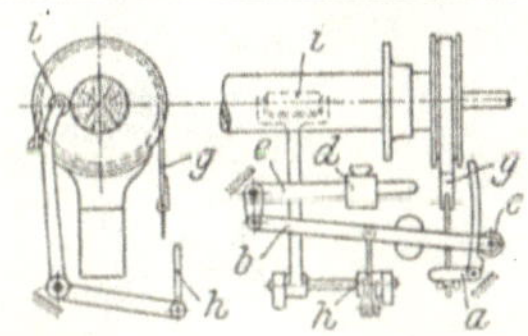

selbsttätige Gewichtsbremse (f) [Differentialbremse (f)]
self-adjusting weight brake, differential brake
самодействующий грузовой тормаз (мр), дифференциальный тормаз
frein (m) à poids automatique, frein différentiel
freno (m) a peso automatico, freno differenziale
freno (m) de peso automático, freno diferencial 21

Winkelgleithebel (m) — a
link bar
угловой рычаг (мр) со скользуном *или* с переменным плечем
levier (m) de glissement courbé
leva (f) ricurva di scorrimento
palanca (f) curvada de deslizamiento 22

Zugstange (f) — b
tension rod
тяга (жр)
tirant (m)
tirante (m)
tirante (m) 23

1	Gleitrolle (f) pad roller ролик (мр) тяги	c	galet (m) à glissement cilindro (m) a scorrimento rodillo (m) deslizante
2	Belastungsgewicht (n) counterweight гиря (жр), груз (мр)	d	contrepoids (m) contrappeso (m) contrapeso (m)
3	Winkelhebel (m) bell crank lever угловой рычаг (мр)	e	levier (m) coudé leva (f) angolare palanca (f) de ángulo
4	freies Bandende (n) free end of rope свободный конец (мр) ленты	g	extrémité (f) libre de la bande estremità (f) libera del nastro extremo (m) libre de la cinta
5	Stängelchen (n) short connecting rod поводок (мр), хоботок (мр)	h	tige (f) courte asta (f) corta barra (f) corta
6	Fühlwalze (f) feeler roller щупальный ролик (мр)	i	rouleau (m) tâteur cilindro (m) di contatto cilindro (m) de contacto
7	Gewichtsdruck (m) pressure of weight давление (ср) *или* нажим (мр) груза		pression (f) du poids pressione (f) del peso presión (f) del peso
8	Federdruck (m) spring pressure давление (ср) пружины		pression (f) du ressort pressione (f) della molla presión (f) del resorte
9	γ_4 Zusammengesetzte [oder kombinierte] Bremse (f) Combination Brake Сложный *или* комбинированный тормаз (мр)		Frein (m) combiné Freno (m) combinato Freno (m) combinado
10	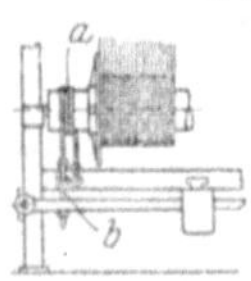		Seilbremse (f) rope brake канатный тормаз (мр) frein (m) à corde freno (m) a corda freno (m) de cuerda *o* de soga
11	Seilwindung (f) turn of rope оборот (мр) *или* виток (мр) каната	a	spire (f) *ou* tour (m) de la corde spira (f) della corda espira (f) de la cuerda
12	Schraubenhaken (m) screwed hook нарезной крюк (мр), крюк с резьбой	b	crochet (m) à vis uncino (m) a vite gancho (m) con tornillo
13	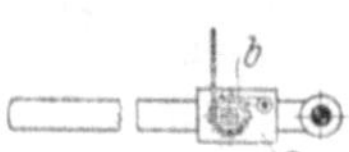 Seilbefestigung (f) am Bremshebel rope fastening on brake lever		прикрепление (ср) каната к тормозному рычагу fixation (f) de la corde sur le levier de frein fissamento (m) della corda sulla leva del freno fijación (f) de la cuerda en la palanca de freno
14	Bremshebelmuffe (f), Gleitstück (n) sliding piece передвижная (-ой) колодка (жр) *или* хомут (мр) тормозного рычага	a	manchon (m) à glissière scorritoio (m) pieza (f) deslizante
15	Sperrad (n) ratchet wheel храповое колесо (ср)	b	roue (f) à rochet ruota (f) d'arresto rueda (f) de estrella
16	Bremshebel (m) brake lever		тормозной рычаг (мр) levier (m) de frein leva (f) del freno palanca (f) de freno
17	Reihe (f) paralleler Seile row of parallel cords ряд (мр) параллельных канатов		rangée (f) de cordes parallèles fila (f) di corde parallele hilera (f) de cuerdas paralelas
18	der Kettbaum rutscht unter dem Seile the warp beam slips under the cord навой (мр) скользит под канатом		l'ensouple (f) de chaîne glisse sous la corde il subbio d'ordito scivola sotto la corda el plegador resbala debajo de la cuerda
19	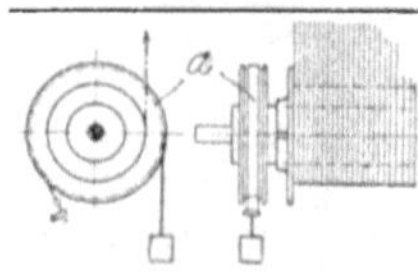 Stahlbandbremse (f) steel band brake		тормаз (мр) со стальной лентой frein (m) à bande d'acier freno (m) a nastro d'acciaio freno (m) de cinta de acero
20	Stahlband (n) steel band стальная лента (жр)	a	bande (f) d'acier nastro (m) d'acciaio cinta (f) de acero
21	glatte gußeiserne Bremsscheibe (f) smooth cast iron brake pulley *or* ruffle гладкий чугунный тормозной блок (мр)		disque (m) de frein lisse en fonte disco (m) liscio del freno in ghisa polea (f) de freno lisa de hierro fundido
22	Schmieren (n) der Bremsfläche lubricating the brake surface смазывание (ср) *или* смазка (жр) поверхности тормозного обода		lubrification (f) de la surface du disque de frein lubrificazione (f) della superficie del disco del freno lubricación (f) de la superficie de la polea del freno
23	$Pb H_2 O_2 2 Pb CO_3$ Bleiweiß (n) white lead свинцовые белила (ср)		céruse (f) biacca (f), cerussa (f), carbonato (m) di piombo albayalde (m), carbonato (m) de plomo
24	Graphit (m) graphite, black lead, plumbago графит (мр)		graphite (m), plombagine (f) grafite (f), piombaggine (f) grafito (m)

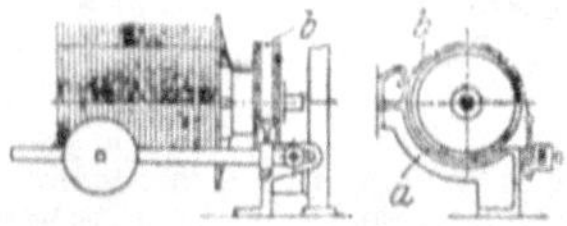

1	Muldenbremse (f) friction block brake желобковый тормаз (мр)		frein (m) à coquille freno (m) a conchiglia freno (m) de hortera
2	Mulde (f) block желоб (мр)	a	coquille (f), auge (f) conchiglia (f) hortera (f)
3	der Kettbaum ruht mit seinen Bremsscheiben in Mulden the beam rests with its ruffles on the friction blocks навой (мр) покоится своими тормозными блоками в желобах		l'ensouple (f) reste avec ses disques de frein sur des coquilles il subbio d'ordito riposa coi suoi dischi di freno in conchiglie el plegador tiene sus discos de freno encajados en horteras
4	Muldenreibung (f) block friction трение (ср) желоба		friction (f) des coquilles frizione (f) delle conchiglie fricción (f) de horteras

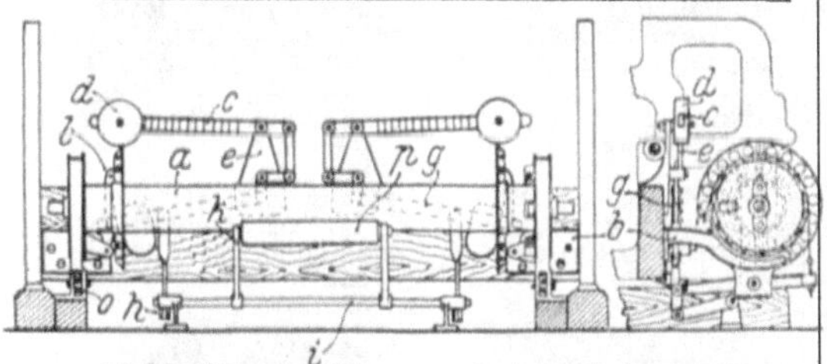

5	Muldenbremse (f) mit zweiseitiger Selbstregelung friction block brake with self-regulation at both ends of beam желобковый тормаз (мр) с двухсторонним саморегулированием		frein (m) à coquille à réglage automatique des deux côtés freno (m) a conchiglia con regolamento automatico dalle due parti freno (m) de hortera de regulación automática por los dos lados
6	Garnbaum (m) mit durchgehender Welle yarn beam with shaft passing through навой (мр) с сквозной осью	a	ensouple (f) de chaîne avec arbre traversant subbio (m) del filato con albero traversante plegador (m) con árbol atravesando
7	Bremsband (n) brake band тормозная лента		bande (f) du frein nastro (m) del freno cinta (f) *o* banda (f) de freno
8	Bremsmulde (f) friction block тормозной желоб	b	coquille (f) de friction conchiglia (f) di frizione hortera (f) de fricción
9	Bremsgewichthebel (m) brake weight lever тормозной грузовой рычаг (мр)	c	levier (m) à poids du frein leva (f) a peso del freno palanca (f) de contrapeso del freno
10	rundes Bremsgewicht (n) round brake weight круглый тормозной груз (мр)	d	poids (m) rond du frein peso (m) rotondo del freno contrapeso (m) redondo del freno
11	Gewichtshebelbock (m) weight lever fulcrum bracket стойка (жр) грузового рычага	e	support (m) d'axe du levier à poids sopporto (m) della leva a peso soporte (m) de la palanca de contrapeso
12	Differentialzugband (n) compensation draw *or* picking band лента (жр) дифференциального натяжения	g	bande (f) différentielle nastro (m) differenziale banda (f) diferencial
13	Fühlerwellenhebel (m) feeler shaft lever рычаг (мр) на оси щупального ролика	h	levier (m) de l'arbre du tâteur leva (f) dell'albero del cilindro di contatto palanca (f) del árbol del cilindro de contacto
14	Fühlerwelle (f) feeler shaft ось (жр) щупального ролика	i	arbre (m) du tâteur albero (m) del cilindro di contatto árbol (m) del cilindro de contacto
15	Fühlerhebel (m) carrier arm for feeler roller щупальный рычаг (мр)	k	bras (m) du rouleau tâteur braccio (m) del cilindro di contatto brazo (m) del cilindro de contacto
16	Differentialhebel differential lever дифференциальный рычаг (мр)	l	levier (m) différentiel leva (f) differenziale palanca (f) diferencial
17	Reglerhebel (m), [Regulierhebel (m)] band adjusting lever регулирующий рычаг (мр)	o	levier (m) pour régler la bande leva (f) per regolare il nastro palanca (f) para regular la cinta
18	Fühlerholzrolle (f) wooden feeler roller деревянный щупальный ролик (мр)	p	rouleau (m) tâteur en bois cilindro (m) di contatto in legno cilindro (m) de contacto de madera
19	Muldenzwischenstück (n) intermediate piece of friction block проставка (жр) желоба, промежуточная часть (жр) желоба		pièce (f) intermédiaire de la coquille pezzo (m) intermedio della conchiglia pieza (f) intermedia de la hortera

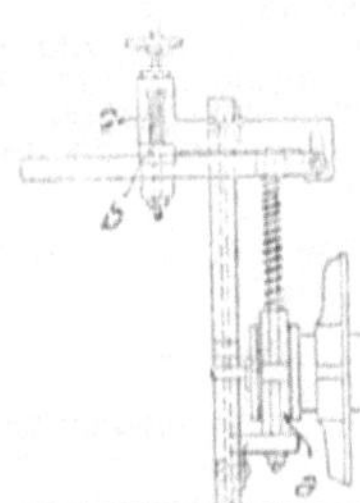

20	Schraubenfederbremse (f) brake with helical spring винтовой пружинный тормаз (мр)		frein (m) à ressort à boudin freno (m) a molla ad elica freno (m) de resorte en hélice
21	lederbeschlagene Mulde (f) leather lined friction block обитый кожей желоб (мр)	a	coquille (f) recouverte de cuir conchiglia (f) ricoperta di cuoio hortera (f) forrada de cuero *o* guarnecida de cuero

1	Laufmutter (f) adjusting nut передвижная гайка (жр)	écrou (m) de réglage dado (m) scorrevole tuerca (f) reguladora	b
2	Schraubenspindel (f) screw spindle, adjusting screw винтовой шпиндель (мр)	tige (f) filetée asta (f) a vite varilla (f) fileteada	c
3	**δ) Aktive Kettenablaßvorrichtungen (fpl), Kettbaumregler (mpl), [Kettbaumregulatoren (mpl)]** **Yarn Beam Regulators** **Позитивные регуляторы (мр) основы**	**Régulateurs (mpl) pour l'ensouple de chaîne, régulateurs de déroulement** **Regolatori (mpl) per il subbio a catena** **Reguladores (mpl) de urdimbre**	
4	**δ₁) Allgemeines (n)** **General Terms** **Общее (ср)**	**Généralités (fpl)** **Nozioni (fpl) generali** **Generalidades (fpl)**	
5	Kettenschaltung (f) warp governing, warp let off, pacing of the warp подача (жр) основы	déroulement (m) de la chaîne svolgimento (m) della catena desarrollo (m) de la urdimbre	
6	ununterbrochene Schaltung (f) continuous let off непрерывная подача (жр)	déroulement (m) continu svolgimento (m) continuo desarrollo (m) continuo	
7	unterbrochenes *oder* ruckweises Abwickeln (n) intermittent let off сматывание (ср) толчками	déroulement (m) intermittent svolgimento (m) intermittente desarrollo (m) intermitente	
8	Kettenanspannung (f) warp tension сила (жр) натяжения основы	traction (f) sur la chaîne sforzo (m) di tensione sull'ordito tracción (f) en la urdimbre	
9	gleichbleibende *oder* konstante Kettenspannung (f) constant *or* uniform *or* even tension of the warp постоянное натяжение (ср) основы	tension (f) constante *ou* uniforme de la chaîne tensione (f) costante *o* uniforme sull'ordito tensión (f) constante *o* uniforme de la urdimbre	
10	die Kettenspannung vermindern [*oder* reduzieren] to reduce the tension on the warp уменьшать *или* ослаблять натяжение (ср) основы	diminuer la tension sur la chaîne ridurre la tensione sull'ordito disminuir la tensión de la urdimbre	
11	Kettenentspannung (f) slackening of the warp tension ослабление (ср) натяжения основы	relâchement (m) de la tension sur la chaîne rilassamento (m) della tensione sull'ordito aflojamiento (m) de la tensión de la urdimbre	
12	Schaltgetriebe (n) ratchet motion передача (жр) для подачи, питательный механизм (мр)	mécanisme (f) de la roue à rochet arpionismo (m), meccanismo (m) della ruota d'arresto mecanismo (m) de trinquete *o* de la rueda de estrella	
13	Schaltgröße (f) amount of let off величина (жр) подачи	amplitude (f) de déroulement passo (m) dello svolgimento amplitud (f) de desarrollo	
14	Klinkeneingriff (m) engagement of the pawl зацепление (ср) собачки	prise (f) du cliquet presa (f) del nottolino toma (f) del gatillo	
15	Schalthub (m) der Klinke, Klinkenhub (m) stroke of the pawl [подающий] ход (мр) собачки	levée (f) du cliquet alzata (f) del nottolino alzamiento (m) del gatillo	
16	Hublänge (f) length of stroke длина (жр) хода	course (f) de la levée corsa (f) dell'alzata amplitud (f) de alzada	
17	Abstufung (f) der Schaltung graduation of the amount of let off величина (жр) ступеней подачи	graduation (f) de la quantité de déroulement graduazione (f) del passo di svolgimento graduación (f) de la cantidad de desarrollo	
18	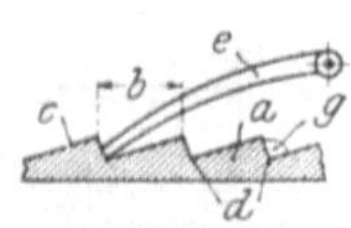	Schaltstange (f) ratchet bar, ratch питательная рейка (жр) barre (f) à rochet barra (f) a nottolino barra (f) de gatillo	
19	Schaltzahn (m) tooth of ratchet bar подающий зуб (мр)	dent (f) de la barre dente (m) della barra diente (m) de la barra	a
20	Zahnteilung (f) pitch of the teeth шаг (мр) зубьев	pas (m) des dents passo (m) della dentatura paso (m) de los dientes	b
21	Zahnrücken (m) back of tooth спинка (жр) *или* затылок (мр) *или* задняя поверхность (жр) зуба	dos (m) de la dent dorso (m) del dente dorso (m) del diente	c
22	Zahnfuß (m) bottom *or* root of tooth ножка (жр) *или* основание (ср) зуба	pied (m) de la dent piede (m) del dente pie (m) *o* base (f) del diente	d
23	Klinke (f) catch, pawl собачка (жр)	cliquet (m), déclic (m) arpione (m), nottolino (m) gatillo (m)	e
24	Zahnflanke (f) flank of tooth боковая *или* рабочая поверхность (жр) зуба	flanc (m) de la dent fianco (m) del dente flanco (m) del diente	g

1 Stangenvorschub (m)
moving forward of the ratch
продвижка (жр) рейки
avancement (m) de la barre
avanzamento (m) della barra
avance (m) de la barra

2 Einfallen (n) der Klinke
falling *or* dropping into gear of the catch
западание (ср) собачки
chute (f) du cliquet, encliquetage (m)
imboccamento (m) del nottolino
caída (f) del gatillo

3 Leergang (m) *oder* toter Gang (m) der Schaltklinke
lost motion of the pawl
холостой *или* мертвый ход (мр) собачки
déplacement (m) à vide du cliquet
spostamento (m) a vuoto del nottolino
desplazamiento (m) en vacío del gatillo

4 Radschaltung (f)
movement of ratchet wheel
подача (жр) шестерней
déplacement (m) de la roue à rochet
spostamento (m) della ruota d'arresto
desplazamiento (m) de la rueda de estrella

5
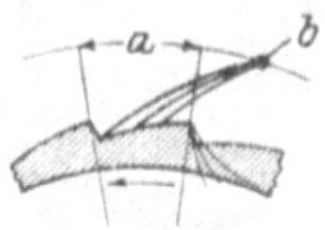

Schaltrad (n)
ratchet wheel
подающая шестерня (жр), питательное колесо (ср)
roue (f) à rochet
ruota (f) d'arresto
rueda (f) de estrella

6 Schaltwinkel (m)
angle of ratch
угол (мр) подачи
a
angle (m) de la denture
angolo (m) della dentatura
ángulo (m) del dentado

7 Klinken (fpl) auf gemeinsamem Bolzen
pawls mounted on a common fulcrum pin
собачки (жр) на общем болте
b
cliquets (mpl) montés sur un axe commun
nottolini (mpl) posti sopra un asse comune
gatillos (mpl) montados sobre un eje común

8 Zähnezahl (f) des Schaltrades
number of teeth in ratchet wheel
число (ср) зубьев питательного колеса
nombre (m) de dents de la roue à rochet
numero (m) dei denti della ruota d'arresto
número (m) de dientes de la rueda de estrella

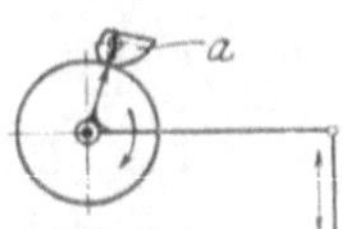

9 Klemmbacken-schaltgetriebe (n)
friction cam ratchet motion, silent ratchet motion
питательный механизм (мр) с зажимной колодкой
mécanisme (m) de commande par came de friction
arpionismo (m) a frizione
mécanismo (m) de accionamiento por excéntrico de fricción

10 Klemmbacke (f)
friction cam
зажимная (-ой) колодка (жр) *или* башмак (мр)
a
came (f) de friction
tacchetto (m) di frizione
excéntrico (m) de fricción

11 Vorlaufen (n) der Schaltscheibe
overrunning of the friction disc
опережение (ср) подающего колеса
avance (f) du plateau de friction
anticipo (m) del disco di frizione
avance (m) del plato de fricción

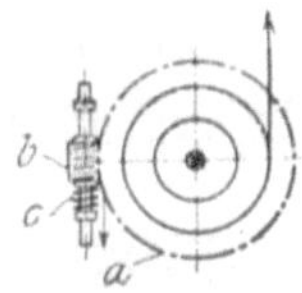

Schraubenradgetriebe (n)
worm and worm wheel drive
передача (жр) червячной шестерней
engrenage (m) à vis sans fin 12
ingranaggio (m) a vite perpetua
engranaje (m) de tornillo sin fin

Schraubenrad (n)
worm wheel
червячное колесо (ср)
a
roue (f) à vis sans fin
ruota (f) a vite perpetua 13
rueda (f) del tornillo sin fin

eingängige Schraube (f)
single worm
одноходовой червяк (мр)
b
vis (f) sans fin à filet simple
vite (f) perpetua a filetto semplice 14
tornillo (m) sin fin de una sola espira *o* de un sol filete

Schraubenfeder (f)
helical spring
винтовая пружина (жр)
c
ressort (m) à boudin
molla (f) ad elica 15
resorte (m) helicoidal *o* cilíndrico

Wendegetriebe (n)
reversing gear
реверсивная *или* дифференциальная *или* двухсторонняя передача (жр)
mécanisme (m) de renversement de marche
meccanismo (m) per il cambiamento del moto 16
mecanismo (m) de inversión de la marcha

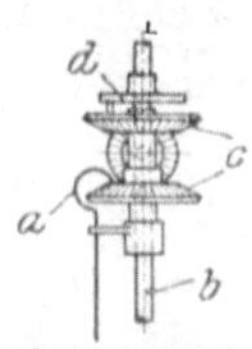

Kegelräderwendegetriebe (n)
bevel wheel reversing gear
реверсивная передача (жр) с коническими шестернями
mécanisme (m) de renversement de marche à engrenage conique
meccanismo (m) ad ingranaggio conico per inversione di marcia 17
mecanismo (m) de cambio de marcha por engranaje cónico

Verschubklaue (f)
change fork
переключательная вилка (жр)
a
fourchette (f) de changement
nottolino (m) di cambiamento 18
horquilla (f) de inversión

Schraubenwelle (f)
worm shaft
ось (жр) червяка
b
arbre (m) à vis sans fin
albero (m) a vite perpetua 19
árbol (m) del tornillo sin fin

loses Kegelrad (n)
loose bevel wheel
холостая коническая шестерня (жр)
c
roue (f) conique folle
ruota (f) conica folle
rueda (f) cónica loca 20

Scheibe (f) mit Bolzen
disc with [engaging] pin
диск (мр) с болтом
d
plateau (m) avec goupille [d'engagement]
disco (m) con chiavella 21
plato (m) con clavija

1 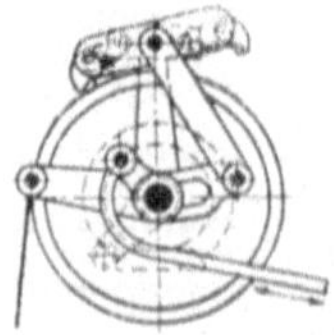

Klinkenwendegetriebe (n)
reversible ratchet motion
реверсивная храповая передача (жр)
mécanisme (m) de renversement de marche à cliquets
meccanismo (m) di inversione a nottolini
mecanismo (m) de inversión de gatillos

δ_2) Positiv wirkende Kettbaumregler (mpl)
Régulateurs (mpl) de déroulement positifs

2 **Positive Let off Motions**
Regolatori (mpl) di svolgimento positivi

Позитивные регуляторы (мр) раамота
Reguladores (mpl) positivos de desarrollo

3 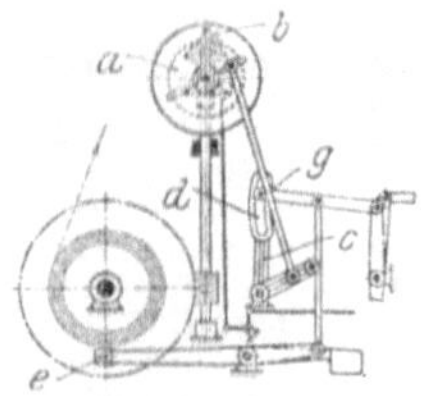

unmittelbar [*oder* direkt] wirkender positiver Kettbaumregler (m)
direct acting positive let off motion
непосредственно действующий *или* прямодействующий положительный регулятор (мр) размота
régulateur (m) de déroulement positif à action directe
regolatore (m) di svolgimento positivo ad azione diretta
regulador (m) positivo de desarrollo de acción directa

4 Sperrad (n) — a
ratchet wheel
храповое колесо (ср)
roue (f) à rochet
ruota (f) d'arresto
rueda (f) de estrella

5 Sperrkegel (m), Sperrklinke (f) — b
pawl, click
храповая собачка (жр)
cliquet (m)
arpione (m), nottolino (m)
gatillo (m)

6 Kulissenhebel (m), Schlitzhebel (m) — c
link
кулиссный рычаг (мр), рычаг с прорезом
levier (m) à glissière
leva (f) con feritoia
palanca (f) de colisa

7 Kulisse (f) — d
slot
кулисса (жр)
glissière (f), coulisse (f)
scorritoio (m), feritoia (f)
colisa (f), corredera (f)

8 Fühlwalze (f) — e
feeler roller
щупальный валик (мр)
rouleau (m) tâteur
cilindro (m) di contatto
cilindro (m) de contacto

9 Gleitstein (m), [Kulissenstein (m)] — g
sliding block
ползун (мр), кулиссный камень (мр)
coulisseau (m)
corsoio (m)
taco (m), corrón (m)

Verminderung (f) der Schaltgröße
reduction of the let off movement
уменьшение (ср) величины подачи
diminution (f) de l'amplitude de déroulement
riduzione (f) del passo di svolgimento
disminución (f) de la amplitud de desarrollo 10

Schwingungsgröße (f) des Kulissenhebels
length of stroke of the link
величина (жр) качания кулиссного рычага
course (f) du levier à glissière
corsa (f) della leva scorrevole
curso (m) de la palanca de colisa 11

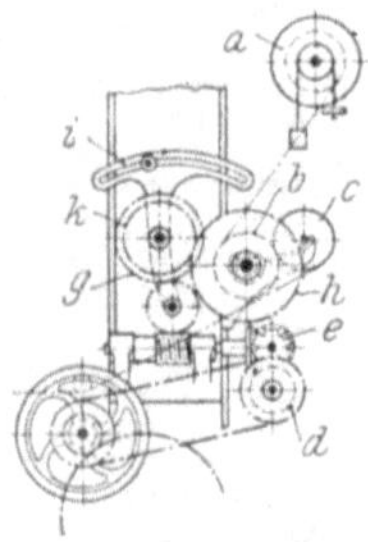

mittelbar [*oder* indirekt] wirkender positiver Kettbaumregler (m)
indirect acting positive let off motion
косвенно-действующий положительный регулятор (мр) размота
régulateur (m) de déroulement positif à action indirecte
regolatore (m) positivo del subbio d'ordito ad azione indiretta
regulador (m) positivo de desarrollo de acción indirecta 12

Florkettenbaum (m) — a
pile warp beam
навой (мр) для гарнитурной *или* пронидной *или* накидной *или* флеровой основы
ensouple (f) de chaîne de poil
subbio (m) a catena di pelo
plegador (m) de urdimbre de pelo 13

Hilfsbaum (m) — b
auxiliary beam
вспомогательный навой (мр)
rouleau (m) d'entraînement
cilindro (m) ausiliario
cilindro (m) auxiliar 14

Druckbaum (m) — c
pressure beam
нажимной валик (мр)
rouleau (m) de pression
cilindro (m) di pressione
cilindro (m) de presión 15

Greifer (m) — d
driver
захватчик (мр)
taquet (m)
tacchetto (m)
tope (m) 16

Sternrad (n) — e
star wheel
звездочка (жр)
roue (f) étoilée
ruota (f) a stella
rueda (f) de estrella 17

Übertragungsrad (n), [Transportrad (n)] — g
carrier wheel
передаточная шестерня (жр)
roue (f) intermédiaire
ruota (f) intermedia, ruota trasportatrice
rueda (f) intermediaria o de transporte 18

Baumrad (n) — h
beam wheel
основная шестерня (жр) навоя
roue (f) d'ensouple
ruota (f) del subbio
rueda (f) de plegador 19

konzentrische Tasche (f) — i
concentric link
концентрическая дуга (жр)
segment (m) à coulisse concentrique
segmento (m) a scorritoio concentrico
segmento (m) de colisa concéntrico 20

Wechselrad (n) — k
change wheel
сменная шестерня (жр)
roue (f) de rechange
ruota (f) di ricambio
rueda (f) de recambio 21

1	der Druckbaum liegt am Hilfsbaum the pressure beam is in contact with the auxiliary beam нажимной валик (мр) лежит на вспомогательном навое		le rouleau de pression est au contact du rouleau d'entraînement il cilindro di pressione resta sul cilindro ausiliario el cilindro de presión está en contacto con el cilindro auxiliar
2	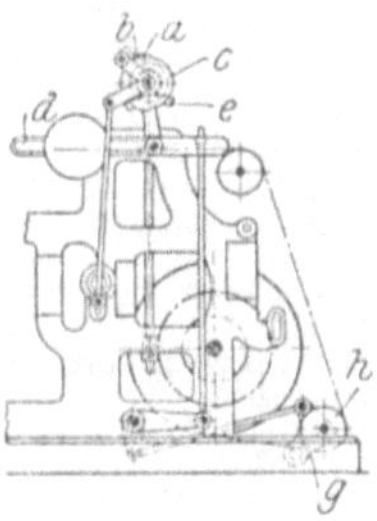		δ_8) Negativ wirkender Kettbaumregler (m) Negative Let off Motion Обратнодействующий *или* негативный регулятор(мр) размота Régulateur (m) de déroulement négatif Regolatore (m) di svolgimento negativo Regulador (m) negativo de desarrollo
3	Schaltklinke (f) pawl подающая собачка (жр)	a	cliquet (m) arpione (m), nottolino (m) gatillo (m)
4	Bolzen (m) pin [поперечный] болт (мр) *или* палец (мр)	b	cheville (f) perno (m) clavija (f)
5	unrunde Scheibe (f) [Exzenter (n)] cam эксцентрик (мр)	c	disque (m) excentrique disco (m) eccentrico excéntrico (m)
6	dreiarmiger Hebel (m) three armed lever трехплечий рычаг (мр)	d	levier (m) à trois bras leva (f) a tre bracci palanca (f) de tres brazos
7	Zahnbogen (m) toothed segment зубчатая дуга (жр)	e	segment (m) denté segmento (m) dentato segmento (m) dentado
8	Schwinglager (n) oscillating bearing качающийся подшипник (мр)	g	support (m) oscillant sopporto (m) oscillante soporte (m) oscilante
9	verschiebbar gelagerter *oder* schwebender Streichbaum (m) swinging back rail подвижно расположенное *или* висячее скало (ср)	h	porte-fils (m) oscillant porta-fili (m) oscillante guía-hilos (m) móvil
10	Schlaffwerden (n) der Kette slackening of the warp ослабление (ср) натяжения основы		relâchement (m) de la chaîne allentamento (m) dell'ordito aflojamiento (m) de la urdimbre
11	Unterbrechen (n) der Schalttätigkeit interruption of the movement of warp прерывание (ср) *или* перебивание (ср) действия подачи		interruption (f) de mouvement de la chaîne interruzione (f) del movimento della catena interrupción (f) del movimiento de la urdimbre

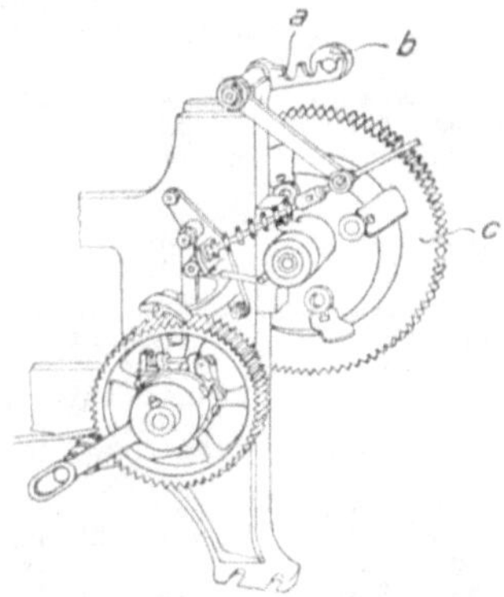

selbsttätige Kettbaumbremse (f) von Roper Roper self-adjusting let off motion самодействующий тормаз (мр) Ропера для навоя		mouvement (m) de déroulement à réglage automatique Roper meccanismo (m) di svolgimento automatico Roper mecanismo (m) de desarrollo automático de Roper	12
Träger (m) mit Einkerbungen notched carrier arm кронштейн (мр) *или* подпорка (жр) с зарубками	a	support (m) avec crans sopporto (m) con tacche soporte (m) con entalladuras	13
Streichbaum (f) back rail скало (ср)	b	porte-fils (m), ligneux (m) porta-fili (m), subbio (m) posteriore guía-hilos (m)	14
Schaltrad (n) ratchet wheel храповик (мр)	c	roue (f) à rochet ruota (f) d'arresto rueda (f) de estrella	15
Druck (m) der Kette auf den Streichbaum pressure of the chain on the back rail давление (ср) цепи на скало		pression (f) de la chaîne sur le porte-fils pressione (f) della catena sul subbio posteriore presión (f) de la urdimbre sobre el guía-hilos	16
unveränderte Kettenspannung (f) constant tension of the warp неизменное натяжение (ср) цепи		tension (f) constante de la chaîne tensione (f) costante sulla catena tensión (f) invariable o constante de la urdimbre	17
3. Warenaufwickelung (f) **Taking up** **Наматывание (ср) товара**		**Enroulement (m) du tissu** **Avvolgimento (m) del tessuto** **Arrollamiento (m) del tejido**	18

1	**a) Allgemeines (n)** **General Terms** **Общее (ср)**	**Généralités (fpl)** **Nozioni (fpl) generali** **Generalidades (fpl)**
2	Ketten- und Warenschaltgetriebe (n) pacing motion механизм (мр) подачи основы и ткани	mécanisme (m) de la chaîne et du tissu meccanismo (m) di movimento dell'ordito e del tessuto mecanismo (m) de la urdimbre y del tejido
3	Schalten (n) *oder* Fortrücken (n) der Kette moving *or* drawing the warp forward подача (жр) основы	avancement (m) de la chaîne avanzamento (m) dell'ordito avance (m) de la urdimbre
4	zeitweises [*oder* periodisches] Weiterrücken (n) der Kette intermittent forward movement of the warp подача (жр) основы с промежутками	mouvement (m) intermittent de la chaîne movimento (m) intermittente dell'ordito movimiento (m) intermitente de la urdimbre
5	unterbrochen [*oder* intermittierend] wirkender Warenbaumregler (m) intermittent taking up motion прерывисто действующий регулятор (мр) для товарного ролика	régulateur (m) d'enroulement intermittent regolatore (m) d'avvolgimento intermittente regulador (m) arrollador intermitente
6	der Warenbaumregler arbeitet mit Unterbrechung [*oder* intermittierend] the taking up motion works intermittently регулятор (мр) для товарного ролика действует с перерывами	le régulateur d'enroulement travaille par intermittences il regolatore avvolgitore lavora intermittentemente el regulador arrollador actúa *o* trabaja intermitentemente
7	unausgesetzte *oder* ununterbrochene *oder* stetige [*oder* kontinuierliche] Schaltung (f) continuous movement непрерывная подача (жр)	mouvement (m) continu movimento (m) continuo movimiento (m) continuo
8	stetig wirkender Warenbaumregler (m) continuous taking up motion непрерывно действующий регулятор (мр) для товарного ролика	régulateur (m) d'enroulement continu regolatore (m) d'avvolgimento continuo regulador (m) arrollador continuo
9	der Aufwindungswiderstand ist proportional der Kettbaumbremsung the resistance to taking up is proportional to the frictional resistance of letting off сопротивление (ср) намотке пропорционально торможению навоя	la résistance à l'enroulement est proportionnelle à la résistance de déroulement de la chaîne la resistenza all'avvolgimento è proporzionale al frenamento del subbio della catena la resistencia al arrollamiento es proporcional a la del desarrollo de la urdimbre
10	der Aufwindungswiderstand wird durch den Blattdruck gemindert the resistance to taking up is reduced by the pressure of the reed сопротивление (ср) намотке уменьшается благодаря нажиму берда	la résistance à l'enroulement est diminuée par la pression du peigne la resistenza all'avvolgimento viene ridotta dalla pressione del pettine la resistencia al arrollamiento es amortiguada por la presión del peine
11	Hin- und Herschwingen (n) der Lade to and fro movement of the slay возвратное качание (ср) батана	mouvement (m) de va-et-vient du battant movimento (m) d'andata e ritorno del battente movimiento (m) de vaivén del batán
12	weicher Ladenanschlag light blow of the slay мягкий удар (мр) батана	coup (m) léger du battant colpo (m) leggiero del battente golpe (m) ligero *o* suave del batán
13	harter Ladenanschlag (m) heavy blow of the slay жесткий удар (мр) батана	coup (m) lourd du battant colpo (m) forte del battente golpe (m) fuerte del batán
14	der Ladenanschlag wird gemindert the blow of the slay is reduced удар (мр) батана ослабляется	le coup du battant est diminué il colpo del battente viene ridotto el golpe del batán es amortiguado
15	Warenaufwindung (f) beim Rückgang der Lade taking up during backward movement of the slay намотка (жр) товара при отходе батана	enroulement (m) du tissu pendant le mouvement en arrière du battant avvolgimento (m) del tessuto durante il ritorno del battente arrollamiento (m) del tejido durante el retroceso del batán
16	Warenaufwindung (f) beim Vorgang der Lade taking up during forward movement of the slay намотка (жр) товара при ходе вперед батана	enroulement (m) du tissu pendant le mouvement en avant du battant avvolgimento (m) del tessuto durante l'andata del battente arrollamiento (m) del tejido durante el avance del batán
17	Sperrung (f) des Warenbaumes locking of the cloth beam запирание (ср) *или* закрепление (ср) *или* блокировка (жр) товарного ролика	arrêt (m) de l'ensouple du tissu arresto (m) del subbio di tessuto paro (m) del plegador del tejido
18	Spannungszug (m) der Aufwickelvorrichtung tensile stress of the taking up motion действие (ср) натяжения накатного приспособления	effort (m) de traction produit par l'appareil enrouleur sforzo (m) di tensione prodotto dal meccanismo d'avvolgimento esfuerzo (m) de tracción producido por el aparato arrollador

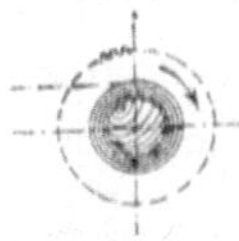

1 unmittelbare [*oder* direkte] Aufwicklung (f)
direct taking up
непосредственная *или* прямая накатка (жр)
enroulement (m) direct
avvolgimento (m) diretto
arrollamiento (m) *o* plegado (m) directo

---

2 den Warenbaum als Zugbaum benutzen
to use the cloth beam as the taking up roller
применять товарный ролик (мр) в качестве вспомогательного навоя
employer l'ensouple du tissu comme rouleau d'appel
impiegare il subbio del tessuto come cilindro strascinatore
emplear el plegador del tejido como cilindro-guía

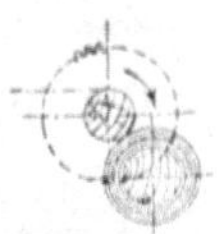

3 mittelbare [*oder* indirekte] Aufwicklung (f)
indirect taking up
косвенная намотка (жр)
enroulement (m) indirect
avvolgimento (m) indiretto
arrollamiento (m) indirecto

---

4 den Warenbaum an den Zugbaum anpressen
to press the cloth beam on the taking up roller
прижимать товарный ролик (мр) к вспомогательному навою
faire presser sur l'ensouple du tissu le rouleau d'appel
premere il subbio del tessuto contro il cilindro strascinatore
cargar sobre el plegador del tejido el cilindro de contacto

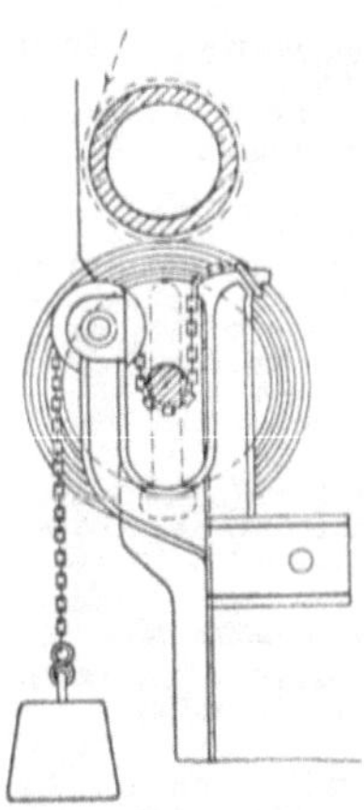

5 Anpressen (n) des Warenbaumes an den Zugbaum
pressing the cloth beam on the taking up roller
прижимание (ср) товарного ролика к вспомогательному навою
pression (f) de l'ensouple du tissu sur le rouleau d'appel
pressione (f) del subbio del tessuto sul cilindro strascinatore
presión (f) del plegador del tejido sobre el cilindro auxiliar

---

6 Umfang (m) des Zugbaumes
circumference of the taking up roller
окружность (жр) вспомогательного навоя
circonférence (f) du rouleau d'appel
circonferenza (f) del cilindro strascinatore
circumferencia (f) del cilindro auxiliar

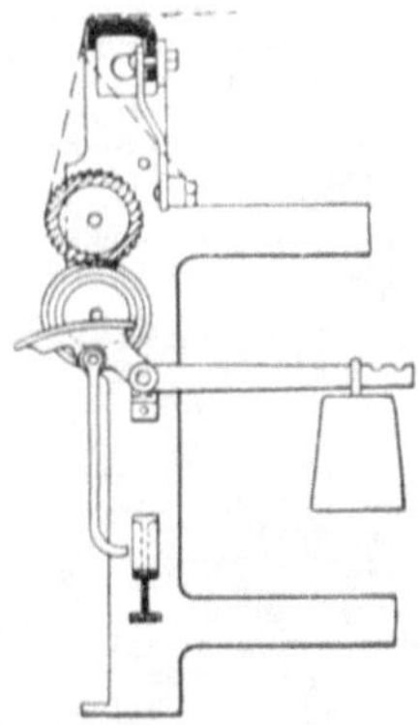

Pressen des Warenbaumes an den Zugbaum durch Gewichtshebel
pressing the cloth beam against the taking up roller by weighted lever
прижимание (ср) товарного ролика посредством грузового рычага к вспомогательному навою 7
pression (f) de l'ensouple du tissu sur le rouleau d'appel par levier à poids
pressione (f) del subbio del tessuto sul cilindro strascinatore con leva a pesi
presión (f) del plegador del tejido sobre el cilindro auxiliar por palanca y contrapeso

---

unmittelbar wirkender positiver Warenbaumregler (m)
direct acting positive taking up motion
прямодействующий позитивный регулятор (мр) товарного ролика
régulateur (m) d'enroulement positif à action directe
regolatore (m) d'avvolgimento positivo ad azione diretta 8
regulador (m) positivo directo para el arrollado del tejido

---

mittelbar wirkender negativer Warenbaumregler (m)
indirect acting negative taking up motion
косвенно действующий негативный регулятор (мр) товарного ролика
régulateur (m) d'enroulement négatif à action indirecte
regolatore (m) di avvolgimento negativo ad azione indiretta 9
regulador (m) negativo indirecto para el arrollado del tejido

---

zwangläufiger [*oder* positiver] Warenbaumregler (m)
positively controlled taking up motion
принужденно-действующий регулятор (мр) для товарного ролика
régulateur (m) d'enroulement positif
regolatore (m) d'avvolgimento positivo 10
regulador (m) positivo para el arrollado del tejido

---

kraftschlüssiger [*oder* negativer] Warenbaumregler (m)
negative *or* drag taking up motion
принудительно-действующий регулятор (мр) для товарного ролика
régulateur (m) d'enroulement négatif
regolatore (m) d'avvolgimento negativo 11
regulador (m) negativo para el arrollado del tejido

Regler (m) mit Stirnräderübertragung, Stirnradregler (m)
spur wheel taking up motion
регулятор (мр) с цилиндрической шестеренной передачей
régulateur (m) d'enroulement à roues droites
regolatore (m) d'avvolgimento a ruote cilindriche 12
regulador (m) arrollador de ruedas cilíndricas

Regler (m) mit Schraubenradübertragung, Schraubenradregler (m)
worm and worm wheel taking up motion
регулятор (мр) с червячной передачей
régulateur (m) d'enroulement à vis sans fin
regolatore (m) d'avvolgimento a vite perpetua 13
regulador (m) arrollador de tornillo sin fin

1 Regler (m) mit Räderwechsel
taking up motion regulated by change wheels
регулятор (мр) с передачей сменными шестернями
régulateur (m) d'enroulement à roues de rechange
regolatore (m) d'avvolgimento con ruote di ricambio
regulador (m) arrollador de ruedas de recambio

2 Regler (m) mit Schalthubwechsel
taking up motion regulated by changing the length of the stroke
регулятор (мр) с изменением величины хода
régulateur (m) à changement de la course du cliquet
regolatore (m) con cambio nel percorso del nottolino
aparato (m) regulador por cambio del curso del gatillo

3 aktiver Wareneinzug (m)
active taking up
положительно действующее навивание (ср) товара
enroulement (m) du tissu actif
avvolgimento (m) del tessuto attivo
arrollamiento (m) activo del tejido

4 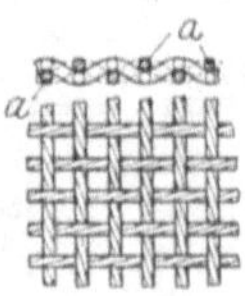

Schußanlage (f)
disposition of weft
расположение (ср) утка
disposition (f) de la trame, tramage (m)
disposizione (f) della trama
disposición (f) de la trama

5 Schußfadenschnittfläche (f)
section of the weft threads a
площадь (жр) сечения уточных нитей
coupe (f) des fils de trame
sezione (f) dei fili di trama
sección (f) de los hilos de trama

6 Aneinanderreihen (n) der Schußfäden
ranging the picks to each other
последовательная укладка (жр) уточных нитей
rangement (m) des duites les unes à côté des autres
piazzamento (m) dei fili di trama l'uno a fianco dell'altro
tramado (m), ordenación (f) de las pasadas unas al lado de otras

7 dichtes Anlegen (n) von Schuß an Schuß
close pressing up pick against pick
плотное прилегание (ср) уточных нитей друг к дружке
serrage (m) des duites
serraggio (m) dei fili di trama
tramado (m) denso *o* espeso

8 Schußdichte (f)
set *or* density of the weft, number of filling threads per inch
плотность (жр) утка
duitage (m), nombre (m) des duites
numero (m) dei fili di trama
densidad (f) del tramado *o* de la trama

9 Änderung (f) der Schußdichte
changing the number of picks per inch
изменение (ср) плотности утка
changement (m) du nombre des duites
cambiamento (m) del numero dei fili di trama
cambio (m) de densidad del tramado

10 Verminderung (f) der Schußdichte
reducing the number of picks per inch
уменьшение (ср) плотности утка
diminution (f) du duitage
riduzione (f) del numero dei fili di trama
disminución (f) de la densidad del tramado

11 dichte Ware (f)
closely woven fabric, compact cloth
плотный товар (мр)
tissu (m) serré *ou* très duité
tessuto (m) fitto *o* chiuso *o* coperto
tejido (m) denso *o* espeso

12 die Schußfadendicke ausgleichen
to equalise the thickness of filling *or* of weft
выравнивать толщину (жр) утка
égaliser l'épaisseur de la trame
eguagliare lo spessore della trama
igualar el espesor de la trama

13 Schußstreifen (m)
miss of weft, crack, weft bar
уточная полоска (жр)
clair (m), feinte (f)
chiarella (f)
defecto (m) de tramado, claro (m)

14 Schußfadenstärke (f)
diameter *or* count of the weft yarn
толщина (жр) нити утка
diamètre (m) du fil de trame
diametro (m) del filo di trama
diámetro (m) del hilo de trama

15 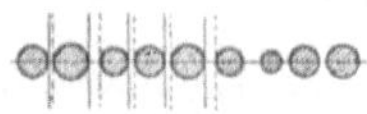
gleichstufige Schußanlage (f)
regular disposition of weft
равномерно-повторяющееся расположение (ср) утка
tramage (m) uniforme *ou* régulier
disposizione (f) regolare della trama
tramado (m) uniforme *o* regular

16 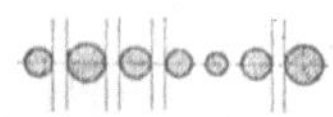
anschließende Schußanlage (f)
irregular disposition of weft
расположение (ср) утка с пропусками
tramage (m) irrégulier
disposizione (f) irregolare della trama
tramado (m) irregular

17 Schußfadenbruch (m)
breakage of weft
обрыв (мр) уточной нити
rupture (f) de la trame
rottura (f) della trama
ruptura (f) de la trama *o* de la pasada

18 die Schußzahl einstellen
to adjust the number of picks
устанавливать число (ср) уточин
régler le duitage
regolare il numero delle trame
regular la densidad de la trama

19 Einhalten (n) *oder* Halten (n) der Schußzahl
keeping to the number of picks
соблюдение (ср) числа уточин
maintien (m) du duitage
mantenimento (m) del numero delle trame
mantenimiento (m) de la densidad de la trama

20 **b) Warenaufwickelvorrichtung (f)**
[Fabric] Taking up *or* Take up Motion
Приспособление (ср) для намотки суровья
Appareil (m) enrouleur, mécanisme (m) d'enroulement du tissu
Meccanismo (m) di avvolgimento del tessuto
Mecanismo (m) arrollador del tejido

21 

Handsperrad (n), Anstreckzeug (n)
hand ratchet wheel
ручное храповое колесо (ср)
roue (f) d'arrêt à main
ruota (f) d'arresto a mano
rueda (f) de paro a mano

1	eingelassener Zapfen (m) inserted spike всаженная *или* вделанная рукоятка (жр)	a	poignée (f) insérée manico (m) insérito puño (m) inserto
2	Rückhalterklinke (f), Sperrklinke (f), Klinke (f) ratchet pawl собачка (жр)	b	cliquet (m) arpione (m) gatillo (m)
3	Sperrad (n) ratchet wheel храповое колесо (ср)	c	roue (f) à cliquet ruota (f) d'arresto rueda (f) de gatillo
4	Holzkranz (m) wooden rim деревянный обод (мр)	d	couronne (f) en bois corona (f) di legno corona (f) de madera
5	 Schaltrad (n) mit Schalthebel und Sperrklinke ratchet wheel with taking up lever and pawl		храповое колесо (ср) с подающим рычагом и собачкой roue (f) à rochet avec levier d'enroulage et cliquet ruota (f) d'arresto con leva d'avvolgimento e nottolino rueda (f) de estrella con palanca de arrollamiento y gatillo de escape
6	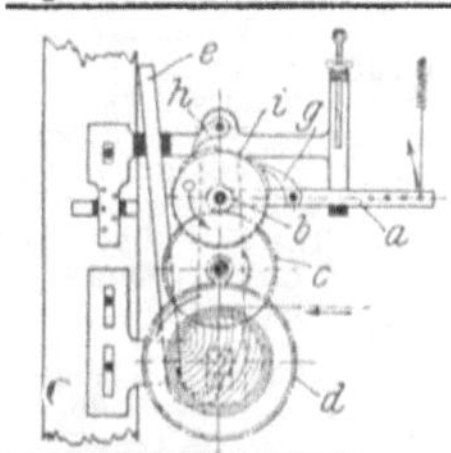		Schaltwerk (n) ratchet gearing храповая передача (жр) mécanisme (m) de la roue à cliquet arpionismo (m) a denti juego (m) de gatillos
7	Schalthebel (m) ratchet lever храповой рычаг (мр)	a	levier (m) du cliquet leva (f) della ruota d'arresto palanca (f) del gatillo
8	Zahntriebrad (n), Wechselrad (n) change wheel зубчатое колесо (ср), сменная шестерня (жр)	b	pignon (m) de rechange ruota (f) di ricambio piñón (m) de recambio
9	Vorgelegerad (n) carrier wheel промежуточная *или* передаточная шестерня (жр)	c	roue (f) intermédiaire ruota (f) intermedia rueda (f) intermedia
10	Warenbaumrad (n) cloth beam wheel шестерня (жр) товарного ролика	d	roue (f) de l'ensouple du tissu ruota (f) del subbio a stoffa rueda (f) del arrollador del tejido
11	Ausrückhebel (m) disengaging lever выключательный рычаг (мр), выключатель (мр)	e	levier (m) de débrayage leva (f) di disinnesto palanca (f) de freno
12	Schubfalle (f), Schiebeklinke (f), Schubklinke (f), pawl собачка (жр), толкач (мр)	g	cliquet (m) d'action nottolino (m) d'azionamento gatillo (m) accionador, gatillo operador
13	Sperrfalle (f), Sperrklinke (f), Gegenfalle (f), Gegenklinke (f) detent тормазная *или* запорная *или* задерживающая собачка (жр)	h	contre-cliquet (m), cliquet (m) de retenue *ou* d'arrêt nottolino (m) d'arresto contra-gatillo (m), escape (m)
14	Steigrad, (n) Sperrrad (n) ratchet wheel храповое колесо (ср)	i	roue (f) à rochet ruota (f) d'arresto rueda (f) de estrella
15	das Räderwerk durch den Hebel in Bewegung setzen to operate the gearing through the lever приводить шестеренную передачу (жр) в движение рычагом		actionner les engrenages par le levier azionare il ruotismo colla leva accionar el engranaje mediante la palanca
16	Radübersetzung (f) gear[ing] шестеренная передача (жр)		engrenage (m) ingranaggio (m) engranaje (m)
17	den Wechsel *oder* das Wechselrad anstekken to put on the change wheel насадить сменную шестерню (жр) [на ось]		mettre en place le pignon de rechange collocare la ruota di ricambio colocar el piñón de recambio
18	$x$er Wechsel (m) change wheel with x teeth сменная шестерня (жр) в x зубьев		pignon (m) de rechange à x dents ruota (f) di ricambio a x denti piñón (m) de recambio de x dientes
19	Schlüsselzahl (f) constant постоянный коэффициент (мр) передачи		constante (f) costante (f) constante (f)
20	Ausrücken (n) des Warenbaumes disengaging *or* disconnecting of the cloth beam выключение (ср) *или* останов (мр) товарного ролика		débrayage (m) de l'ensouple du tissu disinnesto (m) del subbio a tessuto desembragar el arrollador de tejido
21	schrägstehende Radzähne (mpl) inclined wheel teeth косо расположенные зубья (мр) шестерни		dents (fpl) de la roue inclinées denti (mpl) inclinati della ruota dientes (mpl) inclinados de la rueda
22	die Radzähne (mpl) fortschieben to move the wheel teeth forward проталкивать вперед зубья (мр) шестерни		pousser en avant les dents de la roue spingere in avanti i denti della ruota hacer avanzar los dientes de la rueda
23	begrenzter Hub limited stroke ограниченный ход (мр)		course (f) limitée corsa (f) limitata carrera (f) limitada
24	den Hebelhub verstellen to adjust the stroke of the lever переставлять ход (мр) *или* розмах (мр) рычага		régler la course du levier regolare la corsa della leva regular la carrera de la palanca

1 große Hebelbewegung (f) — long stroke of lever — большой розмах (мр) рычага — grande course (f) du levier — corsa (f) grande della leva — gran carrera (f) de la palanca

2 geringe Hebelbewegung (f) — short stroke of lever — малый розмах (мр) рычага — petite course (f) du levier — piccola corsa (f) della leva — pequeña carrera (f) de la palanca

3 die Schraube im Schlitz verstellen — to adjust the screw in the slot — переставлять винт (мр) в прорезе — régler la vis dans l'encoche — regolare la vite nella fessura — regular *o* ajustar el tornillo en la ranura

4 die Fortrückung des Steigrades einschränken *oder* vermindern — to reduce the movement of the ratchet wheel — ограничивать продвижение (ср) вперед храпового колеса — réduire la course de la roue à rochet — ridurre la corsa della ruota d'arresto — reducir la carrera de la rueda de estrella

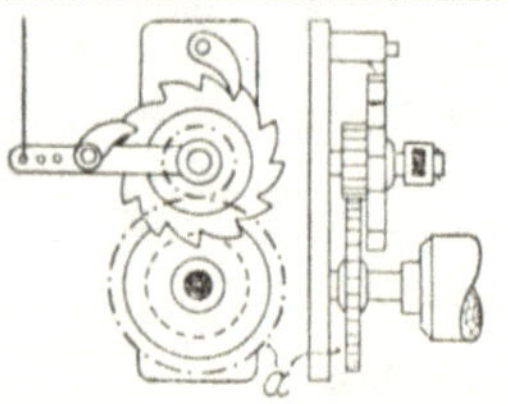

5 Brustbaumregler (m) — breast beam regulator — регулятор (мр) для грудницы — régulateur (m) de la poitrinière — regolatore (m) del subbio anteriore — regulador (m) del antepecho

6 Brustbaumrad (n) — breast beam wheel — грудничная шестерня (жр) — roue (f) de la poitrinière — ruota (f) del subbio anteriore — rueda (f) del antepecho — *a*

7 **c) Warenbaumregler (m), [Warenbaumregulator (m)] — Cloth Beam Regulator, Taking up Motion Regulator — Регулятор (мр) товарного ролика — Régulateur (m) de l'ensoupleau — Regolatore (m) del telaio, regolatore del subbio a stoffa — Regulador (m) del plegador del tejido, regulador para el arrollado**

8 α) Stetig wirkender zwangläufiger [oder positiver] Warenbaumregler (m) — Positive Continuous Taking up Motion — Непрерывно действующий регулятор (мр) товарного ролика с принужденным приводом, позитивный регулятор (мр) товарного ролика — Régulateur (m) de l'ensoupleau positif et continu — Regolatore (m) del subbio a stoffa positivo e continuo — Regulador (m) positivo y continuo para el arrollado

9 mit jedem Ladenspiel einen Gewebeteil abziehen — to draw a portion of cloth forward with every turn of the slay — оттягивать полоску (жр) ткани при каждом ударе батана — faire avancer une certaine quantité du tissu à chaque tour du battant — far avanzare una parte del tessuto con ogni giuoco del battente — hacer avanzar una cierta cantidad del tejido a cada evolución del batán

10 Ladenstelze (f), Ladenarm (m) — slay sword *or* arm — батанная лопасть (жр) — épée (f) *ou* bras (m) du battant — braccio (m) del battente — montante (m) del batán

11 Klinkengetriebe (n), Klinkenschaltwerk (n) — ratchet motion — храповой механизм (мр) — mécanisme (m) de la roue à cliquet — arpionismo (m) a denti — mecanismo (m) de la rueda de gatillo

12 zwangläufiges Schaltgetriebe (n) — positive ratchet motion — подающий механизм (мр) с принужденным движением — mécanisme (m) à commande positive de la roue à cliquet — meccanismo (m) a comando positivo della ruota d'arresto — mecanismo (m) de accionamiento positivo de la rueda de gatillo

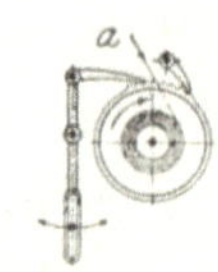

13 *a* — Druckklinke (f) — pressing pawl — нажимная *или* толкающая собачка (жр) — cliquet (m) de poussée — nottolino (m) di spinta — gatillo (m) accionando por presión

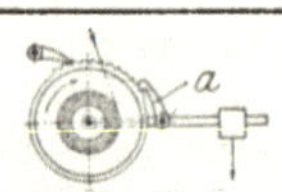

14 *a* — Zugklinke (f) — pulling pawl — зацепная *или* натяжная собачка (жр) — cliquet (m) de traction — nottolino (m) di trazione — gatillo (m) accionando por tracción

15 Selbsthemmung (f) — automatic stoppage — самоторможение (ср) — arrêt (m) automatique — arresto (m) automatico — paro (m) automático

16 Warenbaumsperrung (f) — cloth beam locking — запорное приспособление (ср) для товарного ролика — arrêt (m) de l'ensouple du tissu — arresto (m) del subbio d'avvolgimento — paro (m) del plegador del tejido

17 Rückbewegung (f) des Warenbaums — turning back of cloth roller — обратное движение (ср) товарного ролика — mouvement (m) en arrière de l'ensouple du tissu — movimento (m) di ritorno del subbio a tessuto — movimiento (m) de retroceso del plegador del tejido

18 Klemmgetriebe (n), Reibungsschaltung (f) — friction cam ratchet motion — передача (жр) с зажимным диском, фрикционная передача — mécanisme (m) de commande par came de friction — arpionismo (m) a frizione — mecanismo (m) de accionamiento por excéntrico de fricción

1
Regler (m) mit Klinkenschaltung
taking up motion with ratchet wheel
регулятор (мр) с храповой передачей
régulateur (m) d'enroulement par roue à rochet
regolatore (m) d'avvolgimento con ruota d'arresto
regulador (m) arrollador por rueda de estrella

2
Regler (m) mit Reibungsschaltung
taking up motion with friction cam ratchet drive
регулятор (мр) с фрикционной передачей
régulateur (m) d'enroulement par came de friction
regolatore (m) d'avvolgimento con arpionismo a frizione
regulador (m) arrollador por excéntrico de fricción

3
die Reglergetriebe (npl) [*oder* Regulatorgetriebe] verkuppeln
to couple the pacing motions
сцепить передачи (жр) регулятора
accoupler les mécanismes régulateurs
accoppiare i meccanismi regolatori
acoplar *o* conectar los mecanismos reguladores

4
verkuppelte Getriebe (npl)
coupled pacing motions
сцепленные передачи (жр), передачи с положительным сцеплением
mécanismes (mpl) régulateurs accouplés
meccanismi (mpl) regolatori accoppiati
mecanismos (mpl) reguladores acoplados

5
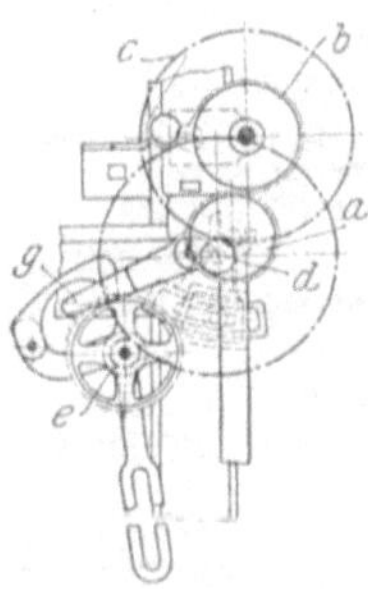

mittelbar wirkender zwangläufiger Warenbaumregler (m)
indirect positive taking up motion
косвенно действующий регулятор (мр) товарного ролика с принужденным движением
régulateur (m) d'ensouple positif et indirect
regolatore (m) positivo indiretto del subbio a tessuto
regulador (m) positivo indirecto para el arrollamiento del tejido

6
Warenbaum (m)
cloth roller
приемный *или* товарный ролик (мр)
a
ensouple (f) du tissu
subbio (m) a tessuto
plegador (m) del tejido

7
Sandbaum (m)
surface roller, sand roller, feed roller, emery roller
покрытый песком ролик (мр)
b
rouleau (m) d'appel, cylindre (m) *ou* rouleau sablé
rullo (m) a sabbia
cilindro (m) regulador, cilindro de contacto, cilindro cubierto de esmeril

8
Sandbaumrad (n)
sand roller wheel
шестерня (жр) покрытого песком ролика
c
roue (f) de commande du cylindre sablé
ruota (f) del rullo a sabbia
rueda (f) del cilindro de contacto

9
Vorgelegetrieb (m), [Transportrad (n)]
carrier wheel
передаточная шестерня (жр)
d
pignon (m) intermédiaire
ruota (f) intermedia
piñón (m) intermediario

10
Wechselrad (n)
change wheel
сменная шестерня (жр)
e
pignon (m) de rechange
ruota (f) di ricambio
piñón (m) de recambio

11
Gegenklinke (f), Sperrklinke (f)
detent
тормазная собачка (жр)
g
contre-cliquet (m)
nottolino (m) d'arresto
contra-gatillo (m), escape (m)

12
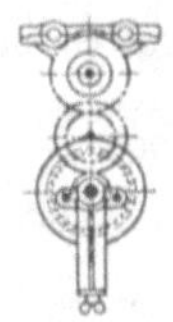
Differentialregler (m)
differential taking up motion
дифференциальный регулятор (мр)
régulateur (m) différentiel
regolatore (m) differenziale
regulador (m) diferencial

13
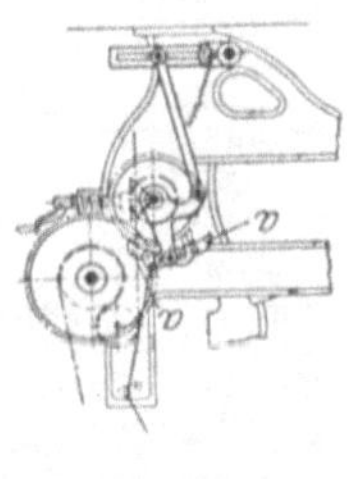

Regler (m) mit Schraubenradübertragung, Schraubenradregler (m)
worm and worm wheel taking up motion
регулятор (мр) с червячной передачей
régulateur (m) à vis sans fin
regolatore (m) a vite senza fine
regulador (m) de tornillo sin fin

14
Klinkensystem (n)
pawl mechanism
храповой механизм (мр)
a
système (m) de cliquets
meccanismo (m) a nottolino
sistema (m) de trinquete, mecanismo (m) de gatillos

15
Vorlaufen (n) des Schaltrades
excess speed of ratchet wheel
опережение (ср) храповой шестерни
vitesse (f) excessive de la roue à rochet
velocità (f) anticipata della ruota d'arresto
velocidad (f) excesiva de la rueda de estrella

16
Vorwärtsschalten (n)
forward movement
подача (жр) *или* движение (ср) вперед, прямая подача
mouvement (m) en avant
movimento (m) in avanti
movimiento (m) de avance

17
Rückwärtsschalten (n)
backward movement
подача (жр) назад, обратная подача
mouvement (m) en arrière
movimento (m) indietro
movimiento (m) de retroceso

18
Abnahme (f) des Schaltwinkels
reduction of angle of ratch
уменьшение (ср) угла подачи
diminution (f) de l'angle de la denture
riduzione (f) dell'angolo della dentatura
disminución (f) del ángulo del dentado

19
Hubverminderung (f)
reduction of throw *or* stroke
уменьшение (ср) хода
diminution (f) de la course
riduzione (f) nella corsa
disminución (f) del curso *o* de la carrera

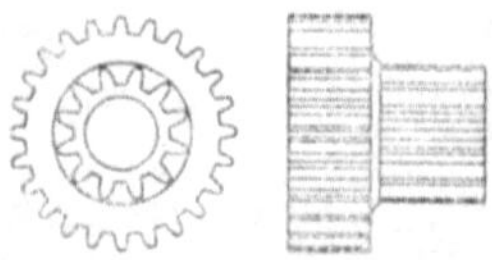

1 Wechsel (m)
change wheel
сменная шестерня (жр)
roue (f) de rechange
ruota (f) di ricambio
rueda (f) de recambio

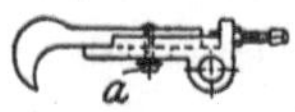

2 einstellbare Klinke (f)
adjustable pawl
раздвижная собачка (жр)
cliquet (m) réglable
nottolino (m) regolabile
gatillo (m) regulable

3 Verbindungsschraube (f)
binding screw
соединительный винт (мр)
a
vis (f) de serrage
vite (f) di arresto
tornillo (m) de cierre

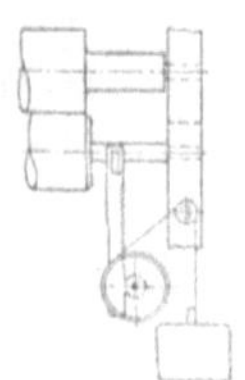

4 nachgiebige Warenbaumlagerung (f)
floating cloth roller bearing
податливое расположение (ср) товарного ролика
support (m) d'ensoupleau mobile
sopporto (m) mobile del subbio a stoffa
soporte (m) móvil del arrollador

5 β) Mit Unterbrechung wirkender zwangläufiger Warenbaumregler (m), Ausgleichregler (m), [Kompensationsregler (m)]
Positive Intermittent Taking up Motion, Equalising *or* Compensating Motion
Прерывисто действующий регулятор (мр) товарного ролика с принудительным приводом, уравнительный *или* компенсационный регулятор
Régulateur (m) d' ensoupleau intermittent, régulateur compensateur, régulateur à compensation automatique
Regolatore (m) del subbio a stoffa positivo intermittente
Regulador (m) para el arrollado intermitente, regulador compensador

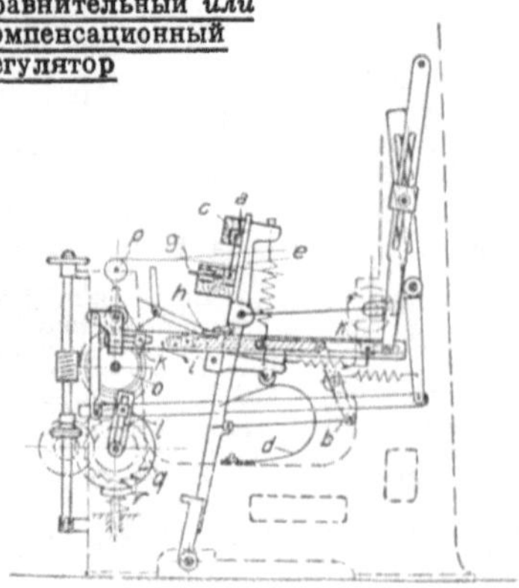

6 *a*
Blattrahmen (m)
reed case
рамка (жр) берда
cadre (m) du peigne
intelaiatura (f) del pettine
marco (m) del peine

7 *b*
Hebelarm (m)
lever arm
плечо (ср) рычага
bras (m) de levier
braccio (m) della leva
brazo (m) de palanca

8 *c*
Ladendeckel (m)
slay cap, pull to
вершник (мр) батана, верхний брус (мр) батана
chapeau (m) du battant
coperchio (m) del battente
chapa (f) del batán

9 *d*
Blattfeder (f), Flachfeder (f)
plate spring
плоская пружина (жр)
ressort (m) à lame *ou* à feuille
molla (f) a foglia
muelle (f) de hoja, resorte (m) de arco

10 *e*
federnder Ladenkamm (m)
swiveling reed, loose reed
пружинящее откидное бердо (ср)
ros (m) à échappement
pettine (m) mobile
peine (m) móvil

11 *g*
Stift (m), Kammfinger (m)
reed pin
шпилька (жр), игла (жр)
boulon (m) de peigne
perno (m) del pettine
perno (m) del peine

12 *h*
Knagge (f)
driver
нож (мр), защелка (жр)
taquet (m)
tacchetto (m)
clavija (f)

13 *i*
Führungsschiene (f)
slide bar
направляющий полоз (мр)
coulisse-guide (f)
guida (f)
colisa-guia (f)

14 *k*
Vierkant (m)
square bar
квадрат (мр)
barre (f) carrée
barra (f) quadra
barra (f) cuadrada

15 *l*
Schlitzhebel (m), [Kulissenhebel (m)]
link lever
кривошип (мр) с прорезом, кулиссный рычаг (мр)
levier (m) à coulisse
leva (f) a scorritoio
palanca (f) de colisa

16 *o*
Warenbaum (m)
cloth roller
товарный ролик (мр)
ensouple (f) du tissu
subbio (m) raccoglitore
plegador (m) del tejido

17 *p*
Brustbaum (m)
breast beam
грудница (жр)
poitrinière (f)
subbio (m) anteriore, subbiello (m)
[larguero (m)] antepecho (m)

18 *q*
Klinkenscheibe (f), Sperrad (m)
ratchet wheel
храповое колесо (ср)
roue (f) à rochet
ruota (f) d'arresto
rueda (f) de estrella

19 *r*
Fallklinke (f)
pawl
свободно-западающая собачка (жр)
cliquet (m)
nottolino (m)
gatillo (m)

20 der Regler wirkt ausgleichend
the taking up motion acts equalising
регулятор (мр) действует уравнивающе *или* компенсирующе
le régulateur travaille compensativement
il regolatore lavora compensando
el regulador trabaja compensando

1 Angriffspunkt (m) der Feder
acting point of the spring
точка (жр) приложения силы пружины
point (m) d'action du ressort
punto (m) d'azione della molla
punto (m) de acción del resorte

2 Kammanschlag (m), Blattanschlag (m)
throw of the reed
отклонение (ср) *или* откидка (жр) *или* угол (мр) качания берда
coup (m) du peigne
colpo (m) del pettine
golpe (m) del peine

3 γ) Kraftschlüssiger Warenbaumregler (m) mit Gewichtsbelastung
Negative Taking up Motion Worked by Weighted Lever
Негативный регулятор (мр) товарного ролика с нагрузкой
Régulateur (m) d'ensoupleau négatif avec levier à contrepoids
Regolatore (m) del subbio a stoffa negativo con leva a peso
Regulador (m) negativo para el arrollado con palanca y contrapeso

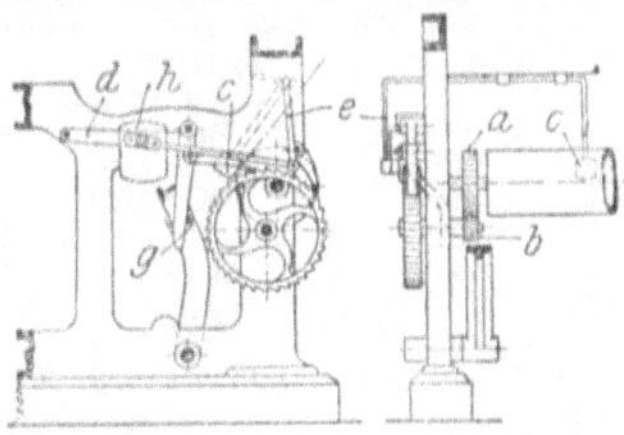

4 Stirnrad (n)
spur wheel
цилиндрическая шестерня (жр)
a
roue (f) droite
ruota (f) cilindrica
rueda (f) cilíndrica

5 Vorgelegetrieb (m)
carrier wheel
передаточная шестерня (жр)
b
roue (f) intermédiaire
ruota (f) intermedia
rueda (f) muerta *o* intermediaria

6 Fühlkopf (m)
contact weight, feeler weight
щупалец (мр)
c
poids (m) tâteur, poids sensible *ou* de contact
peso (m) di contatto
peso (m) de contacto

7 Winkelhebel (m)
bent lever
угловой рычаг (мр)
d
levier (m) coudé
leva (f) angolare
palanca (f) acodada

8 Gestänge (n)
compound lever
система (жр) тяг
e
leviers (mpl)
sistema (m) di leve
sistema (m) de palancas

9 Mitnehmer (m), Finger (m)
tappet
захватный палец (мр), захватчик (мр)
g
taquet (m)
tacchetto (m)
tope (m)

10 Belastungsgewicht (n)
weight
нагрузочная гиря (жр)
h
contrepoids (m)
contrappeso (m)
contrapeso (m)

11 Senkung (f) des Belastungsgewichts
lowering of the weight
опускание (ср) нагрузочной гири
abaissement (m) du contrepoids
abbassamento (m) del contrappeso
descenso (m) del contrapeso

Anhalten (n) des Gewichts
stoppage of the weight
удержание (ср) груза
arrêt (m) du contrepoids
arresto (m) del contrappeso
paro (m) del contrapeso 12

Endstellung (f) des Gewichts
end position of the weight
конечное *или* крайнее положение (ср) груза
position (f) finale du contrepoids
posizione (f) finale del contrappeso
posición (f) final del contrapeso 13

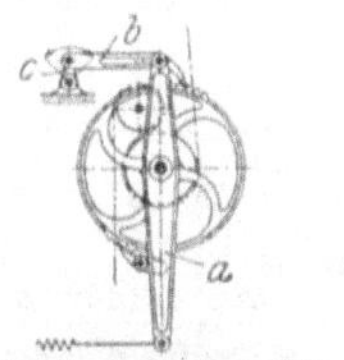

δ) Kraftschlüssiger Warenbaumregler (m) mit Federbelastung
Spring Weighted Negative Taking up Motion
Негативный регулятор (мр) приемного ролика с пружинной нагрузкой
Régulateur (m) d'ensoupleau négatif avec ressort
Regolatore (m) del subbio a stoffa negativo con [carico a] molla
Regulador (m) negativo para el arrollado con resorte 14

federbelasteter Hebel (m)
spring weighted lever
рычаг (мр) с пружинной нагрузкой
a
levier (m) avec charge à ressort
leva (f) con carico a molla
palanca (f) con carga de resorte 15

Schlitzstange (f), Zughebelarm (m)
slotted arm
тяга (жр) с прорезом
b
bras (m) à coulisse
braccio (m) a scorritoio
brazo (m) de colisa 16

schwingender Arm (m)
rocking lever
качающийся кривошип (мр)
c
bras (m) oscillant
braccio (m) oscillante
brazo (m) oscilante 17

Aufhelfvorrichtung (f)
readjusting mechanism
вспомогательное установочное приспособление (ср)
mécanisme (m) de réajustage
meccanismo (m) di raggiustamento
mecanismo (m) de reajuste 18

Endlage (f) der Feder
end position of the spring
крайнее положение (ср) пружины (жр)
position (f) finale du ressort
posizione (f) finale della molla
posición (f) final del resorte 19

4. Kreuzschiene (f), Kreuzstab (m), Trennstab (m) Kreuzrute (f),
Lease Bar, Lease Rod, Crossing Rod
Нитеразделительная *или* ценовая палочка (жр), ценовый прутов (мр)
Baguette (f) d'envergeure *ou* d'encroix, barre (f) d'envergeure, bâton (m) d'encroix
Bacchetta (f) d'invergatura
Varilla (f) *o* caña (f) *o* barra (f) de encruzamiento, cruz (f) 20

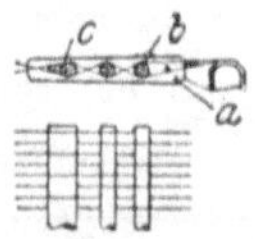

1 Befestigung (f) der Kreuzschienen
fastening in the lease rods
укрепление (ср) ценовых прутков
fixation (f) des baguettes d'encroix
fissazione (m) delle bacchette d'invergatura
fijación (f) de las varillas de encruzamiento

---

2 Lederstück (n)
leather piece
кожаная щечка (жр) *или* полоска (жр)
a
morceau (m) de cuir
pezzo (m) di cuoio
trozo (m) de cuero

---

3 runde Kreuzschiene (f)
round lease rod
круглый ценовый пруток (мр)
b
baguette (f) d'encroix ronde
bacchetta (f) d'invergatura rotonda
varilla (f) de encruzamiento cilindrica

---

4 flache Kreuzschiene (f)
flat lease rod
плоский ценовый пруток (мр)
c
baguette (f) d'encroix plate
bacchetta (f) d'invergatura piatta
varilla (f) de encruzamiento plana

---

5 die Kreuzschiene dicht an das Geschirr legen
to place the lease rod near to the healds
расположить ценовую палочку (жр) в непосредственной близости к ремизам
placer la baguette près du harnat
piazzare la bacchetta d'invergatura vicino ai licci
colocar la varilla cerca de los lizos

---

6 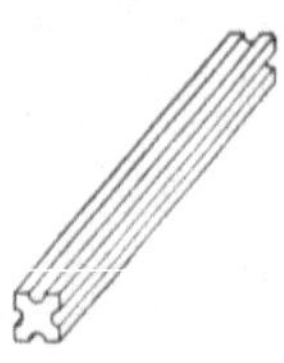

geriffelte *oder* kantige Kreuzschiene (f)
channeled *or* ribbed lease rod
граненый *или* звездообразный ценовый пруток (мр)
baguette (f) d'encroix cannelée
bacchetta (f) d'invergatura a scanalature
varilla (f) estriada

---

7 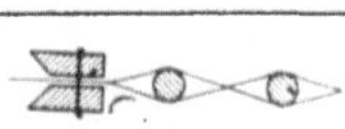

Klappschiene (f), Klemmschiene (f)
clasp rod, double lease rod
зажимная рейка (жр)
baguettes (fpl) de pinçage, pinces (fpl)
bacchette (fpl) a serraggio
pinzas (fpl)

---

8 Kreuzschiene (f) mit Blechbekleidung
lease rod covered with sheet metal
ценовая палочка (жр), обтянутая жестью
baguette (f) d'encroix à revêtement métallique
bacchetta (fpl) d'invergatura con rivestimento metallico
varilla (f) con revestimiento metálico

---

9 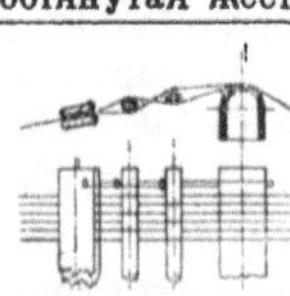

Fadenkreuz (n), Kreuz (n), Gelese (n), Schienenkreuz (n), Schrank (m), Rispe (f), Lese (f)
lease
крест (мр) *или* перекрест (мр) нитей, ценовый крест
encroix (m), croisure (f), enverjure (f), envergeure (f)
invergatura (f), incrocio (m)
encruzamiento (m), cruz (f)

---

10 die Fäden (mpl) ins einfache Kreuz lesen, das Fadenkreuz einfach einlesen
to lease the threads singly
набирать простой крест (мр) [в одну нить]
encroiser *ou* enverger simple
invergare filo per filo
encruzar sencillamente

---

11 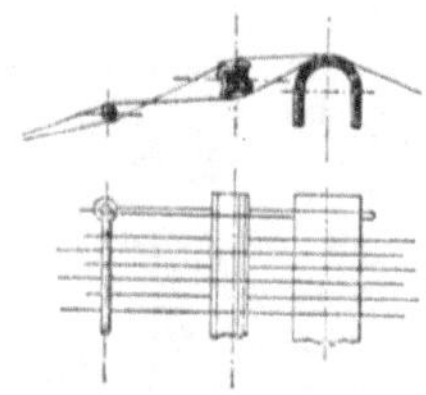

die Kreuzschienen (fpl) liegen im einfachen Fadenkreuz *oder* sind einfädig gelesen
the lease rods are threaded end and end
нитеразделители (мр) пробраны в одну нить
les baguettes (f) d'encroix sont placées à croisure simple
le bacchette d'invergatura sono poste ad incrocio semplice
las varillas de encruzamiento forman cruz sencilla

---

12 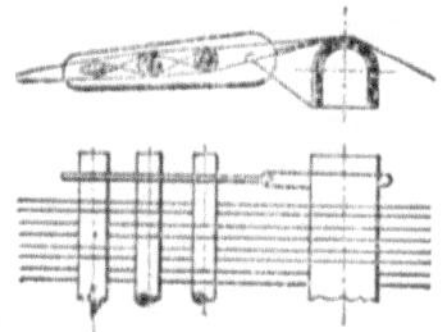

paarig ins Kreuz lesen, das Fadenkreuz paarig *oder* zweifädig einlesen
to lease two and two
набирать крест (мр) парными нитями *или* в две нити *или* двойной нитью
enverger par paire de fils
invergare a paia di fili
encruzar por par de hilos

---

13 ohne Kreuzschiene weben
to weave without lease rods
ткать без ценочного прутка
tisser sans baguettes d'encroix
tessere senza bacchette d'invergatura
tejer sin cruz

---

14 5. Breithalter (mpl)
Temples
Расправители (мр)
Temples (mpl), **Templets** (mpl), **Tempias** (mpl), **Tempes** (mpl), **Temploirs** (mpl), **Templus** (mpl)
Tempiali (mpl)
Templazos (mpl)

---

15 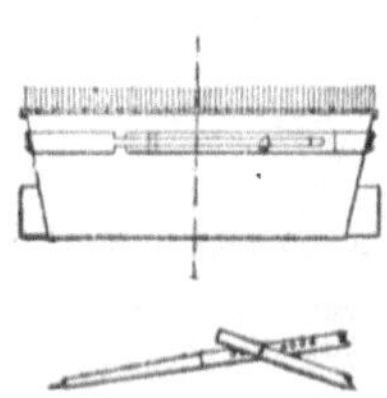

a) **Spannstock** (m), **Spannstab** (m), **Tempel** (m), **Tömpel** (m), **Handbreithalter** (m), **Sperrute** (f), **Sperrstock** (m)
Hand Temple, Tensioning Bar, Stretcher
Расправительная планка (жр), **расправка** (жр), **ручная шпарутка** (жр) *или* **ширилка** (жр)
Barre (f) **de tension à main**
Regolo (m) **tenditore, tempiale** (m) **a mano**
Templazo (m) **a mano**

1	**Breithalten** (n) *oder* **Breitspannen** (n) **der Ware** distending *or* stretching the cloth, holding out the fabric расправление (ср) *или* расширение (ср) товара, растягивание (ср) товара в ширину	maintien (m) *ou* tension (f) du tissu en largeur tenditura (f) trasversale del tessuto tensión (f) del tejido a lo ancho	
2	Breiteneinstellung (f) setting in width установка (жр) ширины	réglage (m) de la laise regolazione (f) della larghezza regulación (f) de la anchura	
3	Einarbeiten (n) *oder* Eingehen (n) *oder* Breiteneingang (m) der Ware shrinking *or* contraction of cloth [in width] усадка (жр) *или* уработка (жр) товара	rétrécissement (m) *ou* contraction (f) du tissu dans la largeur, embuvage (m) restringimento (m) in larghezza del tessuto contracción (f) del tejido en el ancho	
4	das Gewebe geht ein *oder* springt ein the cloth shrinks *or* contracts [in width] ткань (жр) садится	le tissu emboit *ou* se rétrécit dans la largeur il tessuto si restringe nella larghezza el tejido se contrae a lo ancho	
5	der Schuß zieht die Kettfäden zusammen the weft draws the warp threads together уток (мр) стягивает нити основы	la trame resserre les fils de chaîne la trama rinserra i fili della catena la trama contrae los hilos de urdimbre	
6	die Ware wird schmäler the cloth becomes narrower товар (мр) суживается	le tissu devient plus étroit il tessuto diviene più stretto el tejido se estrecha	
7	den Spannstab einsetzen *oder* aufsetzen to set the temple воткнуть ручную ширилку (жр)	placer le templet entrare il tempiale colocar el templazo	
8	die Stifte (mpl) in die Gewebekanten einsetzen to insert the spikes into the edges of the cloth воткнуть иглы (жр) в кромки ткани	placer les pointes dans les bords du tissu inserire le punte negli orli del tessuto aplicar las puntas en los orillos del tejido	
9	den Spannstab weit stellen to adjust the temple wide широко установить ручную ширилку (жр)	ajuster le templet large aggiustare il tempiale lungo ajustar el templazo largo	
10	den Spannstab eng stellen to adjust the temple narrow узко установить ручную ширилку (жр)	ajuster le templet étroit aggiustare il tempiale corto ajustar el templazo corto	
11	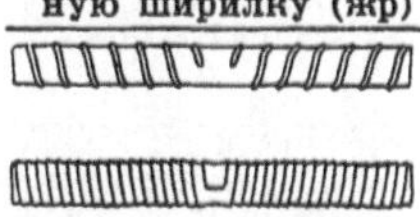 Walze (f) mit Spiralwulsten roller with spiral ridges	ролик (мр) со спиральными вальками cylindre (m) à rainures en spirales cilindro (m) con nervature a spirale cilindro (m) de ranuras en espiral	

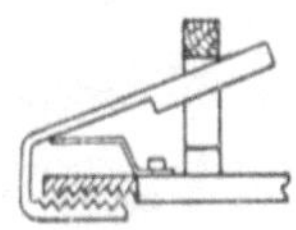		**Klemmspannstock** (m) **plate grip temple, nipper temple** **зажимная шпарутка** (жр) **templet** (m) **à griffes** *ou* **à pinces** **tempiale** (m) **a tenaglia** **templazo** (m) **de mordaza**	12
die Endleisten (fpl) einquetschen *oder* einklemmen to grip the selvedges вдавливать концевые планки (жр), зажимать концевые кромки (жр)		pincer les lisières afferrare le cimosse apretar *o* amordazar *o* agarrar los orillos	13
b) Mechanischer *oder* **selbsttätiger Breithalter** (m) **Mechanical** *or* **Selfacting Temple** **Механический** *или* **самодействующий расправитель** (мр)		**Templet** (m) **mécanique** *ou* **automatique** **Tempiale** (m) **automatico** **Templazo** (m) **automático**	14
Warenrand (m), Warenkante (f) edge of cloth кромка (жр) товара		bord (m) du tissu, côté (m) de la pièce orlo (m) del tessuto borde (m) del tejido	15
den Warenrand in den Breithalter klemmen to grip the edge of cloth into the temple зажимать кромку (жр) товара в расправитель		pincer le bord du tissu dans le templet fissare l'orlo del tessuto nel tempiale agarrar la orilla del tejido con el templazo	16
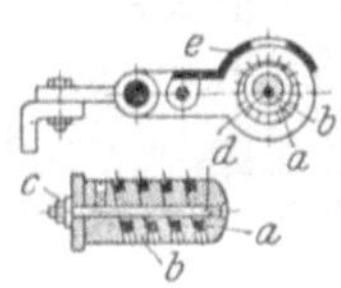		Stachelscheibenbreithalter (m) ring temple шпарутка (жр) с игольчатыми дисками templet (m) à disques verticaux tempiale (m) a dischi eccentrici con punte templazo (m) de anillos	17
Messingstachelrädchen (n) spiked brass ring латунный колючий каточек (мр)	a	disque (m) en cuivre jaune garni de pointes disco (m) di ottone con punte anillo (m) de latón guarnecido de puntas	18
Eisenscheibe (f) iron washer железная шайба (жр)	b	disque (m) en fer disco (m) in ferro arandela (f) de hierro	19
Schraubenmutter (f) nut, screw nut болтовая гайка (жр)	c	écrou (m) dado (m) tuerca (f)	20
durchgehender Eisenstift (m) *oder* Bolzen (m) centre spindle сквозной болт (мр)	d	boulon (m) central spina (f) centrale espárrago (m)	21
Deckel (m) cover, cap крышка (жр)	e	chapeau (m) coperchio (m) cabeza (f)	22

1 die Stachelrädchen (npl) sind exzentrisch gelagert
the spiked rings are supported excentrically
игольчатые каточки (мр) расположены эксцентрично
les disques (mpl) sont placés en excentrique
i dischi a punte sono fissati eccentricamente
los anillos están colocados en forma excéntrica

2 Walzenbreithalter (m)
roller temple
каточная *или* роликовая шпарутка (жр)
templet (m) à cylindre *ou* à rouleau
tempiale (m) a cilindro
templazo (m) de rodillo

3 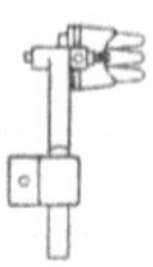
Dreiwalzenbreithalter (m)
three roller temple
трехкаточная шпарутка (жр)
templet (m) à trois cylindres
tempiale (m) a tre cilindri
templazo (m) de tres rodillos

4 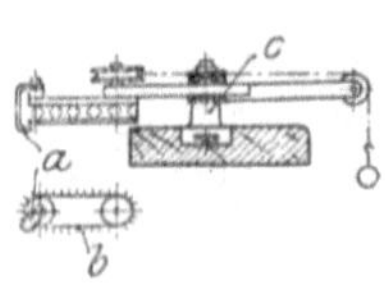
Stachelkettenbreithalter (m)
spiked chain temple
шпарутка (жр) игольчатой цепью
templet (m) à chaîne à picots
tempiale (m) con catena continua a punte
templazo (m) de cadena con puntas

5 Führer (m)
guide
направитель (мр), оправка (жр)
a
guide (m)
guida (f)
guía (m)

6 Stachelkette (f)
spiked chain
игольчатая *или* колючая цепь (жр)
b
chaîne (f) sans fin à picots
catena (f) continua a punte
cadena (f) de puntas

7 Breithalterträger (m), [Support (m)]
temple holder
супорт (мр) шпарутки
c
support (m) de templet
porta-tempiale (m)
portatemplazo (m)

8 nach aufwärts gebogener Warenrand (m)
edge of cloth deflected upwards
кверху отогнутая кромка (жр) товара
bord (m) du tissu replié vers le haut
orlo (m) del tessuto piegato insù
borde (m) del tejido curvado hacia arriba

9 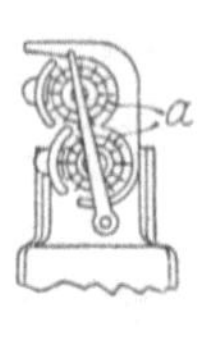
Sonnenbreithalter (m), Rädchentempel (m)
horizontal ring temple
шпарутка (жр) со звездочками
templet (m) à molettes horizontales, templet (m) à soleil
tempiale (m) a rotelle orizzontali
templazo (m) de discos horizontales

10 Nadelscheibe (f)
temple ring
колючий ролик (мр) *или* кружок (мр), игольчатая звездочка (жр)
a
molette (f)
rotella (f) a punte
rodillo (m) guarnecido de puntas

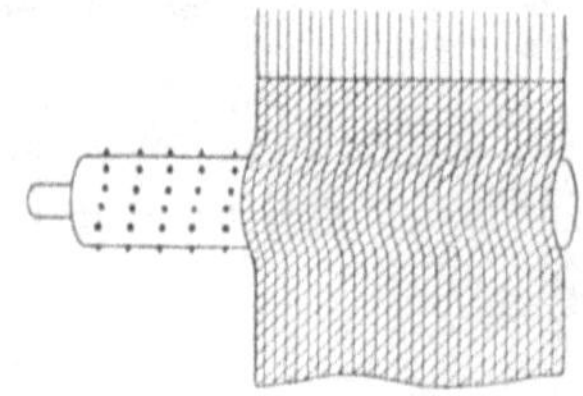

Stachelwalze (f)
temple roller
игольчатый валик (мр)
cylindre (m) garni d'aiguilles
cilindro (m) *o* rullo (m) a punte 11
cilindro (m) guarnecido de puntas

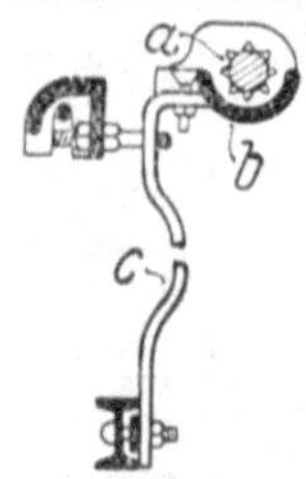
Walzenbreithalter (m) ohne Nadelspitzen
cut temple roller
роликовая шпарутка (жр) без игл
templet (m) à cylindre sans aiguilles 12
tempiale (m) a cilindro senza punte
templazo (m) cilíndrico sin puntas

Walze (f) mit schraubenförmigen Rillen
roller with spiral flutes
валик (мр) с винтовыми канавками *или* рифлями
a
cylindre (m) avec cannelures en spirale
cilindro (m) con scanalature a spirale 13
cilindro (m) con surcos en espiral

Warenführung (f)
guide trough
товаронаправитель (мр)
b
guide-tissu (m)
guida (f) del tessuto 14
guía (m) de tejido

federnder Halter (m)
spring support
пружинящая державка (жр)
c
support (m) élastique
sopporto (m) elastico 15
soporte (m) elástico

verstopfter Breithalter (m)
choked temple
засоренная шпарутка (жр)
templet (m) étranglé
tempiale (m) ingorgato 16
templazo (m) obstruído

Walkbewegung (f) des Gewebes
rocking movement of the cloth
трущееся движение (ср) ткани
mouvement (m) oscillant du tissu
movimento (m) oscillante del tessuto 17
movimiento (m) oscilante del tejido

Pendeln (n) des Breithalters
oscillation of the temple
колебание (ср) расправителя
vibration (f) du templet
vibrazione (f) del tempiale 18
vibración (f) del templazo

der Breithalter pendelt
the temple oscillates
расправитель (мр) качается (взад и вперед)
le templet (m) vibre
il tempiale vibra 19
el templazo vibra

ausgerissener Geweberand (m)
cut edge of cloth
вырванная кромка (жр) ткани
bord (m) du tissu éraillé *ou* défectueux
orlo (m) rotto del tessuto 20
borde (m) roto del tejido

II.

Fachbildung (f) — Formation (f) de la foule

1 Shedding, Formation of the Shed — Formazione (f) del passo

Образование (ср) зева — Formación (f) de la calada

1. Allgemeines (n) — Généralités (fpl)

2 General Terms — Nozioni (fpl) generali

Общее (ср) — Generalidades (fpl)

3 Fach (n), Webfach (n), Kehle (f), Fadenöffnung (f), Sprung (m)
shed
зев (мр)
foule (f), pas (m), ouverture (f) des fils
passo, angolo (m) d'inserzione, alzata (f)
calada (f), paso (m)

4 das Fach bilden
to form the shed
образовывать зев (мр)
former la foule *ou* le pas
formare il passo
formar la calada *o* el paso

5 Bewegung (f) der Kette für die Fachbildung
movement of the warp to form the shed
движение (ср) основы для образования зева
mouvement (m) de la chaine pour la formation du pas
movimento (m) della catena per formare il passo
movimiento (m) de la urdimbre para la formación de la calada

6 Kettfadenbewegung (f)
movement (m) of the warp threads
движение (ср) нитей основы
mouvement (m) des fils de chaine
movimento (m) dei fili di catena
movimiento (m) de los hilos de urdimbre

7 Teilen (n) der Kette
dividing the warp
разделение (ср) *или* разводка (жр) основы
division (f) de la chaine *ou* de la nappe
divisione (f) dei fili di catena
división (f) de la urdimbre

8 die Kette teilen *oder* spalten
to divide the warp
разделять *или* разводить основу (жр)
diviser la chaine
dividere i fili di catena
dividir la urdimbre

9 Webehälfte (f), halbes Fach (n)
half shed
половина (жр) основы
demi-pas (m), demi-foule (f)
mezzo passo (m)
media calada (f)

10 Öffnen (n) des Faches, Fachöffnung (f)
opening of the shed
открывание (ср) *или* раскрытие (ср) зева
ouverture (f) du pas
apertura (f) del passo
abertura (f) de la calada

11 Fachhöhe (f), Sprunghöhe (f)
depth of the shed
высота (жр) *или* ширина (жр) зева
hauteur (f) du pas
altezza (f) del passo
altura (f) de la calada

12 Fachlänge (f)
length of the shed
длина (жр) зева
longueur (f) du pas
lunghezza (f) del passo
longitud (f) de la calada

das Fach bleibt gleich lang
the shed length remains constant
длина (жр) зева остается постоянной
le pas reste à une longueur constante
il passo resta ad una lunghezza costante 13
la calada se mantiene en una longitud constante

gleichbleibendes Fach (n)
shed of fixed length
зев (мр) постоянной длины
pas (m) à longueur constante
passo (m) a lunghezza costante 14
calada (f) de longitud constante

Hinterfach (n)
back part of the shed
задний зев (мр)
partie (f) arrière du pas
parte (f) posteriore del passo 15
parte (f) posterior *o* parte trasera de la calada

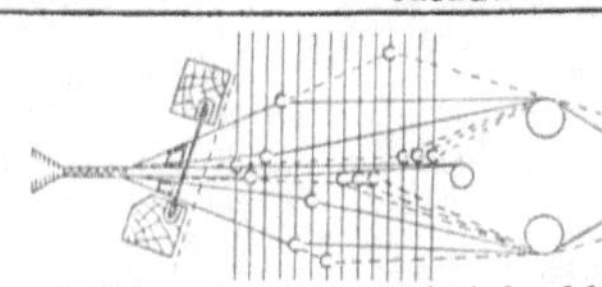

Doppelfach (n)
double shed
двойной зев (мр)
pas (m) double, double foule (f), foule superposée 16
passo (m) doppio
calada (f) doble

der obere Schützen hat keine feste Bahn
the upper shuttle has no race board
верхний челнок (мр) не имеет твердо установленного направления *или* пути
la navette supérieure n'a pas de lit
la navetta superiore non ha guida 17
la lanzadera superior no tiene guía *o* zócalo de apoyo

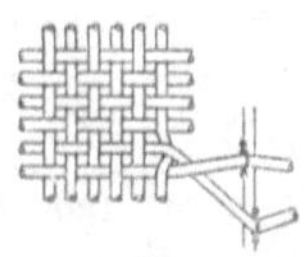

ungleiche Fachstellung (f)
unequal setting of the shed
неравное расположение (ср) зева
position (f) inégale des foules 18
posizione (f) ineguale dei passi
posición (f) desigual de las caladas

Spannung (f) des Fadens bei Aushebung des Faches
strain on the yarn in forming the shed
натяжение (ср) нити при образовании зева
effort (m) de traction du fil dû à la formation de la foule
sforzo (m) di trazione nel filo dovuto alla formazione del passo 19
esfuerzo (m) de tracción en el hilo debido a la formación de la calada

Kettfadenhebung (f), Aushebung (f) der Kettfäden
lifting *or* raising the warp threads
под'ем (мр) *или* поднятие (ср) нитей, выборка (жр) основных нитей
levée (f) des fils de chaine
alzata (f) dei fili di catena 20
levantamiento (m) de los hilos de urdimbre

die Kettfäden (mpl) werden gehoben *oder* gehen hoch
the warp threads are lifted *or* raised
нити (жр) основы поднимаются
les fils de chaine sont levés
i fili di catena sono alzati 21
los hilos de urdimbre son levantados

das Fach öffnet sich
the shed opens
зев (мр) раскрывается
la foule s'ouvre
il passo si apre 22
la calada se abre

1	die Kettfäden (mpl) liegen im Oberfach the warp threads are in the upper shed нити (жр) основы расположены в надзевнике	les fils (mpl) de chaîne se trouvent dans le pas d'en haut i fili di catena si trovano nel passo superiore los hilos de urdimbre se hallan en la calada alta
2	die Kettfäden (mpl) liegen im Unterfach the warp threads are in the lower shed нити (жр) основы расположены в подзевнике	les fils (mpl) de chaîne se trouvent dans le pas d'en bas i fili di catena si trovano nel passo inferiore los hilos de urdimbre se hallan en la calada baja
3	ausgehobenes *oder* gebildetes Fach (n) formed shed образованный *или* раскрытый зев (мр)	pas (m) formé passo (m) formato calada (f) formada
4	Arbeiten (n) mit offenem Fach working with an open shed работа (жр) при раскрытом зеве	travail (m) à pas ouvert lavoro (m) col passo aperto trabajo (m) a paso abierto
5	Ladenanschlag (m) bei offenem Fach blow of the slay with open shed удар (мр) батана при раскрытом зеве	coup (m) de battant à pas ouvert colpo (m) del battente a passo aperto golpe (m) de batán a paso abierto
6	Fachschließen (n), Schließen (n) *oder* Einfallen (n) des Faches, Fachschluß (m) closing the shed закрытие (ср) зева	fermeture (f) du pas chiusura (f) del passo cierre (m) de la calada
7	das Fach schließen to close the shed закрывать зев (мр)	fermer le pas chiudere il passo cerrar la calada
8	Fadensenkung (f) lowering the threads опускание (ср) *или* спуск (мр) нитей	abaissement (m) des fils abbassamento (m) dei fili baja (f) *o* bajada (f) *o* descenso (m) de los hilos
9	die Fäden (mpl) werden gesenkt the threads are lowered нити (жр) опускаются *или* спускаются	les fils s'abaissent i fili s'abbassano los hilos son bajados
10	die Kettfäden (mpl) bleiben liegen the warp threads are left нити (жр) основы продолжают лежать	les fils (mpl) de chaîne restent immobiles i fili di catena restano immobili los hilos de urdimbre permanecen inmóviles
11	Arbeiten (n) mit geschlossenem Fach working with a closed shed работа (жр) при закрытом зеве	travail (m) à pas fermé lavoro (m) col passo chiuso trabajo (m) a paso cerrado
12	Ladenanschlag (m) bei geschlossenem Fach blow of the slay with closed shed удар (мр) батана при закрытом зеве	coup (m) de battant à pas fermé colpo (m) del battente a passo chiuso golpe (m) de batán a paso cerrado
13	das Fach wechseln to change the shed менять зев (мр)	changer le pas cambiare il passo cambiar la calada
14	geschlossenes Fach (n) closed shed закрытый *или* замкнутый зев (мр)	pas (m) fermé passo (m) chiuso calada (f) cerrada
15	 Oberfach (n), Oberkehle (f), Hochfach (n), Obergelese (n), Obersprung (m) upper shed	верхний зев (мр) pas (m) supérieur, pas de lève, pas d'en haut passo (m) superiore *o* di alzamento calada (f) de ascenso *o* de alza
16	das Oberfach wird locker the upper shed slackens верхний зев (мр) слабеет	le pas supérieur devient lâche il passo superiore si rallenta la calada de ascenso se afloja
17	 Unterfach (n), Unterkehle (f), Tieffach (n), Untergelese (n), Untersprung (m) lower shed	нижний зев (мр) pas (m) inférieur, pas de rabat, pas d'en bas passo (m) inferiore *o* di abbassamento calada (f) de descenso *o* de baja
18	Stehfach (n), Ruhefach (n) open shed постоянный зев (мр)	pas (m) stationnaire passo (m) stazionario calada (f) estacionaria
19	 volles Fach (n), Hoch- und Tieffach (n), Ganzfach (n) centre shed двойной зев (мр), верхний и нижний зев	pas (m) de levée et de baisse passo (m) di alzamento ed abbassamento, passo completo calada (f) de ascenso y descenso *o* de alza y baja
20	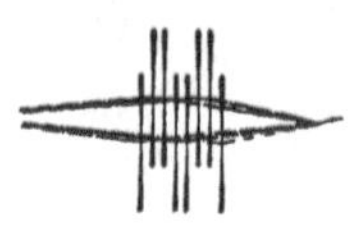	unreines Fach (n) uneven *or* irregular shed неправильный зев (мр) pas (m) inégal passo (m) non netto calada (f) desigual *o* sucia
21	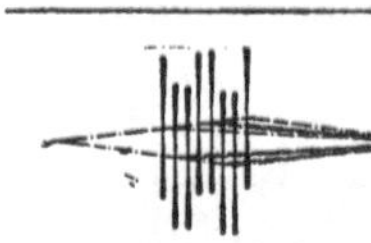 Schrägfach (n), reines Fach (n) V shed, clear shed	косой *или* правильный *или* чистый зев (мр) pas (m) égal *ou* net *ou* uni *ou* oblique passo (m) eguale *o* netto calada (f) regular *o* limpia
22	Auseinanderspringen (n) der Kettfäden separating of the warp threads выскакивание (ср) *или* отскакивание (ср) нитей основы	séparation (f) des fils de chaîne separazione (f) dei fili di catena separación (f) de los hilos de urdimbre
23	Überspringer (m) skipped *or* missed thread перескачившая *или* захлестнувшаяся нить (жр)	fil (m) sauté filo (m) saltato hilo (m) saltado

1	Unterschießen (n) picking below подхлестывание (ср), подкидывание (ср)	duitage (m) d'envers passaggio (m) sotto della navetta pasado (m) debajo de la lanzadera
2	Überschießen (n) picking above надхлестывание (ср), надкидывание (ср)	duitage (m) de dessus passaggio (m) sopra della navetta pasado (m) en alto de la lanzadera
3	durchgeschossener *oder* abgeschossener Kettfaden (m) broken warp thread отхлестнутая *или* отбитая *или* оборванная нить (жр) основы	fil (m) de chaîne brisé par la navette filo (m) di catena rotto dalla navetta hilo (m) de urdimbre roto por la lanzadera
4	Durchschießen (n) *oder* Abschießen (n) der Kettfäden breakage of the warp threads by the shuttle обрывание (ср) нитей основы	rupture (f) des fils de chaîne par la navette rottura (f) dei fili di catena colla navetta ruptura (f) de los hilos de urdimbre por la lanzadera
5	Beanspruchung (f) *oder* Inanspruchnahme (f) der Kettfäden strain on the warp threads напряжение (ср) *или* загрузка (жр) основных нитей	effort (m) sur les fils de chaîne sforzo (m) sui fili di catena esfuerzo (m) sobre los hilos de urdimbre
6	Spannungszunahme (f) increase of strain увеличение (ср) напряжения	augmentation (f) de la tension aumento (m) della tensione aumento (m) de la tensión
7	Spannungsausgleich (m) equalisation of strain выравнение (ср) напряжения *или* натяжения	compensation (f) de la tension compensazione (f) della tensione compensación (f) de la tensión
8	Mehranspannung (f) des Vorderfaches increased tension in the front shed более сильное натяжение (ср) переднего зева	tension (f) élevée dans le pas antérieur tensione (f) elevata nel passo anteriore tensión (f) elevada en el paso anterior
9	Festigkeit (f) des Kettfadens strength of the warp thread крепость (жр) *или* выносливость (жр) основной нити	résistance (f) du fil de chaîne resistenza (f) del filo di catena resistencia (f) del hilo de urdimbre
10	Dehnungsgrenze (f) limit of elasticity предел (мр) удлинения	limite (f) d'élasticité limite (m) d'elasticità limite (m) de elasticidad
11	Kettenmehrbedarf (m) additional warp required увеличенный (-ая) расход (мр) *или* потребность (жр) основы	exigence (f) additionnelle de la chaîne esigenza (f) addizionale della catena exigencia (f) adicional de la urdimbre
12	gleichmäßiger Anschlag (m) uniform beating up равномерный удар (мр) батана	battage (m) uniforme battitura (f) uniforme batanado (m) uniforme
13	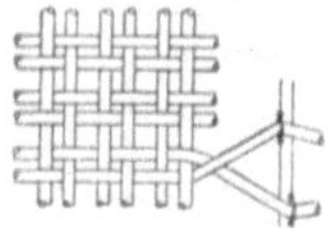	gassige *oder* paarige Ware (f) reed marked fabric, cloth without cover полосистый товар (мр) tissu (m) pairé *ou* peu couvert tessuto (m) segnato dal pettine tejido (m) marcado por el peine
14	**2. Bindungslehre (f), [Kompositionslehre (f)]** **Principles of Interlacing *or* Cloth Construction** **Учение (ср) о переплетении**	**Principes (mpl) d'entrecroisement des fils *ou* de composition des tissus** **Principi (mpl) della costruzione dei tessuti** **Principios (mpl) de composición de los tejidos *o* del entrecruzado de los hilos**
15	**a) Allgemeines (n)** **General Terms** **Общее (ср)**	**Généralités (fpl)** **Nozioni (fpl) generali** **Generalidades (fpl)**
16	theoretische Bindungslehre (f) theory of interlacing теория (жр) учения *или* теоретическое учение (ср) о переплетении	théorie (f) des armures teoria (f) delle armature teoría (f) de los ligamentos
17	praktische Bindungslehre (f) practice of interlacing практическое учение (ср) о переплетении	pratique (f) des armures pratica (f) delle armature práctica (f) de los ligamentos
18	Bindungsgesetze (npl) rules in cloth construction законы (мр) *или* правила (ср) переплетения	règles (fpl) *ou* lois (fpl) des entrelacements des fils regole (fpl) degli intrecci dei fili reglas (fpl) de entrelazamiento de los hilos
19	bildliche Darstellung (f) der Bindungen sketch of interlacing наглядное изображение (ср) переплетений	représentation (f) graphique des armures rappresentazione (f) grafica delle armature representación (f) gráfica de los ligamentos

1	Bindung (f), Fadenverkreuzung (f) weave, interlacing переплетение (ср), переплет (мр) нитей	armure (m), croisement (m) *ou* entrelacement (m) des fils armatura (f), incrociata (f) *o* intreccio (m) *o* legamento (m) dei fili ligamento (m)
2	Binden (n) binding отделение (ср), отжимание (ср), отводка (жр)	liage (m) legatura (f) ligadura (f)
3	der Schuß kreuzt die Kettfäden the weft crosses the warp уток (мр) переплетается с нитями основы	la trame croise la chaîne la trama incrocia la catena la trama cruza a la urdimbre
4	Kreuzungsstelle (f), Bindepunkt (m) crossing *or* interlacing point место (ср) переплетения	point (m) de croisement *ou* de liage punto (m) d'incrociatura *o* d'incrocio *o* di legamento punto (m) de ligadura *o* de cruzamiento *o* de enlace
5	der Kettfaden liegt oben the warp thread is on the face основная нить (жр) лежит сверху	le fil de chaîne apparait en dessus il filo di catena si trova sopra el hilo de urdimbre toma *o* aparece encima
6	der Kettfaden liegt unten the warp thread is on the back основная нить (жр) лежит снизу	le fil de chaîne apparait en dessous il filo di catena si trova sotto el hilo de urdimbre deja *o* aparece debajo
7	gleich bindende Kettfäden (mpl) threads intersecting the weft in the same order одинаково переплетающиеся нити (жр) основы	fils (mpl) de chaîne liant de la même façon fili (mpl) di catena che incrociano allo stesso modo hilos (mpl) de urdimbre que evolucionan del mismo modo
8	gleich bindende Schußfäden (mpl) threads intersecting the warp in the same order одинаково переплетающиеся нити (жр) утка	fils (mpl) de trame liant de la même façon fili (mpl) di trama che incrociano allo stesso modo hilos (mpl) de trama que evolucionan del mismo modo
9	verschieden bindende Kettfäden (mpl) threads intersecting the weft in a different order различно *или* неодинаково переплетающиеся нити (жр) основы	fils (mpl) de chaîne liant dans un ordre différent fili (mpl) di catena che incrociano la trama in modo differente hilos (mpl) de urdimbre evolucionando de modo diferente
10	verschieden bindende Schußfäden (mpl) threads intersecting the warp in a different order различно переплетающиеся нити (жр) утка	fils (mpl) de trame liant dans un ordre différent fili (mpl) di trama che incrociano la catena in modo differente hilos (mpl) de trama evolucionando de modo diferente
11	gratartige Bindung (f) twill interlacing, riblike interlacing рельефное *или* выпуклое переплетение (ср)	armure (f) en forme d'arête armatura (f) a spina ligamento (m) en forma de sarga
12	Richtung (f) des Bindungsgrates direction of the rib *or* twill направление (ср) хребта *или* рельефа *или* выпуклости *или* выпуклой полосы переплетения	direction (f) des sillons direzione (f) delle spine *o* dei solchi dirección (f) del surco
13	Hervortreten (n) des Bindungsgrates prominence of the twill выступание (ср) хребта переплетения	saillie (f) du sillon spiccamento (m) della spina saliente (f) del surco
14	Bindungsrapport (m), Musterrapport (m), Bindungseinheit (f), Wiederholung (f) der Bindung round of pattern *or* of weave, unit of design, repeat of pattern повторяемость (жр) *или* рапорт (мр) переплета	rapport (m) d'armure *ou* du dessin rapporto (m) d'armatura curso (m) del ligamento
15	Kettfadenrapport (m), Kettfadenbindungseinheit (f), Kettfadenwiederholung (f) repeat of warp threads in weave основный рапорт (мр), рапорт основных нитей	rapport (m) en chaîne, répétition (f) des fils de chaîne dans le tissu rapporto (m) dei fili d'ordito relación (f) por urdimbre
16	Schußrapport (m), Schußfadenbindungseinheit (f), Schußfadenwiederholung (f) number of picks to the round [of pattern] уточный рапорт (мр), рапорт утка	rapport (m) des duites, rapport de trame *ou* en trame, répétition (f) des fils de trame dans le tissu rapporto (m) [dei fili] di trama relación (f) por trama
17	*x*-bindige Bindung (f) weave with *x* ends переплетение (ср) в *x* нитей	armure (f) à *x* fils armatura (f) a *x* fili ligamento (m) de *x* hilos
18	*x*-schäftige Bindung (f) weave with *x* ends переплетение (ср) в *x* ремизок	armure (f) à *x* lames armatura (f) a *x* lame ligamento (m) de *x* lizos
19	*x*-bindige Ware (f) cloth with *x* ends товар (мр) переплетения в *x* нитей	tissu (m) à *x* fils tessuto (m) a *x* fili tejido (m) de *x* hilos
20	*x*-schäftige Ware (f) cloth with *x* ends товар (мр) переплетения в *x* ремизок	tissu (m) à *x* lames tessuto (m) a *x* lame tejido (m) de *x* lizos
21	Anschluß (m) der Bindungen transition of types of interlacing переход (мр) переплетений	transition (f) d'armures transizione (f) di armature transición (f) de ligamentos

1
Bindungsteile (mpl) verschieben
to transpose the interlacing points
передвигать *или* сдвигать *или* смещать части (жр) переплета
changer les points de croisure
cambiare i punti d'incrocio
cambiar los puntos de ligadura

2
Flottungen (fpl) *oder* Flottliegungen (fpl) [*oder* Flottierungen (fpl)] entfernen
to take off floats
удалять подкидные *или* голые *или* накидные нити (жр)
enlever des flottés
levare dei fili liberi
separar bastas

3
Flottungen (fpl) hinzufügen
to add floats
прибавлять накидные нити (жр)
ajouter des flottés
aggiungere dei fili liberi
juntar *o* unir bastas

4
Gewebeteil (m)
part of cloth
кусок (мр) *или* конец (мр) *или* часть (жр) ткани
partie (f) de tissu
parte (f) del tessuto
parte (f) de tejido

5
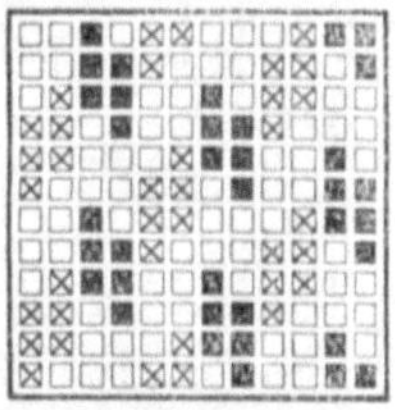
Umänderung (f) einförmiger Muster
modification of uniform patterns
переделка (жр) однообразных рисунков
modification (f) de dessins uniformes
modificazione (f) di tessuti uniformi
modificación (f) de tejidos uniformes

6
Garndrehung (f)
twist in the yarn
кручение (ср) *или* крутка (жр) пряжи
torsion (f) du fil
torsione (f) del filo
torsión (f) del hilo

7
Einfluß (m) der Garndrehung auf das Aussehen der Ware
influence of twist on the appearance of the cloth
влияние (ср) крутки пряжи на вид товара
influence (f) de la torsion du fil sur l'aspect du tissu
influenza (f) della torsione dei fili sull'apparenza del tessuto
influencia (f) de la torsión del hilo en el aspecto del tejido

8
Garndrehungsrichtung (f)
direction of twist in the yarn
направление (ср) крутки пряжи
direction (f) de la torsion du fil
direzione (f) della torsione del filo
dirección (f) de la torsión del hilo

9
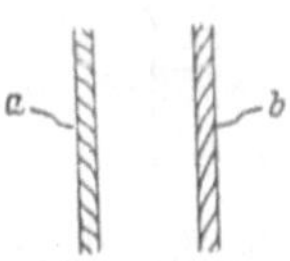

a
linksgedrehtes Garn (n)
left hand twisted yarn
левокрученая пряжа (жр)
fil (m) à torsion gauche
filo (m) con torsione sinistra
hilo (m) de torsión izquierda

10
b
rechts gedrehtes Garn (n)
right hand twisted yarn
правокрученая пряжа (жр)
fil (m) à torsion droite
filo (m) con torsione destra
hilo (m) de torsión derecha

11
Drehungslinien (fpl)
spirals of twist
полосы (жр) крутки
spires (fpl) de torsion
spirali (fpl) della torsione
espirales (fpl) de torsión

12
Grundbindungen (fpl)
standard weaves
основные переплетения (ср)
armures (fpl) fondamentales *ou* classiques
armature (fpl) fondamentali
ligamentos (mpl) fundamentales

13
abgeleitete Bindungen (fpl)
derived weaves
производные переплетения (ср)
armures (fpl) dérivées
armature (fpl) derivate
ligamentos (mpl) derivados

14
die Bindung ableiten
to derive the weave
выводить переплетение (ср)
dériver l'armure
derivare l'armatura
derivar el ligamento

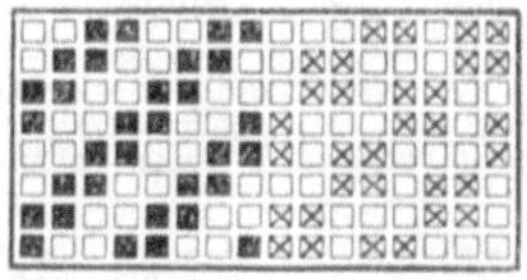

15
zusammengesetzte Bindungen (fpl)
combined weaves
составные *или* сложные *или* комбинированные переплетения (ср)
armures (fpl) composées *ou* combinées
armature (fpl) composte
ligamentos (mpl) compuestos *o* combinados

16
b) Bindungsarten (fpl)
Kinds of Weave
Виды (мр) переплетения
Espèces (fpl) d'armures *ou* de croisements
Specie (fpl) di armatura *o* d'intreccio
Especies (fpl) de ligamentos

17
a) Bindung (f) für glatte Gewebe
Weave for Plain *or* Unornamented Cloths
Переплетение (ср) для гладких тканей
Armure (f) pour tissus unis
Armatura (f) per stoffe liscie
Ligamento (m) para tejidos lisos

18

Leinwandbindung (f), Kattunbindung (f), Tuchbindung (f), [Taf[fe]tbindung (f)]
plain *or* tabby *or* calico weave
миткалевое переплетение (ср)
armure (f) toile *ou* uni *ou* [de] taffetas
armatura (f) liscia *o* tela *o* taffetà *o* taffetas
ligamento (m) tafetán

19
Ripsbindung (f)
rib weave, repp weave
репсовое переплетение (ср)
armure (f) reps *ou* cannelé
armatura (f) di reps *o* cannellato
ligamento (m) reps *o* acanalado

20
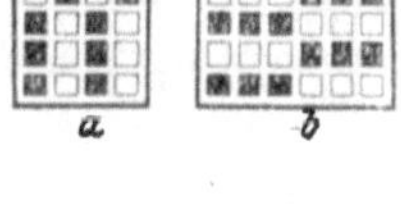
a *b*
glatter Rips (m), Glattrips (m)
regular rib
гладкий репс (мр)
cannelé (m) régulier
cannellato (m) regolare
teletón (m) regular, acanalado (m) regular

1 Rips (m) in Kette *oder* in Kettrichtung, Kettrips (m), Querrips (m), von Schußfäden gebildeter Rips, [Traversrips (m)]
warp rib
поперечный *или* основный репс (мр)
a
cannelé (m) trame, reps (m) travers
cannellato (m) per trama
acanalado (m) por trama

2 Langrips (m), Schußrips (m), Rips (m) in Schuß *oder* in Schußrichtung
weft rib
продольный *или* уточный репс
b
cannelé (m) *ou* reps (m) en chaine
cannellato (m) per catena
acanalado (m) por urdimbre

3 Schußrippe (f)
weft rib effect
уточная (-ый) полоска (жр) *или* рубчик (мр) репса
côte (f) par trame
costola (f) per trama
bordón (m) por trama

4 
Zwistbindung (f)
double weft weave
двойное уточное *или* рубашечное оксфордовое переплетение (ср)
armure (f) double duite
armatura (f) a doppia trama
ligamento (m) de doble pasada

5 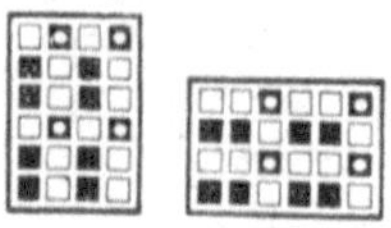
gemischter Rips (m)
mixed rib
репс (мр) смешанного типа
cannelé (m) irrégulier
cannellato (m) irregolare
acanalado (m) mixto

6 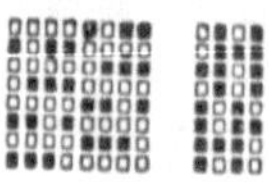
verstärkter Rips (m)
stitched rib
усиленный репс (мр)
cannelé (m) lié *ou* renforcé
cannellato (m) rafforzato *o* legato
acanalado (m) reforzado

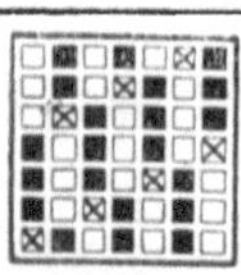
a

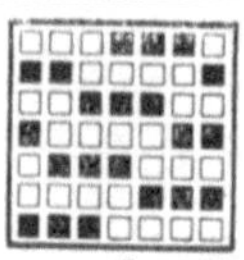
b

7 schräger Rips (m), Adriabindung (f)
diagonal rib, corkscrew
косой репс (мр), переплетение (ср) „Адриа"
cannelé (m) diagonale
cannellato (m) diagonale
acanalado (m) oblicuo

8 schräger Rips (m) mit Kettwirkung, Kettadriabindung (f)
diagonal rib with warp effects
косой репс (мр) основного образования, основное переплетение (ср) „Адриа"
a
cannelé (m) diagonale avec effets de chaine
cannellato (m) diagonale con effetto catena
acanalado (m) oblicuo por urdimbre

schräger Rips (m) mit Schußwirkung, Schußadriabindung (f)
diagonal rib with weft effects
косой репс (мр) уточного образования, уточное переплетение (ср) „Адриа"
b
cannelé (m) diagonale avec effets de trame
cannellato (m) diagonale con effetto trama
acanalado (m) oblicuo por trama 9

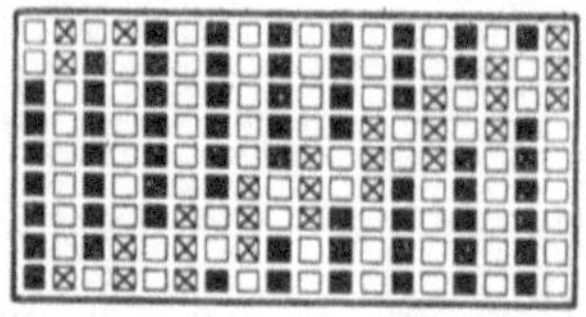

Adriabindung (f) mit ungleichen Flottungen
diagonal rib with irregular floats
переплетение (ср) „Адриа" с неравными подкидными нитями
cannelé (m) diagonale à flottés irréguliers
cannellato (m) diagonale con fili liberi irregolari 10
acanalado (m) oblicuo de cordoncitos desiguales

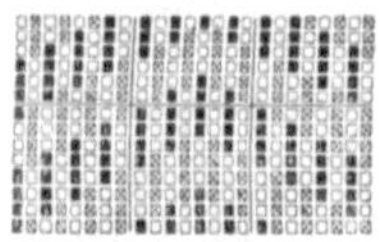
Musterung (f) mit Adriarippen
design with diagonal rib effects
узор (мр) *или* рисунок (мр) с ребрами *или* рубчиками типа „Адриа", рубчатый узор типа „Адриа"
dessin (m) avec effets de diagonales 11
disegno (m) con effetti diagonali
muestra (f) con efectos diagonales

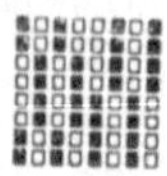
versetzter *oder* gebrochener Rips (m)
broken rib
сдвинутый *или* ломаный репс (мр)
cannelé (m) brisé
cannellato (m) interrotto 12
acanalado (m) interrumpido

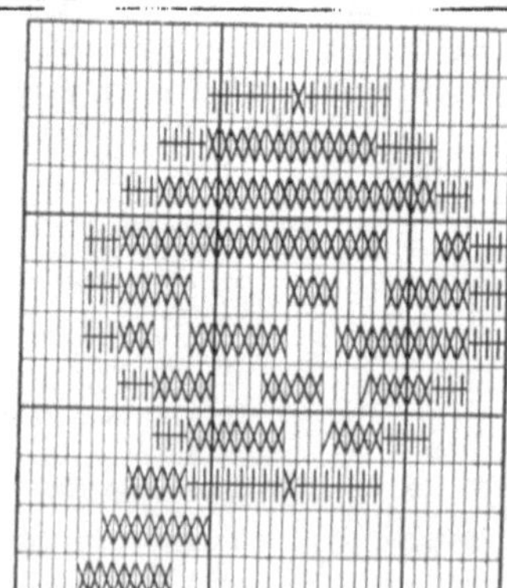
figurierter zweikettiger Rips (m)
figured rib with two warps
узорчатый двухосновный репс (мр)
cannelé (m) figuré à deux chaines
cannellato (m) figurato a due catene 13
acanalado (m) con dibujos de dos urdimbres

1 Figurkette (f) — pattern warp — накидная *или* узорная основа (жр)
chaîne (f) de dessin — catena (f) per figure — urdimbre (f) del dibujo

---

2 Rippenkette (f) — warp which forms the ribs — подбивная основа (жр) для ребер
chaîne (f) qui forme les côtes — catena (f) che forma le costole — urdimbre (f) formando los bordones

---

3 Rippenschuß (m) — weft which forms the ribs — подбивной уток (мр) для ребер
trame (f) qui forme les côtes — trama (f) che forma le costole — trama (f) formando los bordones

---

4 Einschnittkette (f), Grundkette (f) — ground warp, foundation warp — вводная основа (жр)
chaîne (f) de fond — catena (f) di fondo — urdimbre (f) de fondo

---

5 Einschnittschuß (m), Grundschuß (m) — binding pick, ground pick — вводной уток (мр)
trame (f) *ou* duite (f) de fond — trama (f) di fondo — trama (f) de fondo

---

6 

Mattenbindung (f), Würfelbindung (f), Panamabindung (f), Würfelbund (m), Louisin (m) — hopsack *or* mat *or* basket *or* dice weave — рогожное *или* шашечное *или* кубическое *или* клетчатое переплетение (ср), панама-переплетение
armure (f) natté toile, armure panama — armatura (f) natté *o* panama — ligamento (m) radiado *o* panama

---

7 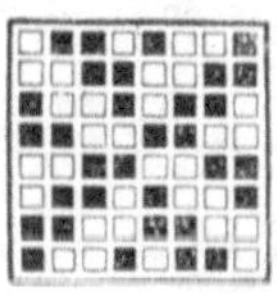

strahlenförmige Würfelbindung (f) — rayed hopsack weave — лучевое шашечное переплетение (ср) — armure (f) natté rayé — armatura (f) natté raggiato — ligamento (m) radiado por oposición, ligamento adamascado

---

8 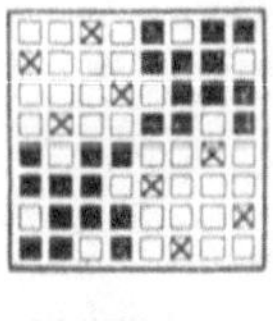

schachbrettartige Würfelbildung (f) — check pattern hopsack weave — шахматное шашечное переплетение (ср) — armure (f) natté à effet damier — armatura (f) natté a riquadri — ligamento (m) radiado por oposición a cuadros

---

9 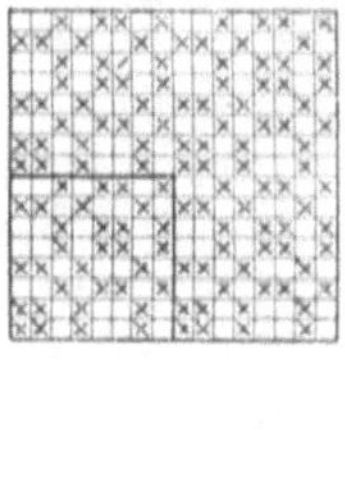

gemischte Mattenbindung (f) — mixed hopsack weave — смешанное рогожное переплетение (ср) — armure (f) natté mélangé — armatura (f) natté misto *o* composto — ligamento (m) radiado mixto por oposición

---

Leinwandbindung (f) der Leiste — plain weave of the selvedge — миткалевое переплетение (ср) кромки
armure (f) toile de la lisière — armatura (f) tela della cimossa — ligamento (m) tafetán del orillo 10

Fangfaden (m) — catch end at the selvedge, catch thread — задерживающая уток *или* улавливающая *или* наружная *или* крайняя кромочная нить (жр)
fil (m) de retenue — filo (m) di ritegno — hilo (m) detentor 11

---

körpern — to twill — переплетать по диагонали
croiser [une étoffe] — spigare — cruzar [un tejido] 12

Köperbindung (f), Kieperbindung (f), [Croisébindung (f), Diagonalbindung (f)] — twill weave, tweel weave — саржевое *или* диагональное переплетение (ср)
armure (f) sergé *ou* croisé — armatura (f) spiga *o* saia, armatura per stoffe incrociate diagonali *o* a spina, armatura della levantina — ligamento (m) sarga 13

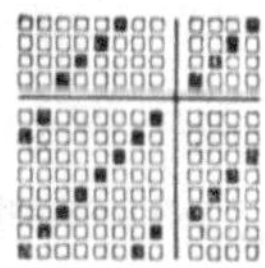

Schußköper (m), Köper (m) mit Schußwirkung [*oder* Schußeffekt] — weft twill — уточная саржа (жр), саржа с уточным эффектом — sergé (m) par trame — saia (f) per trama — sarga (f) ligera 14

Kettköper (m), Köper (m) mit Kettenwirkung [*oder* Ketteneffekt] — warp twill — основная саржа (жр), саржа с основным эффектом — sergé (m) par chaîne — saia (f) per ordito — sarga (f) pesada 15

Köpergrat (m), Köperlinie (f) — twill line *or* stripe — хребет (мр) *или* полоса (жр) саржи
sillon (m) [du sergé] — solco (m) della saia — bordón (m) *o* surco (m) oblicuo de la sarga 16

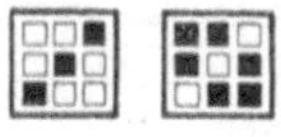

dreibindiger *oder* dreischäftiger *oder* dreifädiger *oder* dreiteiliger Köper (m) — three end *or* three leaved twill — трехремизная саржа (жр) — sergé (m) de trois — saia (f) di tre — sarga (f) de tres 17

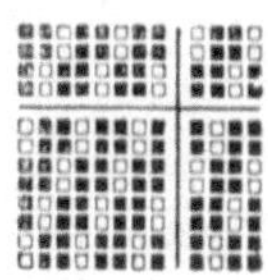

dreischäftiger steiler Köper (m), Diagonalköper (m) — three shaft upright twill — крутая трехремизная саржа (жр) — sergé (m) de trois à angle aigu — saia (f) di tre ad angolo acuto — sarga (f) de tres de ángulo agudo 18

1 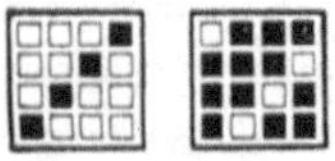

vierbindiger *oder* vierschäftiger Köper (m)
four end *or* four shaft twill
четырехремизная саржа (жр)
croisé (m) à quatre lames, sergé (m) de quatre
saia (f) di quattro, tessuto (m) incrociato a quattro licci *o* lame
sarga (f) de cuatro

---

2 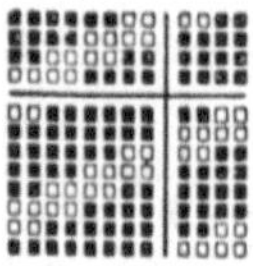

zwölfbindiger flacher Köper (m)
twelve end flat *or* straight twill
двенадцатиремизная пологая саржа (жр)
sergé (m) de douze à angle obtus
saia (f) di dodici ad angolo ottuso
sarga (f) de doce de ángulo obtuso

---

3 Steigungsgrad (m) der Köperlinie
inclination of the twill line
восходящая полоса (жр) саржи
inclinaison (f) du sillon
inclinazione (f) del solco
inclinación (f) del surco

---

4 Rechtsgratköper (m)
twill left to right
правое саржевое переплетение (ср)
croisé (m) de gauche à droite
saia (f) destra
sarga (f) de izquierda a derecha

---

5 Linksgratköper (m)
twill right to left
левое саржевое переплетение (ср)
croisé (m) de droite à gauche
saia (f) sinistra
sarga (f) de derecha a izquierda

---

6 von links nach rechts laufender Köpergrat (m)
twill line running from left to right
слева направо восходящий хребет (мр) саржи
sillon (m) de gauche à droite
solco (m) di sinistra a destra
surco (m) de izquierda a derecha

---

7 von rechts nach links laufender Köpergrat (m)
twill line running from right to left
справа налево восходящий хребет (мр) саржи
sillon (m) de droite à gauche
solco (m) di destra a sinistra
surco (m) de derecha a izquierda

---

8 Köper (m) mit x Grad Steigung
twill with incline of x degrees
саржа (жр) с углом наклона в x градусов
croisé (m) à inclinaison de x degrés
saia (f) con x gradi d'inclinazione
sarga (f) de x grados de inclinación

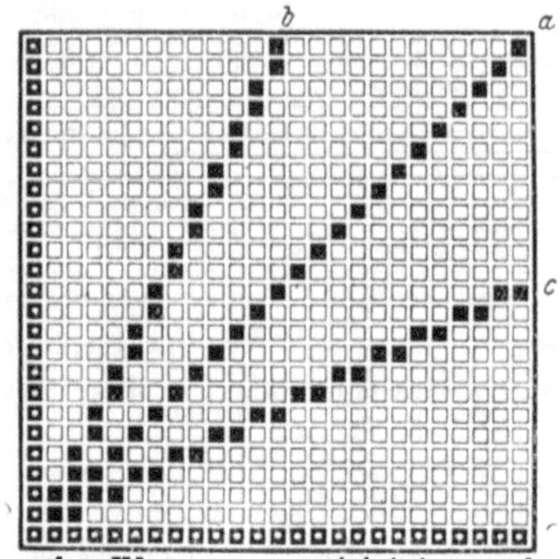

9 normaler Köper (m), Köper in der ersten Steigung
normal twill, twill of 45 degrees
саржа (жр) нормального наклона
a
croisé (m) normal *ou* à 45 degrés
saia (f) normale *o* a 45 gradi
sarga (f) normal *o* de 45 grados

---

10 steiler Köper (m)
upright twill, high angled twill
крутая саржа (жр)
b
croisé (m) à angle aigu
saia (f) ad angolo acuto
sarga (f) de ángulo agudo

---

11 flacher Köper (m)
reclining twill, twill with ribs running at a low angle
пологая саржа (жр)
c
croisé (m) à angle obtus
saia (f) ad angolo ottuso
sarga (f) de ángulo obtuso

---

12 einseitiger Köper (m)
one face twill
односторонняя *или* однобокая саржа (жр)
croisé (m) à une face
saia (f) ad una faccia
sarga (f) de aspecto sencillo

---

13 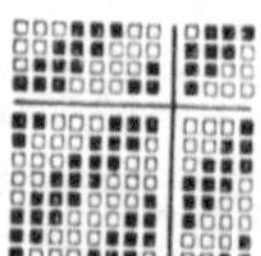

gleichseitiger *oder* beidrechter Köper (m), Doppelköper (m)
double face twill
равнобокая *или* правильная *или* двухсторонняя *или* двойная саржа (жр)
croisé (m) sans envers
saia (f) senza rovescio, tessuto (m) a spina a due diritti
sarga (f) de doble aspecto

---

14 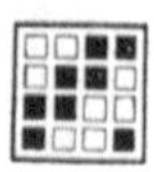

vierbindiger Doppelköper (m), [Zirkass (m), Circassienne (f), Kasimir (m), Batavia (m)]
Batavia twill
четырехремизная двухсторонняя саржа (жр), ,,Батавия“
batavia (m), casimir (m)
batavia (f)
batavia (f)

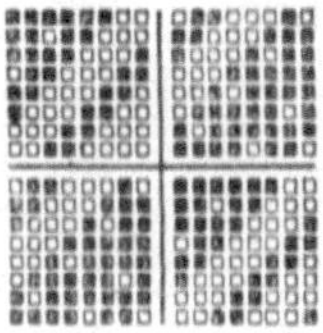

1 verstärkter Köper (m), mehrgratiger Köper, Mehrgratköper (m)
stitched twill
многополосная *или* усиленная саржа (жр)
croisé (m) lié
spigato (f) rinforzato
sarga (f) batavia reforzada

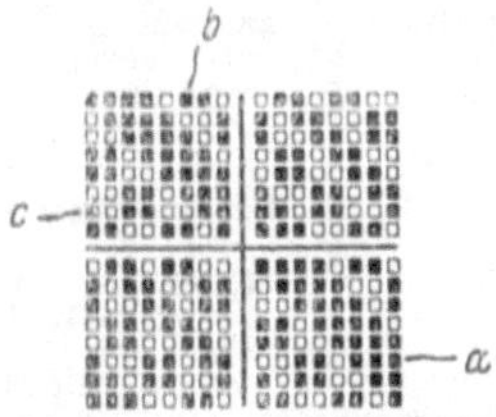

2 verzierter Köper (m)
fancy twill
узорчатая саржа (жр)
croisé (m) façonné *ou* de fantaisie
spigato (f) fantasia
sarga (f) compuesta

3 Hauptköper (m)
ground twill
основное саржевое переплетение (ср)
a
sergé (m) de fond
saia (f) di fondo
sarga (m) de fondo

4 Verzierung (f), Bindungseffekt (m)
ornament
узор (мр), украшение (ср), орнамент (мр)
b
partie (f) façonnée, fantaisie (f), ornement (m)
ornamento (m), effetto (m) d'incrocio
motivo (m)

5 Nebenköper (m)
twill alongside
добавочное *или* побочное саржевое переплетение (ср)
c
sergé (m) subordonné
saia (f) subordinata
sarga (f) secundaria

6 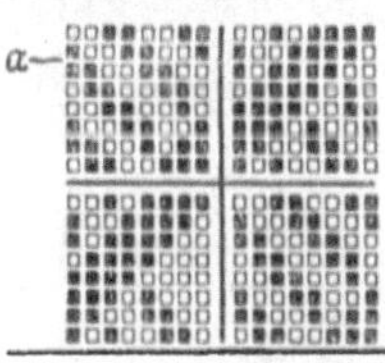

Gegenköper (m)
reverse twill
встречное *или* противоположное саржевое переплетение (ср)
sergé (m) renversé
saia (f) invertita
sarga (f) invertida

7 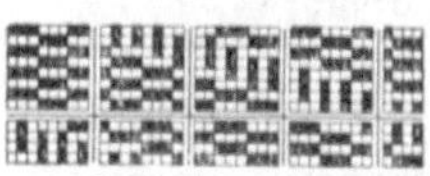

Ripsköper (m), Ripsdiagonal (m)]
rib twill
репсовая саржа (жр) *или* диагональ (жр)
sergé (m) cannelé, diagonale (f) reps
saia (f) cannellata
reps (m) diagonal, sarga (f) acanalada

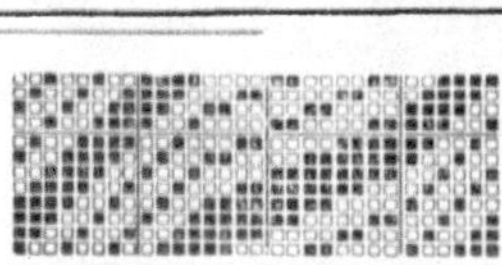

8 gebrochener Köper (m)
broken twill
ломаное саржевое переплетение (ср)
sergé (m) brisé
saia (f) irregolare
sarga (f) cortada

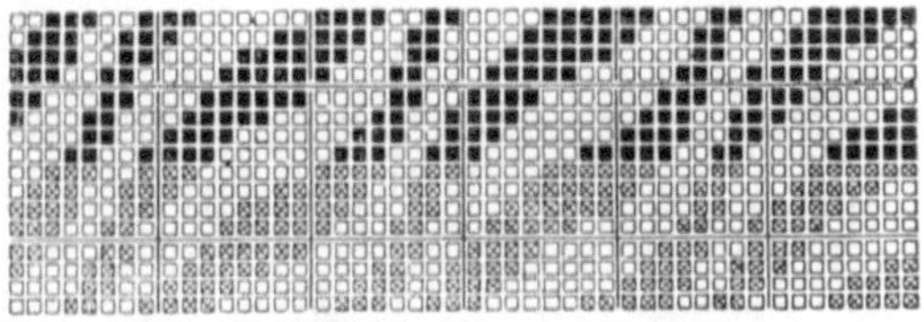

wellenförmiger Köper (m)
wave twill
волнистая саржа (жр)
sergé (m) ondulé
saia (f) ondulata
sarga (f) ondulada 9

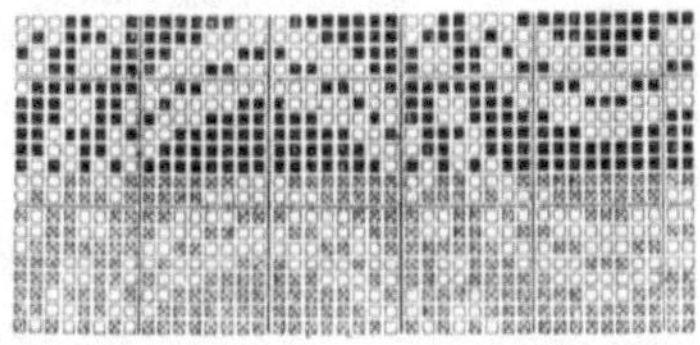

krummer Köper (m)
curved twill
извилистая *или* фасонная саржа (жр)
sergé (m) recourbé
saia (f) ricurva
sarga (f) curvada 10

durchlaufender Köper (m)
continuous twill
сквозная *или* непрерывная саржа (жр)
sergé (m) continu
saia (f) continua
sarga (f) continua 11

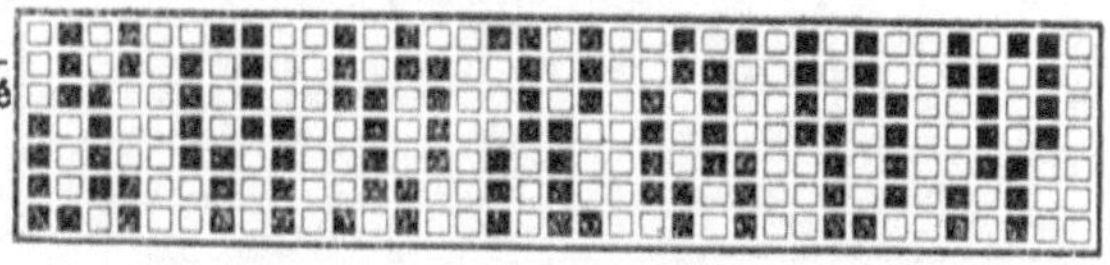

Riedköper (m), Überköper (m)
reeded twill
зубчатая саржа (жр)
sergé (m) à dents
saia (f) a nervature operate
sarga (f) discordante 12

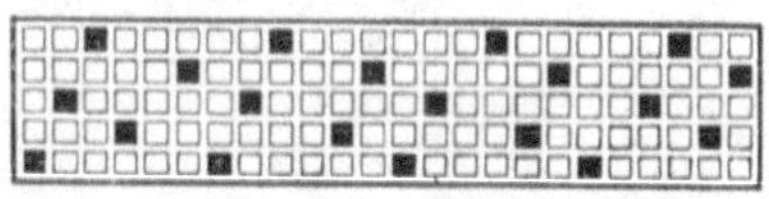

Scheinköper (m), falscher Köper (m)
false twill
кажущееся *или* ложное *или* фальшивое саржевое переплетение (ср)
faux sergé (m)
saia (f) falsa
falsa sarga (f) 13

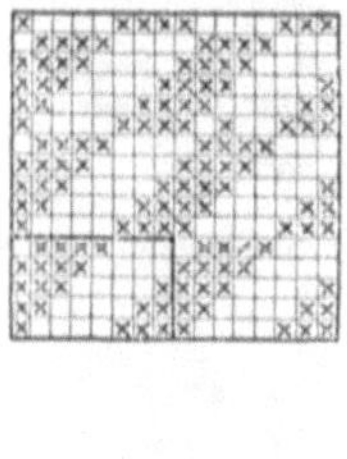

Stufenköper (m)
elongated *or* stepped twill
ступенчатое саржевое переплетение (ср)
sergé (m) en escalier
saia (f) a gradini
sarga (f) en escalera 14

1 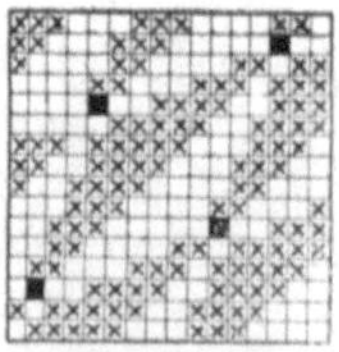
Schuppenköper (m)
scale twill
чешуйчатое саржевое переплетение (ср)
sergé (m) à échelle
saia (f) a scaglie
sarga (f) escalonada

2 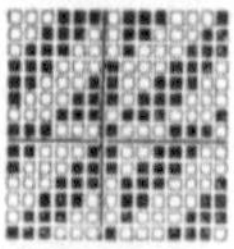
absetzender *oder* unterbrochener Köper (m)
interrupted twill
саржа (жр) с перебоем
sergé (m) interrompu
saia (f) interrotta
sarga (f) cortada

3 die Köperlinien (fpl) unterbrechen
to interrupt the lines of twill
прерывать саржевые полосы (жр)
interrompre les lignes du sergé
interrompere le linee della saia
cortar las líneas de la sarga

4 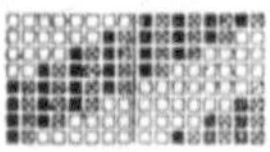
ineinandergeschobener Köper (m)
вдвинутое одно в другое саржевое переплетение (ср)
dovetailed twill
sergé (m) amalgamé
saia (f) amalgamata
sarga (f) amalgamada

5 zwei Köper (mpl) ineinander schieben
to dovetail two twill effects
вдвигать два саржевых переплетения (ср) одно в другое
amalgamer deux sergés
amalgamare due saie
amalgamar dos sargas

6 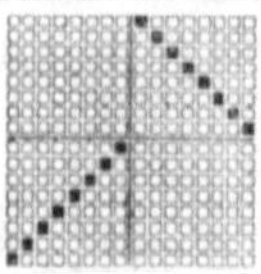
Kreuzköper (m)
cross twill
крестовая *или* перекрестная саржа (жр)
sergé (m) croisé
spigato (m)
sarga (f) interrumpida cuadrangular

7 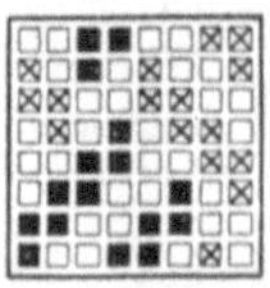
verflochtener Kreuzköper (m)
combined cross twill
переплетенная крестовая саржа (жр)
sergé (m) croisé combiné
spigato (m) combinato
sarga (f) interrumpida combinada

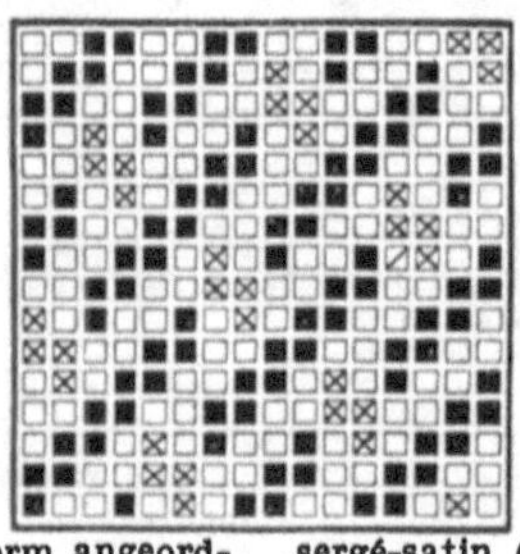

8 in Atlasform angeordneter Kreuzköper (m), Köperatlas (m)
satin twill, twilled satin
крестовая саржа (жр) с атласной разбивкой
sergé-satin (m), satin-sergé (m)
saia (f) satinata
sarga-raso (f)

9 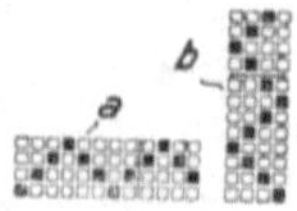
Zickzackköper (m), Spitzköper (m)
zigzag twill
зигзагообразная *или* остроконечная саржа (жр)
chevron (m)
saia (f) a zig-zag
sarga (f) en zig-zag

10 a
Querzickzackköper (m)
cross zigzag twill
поперечная зигзагообразная саржа (жр)
chevron (m) en large *ou* en largeur
spigato (m) a zig-zag trasversale
sarga (f) en zig-zag transversal

11 b
Längszickzackköper (m)
long zigzag twill
продольная зигзагообразная саржа (жр)
chevron (m) en long
spigato (m) a zig-zag longitudinale
sarga (f) en zig-zag longitudinal

12 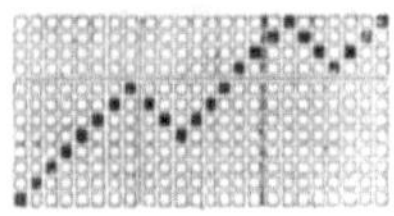
Diagonalzickzackköper (m)
diagonal zigzag twill
диагональная зигзагообразная саржа (жр)
chevron (m) diagonal
spigato (m) a zig-zag diagonale
sarga (f) en zig-zag diagonal

13 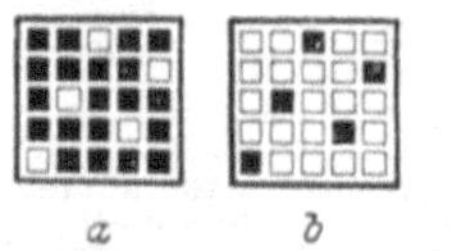
Atlasbindung (f), Satinbindung (f)
sateen weave
атласное переплетение (ср)
armure (f) satin
armatura (f) raso *o* satin (m), armatura per stoffe rasate *o* satinate
ligamento (m) raso

14 a
Kettatlas (m)
warp sateen
основное атласное переплетение (ср)
satin (m) par chaîne
satin (m) ad effetto di catena, satin a broccato
raso (m) pesado *o* pesante

15 b
Schußatlas (m)
weft sateen
уточное атласное переплетение (ср)
satin (m) par trame
satin (m) ad effetto di trama, raso (m) per trama
raso (m) ligero

16 Atlasbindepunkt (m)
sateen binding point
точка (жр) *или* место (ср) переплета *или* скрещения атласного переплетения
point (m) de liage de l'armure satin
punto (m) di legamento del raso
punto (m) de ligadura del raso

17 zerstreut liegende Bindepunkte (mpl), zerstreute Verkreuzung (f) der Fäden
dispersed arrangement of binding points
в разбивку расположенные точки (жр) переплета
points (mpl) de liage dispersés *ou* disséminés
legamenti (mpl) disseminati
puntos (mpl) de ligadura dispersos

18 Atlasgrat (m)
sateen rib
выступающий рубчик (мр) атласа
diagonale (f) *ou* sillon (m) du satin
solco (m) del raso
diagonal (f) del raso

1 Atlasgrund (m) — sateen ground — атласовое основание (ср)
fond (m) en satin — fondo (m) rasato — fondo (m) en raso

2 Fortschreitungszahl (f), Sprungzahl (f), Steigungszahl (f) — progressive number, rising number — шаг (мр) переплета
décochement (m) — numero (m) di scoccamento — salto (m), escalonado (m)

3 die Steigungszahl zerlegen — to divide the rising number — делить *или* раскладывать шаг (мр) переплета
diviser le nombre de décochement — dividere il numero di scoccamento — dividir el valor del escalonado

4 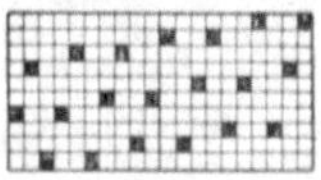
Atlas (m) mit zwei Steigungszahlen — two step sateen
атлас (мр) с двойным шагом переплета — satin (m) à double décochement — raso (m) a due numeri di scoccamento — raso (m) de doble escalonado

5 

die Bindungspunkte abzählen — to count off the interlacing points — отсчитывать точки (жр) переплета атласа
compter les points de liage — contare i punti di legamento — contar los puntos de ligadura

6 von links nach rechts zählen — to count from left to right — отсчитывать слева вправо
compter *ou* lire de gauche à droite — contare da sinistra a destra — contar de la izquierda a la derecha

7 von rechts nach links zählen — to count from right to left — отсчитывать справа влево
compter *ou* lire de droite à gauche — contare da destra a sinistra — contar de la derecha a la izquierda

8 *x*-schäftiger *oder x*-bindiger Atlas (m) — sateen with *x* shafts — *x*-ремизный атлас (мр)
satin (m) de *x* — raso (m) a *x* legamenti — raso (m) de *x*

9 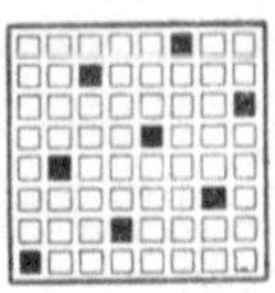
regelmäßiger *oder* reiner Atlas (n) — regular sateen — правильный *или* равномерный *или* чистый атлас (мр)
satin (m) régulier *ou* simple — raso (m) regolare — raso (m) regular

10 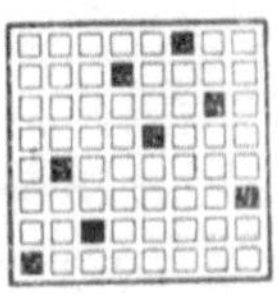
unregelmäßiger *oder* versetzter Atlas (m) — irregular *or* broken sateen — неправильный *или* рассаженный атлас
satin (m) irrégulier *ou* brisé — raso (m) irregolare — raso (m) irregular

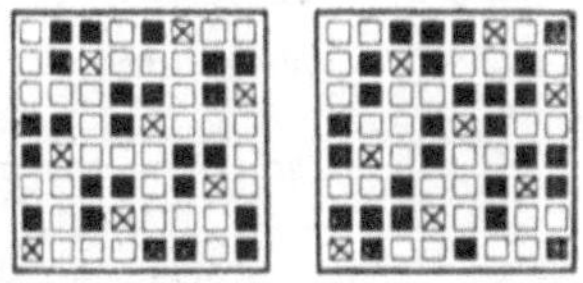
a b

11 verstärkter Atlas (m) — stitched sateen — уплотненный атлас (мр), атлас усиленного типа
satin (m) lié *ou* renforcé — raso (m) rinforzato — raso (m) reforzado *o* compuesto

12 *a* gleichmäßige Verstärkung (f) — uniform increase of binding points — равномерное уплотнение (ср)
augmentation (f) régulière des points de liage — aumento (m) regolare dei punti di legamento — distribución (f) uniforme de los puntos de refuerzo

13 *b* ungleichmäßige Verstärkung (f) — irregular increase of binding points — неравномерное уплотнение (ср)
augmentation (f) irrégulière des points de liage — aumento (m) irregolare dei punti di legamento — distribución (f) irregular de los puntos de refuerzo

14 
schattierter Atlas (m) — shaded sateen — оттененный *или* теневой атлас (мр)
satin (m) ombré — raso (m) ombreggiato — raso (m) sombreado

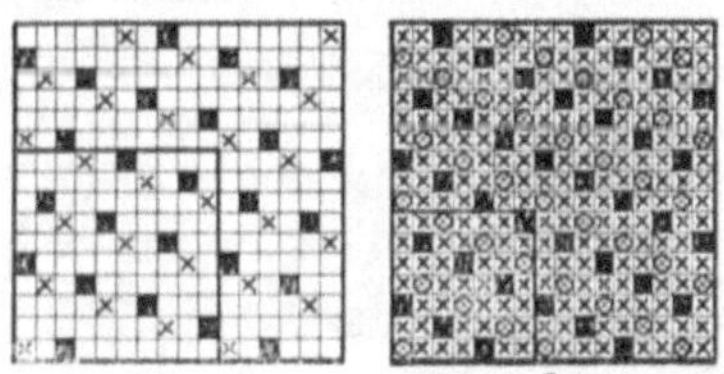
a b

15 Soleilbindung (f) — soleil weave — сатиновое *или* люстралевое переплетение (ср)
armure (f) soleil — armatura (f) soleil — ligamento (m) soleil *o* sol

16 *a* Schußsoleil (m) — weft soleil — уточный сатин (мр)
soleil (m) par trame — soleil (m) ad effetto di trama — sol (m) *o* soleil (m) ligero *o* de efectos de trama

17 *b* Kettsoleil (m) — warp soleil — основный сатин (мр), демикатон (мр)
soleil (m) par chaîne — soleil (m) ad effetto di catena — sol (m) *o* soleil (m) pesado *o* de efectos de urdimbre

1
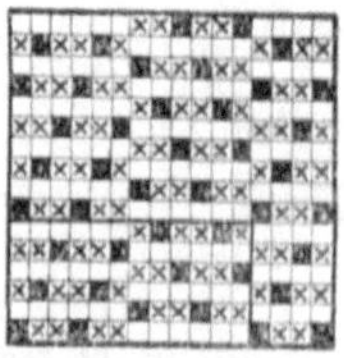

längsgestreifter Schußsoleil (m)
long ribbed warp soleil
продольно-полосатый уточный сатин (мр)
soleil (m) par trame à rayures en long
soleil (m) ad effetto di trama con righe longitudinali
sol (m) o soleil (m) de efectos de trama formando listas

2
Verschiebung (f) der Flottungen
displacement of the floats
сдвиг (мр) *или* смещение (ср) накидных нитей
déplacement (m) des flottés
spostamento (m) delle slegature
desplazamiento (m) de las bastas

3
eng abbinden
to interlace tightly
плотно *или* узко переплетать
entrelacer serrément
intrecciare strettamente
entrelazar fuertemente

4
enge Abbindung (f)
tight interlacing
плотный переплет (мр)
entrelacement (m) serré
intreccio (m) serrato
entrelazamiento (m) fuerte

5
festgebundene Rückseite (f)
closely woven back
крепкоперевязанная изнанка (жр)
envers (m) tissé serré
rovescio (m) ad intreccio serrato
envés (m) fuertemente ligado

6
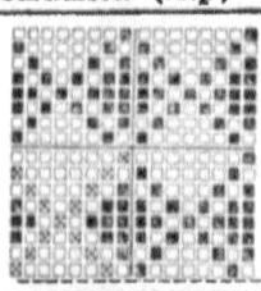

Waffelbindung (f)
honeycomb weave
шашечное переплетение (ср)
armure (f) nid d'abeille
armatura (f) nido d'api
punto (m) de tripa

7
auf die Spitze gestellte Karos (npl)
raised pointed diamonds *or* checks
поставленные на вершины шашки (жр)
carreaux (mpl) à pointe en bas et en haut
quadrati (mpl) a punta
cuadros (mpl) en punta

8
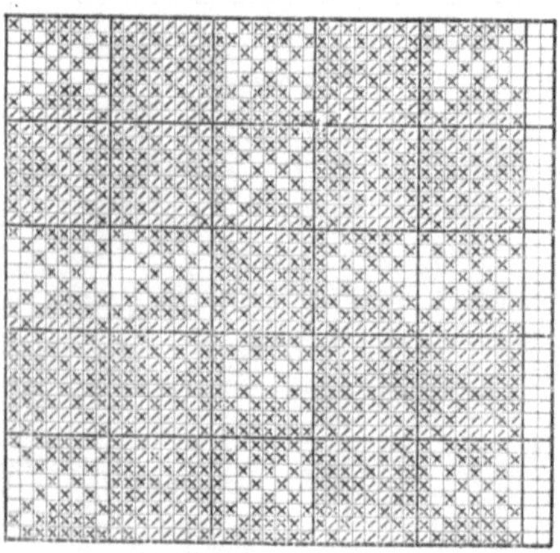

gemustertes [*oder* figuriertes] Waffelgewebe (n)
figured honeycomb weave
узорчатое шашечное переплетение (ср)
nid (m) d'abeille façonné
nido d'api figurato
labrado (m) de punto de tripa

9
reine Farbenwirkung (f)
single *or* self colour effect
чистый эффект (мр) расцветки
effet (m) de couleur pur
effetto (m) di colore puro
efecto (m) puro de color

10
gemischte Farbenwirkung (f)
mixed colour effect
смешанный *или* пестрый эффект (мр) расцветки
effet (m) de couleur mélangé
effetto (m) di colore mescolato
efecto (m) mezclado de color

11
die Karoerscheinung durch Fadenkreuzung erzeugen
to obtain the diamond effect by interlacing
придавать вид (мр) шашек при помощи переплетения нитей
obtenir l'effet de carreaux par croisement de fils
ottenere l'effetto di quadrati coll'intreccio
obtener el efecto de cuadros por entrelazamiento de hilos

12
die Karoerscheinung durch Farbenstellung erzeugen
to obtain the diamond effect by the arrangement of colours
придавать вид (мр) шашек при помощи расцветки
obtenir l'effet de carreaux par composition de couleurs
ottenere l'effetto di quadrati colla composizione dei colori
obtener el efecto de cuadros por composición de colores

13
die Karoerscheinung durch Farbenstellung und Bindung zugleich erzeugen
to obtain the diamond effect by the combination of colour and weave
придавать вид (мр) шашек при помощи одновременного применения расцветки и переплетения
obtenir l'effet de carreaux par combinaison de couleur et d'armure
ottenere l'effetto di quadrati colla combinazione dei colori e dell'armatura
obtener el efecto de cuadros por la combinación de color y ligamento

---

14
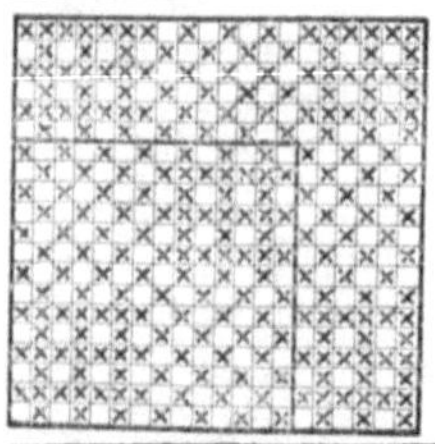

Gerstenkornbindung (f), Huckbindung (f)
huckaback weave
переплетение (ср) мушками
armure (f) granité
armatura (f) di granité o di tela rozza operata
ligamento (m) granito

15
kornartige *oder* höckerartige Wirkung (f)
granulated *or* raised effect
эффект (мр) выступающих мушек
effet (m) de granité
effetto (m) granulato
efecto (m) de granito

16
Granitbindung (f), Kreppbindung (f)
granite weave, crêpe weave
креповое переплетение (ср)
armure (f) petit granité
armatura (f) per piccolo granité
ligamento (m) pequeño granito

17
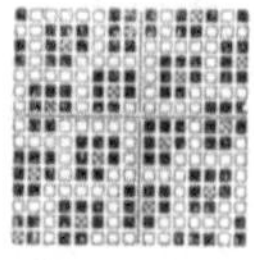

gemusterter [*oder* figurierter] Krepp (m)
figured granite
узорчатый *или* фасонный креп (мр)
petit granité (m) façonné
granité (m) piccolo operato
pequeño granito (m) a capricho

1 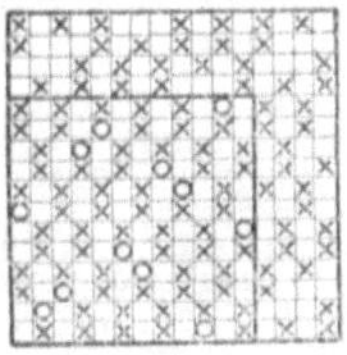

Ripskrepp (m)
ribbed granite
репсовый креп (мр)
petit granité (m) en reps
piccolo granité (m) cannellato
pequeño granito (m) en teletón

---

2 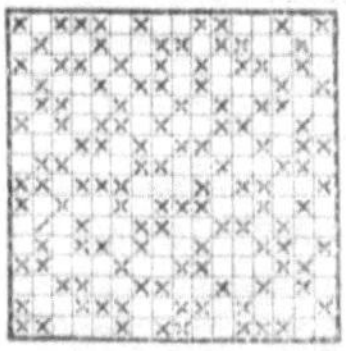

Sandkrepp (m), verworrener Krepp (m)
sand crêpe
песочный *или* спутанный креп (мр)
sablé (m)
sablé (m)
granito (m) embrollado

---

3 verworrenes Aussehen (n) des Gewebes
entangled appearance of the fabric
спутанный *или* беспорядочный вид (мр) ткани
apparence (f) de confusion du tissu
apparenza (f) confusa del tessuto
aspecto (m) confuso del tejido

---

4 die Zusetzungspunkte (mpl) verteilen
to distribute the additional dots
распределять добавочные точки (жр) переплета
distribuer les points additionnels de renforcement
distribuire i punti addizionali
distribuir los puntos adicionales de refuerzo

---

5 β) Bindung (f) für gestreifte, gewürfelte [*oder* karrierte] und gemusterte Gewebe
Weave for Stripes, Checks and Figured Goods
Переплетение (ср) для полосатых, клетчатых и узорчатых тканей
Armure (f) pour tissu rayé, quadrillé et façonné
Armatura (f) per tessuto rigato, a quadrati e figurato
Ligamento (m) para tejidos listados, cuadrangulares y a capricho

---

6 Längsstreifen (mpl)
long stripes
продольные полосы (жр)
rayures (fpl) dans le sens de la longueur du tissu
righe (fpl) nel senso longitudinale del tessuto
listas (fpl) en el sentido de la longitud del tejido

---

7 längsgestreift
long striped
длинно полосатый
rayé dans le sens de la longueur
rigato nella lunghezza
listado a lo largo

---

8 Querstreifen (mpl)
horizontal *or* cross stripes
поперечные полосы (жр)
rayures (fpl) dans le sens de la largeur du tissu
righe (fpl) nel senso della larghezza del tessuto
listas (fpl) en el sentido de la anchura del tejido

---

9 quergestreift
cross striped
поперечно полосатый
rayé dans le sens de la largeur
rigato nella larghezza
listado a lo ancho

Würfelmuster (n), Karos (npl)
dice, checks, diamonds
„каро" (ср), шашки (жр)
carreaux (mpl)
quadretti (mpl), dadi (mpl) 10
cuadros (mpl)

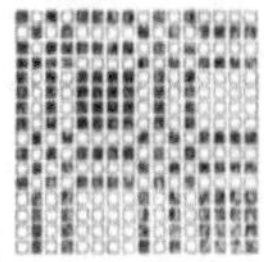

Zwillichmuster (n), Steinmuster (n)
ticking weave
клетчатый узор (мр)
armure (f) coutil *ou* damier 11
armatura (f) a traliccio
ligamento (m) de damas

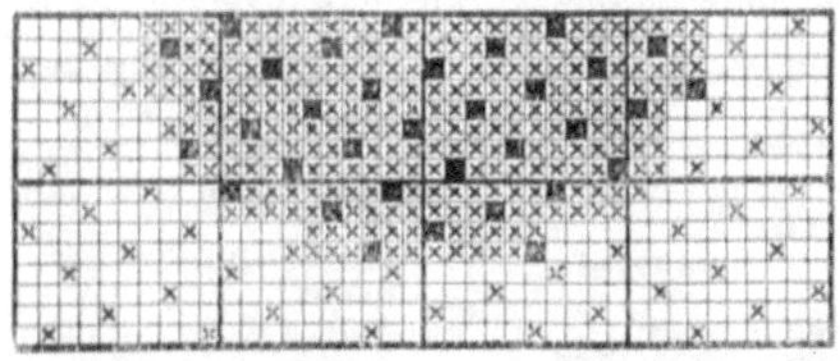

Bindung (f) für Damastgewebe
damask weave
переплетение (ср) для „камчатки" *или* „дамаска"
armure (f) pour tissu damassé
armatura (f) per damasco 12
ligamento (m) para damasco

Wechsel (m) von Ketten- und Schußwirkung
change of warp and weft effect
чередование (ср) эффекта основы и утка
changement (m) d'effet de chaîne et de trame
cambiamento (m) dell'effetto di catena e trama 13
cambio (m) de efecto de urdimbre y de trama

Damast (m)
damask
дамаск (мр), камчатка (жр)
damas (m), linge (m) damassé, damassé, (m)
damasco (m), lingeria (f) damascata 14
damasco (m), adamascado (m)

---

gewöhnlicher Damast (m)
ordinary damask
обыкновенный дамаск (мр)
damas (m) ordinaire
damasco (m) normale 15
damasco (m) ordinario

---

einfacher Damast (m), Fußgebilde (n), Drell (m)
single damask
простой *или* настоящий дамаск (мр)
damas (m) simple
damasco (m) semplice 16
damasco (m) sencillo

Halbdamast (m), Jacquardmusterdamast (m)
Jacquard pattern damask
полудамаск (мр)
damas (m) façonné Jacquard
damasco (m) ad effetto Jacquard 17
damasco (m) a la Jacquard

---

die Fadenkreuzung wechselt von Faden zu Faden
the interlacing of the threads changes from pick to pick
перекрест (мр) нитей меняется от нити до нити
le croisement des fils de chaîne change à chaque duite
l'incrocio (m) dei fili di catena cambia da una inserzione all'altra 18
el entrelazamiento de los hilos de urdimbre cambia a cada pasada

1	zweifarbiger Damast (m) two coloured damask двухцветный дамаск (мр)	damas (m) deux couleurs damasco (m) a due colori damasco (m) a dos colores
2	dreifarbiger Damast (m) three coloured damask трехцветный дамаск (мр)	damas (m) trois couleurs damasco (m) a tre colori damasco (m) a tres colores
3	mehrfarbiger Damast (m) multicoloured damask многоцветный дамаск (мр)	damas (m) multicolore damasco (m) multicolore damasco (m) multicolor
4	zusammengesetzter Damast (m) compound damask составной дамаск (мр), дамаск сложного переплетения	damas (m) bout à bout damasco (m) amalgamato damasco (m) amalgamado
5	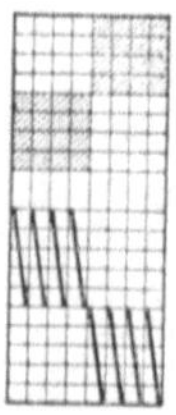	Muster (n) für Fußarbeit *oder* getretene Arbeit pattern for treadle work патрон (мр) для работы с проступными подножками dessin (m) pour étoffe façonnée à la marche disegno (m) per la tessitura delle stoffe operate con pedali gráfico (m) para tejidos labrados hechos con pedales
6	durchlaufendes Muster (n) continuous pattern непрерывный узор (мр)	dessin (m) continu disegno (m) continuo muestra (f) continua
7	γ) Bindung (f) für verstärkte Gewebe Weave for Extra Weighted Cloths Переплетение (ср) для уплотненных *или* тяжелых тканей	Armure (f) pour tissus composés Armatura (f) per tessuti composti Ligamento (m) para tejidos compuestos
8	Struck (m), Biesengewebe (n), Rippengewebe (n) twill backed cloth рубчатка (жр), ребристая ткань (жр), ткань с выпушкой	côte-cheval (f) côte-cheval (f) côte (f)
9	Unterstellung (f) einer Kettfadenreihe [*oder* eines Kettfadensystems] stitching of warp thread row подводка (жр) набора основных нитей	adjonction (f) d'une chaîne supplémentaire sur l'envers aggiunta (f) d'una catena supplementare sul rovescio adición (f) de una urdimbre suplementaria en el envés
10	eine Schußfadenreihe [*oder* ein Schußfadensystem] unterstellen *oder* unterweben to stitch a row of warp threads подводить набор (мр) уточных нитей	ajouter une trame supplémentaire sur l'envers aggiungere una trama supplementare sul rovescio fijar una trama suplementaria en el envés
11	Struckschuß (m), Rippenschuß (m) extra weft, backing pick, extra pick уток (мр) для рубцов, прокидной *или* подбивной уток	trame (f) supplémentaire *ou* de fourrure trama (f) supplementare pasada (f) suplementaria
12	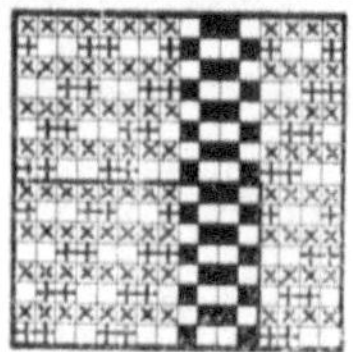 a | b	Längsstruck (m) twilled weft back cloth продольно-рубчатая ткань (жр) côte-cheval (f) par trame côte-cheval (f) per trama côte (f) por trama
13	erhöhter Streifen (m) raised line выпушка (жр), выпуклая полоса (жр), выступающий рубец (мр) — a	rayure (f) relevée, côte (f) en relief, côte bombée, bombé (m) riga (f) in rilievo realce (m)
14	Schnittstreifen (m), tiefliegender Streifen (m) recessed stripe борозда (жр) — b	entre-côte (f), sillon (m) solco (m) surco (m)
15	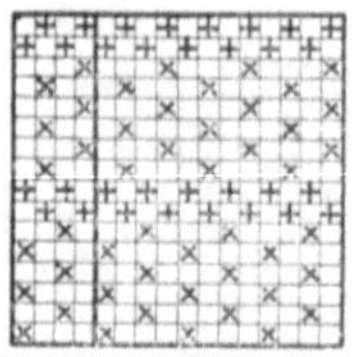	Querstruck (m) twilled warp back cloth поперечно-рубчатая ткань (жр) côte-cheval (f) par chaîne côte-cheval (f) per catena côte (f) por urdimbre
16	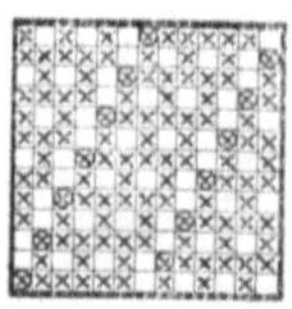	schräger [*oder* diagonaler] Struck (m) diagonal twilled back cloth диагонально-рубчатая ткань (жр) côte-cheval (f) oblique côte-cheval (f) a solchi obliqui côte (f) con surcos oblicuos
17	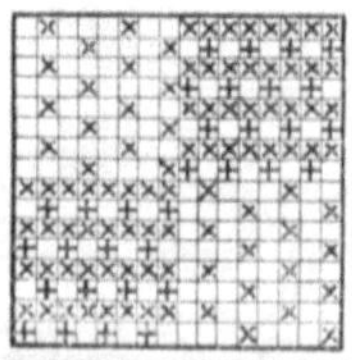	gemusterter [*oder* figurierter] Struck (m) check back fabric узорчато-рубчатая ткань (жр) côte-cheval (f) avec effets de piqûre côte-cheval (f) ad effetto di piqûre côte (f) a cuadros
18	Schußdouble (m) weft backed fabric, two and one weft ткань (жр) с двойным утком	tissu (m) double-face en trame tessuto (m) a doppia faccia per trama tejido (m) a dos caras por trama

1 Verstärkung (f) durch Unterschuß
weighting by adding an extra weft back
уплотнение (ср) при помощи нижнего утка
fourrure (f) par trame d'envers
rinforzo (m) con trama inferiore
refuerzo (m) por pasadas de envés

---

2 zwei Schußlagen (fpl) übereinander anordnen
to arrange two sets of weft one over the other
располагать уток (мр) в два слоя друг над другом
superposer deux trames
sovrapporre due serie di trame
superponer dos tramas

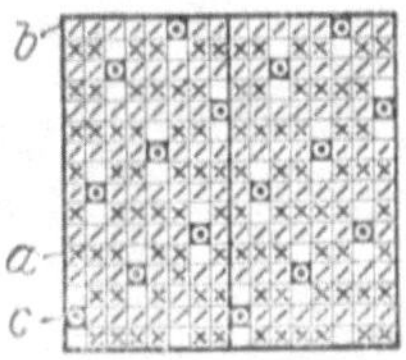

3 Oberschuß (m)
face weft [pick], upper weft thread
лицевой *или* верхний уток (мр)
a
trame (f) d'endroit, fil (m) de dessus
trama (f) superiore
pasada (f) del derecho *o* del haz

---

4 Unterschuß (m), Futterschuß (m)
backing weft, under weft thread, back pick
нижний *или* грунтовый уток (мр)
b
trame (f) d'envers, fil (m) de dessous
trama (f) inferiore
pasada (f) del envés *o* del revés *o* del dorso

---

5 Anheftung (f) des Unterschusses
stitching *or* joining of the backing weft
прикрепление (ср) *или* пристегивание (ср) нижнего утка
c
accrochage (m) de la trame d'envers
legamento (m) della trama inferiore
ligadura (f) de la pasada de envés

---

6 einen Unterschuß anheften
to stitch *or* to join a backing weft
прикреплять *или* пристегивать нижний уток (мр)
accrocher une trame d'envers
legare una trama inferiore
ligar una pasada del dorso

---

7 Musterbildung (f) [*oder* Effektbildung (f)] durch den Unterschuß
ornamenting by the backing weft
применение (ср) нижнего утка для придачи эффекта
formation (f) de l'effet par la trame d'envers
formazione (f) dell'effetto colla trama inferiore
formación (f) del efecto por la trama de envés

---

8 der Unterschuß liegt auf der Rückseite
the backing weft is on the back of the cloth
нижний уток (мр) расположен на изнанке
la trame d'envers apparait à l'envers
la trama inferiore si trova sul rovescio
la trama de envés aparece en la cara inferior

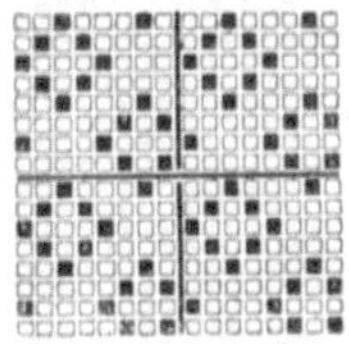

Musterwirkung (f) [*oder* Mustereffekt (m)] in Leinwand
design effect on plain cloth
фасонный узор (мр) на полотне
effet (m) de dessin sur pointé toile, grisaille (f) 9
effetto (m) di disegno su tela
motivos (mpl) formados en tafetán

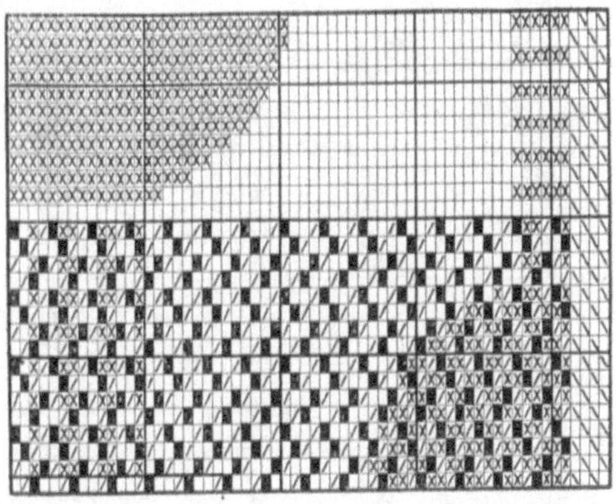

gemusterter Schußdouble (m)
figured weft backed fabric
узорчатая ткань (жр) с двойным утком
tissu (m) double-face en trame façonné
tessuto (m) a doppia faccia per trama figurato 10
labrado (m) en tela a dos caras con doble trama

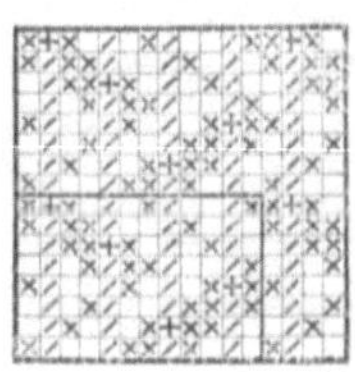

Kettendouble (m)
warp backed fabric, two and one warp
ткань (жр) с двойной основой
tissu (m) double-face en chaîne 11
tessuto (m) a doppia faccia per catena
tela (f) a dos caras con doble urdimbre

---

zwei Ketten (fpl) übereinander anordnen
to arrange two sets of warp one over the other
располагать две основы (жр) одну над другой
superposer deux chaînes
sovrapporre due serie di catene 12
superponer dos urdimbres

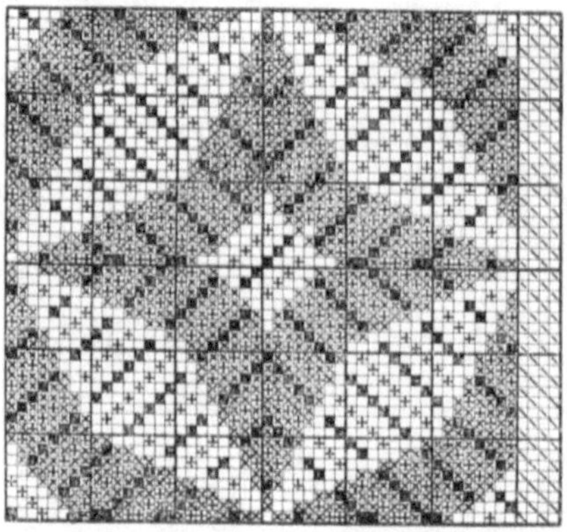

1
gemusterter Kettendouble (m)
figured warp backed fabric
узорчатая двойная по основе ткань (жр)
tissu (m) double-face en chaîne façonné
tessuto (m) a doppia faccia per catena operato
labrado (m) en tela a dos caras con doble urdimbre

2
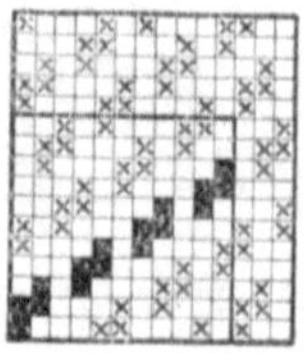

Nachbildung (f) von *oder* Ersatz (m) für Kettendouble, [Kettendoubleimitation (f)]
imitation doubled threads
имитация (жр) двойной по основе ткани
tissu (m) double-face en chaîne imitation
tessuto (m) a doppia faccia per catena imitazione
imitación (f) tela a dos caras con dos urdimbres

3
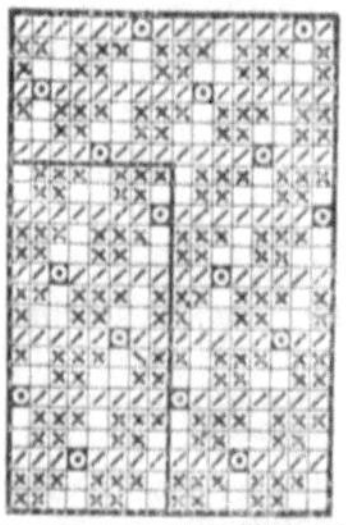

Schußtriple (m)
three and one weft
тройная по утку ткань (жр)
trame (f) 3 et 1
tessuto (m) formato da una catena e tre serie di trame
trama (f) triple

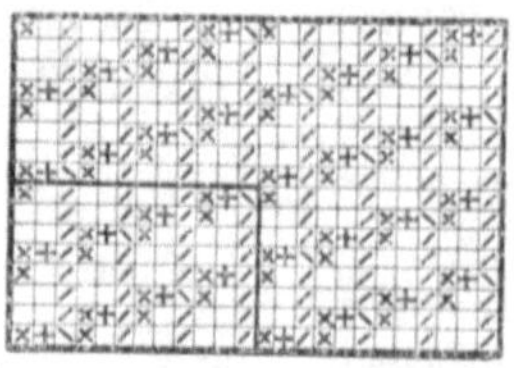

4
Kettentriple (m)
three and one warp
тройная по основе ткань (жр)
chaîne (f) 3 et 1
tessuto (m) formato da una trama e tre serie di catene
urdimbre (f) triple

5
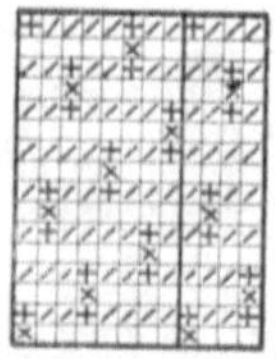

Bindung (f) für Gewebe mit Füllfäden
weave for fabrics with wadding threads
переплетение (ср) тканей с вводными *или* заводными *или* подбивными нитями
armure (f) pour tissus fourrés *ou* à fourrure
armatura (f) per tessuti con fili di riempimento
ligamento (m) para tejidos con forro

6
ein Gewebe ausfüllen
to use wadding *or* filling threads in a cloth
подбивать *или* уплотнять ткань (жр)
fourrer un tissu
riempire un tessuto
forrar un tejido

7
die Füllfäden (mpl) sind verdeckt
the wadding threads are hidden
подбивные нити (жр) прикрыты
les fils (mpl) de fourrure sont recouverts *ou* dissimulés
i fili di riempimento sono coperti
los hilos del forro están ocultos

8
Füllkette (f)
wadding warp, packing warp
заводная *или* придающая рельеф основа (жр)
chaîne (f) de fourrure
catena (f) di riempimento
urdimbre (f) de forro

9
Füllschuß (m)
wadding pick, inner packing weft
вводный уток (мр)
trame (f) de remplissage
trama (f) di riempimento
trama (f) de forro

10
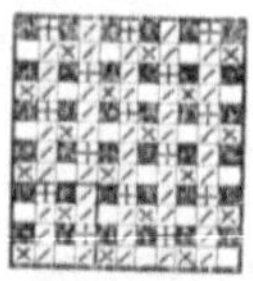

Bindung (f) für Hohlgewebe *oder* Schlauchgewebe *oder* Dochtgewebe
weave for circular goods *or* wicks
переплетение (ср) для полых *или* трубчатых *или* фитильных тканей
armure (f) pour tissus tubulaires
armatura (f) per tessuti tubulari *o* cavi *o* vuoti, armatura per tessuti a sacco
ligamento (m) para tejidos tubulares *o* para sacos

11
Schlauch (m)
woven hosepipe
трубка (жр), кишка (жр), рукав (мр)
tube (m) tissé
tubo (m) di tessuto
manga (f)

12
Lampendocht (m)
lamp wick
ламповый фитиль (мр)
mèche (f) de lampe
lucignolo (m) [cavo] da lampada
mecha (f)

13
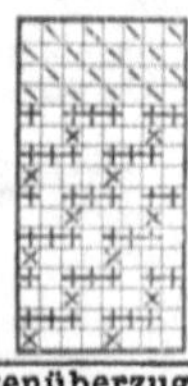

nahtloses Sackgewebe (n)
seamless sack
мешочная ткань (жр) без шва
sac (m) sans couture
tessuto (m) a sacco senza cucitura
saco (m) sin costura

14
Walzenüberzug (m), Walzenschlauch (m)
woven roller cots
покрышка (жр) для валиков
tissu (m) tubulaire pour cylindres
tessuto (m) tubulare per cilindri
tejido (m) tubular para cilindros

1

Vorstreichen (n) der unteren Bindung
drafting the under web
предварительное закрашивание (ср) переплетения нижней сетки *или* ткани
retracement (m) du dessin de dessous
tratteggiamento (m) dell'armatura inferiore *o* del rovescio
trazado (m) *o* rayado (m) del ligamento inferior

2
die Bindung der Oberware einsetzen
to plan the top web
вносить переплетение (ср) лицевой ткани
retracer le dessin du tissu supérieur
tratteggiare l'armatura del tessuto superiore
trazar *o* rayar el ligamento superior del tejido

3
die Bindung der Unterware einsetzen
to plan the under web
вносить переплетение (ср) подкладочной ткани
retracer le dessin *ou* placer les pointés du tissu dessous
tratteggiare l'armatura del tessuto inferiore
trazar el ligamento inferior del tejido

4
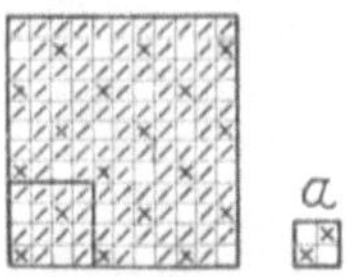

Oberware (f)
top web, top cloth, face cloth
лицевой товар (мр), лицо (ср), лицевой слой (мр) товара
tissu (m) supérieur *ou* de dessus, toile (f) d'endroit
tessuto (m) superiore
tejido (m) superior

---

5 a
Bindung (f) der Oberware
top cloth weave
переплетение (ср) лицевого слоя товара
armure (f) du tissu de dessus
armatura (f) del tessuto superiore
ligamento (m) del tejido superior

6
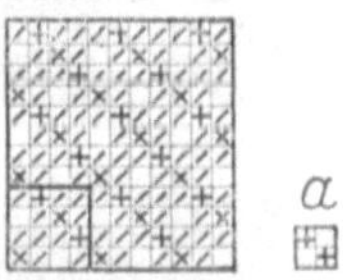

Unterware (f)
under web, bottom cloth, back cloth
грунт (мр), грунтовая ткань (жр), подкладной слой (мр)
tissu (m) [de] dessous *ou* d'envers, toile (f) d'envers
tessuto (m) inferiore
tejido (m) inferior *o* de envés

---

7 a
Bindung (f) der Unterware
bottom cloth weave
переплетение (ср) грунтовой ткани
armure (f) du tissu de dessous
armatura (f) del tessuto inferiore
ligamento (m) del tejido inferior

8
die Oberkettfäden (mpl) bei Unterschüssen ausheben
to lift up the top warp for the lower weft
поднимать нити (жр) верхней основы при прокидах нижних уточин
lever la chaîne du tissu supérieur pour laisser passer la trame inférieure
alzare i fili (mpl) d'ordito superiori per far passare le trame inferiori
levantar la urdimbre de la tela superior para dejar paso a la trama inferior

---

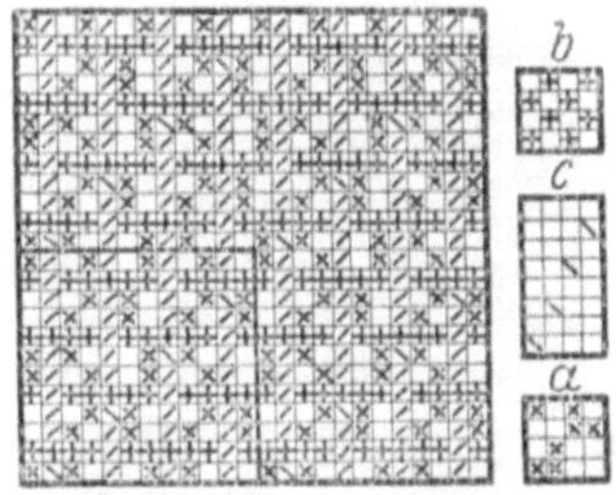

Doppelstoffbindung (f)
double cloth weave
переплетение (ср) двойной ткани
armure (f) pour étoffes doubles
armatura (f) per tessuti doppi
ligamento (m) para doble tela 9

---

a
vierbindiger versetzter zweiseitiger Köper (m)
four leaf transposed double faced twill
ступенчатая двухсторонняя саржа (жр) четырехкратного переплетения
sergé (m) de quatre contre-samplé double-face
saia (f) di quattro interrotta doppia faccia
sarga (f) de cuatro transpuesta de doble cara 10

---

b
Leinwand (f)
plain weave
полотно (ср), миткаль (мр)
armure (f) toile
armatura (f) tela
ligamento (m) tafetán 11

---

c
Verbindung (f)
binding plan
связь (жр)
liage (m)
collegamento (m)
ligadura (f), ligamento (m) de unión 12

Anheften (n) der Oberware an die Unterware
joining the top to the bottom cloth
пристегивание (ср) лицевого товара к грунту
accrochage (m) du tissu supérieur à l'inférieur
collegamento (m) del tessuto superiore coll'inferiore
ligadura (f) del tejido superior con el inferior 13

---

das Obergewebe mit dem Untergewebe verheften *oder* vernähen
to bind *or* to stitch the face to the back cloth
скреплять *или* связывать *или* сшивать лицевую ткань (жр) с грунтовой
lier le tissu d'endroit avec le tissu d'envers
legare il tessuto del dritto col tessuto del rovescio
ligar el tejido superior con el inferior 14

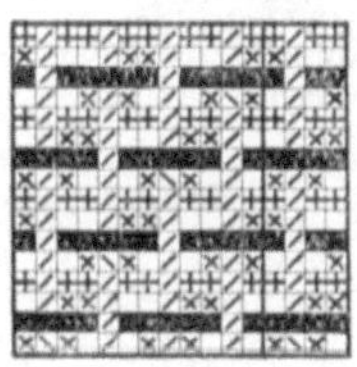

Doppelgewebe (n) mit Füllschuß
double cloth with inner packing weft
двойная ткань (жр) с подбивным утком
tissu (m) double avec trame de remplissage
tessuto (m) doppio con trama di riempimento
doble tela (f) con trama de forro 15

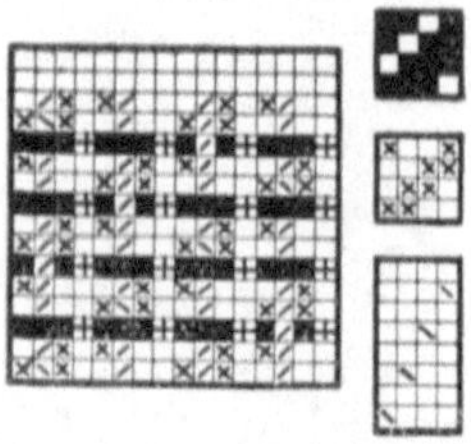

1 Doppelgewebe (n) mit Füllkette
double cloth with wadding warp
двойная ткань (жр) с подбивной основой
tissu (m) double avec chaîne de remplissage
tessuto (m) doppio con catena di riempimento
doble tela (f) con urdimbre de forro

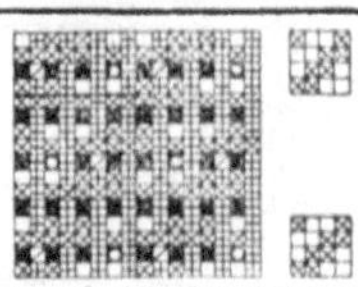

2 Doppelgewebe (n) mit Bindeschuß
double cloth with binding weft
двойная ткань (жр) со связывающим утком
tissu (m) double avec trame de liage
tessuto (m) doppio con trama di collegamento
doble tela (f) con pasadas suplementarias

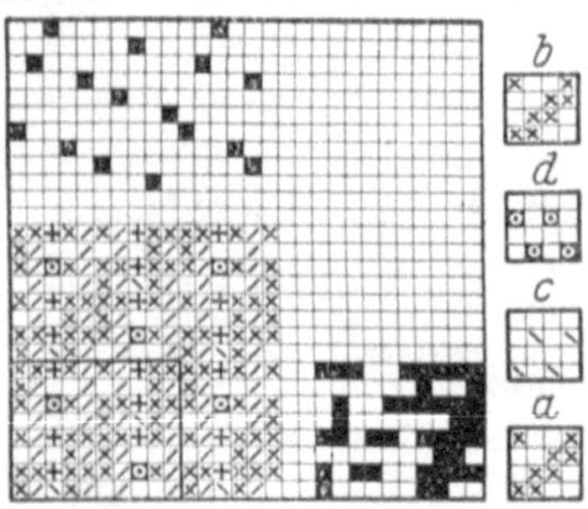

3 Doppelgewebe (n) mit Bindekette
double cloth with binding warp
двойная ткань (жр) со связывающей основой
tissu (m) double avec chaîne de liage
tessuto (m) doppio con ordito di collegamento
doble tela (f) con hilos suplementarios

---

4 Oberwarenbindung (f) *a*
top cloth weave
переплетение (ср) лицевого товара
armure (f) du tissu d'endroit
armatura (f) del tessuto superiore
ligamento (m) de la tela superior

---

5 Unterwarenbindung (f) *b*
bottom cloth weave
переплетение (ср) подкладочного товара
armure (f) du tissu d'envers
armatura (f) del tessuto inferiore
ligamento (m) de la tela inferior

---

6 Hebung (f) der Bindekette *c*
lifting of the binding warp
поднимание (ср) связывающей основы
levée (f) de la chaîne de liage
alzata (f) della catena di collegamento
tomo (m) del hilo suplementario

---

7 Senkung (f) der Bindekette *d*
lowering of the binding warp
опускание (ср) связывающей основы
abaissement (m) de la chaîne de liage
discesa (f) della catena di collegamento
dejo (m) del hilo suplementario

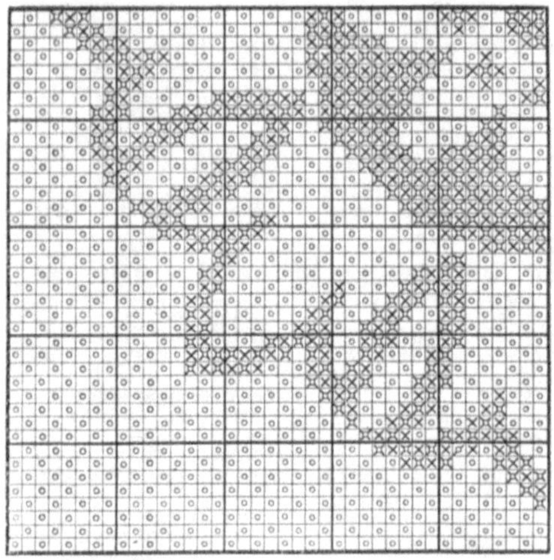

8 gemustertes Doppelgewebe (n)
figured double cloth
двойная узорчатая ткань (жр)
tissu (m) double façonné
tessuto (m) doppio operato
labrado (m) en doble tela

---

9 Doppelgewebe (n) mit *x* Farben
double cloth with *x* colour effects
двойная ткань (жр) о *x* расцветках
tissu (m) double à effet de *x* couleurs
tessuto (m) doppio con effetti di *x* colori
doble tela (f) con efectos de *x* colores

---

10 Doppelgewebe (n) mit Unterschuß, Gewebe (n) mit zwei Ketten und drei Schüssen
double weave with ground pick, weave with two warps and three wefts
двойная ткань (жр) с нижним утком, двухосновная ткань (жр) с тремя утками
tissu (m) double avec trame d'envers, tissu à deux chaînes et trois trames
tessuto (m) doppio con trama inferiore, tessuto con due catene e tre trame
doble tela (f) con trama de envés, tela con dos urdimbres y tres tramas

---

11 Doppelgewebe (n) mit Unterkette, Gewebe (n) mit drei Ketten und zwei Schüssen
double weave with ground warp, weave with three warps and two wefts
двойная ткань (жр) с нижней основой, трех-основная ткань с двумя утками
tissu (m) double avec chaîne d'envers, tissu à trois chaînes et deux trames
tessuto (m) doppio con ordito inferiore, tessuto con tre catene e due trame
doble tela (f) con urdimbre de envés, tela con tres urdimbres y dos tramas

---

12 mehrfaches Gewebe (n)
compound cloth
многослойная ткань (жр)
tissu (m) multiple
tessuto (m) multiplo
tejido (m) múltiple

1 x-faches Gewebe (n)
cloth with x folds
x-слойная ткань (жр)
tissu (m) x-plis
tessuto (m) a x faccie
tejido (m) de x capas

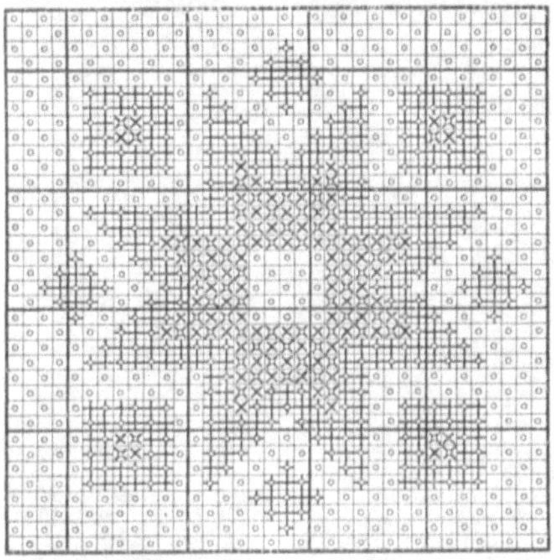

2 gemustertes dreifaches Gewebe (n)
figured three ply *or* treble cloth
тройная узорчатая ткань (жр)
tissu (m) triple façonné
tessuto (m) triplice operato
labrado (m) en triple tela

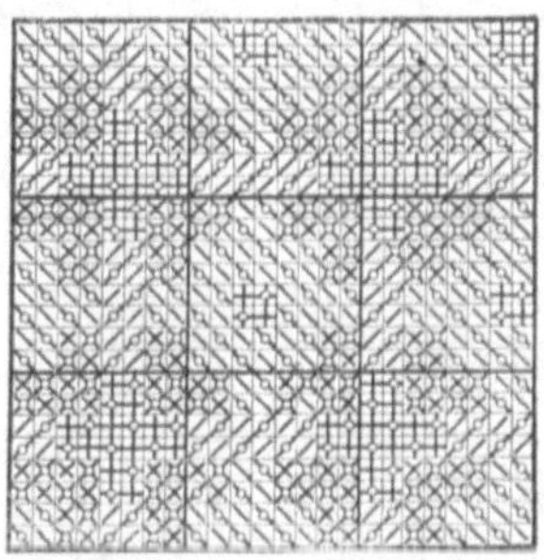

3 gemustertes vierfaches Gewebe (n)
figured four ply cloth
четырехслойная узорчатая ткань (жр)
tissu (m) quadruple façonné
tessuto (m) quadruplo operato
labrado (m) en cuádruple tela

4 starke Ware (f)
strong fabric
плотный *или* тяжелый товар (мр)
tissu (m) solide
tessuto (m) solido
tejido (m) sólido

5 dicke Ware (f)
thick fabric
толстый товар (мр)
tissu (m) épais
tessuto (m) spesso
tejido (m) espeso

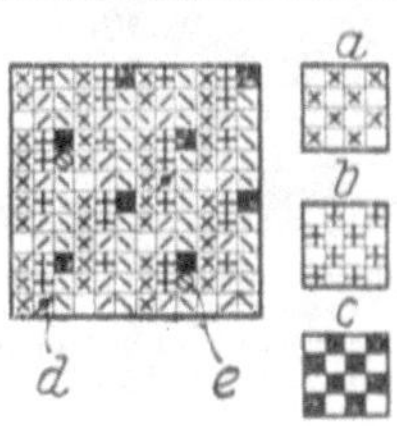

Triplestoffbindung (f)
three ply cloth weave
переплетение (ср) тройной ткани
armure (f) tissu triple
armatura (f) di tessuto triplice
ligamento (m) triple tela

a Bindung (f) des ersten Gewebes
weave for the face cloth
переплетение (ср) первичной *или* основной ткани
armure (f) du tissu d'endroit
armatura (f) del tessuto superiore
ligamento (m) de la primera tela 7

b Bindung (f) des mittleren Gewebes
weave for the centre web
переплетение (ср) средней *или* промежуточной ткани
armure (f) du tissu intermédiaire
armatura (f) del tessuto intermedio
ligamento (m) de la segunda tela 8

c Bindung (f) des dritten Gewebes
weave for the back cloth
переплетение (ср) верхней ткани
armure (f) du tissu d'envers
armatura (f) del tessuto di fondo
ligamento (m) de la tercera tela 9

d Hebung (f) der zweiten Kette
lifting of the second warp
поднятие (ср) второй основы
lève (f) de la seconde chaîne
alzata (f) della seconda catena
tomo (m) de la segunda urdimbre 10

e Hebung der dritten Kette
lifting of the third warp
поднятие (ср) третьей основы
lève (f) de la troisième chaîne
alzata (f) della terza catena
tomo (m) de la tercera urdimbre 11

gehobene Kette (f)
lifted warp
поднятая основа (жр)
chaîne (f) levée
catena (f) sollevata
urdimbre (f) levantada 12

Bindeweise (f) der einzelnen Gewebe
binding method for each cloth
род (мр) переплетения отдельных тканей
mode (m) de liage *ou* d'entrelacement pour chaque étoffe
metodo (m) di legamento per ogni tessuto
manera (f) de ligar de cada tela 13

Fadenfolge (f) in der Kette
order of the warp threads
последовательность (жр) расположения нитей основы
ordre (m) des fils de chaîne
ordine (m) dei fili di catena
disposición (f) *u* orden (m) de los hilos de urdimbre 14

Bindungszeichen (n), Bindungstype (f)
interlacing dot
знак (мр) *или* образец (мр) переплетения
marque (f) de liage
segno (m) d'armatura
señal (f) *o* marca (f) de ligadura 15

vorgestrichene Bindungsfläche (f)
preliminary interlacing plan
предварительно закрашенная поверхность (жр) переплетения
mise (f) en carte préliminaire
messa (f) in carta preliminare
disposición (f) preliminar 16

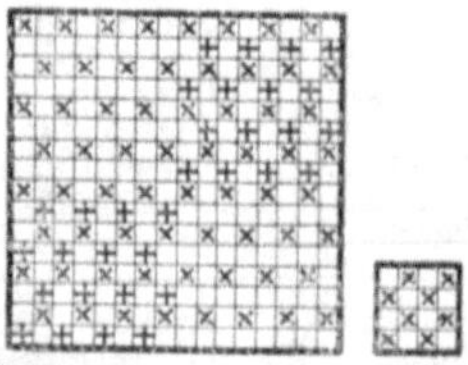

1 Flockenstoffbindung (f), [Floconnébindung (f)]
nap cloth weave
переплетение (ср) хлопьевидных тканей
armure (f) d'étoffe flocon
armatura (f) del tessuto felpato
ligamento (m) formando copos

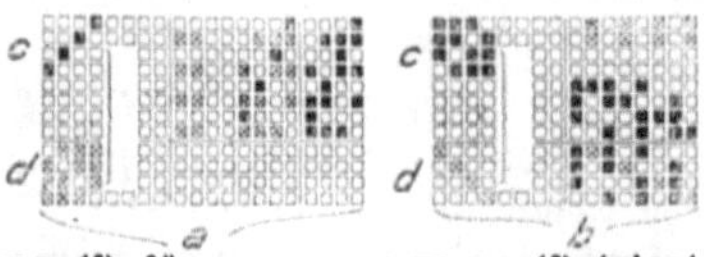

2 Bindung (f) für Trikot, Schnittbindung (f)
tricot weave
переплетение (ср) для трико
armure (f) tricot
armatura (f) per tricot
ligamento (m) para tricot

3 Quertrikot (m)
transverse tricot
поперечное трико (ср)
a
drap (m) tricot à rayures en travers
tricot (m) con righe trasversali
tricot (m) transversal

4 Längstrikot (m)
longitudinal tricot
продольное трико (ср)
b
drap (m) tricot à rayures en long
tricot (m) con righe longitudinali
tricot (m) longitudinal

5 Bindung (f) der Oberfäden
interlacing of the upper threads
переплетение (ср) лицевых нитей
c
croisement (m) des fils de dessus
incrocio (m) dei fili superiori
entrelazamiento (m) de los hilos superiores

6 Verkreuzung (f) der Unterfäden
interlacing of the lower threads
скрещивание (ср) нижних нитей
d
croisement (m) des fils de dessous
incrocio (m) dei fili inferiori
entrelazamiento (m) de los hilos inferiores

7 Diagonaltrikot (m)
diagonal tricot
„трико-диагональ" (ср), диагональное трико (ср)
drap (m) tricot diagonale
tricot (m) diagonale
tricot (m) diagonal

8 Tafthohlstoffbindung (f)
plain circular weave
тафтяное переплетение (ср) для полых тканей
armure (f) toile pour tissu creux
armatura (f) taffetà per tessuto cavo
ligamento (m) tafetán para tejidos tubulares

9 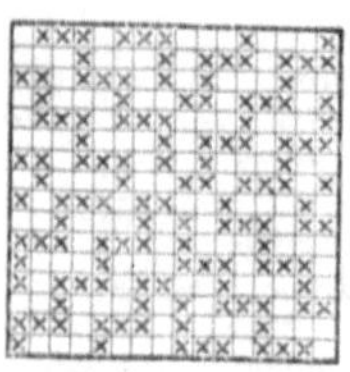
Bindung (f) für gefurchtes Doppelgewebe [*oder* Matelassé]
weave for matelasse
переплетение (ср) для тика *или* двойной бороздчатой ткани
armure (f) pour matelassé
armatura (f) per matelassé
ligamento (m) para tejido acolchado en doble tela

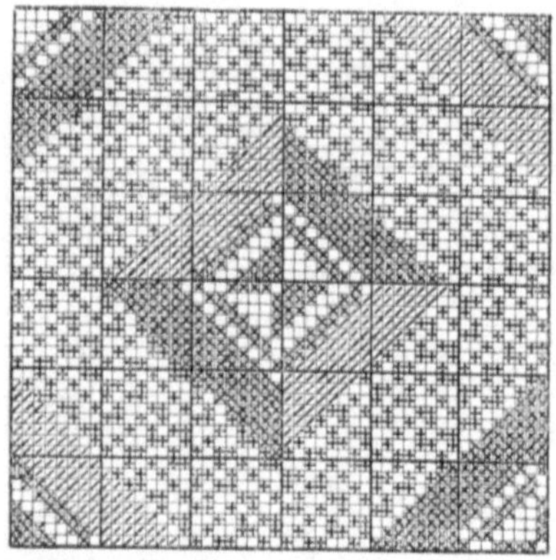

10 versteptes Doppelgewebe (n), [figurierte Matelassé (f)]
figured matelasse
простроченная *или* простеганная двойная ткань (жр), узорчатый тик (мр)
tissu (m) double piqué, matelassé (m) façonné
tessuto (m) doppio trapuntato, matelassé (m) operato
labrado (m) de acolchado en doble tela

11 längsgestreiftes Muster (n)
pattern with long stripes
продольно-полосатый узор (мр)
dessin (m) à rayures en long
disegno (m) a righe longitudinali
muestra (f) con listas en el sentido de la longitud

12 quergestreiftes Muster (n)
pattern with transverse stripes
поперечно-полосатый узор (мр)
dessin (m) à rayures en travers
disegno (m) con righe nella larghezza
muestra (f) con listas en el sentido de la anchura

13 Würfelmuster (n), [karriertes Muster (n)]
check *or* dice pattern
клетчатый узор (мр)
dessin (m) quadrillé *ou* à carreaux
disegno (m) a quadrati *o* a riquadri
muestra (f) a cuadros

14 Ziermuster (n), [figurierte Musterung (f)]
fancy pattern
фигурный узор (мр)
dessin (m) fantaisie
disegno (m) operato
muestra (f) labrada

15 Bindung (f) für Piqué *oder* Pikee
draft *or* plan for piqué
переплетение (ср) для пикэ
armure (f) piqué
armatura (f) per trapuntino *o* per piqué
ligamento (m) piqué *o* acolchado

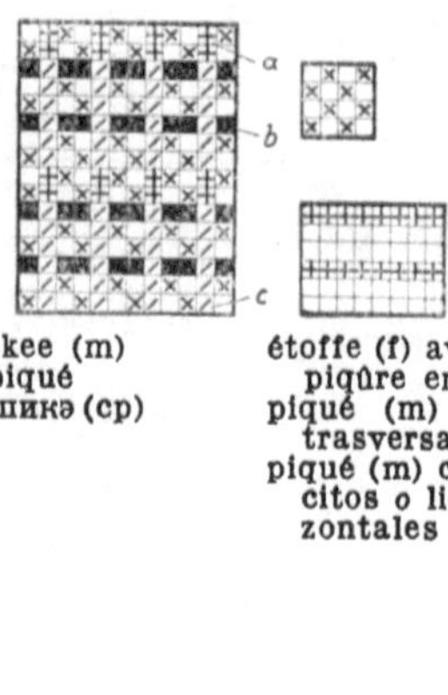

16 Schnürlpikee (m)
stitched piqué
рубчатое пикэ (ср)
étoffe (f) avec effet de piqûre en travers
piqué (m) a strisce trasversali
piqué (m) con cordoncitos *o* listitas horizontales

1 Furchenbildung (f) / formation of grooves / образование (ср) борозд — a — formation (f) de coupures / formazione (f) di solchi / formación (f) de surcos

2 Füllschuß (m) / inner packing weft / подбивной уток (мр) — b — trame (f) de remplissage / trama (f) di riempimento / pasada (f) de forro

3 Steppkette (f), Figurkette (f) / stitching *or* binding warp / основа (жр) для строчки — c — chaîne (f) de piqûre / catena (f) della faccia *o* del diritto / urdimbre (f) de muestra

4 Grundkette (f) / ground warp / грунтовая основа (жр) — chaîne (f) de fond / catena (f) inferiore *o* del rovescio / urdimbre (f) de fondo

5 Grundschuß (m) / ground weft / грунтовой уток (мр) — trame (f) de fond / trama (f) inferiore *o* del rovescio / pasada (f) inferior

6 Futterschuß (m) / wadding weft / подкладной уток (мр) — trame (f) de fourrure / trama (f) d'imbottitura / trama de mecha

7 Versteppung (f), Steppe (f) / stitching / строчка (жр), стежка (жр), стеганый узор (мр) — piqûre (f) / appuntatura (f), piqûre (f) / colcha (f)

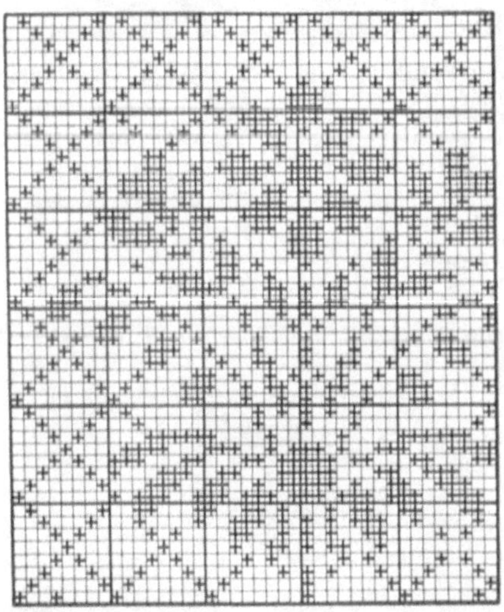

8 gemustertes Pikeegewebe (n) / figured piqué, toilet / узорчатая пикейная ткань (жр) — piqué (m) façonné / piqué (m) operato / piqué (m) labrado, labrado (m) en piqué

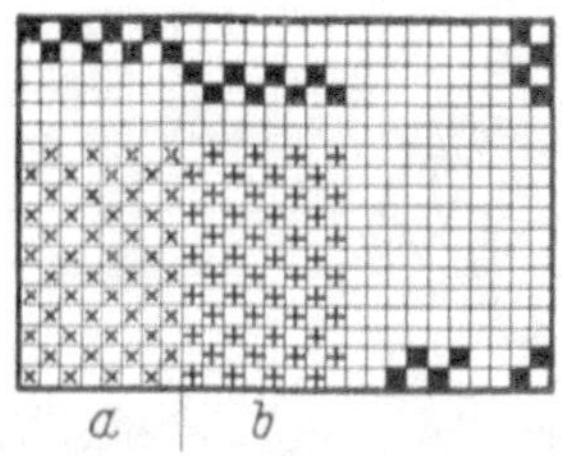

9 Bindung (f) für Faltenstoffe *oder* gekreppte Stoffe / weave for crimps *or* crepons / переплетение (ср) для тканей со складками *или* для крепов — armure (f) pour crêpés / armatura (f) per crespi / ligamento (m) para crespón

10 straff gespannte Kette (f) / straight warp / туго натянутая основа (жр) — a — chaîne (f) droite / catena (f) diritta *o* tesa / urdimbre (f) tesa

11 Faltenkette (f) / crimp warp / основа (жр), образующая складки — b — chaîne (f) de crêpé / catena (f) per crespo / urdimbre (f) de crespón

12 glatter Faltenstoff (m) / plain crimp / ровная ткань (жр) со складками — crêpé (m) uni / crespo (m) semplice / crespón (m) liso

13 gestreifter Faltenstoff (m) / striped crimp / полосатая ткань (жр) со складками — crêpé (m) rayé / crespo (m) rigato / crespón (m) listado

14 gemusterter Faltenstoff (m) / figured crimp / узорчатая ткань (жр) со складками — crêpé (m) façonné / crespo (m) operato / labrado (m) en crespón

15 überdrehtes Garn (n), Hartdraht (m), [Krepon (m)] / very hard twisted yarn, crêpe yarn / перекрученая *или* крутая пряжа (жр), крепон (мр) — fil (m) surtordu *ou* surfilé *ou* de crêpe / filato (m) sopratorto *o* per crespo / hilo (m) de crespón

16 normal gedrehter Faden (m) / standard twisted yarn / нормально крученая пряжа (жр) — fil (m) tordu normal / filo (m) con torsione normale / hilo (m) de torsión normal

17 Stoff (m) mit Längsfalten / fabric with crimps running lengthwise with the piece / ткань (жр) с продольными складками — tissu (m) crêpé dans le sens de la longueur / tessuto (m) increspato longitudinalmente / crespón (m) longitudinal

Querfalte (f)
1 crimp running across the piece
поперечная складка (жр)
fronce (f) dans le sens de la largeur
crespa (f) nel senso della larghezza
frunce (m) en el sentido de la anchura

Blasenmuster (n), [Blaseneffekt (m), Falteneffekt (m)]
2 crimp effect
пузыристый вид (мр) *или* эффект (мр)
effet (m) de bombé
effetto (m) di crespa
efecto (m) de frunces *o* de fruncido

---

b
a
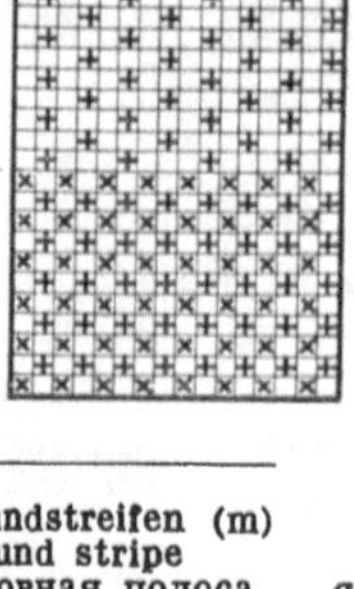

Bindung (f) für Plisseegewebe *oder* plissierte Stoffe
weave for pleated cloth
переплетение (ср) тканей „плиссэ"
armure (f) pour étoffe plissée
armatura (f) per tessuto pieghettato
ligamento (m) para tejido plisé

Grundstreifen (m)
ground stripe
4 основная полоса (жр) *или* борозда (жр) *a*
rayure (f) de fond
striscia (f) di fondo
lista (f) de fondo *o* de cuerpo

Faltenstreifen (m)
folding stripe
складка (жр),
5 плиссированная *или* гофрированная полоса (жр) *b*
rayure (f) de plissage
striscia (f) pieghettata
pliegue (m)

---

plissierter Stoff (m), Stoff (m) mit gelegten Querfalten
pleated fabric
6 плиссированная ткань (жр), ткань „плиссэ", ткань с лежачими поперечными складками
étoffe (f) plissée, plissé (m)
tessuto (m) pieghettato
plisé (m)

δ) Bindung (f) für lanzierte Gewebe
Weave for Fabrics with Patterns Woven in by Extra Floating Weft
7 Переплетение (ср) для тканей с прокидным утком
Armure (f) pour lancés *ou* pour brochés-poils traînants
Armatura (f) per stoffe lanciate
Ligamento (m) para tejidos espolinados

Lanzieren (n), Broschieren (n) mit durchlaufendem Schuß
8 weaving figures by extra floating weft
вышивание (ср) *или* броширование (ср) прокидным утком
brochage (m) au lancé *ou* au poil traînant
tessitura (f) di tessuti lanciati
espolinado (m)

Lanzierschuß (m)
extra figuring weft
прокидной уток (мр)
duite (f) de lancé, trame (f) de broché
trama (f) della figura 9
pasada (f) de espolinado

ε) Bindung (f) für broschierte Gewebe
Weave for Brocaded *or* Broché Fabrics
Переплетение (ср) для тканей „брошэ" *или* вышивных тканей
Armure (f) pour tissus brochés
Armatura (f) per stoffe a broccato *o* per broccati 10
Ligamento (m) para tejidos brocados

Broschieren (n)
brocading
вышивание (ср)
brochage (m), broché (m)
lavoro (m) di broccato 11
brocado (m)

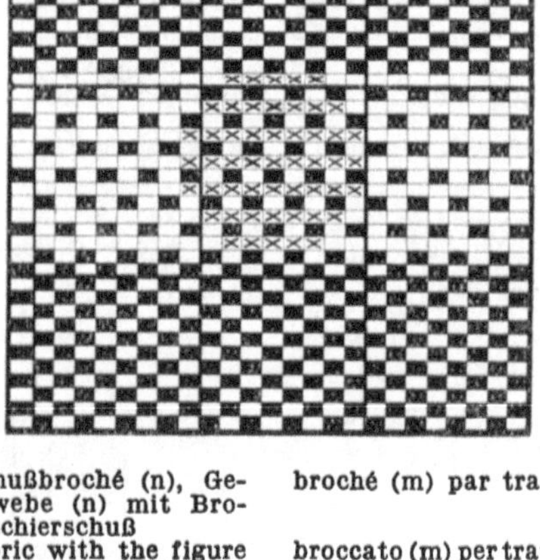

Schußbroché (n), Gewebe (n) mit Broschierschuß
fabric with the figure in weft, weft brocade
уточное брошэ (ср), вышивка (жр) утком, ткань (жр) с одним вышивным утком
broché (m) par trame
broccato (m) per trama 12
brocado (m) por trama

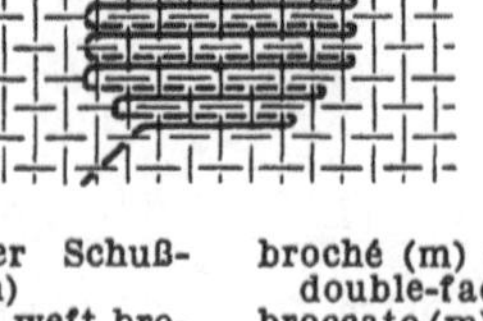

doppelseitiger Schußbroché (m)
double sided weft brocade
двухстороннее уточное брошэ (ср)
broché (m) par trame double-face
broccato (m) per trama a doppia faccia 13
brocado (m) por trama de doble cara

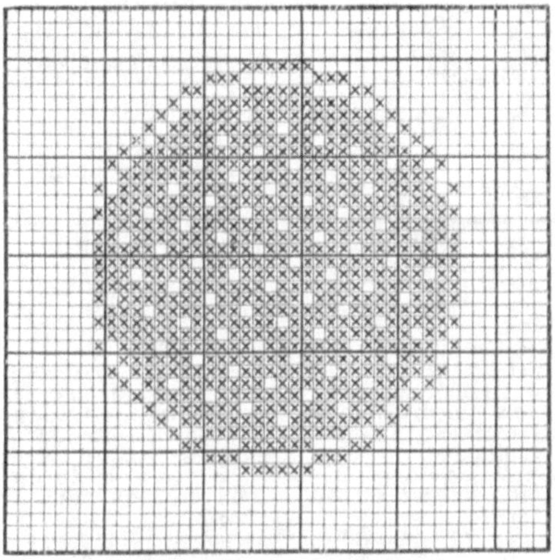

1 kettenbroschiertes Gewebe (n), Gewebe (n) mit aufgeschweiften Mustern
warp brocaded fabric, fabric with patterns wrought on the surface
ткань (жр) с основной вышивкой, основное брошэ, ткань с выпуклыми *или* накладными узорами
broché (m) par chaine
broccato (m) per catena, stoffa (f) a disegno con effetto di catena
brocado (m) por urdimbre

---

2 Brochékette (f)
brocade warp
основа (жр) для брошэ, вышивная основа
chaine (f) de brochage
ordito (m) di broccato, catena (f) di figura
urdimbre (f) de brocado

---

3 die Brochéfäden (mpl) liegen auf der Warenrückseite flott
the brocading threads float at the back of the cloth
вышивные нити (жр) лежат свободно на изнанке товара
les fils (mpl) de broché flottent sur l'envers du tissu
i fili del broccato giaciono liberi al rovescio del tessuto
los hilos de brocado flotan en el envés del tejido

---

4 die Brochéfäden (mpl) abbinden
to bind in *or* to stitch the brocading threads
перевязать вышивные нити (жр)
lier les fils de broché
legare i fili del broccato
ligar los hilos de brocado

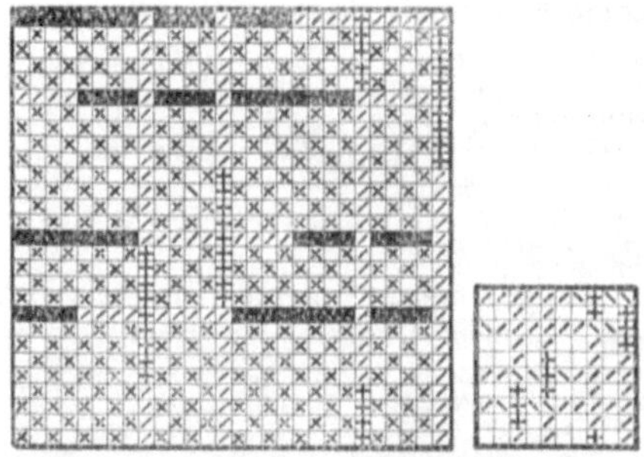

kariertes Broché[gewebe] (n)
check brocaded fabric
клетчатое брошэ (ср), клетчатая вышитая ткань (жр)
tissu (m) broché à carreaux
broccato (m) quadrettato 5
brocado (m) a cuadros

---

nadelbroschiertes Gewebe (n)
needle brocaded fabric
ткань (жр), вышитая на иглах
tissu (m) broché à l'aiguille
tessuto (m) broccato all'ago 6
brocado (m) por aguja

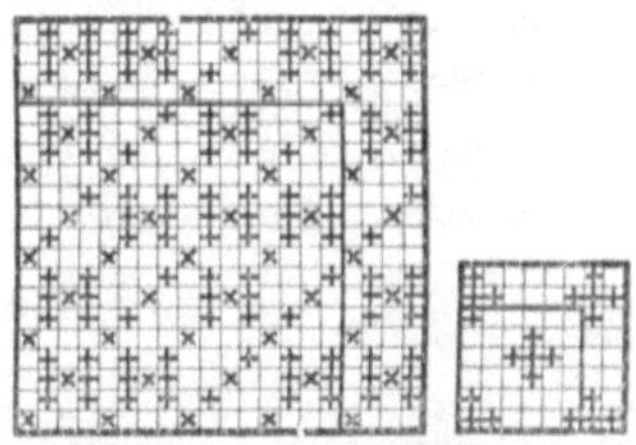

Brochéimitation (f)
imitation brocade
имитация (жр) брошэ
imitation (f) de broché
broccato (m) imitazione 7
imitación (f) brocado

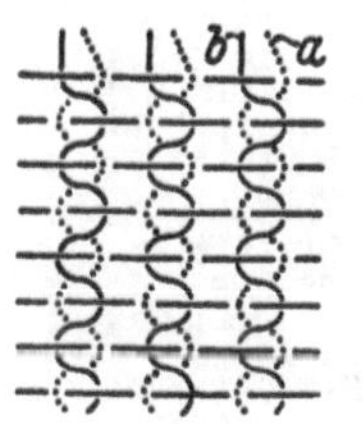

Bindung (f) für Drehergewebe *oder* Kreuzgewebe *oder* Gazegewebe (n)
Weave for Gauze *or* Leno Cloths
Переплетение (ср) для газа *или* газовых тканей 8
Armure (f) pour gazes
Armatura (f) per stoffe a garza *o* a catena incrociata
Ligamento (m) para gasas de vuelta

Drehkette (f)
crossing warp
гарнитурная *или* лаппетиновая основа (жр), основа для оплетки
a
chaine (f) de tordage *ou* de tour
ordito (m) di giro
urdimbre (f) de vuelta 9

Grundkette (f)
ground warp
грунтовая основа (жр)
b
chaine (f) de fond
ordito (m) di fondo
urdimbre (f) de fondo 10

1	durchbrochene Ware (f) open texture fabric, open worked fabric ажурный товар (мр), товар с проймами	tissu (m) à jour tessuto (m) aperto *o* a traforo *o* a jour tejido (m) claro
2	die Kettfadengruppen (fpl) umschlingen sich gegenseitig one set of warp threads is twisted round the other группы (жр) основных нитей сплетаются между собой	un système de fils de chaîne tourne autour d'un autre i gruppi di fili d'ordito s'incrociano reciprocamente un sistema de hilos de urdimbre gira alrededor de otro
3	Kreuzen (n) der Kettfäden crossing of the warp threads скрещивание (ср) нитей основы	croisement (m) des fils de chaîne incrocio (m) dei fili d'ordito cruzamiento (m) de hilos de urdimbre
4	Drehfaden (m), Schlingfaden (m) leno *or* crossing thread перекрещивающаяся *или* оплеточная нить (жр)	fil (m) de tour filo (m) di giro hilo (m) de vuelta
5	Grundfaden (m), Stehfaden (m) ground thread, straight thread грунтовая нить (жр)	fil (m) fixe *ou* droit *ou* de fond filo (m) diritto *o* fisso hilo (m) fijo
6	rechter Dreher (m), Rechtsdreher (m) right crossing правая крутка (жр)	tour (m) à droite giro (m) destro vuelta (f) a la derecha
7	linker Dreher (m), Linksdreher (m) left crossing левая крутка (жр)	tour (m) à gauche giro (m) sinistro vuelta a la izquierda
8	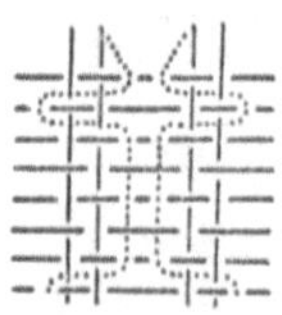	entgegengesetzte Drehung (f) contrary crossing *or* douping противоположная крутка (жр) tour (m) contrarié incrociatura (f) in direzioni opposte vuelta (f) de giro contrario
9	der Drehfaden liegt einmal links, einmal rechts vom Grundfaden the crossing thread lies alternately left and right of the straight thread лаппетиновая нить (жр) расположена поочередно справа и слева от основной нити	le fil de tour tourne une fois à droite et une fois à gauche du fil de fond il filo di giro resta una volta a destra ed una volta a sinistra el hilo de vuelta gira, una vez a la derecha, otra vez a la izquierda del hilo fijo
10	Halbdreher (m) half twist половинная крутка (жр)	demi-tour (m) mezzo-giro (m) media vuelta (f)
11	Ganzdreher (m) complete twist *or* crossing полная крутка (жр)	tour (m) complet giro (m) completo vuelta (f) completa
12	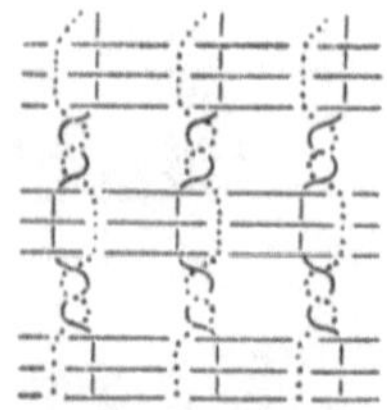	Eineinhalbdreher (m) one and a half twist полуторная крутка (жр) un tour et demi un giro e mezzo una vuelta y media
13	Doppeldreher (m), Volldreher (m), polnischer Dreher (m) double [douped] crossing двойная крутка (жр)	double tour (m) doppio giro (m) doble vuelta (f)
14	ein Dreherpaar wird von einem zweiten Drehfaden umschlungen a pair of doups is crossed by a second thread пара (жр) лаппетиновых нитей оплетается другой лаппетиновой нитью	une paire de fils de tour se croise avec un second fil de tour un paio di fili di giro viene incrociato da un secondo filo di giro un par de hilos de vuelta se cruza con un segundo hilo de vuelta
15	dreifacher Dreher (m) three fold crossing тройная крутка (жр)	triple tour (m) giro (m) triplo triple vuelta (f)
16	zwei Dreherpaare (npl) werden von einem dritten Drehfaden umschlungen two pairs of doups are crossed by a third thread две пары лаппетиновых нитей обвиваются третьей лаппетиновой нитью	deux paires de fils de tour se croisent avec un troisième fil de tour due paia di fili di giro s'incrociano con un terzo filo di giro dos pares de hilos de vuelta se cruzan con un tercer hilo de vuelta
17	glattes Drehergewebe (f), glatter Dreher (m) plain gauze ровный *или* гладкий лаппетин (мр)	gaze (f) unie garza (f) unita gasa (f) lisa
18	gemustertes Drehergewebe (n), [Figurendreher (m)] figured gauze фигурный *или* фасонный лаппетин (мр)	gaze (f) façonnée garza (f) figurata gasa (f) labrada
19	Dreherwirkung (f) auf dichtem Gewebe leno effect in close woven fabrics эффект (мр) газового переплетения на плотной ткани	effet (m) de gaze sur tissu serré effetto (m) garza su tessuto fitto efecto (m) de gasa en tejido espeso
20	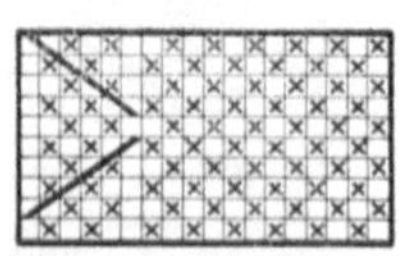	Zickzackdreher (m) zigzag gauze зигзагообразный газ (мр) gaze (f) en zig-zag garza (f) a zig-zag gasa (f) en zig-zág
21	Kunstdrehergewebe (n), Kunstdreher (m) fancy leno фасонный газ (мр)	gaze (f) fantaisie garza (f) fantasia gasa (f) de fantasía

1 Drehergewebe (n) mit Brochékette
leno brocade
газ (мр) по вышивной основе
gaze (f) avec effet de broché par chaîne
garza (f) con effetto di broccato per catena
gasa (f) con efectos de brocado por urdimbre

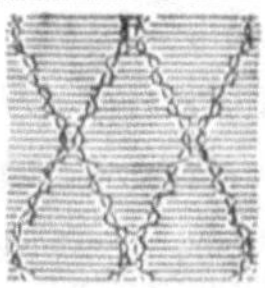

2 wellenartiger *oder* gebogener Dreher (m)
waved leno
волнообразный газ (мр)
gaze (f) ondée
garza (f) ondulata
gasa (f) ondulada

3 Kreuzstichgaze (f)
cross stitched gauze
газ (мр) с крестовыми стежками
gaze (f) à point croisé
garza (f) a punto incrociato
gasa (f) de punto cruzado

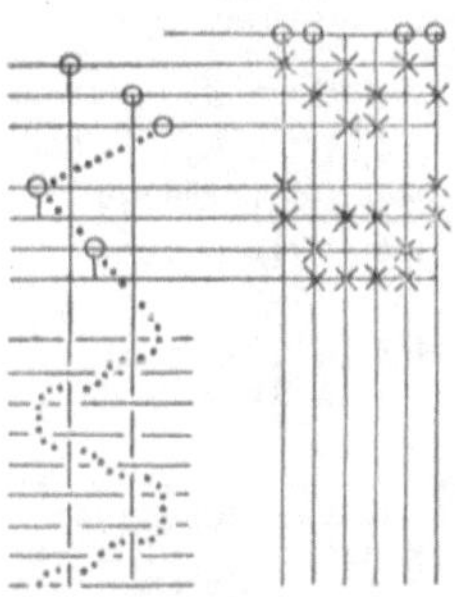

4 Gaze (f) mit linker, rechter und Mitteldrehung
gauze with left, right and middle crossing
газ (мр) с левой, правой и средней оплеткой
gaze (f) à tour gauche, droit et intermédiaire
garza (f) ad incrocio sinistro, destro ed intermedio
gasa (f) de vuelta izquierda, derecha e intermedia

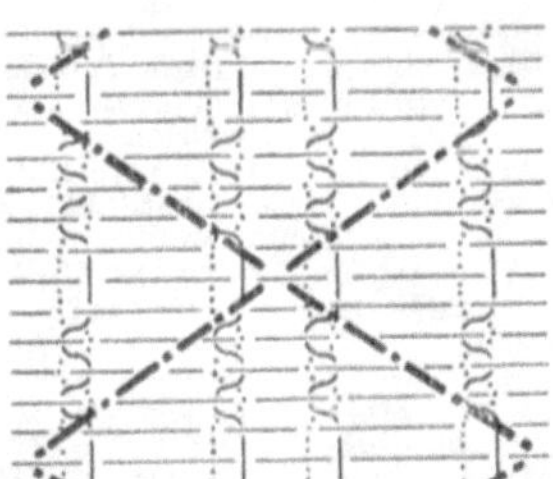

5 Stickgaze (f)
embroidered gauze
вышитый газ (мр)
gaze (f) à point de broderie
garza (f) a punto di ricamo
gasa (f) de punto de bordado

Stickkette (f)
figuring warp
вышивная основа (жр)
chaîne (f) de broderie
catena (f) da ricamo
urdimbre (f) de bordado 6

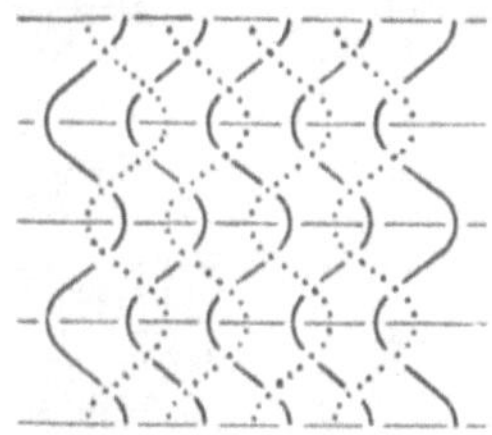

Netzgaze (f), Kreuzgaze (f)
net gauze
сетчатый газ (мр)
gaze-filet (f), filet-gaze (m)
garza (f) a rete
gasa (f) en forma de red 7

der Drehfaden bindet abwechselnd in die benachbarte Gruppe
the crossing thread is bound alternately into the adjacent sets
лаппетиновая нить (жр) попеременно образует переплетение со смежной группой
le fil de tour se lie alternativement avec le système de fils voisins
il filo di giro è legato alternativamente col gruppo dei fili vicini
el hilo de vuelta se liga alternativamente con el sistema vecino de hilos 8

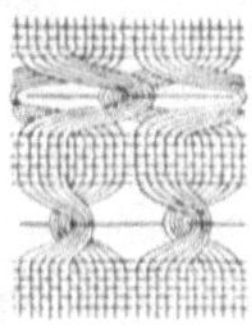

Gruppengaze (f), Häkelgaze (f)
crochet gauze
групповый *или* вязаный газ (мр)
gaze (f) au crochet
garza (f) ad uncinetto
gasa (f) de ganchillo 9

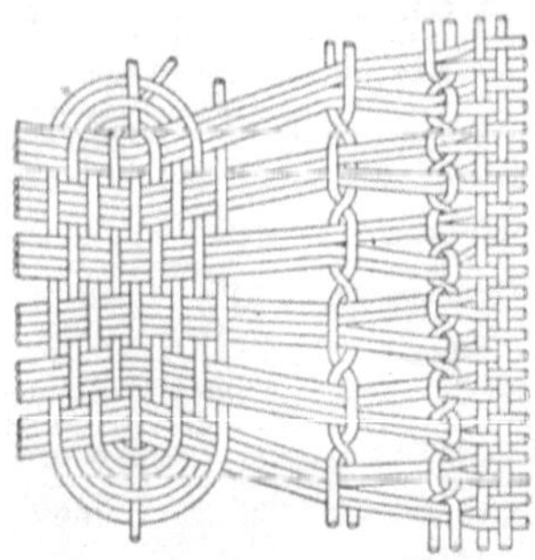

Drehergewebe (n) mit Handverflechtung
leno with hand inserted mat work
газовая ткань (жр) ручного плетения
gaze (f) avec tresse à main
garza (f) con intrecciatura a mano
gasa (f) con trenza a mano 10

unechtes Drehergewebe (n), [Dreherimitation (f)]
imitation gauze *or* leno
ненастоящая газовая ткань (жр), имитация (жр) газовой ткани
imitation (f) de gaze
garza (f) imitazione
imitación (f) gasa 11

1 Dreherbindung (f) als Leiste
gauze weave as a selvedge
газовое переплетение (ср) в качестве кромки *или* каймы
armure (f) de la lisière à point de gaze
armatura (f) garza per la cimossa
ligamento (f) gasa de vuelta para orillo

2 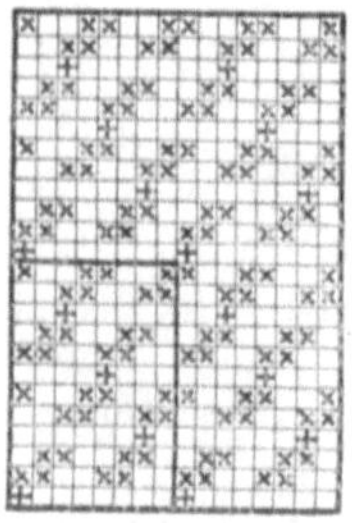

η) Bindung (f) für Schlingengewebe
Weave for Looped Fabrics
Переплетение (ср) для петлистых тканей
Armure (f) pour tissus bouclés
Armatura (f) per tessuti a maglie *o* bouclé
Ligamento (m) para tejidos con rizo

3 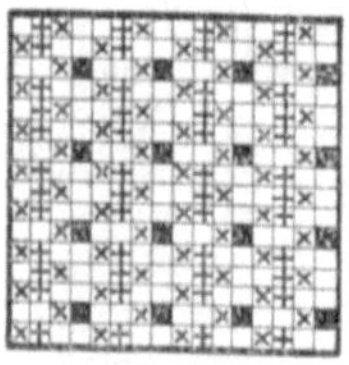

Frottierbindung (f)
towel weave, weave for Turkish *or* terry towelling
переплетение (ср) для мохнатой ткани
armure (f) pour serviette éponge
armatura (f) per tessuto a spugna
ligamento (m) para toalla rusa *o* turca

4 straff gespannte Grundkette (f)
straight ground warp
туго натянутая грунтовая основа (жр)
chaîne (f) de fond droite
catena (f) di fondo tesa
urdimbre (f) de fondo de fuerte tensión

5 locker gespannte Schlingenkette (f)
slack terry *or* pile warp
слабо натянутая основа (жр) для образования петель
chaîne (f) de bouclage lâche
catena (f) di pelo allentata *o* con poca tensione
urdimbre (f) de rizo de floja tensión

6 Oberschlingenfaden (m)
upper pile *or* loop thread
нить (жр) для верхних петель
fil (m) de bouclage supérieur
filo (m) di maglia superiore
hilo (m) de rizo superior

7 Oberschlinge (f)
upper loop
лицевая петля (жр)
boucle (f) supérieure
maglia (f) superiore
rizo (m) superior

8 Unterschlingenfaden (m)
lower pile *or* loop thread
нить (жр) для нижних петель
fil (m) de bouclage inférieur
filo (m) di maglia inferiore
hilo (m) de rizo inferior

9 Unterschlinge (f)
lower loop
изнанковая петля (жр)
boucle (f) inférieure
maglia (f) inferiore
rizo (m) inferior

10 Vorschlagschüsse (mpl)
group of picks to be beaten home
надставные *или* добавочные *или* забивные уточины (жр)
groupe (m) de duites à battre
gruppo (m) di trame a battere
grupo (m) de pasadas a batanar

gemusterter Schlingenstoff (m)
figured terry *or* towel
узорчатая петлистая ткань (жр)
tissu (m) bouclé façonné
tessuto (m) a spugna figurato 11
tejido (m) de motivo con rizo

ϑ) Bindung (f) für Samt und samtartige Gewebe *oder* Florgewebe
Weave for Velvet and Velvetlike Fabrics
Переплетения (ср) для бархата и бархатовидных тканей
Armure (f) pour velours et tissus à poils
Armatura (f) per velluti e tessuti vellutati 12
Ligamento (m) para tejidos de terciopelo

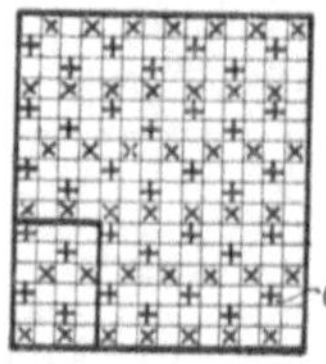

a

Bindung (f) für Schußsamt, Manchester-Bindung
weave for fustians and velveteens
переплетение (ср) для уточного бархата
armure (f) pour velours par trame 13
armatura (f) per velluti formati colla trama *o* per velluti Manchester
ligamento (m) para terciopelos por trama

Florschuß (m)
pile pick
ворсовой *или* флеровый уток (мр)
a
trame (f) de poil
trama (f) di pelo 14
pasada (f) de pelo

Grundgewebe (n)
ground texture, back of the cloth
грунтовая ткань (жр)
tissu (m) de fond *ou* d'envers, fond (m)
tessuto (m) di fondo 15
tejido (m) de fondo

aufrechtstehende Flordecke (f)
upright pile
стоящая торчком ворсовая покрышка (жр)
velouté (m) droit
copertura (f) a forma di peli verticali, pelo (m) verticale 16
pelo (m) perpendicular

Schuß (m) für das Grundgewebe, Grundschuß (m)
ground pick
уток (мр) для основной ткани, основной уток
trame (f) de fond
trama (f) di fondo 17
trama (f) de fondo

Schußflottung (f)
weft float
уточная голая нить (жр), петля (жр) утка
flotté (m) de trame
slegatura (f) di trama
basta (f) de trama 18

atlasartig angeordnete Florschüsse (mpl)
pile picks arranged as a sateen weave
ворсовые утки (мр), расположенные по типу атласа
duites (fpl) de poil disposées en armure satin
trame (fpl) di pelo disposte per armatura satin 19
pasadas (fpl) de pelo dispuestas en forma de raso

die Flottungen (fpl) der Florschüsse bilden Schläuche
the floats form a tunnel *or* tube
уточные ворсовые петли (жр) образуют трубки
les flottés (mpl) de la trame forment des petits tubes
i fili di pelo della trama formano dei tubi *o* saccoccie 20
las bastas de la trama de pelo forman pequeños tubos

1	Florschußschlauch (m) weft pile tube кишка (жр) *или* рядок (мр) *или* трубка (жр) ворсового утка	petit tube (m) de la trame de poil tubo (m) di trame di pelo, ripiegature (fpl) tubulari delle trame di pelo tubo (m) *o* bordón (m) de la trama de pelo
2	Florschlauchbindung (f) weft pile weave переплетение (ср) ворсовых трубок	armure (f) de la trame de poil armatura (f) della trama di pelo ligamento (m) de la trama de pelo
3	versetzte Florschlauchbindung (f) staggered weft pile weave переплетение (ср) в рассадку ворсовых трубок	armure (f) contre-samplée de la trame de poil armatura (f) alternata della trama di pelo ligamento (m) transpuesto de la trama de pelo
4	glatter Grund (m) plain back, tabby back гладкий грунт (мр)	fond (m) uni fondo (m) liscio [a tela], tessuto (m) di fondo a tela cuerpo (m) *o* fondo (m) liso
5	Cordbindung (f) corduroy weave переплетение (ср) для манчестера	armure (f) du velours côtelé *ou* à côtes armatura (f) per Manchester a strisce, armatura per cordelet ligamento (m) terciopelo de cordoncito
6	rippenbildende Noppen (fpl) loops *or* naps forming pile cord образующие ребра узелки (мр)	boucles (fpl) formant côtes maglie (fpl) che formano coste bucles (mpl) *o* rizos (mpl) formando cordones
7	Aufschneiden (n) der Florschläuche cutting of the pile tubes прорезание (ср) ворса *или* ворсовых трубок	coupe (f) des tubes de poil taglio (m) dei tubi di pelo corte (m) de los bordones de pelo
8	reihenweises Aufschneiden (n) der Florschläuche cutting the pile tubes in rows последовательное прорезание (ср) ворса подряд	coupe (f) par rangées des tubes de poil taglio (m) dei tubi di pelo fila per fila corte (m) por lineas de los bordones de pelo
	Aufschneiden (n) der Schläuche nach dem Muster, [figurenweises Aufschneiden der Schläuche] cutting the pile tubes to a figured design прорезание (ср) ворса по узору	coupe (f) des tubes de poil suivant un dessin taglio (m) dei tubi di pelo corrispondente a dato disegno corte (m) de los bordones de pelo siguiendo un determinado motivo
10	Stoßmesser (n) truvat, trivet прорезной нож (мр)	rabot (m) coltello (m) per tagliare le trame del Manchester cepillo (m)
11	U-förmige Flornoppe (f) U shaped loop скобо- *или* крючкообразная ворсовая петля (жр) *или* петелька (жр)	boucle (f) en forme d'U, bride (f), arcade (f) maglia (f) in forma di U bucle (m) en forma de U
12	zweischenkelige Flornoppe (f) double sided loop двубокая ворсовая петля (жр)	boucle (f) à double aigrette maglia (f) a due lati bucle (m) de doble penacho
13	zweierlei Florhöhe (f) two different heights of pile двоякая вышина (жр) ворса	deux hauteurs (fpl) différentes du poil due altezze (fpl) diverse di pelo dos alturas (fpl) desiguales de pelo
14	einschenklige Flornoppe (f) one sided loop однобокая ворсовая петля (жр)	boucle (f) à une seule aigrette maglia (f) con un solo lato bucle (m) de un solo penacho
15	aufgerichtete Flornoppe (f) raised loop торчащая вверх петля (жр)	boucle (f) droite maglia (f) alzata bucle (m) perpendicular

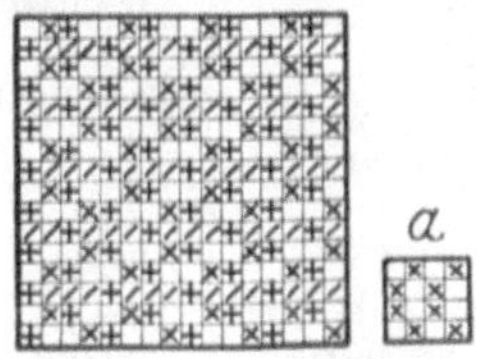

16	Bindung (f) für Kettsamt weave for warp velvet переплетение (ср) для основного бархата	armure (f) pour velours par chaine armatura (f) per velluti formati colla catena *o* per velluti propriamente detti ligamento (m) para terciopelo por urdimbre
17	Grundgewebebindung (f) weave for back *or* for ground texture *a* переплетение (ср) основной ткани	armure (f) du fond *ou* du corps du tissu armatura (f) per il fondo ligamento (m) de fondo *o* de cuerpo del tejido
18	Grundkette (f) ground warp грунтовая основа (жр)	chaine (f) de fond *ou* de pièce catena (f) di fondo urdimbre (f) de fondo *o* de cuerpo
19	Futterkette (f), Füllkette (f) wadding *or* filling warp подкладная *или* подбивная основа (жр)	chaine (f) de fourrure *ou* de remplissage catena (f) di riempimento urdimbre (f) de forro
20	Jutefüllkette (f) jute filling warp джутовая подкладная основа (жр)	chaine (f) de remplissage en jute catena (f) di riempimento in juta urdimbre (f) de forro en yute
21	Florkette (f), Polkette (f), Oberkette (f) pile warp, nap warp ворсовая основа (жр)	chaine (f) de poil catena (f) di pelo urdimbre (f) de pelo
22	knotenfreie Polkette (f) pile warp free from knots ворсовая основа (жр) без узелков	chaine (f) de poil sans nœuds catena (f) di pelo senza nodi urdimbre (f) de pelo sin nudos

No.			
1	Einzug (m) der Kettfäden in den Kamm reeding проборка (жр) основных нитей в бердо		empeignage (m) passatura (f) dei fili d'ordito nel pettine remetido (m) de la urdimbre en el peine
2	zweifädiger Einzug (m) two ends in a dent проборка (жр) в две нити		passage (m) de deux fils en dent passatura (f) di due fili per dente remetido (m) de dos hilos por diente *o* por claro
3	dreifädiger Einzug (m) three ends in a dent проборка (жр) в три нити		passage (m) de trois fils en dent passatura (f) di tre fili per dente remetido (m) de tres hilos por diente
4	die Florkette wird gehoben the pile warp is lifted ворсовая основа (жр) поднимается		la chaine de poil est levée la catena di pelo è sollevata la urdimbre de pelo es levantada
5	Nadelfach (n) shed for wire игольчатый *или* пруточный зев (мр)		pas (m) pour le fer passo (m) pel pelo calada (f) para el hierro
6	Nadelschuß (m) wire pick пруток (мр), помещенный под основу		fer (m) placé sous la chaine de poil ago (m) inserito nel passo pel pelo hierro (m) colocado debajo de la urdimbre de pelo
7	Einlegen (n) der Nadeln placing the wires вправка (жр) игл		insertion (f) des fers inserzione (f) degli aghi inserción (f) de los hierros
8	die Nadeln (fpl) verweben to interweave the wires заткать иглы (жр)		former les boucles sur les fers intessere gli aghi formar los bucles sobre los hierros

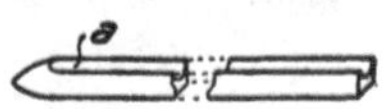

No.			
9	Samtnadel (f), Samtrute (f) pile wire		прорезная игла (жр), пруток (мр) fer (m) à velours ago (m) *o* ferro (m) per velluto hierro (m) para terciopelo
10	Nadelrinne (f), Nadelfurche (f) groove in the wire желобок (мр) *или* борозда (жр) иглы	*a*	rainure (f) du fer intaglio (m) dell'ago ranura (f) en el hierro
11	runde Nadel (f), Zugnadel (f) wire for terry weaving, round wire вытяжной (-ая) пруток (мр) *или* игла (жр), круглая игла		fer (m) rond ago (m) *o* ferro (m) tondo hierro (m) redondo
12	Aufschneiden (n) der Flornoppen cutting the pile loops разрезание (ср) ворсовых узелков		coupe (f) des boucles de poil taglio (m) delle maglie corte (m) de los bucles de pelo
13	Schneidnadel (f) grooved wire прорезной (-ая) пруток (мр) *или* нож (мр)		fer (m) *ou* tringle (f) à rainure, verge (f) ago (m) *o* ferro (m) con intaglio per il lungo, ago a coltello hierro (m) de ranura

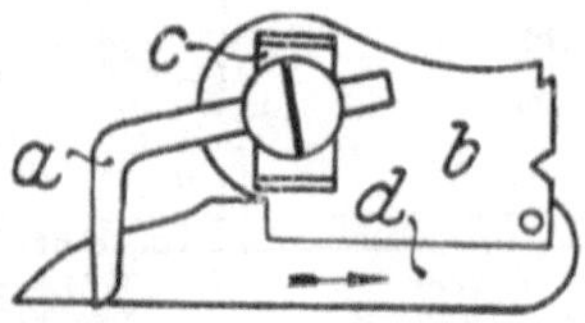

			No.
Samtschneidvorrichtung (f), Dreget (n) velvet cutting machine приспособление (ср) для прорезания бархата		coupeuse (f) à velours macchina (f) per tagliare il velluto cepillo (m) *o* máquina (f) cortadora para terciopelo	14
Samtmesser (n), Samthaken (m) velvet knife нож (мр) для прорезания бархата	*a*	couteau (m) à velours coltello (m) per velluto cuchillo (m) para terciopelo	15
Messingplatte (f) brass plate латунная щечка (жр)	*b*	plateau (m) en cuivre jaune piastra (f) *o* corsoio (m) in ottone plancha (f) de latón	16
Steg (m) bracket скобка (жр), державка (жр), перекладина (жр)	*c*	support (m) sopporto (m) soporte (m)	17
Führungslineal (n) guide направляющая планка (жр)	*d*	guide (m) guida (m) guía (m)	18

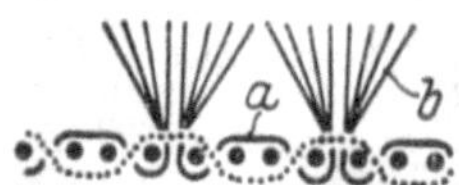

			No.
Flornoppe (f) loop ворсовая петля (жр)	*a*	boucle (f), bride (f), arcade (f) maglia (f) a velluto bucle (m), rizo (m)	19
aufgeschnittene Flornoppe (f) cut loop разрезанная ворсовая петля (жр)	*b*	boucle (f) coupée, aigrette (f) maglia (f) a velluto tagliata, fiocchettino (m), pennellino (m) penacho (m)	20
der Flor tritt zwischen zwei Grundschüssen heraus the pile springs up between two ground weft threads ворс (мр) выступает между двумя основными утками		le poil sort entre deux trames de fond il pelo sporge fra due trame di fondo el pelo sale entre dos pasadas de fondo	21
aufrechtstehender Flor (m) erect pile *or* nap торчащий ворс (мр)		poil (m) droit pelo (m) verticale pelo (m) perpendicular	22

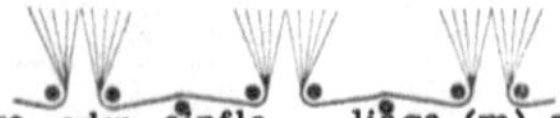

			No.
einpolige *oder* einflorige Bindung (f) single pile binding простое *или* одинарное ворсовое переплетение (ср)		liage (m) par un seul poil legatura (f) per un solo pelo ligadura (f) para un solo pelo	23

1	zweipolige *oder* zweiflorige Bindung (f) double pile binding сдвоенное *или* двойное ворсовое переплетение (ср)		liage (m) double poil legatura (f) per doppio pelo ligadura (f) para doble pelo
2	Plüsch (m) plush плюш (мр)		peluche (f) felpa (f), peluche (m) felpa (f), peluche (m)
3	Doppelplüsch (m) double plush двойной плюш (мр)		peluche (f) double felpa (f) doppia peluche (m) doble
4	Oberware (f) upper texture, top texture верх (мр), лицо (ср), лицевой товар (мр)		tissu (m) de dessus tessuto (m) superiore tela (f) de la cara superior
5	Unterware (f) lower texture, under texture изнанковый товар (мр)		tissu (m) de dessous tessuto (m) inferiore tela (f) de la cara inferior
6	die Florkette bindet in das Ober- und Untergewebe ein the pile warp interlaces with the upper and lower texture ворсовая основа (жр) образует переплетение с лицевой и подкладной тканью		la chaîne de poil est liée au tissu de dessus et au tissu de dessous la catena di pelo è legata nel tessuto superiore ed inferiore la urdimbre de pelo liga con el tejido de la cara superior y con el tejido de la cara inferior
7	der Flor wird zwischen den beiden Geweben gebildet the pile is formed between the two textures ворс (мр) образуется промеж двух тканей		le poil se forme entre les deux tissus si forma il pelo fra i due tessuti el pelo se forma entre las dos telas
8	die Noppen (fpl) werden zwischen den beiden Grundgeweben zerschnitten the loops are cut between the two ground textures узелки (мр) прорезаются промеж обеих основных тканей		les boucles (fpl) sont coupées entre les deux tissus de fond le maglie sono tagliate fra i due tessuti di fondo los bucles son cortados entre los dos tejidos de fondo
9	einschütziger Plüsch (m) one shuttle plush одночелночный плюш (мр)		peluche (f) par une seule trame felpa (f) per una sola trama peluche (m) formado por una sola pasada
10	zweischütziger Plüsch (m) two shuttle plush двухчелночный плюш (мр)		peluche (f) par double trame felpa (f) per due trame peluche (m) formado por doble pasada
11	Ober- und Unterware (f) sind mit einem Schützen gearbeitet top and under cloth are worked by one shuttle лицевой и изнанковый товар (мр) сработаны в один челнок		les tissus (mpl) supérieur et inférieur sont faits par une seule navette il tessuto superiore ed il tessuto inferiore sono lavorati da una sola navetta las telas superior e inferior están tejidas por una sola lanzadera
12	Ober- und Unterware (f) sind je mit einem Schützen gearbeitet top and under cloth are each worked by a separate shuttle лицевой и изнанковый товар (мр) сработаны каждый в один челнок		les tissus (mpl) inférieur et supérieur sont faits chacun de leur côté par une navette il tessuto superiore ed il tessuto inferiore sono lavorati da navette separate las telas superior e inferior están tejidas cada una por distinta lanzadera
13	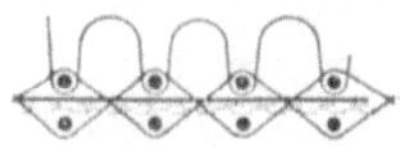 die Noppe bindet um einen Schuß the loop is bound round one weft thread		ворсовая петля (жр) образует переплетение с одним утком la boucle est liée par une seule duite la maglia è legata con una sola trama el bucle está ligado a una sola pasada
14	Zweischußbindung (f) double weft binding двухуточное переплетение (ср)		liage (m) par double duite legamento (m) con trama doppia ligamento (m) con doble pasada
15	Dreischußbindung (f) three weft binding трехуточное переплетение (ср)		liage (m) par triple duite legamento (m) con trama tripla ligamento (m) con triple pasada
16	Vierschußbindung (f) four weft binding четырехуточное переплетение (ср)		liage(m) par quadruple duite legamento (m) con trama quadrupla ligamento (m) con cuadruple pasada

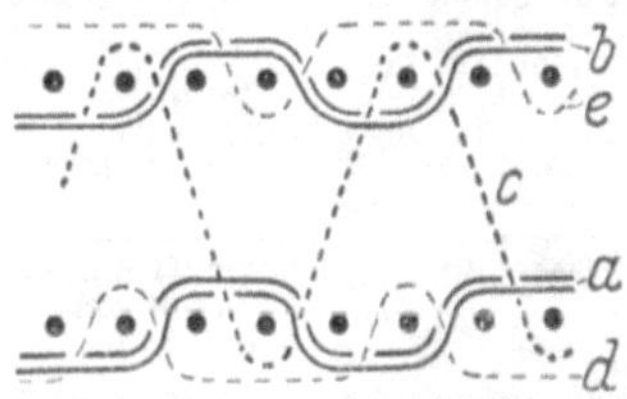

17	Lüsterbindung (f) mohair lustre *or* mohair plush binding люстриновое переплетение (ср)		liage (m) pour peluche mohair legamento (m) per peluche mohair ligamento (m) de peluche mohair
18	Untergrundkette (f) warp of lower foundation weave нижняя грунтовая основа (жр)	a	chaîne (f) de fond inférieure catena (f) di fondo inferiore urdimbre (f) de fondo de la tela inferior
19	Obergrundkette (f) warp of upper ground weave верхняя грунтовая основа (жр)	b	chaîne (f) de fond supérieure catena (f) del fondo superiore urdimbre (f) de fondo de la tela superior
20	Florkette (f) pile warp ворсовая основа (жр)	c	chaîne (f) de poil catena (f) di pelo urdimbre (f) de pelo

1	untere Deckkette (f) lower covering warp нижняя перекрывающая *или* застилающая основа (жр)	d	chaîne (f) de recouvrement inférieure catena (f) d'imbottitura inferiore urdimbre (f) de recubrimiento de la tela inferior
2	obere Deckkette (f) upper covering warp верхняя перекрывающая основа (жр)	e	chaîne (f) de recouvrement supérieure catena (f) d'imbottitura superiore urdimbre (f) de recubrimiento de la tela superior

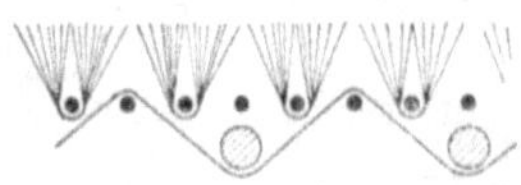

3	Plüschbindung (f) für Reisedecken plush pile binding for travelling rugs плюшевое переплетение (ср) для покрывал	liage (m) peluche pour couvertures de voyage armatura (f) felpa per coperte da viaggio ligamento (m) de felpa para mantas de viaje

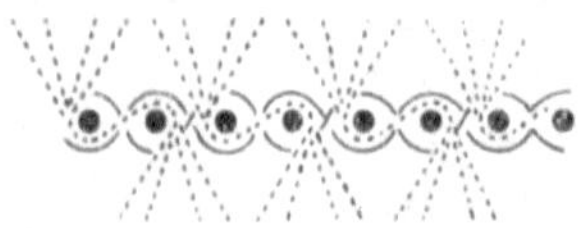

4	zweiseitiger *oder* doppelfloriger Plüsch (m) double sided plush двухсторонний плюш (мр)	peluche (f) double-face felpa (f) doppia *o* a doppia faccia peluche (m) en doble cara
5	Gewebe (n) mit Flordecke auf beiden Seiten fabric with a pile on each face ткань (жр) с двухсторонней ворсовой поверхностью	tissu (m) à poils sur chaque face tessuto (m) con pelo dalle due parti tejido (m) con pelo en ambas caras
6	Krimmer (m) lambskin искусственный барашек (мр)	peau (f) d'agneau krimmer (m) peluche (m) de rizo
7	Astrachan (m) astrakan искусственный каракуль (мр)	astrakan (m) astrachan (m) astracán (m)
8	Lockenkette (f), Schlingenkette (f), lockenbildende Kette (f) loop *or* snarl warp завитковая основа (жр)	chaîne (f) de poil *ou* de boucles *ou* de frisures catena (f) per maglie urdimbre (f) de rizo
9	Lockenbildung (f) loop *or* snarl formation образование (ср) кудрей	formation (f) de frisures formazione (f) di ondulazioni *o* ricci formación (f) de rizos
10	wenig gedrehtes Mohairgarn (n) slightly twisted mohair yarn слабо-крученая ангорская пряжа (жр)	fil (m) mohair légèrement tordu filato (m) mohair leggermente torto hilo (m) de cabra de Angora ligeramente torcido
11	gekräuseltes Mohärgarn (n) curly *or* frizzled mohair yarn [за]витая ангорская пряжа (жр)	fil (m) mohair frisé filato (m) mohair arricciato hilo (m) de cabra de Angora rizado
12	ungekräuseltes Weftgarn (n) uncurled weft yarn незавитая уточная пряжа (жр)	fil (m) de trame non frisé filato (m) di trama non arricciato hilo (m) de trama sin rizar
13	Überdrehen (n) der Lockengarnstränge overtwisting of binding yarn hanks перекручивание (ср) прядей завитковой пряжи	surtorsion (f) des écheveaux de fils frisés sopratorsione (f) delle matasse di filato arricciato sobretorsión (f) de las madejas de hilos rizados
14	Kochen (n) der überdrehten Lockengarnstränge boiling of overtwisted binding yarn hanks пропаривание (ср) *или* кипячение (ср) перекрученных прядей завитковой пряжи	cuisson (f) des écheveaux de fils frisés surtordus cottura (f) delle matasse di filato arricciato sopratorte cocción (f) de las madejas de hilos rizados sobretorcidas
15	Trocknen (n) der Stränge drying of the hanks сушка (жр) прядей	séchage (m) des écheveaux essiccamento (m) delle matasse secado (m) de las madejas
16	Aufdrehen (n) der Stränge untwisting of the hanks разматывание (ср) прядей	détorsion (f) des écheveaux distorcimento (m) delle matasse destorsión (f) de las madejas
17	Aufbäumen (n) der aufgedrehten, in Einzelfäden aufgelösten Stränge beaming the untwisted hanks in single threads навивание (ср) на навой размотанных, разложенных на отдельные нити прядей	montage (m) des écheveaux détordus en fils séparés insubbiamento (m) a filo delle matasse montaje (m) de las madejas destorcidas en hilos separados
18	gelocktes Garn (n) curled yarn завитая *или* кудрявая пряжа (жр)	fil (m) frisé filato (m) arricciato hilo (m) rizado
19	Lockengröße (f) height of curls величина (жр) завитков	hauteur (f) des frisures grandezza (f) dei ricci tamaño (m) del rizo

20	**3. Mittel** (npl) **für die Fachbildung** **Means for Forming the Shed** **Средства** (ср) **для образования зева**	**Moyens** (mpl) **pour la formation du pas** **Mezzi** (mpl) **per formare il passo** **Medios** (mpl) **para la formación de la calada**

1	**a) Fachbildung (f) durch Schäfte** **Shedding by Healds** **Образование (ср) зева посредством ремиз**		**Formation (f) de la foule par lames** **Formazione (f) del passo con pedali e licci** **Formación (f) de la calada mediante lizos**
2	α) Schäfte (mpl) Shafts Ремизки (жр)		Lames (fpl) Licci (mpl) Lizos (mpl)
3	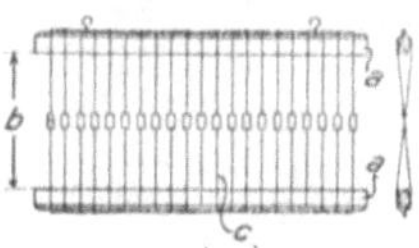		Webschaft (m), Schaft (m), Flügel (m), Kamm (m), Kammschaft (m), Kammblatt (n) shaft of healds *or* heddles, stay, leaf ткацкий ремиз (мр), ремизка (жр), гребенка (жр) lame (f) sistema (m) di licci, lama (f), liccio (m) juego (m) de lizos, lizo (m)
4	Schaftstab (m), Schaftleiste (f), Litzentragschiene (f) shaft stave, shaft rod, heald lath ремизная фланка (жр)	a	lamette (f), liseron (m), verget (m), verge (f) listello (m) [dei licci], licciola (f) listón (m), varilla (f), perchado (m) de los lizos
5	Schafthöhe (f) height of the healds высота (жр) ремизки	b	hauteur (f) des lames altezza (f) dei licci altura (f) de los lizos
6	Schaftlitze (f), Litze (f), Helfe (f) heald, heddle ремизная колышка (жр), галь (жр)	c	lisse (f), lice (f) liccio (m) lizo (m), malla (f)
7	Fadenleitauge (n), Helfenauge (n), Litzenauge (n), Öhr (n), Öse (f), Ring (m), Zeugringel (n), [Maillon (n)] warp eye, heald eye, mail, guide eye, ring, eyelet петля (жр) *или* глазок (мр) *или* ушко (ср) колышки		œil (m), œillet (m), maille (f), maillon (m), boucle (f), coulisse (f) anello (m), occhio (m), occhiello (m), nodo (m), maglia (f) mallón (m), ojo (m)
8	hölzerner Schaftstab (m), Schaftholz (n) wooden shaft stave деревянная ремизная фланка (жр)		lamette (f) en bois listello (m) di legno listón (m) de madera
9	metallener Schaftstab (m) metal shaft stave металлическая ремизная фланка (жр)		lamette (f) métallique listello (m) metallico listón (m) metálico
10	aus Metallrohr gebildeter Schaftstab (m) shaft stave formed from a metal tube сделанная из металлической трубки ремизная фланка (жр)		lamette (f) formée d'un tube métallique listello (m) metallico a tubo listón (m) formado de un tubo metálico
11	 Schafthaken (m), Hafen (m) shaft [suspension] hook		ремизная (-ое) скобка (жр) *или* стремячко (ср) crochet (m) à liserons uncino (m) di sospensione gancho (m) para lizos
12	 Schaftöse (f) shaft eye		фланочный крючок (мр) anneau (m) à lame anello (m) per licci tornillo (m) de gancho para lizo
13	 Schaftaufhänger (m), Hafte (f), Geschirrdraht (m) harness wire		ремизная подвеска (жр) fil (m) métallique de suspension des lames filo (m) metallico di sospensione dei licci gancho (m) de alambre de los lizos
14	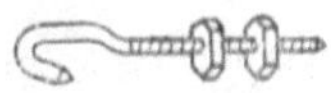 Geschirrhaken (m) harness hook		ремизный крючок (мр) crochet (m) de harnais uncino (m) di sospensione dei licci gancho (m) de lizos
15	 Geschirrkette (f) harness chain		ремизная цепь (жр) chaîne (f) de harnais catena (f) dei licci cadena (f) para lizos
16	den Sprung des Schaftes regeln to adjust the height of the healds выверять высоту (жр) ремиза		régler la hauteur des lames regolare l'altezza dei licci regular la altura de los lizos
17	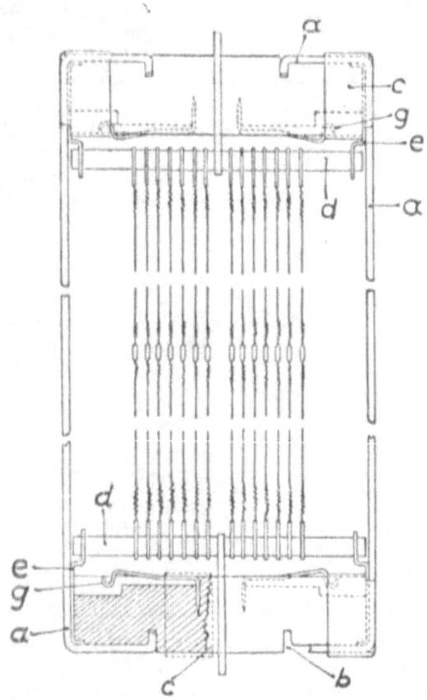 auseinandernehmbarer Schaftrahmen (m) shaft frame which can be taken apart разборная рамка (жр) ремизки		cadre (m) à lisses démontable armatura (f) a licci smontabile marco (m) de lizos desmontable

1	Endverbinder (m) end binder боковое скрепление (ср), боковая скрепляющая полоса (жр)	a	plaque (f) pour relier les extrémités unitore (m) d'estremità placa (f) para unir los extremos
2	Aussparung (f), Nut (f) groove зарубка (жр), выемка (жр)	b	rainure (f) scanalatura (f) ranura (f)
3	Klammer (f), Schieber (m) binding clamp, fastener скоба (жр), хомут (мр)	c	agrafe (f) de fermeture pezzo (m) di collegamento pieza (f) de unión
4	Tragschiene (f) für die Litzen, Litzentragschiene (f) shaft stave ремизная фланка (жр) для колышек *или* лиц	d	liseron (m) licciola (f) listón (m)
5	Tragschienenhalter (m) shaft stave bracket серьга (жр) для ремизной фланки	e	support (m) du liseron sopporto (m) della licciola soporte (m) del listón
6	Sperrfeder (f) für die Klammer clip spring for the binding clamp запорная пружина (жр) для скобы	g	ressort (m) d'arrêt pour l'agrafe molla (f) d'arresto per il pezzo di collegamento resorte (m) frenador para la pieza de unión
7	gesicherte Klammer (f) locked clamp закрепленная скоба (жр)		agrafe (f) filée pezzo (m) di collegamento fissato pieza (f) de unión fija
8	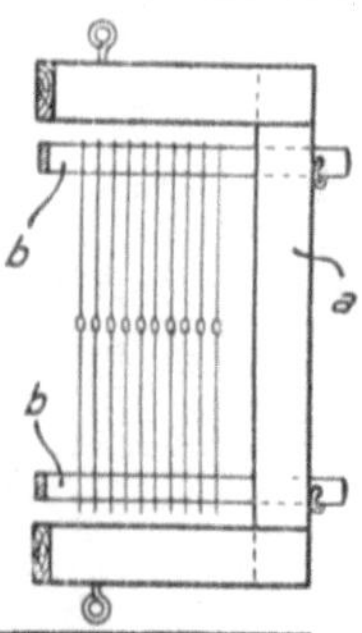		Drahtlitzenschaft (m) wire heald shaft ремиз (мр) для проволочных колышек lame (f) à lisse métallique lama (f) a licci di filo metallico juego (m) de lizos metálicos
9	Schaftrahmen (m) shaft frame рамка (жр) для ремиз	a	cadre (m) à lisses armatura (f) a licci marco (m) de los lizos
10	herausnehmbare Eisenschiene (f) removable iron shaft stave выемная железная фланка (жр)	b	liseron (m) métallique enlevable licciola (f) spostabile di ferro listón (m) metálico deslizable

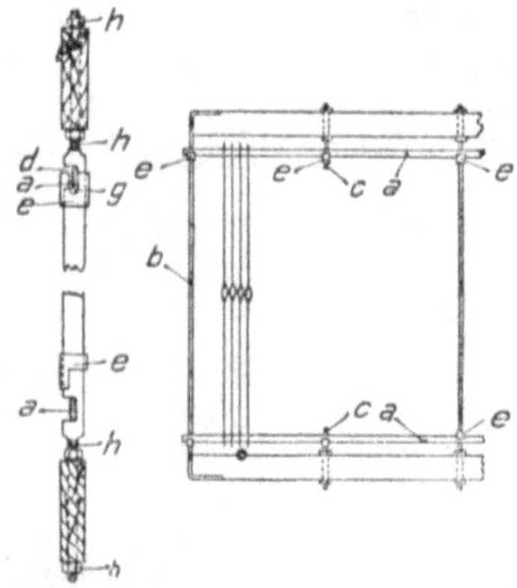

Webschaft (m) mit auswechselbaren Litzentragschienen shaft with interchangeable staves ремиз (мр) со сменными фланками для колышек		lame (f) à liserons interchangeables lama (f) con licciole spostabili juego (m) de lizos con listones cambiables	11
Litzentragschiene (f) shaft stave ремизная фланка (жр) для лиц	a	liseron (m) licciola (f) listón (m)	12
Schaftstütze (f) shaft frame скрепляющий прут (мр) для ремиз	b	support (m) des lamettes sopporto (m) delle licciole bastidor (m) de los lizos	13
Schienenträger (m), Schafthaken (m) shaft hook державка (жр) для ремизных фланок	c	crochet (m) à liserons uncino (m) per le licciole gancho (m) soporte del listón	14
Aussparung (f), Ausschnitt (m) slot выемка (жр), прорез (мр)	d	rainure (f) scanalatura (f) ranura (f)	15
Schieber (m) slide bracket передвижной (-ое) хомутик (мр) *или* кольцо (ср)	e	coulant (m) scorritoio (m) pasador (m)	16
Schieberschlitz (m) slot in the bracket прорез (мр) передвижного кольца	g	rainure (f) dans le coulant scanalatura (f) nello scorritoio ranura (f) del pasador	17
Schraubenbolzen (m) mit Mutterschrauben bolt and nuts болт (мр) с гайками	h	boulon (m) à écrous bullone (m) con madreviti perno (m) con tuercas	18
Hakenschraube (f) screw hook винт (мр) с крючком		vis (f) à crochet vite (f) ad uncino gancho (m) fileteado	19
Drahthaken (m) wire hook проволочный крюк (мр)		crochet (m) métallique uncino (m) di filo di ferro gancho (m) de alambre	20

1
flacher Metallstreifen (m)
flat strip of metal
плоская металлическая рейка (жр)
bande (f) de métal plate
striscia (f) piatta di metallo
tira (f) lisa de metal

2
die Litzenschiene in den Ausschnitten sichern
to secure the heald lath in the slots
устанавливать ремизную фланку (жр) в прорезах
assurer le liseron dans les rainures
assicurare la licciola nelle scanalature
asegurar el listón en las ranuras

3
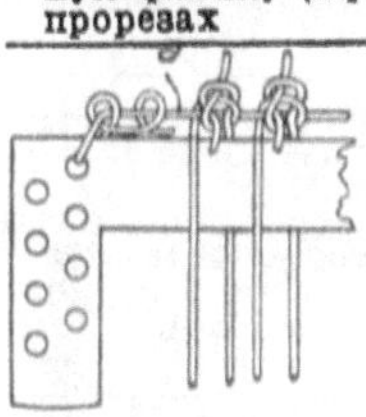
a
Stabschnur (f), Bundschnur (f)
ridge band, Maitland cord
фланковый шнур (мр)
cristelle (f)
corda (f) legatrice
cordel (m) de sujeción

4
Bindefaden (m)
binding thread
бечевка (жр), голосинник (мр)
ficelle (f) de liage
spago (m) di legatura
bramante (m) de ligadura

5
die Litzen (fpl) rumoren, die Litzen auf Schäfte reihen *oder* aufziehen
to arrange the healds on the shaft, to string up the healds
нанизывать *или* набирать *или* равномерно размещать колышки (жр) на ремизки
ranger les lisses sur les lamettes
disporre i licci
alinear *o* correr *o* distribuir *u* ordenar las mallas en los lizos

---

6
Rumorgeschirr (n)
harness with sliding healds
ремиз (мр) с передвижными колышками
harnais (m) à lisses mobiles
rimessa (f) con licci spostabili
juego (m) de lizos deslizables

7
Litzenstellung (f)
position of the healds
расположение (ср) колышек
position (f) des lisses
posizione (f) dei licci
posición (f) de los lizos

8
Kantenlitzen (fpl)
selvedge healds
кромочные колышки (жр)
lisses (fpl) de lisières
licci (mpl) delle cimosse
lizos (mpl) para orillos

9

verschränkt aufgeschlagene *oder* gepaarte Litzen (fpl)
healds crossed over
двойные *или* парные колышки (жр)
lisses (fpl) croisées
licci (mpl) incrociati
lizos (mpl) cruzados

10
keilförmiger Schaftstab (m)
wedge shaped shaft rod
клинообразная ремизная фланка (жр)
a
liseron (m) à section triangulaire
licciola (f) a sezione triangolare
listón (m) de sección triangular

11
ganz gepaarte Litzen (fpl)
completely paired healds
целиком сдвоенные колышки (жр)
lisses (fpl) montées par paires
licci (mpl) montati per paia
lizos (mpl) montados por pares

12
halb gepaarte Litzen (fpl)
half paired healds
полусдвоенные колышки (жр)
lisses (fpl) montées par demi-paires
licci (mpl) per metà appaiati
lizos (mpl) a medio acoplados

13
Schaftschlag (m), Kammschlag (m), Feine (f)
rate of knitting
набор (мр) ремиза
compte (m) en lisses
densità (f) dei licci
cuenta (f) de los lizos, densidad (f) de lizos

14
Krefelder Feine (f)
Crefeld rate of knitting
крефельдский набор (мр) ремиза
compte (m) en lisses au taux de Krefeld
numero (m) di Krefeld per il calcolo dei licci
tasa (f) de Krefeld para la cuenta de lizos

15
Schaft (m) mit wenig Litzen
shaft with few healds
ремиз (мр) с небольшим числом колышек
lame (f) avec peu de lisses
rimessa (f) con pochi licci
lizo (m) con pocas mallas

16
dicht belegter Schaft (m)
leaf with healds placed close together
плотно набранная ремизка (жр)
lame (f) avec beaucoup de lisses
rimessa (f) con licci molto vicini
lizo (m) con muchas mallas

17
Helfenberechnung (f), Litzenberechnung (f)
heald calculation
определение (ср) *или* расчет (мр) числа колышек
calcul (m) des lisses
calcolo (m) dei licci
cálculo (m) de los lizos

18
Schaft (m) für stark kreuzende Fäden
shaft for threads crossing strongly
ремизка (жр) для крутого скрещивания нитей
lame (f) pour fils à croisement fort
rimessa (f) per fili ad incrocio forte
lizos (mpl) para hilos apretadamente cruzados

19
β) Litzenarten (fpl)
Kinds of Healds
Виды (мр) колышек *или* лиц
Espèces (fpl) de lisses
Tipi (mpl) di licci
Especies (fpl) *o* clases (fpl) de lizos

20
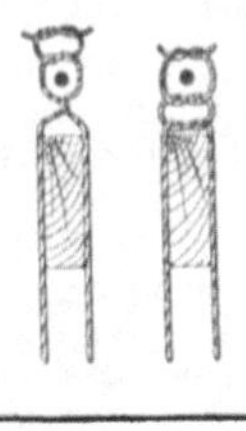
Schiebelitze (f), Rumorlitze (f)
sliding heald
вдвижная *или* задвижная колышка (жр)
lisse (f) mobile
liccio (m) spostabile *o* a giorno
malla (f) deslizable *o* ajustable

21
unverschiebbare *oder* feststehende Litze (f)
fixed heald
неподвижная колышка (жр)
lisse (f) fixe
liccio (m) fisso
lizo (m) fijo

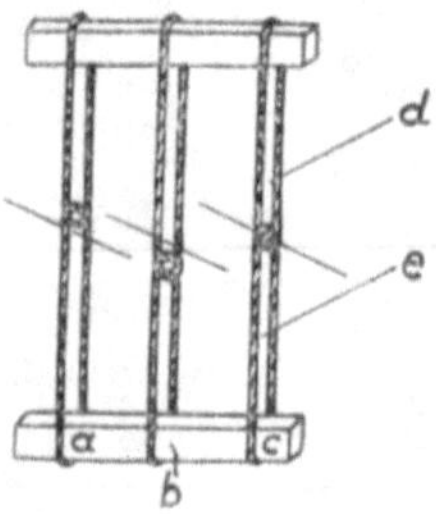

1 Schlinghelfe (f) zum Niederziehen
link heald for lowering
колышка (жр) с петлей для опускания, опускная колышка
a
maille (f) de rabat à nœud simple
maglia (f) semplice di abbassamento
lizo (m) de baja[da], rebatén (m)

2 Schlinghelfe (f) zum Aufziehen, Hebehelfe (f)
link heald for lifting
колышка (жр) с петлей для под'ема, под'емная колышка
b
maille (f) de levée à nœud simple
maglia (f) semplice per alzare
lizo (m) de alza

3 Schlinghelfe (f) zum Auf- und Niederziehen
link heald for lifting and lowering
колышка (жр) для под'ема и опускания
c
maille (f) simple à lève-et-baisse
maglia (f) semplice per alzare ed abbassare
lizo (m) de alza y baja

4 Oberlitze (f), Oberstelze (f)
upper loop of the heald
верхняя часть (жр) колышки, верхняя полуколышка (жр)
d
maille (f) supérieure
maglia (f) superiore
malla (f) superior

5 Unterlitze (f), Unterstelze (f)
lower loop of the heald
нижняя часть(жр) колышки, нижняя полуколышка (жр)
e
maille (f) inférieure
maglia (f) inferiore
malla (f) inferior

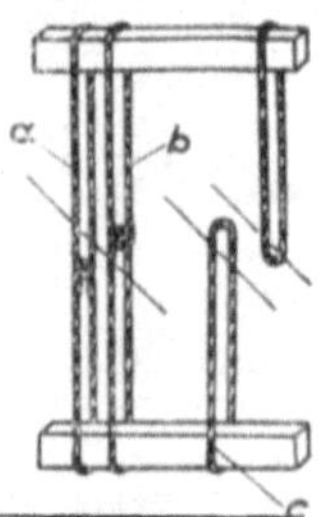

6 Lyoner Doppellitze (f)
Lyons double heald
лионская двойная колышка (жр)
maille (f) à coulisse
maglia (f) doppia
lizo (m) de doble malla

7 Hebelitze (f)
lifting heald
под'емная колышка (жр)
a
maille (f) de levée
maglia (f) d'alzata
lizo (m) de alza

8 Drucklitze (f)
lowering heald
нажимная колышка (жр)
b
maille (f) de rabat
maglia (f) di abbassamento
lizo (m) de baja, rebatén (m)

halbe Helfe (f)
half heald, doup
полуколышка (жр)
c
demi-maille (f), lisse (f) *ou* maille (f) à culotte, demi-lisse (f), lisse (f) anglaise
mezzo liccio (m), semiliccio (m) 9
media malla (f), calota (f)

Umschlingungspunkt (m)
linking point
точка (жр) переплетения колышки
point (m) d'articulation *ou* d'attache
punto (m) d'attacco 10
punto (m) de enlace

den Verschlingungspunkt der Helfe verschieben
to change the linking point of the heald
передвигать точку (жр) переплетения колышки
changer le point d'articulation de la maille
cambiare il punto d'attacco della maglia 11
cambiar el punto de enlace del lizo

Lebensdauer (f) der Litze
working life of the heald
продолжительность (жр) *или* долговечность (жр) службы колышки
durée (f) de travail de la lisse
durata (f) del liccio
duración (f) del lizo 12

Augenhelfe (f)
eyed *or* mailed heald
колышка (жр) с глазком
lisse (f) à maillon
liccio (m) ad occhiello 13
lizo (m) con mallón *o* con ojete *o* con ojal

hohe Litze (f), Hochlitze (f)
heald with long loops
длинная колышка (жр)
maille (f) à grande coulisse
liccio (m) con lungo occhiello 14
malla (f) de ojal alargado

rauhe Litze (f)
rough heald
шероховатая колышка (жр)
lisse (f) brute
liccio (m) ruvido 15
malla (f) áspera *o* en bruto

klebrige Litze (f)
sticky heald
липкая колышка (жр)
lisse (f) visqueuse
liccio (m) attaccaticcio 16
malla (f) pegajosa

steife Litze (f)
rigid heald
жесткая колышка (жр)
lisse (f) rigide
liccio (m) rigido 17
malla (f) rigida

gelenkige Litze (f)
flexible heald
гибкая колышка (жр)
lisse (f) flexible
liccio (m) flessibile 18
malla (f) flexible

Zwirnlitze (f)
twine heald
нитяная колышка (жр)
lisse (f) en fil retors *ou* en câblé
liccio (m) di filo ritorto 19
malla (f) de torzal

gefirnißte Litze (f)
varnished heald
пролаченная *или* пропитанная олифой колышка (жр)
lisse (f) vernie
liccio (m) verniciato
malla (f) barnizada 20

mit Schlichte getränkte Litze (f)
sized heald
пропитанная шлихтом колышка (жр), прокрахмаленная колышка
lisse (f) encollée à l'empois
liccio (m) incollato
malla (f) encolada *o* engomada 21

1	Litze (f) aus gefirnißtem Baumwollzwirn head of varnished cotton twine колышка (жр) из пролаченной хлопчатобумажной крученой нити	lisse (f) en câblé coton verni liccio (m) di cotone ritorto verniciato malla (f) de torzal de algodón barnizado
2	Litze (f) aus Wollzwirn worsted heald колышка (жр) из шерстяной крученой нити	lisse (f) en câblé laine liccio (m) di ritorto di lana malla (f) de torzal de lana
3	Litze (f) aus Leinenzwirn linen heald колышка (жр) из льняной крученой нити	lisse (f) en câblé lin liccio (m) di ritorto di lino malla (f) de torzal de lino
4	Seidenlitze (f) silk heald шелковая колышка (жр)	lisse (f) en soie liccio (m) di ritorto di seta malla (f) de seda
5	gewichste Seidenlitze (f) waxed silk heald провощенная шелковая колышка (жр)	lisse (f) en soie cirée liccio (m) di seta cerata malla (f) de seda encerada
6	mit Seife bestrichene Seidenlitze (f) soaped silk heald смазанная мылом шелковая колышка (жр)	lisse (f) en soie polie au savon liccio (m) di seta lucidata al sapone malla (f) de seda lustrada con jabón
7	Roßhaarlitze (f) horsehair heald колышка (жр) из конского волоса	lisse (f) en crin de cheval liccio (m) di crine di cavallo malla de crin de caballo (f)
8	knotenfreie Litze (f) heald free from knots колышка (жр) без узлов	lisse (f) sans nœuds liccio (m) senza nodi lizo (m) *o* malla (f) sin nudos
9	Metallitze (f) metal heald металлическая колышка (жр)	lisse (f) métallique liccio (m) metallico malla (f) metálica
10		Drahtlitze (f) wire heald проволочная колышка (жр) lisse (f) en fil de métal liccio (m) di filo metallico malla (f) de alambre
11	Eisendrahtlitze (f) iron wire heald колышка (жр) из железной проволоки	lisse (f) en fil de fer liccio (m) di filo di ferro malla (f) de alambre de hierro
12	Stahldrahtlitze (f) cast steel wire heald колышка (жр) из стальной проволоки	lisse (f) en fil d'acier liccio (m) di filo d'acciaio malla (f) de alambre de acero
13	aus Draht gewundene Litze (f) twisted wire heald сплетенная из проволоки колышка (жр)	lisse (f) en fil métallique torsionné liccio (m) di filo metallico torto malla (f) de alambre torcido
14	Litze (f) aus gewalztem Draht rolled wire heald колышка (жр) из прокатанной проволоки	lisse (f) en fil laminé liccio (m) di filo laminato malla (f) de alambre laminado
15	Blechlitze (f) sheet metal heald колышка (жр) из листового металла	lisse (f) en métal plat liccio (m) in lamiera malla (f) de hojalata
16	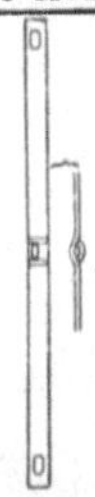	Zinkblechlitze (f) sheet zinc heald колышка (жр) из листового цинка lisse (f) en feuille de zinc liccio (m) in lamiera di zinco malla (f) en chapa de zinc
17	verzinnte Litze (f) tinned heald луженая колышка	lisse (f) étamée liccio (m) stagnato malla (f) estañada
18	Litzenauge (n), Auge (f), Litzenschleife (f), Schleife (f), Häuschen (n), Litzenhäuschen (n), Geschirrhäuschen (n) eye, heald eye глазок (мр) *или* петля (жр) колышки, мальон (мр)	boucle (f), maille (f), œillet (m) nodo (m), maglia (f), occhiello (m), maglione (m) nudo (m), mallón (m), ojete (m)
19	Litze (f) mit Zwirnauge heald with twine eye колышка (жр) с нитяным глазком	lisse (f) avec œillet en fil retors liccio (m) con occhiello di filo ritorto lizo (m) con mallón de torzal
20		Litze (f) mit Fachauge heald with long eye колышка (жр) с длинной петлей lisse (f) avec maillon long liccio (m) con foro ovale, liccio a lungo foro lizo (m) con mallón alargado
21	den Litzenfaden über dem Auge verknoten to knot the heald thread above the eye завязать в узел нить (жр) колышки над глазком	nouer le fil de lisse au-dessus de l'œillet annodare il filo del liccio sopra all'occhiello anudar el hilo del lizo, encima del mallón
22	den Litzenfaden unter dem Auge verknoten to knot the heald thread below the eye завязать в узел нить (жр) колышки под глазком	nouer le fil de lisse en dessous de l'œillet annodare il filo del liccio sotto all'occhiello anudar el hilo del lizo debajo del mallón
23		Litze (f) ohne Auge heald without eye колышка (жр) без глазка lisse (f) sans œillet liccio (m) senza occhiello lizo (m) sin mallón

1 
Metallauge (n)
metal eye
металлический мальон (мр)
œillet (m) en métal
anello (m) di metallo, occhiello (m) metallico
ojo (m) *o* mallón (m) de metal

2 
Drahtauge (n)
wire eye
проволочный глазок (мр)
œillet (m) en fil métallique
anello (m) di filo di ferro
ojo (m) de alambre

3 Augendraht (m)
mail wire
проволока (жр) для глазка
fil (m) de métal pour maillon
filo (m) metallico per occhielli
alambre (m) para ojos *o* mallones

4 aus Blech gestanztes Auge (n)
stamped mail *or* eye
штампованный из жести глазок (мр)
maillon (m) métallique estampé
anello (m) tranciato da lamiera
mallón (m) metálico estampado

5 beim Auge verzinnte Litze (f)
heald tinned at the eye
около глазка вылуженная колышка (жр)
lisse (f) étamée au maillon
liccio (m) stagnato all'anello
malla (f) estañada cerca del mallón

6 
Glasauge (n)
glass eye
стеклянный глазок (мр)
maillon (m) en verre
anello (m) di vetro
ojo (m) de vidrio

7 die Kettfäden (mpl) werden in Massen gehoben
the warp threads are moved in groups
основные нити (жр) подымаются группами
les fils (mpl) de chaîne sont pris en groupes
i fili d'ordito sono presi a gruppi
los hilos de urdimbre son tomados en grupos

8 die Kettfäden (mpl) werden in Massen liegen gelassen
the warp threads are left in groups
основные нити (жр) оставляются лежачими по группам
les fils (mpl) de chaîne sont laissés en groupes
i fili d'ordito sono lasciati a gruppi
los hilos de urdimbre son dejados en grupos

9 <u>Litzenknüpfmaschine (f), Litzenstrickmaschine (f), Zeugstrickmaschine (f), Geschirrstrickmaschine (f)</u>
<u>Heald Knitting Machine</u>
<u>Ремизовязальная машина (жр)</u>
<u>Machine (f) à tricoter les lisses, tricoteuse (f) pour lisses</u>
<u>Macchina (f) per la preparazione dei licci</u>
<u>Máquina (f) para la fabricación de las mallas</u>

10 Geschirrherstellung (f)
heald making
производство (ср) ремиза
confection (f) des lames, lissage (m)
fabbricazione dei licci
fabricación (f) de lizos

11 die Webelitzen (fpl) knüpfen *oder* stricken
to knit the healds
вязать ремизные колышки (жр)
tricoter *ou* confectionner les lisses
preparare i licci
elaborar *o* fabricar las mallas

12 Geschirrstrickmaschine (f) für Garnaugenlitzen
knitting machine for healds with twine eyes
ремизовязальная машина (жр) для колышек с нитяными глазками
machine (f) à tricoter pour lisses avec œillets en fil retors
macchina (f) per la preparazione dei licci con occhielli in filo ritorto
máquina (f) de hacer mallas con mallones de torzal

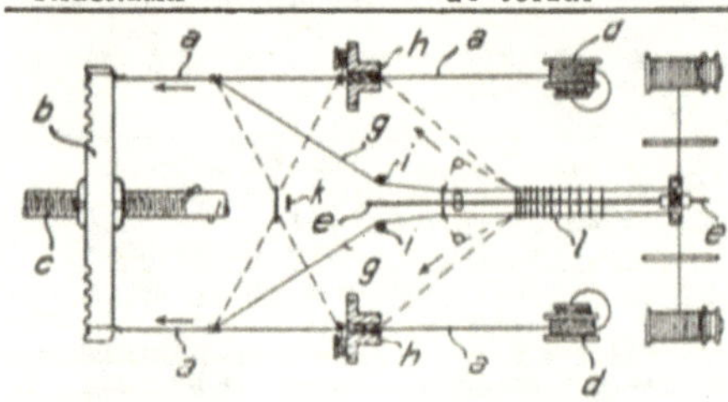

13 Geschirrstrickmaschine (f) für Maillonlitzen
knitting machine for healds with mailed eyes
ремизовязальная машина (жр) для колышек с мальонами
machine (f) à tricoter pour lisses à maillons
macchina (f) per la preparazione dei licci a maglioni
máquina (f) de hacer mallas con mallones

14 *a* Bundschnur (f)
ridge band
заправочный шнур (мр), провязка (жр)
cristelle (f)
corda (f) di legamento
cordel (m) de sujeción

15 *b* Querleiste (f), [Traverse (f)]
cross bar
траверса (жр)
barre (f) transversale
traversa (f)
barra (f) transversal

16 *c* Schraubenspindel (f)
screw spindle
винтовой шпиндель (мр)
tige (f) filetée
caviglia (m) *o* perno (m) a vite
varilla (f) fileteada

17 *d* gebremste Rolle (f)
reel controlled by a brake
заторможенный ролик (мр)
galet (m) à frein
rullo (m) a freno
polea (f) de freno

18 *e* Draht (m)
wire
проволока (жр)
fil (m) métallique
filo (m) metallico
alambre (m)

19 *g* Helfenzwirnfaden (m), Litzenzwirn (m)
heald twine
колышковая крученая нить (жр)
retors (m) *ou* câblé (m) pour lisse
filo (m) ritorto per licci
torzal (m) para lizos

20 *h* geschlitzte Röhre (f)
split tube
трубка(жр) с прорезом
tube (m) à fente
tubo (m) a scanalatura
tubo (m) con hendidura

21 *i* Finger (m), Stift (m)
pin
палец (мр), штифт (мр)
doigt (m), goupille (f)
spina (f), dito (m)
dedo (m)

1	k	schwingender Haken (m) oscillating hook качающийся крючек (мр)	crochet (m) oscillant uncino (m) oscillante gancho (m) oscilante
2	l	Maillon (n) mail мальон (мр)	maillon (m) maglione (m) ojo (m), mallón (m)
3		die Bundschnüre (fpl) an die Traverse knüpfen to tie the ridge bands on the cross bar привязывать заправочные шнуры (мр) к поперечине	attacher les cristelles à la barre transversale attaccare le corde di legamento alla traversa anudar los cordeles de sujeción en la barra transversal
4		Holzstab (m) mit schwertartiger Eisenspitze, Schwert (n) wooden stave with pointed iron end деревянный пруток (мр) с копьевидным железным наконечником	épée (f) asta (f) di legno con punta a spada di ferro espada (f)
5		die Litzenfäden (mpl) legen sich über die Schwerter the heald twines lie over the staves колышковые нити (жр) ложатся на прутки	les fils (mpl) de lisses se placent au-dessus des épées i fili dei licci restano sopra all'asta di legno los hilos de lizo se colocan encima de la espada
6		die Litzenfäden (mpl) legen sich unter die Schwerter the heald twines lie under the staves колышковые нити (жр) ложатся под прутки	les fils (mpl) de lisses se placent en dessous des épées i fili dei licci restano sotto all'asta di legno los hilos de lizo se colocan debajo de la espada
7		Drehung (f) der Schraubenspindel revolution of the screw spindle вращение (ср) винтового шпинделя	rotation (f) de la tige filetée rotazione (f) del perno a vite rotación (f) de la varilla fileteada
8		die Schraubenspindel drehen to turn the screw spindle вращать винтовой шпиндель (мр)	faire tourner la tige filetée far girare il perno filettato hacer girar la varilla fileteada
9		den Draht durch die Klemme festhalten to hold the wire with the clamp удерживать проволоку (жр) при помощи зажима	maintenir le fil métallique par des mâchoires tener fermo il filo metallico con morsetti mantener el alambre mediante mordazas
10		x-drähtiger Zwirn (m) x fold yarn крученая пряжа (жр) x-кратной крутки	retors (m) *ou* câblé (m) à x bouts ritorto (m) a x capi torzal (m) de x cabos
11		die Helfenfäden (mpl) durch Ringe belasten to weight the heald threads by rings нагружать колышковые нити (жр) кольцами	tendre les fils retors au moyen d'anneaux caricare i fili ritorti con anelli tensionar el torzal por medio de anillos
12		die Finger (mpl) drükken gegen die Fäden the fingers press against the twine штифты (мр) прижимаются к нитям	les doigts (mpl) pressent contre les fils i diti premono contro i fili los dedos hacen presión sobre los hilos
13		das Maillon zum Einstricken zuführen to feed the mail for knitting in заводить мальон (мр) для его ввязки	alimenter le maillon à l'enfilage alimentare il maglione per l'attacco disponer el mallón para fijarlo
14		die Litzenfäden (mpl) beim Einstricken festhalten to hold the twine whilst knitting in the mail придерживать колышковые нити (жр) при закрепляющем вязании	maintenir les fils de lisses pendant l'enfilage du maillon tenere i fili dei licci durante l'attacco dei maglioni sujetar los hilos de lizo durante la fijación del mallón
15		festgeschlagenes *oder* festgestricktes Geschirr (n), gestricktes Werk (n) harness with fixed healds, pattern healds накрепко-связанные ремизки (жр)	harnais (m) à lisses fixes rimessa (f) a licci fissi juego (m) de lizos fijos
16		Kammschläger (m), Kammstricker (m), Litzenstricker (m), Litzenmacher (m) heald knitter *or* maker вязальщик (мр) лиц	lamier (m), lissier (m), lisseur (m) preparatore (m) dei licci obrero (m) productor de lizos, confeccionador (m) de lizos
17		Schaftstrickbank (f), Anschlagbank (f) heald knitting frame ремизовязальный станок (мр)	banc (m) pour tricoter les lisses banco (m) per preparare i licci banco (m) para producir *o* fabricar lizos

δ) Litzenflechtmaschine (f) — **Tresseuse (f) mécanique pour lisses**

1 **Heald Braiding Machine, Bobbin Machine for Healds** — **Intrecciatrice (f) meccanica per licci**

Машина (жр) для плетения колышек — **Máquina (f) trenzadora para lizos**

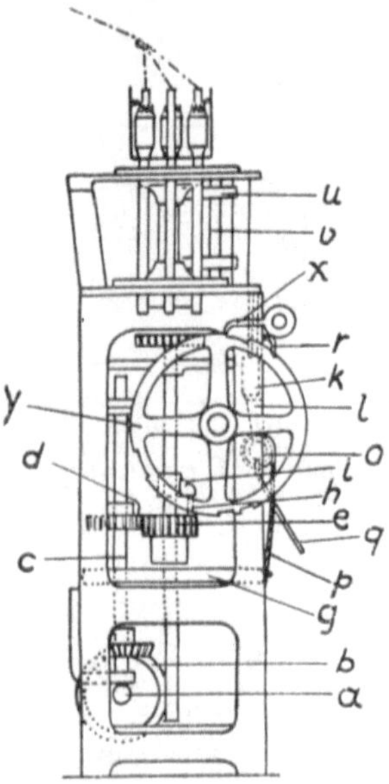

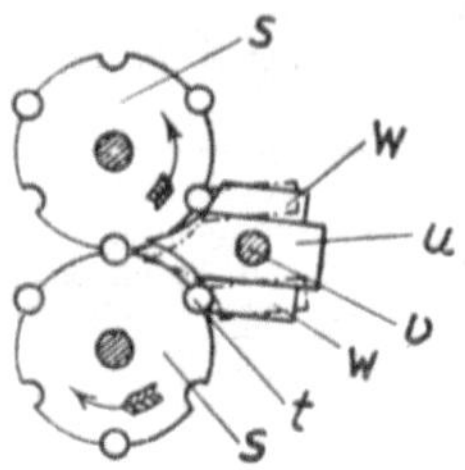

2	Antriebwelle (f) driving shaft приводный вал (мр)	*a*	arbre (m) moteur albero (m) di comando árbol (m) motor	
3	Kegelrad (n) bevel wheel коническая шестерня (жр)	*b*	roue (f) conique ruota (f) conica rueda (f) cónica	
4	Zwischenwelle (f), Hilfswelle (f) intermediate shaft передаточный *или* вспомогательный вал (мр)	*c*	arbre (m) intermédiaire albero (m) intermedio árbol (m) auxiliar *o* intermedio	
5	Zwischentrieb (m) carrier wheel передаточная шестерня (жр)	*d*	roue (f) intermédiaire ruota (f) intermedia rueda (f) de mando intermedia	
6	verschiebbares Stirnrad (n) sliding spur wheel передвижная шестерня (жр)	*e*	roue (f) droite coulissante ruota (f) cilindrica spostabile rueda (f) cilindrica deslizable	
7	Stützhebel (m) change lever опорный рычаг (мр)	*g*	levier (m) de changement leva (f) di cambio palanca (f) de cambio	
8	Mitnehmer (m) driver захватный палец (мр)	*h*	cheville (f) de frappe bocciolo (m) clavija (f) batiente	
	Anschlag (m) buffer упорный выступ (мр) *или* отросток (мр), упорка (жр)	*i*	butoir (m) tacchetto (m) tope (m)	9
	Gestell (n) frame станина (жр), рама (жр)	*k*	bâti (m) intelaiatura (f) bastidor (m)	10
	Träger (m) carrier опорный брус (мр)	*l*	support (m) sopporto (m) soporte (m)	11
	Schnurtrommel (f) band pulley шнурочный барабан (мр)	*o*	poulie (f) à corde puleggia (f) a corda polea (f) de garganta	12
	Schnur (f) band шнур (мр)	*p*	corde (f) corda (f) cuerda (f), cordel (m)	13
	Handhebel (m) hand lever ручка (жр)	*q*	levier (m) à main leva (f) a mano palanca (f) de mano	14
	drehbarer Sperrriegel (m) movable catch вращающаяся запорная щеколда (жр)	*r*	déclic (m) mobile nottolino (m) mobile gatillo (m) móvil	15
	Klöppelteller (m) bobbin plate плетельный диск (мр)	*s*	plateau (m) des fuseaux piano (m) di movimento *o* piastra (f) di scorrimento delle bobine plato (m) de bobinas	16
	Klöppelspindel (f) bobbin spindle коклюшечный шпиндель (мр)	*t*	broche (f) du fuseau fusto (m) della bobina huso (m) *o* broca (f) de bobina	17
	Weiche (f) switch plate стрелка (жр)	*u*	changement (m) de voie, aiguille (f), excentrique (m) guida (f), zampa (f) d'oca excéntrico (m)	18
	Weichenachse (f) switch centre ось (жр) стрелки	*v*	axe (m) de l'excentrique asse (f) della guida eje (m) del excéntrico	19
	ungleich hohe Weichenschultern (fpl) switch ends *or* shoulders of different height плечи (ср) стрелки, расположенные на различной высоте	*w*	épaulements (mpl) de l'excentrique de différentes hauteurs sporti (mpl) della guida d'altezza diversa espaldones (mpl) del excéntrico, de diferentes alturas	20
	Einfallklinke (f) pawl западающая собачка (жр)	*x*	cliquet (m) nottolino (m) gatillo (m)	21
	Teilscheibe (f) notched wheel делительный круг (мр)	*y*	disque (m) à entailles disco (m) a tacche disco (m) con entalladuras	22
	der Mitnehmer kommt in den Bereich des Anschlags the driver comes into action захватный палец (мр) вступает в поле действия упорки		la cheville vient au contact du butoir il bocciolo viene in contatto col tacchetto la clavija batiente se pone en contacto con el tope	23

1	Flechtgang (m) braiding head головка (жр) плетельная	tête (f) de tressage testa (f) d'intrecciamento cabeza (f) de trenzado
2	Klöppel (m) lace bobbin коклюшка (жр)	fuseau (m) bobina (f) d'intrecciamento bobina (f) de trenzado
3	kurze Klöppelspindel (f) short bobbin spindle короткий коклюшечный шпиндель (мр)	broche (f) courte du fuseau fusto (m) corto della bobina broca (f) corta de bobina
4	lange Klöppelspindel (f) long bobbin spindle длинный коклюшечный шпиндель (мр)	broche (f) longue du fuseau fusto (m) lungo della bobina broca (f) larga de bobina
5	auf- und abschiebbare Weichenachse (f) movable switch centre передвигающаяся вверх и вниз ось (жр) стрелки	axe(m) de l'excentrique à mouvement vertical asse (f) della guida con movimento di salita e discesa eje (m) del excéntrico con movimiento vertical
6	Hochstellung (f) der Weichenachse top position of switch axle верхнее положение (ср) оси стрелки	position (f) supérieure de l'axe de l'excentrique posizione (f) alta dell'asse della guida posición (f) alta del eje del excéntrico
7	obere Weichenschulter (f) higher lying switch shoulder выше расположенное плечо (ср) стрелки	épaulement (m) haut de l'excentrique sporto (m) alto della guida espaldón (m) alto del excéntrico
8	untere Weichenschulter (f) lower lying switch shoulder ниже расположенное плечо (ср) стрелки	épaulement (m) bas de l'excentrique sporto (m) basso della guida espaldón (m) bajo del excéntrico
9	die Klöppelspindel stößt auf die Weichenschulter the bobbin spindle comes into contact with the switch shoulder коклюшечный шпиндель (мр) ударяется о плечо стрелки	la broche du fuseau vient au contact de l'épaulement de l'excentrique il fusto della bobina urta contro lo sporto della guida la broca de la bobina entra en contacto con el espaldón del excéntrico
10	die Weiche wird durch die Klöppelspindel gedreht the switch is moved by the bobbin spindle стрелка (жр) приводится во вращение коклюшечным шпинделем	l'excentrique est mis en rotation par la broche du fuseau la guida viene mossa dal fusto della bobina el excéntrico es puesto en rotación por la broca de la bobina
11	die Weichenspitze leitet die Klöppelspindel the tongue of switch guides the bobbin spindle острие (ср) стрелки направляет коклюшечный шпиндель	la pointe de l'excentrique guide la broche du fuseau la punta della guida registra il fusto della bobina la punta del excéntrico guía la broca de la bobina
12	der Klöppel wird übergeleitet the bobbin spindle is guided over коклюшка (жр) переводится	le fuseau passe d'un plateau à l'autre il fusto della bobina viene diretto da una piastra all'altra la bobina pasa de un plato a otro
13	die Klöppelspindel läuft die Form einer Acht (∞) the bobbin spindle moves in a figure of eight (∞) коклюшечный шпиндель (мр) описывает восьмерку	la broche du fuseau parcourt un chemin en forme de huit (∞) il fusto della bobina percorre una traiettoria ad otto (∞) la broca de la bobina recorre un camino en forma de ocho (∞)
14	sämtliche Litzenfäden (mpl) werden verflochten all the threads are interlaced все нити (жр) колышек сплетаются	tous les fils sont tressés ensemble *ou* entrelacés tutti i fili sono intrecciati todos los hilos son trenzados
15	**e) Zurichtung (f) [*oder* Appretur (f)] der Zwirnlitzen** **Dressing of the Twine Healds** **Аппретирование (ср) *или* крахмаление (ср) нитяных колышек**	**Apprêt (m) des lisses en fil textile** **Apparecchiatura (f) dei licci di filo ritorto** **Aprestado (m) de los lizos de torzal**
16	die Zwirnlitzen (fpl) zurichten [*oder* appretieren] to dress *or* to finish the twine healds крахмалить нитяные колышки (жр)	apprêter les lisses en fil textile apprestare i licci di filo ritorto aprestar los lizos de torzal
17	die Litzenschnur mit Leinöl firnissen to varnish the head twine with linseed oil пропитывать колышковый шнур (мр) олифой *или* льняным маслом	vernir les fils de lisses à l'huile de lin verniciare i fili di licci con olio di lino barnizar los hilos de malla con aceite de linaza
18	gefirnißte Litze (f) varnished heald пролаченная колышка (жр)	lisse (f) vernie liccio (m) verniciato malla (f) barnizada
19	gewichste Litze (f) waxed heald провощеная колышка (жр)	lisse (f) cirée liccio (m) cerato malla (f) encerada
20	gesengte Litze (f) singed heald опаленая колышка (жр)	lisse (f) gazée liccio (m) gazato malla (f) chamuscada *o* gaseada *o* sollamada
21	geschlichtete Litze (f) sized heald прошлихтованная колышка (жр)	lisse (f) [en]collée *ou* parée liccio (m) incollato malla (f) encolada

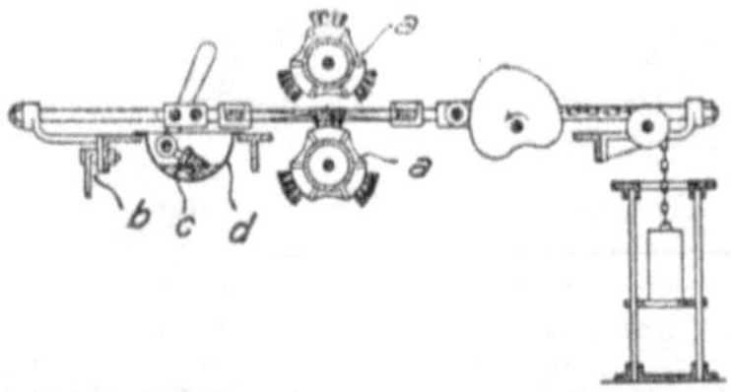

1 Zurichtmaschine (f) [*oder* Appretiermaschine (f)] für Zwirnlitzen
sizing machine for twine healds
машина (жр) для аппретирования нитяных колышек
encolleuse (f) mécanique pour lisses
incollatrice (f) per licci, macchina (f) per apparecchiare i licci
encoladora (f) mecánica para mallas

2 Bürstenwalze (f)
brush roller
щеточный вал (мр), круглая щетка (жр)
a
brosse (f) circulaire
spazzola (f) circolare
cepillo (m) circular

3 Falle (f)
catch, stop
защелка (жр), щеколда (жр)
b
cliquet (m)
nottolino (m)
palanquita (f), brazo (m)

4 Schlichtbürste (f)
sizing brush
шлихтовальная щетка (жр)
c
brosse (f) encolleuse
spazzola (f) incollatrice
cepillo (m) encolador, brocha (f) encoladora

5 Trog (m)
size box
корыто (ср)
d
bac (m) à colle
bacino (m) ad amido
artesa (f) de cola

6 die Falle hinaufschlagen
to take the catch out of gear
откинуть вверх защелку (жр)
dégager le cliquet
liberare il nottolino
levantar la palanquita

7 die Litzen (fpl) straff anspannen
to hold the healds stretched
туго натягивать колышки (жр)
raidir *ou* tendre les lisses
tendere i licci
atiesar las mallas

8 Zurichtmasse (f), [Appreturmasse (f)]
sizing material
состав (мр) для шлихтовки, шлихт (мр)
apprêt (m), parement (m)
appretto (m)
cola (f), masa (f) encoladora

9 Harnischbürster (m)
heald *or* harness cleaner, brusher
щеточник (мр), чистильщик (мр) подвязи
brosseur (m) de lames
spazzolatore (m) dei licci
cepillador (m) de lizos

10 Litzenausbesserer (m)
heald *or* harness repairer
починщик (мр) лиц
remetteur (m) de brins aux lisses
riparatore (m) di licci
reparador (m) de lizos

Drahtlitzenwindemaschine (f)
Wire Heald Twisting Machine
Машина (жр) для витья проволочных колышек
Machine (f) à confectionner les harnais en fil métallique
Macchina (f) per confezionare i licci in filo metallico 11
Máquina (f) para fabricar mallas de alambre

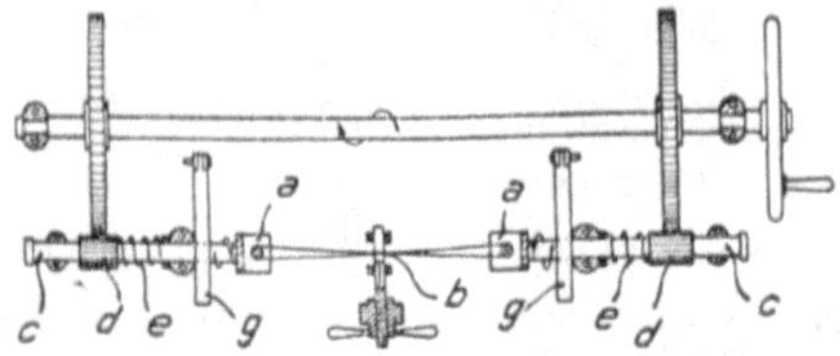

geschlitzter Kopf (m)
slotted head
прорезная головка (жр)
a
bloc (m) à fente
blocco (m) a scanalatura 12
bloque (m) con hendidura

zur Augenbildung feststehender Stift (m)
stationary pin to form the eye
неподвижно стоящая шпилька (жр) для образования глазков
b
cheville (f) fixe pour la formation du maillon
caviglia (f) fissa per la formazione dei maglioni 13
clavija (f) fija para la formación del mallón

Spindel (f)
spindle
шпиндель (мр)
c
tige (f), broche (f) 14
perno (m)
broca (f)

verschiebbares Getriebe (n)
sliding pinion
передвижная передача (жр)
d
engrenage (m) à glissière
ingranaggio (m) spostabile 15
engranaje (m) deslizable

Schraubenfeder (f)
helical spring
винтовая пружина (жр)
e
ressort (m) à hélice
molla (f) ad elica 16
resorte (m) helicoidal

Bremse (f)
brake
тормаз (мр)
g
frein (m)
freno (m) 17
freno (m)

die Drahtenden (npl) in geschlitzte Köpfe stecken
to insert the ends of the wire in slotted blocks
всовывать *или* заправлять концы (мр) проволоки в прорезные головки
placer les extrémités du fil métallique dans les blocs à fente
mettere le estremità del filo metallico nei blocchi a scanalatura 18
colocar los extremos del alambre en los bloques con hendidura

die Litze straff halten
to keep the heald stretched
держать колышку (жр) в туго натянутом положении
maintenir la lisse tendue
tenere teso il liccio 19
mantener la malla tensa

die Drehbewegung anhalten
to stop turning
задерживать вращательное движение
arrêter la rotation
arrestare la rotazione 20
frenar la rotación

1	**η) Allgemeines (n) über die Schaftweberei** **General Terms in Shaft Weaving** **Общее (ср) о ремизном ткачестве**	**Notions (fpl) générales du tissage à lames** **Nozioni (fpl) generali della tessitura con pedali e licci** **Generalidades (fpl) de la tejedura con lizos**
2	der Stuhl arbeitet mit Schäften the loom works with shafts of healds станок (мр) работает с ремизками	le métier travaille avec des lames il telaio lavora con licci el telar trabaja con lizos
3	mit *x* Schäften weben to weave with *x* shafts ткать с *x* ремизками	tisser avec *x* lames tessere con *x* sistemi di licci tejer con *x* lizos
4	Schaftzahl (f) number of shafts число (ср) ремизок	nombre (m) de lames numero (m) dei sistemi di licci número (m) de lizos
5	*x*-schäftiges Gewebe (n) *x*-shaft fabric *x*-ремизная ткань (жр)	étoffe (f) *ou* article (m) à *x* lames tessuto (m) a *x* licci tela (f) de *x* lizos
6	Schäfteraum (m) im Webstuhl space in the loom for the shafts место (ср) расположения ремиз на ткацком станке	espace (m) pour les lames dans le métier spazio (m) per i licci sul telaio espacio (m) para los lizos en el telar
7	das Geschirr [*oder* Zeug] hängt im Webstuhl the shafts are suspended in the loom ремиз (мр) подвешен на станке	les lames (fpl) sont suspendues dans le métier i licci sono sospesi nel telaio los lizos están suspendidos en el telar
8	Schaftgruppe (f) group of shafts набор (мр) ремизок	groupe (m) de lames gruppo (m) di licci grupo (m) de lizos
9	die Schäfte (mpl) anschirren to tie up the shafts заправлять *или* налаживать ремизки (жр)	encorder attaccare i licci ai pedali colgar los lizos atándolos
10	Schnürung (f) *oder* Anschnürung (f) des Geschirrs tying up подвязка (жр) ремиза	encordage (m) attacco (m) dei licci ai pedali, incordatura (f) atadura (f) de los lizos
11	freies Schnüren (n) free tying up свободная подвязка (жр)	encordage (m) libre incordatura (f) libera atadura (f) libre
12	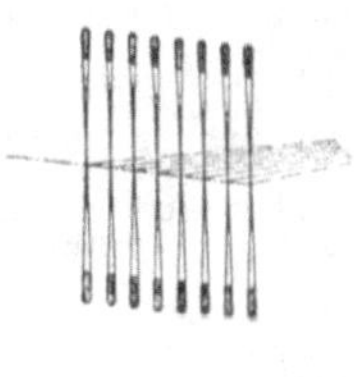	die Schäfte (mpl) absteigend anhängen to suspend the shafts in a descending order подвешивать ремизки (жр) уступами suspendre les lames obliquement sospendere i licci obliquamente suspender los lizos oblicuamente
13	die Schäfte (mpl) gleichstellen to level the healds устанавливать ремизки (жр) на одинаковой высоте	niveler les lames aggiustare i licci alla stessa altezza, livellare i licci igualar los lizos
14	Gleichstellen (n) der Schäfte levelling of the healds установление (ср) ремизок на одинаковой высоте	nivellement (m) des lames livellamento (m) dei licci nivelación (f) de los lizos
15	die Schaftschnuren (fpl) nachlassen to slacken the heald ties ослаблять подвязь (жр)	relâcher les liais rallentare le corde dei licci aflojar las cuerdas de los lizos
16	die Schaftschnuren (fpl) anziehen to tighten the heald ties натягивать подвязь (жр)	tendre les liais tendere le corde dei licci tender las cuerdas de los lizos
17	die Schäfte (mpl) versetzen to alternate the shafts сдвигать *или* смещать ремизки (жр)	alterner les lames alternare i licci alternar los lizos
18	die Schäfte (mpl) verdoppeln to double the shafts сдваивать *или* спаривать ремизки (жр)	doubler les lames raddoppiare i licci doblar los lizos
19	Fachaushebung (f) opening of the shed образование (ср) зева	ouverture (f) de la foule apertura (f) del passo abertura (f) de la calada
20	die Schäfte (mpl) hochziehen *oder* heben to raise the healds поднимать ремизки (жр)	lever *ou* relever les lames alzare i licci levantar los lizos
21	Heben (n) der Kette durch das Geschirr lifting the warp by means of the healds поднимание (ср) основы с помощью ремиза	relevage (m) de la chaîne par les lames alzata (f) della catena coi licci alzamiento (m) *o* levantamiento (m) de la urdimbre por los lizos
22	Schaftzugvorrichtung (f), Hebevorrichtung (f) der Schäfte shaft raising motion приспособление (ср) для под'ема ремизок	dispositif (m) de relevage des lames dispositivo (m) d'alzata dei licci dispositivo (m) de alza de los lizos
23	Schafthebung (f) shaft raising под'ем (мр) *или* поднимание (ср) ремизок	relevage (m) des lames alzamento (m) *o* alzata (f) *o* salita (f) dei licci levantamiento (m) de los lizos
24	der Schaft geht in das Oberfach the shaft forms the upper shed ремизка (жр) проступает в верхний зев	la lame forme la foule supérieure il liccio va nel passo superiore el lizo forma el plano superior de la calada

1	die Schäfte (mpl) zurückbringen to restore the shafts to the closed position возвращать ремизки (жр) в сходное положение	ramener les lames portare indietro i licci conducir los lizos a su posición primitiva
2	Schaftsenkung (f) lowering of the shafts опускание (ср) ремизок	abaissement (m) des lames discesa (f) *o* abbassamento (m) dei licci descenso (m) de los lizos
3	die Schäfte (mpl) niederziehen *oder* senken *oder* tiefziehen to lower the shafts опускать ремизки (жр)	abaisser les lames abbassare i licci bajar los lizos
4	Schaftbewegung (f), Schaftwechsel (m) shaft *or* heald motion движение (ср) *или* проступание (ср) ремизок	changement (m) des lames cambio (m) dei licci cambio (m) de los lizos
5	Schaftziehen (n) shaft *or* heald lift контроль (мр) пробора нитей	contrôle (m) du remettage controllo (m) del rimettaggio comprobación (f) del remetido de los lizos
6	zwangläufige Schaftbewegung (f) positive shaft motion принужденное *или* позитивное движение (ср) ремизок	mouvement (m) positif des lames movimento (m) positivo dei licci movimiento (m) positivo de los lizos
7	kraftschlüssige Schaftbewegung (f) negative shaft motion негативное движение (ср) ремизок	mouvement (m) négatif des lames movimento (m) negativo dei licci movimiento (m) negativo de los lizos
8	Schwanken (n) der Schäfte oscillating motion of the shafts качание (ср) *или* колебание (ср) ремизок	oscillation (f) des lames oscillazione (f) dei licci oscilación (f) de los lizos
9	die Schäfte (mpl) schwanken the shafts *or* healds oscillate ремизки (жр) качаются	les lames (fpl) oscillent i licci oscillano los lizos oscilan *o* trepidan
10	stehenbleibende Schäfte (mpl) healds for open sheds выстаивающиеся *или* остающиеся неподвижными ремизки (жр)	lames (fpl) immobiles licci (mpl) immobili lizos (mpl) inmóviles
11	Grundfaden (m) ground thread грунтовая нить (жр)	fil (m) de fond filo (m) di fondo hilo (m) de fondo
12	Fadeneinteilung (f), Fadenverteilung (f) distribution of the threads распределение (ср) *или* разбивка (жр) нитей	distribution (f) des fils distribuzione (f) dei fili distribución (f) de los hilos
13	unregelmäßige Verteilung (f) der Kettfäden irregular distribution of the warp threads неравномерное распределение (ср) нитей	distribution (f) irrégulière des fils de chaîne distribuzione (f) irregolare dei fili d'ordito distribución (f) irregular de los hilos de urdimbre
14	die Fäden (mpl) gruppieren to group the threads набирать *или* распределять нити (жр) в группы	grouper les fils raggruppare i fili agrupar los hilos
15	überzählige Fäden (mpl) threads in excess излишние нити (жр)	fils (mpl) excédents fili (mpl) eccedenti hilos (mpl) excedentes
16	die Reibung der Kettfäden vermindern to reduce the friction on the warp threads уменьшать трение (ср) нитей основы	réduire le frottement des fils de chaîne ridurre lo sfregamento *o* l'attrito dei fili d'ordito disminuir el rozamiento de los hilos de urdimbre
17	der Kettfaden reibt sich in den Schäften the warp thread rubs against the healds нить (жр) основы трется о ремизки	le fil de chaîne frotte contre les lames il filo d'ordito si sfrega nei licci el hilo de urdimbre frota contra los lizos
18	rauhes Kettgarn (n) rough warp yarn шероховатая *или* лохматая основная пряжа (жр)	fil (m) de chaîne duveteux filato (m) ruvido d'ordito hilo (m) de urdimbre rugoso
19	9) <u>Trittwebstuhl (m)</u> <u>Treadle Loom</u> <u>Ткацкий станок (мр) с проступными подножками</u>	<u>Métier (m) à marches</u> <u>Telaio (m) a pedali</u> <u>Telar (m) a pedal</u>
20	Tritt (m), Tritthebel (m), Schemel (m) treadle, treddle, lever проступная (-ый) подножка (жр) *или* рычаг (мр)	marche (f), pédale (f) pedale (m), calcola (f), leva (f) di comando pedal (m), calca (f), cárcola (f)
21	Trittvorrichtung (f) treadle motion проступное приспособление (ср)	mécanisme (m) des marches et lisses dispositivo (m) per il comando dei licci mecanismo (m) de pedal
22	Kehletreten (n), Fachtreten (n) shedding by treadles наступание (ср) на проступную подножку (жр)	manœuvre (f) des pédales, marchure (f) manovra (f) dei pedali maniobra (f) de la calada mediante la calca
23	die Schäfte (mpl) durch Niedertreten der Tritte heben to raise the shafts by pressing down the treadles подымать ремизы (мр) наступанием на подножку	lever les lames en appuyant sur les marches alzare i licci coll'abbassare i pedali levantar los lizos apretando *o* pisando los pedales

1 den Schemel treten
to work the treadle
наступать на подножку (жр)
appuyer sur la marche
premere il pedale
pisar la calca, calquear

2 Trittzahl (f)
number of treadles
число (жр) проступных подножек
nombre (m) des marches
numero (m) dei pedali
número (m) de pedales

3 Tretweise (f), Trittfolge (f), Trittweise (f), Tretordnung (f)
order of treadling
последовательность (жр) *или* порядок (мр) проступания
marchage (m), embreuvage (m)
calcatura (f), ordine (m) di successione nella manovra dei pedali
calqueado (m)

4 Trittwechsel (m)
change of treadles
смена (жр) проступания
changement (m) de marches
cambio (m) dei pedali
cambio (m) de calcas

5 den Tritt wechseln
to change the treadles
менять проступание (ср)
changer les marches
cambiare i pedali
cambiar las calcas

6 einen Tritt machen
to press down a treadle
производить проступание (ср), нажимать подножку (жр)
appuyer *ou* presser sur la marche
premere un pedale
pisar una calca

7 den Tritt auf den Kopf *oder* die Spitze treten
to work on the treadle at the free end
нажимать [ногой] на конец (мр) подножки
appuyer sur l'extrémité de la marche
premere il pedale all'estremità
pisar el extremo del pedal

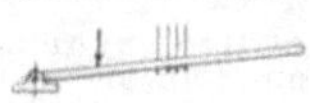

8 den Tritt auf den Rükken *oder* in den Nakken treten
to work on the treadle near the fulcrum
нажимать на спинку подножек
appuyer sur la marche près du point d'appui
premere il pedale al mezzo
pisar el pedal cerca del punto de apoyo

9 die Tritte (mpl) anschnüren
to tie up the treadles
подвязывать ремиз (мр) к подножкам
corder les marches
legare i pedali, collegare i licci ai pedali
atar las calcas

10 Tritt (m) mit Schlaufe
treadle with slip knot
подножка (жр) с петлей
marche (f) avec nœud coulant
pedale (m) con nodo scorsoio
pedal (m) con nudo corredizo

11 Schlaufe (f), Strupfen (m), Zugknoten (m)
slip knot
петля (жр)
nœud (m) coulant
nodo (m) scorsoio
nudo (m) corredizo

12 Wellenvorrichtung (f)
roller arrangement
валиковое приспособление (ср)
dispositif (m) de suspension par rouleau
dispositivo (m) di sospensione per cilindro
dispositivo (m) de suspensión por torno

13 a Schaftwelle (f)
shaft roller
ремизный валик (мр)
rouleau (m) des lames
cilindro (m) dei licci
torno (m) o cilindro (m) de los lizos

14 Wellenbewegung (f)
movement of the roller
движение (ср) валика
mouvement (m) du rouleau
movimento (m) del cilindro
movimiento (m) del cilindro

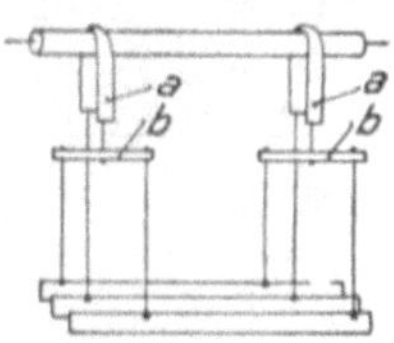

15 Gehänge (n)
suspension with spring shaft
подвеска (жр)
dispositif (m) de suspension avec tire-lisses
dispositivo (m) di sospensione con tiralicci
dispositivo (m) de suspensión con tiralizos

16 a Gurt (m)
strap
ремешковый поясок (мр), ремешок (мр)
lanière (f)
cinghia (f)
correa (f)

17 b Wage (f), Balken (m)
shaft carrier, spring shaft
подвязная поперечина (жр)
support (m) des lames, tire-lisse (m)
porta-licci (m), tiralicci (m)
tiralizos (m)

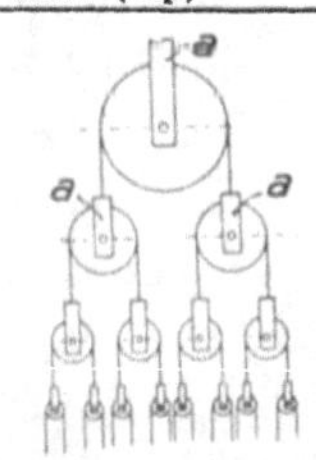

18 Rollenzug (m), Klobenzug (m)
stock and bowl motion
роличное приспособление (ср)
dispositif (m) de suspension par poulies, mouvement (m) à poulies
dispositivo (m) di sospensione a carrucole
dispositivo (m) de suspensión de poleas

19 a Rollengehäuse (n), Rollenschere (f)
stirrup
серьга (жр) *или* вилка (жр) ролика
chape (f) *ou* flasque (f) de poulie
staffa (f) *o* cassetta (f) dei rulli
armadura (f) *o* caja (f) de la polea

20 die Schnuren (fpl) der Schäfte gehen über Rollen
the heald cords run over rollers
подвязные шнурки (мр) ремизок огибают ролики
les cordes (fpl) des lames passent sur des poulies
le corde dei listelli si avvolgono su rulli
los cordeles de los lizos pasan por las gargantas de las poleas

1 die Schäfte (mpl) bewegen sich entgegengesetzt
the shafts move in opposite directions
ремизки (жр) движутся навстречу друг дружке
les lames (fpl) se meuvent en direction opposée
i licci si muovono in direzioni opposte
los lizos se mueven a contraefecto

---

2 Rollenzug (m) für x Schäfte
stock and bowl motion for x shafts
роликовое движение (ср) для x ремизок
mouvement (m) à poulies pour x lames
dispositivo (m) di sospensione a rulli per x licci
movimiento (m) de contraefecto para x lizos por poleas

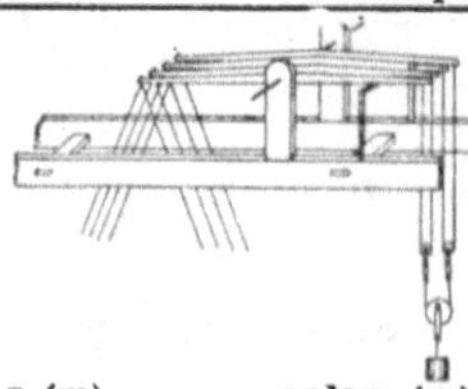

3 Flaschenzug (m)
pulley tackle
полиспаст (мр)
palan (m), moufle (f)
taglia (f), palanco (m), paranco (m)
aparejo (m), garrucha (f), polispasto (m)

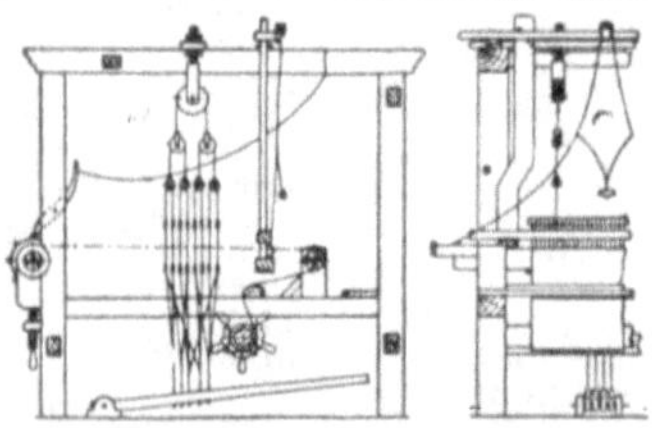

4 Rollenzugstuhl (m)
loom with stock and bowls
станок (мр) с роличным движением ремиза
métier (m) à poulies
telaio (m) a rulli
telar (m) con tiralizos de poleas

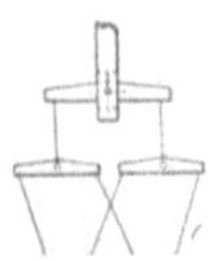

5 Hebelzug (m)
lever tackle
коромысловое движение (ср)
mouvement (m) à leviers pour manœuvrer les lames
dispositivo (m) a leve per la manovra dei licci
tiralizos (m) de palanca

---

6 zusammengesetzter Rollen- und Hebelzug (m)
combined roller and lever tackle
комбинированное роличное и коромысловое движение (ср)
mouvement (m) à poulies et à leviers pour manœuvrer les lames
dispositivo (m) di movimento a rulli ed a leve per la manovra dei licci
tiralizos (m) combinado de poleas y palancas

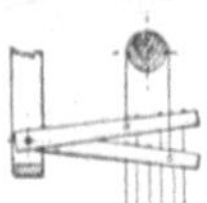

7 Welle (f) in Verbindung mit dem Hebel
bowl connected to the lever
валик (мр), соединенный с рычагом
rouleau (m) en liaison avec le levier
cilindro (m) connesso colla leva
cilindro (m) en conexión con la palanca

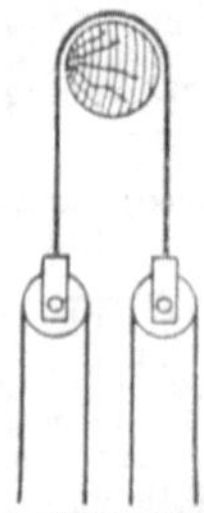

Welle (f) in Verbindung mit der Rolle
bowl connected to the pulley
ролик (мр) в связи с рычагом
rouleau (m) en liaison avec la poulie 8
cilindro (m) connesso col rullo
cilindro (m) en conexión con la polea

---

zwangläufig bewegte Schäfte (mpl)
positively moved shafts of healds
принужденно движущиеся ремизки (жр)
lames (fpl) actionnées positivement
licci (mpl) a comando positivo 9
lizos (mpl) accionados positivamente

Gegenzugvorrichtung (f), Kontermarsch (m)
reverse motion
приспособление (ср) для встречного движения
dispositif (m) de contremarche
dispositivo (m) di contromarcia 10
dispositivo (m) de contramarcha o de contraefecto

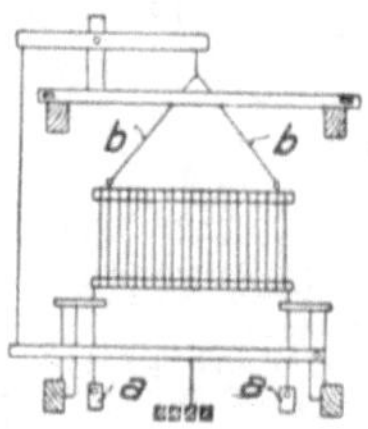

Gegenzugvorrichtung (f) für Hochfach
reverse motion for upper shed
приспособление (ср) для встречного движения при верхнем зеве
dispositif (m) de contremarche à levée 11
dispositivo (m) di contromarcia per passo superiore
dispositivo (m) de contramarcha de alza

Belastungsgewicht (n) für den Schaft
counterweight *a*
гиря (жр) для ремизки
contrepoids (m) de la lame
peso (m) per i licci 12
contrapeso (m) para los lizos

Schaftschnur (f), Kreuzschnur (f)
heald shaft cord *b*
подвязь (жр)
corde (f) des lames
corda (f) dei licci 13
cordel (m) del lizo

---

die Schäfte (mpl) sind freischwebend aufgehängt
the shafts hang free
ремизки (жр) подвешены свободно
les lames (fpl) sont suspendues librement
i licci sono sospesi liberamente 14
los lizos están suspendidos libremente

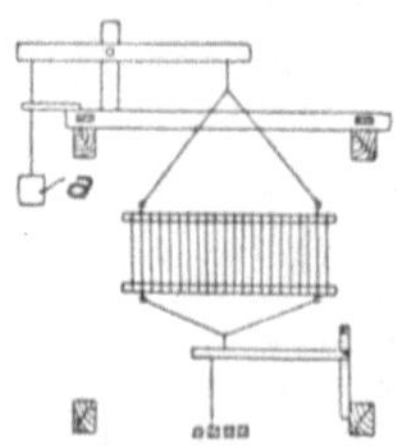

Gegenzugvorrichtung (f) für Tieffach
reverse motion for lower shed
прибор (мр) для встречного движения при нижнем зеве
dispositif (m) de contremarche à rabat 15
dispositivo (m) di contromarcia per passo inferiore
dispositivo (m) de contramarcha de baja

Gewicht (n)
counterweight *a*
гиря (жр)
contrepoids (m)
peso (m) 16
contrapeso (m)

1 das Hebelende durch Gewicht beschweren *oder* belasten
to load the end of the lever
нагружать конец (мр) рычага гирей
mettre un contrepoids à l'extrémité du levier
caricare con un peso l'estremità della leva
colocar un contrapeso en la extremidad de la palanca

---

2 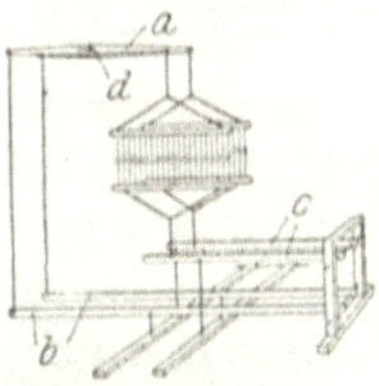

Gegenzugvorrichtung (f) für Hoch- und Tieffach
reverse motion for upper and lower shed
прибор (мр) для встречного движения для верхнего и нижнего зева
dispositif (m) de contremarche à levée et rabat
dispositivo (m) di contromarcia per passo superiore ed inferiore
dispositivo (m) de contramarcha de alza y baja

---

3 Tümler (m), Wippe (f), Obertritt(m), doppelarmiger *oder* zweiarmiger Hebel (m), Aufzughebel (m)
top jack, top lever
верхний двуплечий рычаг (мр), верхнее коромысло (ср)
a
bricoteau (m)
briccola (f), bilanciere (m)
palanca (f) tiralizos

---

4 lange Marsche (f), langer Hebel(m), lange Latte (f), langer Quertritt (m)
long treadle
длинный [поперечный] проступной рычаг (мр)
b
contremarche (f), long bâton (m)
contro-calcola (f), leva (f) lunga
gran calca (f)

---

5 kurze Marsche (f), kurzer Hebel (m), kurze Latte (f), kurzer Quertritt (m)
short treadle
короткий [поперечный] проступной рычаг (мр)
c
marchette (f)
calcolina (f), leva (f) corta
pequeña calca (f)

---

6 Drehpunkt (m)
fulcrum
точка (жр) вращения
d
point (m) d'appui
punto (m) di rotazione dei pedali
punto (m) de oscilación

---

7 einfache Gegenzugvorrichtung (f)
single acting reverse motion
простое приспособление (ср) для встречного движения
dispositif (m) de contremarche à action simple
dispositivo (m) di contromarcia ad azione semplice
dispositivo (m) de contramarcha de acción simple

---

8 Quertritt (m)
cross lath
поперечный рычаг (мр)
carqueron (m)
pedale (m) ausiliare trasversale
pedal (m) auxiliar transversal

Wage (f)
spring shaft
передаточный (-ое) брус (мр) *или* коромысло (ср)
tire-lisse (m), tire-lames (m), marchette (f)
tiralicci (m)
tiralizos (m) 9

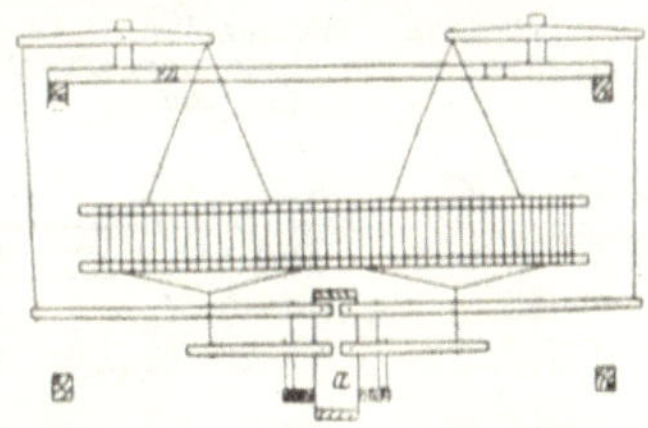

doppelte Gegenzugvorrichtung (f)
double acting reverse motion
двойное приспособление (ср) для встречного движения
dispositif (m) de contremarche à double action
dispositivo (m) di contromarcia a doppia azione
dispositivo (m) de contramarcha de doble acción 10

Hebelgestell (n)
lever frame
стойка (жр) для рычагов
a
bâti (m) des leviers
sopporto (m) delle leve
bastidor (m) o caballete (m) de las palancas 11

---

zweimännischer Webstuhl (m)
loom for two workers
ткацкий станок (мр) для работы двумя ткачами
métier (m) à deux ouvriers
telaio (m) a due operai
telar (m) para dos obreros 12

---

nebeneinander gestellte Gegenzüge (mpl)
reverse motions placed abreast
приспособления (ср) для встречного движения, расположенные рядом друг с другом
dispositifs (mpl) de contremarche placés l'un contre l'autre
dispositivi (mpl) di contromarcia contrapposti
dispositivos (mpl) de contramarcha colocados unos al lado de otros 13

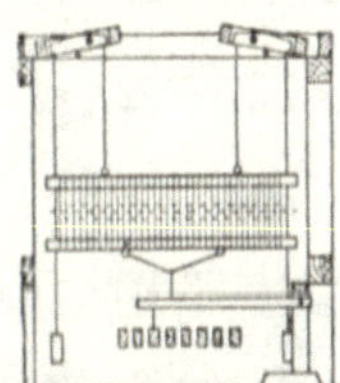

Gegenzugvorrichtung (f) für Hoch-, Tief- und Stehfach
reverse motion for top, bottom and open shed
приспособление (ср) для встречного движения для верхнего, нижнего и центрального зева
dispositif (m) de contremarche pour foule haute, basse et immobile
dispositivo (m) di contromarcia per passo superiore, inferiore ed immobile
dispositivo (m) de contramarcha para calada de alza, de baja y en reposo 14

---

den Schaft in der Mittellage erhalten
to maintain the shaft in the mid position
удерживать ремизку (жр) в среднем положении
maintenir la lame à la position intermédiaire
mantenere il liccio nella posizione intermedia
mantener el lizo en reposo 15

1	**b) Fachbildung (f) durch Schaftmaschinen** **Shedding by Dobbies** **Образование (ср) зева при помощи кареток**		**Formation (f) de la foule par mécaniques d'armure** **Formazione (f) del passo per macchine ad armatura** **Formación (f) de la calada por maquinitas de lizos**
2	α) Schaftmaschinenarten (fpl) Types of Dobbies Виды (мр) кареток		Sortes (fpl) de ratières Tipi (mpl) di ratiere Clases (fpl) *o* tipos (mpl) de maquinitas
3	Schaftmaschine dobby, dobbie, dobby *or* heald machine, witch, wizard, index machine, little Jacquard [ткацкая] каретка (жр), Добби (жр)		ratière (f), mécanique (f) [d']armure macchina (f) ad armatura, meccanica (f), ratiera (f) maquinita (f) de *o* para lizos, ratiera (f), ratera (f), maquinita (f), maquinilla (f)
4	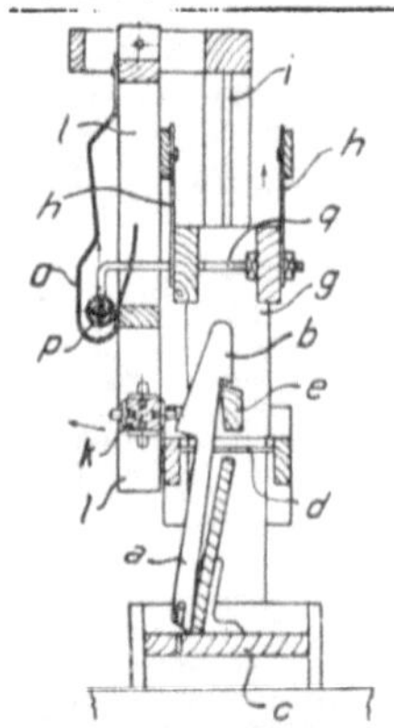		Schaftmaschine (f) für Hochfach dobby for lifting каретка (жр) для верхнего зева ratière (f) à la lève ratiera (f) per passo superiore maquinita (f) de alza
5	Platine (f) lifter, lifting hook, hook, upright [wire] крючек (мр)	*a*	platine (f), crochet (m) platina (f), arpione (m) gancho (m) vertical *o* perpendicular
6	Platinennase (f) lifter nose *or* end носик (мр) крючка	*b*	bec (m) de la platine, bec de corbin nasello (m) della platina nariz (f) *o* saliente (m) del gancho
7	Platinenboden (m), Bodenbrett (n) bottom board опорная дощечка (жр) для крючков	*c*	planche (f) de support des platines, planche à crochets tavola (f) delle platine tabla (f) de soporte de los ganchos
8	feststehender Rost (m) fixed grid неподвижная решетка (жр)	*d*	grille (f) fixe griglia (f) fissa rejilla (f) fija
9	Messer (n) knife [blade], lifting blade, lifting knife, draw knife нож (мр)	*e*	couteau (m), lame (f) coltello (m) cuchilla (f)
10	Messerkasten (m) knife box, griffe [box *or* block], grid [frame] ножовая рамка (жр)	*g*	griffe (f) capsula (f) a coltelli grifa (f)
11	Zugeisen (n) connecting rod желозная тяга (жр)	*h*	tringle (f) de connexion asta (f) di connessione varilla (f) de conexión
12	Messerkastenführung (f) guide slot for the knife box направление (ср) для ножовой рамки	*i*	guide (m) de la griffe guida (f) della capsula a coltelli guía (f) de la grifa
13	Schaftprisma (n), Schaftzylinder (m), Kartenprisma (n), Prisma (n) [card] cylinder, [lag] barrel кареточный (-ая) барабанчик (мр) *или* призма (жр)	*k*	cylindre (m) [à prisme] prisma (m), cilindro (m), rullo (m), tamburo (m) cilindro (m)
14	Prismalade (f), Zylinderlade (f) support of the cylinder, cylinder plate *or* bar *or* batten рамка (жр) барабанчика, призменная рамка *или* люлька (жр)	*l*	balancier (m), battant (m) du cylindre bilanciere (m), battente (m) del cilindro batán (m) del cilindro
15	Ladenschlange (f), Federkulisse (f) batten spring рамочная пружина (жр), [плоская] направляющая (жр) пружина для призменной рамки	*o*	ressort (m) du battant curva (f) *o* pressoio (m) *o* molla (f) del battente resorte (m) del batán
16	Preßrolle (f) press roller нажимной ролик (мр)	*p*	galet (m) de pression rullo (m) di pressione rodillo (m) de presión
17	Preßrollenbolzen (m) bolt carrying the roller костыль (мр) *или* болт (мр) нажимного ролика	*q*	goupille-support (f) du galet bullone (m) di sopporto del rullo brazo (m) del rodillo
18	Platinenkopf (m) lifter head головка (жр) крючка		tête (f) de la platine testa (f) della platina cabeza (f) del gancho
19	die Platine hebt den Schaft the hook lifts the shaft крючек (мр) подымает ремизку		la platine soulève la lame la platina solleva il liccio el gancho levanta el lizo
20	in Nut und Feder geführter Messerkasten (m) knife box with tongue and groove guide ножовая рамка (жр), направляемая скользящими в пазах шипами		griffe (f) guidée par rainure et languette capsula (f) a coltelli guidata da scanalatura e linguetta grifa (f) guiada por ranura y lengüeta

1 das Prisma einstellen
to adjust the cylinder
устанавливать призму (жр)
régler le cylindre
regolare il prisma
ajustar el cilindro

2 das Prisma wenden
to turn the cylinder
обертывать *или* поворачивать призму (жр)
faire tourner le cylindre
girare *o* spostare *o* ruotare il prisma
hacer girar el cilindro

3 die Zylinderlade schwingt nach der Seite
the cylinder batten swings sideways
рамка (жр) барабанчика откачивается в сторону
le battant du cylindre oscille sur le côté
il battente del cilindro oscilla lateralmente
el batán del cilindro oscila sobre sus lados

4 die Preßrolle drückt auf die Ladenschlange
the roller presses against the batten spring
нажимной ролик (мр) нажимает на рамочную пружину
le cylindre presse le ressort du battant
il rullo comprime la molla del battente
el rodillo oprime el resorte del batán

5 Schaftmaschine (f) für Tieffach
dobby for lowering
каретка (жр) для нижнего зева
ratière (f) à la baisse *ou* de rabat
ratiera (f) per passo inferiore
maquinita (f) de baja

6 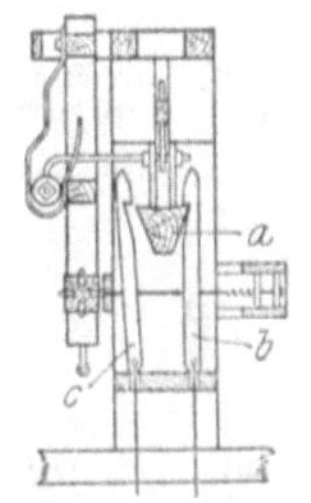

Schaftmaschine (f) für Hoch- und Tieffach, Auf- und Niederzugmaschine (f), Doppelhubschaftmaschine (f), Zentralhubmaschine (f)
double lift[ing] dobby, centre shed[ding] dobby
каретка (жр) для верхнего и нижнего зева, каретка для под'ема и опускания ремизок
ratière (f) à la lève et baisse, ratière de levée et rabat
ratiera (f) per passo superiore ed inferiore
maquinita (f) de alza y baja

7 zweikantiges Messer (n)
double edged lifting knife
двугранный нож (мр)
a
couteau (m) à double lame
coltello (m) a doppia lama
cuchilla (f) de doble hoja

8 Hochfachplatine (f)
lifting hook
крючок (мр) для верхнего зева
b
crochet (m) de lève
platina (f) di alzamento
gancho (m) de alza

9 Tieffachplatine (f)
lowering hook
крючок (мр) для нижнего зева
c
crochet (m) de rabat
platina (m) di abbassamento
gancho (m) de baja

10 die Unterfachschäfte (mpl) senken
to lower the shafts for the bottom sheds
опускать ремизки (жр) для нижнего зева
abaisser les lames pour la foule inférieure
abbassare i licci per il passo inferiore
bajar los lizos para la calada de baja

der Platinenboden wird gesenkt
the bottom board is lowered
опорная дощечка (жр) для крючков опускается
la planche à crochets s'abaisse
la tavola delle platine s'abbassa
la tabla de los colletes desciende 11

doppelte Platinenreihe (f)
double row of hooks
двойной ряд (мр) крючков
rangée (f) double de platines
doppia fila (f) di platine
linea (f) doble de ganchos 12

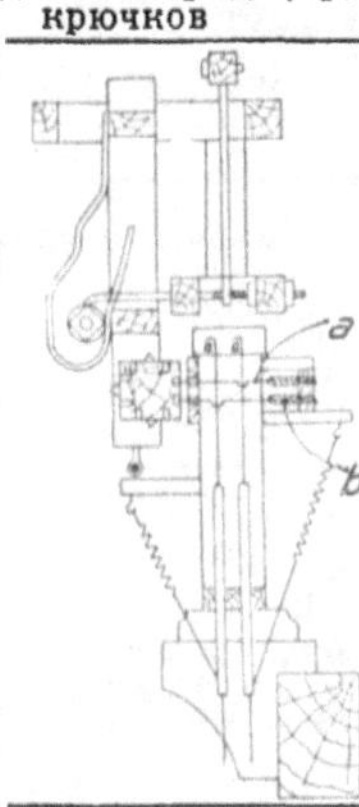

Schaftmaschine (f) für Hoch-, Tief- und Stehfach
dobby for lifting, lowering and open shed
каретка (жр) для верхнего, нижнего и центрального зева
ratière (f) pour foule haute, basse et immobile
ratiera (f) per passo superiore, inferiore ed immobile
maquinita (f) para calada de alza, de baja y en reposo 13

Platinennadel (f)
needle
игла (жр) для крючка
a
aiguille (f) [horizontale]
ago (m)
aguja (f) 14

Nadelfeder (f)
needle spring
пружина (жр) иглы
b
ressort (m) de l'aiguille
molla (f) dell'ago
gusanillo (m) 15

mehrfädige Aushebung (f) der Kettfäden
multiple lifting of the warp threads
выбирание (ср) *или* выемка (жр) нитей основы группами
lève (f) multiple des fils de chaîne
alzata (f) multipla dei fili d'ordito
levantamiento (m) múltiple de los hilos de urdimbre 16

den Schaft in das Oberfach ziehen
to draw the shaft in the upper shed
вытягивать ремизку (жр) в верхний зев
amener la lame dans la foule supérieure
condurre il liccio nel passo superiore
llevar el lizo en la calada de alza 17

den Schaft in das Unterfach ziehen
to draw the shaft in the lower shed
вытаскивать ремизку (жр) в нижний зев
amener la lame dans la foule inférieure
condurre il liccio nel passo inferiore
llevar el lizo en la calada de baja 18

Nadelauge (n), Nadelring (m)
needle eye, eye of the needle
глазок (мр) *или* ушко (ср) иглы
anneau (m) *ou* œil (m) *ou* trou (m) de l'aiguille
occhiello (m) dell'ago
ojal (m) de la aguja 19

in den Nadelringen stehende Platinen (fpl)
lifters passing through the needle eyes
продетые сквозь ушки игол крючки (мр)
platines (fpl) traversant les anneaux des aiguilles
platine (fpl) che passano per l'occhiello dell'ago
ganchos que atraviesan los ojales de las agujas 20

1 die Nadeln (fpl) treten in die Mitte der Zylinderlöcher
the needles pass into the middle of the cylinder holes
иглы (жр) попадают в середину отверстий барабанчика
les aiguilles (fpl) passent dans le milieu des trous du cylindre
gli aghi passano nel mezzo dei fori del cilindro
las agujas entran en medio de los agujeros del cilindro

---

2 die Platine vorschieben
to push the lifter foreward
передвигать вперед крючок (мр)
pousser la platine en avant
spingere avanti la platina
empujar el gancho hacia adelante

---

3 die Platine zurückschieben
to push the lifter backward
передвигать назад крючок (мр)
pousser la platine en arrière
spingere indietro la platina
empujar el gancho hacia atrás

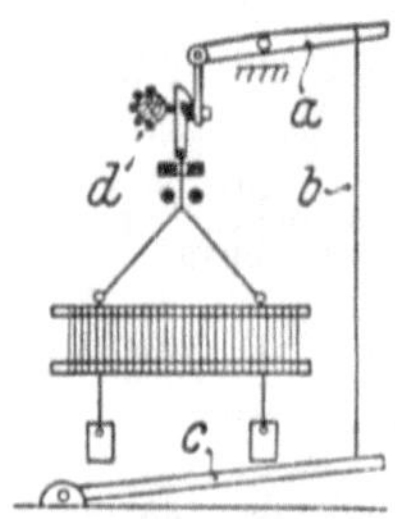

4 *a*
Aufzughebel (m)
top jack
под'емный *или* верхний рычаг (мр), верхнее коромысло (ср)
bricoteau (m)
briccola (f), bilanciere (m) superiore
palanca (f) tira-lizos

---

5 *b*
Zugschnur (f)
shaft cord
тяжник (мр)
cordeau (m)
cordone (m)
cordel (m) tira-lizos

---

6 *c*
Fußtritt (m), Maschinentritt (m)
treading rod, treadle
подножка (жр)
marche (f), pédale (f)
pedale (m)
calca (f), cárcola (f), pedal (m)

---

7 *d*
Daumenzylinder (m)
pegged cylinder
кулачный барабанчик (мр) *или* цилиндр (мр)
cylindre (m) à chevilles
cilindro (m) a noccioli *o* a spine
cilindro (m) con tapones

---

8 den Hebel mit dem Fußtritt verbinden
to connect the jack to the treadle
соединять рычаг (мр) с подножкой
relier le bricoteau à la marche
collegare la briccola al pedale
conectar la palanca tira-lizos a la calca

---

9 die Daumen (mpl) *oder* Holzpfröpfchen (npl) drücken an die Platinen
the pegs press on the lifter
кулачки (мр) *или* деревянные шпеньки (мр) нажимают на крючки
les chevilles (fpl) appuient sur les platines
i noccioli comprimono sulle platine
los tapones se apoyan sobre los ganchos

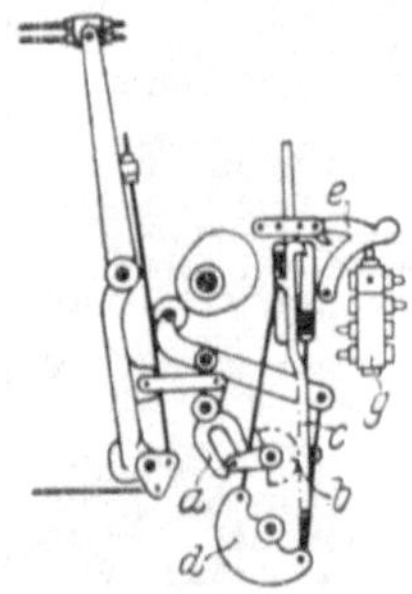

Offenfach[schaft]maschine (f) von Schönherr
open shed dobby Schönherr
каретка (жр) Шенгерра для открытого зева
ratière (f) à pas ouvert de Schönherr
macchina (f) ad armatura a passo aperto di Schönherr
maquinita (f) a paso abierto de Schönherr 10

---

a
gegabelter Winkelhebel (m)
forked angle lever
вилкообразный коленчатый рычаг (мр)
levier (m) coudé à fourche
leva (f) a forca ad angolo
palanca (f) acodada en forma de horquilla 11

---

b
Kurbel (f) mit Zahnbogen
lever with toothed segment
кривошип (мр) с зубчатой дугой
levier (m) avec segment denté
leva (f) con segmento dentato
palanca (f) con segmento dentado 12

---

c
Platinenverzahnung (f)
teeth of lifter
зацепление (ср) крючка
denture (f) de la platine
denti (mpl) della platina
cremallera (f) del gancho 13

---

d
Schwinge (f)
swing, oscillating sector
крыло (ср)
secteur (m) oscillant
settore (m) oscillante
sector (m) oscilante 14

---

e
Hilfsplatine (f)
catch
вспомогательный крючок (мр)
cliquet (m)
arpione (m)
gatillo (m) 15

---

g
Stiftenkarte (f)
lag
картон (мр) со шпеньками
carton (m) à chevilles
cartone (m) a spine
cartón (m) con tapones 16

Zwischenfachschaftmaschine (f)
centre shed dobby
каретка (жр) для промежуточного зева
ratière (f) à pas demi-ouvert
macchina (f) ad armatura a passo semi-aperto
maquinita (f) a paso semi-abierto 17

Ruhefachschaftmaschine (f)
open shed dobby
каретка (жр) для неподвижного зева
ratière (f) pour chaine stationnaire
macchina (f) ad armatura per ordito stazionario
maquinita (f) para calada estacionaria *o* en reposo 18

Geschlossenfachschaftmaschine (f), Klappfachschaftmaschine (f)
closed shed dobby
каретка (жр) для закрытого зева
ratière (f) à pas fermé
macchina (f) ad armatura a passo chiuso
maquinita (f) a paso cerrado 19

1
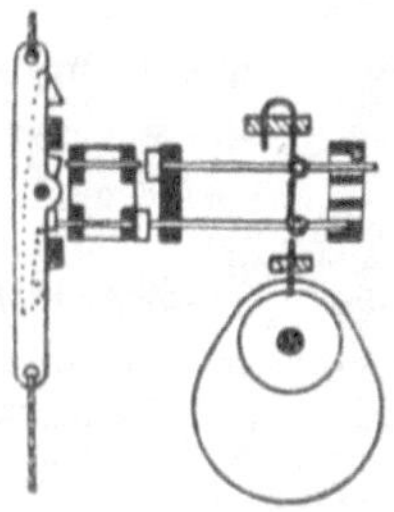
Geschlossenfachschaftmaschine (f) von Schroers
closed shed dobby Schroers
каретка (жр) для закрытого зева Шроэрса
ratière (f) à pas fermé de Schroers
macchina (f) ad armatura Schroers a passo chiuso
maquinita (f) a paso cerrado, de Schroers

2
Hubgetriebe (n)
lifting motion
передача (жр) для под'ема
mécanisme (m) de lève
meccanismo (m) d'alzata
mecanismo (m) de alza

3
Hubwechsel (m)
change of stroke
смена (жр) хода *или* проступа
changement (m) de la course
cambio (m) della corsa
cambio (m) de efecto

4
Antrieb (m) mit totem Gang
driving with lost motion
передача (жр) с мертвым ходом
commande (f) avec mouvement perdu
comando (m) con movimento a vuoto
accionamiento (m) con juego muerto

5
Antrieb (m) ohne toten Gang
driving without lost motion
передача (жр) без мертвого хода
commande (f) sans mouvement perdu
comando (m) senza movimento a vuoto
accionamiento (m) sin juego muerto

6
Fachstillstand (m)
standing still of the shafts
остановка (жр) *или* неподвижное состояние (ср) ремизок
repos (m) des lames
riposo (m) dei licci
reposo (m) de los lizos

7
Schützendurchgang (m)
passage of the shuttle
пролет (мр) *или* пробиж (мр) челнока
passage (m) de la navette
passaggio (m) della navetta
paso (m) de la lanzadera

8
Musterperiode (f)
repeat period
полный период (мр) узора
période (f) de répétition
periodo (m) di ripetizione
periodo (m) de curso *o* de repetición

9
Musterauslesevorrichtung (f)
pattern selecting device
приспособление (ср) для заправки узора
dispositif (m) de sélection du dessin
dispositivo (m) di selezione del disegno
dispositivo (m) de selección del ligamento

10
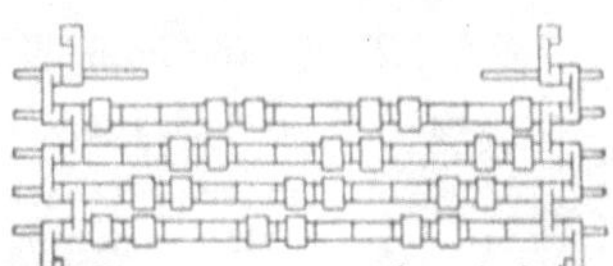
Rollenkarte (f)
roller card
роличная решетка (жр) *или* карта (жр)
carton (m) à rouleaux
catena (f) a rulli
cartón (m) de rodillos *o* de anillos

11
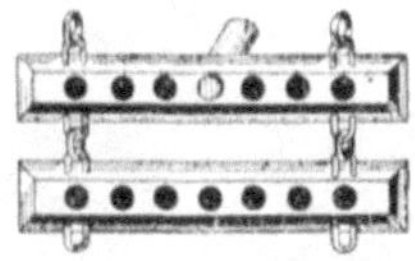
Holzkarte (f), Stiftenkarte (f)
lag
карта (жр) из деревянных планок
carton (m) à chevilles en bois
cartone (m) *o* tavoletta (f) a spine
costilla (f) *o* listón (m) de madera

12
gelenkig verbundene Holzkarten (fpl)
chain of lags
гибко соединенные между собой деревянные планки (жр) решетки
cartons (mpl) en bois articulés
tavolette (fpl) di legno legate
costillas (fpl) articuladas

13
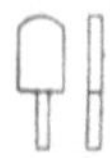
Holzstift (m)
wooden peg
деревянный штифт (мр) *или* шпенек (мр)
cheville (f) en bois
spina (f) di legno
estaquilla (f) *o* espiga (f) *o* tapón (m) de madera

14
Weicheisenstift (m)
soft iron peg
шпенек (мр) из мягкого железа
cheville (f) en fer doux
spina (f) di ferro dolce
tapón (m) *o* clavija (f) de hierro dulce

15
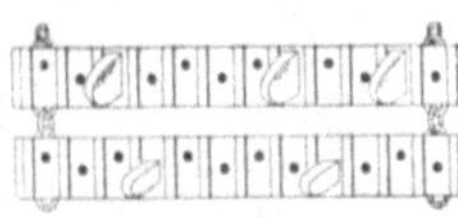
mit Quernuten versehene Karte (f)
grooved lag
карта (жр) с поперечными выемками
carton (m) sillonné [de mortaises]
cartone (m) con incavature
cartón (m) ranurado

16
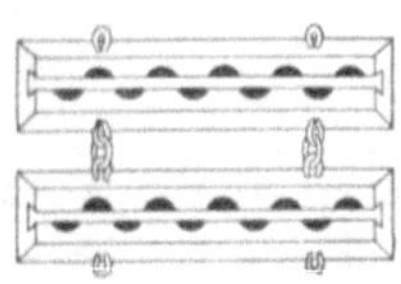
Karte (f) für auswechselbare Stifte
card for interchangeable pegs
карта (жр) для с'емных штифтов
carton (m) à chevilles interchangeables
cartone (m) a spine ricambiabili
cartón (m) de tapones intercambiables

17
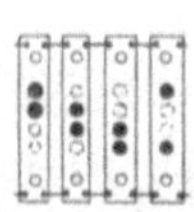
Pappkarte (f) für Schaftmaschinen
paper card for dobbies
картонная кареточная карта (жр), кареточный картон (мр)
carton (m) en papier fort pour ratière
cartone (m) di carta compressa per macchina ad armatura
cartón (m) para maquinitas

18
Papierband (n)
paper band
бумажная лента (жр)
bande (f) de papier
nastro (m) di carta
cinta (f) de papel

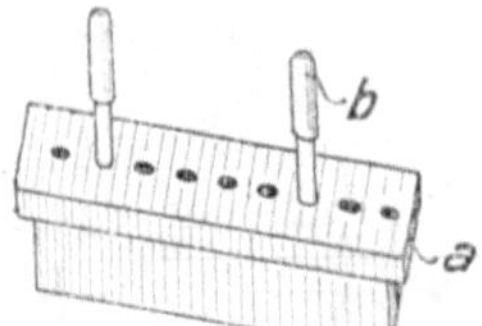

1	Schlagplatte (f) für Schaftkarten needle plate for card cutting, punch block доска (жр) для пробивки кареточных карт		plaque (f) *ou* matrice (f) de perçage pour carton piastra (f) per bucare cartoni placa (f) para el picado de cartones	
2	Gußstahlplatte (f) cast steel plate накладная плита (жр) литой стали	a	plaque (f) en acier fondu piastra (f) in acciaio fuso placa (f) de acero fundido	
3	Gußstahlstempel (m) cast steel punch пробойник (мр) литой стали	b	poinçon (m) en acier fondu punzone (m) *o* stampello (m) in acciaio fuso punzón (m) de acero fundido	
4	Einhubschaftmaschine (f), Einmesserschaftmaschine (f) single lift dobby одноподъемная *или* одноножовая каретка (жр)		ratière (f) à simple effet *ou* à une seule griffe ratiera (f) ad effetto semplice maquinita (f) de efecto simple	

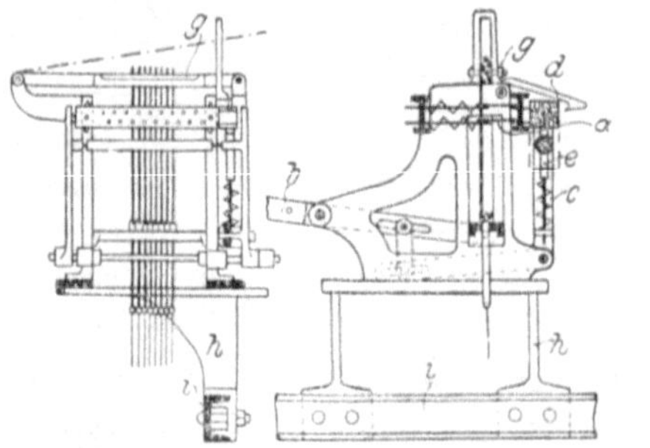

5	Einhubaufzugmaschine (f) single lift motion dobby одноножовая каретка (жр) для подъема		ratière (f) à la lève à une seule griffe ratiera (f) ad effetto semplice a movimento d'alzata maquinita (f) de ascenso simple *o* de simple alza con una sola grifa	
6	in zwei Reihen angeordnete Nadeln (fpl) needles arranged in two rows расположенные в два ряда иглы (жр)	a	aiguilles (fpl) disposées en deux séries aghi (mpl) disposti in due serie agujas (fpl) dispuestas en dos series *o* hileras	
7	Messerhebel (m) griffe bar ножовой рычаг (мр)	b	levier (m) de la griffe leva (f) della griffa palanca (f) de la grifa	
	Prismenlade (f) cylinder batten призменная рамка (жр)	c	battant (m) du cylindre battente (m) del cilindro batán (m) del cilindro	8
	Wendehaken (m) catch *or* operating hook повертывающий крючок (мр)	d	loquet (m) *ou* cliquet (m) du cylindre, clanche (f) uncino (m) di comando del cilindro gancho (m) *o* cuchillo (m) del cilindro	9
	Presse (f) lock прижим (мр)	e	presse (f) pressoio (m) prensa (f)	10
	Hebelmesser (n) lever knife рычажный нож (мр)	g	couteau (m) à levier coltello (m) a leva cuchilla (f) de palanca	11
	Schaftmaschinenbock (m) dobby frame кронштейн (мр) каретки	h	bâti (m) de la ratière castello (m) della meccanica, cavalletto (m) della ratiera bastidor (m) de la maquinita	12
	Stuhlüberlage (f), Querriegel (m) loom top rail, cross bar опорная балочка (жр) *или* дужка (жр) станка	i	couronne (f) du métier traversa (f) del telaio traviesa (f) del telar	13
	Überschwingen (n) des Prismas overrunning of the cylinder поворот (мр) призмы		rotation (f) excessive du cylindre rotazione (f) eccessiva del prisma rotación (f) excesiva del cilindro	14

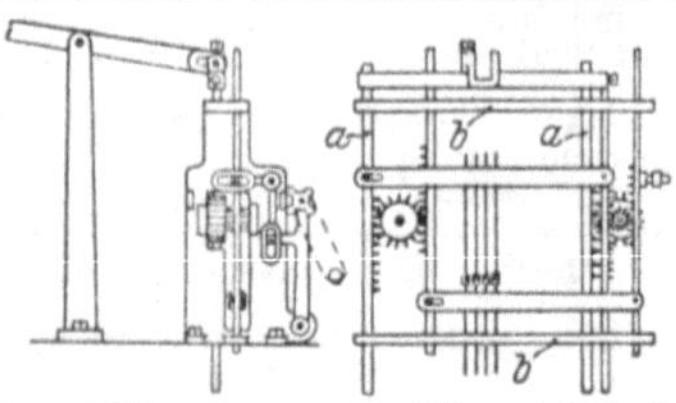

	Einhubmaschine (f) für Auf- und Niederzug single lift up and down motion dobby одноножовая каретка (жр) для подъема и опускания		ratière (f) à la lève et baisse à simple effet ratiera (f) ad effetto semplice con movimento d'alzata e di discesa maquinita (f) de alza y baja a simple efecto	15
	Zahnstange (f) rack, toothed bar зубчатая рейка (жр)	a	crémaillère (f) cremagliera (f), asta (f) dentata cremallera (f)	16
	Querriegel (m) cross bar of the frame поперечина (жр) станины	b	traverse (f) du bâti traversa (f) dell'intelaiatura traviesa (f) del bastidor	17
	die Schäfte (mpl) verschieben to move the shafts передвигать ремизки (жр)		manœuvrer les lames manovrare *o* spostare i licci mover los lizos	18
	die Schäfte (mpl) hochheben to raise the healds подымать ремизки (жр)		faire remonter les lames alzare i licci hacer subir los lizos	19

1	die Schäfte (mpl) senken to lower the healds опускать ремизки (жр)		faire descendre les lames abbassare i licci hacer bajar los lizos
2	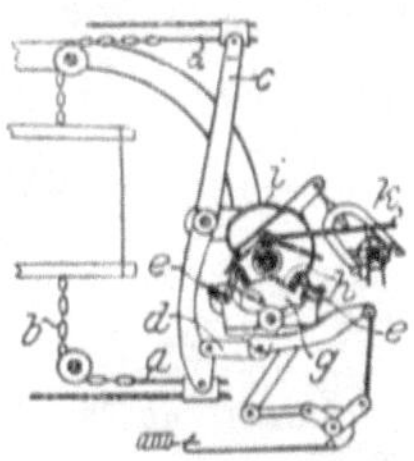		Schönherrsche Schaftmaschine (f) Schönherr's dobby каретка (жр) Шенгерра ratière (f) de Schönherr macchina (f) ad armatura Schönherr maquinita (f) de Schönherr
3	Schraubendraht (m) screwed wire проволочный поводок (мр) с нарезкой	*a*	tige (f) filetée asta (f) filettata varilla (f) fileteada
4	Kettchen (n) chain цепочка (жр)	*b*	chaînette (f) catenetta (f) cadenita (f)
5	gleicharmiger Hebel (m) lever with equal arms равноплечий рычаг (мр)	*c*	levier (m) à bras égaux leva (f) a bracci eguali palanca (f) de brazos iguales
6	Querstück (n) cross piece поперечина (жр)	*d*	pièce (f) de traverse pezzo (m) trasversale pieza (f) transversa
7	hakenartiges Messer (n) knife hook крючковидный нож (мр)	*e*	couteau (m) en forme de crochet coltello (m) in forma d'uncino cuchilla (f) en forma de gancho
8	Bogenstück (n), Bogenstückplatine (f) sector shaped lifter дугообразный крючок (мр)	*g*	secteur (m) settore (m), platina (f) sector (m)
9	Platinenausschnitt (m) notch in lifter вырез (мр) крючка	*h*	encoche (f) du secteur intaglio (m) del settore muesca (f) del sector
10	Herzscheibe (f) heart shaped cam эксцентрик (мр)	*i*	excentrique(m) en cœur eccentrico (m) a cuore excéntrico (m) de corazón
11	Drahtwinkel (m), Nadelhebel (m) needle lever проволочный угольник (мр)	*k*	levier (m) des aiguilles leva (f) degli aghi palanca (f) de las agujas

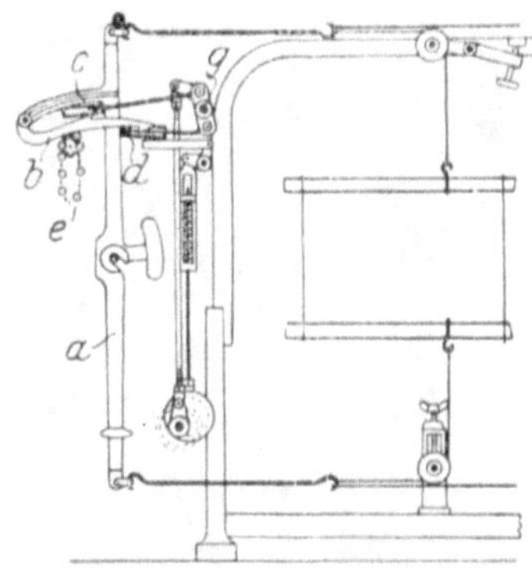

Cromptonschaftmaschine (f) mit Rollenkarte Crompton's dobby with roller cards каретка (жр) Кромптона с роличной картой		ratière (f) Crompton avec cartons à galets ratiera (f) Crompton con cartoni a rulli maquinita (f) Crompton con cartones de rodillos	12
Schafthebel (m) shaft lifting lever проступной рычаг (мр)	*a*	levier (m) de commande des lames leva (f) di comando dei licci palanca (f) tiralizos	13
Schaftplatine (f) catch проступной крючок (мр)	*b*	platine (f) platina (f), arpione (m) mobile corchete (m)	14
oberes Messer (n), Obermesser (n) upper knife верхний нож (мр)	*c*	couteau (m) supérieur coltello (m) superiore cuchilla (f) superior	15
unteres Messer (n), Untermesser (n) lower knife нижний нож (мр)	*d*	couteau (m) inférieur coltello (m) inferiore cuchilla (f) inferior	16
Rollenlauf (m) chain of roller cards ход (мр) роличной карты	*e*	manchon (m) *ou* chapelet (m) des cartons à galets catena (f) a rulli di disegno cadena (f) de los cartones de rodillos	17
Messerwelle (f) knife pivot *or* stud ножовый вал (мр)	*g*	arbre (m) des couteaux albero (m) dei coltelli árbol (m) de las cuchillas	18
Einklinken (n) der Messer engaging of knives западание (ср) *или* защелкивание (ср) ножей		encliquetage (m) des couteaux impegno (m) dei coltelli encajamiento (m) de las cuchillas	19

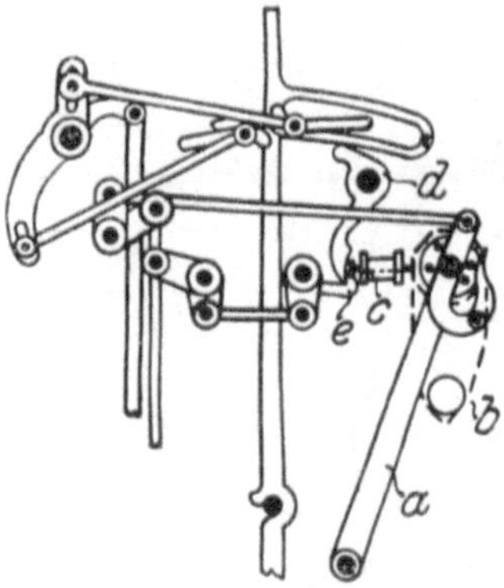

1	Cromptonschaftmaschine (f) mit Pappkarten Crompton's dobby with cards машина (жр) Кромптона с картонной картой		ratière (f) Crompton avec cartons en papier fort ratiera (f) Crompton con cartoni di carta compressa maquinita (f) Crompton con cartones de papel cartón
2	schwingender Arm (m) vibrating arm качающийся рычаг (мр)	*a*	bras (m) oscillant braccio (m) oscillante brazo (m) oscilante
3	Kartenlauf (m) lag lattice, dobby lattice *or* chain бесконечная цепь (жр) карт	*b*	manchon (m) *ou* chaîne (f) de cartons catena (f) di cartoni cadena (f) de cartones
4	Stössel (m) needle пестик (мр)	*c*	aiguille (f) ago (m) aguja (f)
5	Schwinghebel (m) swing lever качающийся рычаг (мр)	*d*	levier (m) oscillant leva (f) oscillante palanca (f) oscilante
6	Sperrschiene (f) catch запорная рейка (жр)	*e*	crochet (m) d'arrêt uncino (m) d'arresto gancho (m) frenador

7	Sperrvorrichtung (f) für den Kartenzylinder locking arrangement *or* mousing for the lag cylinder		запорное приспособление (ср) для карточного барабанчика dispositif (m) d'arrêt pour le cylindre à cartons dispositivo (m) d'arresto per il cilindro a cartoni mecanismo (m) de freno para el cilindro de cartones
8	Doppelhubschaftmaschine (f) double lift dobby каретка (жр) двойного под'ема, двухножовая каретка		ratière (f) à double levée ratiera (f) a doppia alzata maquinita (f) de doble grifa *o* de doble cuchilla *o* de doble ascenso

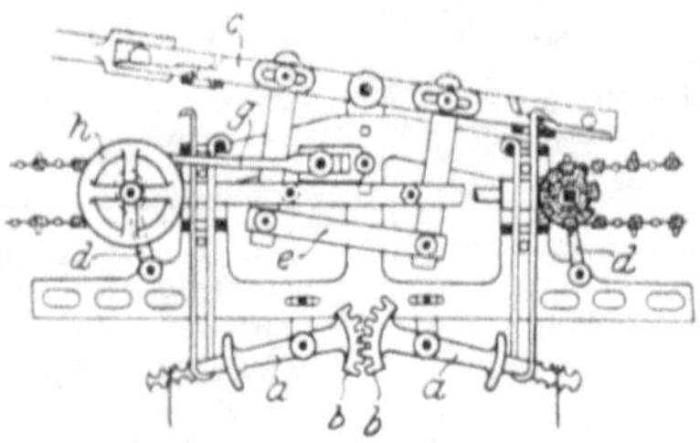

	Tannwalder Schaftmaschine (f) Tannwald dobby каретка (жр) Таннвальда		ratière (f) de Tannwald ratiera (f) di Tannwald maquinita (f) de Tannwald	9
	Doppelschafthebel (m) double heald shaft lever двойной секторный ремизный рычаг (мр)	a	levier (m) double de la commande des lames leva (f) doppia per il comando dei licci doble calca (f)	10
	ineinandergreifende Zahnbögen (mpl) geared segments сцепляющиеся друг с дружкой зубчатые дуги (жр)	*b*	segments (mpl) dentés engrenant entre eux segmenti (mpl) dentati ingranandosi segmentos (mpl) dentados engranando entre ellos	11
	Messerhebel (m), Wage (f) griffe bar ножовой рычаг (мр)	*c*	levier (m) de la griffe leva (f) della griffa palanca (f) de las cuchillas	12
	Schwinge (f) vibrating lever качающийся рычаг (мр)	*d*	levier (m) basculant leva (f) oscillante brazo (m) oscilante	13
	Parallelogramm (n) parallel link motion параллелограм (мр)	*e*	parallélogramme (m) parallelogrammo (m) paralelogramo (m)	14
	Schalthaken (m) ratchet pawl зацепной *или* захватный рычаг (мр)	*g*	cliquet (m) de rochet nottolino (m) d'innesto gatillo (m) de estrella	15
	Handrad (n) hand wheel ручной маховичек (мр)	*h*	volant (m) à main ruota (f) a mano volante (m)	16

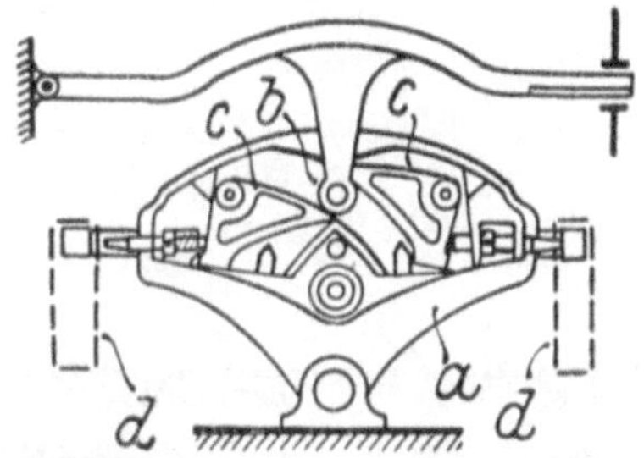

1	Schaukelschaftmaschine (f), Nuttallmaschine Nuttall's dobby, Nuttall's oscillating treading motion качающаяся каретка (жр), каретка Нутталя		ratière (f) Nuttall à balancier ratiera (f) oscillante di Nuttall maquinita (f) oscilante *o* de cuna, de Nuttall
2	Scheibensektor (m) oscillating sector [качающийся] проступной сектор (мр) [с пластинами]	*a*	secteur (m) oscillant settore (m) oscillante sector (m) *o* plato (m) oscilante
3	Trittrolle (f) treadle bowl проступной ролик (мр)	*b*	galet (m) de marche rullo (m) del pedale rodillo (m) de la calca
4	Zungenweiche (f) point switch стрелка (жр) с язычками	*c*	excentrique (m) à languette scambio (m) a linguetta excéntrico (m) en forma de gatillo
5	Kartenlauf (m) pattern bowl chain бесконечная цепь (жр) карт	*d*	chaîne (f) de cartons catena (f) di cartoni cadena (f) de cartones
6	Drehachse (f) fulcrum ось (жр) вращения		point (m) d'appui punto (m) d'appoggio gorrón (m), punto (m) de giro
7	Doppelhubanordnung (f) double lifting arrangement приспособление (ср) для двойного под'ема		dispositif (m) pour double lève dispositivo (m) per doppia alzata dispositivo (m) de doble ascenso

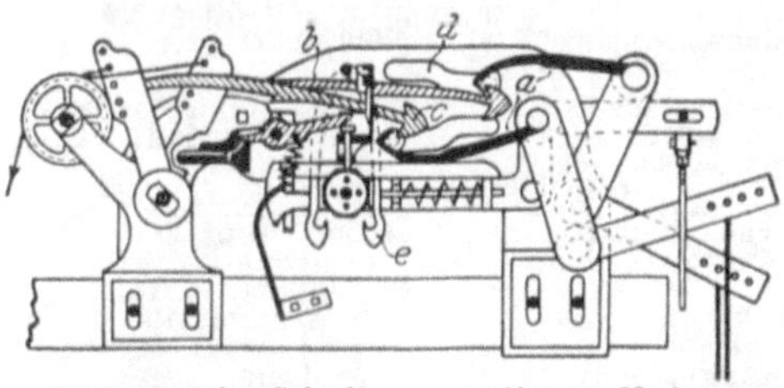

No.			
8	Hodgsonsche Schaftmaschine (f), Schaufelschaftmaschine (f) Hodgson dobby лопастная каретка (жр) Годчсона		ratière (f) Hodgson *ou* à aubes ratiera (f) Hodgson maquinita (f) Hodgson
9	schaufelförmiges Messer (n) scoop knife нож (мр) в виде лопасти	*a*	couteau (m) en forme d'aube coltello (m) a forma di paletta cuchilla (f) en forma de pala
10	Doppelnasenplatine (f) double hook catch двухсторонний *или* двойной крючок (мр)	*b*	platine (f) à double crochet platina (f) a doppio nasello corchete (m) de doble gancho
11	Platinenkopf (m) hook end *or* head головка (жр) крючка	*c*	tête (f) de la platine testa (f) della platina cabeza (f) del corchete
12	Messerschlitz (m) slot for knife вырез (мр) *или* прорез (мр) для ножа	*d*	coulisse (f) du couteau scorritoio (m) del coltello colisa (f) de la cuchilla
13	Wendehaken (m) catch поворотный крючок (мр)	*e*	clanche (f) uncino (m) di comando cuchillo (m)
14	Hub (m) der Messer travel of knives под'ем (мр) *или* приподнимание (ср) ножей		lève (f) des couteaux sollevamento (m) dei coltelli levantamiento (m) de las cuchillas
15	Kartenschlagen (n) für die Schaufelschaftmaschine card cutting for Hodgson dobby набивание (ср) карт для лопастной каретки		coupage (m) des cartons pour ratière Hodgson foratura (f) dei cartoni per la ratiera Hodgson picado (m) de cartones para maquinita Hodgson

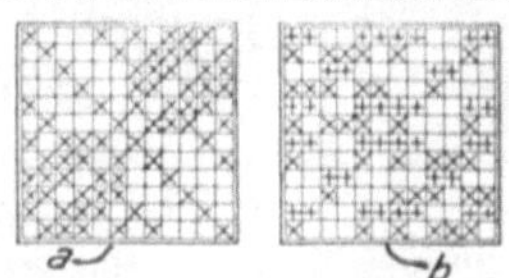

16	Bindungszeichnung (f) weave design рисунок (мр) переплетения	*a*	armure (f) du liage armatura (f) del legamento ligamento (m) puesto en carta
17	Schlagpatrone (f) pattern for card cutting, peg plan пробивной патрон (мр)	*b*	armure (f) du perçage de cartons disegno (m) *o* patrona (f) per la foratura dei cartoni muestra (f) de picado de cartones
18	ungeradzahlige Schüsse (mpl) odd picks нечетные уточины		duites (fpl) impaires trame (fpl) impari pasadas (fpl) impares
19	geradzahlige Schüsse (mpl) even picks четные уточины (жр)		duites (fpl) paires trame (fpl) pari pasadas (fpl) pares
20	das in der Bindung Gelassene schlagen to punch the holes for blanks in the binding пробивать дыры (жр) для постоянных *или* неподвижных ремизок		percer les trous pour les sautés *ou* laissés de l'armure punzonare i buchi per i fili lasciati picar los agujeros para los dejos del ligamento

1	das in der Bindung Genommene schlagen to punch the holes for the rising shafts пробивать дыры (жр) для переменных *или* проступных ремизок		percer les trous pour les pris de l'armure punzonare i buchi per i fili presi picar los agujeros para los tomos del ligamento

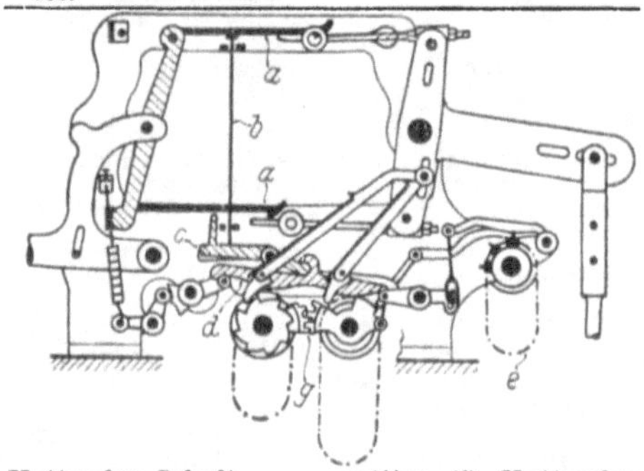

2	Hattersley-Schaftmaschine (f) Hattersley *or* Keighley *or* Yorkshire dobby каретка (жр) Гаттерслея		ratière (f) Hattersley ratiera (f) Hattersley maquinita Hattersley (f)
3	Platine (f) draw hook крючок (мр)	*a*	platine (f), crochet (m) platina (f) gancho (m)
4	Nadel (f), Stößel (m) needle игла (жр)	*b*	aiguille (f) ago (m) aguja (f)
5	Hilfshebel (m) auxiliary lever вспомогательный рычажок (мр)	*c*	levier (m) de marche leva (f) ausiliare palanca (f) auxiliar
6	Schwinghebel (m) swivel lever качающийся рычаг (мр)	*d*	levier (m) oscillant leva (f) oscillante brazo (m) oscilante
7	Kartenlauf (m) lag lattice *or* chain бесконечная цепь (жр) карт	*e*	chaîne (f) de cartons cartone (m) continuo cadena (f) de cartones
8	Zahnbogenstück (n) toothed sector зубчатый сектор	*g*	secteur (m) denté settore (m) dentato sector (m) dentado
9	der Hebel ruht auf dem Kartenlauf the lever rests on the lattice рычажек (мр) покоится на карточной решетке		le levier repose sur la chaîne de cartons la leva s'appoggia sul cartone continuo la palanca descansa sobre los cartones
10	Lagenwechsel (m) des Schwinghebelstützpunktes movement of fulcrum of the swivel lever перемена (жр) положения опорных точек пластины		changement (m) de point d'appui du levier oscillant cambio (m) del punto d'appoggio della leva oscillante cambio (m) de apoyo del brazo oscilante
11	den Hebel stützen to support the lever подпирать рычажок		supporter le levier appoggiare la leva apoyar la palanca

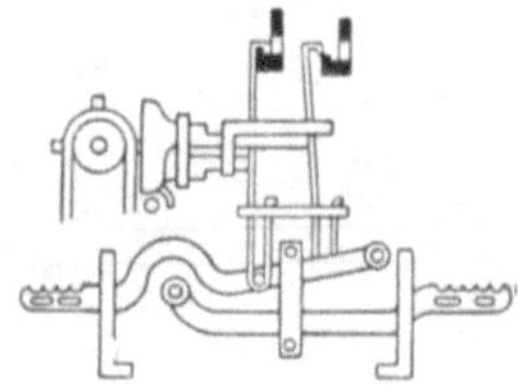

Doppelhubschaftmaschine (f) von White White's double lift dobby двухпод'емная каретка (жр) Уайта		ratière (f) White à double lève ratiera (f) White a doppia corsa maquinita (f) White de doble ascenso	12

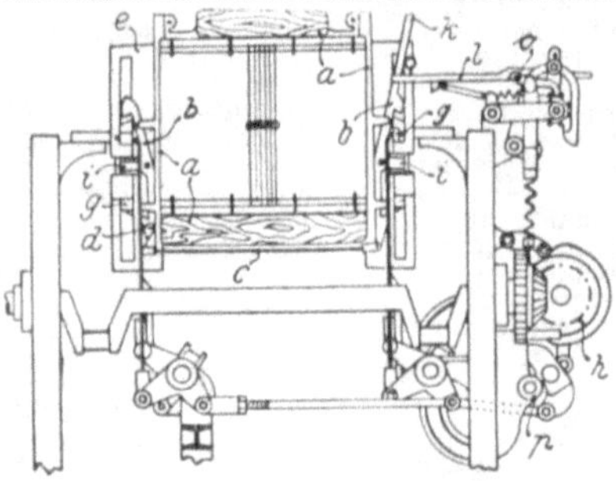

Schaftmaschine (f) von Wolfrum Wolfrum's dobby каретка (жр) Вольфрума		ratière (f) Wolfrum ratiera (f) Wolfrum maquinita (f) Wolfrum	13
Schaftrahmen (m) frame of heald shaft ремизная рама	*a*	cadre (m) à lisses telaio (m) dei licci marco (m) de las mallas	14
Stahlplatine (f) steel hook стальной крючок (мр)	*b*	platine (f) en acier platina (f) d'acciaio gancho (m) de acero	15
Verbindungsdraht (m) connecting wire соединительный пруток (мр)	*c*	tringle (f) de connexion filo (m) metallico di connessione varilla (f) de conexión	16
Zwischenhebel (m) intermediate lever, link lever промежуточный рычаг (мр)	*d*	levier (m) intermédiaire leva (f) intermedia palanca (f) intermedia	17
Führungsplatte (f) guide plate направляющая пластинка (жр)	*e*	plaque (f) de guidage piastra (f) di guida plancha (f) guía	18
Schaftmesser (n) draw knife кареточный нож (мр)	*g*	couteau (m) de levée coltello (m) della ratiera cuchilla (f)	19
Kurbelschere (f), Kurbelkupplung (f) crank connecting link фрикцион (мр) кривошипа	*h*	accouplement (m) de manivelle accoppiamento (m) della manivella acoplamiento (m) de manivela	20
Anschlag (m) buffer упорка (жр), упорный прилив (мр)	*i*	butoir (m) tacchetto tope (m)	21

1	Platinenverlängerung (f) hook extension удлиненный конец (мр) крючка	*k*	pièce (f) d'allongement de la platine pezzo (m) d'allungamento della platina pieza (f) de alargamiento del gancho
2	Stoßplatine (f), Stoßnadel (f) front needle ударный крючок (мр), толкач (мр)	*l*	aiguille (f) intermédiaire ago (m) di contatto aguja (f) intermedia
3	Hacker (m), Mitnehmer (m) catch зацепка (жр)	*o*	saillant (m) sporto (m), tacca (f) taco (m)
4	Facheinstellhebel (m) shed adjusting lever рычаг (мр) для установки зева	*p*	levier (m) de réglage de la foule leva (f) di regolazione del passo palanca (f) reguladora de la calada

5	Doppelfachschaftmaschine (f) double shed dobby каретка (жр) для двойного зева	ratière (f) à double pas ratiera (f) a doppio passo maquinita (f) de doble calada

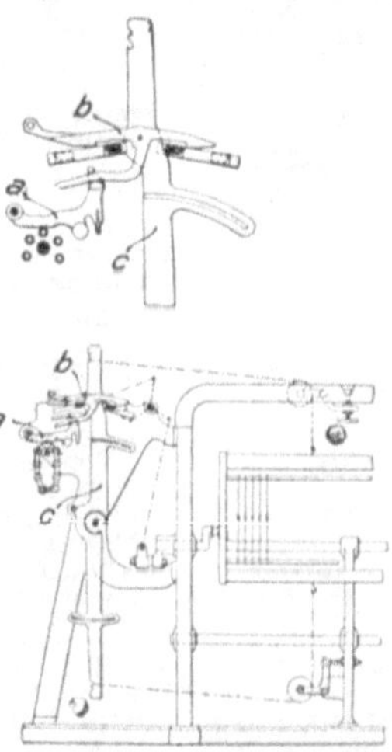

6	Schaftmaschine (f) für schnellgehende Buckskinstühle dobby for fast running buckskin loom каретка (жр) для быстроходных букскиновых ткацких станков	ratière (f) pour métier à grande vitesse pour drap fort anglais ratiera (f) per telaio rapido per buckskin maquinita (f) para telar a grande velocidad para paño cuero

Hilfshebel (m) auxiliary lever вспомогательный рычажок (мр)	*a*	levier (m) de marche leva (f) ausiliare palanca (f) auxiliar	7
Doppelplatinenhebel (m) double draw hook рычажок (мр) с двойным крючком	*b*	levier (m) à double crochet platina (f) a due naselli palanca (f) de doble gancho	8
Schemel (m) treadle lever, treading rod проступной рычаг	*c*	marche (f) pedale (m) calca (f)	9

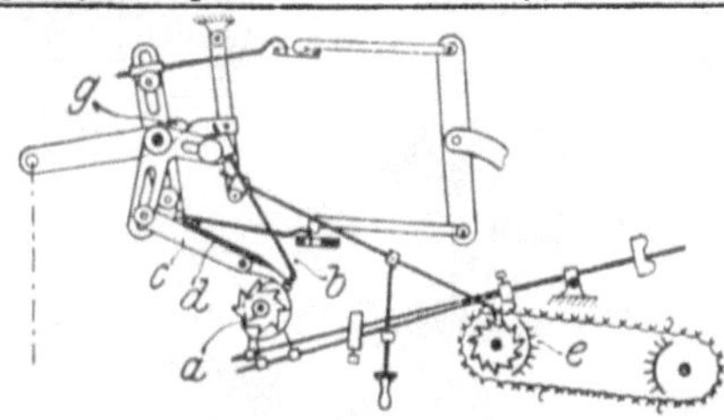

Wechselschaftmaschine (f) cross border dobby каретка (жр) для сменного проступания		ratière (f) à changement ratiera (f) a cambio maquinita (f) de cambio	10
Prismenwelle (f) cylinder shaft вал (мр) призмы	*a*	arbre (m) du cylindre albero (m) del cilindro árbol (m) del cilindro	11
Zugklinke (f) pulling pawl натяжная собачка (жр)	*b*	cliquet (m) de traction nottolino (m) di trazione gatillo (m) de tracción	12
Stoßklinke (f) pushing catch *or* pawl нажимная *или* толкающая собачка (жр)	*c*	cliquet (m) de poussée nottolino (m) di spinta contra-gatillo (m)	13
Feder (f) spring пружина (мр)	*d*	ressort (m) molla (f) resorte (m)	14
Kettenrad (n) chain wheel цепной блок (мр)	*e*	roue (f) à chaîne ruota (f) a catena rueda (f) de la cadena	15
Anschlag (m), Mitnehmer (m) catch упорка (жр)	*g*	saillant (m) sporto (m) taco (m)	16
das Prisma um x Teilungen vorwärts schalten to draw the cylinder forward by x teeth подавать призму (жр) на x делений вперед		faire avancer le cylindre de x dents far avanzare il prisma di x denti avanzar el cilindro hacia adelante x dientes	17
Eingreifen (n) der Klinke action of catch защелкивание (ср) собачки		engagement (m) du cliquet impegno (m) del nottolino encajamiento (m) del gatillo	18
die Klinke ist außer Eingriff the catch is out of action собачка (жр) вышла из зацепления		le cliquet est décroché il nottolino è disimpegnato el gatillo no coje o no encaja	19

1
Prisma (n) für Längsstreifen
cylinder for long striped fabrics
призма (жр) для продольных полос
cylindre (m) pour étoffes à rayures en long
prisma (m) per tessuti striati in lunghezza
cilindro (m) para piezas listadas a lo largo

2
jedes Prisma für sich bewegen
to move each cylinder individually
вращать каждую призму (жр) самостоятельно
faire mouvoir chaque cylindre individuellement
muovere ogni prisma per suo conto
mover cada cilindro individualmente

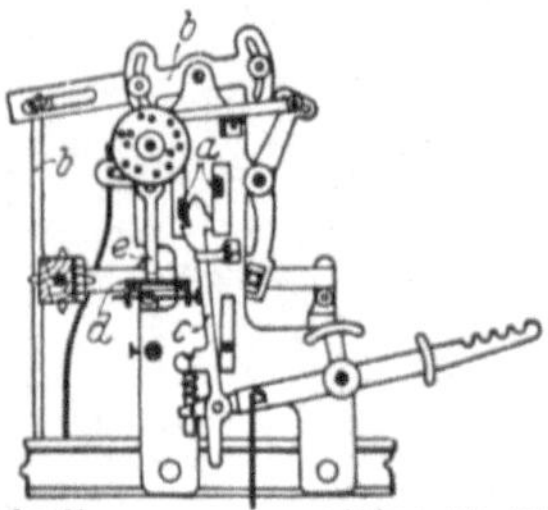

3
Wenzel-Schaftmaschine (f)
Wenzel's dobby
каретка (жр) Венцеля
ratière (f) Wenzel
ratiera (f) Wenzel
maquinita (f) Wenzel

4 a
schwingendes Messer (n)
oscillating knife
качающийся нож (мр)
couteau (m) oscillant
coltello (m) oscillante
cuchilla (f) oscilante

5 b
Gestänge (n)
compound levers
рычажный механизм (мр)
système (m) de leviers
sistema (m) di leve
sistema (m) de palancas

6 c
doppelnasige Platine (f)
double nosed draw hook
двухзахватный *или* двухзагибный крючок (мр)
crochet (m) à double bec
platina (f) a due naselli
corchete (m) de doble gancho

7 d
bewegliches Nadelbrett (n)
adjustable needle plate *or* board
подвижная шпеньковая планка (жр)
planche (f) à aiguilles mobile
tavola (f) ad aghi mobile
tabla (f) móvil de las agujas

8 e
Schlitzstange (f)
slotted bar
рычаг (мр) с прорезом, кулиссный рычаг
tringle (f) à coulisse
asta (f) a glifo
tirante (m) con colisa

9
das Nadelbrett senkrecht verstellen
to adjust the needle plate vertically
передвигать игольчатую планку (жр) в вертикальном направлении
régler la planche à aiguilles dans sa position verticale
regolare la tavola ad aghi in posizione verticale
regular la tabla de las agujas en su posición vertical

10
Bindungswechsel (m)
change of weave
смена (жр) переплетения
changement (m) de liage
cambio (m) d'armatura
cambio (m) de ligamento

11
Bindungswechselvorrichtung (f)
weave changing mechanism
приспособление (ср) для смены переплетения
mécanisme (m) de changement de liage
meccanismo (m) per cambiare l'armatura
dispositivo (m) para el cambio de ligamento

12
Kartenprisma (n), Musterprisma (n)
pattern cylinder
картная призма (жр), барабанчик (мр) для узорной карты
cylindre (m) à cartons
prisma (m) a cartoni
cilindro (m) para cartones

13
Hebedaumen (m)
tappet
под'емный кулачек (мр)
came (f)
bocciuolo (m)
leva (f)

14
Fühler (m)
feeler
щупалец (мр)
tâteur (m)
tastatore (m)
contacto (m)

15
Flügelmutter (f)
wing nut
гайка (жр) с барашком
écrou (m) à oreilles
dado (m) ad alette
tuerca (f) de mariposa

16
Fehler (m) im Aushub
mislift
неправильность (жр) проступания
erreur (f) de lève
errore (m) nell'alzata
error (m) de alza

17
Schaftmaschine (f) mit kraftschlüssiger Bewegung der Platinen, negative Schaftmaschine
negative *or* non-positive dobby
негативная каретка (жр)
ratière (f) négative
ratiera (f) negativa
maquinita (f) negativa

18
Schaftmaschine (f) mit zwangläufiger Bewegung der Platinen, positive Schaftmaschine
positive dobby
позитивная каретка (жр)
ratière (f) positive
ratiera (f) positiva
maquinita (f) positiva

19
Wechselkette (f)
change chain
сменная цепочка (жр)
chaîne (f) de changement
catena (f) di ricambio
cadena (f) de recambio

20 a
niedriges Kettenglied (n)
low link of chain
рядовое *или* низкое *или* тонкое звено (ср) цепи
maillon (m) plat de la chaîne
anello (m) piatto della catena
eslabón (m) aplastado de la cadena

21 b
hohes Kettenglied (n)
high link of chain
звено (ср) цепи с выступом, толстое звено
maillon (m) relevé de la chaîne
anello (m) alto della catena
eslabón (m) levantado de la cadena

22
Kartensparvorrichtung (f)
card saving motion, cross border motion, handkerchief motion
приспособление (ср) для укороченных карт, платочная каретка (жр)
mécanisme (m) réducteur de cartons
meccanismo (m) per la riduzione dei cartoni
economizador (m) de cartones

1 Kartenersparnis (f)
saving in the number of cards
сбережение (ср) карт
économie (f) de cartons
economia (f) di cartoni
economía (f) de cartones

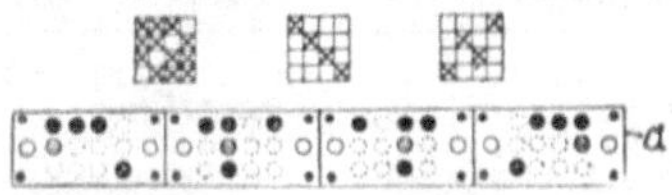

2 Karte (f) mit mehreren Bindungen
card cut for several weaves
карта (жр) для нескольких переплетений
carton (m) pour plusieurs dessins
cartone (m) *o* cartella (f) per più legamenti
cartón (m) dispuesto para varios ligamentos

3 Bindungsreihen (fpl)
rows of peg holes *a*
рядки (мр) переплетений
rangées (fpl) de liage
file (fpl) di fori
hileras (fpl) de agujeros

4 Kantenkarte (f), Bordürenkarte (f)
border lag
карта (жр) для бордюр, кромочная карта
carton (m) des bordures
cartone (m) dei bordi
cartón (m) de los orillos *o* bordes

5 Grundmusterkarte (f), Tischmusterkarte (f)
body lag
грунтовая карта (жр)
carton (m) de fond
cartone (m) di fondo
cartón (m) del cuerpo *o* fondo

6 Vollkarte (f), Blindkarte (f)
blank card
слепая карта (жр)
carton (m) blanc *ou* plein
cartone (m) pieno
cartón (m) lleno

7 Schaftmaschine (f) für zwei Bindungen
double decked dobby
каретка (жр) для двух переплетений
ratière (f) pour deux liages
ratiera (f) per due legamenti
maquinita (f) para dos ligamentos

8 Schaftmaschine (f) für drei Bindungen
three decked dobby
каретка (жр) для трех переплетений
ratière (f) pour trois liages
ratiera (f) per tre legamenti
maquinita (f) para tres ligamentos

9 *β*) Einzelheiten (fpl) der Schaftmaschine
Details of the Dobby Machine
Детали (мр) каретки
Détails (mpl) de la ratière
Dettagli (mpl) della ratiera
Detalles (mpl) de la maquinita

*β*₁) Schaftregler (m)
Heald Levelling Motion
Вилочка (жр) *или* планка (жр) для регулирования установки ремиза
Régleur (m) ou niveleur (m) des lames
Livellatore (m) *o* regolatore (m) dei licci
Nivelador (m) *o* regulador (m) de lizos

10

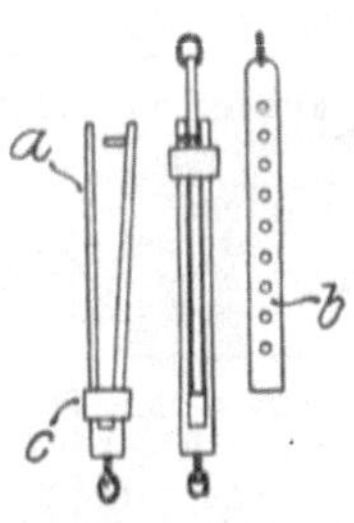

11 federnde Gabel (f) mit Stift
springfork with pin *a*
пружинящая вилочка (жр) с штифтом
fourchette (f) élastique avec goupille
forchetta (f) elastica con ago
pinzas (fpl) con punta *o* clavija

Plättchen (n) mit Löcherreihe
bar with pin holes *b*
пластинка (жр) *или* планочка (жр) с рядом дырочек
barrette (f) avec rangée de trous
piastrella (f) con fila di buchi
planchita (f) con una hilera de taladros 12

Schiebering (m)
locking ring *c*
передвижное кольцо (ср)
anneau (m) coulissant
anello (m) scorrevole
anillo (m) corredizo 13

die Schäfte regeln
to level the healds
выверять ремизки (жр)
niveler les lames
livellare i licci
nivelar los lizos 14

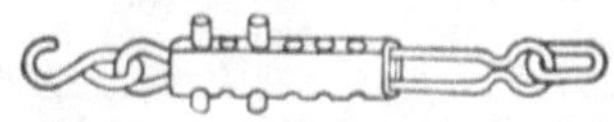

Schaftregler (m) von Schoene
Schoene's heald leveller
прибор (мр) Шене для выверки ремиза
régleur (m) des lames de Schoene
livellatore (m) dei licci di Schoene
nivelador (m) de lizos tipo Schoene 15

schraubenartig gewundener Regler (m)
twisted wire heald leveller
винтообразный прибор (мр) для выверки ремиза
régleur (m) de lames avec fil de fer en hélice
livellatore (m) dei licci con filo metallico torto
nivelador (m) de lizos con alambre arrollado en hélice 16

Hin- und Herzerren (n) der Schäfte
jerking of the heald shafts
дергание (ср) ремизок взад и вперед
tiraillement (m) des lames
scuotimento (m) dei licci
vibración (f) *o* trepidación (f) de los lizos 17

Zugknoten (m)
slip knot
узел (мр) подвязи
nœud (m) coulant
nodo (m) scorsoio
nudo (m) corredizo 18

*β*₂) Fachbildegetriebe (n)
Shedding Motion
Передача (жр) для образования зева, проступной механизм (мр)
Mécanisme (m) de formation du pas
Dispositivo (m) di comando dei licci
Mecanismo (m) para la formación de la calada, tiralizos (m) 19

Aufzugvorrichtung (f)
lifting mechanism
под'емное приспособление (ср)
mécanisme (m) de lève
meccanismo (m) d'alzata
mecanismo (m) de alza 20

Niederzugvorrichtung (f)
lowering mechanism
опускное приспособление (ср)
mécanisme (m) de rabat *ou* de baisse
meccanismo (m) di abbassamento *o* di discesa
mecanismo (m) de baja 21

1
Auf- und Niederzugvorrichtung (f)
lifting and lowering mechanism
под'емное и опускное приспособление (ср)
mécanisme (m) de lève-et-baisse
meccanismo (m) d'alzata e discesa
mecanismo (m) de alza y baja

2
hochgehender Schaft (m)
rising shaft
поднимающийся ремиз (мр)
lame (f) montante
liccio (m) ascendente
lizo (m) ascendente

3
tiefgehender Schaft (m)
falling shaft
опускающийся ремиз (мр)
lame (f) descendante
liccio (m) discendente
lizo (m) descendente

4
Fachmitte (f)
centre of shed
центр (мр) зева
centre (m) du pas
centro (m) del passo
centro (m) de la calada

5
offenes Fachbildegetriebe (n)
negative shedding motion
открытая *или* негативная передача (жр) для образования зева
mécanisme (m) de formation du pas négatif
meccanismo (m) per formare il passo negativo
mecanismo (m) negativo de formación de la calada

6
geschlossenes Fachbildegetriebe (n)
positive shedding motion
замкнутая *или* позитивная передача (жр) для образования зева
mécanisme (m) pour la formation du pas positif
meccanismo (m) per formare il passo positivo
mecanismo(m) positivo para la formación de la calada

7
Fachexzenter (n)
tappet
проступный эксцентрик (мр)
excentrique (m) pour la formation de la foule
eccentrico (m) per formare il passo
excéntrico (m) para la formación de la calada

8
Exzentertriebwerk (n)
tappet *or* wiper motion
механизм (мр) эксцентриков
mécanisme (m) des excentriques
meccanismo (m) degli eccentrici
mecanismo (m) de los excéntricos

9
Formgebung (f) [*oder* Konstruktion (f)] der Exzenterkurve
shape of tappet curves *or* race
расчет (мр) *или* построение (ср) очертания эксцентрика
tracé (m) de la courbe excentrique
costruzione (f) della curva dell'eccentrico
trazado (m) del perfil del excéntrico

10
Exzenterform (f)
tappet shape
очертание (ср) *или* профиль (мр) эксцентрика
forme (f) de l'excentrique
forma (f) dell'eccentrico
forma (f) del excéntrico

11
beschleunigte Bewegung (f)
accelerated motion
ускоренное движение (ср)
mouvement (m) accéléré
movimento (m) accelerato
movimiento (m) acelerado

12
verzögerte Bewegung (f)
retarded motion
замедленное движение (ср)
mouvement (m) retardé
movimento (m) ritardato
movimiento (m) retardado

13
Exzenterteilung (f)
divisions of the tappet
деление (ср) эксцентрика [на части]
divisions (fpl) de l'excentrique
divisioni (fpl) dell'eccentrico
divisiones (fpl) del excéntrico

14
Exzenterelement (n), Hubelement (n) des Exzenters
tappet sheave
составная часть (жр) эксцентрика
élément (m) de l'excentrique
elemento (m) dell'eccentrico
elemento (m) del excéntrico

15
Exzenterkurve (f)
profile of the tappet
[кривой] профиль (мр) эксцентрика
courbe (f) *ou* profil (m) de l'excentrique
curva (f) dell'eccentrico
perfil (m) del excéntrico

16
Übergangskurve (f), Verbindungskurve (f)
connecting curve
промежуточная *или* соединительная кривая (жр)
courbe (f) d'union
curva (f) d'unione
curva (f) de conexión

17
Exzenterhub (m)
throw of the tappet
под'ем (мр) *или* эксцентрицитет (мр) эксцентрика
course (f) de l'excentrique
corsa (f) dell'eccentrico
carrera (f) del excéntrico

18
Steigungswinkel (m)
angle of inclination
угол (мр) под'ема
angle (m) d'inclinaison
angolo (m) d'inclinazione
ángulo (m) de inclinación

19
Exzenterflanke (f)
flank *or* side of tappet
бок (мр) эксцентрика
côté (m) *ou* flanc (m) de l'excentrique
fianco (m) dell'eccentrico
flanco (m) del excéntrico

20
Leitstrahl (m), Fahrstrahl (m), Radiusvektor (m)
radius vector
радиус (мр) кривизны
rayon (m) vecteur
raggio (m) vettore
radio (m) vector

21
Exzentersatz (m)
set of tappets
набор (мр) эксцентриков
jeu (m) d'excentriques
giuoco (m) d'eccentrici
juego (m) de excéntricos

22
Zusammenschrauben (n) der Exzenter
screwing up the tappets
свертывание (ср) между собой эксцентриков
vissage (m) des excentriques
avvitamento (m) degli eccentrici
atornillado (m) *o* atornillamiento (m) de los excéntricos

23

zusammengegossene Exzenter (npl)
tappets cast solid
отлитые в одно целое эксцентрики (мр)
excentriques (mpl) coulés pleins
eccentrici (mpl) fusi in un sol pezzo
excéntricos (mpl) fundidos en una sola pieza

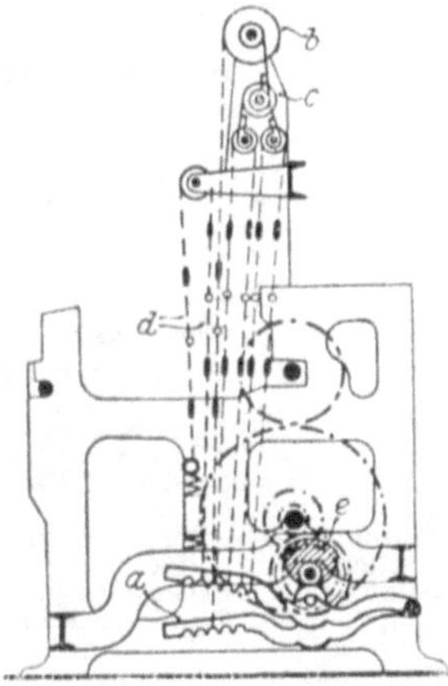

1 Innentrittvorrichtung (f)
inside *or* central treading motion
приспособление (ср) с внутренними проступными рычагами
mouvement (m) de marches intérieures
meccanismo (m) di moto dei licci all'interno
mecanismo (m) de cárcolas interiores

2 Tritthebel (m)
treadle lever
проступной рычаг (мр)
a
marche (f)
pedale (m)
calca (f)

3 Oberrolle (f)
top bowl
верхний ролик (мр)
b
poulie (f) supérieure
puleggia (f) superiore
polea (f) superior

4 Rollengehänge (n), Rollenzug (m)
stock and bowl motion
подвеска (жр) роликов
c
mouvement (m) à poulies
dispositivo (m) di sospensione a rulli
dispositivo (m) de suspensión de poleas

5 Leistenschaft (m)
selvedge shaft
кромочная ремизка (жр)
d
lamette (f)
liccio (m) per la cimossa
lizos (mpl) para el orillo

6 Leistenexzenter (n)
selvedge tappet
проступной эксцентрик (мр) для образования кромки
e
excentrique (m) pour la lisière
eccentrico (m) per la cimossa
excéntrico (m) para orillo

7 Innenexzenter (n)
inside tappet
внутренний эксцентрик (мр)
excentrique (m) à l'intérieur
eccentrico (m) interno
excéntrico (m) interior

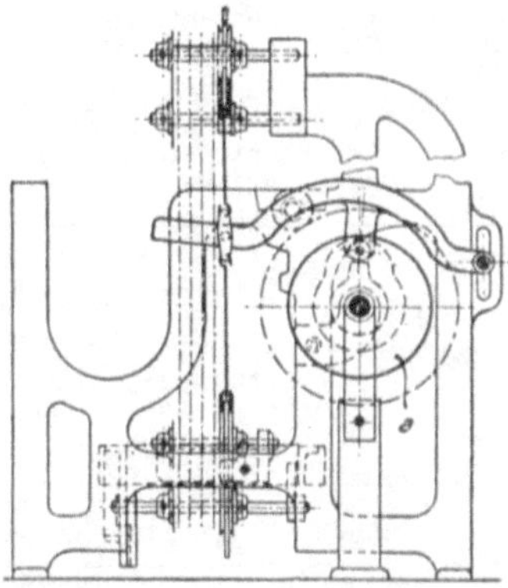

Außentrittvorrichtung (f)
outside treading motion
приспособление (ср) с наружными проступными рычагами
mouvement (m) de marches extérieures
meccanismo (m) di moto dei licci all'esterno
mecanismo (m) de cárcolas exteriores 8

Nutenscheibe (f)
grooved disc, positive tappet
диск (мр) с канавкой
a
disque (m) à rainure
disco (m) a scanalatura
disco (m) ranurado 9

Außenexzenter (n)
outside tappet
наружный эксцентрик (мр)
excentrique (m) extérieur
eccentrico (m) esterno
excéntrico (m) exterior 10

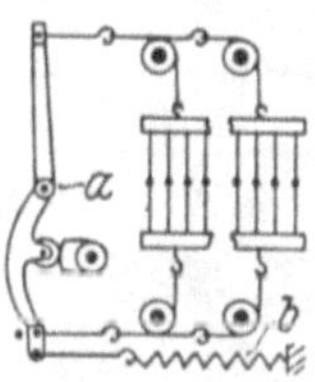

Geschirrbewegung (f) mit senkrechten *oder* lotrechten Tritten
vertical shedding motion
ремизное движение (ср) с вертикальными проступными рычагами
mouvement (m) des lames avec marches droites *ou* verticales
meccanismo (m) di moto dei licci con calcole perpendicolari *o* verticali
mecanismo (m) de movimiento de los lizos mediante cárcolas perpendiculares 11

Schwingpunkt (m)
fulcrum
точка (жр) качания
a
point (m) de rotation
punto (m) di rotazione
gorrón (m), punto (m) de oscilación 12

Zugfeder (f)
draw spring
натяжная пружина (жр)
b
ressort (m) de traction
molla (f) di trazione
resorte (m) de tracción 13

Kurbelleitstangengetriebe (n)
crank motion for ginghams
миткалевый проступной механизм (мр)
mécanisme (m) à manivelle
meccanismo (m) a manovella
mecanismo (m) de manubrio *o* de cigüeña 14

1 offenes *oder* glattes *oder* einfaches Exzenter (n)
negative tappet
открытый *или* обыкновенный эксцентрик (мр)
excentrique (m) simple *ou* négatif
eccentrico (m) aperto *o* negativo
excéntrico (m) negativo

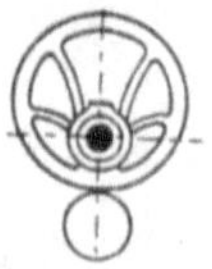

2 einteiliges Kreisexzenter (n)
one piece cam *or* tappet
цельный круглый эксцентрик (мр), эксцентрик с круглым профилем
excentrique (m) simple à profil rond
eccentrico (m) semplice circolare
excéntrico (m) simple de perfil circular

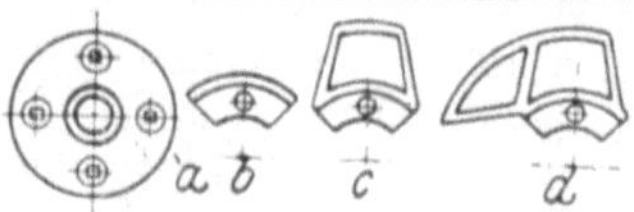

3 mehrteiliges *oder* zusammengesetztes Exzenter (n)
box plate *or* built up tappet
составной эксцентрик (мр)
excentrique (m) multiple *ou* à tapettes
eccentrico (m) multiplo
excéntrico (m) múltiple

---

4 *a* Grundscheibe (f)
centre, body
основной диск (мр)
plateau (m) de fixation
piastra (f) di fissazione
plato (m) de fijación

---

5 *b* Exzenterstück (n) für Senkung
sinker
эксцентриковая накладка (жр) для опускания
tapette (f) de rabat
disco (m) per abbassamento
segmento (m) de baja

---

6 *c* Exzenterstück (n) für Hebung
riser
эксцентриковая накладка (жр) для под'ема
tapette (f) de levée
disco (m) per alzata
segmento (m) de alza

---

7 *d* Exzenterstück (n) für Offenfach
cam piece for open shedding
эксцентриковая накладка (жр) для открытого зева
tapette (f) pour pas ouvert
parte (f) dell'eccentrico per passo aperto
segmento (m) para paso abierto

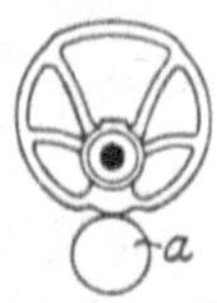

8 Leinwandexzenter (n) für gleichmäßige Schaftbewegung
plain cloth tappet for uniform speed of heald shafts
миткалевый эксцентрик (мр) для равномерного движения ремиза
excentrique (m) pour tissu toile pour mouvement uniforme des lames
eccentrico (m) per tessuti lisci a movimento uniforme dei licci
excéntrico (m) de tafetán para movimiento uniforme de los lizos

---

9 *a* Exzenterrolle (f)
tappet bowl
ролик (мр) эксцентрика
galet (m) de l'excentrique
rullo (m) dell'eccentrico
rodillo (m) del excéntrico

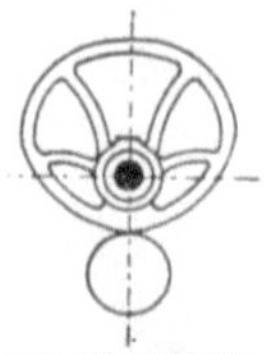

10 Leinwandexzenter (n) mit veränderlicher Schaftbewegung
plain cloth tappet for variable speed of heald shafts
миткалевый эксцентрик (мр) для переменного движения ремиза
excentrique (m) pour tissu toile à mouvement variable des lames
eccentrico (m) per tessuti lisci a movimento variabile dei licci
excéntrico (m) de tafetán para movimiento variable de los lizos

---

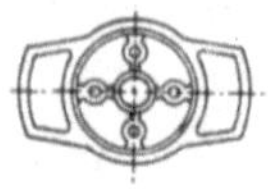

11 Leinwandexzenter (n) mit geraden Flanken
plain cloth tappet with equal rises
прямобокий миткалевый эксцентрик (мр)
excentrique (m) pour tissu toile à flancs droits
eccentrico (m) per tessuti lisci con fianchi diritti
excéntrico (m) de tafetán de flancos derechos

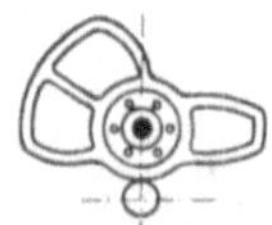

12 Exzenter (n) für mehrbindige Ware
tappet for patterned weaves
эксцентрик (мр) для товаров многократного переплетения
excentrique (m) pour tissu façonné
eccentrico (m) per tessuto figurato
excéntrico (m) para tejido labrado

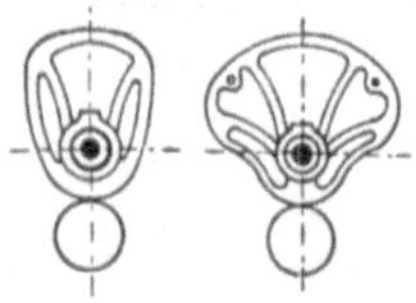

13 Offenfachexzenter (n), Exzenter (n) für offenes Fach
tappet for open shedding
эксцентрик (мр) для открытого зева
excentrique (m) pour pas ouvert
eccentrico (m) per passo aperto
excéntrico (m) para paso abierto

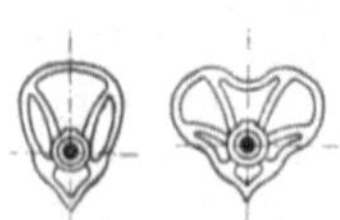

14 Geschlossenfachexzenter (n), Exzenter (n) für geschlossenes Fach
tappet for closed shedding
эксцентрик (мр) для замкнутого зева
excentrique (m) pour pas fermé
eccentrico (m) per passo chiuso
excéntrico (m) para paso cerrado

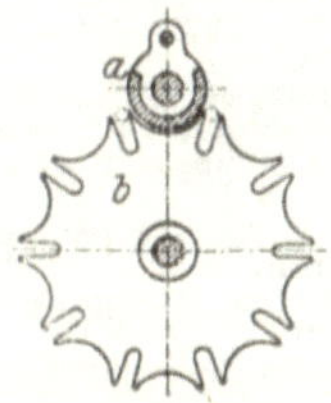

1 Antrieb (m) für Exzenter, Exzenterantrieb (m)
tappet driving
привод (мр) эксцентриков
mécanisme (m) de commande des excentriques
meccanismo(m) d'azionamento degli eccentrici
mecanismo (m) de estrella para accionar los excéntricos

---

2 Einzahnrad (n), Greifer (m), Treiber (m), Stiftrad (n)
single pin wheel, operating arm for star wheel
однозубое захватное колесо (ср)
a
roue (f) à goupille *ou* à cheville
ruota (f) a caviglia
rueda (f) motriz *o* de clavija

---

3 Sternrad (n), Stern (m)
star wheel, Geneva stop wheel
звездочка (жр)
b
étoile (f)
ruota (f) a stella, stella (f)
rueda (f) de estrella

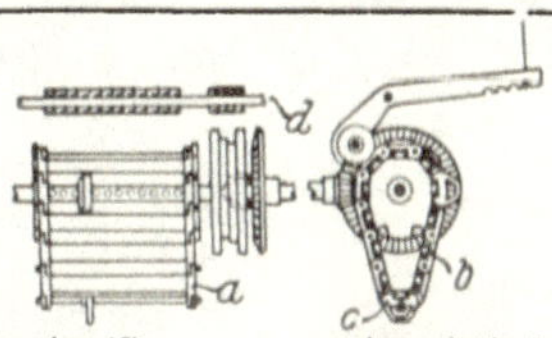

4 Exzenterkarte (f)
eccentric card
проступная карта (жр) *или* решетка (жр)
carton (m) des excentriques
cartone (m) degli eccentrici
cartón (m) de los excéntricos

---

5 Scheibe (f) mit Einschnitten
toothed disc
диск (мр) с выемками
a
plateau (m) denté
disco (m) dentato
disco (m) dentado

---

6 durch Scharnierstücke verbundene Holzleisten (fpl)
hinged wooden lags
деревянные планочки (жр), соединенные между собой шарнирами
b
lattes (fpl) reliées par des charnières
barrette (fpl) di legno unite da cerniere
listones (mpl) de madera unidos por charnelas

---

7 Daumen (m), Trittherzchen (n)
treading tappet, tappet for shedding
проступная (-ое) скобочка (жр) *или* коленце (ср)
c
pièce (f) excentrique, secteur (m)
eccentrico (m) del pedale
excéntrico (m) de la cárcola

---

8 Hebelrolle (f), Trittrolle (f)
treadle bowl
ролик (мр) проступной подножки
d
roulette (f) *ou* galet (m) de la marche
rullo (m) del pedale
rodillo (m) de la cárcola

Trittherzchenform (f)
shape of treading tappets
форма (жр) проступного коленца
forme (f) des excentriques de la marche 9
forma (f) degli eccentrici del pedale
forma (f) de los excéntricos de la cárcola

Trittherzchen (n) für eine einzelne Hebung
treading tappet for single lift
проступное коленце (ср) для одного под'ема
a
excentrique (m) pour simple lève
eccentrico (m) per semplice alzata 10
excéntrico (m) para simple alza

Trittherzchen (n) für zwei Hebungen
treading tappet for double lift
проступное коленце (ср) для двух под'емов
b
excentrique (m) pour double lève
eccentrico (m) per doppia alzata 11
excéntrico (m) para doble alza

Trittherzchen (n) für mehrfache Hebung
treading tappet for multiple lift
проступное коленце (ср) для многократного под'ема
c
excentrique (m) pour lève multiple
eccentrico (m) per alzata multipla 12
excéntrico (m) para alza múltiple

Exzenterkette (f)
tappet chain
наборная проступная цепь (жр)
chaîne (f) des excentriques 13
catena (f) degli eccentrici
cadena (f) de excéntricos

Gegenzugvorrichtung (f)
reverse *or* return motion
приспособление (ср) для встречного движения
dispositif (m) de contremarche
dispositivo (m) di contromarcia 14
dispositivo (m) de contraefecto

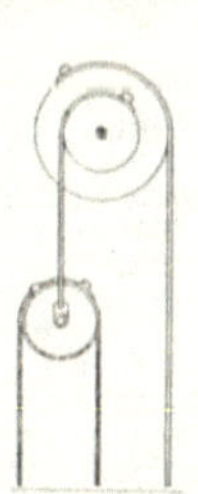

dreischäftiger Gegenzug (m)
top rollers for three shafts
трехремизный прибор (мр) для встречного движения
dispositif (m) de contremarche pour trois lames 15
dispositivo (m) di contromarcia per tre licci
dispositivo (m) de contraefecto para tres lizos

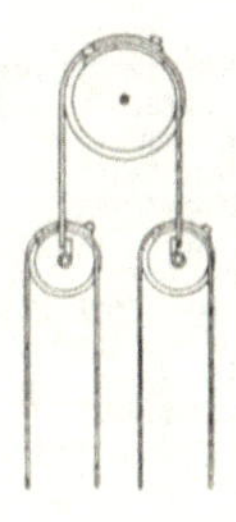

vierschäftiger Gegenzug (m)
top rollers for four shafts
четырехремизный [роличный] прибор (мр) для встречного движения
dispositif (m) de contremarche pour quatre lames 16
dispositivo (m) di contromarcia per quattro licci
dispositivo (m) de contraefecto para cuatro lizos

1 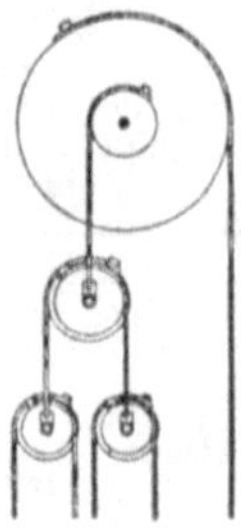

Gegenzug (m) für fünf Schäfte
top rollers for five shafts
пятиремизный [роличный] прибор (мр) для встречного движения
dispositif (m) de contremarche pour cinq lames
dispositivo (m) di contromarcia per cinque licci
dispositivo (m) de contraefecto para cinco lizos

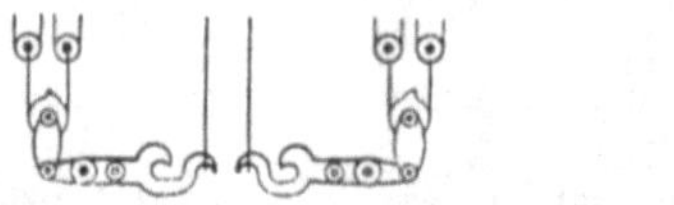

2 Gegenzug (m) für Außentritte
return motion for outside treadles
прибор (мр) для встречного движения с наружными проступными подножками
dispositif (m) de contremarche pour marches extérieures
dispositivo (m) di contromarcia per calcole esterne
dispositivo (m) de contraefecto para cárcolas exteriores

---

3 geschlossenes Exzenter (n), Nutenscheibe (f)
positive *or* grooved tappet
закрытый эксцентрик (мр), желобчатый проступный диск (мр)
excentrique (m) à rainure
eccentrico (m) chiuso *o* a scanalatura
excéntrico (m) de ranura

---

4 zwangläufige Schaftbewegung (f)
positive movement of shafts
позитивное *или* принужденное движение (ср) ремизок
mouvement (m) des lames positif
movimento (m) dei licci positivo
movimiento (m) positivo de los lizos

---

5 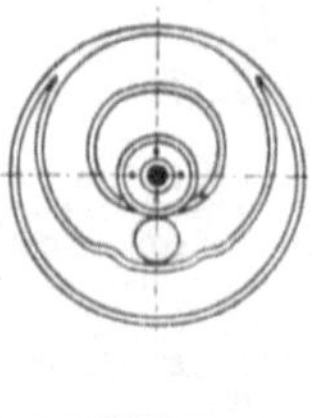

geschlossenes Leinwandexzenter (n)
whole plate tappet for plain weaving
закрытый миткалевый эксцентрик (мр)
excentrique (m) à rainure pour tissu toile
eccentrico (m) a scanalatura per tessuti lisci
excéntrico (m) de ranura para tafetán

---

6 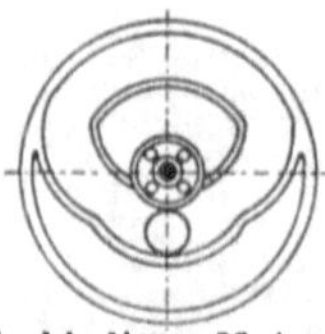

vierbindiges Nutenexzenter (n)
whole plate tappet for four shafts
желобчатый проступной диск (мр) для четырехкратного переплетения
excentrique (m) à rainure pour quatre lames
eccentrico (m) a scanalatura per quattro licci
excéntrico (m) de ranura para cuatro lizos

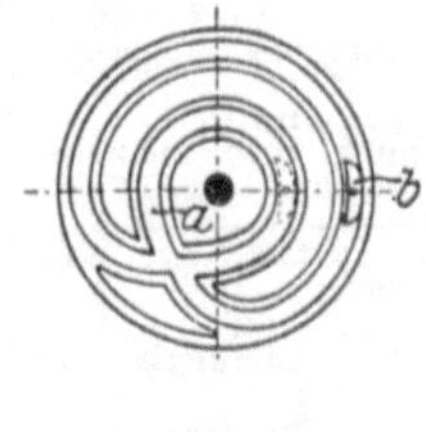

Leistenexzenter (n)
selvedge cam, scroll cam, loose striker cam
эксцентрик (мр) для образования кромок
excentrique (m) pour lisière 7
eccentrico (m) per cimossa
excéntrico (m) para orillo

---

zentrische Nut (f)
central groove
центральный (-ая) желобок (мр)
a
rainure (f) centrale
scanalatura (f) centrale 8
ranura (f) central

Gleitstück (n), Fisch (m)
half circle, half moon
полушка (жр), камень (мр)
b
coulisseau (m)
pezzo (m) scorrevole 9
media luna (f)

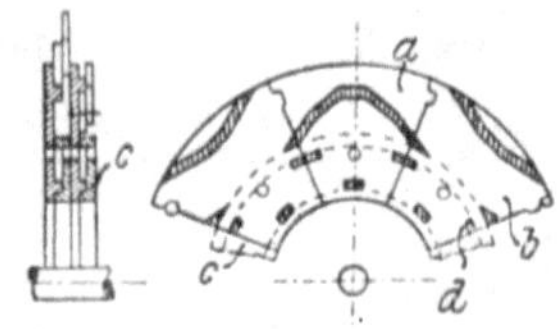

Bundscheibe (f), Bundrad (n), Daumenscheibe (f)
tappet wheel
наборный круг (мр), секционный диск (мр)
disque (m) à excentriques
disco (m) ad eccentrici 10
disco (m) *o* plato (m) de segmentos

Senker (m)
sinker, faller
отпускающий (-ая) отросток (мр) *или* секция (жр)
a
tapette (f) de rabat
disco (m) di discesa
segmento (m) dejador *o* de baja[da] 11

Heber (m)
riser
поднимающая секция (жр)
b
tapette (f) de levée
disco (m) d'alzata
segmento (m) tomador *o* de subida *o* de alza 12

---

aufgeschobener Ring (m)
plain ring pushed on
проставное кольцо (ср)
c
anneau (m) monté sur les excentriques
anello (m) montato sopra gli eccentrici 13
anillo (m) montado sobre los segmentos

Ansatz (m)
projection
прилив (мр)
d
épaulement (m)
pezzo (m) sporgente 14
saliente (m)

---

aus Segmenten zusammengesetztes Exzenter (n)
tappet built up in sections
набранный из сегментов эксцентрик (мр)
excentrique (m) construit à segments
eccentrico (m) composto di segmenti 15
excéntrico (m) hecho de segmentos

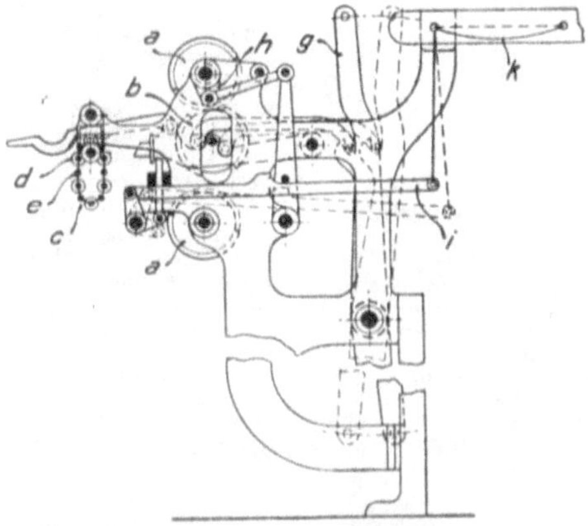

1	Knowlesgetriebe (n) Knowles' dobby motion проступной механизм (мр) Нойльса		mécanisme (m) de ratière de Knowles meccanismo (m) Knowles mecanismo (m) de Knowles
2	Trommel (f) mit Verzahnung des halben Umfangs segment toothed cylinder цилиндр (мр), снабженный зубьями на полокружности	a	tambour (m) à segment denté tamburo (m) a segmento dentato cilindro (m) semidentado
3	Zahnscheibe (f) toothed disc шестерня (жр), зубчатый диск (мр)	b	disque (m) denté disco (m) dentato rueda (f) dentada
4	Rollenkarte (f), Eisenkarte (f) roller card роличная решетка (жр)	c	carton (m) à rouleaux catena (f) di cartoni con rulli [di ghisa] cartones (mpl) de rodillos
5	Rolle (f) roller ролик (мр)	d	galet (m) en fer, roulette (f) rullo (m) grande o grosso rodillo (m)
6	Hülse (f) bush, collar трубочка (жр), втулочка (жр)	e	virole (f) rullo (m) piccolo, bussola (f) collar (m)
7	Schaftschemel (m) treadle проступной рычаг (мр), журавль (мр)	g	marche (f) calcola (f) calca (f)
8	Kurbelgetriebe (n) crank motion кривошипный механизм (мр)	h	mécanisme (m) à manivelle meccanismo (m) a manovella cigüeñal (m), mecanismo (m) de manubrio
9	Stängelchen (n) mit Nase vibrating lever with nose piece стерженек (мр) с носиком	i	levier (m) oscillant avec nez leva (f) oscillante con nasello palanca (f) oscilante con nariz o saliente
10	Schnur (f) cord шнурок (мр)	k	corde (f) corda (f) cuerda (f)

Eingriff (m) der Zahnscheibe engagement of the lever wheel зацепление (ср) зубчатого диска		engagement (m) du disque denté impegno (m) del disco dentato engranaje (m) de la rueda dentada	11
die Schäfte (mpl) in die Mittellage bringen to bring the heald shafts to their mid position привести ремизки (жр) в среднее положение		amener les lames à la position de milieu portare i licci nella loro posizione centrale llevar los lizos a la posición media	12
Mittellage (f) der Schäfte mid position of the heald shafts среднее положение (ср) ремизок		position (f) de milieu des lames posizione (f) centrale dei licci posición (f) media de los lizos	13
β_8) **Schaftmaschinenantrieb (m)** **Dobby Drive** **Привод (мр) кареток, передача (жр) к кареткам Добби**		**Commande (f) des ratières** **Comando (m) delle ratiere** **Impulsión (f) de las maquinitas**	14

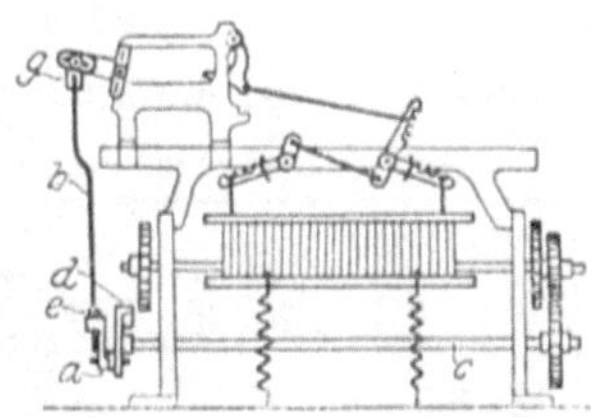

Antrieb (m) der Hattersley-maschine driving motion for Hattersley dobby привод (мр) каретки Гаттерслей		commande (f) de la ratière Hattersley comando (m) della ratiera di Hattersley impulsión (f) de la maquinita Hattersley	15
Schlitzkurbel (f) slotted crank кривошип (мр) с прорезом, кулиссный кривошип	a	manivelle (f) à glissière manovella (f) a scorritoio manivela (f) de colisa o corredera	16
Antriebstange (f) connecting rod приводная штанга (жр), мотыль (мр)	b	tige (f) de commande stanga (f) o asta (f) di comando tirante (m) accionador	17
Schützenschlagwelle (f) tappet shaft вал (мр) боевого эксцентрика	c	arbre (m) des cames, arbre inférieur, arbre de chasse-navette albero (m) del caccianavette árbol (m) de las cigüeñas	18
Gegengewicht (n) противовес (мр) balance weight	d	contrepoids (m) contrappeso (m) contrapeso (m)	19

1 Gewinde (n) zur Längenregelung
screw for adjusting lenght of rod
нарезка (жр) для установки длины
e
filet (m) de vis pour le réglage de la longueur
filettatura (f) per regolare la lunghezza
filete (m) de tornillo para regulación de la longitud

---

2 Doppelgelenk (n), Frosch (m)
universal joint
двойной шарнир (мр)
g
joint (m) double
giuntura (f) doppia
doble articulación (f)

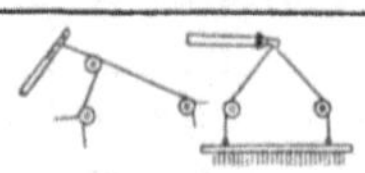

3 Schaftzug (m) mit Schnüren
head shaft motion by cords
шнурочное движение (ср) ремиз
mouvement (m) des lames par cordes
movimento (m) dei licci con corde
movimiento (m) de los lizos por cuerdas

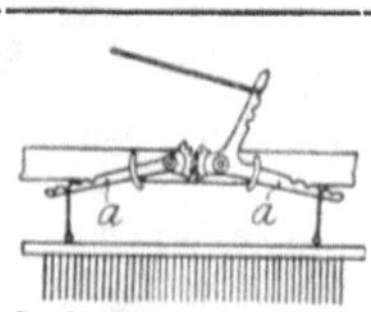

4 Schaftzug (m) mittels Hilfsschwingen
heald shaft motion with rocking levers
a
движение (ср) ремиз посредством вспомогательных секторов
mouvement (m) des lames par leviers auxiliaires
movimento (m) dei licci con leve ausiliarie
movimiento (m) de los lizos por palancas auxiliares

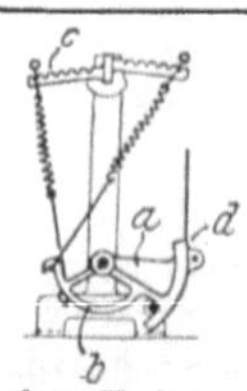

5 einfaches Federzugregister (n)
single acting spring reverse motion, single acting spring under motion
одинарный пружинный передаточный механизм (мр) к ремизу
mouvement (m) de rabat des lames à ressort à simple action
meccanismo (m) a molla ad azione semplice
mecanismo (m) de tiralizos de acción simple

---

6 Kreisausschnitt (m), [Kreissektor (m)]
sector
сектор (мр)
a
secteur (m)
settore (m)
sector (m)

---

7 Schwinghebel (m)
oscillating lever
качающийся рычаг (мр)
b
levier (m) à bascule
leva (f) oscillante
palanca (f) oscilante

---

8 Aufhängestelle (f) der Feder
suspension point of spring
точка (жр) подвески пружины
c
point (m) d'attache du ressort
punto (m) d'attacco della molla
punto (m) de arranque del resorte

---

9 Befestigungsstelle (f) der Schnur
point of attachment of the cord
место (ср) схода шнурка
d
point (m) d'attache de la corde
punto (m) d'attacco della corda
punto (m) de arranque de la cuerda

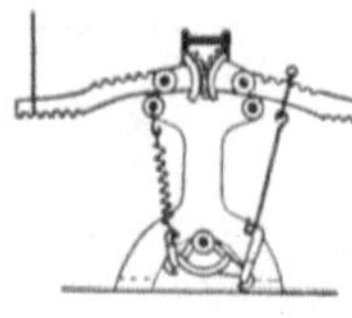

Doppelfederzugregister (n)
double acting spring reverse motion
двойной пружинный передаточный механизм (мр) к ремизу
mouvement (m) de rabat des lames à ressort à double action 10
meccanismo (m) a molla ad azione doppia
mecanismo (m) de tiralizos por resorte de doble acción

Schonen (n) der Schäfte
preservation of the healds
бережное обращение (ср) с ремизками
ménagement (m) des lames
conservazione (f) dei licci 11
cuidado (m) de los lizos

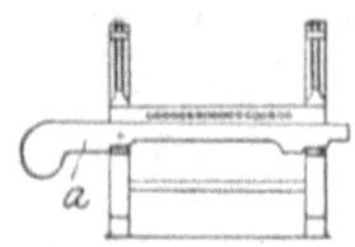

β_4) Nadelbrett (n)
Needle Board
Игольная планка (жр) *или* рамка (жр)
Planche (f) à aiguilles, planchette (f) des aiguilles 12
Tavola (f) ad aghi
Plancha (f) *o* tabla (f) de las agujas

Handhabe (f)
handle, hand adjuster
ручка (жр)
a
poignée (f)
manico (m) 13
mango (m)

Verstellen (n) des Nadelbretts
adjusting of the needle board
установка (жр) игольной планки
réglage (m) de la planche à aiguilles
regolamento (m) della tavola ad aghi 14
regulación (f) de la tabla de las agujas

Schaftmaschinenteilung (f)
pitch of needles in the dobby
деление (ср) каретки
écartement (m) des aiguilles de la ratière
scartamento (m) degli aghi della ratiera 15
separación (f) de las agujas en la maquinita

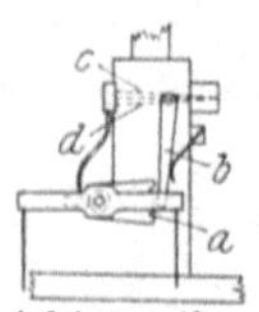

Vorrichtung (f) zum Verstellen des Nadelbrettes
needle board adjusting apparatus
приспособление (ср) для установки игольной планки
dispositif (m) de réglage de la planche à aiguilles
dispositivo (m) di regolamento della tavola ad aghi 16
dispositivo (m) para regular la tabla de las agujas

Hebelvertiefung (f)
recess in the lever
углубление (ср) *или* выемка (жр) рычага
a
creux (m) du levier
recesso (m) della leva
hueco (m) de la palanca 17

Sperrhaken (m)
stop catch
собачка (жр), защелка (жр)
b
cliquet (m)
nottolino (m)
gatillo (m) 18

1	hochgestellte Nadelreihe (f) raised row of needles расположенный вверху ряд (мр) игл	c	rangée (f) d'aiguilles ajustée haut fila (f) d'aghi posta alta hilera (f) de agujas ajustada alta
2	tiefgestellte Nadelreihe (f) lowered row of needles расположенный внизу ряд (мр) игл	d	rangée (f) d'aiguilles ajustée bas fila (f) d'aghi posta bassa hilera (f) de agujas ajustada baja
3	den Sperrhaken einklinken to engage the stop catch защелкивать собачку		encliqueter le crochet fissare il nottolino engatillar
4	die Nadelreihe einstellen to adjust the row of needles располагать ряд (мр) игл		régler la rangée d'aiguilles regolare la fila d'aghi regular la hilera de agujas
5	die Karten (fpl) einstellen to place the cards in position набирать карты (жр)		assujettir les cartons mettere i cartoni a posto colocar los cartones en posición
6	Schaft[maschinen]karte (f) dobby card кареточный (-ая) картон (мр) *или* карта (жр)		carton (m) de ratière cartone (m) da ratiera cartón (m) de maquinita
7	die Platinen (fpl) zurückdrängen to press back the lifting hooks отжимать назад крючки (мр)		repousser *ou* rejeter les platines en arrière spingere indietro le platine empujar hacia atrás los ganchos
8	die Platinen (fpl) bleiben liegen the hooks remain stationary *or* are left down крючки (мр) остаются лежать		les platines restent stationnaires *ou* ne bougent pas le platine restano stazionarie los ganchos permanecen en su posición natural
9	<u>β_3) Zylinderbewegung (f)</u> <u>Cylinder Movement</u> <u>Движение (ср) барабанчика</u>		<u>Mouvement (m) du cylindre</u> <u>Movimento (m) del cilindro</u> <u>Movimiento (m) del cilindro</u>
10	Drehbewegung (f) des Prismas rotary motion of the cylinder вращательное движение (ср) призмы		mouvement (m) de rotation du cylindre movimento (m) di rotazione del prisma movimiento (m) de rotación del cilindro
11	Hin- und Herbewegung (f) des Prismas to and fro motion of barrel движение (ср) взад и вперед призмы		mouvement (m) de va-et-vient du cylindre movimento (m) d'andata e ritorno del prisma movimiento (m) de vaivén del cilindro

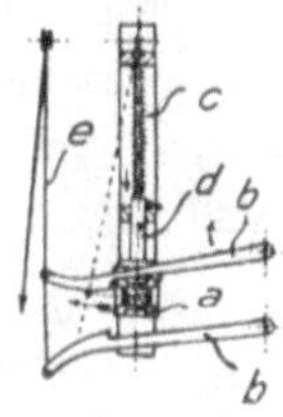

		Schalten (n) und Sperren (n) des Prismas turning and locking of the cylinder поворачивание (с) и задерживание (ср) призмы rotation (f) et blocage (m) du cylindre rotazione (f) ed arresto (m) del prisma rotación (f) y sujeción (f) del cilindro	12
Laterne (f) lantern фонарь (мр) [призмы]	a	lanterne (f) lanterna (f) linterna (f)	13
Wendehaken (m), Hund (m), Hundehaken (m), Fortleger (m) catch поворачивающий *или* захватный крючок (мр)	b	clanche (f) arpione (m) di comando cuchillo (m)	14
Druckfeder (f) spring нажимная пружина (жр)	c	ressort (m) compresseur *ou* de compression molla (f) di pressione resorte (m) compresor	15
Drücker (m), Krücke (f) cylinder hammer мальчик (мр)	d	garde-cylindre (m), valet (m) stampella (f) martillo (m)	16
Hakenschnur (f) cord to operate the catches шнур (мр) для крючков	e	cordon (m) de la clanche corda (f) di comando degli arpioni cordón (m) del cuchillo	17
der Wendehaken dreht den Zylinder the catch turns the cylinder захватный крючок (мр) поворачивает барабанчик		la clanche fait tourner le cylindre l'arpione (m) gira il cilindro el cuchillo obliga al cilindro a girar	18
die Wendehaken (mpl) greifen in die Zapfen der Laterne ein the catches grip the pegs of lantern захватные крючки (мр) зацепляются за штифты фонаря [призмы]		les clanches (fpl) s'engagent dans les chevilles de la lanterne gli arpioni s'impegnano nelle spine della lanterna los cuchillos agarran las barritas de la linterna	19
der Drücker wird an die Laterne gepreßt the hammer is pressed on to the lantern мальчик (мр) прижимается к фонарю призмы		le garde-cylindre appuie sur la lanterne la stampella preme la lanterna el martillo se apoya sobre la linterna	20

1
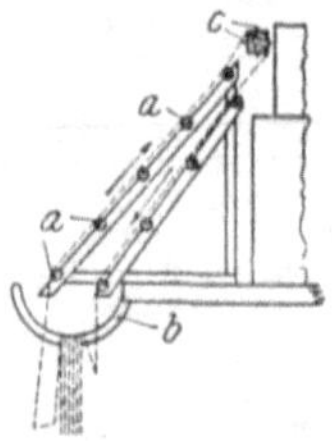

β_6) Kartenlauf (m), Kartengang (m), Kartenmustersteig (m)
Pattern Card Rails
Ход (мр) узорной карты
Glissière (f) des cartons, guide-cartons (m), brancard (m), polka (m), chemin (m) de fer
Guida (f) cartoni
Cama (f) o guías (fpl) de sostenimiento

2 Leitrolle (f)
guide roller
направляющий ролик (мр)
a
galet-guide (m)
cilindro-guida (m)
cilindro-guía (m)

3 bogenförmige Eisenschiene (f)
iron cradle
дугообразная железная скоба (жр)
b
éclisse (f) en forme d'arc
traversa (f) di ferro ad arco
tablilla (f) de hierro en forma de arco

4 Warze (f), Noppe (f), Eichel (f), Warzenzapfen (m)
projection of card cylinder, cylinder peg, conical peg
[направляющий] шип (мр), пуговица (жр)
c
pédonne (f), bouton (m), cheville (f)
spina (f) o nocciolo (m) della lanterna, olivetta (f)
pezón (m), bañon (m), saliente (m)

5 die Warzen (fpl) verstellen
to displace the cylinder pegs
переставлять шипы (мр)
déplacer les pédonnes
spostare le spine
desplazar los pezones

6 die Warzen (fpl) stellen die Karten ein
the pegs adjust the cards
шипы (мр) устанавливают карты
les pédonnes (fpl) ajustent les cartons
le spine aggiustano i cartoni
los pezones ajustan los cartones

7 Vorwärtslauf (m) der Karte
forward movement of the cards
передний ход (мр) карты, движение (ср) карты вперед
mouvement (m) d'avancement des cartons
movimento (m) in avanti dei cartoni
movimiento (m) de avance de los cartones

8 Rückwärtslauf (m) der Karte
backward movement of the cards
обратный ход (мр) карты, движение (ср) карты назад
mouvement (m) de recul des cartons
movimento (m) di ritorno dei cartoni
movimiento (m) de retroceso de los cartones

9 die Karten (fpl) weiterschalten
to move the cards forward
подавать *или* подвигать карты (жр) дальше
faire tourner les cartons
far avanzare i cartoni
hacer girar los cartones

die Karten (fpl) zurückbewegen *oder* zurückschlagen *oder* zurückweben
to reverse the movement of the cards
двигать карты (жр) обратно *или* назад
détourner les cartons
invertire il movimento dei cartoni, far ritornare i cartoni 10
invertir el movimiento de los cartones

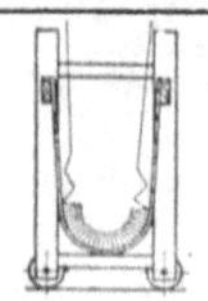

Kartengestell (n)
card frame
станок (мр) для карт
bâti (m) des cartons 11
cavalletto (m) dei cartoni
caballete (m) o depósito (m) de cartones

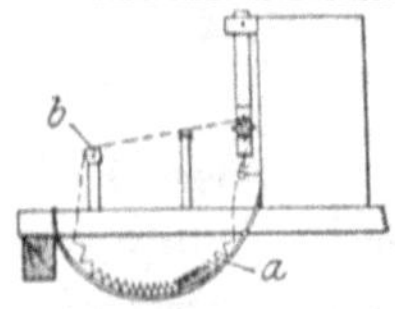

Kartenkorb (m)
card cradle
корзина (жр) для карт
corbeille (f) à cartons en forme d'arc 12
paniere (m) dei cartoni
depósito (m) de cartones en forma de arco

Kartenkette (f)
card chain, chain *or* series of cards
карточная цепь (жр) *или* решетка (жр)
a
chaîne (f) des cartons
catena (f) di cartoni, cartone (m) continuo 13
cadena (f) de cartones

Leitprisma (n)
guide cylinder
направляющая призма (жр)
b
prisme-guide (m)
prisma (f) di guida 14
prisma-guía (m)

Kartenspiel (n)
set of cards
набор (мр) *или* комплект (мр) карт
jeu (m) de cartons
giuoco (m) di cartoni 15
juego (m) de cartones

Kartenrapport (m)
number of cards to a pattern
рапорт (мр) карт
nombre (m) de cartons pour un dessin
numero (m) di cartoni per un disegno 16
número (m) de cartones para un ligamento

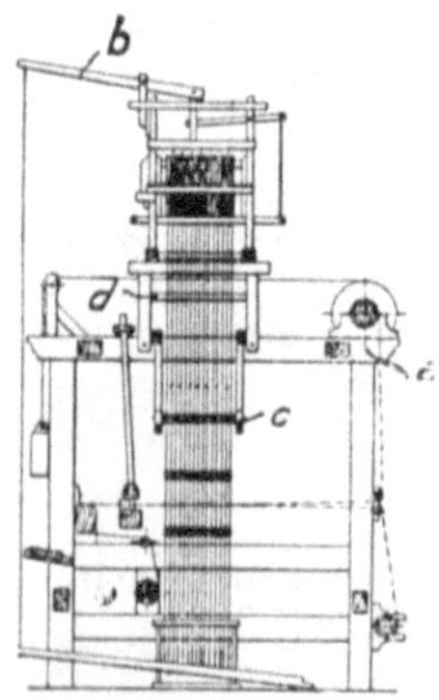

β_7) Schaftmaschinenwebstuhl (m)
Dobby Loom
Кареточный ткацкий станок (мр)
Métier (m) à ratière 17
Telaio (m) a ratiera
Telar (m) con maquinita

Maschinenauflagegestell (n), Maschinenbock (m), Trage (f)
dobby frame
станина (жр) для установки каретки
a
bâti (m) *ou* cadre (m) de la ratière
castello (m) della meccanica 18
bastidor (m) de la maquinita

No.	German / English / Russian	Fig.	French / Italian / Spanish
1	**Maschinenhebel (m)** lifting lever рычаг (мр) каретки	b	levier (m) de lève leva (f) della meccanica palanca (f) accionadora
2	Schnurrolle (f) cord roller шнурочный ролик (мр)	c	rouleau (m) des cordes cilindro (m) a corde cilindro (m) de las cuerdas
3	Rost (m) grid решетка (жр)	d	grille (f) griglia (f) emparrillado (m)
4	die Schnuren (fpl) laufen durch den Rost the cords pass through the grid подвязные шнуры (мр) проходят сквозь решетку		les cordes (fpl) passent à travers la grille le corde passano attraverso la griglia las cuerdas pasan a través del emparrillado

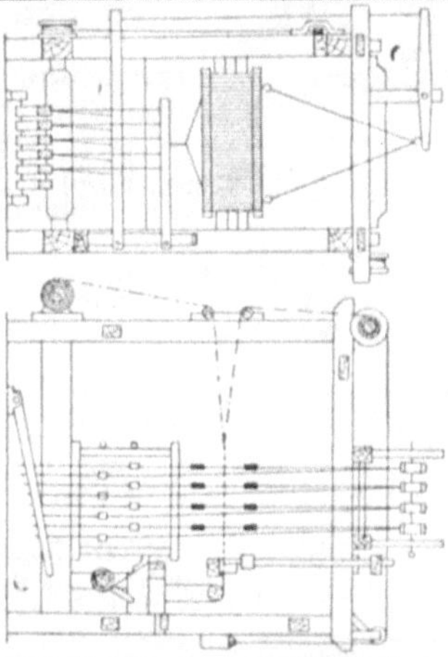

No.	German / English / Russian	Fig.	French / Italian / Spanish
5	Gegenzugstuhl (m), Kontermarschstuhl (m) positive lift loom станок (мр) с встречным движением ремиз		métier (m) à contremarche telaio (m) a contromarcia telar (m) con movimientos de contraefecto
6	**c) Fachbildung (f) mittels Harnisch** **Shedding by Harness** **Образование (ср) зева при помощи аркатной подвязи**		**Formation (f) de la foule par harnais** **Formazione (f) del passo mediante trazione** **Formación (f) de la calada mediante mallas**
7	*α*) Allgemeines (n) General Terms Общее (ср)		Généralités (fpl) Nozioni (fpl) generali Generalidades (fpl)

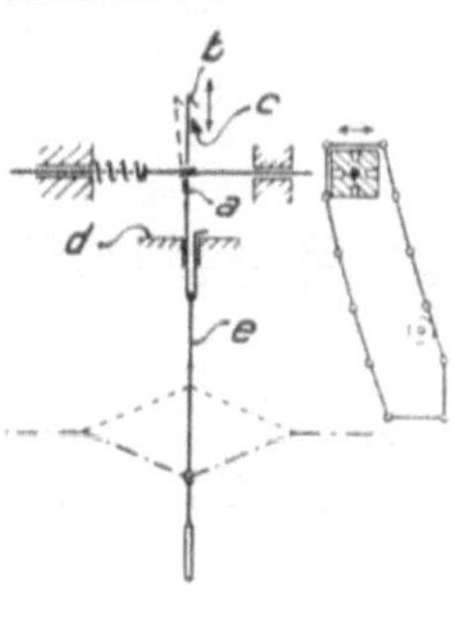

No.	German / English / Russian	Fig.	French / Italian / Spanish
8	Platine (f), Hebehaken (m), Haken (m), Schwinge (f) lifting wire, upright [wire], wire крючок (мр), пластина (жр)	a	crochet (m) [de lève], platine (f) platina (f), arpino (m), uncino (m) gancho (m) vertical
9	Platinenhäkchen (n) hook of lifting wire загиб (мр) крючка	b	bec (m) de platine *ou* de corbin becco (m) della platina, becco di corvo gancho (m) del corchete
10	Messer (n), Hebemesser (m) lifting blade, knife blade [под'емный] нож (мр)	c	couteau (m) [de lève] coltello (m) [da sollevamento delle platine], lama (f), lametta (f) cuchilla (f)
11	Platinenbrett (n), Platinenboden (m) bottom board рамка (жр) для крючков	d	planche (f) des collets *ou* des platines, planche à collets tavola (f) *o* assicella (f) dei colletti tabla (f) de los coletes
12	Korde (f), Platinenschnur neck twine, neck band, neck cord рамник (мр), рамная веревка (жр)	e	corde (f), cordon (m), collet (m) corda (f) di sollevamento colete (m)
13	Hebezeug (n), Messerkasten (m) lifting bar, griffe ножовая решетка (жр)		griffe (f), appareil (m) de levée capsula (f) a coltelli *o* a lame, griffa (f), levatoio (m) grifa (f)
14	langer Haken (m) long hook длинный крючок (мр)		crochet (m) long uncino (m) lungo gancho (m) largo
15	Litzenheber (m), Aufheber (m), Arkade (f) harness cord, string аркат (мр), аркатный шнур (мр)		[fil (m) d']arcade (f) arcata (f) arcada (f)
16	die Heber mit Wachs einreiben to wax the harness cords провощить аркаты		poisser les arcades à la cire, cirer les arcades sfregare i fili d'arcata con cera encerar las arcadas
17	Graphit (m) graphite графит (мр)		graphite (m) grafite (f) grafito (m)
18	Talk (m) French chalk тальк (мр)		talc (m) talco (m) talco (m)
19	geschmolzenes Wachs (n) melted wax растопленный воск (мр)		cire (f) fondue cera (f) fusa cera (f) fundida
20	Harnischstechen (n), Schnüren (n), Beschnüren (n), [Gallieren (n)] tying up, cording убирание (ср) *или* заправка (жр) аркатной подвязи		empoutage (m), encordage (m) imputaggio (m) encoletado (m)
21	Harnischbrett (n), Löcherbrett (n), Schnürbrett (n), [Gallierbrett (n) Chorbrett (n), Korpsbrett (n)] comber board, cord board, compass board, hole board, harness board кассейная доска (жр)		planche (f) d'arcades *ou* à trous tavoletta (f) d'arcate, tavola (f) di montaggio delle arcate tabla (f) de arcadas

1	aus Streifen zusammengesetztes Harnischbrett (n) comber board in slips составленная из пла[сти]нок кассейная доска (жр)	planche (f) d'arcades composée de planchettes tavoletta (f) d'arcate composta di assicelle tabla (f) de arcadas compuesta de tablillas
2	Harnischbrett (n) aus glasiertem Steingut comber board of glazed earthenware кассейная доска (жр) из глазурованного фаянса	planche (f) d'arcades en terre cuite vernie *ou* en faïence tavoletta (f) d'arcate di terra vetrata tabla (f) de arcadas de loza
3	Harnischbrett (n) aus Porzellan comber board of porcelain фарфоровая кассейная доска (жр)	planche (f) d'arcades en porcelaine tavoletta (f) d'arcate di porcellana tabla (f) de arcadas de porcelana
4	Rahmen (m) mit rechtwinklig sich kreuzenden Stahldrähten frame with steel wires crossing each other at right angles рама (жр) из скрещивающихся под прямым углом стальных проволок	cadre (m) avec tirants en acier se croisant à angles droits intelaiatura (f) con fili in acciaio che s'incrociano ad angolo retto marco (m) con tirantes de acero cruzándose en ángulo recto
5	mit Nuten (fpl) versehener Rahmen (m) notched frame рама (жр), снабженная пазами	cadre (m) à rainures intelaiatura (f) a scanalature marco (m) con ranuras
6	Harnischlitze (f), Jacquardhelfe (f) Jacquard heald *or* mail аркатная лица (жр)	maille (f) de corps, lissette (f) liccio (m) del corpo malla (f) de cuerpo, lizo (m) de Jacquard
7	zwei ineinander hängende Zwirnschleifen (fpl) two twine loops linked together две зацепляющиеся одна за другою нитяные петли (жр)	deux nœuds (mpl) en câblé reliés ensemble due nodi (mpl) di ritorto uno sospeso all'altro dos hilos cableados entrelazados
8	Litzenreihe (f) row of healds рядок (мр) лиц	rangée (f) de mailles fila (f) di licci hilera (f) de mallas
9	Litzensäckchen (n) group of healds пучек (мр) лиц	groupe (m) de mailles gruppo (m) di licci grupo (m) de mallas
10	Litzengewicht (n) lingo висюлька (жр) лицы	poids (m) des lissettes, plomb (m) contrappeso (m) dei licci, contrappeso-tenditore (m), piombo (m) plomo (m)
11	starker Eisendraht (m) strong iron wire толстая железная проволока (жр)	fort fil (m) métallique filo (m) di ferro forte alambre (m) grueso
12	Bleistab (m) lead rod свинцовая палочка (жр)	règle (f) en plomb verghetta (f) *o* asticciola (f) di piombo varilla (f) de plomo
13	gläsernes Gewicht (m) glass weight стеклянная гирька (жр)	poids (m) en verre contrappeso (m) in vetro peso (m) de cristal
14	Tonröhrchen (n) earthenware tube трубочка (жр) [жженой] глины	tube (m) en terre cuite tubetto (m) di argilla tubo (m) en tierra cocida

Jacquardweberei (f), Gebildweberei (f) Jacquard *or* figured *or* fancy weaving Жаккардное ткачество (ср)	tissage (m) au Jacquard, tissage des étoffes grand façonnées tessitura (f) con Jacquard, tessitura delle stoffe operate tisaje (m) a la Jacquard	15
β) Vorläufer (mpl) der Jacquardmaschine Predecessors of the Jacquard Предшественники (мр) машины Жаккарда	Prédécesseurs (mpl) de la mécanique Jacquard Precursori (mpl) della meccanica Jacquard Predecesores (mpl) de la máquina Jacquard	16

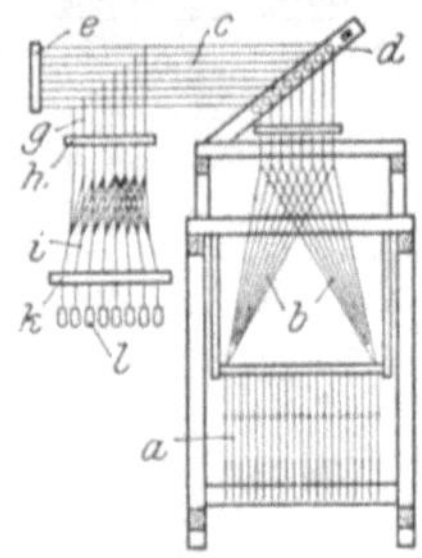

		Kegelstuhl (m) button draw loom кегельный станок (мр) métier (m) à boutons *ou* à quilles telaio (m) a boutons telar (m) *o* banco (m) de bolos	17
Harnischlitzen (fpl) healds аркатные лицы (жр)	a	mailles (fpl) de corps licci (mpl) del corpo mallas (fpl) de cuerpo	18
Heber (m) lifter аркат (мр)	b	cordon (m) de lève corda (f) di comando dei licci cordón (m) de alza	19
Rahmenkorden (fpl), Schwanzkorden (fpl), [Nebenbranchen (fpl)] tail cords вспомогательные рамочные веревочки (жр)	c	cordes (fpl) de rame corde (fpl) di coda cuerdas (fpl) de cola	20
Tafelbrett (n), Glasbrett (n) card board направляющая доска (жр)	d	cassin (m) tavoletta (f) di guida tabla (f) de guía	21
Stock (m), Rahmstock (m), Schwanzknüppel (m) tail stick рамный брус (мр)	e	bâton (m) de rame asta (f) di coda bastón (m) de cola	22
Halsschnüre (fpl), [Hauptbranchen (fpl)] neck cords главные рамные веревочки (жр)	g	collets (mpl) colletti (mpl) coletes (mpl)	23
Halsbrett (n) neck board дырчатая рамка (жр)	h	planche (f) de collets assicella (f) dei colletti tabla (f) de coletes	24
Kegelschnur (f) draw cord кегельный шнур (мр)	i	cordon (m) des boutons corda (f) di tirata cordón (m) de bolos	25

No.	German / English / Russian	Fig.	French / Italian / Spanish
1	Kegelbrett (n) button board кегельная доска (жр)	k	planche (f) des boutons assicella (f) dei boutons tabla (f) de bolos
2	Kegel (m), hölzerner Knopf (m) button кегля (жр), деревянная висюлька (жр)	l	bouton (m), quille (f) bouton (m) bolo (m)
3	pultartiges Gestell (n) slanting frame станок (мр) в виде пульта		bâti (m) en forme de pupitre telaietto (m) a forma di leggio bastidor (m) en forma de pupitre
4	zu einem Zug gehörige Hauptbranchen (fpl), Puppe (f), Bündel (n) group of neck cords принадлежащие одинаково-проступающим аркатам рамники (мр)		groupe (m) *ou* faisceau (m) de collets gruppo (m) di colletti grupo (m) de coletes
5	den Kegelzug einlesen, [das Muster levieren] to read убирать *или* заправлять кегельный прибор (мр)		lire, faire le lisage leggere leer
6	Einlesemaschine (f), [Levierrahmen (m)] reading in machine уборочная машина		machine (f) pour le lisage macchina (f) per la lettura máquina (f) para el lisaje
7	Leser (m) reader уборщик (мр)		liseur (m) lettore (m) obrero (m) lector
8	Kegelziehen (n) cord drawing дергание (ср) *или* вытягивание (ср) кеглей		tirage (m) des cordes tiratura (f) delle corde tracción (f) de las cuerdas
9	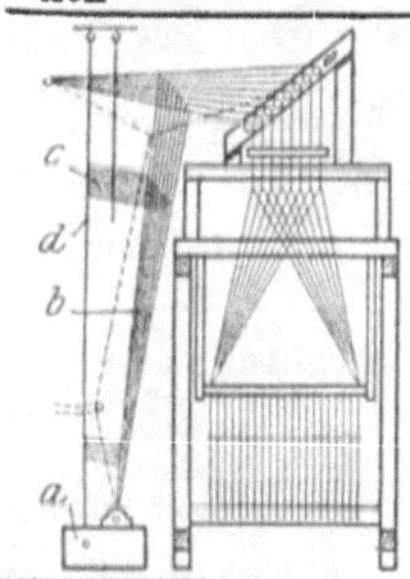		Zampelstuhl (m) simple loom узорчатый станок (мр) métier (m) à semples *ou* à xemples telaio (m) a sample banco (m) *o* telar (m) de semples
10	Zampelstock (m), Stock (m) simple stick *or* rod *or* stock колода (жр) узорчатого станка	a	bâton (m) de semple bastone (m) di sample bastón (m) de semple
11	Zampelschnur (f), Zampelkorde (f) simple cord шнур (мр) узорчатого станка	b	corde (f) de semple corda (f) di sample cuerda (f) de semple
12	Latze (f) lash, leash пруток (мр), дранка (жр)	c	lacs (m), lacet (m) laccio (m), cordicella (f) lazo (m)
13	Latzenschnur (f) gut cord прутковый шнур (мр)	d	gavassinière (f) corda (f) dei lacci cuerda (f) de los lazos
14	Ziehjunge (m), Latzenzieher (m) draw boy дергальщик (мр)		tireur (m) de lacs tiratore (m) di lacci obrero (m) tira lazos
15	Trommelstuhl (m) barrel loom барабанный станок (мр)		métier (m) à tambour telaio (m) a tamburo banco (m) de tambor
16	Leinwandmaschine (f) figuring machine машина (жр) с бесконечным полотном		mécanique (f) à cylindre meccanismo (m) a tela máquina (f) de tela
17	Wellenstuhl (m), Bortenwirkstuhl (m), [Posamentierstuhl (m)] loom with rocking shafts позументный станок (мр)		métier (m) à balancier telaio (m) con meccanismo a più pedali banco (m) con volante
18	γ) Jacquardmaschine (f) Jacquard Machine, Jacquard Apparatus, Jacquard Машина (жр) Жаккарда		Machine (f) *ou* mécanique (f) [à la] Jacquard Meccanica (f) *o* meccanismo (m) *o* apparecchio (m) Jacquard Máquina (f) Jacquard
19	γ_1) Allgemeines (n) General Terms Общее (ср)		Généralités (fpl) Nozioni (fpl) generali Generalidades (fpl)

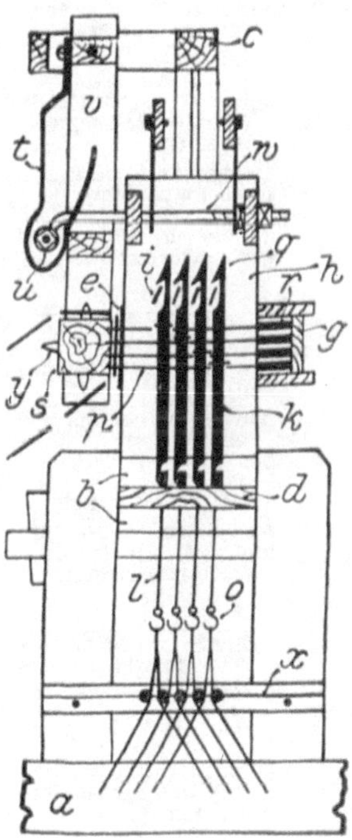

20 — a — Maschinenbock (m), Maschinentrage (f) / Jacquard frame *or* trestle / станок (мр) *или* рама (жр) машины / bâti (m) du Jacquard / castello (m) della macchina / bastidor (m) soporte de la Jacquard

1	Gestellwand (f) mit Rinne *oder* Furche frame tie with groove стойка (жр) рамы с пазом	*b*	jumelle (f) avec rainure sopporto (m) con scanalatura marco (m) de unión con ranura	
2	Querriegel (m) top cross piece верхняя поперечина (жр)	*c*	traverse (f) traversa (f) traviesa (f)	
3	Platinenboden (m) bottom board опорная доска (жр) для крючков	*d*	planche (f) à collets assicella (f) dei colletti tabla (f) de coletes	
4	Nadelbrett (n) needle board игольная доска (жр)	*e*	planchette (f) aux aiguilles tavola (f) ad aghi, tavola di guida degli aghi tabla (f) de las agujas	
5	Federbrett (n), Federhaus (n) spring box футляр (мр) пружины	*g*	étui (m) capsula (f) ad elastici estuche (m)	
6	Messerkasten (m), Schlitten (m), Wagen (m) griffe, brander ножовая решетка (жр)	*h*	griffe (f), boîte (f) à couteaux capsula (f) a coltelli, levatoio (m), griffa (f) grifa (f)	
7	schräg gestelltes Messer (n) inclined knife наклонно расположенный нож (мр)	*i*	couteau (m) incliné coltello (m) inclinato cuchilla (f) inclinada	
8	Holzplatine (f) wooden hook деревянный крючок (мр)	*k*	crochet (m) en bois platina (f) di legno corchete (m) *o* gancho (m) de madera	
9	Platinenschnur (f), Platinenstrupfe (f), Kordel (f) neck cord рамник (мр), рама (жр)	*l*	collet (m) corda (f) *o* cordicella (f) delle platine, colletto (m) colete (m)	
10	Drahthäkchen (n), Karabiner (m) harness hook проволочный крючочек (мр), карабин (мр)	*o*	mousqueton (m) gancio (m) dei colletti porta-arcadas (m)	
11	Platinennadel (f) needle игла (жр) крючка	*p*	aiguille (f) [horizontale] ago (m) [della platina] aguja (f)	
12	Platinennase (f) end of hook загиб (мр) *или* носик (мр) крючка	*q*	bec (m) de corbin, bec du crochet becco (m) *o* nasello (m) della platina nariz (f) del gancho	
13	Schraubenfeder (f) helical spring спиральная пружина (жр), животик (мр)	*r*	ressort (m) à boudin molla (f) elicoidale resorte (m) cilíndrico	
14	Kartenprisma (n), Kartenwalze (f), Jacquardzylinder (m) Jacquard cylinder, card cylinder, prism картная призма (жр)	*s*	cylindre (m) *ou* prisme (m) Jacquard, cylindre à cartons prisma (m) Jacquard cilindro (m) *o* prisma (m) del mecanismo Jacquard	
	Bahn (f), Schlange (f), Presse (f), [Kulisse (f)] swan neck кулиссная *или* прижимная скоба (жр)	*t*	col (m) de cygne, cou (m) en S, S (m), courbe (f), coulisse (f) curva (f), molla (f) colisa (f), curva (f), serpiente (f)	15
	Kulissenrolle (f), Preßrolle (f) guide bowl прижимной каточек (мр)	*u*	galet-guide (m), roulette (f) rullo-guida (m) rodillo-guía (m)	16
	Prismalade (f), schwingender Rahmen (m), Flügel (m) swing cylinder arm, cylinder batten рама (жр) призмы, качающаяся рама, крыло (ср), люлька (жр)	*v*	battant (m) du cylindre, balancier (m), presse (f) bilanciere (m), battente (m) del cilindro, pressoio (m) batán (m) del cilindro, marco (m) oscilante	17
	Messerkastenbolzen (m) forked rod of the griffe болт (мр) *или* костыль (мр) ножовой решетки	*w*	tringle-fourche (f) de la griffe asta (f) a forca della griffa barra (f) de la grifa	18
	Stabrost (m), Rechen (m) grid [дополнительная] колосниковая решетка (жр)	*x*	grille (f) à collets, râteau (m) griglia (f) dei colletti emparrillado (m), rejilla (f)	19
	Prismaeichel (f), Prismawarze (f) cylinder peg *or* pin шпенек (мр) *или* шип (мр) *или* пуговица (жр) призмы	*y*	pédonne (f) spina (f) di lanterna pezón (m), saliente (m), bañón (m)	20
	fester Platinenboden (m) fixed bottom board неподвижная опорная рамка (жр) для крючков		planche (f) à collets fixe assicella (f) dei colletti fissa tabla (f) de coletes fija	21
	beweglicher Platinenboden (m) movable bottom board подвижная опорная рамка (жр) для крючков		planche (f) à collets mobile assicella(f) dei colletti mobile tabla (f) de coletes móvil	22
	die Nadelspitzen (fpl) stecken im Nadelbrett the needle ends are put in the needle board концы (мр) игл входят в дыры игольной доски		les extrémités des aiguilles passent à travers la planchette aux aiguilles le punte degli aghi passano per la tavola degli aghi los extremos de las agujas pasan a través de la tabla de las agujas	23
	verstellbares Messer (n) adjustable knife передвижной *или* переставляющийся нож (мр)		couteau (m) réglable coltello (m) regolabile cuchilla (f) regulable	24
	die Messer (npl) fassen die Platinen the knives engage with the hooks ножи (мр) захватывают крючки		les couteaux saisissent les crochets i coltelli tolgono le platine *o* si impegnano nelle platine las cuchillas cogen los ganchos	25

1	Aushebung (f) des Messerkastens, Messerkastenhub (m) rise of the griffe под'ем (мр) ножовой решетки		levée (f) *ou* lève (f) *ou* monte (f) de la griffe alzata (f) della capsula a coltelli alza (m) *o* subida (f) de la grifa
2	Fallen (n) des Messerkastens fall of the griffe опускание (ср) ножовой решетки		descente (f) *ou* baisse (f) de la griffe discesa (f) della capsula a coltelli bajada (f) *o* caída (f) *o* descenso (m) de la grifa
3	die Platinen (fpl) werden krumm *oder* werfen sich *oder* verziehen sich the hooks get bent крючки (мр) коробятся		les crochets se déjettent le platine si deformano los ganchos se tuercen *o* se encorvan *o* se estropean
4	Schlitz (m) der Platine slot in the hook вырез (мр) крючка		fente (f) du crochet fessura (f) della platina muesca (f) del gancho
5	Führung (f) der Platinen guiding in the hooks направление (ср) крючков		guidage (m) des crochets guida (f) delle platine conducción (f) de los ganchos
6	Nadelöhr (n) eye of the needle ушко (ср) иглы		boucle (f) de l'aiguille occhio (m) dell'ago ojete (m) de la aguja
7	senkrecht stehende Platine (f) upright hook *or* wire отвесно-стоящий крючок (мр)		crochet (m) vertical platina (f) disposta verticale gancho (m) vertical
8	Schrägstellen (n) der Platinen slanting of the hooks наклонная *или* косая установка (жр) крючков		inclination (f) des crochets inclinazione (f) delle platine inclinación (f) de los ganchos
9	Abschrägen (n) der Holzplatinen chamfering of the wooden hooks скашивание (ср) деревянных крючков		chanfreinage (m) des crochets en bois sbiecatura (f) delle platine di legno corte (m) oblicuo de los corchetes de madera
10	Platinenruhe (f) dwell of the hooks отдых (мр) *или* приклон (мр) крючка		repos (m) des crochets riposo (m) delle platine reposo (m) de los ganchos
11	Platinenhebung (f) raising of the hooks поднятие (ср) крючка		levée (f) des crochets sollevamento (m) delle platine subida (f) de los ganchos
12	Aushaken (n) der Platinenschnüre unhooking the neck cords отстегивание (ср) крючков рамников		décrochage (m) des collets staccatura (f) delle corde delle platine desenganche (m) de los coletes
13	verbogene Platinennadel (f) bent needle согнутая игла [крючка]		aiguille (f) déformée *ou* pliée ago (m) deformato aguja (f) deformada
14	die [Platinen-)Nasen stehen genau über den Messern the hooked ends of upright wires stand exactly over the knives загибы (мр) крючков находятся как раз над ножами		les becs (mpl) se trouvent juste au-dessus des couteaux i becchi si trovano esattamente sopra ai coltelli las narices se encuentran justamente encima de las cuchillas
15	Prismateilung (f) pitch of cylinder деление (ср) призмы		division (f) du cylindre divisione (m) del prisma división (f) del cilindro
16	das Prisma wird gegen das Nadelbrett geschlagen the cylinder is pressed against the needle board призма (жр) прибивается к игольной доске		le cylindre est pressé contre la planchette aux aiguilles il prisma è spinto verso la tavola ad aghi el cilindro es prensado *o* impelido contra la tabla de agujas
17	Anschlagen (n) des Prismas stroke of the cylinder подход (мр) *или* прибой (мр) призмы		frappe (f) *ou* coup (m) du cylindre colpo (m) del prisma golpe (m) del cilindro
18	die Prismalade fällt ein the cylinder batten falls into a vertical position рама (жр) призмы входит		le battant du cylindre revient à sa position primitive il battente del prisma passa in posizione verticale el batán del cilindro vuelve a su posición vertical
19	Auswärtsbewegung (f) der Prismalade outward movement of the cylinder batten откачивание (ср) *или* отход (мр) рамы призмы		mouvement (m) de levée du battant du cylindre movimento (m) del battente del prisma verso l'esterno movimiento (m) de subida del batán del cilindro
20	Einwärtsbewegung (f) der Prismalade inward movement of the cylinder batten прибой (мр) рамы призмы		mouvement (m) de baisse du battant du cylindre movimento (m) del battente del prisma verso l'interno movimiento (m) de bajada del batán del cilindro
21	Kulissenkrümmung (f) curvature of swan neck криволинейный профиль (мр) кулиссной скобы		courbure (f) du col de cygne curvatura (f) della molla curvatura (f) de la colisa
22	unabhängige Prismaladenbewegung (f) independent motion of the batten независимое *или* самостоятельное движение (ср) рамы призмы		mouvement (m) indépendant du battant movimento (m) indipendente del bilanciere movimiento (m) independiente del batán
23	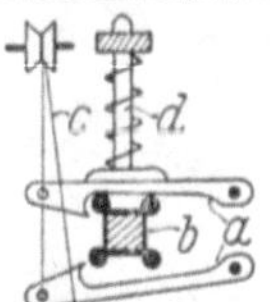	*a*	Wendehaken (m) [cylinder operating] catch поворачивающая собачка (жр) loquet (m), chien (m) arpione (m) *o* uncino (m) di comando del prisma cuchillo (m)
24	Laterne (f) lantern фонарь (жр)	*b*	lanterne (f) lanterna (f) linterna (f)
25	Wendeschnur (f) cord to operate the catches поворотный шнур (мр)	*c*	cordon (m) des loquets corda (f) di tirata *o* di inversione cuerda (f) para girar *o* de inversión
26	Drücker (m) hammer мальчик (мр)	*d*	presseur (m) stampella (f) martillo (m)

1 Laternenseite (f) des Prismas
lantern side of cylinder
фонарная сторона (жр) призмы
côté (m) de la lanterne du cylindre
faccia (f) della lanterna del prisma
lado (m) de la linterna del cilindro

2 das Prisma wenden
to rotate the cylinder
поворачивать призму (жр)
tourner le cylindre
girare il prisma
hacer girar la linterna

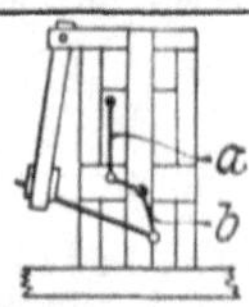

3 Prismaladenbewegung (f) durch Zugstangen
movement of the cylinder batten by connecting rods
движение (ср) рамы призмы посредством тяг
mouvement (m) du battant du cylindre par leviers
movimento (m) del bilanciere con aste di trazione
movimiento (m) del batán del cilindro por palancas

4 Zugstange (f)
connecting rod, link
тяга (жр)
a
levier (m) de traction
asta (f) di trazione
brazo (m) de tracción

5 Winkelhebel (m)
bent lever
коленчатый рычаг (мр)
b
levier (m) coudé
leva (f) angolare
palanca (f) acodada

6 Aufstellung (f) der Jacquardmaschine
mounting the Jacquard machine
установка (жр) машины Жаккарда
montage (m) de la mécanique Jacquard
montatura (f) del meccanismo Jacquard
montaje (m) de la Jacquard

7 Jacquardmaschinengerüst (n)
Jacquard frame
подмости (жр) [для установки] машины Жаккарда
bâti (m) *ou* cage (f) de la mécanique Jacquard
castello (m) del meccanismo Jacquard
bastidor (m) de la máquina Jacquard

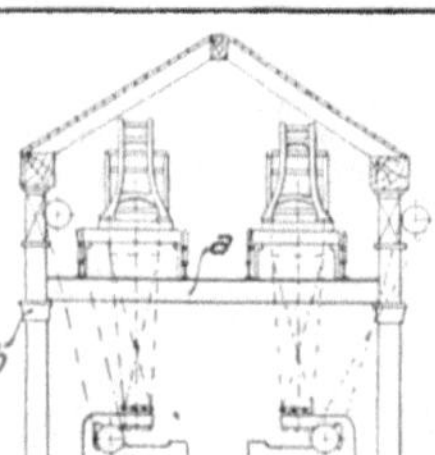

8 Gestellsäulen (fpl) für Jacquardmaschinen
supports of the Jacquard
опорные колонны (жр) для машины Жаккарда
colonnes (fpl) de support des mécaniques Jacquard
colonne (fpl) di sopporto dei meccanismi Jacquard
columnas (fpl) de soporte de las Jacquard

9 Untersatzrahmen (m)
girder
опорная рама (жр)
a
rail (m) transversal
traversa (f) di sostegno
traviesa (f)

Querträgerauflager (m), [Traversenauflager (m)]
bracket for girder
башмак (мр) *или* опора (жр) для поперечных балок
b
support (m) du rail transversal
appoggio (m) della traversa di sostegno
apoyo (m) de la traviesa
10

die Träger (mpl) am Stuhlgestell befestigen
to fix the girders in position over the loom
прикреплять опорные балки (жр) к станине станка
fixer les supports au bâti du métier
fissare i sopporti sul corpo del telaio
fijar los soportes encima del telar
11

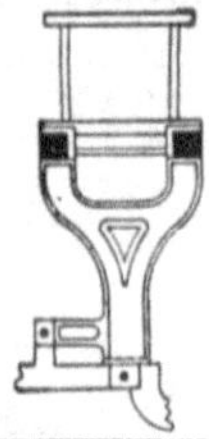

Gußeisenträger (m)
cast iron girder
опорные чугунные балки (жр)
support (m) en fonte
sopporto (m) in ghisa
soporte (m) *o* caballete (m) de fundición
12

Zittern (n) [*oder* Vibrieren (n)] des Stuhles
vibration of the loom
сотрясение (ср) *или* вибрация (жр) станка
vibration (f) du métier
vibrazione (f) del telaio
sacudida (f) *o* vibración (f) del telar
13

Übertragen (n) der Vibration des Stuhles auf die Maschine
transmission of loom vibration to the machine
передача (жр) вибрации станка на машину
transmission (f) de la vibration du métier à la mécanique
trasmissione (f) della vibrazione del telaio sul meccanismo
transmisión (f) de la vibración del telar a la máquina
14

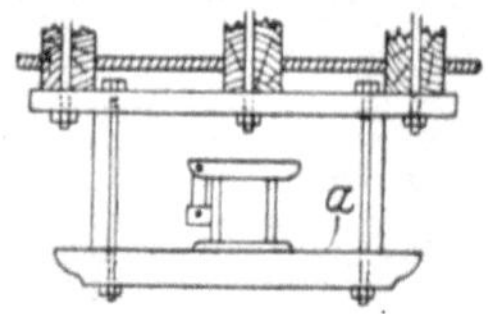

Deckenaufhängung (f) für Jacquardmaschinen
mounting of the Jacquard on a suspended frame
потолочная подвеска (жр) для машины Жаккарда
suspension (f) au plafond de la mécanique Jacquard
sospensione (f) al soffitto del meccanismo Jacquard
suspensión (f) del apoyo del mecanismo Jacquard
15

Hängestütze (f)
hanger
подвесная опорная балка (жр)
a
support (m) pendant
sopporto (m) pendente
soporte (m) colgante
16

Jacquardmaschinenantrieb (m)
drive of the Jacquard
привод (мр) к машине Жаккарда
commande (f) de la mécanique Jacquard
azionamento (m) del meccanismo Jacquard
accionamiento (m) de la Jacquard
17

1
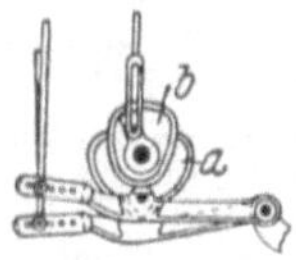

kraftschlüssiger Antrieb (m)
negative drive
негативный привод (мр)
commande (f) négative
azionamento (m) negativo
accionamiento (m) negativo

---

2 Messerkastenexzenter (n)
griffe lift eccentric
эксцентрик (мр) для ножовой решетки
a
excentrique (m) *ou* tapette (f) de la griffe
eccentrico (m) della griffa
excéntrico (m) de la grifa

---

3 Platinenbodenhubscheibe (f), [Platinenbodenexzenter (n)]
bottom board tappet
эксцентрик (мр) для крючечной рамы
b
excentrique (m) de la planche à collets
eccentrico (m) dell'assicella a colletti
excéntrico (m) de la tabla de coletes

4

Maschinenhebel (m)
top lever, jack lever, lifting lever
рычаг (мр) *или* толкач (мр) машины [Жаккарда]
levier (m) de lève
leva (f) d'alzata
palanca (f) de alza

5
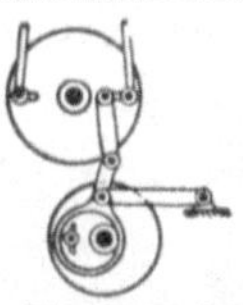

zwangläufiger Antrieb (m) der Jacquardmaschine
positively controlled drive of the Jacquard
принудительный привод (мр) для машины Жаккарда
commande (f) positive de la mécanique Jacquard
azionamento (m) positivo del meccanismo Jacquard
accionamiento (m) positivo de la máquina Jacquard

6
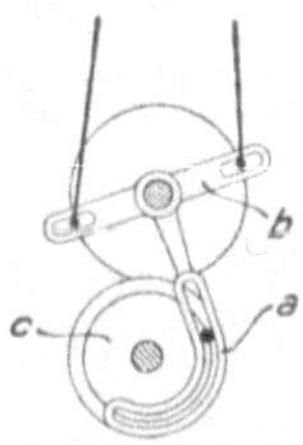

a
Schleifbogen (m)
slotted cam
кулиссная доска (жр)
excentrique à rainure *ou* à glissière
eccentrico (m) a glifo
excéntrico (m) de ranura

---

7 dreiarmiger Hebel (m)
three armed lever
трехплечий рычаг (мр)
b
levier (m) à trois bras
leva (f) a tre bracci
palanca (f) triarticulada

---

8 Kurbelscheibe (f) mit Zapfen
crank disc with pin
кривошипный диск (мр) с пальцем
c
plateau (m) avec bouton
disco (m) con perno
plato (m) con espiga

9
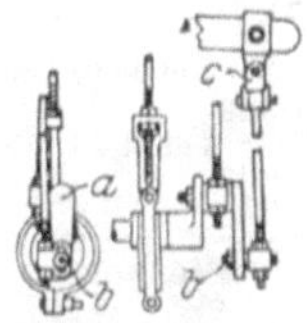

Antrieb (m) der Einhubmaschine
drive of single lift machine
привод (мр) одноподъемной машины
commande (f) de la mécanique à simple lève
azionamento (m) del meccanismo a corsa semplice
accionamiento (m) del mecanismo de simple alza

---

10 Doppelkurbel (f)
double crank
двойной кривошип (мр)
a
manivelle (f) double
manovella (f) doppia
doble cigüeña (f) *o* manivela (f)

---

11 Kurbelzapfen (m)
crank pin
палец (мр) кривошипа
b
bouton (m) de manivelle
perno (m) della manovella
espiga (f) *o* gorrón (m) de la manivela

---

12 Doppelgelenk (n)
swivel coupling
двойной шарнир (мр)
c
joint (m) double
giuntura (f) doppia
doble articulación (f)

---

13 Ändern (n) der Hubhöhe
altering the throw of the crank
изменение (ср) высоты подъема
changement (m) de la course de la manivelle
cambiamento (m) di corsa della manovella
cambio (m) de la carrera de la manivela

14
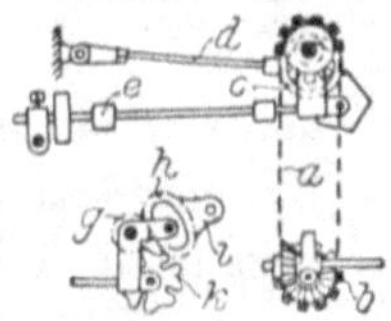

Kettenantrieb (m) des Prismas
cylinder chain drive
цепной привод (мр) для призмы
commande (f) par chaîne du cylindre
azionamento (m) del prisma a catena
accionamiento (m) del cilindro por cadena

---

15 Kettentrieb (m)
driving chain
цепная передача (жр)
a
chaîne (f) de commande
catena (f) di azionamento
cadena (f) accionadora

---

16 hyperbolisches Rad (n)
hyperbolic gear wheel
гиперболическое колесо (ср)
b
roue (f) hyperbolique
ruota (f) iperbolica
rueda (f) hiperbólica

---

17 Exzenterring (m)
eccentric strap
эксцентриковый хомут (мр)
c
collier (m) de l'excentrique
anello (m) dell'eccentrico
collar (m) del excéntrico

---

18 gelenkige Exzenterstange (f)
jointed eccentric rod
шарнирная эксцентриковая тяга (жр)
d
tirant (m) d'excentrique articulé
asta (f) articolata d'eccentrico
tirante (m) articulado del excéntrico

---

19 Lagerhülse (f)
bracket bush
втулка (жр)
e
douille (f) de support
manicotto (m) di sostegno
manguito (m)

1 exzentrisches Zahnrad (n)
eccentric toothed wheel
эксцентричное зубчатое колесо (ср)
g
roue (f) dentée excentrique
ruota (f) dentata eccentrica
rueda (f) dentada excéntrica

2 elliptisches Rad (n)
elliptical wheel
эллиптическое колесо (ср)
h
roue (f) elliptique
ruota (f) elittica
rueda (f) eliptica

3 Greifer (m)
operating arm for star wheel
захватный кривошип (мр), поводок (мр) звездочки
i
cliquet (m)
nottolino (m)
gatillo (m)

4 Stern (m)
star wheel
звездочка (жр)
k
roue (f) étoilée
ruota (f) a stella
rueda (f) de estrella

5 positive Prismenbewegung (f)
positive movement of the cylinder
позитивное движение (ср) призмы
mouvement (m) positif du cylindre
movimento (m) positivo del prisma
movimiento (m) positivo del cilindro

6 die Jacquardmaschinen (fpl) kuppeln *oder* verbinden
to couple up the Jacquard machines
спаривать машины (жр) Жаккарда
accoupler les mécaniques Jacquard
accoppiare i meccanismi Jacquard
acoplar las máquinas Jacquard

7 die Karte zurücknehmen
to reverse the card
отводить назад карту (жр)
renverser le carton
far ritornare il cartone
hacer retroceder el cartón

8 Schußsuchen (n)
finding the broken weft
отыскивание (ср) утка
recherche (f) de la duite
ricerca (f) della trama rotta
busca (f) de la trama rota

9 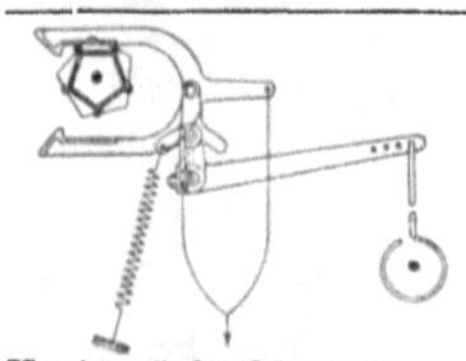
Kartenrückschlagvorrichtung (f)
card reversing motion
приспособление (ср) для обратной подачи карты
mécanisme (m) de renversement des cartons
meccanismo (m) di ritorno dei cartoni
movimiento (m) de retroceso del cilindro

10 **γ_2) Nummerung (f) [*oder* Numerierung (f)] der Jacquardmaschinen**
Numbering of Jacquard Machines
Нумерование (ср) машин Жаккарда
Numérotage (m) des mécaniques Jacquard
Numerazione (f) dei meccanismi Jacquard
Nomenclatura (f) *o* numerado (m) *o* numeración (f) de las máquinas Jacquard

11 Platinenzahl (f), Maschinenrapport (m)
number of hooks
число (ср) крючков, рапорт (мр) машины
nombre (m) de crochets
numero (m) di platine
número (m) de ganchos

12 Jacquardmaschine (f) mit x Platinen
Jacquard with x hooks, x's machine, x's Jacquard
машина (жр) Жаккарда об x крючках
mécanique (f) Jacquard de x crochets
meccanismo (m) Jacquard di x [platine]
máquina (f) Jacquard de x ganchos

13 Anzahl (f) der Platinen in Hundert
number of hooks expressed in hundreds
число (ср) крючков в сотнях
nombre (m) de crochets exprimé en centaines
numero (m) delle platine espresso in centinaia
número (m) de ganchos expresado por centenares

14 Platinenreihe (f)
row of hooks
ряд (мр) крючков
rangée (f) *ou* route (f) de crochets
fila (f) di platine
hilera (f) *o* fila (f) *o* línea (f) de ganchos

15 Längsreihe (f)
row in the length
продольный ряд (мр)
rangée (f) en longueur
fila (f) longitudinale
hilera (f) longitudinal

16 Querreihe (f)
row crosswise
поперечный ряд (мр)
rangée (f) en largeur
fila (f) trasversale
hilera (f) transversal

17 die Platinen (fpl) stehen in Längsreihen
the hooks are arranged in rows lengthwise
крючки (мр) расположены продольными рядами
les crochets sont placés en longueur
le platine sono disposte in file nel senso della lunghezza del telaio
los ganchos están dispuestos longitudinalmente

18 die Platinen stehen in Querreihen
the hooks are arranged in rows crosswise
крючки (мр) расположены поперечными рядами
les crochets sont placés en largeur
le platine sono disposte in file nel senso della larghezza del telaio
los ganchos están dispuestos transversalmente

19 x-reihige Jacquardmaschine (f)
x-row Jacquard
x-рядная машина (жр) Жаккарда
mécanique (f) Jacquard à x rangées
meccanismo (m) Jacquard con x file
máquina (f) Jacquard de x filas

20 gerade Platinenreihe (f)
even number of rows
четный ряд (мр) крючков
rangée (f) de crochets paire
fila (f) di platine pari
fila (f) par de ganchos

21 ungerade Platinenreihe (f)
odd number of rows
нечетный ряд (мр) крючков
rangée (f) de crochets impaire
fila (f) di platine dispari
fila (f) impar de ganchos

22 Platinenabteilung (f)
group of hooks
группа (жр) крючков
division (f) de crochets
divisione (f) di platine
división (f) de ganchos

23 Ersatzplatine (f), [Reserveplatine (f)]
spare hook
запасный *или* добавочный крючок (мр)
crochet (m) de réserve
platina (f) di riserva
gancho (m) de recambio *o* de reserva

24 Nadelreihe (f)
row of needles
ряд (мр) игл
rangée (f) d'aiguilles
fila (f) d'aghi
fila (f) de agujas

1 **γ₁) Einteilung (f) der Jacquardmaschinen**
Classification of Jacquard Machines
Подразделение (ср) Жаккардовых машин
Classification (f) des mécaniques Jacquard
Classificazione (f) dei meccanismi Jacquard
Clasificación (f) de las máquinas Jacquard

2 Größe (f) der Jacquardmaschine
size of Jacquard
величина (жр) машины Жаккарда
numéro (m) de la mécanique Jacquard
numero (m) della meccanica Jacquard
número (m) de la máquina Jacquard

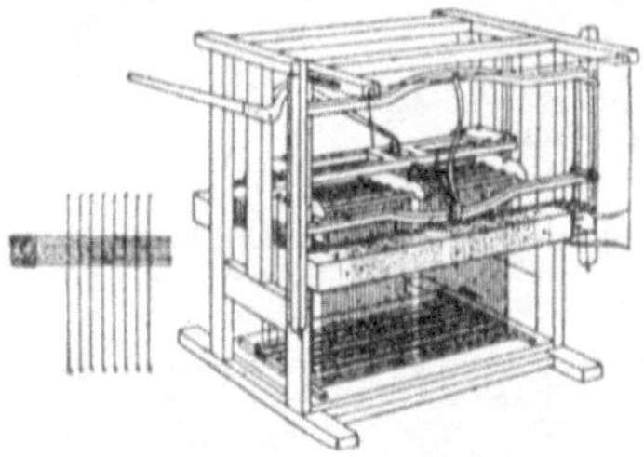

3 hölzerne Jacquardmaschine (f)
wooden Jacquard
деревянная машина (жр) Жаккарда
mécanique (f) Jacquard en bois
meccanismo (m) Jacquard di costruzione in legno
Jacquard (f) de madera

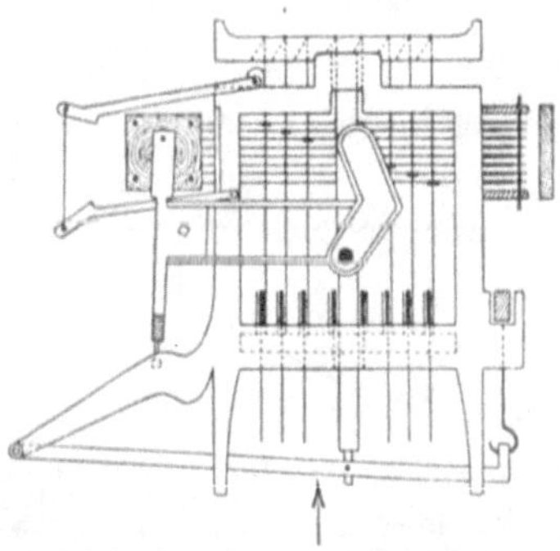

4 eiserne Jacquardmaschine (f)
iron Jacquard
железная Жаккардовая машина (жр)
mécanique (f) Jacquard en fer
meccanismo (m) Jacquard di costruzione in ferro
Jacquard (f) de hierro

---

5 
Drahtplatine (f)
wire hook
проволочный крючок (мр)
crochet (m) métallique
platina (f) in filo di ferro
gancho (m) metálico

Platine (f) mit federndem Schenkel
hook with a spring leg
крючок (мр) с пружинящим коленом
crochet (m) à branche-ressort 6
platina (f) a molla
gancho (m) en forma de pinza, gancho con rama de muelle

Wiener Grobstich-Maschine (f)
Vienna coarse pitch Jacquard
венская машина (жр) с грубым делением
mécanique (f) Jacquard à grosse division viennoise
meccanismo (m) Jacquard a divisione grossa viennese 7
Jacquard (f) de número grueso de Viena

Wiener Feinstich-Maschine (f)
Vienna fine pitch Jacquard
венская машина (жр) с мелким делением
mécanique (f) Jacquard à fine division viennoise
meccanismo (m) Jacquard a divisione fina viennese 8
Jacquard (f) de número fino de Viena

Berliner Jacquardmaschine (f)
Berlin pitch Jacquard
берлинская Жаккардовая машина (жр)
mécanique (f) Jacquard à division de Berlin
meccanismo (m) Jacquard a divisione di Berlino 9
Jacquard (f) de número de Berlin

Krefelder Jacquardmaschine (f)
Crefeld pitch Jacquard
крефельдская Жаккардовая машина
mécanique (f) Jacquard à division de Krefeld
meccanismo (m) Jacquard a divisione di Krefeld 10
Jacquard (f) de número de Krefeld

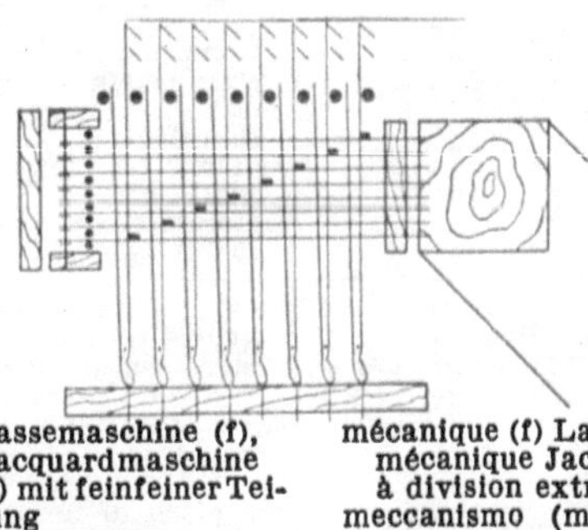

Lacassemaschine (f), Jacquardmaschine (f) mit feinfeiner Teilung
Lacasse machine, Jacquard with extra fine pitch
машина (жр) Лакасса, Жаккардовая машина с особо мелким делением
mécanique (f) Lacasse, mécanique Jacquard à division extra-fine
meccanismo (m) Lacasse, meccanismo Jacquard con divisione extra fina 11
máquina (f) Lacasse, Jacquard (f) de número extrafino

1 Jacquardmaschine (f) mit feinster Teilung
Jacquard with the finest pitch
Жаккардовая машина (жр) с наимельчайшим делением
mécanique (f) Jacquard à la plus fine division
meccanismo (m) Jacquard colla più fina divisione
Jacquard (f) de número superfino

2 γ_4) Platinenteilung (f), Stich (m) der Jacquardmaschine, Nadelstich (m)
Pitch of Jacquard
Расстояние (ср) между иглами
Division (f) des crochets, numérotage (m) *ou* nombre (m) de crochets
Divisione (f) delle platine
Numeración (f) *o* número (m) *o* división (f) de ganchos

3 Krefelder Teilung (f)
Crefeld pitch
крефельдское деление (ср)
division (f) de Krefeld
divisione (f) di Krefeld
numeración (f) de Krefeld

4 Chemnitzer Teilung (f)
Chemnitz pitch
хемницкое деление (ср)
division (f) de Chemnitz
divisione (f) di Chemnitz
numeración (f) de Chemnitz

5 Wiener Teilung (f)
Vienna pitch
венское деление (ср)
division (f) de Vienne
divisione (f) di Vienna
númeración (f) de Viena

6 englische Teilung (f)
English pitch
английское деление (ср)
division (f) anglaise
divisione (f) inglese
numeración (f) inglesa

7 französische Teilung (f)
French pitch
французское деление (ср)
division (f) française
divisione (f) francese
numeración (f) francesa

8 Lyoner Teilung (f)
Lyons pitch
лионское деление (ср)
division (f) de Lyon
divisione (f) di Lione
numeración (f) de Lyon

9 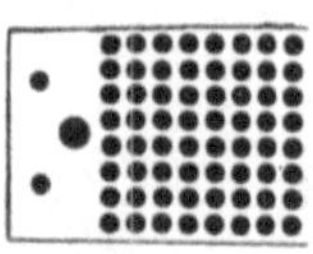
grober Nadelstich (m), grobe *oder* große Teilung (f), Grobstich (m)
coarse pitch of needles
грубое деление (ср)
grosse division (f) des aiguilles
divisione (f) grossa degli aghi
numeración (f) gruesa de las agujas

10 mittlerer Stich (m)
medium pitch
среднее деление (ср)
division (f) moyenne
divisione (f) media
numeración (f) media

11 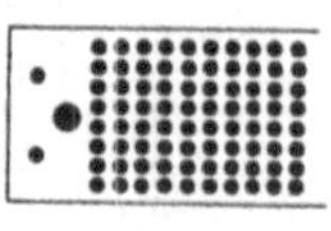
feiner Nadelstich (m), feine Platinenteilung (f)
fine pitch of needles
мелкое деление (ср)
fine division (f) des aiguilles
divisione (f) fina degli aghi
numeración (f) fina de las agujas

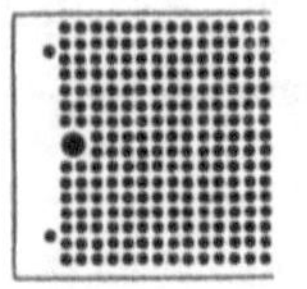
Vincenzistich (m), Lacassestich (m), Schröerstich (m)
very fine pitch of needles, Vincenzi pitch, Schröer pitch
деление (ср) Винценса *или* Лакасса *или* Шроэрса 12
division (f) Vincenzi *ou* Lacasse *ou* Schröer
divisione (f) Vincenzi *o* Lacasse *o* Schröer
numeración (f) Vincenzi *o* Lacasse *o* Schröer

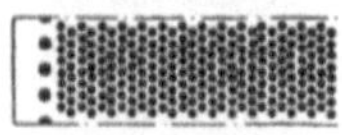
feinste Teilung (f), Verdolstich (m)
finest pitch of needles, Verdol pitch
мельчайшее деление (ср), деление Вердоля
division (f) la plus fine 13
divisione (f) la più fina
núмeración (f) superfina

γ_5) Fachbildung (f) mit Jacquardmaschine
Shedding Operated by Jacquard Machine
Образование (ср) зева при помощи Жаккардовой машины
Formation (f) de la foule à la mécanique Jacquard
Formazione (f) del passo con meccanismo Jacquard 14
Formación (f) de la calada por medio de la Jacquard

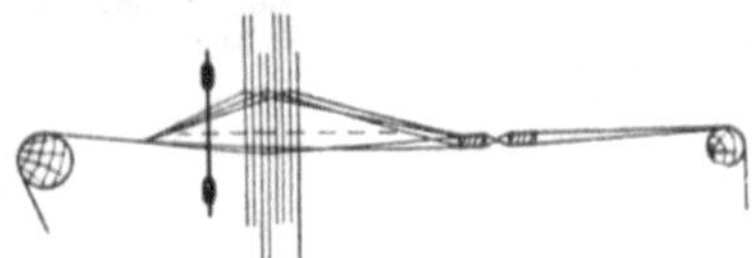
Hochfach (n)
top shed, upper shed
верхний зев (мр)
foule (f) haute *ou* à levée
passo (m) in alto *o* superiore 15
calada (f) de ascenso *o* de alza

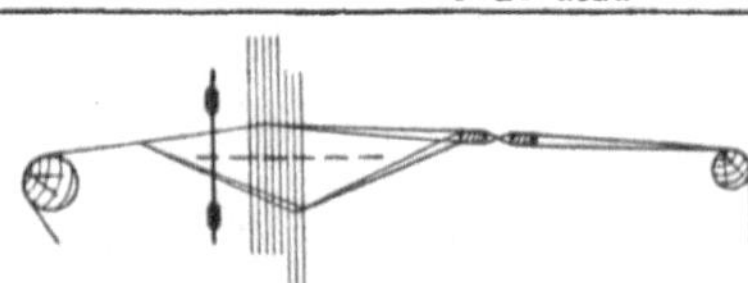
Tieffach (n)
bottom shed, lower shed
нижний зев (мр)
foule (f) d'en bas *ou* à baisse *ou* de rabat
passo (m) in basso *o* inferiore 16
calada (f) de descenso *o* de baja

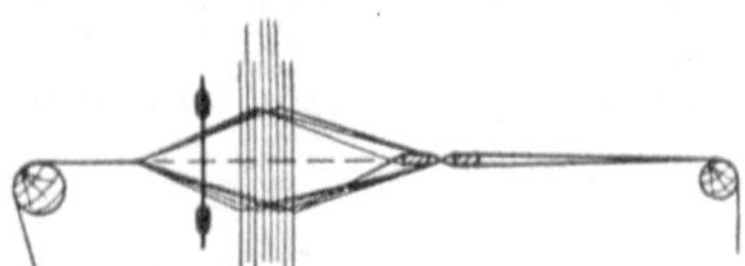
Hoch- und Tieffach (n)
centre shed
верхний и нижний зев (мр)
foule (f) de levée et de rabat
passo (m) d'alzata e di discesa 17
calada (f) de ascenso y descenso *o* de alza y baja

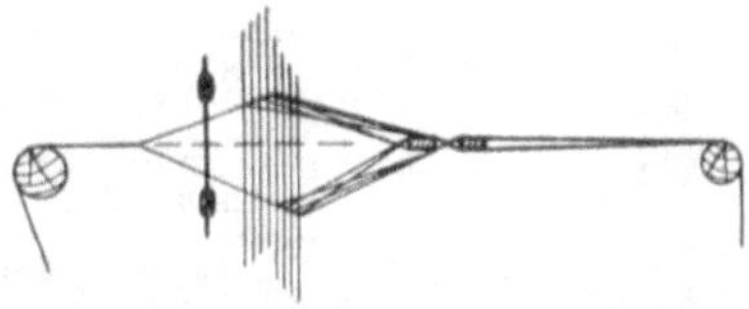

1
schräges *oder* reines Fach (n)
V shed, clear shed
косой *или* чистый зев (мр)
foule (f) oblique *ou* progressive, pas (m) net
passo (m) obliquo *o* progressivo
calada (f) oblicua

2
δ) Vorrichten (n) des Jacquardwebstuhles
Gaiting of the Jacquard Loom
Уборка (жр) Жаккардового станка
Montage (m) du métier Jacquard
Allestimento (m) del telaio Jacquard
Montura (f) del telar Jacquard

3
die Jacquardmaschine der Länge nach auf den Stuhl stellen
to set the Jacquard lengthways on the loom
устанавливать на станке Жаккардовую машину в продольном направлении
monter la mécanique Jacquard suivant la longueur du métier
montare la meccanica Jacquard nel senso della lunghezza del telaio
montar la Jacquard longitudinalmente en el telar

4
die Jacquardmaschine der Breite nach auf den Stuhl stellen
to set the Jacquard widthways on the loom
устанавливать на станке Жаккардовую машину в поперечном направлении
monter la mécanique Jacquard suivant la largeur du métier
montare la meccanica Jacquard nel senso della larghezza del telaio
montar la Jacquard transversalmente en el telar

5
den Harnisch vorrichten
to tie up the harness
убирать аркатную подвязь (жр)
monter le corps
montare il corpo dei licci
colgar las mallas

6
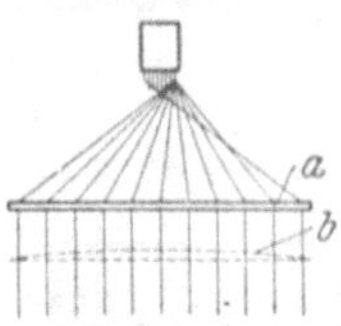

a
Harnischbrett (n)
comber board, cumber bord
кассейная доска (жр)
planche (f) d'arcades
tavoletta (f) di arcate, tavola (f) forata
tabla (f) de arcadas

7
b
gewölbtes Oberfach (n)
arched top shed
выгнутый верхний зев (мр), верхний зев сводчатого вида
foule (f) haute arquée
passo (m) superiore ad arco
paso (m) superior arqueado

8
das Schnurbrett in Längsreihen einteilen
to divide the comber board in slips
разбивать кассейную доску (жр) на продольные ряды
diviser la planche d'arcades dans le sens de la longueur
dividere la tavoletta di arcate nel senso della lunghezza
dividir la tabla de arcadas longitudinalmente

9
Schnurbrettloch (n)
comber board hole
дыра (жр) *или* отверстие (ср) кассейной доски
trou (m) de la planche d'arcades
foro (m) della tavola di arcate
agujero (m) *o* taladro (m) de la tabla de arcadas

10
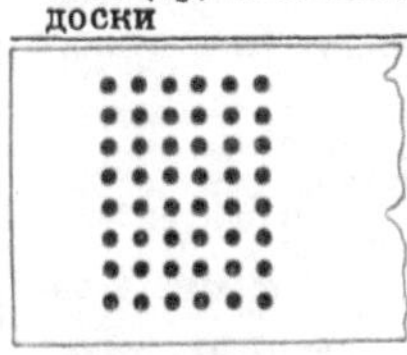

gerade gebohrtes Schnurbrett (n)
comber board with holes in straight rows
кассейная доска (жр), просверленная прямыми рядами
planche (f) d'arcades à trous en ligne droite
tavoletta (f) d'arcate con fori in linea diritta
tabla (f) de arcadas con los taladros *o* agujeros en linea recta

11
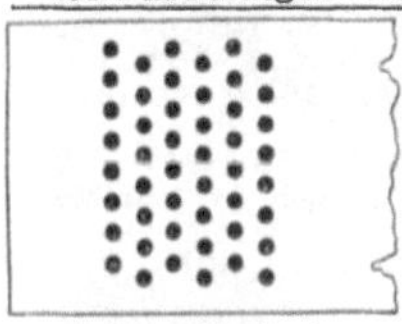

versetzt gebohrtes Schnurbrett (n)
comber board with holes in spaced rows
кассейная доска (жр), просверленная в шахматном порядке
planche (f) d'arcades à trous en quinconce
tavoletta (f) d'arcate con fori alternati
tabla (f) de arcadas con agujeros al tresbolillo

12
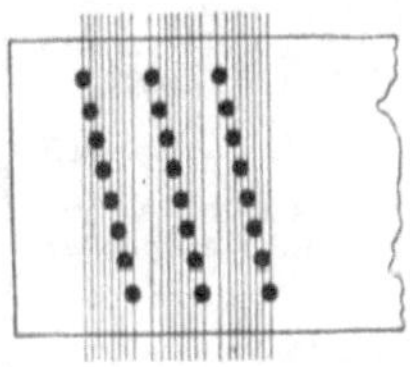

schräg gebohrtes Schnurbrett (n)
comber board with inclined rows of holes
кассейная доска(жр), просверленная косыми рядами
planche (f) d'arcades à trous en lignes obliques
tavoletta (f) d'arcate a fori in linee oblique
tabla (f) de arcadas con agujeros en lineas oblicuas

13
Schnurbretthalter (m)
comber board support
державка (жр) *или* подпорка (жр) кассейной доски
support (m) de la planche d'arcades
sopporto (m) della tavoletta d'arcate
soporte (m) de la tabla de arcadas

14
gefalzter Rahmen (m)
rebated frame
рамка (жр) с четвертями *или* фальцами
cadre (m) à feuillure
telaio (m) incastrato
bastidor (m) con encaje

15
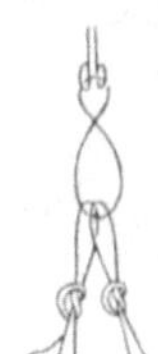

a
Hebeschnur (f), Heber (m), Harnischkordel (f), [Gallierschnur (f), Arkade (f)]
harness cord, twine
аркат (мр), аркатный *или* под'емный голосинник (мр) *или* шнур (мр)
arcade (f), fil (m) d'arcade
arcata (f)
arcada (f)

1 Schneiden (n) der Hebeschnüre
cutting the harness cords
нарезка (жр) аркатных шнуров
coupage (m) des fils d'arcades
taglio (m) dei fili d'arcata
corte (m) de los hilos de arcada

---

2 in doppelter Länge schneiden
to cut in double lengths
нарезать в концы двойной длины
couper en longueurs doubles
tagliare in lunghezze doppie
cortar en longitudes dobles

---

3 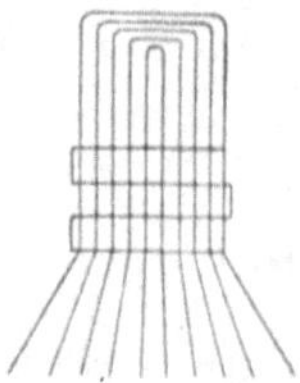
vernähte Hebeschnüre (fpl)
stitched harness cords
сшитые аркатные шнуры (мр)
fils (mpl) d'arcades cousus
fili (mpl) d'arcata cuciti
hilos (mpl) de arcada cosidos

---

4 Anhängen (n) *oder* Anschlingen (n) der Hebeschnüre an die Platinenschnüre, Einkarabine[r]n (n)
hooking *or* attaching the harness cords to the neck bands
подвязывание (ср) аркатов к рамным веревочкам
accrochage (m) *ou* attachage (m) des fils d'arcades aux collets, colletage (m)
attacco (m) dei fili d'arcata ai colletti
encoletado (m)

---

5 die Platinenschnur an die Platinen schlingen, einkarabine[r]n
to attach the neck bands to the hooks
подвязывать рамную веревочку (жр) к крючку
accrocher *ou* attacher les fils d'arcades aux collets, colleter
attaccare i fili d'arcata ai colletti
atar los coletes a los ganchos, encoletar

---

6 die Hebeschnüre (fpl) in das Schnurbrett einziehen, beschnüren, [gallieren]
to draw the harness cords through the comber board, to tie up
продевать аркаты через кассейную доску
passer les arcades dans la planche, empouter
infilare le arcate nella tavoletta, imputare
pasar las arcadas por la tabla, remeter las arcadas en la tabla

---

7 Rost (m) *oder* Rechen (m) aus Holzstäben
grid of wooden slats
решетка (жр) из деревянных палочек
grille (f) avec barrettes en bois
griglia (f) con barre di legno
rejilla (f) de listones de madera

---

8 Rost (m) aus Glasstäben
grid of glass rods
решетка (жр) из стеклянных палочек
grille (f) avec barrettes en verre
griglia (f) con barre di vetro
rejilla (f) de listones de vidrio

---

9 Helfe (f)
heald, heddle
лица (жр)
lisse (f)
liccio (m)
lizo (m)

Zwirnhelfe (f) mit Metallauge
twine heald with metal eyelet
нитяная лица (жр) с металлическим мальоном
lisse (f) en câblé avec maillon métallique 10
liccio (m) di filo ritorto con maglione metallico
lizo (m) de hilo cableado con mallón metálico

Stahldrahthelfe (f)
steel wire heald
лица (жр) из стальной проволоки
lisse (f) en fil d'acier 11
liccio (m) in filo d'acciaio
lizo (m) de hilo de acero

Sprung (m) *oder* Länge (f) der Helfe
height of the heald
длина (жр) лицы
hauteur (f) de la lisse
altezza (f) del liccio 12
altura (f) del lizo

Helfenauge (n), [Maillon (n)]
mail, maillé
глазок (мр) лицы, мальон (мр)
maillon (m)
maglia (f), maglione (m), staffa (f) 13
mallón (m)

Helfenauge (n) mit einer Fadenöffnung
mail with one opening
мальон (мр) об одном отверстии для нити
maillon (m) à un seul œillet 14
maglione (m) ad una sola apertura
mallón (m) de un solo ojo

Fadenöffnung (f)
eyelet for thread a
отверстие (ср) для нити
orifice (m) *ou* œillet (m) pour fil
apertura (f) *o* foro (m) pel passaggio del filo 15
ojo (m) para el hilo

Helfenauge (n) mit *x* Öffnungen
mail with *x* openings *or* eyelets, *x* decked mail
мальон (мр) об *x* отверстиях
maillon (m) à *x* œillets
maglione (m) con *x* aperture 16
mallón (m) de *x* ojos

Helfenauge (n) aus Draht
wire mail
проволочный мальон (мр)
maillon (m) en fil métallique
staffa (f) di filo metallico 17
mallón (m) de hilo metálico

1 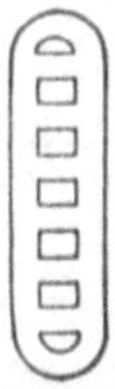
Helfenauge (n) aus Glas
glass mail
стеклянный мальон (мр)
maillon (m) en verre
staffa (f) di vetro
mallón (m) de cristal

2 Helfenauge (n) aus Stahl
steel mail
стальной мальон (мр)
maillon (m) en acier
staffa (f) d'acciaio
mallón (m) de acero

3 Helfenauge (n) aus Messing
brass mail
латунный мальон (мр)
maillon (m) en cuivre
staffa (f) di ottone
mallón (m) de latón

4 Anhangeisen (n), Gewicht (n), Eisel (n), Kloppel (m)
lingo
висюлька (жр)
plomb (m), poids (m)
peso (m), piombo (m)
plomo (m), peso (m)

5 Eisendraht (m) mit Öhr
iron wire with eyelet
железная проволока (жр) с ушком
fil (m) de fer avec œillet
filo (m) di ferro con occhiello
alambre (m) con ojete

6 Drahtring (m)
wire ring
проволочное кольцо (ср)
anneau (m) métallique
anello (m) metallico
anillo (m) metálico

7 ¼lötiges Anhangeisen (n)
lingo of ¹/₈ ounce
¼лотовая висюлька (жр)
poids (m) de ¼ demi-once
peso (m) di ¹/₈ d'oncia
peso (m) de ¼ media onza

8 ½lötiges Anhangeisen (n)
lingo of ¼ ounce
½лотовая висюлька (жр)
poids (m) de ½ demi-once
peso (m) di ¼ d'oncia
peso (m) de ½ media onza

9 2½lötiges Anhangeisen (n)
lingo of 1¼ ounces
2½лотовая висюлька (жр)
poids (m) de 2½ demi-onces
peso (m) di 1¼ once
peso (m) de 2½ media onza

10 das Anhangeisen zieht die gehobene Helfe herab
the lingo draws the lifted heald down
висюлька (жр) оттягивает *или* тянет вниз поднятую лицу
le poids tire en bas la lisse levée
il peso tira in giù il liccio levato
el peso baja el lizo levantado

11 Anhängen (n) *oder* Anschlingen (n) der Helfen an die Hebeschnüre
attaching the healds to the harness cords
подвязь (жр) лиц к аркатам
accrochage (m) des lisses aux fils d'arcades
attacco (m) dei licci ai fili d'arcate
colgamiento (m) de los lizos en los hilos de arcadas

12 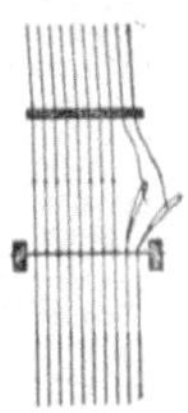
Gleichhängen (n) [*oder* Egalisieren (n)] der Helfen
levelling the healds
выравнивание (ср) длин лиц
égalisage (m) des lisses, appareillage (m)
livellazione (f) dei licci, pareggiamento (m) *o* allineamento (m) delle maglie
igualamiento (m) de los lizos

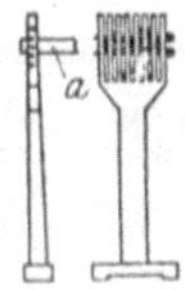
Vorrichtbock (m)
gauge block
уборочный станок (мр)
métier (m) d'appareillage
blocco (m) d'assaggio
banco (m) de igualar 13

Richtlatte (f)
level
уборочная доска (жр)
a
règle (f) d'appareillage
livello (m), livella (f) 14
nivel (m)

Einziehen (n) der Kettfäden in die Helfen
drawing in of warp threads in the mails *or* eyes
продевание (ср) нитей основы сквозь лицы
empoutage (m) *ou* rentrage (m) des fils de chaîne dans les lisses
passaggio (m) delle catene nei licci, rimettaggio (m) 15
remetido (m) de los hilos de urdimbre en los lizos

die Helfen (fpl) beziehen
to draw in the warp in the healds
заправлять лицы (жр)
rentrer la chaîne dans les lisses
entrare la catena nei licci 16
remeter los hilos en los lizos

Einziehen (n) der Kettfäden von hinten nach vorn
drawing in from back to front
продевание (ср) *или* заправка (жр) нитей основы сзаду наперед
rentrage (m) d'arrière en avant
passaggio (m) dei fili di catena dall'ultimo al primo liccio 17
remetido (m) de atrás adelante

gerades Einziehen (n)
straight drawing in
четная заправка (жр)
rentrage (m) à la course
passaggio (m) seguito 18
remetido (m) seguido

partieweises Einziehen (n)
drawing in by groups
групповая заправка (жр)
rentrage (m) par groupes *ou* par paquets
passaggio (m) per gruppi 19
remetido (m) por grupos

Sprungeinzug (m)
skip draft
проступная заправка (жр)
rentrage (m) sauté
passaggio (m) saltuario 20
remetido (m) saltado

x Helfen (fpl) bleiben leer
x healds remain empty
x лиц остаются пустыми
x lisses (fpl) sont laissées libres
x licci sono lasciati vuoti 21
x lizos quedan libres

Einkreuzen (n) der Beschnürung, Einlesen (n) des Helfenkreuzes
crossing the ties
скрещивание (ср) подвязи, крестообразная заправка (жр) арката 22
enverjure (f) *ou* croisement (m) des cordes
invergatura (f) *o* incrocio (m) delle corde
cruzamiento (m) de las cuerdas

die Beschnürung einkreuzen, das Helfenkreuz einlesen
to cross the ties
скрещивать подвязь (жр)
enverjer *ou* croiser les cordes
invergare 23
cruzar las cuerdas

1 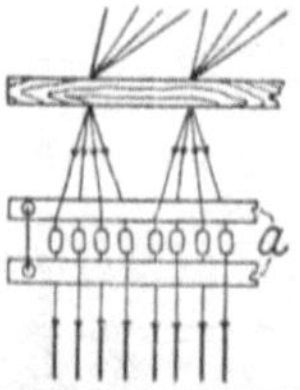 a

Helfenkreuzschiene (f)
crossing rod
планка (жр) для скрещивания лиц
verge (f) de croisure
bacchetta (f) d'invergatura
listón (m) de encruzamiento

2
Aneinanderreiben (n) der Schnüre
chafing of the cords
трение (ср) шнуров между собой
frottement (m) des cordes
sfregamento (m) delle corde
roce (m) *o* frotamiento (m) de las cuerdas

3
Firnissen (n) des Harnisches
varnishing the harness
пролачивание (ср) олифой аркатной подвязи
vernissage (m) du harnais
verniciatura (f) dei licci
barnizado (m) de las mallas

4
gefirnißte Schnur
varnished cord
пролаченный олифой шнур (мр)
corde (f) vernie
corda (f) verniciata
cuerda (f) barnizada

5
Harnischfirnis (m)
varnish for harness
аркатная олифа (жр)
vernis (m) pour harnais *ou* pour arcades
vernice (m) per corde d'armatura
barniz (m) para mallas

6
Wachsen (n) der Harnischschnüre
waxing the harness cords
вощение (ср) *или* навацивание (ср) аркатных шнуров
cirage (m) des arcades
ceratura (f) delle arcate
encerado (m) de las arcadas

7
Zettel (m), Part (m)
draught and cording, draught and tie up
набор (мр)
bref (m), carte (f)
carta (f) d'armatura, armatura (f)
carta (f)

8
Auflegen (n) der Karte auf das Prisma
placing the card on the cylinder
накладка (жр) карты на призму
montage (m) du carton sur le cylindre
montaggio (m) del cartone sul prisma
montaje (m) del cartón sobre el cilindro

9
die Kartennummern (fpl) kommen auf die Laternenseite
the card numbers are turned on the lantern end of the cylinder
номера (мр) карт помещаются со стороны фонаря
les numéros des cartons apparaissent sur le côté de la lanterne
i numeri dei cartoni si trovano dalla parte della lanterna
los números de los cartones aparecen sobre el lado de la linterna

10
e) Beschnürung (f), Schnürordnung (f), Schnürung (f), Harnischeinzug (m), [Gallierung (f)]
Tie up, Cording, Harness Mounting
Уборка (жр) подвязи
Empoutage (m), encordage (m), armure (f),
Imputaggio (m)
Orden (m) de pasar la tabla

11
Prismaseite (f) der Jacquardmaschine
cylinder side of the Jacquard
сторона (жр) призмы Жаккардовой машины
côté (m) du cylindre de la mécanique Jacquard
parte (f) del prisma del meccanismo Jacquard
lado (m) del cilindro de la Jacquard

12
das Prisma arbeitet vorn am Stuhl
the cylinder is placed at the front of the loom
призма (жр) работает впереди станка
le cylindre travaille à l'avant du métier
il prisma lavora sul davanti del telaio
el cilindro trabaja delante del telar

13
das Prisma arbeitet hinten am Stuhl
the cylinder is placed at the back of the loom
призма (жр) работает позади станка
le cylindre travaille à l'arrière du métier
il prisma lavora sul di dietro del telaio
el cilindro trabaja detrás del telar

14
das Prisma befindet sich rechts (links) vom [Stande des] Weber[s]
the cylinder is at the weaver's right (left) hand
призма (жр) находится по правую (левую) сторону от ткача
le cylindre se trouve à droite (à gauche) du tisseur
il prisma si trova a destra (a sinistra) del tessitore
el cilindro se encuentra a la derecha (a la izquierda) del tejedor

15
erste Platine (f)
first hook
первый крючок (мр)
premier crochet (m)
prima platina (f)
primer gancho (m)

16
letzte Platine (f)
last hook
последний крючок
dernier crochet (m)
ultima platina (f)
último gancho (m)

17
gleichbindende Kettfäden (mpl)
threads intersecting the weft in the same order
одинаково переплетающиеся нити (жр) основы
fils (mpl) de chaîne liant de la même façon
fili (mpl) di catena che legano alla stessa maniera
hilos (mpl) de urdimbre que evolucionan igual

18
mehrfädige Aushebung (f)
multiple raising of the warp
групповой (-ое) под'ем (мр) *или* проступание (ср)
lève (f) multiple *ou* de plusieurs fils
alzata (f) multipla dei fili
ascenso (m) múltiple *o* de muchos hilos

19
Hebeschnürezahl (f) auf die Platine
number of harness cords operated by a hook
число (ср) аркатных шнуров, приходящееся на крючок
nombre (m) de fils d'arcades attachés à un crochet
numero (m) di fili d'arcata per platina
número (m) de arcadas unidas a un mismo gancho

20 

Schnurbündel (n), Puppe (f), Zopf (m)
group *or* bunch of harness cords [operated by a hook]
пучок (мр) *или* связка (жр) аркатных шнуров
paquet (m) d'arcades, raccord (m)
fascio (m) d'arcate
manojo (m) de arcadas

21
$x$fädige Aushebung (f)
x threads lift
проступание (ср) в x нитей
lève (f) à x fils
alzata (f) a x fili
subida (f) de x hilos

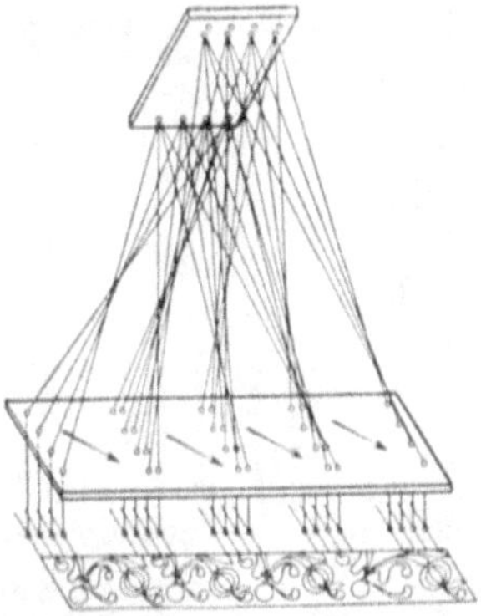

1 gerade Schnürung (f), Harnischstich (m) geradedurch
straight tie up
прямая проборка (жр) подвязи
empoutage (m) suivi
imputaggio (m) di seguito
pasado (m) a orden seguido

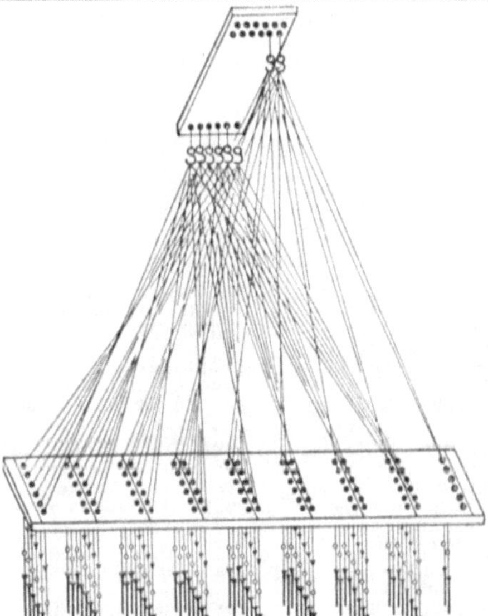

2 deutsche *oder* verschränkte Schnürweise (f), Linkseinzug (m)
tie up commencing at the left hand side
косая *или* немецкая *или* левая проборка (жр) подвязи
empoutage (m) croisé
imputaggio (m) incrociato
pasado (m) cruzado

3 verkreuzter Harnisch (m)
crossed harness
накрест *или* крестообразно пробранная аркатная подвязь (жр)
arcades (fpl) croisées
arcate (fpl) incrociate
arcadas (fpl) cruzadas

4 Rechtseinzug (m), französischer Einzug (m)
tie up commencing at the right hand side
правая *или* французская проборка (жр)
empoutage (m) à tour français
imputaggio (m) francese *o* a principio destro
pasado (m) francés

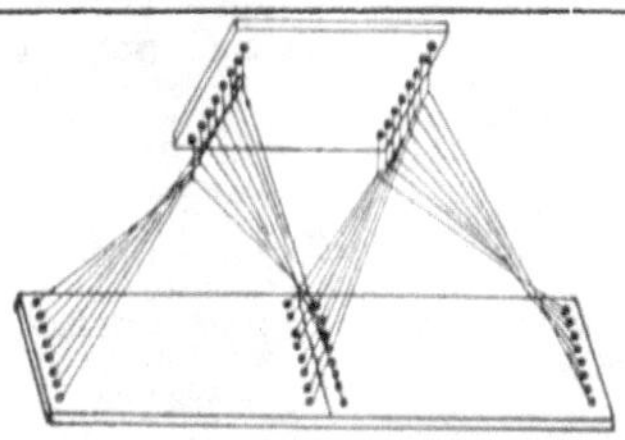

5 offene *oder* englische Schnürung (f)
open tie up
прямая открытая *или* английская проборка (жр)
empoutage (m) à tour anglais
imputaggio (m) aperto *o* inglese
pasado (m) inglés

6 offener Harnisch (m)
open harness
открытая аркатная подвязь (жр)
arcades (fpl) ouvertes
arcate (fpl) aperte
arcadas (fpl) abiertas

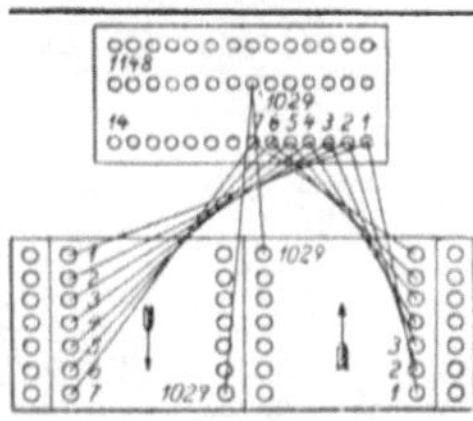

7 Spitzschnürung (f)
pointed *or* diamond tie up
отраженная *или* симметричная проборка (жр)
empoutage (m) à pointe
imputaggio (m) a punta
pasado (m) en punta

8 Spitzteil (m) [der Spitzschnürung], Spitzrapport (m)
repeat in a diamond design
отраженный рапорт (мр)
répétition (f) dans un dessin à retour
ripetizione (f) in un disegno a ritorno
curso (m) en un pasado a retorno

9 Spitzfaden (m)
centre thread
нить (жр) оси симметрии
fil (m) de pointe *ou* de centre
filo (m) di punta
hilo (m) de punta

10 der Harnischrand ist zu sich spitz
the harness border is reciprocal
левая кромочная подвязь (жр) является отражением правой
la bordure gauche est la contrepartie de la bordure droite renversée
il bordo sinistro è la contropartita riversata del bordo destro
el borde izquierdo es imagen del derecho

11 der Harnischrand ist in sich spitz
the border ties right and left are symmetrical
укромочной подвязи (жр) имеет симметричный рисунок
la bordure droite est symétrique de celle de gauche
il bordo destro è simmetrico a quello sinistro
el borde derecho es simétrico del izquierdo

12 Doppelspitzschnürung (f)
double pointed tie up
двойная отраженная проборка (жр)
empoutage (m) à retour
imputaggio (m) a ritorno
pasado (m) a retorno

1
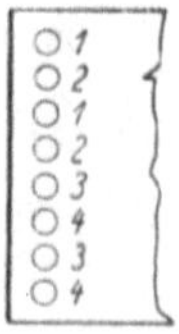

gesprungene Schnürung (f)
skipped tie up
проборка (жр) в разбивку
empoutage (m) sauté
imputaggio (m) saltuario
pasado (m) saltado

2
das Streifigwerden der Ware vermeiden
to prevent streaks in the goods
избегать полосатость (жр) товара
empêcher la formation des rayures dans le tissu
prevenire la formazione di chiarelle nel tessuto
impedir *o* evitar la formación de listas en el tejido

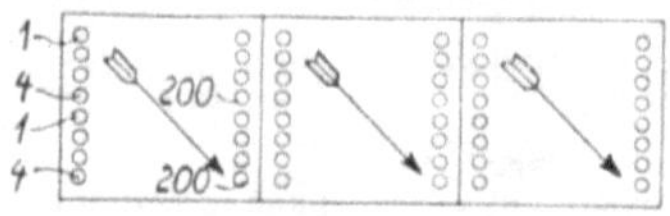

3
mehrfache Schnürung (f)
compound tie up
проборка (жр) по частям *или* по группам
empoutage (m) combiné
imputaggio (m) combinato
pasado (m) múltiple

4
Vergrößerung (f) des Musterrapports
enlarging the weave
увеличение (ср) рапорта рисунка
augmentation (f) de l'armure
ingrandimento (m) del disegno
aumento (m) de la muestra

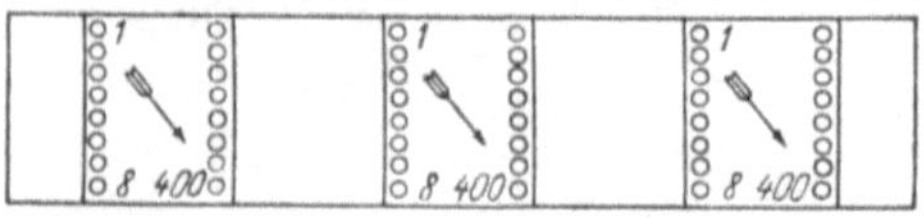

5
bandförmige Schnürung (f)
repeating tie up in bands
проборка (жр) полосами
empoutage (m) à chemins
imputaggio (m) a banda
pasado (m) por bandas *o* por caminos

6
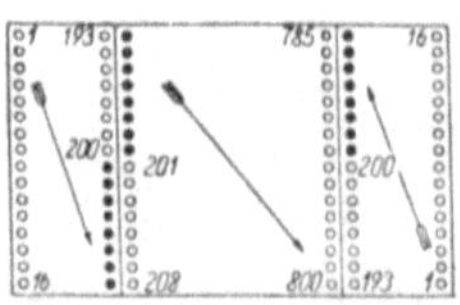

Kantenschnürung (f), [Bordürenschnürung (f)]
tie up for bordered fabrics
проборка (жр) кромок
empoutage (m) pour bordures
imputaggio (m) per bordure *o* orli
pasado (m) para orillos

7
Eckstückschnürung (f)
tie up for corner pattern
проборка (жр) углов
empoutage (m) pour dessins d'angle
imputaggio (m) per disegni ad angolo
pasado (m) para dibujos de ángulo

8
Mittelstück (n), Tisch (m), [Fond (m)]
ground *or* centre of the cloth
средина (жр) ткани, фон (мр), грунт (мр)
fond (m) du tissu
fondo (m) del tessuto
fondo (m) del tejido

9
Mittelrapport (m)
centre repeat
срединный рапорт (мр)
dessin (m) de milieu
disegno (m) del centro
ligamento (m) de enmedio

10
Hin- und Herschnürung (f)
cross tie up
проборка (жр) вперед и назад
empoutage (m) à pointe et retour
imputaggio (m) a punta e ritorno
pasado (m) a punta y retorno

11
doppelte Schnürung (f)
double tie up
двойная проборка (жр)
empoutage (m) double
imputaggio (m) doppio
pasado (m) doble

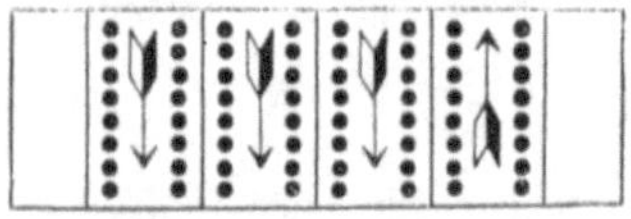

12
gemischte Schnürung (f)
mixed tie up
смешанная проборка (жр)
empoutage (m) mixte
imputaggio (m) misto
pasado (m) mixto

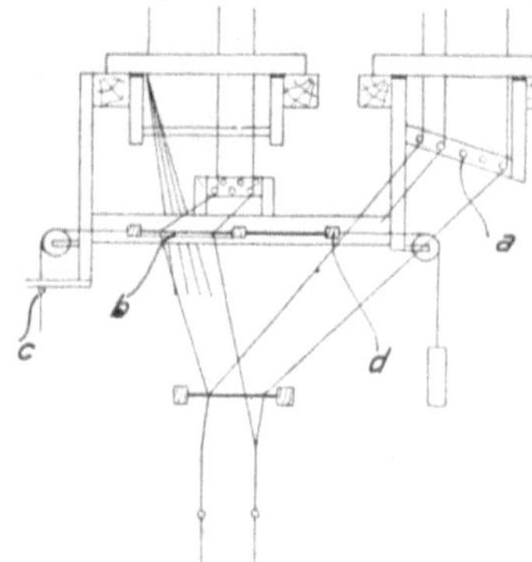

13
Schnürung (f) für Namenweberei, [Monogrammschnürung (f)]
tie up for weaving names
монограммная проборка (жр)
empoutage (m) pour noms *ou* monogrammes
imputaggio (m) per nomi *o* monogrammi
pasado (m) para nombres

14
a
schräg gestellter Rost (m)
slanting grid
наклонно расположенная решетка (жр)
grille (f) placée obliquement
griglia (f) obliqua
rejilla (f) oblicua *o* inclinada

15
b
verschiebbares Schnurbrett (n)
movable comber board
передвижная кассейная доска (жр)
planchette (f) mobile
tavoletta (f) mobile
tabla (f) móvil

16
c
im Schlitz festgehaltener Knoten (m)
knot held in the slot
задержанный в щели узел (мр)
nœud (m) retenu dans la fente
nodo (m) ritenuto nella scanalatura
nudo (m) retenido en la muesca

17
d
Schnurbrettanschlag (m)
stop of the comber board
упорка (жр) кассейной доски
arrêt (m) de la planchette
arresto (m) della tavoletta
paro (m) de la tabla

18
den Knoten auslösen
to free the knot
высвободить узел (мр)
libérer le nœud
liberare il nodo
libertar el nudo

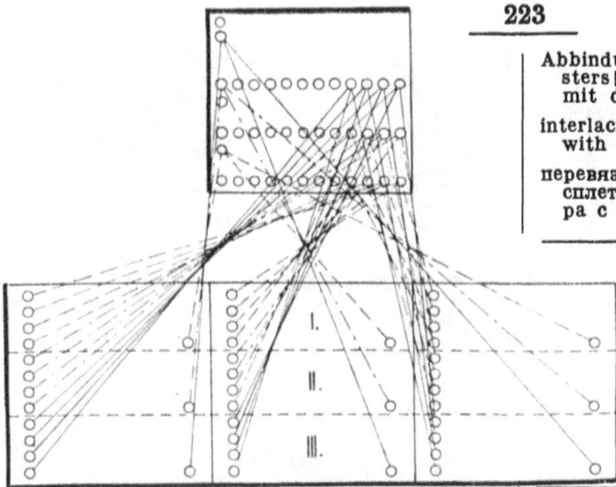

1 mehrteilige Schnürung (f), Schnürung (f) in Korps
harness mounting in several groups
групповая проборка (жр) подвязи
empoutage (m) sur plusieurs corps
imputaggio (m) su più corpi
pasado (m) a varios cuerpos

2 das Schnürbrett chorig vorrichten
to divide the comber board into groups
пробирать кассейную доску (жр) по группам
diviser la planchette en plusieurs corps
dividere la tavoletta in più corpi
dividir la tabla en varios cuerpos *o* en varias secciones

3 mehrchoriger Harnisch (m)
grouped harness
групповая аркатная подвязь (жр)
harnais (m) à plusieurs corps
sistema (m) di arcate a più corpi
lizo (m) a varios cuerpos

4 das Korps ins Kreuz lesen
to cross the healds
заправлять лицы (жр) крестообразно
enverger les lisses
incrociare i licci
cruzar los lizos

5 Schnürung (f) mit Vorderwerk
tie up with pressure harness
проборка (жр) с передним механизмом
empoutage (m) avec avant-corps
imputaggio (m) con rimessa di davanti
pasado (m) con antecuerpo

6 partieweise Figurenbildung (f)
ornamentation in groups
образование (ср) рисунка участками
liage (m) des dessins par groupes
ornamentazione (f) a gruppi
ligamento (m) de motivos por grupos

7 Musterkette (f), Figurkette (f)
figure *or* pattern warp
узорная основа (жр)
chaîne (f) de dessin
catena (f) di figura
urdimbre (f) de motivo *o* de dibujo

8 Grundkette (f)
ground warp
грунтовая основа
chaîne (f) de fond
catena (f) di fondo
urdimbre (f) de fondo

9 die Grundkette geht frei durch die Schnürung
the ground warp passes free through the harness
грунтовая основа(жр) проходит свободно сквозь подвязь
la chaîne de fond passe librement à travers le harnais
la catena di fondo passa liberamente per le arcate
la urdimbre de fondo pasa libremente a través de los lizos

Abbindung (f) des Musters [*oder* der Figur] mit dem Grunde
interlacing the figure with the ground
перевязь (жр) *или* сплетение (ср) узора с фоном
liage (m) du dessin avec le fond
legatura (f) del disegno col fondo
ligadura (f) del dibujo con el fondo 10

Verbindungsfaden (m)
binding thread
перевязь (жр), связывающая *или* перевязочная нить (жр)
fil (m) de liage
filo (m) di legamento
hilo (m) de ligadura 11

Musterfach (n), [Figurfach (n)]
shed for the figure
узорный зев (мр)
foule (f) pour le dessin
passo (m) per il disegno
calada (f) para el dibujo 12

Schlinghelfe (f)
link heald
лица (жр) с петлицей
maille (f) à nœud simple, lisse (f) coulante
maglia (f) a nodo semplice
malla (f) con nudo simple 13

mit Kreuzfach weben
to weave with cross shed
ткать с крестовым зевом
tisser avec pas croisé
tessere con passo incrociato
tejer a paso cruzado 14

ohne Kreuzfach (n) weben
to weave without cross shed
ткать без крестового зева
tisser sans pas croisé
tessere senza passo incrociato
tejer sin paso cruzado 15

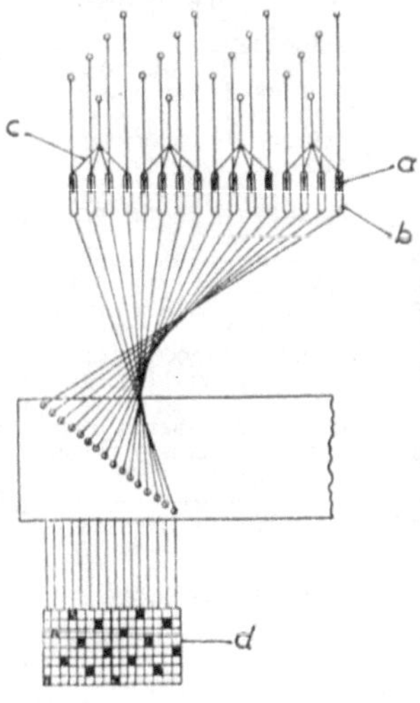

Schnürordnung (f) mit Hebestäben, [Tringlesvorrichtung (f)]
tie up with twilling bars *or* lifting rods
уборка (жр) подвязи с под'емными фланками
empoutage (m) à dispositif de tringles
imputaggio (m) con tringles
pasado (m) mediante bastones *o* reglillas 16

1 Hebestab (m), Tringle (m)
twilling bar, shaft
подъемная фланка (жр)
a
tringle (f), bâton (m), réglette (f) de lève
asta (f) di sollevamento, regolo (m), tringle (m)
bastón (m), varilla (f), reglilla (f)

2 Platinenschnurschleife (f)
lifting cord loop
петля (жр) рамника
b
boucle (f) du collet
laccio (m) del colletto
ojal (m) *o* lazo (m) del colete

3 Heber (m)
harness cord
аркатный шнур
c
arcade (f)
arcata (f)
arcada (f)

4 achtbindiger Atlas (m)
eight end satin
восьми-ремизный атлас (мр)
d
satin (m) de 8
raso (m) da 8
raso (m) de 8

5 eisernes Lineal (n)
iron bar
железная линейка (жр)
tringle (f) *ou* règle (f) en fer
riga (f) di ferro
reglilla (f) de hierro

6 schmaler Holzstab (m)
narrow wooden bar
узкая деревянная планка (жр) *или* палочка (жр)
réglette (f) en bois
sottile listello (m) di legno
reglilla (f) de madera

7 Hebestabanordnung (f) oberhalb (unterhalb) des Schnürbrettes
twilling bar arrangement above (under) the comber board
расположение (ср) подъемных фланок над (под) кассейной доской
disposition (f) des tringles au-dessus (au-dessous) de la planche d'arcades
disposizione (f) delle aste di sollevamento al di sopra (al di sotto) della tavola delle arcate
colocación (f) de las reglillas encima (debajo) de la tabla de arcadas

8 Hebestabanordnung (f) unter dem Platinenboden
twilling bar arrangement under the bottom board
расположение (ср) подъемных фланок под крючечной рамкой
disposition (f) des tringles au-dessous de la planche à collets
disposizione (f) delle aste di sollevamento al di sotto della tavola dei colletti
colocación (f) de las reglillas debajo de la tabla de coletes

9 Oberhebestab (m), [Obertringle (m)]
upper twilling bar
верхняя подъемная фланка (жр)
tringle (f) supérieure
asta (f) di sollevamento superiore
reglilla (f) superior

10 die Hebestäbe (mpl) stehen hochkantig auf dem Roste
the twilling bars are placed edgewise on the grid
подъемные фланки (жр) стоят на ребро в решетке
les tringles (fpl) sont placées en biseau sur la grille
le aste sono poste a coltello sulla griglia
las reglillas están puestas de canto sobre la rejilla

11 Hebestabbewegung (f)
motion of the twilling bars
движение (ср) подъемных фланок
mouvement (m) des tringles
movimento (m) delle aste di sollevamento
movimiento (m) de las reglillas

jeder Hebestab ist durch Schnuren mit zwei Platinen verbunden
each twilling bar is connected by cords to two hooks
каждая подъемная фланка (жр) соединена шнурами с двумя крючками
chaque tringle (f) est reliée par des ficelles à deux crochets
ogni asta (f) di sollevamento è legata da spaghi con due platine 12
cada reglilla (f) está unida a dos ganchos por cuerdas

x-fache Aushebung (f)
lifting of *x* threads
x-кратное проступание (ср)
lève (f) de *x* fils
sollevamento (m) di *x* fili 13
alza (f) de *x* hilos

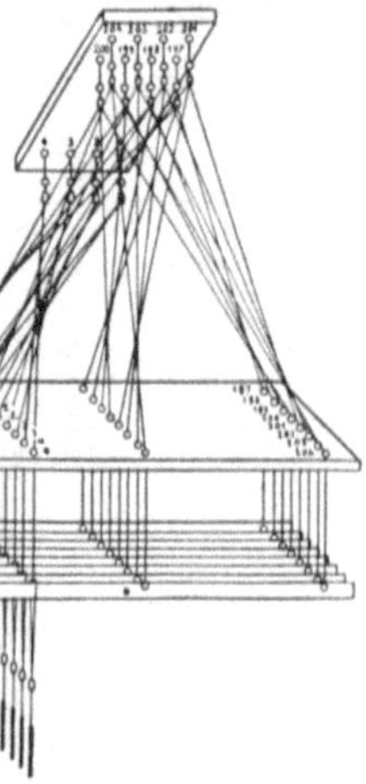

Hebestäbe (mpl) unter dem Schnürbrett
twilling bars under the comber board
подъемные фланки (жр) под кассейной доской
tringles (fpl) au-dessous de la planche d'arcades
aste (fpl) di sollevamento al di sotto della tavola delle arcate 14
reglillas (fpl) debajo de la tabla de arcadas

Unterhebestab (m), [Untertringle (m)]
lower twilling bar
нижняя подъемная фланка (жр)
tringle (f) inférieure
asta (f) di sollevamento inferiore 15
reglilla (f) inferior

mit Ersatzplatinen [*oder* Reserveplatinen] verbundene Hebestäbe (mpl)
twilling bars connected to spare hooks
подъемные фланки (жр), соединенные с добавочными *или* запасными крючками
tringles (fpl) reliées aux crochets de réserve
aste (fpl) di sollevamento connesse con platine di riserva 16
reglillas (fpl) unidas a ganchos de reserva

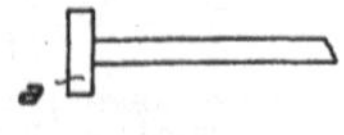

Hebestab (m) mit Führungsleiste
twilling bar with guide end
a
подъемная фланка (жр) с направляющей планкой
tringle (f) avec rebord-guide
asta (f) di sollevamento con estremità di guida 17
reglilla (f) con reborde guía

ζ) Jacquardmaschinen (fpl) mit besonderen Einrichtungen

1 Jacquards with Special Arrangements

Машины (жр) Жаккарда с особыми приспособлениями

Mécaniques (fpl) Jacquard avec dispositifs spéciaux

Meccanismi (mpl) Jacquard con dispositivi speciali

Jacquards (fpl) con dispositivos especiales

2 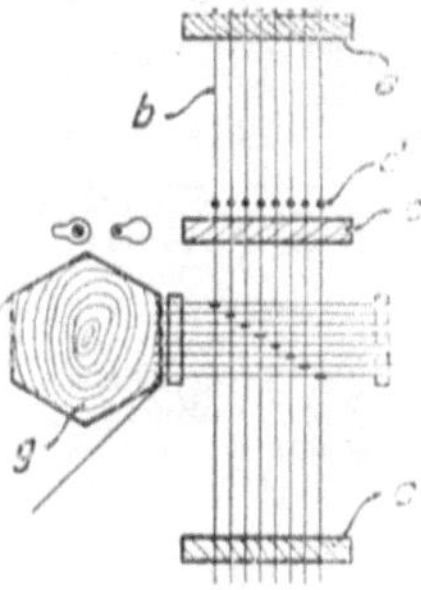

ζ₁) Englische Schnurmaschine (f)

English Cord Machine

Английская шнурочная машина (жр)

Mécanique (f) anglaise à cordons

Meccanismo (m) inglese a cordoni

Máquina (f) inglesa de cuerdas

3 Tragbrett (n) / head board / подвесная доска (жр) — *a* — planche (f) supérieure / tavoletta (f) superiore / tabla (f) superior

4 Hebeschnur (f), Schnurplatine (f) / lifting cord, neck cord / под'емный шнур (мр) — *b* — cordon (m) de lève / cordone (m) d'alzata / cordón (m) *o* cuerda (f) de alza

5 Hebebrett (n), Schnurboden (m) / trap board / рамная доска (жр) — *c* — planche (f) à cordons mobile / tavoletta (f) a cordoni mobile / tabla (f) de cordones móvil

6 Knoten (m) / knot / узел (мр) — *d* — nœud (m) / nodo (m) / nudo (m)

7 Führungsbrett (n) / bottom board / направляющая доска (жр) — *e* — planche-guide (f) / tavoletta (f) di guida / tabla-guía (f) inferior *o* de los coletes

8 sechskantiges Prisma (n) / hexagonal prism / шестигранная призма (жр) — *g* — prisme (m) hexagonal / prisma (m) esagonale / prisma (m) [h]exagonal

9 die Hebeschnuren (fpl) hängen mit Knoten auf dem Tragbrett / the lifting cords hang with knots on the head board / под'емные шнуры (мр) висят своими узлами на подвесной доске — les cordons (mpl) de lève sont retenus par des nœuds sur la planche supérieure / i cordoni d'alzata sono ritenuti da nodi sulla tavoletta superiore / los cordones de alza están retenidos por nudos sobre la tabla superior

10 die Knoten (mpl) stehen über den Schlitzen / the knots are placed over the slots / узлы (мр) расположены над прорезами — les nœuds (mpl) sont placés au-dessus des fentes / i nodi sono sopra le fessure / los nudos están colocados encima de las muescas

Schnurplatine (f) / harness cord, neck cord, knot cord / шнурочный *или* веревочный крючок (мр) / cordon (m) de lève / cordone (m) d'alzata / cordón (m) de alza 11

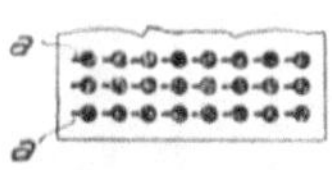

Hebebrettbohrung (f) / holes in the trap board — сверление (ср) под'емной доски / trous (mpl) dans la planche à cordons / fori (mpl) nella tavoletta a cordoni / agujeros (mpl) *o* taladros (mpl) en la tabla de cordones 12

Schlitz (m) / slot / щель (жр) — *a* — fente (f) / fessura (f) / muesca (f) 13

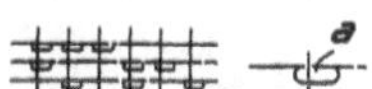

Nadeln (fpl) für *x*-teilige Beschnürung / needles for *x* group tie up — иглы (жр) для *x*-аркатной подвязи / aiguilles (fpl) pour *x* cordons / aghi (mpl) per *x* cordoni / agujas (fpl) para *x* cordones 14

Nadeln (fpl) mit länglichen Ösen *oder* Augen / needles with long eyelets / иглы (жр) с продолговатыми ушками — *a* — aiguilles (fpl) avec œillets longs / aghi (mpl) con occhielli lunghi / agujas (fpl) con ojales alargados 15

die Schnuren (fpl) gehen durch die Nadelaugen / the cords pass through the needle eyes / рамные веревки (жр) проходят сквозь игольные глазки — les cordons passent à travers les œillets des aiguilles / i cordoni passano per gli occhielli degli aghi / los cordones pasan a través de los ojales de las agujas 16

die Maschine steht quer auf dem Webstuhl / the machine is placed transversely to the loom / машина (жр) установлена поперек станка — la mécanique est placée les côtés courts parallèles à la planchette / la meccanica è posta nel senso della larghezza del telaio / la máquina está colocada transversalmente sobre el telar 17

die Maschine steht der Länge nach auf dem Webstuhl / the machine is placed lengthwise to the loom / машина (жр) установлена вдоль станка — la mécanique est placée les côtés longs parallèles à la planchette / la meccanica è posta nel senso della lunghezza del telaio / la máquina está colocada longitudinalmente sobre el telar 18

ζ_2) Jacquardmaschine (f) mit schwingendem Nadelgehäuse
1 **Jacquard with Swing Needle Box**
Машина (жр) Жаккарда с качающейся игольной рамой

Mécanique (f) Jacquard avec étui oscillant
Meccanismo (m) Jacquard con cassetta ad aghi oscillante
Jacquard (f) con estuche oscilante de las agujas

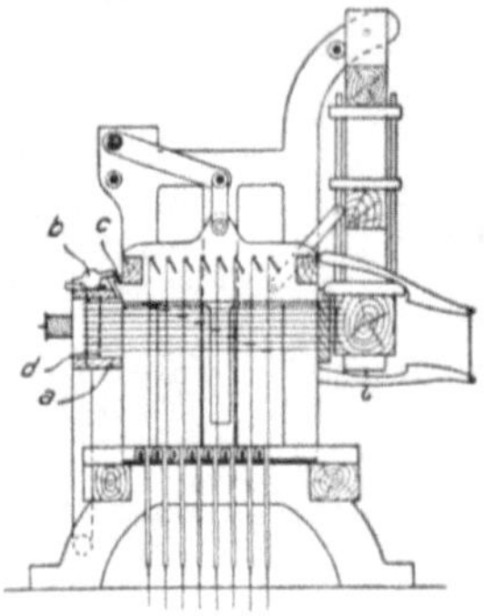

2 a
schwingendes Nadelgehäuse (n)
swing needle box
качающаяся игольная рама (жр)
boîte (f) à aiguilles oscillante
cassetta (f) ad aghi oscillante
estuche (m) oscilante de las agujas

3 b
federnde Klinke (f)
spring catch
пружинящая собачка (жр)
cliquet (m) à ressort
nottolino (m) a molla
gatillo (m) con resorte

4 c
Messerkastennase (f)
nose of knife box
носик (мр) *или* зацепка (жр) ножовой рамы
nez (m) de la boîte à couteaux
nasello (m) della griffa
nariz (f) de la grifa

5 d
Rostdraht (m)
needle guide wire
проволока (жр) *или* пруток (мр) решетки
épinglette (f)
filo-guida (m) dell'ago
reja (f) del estuche

6
kräftiger Ladenschlag (m)
strong beat up
сильный удар (мр) призменной рамки
coup (m) fort du battant
colpo (m) forte del battente
golpe (m) fuerte del batán

7
die Karten (fpl) durchstoßen
to puncture the cards
просекать *или* пробивать карты
piquer les cartons
pungere i cartoni
picar los cartones

8
Krummschlagen (n) der Nadeln
bending of the needles
искривление (ср) [ударом игл]
pliage (m) des aiguilles
piegatura (f) degli aghi
dobladura (f) de las agujas

9
die Nadeln (fpl) bleiben in den Kartenlöchern hängen
the needles are caught by the perforations of the cards
иглы (жр) застревают в отверстиях карт
les aiguilles restent accrochées dans les trous des cartons
gli aghi restano appesi nei fori dei cartoni
las agujas permanecen cogidas en los agujeros de los cartones

a 10
bewegliches *oder* doppeltes Nadelbrett (n)
transverse moving *or* double needle board
подвижная *или* двойная игольная доска (жр)
planche (f) à aiguilles mobile *ou* double
tavoletta (f) ad aghi mobile *o* doppia
tabla (f) móvil *o* doble de las agujas

11
Schutzbrett (n)
protecting board
предохранительная доска (жр)
planchette (f) de protection
tavoletta (f) di protezione
tablilla (f) de protección

12
das Nadelgehäuse drückt die stehengebliebenen Nadeln zurück
the needle box pushes the remaining needles back
игольная рамка (жр) оттягивает назад остановившиеся иглы
l'étui repousse les aiguilles restantes
la cassetta ad aghi spinge indietro gli aghi che restano
el estuche empuja las agujas quedas

ζ_3) Jacquardmaschine (f) mit geteiltem Messerkasten
13 **Jacquard Machine with Double Griffe Blocks**
Жаккардовая машина (жр) с раздельной *или* двойной ножовой рамой

Mécanique (f) Jacquard à double griffe
Meccanismo (m) Jacquard con doppia griffa
Jacquard (f) de doble grifa

14
engbindende Ware (f)
closely bound goods
товар (мр) с плотным переплетением
étoffe (f) à liage serré
tessuto (m) a legamento serrato
tejido (m) enfurtido

15
unterer Messerkasten (m)
lower griffe
нижняя ножовая рама (жр)
griffe (f) inférieure
griffa (f) inferiore
grifa (f) inferior

16
oberer Messerkasten (m)
upper griffe
верхняя ножовая рама (жр)
griffe (f) supérieure
griffa (f) superiore
grifa (f) superior

17
geteilte Aushebung (f)
group lifting
раздельный под'ем (мр)
lève (f) par groupes
alzata (f) per gruppi
ascenso (m) por grupos

ζ_4) Offenfachjacquardmaschine (f)
18 **Open Shed Jacquard Machine**
Машина (жр) Жаккарда для открытого зева

Mécanique (f) Jacquard à pas ouvert
Meccanismo (m) Jacquard a passo aperto
Jacquard (f) a paso abierto

19
die Kettfäden (mpl) bleiben in gehobener Stellung
the warp threads remain in their raised position
основные нити (жр) остаются в поднятом состоянии
les fils (mpl) de chaîne restent dans la position levée
i fili della catena restano nella posizione alzata
los hilos de urdimbre permanecen en la posición alta

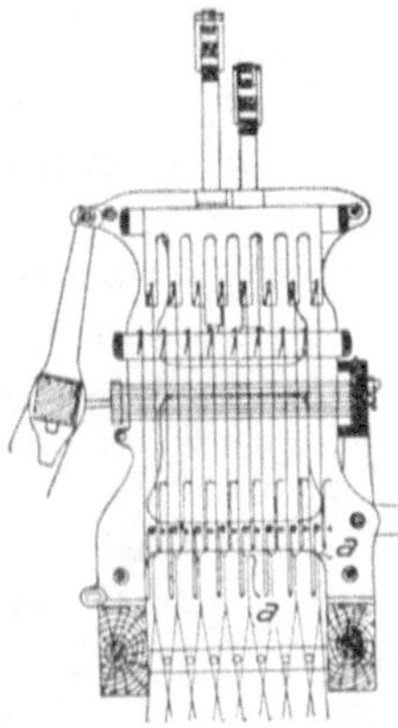

1
Halboffenfachjacquardmaschine (f), Doppelhubjacquardmaschine (f)
double lift Jacquard machine
машина (жр) Жаккарда для полуоткрытого зева, двухпод'емная машина Жаккарда
mécanique (f) Jacquard double lève
meccanismo (m) Jacquard a doppia corsa
Jacquard (f) de doble alza

2 a
Drahtschlinge (f)
wire loop
проволочная петля (жр)
boucle (f) métallique
laccio (m) metallico
anillo (m) *o* alambre (m) de conexión

3
die Drahtschlinge gleitet aufwärts
the wire loop moves upward
проволочная петля (жр) скользит вверх
la boucle métallique se meut en dessus
il laccio metallico monta
el anillo se escurre hacia arriba

4
Platinenpartie (f)
group of lifting wires
часть (жр) крючка
groupe (m) de crochets
gruppo (m) di platine
grupo (m) de ganchos

5

die Nadel umfaßt zwei Platinen
the needle controlls a pair of lifting wires
игла (жр) обхватывает два крючка
l'aiguille (f) possède deux crochets
l'ago (m) abbraccia due platine
la aguja abarca dos ganchos

6
umgebogenes Platinenende (n)
wire end bent back
загнутый конец (мр) крючка
extrémité (f) recourbée du crochet
estremità (f) ricurva della platina
extremidad (f) curvada del gancho

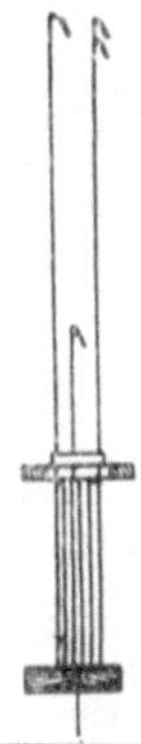

Platine (f) der Offenfachmaschine
wire for the open shed machine
крючок (мр) Жаккардовой машины для открытого зева 7
crochet (m) de la mécanique à pas ouvert
platina (f) della meccanica a passo aperto
gancho (m) de la máquina a paso abierto

Drahtplatine (f) für Doppelhubmaschine
wire hook for the double lift machine
проволочный крючок (мр) для двухпод'емной машины
crochet (m) métallique pour double lève 8
platina (f) metallica per meccanica a doppia corsa
gancho (m) metálico de doble ascenso

a
lange Platine (f)
long hook
длинный крючок (мр)
crochet (m) long
platina (f) lunga 9
gancho (m) largo

b
kurze Platine (f)
short hook
короткий крючок (мр)
crochet (m) court
platina (f) corta
gancho (m) corto 10

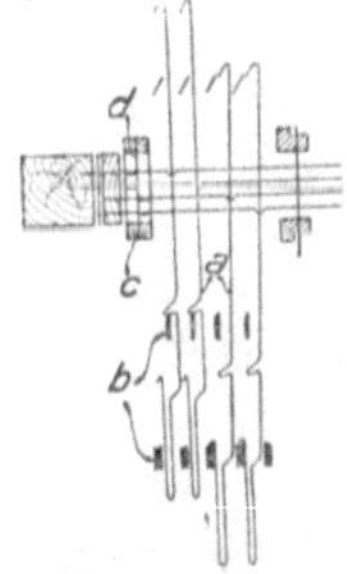

Einhubjacquardmaschine (f) für Offenfach
single lift Jacquard machine for open shedding
однопод'емная машина (жр) Жаккарда для открытого зева
mécanique (f) Jacquard simple lève pour pas ouvert 11
meccanismo (m) Jacquard a corsa semplice per passo aperto
Jacquard (f) de simple ascenso a paso abierto

a
Platine (f) mit drei Nasen
hook with three catches
крючок (мр) о трех загибах
crochet (m) à trois becs
platina (f) a tre becchi 12
gancho (m) de tres picos

b
feststehender Rost (m)
fixed grid
неподвижная решетка (жр)
grille (f) fixe
griglia (f) fissa 13
reja (f) fija

c
Stellbrett (n)
adjusting board
установительная доска (жр)
planchette (f) de réglage
tavoletta (f) regolatrice 14
tablilla (f) reguladora

1 Drahtstäbchen (n)
wire pin
проволочный пруток (мр)
d
aiguillette (f) métallique
ago (m) metallico
alfiler (m) de metal

---

2 die Kettfäden (mpl) hochhalten
to retain the warp threads in their raised position
держать основные нити (жр) в поднятом состоянии
maintenir relevés les fils de chaîne
mantenere sollevati i fili d'ordito
mantener levantados los hilos de urdimbre

---

3 die Platine befindet sich im Hochfach
the lifting wire is in the raised position
крючок (мр) находится в верхнем зеве
le crochet se trouve levé
la platina si trova in posizione alta
el gancho se encuentra en posición alta

---

4 die Platine befindet sich im Tieffach
the lifting wire is in the lowered position
крючок (мр) находится в нижнем зеве
le crochet se trouve baissé
la platina si trova in posizione bassa
el gancho se encuentra en posición baja

---

5 Fachwechsel (m)
change of shed
смена (жр) зева
changement (m) de pas
cambiamento (m) di passo
cambio (m) de paso

---

6 ζ_5) Hoch- und Tieffach-Jacquardmaschine (f)
Centre Shed Jacquard
Жаккардовая машина (жр) для верхнего и нижнего зева
Mécanique (f) Jacquard de levée et de baisse
Meccanismo (m) Jacquard a passo alto e basso
Jacquard (f) de alza y baja

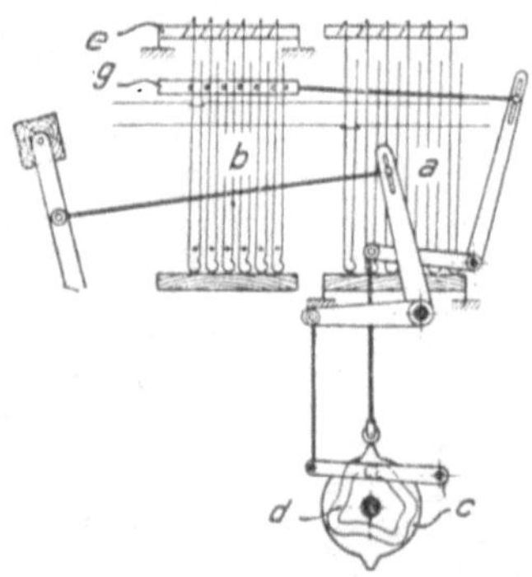

7 Hochfachmaschine (f)
top shedding machine
машина (жр) для верхнего зева
a
mécanique (f) de levée
meccanismo (m) a passo alto
máquina (f) de alza *o* de ascenso

---

8 Tieffachmaschine (f)
bottom shedding machine
машина (жр) для нижнего зева
b
mécanique (f) de baisse
meccanismo (m) a passo basso
máquina (f) de baja *o* de descenso

Daumenscheibe (f), [Nasenexzenter (n)]
tappet
кулачная шайба (жр)
c
disque (m) à came
eccentrico (m) a nasello
excéntrico (m) 9

Nutenscheibe (f), Nutenexzenter (n)
grooved cam
пазовый эксцентрик (мр)
d
excentrique (m) à rainure
eccentrico (m) a scanalatura
excéntrico (m) de ranura 10

---

fester Messerkasten (m)
fixed griffe block
неподвижная ножовая рама (жр)
e
griffe (f) fixe
griffa (f) fissa
grifa (f) fija 11

---

verstellbarer Rost (m), Schieber (m)
adjustable grid
передвижная решетка (жр)
g
grille (f) mobile
griglia (f) mobile
rejilla (f) *o* emparrillado (m) móvil 12

ζ_6) Jacquardmaschine (f) für Schrägfach
Jacquard Machine for Clean Shedding
Машина (жр) Жаккарда для косого зева
Mécanique (f) Jacquard à pas oblique
Meccanismo (m) Jacquard a passo obliquo
Jacquard (f) a paso oblicuo *o* progresivo 13

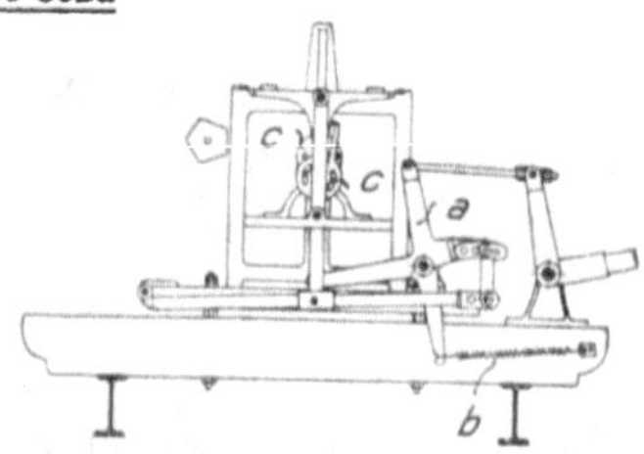

Kreuzhebel (m)
four armed lever
крестовой *или* четырехплечий рычаг (мр)
a
levier (m) à quatre bras
leva (f) a croce
palanca (f) tetrabraquial *o* en cruz 14

Hebelfeder (f)
lever spring
рычажная пружина (жр)
b
ressort (m) du levier
molla (f) della leva
resorte (m) de la palanca 15

---

mit zentrischen Schlitzen versehenes Führungsstück (n)
centrally slotted guide piece
направляющая пластина (жр) с центральными прорезами
c
pièce-guide (f) à rainures centrales
pezzo-guida (m) a scanalature centrali
pieza-guía (f) con ranuras centrales 16

1	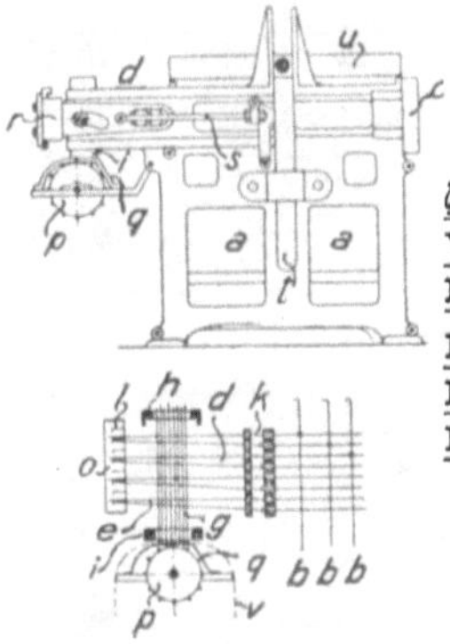		ζ₇) Verdolmaschine (f) Verdol Jacquard Машина (жр) Вердоля Mécanique (f) Verdol Meccanica (f) Verdol Máquina (f) Verdol
2	Hauptmaschine (f) chief machine главная машина (жр)	a	partie (f) principale de la mécanique parte (f) principale della meccanica parte (f) principal de la máquina
3	Hauptplatine (f) main hook главный крючок (мр)	b	crochet (m) principal platina (f) principale gancho (m) principal
4	Druckplatte (f) pressure plate нажимная доска (жр)	c	plaque (f) de pression piastra (f) di pressione placa (f) de presión
5	Hilfsmaschine (f) auxiliary Jacquard вспомогательная машина (жр)	d	partie (f) accessoire de la mécanique Jacquard (m) accessorio parte (f) secundaria de la máquina
6	Stoßnadel (f), Hilfsnadel (f) driver *or* presser needle ударная *или* вспомогательная игла (жр)	e	butoir (m) ago (m) spingitore aguja (f) impulsora *o* secundaria
7	Hängenadel (f), Vornadel (f) vertical needle подвесная *или* висячая игла (жр)	g	aiguillette (f) verticale ago (m) verticale aguja (f) vertical *o* colgante
8	Vornadelbrett (n), Vornadelhalter (m) needle grid доска (жр) для подвесных игл	h	grillette (f) tavoletta (f) ad aghi superiore rejilla (f) *o* emparrillado (m) de las agujas
9	Nadelplatte (f) needle board игольная доска (жр) *или* пластина (жр)	i	planchette (f) des aiguillettes tavoletta (f) ad aghi inferiore tablilla (f) de las agujas secundarias
10	Stoßnadelkopf (m) driver needle head головка (жр) ударной иглы	k	talon (m) du butoir testa (f) dell'ago spingitore tope (m) de la aguja secundaria
11	Blechwinkel (m) rectangular sheet metal bar угловое железо (ср), железный угольник (мр)	l	cornière (f) en tôle du poussoir angolo (m) di lamiera planchita (f) angular
12	Winkelrost (m) needle pusher grid решетка (жр) из угольников	o	grille (f) du poussoir griglia (f) dello spingitoio rejilla (f) del impulsor
13	Zufuhrzylinder (m), Kartenzylinder (m) pegged cylinder картный цилиндр (мр)	p	cylindre (m) à cartons cilindro (m) a cartoni cilindro (m) le los cartones
14	Brücke (f), Löcherplatte (f) perforated plate мостик (мр), дырчатая пластина (жр)	q	plaque (f) perforée, contreplaque (f) placca (f) perforata, contro-placca (f) plancha (f) perforada *o* curva, contra-tabla
15	Schieber (m), Nadelschieber (m) needle pusher, driver plate толкач (мр)	r	poussoir (m), pousseur (m) spingitoio (m) degli aghi impulsor (m) de las agujas
16	Zugstange (f) connecting rod шатун (мр), тяга (жр)	s	bielle (f) biella (f) biela (f)
17	Führungsstange (f), Messerkastenschiene (f) guide rod for griffe box направляющая штанга (жр)	t	tringle-guide (f) de la griffe asta (f) di guida della griffa barra-guia (f) de la grifa
18	Messerkasten (m) griffe box ножовая рама (жр)	u	griffe (f) griffa (f) grifa (f)
19	endlose Papierkarte (f), endloses Kartenband (n) endless paper card бесконечная бумажная карта (жр), бесконечная картная лента (жр)	v	ruban (m) continu de papier nastro (m) di carta continuo cartón (m) sin fin
20	federnde Platine (f) elastic hook пружинящий крючок (мр)		crochet (m) élastique platina (f) elastica gancho (m) elástico
21	die Hauptnadeln (fpl) zurückdrängen to press the main needles back отжимать назад главные крючки (мр)		repousser les aiguilles principales spingere indietro gli aghi principali empujar las agujas principales
22	schräg gestellte Stoßnadeln (fpl) inclined driver needles наклонно установленные ударные иглы (жр)		butoirs (mpl) placés obliquement aghi (mpl) spingitori posti obliquamente agujas (fpl) secundarias colocadas oblicuamente
23	die Nadeln (fpl) hängen im Brett the needles are suspended in the grid иглы (жр) висят на доске		les aiguillettes (fpl) sont suspendues dans la grillette gli aghi sono sospesi nella griglia las agujas verticales están suspendidas en el emparrillado

1 die Nadelplatte verdeckt die Nadelspitzen
the needle board covers the needle ends
игольная доска (жр) прикрывает острия игл
la planchette reçoit l'extrémité des aiguillettes
la tavoletta inferiore copre le estremità degli aghi
la tablilla recibe la extremidad de las agujas

ζ.) Jacquardmaschine(f) mit zwei Kartenketten, Zweiprismenmaschine (f)
2 Double Cylinder Jacquard
Машина (жр) Жаккарда с двумя картными лентами, двухпризменная машина
Mécanique (f) Jacquard à double cylindre
Meccanismo (m) Jacquard a due prismi
Jacquard (f) de doble cilindro

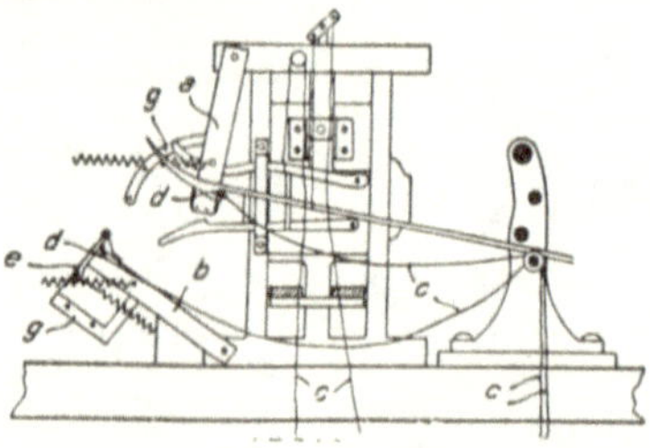

3 Prismahängelade (f) — a
cylinder in swing
висячая рама (жр) призмы
battant (m) du cylindre libre *ou* supérieur
battente (m) del cilindro liberamente sospeso
batán (m) del cilindro superior

4 Prismastehlade (f) — b
horizontal cylinder
стоячая рама (жр) призмы
battant (m) du cylindre inférieur
battente (m) del cilindro inferiore *o* in salita
batán (m) del cilindro inferior

5 Schnurzug (m) — c
cord
шнурковая тяга (жр)
cordon (m) de tirage
corda (f) di trazione
cuerda (f) *o* cordón (m) de tracción

6 Ladenzapfen (m) — d
batten pin
шип (мр) *или* цапфа (жр) рамы призмы
goupille (f) du battant
perno (m) del battente
espiga (f) del batán

7 Kartenpresse (f) — e
press spring
плоская пружина (жр) для прижима карт
presse (f) à cartons
pressa (f) a cartoni
resorte (m) de presión de los cartones

8 Walzenträger (m) — g
roller carrier
державка (жр) для валика
support-rouleau (m)
sopporto (m) del cilindro
porta-cilindro (m)

9 Zugkette (f)
chain
цепная тяга (жр)
chaîne (f) de tirage
catena (f) di trazione
cadena (f) de tracción

die Wendehaken (mpl) in Mittelstellung bringen
to bring the catch hooks to their mid position
установить поворотные собачки в среднее положение
amener les loquets à la position médiane
portare gli arpioni nella loro posizione centrale 10
llevar los cuchillos a la posición central

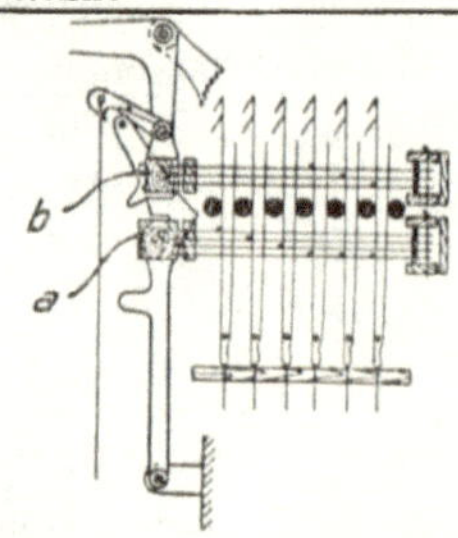

Zweiprismenanordnung (f) zum Wechseln der Kettfarben
double cylinder arrangement to change the colour of warp
двухпризменное приспособление (ср) для смены цветов по основе
dispositif (m) de double cylindre pour changement de couleurs de la chaîne
dispositivo (m) a doppio cilindro per cambiare i colori della catena 11
dispositivo (m) de doble cilindro para cambios de color de la urdimbre

Musterprisma (n) — a
pattern *or* figuring cylinder
узорная призма (жр)
cylindre (m) pour le dessin
prisma (m) per il disegno 12
cilindro (m) para el dibujo

Farbenprisma (n) — b
colour cylinder
расцветочная призма (жр)
cylindre (m) pour la couleur
prisma (m) per il colore 13
cilindro (m) para el color

durchgehende Farbe(f)
ground colour
фоновый *или* грунтовый цвет (мр)
couleur (f) de fond
colore (m) di fondo
color (m) de fondo 14

wechselnde Farbe (f), Wechselfarbe (f)
figure colour
сменяющийся *или* чередующийся цвет (мр)
couleur (f) de dessin
colore (m) del disegno
color (m) de muestra *o* de dibujo 15

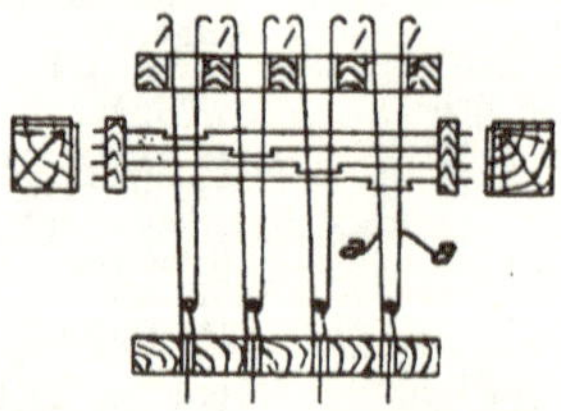

Doppelplatine (f)
double hook
двойной крючок (мр)
crochet (m) à double branche
platina (f) doppia 16
gancho (m) de doble rama

Platinenschenkel (m) — a
shaft of hook
колено (ср) крючка
branche (f) du crochet
braccio (m) della platina 17
rama (f) del gancho

1 

doppelt gebohrter Platinenboden (m)
double perforated bottom board
крючечная рамка (жр) с двойным сверлением
planche (f) à collets à doubles trous
tavoletta (f) dei colletti a doppi fori
tabla (f) de coletes de dobles taladros

2 **Jacquardmaschine (f) für Damastweberei**
Jacquard for Weaving Damask
Машина (жр) Жаккарда для дамаскового ткачества
Mécanique (f) Jacquard pour tissage damassé
Meccanismo (m) Jacquard per tessere damasco
Jacquard (f) para tejidos adamascados

3 Vorderwerk (n) für Hoch-, Tief- und Stehschäfte
pressure harness for raising, lowering and stationary shafts
передний механизм (мр) для верхних, нижних и неподвижных ремизок
avant-corps (m) pour lames montantes, descendantes et stationnaires
rimessa (f) di davanti per lame montanti, discendenti e stazionarie
ante-cuerpo (m) para lizos ascendentes, descendentes y estacionarios

4 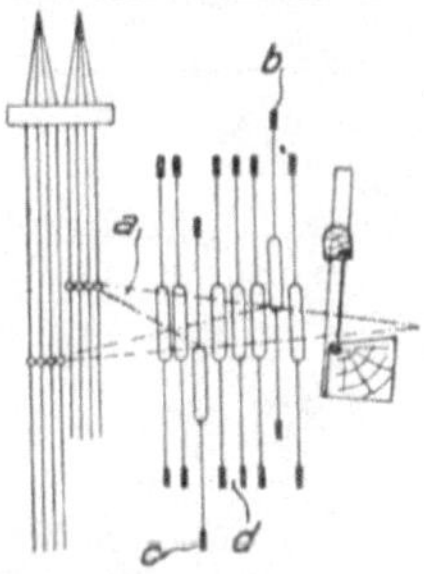

Vordergeschirr (n), Vorgeschirr (n), Vorderwerk (n), Bindeschäfte (mpl), Vorderkämme (mpl)
common *or* pressure harness, front leaves
передний (-яя) механизм (мр) *или* ремиз (мр) *или* подвязь (жр), переплетные ремизки (жр)
lames (fpl) à coulisses, avant-corps (m)
rimessa (f) di davanti
rebatén (m), ante-cuerpo (m)

5 *a* Kreuzfach (n)
cross shed
крестовый *или* скрещенный зев
pas (m) croisé
passo (m) incrociato
paso (m) cruzado

6 *b* Hochschaft (m)
raising shaft
верхняя *или* поднятая ремизка (жр)
lame (f) de lève
liccio (m) d'alzata
lizo (m) de alza

7 *c* Tiefschaft (m)
lowering shaft
нижняя *или* опущенная ремизка (жр)
lame (f) de rabat
liccio (m) di discesa
lizo (m) de baja

8 *d* Stehschaft (m)
stationary shaft
неподвижная ремизка (жр)
lame (f) stationnaire
liccio (m) stazionario
lizo (m) estacionario

9 das Vorderwerk stellt das Grundgewebe her
the pressure harness forms the ground weave
передний механизм (мр) производит основную ткань
l'avant-corps (m) fait le fond
la rimessa di davanti fa il fondo
el ante-cuerpo hace el fondo

Vorderwerkhelfe (f)
heald in pressure harness
колышка (жр) переднего механизма
lisse (f) de l'avant-corps
liccio (m) della rimessa di davanti
lizo (m) del ante-cuerpo 10

zweifacher Fadenzug (m) bei Kreuzfach
double pull on the yarn in cross shedding
двойное проступание (ср) нити при крестовом зеве
tirage (m) double du fil dans le pas croisé
trazione (f) doppia del filo nel passo incrociato
tracción (f) doble del hilo en el paso cruzado 11

einfaches Vordergeschirr (n)
single pressure harness
простой передний ремиз (мр)
avant-corps (m) simple
rimessa (f) di davanti semplice
rebatén (m) simple 12

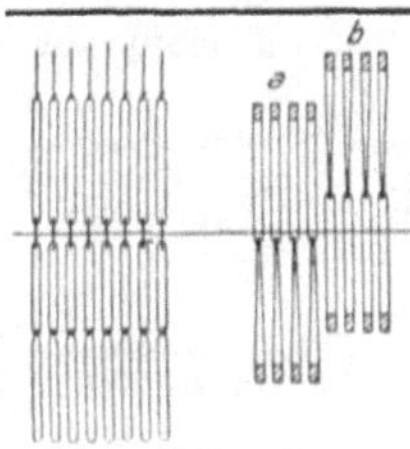

doppeltes Vordergeschirr (n)
double pressure harness
двойной передний ремиз (мр)
avant-corps (m) double
rimessa (f) di davanti doppia
rebatén (m) doble 13

Hebegeschirr (n)
raising harness
под'емный ремиз (мр)
a
harnais (m) de lève
rimessa (f) d'alzata
lizos (mpl) de subida 14

Zuggeschirr (n)
lowering harness
опускной ремиз (мр)
b
harnais (m) de rabat
rimessa (f) di discesa
lizos (mpl) de bajada 15

halbe Litze (f)
half heald
полуколышка (жр)
demi-lisse (f)
mezzo-liccio (m)
medio lizo (m) 16

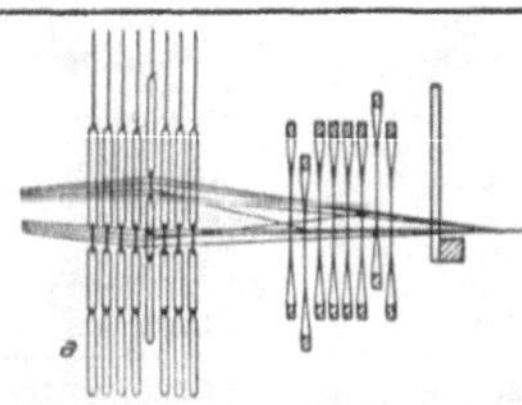

Mustergeschirr (n), [Figurengeschirr (n)]
figuring shafts
узорный ремиз (мр)
a
lames (fpl) *ou* harnais (m) de dessin
rimessa (f) per il disegno
lizos (mpl) de motivo 17

Musterharnisch (m), [Figurenharnisch (m)]
figuring harness
узорные аркаты (мр)
jeu (m) d'arcades
arcate (fpl)
mallas (fpl), arcadas (fpl) 18

1
die Musterbildung [*oder* Figurenbildung] erfolgt nicht fadenweise, sondern gruppenweise
the pattern is formed by groups of threads not single threads
образование (ср) узора происходит не отдельными нитями, а группами
le dessin ne résulte pas de fils individuels, mais de groupes de fils
il disegno non risulta da fili individuali ma da gruppi di fili
el motivo no resulta de hilos individuales sino agrupados

2
vergrößertes Muster (n) mit einfacher Bindung
enlarged weave with simple interlacing
увеличенный узор (мр) с простым переплетением
armure (f) augmentée avec liage simple
armatura (f) ingrandita con legamento semplice
muestra (f) aumentada con ligamento sencillo

3
Ausheben (n) des Musters [*oder* der Figur] ohne Bindung
raising the figure without interlacing
производство (ср) проступания для рисунка без переплетения
levée (f) du dessin sans liage
alzata (f) del disegno senza legamento
ascenso (m) del motivo sin ligamento

4
Grund (m) ohne Bindung
ground without interlacing
фон (мр) без переплетения
fond (m) sans liage
fondo (m) senza legamento
fondo (m) sin ligamento

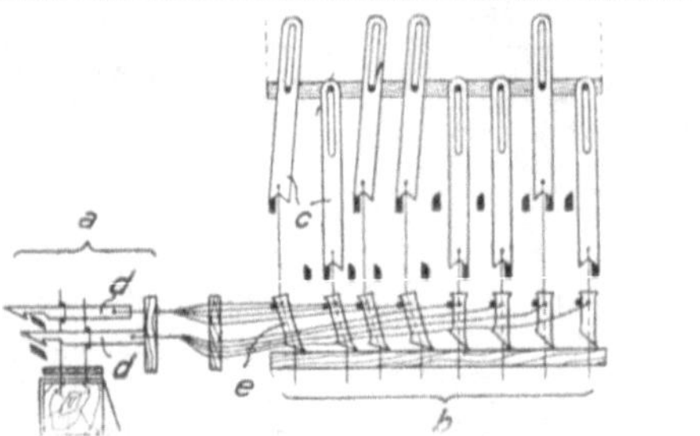

5
Günthersche Damastmaschine (f)
Günther's damask machine
машина (жр) Гюнтера для выработки дамаска
mécanique (f) pour damassé de Günther
meccanica (f) Günther per damasco
máquina (f) de Günther para adamascados

6 — *a*
Figurmaschine (f)
figuring mechanism
узорная машина (жр), машина для рисунка
mécanique (f) pour le dessin
meccanica (f) per il disegno
mecanismo (m) para el motivo

7 — *b*
Bindungsmaschine (f)
ground weave mechanism
переплетающая машина (жр), машина для переплетения
mécanique (f) pour le liage du fond
meccanica (f) per il legamento del fondo
mecanismo (m) para el ligamento del fondo

8 — *c*
Pendel (m u. n), Pendelplatine (f)
suspended hook
качающийся крючок (мр)
crochet (m) de suspension
platina (f) sospesa
gancho (m) de suspensión

9 — *d*
liegende Platine (f), Figurplatine (f)
horizontal *or* figuring hook
горизонтальный *или* узорный крючок (мр)
crochet (m) horizontal *ou* de dessin
platina (f) orizzontale o da disegno
gancho (m) horizontal

10 — *e*
Röhrchen (n)
tube
трубочка (жр)
tube (m)
tubetto (m)
tubo (m)

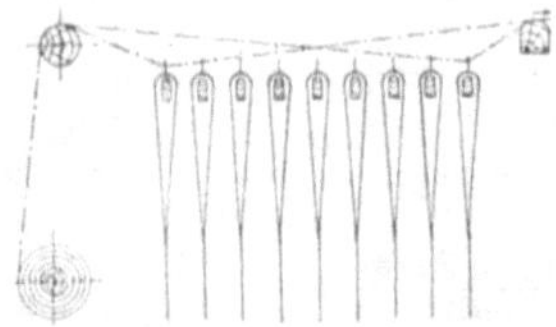

11
halbes Geschirr (n)
half harness
полуремиз (мр)
mi-harnais (m)
mezza rimessa (f)
medios lizos (mpl)

12

Damasthelfe (f)
damask heald
лица (жр) для дамаска
lisse (f) pour damassé
liccio (m) per damasco
lizo (m) para adamascados

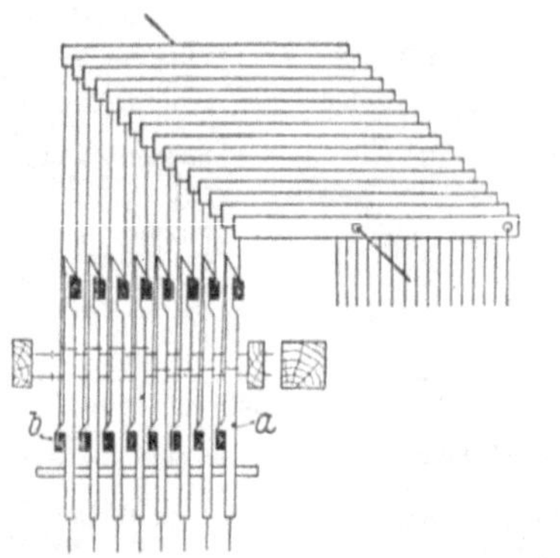

13
Tschörnersche Damastmaschine (f)
Tschörner's damask machine
машина (жр) Чернера для дамаска
mécanique (f) pour damassé de Tschörner
meccanica (f) per damasco Tschörner
máquina (f) de Tschörner para adamascados

14 — *a*
Platinenansatz (m)
projecting lip of hook
носик (мр) крючка
nez (m) du crochet
sporto (m) della platina
nariz (f) del gancho

15 — *b*
Untermesser (n), Bodenbrettstab (m)
twilling bar
нижний нож (мр), рейка (жр) нижней рамки
couteau (m) inférieur
coltello (m) inferior
cuchilla (f) inferior, barra (f) ascensora

1
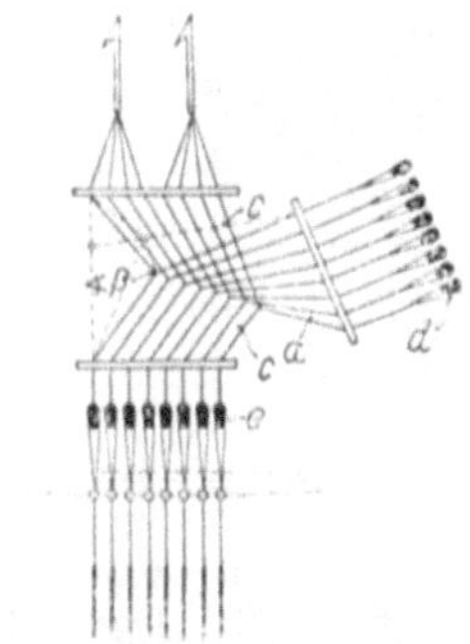

Seidelsche Damastmaschine (f)
Seidel's damask machine
машина (жр) Зейделя для дамаска
mécanique (f) pour damassé de Seidel
meccanica (f) per damasco Seidel
máquina (f) de Seidel para adamascados

2 Halteschnur (f)
holding cord
оттяжной шнур (мр)
a
cordon (m) de retenue
corda (f) di ritegno
cordón (m) de retención

3 Schnurwinkel (m)
angle formed by the cords
угол (мр) отклонения веревок
b
angle (m) formé par les cordons
angolo (m) delle corde
ángulo (m) formado por los cordones

4 in den Winkel gestellte Hebeschnüre (fpl)
lifting cords placed in angle
установленные под углом под'емные веревки (жр)
c
cordons (mpl) de lève angulaires
corde (fpl) d'alzata angolari
cordones (mpl) de alza angulares

5 Senkungstringle (m)
lowering twilling bar
опускная фланка (жр)
d
tringle (f) de rabat
regolo (m) di discesa
reglilla (f) de baja

6 Hebetringle (m)
lifting twilling bar
под'емная фланка (жр)
e
tringle (f) de lève
regolo (m) d'alzata
reglilla (f) de alza

β10) Tringlesmaschinen (fpl)
Mécaniques (fpl) à tringles

7 Twilling Jacquards
Meccaniche (fpl) a regoli

Фланковые машины (жр)
Máquinas (fpl) con varillas

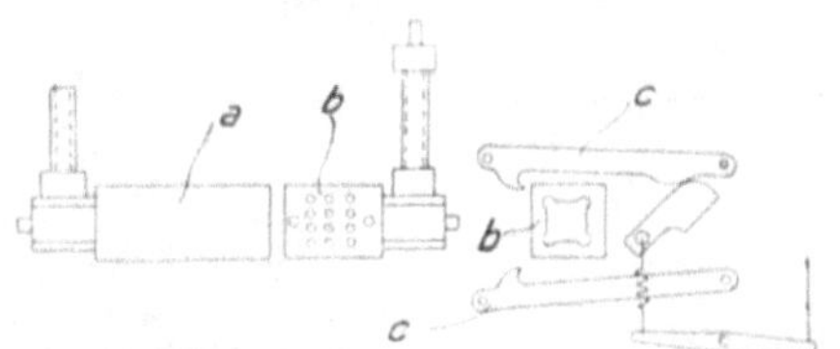

8 Tringlesmaschine (f) mit geteiltem Prisma
twilling Jacquard with divided cylinder
фланковая машина (жр) с разделенной призмой
mécanique (f) à tringles avec cylindre divisé
meccanica (f) a regoli con prisma diviso
máquina (f) con varillas de cilindro partido

großes Prisma (n)
large cylinder
большая призма (жр)
a
grand cylindre (m)
grande prisma (m)
gran cilindro (m) 9

kleines Prisma (n), Tringlesprisma (n)
small cylinder
малая *или* фланковая призма (жр)
b
petit cylindre (m), cylindre des tringles
piccolo prisma (m), prisma a regoli
pequeño cilindro (m) 10

Wendehaken (m)
catch hook
поворотная собачка (жр)
c
loquet (m)
arpione (m)
cuchillo (m) 11

Mittelstellung (f) der Wendehaken
mid position of the catch hooks
среднее положение (ср) поворотных собачек
position (f) médiane des loquets
posizione (f) centrale degli arpioni
posición (f) central de los cuchillos 12

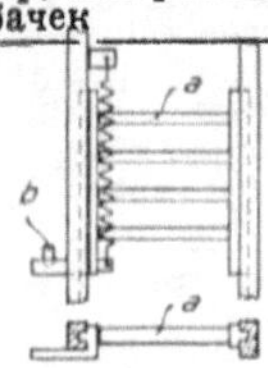

a
Messer (n)
blade, knife
нож (мр)
couteau (m)
coltello (m)
cuchilla (f) 13

Tringlesplatine (f)
hook for twilling bars
фланковый (-ая) крючок (мр) *или* пластина (жр)
b
platine (f) des tringles
platina (f) a regoli
platina (f) de las reglillas 14

verschiebbares Messer (n)
adjustable blade
передвижной нож (мр)
couteau (m) réglable
coltello (m) regolabile
cuchilla (f) ajustable 15

die Messer (npl) außer Tätigkeit setzen
to put the blades out of action
вывести ножи (мр) из действия
mettre les couteaux hors d'action
mettere fuori azione i coltelli
colocar las cuchillas fuera de acción 16

die Messer (npl) verstellen *oder* wenden
to turn the blades
переставлять ножи (мр)
déplacer les couteaux
spostare i coltelli
invertir las cuchillas 17

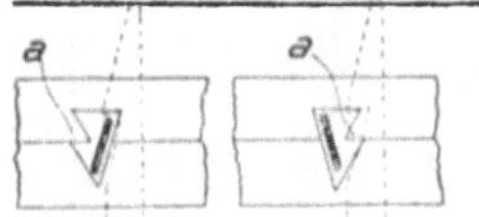

keilförmiger Messerkastenausschnitt (m)
wedge shaped slot in the griffe box
a
клинообразный вырез (мр) в ножовой раме
fente (f) en forme de coin dans la boite à couteaux
fessura (f) in forma di cuneo nella griffa
hendidura (f) en forma de cuña en la grifa 18

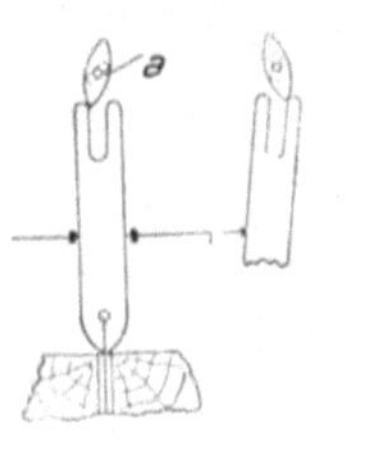

gabelförmiger Platinenausschnitt (m)
forked slot of the hook
вилкообразный вырез (мр) в крючке
fente (f) en forme de fourchette de la platine
fessura (f) in forma di forchetta nella platina
hendidura (f) en forma de horquilla del gancho 19

1 Messer (n) mit abgerundetem Holzkopf
blade with rounded wooden head
нож (мр) с закругленной деревянной пуговицей
a
couteau (m) avec tête en bois arrondie
coltello (m) con testa in legno arrotondata
cuchilla (f) con cabeza redondeada de madera

2 die Messer (npl) in schräge Lage bringen
to put the blades in an inclined position
приводить ножи (мр) в наклонное положение
placer les couteaux dans une position oblique
mettere i coltelli in posizione obliqua
colocar las cuchillas en posición oblicua

3 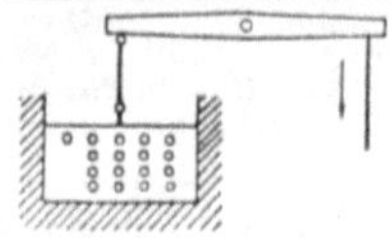
Nadelbrettverschiebung (f)
displacement of the needle board
передвижка (жр) игольной доски
déplacement (m) de la planche à aiguilles
spostamento (m) della tavoletta ad aghi
desplazamiento (m) de la tabla de las agujas

4 geradzahlige Tringles (mpl)
even twilling bars
четные фланки (жр)
tringles (fpl) paires
regoli (mpl) pari
varillas (fpl) pares

5 ungeradzahlige Tringles (mpl)
odd twilling bars
нечетные фланки (жр)
tringles (fpl) impaires
regoli (mpl) dispari
varillas (fpl) impares

6 gerade Jacquardhelfe (f)
even Jacquard heald
четная лица (жр) Жаккардовой машины
lisse (f) de Jacquard paire
liccio (m) di Jacquard pari
lizo (m) par de Jacquard

7 ungerade Jacquardhelfe (f)
odd Jacquard heald
нечетная лица (жр) Жаккардовой машины
lisse (f) de Jacquard impaire
liccio (m) di Jacquard impari
lizo (m) impar de Jacquard

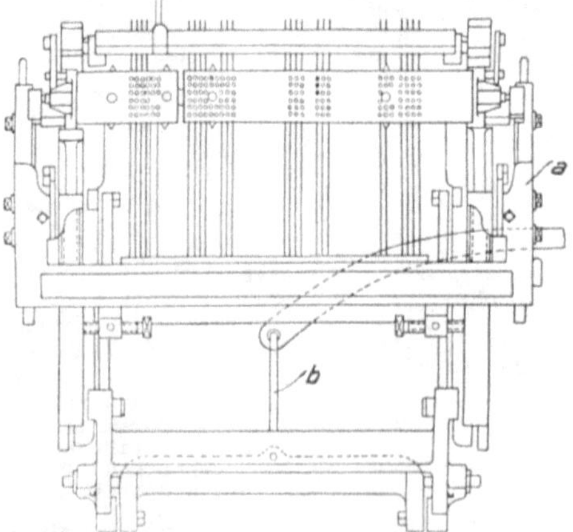

8 Berliner Doppelmaschine (f)
Berlin double Jacquard
берлинская сдвоенная машина (жр)
mécanique (f) double de Berlin
meccanica (f) doppia di Berlino
doble Jacquard (f) berlinesa

stehende Prismalade (f)
horizontal cylinder
стоячая рамка (жр) призмы
a
battant (m) du cylindre inférieur
battente (m) di prisma inferiore
batán (m) del cilindro inferior 9

Zugstange (f)
connecting rod
тяга (жр)
b
bielle (f)
biella (f)
biela (f) 10

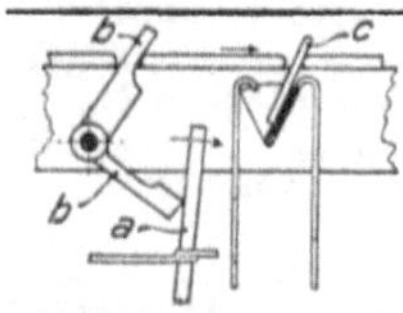

stumpfe Drahtplatine (f)
flat metal bar
a
тупой проволочный крючок (мр)
platine (f) métallique sans crochet
platina (f) metallica spuntata
barra (f) plana metálica 11

Winkelhebel (m)
crank lever
угловой рычаг (мр)
b
levier (m) coudé
leva (f) ad angolo
palanca (f) acodada 12

Messerfinger (m)
blade finger
палец (мр) ножа
c
palette (f) du couteau
dito (m) del coltello
paleta (f) de la cuchilla 13

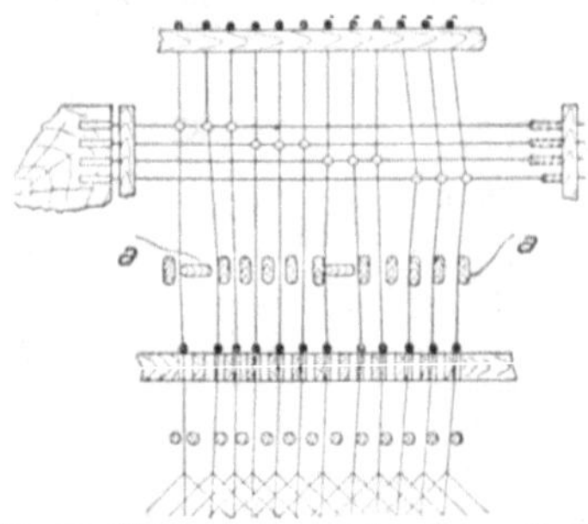

Dewathmaschine (f)
Dewath's machine
машина (жр) Девата
mécanique (f) Dewath
meccanica (f) Dewath
máquina (f) Dewath 14

Lineal (n)
rod
рейка (жр)
a
règle (f)
riga (f)
regla (f) 15

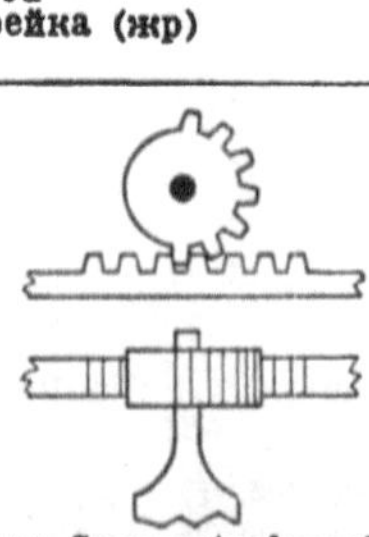

das Segmentzahnrad greift in die Zahnstange ein
the toothed segment gears into the rack
зубчатый сегмент (мр) сцепляется с зубчатой рейкой
le segment denté engrène avec la crémaillère
il segmento dentato ingrana colla cremagliera
el segmento dentado engrana con la cremallera 16

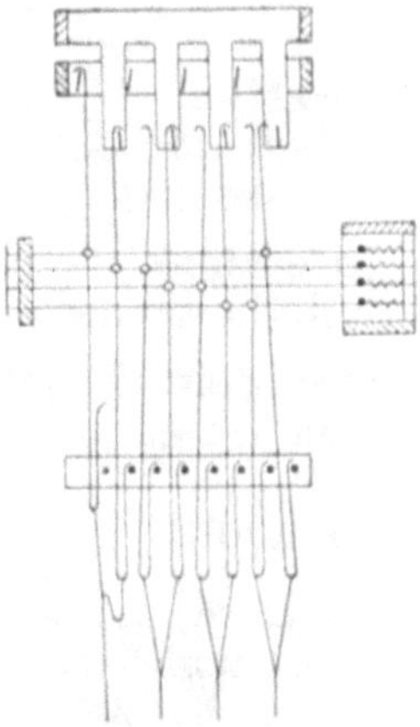

1 Nadelverschnürung (f)
needle tying
подвязь (жр) *или* связка (жр) игл
accrochage (m) des aiguilles
legamento (m) degli aghi
enganchamiento (m) de las agujas

2 Karte (f) für zwei Bindungen
card operating two picks
карта (жр) для двух переплетений
carton (m) pour deux liages
cartone (m) per due legature
cartón (m) para dos pasadas

3 gerader Schuß (m)
even pick
четное число (ср) уточин
duite (f) paire
trama (f) pari
pasada (f) par

4 ungerader Schuß (m)
odd pick
нечетное число (ср) уточин
duite (f) impaire
trama (f) dispari
pasada (f) impar

5 gerade *oder* vordere Maschine (f)
front machine
передняя машина (жр)
mécanique (f) de devant
meccanica (f) di davanti
máquina (f) anterior

6 ungerade *oder* hintere Maschine (f)
back machine
задняя машина (жр)
mécanique (f) d'arrière
meccanica (f) posteriore
máquina (f) posterior

7

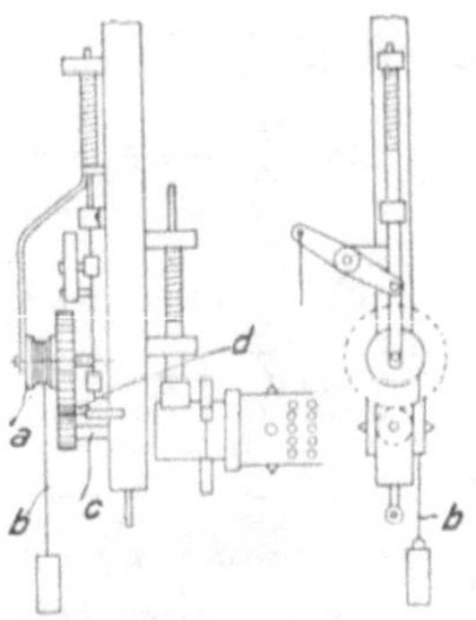

ζ_{11}) Rückschlagzeug (n), [Repetiervorrichtung (f)]
Repeating Apparatus
Повторное приспособление (ср)
Mécanisme (m) de répétition
Meccanismo (m) di ripetizione
Mecanismo (m) de repetición

8 Schnurscheibe (f)
card pulley
шнурочный блок (мр)
a
poulie (f) à gorge
puleggia (f) a gola
polea (f) de garganta

9 Gewichtsschnur (f)
weighted cord
шнур (мр), нагруженный гирею
b
cordon (m) chargé de poids
corda (f) caricata con peso
cordón (m) cargado mediante un peso

Prismaachse (f)
cylinder shaft
ось (жр) призмы
c
arbre (m) du cylindre
albero (m) del prisma
árbol (m) o eje (m) del cilindro 10

Stift (m)
pin
штифтик (мр)
d
goupille (f)
perno (m)
espiga (f) 11

der Stift schlägt an die Prismalade
the pin strikes the cylinder batten
шпенек (мр) ударяется о лопасть призменной рамки
la goupille pousse le battant du cylindre
il perno spinge il battente del prisma
la espiga golpea el batán del cilindro 12

Aufwickeln (n) der Schnur
winding on of the cord
наматывание (ср) шнурка
enroulement (m) du cordon
avvolgimento (m) della corda
arrollamiento (m) del cordón 13

das Prisma läuft zurück
the cylinder turns backwards
призма (жр) вращается назад
le cylindre tourne en sens inverse
il prisma gira in senso inverso
el cilindro gira en sentido inverso 14

Prismadrücker (m)
cylinder hammer
прижимной шип (мр) для призмы
garde-cylindre (m)
stampella (f)
martillo (m) del cilindro 15

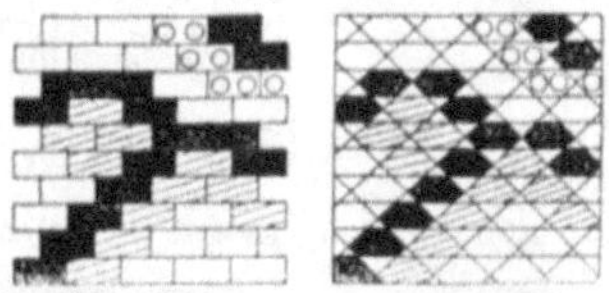

Schalpatrone (f)
flat design paper
патрон (мр) для шалей
papier (m) briqueté [pour la fabrication des châles]
carta (f) rigata per scialli
cuadrícula (f) para chales 16

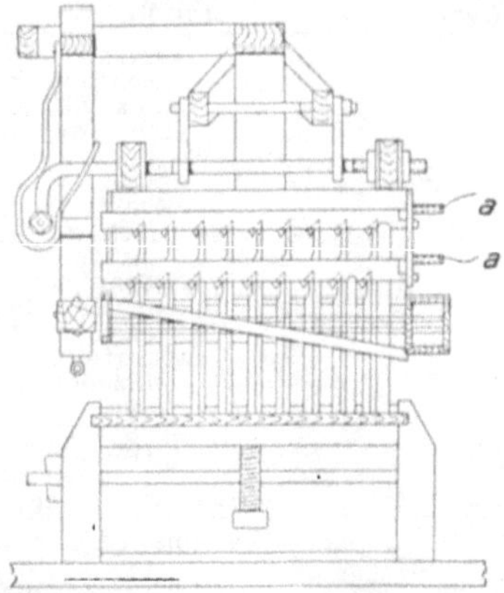

Schalmaschine (f)
shawl machine
машина (жр) для выработки шалей
mécanique (f) pour châles
meccanica (f) per scialli
máquina (f) para chales 17

1 übereinander stehende Messer (npl)
superimposed knives
расположенные друг над другом ножи (мр)
a
couteaux (mpl) superposés
coltelli (mpl) sovrapposti
cuchillas (fpl) superpuestas

2 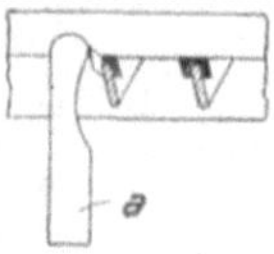

нажимная колодка (жр) для передвижки ножей
pousseur (m) pour le déplacement des couteaux
spingitore (m) per lo spostamento dei coltelli

Drücker (m) für die Messerverschiebung
presser for turning the knives
a
impulsor (m) para el invertimiento de las cuchillas

3 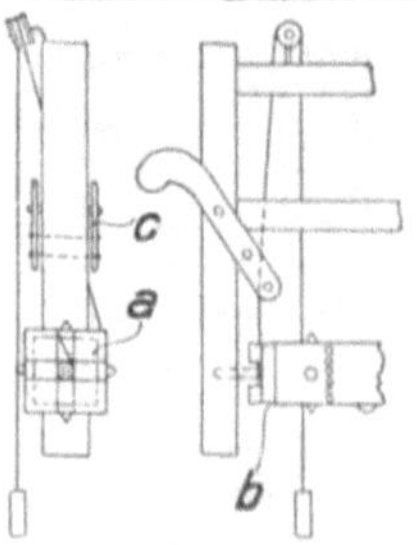

Wiener Rückschlagzeug (n), [Wiener Repetiervorrichtung (f)]
Vienna repeating apparatus
венское повторное приспособление(ср)
mécanisme (m) de répétition viennois
meccanismo (m) di ripetizione viennese
meccanismo (m) vienés de repetición

4 Prismaeinschnitt (m)
cylinder groove
вырез (мр) призмы
a
rainure (f) du cylindre
scanalatura (f) del prisma
ranura (f) del cilindro

5 eingekerbtes Prismaende (n)
grooved cylinder end
засеченный конец (мр) призмы
b
extrémité (f) du cylindre à rainure
estremità (f) del prisma a scanalatura
extremidad (f) del cilindro de ranura

6 Gabel (f)
fork
вилка (жр)
c
fourchette (f)
forchetta (f)
horquilla (f)

7 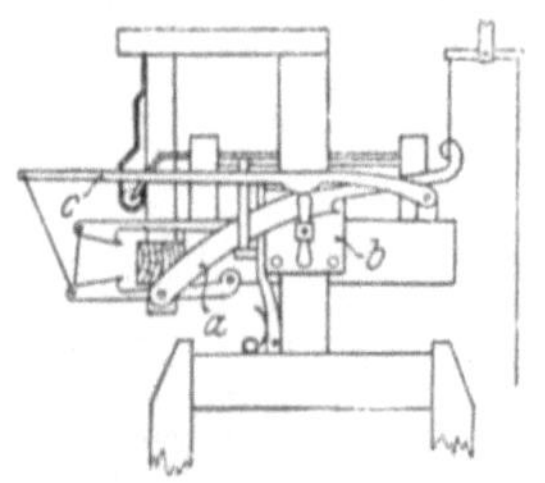

Kartensparvorrichtung (f)
card saving motion
устройство (ср) для сбережения карт
mécanisme (m) économiseur de cartons
meccanismo (m) per la riduzione dei cartelli
aparato (m) economizador de cartones

8 Stoßhebel (m)
push lever
толкач (мр)
a
levier (m) pousseur
leva (f) spingitrice
palanca (f) impulsora

9 Vierkant (m), [Prisma (n)]
prism, cylinder
призма (жр)
b
prisme (m), cylindre (m)
prisma (m), cilindro (m)
prisma (m), cilindro (m)

10 Hebel (m)
lever
рычаг (мр)
c
levier (m)
leva (f)
palanca (f)

III.

Eintragen (n) des Schusses, Einschießen (n)
Picking
Заводка (жр) или введение (ср) утка
Insertion (f) de la trame, tramage (m)
Inserzione (f) della trama 11
Inserción (f) de la trama

1. Schuß (m), **Einschuß** (m), **Eintrag** (m), **Einschlag** (m)
Weft, Woof
Уток (мр), **уточина** (жр), **прокид** (мр)
Trame (f)
Trama (f), **ripieno** (m), **tessimento** (m) 12
Trama (f)

Schußfaden (m), Eintragfaden (m), Einschlagfaden (m)
weft thread, weft yarn
уточная нить (жр), уточина (жр)
fil (m) de trame
filo (m) di trama 13
hilo (m) de trama

Schußmaterial (n), Einschußmaterial (n)
weft material
уточный материал (мр)
matière (f) pour trame
materiale (m) per trama *o* di chiusura 14
material (m) para trama

hartes Webmaterial (n)
hard weft material
жесткий ткацкий материал (мр)
matière (f) pour trame dure
materiale (m) per trama duro *o* rigido 15
material (m) duro para trama

grober *oder* dicker Faden (m)
thick *or* coarse thread
грубая *или* толстая нить (жр)
fil (m) gros *ou* grossier
filo (m) grosso 16
hilo (m) basto *o* grueso

feiner *oder* dünner Faden (m)
thin *or* fine thread
тонкая нить (жр)
fil (m) fin *ou* mince
filo (m) fino 17
hilo (m) fino *o* delgado

geschmeidiger *oder* weicher Faden (m)
pliable *or* soft thread
гибкая *или* мягкая нить (жр)
fil (m) souple *ou* doux
filo (m) dolce 18
hilo (m) suave *o* tenue

unegaler Schuß (m)
irregular weft
переслежистый *или* неровный уток (мр)
trame (f) irrégulière
trama (f) irregolare 19
trama (f) irregular

den Schuß naß verweben
to weave with moist weft
ткать мокрым утком
tisser à trame mouillée
tessere con trama umida 20
tejer con trama mojada

den Schuß trocken verweben
to weave with dry weft
ткать сухим утком
tisser à trame sèche
tessere con trama secca *o* asciutta 21
tejer con trama seca

Schußschlag (m)
pick, shot
прокид (мр) *или* прокидывание (ср) утка
lançage (m)
lanciata (f) 22
lanzado (m)

No.		
1	der Schuß wird eingetragen *oder* eingeschlagen *oder* eingeschossen the weft is picked уток (мр) вводится *или* прокидывается	la trame est insérée la trama viene inserita *o* deposta la pasada *o* la trama es insertada
2	den Einschuß zweifach eintragen to pick with double weft производить прокид (мр) двойным утком	duiter à double trame inserire una trama a due fili insertar doble trama
3	der Schußfaden liegt in der offenen Kehle the weft lies in the open shed уточина (жр) лежит в открытом зеве	le fil de trame est inséré dans le pas ouvert il filo di trama è inserito nel passo aperto el hilo de trama es insertado en la calada abierta
4	gestreckter Faden (m) stretched thread вытянутая *или* протянутая нить (жр)	fil (m) tendu filo (m) teso hilo (m) tenso
5	**2. Webschützen** (m), **Schützen** (m), **Webschütze** (f), **Schütze** (f), **Weberschiffchen** (n), **Schiffchen** (n) **[Loom *or* Weaver's] Shuttle** **Ткацкий челнок** (мр), **челнок**	**Navette** (f) **[de tissage *ou* de tisserand]** **Navetta** (f) **[da tessitore], navicella** (f) **Lanzadera** (f)
6	Handschützen (m) hand shuttle ручной челнок (мр)	navette (f) à main *ou* cintrée navetta (f) a mano *o* a sbiego lanzadera (f) de mano
7	Schnellschützen (m) flying shuttle быстроходный челнок (мр)	navette (f) volante *ou* droite navetta (f) volante *o* diritta lanzadera (f) veloz
8	Schleifschützen (m), Gleitschützen (m), Rutscherschützen (m), Rutscher (m) sliding shuttle [обыкновенный] скользящий челнок (мр)	navette (f) glissante *ou* sans roulettes navetta (f) senza rulli lanzadera (f) deslizante

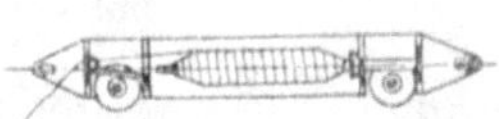

9	Rollenschützen (m) roller shuttle роличный челнок (мр)	navette (f) roulante *ou* à roulettes navetta (f) con rulli *o* rotelle lanzadera con rulos *o* rodillos *o* ruedecillas
10	der Schnellschützen läuft auf Rollen the fly shuttle runs on rollers быстроходный челнок (мр) катится на роликах	la navette volante court sur des rouleaux la navetta volante corre su rotelle la lanzadera veloz corre sobre rodillos
11	Stahlrolle (f) steel roller стальной ролик (мр)	rouleau (m) d'acier rotella (f) d'acciaio rodillo (m) de acero
12	Lederrolle (f) leather roller кожаный ролик (мр)	rouleau (m) de cuir rotella (f) di cuoio rodillo (m) de cuero

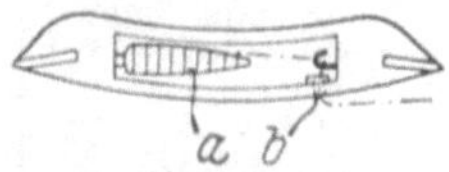

13	Schützen (m) mit Schleifspule shuttle with weft cop *or* with pirn	челнок (мр) с неподвижной шпулей navette (f) à défiler navetta (f) con spola a sfilamento lanzadera (f) con bobina para desarrollo axial
14	Schleifspule (f) [weft] cop, pirn неподвижная шпуля (жр) *a*	cannette (f) à défiler spola (f) fissa *o* a sfilamento bobina (f) para desarrollo axial *o* en el sentido del eje
15	Glasröhrchen (n) glass tube стеклянный глазок (мр), хрусталик (мр) *b*	œillet (m) en verre tubetto (m) di vetro ojal (m) de vidrio
16	der Faden läuft in der Achsrichtung [*oder* axial] vom Kötzer ab the yarn runs off the end of the cop, the yarn is unwound off top *or* over top нить (жр) сбегает с початка в осевом направлении	le fil se défile suivant l'axe de la cannette il filo si svolge assialmente dalla cannetta el hilo se desarrolla siguiendo el eje de la canilla
17	Schützenbestandteile (mpl) shuttle fittings принадлежности (жр) челнока	accessoires (mpl) de navette accessori (mpl) di navetta accesorios (mpl) de lanzadera
18	Spindelschützen (m) spindle shuttle шпрынковый челнок (мр)	navette (f) à broche navetta (f) con fuso lanzadera (f) de broca *o* de huso

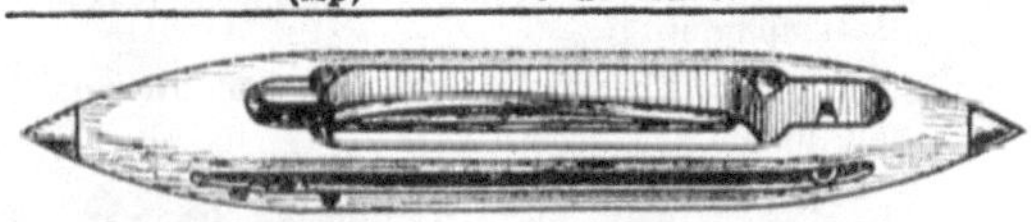

19	Schützen (m) mit Einfederspindel shuttle with single spring peg челнок(мр) с однопружинной шпрынкой	navette (f) avec broche à un seul ressort navetta (f) con fuso a molla unica lanzadera (f) de broca con un resorte
20	Schützen (m) mit Doppelfederspindel shuttle with two spring peg челнок (мр) с двухпружинной шпрынкой	navette (f) avec broche à deux ressorts navetta (f) con fuso a due molle lanzadera (f) de broca con dos resortes
21	Hafthaken (m) retaining hook задерживающий *или* челночный крючок (мр)	crochet (m) de retenue uncino (m) di ritegno gancho (m) de retención
22	Schützenspindel (f), Schützenseele (f), Spindel (f), Aufsteckspindel (f) shuttle peg *or* tongue *or* spindle шпрынка (жр)	broche (f) *ou* brochette (f) de navette, pointicelle (f) asse (m) *o* fuso (m) di navetta huso (m) *o* broca (f) para lanzadera

1 aufklappbare Schützenspindel (f), Klappspindel (f)
hinged shuttle peg
откидная шпрынка (жр)
broche (f) de navette pivotante *ou* à clapet
fuso (n) girevole della navetta
huso (m) a charnela para lanzadera

---

2 
Schraubenspindel (f)
screw peg, spiral peg
шпрынка (жр) с винтовой нарезкой
broche (f) spirale
fuso (m) a vite
huso (m) espiral

---

3 
Holzkegelspindel (f)
wooden conical peg
коническая деревянная шпрынка (жр)
broche (f) en bois conique
fuso (m) in legno conico
huso (m) cónico de madera

---

4 
Holzkegelspindel (f) mit Rillen
wooden conical peg with grooves
коническая деревянная шпрынка (жр) с [кольцевыми] канавками
broche (f) en bois conique avec rainures
fuso (m) in legno conico con scanalature
huso (m) cónico de madera con ranuras *o* estrías

---

5 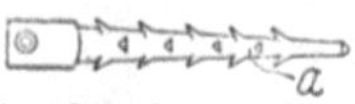
Eisenkegelspindel (f), Eisendornspindel (f)
spiked spindle
железная заершенная шпрынка (жр)
broche (f) en fer à picots
fuso (m) in ferro a spine
huso (m) de hierro con puntas *o* espinas

---

6 aufgehauener Schaft (m)
shank with ragged surface *a*
насеченный стержень (мр)
fût (m) rugueux
fusto (m) a superficie ruvida
caña (f) de superficie rugosa

---

7 
Einfederspindel (f)
single spring peg
однопружинная шпрынка (жр)
broche (f) à un seul ressort
fuso (m) ad una sola molla
huso (m) con un solo resorte

---

8 
Einfederspindel (f) mit Nase, Nasenspindel (f), Hakenspindel (f)
neb peg, hooked peg
однопружинная шпрынка (жр) с крючком *или* с носиком
broche (f) avec ressort et bec
fuso (m) con molla e becchetto
huso (m) con resorte y nariz

---

9 
zusammenlegbare Einfederspindel (f)
foldable single spring peg
складная однопружинная шпрынка (жр)
broche (f) à ressort avec branche glissante
fuso (m) a molla scivolante
broca (f) con resorte de rama deslizante

---

10 
Zweifederspindel (f)
double spring peg
двухпружинная шпрынка (жр)
broche (f) à deux ressorts
fuso (m) a due molle
huso (m) con dos resortes

Vierfederspindel (f) mit Ansatz
four spring peg with shoulder
четырехпружинная шпрынка (жр) с бобышкой
broche (f) à quatre ressorts avec épaulement 11
fuso (m) a quattro molle con testa
huso (m) con cuatro resortes y espaldar

Alpakaspindel (f)
Alpaca peg
шпрынка (жр) для альпака
broche (f) à alpaca
fuso (m) per alpaca 12
huso (m) para alpaca

Spindel (f) mit loser Feder
peg with loose spring
шпрынка (жр) с отгибной пружиной
broche (f) à ressort fou
fuso (m) a molla libera 13
huso (m) con resorte suelto *o* loco

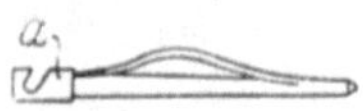
Einhängespindel (f), Einlegspindel (f), Spindel (f) mit Schlitzkopf
peg with slotted head
вакладная шпрынка (жр)
broche (f) à pied entaillé 14
fuso (m) a base scanalata
huso (m) con cabeza entallada

Schlitzkopf (m)
slotted head *a*
головка (жр) с вырезом
pied (m) entaillé
base (f) scanalata 15
cabeza (f) entallada

auswechselbare Spindel (f)
interchangeable peg
сменная шпрынка (жр)
broche (f) de rechange 16
fuso (m) cambievole
huso (m) cambiable

Einsteckspindel (f), Steckspindel (f)
loose inserted peg
вставная шпрынка (жр)
broche (f) à mortaise 17
fuso (m) con cava
huso (m) con muesca *o* mortaja

Steckspindel (f) mit Federhaltung
inserted peg with spring catch
вставная шпрынка (жр) с пружинной державкой
broche (f) à mortaise avec ressort de maintien 18
fuso (m) con cava e branca
huso (m) con mortaja y resorte de retención

Steckspindel (f) mit Schafthaltung
inserted peg with screw catch
вставная шпрынка (жр) со стержневой державкой
broche (f) à mortaise avec écrou de maintien 19
fuso (m) con cava e branca a vite
huso (m) con mortaja y tuerca de retención

1 auswechselbare *oder* amerikanische Steckspindel (f)
interchangeable *or* American insertion peg
сменная *или* американская вставная шпрынка (жр)
broche (f) à mortaise interchangeable
fuso (m) cambievole con cava, fuso americano
huso (m) cambiable con mortaja

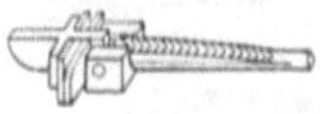

2 Spindel (f) mit aufgehauener Feder
peg with roughened spring grip
шпрынка (жр) с насеченной пружиной
broche (f) avec ressort rugueux
fuso (m) a molla ruvida
huso (m) con resorte estriado

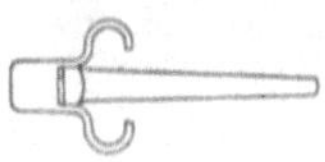

3 Gehäusespindel (f) mit Hafthaken
box peg with gripping hook
коробочная шпрынка (жр) с задерживающим крючком
broche (f) à coquille avec griffe de serrage
fuso (m) ad astuccio con uncino d'afferramento
huso (m) de estuche con ganchos de presión

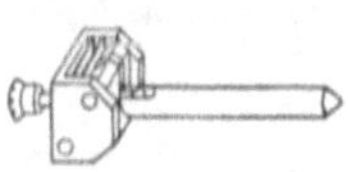

4 Kastenspindel (f) für Stahlschützen
box peg for steel shuttles
ящичная шпрынка (жр) для стальных челноков
broche (f) à caisse pour navettes en acier
fuso (m) ad astuccio per navette d'acciaio
huso (m) de caja *o* de estuche para lanzadera de acero

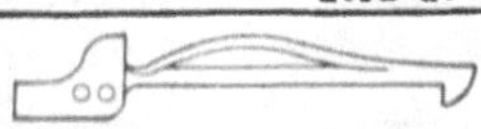

5 Hakenspindel (f)
hooked peg
крючковидная шпрынка (жр)
broche (f) à crochet
fuso (m) con becchetto
huso (m) con gancho

---

6 Zangenspindel (f), geteilte Spindel (f)
split peg, tweezer peg, nipper peg
клещевидная шпрынка (жр)
broche (f) fendue
fuso (m) diviso
huso (m) hendido *o* partido

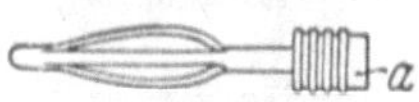

7 Northropspindel (f)
peg for Northrop loom, Northrop skewer
шпрынка (жр) Нортропа
broche (f) pour métiers Northrop
fuso (m) per telaio Northrop
huso (m) para telares sistema Northrop

---

8 gehärteter Stahlkopf (m) *a*
hardened steel butt
закаленная стальная головка (жр)
pied (m) *ou* embase (f) en acier durci
piede (m) *o* base (f) in acciaio temperato
cabeza (f) de acero endurecido

---

9 den Kötzer auf die Schützenspindel schieben *oder* aufstecken
to place the cop on the shuttle peg
надевать початок (мр) на шпрынку
placer la cannette sur la broche
infilare la cannetta sul fuso
colocar la canilla sobre el huso

---

10 Herausfliegen (n) des Kötzers
flying off *or* flying out of the cop
вылетание (ср) початка
saut (m) de la cannette
salto (m) *o* scappamento (m) della cannetta
salto (m) *o* caida (f) de la canilla

---

11 Festhalten (n) des Kötzers auf der Spindel
steadying the cop on the peg
задерживание (ср) *или* удерживание (ср) початка на шпрынке
fixation (f) de la cannette sur la broche
fissaggio (m) della cannetta sul fuso
fijación (f) de la canilla en el huso

---

12 wackelnde Spindel (f)
shaky peg
качающаяся шпрынка (жр)
broche (f) branlante
fuso (m) oscillante
huso (m) vacilante *o* bamboleante

---

13 Spule (f) für *x mm* Fadenhöhe
spool for *x mm* height of thread
шпуля (жр) с высотой намотки в *x* мм.
bobine (f) pour une course de fil de *x mm*
bobina (f) per una corsa di filo di *x mm*
husada (f) para una carrera de hilo de *x mm*

14 Holzschußspule (f)
wood pirn
деревянная уточная шпуля (жр)
fuseau (m) de cannette en bois
spola (f) di legno
tubo (m) de canilla de madera

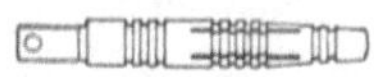

15 federnde Holzspule (f)
spring wood pirn
пружинящая деревянная шпуля (жр)
fuseau (m) en bois avec ressort
spola (f) di legno con molla
tubo (m) de madera con resorte

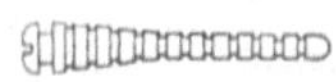

16 Hartpapierspule (f)
papier maché pirn
шпуля (жр) из прессованной бумаги
fuseau (m) en papier comprimé
spola (f) di carta compressa
tubo (m) de papel comprimido

---

17 Blechspule (f)
sheet metal pirn
жестяная шпуля (жр)
fuseau (m) en feuille métallique
spola (f) in lamiera
tubo (m) de plancha metálica

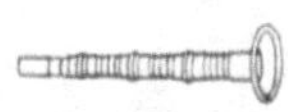

18 Blechringspule (f)
sheet metal ringed pirn
жестяная шпуля (жр) с кольцом
fuseau (m) métallique avec anneau
spola (f) in lamiera con anello
tubo (m) metálico con anillo

19 Klemmspule (f) aus Blech
sheet metal holdfast pirn
зажимная жестяная шпуля (жр)
fuseau (m) métallique avec embase de maintien
spola (f) in lamiera con base di serraggio
tubo (m) metálico con cabeza de retención

20 Blechkegelspule (f)
conical sheet metal pirn
коническая жестяная шпуля (жр)
fuseau (m) métallique conique
spola (f) in lamiera conica
tubo (m) metálico cónico

1 Spule (f) für Webstühle mitselbsttätiger Spulenauswechslung, [Spule für Automatenstühle]
pirn for automatic looms
шпуля (жр) для автоматических станков
fuseau (m) pour métier automatique
spola (f) per telaio automatico
tubo (m) para telar automático

2 Spulenfuß (m)
spool head *or* butt
ножка (жр) *или* основание (ср) шпули
a
base (f) *ou* pied (m) de fuseau
piede (m) *o* base (f) della spola
base (f) del tubo

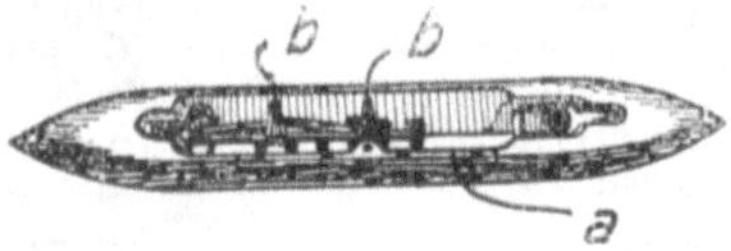

3 Schlauchschützen (m), Schützen (m) für Schlauchkötzer
shuttle for solid cops
челнок (мр) для трубчатых початков
navette (f) pour cannette tubulaire
navetta (f) per cannette tubulari *o* senz'anima
lanzadera (f) para canilla tubular

4 stählerne Fadenführungsschiene (f)
steel thread guide
стальная нитеводная полоска (жр)
a
guide-fil (m) en acier
guida-filo (m) in acciaio
guía-hilo (m) de acero

5 Borsten (fpl), Bürste (f), Pinsel (m)
brush
щеточка (жр)
b
brosse (f)
spazzoletta (f)
brocha (f)

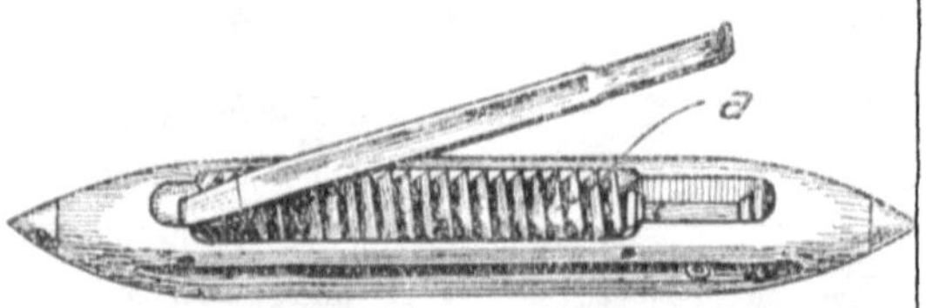

6 Kötzerschützen (m) mit Deckel
shuttle for solid cops with cover
початочный челнок (мр) с крышкой
navette (f) à couvercle pour cannette
navetta (f) per cannette con coperchio
lanzadera (f) para canillas con tapa *o* con cubierta

7 gefräste Rippen (fpl)
milled grooves
фрезерованные ребра (ср)
a
rainures (fpl) fraisées
scanalature (fpl) fresate
ranuras (fpl) fresadas

8 Deckelschützen (m)
shuttle with cover
челнок (мр) с крышкой
navette (f) à couvercle
navetta (f) a coperchio
lanzadera (f) con tapa

Kötzerschützen (m) mit Ösenblech
cop shuttle with eyeletted plate
початочный челнок (мр) с металлической глазковой полоской
navette (f) pour cannette avec plaque à œillets
navetta (f) per cannette con placca ad occhielli 9
lanzadera (f) para canilla con placa taladrada

den Kötzer in den Schützen einklemmen
to force the cop into the shuttle
зажать початок (мр) в челнок
pincer la cannette dans la navette
stringere la cannetta nella navetta 10
sujetar la canilla en la lanzadera

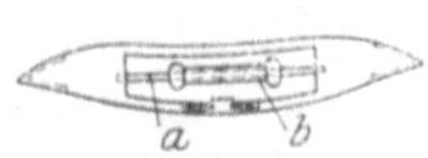

Schützen (m) mit Laufspule
shuttle with revolving spool
челнок (мр) с вращающейся шпулей
navette (f) à dérouler
navetta (f) con spola girevole 11
lanzadera (f) con bobina para desarrollo tangencial *o* por rotación

Spindel (f), Achse (f)
peg
веретено (ср), ось (жр)
a
broche (f)
fuso (m), asse (m) 12
huso (m), husete (m), broca (f)

Einschußspule (f)
weft pirn
уточная шпуля (жр)
b
fuseau (m) de trame
spola (f) di trama 13
carrete (m) *o* canilla (f) de trama

Laufspule (f), Abrollspule (f)
revolving spool
вращающаяся шпуля (жр)
bobine (f) à dérouler
spola (f) girevole *o* a srotolamento 14
bobina (f) para desarrollo tangencial *o* por rotación

der Faden läuft tangential von der Spule
the yarn runs off tangentially from the pirn
нить (жр) сходит со шпули в тангенциальном направлении
le fil se déroule tangentiellement à la bobine
il filo si svolge tangenzialmente dalla bobina 15
el hilo se desarrolla tangencialmente a la bobina

einfacher Schützen (m)
single shuttle
простой *или* одинарный челнок (мр)
navette (f) simple
navetta (f) semplice 16
lanzadera (f) sencilla *o* simple

Doppelschützen (m)
double shuttle
двойной челнок (мр)
navette (f) double
navetta (f) doppia 17
doble lanzadera (f)

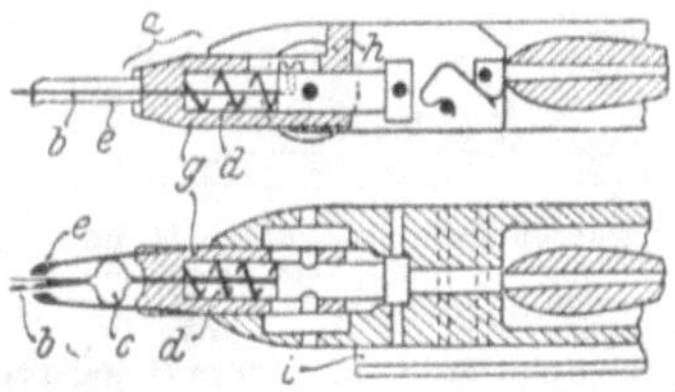

1	Greiferschützen (m), Maulschützen (m) nipper shuttle, gripping shuttle челнок (мр) с захваткой *или* с ухватиком		navette (f) à griffe navetta (f) a morsetto lanzadera (f) de mordaza
2	Greiferkopf (m) nipper head головка (жр) захватки	*a*	tête (f) de griffe testa (f) del morsetto cabeza (f) de la mordaza
3	Federzange (f) spring nippers пружинные щипцы (мр)	*b*	pince (f) à ressort pinzetta (f) a molla pinzas (fpl) de resorte
4	Spreizstück (n) spreader распорка (жр)	*c*	étendeur (m) distenditore (m) ensanchador (m)
5	Druckfeder (f) pressure spring нажимная пружина (жр)	*d*	ressort (m) de pression molla (f) di pressione resorte (m) de presión
6	Klemmbacke (f) gripping jaw зажимная щечка (жр)	*e*	mâchoire (f) mascella (f) mandíbula (f)
7	Hülse (f) sleeve стаканчик (мр)	*g*	douille (f) bossolo (m) vaina (f)
8	Anschlag (m), Nocken (m) stop упорка (жр), упорный выступ (мр)	*h*	arrêt (m) arresto (m) freno (m)
9	Schlägeranschlag (m) catch for picking arm выступ (мр) для погонялки	*i*	butoir (m) du fouet sporto (m) a caccianavetta arista (f) de refuerzo para el garrote

10 Tuchrollenschützen (m) — navette (f) à rouleaux pour drap
roller shuttle for cloth weaving — navetta (f) a rotelle per drappi
роличный челнок (мр) для сукна — lanzadera (f) con rodillos para paños

11 Tuchschützen (m) mit Backen — navette (f) à joues pour drap
cloth shuttle with cheeks — navetta (f) con guancie per drappi
челнок (мр) для сукна со щечками — lanzadera (f) con mejillas para paños

Seidenschützen (m) — navette (f) pour soie 12
silk [weaving] shuttle — navetta (f) per seta
челнок (мр) для шелка — lanzadera (f) para seda

Damastschützen (m) — navette (f) pour damassé 13
damask shuttle, shuttle for damask — navetta (f) per damasco
челнок (мр) для дамаска — lanzadera (f) para damasco

Kokosmattenschützen (m) — navette (f) pour nattes en coco 14
shuttle for coco mat weaving — navetta (f) per stuoie in fibra di cocco
челнок (мр) для кокосовых рогожек — lanzadera (f) para fibras de coco

Treibriemenwebschützen (m) — navette (f) pour la fabrication des courroies 15
shuttle for weaving belting — navetta (f) per tessere cinghie di trasmissione
челнок (мр) для приводных ремней — lanzadera (f) para la fabricación de correas de transmisión

Juteschützen (m) — navette (f) pour jute 16
shuttle for weaving jute, jute loom shuttle — navetta (f) per juta
челнок (мр) для джута — lanzadera (f) para yute

seitliche *oder* einseitige Spitze (f), Sporn (m) — pointe (f) latérale, ergot (m) 17
side tip — punta (f) laterale
однобокий мысок (мр) — punta (f) lateral

Teppichschützen (m) — челнок (мр) для ковров 18
carpet shuttle — navette (f) pour tapis
navetta (f) per tappeti
lanzadera (f) para alfombras

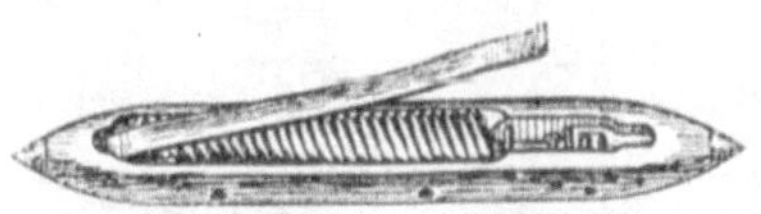

Velourteppichschützen (m) — navette (f) pour tapis velouté 19
shuttle for velvet pile carpet weaving — navetta (f) per tappeti vellutati
челнок (мр) для бархата со спинкой — lanzadera (f) para alfombras aterciopeladas

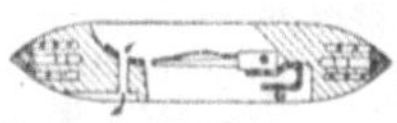

Baumwollschützen (m) — челнок (мр) для хлопчатой бумаги 20
cotton shuttle — navette (f) pour coton
navetta (f) per cotone
lanzadera (f) para algodón

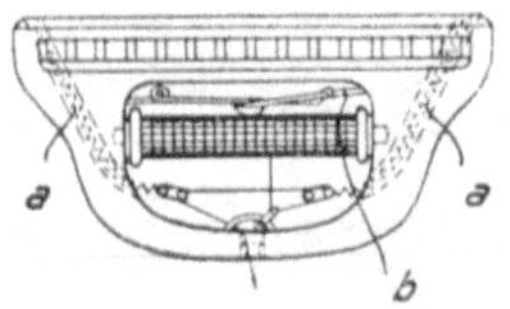

1 Bandstuhlschützen (m)
shuttle for ribbon loom
челнок (мр) для ленточных станков
navette (f) pour métier à ruban
navetta (f) per telaio a nastri
lanzadera (f) del telar para cintas

2 schweizer Würmchen (n), Schifflifeder (f)
Swiss spiral
швейцарский червячок (мр)
a
vermisseau (m) suisse, ressort (m) pour navette
spirale (f) svizzera
espiral (f) suiza

3 Krücke (f)
tension spring, presser
костылик (мр)
b
fourchette-presse (f)
forchetta (f) di pressione
horquilla (f) de presión

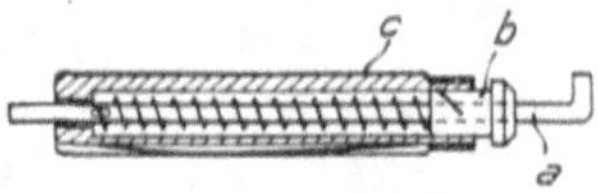

4 Zugprieme (f)
spool pin
затяжной крючок (мр)
a
tringle (f) de tirage
asta (f) di trazione
varilla (f) de tracción, varilla impulsora

5 Döppchen (n)
socket
втулочка (жр)
b
douille (f)
bossolo (m)
manguito (m)

6 Priemenmantel(m)
sleeve
футляр (мр) крючка
c
tube (m) de la tringle de tirage
manicotto (m)
vaina (f) de la varilla impulsora

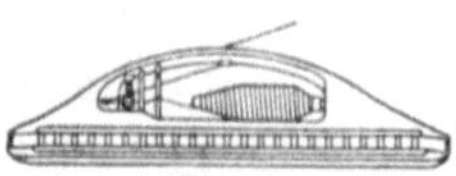

7 Kötzerschützen (m) für Bandstühle
cop shuttle for ribbon loom
початочный челнок (мр) для ленточных станков
navette (f) à cannette pour métier à ruban
navetta (f) a cannetta per telaio a nastri
lanzadera (f) con canilla para telar de cintas

8 Schützen (m) für Naßweberei
shuttle for wet weaving
челнок (мр) для мокрого ткачества
navette (f) pour tissage au mouillé
navetta (f) per tessitura in umido
lanzadera (f) para tisaje en mojado

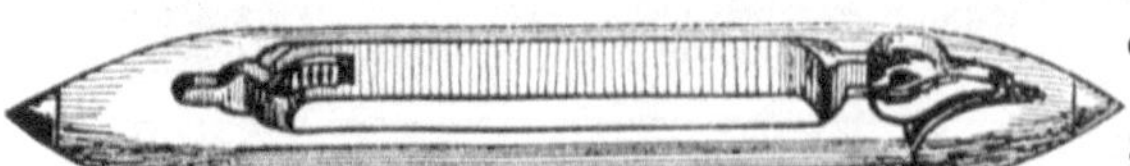

9 Northropschützen (m)
Northrop shuttle
челнок (мр) для станка Нортропа
navette (f) Northrop
navetta (f) Northrop
lanzadera (f) Northrop

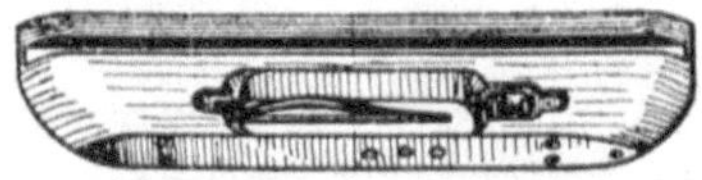

10 Roststuhlschützen (m)
swivel loom *or* multiple loom shuttle
челнок (мр) для станка с решеткой
navette (f) pour métier à grille
navetta (f) per telaio a griglia
lanzadera (f) para telar con emparrillado

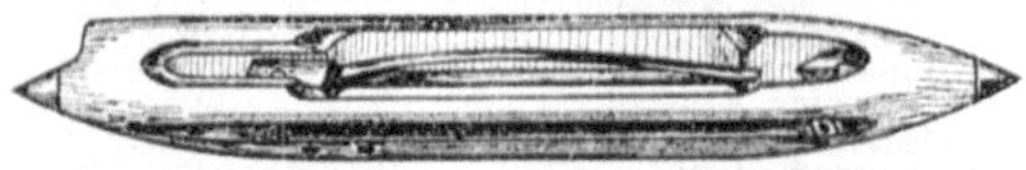

11 Achselschützen (m)
shouldered shuttle
челнок (мр) с плечиком
navette (f) à épaules
navetta (f) con spalla
lanzadera (f) espaldada

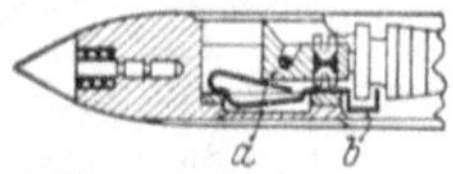

12 Schützen (m) von Walter und Stolle
Walter and Stolle's shuttle
челнок (мр) Вальтера и Штолля
navette (f) Walter et Stolle
navetta (f) Walter e Stolle
lanzadera (f) de Walter y Stolle

13 keilartiger Ansatz (m)
wedge shaped piece
клиновидный придаток (мр)
a
pièce (f) en coin
pezzo (m) cuneiforme
pieza (f) en forma de cuña

14 Spulenhalter (m)
pirn holder
державка (жр) шпули
b
pièce (f) de maintien de la bobine
porta-spole (m)
pieza (f) de retención de la canilla

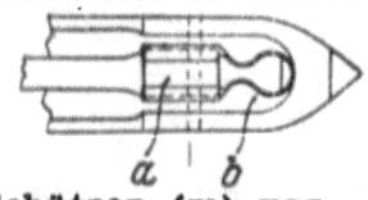

15 Schützen (m) von Hettrich
Hettrich's shuttle
челнок (мр) Гетриха
navette (f) de Hettrich
navetta (f) di Hettrich
lanzadera (f) de Hettrich

16 Spindelfuß (m)
spindle heel
ножка (жр) шпрынки
a
pied (m) de la broche
base (f) del fuso
pie (m) del huso

17 Spindelfassung (f), Spindelklammer (f)
spindle catch
зажим (мр) *или* зажимная скоба (жр) шпрынки
b
griffe (f) de la broche
gancio (m) del fuso
mordaza (f) del huso

18 Spindelkopf (m)
spindle head
головка (жр) шпрынки
tête (f) de la broche
testa (f) del fuso
cabeza (f) del huso

19 Aufklappen (n) der Spindel
raising of the peg
откидывание (ср) шпрынки
relèvement (m) de la broche
rialzamento (m) del fuso
levantamiento (m) del huso

20 Zuklappen (n) der Spindel
lowering of the peg
опускание (ср) шпрынки
abaissement (m) de la broche
abbassamento (m) del fuso
descendimiento (m) del huso

1	Hochsteigen (n) der Spindel flying up of the peg поднимание (ср) шпрынки	montée (f) de la broche salita (f) del fuso subida (f) del huso

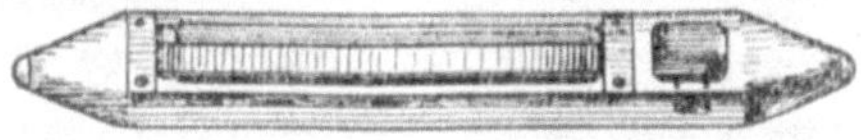

2	Kastenschützen (m) box shuttle коробчатый челнок (мр)	navette (f) à boite navetta (f) a cassetta lanzadera (f) de caja *o* de cajón
3	Schützenkörper (m) shuttle body тело (ср) *или* корпус (мр) челнока	corps (m) de la navette corpo (m) della navetta cuerpo (m) de la lanzadera
4	Holzschützen (m) wooden shuttle деревянный челнок (мр)	navette (f) en bois navetta (f) di legno lanzadera (f) de madera
5	hartes *oder* dichtes *oder* schweres Holz (n) hard wood твердое *или* плотное *или* тяжелое дерево	bois (m) dur legno (m) duro madera (f) fuerte *o* dura
6	Buchsbaumschützen (m) boxwood shuttle самшитовый челнок (мр)	navette (f) en buis navetta (f) di bosso lanzadera (f) de boj
7	Apfelbaumholzschützen (m) apple wood shuttle челнок (мр) из дерева яблони	navette (f) en pommier navetta (f) in legno di pomo lanzadera (f) de [madera de] manzano
8	Schützen (m) aus luftgetrocknetem Holz shuttle of seasoned *or* naturally matured wood челнок (мр) из дерева воздушной сушки	navette (f) en bois séché à l'air navetta (f) in legno stagionato lanzadera (f) de madera sazonada *o* secada al aire
9	Kompreßholzschützen (m) compressed wood shuttle челнок (мр) из спрессованного дерева	navette (f) en bois comprimé navetta (f) in legno compresso lanzadera (f) de madera comprimida
10	Kornelholz (n) cornel wood, dog wood (A) корнелевое дерево (ср)	bois (m) de cornouiller legno (m) di corniolo madera (m) de cornejo
11	Persimonholz (n) persimmon wood персимоновое дерево (ср)	bois (m) de persimon legno (m) di persimon madera (f) de persimón
12	getränkter [*oder* imprägnierter] Holzschützen (m) impregnated wood shuttle импрегнированный *или* пропитанный деревянный челнок (мр)	navette (f) en bois imprégné navetta (f) in legno impregnato lanzadera (f) de madera impregnada
13	der Schützen splittert *oder* wird splittrig the shuttle splinters челнок (мр) щепится	la navette s'esquille la navetta si scheggia la lanzadera se astilla
14	Schützen (m) mit Vulkanfiberbelag shuttle with coating of vulcanised fibre челнок (мр) с обивкой вулканизированной фиброй	navette (f) à revêtement en fibre vulcanisée navetta (f) con rivestimento di fibra vulcanizzata lanzadera (f) con revestimiento de fibras vulcanizadas
15	Metallbeschlag (m) metal coating металлическая обивка (жр)	revêtement (m) métallique rivestimento (m) metallico revestimiento (m) metálico
16	Schützen (m) mit Fadenösenspannung shuttle with yarn tension through eyelets челнок (мр) с натяжкой нитяной петлей	navette (f) avec tension de fil par œillets navetta (f) con tensione sul filo prodotta da occhielli lanzadera (f) con tensión de hilo por ojetes
17	mit Eisenschienen beschlagener Schützen (m) shuttle with iron side plates челнок (мр), обитый железными полосами	navette (f) avec plaques latérales en fer navetta (f) con piastrine di ferro ai fianchi lanzadera (f) con placas laterales de hierro

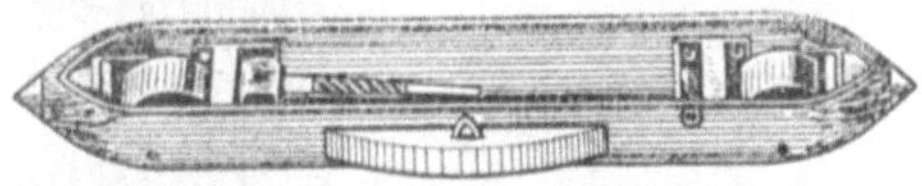

18	Stahlschützen (m) steel shuttle стальной челнок (мр)	navette (f) en acier navetta (f) in acciaio lanzadera (f) de acero

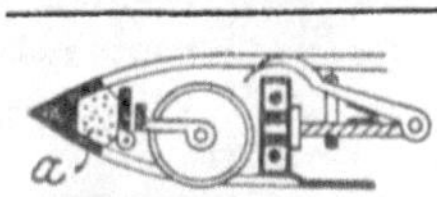

19	Stahlblechschützen (m) mit federnder [*oder* elastischer] Rollenlagerung steel sheet shuttle with spring supported rollers	челнок (мр) листовой стали с упругой опорой ролика navette (f) en acier avec support de rouleaux élastique navetta (f) in acciaio con sopporto di rotelle elastico lanzadera (f) de acero con soporte de rodillos elásticos
20	Kautschukeinlage (f) India rubber bolster a каучуковая подушка (жр) *или* прокладка (жр)	tampon (m) de caoutchouc tampone (m) di caucciù tampón (m) de caucho
21	abgearbeiteter Schützen (m) emptied shuttle сработанный челнок (мр)	navette (f) vidée navetta (f) vuota lanzadera (f) vacía
22	abgewebter Kötzer (m) cop woven off, exhausted cop сработанный початок (мр)	cannette (f) épuisée cannetta (f) esaurita canilla (f) consumida *o* agotada
23	abgenutzter Schützen (m) worn shuttle сработанный *или* подработанный челнок (мр)	navette (f) usée navetta (f) consumata lanzadera (f) usada

1	Lebensdauer (f) des Schützens working life of the shuttle долговечность (жр) службы челнока	durée (f) de la navette durata (f) della navetta duración (f) de la lanzadera
2	die Splitter abschmirgeln to smooth off the splinters отшлифовать заусенцы (мр)	adoucir les éclats appianare le scheggie rebajar *o* pulir las astillas
3	Schützenform (f), Schiffchenform (f) shape of shuttle форма (жр) челнока	forme (f) de la navette forma (f) della navetta forma (f) de la lanzadera
4	Schützengröße (f) size of shuttle величина (жр) челнока	grandeur (f) de la navette grandezza (f) della navetta tamaño (m) de la lanzadera
5	Schützenkrümmung (f) curvature of shuttle кривизна (жр) *или* выпуклость (жр) челнока	courbure (f) de la navette curvatura (f) della navetta curvatura (f) de la lanzadera
6	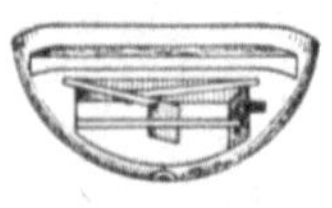	Bügelschützen (m) bow shuttle утюгообразный челнок (мр) navette (f) arquée navetta (f) ad arco lanzadera (f) arqueada
7	durchbrochener Schützenboden (m) open bottom of the shuttle вырезанное дно (ср) челнока	fond (m) ouvert de la navette fondo (m) aperto della navetta fondo (m) abierto de la lanzadera

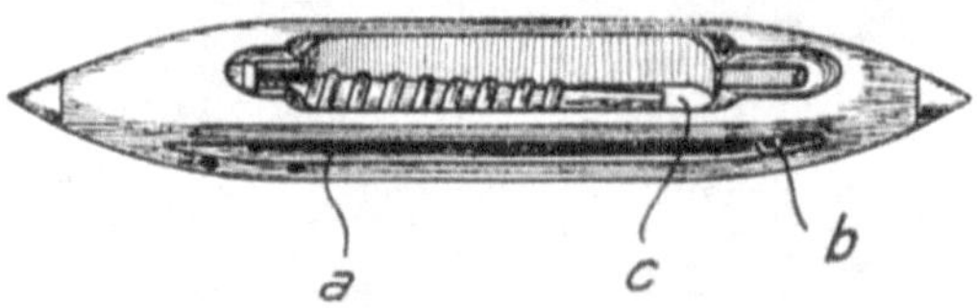

8	Schützen (m) mit enger Kammer shuttle with narrow well челнок (мр) с узкой коробкой *или* с узким дуплом		navette (f) à boite étroite navetta (f) con cavità stretta lanzadera (f) con cavidad estrecha
9	Schützenwand (f) shuttle frame боковина (жр) *или* боковая стенка (жр) челнока	a	partie (f) latérale de la navette parete (f) *o* fianco (m) della navetta pared (f) *o* flanco (m) de la lanzadera
10	Schützenauge (n), Fadenleitauge (n), Auslaufauge (n) shuttle eye глазок (мр) челнока, хрусталик (мр)	b	œil (m) *ou* œillet (m) de la navette foro (m) *o* occhiello (m) della navetta ojo (m) *o* porta-hilo (m) de la lanzadera
11	Schützenaussparung (f), Hohlraum (m) *oder* Spulenraum (m) des Schützens, Schützenkammer (f) hollow part *or* well of the shuttle выемка (жр) *или* дупло (ср) *или* полая часть (жр) челнока	c	cavité (f) *ou* chasse (f) *ou* châsse (f) *ou* boite (f) *ou* poche (f) *ou* fosse (f) de la navette cavità (f) *o* incavatura (f) della navetta hueco (m) *o* parte (f) hueca *o* cavidad (f) de la lanzadera
12	Porzellanauge (f) porcelain eye фарфоровый глазок (мр)		œillet (m) en porcelaine occhiello (m) di porcellana ojo (m) de porcelana
13	Schützenkehle (f) throat of the shuttle желобок (мр) челнока		échancrure (f) *ou* cannelure (f) de la navette gola (f) della navetta garganta (f) de la lanzadera
14	gerippter Hohlraum (m) des Schützens grooved well of the shuttle рубчатое дупло (ср) челнока		boite (f) rainurée de la navette incavatura (f) scanalata della navetta cavidad (f) ranurada de la lanzadera
15			Schützenspitze (f) shuttle tip челночный мысок (мр) pointe (f) *ou* bout (m) de la navette punta (f) *o* estremità (f) della navetta punta (f) de la lanzadera
16	gehärtete Schützenspitze (f) hardened shuttle tip закаленный мысок (мр) челнока		pointe (f) trempée de la navette estremità (f) temperata della navetta punta (f) templada de la lanzadera
17	zugespitzte Enden (npl) pointed ends заостренные концы (мр)		extrémités (fpl) pointues estremità (fpl) puntate extremidades (fpl) puntiagudas
18	Ablieferungsende (n) des Schützens delivery end of the shuttle выпускной конец (мр) челнока		extrémité (f) fournisseuse de la navette parte (f) d'uscita del filo della navetta extremidad (f) suministradora de la lanzadera
19	stumpfe Spitze (f) blunt tip тупой мысок (мр)		pointe (f) émoussée punta (f) ottusa punta (f) roma
20	gerade Spitze (f) straight tip прямой мысок (мр)		pointe (f) droite punta (f) dritta punta (f) afilada
21	den Schußfaden durch das Leitauge ziehen to draw the weft through the eye продевать *или* заводить уточину (жр) в хрусталик		enfiler la trame dans l'œillet infilare la trama nell'occhiello enhebrar la trama en el ojo
22	Fadenabwicklung (f), Einschußabwicklung (f) unwinding of the yarn *or* weft смотка (жр) утка *или* нити		déroulement (m) de la trame svolgimento (m) della trama desarrollo (m) de la trama

1 der Schußfaden wickelt sich ab
the weft yarn is unwound
уточная нить (жр) отматывается
le fil de trame se dévide
il filo di trama si svolge
el hilo de trama se desarrolla

2 der Schußfaden reißt *oder* schlägt sich ab
the weft breaks
уток (мр) обрывается
la trame casse *ou* se rompt
la trama si rompe
la trama se rompe

3 Garnabschlagen (n)
breaking of the weft
обрыв (мр) пряжи
rupture (f) de la trame
rottura (f) della trama
ruptura (f) de la trama

4 geschlängelter Schußfaden (m)
undulated weft thread
волнистая *или* [из-]витая нить (жр)
fil (m) de trame ondulé
filo (m) di trama ondulato
hilo (m) de trama ondulado

5 der Schußfaden bildet Schleifchen
the weft forms snarls *or* curls *or* loops
уточина (жр) образует петли
la trame forme des boucles *ou* des poux *ou* des lâchages *ou* des vrilles
la trama forma occhielli
la trama forma bucles *o* rizos

6 den Schußfaden anspannen
to stretch the weft
натягивать уточную нить (жр)
tendre la trame
tendere la trama
tender *o* poner tensa la trama

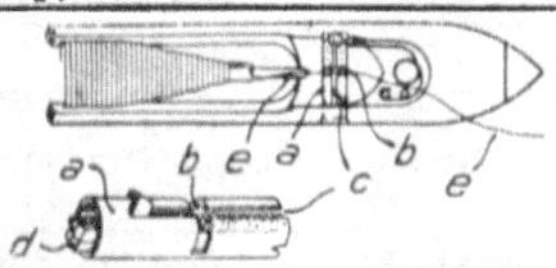

7 Schützen (m) mit Einfädelvorrichtung
self threading shuttle
челнок (мр) с автоматической заводкой
navette (f) à enfilage automatique
navetta (f) ad infilatura automatica
lanzadera (f) de enhebrado automático

8 Einfädelröhrchen (n)
threading tube
заводная *или* продевная трубочка (жр)
a
tube (m) d'enfilage
tubetto (m) d'infilatura
tubito (m) de enhebrado

9 Querschlitz (m)
cross groove
поперечный прорез (мр)
b
gorge (f) transversale
gola (f) trasversale
ranura (f) transversal

10 Längsschlitz (m)
longitudinal groove
продольный прорез (мр)
c
gorge (f) longitudinale
gola (f) longitudinale
ranura (f) longitudinal

11 Schieber (m)
slide
ползушка (жр)
d
coulant (m)
scorritoio (m)
deslizante (m)

12 einzufädelnder Faden (m)
end of yarn to be threaded
заводимая нить
e
fil (m) à enfiler
filo (m) per infilare
hilo (m) a enhebrar

13 Einfädeln (n) durch Saugen
shuttle kissing
заводка (жр) *или* вдевание (ср) всасыванием
enfilage (m) par aspiration
infilatura (f) per aspirazione
enhebrado (m) por absorción

14 englische Einfädlung (f)
English yarn threading
английский способ (мр) вдевания
enfilage (m) anglais
infilatura (f) inglese
enhebrado (m) inglés

15 Fadenbremse (f)
thread tension gear
нитяной тормаз (мр)
frein (m) pour le fil
freno (m) per il filo
freno (m) para el hilo

16 Schützen (m) mit regelbarer Federplättchenbremse
shuttle with tension regulator
челнок (мр) с регулируемым тормазом из пружинных пластинок
navette (f) avec dispositif de frein à ressort réglable
navetta (f) con freno regolabile a molla
lanzadera (f) con dispositivo de freno con resorte regulable

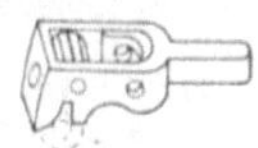

17 Rotgußbremse (f)
gun metal tension device
бронзовый тормаз (мр)
frein (m) en bronze
freno (m) di bronzo
freno (m) de bronce

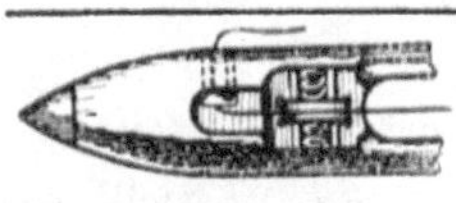

18 Plättchenbremse (f)
plate tension
пластиночный тормаз (мр)
frein (m) à ressort plat
freno (m) a molla piatta
freno (m) de resorte llano

19 Bremsklappe (f)
tension cover
тормозной клапан (мр)
languette (f) de frein
linguetta (f) del freno
lengüeta (f) de freno

20 Flügelbremse (f), Schmetterlingsbremse (f)
wing tension
крыльчатый тормаз (мр)
frein (m) de tension à ailettes
freno (m) di tensione ad alette
freno (m) de tensión con aletas

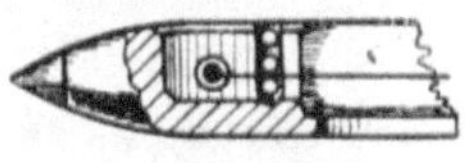

21 Stiftrollenbremse (f), Röllchenbremse (f)
tension pin roller
шпеньковый тормаз (мр) с роликом
frein (m) à rouleaux en forme de chevilles
freno (m) a rotelle a forma di caviglie
freno (m) de rodillos en forma de clavijas

22 Klappbremse (f)
cover tension
откидной тормаз (мр)
frein (m) à languettes échancrées
freno (m) a linguette
freno (m) de lengüetas

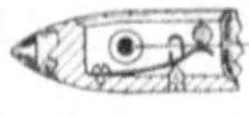

23 Fadenbremse (f) mit Bügel
bent spring tension
нитяной тормаз (мр) со скобой
frein (m) pour fil à ressort courbe
freno (m) per filo con molla piegata
freno (m) del hilo de resorte curvo

24 Rollenbremse (f)
roller tension
роличный тормаз (мр)
frein (m) à roulettes
freno (m) a rotelle
freno (m) de rodillos

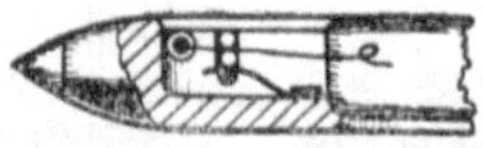

1	Glasröllchenbremse (f) small glass roller tension тормаз (мр) из стеклянных трубочек	frein (m) à roulettes en verre freno (m) a rotelle di vetro freno (m) con rodillos de vidrio

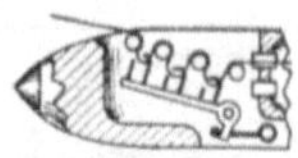

2	Hebelbremse (f) drag pin tension	рычажный тормаз (мр) frein (m) par leviers en chicane freno (m) a leve freno (m) de palancas

3	Bügelbremse (f) bow spring tension скобочный тормаз (мр)	frein (m) à ressorts arqués freno (m) a molle arcate freno (m) de resortes arqueados

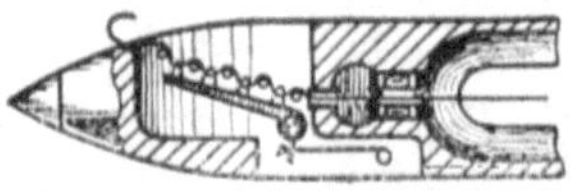

4	Doppelbremse (f) double tension двойной тормаз (мр	frein (m) double freno (m) doppio freno (m) doble

5	Schützenfeder (f) shuttle spring	челночная пружина (жр) ressort (m) de navette molla (f) di navetta resorte (m) para lanzadera

3. Schützenbewegung (f) — Mouvement (m) de la navette

6	**3. Schützenbewegung (f)** **Movement of the Shuttle** **Движение (ср) челнока**	**Mouvement (m) de la navette** **Movimento (m) della navetta** **Movimiento (m) de la lanzadera**
7	**a) Bewegung (f) des Schützens von Hand** **Throwing of the Shuttle by Hand, Picking by Hand** **Движение (ср) челнока вручную**	**Lancement (m) *ou* lançage (m) de la navette à la main** **Manovra (f) della navetta colla mano** **Movimiento (m) *o* picado (m) a mano de la lanzadera**
8	den Handschützen werfen to throw the hand shuttle прокидывать ручной челнок (мр)	chasser *ou* lancer la navette à main lanciare la navetta a mano lanzar *o* picar la lanzadera de mano
9	den Handschützen stecken to insert the hand shuttle заводить *или* вводить ручной челнок (мр)	insérer la navette à main inserire la navetta a mano insertar la lanzadera de mano
10	mit der rechten Hand werfen to throw with the right hand прокидывать правой рукой	lancer avec la main droite lanciare colla mano destra lanzar con la mano derecha
11	mit der linken Hand auffangen to receive with the left hand улавливать левой рукой	recevoir de la main gauche ricevere colla mano sinistra recibir *o* coger con la mano izquierda
12	**b) Schützenschlag (m)** **Pick, Shot** **Бой (мр) *или* удар (мр) *или* кидка (жр) челнока**	**Chasse (f) de la navette** **Lancio (m) *o* colpo (m) della navetta** **Golpe (m) de la lanzadera**
13	Schlaggebung (f), Schlaggeben (n) picking сообщение (ср) удара [челноку]	mouvement (m) de chasse lanciamento (m) della navetta picado (m)
14	Schlagstärke (f) strength of the stroke сила (жр) удара	force (f) du coup de chasse forza (f) del colpo fuerza (f) *o* energia (f) del golpe
15	schwacher Schlag (m) smooth pick, weak blow слабый удар (мр)	chasse (f) douce *ou* faible, coup (m) doux *ou* faible colpo (m) debole golpe (m) débil
16	kräftiger *oder* starker Schlag (m) heavy *or* sharp *or* strong pick сильный удар (мр)	chasse (f) dure *ou* forte, coup (m) dur *ou* fort *ou* énergique colpo (m) forte *o* duro *o* energico golpe (m) fuerte *o* duro
17	die Schlagstärke steigern to increase the strength of the stroke увеличивать силу (жр) удара	augmenter la force du coup aumentare la forza del colpo aumentar la fuerza del golpe
18	Abschießen (n) des Schützens picking *or* driving the shuttle бросание (ср) *или* кидка (жр) челнока	lancement (m) *ou* lançage (m) de la navette lancio (m) della navetta impulsión (f) *o* lanzamiento (m) de la lanzadera
19	den Schützen abschießen to pick *or* to drive the shuttle бросать *или* кидать челнок (мр)	lancer la navette lanciare la navetta lanzar la lanzadera
20	der Schützen wird fortgestoßen the shuttle is propelled челнок (мр) проталкивается	la navette est chassée la navetta è lanciata la lanzadera es impulsada *o* golpeada *o* picada
21	den Schützen durch das Fach treiben *oder* stoßen to drive *or* to pick *or* to propel the shuttle through the shed прогонять челнок (мр) сквозь зев	lancer *ou* chasser la navette par la foule lanciare la navetta attraverso il passo picar la lanzadera en la calada

Nr.	Deutsch / English / Русский	Français / Italiano / Español
1	Schützendurchgang (m) passage of the shuttle пролет (мр) *или* прокид (мр) челнока	passage (m) de la navette passaggio (m) della navetta paso (m) de la lanzadera
2	Schützenlauf (m) shuttle course ход (мр) *или* пролет (мр) челнока	course (f) de la navette corso (m) della navetta camino (m) *o* carrera (f) de la lanzadera
3	der Schützen läuft durch das Fach the shuttle passes through the shed челнок (мр) пролетает сквозь зев	la navette court dans la foule la navetta corre attraverso il passo la lanzadera corre a través de la calada
4	der Schützen läuft auf der Ladenbahn the shuttle runs along the race board челнок (мр) летит по шлюзу батана	la navette court sur la planchette du battant la navetta corre sul piano del battente la lanzadera corre por el zócalo del batán
5	der Schützen läuft im Bogen the shuttle runs in a curve челнок (мр) летит по дугообразной кривой	la navette fait une trajectoire courbe la navetta fa un percorso a curva la lanzadera hace una trayectoria curva
6	den Schützen auffangen to catch *or* to receive the shuttle улавливать челнок (мр)	rattraper *ou* saisir *ou* recevoir la navette ricevere la navetta coger la lanzadera
7	die Kettfäden (mpl) werden durch den Schützen abgeschossen the warp threads are broken by the shuttle нити (жр) основы обрываются челноком	les fils (mpl) de chaine sont cassés par la navette i fili dell'ordito sono rotti dalla navetta los hilos de urdimbre son rotos por la lanzadera
8	Schützengeschwindigkeit (f), Fluggeschwindigkeit (f) des Schützens speed of the shuttle скорость (жр) движения *или* пролета челнока	vitesse (f) de la navette velocità (f) della navetta velocidad (f) de la lanzadera
9	Anfangsgeschwindigkeit (f) des Schützens initial speed of the shuttle начальная скорость (жр) челнока	vitesse (f) initiale de la navette velocità (f) iniziale della navetta velocidad (f) inicial de la lanzadera
10	Endgeschwindigkeit (f) des Schützens terminal speed of the shuttle конечная скорость (жр) челнока	vitesse (f) terminale de la navette velocità (f) finale della navetta velocidad (f) final de la lanzadera
11	gleichförmig verzögerte Schützenbewegung (f) uniformly retarded motion of the shuttle равномерно замедленное движение (ср) челнока	mouvement (m) de la navette uniformément retardé movimento (m) della navetta ritardato uniformemente movimiento (m) uniformemente retardado de la lanzadera
12	die Bewegung des Schützens beschleunigen to accelerate the motion of the shuttle ускорять движение (ср) челнока	accélérer le mouvement de la navette accelerare il moto della navetta acelerar el movimiento de la lanzadera
13	beschleunigte Schützenbewegung (f) accelerated motion of the shuttle ускоренное движение (ср) челнока	mouvement (m) accéléré de la navette moto (m) accelerato della navetta movimiento (m) acelerado de la lanzadera
14	Höchstgeschwindigkeit (f) des Schützens, [Maximum (n) der Schützengeschwindigkeit] maximum shuttle speed наибольшая *или* максимальная скорость (жр) челнока	vitesse (f) maximum de la navette velocità (f) massima della navetta máxima velocidad (f) del movimiento de la lanzadera
15	Schützenanprall (m) buffing of the shuttle прибой (мр) челнока	choc (m) de la navette urto (m) della navetta choque (m) de la lanzadera
16	Zurückschnellen (n) des Schützens rebounding of the shuttle отскакивание (ср) челнока	rebondissement (m) de la navette rimbalzo (m) della navetta rebote (m) de la lanzadera
17	der Schützen prallt zurück the shuttle rebounds челнок (мр) отскакивает назад	la navette rebondit la navetta rimbalza la lanzadera rebota
18	Abschlagen (n) *oder* Abschleudern (n) der Schußkötzer flying off of the cops отбивание (ср) уточных шпуль	échappement (m) des cannettes scappamento (m) delle cannette salto (m) *o* evasión (f) de las canillas
19	beendeter Schlag (m) pick done законченный удар (мр)	chasse (f) terminée colpo (m) eseguito golpe (m) ejecutado
20	die Schlagfolge regeln to regulate the order of picks регулировать последовательность (жр) ударов	régler l'ordre des chasses regolare l'ordine dei colpi regular el orden del picado
21	Schuß (m) um Schuß eintragen to insert pick and pick вводить одну уточину (жр) за другой	insérer duite à duite inserire la trama successivamente da uno stesso lato insertar pasada a pasada
22	die Schlagfolge ändern to change the order of picking изменять последовательность (жр) ударов	changer l'ordre des chasses cambiare l'ordine dei colpi cambiar el orden del picado
23	Schlagdauer (f) duration of stroke продолжительность (жр) удара	durée (f) de la chasse durata (f) del colpo duración (f) del picado
24	Schlagzeug (n) picking mechanism механизм (мр) бросания	mécanisme (m) de la chasse meccanismo (m) di comando della navetta mecanismo (m) de impulsión [de la lanzadera]

1
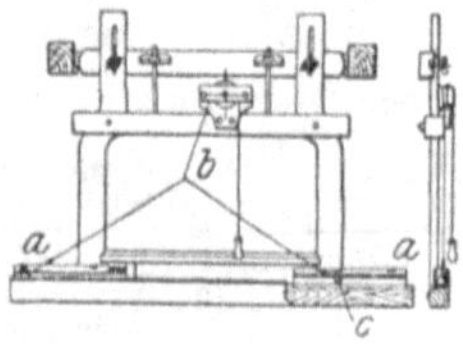

Schnellade (f)
fly shuttle lathe
прокидной механизм (мр), бросовой *или* боевой батан (мр)
battant (m) à navette volante
battente (m) a navetta volante
batán (m) para lanzadera volante

2 a
linker (rechter) Kasten (m)
left (right) box
левая (правая) коробка (жр)
boîte (f) gauche (droite)
cassa (f) sinistra (destra)
caja (f) izquierda (derecha)

3 b
Treiberschnur (f), Schnellerschnur (f)
fly cord, picking cord
погонялыный ремень (мр) *или* шнур (мр)
corde (f) de chasse-navette *ou* du taquet, cordon (m) de tirage
corda (f) del caccianavetta
tiratacos (m)

4 c
Schützentreiber (m), Treiber (m), Schneller (m), Webervogel (m), Vogel (m), Kapsel (m), [Picker (m)]
picker, propeller
гонок (мр)
taquet (m), chasse-navette (m), chasseur (m), rat (m)
tacca (f), tacchetto (m), caccia-navetta (m), spingitoio (m)
taco (m)

5
Schützenkasten (m)
shuttle box
челночная коробка (жр)
boîte (f) à navette
capsula (f) o cassa (f) a navetta
caja (f) de la lanzadera

6
rechter Kasten (m)
right hand box
правая коробка (жр)
boîte (f) droite
cassa (f) destra
caja (f) derecha

7
Peitsche (f)
picking band *or* strap
гонок (мр)
fouet (m), sonnette (f), caribari (m)
sferza (f), caribari (m), organo (m) di spinta della navetta
látigo (m)

8 a
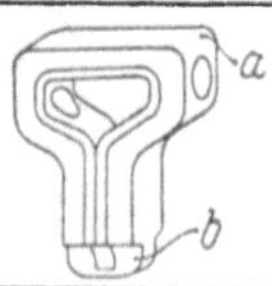

Treiberkopf (m)
picker head, dog (A)
головка (жр) гонка
tête (f) du taquet
testa (f) del tacchetto
cabeza (f) del taco

9 b
Treiberfuß (m)
picker tongue
ножка (жр) гонка
pied (m) du taquet
piede (m) del tacchetto
base (f) del taco

10
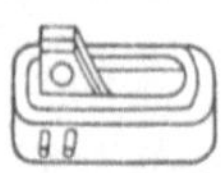
Treiber (m) aus Rotleder *oder* rotgarem Leder
tanned leather picker
гонок (мр) красной кожи
taquet (m) en cuir tanné
tacchetto (m) in cuoio alla corteccia
taco (m) en cuero curtido con corteza de roble

11
Treiber (m) aus Schweinsleder
pigskin picker
гонок (мр) свиной кожи
taquet (m) en peau de cochon
tacchetto (m) in pelle di maiale
taco (m) en piel de cerdo

12
Treiber (m) aus Büffelleder
buffalo hide picker
гонок (мр) буйволовой кожи
taquet (m) en [peau de] buffle
tacchetto (m) in pelle di bufalo
taco (m) en piel de búfalo

ölgetränkter Treiber (m)
oiled picker
пропитанный маслом гонок (мр)
taquet (m) huilé
tacchetto (m) unto d'olio 13
taco (m) aceitado

Treiberschoner (m)
picker shield
предохранитель (мр) для гонка
protecteur (m) de taquet 14
protettore (m) del tacchetto
cubre-taco (m)

Gummipuffer (m)
rubber buffer
резиновая подушка (жр)
butoir (m) en caoutchouc
repulsore (m) in caucciù 15
tope (m) de caucho

mit Sohlenleder bekleidetes Klötzchen (n)
leather covered block
обитая подошвенной кожей колодка (жр)
bloc (m) recouvert de cuir fort
blocco (m) ricoperto di cuoio forte 16
bloque (m) recubierto de suela

den Treiber schnellen
to drive the picker
бросать гонок (мр)
pousser le taquet
spingere il tacchetto 17
impulsar el taco

der Treiber bewegt sich in einer Führung des Schützenkastens
the picker moves in a groove of the shuttle box
гонок (мр) движется по направляющей челночной коробки
le taquet se meut dans un guide de la boîte à navette
il tacchetto si muove in una guida della cassa a navetta 18
el taco se mueve en una guía de la caja de la lanzadera

der Treiber bewegt sich auf einer Spindel
the picker moves on a spindle
гонок (мр) движется по прутку
le taquet se meut sur une broche
il tacchetto si muove sopra un fuso 19
el taco se mueve sobre una varilla

der Treiber wird durch den Schützenanprall zurückgeschoben
the picker rebounds through the blow of the shuttle
гонок (мр) отталкивается назад прибоем челнока
le taquet est repoussé par le choc de la navette
il tacchetto viene respinto dall'urto della navetta 20
el taco es empujado por el choque de la lanzadera

der Schützen kommt in seine Anfangsstellung zurück
the shuttle returns to its original position
челнок (мр) возвращается в свое исходное положение
la navette revient à sa position initiale
la navetta ritorna alla sua posizione iniziale 21
la lanzadera vuelve a su posición inicial

den Treiber durch Federzug zurückziehen
to return the picker by means of a spring
оттягивать гонок (мр) при помощи пружины
retourner le taquet au moyen d'un ressort
riportare il tacchetto con una molla 22
hacer retroceder el taco mediante un resorte

Oberschlag (m)
over pick
верхний бой (мр)
chasse (f) à fouet vertical
colpo (m) superiore, colpo del battitore dal di sopra 23
expulsión (f) por garrote

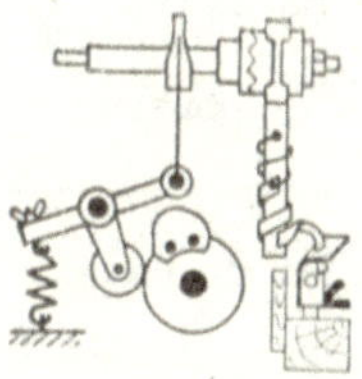

1 Oberschlageinrichtung (f)
over pick motion
механизм (мр) для верхнего боя
mouvement (m) de chasse [-navette] supérieur
meccanismo (m) di comando della navetta a colpo superiore
mecanismo (m) de expulsión por arriba, mecanismo de expulsión superior *o* de garrotes

---

2 Oberschlageinrichtung (f) mit Steigkasten *oder* Steiglade
over pick motion with drop box
механизм (мр) для верхнего боя с этажной коробкой
mouvement (m) de chasse supérieur avec boîte montante
meccanismo (m) di comando della navetta a colpo superiore con cassa montante
mecanismo (m) de expulsión superior con cajas superpuestas *o* con juego de cajas

---

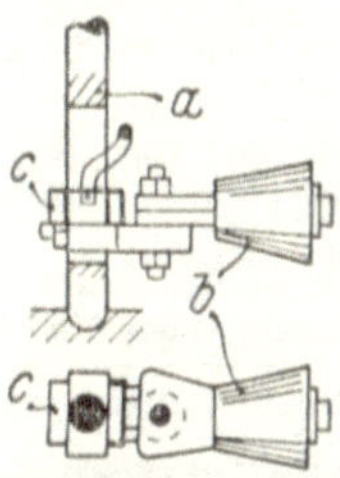

3 Vorrichtung (f) zum Lösen der Schlagrolle von der Schlagwelle
arrangement for disconnecting the picking bowl from the picking shaft
приспособление (ср) для раз'единения боевого каточка от боевого вала
dispositif (m) d'enlèvement du galet de chasse de l'arbre de chasse
dispositivo (m) per distaccare il rullo di contatto dall'albero di comando della navetta
dispositivo (m) para alejar *o* apartar el cono, del árbol de la expulsión

---

4 *a* Schlagwelle (f) mit Langloch
picking shaft with long slot
боевой вал (мр) с продолговатой дырой
arbre (m) de chasse avec longue rainure
albero (m) di comando della navetta con foro lungo
árbol (m) de expulsión con larga hendidura

---

5 *b* Schlagrolle (f)
picking bowl
боевой каточек (мр)
galet (m) de chasse
rullo (m) di contatto
cono (m)

---

6 *c* verschiebbares Stück (n)
adjustable picking bowl stud
передвижной хомутик (мр)
pièce (f) réglable
pezzo (m) regolabile
pieza (f) regulable

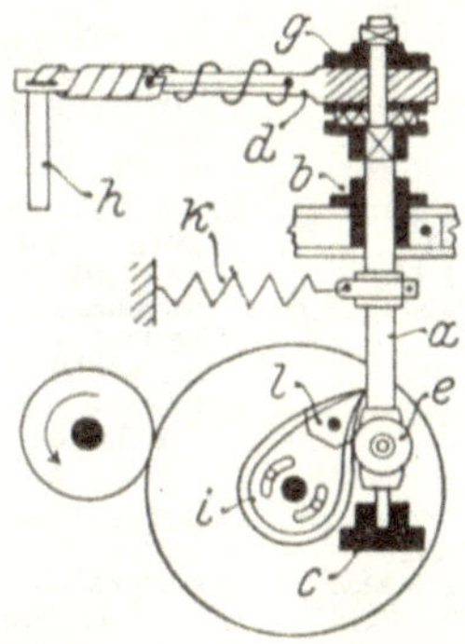

7 Oberschlageinrichtung (f)
over pick motion
механизм (мр) для верхнего боя
mouvement (m) de chasse supérieur
meccanismo (m) di comando della navetta a colpo superiore
mecanismo (m) de expulsión superior

---

8 *a* Peitschenwelle (f)
picking shaft
вал (мр) погонялки
chandelle (f)
albero (m) di comando del battitore
árbol (m) de impulsión del palo

---

9 *b* Halslager (n)
top bracket
подшипник (мр) для шейки
support (m) supérieur
sopporto (m) superiore
cuello (m)

---

10 *c* Fußlager (n)
foot step
пятка (жр), подпятник (мр)
crapaudine (f)
sopporto (m) di base, ralla (f)
crapodina (f), tejuelo (m)

---

11 *d* Peitschenarm (m), Schlagarm (m), Schlagstock (m)
picking stick
погонялка (жр)
battant (m) *ou* bras (m) de chasse, fouet (m)
braccio (m) di percussione, battitore (m)
palo (m), garrote (m)

---

12 *e* Schlagrolle (f)
picking bowl
боевой каточек (мр)
galet (m) de chasse
rullo (m) di contatto
cono (m)

---

13 *g* Deckelstück (n)
plate washer
верхний прижимной диск (мр)
plateau (m) *ou* disque (m) de serrage
coperchio (m)
plato (m) de presión *o* de ajuste

---

14 *h* Schlagriemen (m)
lug strap, picking strap *or* band
боевой *или* погоняльный ремень (мр)
courroie (f) *ou* lanière (f) de chasse
cinghia (f) del cacciatacchetto
correa (f) tiratacos

---

15 *i* Schlagscheibe (f), [Schlagexzenter (n)]
picking tappet *or* eccentric
боевой эксцентрик (мр)
excentrique (m) *ou* came (f) de chasse
eccentrico (m) *o* camma (f) di cacciata
excéntrico (m) de expulsión

1 k
Rückführfeder (f)
return spring
оттяжная пружина (жр)
ressort (m) de rappel de l'arbre de chasse
molla (f) di richiamo
resorte (m) de retroceso

2 l
Exzenterspitze (f), Schlagnase (f)
picking neb, picking point *or* nose, tappet nose
носик (мр) эксцентрика
bec (m) d'excentrique, pointe (f) de la came, bec (m) *ou* nez (m) de chasse
lobo (m) *o* sporto (m) *o* nasello (m) della camma
nariz (f) del excéntrico

3
die Schraube lüften *oder* nachlassen
to slacken the screw
отпустить винт (мр)
relâcher l'écrou
allentare la vite
aflojar la tuerca

4
Gleitexzenter (n)
sliding cam
скользящий эксцентрик (мр)
excentrique (m) glissant
eccentrico (m) scorritore
excéntrico (m) deslizante

5
Abnützung (f) des Exzenters
wear of the tappet
изнашивание (ср) *или* износ (мр) эксцентрика
usure (f) de l'excentrique
logoramento (m) della camma
desgaste (m) del excéntrico

6
Umwechseln (n) der Schlagnasen
changing the tappet noses
смена (жр) носиков эксцентрика
rechange (m) des nez de l'excentrique
ricambio (m) del nasello della camma
cambio (m) de la nariz del excéntrico

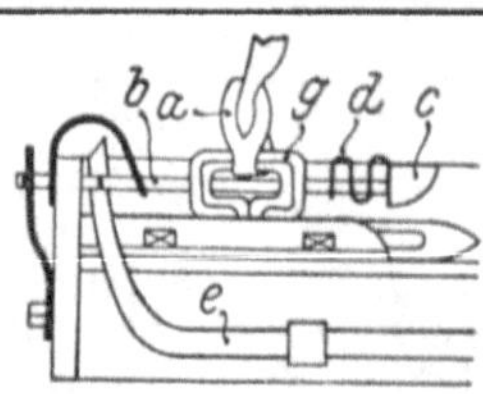

7
Schützenkasten (m)
shuttle box
челночная коробка (жр)
boîte (f) à navette
cassa (f) a navetta
caja (f) de la lanzadera

8 a
Lederschlinge (f) des Schlagriemens
loop of the picking strap
кожаное ушко (ср) боевого ремня
boucle (f) d'attache de la lanière de chasse
anello (m) della cinghia del cacciatacchetto
bucle (m) de sujeción del tiratacos

9 b
Schützenkastenspindel (f), Pickerspindel (f)
picking spindle
шпиндель (мр) *или* направляющий пруток (мр) челночной коробки
tringle (f) du taquet
fuso (m) del tacchetto
varilla-guía (f) del taco

10 c
Spindelnase (f)
stop
[упорный] носик (мр) шпинделя
extrémité (f) de la tringle
estremità (f) del fuso
extremidad (f) de la varilla-guía

11 d
Prelleder (n)
buffer, knee
предохранительная кожаная полоска (жр)
cuir (m) de contrecoup
cuoio (m) del contraccolpo
tope (m) de cuero

12 e
Fangriemen (m)
check strap
улавливающий ремень (мр)
courroie (f) d'arrêt
cinghia (f) d'arresto
brida (f)

13 g
Treiber (m)
picker
гонок (мр)
taquet (m)
tacchetto (m)
taco (m)

14
den Schützen in den Kasten stecken
to place the shuttle in the box
всовывать *или* вводить челнок (мр) в коробку
placer la navette dans la boîte
mettere la navetta nella cassa
colocar la lanzadera en la caja

15
den Riemen um den Schlagarm winden
to wind the strap round the picking stick
обвивать ремень (мр) вокруг погонялки
enrouler la lanière autour du fouet
avvolgere la cinghia attorno al battitore
arrollar el tiratacos en el garrote

16
der Schützen verläßt den Treiber
the shuttle leaves the picker
челнок (мр) отделяется от гонка
la navette quitte le taquet
la navetta lascia il tacchetto
la lanzadera abandona el taco

17
Unterschlag (m)
under pick
нижний бой (мр)
mouvement (m) de chasse-navette inférieur
colpo (m) inferiore
expulsión (f) [de la lanzadera] por abajo

18
Exzenterschlag (m)
picking by tappet
эксцентриковый бой (мр)
lancement (m) par excentrique
cacciata (f) per eccentrico
expulsión (f) por excéntrico

19
das Exzenter sitzt auf der Welle
the tappet is fixed on the wiper shaft
эксцентрик (мр) сидит на [проступном] валу
l'excentrique est fixé sur l'arbre inférieur
l'eccentrico (m) è fissato sull'albero inferiore
el excéntrico está fijo sobre el árbol inferior

20
das Segment sitzt auf dem Schlaghebel
the segment is fixed on the picking lever
эксцентрик (мр) сидит на боевом кривошипе
le segment est fixé sur le levier de frappe
il segmento è fissato sulla leva di percussione
el segmento está fijo sobre la palanca de expulsión

21
Schlaghebel (m) mit Rolle
picking lever with bowl
боевой кривошип (мр) с каточком
levier (m) de frappe avec galet
leva (f) di percussione con rullo
palanca (f) de expulsión con rodillo

22
Welle (f) mit Rolle
shaft with bowl
вал (мр) с каточком
arbre (m) avec galet
albero (m) con rullo
árbol (m) con rodillo

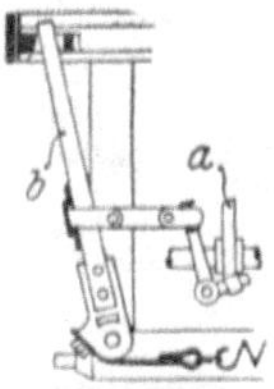

1 Unterschlageinrichtung (f)
under pick motion
механизм (мр) для нижнего боя
mécanisme (m) de chasse-navette inférieur
meccanismo (m) di comando della navetta con colpo dal di sotto
mecanismo (m) de expulsión por espada o por abajo, mecanismo (m) de espada

2 a einnasiger *oder* einlobiger Schlagexzenter (m)
single tappet
однокулачный боевой эксцентрик (мр)
excentrique (m) *ou* came (f) *ou* tapette (f) simple
camma (f) ad unico sporto
excéntrico (m) sencillo o con una sola nariz

3 b Schlagarm (m) aus Eschenholz
ash picking stick
ясеневая погонялка (жр)
levier (m) de chasse en frêne
leva (f) di percussione di legno frassino
espada (f) de fresno

4 Hickoryschläger (m), Schläger (m) aus Hickoryholz
hickory picking stick
погонялка (жр) [орехового] дерева хиккори
levier (m) de chasse en hickory
leva (f) di percussione di legno d'hickory
espada (f) de hicoria

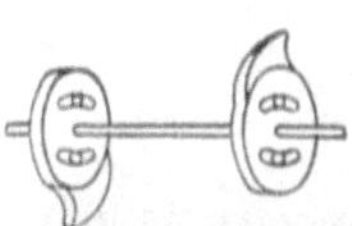

5 Schlagexzenterstellung (f) an einschützigen Stühlen
position of tappets on single shuttle loom
расположение (ср) *или* установка (жр) боевых эксцентриков на одночелночных станках
position (f) des excentriques dans le métier à une navette
posizione (f) degli eccentrici nel telaio ad una sola navetta
posición (f) de los excéntricos en el telar con una sola lanzadera

6 ein Schlagexzenter bedient beide Stuhlseiten
one tappet serves both sides of the loom
один боевой эксцентрик (мр) обслуживает обе стороны станка
un excentrique sert pour les deux côtés du métier
un eccentrico serve per le due estremità del telaio
un excéntrico sirve para los dos lados del telar

7 der Schützenkasten steht in der Ladenebene
the shuttle box is level with the race
челночная коробка (жр) находится в плоскости батана
la boite à navette est de niveau avec le plan du battant
la cassa a navetta è in livello col piano del battente
la caja de la lanzadera está al nivel del plano del batán

8 seitliches Verschieben (n) der Schlagexzenter
axial displacement of the tappets
осевая передвижка (жр) боевых эксцентриков
déplacement (m) axial des excentriques
spostamento (m) laterale degli eccentrici
desplazamiento (m) axial de los excéntricos

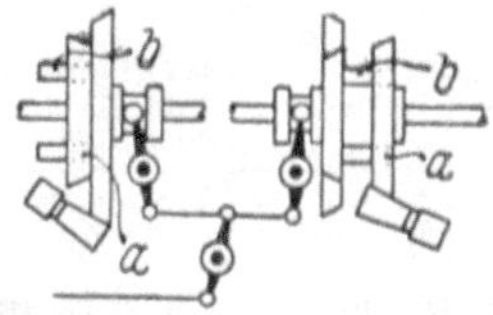

a Führungsscheibe (f)
guide plate
направляющий диск (мр)
disque-guide (m)
disco (m) di guida
disco-guía (m) 9

b Zapfen (m)
pin
палец (мр)
goupille (f)
perno (m)
clavija (f), perno (m) 10

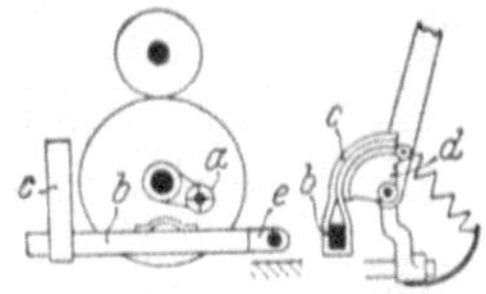

Schlageinrichtung (f) mit Rollenkurbel
side lever quadrant picking motion
боевой механизм (мр) от кривошипа с каточком
mécanisme (m) de chasse avec manivelle à roulette
meccanismo (m) di comando della navetta con manovella a rotella
mecanismo (m) de expulsión con manivela con rodillo 11

a Rollenkurbel (f)
crank pin roller
кривошип (мр) с каточком
manivelle (f) à roulette
manovella (f) a rotella
manivela (f) o manubrio (m) con rodillo 12

b Schlaghebel (m)
picking lever
боевой рычаг (мр)
levier (m) de chasse
leva (f) di percussione
palanca (f) excéntrica 13

c Lederschlinge (f)
loop of the picking strap
боевой ремень (мр)
boucle (f) d'attache de la lanière de chasse
anello (m) della cinghia del cacciatacchetto
bucle (m) de sujeción del tiratacos 14

d Schlagbogen (m), [Schlagsektor (m), Sektor (m)]
picking quadrant
боевой сектор (мр), дужка (жр)
secteur (m) de chasse
settore (m) di cacciata o di percussione
sector (m) de expulsión 15

e Schuh (m)
side lever bracket
башмак (мр)
bout (m)
scatola (f)
casquillo (m) 16

Ladenachse (f)
rocking shaft
батанная ось (жр)
axe (m) du battant, porte-battant (m)
asse (f) del battente
eje (m) del batán 17

die Feder spannen
to put the spring in tension
натягивать пружину (жр)
tendre le ressort
tendere la molla
poner tenso el resorte 18

der Schützen kehrt in den Kasten zurück
the shuttle returns to the box
челнок (мр) возвращается в коробку
la navette revient dans la boite
la navetta ritorna nella cassa
la lanzadera vuelve a la caja 19

1	Auffangen (n) des Schützens checking the shuttle улавливание (ср) челнока		saisie (f) de la navette presa (f) della navetta cogida (f) de la lanzadera
2	der Riemen fängt den zurückkehrenden Schützen auf the strap checks the returning shuttle ремень (мр) улавливает *или* подхватывает возвращающийся челнок		la lanière saisit la navette qui revient la cinghia prende la navetta che ritorna la correa detiene *o* coge la lanzadera que vuelve
3	langer Fangriemen (m) long check strap длинный улавливающий ремень (мр)		courroie (f) d'arrêt longue cinghia (f) d'arresto lunga correa (f) larga de freno
4	kurzer Fangriemen (m) short check strap короткий улавливающий ремень (мр)		courroie (f) d'arrêt courte cinghia (f) d'arresto corta correa (f) corta de freno
5	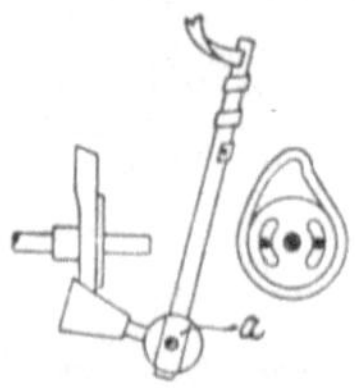 Exzenterschlag (m) durch Exzenter und Schlagwelle mit Rolle cam and bowl picking motion		эксцентриковый бой (мр) с эксцентриком и боевым валиком с каточком mécanisme (m) de chasse à excentrique et arbre de chasse avec galet meccanismo (m) di comando della navetta ad eccentrico con albero di caccia-navetta e rullo mecanismo (m) de expulsión con excéntrico y látigo con rodillo
6	Schlagwelle (f) picking shaft боевой валик (мр)	*a*	arbre (m) de chasse albero (m) di caccia-navetta árbol de la expulsión

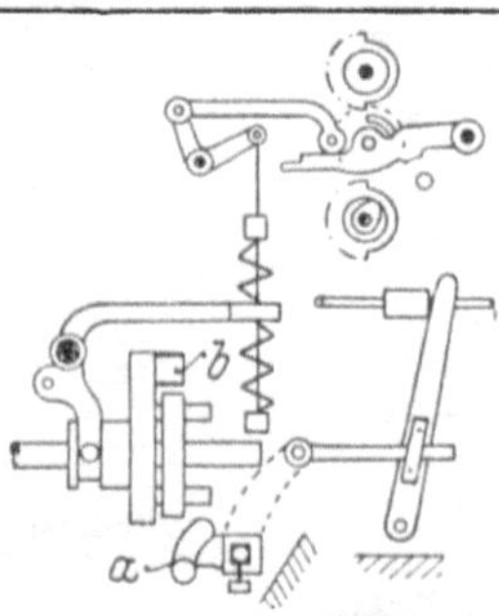

7	Muschelschlageinrichtung (f) trip hammer picking motion механизм (мр) для удара при помощи горки		mécanisme (m) de chasse à coquille meccanismo (m) di caccia-navetta a conchiglia mecanismo (m) de expulsión de concha
8	Schlagmuschel (f) trip hammer боевая горка (жр)	*a*	coquille (f) de chasse conchiglia (f) di caccia-navetta concha (f) de expulsión
9	in der Achsrichtung verschiebbare Schlagrolle (f) picking bowl adjustable parallel to the shaft передвигающийся вдоль оси боевой каточек (мр)	*b*	galet (m) de chasse réglable parallèle à l'axe rullo (m) di contatto regolabile parallelo all'albero rodillo (m) de expulsión regulable paralelo al eje
10	rechtes Schlagzeug (m) right hand picking mechanism правое боевое приспособление (ср)		mécanisme (m) de chasse droit meccanismo (m) di caccia-navetta destro mecanismo (m) de expulsión derecho
11	linkes Schlagzeug (n) left hand picking mechanism левое боевое приспособление (ср)		mécanisme (m) de chasse gauche meccanismo (m) di caccia-navetta sinistro mecanismo (m) de expulsión izquierdo

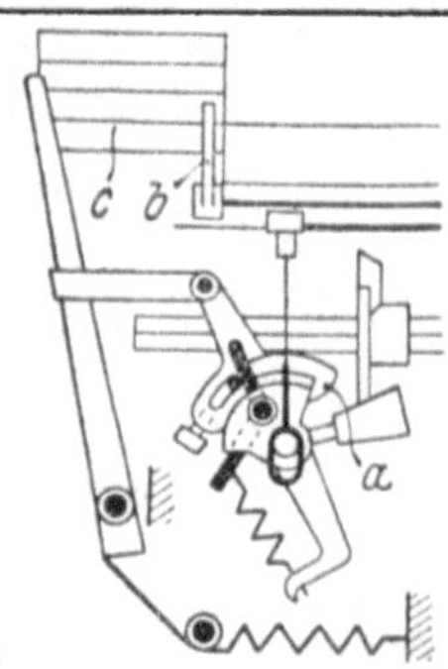

12	Exzenterschlageinrichtung (f) mit Schlagfalle eccentric pick with falling catch прибор (мр) для эксцентрикового боя при помощи боевой собачки		chasse-navette (m) à excentrique avec loquet meccanismo (m) di comando della navetta ad eccentrico con scatto dispositivo (m) de expulsión con picaporte
13	Schlagfalle (f) falling catch боевая собачка (жр)	*a*	loquet (m) du chasse-navette scatto (m) di caccia-navetta picaporte (m) *o* gatillo (m) de expulsión
14	Fühlhebel (m) feeler щупальный рычаг (мр)	*b*	levier (m) tâteur leva (f) di contatto palanca (f) de contacto
15	Schützenkasten (m) shuttle box челночная коробка (жр)	*c*	boîte (f) à navette cassa (f) a navetta caja (f) de la lanzadera
16	die Falle nimmt den Schlagstock durch Riemen mit the catch actuates the picking stick by means of a strap собачка (жр) захватывает погонялку при помощи ремня		le loquet emmène le fouet par une lanière de connexion lo scatto muove il battitore con una cinghia di connessione el picaporte acciona la espada por una correa de conexión

1 die Schlagfalle ausheben
to disengage the catch
откидывать *или* поднимать боевую собачку
dégager le loquet
liberare lo scatto
levantar *o* separar el picaporte

---

2 Schützenkastenklappe (f), Schützenkastenzunge (f)
[shuttle box] swell
клапан (мр) челночной коробки
languette (f) *ou* frein (m) de la boîte
linguetta (f) della cassa a navetta
lengüeta (f) de la caja

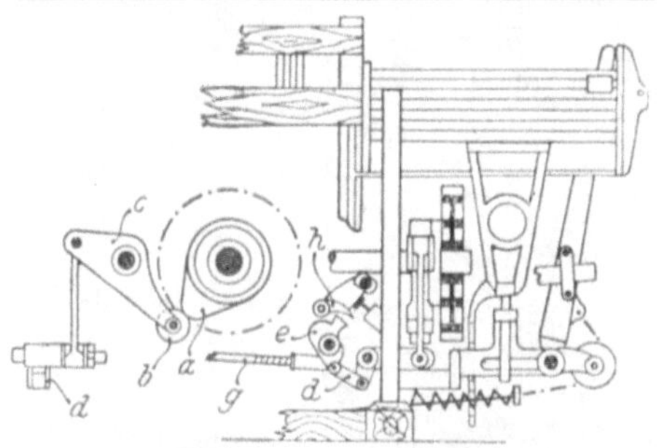

3 Schlageinrichtung (f) für Buckskinstühle
picking motion for buckskin looms
боевое приспособление (ср) для букскиновых станков
mécanisme (m) de chasse pour métier à grosse draperie
meccanismo (m) di comando della navetta per telaio per drappi forti
mecanismo (m) de despedir la lanzadera para telares de paño fuerte

---

4 Schlagexzenter (n)
picking tappet
боевой эксцентрик (мр)
a
excentrique (m) de chasse
eccentrico (m) di percussione *o* di cacciata
excéntrico (m) de expulsión

---

5 Schlagrolle (f)
picking bowl
боевой каточек (мр)
b
galet (m) de chasse
rullo (m) di contatto
rodillo (m) de expulsión

---

6 Schlaghebel (m)
picking lever
боевой рычаг (мр)
c
levier (m) de chasse
leva (f) di percussione
palanca (f) de expulsión

---

7 Verbindungsgelenk (n)
connecting link
соединительный (-ая) шарнир (мр) *или* серьга (жр)
d
jointure (f)
giuntura (f)
palanca (f) de articulación

---

8 Schlagbogen (m), [Schlagsektor (m)]
picking quadrant
боевой сектор (мр)
e
secteur (m) de chasse
settore (m) di percussione
sector (m) de expulsión

---

9 Verbindungsstange (f)
connecting rod
соединительная тяга (жр)
g
tringle (f) de connexion
asta (f) d'accoppiamento
tirante (m) de conexión

Schlagfalle (f)
faller catch
боевая собачка (жр)
h
loquet (m) du chasse-navette
scatto (m) di caccia-navetta
gatillo (m) de expulsión 10

Fühlhebelschnur (f)
cord for feeler
шнурок (мр) щупального рычага
cordon (m) du levier tâteur
corda (f) della leva di contatto
cordón (m) de la palanca de contacto 11

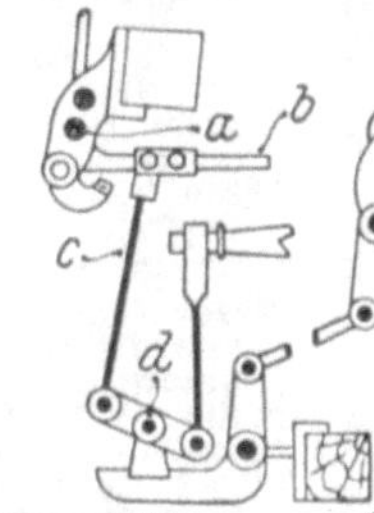

Fallensteuerung (f)
catch regulator
управление (ср) собачкой, механизм (мр) собачки
mécanisme (m) du loquet du chasse-navette
meccanismo (m) dello scatto di cacciata
mecanismo (m) del gatillo de expulsión 12

Fühlhebelwelle (f)
feeler shaft
вал (мр) щупального рычага
a
arbre (m) du levier tâteur
albero (m) della leva di contatto
árbol (m) de la palanca de contacto 13

Fallenhebel (m)
catch lever
рычаг (мр) собачки
b
levier (m) du loquet
leva (f) del salterello
palanca (f) del gatillo 14

Drahtzug (m)
tension wire
проволочный (-ая) поводок (мр) *или* тяга (жр)
c
fil (m) métallique de connexion
filo (m) metallico di connessione
alambre (m) de conexión 15

Hebeldrehungsachse (f)
lever fulcrum
ось (жр) вращения рычага
d
point (m) d'appui du levier
punto (m) di appoggio della leva
punto (m) de oscilación de la palanca 16

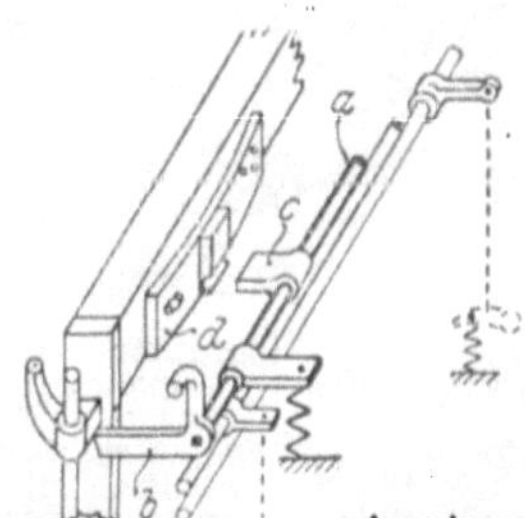

Ausrückung (f) an Buckskinstühlen
stop rod *or* buffer motion in buckskin looms
остановочный механизм (мр) при букскиновых станках
mécanisme (m) d'arrêt pour métier à grosse draperie
meccanismo (m) d'arresto per telaio per drappi forti
freno (m) de telar para paños fuertes 17

1 Pufferwelle (f), Stoppwelle (f) — *a*
buffer rod, stop rod
упорный *или* буферный валик (мр)
tige (f) d'arrêt
asta (f) d'arresto
varilla (f) *o* tirante (m) de freno

2 Stecher (m), Stößer (m) — *b*
stop bracket
ударник (мр)
levier (m) du dispositif à butoir
leva (f) del dispositivo d'arresto
tope (m)

3 Pufferarm (m) — *c*
buffer arm
буферный отросток (мр)
bras (m) de la tige d'arrêt
braccio (m) dell'asta d'arresto
brazo (m) del tirante de freno

4 Pufferfeder (m) aus Flachfederstahl — *d*
buffer leaf spring
буферная пружина (жр) из плоской пружинной стали
ressort (m) en acier plat du dispositif à butoir
molla (f) d'arresto in acciaio piatto
resorte (m) en plancha de acero del mecanismo de freno

5 federndes [*oder* elastisches] Auffangen (n) des Schützens
spring checking of the shuttle
упругое подхватывание (ср) челнока
saisie (f) élastique de la navette
presa (f) elastica della navetta
retención (f) *o* cogida (f) elástica de la lanzadera

6 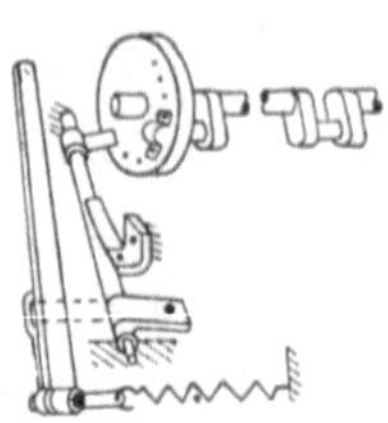
Exzenterschlag (m) durch Schlagdaumen
loose tongue under pick
эксцентриковый бой (мр) при помощи боевого кулачка
chasse-navette (m) à bec d'excentrique
meccanismo (m) di comando della navetta a becco d'eccentrico
expulsión (f) de la lanzadera mediante pico excéntrico

7 Schützenschlagsteuerung (f)
picking motion control
механизм (мр), управляющий боем челнока
régulateur (m) du mouvement de chasse
regolatore (m) del meccanismo di percussione
regulador (m) del mecanismo de expulsión

8 Fühlhebel (m) — *a*
feeler
щупальный рычаг (мр)
levier (m) tâteur
leva (f) di contatto
palanca (f) de contacto

Kastenklappe (f) — *b*
box swell
клапан (мр) *или* зажим (мр) коробки
languette (f) de la boîte
linguetta (f) della cassa
lengüeta (f) de la caja 9

Schlagdaumen (m) — *c*
striker
боевой кулачек (мр)
bec (m) d'excentrique
becco (m) d'eccentrico
pico (m) excéntrico 10

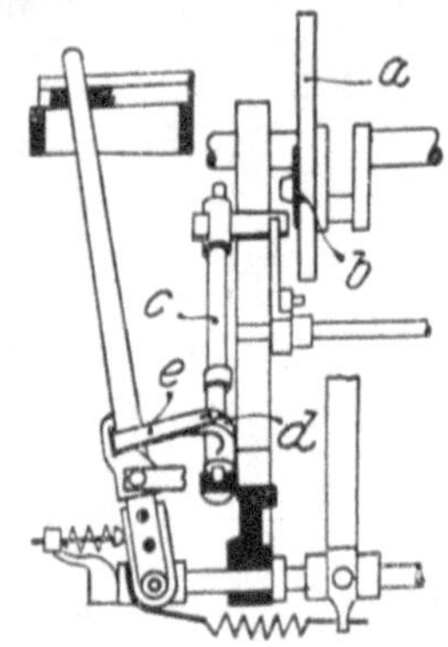

Unterschlageinrichtung (f)
under pick motion
механизм (мр) для нижнего боя
mécanisme (m) de chasse-navette inférieur
meccanismo (m) di comando della navetta con colpo dal di sotto
mecanismo (m) de espada 11

Schwungrad (n) — *a*
flywheel
маховик (мр)
volant (m)
volante (m)
volante (m) 12

Schlagnase (f) — *b*
picking nose
боевой носок (мр)
bec (m) de chasse
nasello (m) di percussione
nariz (f) *o* resalto (m) de expulsión 13

schrägliegende Schlagwelle (f) — *c*
inclined picking shaft
наклонно расположенный боевой вал (мр)
arbre (m) de chasse oblique
albero (m) di comando della navetta obliquo
árbol (m) oblicuo de expulsión 14

Bogenstück (n) — *d*
curved arm
дужка (жр)
bras (m) incurvé
braccio (m) curvo
brazo (m) curvado 15

Riemenschlinge (f) — *e*
loop of the picking strap
ременная петля (жр)
boucle (f) d'attache de la lanière
anello (m) della cinghia di percussione
bucle (m) de inserción del tiratacos 16

Bruchvermeidung (f)
preventing breakage
устранение (ср) поломки
prévention (f) de la rupture
impedimento (m) della rottura
prevención (f) de la ruptura 17

1 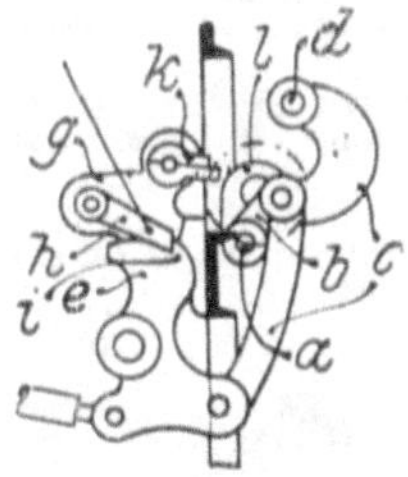

Kurbelschlageinrichtung (f)
crank picking motion
механизм (мр) для боя при помощи кривошипа
mécanisme (m) de chasse-navette à manivelle
meccanismo (m) di comando della navetta a manovella
mecanismo (m) de expulsión con manivela

2 Kurbelzapfen (m)
crank pin
палец (мр) кривошипа
a
bouton (m) de manivelle
perno (m) *o* bottone (m) della manovella
espiga (f) del manubrio

3 Gelenkstück (n)
link
шарнир (мр)
b
chaînon (m)
articolazione (f)
articulación (f)

4 Kniehebel (m)
bent lever
коленчатый рычаг (мр)
c
levier (m) coudé
leva (f) angolare *o* a gomito
palanca (f) acodada

5 Aufhängepunkt (m)
fulcrum
точка (жр) подвеса
d
point (m) de suspension
punto (m) di sospensione
punto (m) de suspensión

6 Schlagbogen (m), [Schlagsektor (m)]
picking quadrant
боевой сектор (мр)
e
secteur (m) de chasse
settore (m) di percussione
sector (m) de expulsión

7 Schlaghebel (m)
picking lever
боевой рычаг (мр)
g
levier (m) de chasse
leva (f) di percussione
palanca (f) de expulsión

8 Schlagfalle (f)
picking catch
боевая собачка (жр)
h
loquet (m) du chasse-navette
scatto (m) di caccia-navetta
gatillo (m) de expulsión

9 Schlaghebelknagge (f)
stop on picking lever
щеколда (жр) боевого рычага
i
déclic (m) du levier de chasse
bocciolo (m) della leva di percussione
martinete (m) de la palanca de expulsión

10 Holzzugstange (f) mit Sicherheitsgelenk [*oder* Sicherheitsscharnier]
wooden draw rod with slip arrangement
деревянная тяга (жр) с предохранительным шарниром
k
tige (f) de connexion en bois avec charnière de sûreté
asta (f) di legno di connessione con cerniera di sicurezza
tirante (m) de madera con charnela de seguridad

11 Kurbel (f)
crank
кривошип (мр)
l
manivelle (f)
manovella (f)
manivela (f)

12 Einknicken (n) des Kniehebels
closing of the bent lever
поджимание (ср) *или* вдавливание (ср) [посередке] коленчатого рычага
pliage (m) du levier coudé
piegamento (m) della leva a gomito
doblado (m) de la palanca acodada

13 toter Punkt (m)
dead centre [of crank]
мертвая точка (жр)
point (m) mort
punto (m) morto
punto (m) muerto

14 Federschlageinrichtung (f)
spring picking motion
механизм (мр) для пружинного боя
mécanisme (m) de chasse à ressort
meccanismo (m) di comando della navetta a molla
mecanismo (m) de expulsión por resorte

15 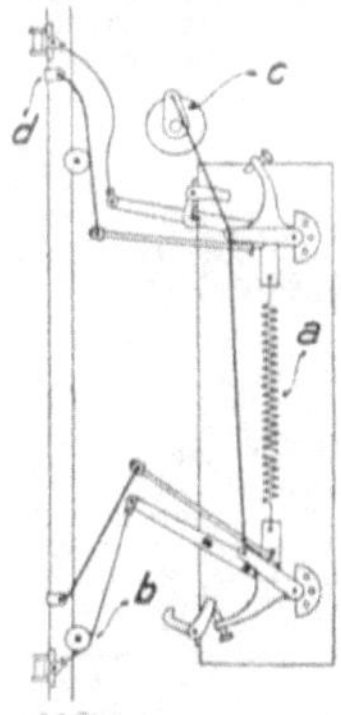

Federschlageinrichtung (f) an einschützigen Webstühlen
spring picking motion on single shuttle loom
механизм (мр) для пружинного боя на одночелночных ткацких станках
mécanisme (m) de chasse à ressort pour métier à une navette
meccanismo (m) di comando a molla sopra telaio ad una navetta
mecanismo (m) de expulsión por resorte para telar de una lanzadera

16 Schlagfeder (f)
picking spring
боевая пружина (жр)
a
ressort (m) de chasse
molla (f) di percussione
resorte (m) de expulsión

17 Fangrolle (f)
guide pulley for the check strap
подхватывающий каточек (мр)
b
galet (m) de la courroie d'arrêt
rullo (m) della cinghia d'arresto
polea (f) para correa de freno

18 Schlagkurbel (f)
crank
боевой кривошип (мр)
c
manivelle (f) de chasse
manovella (f) del meccanismo di percussione
manivela (f) de expulsión

19 Schieber (m)
picker pusher
толкач (мр)
d
poussoir (m)
spingitore (m)
pulsor (m)

20 Stärke (f) der Feder
strength of the spring
сила (жр) пружины
force (f) du ressort
forza (f) della molla
fuerza (f) del resorte

21 Trägheit (f) der Feder
inertia of the spring
инерция (жр) пружины
inertie (f) du ressort
inerzia (f) della molla
inercia (f) del resorte

22 Wiederanspannen (n) der Feder
resetting the spring in tension
вторичное растяжение (ср) пружины
remise (f) du ressort sous tension
rimessa (f) sotto tensione della molla
puesta (f) de nuevo en tensión del resorte

23 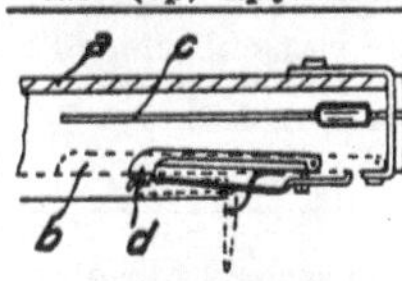

Schützenkasten (m) an Federschlagstühlen
shuttle box of a spring picking loom
челночная коробка (жр) на станках с пружинным боем
boîte (f) à navette d'un métier à chasse par ressort
cassa (f) a navette d'un telaio a percussione a molla
caja (f) de un telar de expulsión por resorte

1 a
Hinterwand (f) des Schützenkastens
back of shuttle box
задняя стенка (жр) челночной коробки
côté (m) arrière de la boîte à navette
parte (f) posteriore della cassa a navetta
[parte (f)] trasera (f) de la caja de lanzadera

2 b
Vorderwand (f) des Schützenkastens
front of shuttle box
передняя стенка (жр) челночной коробки
côté (m) avant de la boîte à navette
parte (f) di davanti della cassa a navetta
[parte (f)] delantera (f) de la caja de lanzadera

3 c
Treiberführung (f)
picker spindle
направление (ср) гонка
tringle (f) du taquet
asta (f) del tacchetto
guía (f) del taco

4 d
Kastenklappe (f)
swell
клапан (мр) коробки
languette (f) de la boîte à navette
linguetta (f) della cassa a navetta
lengüeta (f) de la caja

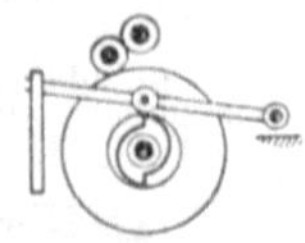

5
Federschlageinrichtung (f) mit verkehrt laufendem Exzenter
spring picking motion with reversible eccentric
механизм (мр) для пружинного боя с обратно вращающимся эксцентриком
mécanisme (m) de chasse-navette à ressort avec excentrique tournant en sens contraire
meccanismo (m) di comando della navetta a molla con eccentrico girante in senso contrario
mecanismo (m) de expulsión por resorte, con excéntrico girando en sentido contrario

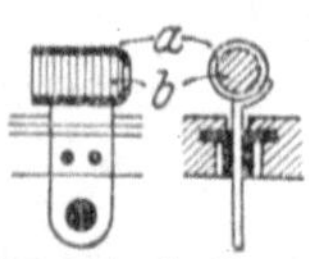

6
Federschlagtreiber (m)
spring pick picker
гонок (мр) для пружинного боя
taquet (m) pour mécanisme de chasse à ressort
tacchetto (m) per meccanismo di caccia-navetta a molla
taco (m) para mecanismo de expulsión con resorte

7 a
Stahlröhre (f)
steel tube
стальная трубка (жр)
tube (m) en acier
tubo (m) d'acciaio
tubo (m) de acero

8 b
Kautschukfüllung (f)
rubber filling
резиновая (-ое) вставка (жр) *или* заполнение (ср)
remplissage (m) en caoutchouc
ripieno (m) di caucciù
relleno (m) de caucho

c) Schützenbewegung (f) durch Druckluft, [pneumatische Schützenbewegung (f)]
Pneumatic Operation of the Shuttle
Движение (ср) челнока посредством сжатого воздуха
Mouvement (m) pneumatique de la navette
Movimento (m) pneumatico della navetta 9
Movimiento (m) neumático de la lanzadera

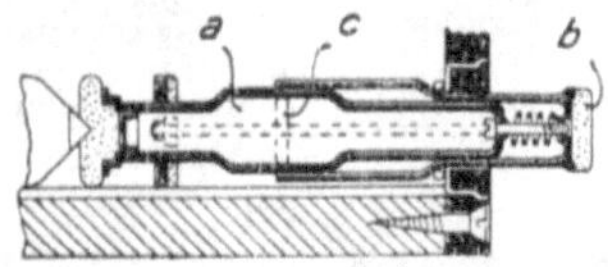

Druckluftschlageinrichtung (f)
pneumatic picking motion
механизм (мр) для пневматического боя
mécanisme (m) de chasse-navette pneumatique
meccanismo (m) di caccia-navetta pneumatico 10
mecanismo (m) de expulsión neumático

a
hohler Kolben (m)
hollow piston
полый поршень (мр)
piston (m) creux
stantuffo (m) *o* pistone (m) cavo 11
émbolo (m) vacío

b
Polsterung (f)
packing
подушка (жр)
rembourrage (m)
imbottitura (f) 12
relleno (m)

c
Scheibenkolben (m)
disc piston
дисковый поршень (мр)
piston (m) à disque
stantuffo (m) a disco 13
émbolo (m) de disco

den Schützen durch Druckluft bewegen
to operate the shuttle by compressed air
двигать челнок (мр) посредством сжатого воздуха
actionner la navette par l'air comprimé
muovere la navetta con aria compressa 14
accionar la lanzadera por aire comprimido

ein Luftkissen bilden
to form a cushion of air
образовывать воздушную подушку (жр)
former un matelas d'air
formare un cuscino d'aria 15
formar una almohadilla *o* un cojín de aire

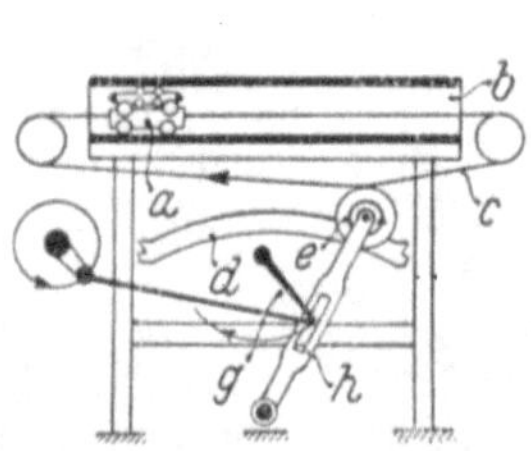

d) Zwangläufige Schützenbewegung (f)
Positive Picking Motion
Принужденное движение (ср) челнока
Mouvement (m) positif de la navette
Movimento (m) positivo della navetta 16
Movimiento (m) positivo de la lanzadera

a
Wägelchen (n)
carriage
тележка (жр)
chariot (m) [porte-navette]
carrello (m) 17
carro (m)

1	Ladenbahnnut (f) groove *or* guide rail in the shuttle race желоб (мр) шлюза батана	*b*	rainure-guide (f) sur la voie du battant scanalatura-guida (f) sul battente ranura-guía (f) sobre el carril del batán
2	Schnurtrieb (m) band drive шнурочный привод (мр)	*c*	corde (f) de commande corda (f) di comando cuerda (f) de tracción
3	Zahnbogen (m) curved rack зубчатая дуга (жр)	*d*	arc (m) denté arco (m) dentato arco (m) dentado
4	Schnurscheibe (f), Schnurleitrolle (f) band pulley шнурочный блочок (мр)	*e*	poulie (f) à gorge puleggia (f) a gola polea (f) de garganta
5	Lenkkurbel (f) link направляющий кривошип (мр)	*g*	manivelle-guide (f) manovella (f) di guida manivela-guía (f)
6	Schlitzhebel (m) slotted lever рычаг (мр) с прорезом	*h*	levier (m) à rainure leva (f) a scorritoio palanca (f) de colisa
7	den Schützen zwangläufig führen to drive the shuttle positively принудительно привести в движение челнок (мр)		lancer la navette positivement muovere positivamente la navetta expulsar la lanzadera positivamente
8	Schützenführung (f) shuttle guiding направление (ср) челнока		guidage (m) de la navette guida (f) della navetta conducción (f) de la lanzadera
9	Wagen (m) mit Laufrollen carriage mounted upon wheels тележка (жр) с бегунками		chariot (m) monté sur roulettes carrello (m) montato su rotelle carro (m) montado sobre ruedecitas
10	Schwinghebel (m) mit Kopfrolle oscillating arm with bowl качающийся рычаг (мр) с головным каточком		bras (m) oscillant avec galet braccio (m) oscillante con rullo brazo (m) oscilante con rodillo
11	Schnurleitrolle (f) mit Zahnrädchen band pulley with toothed wheel направляющий блочек (мр) для шнура с шестеренкой		poulie (f) à gorge avec roue dentée puleggia (f) a gola con ruota dentata polea (f) de garganta con rueda dentada
12	das Rädchen läuft auf dem Zahnbogen the toothed wheel rolls on the curved rack шестеренка (жр) развертывается по зубчатой дуге		la roue dentée court sur l'arc denté la ruota dentata corre sopra l'arco dentato la rueda dentada corre sobre el arco dentado
13	Bolzenführungsschlitz (m) slot for sliding block прорез (мр) для направления болта		rainure (f) pour la cheville glifo (m) per il bullone colisa (f) para la espiga

die Schützengeschwindigkeit erreicht in der Mitte des Faches den Höhepunkt the shuttle reaches its highest speed at the centre of the shed скорость (жр) челнока достигает наибольшей величины в середине зева		la vitesse de la navette est la plus grande au milieu de la foule la navetta raggiunge la sua velocità massima al centro del passo la velocidad de la lanzadera es máxima en el centro de la calada	14

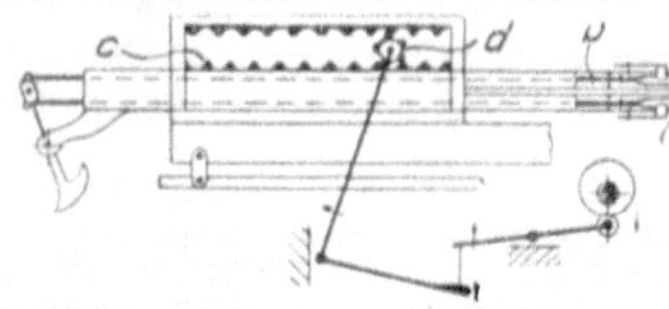

gleichzeitige Eintragung (f) zweier Schützen simultaneous insertion of two shuttles одновременное введение (ср) двух челноков		insertion (f) simultanée de deux navettes inserzione (f) simultanea di due navette inserción (f) simultánea de dos lanzaderas	15
Schützen (m) shuttle челнок (мр)	*a*	navette (f) navetta (f) lanzadera (f)	16
Schützenhülse (f) shuttle case гильза (жр) *или* оправка (жр) челнока	*b*	logement (m) de la navette astuccio (m) della navetta estuche (m) de la lanzadera	17
Zahnstange (f) rack зубчатая рейка (жр)	*c*	crémaillère (f) asta (f) dentata cremallera (f)	18
Zahnrädchen (n) toothed wheel шестеренка (жр)	*d*	pignon (m) ruota (f) dentata rueda (f) dentada	19

4. Schußeintragung (f) durch Greiferschützen *oder* Maulschützen
Weft Insertion by Gripping Shuttles
Введение (ср) утка посредством челнока с захваткой
Insertion (f) de la trame par navette à pince
Inserzione (f) della trama con navetta a morsetto 20
Inserción (f) de la trama por lanzadera de mordaza

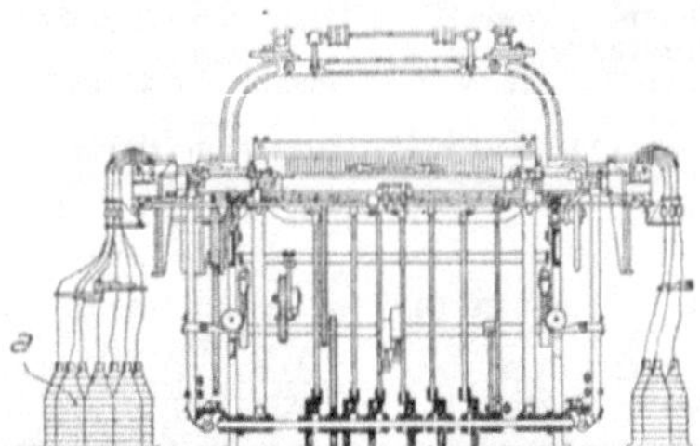

Schußeintragvorrichtung (f) für den Seaton-Webstuhl weft insertion motion for Seaton's loom приспособление (ср) для введения утка к станку Ситона	mécanisme (m) d'insertion de la trame du métier Seaton meccanismo (m) d'inserzione della trama del telaio Seaton mecanismo (m) de inserción de la trama del telar Seaton	21

1	Standspule (f) stationary bobbin стоячая шпуля (жр)	*a*	grosse bobine (f) bobina (f) verticale del pavimento, grossa bobina bobina (f) gruesa

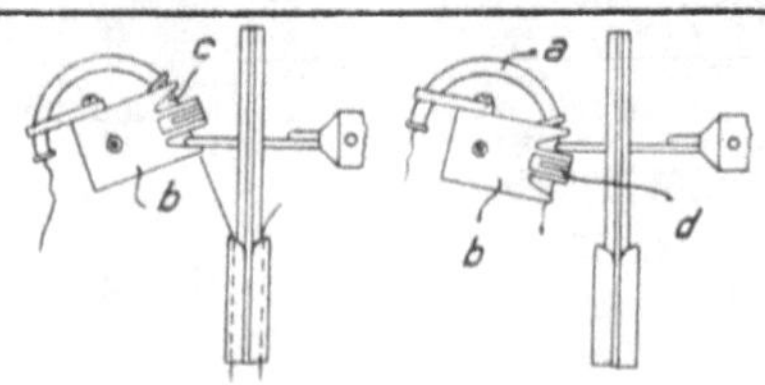

2	Schußzuführungsvorrichtung (f) weft supply apparatus приспособление (ср) для подводки утка		mécanisme (m) d'alimentation de la trame meccanismo (m) d'alimentazione della trama mecanismo (m) de alimentación de la trama
3	kreisbogenförmiges Rohr (n), rohrförmiger Fadenführer (m) curved tube, tubular thread guide изогнутая по дуге круга трубка (жр), трубчатый нитевод (мр)	*a*	tube (m) courbe, guidefil (m) tubulaire tubo (m) curvo, guidafili (m) tubolare tubo (m) curvado, guía-hilos (m) tubular
4	Backe (f) clamp щечка (жр)	*b*	mâchoire (f) morsetto (m) mordaza (f)
5	Backenausschnitt (m) slot in the clamp выемка (жр) щечки	*c*	fente (f) dans la mâchoire scanalatura (f) nel morsetto muesca (f) en la mordaza
6	Schere (f) thread cutter ножницы (жр)	*d*	coupeur (m), coupe-fil (m) tagliatore (m) tijera (f)
7	Einziehen (n) der Schußfäden insertion of the weft threads вдевание (ср) *или* продевание (ср) уточных нитей		insertion (f) des fils de trame inserzione (f) dei fili di trama inserción (f) de los hilos de trama
8	Schußabschneiden (n) cutting the weft отрезание (ср) утка		coupage (m) de la trame taglio (m) della trama corte (m) de la trama

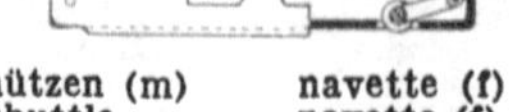

9	Greiferschützen (m) gripping shuttle челнок (мр) с захваткой		navette (f) à pince navetta (f) a morsetto lanzadera (f) de mordaza

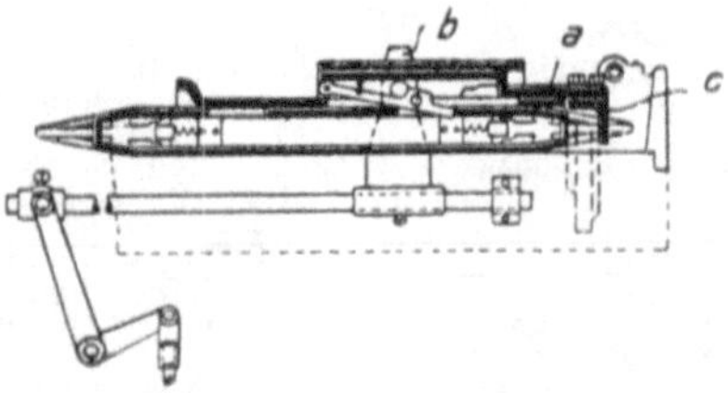

Vorrichtung (f) zum Auffangen des Greiferschützens apparatus for catching the gripping shuttle приспособление (ср) для улавливания челнока с захваткой		dispositif (m) pour saisir la navette à pince dispositivo (m) per prendere la navetta a morsetto dispositivo (m) para coger o recibir la lanzadera de mordaza	10
Schlitten (m) slide салазки (жр)	*a*	glissière (f) scorritoio (m) deslizante (m)	11
Federklinke (f) spring catch пружинная собачка (жр)	*b*	cliquet (m) à ressort scatto (m) a molla gatillo (m) con resorte	12
Anschlag (m) stop упорка (жр)	*c*	pièce (f) d'arrêt arresto (m) freno (m)	13

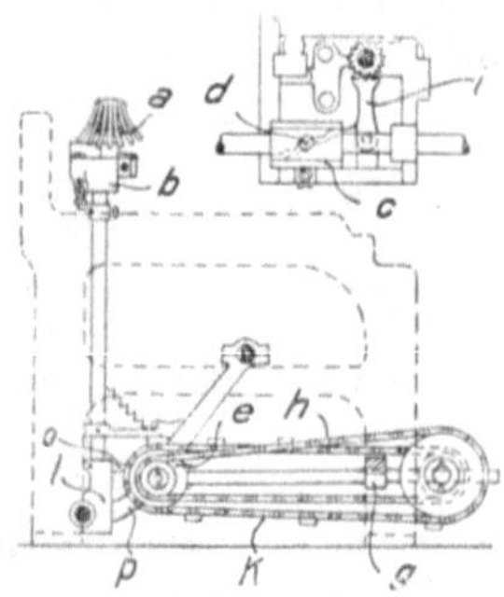

Zuführung (f) verschiedenfarbiger Schußfäden feeding various coloured weft yarns заводка (жр) *или* подводка (жр) разноцветных уточных нитей		alimentation (f) de fils de trame de diverses couleurs alimentazione (f) di fili di trama di diversi colori alimentación (f) de hilos de trama de diversos colores	14
Zuführvorrichtung (f) feed gear подводящее *или* заводное приспособление (ср)	*a*	dispositif (m) d'alimentation dispositivo (m) di alimentazione, guidafili (m) multiplo dispositivo (m) de alimentación	15
Gehäuse (n) box футляр (мр), коробка (жр)	*b*	boîte (f) cassa (f) caja (f)	16
Block (m) block колодка (жр)	*c*	bloc (m) blocco (m) bloque (m	17

1 Klemmschraube (f)
set screw
зажимной винт (мр)
d
vis (f) de serrage
vite (f) d'arresto
tornillo (m) de presión

2 Kettenrad (n)
sprocket [wheel], chain wheel
цепной блок (мр)
e
roue (f) à chaine
ruota (f) a catena
rueda (f) de cadena

3 Webstuhlquerbalken (m)
cross rail of loom
траверса (жр) ткацкого станка
g
entretoise (f) du métier
traversa (f) del telaio
travesaño (m) del telar

4 Kette (f) mit Mustergliedern
pattern chain
цепь (жр) с фигурными звеньями
h
chaine (f) à maillons pour dessin
catena (f) con maglie a disegno
cadena (f) con eslabones para el dibujo

5 gezahntes Winkelhebelende (n)
toothed end of bent lever
зубчатый конец (мр) коленчатого рычага
i
extrémité (f) dentée du levier coudé
estremità (f) dentata della leva angolare
extremidad (f) dentada de la palanca acodada

6 Kettenglied (n)
chain link
звено (ср) цепи
k
maillon (m) de chaine
maglia (f) della catena
eslabón (m) de cadena

7 Hülsenansatz (m)
socket extension
прилив (мр) гильзы
l
annexe (f) du tube
aggiunta (f) del tubo
anejo (m) del tubo

8 Doppelklinke (f)
double ended catch
двойная собачка (жр)
o
cliquet (m) double
doppio scatto (m)
gatillo (m) doble

9 Kettenführungsplatte (f)
chain guide plate
направляющая пластина (жр) для цепи
p
plaque-guide (f) de la chaine
placca-guida (f) della catena
placa-guía (f) de la cadena

10 5. Schußeintragung (f) ohne Schützen

Insertion (f) de la trame sans navettes

Insertion of Weft without Shuttles

Inserzione (f) della trama senza navette

Заводка (жр) утка без помощи челнока

Inserción (f) de la trama sin lanzaderas

11 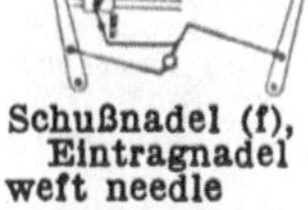
Schußnadel (f), Eintragnadel (f)
weft needle
уточная *или* заводная игла (жр)
a
aiguille (f) à insérer la trame
ago (m) per inserire la trama
aguja (f) para insertar la trama

12 Hakennadel (f)
hooked needle
крючкообразная игла (жр)
b
crochet (m)
crochet (m)
aguja (f) con gancho

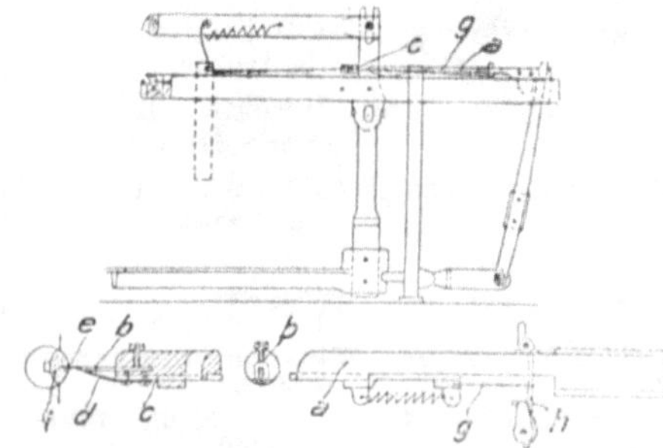

13 Schußeintragvorrichtung (f) für Roßhaarwebstühle
weft insertion arrangement for horsehair looms
приспособление (ср) для заводки утка на ткацких станках для конского волоса
mécanisme (m) d'insertion de trame pour métier à tisser le crin
meccanismo (m) d'inserzione della trama per telaio per crine di cavallo
mecanismo (m) de inserción de la trama para tejer crin

14 Greifernadel (f), Greiferstange (f), Fänger (m)
selector
захватная игла (жр)
a
leveur (m)
ago (m) selettore
seleccionador (m)

15 Stahlnadel (f)
steel needle
стальная игла (жр)
b
aiguille (f) d'acier
ago (m) d'acciaio
aguja (f) de acero

16 Schieber (m)
slider
толкач (мр)
c
coulant (m)
scorritoio (m)
deslizante (m)

17 Blattfeder (f)
flat spring
плоская пружина (жр)
d
ressort (m) plat
molla (f) piatta
resorte (m) de hoja

18 Nadelhaken (m)
needle hook
крючок (мр) *или* загиб (мр) иглы
e
crochet (m) de l'aiguille
uncino (m) dell'ago
gancho (m) de la aguja

19 Zugdraht (m)
draw wire
тяговая проволока (жр), проволочная тяга (жр)
g
fil (m) métallique de connexion
filo (m) metallico di connessione
hilo (m) metálico de conexión

20 Abzughebel (m)
catch lever
оттяжной рычаг (мр)
h
levier (m) de détente
leva (f) a scatto
palanca (f) detentora

21 Haarbündel (n)
bundle of hair
пучок (мр) волос
i
paquet (m) de crin
fascio (m) di crine
mechón (m) o copo (m) de crin

6. Schußzuführung (f) / Weft Supply / Подача (жр) утка / Alimentation (f) de la trame / Alimentazione (f) della trama / Alimentación (f) de la trama

1 **6. Schußzuführung (f)** — **Weft Supply** — **Подача (жр) утка** — **Alimentation (f) de la trame** — **Alimentazione (f) della trama** — **Alimentación (f) de la trama**

a) Spulenwechsel (m) von Hand

2 **a) Spulenwechsel (m) von Hand**
Change of Bobbins by Hand
Смена (жр) шпуль от руки
Changement (m) de bobines à la main
Ricambio (m) delle spolette a mano
Cambio (m) de canillas a mano

3 den Kötzer in den Schützen legen
to place the cop in the shuttle
вставлять початок (мр) в челнок
placer la cannette dans la navette
introdurre la cannetta nella navetta
colocar la canilla en la lanzadera

4 
Baumwollkötzer (m)
cotton cop
початок (мр) бумажной пряжи
cannette (f) de coton
cannetta (f) di cotone
canilla (f) de algodón

5 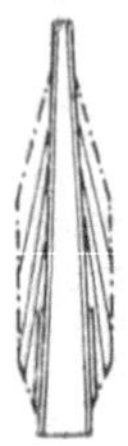
Kammgarnkötzer (m)
worsted cop
початок (мр) камвольной пряжи
cannette (f) en laine peignée
cannetta (f) di lana pettinata
canilla (f) de estambre

6 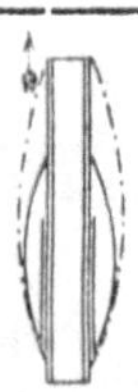
Schußkötzer (m), [Weftkötzer (m)]
weft cop
початок (мр) уточной пряжи
cannette (f) de trame
cannetta (f) di trama
canilla (f) de trama

7 die Schußspule auf die Spindel stecken
to skewer the weft bobbin
натыкать *или* втыкать уточную шпулю на шпрынку
embrocher la cannette de trame
infilare la spoletta sul fuso
embrocar la canilla de trama

8 die Schußspule ist leergelaufen
the weft bobbin has run out
уточная шпуля (жр) опорожнилась
la cannette est épuisée
la spoletta è esaurita
la canilla es vaciada

9 leergelaufene Schußspule (f)
empty weft bobbin
смотанная *или* опорожнившаяся уточная шпуля (жр)
cannette (f) épuisée
spoletta (f) esaurita
canilla (f) vacía

10 den Faden von der Schußspule abwikkeln
to wind the yarn off the weft bobbin
сматывать нить (жр) с уточной шпули
dérouler le fil de la cannette
svolgere (m) il filo dalla spoletta
desarrollar el hilo de la canilla

b) Selbsttätige Spulenauswechslung (f)

11 **b) Selbsttätige Spulenauswechslung (f)**
Automatic Weft Supply *or* Cop Changing
Автоматическая смена (жр) уточных шпуль
Changement (m) automatique de cannette
Ricambio (m) automatico delle spolette
Cambio (m) automático de canilla

12 Einlegen (n) der vollen Spule
putting in the full bobbin
вкладывание (ср) *или* вставка (жр) полных шпуль
mise (f) en place de la bobine pleine
introduzione (f) della spoletta piena
colocación (f) de la canilla llena

13 Selbsteinfädelung (f) *oder* selbsttätiges Einfädeln (n) des Schusses
self threading of the weft
автоматическое вдевание (ср) утка
enfilage (m) automatique de la trame
infilatura (f) automatica della trama
enhebrado (m) automático de la trama

14 Fehlwechsel (m)
faulty change
неправильная смена (жр)
changement (m) défectueux
cambio (m) difettoso
cambio (m) defectuoso

15 Northropspule (f)
Northrop pirn
шпуля (жр) Нортропа
fuseau (m) de Northrop
spola (f) Northrop
huso (m) para telares, sistema Northrop

16 Kegelansatz (m)
conical base
конический насадок (мр)
a
base (f) conique
base (f) conica
base (f) cónica

17 
Northropeinfädelvorrichtung (f)
Northrop threading device
вдевное приспособление (ср) Нортропа
mécanisme (m) d'enfilage Northrop
meccanismo (m) per infilare tipo Northrop
dispositivo (m) Northrop de enhebrado

18 Northropwebstuhl (m)
Northrop loom
ткацкий станок (мр) Нортропа
métier (m) Northrop
telaio (m) Northrop
telar [sistema] Northrop

1 drehbarer Füllbehälter (m), revolverartiges [Schuß-]Füllmagazin (n), Northropmagazin (n)
Northrop battery *or* magazine
револьверный зарядный магазин (мр)
magasin (m) *ou* barillet (m) *ou* revolver (m) *ou* chargeur (m) du Northrop
magazzino (m) a bobine girevole, portabobine (m) Northrop o a revolver
depósito (m) de canillas giratorio, cargador (m) de tambor

2 Füllen (n) des Magazins *oder* der Trommel
filling the battery
зарядка (жр) магазина
remplissage (m) *ou* chargement (m) du magasin
riempimento (m) del magazzino
llene (m) del cargador

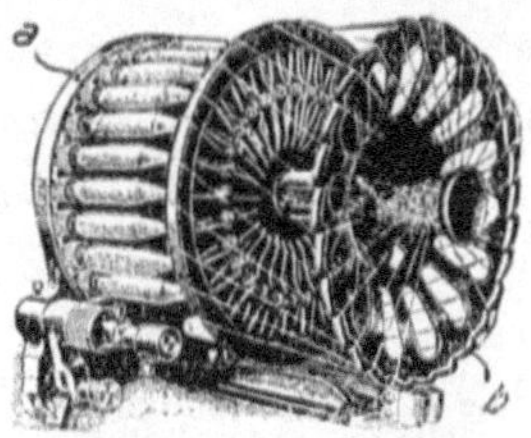

3 gefülltes Magazin (n)
full battery
заряженный магазин (мр)
magasin (m) rempli *ou* chargé
magazzino (m) *o* revolver (m) pieno
cargador (m) lleno

4 Magazinrahmen (m)
battery frame — a
рама (жр) магазина
cadre (m) du chargeur
fondo (m) del magazzino
marco (m) del cargador

5 Rosette (f)
thread guide — b
розетка (жр)
guide-fils (m), rosette (f)
guida-fili (m)
plato (m)

6 die Fadenenden (npl) über eine Rosette führen
to draw the weft ends over a guide
вести концы (мр) нитей поверх розетки
passer les extrémités des fils sur un guide
passare le estremità dei fili sopra un guidafili
pasar los cabos de hilo sobre un plato-guía

7 die Fadenenden (npl) um einen Knopf wickeln
to twist the weft ends round a pin
обвивать концы (мр) нитей вокруг пуговки
enrouler les extrémités des fils autour d'un bouton
avvolgere le estremità dei fili su un perno
arrollar los cabos de hilo sobre un botón

8 selbsttätiger Kettenspannungsregler (m)
automatic warp let off motion
самодействующий регулятор (мр) натяжения основы
mécanisme (m) automatique de détente des fils de chaîne
meccanismo (m) automatico per regolare la tensione dell'ordito
mecanismo (m) automático de freno del plegador

Warenaufwicklungsvorrichtung (f)
take up motion
приспособление (ср) для намотки товара
régulateur (m), mouvement (m) d'enroulement de l'étoffe 9
meccanismo (m) d'avvolgimento del tessuto
movimiento (m) de plegado del tejido

Tuchwickel (m), Tuchrolle (f)
cloth roll — a
товарный ролик (мр)
rouleau (m) de toile
rotolo (m) di tessuto 10
plegador (m) de tela del tejido

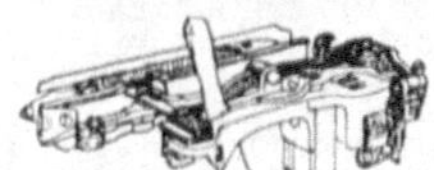

Northropschußfühler (m)
Northrop feeler mecanism *or* feeler motion
уточный щупалец (мр) Нортропа
tâteur (m) de trame *ou* sonde-trame (m) Northrop
tastatore (m) di trama Northrop 11
detector (m) *o* pulsador (m) de la canilla Northrop

selbsttätige Schützenfüllvorrichtung (f)
automatic cop changer
самодействующее приспособление (ср) для заполнения челнока
chargeur (m) automatique de la navette
caricatore (m) automatico della navetta 12
cargador (m) automático de la lanzadera

Eingreifklinke (f)
catch
накладка (жр), пластина (жр) собачка (жр)
cliquet (m)
gancio (m)
gatillo (m) 13

Messer (n)
cutter
нож (мр)
couteau (m), coupe-fil (m) 14
coltello (m)
tijera (f)

Wechsel[schlag]hammer (m), Stoßhammer (m), Zubringer (m)
transfer hammer, bell crank lever
сменный молоточек (мр)
marteau-chargeur (m) 15
trasportatore (m)
martillo (m)

Wechselbewegung (f)
cop changing motion
движение (ср) для смены
mouvement (m) de remplacement
movimento (m) di ricambio 16
movimiento (m) de cambio

Füllmagazin (n)
battery, magazine
магазин (мр) для запасных шпуль
barillet-chargeur (m), magasin (m)
magazzino (m), revolver (m) 17
cargador (m), portacanillas (m), portahusadas (m)

im Kreise angeordnete Spulen (fpl)
bobbins arranged in a circle
шпули (жр), расположенные по окружности
cannettes (fpl) disposées en cercle
bobine (fpl) disposte in cerchio 18
canillas (fpl) dispuestas en círculo

1 Hammerkopf (m)
face of transfer hammer
головка (жр) молоточка
tête (f) du marteau
testa (f) del trasportatore
cabeza (f) del martillo

2 voller Kötzer (m)
full cop
полный початок (мр)
cannette (f) pleine
bobina (f) piena, spola (f) fresca
canilla (f) llena

3 abgelaufener Kötzer (m)
woven off *or* exhausted cop
сработанный початок (мр)
cannette (f) épuisée
bobina (f) esaurita *o* svolta, spola (f) consumata
canilla (f) vacía

4 Ersatzspule (f), [Reservespule (f)]
spare bobbin
запасная шпуля (жр)
bobine (f) de réserve
spola (f) di ricambio
canilla (f) de recambio

5 Weiterschaltung (f) des Magazins
rotation of the magazine by means of a ratchet wheel
следующая подача (жр) магазина
mouvement (m) en avant du magasin
movimento (m) in avanti del magazzino
movimiento (m) de avance del cargador

6 die leere Spule aus dem Schützen drängen
to thrust out the empty bobbin from the shuttle
выжимать *или* выдавливать пустую шпулю из челнока
chasser *ou* expulser la bobine épuisée de la navette
scacciare la spola esaurita dalla navetta
expulsar la canilla vacía de la lanzadera

7 Abnützung (f) der Wechselorgane
wear of parts of change mechanism
износ (мр) *или* изнашивание (ср) сменных частей
usure (f) des organes de changement
logoramento (m) degli organi di ricambio
desgaste (m) del mecanismo de cambio

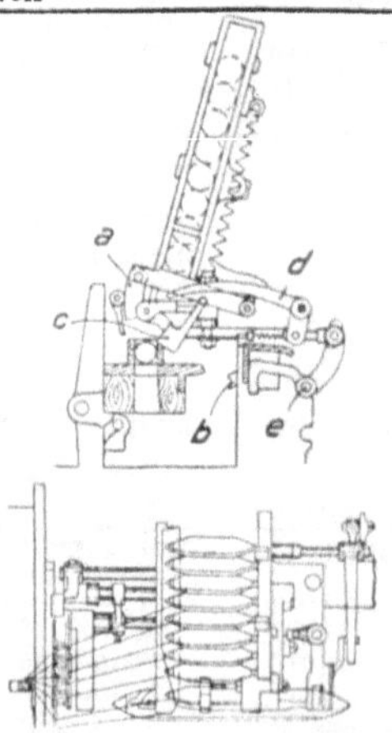

8 selbsttätige Spulenauswechselvorrichtung (f) von Hartmann
Hartmann's automatic weft supply mechanism *or* cop changer
самодействующее приспособление (ср) для смены шпуль Гартмана
mécanisme (m) de changement automatique de cannettes, système Hartmann
meccanismo (m) di ricambio automatico delle spolette, sistema Hartmann
mecanismo (m) de cambio de canilla, sistema Hartmann

a Zubringer (m)
transfer hammer
подводчик (мр)
marteau-chargeur (m)
martello (m) caricatore, trasportatore (m)
martillo-cargador (m) 9

b Stößel (m)
presser
толкач (мр), пестик (мр)
presseur (m)
pressoio (m)
impulsor (m) 10

c Fühlhebel (m)
feeler
контрольный рычаг (мр)
tâteur (m)
tastatore (m)
pulsador (m) 11

d Winkelhebel (m)
crank lever
коленчатый рычаг (мр)
levier (m) coudé
leva (f) a gomito
palanca (f) acodada 12

e Übertragungswelle (f)
intermediate shaft
передаточный вал (мр)
arbre (m) intermédiaire
albero (m) intermediario
árbol (m) intermediario 13

im Magazin übereinander angeordnete Spulen (fpl)
bobbins arranged one above the other in the magazine
шпули (жр), расположенные в магазине одна над другой
bobines (fpl) disposées dans le magasin l'une au-dessus de l'autre
bobine (fpl) disposte nel magazzino l'una sull'altra
canillas (fpl) dispuestas en el cargador una sobre la otra 14

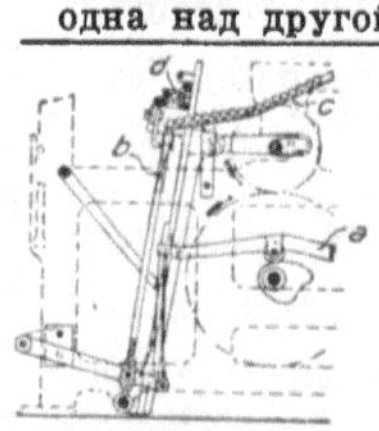

selbsttätige Spulenzuführung (f) von Schönherr
Schönherr's automatic weft supply mechanism
автоматическая подача (жр) шпуль Шёнгерра
chargeur (m) automatique de la navette, système Schönherr
caricatore (m) automatico della navetta di Schönherr
cargador (m) automático de la lanzadera, Schönherr 15

a Messerhebel (m)
knife lever
ножовый рычаг (мр)
levier (m) à couteaux
leva (f) a coltelli
palanca (f) de cuchillas 16

b mit Klauen versehener Spuleneindrücker (m)
bobbin presser with claw end
снабженный зажимными щечками заводчик (мр) шпуль
presseur (m) *ou* pousseur (m) de bobines à griffes
pressoio (m) di bobine a ganascia
impulsor (m) de las canillas con garra 17

c Spulenhalter (m)
bobbin rack
державка (жр) для шпуль
support (m) des bobines
sopporto (m) delle bobine
soporte (m) de las canillas 18

d mit Klemmfedern versehener Schützen (m)
shuttle with spring clips
челнок (мр), снабженный зажимными пружинами
navette (f) avec ressorts de pression
navetta (f) con molle di pressione
lanzadera (f) con resortes de presión 19

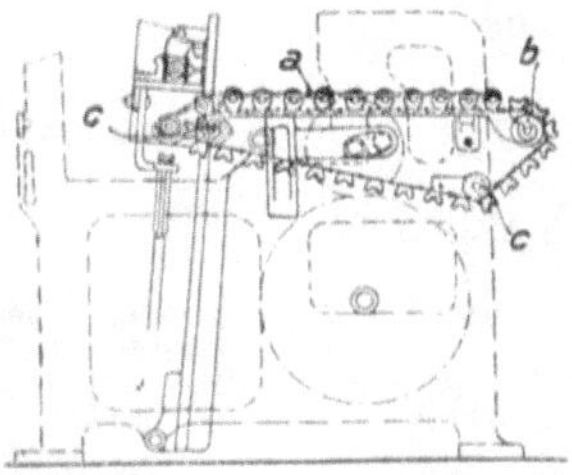

1 Schußzuführung (f) durch Gliederkette ohne Ende
weft supply by endless chain
подводка (жр) утка при помощи бесконечных цепей
alimentation (f) de la trame par un chapelet à chainons
fornitura (f) della trama con catena perpetua
alimentación (f) de la trama por cadena sin fin

---

2 Kettenführungsbahn (f)
chain guide
направляющие полозья (мр) для цепи
a
rail (m) guide-chaine
guida (f) della catena
rail-guía (m) de la cadena

---

3 Mitnehmerwalze (f)
chain carrier roller
цепной блок (мр)
b
rouleau (m) transporteur de la chaine
noce (m) della catena
rodillo (m) transportador de la cadena

---

4 Leitwalze (f)
guide roller
направляющий валик (мр)
c
rouleau-guide (m)
cilindro (m) di guida
rodillo-guía (m)

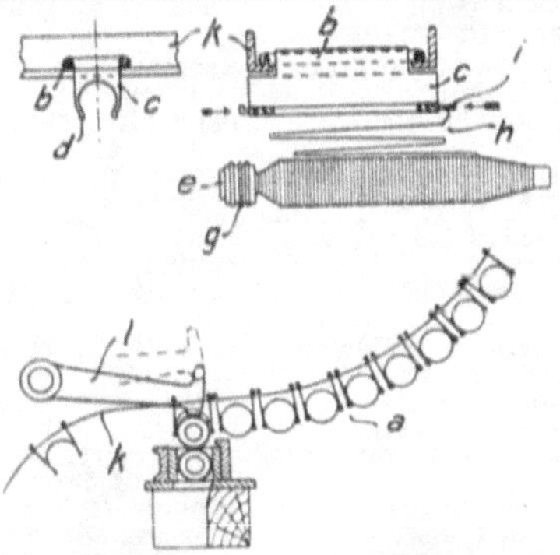

5 Spulenauswechselvorrichtung (f) der Elsässischen Maschinenbau-Gesellschaft (Société Alsacienne de Constructions Mécaniques)
weft supply motion of the Société Alsacienne de Constructions Mécaniques
приспособление (ср) для смены шпуль Эльзасского Машиностроительного Общества
mécanisme (m) de remplacement de bobines de la Société Alsacienne de Constructions Mécaniques
meccanismo (m) per il ricambio delle bobine della Société Alsacienne de Constructions Mécaniques
mecanismo (m) de cambio de canillas de la Société Alsacienne de Constructions Mécaniques

---

6 Spulenträger (m), Lader (m)
weft carrier
зарядный ящик (мр)
a
chargeur (m)
caricatore (m)
cargador (m)

---

7 viereckiger Drahtbügel (m)
rectangular wire loop
четырехугольная проволочная скоба (жр)
b
pièce (f) rectangulaire en fil métallique
pezzo (m) rettangolare in filo metallico
pieza (f) rectangular de alambre

---

8 federndes Blech (n)
spring clip
пружинящая пластина (жр)
c
plaque (f) élastique
lamiera (f) elastica
placa (f) elástica

---

9 Kralle (f)
claw ends
захватка (жр)
d
griffe (f)
ganascia (f)
garra (f)

---

10 Spulenkopf (m)
butt *or* base *or* head of the bobbin
ножка (жр) шпули
e
embase (f) de la bobine
base (f) della spola
base (f) de la canilla

---

11 Spulenkopfrippe (f)
ring on the bobbin butt
ребро (ср) ножки шпули
g
anneau (m) sur l'embase de la bobine
anello (m) della base della spola
anillo (m) sobre la base de la canilla

---

12 Fadenvorrat (m)
yarn reserve
запас (мр) нитей
h
réserve (f) de fil
riserva (f) di filo
reserva (f) de hilo

---

13 Knopf (m)
stud
пуговка (жр)
i
bouton (m)
bottone (m)
botón (m)

---

14 Gleitschiene (f)
guide rail
полоз (мр)
k
rail-guide (m)
asta (f) di guida
rail-guía (m)

---

15 Zubringer (m)
transfer hammer
подводчик (мр)
l
marteau-chargeur (m)
trasportatore (m)
martillo (m) cargador

---

16 federnder Spulenhalter (m)
spring clip bobbin holder
пружинящий шпуледержатель (мр)
porte-bobine (m) élastique
porta-bobina (m) elastico
porta-canilla (m) elástico

---

17 Schußgabel (f)
weft fork
уточная вилка (жр)
fourchette (f) du casse-trame
forchetta (f) di trama
horquilla (f) del paratramas

---

18 die Kralle springt in den Spulenkopf ein
the claw end engages with the bobbin butt
захватка (жр) вскакивает в ножку шпули
la griffe s'engage dans l'embase de la bobine
la ganascia afferra la base della spola
la garra aprisiona la base de la canilla

---

19 der Spulenhalter hält das Fadenende fest
the bobbin carrier grips the end of the yarn
шпуледержатель (мр) придерживает конец нити
le porte-bobine retient l'extrémité du fil
il porta-bobina trattiene l'estremità del filo
el porta-canilla retiene la extremidad del hilo

---

20 der Spulenhalter gleitet auf der Führungsschiene
the bobbin holder slides along the guide rail
шпуледержатель (мр) скользит по направляющему полозу
le porte-bobine glisse sur le rail-guide
il porta-bobina scorre sopra l'asta di guida
el porta-canilla resbala sobre el rail-guía

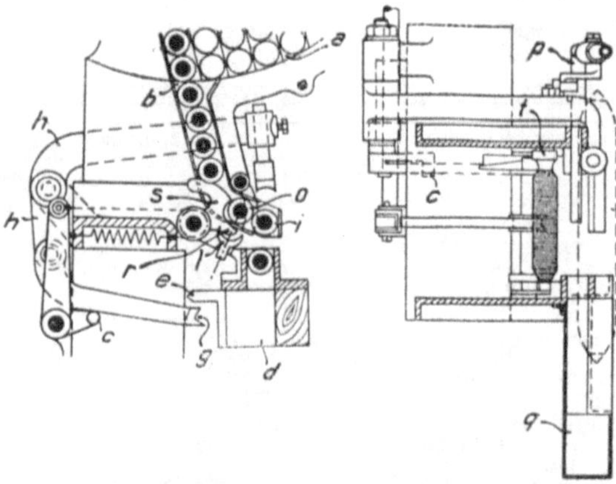

1	Spulenauswechselvorrichtung von Köchlin Köchlin's weft supply motion приспособление (ср) Кехлина для смены шпуль		mécanisme (m) de remplacement des bobines, système Köchlin meccanismo (m) per il ricambio delle bobine, sistema Köchlin mecanismo (m) de cambio de canillas de Köchlin
2	Spulenbehälter (m) magazine магазин (мр) *или* приемник (мр) для шпуль	*a*	magasin (m) magazzino (m) depósito (m)
3	Leitrinne (f) hopper направляющий желоб (мр)	*b*	rainure-guide (f) scanalatura-guida (f) ranura-guía (f)
4	Finger (m) finger палец (мр)	*c*	doigt (m) dito (m) dedo (m)
5	Lade (f) slay батан (мр)	*d*	battant (m) battente (m) batán (m)
6	Stecher (m) frog тычек (мр)	*e*	butoir (m) tacca (f) tapa (f)
7	eingekerbtes Ende (n) nicked *or* grooved end засеченный конец (мр)	*g*	extrémité (f) à encoche estremità (f) scanalata extremidad (f) con muesca
8	Ausstoßhebel (m) transfer hammer выталкивающий рычаг (мр)	*h*	marteau-chargeur (m) trasportatore (m) martillo (m) cargador
9	unterste Spule (f) lowest bobbin нижняя шпуля (жр)	*i*	la bobine la plus basse ultima bobina (f) última canilla (f)
10	Schützen (m) shuttle челнок (мр)	*k*	navette (f) navetta (f) lanzadera (f)
11	gabelförmiger Greifer (m) cup shaped holder вилкообразная захватка (жр)	*l*	griffe (f) en forme de fourchette ganascia (f) in forma di forchetta garra (f) en forma de horquilla
12	zweitunterste Spule (f) second bobbin вторая снизу шпуля (жр)	*o*	seconde bobine (f) penultima (f) bobina segunda canilla (f)
13	Druckluftleitung (f), Preßluftleitung (f) compressed air pipe трубопровод (мр) сжатого воздуха	*p*	tuyau (m) d'air comprimé tubo (m) per l'aria compressa tubo (m) de aire comprimido
14	Sammelbehälter (m) für die abfliegenden Käppchen container for the discharged capsules сборный приемник (мр) для отлетающих колпачков	*q*	collecteur (m) des capsules soufflées cassa (f) raccoglitrice dei cappelli soffiati colector (m) de cápsulas sopladas
15	Rückhalter (m) für die nachrückenden Spulen retainer for the following bobbins задерживающий прибор (мр) для продвигающихся вслед шпуль	*r*	arrêt (m) des bobines suivantes arresto (m) per le bobine che seguono paro (m) de las canillas siguientes
16	Spulenschieber (m) pusher lever подводчик (мр) шпуль	*s*	pousseur (m) de bobines spingitore (m) di bobine impulsor (m) de canillas
17	Bund (m) der Spulenhülse flange of the pirn насадок (мр) оправки шпули	*t*	embase (f) du fuseau base (f) della spola base (f) del huso
18	spitzes Ende (n) der Spulenhülse point of the pirn остроконечность (жр) оправки шпули		extrémité (f) en pointe du fuseau estremità (f) a punta della spola extremidad (f) puntiaguda del huso
19	Käppchen (n) capsule колпачек (мр)		capsule (f) cappello (m) cápsula (f), caperuza (f)
20	mit dem Schußfadenende umwickeltes Käppchen (n) capsule carrying the end of weft yarn колпачек (мр), обмотанный концом уточной нити		capsule (f) avec extrémité du fil de trame enroulée cappello (m) avvolto coll'estremità del filo di trama cápsula (f) con la extremidad del hilo arrollada
21	Halter (m) für das Schußfadenende holder for end of weft yarn державка (жр) для кончика уточной нити		support (m) du bout du fil de trame sopporto (m) per l'estremità del filo di trama soporte (m) del extremo del hilo de trama
22	das Käppchen wird durch einen Preßluftstrom abgeblasen the capsule is blown off by a current of compressed air колпачек (мр) сдувается струей сжатого воздуха		la capsule est soufflée par un courant d'air comprimé il cappello viene soffiato via da una corrente d'aria compressa la cápsula es soplada por una corriente de aire comprimido

1	der Spulenfaden wird vom abfliegenden Käppchen abgewickelt the yarn is unwound by the capsule as it leaves the pirn уточная нить (жр) сматывается с отлетающего колпачка	le fil de la bobine est déroulé par le mouvement de la capsule il filo sulla bobina viene svolto dal cappello soffiato via el hilo de la canilla es desarrollado por el movimiento de la cápsula
2	Halteklappen (fpl) für die unterste Spule retaining flaps for the lowest bobbin прихватки (жр) для нижней шпули	pinces (fpl) de maintien pour la bobine la plus basse pinze (fpl) ritenitrici della ultima bobina pinzas (fpl) de retención para la última canilla
3	abgelaufene Spule (f) exhausted bobbin сработанная шпуля (жр)	bobine (f) épuisée spoletta (f) esaurita canilla (f) terminada *o* vacia
4	die unbrauchbaren Spulen aus dem Schützen stoßen to force the spoiled bobbins out of the shuttle выталкивать негодные шпули (жр) из челнока	éjecter hors de la navette les mauvaises bobines spingere le bobine inservibili fuori dalla navetta expulsar de la lanzadera las canillas inservibles
5	Preßluftstrom (m) current of compressed air струя (жр) сжатого воздуха	courant (m) d'air comprimé corrente (f) d'aria compressa corriente (f) de aire comprimido
6	Anpressen (n) der Spule an die Mündung der Preßluftleitung fitting the bobbin to the nozzle of the compressed air pipe прижимание (ср) шпули к соплу трубопровода сжатого воздуха	pressage (m) de la bobine contre la sortie du tuyau d'air comprimé compressione (f) della bobina contro l'uscita del tubo d'aria compressa aprisionamiento (m) de la canilla contra el tubo de aire comprimido
7	Absperrhahn (m) stop cock запорный кран (мр)	robinet (m) d'arrêt rubinetto (m) d'arresto espita (f) de interrupción
8	Einfädeln (n) des Fadens in den Schützen threading the yarn in the shuttle вдевание (ср) нити в челнок	enfilage (m) du fil dans la navette infilatura (f) del filo nella navetta enhebrado (m) del hilo en la lanzadera
9	Abschneiden (n) des Fadenrestes cutting off the end of the yarn отрывание (ср) конца нити	coupure (f) de l'extrémité du fil taglio (m) dell'estremità del filo corte (m) de la extremidad del hilo
10	Vorrücken (n) der übergelagerten Spulen advance of the overlying bobbins подавание (ср) вперед расположенных друг над дружкой шпуль	mouvement (m) en avant des bobines superposées movimento (m) in avanti delle bobine sovrapposte movimiento (m) de avance de las canillas superpuestas
11	Verschiebung (f) der Spule transverse movement of the bobbin передвижка (жр) шпули	déplacement (m) de la bobine spostamento (m) della bobina desplazamiento (m) de la canilla
12	Zurückdrehung (f) des Ausstoßarms return movement of the hammer обратное вращение (ср) выталкивающего рычага	mouvement (m) de recul du marteau movimento (m) di rinculo del trasportatore movimiento (m) de retroceso del martillo
13	Spulenauswechselvorrichtung (f) von Gabler Gabler's weft supply motion приспособление (ср) Габлера для смены шпуль	mécanisme (m) de remplacement des bobines, système Gabler meccanismo (m) per il ricambio delle bobine di Gabler mecanismo (m) de cambio de canilla de Gabler
14	der Schützen liegt auf der Seite the shuttle lies on its side челнок (мр) лежит на боку	la navette repose sur l'un de ses bords la navetta riposa sul suo fianco la lanzadera descansa sobre uno de sus flancos
15	großes Fach (n) large shed большой зев (мр)	foule (f) grande grande passo (m) gran calada (f)
16	Ladenanschlag (m) blow of the slay упорка (жр) батана	coup (m) du battant colpo (m) del battente golpe (m) del batán

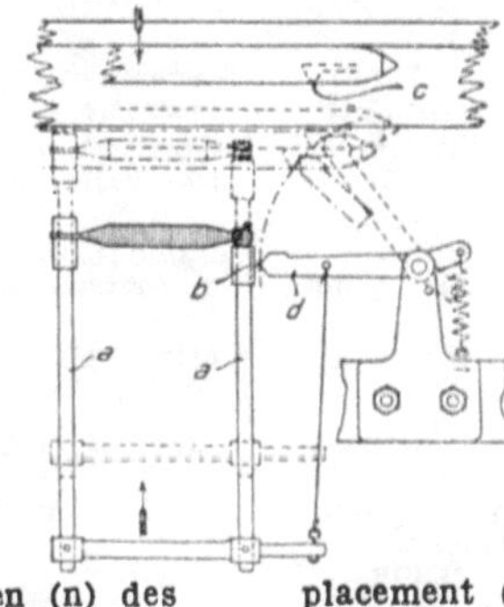

17	Einstellen (n) des Webschützens im Kasten placing the shuttle in the box установка (жр) ткацкого челнока в коробке		placement (m) de la navette dans la boite piazzamento (m) della navetta nella cassa colocación (f) de la lanzadera en la caja
18	Spulenzubringer (m) bobbin feed gear подводчик (мр) шпуль	a	alimentaire (m) de bobines alimentatore (m) delle bobine suministrador (m) de canillas
19	Anfangsstellung (f) first position исходное *или* начальное положение (ср)	b	position (f) de départ posizione (f) iniziale posición (f) inicial
20	Nase (f) im Schützen nose in shuttle выступ (мр) на челноке	c	nez (m) de la navette naso (m) della navetta nariz (f) de la lanzadera

1	Hebel (m) lever *d* рычаг (мр)	levier (m) leva (f) palanca (f)
2	Spulenauswechselvorrichtung (f) von Schönherr Schönherr's weft supply motion приспособление (ср) Шенгерра для смены шпуль	mécanisme (m) de remplacement des bobines, système Schönherr meccanismo (m) per il ricambio delle bobine di Schönherr mecanismo (m) de cambio de canilla de Schönherr
3	endlose Kette (f) endless chain бесконечная цепь (жр)	chaîne (f) sans fin catena (f) perpetua *o* senza fine cadena (f) sin fin
4	muldenförmiger Spulenhalter (m) trough shaped bobbin holder желобчатый приемник (мр) для шпуль	support (m) de bobine en forme de bac sopporto (m) di bobina in forma di truogolo soporte (m) de canillas en forma de artesa
5	Spulentaster (m) bobbin feeler щупалец (мр) для шпуль	tâteur (m) de bobine tastatore (m) delle bobine pulsador (m) de canilla
6	der Spulentaster zeigt den Leerlauf an the bobbin feeler indicates an empty bobbin щупалец (мр) для шпуль отмечает холостой ход	le tâteur de bobine indique une bobine vide il tastatore delle bobine indica una bobina vuota el pulsador de canilla indica una canilla vacía
	c) Selbsttätige Schützenauswechslung (f)	**Changement (m) automatique de navettes**
7	**Automatic Shuttle Changing** ***or*** **Reshuttling** **Самодействующая смена (жр) челноков**	**Ricambio (m) automatico delle navette** **Cambio (m) automático de lanzaderas**
8	selbsttätiger [*oder* automatischer] Webstuhl (m) automatic [reshuttling] loom самодействующий *или* автоматический ткацкий станок (мр)	métier (m) à tisser automatique telaio (m) automatico telar (m) automático
9	Steigerung (f) der Webstuhlleistung increasing the production of a loom увеличение (ср) производительности ткацкого станка	augmentation (f) de la production du métier aumento (m) della produzione del telaio aumento (m) de producción del telar
10	Betriebsunsicherheit (f) unreliability in the working of the loom ненадежность (жр) работы	insécurité (f) dans le fonctionnement du métier incertezza (f) nel funzionamento del telaio inseguridad (f) en el funcionamiento del telar
11	Betriebstörung (f) interruption of service нарушение (ср) хода, расстройство (ср) производства	dérangement (m) dans le service disturbo (m) *o* dissesto (m) nel funzionamento interrupción (f) del servicio *o* de la marcha
12	blinder *oder* verlorener Schuß (m) lost pick холостая *или* пропащая уточина (жр)	duite (f) perdue trama (f) perduta pasada (f) perdida
13	Spulentaster (m) bobbin feeler щупалец (мр) шпули	tâteur (m) de trame tastatore (m) della bobina pulsador (m) de canilla
14	Stillsetzung (f) des Webstuhls während der Schützenauswechselung stopping the loom during the change of shuttles остановка (жр) ткацкого станка во время смены челнока	arrêt (m) du métier pendant le changement des navettes arresto (m) del telaio durante il ricambio delle navette paro (m) del telar durante el cambio de lanzaderas
15	den Webstuhl wieder in Gang setzen to restart the loom снова пустить в ход ткацкий станок	remettre en marche le métier ridare moto al telaio volver a poner en marcha el telar
16	die Zahl der Ladenspiele [*oder* die Tourenzahl] des Webstuhls für das Auswechseln vermindern to reduce the speed of the loom at the moment of changing уменьшать *или* понижать число оборотов ткацкого станка для смены [челноков]	réduire la vitesse du métier pendant le changement diminuire la velocità del telaio durante il ricambio reducir la velocidad *o* el número de vueltas del telar durante el cambio
17	der leere Schützen wird durch das Öffnen des Kastenbodens ausgeworfen the spent shuttle is ejected through the bottom of the box пустой *или* сработанный челнок (мр) опускается при открытии дна коробки	la navette épuisée est éjectée par l'ouverture du corps des boîtes la navetta vuota viene espulsa aprendo il fondo della cassa la lanzadera vacía es evacuada por la abertura del cuerpo de la caja
18	den neuen Schützen von oben einführen to insert *or* to supply the fresh *or* full shuttle from above вводить сверху новый челнок (мр)	charger la navette pleine par au-dessus introdurre la nuova navetta dal di sopra cargar la lanzadera llena por arriba
19	den neuen Schützen seitwärts einführen to insert the fresh shuttle from the side вводить новый *или* свежий челнок (мр) сбоку	charger la navette pleine par le côté introdurre la navetta piena lateralmente cargar la lanzadera llena por el lado
20	klappenartiger Kastenboden (m) hinged bottom of the box клапанообразное дно (ср) коробки	fond (m) de boîte en forme de trappe fondo (m) a cerniera della cassa fondo (m) de la caja en forma de trapa
21	den neuen Schützen von unten einführen to insert the fresh shuttle from below вводить новый челнок (мр) снизу в коробку	charger la navette pleine par au-dessous introdurre la navetta piena dal basso cargar la lanzadera llena por debajo

1	den alten Schützen nach oben auswerfen to eject the spent shuttle upwards выбрасывать пустой челнок (мр) вверх	éjecter la navette épuisée par en haut scaricare la navetta esaurita dall'alto evacuar la lanzadera vacía por arriba
2	den Schützen beim Ladenvorgang einführen to insert the shuttle as the slay moves forward вводить челнок (мр) во время прибоя батана	changer la navette pendant le mouvement en avant du battant introdurre la navetta durante il movimento in avanti del battente cargar la lanzadera durante el movimiento de avance del batán
3	der Schützen fliegt nach hinten aus dem Kasten the shuttle flies out at the back of the box челнок (мр) вылетает из коробки назад	la navette saute hors de sa boîte à l'arrière la navetta salta alla parte posteriore della cassa la lanzadera salta fuera de su caja hacia atrás
4	Schützenkastenvorderwand (f) front of shuttle box передняя стенка (жр) челночной коробки	devant (m) de la boîte à navettes davanti (m) della cassa a navette antepecho (m) de la caja
5	Schützenkastenrückwand (f) back of shuttle box задняя стенка (жр) челночной коробки	arrière (m) de la boîte à navettes parete (f) interna della cassa a navette parte (f) trasera de la caja de lanzadera
6	der alte Schützen fliegt schräg nach unten the spent shuttle flies downward in an inclined direction пустой челнок (мр) косо вылетает вниз	la navette épuisée saute obliquement vers le bas la navetta esaurita salta obliquamente verso il basso la lanzadera vacía salta oblicuamente hacia abajo
7	der alte Schützen fliegt im Bogen vorn heraus the spent shuttle flies forward in a curve пустой челнок (мр) вылетает дугою вперед	la navette épuisée saute en avant suivant une courbe la navetta esaurita salta in avanti formando una curva la lanzadera vacía salta hacia adelante siguiendo una curva

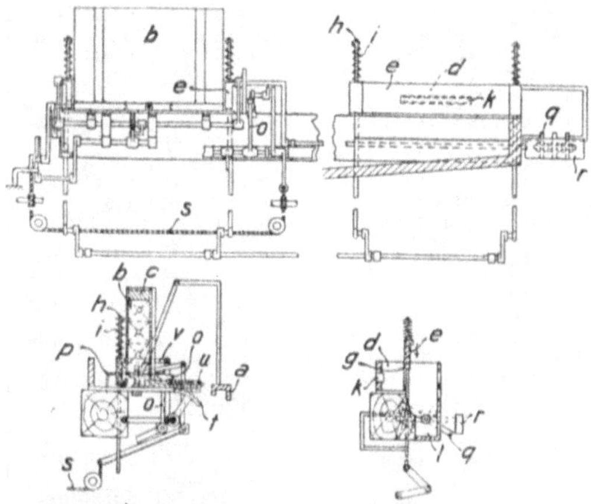

Schützenauswechselvorrichtung (f) von Zschweigert Zschweigert's shuttle change motion приспособление (ср) Швейгерта для смены челноков		mécanisme (m) de changement de navette, système Zschweigert meccanismo (m) di ricambio della navetta, sistema Zschweigert mecanismo (m) de cambio de la lanzadera, sistema Zschweigert	8
Brustbaum (m) breast beam грудница (жр)	*a*	poitrinière (f), ensouple (f) de devant subbio (m) anteriore antepecho (m)	9
Schützenbehälter (m) shuttle magazine приемник (мр) для челноков	*b*	magasin (m) à navettes serbatoio (m) di riserva depósito (m) de lanzaderas	10
Schlußplatte (f) closing plate затворная планка (жр)	*c*	plaque (f) de fermeture placca (f) di chiusura plancha (f) de cierre	11
Schützenkasten (m) shuttle box челночная коробка (жр)	*d*	boîte (f) à navettes cassa (f) a navette caja (f) *o* cajón (m) de lanzadera	12
Schützenkastenvorderwand (f) front of shuttle box передняя стенка (жр) челночной коробки	*e*	devant (m) *ou* partie (f) antérieure de la boîte à navettes davanti (m) della cassa a navette antepecho (m) *o* parte (f) anterior de la caja de lanzadera	13
Abschrägung (f) chamfer скос (мр)	*g*	chanfrein (m) declivio (m) chaflán (m)	14
Führungsstange (f) guide rod направляющий прут (мр)	*h*	tringle-guide (f) asta (f) di guida tirante-guía (m)	15
Feder (f) spring пружина (жр)	*i*	ressort (m) molla (f) resorte (m)	16

1	Auswurffeder (f) ejector spring выбрасывающая *или* выкидная пружина (жр)	k	ressort (m) éjecteur molla (f) d'espulsione resorte (m) eyector
2	Laufrinne (f) für den ausgeworfenen Schützen guide for the ejected shuttle желоб (мр) для выброшенного челнока	l	guide (m) pour la navette éjectée guida (f) per la navetta espulsa guía (f) para la lanzadera evacuada
3	Schußwächterhammer (m) weft hammer молоточек (мр) прибора, действующего при обрыве утка	o	marteau (m) de casse-trame martello (m) del rompi-trama martillo (m) del paratramas
4	Schußgabel (f) weft fork уточная вилка (жр)	p	fourchette (f) de casse-trame forchetta (f) del rompitrama horquilla (f) del paratramas
5	Ausrückarm (m) disengaging lever выключательный рычаг (мр)	q	levier (m) de débrayage leva (f) di disinnesto palanca (f) de desembrague
6	Ausrückplatte (f) stud plate выключательная пластинка (жр)	r	disque (m) du mécanisme d'arrêt placca (f) del meccanismo d'arresto disco (m) del mecanismo de freno
7	Schnurenzug (m) cord шнуровая передача (жр)	s	corde (f) corda (f) cuerda (f)
8	Zahnbogen (m) toothed sector зубчатая дуга (жр)	t	secteur (m) denté settore (m) dentato sector (m) dentado
9	Zahnstange (f) rack зубчатый толкач (мр)	u	crémaillère (f) asta (f) dentata cremallera (f)
10	Lenker (m) guide rod направитель (мр)	v	tringle-guide (f) asta (f) di guida tirante-guía (m), varilla-guía (f)
11	Ausrückvorrichtung (f) disengaging mechanism остановочный прибор (мр)		mécanisme (m) de déclanchement *ou* de débrayage meccanismo (m) di disinnesto mecanismo (m) de desembrague
12	auszuwerfender Schützen (m) shuttle to be ejected челнок (мр), подлежащий выкидыванию		navette (f) à éjecter navetta (f) da scaricare lanzadera (f) a evacuar
13	den Schützen auswerfen to eject the shuttle выкидывать челнок (мр)		éjecter la navette scaricare la navetta evacuar la lanzadera
14	die Schützenkastenvorderwand wird gehoben the front of the shuttle box is raised передняя стенка (жр) челночной коробки поднимается		la partie antérieure de la boîte à navettes est relevée il davanti della cassa a navette è rialzato la parte anterior de la caja [de lanzadera] es levantada
15	Sperrklinke (f) catch храповая собачка (жр)		cliquet (m) d'arrêt nottolino (m) gatillo (m)
16	die Schützenkastenvorderwand fällt nach unten the front of the shuttle box drops передняя стенка (жр) челночной коробки падает вниз		la partie antérieure de la boîte à navettes tombe vers le bas il davanti della cassa a navette cade verso il basso la parte anterior de la caja cae hacia abajo
17	Hubstange (f) lifting rod под'емный стержень (мр)		tringle (f) de levée asta (f) di sollevamento tirante (m) de ascenso
18	Schützenauswurfseite (f) side at which the shuttle is ejected сторона (жр) выбрасывания челнока		côté (m) d'éjection de la navette lato (m) di scarico della navetta lado (m) de evacuación de la lanzadera
19	Schützenkastenklappe (f) swell клапан (мр) челночной коробки		languette (f) de la boîte linguetta (f) della cassa [a navette] lengüeta (f) de la caja
20	Fehlen (n) des Schußfadens failing of a weft end отсутствие (ср) уточной нити		manque (m) du fil de trame mancanza (f) del filo di trama falta (f) del hilo de trama
21	gerissener Schußfaden (m) broken pick оборванная уточная нить (жр)		fausse duite (f), faute (f) en trame trama (f) rotta pasada (f) rota
22	Schußwächter (m) weft stop motion прибор (мр), действующий при обрыве утка		casse-trame (m) apparecchio (m) rompi-trama *o* guarda-trama paratramas (m), movimiento (m) de rompe-trama
23	die Platine wird freigegeben the hook is disengaged крючок (мр) освобождается		le crochet est libéré la platina è liberata el gancho es puesto en libertad
24	Schere (f) cutter ножницы (жр)		coupe-fil (m) taglia-filo (m) tijera (f)
25	vordere Totpunktstellung (f) der Lade forward dead centre of the slay положение (ср) батана в передней мертвой точке		point (m) mort avant du battant punto (m) morto di davanti del battente punto (m) muerto anterior del batán
26	hintere Totpunktstellung (f) der Lade rear dead centre of the slay положение (ср) батана в задней мертвой точке		point (m) mort arrière du battant punto (m) morto didietro del battente punto (m) muerto posterior del batán
27	die Lade kehrt ihre Bewegungsrichtung um the slay reverses батан (мр) меняет направление своего движения		le mouvement du battant est renversé il movimento del battente è invertito el movimiento del batán es invertido

1 der Stuhl läuft weiter
the loom runs on without interruption
станок (мр) продолжает работать
la marche du métier n'est pas interrompue
il telaio lavora senza interruzione
el telar marcha sin interrupción

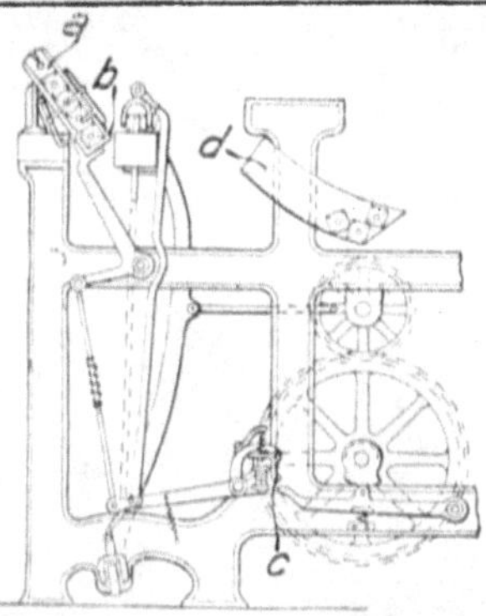

2 selbsttätige Schützenauswechselung (f) von Baker und Kip
Baker and Kip's automatic shuttle change motion
автоматическое приспособление (ср) Бэкера и Кипа для смены челноков
mécanisme (m) automatique de changement de navettes, système Baker et Kip
meccanismo (m) automatico di ricambio per navette, tipo Baker e Kip
mecanismo (m) automático de cambio de lanzaderas, sistema Baker y Kip

3 a Schützenmagazin (n)
shuttle magazine
магазин (мр) для челноков
magasin (m) de navettes
magazzino (m) di navette
depósito (m) de lanzaderas

4 b Hebelverschluß (m)
cut off lever
рычажный запор (мр)
fermeture (f) par levier
chiusura (f) a leva
cierre (m) por palanca

5 c Falle (f)
catch
защелка (жр)
loquet (m)
nottolino (m)
gatillo (m)

6 d Schützenbecken (n), Schützenbehälter (m), Sammelkasten (m)
shuttle receptacle
челночный ящик (мр), сборник (мр) для челноков
récepteur (m) de navettes
capsula (f) di scarico delle navette
receptor (m) de lanzaderas

7 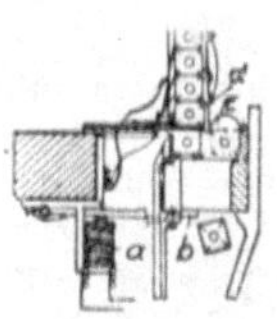

selbsttätige Speisevorrichtung (f)
automatic feeding motion
самодействующее питательное приспособление (ср)
mécanisme (m) d'alimentation automatique
meccanismo (m) di alimentazione automatico
mecanismo (m) alimentador automático

a Elektromagnet (m)
electro magnet
электромагнит (мр)
électro-aimant (m)
elettromagnete (m), elettrocalamita (f)
electro-imán (m) 8

b Kontaktanschlag (m)
striker pin
контактная упорка (жр)
doigt (m) de contact
dito (m) di contatto 9
pulsador (m)

c Schützenzelle (f) der Lade
shuttle box on the slay
челночное гнездо (ср) батана
boîte (f) à navette du battant
cassa (f) a navetta del battente 10
caja (f) de lanzadera del batán

d Klappverschluß (m)
closing flap
защелкивающий или клапанный запор (мр)
fermeture (f) à trappe
chiusura (f) a bodola o a botola 11
cierre (m) de trapa

Magnetisierung (f) des Eisenkerns
magnetising of the iron core
намагничивание (ср) железного сердечника
aimantation (f) du noyau en fer
magnetizzazione (f) del nucleo di ferro 12
imantación (f) del núcleo de hierro

der Schützen fällt heraus
the shuttle falls out
челнок (мр) вываливается
la navette tombe hors de la boîte
la navetta cade fuori della cassa 13
la lanzadera cae fuera de la caja

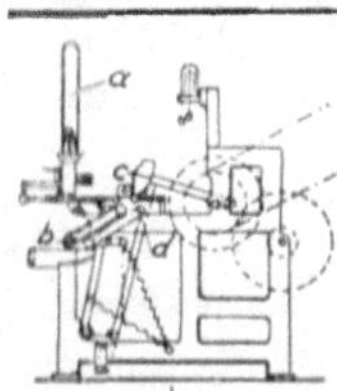

selbsttätige Schützenauswechselvorrichtung (f) von Crossley
Crossley's automatic shuttle change motion
самодействующее приспособление (ср) Кросслея для смены челноков
mécanisme (m) automatique de changement de navettes, système Crossley 14
meccanismo (m) automatico per il ricambio delle navette, sistema Crossley
mecanismo (m) automático de cambio de lanzaderas, sistema Crossley

a Magazin (n)
vertical magazine
стоячий магазин (мр)
magasin (m) vertical
magazzino (m) verticale 15
depósito (m) vertical

b Greifer (m)
shuttle holder
захватчик (мр), захватный поводок (мр)
entraîneur (m) de la navette
trasportatore (m) della navetta 16
cogedor (m) de la lanzadera

c zangenförmiger Schützenzellenboden (m)
grab shaped bottom of shuttle box
клещеобразное дно (ср) или донышко (ср) челночного гнезда
fond (m) de la boîte en forme de tenailles
fondo (m) della cassa in forma di tenaglie 17
fondo (m) de la caja en forma de tenazas

d Drücker (m)
driver
нажимной палец (мр)
presseur (m)
introduttore (m) della navetta 18
impulsor (m)

1
den leeren Schützen aus dem Kasten werfen
to eject the spent shuttle from the box
выбрасывать пустой челнок (мр) из коробки
éjecter la navette épuisée hors de la boîte
espellere la navetta vuota fuori della cassa
echar la lanzadera vacía fuera de la caja

2
der Schützen wird nach oben ausgeworfen
the shuttle is thrown out in an upward direction
челнок (мр) выкидывается вверх
la navette est éjectée vers le haut
la navetta è espulsa all'alto
la lanzadera es evacuada por arriba

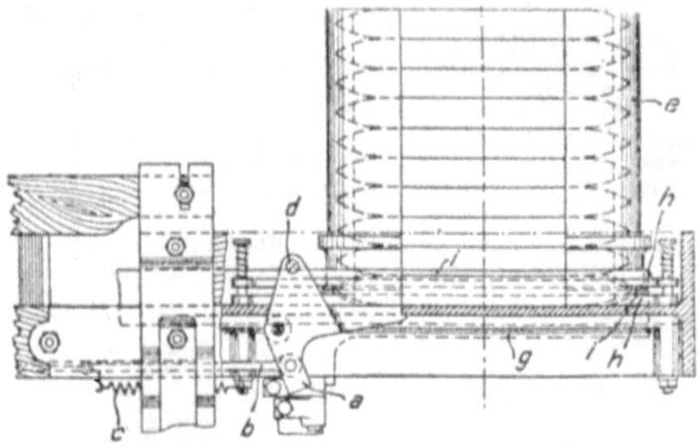

3
selbsttätige Schützenauswechselung (f) von Zwicki
Zwicki's automatic shuttle change motion
самодействующее приспособление (ср) Цвики для смены челноков
mécanisme (m) automatique de changement de navette, système Zwicki
meccanismo (m) automatico di ricambio delle navette, sistema Zwicki
mecanismo (m) automático de cambio de lanzadera, sistema Zwicki

4 Schließer (m) — a
locking lever
запор (мр)
bec-de-cane (m)
scatto (m)
cerraja (f)

5 Gelenkstange (f) — b
jointed rod
шарнирный поводок (мр)
tige (f) à charnière
asta (f) a cerniera
tirante (m) de charnela

6 Schraubenfeder (f) — c
helical spring
винтовая пружина (жр)
ressort (m) à boudin
molla (f) elicoidale
resorte (m) en hélice

7 Ablenker (m) — d
deflector
отводчик (мр), отводящий палец (мр)
déflecteur (m)
deflettore (m)
desviador (m)

8 Schützenbehälter (m) — e
shuttle magazine
челночный магазин (мр)
magasin (m) à navettes
magazzino (m) a navette
depósito (m) de lanzaderas

9 Schieber (m) — g
sliding plate
толкач (мр)
pièce (f) glissante
pezzo (m) scorrevole
pieza (f) deslizante

10 Schützenführungsschiene (f) — h
shuttle guide rail
направляющий полоз (мр) челнока
rail-guide (m) pour navettes
guida (f) per navetta
rail-guía (m) para lanzaderas

11 Schienenlippe (f) — i
guide rail lip
губа (жр) *или* загиб (мр) направляющего полоза
bec (m) du rail-guide
labbro (m) della guida
labro (m) del rail-guía

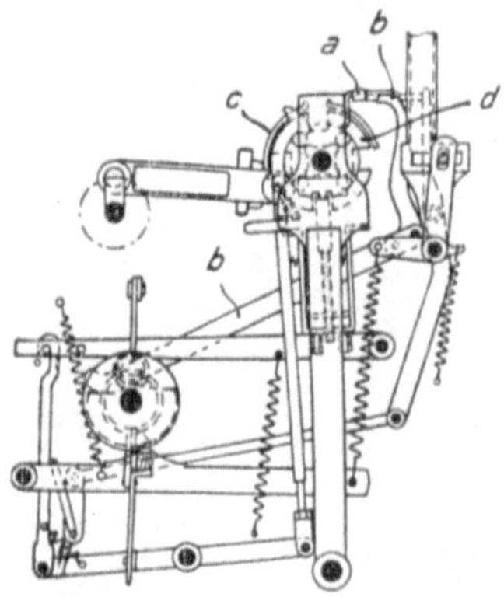

12
revolverartiger Wechselautomat (m)
circular reshuttling motion
сменный автомат (мр) револьверного типа
mécanisme (m) de changement de navettes à boîte rotative
meccanismo (m) di ricambio delle navette a cassa rotativa
mecanismo (m) de cambio de lanzaderas de revólver

13 Schußwächtergabel (f) — a
weft fork
уточная вилка (жр)
fourchette (f) de casse-trame
forchetta (f) del rompi-trama
horquilla (f) de paratramas

14 Schwinghebel (m) — b
oscillating lever
качающийся рычажок (мр)
levier (m) oscillant
leva (f) oscillante
palanca (f) oscilante

15 Federband (n) — c
spring clip
пружинная лента (жр)
pince (f) à ressort
pinza (f) a molla
pinzas (fpl) de resorte

16 Auswechselstelle (f) — d
changing point
место (ср) смены
point (m) de changement
punto (m) di ricambio
punto (m) de cambio

17
der leere Schützen fällt durch sein Eigengewicht heraus
the spent shuttle falls by its own weight
холостой челнок (мр) вываливается под действием собственного веса
la navette épuisée tombe par son propre poids
la navetta vuota cade per il proprio peso
la lanzadera vacía cae por su propio peso

	7. Schußwechsel (m)	**Changement** (m) **de la trame**
1	**Weft Change, Weft Mixing**	**Cambio** (m) **della trama**
	Смена (жр) **утка**	**Cambio** (m) **de la trama**
	a) Allgemeines (n)	**Généralités (fpl)**
2	**General Terms**	**Nozioni (fpl) generali**
	Общее (ср)	**Generalidades (fpl)**
3	Schußwechselvorrichtung (f) weft change motion, weft changer приспособление (ср) для смены утка	dispositif (m) de changement de la trame apparecchio (m) di cambio della trama mecanismo (m) de cambio de la trama
4	die Schützen (mpl) wechseln to change the shuttles сменять челноки (мр)	changer les navettes cambiare le navette cambiar las lanzaderas
5	Schußauswechslung (f) für die Buntweberei weft changing for coloured weaving смена (жр) утка для пестроткачества	changement (m) de trame pour tissage en couleurs cambio (m) di trama per tessitura in colori cambio (m) de trama para tisaje en colores
6	Farbenwechsel (m) colour change смена (жр) цветов	changement (m) de couleur cambio (m) di colore cambio (m) de color
7	mehrere Farben (fpl) verweben to weave several colours ткать в несколько цветов	tisser plusieurs couleurs tessere più colori tejer diversos colores
8	Farbenfolge (f) order of colours последовательное чередование (ср) цветов	ordre (m) des couleurs ordine (m) dei colori orden (m) de colores
9	Schußfolge (f) order of picks последовательное чередование (ср) уточин	ordre (m) des duites ordine (m) delle trame orden (m) de pasadas
10	Farbenwechselzeichen (n), Farbenwechselsignal (n) signal for colour changing знак (мр) для смены цвета	signal (m) pour changement de couleur segnale (m) per il cambio di colore señal (f) para el cambio de color
11	farbiger Schuß (m) coloured weft цветной уток (мр)	trame (f) de couleur trama (f) di colore trama (f) de color
12	quer gestreifte Ware (f) cross striped fabric товар (мр) с поперечными полосами	tissu (m) rayé à travers tessuto (m) rigato trasversalmente tejido (m) listado al través
13	gewürfelte [*oder* karierte] Ware (f) check pattern fabric клетчатый товар (мр)	tissu (m) quadrillé *ou* à carreaux tessuto (m) quadrettato tejido (m) a cuadros
14	Schuß (m) um Schuß eintragen to insert pick and pick вводить последовательно одну уточину за другой	insérer duite à duite inserire trama dopo trama insertar pasada tras pasada, insertar pic y pic
15	Schuß (m) um Schuß abwechselnd von verschiedenen Seiten eintragen to insert pick and pick alternately from opposite sides вводить последовательно одну уточину за другой с разных сторон	insérer duite à duite alternativement sur deux côtés inserire trama dopo trama alternatamente dai due diversi lati insertar pasada tras pasada alternativamente por distinto lado
16	mit *x* Schützen arbeiten *oder* schießen *oder* wechseln to work with *x* shuttles работать с *x* [сменными] челноками	travailler *ou* duiter *ou* changer avec *x* navettes lavorare *o* inserire *o* cambiare con *x* navette trabajar *o* picar *o* cambiar con *x* lanzaderas
17	Wiederkehr (f) der Schützen repeat of the shuttles повторное вступание (ср) в действие челноков	répétition (f) des navettes ripetizione (f) delle navette repetición (f) de las lanzaderas
18	die Schützen (mpl) kehren wieder [*oder* rapportieren] the shuttles repeat in order *or* according to pattern челноки (мр) повторно вступают в действие, челноки работают в рапорт	les navettes (fpl) reviennent suivant le rapport d'armure le navette ripetono a secondo del rapporto d'armatura las lanzaderas se repiten siguiendo el curso del dibujo
19	Schützenlauf (m) für 1 und 1 Schußwechsel abwechselnd von beiden Seiten shuttle movement for 1 and 1 weft picked alternately from either side прокид (мр) в два челнока с одной сменой	mouvement (m) de navettes 1 duite et 1 duite alternativement de chaque côté movimento (m) di navette per 1 e 1 trama alternatamente da ogni lato movimiento (m) de lanzaderas para 1 y 1 pasadas alternativamente a cada lado
20	Oberschußschützen (m) face weft shuttle челнок (мр) для верхнего утка	navette (f) de trame d'endroit navetta (f) per trama del diritto lanzadera (f) para trama del derecho
21	Futter[schuß]schützen (m) wadding weft shuttle челнок (мр) для грунтовой ткани	navette (f) de trame de fourrure navetta (f) per trama del rovescio lanzadera (f) para trama de forro
22	Schußwechselvorrichtung (f), Wechselkastenvorrichtung (f) shuttle box motion, multiple box motion механизм (мр) для смены утка, механизм сменных челночных коробок	mouvement (m) à plusieurs boîtes pour changement de navette apparecchio (m) di spostamento delle casse mecanismo (m) para cajas múltiples

abhängige *oder* zwangläufige [*oder* positive] Schützenkastenbewegung (f)
1 positive shuttle box drive (shuttle boxes working connected and in unison)
зависимое *или* позитивное движение (ср) челночной коробки
mouvement (m) positif des boites à navettes (travaillant ensemble)
movimento (m) positivo delle casse a navette (lavoranti assieme)
movimiento (m) positivo de cambio de las cajas

unabhängige [*oder* negative] Schützenkastenbewegung (f)
2 negative shuttle box drive (shuttle boxes working independently)
независимое *или* негативное движение (ср) челночной коробки
mouvement (m) négatif des boites à navettes (travaillant indépendamment)
movimento (m) negativo delle casse a navette (lavoranti indipendentemente)
movimiento (m) negativo de cambio de las cajas

Wechsellade (f)
3 change box slay, multiple box lathe
батан (мр) для сменных челноков
battant (m) à plusieurs navettes
battente (m) a più navette
batán (m) con varias cajas

Wechselkasten (m)
4 change box
сменная коробка (жр)
boite (f) à plusieurs trames
cassa (f) a più navette
caja (f) de cambio

x-facher Schützenwechsel (m)
5 change of x shuttles
x-кратная смена (жр) челноков
changement (m) de x navettes
cambio (m) di x navette
cambio (m) de x lanzaderas

Kastenstellung (f)
6 position of box
положение (ср) *или* установка (жр) коробки
position (f) de la boite
posizione (f) della cassa
posición (f) de la caja

Kastenanzahl (f)
7 number of shuttle boxes
число (ср) коробок
nombre (m) des boites
numero (m) delle casse
número (m) de las cajas

x-zelliger Schützenkasten (m)
8 shuttle box with x compartments, x-chambered shuttle box
коробка (жр) об x гнездах
boite (f) à navettes avec x compartiments
cassa (f) a navette con x scompartimenti
caja (f) con x-compartimientos

Schützenzahl (f)
9 number of shuttles
число (ср) челноков
nombre (m) des navettes
numero (m) delle navette
número (m) de las lanzaderas

x Schützen (mpl) in $x + 1$ Kasten
10 x shuttles in $x + 1$ boxes
x челноков в $x + 1$ коробках
x navettes dans $x + 1$ boites
x navette in $x + 1$ casse
x lanzaderas en $x + 1$ cajas

x Schützen (mpl) in $2x$ Kasten
11 x shuttles in $2x$ boxes
x челноков в $2x$ коробках
x navettes (fpl) dans $2x$ boites
x navette (fpl) in $2x$ casse
x lanzaderas (fpl) en $2x$ cajas

den Wechselkasten heben
12 to raise the drop box
поднимать сменную коробку (жр)
faire monter la boite
alzare la cassa
hacer subir la caja

gehobener Wechselkasten (m)
raised drop box
поднятая сменная коробка (жр)
boite (f) montée
cassa (f) alzata 13
caja (f) subida

den Wechselkasten senken
to lower the drop box
опускать сменную коробку (жр)
faire descendre la boite
far scendere la cassa 14
hacer bajar la caja

gesenkter Wechselkasten (m)
lowered drop box
опущенная сменная коробка (жр)
boite (f) descendue
cassa (f) abbassata 15
caja (f) bajada

der Wechselkasten wird um x Zellen gehoben
the drop box is raised by x compartments
сменная коробка (жр) поднимается на x гнезд
la boite est montée de x compartiments
la cassa è alzata di x scompartimenti 16
la caja es subida x compartimientos

der Wechselkasten wird um x Zellen gesenkt
the drop box is lowered by x compartments
сменная коробка (жр) опускается на x гнезд
la boite est descendue de x compartiments
la cassa è abbassata di x scompartimenti 17
la caja es bajada x compartimientos

der Schützenkasten schwingt mit der Lade
the shuttle box swings with the slay
челночная коробка (жр) качается вместе с батаном
la boite à navettes oscille avec le battant
la cassa a navette oscilla col battente 18
la caja oscila con el batán

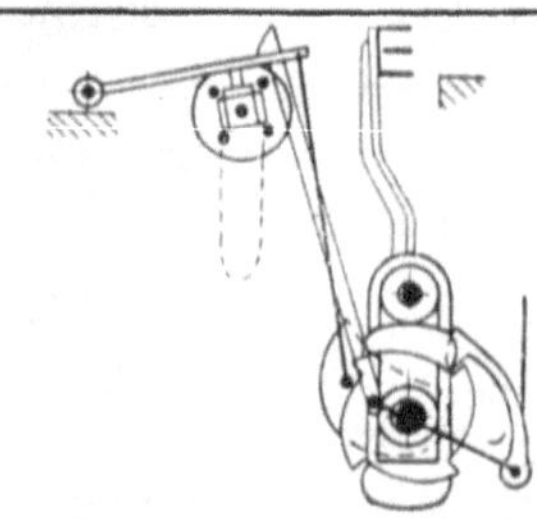

einseitiger Schützenwechsel (m)
shuttle change on one side, onesided shuttle change
односторонняя смена (жр) челноков
changement (m) de navettes d'un seul côté
cambio (m) di navette da uno stesso lato 19
cambio (m) de lanzaderas de un solo lado

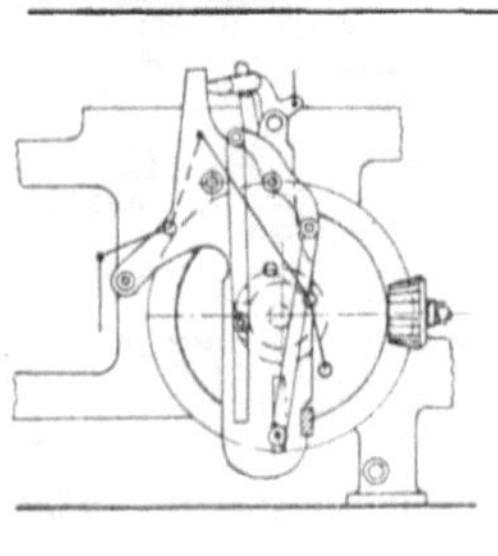

zweiseitiger Schützenwechsel (m)
shuttle change from both sides
двухсторонняя смена (жр) челноков
changement (m) de navettes des deux côtés 20
cambio (m) di navette dai due diversi lati
cambio (m) de lanzaderas de ambos lados

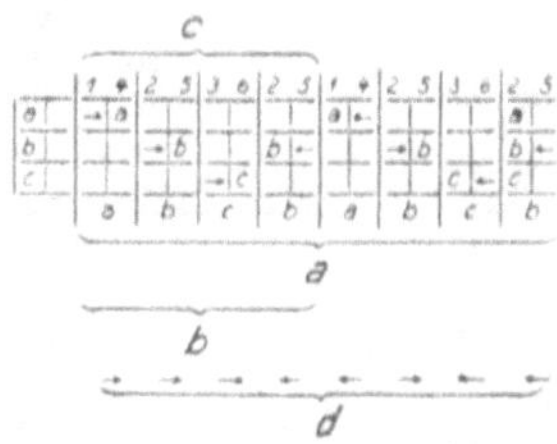

1 Wechselrapport (m)
box change repeat
сменный рапорт (мр)
a
rapport (m) de changement des boites
rapporto (m) del cambio delle casse
curso(m) *o* repetición (f) de cambio de las cajas

2 Musterrapport (m)
pattern repeat
рапорт (мр) узора
b
rapport (m) d'armure
rapporto (m) d'armatura
repetición (f) del ligamento

3 Kastenstellungsrapport (m)
repeat in position of boxes
рапорт (мр) установки коробок
c
rapport (m) de la position des boites
rapporto (m) della posizione delle casse
repetición (f) de la posición de las cajas

4 Schlagrapport (m)
picking repeat
рапорт (мр) для кидки
d
rapport (m) de duitage
rapporto (m) delle cacciate
repetición (f) del picado

5 Wechsel (m) der Reihe nach
change one after the other
смена (жр) по порядку
changement (m) dans l'ordre simple
cambio (m) nel modo semplice
cambio (m) a orden simple

6 Überspringer (m), Springlade (f)
swing box, skip box
перескакивающая *или* перепрыгивающая коробка (жр)
boite (f) sautante
cassa (f) saltante
caja (f) saltante

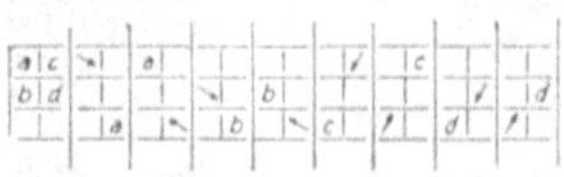

7 Überspringerrapport (m)
skip box repeat
рапорт (мр) смены с пропусками
rapport (m) de sautage
rapporto (m) dei salti
repetición (f) de los saltos

b) Steigladenwechsel (m)
Changement (m) de navette par boites montantes

8 **Drop Box Changing Motion, Rising Box Change Motion**
Батанная смена (жр) посредством под'ема
Cambio (m) della navetta con casse montanti
Cambio (m) de lanzadera por cajas superpuestas

9 Schützenwechselkasten (m) mit *x* Fächern übereinander
change box with *x* compartments superimposed
коробка (жр) для смены шпуль об *x* друг над другом расположенных гнездах
boite (f) à changement avec *x* compartiments superposés
cassa (f) a più navette con *x* scompartimenti sovrapposti
caja (f) de cambio con *x* compartimientos superpuestos

freifallende [*oder* negative] Steigkastenbewegung (f)
free falling *or* negative box movement
движение (ср) под'емной коробки со свободным падением, негативное движение (ср) под'емной коробки
mouvement (m) négatif *ou* à chute libre des boites montantes
movimento (m) negativo *o* a caduta libera delle casse montanti 10
movimiento (m) negativo *o* de caída libre de las cajas ascendentes

Kastenführung (f)
shuttle box slide
направление (ср) коробки
coulisse (f) de la boite montante
scorritoio (m) della cassa montante 11
guía (f) de las cajas de ascenso

Sprung (m) des Kastens, Kastenhub (m)
lift of the box
под'ем (мр) коробки
course (f) de la boite
corsa (f) della cassa 12
carrera (f) de la caja

Schwanken (n) *oder* Zittern (n) *oder* Hüpfen (n) des Kastens
vibration of the box
сотрясение (ср) *или* прыгание (ср) коробки
vibration (f) de la boite
vibrazione (f) della cassa 13
sacudida (f) *o* vibración (f) de la caja

der Kasten schwankt *oder* zittert *oder* hüpft
the box vibrates
коробка (жр) прыгает *или* дрожит *или* скачет
la boite vibre
la cassa vibra 14
la caja vibra

das Gewicht des Schützenkastens ausgleichen [*oder* ausbalanzieren]
to counterbalance the weight of the shuttle box
уравновешивать вес (мр) челночной коробки
équilibrer le poids de la boite à navettes
equilibrare il peso della cassa a navette 15
equilibrar el peso de la caja

Herunterfallen (n) des Kastens
falling of the box
падение (ср) коробки
chute (f) de la boite
caduta (f) della cassa 16
caída (f) de la caja

der freifallende Kasten arbeitet unsicher
the free falling box works unreliably
свободно падающая коробка (жр) работает ненадежно
la boite à chute libre travaille d'une manière défectueuse
la cassa a caduta libera lavora irregolarmente 17
la caja de caída libre trabaja en forma defectuosa

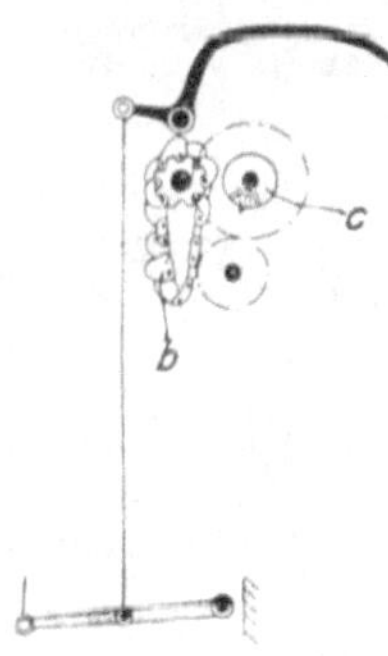

Schützenwechsel (m) mittels Daumenkette
shuttle changing by means of a pattern chain
смена (жр) челноков при помощи кулачной цепи
changement (m) de navettes au moyen d'une chaine d'armure 18
cambio (m) delle navette con catena a disegno
cambio (m) de lanzadera mediante una cadena de excéntricos

No.				
1	Daumenkettenglied (n) link of pattern chain звено (ср) кулачной цепи	b	chainon (m) de la chaine d'armure articolazione (f) della catena a disegno eslabón (m) de la cadena de excéntricos	
2	Stiftrad (n) pin wheel диск (мр) со штифтом	c	roue (f) à goupille ruota (f) a spina rueda (f) con espiga	
3	achtteiliger Stern (m) star wheel eight to the round восьмиконечная звезда (жр)		roue (f) étoilée à huit dents ruota (f) a stella a otto denti rueda (f) de estrella de ocho dientes	

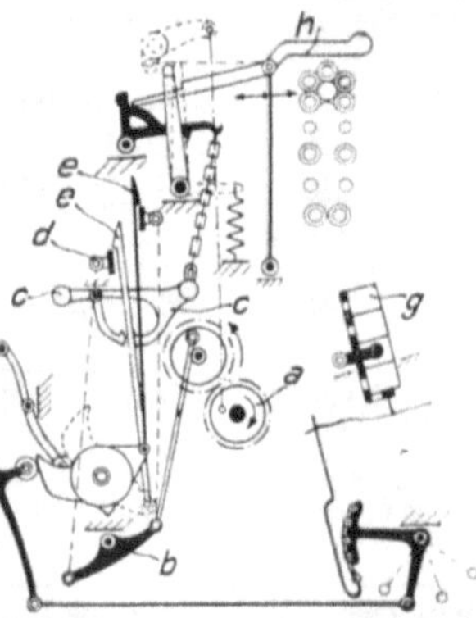

No.				
4	Buckskinstuhlwechsel (m) change box motion for buckskin loom смена (жр) на бухскиновых станках		mécanisme (m) de changement de boites pour métier à grosse draperie meccanismo (m) per il cambio delle casse di telaio per drappi forti mecanismo (m) de cambio de cajas para telar de paño fuerte	
5	Kurbelwelle (f) crank shaft кривошипный вал (мр)	a	arbre (m) [à] manivelle, arbre à vilebrequin albero (m) a manovella *o* a gomito árbol (m) de las cigüeñas, cigüeñal (m)	
6	Wiege (f) swing lever люлька (жр)	b	balancier (m) leva (f) oscillante balancín (m)	
7	Gewichtshebel (m) weight lever грузовой рычаг (мр)	c	levier (m) à contrepoids leva (f) a contrappeso palanca (f) y contrapeso	
8	Messer (n) knife нож (мр)	d	couteau (m) coltello (m) cuchilla (f)	
9	Platine (f) hook крючок (мр)	e	levier (m) à bec de corbin arpino (m) gancho (m)	
10	Schützenzelle (f) shuttle box compartment гнездо (ср) для челнока	g	compartiment (m) *ou* case (f) de la boite à navettes scompartimento (m) *o* cella (f) della cassa a navette compartimiento (m) de la caja	
	Stößer (m) feeler толкач (мр), выталкиватель (мр)	h	levier (m) tâteur tastatore (m) palanca (f) pulsora	11

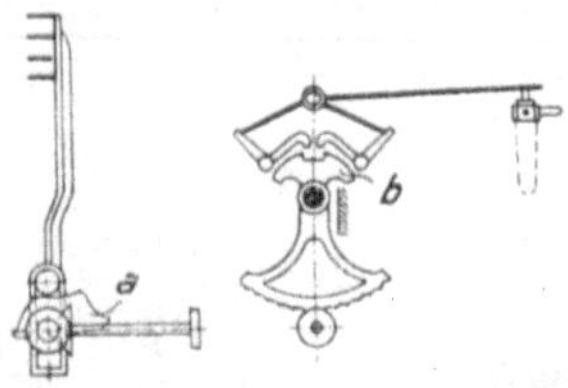

				No.
	Schönherrscher Wechsel (m) Schönherr's box motion смена (жр) Шенгерра		changement (m) de boites, système Schönherr cambio (m) delle casse, sistema Schönherr cambio (m) de cajas, sistema Schönherr	12
	dreistufigesExzenter (n) three part cam трехступенчатый эксцентрик (мр)	a	excentrique (m) à trois pointes eccentrico (m) a tre sporti excéntrico (m) de tres alturas	13
	Platinenhebel (m) hook lever сектор (мр), рычаг (мр) крючков	b	levier (m) des crochets leva (f) degli arpini palanca (f) de los ganchos	14

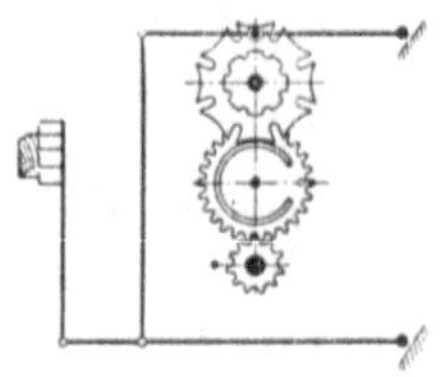

		No.
	Smithscher Fallkastenwechsel (m) Smith's drop box motion смена (жр) посредством падающих коробок Смита changement (m) de boites montantes, système Smith cambio (m) delle casse montanti, sistema Smith cambio (m) de las cajas, sistema Smith	15

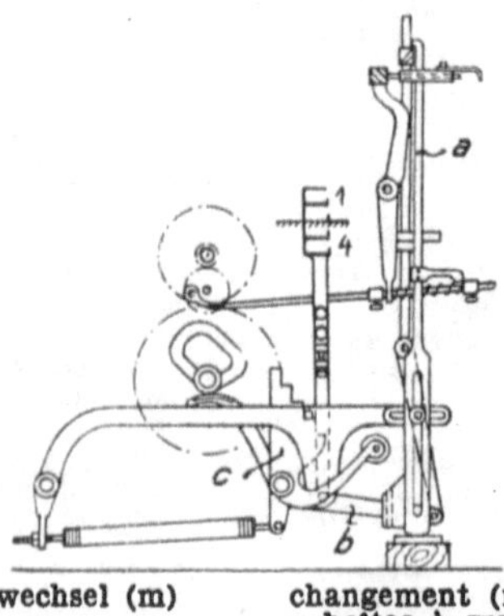

				No.
	Stufenwechsel (m) foot step change box motion ступенчатая смена (жр)		changement (m) de boites à gradins cambio (m) delle casse a gradini cambio (m) de cajas por peldaños	16

1 Platine (f) mit Schlitz
slotted hook
крючок (мр) с прорезом
a
platine (f) à coulisse
arpino (m) a glifo
gancho (m) de colisa

2 Tritt (m)
treadle
подножка (жр)
b
pédale (f)
pedale (m), calcola (f)
pedal (m)

3 Stufenhebel (m)
foot step lever
ступенчатый рычаг (мр)
c
levier (m) à gradins
leva (f) a gradini
palanca (f) escalonada

4 den Wechsel [durch die Platine] einstellen
to regulate the change [by the hook]
устанавливать смену (жр) [посредством крючка]
régler le changement [par la platine]
regolare il cambio [coll'arpino]
regular el cambio [mediante el gancho]

Sternrad (n)
star wheel
звездка (жр)
h
roue (f) étoilée
ruota (f) a stella
rueda (f) de estrella 12

kreisbogenförmig ausgeschnittene Scheibe (f)
shroud disc
диск (мр) с сегментообразным вырезом
i
disque (m) échancré
disco (m) incavato in forma di mezza luna
disco (m) de recorte arqueado 13

Nadel (f)
needle
игла (жр)
k
aiguille (f)
ago (m)
aguja (f) 14

Wechselkarte (f)
pattern card
сменная карта (жр)
l
carton (m) de changement
cartone (m) di cambio
cartón (m) de cambio 15

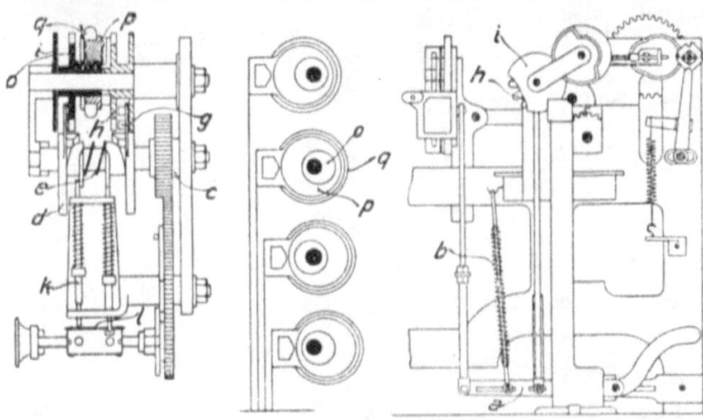

inneres Hubexzenter (n)
inner eccentric sheave
внутренний под'емный эксцентрик (мр)
o
excentrique (m) intérieur
eccentrico (m) interno
excéntrico (m) interior 16

äußeres Hubexzenter (n)
outer eccentric sheave
внешний под'емный эксцентрик (мр)
p
excentrique (m) extérieur
eccentrico (m) esterno
excéntrico (m) exterior 17

5 Hackingwechsel (m)
Hacking's box motion
смена (жр) Хаккинга
changement (m) de boites, système Hacking
cambio (m) delle casse, sistema Hacking
cambio (m) de cajas, sistema Hacking

6 Kastenhebel (m)
drop box lever
рычаг (мр) для челночной коробки
a
levier (m) des boites montantes
leva (f) delle casse montanti
palanca (f) de las cajas

7 Kastentragfeder (f)
carrier spring
поддерживающая пружина (жр) коробки
b
ressort (m) de support des boites
molla (f) di sopporto delle casse
resorte (m) de soporte de las cajas

8 Kammradnabe (f)
boss of cog wheel *or* mortice wheel
втулка (жр) деревянной шестерни
c
moyeu (m) de la roue à dents de bois
mozzo (m) della ruota a denti di legno
cubo (m) de la rueda con dientes de madera

9 Zapfenscheibe (f)
pin disc
кулачная шайба (жр)
d
disque (m) à goupilles
disco (m) a perni
disco (m) de espigas

10 Schraubenfeder (f)
helical spring
винтовая пружина (жр)
e
ressort (m) à boudin
molla (f) elicoidale
resorte (m) helicoidal

11 Treibstift (m)
driving pin
ведущий палец (мр)
g
goupille (f) de commande
perno (m) di comando
espiga (f) impulsora

Exzenterring (m)
eccentric strap
хомут (мр) эксцентрика
q
collier (m) d'excentrique
collare (m) dell'eccentrico
collar (m) de excéntrico 18

ineinandergeschobene Exzenterscheiben (fpl)
double eccentric
вдвинутые один в другой диски (мр) эксцентрика
excentrique (m) double
eccentrici (mpl) girevoli uno dentro l'altro
excéntrico (m) doble 19

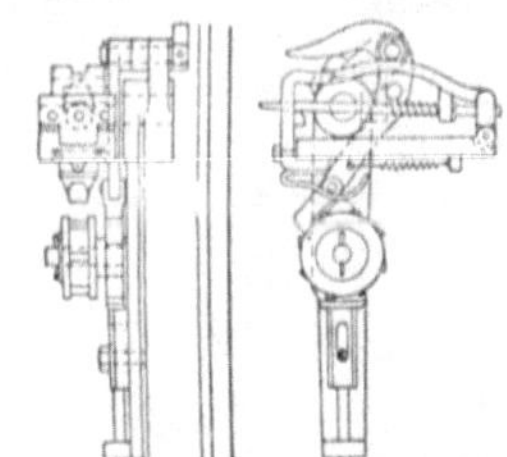

Kartensparvorrichtung (f) für Taschentuchstühle
card saving motion for handkerchief looms
приспособление (ср) для сбережения карт для платочных станков
mécanisme (m) économiseur *ou* réducteur de cartons pour métier à mouchoirs
meccanismo (m) per la riduzione dei cartelli di telai a fazzoletti
mecanismo (m) economizador de cartones en telares para pañuelos 20

No.				
1	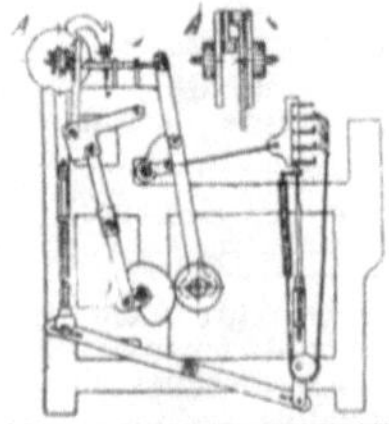		Eccleswechsel (m) Eccles' box motion смена (жр) Экклеса mécanisme (m) de changement, système Eccles meccanismo (m) di cambio, sistema Eccles mecanismo (m) de cambio, de Eccles	
2	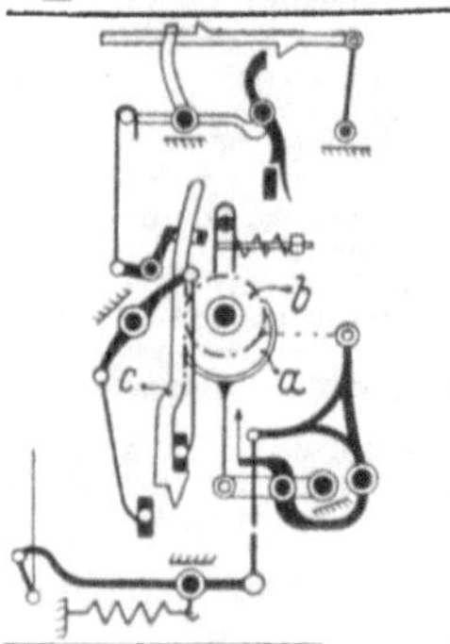		Schwabewechsel (m) Schwabe's box motion смена (жр) Швабе changement (m) des boites par roues, système Schwabe cambio (m) delle casse con ruote, sistema Schwabe cambio (m) de cajas por ruedas, sistema Schwabe	
3	Kreisexzenter (n) eccentric sheave круглый эксцентрик (мр)	a	disque (m) excentrique disco (m) eccentrico, eccentrico (m) circolare disco (m) excéntrico	
4	Zahnrad (n) mit Bremse toothed wheel with brake шестерня (жр) с тормазом	b	roue (f) dentée avec frein ruota (f) dentata con freno rueda (f) dentada con freno	
5	treibende Zahnstange (f) operating rack ведущая зубчатая рейка (жр)	c	crémaillère (f) motrice asta (f) dentata motrice cremallera (f) motora	
6	Steuerung (f) der Zahnstange control of the rack управление (ср) [движением] зубчатой рейки		commande (f) de la crémaillère azionamento (m) dell'asta dentata accionamiento (m) de la cremallera	

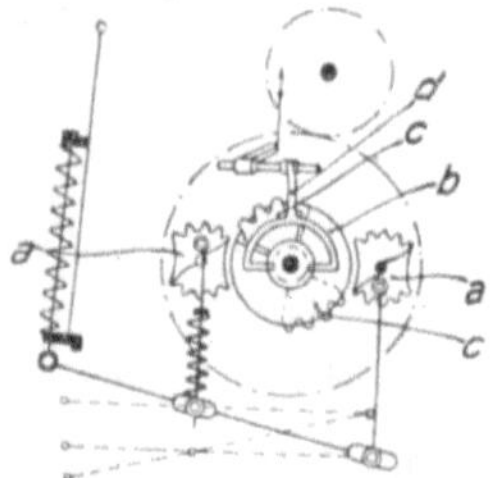

No.			
7	Hodgsonwechsel (m) Hodgson's box motion смена (жр) Ходчсона		changement (m) des boites, système Hodgson cambio (m) delle casse, sistema Hodgson cambio (m) de cajas, sistema Hodgson
8	Kurbelscheibe (f) crank disc диск (мр) кривошипа	a	disque (m) à manivelle disco (m) a manovella disco (m) con manivela

			No.
Sperrscheibe (f) locking disc храповое колесо (ср)	b	disque (m) d'arrêt disco (m) d'arresto disco (m) de paro	9
Zahnsektor (m) toothed sector зубчатый сектор (мр)	c	secteur (m) denté settore (m) dentato sector (m) dentado	10
Gabel (f) fork вилка (жр)	d	fourchette (f) forchetta (f) horquilla (f)	11

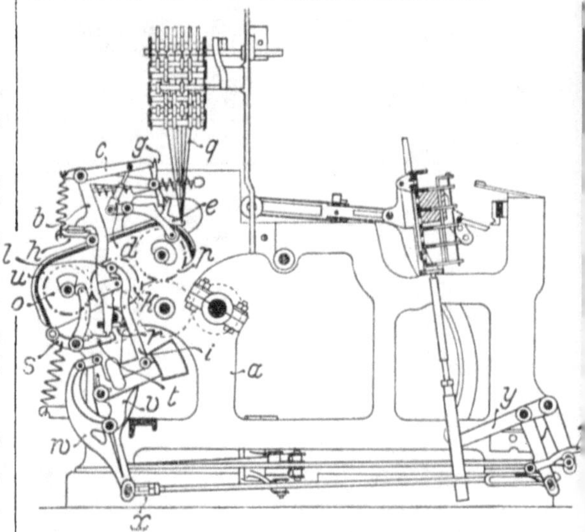

			No.
Knowleswechsel (m) Knowles' box motion смена (жр) Нойльса		changement (m) de boites, système Knowles cambio (m) delle casse, sistema Knowles cambio (m) de cajas, sistema Knowles	12
Wechselbock (m) change box framing станок (мр) для смены	a	bâti (m) du changement des boites cavalletto (m) del cambio delle casse bastidor (m) del cambio de cajas	13
Radhebel (m) wheel lever шестеренный рычаг (мр)	b	levier (m) de roue leva (f) della ruota palanca (f) de la rueda	14
Messerrahmen (m) knife frame ножовая рама (жр)	c	support (m) de couteau sopporto (m) del coltello soporte (m) de la cuchilla	15
Kopf (m) der Verbindungsstange head of connecting rod головка (жр) соединительной тяги	d	tête (f) de la tringle de connexion testa (f) del tirante cabeza (f) del tirante	16
Steuerhebel (m), Wechselfinger (m) changing finger управляющий рычаг (мр)	e	levier (m) *ou* doigt (m) de changement leva (f) *o* dito (m) del cambio palanca (f) de cambio	17

1	Wechselplatine (f) change hook сменный крючок (мр)	g	platine (f) de changement arpino (m) del cambio gancho (m) del cambio
2	Hebelbremse (f), Bremsschuh (m) brake shoe рычажный тормаз (мр)	h	patin (m) *ou* sabot (m) de frein ceppo (m) del freno zapata (f) de freno
3	Schubstange (f), Hubradband (n) connecting rod мотыль (мр), шатун (мр)	i	tringle (f) de connexion biella (f) biela (f)
4	Hubrad (n) lifter wheel под'емная шестерня (жр)	k	roue (f) de levée ruota (f) di sollevamento rueda (f) de ascenso
5	Kurbelzapfen (m) crank pin палец (мр) кривошипа	l	bouton (m) de manivelle perno (m) della manovella espiga (f) de manivela
6	Zahnwalze (f), Zahntrommel (f) fluted roller зубчатый барабан (мр)	o	cylindre (m) cannelé cilindro (m) scanalato cilindro (m) estriado
7	Trommelrad (n) cylinder wheel барабанная шестерня (жр)	p	roue (f) du cylindre ruota (f) del cilindro rueda (f) del cilindro
8	Verbindungsdraht (m) connecting wire соединительный проволочный пруток (мр)	q	fil (m) métallique de connexion filo (m) metallico di connessione alambre (m) de conexión
9	Radhebelrechen (m) wheel lever grate решетка (жр) шестеренного рычага	r	arrêt (m) du levier de roue arresto (m) della leva della ruota freno (m) de la palanca de la rueda
10	Kupplungskeilrahmen (m) coupling key frame рамка (жр) сцепляющегося клина	s	barre (f) d'accouplement barra (f) d'accoppiamento vara (f) de acoplamiento
11	Kupplungskeil (m) coupling wedge сцепляющий клин (мр)	t	coin (m) d'accouplement cuneo (m) d'innesto cuña (f) di acoplamiento
12	Trommelverkleidung (f) cylinder covering кожух (мр) барабана	u	couvercle (m) du cylindre coperchio (m) del cilindro cubierta (f) *o* tapa (f) del cilindro
13	Gabelwechselhebel (m) forked change lever вилкообразный сменный рычаг (мр)	v	levier (m) de changement à fourche leva (f) di cambio a forchetta palanca (f) de horquilla del cambio
14	Doppelwechselhebel (m) double change lever двойной сменный рычаг (мр)	w	levier (m) de changement double leva (f) di cambio doppia palanca (f) doble de cambio

Gewindemuffe (f) screw coupling муфта (жр) с резьбой	x	manchon (m) d'accouplement à vis manicotto (m) d'innesto a vite manguito (m) fileteado de acoplamiento	15
Wechselkastenheber (m) change box lifter под'емный рычаг (мр) для сменной коробки	y	tringle (f) de levée du changement des boîtes asta (f) di sollevamento per il cambio delle casse tirante (m) de ascenso del cambio de las cajas	16
Fußtritt (m) foot lever подножка (жр)	z	pédale (f) pedale (m) calca (f), pedal (m)	17
Knowlesgetriebe (n) Knowles' gearing передаточный механизм (мр) Нойльса		mécanisme (m) Knowles meccanismo (m) Knowles mecanismo (m) Knowles	18
halbe Drehung (f) half revolution полуоборот (мр)		demi-révolution (f) mezzo-giro (m) media revolución (f)	19
Hebelübersetzung (f) transmission by levers рычажная передача (жр)		transmission (f) par leviers trasmissione (f) con leve transmisión (f) por palancas	20
umsteuern to reverse изменять направление (ср) движения		renverser la marche invertire il movimento invertir el movimiento	21

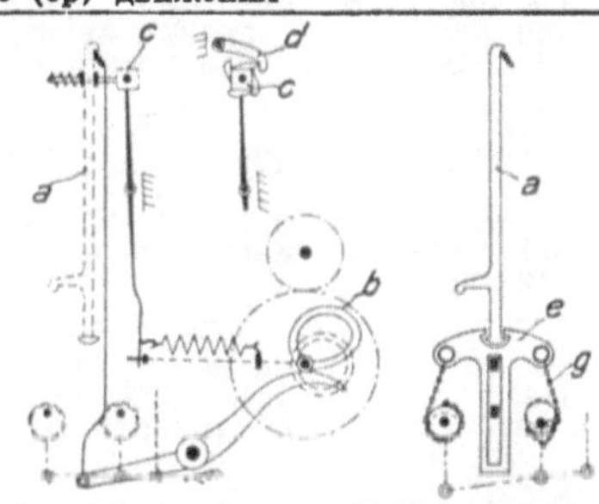

schweizer Wechsel (m) Swiss shuttle motion швейцарская смена (жр)		changement (m) de navettes suisse cambio (m) delle navette svizzero mecanismo (m) suizo de cambio de lanzaderas	22
Platine (f) mit Handgriff hook with handle крючок (мр) с ручкой	a	platine (f) avec poignée platina (f) con manico gancho (m) con mango	23
Kurvenscheibe (f) cam disc диск (мр) с криволинейной образующей	b	excentrique (m) eccentrico (m) excéntrico (m)	24
Wechselkarte (f) pattern card карта (жр) для смены	c	carton (m) de changement cartone (m) del cambio cartón (m) de cambio	25
Wendehaken (m) cylinder catch поворачивающая собачка (жр)	d	loquet (m) [du prisme] arpione (m) di inversione *o* di scambio cuchillo (m) *o* gatillo (m) del prisma	26

1	Schieber (m) mit Schlitzführung slotted guide кулиссная ползушка (жр)	e	guide (m) à coulisse guida (f) a scanalatura guía (f) ranurada
2	eiserne Kette (f) iron chain железная цепь (жр)	g	chaîne (f) en fer catena (f) di ferro cadena (f) de hierro

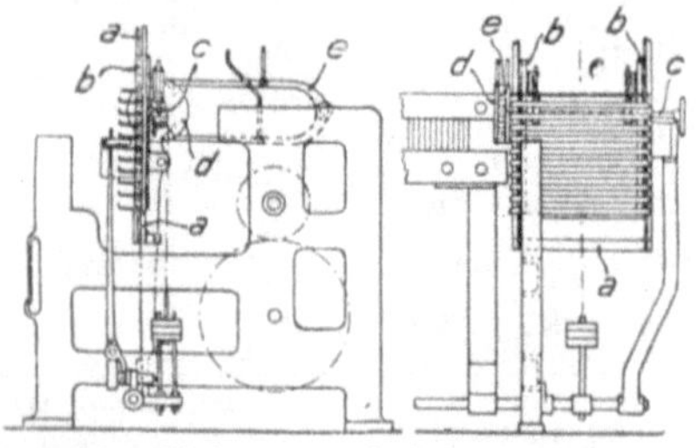

3	Tannwalder Steiglade (f) Tannwald rising box motion Таннвальдский под'емный батан (мр)		boîte (f) montante Tannwald cassa (f) montante Tannwald caja (f) ascendente Tannwald
4	Hubkastenrahmen (m) shuttle box slide рамка (жр) под'емной коробки	a	coulisse (f) de la boîte à navettes scorritoio (m) della cassa a navette colisa (f) de los cajones
5	Hubkastenschiene (f) box guide полоз (мр) под'емной коробки	b	glissière-guide (f) des boîtes guida (f) della cassa guía (f) de los cajones
6	Ladenachse (f) rocking shaft ось (жр) батана	c	porte-battant (m) asse (f) del battente eje (m) del batán
7	Stiftrad (n) pin wheel шпеньковое колесо (ср)	d	roue (f) à goupilles ruota (f) ad aghi rueda (f) de espigas
8	Schalthaken (m) catch подающий крючок (мр)	e	levier (m) à bec de corbin uncino (m) d'arresto doble gancho (m)
9	gezahnte Hubkastenrückseite (f) toothed back of the box зубчатая спинка (жр) под'емной коробки		arrière (m) denté de la boîte parete (f) posteriore dentata della cassa pared (f) posterior dentada de la caja
10	Einrücken (n) des Schalthakens engagement of the catch включение (ср) питательного крючка		engagement (m) du levier à bec de corbin innesto (m) dell'uncino d'arresto engatillado (m) del doble gancho

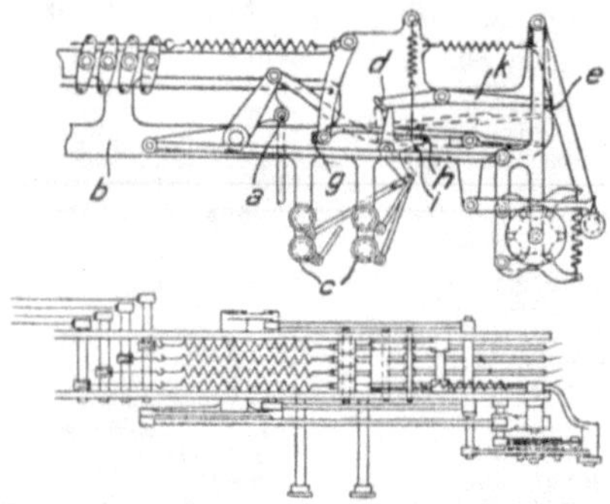

Schußwechsel (m) ohne Wechselkarten weft change without cards смена (жр) утка без сменных карт		changement (m) de boîtes sans cartons cambio (m) delle casse senza cartoni cambio (m) de cajas sin cartones	11
Gelenkbolzen (m) hinge bolt шарнирный болт (мр)	a	boulon (m) de la charnière bullone (m) della cerniera gorrón (m) de la charnela	12
Gestellwand (f) framing стенка (жр) станины	b	bâti (m) parete (f) del banco bastidor (m)	13
Nummerscheibe (f) number disc номерный диск (мр)	c	disque (m) à numéro disco (m) a numero disco (m) numerado	14
Falle (f) catch lever остановочный рычаг (мр), защелка (жр)	d	levier (m) d'arrêt leva (f) d'arresto palanca (f) de freno	15
Hemmung (f) stop nose тормаз (мр), задержка (жр)	e	nez (m) d'arrêt nasello (m) d'arresto nariz (f) de freno	16
Zugdraht (m) draw wire проволочный поводок (мр)	g	fil (m) de traction filo (m) metallico di trazione tirante (m) de tracción	17
Hebelvorsprung (m) projection on lever выступ (мр) рычага	h	saillie (f) du levier sporto (m) della leva resalto (m) de la palanca	18
Quersteg (m) cross piece поперечный порожек (мр)	i	traverse (f) traversa (f) pieza (f) transversal, traviesa (f)	19
Fallenschenkel (m) catch lever arm плечо (ср) защелки	k	bras (m) du levier d'arrêt braccio (m) della leva d'arresto brazo (m) de la palanca de freno	20

e) Drehladenwechsel (m), Revolverladenwechsel (m)
Circular *or* Revolving Box Motion 1
Смена (жр) при помощи револьверного батана
Changement (m) de navettes par boîte tournante
Cambio (m) delle navette per meccanismo a revolver
Cambio (m) de lanzaderas por mecanismo revólver

2 umlaufender Schützenbehälter (m), Drehlade (f), Revolver (m)
revolving *or* circular boxes
вращающийся приемник (мр) для челноков, револьвер (мр)
boîte (f) rotative *ou* tournante, boîte-revolver (f)
cassa (f) rotativa delle navette, revolver (m)
cajas (fpl) giratorias, revólver (m)

3 im Kreise angeordnete Zellen (fpl)
chambers disposed in a circle
гнезда (ср), расположенные по окружности
compartiments (mpl) disposés en cercle
scompartimenti (mpl) disposti in cerchio
compartimientos (mpl) dispuestos en círculo

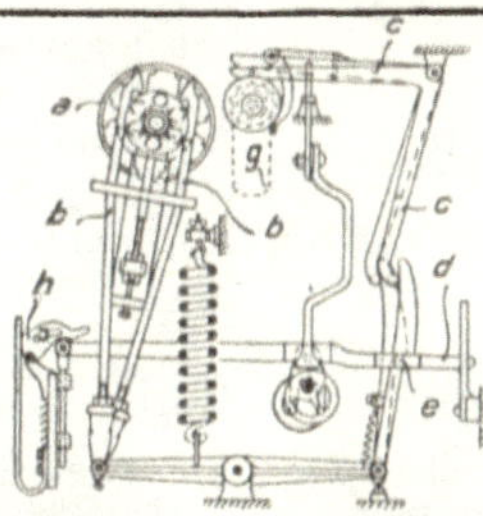

4 Revolverwechsel (m) der Reihe nach
successive circular box motion
последовательная револьверная смена (жр) [по порядку]
mouvement (m) successif *ou* continu de la boîte rotative
movimento (m) successivo della cassa rotativa
movimiento (m) continuo del revólver

5 Laterne (f) der Revolverlade
lantern of the revolving box
фонарь (мр) револьверного батана
a
lanterne (f) de la boîte-revolver
lanterna (f) della cassa rotativa
linterna (f) del revólver

6 Wendehaken (m), Zughaken (m)
draw hook
поворачивающая собачка (жр)
b
levier (m) à bec de corbin
arpione (m) di inversione *o* di scambio
doble gancho (m) *o* corchete (m)

7 Nadelhebel (m)
needle lever
игольный рычаг (мр)
c
clanche (f)
leva (f) a spine
palanca (f) acodada

8 Hakenhebel (m)
hook lever
рычаг (мр) с крючком
d
levier (m) à crochet
leva (f) del gancio
palanca (f) del gancho

9 Stufe (f)
step, notch
уступ (мр)
e
gradin (m)
gradino (m)
peldaño (m)

10 Blechkarte (f)
sheet metal card
жестяная карта (жр)
g
carton (m) métallique
cartone (m) metallico
cartón (m) de plancha

Sicherheitskupplung (f)
safety coupling
предохранительное сцепление (ср)
h
accouplement (m) de sûreté
innesto (m) di sicurezza
acoplamiento (m) de seguridad 11

Wechselseite (f)
side for changing
сторона (жр) смены
côté (m) du changement
lato (m) del cambio
lado (m) del cambio 12

Aufklappen (n) der Sicherung
disengaging of the safety catch
откидывание (ср) предохранителя
déclanchement (m) du crochet de sûreté
scatto (m) dell'arpione di sicurezza
desenganche (m) del gatillo de seguridad 13

Drehung (f) des Revolvers
rotation of the revolving box
вращение (ср) револьверного барабана
évolution (f) de la boîte tournante
rotazione (f) del revolver
rotación (f) del revólver 14

um *x* Kasten wenden
to move round by *x* compartments
поворачивать на *x* коробок
évoluer de *x* compartiments
girare *x* scompartimenti
hacer girar *x* huecos *o* compartimientos 15

den Kasten vorwärts bewegen
to move the box forwards
подвигать коробку (жр) вперед
faire manœuvrer la boîte en avant
far avanzare la cassa
maniobrar el revólver hacia adelante 16

den Kasten rückwärts bewegen
to move the box backwards
подвигать коробку (жр) назад
faire manœuvrer la boîte en arrière
far retrocedere la cassa
maniobrar el revólver hacia atrás 17

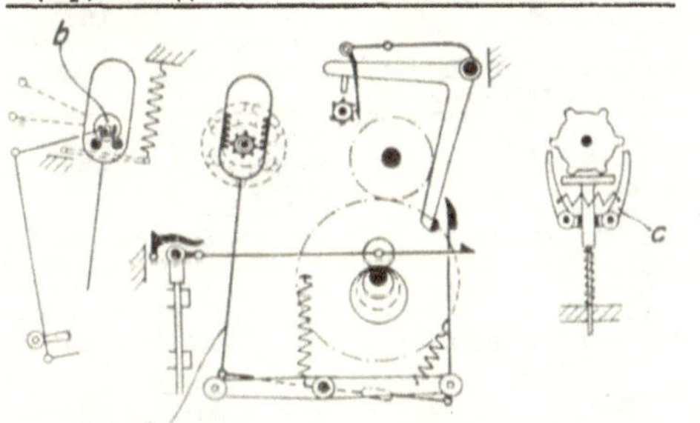

Überspringer[revolver] (m)
revolving skip box
перескакивающий револьвер (мр), револьвер с пропусками
boîte (f) rotative sautante
cassa (f) rotativa saltuaria
revólver (m) para saltos múltiples 18

Kulissenzahnstange (f)
double rack
кулиссная зубчатая рейка (жр)
a
crémaillère (f) à coulisse
asta (f) dentata a glifo
cremallera (f) con colisa 19

Wippe (f)
rocker
качель (жр), качалка (жр)
b
bascule (f)
bilanciere (m)
báscula (f) 20

Sicherheitsfalle (f)
safety catch
предохранительная защелка (жр)
c
cliquet (m) de sûreté
nottolino (m) di sicurezza
gatillo (m) de seguridad 21

1 überspringen / to skip / пропускать — sauter / saltare / saltar

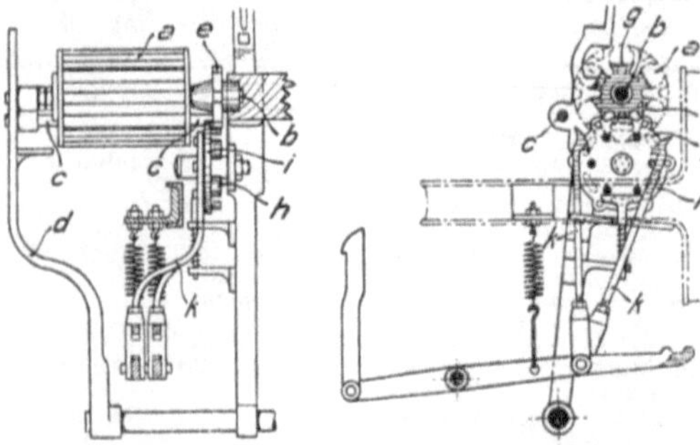

2 Revolverlade (f) von Ross / Ross' circular box motion / револьверный батан (мр) Росса — boîte (f) tournante, système Ross / cassa (f) girevole, sistema Ross / revólver (m) sistema Ross

3 *a* Revolvertrommel (f) / revolving box / револьверный барабан (мр) — tambour-revolver (m) / tamburo (m) a revolver / tambor (m) revólver

4 *b* Spindel (f) / spindle / шпиндель (мр) — arbre (m) / albero (m) / árbol (m)

5 *c* Versteifung (f) / stay rod / распорка (жр) [для жесткости] — entretoise (f) / tirantino (m) di rinforzo / tirante (m)

6 *d* Hilfsarm (m) / auxiliary arm / вспомогательный кронштейн (мр) — bras (m) auxiliaire / braccio (m) ausiliario / brazo (m) auxiliar

7 *e* Sternrad (n) / star wheel / звездочка (жр) — roue (f) étoilée / ruota (f) a stella / rueda (f) de estrella

8 *g* hohlrunde *oder* vertiefte [*oder* konkave] Fläche (f) / concave surface / вогнутая поверхность (жр) — surface (f) concave / superficie (f) concava / superficie (f) cóncava

9 *h* runderhabene *oder* gewölbte [*oder* konvexe] Fläche (f) / convex surface / выпуклая поверхность (жр) — surface (f) convexe / superficie (f) convessa / superficie (f) convexa

10 *i* Stiftscheibe (f) / pin disc / шпеньковый диск (мр) — disque (m) à goupilles / disco (m) ad aghi / disco (m) de espigas

11 *k* Klinkenhebel (m) / catch lever / защелкивающий рычаг (мр) — levier (m) à cliquet / leva (f) a scatto / palanca (f) del gatillo *o* del corchete

12 Kammerzahl (f), Zellenanzahl (f) / number of compartments / число (ср) гнезд *или* камер — nombre (m) de compartiments / numero (m) degli scompartimenti / número (m) de cajas

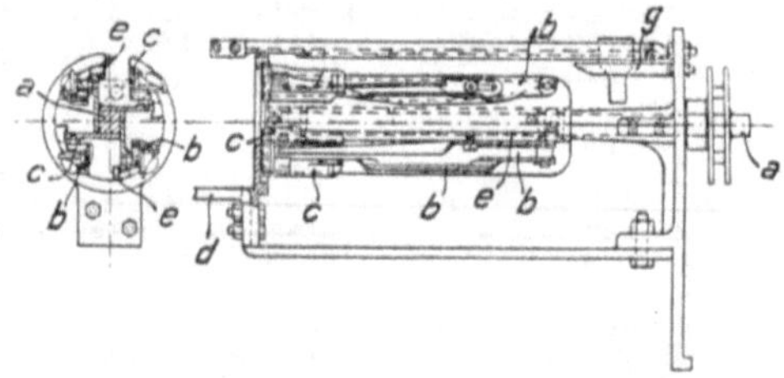

13 Revolverschützenkasten (m) von Walker / Walker's circular box motion / револьверная челночная коробка (жр) Уокера — boîte (f) tournante, système Walker / cassa (f) girevole, sistema Walker / revólver (m) sistema Walker

14 *a* Vierkantwelle (f) / rectangular shaft / четырехгранный *или* квадратный вал (мр) — arbre (m) rectangulaire / albero (m) rettangolare / árbol (m) rectangular

15 *b* Kastenzunge (f) / box tongue *or* blade / стрелка (жр) коробки — languette (f) de la boîte / linguetta (f) della cassa / lengüeta (f) de la caja

16 *c* bogenförmiges Führungsstück (n) / curved guide piece / дугообразная направляющая колодка (жр) — pièce-guide (f) annulaire / pezzo (m) di guida anulare / pieza-guía (f) curvada

17 *d* Halter (m) / carrier / державка (жр) — support (m) / sopporto (m) / soporte (m)

18 *e* Führungsleiste (f) / guide fillet / направляющая планка (жр) — plate-bande (f) guide / listello (m) di guida / lista-guía (f)

19 *g* Treibergabel (f) / picker fork / вилка (жр) гонка — fourchette (f) du taquet / forchetta (f) del tacchetto / horquilla (f) del taco

20 **d) Wechselkarte** (f) / **Change Box Card** / **Сменная карта** (жр) **для челноков** — **Carte** (f) **de changement** / **Cartone** (m) **di cambio, cartella** (f) **per cambio navette** / **Planchita** (f) **de cambio**

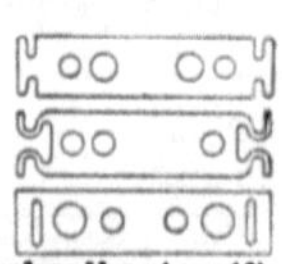

21 Wechselkarte (f) aus Stahlblech / steel change card — сменная карта (жр) из листовой стали / carte (f) de changement en acier / cartone (m) di cambio d'acciaio / planchita (f) de cambio de chapa de acero

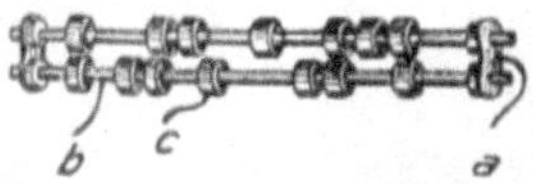

1 Rollenwechselkarte (f) — roller change card — роличная сменная карта (жр) — carte (f) de changement à roulettes — cartone (m) di cambio a rotelle, catena (f) a piuoli[-rotelle] — cartón (m) de cambio de rodillos

2 Blechglied (n) — sheet iron link — плоское звено (ср) из жести — *a* — articulation (f) en tôle — articolazione (f) di lamiera — articulación (f) de chapa

3 Büchse (f) — bush — проставка (жр), проставная труба (жр) — *b* — douille (f), bague (f) — bossolo (m), piccolo rullo (m) — varilla (f), cubo (m)

4 Musterrolle (f) — pattern roller, bowl — ролик (мр) для образования узора — *c* — galet (m) *ou* roulette (f) de carte — rotella (f), rullo (m) grande, piuolo (m) — rodillo (m)

5 Wechselanordnung (f) links — box motion left hand side — сменное приспособление (ср), расположенное слева — mécanisme (m) de changement disposé à gauche — meccanismo (m) di cambio alla sinistra — mecanismo (m) de cambio a la izquierda

6 Wechselanordnung (f) rechts — box motion right hand side — сменное приспособление (ср), расположенное справа — mécanisme (m) de changement disposé à droite — meccanismo (m) di cambio alla destra — mecanismo (m) de cambio a la derecha

7 Wirkungsweise (f) der Wechselkarten — action of the change cards — способ (мр) *или* образ (мр) действия сменных карт — manière (f) d'agir des cartes de changement — modo (m) di funzionare dei cartoni di cambio — manera (f) de accionar de los cartones de cambio

8 vom $x$ten auf den $y$ten Kasten heben (senken) — to lift (to lower) from the xth box to the yth box — производить под'ем (опускание) от x-вой до y-вой коробки — lever (abaisser) de la $x$ième boite à la $y$ième boite — alzare (abbassare) dalla cassa $x$ma alla cassa $y$ma — subir (bajar) de la $x$ésima a la $y$ésima caja

9 $x$tes Loch hebt (senkt) Kasten x — xth perforation lifts (lowers) box x — x-вое отверстие (ср) поднимает (опускает) x-вую коробку — le $x$ième trou (m) lève (baisse) la $x$ième boite — foro (m) $x$mo alza (abbassa) cassa x — el $x$ésimo taladro sube (baja) la $x$ésima caja

10 $x$te Büchse (f) hebt (senkt) Kasten x — xth bush lifts (lowers) box x — x-вая проставка (жр) подымает (опускает) x-вую коробку — la $x$ième douille lève (baisse) la $x$ième boite — bossolo (m) $x$mo alza (abbassa) la cassa x — el $x$ésimo cubo sube (baja) la $x$ésima caja

$x$te Rolle (f) hebt (senkt) Kasten x — xth roller lifts (lowers) box x — x-вый ролик (мр) подымает (опускает) x-вую коробку — la $x$ième roulette lève (baisse) la $x$ième boite — rotella (f) $x$ma alza (abbassa) la cassa x — el $x$ésimo rodillo sube (baja) la $x$ésima caja 11

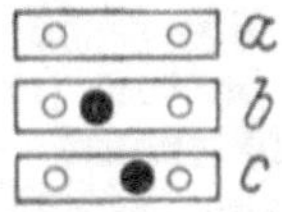

Revolverwechselkarten (fpl) — change cards for circular boxes — сменные карты (жр) для револьверного аппарата — cartes (fpl) pour métier revolver — cartoni (mpl) per portanavette a revolver — planchitas (fpl) para cambio revólver 12

Karte (f) für Wechselstillstand *oder* Kastenstillstand — blank card, card to keep boxes at rest — карта (жр) для приостановки смены *или* движения коробки — *a* — carte (f) pour boites au repos — cartone (m) per casse in riposo — planchita (f) para cajas en reposo 13

Karte (f) für Drehung nach rechts — card for revolving to the right — карта (жр) для вращения направо — *b* — carte (f) pour tourner à droite — cartone (m) per girare a destra — planchita (f) para giro a la derecha 14

Karte (f) für Drehung nach links — card for revolving to the left — карта (жр) для вращения налево — *c* — carte (f) pour tourner à gauche — cartone (m) per girare a sinistra — planchita (f) para giro a la izquierda 15

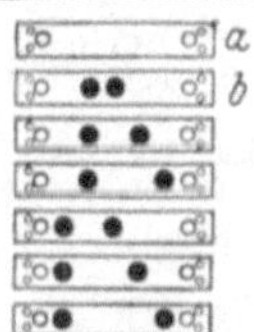

Revolverüberspringerkarten (fpl) — cards for circular skip boxes — карты (жр) для смены с пропусками на револьверном аппарате — cartes (fpl) pour boites rotatives sautantes — cartoni (mpl) per casse a revolver a salto — planchitas (fpl) para cajas giratorias a saltos 16

Karte (f) für Kastenstillstand — blank card — карта (жр) для приостановки движения коробки — *a* — carte (f) pour boites au repos — cartone (m) per casse in riposo — planchita (f) para cajas en reposo 17

Karte (f) für die Kastendrehung — card for moving the box — карта (жр) для вращения коробки — *b* — carte (f) pour tourner la boite — cartone (m) per girare la cassa — planchita (f) para la rotación de la caja 18

IV.

1	**Anschlagen** (n) **des Schusses** **Beating up of the Weft** **Прибивание** (ср) **или прибой** (мр) **утка**	**Serrage** (m) **de la duite, battage** (m) **Addensamento** (m) **del tessuto, battuta** (f) **della trama** **Ajustado** (m) **de la pasada, batanado** (m)
2	**1. Ried** (n) **Reed** **Бердо** (ср)	**Peigne** (m) **Pettine** (m) **Peine** (m)
3	**a) Allgemeines (n)** **General Terms** **Общее (ср)**	**Généralités (fpl)** **Nozioni (fpl) generali** **Generalidades (fpl)**
4	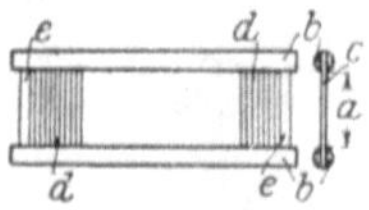	Ried (n), Riedblatt (n), Riedkamm (m), Blatt (n), Webeblatt (n), Kamm (m), Weberkamm (m) reed [ткацкое] бердо (ср) peigne (m) [à tisser], ros (m), rot (m) pettine (m) peine (m)
5	Sprunghöhe (f), Kammsprung (m), Riedsprung (m), Stich (m), Stichhöhe (f) *a* depth of reed высота (жр) берда	hauteur (f) du peigne, foule (f) intérieure du peigne altezza (f) del pettine altura (f) del peine
6	Blattbund (m), Leiste (f), Stab (m), Bundstab (m), Wange (f), Riedleiste (f), Blattschiene (f) *b* rib *or* baulk of reed сволочка (жр)	coronelle (f) *ou* jumelle (f) du peigne listello (m) del pettine listón (m) [del peine]
7	Blattstab (m), Zahn (m), Rohr (n), Riedstab (m) *c* dent, split, reed blade бердочный зуб (мр)	dent (f) *ou* broche (f) *ou* lame (f) du peigne dente (m) *o* stecca (f) *o* laminetta (f) del pettine diente (m) del peine
8	Blattlücke (f), Riedzwischenraum (m), Rohrlücke (f), Zahnlücke (f), Riedöffnung (f) *d* space between the dents рассадка (жр) бердочных зубьев, расстояние (ср) между зубьями	intervalle (m) entre les dents vano (m) *o* fessurina (f) del pettine, intervallo (m) dei denti claro (m)
9	Endsteg (m), Frosch (m), Endleiste (f), Randriedstab (m) *e* cheek of reed, reed locking device, binder dent концевая пластина (жр)	garde (f) du peigne guardia (f) del pettine guarda (f) del peine
10	Blatteinrichter (m) reed setter сборщик (мр) берд	monteur (m) de peigne fissatore (m) dei pettini montador (m) de peines
11	der Sprung übersteigt die Fachhöhe the depth of reed exceeds the depth of shed высота (жр) берда превосходит величину открытия зева	la hauteur du peigne dépasse la hauteur de la foule l'altezza (f) del pettine sorpassa l'altezza del passo la altura del peine excede a la de la calada
12	Stabreihe (f) row of dents ряд (мр) зубьев	rangée (f) de dents fila (f) di denti linea (f) de dientes
13	Kammdichte (f), Blattdichte (f), Rieddichte (f) count *or* pitch *or* number of the reed, dents per inch плотность (жр) рассадки зубьев	nombre (m) de dents par unité de longueur, écartement (m) des dents, compte (m) du peigne scartamento (m) dei denti del pettine finura (f) *o* cuenta (f) *o* densidad (f) del peine
14	Riedstabgruppe (f) group *or* beer of dents группа (жр) бердочных зубьев	groupe (m) de dents passo (m) dei denti grupo (m) de dientes
15	Riedstabzahl (f) number of dents число (ср) зубьев в берде	nombre (m) de dents numero (m) dei denti número (m) de dientes
16	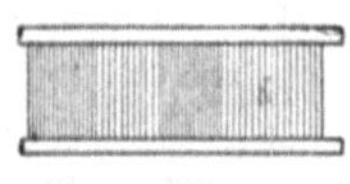 ungleich dichtes Ried (n) irregularly pitched reed	бердо (ср) с различной плотностью рассадки зубьев peigne (m) à écartement de dents irrégulier pettine (m) a scartamento irregolare dei denti peine (m) de densidad irregular
17	ungleiche Blattdichte (f) irregular count of reed неодинаковая *или* различная плотность (жр) рассадки зубьев берда	compte (m) du peigne irrégulier scartamento (m) irregolare dei denti del pettine densidad (f) irregular del peine
18	Kammstand (m), Riedstand (m) number of threads in a dent число (ср) нитей в зубе	nombre (m) de fils en dent numero (m) di fili per dente número (m) de hilos por diente
19	Randriedzahn (m) terminal dent кромочный зуб (мр) берда, крайний боковой зуб	dent (f) de l'extrêmité *ou* de garde dente (m) di estremità diente-guarda (m)

1
die Frösche (mpl) an die Blattenden ansetzen
to put the cheeks on the baulk ends
приставлять концевые пластины (жр) к концам берда
placer les gardes aux extrémités du peigne
mettere le guardie alle estremità del pettine
colocar los guardas en los extremos del peine

2
Hin- und Hergehen (n) des Blattes
oscillating motion of the reed
возвратное движение (ср) берда, движение берда взад и вперед
mouvement (m) de va-et-vient du peigne
movimento (m) d'andata e ritorno del pettine
movimiento (m) de vaivén del peine

3
Blattbewegung (f)
reed movement
движение (ср) берда
mouvement (m) du peigne
movimento (m) del pettine
movimiento (m) del peine

4
Blattführung (f)
reed guiding
направление (ср) берда
guidage (m) du peigne
guida (f) del pettine
conducción (f) del peine

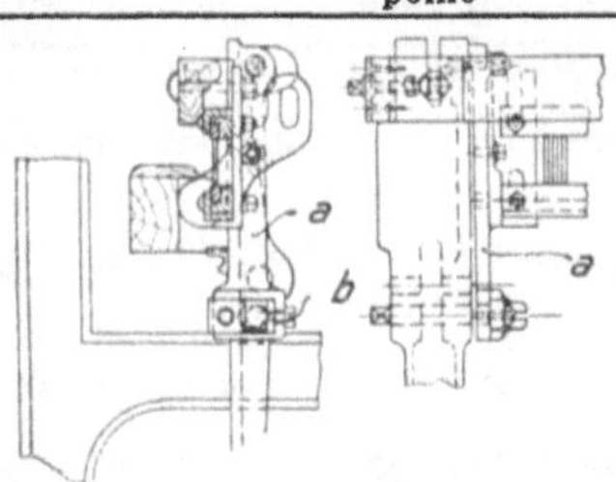

5
feststehendes Blatt (n)
fixed *or* fast reed
неподвижное бердо (ср)
peigne (m) fixe
pettine (m) fisso
peine (m) fijo

6 *a*
Blattrahmen (m)
reed framing, reed carrier
бердочная рамка (жр)
cadre (m) de peigne, clinquette (f)
intelaiatura (f) *o* quadro (m) del pettine
marco (m) *o* bastidor (m) del peine

7 *b*
Reglerschraube (f)
adjusting screw
установительный винт (мр)
vis (f) de réglage
vite (f) di registro
tornillo (m) regulador, tornillo ajustador

8
Blattlinie (f)
level of the reed
линия (жр) поверхности берда
affleurement (m) du peigne
livello (m) del pettine
superficie (f) *o* nivel (m) del peine

9
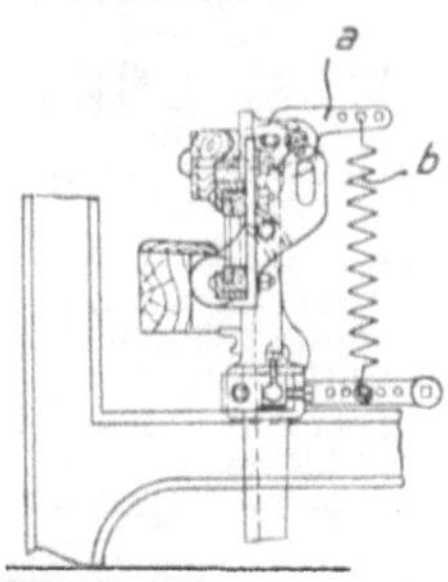

auf Federn gelagertes Blatt (n)
reed supported by springs
бердо (ср), покоющееся на пружинах; пружинное бердо
peigne (m) sur clinquette à ressorts
pettine (m) sopra quadro a molle
peine (m) soportado por resortes

10 *a*
Finger (m)
finger
палец (мр)
doigt (m)
dito (m)
dedo (m)

11 *b*
Zugfeder (f)
tension spring
натяжная пружина (жр)
ressort (m) de traction
molla (f) di trazione
resorte (m) de tracción

12
Schwingen (n) des Blattrahmens
oscillation of the reed carrier
качание (ср) бердочной рамки
pivotement (m) de la clinquette
oscillazione (f) del quadro del pettine
pivotación (f) *u* oscilación (f) del marco del peine

13 *a*
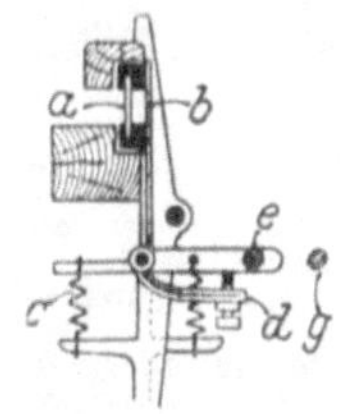

fallendes Blatt (n), beweglich gelagertes Blatt
loose reed for supplementary beating up
подвижно установленное бердо (ср)
peigne (m) à échappement
pettine (m) mobile
peine (m) oscilante *o* móvil *o* libre

14 *b*
Blattrahmen (m)
reed framing
бердочная рамка (жр)
clinquette (f)
quadro (m) del pettine
marco (m) del peine

15 *c*
Zugfeder (f)
tension spring
натяжная пружина (жр)
ressort (m) de traction
molla (f) di trazione
resorte (m) de tracción

16 *d*
Arm (m) mit Stellschraube
arm with adjusting screw
плечо (ср) с установительным винтом
bras (m) avec vis de réglage
braccio (m) con vite di registro
brazo (m) con tornillo regulador

17 *e*
Ansatz (m)
projection
выступ (мр)
talon (m)
sporto (m)
saliente (m)

18 *g*
abgeschrägter fester Teil (m)
fixed inclined piece
скошенная неподвижная часть (жр)
pièce (f) fixe inclinée
pezzo (m) fisso inclinato
pieza (f) fija inclinada

19
Nachschlag (m) des Blattes, Blattschlag (m)
supplementary beating up by the reed
дополнительный прибой (мр) берда
coup (m) supplémentaire du peigne, coup de battant en retour
colpo (m) supplementare *o* successivo del pettine
golpe (m) suplementario del peine

20
scharfer Blattanschlag (m)
heavy blow of the reed
резкий прибой (мр) берда
coup (m) de peigne fort
colpo (m) energico del pettine
golpe (m) fuerte del peine

21
das Blatt schnellt nach vorn
the reed tips forwards
бердо (ср) пришлепывается вперед
le peigne est chassé en avant
il pettine è spinto avanti
el peine es empujado hacia adelante

22
die Feder spannen
to put the spring in tension
натягивать пружину (жр)
tendre le ressort
tendere la molla
poner tenso el resorte

23
angespannte Feder (f)
spring in tension
натянутая пружина (жр)
ressort (m) tendu
molla (f) tesa
resorte (m) tenso

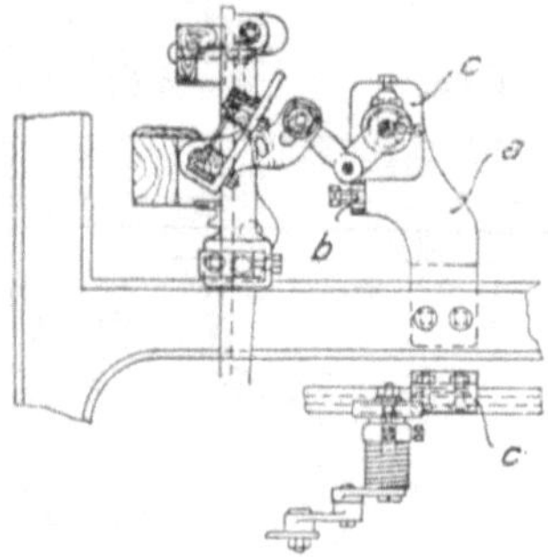

1	zurückfallendes *oder* überhängendes Blatt (n) drop reed откидывающееся назад бердо (ср)		peigne (m) renversé *ou* à renversement pettine (m) ad inversione peine (m) de inversión
2	Büchsenlager (n) bush bracket стойка (жр) для втулки	*a*	support (m) à douille sopporto (m) a collare soporte (m) de cubo
3	Ansatz (m) projection прилив (мр), выступ (мр)	*b*	talon (m) sporto (m) saliente (m)
4	Hemmstück (n) stop задерживающий *или* тормозной башмак (мр)	*c*	pièce (f) d'arrêt pezzo (m) d'arresto pieza (f) de freno
5	das Ried an das Gewebe pressen to press the reed against the cloth плотно прижимать бердо (ср) к ткани		presser le peigne contre le tissu spingere il pettine aderente al tessuto empujar el peine contra el tejido
6	Schußbewegung picking movement движение (ср) утка		mouvement (m) de duitage movimento (m) d'inserzione della trama movimiento (m) de inserción de la trama
7	das Ried schlägt den Schuß an the reed beats up the weft бердо (ср) прибивает уток		le peigne serre la duite il pettine serra la trama el peine empuja la pasada
8	den Schuß anschlagen *oder* beischlagen to beat up the weft прибивать *или* подводить уток (мр)		serrer *ou* battre *ou* frapper la duite serrare *o* sospingere *o* battere la trama empujar *o* batir *o* golpear la pasada
9	Warenschluß (m), Warenrand (m) fell of the cloth опушка (жр) ткани		ligne (f) de serrage de la duite posizione (f) di chiusura del tessuto già fatto, vertice (m) dell'angolo linea (f) de empuje de la pasada
10	den Schuß dicht anschlagen to beat up tightly плотно прибивать уток (мр)		serrer la duite fortement serrare fortemente la trama golpear la pasada fuertemente

Schußanschlag (m) bei offenem Fach beating up with open shed прибой (мр) утка при открытом зеве	battage (m) à pas ouvert battuta (f) a passo aperto batido (m) de la pasada a paso abierto	11
Schußanschlag (m) bei geschlossenem Fach beating up with closed shed прибой (мр) утка при закрытом зеве	battage (m) à pas fermé battuta (f) a passo chiuso batido (m) de la pasada a paso cerrado	12
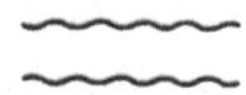 schlangenlinienartige Biegung (f) des Schußfadens undulation of weft	волнообразное изгибание (ср) уточины ondulation (f) de la trame ondulazioni (fpl) della trama ondulación (f) del hilo de trama	13
Schwächung (f) des Fadens weakening of the yarn ослабление (ср) нити	affaiblissement (m) du fil indebolimento (m) del filo debilitación (f) del hilo	14
Fadenabnützung (f) wear on the yarn износ (мр) нити	usure (f) du fil logorio (m) del filo desgaste (m) del hilo	15
b) Riedarten (fpl), Blattarten (fpl) **Kinds of Reeds** **Виды (мр) берд**	**Sortes (fpl) de peignes** **Specie (fpl) di pettini** **Clases (fpl) de peines**	16
Blatt (n) mit Rohrstäben reed of cane бердо (ср) с камышевыми зубьями	peigne (m) en roseau pettine (m) con denti di canna peine (m) con dientes de caña	17
gespaltenes Rohr (n) split cane *or* reed расколотый камыш (мр)	roseau (m) fendu canna (f) tagliata caña (f) hendida	18
Blatt (n) mit Messingstäben reed with brass dents бердо (ср) с латунными зубьями	peigne (m) à dents de laiton pettine (m) con denti in ottone peine (m) con dientes de latón	19
Blatt (n) mit Stahlstäben reed with steel dents бердо (ср) со стальными зубьями	peigne (m) à dents d'acier pettine (m) con denti in acciaio peine (m) con dientes de acero	20
einreihig regelmäßiges Ried (n) reed with single row of uniform dents однорядное равномерно набранное бердо (ср)	peigne (m) régulier à une seule rangée pettine (m) regolare ad una sola fila peine (m) regular con una sola línea	21
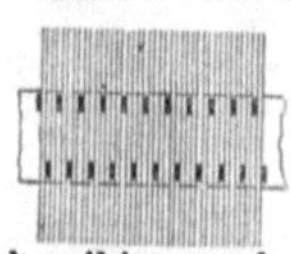 mehrreihig regelmäßiges Ried (n) reed with multiple rows of uniform dents	многорядное равномерно набранное бердо (ср) peigne (m) régulier à plusieurs rangées pettine (m) regolare a più file peine (m) regular con múltiples rayas *o* líneas	22

1 
Doppelried (n)
double reed
двойное бердо (ср)
peigne (m) double
pettine (m) doppio
peine (m) doble

2 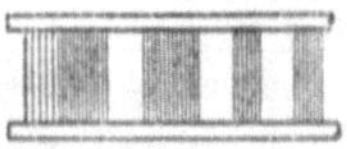
Lückenried (n)
spaced reed
бердо (ср) с пропусками *или* с прогалинами
peigne (m) à espacements
pettine (m) con spazi liberi
peine (m) espaciado

3 Fassonried (n)
fancy reed
фасонное бердо (ср)
peigne (m) de fantaisie
pettine (m) fantasia
peine (m) especial

4 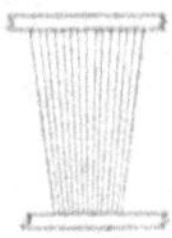
Fächerried (n)
fan shaped reed
веерное бердо (ср)
peigne (m) à dents en éventail
pettine (m) con denti a ventaglio
peine (m) de abanico

5 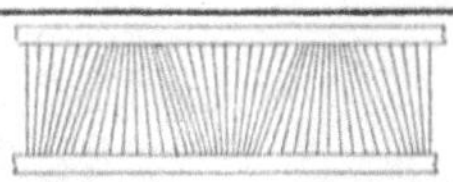
Doppelfächerried (n)
double fan shaped reed
бердо (ср) двойного веерного набора
peigne (m) à dents en groupes disposées en évantails
pettine (m) con denti in gruppi disposti obliquamente
peine (m) doble abanico, peine por cambio de direcciones

6 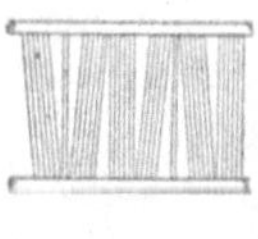
gemustertes [*oder* figuriertes] Ried (n)
figured reed
бердо (ср) узорчатого набора
peigne (m) façonné
pettine (m) figurato
peine (m) labrado

7 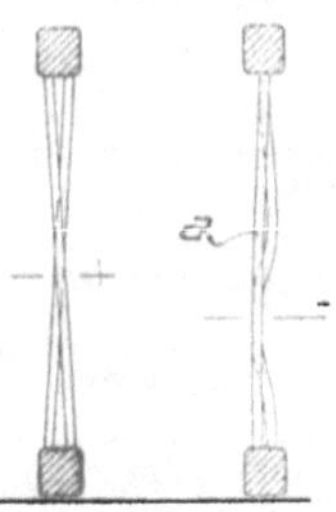

Ried (n) mit schräg eingestellten Riedstäben
reed with inclined dents
бердо (ср) с наклонно установленными зубьями
peigne (m) à dents obliques
pettine (m) con denti obliqui
peine (m) de dientes oblicuos

8 *a*
gebogene Riedstäbe (mpl)
bent dents
изогнутые бердочные зубья (мр)
dents (fpl) arquées
denti (mpl) curvati
dientes (mpl) curv[ad]os *o* arqueados

9 über Kreuz gestellte Riedstäbe (mpl)
dents placed crosswise
крестообразно установленные бердочные зубья (мр)
dents (fpl) croisées
denti (mpl) incrociati
dientes (mpl) cruzados

10 Ried (n) mit in Wellenlinien angeordneten Stäben
reed with dents in a curved line
бердо (ср) с волнообразно установленными зубьями
peigne (m) avec dents disposées suivant une ligne courbe
pettine (m) con denti in linea ondulata
peine (m) con dientes en linea ondulada

11 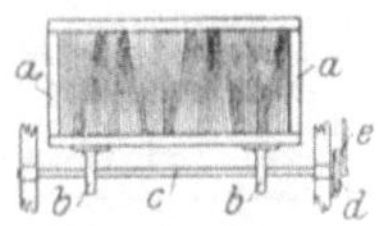

auf und absteigendes Ried (n)
reed arranged to move up and down
подымающееся и опускающееся бердо (ср), движущееся вверх и вниз бердо
peigne (m) à mouvement de monte et baisse
pettine (m) con movimento d'alzata e discesa
peine (m) con movimiento de sube y baja

12 *a*
Riedrahmen (m)
reed frame
бердочная рамка (жр)
cadre (m) du peigne
quadro (m) del pettine
marco (m) del peine

13 *b*
Arm (m)
arm
штанга (жр)
bras (m)
braccio (m)
brazo (m)

14 *c*
Achse (f)
shaft, axle
ось (жр)
axe (m)
asse (f)
eje (m)

15 *d*
Sperrad (n)
ratchet wheel
храповое колесо
roue (f) à rochet
ruota (f) d'arresto
rueda (f) de estrella

16 *e*
Sperradhebel (m)
ratchet lever
храповой рычаг (мр)
levier (m) de la roue à rochet
leva (f) della ruota d'arresto
palanca (f) de la rueda de estrella

17 Heben (n) des Riedes
raising the reed
под'ем (мр) берда
montée (f) du peigne
alzamento (m) del pettine
subida (f) del peine

18 Senken (n) des Riedes
lowering the reed
опускание (ср) берда
baisse (f) du peigne
discesa (f) del pettine
bajada (f) del peine

19 die Arme (mpl) werden durch Exzenter bewegt
the arms are operated by eccentrics
штанги (жр) движутся при помощи эксцентриков
les bras sont mus par des excentriques
i bracci sono mossi da eccentrici
los brazos son movidos por excéntricos

20 verstellbares Ried (n)
adjustable reed
бердо (ср) с передвижными зубьями
peigne (m) réglable
pettine (m) regolabile
peine (m) ajustable

21 Auszugried (n), Expansionsried (n)
expanding reed
раздвижное *или* вытяжное бердо (ср)
peigne (m) extensible
pettine (m) estensibile
peine (m) extensible

22 fliegendes Ried (n)
loose reed
откидное бердо (ср)
peigne (m) mobile
pettine (m) mobile
peine (m) móvil

23 federndes Ried (n)
spring reed
пружинное бердо (ср)
peigne (m) à ressort
pettine (m) a molla
peine (m) con resorte

24 spiralförmiger Riedstab (m)
spiral shaped dent
спиралеобразный бердочный зуб (мр)
dent (f) en forme de spirale
dente (m) in forma di spirale
diente (m) en forma de espiral

1 die Kettfäden (mpl) in wellenförmige Lage bringen
to bend the warp threads
придавать основным нитям волнообразное расположение (ср)
faire onduler les fils de chaîne
ondulare i fili di catena
hacer ondular los hilos de urdimbre

2 schlangenlinienartiger Moiréeffekt (m)
wavy lined moire effect
муаровый эффект (мр) в виде змеевидных линий
effet (m) de moiré par lignes ondulées
effetto (m) di moerre con linee ondulate
efecto (m) de muaré por líneas onduladas

3 Webblatt (n) für Posamentenweberei
reed for trimmings
[ткацкое] бердо (ср) для позументного ткачества
peigne (m) de passementerie
pettine (m) per passamanterie
peine (m) de pasamanería

4 Spatenkamm (m), Kettenteiler (m), Spalierkamm (m), Helfenspalter (m), Spatenried (n), Spalierried (n)
warp divider
дополнительная приставная к берду решетка (жр)
peigne (m) diviseur de chaîne, fausses lisses (fpl)
pettine (m) divisore dell'ordito
peine (m) divisor de urdimbre

5 **c) Riedmachen (n), Blattbinden (n)**
Reed Making, Reed Binding
Набирание (ср) берда, бердовязание (ср)
Fabrication (f) *ou* liage (m) des peignes
Preparazione (f) dei pettini
Fabricación (f) de peines

6 das Blatt binden *oder* setzen
to make *or* to bind the reed
набирать *или* приготовлять бердо (ср)
fabriquer *ou* faire le peigne
preparare *o* fare *o* legare il pettine
fabricar el peine

7 Riedbindung (f), Bindungsweise (f) des Riedes
method of reed binding
набор (мр) *или* вязка (жр) берда
manière (f) de fabriquer le peigne
modo (m) di fabbricare il pettine
modo (m) de fabricar el peine

8 die Riedstäbe (mpl) in die Wangen einbinden
to bind the dents in the baulks
связывать зубья (мр) с сволочками
lier les dents sur les jumelles
fissare *o* legare *o* attaccare i denti sui listelli
atar los dientes sobre los listones

9 gepichte Bindfäden (mpl) um die Wangen wickeln
to wind pitch threads round the baulks
обматывать сволочки (жр) просмоленными бечевками
enrouler des cordes poissées autour des jumelles
avvolgere spaghi impeciati a spira ai listelli
arrollar sedales alrededor de los listones

Pechbundblatt (n), Pechried (n)
pitch bound reed
бердо (ср), набранное на вару
peigne (m) poissé
pettine (m) alla pece 10
peine (m) hecho con pez

die Bindestellen (fpl) erwärmen
to warm the binding points
нагревать места (ср) перевязки
chauffer les points de liage
scaldare i punti di legatura 11
calentar los puntos de fijación

Drahtbindung (f)
wire binding
проволочная вязка (жр) *или* перевязка (жр)
liage (m) par fil métallique
legatura (f) con filo metallico 12
ligadura (f) por alambre

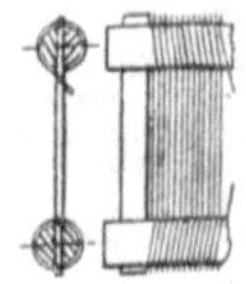

mit Holzleiste gebundenes Blatt (n)
reed with wooden baulks
бердо (ср), набранное на деревянных сволочках
peigne (m) avec jumelles en bois 13
pettine (m) con listelli in legno
peine (m) con listones de madera

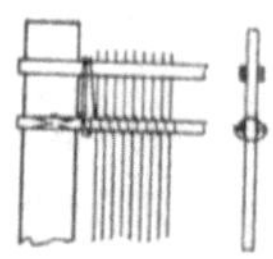

mit Metalleiste gebundenes Blatt (n)
reed with metal ribs
бердо (ср), набранное на металлических сволочках
peigne (m) avec jumelles métalliques 14
pettine (m) con listelli metallici
peine (m) con listones metálicos

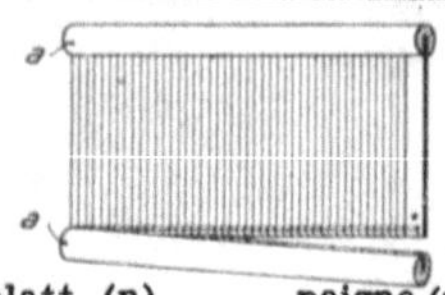

Zinnbundblatt (n)
soldered reed
бердо (ср) с оловянными сволочками
peigne (m) soudé *ou* en étain
pettine (m) saldato 15
peine (m) estañado

Holzfutter (n)
wooden core ribs
деревянные футляры (мр) *или* сволочки (жр) *a*
jumelles (fpl) en bois
listelli (mpl) in legno
listones (mpl) de madera 16

verlötete Riedstäbe (mpl)
dents soldered in
припаяные бердочные зубья (жр)
dents (fpl) soudées
denti (mpl) saldati 17
dientes (mpl) estañados

Rieddraht (m)
reed wire
бердочная проволока (жр)
fil (m) métallique pour peigne
filo (m) metallico per pettine 18
alambre (m) para peines

das verbogene Ried ausbessern
to straighten the bent reed
выправлять *или* исправлять изогнутое бердо (ср)
redresser le peigne courbé
raddrizzare il pettine piegato 19
enderezar el peine curvado

1 Kammsetzer (m), Blattbinder (m), Riedmacher (m)
reed maker
бердовщик (мр)
rotier (m), rosier (m), peigneron (m)
fabbrica-pettini (m), preparatore (m) dei pettini
manufacturero (m) de peines

2 
gespaltenes Eisenblechrohr (n)
slit sheet iron tube
трубка (жр) из листового железа с продольным прорезом
tube (m) en tôle fendu
tubo (m) in lamiera di ferro spaccato
tubo (m) hendido de hoja de hierro

3 das gespaltene Eisenblechrohr auf das Ried aufschieben
to push the slit tube over the reed
одевать *или* натягивать продольно разрезанную трубку (жр) из листового железа на бердо
placer le tube en tôle fendu sur le peigne
mettere il tubo in lamiera di ferro spaccato sul pettine
poner el tubo hendido de hoja de hierro sobre el peine

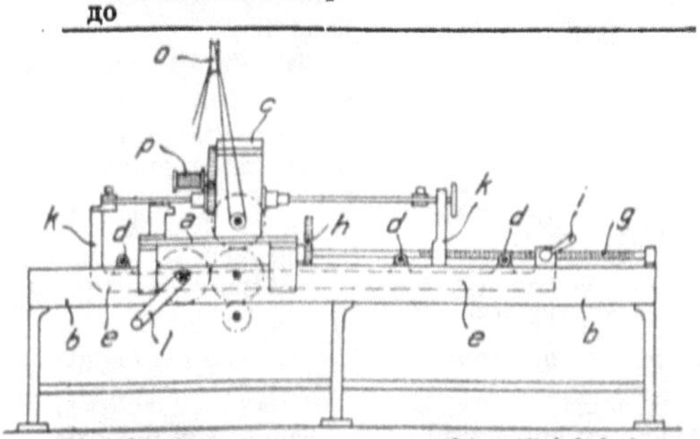

4 Blattbindemaschine (f)
reed making machine
бердочная машина (жр)
machine (f) à fabriquer les peignes
macchina (f) per fabbricare i pettini
máquina (f) productora de peines

5 Platte (f)
plate
плита (жр), доска (жр)
a
plateau (m)
placca (f)
plancha (f)

6 bockförmiges Gestell (n)
machine bed
козлообразная станина (жр)
b
bâti (m) de la machine
incastellatura (f) della macchina
bancada (f) de la máquina

7 Kasten (m)
casing
ящик (мр)
c
boîte (f)
cassa (f)
caja (f), cajón (m)

8 Rolle (f)
roller
ролик (мр)
d
galet (m)
rotella (f)
rodillo (m)

9 Balken (m), Wagen (m)
carriage
тележка (жр)
e
chariot (m)
carrello (m)
carro (m)

10 Schraubenspindel (f)
screwed spindle
винтовой шпиндель (мр)
g
tige (f) filetée
asta (f) filettata
varilla (f) fileteada

Stirnrad (n)
spur wheel
цилиндрическая шестерня (жр)
h
roue (f) droite *ou* cylindrique
ruota (f) dritta *o* cilindrica
rueda (f) cilindrica 11

Handgriff (m)
handle
рукоятка (жр)
i
poignée (f)
manico (m)
puño (m), mango (m) 12

Stütze (f)
support
подпорка (жр), державка (жр)
k
support (m)
sopporto (m)
soporte (m) 13

Handkurbel (f)
hand crank
ручной кривошип (мр)
l
manivelle (f)
manovella (f)
manubrio (m) 14

Führungsrolle (f)
guide roller
направляющий ролик (мр)
o
rouleau-guide (m)
rullo (m) di guida
rodillo-guía (m) 15

Bindedrahtspule (f)
reel of binding wire
катушка (жр) перевязочной проволоки
p
bobine (f) de fil métallique pour liage
bobina (f) di filo metallico per legamento
carrete (m) de alambre para el ligado 16

die Bundstäbe (mpl) laufen durch den Kasten
the baulks pass through the casing
сволочки (жр) проходят сквозь ящик
les jumelles (fpl) passent à travers la boîte
i listelli passano attraverso la cassa
los listones pasan a través de la caja 17

die Riedstäbe (mpl) abschneiden
to cut the dents
нарезать бердочные зубья (мр)
couper les dents
tagliare i denti
cortar los dientes 18

den Wagen nach rechts (links) schieben
to traverse the carriage to the right (left)
подвигать тележку (жр) направо (налево)
pousser le chariot à droite (gauche)
spingere il carrello a destra (sinistra)
empujar el carro hacia la derecha (izquierda) 19

durch Rollen getragener Balken (m)
carriage supported on rollers
поддерживаемая роликами тележка (жр)
chariot (m) supporté par des galets
carrello (m) portato da rotelle
carro (m) soportado por rodillos 20

die Rieddichte durch Radauswechseln ändern
to alter the count of reed through change wheels
менять плотность (жр) рассадки бердочных зубьев при помощи смены шестерен
changer le compte du peigne au moyen de pignons de rechange
cambiare lo scartamento dei denti a mezzo di ruote di ricambio
cambiar la densidad del peine mediante piñones de recambio 21

Bindevorrichtung (f)
binding apparatus
приспособление (ср) для вязки
mécanisme (m) de liage
meccanismo (m) per legare
mecanismo (m) de ligar 22

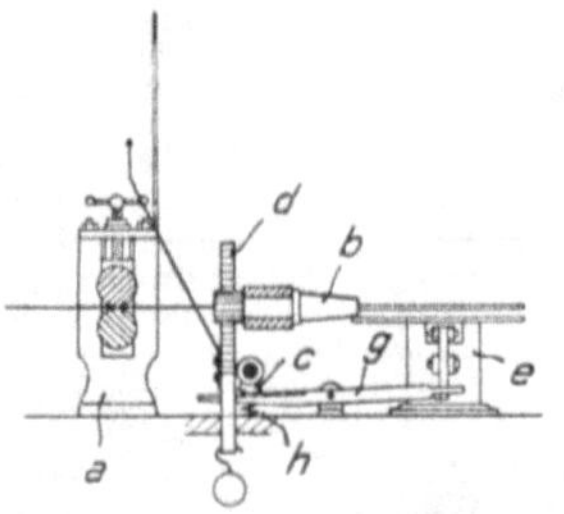

1	Walzwerk (n) zum Auswalzen des Rieddrahtes rolls for straightening the dent wire вальцовка (жр) для прокатки бердочной проволоки	a	laminoir (m) pour redresser le fil métallique laminatoio (m) per raddrizzare il filo metallico laminador (m) para enderezar el alambre
2	trichterförmiges Rohr (n) funnel shaped tube воронкообразная трубка (жр)	b	tube (m) en forme d'entonnoir tubo (m) in forma d'imbuto tubo (m) en forma de embudo
3	Daumen (m) lifting cog кулачок (мр), горка (жр)	c	came (f) bocciuolo (m) leva (f) de subida
4	belastete Zahnstange (f) weighted rack нагруженная зубчатая рейка (жр)	d	crémaillère (f) chargée asta (f) dentata con peso cremallera (f) con peso
5	Tisch (m) table стол (мр), подставка (жр)	e	table (f) tavola (f) mesa (f)
6	Hebelarm (m) lever arm плечо (ср) рычага	g	bras (m) du levier braccio (m) della leva brazo (m) de la palanca
7	Schraubenfeder (f) helical spring винтовая пружина (жр)	h	ressort (m) à boudin molla (f) elicoidale resorte (m) helicoidal
8	Rohrmündung (f) mouth of the tube выпускное отверстие (ср) трубки		ouverture (f) du tube apertura (f) del tubo boca (f) del tubo
9	stählerner Einsatz (m) steel lining стальная вставка (жр) *или* втулка (жр)		pièce (f) d'acier insérée pezzo (m) d'acciaio inserito pieza (f) de acero insertada
10	schlitzförmig gelochter Einsatz (m) piece with slit вставка (жр) с щелеобразным отверстием		pièce (f) avec trou en forme de fente pezzo (m) con foro in forma di taglio pieza (f) con taladro en forma de hendidura
11	der Draht läuft durch das Walzwerk the wire passes through the straightening rolls проволока (жр) входит *или* впускается в вальцовку		le fil passe à travers les cylindres lamineurs il filo passa per i cilindri laminatori el hilo pasa a través de los cilindros laminadores
12	der Daumen hebt die Zahnstange the cog raises the rack кулачок (мр) поднимает зубчатую рейку		la came soulève la crémaillère il bocciuolo solleva l'asta dentata la leva levanta la cremallera
13	die Zahnstange läuft auf und ab the rack rises and falls зубчатая рейка (жр) ходит вверх и вниз		la crémaillère monte et baisse l'asta dentata sale e scende la cremallera sube y baja
14	den Hebel niederdrükken to press the lever down нажимать рычаг (мр) вниз		appuyer sur le levier spingere *o* premere la leva apoyar sobre la palanca

2. Lade (f), Schlag (m) — **Battant (m), chasse (f), échasse (f)**

Slay, Sley, Lay, Lathe, Batten — **Battente (m)** 15

Батан (мр) — **Batán (m)**

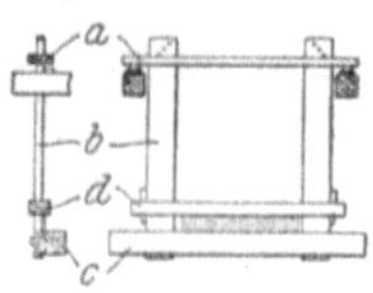

Handlade (f)
hand lathe
ручной батан (мр) 16
battant (m) à bras
battente (m) a mano
batán (m) a mano

17	Schwingbaum (m), Überlage (f), Ladenstock (m), Ladenachse (f), Ladenprügel(m), Prügel (m) swing beam, swing rail, rocking tree *or* shaft верхняя поперечина (жр) батана, поперечный брус (мр) батана	a	arbre (m) de l'épée de chasse, porte-battant (m), axe (m) du battant trave (m) superiore del battente, portabattente (m), asse (f) di oscillazione del battente eje (m) del batán
18	Ladenarm (m), Ladenschwinge (f), Seitenholz (n), Ladenstelze (f) slay sword батанная лопасть (жр)	b	montant (m) vertical du battant, épée (f) de chasse *ou* du battant, bras (m) vertical du battant montante (m) *o* braccio (m) *o* staggio (m) del battente montante (m) del batán
19	Ladenbaum (m), Ladenklotz (m), Ladenbahn (f), Ladenbalken (m), Ladenbakken (m) slay cheek, slay beam, going part шлюз (мр) батана	c	masse (f) *ou* sommier (m) *ou* semelle (f) du battant traversa (f) del battente zócalo (m) del batán
20	Ladendeckel (m) slay cap, pull-to вершник (мр) батана	d	poignée (f), chapeau (m), cape (f) cappello (m) del battente tabla (f) superior
21	dickes, schweres Querholz (n) thick, heavy wooden cross bar толстый тяжелый шлюз (мр)		traverse (f) massive en bois lourd traversa (f) di legno duro e pesante traviesa (f) maciza de madera dura

1 mit Eisen beschlagenes Querholz (n)
ironshod wood cross bar
шлюз (мр), обитый железом
traverse (f) revêtue de fer
traversa (f) rivestita di ferro
traviesa (f) revestida de hierro

2 den Ladenklotz durch eine Eisenplatte beschweren
to weight the slay beam with an iron plate
утяжелять шлюз (мр) железной полосой
charger la masse d'une barre de fer
caricare la traversa del battente con una placca di ferro
cargar el zócalo del batán mediante una barra de hierro

3 den Deckel durch Schraubenfedern an den Kamm andrükken
to press the slay cap against the reed by helical springs
прижимать вершник (мр) винтовыми пружинами к берду
presser le chapeau contre le peigne par des ressorts à boudin
premere il cappello del battente con molle elicoidali contro il pettine
empujar la tabla superior contra el peine por resortes en hélice

4 der Deckel bewegt sich in Gelenken
the slay cap is hinged
вершник (мр) движется в шарнирах
le chapeau se meut dans des charnières
il cappello del battente si muove in cerniere
la tabla superior se mueve en charnelas

5 dünnes Querholz (n)
thin wooden cross piece
тонкий шлюз (мр), шлюз из тонкого дерева
traverse (f) en bois mince
traversa (f) in legno sottile
traviesa (f) de madera delgada

6 Ladennut (f), Ladenfuge (f), Hohlkehle (f)
slay groove, groove in the loom batten
батанный паз (мр), выемка (жр) батана
rainure (f) dans le battant
scanalatura (f) nel battente
ranura (f) del batán

7 das Blatt in die Nut des Ladenklotzes einstellen
to fix the reed in the slay groove
устанавливать бердо (ср) в паз шлюза
encastrer le peigne dans la rainure de la masse
fissare il pettine nella scanalatura del battente
encajar el peine en la ranura del zócalo

8 mechanisch bewegte Lade (f)
mechanically operated slay
механически движимый батан (мр)
battant (m) actionné mécaniquement
battente (m) mosso meccanicamente
batán (m) movido mecánicamente

9 Hängelade (f)
suspended slay, overswung slay, slay swung from top
висячий *или* подвесной батан (мр)
battant (m) libre
battente (m) sospeso *o* a sospensione, battente superiore *o* di sopra
batán (m) suspendido *o* colgante *o* superior

10 drehbar aufgehängte Lade (f)
movable suspended slay
вращающийся висячий батан (мр)
battant (m) suspendu sur pivot *ou* à marteau
battente (m) sospeso liberamente
batán (m) suspendido oscilante

11 Stehlade (f)
underswung slay, slay pivoted below
стоячий батан (мр)
battant (m) inférieur
battente (m) in salita *o* di sotto, battente inferiore
batán (m) inferior

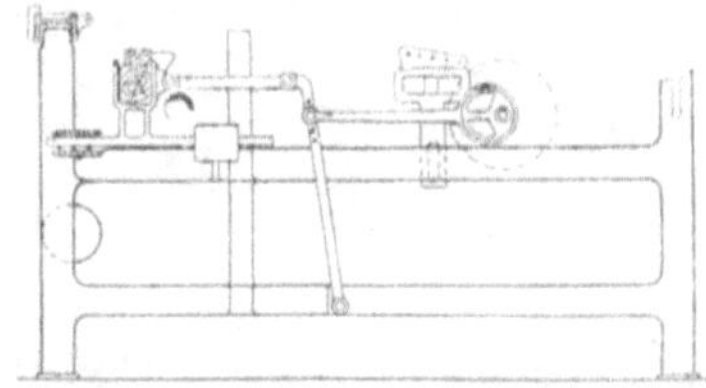

Schlittenlade (f), Gleitlade (f)
sliding slay
батан (мр) на салазках, скользящий батан
battant (m) à glissière
battente (m) scorrevole 12
batán (m) deslizante

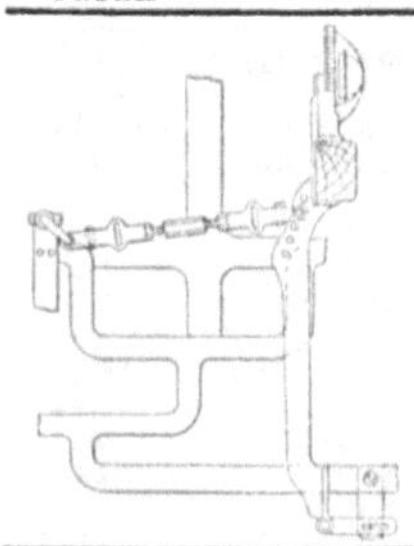

Bandstuhllade (f)
ribbon loom slay
батан (мр) ленточного станка
battant (m) pour métier de rubanerie 13
battente (m) per telai da nastri
batán (m) de telar para cintas

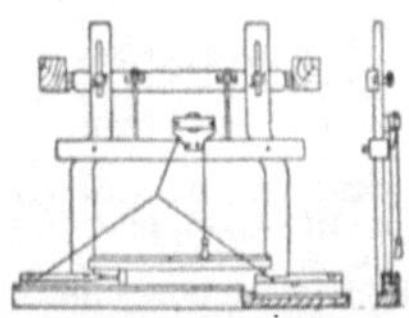

Schnellade (f)
fly shuttle lathe *or* slay
быстроходный батан (мр)
battant (m) à navette volante 14
battente (m) a navetta volante
batán (m) para lanzadera rápida

hölzerner Rahmen (m)
wooden framing
деревянная рама (жр)
cadre (m) en bois
quadro (m) in legno 15
marco (m) de madera

die Lade einstellen
to adjust *or* to set [the height of] the slay
устанавливать батан (мр)
régler la position du battant
regolare la posizione del battente 16
regular la posición del batán

die Lade durch Stifte einstellen
to set the [height of the] slay by pins
устанавливать батан (мр) при помощи колышков
régler la position du battant par des chevilles
regolare la posizione del battente con caviglie 17
regular la posición del batán por clavijas

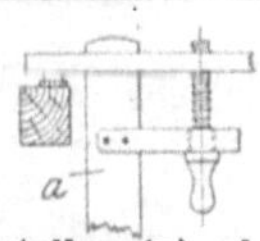

Einstellen (n) *oder* Stellen (n) der Lade durch Schrauben
adjusting *or* setting the slay by screws
установка (жр) батана при помощи винтов
réglage (m) du battant par des vis 18
regolazione (f) del battente con viti
regulado (m) del batán mediante tornillos

verzapfter Ladenarm (m)
mortised slay sword
скрепленная шипами батанная лопасть (жр)
a
épée (f) de battant à mortaise
braccio (m) del battente incastrato 19
montante (m) del batán con mortaja

1	die Lade durch Schnuren einstellen to set the slay by cords устанавливать батан (мр) при помощи шнуров		régler le battant par des cordes regolare il battente con corde regular el batán por cuerdas
2	gezahntes Brettchen (n) notched plate дощечка (жр) с зарубками	*a*	plaque (f) rainurée assicella (f) scanalata listón (m) ranurado
3	Ladenzapfen (m) slay pin, lathe stud шип (мр) батана	*b*	pivot (m) *ou* tourillon (m) du battant perno (m) del battente espiga (f) del batán
4	die Schnuren (fpl) um den Ladenbalken schlingen to wind the cords round the slay beam обвязывать шнурами лопасть (жр) батана		enrouler les cordes autour des montants du battant avvolgere le corde in spire ai montanti del battente arrollar las cuerdas alrededor de los montantes del batán
5	Schützenbahn (f) race [board], trash-board, shuttle race траектория (жр) движения челнока		chemin (m) *ou* voie (f) *ou* lit (m) *ou* trace (f) de la navette piano (m) di corsa della navetta camino (m) *o* carrera (f) de la lanzadera

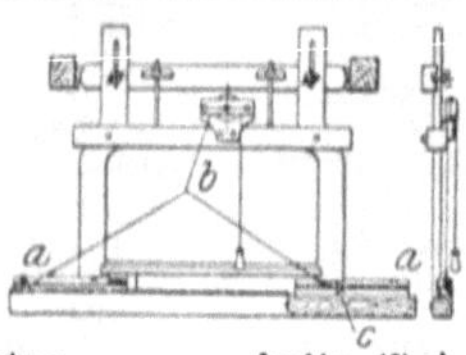

6	Schützenkasten (m), Schützenbehälter (m) shuttle box челночная коробка (жр)	*a*	boîte (f) à navette cassa (f) a navetta caja (f) de lanzadera
7	Peitsche (f) picking band гонок (мр)	*b*	fouet (m), chasseur (m) caccia-navetta (m), sferza (f) tira-tacos (m)
8	Ladenbacken (m) cheek батанная щека (жр)	*c*	sommier (m) traversa (f) del battente zócalo (m) del batán
9	übereinander stehende Schützenkasten (mpl) superposed shuttle boxes расположенные одна над другой челночные коробки (жр)		boîtes (fpl) à navette superposées casse (fpl) a navette disposte verticalmente una sull'altra cajas (fpl) de lanzadera superpuestas

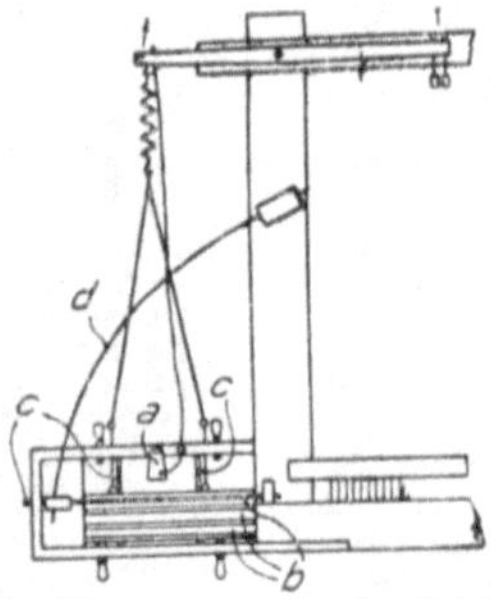

Wechsellade (f), Doppellade (f) drop box slay батан (мр) с двойной сменой		battant (m) à plusieurs navettes doppio battente (m), battente multiplo *o* con cassa a più navette batán (m) para varias lanzaderas	10
Anschlag (m) stop упорка (жр), аншлаг (мр)	*a*	arrêt (m) arresto (m) freno (m)	11
Wechselkasten (m) multiple box сменная коробка (жр)	*b*	boîte (f) à plusieurs navettes cassa (f) a più navette, cassa multipla caja (f) de cambio	12
eiserne Spindel (f), Eisenspindel (f) iron spindle железный шпиндель (мр)	*c*	broche (f) en fer fuso (m) in ferro broca (f) de hierro	13
Rohrstab (m) cane камышевый прут (мр)	*d*	bâton (m) en rotin canna (f) bastón (m) de rota	14
Schützenkastenwechsel (m), Wechseln (n) der Schützenkasten shuttle box change смена (жр) челночных коробок		changement (m) des boîtes à navette cambio (m) delle casse a navette cambio (m) de las cajas	15
die Schützenkasten (mpl) wechseln to change the shuttle boxes сменять челночные коробки (жр)		changer les boîtes (fpl) à navette cambiare le casse a navette cambiar las cajas	16
Schützenwechsel (m) für *x*-kastige Stühle shuttle change for loom with *x* boxes смена (жр) челноков для *x* коробочных станков		changement (m) de navettes pour métier à *x* boîtes cambio (m) di navette per telaio a *x* casse cambio (m) de lanzaderas para telar de *x* cajas	17
die Kasten (mpl) gehen auf und nieder the boxes rise and fall коробки (жр) поднимаются и опускаются		les boîtes (fpl) montent et baissent le casse si inalzano e si abbassano las cajas suben y bajan	18
Hoch- und Tiefbewegung (f) *oder* Steigen (n) und Fallen (n) der Schützenkasten rising and falling of the boxes движение (ср) челночных коробок вверх и вниз		montée (f) et baisse (f) des boîtes à navette alzamento (m) ed abbassamento (m) *o* alzata (f) e discesa (f) delle casse a navette subida (f) y bajada (f) de las cajas	19

1 Schützenkastenhebung (f)
lift of shuttle box
поднятие (ср) челночной коробки
lève (f) de la boite à navette
salita (f) della cassa a navette
subida (f) de la caja

2 der Kastenhub wird begrenzt
the lift of the box is limited
ход (мр) коробки ограничивается
la course de la boite est limitée
la corsa della cassa è limitata
la carrera de la caja es limitada

3 
Hubkasten (m), Steigkasten (m), Fallkasten (m)
drop box
под'емная *или* восходящая нисходящая коробка (жр)
boite (f) montante
cassa (f) multipla mobile verticalmente
caja (f) ascendente

4 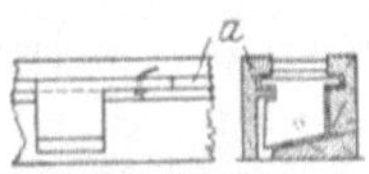

Führung (f) des Schützenkastens *a*
shuttle box slide
направление (ср) челночной коробки
coulisse (f) de la boite à navette
scorritoio (m) della cassa a navette
ranura-guia (f) de la caja

5 die Kasten (mpl) gleiten an Spillen
the boxes slide on spindles
коробки (жр) скользят по шпилькам
les boites (fpl) glissent sur des broches
le casse (fpl) scivolano sopra fusi
las cajas resbalan sobre las brocas

6 die Kasten (mpl) mit den Händen heben
to raise the boxes by hand
подымать коробки (жр) от руки
faire monter les boites à la main
alzare le casse a mano
hacer subir las cajas a mano

7 die Kasten (mpl) mit den Händen senken
to lower the boxes by hand
опускать коробки (жр) от руки
faire descendre les boites à la main
abbassare le casse a mano
hacer bajar las cajas a mano

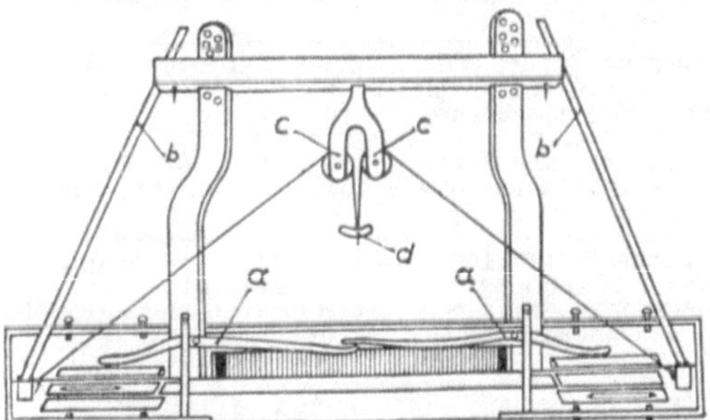

8 Wechsellade (f) mit Drücker
drop box lathe with presser
батан (мр) для смены с нажимным рычагом
battant (m) à plusieurs navettes avec loquet
battente (m) a più navette con pressore
batán (m) para múltiples lanzaderas con compresor

9 Drücker (m), Arm (m) *a*
presser
нажимной рычаг (мр)
presseur (m), loquet (m), levier (m)
pressore (m)
compresor (m)

10 Spannschiene (f), Treiberarm (m) *b*
picking stick
натяжной прут (мр)
bâton (m) de chasse
braccio (m) di percussione
espada (f)

11 Kloben (m) *c*
block
блок (мр), блочная серьга (жр)
moufle (f)
staffa (f)
motón (m)

12 Griff (m) *d*
handle
ручка (жр), захватка (жр)
poignée (f)
impugnatura (f), manico (m)
mango (m)

13 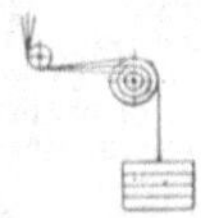
Stufenscheibenwechsel (m)
change by cone pulley
смена (жр) при помощи ступенчатых роликов
changement (m) par poulie à gradins
cambio (m) con puleggia a gradini
cambio (m) por polea escalonada

14 die Kasten (mpl) durch Schnuren heben
to raise the boxes by cords
поднимать коробки (жр) при помощи шнуров
faire monter les boites par des cordes
alzare le casse con corde
hacer subir las cajas por cuerdas

15 die Platinenschnüre (fpl) gehen über die Stufenscheibe
the lifting cords pass over the cone pulley
под'емные шнуры (мр) проходят над ступенчатым роликом
les collets (mpl) passent au-dessus de la poulie à gradins
le corde delle platine passano sopra la puleggia a gradini
los coletes pasan por encima de la polea escalonada

16 die Platinen (fpl) regieren die Kasten
the hooks control the boxes
крючки (мр) управляют движением коробок
les boites (fpl) sont manœuvrées par les crochets
le casse sono manovrate dalle platine
los ganchos maniobran las cajas

17 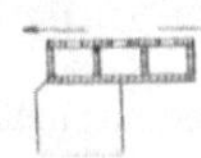
Schiebkasten (m)
multiple box with horizontal motion
выдвижная коробка (жр)
boite (f) à changement horizontal
cassa (f) multipla mobile orizzontalmente
caja (f) de cambio horizontal

18 nebeneinander stehende Schützenkasten (mpl)
shuttle boxes arranged side by side
смежно-расположенные челночные коробки (жр)
boites (fpl) à navettes placées les unes à côté des autres
casse (fpl) a navette disposte le une appresso alle altre
cajas (fpl) colocadas unas al lado de otras

19 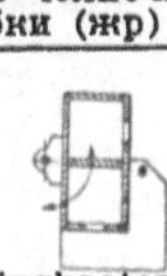
Schwingkasten (m)
swing box
качающаяся коробка (жр)
boite (f) oscillante
cassa (f) multipla oscillante
caja (f) oscilante

20 Schützenstand (m)
position of the shuttle
положение (ср) челнока
position (f) de la navette
posizione (f) della navetta
posición (f) de la lanzadera

1	Wechselpatrone (f) change pattern сменный патрон (мр)	patron (m) pour le changement patrona (f) per il cambio gráfico (m) *o* muestra (f) para el cambio
2	einseitiger Wechsel (m) shuttle change on one side [of loom] односторонняя смена (жр)	changement (m) de navettes unilatéral cambio (m) delle navette unilaterale *o* su un sol fianco del battente cambio (m) unilateral de lanzaderas
3	zweiseitiger Wechsel (m) shuttle change on both sides [of loom] двухсторонняя смена (жр)	changement (m) de navettes bilatéral cambio (m) delle navette bilaterale *o* sui due fianchi del battente cambio (m) bilateral de lanzaderas
4	sprungweiser Wechsel (m) skip change смена (жр) скачками *или* пропусками	changement (m) sauté cambio (m) a salti cambio (m) a saltos

3. Ladenbewegung (f) — Mouvement (m) du battant

5 **Movement of the Slay** — **Movimento** (m) **del battente**

Движение (ср) **батана** — **Movimiento** (m) **del batán**

No.		
6	Ladenspiel (n), [Ladentour (f)] turn of the slay ход (мр) батана	tour (m) du battant giuoco (m) del battente giro (m) *o* vuelta (f) del batán
7	die Lade schwingt the slay oscillates батан (мр) качается	le battant oscille il battente oscilla el batán oscila
8	schwingende Bewegung (f) der Lade, Ladenschwingung (f) oscillation of the slay качательное движение (ср) *или* качание (ср) батана	oscillation (f) du battant oscillazione (f) del battente oscilación (f) del batán
9	pendelartige Schwingung (f) der Lade pendulum movement of the slay маятникообразное качание (ср) батана	mouvement (m) pendulaire du battant movimento (m) a pendolo del battente movimiento (m) pendular del batán
10	Ladenschlag (m) stroke *or* blow of the slay прибой (мр) батана	coup (m) du battant colpo (m) del battente golpe (m) del batán
11	Weiterbewegung (f) des Gewebes forward movement of the fabric дальнейшее продвижение (ср) ткани	avancement (m) *ou* marche (f) du tissu avanzamento (m) del tessuto avance (m) del tejido
12	der Zapfen spielt in der Pfanne the pin is an easy fit in the socket шип (мр) имеет игру в подушке	le pivot joue librement dans son logement il perno si muove liberamente nel foro el pivote se mueve libremente en su alojamiento
13	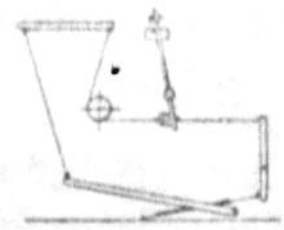 Ladenbewegung (f) durch Fußtritt movement of the slay by treadle движение (ср) батана при помощи подножки	mouvement (m) du battant par pédale movimento (m) del battente a pedale movimiento (m) del batán por pedal
14	Selbstschlag (m) stroke by dead weight свободный *или* непринужденный прибой (мр) *или* удар (мр) батана	coup (m) du battant par son propre poids colpo (m) del battente col proprio peso golpe (m) del batán por su propio peso
15	Ladenschlag (m) durch Stoß beating up by a blow удар (мр) батана при помощи толчка	battage (m) par choc battuta (f) per urto batanado por choque
16	Ladenschlag (m) durch Druck beating up by pressure удар (мр) батана при помощи нажима *или* давления	battage (m) par pression battuta (f) per pressione batanado (m) por presión
17	starker *oder* harter Ladenschlag strong *or* heavy blow of the slay сильный *или* резкий удар (мр) батана	coup (m) de battant fort *ou* lourd colpo (m) energico *o* forte del battente golpe (m) brusco *o* enérgico del batán
18	leichter *oder* schwacher Ladenschlag (m) weak *or* light blow of the slay легкий *или* слабый удар (мр) батана	coup (m) de battant faible *ou* léger colpo (m) leggero del battente golpe (m) suave del batán
19	Beischlagen (n) *oder* Eingehen (n) der Lade, Ladenvorgang (m) forward movement of the slay прибой (мр) батана [вперед]	mouvement (m) en avant *ou* frappe (f) du battant movimento (m) d'andata del battente avance (m) del batán
20	Ausgehen (n) der Lade, Ladenrückgang (m) backward movement of the slay отход (мр) *или* откидка (жр) батана [назад]	mouvement (m) en arrière *ou* rappel (m) du battant movimento (m) di ritorno del battente retroceso (m) del batán
21	Ladenstillstand (m) dwell of the slay остановка (жр) *или* неподвижное положение (ср) батана	arrêt (m) *ou* repos (m) du battant arresto (m) *o* riposo (m) del battente reposo (m) del batán
22	die Lade vor dem Anschlagen anhalten to stop the slay before beating up задерживать *или* останавливать батан (мр) перед прибоем	arrêter le battant avant le battage fermare il battente prima della battuta parar *o* frenar el batán antes del golpe
23	zwangläufige Ladenbewegung (f) positively controlled movement of the slay принужденное движение (ср) батана	mouvement (m) du battant positif movimento (m) del battente positivo movimiento (m) positivo del batán

1	Ladenbewegung (f) durch Kurbel movement of the slay by means of a crank движение (ср) батана от кривошипа		mouvement (m) du battant au moyen d'une manivelle movimento (m) del battente con manovella movimiento (m) del batán mediante una manivela
2	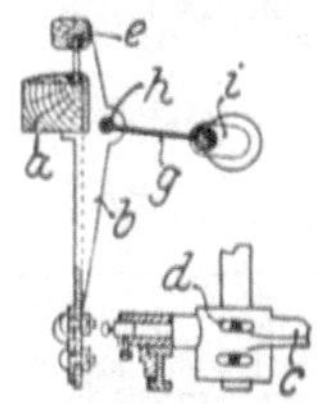		Kurbel (f) mit gewöhnlicher Schubstange crank with ordinary connecting rod кривошип (мр) с обыкновенным шатуном manivelle (f) avec bielle ordinaire manovella (f) con biella ordinaria manivela (f) con biela ordinaria
3	Ladenklotz (m) slay beam шлюв (мр) батана	a	masse (f) du battant traversa (f) del battente zócalo (m) del batán
4	Ladenschwinge (f), Ladenfuß (m) slay sword лопасть (жр) батана	b	épée (f) du battant braccio (m) del battente montante (m) del batán
5	Ladenachse (f) rocking shaft ось (жр) батана	c	axe (m) du battant asse (f) del battente eje (m) del batán
6	Langloch (n) long slot продолговатое отверстие (ср)	d	coulisse (f) scanalatura (f) lunga muesca (f) larga
7	Ladendeckel (m) slay cap вершник (мр)	e	chapeau (m) du battant cappello (m) del battente tabla (f) superior del batán
8	Schubstange (f) crank arm шатун (мр), тяга (жр)	g	bielle (f) biella (f) biela (f)
9	Ladenschwingbolzen (m) slay sword pin шип (мр) батана	h	goupille (f) du battant perno (m) del battente perno (m) del batán
10	Kröpfung (f) der Hauptwelle crank of the main shaft колено (ср) главного вала	i	coude (m) de l'arbre à vilebrequin gomito (m) sull'albero principale cigüeña (f) del árbol principal
11	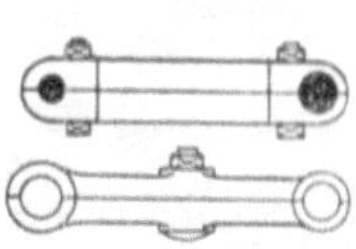		zweiteilige Schubstange (f) two part crank arm составной из двух частей шатун (жр) bielle (f) en deux parties biella (f) in due parti biela (f) bipartida
12	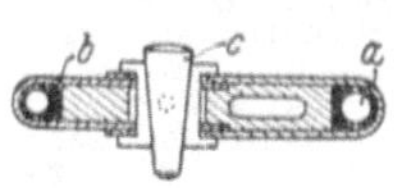		nachstellbare Schubstange (f) adjustable crank arm подтяжной шатун (мр) bielle (f) ajustable biella (f) aggiustabile biela (f) ajustable

offener Schubstangenkopf (m) open end of crank arm открытая шатунная головка (жр)	a	tête (f) de bielle ouverte testa (f) della biella aperta cabeza (f) de biela abierta	13
schmiedeiserner Bügel (m) wrought iron strap кованый железный хомут (мр)	b	pièce (f) courbée en fer forgé pezzo (m) ricurvo di ferro battuto pieza (f) curvada de hierro forjado	14
Keil (m) cotter клин (мр)	c	clavette (f) chiavetta (f) cuña (f)	15
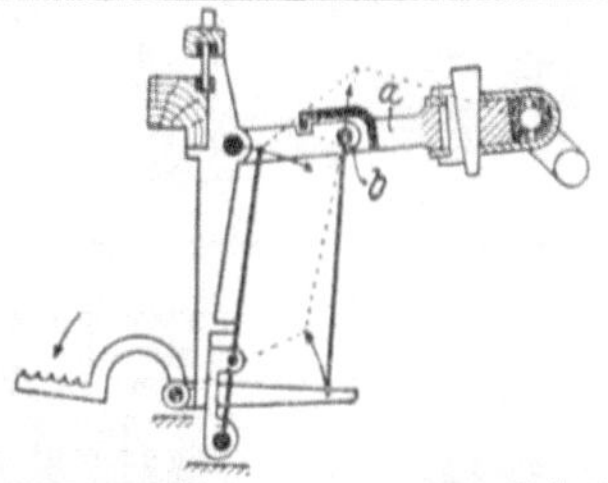Ladenbewegung (f) bei Stillstand der Kurbelwelle movement of the slay during the dwell of the crank shaft движение (ср) батана при неподвижном коленчатом вале		mouvement (m) du battant pendant l'arrêt de l'arbre à vilebrequin movimento (m) del battente durante l'arresto dell'albero a manovella movimiento (m) del batán durante el reposo del árbol de las cigüeñas	16
gebrochener Stoßarm (m) divided crank arm ломаный шатун (мр)	a	bielle (f) articulée biella (f) articolata biela (f) articulada	17
Zapfenmittel (n) pivot centre центр (мр) шипа	b	centre (m) du pivot centro (m) del perno centro (m) del perno	18
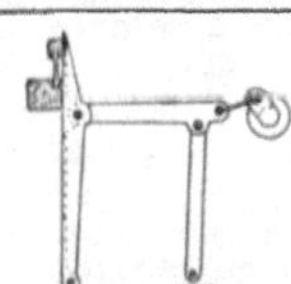Ladenbewegung (f) mit kurzer Schubstange movement of the slay with short crank arm		движение (ср) батана при помощи короткого шатуна mouvement (m) du battant à petite bielle movimento (m) del battente con piccola biella movimiento (m) del batán con biela corta	19
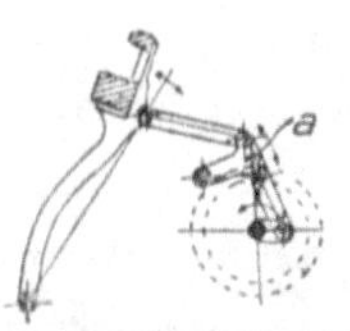		Kurbel (f) mit Winkelhebel crank with bent lever кривошип (мр) с угловым рычагом manivelle (f) à levier coudé manovella (f) con leva angolare manivela (f) de palanca acodada	20
Winkelhebel (m), Ladenwinkel (m) bent lever, bell crank lever [батанный] угловой рычаг (мр)	a	levier (m) coudé leva (f) angolare palanca (f) acodada	21

1 Übertragung (f) der Kurbelbewegung
transmission of crank motion
передача (жр) движения кривошипа
transmission (f) du mouvement de la manivelle
trasmissione (f) del movimento della manovella
transmisión (f) del movimiento de la manivela

---

2 

Exzenterscheibe (f) mit Winkelhebel
tappet with quadrant lever
эксцентриковая шайба (жр) с угловым рычагом
disque (m) excentrique avec levier coudé
disco (m) eccentrico con leva angolare
disco (m) excéntrico con palanca acodada

---

3 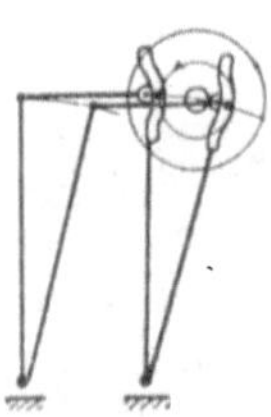

Ladenbewegung (f) mit Kulissenhebel
movement of the slay by means of links
движение (ср) батана от кулиссного рычага
mouvement (m) du battant par leviers à coulisse
movimento (m) del battente con leve a scorritoio
movimiento (m) del batán por palancas con colisa

---

4 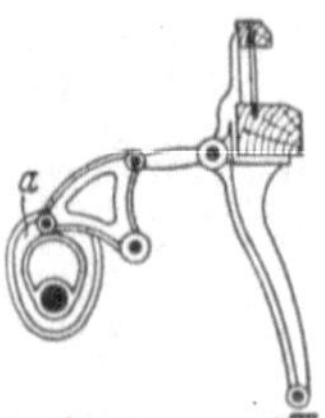

Ladenbewegung (f) durch Nutenscheibe
movement of the slay by means of grooved cam
движение (ср) батана при помощи пазовых дисков
mouvement (m) du battant par excentrique à rainure
movimento (m) del battente con eccentrico a scanalatura
movimiento (m) del batán por excéntrico de ranura

---

5 exzentrische Nut (f)
cam groove
эксцентрическая канавка (жр)
a
rainure (f) ou gorge (f) excentrique
scanalatura (f) eccentrica
ranura (f) excéntrica

---

6 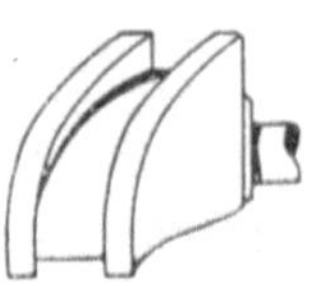

Schraubengangnut (f)
curved groove
канавка (жр) *или* дорожка (жр) винтового хода
rainure (f) incurvée
scanalatura (f) incurvata
ranura (f) curvada

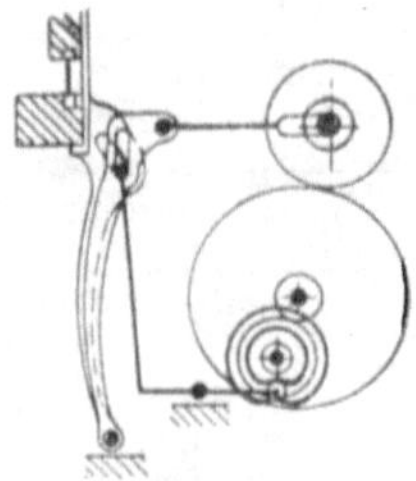

Ladenbewegung (f) mit zwei Anschlagstellungen
slay motion for two beating up positions
движение (ср) батана с двумя положениями прибоя
mouvement (m) du battant à double position de battage 7
movimento (m) del battente a due posizioni di battuta
movimiento (m) del batán para doble posición de golpeo

Frottierstoffstuhlanschlag (m)
terry motion
удар (мр) станка для выработки лохматой ткани
mouvement (m) du battant pour métier à tissu éponge
movimento (m) del battente per la fabbricazione dei tessuti a spugna 8
movimiento (m) del batán para tejer toallas turcas

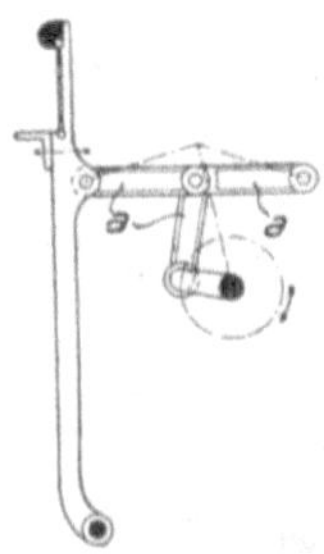

Ladendoppelschlag (m), doppelter Ladenanschlag (m)
double beat up
двойной удар (мр) батана 9
battage (m) double
doppio colpo (m) del battente
batanado (m) doble

Zugband (n), Kniehebelverbindung (f)
toggle joint
a
колено-рычажное соединение (ср)
connexion (f) à genouillère
biella (f) articolata, congegno (m) di leve a ginocchio 10
conexión (f) por palancas articuladas en codo

Rückwärtsbewegung (f) *oder* umgekehrte Bewegung (f) der Kurbelwelle
backward movement of the crank shaft
обратное вращение (ср) коленчатого вала
marche (f) en arrière de l'arbre à manivelle
marcia (f) indietro dell'albero a manovella 11
retroceso (m) del árbol de las cigüeñas

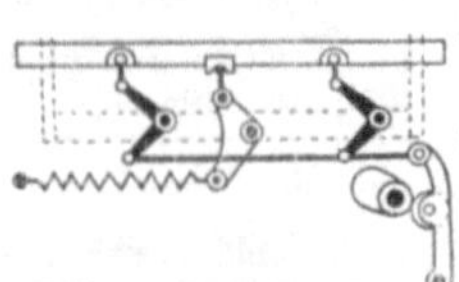

Ladenbewegung (f) mit offenen Exzentern
slay motion with negative tappets
движение (ср) батана от открытых эксцентриков
mouvement (m) du battant par excentriques simples 12
movimento (m) del battente con eccentrici aperti
movimiento (m) del batán por excéntricos simples

1 Exzenterangriff (m) beim Ladenvorgang
cam stroke as the slay beats up
вступление (ср) в действие эксцентрика при прибое [вперед] батана
coup (m) d'excentrique pendant la frappe du battant
colpo (m) d'eccentrico durante l'andata del battente
golpe (m) del excéntrico durante el batanado

---

2 Ladenrückgang (m) durch Federkraft
backward movement of slay by means of springs
отход (мр) батана под действием силы пружины
rappel (m) du battant par ressorts
movimento (m) di rinculo del battente a molle
marcha (f) hacia atrás *o* retroceso (m) del batán por resortes

---

3 auf *x* Stelzen befestigter Ladenklotz (m)
slay beam mounted on *x* swords
шлюз (мр), закрепленный на *x* лопастях
sommier (m) du battant monté sur *x* épées
traversa (f) del battente montata su *x* bracci
zócalo (m) del batán montado sobre *x* montantes

---

4 Schwanken (n) der Lade
vibration of the slay
шатание (ср) *или* колебание (ср) батана
vibration (f) du battant
vibrazione (f) del battente
sacudida (f) *o* vibración (f) del batán

5

Ladenunterstützung (f)
support of the slay
поддержка (жр) *или* подставка (жр) для батана
support (m) du battant
sopporto (m) del battente
soporte (m) del batán

---

6 die Lade steht in ihrer rückwärtigen Stellung still
the slay dwells in the back position
батан (мр) стоит неподвижно в заднем положении
le battant est en repos dans sa position arrière
il battente è in riposo nella sua posizione posteriore
el batán está en reposo en su posición atrasada

---

7 die Lade schwingt schnell nach vorn
the slay swings forward quickly
батан (мр) быстро откачивается вперед
le battant frappe rapidement
il battente batte rapidamente
el batán golpea rápidamente

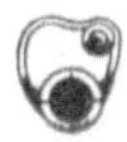
Exzenter (n) für doppelten Ladenanschlag
tappet for double beating up
эксцентрик (мр) для двойного удара батана
excentrique (m) pour double battage *ou* pour coup supplémentaire 8
eccentrico (m) per doppio colpo del battente
excéntrico (m) para batanado doble

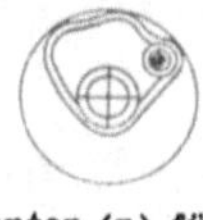
Exzenter (n) für dreifachen Ladenanschlag
tappet for treble beating up
эксцентрик (мр) для тройного удара батана
excentrique (m) pour triple battage 9
eccentrico (m) per colpo di battente triplo
excéntrico (m) para batanado triple

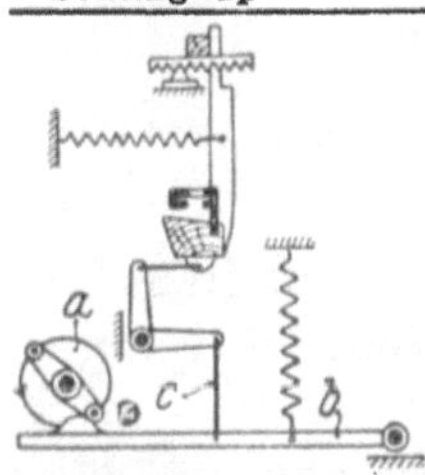

frei fallende Lade (f)
free falling slay *or* lathe
свободно падающий *или* прибивающий батан (мр)
battant (m) à chute libre 10
battente (m) a caduta libera
batán (m) de caída libre

Doppelrollenkurbel (f)
double roller crank
двойной роличный кривошип (мр)
a
manivelle (f) à double action à galets
manovella (f) a doppia azione con rotelle 11
manivela (f) de doble acción con rodillos

Tritthebel (m)
treadle lever
подножка (жр), педаль (жр)
b
levier (m) de marche
leva (f) del pedale 12
palanca-calca (f)

Riemen (m)
belt
ремень (мр)
c
courroie (f)
cinghia (f) 13
correa (f)

Ausschwingen (n) der Hängelade durch Exzenterdruck
forward movement of the overswung slay by eccentric
откачивание (ср) висячего батана при помощи нажатия эксцентрика
mouvement (m) en avant du battant libre par excentrique
movimento (m) d'andata del battente sospeso con eccentrico 14
movimiento (m) hacia adelante del batán libre por excéntrico

Aufgang (m) des Trittbebels
rise of treadle lever
под'ем (мр) подножки
lève (f) du levier de marche
alzata (f) della leva del pedale 15
ascenso (m) de la palanca-calca

E.

1 Handweberei (f) im besonderen
Details of Hand Loom Weaving
Ручное ткачество (ср) в частности
Tissage (m) à bras en particulier
Tessitura (f) a mano in particolare
Tejedura (f) a mano en particular

I.

2 Allgemeines (n)
General Terms
Общее (ср)
Généralités (fpl)
Nozioni (fpl) generali
Generalidades (fpl)

3 Handwebstuhl (m)
hand loom
ручной ткацкий станок (мр)
métier (m) à bras *ou* à main
telaio (m) a mano
telar (m) de mano

4 schwer gebauter Webstuhl (m)
heavily constructed loom, heavy loom
ткацкий станок (мр) тяжелой конструкции
métier (m) lourd
telaio (m) pesante *o* robusto
telar (m) pesado

5 leicht gebauter Webstuhl (m)
lightly constructed loom, light loom
ткацкий станок (мр) легкой конструкции
métier (m) léger
telaio (m) leggero
telar (m) ligero

6 mit leichtem Webstuhl schwere Ware weben
to weave heavy goods on light looms
ткать тяжелый товар (мр) на легком станке
tisser des articles lourds sur métiers légers
tessere articoli pesanti sopra telai leggeri
tejer articulos pesados *o* pesantes con telares ligeros

7 mit schwerem Webstuhl leichte Ware weben
to weave light goods on heavy looms
ткать легкий товар (мр) на тяжелом станке
tisser des articles légers sur métiers lourds
tessere articoli leggeri sopra telai pesanti
tejer articulos ligeros con telares pesados

kurzer Webstuhl (m) 8
short loom
короткий ткацкий станок (мр)
métier (m) court
telaio (m) corto
telar (m) corto

tiefer Webstuhl (m) 9
deep loom
глубокий ткацкий станок (мр)
métier (m) profond
telaio (m) profondo
telar (m) profundo

schmaler Webstuhl (m) 10
narrow loom
узкий ткацкий станок (мр)
métier (m) étroit
telaio (m) stretto
telar (m) estrecho

breiter Webstuhl (m) 11
wide loom
широкий ткацкий станок (мр)
métier (m) large
telaio (m) largo
telar (m) ancho

doppeltbreiter Stuhl (m) 12
double width loom
станок (мр) двойной ширины
métier (m) à double largeur
telaio (m) a doppia larghezza
telar (m) de doble ancho

Trittwebstuhl (m) 13
treadle loom
педальный ткацкий станок (мр), ткацкий станок с подножками
métier (m) à marches
telaio (m) a pedale
telar (m) con calcas

Schaftmaschinenstuhl (m) 14
dobby loom
кареточный ткацкий станок (мр)
métier (m) à ratière *ou* à mécanique [d']armure
telaio (m) a ratiera
telar (m) con maquinita

Jacquardstuhl (m) 15
Jacquard loom
Жаккардовый ткацкий станок (мр)
métier (m) [à tisser avec mécanique] Jacquard
telaio (m) Jacquard
telar (m) a la Jacquard

II.

1 **Webstuhlgestell (n)** — **Bâti (m) du métier à tisser**
Loom Framing — **Incastellatura (f) del telaio**
Станина (жр) ткацкого станка — **Bancada (f) del telar**

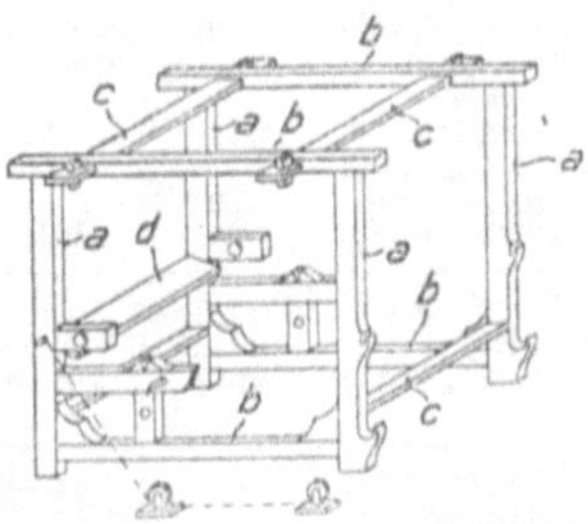

2
Stuhlgestell (n), Grundgestell (n)
loom framing *or* seating
станина (жр) станка, основная рама (жр)
bâti (m) *ou* bois (m) du métier
incastellatura (f) del telaio
bancada (f) *o* bastidor (m) *o* sustentáculo (m) del telar

3 — *a*
Stuhlsäule (f), Eckpfosten (m)
corner post *or* upright of the loom
стойка (жр) станка, угловая стойка
montant (m) du métier
montante (m) del telaio
montante (m) del telar

4 — *b*
Längsriegel (m)
longitudinal bar *or* rail
продольный [соединительный] брус (мр)
entretoise (f) longitudinale
barra (f) longitudinale
barra (f) longitudinal

5 — *c*
Querriegel (m), Verbindungsriegel (m)
cross bar
поперечина (жр), поперечный соединительный брус (мр)
entretoise (f) transversale
traversa (f)
travesaño (m)

6 — *d*
Sitzbank (f)
weaver's seat
скамейка (жр)
banc (m) du tisseur
sedile (m) del tessitore
banco (m) del tejedor

7
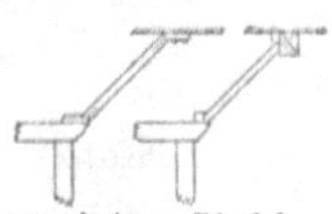
verspreiztes Stuhlgestell (n)
braced loom framing
распертая станина (жр) станка
bâti (m) du métier étrésillonné
incastellatura (f) del telaio puntellata
bastidor (m) apuntalado del telar

8
das Stuhlgestell verspreizen
to brace *or* to prop *or* to stay the loom framing
распирать станину (жр) станка
étrésillonner *ou* étançonner le bâti du métier
appuntellare l'incastellatura del telaio
apuntalar el bastidor del telar

9
Baumwollstuhlgestell (n)
framing for cotton loom
станина (жр) бумаготкацкого станка
bâti (m) du métier à tisser le coton
incastellatura (f) per telai da cotone
bancada (f) del telar para tejer algodón

10
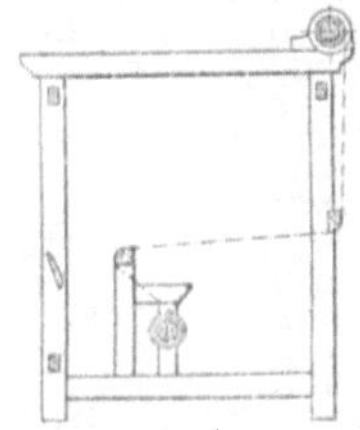
Tuchstuhlgestell (n)
framing for cloth loom
станина (жр) станка для выработки сукна
bâti (m) du métier de draperie
incastellatura (f) per telai da drappi
bancada (f) del telar para pañería

11
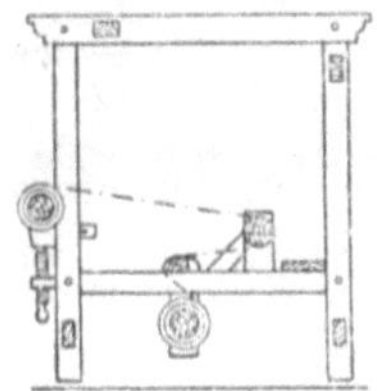
Leinwandstuhlgestell (n)
framing for linen loom
станина (жр) льноткацкого станка
bâti (m) du métier à tisser la toile
incastellatura (f) per telai da lino
bancada (f) del telar para tafetán

12
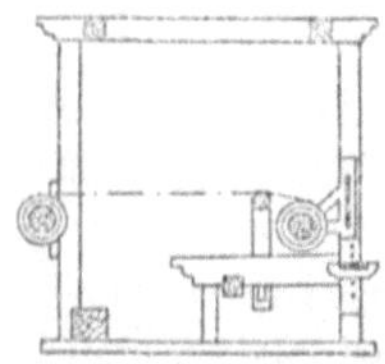
Seidenstuhlgestell (n)
framing for silk loom
станина (жр) шелкоткацкого станка
bâti (m) du métier à tisser la soie
incastellatura (f) per telai da seta
bancada (f) del telar para tejer seda

13
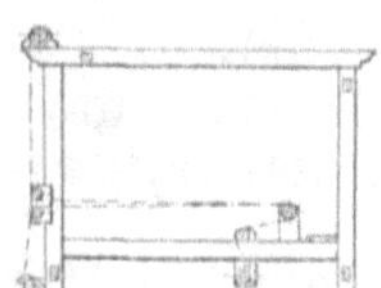
Damaststuhlgestell (n)
framing for damask loom
станина (жр) дамасковаго станка
bâti (m) du métier de damassé
incastellatura (f) del telaio per damasco
bancada (f) del telar para adamascado

14
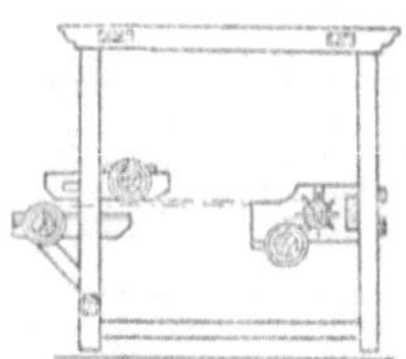
Frottierwarenstuhlgestell (n)
framing for terry *or* towel loom
станина (жр) станка для выработки лохматых тканей
bâti (m) du métier pour tissu éponge
incastellatura (f) del telaio per tessuto a spugna
bancada (f) del telar para tejido rizado

15
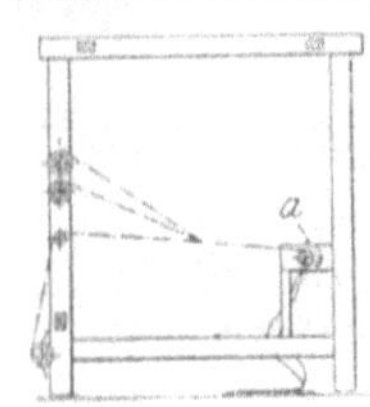

Teppichstuhlgestell (n)
framing for carpet loom
станина (жр) коврового станка
bâti (m) du métier pour tapis
incastellatura (f) del telaio per tappeti
bancada (f) del telar para tapiz

1 Schutzbrett (n)
breast board, cloth board
предохранительный щиток (мр), ограждающая доска (жр)
a planchette (f) de protection
asse (f) di protezione
planchita (f) de protección

2
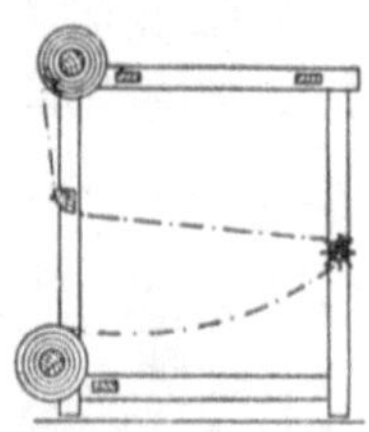
Läuferstuhlgestell (n)
framing for narrow carpet loom
станина (жр) станка для выработки дорожек
bâti (m) du métier pour tapis de chemin
incastellatura (f) del telaio per tappeti da scala
bancada (f) del telar para tapiz estrecho

3 Knüpfteppichstuhlgestell (n)
framing for pile carpet loom
станина (жр) станка для выработки вязаных ковров
bâti (m) du métier pour tapis à point noué
incastellatura (f) del telaio per tappeti a nodi
bancada (f) del telar para tapiz anudado

III.

4
Führung (f) von Kette und Ware
Letting off and Taking up Motion
Проводка (жр) основы и товара
Mouvement (m) de la chaîne et du tissu
Movimento (m) della catena e del tessuto
Movimiento (m) de la urdimbre y del tejido

5 Kettfadenführung (f)
warp governing *or* pacing
проводка (жр) *или* направление (ср) движения основных нитей
guidage (m) des fils de chaîne
guida (f) dei fili d'ordito
guía (f) de los hilos de urdimbre

6 senkrecht angeordnete Kette (f)
warp disposed vertically
отвесно установленная основа (жр)
chaîne (f) disposée verticalement
catena (f) disposta verticalmente
urdimbre (f) dispuesta verticalmente

7 Webstuhl (m) mit senkrechter Kette, Hautelisse-Stuhl (m)
high warp loom
гобеленовый [вышивной] станок (мр) со стоячей основой
métier (m) à haute-lice *ou* à haute-lisse
telaio (m) ad alti licci
telar (m) de lizos altos

8 wagrecht angeordnete Kette (f)
warp disposed horizontally
горизонтально установленная основа (жр)
chaîne (f) disposée horizontalement
catena (f) disposta orizzontalmente
urdimbre (f) dispuesta horizontalmente

Basselisse-Stuhl (m)
low warp loom
гобеленовый станок (мр) с лежачей основой
métier (m) à basse-lice *ou* à basse-lisse
telaio (m) a bassi licci 9
telar (m) de lizos bajos

winkelähnlicher Kettfadengang (m)
angular path of the warp
зигзагообразное движение (ср) основных нитей
mouvement (m) en angle de la chaîne
movimento (m) angolare dell'ordito 10
movimiento (m) en ángulo de la urdimbre

die Kettfäden (mpl) gleiten über den Streichriegel
the warp threads pass over the back rest
основные нити (жр) скользят по скалу
la chaîne passe sur le porte-fils
i fili d'ordito passano sul porta-fili 11
la urdimbre pasa sobre el guía-hilos

Führung (f) der Ware
cloth governing
направление (ср) товара
guidage (m) du tissu
guida (f) del tessuto 12
guía (f) del tejido

die Ware läuft über den Brustbaum
the cloth passes over the breast beam
товар (мр) движется по груднице
le tissu passe sur la poitrinière
il tessuto passa sul subbio anteriore 13
el tejido pasa sobre el antepecho

die Ware in den Stoffbaum einklemmen
to fasten the cloth on to the cloth beam
зажимать товар (мр) в товарный ролик
serrer le tissu sur l'ensouple du tissu
fissare il tessuto sul suo subbio 14
fijar el tejido sobre el plegador del tejido

die Ware läuft um den Stoffbaum
the cloth is wound on the cloth beam
товар (мр) обвивается вокруг товарного ролика
le tissu est enroulé sur l'ensouple du tissu
il tessuto è avvolto sul suo subbio 15
el tejido es arrollado sobre el plegador del tejido

die Ware aufwickeln
to take up the cloth
навивать товар (мр)
enrouler le tissu
avvolgere *o* raccogliere il tessuto 16
arrollar el tejido

die Ware abtafeln
to take off from the cloth beam
откладывать *или* складывать товар (мр) в сторону
décharger le tissu
svolgere *o* scaricare il tessuto 17
descargar el tejido

Abtafeln (n) der Ware
taking off *or* plaiting *or* rewinding of the cloth
откладывание (ср) товара в сторону
déchargement (m) du tissu
svolgimento (m) *o* scarico (m) del tessuto 18
descargue (m) del tejido

die Ware in Falten legen
to fold *or* to plait *or* to crease *or* to rig the cloth
складывать товар (мр) складками
plier le tissu
piegare il tessuto 19
plegar el tejido

die Ware unterhalb der Schäfte fortführen
to guide the cloth below the shafts
проводить *или* отводить товар (мр) под ремизами
guider le tissu en dessous des lames
guidare il tessuto sotto i licci 20
guiar el tejido por debajo de los lizos

IV.

1 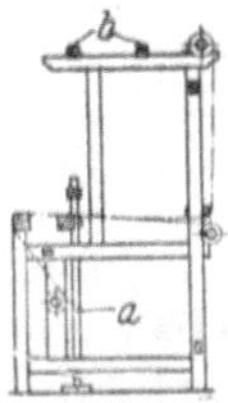

Musterwebstuhl (m)

Pattern Loom

Образцовый ткацкий станок (мр)

Métier (m) à échantillonner

Telaio (m) per far campioni

Telar (m) para tejer muestras

2 Stehlade (f)
underswung slay
стоячий батан (мр)

a battant (m) à oscillation par en dessous
battente (m) in salita
batán (m) de oscilación inferior, batán de pie

---

3 Ladenstock (m)
swing beam
верхняя поперечина (жр) батана, поперечный брус (мр)

b porte-battant (m)
porta-battente (m)
porta-batán (m)

Musterweben (n)
pattern weaving
ткание (ср) образцов

tissage (m) des échantillons et des essais
tessitura (f) dei campioni
tisaje (m) de muestras y ensayos 4

Musterung (f), Musterei (f), Mustern (n), Mustermachen (n)
sampling, pattern making
изготовление (ср) *или* выработка (жр) образцов

échantillonnage (m)
scampionatura (f), preparazione (f) dei campioni
preparación (f) de las muestras 5

Musterstube (f)
sample room, pattern room
образцовая (жр)

salle (f) d'échantillonnage
camera (f) per la preparazione di campioni
sala (f) de hacer muestras 6

Musterweber (m)
pattern weaver
ткач (мр), вырабатывающий образцы

[tisseur-] échantillonneur (m)
tessitore (m) per campioni
tejedor (m) de muestras 7

F.

	Mechanische Weberei (f) ***oder*** **Maschinenweberei** (f) ***oder*** **Kraftweberei im besonderen**	**Tissage** (m) **[au métier] mécanique en particulier**
1	**Details of Power Loom Weaving *or* of Mechanical Weaving**	**Tessitura** (f) **meccanica in particolare**
	Механическое тканчество (ср) **в частности**	**Tejedura** (f) **mecánica en particular**

I.

	Stuhlbauarten (fpl), **Webstuhlbauarten** (fpl)	**Sortes** (fpl) **de construction *ou* types** (mpl) **de métier**
2	**Types of Looms**	**Sistemi** (mpl) **di costruzione del telaio**
	Конструкции (жр) **ткацкого станка**	**Clases** (fpl) **de construcción *o* tipos** (mpl) **de telar**

3	Webstuhlbau (m) loom construction постройка (жр) ткацких станков	construction (f) des métiers costruzione (f) dei telai construcción (f) de los telares
4	mechanischer Betrieb (m) mechanical working механическое производство (ср)	service (m) mécanique esercizio (m) meccanico trabajo (m) mecánico
5	den Webstuhl durch motorische Kraft in Betrieb setzen to drive the loom by motive power приводить ткацкий станок (мр) в движение от двигателя	actionner le métier par force motrice azionare il telaio con forza motrice accionar el telar por una fuerza motriz
6	mechanischer Schaftwebstuhl (m) power driven dobby loom кареточный механический ткацкий станок (мр)	métier (m) à ratière mécanique telaio (m) a ratiera meccanico telar (m) mecánico con maquinita
7	Jacquardwebstuhl (m), Harnischwebstuhl Jacquard loom Жаккардовый ткацкий станок (мр)	métier (m) Jacquard telaio (m) a Jacquard telar (m) a la Jacquard
8	Flachwebstuhl (m) ordinary loom плоский ткацкий станок (мр)	métier (m) rectiligne telaio (m) rettilineo telar (m) rectilíneo
9	Rundwebstuhl (m) circular loom барабанный ткацкий станок (мр)	métier (m) circulaire telaio (m) circolare telar (m) circular
10	Bildung (f) der Ware in Schlauchform weaving tubular goods выработка (жр) товара в виде кишки	tissage (m) d'articles tubulaires tessitura (f) d'articoli tubulari *o* a sacco tejedura (f) de artículos tubulares
11	innere Fachbildung (f) inside shedding внутреннее образование (ср) зева	formation (f) intérieure du pas formazione (f) interna del passo formación (f) interior de la calada
12	kreisrundes Ried (n) circular reed круглое бердо (ср)	peigne (m) circulaire pettine (m) circolare peine (m) circular

1 elektromagnetischer Schützenantrieb (m)
electromagnetic propulsion of shuttle
электромагнитное приспособление (ср) для движения челнока
commande (f) de navette électromagnétique
azionamento (m) della navetta elettromagnetico
impulsión (f) electromagnética de la lanzadera

2 umlaufender [*oder* rotierender] Schützen (m)
shuttle running round in a circle
челнок (мр) с круговым движением
navette (f) courant circulairement
navetta (f) a corsa circolare
lanzadera (f) corriendo en circulo

3 Anker (m)
armature, rotor
якорь (мр)
induit (m), rotor (m), armature (f)
indotto (m), rotore (m), armatura (f)
inducido (m), rotor (m), armadura (f)

4 Elektromagnet (m)
electromagnet
электромагнит (мр)
électro-aimant (m)
elettromagnete (m), elettrocalamita (f)
electro-imán (m)

5 Kommutator (m)
commutator
коммутатор (мр)
commutateur (m)
commutatore (m)
conmutador (m)

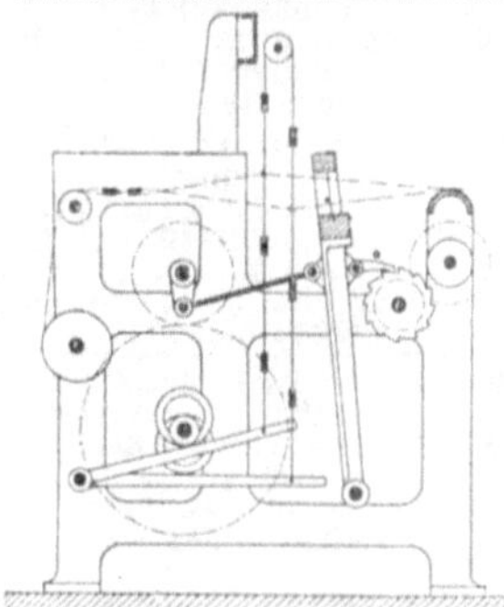

6 Kraftwebstuhl (m)
power loom
механический ткацкий станок (мр)
métier (m) mécanique
telaio (m) meccanico
telar (m) mecánico

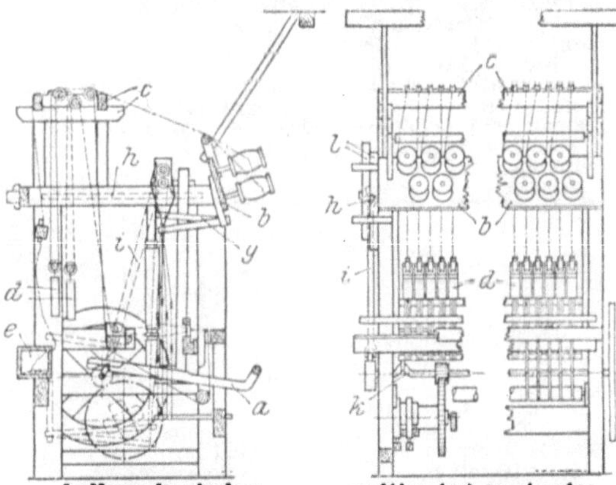

7 halbmechanischer Stuhl (m) für Bandweberei
semi-power loom for ribbon weaving
полумеханический ткацкий станок (мр) для ленточной ткацкой
métier (m) semi-mécanique pour rubanerie
telaio (m) semi-meccanico per nastri
telar (m) semi-mecánico para cintería

a Treibstange (f)
driving rod
мотыль (мр), ведущий шатун (мр)
tringle (f) de commande
asta (f) di comando
tirante (m) accionador 8

b Spulenbrett (n)
creel
катушечная доска (жр)
râtelier (m)
rastrelliera (f)
fileta (f) 9

c Lagerung (f) der Führungsrollen
bracket for guide pulleys
подушка (жр) для направляющих роликов
support (m) des poulies-guides
sopporto (m) delle puleggie di guida
soporte (m) de las poleas-guías 10

d Spannung (f) durch Gewichte
tensioning by weights
натяжение (ср) при помощи гирь
tension (f) par poids
tensione (f) con pesi
tensión (f) por peso 11

e Bandkasten (m)
ribbon box
ленточный ящик (мр)
boîte (f) à ruban
cassa (f) a nastri
depósito (m) de cintas 12

g Schafthebel (m)
shaft lifting lever
[верхний] проступной рычаг (мр)
levier (m) de commande des lames
leva (f) di comando dei licci
palanca (f) de los lizos 13

h Messerhebel (m)
knife lever
призменный рычаг (мр)
levier (m) des couteaux
leva (f) dei coltelli
palanca (f) de las cuchillas 14

i Stoßhebel (m)
push lever
толкач (мр)
levier (m) pousseur
leva (f) spingitrice
palanca (f) impulsora 15

k gekröpfte Welle (f)
crank shaft
коленчатый вал (мр)
arbre (m) à vilebrequin
albero (m) a manovella
árbol (m) de las cigüeñas, cigüeñal (m) 16

l Schieber (m)
slide
задвижная планка (жр)
coulant (m)
scorritoio (m)
deslizante (m) 17

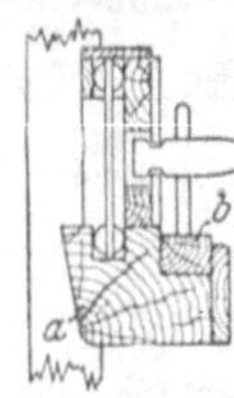

18 Lade (f) mit Schützen
slay with shuttle
батан (мр) с челноком
battant (m) avec navette
battente (m) con navetta
batán (m) con lanzadera

a Ladenbalken (m)
slay beam
шлюз (мр) батана
sommier (m) du battant
traversa (f) del battente
zócalo (m) del batán 19

b Stiftlatte (f), Schubleiste (f)
picking bar
игольная планка (жр)
barre (f) de chasse
barra (f) caccia-navetta
listón (m) de picado o de impulsión 20

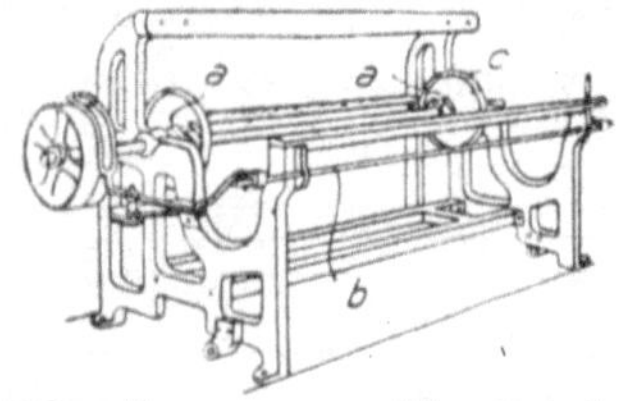

1 Stuhl (m) mit einer Welle
loom with one shaft
одновальный станок (мр)
métier (m) à arbre unique
telaio (m) ad albero unico
telar (m) de árbol único

2 Kröpfung (f)
crank
колено (ср)
a
coude (m)
gomito (m)
codo (m)

3 Ausrückstange (f)
stop rod
остановочный прут (мр)
b
tringle (f) d'arrêt
asta (f) d'arresto
tirante (m) de freno

4 Schwungrad (n)
fly wheel
маховик (мр)
c
volant (m)
volante (m)
volante (m)

5
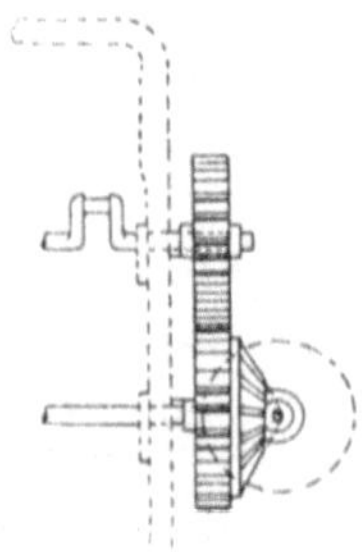
Stuhl (m) mit zwei Wellen von gleicher Umdrehungszahl
loom with two shafts of equal speed
двухвальный ткацкий станок (мр) с равным числом оборотов валов
métier (m) à deux arbres tournant à la même vitesse
telaio (m) con due alberi a velocità eguale
telar (m) de dos árboles girando a la misma velocidad

6
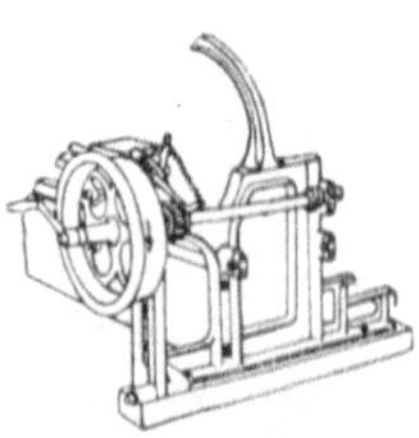
seitlich am Gestell gelagerte Welle (f)
shaft supported on loom side
расположенный сбоку станины вал (мр)
arbre (m) supporté sur le côté du métier
albero (m) appoggiato sul fianco del telaio
árbol (m) soportado por la bancada lateral

7
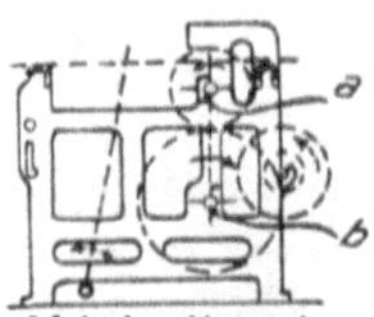

Stuhl (m) mit zwei Wellen von ungleicher Umdrehungszahl
loom with two shafts of different speeds
двухвальный станок (мр) с разными числами оборотов валов
métier (m) à deux arbres tournant à des vitesses différentes
telaio (m) a due alberi con velocità diverse
telar (m) de dos árboles girando a distinta velocidad

schmiedeeiserne Kurbelwelle (f)
wrought iron crank shaft
коленчатый вал (мр) кованого железа
a
arbre (m) à vilebrequin en fer forgé
albero (m) a manovella in ferro battuto 8
árbol (m) cigüeñal de hierro forjado

Schlagwelle (f), Triebwelle (f), untere Welle (f)
tappet *or* picking *or* driving shaft, lower shaft
ударный *или* ведущий вал (мр)
b
arbre (m) inférieur *ou* à cames
albero (m) inferiore *o* degli eccentrici 9
árbol (m) inferior *o* de los excéntricos

fehlerhafter Schuß (m)
faulty pick, mispick
недоброкачественный уток (мр)
fausse duite (f)
trama (f) sbagliata 10
pasada (f) defectuosa

Schußsuchen (n)
finding lost picks
искание (ср) *или* отыскивание (ср) уточины
recherche (f) de la duite
ricerca (f) della trama 11
busca (f) de la pasada

die Kurbelwelle zurückdrehen
to turn back the crank shaft
вращать назад коленчатый вал (мр)
faire tourner l'arbre à vilebrequin en sens inverse
girare indietro l'albero a manovella 12
hacer girar el árbol de las cigüeñas en sentido inverso

Zurückdrehen (n) der Kurbelwelle
turning back of the crank shaft
обратное вращение (ср) ткацкого станка
rappel (m) de l'arbre à vilebrequin
marcia (f) *o* rotazione (f) indietro dell'albero a manovella 13
marcha (f) atrás del árbol cigüeñal

der Webstuhl arbeitet rückwärts
the loom works backwards
станок (мр) работает задним ходом, станок ткет в обратном направлении
le métier détisse *ou* travaille en arrière
il telaio lavora indietro *o* all'inverso 14
el telar trabaja hacia atrás *o* desteje

Zurückarbeiten (n) *oder* Zurückweben (n) mit halber Geschwindigkeit
working backwards at half speed
ткание (ср) в обратном направлении с половинной скоростью
détissage (m) à demi-vitesse
tessitura (f) indietro a mezza velocità 15
destejido (m) a media velocidad

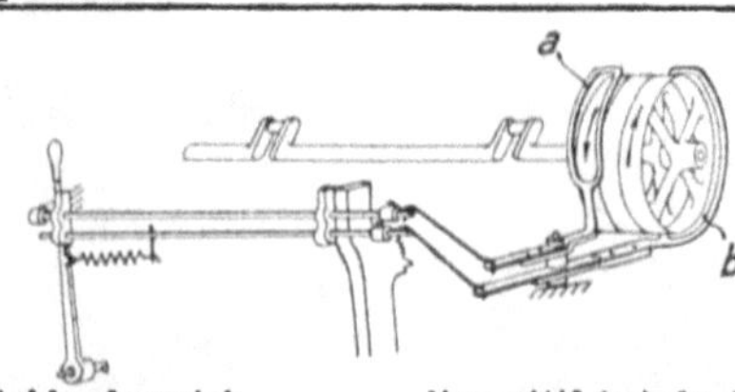

Rücklaufvorrichtung (f) mit Riemenbetrieb
belt motion for working backwards
приспособление (ср) для обратного хода с ременным приводом
dispositif (m) de détissage avec commande par courroie
dispositivo (m) per marcia indietro con comando a cinghia 16
dispositivo (m) de marcha atrás por correa

1	Riemengabel (f) für Vorwärtslauf strap fork for working forward ременная отводка (жр) для прямого хода	a	fourche (f) guide-courroie pour marche en avant guida-cinghia (m) per la marcia in avanti horquilla-guía (f) de la correa para la marcha hacia adelante
2	Riemengabel (f) für Rückwärtslauf strap fork for working backwards ременная отводка (жр) для обратного хода	b	fourche (f) guide-courroie pour marche en arrière guida-cinghia (m) per la marcia indietro horquilla-guía (f) de la correa para la marcha atrás

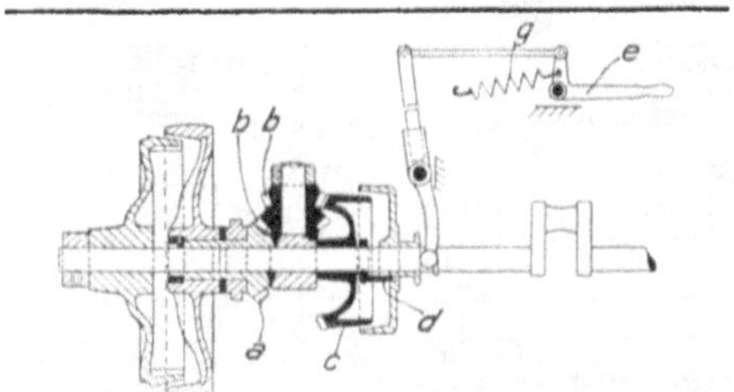

3	Rücklaufvorrichtung (f) mit Differentialgetriebe reverse motion with differential gear приспособление (ср) для обратного хода с дифференциальной передачей		mouvement (m) différentiel pour le détissage meccanismo (m) differenziale per la marcia indietro mecanismo (m) diferencial de marcha atrás
4	Kegelrad (n) bevel wheel коническая шестерня (жр)	a	pignon (m) d'angle, roue (f) conique ruota (f) conica rueda (f) cónica
5	doppeltes Kegelrad (n) double bevel wheel двойная коническая шестерня (жр)	b	roue (f) conique double *ou* à planètes ruota (f) conica doppia rueda (f) cónica doble
6	Zahnkranz (m) crown bevel wheel зубчатый венец (мр)	c	couronne (f) ruota (f) a corona rueda (f) de corona
7	Ringdaumen (m) engaging pin сцепной палец (мр)	d	clavette (f) d'accouplement perno (m) d'accopiamento chaveta (f) de acoplamiento
8	Handhebel (m) hand lever ручной рычаг (мр)	e	levier (m) à main leva (f) a mano palanca (f) de mano
9	Rückzugfeder (f) release spring оттяжная пружина (жр)	g	ressort (m) de rappel molla (f) di richiamo resorte (m) de retroceso
10	Oberschlagwebstuhl (m) overpick loom ткацкий станок (мр) с верхним боем		métier (m) à chasse-navette au-dessus telaio (m) con caccianavetta superiore telar (m) con expulsión *o* con golpe por arriba, telar con mecanismo de garrotes

Unterschlagwebstuhl (m) underpick loom, lever pick loom ткацкий станок (мр) с нижним боем	métier (m) à chasse-navette au-dessous telaio (m) con caccianavette inferiore telar (m) con expulsión *o* con golpe por abajo, telar con mecanismo de espada	11
Federschlagstuhl (m) spring pick loom ткацкий станок (мр) с пружинным боем	métier (m) à chasse-navette par ressort telaio (m) con caccianavette a molla telar con expulsión de la lanzadera por resorte	12
einspuliger *oder* einschütziger Webstuhl (m), Webstuhl mit glatter Lade single shuttle loom, one shuttle loom, plain loom, stripe loom одночелночный ткацкий станок (мр), станок с обыкновенным батаном	métier (m) à une navette, métier simple telaio (m) ad una navetta telar (m) con una sola lanzadera	13
Wechselstuhl (m) multiple box loom, check loom многочелночный станок (мр)	métier (m) à plusieurs navettes, métier à boîtes multiples telaio (m) a più navette *o* a navette multiple telar (m) con varias lanzaderas	14
Webstuhl (m) mit Stehlade loom with underswung slay ткацкий станок (мр) со стоячим батаном	métier (m) à battant oscillant par au-dessous telaio (m) con battente in salita telar (m) con batán de pie	15
Webstuhl (m) mit Hängelade loom with overswung slay ткацкий станок (мр) с висячим батаном	métier (m) à battant libre *ou* par en-dessus telaio (m) con battente sospeso telar (m) con batán libre	16
Steigladenwechselstuhl (m), Hubkastenwechselstuhl (m) drop box loom многочелночный станок (мр) с восходящим батаном	métier (m) à boîtes montantes telaio (m) a casse mobili verticalmente telar (m) de cajas superpuestas *o* ascendentes	17
Revolverladenwechselstuhl (m) revolving box loom, circular box loom многочелночный станок (мр) с револьверным батаном	métier (m) [à boîte] revolver telaio (m) a revolver *o* con meccanismo a cassa circolare telar (m) con mecanismo revólver de cambio	18
Webstuhl (m) mit selbsttätiger Schützenauswechslung, [Automatenstuhl (m)] automatic reshuttling loom ткацкий станок (мр) с автоматической сменой челноков, автоматический ткацкий станок	métier (m) à chargement automatique de navette telaio (m) a ricambio automatico di navette telar (m) con cambio automático de lanzadera	19

1
Webstuhl (m) mit selbsttätiger Spulenauswechslung
loom with automatic cop changing motion
ткацкий станок (мр) с автоматической сменой шпуль
métier (m) à chargement automatique de la trame
telaio (m) con cambio automatico della bobina
telar (m) con cambio automático de trama

2
leicht laufender Stuhl (m)
easy running loom
станок (мр), легкий на ходу
métier (m) courant léger
telaio (m) a corsa leggiera
telar (m) de marcha ligera

3
schwer laufender Stuhl (m)
heavy running loom
станок (мр), тяжелый на ходу
métier (m) courant lourd
telaio (m) a corsa pesante
telar (m) de marcha pesada

4
langsam laufender Stuhl (m)
slow speed loom, slow running loom
тихоходный станок (мр)
métier (m) à petite vitesse
telaio (m) a piccola velocità
telar (m) de pequeña velocidad

5
schnell laufender Stuhl (m), Schnelläufer(m)
high speed loom, fast running loom
быстроходный станок (мр)
métier à grande vitesse
telaio (m) a grande velocità
telar (m) de grande velocidad

6
Webstuhlgruppe (f)
set of looms
группа (жр) ткацких станков
groupe (m) *ou* assortiment (m) de métiers
gruppo (m) di telai
grupo (m) de telares

7
Webstuhlart (f), [Webstuhlmodell (n), Webstuhltyp (m)]
style *or* type *or* pattern *or* model of loom
вид (мр) *или* тип (мр) ткацкого станка
système (m) *ou* genre (m) *ou* type (m) *ou* modèle (m) de métier
tipo (m) di telaio
clase (f) *o* tipo (m) *o* género (m) *o* sistema (m) de telar

8
Modellzeichen (n) des Webstuhles
type mark of loom
обозначение (ср) модели ткацкого станка
marque (f) de modèle du métier
marca (f) del modello del telaio
marca (f) de modelo del telar

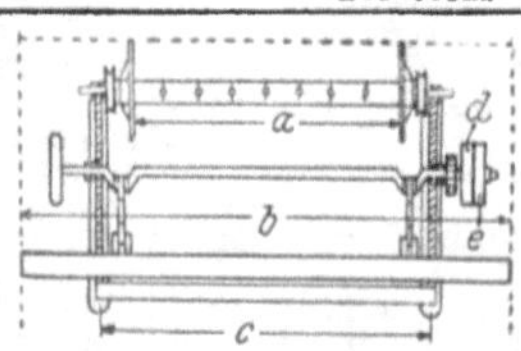

9
Grundriß (m) *oder* Draufsicht (f) des Webstuhles
plan of loom
план (мр) *или* горизонтальная проекция (жр) ткацкого станка
plan (m) du métier
piano (m) del telaio
planta (f) del telar

10 a
Arbeitsbreite (f), Stoffbreite (f), ausnutzbare Blattbreite
working width
рабочая ширина (жр)
empeignage (m) utile, largeur (f) du tissu
larghezza (f) di lavoro, altezza (f) utile
ancho (m) útil del peine

11 b
Ladenlänge (f), Stuhlbreite (f)
overall width of loom
длина (жр) батана, ширина (жр) станка
longueur (f) du battant, largeur (f) du métier
lunghezza (f) del battente, larghezza (f) del telaio
ancho (m) del telar, longitud (f) del batán

12 c
Blattbreite (f)
reed space
ширина (жр) берда
empeignage (m)
larghezza (f) del pettine
ancho (m) del peine

13 d
Riemenscheibe (f), Festscheibe (f)
fast pulley
ременной *или* коренной шкив (мр)
poulie (f) fixe
puleggia (f) fissa
polea (f) fija

14 e
Losscheibe (f)
loose pulley
холостой шкив (мр)
poulie (f) folle
puleggia (f) folle
polea (f) loca

15
Brustbaumhöhe (f), Höhe (f) des Brustbaumes
height of breast beam
высота (жр) грудницы
hauteur (f) de la poitrinière
altezza (f) del subbio anteriore
altura (f) del antepecho

16
Streichbaumhöhe (f), Höhe (f) des Streichbaumes
height of backrest
высота (жр) скала
hauteur (f) du portefils
altezza (f) del porta-fili
altura (f) del guia-hilos

17
die Webstuhlteile (mpl) verstellen
to adjust the loom parts
переставливать части (жр) ткацкого станка
régler les organes du métier
regolare le parti del telaio
regular los órganos del telar

18
Lieferung (f) des Stuhles
production of loom
производительность (жр) ткацкого станка
production (f) du métier
produzione (f) del telaio
producción (f) del telar

19
Musterstuhl (m)
loom for sample work
станок (мр) для выработки образцов
métier (m) à échantillonner
telaio (m) per far campioni
telar (m) para muestras

20
Kurbelwebstuhl (m)
crank loom
кривошипный ткацкий станок (мр)
métier (m) à manivelle
telaio (m) a manovella
telar (m) a manivela

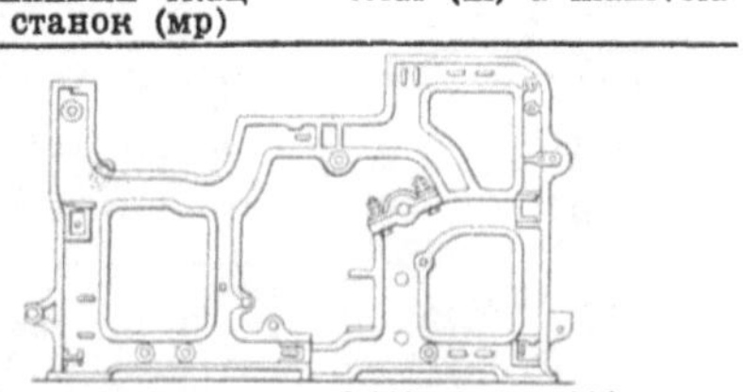

21
Antriebwand (f)
driving end framing
основная рама (жр) со стороны привода
bâti (m) côté commande
parete (f) del comando
bancada (f) lateral para accionamiento

22
Stuhlunterlage (f)
loom footplate
подкладка (жр) под станок
plaque (f) de support du métier
placca (f) di fondazione del telaio
plancha (f) de soporte del telar

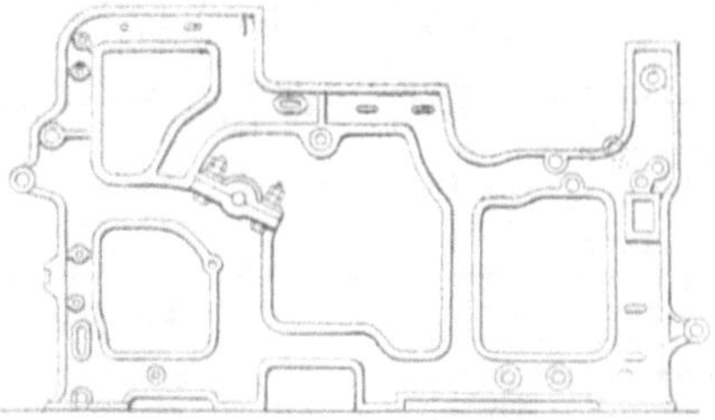

1 Wechselwand (f)
framing for change box arrangement
сменная *или* переставная рама (жр)
bâti (m) côté changement
parete (f) di cambio
bancada (f) lateral para cambio

2 Mittelriegel (m)
centre traverse beam
средняя поперечина (жр)
traverse (f) de milieu
traversa (f) centrale
travesaño (m) central

3 Brustriegel (m)
breast beam bar
грудничная *или* передняя поперечина (жр), передний (-яя) поперечный (-ая) брус (мр) *или* балка (жр)
barre (f) de la poitrinière
asse (f) del subbio anteriore
traviesa (f) del antepecho

---

4 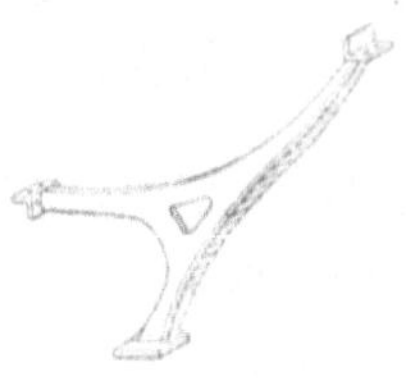

Brustbaumstütze (f)
stay to breast beam
кронштейн (мр) грудницы
console (f) *ou* étai (m) de la poitrinière
sostegno (m) del subbio anteriore
soporte (m) del antepecho

---

5 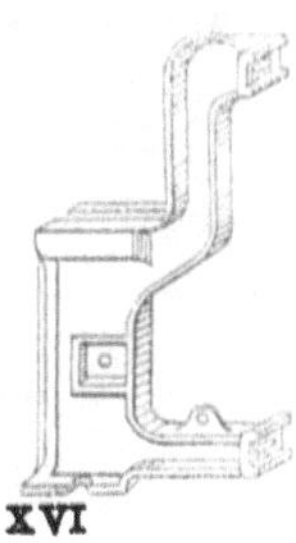

Antriebbock (m)
outside stay for crank shaft
стойка (жр) для привода
bâti (m) extérieur de la commande
sostegno (m) esteriore per l'albero a manovella
sustentáculo (m) exterior del accionamiento

II.

Stuhlantrieb (m) — Loom Drive — Привод (мр) станка — Commande (f) du métier — Comando (m) del telaio — Accionamiento (m) del telar 6

1. Allgemeines (n) — General Terms — Общее (ср) — Généralités (fpl) — Nozioni (fpl) generali — Generalidades (fpl) 7

Wellenantrieb (m), Transmissionsantrieb (m)
line shaft drive
привод (мр) от трансмиссии
commande (f) par arbres de transmission
comando (m) con trasmissione
accionamiento (m) por árboles de transmisión 8

Gruppenantrieb (m)
group drive
групповой привод (мр)
commande (f) par groupes
comando (m) a gruppi
accionamiento (m) por grupos 9

Einzelantrieb (m)
individual drive
одиночный привод (мр)
commande (f) individuelle
comando (m) individuale
accionamiento (m) individual 10

Webstuhl (m) mit Rechtsantrieb
loom driven on right hand side
правый ткацкий станок (мр)
métier (m) avec commande droite
telaio (m) con comando a destra
telar (m) con accionamiento derecho 11

Webstuhl (m) mit Linksantrieb
loom driven on left hand side
левый ткацкий станок (мр)
métier (m) avec commande gauche
telaio (m) con comando a sinistra
telar (m) con accionamiento izquierdo 12

Stuhlantrieb (m) rechts
loom drive on right hand
правый привод (мр) ткацкого станка
commande (f) du métier droite
comando (m) del telaio a destra
accionamiento (m) derecho del telar 13

Stuhlantrieb (m) links
loom drive on left hand
левый привод (мр) ткацкого станка
commande (f) du métier gauche
comando (m) del telaio a sinistra
accionamiento (m) izquierdo del telar 14

Durchmesser (m) der Antriebscheibe
diameter of driving pulley
диаметр (мр) приводного шкива
diamètre (m) de la poulie de commande
diametro (m) della puleggia motrice
diámetro (m) de la polea motriz 15

Triebscheibe (f), treibende Scheibe (f)
driving pulley
ведущий приводный шкив (мр)
poulie (f) de commande
puleggia (f) motrice
polea (f) motriz 16

---

angetriebene Scheibe (f)
driven pulley
ведомый приводный шкив (мр)
poulie (f) commandée
puleggia (f) mossa
polea (f) conducida 17

No.		
1	den Webstuhl einrücken *oder* in Gang setzen to start the loom включать *или* пускать в ход ткацкий станок (мр)	mettre le métier en route *ou* en marche mettere in moto il telaio poner en marcha el telar
2	toter Punkt (m) dead point, dead centre мертвая точка (жр)	point (m) mort punto (m) morto punto (m) muerto
3	Totpunktstellung (f) dead centre position стояние (ср) *или* положение (ср) на мертвой точке	position (f) de point mort posizione (f) del punto morto posición (f) del punto muerto
4	den Stuhl mit der Hand andrehen to start the loom by hand разворачивать станок (мр) рукой	mettre le métier en marche à la main avviare a mano il telaio poner en marcha el telar con la mano
5	Anlaufen (n) des Stuhles start of loom разбег (мр) станка, пуск (мр) в ход станка	mise (f) en marche du métier avviamento (m) del telaio puesta (f) en marcha del telar
6	sicheres Anlaufen (n) steady start надежный пуск (мр) в ход	départ (m) régulier avviamento (m) regolare puesta (f) en marcha regular
7	schwankendes Anlaufen (n) jerky start ненадежный пуск (мр) в ход	départ (m) irrégulier avviamento (m) irregolare puesta (f) en marcha irregular
8	Gang (m) des Webstuhles running of the loom ход (мр) станка	marche (f) du métier marcia (f) del telaio marcha (f) del telar
9	der Stuhl geht gut the loom runs well станок (мр) идет *или* работает хорошо	le métier marche bien il telaio marcia bene el telar marcha bien
10	der Stuhl geht unregelmäßig the loom runs irregularly станок (мр) идет *или* работает неравномерно	le métier marche irrégulièrement il telaio marcia irregolarmente el telar marcha irregularmente
11	unregelmäßiger Gang (m) des Webstuhles irregular running of loom неравномерный ход (мр) станка	marche (f) irrégulière du métier marcia (f) irregolare del telaio marcha (f) irregular del telar
12	Schußzahl (f) in der Minute [number of] picks per minute число (ср) уточин в минуту	nombre (m) de duites par minute numero (m) delle inserzioni al minuto número (m) de pasadas por minuto
13	Tourenzahl (f) in der Minute number of revolutions per minute число (ср) оборотов в минуту	nombre (m) de tours par minute numero (m) di giri per minuto número (m) de vueltas *o* de revoluciones por minuto
14	der Webstuhl macht *x* Touren in der Minute the loom makes *x* revolutions *or* picks per minute ткацкий станок (мр) делает *x* оборотов в минуту	le métier fait *x* tours par minute il telaio fa *x* giri per minuto el telar da *x* revoluciones por minuto
15	der Webstuhl läuft mit voller Tourenzahl the loom runs the full number of picks ткацкий станок (мр) работает с полным числом оборотов	le métier fait son nombre de tours il telaio marcia col suo numero di giri completo el telar marcha con el número completo de vueltas
16	stillgesetzter Stuhl (m) stopped loom остановленный станок (мр)	métier (m) en repos telaio (m) in riposo telar (m) frenado
17	ununterbrochen laufender Stuhl (m) loom running continuously непрерывно работающий станок (мр)	métier (m) marchant d'une façon continue telaio (m) a marcia continua telar (m) funcionando continuamente
18	Höchstgeschwindigkeit (f) [*oder* Maximalgeschwindigkeit (f)] des Webstuhles maximum speed of loom наибольшая [*или* максимальная] скорость (жр) ткацкого станка	vitesse (f) maximum du métier velocità (f) massima del telaio velocidad (f) máxima del telar
19	Mindestgeschwindigkeit (f) [*oder* Minimalgeschwindigkeit (f)] des Webstuhls minimum speed of loom наименьшая [*или* минимальная] скорость (жр) ткацкого станка	vitesse (f) minimum du métier velocità (f) minima del telaio velocidad (f) mínima del telar
20	Tourenzahlschwankung (f) variation in number of revolutions колебание (ср) числа оборотов	variation (f) dans le nombre de tours variazione (f) nel numero dei giri variación (f) en el número de vueltas
21	den Stuhl ausrücken to put the loom out of gear выключать станок (мр)	désembrayer le métier disinnestare il telaio desembragar el telar
22	Webstuhl (m) in Ausrückstellung loom out of gear ткацкий станок (мр) в выключенном положении	métier (m) désembrayé telaio (m) disinnestato telar (m) desembragado
23	den Stuhl anhalten to stop the loom приостановить станок (мр)	arrêter le métier arrestare il telaio parar *o* frenar el telar
24	Anhalten (n) des Webstuhles stopping of the loom [при]остановка (жр) ткацкого станка	arrêt (m) du métier arresto (m) del telaio frenado (m) del telar

1 Lösung (f) der Kupplung
disengaging the clutch
выключение (ср) *или* расцепление (ср) муфты
débrayage (m) de l'accouplement
disinnesto (m) dell'accoppiamento
desembrague (m) del acoplamiento

---

2 den Webstuhl plötzlich stillsetzen
to stop the loom suddenly
сразу *или* разом остановить ткацкий станок (мр)
arrêter le métier brusquement
arrestare bruscamente il telaio
parar el telar bruscamente

---

3 Stuhlstillstand (m)
stoppage of loom
простой (мр) станка
arrêt (m) du métier
arresto (m) *o* riposo (m) del telaio
paro (m) del telar

---

4 volle Stuhlbelastung (f)
maximum charge on loom
полная нагрузка (жр) станка
charge (f) complète du métier
carica (f) completa del telaio
carga (f) completa del telar

---

5 Überlastung (f) des Stuhles
overcharging the loom
перегрузка (жр) станка
surcharge (f) du métier
sopraccarico (m) del telaio
sobre-carga (f) del telar

---

6 Kraftersparnis (f)
saving in power, power saving
сбережение (ср) силы
économie (f) de force
economia (f) di forza
economía (f) de fuerza

---

7 2. Riemenantrieb (m), Riemenbetrieb (m)
Belt Driving
Ременной привод (мр)
Commande (f) par courroie
Comando (m) a cinghia
Accionamiento (m) por correa

8 Zugkraft (f) des Riemens
tractive force of the belt
сила (жр) тяги *или* натяжения ремня
force (f) de traction de la courroie
forza (f) di trazione della cinghia
fuerza (f) de tracción de la correa

---

9 Gleiten (n) *oder* Rutschen (n) des Riemens
slipping of the belt
скольжение (ср) *или* буксование (ср) ремня
glissement (m) de la courroie
slittamento (m) della cinghia
deslizamiento (m) de la correa

---

10 der Riemen gleitet *oder* rutscht
the belt slips
ремень (мр) скользит *или* буксует
la courroie glisse
la cinghia slitta
la correa resbala

---

11 Antrieb (m) durch Fest- und Losscheibe
driving by fast and loose pulley
привод (мр) при помощи рабочего и холостого шкива
commande (f) par poulie fixe et folle
comando (m) con puleggia fissa e folle
accionamiento (m) por polea fija y loca

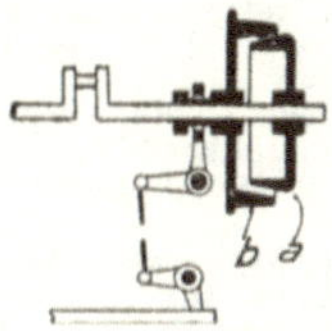

Reibungsantrieb (m), [Friktionsantrieb (m)]
friction drive
фрикционная передача (жр)
commande (f) par friction
comando (m) a frizione
accionamiento (m) por fricción 12

---

a mit Leder bekleideter Reibkegel (m)
leather covered conical friction clutch
обтянутый кожей фрикционный конус (мр)
plateau (m) de friction conique recouvert de cuir
cono (m) di frizione ricoperto di cuoio
cono (m) de fricción recubierto de cuero 13

---

b lose Riemenscheibe (f)
loose pulley
холостой шкив (мр)
poulie (f) folle
puleggia (f) folle
polea (f) loca 14

Verschiebung (f) der Kurbelwelle in Richtung der Achse
axial displacement of crank shaft
передвижение (ср) *или* сдвиг (мр) коленчатого вала в осевом направлении
déplacement (m) axial de l'arbre coudé
spostamento (m) assiale dell'albero a manovella
desplazamiento (m) axial del cigüeñal 15

3. Räderantrieb (m)
Gear Driving
Шестеренная передача (жр)
Commande (f) par engrenages
Comando (m) ad ingranaggi
Accionamiento (m) por engranajes 16

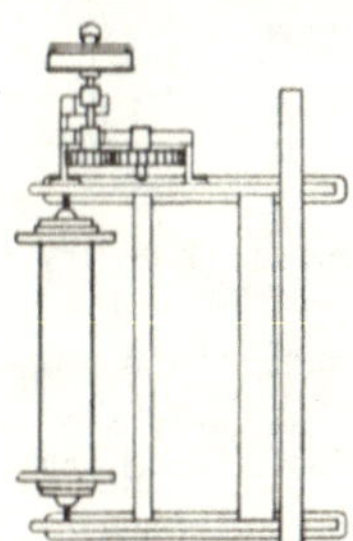

Stirnräderantrieb
spur gear drive
цилиндрическая шестеренная передача (жр)
commande (f) par engrenages cylindriques 17
comando (m) a ruote cilindriche
accionamiento (m) por engranaje cilíndrico

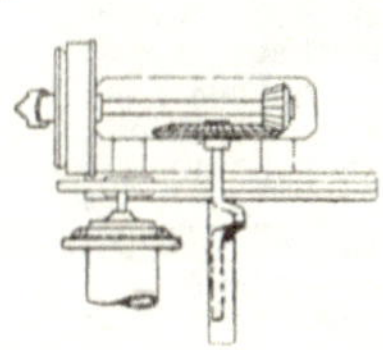

Winkelräderantrieb (m)
bevel gear drive
коническая шестеренная передача (жр)
commande (f) par roues d'angle 18
comando (m) a ruote di angolo
accionamiento (m) por ruedas cónicas

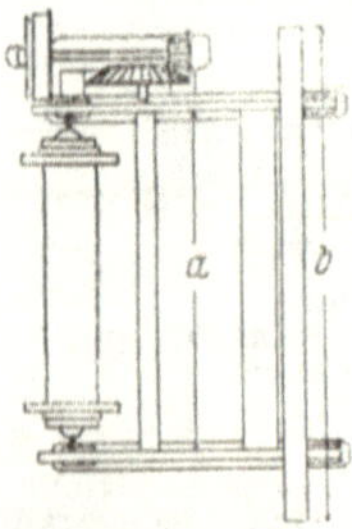

1 Webstuhl (m) mit Winkelräderantrieb
loom with bevel gear drive
ткацкий станок (мр) с конической шестеренной передачей
métier (m) avec commande par roues d'angle
telaio (m) con comando a ruote di angolo
telar (m) con accionamiento por ruedas cónicas

2 *a* Gestellweite (f)
width between framings
ширина (жр) станины, расстояние (ср) между рамами
largeur (f) du métier
larghezza (f) fra le pareti
distancia (f) entre las bancadas laterales

3 *b* Ladenlänge (f)
overall width of slay
длина (жр) батана
longueur (f) du battant
lunghezza (f) del battente
anchura (f) del batán

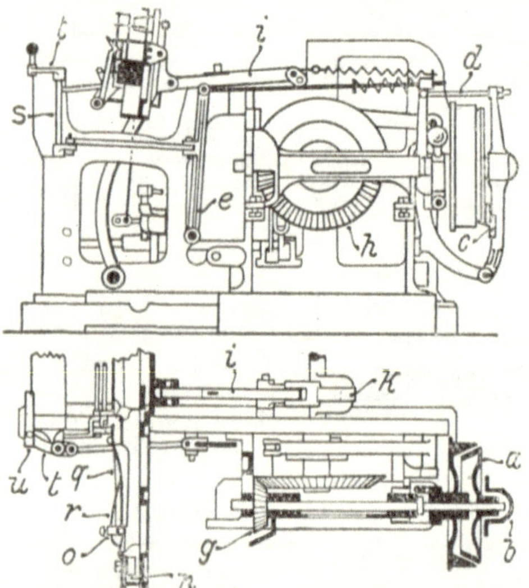

4 Antrieb (m) für veränderliche Geschwindigkeit
variable speed drive
передача (жр) для переменной скорости
commande (f) à vitesse variable
comando (m) a velocità variabile
accionamiento (m) a velocidad variable

5 *a* Antriebkegel (m)
driving cone
приводный Фрикционный конус (мр)
cône (m) de friction de commande
cono (m) di comando a frizione
cono (m) motor de fricción

6 *b* Bremshebel (m)
brake lever
тормозной рычаг (мр)
levier (m) de frein
leva (f) del freno
palanca (f) de freno

7 *c* Bremsschuh (m)
brake shoe
тормозной башмак (мр)
patin (m) de frein
porta-ceppi (m)
zapata (f) de freno

8 *d* Bremshebelzugstange (f)
brake lever rod
тяга (жр) тормозного рычага
tringle (f) du levier de frein
tirante (m) della leva del freno
tirante (m) de la palanca de freno

9 *e* Ausrückzwischenhebel (m)
intermediate lever to stop rod
промежуточный выключательный рычаг (мр)
levier (m) intermédiaire d'arrêt
leva (f) intermedia d'arresto
palanca (f) intermedia de freno

10 *g* kegeliges [*oder* konisches] Antriebrad (n)
bevel driving pinion
коническая приводная шестерня (жр)
roue (f) de commande conique
ruota (f) di comando conica
rueda (f) cónica de transmisión

11 *h* Kurbelwellenrad (n)
bevel crown wheel for crank shaft
шестерня (жр) коленчатого вала
roue (f) de l'arbre à vilebrequin
ruota (f) dell'albero a manovella
rueda (f) del árbol cigüeñal

12 *i* Ladenschere (f)
crank arm
шарнирный шатун (мр), шарнирная батанная тяга (жр)
bielle (f) du battant
biella (f) del battente
biela (f) del batán

13 *k* Kurbelschere (f)
crank connecting link
поводок (мр) кривошипа, кривошипная тяга (жр)
pièce (f) d'accouplement de la manivelle
pezzo (m) d'accoppiamento della manovella
pieza (f) de acoplamiento de la manivela

14 *o* Kopfplatte (f)
head plate
головная *или* концевая скобка (жр)
plaque (f) supérieure
placca (f) superiore
plancha (f) superior

15 *p* Abstreichrolle (f)
relieving roller
отбойный каточек (мр)
galet (m) racleur
rullo (m) raschiatore
rodillo (m) rasante

16 *q* Kastenzunge (f)
swell of the shuttle box
язычок (мр) челночной коробки
languette (f) de la boîte
linguetta (f) della cassa
lengüeta (f) de la caja

17 *r* Zungenfeder (f)
spring swell
[прижимная] пружинка (жр) язычка
ressort (m) de la languette
molla (f) della linguetta
resorte (m) de la lengüeta

18 *s* Ausrückbolzen (m)
knocking off rod
выключающий стоячок (мр)
boulon (m) de débrayage
bullone (m) di disinnesto
espiga (f) de desembrague

19 *t* Ausrückkurbel (f)
knocking off handle
выключательный кривошип (мр)
manivelle (f) de débrayage
manovella (f) di disinnesto
mango (m) de desembrague

20 *u* Ausrückstange (f), Ausrückstab (m)
stop rod
выключающий прут (мр)
tringle (f) de débrayage
asta (f) d'arresto
tirante (m) de freno, disparo (m)

1 Federöse (f)
eye for spring
серьга (жр) пружины
œil (m) pour ressort
occhiello (m) per molla
orificio (m) *u* ojo (m) para resorte

2 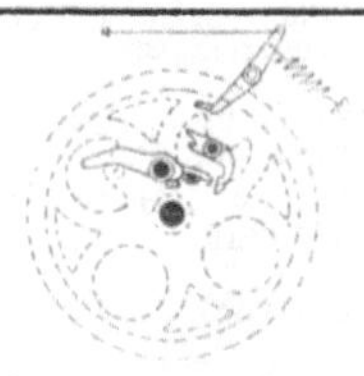
привод (мр) с замочным колесом
commande (f) par roue à loquet
comando (m) con ruota a nottolino
accionamiento (m) por rueda con picaporte
Schloßradantrieb (m)
locking wheel drive

3 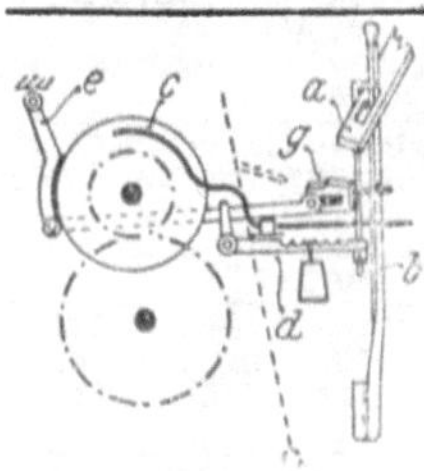

Ausrückvorrichtung(f)
knocking off motion
выключающее *или* остановочное приспособление (ср)
mécanisme (m) de débrayage
meccanismo (m) di disinnesto
dispositivo (m) de freno

4 Brustbaumriegel (m)
breast beam bar
грудничный брус (мр)
a
barre (f) de la poitrinière
asse (f) del subbio anteriore
traviesa (f) del antepecho

5 Ausrücker (m)
stop rod
выключатель (мр)
b
tringle (f) de débrayage
asta (f) d'arresto
disparo (m)

6 Ausrückgabel (f)
strap fork
отводка (жр) *или* вилка (жр) остановочного приспособления
c
fourche (f) de débrayage
forchetta (f) disbracatrice
horquilla (f) de desembrague

7 Bremshebel (m)
brake lever
тормозной рычаг (мр)
d
levier (m) de frein
leva (f) del freno
palanca (f) de freno

8 Bremse (f)
brake
тормаз (мр)
e
frein (m)
freno (m)
freno (m)

9 Ansatz (m)
shoulder
выступ (мр), прилив (мр)
g
épaulement (m)
sporto (m)
resalto (m)

10 den Webstuhl bremsen
to brake the loom
затормаживать ткацкий станок (мр)
freiner le métier
frenare il telaio
frenar el telar

11 Bremsreibung (f)
brake friction
трение (ср) при торможении
friction (f) du frein
attrito (m) del freno
fricción (f) del freno

12 die Bremse lösen
to free the brake
отдать *или* отпустить *или* выключить тормаз (мр)
relâcher le frein, défreiner
liberare il freno
aflojar el freno

13 Lösen (n) der Bremse
easing the brake
отдача (жр) *или* отпускание (ср) *или* выключение (ср) тормаза
défreinage (m)
liberamento (m) del freno
desfrenado (m)

4. Elektrischer Antrieb (m)
Electric Driving
Электрический (-ая) привод (мр) *или* передача (жр)
Commande (f) électrique
Comando (m) elettrico
Accionamiento (m) eléctrico 14

Kraftzentrale (f), motorische Zentrale (f)
power station
силовая станция (жр)
centrale (f) électrique
stazione (f) *o* centrale (f) elettrica 15
central (f) eléctrica

Gleichstrommotor (m)
continuous current motor
электромотор (мр) постоянного тока
moteur (m) électrique à courant continu
motore (m) elettrico a corrente continua 16
motor (m) eléctrico de corriente continua

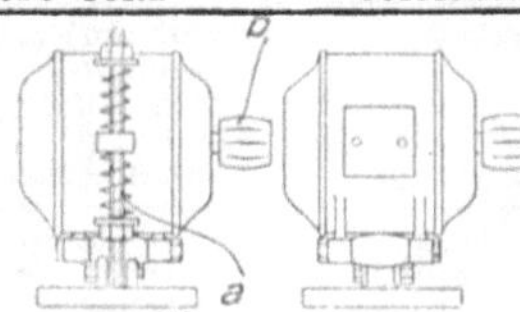

Drehstrommotor (m) mit Kurzschlußanker
three phase motor with squirrel cage rotor
электромотор (мр) трехфазного тока с короткозамкнутым якорем
moteur (m) à courant triphasé à induit en court-circuit
motore (m) a corrente trifase con rotore a corto circuito 17
motor (m) de corriente trifásica con rotor en corto circuito

wippenartige Motorlagerung (f)
motor with swivel bearing [and tension spring]
упругая установка (жр) мотора на шарнире
a
support (m) du moteur à bascule
sopporto (m) del motore a bilico 18
soporte (m) basculante del motor

gekerbte Riemenscheibe (f)
grooved belt pulley
насеченный ременной шкив (мр)
b
poulie (f) de courroie rainurée *ou* cannelée
puleggia (f) per cinghia scanalata 19
polea (f) de correa, ranurada

gekapselter Motor (m)
totally enclosed motor
электромотор (мр) закрытого типа
moteur (m) cuirassé
motore (m) corazzato 20
motor (m) acorazado

schwer angehender Webstuhl (m)
loom hard to start
тяжело разбегающийся ткацкий станок (мр), ткацкий станок с тяжелым пуском в ход
métier (m) à départ lourd
telaio (m) ad avviamento difficile 21
telar (m) de puesta en marcha dificultosa

hohe Anzugskraft (f) des Motors
high starting torque of the motor
высокий начальный момент (мр) вращения электромотора
force (f) de départ élevée du moteur
forza (f) d'avviamento grande del motore 22
fuerza (f) de excitación elevada del motor

unsicherer Anlauf (m)
unsteady start
ненадежный пуск (мр) в ход
départ (m) irrégulier
avviamento (m) irregolare 23
puesta (f) en marcha irregular

1 Tourenschwankung (f)
variation in speed
колебание (ср) числа оборотов
variation (f) dans la vitesse
variazione (f) nella velocità
variación (f) de la velocidad

2 Leerlauf (m) des Motors
no load running of the motor
холостой ход (мр) электромотора
marche (f) à vide du moteur
marcia (f) a vuoto del motore
marcha (f) en vacío del motor

3 Leerlaufarbeit (f) des Motors
power wasted in running on no load
холостая работа (жр) электромотора
travail (m) [de marche] à vide du moteur
lavoro (m) a vuoto del motore
trabajo (m) [de marcha] en vacío del motor

4 Anlaßschalter (m)
starter
пусковой выключатель (мр)
levier (m) de mise en marche
avviatore (m)
palanca (f) de la puesta en marcha

5 Kraftübertragung (f) vom Motor auf den Webstuhl
transmission of power from motor to loom
передача (жр) силы от электромотора к ткацкому станку
transmission (f) de force du moteur au métier
trasmissione (f) della forza del motore al telaio
transmisión (f) de fuerza del motor al telar

6 der Motor treibt die Webstuhlwelle durch Riemen an
the motor drives the crank shaft by belt
электромотор (мр) приводит в движение вал ткацкого станка посредством ремня
le moteur commande l'arbre du métier par courroie
il motore comanda l'albero del telaio con cinghia
el motor acciona el árbol del telar por correa

7 Riemenverschleiß (m)
wear of belt
изнашивание (ср) ремня
usure (f) de la courroie
logoramento (m) della cinghia
desgaste (m) de la correa

8 der Riemenzug wird durch die Wippe geregelt
the pull of the belt is regulated by the spring and swivel bearing
натяжение (ср) ремня регулируется шарниром
la traction de la courroie est réglée par la bascule du moteur
la tensione della cinghia viene regolata dal bilico del motore
la tracción de la correa es regulada por la báscula del motor

9 federnde Lagerung (f) des Motors
spring support of the motor
пружинная установка (жр) электромотора
support (m) élastique du moteur
sopporto (m) elastico del motore
soporte (m) elástico del motor

10 den Motor schlittenartig lagern
to mount the motor on slide rails
устанавливать электромотор (мр) на салазках
monter le moteur sur une glissière
montare il motore sopra uno scorritoio
montar el motor sobre una resbaladera *o* corredera

11 Konsollager (n)
bracket pedestal
супорт (мр) кронштейна
console (f)
sopporto (m) a mensola
soporte (m) de consola

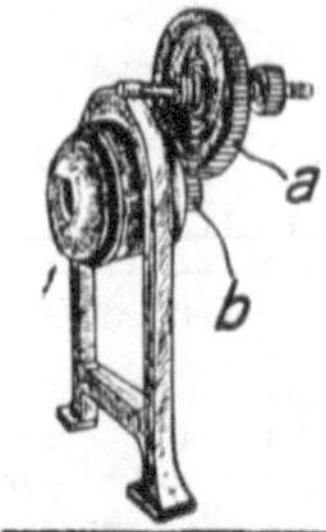

Zahnradantrieb (m)
gear drive
привод (мр) посредством шестерен
commande (f) par engrenages 12
comando (m) ad ingranaggi
transmisión (f) por engranajes

Stahlzahnrad (n)
steel spur wheel
шестерня (жр) со стальным зубчатым ободом
a
roue (f) dentée en acier
ruota (f) dentata in acciaio 13
rueda (f) dentada de acero

Rohhautritzel (m)
raw hide pinion
ведущая шестеренка (жр) сыромятной кожи
b
pignon (m) en cuir vert
pignone (m) in cuoio crudo 14
piñon (m) de cuero sin adobar

Schorchmotor (m)
Schorch motor
электромотор (мр) Шорха
moteur (m) Schorch
motore (m) Schorch
motor (m) [de] Schorch 15

der Motor treibt die Webstuhlwelle durch Zahnrad an
the motor drives the crank shaft through gearing
электромотор (мр) приводит в движение вал ткацкого станка посредством шестерен
le moteur commande l'arbre du métier par engrenages
il motore aziona l'albero del telaio con ingranaggi 16
el motor acciona el árbol del telar por engranajes

unmittelbar wirkender Zahnradantrieb (m)
direct gear drive
непосредственно действующая шестеренная передача (жр)
commande (f) directe par engrenages
azionamento (m) diretto con ingranaggi 17
transmisión (f) directa por engranajes

Bronzezahnrad (n)
gun metal spur wheel
шестерня (жр) с бронзовым зубчатым ободом
roue (f) dentée en bronze
ruota (f) dentata in bronzo 18
rueda (f) dentada de bronce

Kämmung (f) von Eisen auf Eisen, Eisen-Eisenverzahnung (f)
cast iron gearing with cast iron
зубчатое зацепление (ср) *или* сцепление (ср) железа по железу
engrenage (m) en fer sur fer
ingranaggio (m) ferro con ferro 19
engranaje (m) de hierro con hierro

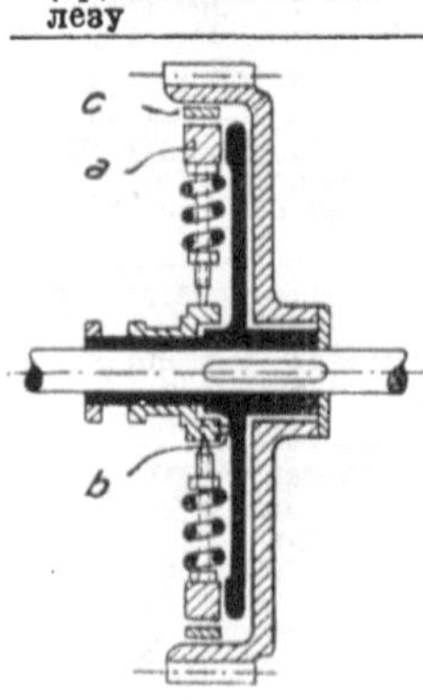

Rutschkupplung (f)
slipping wheel
скользящая муфта (жр)
accouplement (m) élastique 20
accoppiamento (m) elastico
acoplamiento (m) elástico

1 zweiteiliger Ring (m) — a — anneau (m) en deux pièces
split ring — anello (m) in due pezzi
кольцо (ср) из двух половин — anillo (m) en dos piezas

2 Fassonstift (m) — b — goupille (f) profilée
profiled pin — perno (m) profilato
фасонная шпилька (жр) — clavija (f) perfilada

3 Holzschicht (f) — c — tablette (f) de bois
wood lining — tavoletta (f) di legno
слой (мр) дерева — revestimiento (m) de madera

4 vom Ausrücker gesteuerte Kegelkupplung (f) — accouplement (m) conique commandé par tringle d'arrêt
cone clutch actuated by stop rod — accoppiamento (m) conico azionato dall'asta d'arresto
управляемая выключателем конусовая муфта (жр) — acoplamiento (m) cónico accionado por el disparo

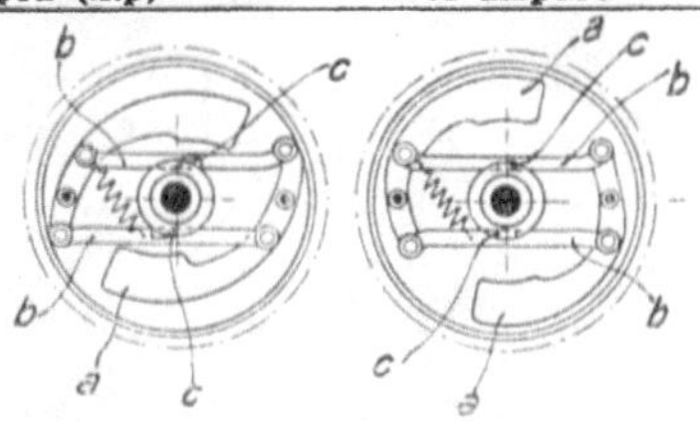

5 Fliehkraftreibungskupplung (f) [Zentrifugalreibungskupplung (f)] — accouplement (m) à friction par force centrifuge
centrifugal friction clutch — innesto (m) a frizione con forza centrifuga
центробежная фрикционная муфта (жр) — acoplamiento (m) de fricción por fuerza centrífuga

6 Schwunghebel (m) — a — levier (m) pivotant
weighted arm — leva (f) oscillante
откидной рычаг (мр) — palanca (f) oscilante

7 Parallelogrammhebel (m) — b — levier (m) en parallélogramme
parallel links — leva (f) in parallelogrammo
соединительные тяги (жр) в виде параллелограмма — articulación (f) en paralelógramo

8 Keilstück (n) — c — coin (m)
wedge — cuneo (m)
клин (мр) — cuña (f)

9 selbsttätige Fliehkraftkupplung (f) — accouplement (m) automatique par force centrifuge
automatic centrifugal clutch — innesto (m) automatico con forza centrifuga
самодействующая центробежная муфта (жр) — acoplamiento (m) automático por fuerza centrífuga

10

Fliehkraftrutschkupplung (f) — accouplement (m) élastique par force centrifuge
centrifugal slipping clutch — accoppiamento (m) elastico con forza centrifuga
центробежная муфта (жр) скольжения — acoplamiento (m) elástico por fuerza centrífuga

11 Rücklaufschalter (m), Umschalter (m) — dispositif (m) de renversement
reversing gear — dispositivo (m) di inversione
выключатель (мр) для обратного хода, переключатель (мр) — dispositivo (m) de inversión

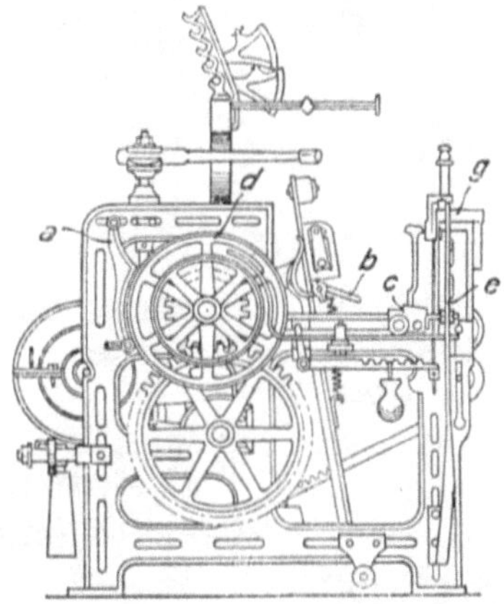

5. Stuhlbremse (f) — Frein (m) du métier

12 **Loom Brake** — a — **Freno (m) del telaio**
Тормаз (мр) ткацкого станка — **Freno (m) del telar**

13 Stecherlappen (m), Stecher (m) — b — bec (m) sur tringle d'arrêt
knocking off finger, stop rod nib — dito (f) d'arresto
нож (мр) *или* тычок (мр) предохранителя — pulsador (m)

14 Prellbacke (f), Frosch (m) — c — butoir (m)
frog, buffer — zoccolo (m), tacchetto (m)
подвижная упорная щечка (жр), буфер (мр) — tope (m)

15 Bremsrad (n) — d — roue (f) à frein
brake wheel — ruota (f) a freno
тормозное колесо (ср) — rueda (f) del freno

16 Ausrückstange (f) — e — tringle (f) d'arrêt
stop rod — asta (f) d'arresto
выключательный *или* отводный рычаг (мр) — disparo (m)

17 Brustbaumplatte (f) — g — plaque (f) de la poitrinière
breast beam plate — placca (f) del subbio anteriore
доска (жр), привернутая к груднице — plancha (f) del antepecho

18 Abstand (m) der Bremse vom Bremsrade — distance (f) du frein à la roue à frein
distance of brake from brake wheel — distanza (f) del freno dalla ruota a freno
расстояние (ср) тормаза от тормозного колеса — distancia (f) del freno a la rueda del freno

1 Einstechen (n) des Stecherlappens
engagement of knocking off finger
втыкание (ср) *или* упирание (ср) тычка
pénétration (f) de la plaque dans la boîte
penetrazione (f) del dito d'arresto nella cassa
penetración (f) del pulsador en la caja

2 Rast (f) der Ausrückstange
stop rod rest
приклон (мр) отводного рычага
cran (m) de la tringle d'arrêt
tacca (f) dell'asta d'arresto
descanso (m) del disparo

III.

3 **Sicherheitsvorrichtungen** (fpl)
Safety Appliances
Предохранительные приспособления (ср)
Organes (mpl) **de sûreté**
Dispositivi (mpl) **di sicurezza**
Órganos (mpl) **de seguridad**

4 **1. Schützenfänger** (m)
Shuttle Guard
Улавливатель (мр) **челнока, челноко-уловитель** (мр)
Garde-navette (m), **pare-navette** (m)
Para-navette (m)
Guarda-lanzaderas (m), **salva-lanzaderas** (m)

5 abgeschossener Schützen (m)
picked shuttle
брошенный *или* кинутый челнок (мр)
navette (f) lancée
navetta (f) lanciata
lanzadera (f) impulsada

6 lebendige Kraft (f) des Schützens
kinetic energy of shuttle in motion
живая сила (жр) челнока
énergie (f) cinétique *ou* force (f) vive de la navette lancée
forza (f) viva della navetta lanciata
fuerza (f) viva de la lanzadera

7 den Schützen [von seiner Bahn] ablenken
to deflect the shuttle from its course
отклонять челнок (мр) от его траектории движения
dévier *ou* détourner la navette de sa course
deviare la navetta dalla sua traiettoria
desviar la lanzadera de su carrera

8 Ablenkung (f) des Schützens
deflection of the shuttle
отклонение (ср) челнока
déviation (f) de la navette
deviazione (f) della navetta
desviación (f) de la lanzadera

9 Herausspringen (n) *oder* Herausfliegen (n) des Schützens
flying out of shuttle
вылет (мр) челнока
saut (m) de la navette
proiezione (f) della navetta all'infuori, salto (m) della navetta
salto (m) de la lanzadera

der Schützen springt heraus *oder* fliegt heraus
the shuttle flies out
челнок (мр) вылетает
la navette saute [en dehors de la foule]
la navetta si proietta fuori
la lanzadera salta a fuera 10

den herausgeflogenen Schützen auffangen
to catch the flying shuttle
улавливать вылетевший челнок (мр)
attraper la navette sautante
arrestare la navetta proiettata
coger la lanzadera que ha saltado 11

die Ladenbahn abdekken
to cover the race board
перекрывать шлюз (мр) батана
couvrir la semelle du battant
coprire la guida del battente
cubrir la pista del batán 12

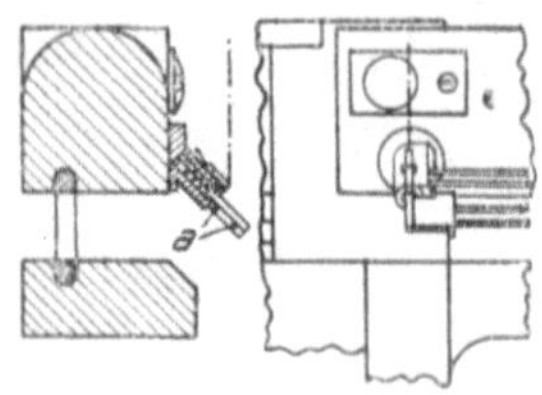

Schützenfänger (m) von Becker
Becker's shuttle guard
челноко-уловитель (мр) Беккера
pare-navette (m) système Becker
para-navette (m) sistema Becker
guarda-lanzaderas (m) sistema Becker 13

bewegliches Schutzgitter (n)
hinged guard — *a*
подвижная предохранительная решетка (жр)
écran (m) protecteur mobile, châssis (m) pare-navette
graticolato (m) *o* grigliato (m) protettore mobile
reja (f) protectora móvil 14

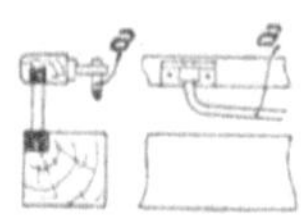

fester Schützenfänger (m)
fixed shuttle guard
неподвижный *или* прочно-укрепленный челноко-уловитель (мр)
garde-navette (m) fixe
para-navette (m) fisso
guarda-lanzaderas (m) fijo 15

Stange (f) mit abgebogenen Enden
rod with bent ends — *a*
прут (мр) с отогнутыми концами
tringle (f) avec extrémités recourbées
asta (f) con estremità ricurve
varilla (f) con las extremidades curvadas 16

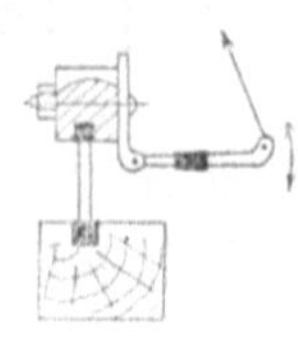

schwingender Schützenfänger (m)
swinging shuttle guard
качающийся челноко-уловитель (мр)
garde-navette (m) oscillant
para-navette (m) oscillante
guarda-lanzaderas (m) oscilante 17

1 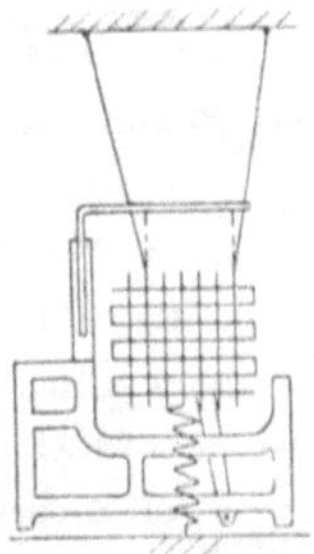
Schutzgitter (n)
protecting screen
предохранительная решетка (жр) *или* сетка (жр)
écran (m) *ou* treillage (m) protecteur, pare-navette (m)
grigliato (m) di protezione
emparrillado (m) protector

2 **2. Sicherheitsvorrichtungen (f) gegen Schlagzeugbruch**
Safety Appliances against Picking Motion Breakages
Предохранительные приспособления (ср) от поломки боевого механизма
Dispositifs (mpl) de sûreté contre les ruptures du mécanisme de chasse-navette
Dispositivi (mpl) di sicurezza contro le rotture del meccanismo del caccia-navette
Dispositivos (mpl) de seguridad contra la ruptura del mecanismo de expulsión

3 den Stuhl abstellen
to stop the loom
останавливать станок (мр)
arrêter le métier
arrestare il telaio
frenar el telar

4 selbsttätige Abstellung (f) des Stuhles
automatic stoppage of the loom
автоматическая остановка (жр) станка
arrêt (m) automatique du métier
arresto (m) automatico del telaio
paro (m) automático del telar

5 Bruchsicherung (f)
prevention of breakage
предохранение (ср) от поломки
sûreté (f) contre les ruptures
sicurezza (f) contro le rotture
seguridad (f) contra las rupturas

6 elastisch lagern
to support on cushioned bearing
устанавливать *или* располагать упруго
supporter élastiquement
impiegare sopporti elastici
soportar elásticamente

7 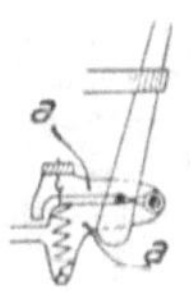

Klemmkupplung (f)
holdfast coupling
зажимная муфта (жр)
accouplement (m) par manchon à frettes
ghiera (f) di congiunzione
acoplamiento (m) de mordaza, engrane (m) con virolas

8 Scherenbacke (f) *a*
jaw
щечка (жр) ножниц
mâchoire (f)
mascella (f)
mordaza (f)

9 in einer Schere gelagerter Schlagarm (m)
picking arm carried in joint
покоящаяся в ножницах погонялка (жр)
bras (m) de chasse supporté par manchon à frettes
braccio (m) di percussione in ghiera
espada (f) soportada por la mordaza

10 Verschleißen (n) der Lager
wear of bearings
срабатывание (ср) *или* износ (мр) подшипников
usure (f) des supports
logorio (m) dei sopporti
desgaste (m) de los soportes

11 in einer Schlitzführung gelagerter Schlagarm (m)
picking arm carried in a slotted guide
покоящаяся в направляющем прорезе погонялка (жр)
bras (m) de chasse supporté dans une glissière
braccio (m) di percussione portato in glifo
espada (f) soportada en una resbaladera o colisa

12 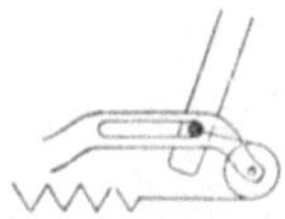
Schlitzlagerung (f) des Schlagarmes
slotted support of picking arm
кулиссная *или* щелевидная опора (жр) погонялки
glissière (f) du bras de chasse
glifo (m) del braccio di percussione
colisa (f) de la espada

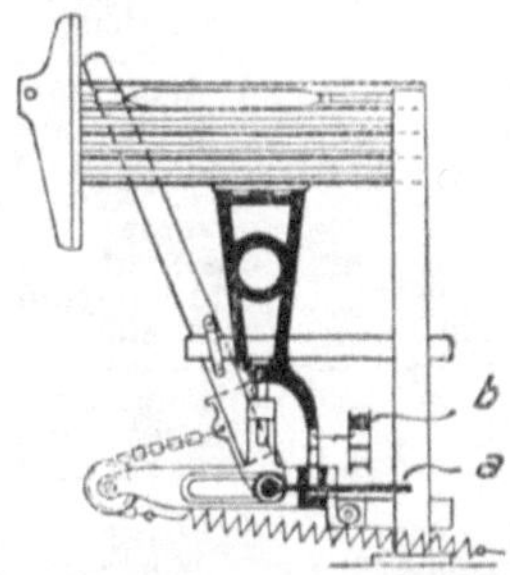

13 positive Lagerung (f) des Schlagarmes
positive support of picking arm
позитивная опора (жр) погонялки
appui (m) positif du bras de chasse
appoggio (m) positivo del braccio di percussione
apoyo (m) positivo de la espada

14 Schlaghebelstößer (m) *a*
picking lever pusher
боек (мр) *или* толкач (мр) погонялки
pousseur (m) du levier de chasse
spingitore (m) del braccio di percussione
impulsador (m) de la espada

15 Kulissenschieber (m) *b*
slotted guide
ползун (мр), скользящий в кулиссе
guide (m) à coulisses
guida (f) scanalata
guía (f) con colisas

16 falsch stehende Schützenkasten (mpl)
shuttle boxes in wrong position
неверно установленные челночные коробки (жр)
boites (fpl) à navettes en position incorrecte
casse (fpl) a navette in posizione falsa
cajas (fpl) de lanzaderas en falsa posición

1
Schützenkastenwächter (m)
shuttle box guard
прибор (мр) для остановки станка при неправильном положении челночных коробок
garde-boîtes (m)
guarda-casse (m)
guarda-cajas (m)

2
Schützenschlagsteuerung (f)
control of picking mechanism
механизм (мр), управляющий кидкой челнока
commande (f) du mécanisme de chasse-navette
comando (m) del meccanismo di percussione
accionamiento (m) del mecanismo de expulsión

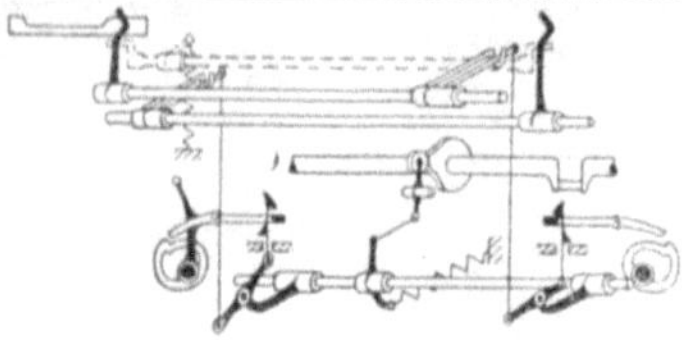

3
Schlagfallensteuerung (f)
control of picking catches
управляющий боем защелкивающий механизм (мр)
commande (f) des loquets du chasse-navette
comando (m) dello scatto di caccia-navette
accionamiento (m) de los gatillos de expulsión

4
Ausheben (n) der Schlagfallen
disengaging the picking catches
выключение (ср) *или* поднимание (ср) боевых защелок
décliquetage (m) des loquets de chasse
disinnesto (m) degli scatti di caccia-navette
desengatillado (m) de los gatillos de expulsión

5
Sicherheitsschlagkupplung (f)
safety coupling for picking motion
предохранительный сцепляющий прибор (мр) для боевого механизма
accouplement (m) de sûreté pour mécanisme de chasse-navette
accoppiamento (m) di sicurezza per il meccanismo di percussione
acoplamiento (m) de seguridad para el mecanismo de expulsión

7 *b*
Kopfplatte (f)
head plate, cover plate
головная *или* концевая скобка (жр)
plaque (f) supérieure
placca (f) superiore
plancha (f) superior

8 *c*
Stoßwelle (f), Stecherwelle (f)
stop rod shaft
ударный вал (мр)
arbre (m) du butoir
albero (f) del dito d'arresto
árbol (m) del pulsador

9 *d*
Schlagscheibe (f)
picking heart *or* cam
боевой диск (мр)
excentrique (m) de chasse
eccentrico (m) di percussione
excéntrico (m) de expulsión

10 *e*
Schlaghebel (m)
picking lever
боевой рычаг (мр)
levier (m) de chasse
leva (f) di percussione
palanca (f) de expulsión

11 *g*
Fallenriemen (m)
check strap
ремень (мр) защелкивающёго механизма
courroie (f) du loquet
cinghia (f) del nottolino
correa (f) del gatillo

12 *h*
Sektorfalle (f)
sector catch
секторная защелка (жр), защелкивающий сектор (мр)
cliquet (m) du secteur
nottolino (m) del settore
gatillo (m) del sector

13 *i*
Schlagzugstange (f)
connecting rod for picking motion
[соединительная] штанга (жр) боевого механизма
tirant (m) de la chasse
tirante (m) del caccianavette
tirante (m) de la expulsión

14 *k*
Schlagstockschuh (m)
socket for picking stick
башмак (мр) погонялки
sabot (m) du bâton de chasse
scatola (f) del braccio di percussione
zapata (f) de la espada

15 *l*
Riemenhalter (m)
strap holder
ременная скобка (жр), закреп (мр) для ремня
support (m) de la courroie
sopporto (m) della cinghia
soporte (m) de la correa

16 *o*
Rückzugfeder (f)
return spring
оттяжная пружина (жр)
ressort (m) de rappel
molla (f) di richiamo
resorte (m) de retroceso

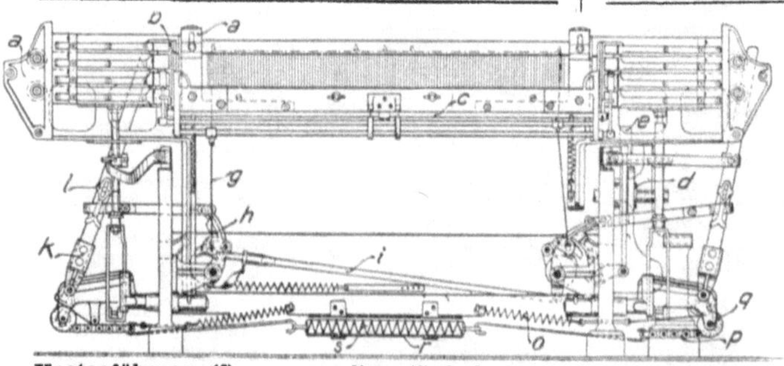

17 *d*
Gelenkkette (f) mit Ring
stud link chain with ring
шарнирная цепь (жр) с роликами
chaîne (f) à articulation avec anneau
catena (f) articolata con anello
cadena (f) articulada con anillo

6 *a*
Kastenführung (f)
shuttle box slide
направление (ср) челночной коробки
coulisse (f) de la boîte à navettes
scorritoio (m) della cassa a navette
colisa (f) de la caja

18 *q*
Kettenrolle (f)
chain roller
цепной блок (мр)
galet (m) de la chaîne
noce (f) della catena
rodillo (m) de la cadena

1 Schlagkupplungsfeder (f) — coupling spring for picking motion — пружина (жр) сцепляющего прибора боевого механизма — r — ressort (m) pour l'accouplement du mécanisme de chasse — molla (f) per l'innesto del meccanismo caccia-navette — resorte (m) para el acoplamiento del mecanismo de expulsión

2 Kupplungsfederkasten (m) — box for coupling spring — кожух (мр) *или* футляр (мр) для пружины сцепляющего прибора — s — boite (f) pour ressort d'accouplement — cassa (f) della molla d'innesto — estuche (m) del resorte de acoplamiento

3 Federhaken (m) — spring hook — крючок (мр), цепляющийся за пружину — crochet (m) du ressort — uncino (m) della molla — gancho (m) del resorte

4 8. Schützenwächter (m) — Frein (m) à navette

Warp Protector — **Protettore (m) della catena**

Прибор (мр), останавливающий станок при неправильной кидке челнока — **Protector (m) de la urdimbre**

5 der Schützen bleibt im Fach stecken, der Schützen klemmt sich im Fach — the shuttle is trapped *or* caught in the shedding — челнок (мр) застревает в зеве — la navette reste [prise] dans la foule — la navetta resta nel passo — la lanzadera permanece aprisionada en la calada

6 steckengebliebener Schützen (m) — trapped shuttle — застрявший челнок (мр) — navette (f) restée dans la foule *ou* arrêtée en chemin, navette prise — navetta (f) presa nel passo — lanzadera (f) aprisionada

7 Schützenschlag (m) — shuttle smash, shuttle trap — удар (мр) челнока — nid (m), pas (m) de chat — squarcio (m) — nido (m)

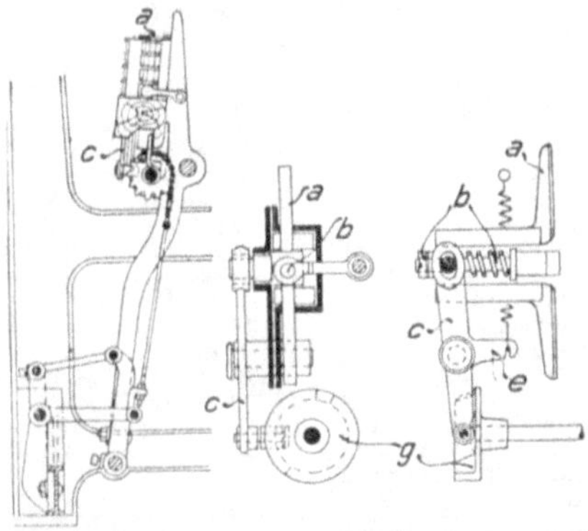

Schützenauffangvorrichtung (f), Schützenwächter (m), [Protektor (m)] — warp protector — приспособление (ср) для подхватывания челнока — frein (m) à navette, serre-navette (m) — protettore (m) della catena — protector (m) de la urdimbre 8

Einstellbügel (m) — adjusting piece — устанавливающаяся скоба (жр) — a — pièce (f) courbée — arco (m) di regolazione — pieza (f) curvada 9

Kopfbolzen (m) — bolt with head — головной болт (мр), проходной шпиндель (мр) — b — boulon (m) à tête — bullone (m) a testa — perno (m) con cabeza 10

dreiarmiger Hebel (m) — three armed lever — трехплечий рычаг (мр) — c — levier (m) à trois bras — leva (f) a tre bracci — palanca (f) tribraquial 11

Mittelarm (m) [des Hebels] — centre arm of lever — среднее плечо (ср) [рычага] — e — bras (m) central du levier — braccio (m) centrale della leva — brazo (m) central de la palanca 12

Hubscheibe (f) — cam — боевой диск (мр) — g — excentrique (m) — eccentrico (m) — excéntrico (m) 13

Schlägerrückzugfeder (f) — return spring to picking motion — оттяжная пружина (жр) погоняльного рычага — ressort (m) de rappel du mécanisme de chasse — molla (f) di richiamo del meccanismo di percussione — resorte (m) de retroceso del mecanismo de expulsión 14

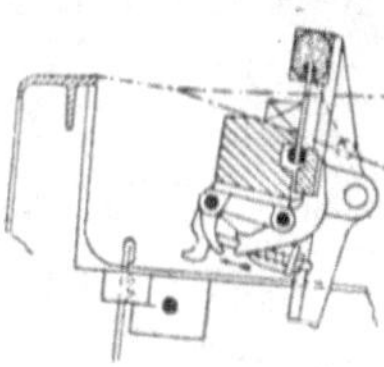

Losblatteinrichtung (f), Blattflieger (m) — loose reed mechanism — механизм (мр) для откидного берда — mécanisme (m) du peigne à échappement — meccanismo (m) a pettine mobile — mecanismo (m) de escape del peine 15

1	hölzerner Riegel (m) wooden press arm деревянная запорная планка (жр)		presseur (m) en bois braccio (m) di pressione in legno pulsador (m) de madera
2	Ausweichen (n) des Blattes swinging of the reed отклонение (ср) *или* откидка (жр) берда		échappement (m) du peigne scappamento (m) del pettine escape (m) del peine
3	Eintreten (n) des Schützens in den Kasten entrance of shuttle into the box вхождение (ср) *или* вход (мр) *или* влетание (ср) челнока в коробку		arrivée (f) *ou* entrée (f) de la navette dans la boite entrata (f) della navetta nella cassa entrada (f) de la lanzadera en la caja
4	Herausdrängen (n) der Kastenzunge forcing out of the swell отжимание (ср) язычка челночной коробки		poussée (f) de la languette hors de la boite spingimento (m) della linguetta fuori della cassa empuje (m) de la lengüeta de la caja
5	Zurückprallen (n) des Schützens rebounding of shuttle отскакивание (ср) назад челнока		rebondissement (m) de la navette rimbalzo (m) della navetta rebote (m) de la lanzadera

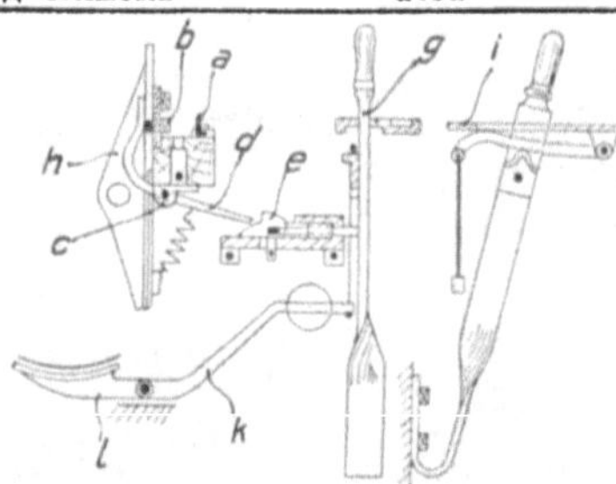

6	englischer Schützenwächter (m) English type of warp protector английский предохранитель (мр) для подхватывания челнока		frein (m) à navette anglais protettore (m) della catena inglese protector (m) de la urdimbre, inglés
7	Schützenkastenvorderwand (f) shuttle box front передняя стенка (жр) челночной коробки	a	partie (f) avant de la boite à navettes davanti (m) della cassa a navette parte (f) anterior de la caja de lanzaderas
8	Schützenkastenzunge (f) shuttle box swell язычек (мр) челночной коробки	b	languette (f) de la boite à navettes linguetta (f) della cassa a navette lengüeta (f) de la caja
9	Stecherwelle (f) stop rod shaft ось (жр) вращения тычка	c	arbre (m) du butoir albero (m) del dito d'arresto árbol (m) de la palanca pulsora, varilla (f) de freno
10	Stecher (m) stop rod nib тычок (мр) буфера	d	levier (m) du butoir dito (m) d'arresto palanca (f) pulsora
11	Froschnase (f) frog носик (мр) *или* выступ (мр) буфера *или* упорной щечки	e	épaulement (m) du butoir sporto (m) dello zoccolo resalto (m) *o* nariz (f) del tope
12	Ausrückhebel (m) starting handle, stopping handle, setting on handle выключательный рычаг (мр)	g	poignée (f) d'embrayage manico (m) di disinnesto puño (m) del disparo
13	Fühlhebel (m) feeler lever щупальный рычажек (мр), щупальце (ср)	h	levier (m) tâteur leva (f) tastatrice palanca (f) de contacto
14	Schlitzstufe (f) notch уступ (мр) [грудничного] прореза	i	fente (f) à cran scanalatura (f) a gradino hendidura (f) con muesca
15	Bremshebel (m) brake lever тормозной рычаг (мр)	k	levier (m) de frein leva (f) del freno palanca (f) de freno
16	Bremsbacke (f) brake shoe тормозная колодка (жр)	l	sabot (m) de frein ceppo (m) del freno zapata (f)
17	der Stecher ist hochgehoben the stop rod nib is lifted тычок (мр) приподнят		le levier du butoir est relevé il dito d'arresto è alzato la palanca pulsora es levantada
18	der Stecher streicht am Frosch vorbei the stop rod nib clears the frog тычок (мр) проходит свободно мимо носика буфера		le levier passe au-dessus du butoir il dito passa sopra lo zoccolo la palanca pulsora pasa por encima del tope
19	eingefallener Stecher (m) dropped stop rod nib запавший *или* защелкнувший тычок (мр)		levier (m) du butoir enfoncé dito (m) d'arresto abbassato palanca (f) pulsora caida

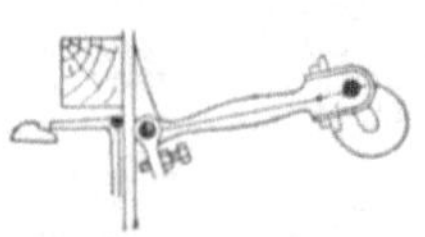

20	Stecheraushebung (f) lifting up of the stop rod nib		выключение (ср) *или* приподнимание (ср) тычка levée (f) du levier du butoir alzata (f) del dito d'arresto levantamiento (m) de la palanca pulsora
21	Schützenbremsung (f) shuttle braking торможение (ср) челнока		freinage (m) de la navette serramento (m) della navetta frenado (m) de la lanzadera
22	den Stecher ausheben to lift up the stop rod nib выключать *или* приподнимать тычок (мр)		faire lever le levier du butoir alzare il dito d'arresto levantar la palanca pulsora

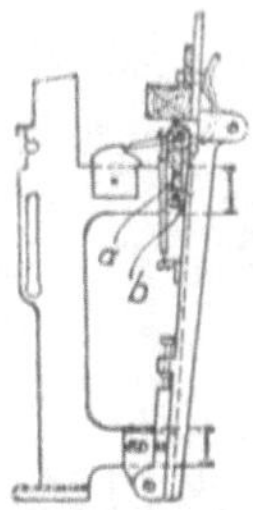

1 Stecherschützenwächter (m) mit Drehungsregler
warp protector with regulator
тычковый предохранитель (мр) при недолете челнока с регулятором вращения
serre-navette (m) avec régulateur
protettore (m) della catena con regolatore
protector (m) de la urdimbre con regulador

---

2 Pendel (m) a
pendulum
маятник (мр)
pendule (m)
pendolo (m)
péndulo (m)

---

3 Pendelgewicht (n) b
pendulum weight
гиря (жр) маятника
poids (m) du pendule
peso (m) del pendolo
peso (m) del péndulo

---

4 Beharrungsvermögen (n) des Pendelgewichtes
inertia of the pendulum weight
сила (жр) инерции гири маятника
inertie (f) du poids du pendule
inerzia (f) del peso del pendolo
inercia (f) del peso del péndulo

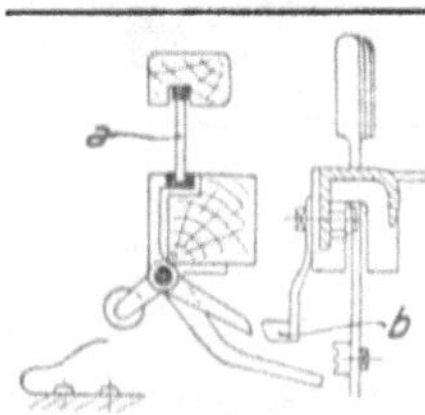

5 fliegendes Blatt (n), Blattauswerfer (m)
loose reed
откидное бердо (ср)
peigne (m) mobile *ou* à échappement
pettine (m) mobile
peine (m) móvil

---

6 drehbar aufgehängtes Blatt (n) a
hinged reed
поворотно подвешенное бердо (ср)
peigne (m) suspendu librement
pettine (m) sospeso liberamente
peine (m) suspendido libremente

---

7 Abschrägung (f) b
frog
скос (мр)
plan (m) incliné
piano (m) inclinato
plano (m) inclinado

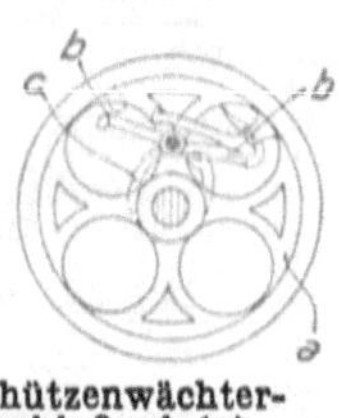

8 Schützenwächterschloßrad (n) a
locking wheel for warp protector
замочное колесо (ср) остановочного прибора при недолете челнока
roue (f) à loquet du serre-navette
ruota (f) a nottolino del protettore della catena
rueda (f) con picaporte del protector de la urdimbre

---

9 Schloßradfalle (f) b
catch to locking wheel
защелка (жр) *или* щеколда (жр) замочного колеса
loquet (m) de la roue
nottolino (m) della ruota
engarce (m) de la rueda

Ladenexzenter (n) c
slay eccentric
батанный эксцентрик (мр)
excentrique (m) du battant
eccentrico (m) del battente 10
excéntrico (m) del batán

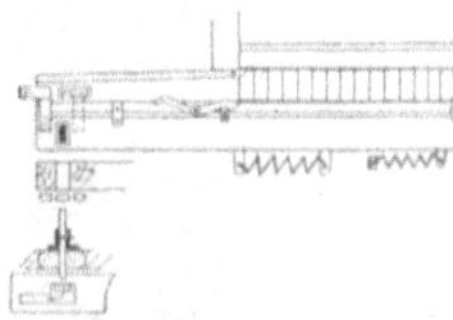

Schützenwächter (m) für frei fallende Laden
warp protector for free swinging slay
остановочный прибор (мр) при недолете челнока для свободнопадающих батанов
serre-navette (m) pour battant à chute libre
protettore (m) della catena per battente a caduta libera 11
protector (m) de la urdimbre para batán de caida libre

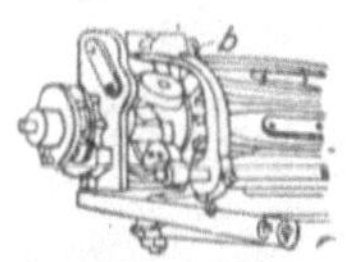

Stecherschützenwächter (m) für Revolverstühle
warp protector for circular box loom
тычковый остановочный прибор (мр) при недолете челнока для револьверных станков
serre-navette (m) pour métier revolver
protettore (m) della catena per telaio a revolver 12
protector (m) de la urdimbre para telar revólver

Fühlerarm (m) a
feeler arm
плечо (ср) щупальца
levier (m) tâteur
leva (f) tastatrice 13
brazo (m) pulsador

Treiber (m) b
picker
гонок (мр)
taquet (m)
tacchetto (m) 14
taco (m)

---

4. Schußwächter
Weft Stop Motion
Остановочный прибор (мр) при обрыве утка
[Mécanisme (m) de] Casse-trame (m)
Meccanismo (m) rompi-trama 15
[Mecanismo (m)] Para-tramas (m)

gerissener Schußfaden (m)
broken weft thread
оборвавшаяся уточина (жр)
fil (m) de trame cassé
filo (m) di trama rotto *o* spezzato 16
hilo (m) de trama roto

---

abgelaufene Schußspule (f)
emptied *or* exhausted *or* finished cop
сработанная уточная шпуля (жр)
cannette (f) épuisée
spoletta (f) esaurita 17
canilla (f) vacía

1 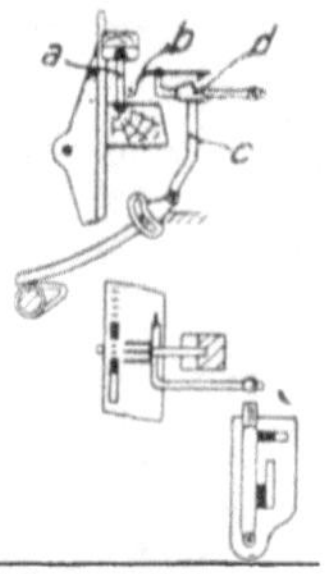

Gabelschußwächter (m)
weft fork motion
остановочный прибор (мр) с уточной вилкой
[mécanisme (m) de la] fourchette (f) du casse-trame
meccanismo (m) rompi-trama a forchetta
mecanismo (m) de la horquilla del paratramas

2 a
Schußwächtergitter (n)
weft grid
уточная решетка (жр)
grille (f) de la fourchette de trame
griglia (f) della forchetta di trama
reja (f) de la horquilla de trama

3 b
Schußwächtergabel (f)
weft fork
уточная вилка (жр)
fourchette (f) du casse-trame
forchetta (f) rompi-trama
horquilla (f) del paratramas

4 c
Schußwächterhebel (m)
weft hammer lever
рычаг (мр) остановочного прибора при обрыве утка
levier (m) du casse-trame
leva (f) del meccanismo rompi-trama
palanca (f) del martillo o del para-tramas

5 d
Schußwächterhammer (m)
weft hammer
молоточек (мр) остановочного прибора при обрыве утка
marteau (m) du casse-trame
martello (m) del meccanismo rompi-trama
martillo (m) del paratramas

6
x-zinkige Schußgabel (f)
x-pronged weft fork
x-зубцовая уточная вилка (жр)
fourchette (f) de trame à x dents
forchetta (f) di trama a x denti
horquilla (f) de trama de x dientes

7
Eintreten (n) der Gabel in das Gitter
entrance of the fork into the grid
вхождение (ср) вилки в решетку
entrée (f) de la fourchette dans la grille
entrata (f) della forchetta nella griglia
entrada (f) de la horquilla en la reja

8 

Schußwächter (m) von Herrlinger
Herrlinger's weft stop motion
остановочный прибор (мр) Герлингера при обрыве утка
casse-trame (m) système Herrlinger
meccanismo (m) rompi-trama di Herrlinger
para-tramas (m) sistema Herrlinger

9 b
Schußwächternase (f)
weft nib
носик (мр) остановочного прибора при обрыве утка
nez (m) du casse-trame
nasello (m) del meccanismo rompi-trama
nariz (f) del para-tramas

10 c
Widerlager (n)
frog
опора (жр)
bloc (m) d'arrêt
blocco (m) d'arresto
bloque (m) de freno

11 d
Schnurenzug (m)
cord
шнурочная тяга (жр)
cordon (m)
corda (f)
cuerda (f)

12
Schußnadel (f), Fühlernadel (f)
weft needle, feeler
уточная игла (жр)
tâteur (m) à aiguille
tastatore (m) ad ago
pulsador (m) de aguja

13 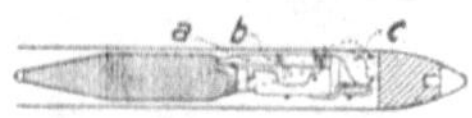

Schußwächterschützen (m) mit Schußfühler
weft motion shuttle with feeler
челнок (мр) с приспособлением для останова, снабженный щупальцем утка
navette (f) à casse-trame avec tâteur de trame
navetta (f) a rompi-trama con tastatore di trama
lanzadera (f) de paratramas con pulsador de trama

14 a
Fühlerbügel (m)
feeler bow
скоба (жр) щупальца
arc (m) tâteur
arco (m) tastatore
arco (m) pulsador

15 b
Schraube (f) mit links- und rechtsgängigem Gewinde
screw with right and left hand thread
винт (мр) с правой и левой резьбой
vis (f) à filet droit et gauche
vite (f) con filettatura destra e sinistra
tornillo (m) con filete derecho e izquierdo

16 c
Abstellstück (n)
stop
выключающий рычажок (мр)
pièce (f) d'arrêt
pezzo (m) d'arresto
pieza (f) de freno

17 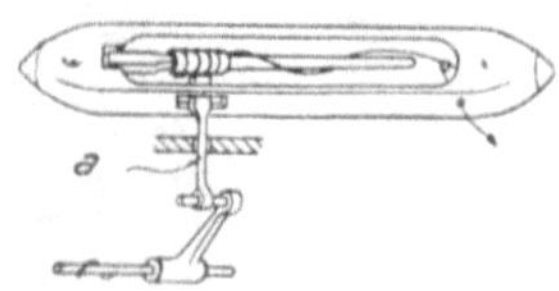

Spulenwächter(m), Spulentaster (m)
cop guard, cop feeler
щупальце (ср) шпули; прибор (мр), действующий при сработке шпули
tâteur (m) de cannette
tastatore (m) di spoletta
pulsador (m) de canilla

18 a
Taster (m)
feeler
щупальце (ср)
tâteur (m)
tastatore (m)
pulsador (m)

19 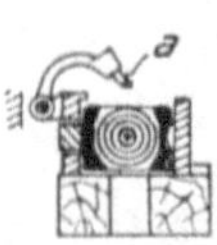

Kontakttaster (m)
feeler
контактное щупальце (ср)
tâteur (m) à contact
tastatore (m) a contatto
pulsador (m) de contacto

20 a
Kontaktstift (m)
feeler pin
контактная шпилька (жр)
goupille (f) de contact
perno (m) di contatto
clavija (f) de contacto

21
Spulenwächter (m) mit Zählwerk
cop feeler with counter
прибор (мр) со счетчиком, действующий при сработке шпули
tâteur (m) de cannette avec compteur
tastatore (m) di spoletta con contatore
pulsador (m) de canilla con contador

1
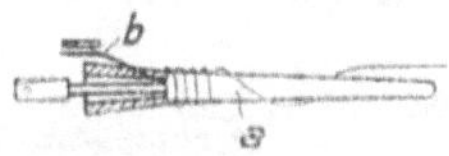

elektrischer Federwächter (m)
electric spring cop guard
пружинный электрический прибор (мр), действующий при сработке шпули
tâteur (m) de cannette électrique à ressort
tastatore (m) di spoletta elettrico a molla
pulsador (m) de canilla eléctrico por resorte

2 *a*
Spule (f) mit Einschnitt
pirn with slit
шпуля (жр) с прорезом
fuseau (m) fendu
spola (f) con taglio
huso (m) hendido

3 *b*
Spindelfeder (f)
spindle spring
шпрынковая пружинка (жр)
ressort (m) de la broche
molla (f) del fuso
resorte (m) de la broca

4
die Feder schnellt hervor
the spring shoots out
пружинка (жр) выскакивает вперед
le ressort se redresse
la molla si alza
el resorte se endereza

5
Stromschluß herstellen
to close the circuit
производить замыкание (ср) тока
fermer le circuit
chiudere il circuito
cerrar el circuito

6
5. Kettfadenwächter (m)
Warp Stop Motion
Остановочный прибор (мр) при обрыве основной нити
[Mécanisme (m) de] Casse-chaîne (m)
Meccanismo (m) rompi-catena
Mecanismo (m) de para-urdimbres

7
abgerissener Kettfaden (m)
broken warp thread
порванная *или* оборвавшаяся основная нить (жр)
fil (m) de chaîne cassé
filo (m) di catena rotto o spezzato
hilo (m) de urdimbre roto

8
Lockerwerden (n) des Kettfadens
slackening of warp thread
ослабление (ср) *или* провисание (ср) основной нити
relâchement (m) du fil de chaîne
rallentamento (m) del filo di catena
aflojamiento (m) del hilo de urdimbre

9
dicht gestellte Kette (f)
closely set warp
плотная основа (жр)
chaîne (f) à compte serré
catena (f) serrata
urdimbre (f) de cuenta densa

10
Reibung (f) der Kettfäden
friction of the warp threads
трение (ср) основных нитей
frottement (m) *ou* froissement (m) des fils de chaîne
sfregamento (m) dei fili d'ordito
frotamiento (m) de los hilos de urdimbre

11
verleimte Kette (f)
warp stuck together
проклееная основа (жр)
fils (mpl) de chaîne collés ensemble
fili (mpl) d'ordito incollati assieme
hilos (mpl) de urdimbre encolados juntos

12
Kettfadenbruch (m)
breakage of warp thread
обрыв (мр) основной нити
rupture (f) du fil de chaîne
rottura (f) del filo d'ordito
ruptura (f) del hilo de urdimbre

13
Fadenreiter (m), Reiter (m), Blättchen (n), Lamelle (f)
[drop] detector, dropper, drop wire
подвесная скобочка (жр) *или* пластинка (жр)
lamelle (f) [d'arrêt *ou* casse-chaîne], lamette (f)
lamella (f), lamina (f)
caballero (m), laminilla (f), lámina (f), chapita (f)

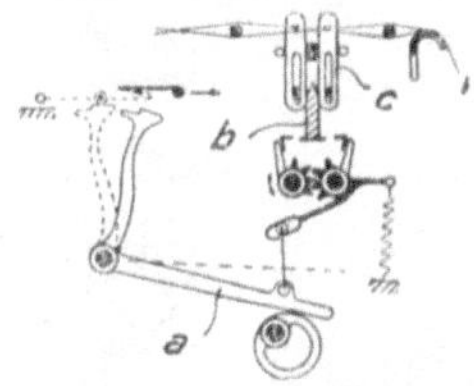

14
Kettfadenwächter (m) mit Fadenreitern
warp stop motion with detectors
остановочный прибор (мр) при обрыве основной нити с подвесными пластинками
casse-chaîne (m) à lamelles
meccanismo (m) rompi-catena a lamelle
para-urdimbres (m) por chapitas

15 *a*
Säbel (m)
cam lever
рычаг (мр) эксцентрика
levier (m) de l'excentrique
leva (f) dell'eccentrico
palanca (f) del excéntrico

16 *b*
schwingende Zahnschiene (f)
serrated vibrator, vibrating comb
колеблющаяся зубчатая рейка (жр)
vibrateur (m) denté
vibratore (m) a denti
vibrador (m) dentado

17 *c*
Fadenreiter (m) mit Öse
dropper with eye
пластинка (жр) с глазком
lamelle (f) à trou
lamella (f) con occhiello
caballero (m) con taladro

18
Fadenreiter (m) mit Schlitz
slotted dropper
пластинка (жр) с прорезом
lamelle (f) à coulisse
lamella (f) con fessura
caballero (m) con ranura

19
der Fadenreiter fällt herab
the dropper falls
пластинка (жр) падает
la lamelle tombe
la lamella cade
el caballero cae

20
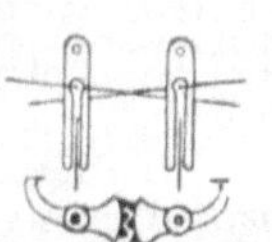
Fadenreiter (m) zum Aufstecken
open ended dropper
надевная пластинка (жр) *или* скобочка (жр)
lamelle (f) avec extrémité fendue
lamella (f) per appendere
caballero (m) en forma de horquilla

21
Abstellen (n) des Stuhles auf elektrischem Wege
electric stopping of the loom
выключение (ср) *или* остановка (жр) при помощи электричества
arrêt (m) électrique du métier
arresto (m) elettrico del telaio
paro (m) eléctrico del telar

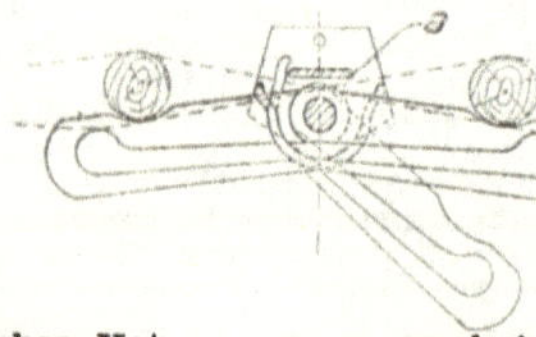

1
elektrischer Kettenwächter (m) mit Fadenreitern
electric warp stop motion with droppers
электрический остановочный прибор (мр) при обрыве основной нити с пластинками
casse-chaîne (m) électrique à lamelles
meccanismo (m) rompi-catena elettrico a lamelle
para-urdimbres (m) eléctrico con caballeros

2 — a
Kontaktschiene (f)
contact rail
контактная *или* замыкающая ток линейка (жр)
barre (f) de contact
asta (f) di contatto
barrita (f) de contacto

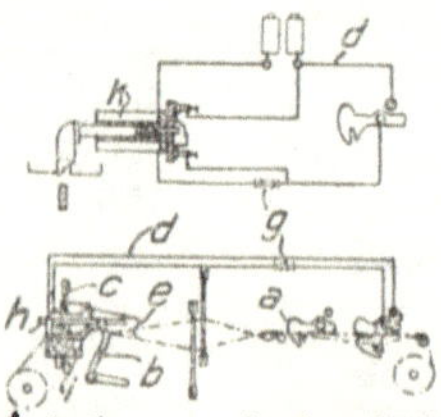

3 — a
Kontakthebel (m)
contact lever
замыкающий ток рычаг (мр)
levier (m) de contact
leva (f) di contatto
palanca (f) de contacto

4 — b
Schußwächterhebel (m)
weft motion lever
рычаг (мр) уточной вилки
levier (m) du casse-trame
leva (f) del meccanismo rompi-trama
palanca (f) del para-tramas

5 — c
Abstellhebel (m)
stop rod lever
выключающий рычаг (мр)
levier (m) de débrayage
leva (f) di disinnesto disparo (m)

6 — d
Hauptstromkreis (m)
main electric circuit
главная электрическая цепь (жр)
circuit (m) électrique principal
circuito (m) elettrico principale
circuito (m) eléctrico principal

7 — e
Schußwächtergabel (f)
weft fork
уточная вилка (жр)
fourchette (f) du casse-trame
forchetta (f) rompi-trama
horquilla (f) del para-tramas

8 — g
Elektrizitätsquelle (f)
source of electric current
источник (мр) электрического тока
source (f) du courant électrique
sorgente (f) della corrente elettrica
manantial (f) de electricidad

9 — h
Schußwächtergabelschlitten (m)
weft fork slide
салазки (жр) *или* коробка (жр) уточной вилки
glissière (f) de la fourchette du casse-trame
scorritoio (m) della forchetta rompi-trama
colisa (f) de la horquilla del para-tramas

10 — i
Brustbaumhebel (m)
breast beam lever
рычаг (мр) грудницы
levier (m) de la poitrinière
leva (f) del subbio anteriore
palanca (f) del antepecho

11 — k
Solenoid (n)
solenoid
соленоид (мр)
solénoïde (m), soléno (m)
solenoide (m)
solenoide (m)

12
Schließen (n) des elektrischen Stromkreises
closing the electric circuit
замыкание (ср) электрической цепи
fermeture (f) du circuit électrique
chiusura (f) del circuito elettrico
cierre (m) del circuito eléctrico

13
Kurzschluß (m)
short circuit
короткое замыкание (ср)
court-circuit (m)
corto circuito (m)
corto circuito (m)

14
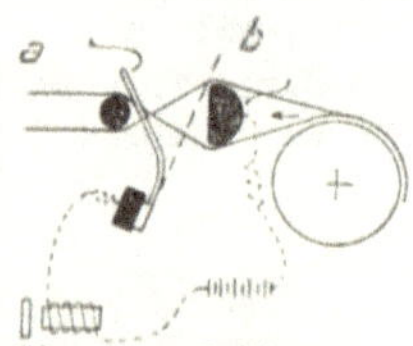

Glasgowwächter (m)
Glasgow detector
глазговский прибор (мр) для останова при обрыве основной нити
casse-chaîne (m) de Glasgow
meccanismo (m) rompi-catena di Glasgow
para-urdimbres (m) de Glasgow

15 — a
federnde Nadel (f)
spring needle
пружинная игла (жр)
aiguille (f) à ressort
ago (m) a molla
aguja-resorte (f)

16 — b
Teilrute (f)
dividing rod
ценовый (-ая) прутик (мр) *или* палочка (жр)
tringle (f) d'enverjure
listello (m) di divisione
varilla (f) de encruzamiento

17
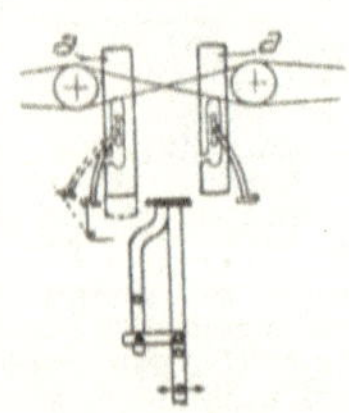

Schatzscher Kettfadenwächter (m)
Schatz's warp stop motion
прибор (мр) Шаца для останова при обрыве основной нити
casse-chaîne (m) de Schatz
meccanismo (m) rompi-catena di Schatz
para-urdimbres (m) de Schatz

18 — a
Wächterplatine (f)
detector
пластинка (жр) остановочного прибора при обрыве основной нити
lamelle (f) casse-chaîne
lamella (f) rompi-catena
caballero (m)

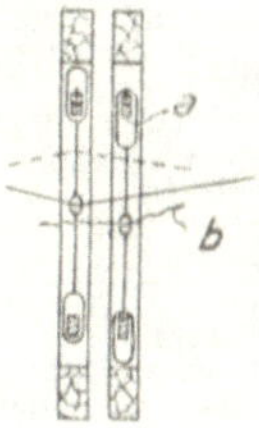

1 Geschirrwächter (m) heald stop motion ремизный прибор (мр) для останова при обрыве основной нити casse-chaine (m) à lisses meccanismo (m) rompi-catena a licci para-urdimbres (m) sobre lizos

Kontaktschiene (f) contact rail контактная линейка (жр) — a — rail (m) de contact asta (f) di contatto rail (m) de contacto 6

gerissener Kettfaden (m) broken warp thread оборвавшаяся основная нить (жр) — b — fil (m) de chaine cassé filo (m) di catena rotto hilo (m) roto de urdimbre 7

G.

2 **Besondere Webstühle** (mpl) **Special Looms** **Особые виды** (мр) **ткацких станков** — **Métiers** (mpl) **spéciaux** **Telai** (mpl) **speciali** **Telares** (mpl) **especiales**

I.

3 **Baumwollwebstuhl** (m) **Cotton Loom** **Бумаготкацкий станок** (мр) — **Métier** (m) **pour coton** **Telaio** (m) **per cotone** **Telar** (m) **para algodón**

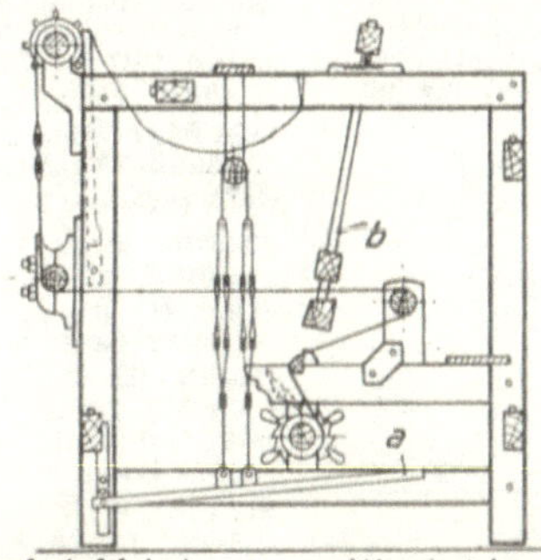

4 Handwebstuhl (m) für Baumwollgewebe hand loom for cotton weaving ручной бумаготкацкий станок (мр) — métier (m) à main pour tissus de coton telaio (m) a mano per tessuti di cotone telar (m) de mano para tejidos de algodón

5 Tritt (m), Fußtritt (m), Schemel (m), Trittschemel (m), Fußschemel (m), Tritthebel (m) treadle, pedal подножка (жр) — a — marche (f), pédale (f) pedale (m), calcola (f) calca (f)

Handweblade (f) hand loom slay ручной батан (мр) — b — battant (m) du métier à main battente (m) del telaio a mano batán (m) del telar de mano 8

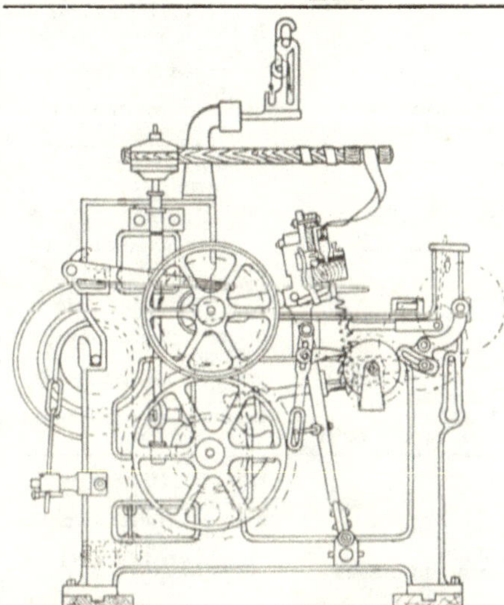

mechanischer Baumwollwebstuhl power loom for cotton goods механический бумаготкацкий станок — métier (m) mécanique pour coton telaio (m) meccanico per cotone telar (m) mecánico para algodón 9

Webstuhlteile (mpl) loom parts части (жр) *или* детали (мр) ткацкого станка — détails (mpl) *ou* parties (fpl) du métier parti (fpl) singole o pezzi (mpl) del telaio detalles (mpl) o partes (fpl) del telar 10

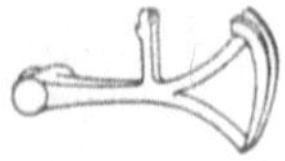

1 Geschirrsektor (m), Quadrant (m)
heald sector, quadrant, half moon
ремизный *или* проступной сектор (мр), квадрант (мр)
secteur (m) des lames
settore (m) dei licci
sector (m) porta-lizos

2 Quadrantenstängel (n)
top cross rod, quadrant rod
шпиндель (мр) проступного сектора
arbre (m) des secteurs
albero (m) dei settori
árbol (m) de los sectores

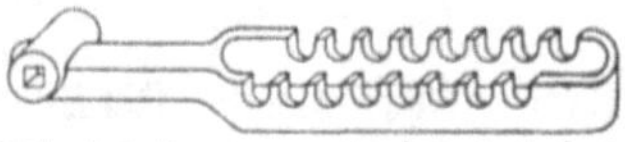

3 Kerbenhebel (m)
notched lever, jack for quadrant rod
проступный рычаг (мр) с зарубками
levier (m) à crans
leva (f) a tacche
palanca (f) con entalladuras

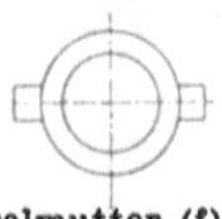

4 Stängelmutter (f), Kreuzmutter (f)
nut for quadrant rod
гайка (жр) шпинделя проступного сектора
collier (m) de l'arbre des secteurs
collare (m) dell'albero dei settori
manguito (m) del árbol de los sectores

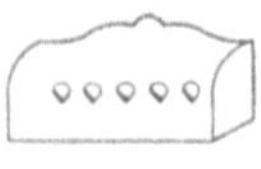

5 Trittgehäuse (n)
treadle heel *or* bracket
педальная коробка (жр), коробка проступных рычагов
boîte (f) pour les marches
sopporto (m) per i pedali
estuche (m) de las calcas

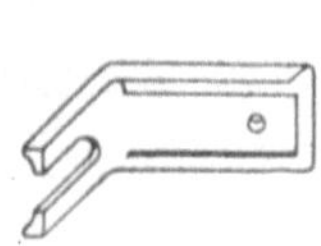

6 Trittgitter (n), Trittführung (f), Rost (m)
treadle grate *or* guide
решетка (жр) проступных рычагов
grille (f) des marches
griglia (f) dei pedali
guía (f) de las calcas

7 Klobenhebel (m)
jack lever
блочный рычаг (мр)
levier (m) d'action des lames
leva (f) motrice dei licci
palanca (f) de acción de los lizos

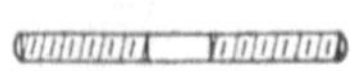

8 Klobenspindel (f)
jack screw
блочный шпиндель (мр)
tige (f) filetée de la moufle
asta (f) filettata della carrucola
varilla (f) fileteada de la garrucha

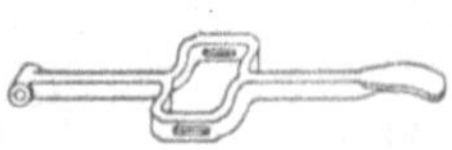

9 französischer Mitteltritt (m)
French treadle, pedal for heald levelling motion
французский центральный проступный рычаг
marche (f) française
pedale (m) centrale francese
calca (f) francesa

Puffer (m), Prellbacke (f), Frosch (m)
buffer, frog
буфер (мр), буферная щечка (жр) 10
butoir (m)
zoccolo (m)
tope (m)

Ausrückpuffer (m) mit Finger
frog with finger
выключательный буфер (мр) с пальцем 11
butoir (m) avec doigt
zoccolo (m) con dito
tope (m) con clavija

Pufferführung (f), Pufferschieber (m)
frog bracket *or* box
направляющая колодка (жр) буфера
support (m) du butoir 12
sopporto (m) dello zoccolo
soporte (m) del tope

Schußgabel (f)
weft fork
уточная вилка (жр)
fourchette (f) du casse-trame
forchetta (f) rompi-trama 13
horquilla (f) del para-tramas

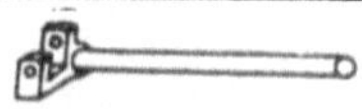

Schußgabelhalter (m)
weft fork holder
державка (жр) уточной вилки
support (m) de la fourchette casse-trame
porta-forchetta (m) del rompi-trama 14
soporte (m) de la horquilla para-tramas

Schußgabelstellbolzen (m), Kugelbolzen (m)
weft fork setting pin
установительный болт (мр) уточной вилки, болт с шаровой головкой уточной вилки
goupille (f) de la fourchette casse-trame 15
bullone (m) della forchetta rompi-trama
perno (m) de la horquilla para-tramas

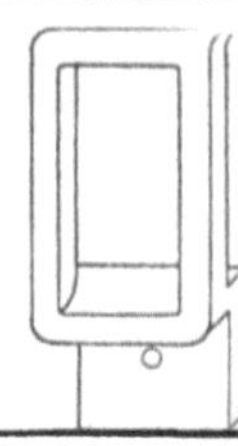

Schußgabelrost (m), Schußgabelgitter (n)
weft fork grate
решетка (жр) уточной вилки
grille (f) de la fourchette casse-trame 16
griglia (f) della forchetta rompi-trama
reja (f) de la horquilla para-tramas

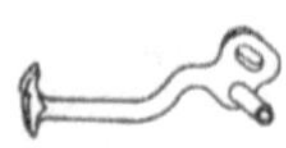

Schußwächterhammer (m)
weft hammer
молоточек (мр) [рычага] уточной вилки
marteau (m) du casse-trame 17
martello (m) del rompi-trama
martillo (m) del para-tramas

Schußwächterarm (m)
weft motion lever
рычаг (мр) уточной вилки
levier (m) du casse-trame
leva (f) del rompi-trama 18
palanca (f) del para-tramas

1 Ausrückstange (f)
knocking off rod
выключательный рычаг (мр)
tringle (f) de débrayage
asta (f) di disinnesto
disparo (m)

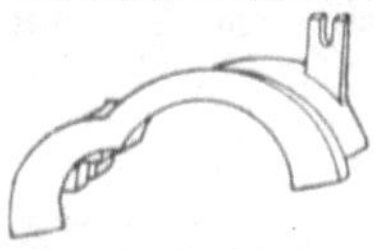

2 кожух (мр) *или* ограждение (ср) шестерен
Radverdeck (n)
wheel cover, wheel guard
garde-roue (m), couvre-roue (m), couvre-engrenage (m)
copri-ruote (m)
guarda-ruedas (m)

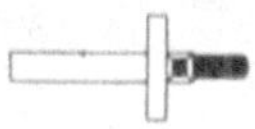

3 цапфа (жр), болт (мр) с кольцевым наварком
Bundbolzen (m), Zapfen (m)
stud
tenon (m)
prigioniero (m)
espiga (f)

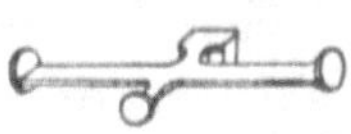

4 крестообразная скобка (жр) для шпули
Spulenkreuz (n)
bracket for pirn board
support (m) de la planche à cannettes
sopporto (m) dell'assicella a spole
soporte (m) para la tabla de canillas

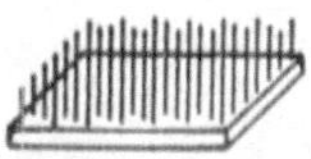

5 шпульная доска (жр) со шпильками *или* штифтами
Spulenbrett (n) mit Stiften
pirn board with skewers
planche (f) à cannettes avec broches
assicella (f) a spole con perni
tabla (f) de canillas con husetes

II.

6 **Handwebstuhl (m) für Leinengewebe**
Hand Loom for Linen Weaving
Ручной льноткацкий станок
Métier (m) à main pour tissage de la toile
Telaio (m) a mano per tessere la tela
Telar (m) de mano para tela

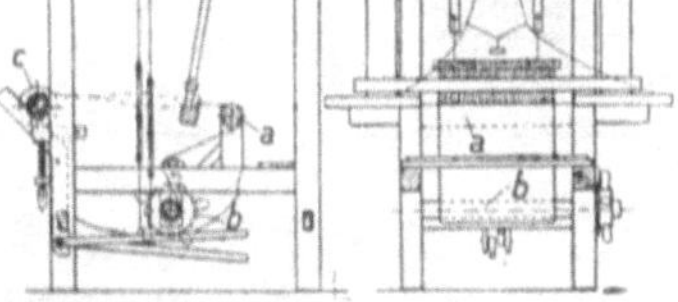

7 Brustbaum (m), Vorderbaum (m)
breast beam
грудница (жр)
a
poitrinière (f)
subbio (m) anteriore
antepecho (m)

---

8 Leinwandbaum (m)
cloth beam
товарный ролик (мр)
b
ensouple (f) de la toile
subbio (m) della tela
plegador (m) de la tela

---

9 Garnbaum (m), Kettbaum (m), Hinterbaum (m)
yarn beam, warp beam, back beam
навой (мр)
c
ensouple (f) du fil, ensouple arrière *ou* de la chaîne
subbio (m) d'ordito *o* di svolgimento
plegador (m) de urdimbre

---

10 unbeweglicher Streichbaum (m)
fixed back rest
неподвижное скало (ср)
porte-fil (m) fixe
porta-fili (m) fisso
porta-hilos (m) fijo

---

11 zwangläufige Trittbewegung (f)
positive treadle movement
принужденное движение (ср) проступных рычагов
mouvement (m) positif *ou* obligatoire de la marche
movimento (m) del pedale positivo
movimiento (m) positivo de la calca

---

12 bei vertretenem Fach die Lade anschlagen
to beat up after change of shed
прибивать батан (мр) после смены зева
battre après changement de la foule
battere la trama dopo il cambio del passo
empujar luego del cambio de calada

III.

13 **Handwebstuhl (m) für Seidengewebe**
Hand Loom for Silk Weaving
Ручной шелкоткацкий станок (мр)
Métier (m) à main pour soieries
Telaio (m) a mano per seterie
Telar (m) de mano para sederías

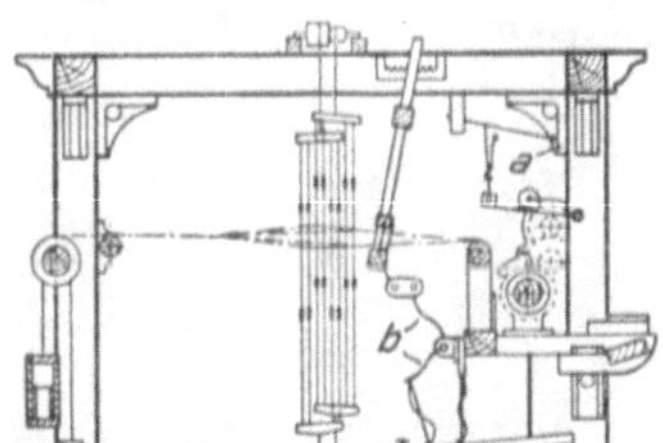

14 Winkeleisen (n)
angle bracket
угловое железо (ср), железный угольник (мр)
a
équerre (f) en fer
ferro (m) angolare
ángulo (m) de hierro

---

15 Winkelverbindung (f)
bent lever
соединение (ср) угольниками
b
levier (m) en équerre
leva (f) ricurva
palanca (f) curvada

1 Tiefe (f) des Stuhles — profondeur (f) du métier
depth of loom — profondità (f) del telaio
глубина (жр) станка — profundidad (f) del telar

2 tiefer Stuhl (m) — métier (m) profond
deep loom — telaio (m) profondo
глубокий станок (мр) — telar (m) profundo

3 Seidenbaum (m), Garnbaum (m) — ensouple (f) de soie
silk beam — subbio (m) di seta
навой (мр) шелкоткацкого станка — plegador (m) de seda

4 Selbstschlag (m) der Lade — coup (m) du battant par son propre poids
beat up by dead weight of slay — colpo (m) del battente prodotto dal suo stesso peso
прибой (мр) батана от собственного веса — golpe (m) de batán por su propio peso

IV.

5 **Handwebstuhl (m) für Drahtgewebe** — **Métier (m) à main pour toile métallique**
Hand Loom for Wire Weaving — **Telaio (m) a mano per tela metallica**
Ручной ткацкий станок (мр) для проволочных тканей — **Telar (m) de mano para tela metálica**

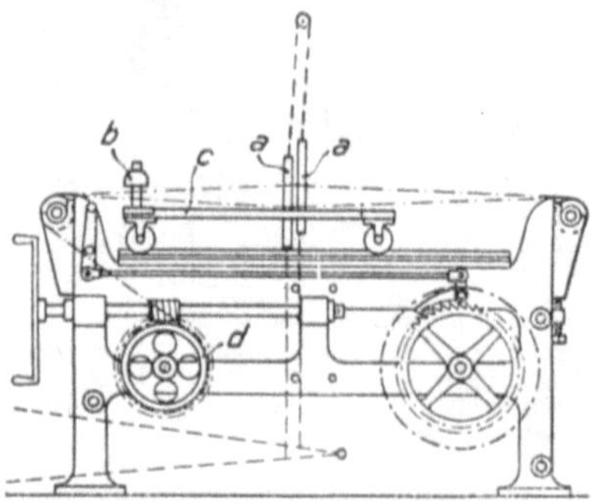

6 Geschirrblatt (n) — *a* — lame (f)
shaft of healds — liccio (m)
ремизка (жр) — lizos (mpl)

Riedblatt (n) — *b* — peigne (m) 7
reed — pettine (m)
бердо (ср) — peine (m)

Wagen (m) — *c* — chariot (m), battant (m) à roulettes 8
carriage — carrello (m), battente (m) a rotelle
тележка (жр) — carro (m)

Aufwindetrommel (f) — *d* — tambour (m) d'enroulement 9
winding on drum — tamburo (m) d'avvolgimento
накатный барабан (мр) — tambor (m) de arrollamiento

geringe Sprunghöhe (f) des Riedblattes — petite hauteur (f) du peigne 10
slight depth of reed — poca altezza (f) del pettine
небольшая высота (жр) берда — pequeña altura (f) del peine

Siebmacherrahmen (m), Drahtbodenstuhl (m) — métier (m) à cadre pour toile métallique 11
frame for making sieve bottoms — telaio (m) per tela metallica
рама (жр) для сеткоплетения, станок (мр) для плетения проволочных сеток *или* сит — telar (m) para tela metálica

Drahtlauf (m), Rahmen (m) mit dem Schiebekamm — métier (m) à toile métallique grossière 12
frame for making coarse sieve bottoms — telaio (m) per tela metallica forte
механизм (мр) хода проволоки, рама (жр) с подводящей гребенкой — telar (m) para tela metálica grosera

Haarlauf (m), Haarlaufstuhl (m) — métier (m) à toile métallique fine 13
frame for making fine sieve bottoms — telaio (m) per tela metallica fina
механизм (мр) движения волоса; станок (мр), заправленный проволочным волосом — telar (m) para tela metálica fina

endloser Siebmacherrahmen (m) — métier (m) à toile métallique sans fin 14
endless sieve making frame — telaio (m) per tela metallica senza fine
бесконечная рама (жр) для сеткоплетения — telar (m) para tela metálica sin fin

V.

Handwebstuhl (m) für Frottierwaren
Hand Loom for Terry Weaving
Ручной ткацкий станок (мр) для выработки лохматых тканей

Métier (m) à main pour tissu éponge
Telaio (m) a mano per tessuti a spugna *o* a ricci
Telar (m) de mano para tejidos rizados

1 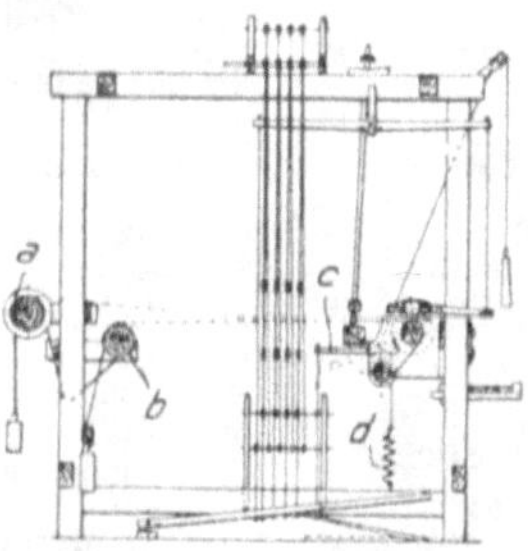

2 Schlingenkette (f)
loop *or* terry warp
петельная гарнитурная основа (жр)
a
chaîne (f) à boucles
catena (f) per ricci
urdimbre (f) de rizos

3 Grundkette (f)
ground warp
грунтовая основа (жр)
b
chaîne (f) de fond
catena (f) di fondo
urdimbre (f) de fondo *o* de cuerpo

4 Ladenanschlaghebel (m)
slay stopping lever
упорный рычаг (мр) батана
c
levier (m) d'arrêt du battant
leva (f) d'arresto del battente
palanca (f) de paro del batán

5 Federzug (m)
tension spring
пружинная тяга (жр)
d
ressort (m) de tension
molla (f) di tensione
resorte (m) de tensión

6 der Schuß steht vom Warenrand ab
the weft is off the fell of the cloth
уток (мр) отстает от кромки товари
la duite est distante de la ligne de serrage
la trama si trova distante dal vertice dell'angolo
la pasada esta distante de la línea de empuje

7 den Anschlaghebel mittels Feder heben
to lift the stopping lever by spring
подымать упорный рычаг (мр) при помощи пружины
lever par ressort le levier d'arrêt
alzare la leva d'arresto con molla
levantar por resorte la palanca de paro

VI.

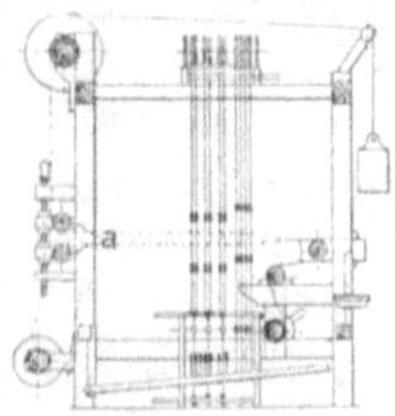

Handwebstuhl (m) für Piquéwaren, Schaftpiquéstuhl (m)
Hand Loom for Piqués

Кареточный или ручной ткацкий станок (мр) для выработки пикэ
Métier (m) à main pour piqués 8
Telaio (m) a mano per piqué
Telar (m) de mano para piqués

Steppkette (f)
stitching warp
прижимная *или* связывающая *или* верхняя основа (жр)
a
chaîne (f) de piqûre
catena (f) d'imbottitura
urdimbre (f) de acolchado 9

Oberschuß (m)
face weft
верхний *или* узорный уток (мр)
trame (f) d'endroit *ou* de dessus
trama (f) superiore *o* del diritto 10
trama (f) superior *o* del haz

Unterschuß (m)
back weft
нижний *или* грунтовый уток (мр)
trame (f) d'envers *ou* de dessous
trama (f) dell'inverso 11
trama (f) inferior *o* del revés

Futterschuß (m), Füllschuß (m)
filling weft, wadding weft
подбивной *или* заполняющий уток (мр)
trame (f) de remplissage *ou* de fourrure
trama (f) d'imbottitura 12
trama (f) de forro

Figurtritt (m)
treadle for figuring warp
подножка (жр) для образования узора
marche (f) pour chaîne effet
pedale (m) per effetti di catena 13
calca (f) para efectos de urdimbre

VII.

Mechanischer Rutensamtwebstuhl (m)
Power Loom for Pile Weaving
Механический станок (мр) для выработки бархатных тканей, пруточный или плисовый станок
Métier (m) mécanique [pour articles] à poils
Telaio (m) meccanico per tessuti a pelo
Telar (m) mecánico para tejidos con pelo

1

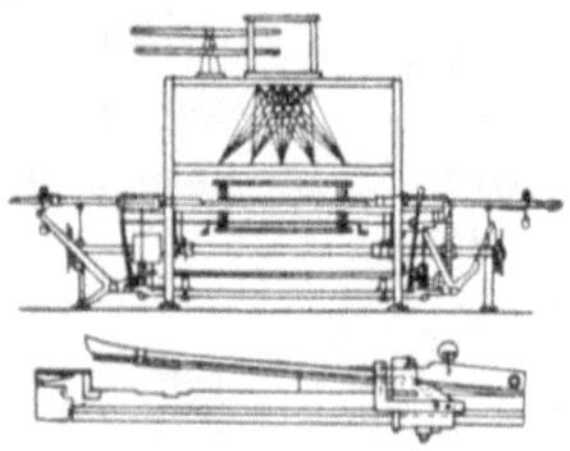

2	Rutensamtstuhl mit zweifachem Ladenschlag loom for pile weaving with double beat пруточный станок (мр) с двойным ударом батана		métier (m) pour tissu à poils à double coup de battant telaio (m) per tessuti a pelo a doppio colpo di battente telar (m) para tejido con pelo de doble golpe de batán
3	einfacher Ladenschlag (m) single beat простой удар (мр) батана		coup (m) de battant simple colpo (m) di battente semplice golpe (m) simple de batán
4	langsam arbeitender Stuhl (m) slow running loom тихоходный станок (мр)		métier (m) à petite vitesse telaio (m) a piccola velocità *o* a moto lento telar (m) a pequeña velocidad
5	schnellgehender Stuhl (m) fast running loom, high speed loom быстроходный станок (мр)		métier (m) à grande vitesse telaio (m) a grande velocità *o* a moto rapido telar (m) a gran velocidad

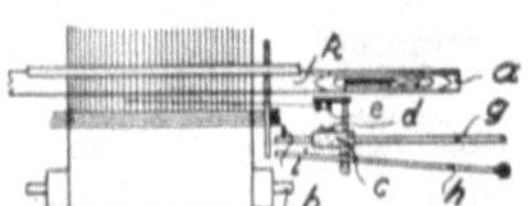

6	Rutenbewegungsvorrichtung (f), Rutenzug (m) pile wire motion, mechanism for operating the wires механизм (мр) движения прутков		mécanisme (m) de mouvement des fers meccanismo (m) per manovrare i ferri mecanismo (m) de movimiento de los hierros
7	hinterste Ladenstellung (f) back position of slay заднее положение (ср) батана	*a*	position (f) arrière du battant posizione (f) di dietro del battente posición (f) más atrasada del batán
8	Brustbaum (m), Nadelbaum (m) needle roller игольчатая грудница (жр)	*b*	rouleau (m) piqué cilindro (m) ad aghi cilindro (m) punteado
9	Schlitten (m) slide салазки (жр)	*c*	chariot (m) scorritoio (m) corredera (f)
10	Haken (m) hook крючок (мр)	*d*	crochet (m) uncino (m) gancho (m)
11	federnde Zange (f) spring pincers пружинный (-ые) зажим (мр) *или* щипцы (мр)	*e*	pinces (fpl) à ressort pinze (fpl) a molla pinzas (fpl) de resorte
12	Gleitschiene (f) slide rail скользящая линейка (жр) *или* рейка (жр)	*g*	glissière (f) traversa (f) di scorrimento rail (m) de la corredera
13	bewegliche Schiene (f) movable rail подвижная рейка (жр)	*h*	rail (m) mobile traversa (f) mobile rail móvil
14	Schnabel (m) bill носик (мр)	*i*	bec (m) becco (m) pico (m)
15	federnder Draht (m) elastic wire пружинящая проволока (жр), пружина (жр)	*k*	fil (m) métallique élastique filo (m) metallico elastico hilo (m) metálico elástico
16	Bewegung (f) des Schlittens movement of slide движение (ср) салазок		mouvement (m) du chariot movimento (m) dello scorritoio movimiento (m) de la corredera
17	Hereinbewegen (n) des Schlittens inward movement of slide движение (ср) салазок вперед		entrée (f) du chariot entrata (f) dello scorritoio entrada (f) de la corredera
18	Herausziehen (n) des Schlittens withdrawing the slide отход (мр) салазок назад		sortie (f) du chariot uscita (f) dello scorritoio salida (f) de la corredera

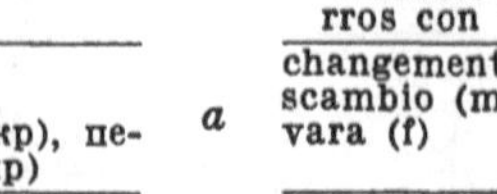

19	Rutenbewegungsvorrichtung (f) mit Weiche switch wire motion приспособление (ср) со стрелкой для движения прутков		mécanisme (m) de mouvement des fers à changement meccanismo (m) a scambio per manovrare i ferri mecanismo (m) de movimiento de los hierros con vara
20	Weiche (f) switch стрелка (жр), перевод (мр)	*a*	changement (m) scambio (m) vara (f)
21	Rinne (f) groove желобок (мр)	*b*	rainure (f) scanalatura (f) ranura (f)

1 Einlegen (n) der Ruten
laying in the wires
вкладывание (ср) *или* просовывание (ср) *или* введение (ср) прутков
placement (m) des fers
inserzione (f) *o* introduzione (f) dei ferri
inserción (f) de los hierros

2 Ausziehen (n) der Ruten
withdrawing the wires
вытягивание (ср) прутков
retrait (m) des fers
uscita (f) *o* ritiro (m) dei ferri
retirada (f) de los hierros

3 Rute (f), Nadel (f)
[pile] wire
пруток (мр)
fer (m), aiguille (f)
ferro (m), ago (m)
hierro (m)

4 Rutenmesser (n)
knife for grooved wire
нож (мр) прутка
a
rabot (m)
coltello (m) *o* lama (f) per velluto
cuchillo (m)

5 Messerschneide (f)
knife edge
леавие (ср) ножа
b
tranchant (m) du rabot
filo (m) del coltello
cortante (m) del cuchillo

6 Rutenkopf (m)
wire head
головка (жр) прутка
c
tête (f) du fer
testa (f) del ferro
cabeza (f) del hierro

7 Zugrute (f)
round wire
вытяжной пруток (мр)
fer (m) rond
ferro (m) tondo *o* ovale
hierro (m) redondo

8 Schneidrute (f)
grooved wire
режущий пруток (мр)
fer (m) coupant *ou* à rainure
ferro (m) a scanalatura *o* a intaglio
hierro (m) ranurado

9 Noppenhöhe (f)
height of loops
высота (жр) петельки
hauteur (f) des boucles
altezza (f) delle maglie
altura (f) de los rizos

10 Rutenhöhe (f)
height of wire
высота (жр) прутка
hauteur (f) du fer
altezza (f) del ferro
altura (f) del hierro

11 Rutenstärke (f)
thickness of wire
толщина (жр) прутка
épaisseur (f) du fer
spessore (m) del ferro
espesor (m) del hierro

12 *x* Millimeter starke Rute (f)
wire *x* millimetres thick
пруток (мр) толщиной *x* милиметров
fer (m) de *x* millimètres d'épaisseur
ferro (m) di *x* millimetri di spessore
hierro (m) de *x* milímetros de espesor

13 *x* Ruten (fpl) auf 10 Zentimeter
number of wires in 10 centimetres
x прутков на 10 сантиметров
x fers (mpl) au décimètre
x ferri (mpl) per decimetro
x hierros (mpl) por decímetro

14 keilförmige Rute (f)
wedge section wire
клинообразный пруток (мр)
fer (m) de section cunéiforme
ferro (m) a sezione cuneiforme
hierro (m) de sección cuneiforme

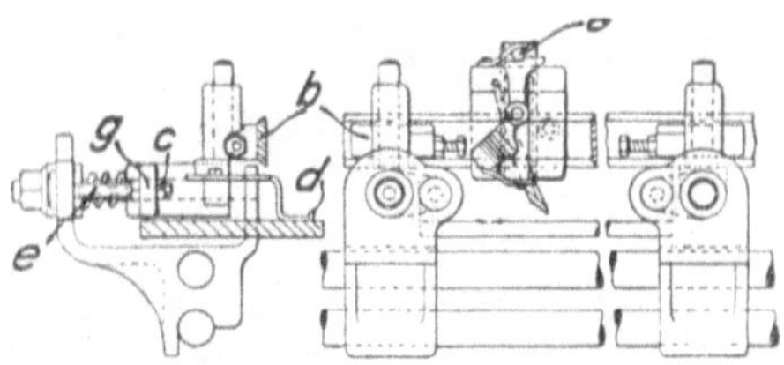

Aufschneidevorrichtung (f) für die Polfadenschleifen
cutting motion for loop *or* pile warp
приспособление (ср) для разрезания ворсовых петелек
mécanisme (m) pour la coupe des boucles
meccanismo (m) per tagliare le maglie
mecanismo (m) cortador de los bucles 15

Messerträger (m)
knife carrier
супорт (мр) ножей
a
support (m) du couteau
sopporto (m) del coltello
soporte (m) de la cuchilla 16

Führungsschiene (f)
guide rail
направляющий (-ая) брус (мр) *или* балочка (жр)
b
rail-guide (m)
traversa (f) di guida
rail-guía (m) 17

Zapfenhülse (f)
stud bush
втулка (жр) цапфы
c
douille (f) du tourillon
manicotto (m) del perno
cojinete (m) del perno 18

Samtrute (f) mit Furche
grooved pile wire
пруток (мр) для бархата с канавкой
d
fer (m) à rainure pour velours
ferro (m) per velluto con scanalatura *o* con incavatura
hierro (m) con ranura para terciopelo 19

Schraubenbolzen (m)
screw bolt
болт (мр) с [винтовой] резьбой
e
boulon (m) à vis
bullone (m) a vite
perno (m) fileteado 20

Anguß (m)
lug
прилив (мр)
g
projection (f) d'arrêt
sporto (m) d'arresto
saliente (m) soldado 21

Schleifenreihe (f), Noppenreihe (f)
row of loops
рядок (мр) петель
rangée (f) des boucles
fila (f) di maglie
línea (f) de bucles 22

Aufschneiden (n) der Schleifen
cutting the loops
разрезание (ср) *или* прорезание (ср) петель
coupe (f) des boucles
taglio (m) delle maglie
sección (f) *o* corte (m) de los bucles 23

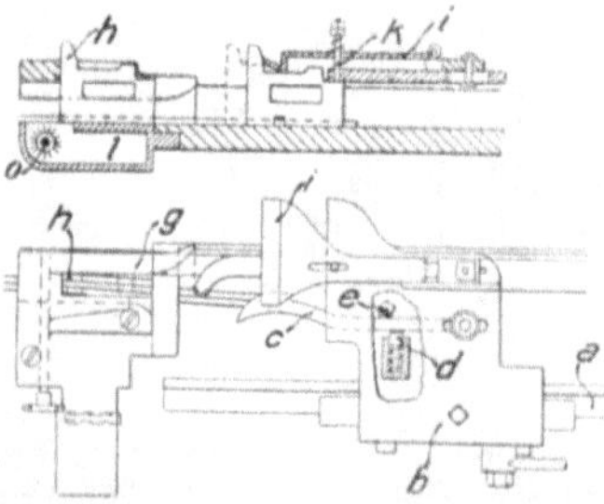

1	Nadelbewegungsvorrichtung (f) für Samtwebstühle wire motion for velvet looms механизм (мр) движения игол для плисовых ткацких станков		mécanisme (m) de mouvement des fers dans les métiers à velours meccanismo (m) per manovrare i ferri nei telai a velluto mecanismo (m) de movimiento de hierros en los telares para terciopelos
2	Führungsbahn (f), Gleitbahn (f) guide rail направляющий брус (мр)	*a*	glissière (f) scorritoio (m) rail-guía (m)
3	Schlittenplatte (f) sliding plate плита (жр) *или* щека (жр) салазок	*b*	plaque (f) coulissante placca (f) scorrevole plancha (f) deslizante
4	Nadelrückziehhaken (m) hook for withdrawing the wires оттяжной крючок (мр) для прутков	*c*	crochet (m) de retrait des fers uncino (m) per ritirare i ferri gancho (m) de retirada de los hierros
5	unter Federdruck stehender Stift (m) stud under spring pressure штифтик (мр), находящийся под давлением пружины	*d*	goupille (f) sous pression d'un ressort copiglia (f) sotto la pressione d'una molla botón (m) bajo la acción de un resorte
6	Drehzapfen (m) pivot вращающийся шип (мр)	*e*	pivot (m) perno (m) di rotazione pivote (m)
7	Führungszunge (f) mit verjüngtem Ende guide tongue with tapered end направляющий язычок (мр) с утоненным концом	*g*	languette-guide (f) avec extrémité appointée linguetta (f) di guida con estremità assottigliata lengüeta-guía (f) con extremidad apuntada
8	Rutenkopfansatz (m) wire head bridge насадок (мр) на головке прутка	*h*	projection (f) de la tête du fer sporto (m) della testa del ferro resalto (m) de la cabeza del hierro
9	federnder Blechstreifen (m) wire head spring пружинная жестяная полоска (жр)	*i*	bande (f) en fer-blanc élastique lista (f) in lamiera elastica tira (f) elástica de hojalata
10	Gewindebolzen (m) screw bolt болт (мр) с резьбой	*k*	boulon (m) à vis bullone (m) a vite perno (m) fileteado
11	Ölkammer (f) oil chamber камера (жр) для масла	*l*	chambre (f) à huile camera (f) ad olio cámara (f) de aceite
12	Walzenbürste (f) circular brush круглая щетка (жр)	*o*	brosse (f) circulaire spazzola (f) circolare cepillo (m) circular
13	Schmieren (n) der Ruten lubricating the wires смазывание (ср) *или* смазка (жр) прутков		graissage (m) des fers lubrificazione (f) dei ferri lubricación (f) *o* engrasado (m) de los hierros
14	die Ruten (fpl) schmieren to lubricate the wires смазывать прутки (мр)		graisser les fers lubrificare i ferri lubri[fi]car los hierros

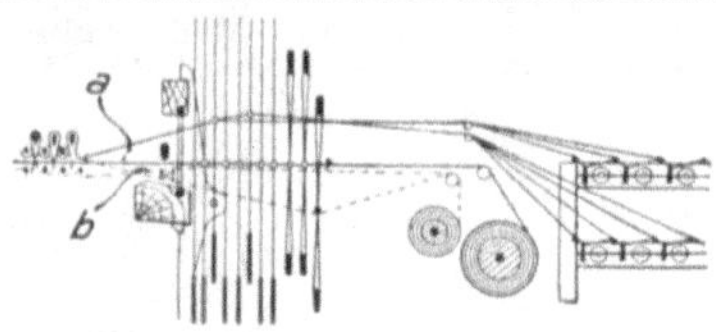

15	Rutenstuhldoppelfach (n) double shed for pile weaving loom двойной зев (мр) пруточного станка		double pas (m) du métier à poils doppio passo (m) del telaio per velluti doble calada (f) del telar para terciopelos
16	Rutenfach (n), Oberfach (n) wire shed, top shed пруточный *или* верхний зев (мр)	*a*	pas (m) du poil *ou* supérieur passo (m) dei fili di pelo *o* superiore calada (f) superior
17	Schützenfach (n), Unterfach (n) shed for shuttle, lower shed челночный *или* нижний зев (мр)	*b*	pas (m) de la navette *ou* inférieur passo (m) per la navetta *o* inferiore *o* di fondo calada (f) inferior
18	zwei Fächer (npl) übereinander bilden to form two sheds one above the other образовывать два зева друг над другом		former deux pas l'un au-dessus de l'autre formare due passi l'uno sull'altro formar dos caladas una encima de otra

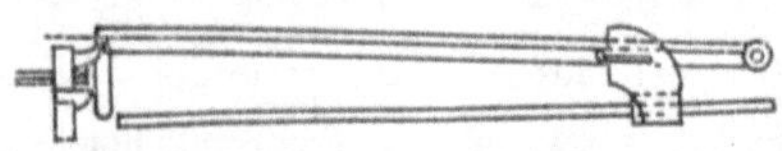

19	Rutenführung (f) für Möbelplüschwebstühle wire guide for furniture plush looms направление (ср) движения прутков для станков, вырабатывающих мебельный плюш	guide-fer (m) pour métier à peluche d'ameublement guida (f) dei ferri per telai a peluche da mobili guía-hierro (m) para telares de tejidos para tapizar muebles

1 die Rute in das Fach einführen
to introduce the wire into the shed
просовывать *или* вводить пруток (мр) в зев
placer le fer dans le pas
introdurre il ferro nel passo
insertar el hierro en la calada

2 eingewebte Rute (f)
wire woven in
затканный пруток (мр)
fer (m) passé dans le pas
ferro (m) inserito nel passo
hierro (m) inserto en la calada

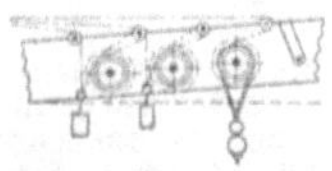

3 Polfädenspannvorrichtung (f)
tension arrangement for pile *or* loop threads
прибор (мр) для натяжения ворсовых нитей
dispositif (m) de tension des fils de poil
dispositivo (m) di tensione dei fili di pelo
dispositivo (m) de tensión de los hilos de pelo

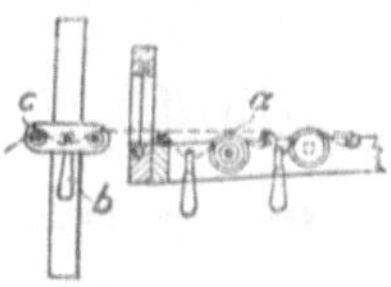

4 Polkettenbremsung (f) für Teppichstühle
pile warp tension arrangement for carpet looms
торможение (ср) ворсовой основы на ковровых станках
dispositif (m) de tension des fils de poil dans les métiers à tapis
dispositivo (m) di tensione dei fili di pelo nei telai per tappeti
dispositivo (m) de tensión de los hilos de pelo en los telares para tapices

5 a Polfadenspule (f)
pile thread bobbin
шпуля (жр) ворсовой нити
bobine (f) de fil de poil
bobina (f) del filo di pelo
bobina (f) de hilo de pelo

6 b Spanneisel (n)
tension weight
натяжная висюлька (жр)
poids (m) de tension
peso (m) di tensione
peso (m) de tensión

7 c Spannstab (m)
tension rod
натяжной пруток
tringle (f) de tension
asta (f) di tensione
tirante (m) de tensión

8 die einzelnen Spulen (fpl) bremsen
to brake each bobbin separately
тормозить *или* затормаживать отдельные шпули (жр)
freiner les bobines individuelles
frenare le bobine individuali
frenar las bobinas individuales

9 die Spannung regeln
to regulate the tension
регулировать натяжение (ср)
régler la tension
regolare la tensione
regular la tensión

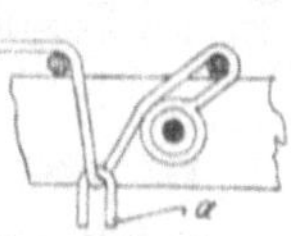

10 a hufeisenförmiges Gewicht (n), U-Gewicht (n)
horseshoe weight
подковообразная гиря (жр), грузовая скобка (жр)
poids (m) en forme d'étrier *ou* en forme d'U
peso (m) a forma di ferro di cavallo *o* a forma d'U
peso (m) en forma de U

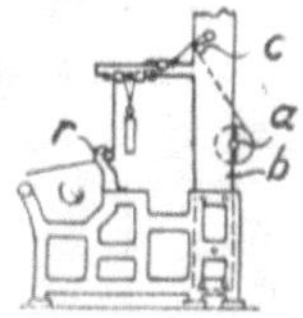

a Polkettenbaum(m)
beam for pile warp
навой (мр) ворсовой основы
ensouple (f) de la chaîne de poil
subbio (m) della catena di pelo
plegador (m) de la urdimbre de pelo 11

b Traggerüst (n)
gantry
стойка (жр)
chevalet (m)
cavalletto (m)
caballete (m) 12

c mit Plüsch überzogene Förderwalze (f)
carrier roller covered with plush
обтянутый плюшем питательный валик (мр)
rouleau (m) transporteur recouvert de peluche
cilindro (m) trasportatore ricoperto di felpa
rodillo (m) transportador recubierto de pelusa 13

r Walkwelle (f)
rocking beam, oscillating back bearer
качающееся скало
porte-fils (m) oscillant
porta-fili (m) oscillante
guía-hilos (m) oscilante 14

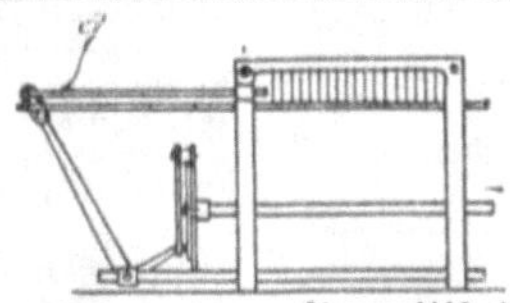

Fachreinigungsvorrichtung (f)
shed clearing arrangement
приспособление (ср) для чистки зева
dispositif (m) d'égalisation du pas
dispositivo (m) per eguagliare il passo
dispositivo (m) para igualar la calada 15

a Einführstäbchen (n)
shed rod
заводная палочка (жр)
tige (f) d'égalisation
asta (f) d'eguaglizzazione
varilla (f) de igualación 16

Reinigen (n) des Faches
clearing the shed
чистка (жр) зева
égalisation (f) du pas
eguagliizzazione (f) del passo
igualación (f) de la calada 17

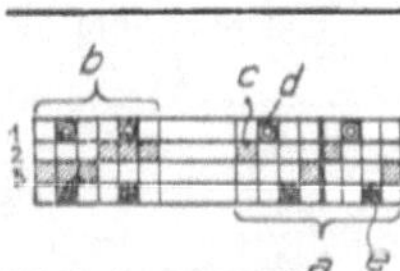

Riedeinzugmuster (n)
draft for reeding
рисунок (мр) для проборки берда
mise (f) en carte pour empeignage
messa (f) in carta per passatura nel pettine *o* per l'impettinatura
dibujo (m) del remetido del peine 18

b Schnürmuster (n), Schußfolgemuster (n)
draft for tying up, weft pattern
рисунок (мр) для подвязи *или* чередования утков
mise (f) en carte de l'empoutage *ou* du tramage
armatura (f) per la trama *o* per l'imputaggio
dibujo (m) del tramado 19

c Bindekette (f)
stitching *or* binding warp
связывающая основа (жр)
chaîne (f) de liage
catena (f) di legamento *o* di legatura
urdimbre (f) de ligadura 20

1 Füllkette (f)
filling warp
грунтовая основа (жр)

d chaîne (f) de remplissage
catena (f) d'imbottitura
urdimbre (f) de forro

---

2 Polkette (f)
pile warp
ворсовая основа (жр)

e chaîne (f) de poil
catena (f) di pelo
urdimbre (f) de pelo

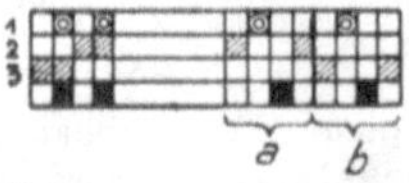

3 Riedeinzug (m) für Brüsselerteppiche
reeding for Brussels carpets
проборка (жр) берда для брюссельских ковров

empeignage (m) pour moquette bouclée
impettinatura (f) per tappeti di Bruxelles
remetido (m) del peine para tapiz Bruselas

---

4 erstes Rohr (n)
first dent
первое *или* переднее бердо (ср)

a première dent (f)
primo intervallo (m) di pettine
primer diente (m)

---

5 zweites Rohr (n)
second dent
второе *или* заднее бердо (ср)

b deuxième dent (f)
secondo intervallo (m) di pettine
segundo diente (m)

---

6 

Rutenzange (f)
wire pincers

пруточная вилка (жр)
pince (f) à fer
tenaglia (f) per estrarre i ferri
pinza (f) para los hierros

---

7 

Tapestrylitze (f)
tapestry heald

колышка (жр) для вышитых ковровых тканей
lisse (f) pour tapisseries
liccio (m) per tappezzeria
lizo (m) para tapicerías

---

8 Polfadenauge (n)
eye for pile thread
глазок (мр) для ворсовой нити

œillet (m) pour fil de poil
occhiello (m) per filo di pelo
ojete (m) para hilo de pelo

---

9 schleifenförmiges Füllfadenauge (n)
long filling thread eye
петлеобразный глазок (мр) заполняющей нити

œillet (m) pour fil de remplissage en forme de fente
occhiello (m) per filo di riempimento oblungo
ojete (m) para hilo de forro en forma de hendidura

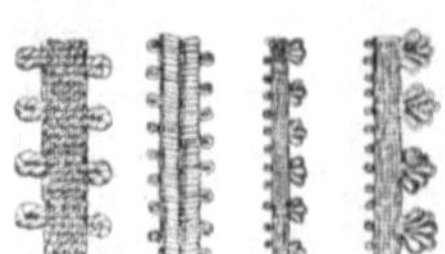

10 Zierspitze (f), Mignardise (f)
fancy braid
миньярдиз (мр)

mignardise (f)
mignardise (f)
guarnición (f) *o* adorno (m) de trencilla

VIII.

Plüschwebstühle (mpl)
Looms for Weaving Plush
Ткацкие станки (мр) для выработки плюша

Métiers (mpl) à tisser la peluche
Telai (mpl) per peluche 11
Telares (mpl) para felpa

---

mechanischer Doppelplüschwebstuhl (m)
power loom for double plush
механический станок (мр) для выработки двойного плюша

métier (m) mécanique pour double peluche
telaio (m) meccanico per peluche doppio 12
telar (m) mecánico para doble felpa

Doppelsamtwebstuhl (m)
loom for double velvet
ткацкий станок (мр) для выработки двойного бархата

métier (m) pour velours double
telaio (m) per velluti doppi 13
telar (m) para terciopelo doble

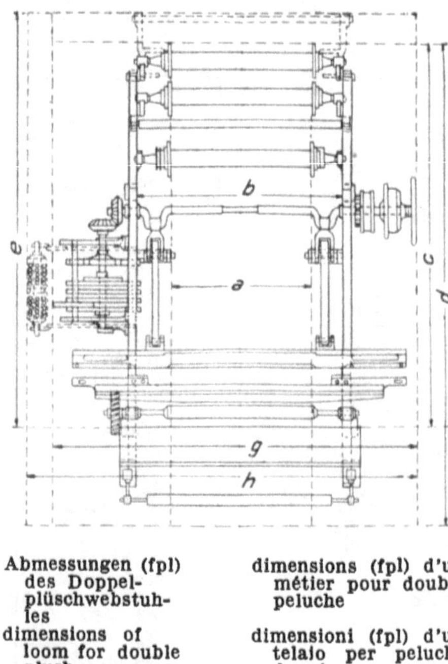

Abmessungen (fpl) des Doppelplüschwebstuhles
dimensions of loom for double plush
размеры (мр) ткацкого станка для выработки двойного плюша

dimensions (fpl) d'un métier pour double peluche
dimensioni (fpl) d'un telaio per peluche doppio 14
dimensiones (fpl) de un telar para doble felpa

1 Webbreite (f), ausnutzbare Blattbreite (f)
weaving *or* cloth width
ширина (жр) тканья, рабочая ширина

a empeignage (m) utile
larghezza (f) utile del pettine
ancho (m) útil del peine

---

2 Gestellweite (f)
width between framings
ширина (жр) станины

b largeur (f) du bâti
larghezza (f) fra le pareti
distancia (f) entre las bancadas laterales

---

3 Tiefe (f) ohne Aufwickelgestell
depth without taking up frame
глубина (жр) без накатной станины

c profondeur (f) sans les bâtis d'enroulement d'étoffe
profondità (f) senza i sopporti d'avvolgimento
profundidad (f) sin los caballetes de arrollamiento

---

4 Tiefe (f) mit Aufwickelgestell
depth with taking up frame
глубина (жр) вместе с накатной *или* навивальной станиной

d profondeur (f) avec les bâtis d'enroulement d'étoffe
profondità (f) coi sopporti d'avvolgimento
profundidad (f) con los caballetes de arrollamiento

---

5 Tiefe (f) mit Leistenspulengestell
depth with creel for selvedge bobbins
глубина (жр) вместе со стойкой для кромочных шпуль

e profondeur (f) avec le râtelier des bobines de lisière
profondità (f) colla rastrelliera per bobine di cimossa
profundidad (f) con la fileta para las bobinas de los orillos

---

6 Kanter (m), Spulenleiter (m), Leiter (m), Rahmen (m)
bobbin creel
шпуленаправитель (мр), шпуледержатель (мр), катушечная стойка (жр) *или* подвеска (жр), катушкодержатель (мр)
cantre (m), râtelier (m) des bobines
rastrelliera (f) delle bobine
fileta (f)

---

7 schräg liegender Rahmen (m)
inclined creel
наклонно-лежащая рама (жр)
râtelier (m) incliné *ou* oblique
rastrelliera (f) inclinata
fileta (f) inclinada

---

8 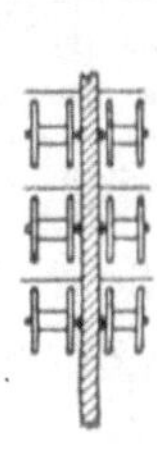

Kanter (m) für Mokettewebstühle
bobbin creel for moquette loom
шпуледержатель (мр) для мокетовых станков
râtelier (m) pour métier à moquette
rastrelliera (f) di telaio per mocchetta
fileta (f) para telar de moqueta

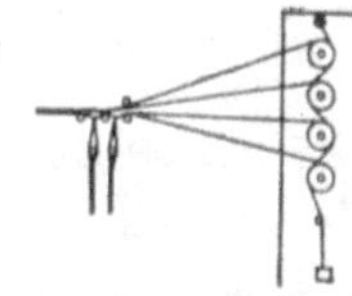

Kanter (m) für Mohärplüschwebstühle
bobbin creel for mohair plush loom
шпуледержатель (мр) для плюшевых станков из ангорской пряжи
râtelier (m) pour métier à peluche mohair 9
rastrelliera (f) di telaio per peluche mohair
fileta (f) para telar de pelo de cabra de Angora

Ausgleichen (n) der Spannungsschwankung
compensation for variation in tension
выравнение (ср) колебаний натяжения
compensation (f) des variations dans la tension
compensazione (f) delle variazioni di tensione 10
compensación (f) de las variaciones en la tensión

Schneidzeug (n)
cutting motion
режущее приспособление (ср)
dispositif (m) de coupage
dispositivo (m) per tagliare 11
dispositivo (m) de corte

Schneidexzenterhebel (m) mit Zahnsektor
cam lever with toothed sector for cutting motion
рычаг (мр) эксцентрика режущего приспособления с зубчатым сектором
levier (m) de l'excentrique pour le dispositif de coupage avec secteur denté
leva (f) dell' eccentrico per il dispositivo per tagliare con settore dentato 12
palanca (f) del excéntrico para el dispositivo de corte con sector dentado

---

Schneidexzenter (n)
cutting cam
эксцентрик (мр) режущего приспособления
excentrique (m) du dispositif de coupage 13
eccentrico (m) del dispositivo per tagliare
excéntrico (m) del dispositivo de corte

Winkelrad (n) mit Nabe
bevel wheel with boss
коническая шестерня (жр) с втулкой
pignon (m) d'angle avec moyeu 14
pignone (m) conico con mozzo
piñon (m) cónico con cubo

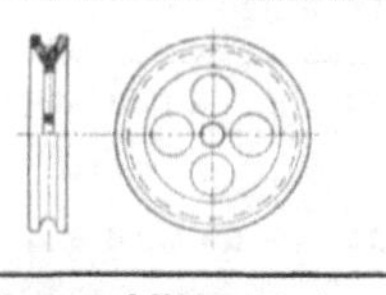

Schnurscheibe (f)
grooved pulley
шнурочный блок (мр) 15
poulie (f) à gorge
puleggia (f) a gola
polea (f) de garganta

Messerschlitten (m) mit Puffer
knife slide with stop block
ножовые салазки (жр) с буфером
chariot (m) du couteau avec butoir
scorritoio (m) del coltello con paracolpi 16
corredera (f) del cuchillo con tope

1

Messerhalter (m)
knife holder

державка (жр) ножа
support (m) du couteau
sopporto (m) del coltello
soporte (m) de la cuchilla

2

Messer (n) zum Schneiden von Doppelplüsch
knife for cutting double plush

нож (мр) для резки двойного плюша
couteau (m) pour découpage de la peluche double
coltello (m) per tagliare peluche doppio
cuchillo (m) para seccionar la felpa doble

3

Schneidriegel (m)
cutting rail
направляющий брус (мр) для ножовых салазок

rail (m) de coupage
traversa (f) per tagliare
rail (m) de seccionamiento

4

Spannriegel (m)
tension rail
натяжной брус (мр)

rail (m) de tension
traversa (f) di tensione
rail (m) de tensión

5

Spannriegelstellkeil (m)
tension rail adjusting wedge

установительный клин (мр) натяжного бруса
coin (m) de réglage du rail de tension
cuneo (m) per regolare la traversa di tensione
cuña (f) reguladora de rail de tensión

6

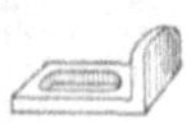

Anschlagwinkel (m)
angle bracket stop

упорный угольник (мр)
équerre (f) d'arrêt
ferro (m) angolare d'arresto
ángulo (m) de freno

7

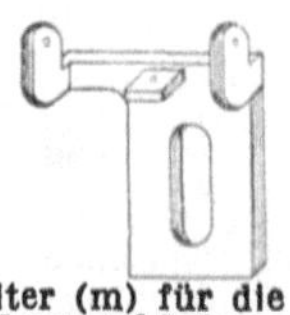

Halter (m) für die Messerschärfvorrichtung
bracket for knife sharpening motion

кронштейн (мр) для точильного прибора
support (m) d'aiguisage du couteau
sopporto (m) per il dispositivo d'affilamento del coltello
soporte (m) del dispositivo afilador del cuchillo

8

Schmirgelsteinplatte (f)
emery plate
пластинка (жр) с наждачным камнем

plaque (f) d'aiguisage en émeri
placca (f) di pietra a smeriglio
placa (f) de piedra de esmeril

9

Schmirgelstein (m)
emery stone

наждачный камень (мр), оселок (мр)
pierre (f) d'émeri
pietra (f) a smeriglio
piedra (f) de esmeril

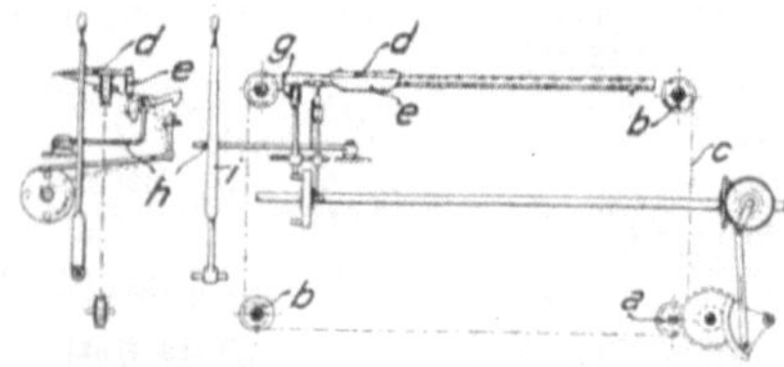

Ausrückvorrichtung (f) für die Schneidvorrichtung
disengaging gear for cutting motion
выключательное приспособление (ср) для режущего прибора

dispositif (m) de débrayage pour le mécanisme de coupage
dispositivo (m) di disinnesto per il meccanismo tagliatore
dispositivo (m) de freno para el mecanismo seccionador 10

---

a

Schnurscheibe (f)
grooved pulley
шнурочный блок (мр)

poulie (f) à gorge
puleggia (f) a gola
polea (f) de garganta 11

---

b

Leitrolle (f)
guide pulley
направляющий блок (мр) *или* ролик (мр)

poulie (f) de renvoi
puleggia (f) di guida
polea-guia (f) 12

---

c

Schnur (f)
cord
шнур (мр)

cordon (m)
corda (f)
cuerda (f) 13

---

d

Schneidmesser (n)
cutter
нож (мр)

couteau (m), coupeur (m)
coltello (m)
cuchillo (m) 14

---

e

Anschlagstück (n)
stop
упорка (жр)

bloc (m) d'arrêt, butoir (m)
blocco (m) d'arresto
tope (m) de freno 15

---

g

Klinke (f)
pawl
собачка (жр)

loquet (m)
nottolino (m)
gatillo (m) 16

---

h

Befestigungsstange (f)
carrier rod
скрепляющая тяга (жр)

tige (f) de fixation
asta (f) di fissazione
tirante (m) de fijación 17

---

i

Ausrücker (m)
stop rod, setting-on handle
выключатель (мр)

tringle (f) de débrayage
asta (f) d'arresto
disparo (m) 18

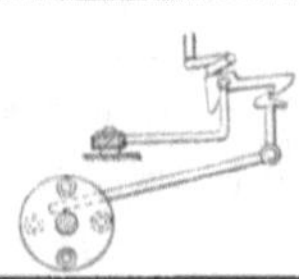

Messerwächter (m)
knife guard
прибор (мр) для останова ножа
garde-couteau (m)
guarda-coltello (m)
guarda-cuchillo (m) 19

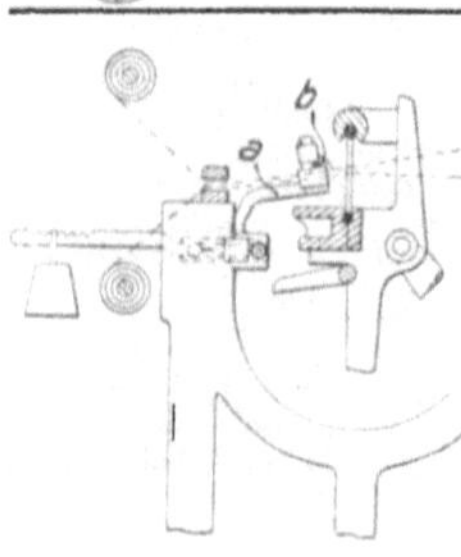

bewegliche Florschiene (f)
movable pile rail
подвижная рейка (жр) для гарнитурных нитей
tringle (f) de poil mobile
asta (f) per pelo mobile
rail (m) de pelo móvil 20

1	winkelförmige Schiene (f) angle rail рейка (жр) углового сечения	a	tringle (f) en équerre asta (f) angolare rail (m) en ángulo
2	T-förmige Schiene (f) T rail рейка (жр) таврового сечения	b	rail (m) en T asta (f) a T rail (m) en T
3	das Schienengewicht ausgleichen [*oder* ausbalanzieren] to balance the weight of the rails уравновесить вес (мр) рейки		équilibrer le poids des tringles equilibrare il peso delle aste equilibrar el peso de los railes
4	Florbildung (f) formation of pile образование (ср) гарнитура		formation (f) du poil formazione (f) del pelo formación (f) del pelo

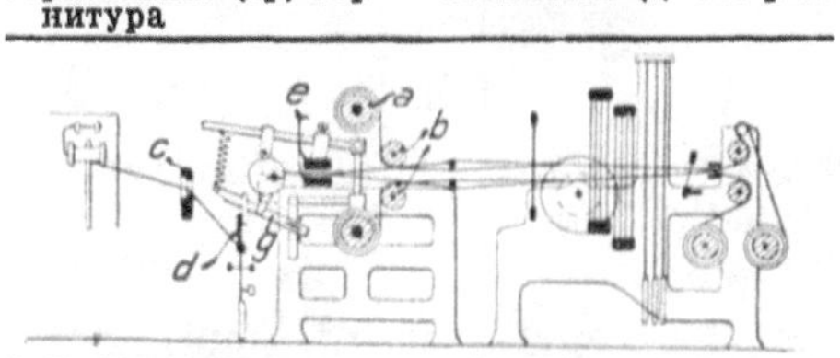

5	Polkettenregler (m) pile warp letting off motion регулятор (мр) подачи ворсовой основы		régulateur (m) de la chaîne de poil regolatore (m) della catena di pelo regulador (m) de la urdimbre de pelo
6	Grundkettenbaum (m) ground warp beam навой (мр) грунтовой основы	a	ensouple (f) de la chaîne de fond *ou* de la chaîne de pièce subbio (m) dell'ordito di fondo plegador (m) de la urdimbre de fondo
7	polierter Streichriegel (m) polished back rest полированное скало (ср)	b	porte-fils (m) poli porta-fili (m) lucidato guía-hilos (m) bruñido
8	Teilkamm (m), Ordnungskamm (m) dividing reed разделяющая *или* распределительная гребенка (жр)	c	peigne (m) répartiteur pettine (m) separatore peine (m) repartidor
9	schwingende Schiene (f) oscillating rail, vibrator качающаяся линейка (жр)	d	vibrateur (m), tringle (f) oscillante asta (f) oscillante varilla (f) oscilante
10	Fadenklemme (f) thread gripper зажим (мр) для нитей	e	pince (f) du fil dispositivo (m) d'afferramento del filo mordaza (f) del hilo
11	Hebelwerk (n) lever arrangement рычажный механизм (мр)	g	système (m) de leviers sistema (f) di leve sistema (f) de palancas
12	die Florkettenfäden (mpl) festklemmen to grip the pile warp threads зажимать нити (жр) гарнитурной основы		pincer les fils de la chaîne de poil afferrare i fili d'ordito di pelo amordazar los hilos de la urdimbre de pelo

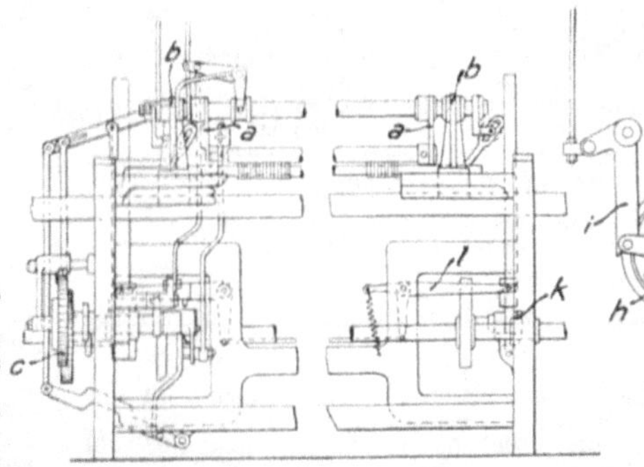

13	Hakenwebstuhl (m) für plüschartige Gewebe hook loom for plush fabrics крючечный ткацкий станок (мр) для выработки плюшевидных тканей		métier (m) à crochets pour tissus pelucheux telaio (m) ad uncini per tessuti a peluzzo telar (m) de ganchos para tejidos pilosos
14	Hakenschienenarm (m) arm for hook rail серьга (жр) крючечной планки *или* линейки	a	bras (m) du rail des crochets braccio (m) della asta degli uncini brazo (m) de la varilla de ganchos
15	Konsole (f) bracket консоль (мр), подставка (жр)	b	console (f) mensola (f) consola (f)
16	exzentrisch gelagertes Zahnrad (n) eccentric spur wheel эксцентрично-установленная в подшипниках шестерня (жр)	c	roue (f) dentée excentrique ruota (f) dentata eccentrica rueda (f) dentada excéntrica
17	Kupplungsring (m) coupling strap сцепляющее кольцо (ср)	d	manchon (m) d'accouplement manicotto (m) d'accoppiamento manguito (m) de acoplamiento
18	Riegel (m) bar щеколда (жр), запор (мр)	g	barre (f) traversa (f) barra (f)
19	Sperrfeder (f) locking spring запорная пружина (жр)	h	ressort (m) du cliquet molla (f) del nottolino resorte (m) del gatillo
20	Schloßklinke (f) locking catch запорная собачка (жр)	i	loquet (m) nottolino (m) gatillo (m)
21	Klauenkupplung (f) dog clutch кулачная муфта (жр)	k	embrayage (m) à griffes giunto (m) a denti acoplamiento (m) dentado
22	Winkelhebel (m) bell crank lever угловой рычаг (мр)	l	levier (m) en équerre leva (f) ad angolo palanca (f) en ángulo
23	Ausschnitt (m) slot вырез (мр), зарубка (жр)		fente (f) fessura (f) hendidura (f)

1 Spannkraft (f) der Feder
tension of the spring
сила (жр) натяжения пружины
force (f) élastique du ressort
forza (f) elastica della molla
fuerza (f) elástica del resorte

2 die Kupplung schließen
to engage the clutch
замыкать [соединительную] муфту (жр)
engager l'embrayage
innestare il giunto
embragar

3 Anziehen (n) *oder* Anzug (m) der Klinke
disengaging the catch
подтягивание (ср) *или* подтяжка (жр) собачки
débrayage (m) du loquet
disinnesto (m) del nottolino
desembrague (m) del gatillo

4 Fallenlassen (n) der Klinke
engaging the catch
отпускание (ср) собачки
embrayage (m) du loquet
innesto (m) del nottolino
embrague (m) del gatillo

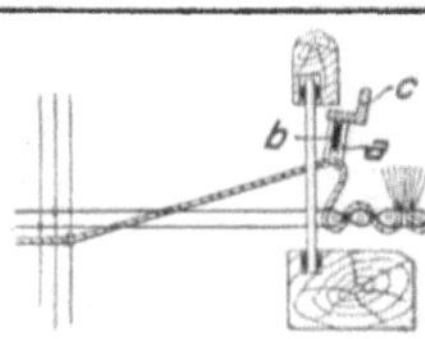

5 Plüschbildung (f) auf dem Hakenwebstuhl
formation of plush in hook loom
образование (ср) плюша на крючечном ткацком станке
formation (f) de la peluche sur métier à crochets
formazione (f) del peluzzo sul telaio ad uncini
formación (f) de la felpa en el telar de ganchos

6 Hakenpaar (n)
pair of hooks
пара (жр) крючков
a
paire (f) de crochets
paio (m) d'uncini
par (m) de ganchos

7 Messerklinge (f)
knife blade
лезвие (ср) ножа
b
lame (f) du couteau
lama (f) del coltello
hoja (f) del cuchillo

8 Hakenschiene (f)
hook rail
крючечная планка (жр) *или* линейка (жр)
c
rail (m) des crochets
traversa (f) degli uncini
rail (m) de los ganchos

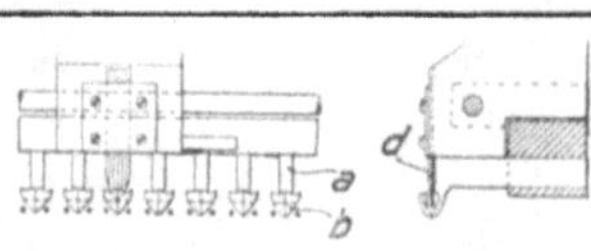

9 Flornoppenschneidzeug (n)
pile cutting motion
прибор (мр) для разрезания *или* резки узелков *или* петель гарнитура
mécanisme (m) de coupage du poil
meccanismo (m) per tagliare il pelo
mecanismo (m) de corte del pelo

10 Fangarm (m)
gripping arm
державка (жр) уловителя
a
bras (m) de pinçage
braccio (m) d'afferramento
brazo (m) de retención

herzförmiger Florkettenfänger (m)
heartshaped pile warp gripper
сердцевидный подхватчик (мр) гарнитурной основы
b
pince (f) en forme de cœur de la chaîne de poil
afferratore (m) a forma di cuore della catena a pelo
pinza (f) en forma de corazón de la urdimbre de pelo
11

Block (m)
block
супорт (мр)
c
bloc (m)
blocco (m)
bloque (m)
12

Schneidmesser (n)
cutter
нож (мр)
d
coupeur (m)
coltello (m)
cuchillo (m)
13

Nutenbahn (f)
guide groove
направляющий паз (мр)
gorge (f) de guidage
gola (f) di guida
ranura-guía (f)
14

IX.

Stühle (mpl) für Gobelins und Teppiche
Looms for Tapestry and Carpets
Станки (мр) для гобеленов и ковров
Métiers (mpl) pour tapisserie et tapis
Telai (mpl) per arazzi e tappeti
Telares (mpl) para tapicería y tapizes
15

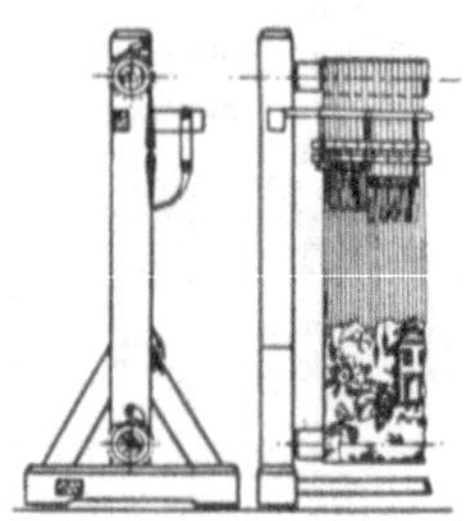

Gobelinwebstuhl (m)
tapestry loom
гобеленовый ткацкий станок (мр)
métier (m) pour tapisserie
telaio (m) per tappezzeria
telar (m) para tapicería
16

gewebter Wandteppich (m), Gobelin (m)
woven tapestry
гобелен (мр)
tapisserie (f) tissée
arazzo (m), tappeto (m) gobelin *o* d'Olanda
tapiz (m)
17

farbige Schüsse (mpl) in die Kettfäden einweben
to work coloured weft in the warp threads
воткать цветные уточины (жр) в основные нити
insérer des trames couleur dans les fils de chaîne
inserire trame colorate nei fili di catena
insertar pasadas de color en los hilos de urdimbre
18

Seidenzwirn (m)
doubled silk
шелковая крученая нить (жр)
mouliné (m) soie
seta (f) ritorta
seda (f) torcida *o* molinada
19

Kammwollzwirn (m)
worsted twist
камвольная крученая нить (жр)
retors (m) en laine peignée
ritorto (m) di lana pettinata
torcido (m) de estambre
20

1	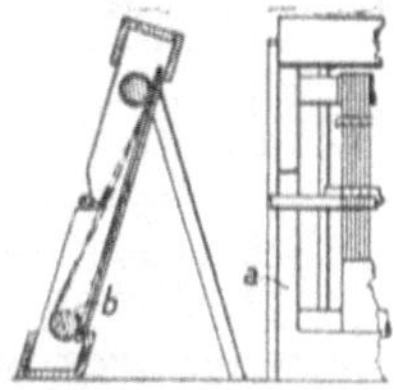		Handwebstuhl (m) für Knüpfteppiche hand loom for pile carpets ручной ткацкий станок (мр) для выработки вязаных ковров métier (m) à main pour tapis à points noués telaio (m) a mano per tappeti a punti annodati telar (m) de mano para tapiz de punto anudado
2	Seitenständer (m) side frame боковая стойка (жр)	a	bâti (m) latéral incastellatura (f) laterale bancada (f) lateral
3	auf Zapfen gelagerter Warenbaum (m) cloth beam supported by pivots покоющийся на шипах товарный ролик (мр)	b	ensouple (f) du tissu supportée par des pivots subbio (m) del tessuto sostenuto da perni plegador (m) del tejido soportado por espigas

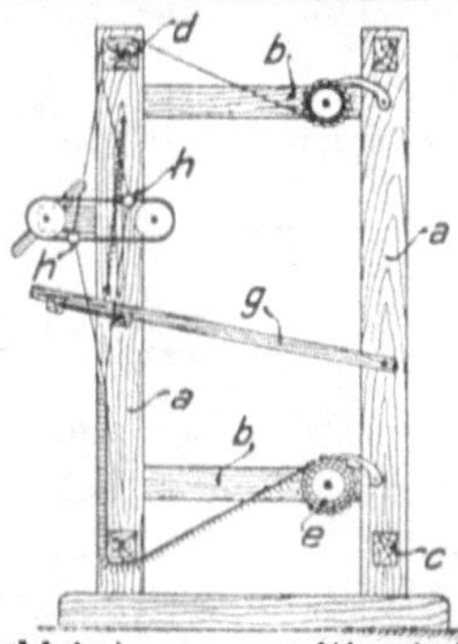

4	Smyrnastuhl (m) Turkish carpet loom станок для выработки смирнских ковров		métier (m) pour tapis de Smyrne telaio (m) per tappeti di Smirne telar (m) para tapiz de Smirna
5	Pfosten (m) upright стойка (жр)	a	montant (m) montante (m) montante (m)
6	Querriegel (m) cross bar поперечина (жр), поперечный брус (мр)	b	entretoise (f) transversale traversa (f) traviesa (f)
7	Längsriegel (m) longitudinal bar продольный брус (мр)	c	entretoise (f) longitudinale barra (f) longitudinale barra (f) longitudinal
8	Streichriegel (m) back rest скало (ср)	d	porte-fils (m) porta-fili (m) guía-hilos (m)
9	mit Nadelspitzen besetzter Warenbaum (m) needle covered cloth roller усаженный иглами *или* игольчатый товарный ролик (мр)	e	ensouple (f) du tissu garnie d'aiguilles subbio (m) del tessuto coperto d'aghi plegador (m) del tejido guarnecido de agujas

Lade (f) slay батан (мр)	g	battant (m) battente (m) batán (m)	10
Fachvorrichtung (f) shedding motion приспособление (ср) для образования зева	h	mécanisme (m) de formation du pas meccanismo (m) per formare il passo mecanismo (m) de formación de la calada	11
Fachmachen (n) shedding образование (ср) зева		formation (f) du pas formazione (f) del passo formación (f) de la calada	12
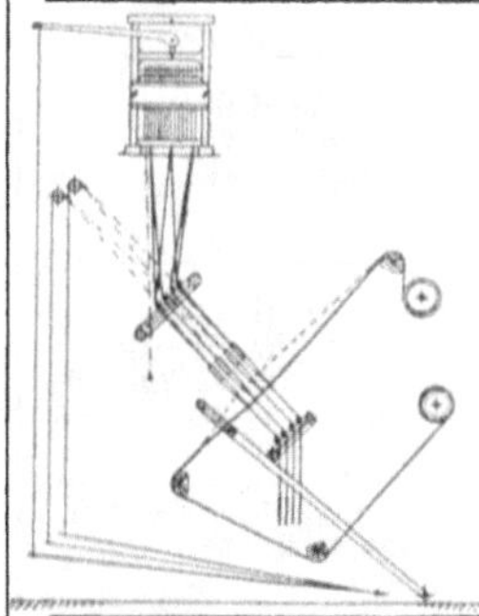		Teppichknüpfstuhl (m) mit Jacquardmaschine pile carpet loom with Jacquard machine станок (мр) для вязки ковров с Жаккардовой машиной métier (m) pour tapis à points noués avec mécanique Jacquard telaio (m) per tappeti a punti annodati con Jacquard telar (m) para tapiz de puntos anudados con máquina Jacquard	13
von oben nach unten geführte Kettfäden (mpl) warp threads led down from above основные нити (жр), расположенные по направлению сверху вниз		fils (mpl) de chaîne guidés de haut en bas fili (mpl) d'ordito guidati giù dall'alto hilos (mpl) de urdimbre guiados de arriba abajo	14
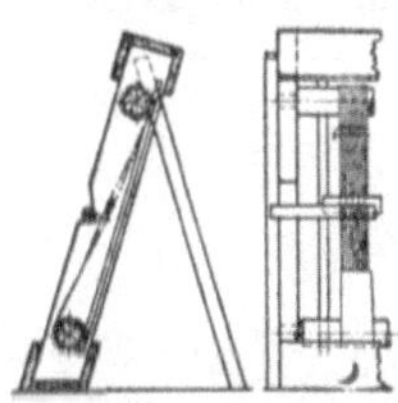		Hautelisse-Vorrichtung (f) high warp arrangement приспособление (ср) для [высоко]стоящей основы dispositif (m) de haute-lisse dispositivo (m) di alto liccio dispositivo (m) de lizos altos	15
Randkettenfaden (m) selvedge thread кромочная основная нить (жр)		fil (m) de lisière filo (m) di cimossa hilo (m) de orillo	16

gekerbtes Holzbrettchen (n), gekerbte Schiene (f) notched weft board дощечка (жр) с насечками		planchette (f) en bois à entailles, retab (m) tavoletta (f) di legno a intagli planchita (f) de madera con entallas	17
Einschlaggarn (n), Schußgarn (n) weft yarn уточная пряжа (жр)		fil (m) de trame filato (m) di trama hilo (m) de trama	18
das Schußgarn auf das Brettchen wickeln to wind the weft on the board наматывать уточную пряжу (жр) на дощечку		enrouler le fil de trame sur la planchette avvolgere la trama sulla tavoletta arrollar el hilo de trama sobre la planchita	19

1 Schußfadenknäuel (m)
ball of weft
клубок (мр) уточной нити
pelote (f) de fil de trame
gomitolo (m) di filo di trama
ovillo (m) o pelota (f) de hilo de trama

---

2 den Grundschuß eintragen
to put in the ground weft
прокидывать *или* вводить грунтовый уток (мр)
insérer la trame de fond
inserire la trama di fondo
insertar la trama de fondo

---

3 den Schuß anschlagen
to beat up the weft
прибивать уток (мр)
battre la duite
battere la trama
golpear o batir la pasada

---

4 den Grundschuß in Wellenlinien anschlagen
to beat up the ground weft in a wavy form
прибивать грунтовый уток (мр) волнообразными линиями
battre la duite de fond en forme ondulée
battere la trama di fondo sotto forma ondulata
golpear o batir la pasada de fondo en forma ondulada

---

5 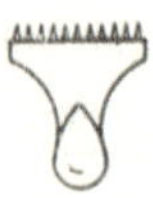
Schlagkamm (m)
hand comb for beating up
ударная гребенка (жр)
peigne (m) de battage, khébala (f)
pettine (m) per battere
peine (m) de batido

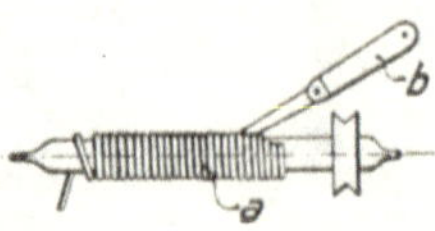

6 Schneidspindel (f) für den Polfaden
cutting spindle for the pile thread
шпиндель (мр) для резки ворсовой нити
broche (f) à couper le fil de poil
fuso (m) per tagliare il filo di pelo
broca (f) de corte para el hilo de pelo

---

7 Fadenwindung (f)
coil of yarn
виток (мр) нити
a
spire (f) de fil
spira (f) del filo
espira (f) de hilo

---

8 Messer (n)
knife
нож (мр)
b
couteau (m)
coltello (m)
cuchillo (m)

---

9 den Faden aufspulen
to wind the yarn
наматывать нить (жр)
bobiner le fil
avvolgere il filo
bobinar el hilo

---

10 den Polfaden schneiden
to cut the pile thread
прорезать ворсовую нить (жр)
couper le fil de poil
tagliare il filo di pelo
cortar el hilo de pelo

---

die Fadenverbindungen (fpl) in der Nut aufschneiden
to cut the thread loops in the groove
разрезать соединения (ср) нитей в выемке
couper les boucles de fil dans la rainure
tagliare gli occhielli del filo nella scanalatura 11
cortar los bucles de hilo en la ranura

---

das Messer in der Spindelrinne führen
to guide the knife in the spindle groove
вести нож (мр) в выемке шпинделя
guider le couteau dans la rainure de la broche
guidare il coltello nella scanalatura del fuso 12
guiar el cuchillo por la ranura de la broca

---

die Polfadenstücke (npl) in die Kette einknüpfen
to tie the pile thread parts into the warp
связывать пучки (мр) ворсовых нитей с основой
nouer les bouts de fil de poil dans la chaîne
annodare i pezzi di filo di pelo nella catena 13
anudar los cabos de hilo de pelo en la urdimbre

---

handgeknüpfter Knoten (m), handgeknüpfte Schlinge (f)
hand tied knot
узелок (мр) *или* петля (жр) ручной вязки
nœud (m) fait à la main
nodo (m) fatto a mano 14
nudo (m) hecho a mano

Smyrnaknoten (m)
Turkish knot
смирнский узелок (мр) 15
nœud (m) de Smyrne
nodo (m) di Smirne
nudo (m) de Smirna

---

den Knoten mit zwei Kettfäden verbinden
to tie the knot into two warp threads
соединять узелок (мр) с двумя основными нитями
lier le nœud avec deux fils de chaîne
legare il nodo con due fili di catena 16
insertar el nudo en dos hilos de urdimbre

Perserknoten (m)
Persian knot
персидский узелок (мр) 17
nœud (m) de Perse
nodo (m) di Persia
nudo (m) de Persia

---

den Knoten auf einem Kettfaden befestigen
to tie the knot on one thread
скреплять узелок (мр) с одной основной нитью
lier le nœud avec un seul fil de chaîne
legare il nodo sopra un solo filo di catena 18
insertar el nudo en un solo hilo de urdimbre

Handknüpfteppich (m)
hand knotted carpet
ковер (мр) ручной вязки
tapis (m) à point noué à la main
tappeto (m) annodato a mano 19
tapiz (m) de punto anudado a mano

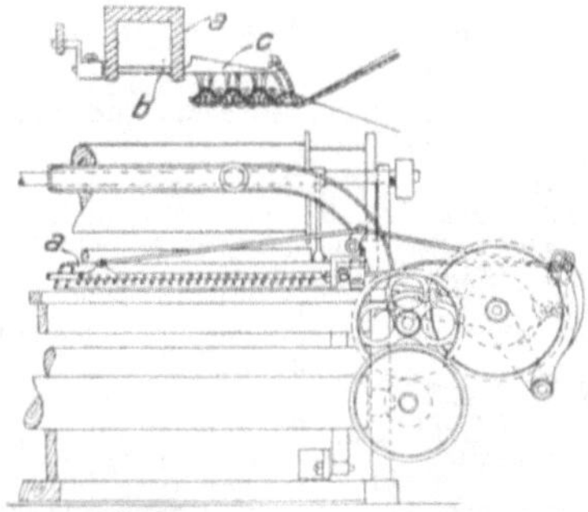

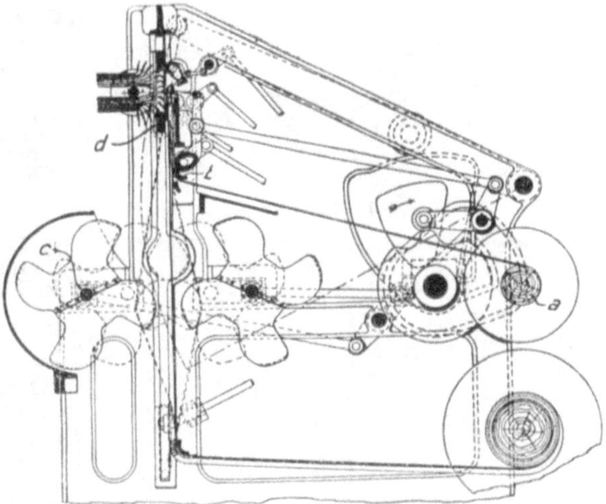

1 Smyrnatapestriewebstuhl
Turkish tapestry loom
ткацкий станок (мр) для выработки вышитых смирнских ковров
métier (m) pour carpette de Smyrne
telaio (m) per tappezzeria di Smirne
telar (m) para tapiz de Smirna

---

2 durchlochte Schiene (f)
perforated rail
продырявленный брус (мр)
a
rail (m) perforé
traversa (f) perforata
rail (m) perforado

---

3 Stahlstab (m)
steel pin
стальной стержень (мр)
b
goupille (f) en acier
verga (f) d'acciaio
clavete (m) de acero

---

4 Messer (n) mit Haken, Hakennadel (f)
knife with hook
нож (мр) с крючком, крючкообразная игла (жр)
c
couteau (m) avec crochet
coltello (m) con uncino
cuchillo (m) con gancho

---

5 Smyrnatapestryteppich (m)
Turkish tapestry carpet
вышитый смирнский ковер (мр)
carpette (f) de Smyrne
tappeto (m) a tappezzeria di Smirne
tapiz (m) de Smirna

---

6 mechanischer Webstuhl (m) für Knüpfteppiche
power loom for pile carpets
механический ткацкий станок (мр) для вязаных ковров
métier (m) mécanique pour tapis à points noués
telaio (m) meccanico per tappeti a nodi
telar (m) mecánico para tapiz de punto anudado

---

7 auf mechanischem Wege hergestellter Smyrnateppich (m)
Turkish carpet made by machinery
выработанный *или* изготовленный механическим способом смирнский ковер (мр)
tapis (m) de Smyrne fabriqué mécaniquement
tappeto (m) di Smirne prodotto meccanicamente o con mezzi meccanici
tapiz (m) de Smirna fabricado mecánicamente

---

mechanischer Webstuhl (m) für Smyrnateppiche von Seydlitz
Seydlitz' power loom for Turkish carpets
механический ткацкий станок (мр) Зейдлица для выработки смирнских ковров
métier (m) mécanique pour tapis de Smyrne, système Seydlitz
telaio (m) meccanico per tappeti di Smirne di Seydlitz 8
telar (m) mecánico para tapiz de Smirna, sistema Seydlitz

Kettbaum (m)
warp beam
навой (мр)
a
ensouple (f) de chaîne
subbio (m) d'ordito 9
plegador (m) de urdimbre

Kettenführungsleiste (f)
warp guide rod
скало (ср)
b
tringle-guide (f) de la chaîne
asta (f) di guida dell'ordito 10
varilla-guía (f) de la urdimbre

Flügelscheibe (f)
winged disc
крыльчатый диск (мр)
c
disque (m) à ailes
disco (m) ad alette 11
disco (m) alado

Klemmer (m)
gripper
зажим (мр)
d
pince (f)
morsetta (f) 12
mordaza (f)

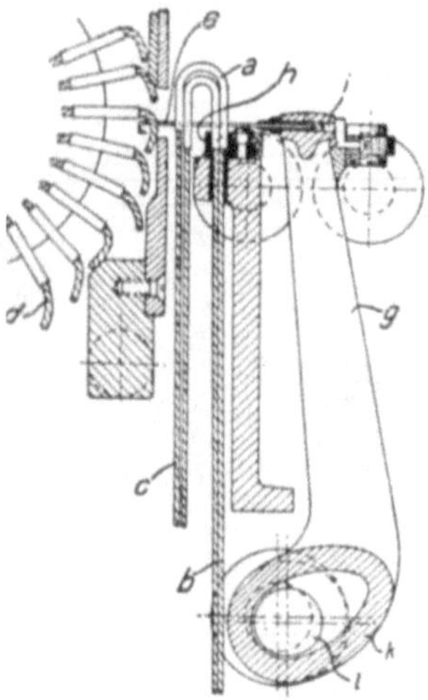

1	Knüpfvorrichtung (f) knotting device прибор (мр) для вязки		dispositif (m) de nouage dispositivo (m) per annodare dispositivo (m) de anudado
2	gekrümmtes Röhrchen (n) bent tube изогнутая трубочка (жр)	a	tube (m) courbé tubo (m) curvo tubo (m) curvado
3	absteigende Kette (f) descending warp нисходящая *или* спускающаяся основа (жр)	b	chaîne (f) descendante catena (f) discendente urdimbre (f) descendente
4	aufsteigende Kette (f) ascending warp восходящая основа (жр)	c	chaîne (f) montante catena (f) ascendente urdimbre (f) ascendente
5	Florfaden (m) pile thread гарнитурная нить (жр)	d	fil (m) de poil filo (m) di pelo hilo (m) de pelo
6	Hakennadel (f) hook needle крючкообразная игла (жр)	e	aiguille (f) à crochet ago (m) ad uncino aguja (f) de gancho
7	Abschneidmesser (n) cutter обрезной нож (мр)	g	tranche-fil (m) tagliatore (m) tijera (f)
8	Rohrträger (m) tube carrier очко (ср) *или* державка (жр) для трубочки	h	support (m) du tube sopporto (m) del tubo porta-tubo (m)
9	drehbare Hülse (f) revolving bush поворачивающаяся втулка (жр)	i	tube (m) tournant tubo (m) girevole tubo (m) giratorio
10	hohler Träger (m) hollow arm полая балочка (жр)	k	support (m) creux sopporto (m) cavo soporte (m) vacío
11	Drehzapfenachse (f) pivot centre ось (жр) вращающегося шипа	l	axe (m) du pivot asse (m) del perno eje (m) de la espiga

Herstellung (f) des Knotens making the knot образование (ср) узелка		serrage (m) du nœud produzione (f) del nodo producción (f) del nudo	12
Knüpfgarn (n) yarn for the knots пряжа (жр) для вязки		fil (m) pour les nœuds filo (m) per i nodi hilo (m) para los nudos	13
Schlingung (f) der Florfäden twisting of the pile threads захлестывание (ср) гарнитурных нитей		liage (m) des fils de poil legamento (m) dei fili di pelo ligadura (f) de los hilos de pelo	14
Knotenquerreihe (f) cross row of knots поперечный ряд (мр) узелков		rangée (f) transversale de nœuds fila (f) trasversale di nodi línea (f) transversal de nudos	15
Fadenpaar (n) pair of threads пара (жр) нитей		paire (f) de fils paio (m) di fili par (m) de hilos	16

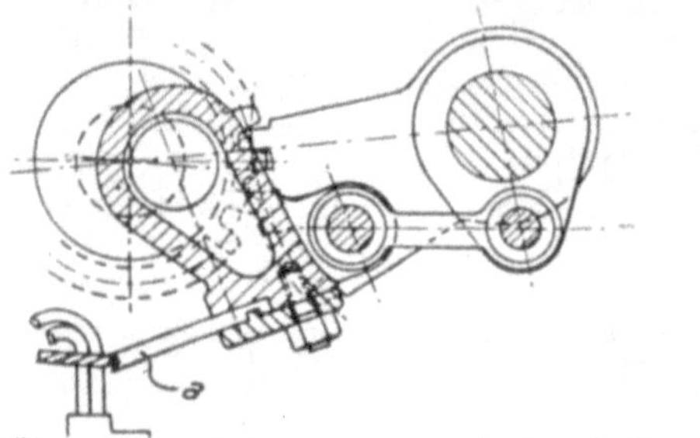

Überschieber (m) pile loop pusher заводчик (мр) [нити] узловязателя	a	poussoir (m) de la boucle spingitore (m) del riccio di pelo pulsador (m) del bucle	17

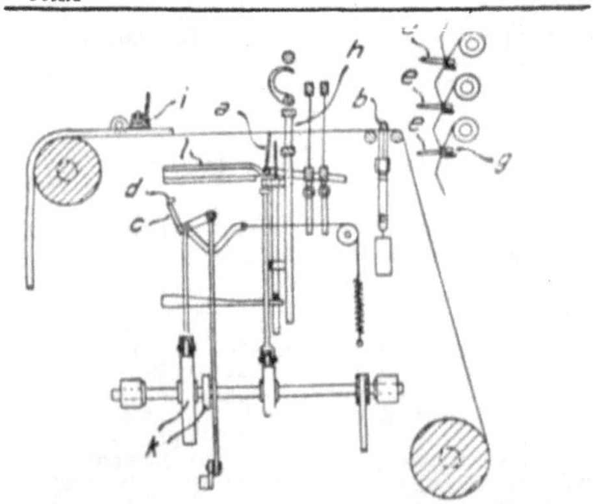

mechanischer Smyrnateppichwebstuhl (m) von Crossley Crossley's Turkish carpet power loom механический ткацкий станок (мр) Кросслея для выработки смирнских ковров		métier (m) mécanique pour tapis de Smyrne, système Crossley telaio (m) meccanico per tappeto di Smirne di Crossley telar (m) mecánico para tapiz de Smirna, sistema Crossley	18

1	Teilkamm (m) separator делительная гребенка (жр)	*a*	peigne (m) répartiteur pettine (m) separatore peine (m) separador
2	loser Spannstab (m) loose tension rod свободно-лежащий натяжной прут (мр)	*b*	tige (f) de tension folle asta (f) di tensione libera varilla (f) de tensión compensadora
3	Gabelkamm (m) fork comb вилкообразный гребень (мр)	*c*	peigne (m) à fourchettes pettine (m) a forchette peine (m) con horquillas
4	Lappen (m) catch, hook язычек (мр), загиб (мр)	*d*	crochet (m) gancio (m) gancho (m)
5	Knüpfröhrchen (n) knotting tube [узло]вязальная трубочка (жр)	*e*	tube (m) de nouage tubo (m) d'annodamento tubo (m) de anudamiento
6	Klemmschiene (f), Klemmzange (f) gripper зажимная рейка (жр), зажим (мр)	*g*	pince (f) morsetta (f) mordaza (f)
7	Lade (f) slay батан (мр)	*h*	battant (m) battente (m) batán (m)
8	Florregelzange (f) pile adjusting nippers выпускные щипцы (мр) для гарнитура	*i*	pince (f) de réglage de la hauteur du poil pinza (f) regolatrice del pelo pinza (f) reguladora de la altura del pelo
9	Hubscheibe (f) cam под'емная пластина (жр)	*k*	excentrique (m) eccentrico (m) excéntrico (m)
10	schiefe Ebene (f) inclined plane наклонная плоскость (жр)	*l*	plan (m) incliné piano (m) inclinato plano (m) inclinado
11	die Fäden (mpl) in Gruppen teilen to divide the threads into groups разделять нити (жр) на группы		diviser les fils (mpl) en groupes dividere i fili in gruppi dividir los hilos en grupos

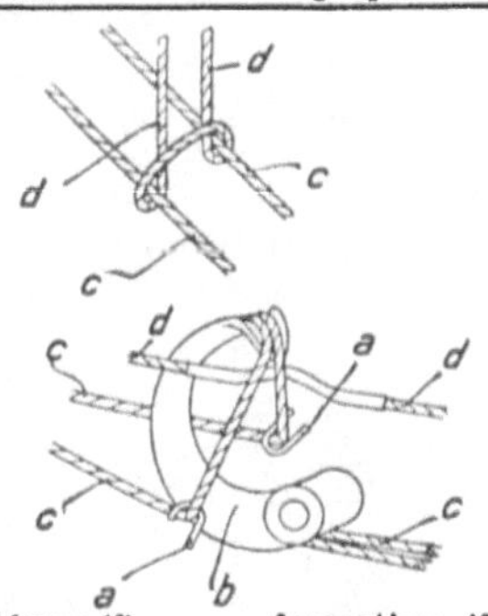

12	Knotenbildung (f), Knotenherstellung (f) forming the knots образование (ср) узла, узловязание (ср)		formation (f) des nœuds formazione (f) dei nodi formación (f) de los nudos

Haken (m) hook крючок (мр)	*a*	crochet (m) uncino (m) gancho (m)	13
Fadenwender (m) thread turning lever заворотчик (мр) нитей	*b*	levier (m) pour tourner le fil leva (f) per voltare il filo palanca (f) para voltear el hilo	14
Grundkettenfaden (m) ground warp thread нить (жр) грунтовой основы	*c*	fil (m) de la chaîne de fond filo (m) della catena di fondo hilo (m) de la urdimbre de fondo	15
Knüpffaden (m) tie thread привязная *или* подвязная нить (жр)	*d*	fil (m) à nouer filo (m) da annodare hilo (m) para anudar	16
die Kettfäden (mpl) bilden eine Schleife the warp threads form a loop основные нити (жр) образуют петлю		les fils (mpl) de chaîne forment une boucle i fili di catena formano un'occhiello los hilos de urdimbre forman un bucle	17
Röhrchenwebstuhl (m) für Teppiche tube loom for carpets пруточный *или* трубочный ковровый ткацкий станок (мр)		métier (m) à tubes pour tapis telaio (m) a tubi per tappeti telar (m) de tubos para tapiz	18
Stehkette (f) stationary warp грунтовая основа (жр)		chaîne (f) fixe, chaîne des fils droits catena (f) fissa urdimbre (f) fija	19
die Stehkette nimmt nicht an der Fachbildung teil the stationary warp does not form a shed грунтовая основа (жр) не принимает участия в образовании зева		la chaîne fixe ne concourt pas à la formation du pas la catena fissa non concorre alla formazione del passo la urdimbre fija no interviene en la formación de la calada	20
fachbildende Kette (f) shedding warp образующая зев основа (жр)		chaîne (f) formant le pas catena (f) per formare il passo urdimbre (f) produciendo la calada	21
Doppelfach (n) double shed двойной зев (мр)		pas (m) double passo (m) doppio calada (f) doble	22
Lade (f) ohne Schützenbahn slay without a shuttle race батан (мр) без направляющей для челнока		battant (m) sans semelle pour navette battente (m) senza guida per navetta batán (m) sin zócalo para lanzadera	23
Greifer (m) zum Eintragen des Schusses weft inserting hook ухватик (мр) для введения утка		crochet (m) pour insérer la trame uncino (m) per inserire la trama gancho (m) para insertar la trama	24
Finger (m) finger палец (мр)		doigt (m) dito (m) dedo (m)	25
Florfadenspule (f) pile thread bobbin шпуля (жр) гарнитурной нити		bobine (f) de fil de poil bobina (f) di filo di pelo bobina (f) de hilo de pelo	26

1	Spulenförderkette (f) bobbin carrier chain цепь (жр), подающая шпули	chaîne (f) transportant les bobines catena (f) porta-bobine cadena (f) llevando las bobinas
2	Kettenglied (n) link звено (ср) цепи	chaînon (m) maglia (f) della catena eslabón (m)
3	die Kette bewegt sich schrittweise vorwärts the chain advances bit by bit цепь (жр) движется шаг за шагом вперед	la chaîne avance pas à pas la catena avanza passo a passo la cadena avanza paso a paso
4	Sternrad (n) ratchet wheel звездообразное колесо (ср)	roue (f) à rochet ruota (f) d'arresto rueda (f) de estrella
5	Röhrchen (n), Tülle (f) tube, nozzle пруток (мр), трубка (жр)	tube (m) tubo (m) tubo (m)
6	Röhrchenträger (m) tube carrier опора (жр) прутков	porteur (m) du tube porta-tubo (m) porta-tubo (m)
7	die Florfäden (mpl) ragen aus den Röhrchen heraus the pile threads project from the tubes гарнитурные нити (жр) выступают *или* торчат из прутков	les fils (mpl) de poil sortent des tubes i fili di pelo sporgono dai tubi los hilos de pelo salen de los tubos
8	die Spulen (fpl) liegen aushebbar in den Förderketten the bobbins can be lifted out of the carrier chains шпули (жр) уложены в подающих цепях с возможностью их вынимания	les bobines (fpl) peuvent s'enlever des chaînes porteuses le bobine si possono alzare dalle catene che le portano las bobinas se pueden separar de las cadenas portadoras
9	Spulenförderhebel (m) bobbin lifter рычаг (мр), подающий шпули	levier (m) de lève des bobines leva (f) d'alzata delle bobine palanca (f) de alza de las bobinas
10	Horizontalbewegung (f) der Förderhebel horizontal movement of the lifting levers горизонтальное движение (ср) подающих рычагов	mouvement (m) horizontal des leviers de lève movimento (m) orizzontale delle leve d'alzata movimiento (m) horizontal de las palancas de alza
11	vertikale Schwungbewegung (f) der Förderhebel vertical swing movement of the lifting levers вертикальное качательное движение (ср) подающих рычагов	mouvement (m) d'oscillation vertical des leviers de lève movimento (m) d'oscillazione verticale delle leve d'alzata movimiento (m) de oscilación vertical de las palancas de alza
12	Schloß (n) lock замок (мр), запор (мр)	loquet (m) nottolino (m) picaporte (m)
13	schräg gestellte Röhrchen (npl) tubes arranged obliquely косо установленные прутки (мр)	tubes (mpl) disposés obliquement tubi (mpl) disposti obliquamente tubos (mpl) dispuestos oblicuamente
14	die Schiffchen (npl) fangen die Schußfadenschleife ab the shuttles catch the loops of weft челночки (мр) улавливают петлю уточины	les navettes (fpl) saisissent les boucles de trame le navette prendono i ricci della trama las lanzaderas cogen los bucles de trama
15	Bogenschiffchen (n) curved shuttle дуговой челночек (мр)	navette (f) arquée navetta (f) curva lanzadera (f) arqueada
16	Kamm (m) comb гребень (мр)	peigne (m) pettine (m) peine (f)
17	der Kamm streicht die Florfäden nach oben the comb draws the pile threads upwards гребень (мр) отчесывает гарнитурные нити кверху	le peigne dresse les fils de poil vers le haut il pettine rialza i fili di pelo el peine endereza los hilos de pelo
18	Schere (f) für das Abschneiden des Florfadens pile thread cutters ножницы (жр) для обрезания гарнитурной нити	couteau (m) pour couper le fil de poil coltello (m) per tagliare il filo di pelo cuchillo (m) para cortar el hilo de pelo
19	die Florschleifen (fpl) festschlagen to beat up the pile loops прибивать гарнитурные петли (жр)	battre les boucles de poil battere i ricci di pelo batir los bucles de pelo
20	Axminsterteppichwebstuhl Axminster carpet loom ткацкий станок (мр) для выработки аксминстерских ковров	métier (m) pour tapis d'Axminster telaio (m) per tappeti di Axminster telar (m) para tapiz de Axminster
21	Vorware (f) preparatory material грунтовая ткань (жр) под шениль	matière (f) de préparation, tissu (m) chenille materiale (m) di preparazione material (m) de preparación

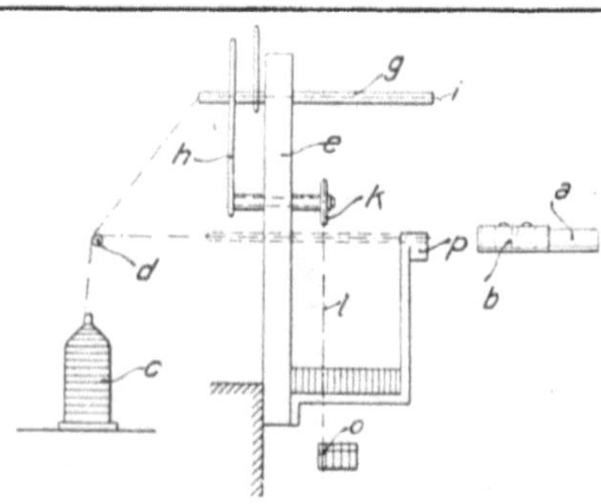

22	Webstuhl (m) für Chenille chenille loom ткацкий станок (мр) для изготовления шенили	métier (m) à chenille telaio (m) a ciniglia telar (m) para chenilla

1	Eintragzange (f) weft tongs заводные щипцы (мр)	a	pincettes (fpl) d'insertion pinze (fpl) d'inserzione tenacillas (fpl) de inserción
2	Zangenmaul (n) mouth of tongs ухватик (мр) *или* зажим (мр) щипцов	b	bec (m) de pincettes becco (m) delle pinze pico (m) de las tenacillas
3	Schußspule (f) weft bobbin уточная шпуля (жр)	c	bobine (f) de trame bobina (f) di trama bobina (f) de trama
4	Spannvorrichtung (f) tension device натяжное приспособление (ср)	d	dispositif (m) de tension dispositivo (m) di tensione dispositivo (m) de tensión
5	Ring (m) mit Bolzen ring with stud кольцо (ср) с шпинделем	e	anneau (m) avec cheville anello (m) con caviglia anillo (m) con perno
6	Röhrchen (n) tube трубочка (жр), пруток (мр)	g	tube (m) tubetto (m) tubo (m)
7	Winkelbogen (m) aus Bandeisen arched strap iron угловая дужка (жр) обручнога железа	h	arc (m) angulaire en fer feuillard arco (m) angolare in ferro a nastro orco (m) angular de llanta de hierro
8	in Röhrchen (npl) eingezogene Schußfäden (mpl) weft threads drawn through tubes продетые в трубочки уточины (жр)	i	fils (mpl) de trame enfilés dans des tubes fili (mpl) di trama infilati nei tubetti hilos (mpl) de trama enhebrados en los tubos
9	Sektor (m) sector сектор (мр)	k	secteur (m) settore (m) sector (m)
10	Darmsaite (f) gut band кишечная струна (жр)	l	corde (f) de boyau corda (f) di budella, minugia (f) cuerda (f) de tripa
11	Winkelhebel (m) bell crank lever коленчатый рычаг (мр)	o	levier (m) coudé leva (f) angolare palanca (f) acodada
12	Anschlag (m) catch упорка (жр)	p	arrêt (m) arresto (m) freno (m)
13	Kettfäden (mpl) in Gruppen warp threads in groups основные нити (жр), расположенные группами		fils (mpl) de chaîne en groupes fili (mpl) di catena in gruppi hilos (mpl) de urdimbre en grupos
14	gazeartig abgebundene Kette (f) warp with gauze weave основа (жр), перевязанная на подобие газа		chaîne (f) à point de gaze catena (f) ad armatura di garza urdimbre (f) con punto de gasa
15	Chenilleschuß (m) chenille weft шенильный уток (мр)		duite (f) de chenille trama (f) di ciniglia pasada (f) de chenilla
16	die Farbe wechseln to change the colour изменять цвет (мр)		changer la couleur cambiare il colore cambiar el color

Schußfarbenwechsel (m) change of colour in the weft смена (жр) цвета утка	changement (m) de couleur dans la trame cambiamento (m) di colore nella trama cambio (m) de color en la trama	17
die Zange faßt das Ende des Schußfadens the tongs seize the end of the weft щипцы (мр) ухватывают конец уточины	les pincettes (fpl) saisissent le bout de trame le pinze prendono l'estremità della trama las tenacillas cogen el cabo de trama	18
das Zangenmaul öffnet sich the mouth of tongs opens зажим (мр) щипцов разжимается	le bec des pincettes s'ouvre il becco delle pinze s'apre el pico de las tenacillas se abre	19
das Zangenmaul schließt sich the mouth of tongs closes зажим (мр) щипцов зажимается	le bec des pincettes se ferme il becco delle pinze si chiude el pico de las tenacillas se cierra	20
innerer Umfang (m) des Ringes inner circumference of the ring внутренняя окружность (жр) кольца	circonférence (f) intérieure de l'anneau circonferenza (f) interiore dell'anello circunferencia (f) interior del anillo	21
Bolzen (mpl) von zunehmender Länge studs *or* pins of increasing length шпиндели (мр) возрастающей длины	chevilles (fpl) de longueur croissante caviglie (fpl) di lunghezza crescente pernos (mpl) de longitud creciente	22
Schußfadenzuführvorrichtung (f) weft feeding motion приспособление (ср) для подачи уточины	dispositif (m) d'alimentation de trame dispositivo (m) del guida-trama dispositivo (m) guia-trama	23
Schußabschneidvorrichtung (f) weft cutting motion приспособление (ср) для обрезания утка	mécanisme (m) de coupage de la trame meccanismo (m) taglia-trama mecanismo (m) de corte de la trama	24
 Schützen (m) für Chenilleweberei shuttle for chenille loom	челнок (мр) для тканья шенили navette (f) pour métier à chenille navetta (f) per telaio a ciniglia lanzadera (f) para telar de chenilla	25
Arbeitsdauer (f) des Schützens duration of working of the shuttle продолжительность (жр) работы челнока	durée (f) de travail de la navette durata (f) del lavoro della navetta duración (f) del trabajo de la lanzadera	26
Auswerfen (n) der verbrauchten Schützen ejection of the spent shuttles выкидывание (ср) сработанных челноков	éjection (f) des navettes épuisées scaricamento (m) delle navette esaurite evacuación (f) de las lanzaderas vacías	27
mit Ablegern arbeiten to work with extra shuttles работать с добавочными *или* вспомогательными челноками	travailler avec des navettes supplémentaires lavorare con navette supplementari trabajar con lanzaderas suplementarias	28

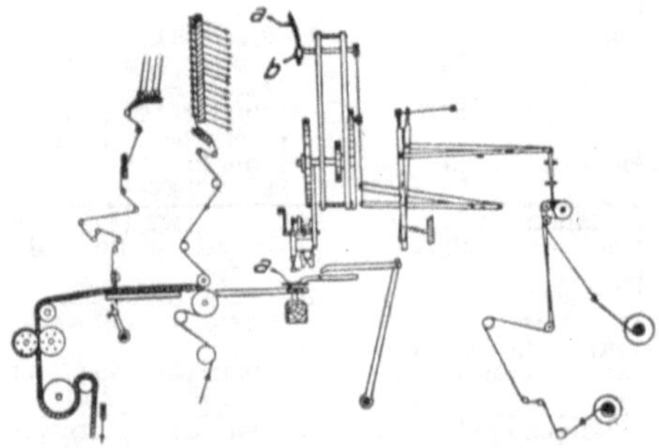

1	Maschine (f) zur Herstellung genähter Florbänder machine for sewn chenille машина (жр) для производства шитых гарнитурных лент		machine (f) pour la fabrication de chenille cousue macchina (f) per la fabbricazione di ciniglia cucita máquina (f) para la fabricación de chenilla cosida
2	Florfaden (m), Polfaden (m) pile thread гарнитурная *или* ворсовая нить (жр)	a	fil (m) de poil filo (m) di pelo hilo (m) de pelo
3	Polfadenführungsröhrchen (n) pile thread guide tube направляющая трубочка (жр) для ворсовой нити	b	tube (m) pour guider le fil de poil tubetto (m) per guidare il filo di pelo tubo (m) para guiar el hilo de pelo
4	Bindfaden (m), Deckfaden (m) binding thread вязка (жр)		fil (m) de liage *ou* de couverture filo (m) di legamento hilo (m) de ligadura
5	Führungswalzen (fpl), Leitwalzen (fpl) guide rollers направляющие ролики (жр)		cylindres-guides (mpl) cilindri (mpl) di guida cilindros-guías (mpl)
6	tangential gestelltes Röhrchen (n) tube placed tangentially по касательной установленная трубочка (жр)		tube (m) placé tangentiellement tubetto (m) messo tangenzialmente tubo (m) colocado tangencialmente
7	radial gestelltes Röhrchen (n) tube placed radially радиально *или* по радиусу установленная трубочка (жр)		tube (m) placé radialement tubetto (m) messo radialmente tubo (m) colocado radialmente
8	freies Polfadenende (n) free end of the pile thread свободный конец (мр) ворсовой нити		extrémité (f) libre du fil de poil estremità (f) libera del filo di pelo extremidad (f) libre del hilo de pelo
9	kreisende Zange (f) revolving tongs движущиеся по окружности щипцы (мр)		pincettes (fpl) tournantes pinze (fpl) girevoli tenacillas (fpl) giratorias
10	Hilfszange (f) auxiliary tongs вспомогательные щипцы (мр)		pincettes (fpl) auxiliaires pinze (fpl) ausiliarie tenacillas (fpl) auxiliares

Klappe (f) flap клапан (мр), крышка (жр)	clapet (m) battente (m) tapa (f)	11
Rost (m) grid решетка (жр)	grille (f) griglia (f) rejilla (f)	12
Taster (m) feeler щупальце (ср)	tâteur (m) tastatore (m) pulsador (m)	13
Vorschieber (m) feeder подводчик (мр)	mécanisme (m) alimentaire meccanismo (m) alimentatore mecanismo (m) alimentario, suministrador (m)	14
Nähnadel (f) sewing needle швейная игла (жр)	aiguille (f) à coudre ago (m) da cucire aguja (f) de coser	15
Nähfaden (m) sewing thread швейная нить (жр)	fil (m) à coudre filo (m) da cucire hilo (m) de coser	16
schwingender Greifer (m) vibrating catcher качающийся ухватик (мр)	crochet (m) oscillant afferratore (m) oscillante gancho (m) oscilante	17
Kettenstich (m) chain stitch цепной стежок (мр)	point (m) de chaînette punto (m) a catena punto (m) de cadeneta	18
Vorware (f) preparatory material грунт (мр) *или* грунтовая ткань (жр) под шениль	matière (f) de préparation materiale (m) di preparazione material (m) de preparación	19
Führungstisch (m) guide table направляющий стол (мр)	table-guide (f) tavola (f) di guida tabla-guía (f)	20
Warenregler (m), [Warenregulator (m)] cloth regulator регулятор (мр) подачи товара	régulateur (m) du tissu regolatore (m) del tessuto regulador (m) del tejido	21
Schneidvorrichtung (f) cutting motion приспособление (ср) для резки	mécanisme (m) de coupage meccanismo (m) per tagliare mecanismo (m) de corte	22
Scheibenmesser (m) disc knife дисковый *или* циркулярный нож (мр), режущий диск (мр)	couteau (m) à disque coltello (m) a disco cuchillo (m) en forma de disco	23
Jacquardmaschine (f) Jacquard machine Жаккардовая машина (жр)	mécanique (f) Jacquard meccanismo (m) Jacquard máquina (f) Jacquard	24
Musterkarte (f) pattern card узорная карта (жр)	carton (m) de dessin cartone (m) per il disegno cartón (m) de dibujo	25
Nadel (f) needle игла (жр)	aiguille (f) ago (m) aguja (f)	26
Platine (f) hook крючок (мр), пластина (жр)	crochet (m) uncino (m) gancho (m)	27

No.			
1	Platinenhaken (m) hook end загиб (мр) крючка		bec (m) du crochet becco (m) dell'uncino pico (m) *o* nariz (m) del gancho
2	Platinenstange (f) straight part of the hook стержень (мр) крючка		partie (f) droite du crochet parte (f) diritta dell'uncino parte (f) recta del gancho
3	Schnurenrolle (f) grooved pulley шнурочный блок (мр)		poulie (f) à gorge puleggia (f) a gola polea (f) de garganta
4	Repetiervorrichtung (f) repeating mechanism повторное приспособление (ср)		mécanisme (m) de répétition meccanismo (m) di ripetizione mecanismo (m) de repetición
5	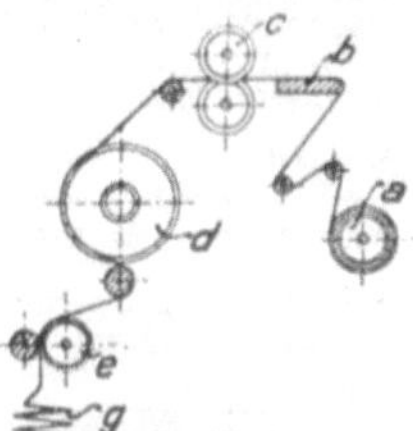		Chenilleschneidmaschine (f) chenille cutting machine машина (жр) для резки шенили machine (f) à couper la chenille macchina (f) per tagliare la ciniglia máquina (f) para cortar la chenilla
6	Chenillevorwarenbaum (m) chenille cloth beam навой (мр) для шенильной грунтовой ткани	*a*	ensouple (f) du tissu chenille subbio (m) del tessuto ciniglia plegador (m) del tejido de chenilla
7	mit Nuten versehener Tisch (m) grooved table стол (мр) с канавками	*b*	tablette (f) à rainures tavoletta (f) a scanalature tabla (f) ranurada
8	Kreismesser (n), Scheibenmesser (n) circular knife циркулярный нож (мр)	*c*	couteau (m) circulaire coltello (m) circolare cuchillo (m) circular
9	geheizte Nutenwalze (f) heated grooved roller нагретый пазовый ролик (мр)	*d*	cylindre (m) cannelé chauffé cilindro (m) scanalato riscaldato tambor (m) *o* cilindro (m) acanalado calentado
10	Walzenbürste (f) roller brush круглая щетка (жр)	*e*	brosse (f) circulaire spazzola (f) circolare cepillo (m) circular
11	geschnittene Chenille (f) cut chenille резаная шениль (жр)	*g*	chenille (f) découpée ciniglia (f) tagliata chenilla (f) cortada
12	Zerschneiden (n) der Chenillevorware cutting of the chenille cloth разрезание шенильной грунтовой ткани		coupage (m) du tissu chenille tagliatura (f) del tessuto ciniglia corte (m) del tejido de chenilla
13	durchschnittene Schußfäden (mpl) cut weft threads разрезанные уточины (жр)		fils (mpl) de trame coupés fili (mpl) di trama tagliati hilos (mpl) de trama cortados

Dämpfen (n) geschnittener Chenille steaming of cut chenille запаривание (ср) резаной шенили		vaporisage (m) de la chenille découpée vaporisaggio (m) della ciniglia tagliata vaporizado (m) de la chenilla cortada	14

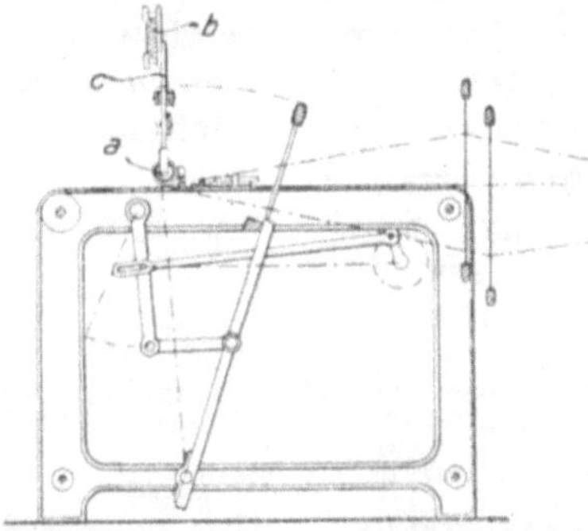

Webstuhl (m) für Axminsterware Axminster carpet loom ткацкий станок (мр) для аксминстерского товара		métier (m) pour tapis-chenille *ou* pour tapis d'Axminster telaio (m) per tappeti Axminster telar (m) para tapiz chenilla *o* de Axminster	15
Bürste (f) zum Floraufrichten brush for raising the pile щетка (жр) для подымания ворса	*a*	brosse (f) pour relevage du poil spazzola (f) per alzare il pelo cepillo (m) para enderezar el pelo	16
Laufkatze (f) traveller каретка (жр), тележка (жр)	*b*	chariot (m) carrello (m) carro (m)	17
Laufbahn (f) race направляющий брус (мр)	*c*	glissière (f) scorritoio (m) colisa (f)	18
den Flor aufrichten to raise the pile подымать ворс (мр)		relever le poil alzare *o* raddrizzare il pelo enderezar el pelo	19

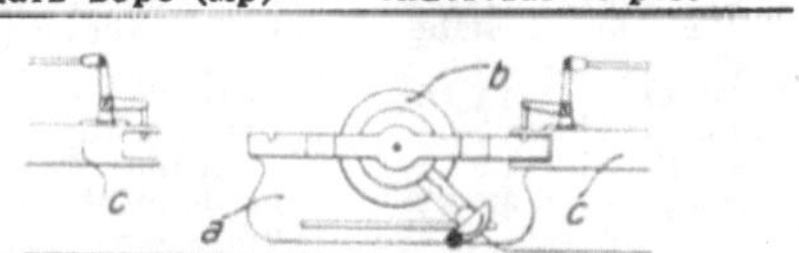

Schützen (m) für Axminsterwebstühle shuttle for Axminster carpet loom челнок (мр) для станков, вырабатывающих аксминстерские товары	*a*	navette (f) pour métier d'Axminster navetta (f) per telaio Axminster lanzadera (f) para telar de Axminster	20
Rollspule (f) revolving bobbin шпульный ролик (мр)	*b*	bobine (f) tournante bobina (f) girevole bobina (f) giratoria	21
Schützenführung (f) shuttle guide направляющая (жр) для челнока	*c*	guide-navette (m) guida-navetta (f) guía-lanzadera (f)	22

X.

1	**Webstuhl** (m) **für lanzierte Waren** **Loom for Embroidered Goods** **Ткацкий станок** (мр) **для выработки прокидных товаров**	**Métier** (m) **pour brochés-poils traînants** **Telaio**(m) **per lancés** *o* **per stoffe lanciate** **Telar** (m) **para espolinados**
2	überschossenes *oder* lanziertes Gewebe (n) embroidered fabric прокидная ткань (жр)	tissu (m) broché-poils traînants, tissu lancé tessuto (m) lancé *o* lanciato tejido (m) espolinado
3	Lanzierung (f) embroidering with extra weft прокидка (жр)	brochage (m) à poils traînants ornamentazione (f) a trama lanciata espolinado (m)
4	lanziertes Muster (n) embroidered pattern накидной узор (мр), прокидной рисунок (мр)	dessin (m) au lancé disegno (m) a trama lanciata dibujo (m) de espolinado
5	Lanzierschuß (m) embroidery weft накидной *или* подкидной уток (мр)	trame (f) de broché trama (f) lanciata trama (f) de espolinado
6	Figurschuß (m) figuring weft узорный уток (мр)	trame (f) de dessin trama (f) della figura trama (f) de dibujo
7	der Lanzierschuß ist nur in der Figur sichtbar the embroidery weft is only visible in the figure прокидной уток (мр) видим лишь в узоре	la duite de broché n'est visible que sur le dessin la trama lanciata è solo visibile nel figurato la pasada de espolinado no se vé más que en el dibujo
8	die Schüsse (mpl) flotten auf der Geweberückseite the picks float on the back of the fabric уточины (жр) лежат свободно на изнанке ткани	les duites (fpl) flottent sur l'envers du tissu le trame sono libere sulla parte posteriore del tessuto las pasadas flotan sobre el envés del tejido
9	die flottenden Fäden (mpl) abschneiden to cut away the floating threads отрезать подкидные нити (жр)	couper les flottés ritagliare i fili liberi *o* sciolti cortar las bastas
10	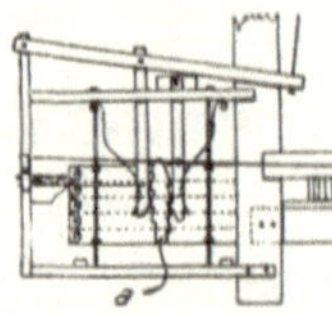	Lanzierlade (f), Wechsellade (f) drop box lathe прокидной батан (мр) battant (m) à plusieurs boîtes battente (m) a più casse batán (m) con varias cajas
11	Zahnstange (f) rack зубчатая рейка (жр) *a*	crémaillère (f) cremagliera (f) cremallera (f)

XI.

Webstuhl (m) **für broschierte Waren, Broschierstuhl** (m) **Loom for Broché Goods** *or* **Figured Goods** **Вышивной ткацкий станок** (мр)	**Métier** (m) **pour articles brochés** **Telaio** (m) **per broccati** **Telar** (m) **para artículos brocados**	12
broschiertes Gewebe (n) broché fabric, figured fabric вышитая ткань (жр)	tissu (m) broché, broché (m) broccato (m) brocado (m)	13
schußbroschiertes Gewebe (n) weft figured fabric ткань (жр), вышитая утком	broché (m) par trame broccato (m) per trama brocado (m) por trama	14
Plattstichgewebe (n) fabric with flat stitch embroidery плоско-вышитая ткань (жр)	tissu (m) à point brodé plat tessuto (m) con ricamo a punto piatto tejido (m) de punto bordado plano	15
Weben (n) in Brosché swivel weaving тканье (ср) с вышивкой	tissage (m) au broché tessitura (f) a broccato tisaje (m) de brocado	16
Broschieren (n), Broschierung (f) figuring вышивка (жр), броширование (ср)	brochage (m) lavoro (m) dei broccati, broccatura (f) bordado (m)	17
Broschierstelle (f) figuring position место (ср) вышивки	espace (m) à brocher spazio (m) per il brocco espacio (m) a bordar	18
Schußbroschierung (f) figuring with weft вышивка (жр) утком	brochage (m) par trame effetto (m) di broccato per trama brocado (m) por trama	19
Broschierschuß (m) broché weft вышивной уток (мр)	trame (f) de broché, fil (m) brocheur trama (f) di broccato *o* per la figura trama (f) de brocado	20
der Broschierschuß geht innerhalb der Figur hin und her the broché weft passes to and fro in the figure only вышивной уток (мр) проходит по узору взад и вперед	la trame de broché va et vient pour former seulement le dessin la trama del broccato va e viene per formare soltanto il disegno la trama de brocado va y viene para formar solo el dibujo	21
in mehreren Farben broschieren to embroider in several colours вышивать в несколько цветов	brocher en plusieurs couleurs broccare inpiù colori bordar *o* brocar a varios colores	22

1	die rechte Warenseite ist nach unten gekehrt the face of the cloth is underneath лицевая сторона (жр) ткани поворочена вниз	la face d'endroit du tissu se trouve en-dessous il diritto del tessuto è al di sotto la haz del tejido se halla debajo
2	Broschierteilung (f) pitch of figuring распределение (ср) *или* деление (ср) вышивки	écartement (m) des brochés scartamento (m) dei brocchi espaciamiento (m) *o* esparcimiento (m) de los bordados
3	Broschierteilung (f) in der Länge pitch of figuring in the length продольное деление (ср) вышивки	écartement (m) des brochés dans la longueur *ou* en hauteur scartamento (m) dei brocchi nella lunghezza esparcimiento (m) de los bordados a lo largo
4	Broschierteilung (f) in der Breite pitch of figuring in the width поперечное деление (ср) вышивки	écartement (m) des brochés dans la largeur scartamento (m) dei brocchi nella larghezza esparcimiento (m) de los bordados a lo ancho
5	Broschieren (n) von Hand figuring by hand вышивание (ср) *или* брошировавие (ср) вручную	brochage (m) à la main broccatura (f) a mano brocado (m) a mano
6	mechanische Broschierung (f) mechanical figuring вышивание (ср) механическим способом	brochage (m) mécanique broccatura (f) meccanica brocado (m) mecánico
7	mechanische Broschierung (f) auf dem Handstuhl mechanical figuring on the hand loom вышивание (ср) механическим способом на ручном станке	brochage (m) mécanique sur métier à la main broccatura (f) meccanica su telaio a mano brocado (m) mecánico en telar de mano
8	Broschierung (f) auf dem mechanischen Webstuhl figuring on the power loom вышивание (ср) на механическом ткацком станке	brochage (m) sur métier à tisser mécanique broccatura (f) sopra telaio meccanico brocado (m) en telar mecánico
9	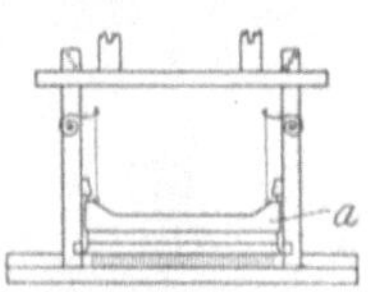	Broschierlade (f) swivel embroidery slay вышивной батан (мр), вышивной вершник (мр) батана battant (m) brocheur battente (m) da broccato batán (m) de brocado
10	versenkbarer Teil (m) der Lade dropping part of the lathe опускающийся (-аяся) вершник (мр) *или* часть (жр) батана a	plongeoir (m) parte (f) spostabile del battente marco (m) deslizante del batán

11	die Lade wird in das Fach eingetaucht the lathe enters the shed батан (мр) погружается в зев	le plongeoir est baissé dans le pas il battente discende nel passo la marco deslizante se introduce en la calada
12	Hebung (f) der Lade raising the lathe поднимание (ср) батана	levée (f) du plongeoir alzata (m) del battente subida (f) del marco deslizante
13	seitliche Verschiebung (f) der Broschierlade, Broschierladenversatz (m) side movement of the swivel embroidery slay боковой (-ое) сдвиг (мр) *или* передвижение (ср) вышивного батана	mouvement (m) latéral du battant brocheur spostamento (m) laterale del battente da broccato movimiento (m) lateral del batán de brocado
14	der Schützenbehälter verschiebt sich wagrecht the change box slides horizontally приемник (мр) для челноков передвигается в горизонтальном направлении	la boîte à changement glisse horizontalement la cassa a navette si sposta orizzontalmente la caja de cambio resbala horizontalmente
15	Schützenwechselkasten (m) mit *x* Fächern nebeneinander change box with *x* compartments side by side коробка (жр) для смены челноков об *x* рядом расположенных гнездах	boîte (f) à changement avec *x* compartiments côte à côte cassa (f) a più navette con *x* scompartimenti uno accanto all'altro caja (f) de cambio con *x* compartimientos uno al lado de otro
16	Schiebelade (f), Sägelade (f) swivel slay батан (мр) с передвижным *или* скользящим вершником	battant (m) à changement horizontal des boîtes battente (m) con scambio orizzontale delle casse batán (m) con cambio horizontal de cajas

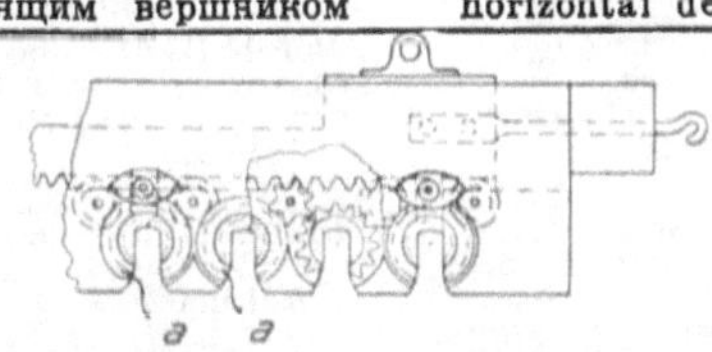

17	Kreislade (f), Ringellade (f) circular swivel slay батан (мр) с кольцевым вершником	battant (m) à cercles battente (m) a cerchi batán (m) *o* armazón (m) con espolines circulares
18	hufeisenförmiger Radkranz (m) horseshoe wheel path кольцевой сегмент (мр) a	anneau (m) en fer à cheval anello (m) a ferro di cavallo espolín (m) en forma de herradura
19	Broschierladendeckel (m) embroidery lathe top *or* cap крышка (жр) вышивного батана	chapeau (m) du battant brocheur coperchio (m) del battente da broccato cubierta (f) del armazón

1 Grundplatte (f), Ladenschiene (f)
race slay
основной брус (мр) верщника батана
semelle (f) du battant
traverso (m) del battente
pista (f) del batán

2 Träger (m) für die Broschierschützen, Broschierschützenträger (m)
carrier for the swivel shuttle
держатель (мр) для вышивных челноков, челнокодержатель (мр)
support (m) des espolins
sopporto (m) per la navetta a broccato
porta-espolines (m)

3 Schützenschieber (m)
shuttle driver
толкач (мр) челнока, движущая челноки рейка (жр)
manette (f) donnant impulsion aux espolins
spingi-navetta (m), apparecchio (m) di cacciata
impulsor (m) de lanzadera

4 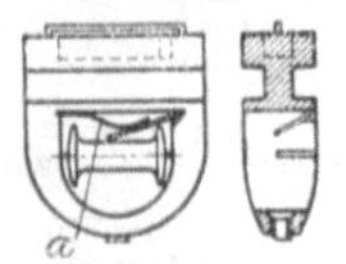

Broschierschützen (m)
shuttle for weaving broché goods, swivel shuttle, spotting *or* figuring shuttle
вышивной челнок (мр)
espolin (m)
navetta (f) a broccato
espolín (m)

5 Spulenbremsfeder (f)
spring brake for bobbin — a
пружинка (жр) для торможения бобинки
ressort (m) de bobine formant frein
molla (f) del freno per la bobina
resorte (m) de freno de la bobina

6 die Feder an die Spule drücken
to press the spring on the spool
прижимать пружинку (жр) к бобинке
presser le ressort sur la bobine
premere la molla sulla bobina
apretar el resorte sobre la bobina *o* el carrete

7 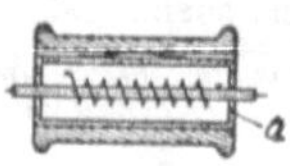

Broschierschußspule (f)
spool for swivel shuttle
бобинка (жр) для вышивного утка
bobine (f) de brochage
bobina (f) a broccato
carrete (m) de brocado

8 Spulenhülse (f)
shell of spool
тело (ср) бобинки, деревянная втулка (жр) — a
douille (f) de la bobine
fodera (f) della bobina
alma (f) de la bobina *o* del carrete

9 Spulenvorlauf (m)
overrunning of the spool
забегание (ср) шпули
avance (f) de la bobine
corsa (f) eccessiva della bobina
avance (m) de la bobina

10 schlaffer *oder* lockerer Schuß (m)
slack *or* loose weft
ослабший уток (мр)
trame (f) lâche
trama (f) floscia
trama (f) floja

11 Loswickeln (n) des Fadens
unwinding the thread
смотка (жр) *или* отмотка (жр) нити
déroulement (m) du fil
svolgimento (m) del filo
desarrollo (m) del hilo

12 Broschierlade (f) für Bandwebstühle
lathe for broché ribbons *or* figured ribbons
вышивной батан (мр) для ленто-ткацких станков
battant (m) brocheur pour métier à ruban
battente (m) a broccato per telai a nastro
armazón (m) *o* batán (m) de brocado para telar de cintas

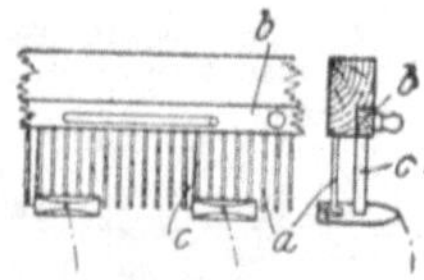

Wippchenlade (f)
slay with pins for guiding the shuttles
качающийся верщник (мр) батана
battant (m) brocheur à petites navettes *ou* à commande de navettes par aiguilles
battente (m) con aghi per guidare le navette
armazón (m) de pequeñas lanzaderas 13

Schützenträgerstift (m)
shuttle carrying pin — a
крючок (мр) *или* костыль (мр) челнокодержателя
aiguille (f) portant la navette
ago (m) per portare la navetta
aguja (f) portadora de la lanzadera 14

Schützenschieber (m)
shuttle driver — b
движущая челноки рейка (жр)
pousseur (m) de navette
caccia-navetta (m)
impulsor (m) de lanzadera 15

Drahtarm (m)
wire arm — c
проволочное плечо (ср)
bras (m) en fil métallique
braccio (m) in filo metallico
brazo (m) de alambre 16

Hakenstift (m)
hooked pin
костыль (мр), крючок (мр)
aiguille (f) à crochet
ago (m) ad uncino
aguja (f) de gancho 17

die Stifte (mpl) greifen in die Broschierstelle ein
the pins are lowered into the figuring position
костыли (мр) захватывают место вышивки
les aiguilles (fpl) s'abaissent dans l'espace à brocher
gli aghi s'abbassano nello spazio per il brocco
las agujas se hunden en el espacio a bordar 18

die Schützen (mpl) an die Stifte schieben
to push the shuttles on the pins
придвигать челноки (мр) к костылям
pousser les navettes vers les aiguilles
spingere le navette verso gli aghi
impulsar las lanzaderas hacia las agujas 19

Sperrfeder (f)
spring pawl
запорная пружина (жр), пружина собачки
ressort (m) du cliquet
molla (f) del nottolino
resorte (m) del gatillo 20

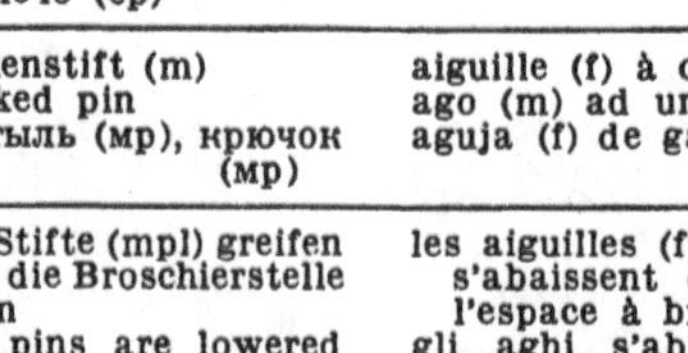
dreifache Broschierlade (f) mit Hakenführung
broché slay with three shuttle change and hook guide
тройной вышивной батан (мр) с направляющей для крючков
battant (m) brocheur à trois navettes avec guide à crochets
battente (m) a broccato a tre navette con guida ad uncino
armazón (m) triple de brocado con guía de ganchos 21

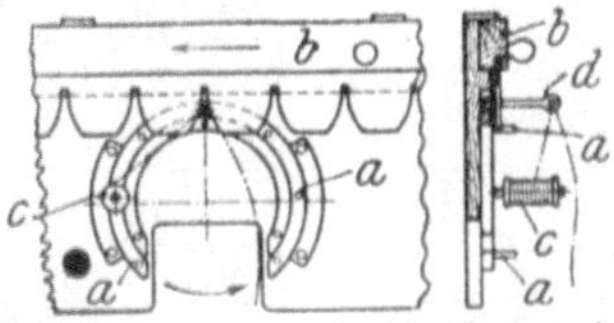

1	Ringellade (f) swivel lathe батан (мр) с кольцевым вершником		battant (m) à cercles battente (m) a cerchi armazón (m) a círculos o con espolines circulares
2	Treibstift (m) driving pin штифт (мр) кольца, поводок (мр)	*a*	goupille (f) de commande ago (m) di comando espiga (f) de mando *o* de impulsión
3	Schützenschieber (m) shuttle driver, rack движущая челноки рейка (жр)	*b*	pousseur (m) de navette caccia-navetta (m) impulsor (m) de lanzadera
4	Spule (f) bobbin бобина (жр)	*c*	bobine (f) bobina (f) bobina (f)
5	Fadenführer (m) thread guide нитевод (мр)	*d*	guide-fil (m) guida-filo (m) guía-hilos (m)

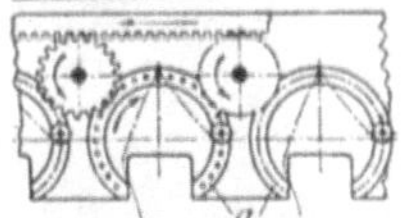

6	Lade (f) mit Ringschützen *oder* umlaufenden Schützen lathe with circular moving shuttles		батан (мр) с вращающимися кольцевыми челноками battant (m) à navettes circulaires battente (m) a navette circolari armazón (m) con espolines circulares
7	gezahnter Ringschützen (m) pinned swivel shuttle зубчатый кольцевой челнок (мр)	*a*	navette (f) circulaire à chevilles navetta (f) circolare a denti espolín (m) circular provisto de clavijas
8	Metallschützen (m) metal shuttle металлический челнок (мр)		espolin (m) métallique navetta (f) metallica espolín (m) metálico

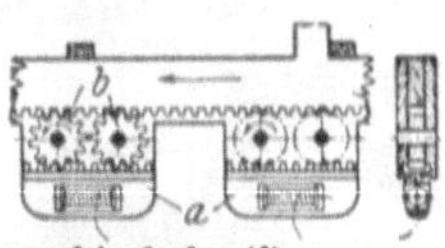

9	Broschierlade (f) mit geradlinig bewegtem Schützen embroidery lathe with straight moving shuttles		вышивной батан (мр) с движущимся по прямой челноком battant (m) brocheur avec navettes mues en ligne droite battente (m) a broccato con navette mosse in linea dritta armazón (m) con espolines moviendose en linea recta
10	gezahnter Schützen (m) toothed shuttle зубчатый челнок (мр)	*a*	espolin (m) à crémaillère navetta (f) a denti espolín (m) con cremallera
11	Triebrad (n) driving pinion приводная шестерня (жр)	*b*	pignon (m) de commande pignone (m) di comando piñón (m) motor

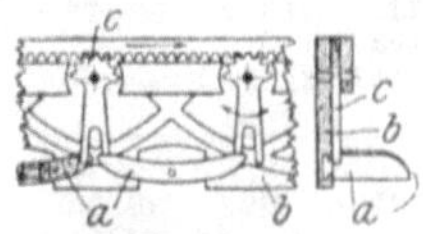

12	Broschierlade (f) mit im Bogen bewegten Schützen embroidery lathe with shuttles in curved path		вышивной батан (мр) с движением челнока по дуге battant (m) brocheur avec navettes mues en arc battente (m) a broccato a navette con percorso ad arco armazón (m) con espolines moviéndose en arco
13	gekrümmter Schützen (m) curved shuttle выгнутый челнок (мр)	*a*	espolin (m) arqué navetta (f) curva espolín (m) arqueado
14	Schützenträger (m) shuttle carrier *or* holder челнокодержатель (мр)	*b*	support (m) d'espolin porta-navetta (m) soporte (m) de espolín
15	gezahnter Kreissektor (m) toothed sector зубчатый сектор (мр)	*c*	secteur (m) denté settore (m) dentato sector (m) dentado

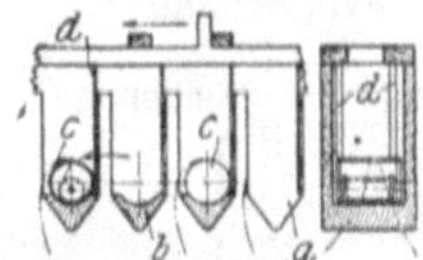

16	Wiener Broschierlade (f) Viennese embroidery slay		венский вышивной батан (мр) battant (m) brocheur viennois battente (m) a broccato viennese armazón (m) vienés de brocado
17	hölzernes Gehäuse (n) wooden box деревянный (-ая) футляр (мр) *или* коробка (жр)	*a*	boîte (f) en bois cassa (f) di legno caja (f) de madera
18	Hohlkehle (f) für die Metallhülse groove for the metal box желоб (мр) для металлической гильзы	*b*	rainure (f) pour la boîte métallique scanalatura (f) per cassa metallica ranura (f) para la caja metálica
19	Metallhülse (f) metal box металлическая гильза (жр)	*c*	boîte (f) métallique cassa (f) metallica caja (f) metálica
20	Treibfinger (m) driving finger погоняльная шпилька (жр)	*d*	doigt (m) de commande dito (m) di comando pulsador (m)
21	kegelförmig *oder* konisch zugespitzte Kästchen (npl) conical ended boxes коробки (жр) с заостренно-скошенными донышками		boîtes (fpl) à extrémité conique casse (fpl) ad estremità conica cajas (fpl) con la extremidad cónica
22	Messinghülse (f) brass box латунная гильза (жр)		boîte (f) en laiton cassa (f) in ottone caja (f) de latón
23	knöcherner Deckel (m) bone cover *or* lid костяная крышка (жр)		couvercle (m) en os coperchio (m) in osso cubierta (f) de hueso

1 Schiebeleiste (f) — push bar — передвижная скользящая рейка (жр)
barre (f) de poussée — lista (f) spingitrice — barra (f) de impulsión

2 Handknopf (m) — hand button — ручная шишка (жр) *или* пуговица (жр)
bouton (m) à main — bottone (m) a mano — botón (m) de mano

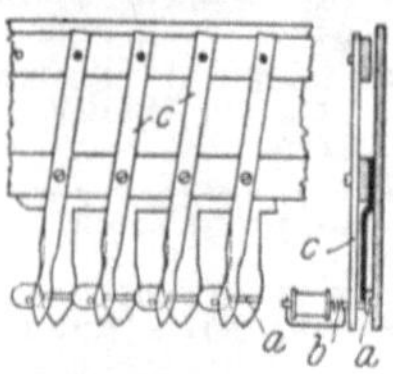

3 schweizer Broschierlade (f) — Swiss broché lathe — швейцарский вышивной батан (мр)
battant (m) brocheur suisse — battente (m) a broccato svizzero — armazón (m) suizo de brocado

4 Schützenführung (f) — shuttle guide — направляющая (жр) челнока — *a*
guide-espolin (m) — guida-navetta (m) — guía (f) del espolín

5 Druckfeder (f) für den Schützen — press spring for shuttle — нажимная пружина (жр) для челнока — *b*
ressort (m) de pression pour espolin — molla (f) di pressione per navetta — resorte (m) de presión para espolín

6 schwingender Treiber (m) — vibrating driving bar — качающаяся погонялка (жр) — *c*
barre (f) de commande oscillante — barra (f) di comando oscillante — barra (f) de impulsión oscilante

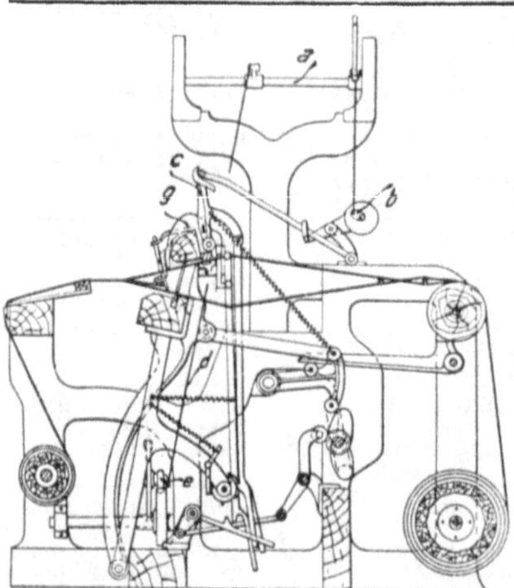

7 Broschierwebstuhl (m) — swivel loom — вышивной ткацкий станок (мр)
métier (m) à brocher — telaio (m) per broccati — telar (m) para espolinado

8 Querwelle (f) — cross shaft — поперечный вал (мр) — *a*
arbre (m) transversal — albero (m) trasversale — árbol (m) transversal

9 belasteter Hebel (m) — weighted lever — грузовой рычаг (мр) — *b*
levier (m) à contrepoids — leva (f) a contrappeso — palanca (f) y contrapeso (m)

Einlaghebel (m) — supporting lever — опорный *или* закладной рычаг (мр) — *c*
levier (m) de support — leva (f) d'appoggio — palanca (f) de soporte 10

Zugstange (f) — connecting rod — тяга (жр) — *d*
bielle (f) — biella (f) — biela (f) 11

Schlagfalle (f) — picking catch — боевая защелка (жр) — *e*
loquet (m) de chasse — gancio (m) di propulsione — gatillo (m) de golpe o de impulsión 12

Schützenträger (m) — shuttle holder — челнокодержатель (мр) — *g*
support (m) d'espolin — sopporto (m) della navetta, porta-navetta (m) — soporte (m) de espolín 13

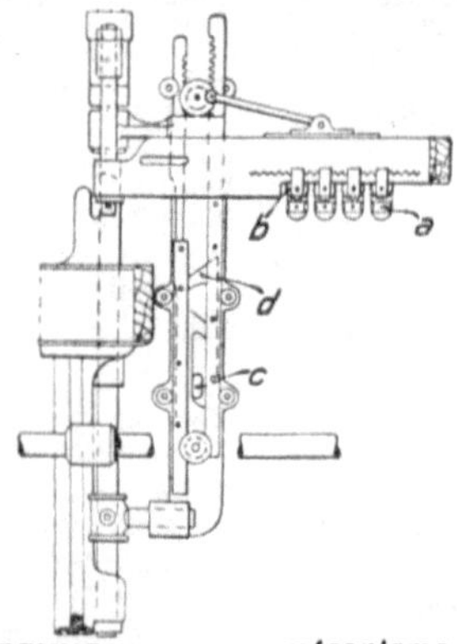

Bewegungsvorrichtung (f) für Broschierschiffchen — operating mechanism for spotting shuttles — механизм (мр) для движения вышивных челночков
mécanisme (m) de mouvement des espolins — meccanismo (m) di movimento delle navette a broccato — mecanismo (m) de movimiento de los espolines 14

Broschierschiffchen (n) — small shuttle — вышивной челнок (мр) *или* челночек (мр) — *a*
petite navette (f), espolin (m) — navetta (f) a broccato, piccola navetta — espolín (m) 15

Führungsbügel (m) — guide piece — направляющая скоба (жр) — *b*
pièce (f) de guidage — pezzo (m) di guida — pieza-guía (f) 16

Schieberbolzen (m) — pushing stud — болт (мр) *или* палец (мр) толкача — *c*
cheville (f) du poussoir — caviglia (f) dello spingitore — espiga (f) de impulsión 17

Platinennase (f) — catch of the hook — загиб (мр) крючка — *d*
bec (m) du crochet — becco (m) della platina — nariz (f) del gancho 18

Schützensteuerung (f) — shuttle control — прибор (мр), управляющий движением челноков
commande (f) des espolins — comando (m) delle navette — conducción (f) de los espolines 19

1
Schließen (n) des Broschierschützenschlagwerkes — fermeture (f) du mécanisme de brochage
locking of the figuring mechanism — chiusura (f) del meccanismo di broccatura
запирание (ср) боевого механизма вышивного челнока — cierre (m) del mecanismo de espolinado *o* de brocado

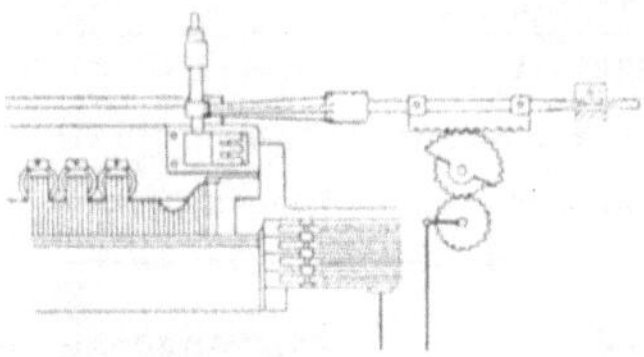

2
Broschierwebstuhl (m) mit Lanziereinrichtung, Lanzier-Broschierwebstuhl (m), Broschierwechselstuhl (m) — métier (m) broché-lancé
drop box loom for broché goods — telaio (m) con apparecchio a broccato e a lancé
вышивной ткацкий станок (мр) с приспособлением для прокидки — telar (m) para espolinados y brocados

XII.

3
Webstuhl (m) mit Sticklade, Stikkereiwebstuhl (m), Dreherfigurenwebstuhl (m), Nadelstickstuhl (m), Lappetstuhl (m) — **Métier (m) brodeur, métier pour plumetis**
Lappet *or* Lappit Loom — **Telaio (m) per stoffe a ricamo, telaio ad aghi**
Лаппетиновый станок (мр) — **Telar (m) para lappet**

4
Kettenbroschierung (f) — brochage (m) par chaine
warp *or* whip figuring — broccatura (f) per catena
вышивка (жр) основными нитями — bordado (m) por urdimbre

5
nadelbroschiertes Gewebe (n), Nadelstabgewebe (n), broschierte Gaze (f) — gaze (f) brochée
brocaded gauze — garza (f) broccata
ткань (жр), вышитая на иглах — gasa (f) brocada

6
Lappetstickerei (f) — tissage (m) à points brodés
lappet weaving — tessitura (f) dei ricamati
лаппетиновая вышивка (жр) — tejedura (f) lappet

7
bestickte Ware (f) — article (m) à points brodés
spotted weave — stoffa (f) ricamata *o* a ricamo
вышитый товар (мр) — articulo (m) con puntos bordados

8
die Broschierfäden (mpl) bilden selbst Figur — les fils brodeurs constituent eux-mêmes leur dessin
the figuring warp forms its own pattern — i fili di ricamo formano disegno da sé stessi
вышивные нити (жр) образуют сами узор — los hilos de bordado producen por sí mismos su dibujo

9

Spitzfigur (f)
counter pattern
отраженный *или* симметричный узор (мр)
dessin (m) à retour
disegno (m) a ritorno
bordado (m) *o* dibujo (m) simétrico

10
die Form der Figuren ist beschränkt — la forme du dessin est limitée
the figuring design is limited — la forma del disegno è limitata
очертание (ср) узора ограничено — la forma del dibujo es limitada

11
das Muster in das Gewebe einsteppen — broder le dessin dans le tissu
to stitch the spots into the cloth — impuntire *o* ricamare il disegno nel tessuto
простегивать узор (мр) в ткань — bordar el dibujo en el tejido

12
auf der Oberseite des Gewebes sticken — broder sur la face d'endroit du tissu
to embroider on the face of the cloth — ricamare sul diritto del tessuto
вышивать по лицевой стороне ткани — bordar sobre la haz del tejido

13
sichtbares Sticken (n) — broderie (f) à trame apparante à l'endroit du tissu
embroidering face side upwards — ricamo (m) visibile
видимая *или* отчетливая вышивка (жр) — bordadura (f) visible

14
Stickkettenfaden (m), Stickereifaden (m), Musterfaden (m) — fil (m) brodeur *ou* à broder, fil de plumetis
lappet thread, whip thread — filo (m) da ricamo
лаппетиновая *или* вышивная основная нить (жр) — hilo (m) de bordado

15
Sticklade (f) — battant (m) à espoliner
slay for lappet looms — battente (m) per telai da ricamo
лаппетиновый батан (мр) — armazón (m) de telar para lappet

16
Nadelstab (m), Figurenblatt (n), Nadelkamm (m) — barre (f) à aiguilles
needle bar, needle frame — asta (f) *o* listello (m) ad aghi, porta-aghi (m)
игольный (-ая) гребень (жр) *или* рама (жр), ложное бердо (ср) — regla (f) de agujas

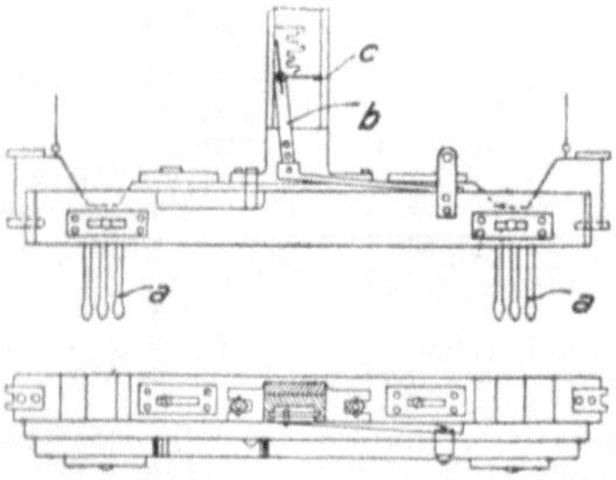

1
Nadelstab (m) mit gemeinsam bewegten Nadeln
needle frame with common movement of the needles
игольная рама (жр) с совместно передвигаемыми иглами
barre (f) avec aiguilles mues ensemble
porta-aghi (m) con aghi mossi assieme
regla (f) de agujas movidas conjuntamente

2 *a*
Holzleiste (f) mit Nadeln
wooden bar with needles
деревянная игольная планка (жр)
barre (f) en bois avec aiguilles
listello (m) di legno con aghi
regla (f) de madera con agujas

3 *b*
Nadeleinstellungshebel (m)
needle adjusting lever
рычаг (мр) для установки игл
levier (m) de réglage des aiguilles
leva (f) regolatrice degli aghi
palanca (f) de regulación de las agujas

4 *c*
verschiebbare Metallplatte (f)
movable metal plate
передвижная металлическая пластинка (жр)
plaque (f) métallique mobile
placca (f) metallica spostabile
placa (f) metálica móvil

5
den Nadelstab heben und senken
to lift and to lower the needle frame
подымать и опускать игольную раму (жр)
faire monter et baisser la barre à aiguilles
alzare e scendere il porta-aghi
hacer subir y bajar la regla de agujas

6
den Nadelstab verschieben
to move the needle frame
сдвигать *или* передвигать игольную раму (жр)
déplacer la barre à aiguilles
spostare il porta-aghi
desplazar la regla de agujas

7
Musterfadenspule (f)
figuring spool, whip roll
катушка (жр) с лаппетиновой нитью
bobine (f) de trame brodeuse
bobina (f) di trama da ricamo
bobina (f) bordadora

8
Nadelspitze (f)
needle point
острие (ср) иглы
pointe (f) d'aiguille
punta (f) dell'ago
punta (f) de aguja

9
die Musterfäden (mpl) gehen durch die Nadeln
the lappet threads pass through the needles
лаппетиновые нити (жр) проходят сквозь иглы
les fils (mpl) brodeurs passent à travers les aiguilles
i fili da ricamo passano attraverso gli aghi
los hilos de bordado pasan a través de las agujas

10
den Musterfaden durch das Nadelöhr ziehen
to draw the lappet thread through the needle eye
продевать *или* протягивать лаппетиновую нить (жр) сквозь глазок иглы
tirer le fil brodeur à travers le chas [de l'aiguille]
infilare il filo da ricamo attraverso l'occhiello dell'ago
lanzar el hilo de bordado a través del ojal de la aguja

11
Ladenbahnnut (f)
groove on race board
паз (мр) шлюза
rainure (f) dans la semelle du battant
scanalatura (f) nel traverso del battente
ranura (f) en el marco del armazón

12

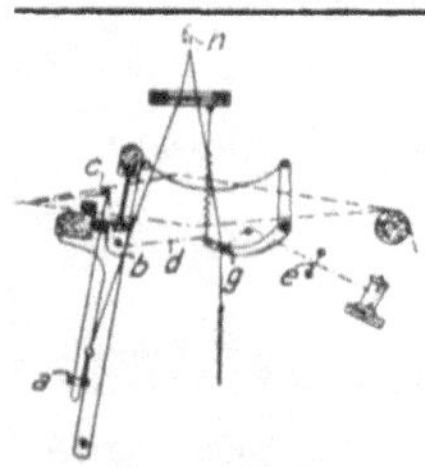

Sticklade (f) mit einzeln beweglichen Nadeln
single needle embroidery frame
лаппетиновый батан (мр) с порознь передвигаемыми иглами
battant (m) à espoliner avec des aiguilles mues individuellement
battente (m) per ricamare con aghi mossi individualmente
armazón (m) con las agujas movidas individualmente

13 *a*
Nadelführung (f)
needle guide
направляющая решетка (жр) для игол
guide-aiguille (m)
guida (f) per l'ago
guía-aguja (m)

14 *b*
Lochstab (m)
rod with vertical holes
дырчатая рейка (жр)
tige (f) avec trous verticaux
asta (f) perforata
tirante (m) con agujeros verticales

15 *c*
Nadelöhr (n)
eye of needle
глазок (мр) *или* ушко (ср) иглы
chas (m) [d'aiguille]
occhiello (m) dell'ago, cruna (f)
ojal (m) *u* ojete (m) de la aguja

16 *d*
Stickfaden (m)
lappet thread
вышивная *или* лаппетиновая нить (жр)
fil (m) de broderie *ou* à broder, trame (f) brodeuse
filo (m) da ricamo
trama (f) de bordado

17 *e*
Führungsblatt (n), Führungskamm (m)
guide comb
направляющий (-ее) гребень (мр) *или* бердо (ср)
peigne-guide (m)
pettine (m) di guida
peine-guía (m)

18 *g*
Hilfshelfe (f)
auxiliary lifter
вспомогательная колышка (жр)
lissette (f) auxiliaire
liccio (m) ausiliario
licerón (m) auxiliar

19 *h*
Figurplatine (f)
figuring hook
крючок (мр) для узорных нитей
crochet (m) de dessin
uncino (m) per figurato
gancho (m) de motivo *o* de dibujo

20
Stehlade (f)
underswung slay
стоячий батан (мр)
battant (m) à oscillation par en-dessous
battente (m) di sotto
batán (m) de oscilación por abajo

1
die Nadeln (fpl) bewegen sich von unten nach oben
the needles move from below upwards
иглы (жр) движутся снизу вверх
les aiguilles (fpl) se meuvent de bas en haut
gli aghi si muovono dal basso in alto
las agujas se mueven de abajo arriba

2
Sticknadel (f)
embroidering needle
вышивная игла (жр)
aiguille (f) brodeuse
ago (m) da ricamo
aguja (f) bordadora

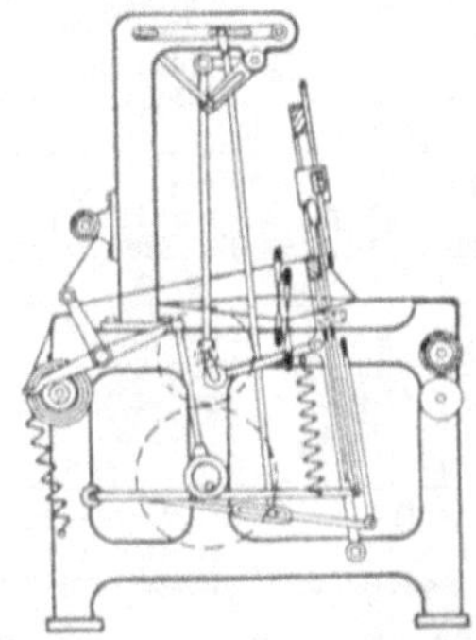

3
Lappetstuhl (m) von Geiringer
Geiringer's lappet loom
лаппетиновый станок (мр) Гейрингера
métier (m) à plumetis Geiringer
telaio (m) per stoffe a ricamo Geiringer
telar (m) para lappet Geiringer

4
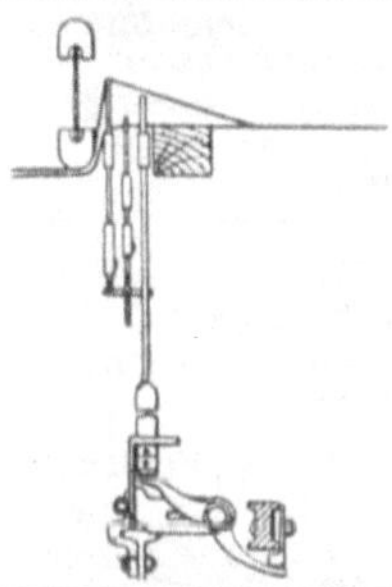

Sticklade (f) mit zwei Nadelkämmen
slay for lappet looms with two needle frames
лаппетиновый батан (мр) с двумя ложными бердами
battant (m) brodeur avec deux peignes
battente (m) a ricamo con due pettini
armazón (m) de bordado con dos peines

5
Verschiebungsgröße (f) der Nadelkämme
throw of the needle frames
разгон (мр) *или* величина (жр) сдвига игольных гребней
course (f) des peignes à broder
grandezza (f) dello spostamento dei pettini a ricamare
carrera (f) de los peines de bordar

6
Gewebe (n) mit aufgeschweiften Mustern
brocaded warp fabric
ткань (жр) с накладными основными узорами
tissu (m) à effet de chaîne
tessuto (m) a effetto di catena
tejido (m) con efectos de urdimbre

7
die Kettfäden (mpl) liegen flottend auf dem Grundgewebe
the warp threads float on the ground weave
основные нити (жр) свободно лежат на грунтовой ткани
les fils de chaîne flottent sur le tissu de fond
i fili di catena giaciono liberi sul tessuto di fondo
los hilos de urdimbre flotan sobre el tejido de fondo

XIII.

Webstuhl (m) mit Häkchenstab 8
Loom with Hook Bar
Ткацкий станок (мр) с крючечной рейкой
Métier (m) à barre à crochets
Telaio (m) per stoffe a ricamo con asta ad uncini
Telar (m) con reglilla de ganchos *o* con rastrillo

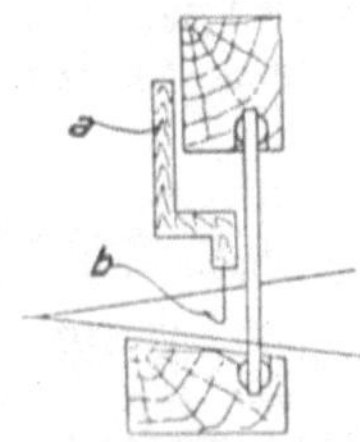

9
a
Häkchenstab (m), Häkelstab (m), [russischer] Stichstab (m)
hook bar
крючечная *или* вязальная рейка (жр)
barre (f) à crochets
asta (f) ad uncini
reglilla (f) de ganchos

10
b
Häkchennadel (f)
hooked needle
крючечная игла (жр)
aiguille (f) à crochet *ou* à bec
ago (m) ad uncino
aguja (f) con gancho *o* nariz

11
die Häkchen (npl) seitlich bewegen
to move the hooks sideways
сообщать боковое движение (ср) крючкам
déplacer les crochets latéralement
spostare gli uncini lateralmente
desplazar los ganchos lateralmente

12
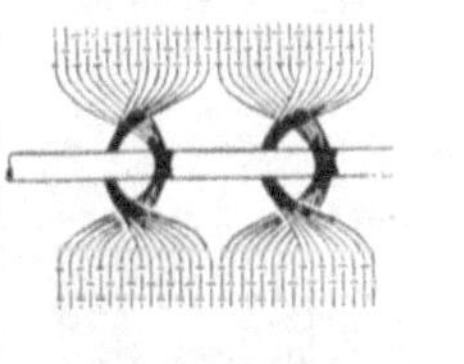

die Fadengruppen (fpl) verkreuzen
to cross the groups of warp
скрещивать группы (жр) нитей
croiser les groupes de fils
incrociare i gruppi di fili
cruzar los grupos de hilo

13
die Schüsse (mpl) in das Kreuzfach einschießen
to pick the weft into the cross shed
прокидывать уточины (жр) в крестовый зев
passer la trame dans l'envergeure
passare la trama nel passo incrociato
pasar la trama por la cruz

14
die Fadenabteilungen (fpl) in das Oberfach heben
to lift the warp groups into the upper shed
поднимать группы (жр) нитей в верхний зев
lever les groupes de fils dans le pas supérieur
levare i gruppi di fili nel passo superiore
levantar los grupos de hilos en el paso superior

15
die Fadenabteilungen (fpl) in das Unterfach senken
to lower the warp threads into the under shed
опускать группы (жр) нитей в нижний зев
abaisser les groupes de fils dans le pas inférieur
abbassare i gruppi di fili nel passo inferiore
bajar los grupos de hilos en el paso inferior

1	die Häkchen (npl) aus den Fäden heben to lift the hooks out of the threads поднимать крючки (мр) из нитей	lever les crochets hors des fils levare gli uncini fuori dei fili levantar los ganchos fuera de los hilos

XIV.

Webstuhl (m) für Drehergewebe — Métier (m) pour la gaze

2 Loom for Leno Weave *or* Gauze Weave — Telaio (m) per garza

Ткацкий станок (мр) для газовых тканей — Telar (m) para tejidos de vuelta

No.		
3	Gazeweberei (f), Weben (n) mit gekreuzter Kette gauze *or* leno weaving, cross *or* doup weaving тканье (ср) газа	tissage (m) de la gaze *ou* à chaîne croisée tessitura (f) della garza *o* delle stoffe a catena incrociata tejedura (f) de la gasa
4	Drehergeschirr (n), Dreherharnisch (m), Dreherwerk (n) leno *or* gauze harness газовый ремиз (мр), ремиз для газового переплетения	harnais (m) de la gaze licci (mpl) da garza lizos (mpl) de vuelta
5	Dreherlitze (f), Gazeschaft (m) standard and doup полуколышка (жр) для газа, газовая полуремизка (жр)	lame (f) gaze liccio (m) per garza lizo (m) de vuelta
6	Vorderschaft (m), Polflügel (m) front shaft передняя ремизка (жр)	lame (f) du fil de tour, lisse (f) de correspondance, lame de devant *ou* de levée liccio (m) di davanti, armatura (f) anteriore di licci lizo (m) del hilo de vuelta
7	hinterer Schaft (m), Stückflügel (m) back shaft задняя ремизка (жр)	lame (f) du fil fixe, lisse (f) fixe, lame de rabat liccio (m) posteriore, armatura (f) posteriore di licci lizo (m) del hilo fijo
8	ganzer Schaft (m) standard цельная ремизка (жр)	lisse (f) anglaise *ou* à coulisse, lisse complète, lame (f) grise liccio (m) intero *o* inglese lizo (m) inglés *o* completo
9	halber Schaft (m), Kreuzschaft (m) doup полуремизка (жр)	demi-lisse (f), culotte (f), demi-lame (f) mezzo liccio (m), semiliccio (m) medio lizo (m), calota (f)
10	Drehertritt (m), harter *oder* schwerer Tritt (m) leno *or* gauze treadle, quick action *or* heavy treadle проступание (ср) для газового переплетения, тяжелое *или* жесткое проступание (ср)	pas (m) dur pedale (m) a passo pesante calada (f) forzada
11	leichter *oder* weicher Tritt (m) light treadle легкое *или* мягкое проступание (ср)	pas (m) doux, pas de gaze pedale (m) a passo leggero calada (f) suave
12	Dreherbindung (f) leno *or* gauze weave газовое переплетение (ср)	armure (f) gaze armatura (f) per garza ligamento (m) de vuelta
13	Fadenverkreuzung (f) crossing of threads перекручивание (ср) *или* перекрещивание (ср) нитей	croisement (m) des fils incrocio (m) dei fili cruzamiento (m) de los hilos
14	Dreherwirkung (f) leno *or* gauze effect эффект (мр) газового переплетения	effet (m) de gaze effetto (m) di garza efecto (m) de gasa
15		Halbdreher (m) half cross gauze полугаз (мр), газ (мр) половинной перекрутки gaze (f) à demi-tour *ou* au tour anglais garza (f) a mezzo-giro gasa (f) de media vuelta
16	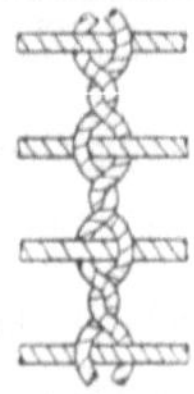	Ganzdreher (m) full cross gauze газ (мр) полной перекрутки gaze (f) à tour complet garza (f) a giro intero gasa (f) de vuelta completa
17	Rechtsdreher (m) gauze with right hand crossing threads, right gauze газ (мр) правой оплетки	gaze (f) à croisement à droite garza (f) a giro a destra gasa (f) de vuelta a la derecha
18	Linksdreher (m) gauze with left hand crossing threads, left gauze газ (мр) левой оплетки	gaze (f) à croisement à gauche garza (f) a giro a sinistra gasa (f) de vuelta a la izquierda
19	Schaftdreher (m) gauze woven by shafts кареточный газ (мр)	gaze (f) à la lame garza (f) tessuta con licci gasa (f) por medio de lizos
20	Jacquarddreher (m) gauze woven by Jacquard, Jacquard gauze Жаккардовый газ (мр)	gaze (f) au Jacquard garza (f) a Jacquard gasa (f) a la Jacquard

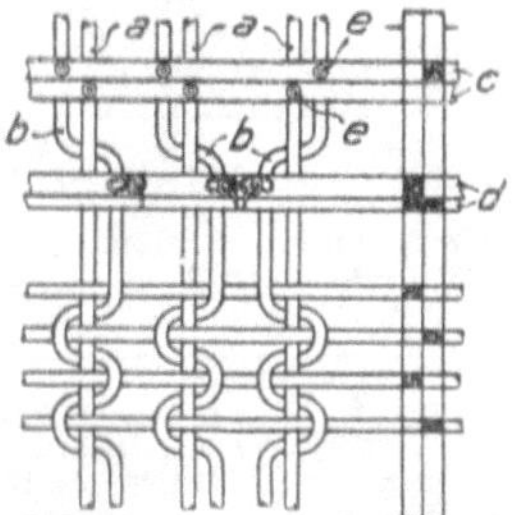

1	Drehergewebe (m), Dreherstoff (m) gauze, leno газ (мр), газовая ткань (жр)		gaze (f) garza (f), stoffa (f) a catena incrociata gasa (f)
2	Stehfaden (m), Grundfaden (m) ground thread грунтовая нить (жр)	*a*	fil (m) fixe, fil de raison filo (m) diritto *o* fisso hilo (m) fijo
3	Drehfaden (m), Dreherfaden (m), Schlingfaden (m) crossing thread, leno thread перекрещивающаяся *или* гарнитурная *или* оплеточная нить (жр)	*b*	fil (m) de tour filo (m) di giro hilo (m) de vuelta
4	Grundwerk (n) ground harness ремиз (мр) для грунтовых нитей	*c*	harnais (m) de fond armatura (f) di licci per il fondo malla (f) de fondo
5	Dreherwerk (n) gauze harness ремиз (мр) для оплеточных нитей, газовый ремиз	*d*	harnais (m) de la gaze armatura (f) di licci per garza malla (f) de la gasa
6	Dreherpunkt (m) crossing point точка (жр) скрещивания	*e*	point (m) de gaze punto (m) d'incrocio punto (m) de gasa
7	Doppeldrehergewebe (n) double gauze *or* leno двойная газовая ткань (жр)		gaze (f) à double tour garza (f) a doppio giro gasa (f) de doble vuelta
8	Stehkorps (n) harness for stationary warp основная группа (жр) нитей		corps (m) des fils fixes corpo (m) dei fili fissi cuerpo (m) de los hilos fijos
9	Drehkorps (n) harness for crossing threads группа (жр) оплеточных нитей		corps (m) des fils de tour corpo (m) dei fili di giro cuerpo (m) de los hilos de vuelta
10	der Drehfaden umschlingt den Stehfaden the twisting thread crosses the stationary thread оплеточная нить (жр) обвивает основную нить		le fil de tour tourne autour du fil fixe il filo di giro gira attorno al filo fisso el hilo de vuelta gira alrededor del hilo fijo
11	die Schlingkette wird gelockert the crossing warp is eased off оплеточная основа (жр) ослабляется		les fils (mpl) de tour sont relâchés la catena di giro viene rallentata los hilos de vuelta son aflojados

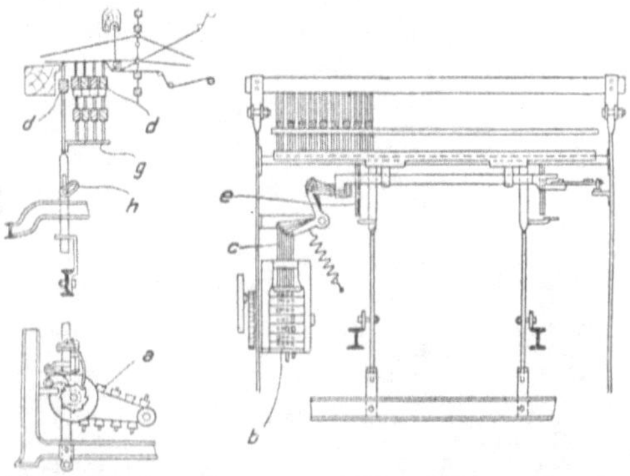

12	Dreherfigurenwebstuhl (m) loom for figured gauze ткацкий станок (мр) для выработки узорчатых газовых тканей		métier (m) pour gaze damassée telaio (m) per garza damascata *o* figurata telar (m) para gasa labrada
13	Holzstabmusterkarte (f) pegged pattern card узорная карта (жр) из деревянных брусков	*a*	carton (m) à chevilles en bois cartone (m) a caviglie di legno costilla (f) con espigas [de madera]
14	Mustertrommel (f) card cylinder узорный барабан (мр)	*b*	cylindre (m) à cartons cilindro (m) a cartoni cilindro (m) de los cartones
15	Taster (m) selecting needle узорная игла (жр)	*c*	aiguille (f) de sélection ago (m) selettore aguja (f)
16	Flachschiene (f) guide bar направляющая рейка (жр)	*d*	barre-guide (f) barra (f) di guida listón-guía (m), regla-guía (f)
17	Führungsbolzen (m) guide pin направляющий болт (мр)	*e*	goupille (f) de guidage copiglia (f) di guida clavija-guía (f)
18	Sattel (m), Messer (n) supporting bar опорный нож (мр)	*g*	selle (f), support (m) asta (f) d'appoggio soporte (m)
19	Kulisse (f) slide link поползушка (жр)	*h*	coulisse (f) scorritoio (m), glifo (m) colisa (f)

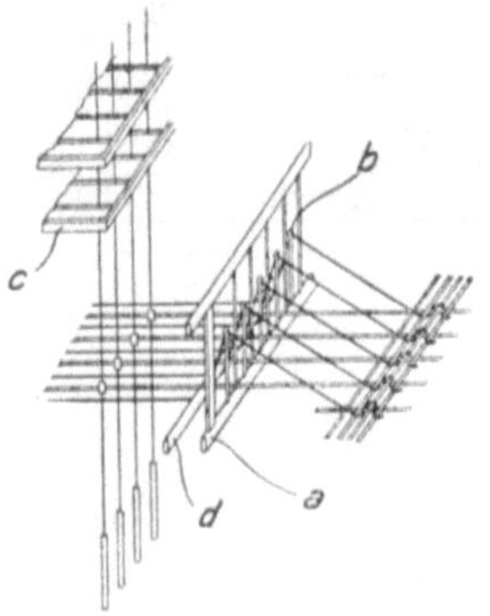

1	Gazeblatt (n), Sprungblatt (n) gauze shaft ремизка (жр) для газа	*a*	lame (f) gaze liccio (m) per garza lizo (m) de vuelta
2	Lochnadel (f) needle with eye игла (жр) с глазком	*b*	aiguille (f) à trou ago (m) con cruna aguja (f) con taladro
3	bewegliches Schnürbrett (n) movable grid вспомогательная кассейная доска (жр)	*c*	planche (f) d'arcades mobile griglia (f) d'arcate mobile tabla (f) móvil de arcadas
4	Spannschiene (f) slackener, easing bar, easer натяжная линейка (жр)	*d*	bâton (m) de tension bastone (m) di tensione varilla (f) de tensión

XV.

5	**Webstuhl (m) für Perlengewebe** **Loom for Beaded Material** **Ткацкий станок для бисерных тканей**	**Métier (m) pour tissu perlé** **Telaio (m) per tessuto perlato** **Telar (m) para tejido perlé *o* perlado**
6	Perlenfaden (m) bead thread бисерная нить (жр)	fil (m) de perle filo (m) perlato *o* di perle hilo (m) perlé *o* perlado
7	Perlenkette (f) bead warp бисерная основа (жр)	chaîne (f) de perle catena (f) di perle urdimbre (f) de perlé
8	Perlenschuß (m) bead weft бисерный уток (мр)	trame (f) de perle trama (f) di perle trama (f) de perlé
9	Perlenschützen (m), Transporteur (m) shuttle for bead weft челнок (мр) для бисерного утка	navette (f) pour trame de perle, transporteur (m) navetta (f) per trama di perle, trasportatore (m) lanzadera (f) para trama de perlé
10	Lineal (n) straight edge линейка (жр)	réglet (m) regolo (m) regla (m)
11	dreieckiger Querschnitt (m) triangular cross section треугольное сечение (ср)	section (f) triangulaire sezione (f) triangolare sección (f) triangular
12	eingefräste Rinne (f) milled groove профрезерованная канавка (жр)	rainure (f) fraisée scanalatura (f) fresata ranura (f) fresada
13	versetzte Perlenreihen (fpl) alternate rows of beads рассаженные рядки (мр) бисера	rangées (fpl) de perles alternées file (fpl) di perle alternate hileras (fpl) alternadas de perlas

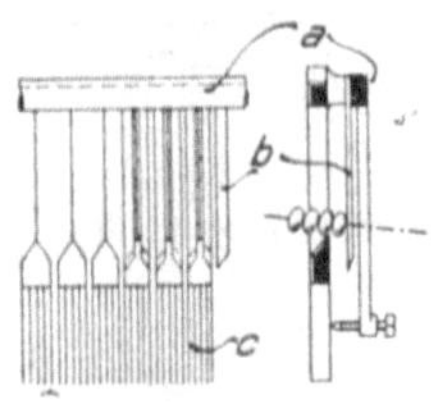

14			Perlenwebblatt (n), Riedblatt (n) für Perlenweberei reed for bead weaving ткацкое бердо (ср) для бисерных тканей peigne (m) pour tissage des perles pettine (m) per tessitura a perle peine (m) para tisaje de perlé
15	Broschenleiste (f) needle board вышивная *или* брошировальная игольная рама (жр)	*a*	planche (f) des platines listello (m) delle animelle regla (f) *o* tabla (f) de agujas
16	Brosche (f) needle вышивная игла (жр)	*b*	platine (f) animella (f) aguja (f)
17	Riedzahngruppe (f) group of dents группа (жр) зубьев гребня	*c*	groupe (m) de dents du peigne gruppo (m) di denti del pettine grupo (m) de dientes del peine
18	Abteilen (n) der Perlen separating the beads отделение (ср) бисера		séparation (f) des perles separazione (f) delle perle separación (f) de las perlas
19	Perlenabteiler (m) bead separator отделитель (мр) бисера		séparateur (m) des perles separatore (m) delle perle separador (m) de las perlas
20	Perlenabteilscheibe (f) bead separating disc отделяющий бисер диск (мр)		disque (m) de séparation des perles disco (m) di separazione delle perle disco (m) de separación de las perlas

XVI.

Webstuhl (m) für Fransenware

Métier (m) pour articles à franges

Loom for Fringed Material

Telaio (m) per articoli a frangia

1 **Ткацкий станок (мр) для выработки бахромного или мохрового товара**

Telar (m) para artículos a franjas

2 echte Franse (f) — frange (f) véritable
true fringe — frangia (f) vera
настоящая бахрома (жр) — franja (f) verdadera

3 unechte Franse (f) — fausse frange (f)
false fringe — frangia (f) falsa
ненастоящая бахрома (жр) — franja (f) falsa

4 Kettenfranse (f) — frange (f) par chaîne
warp fringe — frangia (f) per catena
основная бахрома (жр) — franja (f) por urdimbre

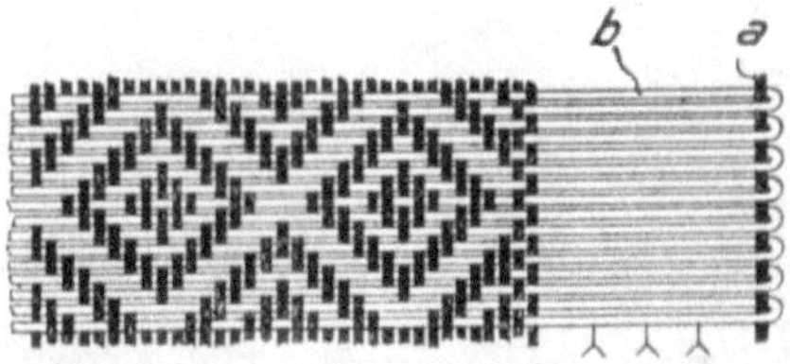

5 Schußfranse (f) — frange (f) par trame, frange latérale
weft fringe — frangia (f) per trama
уточная бахрома (жр) — franja (f) por trama

6 Fangfaden (m) aus Stahldraht — fil (m) de retenue en acier
steel wire catch thread — filo (m) d'ordito provvisorio d'acciaio, filo di orlo d'acciaio
захватывающая *или* подхватывающая нить (жр) из стальной проволоки — alambre (m) *o* hilo (m) de retención de acero — *a*

7 Fransenbreite (f) — largeur (f) de la frange
width of fringe — larghezza (f) della frangia
ширина (жр) бахромы — anchura (f) de la franja — *b*

8 Fransenschuß (m) — trame (f) de frange
fringe weft — trama (f) della frangia
бахромный уток (мр) — trama (f) de franja

9 Hilfsschützen (m) — navette (f) auxiliaire
auxiliary shuttle — navetta (f) ausiliaria
вспомогательный челнок (мр) — lanzadera (f) auxiliar

XVII.

Bandwebstuhl (m), Bandstuhl (m), Getau (n), Bandmühle (f)

Métier (m) à ruban *ou* de rubanerie

Ribbon Loom, Small Ware Loom

Telaio (m) per nastri 10

Ленточный ткацкий станок (мр)

Telar (m) para cintas *o* de cintería

Bandstuhlart (f) — type (m) de métier de rubanerie
ribbon loom type — tipo (m) di telaio per nastri 11
тип (мр) *или* род (мр) ленточного станка — tipo (m) de telar para cintería

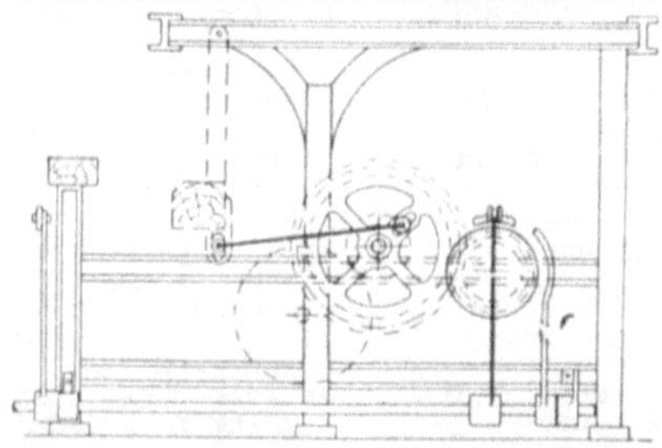

Bandwebstuhl (m) mit Hängelade — métier (m) de rubanerie à battant libre
ribbon loom with suspended slay — telaio (m) per nastri a battente liberamente sospeso 12
ленточный ткацкий станок (мр) с висячим батаном — telar (m) de cintería con batán libre

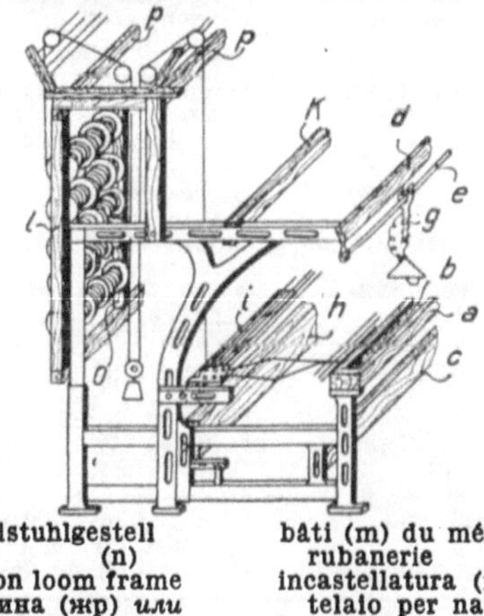

Bandstuhlgestell (n) — bâti (m) du métier de rubanerie
ribbon loom frame — incastellatura (m) del telaio per nastri 13
станина (жр) *или* рама (жр) ленточного ткацкого станка — bastidor (m) *o* bancada (f) del telar para cintería

Brustholz (n) — poitrinière (f)
breast beam — subbio (m) anteriore — *a* 14
грудница (жр) — antepecho (m)

1	Gruft (f) groove выемка (жр), паз (мр), желоб (мр)	b	boîte (f) fossetta (f) canal (m)
2	Vorderscheide (f) front plate передняя перегородка (жр)	c	plaque (f) avant placca (f) di davanti traviesa (f) anterior
3	Schwadenholz (n), Stirnholz (n) front bar лобовой [поперечный] брус (мр)	d	bois (m) avant barra (f) di davanti madero (m) anterior *o* delantero
4	Lampendraht (m) lamp guide wire подвесной прут (мр) для лампы	e	fil-guide (m) pour lampe filo (m) metallico guida-lampada alambre (m) para lámpara
5	Lampenwagen (m) lamp carrier передвижная подвеска (жр) для лампы	g	chariot (m) pour lampe porta-lampada (m) transportador (m) de lámpara
6	Hinterscheide (f) rear plate задняя перегородка (жр)	h	plaque (f) arrière placca (f) posteriore traviesa (f) posterior
7	Kettrutenholz (n) chain rod carrier ценовый брус (мр) для основы	i	support (m) des tringles-guides de la chaîne sopporto (m) per le aste porta-catena soporte (m) de las varillas guía-urdimbre
8	Mittelbalken (m) centre bar средняя поперечина (жр)	k	poutre (f) centrale traverso (m) centrale madero (m) central
9	Kettscheibendeckel (m) bobbin creel end крышка (жр) на основные катушки	l	extrémité (f) du râtelier des bobines estremità (f) della rastrelliera delle bobine flanco (m) *o* extremidad (f) de la fileta de los carretes
10	Scheibenpagge (f) vertical creel bar катушечная планка (жр)	o	barre (f) verticale du râtelier barra (f) verticale della rastrelliera barra (f) vertical de la fileta
11	Rollendeckel (m) bowl beam роличная поперечина (жр)	p	traverse (f) des rouleaux traversa (f) dei cilindri traviesa (f) de los rodillos
12	Stuhllampe (f) loom lamp станковая лампа (жр)		lampe (f) de métier lampada (f) del telaio lámpara (f) de telar
13	den Unterbau kräftigen to strengthen the under frame усиливать основание (ср)		renforcer la partie inférieure du bâti rinforzare la parte inferiore dell'incastellatura reforzar la parte inferior del bastidor

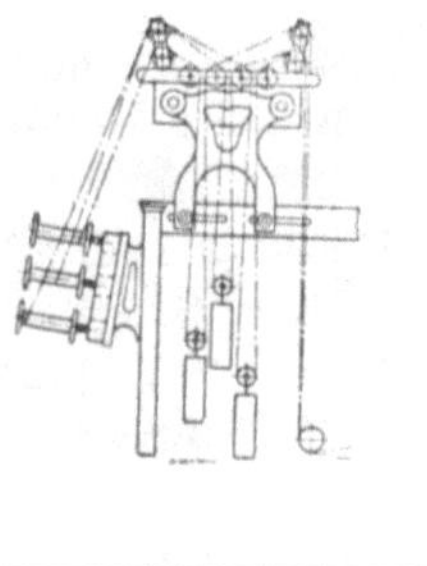

		Bandstuhlkettenspannung (f) warp tension gear for ribbon loom натяжение (ср) основы ленточного станка dispositif (m) de tension de la chaîne pour métier de rubanerie dispositivo (m) di tensione della catena per telaio a nastri dispositivo (m) de tensión de la urdimbre para telar de cintería	14
die Kette wird um Gewichtsrollen geführt the warp is carried over weighted bowls основа (жр) ведется *или* протягивается вокруг роликов, нагруженных гирею		la chaîne passe par des rouleaux chargés la catena passa sopra cilindri carichi la urdimbre pasa por encima de los rodillos cargados	15
Bandstuhlschläger (m), Bandstuhllade (f) ribbon loom slay батан (мр) ленточного станка		battant (m) du métier de rubanerie battente (m) del telaio per nastri batán (m) de telar para cintería	16

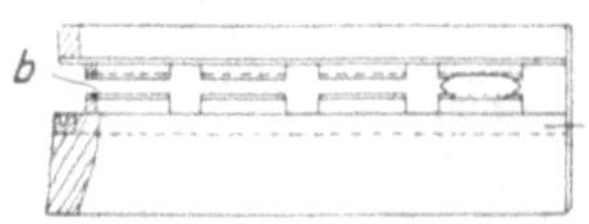

einspuliger gerader Schläger (m) straight slay with single shuttle race одношпульный прямой батан (мр)		battant (m) droit pour une navette battente (m) diritto per una navetta batán (m) derecho para una lanzadera	17
Zahnstangenkasten (m) rack housing ящик (мр) зубчатой рейки	a	châssis (m) à crémaillère cassa (f) a cremagliera marco (m) con cremallera	18
Laufkrampe (f) shuttle guide направляющая колодка (жр)	b	guide-navette (m) guida (f) per navetta guía-lanzadera (m)	19
Krampenschläger (m) pin picker колодочный батан (мр)		chasse-navette (m) à chevilles caccia-navetta (m) a caviglie expulsor (m) *o* golpeador (m) de clavijas de la lanzadera	20

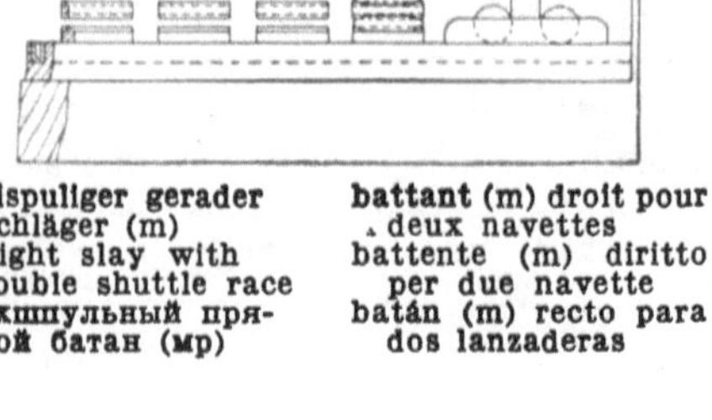

zweispuliger gerader Schläger (m) straight slay with double shuttle race двухшпульный прямой батан (мр)	battant (m) droit pour deux navettes battente (m) diritto per due navette batán (m) recto para dos lanzaderas	21

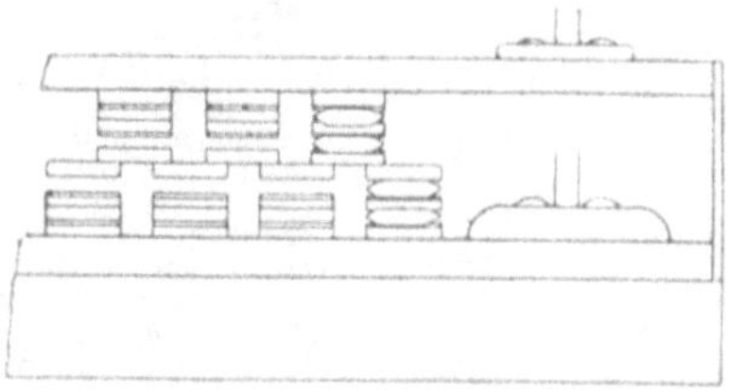

1 Stockwerkschläger (m), zweistöckiger Schläger (m)
two high slay
[двух]этажный батан (мр)
battant (m) à deux séries de navettes
battente (m) a due piani *o* a due serie di navette
batán (m) con dos series de lanzaderas

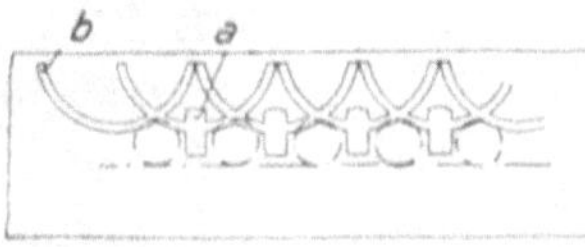

2 einspuliger Bogenschläger (m)
single shuttle slay with curved shuttle race
одноширульный пазовый батан (мр) с дуговыми пазами
battant (m) à cintres pour une navette
battente (m) ad archi per una navetta
batán (m) con líneas arqueadas para una lanzadera

---

3 Gangöffnung (f) — a
shuttle race opening
проходное отверстие (ср)
ouverture (f) de la course de navette
apertura (f) della corsa della navetta
abertura (f) de la carrera de la lanzadera

---

4 Laufbahn (f) — b
shuttle path
направляющий паз (мр)
chemin (m) de la navette
cammino (m) della navetta
camino (m) de la lanzadera

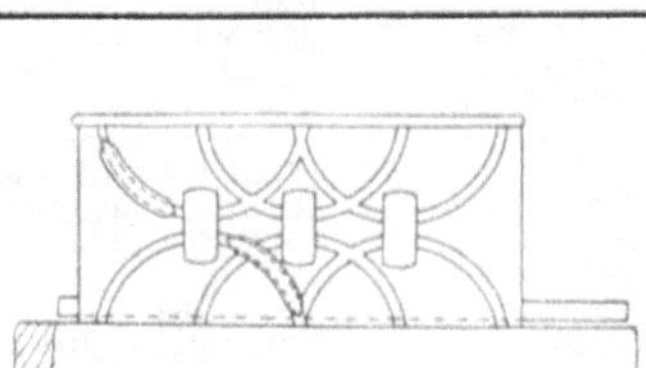

5 Kreuzschußbogenschläger (m)
slay with double curved shuttle races
пазовый батан (мр) с крестовой прокидкой утка
battant (m) à doubles cintres croisés
battente (m) a doppi archi incrociati
batán (m) con líneas arqueadas dobles

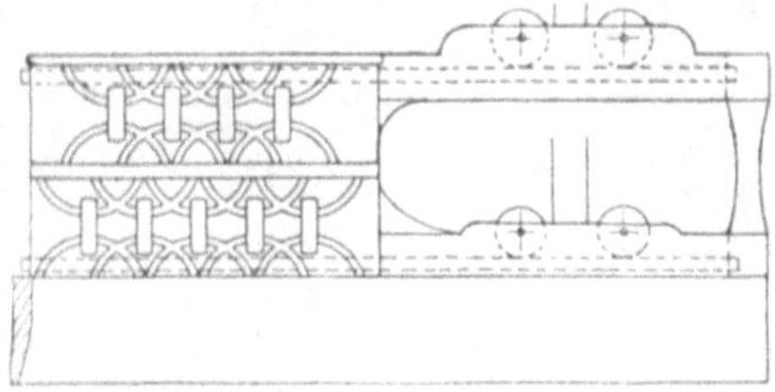

zweistöckiger Bogenschläger (m)
two high slay with curved shuttle races
двухэтажный пазовый батан (мр) с дуговыми пазами
battant (m) à cintres pour deux séries de navettes
battente (m) ad archi per due serie di navette 6
batán (m) con líneas arqueadas para dos series de lanzaderas

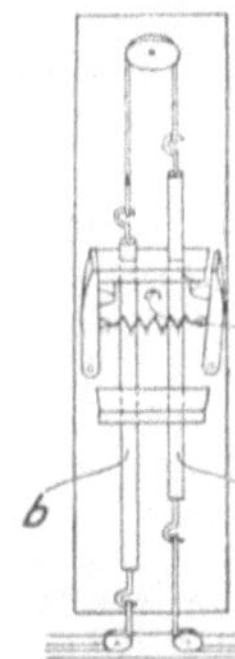

Schußkasten (m)
shuttle box
уточная коробка (жр)
boîte (f) à navettes 7
cassa (f) a navette
caja (f) para lanzaderas

Schußwagenklaue (f) — a
gripper in shuttle box
зажим (мр) уточной каретки
griffe (f) dans la boîte à navettes
gancio (m) nella cassa a navette 8
gancho (m) en la caja para lanzaderas

Schußwippe (f) — b
see saw picking motion
уточная качель (жр)
mécanisme (m) de bascule de la duite
meccanismo (m) ad altalena della trama 9
mecanismo (m) de báscula de la pasada

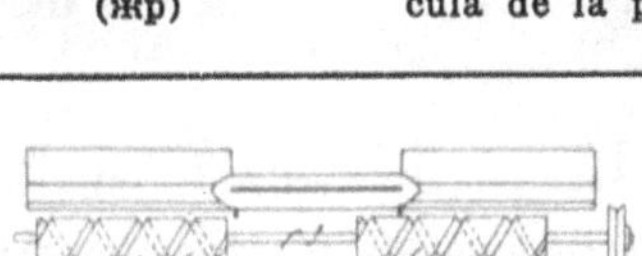

Bewegungsvorrichtung (f) für Sägeladenschiffchen
shuttle motion for lathe with horizontally moved multiple boxes
механизм (мр) движения челнока при пилообразном батане
mécanisme (m) de mouvement de navette pour boîtes latérales *ou* à coulisses
meccanismo (m) per muovere navette per casse laterali 10
mecanismo (m) de movimiento horizontal para cajas laterales

1 Zylinder (m) mit schraubenförmigem Nutgewinde
worm cylinder
цилиндр (мр) с винтообразно-нарезанными канавками
a
cylindre (m) à rainure hélicoidale
cilindro (m) a scanalatura elicoidale
cilindro (m) con ranura helicoidal

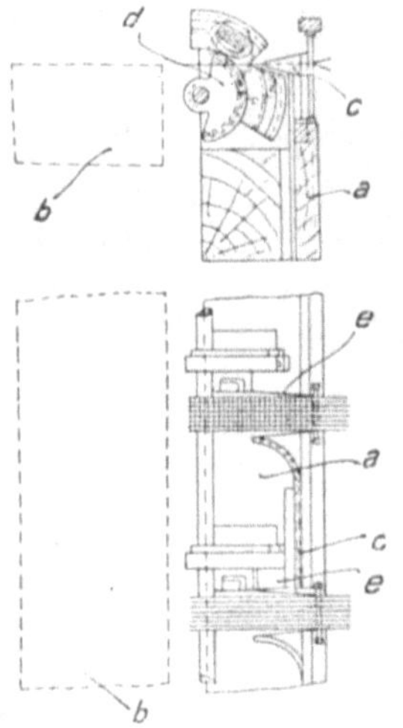

2 unmittelbare *oder* positive Schiffchenbewegung (f)
positive picking motion
косвенное движение (ср) челнока
mouvement (m) de chasse positif
movimento (m) caccianavetta positivo
movimiento (m) positivo de expulsión

3 Bandstuhllade (f)
ribbon loom slay
батан (мр) ленточного станка
a
battant (m) du métier de rubanerie
battente (m) del telaio a nastri
batán (m) del telar para cintería

4 Liegbank (f)
breast beam
стол (мр)
b
poitrinière (f)
davanzale (f)
ante-pecho (m)

5 Eintragnadel (f)
weft needle
заводная *или* заправочная игла (жр)
c
aiguille (f) pour trame
ago (m) per trama
aguja (f) para trama

6 gezahntes Segment (n)
toothed segment
зубчатый сегмент (мр)
d
segment (m) denté
segmento (m) dentato
segmento (m) dentado

7 Schlingfaden (m)
catch thread
петельная нить (жр)
e
fil (m) de retenue
filo (m) ritenitore
hilo (m) de retención

8 Wechseln (m) der Schützenreihen
changing *or* alternating the rows of shuttles
смена (жр) рядов челноков
changement (m) des rangées de navettes
cambiamento (m) delle file di navette
cambio (m) de las hileras de lanzaderas

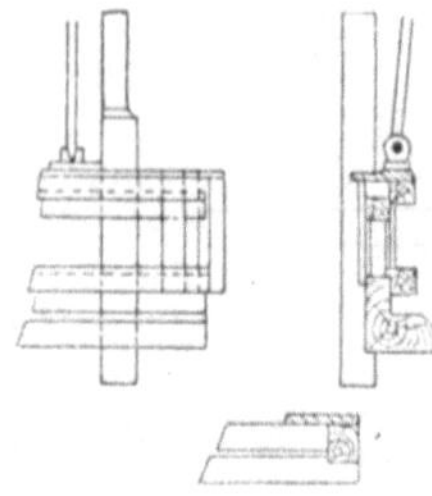

Wechsellade (f) für Bandstühle
drop box lathe for ribbon looms
многочелночный *или* сменный батан (мр) для ленточных станков
battant (m) à boites montantes pour métier de rubanerie 9
battente (m) a casse montanti per telaio per nastri
batán (m) de cajas yuxtapuestas para telar de cintería

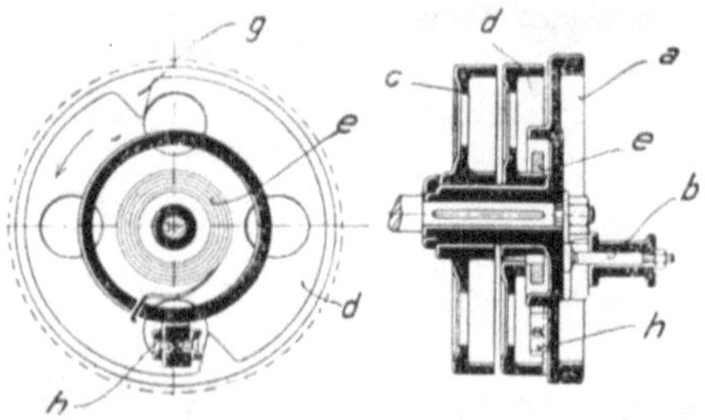

Riemenantrieb (m) für Bandstühle
belt drive for ribbon looms
ременной привод (мр) для ленточных станков
commande (f) par courroie pour métier de rubanerie
comando (m) a cinghia per telaio a nastri 10
impulsión (f) por correa para telar de cintería

festgekeilte Scheibe (f)
crank disc keyed on
крепкосидящий диск (мр)
a
plateau (m) claveté
disco (m) calettato 11
plato (m) asegurado por clavetes, plato (m) claveteado

Kurbelzapfen (m)
crank pin
кривошипный палец (мр)
b
bouton (m) de manivelle
perno (m) della manovella 12
manubrio (m)

Riemenleerscheibe (f)
loose pulley
холостой ременной шкив (мр)
c
poulie (f) folle
puleggia (f) folle 13
polea (f) loca

Riemenantriebscheibe (f)
fast pulley
рабочий *или* коренной ременной шкив (мр)
d
poulie (f) fixe
puleggia (f) fissa 14
polea (f) fija

Spiralfeder (f)
spiral spring
спиральная пружина (жр)
e
ressort (m) à spirale
molla (f) a spirale 15
resorte (m) en espiral

Mitnehmer (m)
driver
захватчик (мр), захватный выступ (мр)
g
entraîneur (m)
nasello (m)
embragador (m), impulsor (m) 16

gepolsterter Anschlag (m)
padded buffer stop
буфер (мр) с обивкой
h
butoir (m) garni de buffle
arresto (m) imbottito 17
tope (m) guarnecido de colcha

1 Seidenbandstuhl (m)
silk ribbon loom
ленточный шелкоткацкий станок (мр)
métier (m) pour ruban de soie
telaio (m) per nastri di seta
telar (m) para cinta de seda

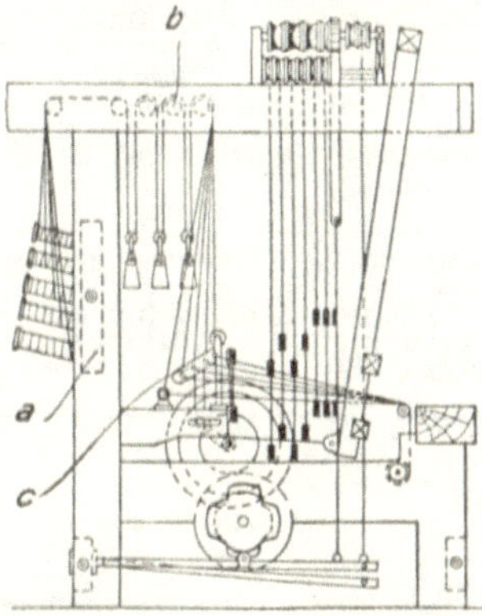

2 Samtbandstuhl (m)
velvet ribbon loom
станок (мр) для выработки бархатных лент
métier (m) pour ruban de velours
telaio (m) per nastri di velluto
telar (m) para cinta de terciopelo

3 Zettelrahmen (m)
creel
катушечная рамка (жр)
a
râtelier (m)
rastrelliera (f)
fileta (f)

4 Geröll (n)
tension pulleys
механизм (мр) натяжных роликов
b
poulies (fpl) de tension
puleggie (fpl) di tensione
poleas (fpl) compensadoras

5 Glasstange (f)
glass rod
стеклянный (-ая) пруток (мр) *или* палочка (жр)
c
tringle (f) en verre
asta (f) di vetro
varilla (f) de vidrio

6 Seidenbaum (m)
silk beam
шелковый навой (мр), ролик (мр) с шелком
ensouple (f) de soie
subbio (m) di seta
plegador (m) de seda

7 Bandstuhl (m) für Doppelsamt und Doppelplüsch
loom for double velvet and double plush ribbon
ленточный станок (мр) для выработки двойных бархатных *или* плюшевых лент
métier (m) à rubans de velours et peluche doubles
telaio (m) per nastri di velluto e di felpa a doppio pelo
telar (m) para cinta de terciopelo y de felpa con doble pelo

8 Nadelstuhl (m), Rutenstuhl (m)
velvet loom, loom for weaving with pile wires
пруточный станок (мр)
métier (m) à verges *ou* à aiguilles
telaio (m) ad aghi
telar (m) con varillas *o* con agujas

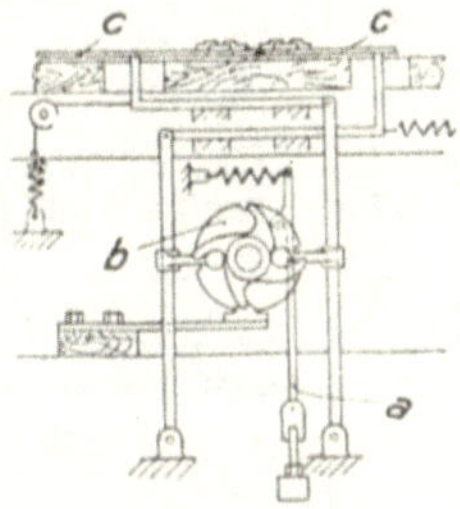

Nadelvorrichtung (f)
wire arrangement
игольный *или* пруточный механизм (мр)
dispositif (m) des verges 9
dispositivo (m) degli aghi
dispositivo (m) de las agujas

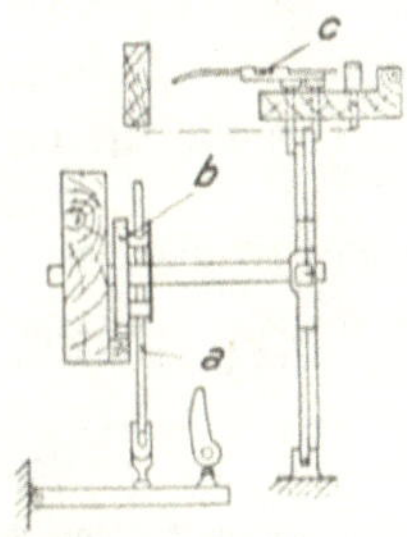

a
Fanghaken (m), Wendehaken (m)
catch
захватный крючок (мр), поворотная собачка (жр) 10
cliquet (m)
nottolino (m)
gatillo (m)

Uhr (f)
picking disc cam
звездочка (жр)
b
cadran (m) à cames
disco (m) ad eccentrici 11
disco (m) de excéntricos

Nadelschiene (f)
wire guide
игольная планка (жр)
c
guide (m) des verges
guida (f) degli aghi 12
guía (f) de las agujas

Wagenborte (f)
coach lace
экипажная тесьма (жр)
galon (m) de voiture
gallone (m) per carrozzeria 13
galón (m) de coche

Bandstuhl (m) für Gummistrümpfe
ribbon loom for elastic stockings
ленточный станок (мр) для выработки тесьмы к резиновым чулкам
métier (m) de rubanerie pour bas élastiques
telaio (m) a nastri per calze elastiche 14
telar (m) de cintería para medias elásticas

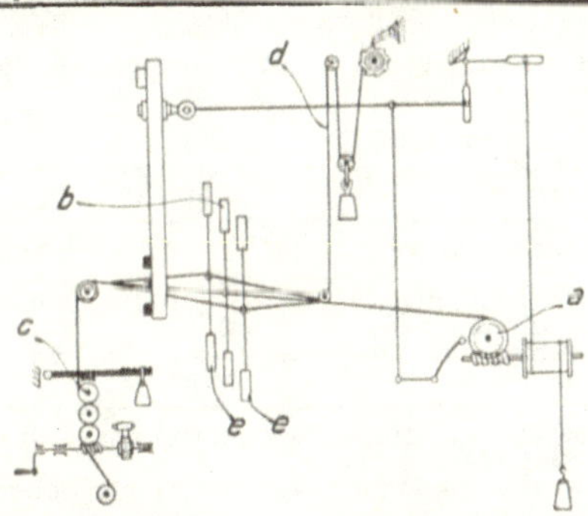

Bandstuhl (m) für elastische Gewebe, Gummibandstuhl (m)
ribbon loom for elastic material
ленточный станок (мр) для упругих тканей
métier (m) pour rubans élastiques
telaio (m) per nastri elastici 15
telar (m) para cintas elásticas

1 Kautschukfädenbaum (m) · rubber thread warp beam · навой (мр) с резиновыми нитями · a · ensouple (f) des fils de chaîne en caoutchouc · subbio (m) d'ordito di fili di caucciù · plegador (m) de los hilos de urdimbre de caucho

2 Stehschaft (m) · healds · неподвижная *или* стоячая ремизка (жр) · b · lame (f) stationnaire · liccio (m) stazionario · lizo (m) estacionario

3 Warenabzugwalze (f), Preßwalze (f) · cloth beam · приемный *или* прижимной ролик (мр) · c · ensouple (f) d'enroulement · subbio (m) d'avvolgimento · plegador (m) arrollador

4 unelastische Kette (f) · non elastic warp · неупругая основа (жр) · d · chaîne (f) non élastique · catena (f) non-elastica · urdimbre (f) inelástica

5 fachbildender Schaft (m) · moving shaft · проступающая *или* образующая зев ремизка (жр) · e · lame (f) de formation du pas · liccio (m) per formare il passo · lizo (m) de formación de la calada

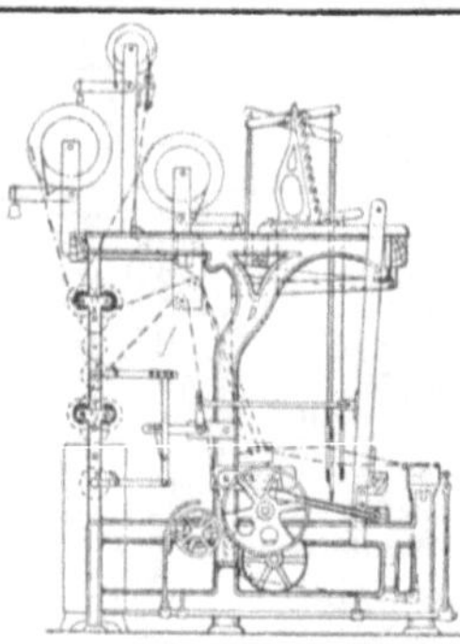

6 Lampendochtstuhl (m) · loom for wicks · станок (мр) для выработки ламповых фитилей · métier (m) pour mèche de lampe · telaio (m) per stoppini di lampade · telar (m) para mecha de lámpara

7 Litzenbandstuhl (m) · loom for trimmings · басонный станок (мр) для выработки плетеной тесьмы · métier (m) pour soutaches · telaio (m) per cordoncini · telar (m) para cordón o trencilla

8 Bortenstuhl (m), Börtelbandstuhl (m) · small ware loom, loom for braidings · басонный станок (мр) для выработки бордюрной тесьмы · métier (m) pour galons · telaio (m) per galloni · telar (m) para galones

9 Gurtenstuhl (m) · loom for tapes *or* strap belts · станок (мр) для выработки поясов · métier (m) pour sangles · telaio (m) per cinghie · telar (m) para cinchas

Bandstuhl (m) mit Doppelschlag · ribbon loom with double beat up · ленточный станок (мр) с двойным ударом · métier (m) de rubanerie à double battage · telaio (m) a nastri con doppia battuta · telar (m) de cintería de doble golpe 10

Bandstuhl (m) mit Quetschnadel · ribbon loom with beating up needle · ленточный станок (мр) с зажимной иглой · métier (m) de rubanerie avec aiguille de pressage · telaio (m) a nastri con ago per la battuta · telar (m) de cintería con aguja de prensadura 11

Bandstuhl (m) für Treibriemen · loom for woven belting · ленточный станок (мр) для выработки приводных ремней · métier (m) pour tissage de courroie · telaio (m) per cinghie di trasmissione · telar (m) para correas 12

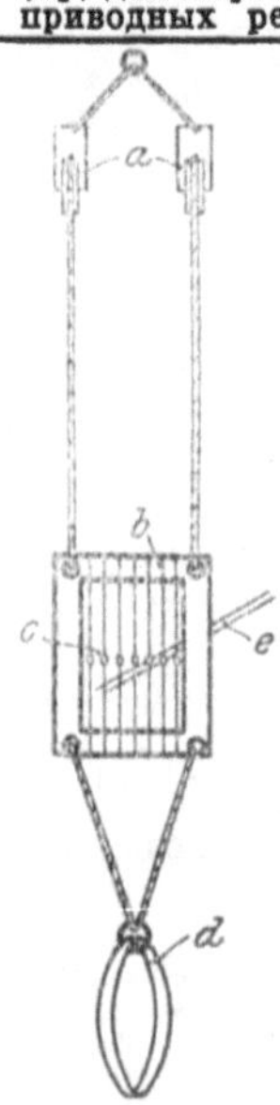

Gurtkamm (m) · belting healds · поясной гребень (мр) · peigne (m) à sangle · pettine (m) per tessere cinghie · peine (m) para tejer cinchas 13

a · Kloben (m) mit Rolle · block and pulley · роличный блок (мр) · chape (f) et poulie (f) · staffa (f) con puleggia · cepo (m) y polea (f) 14

b · Kamm (m), Schaft (m) · shaft, leaf · ремизка (жр) · lame (f) · liccio (m) · lizo (m) 15

c · Drahtauge (n) · wire eyelet · проволочный глазок (мр) · maillon (m) métallique · occhiello (m) metallico · mallón (m) metálico 16

d · Fußtritt (m), Tritt (m) · stirrup treadle · ножная петля (жр) · pédale (f) · pedale (m) · calca (f) 17

e · Aufzug (m), Kette (f) · warp · основа (жр) · chaîne (f) · ordito (m) · urdimbre (f) 18

Einschlagschlegel (m), Schußschlegel (m) · beating up tool · прокидной ручник (мр) *или* биток (мр) · battoir (m) de trame · battitore (m) di trama · golpeador (m) o batidor (m) de trama 19

XVIII.

Webstuhl (m) mit Vorrichtung zur Herstellung einer Mittelleiste — Métier (m) jumelle

1 **Loom Arranged for Split Warp** — **Telaio (m) per pezze gemelle**

Ткацкий станок (мр) с приспособлением для выработки срединной каймы — **Telar (m) para producir un orillo central**

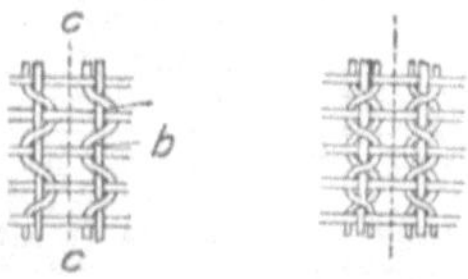

2 Mittelleiste (f), Schnittleiste (f)
centre *or* inside selvedge
срединная *или* разрезная кайма (жр) *или* кромка (жр) *или* покрома (жр)
fausse lisière (f), lisière du milieu *ou* de découpure
cimossa (f) di mezzo *o* centrale, vivagno (m) del centro, falsa cimossa
falso orillo (m), orillo central *o* del medio

---

3 Stehfaden (m)
standing thread
грунтовая нить (жр)
b
fil (m) fixe
filo (m) fisso
hilo (m) fijo

---

4 Trennungslinie (f) der beiden Gewebe
dividing line between two weaves
раздел (мр) *или* разделяющая линия (жр) между обеими тканями
c
ligne (f) de découpure des deux tissus
linea (f) di divisione dei due tessuti
linea (f) divisoria de los dos tejidos

---

5 Drehfaden (m)
crossing thread, doup thread
оплеточная нить (жр)
fil (m) de tour
filo (m) di giro
hilo (m) de vuelta

---

6 Schlingen (n) der Leistenfäden
crossing of the selvedge threads
захлестывание (ср) кромочных нитей
croisure (f) des fils de lisière
incrocio (m) dei fili di cimossa
cruzamiento (m) de los hilos de orillo

---

7 die Schußenden (npl) stellen sich auf
the weft ends rise
концы (мр) уточин оттопыриваются
les bouts (mpl) de trame se relèvent
le estremità delle trame si alzano
los cabos de trama se levantan

Schnittleistenvorrichtung (f) mit Drehergeschirr
centre selvedge motion with gauze harness
приспособление (ср) для разрезных каем с газовым ремизом
dispositif (m) de fausse lisière avec harnais de gaze
dispositivo (m) per cimossa centrale con armatura di licci per garza 8
dispositivo (m) de falso orillo con malla de vuelta

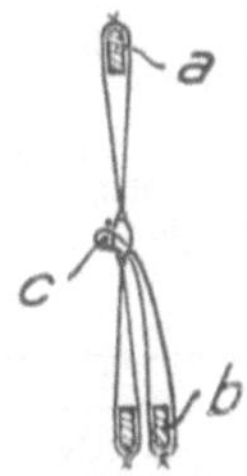

Dreherwerk (n)
gauze harness, doup harness
ремизки (жр) для оплеточных нитей 9
harnais (m) de la gaze
licci (mpl) da garza
malla (f) de gasa, lizos (mpl) de vuelta

---

ganzer Schaft (m)
standard shaft
нормальная ремизка (жр)
a
lisse (f) anglaise *ou* complète 10
liccio (m) inglese
lizo (m) inglés

---

halber Schaft (m)
doup shaft
полуремизка (жр), полуколышковая ремизка (жр)
b
culotte (f)
mezzo-liccio (m)
calota (f) 11

---

die halbe Helfe geht durch das Auge
the doup passes through the heald eye
полуколышка (жр) проходит сквозь глазок
c
la culotte passe dans l'œillet
il mezzo-liccio passa nell'occhiello 12
la calota pasa por el ojo

Glasringhelfe (f)
heald with glass eye
колышка (жр) со стеклянным глазком
lisse (f) avec œillet en verre
liccio (m) con maglia di vetro 13
lizo (m) con ojo de vidrio

---

den Schlingfaden durch einen Perlkopf ziehen
to draw the doup thread through a glass bead
продевать оплеточную нить (жр) через бисерную пуговицу
tirer le fil de tour par une culotte à perle
tirare il filo di giro per una perla di vetro 14
tirar el hilo de vuelta por una calota de perla

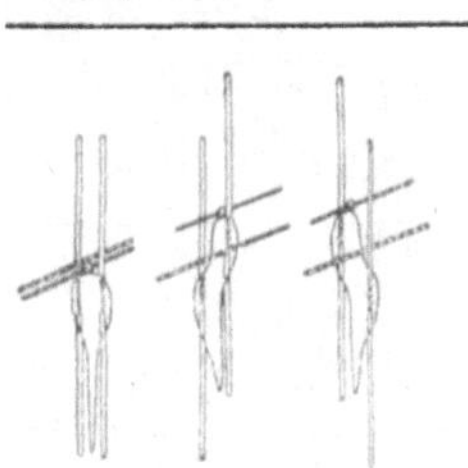

Drahtdreherlitze (f)
wire gauze heald
проволочная колышка (жр) для оплеточной нити
lisse (f) gaze métallique 15
liccio (m) per garza metallica
lizo (m) de vuelta metálico

1 

Jacquarddreherlitze (f)
Jacquard gauze heald
Жаккардовая лица (жр) для оплеточной нити
lisse (f) gaze à la Jacquard
liccio (m) per garza al Jacquard
lizo (m) de vuelta de Jacquard

---

2 die Helfen beschweren
to weight the healds
нагружать *или* утяжелять полукольшки (жр)
charger les lisses (fpl)
caricare i licci
cargar los lizos

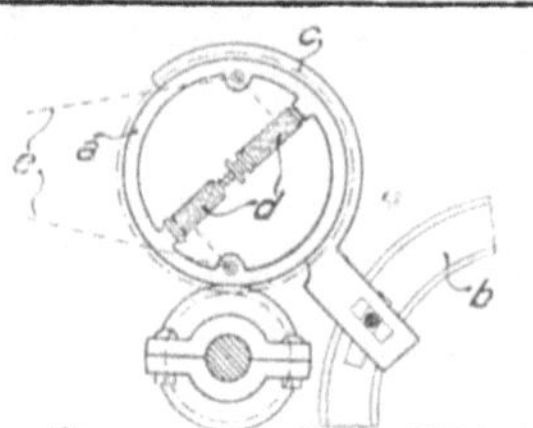

3 Vorrichtung (f) zur Bildung einer Mittelleiste
split motion, centre selvedge motion
приспособление (ср) для образования срединной каймы
dispositif (m) de fausse lisière
dispositivo (m) per falsa cimossa
dispositivo (m) de falso orillo

---

4 a Zahnrad (n)
toothed wheel
шестерня (жр), зубчатое колесо (ср)
roue (f) dentée
ruota (f) dentata
rueda (f) dentada

---

5 b Stütze (f)
support
опора (жр)
montant (m)
sopporto (m)
soporte (m)

---

6 c Rundlager (n), Lagerring (m)
circular bearing
опорное кольцо (ср)
support (m) circulaire
sopporto (m) circolare
soporte (m) circular

---

7 d in der Richtung des Durchmessers [*oder* diametral] gelagerte Spulen (fpl)
bobbins mounted on a diameter of the wheel
установленные по диаметру *или* диаметрально-расположенные шпули (жр)
bobines (fpl) placées diamétralement
bobine (fpl) disposte diametralmente
carretes (mpl) colocados diametralmente

---

8 e Leistenfaden (m)
selvedge thread
кромочная нить (жр)
fil (m) de lisière
filo (m) di cimossa
hilo (m) de orillo

---

9 die Spulen (fpl) drehen sich entgegengesetzt
the bobbins rotate in opposite directions
шпули (жр) вращаются в противоположные стороны
les bobines (fpl) tournent dans des directions opposées
le bobine (fpl) girano in direzioni opposte
los carretes giran en sentido opuesto

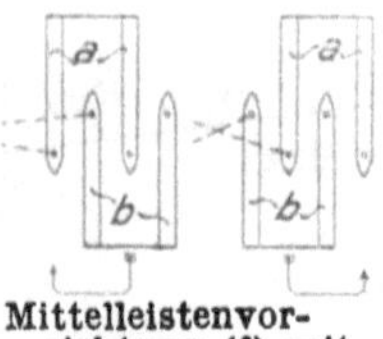

Mittelleistenvorrichtung (f) mit Nadelstäben
split motion with needle frame
приспособление (ср) для срединных каем со шпильками
dispositif (m) de fausse lisière avec cadre à aiguilles
dispositivo (m) per falsa cimossa con quadro ad aghi
dispositivo (m) de falso orillo con regla de agujas 10

---

a feste Nadel (f)
fixed needle
неподвижная игла (жр) *или* шпилька (жр)
aiguille (f) fixe
ago (m) fisso
aguja (f) fija 11

---

b bewegliche Nadel (f)
movable needle
подвижная шпилька (жр)
aiguille (f) mobile
ago (m) mobile
aguja (f) móvil 12

Nadelöse (f)
needle eye
ушко (ср) шпильки
chas (m) de l'aiguille
cruna (f) dell'ago
ojete (m) de la aguja 13

Dreherfach (n)
gauze shed
зев (мр) для газа
pas (m) de gaze
passo (m) di garza
calada (f) de gasa 14

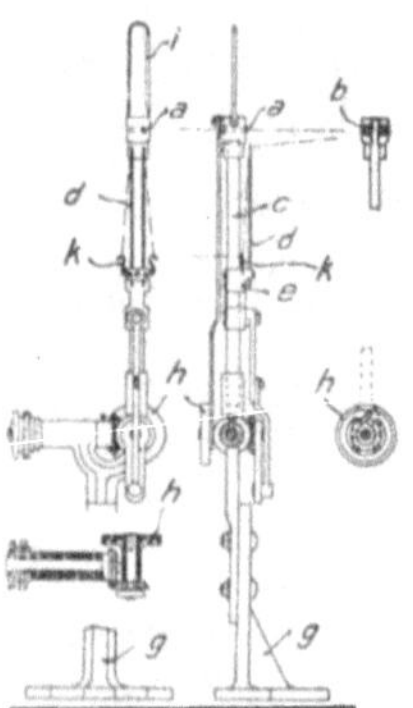

Mittelleistenvorrichtung (f) von Stäubli
Stäubli's split motion
приспособление (ср) Штейбли для срединных каем
dispositif (m) de fausse lisière de Stäubli
dispositivo (m) per falsa cimossa di Stäubli
dispositivo (m) de falso orillo de Stäubli 15

---

a Drehfadenröhrchen (n)
doup eye
трубочка (жр) для оплеточной нити
tube (m) pour fil de tour
tubo (m) per filo di giro
tubo (m) para hilo de vuelta 16

---

b Zahnrädchen (n)
pinion
шестеренка (жр)
roue (f) dentée
ruota (f) dentata
rueda (f) dentada 17

---

c Führung (f)
guide
направляющая (жр)
guide (m)
guida (f)
guía (f) 18

---

d Stehfadennadel (f)
standard needle
игла (жр) для грунтовой нити
aiguille (f) du fil fixe
ago (m) del filo fisso
aguja (f) del hilo fijo 19

---

e Gleitstück (n)
slide
ползунок (мр)
glissière (f)
scorritoio (m)
corredor (m) 20

---

g Ständer (m)
frame
стойка (жр), ножка (жр)
bâti-support (m)
cavalletto (m)
bastidor (m) 21

1 Nutenscheibe (f)
grooved disc
канавчатый *или* желобчатый диск (мр)
h
disque (m) à rainure
disco (m) a scanalatura
disco (m) de ranura

2 Kettenteilungsbügel (m)
warp separator
основоразделительная скобка (жр)
i
séparateur (m) de chaîne
separatore (m) per ordito
separador (m) de urdimbre

3 Drahtöse (f), Drahtauge (n)
wire eye
проволочная (-ое) петля (жр) *или* ушко (ср)
k
œillet (m) métallique
occhiello (m) metallico
ojete (m) metálico

4 Stellen (n) der Nadeln
adjusting the needles
установка (жр) *или* расположение (ср) игл
réglage (m) des aiguilles
registrazione (f) degli aghi
ajustado (m) de las agujas

5
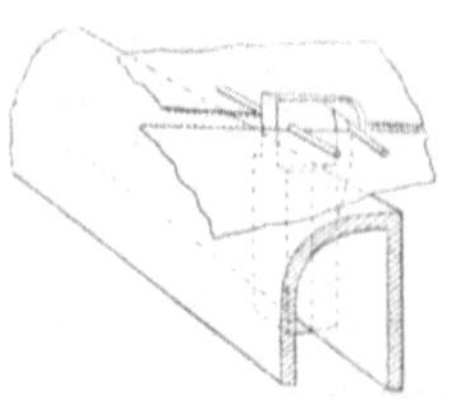
Kantenschneider (m), Kantenschneidvorrichtung (f)
cutting motion for selvedges
механизм (мр) *или* нож (мр) для прорезания каймы
mécanisme (m) de découpage des fausses lisières
meccanismo (m) tagliacimosse
mecanismo (m) escisor *o* mecanismo cortador de falsos orillos

XIX.

6 **Bobinetwebstühle** (mpl), **Spulennetzwebstühle** (mpl)
Bobbin Net *or* Plain Net *or* Transverse Machines
Катушечные ткацкие станки (мр)
Machines (fpl) **à filet au moyen de bobines, métiers** (mpl) **à tulle-bobin**
Telai (mpl) **per reti a bobine**
Telares (mpl) **para tul**

1. Allgemeines (n)

7 **1. Allgemeines** (n)
General Terms
Общее (ср)
Généralités (fpl)
Generalità (fpl)
Generalidades (fpl)

8 Tüll (m)
bobbin net
тюль (мр)
tulle (m)
tulle (m)
tul (m)

9 Gewebe (n) mit sechseckigen Zellen
hexagonal mesh net
ткань (жр) с шестиугольными клеточками
tissu (m) à mailles hexagonales
tessuto (m) a maglia esagonale
tejido (m) con mallas exagonales

10 glatter *oder* einfacher Tüll (m)
plain net
гладкий *или* простой тюль (мр)
tulle (m) uni
tulle (m) liscio
tul (m) liso *o* unido

11 gestreifter Tüll (m)
striped net
полосатый тюль (мр)
tulle (m) rayé *ou* à rayures
tulle (m) rigato
tul (m) rayado

12 Tupfentüll (m)
spotted net
тюль (мр) с мушками
tulle (m) moucheté
tulle (m) punteggiato
tul (m) mosqueteado

13 gemusterter Tüll
fancy net, spriggy net
узорный тюль (мр)
tulle (m) façonné *ou* fantaisie
tulle (m) operato
tul (m) de fantasía

14 Einsetzen (n) der Spulen in die Spulenschlitten
placing the bobbins in the carriages
вставка (жр) шпуль в салазки
placement (m) des bobines dans le chariot
collocamento (m) delle bobine nel carrello
colocación (f) de las bobinas en el carro

15
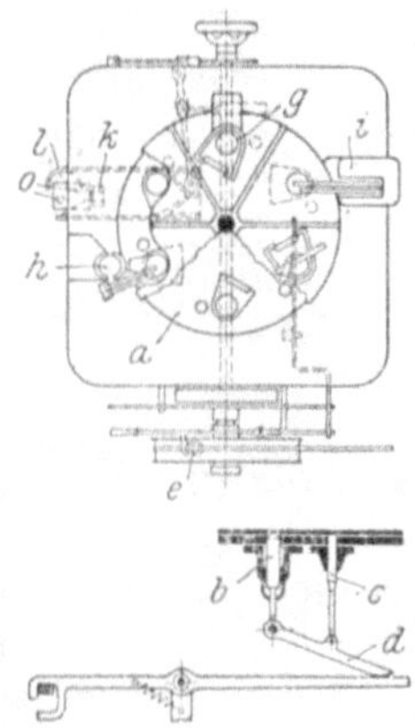

Maschine (f) zum Ausstoßen der Spulen aus den Spulenschlitten und Einsetzen voller Spulen
machine to eject spent and replace full bobbins in the carriage
машина (жр) для выталкивания шпуль из салазок и для вставки полных шпуль
machine (f) à éjecter des bobines vides et à replacer des bobines pleines dans le chariot
macchina (f) per scaricare bobine vuote e caricare bobine piene nel carrello
máquina (f) para expulsar las bobinas vacías y substituirlas por bobinas llenas en el carro

16 schrittweise gedrehte Förderscheibe (f)
carrier disc rotated step by step
шаг за шагом вращаемый подающий диск (мр)
a
disque (m) porteur actionné par degrés
disco (m) portatore azionato passo a passo
disco (m) portador accionado por peldaños

17 Sperrstift (m)
locking finger
запорный палец (мр)
b
cheville (f) d'arrêt
caviglia (f) d'arresto
tope (m) *o* espiga (f) de freno

18 Taster (m)
feeler
щупалец (мр)
c
tâteur (m)
tastatore (m)
pulsador (m)

19 Kupplungshebel (m)
coupling lever
сцепляющий рычаг (мр)
d
levier (m) d'accouplement
leva (f) d'innesto
palanca (f) de acoplamiento *o* de embrague

20 Riemenleiter (m)
strap fork
ременная вилка (жр)
e
guide-courroie (m)
guida-cinghia (m)
guía-correa (m)

1	Behälter (m) für Spulenschlitten mit leeren Spulen container for carriages with spent bobbins приемник (мр) для салазок с порожними шпулями	g	récepteur (m) de chariots de bobines vides raccoglitore (m) di carrelli di bobine vuote receptor (m) de carros con bobinas vacías
2	Spulenbehälter (m) bobbin magazine приемник (мр) *или* ящик (мр) для шпуль	h	magasin (m) à bobines magazzino (m) a bobine depósito (m) de bobinas
3	Spulenausstoßvorrichtung (f) bobbin ejector прибор (мр) для выталкивания шпуль	i	dispositif (m) éjecteur de bobines dispositivo (m) escibobine dispositivo (m) de expulsión de bobinas
4	Kasten (m) box, hopper ящик (мр), коробка (жр)	k	boîte (f), fournisseur (m) cassa (f) suministrador (m)
5	Ausschnitt (m) recess вырез (мр)	l	entaille (f) incastro (m), recesso (m) muesca (f), escopleadura (f), entalladura (f)
6	Fangstift (m) catch pin захватчик (мр), захватный штифт (мр)	o	goupille (f) réceptrice ago (m) ricevitore espiga (f) *o* clavija (f) receptora
7	Teildrehung (f) partial revolution частичный оборот (мр)		révolution (f) partielle rivoluzione (f) parziale revolución (f) parcial
8	Schaltstern (m) ratchet wheel, star wheel управляющая движением звезда (жр)		roue (f) à rochet ruota (f) d'arresto rueda (f) de estrella
9	Rast (f) dwell приклон (мр)		cran (m) tacca (f) descanso (m)
10	der Sperrstift geht in die Höhe the locking finger rises запорный палец (мр) подымается		la cheville d'arrêt se lève la caviglia d'arresto si alza la espiga de freno se levanta
11	der Taster geht durch den Spulenschlitten the feeler passes through the carriage щупалец (мр) проходит сквозь салазки для шпуль		le tâteur passe à travers le chariot il tastatore passa attraverso il carrello el pulsador atraviesa el carro
12	freier Durchgang (m) durch den Schlitten free passage through the carriage свободный проход (мр) сквозь салазки		passage (m) libre à travers le chariot passaggio (m) libero attraverso il carrello paso (m) libre a través del carro
13	Spulenschieber (m) transferring lever толкач (мр) для шпуль		marteau-chargeur (m) trasportatore (m) delle bobine martillo (m) cargador

gefüllter Spulenschlitten (m) full carriage заполненные *или* заряженные шпульные салазки (жр)		chariot (m) garni carrello (m) guarnito o pieno carro (m) lleno	14
leerer Spulenschlitten (m) empty carriage порожние шпульные салазки (жр)		chariot (m) vide carrello (m) vuoto carro (m) vacío	15
Spulenschlitten (m) mit leerer Spule carriage with spent bobbin шпульные салазки (жр) с порожней шпулей		chariot (m) avec bobine vide carrello (m) con bobina vuota carro (m) con bobina vacía	16
Spulenschlittenscheibe (f) carriage disc тарелка (жр) шпульных салазок		disque (m) du chariot de bobines disco (m) del carrello di bobine disco (m) del carro de bobinas	17
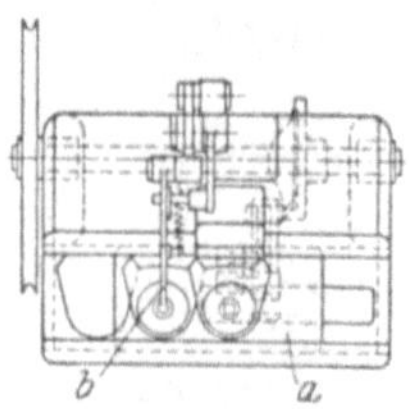	a	hin- und hergehender Schieber (m) reciprocating pusher возвратно-движущийся ползун (мр) pousseur (m) à va-et-vient spingitore (m) a movimento di andata e ritorno impulsor (m) de vaivén	18
Spulenausdrücker (m) bobbin ejector выталкиватель (мр) шпули	b	éjecteur (m) de bobines scaricatore (m) delle bobine expulsor (m) de bobinas	19
schrittweise bewegter Schieber (m) pusher moved step by step шаг за шагом движущийся ползун (мр)		pousseur (m) actionné par degrés spingitore (m) mosso passo a passo impulsor (m) accionado por peldaños	20
Schieberstillstand (m) dwell of the pusher остановка (жр) *или* состояние (ср) покоя ползуна		arrêt (m) du pousseur arresto (m) dello spingitore parada (f) del impulsor	21
Schieberaussparung (f) recess in the pusher выемка (жр) для ползуна		encoche (f) dans le pousseur recesso (m) nello spingitore descanso (m) *o* muesca (f) en el impulsor	22
gefüllter Spulenschlitten (m) full carriage заряженные шпульные салазки (жр)		chariot (m) garni carrello (m) pieno carro (m) lleno	23
fallende Spule (f) falling bobbin падающая шпуля (жр)		bobine (f) tombante bobina (f) cadente bobina (f) cayente	24
fallender Spulenschlitten (m) falling carriage падающие шпульные салазки (жр)		chariot (m) tombant carrello (m) cadente carro (m) cayente	25

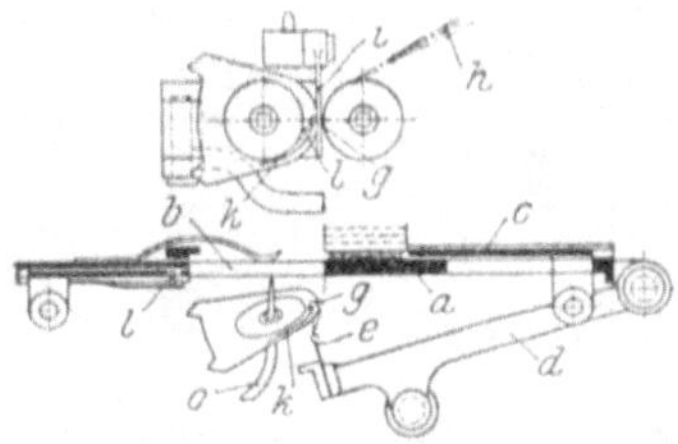

1	Einfädelvorrichtung (f) threading motion прибор (мр) для вдевания нити		dispositif (m) d'enfilage dispositivo (m) per infilare dispositivo (m) de enhebrado
2	Tisch (m) table стол (мр)	a	table (f) tavola (f) mesa (f)
3	Tischöffnung (f) opening in table отверстие (ср) стола	b	ouverture (f) dans la table apertura (f) nella tavola abertura (f) en la mesa
4	Schieber (m) pusher задвижка (жр), ползун (мр)	c	poussoir (m) spingitore (m) impulsor (m)
5	Schwinghebel (m) swing lever коромысло (ср)	d	levier (m) oscillant leva (f) oscillante palanca (f) oscilante
6	Fädelhaken (m) threading hook продевной крючок (мр)	e	crochet (m) d'enfilage uncino (m) per infilare gancho (m) de enhebrado
7	Fadenloch (n) thread eye глазок (мр) для нити	g	trou (m) pour le fil occhiello (m) per il filo agujero (m) para el hilo
8	Fadenende (n) end of thread кончик (мр) нити	h	extrémité (f) du fil estremità (f) del filo cabo (m) del hilo
9	Fadenverdränger (m) presser вытеснитель (мр) нити	i	presseur (m) du fil compressore (m) del filo prensador (m) del hilo
10	Spulenschlittenbremsfeder (f) carriage brake spring тормозящая пружина (жр) шпульных салазок	k	ressort (m) du chariot formant frein molla (f) del freno del carrello freno (m) en forma de resorte del carro
11	Verdrängerstift (m) press off шпилька (жр) вытеснителя	l	goupille (f) du presseur ago (m) del compressore espiga (f) del prensador
12	Aufreihschiene (f) für Spulenschlitten assembling rod for carriages посадочная рейка (жр) для шпульных салазок	o	tringle (f) réceptrice des chariots asta (f) collettrice dei carrelli varilla (f) receptora de los carros
13	rohrförmiger Behälter (m) tube shaped holder трубчатый приемник (мр)		support (m) en forme de tube sopporto (m) in forma di tubo soporte (m) en forma de tubo

geschlitzter Spulenbehälter (m) slotted bobbin holder приемник (мр) для шпуль с прорезом	support (m) de bobines à glissière sopporto (m) di bobine a scorritoio soporte (m) de bobinas con colisa	14
Nase (f) nose носик (мр)	nez (m) nasello (m) nariz (f)	15
Gleitriemen (m) guide belt скользящий ремень (мр)	courroie-guide (f) cinghia (f) di guida correa-guía (f)	16
Sammelbehälter (m) collector сборный приемник (мр)	collecteur (m), récepteur (m) raccoglitore (m) colector (m), receptor (m)	17
Webstuhl (m) für Streifentüll bobbin net quilling machine ткацкий станок (мр) для выработки полосатого тюля	métier (m) à tulle en bande telaio (m) per tulle a striscie telar (m) para tul listado	18
Webstuhl (m) für gemusterten Tüll fancy net machine ткацкий станок (мр) для выработки узорного тюля	métier (m) à tulle façonné telaio (m) a tulle operato telar (m) para tul labrado	19
die Abzugsgeschwindigkeit ändern *oder* wechseln to alter the taking up speed изменять *или* подвергать изменению скорость (жр) подачи	changer la vitesse d'enroulement cambiare la velocità d'avvolgimento cambiar la velocidad de arrollamiento	20
die Zellengröße ändern to alter the size of the mesh подвергать изменению величину (жр) клеточки	changer la grosseur des mailles cambiare la grandezza delle maglie cambiar el grosor de las mallas	21
große Zelle (f) coarse mesh большая клеточка (жр)	maille (f) grosse maglia (f) grossa malla (f) gruesa *o* grosera	22
kleine Zelle (f) fine mesh малая клеточка (жр)	maille (f) fine maglia (f) fina malla (f) fina	23
Fadenanhäufung (f) accumulation of threads скопление (ср) *или* накопление (ср) нитей	accumulation (f) de fils accumulazione (f) di fili acumulación (f) de hilos	24
Webstuhl (m) für Tupfentüll spotted net machine ткацкий станок (мр) для выработки тюля с мушками	métier (m) à tulle moucheté telaio (m) a tulle punteggiato telar (m) para tul mosqueteado	25

1	**2. Webstuhl (m) für glatten Tüll** **Plain Net Machine** **Ткацкий станок (мр) для выработки гладкого тюля**		**Métier (m) à tulle uni** **Telaio (m) per tulle liscio** **Telar (m) para tul liso o unido**
2	Spulenschlittenreihe (f) row *or* tier of carriages ряд (мр) шпульных салазок		rangée (f) de chariots fila (f) di corsoi hilera (f) de carros
3	Tüllwebstuhl (m) mit einer Reihe Spulenschlitten single tier net machine однорядный тюлевый ткацкий станок (мр)		métier (m) à tulle avec une seule rangée de chariots telaio (m) per tulle con unica fila di corsoi telar (m) para tul con una sola hilera de carros
4	Tüllwebstuhl (m) mit zwei Reihen Spulenschlitten double tier net machine двухрядный тюлевый ткацкий станок (мр)		métier (m) à tulle avec deux rangées de chariots telaio (m) per tulle a doppia fila di corsoi telar (m) para tul con dos hileras de carros

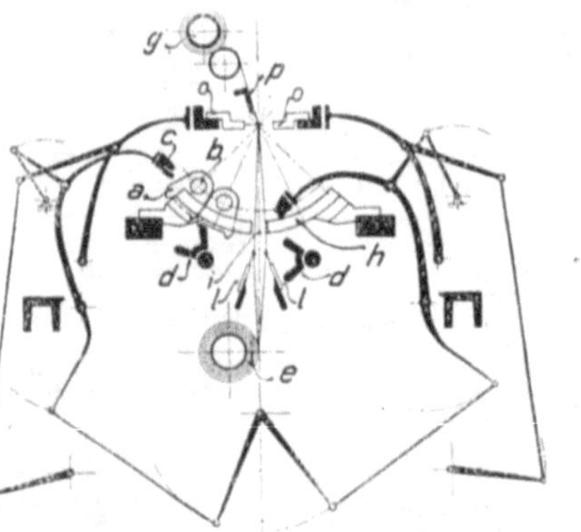

5	Tüllwebstuhl (m) mit Double-Locker-Antrieb für die Spulenschlitten double locker bobbin net machine, net machine with double locker bars for driving the bobbin holders тюлевый ткацкий станок (мр) с двух-замочным приводом к шпульным салазкам		métier (m) à tulle avec double barre à ailettes pour les chariots à bobines telaio (m) a tulle con doppie barre ad alette per azionare i carrelli di bobine telar (m) para tul con doble barra de aletas para los carros con bobinas
6	Spulenschlitten (m), Wagen (m) bobbin holder, carriage катушечные *или* шпульные салазки (жр)	a	chariot (m) à bobine, chariot porte-bobine carrello (m) *o* corsoio (m) a bobine carro (m) porta-bobina
7	flache Spule (f) net *or* brass bobbin плоская катушка (жр)	b	bobine (f) plate bobina (f) piatta bobina (f) chata
8	Stoßschiene (f), Stoßblech (n) driving bar боевой(-ая) брус (мр) *или* рейка (жр)	c	barre (f) de commande asta (f) di manovra barra (f) de impulsión
9	Flügelwelle (f) locker bar лопастной *или* крыльчатый вал (мр)	d	barre (f) à ailettes barra (f) ad alette barra (f) de aletas
10	Kettbaum (m) warp beam навой (мр)	e	rouleau (m) de la chaîne subbio (m) della catena plegador (m) de urdimbre
11	Warenbaum (m) cloth beam товарный *или* приемный ролик (мр)	g	rouleau (m) du tulle subbio (m) del tulle plegador (m) del tul
12	Führungskamm (m), Kammbarre (f), Kammschlitzbarre (f) carriage comb направляющая желобчатая дуга (жр)	h	peigne (m) pettine (m), guida (f) peine (m)
13	Aussparung (f) well щель (жр)	i	rainure (f), coulisse (f) scanalatura (f) ranura (f)
14	Lochnadelschiene (f), Leiter (f) thread guide bar игольная планка (жр) нитевода	l	barre (f) des guide-fils traversa (f) dei guidafili barra (f) de los guíahilos
15	Nadelschläger (m), Nadelstange (f) point bar игольный батан (мр)	o	barre (f) garnie de pointes asta (f) a punte barra (f) guarnecida de agujas
16	Stützleiste (f) facing bar опорная планка (жр)	p	barre (f) de support lista (f) di appoggio barra (f) del soporte
17	dreieckige Grundform (f) triangular ground form основная треугольная форма (жр)		forme (f) principale triangulaire forma (f) principale triangolare forma (f) principal triangular
18	Randschlitten (m) edge carriage каемочные *или* кромочные салазки (жр)		chariot (m) de l'extrémité carrello (m) di estremità carro (m) de extremidad
19	Tüllspule (f), Bobinetspule (f) net bobbin катушка (жр) *или* бобинка (жр) для тюля		bobine (f) à tulle-bobin bobina (f) a tulle bobina (f) de tul
20	Spulenschlittenantrieb (m) bobbin carriage drive привод (мр) катушечных салазок		commande (f) des chariots à bobine azionamento (m) dei carrelli a bobine accionamiento (m) de los carros porta-bobina
21	Unterantrieb (m) driving from below нижний привод (мр)		commande (f) par en-dessous comando (m) inferiore, azionamento (m) dal basso impulsión (f) por abajo

1	Schlittenzahn (m) carriage tooth выступ (мр) салазок	dent (f) du chariot dente (m) del carrello diente (m) del carro
2	Einkerbung (f) groove, recess зарубка (жр), вырез (мр)	entaille (f) incastro (m) entalladura (f)
3	die Spulenschlitten (mpl) gleiten in den Kammschlitzen the carriages slide in the comb spaces шпульные салазки (жр) скользят в выемках желобчатой дуги	les chariots (mpl) glissent dans les fossés i carrelli scivolano nelle scanalature del pettine los carros resbalan por las ranuras del peine
4	die Schlitten (mpl) wandern von Stoffkante zu Stoffkante the carriages traverse the width of the material салазки (жр) бродят *или* ходят взад и вперед от одной кромки ткани к другой	les chariots traversent la largeur du tissu i carrelli attraversano la larghezza del tessuto los carros recorren la anchura del tejido
5	Übergang (m) der Spulenschlitten aus einer Reihe in die andere movement of the carriages from one row to the other переход (мр) шпульных салазок из одного ряда в другой	mouvement (m) des chariots d'une rangée à l'autre movimento (m) dei carrelli d'una fila all'altra movimiento (m) de los carros de una hilera a otra
6	Kettfaden (m) warp thread, beam thread основная нить (жр)	fil (m) de chaîne filo (m) di catena hilo (m) de urdimbre
7	Spulenfaden (m) bobbin thread уточная нить (жр)	fil (m) de bobine filo (m) di bobina hilo (m) de bobina *o* de canilla
8	zweiteiliger Führungskamm (m) comb in two parts направляющая желобчатая дуга (жр) из двух частей	peigne (m) en deux pièces pettine (m) in due pezzi peine (m) en dos piezas
9	in der Achsrichtung [*oder* axial] verschiebbarer Führungskamm (m) axially movable comb направляющая желобчатая дуга (жр) может быть передвигаема в осевом направлении	peigne (m) mobile axialement pettine (m) spostabile nel senso dell'asse peine (m) con movimiento axial
10	Versatzbewegung (f) alternating movement рассадочное передвижение (ср), взаимный сдвиг (мр)	mouvement (m) alternatif movimento (m) alternativo movimiento (m) alternativo
11	gerader Kamm (m) straight comb прямой гребень (мр)	peigne (m) droit pettine (m) diritto peine (m) recto
12	kreisbogenförmig gekrümmter Kamm (m) segment shaped comb изогнутый по дуге круга гребень (мр)	peigne (m) échancré pettine (m) incurvato ad arco, guida (f) circolare peine (m) corvo
13	Schlittengleitbahn (f) carriage slide направляющий полоз (мр) для салазок	glissière-guide (f) des chariots scorritoio (m) dei carrelli corredera-guía (f) de los carros
14	Kammschlitz (m) comb space щель (жр) гребня	intervalle (m) entre les dents du peigne, fossé (m) intervallo (m) fra i denti del pettine espacio (m) del peine
15	Kammzinke (f) tooth of comb пластинка (жр) гребня	lame (f) *ou* dent (f) du peigne dente (m) del pettine diente (m) del peine
16	Fadenführungsschiene (f) thread guide rail нитеводная рейка (жр) *или* планка (жр)	rail (m) guide-fil traversa (f) dei guidafili rail (m) guía-hilo
17	Ösenhäkchen (n) wire guide eye петлеподобный крючочек (мр)	crochet (m) en forme d'œillet uncino (m) a forma d'occhiello gancho (m) en forma de ojo
18	die Kettfäden (mpl) seitlich versetzen to displace the warp threads laterally смещать основные нити (жр) в боковом направлении	déplacer les fils de chaîne latéralement spostare i fili di catena lateralmente desplazar lateralmente los hilos de urdimbre
19	Stuhlnadel (f) point игла (жр) станка	aiguille (f) de métier ago (m) del telaio aguja (f) de telar

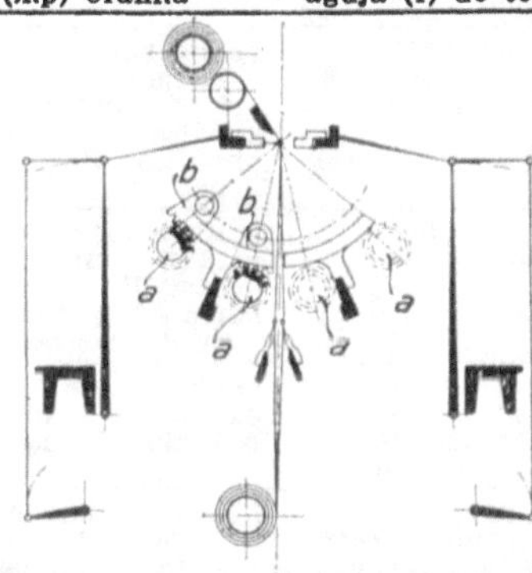

20	Tüllwebstuhl (m) mit Rollerantrieb für die Spulenschlitten net machine with rolling locker drive тюлевый ткацкий станок (мр) с роличным приводом к шпульным салазкам	métier (m) à tulle avec commande par rouleaux pour les chariots telaio (m) a tulle con comando a rulli per i carrelli telar (m) para tul con impulsión por rodillos de los carros
21	Spulenschlittentriebrad (n) wheel for driving rolling locker приводная шестерня (жр) шпульных салазок *a*	roue (f) de commande des chariots ruota (f) di comando dei carrelli rueda (f) impulsor de los carros

1 gezahnter Spulenschlitten (m) b
rolling locker
снабженные зубьями шпульные салазки (жр)
chariot (m) denté
carrello (m) dentato
carro (m) dentado

2 Zahnbogen (m)
curved rack
зубчатая дуга (жр)
crémaillère (f) courbe
arco (m) dentato
cremallera (f) curva

3 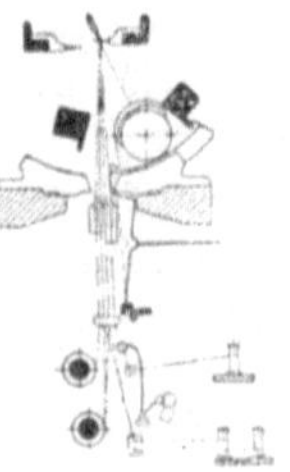

3. Gardinenwebstuhl (m)
Lace Curtain Machine, Curtain Lace Machine
Гардинный ткацкий станок (мр)
Métier (m) à rideaux
Telaio (m) da tende *o* da cortinaggi
Telar (m) para cortinas

4 die Spulenschlitten (mpl) führen keine wandernde Bewegung aus
the carriages are not traversed
шпульные салазки (жр) не бродят *или* не ходят взад и вперед
les chariots ne se meuvent pas de côté
i carrelli non si spostano lateralmente
los carros no se mueven lateralmente

5 Oberantrieb (m)
drive from above
верхний привод (мр)
commande (f) par au-dessus
azionamento (m) dall'alto
impulsión (f) por arriba

6 Fangschiene (f)
catch bar
захватная рейка (жр)
catch-bar (m)
asta (f) di manovra dei carrelli
barra (f) impulsadora de los carros

7 Grundkette (f)
ground warp
грунтовая основа (жр)
chaîne (f) de fond
catena (f) di fondo
urdimbre (f) de fondo

8 Musterfaden (m)
pattern *or* spool thread
узорная *или* гарнитурная нить (жр)
fil (m) de dessin
filo (m) del disegno
hilo (m) de muestra

9 die Musterfäden (mpl) um *x* Kettfäden seitlich versetzen
to move the pattern threads aside by *x* warp threads
подвергать узорные нити (жр) сдвигу в боковом направлении на *x* основных нитей
déplacer latéralement les fils de dessin de *x* fils de chaîne
spostare lateralmente i fili del disegno di *x* fili d'ordito
desplazar lateralmente los hilos de muestra, *x* hilos de urdimbre

10 Fadenauswähler (m), Selektor (m)
jack, interceptor, thread selector
нитеизбиратель (мр), выборщик (мр) нитей, селектор (мр)
sélecteur (m)
selettore (m)
selector (m)

federnder Fadenauswähler (m)
jack, spring stem interceptor
пружинный нитеизбиратель (мр)
sélecteur (m) élastique *ou* flexible
selettore (m) molleggiante
selector (m) de resorte 11

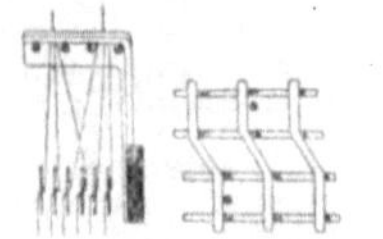

Hakenstange (f)
jack
крючечный стержень (мр) 12
tringle (f) à crochet
asta (f) uncinata
barra (f) de gancho

hakenartiger Finger (m)
nose of the jack
крючкообразный палец (мр)
doigt (m) en forme de crochet
dito (m) in forma d'uncino
clavija (f) en forma de gancho 13

Schwingschiene (f)
hinged bar
качающаяся рейка (жр)
tringle (f) oscillante
asta (f) oscillante
barra (f) oscilante 14

Auswählerstange (f), Selektorstange (f)
stem of jack
стержень (мр) нитеизбирателя
tige (f) du sélecteur
asta (f) del selettore
tirante (m) del selector 15

Grundstange (f)
bottom bar
основной стержень (мр)
tige (f) de fond
guida (f) *o* barra (f) di fondo
tirante (m) de fondo 16

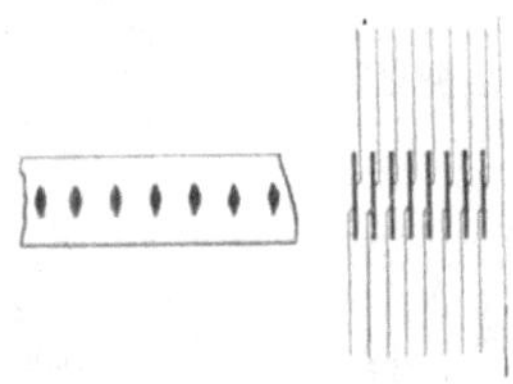

unabhängige Stangen (fpl)
independent guide bars
независимые стержни (мр)
barres (fpl) indépendantes
guide (fpl) indipendenti
tirantes (mpl) independientes 17

Litze (f)
heald
лица (жр)
lisse (f)
liccio (m)
lizo (m) 18

Platine (f)
lifter
крючок (мр)
platine (f)
platina (f)
gancho (m) 19

Ober-Jacquard (m), Manchester Jacquard (m)
Manchester Jacquard, thick thread Jacquard, top bar Jacquard
манчестерская *или* верхняя Жаккардовая машина (жр)
Jacquard (m) supérieur, Jacquard-Manchester
Jacquard (m) superiore, Jacquard Manchester
Jacquard (f) superior, Jacquard Manchester 20

der Spulenschlittenfaden umschlingt Ketten- und Musterfaden
the bobbin thread is twisted round the warp and pattern threads
нить (жр) шпульных салазок обвивает основную и узорную нити
le fil de tour enveloppe le fil de chaîne et le fil de dessin
il filo della bobina inviluppa i fili d'ordito e del disegno
el hilo de vuelta envuelve al de urdimbre y al de muestra 21

1	die Musterfäden (mpl) an die Grundkettfäden anbinden to tie the pattern threads to the ground warp threads связывать узорные нити (жр) с нитями грунтовой основы	lier les fils de dessin aux fils de chaine de fond legare i fili del disegno ai fili della catena di fondo ligar los hilos de muestra con los de urdimbre de fondo
2	die Musterfäden (mpl) laufen im Zickzack the pattern threads run zigzag узорные нити (жр) идут зигзагообразно	les fils de dessin courent en zig-zag i fili del disegno si svolgono a zig-zag los hilos de muestra evolucionan en zigzag
3	die Musterfäden (mpl) kreuzen die Grundkettfäden the pattern threads cross the ground warp threads узорные нити (жр) перекрещивают нити грунтовой основы	les fils de dessin croisent les fils de fond i fili del disegno incrociano i fili del fondo los hilos de muestra cruzan con los de fondo
4	Fallplatinenjacquard (m), Dropper-Jacquard (m) dropper Jacquard Жаккардовая машина (жр) со свободнопадающими крючками	Jacquard-dropper, Jacquard (m) à platines tombantes Jacquard (m) a platine cadenti Jacquard (m) de ganchos cayentes
5	gleichbleibender Hub (m) des Messers uniform throw of the driving blade постоянный *или* неизменный под'ем (мр) ножа	course (f) uniforme du couteau corsa (f) uniforme del coltello carrera (f) uniforme de la cuchilla
6	Paßstück (n) dropper проставка (жр)	dropper (m) dropper (m) dropper (m)
7	**4. Spitzenwebstuhl** (m) **Lace Machine** **Кружевной ткацкий станок** (мр)	**Métier** (m) **à dentelle** **Telaio** (m) **a merletti** **Telar** (m) **para encajes mecánicos** *o* **blondas mecánicas**
8	Spitzenwebstuhl (m) mit reihenweise bewegten Spulenschlitten twist lace machine кружевной ткацкий станок (мр) с порядковым движением шпульных салазок	métier (m) à dentelle avec chariots actionnés par séries telaio (m) a merletti con carrelli azionati a serie telar (m) para encajes con carros accionados por series
9	durchgehende Bewegung (f) der Spulenschlitten go through of the carriages сквозное движение (ср) шпульных салазок	mouvement (m) de go-through des chariots movimento (m) di traversata ininterrotta dei carrelli a bobine movimiento (m) sin interrupción de los carros de parte a parte del telar
10	Stillstand (m) der Spulenschlitten in der Mittelstellung dwell of the carriages in the centre position остановка (жр) шпульных салазок в среднем положении	arrêt (m) des chariots à leur position centrale arresto (m) dei carrelli nella posizione centrale parada (f) de los carros en su posición central
11	Fadenleiter (m) thread guide нитевод (мр)	guide-fil (m) guida-fili (m) guia-hilos (m)
12	geschlitzte Stahllamelle (f) slotted steel bar стальная лента (жр) с прорезом	bande (f) d'acier à rainure lamina (f) d'acciaio a scanalatura tira (f) de acero con ranura

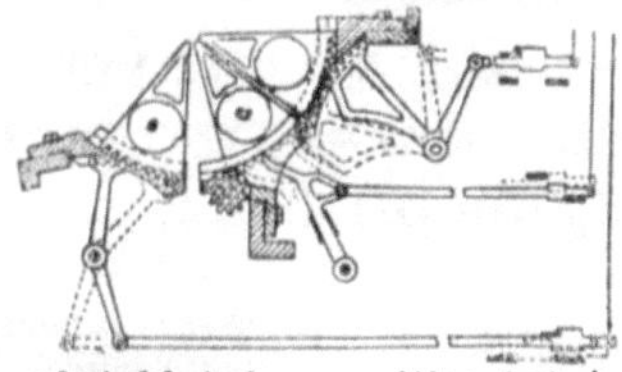

Nr.		
13	Spitzenwebstuhl (m) mit einzeln beweglichen Spulenschlitten bobbin net pillow lace machine кружевной ткацкий станок (мр) с одиночным движением шпульных салазок	métier (m) à dentelle avec chariots actionnés individuellement telaio (m) a merletti con carrelli azionati individualmente telar (m) para encajes con carros movidos individualmente
14	dreiteiliger Führungskamm (m) three part comb направляющий гребень (мр) из трех частей	peigne (m) en trois parties pettine (m) in tre parti peine (m) tripartido
15	Vorderkamm (m) front comb передний гребень (мр)	peigne (m) avant pettine (m) anteriore o di davanti peine (m) delantero
16	Hinterkamm (m) back comb задний гребень (мр)	peigne (m) arrière pettine (m) posteriore peine (m) trasero
17	in der Längsrichtung verschiebbarer Seitenkamm (m) lengthwise movable side comb боковой продольно-передвижной гребень (мр)	peigne (m) de côté déplaçable dans le sens de la longueur pettine (m) laterale spostabile longitudinalmente peine (m) de lado desplazable en el sentido de su longitud
18	Mittelkamm (m) centre comb средний гребень (мр)	peigne (m) de milieu pettine (m) centrale peine (m) medio
19	feststehender Mittelkamm (m) fixed centre comb неподвижный средний гребень (мр)	peigne (m) de milieu fixe pettine (m) centrale fisso peine (m) medio fijo
20	die Spulenschlitten (mpl) auslesen to select the carriages подвергать отбору шпульные салазки (жр)	choisir les chariots scegliere i carrelli escoger los carros

1 Auslesevorrichtung (f)
selector device
отбирающее *или* выбирающее приспособление (ср)
dispositif (m) sélecteur
dispositivo (m) selettore
dispositivo (m) seleccionador

Seitenjacquard (m)
bottom bar Jacquard, fine bar Jacquard
боковая Жаккардовая машина (жр)
Jacquard (m) latéral
Jacquard (m) laterale
Jacquard (m) lateral 8

H.

2
Zähl- und Meßvorrichtungen (fpl)
Counting and Measuring Devices
Счетные и проверочные *или* контрольные приборы (мр)
Appareils (mpl) compteurs et mesureurs
Apparecchi (mpl) contatori e misuratori
Aparatos (mpl) contadores y medidores

3 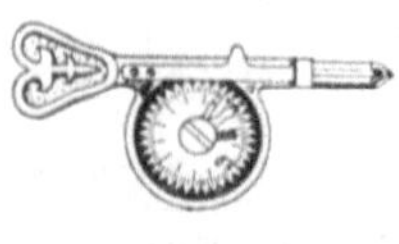
Umdrehungszähler (m), Tourenzähler (m)
speed counter, revolution counter
счетчик (мр) оборотов
compteur (m) de tours
conta-giri (m)
contador (m) de vueltas

4 Zählen (n) der Schüsse
counting the picks
счет (мр) *или* подсчет (мр) уточин *или* прокидов
comptage (m) des duites
contatura (f) delle trame
contado (m) de las pasadas

5 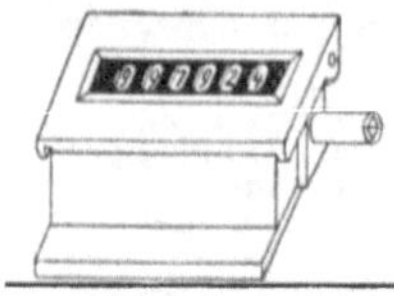
Schußzähler (m)
pick *or* weft counter
счетчик (мр) уточин
compteur (m) de duites
conta-trame (m)
contador (m) de pasadas

6 Northropschußzähler (m)
Northrop pick counter
счетчик (мр) уточин Нортропа
compteur (m) de duites Northrop
conta-trame (m) di Northrop
contador (m) de pasadas Northrop

7 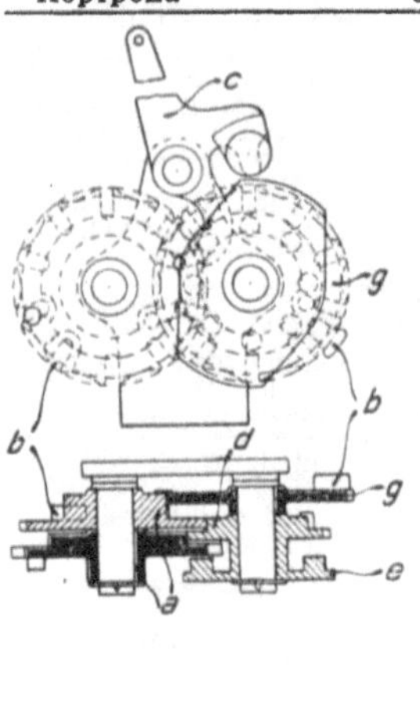

Schußzähler (m) von Demoulin
Demoulin pick counter
счетчик (мр) уточин Демулэна
compteur (m) de duites Demoulin
conta-trame (m) di Demoulin
contador (m) de pasadas Demoulin

9 *a*
Zählrad (n)
counter wheel
счетное колесо (ср)
roue (f) du compteur
ruota (f) del contatore
rueda (f) del contador

10 *b*
Daumen (m), Hubkörper (m)
cog
кулачек (мр)
came (f)
camma (f)
cama (f)

11 *c*
Litzenhebel (m)
cord lever
проступной рычаг (мр) для лиц
levier (m) à corde
leva (f) a corda
palanca (f) con cuerda

12 *d*
Hemmungsring (m)
brake ring
тормозящее кольцо (ср)
anneau (m) de frein
anello (m) del freno
anillo (m) de freno

13 *e*
Hubscheibe (f)
cam
эксцентрик (мр)
excentrique (m)
eccentrico (m)
excéntrico (m)

14 *g*
Sternrad (n)
star wheel
звездочка (жр)
roue (f) étoilée
ruota (f) a stella
rueda (f) de estrella

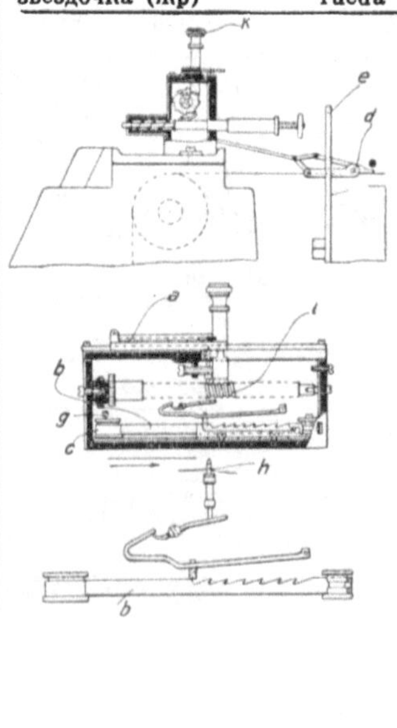

Schußzähler (m), Schußkontrollvorrichtung (f)
pick counter
уточный контрольный прибор (мр) 15
compteur (m) de duites
conta-trame (m)
contador (m) de pasadas

1 mit Teilungen versehener Papierstreifen (m)
paper strip with divisions
разграфленая бумажная полоска (жр)

a bande (f) en papier à divisions
nastro (m) o lista (f) di carta a divisioni
tira (f) o banda (f) de papel con divisiones

---

2 Stahlband (n)
steel band
стальная лента (жр)

b bande (f) d'acier
lista (f) in acciaio
banda (f) de acero

---

3 Federhaus (n)
spring box
футляр (мр) пружины

c boîte (f) à ressort
cassa (f) a molla
caja (f) con resorte

---

4 Kluppenzange (f)
clip
зажимные щипцы (мр)

d pince (f)
pinza (f)
pinza (f)

---

5 Ladenfinger (m)
striker pin
шип (мр) батана

e goupille (f) de frappe
ago (m) battitore
espiga (f) o clavija (f) de golpe o de batido

---

6 Stange (f)
rod
шпиндель (мр), стержень (мр)

g tige (f)
asta (f)
tirante (m)

---

7 Markierstift (m)
recording pen
отметочный штифт (мр)

h plume (f) à marquer
penna (f) per segnare
estilete (m) marcador

---

8 Schraubengewinde (n)
worm
винтовая резьба (жр)

i filet (m)
filetto (m), verme (m)
filete (m)

---

k Schraubenmutter (f)
nut
винтовая гайка (жр)

écrou (m)
dado (m)
tuerca (f) 11

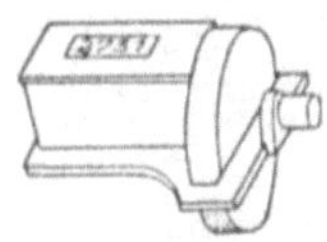

Meterzähler (m)
counter for meters length
счетчик (мр) числа метров
compteur (m) de mètres
contametri (m)
contador (m) de metros 12

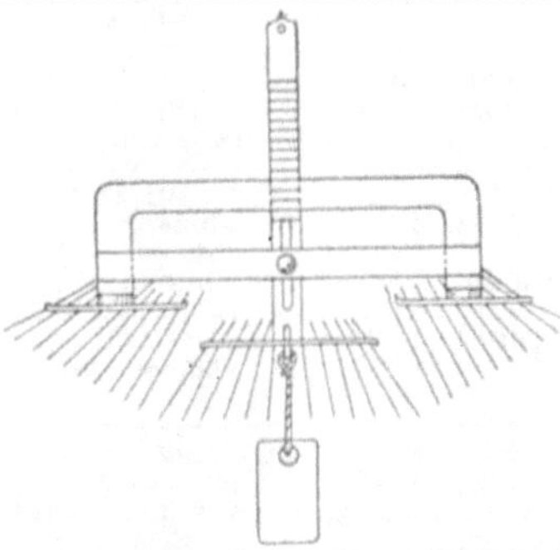

Kettenspannungsmeßvorrichtung (f)
arrangement for measuring the tension on the warp
прибор (мр) для измерения натяжения основы

dispositif (m) de mesure de tension de la chaîne
dispositivo (m) misuratensione per la catena
dispositivo (m) para medir la tensión de la urdimbre 13

I.

9

Hilfsmittel (npl) für den Betrieb

Accessories for Weaving Sheds

Вспомогательные средства (ср) для производства

Accessoires (mpl) d'exploitation

Accessori (mpl) di officina

Accesorios (mpl) de explotación o de fabricación

10 

Spulenwagen (m) aus Eisen
iron trolley for bobbins
железная тележка (жр) для шпуль
chariot (m) métallique pour bobines
carrello (m) metallico per bobine
carro (m) metálico para bobinas o canillas

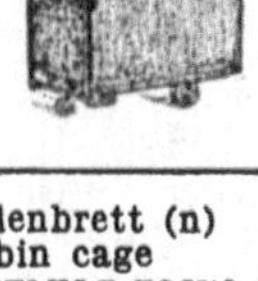

Korbwagen (m)
basket trolley
тележка (жр) для корзин
chariot (m) en osier
carrello (m) a paniere
canastilla (f) 14

Spulenbrett (n)
bobbin cage
шпульная доска (жр)

planche (f) à bobines
tavoletta (f) a bobine
tabla (f) de bobinas o de canillas 15

1
Kötzeraufstecker (m)
cop skewering device
прибор (мр) для надевания початков [на шпрынки]
dispositif (m) d'embrochage de la cannette
dispositivo (m) per infilare la cannetta
dispositivo (m) de fijación de la canilla

2
Spulenaufdrückmaschine (f)
shuttle filling device
машина (жр) для вставки шпуль
dispositif (m) pour forcer la bobine dans la navette
dispositivo (m) per forzare la bobina nella navetta
dispositivo (m) para forzar la canilla en la lanzadera

3
Trommel (f) mit auswechselbaren Hohlkegeln
drum with interchangeable hollow cones
барабан (мр) со сменными полыми конусами
tambour (m) avec cônes creux interchangeables
tamburo (m) con coni cavi scambievoli
tambor (m) con conos vacíos cambiables

4
Hülsenabziehmaschine (f)
tube *or* spool removing machine
машина (жр) для стаскивания гильз *или* патрончиков *или* цевок
machine (f) à enlever les tubes
macchina (f) per levare i tubetti
máquina (f) de separar los tubos

5
die Hülsen (fpl) von den Spindeln abziehen
to remove the tubes from the spindles
стаскивать патрончики (мр) с веретен
enlever les tubes des broches
levare i tubetti dai fusi
separar los tubos de los husos

6
Klemmbacke (f)
gripping jaw
зажимная щечка (жр)
mâchoire (f)
mascella (f)
mordaza (f)

7

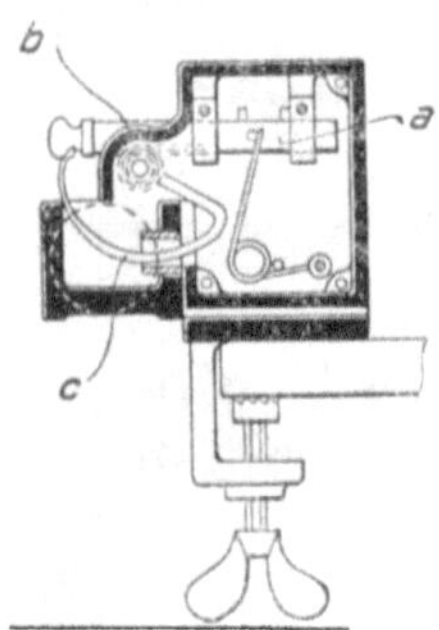

Schußfadeneinziehvorrichtung (f)
shuttle threading device
прибор (мр) для вдевания уточин
mécanisme (m) d'enfilage de la trame
meccanismo (m) per infilare la trama
mecanismo (m) de enhebrado del hilo de trama

8 (a)
Riegel (m)
bar
щеколда (жр)
barre (f)
traversa (f)
barra (f)

9 (b)
Vorsprung (m)
projection
выступ (мр)
projection (f)
sporto (m)
resalto (m)

10 (c)
Einziehnadel (f)
threading needle
продевная *или* вдевная игла (жр)
aiguille (f) d'enfilage
ago (m) d'infilatura
aguja (f) de enhebrado

11
Einziehen (n) des Schußfadens in das Webschützenauge
threading the weft through the shuttle eye
вдевание (ср) уточины в хрусталик челнока
enfilage (m) de la trame dans l'œillet de la navette
infilatura (f) della trama nell'occhiello della navetta
enhebrado (m) de la trama por el ojete de la lanzadera

12
Ansaugen (n) des Fadens
shuttle kissing, sucking the thread
присасывание (ср) *или* подсасывание (ср) нити
aspiration (f) du fil par la bouche
aspirazione (f) del filo
absorción (f) del hilo mediante la boca

13
den Faden ansaugen
to suck the thread through the eye
присасывать нить
aspirer le fil
aspirare il filo
absorber el hilo

14

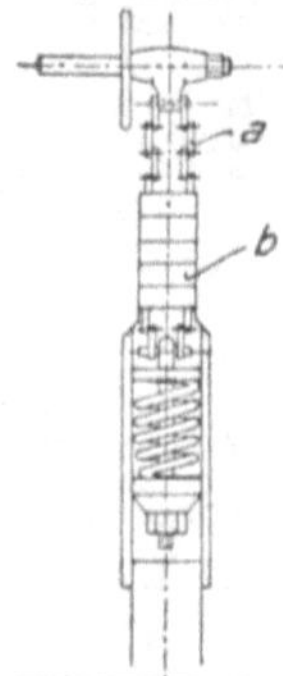

biegsamer Riemenaufleger (m)
flexible belt slipper
гибкий ремненадеватель (мр)
monte-courroie (m) flexible
monta-cinghia (m) flessibile
monta-correa (f) flexible

15 (a)
Gallesche Kette (f)
Galle chain
цепь (жр) Галля
chaîne (f) Galle
catena (f) di Galle
cadena (f) Galle

16 (b)
viereckiges Stahlgußglied (n)
rectangular cast steel link
четыреугольное звено (ср) литой стали
chaînon (m) rectangulaire en acier fondu
maglia (f) rettangolare in acciaio fuso
eslabón (m) rectangular de acero fundido

17
Auflegen (n) des Riemens
putting on the belt
надевание (ср) ремня
montage (m) de la courroie
montaggio (m) della cinghia
montaje (m) de la correa

18

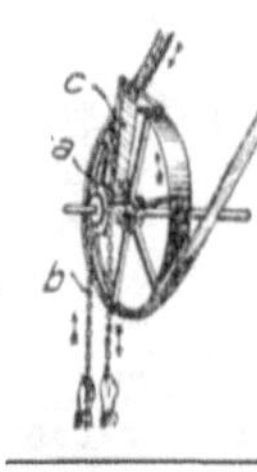

Riemenaufleger (m) und -abwerfer (m)
belt shifter
прибор (мр) для накладывания и для скидки ремня
mécanisme (m) d'embrayage et de débrayage de la courroie
sposta-cinghia (m)
mecanismo (m) de embrague y desembrague de la correa

19 (a)
Kettenrad (n)
chain wheel
цепной блок (мр)
roue (f) à chaîne
ruota (f) a catena
rueda (f) de cadena

20 (b)
endlose Handkette (f)
endless chain
бесконечная ручная цепь (жр)
chaîne (f) sans fin à main
catena (f) a mano senza fine
cadena (f) sin fin de mano

1 Auflegerarm (m)
shifting arm
надевной рычаг (мр) [ремненадевателя] c
levier (m) de changement
leva (f) sposta-cinghia
palanca (f) de cambio

---

2 Abwerfen (n) des Riemens
throwing off the belt
скидывание (ср) *или* сбрасывание (ср) ремня
enlèvement (m) de la courroie
levata (f) della cinghia
separación (f) de la correa

---

3 Werkzeug (n)
tool
инструмент (мр)
outil (m)
utensile (m)
herramienta (f), útil (m)

---

4 ein Satz Werkzeuge
a set of tools
набор (мр) инструмента
un assortiment d'outils
un assortimento d'utensili *o* di ferri
un surtido de herramientas

---

5 
Treiberdorn (m), gerippter Dorn (m)
rifled drift
разгонная оправка (жр)
mandrin (m) à raies
mandrino (m) a scanalature
punzón (m) estriado

---

6 
Keiltreiber (m)
key drift
коническая оправка (жр)
mandrin (m) rond
mandrino (m) rotondo
punzón (m) cilíndrico

---

7 
Vorsteckdorn (m)
punch pin and drift
оправка (жр) с центрирующим хвостом
mandrin (m) à bec
mandrino (m) a becco
punzón (m) con clavija *o* pico

---

8 
Kreuzmeißel (m)
crosscut chisel
крейцмейсель (мр), мечевидное зубило (ср)
bec (m) d'âne, bédane (m)
unghietta (f)
lengua (f) de carpa

---

9 
Flachmeißel (n)
flat chisel
плоское зубило (ср)
ciseau (m) plat
scalpello (m) piano
escoplo (m) plano

---

10 
Durchschlag (m), Ausschlageisen (n)
punch
пробойник (мр)
poinçon (m)
punzone (m)
punzón (m)

---

11 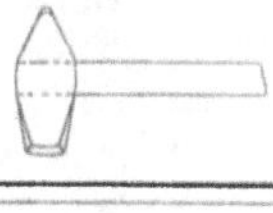
Hammer (m)
hammer
молоток (мр)
marteau (m)
martello (m)
martillo (m)

---

12 
Locheisen (n)
hollow punch
бородок (мр), высечка (жр)
emporte-pièce (m)
foratoio (m)
sacabocado (m)

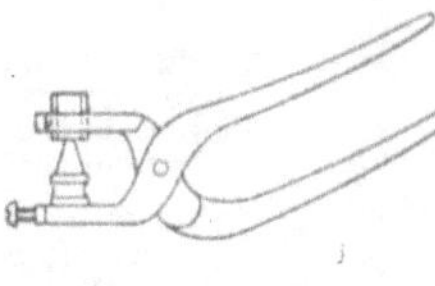
Lochzange (f)
punching tongs
дыропробивные клещи (жр)
pince (f) à trous *ou* à poinçonner
tenaglia (f) a punzone
tenazas (fpl) punzonadoras 13

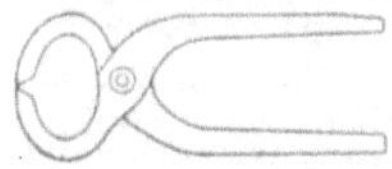
Beißzange (f)
pincers
острогубцы (мр), клещи (жр), щипцы (мр)
pince (f) coupante, tenaille (f) à couper
tanaglia (f), tenaglia (f)
tenazas (fpl) cortantes 14

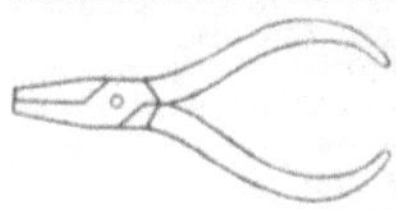
Drahtzange (f)
pliers
плоскогубцы (мр)
pince (f) plate
tenaglino (m), pinza (f)
alicates (mpl) 15

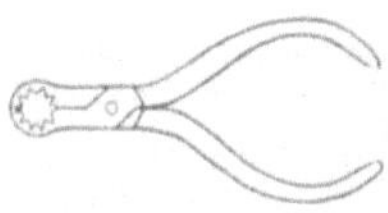
Mutterzange (f)
gas pliers
гаечные щипцы (мр)
pince (f) à écrou
tenaglia (f) per dadi
tenazas (fpl) para tuerca 16

Schraubenzieher (m)
screw driver
отвертка (жр)
tourne-vis (m)
cacciavite (m)
torna-vis (m), atornillador (m) 17

Geschirrdrahtschlüssel (m)
heald wire key
ключ (мр) для ремизной проволоки
clef (f) pour lisses métalliques
chiave (f) per licci metallici
llave (f) para mallas metálicas 18

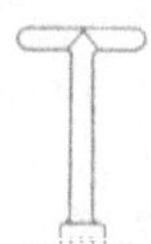
Kreuzschlüssel (m)
box key
торцовый ключ (мр)
clef (f) à douille
chiave (f) femmina
llave (f) tubular *o* de vaso *o* de muletilla 19

Reglerschlüssel (m)
spanner, key
установочный ключ (мр), ключ для регулятора
clef (f) de réglage
chiave (f) di registrazione
llave (f) reguladora 20

Kanonenschlüssel (m)
cranked box key
торцевой одноплечий *или* орудийный *или* надевной ключ (мр)
clef (f) à douille coudée
chiave (f) a gomito
llave (f) de vaso con mango acodado 21

1 
Schraubenschlüssel (m)
spanner, wrench
винтовой *или* гаечный ключ (мр)
clef (f)
chiave (f) per dadi
llave (f) para tuercas

---

2 
Baummitnehmerstange (f)
beam pike
навойный поводок (мр)
clef (f) d'ensouple
chiave (f) per subbio
llave (f) de plegador

---

3 
Kettbaumgriff (m)
warp beam hand spike
навойная ручка (жр)
manivelle (f) pour ensouple de chaîne
manovella (f) per subbio d'ordito
manivela (f) para plegador de urdimbre

4
Schraube (f)
screw
винт (мр), шуруп (мр), болт (мр)
vis (f)
vite (f)
tornillo (m)

---

5 
Schellschraube (f)
cuphead bolt
болт (мр) с круглой головкой
boulon (m) à tête ronde
bullone (m) a testa rotonda
tornillo (m) de cabeza redonda

---

6 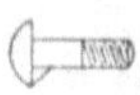
Nasenschraube (f)
cuphead bolt with feather
болт (мр) с носиком *или* выступом
boulon (m) à ergot
bullone (m) a nasello
tornillo (m) con resalto *o* nariz

---

7 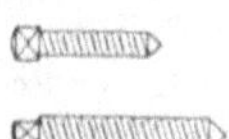
Stellschraube (f) mit Spitze
set screw with pointed end
установительный винт (мр) с конусом
vis (f) de réglage avec pointe
vite (f) d'arresto con punta
tornillo (m) regulador terminado en punta

---

8 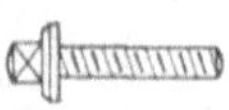
Bundschraube (f)
slitter stud
болт (мр) с кольцевым наваркой
vis (f) à collet
vite (f) a colletto
tornillo (m) de collar

---

9 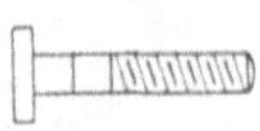
Schraube (f) mit flachem Kopf
flathead bolt
болт (мр) с плоской головкой
boulon (m) à tête plate
bullone (m) *o* chiavarda (f) a testa piatta
tornillo (m) de cabeza plana

---

10 
Versenkschraube (f) mit blankem Kopf
countersunk screw with blank head
болт (мр) с чистой потайной головкой
boulon (m) noyé à tête simple
bullone (m) incastrato a testa semplice
tornillo (m) de cabeza embutida simple

11
Versenkschraube (f) mit Nasenstift
countersunk screw with feather
болт (мр) с потайной головкой и установительной шпилькой
boulon (m) noyé avec ergot
bullone (m) incastrato con nasello
tornillo (m) de cabeza embutida con nariz

---

12 
Ölschraube (f) mit sechskantigem Kopf
screw with hexagon head and oil hole
болт (мр) с шестигранной головкой и сверлением для масла
boulon (m) à tête hexagonale et trou d'huile
bullone (m) a testa di diamante e foro per olio
tornillo (m) de cabeza exagonal y taladro de aceite

---

13 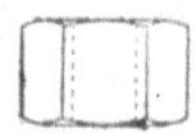
Schraubenmutter (f)
nut
болтовая гайка (жр)
écrou (m)
dado (m)
tuerca (f)

14
Gasgewinde (n)
gas thread
газовая резьба (жр)
filet (m) de tuyau à gaz
filettatura (f) per tubi da gas
filete (m) para tubos de gas

---

15 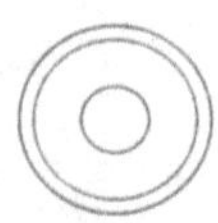
Unterlagscheibe (f) für Schrauben
washer for screws
подкладная шайба (жр) для болтов
rondelle (f) pour vis
ranella (f) *o* rosetta (f) *o* piastra (f) per vite
arandela (f) *u* ovalillo (m) para tornillo

---

16 
Splint (m)
split pin
шплинт (мр), разводная шпилька (жр)
clavette (f)
chiavetta (f)
clavija (f)

17
Schmieren (n) *oder* Ölen (n) der arbeitenden Teile
oiling the working parts
смазывание (ср) *или* смазка (жр) рабочих частей
huilage (m) des parties travaillantes
lubrificazione (f) delle parti lavoratrici
engrase (m) de las partes *o* de los órganos de trabajo

18
Schmierstoff (m), Schmiermittel (n), [Schmiermaterial (n)]
lubricant
смазочный материал (мр)
lubrifiant (m), matière (f) lubrifiante
lubrificante (m)
lubricante (m)

19
Schmieröl (n)
lubricating oil
смазочное масло (ср)
huile (f) de graissage
olio (m) lubrificante
aceite (m) de engrase

20
Schmierfett (n)
grease
смазочное сало (ср)
graisse (f) de lubrification
grasso (m) lubrificante
grasa (f) de lubricación

1 

Ölvorratkanne (f)
oil storage can
лейка (жр) для смазочного масла
cannette (f) à huile
vaso (m) ad olio
alcuza (f)

2 

Schmierkanne (f), Ölkanne (f)
oil feeder
[ручная] масленка (жр)
burette (f) à huile
oliatore (m)
aceitera (f)

3 

Ölspritzkanne (f)
pressure oil feeder
ручная масленка (жр) с пружинным донышком
burette (f) à huile avec pompe
oliatore (m) con pompa
aceitera (f) con bomba

4 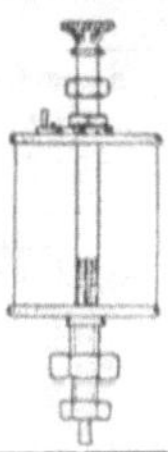

Handdrucköler (m)
hand pressure oil cup
масленка (жр) с ручным нажимом
graisseur (m) à main
lubrificatore (m) a pressione a mano
engrasador (m) de mano

5 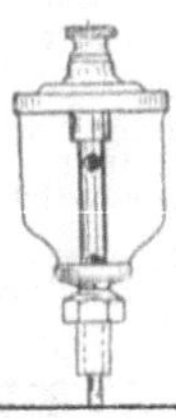

Nadelöler (m)
needle lubricator
игольчатая масленка (жр)
graisseur (m) à aiguille
lubrificatore (m) ad ago
engrasador (m) de aguja

6 Schmierloch (n)
oil hole
смазочное отверстие (ср)
trou (m) d'huile
foro (m) per lubrificare
agujero (m) de aceite

Schmierkanal (m)
oil groove
смазочный канал (мр)
rainure (f) pour l'huile
scanalatura (f) per olio
ranura (f) para el aceite 7

Schmierbüchse (f)
grease box
смазочная коробка (жр)
boîte (f) à l'huile
bossolo (m) per il grasso, boccola (f) ad olio
bote (m) de aceite 8

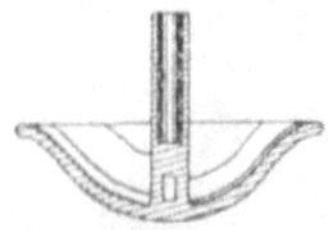

Wellenlagertropfschale (f)
oil catcher for shaft bearings
подшипниковая капельная чашка (жр)
cuvette (f) d'égouttage pour paliers d'arbre
sgocciolatoio (m) per alberi
colector (m) *o* recogedor (m) de aceite para los soportes de los ejes 9

Maschinenschmierer (m)
machine greaser
смазчик (мр) машин
huileur (m), graisseur (m)
lubrificatore per macchine
engrasador (m) 10

Reinhaltung (f) der Webstühle
keeping the looms clean
содержание (ср) ткацких станков в чистоте [*или* опрятности]
entretien (m) de la propreté des métiers
mantenimento (m) pulito dei telai
conservación (f) de la limpieza de los telares 11

Putzen (n) der Stühle
cleaning the looms
чистка (жр) станков
nettoyage (m) des métiers
pulitura (f) dei telai
limpieza (f) de los telares 12

Putzwolle (f)
cleaning *or* cotton waste
обтирочные концы (мр)
coton (m) *ou* chiffon (m) à nettoyer
filacce (fpl) per limpiare
estopa (f) para limpiar 13

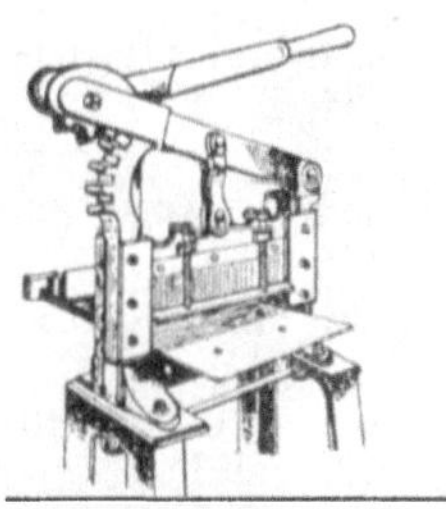

Zackenmusterschneidemaschine (f)
cutter for scalloping patterns
машина (жр) для резки образцов зубчиками
coupeuse (f) pour échantillons à zig-zag
tagliatrice (f) per campioni a zig-zag
máquina (f) cortadora *o* cizalladora de muestras en zig-zag 14

Musterschneiden (n)
pattern cutting
резка (жр) *или* вырезание (ср) образцов
coupage (m) des échantillons
taglio (m) dei campioni
cortadura (f) de las muestras 15

glattes Messer (n)
straight knife
гладкий нож (мр)
couteau (m) droit
coltello (m) diritto
cuchilla (f) lisa 16

K.

1 **Musterzeichnen** / **Pattern Designing** / **Рисование (ср) узора**

Exécution (f) du dessin / **Esecuzione (f) del disegno** / **Ejecución (f) del ligamento**

I.

No.		
2	**Allgemeines (n)** **General Terms** **Общее (ср)**	**Généralités (fpl)** **Generalità (fpl)** **Generalidades (fpl)**
3	das Muster entwerfen, den Entwurf komponieren to arrange the design составлять набросок (мр) узора	composer *ou* exécuter l'esquisse, arranger le dessin eseguire lo schizzo ejecutar *o* componer el ligamento
4	verziertes *oder* ornamentales Muster (n) ornamental pattern орнаментный узор (мр)	dessin (m) ornemental disegno (m) ornamentale dibujo (m) de adorno
5	Figuralmuster (n) figured pattern фигурный узор (мр)	dessin (m) figuré disegno (m) figurato muestra (f) labrada
6	geblumtes Muster (n) floral design цветистый узор (мр)	dessin (m) floral disegno (m) flor[e]ale dibujo (m) *o* muestra (f) floral
7	Fadendichte (f) setting плотность (жр) нитей	compte (m) densità (f) dei fili cuenta (f)
8	Kettendichte (f) number of threads in the warp, closeness of the warp threads плотность (жр) нитей по основе	nombre (m) de fils dans la chaîne, compte (m) en chaîne numero (m) dei fili nella catena cuenta (f) de la urdimbre
9	Schußdichte (f) picks per inch, closeness of the weft threads плотность (жр) нитей по утку	nombre (m) de duites dans la trame, duitage (m), tramage (m) numero (m) delle trame número (m) de pasadas
10	Verhältnis (n) der Kettendichte zur Schußdichte relation between warp and weft setting отношение (ср) плотностей нитей по основе и утку	rapport (m) entre le compte en chaîne et le compte en trame rapporto (m) fra il numero delle catene e delle trame relación (f) entre la cuenta de urdimbre y de trama

II.

		No.
Musterzeichnung (f), Musterskizze (f) **Pattern Sketch** **Рисунок (мр) или эскиз (мр) или набросок (мр) узора**	**Esquisse (f) du dessin** **Schizzo (m) del disegno** **Trazado (m) o diseño (m) de la muestra *o* del dibujo**	11
Stil (m) style стиль (мр)	style (m) stile (m) estilo (m)	12
assyrischer Stil (m) Assyrian style ассирийский стиль (мр)	style (m) assyrien stile (m) assiro estilo (m) asirio	13
ägyptischer Stil (m) Egyptian style египетский стиль (мр)	style (m) égyptien stile (m) egiziano estilo (m) egipcio	14
griechischer Stil (m) Greek style греческий стиль (мр)	style (m) grec stile (m) greco estilo (m) griego	15
römischer Stil (m) Roman style римский стиль (мр)	style (m) roman stile (m) romano estilo (m) romano	16
indischer Stil (m) Indian style индийский стиль (мр)	style (m) indien stile (m) indiano estilo (m) indio	17
maurischer Stil (m) Moorish style мавританский стиль (мр)	style (m) mauresque stile (m) moresco estilo (m) moro	18
gotischer Stil (m) Gothic style готический стиль (мр)	style (m) gothique stile (m) gotico estilo (m) gótico	19
normannischer Stil (m) Norman style норманнский стиль (мр)	style (m) normand stile (m) normanno estilo (m) normando	20
Renaissancestil (m) renaissance style стиль (мр) ренессанс	style (m) renaissance stile (m) rinascimento estilo (m) renacimiento	21
Barockstil (m) baroque style стиль (мр) барок	style (m) baroque stile (m) barocco estilo (m) barroco	22

1 Rokokostil (m)
rococo style
стиль (мр) рококо
style (m) rococo
stile (m) rococo
estilo (m) rococo

2 Stillosigkeit (f)
want of style
отсутствие (ср) стиля
manque (m) de style
mancanza (f) di stile
carencia (f) de estilo

3 Farbenstellung (f)
composition of colours
расположение (ср) расцветок
composition (f) des coloris
composizione (f) dei colori
composición (f) de los colores

4 
Rankenmuster (n)
twig and leaf pattern
лиственный узор (мр)
dessin (m) de ramage
disegno (m) d'avviticchiato
dibujo (m) de ramaje

5 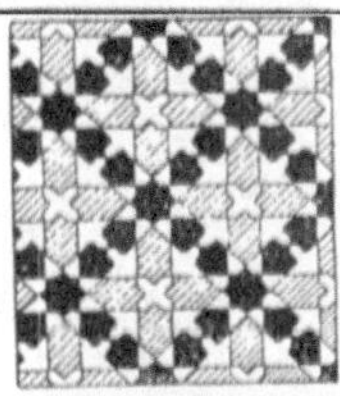
Sternmuster (n), Rosettenmuster (n)
star pattern
звездчатый узор (мр), узор розетками
dessin (m) étoilé
disegno (m) a stelle
dibujo (m) estrellado

6 
symmetrisches Muster (n), Spitzmuster (n)
symmetrical pattern
симметричный узор (мр)
dessin (m) symétrique *ou* à pointe
disegno (m) simmetrico
dibujo (m) simétrico

7 
reziproke Muster (npl)
converse patterns
взаимно-противоположный узор (мр)
dessins (mpl) réciproques
disegni (mpl) reciproci
motivos (mpl) reciprocos

8 
gestreiftes Muster (n)
stripe pattern
полосатый узор (мр)
dessin (m) à rayures
disegno (m) a strisce
dibujo (m) a listas

9 quergestreiftes Muster (n)
transverse stripe pattern, cross stripe pattern
поперечно-полосатый узор (мр)
dessin (m) à rayures transversales
disegno (m) a strisce trasversali
dibujo (m) a listas transversales

10 längsgestreiftes Muster (n)
long stripe pattern
продольно-полосатый узор (мр)
dessin (m) à rayures longitudinales
disegno (m) a strisce longitudinali
dibujo (m) a listas longitudinales

Musterstreifen (m)
pattern stripe
полоса (жр) узора
rayure (f) *ou* bande (f) de dessin
striscia (f) del disegno
lista (f) de dibujo 11

verworrenes Muster (n)
indistinct pattern
запутанный узор (мр)
dessin (m) caprice
disegno (m) a capriccio
muestra (f) a capricho 12

grundlegendes Muster (n)
ground pattern
основной узор (мр)
dessin (m) du fond
disegno (m) del fondo
dibujo (m) de fondo 13

direktes Jacquardmuster (n)
direct Jacquard pattern
непосредственный Жаккардовый узор (мр)
dessin (m) Jacquard direct
disegno (m) Jacquard diretto
muestra (f) directa de Jacquard 14

indirektes *oder* übertragenes Jacquardmuster (n)
indirect Jacquard pattern
свободный *или* переводный Жаккардовый узор (мр)
dessin (m) Jacquard indirect
disegno (m) Jacquard indiretto
muestra (f) indirecta de Jacquard 15

einfarbiges Jacquardmuster (n)
single colour Jacquard pattern
одноцветный Жаккардовый узор (мр)
dessin (m) Jacquard à une seule couleur
disegno (m) Jacquard a un solo colore
muestra (f) de Jacquard de un solo color 16

zweifarbiges Jacquardmuster (n)
two colour Jacquard pattern
двуцветный Жаккардовый узор (мр)
dessin (m) Jacquard à deux couleurs
disegno (m) Jacquard a due colori
muestra (f) de Jacquard a dos colores 17

mehrfarbiges Jacquardmuster (n)
multicoloured Jacquard pattern
многоцветный Жаккардовый узор (мр)
dessin (m) Jacquard à plusieurs couleurs
disegno (m) Jacquard a più colori
muestra (f) de Jacquard a varios colores 18

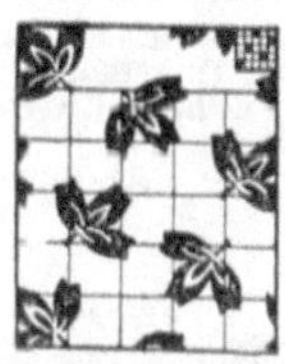
versetztes Jacquardmuster (n)
transposed Jacquard pattern
рассаженный Жаккардовый узор (мр)
dessin (m) Jacquard contre-semplé
disegno (m) Jacquard alternato
muestra (f) de Jacquard transpuesta 19

gedrücktes Muster (n)
flattened pattern
сплюснутый узор (мр)
dessin (m) aplati
disegno (m) appiatito
muestra (f) achatada 20

abgepaßtes Muster (n)
design with border
окаймленный узор (мр)
dessin (m) à bordures
disegno (m) a bordure o ad orli
muestra (f) de orlas *o* cenefas 21

1 Musterkante (f)
edge of pattern
кайма (жр) *или* край (мр) узора

a lisière (f) du dessin
orlo (m) del disegno
orillo (m) del dibujo

---

2 Bordürenleiste (f)
border hem
полоса (жр) бордюра

b lisière (f) de la bordure
orlo (m) della bordura
orillo (m) de la cenefa

---

3 Borte (f), [Bordüre (f)]
border
бордюр (мр)

c bordure (f)
bordura (f), orlatura (f)
orla (f), cenefa (f), ribete (m)

---

4 Eckstück (n)
corner
угловая часть(жр) [бордюра]

d motif (m) d'angle
motivo (m) d'angolo
motivo (m) angular

---

5 Mittelstück (n)
body
средняя часть(жр) [бордюра]

e partie (f) centrale
parte (f) centrale
parte (f) central

III.

6
Patronieren
Designing
Изготовление (ср) или заготовка (жр) патронов
Mise (f) en carte
Messa (f) in carta
Puesta (f) en carta

---

7 [das Muster] ausnehmen *oder* absetzen *oder* aussetzen, patronieren
to design, to draft
изготовлять *или* заготовлять патроны

mettre en carte
mettere in carta
poner en carta

---

8 Patrone (f)
point paper draft *or* design
патрон (мр)

dessin (m) mis en carte
disegno (m) messo in carta, modello (m), patrona (f)
ligamento (m) puesto en carta

9 Warenbild (n)
cloth design
изображение (ср) товара

dessin (m) du tissu
rappresentazione (f) grafica del tessuto
representación (f) del tejido

---

10 das Muster kopieren
to copy the pattern
копировать узор (мр)

copier le dessin
copiare il disegno
copiar la muestra

Musterzeichner (m), Musterentwerfer(m), [Dessinateur (m)]
sketcher, pattern drawer
рисовальщик (мр), заготовщик (мр) патронов

dessinateur (m)
schizzatore (m)
dibujante (m) 11

Musterausnehmer (m), Musteraussetzer(m), [Patroneur (m)]
designer, draughtsman
переводчик (мр) на карты

metteur (m) en carte, encarteur (m)
disegnatore (m)
dibujante (m) en carta 12

---

die Zeichnung übertragen
to transfer the design
переносить *или* сводить рисунок (мр)

reproduire le dessin
trasportare *o* riprodurre il disegno
reproducir el dibujo 13

Übertragung (f) der Skizze auf Linienpapier
transferring the sketch to point paper
перенесение (ср) эскиза на клетчатую бумагу

reproduction (f) de l'esquisse sur papier quadrillé
riproduzione (f) del disegno sopra carta rigata
reproducción (f) del diseño *o* bosquejo en el papel cuadriculado 14

---

von Hand übertragen
to transfer by hand
переносить вручную

reproduire à la main
riprodurre a mano
reproducir a mano 15

---

mechanische Skizzenübertragung (f)
transferring of the sketch by mechanical means
механическое перенесение (ср) эскиза

reproduction (f) mécanique du dessin
riproduzione (f) meccanica del disegno
reproducción (f) mecánica del dibujo 16

Patronieren (n) auf photographischem Wege
transferring by photographic methods
изготовление (ср) патронов фотографическим способом

mise (f) en carte photographique
messa (f) in carta fotografica
puesta (f) en carta por el método fotográfico 17

---

auf photomechanischem Wege gefertigte Patrone (f)
design made by photomechanical means
патрон (мр), изготовленный фотомеханическим способом

dessin (m) mis en carte par des moyens photomécaniques
disegno (m) messo in carta fotomeccanicamente
puesta (f) en carta por métodos fotomecánicos 18

Drucken (n) der Patrone
printing the point paper draft
печатание (ср) патрона

impression (f) de la mise en carte
stampa (f) dell'armatura
impresión (f) de la puesta en carta 19

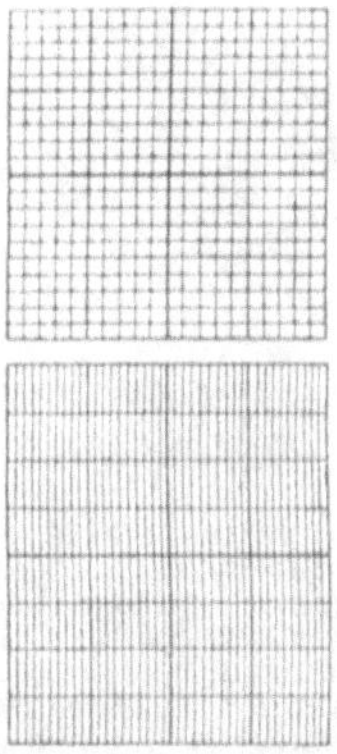

1 Musterpapier (n), Patronenpapier (n), Tupfpapier (n), Linienpapier (n)
point paper, squared paper, design paper, drafting paper, cartridge paper, ruled paper
бумага (жр) для патронов, клетчатая *или* разлиневаная бумага
papier (m) quadrillé *ou* de mise en carte, papier à patron *ou* à divisions
carta (f) rigata *o* quadrettata *o* da patrona
papel (m) cuadriculado

---

2 starke Linie (f) des Patronenpapiers
bar of the point paper
толстая разлиневка (жр) бумаги для патронов
trait (m) renforcé *ou* gros trait du papier quadrillé
linea (f) grossa della carta quadrettata
trazo (m) grueso del papel cuadriculado

---

3 fein liniertes Patronenpapier (n)
fine squared point paper
бумага (жр) тонкой разлиневки для патронов
papier (m) à fines divisions
carta (f) a quadrettatura fina
papel (m) de finas lineas

---

4 Korde (f)
cord
шнур (мр), корда (жр)
corde (f)
corda (f)
cuerda (f)

---

5 Fach (n), Schußfach (n), Latze (f)
lash, leash
зев (мр)
lac (m)
passo (m)
lazo (m)

---

6 Auge (n), Bundauge (n), Bindungsquadrat (n)
small square
малая клетка (жр), плотна переплета
case (f)
occhio (m)
casilla (f), cuadro (m)

---

7 Bindepunkt (m)
mark
точка (жр) переплета
point (m) de liage
segno (m) di legamento
punto (m) de ligadura

---

8 Quadrateinteilung (f)
division into squares
распределение (ср) больших клеток
division (f) en carré
divisione (f) in quadrati
división (f) en cuadros

---

9 Schenle (f), Dizaine (f)
dizaine
рядок (мр), десяток (мр)
dizaine (f)
diecina (f)
decena (f)

---

10 Kettenlinie (f)
warp line
основная линия (жр)
ligne (f) de chaine
linea (f) della catena
linea (f) de urdimbre

---

11 Schußlinie (f)
weft line
уточная линия (жр)
ligne (f) de trame
linea (f) della trama
linea (f) de trama

---

12 Aufteilen (n) der Skizze
doing up the sketch
распределение (ср) эскиза
division (f) de l'esquisse
divisione (f) dello schizzo
división (f) del dibujo

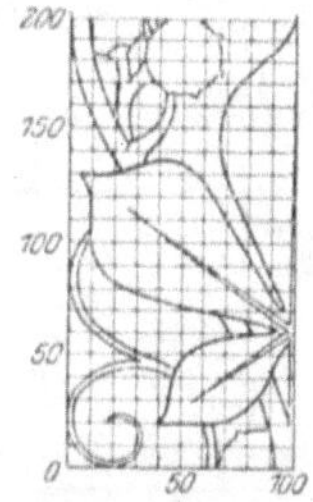

Netz (n) *oder* Raster (m) der Skizze
trace of the sketch
сетка (жр) эскиза
tracé (m) *ou* canevas (m) de l'esquisse 13
tracciato (m) dello schizzo
trazado (m) *o* cañamazo (m) del dibujo

Pauspapier (n)
tracing paper
прозрачная бумага (жр) *или* калька (жр)
papier (m) à décalquer
carta (f) da ricalco
papel (m) para calcar 14

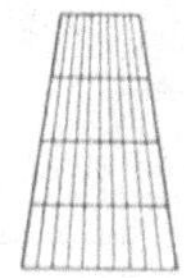

Skizzeneinteiler (m)
sketch dividing gauge
распределитель (мр) для эскиза
calibre (m) diviseur d'esquisse 15
calibro (m) divisore di schizzi
divisor (m) del bosquejo

Linienpapier (n) mit vorgedruckter Bindung
point paper with printed draft
клетчатая бумага (жр) с предварительно отпечатанным переплетением
papier (m) quadrillé avec pointé de liage imprimé 16
carta (f) quadrettata con abbozzo stampato
papel (m) cuadriculado con puntos de ligadura anteriormente imprimidos

---

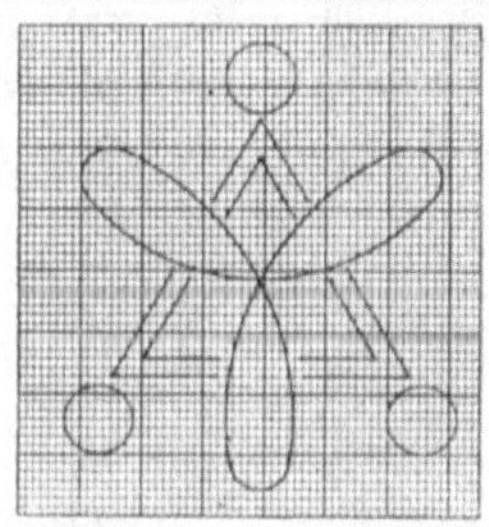

Figurenumriß (m), Kontur (f)
figure outline *or* contour
контур (мр) *или* очертание (ср) фигуры
contour (m) du dessin
contorno (m) del disegno 17
contorno (m) del dibujo

Setzen (n) der Umrisse
drawing in the outline
нанесение (ср) очертаний
traçage (m) du contour
tracciamento (m) del contorno 18
trazado (m) del contorno

---

tupfen
to point, to mark
наносить краплением
pointer, marquer, pointiller
punteggiare 19
marcar

---

viereckiger Bindepunkt (m)
solid
четырехугольная точка (жр) переплета
point (m) de liage carré
segno (m) quadrato di legamento 20
punto (m) de ligadura cuadrado

1	runder Bindepunkt(m), Punkt (m) dot круглая точка (жр) переплета	point (m) de liage rond punto (m) punto (m) de ligadura redondo
2	Kreuz (n) cross крест (мр)	croix (f) croce (f) cruz (f)
3	Kreis (m) ring круг (мр)	rond (m), cercle (m) circolo (m) círculo (m)
4	einfache Ecklinie (f) single diagonal простая диагональ (жр)	diagonale (f) simple diagonale (f) semplice diagonal (f) sencilla
5	doppelte Ecklinie (f) double diagonal двойная диагональ (жр)	diagonale (f) double doppia diagonale (f) diagonal (f) doble
6	Tupffarbe (f) pointing colour краска (жр) для крапления	couleur (f) de pointage colore (m) della punteggiatura color (m) del marcado
7	leergelassenes Quadrat (n) blank square незаполненный квадрат (мр), оставленная пустой клетка (жр)	[carré (m)] blanc (m), vide (m) quadrato (m) bianco cuadro (m) blanco *o* vacío
8	mit Farbe ausgefülltes Quadrat (n) square filled in with colour покрытый краскою квадрат (мр)	carré (m) coloré quadrato (m) colorato cuadro (m) colorado
9	die rot getupften Quadrate bedeuten gehobene (gesenkte) Kette the red coloureds quares denote the lifted (lowered) warp крапленые красным цветом клетки (жр) означают поднятую (опущенную) основу	les carrés (mpl) pointés en rouge indiquent des fils pris (sautés) i quadrati rossi indicano i fili alzati (abbassati) dell'ordito los cuadros pintados de rojo indican los hilos tomados (dejados)
10	roter Tupfen (m) red mark красный крап (мр)	point (m) rouge punto (m) rosso punto (m) rojo
11	rote Farbe (f) red colour красная краска (жр)	couleur (m) rouge colore (m) rosso color (m) rojo
12	gelb yellow желтый	jaune giallo amarillo
13	blau blue синий	bleu bleu azul
14	schwarz black черный	noir nero negro
15	grün green зеленый	vert verde verde

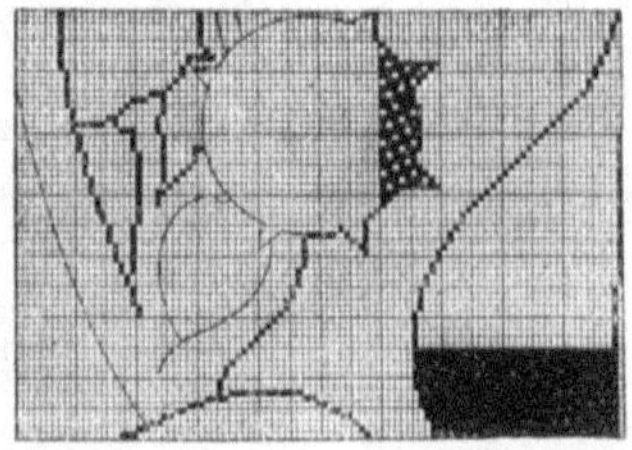

die Bindungsquadrate (npl) der Strichkontur ausfüllen to fill in the squares of the outline sketch заполнять *или* покрывать клетки (жр) переплетения линейного контура	remplir les carrés du contour de l'esquisse riempire i quadrati del contorno dello schizzo llenar los cuadros del contorno del bosquejo	16
Figur (f) mit Kett-effekt figure with warp effect фигура (жр) с эффектом по основе	dessin (m) à effet de chaine disegno (m) ad effetto di catena dibujo (m) con efectos de urdimbre	17
Figur (f) mit Schußeffekt figure with weft effect фигура (жр) с эффектом по утку	dessin (m) à effet de trame disegno (m) ad effetto di trama dibujo (m) con efectos de trama	18
Versetzen (n) der Figuren transposing the figures рассаживание (ср) фигур	disposition (f) des motifs en contre-semplé trasposizione (f) dei disegni transposición (f) de los motivos	19
eine Figur *x* mal versetzen *oder* umzählen to transpose a figure *x* times *x* раз рассаживать фигуру (жр)	transposer un motif *x* fois trasporre un disegno *x* volte transponer un motivo *x* veces	20
Versatzpunkt (m) transposing point рапортная точка (жр)	point (m) de transposition punto (m) di trasposizione punto (m) de transposición	21
Schattieren (n) shading оттенение (ср)	ombrage (m) ombreggio (m) sombreado (m)	22

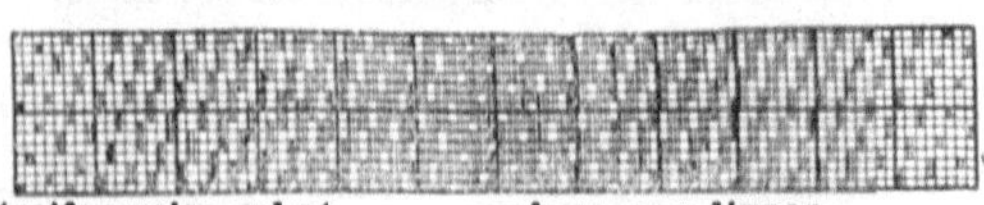

streifenweise schattieren to shade by lines оттенять полосами	ombrer par lignes ombreggiare con righe sombrear en listas	23

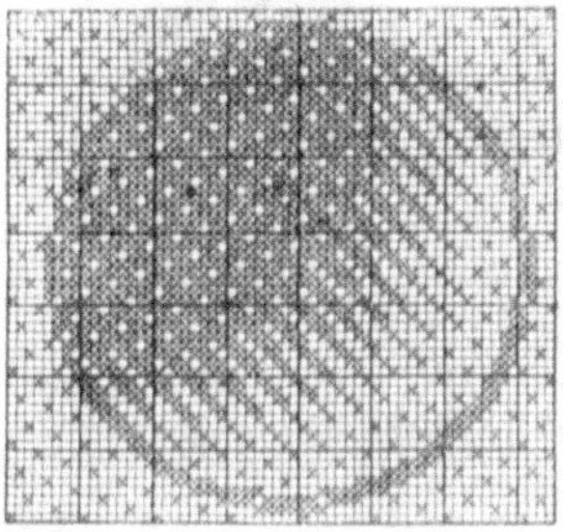

1 figurenweises Schattieren (n) | figure shading | фигурное оттенение (ср)
ombrage (m) façonné | ombreggio (m) figurato | sombreado (m) en motivos

2 wiederholen, [rapportieren] | to repeat | устанавливать рапорт (мр), повторять
répéter | ripetere | repetir

3 Wiederholung (f), [Rapport (m)] | repeat, round of pattern | рапорт (мр), повторение (ср)
répétition (f), rappor (m) | ripetizione (f), rapporto (m) | repetición (f), curso (m)

4 Rapportgröße (f) | number of picks and dents in the pattern | величина (жр) рапорта
grandeur (f) du rapport | grandezza (f) del rapporto | tamaño (m) del curso

5 Gesamtrapport (m) | number of repeats | полный рапорт (мр)
nombre (m) des répétitions | numero (m) dei rapporti | número (m) de cursos

6 *x* Rapporte (mpl) in der Gewebebreite | *x* repeats in the width of the cloth | *x* рапортов по ширине ткани
x répétitions dans la largeur du tissu | *x* ripetizioni nella larghezza del tessuto | *x* cursos en todo lo ancho del tejido

7 Kettenrapport (m), Rapportbreite (f), Kurs (m) | repeat of warp threads | ширина (жр) рапорта, рапорт (мр) по основе
rapport (m) en chaîne, cours (m), chemin (m) | ripetizione (f) dell'ordito, corso (m), via (f) | curso (m) por urdimbre

8 Schußrapport (m), Rapporthöhe (f), Höhenrapport (m), Marsch (m), [Tour (f)] | repeat of weft threads | длина (жр) рапорта, рапорт (мр) по утку
rapport (m) en trame, tour (m) | ripetizione (f) della trama, giro (m), marcia (f) | curso (m) por trama

9 Binderapport (m) | repeat of interlacing | рапорт (мр) переплетения
répétition (f) des points de liage | ripetizione (f) delle legature | repetición (f) de los puntos de ligadura

10 Bindung (f), Verbindungsart (f), Gewebebindung (f), Kreuzungsweise (f) | weave | переплетение (ср) [ткани], род (мр) *или* вид (мр) переплетения, способ (мр) скрещивания
liage (m), armure (f) | legatura (f), armatura (f) | ligamento (m), manera (f) de ligar

Abbinden (n) der Fäden | binding *or* interlacing of the threads | связывание (ср) *или* перевязывание (ср) нитей
liage (m) des fils | legamento (m) dei fili | ligadura (f) de los hilos 11

die Fäden (mpl) abbinden | to interlace the threads | перевязывать нити (жр)
lier les fils | legare i fili | ligar los hilos 12

Grundbindung (f) | ground weave | грунтовое переплетение (ср) в ткани
liage (m) de fond | armatura (f) del fondo | ligadura (f) o ligamento (m) de fondo 13

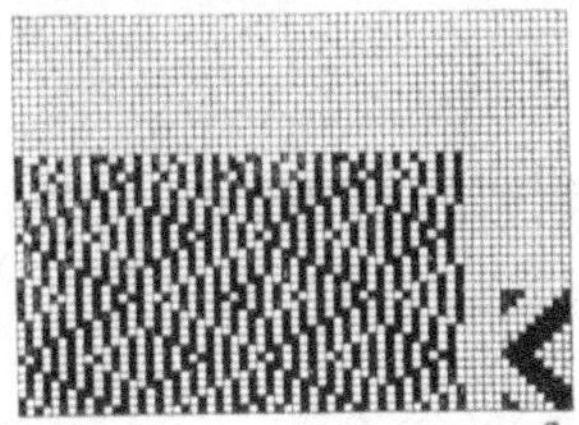

a

Bindungszeichnung (f) | design for interlacing | рисунок (мр) переплетения
dessin (m) de liage | disegno (m) dell'armatura | gráfico (m) del ligamento 14

Schlagpatrone (f) | peg plan *a* | просечной патрон (мр)
mise (f) en carte de perçage | messa (f) in carta per la punzonatura | gráfico (m) de picado 15

Bindepunkt (m) | binding point | точка (жр) переплетения *или* переплета
point (m) de liage, pointé (m) | punto (m) d'incrocio | punto (m) de ligadura 16

Konturbindepunkt (m) | binding point of outline | точка (жр) переплета контура
point (m) de liage du contour | punto (m) d'incrocio del contorno | punto (m) de ligadura del contorno 17

Taffetpunkt (m) | binding point in taffeta | тафтяная точка (жр) переплета
point (m) de liage en taffetas | punto (m) d'incrocio del taffetà | punto (m) de ligadura de tafetán 18

Bindungswirkung (f) | interlacing effect | эффект (мр) *или* впечатление (ср), производимый (-ое) переплетением
effet (m) de liage | effetto (m) d'incrocio | efecto (m) de ligadura 19

gleich bindende Kettfäden (mpl) | threads intersecting the weft in the same order | одинаково переплетающиеся основные нити (жр)
fils (mpl) de chaîne liant de la même façon | fili (mpl) di catena che incrociano la trama allo stesso modo | hilos (mpl) de urdimbre ligando en el mismo orden 20

1 verschieden bindende Kettfäden (mpl) — fils (mpl) de chaîne liant en ordre différent
threads intersecting the weft in a different order — fili (mpl) di catena che incrociano la trama in modo diverso
различно переплетающиеся основные нити (жр) — hilos (mpl) de urdimbre ligando en orden diferente

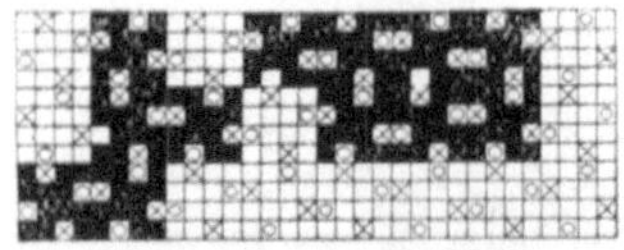

entgegengesetzt verlaufende Bindung (f) — liage (m) en direction opposée
interlacing in opposite direction — incrocio (m) in direzioni opposte 9
переплетение (ср), идущее в противоположные стороны — ligamento (m) en oposición

L.

2 **Latz** (m), **Jacquardkarte** (f)
Jacquard Card
Жаккардовый (-ая) картон (мр) *или* **карта** (жр)
Carton (m) **Jacquard**
Cartone (m) **da Jacquard**
Cartón (m) **Jacquard**

I.

3 **Allgemeines** (n) — **Généralités** (fpl)
General Terms — **Generalità** (fpl)
Общее (ср) — **Generalidades** (fpl)

4 Pappkarte (f) — carton (m)
pasteboard card, paper card — cartone (m)
картон (мр), картонная карта (жр) — cartón (m)

5 Dehnung (f) der Pappkarten — allongement (m) des cartons
extension of the paper cards — allungamento (m) dei cartoni
удлинение (ср) *или* вытяжка (жр) картонов — alargamiento (m) de los cartones

6 Verkürzung (f) der Pappkarten — contraction (f) des cartons
contraction of the paper cards — contrazione (f) dei cartoni
укорочение (ср) *или* усадка (жр) картонов — contracción (f) de los cartones

7 geglättetes [*oder* satiniertes] Kartenpapier (n) — carton (m) glacé *ou* satiné
satin paper for cards — cartone (m) glacé *o* satinato
глянцевый картон (мр) — cartón (m) satinado

8 Jacquardkarte (f) aus endlosem Papier, Verdolkarte (f) — papier (m) continu pour mécanique Verdol
Jacquard card from an endless paper roll — cartone (m) da Jacquard di carta senza fine, cartone Verdol
Жаккардовая карта (жр) из бесконечного картона, карта Вердоля — papel (m) sin fin para máquina Verdol

Blechkarte (f) — carton (m) métallique
sheet metal card — cartone (m) metallico 10
жестяная карта (жр) — cartón (m) metálico

Holzkarte (f) — carton (m) en bois
wood card — cartone (m) in legno 11
деревянная карта (жр) — costilla (f)

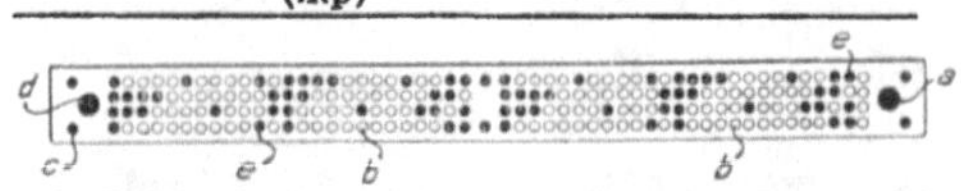

gelochte *oder* gestanzte *oder* geschlagene Karte (f) — carton (m) troué *ou* piqué *ou* perforé *ou* percé
perforated *or* punched card — cartone (m) bucato *o* forato 12
продырявленная *или* пробитая *или* просеченная карта (жр) — cartón (m) taladrado *o* perforado

Nummerseite [*oder* Laternenseite (f)] der Karte — côté (m) lanterne du carton
numbered end of the card, lantern end of the card — a — estremità (f) numerata del cartone 13
номерная *или* фонарная сторона (жр) карты — extremidad (f) numerada del cartón

volle Kartenstelle (f) — blanc (m) *ou* plein (m) du carton
blank of the card — b — bianco (m) del cartone 14
цельное место (ср) карты — blanco (m) del cartón

Bindeloch (n), Schnürloch (n) — trou (m) de laçage
lacing *or* twine hole — c — buco (m) d'allacciamento 15
отверстие (ср) для смычки *или* связки — agujero (m) para el cosido

No.	German / English / Russian	Fig.	French / Italian / Spanish
1	Zapfenloch (n), Warzenloch (n), Eichelloch (n), Nopploch (n) peg hole шпеньковое отверстие (ср), отверстие для шипа	d	trou (m) de pédonne buco (m) per la spina agujero (m) para el pezón
2	Musterloch (n) pattern hole отверстие (ср) для узора	e	trou (m) à dessin buco (m) del disegno agujero (m) de muestra
3	vollgeschlagene Karte (f) fully perforated card вполне *или* целиком просеченная карта (жр)		carton (m) entièrement troué cartone (m) interamente forato cartón (m) completamente perforado
4	gelochte Kartenstelle (f) hole in the card просеченное место (ср) карты		trou (m) dans le carton buco (m) nel cartone agujero (m) en el cartón
5	Nummern (n) der Karten numbering the cards номерование (ср) карт		numérotage (m) des cartons numerazione (f) dei cartoni numerado (m) de los cartones
6	Karte (f) in einem Teile single card одинарная карта(жр), карта в одно полотно		carton (m) simple cartone (m) semplice cartón (m) simple
7	Karte (f) in zwei Teilen two set card, card with two sets of holes двойная карта (жр), карта в два полотна *или* из двух частей		carton (m) à deux séries de trous cartone (m) doppio cartón (m) doble
8	Karte (f) in *x* Teilen *x* set card, card with *x* sets of holes карта (жр) в *x* полотен		carton (m) à *x* séries de trous cartone (m) a *x* serie di buchi cartón (m) con *x* series de agujeros
9	Grundkarte (f) ground weave card грунтовая карта (жр), карта для грунтового переплетения		carton (m) de fond cartone (m) per il fondo cartón (m) de fondo
10	Figurkarte (f) card for the figure, pattern card фигурная *или* узорная карта (жр)		carton (m) de dessin *ou* de façonnage cartone (m) per il figurato cartón (m) de motivo
11	ungeradzahlige Karte (f) odd numbered card нечетная карта (жр)		carton (m) impair cartone (m) impari cartón (m) impar
12	geradzahlige Karte (f) even numbered card четная карта (жр)		carton (m) pair cartone (m) pari cartón (m) par
13	Rumor (m) scheme for arranging the blanks for hooks out of action разбивка (жр) пропусков (при проборке лиц)		disposition (f) des cartons pour crochets hors d'action disposizione (f) dei cartoni per uncini fuori azione disposición (f) de los cartones para ganchos fuera de acción
14	Rumorkarte (f), Aushebekarte (f) blank card холостая *или* пропускная карта (жр)		carton (m) sauté cartone (m) in bianco cartón (m) saltado

II.

German / English / Russian	Fig.	French / Italian / Spanish	No.
Schneiden (n) der Kartenblätter **Card Paper Cutting** **Резка (жр) или нарезка (жр) карточных листов**		**Découpage (m) des cartons** **Recisione (f) *o* tagliatura (f) dei cartoni** **Cortadura (f) de los cartones**	15
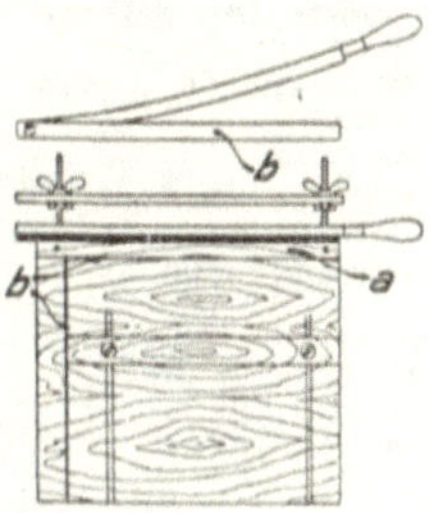		Kartenschneidmaschine (f) mit Hebelschere card paper cutting machine with knife машина (жр) для резки карт с рычажными ножницами découpeuse (f) mécanique pour carton avec cisaille cesoia (f) per cartoni a lama diritta cortadora (f) mecánica para cartón con cizalla	16
Druckleiste (f) press bar прижимная планка (жр)	a	barre (f) de pression barra (f) di pressione listón (m) de presión	17
Lineal (n) straight edge линейка (жр)	b	règle (f) regolo (m) regla (f)	18
Schneidtisch (m) cutting table нарезной стол (мр)		table (f) de découpage tavola (f) per tagliare tabla (f) de cizallamiento	19
 Schneidmaschine (f) mit Kreismessern card paper cutting machine with circular knives		нарезная машина(жр) с циркулярными *или* круглыми ножами découpeuse (f) mécanique pour carton à couteaux circulaires cesoia (f) per cartoni a coltelli circolari cizalladora (f) *o* cortadora (f) mecánica para cartón con cuchillos circulares	20
Pressen (n) der Zapfenlöcher punching the peg holes продавливание (ср) отверстий для шипов		perçage (m) des trous de pédonnes punzonatura (f) dei fori per le spine picado (m) *o* taladrado (m) de los agujeros de los pezones	21
die Karte dehnt sich aus the card expands карта (жр) удлиняется *или* вытягивается		le carton s'allonge il cartone s'allunga el cartón se alarga	22

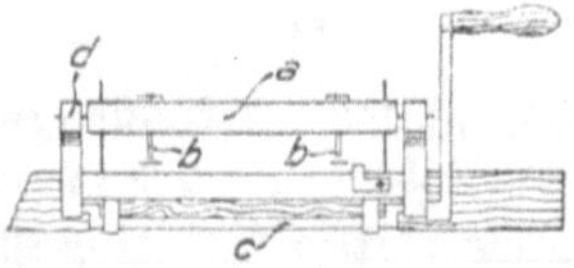

1	Kartenpresse (f) card press пресс (мр) для карт		presse (f) à carton pressa (f) a cartone prensa (f) para cartones
2	Metallplatte (f) metal plate металлическая пластина (жр)	a	plaque (f) métallique placca (f) *o* piastra (f) metallica placa (f) metálica
3	Kartenhalter (m) card holder картодержатель (мр)	b	support (m) des cartons sopporto (m) dei cartoni soporte (m) de los cartones
4	gekröpfte Welle (f) cranked shaft коленчатый вал (мр)	c	arbre (m) coudé albero (m) a manovella árbol (m) acodado
5	Zugband (n) link натяжная лента (жр)	d	tirant (m) tirante (m) tirante (m)

III.

6	**Kartenschlagen (n), Kartenlochen (n), Kartenstanzen (n)** **Card Cutting *or* Punching *or* Perforating *or* Stamping** **Просечка (жр) или пробивка (жр) карт**	**Piquage (m) *ou* perçage (m) des cartons** **Punzonatura (f) *o* foratura (f) dei cartoni** **Picado (m) *o* taladrado (m) de los cartones**
7	Kartenschlägerei (f) card cutting department картопробивная мастерская (жр)	atelier (m) de piquage des cartons riparto (m) di foratura dei cartoni taller (m) de picado de los cartones
8	Kartenschläger (m), Musterschläger (m) card cutter пробивальщик (мр) карт, отбойщик (мр) узора	piqueur (m) *ou* perceur (m) de cartons perforatore (m) di cartoni picador (m) *o* perforador (m) de los cartones
9	Kartenschlägerin (f), Musterschlägerin (f) card cutter отбойщица (жр) узора	piqueuse (f) de cartons operaia (f) perforatrice di cartoni picadora (f) *o* perforadora (f) de los cartones

Jacquardkartenschläger (m) Jacquard card cutter пробивальщик (мр) Жаккардовых карт	perceur (m) *ou* piqueur (m) de cartons Jacquard *ou* de cartes à dentelles perforatore (m) di cartoni Jacquard perforador (m) de cartones Jacquard	10
Jacquardkartenschlägerin (f) Jacquard card cutter пробивальщица (жр) Жаккардовых карт	perceuse (f) *ou* piqueuse (f) de cartons Jacquard *ou* de cartes à dentelles operaia (f) perforatrice di cartoni Jacquard perforadora (f) de cartones Jacquard	11
Kartenbinder (m), Kartenschnürer (m) card lacer, card pegger вязальщик (мр) карт	lieur (m) *ou* laceur (m) de cartons legatore (m) di cartoni enlazador (m) de cartones	12
Kartenbinderin (f), Kartenschnürerin (f) card lacer, card pegger вязальщица (жр) карт	lieuse (f) *ou* laceuse (f) de cartons operaia (f) legatrice di cartoni enlazadora (f) de cartones	13
die Karten (fpl) schlagen *oder* stanzen *oder* lochen to punch *or* to perforate the cards просекать *или* пробивать *или* продырявливать карты (жр)	piquer *ou* percer *ou* trouer les cartons punzonare *o* [per]forare i cartoni picar *o* perforar los cartones	14
genommen, geschlagen read пробитый	pris preso tomado	15
gelassen unread пропущенный	laissé, sauté lasciato dejado	16
Stanzendruck (m) punching pressure давление (ср) штампа	pression (f) du poinçon pressione (f) del punzone presión (f) del punzón	17
die Bindungspunkte (mpl) durchlochen to perforate the interlacing points пробивать точки (жр) переплетения	piquer les points de liage punzonare i punti di legamento picar los puntos de ligadura	18
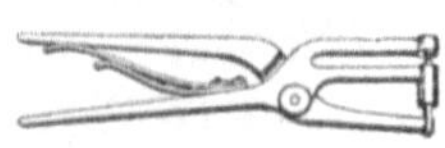 Lochzange (f) perforating pliers, punching tongs	пробивные щипцы (мр) poinçon (m) à emporte-pièce, pince (f) à trous tenaglia (f) a punzone tenazas (fpl) punzonadoras	19

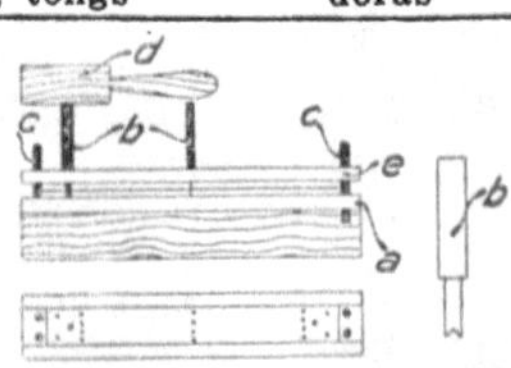

		No.
Schlagplatte (f), Handschlagplatte (f), Lochplatte (f) plate cutting machine пробивная доска (жр), доска для ручной пробивки	appareil (m) pour piquage manuel apparecchio (m) per punzonare a mano máquina (f) para picado a mano	20

1	Matrize (f), Schlagmatrize (f), Unterlagplatte (f) matrix, matrice, plate [пробивная] матрица (жр), подкладная доска (жр)	a	matrice (f) matrice (f) matriz (f)
2	Schlageisen (n), Stempel (m), Stanze (f), Locheisen (n) punch пробойник (мр), бородок (мр), высечка (жр)	b	poinçon (m) punzone (m) punzón (m)
3	Bolzen (m), Dübel (m) peg, dowel болт (мр)	c	pédonne (f) caviglia (f) pezón (m)
4	Schlaghammer (m) hammer колотильный молоток (мр), колотушка (жр)	d	marteau (m) de piquage martello (m) per punzonare martillo (m) de picado
5	Schlagdeckel (m), Deckplatte (f) top plate крышка (жр)	e	plaque (f) supérieure, chapeau (m) placca (f) superiore tabla (f) superior
6	gelochte Schlagplatte (f) perforated punching plate пробивная доска (жр) с отверстиями		plaque (f) perforée de piquage placca (f) perforata per punzonare tabla (f) agujereada para picado
7	die Stempel (mpl) in die Schlagplatte einsetzen to place the punches in the plate вставлять бородки (мр) в пробивную доску		placer les poinçons dans la plaque mettere i punzoni nella placca colocar los punzones en la tabla
8	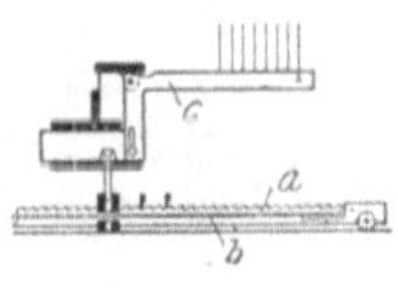		Klaviaturschlagmaschine (f), Clavismaschine (f) piano card cutting machine, Clavis machine клавишная пробивная машина (жр) piqueuse (f) à clavier, machine (f) Clavis punzonatrice (f) a tasti máquina (f) perforadora de teclado
9	Wagen (m) carriage каретка (жр)	a	chariot (m) carrello (m) carro (m)
10	eingespannte Karte (f) card fitted in зажимная карта (жр)	b	carton (m) placé cartone (m) entrato cartón (m) colocado
11	Winkelhebel (m) bell crank lever коленчатый рычаг (мр)	c	levier (m) coudé leva (f) angolare palanca (f) acodada
12	Fortrücken (n) *oder* Weiterschalten (n) der Karte forward movement of the card подвигание (ср) *или* подавание (ср) карты вперед		mouvement (m) en avant du carton movimento (m) in avanti del cartone movimiento (m) de avance del cartón

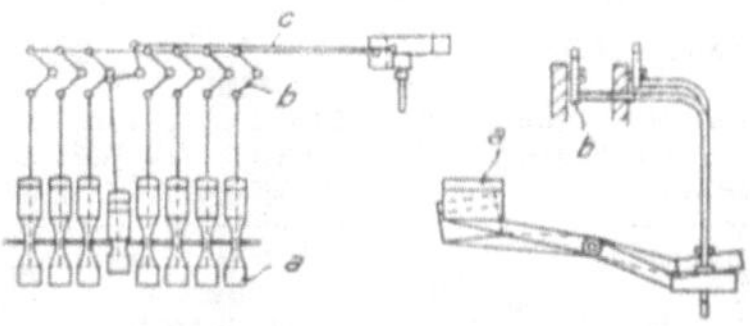

Klaviatur (f), Tastenanordnung (f) key motion клавиатура (жр), клавишное устройство (ср)		clavier (m), mécanisme (m) des touches tastiera (f) teclado (m)	13
Taste (f) key клавиш (мр)	a	touche (f) tasto (m) tecla (f)	14
Winkelhebel (m) bell crank lever коленчатый рычаг (мр)	b	levier (m) coudé leva (f) angolare palanca (f) acodada	15
Verbindungsstange (f) connecting rod соединительная тяга (жр)	c	tirant (m) tirante (m) tirante (m)	16
die Tasten (fpl) niederdrücken to press the keys down нажимать клавиши (мр) вниз		appuyer sur les touches premere sui tasti apretar *o* tocar las teclas	17
Riegel (m) finger задвижка (жр)		platine (f) platina (f) gancho (m)	18
der Riegel schiebt sich über den Stempelkopf the finger slides over the head of the punch задвижка (жр) заходит за головку высечки		la platine glisse sur la tête du poinçon la platina scivola sulla testa del punzone el gancho resbala sobre la cabeza del punzón	19

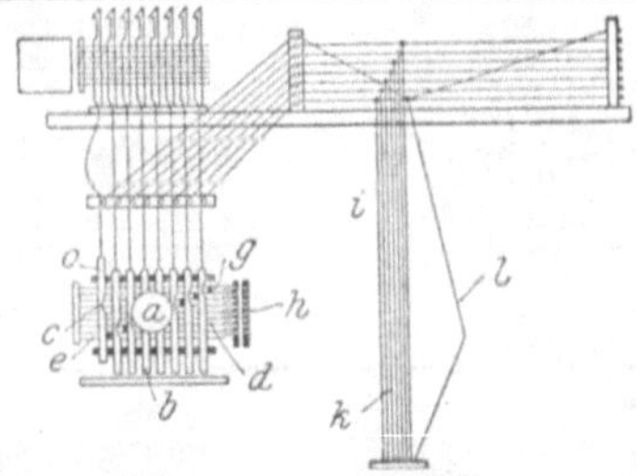

Einlesemaschine (f), Leviermaschine (f) reading in machine машина (жр) для проборки		machine (f) à lire, liseuse (f) mécanique macchina (f) per la lettura lectora (f) mecánica	20
Schlagwerk (n) punch box пробивной механизм (мр)	a	boîte (f) aux poinçons cassa (f) per punzoni estuche (m) de los punzones *o* agujas	21
Keilplatine (f), Riegel (m), Schieber (m) finger задвижная пластинка (жр), задвижка (жр)	b	platine (f) platina (f) gancho (m)	22

1	Riegelausschnitt (m) recess in the finger вырез (мр) в задвижке	c	encoche (f) dans la platine intaglio (m) *o* incavo (m) nella platina muesca (f) del gancho
2	Stempel (m) punch бородок (мр)	d	poinçon (m) punzone (m) punzón (m)
3	verriegelter Stempel (m) locked punch выдвинутый задвижкою бородок (мр)	e	poinçon (m) en prise punzone (m) impegnato punzón (m) tomado
4	Stempelansatz (m), Stempelvorsprung (m) punch projection выступ (мр) *или* палец (мр) бородка	g	ressaut (m) du poinçon sporto (m) del punzone resalto (m) *o* espiga (f) del punzón
5	verschiebbare Lochplatte (f) movable perforated plate передвижная пробивная доска (жр)	h	plaque (f) perforée mobile placca (f) perforata mobile tabla (f) móvil perforada
6	Semper (m), Sempel (m) simple узорный набор (мр) [шнуров]	i	semple (m) sample (m) semple (m)
7	Sempelschnur (f) simple cord узорный шнур (мр)	k	cordon (m) de semple corda (f) di sample cuerda (f) de semple
8	vorgezogene Sempelschnur (f) drawn simple cord оттянутый узорный шнур (мр)	l	cordon (m) de semple tiré corda (f) di sample tirata cuerda (f) de semple estirada
9	durch Vorziehen der Sempelschnur gehobener Riegel (m) finger raised by drawing the simple cord задвижка (жр), поднятая оттяжкой узорного шнура	o	platine (f) levée par tirage du cordon de semple platina (f) sollevata per tirata della corda di sample gancho (m) levantado por tracción de la cuerda de semple

10

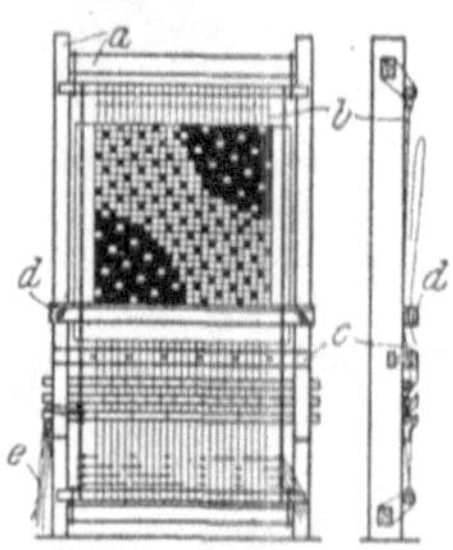

Einlesrahmen (m), Leviergestell (n)
reading in board
проборная рама (жр)
bâti (m) *ou* pied (m) de lisage
quadro (m) per lettura
bastidor (m) *o* pie (m) de lectura

11	Rahmen (m), Gestell (n) frame стойка (жр), рама (жр)	a	bâti (m), cadre (m) quadro (m) bastidor (m), marco (m)
12	gespannte Sempelschnüre (fpl) tightened simple cords натянутые узорные шнуры (мр)	b	cordons (mpl) de semple tendus corde (fpl) di sample tese cordones (mpl) tensos de semple
13	Kammstab (m) comb гребенчатая рейка (жр)	c	peigne (m) pettine (m) peine (m)
14	zwischen Klemmstäben steckende Patrone (f) design fixed between clamps патрон(мр), скрепленный между зажимными планками	d	mise (f) en carte maintenue entre des baguettes disegno (m) fissato fra bacchette gráfico (m) sostenido por varillas
15	Latzen (fpl) lashes, leashes дранки (жр)	e	lacs (mpl), embardes (fpl) lacci (mpl) lazos (mpl)
16	die Schnüre (fpl) in den Kammstab einlegen to place the cords in the comb пробирать шнуры (мр) сквозь гребенчатую рейку		placer les cordons dans le peigne mettere le corde nel pettine colocar los cordones en el peine
17	das Muster einlesen [*oder* levieren] to read in пробирать рисунок (мр)		lire le dessin leggere il disegno leer la muestra
18	Einlesen (n), [Levieren (n)] reading in проборка (жр), заправка (жр)		lisage (m) lettura (f) lectura (f), lisaje (m)
19	Leseweise (f) method of reading in способ (мр) проборки		méthode (f) de lisage metodo (m) di lettura método (m) de lectura
20	Mustereinleser (m), Levierer (m) reader in, reader off проборщик (мр) *или* сводчик (мр) рисунка		liseur (m) de dessins, ouvrier (m) de lisage lettore (m) d'armature lector (m) de ligamentos
21	Mustereinleserin (f), Leviererin (f) reader in, reader off проборщица (жр) *или* сводчица (жр) рисунка		liseuse (f) de dessins, ouvrière (f) de lisage lettrice (f) d'armature lectora (f) de ligamentos
22	die Musterzeichnung in Fadengruppen einteilen to divide the pattern into parts разбивать рисунок (мр) на группы нитей		diviser le dessin en parties dividere il disegno in parti dividir la muestra en partes
23	die Farbe lesen *oder* nehmen to read the colours пробирать расцветку (жр)		lire *ou* appeler les couleurs leggere i colori leer *o* nombrar los colores
24	Figurstelle (f) figured portion узорная часть (жр)		partie (f) façonnée parte (f) figurata porción (f) del motivo
25	Grundbindung (f) der Figurstellen ground weave for the figured portions грунтовое переплетение (ср) узорных частей		liage (m) de fond pour parties façonnées armatura (f) di fondo per parti figurate ligamento (m) de fondo para pasajes con motivo

1	liegenbleibende Figurstelle (f) figured portion left оставленная лежачей узорная часть (жр)		partie (f) façonnée laissée parte (f) figurata lasciata porción (f) del motivo sin tomar *o* en reposo
2	die Löcher (npl) auf einmal ausstanzen to punch the holes at one operation проштамповать дыры (жр) сразу		piquer les trous à la fois punzonare i fori in una sola operazione picar, a la vez, los agujeros

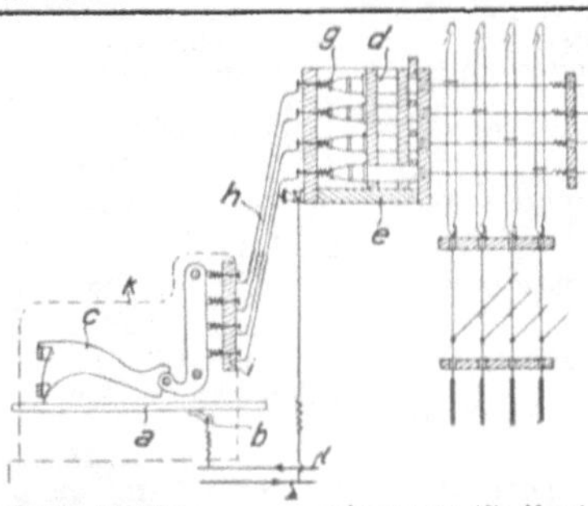

3	elektrische Kartenschlagmaschine (f) electrical card punching machine электрическая картопробивная машина (жр)		piqueuse (f) électrique pour cartons punzonatrice (f) elettrica per cartoni máquina (f) perforadora eléctrica
4	Metallpatrone (f) metal pattern металлический патрон (мр)	a	mise (f) en carte métallique messa (f) in carta metallica puesta (f) en carta metálica
5	schleifender Kontakt (m), Schleifkontakt (m) sliding contact скользящий контакт (мр) *или* включатель (мр)	b	contact (m) de glissement *ou* par frottement contatto (m) a scorrimento *o* di strisciamento contacto (m) deslizante *o* por frotación
6	Fallkontakt (m), Kontakthebel (m) contact lever падающий контакт (мр), контактный рычаг (мр)	c	levier (m) de contact leva (f) di contatto palanca (f) de contacto
7	Elektromagnet (m) electromagnet электромагнит (мр)	d	électro-aimant (m) elettromagnete (m) electro-imán (m)
8	elektrisch leitender Magnetkasten (m) magnet housing forming part of the electric circuit электропроводный магнитный ящик (мр)	e	boite (f) des aimants soumise à l'action d'un courant électrique cassa (f) degli elettromagneti sotto l'azione della corrente elettrica batería (f) de electroimanes sometida a la acción de una corriente eléctrica
9	Kontaktknopf (m) push button, contact stud контактная пуговица (жр)	g	bouton (m) de contact bottone (m) di contatto botón (m) de contacto
10	Leitungsdraht (m) conducting wire прижатый проводник (мр)	h	fil (m) conducteur filo (m) conduttore hilo (m) conductor
11	Klemmbrett (n), Kontaktbrett (n) terminal board контактная доска (жр)	i	tablette (f) à bornes tavola (f) per serrafilo tabla (f) para bornes
12	Ablesevorrichtung (f) reading device приспособление (ср) для считывания	k	dispositif (m) de lisage dispositivo (m) di lettura dispositivo (m) de lectura
13	Stromleitung (f) conductor электропровод (мр), проводник (мр) электрического тока	l	conducteur (m) [électrique] conduttore (m) di corrente conductor (m) de corriente
14	Stromrückleitung (f) return line обратный электропровод (мр)	o	ligne (f) de retour conduttura (f) di ritorno conductor (m) de vuelta
15	abgekürztes Kartenschlagen (n) simplified method of card cutting сокращенная пробивка (жр) карт		piquage (m) accéléré punzonatura (f) accelerata picado (m) simplificado

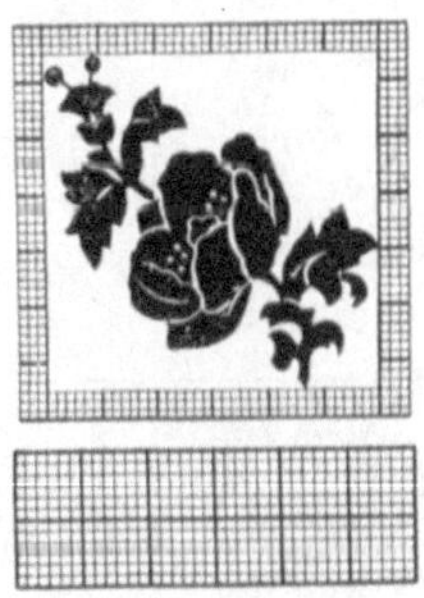

16		Kartenschlagen (n) vom Warenbilde card cutting direct from the sketch пробивка (жр) карт с рисунка товара piquage (m) direct d'après l'esquisse punzonatura (f) diretta dallo schizzo picado (m) directo partiendo del dibujo
17	unliniertes Papier (n) plain *or* unlined paper нелиневанная бумага (жр)	papier (m) non quadrillé carta (f) senza righe papel (m) blanco
18	auf Pappe geklebter Patronenpapierstreifen (m) point paper strip gummed on pasteboard полоса (жр) патронной бумаги, наклеенная на картон	ruban (m) de papier de mise en carte gommé sur carton nastro (m) di carta rigata ingommato su cartone tira (f) de papel cuadriculado pegada sobre cartón

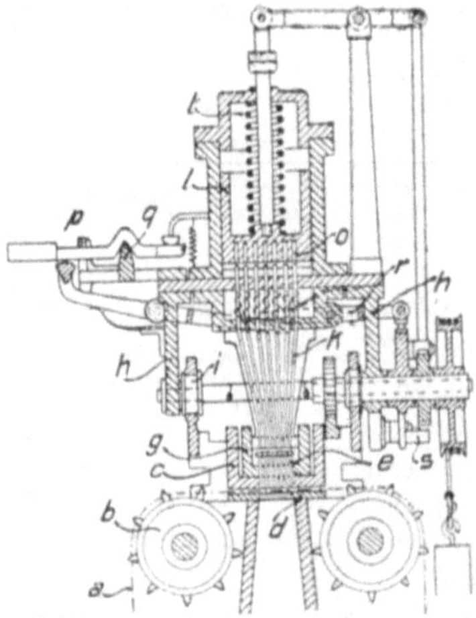

No.			
1	Schlagmaschine (f) für Verdolkarten *oder* endlose Papierkarten stamping machine for endless paper cards пробивная машина (жр) для бумажных карт Вердоля		piqueuse (f) mécanique pour papier sans fin Verdol punzonatrice (f) meccanica per carta senza fine Verdol perforadora (f) mecánica para papel sin fin Verdol
2	Kartenpapier (n) card paper бумага (жр) для карты	a	papier (m) de carton carta (f) per cartoni papel (m) de cartón
3	Nockenrad (n) pin wheel шпеньковое колесо (ср)	b	roue (f) à chevilles ruota (f) a caviglie rueda (f) con clavijas *o* espigas
4	Stempelführungsplatte (f) stamp guide plate направляющая доска (жр) для бородков *или* просечек	c	plaque-guide (f) des poinçons placca (f) di guida dei punzoni tabla-guía (f) de los punzones
5	Gegenplatte (f) bottom guide plate, anvil подкладная доска (жр)	d	contreplaque (f) contro-placca (f) contratabla (f)
6	Schlagstempel (m) stamp, punch бородок (мр)	e	poinçon (m) punzone (m) punzón (m)
7	Querstück (n) cross piece поперечное ребро (ср)	g	traverse (f) traversa (f) traviesa (f)
8	Schlagwerkwagen (m) punch *or* stamping carriage каретка (жр) пробивного механизма	h	chariot (m) de la boîte aux poinçons carrello (m) della cassa a punzoni carro (m) del estuche de punzones
9	Laufrad (n) idler wheel ролик (мр), каточек (мр)	i	roue (f) porteuse ruota (f) portante rueda (f) transportadora
10	Schlagnadel (f) punch пробивная игла (жр)	k	aiguille (f) de piquage ago (m) punzonatore aguja (f) de picado

			No.
Schlagkolben (m), Schlagbolzen (m) press piston пробивной поршень (мр) *или* стакан (мр)	l	piston (m) presseur pistone (m) di pressione pistón (m) presionador	11
Schieber (m) finger толкач (мр)	o	platine (f) platina (f) gancho (m)	12
Tasterhebel (m) key lever клавишный рычаг (мр)	p	levier (m) de touche leva (f) di tasto palanca (f) de tecla	13
Schneide (f) [fulcrum] knife edge нож (мр), призма (жр)	q	couteau (m) coltello (m) cuchilla (f)	14
Hebelrahmen (m) lever frame рычажная рама (жр)	r	bâti (m) des leviers incastellatura (f) delle leve bastidor (m) de las palancas	15
Sperrzahn (m) catch запорный зуб (мр) *или* выступ (мр)	s	dent (f) d'arrêt dente (m) d'arresto gatillo (m)	16
Kolbenfeder (f) piston spring поршневая пружина (жр)	t	ressort (m) du piston molla (f) del pistone muelle (m) *o* resorte (m) del pistón	17
Führungsloch (n) guide hole направляющее отверстие (ср)		trou-guide (m) buco (m) di guida taladro-guía (m)	18
genaue Lochstellung (f) exact alinement of the holes точная установка (жр) отверстий		alignement (m) exact des trous allineamento (m) esatto dei buchi alineación (f) exacta de los agujeros	19
den Stempel niederdrücken to press the punch down нажимать вниз бородок (мр)		enfoncer le poinçon premere il punzone hundir el punzón	20
Fortschaltung (f) des Wagens forward movement of the carriage продвигание (ср) *или* подача (жр) вперед каретки		mouvement (m) avant du chariot movimento (m) in avanti del carrello movimiento (m) de avance del carro	21

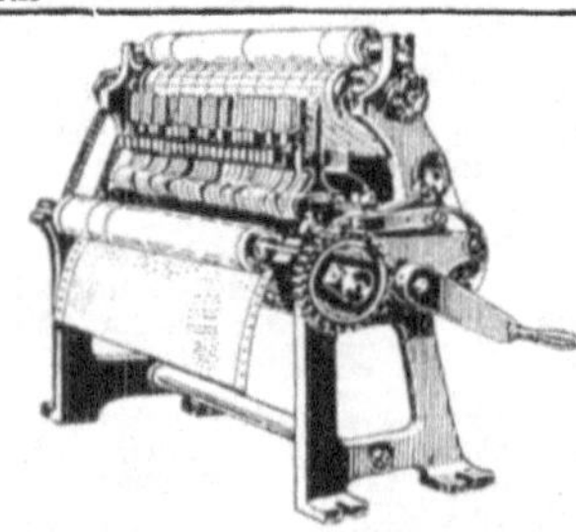

		No.
Verdolkartenschlagmaschine (f) Verdol's stamping machine for endless paper cards пробивная машина (жр) для карт Вердоля	piqueuse (f) mécanique pour papier sans fin Verdol punzonatrice (f) meccanica per cartone senza fine Verdol perforadora (f) mecánica para papel sin fin Verdol	22

IV.

1	**Kartenkopieren (n)** **Repeating the Cards** **Копировка (жр) или сводка (жр) карт**		**Repiquage (m) des cartons** **Copiatura (f) dei cartoni** **Duplicado (m) *o* repicado (m) de los cartones**
2	die Karten (fpl) kopieren to copy the cards копировать *или* сводить карты (мр)		copier les cartons copiare i cartoni duplicar *o* repicar los cartones

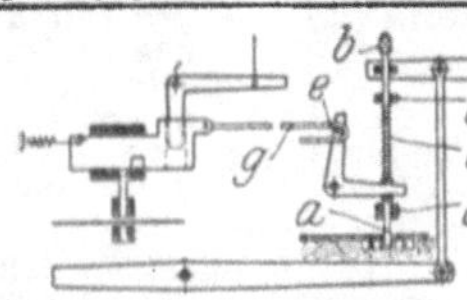

3	Kartenkopiermaschine (f) card repeating machine, [card] repeater машина (жр) для сводки карт, копирная машина		machine (f) à repiquer les cartons macchina (f) a copiare cartoni máquina (f) de duplicar *o* repicar cartones
4	Tasternadel (f) feeler щупальная игла (жр)	a	tâteur (m) ago (m) tastatore pulsador (m)
5	Tasternadelkopf (m) head of feeler захватная головка (жр)	b	tête (f) du tâteur testa (f) del tastatore cabeza (f) del pulsador
6	Schraubenfeder (f) helical spring винтовая пружина (жр)	c	ressort (m) à boudin molla (f) elicoidale resorte (m) en espiral
7	feststehende Führung (f) fixed guide неподвижное направляющее кольцо (ср)	d	guide (m) fixe guida (f) fissa guia (m) fijo
8	Bolzen (m), Stift (m) stud цапфа (жр)	e	goupille (f), bouton (m) copiglia (f) espiga (f)
9	Hakendraht (m) hooked wire загнутая проволока (жр), проволочный крючок (мр)	g	crochet (m) filo (m) metallico ad uncino gancho (m), corchete (m)
10	die Tasternadel herausheben to lift the feeler out вытягивать *или* вынимать щупальную иглу (жр)		lever le tâteur alzare il tastatore levantar el pulsador
11	Kontremaschine (f) counterpart machine машина (жр) для пробивки обратных карт *или* контркарт		contremachine (f) contro-macchina contramáquina (f)

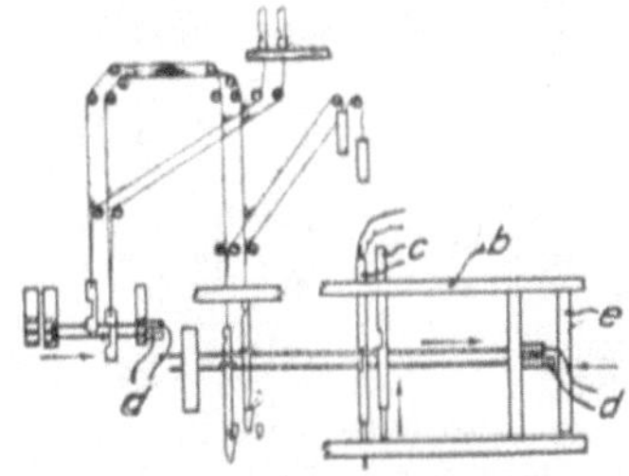

Tisch (m) table стол (мр)	b	table (f) tavola (f) mesa (f)	12
Tastatur (f) key motion клавиатура (жр)	c	mécanisme (m) des touches tastiera (f) teclado (m)	13
Stößel (m) stamp пест (мр)	d	poinçon (m) punzone (m) punzón (m)	14
Druckplatte (f) press plate нажимная доска (жр)	e	plaque (f) de pressage placca (f) di pressione prensa (f)	15
leere Karte (f), Leerblatt (n) blank card холостая карта (жр)		carton (m) vierge cartone (m) cieco cartón (m) vacio	16

V.

Kartenschnüren (n), Kartenbinden (n) **Card Lacing** **Связывание (ср) или смычка (жр) или сборка (жр) карт**		**Laçage (m) *ou* liage (m) des cartons** **Allacciatura (f) *o* legatura (f) dei cartoni** **Enlazado (m) *o* cosido (m) de los cartones**	17

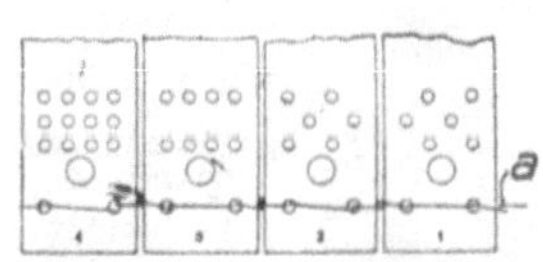

geheftete Karten (fpl) laced cards связанные *или* собранные карты (мр)		cartons (mpl) lacés cartoni (mpl) allacciati cartones (mpl) enlazados	18
Kartenbindeschnur (f) lacing twine *or* cord вязка (жр), картовязальная бечевка (жр)	a	lacet (m), cordon (m) de laçage corda (f) d'allacciamento cordón (m) de enlace	19

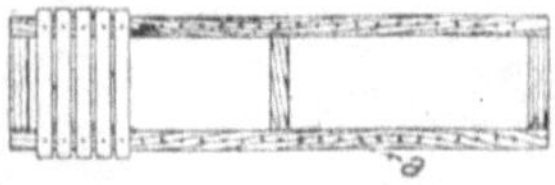

1 Schnürrahmen (m), Binderahmen (m)
[hand] lacing frame
картовязальная рама (жр)
établi (m) pour laçage [à la main]
quadro (m) per allacciatura [a mano]
estante (m) *o* marco (m) para el cosido [a mano]

---

2 Holzzapfen (m)
wooden peg
деревянный штифт (мр)
a
cheville (f) en bois
caviglia (f) di legno
clavija (f) *o* espiga (f) de madera

---

3 Auflegen (n) der Kartenblätter
laying on the cards
накладывание (ср) карточных листов
pose (f) des cartons
posa (f) dei cartoni
colocación (f) de los cartones

---

4 Kartenbindemaschine (f)
card lacing machine
картовязальная машина (жр)
machine (f) à lacer les cartons
macchina (f) per allacciare i cartoni
máquina (f) de coser *o* enlazar los cartones

---

5 Kartenwächter (m)
stop motion when a card is displaced
приспособление (ср) для останова при неправильном ходе карт
tâteur (m) de carton, mécanisme (m) d'arrêt pour carton mal placé
meccanismo (m) d'arresto per cartoni
para-cartón (m), dispositivo (m) de freno para carton mal colocado

---

6 Kartenkette (f)
card chain
картон (мр)
chaîne (f) de cartons
catena (f) di cartoni
cadena (f) de cartones

---

7 die Kartenkette einhängen
to place the card chain
заправить *или* навешивать картон (мр)
placer la chaîne de cartons
mettere la catena di cartoni
colocar la cadena de cartones

---

8 die Kartenkette aushängen
to take off the card chain
снимать картон (мр)
enlever la chaîne de cartons
levare la catena di cartoni
quitar la cadena de cartones

---

9 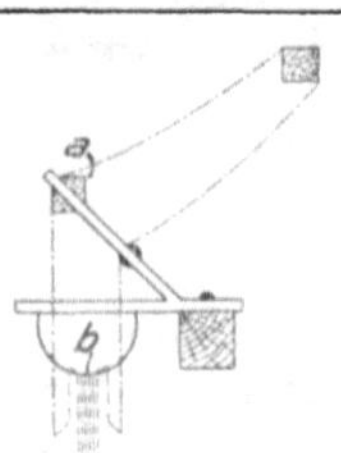

Kartenlauf (m)
card feed
ход (мр) карт
guide-cartons (m), brancard (m)
guida-cartoni (m)
guía-cartones (m)

Leitprisma (n)
guide cylinder
направляющая призма (жр)
a
cylindre-guide (m)
cilindro (m) di guida
cilindro-guía (m) 10

Kartenaufhängedraht (m)
card suspension wire
подвесная проволока (жр) для карт
b
secteur (m) de suspension des cartons
filo (m) metallico per sospendere i cartoni
sector (m) suspensor de los cartones 11

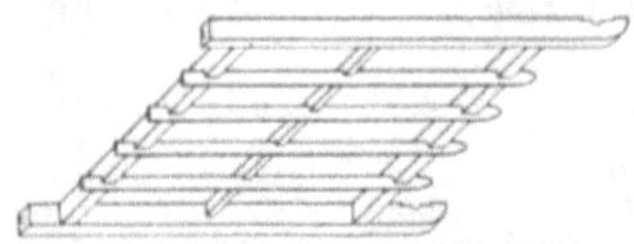

Kartenlaufrahmen (m)
card frame
ведущая карты рама (жр)
cadre (m) de support des cartons
quadro (m) di sopporto dei cartoni
marco (m) soportador de los cartones 12

Kartenlaufbügel (m)
card cradle
ведущая *или* несущая карты дуга (жр)
cintre (m) de support des cartons
arco (m) di sopporto dei cartoni
arco (m) soportador de los cartones 13

---

die Karten laufen von links nach rechts
the cards travel from left to right
карты (мр) обращаются слева направо
les cartons (mpl) se déroulent de gauche à droite
i cartoni (mpl) scorrono da sinistra a destra
los cartones evolucionan de izquierda a derecha 14

---

die Karten (fpl) rückwärts arbeiten lassen
to reverse the motion of the cards
пускать карты (мр) обратным ходом
renverser le mouvement de marche des cartons
invertire il movimento dei cartoni
invertir el movimiento de marcha de los cartones 15

---

die Karte geht schlecht
the card moves badly
картон (мр) идет плохо
le carton se déroule mal
il cartone si muove male
el cartón evoluciona mal 16

Umbinden (n) der Karten
relacing the cards
изменение (ср) порядка связывания карт
changement (m) de liage des cartons
cambio (m) d'allacciamento dei cartoni
cambio (m) de enlace *o* de cosido de los cartones 17

M.

Gewebe (npl) — Tissus (mpl), étoffes (fpl)

Woven Materials, [Textile] Fabrics — Tessuti (mpl)

Ткани (жр) — Tejidos (mpl), telas (fpl)

1

I.

Allgemeines (n) / General Terms / Общее (ср) — Généralités (fpl) / Generalità (fpl) / Generalidades (fpl)

2

3	 		Gefüge (n) [*oder* Struktur (f)] des Gewebes structure of the cloth строение (ср) *или* структура (жр) ткани contexture (f) du tissu struttura (f) del tessuto estructura (f) del tejido
4	Kettfaden (m) warp thread основная нить (жр)	a	fil (m) de chaîne filo (m) di catena hilo (m) de urdimbre
5	Schußfaden (m) weft thread уточина (жр)	b	fil (m) de trame, duite (f) filo (m) di trama hilo (m) de trama, pasada (f)
6	Gewebeart (f) style of fabric род (мр) ткани		genre (m) *ou* espèce (f) de tissu specie (f) di tessuto género (m) *o* especie (f) *o* clase (f) de tejido
7	Aussehen (n) des Gewebes appearance of the fabric [наружный] вид (мр) ткани		aspect (m) du tissu aspetto (m) del tessuto aspecto (m) del tejido
8	Gewebe (n) mit glatter Oberfläche, glattes Gewebe (n) plain fabric, tabby, calico ткань (жр) с гладкой поверхностью, гладкая ткань		tissu (m) uni, tissu à pas simple tessuto (m) liscio tejido (m) liso *o* unido
9	geripptes Gewebe (n) ribbed cloth рубчатая *или* ребристая ткань (жр)		tissu (m) rayé *ou* à côtes tessuto (m) costoluto *o* a righe sporgenti tejido (m) a bordones
10	Rippe (f) im Muster rib in the pattern выпушка (жр) *или* выпуклый рубчик (мр) в узоре		rayure (f) *ou* côte (f) dans le dessin riga (f) sporgente nel disegno bordón (m) en el dibujo

Gewebe (n) mit gleichmäßiger Bindung über die ganze Fläche cloth with a uniform weave over the whole surface ткань (жр) с равномерным *или* однообразным переплетением по всей поверхности	tissu (m) à liage uniforme sur toute la surface tessuto (m) a legatura uniforme su tutta la superficie tejido (m) con ligamento uniforme en toda la superficie	11
klarer Bindungseffekt (m) clear interlacing effect отчетливый эффект (мр) переплетения	effet (m) clair du liage effetto (m) chiaro di legatura efecto (m) claro del ligamento	12
verwischter Bindungseffekt (m) indistinct interlacing effect неясный *или* неотчетливый эффект (мр) переплетения	effet (m) indistinct du liage effetto (m) indistinto di legatura efecto (m) indistinto del ligamento	13
gemustertes Gewebe (n) patterned *or* figured cloth узорчатая ткань (жр)	tissu (m) façonné, étoffe (f) à dessins tessuto (m) figurato tejido (m) labrado *o* formando motivos	14
Musterwirkung (f) pattern effect впечатление (ср), производимое узором на ткани	effet (m) de façonnage effetto (m) del disegno efecto (m) de labrado	15
Kettenwirkung (f), Ketteneffekt (m) warp effect впечатление (ср), производимое основой; основный эффект (мр)	effet (m) de chaîne effetto (m) di catena efecto (m) de urdimbre	16
Schußwirkung (f), Schußeffekt (m) weft effect впечатление (ср), производимое утком; уточный эффект (мр)	effet (m) de trame effetto (m) di trama efecto (m) de trama	17
Farbenwirkung (f) colour effect эффект (мр) *или* действие (ср) расцветки	effet (m) de couleur effetto (m) di colore *o* della tinta efecto (m) de color *o* de colorido	18

1	Kettflottung (f) warp float голая *или* поверх-лежащая основная нить (жр)	flotté (m) de chaine libera giacitura (f) dei fili di catena, slegatura (f) per effetto della catena basta (f) de urdimbre	
2	der Kettfaden flottet the warp floats основная нить (жр) лежит поверх	le fil de chaine flotte il filo della catena è slegato *o* sciolto el hilo de urdimbre flota	
3	Schußflottung (f) weft float голая *или* поверх-лежащая уточная нить (жр)	flotté (m) de trame libera giacitura (f) dei fili di trama, slegatura (f) per effetto della trama basta (f) de trama	
4	flottende Fadengruppe (f) group of floating threads группа (жр) голых нитей	groupe (m) de flottés gruppo (m) di fili liberi *o* slegati *o* sciolti grupo (m) de bastas	
5	zweiseitiges *oder* seitengleiches Gewebe (n) reversible fabric, cloth with similar faces двусторонняя ткань	tissu (m) double-face tessuto (m) a doppia faccia tela (f) *o* tejido (m) a dos caras	
6	Austauschgewebe (n) varying woven goods ткань (жр) с взаимно-заменимыми сторонами	tissu (m) sans envers tessuto (m) senza rovescio tejido (m) sin envés	
7	punktiertes Gewebe (n) spotted fabric ткань (жр) с эффектовыми точками, ткань с искрой *или* огоньком	tissu (m) moucheté tessuto (m) punteggiato tejido (m) mosqueteado	
8	Schaftgewebe (n) fabric woven by shafts ремизная ткань (жр)	tissu (m) à lames tessuto (m) prodotto con lame tejido (m) con lizos	
9	Jacquardgewebe (n) Jacquard fabric Жаккардовая ткань (жр)	tissu (m) à la Jacquard tessuto (m) al Jacquard tejido (m) a la Jacquard *o* con Jaquard	

II.

10	**Einteilung** (f) **der Gewebe nach Material, Bindung und Gebrauchszweck** **Division of Cloth according to Material, Weave and its Application** **Подразделение** (ср) **тканей по материалу, переплетению и их назначению**	**Division** (f) **des tissus suivant la matière, le genre de tissage et les emplois** **Divisione** (f) **dei tessuti secondo il materiale, l'armatura e le applicazioni** **División** (f) **de los tejidos según la materia, ligamento y empleos**	
11	**1. Baumwollgewebe** (npl) **Cotton Goods** **[Хлопчато] бумажные ткани** (жр)	**Tissus** (mpl) **de coton** **Tessuti** (mpl) **di cotone** **Tejidos** (mpl) **de algodón**	
12	**a) Glatte Baumwollgewebe (npl), Baumwollgewebe (npl) in Leinwandbindung** **Plain Cotton Goods** **Бумажные ткани (жр) миткалевого переплетения**	**Tissus (mpl) de coton unis, toiles (fpl) de coton, cotonnades (fpl)** **Tessuti (mpl) di cotone tipo tela** **Tejidos (mpl) lisos de algodón, lienzos (mpl) *o* telas (fpl) de algodón**	
13	*α*) Dichte Gewebe (npl) Close Woven Goods Плотные ткани (жр)	Tissus (mpl) serrés Tessuti (mpl) compatti *o* densi Tejidos (mpl) densos *o* compactos *o* fuertes	
14	Nessel (m), rohes Baumwollgewebe (n) grey cotton cloth бязь (жр), миткаль (мр), суровая бумажная ткань (жр)	tissu (m) de coton écru tessuto (m) di cotone greggio tejido (m) [ligero] de algodón en crudo	
15	Blaudruck (m) medium [make of calico] миткаль (мр) под набивку	calicot (m) moyen calicò (m) *o* calicotto (m) medio tejido (m) medio de algodón	
16	Kattun (m) heavy make of calico ситец (мр), демикатон (мр)	calicot (m) fort calicò (m) pesante tejido (m) pesado de algodón	
17	Druckkattun (m) printed calico набивной ситец (мр)	calicot (m) imprimé, indienne (f) calicò (m) stampato *o* impresso indiana (m)	
18	Glanzkattun (m) glazed calico каленкор (мр)	lustrine (f) calicò (m) lucidato lustrina (f)	
19	Futterkattun (m) calico for lining подкладочный ситец (мр)	calicot (m) pour doublure calicò (m) per fodera algodón (m) para forro	
20	Bettkattun (m), Federleinwand (f), Inlet[t] (n) bed ticking простынный ситец (мр)	calicot (m) pour literie calicò (m) per letti tejido (m) de algodón para juego de cama	
21	Baumwolltaft (m) cotton taffeta, medium cotton cambric, umbrella cloth бумажный люстраль (мр)	silésienne (f) tela (f) di cotone per ombrelle, taffetà (m) di cotone tela (f) para paraguas	
22	Kitay (m) Kitay узкий подкладочный ситец (мр), подкладка (жр)	Kitay (m) Kitai (m) Kitay (m)	
23	Cretonne (m) cretonne кретон (мр)	cretonne (f) tela (f) di Normandia, cretonne (f) cretona (f)	

1	Perkal (m) percale, Indian calico перкаль (мр), рубашечный ситец (мр), мадрас (мр)	percale (f) percalle (m), percallo (m) percal (m)
2	Perkalin (m) percaline перкалин (мр)	percaline (f) percallina (f) percalina (f)
3	Schnürchenperkal (m) corded percale рубчатый перкаль (мр)	percale (f) rayée percallo (m) rigato percal (m) con cordoncillos
4	Katt (m) printed percale набивной перкаль (мр)	percale (f) imprimée percallo (m) stampato percal (m) estampado
5	Sarsonet (m) sarcenet, sarsenet цветной каленкор, сарсонет (мр)	sarcenet (m) sarsenet (m) zangalete (m)
6	Kaliko (m), Buchbinderkattun (m) embossed calico каленкор (мр)	toile (f) de coton gaufrée tela (f) di cotone goffrata tela (f) de algodón para encuadernar
7	Zephir (m) zephyr фуляр (мр)	zéphyr (m) zef[f]iro (m) céfiro (m)
8	Zitz (m) chintz цветной ситец (мр)	calancas (m), calancar (m), calencas (m), calencar (m) cretonne (f) di Persia, tela (f) calancà zaraza (f)
9	Gingan (m), Gingham (m), Guingan (m), Gingas (m), englische *oder* schottische *oder* Wiener Leinwand (f) gingham гринсбон (мр)	guingan (m), guingham (m), guingamp (m) gingham (m), gingan (m) guinga (f)
10	Kammertuch (n), Kambrik (m), Baumwollbatist (m), Batistmusselin (m) cotton cambric рубашечная ткань (жр) кэмбрик	batiste (f) *ou* mousseline (f) de coton [tela (f)] batista (f) di cotone, cambric (m) *o* mussolina (f) di cotone, tela (f) della regina batista (f) de algodón
11	weiße Ware (f), Chiffon (m) chiffon шиффон (мр)	tissu (m) chiffon chiffon (m) chiffon (m)
12	Schirting (m) shirting шертинг (мр)	shirting (m) shirting (m) virginia (f)
13	Indianschirting Indian shirting бумажное полотно (ср)	shirting (m) indien shirting (m) indiano virginia (f) muy fuerte
14	Mexican (m) mexican рубашечное полотно (ср)	mexicain (m) messicano (m) mejicano (m)
15	T-Cloth (n) T cloth Т-полотно (ср)	T-cloth (m) tessuto (m) T, shirting (m) T T-cloth (m)
16	Madapolam (m) madapol[l]am мадаполам (мр)	madapolam (m) madapolam (m) madapolán (m)
17	Domestic (m) domestic доместик (мр)	domestic (m) domestic (m) doméstico (m)
18	Haircord (m) hair cord рубчатое бумажное полотно (ср) с цветной основой	haircord (m) haircord (m) haircord (m)
19	Nanking (m) nankeen бумажная чесуча (жр), нанкин (мр)	nankin (m), nanquin (m) nanquin (m), nanchina (f) nanquin (m), mahón (m)
20	Nankinet (m) fine nankeen легкая цветная чесуча (жр), нанкинет (мр)	nankinet (m) nanquinetto (m), nanchinetta (f) nanquin (m) *o* mahón (m) fino
21	*β*) Undichte *oder* lockere Gewebe (npl) Loose Woven Goods Неплотные *или* редкие ткани (жр)	Tissus (mpl) lâches Tessuti (mpl) trasparenti Tejidos (mpl) flojos *o* fofos *o* claros
22	Mull (m) fine muslin, mull кисея (жр)	mousseline (f) fine mussolina (f) fina muselina (f) fina
23	Organdy (m), Organdin (m) organdie кисея (жр) жесткой отделки	organdi (m) organdie (m) organdí (m)
24	Musselin (m) muslin муслин (мр)	mousseline (f) mussolina (f) muselina (f)
25	Schleiertuch (n), Linon (m) French *or* Silesian lawn линон (мр)	linon (m) de coton linone (m) di cotone, tela (f) rensa linón (m) de algodón
26	Jaconet (m), Bastard (m) jaconet линон-батист (мр), декос (мр)	jaconas (m) giaconetto (m) chaconada (f)
27	Tarlatan (m) tarl[e]ton тарлатан (мр), сильно прокрахмаленная кисея (жр)	tarlatane (f) tarlatana (f) tarlatana (f), muselina (f) muy clara
28	Gaze (f) gauze газ (мр), газовая ткань (жр)	gaze (f) garza (f) gasa (f)
29	Glanzgaze (f) glazed gauze глянцевая газовая ткань (жр)	gaze (f) glacée garza (f) lucida gasa (f) brillante
30	Kongreßstoff (m) damask gauze гардинная ткань (жр)	gaze (f) damassée garza (f) damascata gasa (f) labrada

1	Etamin (m) tammy etamines этамин (мр)	étamine (f) etamine (f) estameña (f)
2	Camilla (f), Marly (m) Scotch gauze, marly камилла (жр)	marli (m) camilla (f), marli (m) marli (m)
3	Putztuch (n) sponge cloth обтирочная ткань (жр)	chiffon (m) pour essuyage tessuto (m) per pulire le macchine trapo (m) de limpieza
4	Voile (m) voile вуаль (мр)	voile (m) voile (m) voile (m)
5	Kanevas (m), Baumwollstramin (m) canvas for embroidery канва (жр), сетка (жр)	canevas (m) de coton canovaccio (m) *o* canavaccio (m) di cotone, tela (f) d'alona cañamazo (m) de algodón
6	**b) Baumwollgewebe (npl) in Köper- und Atlasbindung** **Cotton Goods in Twill and Satin Weave** **Бумажные ткани (жр) с саржевым и атласным переплетением**	**Tissus (mpl) de coton en croisés et satins** **Tessuti (mpl) diagonali e rasati di cotone** **Sargas (fpl) y rasos (mpl) de algodón**
7	Drill (m), Drell (m), Drillich (m), Zwillich (m), Zwilch (m) drill одежный тик (мр)	treillis (m), coutil (m) traliccio (m), drill (m) dril (m), cutí (m), terliz (m)
8	Barchent (m) several leaf twill бумазея (жр)	futaine (f) f[r]ustagno (m) fustán (m)
9	glatter Barchent (m) plain lining goods гладкая бумазея (жр)	futaine (f) à deux envers fustagno (m) liscio fustán (m) liso
10	rauher Barchent (m) swansdown, tops шершавая *или* грубая бумазея (жр)	futaine (f) à poil fustagno (m) greggio fustán (m) con pelo
11	Atlasbarchent (m), Barchentatlas (m) satin tops атласная бумазея (жр)	futaine (f) satinée fustagno (m) satinato raso (m) de fustán
12	Futterbarchent (m) lining goods подкладочная бумазея (жр)	futaine (f) pour doublure fustagno (m) per fodere fustán (m) para forro
13	Bettbarchent (m), Bettdrell (m), Inlet[t] (n) bed ticking, inlets одеяльная бумазея (жр)	toile (f) à matelas, coutil (m) pour literie fustagno (m) per letti tela (f) para colchón
14	gestreifter Barchent (m), Dimity (m), Wallis (m) striped lining goods полосатая бумазея (жр)	coutil (m) rayé fustagno (m) a righe fustán (m) listado
15	Baumwollflanell (m), Biber (m) cotton beaver фланелин (мр)	flanelle (f) de coton flanella (f) di cotone franela (f) de algodón
16	Baumwollmolton (m) beaverteen бумажный мольтон (мр)	molleton-coton (m), pilou (m) mollettone (m) di cotone moletón (m) de algodón
17	Köper (m), [Croisé (m)] twilled cotton, tweeled cotton саржа (жр)	croisé (m), tissu (m) croisé, sergé (m), serge (f) de coton diagonale (m), saia (f), spiga (f) sarga (f) de algodón
18	Gabardine (f) gaberdine, gabardine габардин (мр)	gabardine (f) gabardina (f) gabardina (f)
19	Englischleder (n) moleskin чортова кожа (жр)	molesquine (f) peau (m) de taupe, cuir (m) anglais moleskin (m), pelle (f) di talpa cuero (m) inglés
20	Satin (m), Baumwollatlas (m) cotton sateen сатин (мр)	satin (m) de coton satin (m) di cotone raso (m) de algodón
21	Oxford (m) Oxford shirting пестротканая камчатка (жр)	oxford (m) oxford (m) oxford (m)
22	**c) Gemusterte Baumwollgewebe (npl)** **Figured Cotton Goods** **Узорчатые бумажные ткани (жр)**	**Tissus (mpl) de coton façonnés** **Tessuti (mpl) di cotone operati** **Tejidos (mpl) labrados de algodón**
23	Baumwolldamast (m) cotton damask бумажный дамаск (мр)	damassé (m) coton damasco (m) di cotone, tela (f) di cotone damascata adamascado (m) de algodón
24	Pikee (m), Piqué (m) piqué, quilted goods пикэ (мр)	piqué (m) piqué (m) piqué (m)
25	rauher Piqué (m), Piquébarchent (m), Molton-Piqué (m) swansdown грубый пикэ (мр), пикэ-бумазея (жр)	piqué-molleton (m), molleton-piqué (m) piqué-fustagno (m), piqué-mollettone (m) moletón (m) de piqué
26	**d) Samtartige Baumwollgewebe (npl)** **Cotton Pile Fabrics** **Бархатовидные бумажные ткани (жр)**	**Tissus (mpl) de coton à poils** **Tessuti (mpl) vellutati di cotone** **Tejidos (mpl) de algodón con pelo**
27	Baumwollsamt (m), unechter Samt (m), Manchester (m), Velvetin (m) velveteen, fustian ненастоящий бархат (мр), имитация (жр) бархата, вельветин (мр)	velours (m) de coton, velventine (f) [velluto (m)] Manchester (m), velluto (m) di cotone terciopelo (m) de algodón

1	Rippensamt (m), Cord (m), Cordsamt (m), gerippter Samt (m) *oder* Manchester (m) corduroy, cord, ribbed velveteen рубчатый бархат (мр), манчестер (мр)	velours (m) à côtes, velours côtelé *ou* cordelé [velluto (m)] Manchester a coste terciopelo (m) de cordoncillo de algodón
2	gestreifter Manchester (m) thickset полосатый манчестер (мр)	velours (m) de coton rayé [velluto (m)] Manchester (m) a strisce terciopelo (m) listado de algodón
3	unaufgeschnittener *oder* ungerissener Manchester (m) uncut velveteen непрорезанный манчестер (мр)	velours (m) de coton non coupé [velluto (m)] Manchester (m) non tagliato terciopelo (m) sin cortar de algodón
4	glatter Manchester (m) plain back *or* tabby back velveteen гладкий манчестер (мр)	velours (m) de coton à fond lisse *ou* à fond uni [velluto (m)] Manchester (m) a fondo liscio terciopelo (m) liso de algodón
5	Köper-Manchester, geköperter Baumwollsamt (m) jean back *or* Genoa back velveteen саржевый манчестер (мр), бумажный бархат (мр) с саржевым переплетением	velours (m) de coton à fond croisé [velluto (m)] Manchester (m) a fondo incrociato terciopelo (m) de algodón con fondo de sarga
6	**2. Leinengewebe (npl)** **Linen Goods** **Льняные *или* полотняные ткани (жр)**	**Tissus (mpl) de lin** **Tessuti (mpl) di lino** **Tejidos (mpl) de lino**
7	**a) Flachs- und Hanfgewebe (npl) in Leinwandbindung** **Plain Linen and Hemp Goods** **Льняные и пеньковые ткани (жр) миткалевого переплетения**	**Toiles (fpl) de lin et de chanvre** **Tessuti (mpl) lisci di lino e di canapa** **Tejidos (m) lisos de lino y cáñamo**
8	Leinen (n), Leinwand (f), Linnen (n) linen cloth полотно (ср)	toile (f) tela (f) tela (f), lienzo (m)
9	Flachsleinwand (f), flächsernes Leinen (n) flax linen льняное полотно (ср)	toile (f) de lin tela (f) di lino tela (f) de lino
10	Hanfleinwand (f) hemp linen пеньковое полотно (ср)	toile (f) de chanvre tela (f) di canapa tela (f) de cáñamo
11	Wergleinwand (f), Hedeleinen (n) tow linen угарное *или* очесочное полотно (ср)	toile (f) d'étoupe tela (f) di stoppa tela (f) de estopa
12	halbflächsene Leinwand (f), Halbhedeleinen (n), Halblaken (m) linen with flax warp and tow weft полульняное полотно (ср)	toile (f) mixte, tissu (m) mi-lin mi-étoupe tela (f) mista di lino e stoppa tela (f) mixta, tejido (m) medio-lino media-estopa
13	halbbaumwolleneLeinwand (f), Halbleinen (n) cotton [warp] linen, half linen cloth полубумажное льняное полотно (ср)	toile (f) mixte, tissu (m) mi-lin mi-coton tela (f) mista di lino e cotone tela (f) mixta, tejido (m) medio-lino medio-algodón
14	Segelleinwand (f), Segeltuch (n) sail cloth, canvas парусина (жр)	toile (f) à voile tela (f) da vele tela (f) para vela[men]
15	Zeltstoff (m) awning, tent cloth „палатка“ (жр), палаточная ткань (жр), брезент (мр)	toile (f) à tente tela (f) da tenda tela (f) para toldo
16	Schiertuch (n) duck, Russian sheeting легкая парусина (жр)	toile (f) à voile pour yacht tela (f) da vele per yacht lona (f) para yate
17	Hausleinen (n) home spun linen кустарное полотно (ср), сарпинка (жр)	toile (f) de ménage tela (f) casalinga lienzo (m) casero
18	Lederleinwand (f), Kreas (m) dowlas льняная чортова кожа (жр)	crès (f), crée (f) dowlas (m), tela (f) corame, creas (f) crea (f)
19	Futterleinen (n) linen [inter]lining подкладочное полотно (ср)	toile (f) doublure tela (f) da fodere tela (f) para forro
20	Franzleinen (n) unbleached lining суровое подкладочное полотно (ср)	toile (f) doublure écrue tela (f) da fodere greggia tela (f) cruda para forro
21	Moorleinen (n) moire lining крашеное муаровое подкладочное полотно (ср)	toile (f) doublure moirée tela (f) da fodere marezzata *o* con finissaggio moirc tela (f) muaré para forros
22	Steifleinen (n), Starrleinen (n), Schetterleinen (n) buckram брезентовая льняная ткань (жр)	bougran (m) tela (f) gommata *o* incollata, bucherame (m) bocaci (m), bucarán (m)
23	Glanzleinwand (f) calendered linen глянцевое полотно (ср)	toile (f) calandrée *ou* lustrée tela (f) lustrina *o* lustrata *o* lisciata tela (f) calandrada
24	Sackleinwand (f) bagging, sacking, sack cloth мешочная ткань (жр), „мешок“ (мр)	toile (f) à sac tela (f) per sacchi tela (f) para saco
25	Packleinwand (f) packing linen паковочное полотно (ср)	toile (f) d'emballage tela (f) per imballo *o* d'imballaggio tela (f) de embalaje
26	Batist (m), Batistleinwand (f) cambric, batiste, lawn льняной батист (мр)	batiste (f) de lin tela (f) batista batista (f) de lino

1	Schleiergewebe (n) veiling льняная вуаль (жр)	linon (m) clair, voile (m) vela (f) linón (m) claro
2	Linon (m) French *or* Silesian lawn линон (мр)	linon (m) linone (m), rensa (f) linón (m)
3	**b) Leinengewebe (npl) in Köper- und Atlasbindung** **Linen Goods in Twill and Sateen Weave** **Льняные ткани (жр) саржевого и атласного переплетения**	**Tissus (mpl) de lin en armure croisée et satin** **Tessuti (mpl) di lino diagonali e rasati** **Tejidos (mpl) de lino en sarga y raso**
4	Drell (m), Drillich (m), Zwillich (m), Zwilch (m) drill тик (мр), дрель (жр)	treillis (m), coutil (m) traliccio (m), drell (m), drill (m) dril (m), cutí (m), terliz (m)
5	Sackzwillich (m) trellis, sack drill мешочный тик (мр)	treillis (m) à sac traliccio (m) a sacco terliz (m) de saco
6	Bettdrell (m) bed ticking простынный *или* постельный льняной тик (мр)	coutil (m) pour literie traliccio (m) per letti cutí (m) *o* dril (m) para juego de cama
7	Beinkleiderdrell (m), Hosendrell (m) twilled linen trowsering брючный льняной тик (мр)	coutil (m) pour pantalons traliccio (m) per calzoni dril (m) *o* cutí (m) para pantalones
8	Tischdrell (m) diaper, dornic столовый льняной тик (мр)	linge (m) de table, diapré (m) biancheria (f) *o* lingeria (f) da tavola mantelería (f), ropa (f) de mesa
9	Handtuchdrell (m) towelling льняной тик (мр) для полотенц	toile (f) à essuie-main tela (f) per asciugamani toalla (f), paño (m) de manos
10	**c) Gemusterte Leinengewebe (npl)** **Figured Linen Goods** **Узорчатые льняные ткани (жр)**	**Tissus (mpl) de lin façonnés** **Tessuti (mpl) di lino operati** **Tejidos (mpl) labrados de lino**
11	Leinendamast (m) linen damask льняной дамаск (мр)	damassé (m) lin damasco (m) di lino, lingeria (f) damascata adamascado (m) de lino
12	Halbdamast (m) Jacquard pattern damask льняной полудамаск (мр)	damassé (m) à effet Jacquard damascato (m) ad effetto Jacquard adamascado (m) a la Jacquard
13	**3. Jutegewebe (npl)** **Jute Fabrics** **Джутовые ткани (жр)**	**Tissus (mpl) de jute** **Tessuti (mpl) di juta** **Tejidos (mpl) de yute**
14	**a) Jutegewebe (npl) in Leinwandbindung** **Plain Jute Fabrics** **Джутовые ткани (жр) миткалевого переплетения**	**Tissus (mpl) de jute en armure toile** **Tessuti (mpl) di juta lisci** **Tejidos (mpl) de yute formando tafetán**
15	Netztuch (n) biscuit bagging, façon hessian джутовая сарпинка (жр) *или* дерюга (жр)	toile (f) à filet tela (f) a rete, façon (f) hessian tela (f) de red
16	Juteleinen (n) hessian джутовое полотно (ср)	toile (f) de jute tela (f) di juta, hessian (m) tela (f) de yute
17	gewöhnliches Juteleinen (n), Packtuch (n) ordinary *or* common hessian, packing canvas, burlap (A) обыкновенное джутовое полотно (ср)	toile (f) de jute commune tela (f) di juta tipo comune tela (f) ordinaria de yute
18	Jutefeinleinen (n) fine hessian тонкое джутовое полотно (ср)	toile (f) de jute fine tela (f) di juta tipo fino tela (f) fina de yute
19	Jutedoppelleinen (n) tarpawling, tarpauling двойное джутовое полотно (ср)	toile (f) à prélart *ou* à bâche tela (f) doppia di juta doble tela (f) de yute
20	Jutesackleinen (n) gunny cloth джутовая мешочная ткань (жр)	toile (f) à sac en jute tela (f) per sacchi di juta tela (f) de saco de yute
21	Einfachjutesackleinen (n) single warp bagging простая джутовая мешочная ткань (жр)	toile (f) à sac en jute simple tela (f) per sacchi di juta semplice tela (f) sencilla *o* simple de saco de yute
22	Doppeljutesackleinen (n) double warp bagging двойная джутовая мешочная ткань (жр)	toile (f) à sac en jute double tela (f) per sacchi di juta doppia doble tela (f) de saco de yute
23	Zuckersackleinen (n) hessian bagging мешочная ткань (жр) для сахара	toile (f) pour sac à sucre tela (f) per sacchi di zucchero tela (f) de saco para azúcar
24	Plansackleinen (n) plain sacking мешочная брезентовая ткань (жр)	toile (f) à sac unie tela (f) per sacchi liscia tela (f) lisa de saco

1	**b) Jutegewebe (npl) in Köperbindung** **Twilled Jute Fabrics** **Джутовые ткани (жр) саржевого переплетения**	**Tissus (mpl) de jute en croisé** **Tessuti (mpl) di juta incrociati** **Tejidos (mpl) de yute formando sarga**
2	Jutedrell (m) broken twilled jute fabric, arrowhead *or* herringbone twilled fabric джутовый тик (мр)	coutil (m) en jute traliccio (m) *o* drell (m) di juta cuti (m) *o* dril (m) de yute
3	Juteköper (m) twilled jute sacking джутовая саржа (жр)	croisé (m) en jute incrociato (m) *o* diagonale (m) di juta sarga (f) de yute
4	gewöhnlicher Juteköper (m) common twilled jute sacking обыкновенная джутовая саржа (жр)	croisé (m) en jute commun incrociato (m) *o* diagonale (m) di juta comune sarga (f) ordinaria de yute
5	Jutefeinköper (m) fine twilled jute sacking тонкая джутовая саржа (жр)	croisé (m) en jute fin incrociato (m) *o* diagonale (m) di juta fino sarga (f) fina de yute
6	Hopfentuch (n) hop sacking, hop pocketing джутовое полотно (ср) для хмеля	toile (f) pour sac à houblon tela (f) da sacchi per luppoli tela (f) de saco para lúpulo
7	**4. Woll[en]gewebe (npl)** **Woollen and Worsted Goods** **Шерстяные ткани (жр)**	**Tissus (mpl) de laine** **Tessuti (mpl) di lana** **Tejidos (mpl) de lana**
8	**a) Streichgarngewebe (npl)** **[Carded] Woollen Goods** **Ткани (жр) аппаратной шерсти**	**Tissus (mpl) de laine cardée** **Tessuti (mpl) di lana cardata** **Tejidos (mpl) de lana cardada**
9	α) Streichgarngewebe (npl) in Leinwandbindung Plain Woollen Goods Ткани (жр) аппаратной шерсти миткалевого переплетения	Tissus (mpl) de laine cardée unis Tessuti (mpl) di lana cardata lisci Tejidos (mp) de lana cardada formando tafetán
10	Loden (m), ungewalkter Wollstoff (m) unmilled *or* unfulled *or* rough cloth „лоден" (мр), шерстяная ткань (жр) для верхних плащей	drap (m) brut, loden (m) loden (m), panno (m) *o* drappo (m) greggio paño (m) no batanado
11	Tuch (n) [woollen] cloth сукно (ср)	drap (m) stoffa (f) di lana paño (m)
12	Damentuch (n) ladies dress fabric дамское сукно (ср)	drap (m) pour dame stoffa (f) per signora paño (m) para señora
13	Kommißtuch (n), Militärtuch (n) army cloth солдатское сукно (ср)	drap (m) militaire stoffa (f) militare paño (m) militar
14	Kirsey (m), Kersey (m) kersey грубое солдатское сукно (ср), кирза (жр)	créseau (m), carsaie (f), carsaye (f) carsaia (f), kersey (m) tela (f) a dos caras para militares, kersey (m)
15	Papiermacherfilz (m) paper felt валичный (-ое) войлок (мр) *или* сукно (ср)	feutre (m) de papeterie feltro (m) da cartiera fieltro (m) de papelería
16	Deckenzeug (n), Kotzenzeug (n) shaggy coverlet, rough rug *or* covering одеяльная *или* чепрачная ткань (жр)	étoffe (f) pour couvertures grossières stoffa (f) per coperte grossolane tejido (m) para gruesas cubiertas
17	reinwollener Kasimir (m) pure woollen cassimere чисто-шерстяной казимир (мр)	casimir (m) pure laine casimir[r]a (f) pura lana casimir (m) de lana pura
18	halbwollener Kasimir (m) half woollen cassimere полушерстяной казимир (мр)	casimir (m) mi-laine casimir[r]a (f) mezzalana casimir (m) de media lana
19	Lama (m) lama лама-фланель (жр)	lama (m) lama (m) lama (f)
20	Cheviot (m) cheviot шевиот (мр)	cheviotte (f) cheviot (m) cheviot (m)
21	Cheviot (m) mit Decke unraised cheviot шевиот (мр) с покрышкой	cheviotte (f) non grattée cheviot (m) non garzato cheviot (m) sin perchar
22	schräger Rips (m), Korkziehergewebe (n), [Corkscrew (m)] corkscrew cloth ткань (жр) с прерывистым саржевым переплетением, „корксрю" (мр)	corkscrew (m), cannelé (m) oblique cannellato (m) obliquo acanalado (m) oblicuo
23	Flanell (m) flannel фланель (жр)	flanelle (f) flanella (f) franela (f)
24	Kaschmir (m) cashmere кашмир (мр)	cachemire (m) cascemire (f), cascimirra (f), cachemire (f), casmir (m) cachemira (f)
25	Kaschmiret (m) cashmere twill кашмирет (мр)	cachemirette (f) cascimirra (f) diagonale, cachemirette (f) cachemira (f) cruzada
26	Fries (n), Flaus (m), [Coating (m)] coating, frieze, baize, pilot cloth, friezed cloth, fearnaught, dreadnaught кастор (мр)	frise (f), drap (m) frisé, montagnac (m) pannaccio (m) frisa (f), pañete (m)
27	glatter Coating (m) plain coating гладкий кастор (мр)	drap (m) d'habit uni panno (m) per abiti unito, coating (m) liscio paño (m) liso para traje

1	Lady-Coating (m) ladies' coating дамский кастор (мр)	drap (m) de dame panno (m) per abiti da signora, lady-coating (m) frisa (f) fina
2	Kastorin (m) castorine тяжелый шинельный кастор (мр)	castorine (f) castorina (f) castorina (f)
3	Molton (m), Molleton (m), Multon (m) swanskin мольтон (мр)	molleton (m) mollettone (m) moletón (m)
4	Kalmuck (m) bearskin тяжелая зимняя шерстяная ткань (жр)	calmouk (m) calmucco (m) calmuco (m)
5	Double (m), Eskimo (m) eskimo эскимо (ср)	esquimau (m), moscova (f), double (m) eskimo (m) esquimo (m)
6	Düffel (m), Sibirienne (n) duffel байка (жр)	sibérienne (f) siberiana (f) siberiana (f)
7	Buckskin (m) buck skin букскин (мр)	drap (m) fort anglais buckskin (m), pelle (f) di daino paño (m) fuerte inglés
8	Doppelstoff (m) double cloth двойная ткань (жр)	tissu (m) double stoffa (f) doppia doble tela (f)
9	Sadowa (m) Sadowa двойная шерстяная ткань (жр) с начесом	sadowa (f) sadowa (m) sadowa (f)
10	Doppelflanell (m) double flannel двойная фланель (жр)	flanelle (f) double flanella (f) doppia doble franela (f)
11	Duff (m), Wellington (m) rain coat fabric ткань (жр) для непромокаемых плащей	wellington (m) wellington (m) wellington (m)
12	β) Streichgarngewebe (npl) in Köper- und Atlasbindung Woollen Fabrics in Twill and Sateen Weave Ткани (жр) аппаратной шерсти саржевого и атласного переплетения	Tissus (mpl) de laine cardée en armure croisée et satin Tessuti (mpl) di lana cardata incrociati e rasati Tejidos (mpl) de lana cardada formando sarga y raso
13	Zibeline (m) zibeline зибелин (мр)	zibeline (f) zibellino (m) cebellina (f)
14	Köper-Coating (m) twill coating костюмная саржа (жр), шевиот (мр)	frise (f) croisée coating (m) diagonale frisa (f) asargada
15	Köpertuch (n), Drap (m) twilled woollen cloth драп (мр)	drap (m) de Berry drappo (m) di Berry sarga (f) de lana
16	Doeskin (m), Winterbuckskin (m) doeskin зимний драп (мр)	doskin (m), drap (m) fort pour pantalons doeskin (m) paño (m) fuerte para pantalones
17	**b) Kammgarngewebe (npl)** **Worsted Fabrics** **Камвольные ткани (жр)**	**Tissus (mpl) de laine peignée** **Tessuti (mpl) di lana pettinata** **Tejidos (mpl) de estambre *o* de lana peinada**
18	α) Kammgarngewebe (npl) in Leinwandbindung Plain Worsted Fabrics Камвольные ткани (жр) миткалевого переплетения	Tissus (mpl) de laine peignée unis Tessuti (mpl) di lana pettinata lisci Tejidos (mpl) de estambre formando tafetán
19	Wollmusselin (m) muslin-de-laine шерстяной муслин (мр)	mousseline (f) de laine mussolina (f) di lana muselina (f) de lana
20	Halbwollmusselin (m) semi worsted muslin полушерстяной муслин (мр)	mousseline (f) mi-laine mussolina (f) di mezzalana muselina (f) medialana
21	Voile (m) voile вуаль (жр)	voile (m) voile (m) velo (m)
22	Krepp (m), Krepon (m) crape, crêpe креп (мр)	crêpe (m), crépon (m) crespo (m), crêpe (m), crépon (m) crespón (m)
23	Moreen (m) moreen муарэ (ср)	moire-laine (f) moerre (f) di lana muaré (m) de lana
24	wollener Stramin (m), wollene Stickgaze (f) worsted canvas шерстяной газ (мр)	canevas (m) de laine canovaccio (m) di lana cañamazo (m) de lana
25	Mohär (m), Mohair (m) mohair могаировая ткань (жр), ткань из ангорской шерсти	mohair (m) mohair (m) mohair (m)
26	Barege (m) barège полушерстяная газообразная ткань (жр), „барэж ' (мр)	barège (m) barège (m) barés (m)
27	Rips (m) rep[p] шерстяной репс (мр)	reps (m), cannelé (m) reps (m), cannellato (m) reps (m), teletón (m), acanalado (m)
28	Wollpopeline (m) worsted poplin шерстяной поплин (мр)	popeline (f) de laine papeline (f) di lana papelina (f) de lana
29	Bengaline (f) Bengaline бенгалин (мр)	bengaline (f) bengalina (f) bengalina (f)
30	Bombasin (m) bombazine, bombazet бомбазин (мр)	bombasin (m), alépine (f) bombasin (m) bombasi (m)

1	Beuteltuch (n) bolting cloth шерстяная мешечная ткань (жр)	toile (f) à bluteau buratto (m), burattino (m), burattello (m), drappo (m) da burattare farina estameña (f)
2	Perkan (m), Berkan (m), Barrakan (m) barracan беркан (мр)	bouracan (m) barracan[o] (m) barragán (m)
3	Epinglé (n), falscher ungeschnittener Samt (m) imitation velvet имитация (жр) бархата	velours (m) similé, épinglé (m), épingline (f) épinglé (m), epingline (f) imitación (f) terciopelo
4	Kamelott (m) camlet камлот (мр)	camelot (m) cambel[l]otto (m), cammellotto (m) camelote (m)
5	Orléans (m) orlean „орлеан" (мр)	orléans (m) orleans (m) orleans (m)
	β) **Kammgarngewebe (npl) in Köper- und Atlasbinduug**	**Tissus (mpl) de laine peignée en armure croisée et satin**
6	**Worsted Fabrics in Twill and Sateen Weave**	**Tessuti (mpl) di lana pettinata incrociati e rasati**
	Камвольные Ткани (жр) саржевого и атласного переплетеня	**Tejidos (mpl) de lana peinada formando sarga y raso**
7	geköperter Wollmusselin (m) twilled muslin-de-laine шерстяной муслин (мр) саржевого переплетения	mousseline (f) de laine en croisé mussolina (f) di lana diagonale *o* incrociata muselina (f) de lana formando sarga
8	Serge (f), Sarsche (f) serge саржа (жр)	serge (f) saia (f) sarga (f)
9	Rasch (m), Zeugrasch (m) rash трип (мр)	ras (m) rascia (f) rasolina (f)
10	Merino (m) merino, twilled bombazet мэрино (ср)	mérinos (m) merino[s] (m) merino (m)
11	Tibet (m) thibet тибет (мр)	thibet (m) tibet (m) tibet (m)
12	Tennisstoff (m) tennis cloth „спорт" (мр)	tissu (m) tennis tessuto (m) tennis tejido (m) tennis
13	Covercoat (m) covert coating коверткот (мр)	covercoat (m) covertcoat (m) cover-coat (m)
14	Kammgarnchevron(m) worsted chevron камвольный шеверон (мр)	chevron (m) peigné chevron (m) pettinato chevron (m) de estambre
15	Kammgarndiagonal (m) worsted diagonal диагональ (мр) камвольной шерсти	diagonale (f) peignée diagonale (m) pettinato diagonal (f) de estambre
16	wollener Atlas (m) worsted sateen шерстяной атлас (мр)	satin (m) de laine satin (m) di lana raso (m) de estambre
17	Öltuch (n), Ölpreßtuch (n) oil press cloth ткань (жр) для масляных прессов	drap (m) pour filtre à huile drappo (m) da pressoio per olio paño (m) para filtrar aceite
	γ) **Gemusterte Kammgarngewebe (npl)**	**Tissus (mpl) de laine peignée façonnés**
18	**Figured Worsted Fabrics**	**Tessuti (mpl) di lana pettinata operati**
	Узорчатые камвольные ткани (жр)	**Tejidos (mpl) de lana peinada labrados**
19	Beinkleiderzeug (n) trousering брючный (-ая) товар (мр) *или* ткань (жр)	étoffe (f) pour pantalon stoffa (f) per calzoni paño (m) para pantalones
20	Westenzeug (n) vesting, waistcoating жилетная ткань (жр)	étoffe (f) pour gilet, drap (m) de veston stoffa (f) per gilè paño (m) para chaleco
21	Toilinet (m) toilinet „туалинет"	toilinette (f) toilinette (m) toilinet (m)
22	Schuhkord (m), Stramin (m), Schuhstramin (m) shoe canvas страмин (мр), башмачный страмин	canevas (m) pour chaussure canovaccio (m) per scarpe cañamazo (m) para calzado
23	Alpako-Tibet (m) alpaca figured thibet тибет-альпака (мр)	alpaga-thibet (m) alpaga-tibet (m) alpaca-tibet (m)
24	Wolldamast (m) worsted damask шерстяной дамаск (мр)	damassé-laine (m) damasco (m) di lana adamascado (m) de lana
25	Möbeldamast (m) furniture damask мебельный дамаск (мр)	damassé (m) d'ameublement damasco (m) per copertura di mobili adamascado (m) para muebles
	δ) **Samtartige Kammgarngewebe (npl)**	**Tissus (mpl) veloutés en peigné**
26	**Worsted Pile Fabrics**	**Tessuti (mpl) vellutati di lana pettinata**
	Бархатовидные камвольные ткани (жр)	**Tejidos (mpl) aterciopelados de estambre**
27	wollener Samt (m) worsted velvet шерстяной бархат (мр)	velours (m) de laine velluto (m) di lana terciopelo (m) de lana
28	wollener Plüsch (m) worsted shag шерстяной плюш (мр)	peluche (f) de laine peluche (m) di lana felpa (f) de lana
29	Mohärplüsch (m), Sealskin (m) seal skin, mohair plush ангорский плюш (мр), сильскин (мр)	peluche (f) mohair peluche (m) mohair felpa (f) mohair

1	gepreßter [*oder* gaufrierter] Plüsch (m) pressed *or* embossed plush прессованый *или* гофрированый плюш (мр)	peluche (f) gaufrée peluche (m) goffrato felpa (f) estampada
2	**c) Halbwollene Gewebe (npl)** **Union Fabrics** **Полушерстяные ткани (жр)**	**Tissus (mpl) mi-laine, tissus union** **Tessuti (mpl) di mezzalana** **Tejidos (mpl) medialana**
3	halbwollener Moleskin (m) half woollen mole skin полушерстяной молескин (мр)	molesquine (f) mi-laine moleskin (m) di mezzalana terciopelo (m) media lana
4	halbwollenes Tuch (n) union cloth, cotton warp cloth полушерстяное сукно (ср)	drap (m) union drappo (m) di mezzalana paño (m) media lana
5	Beiderwand (n u. f), Halbwollen-Lama (n) linsey woolsey двусторонняя полушерстяная ткань (жр) лама	tiretaine (f) lama (f) di mezza-lana tiritaña (f)
6	Zanella (m) Italian cloth „цанелла" (жр), полушерстяной пятиремизный атлас (мр)	drap (m) italien zanella (f) paño (m) italiano
7	**5. Seidengewebe (npl)** **Silk Fabrics** **Шелковые ткани (жр)**	**Tissus (mpl) de soie, soieries (fpl)** **Tessuti (mpl) di seta, seterie (fpl)** **Tejidos (mpl) de seda, sederías (fpl)**
8	**a) Seidengewebe (npl) in Leinwandbindung** **Plain Weave Silk Fabrics** **Шелковые ткани (жр) миткалевого переплетения**	**Soieries (fpl) unies** **Tessuti (mpl) di seta lisci** **Tejidos (mpl) de seda formando tafetán**
9	Taft (m), Taffet (m) taffeta тафта (жр)	taffetas (m) taffetà (m) tafetán (m)
10	Futtertaft (m) lining taffeta подкладочная тафта (жр)	taffetas (m) doublure taffetà (m) da fodere tafetán (m) para forro
11	Zendeltaft (m) sarsenet канаус (мр)	sarcenet (m) sarsenet (m) zangalete (m)
12	Kleidertaft (m) dress taffeta одежная тафта (жр)	taffetas (m) pour vêtement taffetà (m) da abiti tafetán (m) para vestido
13	Doppeltaft (m), Marzellin (m) marceline двойная тафта (жр)	marceline (f) doppio taffetà (m), marceline (f) marceline (f), doble tafetán (m)
14	Taft-uni (m) single coloured taffeta одноцветная тафта (жр)	taffetas (m) uni taffetà (m) unicolore tafetán (m) unicolor
15	Schillertaft (m), [Taft-changeant (m)] shot taffeta тафта (жр) шанжан	taffetas (m) changeant taffetà (m) changeant tafetán (m) tornasol
16	Taft-rayé (m) striped taffeta продольно-полосатая тафта (жр)	taffetas (m) rayé taffetà (m) rigato tafetán (m) listado
17	Taft-quadrillé (m) check taffeta клетчатая тафта (жр)	taffetas (m) quadrillé taffetà (m) a quadretti tafetán (m) a cuadros
18	Florence (m), Avignon (m) florence ткань (жр) флоренция	florence (f) florence (m), avignone (m) florence (m)
19	Ecossais (m) Scotch silk stuff шотландка (жр), экоссез (мр)	écossais (m) scozzese (m) escocés (m)
20	Moiré (m) moire муар (мр)	moire (f) moire (f), taffetà (m) marezzato muaré (m)
21	Gros (m) gros гро (ср)	gros (m) grosso (m) gro (m)
22	Gros (m) de Naples gros de Naples гроденапль (мр)	gros (m) de Naples grosso (m) di Napoli gro (m) de Nápoles
23	Poult-de-soie (m) paduasoy, padesoy пудесуа (мр)	pou-de-soie (m), pou[l]t de-soie (m) poult-de-soie (m) poult-de-soie (m)
24	Gros (m) de Tours gros de Tours гродетур (мр)	gros (m) de Tours grosso (m) di Tours gro (m) de Tours
25	Gros (m) grain gros grain грогрен (мр)	gros (m) grain grossagrana (f) gro-grain (m)
26	Gros (m) d'Ispahan gros d'Ispahan гродиспаган (мр)	gros (m) d'Ispahan grosso (m) d'Ispahan gro (m) de Ispahan
27	Gros (m) des Indes gros des Indes гродеэнд (мр)	gros (m) des Indes grosso (m) d'India gro (m) de las Indias
28	Gros (m) de Pologne gros de Pologne гродеполонь (мр)	gros (m) de Pologne grosso (m) di Polonia gro (m) de Polonia
29	Gros (m) de Berlin gros de Berlin гродеберлин (мр)	gros (m) de Berlin grosso (m) di Berlino gro (m) de Berlin
30	Gros (m) d'Afrique gros d'Afrique гродафрик (мр)	gros (m) d'Afrique grosso (m) d'Africa gro (m) de Africa

1	Gros (m) de Suisse gros de Suisse гродесуисс (мр)	gros (m) de Suisse grosso (m) di Svizzera gro (m) de Suiza
2	Gros (m) d'Alger gros d'Alger гродалжир (мр)	gros (m) d'Alger grosso (m) d'Algeria gro (m) de Argelia
3	Gros (m) de Chine gros de Chine гродешин (мр)	gros (m) de Chine grosso (m) di China gro (m) de China
4	Gros (m) d'Orleans, Gros (m) noble gros d'Orleans, gros noble гродорлеан (мр)	gros (m) d'Orléans, gros noble grosso (m) di Orleans gro (m) de Orleans
5	Gros (m) d'Été gros d'été гродетэ (мр)	gros (m) d'été grosso (m) d'été gro (m) d'été
6	Kamelott (m), Seidenkamelott (m) silk camlet шелковый камлот (мр)	camelot (m) de soie cambellotto (m) di seta camelote (m) de seda
7	Luisine (f) louisine луизин (мр)	louisine (f) louisina (f) louisine (f)
8	Lüstrin (m) lustrine шелковый люстрин (мр)	lustrine (f) lustrino (m) lustrina (f)
9	Foulard (m) foulard шелковый фуляр (мр)	foulard (m) foulard (m) foulard (m)
10	Turquoise (m) Turquoise „тюркуаз" (мр), бирюза (жр)	turquoise (f) turquoise (m) turquesa (f)
11	Seidengaze (f) silk gauze шелковый газ (мр)	gaze (f) de soie garza (f) di seta gasa (f) de seda
12	Krepp (m) crape, crêpe шелковый креп (мр)	crêpe (m) crespo (m), crêpe (m) crespón (m) de seda
13	Crêpe-de-Chine (m) crêpe-de-Chine креп де шин (мр)	crêpe (m) de Chine crespo (m) della China, crêpe-de-Chine (m) crespón (m) de China
14	Faille (m) faille, silk cord фай (мр)	faille (f) faille (f) faille (f)
15	Bengaline (f) Bengaline „бенгалин" (мр), бенгалия (жр)	bengaline (f) bengalina (f) bengalina (f)
16	Sicilienne (f) Sicilienne „сицилиэн" (мр)	sicilienne (f) siciliana (f) siciliana (f)
17	Ottoman (m) Ottoman [cloth] полушелковый фай (мр)	ottoman (m) ottomano (m) ottoman (m)
18	Papeline (f), Pop[e]lin (m) poplin поплин (мр)	popeline (f), papeline (f) papeline (f) papelina (f)
19	gewöhnlicher Papeline (m), Moskovite (m) cotton weft poplin простой *или* обыкновенный поплин (мр)	popeline (f) commune, moscovite (f) papeline (f) comune papelina (f) común *o* moscovita
20	Äolienne (f), Eolienne (f) eolienne „эолиэн" (мр)	éolienne (f) eolienne (f) eoliana (f)
21	Seidenvoile (m) silk voile шелковый вуаль (мр)	voile (m) de soie velo (m) di seta velo (m) de seda
22	**b) Gazeartige Seidengewebe (npl)** **Gauzy Silk Fabrics** **Шелковые ткани (жр) типа газов**	**Soieries (fpl) en gaze** **Tessuti (mpl) di seta a garza** **Tejidos (mpl) de seda de gasa**
23	Dünntuch (n), Gaze (f) gauze шелковый батист (мр)	gaze (f) garza (f) gasa (f)
24	seidenes Beuteltuch (n), Beutelgaze (f), Müllergaze (f) bolting silk, silk gauze шелковая мешочная ткань (жр), мельничная ткань	gaze (f) à blutoir, gaze-bluterie (f) garza (f) di seta da buratti gasa (f) de cerner de seda
25	Barege (m *oder* f) barège барежевая ткань (жр)	barège (m) barège (m) barés (m)
26	**c) Seidengewebe (npl) in Köperbindung** **Twilled Silk Fabrics** **Шелковые ткани (жр) саржевого переплетения**	**Soieries (fpl) en armure croisée** **Tessuti (mpl) di seta incrociati** **Tejidos (mpl) de seda formando sarga**
27	Surah (m) surah сюра (жр)	surah (m) surah (m) surah (m)
28	Sersche (f), Serge (f) serge саржа (жр)	serge (f) saia (f) sarga (f)
29	Gloria (m) gloria глориа (жр)	gloria (m) gloria (m) gloria (m)
30	Levantine (f) levantine, twilled sarsenet левантин (мр)	levantine (f) levantina (f) levantina (f)

1	Armure (f) armure армюр (мр)	armure (f) armure (f) armure (f)
2	Drap-de-soie (m) drap-de-soie шелковый драп (мр), дра де суа (мр)	drap-de-soie (m) drappo (m) di seta drap-de-soie (m)
3	**d) Seidengewebe** (npl) **in Atlasbindung** **Silk Fabrics in Sateen** **Шелковые ткани** (жр) **атласного переплетения**	**Soieries** (fpl) **satin** **Tessuti** (mpl) **di seta rasati** **Tejidos** (mpl) **de seda formando raso**
4	Seidensatin (m) satin шелковый сатин (мр)	satin (m) de soie raso (m) raso (m) de seda
5	fünfbindiger Satin (m), Bastard-Atlas (m) satin turc, five shaft satin пятиремизный сатин (мр)	satin (m) turc raso (m) turco *o* a cinque licci raso (m) turco
6	sechsbindiger Satin (m), Satin (m) à la Reine satin à la reine, six shaft satin шестиремизный сатин (мр)	satin (m) à la reine raso (m) a sei licci, satin à la reine raso (m) de la reina
7	siebenbindiger Satin (m), Satin-merveilleux (m) satin merveilleux, seven shaft satin семиремизный сатин (мр)	[satin (m)] merveilleux (m) raso (m) a sette licci, satin (m) merveilleux raso (m) maravilloso
8	Satin-Liberty (m) Liberty satin [сатин-] либерти (мр)	satin-liberty (m) raso (m) liberty raso (m) liberty
9	Satin-de-Messaline (m) Messaline satin сатин-мессалин (мр)	satin (m) de messaline raso (m) messalina raso (m) mesalina
10	Satin-de-Chine (m) satin-de-Chine китайский сатин (мр)	satin-de-Chine (m) raso (m) di China raso (m) de China
11	schwerer Atlas (m) strong atlas *or* satin тяжелый *или* плотный атлас (мр)	satin (m) fort raso (m) forte raso (m) pesado
12	leichter Atlas (m) light satin легкий атлас (мр)	satin (m) léger raso (m) leggero raso (m) ligero
13	Möbelatlas (m) furniture satin мебельный атлас (мр)	satin (m) d'ameublement raso (m) da mobili raso (m) para muebles
14	Duchesse (m) Duchesse satin дюшес (мр)	satin-duchesse (m) raso (m) duchesse raso (m) duchesse
15	**e) Gemusterte Seidengewebe** (npl) **Fancy** *or* **Figured Silk Fabrics** **Узорчатые шелковые ткани** (жр)	**Soieries** (fpl) **façonnées** **Tessuti** (mpl) **di seta operati** **Tejidos** (mpl) **de seda labrados** *o* **adamascados**
16	Seidendamast (m), Damassé (m) silk damask шелковый дамаск (мр), дамассэ (ср)	damassé (m) de soie damasco (m) *o* stoffa (f) damascata di seta adamascado (m) de seda

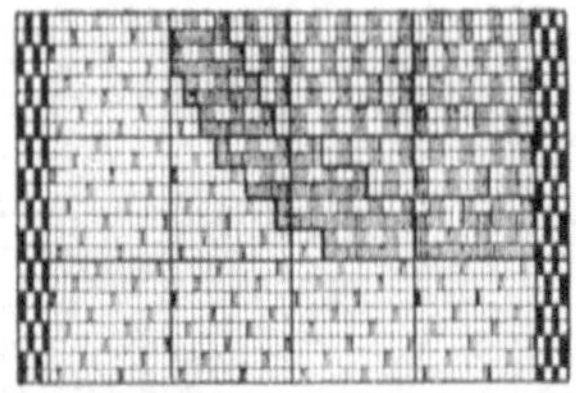

Brokat (m), Brokatgewebe (n), reicher Stoff (m) brocade парчевая ткань (жр), парча (жр)	brocart (m) [stoffa (f) a] broccato (m) brocado (m)	17
Brokat (m) mit Figuren fancy brocade узорчатая *или* фигурная парча (жр)	brocart (m) fantaisie broccato (m) ad ornamenti figurativi brocado (m) de fantasía	18
zweifädiger Brokat (m) double thread brocade двухниточная парча (жр)	broché (m) double fil broccato (m) a due fili brocado (m) de doble hilo	19
Goldbrokat (m), Goldstoff (m) gold brocade золотая парча (жр)	brocart (m) en broché or, étoffe (f) *ou* drap (m) *ou* tissu (m) d'or broccato (m) *o* tessuto (m) d'oro brocado (m) de oro	20
Silberbrokat (m), Silberstoff (m) silver brocade серебряная парча (жр)	brocart (m) en broché argent, étoffe (f) *ou* drap (m) *ou* tissu (m) d'argent broccato (m) *o* tessuto (m) d'argento brocado (m) de plata	21
halbreicher Stoff (m) silk stuff slightly shot with gold and silver шелко-канительная полупарча (жр)	tissu (m) de soie peu lamé mezza lama (f) tejido (m) de seda poco brocado *o* brocado parcialmente	22
ganzreicher Stoff (m) silk stuff shot with gold and silver шелко-капительная парча (жр)	tissu (m) de soie tout lamé tutta lama (f) tejido (m) de seda brocado totalmente	23
Chagrin (m) shagreen, chagreen шагрэн (мр)	chagrin (m) chagrin (m) chagrin (m)	24
Mille-Points (m) mille-points миль-пуэн (мр)	mille-points (m) mille-punti (m) mille-points (m)	25
Halbdamast (m) half damask полудамаск (мр)	damas (m) cafard mezzo damasco (m) medio-damasco (m)	26
Lampas (m) lampas лампасная ткань (жр)	lampaze (m), lampas (m) lampaze (m) lampas (m)	27
Brillantstoff (m) figured tissue глазетная парча (жр)	soie (f) façonnée stoffa (f) brillante seda (f) labrada	28
Schlipsstoff (m) material for ties галстучный товар (мр)	tissu (m) pour cravates tessuto (m) per cravatte tejido (m) para corbatas	29
Paramentenstoff (m) tapestries and brocades for church hangings парча (жр) для церковных облачений	tissu (m) pour ornements d'église stoffa (f) per paramenti tejido (m) para ornamentos de iglesia	30

	f) Samtartige Seidengewebe (npl)	**Étoffes** (fpl) **à poil en soie**
1	**Silk Pile Fabrics**	**Tessuti** (mpl) **vellutati di seta**
	Бархатовидные шелковые ткани (жр)	**Tejidos** (mpl) **de seda con pelo**
2	Seidensamt (m), echter Samt (m) [silk] velvet шелковый *или* настоящий бархат (мр)	velours (m) de soie velluto (m) di seta terciopelo (m) de seda
3	Panne (f) panne пан (мр)	panne (f) [de soie] panne (m) pana (f)
4	Seidenplüsch (m) silk plush шелковый плюш (мр)	peluche (f) de soie felpa (f) *o* peluche (m) *o* peluzzo (m) di seta felpa (f) de seda
5	Felpel (m), Velpel (m), Felp (m), Felbel (m), Felber (m), Felper (m), Pelzsamt (m) feather shag, long pile shag одежный плюш (мр), плюшцилиндр (мр)	peluche (f) long-poil felpa (f) a lungo pelo felpa (f) de pelo largo
6	halbseidenerFelpel(m) silk and cotton feather shag полушелковый одежный плюш (мр)	peluche (f) long-poil soie et coton felpa (f) a lungo pelo seta e cotone felpa (f) de pelo largo seda y algodón *o* media seda
	6. Florgewebe (npl)	**Tissus** (mpl) **à poil**
7	**Pile Fabrics**	**Tessuti** (mpl) **vellutati**
	Ворсовые ткани (жр)	**Tejidos** (mpl) **de pelo**
	a) Allgemeines (n)	**Généralités** (fpl)
8	**General Terms**	**Nozioni** (fpl) **generali**
	Общее (ср)	**Generalidades** (fpl)
9	Flordecke (f), Haardecke (f) pile, nap ворсовая *или* флеровая *или* волосяная *или* мохнатая покрышка (жр)	poil (m) pelo (m), piano (m) vellutato pelo (m)
10	Gewebe (n) mit aufrecht stehendem Flor material with upright pile ткань (жр) с торчащим ворсом	tissu (m) à poil droit tessuto (m) a pelo diritto tejido (m) de pelo derecho *o* tieso
11	Gewebe (n) mit liegendem Flor material with laid pile ткань (жр) с лежачим ворсом	tissu (m) à poil couché tessuto (m) a pelo abbassato tejido (m) de pelo yaciente *o* inclinado
	b) Samt (m), **Sammet** (m)	**Velours** (mpl)
12	**Velvets and Velveteens**	**Velluti** (mpl)
	Бархат (мр)	**Terciopelos** (mpl)
13	*α*) Schußsamt (m), Manchester (m), Baumwollsamt (m) Velvet (m) Weft Pile Fabrics, Fustian, Cotton Velvet, Velveteen Уточный бархат (мр), манчестер (мр), бумажный бархат, вельвет (мр)	Velours (m) par trame *ou* de coton, Manchester (m) Velluto (m) per trama, velluto Manchester *o* di cotone Terciopelo (m) por trama *o* de algodón, Manchester (m)
14	langhaariger Schußsamt (m) long piled fustian длинноволосый уточный бархат (мр)	velours (m) par trame long-poil velluto (m) per trama lungo-pelo terciopelo (m) por trama de largo pelo
15	glatter Manchester (m) plain back *or* tabby back velveteen гладкий манчестер (мр), вельвет (мр)	velours (m) par trame à soubassement en toile velluto (m) per trama a fondo liscio terciopelo (m) por trama con fondo de tafetán
16	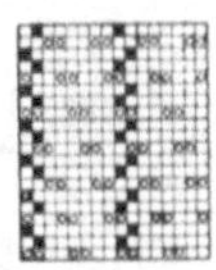	gerippter Manchester (m), Cord (m) corduroy рубчатый манчестер (мр), корд (мр) velours (m) côtelé *ou* à côtes [velluto (m)] Manchester (m) a coste terciopelo (m) de cordoncillo de algodón
17	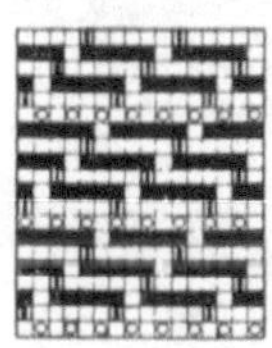	doppelter Manchester (m), doppelfloriger *oder* doppelseitiger Manchester (m) double pile velveteen двойной манчестер (мр) velours (m) par trame double poil velluto (m) per trama a doppio pelo terciopelo (m) por trama de doble pelo
18	 Säbelsamt (m) velour sabre узорчатый манчестер (мр)	velours (m) sabre velluto (m) sabre terciopelo (m) sable

1	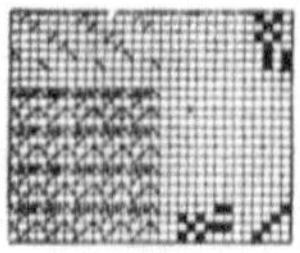 **β) Kettsamt (m)** **Velvet, Warp Pile Fabrics** **Основный бархат (мр)**	**Velours (m) par chaîne** **Velluto (m) per catena** **Terciopelo (m) por urdimbre**
2	ungeschnittener *oder* ungerissener *oder* gezogener Samt (m), Halbsamt (m), Ritzer (m) uncut velvet, terry velvet пруточный бархат (мр)	velours (m) frisé *ou* épinglé velluto (m) non tagliato terciopelo (m) con rizo, terciopelo sin cortar
3	geschnittener *oder* gerissener *oder* geschorener Samt (m) cut velvet резаный бархат (мр)	velours (m) coupé velluto (m) tagliato terciopelo (m) cortado
4	zweifloriger Samt (m) two pile velvet двухворсовой бархат (мр)	velours (m) double poil velluto (m) a doppio pelo terciopelo (m) de doble pelo
5	Krefelder Samt (m) Crefeld velvet крефельдский бархат (мр)	velours (m) de Krefeld velluto (m) di Krefeld terciopelo (m) Krefeld
6	Seidensamt (m) silk velvet шелковый *или* настоящий бархат (мр)	velours (m) de soie velluto (m) di seta terciopelo (m) de seda
7	Knopfsamt (m) button velvet, covering velvet плотный *или* пуговочный бархат (мр)	velours (m) pour boutons velluto (m) per bottoni terciopelo (m) para botones
8	Kragensamt (m) collar velvet воротовый бархат (мр)	velours (m) pour col velluto (m) per colletto terciopelo (m) para cuellos
9	Pantoffelstoff (m) shoe velvet туфельный бархат (мр)	velours (m) pour pantoufles velluto (m) per pantofole terciopelo (m) para zapatillas
10	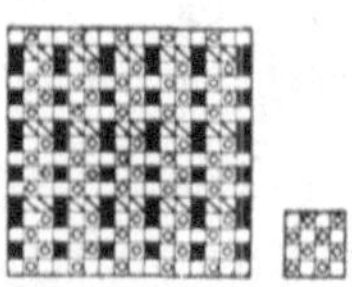 **c) Plüsch (m)** **Plush, Shag** **Плюш (мр)**	**Peluche (f)** **Felpa (f), peluzzo (m), peluche (m)** **Felpa (f)**
11	α) Allgemeines (n) General Terms Общее (ср)	Généralités (fpl) Nozioni (fpl) generali Generalidades (fpl)
12	gezogener Plüsch (m) uncut plush пруточный плюш (мр)	peluche (f) frisée *ou* épinglée felpa (f) non tagliata felpa (f) con rizo *o* sin cortar
13	geschnittener Plüsch (m) cut plush, plush with cut pile резаный плюш (мр)	peluche (f) coupée felpa (f) tagliata felpa (f) cortada
14	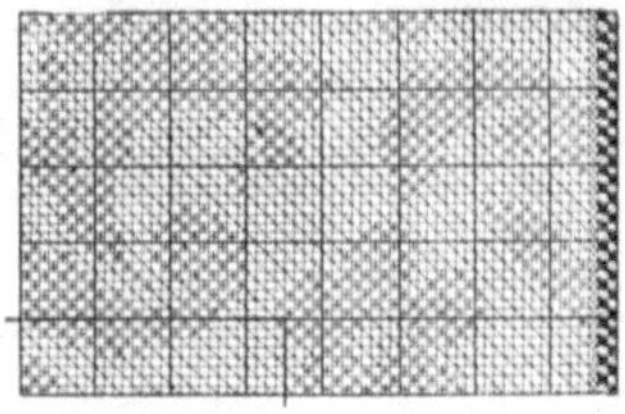 gemusterter [*oder* figurierter] Plüsch (m) figured plush узорчатый плюш (мр)	peluche (f) façonnée felpa (f) operata felpa (f) labrada
15	*x*-schüssiger *oder* *x*-schützigen Plüsch (m) *x* weft plush *x*-уточный плюш (мр)	peluche (f) par *x* duites felpa (f) per *x* trame felpa (f) de *x* tramas
16	einschütziger Plüsch (m) single weft plush одночелночный плюш (мр)	peluche (f) à une seule duite felpa (f) per una sola trama felpa (f) de una sola trama
17	zweischütziger Plüsch (m) double weft plush двухчелночный плюш (мр)	peluche (f) par double duite felpa (f) per due trame felpa (f) de doble trama
18	**β) Möbelplüsch (m)** **Furniture Plush** **Мебельный плюш (мр)**	**Peluche (f) d'ameublement** **Felpa (f) per mobili** **Felpa (f) para muebles**
19	β₁) Allgemeines (n) General Terms Общее (ср)	Généralités (fpl) Nozioni (fpl) generali Generalidades (fpl)
20	Wollplüsch (m) worsted shag шерстяной плюш (мр)	peluche (f) de laine felpa (f) di lana felpa (f) de lana
21	Möbelstoff (m), Bezug (m) für Möbel furniture stuff мебельная обивка (жр)	étoffe (f) pour ameublement copertura (f) *o* stoffa (f) per mobili guarnición (f) *o* estofa (f) para muebles
22	geschlossener Plüsch (m) full pile plush плотный плюш (мр)	peluche (f) à poil serré felpa (f) a pelo serrato felpa (f) de pelo espeso *o* denso
23	dichtgestellte Noppen (fpl) closed pile уплотненные ворсовые пучки (мр)	poil (m) serré pelo (m) serrato pelo (m) denso
24	flüchtige Noppenverteilung (f) thin pile редкая рассадка (жр) ворсовых пучков	poil (m) peu serré pelo (m) poco serrato pelo (m) poco denso

No.		
1	aufrechtstehende Noppe (f) upright pile торчащий [ворсовой] пучок (мр) *или* узелок (мр)	poil (m) droit *ou* relevé pelo (m) diritto *o* rialzato pelo (m) derecho *o* tieso
2	liegende Noppe (f) laid pile лежачий пучок (мр)	poil (m) couché pelo (m) abbassato pelo (m) inclinado
3	der Flor setzt Wolle ab the pile fluffs ворс (мр) *или* гарнитура (жр) выделяет шерсть	le poil devient duveteux il pelo si sfilaccia el pelo degenera en vello
4	β_2) Mokette (f) Moquette Плюш-мокет (мр), мебельный мокет	Moquette (f) Mocchetta (f), moquette (m) Moqueta (f)
5	echte Mokette (f) true moquette настоящий мокет (мр)	moquette (f) vraie vera (f) mocchetta moqueta (f) verdadera
6	bedruckte Mokette (f) printed moquette набивной *или* печатаный мокет (мр)	moquette (f) imprimée mocchetta (f) stampata moqueta (f) estampada
7	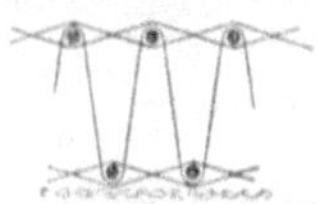	Baumwollmokette (f) cotton moquette бумажный мокет (мр) moquette (f) coton mocchetta (f) di cotone moqueta (f) de algodón
8	Dreischußmokette (m) triple weft moquette трехуточный мокет (мр)	moquette (f) triple trame mocchetta (f) per triplice trama moqueta (f) de triple trama

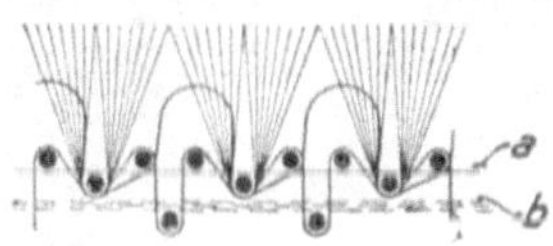

9	Frieselmokette (f), Mokette (m) mit Frisé moquette with rough pile мокет-фризэ (мр), завитой мокет (мр)		moquette (f) frisée mocchetta (f) crespata moqueta (f) rizada
10	straffe *oder* steife Kette (f) straight warp тугая *или* туго-натянутая основа (жр)	a	chaîne (f) tendue catena (f) tesa urdimbre (f) tensa
11	überzähliger Pol (m) extra pile лишний ворс (мр)	b	poil (m) supplémentaire pelo (m) supplementare pelo (m) suplementario
12	lockere *oder* schlaffe Kette (f) slack warp слабо-натянутая основа (жр)		chaîne (f) lâche catena (f) rallentata urdimbre (f) floja

13	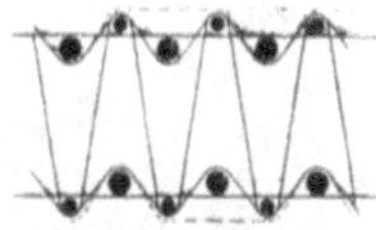 glatter Schußplüsch (m) plain weft plush	гладкий уточный плюш (мр) peluche (f) unie par trame felpa (f) liscia per trama felpa (f) por trama de superficie unida
14	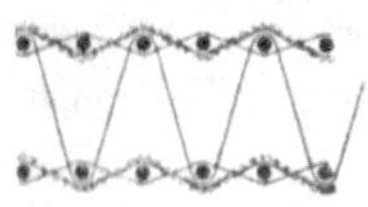	Doppelmokette (f) double moquette двойной *или* двусторонний мокет (мр) moquette (f) double mocchetta (f) doppia doble moqueta (f)
15	Stückware (f) piece goods кусковый товар (мр)	tissus (mpl) en pièces tessuti (mpl) in pezza [per vendere a metro] tejidos (mpl) en pieza
16	Sitzbekleidung (f) seat covering обивка (жр) для сидений	couverture (f) de siège copertura (f) del sedile cubre-asiento (m), cobertura (f) para asiento
17	Lehnenbekleidung (f) back covering обивка (жр) для спинки *или* ручек, спинная обивка (жр)	couverture (f) de dossier copertura (f) dello schienale cubre-respaldo (m), cobertura (f) para respaldo
18	Rückenbekleidung (f) für Schlafsofas back covering for sofa bed спинная обивка (жр) спального дивана	couverture (f) de dos pour lit-sofa copertura (f) posteriore per ottomana cubre-respaldo (m) para sofá-cama
19	β_3) Mohärplüsch (m) Mohair Plush, Sealskin Ангорский *или* длинноворсный плюш (мр)	Peluche (f) mohair Felpa (f) mohair Felpa (f) mohair
20	glatter Mohärplüsch (m) plain mohair plush гладкий ангорский плюш (мр)	peluche (f) mohair unie felpa (f) mohair liscia felpa (f) mohair de superficie unida
21	Handware (f) hand made goods ручной товар (мр)	articles (mpl) faits à la main articoli (mpl) fatti a mano articulos (mpl) hechos a mano
22	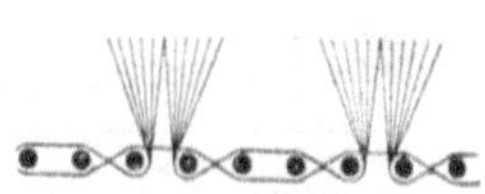	Utrechtplüsch (m), Utrechter Samt (m) Utrecht velvet утрехтский плюш (мр) velours (m) d'Utrecht velluto (m) di Utrecht terciopelo (m) de Utrecht
23	gemusterter Mohärplüsch (m) figured mohair plush узорчатый ангорский плюш (мр)	peluche (f) mohair façonnée felpa (f) mohair operata felpa (f) mohair labrada

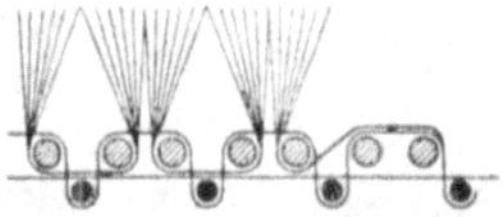

1	Ripsplüsch (m) corded *or* ribbed plush рубчатый плюш (мр), репс-плюш (мр)	peluche (f) côtelée felpa (f) a coste felpa (f) de cordoncillo
2	Mohärdecke (f) mohair covering одеяло (ср) ангорского плюша	couverture (f) mohair copertura (f) mohair cubierta (f) de mohair
3	**γ) Dekorationsplüsch (m)** **Decorative Plush** **Декорационный плюш (мр)**	**Peluche (f) de tapisserie** **Felpa (f) per decorazione** **Felpa (f) decorativa**
4	Plüschdecke (f) mit Friserand plush cover with rough pile border плюшевое одеяло (ср) с бордюром фризэ	couverture (f) en peluche avec bordure frisée copertura (f) in felpa con bordo crespato cubierta (f) de felpa con bordón rizado
5	Plüschdecke (f) mit aufgepreßtem Muster goffered plush cover плюшевое одеяло (ср) с тисненым рисунком	couverture (f) en peluche gaufrée copertura (f) in felpa goffrata cubierta (f) de felpa estampada
6	aufgesticktes Muster (n) appliqué figuring вышивной узор (мр)	dessin (m) appliqué disegno (m) applicato muestra (f) aplicada
7	Juteplüsch (m) jute plush джутовый плюш (мр)	peluche (f) de jute felpa (f) di juta felpa (f) de yute
8	Leinenplüsch (m) linen plush льняной плюш (мр)	peluche (f) de lin felpa (f) di lino felpa (f) de lino
9	Baumwollplüsch (m) cotton plush бумажный плюш (мр)	peluche (f) de coton felpa (f) di cotone felpa (f) de algodón
10	**δ) Plüsch (m) für Bekleidungszwecke** **Plush Dress Material** **Одежный плюш (мр)**	**Peluche (f) pour articles d'habillement** **Felpa (f) per abiti** **Felpa (f) para artículos de vestido**
11	Futterplüsch (m), [Konfektionsplüsch (m)] lining plush подкладочный плюш (мр)	peluche (f) de doublure felpa (f) da fodere felpa (f) de forro
12	Luxusplüsch (m) fancy plush плюш-роскошь (мр), фасонный плюш	peluche (f) pour nouveautés felpa (f) di lusso felpa (f) para novedades
13	gebügelter Plüsch (m) ironed plush глаженый *или* утюженый плюш (мр)	peluche (f) repassée au fer felpa (f) stirata felpa (f) planchada
14	Zylinderhutplüsch (m) plush for top hats плюш (мр) для цилиндров, плюш-цилиндр (мр)	peluche (f) pour chapeau haute-forme felpa (f) per cappelli a cilindro *o* a tuba felpa (f) para sombrero de forma alta
15	Velour (m) du Nord velour du Nord велюр дю нор (мр)	velours (m) du Nord velluto (m) del Nord terciopelo (m) del Norte
16	Schuhplüsch (m) shoe plush башмачный *или* обувной плюш (мр)	peluche (f) pour chaussure felpa (f) per scarpe felpa (f) para calzado
17	Otterplüsch (m) otter plush выдряный плюш (мр)	peluche (f) imitation loutre felpa (f) imitazione lontra felpa (f) imitación nutria
18	Biberplüsch (m) beaver plush бобровый плюш (мр)	peluche (f) imitation castor felpa (f) imitazione castoro felpa (f) imitación castor
19	Tigerplüsch (m) tiger skin plush тигровый плюш (мр)	peluche (f) imitation tigre felpa (f) imitazione tigre felpa (f) imitación tigre
20	Eisbärplüsch (m) polar bear skin plush белый медвежий плюш (мр)	peluche (f) imitation ours polaire felpa (f) imitazione orso polare felpa (f) imitación oso polar
21	Pudelfellimitation (f) imitation poodle skin имитация (жр) шерсти пуделя	peluche (f) imitation caniche felpa (f) imitazione pelle di can barbone felpa (f) imitación perro de aguas
22	**ε) Krimmer (m)** **Lambskin** **Фальшивый барашек (мр), имитация (жр) барашка**	**Peau (f) d'agneau** **Pelle (f) d'agnello, Krimmer (m)** **Piel (f) de cordero**
23	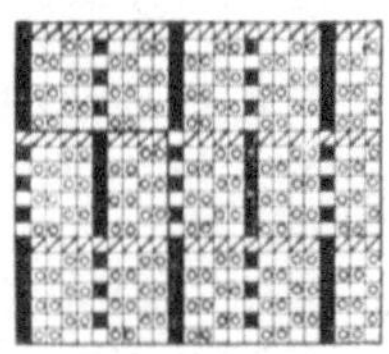	zweifloriger Krimmer (m) lambskin with double pile двухворсовой фальшивый барашек (мр) peau (f) d'agneau double poil pelle (f) d'agnello a doppio pelo piel (f) de cordero con doble pelo
24	gestreifter Krimmer (m) striped lambskin полосатый фальшивый барашек	peau (f) d'agneau à rayures pelle (f) d'agnello rigato piel (f) de cordero rayada *o* listada
25	zweifloriger gestreifter Krimmer (m) striped lambskin with double pile двухворсовой полосатый барашек (мр)	peau (f) d'agneau double poil à rayures pelle (f) d'agnello rigato a doppio pelo piel (f) de cordero con doble pelo, rayada *o* listada

1	vierfloriger Krimmer (m) four piled lambskin четырехворсовой барашек (мр)	peau (f) d'agneau quatre poils pelle (f) d'agnello a quattro peli piel (f) de cordero con cuádruple pelo	
2	Astrachan (m) [imitation] astrakan фальшивый каракуль (мр)	astrakan (m) astracan (m) astracán (m)	
3	**7. Teppiche** (mpl) **Carpets** (pl) **Ковры** (мр))	**Tapis** (mpl) **Tappeti** (mpl) **Alfombras** (fpl)	
4	**a) Allgemeines** (n) **General Terms** **Общее (ср)**	**Généralités (fpl)** **Nozioni (fpl) generali** **Generalidades (fpl)**	
5	echter Teppich (m) true carpet настоящий ковер (мр)	tapis (m) véritable tappeto (m) genuino alfombra (f) verdadera	
6	nachgeahmter [*oder* imitierter] Teppich (m) imitation carpet ненастоящий ковер (мр), ковер-имитация (жр)	tapis (m) imitation tappeto (m) imitazione alfombra (f) imitación	
7	Fußteppich (m) floor carpet, rug половой ковер (мр), ковер для пола	tapis (m) de pied tappeto (m) da pavimento alfombra (f)	
8	Wandteppich (m), Tapete (f) wall hanging, tapestry стенной ковер (мр)	tenture (f), tapisserie (f), tapis (m) de muraille arazzo (m), tappezzeria (f) tapiz (m)	
9	abgepaßter *oder* abgefaßter Teppich (m) bordered carpet размерный *или* окаймленный *или* штучный ковер (мр)	tapis (m) à bordure tappeto (m) con bordo alfombra (f) con cenefa	
10	Teppichgröße (f) size of carpet величина (жр) *или* площадь (жр) ковра	dimensions (fpl) du tapis dimensioni (fpl) del tappeto dimensiones (fpl) de la alfombra	
11	Teppichbreite (f) width of carpet ширина (жр) ковра	largeur (f) du tapis larghezza (f) del tappeto anchura (f) de la alfombra	
12	zusammengesetzter Teppich (m) carpet pieced together составной ковер (мр)	tapis (m) composé tappeto (m) composto alfombra (f) compuesta	
13	Läuferteppich (m), Läufer (m), Treppenläufer (m), Flurläufer (m) Venetian carpet, stair carpet лестничная *или* коридорная дорожка (жр)	tapis (m) d'escalier, tapis-chemin (m), courante (f) tappeto (m) per scala, passatoia (f), tappetino (m) da scala alfombra (f) de escalera	
14	Pariser Läufer (m) hair carpet with woollen warp парижская *или* волосяная дорожка (жр)	tapis (m) parisien tappeto (m) *o* passatoia (f) di Parigi alfombra (f) parisién	
	Cordläufer (m) rep carpet рубчатая дорожка (жр)	tapis (m) cordelé tappeto (m) cordato alfombra (f) de cordoncito	15
	Türvorlage (f) door mat дверной половик (мр)	paillasson (m) stuoia (f) estera (f)	16
	Taftteppich (m) taffeta carpet тафтяной ковер (мр)	tapis-taffetas (m) tappeto (m) taffetà alfombra (f) formando tafetán	17
	Ripsteppich (m) rep carpet репсовый ковер (мр)	tapis (m) en reps tappeto (m) cordato alfombra (f) formando reps *o* teletón	18
	Köperteppich (m) twill carpet саржевый ковер (мр)	tapis (m) en croisé tappeto (m) diagonale alfombra (f) formando sarga	19
	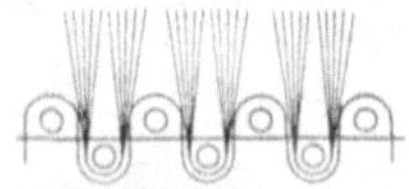 Kokosfaserteppich (m) coir fibre carpet	ковер (мр) из кокосовых волокон tapis (m) en fibre de coco tappeto (m) in fibra di cocco alfombra (f) de fibra de coco	20
	Juteteppich (m) jute carpet джутовый ковер (мр)	tapis (m) de jute tappeto (m) di juta alfombra (f) de yute	21
	Wergteppich (m) tow carpet кудельный *или* пакляный ковер (мр)	tapis (m) en étoupe tappeto (m) in stoppa alfombra (f) de estopa	22
	Pelzteppich (m) fur rug меховой ковер (мр)	tapis (m) fourré tappeto (m) di pelliccia alfombra (f) forrada	23
	Teppich (m) aus künstlichem Pelz imitation fur rug ковер (мр) искусственного меха	tapis (m) à fourrure artificielle tappeto (m) imitazione pelliccia alfombra (f) con forro artificial	24
	gestickter *oder* indischer Teppich (m) embroidered *or* Indian carpet вышитый *или* индийский ковер (мр)	tapis (m) brodé tappeto (m) ricamato alfombra (f) bordada	25
	bemalter Teppich (m) hand painted carpet расписаный *или* расписной ковер (мр)	tapis (m) peint à la main tappeto (m) dipinto a mano alfombra (f) pintada a mano	26
	bedruckter Teppich (m) printed carpet набивной *или* печатаный ковер (мр)	tapis (m) imprimé tappeto (m) stampato alfombra (f) estampada	27
	rheinischer (m) *oder* westfälischer Teppich (m) Westphalian carpet рейнский *или* вестфальский ковер (мр)	tapis (m) rhénan tappeto (m) renano *o* di Westfalia alfombra (f) renana *o* de Westfalia	28
	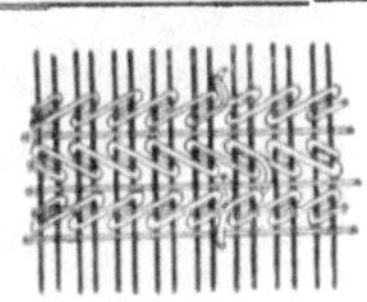	Sumakhteppich (m) Soumak carpet сумакский ковер (мр) tapis (m) de Soumak tappeto (m) di Sumakh alfombra (f) de Soumak	29

b) Einfache Teppiche (mpl)
1 **Ordinary Carpets**
Обыкновенные *или* простые ковры (мр)
Tapis (mpl) simples *ou* ordinaires
Tappeti (mpl) semplici *o* ordinari
Alfombras (pl) sencillas *u* ordinarias

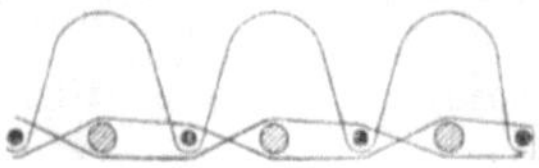

2
Kuhhaarteppich (m), Haargarnteppich (m), Holländer (m), Fußdeckenzeug (n)
hair carpet
волосяный ковер (мр), ковер из коровьего волоса
tapis (m) à poil
tappeto (m) a pelo di vacca, copripiedi (m), soppedaneo (m)
alfombra (f) con pelo de vaca

3
tiroler Teppich (m)
Tyrolese carpet
тирольский ковер (мр)
tapis (m) tyrolien
tappeto (m) tirolese
alfombra (f) tirolesa

4
britischer Teppich (m)
English carpet
английский ковер (мр)
tapis (m) anglais
tappeto (m) inglese
alfombra (f) inglesa

5
Gobelin (m)
gobelin
гобелэн (мр)
gobelin (m)
gobelin (m), arazzo (m), tappeto (m) d'Olanda
gobelino (m)

6
glatter Gobelin (m)
flat surface gobelin
гладкий гобелэн (мр)
gobelin (m) ras
arazzo (m) *o* gobelin (m) raso
gobelino (m) de superficie unida

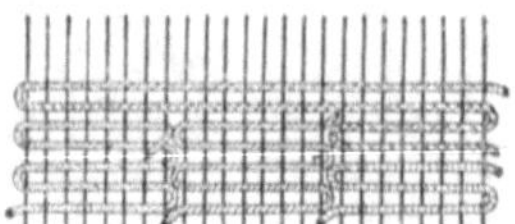

7
Kilim (m), Kelim[teppich] (m)
Kelim carpet
келимский ковер (мр)
tapis (m) Kilim
tappeto (m) Kilim
alfombra (f) Kilim

8
Gobelinveloursteppich (m)
pile *or* tufted surface gobelin
бархатный гобелэновый ковер (мр)
gobelin (m) velouté
arazzo (m) vellutato
gobelino (m) aterciopelado

c) Doppelte Teppiche (mpl)
9 **Two Ply *or* Double *or* Ingrain Carpets**
Двойные ковры (мр)
Tapis (mpl) doubles *ou* double pli
Tappeti (mpl) doppi
Alfombras (fpl) dobles

10

Doppelteppichgewebe (n)
double carpet weave
двойная ковровая ткань (жр)
contexture (f) du tapis double
contextura (f) del tappeto doppio
contextura (f) de la alfombra doble

11
Kidderminsterteppich (m)
Kidderminster carpet
киддерминстерский ковер (мр)
tapis (m) de Kidderminster
tappeto (m) di Kidderminster
alfombra (f) de Kidderminster

12
dreifacher *oder* schottischer Teppich (m)
triple *or* three ply carpet, Scotch carpet
тройной *или* шотландский ковер (мр)
tapis (m) triple *ou* écossais
tappeto (m) triplo *o* scozzese
alfombra (f) triple *o* escocesa

d) Florteppiche (mpl)
13 **Pile Carpets**
Ворсовые ковры (мр)
Tapis (mpl) veloutés
Tappeti (mpl) vellutati *o* a pelo
Alfombras (fpl) aterciopeladas *o* con pelo

α) Schußflorteppiche (mpl)
14 Weft Pile Carpets
Уточно-ворсяные ковры (мр)
Tapis (mpl) veloutés par trame
Tappeti (mpl) vellutati per trama
Alfombras (fpl) aterciopeladas por trama

α_1) Knüpfteppiche (mpl)
15 Knotted Carpets
Вязаные ковры (мр)
Tapis (mpl) [à points] noués, tapis à nœuds
Tappeti (mpl) a punti annodati
Alfombras (fpl) a puntos nudosos

16
handgeknüpfter Teppich (m)
hand knotted carpet
ручной вязаный ковер (мр)
tapis (m) noué à la main
tappeto (m) a nodi fatto a mano
alfombra (f) con puntos nudosos a mano

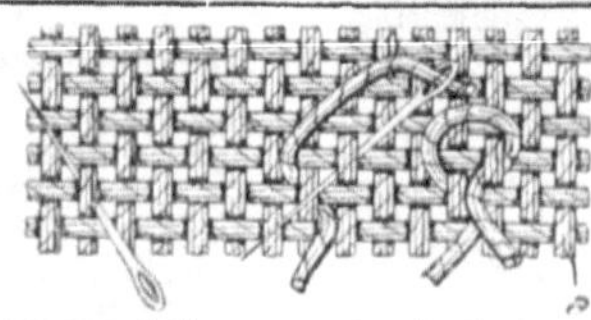

17
mit Nadel gearbeiteter Knüpfteppich (m), Nadelsmyrnateppich (m)
Smyrna carpet made by needle work
вязаный ковер (мр), сработанный иглой
tapis (m) noué fait à l'aiguille
tappeto (m) a nodi fatto all'ago
alfombra (f) nudosa a la aguja

18
Vorgewebe (n)
foundation, backing, ground
a
основная ткань (жр)
tissu (m) de fond, fond (m)
tessuto (m) di fondo, fondo (m)
tejido (m) de fondo

19
mechanisch hergestellter Knüpfteppich (m)
carpet knotted mechanically *or* by machinery
вязаный ковер (мр) машинной выработки
tapis (m) noué fait mécaniquement
tappeto (m) a nodi costruito meccanicamente
alfombra (f) nudosa hecha mecánicamente

1
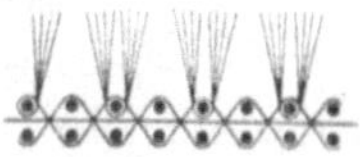

imitierter Knüpfteppich (m)
imitation knotted carpet
имитация (жр) вязаного ковра, ненастоящий вязаный ковер (мр)
tapis (m) noué imitation
tappeto (m) a nodi imitazione
alfombra (f) nudosa imitación

2
Knüpfen (n), Einknüpfen (n)
knotting
вязание (ср), перевязывание (ср)
nouage (m)
annodatura (f)
anudado (m)

3
die Patrone lesen
to read the design
пробирать патрон (мр)
lire le dessin
leggere il disegno
leer la muestra

4
unbeschränkte Farbenzahl (f)
unlimited number of colours
неограниченное количество (ср) цветов
nombre (m) de couleurs illimité
numero (m) di colori illimitato
número (m) ilimitado de colores

5
Knüpfschlinge (f), Florfadenstück (n), Flornoppe (f)
tuft
вязальная петля (жр), конец (мр) гарнитурной нити, ворсовый узелок (мр)
brin (m)
pezzo (m) di trama a velluto, fiocco (m)
punto (m), brizna (f), tufo (m)

6
Noppenlänge (f)
length of tufts
длина (жр) *или* высота (жр) ворсового узелка
longueur (f) des brins
lunghezza (f) dei fiocchi
longitud (f) de las briznas

7
Noppe (m) aus gekämmten Wollhaaren
tuft made of carded wool
петелька (жр) *или* узелок (мр) прочесного шерстяного волоса
brin (m) de laine cardée
fiocco (m) di lana cardata
punto (m) de lana cardada

8
Teppicheinstellung (f), Noppendichte (f), Noppenzahl (f) auf die Flächeneinheit
tufts per unit of surface
установление (ср) плотности ковра, разбивка (жр) ковра
nombre (m) de nœuds par unité de surface, densité (f) des nœuds
numero (m) di nodi per unità di superficie, densità (f) dei nodi
número (m) de puntos por unidad de superficie

9
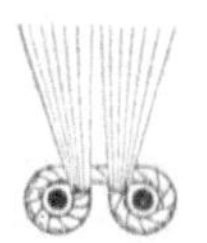

Smyrnaknoten (m)
Turkish *or* Ghiordes knot
смирнский узелок (мр)
nœud (m) de tapis de Smyrne
nodo (m) di tappeto di Smirne
nudo (m) de Smirna

10
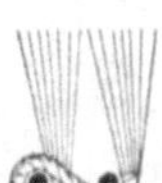

Perserknoten (m)
Persian *or* Sehna knot
персидский узелок (мр)
nœud (m) de tapis persan
nodo (m) di tappeto persiano
nudo (m) perso *o* de Persia

11
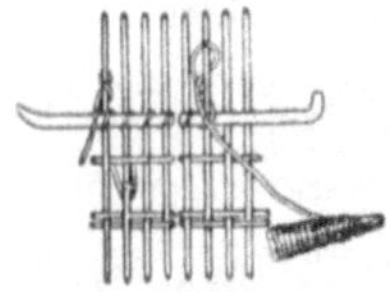

einfädiger Knoten (m)
single thread knot
однониточный узелок (мр)
nœud (m) à un fil
nodo (m) ad un sol filo
nudo (m) sobre un hilo

12
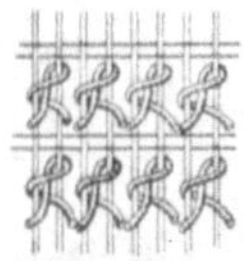

zweifädiger Knoten(m) mit nebeneinanderliegenden Enden
double thread knot with ends side by side
двухниточный узелок (мр) со смежнолежащими концами
nœud (m) à deux fils avec bouts côte à côte
nodo (m) a due fili colle estremità una accanto all'altra
nudo (m) sobre dos hilos con los cabos uno al lado de otro

13
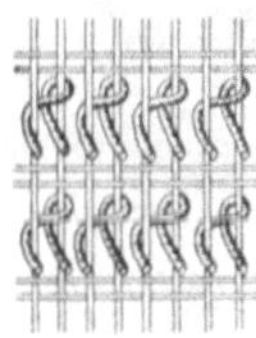

zweifädiger Knoten(m) mit getrennten Enden
double thread knot with the ends separted
двухниточный узелок (мр) с разведенными концами
nœud (m) à deux fils avec bouts séparés
nodo (m) a due fili colle estremità separate
nudo (m) sobre dos hilos con los cabos separados

14
die Knotenreihen (fpl) fest aufeinander schlagen
to beat up the rows of knots tightly
плотно прибивать ряды (мр) узелков один к другому
serrer les rangées des nœuds
serrare le file di nodi
estrechar las hileras de puntos

15
türkischer Teppich(m), Smyrna-Teppich(m), Savonnerie-Teppich (m)
Turkey carpet, Savonnerie carpet
турецкий *или* смирнский ковер (мр)
tapis (m) de Turquie *ou* de Smyrne, tapis de la Savonnerie
tappeto (m) turco *o* di Smirne
alfombra (f) de Turquía *o* de Smirna

16
kurzfloriger Smyrnateppich (m)
short pile Turkey carpet
коротковорсный *или* коротководосый смирнский ковер (мр)
tapis (m) de Turquie à poil court
tappeto (m) turco di pelo corto
alfombra (f) de Smirna de pelo corto

17
hochfloriger Smyrnateppich (m)
long *or* deep pile Turkey carpet
длинноворсный *или* длинноволосый смирнский ковер (мр)
tapis (m) de Turquie à poil long
tappeto (m) turco a pelo lungo
alfombra (f) de Smirna de pelo largo

18
Dauerhaftigkeit (f) der Teppiche
durability of carpets
долговечность (жр) *или* добротность (жр) ковров
durabilité (f) des tapis
durabilità (f) dei tappeti
durabilidad (f) de las alfombras

1	orientalischer Teppich (m) Oriental carpet восточный ковер (мр)	tapis (m) oriental tappeto (m) orientale alfombra (f) oriental
2	anatolischer Teppich (m) Asia Minor carpet анатолийский ковер (мр)	tapis (m) d'Anatolie tappeto (m) d'Anatolia alfombra (f) de Anatolia *o* de Asia Menor
3	persischer Teppich (m) Persian carpet персидский ковер (мр)	tapis (m) de Perse tappeto (m) di Persia alfombra (f) persa
4	Afghanistanteppich (m) Afghan carpet афганский ковер (мр)	tapis (m) d'Afghanistan tappeto (m) d'Afganistan alfombra (f) de Afghanistán
5	arabischer Teppich (m) Arabian carpet арабский ковер (мр)	tapis (m) d'Arabie tappeto (m) d'Arabia alfombra (f) de Arabia
6	turkmenischer Teppich (m), Teketeppich (m) Turcoman carpet текинский ковер (мр)	tapis (m) turcoman tappeto (m) turcomanno alfombra (f) turcomana
7	marokkanischer Teppich (m) Moroccan carpet марокккский ковер (мр)	tapis (m) marocain *ou* du Maroc tappeto (m) marocchino alfombra (f) marroquí *o* de Marruecos
8	Gebetteppich (m) praying carpet *or* mat молитвенный ковер (мр)	tapis (m) de prières tappeto (m) per preghiera alfombra (f) de oratorio
9	Kameltasche (f) saddlebag верблюжий (-ья) мешок (мр) *или* сумка (жр)	sac (m) de chamelier sacco (m) di cammelliere bolso (m) *o* saco (m) de trajina-camellos *o* de camellero
10	a_2) Raupenteppiche (mpl), Chenilleteppiche (mpl) Chenille Carpets Ковры-шениль (мр), гусеничные ковры (мр), имитация (жр) аксминстерского ковра	Tapis (mpl) chenille Tappeti (mpl) a ciniglia Alfombras (fpl) de chenilla
11	beidrechter Chenilleteppich (m) reversible chenille carpet двусторонний ковер-шениль (мр)	tapis (m) chenille double face tappeto (m) a ciniglia con due diritti alfombra (f) de chenilla de doble cara
12	Chenilleteppich (m) mit einseitigem Flor, Axminsterteppich (m) chenille carpet with pile on one face only, Axminster carpet ковер-шениль (мр) с односторонним ворсом, аксминстерский ковер (мр)	tapis (m) chenille à poil d'un seul côté, tapis d'Axminster tappeto (m) Axminster, tappeto a ciniglia con pelo da una sola parte alfombra (f) de chenilla con pelo en una sola cara, alfombra de Axminster
13	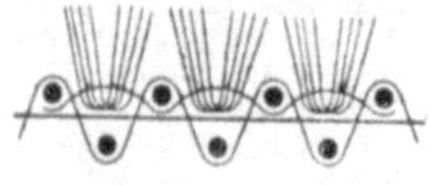 Axminsterbindung (f) Axminster weave	аксминстерское переплетение (ср) liage (m) de l'Axminster armatura (f) d'Axminster ligamento (m) de la Axminster
14	deutscher Axminsterteppich (m) German Axminster carpet немецкий аксминстерский ковер (мр)	tapis (m) d'Axminster allemand tappeto (m) d'Axminster tedesco alfombra (f) de Axminster alemana
15	Viktoriaaxminsterteppich (m) Victoria Axminster carpet аксминстерский ковер (мр) „Виктория"	tapis (m) d'Axminster Victoria tappeto (m) d'Axminster Victoria alfombra (f) de Axminster Victoria
16	Royalaxminsterteppich (m) Royal Axminster carpet королевский аксминстерский ковер (мр), рояль аксминстер (мр)	tapis (m) d'Axminster Royal tappeto (m) d'Axminster Royal alfombra (f) de Axminster Royal
17	Raupengarn (n), [Chenille (f)] chenille шениль (мр)	chenille (f) ciniglia (f) chenilla (f)
18	Handchenille (f) hand woven chenille ручная шениль (жр)	chenille (f) faite à la main ciniglia (f) prodotta a mano chenilla (f) hecha a mano
19	Maschinenchenille (f) machine woven chenille машинная шениль (жр)	chenille (f) faite mécaniquement ciniglia (f) prodotta meccanicamente chenilla (f) hecha a máquina
20		flache Chenille (f), Flachchenille (f) flat chenille плоская шениль (жр) chenille (f) plate ciniglia (f) piatta chenilla (f) plana
21	gewebte Flachchenille (f) woven flat chenille тканая плоская шениль (жр)	chenille (f) tissée plate ciniglia (f) tessuta piatta chenilla (f) tejida en forma plana
22	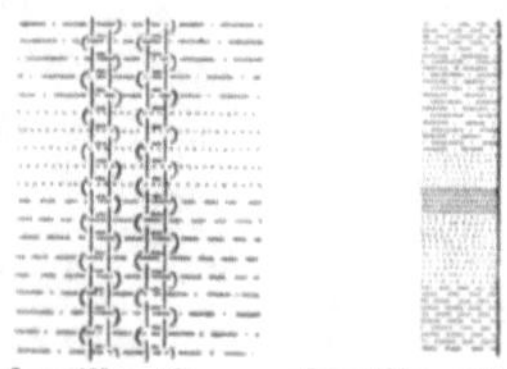 Axminsterchenille (f) mit Dreherbindung Axminster chenille with gauze binding аксминстерская шениль (жр) газового переплетения	chenille (f) d'Axminster à point de gaze ciniglia (f) Axminster a garza chenilla (f) de Axminster con punto de gasa

1	genähte Flachchenille (f) sewn flat chenille шитая плоская шениль (жр)	chenille (f) plate cousue ciniglia (f) piatta cucita chenilla (f) plana cosida
2	einfarbige Chenille (f) one colour chenille одноцветная шениль (жр)	chenille (f) unicolore ciniglia (f) ad un colore *o* unicolore *o* monocromo chenilla (f) unicolor
3	mehrfarbige Chenille (f), Setzchenille (f) multicoloured chenille [много]цветная шениль (жр)	chenille (f) multicolore ciniglia (f) multicolore *o* policromo chenilla (f) multicolor
4	geschnittene Chenille (m) cut chenille резаная шениль (жр)	chenille (f) coupée ciniglia (f) tagliata chenilla (f) cortada
5	U-Chenille (f), gebrannte Chenille (f) U shaped *or* singed chenille корытообразная *или* жженая *или* паленая шениль (жр)	chenille (f) en U ciniglia (f) ad U chenilla (f) en U
6	Rundchenille (f), gedrehte Chenille (f) twisted chenille крученая *или* круглая шениль (жр)	chenille (f) ronde *ou* tordue ciniglia (f) elicoidale chenilla (f) torcida
7	Polschuß (m), Chenilleschuß (m) chenille weft, pile weft ворсовой *или* гарнитурный уток (мр)	duite (f) de chenille trama (f) di ciniglia pasada (f) de chenilla
8	Grundschuß (m) ground weft грунтовый уток (мр)	duite (f) de fond trama (f) del fondo pasada (f) de fondo
9	**β) Kettflorteppiche (mpl)** **Warp Pile Carpets** **Основно-ворсные ковры (мр)**	**Tapis (mpl) veloutés par chaîne** **Tappeti (mpl) vellutati per catena** **Alfombras (fpl) aterciopeladas por urdimbre**
10	Moketteteppich (m) moquette плюшевый ковер-мокет (мр)	moquette (f) mocchetta (f) moqueta (f)
11	Bouclételppich (m), Kräuselteppich (m), Friséteppich (m) looped carpet завитой ковер (мр)	moquette (f) bouclée *ou* frisée *ou* épinglée mocchetta (f) a ricci moqueta (f) con rizos
12	Bouclételppich (m) mit Streichgarnpolkette looped carpet with woollen pile warp завитой ковер (мр) с ворсовой основой аппаратной шерсти	moquette (f) bouclée à chaîne de poil en laine cardée mocchetta (f) a ricci con catena di pelo in lana cardata moqueta (f) con rizos y urdimbre de pelo de lana cardada
13	Bouclételppich (m) mit Kammgarnpolkette looped carpet with worsted pile warp завитой ковер (мр) с ворсовой основой камвольной шерсти	moquette (f) bouclée à chaîne de poil en laine peignée mocchetta (f) a ricci con catena di pelo in lana pettinata moqueta (f) con rizos y urdimbre de pelo de lana peinada
14	Tapestryteppich (m) tapestry carpet вышитый ковер (мр)	moquette (f) bouclée à chaîne imprimée mocchetta (f) a ricci con catena stampata moqueta (f) con rizos de urdimbre estampada
15	Tapestry-Velourteppich (m), Velvetteppich (m), Druckvelourteppich (m) printed cut pile carpet вышитый бархатный ковер (мр)	moquette (f) veloutée à chaîne imprimée mocchetta (f) vellutata con catena stampata moqueta (f) aterciopelada de urdimbre estampada
16	Polkette (f) mit aufgedrucktem Muster pile warp with printed pattern ворсовая основа (жр) с набивным узором	chaîne (f) de poil avec dessin imprimé catena (f) di pelo con disegno stampato urdimbre (f) de pelo con el motivo estampado
17	Füllkette (f) aus Papier paper packing warp заполняющая *или* уплотнительная основа (жр) из бумаги	chaîne (f) de renfort en papier catena (f) d'imbottitura di carta urdimbre (f) de refuerzo de papel
18	Tapestrymottled-Teppich (m) mottled tapestry carpet вышитый ковер (мр) с набивной основой	moquette (f) bouclée à chaîne jaspée mocchetta (f) a ricci a catena screziata moqueta (f) con rizos de urdimbre jaspeada
19	Velvetmottled-Teppich (m) mottled velvet carpet бархатный ковер (мр) с набивной основой	moquette (f) veloutée à chaîne jaspée mocchetta (f) vellutata a catena screziata moqueta (f) aterciopelada de urdimbre jaspeada
20	Tapestryläufer (m) tapestry carpet strip вышитая дорожка (жр)	tapis-chemin (m) en moquette passatoia (f) di mocchetta alfombra (f) de corredor en moqueta

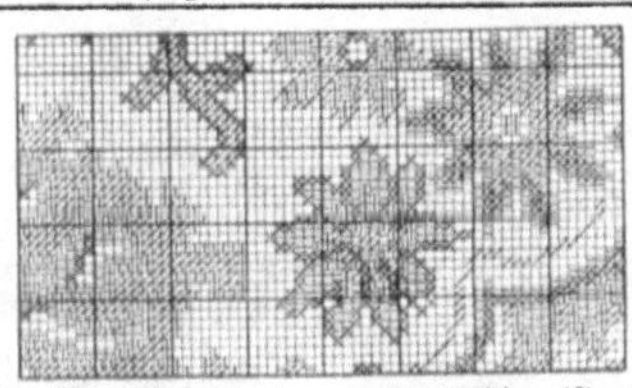

21	Brüsseler Teppich (m) Brussels carpet брюссельский ковер (мр)	moquette (f) de Bruxelles tappeto (m) di Bruxelles alfombra (f) de Bruselas

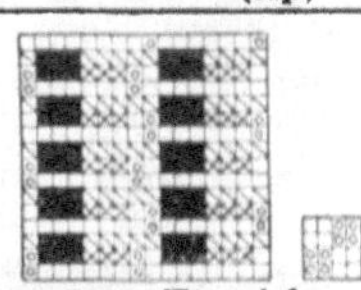

No.		
22	gezogener Teppichplüsch (m) uncut carpet plush пруточный ковровый плюш (мр)	peluche (f) de tapis non coupée felpa (f) per tappeti non tagliata felpa (f) de alfombra, no cortada
23	baumwollene Bindekette (f) cotton binding warp бумажная связывающая основа (жр)	chaîne (f) de liage en coton catena (f) di legatura in cotone urdimbre (f) de ligadura de algodón

No.	German / English / Russian	French / Italian / Spanish
1	Grundschuß (m) aus Leinen linen ground weft льняной грунтовый уток (мр)	trame (f) de fond en lin trama (f) di fondo in lino trama (f) de fondo de lino
2	Schlingenfaden (m), Polfaden (m) pile thread ворсовая *или* гарнитурная нить (жр)	fil (m) de poil filo (m) di pelo hilo (m) de pelo
3	Futterfaden (m) backing thread подбивная *или* подкладная нить (жр)	fil (m) de fourrure filo (m) di riempimento hilo (m) de forro
4	Tournaivelourteppich (m), Wiltonteppich (m) Wilton carpet, cut pile carpet вильтоновский *или* турнейский бархатный ковер (мр)	moquette (f) veloutée, tapis (m) de Tournai tappeto (m) di Tournay alfombra (f) de Tournay

8) Bobinetgewebe (npl), **Spulennetzgewebe** (npl) — **Tissus** (mpl) **en réseau, tulle-bobin** (m)

5 **Bobbin Net** — **Tessuti** (mpl) **a reticolato**

Тюлевые *или* сетчатые ткани (жр) — **Tejidos** (mpl) **formando una redecilla**

No.	German / English / Russian	French / Italian / Spanish
6	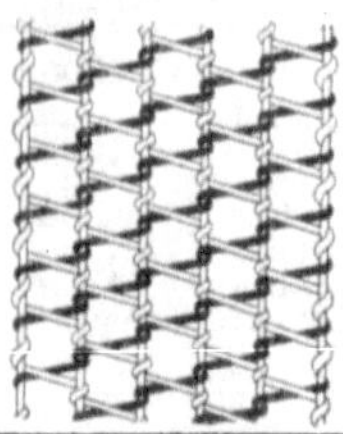	glatter Tüll (m) plain net гладкий тюль (мр) tulle (m) uni *ou* ordinaire tulle (m) liscio tul (m) unido
7	Kettfadenteilung (f) pitch of warp threads деление (ср) основных нитей	écartement (m) des fils de chaîne scartamento (m) dei fili di catena ecartamiento (m) de los hilos de urdimbre
8	die Spulenfäden (mpl) umschlingen die Kettfäden the bobbin thread is twisted round the warp threads шпульные нити (жр) оплетают основные нити	les fils de trame tournent autour des fils de chaîne i fili di trama girano attorno ai fili di catena los hilos de trama giran alrededor de los hilos de urdimbre
9	diagonal laufender Spulenfaden (m) diagonal bobbin thread шпульная нить (жр), направленная по диагонали	fil (m) de trame oblique trama (f) obliqua hilo (m) de trama oblicuo
10	sechseckige Zelle (f) hexagonal mesh шестигранная ячейка (жр) *или* клеточка (жр)	maille (f) hexagonale maglia (f) esagonale malla (f) exagonal
11	dreieckige Zelle (f) triangular mesh трехгранная ячейка (жр)	maille (f) triangulaire maglia (f) triangolare malla (f) triangular
12	streifenartiges *oder* bandartiges Spulennetzgewebe (n), Streifentüll (m) quilling полосатая сетчатая ткань (жр), полосатый тюль (мр)	tulle (m) en bandes, entoilage (m) tulle (m) a strisce tul (m) listado *o* rayado
13	festkantiger Tüllstreifen (m) net stripe with fast selvedge полоса (жр) тюля с прочными каймами	bande (f) de tulle avec lisière striscia (f) di tulle con orli solidi lista (f) de tul con orillos
14	Trennfaden (m) lacing thread разделяющая *или* делящая нить (жр)	fil (m) de séparation filo (m) di separazione hilo (m) de separación
15	gemusterter Tüll (m) fancy *or* sprig net узорчатый тюль (мр)	tulle (m) façonné tulle (m) operato tul (m) labrado *o* adamascado
16	Querstreifen (m) cross stripe поперечная полоса (жр)	rayure (f) transversale striscia (f) trasversale lista (f) transversal
17	Streifenmuster (n) stripe pattern полосатый узор (мр)	dessin (m) à rayures disegno (m) a strisce muestra (f) con listas
18	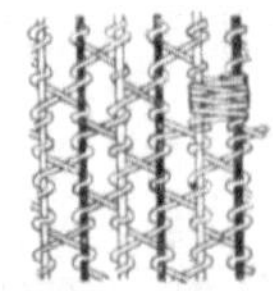	Tupfentüll (m), geflecktes Spulennetzgewebe (n) spotted net крапленый тюль (мр), тюль с мушками tulle (m) moucheté tulle (m) punteggiato *o* chiazzato tul (m) mosqueteado
19	Tupfen (m), Punkt (m), Flecken (m) spot мушка (жр), крапина (жр)	moucheture (f) punto (m), chiazzatura (f) copo (m), mancha (f), mota (f), mosca (f)
20	tupfenbildende Fäden (mpl) spotting threads нити (жр), образующие крапины	fils (mpl) de mouchetures fili (mpl) per punteggiatura hilos (mpl) de copo
21	Tupfenquerreihe (f) cross row of spots поперечный ряд (мр) крапин	rangée (f) transversale de mouchetures fila (f) trasversale di punti linea (f) transversal de copos
22	versetzte Tupfen (mpl) transposed *or* staggered spots смещенные крапины (жр)	mouchetures (fpl) contre-semplées punti (mpl) contrapposti copos (mpl) transpuestos
23	teilbarer Grund (m) traverse net делимый грунт (мр) *или* фон (мр)	réseau (m) divisible fondo (m) divisibile tul (m) *o* redecilla (f) divisible
24	unteilbarer Grund (m) non-traverse net неделимый фон (мр)	réseau (m) indivisible fondo (m) indivisibile redecilla (f) *o* tul (m) indivisible
25	spitzenartiges Gewebe (n) lacelike material кружевообразная ткань (жр)	tissu (m) en forme de dentelle tessuto-pizzo (m) tejido (m) formando puntillas

1	gardinenartiges Spitzengewebe (n), Vorhanggewebe (n) curtain material гардинообразная кружевная ткань (жр), гардинная ткань	tissu (m) en réseau genre rideau tessuto-pizzo (m) per tende, tulle (m) da cortinaggi tejido (m) de redecilla *o* tul (m) para cortinas
2	Tüllgardine (f) net curtain тюлевая занавеска (жр) *или* гардина (жр)	rideau (m) de tulle tenda (m) di tulle cortina (f) de tul
3	Tüllspitze (f) net lace тюлевое кружево (ср)	dentelle (f) à réseaux merletto (m) di tulle tul (m) con encaje
4	schmale, streifenartige Spitzengewebe (npl), Kanten (fpl) woven lace узкие, полосообразные кружевные ткани (жр); кромки (жр)	dentelles (fpl) tissées merletti (mpl) tessuti encajes (mpl) tejidos
5	Muster (n), [Figur (f), Ornament (n)] pattern, design, figure, ornament узор (мр), фигура (жр), орнамент (мр)	dessin (m), ornement (m), motif (m) disegno (m), figura (f), motivo (m) motivo (m), muestra (f)
6	Musterbindung (f) pattern weave узорчатое переплетение (ср)	liage (m) du dessin legamento (m) del disegno ligamento (m) del motivo
7	Tüllgrund (m) net ground тюлевый фон (мр)	fond (m) en tulle fondo (m) a tulle fondo (m) de tul
8	Grundnetz (n), Netzgrund (m), Spitzengrund (m) ground of lace, lace ground сетчатый фон (мр), грунтовая *или* фоновая сетка (жр)	réseau (m) *ou* fond (m) de dentelle, toile (f) fondo (m) a merletto fondo (m) de encaje
9	geometrisches Gebilde (n) geometric pattern геометрическое (-ая) изображение (ср) *или* фигура (жр)	dessin (m) géométrique disegno (m) geometrico motivo (m) geométrico
10	gemusterter Spitzengrund (m) figured lace ground узорчатый кружевной фон (мр)	réseau (m) façonné fondo (m) a merletto operato encaje (m) labrado
11	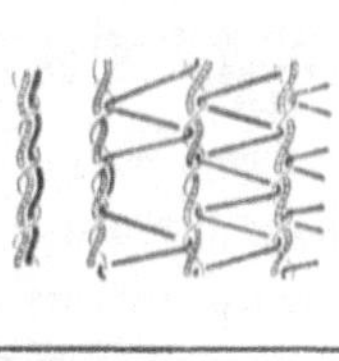	englischer Grund (m), Schleifengrund (m), [Loup-Grund (m), China-Grund (m)] loop ground английский *или* петлистый фон (мр) réseau (m) anglais fondo (m) inglese fondo (m) inglés, redecilla (f) inglesa
12	Durchbrechung (f) open work пройма (жр)	jour (m), porte (f), réseau (m) à fond clair aperture (fpl) a reticolato, vuoto (m) aberturas (fpl)
13	Musterfaden (m) pattern thread контурная нить (жр)	fil (m) de dessin filo (m) a disegno hilo (m) de motivo
14	Füllung (f) clothing заполнение (ср)	rempli (m), partie (f) opaque pieno (m) relleno (m)
15	Ausfüllarbeit (f) filling работа (жр) заполнения	remplissage (m) riempimento (m) llenado (m)
16	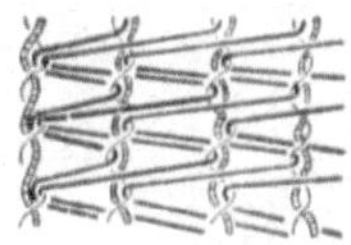	französischer Grund (m) French ground французский фон (мр) réseau (m) français fondo (m) francese redecilla (f) francesa, fondo (m) francés
17	 Viereckgrund (m), rhombischer Grund (m) diamond ground четырехгранный *или* ромбический фон (мр)	réseau (m) à mailles carrées fondo (m) rettangolare *o* romboidale fondo (m) *o* redecilla (f) de mallas cuadradas
18	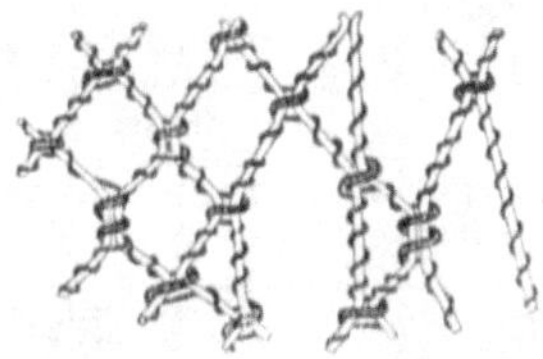 Guipuregrund (m) guipure ground гипюровый фон (мр)	réseau (m) de guipure fondo (m) a guipure redecilla (f) de guipur
19	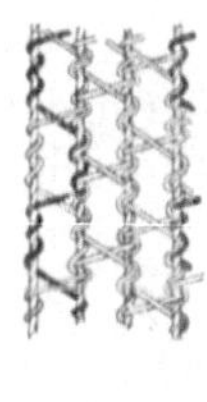	imitierter Bobinetgrund (m), Mocktraversgrund (m) imitation net ground имитация (жр) тюлевого фона réseau (m) tulle-bobin imitation fondo (m) imitazione bobinet fondo (m) de tul imitación
20	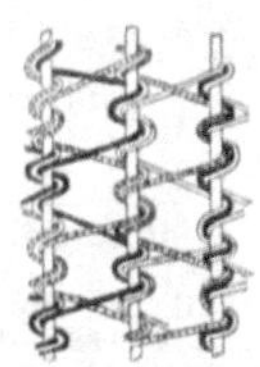	Matitsch-Grund (m) Matitsch ground фон-матич (мр), грунт (мр) из взаимноскрещивающихся оплеток réseau (m) Matitsch fondo (m) Matitsch fondo (m) Matitsch
21	dicker Faden (m) thick *or* stout thread толстая нить (жр)	fil (m) gros filo (m) grosso hilo (m) grueso

1	einfache Leinwand (f) single linen обыкновенный (-ая, -ое) холст (мр) *или* парусина (жр) *или* полотно (ср)	toile (f) simple tela (f) semplice tela (f) sencilla
2	mehrfache Leinwand (f) multiple linen многослойный холст (мр)	toile (f) multiple tela (f) multipla tela (f) múltiple
3	aufgelegte Leinwand (f) covered linen накладной холст (мр)	toile (f) superposée tela (f) sovrapposta tela (f) superpuesta
4	Flechtung (f) plaiting, platting плетение (ср)	dressage (m) intrecciatura (f) trenzado (m)

9. Gewebe (n) für Papierfilze

5 **Paper Felt**

Войлок (мр) **для бумажных фабрик**

Feutre (m) **pour papeterie**

Feltro (m) **per cartiera**

Fieltro (m) **para papelería**

6	gemischter Filz (m) mixed felt мешаный войлок (мр)	feutre (m) mélangé feltro (m) mescolato fieltro (m) mezclado
7	offener Filz (m), Langfilz (m) plain felt открытый войлочный холст (мр), кусковый войлок (мр)	feutre (m) ouvert feltro (m) aperto fieltro (m) abierto
8	geschlossener Filz (m), Rundfilz (m), Manchon (m) tubular felt войлок (мр) трубой, войлочный рукав (мр)	feutre (m) tubulaire, manchon (m) de feutre feltro (m) tubulare fieltro (m) tubular
9	Transportfilz (m) conveying felt бесконечный войлочный холст (мр)	feutre (m) sans fin feltro (m) senza fine fieltro (m) sin fin

10. Pferdehaargewebe (n), Roßhaargewebe (n)

10 **Horsehair Fabric**

Ткань (жр) **из конского волоса**

Tissu (m) **en crin**

Tessuto (m) **di crine**

Tejido (m) **de crin**

Nr.		
11	Pferdehaar (n), Roßhaar (n) horsehair конский волос (мр)	crin (m) crine (m) [di cavallo] crin (f)
12	Schweifhaar (n) tail hair волос (мр) из хвоста, хвостовой волос	crin (m) de la queue du cheval crine (m) della coda crin (f) de la cola del caballo
13	Mähnenhaar (n) mane hair волос (мр) из гривы	poil (m) de la crinière du cheval crine (m) del collo *o* della criniera *o* della chioma pelo (m) de crinera *o* de melena del caballo
14	Haarsiebboden (m) hair sieve bottom волосяное дно (ср) сита, волосяное ситчатое дно	fond (m) de tamis en crin fondo (m) di staccio in crine fondo (m) de tamiz *o* de criba de crin
15	zweihaariger Siebboden (m) double hair sieve bottom ситчатое дно (ср) из двойного волоса	fond (m) de tamis à double crin fondo (m) di staccio a crine doppio fondo (m) de tamiz de doble crin
16	dreihaariger Siebboden (m) treble hair sieve bottom ситчатое дно (ср) из тройного волоса	fond (m) de tamis à triple crin fondo (m) di staccio a crine triplo fondo (m) de tamiz de triple crin
17	vierhaariger Siebboden (m) quadruple hair sieve bottom ситчатое дно (ср) из четверного волоса	fond (m) de tamis à quadruple crin fondo (m) di staccio a crine quadruplo fondo (m) de tamiz de cuádruple crin
18	Haarstuhlzeug (n) horsehair seat covering волосяная ткань (жр) для сидений	tissu (m) en crin pour siège tessuto (m) in crine da sedili tejido (m) de crin para asientos
19	Versteifungsstoff (m) buckram материя (жр) для придания жесткости	bougran (m) bucherame (m) bucarán (m), bocací (m)
20	Krinolin (m) crinoline кринолин (мр)	crinoline (f) crinolina (f) crinolina (f)

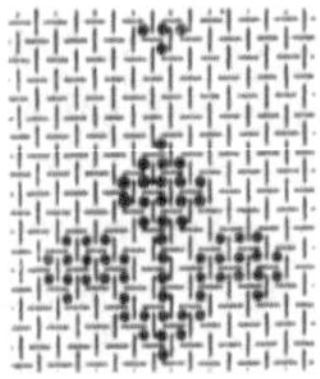

11. Perlengewebe (n)

Beaded Material

Бисерная ткань (жр) 21

Tissu (m) **perlé**

Tessuto (m) **perlato**

Tejido (m) **perlado** *o* **perlé**

22	Perlenfaden (m) bead thread бисерная нить (жр)	fil (m) de perle filo (m) perlato *o* di perle hilo (m) de perla
23	Aufreihen (n) der Perlen stringing the beads нанизывание (ср) бисера	enfilage (m) des perles infilatura (f) delle perle enhebrado (m) de las perlas
24	auf Fäden gereihte Perlen (fpl) beads strung on threads нанизанный на нити бисер (мр)	perles (fpl) enfilées perle (fpl) infilate perlas (fpl) enhebradas
25	die Perlen (fpl) figurenartig anordnen *oder* zusammenstellen *oder* gruppieren to arrange the beads to form a pattern располагать *или* группировать бисер (мр) по узору	grouper *ou* disposer les perles pour former un dessin distribuire le perle secondo un dato disegno agrupar *o* disponer las perlas para formar un dibujo

1	Perlenkette (f) bead warp бисерная основа (жр)	chaîne (f) de perles catena (f) a perle urdimbre (f) de perlas
2	Perlenschuß (m) bead weft бисерный уток (мр)	trame (f) de perles trama (f) a perle trama (f) de perlas

12. Kautschukgewebe (n) — Tissu (m) en caoutchouc, tissu élastique

3	**Rubber Material** **Резиновая** *или* **каучуковая ткань** (жр)	**Tessuto (m) di caucciù, tessuto elastico** **Tejido (m) de caucho**

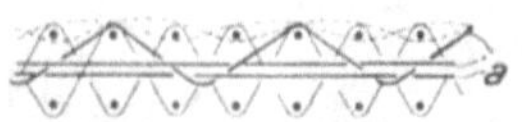

4	Kautschukkette (f) India rubber warp каучуковая основа (жр) *a*	chaîne (f) de caoutchouc catena (f) di caucciù urdimbre (f) de caucho
5	Kautschukgewebebindung (f) weave for rubber material переплетение (ср) для каучуковой ткани	liage (m) du tissu élastique armatura (f) per tessuto di caucciù ligamento (m) del tejido elástico
6	Kautschuk (m u. n), Federharz (n), Gummielasticum (n) India rubber, rubber, caoutchouc каучук (мр), резина (жр)	caoutchouc (m), élastique (m) caucciù (m), gomma (f) elastica caucho (m)
7	Kautschukflasche (f) rubber bottle каучук-сырец (мр), сверток (мр) каучука-сырца	poire (f) *ou* bouteille (f) de caoutchouc pera (f) *o* bottiglia (f) di caucciù botella (f) de caucho
8	Kautschukblock (m) cake *or* biscuit of rubber каучуковая болванка (жр)	bloc (m) de caoutchouc blocco (m) di caucciù bloque (m) de caucho
9	Kautschukplatte (f) sheet of rubber каучуковая пластина (жр)	feuille (f) de caoutchouc foglio (m) di caucciù hoja (f) de caucho
10	Kautschukröhre (f) rubber tube каучуковая трубка (жр)	tube (m) de caoutchouc tubo (m) di caucciù tubo (m) de caucho
11	geschnittener Kautschukfaden (m) cut rubber thread [на]резаная каучуковая нить (жр)	fil (m) de caoutchouc coupé filo (m) di caucciù tagliato hilo (m) de caucho cortado
12	gewalzter Kautschukfaden (m) rolled rubber thread катанная *или* вальцованная каучуковая нить (жр)	fil (m) de caoutchouc laminé filo (m) di caucciù laminato *o* cilindrato hilo (m) de caucho laminado
13	gepreßter Kautschukfaden (m) pressed rubber thread прессованная каучуковая нить (жр)	fil (m) de caoutchouc comprimé filo (m) di caucciù compresso hilo (m) de caucho comprimido
14	Verfeinern (n) der Fäden durch Strecken thinning of threads by drawing утонение (ср) нитей путем вытягивания	raffinement (m) des fils par laminage assottigliamento (m) dei fili per laminazione adelgazamiento (m) de los hilos por laminado
15	nackter Kautschukfaden (m) bare rubber thread голая каучуковая нить (жр)	fil (m) de caoutchouc nu filo (m) di caucciù nudo hilo (m) de caucho desnudo
16	umkleideter *oder* übersponnener Kautschukfaden (m) covered rubber thread обвитая *или* оплетенная каучуковая нить (жр)	fil (m) de caoutchouc recouvert *ou* guipé filo (m) di caucciù rivestito hilo (m) de caucho recubierto
17	Schwefeln (n), [Vulkanisieren (n)] vulcanising вулканизирование (ср)	vulcanisation (f) vulcanizzazione (f) vulcanización (f)
18	geschwefelter [*oder* vulkanisierter] Kautschuk (m) vulcanised rubber вулканизированный каучук (мр)	caoutchouc (m) vulcanisé caucciù (m) vulcanizzato caucho (m) vulcanizado
19	elastisch elastic упругий, эластичный	élastique elastico elástico
20	Elastizität (f) elasticity упругость (жр), эластичность (жр)	élasticité (f) elasticità (f) elasticidad (f)
21	dehnbar extensible растяжимый	extensible estensibile extensible
22	Dehnbarkeit (f) der Kautschukfäden extensibility of the rubber threads растяжимость (жр) каучуковых нитей	extensibilité (f) des fils de caoutchouc estensibilità (f) dei fili di caucciù extensibilidad (f) de los hilos de caucho
23	Hosenträgerband (n) elastic webbing for braces тесьма (жр) *или* лента (жр) для помочей	bande (f) élastique pour bretelle nastro (m) elastico per bretelle cinta (f) elástica para tirantes
24	Gummizug (m) elastic резинка (жр), гуммиэластик (мр), ластик (мр)	tissu (m) élastique pour bottines elastico (m) da scarpe elástico (m)
25	Strumpfband (n) garter подвязка (жр)	jarretière (f) legaccio (m), giarrettiera (f), cintolo (m) da calze liga (f)
26	Gürtel (m) belt поясная ткань (жр)	ceinture (f) cintura (f), cinghia (f) cinturón (m), cinto (m)

1	**13. Strohgewebe** (n) **Straw Material** **Соломенная ткань** (жр)	**Tissu** (m) **en paille** **Tessuto** (m) **di paglia** **Tejido** (m) **de paja**
2	Maisstroh (n) maize straw кукурузовая солома (жр)	paille (f) de maïs paglia (f) di grano turco paja (f) de maíz
3	Weizenstroh (n) wheat straw солома (жр) пшеницы	paille (f) de blé paglia (f) di frumento paja (f) de trigo
4	Marzolanostroh (n) marzolano straw солома (жр) итальянской пшеницы, итальянская солома „марцолано"	paille (f) marzolano paglia (f) di marzolano paja (f) marzolano
5	gespaltenes Stroh (n) split straw расщепленая *или* расколотая солома (жр)	paille (f) fendue paglia (f) fessa paja (f) hendida
6	kordonniertes Strohgarn (n) twisted straw yarn, straw band соломенный кордонет (мр)	fil (m) de paille cordonné, cordonnet (m) en paille cordonetto (m) di paglia cordoncillo (m) de paja
7	Strohfaden (m) straw thread соломенная нить (жр)	fil (m) de paille filo (m) di paglia hilo (m) de paja
8	Strohmatte (f), Strohdecke (f) straw mat[ting] соломенный мат (мр)	natte (f) en paille, paillasson (m) stuoia (f) di paglia estera (f) de paja
9	**14. Holzgewebe** (n) **Material Made from Wood [Fibre]** **Ткань** (жр) **из древесины** *или* **дерева**	**Tissu** (m) **en fibre de bois** **Tessuto** (m) **di fibra di legno** **Tejido** (m) **de fibra de madera**
10	Matte (f) mat[ting] цыновка (жр), половик (мр), мат (мр)	natte (f) stuoia (f) estera (f)
11	Rohrstäbchenmatte (f), Schilfmatte (f) reed *or* cane mat[ting] тростниковая цыновка (жр)	natte (f) en roseaux stuoia (f) di canne palustri estera (f) de caña
12	Holzstäbchenmatte (f) mat of small wooden staves цыновка (жр) из деревянных прутьев	natte (f) en brindilles de bois stuoia (f) di verghette di legno estera (f) con varillas de madera
13	Glashausdecke (f) blind for glass houses *or* greenhouses парниковая *или* оранжерейная [соломенная] цыновка (жр)	natte (f) pour serres copertura (f) per serre estera (f) para invernaderos

15. Drahtgewebe (n), **Metalltuch** (n) **Wire Fabrics, Metallic Cloth, Wire Gauze** **Проволочная ткань** (жр)	**Tissu** (m) **en fil métallique, toile** (f) **métallique** **Tessuto** (m) **di fili metallici, tela** (f) **metallica** **Tejido** (m) **de hilo metálico** *o* **de alambre, tela** (f) **metálica**	14
Messingdraht (m) brass wire латунная проволока (жр)	fil (m) de cuivre jaune filo (m) d'ottone hilo (m) de latón	15
Eisendraht (m) iron wire железная проволока (жр)	fil (m) de fer filo (m) di ferro hilo (m) de hierro	16
drillierter Draht (m), Drahtlitze (f) stranded wire, wire cord скрученная проволока (жр), проволочная стренга (жр)	fils (mpl) métalliques toronnés, toron (m) métallique ritorto (m) di metallo alambre (m) retorcido	17
[aus]geglühter Draht (m) annealed wire отожженная проволока (жр)	fil (m) recuit filo (m) metallico ricotto alambre (m) recocido	18
Messingdrahtgewebe (n) brass wire fabric латунно-проволочная ткань (жр)	tissu (m) en fil de cuivre jaune tessuto (m) in filo d'ottone tejido (m) de hilo de latón	19
Leibgürtel (m) body belt, waist belt набрюшный пояс (мр)	ceinture (f) cintura (f), cinto (m) cinturón (m)	20
Drahtsieb (n) wire sieve проволочное сито (ср)	tamis (m) en fil métallique staccio (m) di filo metallico tamiz (m) metálico, criba (f) metálica	21
Siebboden (m) sieve bottom дно (ср) сита	fond (m) à tamis fondo (m) di staccio fondo (m) del tamiz	22
Messingdrahtsieb (n) brass wire sieve латунно-проволочное сито (ср)	tamis (m) en fil de cuivre jaune staccio (m) in filo d'ottone tamiz (m) de hilo de latón	23
Eisendrahtsieb (n) iron wire sieve сито (ср) из железной проволоки	tamis (m) en fil de fer staccio (m) in filo di ferro tamiz (m) de hilo de hierro	24
Waschsieb (n) washing sieve промывное *или* стиральное сито (ср)	crible (m) de lavage staccio (m) per lavare criba (f) o tamiz (m) de lavado	25

No.	German / English / Russian	French / Italian / Spanish
1	**16. Winterrockstoffe** (mpl) **Heavy Overcoat Materials, Winter Weight Cloths** **Зимние одежные ткани** (жр) *или* **материи** (жр)	**Étoffes** (fpl) **pour vêtements d'hiver** **Stoffe** (fpl) **per abiti d'inverno** **Ropas** (fpl) *o* **géneros** (mpl) **para vestidos** *o* **trajes de invierno**
2	Paletotstoff (m) overcoating, top coating, great coating материя (жр) для пальто *или* плащей	étoffe (f) pour paletot stoffa (f) per soprabito ropa (f) *o* género (m) para paletó
3	Eskimo (m) eskimo „эскимо" (ср)	esquimau (m) eskimo (m) esquimo (m)
4	Mandarin[stoff] (m) mandarin „мандарин" (мр)	mandarin (m) mandarino (m) mandarín (m)
5	glatte Oberseite (f) smooth upper side гладкое (-ая) лицо (ср) *или* лицевая сторона (жр)	endroit (m) uni *ou* lisse diritto (m) liscio haz (f) lisa, cara (f) unida
6	gerauhte *oder* pelzartige Unterseite (f) raised under side начесанная *или* ворсованная изнанка (жр)	envers (m) duveteux rovescio (m) felpato envés (m) velloso
7	Pelzstoff (m), Moutonnestoff (m) fleecy, moutonne мехообразная материя (жр)	étoffe (f) moutonnée stoffa (f) lanosa, stoffa montone tejido (m) rizado, ropa (f) rizada
8	Stoff (m) mit liegender Haardecke auf der Oberseite fabric with hair lying flat on the upper side материя (жр) с лежачей волосяной покрышкой на лицевой стороне	étoffe (f) avec poil couché sur l'endroit stoffa (f) con pelo abbassato sul diritto tejido (m) con pelo horizontal en el haz
9	Boi[stoff] (m) baize фриз (мр)	boie (f) baietta (f) bayeta (f)
10	Düffel[stoff] (m), Sibirienne (m) duffel, duffle, frieze байка (жр)	sibérienne (f) siberiana (f) siberiana (f)
11	Velour (m) velour „велюр" (мр)	velours (m) velluto (m) veludillo (m), velours (m), terciopelo (m)
12	aufrechtstehende Haardecke (f) surface with upright hairs волосяная покрышка (жр) с торчащим волосом	surface (f) de poils relevés *ou* redressés copertura (f) di peli rialzati superficie (f) de pelos levantados *o* derechos
13	Ratiné (m) rateen, ratine „ратинэ" (ср)	ratine (f), étoffe (f) ratinée ratinée (f) ratina (f)
14	Welliné (m) welliné „веллинэ" (ср)	welline (f) welliné (f), velliné (f) welliné (f)
15	Ondulé (m) ondulé „ондюлэ" (ср)	ondulé (m) ondulato (m) ondulé (m)

Stoff (m) mit Wollknötchen auf der rechten Seite fabric with motes on the face материя (жр) с шерстяными узелками на правой стороне	étoffe (f) à nœuds de laine sur l'endroit stoffa (f) con nodi di lana sul diritto género (m) con nudos de lana en el haz	16
wellenförmige Aufrauhung (f) der Gewebeoberfläche wavelike raising of the cloth face волнообразный начес (мр) на поверхности ткани	duvet (m) ondé sur l'endroit du tissu peluria (f) ondulata sul diritto del tessuto pelusa (f) ondulada en el haz del tejido	17
baumrindenartige Aufrauhung (f) barklike raising начес (мр) на подобие древесной коры	duvet (m) en forme d'écorces peluria (f) in forma di scorza pelusa (f) en forma de corteza	18
Montagnac[stoff] (m), Wollkräuselstoff (m) montagnac монтаньяк (мр), шерстяная материя (ср) с кудрявой *или* завитой поверхностью	drap (m) montagnac stoffa (f) montagnac montagnac (m)	19
Gewebeoberseite (f) aus Haarbüschein cloth face consisting of hair tufts лицевая поверхность (жр) из пучков волос	endroit (m) du tissu formé de bouclettes de poils diritto (m) del tessuto con fiocchettini haz (f) del tejido formada de penachos de pelos	20
Schlingenstoff (m) looped fabric материя (жр) с петлистой поверхностью, фризэ (ср)	tissu (m) bouclé tessuto (m) a ricci tejido (m) rizado	21
Flockenstoff (m), [Floconné (m)] nap [cloth] материя (жр) с хлопьевидной поверхностью, флоконнэ (ср)	tissu (m) floconneux tessuto (m) fioccoso tejido (m) coposo	22
gepreßter Flockenstoff (m) pressed nap cloth материя (жр) „флоконнэ" с тисненым узором	tissu (m) floconneux pressé tessuto (m) fioccoso pressato tejido (m) coposo prensado	23
Badetuchstoff (m), Frottierstoff (m) Turkish towelling, terry pile towelling мохнатая материя „фроттэ"	tissu (m) éponge tessuto (m) a spugna tejido (m) esponja, toalla (f) rusa	24
einfarbiger Badetuchstoff (m) one colour towelling одноцветное „фроттэ" (ср)	tissu (m) éponge unicolore tessuto (m) a spugna unicolore tejido (m) esponja unicolor	25
gemusterter Badetuchstoff (m) fancy towelling узорчатое фроттэ (ср)	tissu (m) éponge façonné tessuto (m) a spugna operato tejido (m) esponja labrado	26

17. Möbelstoffe (mpl) — **Tissus** (mpl) **d'ameublement**

1 **Upholstery Fabrics** — **Tessuti** (mpl) **per mobili**

Мебельные материи (жр) — **Tejidos** (mpl) **para muebles**

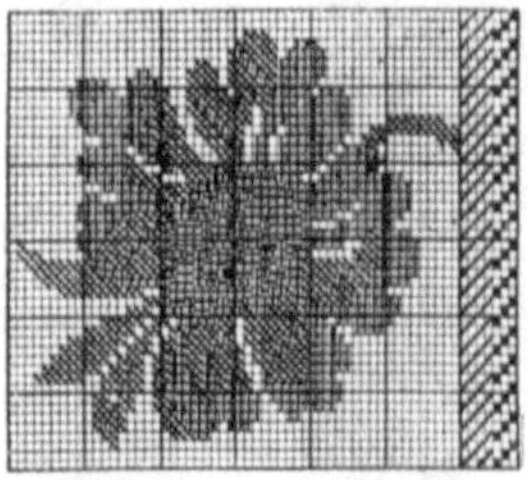

einseitiger Möbelstoff (m)
2 one face upholstery fabric
односторонняя мебельная материя (жр)

tissu (m) d'ameublement avec envers
tessuto (m) per mobili con diritto e rovescio
tejido (m) para muebles con envés

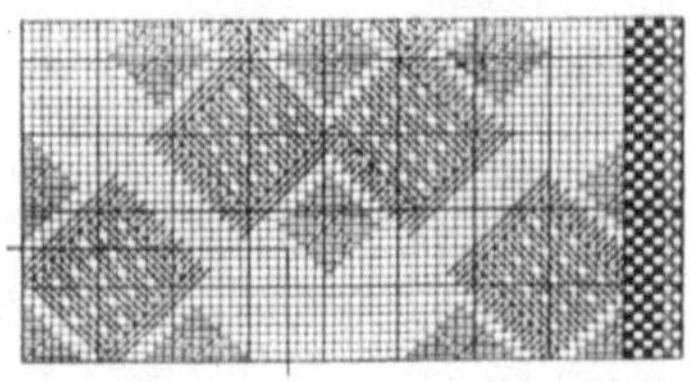

zweiseitiger Möbelstoff (m)
3 reversible upholstery fabric
двусторонняя мебельная материя (жр)

tissu (m) d'ameublement double-face
tessuto (m) per mobili a doppia faccia
tejido (m) para muebles a dos caras

---

glatter Möbelstoff (m)
4 plain upholstery fabric
гладкая мебельная материя (жр)

tissu (m) d'ameublement uni
tessuto (m) per mobili liscio
tejido (m) de superficie unida para muebles

---

ripsartiger Möbelstoff (m)
5 ribbed upholstery fabric
репсовая мебельная материя (жр), мебельный репс (мр)

tissu (m) d'ameublement à côtes
tessuto (m) per mobili cannellato
tejido (m) de cordoncillo o de bordoncillo para muebles

---

6 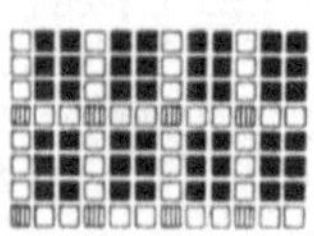

Glattrips (m)
regular rib *or* rep
равный *или* гладкий репс (мр)
cannelé (m) régulier
cannellato (m) regolare
acanalado (m) regular

Gobelinrips (m)
7 gobelin rib
гобеленовый *или* уточный репс (мр)

cannelé (m) par trame pour ameublement
cannellato (m) per trama per mobili
acanalado (m) por trama para muebles

Köpermöbelstoff (m)
twilled upholstery fabric
мебельная саржа (жр)

tissu (m) d'ameublement croisé
tessuto (m) per mobili diagonale 8
tejido (m) formando sarga para muebles

Atlasmöbelstoff (m), Möbelatlas (m)
upholstery sateen
мебельный атлас (мр)

satin (m) d'ameublement 9
raso (m) per mobili
raso (m) para muebles

Granitmöbelstoff (m)
granitic upholstery fabric
мебельный гранит (мр)

granité (m) d'ameublement
granité (m) per mobili 10
granito (m) para muebles

Damastmöbelstoff (m), Möbeldamast (m)
upholstery damask
мебельный дамаск (мр)

damassé (m) d'ameublement
damasco (m) da mobili 11
adamascado (m) para muebles

Tapisseriemöbelstoff (m)
tapestry fabric for upholstery
шитая *или* ковровая мебельная материя (жр)

tissu (m) d'ameublement en tapisserie
tappezzeria (f) per mobili 12
tapiz (m) para muebles

---

broschierter Möbelstoff (m)
broché fabric for upholstery
вышитая мебельная материя (жр), мебельное „брошэ" (ср)

tissu (m) d'ameublement broché
tessuto (m) broccato per mobili 13
tejido (m) brocado para muebles

Velourmöbelstoff (m)
upholstery velour
мебельный бархат (мр)

velours (m) d'ameublement
velluto (m) per mobili 14
terciopelo (m) para muebles

Plüschmöbelstoff (m), Möbelplüsch (m)
upholstery plush
мебельный плюш (мр)

peluche (f) d'ameublement 15
felpa (f) per mobili
felpa (f) para muebles

---

bedruckter Möbelstoff (m)
printed upholstery material
набивная мебельная материя (жр)

tissu (m) d'ameublement imprimé
tessuto (m) stampato per mobili 16
tejido (m) estampado para muebles

18. Vorhangstoffe (mpl), **Gardinenstoffe** (mpl) — **Tissus** (mpl) **pour rideaux**

Material for Curtains *or* **Hangings** — **Tessuti** (mpl) **per tende** 17

Материи (жр) **для занавесок, занавесочные материи, гардинные товары** (мр) — **Tejidos** (mpl) **para cortinas**

Tüllvorhang (m)
tulle curtain
тюлевый (-ая) занавес (мр) *или* занавеска (жр)

rideau (m) de tulle
tenda (f) di tulle
cortina (f) de tul 18

Mullvorhang (m)
mull curtain
кисейная занавеска (жр)

rideau (m) de mousseline fine
tenda (f) di mussolina fina 19
cortina (f) de muselina fina

1	Gazevorhang (m) gauze curtain газовая занавеска (жр)	rideau (m) de gaze tenda (f) di garza cortina (f) de gasa
2	Spitzenvorhang (m) lace curtain кружевная занавеска (жр)	rideau (m) de dentelle tenda (f) a pizzi cortina (f) de encaje
3	Damastvorhang (m) damask curtain дамасковая занавеска (жр)	rideau (m) damassé tenda (f) damascata cortina (f) de damasco
4	bedruckter Vorhang (m) printed curtain набивная занавеска (жр)	rideau (m) imprimé tenda (f) stampata cortina (f) estampada
5	Chenillevorhang (m) chenille curtain шенильная занавеска (жр)	rideau (m) chenille tenda (f) di ciniglia cortina (f) de chenilla
6	Kongreßvorhang (m) damask gauze curtain занавеска (жр) из гардинной ткани	rideau (m) de gaze damassée tenda (f) di garza damascata cortina (f) de gasa labrada
7	Schalvorhang (m) shawl hanging шалевая занавеска (жр)	rideau (m) châle tenda (f) a scialle cortina (f) de chal
8	türkischer Vorhang (m) Turkish curtain турецкая занавеска (жр)	rideau (m) turc tenda (f) turca cortina (f) turca
9	orientalischer Vorhang (m) oriental curtain восточная занавеска (жр)	rideau (m) oriental tenda (f) orientale cortina (f) oriental
10	Madrasvorhang (m) Madras muslin curtain занавеска (жр) из мадраса	rideau (m) Madras tenda (f) di Madras cortina (f) de Madrás
11	Kilimvorhang (m) Kelim curtain занавеска (жр) из келима	rideau (m) Kilim tenda (f) di Kilim cortina (f) Kilim
12	finnländischer Vorhang (m) Finnish curtain финляндская занавеска (жр)	rideau (m) finlandais tenda (f) finlandese cortina (f) finlandesa
13	japanischer Vorhang (m) Japanese curtain японская занавеска (жр)	rideau (m) japonais tenda (f) giapponese cortina (f) japonesa
14	Djimvorhang (m) Djim curtain индийская занавеска (жр)	rideau (m) Djim tenda (f) Djim cortina (f) Djim
15	Foolcarry-Vorhang (m) Phulkari curtain индийская занавеска (жр) „фулькари“	rideau (m) indien phulkari tenda (f) indiana phulkari cortina (f) india phulkari

19. Deckenstoffe (mpl) **Covering Fabrics** **Материи (жр) для покрывал**	**Tissus (mpl) pour couverture** **Tessuti (mpl) per coperte** **Tejidos (mpl) para cubiertas**	16
Tischdecke (f) table cover столовое покрывало (ср)	tapis (m) de table tappeto (m) da tavola tapete (m)	17
Möbeldecke (f) furniture cover мебельное покрывало (ср)	couverture (f) de mobilier copri-mobile (m) cubierta (f) para muebles	18
Pferdedecke (f) horse cloth *or* blanket попона (жр)	couverture (f) pour chevaux coperta (f) da cavalli manta (f) para caballo	19
Bettdecke (f) coverlet, counter pane, bed spread одеяло (ср), покрывало (ср)	couvre-lit (m) copri-letto (m) cubre-cama (m), sobrecama (f)	20
Schlafdecke (f), Wolldecke (f) rug, blanket шерстяное одеяло (ср)	couverture (f) en laine copertura (f) di lana cubierta (f) de lana	21
Reisedecke (f) travelling rug дорожное покрывало (ср), покрывало для путешествия, плед (мр)	couverture (f) de voyage coperta (f) da viaggio cubierta (f) *o* manta (f) de viaje	22
Chenilledecke (f) chenille rug шенильное покрывало (ср), покрывало-шениль (ср)	couverture (f) en chenille coperta (f) in ciniglia cubierta (f) de chenilla	23
Pelzdecke (f) fur rug меховое покрывало (ср)	couverture (f) en fourrure coperta (f) in pelliccia cubierta (f) con forro	24
künstlicher Pelz (m) imitation fur искусственный мех (мр)	fourrure (f) imitation pelliccia (f) imitazione forro (m) imitación	25
Wollkotze (f) rough woollen blanket грубое войлочное покрывало (ср)	couverture (f) grossière en laine coperta (f) grossolana in lana colcha (f) gruesa en lana	26
Luxusdecke (f), Zierdecke (f) fancy cloth covering роскошное покрывало (ср)	couverture (f) de parade coperta (f) ornamentale *o* di lusso cubierta (f) de lujo	27
Waffeldecke (f) honeycomb covering шашечное покрывало (ср)	couverture (f) nid d'abeille coperta (f) nido d'api cubierta (f) de punto de tripa	28
Ripsdecke (f) ribbed covering репсовое покрывало (ср)	couverture (f) en reps coperta (f) di cannellato cubierta (f) de acanalado	29
Steppdecke (f) quilt стеганое одеяло (ср)	courtepointe (f) coperta (f) imbottita colcha (f)	30

1	Decke (f) mit klarem Muster auf beiden Seiten cover with a clear design on both sides покрывало (ср) с ясным рисунком по обе стороны	couverture (f) à dessin clair sur les deux faces coperta (f) con disegno chiaro sulle due facce cubierta (f) con motivo claro en las dos caras
2	Plaid (m u. n) plaid плэд (мр), плед (мр)	plaid (m) scialle (m) da viaggio, plaid (m) plaid (m)
3	Poncho (m) Mexican blanket пончо (ср)	poncho (m) poncio (m), puncio (m) manta (f) mejicana, poncho (m)

20. Wäsche (f) — Lingerie (f)

4	**20. Wäsche (f)** **Body and Household Linen** **Белье (ср)**	**Lingerie (f)** **Biancheria (f), lingeria (f)** **Lencería (f)**
5	Leibwäsche (f) body linen [носильное] белье (ср)	linge (m) de corps biancheria (f) ropa (f) blanca
6	Taschentuch (n) pocket handkerchief носовой платок (мр)	mouchoir (m) de poche fazzoletto (m) da naso pañuelo (m) de bolsillo
7	Handtuch (n) towel, wiper полотенце (ср)	essuie-main (m) asciugamano (m) toalla (f)
8	Tischwäsche (f), Tischzeug (n) table linen столовое белье (ср)	linge (m) de table biancheria (f) da tavola mantelería (f)
9	Mundtuch (n), Serviette (f), table napkin салфетка (жр)	serviette (f) de table tovagliolo (m), salvietta (f) servilleta (f)
10	Tischtuch (n), Tafeltuch (n) table cloth скатерть (жр)	nappe (f) [de table] tovaglia (f) mantel (m)
11	Bettwäsche (f) bed linen, sheeting постельное белье (ср)	linge (m) de lit biancheria (f) da letto juego (m) de cama
12	Bettuch (n) bed sheet, bed linen простыня (жр)	drap (m) de lit lenzuolo (m) sábana (f)
13	Hauswäsche (f), Küchenzeug (n) kitchen linen кухонное белье (ср)	linge (m) de cuisine *ou* de ménage biancheria (f) da cucina paños (mpl) *o* trapos (mpl) de cocina
14	Gläsertuch (n) glass cloth полотенце (ср) для обтирки стаканов	essuie-verres (m) asciuga-bicchieri (m) enjuga-vasos (m)
15	Tellertuch (n) dish cloth полотенце (ср) для обтирки тарелок, столовая тряпка (жр)	essuie-assiettes (m) asciuga-piatti (m) enjuga-platos (m)
16	Messertuch (n) knife cloth полотенце (ср) для обтирки ножей, тряпка (жр) для ножей	essuie-couteaux (m) asciuga-coltelli (m) enjuga-cuchillos (m)
17	Wischtuch (n), Staubtuch (n) duster, rubber тряпка (жр)	torchon (m) canavaccio (m) rodilla (f)
18	Halstuch (n) neckerchief, scarf, muffler шейный платок (мр)	fichu (m), mouchoir (m) de cou fazzoletto (m) da collo pañuelo (m) del cuello

21. Umschlagtücher (npl), Schals (mpl) — Châles (mpl)

19	**21. Umschlagtücher (npl), Schals (mpl)** **Shawls** **Накидные платки (мр), шали (жр)**	**Châles (mpl)** **Scialli (mpl)** **Chals (mpl)**
20	echter Schal (m) true shawl настоящая шаль (жр)	châle (m) véritable scialle (m) autentico chal (m) auténtico
21	unechter Schal (m) imitation shawl ненастоящая шаль (жр)	châle (m) imitation scialle (m) imitazione chal (m) imitación
22	bunter Schal (m) coloured shawl пестрая шаль (жр)	châle (m) en couleur scialle (m) colorato chal (m) de color
23	bedruckter Schal (m) printed shawl набивная шаль (жр)	châle (m) imprimé scialle (m) stampato chal (m) estampado
24	bestickter Schal (m) embroidered shawl шаль (жр) с вышивкой	châle (m) brodé scialle (m) ricamato chal (m) bordado
25	orientalischer Schal (m) oriental shawl восточная шаль (жр)	châle (m) oriental scialle (m) orientale chal (m) oriental
26	indischer Schal (m) Indian shawl индийская шаль (жр)	châle (m) indien scialle (m) indiano chal (m) indio
27	Kaschmirschal (m), Ternaux-Schal (m) Cashmere shawl шерстяная *или* кашмировая шаль (жр), оренбургский платок (мр)	châle (m) cachemire, cachemire (m) de Ternaux [scialle (m) di] cascemire (m) chal (m) cachemira
28	Kabylenschal (m) Kabyle shawl африканская шаль (жр)	châle (m) Kabyle scialle (m) cabile chal (m) Cabila
29	Tuchschal (m) plain woven shawl шаль (жр) суконного переплетения	châle (m) uni scialle (m) semplice chal (m) liso
30	Kopftuch (n) head shawl головной платок (мр)	châle (m) pour la tête scialle (m) da capo chal (m) para la cabeza

22. Verzierte *oder* gemusterte Gewebe (npl)

1 **Patterned *or* Ornamented Fabrics**

Узорчатые ткани (жр)

Tissus (mpl) **façonnés**

Tessuti (mpl) **figurati**

Tejidos (mpl) **labrados**

2
Verzierung (f) durch besondere Bindungsweise
ornamenting by a special interlacing
придание (ср) эффекта *или* украшение (ср) при помощи особого вида переплетения
ornementation (f) par armure spéciale
ornamentazione (f) con armatura speciale
ornamentación (f) por ligamento especial

3
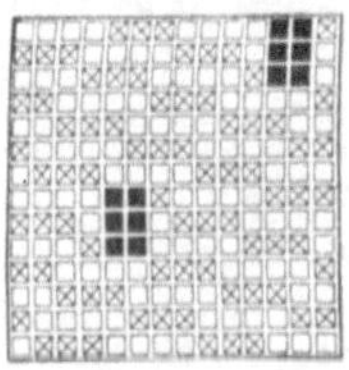
punktiertes Gewebe (n)
spotted *or* speckled fabric
ткань (жр) с мушками
tissu (m) pointillé
tessuto (m) punteggiato
tejido (m) punteado

4
Verzierung (f) durch Streifenbildung
ornamenting by stripes
украшение (ср) введением полос
ornementation (f) par rayures
ornamentazione (f) con strisce
ornamentación (f) por listas

5
reinfarbiger Streifen (m)
pure colour stripe
чистая *или* правильная полоса (жр)
rayure (f) de couleur pure
striscia (f) *o* riga (f) di colore puro
lista (f) *o* raya (f) de color puro

6
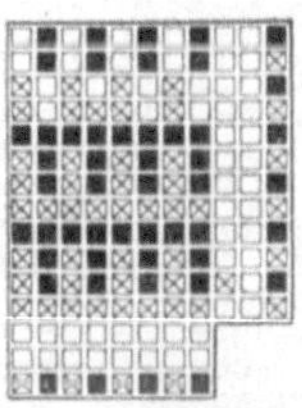
unreiner Streifen (m)
mixed colour stripe
неправильная *или* нечистая полоса (жр)
rayure (f) mêlée
striscia (f) mélange
lista (f) de mezcla

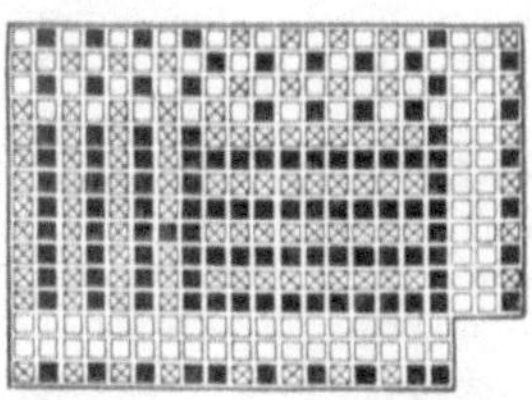

7
Farbenwechsel (m)
change of colour
перемена (жр) *или* смена (жр) цвета
changement (m) de couleurs
cambiamento (m) di colore
cambio (m) de color

8
Verzierung (f) durch besondere Fäden
ornamenting by special threads
украшение (ср) при помощи особых нитей
ornementation (f) par fils spéciaux
ornamentazione (f) con fili speciali
ornamentación (f) por hilos especiales

9
glänzender Faden (m)
bright thread
блестящая *или* глянцевая нить (жр)
fil (m) brillant
filo (m) brillante
hilo (m) brillante

10
Faden (m) von besonderer Farbe
thread of a special colour
нить (жр) особой окраски
fil (m) de couleur spéciale
filo (m) di colore speciale
hilo (m) de color especial

11
Faden (m) von eigenartiger Form
fancy thread
нить (жр) своеобразного вида
fil (m) de fantaisie
filo (m) di fantasia
hilo (m) de fantasía

12
dicker Faden (m)
thick thread
толстая нить (жр)
fil (m) grossier
filo (m) grossolano
hilo (m) grueso

13
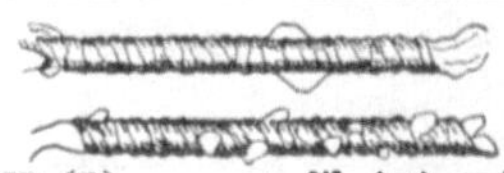
Noppengarn (n)
knop yarn
шишковидная пряжа (жр)
fil (m) mélangé boutonneux
filo (m) a bottoni
hilo (m) formando botones

14
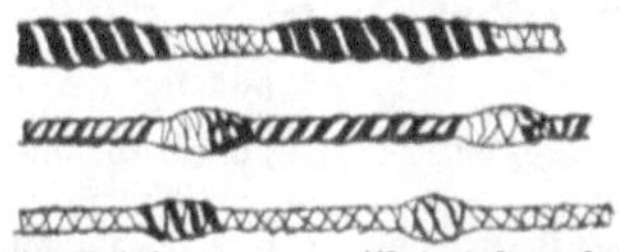
Knotengarn (n)
spot yarn
узелковая пряжа (жр)
fil (m) bouchonneux
filo (m) a nodi
hilo (m) de nudos

15

Flammgarn (n)
flake yarn
[пестрая] застилистая пряжа (жр)
fil (m) flammé
filo (m) flammé
hilo (m) flameado *o* llameado

16

Flammzwirn (m)
flake twist
[пестрая] застилистая крученка (жр)
retors (m) flammé
ritorto (m) flammé
torcido (m) flameado *o* llameado

17

Schlingengarn (n), Kräuselgarn (n), Loopgarn (n)
loop yarn
петлистая пряжа (жр)
fil (m) bouclé
filo (m) ad anellini *o* ad occhielli
hilo (m) bucleado, hilo de bucles *o* de baguillas *o* de ojetes

18
Kräuselschuß (m)
wavy weft
уток (мр) для завитков, страусовый уток
trame (f) ondulée
trama (f) ondulata
trama (f) ondulada

1	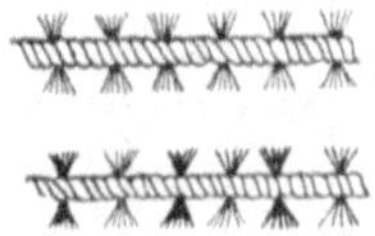	Raupenzwirn (m), Chenille (f) chenille шениль (жр), гусеничная крученка (жр) chenille (f) ciniglia (f) chenilla (f)

2	**23. Tapetengewebe** (npl), **Tapisseriegewebe** (npl), **Gobelingewebe** (npl) **Tapestries** **Обойные** *или* **стенные** *или* **гобеленовые ткани** (жр)	**Tapisseries** (fpl) **Tappezzerie** (fpl), **arazzi** (mpl) **Tapices** (mpl)
3	in Nadelarbeit ausgeführter Tapisseriestoff (m) needle embroidered tapestry вышитая обойная ткань (жр); обойная ткань, выработанная иглою	tapisserie (f) à l'aiguille tappezzeria (f) all'ago tapiz (m) a la aguja
4	Nadelmalerei (f), Webmalerei (f) tapestry weaving вышитая *или* тканая живопись (жр)	tapisserie (f), tissage (m) imitant la peinture arte (f) degli arazzi tapicería (f)
5	nachgeahmter Tapisseriestoff (m) machine made tapestry имитация (жр) обойной ткани	tapisserie (f) mécanique tappezzeria (f) a macchina tapiz (m) hecho mecánicamente
6	Tapisseriestoff (m) im kleinen Punkt *oder* Stich fine worked tapestry обойная ткань (жр), выработанная мелким стежком	tapisserie (f) au petit point tappezzeria (f) a punto piccolo tapiz (m) de punto pequeño
7	Tapisseriestoff (m) im großen Punkt *oder* Stich coarse worked tapestry обойная ткань (жр), выработанная крупным стежком	tapisserie (f) au gros point tappezzeria (f) a punto grosso tapiz (m) de punto grueso

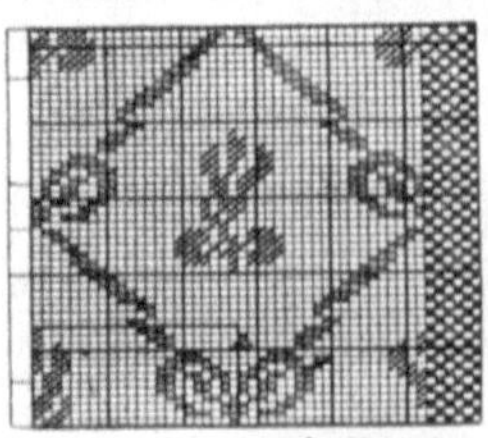

8	Gobelin (m) gobelin гобелэн (мр)	gobelin (m) gobelin (m), arazzo (m) gobelin (m)
9	Porträtgewebe (m) portrait tapestry портретная ткань (жр)	tapisserie (f) portrait tappezzeria-ritratto (f) tapiz (m) retrato
10	Weben (n) menschlicher Figuren weaving of human figures тканье (ср) человеческих фигур	tissage (m) de figures humaines tessitura (f) di figure umane tejedura (f) de figuras humanas
11	Landschaften (fpl) weben to weave landscapes ткать ландшафты (мр)	tisser les paysages tessere paesaggi tejer paisajes
12	 Bindeweise (f) des Einschnittschusses interlacing of bottom shot	род (мр) переплетения заводного утка liage (m) de la trame de fond legamento (m) della trama di fondo ligado (m) de la pasada de fondo
13	Einschnittkette (f) foundation warp накладная *или* заводная основа (жр) *a*	chaîne (f) de fond catena (f) di fondo urdimbre (f) de fondo
14	Schattierung (f) shading, shadowing оттенение (ср)	ombrage (m) ombreggiatura (f) sombreado (m)
15	Lichtwirkung (f), [Lichteffekt (m)] light effect световой эффект (мр)	effet (m) de lumière effetto (m) di luce efecto (m) de luz
16	Schattenwirkung (f), [Schatteneffekt (m)] shade effect теневой эффект (мр)	effet (m) d'ombré *ou* de dégradé effetto (m) d'ombreggiatura efecto (m) de sombra
17	Reliefgewebe (n) tissue in relief рельефная ткань (жр)	tissu (m) en relief tessuto (m) in rilievo tejido (m) en relieve
18	Erhöhungen (fpl) im Gewebe prominences in the tissue рельефы (мр) в тканье	reliefs (mpl) dans le tissu sporgenze (fpl) nel tessuto realces (mpl) en el tejido
19	Reliefbildung (f) durch ungleiche Garne formation of reliefs by use of different counts of yarn образование (ср) рельефов посредством различных видов пряжи	formation (f) des reliefs par des fils de différentes grosseurs formazione (f) dei rilievi con fili di grossezza differente formación (f) de relieves mediante hilos de diferente grosor
20	Reliefbildung (f) durch besondere Bindungen formation of reliefs by special interlacings образование (ср) рельефов посредством особых переплетений	formation (f) des reliefs par un liage spécial formazione (f) dei rilievi con una armatura speciale formación (f) de relieves por un ligamento especial
21	**24. Paramente** (npl) **Ecclesiastical Robes and Draperies** **Церковные парчи** (жр)	**Parements** (mpl) **d'autel** **Paramenti** (mpl), **parati** (mpl) **Paramentos** (mpl)
22	Meßgewand (n) chasuble церковное облачение (ср), риза (жр)	chasuble (f) abito (m) sacerdotale casulla (f)

1	Altartuch (n) mit aufgenähten Metallfiguren altar cloth with figures embroidered in metal threads напрестольная пелена (жр) с нашивными металлическими изображениями	drap (m) d'autel avec dessins appliqués en fils métalliques stoffa (f) d'altare con disegni applicati in fili metallici mantel (m) de altar con dibujos bordados en hilo metálico
2	Samtbrokat (m) velvet brocade бархатная парча (жр)	brocart (m) velours velluto (m) broccato brocado (m) de terciopelo
3	Lampasgewebe (n) lampas лампасная ткань (жр)	lampas (m) lampaze (m) lampas (m)
4	Brokataltartuch (n) brocaded altar cloth парчевая напрестольная пелена (жр)	drap (m) d'autel en brocart stoffa (f) d'altare broccata mantel (m) de altar en brocado
5	Brokatell (n) brocatelle многоцветная церковная парча (жр), брокатель (жр)	brocatelle (f) broccatello (m) brocatel (m)
6	echter Brokat (m), Echtbrokat (m) true brocade настоящая парча (жр)	brocart (m) broccato (m) autentico brocado (m) auténtico
7	Altartuch (n) mit Metallschlingen altar cloth with wire loops effect напрестольная пелена (жр) с металлическими петельками	drap (m) d'autel avec boucles métalliques stoffa (f) d'altare con ricci metallici mantel (m) de altar con rizos metálicos

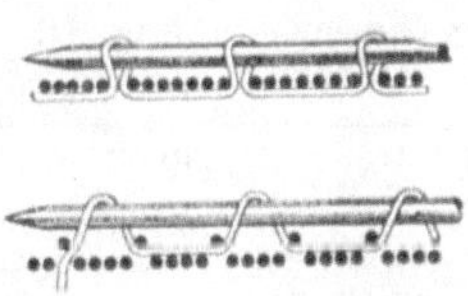

8	Schlingenbildung (f) loop formation образование (ср) петель	formation (f) des boucles formazione (f) dei ricci formación (f) de los rizos
9	Goldfaden (m) gold thread золотая нить (жр)	fil (m) d'or filo (m) d'oro hilo (m) de oro
10	Silberfaden (m) silver thread серебряная нить (жр)	fil (m) d'argent filo (m) d'argento hilo (m) de plata
11	Renaissancegoldfaden (m) renaissance gold thread, silk thread covered with flattened gold wire золотая нить (жр) „ренессанс"	fil (m) d'or renaissance filo (m) d'oro rinascimento hilo (m) de oro viejo
12	Goldlamelle (f) flat gold wire золотая бить (жр)	lame (f) d'or lamina (f) d'oro bricho (m) de oro
13	orientalischer Goldfaden (m) Oriental gold thread восточная золотая нить (жр)	fil (m) d'or oriental filo (m) d'oro orientale hilo (m) de oro oriental

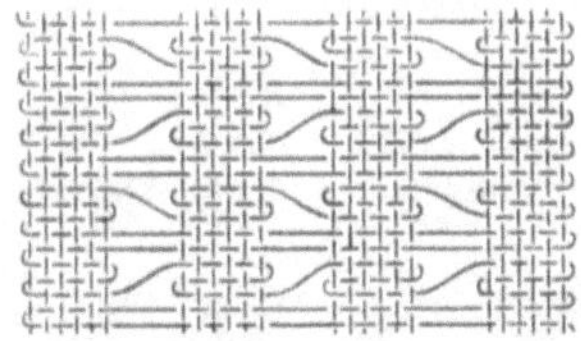

25. Gewebte Spitzen (fpl) — Dentelles (fpl) tissées
Woven Lace — Merletti (mpl) *o* pizzi (mpl) al telaio — 14
Тканые кружева (жр) — Encajes (mpl) tejidos

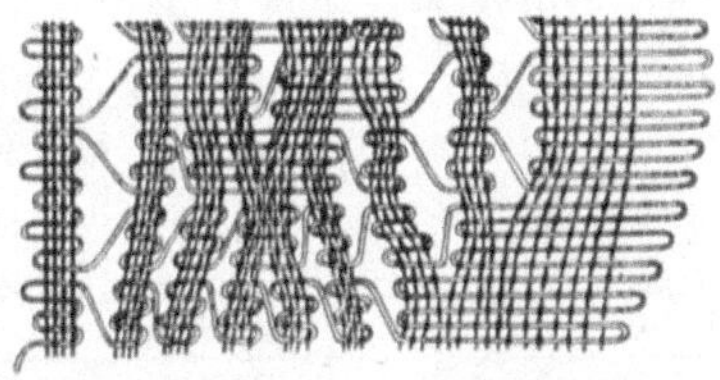

15	echte gewebte Spitze (f), Bandstuhlspitze (f) ribbon loom lace настоящее тканое кружево (ср)	dentelle (f) au métier à ruban pizzo (m) al telaio a nastro encaje (m) tejido auténtico, encaje en telar de cintas
16	unechte gewebte Spitze (f) woven imitation lace ненастоящее тканое кружево (ср)	dentelle (f) découpée pizzo (m) tagliato encaje (m) tejido falso
17	Tüll (m) tulle, net тюль (мр)	tulle (m) tulle (m) tul (m)
18	einfacher *oder* glatter Tüll (m) plain net обыкновенный *или* гладкий тюль (мр)	tulle (m) uni tulle (m) semplice tul (m) liso
19	gemusterter Tüll (m) figured *or* fancy net узорчатый тюль (мр)	tulle (m) façonné, tulle fantaisie tulle (m) operato tul (m) labrado *o* de fantasía
20	Spitzengrund (m) lace *or* net ground кружевной фон (мр)	réseau (m) de dentelle fondo (m) di merletto fondo (m) de encaje
21	Tüllspitze (f), Bobinetspitze (f) net lace тюлевое кружево (ср)	dentelle (f) mécanique, dentelle imitation merletto (m) di imitazione encaje (m) de imitación

26. Bandgewebe (npl) | Rubanerie (f)

1 **Small Ware** | **Nastrame** (m)
Ленточные *или* **тесемочные ткани** (жр) | **Cintería** (f)

a) Bänder (npl) | **Rubans** (mpl)
2 **Ribbons, Tapes, Bands** | **Nastri** (mpl)
Тесьмы (жр), **ленты** (жр) | **Cintas** (fpl)

gewebtes Band (n) | ruban (m) tissé
3 woven ribbon | nastro (m) al telaio
тканая лента (жр) | cinta (f) tejida

gerades Band (n) | ruban (m) droit
4 straight ribbon | nastro (m) diritto
прямая лента (жр) | cinta (f) recta

kegelmantelförmiges [*oder* konisches] Band (n) | ruban (m) conique
5 conical *or* tapered ribbon | nastro (m) conico
лента (жр) с конусной оболочкой, конусная лента (жр) | cinta (f) cónica

Band (n) mit glatten Kanten | ruban (m) à lisières unies
6 ribbon with plain edges *or* selvedges | nastro (m) a orli semplici
лента (жр) с гладкими каймами | cinta (f) con orillos unidos

Band (n) mit Hohlkanten | ruban (m) à lisières creuses
7 ribbon with hollow selvedges | nastro (m) a orli cavi
лента (жр) с пустыми *или* полыми каймами | cinta (f) con orillos fofos

замкнутая полая кайма (жр)
lisière (f) creuse complète
8 ganze Hohlkante (f) | orlo (m) cavo completo
complete hollow selvedge | orillo (m) fofo *o* vacío completo

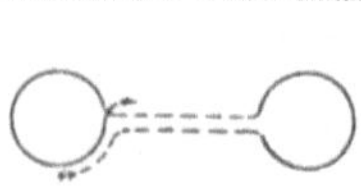

Kehrschuß (m)
reversing weft
9 оборотный уток (мр)
duite (f) de retour
trama (f) di ritorno
pasada (f) de retorno

Hohltaftkante (f) | lisière (f) creuse en taffetas
10 hollow taffeta selvedge | orlo (m) cavo in taffetà
полая тафтяная кайма (жр) | orillo (m) fofo de tafetán

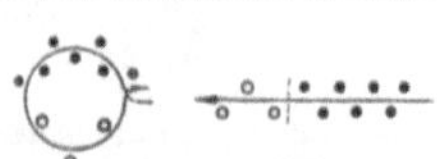

трехчетвертая полая кайма (жр)
lisière (f) trois quarts creuse
dreiviertel Hohlkante (f) | orlo (m) tre-quarti cavo
11 three quarter hollow selvedge | orillo (m) fofo en sus tres cuartas partes

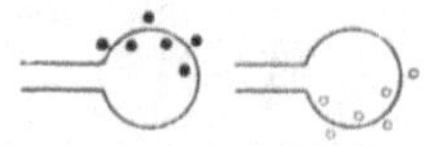

halbe Hohlkante (f)
half hollow selvedge
полуполая кайма (жр) 12
lisière (f) demi-creuse
orlo (m) mezzo-cavo
orillo (m) medio fofo

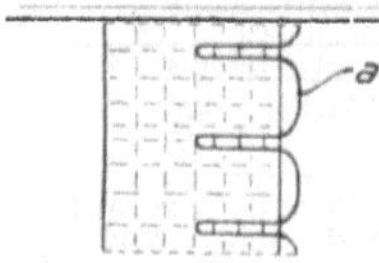

заправка (жр) каймы
rentrage (m) du fil dès la lisière
rientramento (m) del filo dagli orli 13
Kanteneinzug (m) | entrada (f) del hilo procedente del orillo
draw threading from selvedge

Einzugfaden (m) | fil (m) de rentrage
draw thread, runner *a* | filo (m) di rientramento 14
заправная нить (жр) | hilo (m) de entrada

Einzug (m) in der Mitte | rentrage (m) du fil dès le milieu
draw threading from centre | rientramento (m) del filo dal mezzo 15
заправка (жр) посередке | entrada (f) del hilo desde el centro

Hohlkordel (f)
piping
полый шнур (мр)
corde (f) tubulaire 16
corda (f) tubulare
cordel (m) *o* cuerda (f) tubular

geschnittenes Band (n) | ruban (m) coupé
cut tape *or* ribbon | nastro (m) tagliato 17
разрезная лента (жр) | cinta (f) cortada

Band (n) mit gefalteter und geklebter Leiste | ruban (m) à lisières repliées et gommées
ribbon with a folded and gummed selvedge | nastro (m) ad orli piegati e gommati 18
лента (жр) со сложенной и клееной каймой | cinta (f) con orillos plegados y engomados

leinenes Band (n), Leinwandband (n) | ruban (m) en lin
linen tape | nastro (m) di lino 19
полотняная лента (жр) | cinta (f) de lino

Zwirnband (n) | ruban (m) en lin retors
linen twist tape | nastro (m) a ritorto di lino 20
нитяная лента (жр) | cinta (f) de lino retorcido

niederländer Band (n) | ruban (m) en lin croisé fin
fine twilled linen tape | nastro (m) d'Olanda 21
голландская лента (жр) | cinta (f) de lino formando sarga

Baumwollband (n) | ruban (m) de coton
cotton tape | nastro (m) di cotone 22
[хлопчато-]бумажная лента (жр) | cinta (f) de algodón

Perkalband (n) | ruban (m) de percale
percale tape | nastro (m) di percallo 23
перкалевая лента (жр) | cinta (f) de percal

Batistband (n) | ruban (m) de batiste
batiste ribbon | nastro (m) di battista 24
батистовая лента (жр) | cinta (f) de batista

Köperband (n) | ruban (m) en croisé
twilled ribbon *or* tape | nastro (m) diagonale 25
саржевая лента (жр) | cinta (f) formando sarga

1	Wollband (n), wollenes Band (n), Harrasband (n) worsted band *or* ribbon шерстяная лента (жр)	ruban (m) de laine nastro (m) di lana cinta (f) de lana
2	seidenes Band (n), Seidenband (n) silk ribbon *or* band шелковая лента (жр)	ruban (m) de soie nastro (m) di seta cinta (f) de seda
3	Florettband (n), Zwilchband (n), Frisolettband (n) twilled floss silk ribbon лента (жр) прочесного шелка	ruban (m) de filoselle nastro (m) di filosello *o* di bavella cinta (f) de filadiz
4	 Taftband (n) plain woven ribbon тафтяная лента (жр)	ruban (m) taffetas nastro (m) in taffetà cinta (f) de tafetán
5	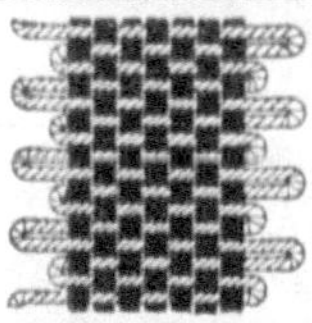 Taftband (n) mit offenen Zacken plain woven ribbon with looped selvedge	тафтяная лента (жр) с [боковыми] выпусками ruban (m) taffetas à picots nastro (m) in taffetà a smerli *o* ad orecchiette *o* a maglie cinta (f) de tafetán con picos *o* dientes
6	Renforcéband (n) strong taffeta ribbon уплотненная *или* особо-плотная тафтяная лента (жр)	ruban (m) renforcé nastro (m) rinforzato cinta (f) reforzada
7	Atlasband (n) satin ribbon атласная лента (жр)	ruban (m) de satin nastro (m) di raso cinta (f) de raso
8	Chinéband (n) chiné ribbon китайская лента (жр)	ruban (m) chiné nastro (m) screziato *o* chiné cinta (f) chiné
9	Ripsband (n) corded silk ribbon файевая *или* репсовая лента (жр)	ruban (m) en reps nastro (m) in reps cinta (f) de reps
10	Samtband (n) velvet ribbon бархатная лента (жр)	ruban (m) de velours nastro (m) di velluto cinta (f) de terciopelo
11	handgeschnittenes Besatzsamtband (n) hand cut velvet ribbon for trimming бордюрная бархатная лента (жр) ручной резки	ruban (m) de velours coupé à la main pour passementerie nastro (m) di velluto tagliato a mano per passamanteria cinta (f) de terciopelo cortada a mano para pasamanería
12	Astrachanband (n) Astrakhan ribbon каракулевая лента (жр)	ruban (m) astrakan nastro (m) astrakan cinta (f) de astracán
13	Chenilleband (n) chenille ribbon шенильная лента(жр)	ruban (m) chenille nastro (m) di ciniglia cinta (f) de chenilla
14	Perlenband (n) beaded ribbon бисерная лента (жр)	ruban (m) perlé nastro (m) perlato cinta (f) perlé
15	Gummiband (n) elastic band *or* ribbon резиновая лента (жр)	ruban (m) élastique nastro (m) elastico cinta (f) elástica
16	Bastband (n) bast band лубочная лента (жр)	ruban (m) filasse nastro (n) di scorza d'albero cinta (f) de corteza de árbol
17	Drahtband (n) wire gauze ribbon лента (жр) с проволочной прокладкой	ruban (m) métallique nastro (m) metallico cinta (f) metálica
18	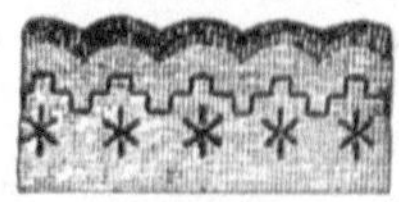	Festonband (n) festoon *or* scalloped trimming лента (жр) с фестонами ruban (m) festonné nastro (m) festonato cinta (f) festoneada
19	Festonbogen (m) scallop фестон (мр), дужка (жр)	feston (m) festone (m) festón (m)
20	 Bogenbildung (f) durch Figurschüsse scalloping by figuring weft	образование (ср) фестона при помощи фигурных утков festonnage (m) par trame de dessin festonatura (f) per trama a disegno festoneado (m) producido por la trama de muestra
21	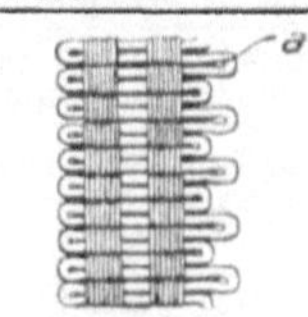 Band (n) mit Schußschleifen trimming with weft loops	лента (жр) с уточными петлями galon (m) avec picots par trame gallone (m) con smerli per trama galón (m) con picos *o* dientes por trama
22	Zacke (f), Öse (f), Schleife (f), Picot (m) loop ушко (ср), петля (жр) *a*	picot (m), boucle (f) smerlo (m) diente (m), pico (m)
23	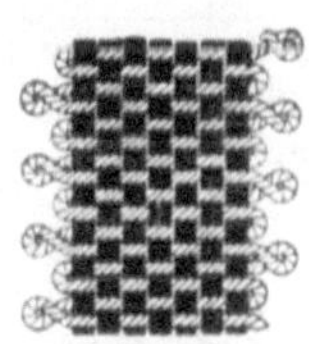	Band (n) mit zugedrehten Zacken trimming with twisted loop edging лента (жр) с закрученной выпускной петлей galon (m) avec picots tordus gallone (m) con smerli ritorti galón (m) con dientes retorcidos
24		Fransenband (n) fringed trimming бахромная лента (жр) ruban (m) frangé gallone (m) a frangia cinta (f) franjeada *o* con fleco

1 gedrehte Franse (f)
twisted fringe
закрученная бахрома (жр)
frange (f) tordue
frangia (f) ritorta
franja (f) [re]torcida

2 Knotenfranse (f)
knotted fringe
узелковая бахрома (жр)
frange (f) nouée
frangia (f) a nodi
franja (f) nudosa

3 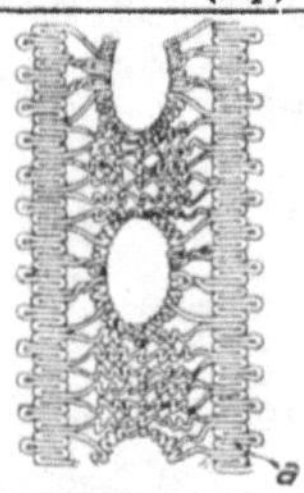
Spitzenband (n)
lace trimming
кружевная лента (жр)
galon (m) dentelle
gallone (m) di merletto
puntilla (f)

4 Spitzensaum (m)
lace edging
прочная кружевная полоса (жр) *или* кайма (жр)
a
lisière (f) de la dentelle
orlo (m) del pizzo
orillo (m) de la puntilla

5 durchbrochenes Band (n)
open work trimming
ажурная лента (жр)
galon (m) à jour
gallone (m) traforato
cinta (f) calada

6 Gazeband (n)
gauze *or* net trimming
газовая лента (жр)
galon (m) à gaze
gallone (m) di garza
galón (m) de gasa

7 Raddreher (m), Scheibendreher (m), Volldreher (m)
complete crossing
полная оплетка (жр)
tour (m) complet
giro (m) completo
vuelta (f) completa

8 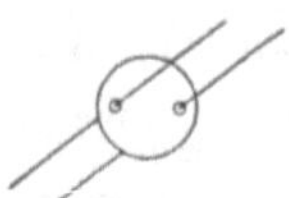
Raddreherscheibe (f)
gauze twisting disc
оплеточный (-ая) кружок (мр) *или* шайба (жр) газа
disque (m) à tordre les fils de gaze
disco (m) per torcere la garza
disco (m) para torcer la gasa, disco de vuelta

9 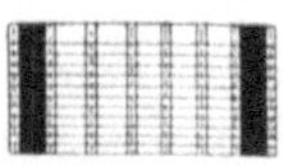
Band (n) mit luftigen Streifen
ribbon with open work stripes
лента (жр) с ажурными полосами
ruban (m) avec rayures à jour
nastro (m) con strisce a traforo
cinta (f) de tejido calado a listas

10 Band (n) mit Figurenschuß
ribbon with figuring weft
лента (жр) с фасонным утком
ruban (m) façonné par trame
nastro (m) figurato per trama
cinta (f) labrada por trama

11 Band (n) mit Figurenkette
ribbon with figuring warp
лента (жр) с фасонной основой
ruban (m) façonné par chaîne
nastro (m) figurato per catena
cinta (f) labrada por urdimbre

12 einspuliges Band (n)
single weft trimming
одношпульная *или* одноуточная лента (жр)
galon (m) à une seule trame
gallone (m) a una sola trama
galón (m) de una sola trama

zweispuliges Band (n)
double weft trimming
двухшпульная *или* двухуточная лента (жр)
galon (m) à deux trames
gallone (m) a due trame
galón (m) de doble trama 13

mehrspuliges Band (n)
multiple weft trimming
многошпульная *или* многоуточная лента (жр)
galon (m) à plusieurs trames
gallone (m) a più trame
galón (m) de múltiple trama 14

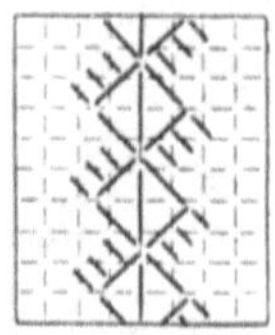
Fischgrätenstichband (n), Grätenstichband (n)
herring bone stitch trimming
лента (жр) с елочным рисунком
ruban (m) à point russe
nastro (m) a punto a spina di pesce
cinta (f) de punto ruso 15

Rollenband (n), Band (n) mit aufliegenden Noppen
edging with superposed knots
тесьма (жр) с накладными шишечками
galon (m) à nœuds appliqués
gallone (m) a nodi sovrapposti
galón (m) de nudos superpuestos 16

Hohlband (n)
hollow band
трубчатая *или* полая *или* желобчатая лента (жр)
ruban (m) creux
nastro (m) cavo
cinta (f) tubular 17

Hohlschlips (m)
double tie
трубчатый *или* полый галстух (мр)
cravate (f) creuse
cravatta (f) cava o doppia
corbata (f) doble 18

Strumpfband (n)
garter
подвязочная лента (жр), подвязка (жр)
jarretière (f)
legaccio (m), giarrettiera (f)
liga (f) 19

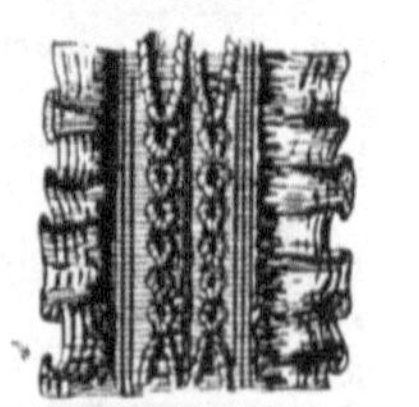
Strumpfband (n) mit Kantenrüsche
garter with ruche edging
подвязочная лента (жр) с кромочным рюшем
jarretière (f) à ruchet
giarrettiera (f) a bordo pieghettato
liga (f) de bordes con dobleces 20

Trägerband (n), Hosenträgerband (n)
elastic band for braces
лента (жр) для помочей
ruban (m) élastique pour bretelles
nastro (m) elastico per bretelle
cinta (f) elástica para tirantes 21

1	Gürtelband (n) elastic band for belts поясная *или* кушачная лента (жр)	ruban (m) élastique pour ceinture nastro (m) elastico per cintura cinta (f) elástica para cinturón
2	Haarband (n) bandeau волосяная лента (жр)	bandeau (m), bandelette (f) benda (f), striscia (f), fascia (f) cinta (f) para ceñir la cabeza
3	Hutband (n) hat band шляпная *или* шляпочная лента (жр)	ruban (m) de chapeau nastro (m) da cappello cinta (f) para sombrero
4	Besatzband (n) ribbon for trimming бордюрная *или* обшивочная тесьма (жр)	ruban (m) de passementerie gallone (m), nastro (m) di guarnizione cinta (f) de pasamanería
5	Schuhband (n), Strippenband (n), Struppe (f) boot lace штрипочная лента (жр)	ruban (m) de chaussure, ruban à oreille, tirant (m) nastro (m) per tirastivali cinta (f) para orejas de zapato
6	Ordensband (n) ribbon for orders орденная лента (жр)	ruban (m) pour ordre nastro (m) per ordine cinta (f) para orden
7	Modeband (n) milliners ribbon модная шелковая лента (жр)	ruban (m) nouveauté nastro (m) novità cinta (f) novedad
8	Wäscheband (n) lingerie ribbon бельевая тесьма (жр)	ruban (m) de lingerie nastro (m) per biancheria cinta (f) para lencería
9	Durchzugband (n), Einzugband (n) linen border продевная лента (жр)	lacet (m) laccio (m), lacciuolo (m), laccetto (m), stringa (f) cordón (m)
10	Zigarrenband (n) cigar band лента (жр) для связки сигар	ruban (m) pour cigares nastro (m) per sigari cinta (f) para cigarros
11	Korsettbesatz (m) corset trimming [обшивочная] корсетная тесьма (жр)	garniture (f) de corset guarnizione (f) per busto adorno (m) *o* guarnición (f) para corsé
12	Schürzenbesatz (m) trimming for aprons фартучная тесьма (жр)	garniture (f) de tablier guarnizione (f) per grembiale adorno (m) para delantal
13	Hosenschoner (m) fraying band подшивная брючная тесьма (жр)	lisière (f) de pantalon salvacalzoni (m) cinta (f) de orillo para pantalones
14	gewebter Treibriemen (m) woven belting тканый приводный ремень (мр)	courroie (f) tissée cinghia (f) di trasmissione di tessuto correa (f) tejida
15	vom Stuhl kommendes Band (n) ribbon as it comes from the loom лента (жр) со станка	ruban (m) tombant du métier nastro (m) quale viene dal telaio cinta (f) saliendo del telar
16	appretiertes Band (n) dressed and finished ribbon апретированная *или* отделанная лента (жр)	ruban (m) apprêté nastro (m) apprettato cinta (f) acabada *o* aprestada
17	dem Band Griff geben to give a feel *or* a handle to the ribbon придавать ленте добротность (жр) на ощупь	donner du toucher au ruban dare il tatto al nastro dar tacto a la cinta
18	das Band riffeln to wave the band гоффрировать ленту (жр)	canneler le ruban cannellare il nastro estriar *o* acanalar la cinta
19	gewässertes [*oder* moiriertes] Band (n) moire *or* clouded ribbon лента (жр) с муаровой отделкой	ruban (m) moiré nastro (m) marezzato *o* moiré cinta (f) muaré
20	bedrucktes Band (n) printed ribbon набивная лента (жр)	ruban (m) imprimé nastro (m) stampato cinta (f) estampada
21	bemaltes Band (n) painted ribbon расписанная лента (жр)	ruban (m) peint nastro (m) dipinto cinta (f) pintada
22	konfektionierte Bänder (npl) made up ribbons конфекционные ленты (жр)	rubans (mpl) confectionnés nastri (mpl) confezionati cintas (fpl) confeccionadas
23	Strumpfhalter (m) suspender for stockings подвязка (жр) для чулок	suspenseur (m) pour bas sospenditore (m) per calze suspensor (m) para medias
24	Gürtel (m) waist belt, girdle пояс (мр), кушак (мр)	ceinture (f) cintola (f), cintura (f) cinturón (m)
25	elastischer Hosenträger (m) elastic braces эластичные помочи (мр)	bretelles (fpl) élastiques bretelle (fpl) elastiche tirantes (mpl) elásticos
26	Pferdezügel (m) reins конный повод (мр), вожжа (жр)	rêne (f) pour cheval redine (m) per cavallo rienda (f) para caballo
27	**b) Borten (fpl), Borden (fpl)** **Borders, Trimmings, Braids** **Бордюры, (мр) басоны (мр)**	**Galons (mpl), garnitures (fpl), ganses (fpl), soutaches (fpl)** **Galloni (mpl), passamani (mpl), bordure (fpl)** **Galones (mpl), pasamanos (mpl)**
28	gewebte Borte (f) woven braid тканый бордюр (мр) *или* басон (мр)	galon (m) tissé gallone (m) tessuto galón (m) tejido
29	Baumwollborte (f) cotton braid бумажный бордюр (мр)	galon (m) de coton gallone (m) di cotone galón (m) de algodón
30	Wollborte (f) wool braid шерстяной бордюр (мр)	galon (m) de laine gallone (m) di lana galón (m) de lana

1	Seidenborte (f)	silk braid	шелковый бордюр (мр)	galon (m) de soie	gallone (m) di seta	galón (m) de seda
2	Atlasborte (f)	satin braid	атласный бордюр (мр)	galon (m) de satin	gallone (m) di raso	galón (m) de raso
3	Goldborte (f)	gold braid	золотой бордюр (мр)	galon (m) d'or	gallone (m) d'oro	galón (m) de oro
4	Silberborte (f)	silver braid	серебряный бордюр (мр)	galon (m) d'argent	gallone (m) d'argento	galón (m) de plata
5	Lahnborte (f), leonische Borte (f)	flat wire braid, tinsel braid	бить (жр), канительная тесьма (жр)	galon (m) lamé	gallone (m) di laminetta *o* in filo di Lione	galón (m) de bricho
6	echte Lahnborte (f)	fine tinsel braid	настоящая бить (жр)	galon (m) lamé fin	gallone (m) di laminetta fina	galón (m) de bricho fino
7	unechte Lahnborte (f)	cheap tinsel braid	ненастоящая бить (жр)	galon (m) lamé faux	gallone (m) di laminetta falsa	galón (m) de bricho falso
8	Perlborte (f)	beaded braid	бисерный бордюр (мр)	galon (m) perlé	gallone (m) perlato	galón (m) perlé
9	Flitterborte (f)	spangled braid	мишурный *или* блесковый бордюр (мр)	galon (m) pailleté	gallone (m) a paglietta *o* a lustrini	galón (m) con lentejuelas
10	Jetborte (f)	jet trimming	стеклярусный бордюр (мр)	galon (m) en jais	gallone (m) in giaietto	galón (m) de azabache
11	Noppenborte (f)	looped braid	бордюр (мр) с ворсовыми шишечками	galon (m) bouclé	gallone (m) a ricci *o* ad occhielli	galón (m) con bucles
12	Velourborte (f)	velour trimming	бархатный бордюр (мр)	galon (m) velours	gallone (m) di velluto	galón (m) velours
13	Militärborte (f)	military braid	военный галун (мр)	galon (m) militaire	gallone (m) *o* bordura (f) militare	galón (m) militar
14	Tresse (f)	galloon	галун (мр)	tresse (f), galon (m)	gallone (m), passamano (m)	trencilla (f), galón (m)
15	Stickertresse (f)	embroidered braid	вышитый галун (мп)	tresse (f) brodée	gallone (m) ricamato	galón (m) bordado
16	Tapezierborte (f)	tapestry braid	драпировочный аграмант (мр)	galon (m) de tapissier	gallone (m) da tappezziere	galón (m) de tapicero
17	Nahtschnur (f)	round lace, galloon	выпушка (жр), выпушной шнур (мр)	galon (m) à coudre	bordura (f) da cucitrice, spighetta (f)	galón (m) a coser
18	 Wagenborte (f)	coach lace	экипажный бордюр (мр)	galon (m) de carrosserie	gallone (m) di costura, bordura (f) da vetture	galón (m) de coche
19	Livreeborte (f)	livery trimming	ливрейный галун (мр)	galon (m) de livrée	gallone (m) di livrea	galón (m) de librea
20	doppelkantige Rockborte (f)	double edged dress *or* skirt trimming	двоекромочная сюртучная обшивка (жр)	galon (m) double lisière pour jupes	gallone (m) a doppio orlo per gonne	galón (m) de doble orillo para vestidos
21	Anstoßborte (f), Schutzborte (f)	skirt braid, fraying braid	подшивная предохранительная тесьма (жр)	galon (m) d'attache de vêtements	salvacalzoni (m), salvagonna (m)	galón (m) de orillo para vestidos
22	Kleideraufputzborte (f)	dress trimming	одежная гарнитурная тесьма (жр)	galon (m) de parure de vêtements	alamaro (m)	galón (m) de adorno, alamar (m)
23	Küchenborte (f)	shelf bordering	кухонная тесьма (жр)	garniture (f) pour buffet de cuisine	guarnizione (f) per scaffale	adorno (m) para bufete
24	**c) Gurten** (fpl)	**Straps, Belts, Webbings, Girths**	**Поясы** (мр), **подпруги** (жр)	**Sangles** (fpl), **courroies** (fpl), **tirants** (mpl)	**Cinghie** (fpl)	**Cintos** (mpl), **tiras** (fpl), **cinchas** (fpl, **pretinas** (fpl), **correas** (fpl), **tirantes** (mpl)
25	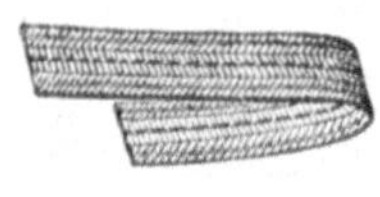 Hanfgurt (m)	hemp strap	пеньковая подпруга (жр)	sangle (f) en chanvre	cinghia (f) di canapa	cincha (f) de cáñamo
26	Tragband (n), Traggurt (m), Traggurte (f)	webbing sling	носильный пояс (мр)	brassière (f)	cinghia (f) portante	tirante (m)
27	Möbelgurt (m), Tapeziergurt (m)	upholstery webbing	мебельная поясная тесьма (жр)	sangle (f) de tapissier	cinghia (f) di tappezziere *o* per mobili	cinto (m) de tapicero
28	Stallgurt (m)	horse cloth strap	попонный пояс (мр)	sangle (f) pour écurie	cinghia (f) per scuderia	cincha (f) para caballeriza
29	Sattelgurt (m), Bauchgurt (m)	girth [strap]	подпруга (жр)	sangle (f) [de selle]	cignone (m)	cincha (f) de silla

1	Grundgurt (m), Sattelgrundgurt (m), Sattelspanngurt (m) pommel girth натяжная седельная подпруга (жр)	courroie (f) de pommeau cinghia (f) del pomo della sella correa (f) de pomo *o* de remate
2	Halfter (w) halter недоуздок (мр)	licou (m), licol (m) cavezza (f) cabestro (m), ramal (m), ronzal (m)
11	Halfterzügel (m) halter rein чумбурный повод (мр)	longe (f) du licou lunga (f) lonja (f) del ronzal
12	Leitseil (n) für Pferde leading rein веревочный конный повод (мр)	rêne (f) de bride *ou* de mors redine (f) rienda (f)

N.

3

Gewebeprüfung (f)
Cloth Testing, Analysis of Fabrics
Испытание (ср) ткани
Analyse (f) des tissus
Analisi (f) dei tessuti
Análisis (m) de tejidos

I.

4

Allgemeines (n) — Généralités (fpl)
General Terms — Nozioni (fpl) generali
Общее (ср) — Generalidades (fpl)

5	Stoffwertung (f) valuing the cloth оценка (жр) товара	évaluation (f) d'un tissu valorizzazione (f) *o* stima (f) d'un tessuto evaluación (f) de un tejido
6	wirklicher [*oder* realer] Wert (m) actual *or* real value действительная ценность (жр)	valeur (f) réelle valore (m) reale valor (m) real
7	Haltbarkeit (f) des Gewebes strength of the fabric выносливость (жр) *или* прочность (жр) ткани	solidité (f) du tissu solidità (f) del tessuto solidez (f) del tejido
8	Schönheitswirkung (f) des Gewebes good effect of the fabric красивый внешний вид (мр) ткани	bon effet (m) du tissu bellezza (f) *o* buon effetto (m) del tessuto buen efecto (m) del tejido
9	Prüfung (f) auf Farbenechtheit test for fastness of the dye испытание (ср) на прочность окраски *или* красок	essai (m) sur la solidité de la teinture prova (f) per la solidità del colore ensayo (m) sobre la solidez de la tintura
10	in der Faser gefärbter Stoff (m) material dyed in the raw state товар (мр) из крашеного волокна	matière (f) teinte en laine *ou* en fibre materiale (m) tinto allo stato greggio materia (f) teñida en crudo
13	im Faden gefärbt dyed in the yarn крашеный в пряже	teint en fil tinto in filato teñido en hilado
14	im Stück gefärbt dyed in the piece крашеный в куске	teint en pièce tinto in pezza teñido en pieza
15	Lichtechtheit (f) fastness to light прочность (жр) на свет	résistance (f) à l'action de la lumière resistenza (f) *o* solidità (f) alla luce solidez (f) *o* resistencia (f) a la luz
16	Regenechtheit (f) fastness to rain прочность (жр) на дождевую воду *или* на брызги	résistance (f) à l'action de la pluie solidità (f) alla pioggia resistencia (f) a la lluvia
17	Waschechtheit (f) fastness to washing прочность (жр) на мыло	résistance (f) au lavage solidità (f) al lavaggio resistencia (f) al lavado
18	Bleichgrad (m) degree of bleaching степень (жр) белки	degré (m) du blanchiment grado (m) della sbianca *o* del candeggio grado (m) de blanqueo
19	Reibechtheit (f) resistance to rubbing прочность (жр) на истирание	résistance (f) au frottement solidità (f) allo sfregamento resistencia (f) al frote
20	Bügelfähigkeit (f) suitability for ironing способность (жр) утюжиться	aptitude (f) au repassage adattabilità (f) allo stiramento aptitud (f) para el planchado
21	Dekatierfähigkeit (f) steaming properties способность (жр) декатировки	aptitude (f) au décatissage adattabilità (f) allo decatissaggio aptitud (f) para el deslustre
22	Falzfähigkeit (f), Biegefähigkeit (f) suitability for folding способность (жр) складываться	aptitude (f) au pliage adattabilità (f) alla piegatura aptitud (f) para el plegado

1	Warenprobe (f), Muster (n) sample образец (мр) товара, образчик (мр)	échantillon (m) saggio (m) del tessuto muestra (f)

No.		
2	Musterzerlegen (n), Musterausnehmen (n), [Dekomponieren (n)] cloth analysis *or* dissection отбор (мр) и выборка (жр) образцов	décomposition (f) du tissu decomposizione (f) del disegno descomposición (f) *o* análisis (m) de la muestra *o* del tejido
3	rechte Seite (f) *oder* Oberseite (f) *oder* Schauseite (f) des Stoffes right side *or* face of the cloth правая *или* лицевая сторона (жр) материи, лицо (ср) товара	côté (m) endroit *ou* beau côté du tissu faccia (f) superiore *o* di diritto della stoffa, diritto (m) della stoffa derecho (m) *o* haz (f) *o* cara (f) del tejido
4	linke Seite (f) *oder* Unterseite (f) des Stoffes wrong side *or* back of the cloth левая *или* изнанковая сторона (жр) материи, изнанка (жр) товара	côté (m) envers du tissu faccia (f) inferiore *o* di rovescio della stoffa, rovescio (m) *o* dorso (m) della stoffa envés (m) *o* dorso (m) del tejido
5	seitengleicher Stoff (m) reversible cloth равносторонняя *или* двухсторонняя материя (жр)	étoffe (f) double-face stoffa (f) a doppia faccia tela (f) a dos caras

II.

No.		
6	**Benennung (f) der Gewebe** **Names of Fabrics** **Наименование (ср) тканей**	**Désignation (f) des tissus** **Denominazione (f) dei tessuti** **Denominación (f) de los tejidos**
7	Baumwollgewebe (n) cotton cloth бумажная ткань (жр)	cotonnade (f) tessuto (m) di cotone tejido (m) de algodón
8	Leinengewebe (n) linen cloth льняная *или* полотняная ткань (жр)	tissu (m) de lin tessuto (m) di lino tejido (m) de lino *o* de hilo
9	halbleinenes Gewebe (n) half linen cloth полульняная *или* полуполотняная ткань (жр)	tissu (m) mixte *ou* métis tessuto (m) di mezzo lino tejido (m) mixto
10	Hanfgewebe (n) hemp cloth пеньковая ткань (жр)	tissu (m) de chanvre tessuto (m) di canapa tejido (m) de cáñamo
11	Ramiegewebe (n) ramie cloth ткань (жр) из рами	tissu (m) de ramie tessuto (m) di ramiè tejido (m) de ramio
12	Nesselgewebe (n) nettle cloth ткань (жр) из крапивы	tissu (m) d'ortie tessuto (m) d'ortica tejido (m) de ortiga
13	Jutegewebe (n) jute cloth джутовая ткань (жр)	tissu (m) de jute tessuto (m) di juta tejido (m) de yute
14	Streichgarngewebe (n) woollen cloth аппаратно-шерстяная ткань (жр)	tissu (m) de laine cardée tessuto (m) di lana cardata tejido (m) de lana cardada
15	Kammgarngewebe (n) worsted cloth камвольная ткань (жр)	tissu (m) de laine peignée tessuto (m) di lana pettinata tejido (m) de estambre
16	halbwollenes Gewebe (n) half woollen cloth, union cloth полушерстяная ткань (жр)	tissu (m) mi-laine tessuto (m) di mezza-lana tejido (m) media-lana
17	Seidengewebe (n) silk cloth шелковая ткань (жр)	tissu (m) *ou* étoffe (f) de soie tessuto (m) *o* stoffa (f) di seta tejido (m) de seda
18	reinseidener Stoff (m), echtes Seidengewebe (n) pure *or* all silk cloth настоящая шелковая ткань (жр)	étoffe (f) tout soie *ou* de soie pure tessuto (m) di tutta seta tejido (m) de seda pura
19	Florettgewebe (n) chappe silk cloth ткань (жр) из флорета, угарно-шелковая ткань	étoffe (f) de schappe de soie tessuto (m) fantasia tejido (m) de schappe de seda
20	Halbseidengewebe (n), Halbseidenstoff (m) mixture cloth part silk part cotton полушелковая ткань (жр) с бумагой	étoffe (f) mi-soie tessuto (m) *o* stoffa (f) mezza-seta tejido (m) media-seda
21	Wollseidenstoff (m), [Gloriaseidenstoff (m)] mixture cloth part silk part wool, gloria полушелковая ткань (жр) с шерстью	étoffe (f) laine et soie seta (f) gloria, gloria (f) tejido (m) de lana y seda, gloria (f)
22	Kunstseidengewebe (n) artificial silk cloth, rayon cloth (A) ткань (жр) искусственного шелка	étoffe (f) en soie artificielle stoffa (f) di seta artificiale tejido (m) de seda artificial
23	Papiergarngewebe (n) paper thread cloth ткань (жр) из бумажной массы	tissu (m) en fil de papier tessuto (m) in filato di carta tejido (m) de hilo de papel
24	Roßhaargewebe (n) horsehair cloth ткань (жр) из конского волоса	tissu (m) en crin tessuto (m) di crine tejido (m) de crin

1	Gewebe (n) aus Metallfäden metallic woven fabric ткань (жр) из металлических нитей	tissu (m) en fils métalliques tessuto (m) di fili metallici tejido (m) de hilo metálico, tela (f) metálica
2	Rohware (f), Stuhltuch (n) cloth as it comes from the loom суровье (ср), суровый товар (мр)	tissu (m) brut *ou* écru tessuto (m) greggio tejido (m) en crudo
3	gebleichtes Gewebe (n) bleached cloth отбеленая *или* беленая ткань (жр)	tissu (m) blanchi tessuto (m) sbiancato *o* candeggiato tejido (m) blanqueado
4	gefärbtes Gewebe (n) dyed cloth крашеная ткань (жр)	tissu (m) teint tessuto (m) tinto tejido (m) teñido
5	mercerisiertes Gewebe (n) mercerised cloth мерсеризованная ткань (жр)	tissu (m) mercerisé tessuto (m) mercerizzato tejido (m) mercerizado
6	bedrucktes Gewebe (n) printed cloth набивная ткань (жр)	tissu (m) imprimé tessuto (m) stampato tejido (m) estampado
7	gaufriertes Gewebe (n) goffered *or* embossed cloth гоффрированная ткань (жр)	tissu (m) gaufré tessuto (m) goffrato tejido (m) gofrado
8	gewässertes [*oder* moiriertes] Gewebe (n) moire cloth ткань (жр) муаровой отделки	tissu (m) moiré tessuto (m) marezzato *o* moiré tejido (m) muaré
9	gewalktes Gewebe (n) milled *or* fulled cloth валяная ткань (жр)	tissu (m) foulé tessuto (m) follato tejido (m) batanado
10	gerauhtes Gewebe (n) raised cloth ворсованная ткань (жр)	tissu (m) lainé *ou* gratté tessuto (m) garzato *o* lanato tejido (m) perchado
11	geschorenes Gewebe (n) sheared *or* shorn cloth стриженая ткань (жр)	tissu (m) tondu tessuto (m) tosato *o* cimato tejido (m) tundido
12	wasserdichtes Gewebe (n) waterproof cloth непромокаемая *или* водонепроницаемая ткань (жр)	tissu (m) imperméable tessuto (m) impermeabile tejido (m) impermeable
13	Gummistoff (m) rubber cloth резиновая материя (жр)	tissu (m) caoutchouté tessuto (m) di gomma elastica *o* di caucciù tejido (m) de caucho
14	imprägniertes Gewebe (n) impregnated cloth пропитанная ткань (жр)	tissu (m) imprégné tessuto (m) impregnato tejido (m) impregnado
15	appretiertes Gewebe (n) finished cloth апретированная *или* отделанная ткань (жр)	tissu (m) apprêté tessuto (m) apprettato tejido (m) aprestado
16	leichtes Gewebe (n) light cloth легкая ткань (жр)	tissu (m) léger tessuto (m) leggiero tejido ligero
17	schweres Gewebe (n) heavy cloth тяжелая ткань (жр)	tissu (m) lourd tessuto (m) pesante tejido (m) pesado
18	Sommerstoff (m) summer cloth летний товар (мр)	étoffe (f) d'été stoffa (f) d'estate género (m) de verano
19	Winterstoff (m) winter cloth зимний товар (мр)	étoffe (f) d'hiver stoffa (f) d'inverno género (m) de invierno
20	Doppelstoff (m) double cloth двойной товар (мр)	tissu (m) double tessuto (m) doppio tejido (m) doble [tela]
21	lockeres Gewebe (n) loose woven stuff редкая ткань (жр)	tissu (m) lâche tessuto (m) rado tejido (m) fofo *o* claro
22	dichtes Gewebe (n) close *or* tightly woven stuff плотная ткань (жр)	tissu (m) serré *ou* à corps plein tessuto (m) serrato *o* compatto tejido (m) compacto *o* denso
23	durchbrochenes Gewebe (n) open work cloth ажурная ткань (жр)	tissu (m) à jour tessuto (m) a traforo tejido (m) calado
24	weiches Gewebe (n) soft material мягкая ткань (жр)	tissu (m) mou *ou* doux tessuto (m) soffice tejido (m) blando
25	hartes Gewebe (n) hard material жесткая ткань (жр)	tissu (m) dur *ou* rêche tessuto (m) duro tejido (m) duro
26	geschmeidiges Gewebe (n) smooth material гибкая *или* эластичная ткань (жр)	tissu (m) souple tessuto (m) pieghevole *o* cedevole tejido (m) flexible *o* suave
27	grobes *oder* derbes Gewebe (n) harsh *or* coarse material грубая ткань (жр)	tissu (m) grossier tessuto (m) grossolano tejido (m) áspero *o* grosero
28	schlaffes Gewebe (n) slack material вялая *или* провислая ткань (жр)	tissu (m) sans force tessuto (m) floscio tejido (m) flojo
29	krachendes Gewebe (n) crackling material хрустящая *или* скрипящая ткань (жр)	tissu (m) craquant tessuto (m) scricchiolante tejido (m) crujiente
30	Beschaffenheit (f) der Warenfläche nature of the surface of the cloth вид (мр) *или* свойство (ср) поверхности товара	nature (f) de la surface du tissu natura (f) della superficie del tessuto naturaleza (f) de la superficie del tejido

1	glatter *oder* schlichter Stoff (m) cloth with plain surface гладкий товар (мр)	tissu (m) ras tessuto (m) liscio tejido (m) liso
2	krauses Gewebe (n) crinkly *or* crimped *or* wrinkly cloth шершавая ткань (жр), ткань с курчавой поверхностью	tissu (m) ondulé tessuto (m) grinzoso tejido (m) arrugado
3	Kreppgewebe (n) crape, crêpe креповая ткань (жр)	tissu (m) crêpé tessuto (m) crespato, crespo (m), crêpe (m) tejido (m) de crespón
4	leinwandbindiges Gewebe (n) plain cloth ткань (жр) «миткалевого переплетения	tissu (m) uni, tissu à armure toile tessuto (m) tipo tela tejido (m) de tafetán *o* de superficie unida
5	köperbindiges Gewebe (n) twilled fabric ткань (жр) саржевого переплетения	tissu (m) croisé, croisé (m) tessuto (m) incrociato *o* diagonale *o* a spina tejido (m) de sarga
6	atlasbindiges Gewebe (n) satin ткань (жр) атласного переплетения	satin (m) tessuto (m) rasato *o* satinato raso (m)
7	gazebindiges Gewebe (n) leno, gauze ткань (жр) газового переплетения	tissu (m) à point de gaze tessuto (m) a garza tejido (m) de punto de gasa
8	Frottiergewebe (n) terry, Turkish towelling лохматая ткань (жр)	tissu (m) éponge tessuto (m) a spugna tejido (m) esponja
9	samtartiges Gewebe (n) pile fabric бархатистая ткань (жр)	tissu (m) à poil tessuto (m) vellutato tejido (m) de pelo
10	gemustertes Gewebe (n) figured fabric узорчатая ткань (жр)	tissu (m) façonné tessuto (m) operato tejido (m) labrado
11	Damastgewebe (n) damask дамасковая ткань (жр)	tissu (m) damassé tessuto (m) damascato tejido (m) adamascado

III.

		No.
Bezeichnung (f) der Stoffe nach ihrer Verwendung **Names of Textile Fabrics according to their Application** **Обозначение(ср) материй или товаров по их применению**	**Désignation (f) des tissus suivant leurs emplois** **Denominazione (f) dei tessuti a secondo della loro applicazione** **Denominación (f) de los tejidos por sus empleos**	12
handelsübliche Bezeichnung (f) der Gewebe trade term of textile fabrics общепринятое торговое обозначение (ср) тканей	désignation (f) commerciale des étoffes voce (f) *o* dicitura (f) commerciale dei tessuti denominación (f) comercial de los tejidos	13
Kleiderstoff (m) clothing, dress goods одежный *или* костюмный товар (мр)	étoffe (f) d'habillement stoffa (f) per abiti tela (f) *o* género (m) para vestidos	14
Damenkleiderstoff (m), Damenstoff (m) ladies dress material материя (жр) для дамского платья, дамский одежный товар (мр)	étoffe (f) pour dames stoffa (f) per abiti da signora género (m) para señoras	15
Herrenanzugstoff (m), Herrenstoff (m) material for men's clothes мужской костюмный товар (мр)	étoffe (f) pour hommes stoffa (f) per uomo género (m) para caballeros	16
Rockstoff (m) coating юбочная материя (жр)	étoffe (f) pour habit stoffa (f) per vestiti género (m) para traje	17
Hosenstoff (m) trousering брючная материя (жр)	étoffe (f) pour pantalon stoffa (f) per pantaloni género (m) para pantalón	18
Westenstoff (m) waist coat stuff, vest material жилетная материя (жр)	étoffe (f) pour gilet stoffa (f) per gilè género (m) para chaleco	19
Futterstoff (m) lining подкладочный товар (мр), подкладка (жр)	étoffe (f) pour doublure stoffa (f) per fodera género (m) para forro	20
Versteifungsstoff (m), Steifgaze (f) buckram, wigan лощенка (жр), жесткая парусинная прокладка (жр)	bougran (m) bucherame (m) bucarán (m)	21

1	Schürzenstoff (m) apron cloth фартучный товар (мр)	étoffe (f) pour tablier stoffa (f) per grembiali *o* grembiuli género (m) para delantal
2	Stoffe (mpl) für Weißnäherei, Weißware (f), Weißzeug (n) linen goods белошвейные товары	toilerie (f) telerie (fpl) lencería (f)
3	Stoff (m) für Leibwäsche material for underwear, underlinen носильный бельевой товар (мр)	étoffe (f) pour linge de corps stoffa (f) per biancheria da dosso género (m) para ropa blanca
4	Gewebe (f) für Bettwäsche bed linen простынная *или* постельная бельевая ткань (жр)	étoffe (f) pour lit stoffa (f) per biancheria da letto género (m) para juegos de cama
5	Gewebe (n) für Taschentücher, Taschentuchstoff (m) handkerchief material платочная ткань (жр)	étoffe (f) pour mouchoirs stoffa (f) per fazzoletti género (m) para pañuelos
6	Matratzenstoff (m) canvas for mattress матрасный товар (мр)	étoffe (f) à matelas stoffa (f) per materasse género (m) para colchones
7	Rollvorhangstoff (m), [Rouleauxstoff (m)] stuff for blinds шторный товар (мр)	étoffe (f) pour stores stoffa (f) per tendine *o* store género(m) para cortinas de resorte *o* [e]stores
8	Gewebe (n) für Tischwäsche material for table linen столовая бельевая ткань (жр)	étoffe (f) pour linge de table stoffa (f) per biancheria da tavola género (m) para mantelería
9	Handtuchstoff (m) towelling полотенцевый товар (мр)	étoffe (f) pour serviette de toilette stoffa (f) per asciugamani género (m) para toallas
10	Möbelstoff (m) upholstery fabric мебельный товар (мр)	tissu (m) d'ameublement stoffa (f) per mobili tejido (m) para tapizar muebles
11	Vorhangstoff (m) curtain material занавесочный товар (мр)	étoffe (f) pour rideaux stoffa (f) per tende género (m) para cortinas
12	Tischdecke (f) table cover скатерть (жр)	tapis (m) de table tappeto (m) da tavola tapete (m)
13	Bettdecke (f) bed spread одеяло (ср)	couvre-lit (m) copri-letto (m) cubre-cama (m)
14	Reisedecke (f) travelling rug дорожное (-ый) покрывало (ср) *или* одеяло *или* плед (мр)	couverture (f) de voyage coperta (f) da viaggio manta (f) de viaje
15	Teppich (m) carpet ковер (мр)	tapis (m), carpette (f) tappeto (m) alfombra (f)
16	Treppenläufer (m) stair carpet лестничный (-ая)] половик (мр) *или* дорожка (жр)	tapis (m) d'escalier tappeto (m) da scala alfombra (f) de escalera
17	Bettvorleger (m) bedside rug, bed mat постельный половик (мр)	descente (f) de lit pedana (f) da letto alfombra (f) de cama

IV.

18	**Bestimmen (n) der Bindung** **Determining the Weave** **Определение (ср) переплетения**	**Détermination (f) de l'armure** **Ricerca (f) dell'armatura** **Determinación (f) del ligamento**
19	Kettfadenrichtung (f) direction of warp направление (ср) основы	direction (f) *ou* sens (m) de la chaîne andamento (m) dei fili di catena dirección (f) *o* sentido (m) de la urdimbre
20	Schußfadenrichtung (f) direction of weft направление (ср) уточины	direction (f) *ou* sens (m) de la trame andamento (m) dei fili di trama dirección (f) *o* sentido (m) de la trama
21	Sahlleiste (f), Endleiste (f) selvedge кромка (жр), кайма (жр)	lisière (f) cimos[s]a (f), vivagno (m) orillo (m)
22	Streifenrichtung (f) direction of stripes направление (ср) полос	direction (f) des rayures andamento (m) delle strisce dirección (f) de las listas *o* rayas
23	Rohrstreifen (m) reed mark белизна (жр) в ткани	rayure (f) *ou* trace (f) *ou* sillon (m) du peigne chiarella (f) marca (f) del peine
24	die Kette ist gestreckter als der Schuß the warp is straighter than the weft основа (жр) натянута туже утка	la chaîne est plus droite que la trame la catena è più diritta della trama la urdimbre está mas recta que la trama
25	die Kette hat mehr Drehung als der Schuß the warp has more twist than the weft основа (жр) имеет большую крутку чем уток	la chaîne est plus tordue que la trame la catena è più torta della trama la urdimbre tiene mas torsión que la trama
26	Fadenfolge (f) im Gewebe order of threads in the weave последовательность (жр) расположения нитей в ткани	ordre (m) des fils dans le tissu ordine (m) dei fili nel tessuto orden (m) de los hilos en el tejido
27	Kettfadenfolge (f) order of warp threads расположение (ср) основных нитей	ordre (m) des fils de chaîne ordine (m) dei fili d'ordito orden (m) de los hilos de urdimbre

1	glatt geschweifte *oder* glatt gezettelte Kette (f) single coloured warp одноцветная *или* гладко сснованная основа (жр)	chaine (f) unie catena (f) unita urdimbre (f) unicolor
2	mehrfarbige Kette (f) multicoloured warp многоцветная основа (жр)	chaine (f) à plusieurs couleurs catena (f) a più colori urdimbre (f) de varios colores
3	Schweifzettel (m) warp particulars [узорная] сновальная карточка (жр)	feuille (f) *ou* carte (f) d'ourdissage carta (f) *o* foglio (m) dell'orditura carta (f) *u* hoja (f) del urdido
4	Schußfadenfolge (f) order of weft последовательность (жр) расположения уточин	ordre (m) des duites ordine (m) delle trame orden (m) de las pasadas
5	Schußzettel (m) weft particulars уточная карточка (жр)	feuille (f) *ou* carte (f) du tramage carta (f) *o* foglio (m) della trama carta (f) *u* hoja (f) del tramado
6	Auszählnadel (f) separating needle счетная игла (жр)	aiguille (f) pour la décomposition ago (m) per la decomposizione alfiler (m) para el análisis
7	die Bindung auszählen *oder* ablesen to count the warp and weft threads высчитывать *или* подсчитывать нити переплетения	compter les fils du dessin contare i fili d'ordito e di trama contar los hilos del ligamento
8	die gehobene Kette tupfen to mark off the warp in dots слегка отмечать краской выступающую на поверхность основу (жр)	marquer les fils de chaine levés tratteggiare il filo d'ordito che sormonta quello di trama marcar los hilos de urdimbre levantados, marcar los tomados
9	Wiederholung (f) der Bindung repetition of the pattern повторение (ср) переплетения	répétition (f) du dessin ripetizione (f) del disegno repetición (f) del ligamento
10	Aufsuchen (n) des Rapportes finding the repeat определение (ср) рапорта	recherche (f) du rapport ricerca (f) del rapporto busca (f) del curso
11	den Rapport suchen *oder* bestimmen to find the repeat определять рапорт (мр)	rechercher le rapport ricercare il rapporto buscar el curso
12	Webschema (n) weaving plan, draught and tie up устав (мр) ткани, заправочная карточка (жр) ткани	bref (m) schema (m) dell'armatura esquema (m) general de tisaje

V.

Fadendichte (f) **Setting** **Плотность (жр) нитей**	**Compte (m) des fils** **Densità (f) dei fili** **Cuenta (f) de los hilos**	13
Fadenzähler (m), Weberglas (n), Leinwandprober (m) thread counter, cloth prover, lens, web glass счетчик (мр) нитей	compte-fils (m) lente (m) di ingrandimento, conta-fili (m) contador (m) de hilos	14
Kettendichte (f) [sett of the] reed, ends per inch, pitch of warp threads плотность (жр) основы	nombre (m) de fils en chaine, compte (m) en chaine, compte au peigne densità (f) delle catene número (m) de hilos de urdimbre	15
Schußdichte (f) picks per inch, pitch of weft threads плотность (жр) утка	nombre (m) de fils en trame, compte (m) en trame, duitage (m) densità (f) delle trame número (m) de hilos de trama	16
Fadenzahl (f) auf die Längeneinheit number of threads per unit of length число (ср) нитей на единицу длины	nombre (m) de fils par unité de longueur numero (m) di fili per unità di lunghezza número (m) de hilos por unidad de longitud	17
Gesamtzahl (f) der Kettfäden total number of warp threads общее *или* полное число (ср) основных нитей	nombre (m) total des fils de chaine numero (m) totale dei fili d'ordito número (m) total de los hilos de urdimbre	18
Gang (m) porter, beer ход (мр) [основы]	portée (f) portata (f) portada (f)	19
x-gängige Ware (f) fabric of x porters x-ходовой товар (мр)	tissu (m) de x portées tessuto (m) di x portate tejido (m) de x portadas	20
Musterzahl (f) repeat in the width число (ср) узоров по ширине	répétition (f) en largeur ripetizione (f) nella larghezza repetición (f) a lo ancho	21
Randkettfaden (m) selvedge thread краевая *или* кромочная основная нить (жр)	fil (m) de la lisière filo (m) della cimossa hilo (m) del orillo	22
die Randkettfäden (mpl) doppelfädig einziehen to draw in the selvedge threads doubled протягивать краевые основные нити (жр) попарно	rentrer *ou* renfiler les fils de la lisière doubles passare i fili della cimossa doppi remeter los hilos del orillo dobles	23

1	Leistengarn (n) selvedge yarn кромочная пряжа (жр)	fil (m) de lisière filato (m) per la cimossa hilo (m) de orillo

VI.

2	**Fadenbestimmung (f)** **Yarn Testing** **Определение (ср) нитей**	**Essai (m) des fils** **Assaggio (m) dei fili** **Ensayo (m) de los hilos**
3	äußere Beschaffenheit (f) des Fadens external character of the thread внешнее свойство (ср) нити	caractère (m) extérieur du fil carattere (m) esterno del filo carácter (m) *o* naturaleza (f) exterior del hilo
4	Erkennungszeichen (n) der Garne characteristics of the threads отличительный знак (мр) пряжи	caractéristiques (fpl) des fils caratteristici (mpl) dei fili características (fpl) de los hilos
5	einfacher Faden (m), Garn (n) single thread, yarn простая *или* обыкновенная *или* одинарная нить (жр)	fil (m) simple filo (m) semplice hilo (m) simple *o* individual
6	Zwirn (m) double *or* folded yarn, twist трощеная *или* сдвоенная нить (жр), крученка (жр)	fil (m) retors filo (m) ritorto *o* a più capi hilo (m) retorcido
7	gleichmäßiger Faden (m) uniform *or* evenly spun yarn ровная *или* равномерная нить (жр)	fil (m) uniforme *ou* égal filo (m) uniforme hilo (m) regular *o* uniforme
8	knotiger Faden (m) knotty yarn узловатая нить (жр)	fil (m) noueux filo (m) nodoso hilo (m) nudoso
9	glatter Faden (m) smooth yarn гладкая нить (жр)	fil (m) lisse filo (m) liscio hilo (m) liso
10	rauher Faden (m) rough yarn шероховатая нить (жр)	fil (m) duveteux filo (m) lanuginoso *o* ruvido hilo (m) con pelusilla
11	glänzender Faden (m) lustrous yarn блестящая нить (жр)	fil (m) brillant filo (m) lucidato hilo (m) brillante
12	elastischer Faden (m) elastic yarn упругая нить (жр)	fil (m) élastique filo (m) elastico hilo (m) elástico
13	widerstandsfähiger Faden (m) strong yarn прочная нить (жр)	fil (m) résistant filo (m) resistente hilo (m) resistente
14	steifer Faden (m) stiff yarn жесткая нить (жр)	fil (m) raide filo (m) rigido hilo (m) tieso *o* rigido
15	Drehung (f) des Fadens twist of the yarn кручение (ср) нити	torsion (f) du fil torsione (f) del filo torsión (f) del hilo
16	den Faden aufdrehen to untwist the yarn раскручивать (-тить) нить (жр)	détordre le fil [di]storcere il filo destorcer el hilo

VII.

17	**Feinheitsbestimmung (f), Garnnumerierung (f)** **Ascertaining the Count of Yarns** **Определение (ср) тонины [пряжи], нумерация (жр) пряжи**	**Détermination (f) du titre des fils** **Determinazione (f) del titolo dei fili** **Determinación (f) del número de los hilos**
18	Feinheitsnummer (f), Gespinstnummer (f), Garnnummer (f) count of yarn номер (мр) тонины *или* пряжи	numéro (m) *ou* titre (m) du fil numero (m) *o* titolo (m) del filato número (m) del hilo
19	Gewichtsnummer (f) number by weight of given length весовой номер (мр)	numéro (m) obtenu du poids numero (m) ottenuto dal peso número (m) obtenido del peso
20	Längennummer (f) number of yards for a given weight погонный номер (мр)	numéro (m) obtenu de la longueur numero (m) ottenuto dalla lunghezza número (m) obtenido de la longitud
21	Strähngarn (n) hank yarn моточная пряжа (жр)	fil (m) en écheveau filato (m) in matassa hilo (m) en madeja
22	Spulengarn (n) bobbin yarn шпульная *или* катушечная пряжа (жр)	fil (m) en bobine filato (m) in rocchetti hilo (m) en carrete
23	Kötzergarn (n) cop yarn початочная пряжа (жр)	fil (m) en cannette filato (m) in cannette *o* cops hilo (m) en canilla
24	Zugfestigkeit (f) *oder* Reißfestigkeit (f) des Fadens tensile strength of yarn крепость (жр) нити на разрыв	résistance (f) à la rupture du fil resistenza (f) alla rottura del filo, forza (f) *o* tenacità (f) del filo resistencia (f) a la ruptura del hilo
25	Bruchstelle (f) *oder* Rißstelle (f) des Fadens breaking place of the yarn место (ср) разрыва нити	point (m) de rupture du fil punto (m) di rottura del filo punto (m) de ruptura del hilo
26	Umrechnen (n) der Garnnummer conversion of counts перевод (мр) *или* пересчет (мр) номера	conversion (f) des numéros conversione (f) del titolo conversion (f) de los números

1	Vergleichsprobe (f) yarn test by comparison испытание (ср) нитей сравнением		essai (m) des fils par comparaison assaggio (m) dei fili per confronto análisis (m) *o* ensayo (m) de los hilos por comparación
2	Musterfaden (m), Vergleichsfaden (m) standard yarn определенная нить (жр)	*a*	fil (m) type filato (m) tipo hilo (m) tipo
3	zu untersuchender Faden (m) yarn to be tested подлежащая испытанию нить (жр)	*b*	fil (m) d'essai filo (m) d'assaggio hilo (m) a ensayar
4	Längeneinheit (f) unit of length единица (жр) длины		unité (f) de longueur unità (f) di lunghezza unidad (f) de longitud
5	Sollänge (f) calculated length высчитанная *или* расчетная длина (жр)		longueur (f) calculée lunghezza (f) calcolata *o* teorica longitud (f) calculada
6	Numerierungsgewicht (n) standard weight вес (мр), определяющий номер		poids (m) type peso (m) tipo peso (m) tipo
7	Gewichtsumrechnung (f) conversion of weights пересчет (мр) *или* перевод (мр) веса		conversion (f) des poids conversione (f) dei pesi conversión (f) de los pesos
8	Maßumrechnung (f) conversion of measures пересчет (мр) размера		conversion (f) des mesures conversione (f) delle misure conversión (f) de las medidas

VIII.

9	**Rohstoffbestimmung (f)** **Determination of Raw Material** **Определение (ср) или квалификация (жр) сырья**	**Détermination (f) de la matière première** **Determinazione (f) della materia prima** **Determinación (f) de la materia prima**
10	das Material mit freiem Auge bestimmen to determine the material by naked eye определять материал (мр) на глаз	déterminer la matière à l'œil nu esaminare il materiale ad occhio nudo determinar la materia a ojo *o* a simple vista
11	das Material durch Verbrennen bestimmen to test the material by burning определять материал (мр) при помощи сжигания	déterminer la matière en la brûlant identificare la fibra bruciandola determinar la materia quemándola
12	Verbrennungsprobe (f) burning test испытание (ср) на сжигание	essai (m) au brûlage assaggio (m) per bruciamento ensayo por ignición
13	Untersuchen (n) der Asche examination of the ash исследование (ср) золы	examen (m) des cendres esame (m) delle ceneri examen (m) de las cenizas
14	Reißprobe (f), Festigkeitsprobe (f) strength test проба (жр) *или* испытание (ср) на разрыв	essai (m) de résistance assaggio (m) della forza, prova (f) di tenacità ensayo (m) de resistencia
15	Faserende (n), Abreißende (n), Rißfläche (f) fracture конец (мр) *или* кончик (мр) волокна, поверхность (жр) разрыва	surface (f) de rupture superficie (f) della rottura superficie (f) de ruptura
16	mikroskopische Untersuchung (f) microscopic examination микроскопическое исследование (ср)	recherche (f) microscopique ricerca (f) microscopica examen (m) microscópico
17	Aufbau (m) der Faser, [Faserstruktur (f)] structure of the fibre строение (ср) волокна	structure (f) de la fibre struttura (f) della fibra estructura (f) de la fibra
18	mikrochemische Untersuchung (f) micro-chemical examination химико-микроскопическое испытание (ср)	recherche (f) microchimique esame (m) microchimico examen (m) microquímico
19	chemische Reaktion (f) chemical reaction химическая реакция (жр)	réaction (f) chimique reazione (f) chimica reacción (f) química

IX.

No.	Deutsch / English / Русский	Français / Italiano / Español
20	**Bestimmen (n) der Appretur** **Determination of the Dressing *or* Finishing Processes** **Определение (ср) апретуры или отделки**	**Recherche (f) des apprêts** **Identificazione (f) dell'appretto** **Determinación (f) de los aprestos**
21	Appreturverfahren (n) finishing process процесс (мр) апретирования	procédé (m) d'apprêt procedimento (m) d'appretto procedimiento (m) de apresto

No.	Deutsch / English / Русский	Français / Italiano / Español
1	die Ware zurichten *oder* appretieren to dress *or* to finish the goods апретировать *или* отделывать товар (мр)	apprêter l'étoffe apprettare la stoffa aprestar el tejido
2	die Ware reinigen to clean the material очищать товар (мр)	nettoyer l'étoffe pulire la stoffa limpiar el tejido
3	Waschen (n) washing мытье (ср), промывание (ср)	lavage (m) lavaggio (m) lavado (m), lavaje (m)
4	mechanisches Appreturmittel (n) mechanical stiffening liquid механический способ (мр) апретирования	agent (m) d'apprêt mécanique agente (m) d'appretto meccanico agente (m) *o* medio (m) mecánico de apresto
5	physikalisches Appreturmittel (n) physical stiffening liquid физический способ (мр) апретирования	agent (m) d'apprêt physique agente (m) d'appretto fisico agente (m) físico de apresto
6	chemisches Appreturmittel (n) chemical dressing agent химический способ (мр) апретирования	agent (m) d'apprêt chimique agente (m) d'appretto chimico agente (m) químico de apresto
7	Kartoffelstärke (f) potato starch картофельный крахмал (мр)	fécule (f) de pomme de terre fecola (f) di patate fécula (f) de patata
8	Reisstärke (f) rice starch рисовый крахмал (мр)	fécule (f) de riz fecola (f) di riso fécula (f) de arróz
9	Mehl (n) flour мука (жр)	farine (f) farina (f) harina (f)
10	Sago (m) sago саго (ср)	sagou (m) sagù (m), sago (m) sagú (m)
11	Dextrin (n) dextrine декстрин (мр)	dextrine (f) destrina (f) dextrina (f)
12	arabisches Gummi (n) gum arabic гумми арабик (мр), аравийская камедь (жр)	gomme (f) arabique gomma (f) arabica goma (f) arábiga
13	Gelatine (f) gelatine желатин (мр)	gélatine (f) gelatina (f) gelatina (f)
14	isländisches Moos (n) Iceland moss исландский мох (мр)	lichen (m) lichene (m) islandico liquen (m) islándico
15	Leim (m) glue клей (мр)	colle (f) colla (f) cola (f)
16	$C_3H_8O_3$ Glyzerin (n) glycerine	глицерин (мр) glycérine (f) glicerina (f) glicerina (f)
17	Talg (m) tallow сало (ср)	suif (m) sego (m) sebo (m)
18	Fett (n) fat жир (мр)	graisse (f) grasso (f) grasa (f)
19	Öl (n) oil масло (ср)	huile (f) olio (m) aceite (m)
20	Wachs (n) wax воск (мр)	cire (f) cera (f) cera (f)
21	Paraffin (n) paraffin парафин (мр)	paraffine (f) paraffina (f) parafina (f)
22	Kaolin (n) China clay китайская глина (жр), каолин (мр)	kaolin (m) caolino (m) caolín (m)
23	$CaSO_4 + 2H_2O$ Gips (m), schwefelsaurer Kalk (m) gypsum, calcium sulphate	гипс (мр), сернокислый кальций gypse (m), sulfate (m) de chaux gesso (m), solfato (m) di calcio yeso (m), sulfato (m) de cal
24	Mg Magnesium (n) magnesium	магний (мр) magnésie (f) magnesio (m) magnesio (m)
25	$MgSO_4$ Bittersalz (n), schwefelsaure Magnesia (f), Magnesiumsulfat (n) Epsom salt, sulphate of magnesia	сернокислый магний (мр), горькая соль (жр) sel (m) amer *ou* d'Epsom, sulfate (m) de magnésium solfato (m) di magnesio sulfato (m) magnésico, sal (m) de Epsom
26	$Na_2SO_4 + 10H_2O$ Glaubersalz (n) Glauber's salt	глауберова соль (жр) sel (m) de Glauber sale (m) di Glauber sal (f) de Glauber
27	Kreide (f) chalk мел (мр)	craie (f) creta (f) creta (f)
28	$BaSO_4$ Schwerspat (m), schwefelsaurer Baryt (m), Bariumsulfat (n) barium sulphate, sulphate of barium	сернокислый барий (мр), тяжелый шпат (мр) sulfate (m) de baryte solfato (m) di bario, baritina (f), spato (m) pesante sulfato (m) de bario, baritina (f)
29	Kreosot (n) creosote креозот (мр)	créosote (f) creosoto (m) creosota (f)
30	Gerbstoff (m), Gerbsäure (f), Tannin (n) tannin, tannic acid таннин (мр)	tan[n]in (m), acide (m) tannique *ou* digallique tannino (m), acido (m) tannico tanino (m), ácido (m) tánico

1 $C_7H_6O_3$
Salizylsäure (f)
salicylic acid
салициловая кислота (жр)
acide (m) salicylique
acido (m) salicilico
ácido (m) salicilico

2 $Na_2B_4O_7 + 10\,H_2O$
Borax (m)
borax
бура (жр)
borax (m)
borace (m), borato (m) di sodio
borax (m)

3 $Al_2\,3\,SO_4,\ K_2SO_4 + 24\,H_2O$
Alaun (m)
alum
квасцы (мр)
alun (m)
allume (m)
alumbre (m)

4 $C_{10}H_{16}O$
Kampfer (m)
camphor
камфора (жр)
camphre (m)
canfora (f)
alcanfor (m)

5 Aluminiumsalz (n)
aluminium salt
алюминьевая соль (жр), соль алюминия
sel (m) d'aluminium
sale (m) di alluminio
sal (f) de aluminio

6 Na_2HPO_4
phosphorsaures Natron (n), Natriumphosphat (n)
sodium phosphate
фосфорнокислый натр (мр)
phosphate (m) de soude
fosfato (m) di sodio
fosfato (m) de sosa

7 $Ca_3(NO_4)_2$
phosphorsaurer Kalk (m), Kalziumphosphat (n)
calcium phosphate
фосфорнокислый кальций (мр)
phosphate (m) de chaux
fosfato (m) di calce
fosfato (m) de cal

X.

8 **Hülfsmittel (mpl) für die Gewebeprüfung**
Instruments and Apparatus for Cloth Testing
Вспомогательные средства (ср) для исследования тканей
Appareils (mpl) pour essais des tissus
Apparecchi (mpl) per assaggiare i tessuti
Aparatos (mpl) para ensayo de los tejidos

9 
Vergrößerungsglas (n), Lupe (f)
single lens, magnifying glass, magnifier
лупа (жр), увеличительное стекло (ср)
loupe (f), verre (m) grossissant
lente (f) d'ingrandimento
lupa (f)

10 zusammenlegbare Lupe (f)
folding magnifying glass
складная лупа (жр)
loupe (f) à coulisse
lente (f) pieghevole
lupa (f) plegable

Doppellupe (f), Lupe (f) mit zwei Linsen
magnifier with two lenses
двойная лупа (жр) о двух чечевицах
loupe (f) à double lentille
microscopio (m) semplice a due lenti
lupa (f) con doble lente 11

Fadenzähler (m)
thread counter
счетчик (мр) числа нитей, счетная лупа (жр)
compte-fil (m)
conta-fili (m)
cuenta-hilos (m) 12

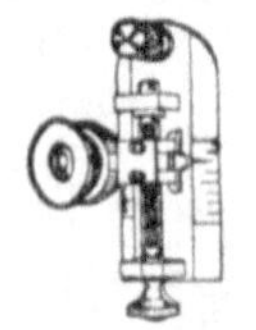
Universalfadenzähler (m)
universal thread counter
универсальная счетная лупа (жр)
compte-fil (m) universel
conta-fili (m) universale
cuenta-hilos (m) universal 13

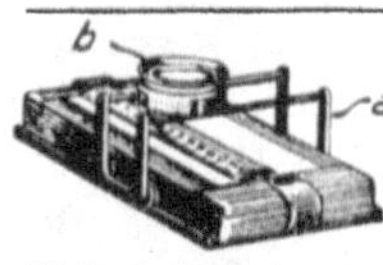

Sicherheitsfadenzähler (m)
safety thread counter
контрольная счетная лупа (жр)
compte-fil (m) de sûreté
conta-fili (m) di sicurezza
cuenta-hilos (m) de seguridad 14

a Wagen (m)
cursor
каретка (жр)
curseur (m)
cursore (m)
cursor (m) 15

b Lupe (f) mit Zeiger
magnifier with pointer
лупа (жр) с указателем
loupe (f) avec index
lente (f) con indice
lupa (f) con indice 16

Mikroskop (n)
microscope
микроскоп (мр)
microscope (m)
microscopio (m)
microscopio (m) 17

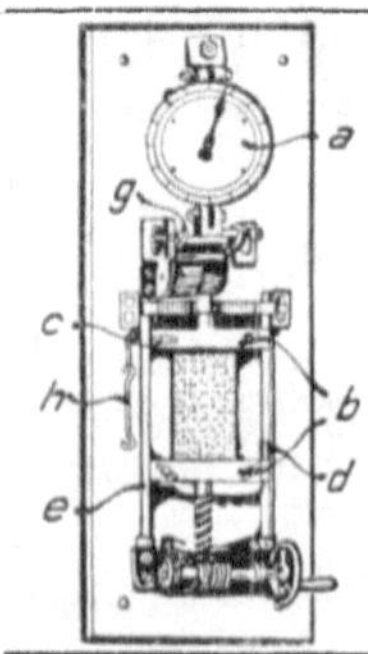

Gewebefestigkeitsprüfer (m)
strength tester for cloths
прибор (мр) для испытания крепости *или* прочности ткани
dynamomètre (m) pour tissu
dinamometro (m) per tessuto
dinamómetro (m) para tejido 18

a Federwage (f)
spring balance
пружинные весы (мр)
cadran (m) à ressort
bilancia (f) a molla
balanza (m) de resorte 19

1	Backenpaar (n) clamps пара (жр) зажимов *или* тисочков	b	mâchoires (fpl) mascelle (fpl) mordazas (fpl)
2	Flügelschraube (f) wing nut барашка (жр), винт (мр) с барашком	c	écrou (m) à oreilles vite (f) ad alette tuerca (f) alada *o* de orejas
3	Messinghülse (f) brass tube латунная втулка (жр) *или* трубка (жр)	d	tube (m) en cuivre jaune tubo (m) in ottone tubo (m) de latón
4	Führungsstab (m) guide rod направляющий стержень (мр)	e	tringle-guide (f) asta (f) di guida varilla-guía (f)
5	Einleger (m), Sperrkegel (m) locking cone закладной конус (мр) *или* клин (мр)	g	cliquet (m) nottolino (m) gatillo (m), alzaprima (m)
6	Doppelhaken (m) double hook двойной крючок (мр)	h	crochet (m) double uncino (m) doppio gancho (m) doble
7	die Schraube lösen to unscrew the nut отпустить *или* отвернуть винт (мр)		desserrer l'écrou sciogliere la vite aflojar *o* desenroscar la tuerca
8	die Schraube anziehen to tighten [up] the nut подтятуть *или* крепче завернуть винт (мр)		serrer l'écrou stringere la vite apretar la tuerca
9	angezogene Schraube (f) nut screwed home крепко *или* туго завернутый винт (мр)		écrou (m) serré vite (f) serrata tuerca (f) apretada
10	den Gewebestreifen einspannen to clamp the strip of cloth зажимать полоску (жр) ткани		pincer la bande du tissu fissare la striscia di tessuto fijar la tira del tejido
11	Dehnbarkeit (f) des Gewebes stretch of the cloth растяжимость (жр) ткани		qualité (f) d'allongement du tissu duttilità (f) del tessuto dilatabilidad (f) del tejido
12	Einreißen (n) *oder* Reißen (n) des Gewebes tearing of the cloth обрыв (мр) *или* разрыв (мр) ткани		rupture (f) de l'étoffe rottura (f) del tessuto rotura (f) del tejido
13	Garnwage (f) yarn balance *or* quadrant весы (мр) для пряжи		balance (f), romaine (f) bilancia (f) per filato balanza (f), romana (f)
14	Garnwage (f) mit Weife yarn balance with wrap reel мотовильные весы (мр) для пряжи		romaine (f) avec dévidoir bilancia (f) per filato con aspo balanza (f) con devanadera
15	Garnwage (f) mit Schutzkasten yarn balance with glass case весы (мр) для пряжи с предохранительной коробкой		romaine (f) avec boîte de protection bilancia (f) per filato con cassetta di protezione balanza (f) con caja de protección

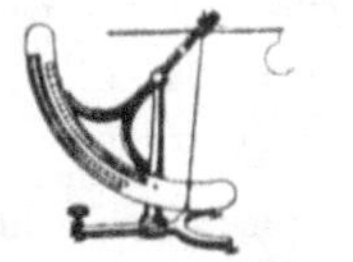

Präzisionsgarnwage (f) accurate yarn quadrant		точные *или* прецизионные весы для пряжи romaine (f) de précision romana (f) di precisione balanza (f) *o* cuadrante (m) de precisión	16

		Universalgarnwage (f) universal yarn quadrant универсальные весы (мр) для пряжи romaine (f) universelle romana (f) universale balanza (f) universal	17

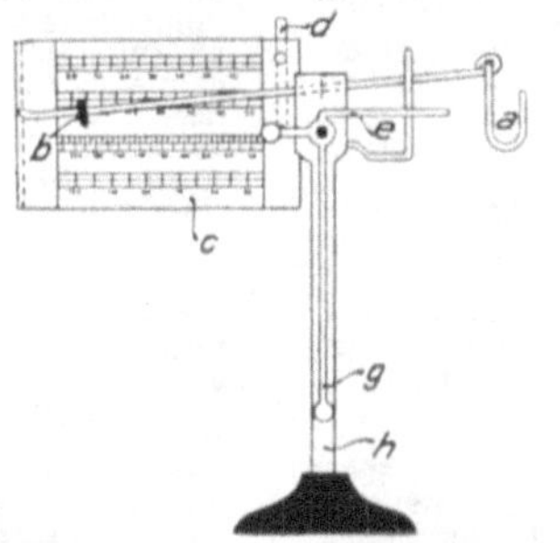

Staubsche Garnwage (f), ungleicharmige Balkenwage (f) Staub's yarn balance, balance with unequal arms весочки (мр) Штауба для пряжи, неравноплечие рычажные весы (мр)		romaine (f) de Staub, romaine à bras inégaux romana (f) di Staub romana (f) de Staub	18
Garnhaken (m) yarn hook подвесной крючок (мр) для пряжи	a	crochet (m) à échevette gancio (m) di sospensione gancho (m) para el hilo	19
Laufgewicht (n) sliding weight передвижной груз (мр)	b	poids (m) glisseur peso (m) scorrevole peso (m) corredor	20
Skalatafel (f) scale шкала (жр)	c	échelle (f) scala (f) escala (f)	21
verstellbarer Schlitz (m) adjustable slot передвижная вилочка (жр) *или* шпилечка (жр)	d	fente (f) réglable scanalatura (f) regolabile corredera (f) *o* ranura (f) regulable	22
balanzierter Hebelarm (m) balanced lever arm уравновешенное рычажное плечо (ср)	e	bras (m) de levier équilibré braccio (m) di leva equilibrato brazo (m) de palanca equilibrado	23

1 Pendel (n)
pendulum
маятник (мр)
g pendule (m), balancier (m)
pendolo (m)
péndulo (m)

2 Stativsäule (f)
stand
колонка (жр) штатива
h pied (m)
sostegno (m), piede (m)
pie (m)

3 Garnweife (f)
reel
мотовило (ср) для пряжи
dévidoir (m)
aspo (m)
devanadera (f)

4 
Zählweife (f)
counter reel, wrap reel
счетное мотовило (ср)
dévidoir (m) compteur
aspo (m) misuratore
aspe (m) contador

5 Garnweife (f) mit Kötzerhalter und festem Fadenführer
reel with cop holder and fixed thread guide
мотовило (ср) для пряжи с початочной рамой и неподвижным нитеводом
dévidoir (m) avec porte-cannettes et guide-fils fixe
aspo (m) con porta-cannette e guida-fili fisso
devanadera (f) con porta-canillas y guía-hilos fijo

6 Garnweife (f) mit selbsttätiger Faden- und Kötzerführung
reel with automatic thread and cop guide
мотовило (ср) с автоматическим перемещением нитевода и початков
dévidoir (m) à guide-fils et guide-cannettes automatique
aspo (m) a guida-fili e guida-cannette automatici
devanadera (f) con guía-hilos y guía-canillas automáticos

7 Garnweife (f) mit Rollengestell
bird cage reel
мотовило (ср) с роличной воробой, барабанное мотовило
dévidoir (m) à cage d'écureuil
aspo (m) a ruzzelle
devanadera (f) de linternas

8 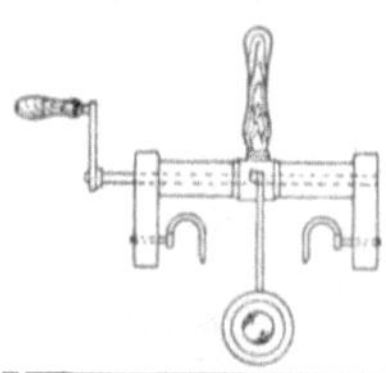
Fadendrehungsmesser (m), Drehungszähler (m), [Drallapparat (m)]
twist tester
измеритель (мр) крутки пряжи
compteur (m) de torsion, torsiomètre (m)
torcimetro (m)
torsiómetro (m)

9 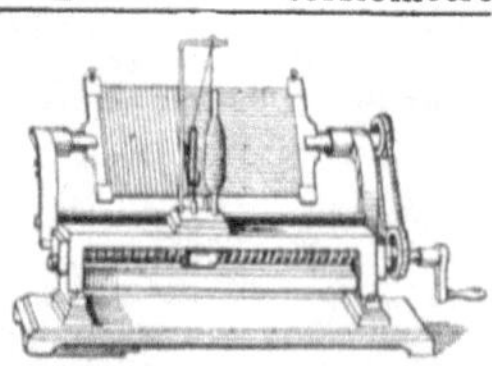
Garngleichmäßigkeitsprüfer (m)
evenness tester, show board tester
прибор (мр) для испытания пряжи на равномерность
vérificateur (m) d'égalité du fil
verificatore (m) di uniformità del filato
verificador (m) de la regularidad del hilo

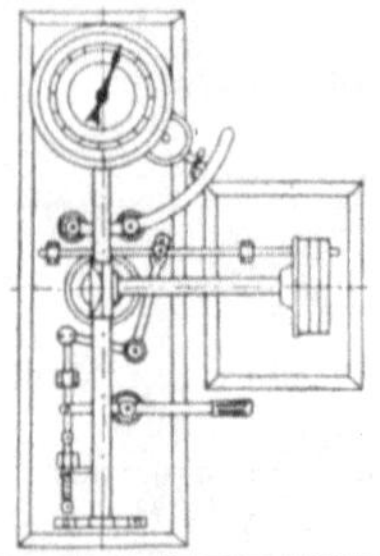
Garnfestigkeitsprüfer (m)
yarn strength tester
измеритель (мр) крепости пряжи, динамометр (мр)
dynamomètre (m) pour fil 10
dinamometro (m) per filato; *seta*: serimetro (m)
dinamómetro (m) para hilo

Garnfestigkeitsprüfer (m) für Einzelfäden
yarn strength tester for single ends
динамометр (мр) для одной нити
dynamomètre (m) pour fil simple
dinamometro (m) per filato semplice 11
dinamómetro (m) para hilo sencillo

Garnfestigkeitsprüfer (m) für Strähne
strength tester for hanks, lea tester
динамометр (мр) для мотков
dynamomètre (m) pour écheveaux
dinamometro (m) per matasse 12
dinamómetro (m) para madejas

Garnfestigkeitsprüfer (m) mit Dehnungsmesser
yarn tester with extensometer
динамометр (мр) с измерителем удлинения
dynamomètre (m) avec indicateur d'allongement
dinamometro (m) con misuratore d'allungamento *o* di duttilità 13
dinamómetro (m) con indicador de alargamiento

Taschenfestigkeitsprüfer (m) in Uhrform
watch shaped pocket dynamometer
карманный динамометр (мр) в виде часов
dynamomètre (m) de poche en forme de montre
dinamometro (m) tascabile in forma d'orologio 14
dinamómetro (m) de bolsillo en forma de reloj

Garnelastizitätsmesser (m)
machine for testing elasticity of yarn
прибор (мр) для определения упругости пряжи
indicateur (m) d'élasticité des fils 15
misuratore (m) d'elasticità dei fili
medidor (m) de la elasticidad de los hilos

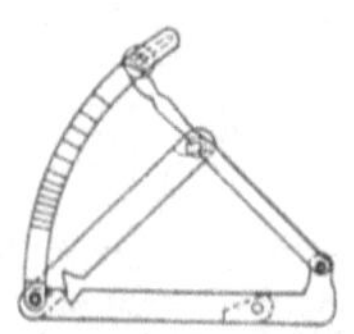
Garnnummerzeiger (m)
yarn counts indicator
указатель (мр) номера пряжи
indicateur (m) du numéro du fil 16
indicatore (m) del numero del filo
indicador (m) del número del hilo

den Zähler *oder* Zeiger auf Null stellen
to set the pointer at zero
установить стрелку (жр) указателя на нуль
placer l'aiguille à zéro
mettere l'ago su zero 17
colocar la saeta en el cero

O.

1 **Gewebeberechnung** (f), **Gewebekalkulation** (f)
Weaving Calculations
Расчет (мр) *или* **калькуляция** (жр) **ткани**
Calculs (mpl) **de tissage**
Determinazione (f) **del costo di lavorazione dei tessuti**
Cálculos (mpl) **de tejedura**

I.

2 **Allgemeines (n)**
General Terms
Общее (ср)
Généralités (fpl)
Nozioni (fpl) generali
Generalidades (fpl)

3 theoretische Lieferung (f) [*oder* Totallieferung (f)] des Stuhls
theoretical output of the loom
теоретическая производительность (жр) станка
production (f) théorique du métier
produzione (f) teorica del telaio
producción (f) teórica del telar

4 Nutzleistung (f) des Stuhles
effective output of the loom
полезная производительность (жр) станка
production (f) réelle du métier
produzione (f) effettiva o pratica del telaio
producción (f) real del telar

5 einstühlig arbeiten
to tend one loom
работать на одном станке
conduire un seul métier
lavorare un solo telaio
conducir un solo telar

6 mehrstühlig arbeiten
to tend several looms
работать на нескольких станках
conduire plusieurs métiers
lavorare più telai
conducir varios telares

7 Stundenarbeit (f)
day work
почасная *или* урочная работа (жр)
travail (m) par heures
lavoro (m) orario
trabajo (m) por horas

8 Stückware (f)
piece goods
кусковый товар (мр)
tissus (mpl) en pièces
tessuti (mpl) in pezza
tejidos (mpl) en pieza

9 Dutzendware (f)
[goods in] dozens
дюжинный товар (мр)
marchandise (f) à la douzaine
tessuti (mpl) a dozzine
mercancía (f) por docenas

II.

Warenmessung (f), Messen (n) der Stücke
Measurement of Cloth
Товарная мера (жр)
Mesurage (m) des tissus
Misurazione (f) dei tessuti
Medición (f) de los tejidos 10

Längenberechnung (f), [Längenkalkulation (f)]
calculation of length of cloth
расчет (мр) *или* вычисление (ср) длины
calcul (m) de la longueur
calcolo (m) della lunghezza
cálculo (m) de la longitud 11

Warenlänge (f)
length of the piece
длина (жр) товара
longueur (f) de la pièce
lunghezza (f) della pezza
longitud (f) de la pieza 12

Meterzahl (f) des Gewebes
number of meters of cloth
число (ср) метров в ткани
nombre (m) de mètres du tissu
numero (m) di metri del tessuto
número (m) de metros del tejido 13

x Meter (npl) auf ein Stück
x meters per piece
x метров в куске
x mètres (mpl) par pièce
x metri (mpl) per pezza
x metros (mpl) por pieza 14

Faltenzählvorrichtung (f), [Rektometer (m)]
rectometer
мерительно-складальный прибор (мр), ректометр (мр)
rectomètre (m)
rettometro (m)
rectómetro (m) 15

1 Tischmeßmaschine (f)
table measuring machine
столовая мерительная машина (жр)
machine (f) à mesurer *ou* métreuse (f) à table
macchina (f) per misurare a tavolo
máquina (f) medidora con tabla

2 Faltenschieberblech (n)
folding plate
железный лист (мр), сглаживающий складки
plaque (f) de pliage
placca (f) per piegare
placa (f) de plegado

3 Walzenmeßvorrichtung (f)
roller measuring device
барабано-мерительный прибор (мр)
métreuse (f) à rouleaux
macchina (f) per misurare a cilindro
[máquina (f)] medidora (f) de rodillos

4 Meßmaschine (f) mit Warenschautisch
measuring machine with cloth inspecting table
мерительная *или* мерильная машина (жр) со смотровым столом
métreuse (f) avec table de visitage
macchina (f) per misurare con tavolo per verificare le pezze
máquina (f) medidora con tabla de inspección

5 Meß- und Wickelmaschine (f) für Gewebe
cloth rolling and measuring machine
мерительно-накатная машина (жр) для тканей
machine (f) à mesurer et à enrouler le tissu
macchina (f) per misurare ed avvolgere il tessuto
máquina (f) de medir y arrollar el tejido

6 Meß- und Legemaschine (f) für Gewebe
cloth measuring and lapping machine
мерительно-складальная машина (жр) для тканей
plieuse-métreuse (f) mécanique pour tissus
piegatrice (f) e misuratrice (f) meccanica per tessuti
máquina (f) plegadora-medidora para tejidos

7 Warenbreite (f), Stoffbreite (f)
width of cloth
ширина (жр) товара *или* материи
largeur (f) du tissu
larghezza (f) *o* altezza (f) del tessuto
anchura (f) del tejido

8 gangbare Breite (f)
current width
ходовая ширина (жр)
largeur (f) courante
larghezza (f) corrente
anchura (f) corriente

9 Berechnung (f) des Warengewichtes
calculation of the weight of material
вычисление (ср) веса товара
calcul (m) du poids de la pièce
calcolo (m) del peso della pezza
cálculo (m) del peso de la pieza

10 Gewicht (n) eines Quadratmeters Stoff
weight of a square meter of stuff
вес (мр) квадратного метра материи
poids (m) par mètre carré du tissu
peso (m) di un metro quadrato di stoffa
peso (m) por metro cuadrado del tejido

11 errechnetes Gewicht (n), Sollgewicht (n), [Kalkulationsgewicht (n)]
calculated weight
расчетный *или* вычисленный вес (мр)
poids (m) calculé
peso (m) teorico
peso (m) calculado

12 wirkliches Gewicht (n), Habengewicht (n)
actual weight
действительный *или* фактический вес (мр) товара
poids (m) actuel *ou* réel
peso (m) reale
peso (m) actual *o* real

13 Selbstkosten (fpl)
cost of production *or* of making
себестоимость (жр)
frais (mpl) de production *ou* de fabrication
costo (m) di produzione
gastos (mpl) de producción *o* de fabricación

14 Selbstkostenpreis (m)
cost price
цена (жр) себестоимости
prix (m) de revient, prix coûtant
prezzo (m) di costo
precio (m) de coste

15 Gewinnzuschlag (m)
amount added for profit
прибавка (жр) на прибыль
montant (m) ajouté pour le bénéfice
aggiunta (f) per profitto
aumento (m) añadido para el beneficio

16 Verdienst (m)
profit
заработок (мр), прибыль (жр), польза (жр)
profit (m), bénéfice (m)
beneficio (m), profitto (m)
beneficio (m), ganancia (f)

17 Handlungsunkosten (fpl), Verkaufskosten (fpl)
selling cost
расходы (мр) по продаже, торговые расходы
frais (mpl) de vente
costo (m) di vendita
gastos (mpl) de venta

18 Verkaufspreis (m)
selling price
продажная цена (жр)
prix (m) de vente
prezzo (m) di vendita
precio (m) de venta

19 Bruttoverkaufspreis (m)
gross selling price
валовая продажная цена (жр)
prix (m) de vente brut
prezzo (m) lordo di vendita
precio (m) de venta bruto

20 Nettoverkaufspreis (m)
net[t] selling price
чистая *или* неттовая продажная цена (жр)
prix (m) de vente net
prezzo (m) netto di vendita
precio (m) de venta neto

1	Kunde (m), Käufer (m) customer, buyer покупатель (мр), клиент (мр)	acheteur (m), client (m) cliente (m), compratore (m) comprador (m), cliente (m)
2	Angebot (n) offer предложение (ср)	offre (f) offerta (f) oferta (f)
3	Nachfrage (f) enquiry спрос (мр)	demande (f) domanda (f) demanda (f)
4	Abschätzung (f) estimating оценка (жр)	arbitrage (m) estimo (m) arbitraje (m)
5	Grundzahl (f), Schlüsselzahl (f) constant dividend основное число (ср), коэффициент (мр)	constante (f), facteur (m) constant costante (m) constante (m)
6	Kontrolle (f) der Berechnung checking of calculation проверка (жр) *или* контроль (мр) расчета	contrôle (m) de calcul controllo (m) del calcolo control (m) *o* verificación (f) de cálculo
7	Vorrat (m), Lagerbestand (m) stock запас (мр)	approvisionnement (m), stock (m) provvista (f) provisión (m), depósito (m), stock (m)
8	halbfertige Ware (f), [Halbfabrikat (n)] semi-manufactured goods *or* article полуготовый товар (мр), полуфабрикат (мр)	marchandise (f) mi-finie merce (f) mezzo-finita *o* semi-lavorata mercancía (f) medio terminada, artículo (m) *o* género (m) sin acabar
9	fertige Ware (f), [Ganzfabrikat (n)] finished *or* fully manufactured goods *or* article готовый (-ое) товар (мр) *или* изделие (ср)	marchandise (f) finie merce (f) finita mercancía (f) terminada, artículo (m) *o* género (m) completamente acabado
10	Stückzahl (f) number of pieces число (ср) кусков	nombre (m) de pièces numero (m) di pezze número (m) de piezas
11	Lagerzeit (f) period of warehousing время (ср) *или* продолжительность (жр) хранения на складе	période (f) de magasinage periodo (m) di magazzinaggio periodo (m) de almacenaje

III.

12

Garnbedarf (m)	**Besoins (mpl) en fil**
Yarn Requirements	**Richiesta (f) di filato**
Потребность (жр) в пряже, расход (мр) пряжи	**Necesidades (fpl) de hilo**

1. Berechnen (n) der Kette

13

1. Berechnen (n) der Kette	**Calcul (m) de la chaîne**
Warp Calculation	**Calcolo (m) della catena**
Расчет (мр) основы	**Cálculo (m) de la urdimbre**

14	Wert (m) der Grundstoffe, [Materialwert (m)] value of the materials ценность (жр) материала	valeur (f) des matières valore (m) della materia valor (m) de los materiales
15	Garnbedarf (m) für die Kette yarn requirements for warp потребность (жр) пряжи для основы	besoins (mpl) en fil pour la chaîne richieste (fpl) di filato per la catena necesidades (fpl) de hilo para la urdimbre
16	Schweiflänge (f) length warped [общая *или* полная] длина (жр) сновки	longueur (f) de la chaîne ourdie lunghezza (f) della catena ordita longitud (f) de la urdimbre urdida
17	Kettenlänge (f) length of warp длина (жр) основы	longueur (f) de la chaîne lunghezza (f) della catena longitud (f) de la urdimbre
18	Kettenzuschlag (m) additional warp прибавка (жр) на уработку основы	chaîne (f) supplémentaire catena (f) supplementare urdimbre (f) suplementaria
19	berechnete Länge (f), Kalkulationslänge (f) calculated length вычисленная длина (жр)	longueur (f) calculée lunghezza (f) teorica longitud (f) calculada
20	Verbrauchslänge (f) length of yarn worked up продажная длина (жр)	longueur (f) de fil travaillée lunghezza (f) pratica longitud (f) de hilo trabajado
21	Fadenzahl (f) number of threads число (ср) нитей	nombre (m) de fils numero (m) di fili número (m) de hilos
22	Kammdichte (f), Blattdichte (f) dents per inch, set of the reed плотность (жр) берда	compte (m) au peigne riduzione (f) del pettine densidad (f) del peine
23	Zahl (f) der Rohre number of dents число (ср) зубьев [в берде]	nombre (m) de dents numero (m) di denti número (m) de dientes
24	Rohrlücke (f) space between dents, reed space просвет (мр) *или* промежуток (мр) между бердочными зубьями	intervalle (m) entre les dents intervallo (m) fra i denti intervalo (m) *o* claro (m) *o* espacio (m) entre los dientes
25	Kammeinzug (m) reeding пробранная в бердо основа (жр)	piquage (m) [en peigne], passage (m) au peigne passatura (f) nel pettine remetido (m) del peine

1	Kettenspannung (f)	warp tension	натяжение (ср) основы	tension (f) de la chaîne	tensione (f) dell'ordito	tensión (f) de la urdimbre
2	Einarbeiten (n) der Kette	shrinkage of warp	уработка (жр) основы	rétrécissement (m) de la chaîne	contrazione (f) dell'ordito	encogimiento (m) de la urdimbre
3	Kettgarnpreis (m)	price of warp yarn	цена (жр) основной пряжи	prix (m) du fil de chaîne	prezzo (m) del filo di catena	precio (m) del hilo de urdimbre
4	Schaftanzahl (f)	number of shafts	число (ср) ремизок	nombre (m) de lames	numero (m) di licci	número (m) de lizos
5	Leistenschaft (m)	selvedge shaft	кромочная ремизка (жр)	lame (f) pour les lisières, lamette (f)	liccio (m) per le cimosse	lizo (m) para los orillos
6	Helfenberechnung (f)	calculation of healds	расчет (мр) числа колышек	calcul (m) des lisses	calcolo (m) dei licci	cálculo (m) de los lizos

7 **2. Berechnen** (n) **des Schusses** — **Weft Calculation** — **Расчет** (мр) **утка** — **Calcul** (m) **de la trame** — **Calcolo** (m) **della trama** — **Cálculo** (m) **de la trama**

8	Garnbedarf (m) für den Schuß	yarn requirements for weft	потребность (жр) пряжи для утка	besoins (mpl) en fil pour la trame	richiesta (f) in filato per la trama	necesidades (fpl) de hilo para la trama
9	Schußgarnpreis (m)	price of weft yarn	цена (жр) уточной пряжи	prix (m) du fil de trame	prezzo (m) del filo di trama	precio (m) del hilo de trama
10	Kammbreite (f)	reed space	ширина (жр) берда	largeur (f) au peigne	larghezza (f) del pettine	ancho (m) *o* anchura (f) del peine
11	Eingehen (n) der Ware, Breitenverlust (m)	shrinkage in width	усадка (жр) товара, потеря (жр) в ширине	rétrécissement (m) en largeur, rentrage (m) *ou* embuvage (m) du tissu	contrazione (f) in larghezza	encogimiento (m) *o* estrechamiento (m) de la urdimbre en anchura
12	Schüsse (mpl) auf 1 Zentimeter	picks per centimeter	уточин на один сантиметр	[nombre (m) de] duites (fpl) au centimètre	trame (fpl) per centimetro	número (m) de pasadas por centímetro
13	Schüsse (mpl) auf 1 Zoll	picks per inch	уточин на один дюйм	duites (fpl) par pouce	trame (fpl) per pollice	pasadas (fpl) por pulgada
14	Schußverbrauch (m) in Kilogramm	weft consumption in kilograms	расход (мр) утка в килограммах	consommation (f) de trame en kilogrammes	consumo (m) di trama in chili	consumo (m) de trama en kilogramos
15	Schußverbrauch (m) in Pfund	weft consumption in pounds	расход (мр) утка в фунтах	consommation (f) de trame en livres	consumo (m) di trama in libbre	consumo (m) de trama en libras
16	Gewichtsmenge (f) des eingetragenen Schusses	weight of weft worked up	весовое количество (ср) введенного утка	poids (m) de la trame employée	peso (m) della trama impiegata	peso (m) de la trama empleada
17	Sollänge (f) [*oder* Numerierungslänge (f)] der Strähne	calculated length of hanks	высчитанная *или* калькулированная длина (жр) мотков	longueur (f) calculée des écheveaux	lunghezza (f) teorica delle matasse	longitud (f) calculada de las madejas
18	Garnverlust (m)	loss in yarn	потеря (жр) *или* угар (мр) пряжи	perte (f) en fil	perdita (f) in filato	pérdida (f) de hilo

IV.

Löhne (mpl) — **Wages** — **Заработная плата** (жр), **заработок** (мр) — **Salaires** (mpl) — **Salari** (mpl) — **Salarios** (mpl) 19

20	Stundenlohn (m)	wage per hour	почасная *или* урочная плата (жр)	salaire (m) par heure	salario (m) per ora	salario (m) por hora
21	Taglohn (m)	daily wage	поденная плата (жр)	salaire (m) journalier	salario (m) giornaliero	jornal (m)
22	Wochenlohn (m)	weekly wage	понедельная плата (жр)	salaire (m) par semaine	salario (m) settimanale	salario (m) por semana
23	Akkordlohn (m)	task wage	сдельная плата (жр)	salaire (m) à la tâche *ou* à forfait	salario (m) per cottimo	salario (m) a destajo
24	Lohnzahlung (f) nach Tausenden Schüssen	wage paid per thousand picks	уплата (жр) заработка с тысячи уточин	salaire (m) payé aux mille duites	salario (m) pagato per mille trame	salario (m) pagado por mil pasadas
25	Färbelohn (m)	dyers wage	заработная плата(жр) по крашению	salaire (m) des teinturiers	salario (m) dei tintori	salario (m) de los tintoreros

1	Bleichlohn (m) bleachers wage заработная плата(жр) по отбелке	salaire (m) des blanchisseurs salario (m) degli sbiancatori salario (m) de los blanqueadores
2	Kettspullohn (m) warp winders wage плата (жр) катушечницам	salaire (m) des bobineurs salario (m) degli spolatori salario (m) de los bobinadores
3	Schußspullohn (m) weft winders wage плата (жр) мотальщицам	salaire (m) des cannetteuses salario (m) delle incannatrici della trama salario (m) de las [en]canilladoras
4	Zwirnerlohn (m) doublers wage плата (жр) крутильщицам	salaire (m) des retordeuses salario (m) delle ritorcitrici salario (m) de las dobladoras
5	Scherlohn (m), Schweiflohn (m) warpers wage плата (жр) сновальщицам	salaire (m) des ourdisseurs salario (m) degli orditori salario (m) de los urdidores
6	Schlichtlohn (m) sizers wage плата (жр) шлихтовальщикам	salaire (m) des encolleurs salario (m) degli incollatori salario (m) de los encoladores
7	Bäumlohn (m) beamers wage плата (жр) за накатку на навои	salaire (m) des ensoupleurs *ou* des monteurs de chaîne salario (m) degli insubbiatori salario (m) de los montadores de urdimbre
8	Andrehlohn (m) piecers wage плата (жр) за присучку основы	salaire (m) des noueurs salario (m) degli annodatori salario (m) de los anudadores
9	Einziehlohn (m) drawer in wage плата (жр) за проборку	salaire (m) des rentreurs salario (m) per rimettaggio salario (m) de los remetedores
10	Weblohn (m) weavers wage плата (жр) ткачу	salaire (m) des tisserands salario (m) dei tessitori salario (m) de los tejedores
11	Lohn (m) für Stoffprüfung wage for cloth examining плата (жр) за испытание товара	salaire (m) pour la vérification des pièces salario (m) per verificare *o* passare le pezze salario (m) para la verificación de las piezas
12	Lohn (m) für Zurichten, Appreturlohn (m) finishers wage плата (жр) за дополнительные работы	salaire (m) des apprêteurs salario (m) degli apprettatori salario (m) de los aprestadores
13	Putzlohn (m) cleaners wage плата (жр) чистильщикам *или* чистильщицам	salaire (m) des nettoyeuses salario (m) delle pulitrici salario (m) de las limpiadoras
14	Nopplohn (m) burlers *or* pickers wage плата (жр) за очистку от шишек и орешка	salaire (m) des épinceteurs salario (m) per la pulitura dei nodi salario (m) de los desborradores *o* de los purgadores de hilo
15	Ausnählohn (m) menders wage плата (жр) швеям	salaire (m) des rentrayeuses salario (m) delle rammendatrici salario (m) de las remetedoras
16	Stückgeld (n) extra pay for each woven piece поштучная плата (жр), плата с куска	salaire (m) supplémentaire par pièce salario (m) supplementare per pezza salario (m) con prima
17	Stärklohn (m) wage for starching плата (жр) по крахмалению	salaire (m) des amidonniers salario (m) per amidatura salario (m) de los almidoneros
18	Meisterlohn (m) masters wage жалованье (ср) мастера	appointements (mpl) des contremaîtres stipendio (m) dei capi salario (m) del contramaestre

V.

19	**Betriebskosten (fpl), allgemeine Unkosten (fpl)** **Working Expenses** **Общие расходы (мр) производства**	**Frais (mpl) généraux** **Spese (fpl) generali** **Gastos (mpl) generales**
20	Verzinsung (f) der Anschaffungskosten interest on capital outlay проценты (мр) по стоимости обзаведения	intérêt (m) des frais d'acquisition interessi (mpl) delle spese di acquisti interés (m) de los gastos de adquisición
21	Abschreibung (f) [*oder* Amortisation (f)] der Maschinen depreciation of machinery погашение (ср) *или* амортизация (жр) машин	amortissement (m) des machines ammortamento (m) del macchinario amortización (f) de las máquinas
22	Abschreibung (f) für Gebäudeabnützung depreciation of buildings погашение (ср) порчи *или* изнашивания строений	amortissement (m) des bâtiments ammortamento (m) degli edifici amortización (f) de los edificios

1	Neuanschaffungskosten (pl) renewals расходы (мр) по обновлению	frais (mpl) de renouvellement spese (fpl) per innovazioni gastos (mpl) para renovaciones
2	Wiederherstellungskosten (pl), Reparaturkosten (pl) repairs расходы (мр) по ремонтам	frais (mpl) de réparations spese (fpl) per riparazioni gastos (mpl) para reparaciones
3	Patentkosten (fpl) cost of patents расходы (мр) по патентам, патентные сборы (мр)	frais (mpl) de brevet costo (m) dei brevetti gastos (mpl) de patentes
4	Kraft[maschinen]betriebskosten (fpl) cost of power эксплуатационная стоимость (жр) силы *или* силовой энергии	frais (mpl) de force motrice spesa (f) per forza motrice gastos (mpl) de fuerza motriz
5	Brennstoffkosten (fpl) für den Betrieb cost of fuel for power стоимость (жр) топлива для производства	frais (mpl) de combustible pour la force motrice costo (m) del combustibile per la forza motrice gastos (mpl) de combustible para la fuerza motriz
6	Beheizungskosten (fpl) cost of heating стоимость (жр) отопления	frais (mpl) de chauffage costo (m) del riscaldamento gastos (mpl) de calefacción
7	Beleuchtungskosten (fpl) cost of lighting стоимость (жр) освещения	coût (m) de l'éclairage spesa (f) per illuminazione gastos (mpl) de iluminación
8	Instandhaltungskosten (fpl) der Maschinen cost of upkeep for machinery стоимость (жр) содержания машин	frais (mpl) d'entretien des machines spesa (f) per la manutenzione delle macchine gastos (mpl) de entretenimiento de las máquinas
9	Zinsen (fpl) für das Betriebskapital interest on works capital проценты (мр) на оборотный капитал	intérêts (mpl) du fonds de roulement interessi (mpl) del capitale disponibile interés (m) del capital circulante
10	Bankzinsen (fpl) interest on loan capital проценты (мр) с капитала в банке	intérêts (mpl) du capital de crédit interessi (mpl) bancari interés (m) del capital de crédito
11	Bankspesen (fpl) bank charges банковые издержки (жр)	commission (f) de banque commissione (f) bancaria comisión (f) de banca
12	Diskont (m) discount дисконт (мр), учет (мр)	escompte (m) sconto (m) descuento (m)
13	Gehälter (npl u. mpl) salaries жалованья (ср)	appointements (mpl) paghe (fpl) salarios (mpl), sueldos (mpl), pagas (fpl), remuneraciones (fpl)
14	Steuern (fpl) rates, taxes налоги (мр), налоговые обложения (ср)	impôts (mpl) imposte (fpl) impuestos (mpl)
15	Versicherung (f) insurance страхование (ср), страховка (жр)	assurance (f) assicurazione (f) seguro (m)
16	Geschäftsverlust (m) trade loss убыток (мр) от дела	perte (f) commerciale perdita (f) commerciale pérdida (f) comercial
17	unvorhergesehene Ausgaben (fpl) unforeseen expenses непредвиденные издержки (жр)	imprévus (mpl) spese (fpl) impreviste imprevistos (mpl)
18	Miete (f) rent найм (мр), наем (мр), наемная плата (жр)	loyer (m) affitto (m) alquiler (m), arrendamiento (m)
19	Heizung (f) heating отопление (ср)	chauffage (m) riscaldamento (m) calefacción (f)
20	Beleuchtung (f) lighting освещение (ср)	éclairage (m) luce (f), illuminazione (f) alumbrado (m)
21	Reisekosten (fpl), Reisespesen (fpl) travelling expenses проездные (жр), расходы (мр) по проездам *или* поездкам	frais (mpl) de voyage spese (fpl) di viaggio gastos (mpl) de viaje
22	Aufmachungskosten (fpl) cost for making up расходы (мр) по уборке, стоимость (жр) уборки	frais (mpl) de la confection spese (fpl) di confezione gastos (mpl) de confección
23	Musterkosten (fpl) cost of samples стоимость (жр) образцов	frais (mpl) d'échantillonnage spesa (f) dei campioni coste (m) de las muestras
24	Kosten (fpl) für die Zeichnungen cost of sketches стоимость (жр) изготовления чертежей	frais (mpl) des esquisses spesa (f) degli schizzi coste (m) de los bosquejos
25	Patronenkosten (fpl) cost of patterns стоимость (жр) патронов	frais (mpl) des patrons spesa (f) delle patrone coste (m) de los gráficos
26	Kartenkosten (fpl) cost of pattern cards стоимость (жр) карт	frais (mpl) des cartons spesa (f) per i cartoni coste (m) de los cartones
27	Lagerkosten (fpl) warehouse charges полежалое (ср), стоимость (жр) хранения, складочный сбор (мр), амбарные деньги (жр)	frais (mpl) de magasinage spese (fpl) di magazzinaggio gastos (mpl) de almacenaje
28	Gebühren (fpl) dues повинности (жр)	droits (mpl) tasse (fpl), diritti (mpl) derechos (mpl)
29	Gerichtskosten (fpl) law charges судебные издержки (жр) *или* расходы (мр)	droits (mpl) légaux diritti (mpl) legali derechos (mpl) legales

1	Versandkosten (fpl), Beförderungskosten (fpl), [Transportkosten (fpl)]	frais (mpl) de transport	
	cost of transport	spese (fpl) di trasporto	
	плата (жр) за провоз	gastos (mpl) de transporte	
2	Frachten (fpl)	frets (mpl)	
	freight	noli (mpl)	
	фрахт (мр)	fletes (mpl)	
3	Fuhrlohn (m)	frais (mpl) de voiturage	
	cartage expenses	spese (fpl) per carrettaggio	
	плата (жр) за гужевой провоз	gastos (mpl) de acarreo	
4	Postspesen (fpl)	frais (mpl) de poste	
	postage	spese (fpl) di posta	
	почтовые расходы (мр)	portes (mpl)	
	Reklamekosten (fpl)	frais (mpl) de réclame	5
	cost of advertising	spese (fpl) per la reclame	
	расходы (мр) на рекламу	gastos (mpl) de reclamo	
	Preislistenkosten (fpl)	frais (mpl) de prix-courants	6
	cost of price lists	spese (fpl) per listini di prezzi	
	стоимость (жр) прейскурантов	gastos (mpl) de listas de precios	
	Drucksachenkosten (fpl)	frais (mpl) des imprimés	7
	cost of printing	costo (m) per gli stampati	
	расходы (мр) на печатные материалы *или* произведения	gastos (mpl) de impresos	
	Fernsprechgebühren (fpl), [Telephongebühren (fpl)]	frais (mpl) de téléphone	8
	telephone charges	spese (fpl) telefoniche	
	плата (жр) за телефон	gastos (mpl) de teléfono	

INDEX

Deutsch · German · Немецкий · Allemand · Tedesco · Alemán

A

abbinden, eng. 152.3
—, die Fäden . . 163.4, 381.12
—, die Kette 42.16
Abbinden der Fäden . 144.2, 381.11
Abbindung des Musters mit dem Grunde . 223.10
Abbindung, enge . . . 152.4
abblasen durch einen Preßluftstrom (Käppchen) 264.22
abdecken, die Ladenbahn 312.12
Abfall, Faden- 4.14
—, Garn- 11.23
—, Weberei- 4.13
Abfall-bildung, übermäßige 86.1
—garn 14.16, 85.30
—garn, Baumwoll- . . . 12.12
—sammler 113.2
Abfallen einer Fadenschicht 86.2
abfangen, die Schußfadenschleife 340.14
abfliegende Käppchen . 264.14
Abgang, Garn- 11.23
abgearbeitet-e Kette . . 110.18
—er Schützen 243.21
abgebogen, seitlich (Spitze) 108.16
—es Ende 312.16
abgebrochene Kötzerspitze 86.3
abgefallene Kötzerspitze 86.3
abgefaßter Teppich . . 407.9
abgekürztes Kartenschlagen 387.15
abgelaufen-e Spule . . 265.3, 317.17
—er Kötzer 262.3
abgeleitete Bindungen . 145.13
abgenutzter Schützen . 243.23
abgepaßt-e Kette . . . 77.8
—er Teppich 407.9
—es Muster 377.21
abgerissener Kettfaden 319.7
abgerundetes Führungsbrett 57.11
abgeschossen-er Kettfaden 143.3
—er Schützen 312.5
abgeschrägter fester Teil 283.18
abgesetzter Einzug. . . 104.17
abgestochener Faden der Geschirrkette . . . 113.16
— Faden der neuen Kette 113.18
abgewebter Kötzer . . 243.22
abgewickeltes Kettenstück 118.9
Abgleiten der Fadenlagen 97.10
abhängige Schützenkastenbewegung . . 272.1
abhebbarer Kammdeckel 49.19
abheben, den Bremshebel 95.19
—, die Walze von der Trommel 35.18
Abkettbock 56.8
Abkochung von Kartoffelmehl 66.20
—, Leinsamen- 67.20
ablassen, die Kette . . 118.2
Ablassen der Kette . . 118.3
Ablaßvorrichtung, Ketten- 119.7
Ablauf 79.3
—haspel 34.15
—winde. 34.15
ablaufen, in der Achsrichtung (Faden) . . 237.16
Ableger 341.28
ableiten, die Bindung . 145.14
Ableitung, Wasser- . . 74.1
ablenken, von der Bahn 312.7
Ablenker 270.7
Ablenkung des Schützens 312.8
ablesen, die Bindung . 434.7
Ablesevorrichtung . . . 387.12
Ablieferung der fertigen Ware 6.27
—s-ende des Schützens. 244.18
Abmessungen des Doppelplüschwebstuhls . . 330.14
Abnahme des Schaltwinkels 135.18
— der fertigen Ware. . 7.1
—, Durchmesser- . . . 120.6
abnehmen, die Kette vom Scherrahmen. . . . 57.3
—, die Spule von der Spindel 37.8
Abnehmen 91.19
— der Spule 37.7
abnehmender Kettbaumumfang 119.4
Abnützung des Exzenters 250.5
— der Wechselorgane . 262.7
—, Faden- 284.15
Abreißen des Fadenrestes 265.9
Abreißende 436.15
Abrollspule . . . 86.18, 240.14
Abrutschen der Fäden . 57.2
— der Fadenlagen . . 97.10
— einer Fadenschicht . 86.2
Abschätzung 443.4
Abscheider, Niederschlagwasser- 73.22
abschießen (Kettfäden) 247.7
—, den Schützen . . . 246.19
Abschießen der Kettfäden 143.4
— des Schützens . . . 246.18
abschlagen, sich (Schußfaden). 245.2
Abschlagen der Schußspulen 247.18
—, Garn- 245.3
Abschleudern der Schußspulen. 247.18
abschmirgeln, die Splitter 244.2
abschneiden, die flottenden Fäden 344.9
—, die Riedstäbe . . . 287.18
—, das Stück 77.12
Abschneiden, Schuß- . 258.8
Abschneid-messer . . . 338.7
—vorrichtung, Schuß- . 341.24
Abschnitt, Scheren in —en 41.4
Abschrägen der Holzplatinen 211.9
Abschrägung . . 267.14, 317.7
Abschreibung für Gebäudeabnützung . . 445.22
— der Maschinen . . . 445.21
absetzen, das Muster . 378.7
—, Wolle (Flor) . . . 405.3
absetzend-er Einzug . . 104.17
—er Köper 150.2
Absperrhahn 265.7
Abspringen der Schlichte 64.20
abspulen 85.21
—, den Garnsträhn . . 25.8
Abspulen des Garnsträhns 25.9
— eines Kettenwickels . 63.14
Abstand der Bremse vom Bremsrad 311.18
—, Noppen-. 18.9
Abstech-nadel 113.6
—vorrichtung 113.5
abstehen, vom Warenrand (Schuß) . . . 325.6
absteigende Kette . . . 338.3
Abstell-ansatz 91.9
Abstellblock 35.12
abstellen, die Spule nach bestimmter Fadenlänge 29.19
—, den Stuhl 313.3
—, sich (gefüllte Spule) 87.22
—, sich selbsttätig (Schermaschine) 52.16
Abstellen bei Reißen des Fadens 51.7
— auf elektrischem Wege 319.21
Absteller für das Abnehmen 91.19
— für vollen Kötzer . . 91.16
Abstell-feder 35.14
—finger. 91.8
—flügel 32.3
—hebel . . 35.11, 50.15, 52.12, 91.10, 320.5
—hebel, gekröpfter. . . 48.6
—klinke 53.17
—nadel . . 35.6, 50.14, 51.2.3
—nadelöse 53.5
—ring für volle Kötzer. 92.4
—rolle 36.10
—schiene 53.20
—stange 36.11, 48.4, 50.17, 92.9
—stift 91.8
—stück 318.16
—vorrichtung 91.5
—walze 51.1
Abstellung 35.15
—, selbsttätige 313.4
abstreichen, sich auf der Plüschwalze (Faden) 39.4
Abstreicher, biegsamer. 89.13
Abstreichrolle 308.15
abstreifen, die Nissen (Blech) 28.2
Abstufung der Schaltung 126.17
abtafeln, die Ware . . 298.17
Abtafeln der Ware . . 298.18
abteilen, die Kettfäden 83.23
—, das Ried nach Gängen 107.19
Abteilen der Kettfäden 83.24
— der Perlen 354.18
Abteiler, Perlen- . . . 354.19
Abteil-scheibe, Perlen- . 354.20
—vorrichtung, Faden- . 112.23
Abteilung 110.3
—, Gang- 47.14
—, Platinen- 214.22
Abtreibegestell 43.12
abtrennen, das Stück . 77.12
abwechselnd binden, in die benachbarte Gruppe (Drehfaden) 165.8
Abwerfen des Riemens. 373.2
Abwerfer, Riemen- . . 372.18
Abwickelbock 56.1.8
—, verschiebbarer . . . 61.25
abwickeln, den Faden von der Schußspule 260.10
—, die Kette 77.2
—, den Spulenfaden vom abfliegenden Käppchen 265.1
—, sich (Schußfaden) . 245.1
Abwickeln der Kette . 77.3
—, ruckweises 126.7
—, unterbrochenes . . 126.7
Abwicklung, Faden- . . 244.22
—swiderstand 95.20
abwinden, das Fadenband von dem Scherrahmen 43.3
—, den Garnsträhn . . 25.8
—, die Kette vom Baum 118.4
—, von Kreuzspulen . 89.20
Abwinden des Garnsträhns 25.9
abzählen, die Bindungspunkte 151.5
abziehen, den Fadenüberschuß 98.9
—, die Hülsen von den Spindeln 372.5
—, mit jedem Ladenspiel einen Gewebeteil . . 134.9
—, die Spulenfäden . . 44.23
Abziehmaschine, Hülsen- 372.4
Abzug-geschwindigkeit . 365.20
—hebel 259.20
—kamin für die mit Feuchtigkeit gesättigte Luft 75.13
—walze, Waren- 360.3
Achse 240.12
—, Dreh- 193.6
—, Haspel- 25.23, 29.4
—, Hebeldrehungs- . . 253.16
—, Laden- 278.6, 293.5
—, Prisma- 235.10
—, in Richtung der . . 307.15
Achsrichtung, in der — ablaufen (Faden) . 237.16
—, in der — verschiebbar 252.9
Achselschützen 242.11
Acht, die Form einer — laufen (Klöppelspindel) 179.13
acht-bindiger Atlas . . 224.4
—teiliger Stern 274.3
Adriabindung 146.7
— mit ungleichen Flottungen 146.10
Adriarippe 146.11
Afghanistanteppich . . 410.4
ägyptischer Stil 376.14
Akkordlohn. 444.23
aktiv-e Kettenablaßvorrichtung. 126.3
—er Wareneinzug . . . 132.3
Alaun 67.25, 438.3
allgemeine Unkosten. . 445.19
Alpaka-garn 14.20
—spindel 238.12
—wollgarn 15.26
Alpako-Tibet 399.23
Altartuch mit aufgenähten Metallfiguren. . 423.1
— mit Metallschlingen . 423.7
—, Brokat- 423.4
alt-e Kette 113.15
—er Schützen 267.1
Aluminiumsalz 438.5
amerikanische Schermaschine 53.1
— Steckspindel 239.1
Amortisation s. Abschreibung
anatolischer Teppich. . 410.2
anbinden, die Musterfäden an die Grundkettfäden 369.1
ändern s. a. wechseln
—, die Abzugsgeschwindigkeit 365.20
—, die Rieddichte durch Radauswechseln . . 287.21
—, die Schlagfolge. . . 247.22
—, die Strähnspannung 25.11
—, die Zellengröße. . . 365.21
Ändern der Hubhöhe . 213.13
Änderung der Schußdichte 132.9
—, Geschwindigkeits- . 31.10
andrehen, die Kettfäden 110.10
—, den Stuhl mit der Hand 306.4
Andreher (Arbeiter) . . 110.13
— (Knoten). 110.11
—, schlechter 28.3
Andreherin 110.14

Andreh-gestell 111.2
—lohn 445.8
—stück 110.19
andrücken, den Deckel durch Schraubenfedern an den Kamm 289.3
—, die Spule an die Welle 33.2
—, die Spulen durch Gewichtshebel an die Antriebsscheiben 31.5
—, die Steuerscheibenrolle durch Gewicht 37.15
aneinanderlegen, sich näher (Kettfäden) 114.11
Aneinanderreihen der Schnüre 220.2
— der Schußfäden 132.6
aneinanderschlingen, die Enden des gerissenen Fadens 51.11
Anfangs-faden im Spulengestell 44.21
—geschwindigkeit des Schützens 247.10
—kegel 87.10
—stellung 265.19
—stellung, in die — zurückkommen 248.21
anfeuchten, den Schuß 101.7
—, die Spulen mit der Handspritze 101.12
Anfeuchten des Schusses 101.6
Anfeucht-vorrichtung für Garne 101.17
—walze 89.12
angeben, die Umlaufzahl (Zeiger) 52.2
Angebot 443.2
angefeuchtete Spule 101.15
angehen, langsam (Trommel) 59.11
angehend, schwer (Webstuhl) 309.21
angeordnet, im Kreise (Zellen) 279.3
—, übereinander (Spulen) 262.14
angespannte Feder 283.23
angetrieben, von Reibwalzen 27.4
—e Scheibe 305.17
angezogen werden, langsam (Fäden) 59.12
—e Schraube 439.9
Angriffspunkt der Feder 137.1
Anguß 327.21
anhalten, die Drehbewegung 180.20
—, die Lade vor dem Anschlagen 292.22
—, den Stuhl 306.23
Anhalten des Gewichts 137.12
— des Webstuhls 306.24
Anhangeisen 219.4
—, $^1/_4$ ($^1/_2$, $2^1/_2$) lötiges 210.7.8.9
anhängen, das Fadenband an die Trommel 57.1
—, die Schäfte ansteigend 181.12
Anhängen der Hebeschnüre an die Platinenschnüre 218.4
— der Helfen an die Hebeschnüre 219.11
Anhäufung, Faden- 365.24
anheben, das Bremsgewicht 123.10
anheften, einen Unterschuß 155.6
Anheften der Oberware an die Unterware 157.13
Anheftung des Unterschusses 155.5
Anker 301.3
—, Kurzschluß- 309.17
ankleben, die hervorstehenden Faserenden 64.13
Ankleben der Fäden an der Schlichtwalze 74.10
anknoten, die Fäden der neuen Kette 110.15
Anknoten der Kettfäden 110.16
Anknotmaschine, Barbersche 112.20
anknüpfen, die Fäden der neuen Kette 110.15
Anknüpfen der Kettfäden 110.16
Anknüpfspule 81.9
Anlage, Schuß- 132.4.15
anlängern, die Kette 110.2
—, mit dem Tuch 110.6
Anlängern der Kette 109.16
— der Kette, Vorrichtungen zum 111.1
Anlängerschnur 110.4
Anlaßschalter 310.4
Anlauf, unsicherer 309.23
anlaufen lassen, die Spulen 87.17
—, langsam (Trommel) 59.11
Anlaufen des Stuhles 306.5
—, schwankendes 306.7
—, sicheres 306.6
Anlegekegel 60.2
anlegen, die Kegellehre an das Fadenband 60.13
—, kurz (Kette) 42.4
—, lang (Kette) 42.3
— sich, an den Rahmenkegel (Fadenband) 60.4
Anlegen, dichtes — von Schuß an Schuß 132.7
anliegen, am Garn (Rolle) 101.4
—, an der Hubscheibe (Rolle) 34.1
—, an den Kettfäden (Schlichtwalze) 76.12
anliegend, sanft 78.17
anordnen, figurenartig 414.25
—, übereinander 155.2.12
Anordnung für mehrere Kettbäume 116.3
—, Doppelhub- 193.7
—, Spindel- 39.17
Anprall, Schützen- 247.15
anpressen, die Kupplung an das Rad 95.9
—, den Warenbaum an den Zugbaum 131.4
Anpressen der Spule an die Mündung der Preßluftleitung 265.6
— des Warenbaumes an den Zugbaum 131.5
Anreicher 103.13
Anreicherin 103.14
Ansatz 87.10, 202.14, 283.17, 284.3, 309.9
— (Hülse) 86.13
— (Spindel) 238.11
—, Abstell- 91.9
—, Hülsen- 259.7
—, keilartiger 242.13
—, Platinen- 232.14
—, Rutenkopf- 328.8
—, Stempel- 386.4
—former, Kötzer- 92.17
ansaugen, den Faden 372.13
Ansaugen des Fadens 372.12
Anschaffungskosten 445.20
anschirren, die Schäfte 181.9
Anschlag 178.9, 195.16, 241.8, 258.13, 200.11
—, Ausrückhebel- 52.13
—, Blatt- (scharfer) 283.20
—, Frottierstoffstuhl- 294.8
—, gepolsterter 358.17
—, gleichmäßiger 143.12
—, Kamm- 137.2
—, Kontakt- 269.9
—, Laden- 265.16
—, Schläger- 241.9
—, Schnurbrett- 222.17
—, Schuß- 284.11.12
anschlagen, dicht (Schuß) 284.10
—, bei vertretenem Fach die Lade 323.12
—, den Grundschuß in Wellenlinien 336.4
—, die Kette am Scherrahmen 42.2
—, den Schuß 284.7.8, 336.3
Anschlagen des Prismas 211.17
— des Schusses 282.1
Anschlag-bank 177.17
—gewicht 32.2
—stellung 294.7
—stück 332.15
—winkel 332.6
anschließende Schußanlage 132.16
anschlingen, die Kettfäden 110.10
Anschlingen der Hebeschnüre an die Platinenschnüre 218.4
— der Helfen an die Hebeschnüre 219.11
Anschluß der Bindungen 144.21
anschnellen, die Kettfäden 110.10
anschnüren, die Tritte 183.9
Anschnürung des Geschirrs 181.10
ansetzen, die Frösche an die Blattenden 283.1
anspannen, den Kettstrang 81.19
—, die Litzen straff 180.7
—, den Schußfaden 245.6
Anspannen der Fäden 79.11
Anspannung, Ketten- 126.8
anstechen, das Blatt 107.3
anstecken, das Wechselrad 133.17
ansteigend anhängen, die Schäfte 181.12
Anstoß 91.9
—borte 428.21
Anstreckzeug 132.21
antreiben, durch Riemen 310.6
—, durch eine Planscheibe 100.11
—, durch Zahnrad 310.16
Antrieb für Exzenter 201.1
— der Einhubmaschine 213.9
— des zweiten Fadenführers 35.1
— durch Fest- und Losscheibe 307.11
— mit (ohne) totem Gang 189.4.5
— für veränderliche Geschwindigkeit 308.4
— der Hattersley-maschine 203.15
— einzelner Spindelgruppen 92.11
— für Spulenschlitten, Double-Locker- 366.6
—, Einzel- 305.10
—, elektrischer 309.14
—, Fadenführer- 35.9
—, Gruppen- 305.9
—, Jacquardmaschinen- 212.17
—, Ketten- 213.14
—, kraftschlüssiger 213.1
—, Links- 305.12
—, Ober- 368.5
—, Räder- 307.16
—, Rechts- 305.11
—, Reibungs- 307.12
—, Riemen- 307.7
—, Schaftmaschinen- 203.14
—, Schloßrad- 309.2
—, Spindel- 39.15
—, Spulenschlitten- 366.20
—, Stirnräder- 307.17
—, Stuhl- 305.6
—, Träger- 62.1
—, Transmissions- 305.8
—, Unter- 366.21
—, Winkelräder- 307.18
—, Zahnrad 310.12
—, zwangläufiger 213.5
—bock 305.5
—geschwindigkeit, veränderliche 34.16, 53.13
—kegel 308.5
—rad, kegeliges 308.10
—rolle, Spindel- 98.16
—scheibe 31.8, 36.8
—scheibe für Langsamgang 53.14
—scheibe, Riemen- 358.14
—stange 203.17
—walze 48.1
—wand 304.21
—welle 54.3, 89.18, 178.2
—welle, Haupt- 36.14
—welle, Spulen- 31.1
Anzahl der Platinen in Hundert 214.13
—, Kasten- 272.7
—, Spindel- 87.25
—, Zellen- 280.12
anzeigen, den Leerlauf (Spulentaster) 266.6
Anzettler 40.4
Anzettlerin 40.5
anziehen, die Schaftschnuren 181.16
—, die Schraube 439.8
Anziehen der Klinke 334.3
Anzug der Klinke 334.3
—skraft, hohe (Motor) 309.22
Äolienne 401.20
Apfelbaumholzschützen 243.7
appretieren, die Ware 437.1
—, die Zwirnlitzen 179.16
appretiert-es Band 427.16
—es Garn 10.4
—es Gewebe 431.15
Appretur 436.20
— der Zwirnlitzen 179.15
—lohn 445.12
—maschine für Zwirnlitzen 180.1
—masse 180.8
—mittel, chemisches 437.6
—mittel, mechanisches 437.4
—mittel, physikalisches 437.5
—verfahren 436.21
arabisch-er Teppich 410.5
—s Gummi 437.12
Arbeit, getretene 154.5
—sbreite 304.10
—sdauer des Schützens 341.26
—sverlust 4.16
—sweise 87.2
arbeiten, mit Ablegern 341.28
—, einstühlig (mehrstühlig) 441.5.6
—, rückwärts (Webstuhl) 302.14
—, mit Schäften 181.2
—, mit x Schützen 271.16
—, unsicher 273.17
—, mit Unterbrechung 130.6
—, vorn (hinten) am Stuhl (Prisma) 220.12.13
Arbeiten mit geschlossenem Fach 142.11
— mit offenem Fach 142.4
arbeitende Teile 374.17
Arbeiterschaft 4.20
Arkade 207.15, 217.15
Arm 291.9
— mit Stellschraube 283.16
—, drehbarer 54.12
—, fester 29.3
—, schwingender 137.17, 192.2
—, Ausrück- 268.5
—, Hebel- 136.7
—, Laden- 134.10, 288.18
—, Seiten- 112.4
—, Schußwächter- 322.18
—paar, drehbares 29.2
Armure 402.1
arsenigsaures Salz 67.27
Art des Kammeinzugs 107.5
—, Bandstuhl- 355.11
—, Einzug- 103.15
—, Spul- 23.4
—, Webstuhl- 304.7
Asbestgarne 17.22
— mit Baumwollseele 18.4
— mit Messingseele 18.5
Asbestweber 5.29
Asche 436.13
Assembléseide 17.9
assouplierte Seide 16.22
assyrischer Stil 376.13
Astrachan 170.7, 407.2
—band 425.12
Atlas mit zwei Steigungszahlen 151.4
—, achtbindiger 224.4
—, x-bindiger 151.8
—, leichter 402.12
—, regelmäßiger 151.9
—, reiner 151.9
—, x-schäftiger 151.8
—, schattierter 151.14
—, schwerer 402.11
—, unregelmäßiger 151.10
—, versetzter 151.10
—, verstärkter 151.11
—, wollener 399.16
—, Baumwoll- 394.20
—, Kett- 150.14
—, Möbel- 402.13
—, Schuß- 150.15
—band 425.7
—barchent 394.11
—bindepunkt 150.16
—bindung 150.13
—borte 428.2
—grat 150.18
—grund 151.1
—möbelstoff 418.9
—zwirn 16.18
atlasartig angeordnete Florschüsse 166.19
—er Einzug 104.10
atlasbindiges Gewebe 432.6
atmosphärischer Druck 74.17
Ätznatron 68.4
auf und ab bewegen, sich 88.13, 97.1
auf- und ablaufen (Zahnstange) 288.13

auf- und abschiebbare Weichenachse . . . 179.5
auf- und abschweifen, das Fadenband . . 47.9
auf- und absteigender Fadenführer 38.8
auf- und absteigendes Ried 285.11
Auf- und Abwärtsbewegung der Spindel . . 97.4
Aufbau der Faser . . . 436.17
aufbäumen, die Kette . 76.16
—, die ausgebreitete Kette 81.18
Aufbäumen der Kette . 76.14
— der Stränge 170.17
Aufbäumer 77.14
Aufbäumgestell . . . 80.2
aufdrehen, den Faden . 435.16
Aufdrehen der Stränge 170.16
Aufdrückmaschine, Spulen- 372.2
auffangen (Schützen) . 312.11
—, mit der linken Hand 246.11
—, den [zurückkehrenden] Schützen 247.6, 252.2
Auffangen des Greiferschützens, Vorrichtung zum 258.10
— des Schützens . . . 252.1
—, federndes — des Schützens 254.5
Auffangvorrichtung, Schützen- 315.8
Aufgang des Tritthebels 295.15
aufgeben, die Fäden . 103.10.11
Aufgeben 103.12
Aufgeber 103.13
Aufgeberin 103.14
aufgedrehte Stränge . . 170.17
aufgedruckt-e Noppe . 18.10
—es Muster 411.16
aufgehängt, drehbar . . 289.10
—er Kamm 80.9
aufgehauen-e Feder . . 239.2
—er Schaft 238.6
aufgelegte Leinwand . . 414.3
aufgelöst, in Einzelfäden 170.17
aufgenähte Metallfigur . 423.1
aufgepreßtes Muster . . 406.5
aufgerichtete Flornoppe 167.15
aufgeschlagen, verschränkt (Litzen) 173.9
aufgeschnittene Flornoppe 168.20
aufgeschobener Ring . . 202.13
aufgeschweiftes Muster 163.1, 351.6
aufgesticktes Muster . 406.6
Aufhänge-draht, Karten- 390.11
—punkt 255.5
—stelle der Feder . . . 204.8
Aufhängen des Garnes auf Stangen 65.27
Aufhängung, Decken- . 212.15
Aufheber 207.15
Aufhelfvorrichtung . . 137.18
aufklappbare Schützenspindel 238.1
aufklappen, den Haspel 29.1
Aufklappen der Sicherung 279.13
— der Spindel 242.19
Aufkleberin, Muster- . . 6.16
aufkochen, die Schlichte 65.1
Auflagegestell, Maschinen- 206.18
Auflager, Traversen- . . 212.10
auflaufen lassen, das Garn sanft an die Baumscheiben anliegend 78.17
auflaufende Spulfäden . 89.8
Auflaufgeschwindigkeit . 85.5
auflegen, die Fäden . 103.10.11
—, die Kettfäden in Schraubengangform auf den Haspel . . 46.19
—, das Kopflager . . . 37.6
—, den Strähn auf den Haspel 25.16
Auflegen 103.12
— der Karte auf das Prisma 220.8
— der Kartenblätter . 390.3
— des Riemens 372.17
— des Strähns auf den Haspel 25.17
—, Gewicht- 123.3
Aufleger 103.13
—arm 373.1
Aufleger, Ketten- . . . 77.14
—, Riemen- 372.18
Auflegerin 103.14
aufliegende Noppe . . . 426.16
Aufmachungskosten . . 446.22
auf- und niedergehen (Kasten) 290.18
auf- und niedersteigende Katze 46.3
Auf- und Niederzugmaschine 187.6
—vorrichtung 198.1
Aufrauhen, gegen — schützen 64.11
Aufrauhung, baumrindenartige 417.18
—, wellenförmige . . . 417.17
aufrechtstehend-e Flordecke 166.16
—e Haardecke 417.12
—e Noppe 405.1
—er Flor 168.22
Aufreihen der Perlen . 414.23
Aufreihschiene für Spulenschlitten 365.12
aufrichten, den Flor . 343.19
aufrollen, die Kette . . 76.16
aufschieben, den Kötzer auf die Spindel . . 38.22
—, auf das Ried (Eisenblechrohr) 287.3
aufschneiden, die Fadenverbindungen in der Nut 336.11
Aufschneiden der Flornoppen 168.12
— der Florschläuche . 167.7
— der Schläuche nach dem Muster 167.9
— der Schleifen 327.23
—, figurenweises — der Schläuche 167.9
—, reihenweises — der Florschläuche . . . 167.8
Aufschneidevorrichtung für die Polfadenschleifen 327.15
aufsetzen, den Spannstab 139.7
aufspannen, den Haspel 29.1
—, die Kette 118.15
—, ein dunkles Tuch unter der hellen Kette 62.19
—, ein helles Tuch unter der dunklen Kette . 62.20
Aufspannen der [geschlichteten] Kette . 72.4, 118.14
aufspeichern, die schlaffen Fäden in Zickzackwindungen 49.5
Aufspringen der Kette . 84.2
aufspulen 84.14, 336.9
aufstecken, den Kötzer 38.22
—, den Kötzer auf die Schützenspindel . . 239.9
Aufstecken der Kötzer . 38.21
Aufstecker, Kötzer- . . 372.1
Aufsteckspindel . 39.1, 44.16, 237.22
aufsteigende Kette . . 338.4
aufstellen, sich (Schußenden) 361.7
Aufstellung der Jacquardmaschine 212.6
Aufsuchen des Rapportes 434.10
Aufteilen der Skizze . . 379.12
auftragen, ein Fadenband 41.3
—, die Schlichte . . 65.15, 73.4
aufwärts gebogen (Warenrand) 140.8
aufwärtsgleiten (Drahtschlinge) 227.3
Aufwickelgestell . . . 331.3.4
aufwickeln, den Faden in Kreuzwindung . . 23.2
—, ein Fadenband . . . 41.3
—, die ausgebreitete Kette 81.18
—, die Kette mit gleichmäßiger Spannung . 79.8
—, nebeneinander liegend (Fäden) 81.8
—, straff (Kette) . . . 79.6
—, die Ware 298.16
—, sich (Seil) 122.5
Aufwickeln der Schnur 235.13
Aufwicklung, [un]mittelbare 131.1.3
—, Waren- 129.18
—sgeschwindigkeit . . . 85.5
—svorrichtung, Waren- . 261.9
Aufwindegeschwindigkeit, gleichbleibende 53.11, 85.6
aufwinden, fest 85.24
—, das Kettgarn auf den Haspel 46.18
—, lose 85.25
—, nebeneinander liegend (Fäden) 81.8
Aufwinden des Fadens durch Drehung der Spindel 87.23
Aufwinder 77.14
Aufwinde-richtung . . . 22.16
—trommel 324.9
—vorrichtung für Scheibenspulen 31.7
Aufwindung-swiderstand 130.9
—, Waren- 130.15
aufziehen, die Kette . . 118.15
—, die Litzen auf Schäfte 173.5
Aufziehen 174.2
— der Kette 118.14
Aufzieher, Ketten- . . . 77.14
Aufzug . . . 7.20, 114.4, 360.18
—hebel 185.3, 188.4
—maschine, Einhub- . . 190.5
—spannung 118.13
—vorrichtung 197.20
Auge 175.18, 379.6
— des Fadenführers . . 27.14
—, durch das — gehen (Faden) 45.6
—, mit freiem — bestimmen 436.10
—, aus Blech gestanztes 176.3
—, längliches 225.15
—, Draht- 176.2
—, Fadenführer- 34.14
—, Fadenleit- 244.10
—, Glas- 46.10
—, Helfen- 105.17
—, Metall- 176.1
—, Nadel- 187.19
—, Polfaden- 330.8
—, Porzellan- . . 46.11, 244.12
—, Schützen- 244.10
Augen-bildung 180.13
—draht 176.3
—helfe 174.13
ausbalanzieren s. ausgleichen
Ausbauchung der Spule 23.16
Ausbesserer, Litzen- . . 180.10
ausbessern, das verbogene Ried 286.19
ausbreiten, die Fäden in einer Ebene 41.18
—, den Strähn 25.18
ausdehnen, sich (Karte) 383.22
Ausdehnungsblock . . 54.19
ausdrücken, die Spulen mit der Hand . . . 101.13
auseinander-laufende Riedstäbe 50.1
—nehmbarer Schaftrahmen 171.17
—springen (Kettfäden) . 84.1
Auseinanderspringen der Kette 84.2, 142.22
ausfüllen, die Bindungsquadrate 380.16
—, ein Gewebe 156.6
Ausfüllarbeit 413.15
Ausgaben, unvorhergesehene 446.17
Ausgang des Materials . 6.25
ausgearbeitete Kette . . 110.18
ausgebauchte Spulenform 23.17
Ausgeber 6.24
—, Webgarn- 84.16
Ausgeberin, Webgarn- . 84.17
ausgebildet zum Exzenterring (Hebelende) . 34.18
ausgebreitete Kette . . 81.18
ausgefüllt, mit Farbe (Quadrat) 380.8
ausgeglühter Draht . . 416.18
Ausgehen der Lade . . 292.20
ausgehobenes Fach . . 142.3
ausgelesener Faden (aus den Schäften) . . . 109.5
ausgerissener Geweberand 140.20
ausgeschlagen, mit Kupferblech 70.6
ausgeschnitten, kreisbogenförmig (Scheibe) 275.13
ausgeworfener Schützen 268.2
Ausgleich, Spannungs- . 143.7
—regler 136.5
ausgleichen, das Gewicht des Schützenkastens 273.15
—, den Längenunterschied der Schergänge 66.14
—, das Schienengewicht 333.3
—, die Schußfadendicke 132.12
—, die Spannung . . . 119.6
Ausgleichen der Spannungsschwankung . 331.10
ausgleichend wirken (Regler) 136.20
Ausgleicher, Fadenspannungs- 98.1
Aushaken der Platinenschnüre 211.12
aushalten, eine hohe Geschwindigkeit (Faden) 85.8
aushängen, die Kartenkette 390.8
aushebbare Spulen . . 340.8
Aushebekarte 383.14
ausheben, die Bürste . 73.8
—, den Mitnehmer . . . 62.10
—, die Oberkettfäden . 157.8
—, die Schlagfalle . . . 253.1
—, den Stecher 316.22
Ausheben des Musters ohne Bindung . . . 232.3
— der Schlagfallen . . 314.4
Aushebung des Faches . 141.19
— der Kettfäden . . . 141.20
— des Messerkastens . . 211.1
—, r-fache 224.13
—, mehrfädige . . 187.16, 220.18
—, r-fädige 220.21
—, geteilte 226.17
—, Fach- 181.19
—, Stecher- 316.20
Aushilfstrommel 56.19
Aushub 196.16
Auslaufauge 244.10
Auslaufen der Spule . . 45.2
auslegen, die Spulen . . 30.13
auslesen, die Spulenschlitten 369.20
Auslesevorrichtung . . 370.1
—, Muster- 189.9
Auslösefinger, verstellbarer 95.3
auslösen, den Knoten . 222.18
—, die eingeklinkte Zugstange 95.13
Auslösung, Spindel- . . 88.10
Auslösungsstange . . . 92.9
Ausnählohn 445.15
ausnehmen, das Muster 378.7
Ausnehmer, Muster- . . 378.12
ausnutzbare Blattbreite 304.10, 331.1
auspressen, den Schlichteüberschuß 69.23
Ausquetschplatte 71.19
ausrichten, die Kettfäden mittels Kamm . . . 110.8
Ausrück-arm 268.5
—bolzen 308.18
—gabel 309.6
—hebel . . 52.14, 95.2, 133.11, 316.12
—hebelanschlag 52.13
—kurbel 308.19
—platte 268.6
—puffer mit Finger . . 322.11
—spindel 82.8
—stab 308.20
—stange . 302.3, 308.20, 311.16
—stellung 306.22
—vorrichtung . . . 268.11, 309.3
—vorrichtung für die Schneidvorrichtung . 332.10
—vorrichtung, selbsttätige — der Spindel bei Fadenbruch 88.11
—zwischenhebel 309.9
ausrücken, die Spindel . 88.6
—, den Stuhl 306.21
Ausrücken des Warenbaumes 133.20
Ausrücker . . . 309.5, 332.18
— für Schermaschinen . 52.17
Ausrückung an Buckskinstühlen 253.17
—, Spindel- 88.10
Ausrüster 6.5
ausschalten, den Former 92.18
—, die Kupplung 35.16
Ausschlag des Fadenführers 30.14
—eisen 373.10

Ausschnitt 172.15, 333.23, 364.5
— für das Einlegen des Schaftstabes 106.6
—, gabelförmiger (Platine) 233.19
—, keilförmiger (Messerkasten) 233.18
—, Backen- 258.5
—, Platinen- 191.9
ausschwingbar gelagerte Walze 51.1
Ausschwingen der Hängelade durch Exzenterdruck 295.14
Aussehen des Gewebes 391.7
—, verworrenes (Gewebe) 153.3
Außen-exzenter 199.10
—tritt 202.2
—trittvorrichtung 199.8
äußeres Hubexzenter 275.17
aussetzen, das Muster 378.7
Aussetzer, Muster- 378.12
Aussparung 172.2.15, 366.13
—, Schützen- 244.11
ausstanzen, die Löcher auf einmal 387.2
Ausstoß-arm 265.12
—hebel 264.8
Ausstoßen von Spulen 363.15
Austauschgewebe 392.6
Austrocknen 67.6
auswählen, den Kamm 106.15
Auswähler, Faden- 368.10
—stange 368.15
Auswalzen des Rieddrahtes 288.1
Auswärtsbewegung der Prismalade 211.19
auswechselbar-e Spindel 238.16
—e Steckspindel 239.1
—er Stift 189.16
auswechseln, die Spulen 45.3
Auswechselstelle 270.16
Auswechslung, Spulen- 260.11
Ausweichen des Blattes 316.2
auswerfen, den Schützen 268.13
—, nach oben 267.1, 270.2
—, durch Öffnen des Kastenbodens 266.17
Auswerfen der verbrauchten Schützen 341.27
auswinden, das Garn 65.20
Auswinden des Garnes 65.21
Auswringen des eingetauchten Strähns 70.2
Auswurf-feder 268.1
—seite, Schützen- 268.18
auszählen, die Bindung 434.7
Auszählnadel 434.6
Auszeichner 6.13
ausziehbar-er Haspel 29.6
—er Kamm 74.4
—es Ried 49.21
—er Scherblock 54.19
—e Trommel 48.19
Ausziehen der Ruten 327.2
Auszugried 265.21
auszuwerfender Schützen 268.12
Automatenstuhl 303.19
automatisch s. selbsttätig
Avignon 400.18
axial verschiebbarer Führungskamm 367.9
Axialexzenter 32.12
Axminster-bindung 410.13
—chenille mit Dreherbindung 410.22
—teppich 410.12
—teppich, deutscher 410.14
—teppich, Royal- 410.16
—teppich, Viktoria- 410.15
—teppichwebstuhl 340.20
—ware 343.15

B

Backen 258.4
—ausschnitt 258.5
—bremse 120.20
—paar 439.1
—, Brems- 32.16, 91.11, 120.22
—, Laden- 288.19
Badetuchstoff 417.24.25.26
Bahn (Presse) 210.15
— (des Schützens) 312.7
—, feste 141.17
—, Kettenführungs- 263.2
—, Schützen- 290.6
Baker und Kip, selbsttätige Schützenauswechslung 269.2
balanzierter Hebelarm 439.23
Balken 183.17, 287.9
—, durch Rollen getragener 287.20
—, Laden- 288.19, 301.19
—wage, ungleicharmige 439.18
Ballennummer 4.12
ballige Scheibenspule 23.18
— Spulenbewicklung 23.14
Band 46.15
— mit Figurenkette 426.11
— mit Figurenschuß 426.10
— mit Hohlkanten 424.7
— mit glatten Kanten 424.6
— mit gefalteter und geklebter Leiste 424.18
— mit aufliegenden Noppen 426.16
— mit Schußschleifen 425.21
— mit luftigen Streifen 426.9
— mit zugedrehten Zakken 425.23
—, appretiertes 427.16
—, bedrucktes 427.20
—, bemaltes 427.21
—, durchbrochenes 426.5
—, einspuliges 426.12
—, gerades 424.4
—, geschnittenes 424.17
—, gewässertes 427.19
—, gewebtes 424.3
—, leinenes 424.19
—, mehrspuliges 426.14
—, moiriertes 427.19
—, niederländer 424.21
—, seidenes 425.2
—, vom Stuhl kommendes 427.15
—, wollenes 425.1
—, zweispuliges 426.13
—, Batist- 424.24
—, Baumwoll- 424.22
—, Brems- 57.10
—, Faden- 47.5
—, Hosenträger- 415.23
—, konisches 424.5
—, Köper- 424.25
—, Papier- 189.18
—, Perkal- 424.23
—bremse 123.18
—bremse, schwebende 123.20
—eisen 341.7
—ende, freies 124.4
—gewebe 424.1
—kasten 301.12
—mühle 355.10
—scheren 41.1
—stuhl 355.10
—stuhl für Doppelsamt und Doppelplüsch 359.7
—stuhl mit Doppelschlag 360.10
—stuhl für elastische Gewebe 359.15
— stuhl für Gummistrümpfe 359.14
—stuhl mit Hängelade 355.12
—stuhl mit Quetschnadel 360.11
—stuhl für Treibriemen 360.12
—stuhlart 355.11
—stuhlgestell 355.13
—stuhlkettenspannung 356.14
—stuhllade 289.13, 356.16, 358.3
—stuhlschläger 356.16
—stuhlschützen 242.1
—stuhlspitze 423.15
—weber 5.26
—weberei 3.2
Bänder 424.2
—, konfektionierte 427.22
bandartiges Spulennetzgewebe 412.12
bandförmig-er Metallfaden 20.10
—e Schnürung 222.5
bandweise, scheren 41.2
Bank, Scher- 43.12
—, Spindel- 91.3
—, Trommel- 35.3
—spesen 446.11
—zinsen 446.10
Barbersche Kettenanknüpfmaschine 112.20
—r Knotenmacher 112.3
Barchent 394.8
—, gestreifter 394.14
—, glatter 394.9
—, rauher 394.10
Barchent, Bett- 394.13
—, Futter- 394.12
—, Piqué- 394.25
—atlas 394.11
—garn 12.7
Barege 398.26, 401.25
Bariumsulfat 437.28
Barockstil 376.22
Barrakan 399.2
Bart, ohne — schlichten 65.17
Basselisse-Stuhl 298.9
Bastard 393.26
—atlas 402.5
Bastband 425.16
Batavia 148.14
Batist 395.26
—band 424.24
—leinwand 395.26
—musselin 393.10
—weber 5.24
—, Baumwoll- 393.10
Bau, Webstuhl- 300.3
—arten, Stuhl- 300.2
Bauchgurt 428.29
bauchig machen, die Spulen 23.15
bauchige Scheibenspule 23.18
— Spulenbewicklung 23.14
Baum ohne Randscheiben 79.4
—, gescherter 48.16
—, der sich geworfen 116.2
—, leerer 77.4
—, vierseitiger — mit abgerundeten Kanten 117.8
—, voller 48.16, 77.6
—, zusammengeleimter 115.5
—doppeln 82.10
—dubliermaschine 82.1
—fachen 82.10
—fachmaschine 82.1
—lager, verschiebbares 80.11
—mitnehmerstange 374.2
—rad 128.19
—rute 77.19
—scheibe 78.6
—scheibe, Blech- 78.8
—scheibe, Holz- 78.9
—scheibe, zweiteilige 78.12
—scheren 40.19
—zapfen 81.4.5
—, Grundketten- 333.6
—, Kautschukfäden- 360.1
—, Laden- 288.19
bäumen 76.16
—, hart 57.5, 79.9
—, locker 57.6
—, zwischen die Randscheiben 78.16
—, auf einen Baum ohne Randscheiben 79.4
—, mehrere Stücke auf den Kettbaum 77.10
—, weich 57.6
Bäumen der Kette 76.14
—, Gut- 76.17
Bäum-geschwindigkeit 77.7
—gestell 80.6
—knüttel 80.5
—lohn 445.7
—maschine 80.1
—maschine für gewickelte Ketten 80.14
—stuhl 80.2
—vorrichtung 59.5, 61.24
Bäumer 77.14
—, Hand- 77.15
—, Maschinen- 77.16
Bäumung, ungleichmäßige 76.19
baumrindenartige Aufrauhung 417.18
Baumwoll-abfallgarn 12.12
—atlas 394.20
—band 424.22
—batist 393.10
—borte 427.29
—damast 394.23
—flanell 394.15
—garn 12.2
—garn, gasiertes 12.15
—garn, gekämmtes 12.6
—garn, gekardetes 12.5
—gewebe 392.11, 430.7
—gewebe in Köper- und Atlasbindung 394.6
—gewebe in Leinwandbindung 392.12
—gewebe, gemusterte 394.22
—gewebe, glatte 392.12
—gewebe, rohes 392.14
Baumwoll-gewebe, samtartige 394.26
—kammgarn 12.6
—kernfaden 19.19
—kötzer 260.4
—mokette 405.7
—molton 394.16
—noppe 18.11
—plüsch 406.9
—samt 394.27, 403.13
—samt, geköperter 395.5
—schützen 241.20
—seele 18.4
—stramin 394.5
—stuhlgestell 297.9
—taft 392.21
—weber 5.10
—weberei 2.10
—webstuhl 321.3
—webstuhl, mechanischer 321.9
—zwirn 12.14
—zwirn, gefirnißter 175.1
baumwollene Bindekette 411.23
— Einlage 19.19
Beanspruchung der Kettfäden 143.5
—, Faden- 98.10
Becker, Schützenfänger von 312.13
Bedarf, Garn- 443.12
bedienen, beide Stuhlseiten (Schlagexzenter) 251.6
Bedrucken, durch — erzeugt 18.25
bedruckt-es Band 427.20
—es Garn 9.27
—es Gewebe 431.6
—er Möbelstoff 418.16
—e Mokette 405.6
—er Schal 420.23
—er Teppich 407.27
—er Vorhang 419.4
beendeter Schlag 247.19
befestigen, die Kette am Scherrahmen 42.2
—, die Kettfäden in Abteilungen am Warenbaum 110.3
—, den Knoten auf einem Kettfaden 336.18
—, die Träger am Stuhlgestell 212.11
Befestigen der Kette am Kettbaum 116.11
Befestigung der Kreuzschienen 138.1
—sstange 92.22, 332.17
—sstelle der Schnur 204.9
—sstück für die Stange 93.7
Befeuchter, Luft- 102.11
Befeuchtungs-kammer, Garn- 102.1
—kasten 102.10
—luft 102.15
—raum 102.1
Beförderungs-kosten 447.1
—tuch, Spulen- 33.3
begrenzter Hub 133.23
— Kastenhub 291.2
Begrenzungskurven der Steuerscheibe 37.17
Behälter für Spulenschlitten mit leeren Spulen 364.1
—, rohrförmiger 365.13
—, Schützen- 267.10, 290.6
—, Spulen- 264.2
behängt, mit Garnsträhnen (Stock) 71.6
Beharrungsvermögen 317.4
Beheizungskosten 446.6
Beiderwand 400.5
beidrechter Chenilleteppich 410.11
— Köper 148.13
Beileger 119.10
Beinkleiderdrell 396.7
Beinkleiderzeug 399.19
beischlagen, den Schuß 284.7.8
Beischlagen der Lade 292.19
Beißzange 373.14
bekleidet, mit Leder 307.13
Bekleidung 406.10
—, Blech- 138.8
—, Lehnen- 405.17
—, Rücken- — für Schlafsofas 405.18
—, Sitz- 405.16
Belag, Vulkanfiber- 243.14

belasten, das Hebelende durch Gewicht . . 185.1
—, die Helfenfäden durch Ringe 177.11
belastet-er Hebel 120.23, 121.12, 348.9
—e Zahnstange 288.4
Belastung (Stuhl) . . . 307.4
— des Bremsseils . . . 121.11
—, mittelbare 120.11
—, Gewicht- — der Kettfäden 49.6
Belastungs-änderung . 54.10
—gewicht . 53.8, 90.13, 121.10, 124.2, 137.10
—gewicht für den Schaft 184.12
—hebel 121.9
—scheibe 93.4
—stange für den Kötzer 93.16
belederte Walze . . . 35.13
Belederung, Spindelbüchsen- 93.19
belegen, Rohr an Rohr 83.4
belegt, dicht (Schaft) . 173.16
belesen, mit Zwischenräumen 83.3
Beleuchtung 446.20
—skosten 446.7
bemalt-es Band 427.21
—er Teppich 407.26
bemessen, die Kettenlänge nach Umläufen der gekerbten Scheibe 49.4
benachbarte Gruppe . 165.8
Benennung des Gewebes 3.14, 430.6
—, Webstoff- 8.14
Bengaline. . . . 398.29, 401.15
benutzen, den Warenbaum als Zugbaum. 131.2
Berechnen der Kette . 443.13
— des Schusses 444.7
berechnet, auf die Länge 11.24
—e Länge 443.19
Berechnung des Warengewichtes 442.9
—, Gewebe- 440.1
—, Helfen- 173.17
—, Längen- 441.11
Bereich, in den — des Anschlags kommen (Mitnehmer) 178.23
Bereiter, Schlichte- (Arbeiter) 69.18
Bereitung, Schlichte- . 64.23
Berkan 399.2
Berliner Doppelmaschine 234.8
— Jacquardmaschine . 215.9
berühren, den Spulenmantel (Abstellrolle) 37.11
Besatz, Korsett- . . . 427.11
—, Schürzen- 427.12
—band 427.4
—samtband, handgeschnittenes 425.11
Beschaffenheit der Warenfläche 431.30
—, äußere — des Fadens 435.3
Beschauer, Waren- . . . 6.1
Beschicken der Horde . 102.14
Beschlag, Metall- . . . 243.15
beschlagen, mit Eisen . 289.1
—, mit Eisenschienen . 243.17
—, mit Kratzen . . . 39.5
beschleunigen, die Bewegung 247.12
beschleunigte Bewegung 198.11
Beschleunigung, Massen- 123.14
beschnüren 218.6
Beschnüren 207.20
Beschnürung (Vorgang) 220.10
—, die — einkreuzen. . 219.23
—, x-teilige 225.14
beschränkt-er Einzug . 105.4
—e Form der Figuren . 349.10
beschweren, das Hebelende durch Gewicht 185.1
—, die Helfen 362.2
—, die Kette 64.9
—, den Ladenklotz durch eine Eisenplatte . . 289.2
Beschweren der Kette . 64.8
beschwert-es Garn . . 10.5
—e Kette 64.10
—e Seide 17.1
Beschwerung des Gewebes 4.11
—smittel 68.12
Beseher, Stück- 6.1
besetzt, mit Nadelspitzen 335.9
besetzt, mit Stiften . . 117.13
Besitzer, Weberei- . . . 1.5
Bestandteile, Schützen- 237.17
bestecken, den Rahmen mit Spulen 44.10
bestickt-er Schal . . . 420.24
—e Ware 349.7
bestimmen, mit freiem Auge 436.10
—, die Nummer . . . 11.10
—, den Rapport . . . 434.11
—, durch Verbrennen . 436.11
Bestimmen der Appretur 436.20
— der Bindung 433.18
bestimmte Fadenlänge . 29.19
Bestimmung, Faden- . 435.2
—, Feinheits- 435.17
—, Nummer- 11.11
—, Rohstoff- 436.9
bestrichen, mit Seife . 175.6
Betrieb, außer — sein (Spindel) 38.19
—, mechanischer . . . 300.4
—, den Webstuhl durch motorische Kraft in — setzen 300.5
—, Riemen- 307.7
Betriebs-hilfsmittel . . 371.9
—kapital 446.9
—kosten 445.19
—störung 266.11
—unsicherheit 266.10
Bett, Maschinen- . . . 113.9
—barchent 394.13
—decke 419.20, 433.13
—drell 394.13, 396.6
—kattun 392.20
—tuch 420.12
—vorleger 433.17
—wäsche 420.11
Beutel-gaze 401.24
—tuch 399.1
—tuch, seidenes . . . 401.24
bewegbar, einzeln (Spulenschlitten) 369.13
bewegen, die Arme durch Exzenter 285.19
—, durch Druckluft (Schützen) 256.14
—, die Häkchen seitlich 351.11
—, den Kasten rückwärts 279.17
—, den Kasten vorwärts 279.16
—, jedes Prisma für sich 196.2
—, den Windflügel durch die Lade 76.7
—, sich auf und ab (Fadenführer) 88.13
—, sich entgegengesetzt (Schäfte) 184.1
—, sich in Gelenken (Deckel) 289.4
—, sich hin und her (Fadenführer) . . . 88.14
—, sich auf einstellbaren Schienen (Fadenführer) 32.9
—, sich schrittweise vorwärts 340.3
—, sich auf einer Spindel (Treiber) 248.19
—, sich von unten nach oben (Nadeln) . . . 351.1
beweglich gelagertes Blatt 283.13
—e Florschiene 332.20
—e Nadel 362.12
—es Nadelbrett 196.7, 226.10
—er Platinenboden . . 210.22
—e Schiene 326.13
—es Schutzgitter . . . 312.14
—er Streichbaum . . . 117.5
bewegt, mechanisch . . 289.8
—, reihenweise (Spulenschlitten) 369.8
—e Luft 75.11
Bewegung 53.15
— des Blattstechers durch Fußtritt . . 109.13
— des Blattstechers von links nach rechts . 109.10
— des Blattstechers von rechts nach links . 109.9
— der Kette für die Fachbildung 141.5
— der Kette in der Längsrichtung . . . 120.4
— des Schlittens . . . 326.16
— des Schützens von Hand 246.7
Bewegung der Spulenschlitten, durchgehende 369.9
—, beschleunigte . . . 198.11
—, oszillierende 39.14
—, schwingende . . 39.14, 292.8
—, in — setzen 133.15
—, umgekehrte — der Kurbelwelle 294.11
—, verzögerte 198.12
—, Auswärts- (Prismalade) 211.19
—, Blatt- 283.3
—, Einwärts- (Prismalade) 211.20
—, Hebestab- 224.11
—, Horizontal- 340.10
—, Ketten- 117.19
—, Kettfaden- 141.6
—, Kurbel- 294.1
—, Laden- 292.5
—, Prismaladen- 211.22, 212.3
—, Schaft- 182.4
—, Schuß- 284.6
—, Schützen- 246.6
—, Streichbaum- 117.3
—, Walk- 140.17
—, Wellen- 183.14
—, Zylinder- 205.9
Bewegungs-richtung . . 268.27
—vorrichtung für Broschierschiffchen. . . 348.14
—vorrichtung für Sägeladenschiffchen . . . 357.10
—vorrichtung, Ruten- . 326.6
bewickeln, den Kegelansatz der Hülse . . 86.16
bewickelter Kettbaum . 121.5
Bewicklung, kegelige . . 24.1
—, Faden- 23.12
—, Schußspulen- . . . 85.9
—, Spulen- 23.13
—, Trommel- 56.20
Bezeichnung der Stoffe 432.12
—, handelsübliche . . . 432.13
—, Güte- — für Garne . 11.25
—, Material- 8.14
beziehen, das Geschirr neu mit Kette . . 103.3
—, die Helfen 219.16
—, den Zahn 107.4
bezogen, mit Stahlkratzen 117.9
Bezug für Möbel . . . 404.21
Biber 394.15
—plüsch 406.18
Biegefähigkeit 429.22
biegsamer Abstreicher . 89.13
— Riemenaufleger . . 372.14
Biegung des Schußfadens, schlangenlinienartige 284.13
Biegungsstelle 111.18
Bienenwachs, verseiftes 67.8
Biesengewebe 154.8
Bild 4.1
—, Waren- 378.9
—gewebe 3.17
—weber 5.9
—weberei 2.7
—weberei durch Schäfte und Tritte 2.8
—weberei durch Zug und Harnisch 2.9
bilden, das Fach . . . 141.4
—, zwei Fächer übereinander 328.18
—, das Kreuz 42.8
—, ein Luftkissen . . . 256.15
—, Schläuche (Flottungen der Florschüsse) 166.20
—, eine Schleife (Kettfäden) 339.17
bildliche Darstellung der Bindungen 143.19
Bildung der Ware in Schlauchform . . . 300.10
—, Fach- 141.1
—, Furchen- 161.1
—, Kegel- 87.5
—, Knoten- 339.12
—, Locken- 170.9
—, Schimmel- 65.9
Bind 10.22
binden, abwechselnd in die benachbarte Gruppe (Drehfaden) 165.8
—, das Blatt 286.6
—, um einen Schuß (Noppe) 169.13
Binden, Karten- 389.17
bindend, gleich —e Kettfäden 381.20
—, verschieden —e Kettfäden 382.1
Binde-drahtspule . . . 287.16
—faden 173.4, 342.4
—kette 329.20
—kette, baumwollene . 411.23
—loch 382.15
—maschine, Blatt- . . 287.4
—maschine, Karten- . . 390.4
—mittel 89.11
—punkt 144.4, 379.7, 381.16
—punkt, Atlas- 150.16
—punkt, runder 380.1
—punkt, viereckiger . . 379.20
—punkte, zerstreut liegende 150.17
—rahmen 390.1
—rapport 381.9
—schäfte 231.4
—schnur, Karten- . . . 389.19
—schuß 158.2
—stelle 286.11
—vorrichtung 287.22
—weise des Einschnittschusses 422.12
—weise der einzelnen Gewebe 159.13
Bindfaden, gepichter. . 286.9
bindig, x- —e Ware . . 144.19
Bindung . . 7.25, 144.1, 381.10
— für Damastgewebe . 153.12
— für gefurchtes Doppelgewebe 160.9
— für Drehergewebe . 163.8
— für Faltenstoffe . . 161.9
— für Florgewebe . . . 166.12
— für Gewebe mit Füllfäden 156.5
— für broschierte Gewebe 162.10
— für gemusterte Gewebe 153.5
— für gestreifte Gewebe 153.5
— für gewürfelte Gewebe 153.5
— für glatte Gewebe . 145.17
— für lanzierte Gewebe 162.7
— für verstärkte Gewebe 154.7
— des ersten Gewebes . 159.7
— des mittleren Gewebes 159.8
— des dritten Gewebes. 159.9
— für Hohlgewebe. . . 156.10
— für Kettsamt 167.16
— der Oberfäden . . . 160.5
— der Oberware. . . . 157.5
— für Piqué 160.15
— für Plisseegewebe . . 162.3
— für Samt 166.12
— für Schlingengewebe. 166.2
— für Schußsamt . . . 166.13
— für Trikot 160.2
— der Unterware . . . 157.7
—, abgeleitete 145.13
—, x-bindige 144.17
—, einfache 232.2
—, einflorige 168.23
—, einpolige 168.23
—, entgegengesetzt verlaufende 382.9
—, gleichmäßige — über die ganze Fläche . 391.11
—, gratartige 144.11
—, x-schäftige 144.18
—, untere. 157.1
—, vorgedruckte 379.16
—, zusammengesetzte . 145.15
—, zweiflorige 169.1
—, zweipolige 169.1
—, Adria- 146.7
—, Adria- — mit ungleichen Flottungen . . 146.10
—, Atlas- 150.13
—, Axminster- 410.13
—, Cord- 167.5
—, Croisé- 147.13
—, Diagonal- 147.13
—, Doppelstoff- 157.9
—, Dreher- 352.12
—, Dreischuß- 169.15
—, Flockenstoff- 160.1
—, Floconné- 160.1
—, Florschlauch- . . . 167.2
—, Frottier- 166.3
—, Gerstenkorn- . . . 152.14
—, Granit- 152.16
—, Grund- 145.12
—, Grundgewebe- . . . 167.17
—, Huck- 152.14
—, Kattun- 145.18

Bindung, Kautschuk-gewebe- 415.5
—, Kettadria- 146.6
—, Köper- 147.13
—, Krepp- 152.16
—, Leinwand- 145.18
—, Lüster- 169.17
—, Manchester- 166.13
—, Matten- 147.6
—, Muster- 413.6
—, Oberwaren- 158.4
—, Panama- 147.6
—, Rips- 145.19
—, Satin- 150.13
—, Schußadria- 146.9
—, Soleil- 151.15
—, Taft- 145.18
—, Tafthohlstoff- 160.8
—, Triplestoff- 159.6
—, Tuch- 145.18
—, Unterwaren- 158.5
—, Vierschuß- 169.16
—, Waffel- 152.6
—, Würfel- 147.6
—, Zweischuß- 169.14
—, Zwist- 146.4
Bindungs-arten 145.16
—effekt 149.4
—effekt, klarer 391.12
—effekt, verwischter 391.13
—einheit 8.1, 144.14
—einheit, Kettfaden- 144.15
—einheit, Schußfaden- 144.16
—fläche, vorgestrichene 159.16
—gesetze 143.18
—grat 144.12.13
—lehre, praktische 143.17
—lehre, theoretische 143.16
—maschine 232.7
—punkt 151.5
—quadrat 379.6
—rapport 8.1, 144.14
—reihen 197.3
—teile verschieben 145.1
—type 159.15
—wechsel 196.10
—wechse vorrichtung 196.11
—weise des Riedes 286.7
—weise, besondere 421.2
—wirkung 381.19
—zeichen 159.15
—zeichnung 193.16, 381.14
Bittersalz 68.15 437.25
Blasenmuster 162.2
Blättchen 319.13
Blatt (siehe auch Kamm, Ried) 106.14, 108.8, 282.4
— mit Messingstäben 284.19
— mit Rohrstäben 284.17
— mit Stahlstäben 284.20
—, das — anstechen 107.3
—, beweglich gelagertes 283.13
—, das — binden 286.6
—, drehbar aufgehängtes 317.6
—, das — einlesen 82.19
— fallendes 283.13
—, auf Federn gelagertes 283.9
—, feststehendes 283.5
—, fliegendes 317.5
—, geschlossenes 49.17
—, mit Holzleiste gebundenes 286.13
—, mit Metalleiste gebundenes 286.14
—, das — setzen 286.6
—, überhängendes 284.1
—, zurückfallendes 284.1
—, Ersatz- 111.6
—, Lese- 54.5
—, Rispel- 46.14
—, Zinnbund- 286.15
Blatt-anschlag 137.2
—anschlag, scharfer 283.20
—auswerfer 317.5
—bewegung 283.3
—bindemaschine 287.4
—binden 286.5
—binder 287.1
—breite 304.12
—breite, ausnutzbare 304.10
—bund 282.6
—dichte 282.13, 443.22
—dichte, ungleiche 282.17
—druck 130.10
—einrichter 282.10
—einzug 106.13
—ende 283.1
—feder 50.18, 97.18, 136.9, 259.17
—flieger 315.15
—führung 283.4
—halter 106.8
Blatt-linie 283.8
—lücke 282.8
—messer 106.9, 108.1
—rahmen 136.6, 283.6.14
—schiene 282.6
—schlag 283.19
—stab 282.7
—stechen 106.13
—stecher (Arbeiter) 107.1
—stecher (Werkzeug) 106.9
—stecher, umlaufender 109.12
—stecherin 107.2
—stechhebel 108.11
—stechmaschine 108.4
—stechmaschine mit umlaufendem Blattstecher 109.12
—stechmaschine mit schwingendem Einziehmesser 108.5
—zahn 109.8
blau 380.13
Blaudruck 392.15
Blech, federndes 263.8
—, gelochtes 117.11
—, genarbtes 117.10
—, geschlitztes 28.6
—, aus — gestanzt 176.4
—, Fadenführer- 28.1
—baumscheibe 78.8
—bekleidung 138.8
—glied 281.2
—hülse 10.12
—hülse mit Randscheiben 24.17
—hülse, durchlöcherte 101.10
—karte 279.10, 382.10
—kegelspule 239.20
—litze 175.15
—ringspule 239.18
—spule 239.17
—streifen, federnder 328.9
—winkel 229.11
Bleich-grad 429.18
—kette 21.8
—lohn 445.1
Bleistab 208.12
Bleiweiß 124.23
blinder Schuß 266.12
Blindkarte 197.6
Block 54.14, 258.17, 334.12
—, Abstell- 35.12
—, Ausdehnungs- 54.19
—, Kautschuk- 415.8
—breite 54.20
—keilnut 55.1
—schermaschine 54.2
—welle 55.12
Bobinet-gewebe 412.5
—grund, imitierter 413.19
—schützen 90.4
—spitze 423.21
—spule 366.19
—webstuhl 363.6
Bock, verstellbarer 105.15
—, Abkett- 56.8
—, Abwickel- 56.1.8
—, Führungs- 94.13
—, Maschinen- 209.20
—, Schaftmaschinen- 190.12
—, Scher- 56.12
Böckchen, Brems- 122.12
—, Spulen- 90.16
bockförmiges Gestell 287.6
Boden, bombierter 69.11
—, geschweifter 69.11
—, gewölbter 69.11
—, Platinen- 210.3
—, Trocken- 72.11
—, Versteifungs- 115.13
—brett 186.7
—brettstab 232.15
—platte, geschlitzte 80.16
—plattenschlitz 80.12
—schiene 59.3
Bogen, gezahnter 51.23
—, im — laufen (Schützen) 247.5
—, Zahn- 38.13
bogenförmig-e Eisenschiene 206.3
—es Führungsstück 280.16
—es Spulengestell 44.7
Bogen-bildung durch Figurschüsse 425.20
—rippe 71.1
—schiffchen 340.15
—schläger, einspuliger 357.2
—schläger, Kreuzschuß- 357.5
—schläger, zweistöckiger 357.6
Bogenstück 191.8, 254.15
—, gezahntes — für die Belastungsänderung 54.10
—platine 191.8
Bohrung mit Einschnitt 115.11
— der Mitnehmerwelle 81.5
—, Hebebrett- 225.12
Boistoff 417.9
Bolzen 129.4, 385.3, 389.8
— von zunehmender Länge 341.22
—, durchgehender 139.21
—, gemeinsamer 127.7
—, Ausrück- 308.18
—, Gelenk- 278.12
—, Gewinde- 328.10
—, Messerkasten- 210.18
—, Preßrollen- 186.17
Bolzenführungsschlitz 257.18
Bombasin 398.30
bombierter Boden 69.11
Borax 66.26, 438.2
Borde 427.27
Bordüre 378.3
Bordüren-karte 197.4
—leiste 378.2
—schnürung 222.6
Borsten (Schützen-) 240.5
Borte 378.3, 427.27
—, doppelkantige Rock- 428.20
—, Flitter- 428.9
—, gewebte 427.28
—, Gold- 428.3
—, Jet- 428.10
—, Kleideraufputz- 428.22
—, leonische 428.5
—, Atlas- 428.2
—, Küchen- 428.23
—, Livrée- 428.19
—, Militär- 428.13
—, Noppen- 428.11
—, Perl- 428.8
—, Schutz- 428.21
—, Seiden- 428.1
—, Silber- 428.4
—, Tapezier- 428.16
—, Velours- 428.12
—, Wagen- 428.18
Börtelbandstuhl 360.8
Borten-stuhl 360.8
—weberei 3.3
—wirkstuhl 209.17
Bottich, Holz- 69.1
—, Leim- 71.17
Bouclé-garn 14.14
—teppich 411.11
—teppich mit Kammgarnpolkette 411.13
—teppich mit Streichgarnpolkette 411.12
Bouillon 20.12
Bourrettegarn 17.14
Breite, gangbare 442.8
—, der — nach auf den Stuhl stellen 217.4
—, Blatt- 304.10
—, Block- 54.20
—, Kettbaum- 78.5
—, Scherband- 41.6
—, Stoff- 304.10
—, Stuhl- 304.11
—, Teppich- 407.11
—, Trommel- 48.18
—, Waren- 3.12
Breiten-eingang der Ware 139.3
—einstellung 139.2
—verlust 444.11
breiter Webstuhl 296.11
Breithalten der Ware 139.1
Breithalter 138.14
—, verstopfter 140.16
—, Dreiwalzen- 140.3
—, mechanischer 139.14
—, selbsttätiger 139.14
—, Sonnen- 140.9
—, Stachelketten- 140.4
—, Stachelscheiben- 139.17
—, Walzen- 140.2
Breithalterträger 140.7
Breitschlichten 72.12
Breitspannen der Ware 139.1
Bremse 180.17, 309.8
—, schwebende 123.7
—, zusammengesetzte 124.9
—, Band- 123.18
—, Bügel- 246.3
—, Doppel- 246.4
—, Faden- 31.9, 245.15
—, Flügel- 245.20
—, Glasröllchen- 246.1
—, Hebel- 246.2
Bremse, Ketten- 123.15
—, Klapp- 245.22
—, Plättchen- 245.18
—, Rollen- 245.24
—, Rotguß- 245.17
—, Schmetterlings- 245.20
—, Schraubenfeder- 125.20
—, Seil- 121.8
—, Spulen- 29.13, 95.5
—, Stahlband- 124.19
—, Stiftrollen- 245.21
—, Stuhl- 311.12
Brems-backen 32.16, 91.11, 120.22, 316.16
—band 125.7
—band, Leder- 72.15
—böckchen 122.12
—feder, Spulen- 346.5
—feder, Spulenschlitten- 365.10
—fläche 124.22
—gewicht 32.20
—gewicht, das — anheben 123.10
—gewicht, rundes 125.10
—gewichthebel 125.9
—hebel 95.5, 124.16, 308.6, 309.7
—hebel, gezahnter 90.12
—hebelmuffe 124.14
—hebelzugstange 308.8
—hülse 115.16
—klappe 245.19
—klotz 120.22
—muffe 123.17
—mulde 125.8
—rad 311.15
—reibung 309.11
—ring, Kettbaum- 79.12
—rolle 93.15
—scheibe 115.16, 120.21
—scheibe, Garnbaum- 79.12
—scheibe, glatte gußeiserne 124.21
—scheibe, obere 93.3
—scheibe, untere 93.2
—scheibenhalter 92.21
—schuh 277.2, 308.7
—seil 121.11
—vorrichtung, Faden- 58.10
—walze 89.21
—widerstand 95.18, 120.15
bremsen, den Haspel durch Riemen 25.24
—, den Kettbaum 119.20
—, die Kette 118.8
—, durch Schnur 25.25
—, die Spulen gegen Vorlaufen 29.15
—, die einzelnen Spulen 329.8
—, den Webstuhl 309.10
Bremsen durch Druck in Richtung der Kettbaumachse 120.2
— durch Druck senkrecht zur Kettbaumachse 120.1
— des Kettbaumes 119.21
Bremsung, Faden- 35.19
—, Haspel- 33.4
—, Polketten- 329.4
—, Schützen- 316.21
Brennesselgarn 13.16
Brennstoffkosten für den Betrieb 446.5
Brett, im — hängen (Nadeln) 229.23
—, Feder- 210.5
—, Lese- 46.9
—, Nadel- 204.12, 210.4
—, Plüsch- 38.4
—, Scher- 46.9
—, Spulen- 88.18, 301.9, 371.15
—, Vornadel- 229.8
Brettchen, gezahntes 290.2
Brief, Scher- 40.12
Brillantinegarn 14.7
Brillantstoff 402.28
bringen, den Zeiger in die Nullstellung 54.17
britischer Teppich 408.4
Broché, kariertes 163.5
—fäden, die — abbinden 163.4
—imitation 163.7
—kette 163.2
Brokat 402.17
— mit Figuren 402.18
—, echter 423.6
—, zweifädiger 402.19
—, Gold- 402.20
—, Silber- 402.21
Brokataltartuch 423.4
Brokatell 423.5
Bronzezahnrad 310.18

Brosche 354.16
Broschenleiste 354.15
broschieren, in mehreren Farben 344.22
Broschieren 162.11, 344.17
— von Hand 345.5
— mit durchlaufendem Schuß 162.8
broschiert-e Gaze 349.5
—es Gewebe 162.10, 344.13
—er Möbelstoff 418.13
—e Ware 344.12
Broschier-fäden 349.8
—lade 345.9
—lade für Bandwebstühle 346.12
—lade mit im Bogen bewegten Schützen 347.12
—lade mit geradlinig bewegten Schützen 347.9
—lade, dreifache — mit Hakenführung 346.21
—lade, Schweizer 348.3
—lade, Wiener 347.16
—ladendeckel 345.19
—ladenversatz 345.13
—schiffchen 348.15
—schuß 344.20
—schußspule 346.7
—schützen 346.4
—schützenschlagwerk 349.1
—schützenträger 346.2
—stelle 344.18
—teilung 345.2
—teilung in der Breite 345.4
—teilung in der Länge 345.3
—webstuhl 348.7
—webstuhl mit Lanziereinrichtung 349.2
—wechselstuhl 349.2
Broschierung 344.17
— auf dem mechanischen Webstuhl 345.8
—, mechanische 345.6.7
—, mechanische — auf dem Handstuhl 345.7
—, Ketten- 349.4
—, Schuß- 344.19
Brot 54.14
Bruch, Kettfaden- 319.12
—, Schußfaden- 132.17
—sicherung 313.5
—stelle des Fadens 435.25
—vermeidung 254.17
brüchig werden (Faden) 64.17
—es Garn 9.22
Brücke 229.14
Brühe, Leim- 71.18
Brüsseler Teppich 411.21
Brustbaum 116.16, 136.17, 323.7, 326.8
—, mit Fischhaut überzogener 117.12
—, mit Stahlkratzen bezogener 117.9
—, mit Stiften besetzter 117.13
—hebel 320.10
—höhe 304.15
—platte 311.17
—rad 134.6
—regler 134.5
—riegel 309.4
—stütze 305.4
Brustholz 355.14
Brustriegel 305.3
Brutto-gewicht 4.10
—verkaufspreis 442.19
Buchbinderkattun 393.6
Buchsbaumschützen 243.6
Büchse 94.8, 281.3
—, festsitzende 60.9
—, Spindel- 94.8, 98.15
Büchsenlager 284.2
Buckskin 398.7
—stuhl 253.3
—stuhl, schnellgehender 195.6
—stuhlwechsel 274.4
Büffelleder 248.12
Bügel, Draht- 33.10
—, Einstell- 315.9
—, Preß- 32.16
—, schmiedeiserner 293.14
—bremse 246.3
—fähigkeit 429.20
—schützen 244.6
Bund der Spulenhülse 264.17
—, Würfel- 147.6
—auge 379.6
—bolzen 323.3
—rad 202.10
—ring 89.17
Bund-scheibe 202.10
—schnur 173.3, 176.14
—schnüre, die — an die Traverse knüpfen 177.3
—schraube 374.8
—stab 282.6
Bündel 209.4
—, Faden- 47.5
—, Garn- 11.4
—, Haar- 259.21
bunter Faden 19.3
— Schal 420.22
Bunt-kette 21.12, 64.3
—weberei 2.4
Bürste 110.7, 240.5
— zum Floraufrichten 343.16
—, langhaarige 73.7
—, Hand- 83.19
—, Plüschwalzen- 38.6
—, Schlicht- 73.6, 180.4
—, Verstreich- 72.19
bürsten, die Kette 83.22
Bürsten des Garnes 73.5
Bürsten-trommel 70.11
—walze 71.2, 76.3, 180.2
Bürster, Harnisch- 180.9
Bürstmaschine für geschlichtete Garnsträhne 70.10

C

Câbléseide 16.15
Camilla 394.2
Cannetteseide 17.3
Cannetille 20.12
Carageen 67.21
Cetraria islandica 67.22
Ceylongarn 13.20
Chagrin 402.24
chargierte Seide 17.1
chemisch-es Appreturmittel 437.6
—e Reaktion 436.19
Chemnitzer Teilung 216.4
Chenille (s. a. Raupengarn) 410.17, 422.1
—, einfarbige 411.2
—, flache 410.20
—, gebrannte 411.5
—, gedrehte 411.6
—, geschnittene 343.11, 411.4
—, mehrfarbige 411.3
—band 425.13
—decke 419.23
—schneidmaschine 343.5
—schuß 341.15, 411.7
—teppich 410.10
—teppich, beidrechter 410.11
—teppich mit einseitigem Flor 410.12
—vorhang 419.5
—vorware 343.12
—vorwarenbaum 343.6
—webstuhl 340.22
Cheviot 397.20
— mit Decke 397.21
—garn 14.30
Chevron, Kammgarn- 399.14
Chiffon 393.11
Chinagrasgarn 13.15
Chinagrund 413.11
Chinéband 425.8
Chlor-kalzium 68.11
—magnesium 68.13
—natrium 67.28
—zink 68.1
Chondrus crispus 67.21
Chorbrett 207.21
chorig vorrichten, das Schnürbrett 223.2
Circassienne 148.14
Clavismaschine 385.8
Coating 397.26
—, glatter 397.27
Cochingarn 13.18
Coconadakokosgarn 13.19
Cop 84.9
Cord 395.1, 403.16
—bindung 167.5
—läufer 407.15
—samt 395.1
Corkscrew 397.22
Correl-Chenille 21.1
Covercoat 399.13
Crêpe 16.10
—-de-Chine 401.13
—-de-Chinegarn 16.11
—garn 15.15
Cretonne 392.23
Croisé 394.17
—bindung 147.13
Cromptonschaftmaschine mit Pappkarten 192.1
— mit Rollenkarte 191.12
Crossley, mechanischer Smyrnateppichwebstuhl von 338.18
—, Schützenauswechselvorrichtung von 269.14
Crüseide 16.21
Cuite-Seide 16.24

D

Damassé 402.16
Damast 153.14
—, dreifarbiger 154.2
—, einfacher 153.16
—, gewöhnlicher 153.15
—, mehrfarbiger 154.3
—, zusammengesetzter 154.4
—, zweifarbiger 154.1
—, Baumwoll- 394.23
—, Halb- 153.17, 396.12
—, Jacquardmuster- 153.17
—, Leinen- 396.11
—, Möbel- 399.25
—, Seiden- 402.16
—, Woll- 399.24
—garn 15.13
—gewebe 432.11
—helfe 232.12
—maschine, Günthersche 232.5
—maschine, Seidelsche 233.1
—maschine, Tschörnersche 232.13
—möbelstoff 418.11
—schützen 241.13
—stuhlgestell 297.13
—vorhang 419.3
—weber 5.25
—weberei 231.2
Damenkleiderstoff 432.15
Damentuch 397.12
Dampf, hochgespannter 74.13
—druck 74.16
—heizrohr 72.9
—leitung 73.21
—rohrleitung 69.6
dampfdichte Hülse 24.7
Dämpfen geschnittener Chenille 343.14
Darmsaite 341.10
Darstellung, bildliche — der Bindungen 143.19
Dauer, Schlag- 247.23
Dauerhaftigkeit der Teppiche 409.18
Daumen 201.7, 288.3, 370.10
—gabel 112.14
—kette 273.18
—kettenglied 274.1
—scheibe 96.12, 202.10, 228.9
—scheibenschaltrad 96.13
—zylinder 188.7
Deck-faden 20.8, 342.4
—kette, obere 170.2
—kette, untere 170.1
—platte 385.5
Decke 44.1
— mit klarem Muster auf beiden Seiten 420.1
—, Flor- 166.16
—, Glashaus- 416.13
—, Mohär- 406.2
Decken-aufhängung für Jacquardmaschinen 212.15
—macher 5.19
—stoffe 419.16
—zeug 397.16
Deckel 139.22, 240.6
—, knöcherner 347.23
—, Broschierladen- 345.19
—, Laden- 136.8, 288.20, 293.7
—halter 82.16
—leiste 82.15
—schützen 240.8
—stück 249.13
degummierte Seide 16.23
dehnbar 415.21
Dehnbarkeit des Gewebes 439.11
— der Kautschukfäden 415.22
Dehnung der Pappkarten 382.5
—, Faden- 114.7
Dehnungs-grenze 143.10
—messer 440.13
Dekatierfähigkeit 429.21
Dekomponieren 430.2
Dekorationsplüsch 406.3
Demoulin-Schußzähler 370.7
derbes Gewebe 431.27
Dessin 4.1
Dessinateur 378.11
dessiniertes Gewebe 3.17
deutsch-er Axminsterteppich 410.14
—e Schnürweise 221.2
Dewathmaschine 234.14
Dextrin 66.25, 437.11
diagonal laufender Spulenfaden 412.9
—er Struck 154.16
Diagonal, Kammgarn- 399.15
—, Rips- 149.7
—bindung 147.13
—köper 147.18
—trikot 160.7
—zickzackköper 150.12
diametral gelagerte Spulen 362.7
dicht anschlagen (Schuß) 284.10
—es Anlegen von Schuß an Schuß 132.7
— belegter Schaft 173.16
—es Gewebe 164.19, 293.13, 431.22
— an das Geschirr legen (Kreuzschiene) 138.5
—es Holz 243.5
— gestellte Kette 319.9
—gestellte Noppen 404.23
—e Kette 107.12
—stellen, die Kette 107.11
—e Stellung der Kette 107.10
—e Ware 132.11
— umsponnener Grundfaden 20.15
—, ungleich (Ried) 282.16
Dichte, Einstell- 41.15
—, Faden- 376.7, 434.13
—, Kamm- 282.13
—, Ketten- 41.15, 376.8, 434.15
—, Noppen- 409.8
—, Schuß- 132.8, 376.9, 434.16
—, Waren- 3.13
—, Windungs- 22.18
dick-er Faden 236.16, 413.21
—es Garn 9.18
—e Garnstelle 9.9
—es Hanfgarn 13.6
—e Stelle des Fadens 28.3
—e Ware 159.5
Dicke der Fadenschichten 101.5
—, Garn- 9.16
—, Schußfaden- 132.12
Differential-bremse 123.21
—getriebe 303.3
—hebel 125.16
—regler 135.12
—zugband 125.12
Differenz, Fadenspannungs- 49.10
—, Längen- 66.14
Dimity 394.14
direkt-e Aufwicklung 131.1
—es Jacquardmuster 377.14
— wirkender positiver Kettbaumregler 128.3
Direktor, Weberei- 1.6
Diskont 446.12
divergierendes Scherblatt 50.1
Dizaine 379.9
Djimvorhang 419.14
Docht, Lampen- 156.12, 360.6
—gewebe 156.10
—stuhl, Lampen- 360.6
Docke 11.3
Doeskin 398.16
Domestic 393.17
Döppchen 242.5
doppel-armiger Hebel 185.3
—breiter Stuhl 296.12
—floriger Plüsch 170.4
—floriger Manchester 403.17
—fädig einziehen, die Randkettfäden 434.23
—kantige Rockborte 428.20
—nasige Platine 196.6
—seitige Kettgarnspulmaschine 26.19
—seitiger Manchester 403.17
—seitiger Schußbroché 162.13
Doppel-bremse 246.4
—dreher 164.13
—drehergewebe 353.7
—fach 141.16, 339.22

Doppel-fach, Rutenstuhl- 328.15
–fachschaftmaschine . . 195.5
–federspindel 237.20
–federzugregister . . . 204.10
–flanell 398.10
–fächerried 285.5
–gelenk 204.2, 213.12
–gewebe mit Bindekette 158.3
–gewebe mit Bindeschuß 158.2
–gewebe mit ≈ Farben 158.9
–gewebe mit Füllkette. 158.1
–gewebe mit Füllschuß 157.15
–gewebe mit Unterkette 158.11
–gewebe mit Unterschuß 158.10
–gewebe, gefurchtes . . 160.9
–gewebe, gemustertes . 158.8
–gewebe, versteppte s . 160.10
–haken 439.6
–hubanordnung 193.7
–hubjacquardmaschine. 227.1
–hubschaftmaschine . . 187.6, 192.8
–hubschaftmaschine von White 194.12
–jutesackleinen 396.22
–kegelspule 85.15
–klinke 259.8
–köper 148.13
–köper, vierbindiger . . 148.14
–kurbel 213.10
–lade 290.10
–litze, Lyoner 174.6
–lupe 438.11
–maschine, Berliner . . 234.8
–mokette 405.14
–nasenplatine 193.10
–platine 230.16
–platinenhebel 195.8
–plüsch 169.3
–plüschwebstuhl, mechanischer 330.12
–ried 285.1
–rolle 100.14
–rollenkurbel 295.11
–samt 359.7
–samtwebstuhl 330.13
–schafthebel 192.10
–schlag 360.10
–schnur 123.9
–schützen 240.17
–spitzeinzug 104.13
–spitzschnürung 221.12
–stoff 398.8, 431.20
–stoffbindung 157.9
–taft 400.13
–teppichgewebe 408.10
–wechselhebel 277.14
doppeln, die gescherten Ketten 82.11
Doppeln, Baum- 82.10
doppelt-e Ecklinie . . 380.5
–e Gegenzugvorrichtung 185.10
–es Kegelrad 303.5
–er Ladenanschlag . . 294.9
–er Manchester 403.17
–es Nadelbrett 226.10
–e Platinenreihe . . . 187.12
–e Schnürung 222.11
–es Spulengestell . . . 44.3
–er Teppich 408.9
–es Vordergeschirr . . 231.13
– gebohrter Platinenboden 231.1
–, in –er Länge schneiden 218.2
Dorn 25.13
–, gerippter 378.5
Double 398.5
–, Schuß- 154.18
–-Locker-Antrieb für Spulenschlitten . . . 366.5
Draht 176.18
–, drillierter 416.17
–, federnder 326.15
–, geglühter 416.18
–, geplätteter 20.10
–, gewalzter 175.14
–, aus – gewunden . . 175.13
–, haarnadelförmig gebogener 111.13
–, an der Biegungsstelle zugeschärfter 111.18
–, den – durch die Klemme festhalten . 177.9
–, mit – umspinnen . 20.13
–, Augen- 176.3
–, Flach- 20.10
–, Hart- 161.15
–, Links- 9.13
Draht, Rechts- 9.12
–, Ried- 286.18
–auge . . 176.2, 360.16, 363.3
–arm 346.16
–band 425.17
–bindung 286.12
–bodenstuhl 324.11
–bügel 33.10
–bügel, verstellbarer . . 100.1
–bügel, viereckiger . . 263.7
–dreherlitze 361.15
–ende 180.18
–fadenführer 27.15
–gewebe 324.5, 416.14
–haken 35.6, 172.20
–häkchen 210.10
–kern 19.21
–lauf 324.12
–litze 175.10, 416.17
–litzenschaft 172.8
–litzenwindemaschine . 180.11
–nadel 35.6
öse 363.3
–platine 215.5
–platine für Doppelhubmaschine 227.8
–platine, stumpfe . . . 234.11
–reiter 35.6
–ring 219.6
–schlinge 227.2
–sieb 416.21
–spindel 44.18
–stäbchen 228.1
–weberei 2.22
–winkel 191.11
–zange 373.15
–zug 253.15
Drähte, Leonische . . . 19.24
drähtig, ≈–er Zwirn . 177.10
Drallapparat 440.8
drängen, die leere Spule aus dem Schützen . 262.6
Drap 398.15
–-de-soie 402.2
Drapers Schermaschine 53.1
Draufsicht des Webstuhles 304.9
Dreget 168.14
Dreh-achse 193.6
–achse, Hebel- 31.4
–bewegung des Prismas 205.10
–faden . . 164.4, 353.3, 361.5
–fadenröhrchen 362.16
–kette 163.9
–korps 353.9
–lade 279.2
–ladenwechsel 279.1
–punkt 185.6
–punkt, Hebel- 92.7
–strommotor mit Kurzschlußanker 309.17
–tisch 81.3
–zapfen 328.6
–zapfen, Winkelhebel- . 60.8
–zapfen, unterer . . . 69.5
–zapfenachse 338.11
–zeug 80.5
drehbar aufgehängte Lade 289.10
– aufgehängtes Blatt . 317.6
– gelagerte Fadenwächternadel 53.7
–er Arm 54.12
–es Armpaar 29.2
–er Füllbehälter . . . 261.1
–e Hülse 338.9
–er Kötzerhalter . . . 45.10
–er Sperriegel 178.15
–er Stift 93.1
–er Streichbaum . . . 117.4
drehen, den Rahmen von Hand 46.1
–, das Schaltrad durch die Klinke 96.15
–, die Schraubenspindel 177.8
–, die Schraubenspindel durch Handrad . . 55.22
–, die Spule 87.18
–, den Zylinder (Wendehaken) 205.18
–, sich entgegengesetzt (Spulen) 362.9
–, sich, durch Reibung der Kötzer 99.9
drehend, sich ständig –e Walzen 50.12
Dreher, dreifacher . . 164.15
–, gebogener 165.2
–, glatter 164.17
–, linker 164.7
–, polnischer 164.13
Dreher, rechter 164.6
–, wellenartiger 165.2
–, Doppel- 164.13
–, Eineinhalb- 164.12
–, Figuren- 164.18
–, Ganz- 164.11, 352.16
–, Halb- 164.10, 352.15
–, Jacquard- 352.20
–, Kunst- 164.21
–, Links- 352.18
–, Rechts- 352.17
–, Schaft- 352.19
–, Voll- 164.13
–, Zickzack- 164.20
–bindung 352.12
–bindung als Leiste . . 166.1
–fach 362.14
–faden 353.3
–figurenwebstuhl 349.3, 353.12
–geschirr 352.4
–gewebe (s. a. Gaze) . . 353.1
–gewebe mit Brochékette 165.1
–gewebe, gemustertes . 164.18
–gewebe, glattes . . . 164.17
–gewebe mit Handverflechtung 165.10
–gewebe, unechtes . . 165.11
–harnisch 352.4
–imitation 165.11
–litze 352.5
–paar, von einem zweiten (dritten) Drehfaden umschlungenes 164.14.16
–punkt 353.6
–stoff 353.1
–tritt 352.10
–werk . . . 352.4, 353.5, 361.9
–wirkung 352.14
–wirkung auf dichtem Gewebe 164.19
Drehm 110.19
Drehung des Fadens . . 435.15
– der Kette 433.25
– des Revolvers . . . 279.14
– der Schraubenspindel 177.7
– der Spindel 87.23
–, entgegengesetzte . . 164.8
–, halbe 277.19
–, linke 165.4
–, rechte 165.4
–, Garn- 145.6
–, Kasten- 281.18
–, Links- 9.13
–, Mittel- 165.4
–, Rechts- 9.12
–, Teil- 364.7
–, Trommel- 32.7
Drehungs-linien 145.11
–regler 317.1
–richtung, Garn- . . . 145.8
–zähler 440.8
drei-armiger Hebel . . 129.6, 213.7, 315.11
–bindiger Köper . . . 147.17
–eckige Grundform . . 366.17
–eckiger Querschnitt . 354.11
–eckige Zelle 412.11
–fache Broschierlade mit Hakenführung . . . 346.21
–facher Dreher 164.15
–faches Gewebe, gemustertes 159.2
–facher Ladenanschlag 295.9
–facher Teppich . . . 408.12
–fädiger Einzug 168.3
–fädiger Köper 147.17
–farbiger Damast . . . 154.2
–haariger Siebboden . . 414.16
–schäftiger Gegenzug . 201.15
–schäftiger [steiler] Köper 147.17.18
–stufiges Exzenter . . 274.13
–teiliges Exzenter . . . 97.3
–teiliger Führungskamm 369.14
–teiliger Köper 147.17
–viertel Hohlkante . . 424.11
Drei-schußbindung . . . 169.15
–schußmokette 405.8
–walzenbreithalter . . . 140.3
Drell . . . 153.16, 394.7, 396.4
–, Beinkleider- 396.7
–, Bett- 394.13, 396.6
–, Handtuch- 396.9
–, Jute- 397.2
–, Tisch- 396.8
Drill 394.7
Drillich 394.7, 396.4
–weber 5.22
drillierter Draht . . . 416.17
Drohm 110.19
Dropper-Jacquard . . . 369.4
Drosselgarn 12.10
Druck der Kette auf den Streichbaum 129.16
– senkrecht zur Kettbaumachse 120.1
–, atmosphärischer . . 74.17
–, verminderter 74.15
–, Feder- 124.8
–, Gewichts- 124.7
–, Dampf- 74.16
–, Scheiben- 51.16
–baum 128.15
–feder 205.15, 241.5
–feder für den Schützen 348.5
–gewicht 55.10
–hebel, geschweifter . . 31.3
–kattun 392.17
–klinke 134.13
–leiste 383.17
–litze 174.8
–luft 256.9
–luftleitung 264.13
–luftschlageinrichtung . 256.10
–messer 69.16
–minderungsventil . . . 74.11
–platte 229.4, 389.15
–reglerventil 73.20
–sachenkosten 447.7
–schraube 115.17
–velourteppich 411.15
–walze . . . 70.19, 73.16, 89.14
Drucken der Patrone . 378.19
drücken, die Feder an die Spule 346.6
–, gegen die Fäden (Finger) 177.12
–, durch Hebelgewicht an den Block (Walze) 55.20
–, auf die Ladenschlange (Preßrolle) 187.4
–, an die Platinen (Daumen) 188.9
–, aus der Rast (Abstellhebel) 52.15
–, die Spindel gegen den Trichter 95.11
Drücker . 205.16, 211.26, 269.18, 291.9
– für die Messerverschiebung 236.2
Dübel 385.3
Duchesse 402.14
Duff 398.11
Düffel 398.6
–stoff 417.10
dunkel-e Kette 62.20
–es Tuch 62.19
dünn-er Faden 236.17
–es Garn 9.17
–e Garnstelle 9.8
–es Querholz 289.5
Dünntuch 401.23
Dupliermaschine, Schuß- 96.18
durchbohrter Spulenzylinder 85.16
Durchbrechung 413.12
durchbrochen-es Band . 426.5
–es Gewebe 431.23
–e Randscheibe 78.4
–er Schützenboden . . 244.7
–e Ware 164.1
durchfahren, die Kette mit dem Kamm . . 84.3
Durchgang durch den Schlitten, freier . . 364.12
–, Schützen- . . 189.7, 247.1
durchgehend-e Bewegung der Spulenschlitten . 369.9
–er Eisenstift 139.21
–e Farbe 230.14
–e Hülse 10.14
–e Welle 125.6
durchgeschossener Kettfaden 143.3
Durchhülse 10.14, 85.13
durchlaufend-er Köper . 149.11
–er Schuß 162.8
–es Muster 154.6
durchlochen, die Bindungspunkte 384.18
durchlöcherte Blechhülse 101.10
durchlochte Schiene . . 337.2
Durchmesser der Antriebscheibe 305.15
– des bewickelten Kettbaumes 121.5
– des leeren Kettbaumes 121.4
–abnahme des Kettbaumes 120.6

durchnäßte Spule . . . 101.14
Durchschießen der Kettfäden . . . 143.4
Durchschlag . . . 373.10
durchschnittene Schußfäden . . . 343.13
Durchseher, Waren- . . . 6.1
durchstoßen, die Karten 226.7
durchtränken, die Kette 65.13, 71.13
—er Strähn . . . 70.13
Durchziehen der Kettfäden . . . 102.16
durchzwängen, sich zwischen den Walzen (Nadel) . . . 51.4
Durchzugband . . . 427.9
Düse, Luft- . . . 74.14
—, Wasser- . . . 102.5
Dütchen . . . 10.11
Dutzendware . . . 441.9

E

Ebene, in einer — ausbreiten . . . 41.18
—, schiefe . . . 339.10
Eccleswechsel . . . 276.1
Echtbrokat . . . 423.6
echt-e Franse . . . 355.2
—es Goldgespinst . . . 19.25
—e gewebte Spitze . . . 423.15
—e Lahnborte . . . 428.6
—e Mokette . . . 405.5
—er Samt . . . 403.2
—er Schal . . . 420.20
—es Seidengewebe . . . 430.19
—es Silbergespinst . . . 20.3
—er Teppich . . . 407.5
Eck-einzug . . . 105.2
—linie, doppelte . . . 380.5
—linie, einfache . . . 380.4
—pfosten . . . 297.3
—stück . . . 378.4
—stückschnürung . . . 222.7
Ecossais . . . 400.19
Ecrüseide . . . 16.21
Effekt, Bindungs- . . . 149.4
—, Blasen- . . . 162.2
—, Falten- . . . 162.2
—bildung durch den Unterschuß . . . 155.7
—zwirn . . . 19.2
effektives Gewicht . . . 11.16
egalisieren, die Kettfäden mittels Bürste . . . 110.7
—, die Kettfäden mit feuchten Fingern . . . 110.9
—, die Kettfäden mittels Kamm . . . 110.8
Egalisieren der Helfen . 219.12
Egge . . . 3.10
Eichel . . . 206.4
—loch . . . 383.1
Eichhahn . . . 69.15
Eigengewicht des Hebels 121.6
Einarbeiten der Kette . 114.9, 444.2
— der Ware . . . 139.3
Ein- und Ausrücker . . . 50.15
einbinden, in das Ober- und Untergewebe (Florkette) . . . 169.6
—, die Riedstäbe in die Wangen . . . 286.8
Eindrücker, Spulen- . . . 262.17
Eineinhalbdreher . . . 164.12
einfach einlesen, das Fadenkreuz . . . 138.10
—e Bindung . . . 232.2
—er Damast . . . 153.16
—e Ecklinie . . . 380.4
—es Exzenter . . . 200.1
—es Fadenkreuz . . . 138.10.11
—es Federzugregister . . . 204.5
—es Garn . . . 9.3, 17.23
—e Gegenzugvorrichtung 185.7
—er Ladenschlag . . . 326.3
—e Leinwand . . . 414.1
—er Schützen . . . 240.16
—er Spitzeinzug . . . 104.12
—es Spulengestell . . . 44.2
—er Teppich . . . 408.1
—er Tüll . . . 363.10, 423.18
—es Vordergeschirr . . . 231.12
Einfachjutesackleinen . 396.21
einfädeln, sich selbsttätig (Faden) . . . 27.10
Einfädeln des Fadens in den Schützen . . . 265.8
— durch Saugen . . . 245.13
—, selbsttätiges — des Schusses . . . 260.13
Einfädel-röhrchen . . . 245.8
—vorrichtung . . . 365.1
—vorrichtung, Northrop- 260.17
Einfädelung, englische . 245.14
—, selbsttätige . . . 27.9
einfädig gelesen (Kreuzschienen) . . . 138.11
—er Knoten . . . 409.11
—es Schappegarn . . . 17.8
einfallen (Prismalade) . 211.18
Einfallen des Faches . 142.6
— der Klinke . . . 127.2
Einfallklinke . . . 178.21
einfarbig-er Badetuchstoff . . . 417.25
—e Chenille . . . 411.2
—es Garn . . . 10.1
—es Jacquardmuster . . . 377.16
—e Kette . . . 21.11
Einfederspindel . . . 238.7
— mit Nase . . . 238.8
—, zusammenlegbare . . . 238.9
einflorige Bindung . . . 168.23
Einfluß der Garndrehung auf das Aussehen der Ware . . . 145.7
einförmiges Muster . . . 145.5
einführen, die Rute in das Fach . . . 329.1
—, den Schützen beim Ladenvorgang . . . 267.2
—, den neuen Schützen von oben . . . 266.18
—, den neuen Schützen seitwärts . . . 266.19
—, den neuen Schützen von unten . . . 266.21
Einführen der Fäden . 53.19
Einführstäbchen . . . 329.16
Einfüllhahn . . . 69.14
Eingang der fertigen Ware . . . 6.26
eingängige Schraube . 127.14
eingefallen-e Kötzerspitze . . . 86.3
—er Stecher . . . 316.19
eingefräste Rinne . . . 354.12
eingehen (Gewebe) . . . 139.4
— (Kettenlänge) . . . 66.15
Eingehen der Kettenlänge . . . 66.16
— der Lade . . . 292.19
— der Ware . . . 139.3, 444.11
eingekeilter Ring . . . 115.1
eingekerbt-es Ende . . . 264.7
—es Prismaende . . . 236.5
—e Scheibe . . . 48.7
eingeklinkte Zugstange . 95.13
eingelassener Zapfen . 133.1
eingespannte Karte . . . 385.10
eingetauchter Strähn . 70.2
eingewebte Rute . . . 329.2
eingezogen, in Röhrchen (Schußfäden) . . . 341.8
eingreifen, in die Broschierstelle (Stifte) . 346.18
—, in den Spulenschlitz (Nase) . . . 95.17
—, in die Zahnstange (Segmentzahnrad) . . . 234.16
—, in die Zapfen der Laterne (Wendehaken) 205.19
Eingreifen der Klinke . 195.18
Eingreifklinke . . . 261.13
Eingriff der Zahnscheibe 203.11
—, außer (Klinke) . . . 195.19
—, Klinken- . . . 126.14
Einhalten der Schußzahl 132.19
einhängen, die Kartenkette . . . 390.7
—, den Kettbaum . . . 106.12
—, die Schäfte . . . 106.10
Einhängespindel . . . 238.14
Einheit, Bindungs- 8.1, 144.14
Einhub-aufzugmaschine . 190.5
—jacquardmaschine für Offenfach . . . 227.11
—maschine für Auf- und Niederzug . . . 190.15
—schaftmaschine . . . 190.4
einkarabinen . . . 218.5
Einkarabinen . . . 218.4
Einkerbung . . . 367.2
einklemmen, die Endleisten . . . 139.13
einklemmen, den Kötzer in den Schützen . . . 240.10
—, die Ware in den Stoffbaum . . . 298.14
einklinken, den Sperrhaken . . . 205.3
Einklinken der Messer . 191.19
Einknicken des Kniehebels . . . 255.12
einknüpfen, die Polfadenstücke in die Kette 336.13
Einknüpfen . . . 409.2
einkreuzen, die Beschnürung . . . 219.23
Einkreuzen der Beschnürung . . . 219.22
Einlage, baumwollene . 19.19
—, Kautschuk- . . . 243.20
—, Reibscheiben- . . . 51.14
—, Wollfilz- . . . 123.19
Einlaghebel . . . 348.10
Einlaufen des Fadenbandes . . . 58.1
einlegen, den Baum . . . 48.15
—, die Fäden gängeweise 83.1
—, den Kettbaum . . . 106.12
—, den Kreuzfaden . . . 42.13
—, die Schnüre in den Kammstab . . . 386.16
—, die Spulen . . . 30.12
Einlegen von Kartonblättern zwischen die Fadenschichten . . . 62.15
— der Nadeln . . . 168.7
— der Ruten . . . 327.1
— des Schaftstabes . . . 106.6
— der vollen Spule . . . 260.12
— der Teilschnur . . . 62.13
Einleger . . . 103.13, 439.5
Einlegerin . . . 103.14
Einlegestab . . . 77.19
Einlegspindel . . . 238.14
Einlesemaschine 209.6, 385.20
—rahmen . . . 386.10
einlesen, das Blatt . . . 82.19
—, das Fadenkreuz einfach . . . 138.10
—, fadenweise . . . 42.10
—, die Gangschnur . . . 42.13
—, das Helfenkreuz . . . 219.23
—, den Kegelzug . . . 209.5
—, das Kreuz . . . 42.8
—, das Muster . . . 386.17
—, paarweise . . . 42.11, 138.12
—, das Fadenkreuz zweifädig . . . 138.12
Einlesen . . . 42.9, 386.18
— der Fäden ins Blatt . 82.20
— des Helfenkreuzes . 219.22
Einleser, Kreuz- . . . 42.14
—, Muster- . . . 386.20
Einleserin, Kreuz- . . . 42.15
einlobiges Schlagexzenter . . . 251.2
einmalige Spulenzurichtung . . . 44.12
Einmesserschaftmaschine 190.4
einnasiges Schlagexzenter . . . 251.2
Einpassieren der Kettfäden . . . 102.16
einpolige Bindung . . . 168.23
einquetschen, die Endleisten . . . 139.13
einreiben, die Heber mit Wachs . . . 207.16
Einreihen der Kettfäden 102.16
einreihig regelmäßiges Ried . . . 284.21
—er Perlschlung . . . 19.10
—es Scherbrett . . . 46.12
Einreißen des Gewebes 439.12
Einrichter, Blatt- . . . 282.10
einrücken, die Maschine durch Fußtritt . . . 54.1
—, die Spindel . . . 88.5
—, den Webstuhl . . . 306.1
Einrücken des Schalthakens . . . 278.10
Einsatz, schlitzförmig gelochter . . . 288.10
—, stählerner . . . 288.9
einschenklige Flornoppe 167.14
einschießen (Schuß) . . . 237.1
—, in das Kreuzfach (Schüsse) . . . 351.13
Einschießen . . . 236.11
Einschlag (s. a. Schuß) 7.22, 84.7, 236.12
—faden . . . 236.13
—garn . . . 335.18
Einschlag-schlegel . . . 360.19
—seide . . . 16.6
—spuler . . . 84.18
—spulerin . . . 84.19
einschlagen (Schuß) . . . 237.1
Einschlager . . . 6.15
Einschnappen der Klinke in die Rast . . . 48.20
Einschnitt . . . 115.11
—, Hebel- . . . 121.18
—, Prisma- . . . 236.4
—kette . . . 147.4, 422.13
—schuß . . . 147.5
einschränken, die Fortrückung des Steigrades . . . 134.4
Einschuß . . . 84.7, 236.12
—abwicklung . . . 244.22
—material . . . 236.14
—spule . . . 84.12, 240.13
einschütziger Plüsch . 169.9, 404.16
— Webstuhl . . . 303.13
einseitig-e Kettgarnspulmaschine . . . 26.18
—er Köper . . . 148.12
—er Möbelstoff . . . 418.2
—er Schützenwechsel . 272.19
—e Spitze . . . 241.17
—er Wechsel . . . 292.2
einsetzen, die Bindung 157.2.3
—, den Spannstab . . . 139.7
—, die Stempel in die Schlagplatte . . . 385.7
—, die Stifte in die Gewebekanten . . . 139.8
Einsetzen der Spulen in die Spulenschlitten . 363.14
einsinken (Fäden) . . . 57.8
Einsinken der Fäden . 57.7
einspannen, den Gewebestreifen . . . 439.10
einspringen (Gewebe) . . . 139.4
—, in den Spulenkopf (Kralle) . . . 263.18
einspulig-es Band . . . 426.12
—er Bogenschläger . . . 357.2
—er gerader Schläger . 356.17
—er Webstuhl . . . 303.13
Einstechen des Stecherlappens . . . 312.1
Einsteckspindel . . . 238.17
einstellbare Fadenführerschiene . . . 32.10
— Klinke . . . 136.2
— Schiene . . . 32.9
Einstell-bügel . . . 315.9
—bügel für das Blatt . 108.9
—dichte . . . 41.15, 107.9
—dichte, endgültige . . . 41.16
—hebel, Fach- . . . 195.4
—weite . . . 107.9
einstellen, das Blatt in die Nut des Ladenklotzes . . . 289.7
—, die Exzenterwelle . . . 92.13
—, den Führungsschlitz nach der Fadenstärke 28.7
—, den Kamm . . . 83.9
—, die Karten . . . 205.5
—, die Karten (Warzen) 206.6
—, die Kette ins Blatt . 106.17
—, die Kette licht . . . 107.7
—, die Lade . . . 289.16
—, die Lade durch Schnuren . . . 290.1
—, die Lade durch Stifte 289.17
—, die Nadelreihe . . . 205.4
—, das Prisma . . . 187.1
—, die Schußzahl . . . 132.18
—, den Wechsel durch die Platine . . . 275.4
Einstellen der Kette ins Blatt . . . 106.16
— der Lade durch Schrauben . . . 289.18
— des Webschützens im Kasten . . . 265.17
Einstellung, Breiten- . . . 139.2
—, Faden- . . . 107.9
—, Teppich- . . . 409.8
Einstellungshebel, Nadel- . . . 350.3
einsteppen, in das Gewebe (Muster) . . . 349.11
Einstricken . . . 177.13.14
einstühlig arbeiten . . . 441.5
eintauchen, in das Fach (Lade) . . . 345.11
—, in den Schlichttrog (Walze) . . . 76.11

Eintauchen des Garns in die Schlichte 70.1
einteilen, die Musterzeichnung in Fadengruppen 386.22
—, das Schnurbrett in Längsreihen 217.8
Einteiler, Skizzen- 379.15
einteiliges Kreisexzenter 200.2
Einteilung der Jacquardmaschinen 215.1
—, Faden- 182.12
—, Quadrat- 379.8
Eintrag 7.22, 84.7, 236.12
eintragen (Schuß) 237.1
—, den Einschuß zweifach 237.1
—, den Grundschuß 336.2
—, Schuß um Schuß [abwechselnd von verschiedenen Seiten] 247.21, 271.14.15
Eintragen des Schusses 236.11
Eintrag-faden 236.13
—nadel 259.11, 358.5
—spule 84.12
—vorrichtung, Schuß- 8.3
—zange 341.1
Eintragung, gleichzeitige — zweier Schützen 257.15
—, Schuß- 257.20
eintreten, in das nächstliegende Rohr (Rohröffner) 109.7
Eintreten der Gabel in das Gitter 318.7
— des Schützens in den Kasten 316.3
eintrommeliger Spindelantrieb zweier Spindelreihen 39.16
Einwärtsbewegung der Prismalade 211.20
einweben (Kette) 114.8
—, farbige Schüsse 334.18
—, den Schuß in die Kette 1.13
Einweben der Kette 114.9
Einweicher 101.16
Einwickler 6.15
Einzahnrad 201.2
Einzel-antrieb 305.10
—fäden, in — aufgelöste Stränge 170.17
—heiten der Schaftmaschine 197.9
einzeln bewegliche Nadeln 350.12
—e Hebung 201.10
einziehen, die Hebeschnüre in das Schnurbrett 218.6
—, von hinten nach vorn 103.19
—, die Kette in das Geschirr 103.2
—, die Kettenfäden falsch 104.4
—, die Kettfäden in die Litzenaugen 103.9
—, die Randkettfäden doppelfädig 434.23
—, $x$fach in das Ried (Kettfäden) 107.16
—, von vorn nach hinten 103.17
Einziehen der Kettfäden 102.16
— der Kettfäden in die Helfen 219.15
— der Kettfäden von hinten nach vorn 219.17
— der Schußfäden 258.7
— des Schußfadens in das Webschützenauge 372.11
—, gerades 219.18
—, partieweises 219.19
Einzieher 103.7
Einzieherin 103.8
Einzieh-gestell 105.11
—häkchen 106.7
—haken 105.9
—lohn 445.9
—maschine, Geschirr- 105.11
—messer 108.1
—messer, schwingendes 108.5
—nadel 105.9, 372.10
—stuhl, Ketten- 106.1
—vorrichtung 105.8
—vorrichtung, Schußfaden- 372.7
einzufädelnder Faden 245.12
Einzug 103.4
Einzug absetzen 104.17
— gebrochen 104.16
— gerade durch 104.9
— von hinten nach vorn 103.18
— der Kettfäden in den Kamm 168.1
— mehrfach 104.19
— in der Mitte 424.15
— spitz 104.11
— von vorn nach hinten 103.16
—, abgesetzter 104.17
—, absetzender 104.17
—, atlasartiger 104.10
—, beschränkter 105.4
—, Blatt- 106.13
—, dreifädiger 168.3
—, falscher 104.6
—, fortlaufender 104.9
—, französischer 221.4
—, gazeartiger 105.7
—, gemischter 105.1
—, gemusterter 105.3
—, glatter 104.9
—, $x$gratiger 104.8
—, gruppenweiser 104.18
—, komplizierter 105.5
—, mehrchöriger 105.6
—, mehrteiliger 105.6
—, mehrwerkiger 105.6
—, regelmäßiger 104.9
—, satzweiser 105.6
—, scheinbar unregelmäßiger 105.2
—, schraubenförmiger 104.17
—, schreitender 104.17
—, springender 104.10
—, sprungweiser 104.10
—, verkehrter 104.5.6
—, versetzter 104.10
—, verteilter 104.19
—, zerstreuter 104.10
—, zusammengesetzter 105.1
—, zweifädiger 168.2
—, Eck- 105.2
—, Kanten- 424.13
—, Rechts- 221.4
—, Schaft- 103.4
—, Sprung- 219.20
—, Waren- 132.3
—art 103.15
—band 427.9
—einheit 104.1
—faden 424.14
—fehler 104.2
—ordnung 103.15
—rapport 104.1
—weise 103.15
Eisbärplüsch 406.20
Eisel 219.4
Eisen, mit — beschlagen 289.1
—blechrohr, gespaltenes 287.2
—dornspindel 238.5
—draht 416.16
—draht mit Öhr 219.5
—draht, starker 208.11
—drahtlitze 175.11
—drahtsieb 416.24
—-Eisenverzahnung 310.19
—garn 12.17
—karte 203.4
—kegelspindel 238.5
—kern 269.12
—platte 289.2
—scheibe 139.19
—schiene, mit —n beschlagen 243.17
—schiene, bogenförmige 206.3
—schiene, herausnehmbare 172.10
—spindel 290.13
—spitze, schwertartige 177.4
—stabrost 50.13
—stift, durchgehender 139.21
eisern-e Jacquardmaschine 215.4
—er Kettbaum 115.10
—e Kette 278.2
—es Lineal 224.5
—er Zapfen 115.4
elastisch 415.19
— lagern 313.6
—es Auffangen des Schützens 254.5
—er Faden 435.12
—es Garn 9.19
—er Garnträger 29.8
—es Gewebe 359.15
—er Haspel 29.7
—er Hosenträger 427.25
—es Kettgarn 114.6
—e Rollenlagerung 243.19
elastisch-e Spannung 118.23
Elastizität 415.20
—smesser, Garn- 440.15
Elberfelder Kunstseide 17.18
elektrisch leitender Magnetkasten 387.8
—er Antrieb 309.14
—er Federwächter 319.1
—e Kartenschlagmaschine 387.3
—er Stromkreis 320.12
—, auf —em Wege 319.21
Elektrizitätsquelle 320.8
Elektromagnet 269.8, 301.4, 387.7
elektromagnetischer Schützenantrieb 301.1
elliptisches Rad 214.2
Elsässische Maschinenbaugesellschaft, Spulenauswechselvorrichtung der 263.5
Ende des Maschinenbettes 113.10.11
—, abgebogenes 312.16
—, eingekerbtes 264.7
—, spitzes — der Spulenhülse 264.18
—, verjüngtes 328.7
—, Faden- 51.10
Enden der Kötzerfäden 45.9
—, zugespitzte 244.17
End-faden im Spulengestell 44.22
—geschwindigkeit des Schützens 247.10
—lage der Feder 137.19
—lager der Antriebswelle 55.16
—leiste 3.10, 139.13, 282.9, 433.21
—steg 282.9
—stellung des Gewichts 137.13
—verbinder 172.1
endgültige Einstelldichte 41.16
endlos-e Handkette 372.20
—e Kette 266.3
—e Papierkarte 229.19
—e Schraube 54.11, 61.10
—er Siebmacherrahmen 324.14
eng abbinden 152.3
—e Abbindung 152.4
—bindende Ware 226.14
—e Kammer 244.8
— stellen, den Spannstab 139.10
englisch-e Einfädlung 245.14
—er Grund 413.11
—e Leinwand 393.9
—e Schermaschine 47.19
—e Schlichtmaschine 73.10
—e Schnurmaschine 225.2
—e Schnürung 221.5
—er Schützenwächter 316.6
—e Teilung 216.6
—er Umlauf 52.3
Englischleder 394.19
entbastete Seide 16.23
entfernen, Flottungen 145.2
—, die Unterbindungsschnur aus dem Fadenkreuz 42.18
Entfernung, Noppen- 18.9
entfettetes Garn 10.7
entgegengesetzt verlaufende Bindung 382.9
—, sich — bewegen (Schäfte) 184.1
—, sich — drehen (Spulen) 362.9
—e Drehung 164.8
entgegenlaufend, den Fäden —e Plüschwalze 39.3
Entlastung 123.5
Entleeren der Horde 102.13
entschälte Seide 16.23
Entspannen der Kette 118.11
Entspannung, Ketten- 126.11
entwerfen, das Muster 376.3
Entwerfer, Muster- 378.11
entwirren, die Fäden 81.14
Entwurf 376.3
Eolienne 401.20
Epinglé 399.3
erhöhen, die Festigkeit des Fadens 64.12
erhöhter Streifen 154.13
Erhöhungen im Gewebe 422.18
Erkennungszeichen der Garne 435.4
errechnetes Gewicht 11.17, 442.11
Ersatz für Kettendouble 156.2
—arbeiter 5.7
Ersatz-blatt 111.6
—geschirr 111.7
—platine 214.23
—spule 81.9, 262.4
—trommel 56.19
—weber 5.7
Ersparnis, Karten- 197.1
—, Kraft- 307.6
erwärmen, die Bindestellen 286.11
Erweichungsmittel 68.8
erzeugen, die Karoerscheinung 152.11, 152.12, 152.13
Eschenholz 251.3
Eskimo 398.5, 417.3
Etamin 394.1
Etikettierer 6.13
Expansions-block 54.19
—haspel 29.6
—kamm 74.4
—ried 49.21, 285.21
—trommel 48.19
Extraktgarn 14.20
Extraregulator 96.11
Exzenter (s. a. Scheibe, Hubscheibe) 112.12, 129.5
— für geschlossenes Fach 200.14
— für offenes Fach 200.13
— für Kreuzwindung 91.7
— für doppelten Ladenanschlag 295.8
— für dreifachen Ladenanschlag 295.9
— für mehrbindige Ware 200.12
— für verschiedene Schichtenhöhe 97.8
— auf der Welle 250.19
—, dreistufiges 274.13
—, dreiteiliges 97.3
—, einfaches 200.1
—, geschlossenes 202.3
—, glattes 200.1
—, mehrteiliges 200.3
—, offenes 200.1
—, aus Segmenten zusammengesetztes 202.15
—, verkehrt laufendes 256.5
—, zusammengegossene 198.23
—, zusammengesetztes 200.3
—, Außen- 199.10
—, Fach- 198.7
—, Form- 91.6
—, Herz- 33.13
—, Innen- 199.7
—, Laden- 317.10
—, Leisten- 199.6, 202.7
—, Messerkasten- 213.2
—angriff beim Ladenvorgang 295.1
—antrieb 201.1
—element 198.14
—flanke 198.19
—form 198.10
—hub 37.16, 198.17
—karte 201.4
—kette 201.13
—kurve 198.15
—rad 38.14
—ring 34.8, 213.17, 275.18
—rolle 36.13, 200.9
—satz 198.21
—scheibe 34.9
—scheibe mit Winkelhebel 294.2
—scheiben, ineinander geschobene 275.19
—schlag 250.18
—schlag durch Exzenter und Schlagwelle mit Rolle 252.5
—schlag durch Schlagdaumen 254.6
—schlageinrichtung mit Rollenkurbel 251.11
—schlageinrichtung mit Schlagfalle 252.12
—schraubenrad 37.1
—spitze 250.2
—stange, gelenkige 213.18
—stück für Hebung 200.6
—stück für Offenfach 200.7
—stück für Senkung 200.5
—teilung 198.13
—triebwerk 198.8
—welle 92.13
exzentrisch gelagerte Stachelrädchen 140.1
— gelagertes Zahnrad 333.16
—er Kranzschlitz 61.1
—e Nut 294.5

exzentrisch-e Scheibe 94.19
—es Zahnrad 214.1

F

Fabrik, Webstuhl- 7.4
—, Webwaren- 1.7
—, Wollwaren- 2.14
Fabrikant, Webstuhl- 7.5
—, Webwaren- 6.23
Fabrikat, Ganz- 4.9
Fach 141.3, 379.5
—, das — bilden 141.4
—, durch das — laufen (Schützen) 247.3
—, das — schließen 142.7
—, das — wechseln 142.13
—, ausgehobenes 142.3
—, gebildetes 142.3
—, geschlossenes 142.14
—, gleichbleibendes 141.14
—, großes 265.15
—, halbes 141.9
—, offenes 142.4.5, 284.11
—, reines 142.21, 217.1
—, schräges 217.1
—, unreines 142.20
—, vertretenes 323.12
—, volles 142.19
—, Doppel- 141.16, 339.22
—, Ganz- 142.19
—, Hinter- 141.15
—, Hoch- 142.15, 216.15
—, Nadel- 168.5
—, Ober- 142.15
—, Ruhe- 142.18
—, Steh- 142.18
—, Tief- 142.17, 216.16
—, Unter- 142.17
—auge 175.20
—aushebung 181.19
—bildegetriebe 197.19
—bildegetriebe, geschlossenes 198.6
—bildegetriebe, offenes 198.5
—bildevorrichtung 8.2
—bildung 141.1, 170.20
—bildung mittels Harnisch 207.6
—bildung mit Jacquardmaschine 216.14
—bildung durch Schäfte 171.1
—bildung durch Schaftmaschinen 186.1
—bildung, innere 300.11
—einstellhebel 195.4
—exzenter 198.7
—höhe 141.11, 282.11
—länge 141.12
—machen 335.12
—maschine, Schuß- 96.18
—mitte 198.4
—öffnung 141.10
—reinigungsvorrichtung 329.15
—stellung, ungleiche 141.18
—schließen 142.6
—schluß 142.6
—schule für Weberei 8.13
—stillstand 189.6
—treten 182.22
—vorrichtung 335.11
—wechsel 228.5
fachbildend-e Kette 339.21
—er Schaft 360.5
Fachen, durch — erzeugtes Flammgarn 18.21
—, Baum- 82.10
Fächer, Trocken- 66.1
—ried 285.4
Fädelhaken 365.6
Faden (s. a. Garn) 22.19
— von besonderer Farbe 421.10
— von eigenartiger Form 421.11
—, abgestochener — der Geschirrkette 113.16
—, abgestochener — der neuen Kette 113.18
—, ausgelesener (aus den Schäften) 109.5
—, bunter 19.3
—, dicker 236.16, 413.21, 421.12
—, dünner 236.17
—, einfacher 435.5
—, einzufädelnder 245.12
—, elastischer 435.12
—, von — zu Faden wechseln (Fadenkreuzung) 153.18
—, feiner 236.17
Faden, glänzender 421.9, 435.11
—, glatter 435.9
—, gleichmäßiger 435.7
—, gefilzter 19.17
—, gerissener 51.6
—, geschmeidiger 236.18
—, gestreckter 237.4
—, grober 236.16
—, knotiger 435.8
—, metallisierter 20.17
—, mit Metallüberzug versehener 20.17
—, normal gedrehter 161.16
—, plattgedrückter 94.4
—, rauher 435.10
—, schlaffer 49.5
—, steifer 435.14
—, zu untersuchender 436.3
—, verführter 81.11
—, weicher 236.18
—, widerstandsfähiger 435.13
—, Baumwollkern- 19.19
—, Grob- 28.3
—, Kautschuk- 415.11.12.13.15.16
—, Kett- 21.15
—, Metall- 20.9
—, Oberschlingen- 166.6
—, Perl- 19.8
—, Seidenkern- 19.20
—, Unterschlingen- 166.8
—abfall 4.14
—abnützung 284.15
—abteil- und Knüpfvorrichtung 112.23
—abteilung 351.14.15
—abwicklung 244.22
—anhäufung 365.24
—auswähler 368.10
—auswähler, federnder 368.11
—band 47.5
—beanspruchung 98.10
—bestimmung 435.2
—bewicklung 23.12
—bündel 47.5
—bremse 31.9, 245.15
—bremse mit Bügel 245.23
—bremse nach Morrison 92.20
—bremsung 35.19
—bremsvorrichtung 58.10
—bruch 4.5, 51.5
—dehnung 114.7
—dichte 107.9, 376.7, 434.13
—drehungsmesser 440.8
—einstellung 107.9
—einteilung 182.12
—einstellung, lichte 107.6
—einstellung, schüttere 107.6
—einzug 103.4
—ende 51.10, 365.8
—folge im Gewebe 433.26
—folge in der Kette 159.14
Fadenführer 32.1, 63.13, 90.15, 94.17, 112.13
— mit zwei gegeneinander verstellbaren geschlitzten Blechen 28.6
— mit geteilten gegeneinander verstellbaren Führungsblechen 28.8
—, auf- und absteigender 38.8
—, hin- und hergehender 30.15
—, kreisender 35.8
—, rohrförmiger 258.3
—, umlaufender 97.2
—, verstellbarer 45.11
—, zweiter 35.1
—, Draht- 27.15
—, Flügel- 99.16
—, Porzellan- 27.16
—, Reibrollen- 100.3
—, Sauschwänzchen- 93.5
—antrieb 35.9
—auge, gläsernes 34.14
—blech 28.1
—hebel 94.18
—hochgang 39.8
—hub 30.14
—hub, gleichbleibender 88.15
—hub, gleichzeitiger 39.10
—hub, wachsender 88.16
—hub, wechselseitiger 39.11
—hubstange 38.17
—kupplung 35.10
—platte 97.16
—rolle 100.14
—schaltung 101.5
—schiene 32.13
—schiene, einstellbare 32.10
—schienenkette 33.16
—spiel 88.12
—stange 33.9, 36.12
Fadenführer-stange, schraubenspindelartige 100.17
—stange, schwingende 37.12
—stelze 38.17
—tiefgang 39.9
—tragstange 38.17
—trommel 31.12
—weg 30.14
Faden-führung durch Schlitztrommel 99.14
—führungsleiste 45.4
—führungsrolle 94.16
—führungsschiene 367.16
—führungsschiene, stählerne 240.4
—gänge, zwei — auf eine Trommeldrehung 32.7
—gruppe 386.22
—gruppe, flottende 392.4
—gruppen, die — verkreuzen 351.12
—höhe 239.13
—klemme 333.10
—kluppe 81.16
— und Kötzerführung, selbsttätige 440.6
—kreuz 42.12, 138.9
—kreuz, einfaches 138.10.11
—kreuz, das — einfach einlesen 138.10
—kreuz, das — machen 42.8
—kreuze, die — festbinden 42.16
—kreuzung 7.25
—kreuzung (wechseln) 153.18
—lage 97.10
—lage, gleichmäßige 25.14
—länge, bestimmte 29.19
—legung, geschlossene 23.1
—leitauge 45.5, 171.7, 244.10
—leiter 32.1
—leitkamm 89.9
—loch 365.7
—mantelfläche der Spule 23.12
—menge 41.15
—oberfläche 64.15
—öffnung 141.3, 218.15
—ösenspannung 243.16
—paar 338.16
—rapport 40.16
—reiniger 28.1
—reinigungsbürste 38.7
—reinigungsvorrichtung 39.6
—reiter 35.6, 319.13
—reiter zum Aufstecken 319.20
—reiter mit Öse 319.17
—reiter mit Schlitz 319.18
—reserve 98.2
—rest 22.11
—schicht 87.6
—schichten, stufenförmige 41.13
—schichten, gegeneinander verschobene 97.9
—senkung 142.8
—spannhebel 93.14
—spannrolle 94.16, 99.5
—spannung, gleichmäßige 29.16
—spannung, ungleichmäßige 29.17
—spannung, wechselnde 49.9
—spannungsausgleicher 98.1
—spannungsregler 58.10
—spannungsunterschied 49.10
—spannvorrichtung nach Morrison 92.20
—stärke, nach der — einstellen 28.7
—strang 47.5
—suchen 51.8
—trichter 93.10
—überschuß, den — abziehen 98.9
—verbindung 336.11
—verdränger 365.9
—verkreuzung 144.1, 352.13
—verlaß 46.2
—verschlingung 81.13
—verschränkung 7.25
—verteilung 182.12
—verwicklung 81.13
—vorrat 98.2, 263.12
—wächter 53.10, 96.20
—wächterhebel 93.14
—wächternadel, drehbar gelagerte 53.7
—wender 339.14
—windung 22.15
—windung, spiralförmige 336.7
—windungen 24.15
—windungen, lockere 98.8
—winkel 50.4
Faden-wulst 83.14
—zahl 443.21
—zahl auf die Längeneinheit 434.17
—zahl auf den Zahn 107.14
—zähler 434.14, 438.12.13.14
—zug, zweifacher — bei Kreuzfach 231.11
Fäden, flottende 344.9
—, geradzahlige 41.21
—, die — werden gesenkt 142.9
—, gezwirnte 97.7
—, die — gruppieren 182.16
—, stark kreuzende 173.18
—, Leonische 19.24
—, nebeneinander liegende 97.6
—, die — bleiben straff 79.7
—, tupfenbildende 412.20
—, überzählige 182.15
—, ungeradzahlige 41.20
—, verdrehte 107.22
—, verfilzte 81.12
—, verwirrte 81.12
—, *x* — im Zahn 107.15
—, zusammengeklebte 66.2
—, zusammenhängende 83.15
fadenscheiniges Gewebe 4.8
fadenweise einlesen 42.10
— Musterbildung 232.1
fädig, *x*—e Aushebung 220.21
Fädigkeit 107.14
fahrbares Korbgestell 102.6
— Spulengestell 62.17
Fahr-bahn, obere 112.21
—gestell, Kett- 112.22
—strahl 198.20
Faille 401.14
Faktor 6.24
Fall-haspel 25.20
—höhe 49.8
—kasten 35.7, 291.3
—kastenwechsel, Smithscher 274.15
—kontakt 387.6
—klinke 136.19
—platinenjacquard 369.4
—stab 48.8
—walze 48.8, 49.7
Falle 180.3, 269.5, 278.15
—, die — hinaufschlagen 180.6
—, Schloßrad- 317.9
—, Sektor- 314.12
fallen, herab (Fadenreiter) 319.19
—, in die Kerbe (gekröpfter Hebel) 48.22
—, durch den Schlitz (Abstellnadel) 51.3
—, in den Trog (Spindel) 96.9
—, nach unten (Schützenkastenvorderwand) 268.16
Fallen des Messerkastens 211.2
— der Schützenkasten 290.19
—hebel 253.14
—lassen der Klinke 334.4
—riemen 314.11
—schenkel 278.20
—steuerung 253.12
fallend-es Blatt 283.13
—e Spule 364.24
—er Spulenschlitten 364.25
falsch einziehen, die Kettenfäden 104.4
—er Einzug 104.6
—er Köper 149.13
—es Noppengarn 18.10
— stehende Schützenkasten 313.16
Falte, Längs- 161.17
—, Quer- 162.1
Falten, die Ware in — legen 298.19
—effekt 162.2
—kette 161.11
—schieberblech 442.2
—stoff, gemusterter 161.14
—stoff, gestreifter 161.13
—stoff, glatter 161.12
—streifen 162.5
—zählvorrichtung 441.15
Falz 90.5
Falzer 6.7
Falzerin 6.8
Falzfähigkeit 429.22
Fang-arm 334.10
—faden 147.11
—faden aus Stahldraht 355.6
—haken 359.10
—mulde, Nadel- 50.19
—riemen 250.12

Fang-riemen, kurzer 252.4
—riemen, langer 252.3
—rolle 255.17
—schiene 368.6
—stift 364.6
Fänger 112.8, 259.14
—, Knoten- 28.5
—, Schützen- 312.4
—feder 112.16
Farb-postennummer 3.21
—scheibe 74.20
—trog 74.21
Farbe, durchgehende 230.14
—, die — lesen 386.23
—, rote 380.11
—, wechselnde 230.15
—, Tupf- 380.6
Färbelohn 444.25
Färben, durch — erzeugtes Flammgarn 18.24
Farben-echtheit 429.9
—folge 271.8
—prisma 230.13
—stellung 152.12.13, 377.3
—wechsel 271.6, 421.7
—wechsel, Schuß- 341.17
—wechselzeichen 271.10
—wirkung 391.18
—wirkung im Muster 3.20
—wirkung, gemischte 152.10
—wirkung, reine 152.9
—zahl, unbeschränkte 409.4
farbig-e Noppe 18.16
—er Schuß 271.11, 334.18
—e Seide 17.1
Faser-ende 436.15
—enden, hervorstehende 64.13
—stofftechnik 1.2
Faß, Leimen im 71.10
fassen, das Ende des Schußfadens (Zange) 341.18
—, die Platinen (Messer) 210.25
fassoniert-e Chenille 21.9
—es Gewebe 3.17
Fasson-ried 285.3
—stift 311.2
Fassung, Spindel- 242.17
Fäulnisverhinderung 67.23
Feder 195.14
—, angespannte 283.23
—, aufgehauene 239.2
—, lose 238.13
—, Abstell- 35.14
—, Auswurf- 268.1
—, Fänger- 112.16
—, Hebel- 228.15
—, Rückzug- 314.16
—, Schlagkupplungs- 315.1
—, Schrauben- 91.12, 127.15
—, Schützen- 246.5
—, Sicherungs- 61.7
—, Spannungs- 33.11
—, Sperr- 172.6
—, Spindel- 319.3
—, Zungen- 308.17
—band 270.15
—belastung 137.14
—brett 210.5
—druck 124.8
—druck, unter — stehend (Stift) 328.5
—haken 315.3
—haltung 238.18
—harz 415.6
—haus 210.5, 371.3
—hebel 52.19
—klinke 97.19, 258.12
—kraft 205.8
—kulisse 186.15
—leinwand 392.20
—öse 309.1
—plättchenbremse, regelbare 245.16
—raupengarn 21.10
—schlageinrichtung 255.14
—schlageinrichtung mit verkehrt laufendem Exzenter 256.5
—schlageinrichtung an einschützigen Webstühlen 255.15
—schlagstuhl 303.12
—schlagtreiber 256.6
—wächter, elektrischer 319.1
—wage 438.19
—wirkung 119.8
—zange 241.3
—zug 325.5
—zugregister, Doppel- 204.10
—zugregister, einfaches 204.5
Federn, auf — gelagert (Blatt) 283.9
federbelasteter Hebel 137.15
federnd-es Auffangen des Schützen 254.5
—es Blech 263.8
—er Blechstreifen 328.9
—er Draht 326.15
—er Fadenauswähler 368.11
—e Gabel mit Stift 197.11
—er Haken 100.15
—er Halter 140.15
—e Holzspule 239.15
—e Klinke 226.3
—e Kötzerspindel 95.14
—er Ladenkamm 136.10
—e Lagerung 310.9
—e Nadel 320.15
—e Platine 229.20
—es Ried 285.23
—e Rollenlagerung 243.19
—er Schenkel 215.6
—e Spannung 118.23
—er Spulenhalter 263.16
—e Zange 326.11
Fehlen des Schußfadens 268.20
Fehler im Aushub 196.16
—, Einzug- 104.2
—, Web- 4.3
fehlerhafter Schuß 302.10
Fehlwechsel 260.14
fein liniertes Patronenpapier 379.3
fein-er Faden 236.17
—es Garn 9.17
—er Nadelstich 216.11
—e Nummer 11.9
feinfeine Teilung 215.11
Feine 173.13
—, Krefelder 173.14
Fein-garnspule 36.4
—heitsbestimmung 435.17
—heitsnummer 435.18
—heitsnummer des Garnes 11.6
—leinwandweber 5.24
—meßgarnwage 88.20
—spinnspule 36.4
—stellschraube 28.12
—stichmaschine, Wiener 215.8
feinste Rohseide 16.3
— Teilung 216.13
Felbel 403.5
Felber 403.5
Felp 403.5
Felpel 403.5
—, halbseidener 403.6
Felper 403.5
Fernsprechgebühren 447.8
fertige Ware 443.9
Fertig-baum 114.18
—ware 4.9
fest-er Arm 29.3
—er Messerkasten 228.11
—e Nadel 362.11
—e Noppe 18.18
—er Platinenboden 210.21
—er Schertrommelkegel 60.5
—er Schützenfänger 312.15
—e Spannung 118.18
—er Streichbaum 117.2
—e Windung 85.22
— aufeinander schlagen, die Knotenreihen 409.14
— aufwinden 85.24
—binden, die Fadenkreuze 42.16
—gebundene Rückseite 152.5
— gedrehtes Garn 17.24
—gedrehte Trama 16.8
—gehalten, im Schlitz (Knoten) 222.16
—gekeilte Scheibe 358.11
—gelagerte Führungswalze 50.5
—geschlagenes Geschirr 177.15
—gestricktes Geschirr 177.15
—halten, den Draht durch die Klemme 177.9
—halten, das Fadenende (Spulenhalter) 263.19
—halten, die Litzenfäden beim Einstricken 177.14
—kantiger Tüll 412.13
—klemmen, die Florkettenfäden 333.12
—klemmen, die Halbmondscheibe 58.5
—klemmen, die Kettfäden 81.17
—liegende Schiene 90.17
—schlagen, die Florschleifen 340.19
fest-sitzende Büchse 60.9
—sitzend, im Spulenschlitten —e Spulenscheibe 90.8
—steckender Holzstab 106.5
—stehendes Blatt 283.5
—stehende Führung 389.7
—stehende Litze 173.21
—stehender Mittelkamm 369.19
—stehender Rost 186.8, 227.13
—stellbarer Träger 61.19
—stellen, die Flügelschraube 83.10
—stellen, die Kettenlänge durch das Zählwerk 62.11
Fest-halten des Kötzers auf der Spindel 239.11
—scheibe 304.13, 307.11
—stellen der Garnscheibe 115.18
Festigkeit des Kettfadens 143.9
—, die — erhöhen 64.12
—, Zug- 114.5
Festigkeits-probe 436.14
—prüfer, Garn- 440.10
—prüfer, Gewebe- 438.18
Feston-band 425.18
—bogen 425.19
Fett 437.18
feuchter Finger 110.9
Feuchtigkeit, mit — gesättigt 75.13
Feuchtwalze 89.12
Fibretrichter 97.20
Figur (s. a. Muster) 4.1, 413.5
— bilden (Broschierfäden) 349.8
— mit Ketteffekt 380.17
— mit Schußeffekt 380.18
—, innerhalb der — hin und hergehen 344.21
—, in der — sichtbar (Lanzierschuß) 344.7
—, Spitz- 349.9
—fach 223.12
—karte 383.10
—kette 147.1, 161.3, 223.7
—maschine 232.6
—platine 232.9, 350.19
—schuß 344.6
—stelle 386.24
—stelle, liegenbleibende 387.1
—tritt 325.13
figuren-artig anordnen (Perlen) 414.25
—weises Aufschneiden der Schläuche 167.9
—weises Schattieren 381.1
Figuren-bildung, fadenweise 232.1
—bildung, partieweise 223.6
—blatt 349.16
—dreher 164.18
—geschirr 231.17
—harnisch 231.18
—kette 420.11
—muster 376.5
—umriß 379.17
figuriert s. a. gemustert
—es Gewebe 3.17
—e Matelassé 160.10
—e Musterung 160.14
—er zweikettiger Rips 146.13
Filosellegarn 17.11
Filz, gemischter 414.6
—, geschlossener 414.8
—, offener 414.7
—garn 19.17
Finger 137.9, 176.21, 339.25
—, feuchter 110.9
—, hakenartiger 368.13
—, Abstell- 91.8
finnländischer Vorhang 419.12
firnissen, mit Leinöl (Litzenschnur) 179.17
Firnissen des Harnisches 220.3
Fisch 202.9
—grätenstichband 426.15
—haut 117.12
Fitz, Rot- 10.25
—, Weiß- 10.26
—band 42.17
—faden 10.23
—rute 77.19
—schnur 42.17
Fitze 10.22
flach-er Köper 148.11
—er Köper, zwölfbindiger 148.2
—e Kreuzschiene 138.4
—er Metallstreifen 173.1
—es Schraubengewinde 100.9
—e Spule 366.7
flach-es Spulengestell 44.5
Flach-chenille 410.20
—chenille, gebrannte 20.23
—chenille, genähte 411.1
—chenille, gewebte 410.21
—draht 20.10
—feder 136.9
—federstahl 254.4
—meißel 373.9
—raupengarn 20.22
—schiene 353.16
—webstuhl 300.8
Fläche der Fadenbewicklung der Spule 23.12
—, gewölbte 280.9
—, hohlrunde 280.8
—, konkave 280.8
—, konvexe 280.9
—, Kegel- 60.3
—, Kettgarn- 41.17
—, Spulen- 37.11
Flächeneinheit 409.8
Flachs-garne 12.18
—gewebe in Leinwandbindung 395.7
—leinwand 395.9
—weber 5.12
Flammgarn 18.20, 421.15
—, durch Bedrucken erzeugtes 18.25
—, durch Fachen erzeugtes 18.21
—, durch Färben erzeugtes 18.24
—, durch Spinnen erzeugtes 18.22
—, durch Zwirnen erzeugtes 18.23
Flammenzwirn 19.5, 421.16
flammiertes Garn 18.20
Flanell 397.23
—, Baumwoll- 394.15
—, Doppel- 398.10
—garn 14.6
Flansch mit Klammern 115.14
—, zweiteiliger 78.12
—, Kettbaum- 78.6
Flanke, Exzenter- 198.19
—, Zahn- 126.24
Flanken, gerade 200.11
Flasche, Kautschuk- 415.7
Flaschenzug 184.3
Flaus 397.26
Flecht-gang 179.1
—maschine, Litzen- 178.1
Flechtung 414.4
Flecken 412.19
fliegen, im Bogen vorn heraus (Schützen) 267.7
—, nach hinten aus dem Kasten (Schützen) 267.3
—, schräg nach unten (Schützen) 267.6
fliegend-es Blatt 317.5
—es Ried 285.22
Fliehkraft-kupplung, selbsttätige 311.9
—reibungskupplung 311.5
—rutschkupplung 311.10
Flitterborte 428.9
Flockenstoff 417.22
—, gepreßter 417.23
—bindung 160.1
Floconné 417.22
—bindung 160.1
Flor s. a. Pol
—, aufrechtstehender 168.22
—, zwischen den beiden Geweben gebildeter 169.7
—, liegender 403.11
—aufrichten 343.16
—band, genähtes 342.1
—bildung 333.4
—decke 403.9
—decke, aufrechtstehende 166.16
—faden 338.5, 342.2
—fadenspule 339.26
—fadenstück 409.5
—garn 12.15
—gewebe 403.7
—höhe, zweierlei 167.13
—kette 167.21, 169.20
—kette, gehobene 168.4
—kettenbaum 128.13
—kettenfänger, herzförmiger 334.11
—noppe 168.19, 409.5
—noppe, aufgerichtete 167.15
—noppe, aufgeschnittene 168.20
—noppe, einschenklige 167.14
—noppe, U-förmige 167.11

Flor-noppe, zweischenkelige 167.12
—noppenschneidzeug . . 334.9
—regelzange. 339.8
—schiene, bewegliche. . 332.20
—schlauchbindung . . . 167.2
—schlauchbindung, versetzte 167.3
—schleife 340.19
—schuß. 166.14
—schußschlauch 167.1
—schüsse, atlasartig angeordnete 166.19
—teppich 408.13
Florence 400.18
Florett-band 425.3
—garn 17.7
—gewebe 430.19
flott liegen, auf der Warenrückseite (Brochéfäden) . . . 163.3
flotten, auf der Geweberückseite (Schüsse) . 344.8
— (Kettfaden) 392.2
flottend-e Fäden . . . 344.9
—e Fadengruppe . . . 392.4
— auf dem Grundgewebe liegend (Kettfäden) . 351.7
Flottierung 145.2
Flottliegung 145.2
Flottung, Schuß- . . . 166.18
Flottungen entfernen . 145.2
— hinzufügen 145.3
—, ungleiche 146.10
flüchtige Noppenverteilung 404.24
Flug, Stuhl- 4.15
—geschwindigkeit des Schützens 247.8
Flügel 171.3, 210.17
—, Abstell- 32.3
—, Schweifrahmen- . . 46.7
—, Spulengestell- . . . 43.14
—bremse 245.20
—fadenführer 99.16
—mutter . 89.15, 122.13, 196.15
—scheibe 337.11
—schraube . . . 83.7, 439.2
—welle 366.9
Flurläufer 407.13
Flüssigkeit, Leim- . . . 64.22
—, Schlicht- 64.21
Folge, Faden-. 159.14
—, Farben- 271.8
—, Kettfaden-. 433.27
—, Schuß- 271.9
—, Schußfaden- 434.4
Fond. 222.8
Foolcarry-Vorhang. . . 419.15
Förder-hebel, Spulen- 340.9.10.11
—kette 340.8
—kette, Spulen- 340.1
—scheibe, schrittweise gedrehte. 363.16
—wagen, Kettbaum- . . 79.16
—walze, mit Plüsch überzogene 329.13
Form der Figuren, beschränkte 349.10
—, kegelige — des Trichters. 93.17
—, Exzenter- 198.10
—, Kötzer- 87.4
—, Schützen- 244.3
—, Spulen- 23.11
—, Trittherzchen- . . . 201.9
—exzenter 91.6
—gebung der Exzenterkurve 198.9
—rolle 99.13
—scheibe 91.6
Former, den — ausschalten 92.18
—, Kötzer- 96.11
fort-führen, die Ware unterhalb der Schäfte. 298.20
—laufender Einzug . . 104.9
—schieben, die Radzähne 133.22
—schreitende Hebung der Spindel 87.11
—stoßen (Schützen) . . 246.20
Fort-leger 205.14
—rücken der Karte . . 385.12
—rücken der Kette . . 130.3
—rückung des Steigrades 134.4
—schaltung des Wagens 388.21
—schaltung, seitliche. . 109.11
—schreitungszahl . . . 151.2
Foulard 401.9
Frachten 447.2
Franse, echte 355.2
Franse, gedrehte . . . 426.1
—, Ketten- 355.4
—, Knoten- 426.2
—, Schuß- 355.5
—, unechte 355.3
Fransen-band 425.24
—breite. 355.7
—schuß. 355.8
—ware 355.1
Franzleinen 395.20
französisch-er Einzug . 221.4
—er Grund 413.16
—er Mitteltritt 322.9
—e Teilung 216.7
frei fallende Lade . . . 295.10
— durch die Schnürung gehen (Grundkette). 223.9
—es Bandende 124.4
—es Polfadenende . . . 342.8
—es Schnüren. 181.11
—fallender Kasten . . 273.17
—fallende Lade 317.11
—fallende Steigkastenbewegung 273.10
—geben, die Platine . . 268.23
—liegende Kette. . . . 118.9
—schwebend aufgehängte Schäfte 184.14
Freien, Trocknen im (Kette) 72.1
Friesscheibe zur Fadenbremsung 35.19
Friktion s. a. Reibung
Friktions-konusscheibe . 97.14
—kupplung 34.4
—rädchen. 98.12
—rolle 34.11, 55.6
—scheibe 34.12, 55.7
—teller 98.13
—trommel 48.1
frische Schlichte . . . 65.4
Fries. 397.26
Frisé-rand 406.4
Frieselmokette 305.9
—teppich 411.11
Frisolettband 425.3
Frosch . 204.2, 282.9, 322.10
—nase 316.11
Frösche, die — an die Blattenden ansetzen 283.1
Frottier-bindung . . . 166.3
—gewebe 432.8
—stoff 417.24.25.26
—stoffstuhlanschlag . . 294.8
—ware 325.1
—warenstuhlgestell. . . 297.14
Fuge im Kettbaum . . 77.18
Fühl-hebel 252.14, 262.11, 316.13
—hebelschnur 253.11
—kopf 137.6
—walze. . 48.8, 124.6, 128.8
Fühler 196.14
—, Northropschuß- . . 261.11
—arm 317.13
—bügel 318.14
—hebel 125.15, 254.8
—hebelwelle. 253.13
—holzrolle 125.18
—nadel. 318.12
—welle 125.14
—wellenhebel 125.13
führen, die Fäden über Leitstäbe 41.19
—, die Fäden über einen glatten Stab . . . 57.13
—, die Fadenenden über eine Rosette. . . . 261.6
—, um Gewichtsrollen (Kette) 356.15
—, das Messer in der Spindelrinne 336.12
—, den Schützen zwangläufig 257.7
Führer 45.15, 140.5
Fuhrlohn 447.3
Führung 362.18
— von Kette und Ware 298.4
— des Lagerschlittens . 61.14
— der Platinen 211.5
— des Schützenkastens 248.18, 291.4
— der Ware 298.12
—, feststehende 389.7
—, Blatt- 283.4
—, Gelenkstück-. . . . 98.18
—, Haken- 70.9
—, Kasten- 314.6
—, Messerkasten- . . . 186.12
—, Scherspindel- . . . 44.19
—, Schlitten- 62.4
—, Schützen- 257.8, 343.22, 348.4
Führung, Steigkasten- . 273.11
—, Walzen- 48.9
—, Waren- 140.14
Führungs-bahn 328.2
—blatt 350.17
—blech, geteiltes . . . 28.8
—bock 94.13
—bolzen 353.17
—brett 225.7
—brett, abgerundetes . 57.11
—bügel 348.16
—feder 100.15
—kamm 350.17, 366.12
—kamm, axial verschiebbarer 367.9
—kamm, dreiteiliger . . 369.14
—kamm, zweiteiliger . 367.8
—leiste 280.18
—leiste, Faden- 45.4
—leiste, Ketten- 337.10
—lineal 168.18
—loch 388.18
—platte. 194.18
—platte, Ketten- 259.9
—platte, Stempel- . . . 388.4
—röhrchen, Polfaden- . 342.3
—rolle 99.13, 287.15
—scheibe 251.9
—schiene 136.13, 327.17
—schlitz 93.6
—stab 72.17, 439.4
—stange 229.17, 267.15
—stange der Spannwalze 53.2
—stange, gezahnte . . 97.17
—stange, wagrechte . . 108.7
—stück, bogenförmiges . 280.16
—stück, mit zentrischen Schlitzen 228.16
—tisch 342.20
—walze 48.10, 71.20, 73.12, 342.5
—walze, fest gelagerte . 50.5
—zunge mit verjüngtem Ende 328.7
Füll-behälter, drehbarer 261.1
—fäden, verdeckte . . 156.7
—fadenauge, schleifenförmiges. 330.9
—kette . . 156.8, 167.19, 330.1
—kette, Jute- 167.20
—kette aus Papier. . . 411.17
—magazin 261.17
—magazin, revolverartiges 261.1
—schuß. . 156.9, 161.2, 325.12
—vorrichtung, selbsttätige Schützen- 261.12
füllen, den Rahmen . . 44.10
—, sich (Spule) 87.20
Füllen des Baumes . . 77.5
— des Magazins . . . 261.2
— der Spule 87.21
Füllung 413.14
—, Kautschuk- 256.8
fünf-bindiger Satin . . 402.5
—gängige Kette 107.21
Furche 210.1, 327.19
—, Nadel- 168.10
Furchenbildung 161.1
Fuß (Spule) 240.1
—, Laden- 293.4
—, Spindel- 242.16
—arbeit. 154.5
—betrieb 86.6
—deckenzeug 408.2
—gebilde 153.16
—kreuz 47.4
—lager 249.10
—nägel 45.19
—schemel 321.5
—teppich 407.7
—tritt . . 53.9, 188.6, 277.17, 321.5, 360.17
Futter, Reibscheiben- . 51.14
—barchent 394.12
—faden 412.3
—kattun 392.19
—kette 167.19
—leinen. 395.19
—plüsch 406.11
—schuß. . 155.4, 161.6, 325.12
—schußschützen 271.21
—stoff 432.20
—taft 400.10

G

Gabardine 394.18
Gabel . . 30.5, 236.6, 276.11
—, federnde — mit Stift 197.11
Gabel, Ausrück- . . . 309.6
—, Schuß- 268.4
—, Schußwächter- 270.13, 318.3
—, Spulen- 32.14
—arm zur Spulenpressung 32.15
—kamm 339.3
—schlitz, spiralförmiger 30.9
—schußwächter 318.1
—wechselhebel. 277.13
gabelförmiger Greifer . 264.11
— Platinenausschnitt . 233.19
Gabler, Spulenauswechselvorrichtung von . 265.13
Galettegarn. 17.11
Galgen, Holz- 71.11
Gallesche Kette 71.5, 372.15
Gallier-brett 207.21
—schnur 217.15
gallieren 218.6
Gallieren 207.20
Gallierung 220.10
Gang . . 47.5, 107.18, 434.19
— der Kette 114.16
— des Webstuhles . . . 306.8
—, x — stehen (Kette). 107.20
—, halber 47.6
—, in — setzen (Webstuhl) 306.1
—, wieder in — setzen . 266.15
—, toter — der Schaltklinke. 127.3
—, unregelmäßiger (Webstuhl) 306.11
—, verdrehter 47.13
—, Langsam- 53.14
—abteilung 47.14
—führer 45.15
—höhe 47.12
—kreuz 47.4
—kreuzholz 46.6
—öffnung 357.3
—scheren 41.9
—schnur, die — einlesen 42.13
—zahl 47.11
Gänge, nach —n abteilen (Ried) 107.19
gangbare Breite 442.8
Gängchenstärke 83.2
gängeweise einlegen, die Fäden 83.1
gängig, x- (Ware) . . . 434.20
Ganz-dreher . . 164.11, 352.16
—fabrikat 4.9, 443.9
—fach 142.19
ganz gepaarte Litzen . 173.11
—er Schaft . . . 352.8, 361.10
—e Garnbaumscheibe . 78.11
ganzreicher Stoff . . . 402.23
Gardine s. a. Vorhang
—, Tüll- 413.2
gardinenartiges Spitzengewebe 413.1
Gardinenwebstuhl . . . 368.3
Garn (s. a. Faden) 9.2, 435.5
— gewöhnlicher Drehung 9.11
— umgekehrter Drehung 9.10
— im Fett 10.6
— mit aufgedruckten Noppen 18.10
—, appretiertes 10.4
—, bedrucktes 9.27
—, beschwertes 10.5
—, brüchiges 9.22
—, dickes. 9.18
—, dünnes 9.17
—, einfaches . . . 9.3, 17.23
—, einfarbiges 10.1
—, elastisches 9.19
—, entfettetes 10.7
—, durch Färben geschwächtes 9.26
—, feines 9.17
—, fest gedrehtes . . . 17.24
—, gebleichtes 9.24
—, gedoppeltes 9.4
—, gedrucktes. 9.27
—, gefachtes 9.4
—, gefärbtes 9.25
—, geflammtes 18.20
—, gelocktes 170.18
—, gemischtfarbiges . . 10.3
—, gespultes 10.16, 26.6
—, gestärktes 10.4
—, getriebenes 26.6
—, geweiftes 10.20
—, gezwirntes . . . 9.5, 18.6
—, glattes 9.20
—, gleichmäßiges 9.6
—, grobes. 9.18
—, hart gedrehtes . . . 9.14

Garn, links gedrehtes 145.9
—, mehrfarbiges 10.2
—, meliertes 10.3
—, mercerisiertes 12.13
—, offenes 9.15
—, plattiertes 20.16
—, rauhes 9.21, 18.3
—, rechts gedrehtes 9.10, 145.10
—, rohes 9.23
—, sprödes 9.22
—, überdrehtes 161.15
—, ungleichmäßiges 9.7
—, in der Farbe verbranntes 9.26
—, weich gedrehtes 9.15
—, weich gesponnenes 18.1
—, Abfall- 85.30
—, Asbest- 17.22
—, Baumwoll- 12.2
—, Bourrette- 17.14
—, Einschlag- 335.18
—, Filoselle 17.11
—, Florett- 17.7
—, Galette- 17.11
—, Halbwoll- 12.9
—, Hand- 12.21
—, Hanf- 13.4
—, Haspel- 10.20
—, Jute- 13.8
—, Kett- 10.8, 21.15
—, Knoten- 18.19
—, Kötzer- 435.23
—, Kunstseiden- 17.17
—, Leinen- (mercerisiert) 13.2
—, Maschinen- 12.22
—, Misch- 13.13
—, Noppen- 18.8
—, Perl- 18.19
—, Polkräusel- 19.1
—, Schafwoll- 14.3
—, Schappe- 17.7
—, Schuß- 10.10, 84.8
—, Seidenshoddy- 17.15
—, Spulen- 435.22
—, Strähn- 10.20, 435.21
—, Strang- 10.20, 22.3
—, Tussahschappe- 17.16
—abfall 11.23
—abgang 11.23
—abschlagen 245.3
—arten 12.1
—augenlitze 176.12
—baum (s. a. Kettbaum) 63.19, 77.17, 114.17, 323.9, 324.3
—baum mit durchgehender Welle 125.6
—baumbremsscheibe 79.12
—baumbremsscheibe mit Knagge 79.13
—baumring 77.21
—baumscheibe mit Rippen 78.10
—baumscheibe, ganze 78.11
—baumscheibe, volle 78.7
—baumstellschiene 78.15
—baumwelle, runde 77.22
—baumwelle, vierkantige 78.1
—bedarf 443.12
—bedarf für die Kette 443.15
—bedarf für den Schuß 444.8
—befeuchtung 102.8
—befeuchtungskammer 102.1
—befeuchtungskorb 102.8
Garn- und Bremsscheibe, vereinigte 115.21
—bündel 11.4
—dicke 9.16
—drehung 145.6
—drehungsrichtung 145.8
—elastizitätsmesser 440.15
—festigkeitsprüfer 440.10
—festigkeitsprüfer mit Dehnungsmesser 440.13
—festigkeitsprüfer für Einzelfäden 440.11
—festigkeitsprüfer für Strähne 440.12
—führer 92.19
—geschwindigkeit 42.6
—gleichmäßigkeitsprüfer 440.9
•—haken 439.19
—haspel 26.8
—horde 102.9
—kegel 87.9
—kette 21.5
—kiste 11.27
—korb 102.7
—körper 86.12
—körper des Kettbaumes 120.5
—körper, scheibenförmiger 54.18
Garn-kötzer 38.3
—menge 11.19, 41.23
—nässer 101.16
—numerierung 435.17
—nummer 11.6, 435.18
—nummerzeiger 440.16
—scheibe 78.6, 115.15
—schicht 54.13, 87.6
—schicht, kegelförmige 87.7
—stelle, dicke 9.9
—stelle, dünne 9.8
—strang 64.1
—stränge, Locken- 170.13
—strähn 10.21, 64.1
—strähne, geschlichtete 70.10
—träger 84.21
—träger, elastischer 29.8
—umrechnung 11.12
—verbrauch 11.20
—vergeudung 11.22
—verlust 11.23, 444.18
—verlust auf die Länge berechnet 11.24
—verschwendung 11.22
—wage 439.13
—wage mit Schutzkasten 439.15
—wage mit Weife 439.14
—wage, Feinmeß- 88.20
—wage, Präzisions- 439.16
—wage, Staubsche 439.18
—wage, Universal- 439.17
—weife 440.3
—weife mit selbsttätiger Faden- und Kötzerführung 440.6
—weife mit Kötzerhalter und festem Fadenführer 440.5
—weife mit Rollengestell 440.7
—zuführung 85.4
Gärung 65.7
Gasgewinde 374.14
gasiertes Baumwollgarn 12.15
Gasse 107.17
gassige Ware 4.7, 143.13
Gatter, Spulen- 45.14
gaufriert s. a. gepreßt
—es Gewebe 431.7
—er Lahn 20.11
—e Seide 17.5
Gaze (s. a. Drehergewebe) 393.28, 401.23
— mit linker, rechter und Mitteldrehung 165.4
—, broschierte 349.5
—, Glanz- 393.29
—, Gruppen- 165.9
—, Häkel- 165.9
—, Kreuz- 165.7
—, Kreuzstich- 165.3
—, Netz- 165.7
—, Stick- 165.5
—band 426.6
—blatt 354.1
—gewebe 163.8
—schaft 352.5
—vorhang 419.1
—weberei 352.3
gazeartig abgebundene Kette 341.14
—er Einzug 105.7
—es Seidengewebe 401.22
gazebindiges Gewebe 432.7
Gebäudeabnützung 445.22
Gebetteppich 410.8
Gebilde, geometrisches 413.9
Gebildweberei 208.15
gebildetes Fach 142.3
Gebinde 10.22
Gebläse 102.4
gebleicht-es Garn 9.24
—es Gewebe 431.3
—e Kette 21.8
geblumtes Muster 376.6
gebogen, nach aufwärts (Warenrand) 140.8
—, haarnadelförmig (Draht) 111.13
—er Dreher 165.2
—e Hebelarmenden 109.2
—e Riedstäbe 285.8
—er Stift 57.19
gebohrt, doppelt (Platinenboden) 231.1
gebrannte Chenille 411.5
Gebrauchszweck 392.10
gebremst-er Kettbaum 120.3
—e Rolle 176.17
gebrochen laufen (Faden) 39.2, 50.3
—er Einzug 104.16
gebrochen-er Köper 149.8
—er Rips 146.12
—er Stoßarm 293.17
gebügelter Plüsch 406.13
Gebühren 446.28
gebunden, mit Holzleiste 286.13
—, mit Metalleiste (Blatt) 286.14
gedoppeltes Garn 9.4
gedreht werden, von den Kettfäden (Schlichtwalze) 76.13
— werden, durch die Klöppelspindel (Weiche) 179.10
—e Chenille 411.6
—e Franse 426.1
—es Raupengarn 20.21
—, hart 9.14
—, links (Garn) 9.11, 145.9
—, normal (Faden) 161.16
—, rechts (Garn) 9.10, 145.10
—, weich (Garn) 9.15
—, wenig (Mohairgarn) 170.10
gedrucktes Garn 9.27
gedrückt werden, aus der Rast (Klinke) 48.21
—es Muster 377.20
gefachtes Garn 9.4
gefaltete Leiste 424.18
gefalzter Rahmen 217.14
gefärbt, in der Faser 429.10
—, im Faden 429.13
—, im Stück 429.14
—es Garn 9.25
—es Gewebe 431.4
Gefäß, Koch- 69.7
gefilzter Faden 19.17
gefirnißt-er Baumwollzwirn 175.1
—e Litze 174.20, 179.18
—e Schnur 220.4
gefitzter Strahn 10.24
geflammtes Garn 18.20
geflecktes Spulennetzgewebe 412.18
gefräste Rippen 240.7
Gefüge des Gewebes 391.3
geführt, in Nut und Feder 186.20
gefüllt-er Baum 77.6
—es Magazin 261.3
—e Spule 87.22
—er Spulenschlitten 364.14.23
gefurchtes Doppelgewebe 160.9
gegabelter Winkelhebel 188.11
gegeneinander verschobene Fadenschichten 97.9
— verstellbar 28.6
gegenseitig, sich — umschlingen (Kettfadengruppen) 164.2
Gegen-falle 133.13
—gewicht 203.19
—gewicht der Spindelbank 94.14
—gewichtsbremse 123.7
—gewichtshebel 99.1
—klinke 133.18, 135.11
—köper 149.6
—platte 388.5
Gegenzug für Außentritte 202.2
— für fünf Schäfte 202.1
—, dreischäftiger 201.15
—, vierschäftiger 201.16
—stuhl 207.5
—vorrichtung 184.10, 201.14
—vorrichtung für Hochfach 184.11
—vorrichtung für Hoch- und Tieffach 185.2
—vorrichtung für Hoch-, Tief- und Stehfach 185.14
—vorrichtung für Tieffach 184.15
—vorrichtung, doppelte 185.10
—vorrichtung, einfache 185.7
Gegenzüge, nebeneinander gestellte 185.13
geglättet werden (Faden) 94.3
—es Kartenpapier 382.7
geglühter Draht 416.18
gehalten werden, durch die Fäden in der Schwebe (Fallwalze) 49.7
—, durch Klauenhebel (Wellenzapfen) 48.14
Gehälter 446.13
Gehänge 183.15
—, Rollen- 199.4
gehärtet-e Schützenspitze 244.16
—er Stahlkopf 239.8
Gehäuse 258.16
—, hölzernes 347.17
—spindel mit Hafthaken 239.3
geheftete Karten 389.18
geheizte Nutenwalze 343.9
gehen, durch das Auge (Faden) 45.6
—, durch das Auge (halbe Helfe) 361.12
—, durch den Fadenführer (Faden) 39.7
— gut (Kette) 114.15
—, gut (Stuhl) 306.9
—, in die Höhe (Sperrstift) 364.10
—, durch die Nadelaugen (Schnuren) 225.16
—, durch die Nadeln (Musterfäden) 350.9
—, in das Oberfach (Schaft) 181.24
—, über Rollen (Schnuren) 183.20
—, schlecht (Karte) 390.16
—, durch den Spulenschlitten (Taster) 364.11
—, über den Streichbaum (Kette) 76.10
—, über die Stufenscheibe (Platinenschnüre) 291.15
—, unregelmäßig (Stuhl) 306.10
gehoben-e Florkette 168.4
—e Helfe 219.10
—e Kette 159.12, 380.9
—e Stellung der Kettfäden 226.19
—er Wechselkasten 272.13
— werden (Kettfäden) 141.21
—, in Massen (Kettfäden) 176.7
Geiringer, Lappetstuhl von 351.3
gekämmt-es Baumwollgarn 12.6
—e Wollhaare 409.7
gekapselter Motor 309.20
gekardetes Baumwollgarn 12.5
gekehrt, nach unten (Warenseite) 345.1
gekerbte Riemenscheibe 309.19
— Scheibe 49.2
— Schiene 335.17
geklebt, auf Pappe 387.18
—e Leiste 424.18
geknüpft, hand- 336.14
gekochte Schlichte 65.3
— Seide 16.24
geköperter Baumwollsamt 395.5
— Stoff 9.19
— Wollmusselin 399.7
gekräuseltes Mohärgarn 170.11
gekreppter Stoff 161.9
gekröpft-er Abstellhebel 48.6
—e Welle 301.16, 384.4
gekrümmt-es Röhrchen 338.2
—er Schützen 347.13
gelagert, ausschwingbar (Walze) 51.1
—, beweglich (Blatt) 283.13
—, drehbar 53.7
—, exzentrisch 140.1
—, auf Federn 283.9
—, oben 30.2
—, in einer Schere 313.9
—, in einer Schlitzführung 313.11
—, in Schwenkhebeln 31.2
—, in Ständern 59.10
—, verschiebbar 129.9
—, auf Zapfen 335.3
gelassen 384.16
Gelassene, das in der Bindung — schlagen 193.20
Gelatine 67.2, 437.13
gelb 380.12
Gelbbast 17.13
gelegte Querfalten 162.6
geleimte Kette 64.7
Gelenk 289.4
—, Verbindungs- 253.7
—bolzen 278.12
—kette mit Ring 314.17
—stange 270.5
—stück 98.17, 255.3
—stückführung 98.18

gelenkig verbundene Holzkarten 189.12
—e Exzenterstange 213.18
—e Litze 174.18
Gelese 42.12, 138.9
—, Ober- 142.15
—, Unter- 142.17
—blatt 49.16, 54.5
gelesen, einfädig (Kreuzschienen) 138.11
gelocht-es Blech 117.11
—e Hülse 10.15
—e Karte 382.12
—e Kartenstelle 383.4
—e Kreuzspulenhülse 24.3
—e Schlagplatte 385.6
gelocktes Garn 170.18
gemeinsam bewegte Nadeln 350.1
—er Bolzen 127.7
gemischt-er Einzug 105.1
—e Farbenwirkung 152.10
—er Filz 414.6
—e Mattenbindung 147.9
—er Rips 146.5
—e Schnürung 222.12
gemischtfarbiges Garn 10.3
gemustert s. a. figuriert
—er Einzug 105.3
—es Gewebe 3.17, 391.14, 421.1, 432.10
—es Raupengarn 21.9
—es Ried 285.6
—er Spitzengrund 413.10
—, in der Kette 3.23
—, im Schuß 3.24
genäht-e Flachchenille 411.1
—es Florband 342.1
—es Raupengarn 20.20
Genappegarn 15.4
genarbtes Blech 117.10
genaue Lochstellung 388.19
genommen 384.15
Genommene, das in der Bindung — schlagen 194.1
geometrisches Gebilde 413.9
gepaart, ganz (Litzen) 173.11
—, halb (Litzen) 173.12
—, verschränkt (Litzen) 173.9
gepichter Bindfaden 286.9
geplätteter Draht 20.10
gepolsterter Anschlag 358.17
gepreßter Flockenstoff 417.23
— Kautschukfaden 415.13
— Plüsch 400.1
gerad-es Band 424.4
—es Einziehen 219.18
—e Flanken 200.11
—e gebohrtes Schnurbrett 217.10
—e Jacquardhelfe 234.6
—er Kamm 367.11
—e Maschine 235.5
—e Platinenreihe 214.20
—e Schnürung 221.1
—er Schuß 235.3
—e Spitze 244.20
gerade durch, Einzug 104.9
— durch, Harnischstich 221.1
geradlinig bewegter Schützen 347.9
geradzahlige Fäden 41.21
— Karte 383.12
— Schüsse 193.19
— Tringles 234.4
Geräte, Weberei- 8.9
gerauht-es Gewebe 431.10
—e Kreuzspulenhülse 24.4
—e Rolle 100.16
—e Unterseite 417.6
Gerbsäure 437.30
Gerbstoff 437.30
gereiht, auf Fäden (Perlen) 414.24
Gerichtskosten 446.29
geriffelte Kreuzschiene 138.6
— Kreuzspulenhülse 24.11
— Rolle 101.3
gerippt-es Gewebe 391.9
—er Hohlraum des Schützens 244.14
—er Manchester 395.1, 403.16
gerissener Faden 51.6
— Kettfaden 321.7
— Samt 404.3
— Schußfaden 268.21, 317.16
Geröll 359.4
Gerstenkornbindung 152.14
geruchlose Schlichte 65.5
Gerüst, Jacquardmaschinen- 212.7
Gesamt-fadenzahl der Kette 41.15
—rapport 381.5
—zahl der Kettfäden 434.18
gesättigt, mit Feuchtigkeit 75.13
Geschäftsverlust 446.16
geschert-er Baum 48.16
—e Kette 43.7
—e Länge 52.5
Geschirr 105.12
—, in das — einziehen (Kette) 103.2
—, festgeschlagenes 177.15
—, halbes 232.11
—, Dreher- 352.4
—, Ersatz- 111.7
—, Figuren- 231.17
—, Muster- 231.17
—bewegung mit senkrechten Tritten 199.11
—blatt 324.6
—draht 171.13
—drahtschlüssel 373.18
—einziehmaschine 105.11
—einzug 103.4
—haken 171.14
—häuschen 175.18
—halter 105.13
—herstellung 176.10
—kette 113.15, 171.15
—reihstuhl 105.11, 106.2
—sektor 322.1
—strickmaschine 176.9
—strickmaschine für Garnaugenlitzen 176.12
—strickmaschine für Maillonlitzen 176.13
—wächter 321.1
geschlagen 384.15
—e Karte 382.12
geschlängelter Schußfaden 245.4
geschlichtete Garnsträhne 70.10
— Kette 64.5
— Litze 179.21
geschlitzt-es Blech 28.6
—e Bodenplatte 80.10
—er Kopf 180.12
—e Röhre 176.20
—e Spulenbank 95.4
—er Spulenbehälter 365.14
—er Spulentrichter 94.15
—e Stahllamelle 369.12
—er Vorsprung am Zeigerrad 52.7
geschlossen-es Blatt 49.17
—es Exzenter 202.3
—es Fach 142.14
—es Fachbildegetriebe 198.6
—e Fadenlegung 23.1
—er Filz 414.8
—er Kamm 49.17
—es Leinwandexzenter 202.5
—er Plüsch 404.22
Geschlossenfach-exzenter 200.14
—schaftmaschine 188.19
—schaftmaschine von Schroers 189.1
geschmeidig-er Faden 236.18
—es Gewebe 431.26
— machen, den Faden durch Talgzusatz 64.18
— machender Zusatz 67.4
geschmolzenes Wachs 207.19
geschnitten-es Band 424.17
—e Chenille 343.11, 411.4
—er Kautschukfaden 415.11
—er Plüsch 404.13
—er Samt 404.3
geschoben, ineinander (Exzenterscheiben) 275.19
geschoren-es Gewebe 431.11
—er Samt 404.3
geschwächt, durch Färben 9.26
geschwefelter Kautschuk 415.18
geschweift, glatt (Kette) 434.1
—er Boden 69.11
—er Druckhebel 31.3
Geschwindigkeit, halbe 302.15
—, hohe 85.8
—, veränderliche 308.4
—, Antrieb- 53.13
—, Auflauf- 85.5
—, Bäum- 77.7
—, Haspel- 25.26
—, Höchst- 85.7, 306.18
—, Mindest- 306.19
—, Scher- 42.6
Geschwindigkeit, Schützen- 247.8
—, Spindel- 88.2
—, Spul- 24.19
—, Trommel- 48.17
—sänderung des Fadenführers 31.10
gesengte Litze 179.20
gesenkt-e Kette 380.9
—er Wechselkasten 272.15
gesenkt werden (Fäden) 142.9
Gesetze, Bindungs- 143.18
gesicherte Klammer 172.7
gespaltenes Eisenblechrohr 287.2
— Rohr 284.18
— Stroh 416.5
gespannt, locker —e Schlingenkette 166.5
—, straff —e Grundkette 166.4
—e Kette 118.17
—e Sempelschnüre 386.12
Gespinst, leichtes 20.6
—, schweres 20.7
—, ungleichmäßiges 18.2
—, Gold- 19.25
—, Leonische —e 19.24
—, Metall- 20.16
—, Silber- 20.3
—nummer 435.18
gesprungene Schnürung 222.1
gespultes Garn 10.16, 26.6
Gestänge 137.8, 196.5
gestanzt-es Auge aus Blech 176.4
—e Karte 382.12
gestärktes Garn 10.4
Gestell 178.10, 386.11
—, bockförmiges 287.6
—, pultartiges 209.3
—, Andreh- 111.2
—, Aufbäum- 80.2
—, Bäum- 80.6
—, Einzieh- 105.11
—, Karten- 206.11
—, Kettbaum- 83.18, 111.9
—, Maschinenauflage- 206.18
—, Ried- 106.8
—, Rispelblatt- 58.7
—, Scherbaum- 72.14, 82.3, 83.17
—, Spindel- 36.7
—, Spulen- 43.12
—, Vorbaum- 83.17
—, Webstuhl- 297.1
—bock 95.1
—nute 48.9
—rille 48.9
—schlitz 48.9
—stück 95.1
—wand 106.4, 278.13
—wand mit Rinne 210.1
—weite 308.2, 331.2
gestellt, schräg (Messer) 210.7
—, schräg (Rost) 222.14
gesteuert, vom Ausrücker 311.4
gestickter Teppich 407.25
gestreckt-er Faden 237.4
—e Kette 433.24
gestreift-er Barchent 394.14
—er Faltenstoff 161.13
—es Gewebe 153.5
—er Krimmer 406.24
—er Manchester 395.2
—es Muster 377.8
—er Tüll 363.11
—, längs- 153.7
—, quer- 153.9
gestricktes Werk 177.15
gesuchte Nummer 11.15
Getau 355.10
geteilt-e Aushebung 226.17
—e Baumscheibe 78.12
—es Führungsblech 28.8
—er Messerkasten 226.13
—e Mutter 59.22
—es Prisma 233.8
—e Scheibe 115.19
—e Spindel 239.6
—es Spulengestell 44.4
getragen, durch Rollen (Balken) 287.20
getränkt 65.14
—, mit Schlichte (Litze) 174.21
—er Holzschützen 243.12
getrennt, durch Scheiben 58.2
getretene Arbeit 154.5
Getriebe, hyperbolisches 95.6
—, verkuppelte 135.4
—, verschiebbares 180.15
Getriebe, Fachbilde- 197.19
—, Klinken- 134.11
—, Knowles- 203.1
—, Kurbel- 203.8
—, Schalt- 59.7, 126.12
—, Schrauben- 34.7
—, Schraubenrad- 30.7, 101.21, 127.12
getriebenes Garn 26.6
gewalktes Gewebe 431.9
gewalzter Draht 175.14
— Kautschukfaden 415.12
gewässertes Band 427.19
— Gewebe 431.8
Gewebe (s. a. Stoff, Ware) 3.9, 391.1
— für Bettwäsche 433.4
— mit Broschierschuß 162.12
— mit aufrecht stehendem Flor 403.10
— mit liegendem Flor 403.11
— mit Flordecke auf beiden Seiten 170.5
— mit Füllfäden 156.5
— mit glatter Oberfläche 391.8
— mit gleichmäßiger Bindung über die ganze Fläche 391.11
— mit zwei Ketten und drei Schüssen 158.10
— mit drei Ketten und zwei Schüssen 158.11
— aus Metallfäden 431.1
— mit aufgeschweiften Mustern 163.1, 351.6
— mit kleinen Mustern 3.18
— für Papierfilze 414.5
— mit sechseckigen Zellen 363.9
— für Taschentücher 433.5
— für Tischwäsche 433.8
—, appretiertes 431.15
—, atlasbindiges 432.6
—, bedrucktes 431.6
—, broschiertes 162.10, 344.13
—, derbes 431.27
—, dessiniertes 3.17
—, dichtes 392.13, 431.22
—, drittes 159.9
—, durchbrochenes 431.23
—, elastisches 359.15
—, erstes 159.7
—, x-faches 159.1
—, fadenscheiniges 4.8
—, fassoniertes 3.17
—, figuriertes 3.17
—, gaufriertes 431.7
—, gazebindiges 432.7
—, gebleichtes 431.3
—, gefärbtes 431.4
—, gemustertes 3.17, 391.14
—, gemustertes drei- (vier-) faches 159.2.3
—, gerauhtes 431.10
—, geripptes 391.9
—, geschmeidiges 431.26
—, geschorenes 431.11
—, gestreiftes 153.5
—, gewalktes 431.9
—, gewässertes 431.8
—, gewürfeltes 153.5
—, glattes 3.16
—, grobes 431.27
—, halbleinenes 430.9
—, halbwollenes 400.2, 430.16
—, hartes 431.25
—, imprägniertes 431.14
—, kariertes 153.5
—, kettenbroschiertes 163.1
—, kettgestreiftes 3.22
—, köperbindiges 432.5
—, krachendes 431.29
—, krauses 432.2
—, lanziertes 162.7, 344.2
—, leichtes 431.16
—, leinwandbindiges 432.4
—, lockeres 393.21, 431.21
—, mehrfaches 158.12
—, mercerisiertes 431.5
—, mittleres 159.8
—, moiriertes 431.8
—, nadelbroschiertes 163.6, 349.5
—, plüschartiges 333.13
—, punktiertes 392.7, 421.3
—, samtartiges 166.12, 432.9
—, x-schäftiges 181.5
—, schlaffes 431.28
—, schweres 431.17
—, schlichtes 3.16
—, schußbroschiertes 344.14

Gewebe, seitengleiches . 392.5
—, spitzenartiges . . . 412.25
—, überschossenes . . . 344.2
—, undichtes 393.21
—, verstärktes 154.7
—, verziertes 421.1
—, wasserdichtes . . . 431.12
—, weiches 431.24
—, zweiseitiges 392.5
—, Austausch- 392.6
—, Baumwoll- (s. Baumwollgewebe) 430.7
—, Doppel- s. Doppelgewebe
—, Doppeldreher- . . . 353.7
—, Doppelteppich- . . . 408.10
—, Draht- 416.14
—, Dreher- 164.17.18.21, 165.1
—, Flor- 166.12
—, Florett- 430.19
—, Gaze- 163.8
—, Grund- 166.15
—, Halbseiden- 430.20
—, Hanf- 430.10
—, Holz- 416.14
—, Jacquard- 392.9
—, Jute- 430.13
—, Kautschuk- 415.3
—, Kammgarn- 430.15
—, Kreuz- 163.8
—, Leinen- 430.8
—, Messingdraht- . . . 416.19
—, Nessel- 430.12
—, Perlen- 354.5
—, Pikee- 161.8
—, Plattstich- 344.15
—, Ramie- 430.11
—, Seiden- 430.17
—, Schaft- 392.8
—, Schlingen- 166.2
—, Streichgarn- 430.14
—, Stroh- 416.1
—art 391.6
—berechnung 441.1
—bindung 381.10
—breite 381.6
—festigkeitsprüfer . . . 438.18
—kante 139.8
—oberfläche 417.17
—oberseite aus Haarbüscheln 417.20
—prüfung 429.3, 438.8
—rand 3.10
—rand, ausgerissener . . 140.20
—rückseite 344.8
—teil 145.4
gewebt 1.15
—es Band 424.3
—e Borte 427.28
—e Flachchenille . . . 410.21
—es Raupengarn . . . 20.19
—e Spitzen 423.14
—er Stoff 3.7
—er Treibriemen . . . 427.14
—er Wandteppich . . . 334.17
geweiftes Garn 10.20
Gewerbe, Weberei- . . . 1.10
gewichste Litze 179.19
— Seidenlitze 175.5
Gewicht 123.2, 184.16
— (Helfen-) 219.4
— eines Quadratmeters Stoff 442.10
—, effektives 11.16
—, errechnetes 442.11
—, gläsernes 208.13
—, hufeisenförmiges . . 329.10
—, rechnerisch ermitteltes 11.17
—, tatsächliches 11.16
—, wirkliches 442.12
—, Anschlag- 32.2
—, Belastungs- . . 53.8, 121.10
—, Brems- 32.20
—, Eigen- 121.6
—, Hebel- 121.1
—, Kalkulations- . . . 11.17
—, Ketten- 42.1
—, Roh- 4.10
—auflegen 123.3
Gewichts-belastung . . . 123.5
—belastung der Kettfäden 49.6
—bremse 121.7
—bremse, selbsttätige . 123.21
—druck 124.7
—hebel . . 91.14, 96.7, 274.7
—hebelbock 125.11
—kasten 122.2
—kontrolle 11.18
—menge des eingetragenen Schusses . . . 444.16
Gewichts-nummer . . . 435.19
—prüfung 11.18
—rolle 356.15
—schnur 235.9
—umrechnung 436.7
—verminderung 121.15
—verteilung, ungleiche . 109.3
—wirkung 123.4
—zug 108.17, 123.6
gewichtbelastet-er zweiarmiger Hebel . . . 108.18
—es Seil 123.1
gewickelte Kette 80.14
Gewinde zur Längenregelung 204.1
—, linksgängiges . . . 318.15
—, rechtsgängiges . . . 318.15
—, Mutter- 60.11
—bolzen 328.10
—muffe 277.15
Gewinnzuschlag 442.15
gewirkter Stoff 3.8
gewölbt-er Boden . . . 69.11
—e Fläche 280.9
—e Oberfläche 217.7
geworfen (Baum) 116.2
gewunden, aus Draht (Litze) 175.13
—e Scheibe 34.6
gewöhnlicher Damast . 153.15
gewürfelte Ware . . . 271.18
gezahnt-er Bogen . . . 51.23
—er Bremshebel 90.12
—es Brettchen 290.2
—e Führungsstange . . 97.17
—er Hebel 123.16
—e Hubkastenrückseite . 278.9
—er Kreissektor . . . 347.15
—er Ringschützen . . . 347.7
—er Schützen 347.10
—es Segment 358.6
—er Spulenschlitten . . 368.1
—es Winkelhebelende . . 259.5
gezerrte Kette 118.19
gezettelt, glatt (Kette) 434.1
gezogener Plüsch . . . 404.12
— Samt 404.2
— Teppichplüsch . . . 411.22
gezwirnt-e Fäden . . . 97.7
—es Garn 9.5, 18.6
—e Schappe 17.9
—e Seide 16.4
Gimpe 19.22
Gingan 393.9
Gingas 393.9
Gingham 393.9
Gips 437.23
Gitter, Schußwächter- . 318.2
—, Schutz- 313.1
Glanz-garn 12.17
—gaze 393.29
—kattun 392.18
—leinengarn 13.3
—leinwand 395.23
—stoff 17.10
glänzend werden (Faden) 94.3
—er Faden . . . 421.9, 435.11
Glas 219.1
—auge 176.6
—brett 208.21
—hausdecke 416.13
—perle 19.12
—ringhelfe 361.13
—röhrchen 237.15
—röllchenbremse . . . 246.1
—spindellager 44.20
—stab 35.5
—stange 359.5
gläsernes Fadenführerauge 34.14
— Gewicht 208.13
Glässertuch 420.14
Glasgowwächter 320.14
glasiertes Steingut . . 208.2
glatt geschweifte Kette . 434.1
—e gußeiserne Bremsscheibe 124.21
—er Dreher 164.17
—er Einzug 104.9
—es Exzenter 200.1
—er Faden 435.9
—es Gewebe . . . 3.16, 391.8
—er Gobelin 408.6
—er Grund 167.4
—e Kante 424.6
—er Manchester . 395.4, 403.15
—es Messer 375.16
—e Oberseite 417.5
—er Stab 57.13
—er Stoff 432.1
Glatt-rips 145.20, 418.6
Glatt-weberei 2.5
glätten, die Fadenoberfläche 64.15
Glaubersalz . . 68.20, 437.26
gleich-armiger Hebel . 191.5
—bindende Kettfäden . 144.7, 220.17
—bindende Schußfäden . 144.8
—bleibende Aufwindegeschwindigkeit 53.11, 85.6
—bleibendes Fach . . . 141.14
—bleibender Fadenführerhub 88.15
—bleibende Garngeschwindigkeit 42.7
—bleibender Hub des Messers 369.5
—bleibende Kettenspannung 126.9
—förmige Spindeldrehbewegung 100.12
— lang bleiben (Fach) . 141.13
gleichmäßig halten (Fadenspannung) . . . 98.4
— auf die Spule verteilen (Fadenwindungen) . 22.17
— verteilen (Schlichte) . 69.21
—er Anschlag 143.12
—er Faden 435.7
—e Fadenlage 25.14
—e Fadenspannung . . 29.16
—es Garn 9.6
—e Schaftbewegung . . 200.8
—e Schlichteverteilung . 69.22
—e Spannung 79.8
—e Verstärkung 151.12
gleich-seitiger Köper . 148.13
—stellen, die Schäfte . 181.13
—stufige Schußanlage . 132.15
—zeitige Eintragung zweier Schützen . . 257.15
—zeitiger Fadenführerhub 39.10
Gleich-gewichtszustand der Bremse . . . 120.10
—hängen der Helfen . 219.12
—mäßigkeitsprüfer, Garn- 440.9
—stellen der Schäfte . . 181.14
—strommotor 309.16
Gleit-bahn 328.2
—bahn, Schlitten- . . . 367.13
—bock 94.13
—exzenter 250.4
—hebel, Winkel- . . . 123.22
—lade 289.12
—riemen 365.16
—rolle 124.1
—schiene 263.14, 326.12
—schützen 237.8
—stein 128.9
—stück . 55.14, 124.14, 202.9
—stück, Spindel- . . . 98.18
gleiten (Kette) 50.10
— (Riemen) 307.10
—, auf der Führungsschiene (Spulenhalter) 263.20
—, in den Führungsschlitzen (Walzenzapfen) 49.15
—, in den Kammschlitzen (Spulenschlitzen) 367.3
—, an Spillen (Kasten) . 291.5
—, über den Streichriegel (Kettfäden) 298.11
Gleiten der Kette . . 50.9
— der Kette über den Streichbaum . . . 117.1
— der Reibscheibe . . . 37.3
— des Riemens 307.9
—, leichtes (schweres) des Baumes im Bremsband 122.14
Glied, Daumenketten- . 274.1
—, Ketten- 259.6
Gliederkette ohne Ende 263.1
Glocke 82.4
—, Signal- 62.7
Glockenzeichen 62.8
Gloria 401.29
—seidenstoff 430.21
Glyzerin 68.9, 437.16
Gobelin . 334.17, 408.5, 422.8
—, glatter 408.6
—gewebe 422.2
—rips 418.7
—velourteppich 408.8
—webstuhl 334.16
Gold-borte 428.3
—brokat 402.20
Gold-faden 423.9
—faden, orientalischer . 423.13
—faden, Renaissance- . 423.11
—gespinst, echtes . . . 19.25
—gespinst, halbechtes . 20.1
—gespinst, unechtes . . 20.2
—lamelle 423.12
—perle 19.13
—stoff 402.20
Gorl 19.22
gotischer Stil 376.19
Grad, Zwirnungs- — der Seide 16.16
Granit-bindung 152.16
—möbelstoff 418.10
Graphit 124.24, 207.17
Grat 104.7
—, Atlas- 150.18
—, Köper- 147.16
—linie 104.7
gratartige Bindung . . 144.11
gratig, ≠—er Einzug . 104.8
Grätenstichband 426.15
Grège 16.2
Greifer . 128.16, 201.2, 214.3, 269.16
— zum Eintragen des Schusses 339.24
—, gabelförmiger . . . 264.11
—, schwingender . . . 342.17
—kopf 241.2
—nadel 259.14
—schützen . . . 241.1, 258.9
—stange 259.14
Grenadine-garn 15.10
—seide 16.20
Grenze, Dehnungs- . . 143.10
Grezseide 16.2
griechischer Stil . . . 376.15
Griff 291.12
— geben, dem Band . . 427.17
—, Hand- 32.5
—, Holz- 111.15
—, Kettbaum- 374.3
Grippel 116.14
grob-er Faden 236.16
—es Garn 9.18
—es Gewebe 431.27
—er Nadelstich 216.9
—e Nummer 11.7
Grob-faden 28.3
—stich 216.9
—stichmaschine, Wiener 215.7
Gros 400.21
— d'Afrique 400.30
— d'Alger 401.2
— de Berlin 400.29
— de Chine 401.3
— d'Eté 401.5
— grain 400.25
— des Indes 400.27
— d'Ispahan 400.26
— de Naples 400.22
— noble 401.4
— d'Orléans 401.4
— de Pologne 400.28
— de Suisse 401.1
— de Tours 400.24
groß-es Fach 265.15
—es Kreuz 47.3
—es Prisma 233.9
—e Trommel 74.6
—e Zelle 365.22
Größe der Jacquardmaschine 215.2
—, Haspel- 25.22
—, Locken- 170.19
—, Rapport- 381.4
—, Schützen- 244.4
—, Teppich- 407.10
Gruft 356.1
grün 380.15
Grund ohne Bindung . . 232.4
—, englischer 413.11
—, französischer . . . 413.16
—, glatter 167.4
—, imitierter Bobinet- . 413.19
—, rhombischer 413.17
—, [un]teilbarer . . . 412.23.24
—, Atlas- 150.1
—, China- 413.11
—, Guipure- 413.18
—, Loup- 413.11
—, Matitsch- 413.20
—, Mocktravers- 413.19
—, Schleifen- 413.11
—, Spitzen- 413.8
—, Tüll- 413.7
—bindung 145.12, 381.13
—bindung der Figurstellen 386.25

Grund-faden 19.18, 164.5, 182.11, 353.2
–faden, dicht umsponnener 20.15
–faden, lang umsponnener 20.14
–form, dreieckige 366.17
–gestell 297.2
–gewebe 166.15
–gewebebindung 167.17
–gurt 429.1
–karte 383.9
–kegel 87.10
–kette 147.4, 161.4, 163.10, 167.18, 223.9 325.3
–kette, straff gespannte 166.4
–kettenbaum 333.6
–kettenfaden 339.15
–musterkarte 197.5
–netz 413.8
–platte 346.1
–riß des Webstuhles 304.9
–scheibe 200.4
–schuß 147.5, 161.5, 166.17, 411.8
–schuß aus Leinen 412.1
–stange 368.16
–streifen 162.4
–werk 353.4
–zahl 443.5
grundlegendes Muster 377.13
Gruppe, benachbarte 165.8
–, Riedstab- 282.14
–, Riedzahn- 354.17
–, Schaft- 181.8
–, Webstuhl- 304.6
Gruppen, in – teilen (Fäden) 339.11
–antrieb 305.9
–gaze 165.9
gruppenweis-er Einzug 104.18
–e Musterbildung 232.1
gruppieren, die Fäden 182.14
–, figurenartig 414.25
Guingan 393.9
Guipuregrund 413.18
Gummi, arabisches 437.12
–band 425.15
–bandstuhl 359.15
–elasticum 415.6
–faden 56.13
–faden, nackter 56.14
–faden, umsponnener 56.16
–puffer 248.15
–stoff 431.13
–strumpf 359.14
–tragant 67.3
–zug 415.24
Günthersche Damastmaschine 232.5
Gurt 183.16
–kamm 360.18
Gurten 428.24
–stuhl 360.9
–weberei 3.4
Gürtel 415.26, 427.24
–band 427.1
Gußeisenträger 212.12
gußeiserne Bremsscheibe, glatte 124.21
Gußstahl-platte 190.2
–stempel 190.3
gut gehen (Kette) 114.15
– gehen (Stuhl) 306.9
Gutbaum 76.18
Gutbäumen 76.17
Güte des Gewebes 3.15
–bezeichnung für Garne 11.25

H

Haar-band 427.2
–bündel 259.21
–büschel 417.20
–decke 403.9
–decke, aufrechtstehende 417.12
–decke, liegende 417.8
–garn 15.16
–garnteppich 408.2
–laufstuhl 324.13
–siebboden 414.14
–stuhlzeug 414.18
haarnadelförmig gebogener Draht 111.13
Habengewicht 442.12
Hacker 195.3
Hackingwechsel 275.5
Hafen 171.11
Hafte 171.13
Haften der Fäden an der Schlichtwalze 74.10
Hafthaken 237.21
Hahn, Absperr- 265.7
–, Eich- 69.15
–, Einfüll- 69.14
–, Luft- 69.13
–, Prüf- 69.15
Haircord 393.18
Häkchen, Draht- 210.10
–, Einzieh- 106.7
–, Platinen- 207.9
–nadel 351.10
–stab 351.9
–walze 70.21
Häkel-garn 14.28
–gaze 165.9
–stab 351.9
Haken 207.8, 326.10, 339.13
–, federnder 100.15
–, langer 207.14
–, schwingender 177.1
–, Draht- 35.6, 172.20
–, Einzieh- 105.9
–, Geschirr- 171.14
–, Nadel- 259.18
–, Samt- 168.15
–, Schrauben- 124.12
–draht 389.9
–führung 70.9
–hebel 279.8
–nadel 259.12, 337.4, 338.6
–paar 334.6
–schiene 334.8
–schienenarm 333.14
–schnur 205.17
–schraube 172.19
–spindel 238.8, 239.5
–stange 48.4, 50.17, 61.8, 94.20, 368.12
–stift 346.17
–webstuhl 334.5
–webstuhl für plüschartige Gewebe 333.13
hakenartig-er Finger 368.13
–es Messer 191.7
halb gepaarte Litzen 173.12
–e Drehung 277.19
–es Fach 141.9
–er Gang 47.6
–es Geschirr 232.11
–e Helfe 174.9
–e Hohlkante 424.12
–e Litze 231.16
–er Schaft 352.9, 361.11
–echtes Goldgespinst 20.1
–echtes Silbergespinst 20.4
–entschälte Seide 16.22
–fertige Ware 443.8
–leinenes Gewebe 430.9
–mechanischer Stuhl für Bandweberei 301.7
–mechanischer Webstuhl 7.9
–reicher Stoff 402.22
–runder festliegender Streichbaum 116.13
–seidener Felpel 403.6
–wollenes Gewebe 400.2, 430.16
–wollener Moleskin 400.3
–wollenes Tuch 400.4
Halb-damast 153.17, 396.12, 402.26
–dreher 164.10, 352.15
–fabrikat 443.8
–hedeleinen 395.12
–kammgarn 15.7
–kettgarn 10.9
–laken 395.12
–leinen 395.13
–messer, Kettbaum- 115.22
–mondscheibe 58.4
–offenfachjacquardmaschine 227.1
–samt 404.2
–seidengewebe 430.20
–wollen-Lama 400.5
–wollgarn 12.9
–wollmusselin 398.20
Hälfte, Muster- 40.15
Halfter 429.2
–zügel 429.11
Hals, Ketten- 79.5
–brett 208.24
–lager 69.4, 92.1, 249.9
–schnüre 208.23
–tuch 420.18
Haltbarkeit des Gewebes 429.7
halten, den Reihkamm 81.20
Halten der Schußzahl 132.19
Halte-klappen für die unterste Spule 265.2
Halte-schnur 233.2
Halter 93.7, 280.17
– für die Messerschärfvorrichtung 332.7
– für das Schußfadenende 264.21
–, federnder 140.15
–, Blatt- 106.8
–, Bremsscheiben- 92.21
–, Deckel- 82.16
–, Geschirr- 105.13
–, Haspel- 26.9, 33.19
–, Messer- 332.1
–, Riemen- 314.15
–, Schaft- 105.13
–, Scherblatt- 59.15
–, Schnurbrett- 217.13
–, Schußgabel- 322.14
–, Seitenarm- 112.15
–, Spindel- 30.5
–, Spulen- 242.14, 262.18
–, Tragschienen- 172.5
–, Vornadel- 229.8
Hammer 373.11
–, Schußwächter- 268.3, 318.5, 322.17
–kopf 262.1
Hand, mit der – weben 4.19
–bäumer 77.15
–breithalter 138.15
–bürste 83.19
–chenille 410.18
–drucköler 375.4
–garn 12.21
–getriebe für den Rahmen 45.20
–griff 58.8, 105.10, 287.12
–griff für das Anlassen der Spulen 32.5
–griff für die Spulenabstellung 32.5
–habe 112.19, 204.18
–hebel 55.13, 58.8, 178.14, 303.8
–kette, endlose 372.20
–kettscherer 40.6
–kettschererin 40.7
–knopf 348.2
–knüpfteppich 336.19
–kurbel 26.11, 287.14
–lade 288.16
–leimvorrichtung 71.14
–muster 47.17
–rad 26.7, 192.16
–rad mit Muttergewinde 60.11
–rad für die Trommelverschiebung 59.4
–rad, Spindel- 55.17
–schlagplatte 384.20
–schlichter 66.10
–schlichterin 66.11
–schlichtvorrichtung 69.25
–schützen 237.6
–sperrad 132.21
–spritze 101.12
–spulen 24.21
–spuler 25.1
–spulerin 25.2
–stuhl 7.7
–treiber 25.1
–treiberin 25.2
–tuch 420.7
–tuchdrell 396.9
–tuchstoff 433.9
–verflechtung 165.10
–ware 405.21
–weber 4.23
–weberei 4.18
–weberin 4.24
–weblade 321.8
–webstuhl 7.7, 296.3
–webstuhl für Baumwollgewebe 321.4
–webstuhl für Drahtgewebe 324.5
–webstuhl für Frottierwaren 325.1
–webstuhl für Knüpfteppiche 335.1
–webstuhl für Leinengewebe 323.6
–webstuhl für Piquéwaren 325.8
–webstuhl für Seidengewebe 323.13
handgeknüpfter Knoten 336.14
– Teppich 408.16
handgeschnittenes Besatzsamtband 425.11
Handelsgarn 11.26
handelsübliche Bezeichnung 432.13
Handlungsunkosten 442.17
Hanfgarn 13.4
–, dickes 13.6
–, leichtes 13.5
Hanf-gewebe 430.10
–gewebe in Leinwandbindung 395.7
–gurt 428.25
–leinwand 395.10
–weber 5.13
–werggarn 13.7
Hängelade 289.9
–, Prisma- 230.3
Hänge-nadel 229.7
–stütze 212.16
hängen, die Abstellnadeln auf die Fäden 50.2
–, im Brett (Nadeln) 229.23
–, mit Knoten auf dem Tragbrett (Hebeschnuren) 225.9
–, im Sack (Kette) 114.10
–, im Webstuhl (Geschirr) 181.7
–bleiben, in den Kartenlöchern (Nadeln) 226.9
hängend, an der Decke (Rahmen) 44.1
–, ineinander (Zwirnschleifen) 208.7
Harnisch 2.9
–, mehrchoriger 223.3
–, offener 221.6
–, verkreuzter 221.3
–, Dreher- 352.4
–, Figuren- 231.18
–, Muster- 231.18
–brett 207.21, 217.6
–brett aus Porzellan 208.3
–brett aus glasiertem Steingut 208.2
–brett, aus Streifen zusammengesetztes 208.1
–bürster 180.9
–einzug 220.10
–firnis 220.5
–kordel 217.15
–litze 208.6.18
–rand, in (zu) sich spitzer 221.10.11
–schnur 220.6
–stechen 207.20
–stich geradedurch 221.1
–webstuhl 300.7
Harrasband 425.1
hart bäumen, die Kette 57.5, 79.9
– gedrehtes Garn 9.14
– werden (Faden) 64.16
–es Gewebe 431.25
–es Holz 243.5
–es Kammgarn 14.23
–er Ladenanschlag 130.13, 292.17
–e Schlichte 64.26
–e Spannung 118.18, 119.12
–e Spule 23.8
–e Spulung 23.7
–er Tritt 352.10
–es Webmaterial 236.15
–e Windung 85.22
Hartdraht 161.15
Hartmann, selbsttätige Spulenauswechselvorrichtung von 262.8
Hartpapierspule 239.16
Haspel 25.19, 26.8, 46.5
–, ausziehbarer 29.6
–, elastischer 29.7
–, zusammenklappbarer 28.16
–, Rollen- 29.9
–, Sechseck- 28.15
–, Scher- 56.9
–, Schweizer- 29.9
–achse 25.23, 29.4
–bremsung 33.4
–garn 10.20
–geschwindigkeit 25.26
–größe 25.22
–halter 26.9, 33.19
–lager 33.19
–schutzschiene 33.18
–speiche 25.21
–trommel 58.17
–umfang 25.22, 46.8
–welle 29.4
Haspelung, Kreuz- 11.2
Hattersley-Schaftmaschine 194.2

Haupt-antriebwelle 36.14
—branchen 208.23
—branchen, zu einem Zug gehörige 209.4
—kettbaum 116.4
—köper 149.3
—maschine 229.2
—nadeln, die — zurückdrängen 229.21
—platine 229.3
—stromkreis 320.6
—welle 33.3, 293.10
Häuschen 175.18
Haus-leinen 395.17
—wäsche 420.13
—weber 6.23
—weberei 6.19
Hautelisse-Stuhl 298.7
—-Vorrichtung 335.15
Hautleim 67.1
Hebel 236.10
—, belasteter 120.23, 121.12, 348.9
—, doppelarmiger 185.3
—, dreiarmiger 129.6, 213.7, 315.11
—, federbelasteter 137.15
—, federnder 52.19
—, gekröpfter 48.22
—, gewichtbelasteter zweiarmiger 108.18
—, gezahnter 123.16
—, gleicharmiger 191.5
—, kurzer 185.5
—, langer 185.4
—, schwingender 90.19
—, Abstell- 35.11, 50.15, 91.10
—, Abzug- 259.20
—, Aufzug- 188.4
—, Ausrück- 95.2, 133.11, 316.12
—, Ausstoß- 264.8
—, Belastungs- 121.9
—, Blattstech- 108.11
—, Brems- 95.5
—, Bremsgewicht- 125.9
—, Brustbaum- 320.10
—, Differential- 125.16
—, Doppelschaft- 192.10
—, Einlag- 348.10
—, Fallen- 253.14
—, Fühl- 316.13
—, Fühlerwellen- 125.13
—, Gegengewichts- 99.1
—, Gewichts- 91.14, 96.7
—, Hand- 55.13
—, Kasten- 275.6
—, Kerben- 322.3
—, Klauen- 48.3.14
—, Kopflager- 36.6
—, Ladenanschlag- 325.4
—, Maschinen- 207.1, 213.4
—, Nadeleinstellungs- 350.3
—, Parallelogramm- 311.7
—, Regler- 125.17
—, Schlitz- 55.15, 96.6
—, Schußwächter- 318.4
—, Schwung- 311.6
—, Stufen- 275.3
—, Winkel- 137.7
—ansatz, verstellbarer 50.16
—arm 136.7
—arm, balanzierter 439.23
—armenden, gebogene 109.2
—bewegung, geringe 134.2
—bewegung, große 134.1
—bremse 246.2, 277.2
—drehachse 31.4, 253.16
—drehpunkt 92.7
—einschnitt 121.18
—ende 34.18
—feder 228.15
—gestell 185.11
—gewicht 55.10, 121.1
—hub 133.24
—messer 190.11
—rahmen 388.15
—rolle 33.15, 201.8
—schere 383.16
—übersetzung 277.20
—verschluß 269.4
—vertiefung 204.17
—vorsprung 278.18
—werk 53.19, 333.11
—werk zur Ausrückung 53.6
—zug 184.5
Hebe-brett 225.5
—brettbohrung 225.12
—daumen 196.13
—geschirr 231.14
—haken 207.8
—helfe 174.2
Hebe-litze 174.7
—messer 207.10
—schnur 217.15, 225.4
—schnuren, mit Knoten auf dem Tragbrett hängende 225.9
—schnüre, vernähte 218.3
—schnüre, in den Winkel gestellte 233.4
—schnürezahl auf die Platine 220.19
—stab 224.1
—stab mit Führungsleiste 224.17
—stab, durch Schnuren mit zwei Platinen verbundener 224.12
—stabanordnung unter dem Platinenboden 224.8
—stabanordnung oberhalb (unterhalb) des Schnürbrettes 224.7
—stabbewegung 224.11
—stäbe unter dem Schnürbrett 224.14
—stäbe, mit Ersatzplatinen verbundene 224.16
—tringle 233.6
—vorrichtung für den Kettbaum 106.11
—vorrichtung der Schäfte 181.22
—zeug 207.13
heben (Büchse — Kasten) 281.10
— (Loch — Kasten) 281.9
— (Rolle — Kasten) 281.11
—, den Anschlaghebel mittels Feder 325.7
—, aus den Fäden (Häkchen) 352.1
—, die Fadenwächternadel durch ein Hebelwerk zum Einführen der Fäden 53.19
—, die Kasten mit den Händen 291.6
—, die Kasten durch Schnuren 291.14
—, den Nadelstab 350.5
—, in das Oberfach (Fadenabteilungen) 351.14
—, den Schaft (Platine) 186.19
—, die Schäfte 181.20
—, die Schäfte durch Niedertreten der Tritte 182.23
—, die Schiene 61.23
—, die Spule (Trichter) 96.16
—, den Wechselkasten 272.12
—, den Wechselkasten um x Zellen 272.16
—, vom $x$ten auf den $y$ten Kasten 281.8
—, die Zahnstange (Daumen) 288.12
—, sich (Stange) 98.5
Heben der Kette durch das Geschirr 181.21
— des Riedes 285.17
Heber 202.12, 208.19, 217.15, 224.3
—, Wechselkasten- 277.16
Hebung der Bindekette 158.6
— der zweiten Kette 159.10
— der dritten Kette 159.11
— der Lade 345.12
— der Spindel, fortschreitende 87.11
—, einzelne 201.10
—, mehrfache 201.12
—, Kettfaden- 141.20
—, Platinen- 211.11
—, Schaft- 181.23
Hecht 4.6
Hede-garn 12.20
—leinen 395.11
Heft 105.10
Heißlufttrocknung 75.4
Heiz-körper 75.9
—rohr 73.1
—rohr, Dampf- 72.9
—rohr, Rippen- 71.7
Heizung 446.18
Helfe (s. a. Litze) 171.6, 218.9
—, gehobene 219.10
—, halbe 174.9
—, Damast- 232.12
—, Glasring- 361.13
—, Stahldraht- 218.11
—, Vorderwerk- 231.10
—, Zwirn- 218.10
Helfen, die — beziehen 219.16
—, x — bleiben leer 219.21
—auge 105.17, 171.7, 218.13
Helfen-auge aus Draht 218.17
—auge mit einer Fadenöffnung 218.14
—auge aus Glas 219.1
—auge aus Messing 219.3
—auge mit x Öffnungen 218.16
—auge aus Stahl 219.2
—berechnung 173.17, 444.6
—fäden, die — durch Ringe belasten 177.11
—kreuz, das — einlesen 219.23
—kreuzschiene 220.1
—schiene 105.18
—spalter 286.4
—zwirnfaden 176.19
hell-e Kette 62.19
—es Tuch 62.20
Hemmstück 284.4
Hemmung 278.16
—, Selbst- 134.15
—sring 370.12
herab-fallen (Fadenreiter) 319.19
—schweifen, das Fadenband 47.8
Herabschweifen 47.7
—ziehen, die gehobene Helfe (Anhangeisen) 219.10
heraus-fallen (Schützen) 269.13
—fallen, durch das Eigengewicht 270.17
—fliegen (Schützen) 312.10
—geflogener Schützen 312.11
—heben, die Tasternadel 389.10
—nehmbare Eisenschiene 172.10
—nehmen, die Spulen 30.13
—ragen, aus den Röhrchen (Florfäden) 340.7
—springen (Schützen) 312.10
—treten, zwischen zwei Grundschüssen (Flor) 168.21
—treten, aus der Mitnehmerbüchse (Spindel) 93.18
Heraus-drängen der Kastenzunge 316.4
—fliegen des Kötzers 239.10
—fliegen des Schützens 312.9
—gleiten des Fadens aus dem Garnführer 92.19
—springen des Schützens 312.9
—ziehen des Schlittens 326.18
Hereinbewegen des Schlittens 326.17
hereinlassen, die Kette 118.2
hergestellt, auf mechanischem Wege 337.7
Herrenanzugstoff 432.16
Herrlinger, Schußwächter von 318.8
herstellen, das Grundgewebe (Vorderwerk) 231.9
Herstellung genähter Florbänder (Maschine) 342.1
— des Knotens 338.12
—, Geschirr- 176.10
—, Knoten- 339.12
Herunterfallen des Kastens 273.18
hervorschnellen (Feder) 319.4
hervorstehende Faserenden 64.13
Hervortreten des Bindungsgrates 144.13
herzförmiger Florkettenfänger 334.11
Herz-exzenter 33.13
—scheibe 33.13, 191.10
Hettrich, Schützen von 242.15
Hickoryschläger 251.4
Hilfs-arbeiter 5.8
—arm 280.6
—baum 47.20, 117.15, 128.14
—hebel 194.5, 195.7
—helfe 350.18
—maschine 229.5
—mittel für den Betrieb 371.9
—nadel 229.6
—platine 188.15
—schwinge 204.4
—scherer 40.9
—schützen 355.9
—welle 178.4
—zange 342.10
hinaufschlagen, die Falle 180.6
hindurchführen, die Fäden durch die Schlichte 74.8
hinten, von — nach vorn einziehen 103.18.19, 219.17
hinter-e Maschine 235.6
—er Schaft 352.7
hinterste Ladenstellung 326.7
Hinter-baum 323.9
—fach 141.15
—kamm 369.16
—scheide 356.6
—wand des Schützenkastens 256.1
hin- und herbewegen, den Strangöffner 81.6
— bewegen, sich (Fadenführer) 88.14
— bewegte Schiene 90.18
—führen, den Faden längs der Spule 26.13
—gehen, innerhalb der Figur 344.21
—gehender Fadenführer 30.15
—gehender Schieber 364.18
Hin- und Her-bewegung des Prismas 205.11
—gehen des Blattes 283.2
—schnürung 222.10
—schwingen der Lade 130.11
—zerren der Schäfte 197.17
hinzufügen, Flottungen 145.3
Hitchons Meßvorrichtung 51.17
hoch stehen, im Blatt (Kette) 107.13
hoch-floriger Smyrnateppich 409.17
—gehalten durch Fadenspannung (Fadenwächternadel) 53.18
—gehen (Kettfäden) 141.21
—gehender Schaft 198.2
—gehobener Stecher 316.17
—geklappter Spindelhalter 30.6
—gespannter Dampf 74.13
—gestellte Nadelreihe 205.1
—halten, die Kettfäden 228.2
—heben, die Schäfte 190.19
—kantig auf dem Roste stehen (Hebestäbe) 224.10
—klappen, den Spindelhalter 30.11
—liegender Kettbaum 116.7
—ziehen, die Schäfte 181.20
Hoch-druckdampfkocher 69.9
—fach 142.15, 216.15
—fach, sich im — befinden (Platine) 228.3
—fachmaschine 228.7
—fachplatine 187.8
—gang, Fadenführer- 39.8
—litze 174.14
—schaft 231.6
—steigen der Spindel 243.1
—stellung der Weichenachse 179.6
— und Tiefbewegung der Schützenkasten 290.19
— und Tieffach 142.19, 216.17
— und Tieffach-Jacquardmaschine 228.6
Höchstgeschwindigkeit 85.7, 306.18, 247.14
höckerartige Wirkung 152.15
Hodgson-wechsel 276.7
—Schaftmaschine 193.8
Höhe, in die — gehen (Sperrstift) 364.10
— des Brustbaumes 304.15
— des Streichbaumes 304.16
—, Fach- 141.11
—, Gang- 47.12
—, Kegel- 87.8
—, Noppen- 327.9
—, Ruten- 327.10
—, Schaft- 171.5
—, Schichten- 100.2
—, Sprung- 141.11
—, Spulen- 24.13
—punkt der Schützengeschwindigkeit 257.14
hoh-e Geschwindigkeit 85.8
—es Kettenglied 196.21
—e Litze 174.14
Höhenrapport 381.8
Höherstellen des Baumes 111.10
hohler Kettbaum 115.6
— Kolben 74.12, 256.11
— Träger 338.10
hohlrunde Fläche 280.8
Hohl-band 426.17
—gewebe 156.10
—kante 424.7
—kante, dreiviertel 424.11
—kante, ganze 424.8

Hohl-kante, halbe . . . 424.12
—kegel, auswechselbarer 372.3
—kehle 289.6
—kehle für die Metallhülse 347.18
—kordel 424.16
—raum des Schützens . 244.11
—raum, gerippter — des Schützens 244.14
—schlips 426.18
—taftkante 424.10
Holländer 408.2
Holz, dichtes 243.5
—, hartes 243.5
—, luftgetrocknetes . . 243.8
—, schweres 243.5
—ausschnitt 44.19
—baumscheibe 78.9
—bolzen 46.4
—bottich 69.1
—brettchen, gekerbtes . 335.17
—fasergarn 13.23
—futter 286.16
—galgen 71.11
—gewebe 416.9
—griff 111.15
—hülse mit Ansatz . . 86.13
—hülse mit Randscheiben 24.12
—karte 189.11, 382.11
—karten, gelenkig verbundene 189.12
—kegel 93.11
—kegelspindel 238.3
—kegelspindel mit Rillen 238.4
—kettbaum 77.20
—kopf, abgerundeter . . 234.1
—körper, kegeliger . . . 93.11
—kranz 133.4
—lattenkegel 60.2
—leere 86.11
—leere mit Randscheiben 24.12
—leiste mit Nadeln . . 350.2
—leisten, durch Scharnierstücke verbundene . 201.6
—pfröpfchen 188.9
—platine 210.8
—rolle, Fühler- 125.18
—säule 72.6
—scheibe 115.9, 119.13
—schicht 311.3
—schußspule 239.14
—schützen 243.4
—schützen, getränkter . 243.12
—segment 115.8
—spindel 44.17
—spule 10.19
—spule, federnde . . . 239.15
—stab mit schwertartiger Eisenspitze 177.4
—stab, feststeckender . 106.5
—stab, schmaler 224.6
—stabmusterkarte . . . 353.13
—stäbchenmatte . . . 416.12
—ständer 108.6
—stift 189.13
—trog, mit Kupferblech ausgeschlagener . . . 70.6
—zapfen 390.2
—zugstange mit Sicherheitsgelenk 255.10
—zylinder 54.14
hölzern-es Gehäuse . . 347.17
—e Jacquardmaschine . 215.3
—er Kettbaum 114.19
—er Knopf 209.2
—es Lager 116.14
—er Rahmen 289.15
—er Schaftstab 171.8
—e Schußhülse 86.11
Homespungarn 14.9
Hopfentuch 397.6
Horde, Garn- 102.9
Horizontal-bewegung . 340.10
—spule 30.8
Hosen-drell 396.7
—schoner 427.13
—stoff 432.18
—träger, elastischer . . 427.25
—trägerband . . 415.23, 426.21
Hub des Fadenführers . 95.12
— der Messer 193.14
—, gleichbleibender . . 369.5
—, begrenzter 133.23
—, Fadenführer- 30.14
—, Messerkasten- . . . 211.1
—, Steuerscheiben- . . 37.16
—getriebe 189.2
—element des Exzenters 198.14
—exzenter 98.14
—exzenter, äußeres . . 275.17
—exzenter, inneres . . . 275.16
Hub-hebel 36.12
—höhe 213.13
—kasten 291.3
—kastenrahmen 278.4
—kastenrückseite, gezahnte 278.9
—kastenschiene 278.5
—kastenwechselstuhl . . 303.17
—kette 38.16
—kettenrolle 92.8
—körper 370.10
—länge 126.16
—rad 277.4
—radband 277.3
—ring 34.8
—scheibe (s. a. Scheibe, Exzenter) . . 34.9, 98.14, 315.13, 339.9, 370.3
—scheibe für verschiedene Schichtenhöhen . . 97.8
—scheibe, Platinenboden- 213.3
—stange 268.17
—stange, Fadenführer- . 38.17
—umkehrung 39.12
—verminderung 135.19
—vorrichtung, Spulen- . 97.11
—wechsel 189.3
Huckbindung 152.14
hufeisenförmig-es Gewicht 329.10
—er Radkranz 345.18
Hülse 23.6, 54.14, 203.6, 241.7
— ohne Kegelansatz . . 96.10
—, dampfdichte 24.7
—, drehbare 338.9
—, durchgehende . 10.14, 85.13
—, gelochte 10.15
—, kurze . . 10.13, 85.12, 90.3
—, lange 85.13
—, perforierte 10.15
—, wasserdichte 24.8
—, Blech- 10.12
—, Messing- 347.22
—, Papier- 10.11, 24.5
—, Papp- 90.7
—, Schützen- 257.17
—, Spindelantrieb- . . . 93.12
—, Teichrohr- 86.10
Hülsen-abziehmaschine . 372.4
—ansatz 259.7
—welle 55.12
Hund 205.14
Hundehaken 205.14
hüpfen (Kasten) 273.14
Hüpfen des Kastens . . 273.13
Hutband 427.3
hyperbolisch verzahntes Triebrad 94.6
—es Getriebe 95.6
—es Rad 213.16
—es Spindelrad 94.7

I

Imitatgarn 12.7
Imitation, Broché- . . . 163.7
—, Dreher- 165.11
—, Kettendouble- . . . 156.2
—, Pudelfell- 406.21
imitiert-er Bobinetgrund 413.19
—er Knüpfteppich . . . 409.1
—er Teppich 407.6
imprägnieren, die Kette 65.13
imprägniert 65.14
—es Gewebe 431.14
—er Holzschützen . . . 243.12
Inanspruchnahme der Kettfäden 143.5
Indianschirting 393.13
Indikator s. Messer
indirekt-e Aufwicklung 131.3
—e Belastung 120.11
—es Jacquardmuster . . 377.15
indirekt wirkender positiver Kettbaumregler 128.12
indischer Schal 420.26
— Stil 376.17
— Teppich 407.25
Industrie, Tuch- 2.18
—, Webwaren- 1.10
—, Wollstoff- 2.16
ineinander geschoben (Exzenterscheiben) . 275.19
— geschobener Köper . 150.4
— greifende Zahnbögen 192.11
— hängende Zwirnschleifen 208.7
— schieben, zwei Köper 150.5
Inlet 392.20, 394.13
Innen-exzenter 199.7
—trittvorrichtung . . . 199.1
inner-e Fachbildung . . 300.11
—es Hubexzenter . . . 275.16
Instandhaltungskosten . 446.8
intermittierend arbeiten (Warenbaumregler) . 130.6
— wirkender Warenbaumregler 130.5
irländisches Moos . . . 67.21
isländisches Moos 67.22, 437.14

J

Jaconet 393.26
Jacquard, Fallplatinen- 369.4
—, Manchester 368.20
—, Ober- 368.20
—, Seiten- 370.8
—dreher 352.20
—dreherlitze 362.1
—gewebe 392.9
—helfe 208.6
—helfe, [un]gerade . . 234.6.7
—karte 382.2
—karte aus endlosem Papier 382.8
—kartenschläger . . . 384.10
—kartenschlägerin . . . 384.11
Jacquardmaschine 7.13, 209.18, 342.24
— für Damastweberei . 231.2
— mit zwei Kartenketten 230.2
— mit geteiltem Messerkasten 226.13
— mit schwingendem Nadelgehäuse . . . 226.1
— mit ✓ Platinen . . . 214.12
— für Schrägfach . . . 228.13
— mit feinfeiner Teilung 215.11
— mit feinster Teilung . 216.1
—, Berliner 215.9
—, eiserne 215.4
—, hölzerne 215.3
—, Krefelder 215.10
—, x-reihige 214.19
—, Doppelhub- 227.1
—, Einhub- — für Offenfach 227.11
—, Halboffenfach- . . . 227.1
—, Hoch- und Tieffach- 228.6
—, Offenfach- 226.18
Jacquardmaschinenantrieb 212.17
—gerüst 212.7
Jacquardmuster 4.2
—, direktes 377.14
—, einfarbiges 377.16
—, indirektes 377.15
—, mehrfarbiges 377.18
—, versetztes 377.19
—, zweifarbiges 377.17
—damast 153.17
Jacquard-stuhl . . 7.12, 296.15
—webstuhl 7.12, 300.7
—weberei 208.15
—zylinder 210.14
japanischer Vorhang . . 419.13
Jetborte 428.10
Junge, Spul- 84.20
Jute-doppelleinen . . . 396.19
—drell 397.2
—feinköper 397.5
—feinleinen 396.18
—füllkette 167.20
—garn 13.8
—garn, kardiertes . . . 13.10
—gewebe 396.13, 430.13
—gewebe in Köperbindung 397.1
—gewebe in Leinwandbindung 396.14
—hechelgarn 13.9
—hedegarn 13.10
—kettgarn 13.11
—köper 397.3
—köper, gewöhnlicher . 397.4
—leinen 396.16
—leinen, gewöhnliches . 396.17
—plüsch 406.7
—sackleinen 396.20.21.22
—schußgarn 13.12
—schützen 241.16
—teppich 407.21
—warp 13.11
—weber 5.14
—weberei 2.12
—weft 13.12
—werggarn 13.10

K

Kabylenschal 420.28
Käffer 116.14
Kaliko 393.6
Kalk, phosphorsaurer . 438.7
—, schwefelsaurer 68.16, 437.23
—sulfat 68.16
Kalkulation s. Berechnung
—sgewicht . . . 11.17, 442.11
—slänge 443.19
Kalmuck 398.4
Kalzium-chlorid 68.11
—phosphat 438.7
Kambrik 393.19
Kamel-haargarn 15.23
—tasche 410.9
Kamelott 399.4, 401.6
—garn 15.12
Kampfer 438.4
Kamm (s. a. Ried, Blatt) 82.7, 83.21, 171.3, 282.4, 360.15
—, aufgehängter 80.9
—, ausziehbarer 74.4
—, gerader 367.11
—, geschlossener 49.17
—, kreisbogenförmig gekrümmter 367.12
—, offener 49.18
—, stellbarer 73.2
—, Lese- 46.14, 72.16
—, Rauten- 49.20
—, Weber- 8.10
—, Zickzack- 49.20
—anschlag 137.2
—barre 366.12
—blatt 171.3
—breite 444.10
—deckel, abhebbarer . . 49.19
—dichte 282.13, 443.22
—einzug 106.13, 443.25
—finger 136.11
—garn 14.22
—garn, Baumwoll- . . . 12.6
—garn, hartes 14.23
—garn, weiches 14.24
—garnchevron 399.14
—garndiagonal 399.15
—garngewebe . . 398.17, 430.15
—garngewebe in Köper- und Atlasbindung . . 399.6
—garngewebe in Leinwandbindung . . . 398.18
—garngewebe, gemusterte 399.18
—garngewebe, samtartige 399.26
—garnkötzer 260.5
—garnpolkette 411.13
—garnweber 5.21
—häkchen 108.1
—hebel, verstellbarer . 82.6
—messer 108.1
—radnabe 275.8
—schaft 171.3
—schlag 173.13
—schläger 177.16
—schlitz 367.14
—schlitzbarre 366.12
—setzer 287.1
—sprung 282.5
—stab 386.13
—stand 282.18
—stechen 106.13
—stricker 177.16
—wollzwirn 334.20
—zinke 367.15
Kammer, enge 244.8
—, Schützen- 244.11
—, Trocken- 71.4
—tuch 393.10
—zahl 280.12
Kämmung von Eisen auf Eisen 310.19
Kanevas 394.5
Kannetteseite 17.8
Kanonenschlüssel . . . 373.21
Kante 3.10
—, abgerundete 117.8
—, glatte 424.6
—, Gewebe- 139.8
—, Hohltaft- 424.10
—, Muster- 378.1
—, Waren- 139.15
Kanten 413.4
—einzug 424.13
—karte 197.4
—litzen 173.8
—rüsche 426.20
—schneider 363.5

Kanten-schnürung . . 222.6
Kanter 43.12, 331.6
— für Mohärplüschwebstühle 331.9
— für Mokettewebstühle 331.8
kantige Kreuzschiene . 138.6
Kantille 20.12
Kaolin 437.22
Käppchen 264.19
—, abfliegende 264.14
—, mit dem Schußfaden umwickeltes 264.20
Kapsel 248.4
Karabiner 210.10
Karbolsäure 68.6
kardiertes Jutegarn . . 13.10
kariertes Broché . . . 163.5
—es Gewebe 153.5
—es Muster 160.13
—e Ware 271.13
Karoerscheinung, die — durch Fadenkreuzung [Farbenstellung und Bindung zugleich] erzeugen 152.11.12.13
Karos 153.10
—, auf die Spitze gestellte 152.7
Karte für zwei Bindungen 235.2
— mit mehreren Bindungen 197.2
— für Drehung nach rechts (links) . . 281.14.15
— für die Kastendrehung 281.18
— für Kartenstillstand . 281.17
— mit Quernuten . . . 189.15
— für auswechselbare Stifte 189.16
— in einem Teile . . . 383.6
— in zwei Teilen . . . 383.7
— in x Teilen 383.8
— für Wechselstillstand 281.13
—, eingespannte . . . 385.10
—, gelochte 382.12
—, geradzahlige 383.12
—, geschlagene 382.12
—, gestanzte 382.12
—, leere 389.16
—, ungeradzahlige . . . 383.11
—, vollgeschlagene . . . 383.3
—, die — zurücknehmen 214.7
—, Blech- 279.10, 382.10
—, Holz- 382.11
—, Papp- 382.4
—, Papp- — für Schaftmaschinen 189.17
—, Wechsel- 280.20
Karten, die — durchstoßen 226.7
—, geheftete 389.18
—aufhängedraht . . . 390.11
—band, endloses . . . 229.19
—bindemaschine . . . 390.4
—binden 389.17
—binder 384.12
—binderin 384.13
—bindeschnur 389.19
—ersparnis 197.1
—gang 206.1
—gestell 206.11
—halter 384.3
—kette 206.13, 390.6
—kopieren 389.1
—kopiermaschine . . . 389.3
—korb 206.12
—kosten 446.26
—lauf 192.3, 193.5, 194.7, 206.1, 390.9
—laufbügel 390.13
—laufrahmen 390.12
—loch 226.9
—lochen 384.6
—mustersteig 206.1
—nummern, die — kommen auf die Laternenseite 220.9
—papier 388.2
—papier, geglättetes . . 382.7
—presse 230.7, 384.1
—prisma . 186.13, 196.12, 210.14
—rapport 206.16
—rückschlagvorrichtung 214.9
—schlagen 384.6
—schlagen für die Schaufelschaftmaschine . . 193.15
—schlagen vom Warenbilde 387.16
—schlagen, abgekürztes 387.15
—schläger 384.8
—schlägerei 384.7
—schlägerin 384.9
Karten-schlagmaschine, elektrische 387.3
—schneidmaschine mit Hebelschere 383.16
—schnüren 389.17
—schnürer 384.12
—schnürerin 384.13
—sparvorrichtung 196.22, 236.7
—sparvorrichtung für Taschentuchstühle . 275.20
—spiel 206.15
—stanzen 384.6
—stelle, gelochte . . . 383.4
—stelle, volle 382.14
—wächter 390.5
—walze 210.14
—zylinder 229.13
Kartoffel-mehl 66.20
—stärke 437.7
—zucker 68.5
Kartonblatt 62.15
Kaschmir 397.24
—garn 15.22
—schal 420.27
Kaschmiret 397.25
Kasimir 148.14
—, halbwollener 397.18
—, reinwollener 397.17
Kästchen, kegelförmig zugespitzte 347.21
Kasten 287.7, 364.4
—, freifallender 273.17
—, linker (rechter) . . . 248.2
—, durch den — laufen (Bundstäbe) 287.17
—, Befeuchtungs- . . . 102.10
—, Gewichts- 122.2
—, Kupplungsfeder- . . 315.2
—, Messer- . . . 186.10, 210.6
—, Nadel- 35.7, 50.19
—, Schützen- 290.6
—, Spulen- 88.19
—, Wechsel- 290.12
—, Zahnstangen- . . . 356.18
—anzahl 272.7
—boden, klappenartiger 266.20
—drehung 281.18
—führung 273.11, 314.6
—hebel 275.6
—hub 273.12
—hub, begrenzter . . . 291.2
—klappe 254.9, 256.4
—schützen 243.2
—spindel für Stahlschützen 239.4
—stellung 272.6
—stellungsrapport . . . 273.3
—stillstand 281.13
—tragfeder 275.7
—zunge 280.15, 308.16
Kastorgarn 14.29
Kastorin 398.2
Katt 393.4
Kattun 392.16
—, Bett- 392.20
—, Buchbinder- 393.6
—, Druck- 392.17
—, Futter- 392.19
—, Glanz- 392.18
—bindung 145.18
Katze 45.15, 56.5
—, auf- und niedersteigende 46.3
Katzenschnur 45.16
Käufer 443.1
Kaufgarn 11.26
kaustische Soda . . . 68.4
Kautschuk 415.6
—, geschwefelter 415.18
—, vulkanisierter . . . 415.18
—block 415.8
—einlage 243.20
—faden, gepreßter . . . 415.13
—faden, geschnittener . 415.11
—faden, gewalzter . . . 415.12
—faden, nackter 415.15
—faden, übersponnener . 415.16
—faden, umkleideter . . 415.16
—fädenbaum 360.1
—flasche 415.7
—füllung 256.8
—gewebe 415.2
—gewebebindung . . . 415.5
—kette 415.4
—platte 415.9
—röhre 415.10
Kegel (s. a. Konus) . . 209.2
—, Holzlatten- 105.1
—, Riemen- 53.4, 74.3
—, Spulen- 85.19
—, Trommel- 60.15
Kegel-ansatz 260.16
—ansatz der Hülse . . . 86.16
—basis der Spule . . . 99.8
—bildung 87.5
—bildung durch Trichterstück und Laufrolle . 99.7
—brett 209.1
—fläche 60.3
—höhe 87.8
—kupplung, vom Ausrücker gesteuerte . . 311.4
—länge 87.8
—lehre 60.14
—rad 55.5, 61.9, 178.3, 303.4
—rad, doppeltes . . . 303.5
—rad, loses 127.20
—räderwendegetriebe . . 127.17
—rolle 99.2
—schermaschine 58.6
—schertrommel 60.1
—schiene 61.5
—schnur 208.25
—spule 24.10, 97.12
—stuhl 208.17
—vorbaum 40.21
—ziehen 209.3
—zug, den — einlesen . 209.5
kegelförmig zugespitzte Kästchen 347.21
—e Garnschicht . . . 87.7
—er Spindelansatz . . . 93.11
kegelig s. a. konisch
—es Antriebrad 308.10
—e Kreuzspule 24.2
—e Papierhülse 24.9
—e Rolle 117.7
—er Spulenhals 87.14
—e Wicklung 24.1
—e gelochte Kreuzspulenhülse 24.3
kegelmantelförmiges Band 424.5
Kehle (s. a. Fach) . . 141.3
—, in der offenen — liegen (Schußfaden) . 237.3
—, Ober- 142.15
—, Schützen- 244.13
—, Unter- 142.17
—treten 182.22
Kehre 46.15
Kehrschuß 424.9
Keil 293.15
—, Kupplungs- 277.11
—nut 115.3
—nut, Block- 55.1
—platine 385.22
—rahmen, Kupplungs- . 277.10
—stück 311.8
—treiber 373.6
keil-artiger Ansatz . . . 242.13
—förmiger Messerkastenausschnitt 233.18
—förmige Rute 327.14
—förmiger Schaftstab . 173.10
—förmiges Spulengestell 44.6
Kelim 408.7
Kerbe, in die — fallen . 48.22
Kerben-hebel 322.3
—rolle 92.10
—scheibe 48.7
Kern, Draht- 19.21
—faden 19.18
Kersey 397.14
Kessel, Kupfer- 69.10
Kett-adriabindung . . . 146.8
—atlas 150.14
—aufschlagen 40.1
Kettbaum (s. a. Garnbaum) . 73.3, 77.17, 323.9, 337.9, 366.10
— mit unter Federwirkung stehender Seilbremse 122.10
— mit Randscheiben . . 78.3
— mit Seilbremse und Belastungshebel . . 121.13
— aus Stahlblech . . . 115.12
— mit eisernen Zapfen . 115.4
—, bewickelter 121.5
—, eiserner 115.10
—, gebremster 120.3
—, hochliegender . . . 116.7
—, hohler 115.6
—, hölzerner 114.19
—, leerer 121.4
—, tiefliegender . . . 116.10
—, Flor- 128.13
—, Haupt- 116.4
—, Holz- 77.20
—, Stahlrohr- 78.2
—breite 78.5
Kettbaum-bremse, selbsttätige — von Roper 129.12
—bremsring 79.12
—bremsung 130.9
—flansch 78.6
—gestell 83.18, 111.9
—griff 374.3
—halbmesser 115.22
—lager 116.6
—lager, verstellbares . 61.12
—regler 126.3
—regler, mittelbar wirkender positiver . . 128.12
—regler, negativ wirkender 129.2
—regler, positiv wirkende 128.2
—regler, unmittelbar wirkender positiver . . 128.3
—rinne 77.18
—scheibe mit Klemmmuffe 78.13
—ständer 79.14
—träger 79.15
—umfang, abnehmender 119.4
—wagen 79.16
—walze 77.17
Kett-bäumen 76.14
—einzieher 103.7
—einzieherin 103.8
Ketteneinziehstuhl . . 105.11, 106.1
Kettfaden 21.15, 367.6, 391.4
—, abgerissener 319.7
—, abgeschossener . . . 143.3
—, durchgeschossener . . 143.3
—, gerissener 321.7
—bewegung 141.6
—bindungseinheit . . . 144.15
—bruch 319.12
—folge 433.27
—führung 298.5
—gang, winkelähnlicher . 298.10
—gruppe 164.2
—hebung 141.20
—knoten 110.17
—lage 41.11
—rapport 144.15
—reihe 154.9
—richtung 433.19
—system 154.9
—teilung 412.7
—wächter s. a. Kettenwächter . . . 50.11, 319.6
—wächter mit Fadenreitern 319.14
—wächter von Schatz . 320.17
—wiederholung 144.15
Kettfäden in Gruppen . 341.13
—, die — abteilen . . . 83.23
—, an den — anliegen (Schlichtwalze) . . 76.12
—, die — bleiben liegen 142.10
—, die — festklemmen . 81.17
—, von den — gedreht (Schlichtwalze) . . . 76.13
—, die — gehen hoch . 141.21
—, die — gehen offen . 81.15
—, gleich bindende . . 144.7, 220.17, 381.20
—, die — hochhalten . . 228.2
—, die — liegen im Ober- [Unter-]fach . . 142.1.2
—, in Massen gehobene . 176.7
—, in Massen liegen gelassene 176.8
—, von oben nach unten geführte 335.14
—, verschieden bindende 144.9, 382.1
—, Ober- 157.8
Kett-fahrgestell 112.22
—farbe 230.11
—florteppich 411.9
—flottung 392.1
Kettgarn 10.8, 21.15
—, elastisches 114.6
—, rauhes 182.18
—, weichbleibendes . . 64.19
—, Ringspinner- 21.16
—, Selbstspinner- . . . 22.1
—fläche 41.17
—kötzer, Ringspinner- . 21.17
—kötzer, Selbstspinner- 22.2
—preis 444.3
—spulmaschine 26.16
—spulmaschine mit liegenden Spindeln . . 30.1
—spulmaschine mit Reibungsantrieb . . . 27.2
—spulmaschine mit stehenden Spindeln . . . 36.1

Kettgarn-spulmaschine mit stehenden, durch Reibscheiben angetriebenen Spindeln . 36.2
—spulmaschine mit zwangläufig angetriebenen Spindeln 27.1
—spulmaschine, einseitige 26.18
—spulmaschine, zweiseitige 26.19
—spulmaschine, zweiseitige — für Scheibenspulen mit einer Reihe Triebtrommeln . . 31.1
—spulmaschine, zweiseitige — für Scheibenspulen mit zwei Reihen Triebtrommeln und oben gelagerten Haspeln 30.2
—windemaschine. . . . 26.16
Kett-kammgarn . . . 15.2
—knäuel 63.8
—köper 147.15
—material 8.15
—nummer 7.21
—rahmen, oberer . . . 113.13
—rahmen, unterer . . . 113.12
—rips 146.1
—rutenholz 356.7
—samt 404.1
—schappe. 17.9
—scheibendeckel . . . 356.9
—seide 16.5
—scheren 40.1
—scherer 40.4
—schererin 40.5
—schermaschine für kreuzspulenförmige Wickel 63.1
—spule 38.2
—spuler 25.3
—spulerin 25.4
—spullohn 445.2
—strang 63.9
—umspulmaschine . . . 63.7
kett-gestreiftes Gewebe. 3.22
—streifige Ware 4.7
Kettchen 191.4
Kette (s. a. Zettel) . 7.20 92.5 114.4
— mit Mustergliedern . 259.4
— zu *x* Stück 41.22
—, eiserne 278.2
—, endlose 266.3
—, Exzenter- 201.13
—, Fadenführerschienen- 33.16
—, Gallesche . . 71.5, 372.15
—, Geschirr- 171.15
—, Hub- 38.16
—, Karten- 206.13
—, Stachel- 140.6
—, die — abbinden . . 42.16
—, abgearbeitete . . . 110.18
—, abgepaßte 77.8
—, absteigende 338.3
—, alte 113.15
—, aufsteigende 338.4
—, die — aufziehen . . 118.15
—, ausgearbeitete . . . 110.18
—, beschwerte. 64.10
—, dicht gestellte . . . 319.9
—, dichte 107.12
—, dunkle 62.20
—, einfarbige 21.11
—, die — einstellen ins Blatt 106.17
—, fachbildende 339.21
—, freiliegende 118.9
—, fünfgängige 107.21
—, gazeartig abgebundene 341.14
—, gebleichte 21.8
—, gehobene . . 159.12, 380.9
—, geleimte 64.7
—, gemusterte. 40.14
—, gescherte 43.7
—, geschlichtete . 64.5, 72.4
—, gesenkte 380.9
—, gespannte 118.17
—, gestreckte 433.24
—, um Gewichtsrollen geführte 356.15
—, gewickelte 80.14
—, gezerrte 118.19
—, glatt geschweifte . . 434.1
—, die — hängt im Sack 114.10
—, helle 62.19
—, leichte 21.14
—, lichte 107.8
Kette, lockere. 405.12
—, locker gespannte . . 118.22
—, locker gelassene . . 49.13
—, mehrfarbige . . 21.12, 434.2
—, die — nachlassen . . 49.12
—, neue 113.17
—, rohe 21.7
—, schlaffe 405.12
—, schwere 21.13
—, senkrechte 298.6.7
—, die — spalten . . . 141.8
—, steife 405.10
—, die — straff aufwikkeln 79.6
—, straffe. 405.10
—, straffgespannte 118.20, 161.10
—, die — teilen 141.8
—, unelastische 360.4
—, verleimte 319.11
—, wagrecht angeordnete 298.8
—, die — webt ein . . 114.8
—, Broché- 163.2
—, Bunt- 64.3
—, Dreh- 163.9
—, Einschnitt- 147.4
—, Falten- 161.11
—, Figur- . . . 147.1, 161.3
—, Flor- 167.21
—, Füll- . . . 156.8, 167.19
—, Futter- 167.19
—, Garn- 21.5
—, Grund- . . . 147.4, 161.4
—, Kautschuk- 415.4
—, Locken- 170.8
—, Ober- 167.21
—, Obergrund- 169.19
—, Perlen- . . . 354.7, 415.1
—, Pol- 167.21
—, Rippen- 147.2
—, Roh- 64.2
—, Schlingen- 170.8
—, Stepp- 161.3
—, Stick- 165.6
—, Untergrund- 169.18
—, Zwirn- 21.6
ketten, die Kette . . . 43.8
Ketten-abgabe 118.1
—ablaß 118.3
—ablaßvorrichtung . . 119.7
—ablaßvorrichtung, aktive 126.3
—ablaßvorrichtung, passive 119.18
—abwicklung 118.5
—anknüpfmaschine, Barbersche 112.20
—anspannung 126.8
—antrieb des Prismas . 213.14
—aufbäumer 77.14
—aufleger 77.14
—aufzieher 77.14
—bäumer 77.14
—bewegung 117.19
—breite 114.12
—bremse 123.15
—broschierung. 349.4
—dichte . 41.15, 107.9, 376.8, 434.15
—double 155.11
—double, gemusterter . 156.1
—effekt 391.16
—enden. 111.8
—entspannung 126.11
—franse 355.4
—führungsbahn 263.2
—führungsleiste . . . 337.10
—führungsplatte . . . 259.9
—gewicht 42.1
—glied 259.6, 340.2
—glied, hohes 196.21
—glied, niedriges . . . 196.20
—hals 79.5
—länge . . . 41.14, 49.4, 443.17
—länge, rückgewundene 49.14
—leimer 66.8
—leimerin 66.9
—lieferung 118.3
—linie 379.10
—mehrbedarf 143.11
—rad . . 195.15, 259.2, 372.19
—rapport 381.7
—rolle . . . 33.17, 92.6, 314.18
—schaltgetriebe 117.21
—schaltung 126.5
—scheibe 38.15
—scheibe mit Belastungsgewicht 53.3
—schermaschine 47.18
—schlichter 66.8
—schlichterin 66.9
Ketten-soleil 151.17
—spannung . . . 118.16, 444.1
—spannung durch Federwirkung 119.8
—spannung, gleichbleibende 126.9
—spannung, unveränderte 129.17
—spannungsmeßvorrichtung 371.13
—spannungsregler, selbsttätiger 261.8
—stand 107.9
—stärker 66.8
—stärkerin 66.9
—stich 342.18
—strecke, abgewickelte 118.9
—stück, abgewickeltes . 118.9
—teiler 286.4
—teilungsbügel 363.2
—trieb 70.17, 213.15
—triple 156.4
—trockengestell 72.3
—trockenvorrichtung . 72.5
—trumm 110.19
—wächter s. a. Kettfadenwächter
—- und Warenlauf. . . 114.2
—- und Warenschaltgetriebe 130.2
—wächter, elektrischer — mit Fadenreitern . . 320.1
—wickel 63.8
—wickel, kreuzspulenförmiger 63.2
—wirkung. 391.16
—zuschlag 443.18
kettenbroschiertes Gewebe 163.1
Kettel 43.9
ketteln, die Kette . . . 43.8
Ketteln der gescherten Kette 43.7
Kettler 40.4
Kettlerin 40.5
Kidderminsterteppich . 408.11
Kieperbindung 147.13
kieselsaure Magnesia . . 68.18
Kilim 408.7
—vorhang. 419.11
Kirsey 397.14
Kiste, Garn- 11.27
Kitay 392.22
Klammer . 80.16, 112.7, 172.3
—, gesicherte 172.7
—, Spindel- 242.17
Klapp-bremse 245.22
—fachschaftmaschine . . 188.19
—schiene 138.7
—spindel 238.1
—verschluß 269.11
Klappe 342.11
—, Brems- 245.19
—, Kasten- 254.9
—, Schützenkasten- . . 253.2, 268.19
klappenartiger Kastenboden 266.20
klar-er Bindungseffekt . 391.12
—es Muster 420.1
Klaue, Schußwagen- . . 357.8
—, Verschub- 127.18
Klauen-hebel 48.3.14
—kupplung . . . 51.15, 333.21
—lager 48.13
—muffe 80.17
Klaviatur. 385.13
—schlagmaschine . . . 385.8
klebrige Litze. 174.16
Klebstoff 66.18
Kleider-aufputzborte . . 428.22
—stoff 432.14
—taft 400.12
klein-es Kreuz 47.4
—es Muster 3.18
—es Prisma 233.10
—e Trommel 74.7
—e Zelle 365.23
Kleister, Stärke- . . . 66.19
Klemm-backe . 127.10, 241.6, 372.6
—backenschaltgetriebe . 127.9
—brett 387.11
—feder 262.19
—getriebe 134.18
—kupplung 313.7
—muffe 78.13
—scheibe 115.19
—schiene 138.7, 339.6
—schraube . . . 61.21, 259.1
—spannstock 139.12
Klemm-spule aus Blech 239.19
—stab 386.14
—vorrichtung 113.14
—zange 339.6
Klemme, Faden- 333.10
klemmen, sich im Fach (Schützen) 315.5
—, den Warenrand in den Breithalter . . 139.16
Klemmer 337.12
Klingelvorrichtung. . . 82.4
Klinke . . 126.23, 133.2, 332.16
—, durch die — drehen (Schaltrad) 96.15
—, einstellbare 136.2
—, federnde 226.3
—, Abstell- 53.17
—, Druck- 134.13
—, Einfall- 178.21
—, Eingreif- 261.13
—, Feder- 97.19
—, Schalt- . 51.22, 58.12, 129.3
—, Sperr- 58.9
Klinken auf gemeinsamem Bolzen . . . 127.7
—eingriff 126.14
—getriebe 134.11
—hebel 280.11
—hub 126.15
—schaltung 135.1
—schaltwerk 134.11
—scheibe 136.18
—stange 48.4
—system 135.14
—wendegetriebe 128.1
Kloben 122.8, 291.11
— mit Rolle 360.14
—hebel 322.7
—spindel 322.8
—zug 183.18
Klopfen, Trennen durch 66.2
Kloppel 219.4
Klöppel 179.2
—hebel 82.5
—spindel 178.17
—spindel, durch die — gedreht werden (Weiche) 179.10
—spindel, kurze 179.3
—spindel, lange 178.4
—spindel, die — leiten (Weichenspitze) . . 179.11
—teller 178.16
Klotz, Laden- . . 288.10, 293.3
—faden 28.3
Klötzchen, mit Sohlenleder bekleidetes . . 248.16
Kluppe 81.16
—nzange 371.4
Knagge 53.17, 136.12
—, Schlaghebel- 255.9
Knäuel, zu einem — wikkeln 63.6
—, Schußfaden- 336.1
—wickelmaschine für Ketten 63.5
—wickeln 63.4
Knebel 71.12
Kniehebel 255.4
—verbindung 294.10
Knochenleim 66.27
knöcherner Deckel. . . 347.23
Knopf 263.13
—, hölzerner 209.2
—samt 404.7
Knoten. 225.6
— im Faden 83.13
—, den — auslösen . . 222.18
—, einfädiger 409.11
—, im Schlitz festgehaltener 222.16
—, handgeknüpfter . . . 336.14
—, über den Schlitzen stehende. 225.10
—, zweifädiger — mit getrennten (nebeneinanderliegenden) Enden 409.12.13
—, Kettfaden- 110.17
—, Perser- . . . 336.17, 409.10
—, Smyrna- . . . 336.15, 409.9
—bildner 111.12
—bildung 339.12
—fänger 28.5
—franse 426.2
—garn 18.19, 421.14
—macher, Barberscher . 112.3
—querreihe 338.15
knotenfreie Litze . . . 175.8
— Polkette 167.22
knotiger Faden 435.8

Knowles-getriebe 203.1, 277.18
—wechsel 276.12
Knüpf-faden 339.16
—garn 338.13
—maschine, Litzen- 176.9
—röhrchen 339.5
—schlinge 409.5
—teppich 408.15
—teppich, imitierter 409.1
—teppich, mechanisch hergestellter 408.19
—teppich, mit Nadel gearbeiteter 408.17
—teppichstuhlgestell 298.3
—vorrichtung 112.23, 338.1
knüpfen 409.2
—, die Bundschnüre an die Traverse 177.3
—, die Webelitzen 176.11
Knüttel, Bäum- 80.5
kochen, die Schlichte 65.1
Kochen der überdrehten Lockengarnstränge 170.14
— der Schlichte 64.28
kochende Schlichte 65.2
Kocher, Hochdruckdampf- 69.9
—, Schlichte- 68.21
—, Schlichte- (Arbeiter) 69.18
Koch-gefäß 69.7
—salz 67.28
Köchlin, Spulenauswechselvorrichtung von 264.1
Kokos-faserteppich 407.20
—garn 13.17
—mattenschützen 241.14
—nußöl 67.11
Kolben 101.19
—, hohler 74.12, 256.11
—feder 388.17
Kollodiumseide 17.19
kombinierte Bremse 124.9
kommen, in den Bereich des Anschlags (Mitnehmer) 178.23
Kommißtuch 397.13
Kommutator 301.5
Kompensationsregler 136.5
komplizierter Einzug 105.5
komponieren, den Entwurf 376.3
Kompositionslehre 143.14
Kompreßholzschützen 243.9
Kondensationswasserabscheider 73.22
konfektionierte Bänder 427.22
Konfektionsplüsch 406.11
Kongreß-stoff 393.30
—vorhang 419.6
konisch s. a. kegelig
—es Band 424.5
—e Rolle 117.7
konkave Fläche 280.8
Konsole 333.15
Konsollager 310.11
konstante Kettenspannung 126.9
Konstruktion der Exzenterkurve 198.9
Kontakt, schleifender 386.5
—anschlag 269.9
—brett 387.11
—hebel 320.3, 387.6
—knopf 387.9
—schiene 320.2, 321.6
—stift 318.20
—taster 318.19
Kontermarsch 184.10
—stuhl 207.5
kontinuierliche Schaltung 130.7
Kontremaschine 389.11
Kontroll-schnur 62.13
—vorrichtung, Schuß- 370.15
Kontrolle der Berechnung 443.6
—, Gewichts- 11.18
Kontur 379.17
—bindepunkt 381.17
Konus s. a. Kegel
—, Riemen- 53.4, 74.3
—, Spulen- 85.19
—kettschermaschine 58.6
—schertrommel 60.1
—spule 24.10
konvexe Fläche 280.9
— Spulenbewicklung 23.14
konzentrische Tasche 128.20
Kop 84.9
Köper 394.17
— mit Kettenwirkung 147.15
— mit Schußwirkung 147.14
Köper in der ersten Steigung 148.9
— mit ∞ Grad Steigung 148.8
—, absetzender 150.2
—, beidrechter 148.13
—, dreibindiger 147.17
—, dreifädiger 147.17
—, dreischäftiger [steiler] 147.17.18
—, dreiteiliger 147.17
—, durchlaufender 149.11
—, einseitiger 148.12
—, falscher 149.13
—, flacher 148.11
—, gebrochener 149.8
—, gleichseitiger 148.13
—, ineinandergeschobener 150.4
—, krummer 149.10
—, mehrgratiger 149.1
—, normaler 148.9
—, steiler 148.10
—, unterbrochener 150.2
—, verstärkter 149.1
—, verzierter 149.2
—, vierbindiger 148.1
—, vierbindiger versetzter zweiseitiger 157.10
—, vierschäftiger 148.1
—, wellenförmiger 149.9
—, zwölfbindiger flacher 148.2
—, Diagonalzickzack- 150.12
—, Doppel- 148.13
—, Gegen- 149.6
—, Haupt- 149.3
—, Jute- 397.3
—, Kreuz- 150.6
—, Längszickzack- 150.11
—, Linksgrat- 148.5
—, Neben- 149.5
—, Querzickzack- 150.10
—, Rechtsgrat- 148.4
—, Rips- 149.7
—, Schuppen- 150.1
—, Spitz- 150.9
—, Stufen- 149.14
—, Zickzack- 150.9
—atlas 150.8
—band 424.25
—bindiges Gewebe 432.5
—bindung 147.13
—-Coating 398.14
—grat 147.16
—grat, von links nach rechts laufender 148.6
—grat, von rechts nach links laufender 148.7
—linie 147.16
—linien, die — unterbrechen 150.3
—-Manchester 395.5
—möbelstoff 418.8
—teppich 407.19
—tuch 398.15
köpern 147.12
Kopf der Verbindungsstange 276.16
—, geschlitzter 180.12
—, auf den — treten (Tritt) 183.7
—, den — weben 1.1
—, Hammer- 262.1
—, Platinen- 193.11
—, Spindel- 96.5, 242.18
—, Spulen- 263.10
—bolzen 315.10
—kreuz 47.3
—lager 36.5
—lagerhebel 36.6
—nagel 45.17
—platte 308.14, 314.7
—rolle 257.10
—scheibe 115.7
—tuch 420.30
kopieren, die Karten 389.2
—, das Muster 378.10
Kopieren, Karten- 389.1
Kopiermaschine, Karten- 389.3
Kopmaschine 87.1
Korb für Garnbefeuchtung 102.8
—, Garn- 102.7
—, Karten- 206.12
—gestell, fahrbares 102.6
—wagen (Spulen) 371.14
Korde 207.12, 379.4
Kordel 210.9
Kordonnet-garn 12.16
—seide 16.14
kordonnierte-e Seide 16.14
—es Strohgarn 416.6
Korkziehergewebe 397.22
kornartige Wirkung 152.15
Kornelholz 243.10
Körnerspindel 80.18
Körper, Garn- 86.12
Korps 223.1
—brett 207.21
Korsettbesatz 427.11
Kosten für die Zeichnungen 446.24
—, Spul- 26.4, 88.23
Kotze, Woll- 419.26
Kotzenzeug 397.16
Kötzer 84.9
—, abgelaufener 262.3
—, abgewebter 243.22
—, voller 262.2
—, Baumwoll- 260.4
—, Garn- 38.3
—, Kammgarn- 260.5
—, Ringspinnerkettgarn- 21.17
—, Schlauch- 84.11
—, Schuß- 260.6
—, Selbstspinnerkettgarn- 22.2
—, Weft- 260.6
—ansatzformer 92.17
—aufstecker 372.1
—faden 45.9
—form 87.4
—form, in — spulen 85.18
—former 96.11
—führung 440.6
—garn 435.23
—halter 440.5
—halter, drehbarer 45.10
—kern 84.13
—körper 84.13
—rest 85.28
—schergatter 45.7
—schützen für Bandstühle 242.7
—schützen mit Deckel 240.6
—schützen mit Ösenblech 240.9
—seele 84.13
—spindel, federnde 95.14
—spitze, eingefallene 86.3
—spulmaschine 87.1
—spulmaschine mit Leitrollen 98.11
—spulmaschine mit Leitrolle und Schlitztrommel- (Spulen-)fadenführer 99.10.15
—spulmaschine mit liegenden Spindeln 87.15
—wickeln 85.17
—zettelgestell 45.7
krachendes Gewebe 431.29
Kraft, lebendige — des Schützens 312.6
—, motorische 300.5
—arm 121.3
—betriebskosten 446.4
—ersparnis 307.6
—stuhl 7.8
—übertragung 310.5
—weberei 300.1
—webstuhl 301.6
—zentrale 309.15
kraftschlüssig-er Antrieb 213.1
—e Schaftbewegung 182.7
—er Warenbaumregler 131.11
—er Warenbaumregler mit Gewichts-(Feder-) belastung 137.3.14
kräftiger Ladenschlag 226.6
— Schlag 246.16
kräftigen, den Unterbau 356.13
Kragensamt 404.8
Kralle 263.9
Krampenschläger 356.20
Kranz, verschiebbarer 61.2
—, Holz- 133.4
—, Trommel- 60.18
—schlitz, exzentrischer 61.1
—verzahnung 61.4
Kratzen, mit — beschlagen 39.5
Kräusel-garn 421.17
—schuß 421.18
—teppich 411.11
—zwirn 19.6
krauses Gewebe 432.2
Kreas 395.18
Krefelder Feine 173.14
— Jacquardmaschine 215.10
— Samt 404.5
— Teilung 216.3
Kreide 437.27
Kreis 380.3
—, im —e angeordnet (Zellen) 279.3
—ausschnitt 204.6
—exzenter 276.3
—exzenter, einteiliges 200.2
—lade 345.17
—lauf der Befeuchtungsluft 102.15
—laufrohr 102.12
—messer 343.8
—sektor, gezahnter 347.15
kreisbogenförmig ausgeschnittene Scheibe 275.13
— gekrümmter Kamm 367.12
—es Rohr 258.3
kreisend-er Fadenführer 35.8
—e Zange 342.9
kreisrundes Ried 300.12
Kreosot 437.29
Krepon 161.15, 398.22
Krepp 398.22, 401.12
—, gemusterter 152.17
—, verworrener 153.2
—, Rips- 153.1
—, Sand- 153.2
—bindung 152.16
—garn 15.15
—gewebe 432.3
Kreuz 42.12, 138.9, 380.2
—, über — gestellt (Riedstäbe) 285.9
—, großes 47.3
—, kleines 47.4
—, ins — legen (Fäden) 42.8
—, ins — lesen (Korps) 223.4
—, paarig ins — lesen 138.12
—, Spulen- 323.4
—brett 46.6, 56.6
—einleser 42.14
—einleserin 42.15
—einzug 104.16
—fach 231.5
—fach, in das — einschießen (Schüsse) 351.13
—fach, mit — weben 223.14
—fach, ohne — weben 223.15
—faden, den — einlegen 42.13
—gaze 165.7
—gewebe 163.8
—greifen 42.9
—haspelung 11.2
—hebel 228.14
—köper 150.6
—köper, in Atlasform angeordneter 150.8
—köper, verflochtener 150.7
—kötzer 91.2
—meißel 373.8
—mutter 322.4
—nägel 45.18
—rute 76.4, 137.20
—schaft 352.9
—schiene 111.5, 137.20
—schiene mit Blechbekleidung 138.8
—schiene, flache 138.4
—schiene, geriffelte 138.6
—schiene, kantige 138.6
—schiene, runde 138.3
—schlüssel 373.19
—schnur 42.17, 184.13
—schußbogenschläger 357.5
—schußspulmaschine 99.10
—spule 10.18, 23.20
—spule, kegelige 24.2
—spule, zylindrische 23.21
—spulenhülse, gerauhte 24.4
—spulenhülse, geriffelte 24.11
—spulenhülse, kegelige gelochte 24.3
—spulmaschine mit Fadenführer von Schönherr 33.8
—spulmaschine mit kreisendem Fadenführer 34.19
—spulmaschine mit Kurvenscheiben 32.11
—spulmaschine mit Schlitztrommel 31.11
—stab 61.17, 111.5, 137.20
—stabarm 111.4
—stichgaze 165.3
—wicklung 87.12
—wicklung, offene 23.3
—windung 23.2, 91.7
—zwirn 19.4
kreuz-geschweifter Strang 43.4
—gespulter Wickel 63.2
—gewickelter Strang 43.4
—spulenförmiger Wickel 63.1

kreuzweise Lochung des Kettbaums 119.9
kreuzen, die Grundkettfäden (Musterfäden) 369.3
–, die Kettfäden (Schuß) 144.3
Kreuzen der Kettfäden 164.3
kreuzend, stark (Fäden) 173.18
Kreuzung, Faden- . . . 7.25
–sstelle 144.4
–sweise 381.10
Krimmer 170.6, 406.22
–, gestreifter 406.24
–, vierfloriger 407.1
–, zweifloriger [gestreifter] 406.23.25
Krinolin 414.20
Krone 26.8
Kröpfung 302.2
– der Hauptwelle . . . 293.10
Krücke 205.16, 242.3
krumm werden (Platinen) 211.3
–er Köper 149.10
–e Scheibe 34.6
Krumm-schlagen der Nadeln 226.8
–zapfen 59.8
Krümmung, Kulissen- . 211.21
–, Schützen- 244.5
Küchen-borte 428.23
–zeug 420.13
Kugel-bolzen 322.15
–lagerung 97.21
–zapfenlager der Spindel 94.12
Kügelchen, Metall- . . 19.16
Kuhhaar-garn 15.27
–teppich 408.2
kühl schlichten 65.18
Kulisse . 128.7, 210.15, 353.19
Kulissen-hebel . . 128.6, 136.15
–krümmung 211.21
–rolle 210.16
–schieber 313.15
–stein 128.9
–zahnstange 279.19
Kunde 443.1
Kunst, Web- 1.3
–dreher 164.21
–garne 18.7
–seide, Elberfelder . . 17.18
–seide, Oberbrucher . . 17.18
–seidengarne 17.17
–seidengewebe 430.22
–wollgarn 14.17
–zwirn 19.2
künstlich-e Noppe . . 18.15
–er Pelz 419.25
–es Roßhaar 17.21
Kupfer, schwefelsaures . 68.2
–blech, mit – ausgeschlagen 70.6
–blech, verzinntes . . 73.17
–kessel 69.10
–oxydammoniakseide . 17.18
–seide 17.18
–sulfat 68.2
–vitriol 68.2
–walze 70.7
kupferne Tauchwalze . . 73.14
kuppeln, die Jacquardmaschinen 214.6
–, die Spindeltriebräder 95.7
Kupplung 307.1
– der Antriebwelle . . 54.4
–, die – an das Rad anpressen 95.9
–, die – ausschalten . . 35.16
–, die – schließen . . . 334.2
–, Fadenführer- 35.10
–, Fliehkraft- 311.9
–, Fliehkraftreibungs- . 311.5
–, Fliehkraftrutsch- . . 311.10
–, Klauen- 51.15
–, Klemm- 313.7
–, Plan- 94.9
–, Planscheiben- . . . 51.12
–, Reibungs- 34.4
–, Rutsch- 310.20
–, Scheiben- 94.9
–, Sicherheits- 279.11
–, Sicherheitsschlag- . . 314.5
–, Spindeltriebrad- . . 95.8
Kupplungs-feder, Schlag- 315.1
–federkasten 315.2
–hebel 363.19
–keil 277.11
–keilrahmen 277.10
–ring 333.17
Kurbel 255.11
– mit gewöhnlicher Schubstange 293.2
Kurbel mit Winkelhebel 293.20
– mit Zahnbogen . . . 188.12
–, Ausrück- 308.19
–, Doppel- 213.10
–, Doppelrollen- 295.11
–, Hand- 26.11
–, Lenk- 257.5
–, Schalt- 58.14
–, Schlitz- 203.15
–bewegung 294.1
–getriebe 203.8
–kupplung 194.20
–leitstangengetriebe . . 199.14
–schaltstange 58.13
–scheibe 276.8
–scheibe mit Zapfen . 213.8
–schere 194.20, 308.13
–schlageinrichtung . . 255.1
–schlichtmaschine . . 72.13
–stange 59.20
–webstuhl 304.20
–welle 274.5
–welle, schmiedeeiserne 302.8
–wellenrad 308.11
–zapfen . 59.8, 213.11, 255.2, 277.5, 358.12
Kurs 381.7
Kurve, Begrenzungs- . 37.17
Kurvenscheibe 32.12, 34.6, 90.20, 277.24
kurz anlegen, die Kette 42.4
–er Hebel 185.5
–e Hülse 85.12, 90.3
–e Latte 185.5
–e Marsche 185.5
–e Platine 227.10
–er Quertritt 185.5
–e Schubstange 293.19
–er Webstuhl 296.8
–floriger Smyrnateppich 409.16
Kurz-hülse 10.13
–schluß 320.13
–schlußanker 309.17

L

Lacasse-maschine . . . 215.11
–stich 216.12
Lade 288.15, 335.10
– mit Ringschützen . . 347.6
– mit Schützen 301.18
– ohne Schützenbahn . 339.23
–, drehbar aufgehängte 289.10
–, frei fallende . 295.10, 317.11
–, mechanisch bewegte 289.8
–, Bandstuhl- 289.13, 356.16, 358.3
–, Doppel- 290.10
–, Lanzier- 344.10
–, Wechsel- . . 290.10, 344.10
Laden-achse . . 251.17, 278.6, 288.17, 293.5
–anschlag 265.16
–anschlag bei offenem (geschlossenem) Fach 142.5.12
–anschlag, doppelter . 294.9
–anschlag, dreifacher . 295.9
–anschlag, harter . . . 130.18
–anschlag, weicher . . 130.12
–anschlaghebel 325.4
–arm 134.10, 288.18
–arm, verzapfter . . . 289.19
–backen 288.19, 290.8
–bahn 288.19
–bahn, auf der – laufen (Schützen) 247.4
–bahnnut . . . 257.1, 350.11
–balken 288.19, 301.19
–baum 288.19
–bewegung 292.5
–bewegung mit zwei Anschlagstellungen . . 294.7
–bewegung mit offenen Exzentern 294.12
–bewegung durch Fußtritt 292.13
–bewegung mit Kulissenhebel 294.3
–bewegung durch Kurbel 293.1
–bewegung durch Nutenscheibe 294.4
–bewegung mit kurzer Schubstange 293.19
–bewegung bei Stillstand der Kurbelwelle . . 293.16
–bewegung, zwangläufige 292.23
–deckel . 136.3, 288.20, 293.7
–doppelschlag 294.9
Laden-ebene 251.7
–exzenter 317.10
–finger 371.5
–fuge 289.6
–fuß 293.4
–kamm, federnder . . 136.10
–klotz 288.19, 293.3
–klotz auf ∞ Stelzen . 295.3
–länge 304.11, 308.3
–nut 289.6
–prügel 288.17
–rückgang 292.20
–rückgang durch Federkraft 295.2
–schere 308.12
–schiene 346.1
–schlag 292.10
–schlag durch Druck . 292.16
–schlag durch Stoß . . 292.15
–schlag, einfacher . . 326.3
–schlag, harter 292.17
–schlag, kräftiger . . . 226.6
–schlag, leichter . . . 292.18
–schlag, schwacher . . 292.18
–schlag, starker . . . 292.17
–schlag, zweifacher . . 326.2
–schlange 186.15
–schwingbolzen 293.9
–schwinge . . . 288.18, 293.4
–schwingung 292.8
–spiel 292.6
–stellung, hinterste . . 326.7
–stelze 134.10, 288.18
–stillstand 292.21
–stock 288.17, 299.3
–tour 292.6
–unterstützung 295.5
–vorgang 292.19
–winkel 293.21
–zapfen 230.6, 290.3
Lader 113.3, 263.6
Lady-Coating 398.1
Lage, Faden- 25.14
–, Scher- 56.11
–, in schräge – bringen (Messer) 234.2
–, in wellenförmige – bringen (Kettfäden) 286.1
Lagenwechsel des Schwinghebelstützpunktes 194.10
Lager, das – verschieben 80.13
–, hölzernes 116.14
–, verstellbares 61.12
–, Büchsen- 284.2
–, Haspel- 33.19
–, Kettbaum- 116.6
–, Klauen- 48.13
–, Konsol- 310.11
–, Kugelzapfen- 94.12
–, Schlitz- 34.10
–, Streichbaum 116.9
–bestand 443.7
–hülse 213.19
–hülse mit Längsschlitz 96.4
–kosten 446.27
–ring 362.6
–schlitten 61.13
–schlittenführung . . . 61.14
–zeit 443.11
lagern, elastisch . . . 313.6
–, schlittenartig 310.10
Lagerung der Führungsrollen 301.10
–, federnde 310.9
–, positive – des Schlagarms 313.13
–, Kugel- 97.21
–, Motor- 309.18
–, Scherspindel- 44.19
–, Warenbaum- 136.4
Lahn 20.10
–, gaufrierter 20.11
–borte 428.5
–borte, [un]echte . . 428.6.7
Lama 397.19
–haargarn 15.25
–wollgarn 14.5
Lamelle 319.13
–, Gold- 423.12
laminierte Seide . . . 17.4
Lampas 402.27
–gewebe 423.3
Lampen-docht 156.12
–dochtstuhl 360.6
–draht 356.4
–wagen 356.5
Landschaften weben . . 422.11
lang anlegen, die Kette 42.3
– umsponnener Grundfaden 20.14
lang, gleich – bleiben (Fach) 141.13
–er Haken 207.14
–er Hebel 185.4
–e Hülse 85.13
–e Latte 185.4
–e Marsche 185.4
–e Platine 227.9
–er Quertritt 185.4
–haarige Bürste 73.7
–haariger Schußsamt . 403.14
Lang-filz 414.7
–flachsgarn 12.19
–loch 249.4, 293.6
–rips 146.2
–seite der Spulmaschine 27.8
Länge der Helfe . . . 218.12
– des Kraftarms . . . 121.3
–, berechnete 443.19
–, in doppelter (schneiden) 218.2
–, Garnverlust auf die 11.24
–, gescherte 52.5
–, der – nach auf den Stuhl stellen 217.3, 225.18
–, zunehmende 341.22
–, Fach- 141.12
–, Hub- 126.16
–, Kegel- 87.8
–, Laden- 304.11, 308.3
–, Noppen- 409.6
–, Runden- 49.1
–, Stück- . . . 3.11, 75.1, 77.9
–, Trommel- 48.18
–, Verbrauchs- 11.21
–, Waren- 441.12
Längen-berechnung . . 441.11
–einheit 436.4
–messer 52.9
–nummer 435.20
–regelung 204.1
–unterschied, den – ausgleichen 66.14
Längertuch 110.5
länglich-es Auge 225.15
–e Öse 225.15
längs der Spule hin- und herführen (Faden) . 26.13
–gestreift 153.7
–gestreiftes Muster . 160.11, 377.10
–gestreifter Schußsoleil 152.1
Längs-falte 161.17
–furche 107.17
–nut 115.3
–reihe 214.15
–reihen, in – einteilen (Schnurbrett) . . . 217.8
–richtung, sich in der – verschieben . . 99.6, 369.7
–riegel 297.4, 335.7
–schlitz 245.10
–streifen 153.6
–struck 154.12
–trikot 160.4
–zickzackköper 150.11
langsam angehen (Trommel) 59.11
– angezogen (Fäden) . 59.12
– anlaufen (Trommel) . 59.11
– arbeitender Stuhl . . 326.4
– laufender Stuhl . . . 304.4
Langsamgang 53.14
Lanzier-Broschierwebstuhl 349.2
–einrichtung 349.2
–lade 344.10
–schuß 162.9, 344.5
–schuß, nur in der Figur sichtbarer 344.7
Lanzieren 162.8
lanziert-es Gewebe 162.7, 344.2
–es Muster 344.4
–e Ware 344.1
Lanzierung 344.3
Lappen 339.4
Lappet-stickerei 349.6
–stuhl 349.3
–stuhl von Geiringer . 351.3
Lastinggarn 15.11
Laterne 205.13, 211.24
– der Revolverlade . . 279.5
Laternenseite der Karte 382.13
– des Prismas 212.1
–, auf die – kommen (Kartennummern) . . 220.9
Latte mit Scheiben . . 58.3
– mit Stiften 57.18
–, kurze 185.5
–, lange 185.4
–, Scher- 43.12

Lattenrolle 29.10
Latz 382.2
Latze 209.12, 379.5
Latzen 386.15
—schnur 209.13
—zieher. 209.14
Lauf, Karten- 193.5
—, Rückwärts- 206.8
—, Schützen- 247.2
—, Vorwärts- 206.7
—bahn 343.18, 357.4
—katze 343.17
—krampe 356.19
—mutter 91.18, 126.1
—nuß 91.18
—rad 59.2, 388.9
—rinne für den ausgeworfenen Schützen . 268.2
—rolle 35.4, 99.13
—schiene 59.3
—spule 86.18, 240.11.14
laufen, die Form einer ∞ (Klöppelspindel) . . 179.13
—, im Bogen (Schützen) 247.5
—, über den Brustbaum (Ware) 298.13
—, durch das Fach (Schützen) 247.3
—, zwischen Friesscheiben (Faden) 35.18
—, gebrochen (Faden) 39.2, 50.3
—, durch den Kasten (Bundstäbe) 287.17
—, auf der Ladenbahn (Schützen) 247.4
—, von links nach rechts (Karten) 390.14
—, x Meter (Garn) . . 11.1
—, durch das Ried (Andreher) 110.12
—, auf Rollen (Schnellschützen) 237.10
—, in der Rollennut (Faden) 101.2
—, durch den Rost (Schnuren) 207.4
—, schräg in das Blatt (Fäden) 50.2
—, um die Spule (Fadenführer) 97.5
—, zwischen den Stiften (Scherband) 57.21
—, um den Stoffbaum (Ware) 298.15
—, tangential von der Spule 240.15
—, mit voller Tourenzahl 306.15
—, durch das Walzwerk (Draht) 288.11
—, aus dem Wickel (Kette) 81.2
—, im Winkel auf den Wirtel (Schnur) . . 88.9
—, auf dem Zahnbogen (Rädchen) 257.12
—, im Zickzack (Musterfäden) 369.2
laufend, von links nach rechts 148.6
—, von rechts nach links 148.7
Läufer 407.13
—, Pariser 407.14
—, Cord- 407.15
—, Tapestry- 411.20
—stuhlgestell 298.2
—teppich 407.13
Läutwerk 62.7, 82.4
lebendige Kraft 312.6
Lebensdauer der Litze . 174.12
— des Schützens 244.1
Leder, mit — bekleidet 307.13
—, rotgares 248.10
—bremsband 72.15
—leim 67.1
—leinwand 395.18
—rolle 101.1, 237.12
—schlinge 251.14
—schlinge des Schlagriemens 250.8
—stück 138.2
lederbeschlagene Mulde 125.21
Ledge 86.9
Ledige 86.9
leer bleiben (Helfen) . 219.21
—er Baum 77.4
—er Schützen 266.17
—e Spindel 87.24
—e Spule 23.6
—er Spulenschlitten . . 364.15
leer-gelassenes Quadrat 380.7
—gelaufene Schußspule 260.8.9
Leer-blatt 389.18
—gang der Schaltklinke 127.3
—lauf 310.2
—laufarbeit 310.3
—laufen der Spule . . . 45.2
—scheibe, Riemen- . . . 358.13
Leere 23.6, 86.9
—, Papp- 86.14
Legemaschine für Gewebe 442.6
legen, das Bremsband um die Bremsscheibe . . 57.10
—, das Bremsseil um den Kettbaum 121.16
—, dicht an das Geschirr (Kreuzschiene) . . . 138.5
—, den Faden in Schraubenlinien um die Spule 22.19
—, die Kettfäden um die Kreuz-(Fuß-)nägel . 47.1.2
—, den Kötzer in den Schützen 260.3
—, ins Kreuz (Fäden) . 42.8
—, sich näher aneinander (Kettfäden) . . 114.11
—, sich über (unter) die Schwerter (Litzenfäden) 177.5.6
—, in Falten (Ware) . . 298.19
Leger, Stoff- 6.9
Legerin, Maschinen- . . 6.11
Lehnenbekleidung . . . 405.17
Lehnerseide 17.19
Lehre, Bindungs- . . . 143.14
—, Kegel- 60.13
Leib-gürtel 416.20
—wäsche 420.5
leicht gebauter Webstuhl 296.5
— laufender Stuhl . . . 304.2
—es Gespinst 20.6
—es Gewebe 431.16
—es Gleiten 122.14
—es Hanfgarn 13.5
—e Kette 21.14
—er Ladenschlag . . . 292.18
—er Tritt 352.11
—e Ware 296.7
Leim 437.15
—, tierischer 66.26
—, Haut- 67.1
—, Knochen- 66.27
—, Leder- 67.1
—bottich 71.17
—brühe 71.13.18
—flüssigkeit 64.22
—mittel 66.17
—trog 75.5
—vorrichtung, Hand- . . 71.14
leimen, die Kette . . . 64.6
Leimen im Fasse 71.10
— des Garnes im Strähn 69.19
— der Kette im ausgebreiteten Zustand . . 72.12
— der Kette im Strang 71.8
Leimer, Ketten- 66.8
Leimerin, Ketten- . . . 66.9
Leinen 395.8
—, flächsernes 395.9
—damast 396.11
—garn, lüstriertes . . . 13.3
—garn, mercerisiertes . . 13.2
—garnspulmaschine . . . 33.14
—gewebe . 326.6, 395.6, 430.8
—gewebe in Köper- und Atlasbindung 396.3
—gewebe, gemusterte . . 396.10
—plüsch 406.8
—weberei 2.11
—zwirn 175.3
Lein-öl, mit — firnissen 179.17
—samenabkochung . . . 67.20
—weber 5.11
Leinwand 157.11, 395.8
—, aufgelegte 414.3
—, einfache 414.1
—, englische 393.9
—, halbbaumwollene . . 395.13
—, halbflächsene . . . 395.12
—, mehrfache 414.2
—, schottische 393.9
—, Wiener 393.9
—band 424.19
—baum 323.8
—bindung 145.18
—bindung der Leiste . . 147.10
—exzenter mit geraden Flanken 200.11
—exzenter für gleichmäßige Schaftbewegung 200.8
Leinwand-exzenter mit veränderlicher Schaftbewegung 200.10
—exzenter, geschlossenes 202.5
—maschine 209.16
—prober 434.14
—stuhlgestell 297.11
—weber 5.11
leinwandbindiges Gewebe 432.4
Leiste . . . 3.10, 166.1, 282.6
—, gefaltete 424.18
—, geklebte 424.18
—, Bordüren- 378.2
—, Deckel- 82.15
—, End- 139.13
—, Führungs- 280.18
—, Mittel- 361.2
—, Ober- 82.15
—, Schnitt- 361.2
—, Unter- 82.14
Leisten-exzenter . 199.6, 202.7
—faden 362.8
—garn 14.15, 435.1
—schaft 199.5, 444.5
—spulengestell 331.5
Leistung, Webstuhl- . . 266.9
Leit-auge, Faden- . . . 45.5
—kamm, Faden- 89.9
—kegel 99.2
—prisma 206.14, 390.10
—ring 71.16
—rinne 264.3
—rolle . . 99.13, 206.2, 332.12
—rolle, Schnur- 257.4
—seil für Pferde 429.12
—spindel 100.6
—spindel, Schaltrad- . . 91.17
—stab 41.19
—stangengetriebe, Kurbel- 199.14
—strahl 198.20
—walze . . 48.10, 63.12, 71.20, 263.4, 342.5
leiten, die Klöppelspindel (Weichenspitze) . 179.11
leitend, elektrisch . . . 387.8
Leiter 331.6, 366.14
—, Weberei- 1.6
Leitung, Dampf- 73.21
—, Dampfrohr- 69.6
—, Druckluft- 264.13
—sdraht 387.10
Lenker 268.10
Lenkkurbel 257.5
leonische Borte 428.5
— Gespinste 19.24
Lese 42.12, 138.9
—blatt 49.16, 54.5
—brett 46.9
—brett mit Glasaugen . 46.10
—kamm 46.14, 72.16
—rute 82.12
—weise 386.19
lesen, ins einfache Kreuz 138.10
—, die Farbe 386.23
—, das Korps ins Kreuz 226.4
—, paarig ins Kreuz . . 138.12
—, die Patrone 409.3
Leser 209.7
Levantine 401.30
levieren, das Muster . . 209.5, 386.17
Levieren 386.18
Levierer 386.20
Leviererin 386.21
Levier-gestell 386.10
—maschine 385.20
—rahmen 209.6
licht einstellen, die Kette 107.7
—e Fadeneinstellung . . 107.6
—e Kette 107.8
—e Spulenweite 24.13
Licht-echtheit 429.15
—effekt 422.15
—wirkung 422.15
Lieferung des Stuhles . 304.13
—, theoretische — des Stuhls 441.3
—, Spindel- 88.4
Liegbank 358.4
liegen bleiben (Kettfäden) 142.10
—bleiben (Platinen) . . 205.8
—bleibende Figurstelle . 387.1
—gelassen, in Massen (Kettfäden) 176.8
—, auf dem Drehtisch (Wickel) 81.3
—, im einfachen Fadenkreuz (Kreuzschienen) 138.11
liegen, links (rechts) vom Grundfaden (Drehfaden) 164.9
—, am Hilfsbaum (Druckbaum) . . . 129.1
—, in der offenen Kehle (Schußfaden) 237.3
—, auf der Rückseite (Unterschuß) 155.8
—, auf der Seite (Schützen) 265.14
—, im Oberfach (Kettfäden) 142.1
—, im Unterfach (Kettfäden) 142.2
liegend-er Flor 403.11
—e Haardecke 417.8
—e Noppe 405.2
—e Platine 232.9
—er Scherrahmen . . . 56.18
—e Spindel 44.14
—e Spule 30.8
—es Spulengestell . . . 43.15
linde Seide 16.23
Lineal . 234.15, 383.18, 354.10
—, eisernes 224.5
—, Führungs- 168.18
Linie, starke — des Patronenpapiers . . . 379.2
—, Köper- 147.16
Linien, Drehungs- . . . 145.11
—papier 379.1
—papier mit vorgedruckter Bindung 379.16
liniert, fein (Papier) . . 379.3
linke Drehung 165.4
— Seite des Stoffes . . 430.4
links gedrehtes Garn 9.11, 145.9
— vom Grundfaden liegen (Drehfaden) . . 164.9
—, von — nach rechts zählen 151.6
Links-antrieb 305.12
—draht 9.13
—dreher 164.7, 352.18
—drehung 9.13
—einzug 221.2
—gratköper 148.5
linksgängiges Gewinde . 318.15
Linnen 395.8
Linon 393.25, 396.2
Linse 438.11
Lippe, Schienen- 270.11
Litze (s. a. Helfe) 171.6, 368.18
— ohne Auge 175.23
— aus gefirnißtem Baumwollzwirn 175.1
— aus gewalztem Draht 175.14
— mit Fachauge 175.20
— aus Leinenzwirn . . . 175.3
— aus Wollzwirn . . . 175.2
— mit Zwirnauge . . . 175.19
—, aus Draht gewundene 175.13
—, feststehende 173.21
—, gefirnißte . . 174.20, 179.18
—, gelenkige 174.18
—, geschlichtete 179.21
—, gesengte 179.20
—, gewichste 179.19
—, halbe 231.16
—, hohe 174.14
—, klebrige 174.16
—, knotenfreie 175.8
—, rauhe 174.15
—, mit Schlichte getränkte 174.21
—, steife 174.17
—, unverschiebbare . . . 173.21
—, verzinnte 175.17
—, beim Auge verzinnte 176.5
—, Blech- 175.15
—, Draht- 175.10
—, Drahtdreher- 361.15
—, Eisendraht- 175.11
—, Jacquarddreher- . . . 362.1
—, Kanten- 173.8
—, Metall- 175.9
—, Ober- 174.4
—, Roßhaar- 175.7
—, Rumor- 173.20
—, Schiebe- 173.20
—, Seiden- 175.4
—, Stahldraht- 175.12
—, Tapestry- 330.7
—, Unter- 174.5
—, Zinkblech- 175.16
—, Zwirn- 174.19
Litzen, halb gepaarte . 173.12
—, ganz gepaarte . . . 173.11
—, verschränkt aufgeschlagene 173.9

Litzen, verschränkt gepaarte 173.9
–arten 173.19
–auge . . 105.17, 171.7, 175.18
–auge, unrechtes . . . 104.3
–ausbesserer 180.10
–bandstuhl 360.7
–berechnung 173.17
–fäden, die – beim Einstricken festhalten . 177.14
–flechtmaschine 178.1
–garn 12.16
–gewicht 208.10
–häuschen 175.18
–hebel 370.11
–heber 207.15
–knüpfmaschine 176.9
–macher 177.16
–reihe 208.8
–säckchen 208.9
–schiene 105.18
–schleife 175.18
–schnur 179.17
–stellung 173.7
–stricker 177.16
–strickmaschine 176.9
–tragschiene . 171.4, 172.4.12
–tragschiene, auswechselbare 172.11
–windemaschine, Draht- 180.11
–zwirn 176.19
Livreeborte 428.19
Loch, Schnurbrett- . . 217.9
–eisen 373.12, 385.2
–nadel 354.2
–nadelschiene 366.14
–platte 384.20
–platte, verschiebbare . 386.5
–stab 350.14
–stellung, genaue . . . 388.19
–zange 373.13, 384.19
lochen, die Karten . . 384.14
Lochen, Karten- . . . 384.6
Löcher-brett 207.21
–platte 229.14
–reihe 197.12
Lochung, kreuzweise – des Kettbaums . . . 119.9
lockenbildende Kette . 170.8
Locken-bildung 170.9
–garnstrang 170.13
–garnstränge, überdrehte 170.14
–größe 170.19
–kette 170.8
locker bäumen, die Kette 57.6
–e Fadenwindungen . . 98.8
–es Gewebe . . 393.21, 431.21
–gelassene Kette . . . 49.13
– gespannte Kette . . . 118.22
– gespannte Schlingenkette 166.5
–e Kette 405.12
–lassen, die Kette . . 49.12
–e Noppe 18.17
–er Schuß 346.10
–e Spannung 118.23
– werden (Oberfach) . 142.16
Lockerwerden der Fäden 79.10
– des Kettfadens . . . 319.8
lockern (Schlingkette) . 353.11
–, die Kette 49.12
Loden 397.10
Lohn für Stoffprüfung 445.11
– für Zurichten . . . 445.12
–, Spul- 26.5, 88.22
–, im – weben 6.20
–satz, Spul- 89.1
–schlichterei 66.13
–spulerei 88.21
–weber 6.22
–weberei 6.21
–zahlung nach Tausenden Schüssen . . . 444.24
Löhne 444.19
Loopgarn 421.17
Loppgarn 19.7
lösbare Spulenscheibe . 90.9
los-e Feder 238.13
–es Kegelrad 127.20
–e Riemenscheibe . . 307.14
–er Spannstab 339.2
–e Spannung 118.23
–e Windung 85.23
lose aufwinden 85.25
– auf der Welle sitzen (Stufenscheibe) . . . 34.17
lösen, die Bremse . . . 309.12
–, die Schraube . . . 439.7
Lösen der Bremse . . . 309.13
Lösen der Schlagrolle von der Schlagwelle, Vorrichtung zum . . . 249.3
Los-blatteinrichtung . . 315.15
–scheibe 304.14
–wickeln des Fadens . 346.11
Lösung der Kupplung . 307.1
lötig, (Anhangeisen) 219.7.8.9
lotrechte Tritte 199.11
Louisianagarn 12.3
Louisin 147.6
Louisine 401.7
Loup-Grund 413.11
Lücke, Rohr- 443.24
Lückenried 285.2
Luft, bewegte 75.11
–, mit Feuchtigkeit gesättigte 75.13
–, mäßig warme . . . 65.26
Luft-befeuchter 102.11
–druck 74.17
–düse 74.14
–hahn 69.13
–kammer 102.2
–kissen 256.15
–schacht 102.2
–trocknung 75.12
luftgetrocknetes Holz . 243.8
lüften, die Schraube . . 250.3
Lüfter 113.1
luftige Streifen 426.9
Lunaseide 17.20
Lupe 438.9
– mit zwei Linsen . . 438.11
– mit Zeiger 438.16
–, zusammenlegbare . . 438.10
Lüster-bindung 169.17
–garn 14.25
lüstriert-es Leinengarn . 13.3
–e Seide 17.3
Lüstrin 401.8
Luxus-decke 419.27
–plüsch 406.12
Lyoner Doppellitze . . 174.6
– Teilung 216.8
Lyonische Gespinste . . 19.24

M

Madapolam 393.16
Madrasvorhang 419.10
Magazin 269.15
–, gefülltes 261.3
–rahmen 261.4
Magnesia, kieselsaure . 68.18
–, schwefelsaure 68.15, 437.25
Magnesium 437.24
–chlorid 68.13
–silikat 68.18
–sulfat 68.15
Magnetisierung des Eisenkerns 269.12
Magnetkasten, elektrisch leitender 387.8
Mähnenhaar 414.13
Maillon . . 171.7, 177.2, 218.13
–, das – zum Einstrikken zuführen . . . 177.13
–litze 176.13
Maisstroh 416.2
Makogarn 12.4
Manchester . . . 394.27, 403.13
–, doppelfloriger . . . 403.17
–, doppelseitiger . . . 403.17
–, doppelter 403.17
–, gerippter . . . 395.1, 403.16
–, gestreifter 395.2
–, glatter . . . 395.4, 403.15
–, Köper- 395.5
–, unaufgeschnittener . 395.3
–, ungerissener 395.3
–-Bindung 166.13
–-Jacquard 368.20
Manchon (Filz) 414.8
Mandarin 417.4
Mangelrad 38.9
Manometer 69.16
Mantel 101.22
–, Spulen- 37.11
–, Trommel- 30.10
–fläche, Faden- 23.12
–schlitz, schrägverlaufender 32.8
Maraboutseide 16.13
Marke, die – weben . . 1.14
Markierer 6.17
Markier-hebel für Stückzeichen 74.22
–hebel für Teilstücke . 75.3
Markier-hebel für Unterabteilungen 75.3
–stift 371.7
–vorrichtung 74.19
Marly 394.2
marokkanischer Teppich 410.7
Marsch 381.8
Marsche, kurze 185.5
–, lange 185.4
Marzellin 400.13
Marzolanostroh 416.4
Maschine zum Ausstoßen und Einsetzen von Spulen 363.15
– zum Einziehen der Kettfäden 109.14
– zur Herstellung genähter Florbänder . 342.1
–, gerade 235.5
–, mit – spulen . . . 26.1
–, Trocknen mittels . . 66.3
–, ungerade 235.6
–, Putz- 83.16
Maschinen, Weberei- . . 7.3
–auflagegestell 206.18
–bäumer 77.16
–bett 113.9
–bock 206.18, 209.20
–chenille 410.19
–falzer 6.10
–falzerin 6.11
–garn 12.22
hebel 207.1, 213.4
–leger 6.10
–legerin 6.11
–rapport 214.11
–scherer 40.8
–schlichter 66.12
–schmierer 375.10
–spulen 26.2
–trage 209.20
–tritt 188.6
–weber 5.1
–weberei 300.1
–weberin 5.2
–zettler 40.8
Masse, schleimgebende . 67.19
Massen, in – gehoben (Kettfäden) 176.7
–beschleunigung . . . 123.14
–fadenbruch 4.6
Maß-umrechnung . . . 436.8
–winkel 60.16
maurischer Stil 376.18
Matelassé 160.9
–, figurierte 160.10
Material, Web- 3.6
–benennung 8.14
–bezeichnung 8.14
–wert 443.14
Matitsch-Grund 413.20
Matratzenstoff 433.6
Matrize 385.1
Matte 416.10
–, Holzstäbchen- . . . 416.12
–, Rohrstäbchen- . . . 416.11
Mattenbindung 147.6
–, gemischte 147.9
Maul (Zange) 341.2
–schützen . . . 241.1, 257.20
Maximalgeschwindigkeit 306.18
Maximum der Schützengeschwindigkeit . . 247.14
mechanisch bewegte Lade 289.8
– hergestellt . . 337.7, 408.19
–es Appreturmittel . . 437.4
–er Betrieb 300.4
–e Skizzenübertragung 378.16
–e Weberei 300.1
–er Webstuhl 7.8
Medio-garn 10.9
–twist 10.9
Mehl 437.9
mehr-bindige Ware . . 200.12
–chöriger Einzug . . . 105.6
–chöriger Harnisch . . 223.3
–facher Einzug 104.19
–faches Gewebe 158.12
–fache Hebung 201.12
–fache Leinwand . . . 414.2
–fache Schnürung . . . 222.3
–fädige Aushebung . . 187.16, 220.18
–farbige Chenille . . . 411.3
–farbiger Damast . . . 154.3
–farbiges Garn 10.2
–farbiges Jacquardmuster 377.18
–farbige Kette . . 21.12, 434.2
–malige Spulenzurichtung 44.13
mehr-reihig regelmäßiges Ried 284.22
–spuliges Band 426.14
–stühlig arbeiten . . . 441.6
–teiliger Einzug . . . 105.6
–teiliges Exzenter . . . 200.3
–teilige Schnürung . . 223.1
–werkiger Einzug . . . 105.6
Mehr-anspannung des Vorderfaches . . . 143.8
–bedarf, Ketten- . . . 143.11
–gratköper 149.1
Meisterlohn 445.18
meliertes Garn 10.3
Menge, Garn- . . . 11.19, 41.23
merceriesiertes Garn . . 12.13
– Gewebe 431.5
– Leinengarn 13.2
Merino 399.10
–garn 14.26
Merkzeiger 54.15
Meßgewand 422.22
Meß-maschine mit Warenschautisch 442.4
–maschine, Tisch- . . . 442.1
– und Legemaschine . 442.6
– und Wickelmaschine 442.5
– und Transportwalze . 74.2
–trommel . 48.11, 58.15, 63.3
–uhr 56.10
–vorrichtung . . . 54.9, 370.2
–vorrichtung, Hitchons 51.17
–vorrichtung, Kettenspannungs- 371.13
–vorrichtung, Walzen- . 442.3
–walze . . . 48.11, 54.7, 82.9
–walzenschraube . . . 51.18
–walzenumlauf 50.6
–walzenwelle 51.24
–werk 48.12
messen, nach Strähnen (gescherte Länge) . 52.5
Messen der Stücke . . 441.10
Messer (des Dreherfigurenwebstuhls) . . . 353.18
– (Hebe-) 186.9, 207.10, 233.13
– (Schneid-) . . 112.11, 336.8
– mit Haken 337.4
– mit abgerundetem Holzkopf 234.1
– zum Schneiden von Doppelplüsch . . . 332.2
–, glattes 375.16
–, hakenartiges 191.7
–, oberes 191.15
–, schaufelförmiges . . 193.9
–, schräg gestelltes . . 210.7
–, schwingendes 196.4
–, übereinander stehende 236.1
–, unteres 191.16
–, verschiebbares . . . 233.15
–, verstellbares 210.24
–, zweikantiges 187.7
–, Blatt- 106.9
–, Samt- 168.15
–, Schaft- 194.19
–, Längen- 52.9
–, Stoff- 6.3
–finger 234.13
–halter 332.1
–hebel . 190.7, 192.12, 262.16, 301.14
Messerkasten . 186.10, 207.13, 210.6, 229.18
–, fester 228.11
–, geteilter 226.13
–, in Nut und Feder geführter 186.20
–, oberer 226.16
–, unterer 226.15
–ausschnitt, keilförmiger 233.18
–bolzen 210.18
–exzenter 213.2
–führung 186.12
–hub 211.1
–nase 226.4
–schiene 229.17
Messer-klinge 334.7
–rahmen 276.15
–schärfvorrichtung . . 332.7
–schlitten mit Puffer . 331.16
–schlitz 193.12
–schneide 327.5
–träger 327.16
–tuch 420.16
–verschiebung 236.2
–wächter 332.19
–welle 191.18
messerartiges Werkzeug 108.2
Messerin, Stoff- 6.4
Messing 219.3

Messing-draht 416.15
–drahtgewebe. 416.19
–drahtsieb 416.23
–hülse 347.22, 439.3
–platte. 168.16
–seele 18.5
–stab 284.19
–stachelrädchen . . . 139.18
–stift 117.14
Metall-auge 176.1
–beschlag 243.15
–faden 20.9, 431.1
–faden, bandförmiger . 20.10
–faden, platter 20.10
–figur, aufgenähte . . 423.1
–gespinst. 20.16
–hülse 347.19
–kügelchen 19.16
–leiste 286.14
–litze 175.9
–patrone 387.4
–platte. 384.2
–platte, verschiebbare . 350.4
–rohr 171.10
–schlinge 423.7
–schützen 347.8
–stickgespinst. 19.23
–streifen, flacher . . . 173.1
–tuch 416.14
–überzug 20.17
metallener Schaftstab . 171.9
metallisierter Faden . . 20.17
Meter, x – auf ein Stück 441.14
–zahl des Gewebes . . 441.13
–zähler 54.16, 371.12
Mexican 393.14
Miete 446.18
Mignardise 330.10
mikrochemische Untersuchung 436.18
Mikrometerschraube . . 28.12
mikrometrische Garnwage 88.20
Mikroskop 438.17
mikroskopische Untersuchung 436.16
Militär-borte 428.13
–tuch 397.13
Mille-Points. 402.25
mindern (Aufwindungswiderstand) 130.10
– (Ladenanschlag) . . . 130.14
Mindestgeschwindigkeit 306.19
Minimalgeschwindigkeit 306.19
Minute, Schußzahl in der 306.12
–, Tourenzahl in der . 306.13
Mischen der Schlichte . 64.24
Mischgarn 13.13
–, Mohair- 15.20
mitgenommen, von den Fäden (Meßwalze) . . 50.7
Mitnahme durch Reibung 50.8
mitnehmen, den Schlagstock durch Riemen 252.16
–, die Spule durch Reibung 27.11
Mitnehmer 61.15, 80.15, 137.9, 178.8, 195.3.16, 358.16
–, Schlitten- 62.3
–, Spindel- . . . 95.16, 98.16
–büchse 93.18
–büchse, Spindel- . . . 93.12
–nuß 93.13
–stange, Baum- 372.2
–walze 263.3
–welle 81.5
Mitte, Fach- 198.4
–, Zapfen- 293.18
Mittel für die Fachbildung 170.20
– zur Fäulnisverhinderung 67.23
– gegen Schimmelbildung 67.24
–, Beschwerungs- 68.12
–, Erweichungs- 68.8
–, Leim- 66.17
–, Schlicht- 66.17
–, Schmälz- 68.8
–, Schmier- 67.5
–, Schutz- – gegen Austrocknen 67.6
Mittel-arm des Hebels . 315.12
–balken 356.8
–drehung. 165.4
–kamm [feststehender]369.18.19
–lage der Schäfte . . 203.13
–lage, in die – bringen (Schäfte) 203.12
–lage, den Schaft in der – erhalten. 185.15
–leiste 361.2
Mittel-leiste, Vorrichtung zur Bildung einer 362.3
–leistenvorrichtung mit Nadelstäben 362.10
–leistenvorrichtung von Stäubli 362.15
–rapport 222.9
–riegel 305.2
–stellung (Spulenschlitten). 369.10
–stellung der Wendehaken 233.12
–stellung, in – bringen (Wendehaken) . . . 230.10
–stück 222.8, 378.5
–tritt, französischer . . 322.9
mittelbar wirkender negativer Warenbaumregler 131.9
– wirkender positiver Kettbaumregler . . 128.12
– wirkender zwangläufiger Warenbaumregler 135.5
–e Aufwicklung 131.3
–e Belastung 120.11
mittler-e Nummer . . . 11.8
–er Stich 216.10
Möbel-atlas . . . 402.13, 418.9
–damast 399.25, 418.11
–decke 419.18
–gurt 428.27
–plüsch 404.18, 418.15
–plüschwebstuhl . . . 328.19
–stoff . . . 404.21, 418.1, 433.10
–stoff, bedruckter . . . 418.16
–stoff, broschierter . . 418.13
–stoff, einseitiger . . . 418.2
–stoff, glatter 418.4
–stoff, ripsartiger . . . 418.5
–stoff, zweiseitiger . . 418.3
–stoff, Granit- 418.10
–stoff, Köper- 418.8
–stoff, Tapisserie- . . . 418.12
–stoff, Velour- 418.14
Mocktraversgrund . . . 413.19
Modeband 427.7
Modell, Webstuhl- . . . 304.7
–zeichen des Webstuhles 304.8
Mohair s. Mohär . . . 398.25
Mohär 398.25
–decke 406.2
–garn 15.18
–garn, gekräuseltes . . 170.11
–garn, Rein- 15.19
–garn, weißes. 15.21
–garn, wenig gedrehtes 170.10
–mischgarn. 15.20
–plüsch 399.29, 405.19
–plüsch, gemusterter . 405.23
–plüsch, glatter. . . . 405.20
–plüschwebstuhl 331.9
Mohrleinen 395.21
Moiré 400.20
–effekt, schlangenlinienartiger 286.2
moiriertes Band 427.19
– Gewebe 431.8
Mokette 405.4
– mit Frisé 405.9
–, bedruckte 405.6
–, echte 405.5
–, Baumwoll- 405.7
–, Doppel- 405.14
–, Dreischuß- 405.8
–teppich 411.10
–webstuhl 331.8
Moleskin, halbwollener . 400.3
Molleton 398.3
Molton 398.3
–, Baumwoll- 394.16
–-Piqué 394.25
Monogrammschnürung . 222.13
Montagnac 417.19
Moos, irländisches . . . 67.21
–, isländisches . 67.22, 437.14
–wolle 14.28
Moreen 398.23
Morrison Schußspulmaschine für Kreuzkötzer. 91.2
– Fadenbremse 92.20
Moskovite 401.19
Motor 113.4
–, gekapselter 309.20
–, Drehstrom- 309.17
–, Gleichstrom- 309.16
–, Schorch- 310.15
–lagerung, wippenartige 309.18
motorische Kraft . . . 300.5
motorischeZentrale . . 309.15
Mottledgarn 14.13
Moulinégarn 15.5
Moutonnestoff. 417.7
Moyen apprêt. 16.19
Muffe, Brems- 123.17
–, Bremshebel- 124.14
–, Gewinde- 277.15
–, Klauen- 80.17
Muffenkupplung 94.10
Mühle, Scher- 45.13
Mulde 32.21, 125.2
–, lederbeschlagene . . 125.21
Mulden, in – ruhen . . 125.3
–bremse 125.1
–bremse mit zweiseitiger Selbstregelung . . . 125.5
–reibung 125.4
–zwischenstück 125.19
muldenförmiger Spulenhalter 266.4
Mule 12.11
–garn 12.11
–twist 12.11
Muliniergrad der Seide. 16.16
mulinierte Seide. . . . 16.4
Mull 393.22
–vorhang. 418.19
Müllergaze 401.24
Multon 398.3
Mundtuch 420.9
Mündung der Preßluftleitung 265.6
Mungogarn 14.18
Muschelschlageinrichtung 252.7
Musselin 393.24
–, Batist- 393.10
–, Halbwoll- 398.20
–, Woll- 398.19
–garn 15.9
Muster (s. a. Figur) 4.1, 413.5, 430.1
– für Fußarbeit 154.5
–, abgepaßtes 377.21
–, aufgedrucktes . . . 411.16
–, aufgepreßtes 406.5
–, aufgeschweiftes 163.1, 351.6
–, aufgesticktes. . . . 406.6
–, durchlaufendes . . . 154.6
–, einförmiges 145.5
–, geblumtes 376.6
–, gedrücktes. 377.20
–, gestreiftes 377.8
–, grundlegendes . . . 377.13
–, kariertes. 160.13
–, klares 420.1
–, kleines 3.18
–, längsgestreiftes 160.11, 377.10
–, lanziertes 344.4
–, quergestreiftes 160.12, 377.9
–, reziproke 377.7
–, symmetrisches . . . 377.6
–, vergrößertes 232.2
–, verworrenes 377.12
–, verziertes 376.4
–, Würfel- . . . 153.10, 160.13
–, Blasen- 162.2
–, Figuren- 376.5
–, Jacquard- 377.14–19
–, Ranken- 377.4
–, Rosetten- 377.5
–, Scher- 40.13
–, Stein- 153.11
–, Stern- 377.5
–, Streifen- 412.17
–, Würfel- 160.13
–aufkleberin 6.16
–auslesevorrichtung . . 189.9
–ausnehmen 430.2
–ausnehmer 378.12
–aussetzer 378.12
–bildung durch den Unterschuß 155.7
–bildung, gruppenweise 232.1
–bindung. 413.6
–chenille 21.9
–effekt in Leinwand. . 155.9
–einleser 386.20
–einleserin 386.21
–entwerfer 378.11
–fach 223.12
–faden . 349.14, 368.8, 413.13, 436.2
–fadenspule 350.7
–geschirr 231.17
–glied 259.4
–hälfte. 40.15
–harnisch 231.18
–kante. 378.1
–karte 342.25
Muster-karte, Holzstab- 353.13
–kette 47.16, 223.7
–kettenschweifgestell . 47.15
–kosten 446.23
–loch 383.2
–machen 299.5
–nummer 7.17
–papier 379.1
–periode 189.8
–prisma 196.12, 230.12
–rapport . . 8.1, 144.14, 273.2
–repetierung 8.1
–rolle 281.4
–schläger. 384.8
–schlägerin 384.9
–schneiden 375.15
–skizze. 376.11
–streifen 377.11
–stube 299.6
–stuhl 304.19
–trommel 353.14
–weben 299.4
–weber. 299.7
–weberei 2.6
–webstuhl 299.1
–wiederholung 8.1
–wirkung. 391.15
–wirkung in Leinwand 155.9
–zahl 434.21
–zeichnen 376.1
–zeichner. 378.11
–zeichnung 376.11
–zerlegen. 430.2
–zwirn. 19.2
Musterei 299.5
Mustern 299.5
Musterung 299.5
– mit Adriarippen . . 146.11
–, figurierte 160.14
Mutter, geteilte 59.22
–, Lauf- 91.18
–, Schrauben- 139.20
–gewinde. 60.11
–schraube 172.18
–zange. 373.16

N

Nabe. 331.14
– mit Versteifungsrippen 115.20
–, Kammrad- 275.8
Nachbildung vonKettendouble 156.2
Nachfrage 443.3
nachführen, den Faden. 81.10
nachgeahmter Tapisseriestoff 422.5
– Teppich 407.6
nachgiebige Spannung . 118.23
– Warenbaumlagerung. 136.4
nachlassen, die Kette . 49.12, 118.2
–, die Schaftschnuren . 181.15
–, die Schraube 250.3
nachliefern, die Kette . 118.2
Nachlieferung, Ketten-. 118.3
nachrückende Spule . . 264.15
Nachscheren der Leistenfäden 43.2
Nachschlag des Blattes. 283.19
nachstellbare Schubstange. 293.12
nächstfolgendes Rohr . 109.7
Nacken, in den – treten (Tritt). 183.8
nackter Gummifaden . 56.14
Nadel . . 194.4, 275.14, 327.3, 342.26
–, bewegliche. 362.12
–, federnde 320.15
–, feste 362.11
–, runde 168.11
–, Abstech- 113.6
–, Abstell- 35.6, 50.14
–, Auszähl- 434.6
–, Eintrag- 259.11
–, Greifer- 259.14
–, Haken- 259.12
–, Samt- 168.9
–, Schneid- 168.13
–, Schuß- 259.11
–arbeit, in – ausgeführt 422.3
–auge 187.19
–baum 117.18, 326.8
–bewegungsvorrichtung für Samtwebstühle . 328.1
–brett 204.12, 210.4

Nadel-brett, bewegliches 196.7, 226.10
—brett, doppeltes . . . 226.10
—brettverschiebung . . 234.3
—einstellungshebel . . 350.3
—fach 168.5
—fangmulde. 50.19
—feder 187.15
—führung 350.13
—furche 168.10
—gehäuse, schwingendes 226.2
—haken 259.18
—hebel 191.11, 279.7
—kamm 349.16
—kasten 35.7, 50.19
—malerei 422.4
—öhr 211.6, 350.15
—öler 375.5
—öse 362.13
—platte. 229.9
—reihe 214.24
—reihe, hochgestellte . 205.1
—reihe, tiefgestellte . . 205.2
—ring 187.19
—rinne 168.10
—rückziehhaken 328.4
—scheibe 140.10
—schieber 229.15
—schiene 359.12
—schläger 366.15
—schuß 168.6
—smyrnateppich. . . . 408.17
—spitze 350.8
—spitzen, die — verdekken (Nadelplatte) . 230.1
—stab 349.16, 350.5.6
—stab mit gemeinsam bewegten Nadeln. . 350.1
—stabgewebe 349.5
—stange 366.15
—stich 216.2
—stich, feiner 216.11
—stich, grober 216.9
—stickstuhl 349.3
—stuhl 359.8
—verschnürung 235.1
—vorrichtung 359.9
—walze 117.18
Nadeln für *r*-teilige Beschnürung 225.14
— mit länglichen Ösen. 225.15
—, einzeln bewegliche . 350.12
—, gemeinsam bewegte. 350.1
—, in zwei Reihen angeordnete 190.6
nadelbroschiertes Gewebe 163.6, 349.5
Nagel 46.4
näher aneinanderliegen, sich (Kettfäden) . . 114.11
Näh-faden 342.16
—nadel 342.15
nahtloses Sackgewebe . 156.13
Nahtschnur 428.17
nackter Kautschukfaden 415.15
Namen-stickerin. . . . 6.6
—weberei 222.13
Nankinet 393.20
Nanking 393.19
Nase 211.14, 365.15
— im Schützen 265.20
—, Messerkasten- . . . 226.4
—, Platinen- . . 210.12, 348.18
—, Schußwächter- . . . 318.9
Nasen-exzenter . . . . 228.
—scheibe 74.23
—schraube 374.6
—spindel 238.8
naß spulen 85.3
— verweben, den Schuß 236.20
Naß-gespinst 13.1
—weberei 242.8
nässen, das Garn im Strähn 101.8
—, die Spulen. 101.9
Nässen des Schusses . 101.6
Nässer, Garn- 101.16
Natrium-hydroxyd. . . 68.4
—phosphat 438.6
—sulphat 68.19
Natron, phosphorsaures 438.6
—, schwefelsaures . . . 68.19
natürliche Noppe . . . 18.14
Neben-branchen . . . 208.20
—köper 149.5
—widerstand 123.12
nebeneinander gestellte Gegenzüge 185.13
— liegend aufwinden (Fäden) 81.8
nebeneinander liegende Fäden 97.6
— stehende Schützenkasten 291.18
negativ wirkender Kettbaumregler 129.2
—e Schaftmaschine . . 196.17
—e Schützenkastenbewegung 272.2
—e Steigkastenbewegung 273.10
—er Warenbaumregler . 131.11
nehmen, die Fäden ins Ried 107.3
—, die Farbe 386.23
Nessel 392.14
—gewebe 430.12
—weber. 5.16
Nest, Weber- 4.4
Nettoverkaufspreis. . . 442.20
Netz der Skizze . . . 379.13
—gaze 165.7
—grund. 413.8
—tuch 396.15
neu beziehen, das Geschirr mit Kette . . 103.3
—e Kette. 113.17
—er Schützen 266.18
Neu-anschaffungskosten 446.1
—einstellung der Bremse, selbsttätige 120.17
—einstellung von Hand aus 120.16
niederdrücken, den Hebel 288.14
—, die Tasten 385.17
—, den Stempel 388.20
niederländer Band . . 424.21
Nieder-schlagwasserabscheider . . . 73.22
—treten der Tritte. . . 182.23
niederziehen, die Schäfte 182.3
Nieder-ziehen 174.1
—zugvorrichtung . . . 197.21
niedriges Kettenglied . 196.20
Nisse. 28.2
Nitratseide 17.19
Nitroseide 17.19
Nitrozelluloseseide . . 17.19
Nocken. 241.8
—rad. 388.3
—scheibe 117.6
Noppe 206.4
— aus gekämmten Wollhaaren 409.7
—, aufgedruckte. . . . 18.10
—, aufliegende 426.16
—, aufrechtstehende . . 405.1
—, farbige 18.16
—, feste 18.18
—, künstliche 18.15
—, liegende 405.2
—, lockere 18.17
—, natürliche 18.14
—, Baumwoll- 18.11
—, Seiden- 18.13
—, Woll- 18.12
Noppen, dichtgestellte . 404.23
—, rippenbildende . . . 167.6
—abstand 18.9
—borte 428.11
—dichte 409.8
—entfernung 18.9
—garn 18.8, 421.13
—höhe 327.9
—länge 409.6
—reihe 327.22
—verteilung, flüchtige . 404.24
—zahl auf die Flächeneinheit 409.8
Nopp-loch 383.1
—lohn 445.14
normal gedrehter Faden 161.16
—er Köper 148.9
Normalkette 42.5
normannischer Stil . . 376.20
Northrop-einfädelvorrichtung. 260.17
—magazin 261.1
—schußfühler 261.11
—schußzähler 370.6
—schützen 242.9
—spindel 239.7
—spule 260.15
—webstuhl 260.18
Null, den Zeiger auf — stellen. 440.17
—stellung, den Zeiger in die — bringen . . . 54.17
Numerieren s. Nummern
Numerierung, Garn- . 435.17
Numerierungs-gewicht . 436.6
—länge der Strähne . . 444.17
Nummer der Farbe . . 3.21
—, feine 11.9
—, gesuchte 11.15
—, grobe 11.7
—, mittlere 11.8
—, umgerechnete . . . 11.14
—, umzurechnende. . . 11.13
—, Ballen- 4.12
—, Garn- 11.6, 435.18
—, Gewichts- 435.19
—, Kett- 7.21
—, Längen- 435.20
—, Muster- 7.17
—, Webstuhl- 7.15
—bestimmung 11.11
—scheibe 278.14
—seite der Karte . . . 382.13
nummern 11.10
Nummern der Karten . 383.5
Nummerung der Jacquardmaschinen . . 214.10
Nuß, Lauf- 91.18
Nut 172.2
— im Kettbaum 77.18
—, exzentrische 294.5
—, zentrische 202.8
—, Gestell- 48.9
—, Ladenbahn- . 257.1, 350.11
—, Längs- 115.3
—, Ring- 99.4
—, Schraubengang- . . 294.6
—gewinde, schraubenförmiges 358.1
Nuten, mit — versehen 343.7
—bahn 334.14
—exzenter 55.8, 228.10
—exzenter, vierbindiges. 202.6
—scheibe . 55.8, 199.9, 202.3, 228.10, 363.1
—trommel 31.12
—walze, geheizte . . . 343.9
Nuttallmaschine. . . . 193.1
Nutzleistung des Stuhls 441.4

O

oben liegen (Kettfaden) 144.5
— gelagerter Haspel . . 30.2
—, sich von unten nach — bewegen (Nadeln) 351.1
—, von — nach unten geführt (Kettfaden). 335.14
ober-e Bremsscheibe . 93.3
—e Deckkette 170.2
—e Fahrbahn 112.21
—er Kettrahmen . . . 113.13
—er Messerkasten . . . 226.16
—er Schützen 141.17
—e Weichenschulter . . 179.7
Ober-antrieb 368.5
—brucher Kunstseide . 17.18
—fach 142.15, 328.16
—fach, gewölbtes . . . 217.7
—faden 160.5
—fläche, Faden- . . . 64.15
—gelese 142.15
—gewebe 157.14
—grundkette 169.19
—hebestab 224.9
—-Jacquard. 368.20
—kehle 142.15
—kette 167.21
—kettfäden, die — ausheben 157.8
—leiste 82.15
—litze 174.4
—messer 191.15
—rolle 199.3
—schlag 248.23
—schlageinrichtung . . 249.1.7
—schlageinrichtung mit Steigkasten 249.2
—schlagwebstuhl. . . . 303.10
—schlinge 166.7
—schlingenfaden . . . 166.6
—schuß 155.3, 325.10
—schußschützen . . . 271.20
—seite des Gewebes . . 349.12
—seite des Stoffes . . 430.3
—seite, glatte 417.5
—sprung 142.15
—stelze 174.4
—tringle 224.9
—tritt 185.3
—ware 157.4, 169.4
—warenbindung 158.4
Ober- und Unterware mit [je] einem Schützen gearbeitet 169.11.12
offen gehen (Kettfäden) 81.15
—es Exzenter 200.1
—es Fach . . 142.4.5, 284.11
—es Fachbildegetriebe . 198.5
—er Filz 414.7
—es Garn. 9.15
—er Harnisch 221.6
—er Kamm 49.18
—e Kreuzwicklung . . . 23.3
—e Schnürung 221.5
—er Schubstangenkopf . 293.13
—es Spulengestell . . . 44.4
—e Zacke 425.5
Offenfach-exzenter . . 200.13
—jacquardmaschine . . 226.18
—maschine von Schönherr. 188.10
öffnen, die Blattzähne (Rohröffner) 109.8
—, sich (Fach) 141.22
—, sich (Zangenmaul) . 341.19
Öffnen des Faches. . . 141.10
— des Kastenbodens . 266.17
Öffner 82.13
—, Rohr- 108.15
Öffnung, (Faden-) . . . 218.14
—, Gang- 357.3
—, Rohr- 82.18
—, Tisch- 365.3
—, Wirtel- 95.16
Öhr 171.7
—, Nadel- 211.6
Öl 437.19
—kammer. 328.11
—kanne 375.2
—[preß]tuch. 399.17
—schraube mit sechskantigem Kopf 374.12
—spritzkanne 375.3
—süß 68.9
—vorratkanne 375.1
Ölen der arbeitenden Teile 374.17
Öler, Handdruck- . . . 375.4
—, Nadel- 375.5
ölgetränkter Treiber . . 248.13
Olivenöl 67.13
Ondé. 16.9
Ondulé 417.15
Ordensband 427.6
Ordnung, Einzug- . . . 103.15
Ordnungskamm 333.8
Organdin 393.23
Organdy 393.23
Organsinseide 16.5
Organzin 16.5
orientalischer Goldfaden 423.13
— Schal 420.25
— Teppich 410.1
— Vorhang 419.9
Orléans. 399.5
Ornament 413.5
ornamentales Muster. . 376.4
Orsoyseide 16.5
Öse 171.7, 425.22
— des Fadenführers . . 27.14
—, längliche 225.15
—, Abstell- 53.5
—, Feder- 309.1
—, Schaft- 171.12
Ösen-blech 240.9
—häkchen 367.17
oszillierende Bewegung. 39.14
Otterplüsch 406.17
Ottoman 401.17
Oxford 394.21

P

Paar, Walzen- 70.16
paarig einlesen, das Fadenkreuz 138.12
—e Ware 143.13
paarweise einlesen . . 42.11
Pack-leinwand 395.25
—tuch 396.17
Packer 6.18
Paletotstoff 417.2
Palmöl 67.10
Panamabindung 147.6
Panne 403.3
Pantoffelstoff 404.9
Papeline 401.18
—, gewöhnlicher 401.19
Papier, unliniertes . . . 387.17
—, Linien- 379.1

Papier, Muster- 379.1
—, Patronen- 379.1
—, Paus- 379.14
—band 189.18
—filz 414.5
—garn 13.24
—garngewebe 430.23
—garnweberei 2.21
—hülse . . . 10.11, 24.5, 86.14
—hülse mit Grundkegel. 86.15
—hülse mit Randscheiben 24.16
—hülse, kegelige 24.9
—hülse, zylindrische . . 24.6
—karte, endlose 229.19
—macherfilz 397.15
—streifen mit Teilungen 371.1
—streifen, Patronen- . . 387.18
Papp-hülse 90.7
—karte 382.4
—karte für Schaftmaschinen . . . 189.17
—leere 86.14
—ring 90.7
Paraffin 437.21
—öl 67.14
parallel aufwinden (Fäden) 81.8
— liegende Fäden . . . 97.6
—e Seile 124.17
Parallellegung der Fäden 81.7
Parallelogramm 192.14
—hebel 311.7
Paramente 422.21
Paramentenstoff . . . 402.30
Pariser Läufer 407.14
Part 7.16, 220.7
Partie, Pfeifen- 44.9
—, Platinen- 227.4
—, Spulen- 44.9
partieweis-es Einziehen 219.19
—e Figurenbildung . . 223.6
Passage 103.4
Passieren der Kettfäden 102.16
Passierer 103.7
Passiererin 103.8
passive Kettenablaßvorrichtung 119.18
Paßstück 369.6
Patentkosten 446.3
Patrone 378.8
—, zwischen Klemmstäben steckende . . . 386.14
—, die — lesen 409.3
—, auf photomechanischem Wege gefertigte 378.18
—, Metall- 387.4
—, Schal- 235.16
—, Schlag- 193.17
—, Wechsel- 292.1
Patronen-kosten. . . . 446.25
—papier 379.1
—papier, fein liniertes . 379.3
—papierstreifen, auf Pappe geklebter . . 387.10
Patroneur 378.12
patronieren 378.7
Patronieren 378.6
— auf photographischem Wege 378.17
Pauspapier 379.14
Pech-bundblatt 286.10
—ried 286.10
Peitsche . 77.19, 248.7, 290.7
Peitschen-arm 249.11
—welle 249.8
Pelseide 16.12
Pelz, künstlicher . . . 419.25
—decke 419.24
—samt 403.5
—stoff 417.7
—teppich 407.23
pelzartige Unterseite . 417.6
Pendel . . 232.8, 317.2, 440.1
—gewicht 317.3
—platine 232.8
pendelartige Schwingung der Lade 292.9
pendeln (Breithalter) . 140.19
Pendeln des Breithalters 140.18
perforiert-es Blech . . 117.11
—e Hülse 10.15
Periode, Muster- . . . 189.8
periodisches Weiterrücken der Kette . 130.4
Perkal 393.1
—, Schnürchen- 393.3
—band 424.23
Perkalin 393.2
Perkan 399.2
Perl-borte 428.8
Perl-faden 19.8
—garn 18.19
—moos 67.21
—schlung 19.19
—schlung, einreihiger . 19.10
—schlung, zweireihiger . 19.11
—zwirn 19.6
Perle, Glas- 19.12
—, Gold- 19.18
—, Schellack- 19.15
—, Silber- 19.14
Perlen, auf Fäden gereihte 414.24
—, ohne — schlichten . 65.17
—abteiler 354.19
—abteilscheibe 354.20
—band 425.14
—faden 354.6, 414.22
—gewebe 414.21
—kette 354.7, 415.1
—reihen, versetzte . . 354.13
—schuß 354.8, 415.2
—schützen 354.9
—webblatt 354.14
—weberei 3.5
Perserknoten . . 336.17, 409.10
Persimonholz 243.11
persischer Teppich . . . 410.3
Pfanne 292.12
Pfeife 10.17
Pfeifenpartie 44.9
Pferde-decke 419.19
—haar 414.11
—haargewebe 414.10
—zügel 427.26
Pflanzenfaser 13.14
Pflock 46.4
Pfosten 335.5
Phantasie-seide 17.10
—zwirn 19.2
Phenol 68.6
phosphorsauer-er Kalk 438.7
—es Natron 438.6
photographisch, auf —em Wege 378.17
photomechanisch, auf —em Wege 378.18
physikalisches Appreturmittel 437.5
Picker (s. Treiber). . . 248.4
—spindel 250.9
Picot. 425.22
Pikee 394.24
—, Schnürl- 160.16
—gewebe, gemustertes . 161.8
Pinsel (Schützen-) . . . 240.5
Piqué 394.24
—, rauher 394.25
—barchent 394.25
—ware 325.8
Plaid 420.2
Plan-kupplung 94.9
—sackleinen 396.24
—scheibe 100.10
—scheibenkupplung . . 51.12
Platine 52.12, 186.5, 207.8, 274.9
— mit federndem Schenkel 215.6
— mit Handgriff . . . 277.23
— mit drei Nasen . . 227.12
— der Offenfachmaschine 227.7
— mit Schlitz 275.1
—, doppelnasige . . . 196.6
—, erste 220.15
—, federnde 229.20
—, kurze 227.10
—, lange 227.9
—, letzte 220.16
—, liegende 232.9
—, senkrecht stehende . 211.7
—, Bogenstück- 191.8
—, Doppel- 230.16
—, Doppelnasen- . . . 193.10
—, Draht- 215.5
—, Hochfach- 187.8
—, Holz- 210.8
—, Tieffach- 187.9
—, Tringles- 233.14
—, Wächter- 320.18
Platinen-abteilung . . 214.22
—ansatz 232.14
—ausschnitt 191.9
—ausschnitt, gabelförmiger 233.19
—boden . 186.7, 207.11, 210.3
—boden, beweglicher . . 210.22
—boden, fester 210.21
—boden, doppelt gebohrter 231.1
—bodenhubscheibe . . 213.3
—brett 207.11
Platinen-ende, umgebogenes 227.6
—häkchen 207.9
—haken 343.1
—hebel 274.14
—hebel, Doppel- 195.8
—hebung 211.11
—kopf 186.18, 193.11
—nadel 187.14, 210.11
—nadel, verbogene . . . 211.13
—nase . . 186.6, 210.12, 348.18
—partie 227.4
—reihe 211.10, 214.14
—reihe, doppelte . . . 187.12
—reihe, [un]gerade . 214.20.21
—schenkel 230.17
—schnur 207.12, 210.9
—schnur, die — an die Platinen schlingen . 218.5
—schnurschleife 224.2
—stange 343.2
—strupfe 210.9
—teilung 216.2
—teilung, feine 216.11
—verlängerung 195.1
—verzahnung 188.13
—zahl 214.11
Plättchen mit Löcherreihe 197.12
—bremse 245.18
Platte 287.5
—, Ausquetsch- 71.19
—, Ausrück- 268.6
—, Brustbaum- 311.17
—, Fadenführer- 97.16
—, Gußstahl- 190.2
—, Kautschuk- 415.9
—, Kettenführungs- . . 259.9
—, Messing- 168.16
—, Nadel- 229.9
—, Spindel- 36.3, 38.1
Plätte 20.10
platter Metallfaden . . 20.10
plattgedrückter Faden . 94.4
plattiertes Garn 20.16
Plattstichgewebe . . . 344.15
Plisseegewebe 162.3
plissierter Stoff . . . 162.3.6
Plüsch 169.2, 404.10
— für Bekleidungszwecke 406.10
—, doppelfloriger . . . 170.4
—, einschützziger . 169.9, 404.16
—, gebügelter 406.13
—, gemusterter 404.14
—, gepreßter 400.1
—, geschlossener . . . 404.22
—, geschnittener 404.13
—, gezogener 404.12
—, x-schüssiger 404.15
—, wollener 399.28
—, zweischützziger 169.10, 404.17
—, zweiseitiger 170.4
—, Baumwoll- 406.9
—, Biber- 406.18
—, Dekorations- 406.3
—, Doppel- 169.3
—, Eisbär- 406.20
—, Futter- 406.11
—, Jute- 406.7
—, Konfektions- 406.11
—, Leinen- 406.8
—, Luxus- 406.12
—, Möbel- 404.18
—, Otter- 406.17
—, Rips- 406.1
—, Schuh- 406.16
—, Seiden- 403.4
—, Tiger- 406.19
—, Utrechter 405.22
—, Woll- 404.20
—, Zylinderhut- 406.14
—bildung auf dem Hakenwebstuhl 334.5
—bindung für Reisedecken 170.3
—brett 38.4
—decke mit aufgepreßtem Muster 406.5
—decke mit Friserand . 406.4
—möbelstoff 418.15
—schiene 38.4
—walze 38.5
—walzenbürste 38.6
—weberei 2.23
—webstuhl 330.11
plüschartiges Gewebe . 333.13
pneumatische Schützenbewegung 256.9
Pol s. a. Flor
—, überzähliger 405.11
Polfaden 342.2, 412.2
—auge 330.8
—ende, freies 342.8
—führungsröhrchen . . 342.3
—schleife 327.15
—spule 329.5
—stück 336.13
—spannvorrichtung . . 329.3
Polflügel 352.6
Polkette 167.21, 330.2
— mit aufgedrucktem Muster 411.16
—, knotenfreie 167.22
—, Kammgarn- 411.13
—, Streichgarn- 411.12
Polketten-baum 329.11
—bremsung für Teppichstühle 329.4
—regler 333.5
Pol-kräuselgarn 19.1
—schuß 411.7
polierter Streichriegel . 333.7
polnischer Dreher . . . 164.13
Polsterung 256.12
Poncho 420.3
Popeline, Woll- 398.28
Poplin 401.18
Porträtgewebe 422.9
Porzellan 208.3
—auge 46.11, 244.1
—erde 68.14
—fadenführer 27.16
Posamentenweberei . . 286.3
Posamentierstuhl . . . 209.17
positiv wirkende Kettbaumregler 128.2
—e Lagerung 313.13
—e Prismenbewegung . 214.5
—e Schaftmaschine . . 196.18
—e Schiffchenbewegung 358.2
—e Schützenkastenbewegung 272.1
—er Warenbaumregler 131.10, 134.8
Postspesen 447.4
Poult-de-soie 400.23
praktische Bindungslehre 143.17
Präzisionsgarnwage . . 439.16
Preislistenkosten . . . 447.6
Prell-backe . . . 311.14, 322.10
—leder 250.11
Presse 190.10, 210.15
—, Karten- 384.1
pressen, den Drücker an die Laterne 205.20
—, das Ried an das Gewebe 284.5
Pressen des Warenbaumes an den Zugbaum durch Gewichtshebel 131.7
— der Zapfenlöcher . . 383.21
Presser 6.14
Pressung, Spulen- . . . 32.15
Preß-bügel 32.16
—luftleitung 264.13
—luftstrom 265.5
—rolle . . 55.9, 186.16, 210.16
—rollenbolzen 186.17
—walze . . 55.9, 73.16, 360.3
Prieme, Zug- 242.4
Priemenmantel 242.6
Prisma 186.13, 236.9
— für Längsstreifen . . 196.1
— rechts (links) vom Weber 220.14
—, geteiltes 233.8
—, großes 233.9
—, kleines 233.10
—, sechskantiges . . . 225.8
—achse 235.10
—bewegung, positive . . 214.5
—drücker 235.15
—eichel 210.20
—einschnitt 236.4
—ende, eingekerbtes . . 236.5
—hängelade 230.3
—lade . . 186.14, 190.8, 210.17
—lade, stehende 234.9
—ladenbewegung durch Zugstangen 212.3
—ladenbewegung, unabhängige 211.22
—seite der Jacquardmaschine 220.11
—stehlade 230.4
—teilung 211.15
—warze 210.20
—welle 195.11
Probe, Verbrennungs- . 436.12
Probierhahn s. Prüfhahn 69.15

Profil, Spulen- 23.11
proportional 130.9
Protektor 315.8
Prozeß, Spul- 22.14
—, Web- 1.9
Prüfhahn 69.15
Prüfung auf Farbenechtheit 429.9
—, Gewebe- 429.3
—, Gewichts- 11.18
Prügel 288.17
Pudelfellimitation 406.21
Pudern der Gummifäden 56.15
Puffer 322.10
—, Gummi- 248.15
—arm 254.3
—feder aus Flachfederstahl 254.4
—führung 322.12
—schieber 322.12
—welle 254.1
pultartiges Gestell 209.3
Pumpenzylinder 101.18
Punkt 380.1, 412.19
—, toter 255.13, 306.2
—, Umschlingungs- 174.10
punktiertes Gewebe 392.7, 421.3
Puppe 209.4, 220.20
putzen, die Kette 83.12
Putzen der Fäden 62.18
— der Kette 83.11
— der Stühle 375.12
Putz-brett, mit Kratzen beschlagenes 39.5
—lohn 445.13
—maschine 83.16
—tuch 394.3
—walze 38.5
—walze, mit Plüsch überzogene 32.17
—wolle 375.13

Q

Quadrat, mit Farbe ausgefülltes 380.8
—, rot getupftes 380.9
—, leergelassenes 380.7
—einteilung 379.8
—meter 442.10
Quadrant 51.23, 322.1
Quadrantenstängel 322.2
Qualität des Gewebes 3.15
Qualitätsbezeichnung 11.25
Quelle, Elektrizitäts- 320.8
Quer-balken, Webstuhl- 259.3
—falte 162.1
—falten, gelegte 162.6
—holz 46.6
—holz, dickes schweres 288.21
—holz, dünnes 289.5
—holz, mit Eisen beschlagenes 289.1
—leiste 176.15
—reihe 214.16
—reihe, Knoten- 338.15
—reihe, Tupfen- 412.21
—riegel 80.3, 106.3, 190.13.17, 297.5
—rips 146.1
—schlitz 245.9
—schnitt, dreieckiger 354.11
—steg 278.19
—streifen 153.8, 412.16
—struck 154.15
—stück 191.6, 388.7
—trägerauflager 212.10
—trikot 160.3
—tritt 185.8
—tritt, kurzer 185.5
—tritt, langer 185.4
—welle 348.8
—zickzackköper 150.10
quer stehen, auf dem Webstuhl (Maschine) 225.17
— gestreift 153.9
quer-gestreiftes Muster 160.12, 377.9
— gestreifte Ware 271.12
Quetsch-nadel 360.11
—walze 70.20

R

Rad zum Antrieb des zweiten Fadenführers 35.1
—, elliptisches 214.2
Rad, hyperbolisches 213.16
—, Brustbaum- 134.6
—, Kurbelwellen- 308.11
—, Sandbaum- 135.8
—, Schalt- 58.11
—, Schnur- 26.12
—, Spul- 26.7
—, Stift- 38.9
—, Stirn- 137.4
—, Transport- 135.9
—, Triebstock- 38.11
—, Trommel- 58.18
—, Warenbaum- 133.10
—, Zeiger- 51.21
Rad-dreher 426.7
—dreherscheibe 426.8
—hebel 276.14
—hebelrechen 277.9
—kranz, hufeisenförmiger 345.18
—schaltung 127.4
—übersetzung 133.16
—verdeck 323.2
—zähne, schrägstehende 133.21
Rädchentempel 140.9
Räder-antrieb 307.16
—übersetzung 53.15
—wechsel 132.1
—werk 133.15
radial gestelltes Röhrchen 342.7
Radiusvektor 198.20
Rahmen 112.5, 331.6, 386.11
— mit Nuten 208.5
— mit rechtwinklig sich kreuzenden Stahldrähten 208.4
— mit dem Schiebekamm 324.12
—, an der Decke hängender 44.1
—, gefalzter 217.14
—, hölzerner 289.15
—, schräg liegender 331.7
—, schwingender 210.17
—, Blatt- 136.6, 283.6
—, Hubkasten- 278.4
—, Magazin- 261.4
—, Messer- 276.15
—, Schaft- 172.9
—, Scher- 45.13
—, Spindel- 36.7
—, Untersatz- 212.9
—kegel 60.2
—korden 208.20
—umfang 46.8
—werk 30.5
Rahmstock 208.22
Ramie-garn 13.15
—gewebe 430.11
Rand, Gewebe- 3.10
—, Scheiben- 90.6
—, Waren- 139.15, 284.9
—kettenfaden 335.16, 434.22.23
—riedstab 282.9
—riedzahn 282.19
—scheibe 55.11
—scheibe der Spule 24.14
—scheibe, durchbrochene 78.4
—schlitten 366.18
Rankenmuster 377.4
Rapport 381.3
—, Bindungs- 8.1, 144.14, 381.9
—, Einzug- 104.1
—, Faden- 40.16
—, Gesamt- 381.5
—, Karten- 206.16
—, Kastenstellungs- 273.3
—, Kettfaden- 144.15
—, Maschinen- 214.11
—, Muster- 8.1, 144.14, 273.2
—, Schlag- 273.4
—, Schuß- 144.16
—, Überspringer- 273.7
—, Wechsel- 273.1
—breite 381.7
—größe 381.4
—höhe 381.8
Rapporte, n — in der Gewebebreite 381.6
rapportieren 381.2
— (Schützen) 271.18
Rasch 399.9
Rast 48.5, 364.9
— der Ausrückstange 312.2
—, aus der — drücken (Abstellhebel) 52.15
Raster der Skizze 379.13
Ratiné 417.13
rauh-er Barchent 394.10
—er Faden 435.10
—es Garn 9.21, 18.3
—er Piqué 394.25
Rauhigkeit des Fadens 64.14
Raum, Schäfte- 181.6
Raupengarn (s. a. Chenille) 20.18, 410.17
—, Feder- 21.10
—, Flach- 20.22
—, gedrehtes 20.21
—, gemustertes 21.9
—, genähtes 20.20
—, gewebtes 20.19
—, rundes 20.24
—, U- 20.23
—, ungeschnittenes 21.1
Raupen-teppich 410.10
—zwirn 422.1
Rautenkamm 49.20, 83.5
Reaktion, chemische 436.19
realer Wert 429.6
Rechen 210.19
— aus Holzstäben 218.7
rechnerisch ermitteltes Gewicht 11.17
rechte Drehung 165.4
— Warenseite 345.1
rechts gedrehtes Garn 9.10, 145.10
— vom Grundfaden liegen (Drehfaden) 164.9
—, von — nach links zählen 151.7
—gängiges Gewinde 318.15
Rechts-antrieb 305.11
—draht 9.12
—dreher 164.6, 352.17
—einzug 221.4
—gratköper 148.4
rechtwinklig sich kreuzende Stahldrähte 208.4
reduzieren, die Kettenspannung 126.10
reduzierter Druck 74.15
— Einzug 105.4
Reduzierventil 74.11
Regel, Weber- 8.5
regelbare Federplättchenbremse 245.16
regelmäßiger Atlas 151.9
— Einzug 104.9
regeln, die Fadenspannung 39.3, 98.3
—, die Kettenabgabe 118.1
—, den Riemenzug 310.8
—, die Schäfte 197.14
—, die Schlagfolge 247.20
—, den Sprung des Schaftes 171.16
—, sich nach der Dicke der Fadenschichten 101.5
Regelung, Spannungs- 119.11
Regelwalze 58.10
Regenechtheit 429.16
regieren, die Kasten (Platinen) 291.16
Regler mit Klinkenschaltung 135.1
— mit Räderwechsel 132.1
— mit Reibungsschaltung 135.2
— mit Schalthubwechsel 132.2
— mit Schraubenradübertragung 131.13, 135.13
— mit Stirnräderübertragung 131.12
—, schraubenartig gewundener 197.16
—, Ausgleich- 136.5
—, Brustbaum- 134.5
—, Differential- 135.12
—, Polketten- 333.5
—, Schaft- 197.10
—, Waren- 342.21
—, Warenbaum- 134.7
—getriebe 135.3
—hebel 125.17
—schlüssel 373.20
—schraube 283.7
Regulator s. Regler
regulieren s. regeln
Regulierhebel 125.17
Reib-echtheit 429.19
—kegel, mit Leder bekleideter 307.13
—kegelscheibe 97.14
—rad 98.12, 100.7
—rolle 27.5, 55.6, 100.5, 101.1
—rollenfadenführer 100.3
—scheibe 27.6, 36.2.8, 51.13, 55.7
—scheibe mit Feder und Nut 61.6
—scheibeneinlage 51.14
—scheibenfutter 51.14
Reib-scheibenwelle 36.9
—teller 98.13
—trommel 27.5
—walze 27.5
reiben, sich an den Schäften (Kettfaden) 182.17
Reiben des Garnes an der Trichterwandung 94.2
Reibung der Kettfäden 319.10
—, Brems- 309.11
—, Mulden- 125.4
—, Zapfen- des Kettbaumes 120.18
Reibungs-antrieb 307.12
—bremse 120.19
—koeffizient 120.13
—kupplung 34.4
—kupplung, Fliehkraft- 311.5
—rolle 34.11
—schaltung 134.18
—scheibe 34.12
—trommel 35.2
—walze 30.4
—widerstand 120.14
—zahl 120.13
Reichkamm 49.16
reicher Stoff 402.17
Reih-grat 104.7
—haken 105.9
—kamm 82.13
—zug 103.4
Reihe paralleler Seile 124.17
— von Spulentriebtrommel 27.3
—, der — nach (Wechsel) 273.5, 279.4
—, Litzen- 208.8
—, Nadel- 214.24
—, Platinen- 214.14
—, Schleifen- 327.22
—, Spindel- 87.26
—, Spulenschlitten- 366.2
Reihen, in zwei — angeordnet (Nadeln) 190.6
reihen, die Litzen auf Schäfte 173.5
Reihen der Kettfäden 102.16
reihenweis-es Aufschneiden der Florschläuche 167.8
—e bewegte Spulenschlitten 369.8
Reiher 103.7
Reiherin 103.8
reihig, x—e Jacquardmaschine 214.19
Reihung 103.4
rein-er Atlas 151.9
—es Fach 142.21, 217.1
—e Farbenwirkung 152.9
—farbiger Streifen 421.5
—seidener Stoff 430.18
Reinhaltung der Webstühle 375.11
reinigen, die Ware 437.2
Reinigen des Faches 329.17
Reiniger, Faden- 28.1
Reinigungs-bürste, Faden- 38.7
—vorrichtung, Fach- 329.15
Reinmohairgarn 15.19
Reis 66.24
—stärke 437.8
Reise-decke 419.22, 433.14
—kosten 446.21
—spesen 446.21
Reißen des Gewebes 439.12
Reiß-festigkeit des Fadens 435.24
—probe 436.14
reißen (Schußfaden) 245.2
—, beim Ablauf (Fäden) 79.3
Reißen des Fadens 4.5, 51.5, 88.17
Reiter 35.6, 50.14, 319.3
Reitstock 80.19
—spindel 80.18
Reklamekosten 447.5
Rektometer 441.15
Reliefbildung durch besondere Bindungen 422.20
— durch ungleiche Garne 422.19
Reliefgewebe 422.17
Renaissance-goldfaden 423.11
—stil 376.21
Renforcéband 425.6
Reparaturkosten 446.2
Repetierung, Muster- 8.1
Repetiervorrichtung 235.7, 343.4
—, Wiener 236.3
Reserve, Faden- 98.2

Reserve-platine 214.23
—spule 81.9, 262.4
—trommel 56.19
Rest, Faden- 22.11
—, Kötzer- 85.28
—, Spulen- 22.11, 45.1, 85.29
Revisor, Stück- 6.1
Revolver-lade 279.5
—lade von Roß 280.2
—ladenwechsel 279.1
—ladenwechselstuhl 303.18
—schlicht- und Bürstmaschine 70.15
—schützenkasten von Walker 280.13
—stuhl 317.12
—trommel 280.3
—überspringerkarten 281.16.17.18
—wechsel der Reihe nach 279.4
—wechselkarten 281.12.13.14.15
revolverartig-es Füllmagazin 261.1
—er Wechselautomat 270.12
reziprok-e Muster 377.7
rheinischer Teppich 407.28
rhombischer Grund 413.17
Richtlatte 219.14
Richtung des Bindungsgrates 144.12
— der Kettenabwicklung 121.2
—, in — der Achse 307.15
—, Aufwinde- 22.16
—, Kettfaden- 433.19
—, Schußfaden- 433.20
—, Streifen- 433.22
Ried (s. a. Kamm, Blatt) 82.17
— mit schräg eingestellten Riedstäben 285.7
— mit in Wellenlinien angeordneten Stäben 285.10
—, auf- und absteigendes 285.11
—, ausziehbares 49.21
—, einreihig regelmäßiges 284.21
—, federndes 285.23
—, fliegendes 285.22
—, gemustertes 285.6
—, kreisrundes 300.12
—, mehrreihig regelmäßiges 284.22
—, ungleich dichtes 282.16
—, verbogenes 286.19
—, verstellbares 285.20
—, Doppel- 285.1
—, Doppelfächer- 285.5
—, Expansions- 285.21
—, Fächer- 285.4
—, Fasson- 285.3
—, Lücken- 285.2
—, Pech- 286.10
—, Spalier- 286.4
—, Spaten- 286.4
—bindung 286.7
—blatt 49.16, 82.13, 106.14, 282.4, 324.7
—blatt für Perlenweberei 354.14
—dichte 282.13
—draht 286.18
—einzieher (Arbeiter) 107.1
—einzieherin 107.2
—einzug 106.13
—einzug für Brüsseler Teppiche 330.3
—einzugmuster 329.18
—gestell 106.8
—kamm 282.4
—köper 149.12
—leiste 282.6
—machen 286.5
—macher 287.1
—messer 108.1
—nagel 82.17
—öffnung 282.8
—rahmen 285.12
—sprung 282.5
—stab 282.7
—stab, spiralförmiger 285.24
—stabgruppe 282.14
—stabzahl 282.15
—stäbe, gebogene 285.8
—stäbe, über Kreuz gestellte 285.9
—stäbe, auseinander laufende 50.1
—stäbe, schräg eingestellte 285.7
—stäbe, verlötete 286.17
—stand 282.18
—stechen 106.13
—stecher (Arbeiter) 107.1
—stecher (Werkzeug) 108.1
Ried-stecherin 107.2
—stift 82.17
—streifen 107.17
—zahn, Rand- 282.19
—zahngruppe 354.17
—zwischenraum 282.8
Riegel 105.14, 333.18, 372.8, 385.18.22
—, hölzerner 316.1
—, rohrartiger 59.6
—, durch Vorziehen der Sempelschnur gehobener 386.9
—, Brustbaum- 309.4
—, Mittel- 305.2
—, Spann- 72.7
—ausschnitt 386.1
Riemen 112.18, 295.13
—antrieb 307.7
—antrieb für Bandstühle 358.10
—antriebscheibe 358.14
—aufleger, biegsamer 372.14
—aufleger und -abwerfer 372.18
—betrieb 307.7
—gabel für Rückwärtslauf 303.2
—gabel für Vorwärtslauf 303.1
—gabelstange 52.18
—halter 314.15
—kegel 53.4, 74.3
—konus 74.3
—leerscheibe 358.13
—leiter 363.20
—scheibe 58.19, 304.13
—scheibe, gekerbte 309.19
—scheibe, lose 307.14
—schlinge 254.16
—verschiebung, selbsttätige 53.16
—verschleiß 310.7
—zug 310.8
Riet s. Ried
Riffel-baum 117.17
—walze 70.14
riffeln, das Band 427.18
Rille 111.16
—, schraubenförmige 140.13
—, Gestell- 48.9
Rillenscheibe 122.11
Ring 46.15, 171.7
— mit Bolzen 341.5
—, aufgeschobener 202.13
—, eingekeilter 115.1
—, zweiteiliger 311.1
—, Exzenter- 213.17
—, Garnbaum- 77.21
—daumen 303.7
—führung 99.4
—nute 99.4
—schützen 347.6
—schützen, gezahnter 347.7
—spinnerkettgarn 21.16
—spinnerkettgarnkötzer 21.17
—spinngarn 12.10
Ringe, durch — belasten (Helfenfäden) 177.11
Ringel-lade 345.17, 347.1
—zwirn 19.7
Rinne 326.21
—, eingefräste 354.12
—, Kettbaum- 77.18
—, Nadel- 168.10
Rippe 78.10
— im Muster 391.10
—, Adria- 146.11
—, Schuß- 146.3
—, Spulenkopf- 263.11
Rippen, gefräste 240.7
—gewebe 154.8
—heizrohr 71.7
—kette 147.2
—samt 395.1
—schuß 147.3, 154.11
—walze 70.12
rippenbildende Noppen 167.6
Rips 398.27
— in Kette 146.1
— in Schuß 146.2
—, figurierter zweikettiger 146.13
—, gebrochener 146.12
—, gemischter 146.5
—, glatter 145.20
—, schräger 146.7, 397.22
—, schräger — mit Kett-(Schuß-)wirkung 146.8.9
—, von Schußfäden gebildeter 146.1
—, versetzter 146.12
—, verstärkter 146.6
—, Lang- 146.2
Rips, Quer- 146.1
—, Travers- 146.1
—band 425.9
—bindung 145.19
—decke 419.29
—diagonal 149.7
—köper 149.7
—krepp 153.1
—plüsch 406.1
—teppich 407.18
ripsartiger Möbelstoff 418.5
Rispe 42.12, 138.9
Rispel-blatt 46.14, 61.16
—blattgestell 58.7
—kamm 46.14, 61.16
Riß-fläche 436.15
—stelle des Fadens 435.25
Ritzel, Rohhaut- 310.14
Ritzer 404.2
Rizinusöl 67.12
Robinseide 17.21
Rock-borte, doppelkantige 428.20
—stoff 432.17
Roggenmehl 66.22
Roh-garn 9.23
—gewicht 4.10
—hautritzel 310.14
—kette 21.7, 64.2
—material 8.8
—seide 16.2
—seide, feinste 16.3
—stoff 8.8
—ware (Stuhltuch) 431.2
roh-es Garn 9.23
—e Seide 16.2
Rohr 82.17, 287.7
— an Rohr, belegen 83.4
—, erstes 330.4
—, ∞ Fäden im 107.15
—, gespaltenes 284.18
—, kreisbogenförmiges 258.3
—, nächstliegendes 109.7
—, trichterförmiges 288.2
—, zweites 330.5
—, Kreislauf- 102.12
—, Umleitungs- 102.3
—garnbaum 78.2
—lücke 282.8, 443.24
—mündung 288.8
—öffner 108.15
—öffnung 82.18
—stab 284.17, 290.14
—stäbchenmatte 416.11
—stelle 107.17
—streifen 107.17, 433.23
—träger 338.8
rohr-artiger Riegel 59.6
—förmiger Behälter 365.13
—förmiger Fadenführer 258.3
—streifige Ware 4.7
Röhrchen 232.10, 340.5, 341.6
—, gekrümmtes 338.2
—, schräg gestellte 340.13
—, tangential gestelltes 342.6
—, Einfädel- 245.8
—, Glas- 237.15
—, Knüpf- 339.5
—, radial gestelltes 342.7
—, Ton- 208.14
—träger 340.6
—webstuhl für Teppiche 339.18
Röhre, geschlitzte 176.20
—, Kautschuk- 415.10
—, Stahl- 256.7
Rokokostil 377.1
Roll-gewicht 122.4
—spule 343.21
—vorhangstoff 433.7
Röllchenbremse 245.21
Rolle 203.5, 287.8
—, gebremste 176.17
—, kegelige 117.7
—, gerauhte 100.16
—, geriffelte 101.3
—, Abstell- 36.10, 37.11
—, Abstrich- 308.15
—, Exzenter- 200.9
—, Fadenführung- 94.16
—, Hebel- 33.15
—, Hubketten- 92.8
—, Kerben- 92.10
—, Ketten- 314.18
—, Leder- 237.12
—, Reib- 27.5, 55.6
—, Schnur- 56.7
—, Seiden- 43.10
—, Spann- 59.1
—, Sprossen- 29.10
—, Stahl- 237.11
—, Steuerschieber 36.13
Rolle, Tritt- 193.3
Rollen, über — gehen (Schnuren) 183.20
—, durch — getragen (Balken) 287.20
—, auf — laufen (Schnellschützen) 237.10
— - und Hebelzug, zusammengesetzter 184.6
—band 426.16
—bremse 245.24
—deckel 356.11
—gehänge 199.4
—gehäuse 183.19
—gestell 43.12, 440.7
—haspel 29.9
—karte 189.10, 203.4
—kurbel 251.12
—lagerung, federnde 243.19
—lauf 191.17
—nut 101.2
—schere 183.19
—schützen 237.9
—wechselkarte 281.1
—zug 183.18, 199.4
—zug für ∞ Schäfte 184.2
—zugstuhl 184.4
Roller 6.12
—antrieb für die Spulenschlitten 367.20
römischer Stil 376.16
Ropers selbsttätige Kettbaumbremse 129.12
Rosette 261.5
Rosettenmuster 377.5
Roß, Revolverlade von 280.2
Roßhaar 414.11
—, künstliches 17.21
—garn 15.28
—gewebe 414.10, 430.24
—litze 175.7
—weber 5.28
—webstuhl 259.13
Rost 207.3, 322.6, 342.12
— aus Glasstäben 218.8
— aus Holzstäben 218.7
—, feststehender 186.8, 227.13
—, schräg gestellter 222.14
—, verstellbarer 228.12
—draht 226.5
—stuhlschützen 242.10
rot getupftes Quadrat 380.9
—e Farbe 380.11
—er Tupfen 380.10
Rot-litz 10.25
—gußbremse 245.17
—leder 248.10
rotierend s. umlaufend 301.2
Rouleauxstoff 433.7
Royalaxminsterteppich 410.16
rück-gewundene Kettenlänge 49.14
—spulen 22.9
—wärtige Stellung 295.6
—wärts arbeiten (Webstuhl) 302.14
—wärts arbeiten lassen, die Karten 390.15
—wärts bewegen, den Kasten 279.17
Rück-bewegung des Warenbaums 134.17
—führfeder 250.1
—gang, Laden- 292.20
—halter für die nachrückenden Spulen 264.15
—halterklinke 133.2
—laufschalter 311.11
—laufvorrichtung mit Differentialgetriebe 303.3
—laufvorrichtung mit Riemenbetrieb 302.16
—laufwalze 48.8
—schlagvorrichtung (Karten) 214.9
—schlagzeug 235.7
—schlagzeug, Wiener 236.3
—seite, festgebundene 152.5
—seite, gezahnte (Hubkasten) 278.9
—seite, auf der — liegen (Unterschuß) 155.8
—seite, Gewebe- 344.8
—seite, Waren- 163.3
—spulen 22.10
—wand, Schützenkasten- 267.5
—wärtsbewegung der Kurbelwelle 294.11
—wärtslauf der Karte 206.8
—wärtsschalten 135.17
—ziehhaken, Nadel- 328.4

Rück-zugfeder 303.9, 314.16
—zugfeder, Schläger- 315.14
Rücken, auf den — treten (Tritt) 183.8
—, Zahn- 126.21
—bekleidung für Schlafsofas 405.18
ruckweis-es Abwickeln 126.7
Ruhe, in — sein (Spindel) 38.19
—, Platinen- 211.10
—fach 142.18
—fachschaftmaschine 188.18
ruhen, auf dem Kartenlauf (Hebel) 194.9
—, in Mulden 125.3
ruhender Streichbaum 117.2
Rührwerk 69.3
Rumor 383.13
—geschirr 173.6
—karte 383.14
—litze 173.20
rumoren, die Litzen 173.5
rund-er Bindepunkt 380.1
—es Bremsgewicht 125.10
—er drehbarer Streichbaum 116.12
—e Garnbaumwelle 77.22
—e Kreuzschiene 138.3
—e Nadel 168.11
—es Raupengarn 20.24
—er Scherrahmen 46.5
runderhabene Fläche 280.9
Rund-chenille 411.6
—filz 414.8
—lager 362.6
—webstuhl 300.9
Runde der Kerbenscheibe 48.23
Runden-länge 49.1
—zahl der gekerbten Scheibe 49.2
Rüsche, Kanten- 426.20
russischer Stichstab 351.9
Rute 77.19, 327.3
—, eingewebte 329.2
—, keilförmige 327.14
—, x mm starke 327.12
—, Lese- 82.12
—, Samt- 168.9
—, Schneid- 327.8
—, Teil- 320.16
—, Zug- 327.7
Ruten, x — auf 10 cm 327.13
—bewegungsvorrichtung [mit Weiche] 326.6.19
—fach 328.16
—führung für Möbelplüschwebstühle 328.19
—höhe 327.10
—holz, Kett- 356.7
—kopf 327.6
—kopfansatz 328.8
—messer 327.4
—samtstuhl mit zweifachem Ladenschlag 326.2
—samtwebstuhl, mechanischer 326.1
—stärke 327.11
—stuhl 359.8
—stuhldoppelfach 328.15
Rutenzange 330.6
—zug 326.6
Rutsch-gewicht 122.6
—kupplung 310.20
—kupplung, Fliehkraft- 311.10
rutschen (Riemen) 307.10
— (Wirtelschnur) 88.7
—, unter dem Seile (Kettbaum) 124.18
Rutschen des Riemens 307.9
— der Wirtelschnur 88.8
Rutscher 237.8

S

Saal, Web- 1.8
—meister 5.5
Säbel 319.15
—samt 403.18
Sack, im — hängen (Kette) 114.10
—gewebe, nahtloses 156.13
—leinen, Jute- 396.20.21.22
—leinwand 395.24
—weber 5.23
—zwillich 396.5
Sadowa 398.9
Sago 66.23, 437.10
Sägelade 345.16
—nschiffchen 357.10
Sahl-band 3.10
—leiste 3.10, 433.29
Saite, Darm- 341.10
Salizylsäure 68.3, 438.1
Salz, arsenigsaures 67.27
Sammel-behälter 365.17
—behälter für die abfliegenden Käppchen 264.14
—kasten 269.6
Sammet s. Samt
Sammler, Abfall- 113.2
Samt 166.12, 403.12
—, echter 403.2
—, falscher ungeschnittener 399.3
—, gerippter 395.1
—, gerissener 404.3
—, geschnittener 404.3
—, geschorener 404.3
—, gezogener 404.2
—, Krefelder 404.5
—, unechter 394.27
—, ungerissener 404.2
—, ungeschnittener 404.2
—, Utrechter 405.22
—, wollener 399.27
—, zweifloriger 404.4
—, Baumwoll- 394.27
—, Kett- 167.16
—, Knopf- 404.7
—, Kragen- 404.8
—, Schuß- 166.13
—band 425.10
—bandstuhl 359.2
—brokat 423.2
—haken 168.15
—messer 168.15
—nadel 168.9
—rute 168.9
—rute mit Furche 327.19
—schneidvorrichtung 168.14
—weber 5.27
—weberei 2.24
—webstuhl 328.1
—zwirn 16.17
samtartiges Gewebe 166.12, 432.9
Sand-baum 117.16, 135.7
—baumrad 135.8
—krepp 153.2
sanft anliegend 78.17
Sarsche 399.8
Sarsonet 393.5
Satin 394.20
—, fünfbindiger 402.5
—, sechsbindiger 402.6
—, siebenbindiger 402.7
—-de-Chine 402.10
—-Liberty 402.8
—-merveilleux 402.7
—-de-Messaline 402.9
— à la Reine 402.6
—, Seiden- 402.4
—bindung 150.13
—zwirnung 16.18
satiniertes Kartenpapier 382.7
Sattel 353.18
—grundgurt 429.1
—gurt 428.29
—spanngurt 429.1
Satz (Werkzeuge) 373.4
—, Exzenter- 198.21
—, Spullohn- 26.3
satzweiser Einzug 105.6
sauer werden (Schlichte) 65.10
—e Schlichte 65.11
Säule 80.7
—, Holz- 72.6
Säulengestell für Jacquardmaschinen 212.8
Sauschwanz 27.15
Sauschwänzchenfadenführer 93.5
Savonnerieteppich 409.15
Sayettegarn 15.7
schachbrettartige Würfelbindung 147.8
Schaffner, Waren- 6.1
Schaft 171.3, 360.15
— für stark kreuzende Fäden 173.18
— mit wenig Litzen 173.15
—, aufgehauener (Spindel) 238.6
—, dicht belegter 173.16
—, fachbildender 360.5
—, ganzer 352.8, 361.10
—, halber 352.9, 361.11
—, hinterer 352.7
—, hochgehender 198.2
—, tiefgehender 198.3
Schaft, Drahtlitzen- 172.8
—, Leisten- 199.5
—, Spitz- 104.14
—anzahl 444.4
—aufhänger 171.13
—bewegung 182.4
—bewegung, gleichmäßige 200.8
—bewegung, kraftschlüssige 182.7
—bewegung, veränderliche 200.10
—bewegung, zwangläufige 182.6, 202.4
—dreher 352.19
—einzug 103.4
—gewebe 392.8
—gruppe 181.8
—haken 171.11, 172.14
—halter 105.13
—haltung 238.19
—hebel 191.13, 301.13
—hebung 181.23
—höhe 171.5
—holz 171.8
—karte 205.6
—leiste 171.4
—litze 171.6
Schaft-maschine 7.11, 186.3
— mit kraftschlüssiger (zwangläufiger) Bewegung der Platinen 196.17.18
— für zwei Bindungen 197.7
— für drei Bindungen 197.8
— für schnellgehende Buckskinstühle 195.6
— für Hochfach 186.4
— für Hoch- und Tieffach 187.6
— für Hoch-, Tief- und Stehfach 187.13
— für Tieffach 187.5
—, positive 196.18
—, negative 196.17
—, Crompton 192.1.12
—, Hattersley 194.2
—, Hodgson 193.8
—, Schönherr 188.10, 191.2
—, Tannwalder 192.9
—, Wenzel 196.3
—, Wolfrum 194.13
—, Doppelfach- 195.5
—, Doppelhub- 187.6, 192.8
—, Doppelhub- — von White 194.12
—, Einhub- 190.4
—, Einmesser- 190.4
—, Geschlossenfach- 188.19, 189.1
—, Klappfach- 188.19
—, Offenfach- 188.10
—, Ruhefach- 188.18
—, Schaufel- 193.8
—, Schaukel- 193.1
—, Wechsel- 195.10
—, Zwischenfach- 188.17
Schaftmaschinen-antrieb 203.14
—arten 186.2
—bock 190.12
—karte 205.6
—stuhl 206.17, 296.14
—teilung 204.15
Schaft-messer 194.19
—öse 171.12
—piquéstuhl 325.8
—platine 191.14
—prisma 186.13
—rahmen 172.9, 194.14
—rahmen, auseinandernehmbarer 171.17
—regler 197.10.15
—schemel 203.7
—schlag 173.13
—schnur 184.13
—senkung 182.2
—stab 171.4
—stab, hölzerner 171.8
—stab, keilförmiger 173.10
—stab, metallener 171.9
—stab aus Metallrohr 171.10
—strickbank 177.17
—stuhl 7.10
—stütze 172.13
—weberei 181.1
—webstuhl 7.10
—webstuhl, mechanischer 300.6
—wechsel 182.4
—welle 183.13
—werk 105.12
—zahl 181.4
—ziehen 182.5
Schaft-zug mittels Hilfsschwingen 204.4
—zug mit Schnüren 204.3
—zugvorrichtung 181.22
—zylinder 186.13
Schäfte, mit x—n weben 181.3
—, freischwebend aufgehängte 184.14
—, stehenbleibende 182.10
—, zwangläufig bewegte 184.9
—raum im Webstuhl 181.6
schäftig, x-—e Bindung 144.18
—, x—es Gewebe 181.5
—, x—e Ware 144.20
Schafwollgarne 14.3
Schal, bedruckter 420.23
—, bestickter 420.24
—, bunter 420.22
—, echter 420.20
—, indischer 420.26
—, orientalischer 420.25
—, unechter 420.21
—maschine 235.17
—patrone 235.16
—vorhang 419.7
Schalt-getriebe 59.7, 126.12
—getriebe, Ketten- 117.21
—getriebe, Klemmbacken- 127.9
—getriebe, zwangläufiges 134.12
—größe 126.13
—haken 192.15, 278.8
—hebel 133.7
—hub der Klinke 126.15
—hubwechsel 132.2
—klinke 51.22, 58.12, 96.14, 129.3
—kurbel 58.14, 59.19
—rad 58.11, 127.5, 129.15
—rad mit Schalthebel und Sperrklinke 133.5
—rad, Daumenscheiben- 96.13
—radleitspindel 91.17
—scheibe 127.11
—stange 59.18, 126.18
—stange, Kurbel- 58.13
—stern 364.8
—tätigkeit 129.11
—vorrichtung 113.8
—werk 59.7, 133.6
—werk, Klinken- 134.11
—winkel 127.6
—zahn 126.19
—zahnbogen 51.23
schalten, das Prisma um x Teilungen vorwärts 195.17
Schalten der Kette 130.3
— und Sperren des Prismas 205.12
—, Rückwärts- 135.17
—, Vorwärts- 135.16
Schalter, Anlaß- 310.4
Schaltung, stetige 130.7
—, unausgesetzte 130.7
—, ununterbrochene 126.6, 130.7
—, Rad- 127.4
Schappe, gezwirnte 17.9
—, Kett- 17.9
—, Schuß- 17.8
—garn 17.7
—garn, einfädiges 17.8
schären s. Scheren
Schären s. Scheren
scharfer Blattanschlag 283.20
Schärfvorrichtung, Messer- 332.7
Scharnier, Sicherheits- 255.10
—stücke, durch — verbunden 201.6
Schatten, im — trocknen 65.25, 72.2
—wirkung 422.16
schattieren, streifenweise 380.23
Schattieren 380.22
—, figurenweises 381.1
schattierter Atlas 151.14
Schattierung 422.14
Schatzscher Kettfadenwächter 320.17
schaufelförmiges Messer 193.9
Schaufelschaftmaschine 193.8
Schaukelschaftmaschine 193.1
Schau-meister 6.1
—seite des Stoffes 430.3
Scheibe s. a. Hubscheibe, Exzenter
— mit Bolzen 127.21
— mit Einschnitten 201.5
— mit Hohlkehle 122.7
—, angetriebene 305.17
—, eingekerbte 48.7
—, exzentrische 94.19

Scheibe, festgekeilte 358.11
—, gekerbte 49.2
—, geteilte 115.19
—, gewundene 34.6
—, kreisbogenförmig ausgeschnittene 275.13
—, treibende 305.16
—, unrunde 129.5
—, Antrieb- 36.8
—, Brems- 57.10
—, Eisen- 139.19
—, Farb- 74.20
—, Form- 91.6
—, Garn- 115.15
—, Halbmond- 58.4
—, Holz- 115.9, 119.13
—, Nadel- 140.10
—, Nocken- 117.6
—, Nummer- 278.14
—, Nuten- 55.8
—, Raddreher- 426.8
—, Reib- 27.6, 55.7
—, Rillen- 122.11
—, Schnur- 70.7, 257.4
—, Spindel- 36.3
—, Spulenschlitten- 364.17
—, Stift- 280.10
—, Teil- 178.22
—, Zacken- 119.14
—, Zahn- 203.3
Scheiben, durch — getrennte Scherabteilungen 58.2
—dreher 426.7
—druck 51.16
—kolben 256.13
—kupplung 94.9
—latte 58.3
—messer 342.23, 343.8
—pagge 356.10
—rand 90.6
—schermaschine 54.2
—sektor 193.2
—spule 10.17, 63.10
—spule, bauchige 23.18
scheibenförmig-er Garnkörper 54.18
—e Spule 89.3
Scheidekamm 81.1, 82.13
scheinbar unregelmäßiger Einzug 105.3
Scheinköper 149.13
Schellackperle 19.15
Schelle 80.16
Schellschraube 374.5
Schema, Web- 434.12
Schemel 182.20, 195.9, 321.5
Schenie 379.9
Schenkel, federnder 215.6
—, Fallen- 278.20
—, Platinen- 230.17
Scher-abschnitt 54.18
—abteilung 57.16
—band mit Kegellehre 60.14
—bandbreite 41.6
—bank 43.12
—baum 47.20, 73.11, 82.2
—baumgestell 72.14, 82.3, 83.17
—blatt 49.16, 59.14, 61.18
—blatt mit auseinander laufenden Riedstäben 50.1
—blatt, divergierendes 50.1
—blatt, verstellbares 54.6
—blatthalter 59.15
—block 54.14
—block, ausziehbarer 54.19
—bock 56.12
—breite 41.6
—brett 46.9
—brett, einreihiges 46.12
—brett, zweireihiges 46.13
—brief 40.12
—gang 47.5
—gatter, Kötzer- 45.7
—geschwindigkeit 42.6
—haspel 56.9
—holz 46.6
—kegel 60.7
—krone 46.5
—lage 56.11
—länge 41.14
—latte 43.12
—lohn 445.5
Schermaschine 47.18
— für die Bandweberei 56.2
— mit Scherbaum 47.19
— mit liegendem Scherrahmen 56.17
— mit Scherspule 54.2
—, amerikanische 53.1
—, Drapers 53.1
Schermaschine, englische 47.19
—, Konus- 58.6
—, Seiden- 60.17
—, Stiften- 57.15
Scher-meister 40.10
—mühle 45.13
—muster 7.18, 40.13
—rahmen 45.13
—rahmen, liegender 56.18
—rahmen, runder 46.5
—rahmen, stehender 56.3
—spindellagerung in Holzausschnitten 44.19
—spule 44.8
—stock 43.12
—tafel 43.12, 56.4
—trommel 58.17
—trommel mit Stiften 57.17
—trommel, liegende 56.18
—trommel, Kegel- 60.1
—trommelkegel, fester 60.5
—trommelkegel, verstellbarer 60.6
—wickel 71.15
—zettel 7.23, 40.12
Schere 8.11, 258.6, 268.24
— für das Abschneiden des Florfadens 340.18
—, Kurbel- 308.13
—, Laden- 308.12
—, Weber- 112.1
—nbacke 313.8
—nkamm 83.5
scheren, in Abschnitten 41.5
—, bandweise 41.2
—, mit gleichbleibender Garngeschwindigkeit 42.7
—, von Hand 41.10
—, die Kette 40.11
—, von Kötzern 40.18
—, in Sektionen 41.5
—, von Spulen 40.17
Scheren 40.1
— in Abschnitten 41.4
— in Bändern 41.1
— auf dem Baum 40.19
— von Gummifäden 56.13
— auf den Rahmen 41.9
— auf Spulen 41.8
Scherer, Handkett- 40.6
—, Kett- 40.4
—, Maschinen- 40.8
Schererei (Raum) 40.3
Schererin, Kett- 40.5
Schetterleinen 395.22
Scheuern des Garnes an der Trichterwandung 94.2
Schicht, Faden- 87.6
—, Holz- 311.3
Schichtenhöhe 100.2
—, verschiedene 97.8
Schiebkasten 291.17
Schiebe-klinke 96.14, 133.12
—lade 345.16
—leiste 348.1
—litze 173.20
—ring 197.13
schieben, das Führungsbrett auf die Schiene 57.12
—, den Kötzer auf die Schützenspindel 239.9
—, an die Stifte (Schützen) 346.19
—, den Wagen nach rechts (links) 287.19
—, sich über den Stempelkopf (Riegel) 385.19
Schieber 172.3.16, 228.12, 229.15, 245.11, 255.19, 259.16, 270.9, 301.17, 365.4, 385.22, 388.12
— mit Schlitzführung 278.1
—, hin- und hergehender 364.18
—, schrittweise bewegter 364.20
—, Kulissen- 313.15
—, Schützen- 346.3.15
—, Spulen- 264.16
—aussparung 364.22
—bolzen 348.17
—schlitz 172.17
—stillstand 364.21
schiefe Ebene 339.10
Schiene 99.3
—, bewegliche 326.13
—, durchlochte 337.2
—, einstellbare 32.9
—, festliegende 90.17
—, gekerbte 335.17
—, hin- und herbewegte 90.18
—, schräge 59.17
—, schwingende 333.9
—, winkelförmige 333.1
Schiene, Abstell- 53.20
—, Fadenführer- 32.13
—, Flach- 353.16
—, Führungs- 136.13, 327.17
—, Helfen- 105.18
—, Helfenkreuz- 220.1
—, Hubkasten- 278.5
—, Litzen- 105.18
—, Messerkasten- 229.17
—, Plüsch- 38.4
—, Schützenführungs- 270.10
—, Schwing- 368.14
—, Spindel- 91.3
—, Stahl- 28.9
—, T-förmige 333.2
—, Teil- 41.7
Schienen-führungsbacken 28.10
—gewicht 333.3
—halter, verstellbarer 105.16
—kreuz 138.9
—lippe 270.11
—schlitz 83.6
—träger 172.14
Schieren 40.1
Schiertuch 395.16
schießen, mit ∞ Schützen 271.16
Schiffchen (s. a. Schützen) 237.5
—, Bogen- 340.15
—, Broschier- 348.15
—, Sägeladen- 357.10
—bewegung, unmittelbare 358.2
Schifflifeder 242.2
Schilfmatte 416.11
Schillertaft 400.15
Schimmelbildung 65.9
schimmeln (Schlichte) 65.8
Schirting 393.12
—, Indian- 393.13
Schlafdecke 419.21
schlaff-er Faden 49.5
—es Gewebe 431.28
—e Kette 405.12
—er Schuß 346.10
Schlaffwerden der Kette 129.10
Schlag 288.15
—, den — weben 1.14
—, beendeter 247.19
—, kräftiger 246.16
—, schwacher 246.15
—, starker 246.16
—, Exzenter- 250.18
—, Laden- 292.10
—, Schützen- 4.6, 246.12, 315.7
—arm 249.11
—arm aus Eschenholz 251.3
—arm, in einer Schere gelagerter 313.9
—arm, in einer Schlitzführung gelagerter 313.11
—bogen 251.15, 253.8, 255.6
—bolzen 388.11
—dauer 247.23
—daumen 254.10
—deckel 385.5
—einrichtung für Buckskinstühle 253.3
—einrichtung, Druckluft- 256.10
—eisen 385.2
—exzenter 249.15, 253.4
—exzenter, einnasiges 251.2
—exzenterstellung an einschützigen Stühlen 251.5
—falle 252.13, 253.10, 255.8, 348.12
—fallensteuerung 314.3
—feder 255.16
—folge 247.22
—geben 246.13
—gebung 246.13
—hammer 385.4
—hebel 251.13, 253.6, 255.7, 314.10
—hebel mit Rolle 250.21
—hebelknagge 255.9
—hebelstößer 313.14
—kamm 336.5
—kolben 388.11
—kupplung, Sicherheits- 314.5
—kupplungsfeder 315.1
—kurbel 255.18
—maschine für Verdolkarten 388.1
—maschine, Klaviatur- 385.8
—maschine, Verdolkarten- 388.22
—matrize 385.1
—muschel 252.8
—nadel 388.10
Schlag-nase 250.2, 254.13
—patrone 193.17, 381.15
—platte 384.20
—platte, gelochte 385.6
—platte für Schaftkarten 190.1
—rapport 273.4
—riemen 249.15
—rolle 249.5.12, 252.5
—rolle, in der Achsrichtung verschiebbare 252.9
—scheibe 249.15, 314.9
—sektor 251.15, 253.8, 255.6
—stärke 246.14
—stempel 388.6
—stock 25.13, 249.11
—stockschuh 314.14
—welle 252.6, 302.9
—welle mit Langloch 249.4
—welle, schrägliegende 254.14
—werk 385.21
—werk, Broschierschützen- 349.1
—werkwagen 388.8
—zeug 247.24
—zeug, linkes 252.11
—zeug, rechtes 252.10
—zeugbruch 313.2
—zugstange 314.13
Schlägel 82.5
schlagen, das in der Bindung Gelassene (Genommene) 193.20, 194.1
—, die Karten 384.14
—, die Knotenreihen fest aufeinander 409.14
—, gegen das Nadelbrett (Prisma) 211.16
—, an die Prismalade (Stift) 235.12
—, den Strähn 25.12
Schlagen, Karten- 384.6
Schläger aus Hickoryholz 251.4
—, ein-(zwei-)spuliger gerader 356.17.21
—, zweistöckiger 357.1
—, Bandstuhl- 356.16
—, Stockwerk- 357.1
—anschlag 241.9
—rückzugfeder 315.14
Schlägerei, Karten- 384.7
Schlange 210.15
schlangenlinienartig-e Biegung des Schußfadens 284.13
—er Moiréeeffekt 286.2
Schlangenzwirn 19.6
Schlauch 156.11
—, Florschuß- 167.1
—, Walzen- 156.14
—gewebe 156.10
—kötzer 84.11
—schützen 240.2
—spulmaschine, Trichter- 94.5
Schläuche bilden (Flottungen) 166.20
Schlaufe 108.12, 183.11
schlecht gehen (Karte) 390.16
—er Andreher 28.3
Schlegel, Einschlag- 360.19
Schleier-garn 15.14
—gewebe 396.1
—tuch 393.25
Schleif-bogen 213.6
—gewicht 122.6
—kontakt 387.5
—schützen 237.8
—spule 86.19, 237.14
Schleifchen bilden (Schußfaden) 245.5
Schleife 175.18, 425.22
—, Platinenschnur- 224.2
Schleifen-grund 413.11
—reihe 327.22
—zwirn 19.7
schleifenförmiges Füllfadenauge 330.9
schleimgebende Masse 67.19
Schlicht-bürste 73.6, 180.4
—flüssigkeit 64.21
—lohn 445.6
Schlichtmaschine 66.6
— mit Heißlufttrocknung 75.4
— mit turmartiger Trokkenkammer für Lufttrocknung 75.12
—, englische 73.10
—, schottische 72.13
—, Kurbel- 72.13
—, Revolver- 70.15

Schlichtmaschine, Strähngarn- 70.5
—, Strang- 71.21
—, Trommel- 73.10
Schlicht-mittel 66.17
—raumwärmegrad 73.9
—trog 70.18, 76.1
—vorrichtung 72.18
—vorrichtung am Webstuhl 75.14
—walze 73.15, 76.2
schlicht-es Gewebe 3.16
—er Stoff 432.1
Schlichte 64.21
—, frische 65.4
—, gekochte 65.3
—, geruchlose 65.5
—, mit — getränkt (Litze) 174.21
—, harte 64.26
—, kochende 65.2
—, sauere 65.11
—, warme 64.27
—, weiche 64.25
—bereiter (Arbeiter) 69.13
—bereitung 64.23
—kocher 68.21
—kocher (Arbeiter) 69.18
—kocher mit Rührwerk 68.22
—trog 75.5
—überschuß, den — auspressen 69.23
—verteilung, gleichmäßige 69.22
schlichten, ohne Bart 65.17
—, mit der Hand 69.24
—, die Kette 64.4
—, kühl 65.18
—, mit der Maschine 70.3
—, ohne Perlen 65.17
—, im Strähn 69.20
—, im Strang 71.9
—, im Stuhl 76.9
—, warm 65.19
Schlichten 63.17
— der Kette im ausgebreiteten Zustande 72.12
— mit der Maschine 70.4
— im Strähn 69.19
— im Strang 71.8
— im Webstuhl 76.8
Schlichter 75.6
—, Hand- 66.10
—, Ketten- 66.8
—, Maschinen- 66.12
Schlichterei 66.7
—, Lohn- 66.13
Schlichterin, Hand- 66.11
—, Ketten- 66.9
Schloß 340.12
—klinke 333.20
—rad, Schützenwächter- 317.8
—radantrieb 309.2
—radfalle 317.9
Schluß, Waren- 284.9
—platte 267.11
Schlüsselzahl 133.19, 443.5
schließen, das Fach 142.7
—, das Kopflager 37.5
—, die Kupplung 334.2
—, sich (Zangenmaul) 341.20
Schließen des Broschierschützenschlagwerks 349.1
— des Faches 142.8
— des elektrischen Stromkreises 320.12
Schließer 270.4
Schling-faden 164.4, 353.3, 358.7
—helfe 223.13
—helfe zum Aufziehen 174.2
—helfe zum Auf- und Niederziehen 174.3
—helfe zum Niederziehen 174.1
—kette 353.11
Schlinge, handgeknüpfte 336.14
—, Draht- 227.2
—, Ober- 166.7
—, Unter- 166.9
schlingen, die Fadenenden in Zöpfe 57.14
—, die Platinenschnur an die Platinen 218.5
—, die Schnuren um den Ladenbalken 290.4
Schlingen der Leistenfäden 361.6
—bildung 423.8
—faden 412.2
—garn 421.17
—gewebe 166.2
—kette 170.8, 325.2
Schlingen-kette, locker gespannte 166.5
—stoff 417.21
—stoff, gemusterter 166.11
—zwirn 19.7
Schlingung der Florfäden 338.14
Schlipsstoff 402.29
Schlitten 62.2, 210.6, 258.11, 326.9
—, Schußwächtergabel- 320.9
—, Spulen- 90.4
—führung 62.4
—gleitbahn 367.13
—lade 289.12
—mitnehmer 62.3
—platte 328.3
—zahn 367.1
schlittenartig lagern 310.10
Schlitz 225.13
— der Platine 211.4
—, verstellbarer 439.22
—, zentrischer 228.16
—, Bodenplatten- 80.12
—, Bolzenführungs- 257.13
—, Führungs- 93.6
—, Gestell- 48.9
—, Kamm- 367.14
—, Messer- 193.12
—, Schieber- 172.17
—, Schienen- 83.6
—, Trichter- 95.10
—hebel 55.15, 96.6, 128.6, 136.15, 257.6
—kopf 238.15
—kurbel 203.16
—lager 34.10
—lagerung des Schlagarms 313.12
—platte 50.13
—stange 137.16, 196.8
—stufe 316.14
—trommel 31.12, 99.11
—trommelfadenführer 99.10
—trommelfadenführung 99.14
schlitzförmig gelochter Einsatz 288.10
schmaler Holzstab 224.6
— Webstuhl 296.10
schmäler werden (Ware) 139.6
Schmälzmittel 68.8
Schmetterlingsbremse 245.20
schmiedeeisern-e Kurbelwelle 302.8
—er Bügel 293.14
schmieren, die Ruten 328.14
Schmieren der Bremsfläche 124.22
— der Ruten 328.13
— der arbeitenden Teile 374.17
Schmier-büchse 375.8
—fett 374.20
—kanal 375.7
—kanne 375.2
—loch 375.6
—material 374.18
—mittel 67.5, 374.18
—öl 374.19
—seife 67.16
—stoff 374.18
Schmirgelstein 332.9
—platte 332.8
Schmit 46.15
Schmitz 46.15
Schmitzen der Kette 46.16
Schmitzer 46.17, 74.19
Schnabel 112.6, 326.14
—feder 112.10
schnappen, in den Schlitz (Hebel) 52.20
Schnecke 112.9
Schneid-exzenter 331.13
—exzenterhebel mit Zahnsektor 331.12
—kante 111.14
—maschine mit Kreismessern 383.20
—maschine, Chenille- 343.6
—maschine, Karten- — mit Hebelschere 383.16
—maschine, Zackenmuster- 375.14
—messer 334.13
—nadel 168.13
—riegel 332.3
—rute 327.8
—spindel für den Polfaden 336.6
—tisch 383.19
—vorrichtung 342.22
—zeug 331.11
—zeug, Flornoppen- 334.9
Schneide 388.14
schneiden, in doppelter Länge 218.2
—, den Polfaden 336.10
Schneiden von Doppelplüsch 332.2
— der Hebeschnüre 218.1
— der Kartenblätter 383.15
schnell gehender Stuhl 326.5
— laufender Stuhl 304.5
Schnell-lade 248.1, 289.14
—läufer 304.5
—schützen 237.7
schnellen, hervor- (Feder) 319.4
—, den Treiber 248.17
—, nach vorn (Blatt) 283.21
Schneller 10.21, 52.4, 248.4
—schnur 248.3
Schnitt-bindung 160.2
—fläche, Schußfaden 132.5
—leiste 361.2
—leistenvorrichtung mit Drehergeschirr 361.8
—streifen 154.14
Schnur 178.13, 203.10
—, gefirnißte 220.4
—, Anhänger- 110.4
—, Doppel- 123.9
—, Fühlhebel- 253.11
—, Gewichts- 235.9
—, Katzen- 45.16
—, Platinen- 210.9
—, Schaft- 184.13
—boden 225.5
—brett, gerade gebohrtes 217.10
—brett, schräg gebohrtes 217.12
—brett, versetzt gebohrtes 217.11
—brett, verschiebbares 222.15
—brettanschlag 222.17
—bretthalter 217.13
—brettloch 217.9
—bündel 220.20
—leitrolle 257.4
—leitrolle mit Zahnrädchen 257.11
—maschine, englische 225.2
—platine 225.4, 11
—rad 26.12
—rolle 26.15, 56.7, 207.2, 343.3
—scheibe 70.8, 235.8, 257.4, 331.15
—trieb 257.2
—trieb, Trommelscheiben- 32.4
—trommel 178.12
—winkel 233.3
—zug 230.5
Schnürchenperkal 393.3
Schnurenzug 268.7, 318.11
Schnür-brett 207.21
—brett, bewegliches 354.3
—loch 382.15
—muster 329.19
—ordnung 220.10
—ordnung mit Hebestäben 223.16
—rahmen 390.1
—weise, deutsche 221.2
—weise, verschränkte 221.2
Schnüren 207.20
—, freies 181.11
—, Karten- 389.17
Schnürlpikee 160.16
Schnürung 220.10
— des Geschirrs 181.10
— in Korps 223.1
— für Namenweberei 222.13
— mit Vorderwerk 223.5
—, bandförmige 222.5
—, doppelte 222.11
—, englische 221.5
—, gemischte 222.12
—, gerade 221.1
—, gesprungene 222.1
—, mehrfache 222.3
—, offene 221.5
—, Doppelspitz- 221.12
—, Eckstück- 222.7
—, Kanten- 222.6
Schock 11.5
Schoene, Schaftregler von 197.15
Schonen der Schäfte 204.11
Schoner, Treiber- 248.14
Schönheitswirkung des Gewebes 429.8
Schönherr, Kreuzspulmaschine mit Fadenführer 33.8
—, Offenfachmaschine 188.10
Schönherr, Schaftmaschine 191.2
—, Spulenauswechselvorrichtung 266.2
—, selbsttätige Spulenzuführung 262.15
—, Wechsel 274.12
Schorchmotor 310.15
Schore 56.11
schottisch-e Leinwand 393.9
—e Schlichtmaschine 72.13
—er Teppich 408.12
schräg in das Blatt laufen (Fäden) 50.2
— eingestellte Riedstäbe 285.7
— nach unten fliegen (Schützen) 267.6
— gebohrtes Schnurbrett 217.12
— gereihte Stiftenlöcher 57.20
— gestelltes Messer 210.7
— gestellte Röhrchen 340.13
— gestellter Rost 222.14
— gestellte Stoßnadeln 229.22
— liegender Rahmen 331.7
— liegende Schlagwelle 254.14
— stehende Radzähne 133.21
— stehendes Spulengestell 43.16
— verlaufender Mantelschlitz 32.8
—, in —e Lage bringen (Messer) 234.2
—es Fach 217.1
—er Rips 146.7, 397.22
—er Rips mit Kett-(Schuß-)wirkung 146.8
—e Schiene 59.17
—er Struck 154.16
Schräg-fach 142.21
—stellen der Platinen 211.8
Schräge der Kegelfläche 60.3
Schrangholz 46.6
Schrank 42.12, 138.9
—holz 46.6
—nägel 45.19
schränken 42.8
—, die Fadenstränge 43.1
—, die Gänge 43.1
Schränken 42.9
— des Fadenstrangs 42.19
Schraube 374.4
— mit links- und rechtsgängigem Gewinde 318.15
— mit flachem Kopf 374.9
—, angezogene 439.9
—, eingängige 127.14
—, eingängige — zum Steuerscheibenantrieb 36.15
—, endlose 54.11, 61.10
—, Feinstell- 28.12
—, Flügel- 83.7
—, Meßwalzen- 51.18
—, Stell- 92.23
—, Verbindungs- 136.3
Schrauben-bolzen 327.20
—bolzen mit Mutterschrauben 172.18
—draht 20.12, 191.3
—feder 91.12, 127.15, 270.6, 275.10, 389.6
—federbremse 125.20
—gangform, in 46.18
—gangnut 294.6
—gewinde 371.8
—gewinde, flaches 100.9
—getriebe 34.7, 52.10
—haken 124.12
—linien, in — legen 22.19
—mutter 139.20, 371.11, 374.13
—rad 51.19, 61.11, 127.13
—rad, Steuerscheiben- 37.1
—radgetriebe 30.7, 101.21, 127.12
—radregler 131.13, 135.13
—radübertragung 131.13
—raupen 21.1
—schlüssel 374.1
—spindel 55.18, 59.18, 74.5, 100.6, 126.2
—spindel (Schützen) 238.2
—spindel in festsitzender Büchse 60.9
—welle 127.19
—zieher 373.17
schrauben-artig gewundener Regler 197.16
—förmiger Einzug 104.17
—förmiges Nutgewinde 358.1
—förmige Rille 140.13
—gangförmige Trommelspalte 32.8
—spindelartige Fadenführerstange 100.17

schreitender Einzug . . 104.17
schrittweise bewegter Schieber 364.20
– gedrehte Förderscheibe 363.16
Schroers, Geschlossenfachschaftmaschine . 189.1
Schröerstich 216.12
Schub-falle 133.12
–klinke 133.12
–leiste 301.20
–stange 277.3, 293.8
–stange, gewöhnliche . 293.2
–stange, kurze 293.19
–stange, nachstellbare . 293.12
–stange, zweiteilige . . 293.11
–stangenkopf, offener . 293.13
Schuh 251.16
–, Brems- 308.7
–, Schlagstock- 314.14
–band 427.5
–kord 399.22
–plüsch 406.16
–stramin 399.22
Schule, Web- 8.13
Schuppenköper 150.1
Schürzen-besatz . . . 427.12
–stoff 433.1
Schuß (s. a. Einschlag) 7.22, 84.7, 236.12
– für das Grundgewebe 166.17
– um Schuß eintragen 247.21, 271.14
– um Schuß abwechselnd von verschiedenen Seiten eintragen. 271.15
–, blinder 266.12
–, durchlaufender . . 162.8
–, farbiger . . . 271.11, 334.18
–, fehlerhafter 302.10
–, gerader 235.3
–, lockerer 346.10
–, schlaffer 346.10
–, unegaler 236.19
–, ungerader 235.4
–, verlorener 266.12
–, Broschier- 162.12, 344.20
–, Chenille- 341.15
–, Einschnitt- 147.5
–, Flor- 166.14
–, Füll- 156.9, 161.2
–, Futter- 161.6
–, Grund- . . . 147.5, 161.5
–, Lanzier- 162.9
–, Nadel- 168.6
–, Ober- 155.3
–, Perlen- . . . 354.8, 415.2
–, Pol- 411.7
–, Rippen- . . . 147.3, 154.11
–, Struck- 154.11
–, Unter- 155.4
–abschneiden 258.8
–abschneidvorrichtung 341.24
–adriabindung 146.9
–anlage 132.4
–anlage, anschließende. 132.16
–anlage, gleichstufige . 132.15
–anschlag bei offenem (geschlossenem) Fach 284.11.12
–atlas 150.15
–auswechslung für die Buntweberei 271.5
–bewegung 284.6
–broché 162.12
–broché, doppelseitiger 162.13
–broschierung 344.19
schußbroschiertes Gewebe 344.14
Schuß-dichte 132.8, 376.9, 434.16
–double 154.18
–double, gemusterter . 155.10
–dupliermaschine . . . 96.18
–effekt 391.17
–eintragung durch Greiferschützen 257.20
–eintragung ohne Schützen 259.10
–eintragvorrichtung . . 8.3
–eintragvorrichtung für Roßhaarwebstühle . 259.13
–eintragvorrichtung für den Seaton-Webstuhl 257.21
–fach 379.5
–fachmaschine 96.18
Schußfaden . . 236.13, 391.5
–, gerissener . . 268.21, 317.16
–, geschlängelter . . . 245.4
–bindungseinheit . . . 144.16
–bruch 132.17
Schußfaden-dicke . . . 132.12
–einziehvorrichtung . . 372.7
–ende 264.20.21
–folge 434.4
–knäuel 336.1
–reihe, eine – unterstellen. 154.10
–richtung 433.20
–schnittfläche. 132.5
–stärke 132.14
–system, ein – unterstellen. 154.10
–wiederholung 144.16
–zuführvorrichtung . . 341.23
Schußfäden, durchschnittene 343.13
–, gleich bindende . . 144.8
–, in Röhrchen eingezogene 341.8
–, verschieden bindende 144.10
–, verschiedenfarbige . 258.14
Schuß-farbenwechsel . . 341.17
–florteppich 408.14
–flottung . . . 166.18, 392.3
–folge 7.19, 271.9
–folgemuster 329.19
–franse 355.5
–fühler. 318.13
–fühler, Northrop- . . . 261.11
–füllmagazin, revolverartiges 261.1
–gabel . . 263.17, 268.4, 322.13
–gabel, x-zinkige . . . 318.6
–gabelgitter 322.16
–gabelhalter 322.14
–gabelrost 322.16
–gabelstellbolzen . . . 322.15
–garn . . . 10.10, 84.8, 335.18
–garnkötzer 84.10
–garnpreis 444.9
–garnspuler. 84.18
–garnspulerin 84.19
–hülse 85.14
–hülse, hölzerne . . . 86.11
–kammgarn 15.1
–kasten 357.7
–kontrollvorrichtung. . 370.15
–kop 84.10
–köper 147.14
–kötzer 84.10, 260.6
–lagen, zwei – übereinander anordnen . . 155.2
–linie 379.11
–material 9.1, 236.14
–muster 7.19
–nadel 259.11, 318.12
–plüsch, glatter 405.13
–rapport 144.16, 381.8
–rippe 146.3
–rips 146.2
–samt 403.13
–samt, langhaariger . . 403.14
–schappe 17.8
–schlag 236.22
–schlegel 360.19
–schleife 425.21
–seide 16.6
–soleil 151.16
–soleil, längsgestreifter. 152.1
–spule 84.12, 341.3
–spule, abgelaufene . . 317.17
–spule, Holz- 239.14
–spule, leergelaufene 260.8.9
–spulen 84.6.22
–spulenbewicklung . . 85.9
–spulerei (Raum) . . . 85.1
–spulerei 84.22
–spullohn 445.3
Schußspulmaschine . . 86.7
– für die Bandweberei. 90.10
– für Kreuzkötzer (Morrison) 91.2
– für Laufspulen . . . 89.2
– für Schleifspulen . . 91.1
– für Seide 96.19
– mit stehenden Spindeln 87.16
– mit stehenden (liegenden) Spindeln und Reibrollenfadenführer. 100.4.13
Schuß-streifen. 132.13
–suchen 214.8, 307.11
–triple 156.3
–verbrauch in Kilogramm 444.14
–verbrauch in Pfund . 444.15
–verteiler 84.16
–verteilerin 84.17
–wächter . . . 268.22, 317.15
Schuß-wächter von Herrlinger 318.8
–wächter, Gabel- . . . 318.1
–wächterarm 322.18
–wächtergabel 270.13, 318.3, 320.7
–wächtergabelschlitten. 320.9
–wächtergitter 318.2
–wächterhammer 268.3, 316.5, 322.17
–wächterhebel . 318.4, 320.4
–wächternase 318.9
–wächterschützen mit Schußfühler 318.13
–wagenklaue 357.8
–wechsel 271.1
–wechsel ohne Wechselkarten 278.11
–wechselvorrichtung 271.3.22
–wippe. 357.9
–wirkung. 391.17
–zahl 3.13
–zahl in der Minute. . 306.12
–zähler 370.5.15
–zähler von Demoulin. 370.7
–zähler, Northrop- . . 370.6
–zettel 7.24, 434.5
–zuführung 260.1
–zuführung durch Gliederkette ohne Ende. 263.1
–zuführungsvorrichtung 258.2
Schüsse auf 1 Zentimeter 444.12
– auf 1 Zoll 444.13
–, [un]geradzahlige . 193.18.19
–, Vorschlag- 166.10
schüttere Fadeneinstellung 107.6
Schutz-blech 32.18
–brett 226.11, 298.1
–borte 428.21
–gitter 313.1
–gitter, bewegliches . . 312.14
–kasten 439.15
–mittel gegen Austrocknen 67.6
–schiene, Haspel- . . . 33.18
Schützen (s. a. Schiffchen) 237.5
– für Axminsterwebstühle 343.20
– für Chenilleweberei . 341.25
– mit Doppelfederspindel 237.20
– mit Einfädelvorrichtung 245.7
– mit Einfederspindel . 237.19
– mit Fadenösenspannung 243.16
– mit regelbarer Federplättchenbremse . . 245.16
– von Hettrich 242.15
– aus luftgetrocknetem Holz 243.8
– mit enger Kammer . 244.8
– mit Klemmfedern. . 262.19
– mit Laufspule . . . 240.11
– für Naßweberei . . 242.8
– für Schlauchkötzer . 240.3
– mit Schleifspule . . 237.13
– mit Vulkanfiberbelag 243.14
– von Walter und Stolle 242.12
–, abgearbeiteter . . . 243.21
–, abgenutzter 243.23
–, abgeschossener . . . 312.5
–, alter 267.1
–, ausgeworfener . . . 268.2
–, auszuwerfender . . . 268.12
–, im Bogen bewegter 347.12
–, einfacher 240.16
–, mit Eisenschienen beschlagener 243.17
–, gekrümmter 347.13
–, geradlinig bewegter. 347.9
–, gezahnter 347.10
–, herausgeflogener . . 312.11
–, x– in $x+1$ Kasten 272.10
–, x– in 2 x-Kasten . 272.11
–, leerer 266.17
–, neuer 266.18
–, oberer 141.17
–, rotierender. 301.2
–, steckengebliebener . 315.6
–, umlaufender 301.2, 347.6
–, verbrauchter . . . 341.27
–, zurückkehrender . . 252.2
–, Achsel- 242.11
–, Apfelbaumholz- . . 243.7
–, Bandstuhl- 242.1
–, Baumwoll- 241.20
–, Bobinet- 90.4
Schützen, Broschier- . 346.4
–, Buchsbaum- 243.6
–, Bügel- 244.6
–, Damast- 241.13
–, Doppel- 240.17
–, Futter- 271.21
–, Greifer- 241.1
–, Holz- 243.4
–, Jute- 241.16
–, Kasten- 243.2
–, Kokosmatten- . . . 241.14
–, Kompreßholz- . . . 243.9
–, Kötzer- 240.6.9
–, Maul- 241.1
–, Metall- 347.8
–, Northrop- 242.9
–, Oberschuß- 271.20
–, Roststuhl- 242.10
–, Schußwächter- . . . 318.18
–, Seiden- 241.12
–, Spindel- 237.18
–, Stahl- 243.18
–, Stahlblech- 243.19
–, Teppich- 241.18
–, Treibriemenweb- . . 241.15
–, Tuch- 241.11
–, Tuchrollen- 241.10
–, Velourteppich- . . . 241.19
–anprall 247.15
–antrieb, elektromagnetischer 301.1
–auffangvorrichtung . 315.8
–auge 244.10
–aussparung 244.11
–auswechslung, selbsttätige 266.7
–auswechselvorrichtung 267.8, 269.2.14, 270.3
–auswurfseite 268.18
–bahn 290.5
–becken 269.6
–behälter 267.10, 269.6, 270.8, 290.6
–behälter, umlaufender 279.2
–bewegung 246.6
–bewegung durch Druckluft 256.9
–bewegung, beschleunigte 247.13
–bewegung, gleichförmig verzögerte 247.11
–bewegung, pneumatische 256.9
–bewegung, zwangläufige 256.16
–boden, durchbrochener 244.7
–bremsung 316.21
–durchgang. . . 189.7, 247.1
–fach 328.17
–fänger 312.4
–fänger von Becker . 312.13
–fänger, fester 312.15
–fänger, schwingender . 312.17
–feder 246.5
–form 244.3
–führung . 257.8, 346.22, 348.4
–führungsschiene . . . 270.10
–füllvorrichtung, selbsttätige 261.12
–hülse 257.17
–kammer. 244.11
–kasten . 248.5, 250.7, 252.15, 290.6
–kasten an Federschlagstühlen 255.23
–kasten, falsch stehende 313.16
–kasten, nebeneinander stehende. 291.18
–kasten, Revolver- . . 280.13
–kasten, übereinander stehende. 290.9
–kasten, x-zelliger. . . 272.8
–kastenbewegung, negative 272.2
–kastenbewegung, [un]abhängige 272.1.2
–kastenbewegung, zwangläufige 272.1
–kastenhebung 291.1
–kastenklappe . 253.2, 268.19
–kastenrückwand . . . 267.5
–kastenspindel 250.9
–kastenvorderwand . . 267.4, 316.7
–kastenwächter 314.1
–kastenwechsel 290.15
–kastenzunge . 253.2, 316.8
–kehle 244.13
–körper 243.3
–lauf 247.2

Schützen-lauf für 1 und 1 Schußwechsel abwechselnd von beiden Seiten 271.19
—magazin 269.3
—reihe 358.8
—schieber 346.3.15, 347.3
—schlag 246.12, 315.7
—schlagsteuerung 254.7, 314.2
—schlagwelle 203.18
—schläge 4.6
—seele 237.22
—spindel 237.22
—spindel, aufklappbare 238.1
—spitze 244.15
—spitze, gehärtete 244.16
—stand 291.20
—steuerung 348.19
—träger 347.14, 348.13
—trägerstift 346.14
—treiber 248.4
—wächter 315.8
—wächter für frei fallende Laden 317.11
—wächter, englischer 316.6
—wächter, Stecher- 317.1
—wächterschloßrad 317.8
—wand 244.9
—wechsel mittels Daumenkette 273.18
—wechsel für *x*-kastige Stühle 290.17
—wechsel, einseitiger 272.19
—wechsel, *x*-facher 272.5
—wechsel, zweiseitiger 272.20
—wechselkasten mit *x* Fächern nebeneinander 345.15
—wechselkasten mit *x* Fächern übereinander 273.9
—zahl 272.9
—zelle 274.10
—zelle der Lade 269.10
—zellenboden, zangenförmiger 269.17
schützen, die Kette gegen Aufrauhen 64.11
Schwabewechsel 276.2
schwacher Ladenschlag 292.18
— Schlag 246.15
Schwächung des Fadens 284.14
Schwadenholz 356.3
schwanken (Kasten) 273.14
—, (Schäfte) 182.9
Schwanken des Kastens 273.13
— der Lade 295.4
— der Schäfte 182.8
schwankendes Anlaufen 306.7
Schwankung der Kettenspannung 120.8
—, Spannungs- 331.10
—, Touren- 310.1
—, Tourenzahl- 306.20
Schwanz-korden 208.20
—knüppel 208.22
schwarz 380.14
Schwebe, in der — gehalten werden 49.7
schwebend-e Bandbremse 123.20
—e Bremse 123.7
—er Streichbaum 129.9
Schwefeln 415.17
schwefelsauer-er Baryt 437.28
—er Kalk 68.16, 437.23
—es Kupfer 68.2
—e Magnesia 68.15, 437.25
—es Natron 68.19
Schweif 7.20, 114.4
—gestell 43.12
—gestell, Musterketten- 47.15
—haar 414.12
—länge 41.14, 443.16
—latte 43.12
—lohn 445.5
—muster 40.13
—rahmen 43.12, 45.13, 46.5
—rahmenflügel 46.7
—stock 45.13
—zettel 40.12, 434.3
schweifen, auf- und ab- (Fadenband) 47.9
Schweifen 40.1
—, Herab- 47.7
Schweifer 40.4
Schweiferin 40.5
Schweinsleder 248.11
schweizer Broschierlade 348.3
— Haspel 29.9
— Wechsel 277.22
schweizer Würmchen 242.2
schwer angehender Webstuhl 309.21
— gebauter Webstuhl 296.4
— laufender Stuhl 304.3
—es Gespinst 20.7
—es Gewebe 431.17
—es Gleiten 122.15
—es Holz 243.5
—e Kette 21.13
—er Tritt 352.10
—e Ware 296.6
Schwerspat 437.28
Schwert 177.4.5.6
schwinden (Kettenbreite) 114.12
— (Kettenlänge) 66.15
Schwinden der Kettenlänge 66.16
Schwing-baum 117.5, 288.17
—bolzen, Laden- 293.9
—hebel 192.5, 194.6, 204.7, 270.14
—hebel für die Abstellung 35.15
—hebel mit Kopfrolle 257.10
—hebelstützpunkt 194.10
—kasten 291.19
—lager 129.8
—punkt 199.12
—schaufel für die Abstellvorrichtung 91.5
—schiene 368.14
—stange 117.6
—weite des Fadenführers 95.12
Schwinge 188.14, 192.13, 207.8
—, Laden- 288.18, 293.4
schwingen (Lade) 292.7
—, mit der Lade (Schützenkasten) 272.18
—, schnell nach vorn (Lade) 295.7
—, nach der Seite (Zylinderlade) 187.3
—, um die Welle (Fadenführer) 37.13
Schwingen des Blattrahmens 283.12
schwingend-er Arm 137.17, 191.2
—e Bewegung der Lade 292.8
—es Einziehmesser 108.5
—e Fadenführerstange 37.12
—er Greifer 342.17
—er Haken 177.1
—er Hebel 90.19
—es Messer 196.4
—es Nadelgehäuse 226.2
—er Rahmen 210.17
—e Schiene 333.9
—er Schützenfänger 312.17
—er Streichbaum 117.5
—er Treiber 348.6
—e Zahnschiene 319.16
Schwingung, pendelartige 292.9
Schwingungsgröße des Kulissenhebels 128.11
Schwung-bewegung, vertikale 340.11
—hebel 311.6
—rad 55.4, 254.12, 302.4
Sealskin 399.29
Seaton-Webstuhl 257.21
sechs-bindiger Satin 402.6
—eckige Zelle 412.10
—kantiges Prisma 225.8
Sechseckhaspel 28.15
Seele (Schützen) 237.22
—, Baumwoll- 18.4
—, Messing- 18.5
Seelenfaden 19.18
Segel-leinwand 395.14
—tuch 395.14
Segment auf dem Schlaghebel 250.20
—, gezahntes 358.6
—, Holz- 115.8
—, Zahn- 112.17
—zahnrad 234.16
Seide mit Grenadinzwirnung 16.20
— mit Samtzwirnung 16.17
— mit Satinzwirnung 16.18
— mit mittlerer Zwirnung 16.19
—, assouplierte 16.22
—, beschwerte 17.1
—, chargierte 17.1
—, degummierte 16.23
—, entbastete 16.23
—, entschälte 16.23
—, farbige 17.1
—, gaufrierte 17.5
Seide, gekochte 16.24
—, gezwirnte 16.4
—, halbentschälte 16.22
—, laminierte 17.4
—, linde 16.23
—, lüstrierte 17.3
—, mulinierte 16.4
—, rohe 16.2
—, souplierte 16.22
—, unentschälte 16.21
—, ungekochte 16.21
—, Kupfer- 17.18
—, Nitro- 17.19
—, Phantasie- 17.10
—, Viskose- 17.20
Seidelsche Damastmaschine 233.1
seidenes Beuteltuch 401.24
Seiden-band 425.2
—bandstuhl 359.1
—baum 324.3, 359.6
—borte 428.1
—damast 402.16
—garn 16.1
—garn, Tussah- 17.6
—gaze 401.11
—gewebe 400.7, 430.17
—gewebe in Atlasbindung 402.3
—gewebe in Köperbindung 401.26
—gewebe in Leinwandbindung 400.8
—gewebe, echtes 430.18
—gewebe, gazeartiges 401.22
—gewebe, gemustertes 402.15
—gewebe, samtartige 403.1
—kamelott 401.6
—kernfaden 19.20
—litze 175.4
—litze, gewichste 175.5
—litze, mit Seife bestrichene 175.6
—noppe 18.13
—plüsch 403.4
—rolle 43.10
—samt 403.2, 404.6
—satin 402.4
—schermaschine 60.16
—schützen 241.12
—shoddygarn 17.15
—spulmaschine 34.2
—stuhlgestell 297.12
—stock 43.10
—verarbeitung 2.20
—voile 401.21
—weberei 2.19
—zettelmaschine 60.17
—zettelspule 34.13
—zwirn 334.19
Seife 68.10
—, mit — bestrichen 175.6
Seil, gewichtbelastetes 123.1
—befestigung am Bremshebel 124.13
—bremse 121.8, 124.10
—bremse mit zwei Hebeln 121.17
—steifigkeit 123.13
—windung 124.11
Seile, parallele 124.17
Seite, linke — des Stoffes 430.4
—, rechte — des Stoffes 430.3
—, nach der — schwingen (Zylinderlade) 187.3
—, Lang- 27.8
—, Stuhl- 251.6
—, Wechsel- 279.12
Seiten-arm 112.4
—armhalter 112.15
—holz 288.18
—jacquard 370.8
—kamm, in der Längsrichtung verschiebbarer 369.17
—scheibe 89.19
—ständer 335.2
—verschiebung des Hebels 109.1
seitengleich-es Gewebe 392.5
—er Stoff 430.
seitlich abgebogene Spitze 108.16
— bewegen, die Häkchen 351.11
— am Gestell gelagerte Welle 302.6
— verschieben, die Spindel 37.9
— versetzen, die Kettfäden 367.18
— versetzen, die Musterfäden 368.9
— verstellen, den Träger 61.20
seitlich-e Fortschaltung 109.11
—e Spitze 241.17
—es Verschieben der Schlagexzenter 251.8
—e Verschiebung der Broschierlade 345.13
Sektion 54.18
—, Scheren in —en 41.4
Sektionalschermaschine 54.2
Sektionsscheren 41.4
Sektor 251.15, 341.9
—, Geschirr- 322.1
—, Scheiben- 193.2
—, Zahn- 38.13, 276.10
—falle 314.12
Selbst-abstellung bei voller Spule 37.10
—einfädelung des Schusses 260.13
—hemmung 134.15
—kosten 442.13
—kostenpreis 442.14
—regelung der Fadenspannung 94.1
—regelung, zweiseitige 125.5
—schlag der Lade 292.14, 324.4
—spinnergarn 12.11
—spinnerkettgarn 22.1
—spinnerkettgarnkötzer 22.2
selbsttätig, sich — abstellen 52.16
—e Einfädelung 27.9
Selektor 368.10
—stange 368.15
Selfaktor s. Selbstspinner
Sempel 386.6
—schnur 386.7
—schnur, vorgezogene 386.8
—schnüre, gespannte 386.12
Semper 386.6
senken (Büchse-Kasten) 281.10
— (Loch-Kasten) 281.9
— (Platinenboden) 187.11
— (Rolle-Kasten) 281.11
—, die Kasten mit den Händen 291.7
—, vom *x*ten auf den *y*ten Kasten 281.8
—, den Nadelstab 350.5
—, die Schäfte 182.3, 191.1
—, die Schiene 61.22
—, in das Unterfach (Fadenabteilungen) 351.15
—, die Unterfachschäfte 187.10
—, den Wechselkasten 272.14
—, den Wechselkasten um *r* Zellen 272.17
—, sich (Stange) 98.6
Senken des Riedes 285.18
Senker 202.11
senkrecht angeordnete Kette 298.6
— stehende Platine 211.7
— verstellen, das Nadelbrett 196.9
—e Kette 298.7
—e Tritte 199.11
Senkung des Belastungsgewichtes 137.11
— der Bindekette 158.7
—, Faden- 142.8
—, Schaft- 182.2
Senkungstringle 233.5
Serge 399.8, 401.28
Sersche 401.28
Serviette 420.9
Setzchenille 411.3
setzen, in Bewegung 133.15
—, das Blatt 286.6
Setzen der Umrisse 379.18
Seydlitz, Webstuhl für Knüpfteppiche 337.8
Shoddygarn 14.19
Sibirienne 398.6, 417.10
sicheres Anlaufen 306.6
Sicherheits-fadenzähler 438.14
—falle 279.21
—gelenk 255.10
—kupplung 279.11
—schlagkupplung 314.5
—ventil 69.17
—ventil mit Belastung 74.18
—vorrichtungen 312.3
sichern, die Litzenschiene in den Ausschnitten 173.2
Sicherung 279.13
—, Bruch- 313.5
Sicherungsfeder 61.7
sichtbar, in der Figur (Lanzierschuß) 344.7

sichtbares Sticken 349.13
Sicilienne 401.16
Sieb, Draht- 416.21
—boden 416.22
—boden, 2-, 3-, 4 haariger 414.15.16.17
—boden, Haar- 414.14
—macherrahmen 324.11
—macherrahmen, endloser 324.14
siebenbindiger Satin 402.7
Signal, Farbenwechsel- 271.10
—, Glocken- 62.8
—apparat 77.13
—glocke 62.7
Silber-borte 428.4
—brokat 402.21
—faden 423.10
—gespinst, echtes 20.3
—gespinst, halbechtes 20.4
—gespinst, unechtes 20.5
—perle 19.14
—stoff 402.21
Silkin 17.19
Silvalingarn 13.25
Sitz-bank 297.6
—bekleidung 405.16
sitzen, auf der Meßwalzenwelle (Schraube) 51.24
—, in Nuten (Arme) 29.5
—, auf einer Scheibe (Spule) 38.20
Skala 28.13
—tafel 439.21
Skeletttrommel 75.10
Skizze, Muster- 376.11
Skizzen-einteiler 379.15
—übertragung, mechanische 378.16
Smithscher Fachkastenwechsel 274.15
Smyrna-garn 15.8
—knoten 336.15, 409.9
—stuhl 335.4
—tapestrieteppich 337.5
—tapestriewebstuhl 337.1
—teppich 409.15
—teppich, hochfloriger 409.17
—teppich, kurzfloriger 409.16
—teppich, auf mechanischem Wege hergestellter 337.7
—teppichwebstuhl von Crossley 338.18
Soda, kaustische 68.4
Sohlenleder 248.16
Soleil-bindung 151.15
—, Kett- 151.17
—, Schuß- 151.16
—, längsgestreifter Schuß- 152.1
Solenoid 320.11
Soll-länge 436.5
—länge der Strähne 444.17
—gewicht 442.11
Sommerstoff 431.18
Sonnen-breithalter 140.9
—spule 23.19
Soupleseide 16.22
souplierte Seide 16.22
Spalierried 286.4
spalten, die Kette 141.8
Spann-balken 80.3
—eisel 329.6
—hebel, Faden- 93.14
—kraft der Feder 334.1
—riegel 72.7, 80.8, 332.4
—riegelstellkeil 332.5
—rolle 59.1
—rolle, Faden- 99.5
—scheibe 59.1
—schiene 291.10, 354.4
—stab 138.15, 329.7
—stab, loser 339.2
—stock 138.15
—stock, Klemm- 139.12
—vorrichtung 341.4
—vorrichtung, Polfäden- 329.3
—walze 48.8, 53.2, 63.11, 73.13
spannen, die Feder 251.18, 283.22
—, straff (Feder) 92.16
Spannen der Kette 118.10
Spannung des Fadens bei Aushebung des Faches 141.19
— durch Gegengewicht 122.1
— durch Gewichte 301.11
— mit Rollgewicht 122.4
— mit Schleifgewicht 122.6
—, feste 118.18
Spannung, gleichmäßige 79.8
—, in — halten (Seil) 122.9
—, lose 118.23
—, nachgiebige 118.23
—, Faden- 29.16
—, Fadenösen- 243.16
—, Ketten- 118.16, 444.1
—, Strähn- 25.11
Spannungs-ausgleich 143.7
—draht 90.14
—feder 33.11
—gewicht 121.3
—regelung mittels Zackenrad 119.11
—regler, Faden- 58.10
—schwankung 331.10
—verhältnis der Kette 118.12
—zug der Aufwickelvorrichtung 130.18
—zunahme 120.7, 143.6
—zuwachs 120.7
Sparvorrichtung, Karten- 196.22, 236.7, 275.20
Spatenried 286.4
Speise-hebel 113.7
—vorrichtung, selbsttätige 269.7
Sperr-bogen 51.23
—falle 133.13
—feder 92.3, 97.18, 119.16, 333.19, 346.20
—feder für die Klammer 172.6
—haken 204.18
—hebel 119.15
—kegel 128.5, 439.5
—klinke 58.9, 128.5, 133.2, 135.11, 268.15
—rad 124.15, 128.4, 133.3, 136.18
—rad, Hand- 132.21
—radhebel 285.16
—riegel, drehbarer 178.15
—rute 138.15
—scheibe 276.9
—schiene 53.20, 192.6
—stift 363.17
—stock 138.15
—vorrichtung für den Kartenzylinder 192.7
—zahn 388.16
Sperren des Prismas 205.12
Sperrung des Warenbaumes 130.17, 134.16
Spiel in der Spannung 119.5
—, Fadenführer- 88.12
—, Laden- 292.6
—vermögen der Bremse 120.12
spielen, in der Pfanne (Zapfen) 292.12
Spielen der Bremse 123.11
Spille 26.14, 44.16
Spindel 26.14, 180.14, 237.22, 240.12, 280.4
— mit Feder 97.13
— mit aufgehauener Feder 239.2
— mit loser Feder 238.13
— mit Schlitzkopf 238.14
—, sich auf- und abbewegende 97.1
—, aufklappbare 29.12
—, auswechselbare 238.16
—, eiserne 290.13
—, geteilte 239.6
—, leere 87.24
—, liegende 44.14, 88.15
—, durch Reibscheiben angetriebene 36.2
—, durch Schnur angetriebene 37.18
—, stehende 38.18, 44.15
—, umklappbare 45.12
—, vierkantige 94.11
—, wackelnde 239.12
—, zwangläufig getriebene 99.12
—, Aufsteck- 39.1
—, Ausrück- 82.8
—, Doppelfeder- 237.20
—, Draht- 44.18
—, Einfeder- 238.7
—, Einsteck- 238.17
—, Eisenkegel- 238.5
—, Gehäuse- — mit Hafthaken 239.3
—, Haken- 239.5
—, Holz- 44.17
—, Holzkegel- 238.3
—, Kasten- — für Stahlschützen 239.4
—, Klöppel- 178.17
—, Körner- 80.18
—, Schrauben- 55.18
Spindel, Spulen- 26.10
—, Schützenkasten- 250.9
—, Vierfeder- — mit Ansatz 238.11
—, Zangen- 239.6
—, Zweifeder- 238.10
—anordnung, zweireihige 39.17
—ansatz, kegelförmiger 93.11
—antrieb 39.15
—antrieb durch Reibscheiben 37.2
—antrieb, eintrommeliger — zweier Spindelreihen 39.16
—antriebhülse 93.12
—antriebrolle 98.16
—auslösung 88.10
—bank 91.3, 99.3
—büchse 93.12, 94.8, 98.15
—büchsenbelederung 93.19
—drehbewegung, gleichförmige 100.12
—fassung 242.17
—feder 319.3
—fuß 242.16
—gelenk 98.17
—geschwindigkeit 88.2
—geschwindigkeit, veränderliche 88.3
—gestell 36.7
—gleitstück 98.18
—gruppe 92.11
—gruppe, stillgesetzte 92.12
—halter 30.5
—halter, hochgeklappter 30.6
—handrad 55.17
—hebel 36.6
—klammer 242.17
—kopf 96.5, 242.18
—lager, Glas- 44.20
—lieferung 88.4
—mitnehmer 93.13, 95.16, 98.16
—mitnehmerbüchse 93.12
—nase 250.10
—platte 36.3, 38.1
—rad 96.3
—rad, hyperbolisches 94.7
—rahmen 36.7
—reihe 87.26
—rinne 336.12
—scheibe 36.3, 38.1
—schiene 91.3
—schützen 237.18
—teilung 88.1
—teller 36.3, 38.1
—triebrad 95.7
—triebradkupplung 95.8
—triebwelle 96.2
—trog 96.8
—wellenkopf 93.13
—wirtel 26.15, 29.14, 95.15
—zahl 87.25
Spinnen, durch — erzeugt 18.22
Spiral-feder (s. a. Schraubenfeder) 358.15
—linien, in — legen 22.19
—wulst 139.11
spiralförmiger Gabelschlitz 30.9
— Riedstab 285.24
spitz, in sich (Harnischrand) 221.11
—, zu sich (Harnischrand) 221.10
—es Ende der Spulenhülse 264.18
—endige Spule 24.10
Spitz-einzug 104.11
—einzug, einfacher 104.12
—einzug, versetzter 104.16
—einzug, Doppel- 104.13
—faden 104.15, 221.9
—figur 349.9
—köper 150.9
—muster 377.6
—rapport 221.8
—schaft 104.14
—schnürung 221.7
—teil der Spitzschnürung 221.8
Spitze, seitlich abgebogene 108.16
—, einseitige 241.17
—, gerade 244.20
—, auf die — gestellt 152.7
—, seitliche 241.17
—, stumpfe 244.19
—, auf die — treten (Tritt) 183.7
—, Exzenter- 250.2
—, Nadel- 350.8
—, Schützen- 244.15
Spitzen, gewebte 423.14
—, [un]echte gewebte 423.15.16
—, Bobinet- 423.21
—, Tüll- 413.3, 423.21
—, Zier- 330.10
—band 426.3
—gewebe, gardinenartiges 413.1
—gewebe, schmale streifenartige 413.4
—grund 413.8, 423.20
—grund, gemusterter 413.10
—saum 426.4
—vorhang 419.2
—webstuhl 369.7
—webstuhl mit reihenweise (einzeln) bewegten Spulenschlitten 369.8.13
spitzenartiges Gewebe 412.25
Splint 374.16
splittern (Schützen) 243.13
Sprache, Weber- 8.4
Spreizstück 241.4
Sprenkelgarn 10.3
springender Einzug 104.10
Springlade 273.6
Spritze, Hand- 101.12
Spritzkanne, Öl- 375.3
sprödes Garn 9.22
Sprossenrolle 29.10
Sprung 141.3, 282.11
— der Helfe 218.12
— des Kastens 273.12
— des Schaftes 171.16
—, Ober- 142.15
—, Unter- 142.17
—blatt 354.1
—einzug 219.20
—höhe 141.11, 282.5
—höhe des Riedblattes, geringe 324.10
—zahl 151.2
sprungweiser Einzug 104.10
— Wechsel 292.4
Spul-art 23.4
—art beim Schußspulen 86.17
—fäden, auflaufende 89.8
—geschwindigkeit 24.19
—junge 84.20
—kosten 26.4, 88.23
—lohn 26.5, 88.22
—lohnsatz 26.3, 89.1
Spulmaschine für Kettenwickel 63.7
— für Schlauchkötzer 87.3
— mit stehenden, durch Schnuren angetriebenen Spindeln 37.18
— für scheibenförmige Spulen 89.3
—, Kettgarn- 26.16
—, Kötzer- 87.1
—, Kreuzschuß- 99.10
—, Leinengarn- 33.14
—, Schuß- 86.7
—, Seiden- 34.2
—, Trichter- 93.8
Spul-prozeß 22.14
—rad 26.7, 86.4
—rad mit Fußbetrieb 86.6
—satz 26.3
—tarif 26.3
—trichter 93.10
—vorgang 22.14
Spulung, harte 23.7
—, weiche 23.9
Spule für Automatenstühle 240.1
— für Bobinetstühle 90.1
— mit Einschnitt 319.2
— für x mm Fadenhöhe 239.13
— mit Kegelansatz 97.12
— mit Kreuzwicklung 23.20
— mit einer Seitenscheibe 89.5
— ohne Seitenscheiben 89.6
— zwischen zwei Seitenscheiben 89.4
— für Webstühle mit selbsttätiger Spulenauswechslung 240.1
—, abgelaufene 265.3
—, angefeuchtete 101.15
—, durchnäßte 101.14
—, fallende 364.24
—, flache 366.7
—, gefüllte 87.22
—, harte 23.8
—, federnde Holz- 239.15
—, leere 23.6
—, liegende 30.8

Spule, nachrückende . 264.15
—, scheibenförmige . . 89.3
—, spitzendige 24.10
—, übergelagerte . . . 265.10
—, unbrauchbare . . . 265.4
—, unterste 264.9
—, volle 23.5, 260.12
—, weiche 23.10
—, zweitunterste . . . 264.12
—, zylindrische 22.20
—, Abroll- 86.18
—, Anknüpf- 81.9
—, Bindedraht- 287.16
—, Blech- 239.17
—, Blechkegel- 239.20
—, Blechring- 239.18
—, Bobinet- 366.19
—, Doppelkegel- 85.15
—, Ersatz- 81.9
—, Einschuß- . . 84.12, 240.13
—, Eintrag- 84.12
—, Feingarn- 36.4
—, Hartpapier- 239.16
—, Holz- 10.19
—, Kett- 38.2
—, Klemm- — aus Blech 239.19
—, Musterfaden- 350.7
—, Northrop- 260.15
—, Scheiben- 10.17
—, Scher- 44.8
—, Schuß- 84.12
—, Tüll- 366.19
Spulen, aushebbare . . 340.8
—, diametral gelagerte . 362.7
—, im Kreise angeordnete 261.18
—, im Magazin übereinander angeordnete . 262.14
—, von Reibwalzen angetriebene 27.4
—abstellung 32.5
—antriebwelle 33.1
—aufdrückmaschine . . 372.2
—ausdrücker 364.19
—ausstoßvorrichtung . 364.3
—auswechselvorrichtung der Elsässischen Maschinenbaugesellschaft 263.5
—auswechselvorrichtung von Gabler 265.13
—auswechselvorrichtung von Köchlin 264.1
—auswechselvorrichtung von Schönherr . . . 266.2
—auswechselvorrichtung von Hartmann . . . 262.8
—auswechslung, selbsttätige 240.1, 260.11
—beförderungstuch . . . 33.3
—behälter 264.2, 364.2
—behälter, geschlitzter . 365.14
—bewicklung 23.13
—bewicklung, ballige. . 23.14
—bewicklung, tonnenartige 23.14
—böckchen 90.16
—bank, geschlitzte. . . 95.4
—bremse 29.13, 95.5
—bremsfeder 346.5
—brett . . 88.18, 301.9, 371.15
—brett mit Stiften . . 323.5
—eindrücker mit Klauen 262.17
—faden 44.23, 367.7
—faden, diagonal laufender 412.9
—feld 43.12
—fläche 37.11
—förderhebel . . . 340.9.10.11
—förderkette 340.1
—form 23.11
—form, ausgebauchte . 23.17
—füllung 87.21
—fuß 240.2
—gabel 30.5, 32.14
—garn 10.16, 435.22
—gatter 43.12, 45.14
—gestell . . 43.12, 62.16, 90.11
—gestell, bogenförmiges 44.7
—gestell, doppeltes . . 44.3
—gestell, einfaches . . . 44.2
—gestell, fahrbares. . . 62.16
—gestell, flaches 44.5
—gestell, geteiltes . . . 44.4
—gestell, keilförmiges . 44.6
—gestell, liegendes . . 43.15
—gestell, offenes. . . . 44.4
—gestell, schrägstehendes 43.16
—gestell, stehendes . . 43.18
—gestell, V-förmiges . . 44.6
—gestellflügel 43.14
—hals, kegeliger . . . 87.14
Spulen-halter . . 242.14, 262.18
—halter, federnder . . . 263.16
—halter, muldenförmiger 266.4
—höhe 24.13
—hubvorrichtung . . . 97.11
—hülse 89.7, 346.8
—kasten 88.19
—kegel 85.19
—kopf 263.10
—kopfrippe 263.11
—kreuz 323.4
—leiter 331.6
—mantel 37.11
—nässer 101.16
—netzgewebe 412.5
—netzgewebe, geflecktes 412.18
—netzgewebe, streifenartiges 412.12
—netzwebstuhl 363.6
—partie. 44.9
—pressung 32.15
—profil 23.11
—rahmen, stehender . . 43.13
—raum des Schützens . 244.11
—rest . . . 22.11, 45.1, 85.29
—scheibe 24.14
—scheibe, lösbare . . . 90.9
—scheibe, im Spulenschlitten festsitzende 90.8
—schieber 98.17, 264.16, 364.13
—schieberführung . . . 98.18
—schlitten 90.4, 366.6
—schlitten mit leerer Spule 364.16
—schlitten, einzeln bewegbare 369.13
—schlitten, fallender . . 364.25
—schlitten, gefüllter . 364.14.23
—schlitten, gezahnter . 368.1
—schlitten, leerer . . . 364.15
—schlitten, reihenweise bewegte 369.8
—schlittenantrieb . . . 366.20
—schlittenbremsfeder. . 365.10
—schlittenreihe 366.2
—schlittenscheibe . . . 364.17
—schlittentriebrad . . . 367.21
—schlitz, in den — eingreifen (Nase) . . . 95.17
—spindel 26.10, 89.16
—spindel mit Feder . . 29.18
—spindeln, in Schwenkhebeln gelagerte . . 31.2
—stock 43.12
—taster. . . . 266.5.13, 318.17
—tisch 32.19
—träger 263.6
—trichter, geschlitzter . 94.15
—triebtrommel 30.4
—verteiler 84.16
—verteilerin 84.17
—vorlauf 346.9
—wächter 318.17
—wächter mit Zählwerk 318.21
—wagen aus Eisen. . . 371.10
—wechsel von Hand . . 260.2
—weite, lichte 24.13
—zubringer 265.18
—zuführung, selbsttätige — von Schönherr. . 262.15
—zurichtung, ein-(mehr-)malige 44.12.13
—zylinder, durchbohrter 85.16
spulen 22.7, 84.14
—, mit der Hand . . . 24.20
—, vom Haspel 33.5
—, auf Hülsen 85.11
—, vom Kötzer 25.6
—, in Kötzerform . . . 85.18
—, mit Maschine 26.1
—, naß 85.3
—, von der Pfeife . . . 25.7
—, den Schuß 84.15
—, auf die Spindel . . 85.10
—, vom Strähn 25.5
—, trocken 85.2
Spulen 22.4
— mit der Hand . 24.21, 86.5
— mit Maschine. 26.2
— des Schusses 84.22
—, Einschlag- 84.18
Spulerei (Saal) 22.6
—, Lohn- 88.21
—, Schuß- 84.22
Spulerin, Einschlag- . . 84.19
Stab 282.6
— mit Stiften. 83.8
—, glatter 57.13
—, Ausrück- 308.20
—, Blei- 208.12
—, Führungs- 72.17
Stab, Glas- 35.5
—falzer 6.9
—reihe 282.12
—rost 210.19
—schnur 173.8
Stäbchen, Draht- 228.1
—, Einführ- 329.16
Stachel-kette 140.6
—kettenbreithalter . . 140.4
—rädchen, exzentrisch gelagerte 140.1
—rädchen, Messing- . . 139.18
—scheibenbreithalter . . 139.17
—walze 117.18, 140.11
Stahl 219.2
—band 124.20, 371.2
—bandbremse 124.19
—blech 115.12
—blechschützen mit federnder Rollenlagerung 243.19
—draht 355.6
—drähte, rechtwinklig sich kreuzende . . . 208.4
—drahthelfe 218.11
—drahtlitze 175.12
—gußglied, viereckiges . 372.16
—kopf, gehärteter . . . 239.8
—kratze 117.9
—lamelle, geschlitzte . 369.12
—nadel 259.15
—platine 194.15
—röhre 256.7
—rohrkettbaum . 78.2, 115.12
—rolle 237.11
—schiene, verschiebbare 28.9
—schützen 243.18
—stab 337.3
—zahnrad. 310.13
stählern-er Einsatz . . 288.9
—e Fadenführungsschiene 240.4
Stallgurt 428.28
Stand des Webers, rechts (links) vom 220.14
—, Kamm- 282.18
—, Ketten- 107.9
—, Schützen- 291.20
—spule 258.1
Ständer 111.3, 362.21
—, in —n gelagert. . . 59.10
—, Holz- 108.6
—, Kettbaum- 79.14
—, Windflügel- 76.5
ständig sich drehende Walzen 50.12
Stange 371.6
— mit abgebogenen Enden 312.16
—, Abstell- . 36.11, 48.4, 50.17, 92.9
—, Antrieb- 203.17
—, Ausrück- . . 308.20, 323.1
—, Fadenführer- 33.9
—, Führungs- — der Spannwalze 53.2
—, Greifer- 259.14
—, Haken- 94.20
—, Klinken- 48.4
—, Riemengabel- 52.18
—, Schalt- 59.18, 126.18
—, Zahn- 38.12
Stangen, Aufhängen auf 65.27
—, unabhängige 368.17
—lager 93.7
—vorschub 127.1
Stängel, Quadranten- . 322.2
—mutter 322.4
Stängelchen. 124.5
— mit Nase 203.9
Stanze 385.2
stanzen, die Karten . . 384.14
Stanzen, Karten- 384.6
—druck. 384.17
stark kreuzende Fäden 173.18
stark, x mm —e Rute 327.12
—er Eisendraht 208.11
—er Ladenschlag . . . 292.17
—e Ware 159.4
Stärke der Feder . . . 255.20
—, Faden- 28.7
—, Gängchen- 83.2
—, Ruten- 327.11
—, Schlag- 246.14
—, Schußfaden- 132.14
Stärkekleister 66.19
Stärker, Ketten- 66.8
Stärkerin, Ketten- . . . 66.9
Stärklohn 445.17
Starrleinen 395.22
Stativsäule 440.2
Stäublis Mittelleistenvorrichtung 362.15
Staubsche Garnwage . 439.18
Staubtuch 420.17
Stearin 67.15
stechen, die Einziehnadel durch das Litzenauge 103.6
Stecher. . 254.2, 264.6, 311.13, 316.10
—, eingefallener 316.19
—, hochgehobener . . . 316.17
—, Blatt- 106.9
—aushebung 316.20
—lappen 311.13
—schützenwächter mit Drehungsregler . . 317.1
—schützenwächter für Revolverstühle . . . 317.12
—welle 314.8, 316.9
Stechmaschine, Blatt- . 108.4
Stecklatte 57.18
Steckspindel 238.17
— mit Federhaltung . . 238.18
— mit Schafthaltung . 238.19
—, amerikanische 239.1
—, auswechselbare . . . 239.1
stecken, in einer Bohrung der Mitnehmerwelle (Baumzapfen) 81.5
—, auf der Körnerspindel (Baumzapfen) 81.4
—, im Nadelbrett (Nadelspitzen) 210.23
—, die Drahtenden in geschlitzte Köpfe. . 180.18
—, den Handschützen . 246.9
—, in den Kasten (Schützen). 250.14
—, die Schußspule auf die Spindel 260.7
—, die Spulen auf Aufsteckspindeln 44.11
—, die Spulen auf Drähte 44.11
—, auf die Welle (Block) 55.2
steckenbleiben, im Fach (Schützen). 315.5
steckengebliebener Schützen 315.6
Steg 168.17
Steh-fach 142.18
—faden. . 164.5, 353.2, 361.3
—fadennadel 362.19
—kette 339.19.20
—korps 353.8
—lade . 289.11, 299.2, 350.20
—lade, Prisma- 230.4
—schaft 231.8, 360.2
stehen, x Gang (Kette) 107.20
—, genau über den Messern (Platinennasen) 211.14
—, in der Ladenebene (Schützenkasten) . . 251.7
—, in Längs-(Quer-)reihen (Platinen) 214.17.18
—, über den Schlitzen (Knoten) 225.10
stehenbleibende Schäfte 182.10
stehend, in den Nadelringen (Platine) . . 187.20
—e Prismalade 234.9
—er Scherrahmen . . . 56.3
—e Spindel 38.18, 44.15
—es Spulengestell . . . 43.13
—er Spulenrahmen . . 43.13
steif werden (Faden) . . 64.16
—er Faden 435.14
—e Kette 405.10
—e Litze 174.17
Steif-gaze. 432.21
—leinen. 395.22
Steifigkeit, Seil- 123.13
Steigkasten 291.3
—bewegung, freifallende 273.10
Steiglade 249.2
—, Tannwalder 278.3
Steigladenwechsel . . . 273.8
—stuhl 303.17
Steigrad 133.14
steigen, im Schraubengewinde (Feder) . . 100.8
Steigen und Fallen der Schützenkasten . . . 290.19
steigern, die Schlagstärke 246.17
Steigerung der Webstuhlleistung 266.9
Steigung der Fadenwindung 87.13
—, Köper mit x Grad . 148.8
Steigungs-grad der Köperlinie 148.3
—winkel 198.18

Steigungs-zahl 151.2
steiler Köper 148.10
Stein-gut, glasiertes 208.2
—muster 153.11
Stell-bolzen, Schußgabel- 322.15
—brett 227.14
—keil, Spannriegel- 332.5
—schiene, Garnbaum- 78.15
—schraube 92.23
—schraube mit Spitze 374.7
—vorrichtung 28.11
stellbar-er Kamm 73.2
—es Scherblatt 54.6
Stelle, dünne Garn- 9.8
—, dicke Garn- 9.9
—, Auswechsel- 270.16
—, Broschier- 344.18
—, Bruch- 435.25
—, Kreuzungs- 144.4
—, Riß- 435.25
—, Umkehr- 38.10
stellen, dicht (Kette) 107.11
—, der Länge (Breite) nach auf den Stuhl (Jacquardmaschine) 217.3.4
—, auf Null 440.17
—, den Spannstab eng (weit) 139.9.10
Stellen der Lade durch Schrauben 289.18
— der Nadeln 363.4
Stellung, gehobene — der Kettfäden 226.19
— der Kette, dichte 107.10
—, rückwärtige 295.6
—, Kasten- 272.6
—, Litzen- 173.7
—, Mittel- 233.12
—, Totpunkt- 306.3
—, Zeiger- 28.14
Stelze 295.3
—, Fadenführer- 38.17
—, Laden- 134.10, 288.18
—, Ober- 174.4
—, Unter- 174.5
Stempel 385.2, 386.2
—, verriegelter 386.3
—, Gußstahl- 190.3
—ansatz 386.4
—führungsplatte 388.4
—kopf 385.19
—vorsprung 386.4
Steppdecke 419.30
Steppe 161.7
Steppkette 161.3, 325.9
Stern 201.3, 214.4
—, achtteiliger 274.3
—haspel 28.15
—haspel mit festen Armen 29.3
—muster 377.5
—rad 128.17, 201.3, 275.12, 280.7, 340.4
—scheibe 115.7
stetig wirkender [zwangläufiger] Warenbaumregler 130.8, 134.8
—e Schaltung 130.7
Steuer-hebel 276.17
—rad 38.14
—ring 34.8
—scheibe 34.9
—scheibe, Windungs- 37.14
—scheibenantrieb 36.15
—scheibenhub 37.16
—scheibenrolle 36.13
—scheibenschraubenrad 37.1
Steuern 446.14
Steuerung der Zahnstange 276.6
—, Schlagfallen- 314.3
—, Schützen- 348.19
—, Schützenschlag- 254.7, 314.2
Stich 282.5
— der Jacquardmaschine 216.2
—, mittlerer 216.10
—, Verdol- 216.13
—höhe 282.5
—stab, russischer 351.9
Stick-faden 350.16
—gaze 165.5
—gaze, wollene 398.24
—gespinst, Metall- 19.23
—kette 165.6
—kettenfaden 349.14
—lade 349.15
—lade mit einzeln beweglichen Nadeln 350.12
—lade mit zwei Nadelkämmen 351.4
—nadel 351.2
sticken, auf der Oberseite des Gewebes 349.12
Sticken, sichtbares 349.13
Stickerei, Lappet- 349.6
—faden 349.14
—webstuhl 349.3
Stickerin, Namen- 6.6
Stickertresse 428.15
Stift 123.8, 136.11, 176.21, 235.11, 389.8
—, zur Augenbildung feststehender 180.13
—, auswechselbarer 189.16
—, drehbarer 93.1
—, unter Federdruck stehender 328.5
—, gebogener 57.19
—, Abstell- 91.8
—, Holz- 189.13
—, Schützenträger- 346.14
—, Weicheisen- 189.14
—latte 301.20
Stiftrad 38.9, 201.2, 274.2, 278.7
—rollenbremse 245.21
—scheibe 280.10
Stiften-karte 188.16, 189.11
—löcher, schräg gereihte 57.20
—schermaschine 57.15
Stil 376.12
—, ägyptischer 376.14
—, assyrischer 376.13
—, gotischer 376.19
—, griechischer 376.15
—, indischer 376.17
—, maurischer 376.18
—, normannischer 376.20
—, römischer 376.16
—, Barock- 376.22
—, Renaissance- 376.21
—, Rokoko- 377.1
—losigkeit 377.2
stillgesetzt-e Spindelgruppe 92.12
—er Stuhl 306.16
stillsetzen, die Spule 31.6
—, den Webstuhl plötzlich 307.2
Stillsetzung des Webstuhls während der Schützenauswechselung 266.14
Stillstand der Kurbelwelle 293.16
— der Spulenschlitten in der Mittelstellung 369.10
—, Fach- 189.6
—, Laden- 292.21
—, Schieber- 364.21
—, Stuhl- 307.3
stillstehen (Spindel) 38.19
— in ihrer rückwärtigen Stellung (Lade) 295.6
Stirn-holz 356.3
—rad 51.20, 137.4, 287.11
—rad, verschiebbares 178.6
—radregler 131.12
—räderantrieb 307.17
—räderübertragung 131.12
—seite der Spulmaschine 27.7
Stock 208.22, 209.10
—, mit Garnsträhnen behängter 71.6
—, Scher- 43.12
—, Seiden- 43.10
—, Zieh- 80.5
—werkschläger 357.1
Stoff (s. a. Gewebe, Ware) 3.9
— mit liegender Haardecke auf der Oberseite 417.8
— mit Längsfalten 161.17
— für Leibwäsche 433.3
— mit gelegten Querfalten 162.6
— für Weißnäherei 433.2
— mit Wollknötchen auf der rechten Seite 417.16
—, in der Faser gefärbter 429.10
—, ganzreicher 402.23
—, gekreppter 161.9
—, geköperter 3.19
—, gewebter 3.7
—, gewirkter 3.8
—, glatter 432.1
—, halbreicher 402.22
—, plissierter 162.6
—, reicher 402.17
—, reinseidener 430.18
—, schlichter 432.1
—, seitengleicher 430.5
—, Damenkleider- 432.15
—, Futter- 432.20
—, Gloriaseiden- 430.21
Stoff, Gummi 431.13
—, Halbseiden- 430.20
—, Herrenanzug- 432.16
—, Hosen- 432.18
—, Kleider- 432.14
—, Rock- 432.17
—, Schlingen- 166.11
—, Westen- 432.19
—, Wollseiden- 430.21
—baum 116.17
—breite 304.10, 442.7
—kante 367.4
—leger 6.9
—messer 6.3
—messerin 6.4
—prüfung 445.11
—schauer 6.1
—wertung 429.5
Stopf-büchse 73.19
—meister 6.2
Stoppwelle 254.1
Störung, Betrieb- 266.11
Stoß-arm, gebrochener 293.17
—blech 366.8
—hammer 261.15
—hebel 236.8, 301.15
—klinke 195.13
—messer 167.10
—nadel 195.2, 229.6
—nadeln, schräg gestellte 229.22
—nadelkopf 229.10
—platine 195.2
—schiene 366.8
—welle 314.8
Stößel 192.4, 194.4, 262.10, 389.14
stoßen, den Schützen durch das Fach 246.21
—, die unbrauchbaren Spulen aus dem Schützen 265.4
—, auf die Weichenschulter (Klöppelspindel) 179.9
Stößer 254.2, 274.11
—, Schlaghebel- 313.14
straff anspannen (Litzen) 180.7
— aufwickeln (Kette) 79.6
— bleiben (Fäden) 79.7
— gespannte Grundkette 166.4
— gespannte Kette 118.20, 161.10
— halten (Litze) 180.19
— spannen (Feder) 92.16
—e Kette 405.10
Straffheit der Kette 118.21
Strafilato 16.18
strahlenförmige Würfelbindung 147.7
Strähn 52.4
—, durchtränkter 70.13
—, eingetauchter 70.2
—, gefitzter 10.24
—, unterbundener 10.24
—, verwirrter 25.15
—, im — nässen (Garn) 101.8
—, vom — winden 85.26
—, Garn- 64.1
—bürstmaschine 70.10
—garn 10.20, 22.3, 435.21
—garnschlichtmaschine 70.5
—länge von x Meter (Garn) 11.1
—spannung 25.11
Stramin 399.22
—, Baumwoll- 394.5
—, wollener 398.24
Strang, kreuzgeschweifter 43.4
—, kreuzgewickelter 43.4
—, im — schlichten (Kette) 71.9
—, Faden- 47.5
—garn 10.20, 22.3
—öffner 81.1
—schlichtmaschine 71.21
Stränge, aufgedrehte 170.17
—, in Einzelfäden aufgelöste 170.17
—, Lockengarn- 170.13
Stratorto 16.17
strecken, die Kette 66.5
—, den Strähn 25.10
Strecken (Fäden) 415.14
— der Kette 66.4
Streichbaum 75.16, 116.8, 129.14
—, beweglicher 117.5
—, drehbarer 117.4
—, fester 117.2
—, halbrunder festliegender 116.13
—, ruhender 117.2
—, runder drehbarer 116.12
Streichbaum, schwebender 129.9
—, schwingender 117.5
—, unbeweglicher 323.10
—, verschiebbar gelagerter 129.9
—bewegung 117.3
—höhe 304.16
—lager 116.9
streichen, die Florfäden nach oben 340.17
Streichgarn 14.4
—, Baumwoll- 12.5
—gewebe 397.8, 430.14
—gewebe in Köper- und Atlasbindung 398.12
—gewebe in Leinwandbindung 397.9
—polkette 411.12
—weber 5.20
Streich-riegel 80.8, 335.8
—riegel, polierter 333.7
—riegel, Waren- 116.15
—rohr 59.6
Streifen, erhöhter 154.13
—, luftige 426.9
—, reinfarbiger 421.5
—, tiefliegender 154.14
—, unreiner 421.6
—, Falten- 162.5
—, Grund- 162.4
—, Längs- 153.6
—, Muster- 377.11
—, Quer- 153.8
—, Schuß- 132.13
—bildung 421.4
—muster 412.17
—richtung 433.22
—tüll 412.12
streifen-artiges Spulennetzgewebe 412.12
—weise schattieren 380.23
Streifigwerden der Ware 222.2
Strichkontur 380.16
Strick 121.16
—bank, Schaft- 177.17
—garn 14.11
—maschine, Litzen- 176.9
stricken, die Webelitzen 176.11
Strippenband 427.5
Stroh, gespaltenes 416.5
—decke 416.8
—faden 416.7
—garn, kordonniertes 416.6
—gewebe 416.1
—matte 416.8
Strom, Preßluft- 265.5
—kreis, elektrischer 320.12
—kreis, Haupt- 320.6
—leitung 387.13
—rückleitung 387.14
—schluß herstellen 319.5
Struck 154.8
—, diagonaler 154.16
—, gemusterter 154.17
—, schräger 154.16
—, Längs- 154.12
—, Quer- 154.15
—schuß 154.11
Struktur des Gewebes 391.3
—, Faser- 436.17
Strumpf-band 415.25, 426.19
—band mit Kantenrüsche 426.20
—halter 427.23
Strupfe 183.11
—, Platinen- 210.9
Struppe 427.5
Stube, Trocken- 72.10
Stück (Docke) 11.3
— (Waren-) 41.22
—, verschiebbares 249.6
—, das — abtrennen 77.12
—, das — zeichnen 74.24
—beschauer 6.1
—beseher 6.1
—flügel 352.7
—geld 445.16
—länge 3.11, 75.1, 77.9
—revisor 6.1
—ware 405.15, 441.8
—zahl 443.10
—zeichen 75.2, 77.11
—zeichenvorrichtung 74.19
—e, mehrere — auf den Kettbaum bäumen 77.10
Stufe 279.9
—, Schlitz- 316.14
Stufen-hebel 275.3
—köper 149.14
—scheibe 34.5.17
—scheibenwechsel 291.13

Stufenwechsel 274.16
stufenförmig übereinanderliegen (Kettfadenlagen) 41.12
—e Fadenschichten 41.13
Stuhl (s. a. Webstuhl) 7.6
— mit einer Welle 302.1
— mit zwei Wellen von [un]gleicher Umdrehungszahl 302.5.7
—, doppeltbreiter 296.12
—, einschütziger 251.5
—, halbmechanischer — für Bandweberei 301.7
—, x-kastiger 290.17
—, langsam laufender 304.4, 326.5
—, leicht laufender 304.2
—, schnell laufender 304.5
—, schwer laufender 304.3
—, stillgesetzter 306.16
—, tiefer 324.2
—, ununterbrochen laufender 306.17
—, vom — kommend (Band) 427.15
—, Basselisse- 298.9
—, Bäum- 80.2
—, Borten- 360.8
—, Federschlag- 303.12
—, Gegenzug- 207.5
—, Gurten- 360.9
—, Hautelisse- 298.7
—, Hubkastenwechsel- 303.17
—, Kontermarsch- 207.5
—, Lampendocht- 360.6
—, Litzenband- 360.7
—, Nadel- 359.8
—, Revolverladenwechsel- 303.18
—, Rollenzug- 184.4
—, Ruten- 359.8
—, Schaftmaschinen- 296.14
—, Steigladenwechsel- 303.17
—, Wechsel- 303.14
—antrieb 305.6
—antrieb links 305.14
—antrieb rechts 305.13
—bauart 300.2
—belastung, volle 307.4
—breite 304.11
—bremse 311.12
—flug 4.15
—gestell 297.2
—gestell, verspreiztes 297.7
—gestell, Band- 355.13
—lampe 356.12
—meister 5.6
—nadel 367.19
—säule 297.3
—seite 251.6
—stillstand 307.3
—tuch 431.2
—überlage 190.13
—unterlage 304.22
—zettel 7.16
—zeug, Haar- 414.18
stumpfe Drahtplatine 234.11
— Spitze 244.19
Stunden-arbeit 441.7
—lohn 444.20
stürzen 47.10
Stütz-hebel 178.7
—leiste 366.16
—punkt, Schwinghebel- 194.10
Stütze 287.13, 362.5
—, Brustbaum- 305.4
—, Schaft- 172.13
stützen, den Hebel 194.11
Substanz (s. a. Masse) 67.19
suchen, den Faden 51.9
—, den Rapport 434.11
Suchen, Schuß- 214.8
Sumakhteppich 407.29
Support 59.16, 140.7
—antrieb 62.1
Surah 401.27
symmetrisches Muster 377.6
System, Klinken- 135.14

T

Tafel, Scher- 43.12
—brett 208.21
—tuch 420.10
Taffet s. Taft
Taft 400.9
—-changeant 400.15
—-quadrillé 400.17
Taft-rayé 400.16
—-uni 400.14
—, Baumwoll- 392.21
—, Doppel- 400.13
—, Futter- 400.10
—, Kleider- 400.12
—band 425.4
—band mit offenen Zakken 425.5
—bindung 145.18
—hohlstoffbindung 160.8
—punkt 381.18
—teppich 407.17
Taglohn 444.21
Talg 67.9, 437.17
—zusatz 64.18
Talk 68.17, 207.18
tangential gestelltes Röhrchen 342.6
— von der Spule laufen 240.15
Tannin 437.30
Tannwalder Schaftmaschine 192.9
— Steiglade 278.3
Tapestry-läufer 411.20
—litze 330.7
—mottledteppich 411.18
—teppich 411.14
—velourteppich 411.15
Tapete 407.8
Tapetengewebe 422.2
Tapezier-borte 428.16
—gurt 428.27
Tapisserie-garn 15.7
—gewebe 422.2
—möbelstoff 418.12
—stoff, nachgeahmter 422.5
—stoff im großen (kleinen) Punkt 422.6.7
—stoff, in Nadelarbeit ausgeführter 422.3
Tarif, Spul- 26.3, 89.1
Tarlatan 393.27
Tasche, konzentrische 128.20
Taschenfestigkeitsprüfer in Uhrform 440.14
Taschentuch 420.6
—stoff 433.5
—stuhl 275.20
Tastatur 389.13
Taste 385.14
Tastenanordnung 385.13
Taster 318.18, 342.13, 353.15
—, Kontakt- 318.19
—, Spulen- 266.5
—hebel 388.13
—nadel 389.4
—nadelkopf 389.5
Tätigkeit, außer — setzen (Messer) 233.16
tatsächliches Gewicht 11.16
Tauchwalze, kupferne 73.14
T-Cloth 393.15
Technik, Faserstoff- 1.2
Technologie, Weberei- 2.2
Teichrohrhülse 86.10
Teil, abgeschrägter fester 283.18
—, Gewebe- 145.4
—drehung 364.7
—kamm 82.13, 333.8, 339.1
—runde der Kerbscheibe 49.3
—rente 320.16
—scheibe 178.22
—schiene 41.7, 72.20
—schnur 62.13
—stab 83.20
—strich 62.12
—stück 75.3
teilbarer Grund 412.23
Teile, arbeitende 374.17
—, Webstuhl- 321.10
teilen, in Gruppen (Fäden) 339.11
—, die Kette 141.8
Teilen der Kette 141.7
Teiler 82.13
Teilung 28.13, 195.17
—, Chemnitzer 216.4
—, englische 216.6
—, feinfeine 215.11
—, feinste 216.13
—, französische 216.7
—, grobe 216.9
—, Krefelder 216.3
—, Lyoner 216.8
—, Wiener 216.5
—, mit —en versehen 371.1
—, Broschier- 345.2.3.4
—, Exzenter- 198.13
—, Kettfaden- 412.7
—, Platinen- 216.2
Teilung, Prisma- 211.15
—, Schaftmaschinen- 204.15
—, Spindel- 88.1
—, Zahn- 126.20
Teilungsbügel, Ketten- 363.2
Teketeppich 410.6
Telephongebühren 447.8
Teller 97.15
—, Klöppel- 178.16
—, Spindel- 36.3, 38.1
—tuch 420.15
Tempel (s. a. Breithalter) 138.15
—, Rädchen- 140.9
Temperatur, Schlichtraum- 73.9
Tempialstift 117.14
Tennisstoff 399.12
Teppich 407.3, 433.15
— aus künstlichem Pelz 407.24
—, abgepaßter 407.9
—, anatolischer 410.2
—, arabischer 410.5
—, bedruckter 407.27
—, bemalter 407.26
—, britischer 408.4
—, Brüsseler 411.21
—, doppelter 408.9
—, dreifacher 408.12
—, echter 407.5
—, einfacher 408.1
—, gestickter 407.25
—, handgeknüpfter 408.16
—, imitierter 407.6
—, indischer 407.25
—, marokkanischer 410.7
—, nachgeahmter 407.6
—, orientalischer 410.1
—, persischer 410.3
—, rheinischer 407.28
—, schottischer 408.12
—, tiroler 408.3
—, türkischer 409.15
—, turkmenischer 410.6
—, westfälischer 407.28
—, zusammengesetzter 407.12
—, Afghanistan- 410.4
—, Axminster- 410.12
—, Bouclé- 411.11
—, Chenille- 410.10
—, Druckvelour- 411.15
—, Flor- 408.13
—, Frisé- 411.11
—, Gobelinvelour- 408.8
—, Handknüpf- 336.19
—, Haargarn- 408.2
—, Jute- 407.21
—, Kelim- 408.7
—, Kettflor- 411.9
—, Kidderminster- 408.11
—, Knüpf- 408.15
—, Kokosfaser- 407.20
—, Köper- 407.19
—, Kräusel- 411.11
—, Kuhhaar- 408.2
—, Mokette- 411.10
—, Nadelsmyrna- 408.17
—, Pelz- 407.23
—, Raupen- 410.10
—, Rips- 407.18
—, Savonnerie- 409.15
—, Schußflor- 408.14
—, Smyrna- 409.15
—, Smyrnatapestry- 337.5
—, Sumakh- 407.29
—, Taft- 407.17
—, Tapestry- 411.14
—, Tapestrymottled- 411.18
—, Tapestryvelour- 411.15
—, Tournaivelour- 412.4
—, Velvet- 411.15
—, Velvetmottled- 411.19
—, Werg- 407.22
—breite 407.11
—einstellung 409.8
—garn 14.12
—gewebe, Doppel- 408.10
—größe 407.10
—knüpfstuhl mit Jacquardmaschine 335.13
—plüsch, gezogener 411.22
—schützer 241.18
—stuhlgestell 297.15
—weberei 3.1
—webstuhl, Axminster- 340.20
Ternauxschal 420.27
Textilin 14.2
Textilit 14.1
Textilose 13.26
Textiltechnik 1.2
T-förmige Schiene 333.2
theoretische Bindungslehre 143.16
— Lieferung des Stuhles 441.3
Tibet 399.11
—garn 14.21, 15.22
tief-er Webstuhl 296.9, 324.2
—gehender Schaft 198.3
—gestellte Nadelreihe 205.2
—liegender Kettbaum 116.10
—liegender Streifen 154.14
—ziehen, die Schäfte 182.3
Tief-bewegung der Schützenkasten 290.19
—fach 142.17, 216.16
—fachmaschine 228.8
—fachplatine 187.9
—gang, Fadenführer- 39.9
—schaft 231.7
Tiefe ohne (mit) Aufwickelgestell 331.3.4
— mit Leistenspulengestell 331.5
— des Stuhles 324.1
Tieferstellen des Baumes 111.11
tierischer Leim 22.26
Tigerplüsch 406.19
tiroler Teppich 408.3
Tisch 99.3, 222.8, 288.5, 365.2, 389.12
— mit Nuten 343.7
— mit Schlitzen 50.13
—, Spulen- 32.19
—decke 419.17, 433.12
—drell 396.8
—meßmaschine 442.1
—musterkarte 197.5
—öffnung 365.3
—tuch 420.10
—wäsche 420.8
—zeug 420.8
Toilinet 399.21
Tömpel 138.15
tonnenartige Spulenbewicklung 23.14
Tonröhrchen 208.14
Torffasergarn 13.21
Totallieferung des Stuhls 441.3
toter Gang der Schaltklinke 127.3
— Punkt 255.13, 306.2
Totpunktstellung 306.3
—, vordere (hintere) — der Lade 268.25.26
Tour (s. a. Umlauf) 381.8
—, Laden- 292.6
Touren, x — in der Minute 306.14
—schwankung 310.1
—zahl in der Minute 306.13
—zahl, volle 306.15
—zahlschwankung 306.20
—zähler 54.8, 370.3
Tournai-garn 15.3
—velourteppich 412.4
Towgarn 12.20
Tragantgummi 67.3
Trag-band 428.26
—brett 225.3
—feder, Kasten- 275.7
—gerüst 329.12
—gurt 428.26
—hebel, Trommel- 31.13
—schiene für die Litzen 172.4
—schienenhalter 172.5
—stange, Fadenführer- 38.17
Trage 206.18
—, Maschinen- 209.20
Träger 59.16, 178.11
— für die Broschierschützen 346.2
— mit Einkerbungen 129.13
—, feststellbarer 61.19
—, hohler 338.10
—, Breithalter- 140.7
—, Garn- 84.21
—, Garn-, elastischer 29.8
—, Gußeisen- 212.12
—, Kettbaum- 79.15
—, Messer- 327.16
—, Röhrchen- 340.6
—, Schützen- 347.14, 348.13
—, Walzen- 230.8
—antrieb 62.1
—band 426.21
Trägheit der Feder 255.21
Trama 16.6
—, festgedrehte 16.8
Trametteseide 16.7
Tramseide 16.6
tränken, die Kette 65.13
Transmissionsantrieb 305.8

Transporteur 354.9
Transport-filz 414.9
—kosten 447.1
—rad 128.18, 135.9
—wagen, Kettbaum- 79.16
—walze, Meß- und. 74.2
Traubenzucker 68.5
Traverse 176.15
Traversenauflager 212.10
Traversrips 146.1
Treib-finger 347.20
—lohn 26.5
—maschine 26.16
—rad 26.7
—riemen, gewebter 427.14
—riemenwebschützen 241.15
—stange 301.8
—stift 275.11, 347.2
—walze 30.4
treiben 22.7
—, den Schützen durch das Fach 246.21
—, die Spule durch Reibung 87.19
—, Wasser in die Spulen 101.11
Treiben 22.4
treibende Scheibe 305.16
— Zahnstange 276.5
Treiber 201.2, 248.4, 250.13, 317.14
— aus Büffelleder 248.12
— aus Rotleder 248.10
— aus Schweinsleder 248.11
—, ölgetränkter 248.13
—, schwingender 348.6
—, Federschlag- 256.6
—arm 291.10
—dorn 373.5
—führung 256.3
—fuß 248.9
—gabel 280.19
—kopf 248.8
—schnur 248.3
—schoner 248.14
Trenn-faden 412.14
—stab 137.20
trennen, die Fäden 84.4
—, die Scherabteilungen auf der Trommel durch Stifte 57.16
Trennen der zusammengeklebten Fäden durch Klopfen 66.2
Trennungslinie der beiden Gewebe 361.4
Treppenläufer 407.13, 433.16
Tresse 428.14
—, Sticker- 428.15
Tret-ordnung 183.3
—weise 183.3
treten, den Tritt auf den Kopf (Rücken) 183.7.8
—, in die Mitte der Zylinderlöcher (Nadeln) 188.1
—, den Schemel 180.1
Trichter 69.12
—, Fibre- 97.20
—schlauchspulmaschine 94.5
—schlitz 95.10
—spulmaschine 93.8
—spulmaschine mit umlaufendem Fadenführer 96.17
—spulmaschine mit liegenden Spindeln 96.1
—spulmaschine mit stehenden Spindeln 93.9
—spulmaschine mit stehenden Spindeln für das Bewickeln von Hülsen ohne Kegelansatz 96.10
—stück 99.7
—wandung 94.2
trichterförmiges Rohr 288.2
Trieb, Ketten- 213.15
—, Vorgelege- 135.9
—hebel für die Fadenführerstange 33.12
—rad 347.11
—rad, hyperbolisch verzahntes 94.6
—rad, Spindel- 95.7
—rad, Spulenschlitten- 367.21
—scheibe 32.12, 36.8, 305.16
—stock 39.13
—stockrad 38.11
—trommel 48.1
—trommel, Spulen- 27.3
—welle 34.8, 302.9
—welle, Spindel- 96.2
Trieb-werk, Exzenter- 198.8
Trikot 160.2
—, Diagonal- 160.7
—, Längs- 160.4
—, Quer- 160.3
—garn 14.10
Tringle 224.1
—, Hebe- 233.6
—, Senkungs- 233.5
Tringles, [un]geradzahlige 234.4.5
—maschine 233.7
—maschine mit geteiltem Prisma 233.8
—platine 233.14
—prisma 233.10
—vorrichtung 223.16
Triple, Ketten- 156.4
—, Schuß- 156.3
—stoffbindung 159.6
Trissel für den Rahmen 45.20
Tritt 182.20, 275.2, 321.5, 360.17
— mit Schlaufe 183.10
—, harter 352.10
—, leichter 352.11
—, schwerer 352.10
—, weicher 352.11
—, einen — machen 183.6
—bewegung, zwangläufige 323.11
—folge 183.3
—führung 322.6
—gehäuse 322.5
—gitter 322.6
—hebel 53.9, 182.20, 199.2, 295.12, 321.5
—herzchen 201.7
—herzchen für eine einzelne Hebung 201.10
—herzchen für zwei Hebungen 201.11
—herzchen für mehrfache Hebung 201.12
—herzchenform 201.9
—rolle 193.3, 201.8
—schemel 321.5
—vorrichtung 182.21
—weber 5.3
—webstuhl 182.19, 296.13
—wechsel 183.4
—weise 183.3
—zahl 183.2
Tritte, senkrechte 199.11
trocken spulen 85.2
— verweben, den Schuß 236.21
— wedeln, die geschlichtete Kette 65.29
Trocken-boden 72.11
—fächer 66.1
—gespinst 12.23
—gestell, Ketten- 72.3
—kammer 71.4, 75.7
—kammer, turmartige 75.12
—maschine für geschlichtete Garnsträhne 71.8
—stube 72.10
—vorrichtung, Ketten- 72.5
trocknen, die geschlichtete Kette 65.22
—, durch bewegte Luft 75.11
—, im Schatten 72.2
Trocknen der Kette im Freien 72.1
— bei mäßig warmer Luft 65.26
— mittels Maschine 66.3
— im Schatten 65.25
— der Stränge 170.15
Trockner 65.23
Trocknerin 65.24
Trocknung, Heißluft- 75.4
—, Luft- 75.12
Troddel 111.8
Trog 89.10, 180.5
—, Farb- 74.21
—, Leim- 75.5
—, Schlichte- 70.18, 75.5
—, Spindel- 96.8
Trommel 35.18
— mit auswechselbaren Hohlkegeln 372.8
— aus verzinntem Kupferblech 73.17
— mit Verzahnung des halben Umfangs 203.2
—, ausziehbare 48.19
—, große 74.6
—, kleine 74.7
—, zweigängige 32.6
—, Aufwinde- 324.9
—, Bürsten- 70.11
Trommel, Meß- 58.15
—, Reibungs- 35.2
—, Revolver- 280.3
—, Schlitz- 99.11
—, Schnur- 178.12
—bank 35.3
—bewicklung 56.20
—breite 48.18
—drehung 32.7
—geschwindigkeit 48.17
—kegel 60.15
—kegel, verschiebbarer 60.12
—kranz 60.18
—länge 48.18
—mantel 30.10
—nut, schraubengangförmige 32.8
—rad 58.18, 277.7
—scheibenschnurtrieb 32.4
—schlichtmaschine 73.10
—schlitz, schräg verlaufender 32.8
—spalte, schraubengangförmige 32.8
—stuhl 209.15
—traghebel 31.13
—umdrehungszahl, veränderliche 53.12
—verkleidung 277.12
—verschiebung 59.4
—welle 30.3, 48.2, 60.10
Tropfschale, Wellenlager- 375.9
Trumm 110.19
Tschörnersche Damastmaschine 232.13
Tuch 397.11
—, dunkles 62.19
—, halbwollenes 400.4
—, helles 62.20
—, mit dem — anlängern 110.6
—, Spulenbeförderungs- 33.3
—baum 116.17
—bindung 145.18
—fabrik 2.17
—industrie 2.18
—macher 5.18
—rolle 261.10
—rollenschützen 241.10
—schal 420.29
—schützen mit Backen 241.11
—stuhlgestell 297.10
—weber 5.18
—weberei 2.15
—wickel 261.10
Tüll 363.8, 423.17
—, einfacher 363.10, 423.18
—, festkantiger 412.13
—, gemusterter 363.13, 412.15, 423.19
—, gestreifter 363.11
—, glatter 363.10, 412.6, 423.18
—, Streifen- 412.12
—, Tupfen- 363.12, 412.18
—gardine 413.2
—grund 413.7
—spitze 413.3, 423.21
—spule 366.19
—vorhang 418.18
—webstuhl mit Double-Locker-Antrieb 366.5
—webstuhl mit 1 Reihe Spulenschlitten 366.3
—webstuhl mit 2 Reihen Spulenschlitten 366.4
—webstuhl mit Rollerantrieb 367.20
Tülle 340.5
Tümler 185.3
Tupf-farbe 380.6
—papier 379.1
tupfen 379.19
—, die gehobene Kette 434.8
—bildende Fäden 412.20
Tupfen 412.19
—, roter 380.10
—, versetzte 412.22
—querreihe 412.21
—tüll 363.12, 412.18
türkischer Teppich 409.15
— Vorhang 419.8
turkmenischer Teppich 410.6
turmartige Trockenkammer 75.12
Turquoise 401.10
Türvorlage 408.16
Tussah-schappegarn 17.16
—seidengarn 17.6
Typ, Webstuhl- 304.7
Type, Bindungs- 159.15

U

überbäumen, die Kette 76.20
Überbäumen 77.1
Überdrehen der Lockengarnstränge 170.13
überdreht-es Garn 161.15
—e Lockengarnstränge 170.14
übereinander (Fächer) 328.18
— angeordnete Spulen 262.14
— anordnen (Schußlagen) 155.2
— anordnen, zwei Ketten 155.12
— greifen (Enden der Rohröffner) 109.6
— liegen, stufenförmig (Kettfadenlagen) 41.12
— liegen, unmittelbar (Kettfadenlagen) 41.11
— stehende Messer 236.1
— stehende Schützenkasten
Übergang der Spulenschlitten aus einer Reihe in die andere 367.5
Übergangskurve 198.16
übergelagerte Spule 265.10
überhängendes Blatt 284.1
Überköper 149.12
Überlage 288.17
—, Stuhl- 190.13
Überlastung (Stuhl) 307.5
Überlaufen des Haspels 33.6
überleiten (Klöppel) 179.1
übermäßige Abfallbildung 86.1
Überschieber 338.17
Überschießen 143.2
Überschlagen des Fadens 27.13
— des Haspels 33.
überschlagen, sich (Faden) 27.12
überschossenes Gewebe 344.2
Überschuß, Faden- 98.9
—, Schlichte- 69.23
Überschwingen des Prismas 190.14
Übersetzung, Hebel- 277.20
—, Rad- 133.16
übersponnener Kautschukfaden 415.16
überspringen 280.1
Überspringer 142.23, 273.6
—karten, Revolver- 281.16.17.18
—rapport 273.7
—revolver 279.18
übersteigen, die Fachhöhe (Sprung) 282.11
übertragen, von Hand 378.15
—, die Zeichnung 378.13
—es Jacquardmuster 377.15
Übertragen der Vibration des Stuhles auf die Maschine 212.14
Übertragung der Kurbelbewegung 294.1
— der Skizze auf Linienpapier 378.14
—, Kraft- 310.5
Übertragungs-rad 128.18
—scheibe 58.19
—welle 262.13
überwinden, den Widerstand 118.6
Überwinden des Widerstandes 118.7
überzählig-e Fäden 182.15
—er Pol 405.11
überzogen, mit Fischhaut 117.12
—, mit Plüsch 329.13
Überzug, Metall- 20.17
—, Walzen- 156.14
U-Chenille 411.5
U-förmige Flornoppe 167.11
U-Gewicht 329.10
Uhr 359.11
—, Zähler- 48.12
Umänderung einförmiger Muster 145.5
umbäumen, die Kette 76.20
—, von der Schertrommel auf den Kettbaum 57.4
Umbäumen 77.1
Umbinden der Karten 390.17
Umdrehungs-zahl, Trommel- 53.12
—zähler 54.8, 370.5
umfahren 22.9
Umfahren 22.10

Umfang des Zugbaumes 131.6
—, innerer — des Ringes 341.21
—, Haspel- 25.22
—, Kettbaum- 119.4
—, Rahmen- 46.8
umfassen, zwei Platinen (Nadel) 227.5
umgebogenes Platinenende 227.6
umgekehrte Bewegung der Kurbelwelle 294.11
umgerechnet-e Nummer 11.14
umkehren, die Bewegungsrichtung 268.27
Umkehrstelle 38.10
Umkehrung, Hub- 39.12
umklappbare Spindel 45.12
umkleideter Kautschukfaden 415.16
Umlauf der Kerbenscheibe 48.23
—, englischer 52.3
—, Meßwalzen- 50.6
—zahl der gekerbten Scheibe 49.2
—zähler 54.8, 58.16
umlaufender Fadenführer 97.2
— Schützen 301.2
— Schützenbehälter 279.1
Umleitungsrohr 102.3
Umrechnen der Garnnummer 435.26
Umrechnung, Garn- 11.12
—, Gewichts- 436.7
—, Maß- 436.8
Umriß 379.18
—, Figuren- 379.17
Umrühren 69.8
Umschalter 311.11
Umschlagtuch 420.19
umschlingen, Ketten- und Musterfaden (Spulenschlittenfaden) 368.21
—, die Kettfäden (Spulenfäden) 412.8
—, den Stehfaden (Drehfaden) 353.10
—, sich gegenseitig (Kettfadengruppen) 164.2
Umschlingungspunkt 174.10
umschlungen, von einem zweiten (dritten) Drehfaden (Dreherpaar) 164.14.16
umspinnen, mit Draht 20.13
umsponnen, dicht 20.15
—, lang 20.14
—er Gummifaden 56.16
umspulen 22.9, 85.20
—, Kettenwickel zu Kötzern 63.15
—, Kettknäuel zu Zettelspulen 63.16
—, Spulenreste 22.12
Umspulen 22.10
— der Kette 63.4
— von Spulenresten 22.13
Umspulmaschine, Kett- 63.7
umstecken, die Spulen 45.3
umsteuern 277.21
Umwechseln der Schlagnasen 250.6
umwinden 22.9
umzählen, eine Figur x mal 380.20
umziehen, das Garn in der Schlichte 65.28
umzurechnende Nummer 11.13
unabhängige Prismaladenbewegung 211.22
— Schützenkastenbewegung 272.2
— Stangen 368.17
unaufgeschnittener Manchester 395.3
unausgesetzte Schaltung 130.7
unbeschränkte Farbenzahl 409.4
unbeweglicher Streichbaum 323.10
unbrauchbare Spule 265.4
undichtes Gewebe 393.21
unechtes Drehergewebe 165.11
—e Franse 355.3
—e gewebte Spitze 423.16
—es Goldgespinst 20.2
—e Lahnborte 428.7
—er Samt 394.27
—er Schal 420.21
—es Silbergespinst 20.5
unegaler Schuß 236.19
unelastische Kette 360.4
unentschälte Seide 16.21
ungekochte Seide 16.21
ungekräuseltes Weftgarn 170.12
ungerad-e Jacquardhelfe 234.7
—e Maschine 235.6
—e Platinenreihe 214.21
—er Schuß 235.4
ungeradzahlige Fäden 41.20
— Karte 383.11
— Schüsse 193.18
— Tringles 234.5
ungerissener Manchester 395.3
— Samt 404.2
ungeschnitten-es Raupengarn 21.1
—er Samt 404.2
ungewalkter Wollstoff 397.10
ungleich dichtes Ried 282.16
— hohe Weichenschultern 178.20
—e Blattdichte 282.17
—e Fachstellung 141.18
—e Flottungen 146.10
—e Gewichtsverteilung 109.3
—armige Balkenwage 439.18
—mäßige Bäumung 76.19
—mäßige Fadenspannung 29.17
—mäßiges Garn 9.7
—mäßiges Gespinst 18.2
—mäßige Verstärkung 151.13
Unigarn 10.1
Universal-fadenzähler 438.13
—garnwage 439.17
Unkosten, allgemeine 445.19
unliniertes Papier 387.17
unmittelbar übereinander liegen (Kettfadenlagen) 41.11
— wirkender positiver Kettbaum-(Warenbaum-)regler 128.3, 131.8
— wirkender Zahnradantrieb 310.17
—e Aufwicklung 131.1
—e Schiffchenbewegung 358.2
unrechtes Litzenauge 104.3
unregelmäßig gehen (Stuhl) 306.10
—er Atlas 151.10
—er Gang (Webstuhl) 306.11
unrein-es Fach 142.20
—er Streifen 421.6
unrunde Scheibe 129.5
Unrundgehen des Baumes 116.1
unsicher arbeiten 273.17
—er Anlauf 309.23
Unsicherheit, Betriebs- 266.10
unteilbarer Grund 412.24
unten liegen (Kettfaden) 144.6
—, von oben nach — geführt (Kettfaden) 335.14
—, nach — gekehrt (Warenseite) 345.1
—, sich von — nach oben bewegen (Nadeln) 351.1
unter-brechen, die Köperlinien 150.3
unterbrochen wirkender Warenbaumregler 130.5
—es Abwickeln 126.7
—er Köper 150.2
unterbundener Strahn 10.24
unter-e Bindung 157.1
—e Bremsscheibe 93.2
—e Deckkette 170.1
—er Drehzapfen 69.5
—er Kettrahmen 113.12
—er Messerkasten 226.15
—e Weichenschulter 179.8
—e Welle 302.9
—stellen, eine Schußfadenreihe 154.10
—suchen, zu —der Faden 436.3
—weben, eine Schußfadenreihe 154.10
Unter-abteilung 75.3
—antrieb 366.21
—band 10.22
—bau 356.13
—baum 116.17
—bindungsschnur 42.17
—brechen der Schalttätigkeit 129.11
—brechung, mit — arbeiten 130.6
—brechung, mit — wirkender Warenbaumregler 136.5
Unter-fach 142.17, 328.17
—fachschäfte 187.10
—faden 160.6
—gelese 142.17
—gewebe 157.14, 169.6
—grundkette 169.18
—hebestab 224.15
—kehle 142.17
—lage, Stuhl- 304.22
—lagplatte 385.1
—lagscheibe für Schrauben 374.15
—leiste 82.14
—litze 174.5
—messer 191.16, 232.15
—satzrahmen 212.9
—schied, Fadenspannungs- 49.10
—schied, Längen- 66.14
—schießen 143.1
—schlag 250.17
—schlageinrichtung 251.1, 254.11
—schlagwebstuhl 303.11
—schlinge 166.9
—schlingenfaden 166.8
—schuß 155.4, 325.11
—seite des Stoffes 430.4
—seite, gerauhte 417.6
—sprung 142.17
—stellung einer Kettfadenreihe 154.9
—stelze 174.5
—stützung, Laden- 295.5
—suchen der Asche 436.13
—suchung, mikrochemische 436.18
—suchung, mikroskopische 436.16
—tringle 224.15
—tuch 110.5
—ware 157.6, 169.5
—warenbindung 158.5
unterste Spule 264.9
ununterbrochen laufender Stuhl 306.17
—e Schaltung 126.6, 130.7
unveränderte Kettenspannung 129.17
unverschiebbare Litze 173.20
unvorhergesehene Ausgaben 446.17
U-Raupengarn 20.23
Utrechtplüsch 405.22

V

V-förmiges Spulengestell 44.6
Velour 417.11
— du Nord 406.15
—möbelstoff 418.14
—teppich, Druck- 411.15
—teppich, Tapestry- 411.15
—teppichschützen 241.19
—borte 428.12
Velpel 403.5
Velvet 403.13
—mottledteppich 411.19
—teppich 411.15
Velvetin 394.27
Ventil, Druckminderungs- 74.11
—, Druckregler- 73.20
—, Sicherheits- 69.17
—, Sicherheits- — mit Belastung 74.18
—stange 69.2
Ventilator 113.1
veränderliche Antriebsgeschwindigkeit 34.16, 53.13
— Geschwindigkeit 308.4
— Schaftbewegung 200.10
— Spindelgeschwindigkeit 88.3
— Trommelumdrehungszahl 53.12
— Windungsdichte 22.18
verändern, die Schwingweite des Fadenführers 95.12
Verarbeitung, Seiden- 2.20
verbinden, die Haspelspeichen durch Schnüre 25.21
—, den Hebel mit dem Fußtritt 188.8
—, die Jacquardmaschinen 214.6
—, den Knoten mit zwei Kettfäden 336.16
Verbindung 157.12
Verbindung, Kniehebel- 294.10
Verbindungs-art 381.10
—draht 194.16, 277.8
—faden 223.11
—gelenk 253.7
—kurve 198.16
—riegel 297.5
—schraube 136.3
—stange 253.9, 385.16
verbogen-e Platinennadel 211.13
—es Ried 286.19
verbrannt, in der Farbe 9.26
Verbrauch, Garn- 11.20
Verbrauchslänge 11.21, 443.20
verbrauchter Schützen 341.27
Verbrennen, durch — bestimmen 436.11
Verbrennungsprobe 436.12
Verdeck, Rad- 323.2
verdecken, die Nadelspitzen (Nadelplatte) 230.1
verdeckte Füllfäden 156.7
Verderben der Schlichte 65.6
Verdienst 442.16
Verdol-karte 382.8
—kartenschlagmaschine 388.22
—maschine 229.1
—stich 216.13
verdoppeln, die Schäfte 181.18
Verdränger, Faden- 365.9
—stift 365.11
verdreht (Fäden) 107.22
—er Gang 47.13
Verdrehung der Fäden 107.23
vereinigte Garn- und Bremsscheibe 115.21
Verfahren, Appretur- 436.21
Verfeinern der Fäden durch Strecken (Kautschuk) 415.14
verfilzt (Fäden) 81.12
verflechten (Litzenfäden) 179.14
Verflechtung, Hand- 165.10
verflochtener Kreuzköper 150.7
verführter Faden 81.11
Vergeudung, Garn- 11.22
Vergleichs-faden 436.2
—probe 436.1
vergrößern, die Kettendichte 114.13
—, die Spannung 119.2
vergrößertes Muster mit einfacher Bindung 232.2
Vergrößerung der Kettendichte 114.14
— des Musterrapports 222.4
Vergrößerungsglas 438.9
Verhältnis der Kettendichte zur Schußdichte 376.10
verheften, das Obergewebe mit dem Untergewebe 157.14
Verhinderung, Fäulnis- 67.23
verjüngtes Ende 328.7
Verkaufs-kosten 442.17
—preis 442.18.19.20
verkehrt laufendes Exzenter 256.5
—er Einzug 104.5.6
Verkleidung, Trommel- 276.12
Verkleinerung der Gewichtsbelastung 123.5
verknoten, den Litzenfaden über (unter) dem Auge 175.21.22
verkreuzen, die Fäden 42.8
—, die Fadengruppen 351.12
verkreuzter Harnisch 221.3
Verkreuzung der Fäden, zerstreute 150.17
— der Unterfäden 160.6
—, Faden- 144.1, 352.13
verkuppeln, die Reglergetriebe 135.3
verkuppelte Getriebe 135.4
verkürzen, den Abstellhebel 92.15
Verkürzung der Pappkarten 382.6
Verlängerung, Platinen- 195.1
verlangsamen, die Bewegung durch Räderübersetzung 53.15
Verläß, Faden- 46.2
verlassen, den Abstellansatz (Haken) 92.14
—, den Treiber (Schützen) 250.16
verleimte Kette 319.11

verlorener Schuß . . . 266.12
verlötete Riedstäbe . . 286.17
Verlust, Arbeits- 4.16
–, Breiten- 444.11
–, Garn- 11.23
–, Zeit- 4.17
vermeiden, das Streifigwerden der Ware . 222.2
Vermeidung, Bruch- . 254.17
vermindern, die Fortrückung des Steigrades 134.4
–, die Kettenspannung 126.10
–, die Rauhigkeit des Fadens 64.14
–, die Reibung der Kettfäden 182.16
–, die Spannung . . 119.3.4
–, die Zahl der Ladenspiele 266.16
verminderter Druck . . 74.15
Verminderung der Schaltgröße 128.10
– der Schußdichte . . 132.10
–, Gewichts- 121.15
–, Hub- 135.19
vernähen, das Obergewebe mit dem Untergewebe 157.14
vernähte Hebeschnüre . 218.3
verriegelter Stempel . . 386.3
Versandkosten 447.1
Versatz, Broschierladen- 345.13
–bewegung 367.10
–punkt 380.21
verschiebbar gelagerter Streichbaum 129.9
–, in der Achsrichtung. 252.9
–, axial 367.9
–, in der Längsrichtung 369.17
–er Abwickelbock . . 61.25
–es Baumlager 80.11
–es Getriebe 180.15
–es Messer 233.15
verschieben, Bindungsteile 145.1
–, das Lager im Bodenplattenschlitz . . . 80.13
–, den Nadelstab . . . 350.6
–, die Platine 188.2
–, die Schäfte 190.18
–, auf der Schiene (Scherblatthalter) . . 59.21
–, die Spindel seitlich 37.9
–, die Sprossenrolle . . 29.11
–, die Trommel 59.13
–, den Verschlingungspunkt der Helfe . . 174.11
–, auf der Welle (Reibrolle) 55.19
–, sich in der Längsrichtung (Hauptwelle) 99.6
–, sich wagrecht (Schützenbehälter) . 345.14
Verschieben, seitliches – der Schlagexzenter . 251.8
Verschiebung der Flottungen 152.2
– der Kurbelwelle in Richtung der Achse 307.15
– der Spule 265.11
–, seitliche (Broschierlade) 345.13
–, Nadelbrett- 234.3
–, Riemen- 53.16
–, Seiten- 109.1
–, Trommel- 59.4
Verschiebungsgröße der Nadelkämme 351.5
verschieden bindende Kett-(Schuß-)fäden 144.9.10
–e Schichtenhöhe . . . 97.8
–farbige Schußfäden. . 258.14
Verschleiß-, Riemen- . 310.7
Verschleißen der Lager 313.10
Verschlingung, Faden- . 81.13
Verschlingungspunkt. . 174.11
Verschluß, Hebel- . . . 269.4
Verschnürung, Nadel- . 235.1
verschoben, gegeneinander (Fadenschichten) 97.9
Verschränkung, Faden- 7.25
verschränkt aufgeschlagene Litzen 173.9
–e Schnürweise . . . 221.2
Verschubklaue 127.18
Verschwendung, Garn- . 11.22
verseifen 67.17
verseift 67.18
–es Bienenwachs . . . 67.8
versenkbarer Teil der Lade 345.10
Versenkschraube mit blankem Kopf . . . 374.10
– mit Nasenstift . . . 374.11
versetzen, eine Figur $x$mal 380.20
–, die Fäden seitlich 367.18, 368.9
–, die Schäfte 181.17
Versetzen der Figuren . 380.19
versetzt gebohrtes Schnurbrett 217.11
–er Atlas 151.10
–er Einzug 104.10
–e Florschlauchbindung 167.3
–es Jacquardmuster . . 377.19
–e Perlenreihen . . . 354.13
–er Rips 146.12
–er Spitzeinzug . . . 104.16
–e Tupfen 412.22
Versicherung 446.15
verspreizen, das Stuhlgestell 297.8
verspreiztes Stuhlgestell 297.7
verstärkt-er Atlas . . . 151.11
–es Gewebe 154.7
–er Köper 149.1
–er Rips 146.6
Verstärkung des Gewebes 4.11
– durch Unterschuß . . 155.1
–, [un]gleichmäßige 151.12.13
Versteifung 280.5
Versteifungs-boden . . 115.13
–rippe 115.20
–stoff 414.19, 432.21
verstellbar, gegeneinander 28.6
–er Hebelansatz . . . 50.16
–es Ried 285.20
–er Rost 228.12
verstellen, den Hebelhub 133.24
–, den Kurbelzapfen . 59.9
–, das Lager 55.21
–, die Messer 233.17
–, das Nadelbrett senkrecht 196.9
–, die Randscheiben des Kettbaumes 78.14
–, die Schraube im Schlitz 134.3
–, den Träger um Randbreite seitlich . . . 61.20
–, die Warzen 206.5
–, die Webstuhlteile. . 304.17
Verstellen des Nadelbretts 204.14.16
Verstellung des Scherkegels 60.7
versteppter Doppelgewebe 160.10
Versteppung 161.7
verstopfter Breithalter . 140.16
Verstreichbürste . . . 72.19
verstreichen, die Schlichte auf den Fäden . . . 65.16
verteilen, gleichmäßig (Schlichte) 69.21
–, gleichmäßig auf die Spule (Fadenwindungen) 22.17
–, die Zusetzungspunkte 153.4
Verteiler, Schuß- . . . 84.16
–, Spulen- 84.16
Verteilerin, Schuß- . . 84.17
–, Spulen- 84.17
verteilter Einzug . . . 104.19
Verteilung der Kettfäden, unregelmäßige 182.13
–, Faden- 182.12
–, Gewichts- 109.3
–, Schlichte- 69.22
vertiefte Fläche 280.8
Vertiefung im Kettbaum 77.18
– in der Wicklung . . 79.1
–, Hebel- 204.17
vertikale Schwungbewegung 340.11
vertretenes Fach . . . 323.12
verweben, mehrere Farben 271.7
–, die Nadeln 168.8
–, naß (Schuß) 236.20
–, den Schuß mit der Kette 1.13
–, trocken (Schuß) . . 236.21
Verweben der Kett- und Schußfäden 1.12
Verwendung der Stoffe 432.12
verwickelte Verreihung. 105.5
Verwicklung, Faden- . . 81.13
verwirrt (Fäden) . . . 81.12
–er Strähn 25.15
verwischter Bindungseffekt 391.13
verworren-es Aussehen des Gewebes 153.3
–er Krepp 153.2
–es Muster 377.12
Verzahnung des halben Umfangs 203.2
–, Eisen-Eisen- 310.19
–, Kranz- 61.4
–, Platinen- 188.13
verzapfter Ladenarm . 289.19
verziehen, sich (Platinen) 211.3
–, sich (Spulenscheiben) 24.18
verziert-e Gewebe . . . 421.1
–er Köper 149.2
–es Muster 376.4
Verzierung 149.4
– durch besondere Bindungsweise 421.2
– durch besondere Fäden 421.3
– durch Streifenbildung 421.4
verzinnt-es Kupferblech 73.17
–e Litze 175.17
Verzinsung der Anschaffungskosten 445.20
verzögert, gleichförmig (Schützenbewegung) 247.11
–e Bewegung 198.12
Vibrieren des Stuhles . 212.13
Vicuñagarn 15.24
vierbindig-er Doppelköper 148.14
–er Köper 148.1
–es Nutenexzenter . . 202.6
–er versetzter zweiseitiger Köper 157.10
viereckig-er Bindepunkt 379.20
–er Drahtbügel 263.7
–es Stahlgußglied . . 372.16
vierfaches Gewebe, gemustertes 159.3
vierfloriger Krimmer. . 407.1
vierhaariger Siebboden. 414.17
vierkantige Garnbaumwelle 78.1
– Spindel 94.11
vierschäftiger Gegenzug 201.16
– Köper 148.1
vierseitiger Baum mit abgerundeten Kanten 117.8
Viereckgrund 413.17
Vierfederspindel mit Ansatz 238.11
Vierkant 136.14, 236.9
–welle 280.14
Vierschußbindung . . . 169.16
Vigogne-garn 12.8
–wollgarn 15.24
Vigoureuxgarn 15.6
Viktoriaaxminsterteppich 410.15
Vincenzistich 216.12
Viskose. 17.20
–seide 17.20
Vogel 248.4
Voile 394.4, 398.21
–garn 15.14
voll-er Baum . . . 48.16, 77.6
–es Fach 142.19
–e Garnbaumscheibe . 78.7
–e Kartenstelle 382.14
–er Kötzer 262.2
–e Spule 23.5
–e Stuhlbelastung . . 307.4
–e Tourenzahl 306.15
–geschlagene Karte . . 383.3
–spulen, die Spule . . 22.8
–treiben, die Spule . . 22.8
Voll-dreher . . . 164.13, 426.7
–karte 197.6
Vorarbeiten für das Weben 21.2
Vorarbeiter 5.4
Vorbaum 40.20, 47.20
–, Kegel- 40.21
–gestell 83.17
Vorbäumen 40.19
vorbeistreichen, am Frosch (Stecher) . . 316.18
Vorbereitung der Kette 21.3
– des Schusses 84.5
vordere Maschine . . . 235.5
Vorder-baum 323.7
–fach 143.8
–geschirr 231.4
–geschirr, doppeltes . . 231.13
–geschirr, einfaches . . 231.12
Vorder-haken 92.2
–kamm 369.15
–kämme 231.4
–schaft 352.6
–scheide 356.2
–wand des Schützenkastens 256.2, 267.4, 316.7
–werk 231.4
–werk für Hoch-, Tief- und Stehschäfte . . 231.3
–werkhelfe 231.10
Vorgang der Lade 130.16, 292.19
–, Web- 1.9
–, Winde- 22.14
vorgedruckte Bindung . 379.16
Vorgelege-rad 133.9
–trieb 135.9, 137.5
Vorgeschirr 231.4
vorgestrichene Bindungsfläche 159.16
Vorgewebe 408.18
vorgezogene Sempelschnur 386.8
Vorhang, bedruckter . 419.4
–, finnländischer . . . 419.12
–, japanischer 419.13
–, orientalischer . . . 419.9
–, türkischer 419.8
–, Chenille- 419.5
–, Damast- 419.3
–, Djim- 419.14
–, Foolcarry- 419.15
–, Gaze- 419.1
–, Kilim- 419.11
–, Kongreß- 419.6
–, Madras- 419.10
–, Mull- 418.19
–, Schal- 419.7
–, Spitzen- 419.2
–, Tüll- 418.18
–gewebe 413.1
–stoff 418.17, 433.11
Vorlage, Tür- 407.16
Vorlauf, Spulen- . . . 346.9
Vorlaufen des Haspels . 33.6
– des Schaltrades . . . 135.15
– der Schaltscheibe . . 127.11
– der Schertrommel . . 57.9
–, gegen – bremsen. . 29.15
Vorläufer der Jacquardmaschine 208.16
vorn herausfliegen, im Bogen 267.7
–, von hinten nach – einziehen 103.16.17, 219.17
–, nach – schnellen (Blatt) 283.21
Vornadel 229.7
–brett 229.8
–halter 229.8
Vorrat 443.7
–, Faden- 98.2, 263.12
Vorrats-baum 47.20
–kanne, Öl- 375.1
Vorrichtbock 219.13
vorrichten, den Harnisch 217.5
–, das Schnürbrett chorig 223.2
–, den Webstuhl . . . 7.14
Vorrichten des Jacquardwebstuhls 217.2
Vorrücken der übergelagerten Spulen . . . 265.10
vorschieben, den gezahnten Bogen 52.8
Vorschieber 342.14
Vorschlagschüsse . . . 166.10
Vorschub, Stangen- . . 127.1
Vorsprung 372.9
– am Stirnrad 52.6
– am Zeigerrad, geschlitzter 52.7
–, Hebel- 278.18
–, Stempel- 386.4
Vorsprünge an Stirnrad und Zeigerrad . . . 52.11
Vorsteckdorn 372.7
Vorstecker 82.16
Vorstreichen der unteren Bindung 157.1
Vorware 340.21, 342.19
Vorwarenbaum, Chenille- 343.6
vorwärts bewegen, den Kasten 279.16
–bewegen, sich schrittweise 340.3
– schalten, das Prisma um x Teilungen . . 195.17
Vorwärts-lauf der Karte 206.7
–schalten. 135.16

Vorziehen der Sempelschnur 386.9
Vulkanfiberbelag 243.14
Vulkanisieren 415.17
vulkanisierter Kautschuk 415.18

W

Wachs 67.7, 437.20
—, geschmolzenes 207.19
Wachsen der Harnischschnüre 220.6
wachsender Fadenführerhub 88.16
Wächter, Glasgow- 320.14
—, Kettfaden- 50.11, 319.6
—, Schuß- 317.15
—, Schützen- 315.4
—, Schützenkasten- 314.1
—, Spulen- 318.17
—platine 320.18
wackelnde Spindel 239.12
Waffel-bindung 152.6
—decke 419.28
—gewebe, gemustertes 152.8
Wage 183.17, 185.9, 192.12
—, Garn- s. Garnwage
Wägelchen 256.17
Wagen (der Blattbindemaschine) 287.9
(des Drahtwebstuhls) 324.8
(des Fadenzählers) 438.15
(der Jacquardmaschine) 210.6
— (der Schlagmaschine) 385.9
— (des Tüllwebstuhls) 366.6
— mit Laufrollen 257.9
—, Kettbaum- 79.16
—, Schlagwerk- 388.8
—borte 359.13, 428.18
wagrecht angeordnete Kette 298.8
—, sich — verschieben (Schützenbehälter) 345.14
—e Führungsstange 108.7
Walk-baum 116.5
—bewegung des Gewebes 140.17
—welle 116.5, 329.14
Walkers Revolverschützenkasten 280.13
Wallis 394.14
Walter und Stolle, Schützen von 242.12
Walze s. a. Zylinder
— mit schraubenförmigen Rillen 140.13
— mit Spiralwulsten 139.11
—, ausschwingbar gelagerte 51.1
—, belederte 35.13
—, Abstell- 51.1
—, Antrieb- 48.1
—, Brems- 89.21
—, Bürsten- 71.2
—, Druck- 70.19
—, Führungs- 48.10
—, Häkchen- 70.21
—, Kupfer- 70.7
—, Meß- 54.7, 82.9
—, Meß- und Transport- 74.2
—, Plüsch- 38.5
—, Quetsch- 70.20
—, Riffel- 70.14
—, Rippen- 70.12
—, Schlicht- 73.15, 76.2
—, Stachel- 140.11
Walzen, sich ständig drehende 50.12
—breithalter [ohne Nadelspitzen] 140.2.12
—bürste 76.3, 328.12, 343.10
—führung 48.9
—meßvorrichtung 442.3
—paar 70.16
Walzen-schlauch 156.14
—träger 230.8
—überzug 156.14
—zapfen 49.15
Walzwerk zum Auswalzen des Rieddrahtes 288.1
Wand, Antrieb- 304.21
—, Gestell- 106.4, 278.13
—, Schützen- 244.9
—teppich 407.8
—teppich, gewebter 334.17
wandern, von Stoffkante zu Stoffkante (Schlitten) 367.4
Wange 282.6
Ware s. a. Gewebe, Stoff
—, bestickte 349.7
—, x-bindige 144.19
—, broschierte 344.12
—, dichte 132.11
—, dicke 159.5
—, engbindende 226.14
—, fertige 443.9
—, x-gängige 434.20
—, gassige 4.7, 143.13
—, gewürfelte 271.13
—, halbfertige 443.8
—, karierte 271.13
—, in der Kette gemusterte 3.23
—, kettstreifige 4.7
—, leichte 296.7
—, mehrbindige 200.12
—, paarige 143.13
—, quer gestreifte 271.12
—, rohrstreifige 4.7
—, x-schäftige 144.20
— in Schlauchform 300.10
—, im Schuß gemusterte 3.24
—, schwere 296.6
—, starke 159.4
—, weiße 393.11
—, Fertig- 4.9
—, Ober- 169.4
—, Unter- 169.5
Waren-abzugwalze 360.3
—aufwickelung 129.18
—aufwickelvorrichtung 132.20, 261.9
—aufwindung beim Rückgang (Vorgang) der Lade 130.15.16
Warenbaum 116.17, 135.6, 136.16, 366.11
—, mit Nadelspitzen besetzter 335.9
—, auf Zapfen gelagerter 335.3
—lagerung, nachgiebige 136.4
—rad 133.10
—regler 134.7
—regler, kraftschlüssiger [mit Gewichtsbelastung] 131.11, 137.3
—regler, mittelbar wirkender negativer 131.9
—regler, mittelbar wirkender zwangläufiger 135.5
—regler, negativer 131.11
—regler, positiver 134.8
—regler, stetig wirkender [zwangläufiger] 130.7, 134.8
—regler, unmittelbar wirkender positiver 131.8
—regler, mit Unterbrechung wirkender zwangläufiger 136.5
—regler, unterbrochen wirkender 130.5
—regler, zwangläufiger 131.10
—sperrung 134.16
Waren-beschauer 6.1
—bild 4.1, 378.9
—breite 3.12, 442.7
—dichte 3.13
—durchseher 6.1
—einzug, aktiver 132.3
—fläche 431.30
—führung 140.14
—gewicht 442.9
—kante 139.15
—länge 3.11, 441.12
—lauf 114.2
—leiste 3.10
—messung 441.10
—muster 4.1
—probe 430.1
—rand 139.15, 284.9
—rand, nach aufwärts gebogener 140.8
—regler 342.21
—rückseite 163.3
—schaffner 6.1
—schaltgetriebe 130.2
—schautisch 442.4
—schluß 284.9
—seite, rechte 345.1
—streichbaum 116.15
—streichriegel 116.15
warm schlichten 65.19
—e Schlichte 64.27
Wärmegrad, Schlichtraum- 73.9
Warze 206.4
Warzen-loch 383.1
—zapfen 206.4
Wasch-echtheit 429.17
Waschsieb 416.25
Wäsche 420.4
—band 427.8
Waschen 437.3
Wasser in die Spulen treiben 101.11
—ableitung 74.1
—abscheider, Niederschlag- 73.22
—becken 101.20
wasserdicht-es Gewebe 431.12
—e Hülse 24.8
Wasser-düse 102.5
—zerstäuber 102.5
—zugabe 68.7
—zusatz 68.7
Water-garn 12.10, 21.15
—twist 12.10
Web-art 1.11
—blatt 282.4
—blatt für Posamentenweberei 286.3
—blatt, Perlen- 354.14
—breite 331.1
—fach 141.3
—fehler 4.3
—garnausgeber 84.16
—garnausgeberin 84.17
—geschirr 105.12
—gut 3.6, 8.6
—gut für Kette 8.15
—gut für Schuß 9.1
—hälfte 141.9
—kette 114.4
—kunde 2.2
—kunst 1.3
—lade, Haus- 321.8
—lohn 445.10
—malerei 422.4
—material 3.6, 8.6
—material, hartes 236.15
—prozeß 1.9
—saal 1.8
—schaft 171.3
—schaft mit auswechselbaren Litzentragschienen 172.11
—schema 434.12
—schule 8.13
—schützen 237.5
—stoff 8.6
—stoffbenennung 8.14
Webstuhl (s. a. Stuhl) 7.6
— in Ausrückstellung 306.22
— für Axminsterware 343.15
— für broschierte Waren 344.12
— für Chenille 340.22
— für Drehergewebe 352.2
— für Fransenware 355.1
— mit Häkchenstab 351.8
— mit Hängelade 303.16
— mit glatter Lade 303.13
— für lanzierte Waren 344.1
— mit Linksantrieb 305.12
— für Perlengewebe 354.5
— mit Rechtsantrieb 305.11
— mit selbsttätiger Schützenauswechslung 303.19
— mit selbsttätiger Spulenauswechslung 304.1
— mit senkrechter Kette 298.7
— mit Stehlade 303.15
— mit Sticklade 349.3
— für Streifentüll 365.18
— für gemusterten Tüll 365.19
— für platten Tüll 366.1
— für Tupfentüll 365.25
— mit Vorrichtung zur Herstellung einer Mittelleiste 361.1
— mit Winkelräderantrieb 308.1
—, breiter 296.11
—, einschütziger 303.13
—, einspuliger 303.13
—, halbmechanischer 7.9
—, kurzer 296.8
—, leicht gebauter 296.5
—, mechanischer 7.8
—, schmaler 296.10
—, schwer angehender 309.21
—, schwer gebauter 296.4
—, selbsttätiger 266.8
—, tiefer 296.9
—, zweimänniger 185.12
—, Axminsterteppich- 340.20
—, Band- 355.10
—, Baumwoll- 321.3
—, Broschier- 348.7
—, Doppelsamt- 330.13
Webstuhl, Dreherfiguren- 353.12
—, Gardinen- 368.3
—, Gobelin- 334.16
—, Hand- 296.3
—, Jacquard- 7.12
—, Knüpfteppich- 337.6
—, Kurbel— 304.20
—, Northrop- 260.18
—, Oberschlag- 303.10
—, Röhrchen- (für Teppiche) 339.18
—, Roßhaar- 259.13
—, Schaftmaschinen- 206.17
—, Seaton- 257.21
—, Smyrnatapestry- 337.1
—, Smyrnateppich- 337.8, 338.18
—, Spitzen- 369.7
—, Tritt- 182.19
—, Unterschlag- 303.11
—bart 304.7
—bau 300.3
—bauarten 300.2
—fabrik 7.4
—fabrikant 7.5
—gestell 297.1
—gruppe 304.6
—leistung 266.9
—nummer 7.15
—querbalken 259.3
—teile 321.10
—welle 310.6
webtechnisch 2.1
Web-vorgang 1.9
—warenfabrik 1.7
—warenfabrikant mit Hauswebern 6.23
—warenindustrie 1.10
—weise 1.11
weben 1.4
—, mit der Hand 4.19
—, den Kopf 1.14
—, mit (ohne) Kreuzfach 223.14.15
—, ohne Kreuzschiene 138.13
—, im Lohn 6.20
—, die Marke 1.14
—, mit x Schäften 181.3
—, den Schlag 1.14
—, mit leichtem Webstuhl schwere Ware 296.6
—, mit schwerem Webstuhl leichte Ware 296.7
Weben 1.3
— in Broché 344.16
— mit der Hand 4.18
— mit gekreuzter Kette 352.3
— glatter Stoffe 2.5
— menschlicher Figuren 422.10
Weber 4.21
—glas 434.14
—kamm 8.10, 282.4
—nest 4.4
—regel 8.5
—schere 8.11, 112.1
—schiffchen 237.5
—sprache 8.4
—vogel 248.4
—zange 8.12, 112.2
Weberei (Fabrik) 1.7
— (Gewerbe) 1.10
— (Kunst) 1.3
—, mechanische 7.2, 300.1
—, Damast- 231.2
—, Gebild- 208.15
—, Jacquard- 208.15
—abfall 4.13
—besitzer 1.5
—direktor 1.6
—geräte 8.9
—gewerbe 1.10
—leiter 1.6
—maschinen 7.3
—technologie 2.2
Weberin 4.22
Wechsel (Rad) 136.1
— (Schützen-) s. Schützenwechsel
— von Ketten- u. Schußwirkung 153.13
— der Reihe nach 273.5
—, einseitiger 292.2
—, schweizer 277.22
—, sprungweiser 292.4
—, x-er 133.18
—, zweiseitiger 292.3
—, Bindungs- 196.10
—, Buckskinstuhl- 274.4
—, Drehladen- 279.1
—, Eccles- 276.1
—, Fach- 228.5
—, Hacking- 275.5

Wechsel, Hodgson- . . . 276.7
—, Knowles- 276.12
—, Revolverladen- . . 279.1
—, Schaft- 182.4
—, Schönherrscher . . . 274.12
—, Schuß- 271.1
—, Schußfarben- . . . 341.17
—, Schwabe- 276.2
—, Spulen- 260.2
—, Steigladen- 273.8
—, Stufen- 274.16
—anordnung links . . . 281.5
—anordnung rechts . . 281.6
—automat, revolverartiger 270.12
—bewegung 261.16
—bock 276.13
—farbe 230.15
—finger 276.17
Wechsel-hammer . . . 261.15
—hebel, Doppel- 277.14
—hebel, Gabel- 277.13
—karte . 275.15, 277.25, 280.20
—karte aus Stahlblech 280.21
—karte, Rollen- 281.1
—karte, Revolver- . . . 281.12
—kasten 272.4, 290.12
—kasten, gehobener . . 272.13
—kasten, gesenkter . . 272.15
—kasten, Schützen- — mit x Fächern übereinander 273.9
—kastenheber 277.16
—kastenvorrichtung . . . 271.22
—kette 196.19
—lade . . 272.3, 290.10, 344.10
—lade für Bandstühle . 358.9
—lade mit Drücker . . 291.8
—organe 262.7
—patrone 292.1
—platine 277.1
—rad . . . 128.21, 133.8, 135.10
—rapport 273.1
—schaftmaschine . . . 195.10
—schlaghammer 261.15
—seite 279.12
—stillstand 281.13
—stuhl 303.14
—wand 305.1
wechselseitiger Fadenführerhub 39.11
wechseln s. a. ändern
—, das Fach 142.13
—, von Faden zu Faden (Fadenkreuzung) . . 153.18
—, die Farbe 341.16
—, die Schützen 271.4
—, mit x Schützen . . 271.16
—, die Schützenkasten . 290.16
—, den Tritt 183.5
Wechseln der Kettfarben 230.11
— der Schützenkasten . 290.15
— der Schützenreihen . 358.8
wechselnde Fadenspannung 49.9
wedeln, die geschlichtete Kette trocken . . . 65.29
Weft-garn, ungekräuseltes 170.12
—kötzer 260.6
Weg, Fadenführer- . . . 30.14
weich bäumen, die Kette 57.6
— gedrehtes Garn . . . 9.15
— gesponnenes Garn . . 18.1
— machender Zusatz . 67.4
—er Faden 236.18
—es Gewebe 431.24
—es Kammgarn 14.24
—er Ladenanschlag . . 130.12
—e Schlichte 64.25
—e Spannung 118.23
—e Spule 23.10
—e Spulung 23.9
—er Tritt 352.11
—e Windung 85.23
—bleibendes Kettgarn . 64.19
Weicheisenstift 189.14
Weiche 178.18, 326.20
—, Zungen- 193.4
Weichen-achse 178.19
—achse, auf- und abschiebbare 179.5
—schulter, obere 179.7
—schulter, untere . . . 179.8
—schultern, ungleich hohe 178.20
—spitze 179.11
Weife 25.19, 26.8
weiß-es Mohärgarn . . . 15.21
—e Ware 393.11
Weiß-bast 17.12
—fitz 10.26
—ware 433.2
—weberei 2.3
—zeug 433.2
weit stellen, den Spannstab 139.9
Weite, Einstell- 107.9
—, Gestell- 308.2
weiter-gehen, um einen Zahn (Häkchen) . . 108.3
—laufen (Stuhl) 269.1
—schalten, die Karten . 206.9
Weiter-bewegung des Gewebes 292.11
—rücken, zeitweises — der Kette 130.4
—schalten der Karte . . 385.12
—schaltung des Magazins 262.5
Weizen-mehl 66.21
—stroh 416.3
Welle 33.2
— der Fadenführerstange 36.12
— des Hubhebels . . . 36.12
— mit Rolle 250.22
— in Verbindung mit dem Hebel (mit der Rolle) 184.7.8
—, durchgehende . . . 125.6
—, runde Garnbaum- . 77.22
—, vierkantige Garnbaum- 78.1
—, gekröpfte . . 301.16, 384.4
—, seitlich am Gestell gelagerte 302.6
—, untere 302.9
—, Antrieb- 54.3, 89.18, 178.2
—, Fühlerhebel- 253.13
—, Haspel- 29.4
—, Hülsen- 55.12
—, Messer- 191.18
—, Prismen- 195.11
—, Reibscheiben- . . . 36.9
—, Schützenschlag- . . 203.18
—, Stecher- 316.9
—, Trommel- . . . 48.2, 60.10
—, Vierkant- 280.14
—, Webstuhl- 310.6
Wellen-antrieb 305.8
—bewegung 183.14
—kopf, Spindel- 93.13
—lagertropfschale . . . 375.9
—linie 336.4
—linien, in — angeordnete Riedstäbe . . . 285.10
—stuhl 209.17
—vorrichtung 183.12
—zapfen 48.14
—zwirn 19.6
wellen-artiger Dreher . 165.2
—förmig, in —e Lage bringen (Kettfäden) 286.1
—förmige Aufrauhung . 417.17
—förmiger Köper . . . 149.9
Welline 417.14
Wellington 398.11
Wende-getriebe 127.16
—getriebe, Kegelräder- . 127.17
—getriebe, Klinken- . . 128.1
—haken . 190.9, 205.14, 211.23, 277.26, 279.6
—schnur 211.25
wenden, um x Kasten . 279.15
—, die Messer 233.17
—, das Prisma . . 187.2, 212.2
Wender, Faden- 339.14
wenig gedrehtes Mohairgarn 170.10
Wenzel-Schaftmaschine . 196.3
werfen, mit der rechten Hand 246.10
—, den Handschützen . 246.8
—, aus dem Kasten (Schützen) 270.1
—, sich (Platinen) . . . 211.3
—, sich (Spulenscheiben) 24.18
Werg-garn 12.20
—leinwand 395.11
—teppich 407.22
—weber 5.15
Werk 105.12
—, gestricktes 177.15
—, Schalt- 59.7
—zeug 373.3
—zeug, messerartiges . . 108.2
Wert der Grundstoffe . 443.14
—, wirklicher 429.6
Wertung, Stoff- 429.5
Westen-stoff 432.19
—zeug 399.20
westfälischer Teppich . 407.28
White, Doppelhubschaftmaschine von . . . 194.12
Wickel, kreuzspulenförmiger 63.1
—, aus dem — laufen (Kette) 81.2
—, Tuch- 261.10
—maschine für Gewebe 442.5
—maschine, Knäuel- — für Ketten 63.5
—prozeß 22.14
—tisch 81.3
—vorgang 22.14
—vorrichtung für Schermaschinen mit Scherspule 55.3
wickeln 22.7
—, die Anhängerschnur um den Warenbaum 110.4
—, gepichte Bindfäden um die Wangen . . 286.9
—, auf das Brettchen (Schußgarn) . . . 335.19
—, die Fadenenden um einen Knopf 261.7
—, die Kette zu einem Knäuel 63.6
—, auf Schußhülsen . . 85.14
Wickeln 22.4
—, Kötzer- 85.17
Wickler 6.12
Wicklung, kegelige . . 24.1
—, zylindrische 22.21
—, Kreuz- 87.12
Widerlager 318.10
Widerstand, der Kettenabwicklung sich entgegenstellender . . . 118.5
—, Abwicklungs- . . . 95.20
—, Aufwindungs- . . . 130.9
—, Brems- 95.18, 120.15
—, Reibungs- 120.14
widerstandsfähiger Faden 435.13
Wiedel 10.22
Wiederanspannen der Feder 255.22
Wiederherstellungskosten 446.2
wiederholen 381.2
Wiederholung 381.3
— der Bindung . 144.14, 434.9
—, Kettfaden- 144.15
—, Muster- 8.1
—, Schußfaden- 144.16
Wiederkehr der Schützen 271.17
wiederkehren (Schützen) 271.18
Wiege 274.6
Wiel 10.22
Wiener Broschierlade . 347.16
— Feinstichmaschine . . 215.8
— Grobstichmaschine . 215.7
— Leinwand 393.9
— Rückschlagzeug . . . 236.3
— Teilung 216.5
Wiltonteppich 412.4
Windflügel . 73.18, 75.8, 76.6
—ständer 70.5
Wind-lohn 88.22
—stock 26.9
Winde 25.19, 26.8, 72.8
—, Ablauf- 34.15
—geschwindigkeit . . . 24.19
—maschine, Drahtlitzen- 180.11
—maschine, Kettgarn- . 26.16
—vorgang 22.14
winden 22.7, 84.14
—, den Riemen um den Schlagarm 250.15
—, den Schuß 84.15
—, von Spulen . . 37.4, 85.27
—, vom Strähn . . 37.5, 85.26
Winden 22.4
Windenbremsung . . . 33.4
Windung, feste 85.22
—, harte 85.22
—, lose 85.23
—, weiche 85.23
—, Faden- . . 22.15, 24.15, 98.8
—, Seil- 124.11
Windungs-dichte, veränderliche 22.18
—exzenter 37.14
—steuerscheibe 37.14
Winkel, in den — gestellt (Hebeschnüre) . . . 233.4
—, im — auf den Wirtel laufen 88.9
—, Faden- 50.4
—, Maß- 60.16
—, Schalt- 127.6
—, Steigungs- 198.18
Winkel-bogen aus Bandeisen 341.7
—eisen 323.14
—gleithebel 123.22
—hebel . . 95.2, 124.3, 137.7, 212.5, 293.21
—hebel zur Verstellung des Scherkegels . . 60.7
—hebel, gegabelter . . . 188.11
—hebeldrehzapfen . . . 60.8
—hebelende, gezahntes . 259.5
—rad mit Nabe 331.14
—räderantrieb 307.18
—ried 54.6
—rost 229.12
—verbindung 323.15
winkel-ähnlicher Kettfadengang 298.10
—förmige Schiene . . . 333.1
Winter-buckskin 398.16
—rockstoff 417.1
—stoff 431.19
Wippchenlade 346.13
Wippe . . 185.3, 279.20, 310.8
—, Schuß- 357.9
wippenartige Motorlagerung 309.18
wirken, ausgleichend . 136.20
wirklich-es Gewicht . . 442.12
—er Wert 429.6
Wirkung, kornartige . . 152.15
—, Bindungs- 381.19
—, Farben- 3.20
—, Gewichts- 123.4
Wirkungsweise der Bremse 120.9
— der Wechselkarten . 281.7
Wirtel 26.15
—, Spindel- 29.14, 95.15
—öffnung 95.16
—schnur 88.7
Wischtuch 420.17
Wochenlohn 444.22
Wölbung der Spule . . 23.16
Wolfrum, Schaftmaschine von 194.13
Woll-band 425.1
—borte 427.30
—damast 399.24
—decke 419.21
—filzeinlage 123.19
—gewebe 397.7
—haare, gekämmte . . 409.7
—knötchen 417.16
—kotze 419.26
—kräuselstoff 417.19
—musselin 398.19
—musselin, geköperter . 399.7
—noppe 18.12
—plüsch 404.20
—popeline 398.28
—seidenstoff 430.21
—stoff, ungewalkter . . 397.10
—stoffindustrie 2.16
—warenfabrik 2.14
—weber 5.17
—weberei 2.13
—zwirn 175.2
wollener Atlas 399.16
— Plüsch 399.28
— Samt 399.27
Wrapper 6.15
Wulst in der Wicklung 79.2
—, Faden- 83.14
Würfel-bindung 147.6
—bindung, schachbrettartige 147.8
—bindung, strahlenförmige 147.7
—bund 147.6
—muster 153.10, 160.13
Wurm 54.11, 61.10
—getriebe 34.7, 52.10
Würmchen, schweizer . 242.2

Z

Zacke 425.22
—, offene 425.5
—, zugedrehte 425.23
Zacken-musterschneidemaschine 375.14
—rad 119.11
—scheibe 119.14
Zahl der Rohre 443.23
—, Gang- 47.11
—, Kammer- 280.12
—, Riedstab- 282.15
—, Schaft- 181.4

Zahl, Schuß- 3.13
—, Schützen- 272.9
—, Spindel- 87.25
—, Touren- 52.2
—, Tritt- 183.2
zählen, von links nach rechts 151.6
—, von rechts nach links 151.7
Zählen der Schüsse 370.4
Zähler 48.12, 440.17
—, Hitchons 51.17
—, Meter- 54.16
—, Schuß- 370.5
—, Umlauf- 54.8, 58.16
Zähl-rad 370.9
—trommel 62.5
—uhr 52.1
—vorrichtungen 370.2
—weife 440.4
—werk 62.11
Zahn 282.7
—, ~ Fäden im 107.15
—bogen 38.13, 129.7, 257.3, 268.8, 368.9
—bogen für die Belastungsänderung 54.10
—bögen, ineinandergreifende 192.11
—bogenstück 194.8
—flanke 126.24
—fuß 126.22
—kranz 303.6
—lücke 282.8
Zahnrad 362.4
— mit Bremse 276.4
— für den verschiebbaren Kranz 61.3
—, exzentrisches 214.1
—, exzentrisch gelagertes 333.16
—, Bronze- 310.18
—, Stahl- 310.13
—antrieb 310.12
—antrieb, unmittelbar wirkender 310.17
Zahn-rädchen 257.19, 362.17
—rücken 126.21
—scheibe 62.6, 203.8
—schiene, schwingende 319.16
—segment 112.17
—sektor 276.10
—stange 38.12, 190.16, 257.18, 268.9, 344.11
—stange der Spannwalze 53.2
—stange, belastete 288.4
—stange, Kulissen- 279.19
—stange, treibende 276.5
—stangenkasten 356.18
—stift 39.13
—teilung 126.20
—triebrad 133.8
—trommel 276.6
—walze 277.6
Zähnezahl des Schaltrades 127.8
Zampel-stuhl 209.9
—korde 209.1
—schnur 209.11
—stock 209.10
Zanella 400.6
Zange, federnde 326.11
—, kreisende 342.9
—, Eintrag- 341.1
—, Florregel- 339.7
—, Ruten- 330.6
—, Weber- 8.12, 112.2
zangenförmiger Schützenzellenboden 269.17
Zangen-maul 341.2
—spindel 239.6
Zapfen 90.2, 115.2, 251.10, 323.3
— (der Kurbelscheibe) 213.8
—, eingelassener 133.1
—, eiserner 115.4
—, auf — gelagert 335.3
—, Kurbel- 59.8
—, Laden- 230.6
—hülse 327.18
—loch 383.1
—mittel 293.18
—reibung des Kettbaumes 120.18
—scheibe 275.9
Zeichen, Bindungs- 159.15
—, Farbenwechsel- 271.10
—, Glocken- 62.8
—, Stück- 77.11
—geber 77.13
zeichnen, das Stück 74.24
Zeichnen, Muster- 376.1
Zeichner, Muster- 378.11
Zeichnung, Bindungs- 193.16, 381.14
—, Muster- 376.11
Zeichnungen, Kosten für 446.24
Zeiger 440.17
—rad 51.21
—stellung 28.14
Zeitverlust 4.17
zeitweises Weiterrücken der Kette 130.4
Zelle, dreieckige 412.11
—, große 365.22
—, kleine 365.23
—, sechseckige 412.10
Zellen, im Kreise angeordnete 279.3
—anzahl 280.12
—größe 365.21
Zellstoffgarn 13.22
Zellulosegarn 13.22
Zeltstoff 395.15
Zendeltaft 400.11
Zentrale, motorische 309.15
Zentralhubmaschine 187.6
Zentrifugal-... s. Fliehkraft-...
zentrisch-e Nut 202.8
—er Schlitz 228.16
Zephir 393.7
—garn 14.27
Zerkochen der Fäden 74.9
zerlegen, die Steigungszahl 151.3
zerschneiden, die Noppen zwischen den beiden Grundgeweben 169.8
Zerschneiden der Chenillevorware 343.12
Zerstäuber, Wasser- 102.5
zerstreut liegende Bindepunkte 150.17
—er Einzug 104.10
Zettel (s. a. Kette) 7.20, 114.4
— (Part) 220.7
—, Scher- 7.23, 40.12
—, Schuß- 7.24
—, Schweif- 434.3
—baum 47.20, 77.17
—gestell, Kötzer- 45.7
—länge 41.14
—maschine 47.18
—maschine, Seiden- 60.17
—rahmen 45.13, 359.3
—spule 38.2
—spule, Seiden- 34.13
—spulmaschine 26.16
Zettelei (Raum) 40.3
zetteln, die Fäden 40.11
—, die Kette 40.11
—, eine Normalkette 42.5
Zetteln 40.1
Zettler 40.4
—, Maschinen- 40.8
Zettlerin 40.5
Zeug 3.9, 105.12
—, Dreh- 80.5
—baum 116.17
—rasch 399.9
—ringel 171.7
—strickmaschine 176.9
Zibeline 398.13
—garn 14.8
Zickzack, im — laufen (Musterfäden) 369.2
—dreher 164.20
—kamm 49.20, 83.5
—köper 150.9
—windung 49.5
Ziegenhaargarn 15.17
ziehen, den Faden durch das Blatt (Blattstecher) 109.4
—, das Garn durch die Schlichte 65.12
—, die Kette durch Geschirr und Blatt 109.15
—, durch das Nadelöhr (Musterfaden) 350.10
—, durch einen Perlkopf (Schlingfaden) 361.14
—, den Schaft in das Ober-(Unter-)fach 187.17.18
—, eine Schnur durch die Litzenaugen 103.5
—, den Schußfaden durch das Leitauge 244.21
Ziehen, Kegel- 209.8
Zieh-junge 209.14
—stock 80.5
Zier-decke 419.27
—fäden 18.7
Zier-muster 160.14
—spitze 330.10
—zwirn 19.2
Zifferblatt der Zähluhr 52.1
Zigarrenband 427.10
Zink-blechlitze 175.16
—chlorid 68.1
—sulphat 67.29
—vitriol 67.29
Zinke, Kamm- 367.15
zinkig, ~—e Schußgabel 318.6
Zinnbundblatt 286.15
Zinsen für das Betriebskapital 446.9
Zirkass 148.14
zittern (Kasten) 273.14
Zittern des Kastens 273.13
— des Stuhles 212.13
Zitz 393.8
Zopf 220.20
Zöpfe, in — schlingen (Fadenenden) 57.14
Zschweigert, Schützenauswechselvorrichtung von 267.8
Zu- und Abführung, selbsttätige — der Garnkörbe 102.7
Zubringer 261.15, 262.9, 263.15
—, Spulen- 265.18
Zuckersackleinen 396.23
Zuckungen im Faden 98.7
zuführen, das Maillon zum Einstricken 177.13
Zufuhrscheibe 229.13
Zufuhr-vorrichtung 258.15
—vorrichtung, Schußfaden- 341.23
Zuführung verschiedenfarbiger Schußfäden 258.14
—, Garn- 85.4
—, Schuß- 260.1
—svorrichtung, Schuß- 258.2
Zug 2.9
—, zu einem — gehörige Hauptbranchen 209.4
—, Gewichts- 108.17
—, Riemen- 310.8
—band 294.10, 384.5
—band, Differential- 125.12
—baum 117.15
—draht 259.19, 278.17
—eisen 186.11
—feder 199.13, 283.11.15
—festigkeit 114.5, 435.24
—geschirr 231.15
—haken 279.6
—hebelarm 137.16
—kette 230.9
—klinke 134.14, 195.12
—knoten 183.11, 197.18
—kraft des Riemens 307.8
—nadel 168.11
—prieme 242.4
—rute 327.7
—schnur 108.12, 119.17, 188.5
—stange 123.23, 212.4, 229.16, 234.10
—stange, Bremshebel- 308.8
—stange, eingeklinkte 95.13
—stange, Schlag- 314.13
—vorrichtung, Schaft- 181.22
Zugabe, Wasser- 68.7
zugedreht-er Zacken 425.23
Zügel, Pferde- 427.26
zugeschärfter Draht 111.18
zugespitzt, kegelförmig 347.21
—e Enden 244.17
Zuklappen der Spindel 242.20
Zuleitung des hochgespannten Dampfes 74.13
Zunahme, Spannungs- 120.7, 143.6
zunehmende Länge 341.22
Zunge, Schützenkasten- 253.2, 280.15, 308.16, 316.8
Zungen-feder 308.17
—weiche 193.4
zureichen, die Fäden 103.10.11
Zureichen 103.12
Zureicher 103.13
Zureicherin 103.14
zurichten, die Ware 437.1
—, die Zwirnlitzen 179.16
Zuricht-maschine für Zwirnlitzen 180.1
—masse 180.8
Zurichtung der Zwirnlitzen 179.15
—, Spulen- 44.12.13
zurück-bewegen, die Karten 206.10
—bringen, die Schäfte 182.1
—drängen, die Platinen 205.7
—drängen, die Hauptnadeln 229.21
—drehen, die Kurbelwelle 302.12
—drücken, die stehen gebliebenen Nadeln (Nadelgehäuse) 226.12
—fallendes Blatt 284.1
—halten, den Grobfaden 28.4
—kehren, in den Kasten (Schützen) 251.19
—kehrender Schützen 252.2
—kommen, in seine Anfangsstellung (Schützen) 248.21
—laufen (Prisma) 235.14
—nehmen, die Karte 214.7
—prallen (Schützen) 247.17
—scheren, das Fadenband 43.5
—schieben, die Platine 188.3
—schieben, den Schlitten 62.9
—schieben, den Treiber 248.20
—schlagen, die Karten 206.10
—weben, die Karten 206.10
—ziehen, den Treiber durch Federzug 248.22
Zurück-arbeiten mit halber Geschwindigkeit 302.15
—bleiben des Haspels 33.7
—drehen des Ausstoßarms 265.12
—drehen der Kurbelwelle 302.13
—drehen des Zettelbaumes 49.11
—prallen des Schützens 316.5
—scheren 43.6
—schieben des Schlittens von Hand 62.14
—schnellen des Schützens 247.16
—weben mit halber Geschwindigkeit 302.15
zusammen-gegossene Exzenter 198.23
—geklebte Fäden 66.2
—geleimter Baum 115.5
—gesetzt, aus Segmenten 202.15
—gesetzt, aus Streifen 208.1
—gesetzte Bindungen 145.15
—gesetzte Bremse 124.9
—gesetzter Damast 154.4
—gesetzter Einzug 105.1
—gesetztes Exzenter 200.3
—gesetzter Rollen- und Hebelzug 184.6
—gesetzter Teppich 407.12
—hängende Fäden 83.15
—klappbarer Haspel 28.16
—klappen, den Haspel 28.17
—legbare Einfederspindel 238.9
—legbare Lupe 438.10
—legen, den Haspel 28.17
—stellen, figurenartig 414.25
—ziehen, die Kettfäden (Schuß) 139.5
Zusammen-knüpfen der Fäden mehrerer Kötzer 45.8
—schrauben der Exzenter 198.22
—zwirnen bunter Fäden 19.3
Zusatz, geschmeidig machender 67.4
—, weich machender 67.4
—, Wasser- 68.7
Zuschlag, Gewinn- 442.15
—, Ketten- 443.18
Zusetzungspunkte, die — verteilen 153.4
Zuwachs, Spannungs- 120.7
zwangläufig bewegte Schäfte 184.9
— führen, den Schützen 257.7
— getriebene Spindel 99.12
—er Antrieb 213.5
—e Ladenbewegung 292.23
—e Schaftbewegung 182.6, 202.4
—es Schaltgetriebe 134.12
—e Schützenbewegung 256.16
—e Schützenkastenbewegung 272.1
—e Trittbewegung 323.11
—er Warenbaumregler 131.10
zwei-armiger Hebel 185.3
—erlei Florhöhe 167.13

zwei-fach eintragen, den Einschuß 237.1
–facher Fadenzug bei Kreuzfach 231.11
–facher Ladenschlag. . 326.2
–fädig einlesen (Fadenkreuz) 138.12
–fädiger Brokat. . . . 402.19
–fädiger Einzug. . . . 168.2
–fädiger Knoten mit nebeneinander liegenden (mit getrennten) Enden 409.12.13
–farbiger Damast . . . 154.1
–farbiges Jacquardmuster 377.17
–florige Bindung . . . 169.1
–floriger [gestreifter] Krimmer 406.23.25
–floriger Samt 404.4
–gängige Trommel . . 32.6
–haariger Siebboden. . 414.15
–kantiges Messer . . . 187.7
–kettiger Rips, figurierter 146.13
–männischer Webstuhl. 185.12
–polige Bindung . . . 169.1
–reihiger Perlschlung . 19.11
–reihiges Scherbrett . 46.13
zwei-reihige Spindelanordnung 39.17
–schenkelige Flornoppe 167.12
–schützaiger Plüsch . . 169.10, 404.17
–seitiges Gewebe . . . 392.5
–seitige Kettgarnspulmaschine 26.19
–seitige Kettgarnspulmaschine mit einer Reihe Spulentriebtrommeln 27.3
–seitiger Möbelstoff . . 418.3
–seitiger Plüsch . . . 170.4
–seitiger Schützenwechsel 272.20
–seitige Selbstregelung. 125.5
–seitiger Wechsel . . . 292.3
–spuliges Band 426.13
–spuliger gerader Schläger 356.21
–stöckiger Bogenschläger 357.6
–stöckiger Schläger . . 357.1
–teilige Baumscheibe . 78.12
–teiliger Führungskamm 367.8
–teiliger Ring 311.1
–teilige Schubstange . 293.11
Zwei-federspindel . . . 238.10
–prismenanordnung . . 230.11
Zwei-prismenmaschine . 230.2
–schußbindung 169.14
–zylindergarn 12.7
zweiter Fadenführer . . 35.1
zweitunterste Spule . . 264.12
Zwicki, selbsttätige Schützenauswechselvorrichtung von . . 270.3
Zwilch 394.7, 396.4
–band 425.3
Zwillich 394.7, 396.4
–, Sack- 396.5
–muster 153.11
–weber. 5.22
Zwinge 111.17
Zwirn 9.5, 435.6
–, x-drähtiger 177.10
–, Baumwoll- 12.14
–, Kammwoll- 334.20
–, Muster- 19.2
–, Seiden- 334.19
–auge 175.19
–band 424.20
–faden, Helfen- . . . 176.19
–garn 10.9
–grad der Seide . . . 16.16
–helfe mit Metallauge . 218.10
–kette 21.6
–litze 174.19
Zwirn-schleifen, ineinander hängende 208.7
Zwirnen, durch – erzeugt 18.23
Zwirnerlohn 445.4
Zwirnungsgrad der Seide 16.16
Zwischen-fachschaftmaschine 188.17
–hebel 194.17
–hebel, Ausrück- . . . 308.9
–meister 6.24
–räume, mit –n belesen 83.3
–stück, Mulden- . . . 125.19
–trieb 178.5
–welle 178.4
Zwistbindung 146.4
zwölfbindiger flacher Köper 148.2
Zylinder s. a. Walze .
– mit schraubenförmigem Nutgewinde . . 358.1
–, Holz- 54.14
–bewegung 205.9
–hutplüsch 406.14
–lade 186.14
–loch 188.1
–schlichtmaschine . . 73.10
zylindrische Kreuzspule 23.21
– Papierhülse. 24.6
– Spule 22.20
– Wicklung 22.21

Englisch · English · Английский · Anglais · Inglese · Inglés

A

abb 7.22
abreast, placed 185.13
accelerate, to — the motion 247.12
accelerated motion 198.11, 247.13
acceleration of mass 123.14
acceptance of the fabric 7.1
accessories for weaving sheds 371.9
accumulation of threads 365.24
accurate yarn quadrant 439.16
acting point of the spring 137.1
action of catch 195.18
— of the change cards 281.7
—, to come into (driver) 178.23
—, out of 195.19, 233.16
active taking up 132.3
actual value 429.6
— weight 11.16, 442.12
actuate, to — the picking stick by means of a strap 252.16
actuated by stop rod 311.4
add, to — floats 145.3
adding weights 123.3
addition to produce a soft and pliable condition 67.4
— of tallow 64.18
— of water 68.7
additional warp 143.11, 443.18
adherent threads 66.2
adhesion of the yarn on the sizing roller 74.10
adhesive material 66.18, 89.11
adjacent set 165.8
adjust, to — the beam carrier in the nick of the ground plate 80.13
—, to — the bearing 55.21
—, to — the birdcage bobbin 29.11
—, to — the cam shaft 92.13
—, to — the cards 206.6
—, to — the comb 83.9
—, to — the crank pin 59.9
—, to — the cylinder 187.1
—, to — the guide slit to suit the counts of yarn 28.7
—, to — the height of the healds 171.16
—, to — the loom parts 304.17
—, to — the needle plate vertically 196.9
—, to — the number of picks 132.18
—, to — the row of needles 205.4
—, to — the screw in the slot 134.3
—, to — the slay 289.16
—, to — the stroke of the lever 133.24
—, to — the temple wide (narrow) 139.9.10
adjustable 80.11, 105.15
adjuster, hand 204.13
adjusting the needles 363.4
— of the needle board 204.14
— the slay by screws 289.18
— apparatus, needle board 204.16
— board 227.14
— lever, needle 350.3
— lever, shed 195.4
— nippers, pile 339.8
— nut 126.1
— piece 315.9
adjusting screw 126.2, 283.7
— wedge, tension rail 332.5
advance of the overlying bobbins 265.10
—, to — bit by bit (chain) 340.3
—, to — the toothed segment 52.8
advertising, cost of 447.5
Afghan carpet 410.4
agent to prevent decomposition of the size 67.23
— to prevent drying 67.6
—, binding 89.11
—, loading 68.12
—, sizing 66.17
agitator 68.22
—, steam pipe 69.3
air saturated with moisture 75.13
—, compressed 256.14
—, damp 102.15
—, moderately warm 65.26
— chamber 102.2
— cock 69.13
— current 75.11
— moistener 102.11
— vent 74.14
alarm bell 62.7
alinement, exact — of the holes 388.19
all silk cloth 430.18
alongated twill 149.14
alongside, twill 149.5
Alpaca figured thibet 399.23
— peg 238.12
— yarn 15.26
altar cloth with figures embroidered in metal threads 423.1
— cloth with wire loops effect 423.7
— cloth, brocaded 423.4
alter, to — the count of reed 287.21
—, to — the size of the mesh 365.21
—, to — the taking up speed 365.20
—, to — the tension on the yarn 25.11
altering the throw of the crank 213.13
alternate rows of beads 354.13
—, to — the shafts 181.17
alternately, bound — in the adjacent sets (crossing thread) 165.8
alternating movement 367.10
— the rows of shuttles 358.8
alum 67.25, 438.3
aluminium salt 438.5
American insertion peg 239.1
— warper 53.1
amount added for profit 442.15
— of let off 126.13
— of twist in the silk 16.16
analysis, cloth 430.2
angle formed by the cords 233.3
— of inclination 198.18
— of ratch 127.6
—, placed in (lifting cords) 233.4
—, to run at an 50.2
— bracket 323.14
— bracket stop 332.6
— lever, forked 188.11
— rail 333.1
angular path 50.4, 298.10
animal glue 66.26
annealed wire 416.18
antiseptic 67.24
anvil 388.5
appearance of the fabric 391.7
—, entangled — of the fabric 153.3
apple wood shuttle 243.7
application 392.10
appliqué figuring 406.6
apply, to — the bevel gauge to the warp layers 60.13
—, to — the size 65.15, 73.4
apron, travelling — for bobbins 33.3
— cloth 433.1
Arabian carpet 410.5
arched strap iron 341.7
— top shed 217.7
arm with adjusting screw 283.16
— for hook rail 333.14
—, auxiliary 280.6
—, curved 254.15
—, fixed 29.3
—, hollow 338.10
—, movable 54.12
—, shifting 373.1
—, slotted 55.15, 137.16
—, vibrating 192.2
—, vibrating — for stop motion 91.5
—, weighted 311.6
—, buffer 254.3
—, carrier s. carrier arm
—, catch lever 278.20
—, crank 293.8
—, feeler 317.13
—, lever 136.7
—, side 112.4
—, slay 134.10
—, wire 346.16
arms, with equal 191.5
armature 301.3
armure 402.1
army cloth 397.13
arrange, to — the beads to form a pattern 414.25
—, to — the design 376.3
—, to — the healds on the shaft 173.5
—, to — two sets of warp one over the other 155.12
—, to — x warp threads in a dent 107.16
arranged in rows lengthwise (crosswise) 214.17.18
arrangement of colours 152.12
— for disconnecting the picking bowl from the picking shaft 249.3
— for using several beams 116.3
—, dispersed — of binding points 150.17
—, repeated — of bobbins 44.13
—, double row spindle 39.17
—, single — of bobbins 44.12
arrival of fabric 6.26
arrowhead twilled fabric 397.2
art of weaving 1.3
article, finished 443.9
—, fully manufactured 4.9
—, semi-manufactured 443.8
artificial horsehair 17.21
— knop 18.15
— knop yarn 18.10
— silk cloth 430.22
— silk yarns 17.17
asbestos weaver 5.29
— yarn 17.22
— yarn with brass (cotton) core 18.4.5
ascending warp 338.4
ascertain, to — the length of warp by the counting mechanism 62.11
ascertaining the count of yarns 435.17
ash 436.13
ash picking stick 251.3
Asia Minor carpet 410.2
assembling rod for carriages 365.12
Assyrian style 376.13
astrakan 170.7
—, imitation 407.2
— ribbon 425.12
atlas, strong 402.11
atmospheric pressure 74.17
atomiser, water 102.5
attach, to — the neck bands to the hooks 218.5
—, to — the warp threads 110.2
attaching the harness cords to the neck bands 218.4
— the healds to the harness cords 219.11
— the warp threads 109.16
automatic loom 266.8
— weft supply 260.11
automatically, to stop 52.16
auxiliary arm 280.6
— beam 128.14
— Jacquard 229.5
— lever 194.5, 195.7
— lifter 350.18
— shuttle 355.9
— tongs 342.10
awning 395.15
axial displacement of crank shaft 307.15
axially movable comb 367.9
—, to move (main shaft) 99.6
Axminster carpet 410.12
— carpet loom 340.20, 343.15
— chenille with gauze binding 410.22
— weave 410.13

B

back of the box, toothed 278.9
— of the cloth 166.15, 430.4
— of the loom 220.13
— of shuttle box 256.1, 267.5
— of tooth 126.21
—, closely woven 152.5
—, plain 167.4
—, tabby 167.4
—, on the (warp thread) 144.6
—, from front to 103.18.19
— beam 40.20, 47.20, 73.11, 323.9
— bearer 116.8
— bearer, oscillating 329.14
— bearing split sleeve 96.4
— cloth 157.6
— cloth, diagonally twilled 154.16
— cloth, twilled warp 154.15
— cloth, twilled weft 154.12
— comb 369.16
— covering 405.17
— covering for sofa bed 405.18
— fabric, check 154.17
— machine 235.6
— part of the shed 141.15
— pick 155.4
— position, in the 295.6
— rail 116.8, 129.14
— rail, swinging 129.9
— rest 75.16, 116.8, 335.8
— rest, fixed 117.2, 323.10
— rest, half round and fixed 116.13
— rest, oscillating 117.5

back rest, polished . . 333.7
— rest, revolving . . . 117.4
— rest bearing 116.9
— shaft 352.7
— texture 167.17
— weft 325.11
backing 408.18
— pick 154.11
— thread 412.3
— weft 155.4
— weft on the back of the cloth 155.8
backward movement. . 135.17
— movement of slay by means of springs . . 295.2
backwards, to move the box 279.17
—, to turn (cylinder) . 235.14
bag, saddle 410.9
— weaver. 5.23
bagging 395.24
—, biscuit 396.15
—, double warp 396.22
—, hessian 396.23
—, single warp 396.21
baggy (warp) 114.10
baize. 397.26, 417.9
Baker and Kip's shuttle change motion . . . 269.2
balance with unequal arms 439.18
—, spring 438.19
—, yarn 439.13
— weight 203.19
— weight for spindle rail 94.14
— weight lever 99.1
—, to — the weight of the rails. 333.3
balanced lever arm . . 439.23
bale number 4.12
ball of warp 63.8
— of weft 336.1
—, warp 71.15
— bearing 97.21
— pivot bearing of spindle 94.12
— sizing machine . . . 71.21
— warp beaming machine 80.14
— warp sizing 71.8
balling the warp . . . 63.4
— machine, warp . . . 63.5
band (s. a. ribbon). . . 178.13
—, bast 425.16
—, brake 125.7
—, cigar 427.10
—, driving — for drum 32.4
—, elastic. 425.15
—, elastic — for belts . 427.1
—, elastic — for braces 426.21
—, fraying 427.13
—, gut 341.10
—, hat 427.3
—, hollow 426.17
—, lease 42.17
—, marking 62.13
—, neck 207.12
—, paper 189.18
—, picking 248.7, 249.14, 290.7
—, ridge 173.3, 176.14
—, silk 425.2
—, spindle 88.7
—, steel 124.20, 371.2
—, straw 416.6
—, tie 110.4
—, worsted 425.1
— adjusting lever . . . 125.17
— brake 123.18
— brake, suspended . . 123.20
— drive 257.2
— driven upright spindle 37.18
— pulley. . 26.12, 70.8, 178.12, 257.4
— pulley with toothed wheel 257.11
bandeau 427.2
bander 6.15
bank 56.4
—, warper's 43.12
— charges 446.11
bar 333.18, 372.8
— with pins 83.8
— with pin holes . . . 197.12
— of the point paper . 379.2
—, beam 77.19
—, bottom 368.16
—, breast beam . 305.3, 309.4
—, centre 356.8
—, clamp 112.7
—, cross . 80.3, 106.3, 176.15, 297.5
—, cylinder 186.14
bar, driving 366.8
—, easing 354.4
—, front 356.8
—, griffe 190.7, 192.12
—, guide 353.16
—, hinged 368.14
—, hook 351.9
—, iron. 224.5
—, lease 82.12, 137.20
—, lifting 207.13
—, link 123.22
—, locker 366.9
—, longitudinal . 297.4, 335.7
—, narrow wooden . . . 224.6
—, needle. 349.16
—, picking 301.20
—, press 383.17
—, ratchet 126.18
—, rectangular sheet metal 229.11
—, ridge 105.18
—, slide 136.13
—, slotted 196.8
—, square 136.14
—, stretching 72.7
—, supporting . . 353.18, 366.16
—, tension 80.8
—, toothed 190.16
—, traverse 90.18
—, twilling . . . 224.1, 232.15
—, wooden — with needles 350.2
—s, lease 61.17
—s, odd twilling. . . . 234.5
Barber's knotter . . . 112.3
— warp tying machine. 112.20
barchant yarn 12.7
bare cloth 4.8
— rubber thread 56.14, 415.15
— spindle. 87.24
barège 398.20, 401.25
barium sulphate. . . . 437.28
barklike raising 417.18
baroque style. 376.22
barracan 399.2
barrel 112.12
—, lag 186.13
— loom 209.15
— shape of bobbin . . 23.17
— shape, to wind the bobbins 23.15
— shaped double flanged bobbin 23.18
barrelled bobbin winding 23.14
base of the bobbin . . 263.10
—, conical 99.8, 260.16
basket trolley 371.14
— weave 147.6
bast band 425.16
Batavia twill 148.14
batiste 395.26
— ribbon 424.24
batten 288.15
—, cylinder . . . 186.14, 190.8, 210.17
— pin 230.6
— spring 186.15
battery. 261.17
—, full 261.3
—, Northrop 261.1
— frame 261.4
baulk of reed 282.6
—, wooden 286.13
— end 283.1
bead in the yarn . . 9.9, 28.3
—, glass 19.12
—, gold 19.13
—, metal 19.16
—, shellac 19.15
—, silver 19.14
— separating disc . . . 354.20
— separator. 354.19
— thread 354.6, 414.22
— warp 354.7, 415.1
— weaving 3.5, 354.14
— weft 354.8, 415.2
— yarn. 19.8
—s strung on threads . 414.24
beaded braid 428.8
— material 414.21
— ribbon 425.14
— twist 19.9
beam glued together. . 115.5
— for pile warp. . . . 329.11
— placed high (low) in the frame 116.7.10
—, auxiliary 128.14
—, back s. back beam
—, breast s. breast beam
—, bowl 356.11
—, cloth 116.17, 360.3
beam, cross 105.14
—, drum 35.3
—, empty. 77.4
—, filled 77.6
—, foursided — with rounded edges . . . 117.8
—, full 48.16
—, ground 116.4
—, ground warp. . . . 333.6
—, loom 114.18
—, main 116.4
—, piece 116.17
—, pressure 128.15
—, rocking . . . 116.5, 329.14
—, sand 117.16
—, silk 359.6
—, sizing 40.20
—, skellered. 116.2
—, slay s. slay beam
—, swing 288.17, 299.3
—, warp s. warp beam
—, warped 116.2
—, warper's s. warper's beam
—, weaver's s. weaver's beam
—, wood 77.20
—, wooden warp . . . 114.19
—, yarn 75.15, 114.17
— bar 77.19
— bearing . . . 48.13, 116.6
— carrier 79.15
— carrier, adjustable. . 80.11
— carrier slide 61.13
— creel. 72.14
— end plate 115.7
— flange with corrugations 78.10
— flange with coupling sleeve 78.13
— flange in halves . . 78.12
— flange, plain 78.7
— flange, combined — and brake ring. . . 115.21
— flange, sheet metal . 78.8
— flange, undivided . . 78.11
— flange, wooden . . . 78.9
— holder 48.3
— pike 115.2, 374.2
— pivot, left (right) side 81.4.5
— shaft, circular . . . 77.22
— shaft, square 78.1
— sizing 72.12
— stand 111.9
— thread 367.6
— truck 112.22
— warper. 47.19
— warping 40.19
— wheel 128.19
—, to — between the flanges 78.16
—, to — hard. 79.9
—, to — the open warp 81.18
—, to — the threads parallel 81.8
—, to — several cuts on one roller 77.10
—, to — soft 57.6
—, to — tightly 57.5
—, to — the warp. . . 76.16
beamer 77.14
—, hand 77.15
—, machine 77.16
—'s lease 47.4
—'s lease pegs 45.19
—'s wage 445.7
beaming direct on to the weaver's beam . . . 76.17
— the untwisted hanks in single threads . . 170.17
— from warper's to weaver's beams, machine for 82.1
—, irregular. 76.19
—, warp 76.14
— appliance . . . 59.5, 61.24
— frame 80.2.6
— machine, ball warp . 80.14
— machine, warp . . . 80.1
bear 107.18
bearer, back 116.8
bearing, adjustable — for warp beam 61.12
—, back rest 116.9
—, ball 97.21
—, ball pivot — of spindle 94.12
—, beam 48.13, 116.6
—, circular 362.6
—, floating cloth roller. 136.4
—, oscillating 129.8
—, slotted 34.10
bearing, spindle . . . 93.12
—, top spindle 36.5
bearskin 398.4
beat, double 326.2
—, single 326.3
beat-up by dead weight of slay 324.4
—, double 294.9
—, strong. 226.6
—, to — after change of shed 323.12
—, to — the ground weft in a wavy form . . 336.4
—, to — the pile loops. 340.19
—, to — tightly 284.10
—, to — the rows of knots tightly . . . 409.14
—, to — the weft 284.7.8, 336.3
beating 66.2
beating-up of the weft. 282.1
— by a blow 292.15
— with closed shed . . 284.12
— with open shed. . . 284.11
— by pressure 292.16
—, double 295.8
—, supplementary — by the reed. 283.19
—, treble 295.9
—, uniform 143.12
— needle 360.11
— tool 360.19
beaver cotton. 394.15
— plush 406.18
beaverteen 394.16
beck, copper lined wood 70.6
—, wooden 69.1
Becker's shuttle guard. 312.13
bed, machine . . . 113.9, 287.6
— linen . . . 420.11.12, 433.4
— mat 433.17
— sheet 420.12
—side rug 433.17
— spread. . . . 419.20, 433.13
— ticking 392.20, 394.13, 396.6
beer . . . 47.5, 107.18, 434.19
— of dents 282.14
—, twisted 47.13
—s, the warp is in . . 107.20
bees' wax, saponified . 67.8
bell, alarm 62.7
—, counter 77.13
—, signal 62.7
— crank lever. . 95.2, 333.22, 341.11, 385.11
— hammer 82.5
— motion. 82.4
— signal 62.8
belt . . 295.13, 415.26, 428.24
—, body 416.20
—, guide 365.16
—, strap 360.9
—, waist 427.24
— cone. 74.3
— driving 307.7
— motion for working backwards 302.16
— pulley 58.19
— pulley, grooved . . 309.19
— shifter 372.18
— slipper, flexible. . . 372.14
— weaving 3.4
belting, woven 427.14
— healds 360.13
bend, at the 111.18
—, to — the warp threads 286.1
bending of the needles. 226.8
Bengaline. . . . 398.29, 401.15
bent back wire end . . 227.6
— dents 285.8
— hook 211.3
— lever . . 95.2, 137.7, 212.5, 255.4, 293.21
— lever arms 109.2
— needle 211.13
— pin 57.19
— point of reed opener 108.16
— reed 286.19
— spring tension . . . 245.23
— tube. 338.2
Berlin double Jacquard 234.8
— pitch Jacquard . . . 215.9
bevel, friction. 97.14
— crown wheel for crank shaft 308.11
— driving pinion . . . 308.10
— gauge 60.14
— gear drive 307.18
— wheel . . 55.5, 61.9, 178.3, 303.4
— wheel with boss . . 331.14
— wheel reversing gear 127.17

bevel wheel, crown . . 303.6
– wheel, double . . . 303.5
– wheel, loose 127.20
– wheel, skew 94.6
bill 112.6, 326.14
– spring 112.10
bind, to – the dents in the baulks. 286.8
–, to – the face to the back cloth. 157.14
–, to – the reed . . . 286.6
– in, to – the brocading threads 163.4
binder dent. 282.9
binding. 144.2
– of the threads . . . 381.11
–, mohair lustre . . . 169.17
–, plush pile 170.3
–, single pile 168.23
–, double pile 169.1
–, reed 286.5
–, double weft 169.14
–, three weft 169.15
–, four weft 169.16
–, wire 286.12
– agent 89.11
– apparatus 287.22
– clamp 172.3
– pick 147.5
– plan 157.12
– point 381.16
– point of outline . . 381.17
– point in taffeta. . . 381.18
– point, sateen 150.16
– screw 136.3
– thread 173.4, 223.11, 342.4
– warp 161.3, 329.20
– warp, cotton 411.23
– weft 158.2
– yarn hank 170.13.14
bird-cage bobbin . . . 29.10
– reel 29.9, 440.7
biscuit of rubber . . . 415.8
– bagging 396.15
bit, cop 87.10
black 380.14
– lead 124.24
blade 112.11, 233.13
– with rounded wooden head 234.1
–, adjustable 233.15
–, box 280.15
–, knife 334.7
–, lifting 186.9, 207.10
– finger 234.13
– tool 108.2
blank of the card . . . 382.14
– card 197.6, 281.13.17, 283.14, 389.16
– square 380.7
blanket. 419.21
–, horse 419.19
–, Mexican 420.3
–, rough woollen . . . 419.26
– maker 5.19
bleached cloth 431.3
– warp 21.8
– yarn. 9.24, 13.13
bleacher's wage 445.1
blind. 433.7
– for glass houses . . 416.13
block . . 125.2, 258.17, 291.11, 334.12
– and pulley 360.14
–, brake 91.11, 120.22
–, expanding 54.19
–, friction 125.8
–, gauge 219.13
–, leather covered . . 248.16
–, punch. 190.1
–, section 54.14
–, sliding 128.9
–, slotted 180.18
–, spring tightening. . 122.12
–, stop 35.12
– friction 125.4
blow of the shuttle . . 248.20
– of the slay. . 265.16, 292.10
– of the slay with open (closed) shed. . . 142.5.12
–, heavy 130.13, 283.20, 292.17
–, light 130.12, 292.17
–, strong. 292.17
–, weak 246.15, 292.18
blower 102.4
–, drying 66.1
blown off by a current of compressed air (capsule) 264.22
blue 380.13
– copperas 68.2
blue stone 68.2
– vitriol 68.2
blunt tip 244.19
board, adjustable needle 196.7
–, adjusting 227.14
–, bottom 186.7, 207.11, 210.3, 225.7
–, breast. 298.1
–, button 209.1
–, clearer 39.5
–, comber . . . 207.21, 217.6
–, foot. 53.9
–, head 225.3
–, hole. 46.9
–, knee 33.18
–, neck 208.24
–, needle 204.12, 210.4, 229.9, 354.15
–, pirn. 323.5
–, plush 38.4
–, protecting 226.11
–, race. 290.5
–, reading in 386.10
–, spiked bobbin . . . 88.18
–, terminal. 387.11
–, trap 225.5
bobbin, barrel shaped double flanged . . . 23.18
–, bird cage 29.10
–, brass 366.7
–, complete 87.22
–, conical 24.10
–, cross wound . . 10.18, 23.20
–, cylindrical 22.20
–, damped 101.15
–, double conical . . . 85.15
–, double flanged wooden 24.12
–, empty. 23.6
–, exhausted 265.3
–, falling. 364.24
–, flanged 10.17, 63.10
–, flat 89.3
–, following 264.15
–, friction driven . . . 27.2
–, full 23.5
–, hard 23.8
–, horizontal 30.8
–, lace. 179.2
–, lowest. 264.9
–, net 366.7.19
–, overlying 265.10
–, pile thread . . 329.5, 339.26
–, quick traverse . . . 10.18
–, revolving . . . 86.18, 343.21
–, second 264.12
–, silk warp . . . 34.13, 43.10
–, soaked 101.14
–, soft 23.10
–, spare 81.9, 262.4
–, spinner's 36.4
–, spoiled 265.4
–, stationary 258.1
–, straight 22.20
–, tapered 24.10
–, warper's 44.8
–, warping 38.2
–, weft 84.12, 341.3
–, wooden 10.19
– box 88.19
– brake 29.13
– brake lever. 95.5
– building 87.21
– cage 88.18, 371.15
– carriage drive . . . 366.20
– carrier, swivelling . 31.2
– carrier chain 340.1
– cradle 90.16
– creel (s. a. creel) 43.12, 45.14, 62.16, 90.11, 331.6
– creel for mohair plush loom 331.9
– creel for moquette loom 331.8
– creel end. 356.9
– driving shaft 33.1
– ejector. 364.3.19
– feed gear 265.18
– feeler 266.5.13
– filling 87.21
– frame 30.5, 43.12
– holder 366.6
– holder, slotted . . . 365.14
– holder, spring clip . . 263.16
– holder, trough shaped 266.4
– lifter 340.9.10.11
– lifting motion . . . 97.11
– machine for healds . . 178.1
– magazine. 364.2
– net 363.8, 412.5
– net machine 363.6
bobbin net machine, double locker . . . 366.5
– net pillow lace machine 369.13
– net quilling machine 365.18
– peg with spring . . 29.18
– peg, hinged 29.12
– plate 178.16
– presser with claw end 262.17
– rack 262.18
– rail, slotted 95.4
– skewer. 26.10
– slit 95.17
– spindle. 178.17
– spindle with spring . 29.18
– spindle, long 179.4
– spindle, short. . . . 179.3
– stop handle 32.5
– surface. 37.11
– thread 367.7
– thread, diagonal . . . 412.9
– waste . . 22.11, 45.1, 85.29
– winding 23.13
– winding, barrelled. . 23.14
– yarn. 435.22
bobbins arranged in a circle 261.18
– arranged one above the other in the magazine. 262.14
– driven by friction rollers 27.4
– lifted out of the carrier chains. 340.8
– mounted on a diameter of the wheel. 362.7
body. 200.4, 378.5
– (cop) 84.13
– of yarn on the beam 120.5
–, shuttle 243.3
– belt 416.20
– lag 197.5
– linen 420.5
boil, to – the size . . 65.1
boiled size 65.3
– off silk 16.24
boiler, copper 69.10
boiling of overtwisted binding yarn hanks 170.14
– the size 64.28
– pan 69.7
– size 65.2
bolster 92.1
–, India rubber. . . . 243.20
bolt carrying the roller 186.17
– with head 315.10
– and nuts. 172.18
–, cuphead 374.5
–, flathead 374.9
–, hinge 278.12
bolting cloth 399.1
– silk 401.24
bombazet. 398.30
–, twilled 399.10
bombazine 398.30
bone cover 347.23
– glue 66.27
– lid 347.23
boot lace 427.5
borax 67.26, 438.2
border 378.3, 427.27
–, linen 427.9
–, rough pile 406.4
– design 77.8
– hem 378.2
– lag 197.4
– thread 14.15
– ties, symmetrical right and left 221.11
bordered carpet 407.9
bordering, shelf 428.23
bore 4.4
boss of cog wheel . . . 275.8
– with strengthening ribs 115.20
bottle, rubber. 415.7
bottom of the box . . 266.17
– of shuttle box, grab shaped 269.17
– of tooth 126.22
–, cop 85.28, 87.10
–, hinged – of the box 266.20
–, open – of the shuttle 244.7
–, sieve 416.22
– bar 368.16
– bar Jacquard. . . . 370.8
– board . 186.7, 207.11, 210.3, 225.7
– board, fixed 210.21
– board, movable. . . 210.22
bottom board, double perforated. 231.1
– board tappet 213.3
– box for cops 32.21
– cloth 157.6
– cloth weave . 157.7, 158.5
– friction washer . . . 93.2
– guide plate. 388.5
– journal 69.5
– lease. 47.4
– shed. 216.16
– shedding machine. . 228.8
– shot 422.12
bouclé yarn. 14.14
bound alternately in the adjacent sets (crossing thread) 165.8
– round one weft thread (loop) 169.13
bourrette yarn 17.14
bow, feeler 318.14
– shuttle. 244.6
– spring tension . . . 246.3
bowl 281.4
– of cam lever 33.15
– connected to the lever 184.7
– connected to the pulley 184.8
–, cam. 36.13
–, chain . . 33.17, 38.15, 92.6
–, colour. 74.20
–, conical 117.7
–, friction 55.6
–, grooved 92.10
–, guide 35.4, 210.16
–, notched 48.7
–, picking 249.5.12
–, tappet 200.9
–, top 199.3
–, treadle . . . 193.3, 201.8
–, weighted 356.15
–, yarn tension 94.16
box 258.16, 364.4
– for coupling spring . 315.2
–, bobbin 88.19
–, bottom 32.21
–, brass 347.22
–, change 272.4
–, copper lined wood . 70.6
–, detector 50.13
–, drop 35.7, 291.3
–, free falling 273.17
–, frog. 322.12
–, grease. 375.8
–, griffe 229.18
–, heck 45.15
–, knife 186.10
–, left (right). 248.2
–, metal 347.19
–, multiple 290.12
–, pin 35.7
–, punch. 385.21
–, revolving 280.3
–, ribbon 301.12
–, shuttle 248.5, 290.6, 357.7
–, size 70.18, 75.5, 76.1, 180.5
–, skip. 273.6
–, spring. 210.5, 371.3
–, stuffing 73.19
–, swing 273.6
–, top 32.19
–, weight 122.2
–, wooden 347.17
– blade 280.15
– change repeat . . . 273.1
– guide 278.5
– key 373.19
– motion left (right) hand side 281.5.6
– motion, circular . . . 279.1
– motion, Eccles' . . . 276.1
– motion, Hacking's . 275.5
– motion, Hodgson's . 276.7
– motion, Knowles'. . 276.12
– motion, revolving. . 279.1
– motion, Schönherr's. 274.12
– motion, Schwabe's . 276.2
– motion, Walker's circular 280.13
– movement, free falling 273.10
– movement, negative. 273.10
– peg with gripping hook 239.3
– peg for steel shuttles 239.4
– plate tappet 200.3
– shuttle. 243.2
– swell 254.9
– tongue. 280.15
–wood shuttle 243.6
boxes at rest 281.13
–, circular 279.2

boxes, conical ended . 347.21
—, revolving 279.2
boy, winder's 84.20
brace, to — the loom framing 297.8
braced loom framing . 297.7
braces 426.21
—, elastic. 427.25
bracket. . 59.16, 168.17, 333.15
— for dividing rods . . 111.4
— for girder 212.10
— for guide pulleys . . 301.10
— for holding reed . . 106.8
— for knife sharpening motion 332.7
— for pirn board . . . 323.4
—, adjustable 105.15
—, angle 323.14
—, bush 284.2
—, fixing rod 93.7
—, frog. 322.12
—, reed adjusting . . . 108.9
—, shaft stave 172.5
—, side lever 251.16
—, slide 172.16
—, stop 254.2
—, swinging. 112.15
—, top 249.9
—, treadle 322.5
—, wooden bearing . . 116.14
— bush. 213.19
— pedestal 310.11
Bradford warping mill 45.13
braid. 427.27
—, beaded 428.8
—, cotton. 427.29
—, embroidered 428.15
—, fancy 330.10
—, flat wire 428.5
—, gold 428.3
—, looped 428.11
—, military 428.13
—, satin 428.2
—, silk 428.1
—, silver 428.4
—, skirt 428.21
—, spangled. 428.9
—, tapestry 428.16
—, cheap tinsel 428.7
—, fine tinsel 428.6
—, wool 427.30
—, woven. 427.28
braiding head. 179.1
— machine, heald . . . 178.1
brake . . 120.19, 180.17, 309.8
— with helical spring . 125.20
—, band 123.18
—, bobbin 29.13
—, chain 123.15
—, combination 124.9
—, cord 121.8
—, differential. 123.21
—, friction block . . . 125.1
—, loom 311.12
—, rope 124.10
—, shoe 120.20
—, spring — for bobbin 346.5
—, steel band 124.19
—, warp beam 119.18
—, yarn 31.9
— arm. 121.3
— band 125.7
— band, leather 72.15
— block 91.11
— friction 309.11
— lever 124.16, 308.6, 309.7, 316.15
— lever, bobbin 95.5
— lever, notched — for bobbin 90.12
— lever rod. 308.8
— pulley, smooth cast iron. 124.21
— rim 123.17
— ring 115.16, 370.12
— ring, combined beam flange and. 115.21
— roller tension . . . 93.15
— shoe. . 32.16, 120.22, 277.2, 308.7, 316.16
— spring, carriage . . 365.10
— surface. 124.22
— weight lever 125.9
— weight, round . . . 125.10
— wheel 311.15
—, to — each bobbin separately 329.8
—, to — the bobbins to prevent overrunning 29.15
—, to — by a cord . . 25.25
brake, to — the loom . 309.10
—, to — the reel by straps 25.24
—, to — the warp. . . 118.8
—, to — the warp beam 119.20
braking by pressure in the direction of the axis of beam shaft. 120.2
— by vertical pressure on the beam shaft . 120.1
— the warp beam . . 119.21
—, reel 33.4
—, shuttle 316.21
— resistance 95.18
brander 210.6
brass bobbin 366.7
— box 347.22
— core 18.5
— dent. 284.19
— mail 219.3
— pin 117.14
— plate 168.16
— ring, spiked 139.18
— tube. 439.3
— wire. 416.15
— wire fabric 416.19
— wire sieve 416.23
break, to (weft) 245.2
—, to — the warp threads (shuttle). 247.7
—, to — in winding off (threads) 79.3
breakage of thread . . 88.17
— of warp thread. . . 319.12
— of the warp threads by the shuttle . . . 143.4
— of weft 132.17
—, picking motion. . . 313.2
—, thread 4.5
breaking of an end . . 51.5
— away of the size . . 64.20
— of the weft 245.3
— place of the yarn. . 435.25
— strength, tensile . . 114.5
breast beam . . 116.16, 136.17, 323.7, 355.14, 358.4
— beam covered with fish skin 117.12
— beam set with pins . 117.13
— beam, fillet covered. 117.9
— beam bar . . 305.3, 309.4
— beam lever. 320.10
— beam plate. 311.17
— beam regulator . . . 134.5
— beam wheel 134.6
— board 298.1
bridge, wire head . . . 328.8
bright thread 421.9
brilliantine yarn. . . . 14.7
brittle, to become (yarn) 64.17
— yarn. 9.22
brocade 402.17
—, double thread . . . 402.19
—, fancy 402.18
—, gold 402.20
—, imitation 163.7
—, leno. 165.1
—, silver 402.21
—, true. 423.6
—, velvet 423.2
—, weft 162.12
— warp 163.2
—s for church hangings 402.30
brocaded altar cloth . . 423.4
— fabric 162.10
— gauze 349.5
— warp fabric 351.6
brocading. 162.11
— thread 163.3
brocatelle. 423.5
broché fabric . . 162.11, 344.13
— fabric for upholstery 418.13
— goods 344.12
— lathe, Swiss 348.3
— slay with three shuttle change and hook guide 346.21
— weft 344.20
broken end 51.6
— pass 104.16
— pick 268.21
— rib 146.12
— sateen 151.10
— twill. 149.8
— twilled jute fabric . 397.2
— warp thread . 143.3, 319.7, 321.7
— weft thread 317.16
brush 240.5
— for raising the pile . 343.16
—, circular 328.12
brush, distributing . . 72.19
—, dressing 73.6
—, hand 83.19
—, longhaired 73.7
—, plush roller 38.6
—, revolving 71.2
—, roller 343.10
—, sizing 180.4
—, thread clearer . . . 38.7
— roller . . 70.11, 76.3, 180.2
—, to — the warp. . . 83.22
brusher. 180.9
brushing the yarn . . . 73.5
— machine, hank . . . 70.10
Brussels carpet 411.21
buckskin 398.7
— loom, fast running . 195.6
buckram 395.22, 414.19, 432.21
buffalo hide picker . . 248.12
buffer . . 178.9, 194.21, 250.11, 311.14, 322.10
—, rubber 248.15
— arm 254.3
— leaf spring 254.4
— motion in buckskin looms 253.17
— rod 254.1
— stop, padded 358.17
buffing of the shuttle . 247.15
build up, to — a standard warp 42.5
building, bobbin . . . 87.21
— motion, cop 96.11
built up tappet 200.3
bulge of the bobbin . . 23.16
bullion 20.12
bunch of harness cords 220.20
bundle of hair 259.21
— of yarn 11.4
burlap 396.17
burler's wage 445.14
burning test 436.12
bush 203.6, 281.3
—, bracket 213.19
—, fixed 60.9
—, glass — for creel peg 44.20
—, revolving 338.9
—, spindle 94.8, 98.15
—, stud 327.18
—, wood — for creel pegs 44.19
— bracket 284.2
butt of the bobbin . . 263.10
—, hardened steel . . . 239.8
—, spool 240.2
button 209.2
—, hand 348.2
—, push 387.9
— board 209.1
— draw loom 208.17
— velvet 404.7
buyer 443.1
bypass pipe. 102.3

C

cable silk 16.15
cage, bobbin . . 88.18, 371.15
cake of rubber 415.8
calcium chloride. . . . 68.11
— phosphate 438.7
— sulphate 437.23
calculated length 436.5, 443.19
— length of hanks. . . 444.17
— weight 442.11
— weight of yarn . . . 11.17
calculation of healds. . 444.6
— of length of cloth. . 441.11
— of the weight of material 442.9
—, heald 173.17
—, warp 443.13
—, weft 444.7
—, weaving 441.1
calendered linen . . . 395.23
calico 391.8
— for lining 392.19
—, embossed 393.6
—, glazed 392.18
—, heavy make of. . . 392.16
—, Indian 393.1
—, medium make of . . 392.15
—, printed 392.17
— weave 145.18
cam 98.14, 129.5, 315.13, 339.9, 370.13
— and bowl picking motion 252.5
— for crossing layer. . 91.7
cam for varying height of layers 97.8
—, cop shaper 91.6
—, cutting 331.13
—, disc. 117.6
—, friction 127.10
—, grooved . . . 55.8, 228.10
—, heart shaped. 33.13, 191.10
—, loose striker 202.7
—, picking 314.9
—, picking disc 359.11
—, one piece 200.2
—, scroll 202.7
—, selvedge 202.7
—, shaper 92.17
—, sliding 250.4
—, slotted 213.6
—, three part 274.13
—, three throw 97.3
—, winding 37.14
— bowl. 36.13
— disc . . 90.20, 96.12, 277.24
— groove 294.5
— lever 319.15
— lever, diamond shaped — for traverse rail 33.12
— lever with toothed sector for cutting motion 331.12
— lift 37.16
— piece for open shedding. 200.7
— shaft 91.4
— stroke as the slay beats up 295.1
— throw 37.16
cambric 395.26
—, cotton. 393.10
—, medium cotton. . . 392.21
— weaver. 5.24
camel hair yarn . . . 15.23
camlet 399.4
—, silk 401.6
— yarn 15.12
camphor 438.4
cane 7.20, 290.14
—, split 284.18
— mat 416.11
canvas 395.14
— for embroidery . . . 394.5
— for mattress 433.6
—, packing 396.17
—, shoe 399.22
—, worsted 398.24
caoutchouc 415.6
cap 139.22
—, embroidery lathe. . 345.19
—, slay . 136.8, 288.20, 293.7
capital, loom 446.10
—, works 446.9
— outlay 445.20
capstan 72.8
capsule. 264.19
— carrying the end of weft yarn 264.20
—, discharged 264.14
carbolic acid 68.6
card for moving the box 281.18
— to keep boxes at rest 281.13
— for the figure 383.10
— fitted in 385.10
— for interchangeable pegs 189.16
— operating two picks 235.2
— for revolving to the right (left) . . . 281.14.15
— with two (x) sets of holes 383.7.8
— of warping particulars 40.12
— cut for several weaves 197.2
—, blank 197.6, 281.13, 383.14, 389.16
—, change box 280.20
—, dobby 205.6
—, eccentric 201.4
—, endless paper . . . 388.1
—, even numbered. . . 383.12
—, ground weave . . . 383.9
—, Jacquard 382.2
—, odd numbered . . . 383.11
—, paper 382.4
—, pasteboard. 382.4
—, pattern 275.15, 277.25, 342.25
—, perforated 382.12
—, fully perforated . . 383.3
—, punched. 382.12
—, roller 189.10, 203.4
—, sheet metal . 279.10, 382.10
—, single 383.6
—, wood 382.11

card board 208.21
— chain 206.13, 390.6
— clothing 39.5
— cradle 206.12, 390.13
— cutter 384.8.9
— cutter, Jacquard . 384.10.11
— cutting 384.6
— cutting direct from the sketch 387.16
— cutting for Hodgson dobby 193.15
— cutting department . 384.7
— cutting machine, piano 385.8
— cylinder . . 186.13, 210.14, 353.14
— feed 390.9
— frame . . . 206.11, 390.12
— holder 384.3
— lacer 384.12.13
— lacing 389.17
— lacing machine . . . 390.4
— paper 388.2
— paper cutting 383.15
— paper cutting machine with circular knives 383.20
— paper cutting machine with knife 383.16
— pegger 384.12.13
— perforating 384.6
— press 384.1
— pulley 235.8
— punching 384.6
— punching machine, electrical 387.3
— rails, pattern . . . 206.1
— repeating machine . 389.3
— reversing motion . . 214.9
— saving motion 196.22, 236.7
— saving motion for handkerchief looms. 275.20
— stamping 384.6
— suspension wire . . . 390.11
cards for circular skip boxes 281.17
—, laced 389.18
carded cotton yarn . . 12.5
— wool weaver 5.20
— woollen goods . . . 397.8
— worsted yarn . . . 15.7
— yarns 14.4
carpet 407.3, 433.15
— knotted mechanically 408.19
— pieced together . . . 407.12
—, Afghan 410.4
—, Arabian 410.5
—, Asia Minor 410.2
—, Axminster 410.12
—, bordered 407.9
—, Brussels 411.21
—, chenille 410.10
—, coir fibre 407.20
—, double 408.9
—, embroidered 407.25
—, English 408.4
—, floor 407.7
—, German Axminster . 410.14
—, hair 408.2
—, hair — with woollen warp 407.14
—, hand knotted 336.19, 408.16
—, hand painted . . . 407.26
—, imitation 407.6
—, ingrain 408.9
—, jute 407.21
—, Kelim 408.7
—, Kidderminster . . . 408.11
—, knotted 408.15
—, looped 411.11
—, Moroccan 410.7
—, mottled tapestry . . 411.18
—, mottled velvet . . . 411.19
—, ordinary 408.1
—, Oriental 410.1
—, Persian 410.3
—, pile 408.13
—, praying 410.8
—, printed 407.27
—, rep 407.15.18
—, Royal Axminster . . 410.16
—, Savonnerie 409.15
—, Scotch 408.12
—, Smyrna — made by needle work 408.17
—, Soumak 407.29
—, stair 407.13, 433.16
—, taffeta 407.17
—, tapestry 411.14
—, three ply 408.12
—, tow 407.22
—, triple 408.12
carpet, true 407.5
—, Turcoman 410.6
—, Turkey 409.15
—, Turkish 337.7
—, Turkish tapestry . . 337.5
—, twill 407.19
—, two ply 408.9
—, Tyrolese 408.3
—, velvet pile 241.19
—, Venetian 407.13
—, Victoria Axminster . 410.15
—, warp pile 411.9
—, weft pile 408.14
—, Westphalian 407.28
—, Wilton 412.4
— loom 297.15
— loom, Axminster . . 340.20
— loom, narrow 298.2
— loom, pile 298.3
— plush, uncut 411.22
— shuttle 241.18
— strip, tapestry . . . 411.20
— weaving 3.1
— yarn 14.12
carragheen moss . . . 67.21
carriage 256.17, 287.9, 324.8, 366.6, 385.9
— mounted upon wheels 257.9
— with spent bobbin . 364.16
— supported on rollers. 287.20
—, edge 366.18
—, empty 364.15
—, falling 364.25
—, full 364.14.23
—, punch 388.8
— brake spring 365.10
— comb 366.12
— disc 364.17
— slide 367.13
— tooth 367.1
carried by the beam holders (shaft ends) . . 48.14
— over weighted bowls (warp) 356.15
carrier 178.11, 280.17
— for the swivel shuttle 346.2
— for tension washers . 92.21
—, adjustable 105.15
—, chain rod 356.7
—, elastic yarn 29.8
—, knife 327.16
—, lamp 356.5
—, reed 283.6
—, reel 33.19
—, revolving cop . . . 45.10
—, roller 230.8
—, shaft 183.17
—, shuttle 347.14
—, spool 30.5, 32.14
—, travelling yarn skip. 102.6
—, tube 338.8, 340.6
—, warp beam 79.15
—, weft 263.6
— arm for feeler roller. 125.15
— arm for pressing the bobbin on to the drum 32.15
— arm, notched 129.13
— disc rotated step by step 363.16
— rod 332.17
— roller covered with plush 329.13
— roller, chain 263.3
— spring 275.7
— wheel . 128.18, 133.9, 135.9, 137.5, 178.5
cartage expenses . . . 447.3
cartridge paper 379.1
case of yarn 11.27
—, glass 439.15
—, reed 136.6
—, shuttle 257.17
cashmere 397.24
— shawl 420.27
— twill 397.25
— yarn 15.22
casing 101.22, 287.7
cassimere, half woollen 397.18
—, pure woollen . . . 397.17
cast iron brake pulley, smooth 124.21
— iron girder 212.12
— solid, tappets . . . 198.23
— steel link, rectangular 372.16
— steel plate 190.2
— steel punch 190.3
— steel wire heald . . 175.12
castor oil 67.12
— yarn 14.29
castorine 398.2
catch 58.9, 96.14, 126.23, 188.15, 191.14, 195.3, 205.14, 278.8, 339.4, 388.16
— of the hook 348.18
— to locking wheel . . 317.9
— for picking arm . . 241.9
—, cylinder . . . 211.23, 277.26
—, double ended . . . 259.8
—, double hook 193.10
—, faller 253.10
—, falling 252.13
—, locking 333.20
—, movable 178.15
—, picking 348.12
—, pushing 195.13
—, safety 279.21
—, sector 314.12
—, spindle 242.17
—, spring . 97.19, 100.15, 226.3, 258.12
—, stop 204.18
—, stop lever 52.13
— bar 368.6
— end at the selvedge. 147.11
— hook 190.9, 233.11
— lever 253.14, 259.20, 278.15, 280.11
— lever arm 278.20
— pawl 32.3
— pin 364.6
— regulator 253.12
— spring 112.16
— thread 147.11, 358.7
— thread, steel wire . . 355.6
—, to — the loops of weft (shuttles) 340.14
—, to — the shuttle . . 247.6
—, to — the flying shuttle 312.11
catcher, knot 28.5
—, snarl 28.5
—, vibrating 342.17
catching the gripping shuttle, apparatus for 258.10
caught in the shedding (shuttle) 315.5
caustic soda 68.4
cellulose yarn 13.22
cent indicator 54.16
central groove 202.8
— treading motion . . 199.1
centrally slotted guide piece 228.16
centre 200.4
— of the cloth 222.8
— of shed 198.4
—, dead 255.13, 306.2
—, pivot 293.18, 338.11
—, reel 25.23
—, switch 178.19
— arm of lever 315.12
— bar 356.8
— comb 369.18
— comb, fixed 369.19
— position 369.10
— repeat 222.9
— selvedge 361.2
— selvedge motion . . 362.3
— selvedge motion with gauze harness . . . 361.8
— shed 142.19, 216.7
— shed dobby . . 187.6, 188.17
— shed Jacquard . . . 228.6
— spindle. 80.18, 81.4, 139.21
— thread . . . 104.15, 271.9
— traverse beam . . . 305.2
— tube, paper 90.7
— web 159.8
centrifugal clutch, automatic 311.9
— friction clutch . . . 311.5
— slipping clutch . . . 311.10
cetraria islandica . . . 67.22
Ceylon coir yarn . . . 13.20
chafing of the cords . . 220.2
chagreen 402.24
chain . . 92.5, 191.4, 230.9
— of cards 206.13
— of lags 189.12
— of roller cards . . . 191.17
— of traverse rail . . . 33.16
— of warp yarn 63.9
—, bobbin carrier . . . 340.1
—, card 390.6
—, change 196.19
—, dobby 192.3
—, driving 213.15
—, endless . . . 266.3, 372.20
—, Galle 71.5, 372.15
—, harness 171.15
—, iron 278.2
chain, lag 194.7
—, pattern 259.4
—, pattern bowl 193.5
—, spiked 140.6
—, stud link — with ring 314.17
—, tappet 201.13
—, traverse 38.16
— bowl . . . 33.17, 38.15, 92.6
— bowl with weight . . 53.3
— bowl, traverse . . . 92.8
— brake 123.15
— carrier roller 263.3
— drive 70.17
— drive, cylinder . . . 213.14
— feed motion 117.21
— guide 263.2
— guide plate 259.9
— lease 47.4
— link 259.6
— rod carrier 356.7
— roller 314.18
— stitch 342.18
— temple, spiked . . . 140.4
— warp 43.9
— warping 41.9
— wheel . 195.15, 259.2, 372.19
chalk 437.27
—, French 68.17
chamber, air 102.2
—, conditioning 102.10
—, drying 71.4
—, hot air 75.7
—, moistening . . . 102.1.10
—, oil 328.11
—, vertical 75.12
—s disposed in a circle 279.3
chamfer 267.14
chamfering of the wooden hooks . . . 211.9
change one after the other 273.5
— of bobbins by hand . 260.2
— of colour 421.7
— of colour in the weft 341.17
— by cone pulley . . . 291.13
— of shed 228.5
— of x shuttles 272.5
— of stroke 189.3
— of treadles 183.4
— of weave 196.10
—, colour 271.6
—, faulty 260.14
—, shuttle box 290.15
—, skip 292.4
—, speed 31.10
—, weft 271.1
— box 272.4
— box with x compartments side by side . 345.15
— box with x compartments superimposed 273.9
— box card 280.20
— box framing 276.13
— box lifter 277.16
— box motion for buckskin loom 274.4
— box motion, foot step 274.16
— box slay 272.3
— card, roller 281.1
— card, steel 280.21
— cards for circular boxes 281.12
— chain 196.19
— fork 127.18
— hook 277.1
— lever 178.7
— lever, double 277.14
— lever, forked 277.13
— motion, rising box . 273.8
— motion, weft 271.3
— pattern 292.1
— wheel 128.21, 133.8, 135.19, 136.1
— wheel with x teeth . 133.18
—, to — the bobbins . 45.3
—, to — the colour . . 341.16
—, to — the linking point of the heald . 174.11
—, to — the order of picking 247.22
—, to — from pick to pick (interlacing of the threads) 153.18
—, to — the shed . . . 142.13
—, to — the shuttle boxes 290.16
—, to — the shuttles . 271.4
—, to — the treadles . 183.5
changer, weft 271.3

changing the length of the stroke 132.2
— the number of picks per inch 132.9
— the rows of shuttles. 358.8
— the tappet noses . . 250.6
— finger 276.17
— mechanism, weave . 196.11
— motion, cop 261.16
— motion, drop box . . 273.8
— point 270.16
channeled lease rod . . 138.6
chappe silk cloth . . . 340.19
character, external — of the thread 435.3
characteristics of the threads 435.4
Chardonnet silk . . . 17.19
charge, maximum — on loom 307.4
charges, bank 446.11
—, law 446.29
—, telephone 447.8
—, warehouse 446.27
chasuble 422.22
cheap tinsel braid . . 428.7
check back fabric . . 154.17
— brocaded fabric . . . 163.5
— loom 303.14
— pattern 160.13
— pattern fabric . . . 271.13
— pattern hopsack weave 147.8
— strap 250.12, 314.11
— strap, long 252.3
— strap, short 252.4
— taffeta 400.17
—, to — the returning shuttle (strap) . . . 252.2
checks 153.10
—, raised pointed . . . 152.7
checking of calculation. 443.6
— the shuttle 252.1
— of weight 11.18
—, spring — of the shuttle 254.5
cheek 290.8
— of reed 282.9
—, slay 288.19
cheese . . . 10.18, 23.20, 54.18
—, conical 24.2
—, cylindrical 23.21
—, flat conical 23.19
—, tapered 24.2
—, warp 63.2
— warping machine . . 63.1
chemical reaction . . . 436.19
Chemnitz pitch 216.4
chenille. 410.17, 422.1
—, Axminster 410.22
—, cut 343.11, 411.4
—, feather 21.10
—, flat 20.22, 410.20
—, hand woven 410.18
—, machine woven . . . 410.19
—, multicoloured . . . 411.3
—, one colour 411.2
—, patterned 21.9
—, round 20.24
—, sewn 20.20
—, twisted . . . 20.21, 411.6
—, uncut 21.1
—, U shaped . . 20.23, 411.5
—, woven. 20.19
— carpet 410.10
— carpet with pile on one face only . . . 410.12
— carpet, reversible . . 410.11
— cloth 343.12
— cloth beam 343.6
— curtain 419.5
— cutting machine . . 343.5
— loom 340.22
— ribbon 425.13
— rug 419.23
— weft . . . . 341.15, 411.
— yarn 20.18
cheviot. 397.20
—, unraised. 397.21
— yarn 14.30
chevron, worsted . . . 399.14
chief machine. 229.2
chiffon 393.11
china clay . . . 68.14, 437.22
china grass yarn . . . 13.15
chiné ribbon 425.8
chintz 393.8
chisel, crosscut 373.8
—, flat 373.9
chloride of calcium . . 68.11
— of magnesium . . . 68.13
chloride of sodium . . 67.28
— of zinc. 68.1
choked temple 140.16
chondrus crispus . . . 67.21
choose, to — the reed . 106.15
church hangings. . . . 402.30
cigar band 427.10
circuit 319.5
—, main electric. . . . 320.6
—, short 320.13
circular beam shaft . . 77.22
— bearing 362.6
— boxes 279.2
— box loom 303.18
— box motion 279.1
— box motion, Ross' . 280.2
— box motion, successive 279.4
— box motion, Walker's 280.13
— brush 328.12
— creel 44.7
— goods 156.10
— knife 343.8
— loom 300.9
— reed 300.12
— reshuttling motion . 270.12
— swivel slay 345.17
circulating pipe 102.12
circulation of the damp air 102.15
circumference of reel . 25.22, 46.8
— of the taking up roller 131.6
—, inner — of the ring. 341.21
cistern, wooden 69.1
clamp 258.4, 386.14
—, binding 172.3
—, locked. 172.7
— bar 112.7
clamps 439.1
clamp, to — the strip of cloth 439.10
clamping device. . . . 113.14
clasp rod 138.7
classification of Jacquard machines . . 215.1
Clavis machine 385.8
claw coupling 51.15
— ends. 263.9
clean, keeping the looms 375.11
— shedding 228.13
—, to — the material . 437.2
—, to — the warp. . . 83.12
cleaner 83.16
—, heald 180.9
—s wage 445.13
cleaning the looms . . 375.12
—, warp 83.11
— machine 83.16
— waste 375.13
clear, to set the warp . 107.7
— design 420.1
— interlacing effect . . 391.12
— set 107.6
— shed. 142.21, 217.1
—, to — the frog . . . 316.18
—, to — the warp. . . 83.12
—, to — the yarn of neps (slit plate) 28.2
clearer, thread 39.6
—, yarn 28.1
— board covered with card clothing 39.5
— brush, thread. . . . 38.7
— guide plate 28.1
— roller, plush covered 32.17, 38.5
clearing the shed . . . 329.17
— the threads 62.18
—, warp 83.11
— arrangement, shed . 329.15
— plate 28.1
clearly set warp. . . . 107.8
click 128.5
—, to — into the slot (lever) 52.2
clip 81.16, 371.4
—, spring. . . . 263.8, 270.15
— spring for the binding clamp 172.6
close, to set the warp . 107.11
— lay of threads . . . 23.1
— pressing up 132.7
— set 107.10
— woven goods . 392.13, 431.22
—, to (mouth of tongs). 341.20
—, to — the circuit . . 319.5
—, to — the shed . . . 142.7
— to — up the reel . . 28.17
closed pile 404.23
— reed 49.17
closed shed. 142.14
— shed dobby 188.19
— shed dobby Schroers 189.1
closely bound goods . 226.14
— set warp . . 107.12, 319.9
— woven back 152.5
— woven fabric 132.11
closeness of the warp (weft) threads . . . 376.8.9
— in winding, variable. 22.18
closing of the bent lever 255.12
— the electric circuit . 320.12
— the shed 142.6
— flap 269.11
— plate 267.11
cloth (s. a. fabric, goods, material, stuff) . . 3.9
— as it comes from the loom 431.2
— without cover . . . 143.13
— with x ends . . . 144.19.20
— with x folds 159.1
— with small pattern . 3.18
— with plain surface . 432.1
— with similar faces. . 392.5
— with a uniform weave over the whole surface 391.11
— with warp effects . 3.23
— with warp stripes . 3.22
— with weft effects . . 3.24
—, apron 433.1
—, army 397.13
—, artificial silk. . . . 430.22
—, back 157.6
—, bare 4.8
—, bleached. 431.3
—, bolting 399.1
—, bottom 157.6
—, chappe silk 430.19
—, compact. 132.11
—, compound 158.12
—, corkscrew 397.22
—, cotton. 430.7
—, crinkly 432.2
—, dark 62.19
—, diagonal twilled back 154.16
—, dish. 420.15
—, double s. double cloth
—, dyed 431.4
—, extra weighted. . . 154.7
—, face 157.4
—, fancy 3.17
—, figured three ply . . 159.2
—, figured four ply . . 159.3
—, finished 431.15
—, gauze 163.8
—, glass 420.14
—, goffered 431.7
—, gummy 396.20
—, half linen . . 395.13, 430.9
—, half woollen 430.16
—, heavy 431.17
—, hemp 430.10
—, horse 419.19
—, horsehair 430.24
—, impregnated 431.14
—, Italian 400.6
—, jute 430.13
—, knife 420.16
—, leno. 163.8
—, light 431.16
—, linen 395.8, 430.8
—, mercerised 431.5
—, metallic 416.14
—, milled. 431.9
—, mixture — part silk part cotton 430.20
—, mixture — part silk part wool 430.21
—, moire 431.8
—, nap 417.22
—, nettle 430.12
—, oil press 399.17
—, open work 431.23
—, Ottoman 401.17
—, paper thread. . . . 430.23
—, patterned 391.14
—, pilot 397.26
—, plain 3.16, 432.4
—, pleated 162.3
—, printed 431.6
—, pure silk 430.18
—, raised 431.10
—, ramie 430.11
—, reversible 430.5
—, ribbed. 391.9
—, rubber 431.13
—, sack 395.24
—, sail 395.14
cloth, sheared. 431.11
—, silk 430.17
—, sleazy 4.8
—, sponge 394.3
—, summer 431.18
—, table 420.10
—, tennis 399.12
—, tent. 395.15
—, top 157.4
—, twill backed 154.8
—, twilled 3.19
—, twilled weft (warp) back 154.12.15
—, union 400.4
—, unmilled. 397.10
—, unornamented . . . 145.17
—, waterproof 431.12
—, winter. 431.19
—, winter weight . . . 417.1
—, woollen . . . 397.11, 430.14
—, worsted 430.15
— analysis 430.2
— beam 116.17, 323.8, 360.3, 366.11
— beam supported by pivots 335.3
— beam, chenille . . . 343.6
— beam locking. . . . 134.16
— beam regulator . . . 134.7
— beam wheel 133.10
— board 298.1
— construction, principles of 143.14
— design 378.9
— examining 445.11
— face 417.17
— face consisting of hair tufts 417.20
— governing 298.12
— industry 2.18
— looker 6.1
— loom 297.10
— manufacture 2.15
— manufactory 2.17
— measuring and lapping machine . . . 442.6
— mill 2.17
— prover 434.14
— regulator. 342.21
— roll 261.10
— roller . 6.12, 116.17, 135.6, 136.16
— roller, needle covered 335.9
— roller bearing, floating 136.4
— rolling and measuring machine 442.5
— shuttle with cheeks. 241.11
— testing. . . . 429.3, 438.3
— weaver. 5.18
— width 331.1
clothing 413.14, 432.14
—, card 39.5
clouded ribbon 427.19
clutch, automatic centrifugal 311.9
—, centrifugal friction . 311.5
—, centrifugal slipping. 311.10
—, cone 311.4
—, dog 333.21
— sleeve 80.17
coach lace . . . 359.13, 428.18
coarse count 11.7
— hemp yarn 13.6
— material 431.27
— mesh 365.22
— pitch of needles . . 216.9
— thread 236.16
— tram 16.7
— worked tapestry . . 422.7
— yarn 9.18
coating. 397.26, 432.17
— of vulcanised fibre . 243.14
—, covert 399.13
—, ladies' 398.1
—, metal 243.15
—, plain 397.27
—, top 417.2
—, twill 398.14
—, waist 399.20
cochin coir yarn . . . 13.18
cock, air 69.13
—, feed. 69.14
—, filler 69.14
—, stop 265.7
—, test 69.15
coco mat 241.14
— nut oil. 67.11
coconada coir yarn . . 13.19
coefficient of friction . 120.13
cog 370.10
—, lifting 288.3

cog wheel 275.8
coil of yarn 22.15, 24.15, 336.7
—, to — the warp into a ball 63.6
—, to — the warp threads in spiral form upon the mill 46.19
coils, loose 98.8
coir fibre carpet 407.20
— yarn 13.17
cold, to size 65.18
collapsible racer 28.16
— reel 25.20
— ryce 28.16
collar 69.4, 89.17, 203.6
—, spindle 98.17
— velvet 404.8
collector 365.17
—, waste 113.2
collodion silk 17.19
colour, figure 230.15
—, ground 230.14
—, pointing 380.6
—, red 380.11
— bowl 74.20
— change 271.6
— cylinder 230.13
— effect 391.18
— effects in the design 3.20
— effect, mixed 152.10
— trough 74.21
coloured goods, weaving 2.4
— knop 18.16
— shawl 420.22
— silk 17.2
— twist yarn 15.5
— warp 64.3
— weaving 271.5
— weft 271.11, 334.18
comb (s. a. reed) 49.16, 82.7, 106.14, 386.13
— in two parts 367.8
—, axially movable 367.9
—, back 369.16
—, carriage 366.12
—, centre 369.18
—, dividing 82.13
—, fork 339.3
—, front 369.15
—, guide 89.9, 350.17
—, hand — for beating up 336.5
—, segment shaped 367.12
—, straight 367.11
—, suspended 80.9
—, three part 369.14
—, vibrating 319.16
—, weavers' 8.10
—, zigzag 81.1, 83.5
— lever, adjustable 82.6
— space 367.14
—, to — the warp 84.3
combed cotton yarn 12.6
comber-board 207.21, 217.6
— with holes in straight (spaced) rows 217.10.11
— with inclined rows of holes 217.12
— in slips 208.1
—, movable 222.15
— hole 217.9
— support 217.13
combination of colour and weave 152.13
— brake 124.9
combined beam flange and brake ring 115.21
— cross twill 150.7
— roller and lever tackle 184.6
— weaves 145.15
commercial yarn 11.26
commission sizing 66.13
— weaver 6.22.23
— weaver for home weaving 6.23
— weaving 6.21
— winding 88.21
common harness 231.4
— hessian 396.17
— salt 67.28
— twilled jute sacking 397.4
commutator 301.5
compact cloth 132.11
compartment, shuttle box 274.10
—s, superimposed 273.9
compass-board 207.21
— of glazed earthenware 208.2
— of porcelain 208.3
compensating motion 136.5
— roller 73.13
compensation for variation in tension 331.10
compensator draw band 125.12
complete bobbin 87.22
— crossing 164.11, 426.7
— twist 164.11
complicated pass 105.5
composition of colours 377.3
compound cloth 158.12
— damask 154.4
— levers 196.5
— tie up 222.3
compressed air 256.14
— air pipe 264.13
— wood shuttle 243.9
concave surface 280.8
concentric link 128.20
condensed yarn 12.7
condition of equilibrium of the brake 120.10
conditioning chamber 102.10
conducting wire 387.10
conductor 387.13
cone of yarn 87.9
—, adjustable — of warping cylinder 60.6
—, driving 308.5
—, fixed — of warping cylinder 60.5
—, guide 99.2
—, locking 439.5
—, sliding — of cylinder 60.12
—, wood 93.11
—, wood lath 60.2
— belt 74.3
— clutch actuated by stop rod 311.4
— drum 53.4
— pulley 53.4
— warping machine 58.6
conical base 260.16
— ended boxes 347.21
connect, to — the jack to the treadle 188.8
connecting curve 198.16
— link 253.7
— link, crank 194.20, 308.13
— rod 58.13, 186.11, 203.17, 212.4, 253.9, 277.3
— rod for picking motion 314.13
— rod, crank 59.20
— rod, short 124.5
— wire 194.16, 277.8
constant 133.19
— dividend 443.5
— tension 126.9
—, to remain (shed length) 141.13
construction, loom 300.3
consumption, weft 444.14.15
—, yarn 11.20
contact, disc in — with the yarn 101.4
—, pressure beam in — with the auxiliary beam 129.1
—, sizing roller in — with the warp threads 76.12
—, stop roller in — with the bobbin surface 37.11
—, to come into — with the switch shoulder (bobbin spindle) 179.9
—, sliding 387.5
—, in slight 78.17
— lever 320.3, 387.6
— rail 320.2, 321.6
— stud 387.9
— weight 137.6
container for carriages with spent bobbins 364.1
container for the discharged capsules 264.14
continuous current motor 309.16
— let off 126.6
— taking up motion 130.8
— movement 130.7
— pass 104.9
— pattern 154.6
— twill 149.11
continuously, running (loom) 306.17
— revolving nip rollers 50.12
contour, figure 379.17
contract, to (width of the warp) 114.12
—, to (warp) 66.15, 114.8
—, to — in width (cloth) 139.4
contraction of cloth in width 139.3
— of the paper cards 382.6
— of the warp 66.16
contrary crossing 164.8
— douping 164.8
control of picking catches 314.3
— of picking mechanism 314.2
— of the rack 276.6
—, picking motion 254.7
—, shuttle 348.19
—, to — the boxes (hooks) 291.16
—, to — a pair of needle wires (needle) 227.5
controlled by a brake, reel 176.17
— by springs, warp tension 119.8
converse patterns 377.7
conversion of counts 11.12, 435.26
— of measures 436.8
— of weights 436.7
converted count 11.14
convex surface 280.9
conveying, automatic — of yarn skips 102.7
— felt 414.9
cop 38.3, 84.9
— winding from inside 84.11
—, cotton 260.4
—, cross wound 91.2
—, emptied 317.17
—, exhausted 243.22, 262.3, 317.17
—, finished 317.17
—, full 262.2
—, mule warp 22.2
—, ring warp 21.17
—, solid 84.11
—, tubular 84.11
—, weft 237.14, 260.6
—, worsted 260.5
—, woven off 243.22, 262.3
— bit 87.10
— body 84.13
— bottom 85.28, 87.10
— building motion 96.11
— carrier, revolving 45.10
— changer, automatic 261.12
— changer, Hartmann's 262.8
— changing, automatic 260.11
— changing motion 261.16
— creel 45.7
— feeler 318.17
— feeler with counter 318.21
— guard 318.17
— guard, electric spring 319.1
— guide 440.6
— holder 440.5
— shape 87.4
— shaper cam 91.6
— shuttle with eyeletted plate 240.9
— shuttle for ribbon loom 242.7
— skewering device 372.1
— spindle, spring 95.14
— tray 32.21
— winder 87.1
— winder with guide cones 98.11
— winder with guide roller and flyer thread guide 99.15
— winder with guide roller and split drum thread guide 99.10
— winding 85.17
— winding machine 87.1
— yarn 435.23
copper, tinned 73.17
— boiler 69.10
— immersion roller 73.14
— lined wood box 70.6
— roller 70.7
— sulphate 68.2
copperas, blue 68.2
—, white 67.29
copy, to — the cards 389.2
—, to — the pattern 378.10
cord 119.17, 203.10, 230.5, 268.7, 318.11
— (corduroy) 395.1
— (of the point paper) 379.4
— for feeler 253.11
— to operate the catches 205.17, 211.25
—, double 123.9
—, draw 208.25
cord, fly 248.3
—, gut 209.13
—, hair 393.18
—, harness 207.15, 217.15, 224.3, 225.11
—, heald shaft 184.13
—, heck 45.16
—, holding 233.2
—, lacing 389.19
—, lifting 225.4
—, Maitland 173.3
—, neck 207.12, 210.9
—, pulling 108.12
—, shaft 188.5
—, simple 209.11, 386.7
—, varnished 220.4
—, weighted 123.1, 235.9
—, wire 416.17
— board 207.21
— brake 121.8
— drawing 209.8
— lever 370.11
— machine, English 225.2
— roller 207.2
cords, neck 208.23
—, parallel 124.17
—, tail 208.20
corded percale 393.3
— plush 406.1
— silk ribbon 425.9
cording 207.20, 220.10
cordonnet (silk) 16.14
— yarn 12.16
corduroy 395.1, 403.16
— weave 167.5
core, brass 18.5
—, cotton 18.4
—, wire 19.21
— thread 19.18
corkscrew 146.7
— cloth 397.22
cornel wood 243.10
corner 378.4
— post of the loom 297.3
corrugation 78.10
corset trimming 427.11
cost of advertising 447.5
— of fuel for power 446.5
— of heating 446.6
— of lighting 446.7
— of making 442.13
— for making up 446.22
— of patents 446.3
— of patterns 446.25
— of pattern cards 446.26
— of power 446.4
— price 442.14
— of price lists 447.6
— of printing 447.7
— of production 442.13
— of samples 446.23
— of sketches 446.24
— of transport 447.1
— of upkeep for machinery 446.8
— of winding 26.4, 88.23
—, selling 442.17
cots, woven roller 156.14
cotter 293.15
cottered ends 83.15
cotton, twilled 394.17
— beaver 394.15
— binding warp 411.23
— braid 427.29
— cambric 393.10
— cloth 430.7
— cloth, grey 392.14
— cop 260.4
— core 18.4
— damask 394.23
— goods 392.11
— goods in twill and satin weave 394.6
— goods, figured 394.22
— goods, plain 392.12
— ground thread 19.19
— knop 18.11
— loom 321.3
— moquette 405.7
— pile fabrics 394.26
— plush 406.9
— sateen 394.20
— shuttle 241.20
— taffeta 392.21
— tape 424.22
— twine, varnished 175.1
— twist 12.14
— velvet 403.13
— warp cloth 400.4
— warp linen 395.13
— waste 375.13

cotton waste yarn 12.12
— weaver 5.10
— weaving 2.10
— weft poplin 401.19
— yarn 12.2
— yarn, gassed 12.15
count to be converted 11.13
— of reed 282.13
— of reed, irregular 282.17
— required 11.15
— of the weft yarn 132.14
— of yarn 11.6, 435.18
—, coarse 11.7
—, converted 11.14
—, fine 11.9
—, medium 11.8
—, warp 7.21
—, to — from left to right 151.6
—, to — from right to left 151.7
—, to — the warp and weft threads 434.7
— off, to — the interlacing points 151.5
counter 62.5
— for meters length 371.12
—, pick 370.5.15
—, revolution 54.8, 58.16
—, speed 370.3
—, thread 434.14, 438.12
— bell 77.13
— pane 419.20
— pattern 349.9
— reel 440.4
— wheel 370.9
counterbalance, to — the weight of the shuttle box 273.15
counterpart machine 389.11
counterpoise weight brake 123.7
countersunk screw with plain head 374.10
— screw with feather 374.11
counterweight 53.8, 121.14, 124.2, 184.12.16
counting 11.11
— the picks 370.4
— device 370.2
— mechanism 62.11
couple, to — the pacing motions 135.3
—, to — the spindle driving wheels 95.7
— up, to — the Jacquard machines 214.6
coupled pacing motions 135.4
coupling 35.16
—, claw 51.15
—, driving shaft 54.4
—, flanged 94.9
—, friction 34.4
—, friction disc 51.12
—, holdfast 313.7
—, safety 279.11
—, screw 277.15
—, spindle driving wheel 95.8
—, swivel 213.12
—, thread guide 35.10
— key frame 277.10
— lever 363.19
— sleeve 94.10
— spring for picking motion 315.1
— strap 333.17
— wedge 277.11
course, shuttle 247.2
cover 139.22
— with a clear design on both sides 420.1
—, bone 347.23
—, furniture 419.18
—, table 419.17, 433.12
—, tension 245.19
—, wheel 323.3
— plate 314.7
— tension 245.22
—, to — the needle ends (needle board) 230.1
—, to — the race board 312.12
—, to — with wire 20.13
covered with plush 329.13
— with sheet metal 138.8
— linen 414.3
— rubber thread 56.16, 415.16
covering, back 405.17
—, cylinder 277.12
—, fancy cloth 419.27
—, honeycomb 419.28
—, mohair 406.2
covering, ribbed 419.29
—, rough 397.16
—, seat 405.16
— fabrics 419.16
— thread 20.8
— velvet 404.7
— warp, lower 170.1
— warp, upper 170.2
coverlet 419.20
—, shaggy 397.16
covert coating 399.13
cow hair yarn 15.27
crack 132.13
cracking off of the size 64.20
crackling material 431.29
cradle, bobbin 90.16
—, card 206.12, 390.13
—, iron 206.3
crank 58.14, 59.19, 255.11.18, 302.2
— of the main shaft 293.10
— with bent lever 293.20
— with ordinary connecting rod 293.2
—, double 213.10
—, double roller 295.11
—, hand 287.14
—, slotted 203.16
— arm 293.8, 308.12
— arm, adjustable 293.12
— arm, divided 293.17
— arm, two part 293.11
— connecting link 194.20, 308.13
— connecting rod 59.20
— disc 276.8
— disc keyed on 358.11
— disc with pin 213.8
— dressing machine 72.13
— handle 26.11, 80.5
— lever 234.12, 262.12
— loom 304.20
— motion 203.8
— motion for ginghams 199.14
— picking motion 255.1
— pin 59.8, 213.11, 255.2, 277.5, 358.12
— pin roller 251.12
— shaft 274.5, 301.16, 384.4
— shaft, wrought iron 302.8
cranked box key 373.21
crape 398.22, 401.12, 432.3
— yarn 15.15, 16.10
crease, to — the cloth 298.19
creel (s. a. bobbin creel) 45.14, 301.9, 359.3
— for cops 45.7
— for selvedge bobbins 331.5
—, beam 72.14
—, bobbin 43.12, 62.16, 90.11, 331.6
—, circular 44.7
—, divided 44.4
—, double 44.3
—, flat 44.5
—, horizontal 43.15
—, inclined 43.16, 331.7
—, open 44.4
—, single 44.2
—, straight 44.5
—, suspended 44.1
—, travelling 62.17
—, upright 43.13
—, vertical 43.13
—, V-shaped 44.6
—, warp beam 79.14
—, warper's 43.12
—, warping 43.12
— bar, vertical 356.10
— peg 44.16
— peg, horizontal 44.14
— peg, vertical 44.15
— peg, wire 44.18
— peg, wooden 44.17
—, to — the bobbins 30.12, 44.10
— off, to — the bobbins 30.13
creeler 40.9
creeling the cops 38.21
Crefeld pitch 216.3
— pitch Jacquard 215.10
— rate of knitting 173.14
— velvet 404.5
creosote 437.29
crêpe 398.22, 401.12, 432.3
—, sand 153.2
— weave 152.16
— yarn 15.15, 161.15
crêpe-de-Chine 401.13
— yarn 16.11
crepon 161.9
cretonne 392.23
crimp 161.9
— running across the piece 162.1
— running lengthwise with the piece 161.17
—, figured 161.14
—, plain 161.12
—, striped 161.13
— effect 162.2
— warp 161.11
crimped cloth 432.2
crinkly cloth 432.2
crinoline 414.20
crochet gauze 165.9
— yarn 14.28
Crompton's dobby with cards 192.1
— dobby with roller cards 191.12
cross 380.2
— bar 80.3, 106.3, 176.15, 190.13, 297.5
— bar of the frame 190.17
— bar, ironshod wood 289.1
— bar, thick heavy wooden 288.21
— bar, wooden 71.11
— beam 105.14
— border dobby 195.10
— border motion 196.22
— groove 245.9
— lath 185.8
— piece 191.6, 278.19, 388.7
— piece, thin wooden 289.5
— piece, top 210.2
— rail of loom 259.3
— reeling 11.2
— row of knots 338.15
— row of spots 412.21
— section, triangular 354.11
— shaft 348.8
— shed 231.5
— stitched gauze 165.3
— stripe 412.16
— stripe pattern 377.9
— striped 153.9
— striped fabric 271.12
— stripes 153.8
— tie up 222.10
— twill 150.6
— twill, combined 150.7
— weaving 352.3
— wind, to — the thread 23.2
— winder with revolving thread guide 34.19
— winder, Schönherr's — with traverse motion 33.8
— winding 87.12
— winding, spaced 23.3
— wound bobbin 10.18, 23.20
— wound cop 91.2
— zigzag twill 150.10
—, to — the ground warp threads (pattern threads) 369.3
—, to — the groups of warp 351.12
—, to — the healds 223.4
—, to — the porters 43.1
—, to — the stationary thread (twisting thread) 353.10
—, to — thread by thread 42.10
—, to — the ties 219.23
—, to — the warp (weft) 144.3
—, to — the warp threads 42.8
crosscut chisel 373.8
crossed harness 221.3
— over, healds 173.9
— by a second (third) thread (pair of doups) 164.14.16
crossing of the porters 42.19
— of the selvedge threads 361.6
— of threads 352.13
— the ties 219.22
— the warp threads 42.9, 164.3
—, complete 164.11, 426.7
—, contrary 164.8
—, double douped 164.13
—, left 164.7
—, middle 165.4
—, right 164.6, 165.4
—, three fold 164.15
— layer 91.7
— point 144.4, 353.6
— rod 61.17, 137.20, 220.1
— thread 164.4, 353.3, 361.5
— warp 163.9
— warp, eased off 353.11
Crossley's automatic shuttle change motion 269.14
— Turkish carpet power loom 338.18
crosswise, placed 285.9
—, row 214.16
cross wound warp rope 43.4
crowded in the reed (warp) 107.13
crown of cylinder 60.18
—, adjustable 61.2
— bevel wheel 303.6
crude silk 16.21
crumped lever 48.22
— stop lever 48.6
cumber board 217.6
cup 93.10
—, fibre 97.20
—, slit 94.15
— pirn winding frame with horizontal spindles 96.1
— pirn winding machine with upright spindles [for winding on plain tubes] 93.9, 96.10
— pirn winding machine with revolving thread guide 96.17
— shaped holder 264.11
— slit 95.10
— winding machine 93.8
cuphead bolt [with feather] 374.5.6
cuprated silk 17.18
curled yarn 170.18
curls, to form 245.5
curly mohair yarn 170.11
current of compressed air 265.5
— width 442.8
cursor 438.15
curtain, chenille 419.5
—, damask 419.3
—, damask gauze 419.6
—, Djim 419.14
—, Finnish 419.12
—, gauze 419.1
—, Japanese 419.13
—, Kelim 419.11
—, lace 419.2
—, Madras muslin 419.10
—, mull 418.19
—, net 413.2
—, Oriental 419.9
—, Phulkari 419.15
—, printed 419.4
—, tulle 418.18
—, Turkish 419.8
— lace machine 368.3
— material 413.1, 418.17, 433.11
curvature of shuttle 244.5
— of swan neck 211.21
curve, to fly forward in a 267.7
—, to run in a (shuttle) 247.5
—, connecting 198.16
curved arm 254.15
— disc 32.12, 34.6
— groove 294.6
— guide piece 280.16
— path 347.12
— pressure lever 31.3
— rack 257.3, 368.2
— rib 71.1
— shuttle 340.15, 347.13
— tube 258.3
— twill 149.10
cushion of air 256.15
customer 443.1
cut, to — the dents 287.18
—, to — in double lengths 218.2
—, to — the pile thread 336.10
—, to — the thread loops in the groove 336.11
— away, to — the floating threads 344.9
cut chenille 343.11, 411.4
— edge of cloth 140.20
— loop 168.20
— pile carpet 412.4
— pile carpet, printed 411.15
— plush 404.13
— rubber thread 415.11
— tape 424.17
— temple roller 140.12
— threads 4.6
— velvet 404.3
— weft threads 343.13
— off lever 269.4
— looker 6.1

cut mark 75.2, 77.11
— marker 74.22
cutter . 261.14, 268.24, 334.13, 338.7
— for scalloping patterns 375.14
—, card 384.8.9
—, thread 258.6
cutters, pile thread . . 340.18
cutting of the chenille cloth 343.12
— the harness cords . 218.1
— the pile loops 168.12, 327.23
— the pile tubes [to a figured design] . 167.7.9
— the pile tubes in rows 167.8
— the weft 258.8
— off the end of the yarn 265.9
—, card 384.6
—, card paper 383.15
—, pattern 375.15
— cam 331.13
— edge 111.14
— machine, card paper — with knife . . . 383.16
— machine, card paper — with circular knives 383.20
— machine, chenille . . 343.5
— machine, piano card. 385.8
— machine plate . . . 384.20
— machine, velvet. . . 168.14
— motion. . . . 331.11, 342.22
— motion for loop warp 327.15
— motion for selvedges. 363.5
— motion, pile 334.9
— motion, weft 341.24
— rail 332.3
— spindle for the pile thread 336.6
— table 383.19
cylinder 236.9
— for long striped fabrics 196.1
— in swing 230.3
— of tinned copper . . 73.17
— at the weaver's right (left) hand. 220.14
—, card . . . 186.13, 353.14
—, colour. 230.13
—, conical ended . . . 60.1
—, guide 206.14, 390.10
—, horizontal . . 230.4, 234.9
—, Jacquard 210.14
—, large 74.6, 233.9
—, mill. 57.17
—, pattern . . . 196.12, 230.12
—, pegged . . . 188.7, 229.13
—, pump 101.18
—, reserve 56.19
—, segment toothed . . 203.2
—, skeleton 75.10
—, small 74.7, 233.10
—, warping 58.17
—, worm 358.1
— arm, swing. 210.17
— batten . . . 190.8, 210.17
— catch 277.26
— chain drive. 213.14
— covering 277.12
— end, grooved 236.5
— groove 236.4
— hammer . . . 205.16, 235.15
— hole 188.1
— movement 205.9
— operating catch. . . 211.23
— plate 186.14
— peg 206.4, 210.20
— shaft . 60.10, 195.11, 235.10
— side of the Jacquard 220.11
— sizing machine . . . 73.10
— wheel 58.18, 277.7
cylindrical bobbin . . 22.20
— winding 22.21

D

daily wage 444.21
damask 153.14, 432.11
—, two coloured. . . . 154.1
—, three coloured . . . 154.2
—, multi-coloured . . . 154.3
—, compound 154.4
—, cotton. 394.23
—, furniture 399.25
—, half. 402.26
—, Jacquard pattern . 153.17, 336.12
—, linen 396.11
—, ordinary 153.15
damask, silk 402.16
—, single 153.16
—, upholstery 418.11
—, worsted 399.24
— curtain 419.3
— gauze 393.30
— gauze curtain. . . . 419.6
— heald 232.12
— loom 297.13
— machine . . 232.5.13, 233.1
— shuttle 241.13
— weave 153.12
— weaver. 5.25
— yarn 15.13
damp air 102.15
—, to — the bobbins [by hand sprinkler] . 101.9.12
—, to — the weft . . . 101.7
—, to — the yarn in the hank 101.8
damp-proof tube . . . 24.7
damped bobbin 101.15
damper, yarn 101.16
damping the weft . . 101.6
— arrangement, yarn . 101.17
— roller 89.12
dandy loom 7.9
dark cloth 62.19
— warp 62.20
darner 6.2
dasher, revolving . . . 69.3
day work. 441.7
dead centre. 306.2
— centre of crank. . . 255.13
— centre of the slay, forward (rear) . . 268.25.26
— centre position . . . 306.3
— point 306.2
— weight of lever . . 121.6
— weight safety valve 74.18
decoction of potato meal 66.20
—, linseed 67.20
decomposition, ... 67.23
decorative plush . . . 406.3
decreasing diameter of the beam 119.4
deep loom 296.9, 324.2
— pile Turkey carpet . 409.17
deflect, to — the shuttle from its course . . 312.7
deflected upwards, edge of cloth 140.8
deflection of the shuttle 312.8
deflector 270.7
degree of bleaching . . 429.18
— of twist in the silk . 16.16
degummed silk 16.23
deliquescents 68.8
deliver, to — the warp. 118.2
delivering the warp . . 118.3
— motion, warp . . . 119.7
delivery of fabric . . . 6.27
— of the warp 118.1
— end of the shuttle . 244.18
Demoulin pick counter. 370.7
density of the cloth . . 3.13
— of the weft 132.8
dent 282.7
— of raddle. 82.17
— between the wires . 82.18
—, binder. 282.9
—, brass 284.19
—, first. 330.4
—, second 330.5
—, spiral shaped . . . 285.24
—, steel 284.20
—, terminal. 282.19
— opener 108.15
dents placed crosswise . 285.9
— per inch . . . 282.13, 443.22
— soldered in 286.17
—, bent 285.8
department, card cutting 384.7
—, sizing 66.7
—, warping 40.3
—, weft winding . . . 85.1
—, winding 22.6
depreciation of buildings 445.22
— of machinery 445.21
depth with creel for selvedge bobbins . . . 331.5
— of loom 324.1
— of reed 282.5
— of reed, slight . . . 324.10
— of the shed 141.11
— with[out] taking up frame 331.3.4
derive, to — the weave 145.14
derived weaves 145.13
descending order, in a. 181.12
— warp 338.3
design 4.1, 413.5
— with border 377.21
— with diagonal rib effects 146.11
— fixed between clamps 386.14
— for interlacing . . . 381.14
— made by photomechanical means 378.18
—, clear 420.1
—, cloth 378.9
—, floral 376.6
—, point paper 378.8
—, weave. 193.16
— effect on plain cloth 155.9
— paper 379.1
— paper, flat 235.16
design, to 378.7
designer 378.12
designing 378.6
—, pattern 376.1
detachable disc 90.9
details of the dobby machine 197.9
detector 50.11, 319.13, 320.18
—, drop 35.6
—, Glasgow 320.14
— box 50.13
— wire 35.6
detent 133.13, 135.11
deterioration of the size 65.6
determination of the count 11.11
— of the dressing processes 436.20
— of raw material. . . 436.9
determine, to — the length of warp by the revolutions of the notched bowl 49.4
—, to — the material by naked eye 436.10
determining the weave. 433.18
develop, to — mildew (size) 65.8
deviate, to — from a straight course 39.2, 50.3
Dewath's machine. . . 234.14
dextrine 66.25, 437.11
dextrose 68.5
dhootee marker 75.3
diagonal bobbin thread. 412.9
— rib 146.7
— rib with irregular floats 146.10
— rib with warp (weft) effects. 146.8.9
— tricot 160.7
— zigzag twill 150.12
—, double 380.5
—, single 380.4
—, worsted 399.15
diagonally twilled back cloth 154.16
dial of indicator . . . 52.1
— indicator 56.10
diameter of the beam, decreasing 119.4
— of empty (full) beam 121.4.5
— of driving pulley . . 305.15
— of the weft yarn . . 132.14
diamond shaped cam lever 33.12
— effect 152.11
— ground. 413.17
— pass 104.11
— tie up 221.7
— yarn 19.4
diamonds 153.10
—, raised pointed . . . 152.7
diaper 396.8
dice 153.10
— pattern 160.13
— weave 147.6
difference in length . . 66.14
— in yarn tension . . 49.10
differential brake . . . 123.21
— gear 303.3
— lever 125.16
— taking up motion . . 135.12
dimensions of loom . . 330.14
dip, to — into the size box (roller) 76.11
dipped hank 70.2
dipping the yarn into the size 70.1
direct acting positive let off motion 128.3
— acting positive taking up motion. 131.8
— gear drive 310.17
— Jacquard pattern . 377.14
— taking up 131.1
direction of the rib . . 144.12
— of stripes 433.22
— of twist in the yarn 145.8
— of warp 433.19
— of weft 433.20
— of winding 22.16
—, in an inclined . . . 267.6
—, in opposite 39.3
—, in an upward . . . 270.2
—, winding off — of the warp 121.2
disc 97.15
— with engaging pin . 127.21
— fixed in the carriage 90.8
—, cam. . 90.20, 96.12, 277.24
—, carriage 364.17
—, curved 32.12, 34.6
—, detachable. 90.9
—, driving 31.8, 36.8
—, friction . 27.6, 34.12, 36.8, 51.13, 55.7
—, frieze lined tension . 35.19
—, gauze twisting . . . 426.8
—, grooved 101.3, 199.9, 363.1
—, leather covered friction 101.1
—, locking 276.9
—, number 278.14
—, pin 275.9, 280.10
—, roughened 100.16
—, shroud 275.13
—, stiffening 115.9
—, toothed 62.6, 201.5, 203.3
—, winged 337.11
—, wooden 119.13
— cam 117.6
— knife 342.23
— piston 256.13
— spool 10.17
discharged capsule . . 264.14
disconnecting of the cloth beam 133.20
— the picking bowl from the picking shaft, arrangement for . . . 249.3
discount 446.12
disengage, to (hook) . . 268.23
—, to — the catch . . 253.1
—, to — the coupling . 35.16
—, to — the stop rod . 52.15
—, to — the tappet . . 62.10
disengaged (catch). . . 48.21
disengagement of the spindle 88.10
disengaging the catch . 334.3
— the cloth beam . . 133.20
— the clutch 307.1
— the picking catches . 314.4
— the safety catch . . 279.13
— device 52.17
— gear for cutting motion 332.10
— lever . . 95.2, 133.11, 268.5
— mechanism 268.11
disentangle, to — the threads 81.14
dish, warp 81.3
— cloth 420.15
dispersed arrangement of binding points . . . 150.17
displace, to — the cylinder 59.13
—, to — the cylinder pegs 206.5
—, to — the friction bowl along the shaft . . 55.19
—, to — the warp threads laterally 367.18
displaced, relatively (thread layers) . . 97.9
displacement of the floats 152.2
— of the needle board. 234.3
—, axial — of crank shaft 307.15
—, axial — of the tappets. 251.8
disposed horizontally (warp) 298.8
disposition of weft . . 132.4
— of weft, [ir]regular 132.15.16
dissection, cloth. . . . 430.2
distance of brake from brake wheel 311.18
distending the cloth . . 139.1
distribute, to — the additional dots. . . . 153.4
—, to — the coils of yarn uniformly on the bobbin 22.17
—, to — the size . . . 65.16

distribute, to — the size evenly 69.21
distributing brush . . 72.19
distribution of the threads 182.12
—, even — of size . . 69.22
—, irregular — of the warp threads . . . 182.13
distributor, yarn . . 84.16.17
divergent reed 50.1
divide, to — the comber board in slips (into groups) . . . 217.8, 223.2
—, to — the pattern into parts 386.22
— to — the reed into beers 107.19
—, to — the rising number 151.3
—, to — the threads into groups 339.11
—, to — the warp . . . 141.8
—, to — the warp threads 83.23
divided crank arm . . 293.17
— creel 44.4
dividend, constant. . . 443.5
divider, warp 286.4
dividing the warp . . 141.7
— of the warp threads. 83.24
— comb 82.13
— line 361.4
— reed 338.8
— rod 41.7, 72.20, 83.20, 111.5, 320.16
division 371.1
— of cloth 392.10
— into squares 379.8
— mark 62.12
divisions of the tappet 198.13
dizaine 379.9
Djim curtain 419.14
dobbie 186.3
dobby 7.11, 186.3
— for fast running buckskin loom 195.6
— for lifting . . 186.4, 187.13
— for lowering 187.5
—, centre shed . 187.6, 188.17
—, closed shed 188.19
—, closed shed (Schroers) 189.1
—, Crompton's — with [roller] cards 191.12, 192.1
—, cross border 195.10
—, double decked . . . 197.7
—, double lift. . 187.6, 192.8
—, double shed 195.5
—, Hattersley 194.2
—, Hodgson 193.8
—, Keighley 194.2
—, negative. 196.17
—, Nuttall's 193.1
—, open shed 188.18
—, open shed (Schönherr) 188.10
—, positive 196.18
—, non positive 196.17
—, Schönherr's 191.2
—, single lift 190.4
—, single lift motion. . 190.5
—, single lift up and down motion . . . 190.15
—, Tannwald 192.9
—, three decked . . . 197.8
—, Wenzel's 196.3
—, White's double lift . 194.12
—, Wolfrum's 194.13
—, Yorkshire 194.2
— card 205.6
— driving 203.14
— frame . . . 190.12, 206.18
— lattice 192.3
— loom . 7.10, 206.17, 296.14
— loom, power driven . 300.6
— machine 186.3
— motion, Knowles' . . 203.1
doeskin 398.16
doff, to — the bobbin . 37.8
doffing 91.19
— the bobbin 37.7
dog 248.8
— clutch 333.21
— wood 243.10
doing up the sketch . 379.12
domestic 393.17
— weaving 6.19
door mat. 407.16
dornic 396.8
dot 380.1
—, additional 153.4
—, interlacing 159.15
—s, to mark in 434.8
double acting spring reverse motion. . . . 204.10
— acting reverse motion 185.10
— beaded twist 19.11
— beat up 294.9
— bevel wheel 303.5
— carpet 408.9
— carpet weave . . . 408.10
— change lever 277.14
— cloth 398.8, 431.20
— cloth with binding weft (warp) 158.2.3
— cloth with x colour effects. 158.9
— cloth with inner packing weft 157.15
— cloth with wadding warp 158.1
— cloth, figured . . . 158.8
— cloth weave 157.9
— coloured twist yarn. 15.5
— conical bobbin . . . 85.15
— cord 123.9
— crank 213.10
— cylinder arrangement to change the colour of warp 230.11
— cylinder Jacquard . 230.2
— decked dobby . . . 197.7
— diagonal 380.5
— douped crossing . . 164.13
— draw hook 195.8
— eccentric 275.19
— edged dress trimming 428.20
— edged lifting knife . 187.7
— ended catch 259.8
— face twill 148.13
— fanshaped reed . . . 285.5
— flanged bobbin, barrel shaped 23.18
— flanged paper tube . 24.16
— flanged sheet metal tube 24.17
— flanged wooden bobbin 24.12
— flannel. 398.10
— form creel 44.3
— gauze 353.7
— hair sieve bottom. . 414.15
— heald, Lyons 174.6
— heald shaft lever . . 192.10
— hook 230.16, 439.6
— hook catch. 193.10
— lease rod 138.7
— leno 353.7
— lift dobby . . . 187.6, 192.8
— lift Jacquard machine 227.1
— lifting arrangement . 193.7
— locker bobbin net machine 366.5
— moquette 405.14
— nosed draw hook . . 196.6
— pile binding 169.1
— pile velveteen . . . 403.17
— plate adjustable yarn clearer 28.8
— plush 169.8
— point pass 104.13
— pointed tie up . . . 221.12
— pressure harness . . 231.13
— rack 279.19
— reed 285.1
— roller crank 295.11
— row hole board . . . 46.13
— row of hooks. . . . 187.12
— row spindle arrangement 39.17
— shed. 141.16, 339.22
— shed for pile weaving loom 328.15
— shed dobby 195.5
— shuttle 240.17
—sided double drum warp winding frame 30.2
—sided loop 167.12
—sided plush 170.4
—sided warp winding frame 26.19
—sided weft brocade . . 162.13
— tension 246.4
— thread brocade . . . 402.19
— thread knot . . . 409.12.13
— tie 426.18
— tie up 222.11
— tier net machine . . 366.4
— traverse drum . . . 32.6
— warp bagging. . . . 396.22
— weave with ground pick 158.10
— weave with ground warp 158.11
double weft binding . 169.14
— weft plush 404.17
— weft trimming . . . 426.13
— weft weave. 146.4
— width loom 296.12
— yarn 435.6
double, to — the shafts 181.18
doubled silk 334.19
— warp 21.6
— yarn 9.4
doubler winder, weft . 96.18
doublers wage 445.4
doubling winding . . . 18.21
doup. 174.9, 352.9
— eye 362.16
— harness 361.9
— shaft 361.11
— thread 361.5
— weaving 352.3
douping, contrary . . . 164.8
dovetail, to — two twill effects. 150.5
dovetailed twill 150.4
dowel 385.3
dowlas 395.18
downward travel . . . 39.9
downwards, winding . 47.7
dozens 441.9
draft. 103.4.15
— for piqué 160.15
— for reeding 329.18
— for tying up 329.19
—, false 104.6
—, gauze 105.7
—, x line 104.8
—, point paper 378.8
—, printed 379.16
—, skip. 219.20
—, to 378.7
drafting the under web 157.1
— paper 379.1
drag head of beam . . 79.12
— pin tension 246.2
— taking up motion . . 131.11
— weight 32.20
drap-de-soie. 402.2
Draper's warper 53.1
draperies, ecclesiastical. 422.21
draught and cording. . 220.7
— and tie up . 220.7, 434.12
draughtsman 378.12
draw band, compensation 125.12
— boy 209.14
— cord 208.25
— hook 194.3, 279.6
— hook, double 195.8
— hook, double nosed . 196.6
— knife 186.9, 194.19
— loom, button . . . 208.17
— loom, French 7.12
— rod, wooden — with slip arrangement . . 255.10
— spring 199.13
— thread 424.14
— threading from centre 424.15
— threading from selvedge 424.13
— wire 259.19, 278.17
—, to — the cylinder forward by x teeth. 195.17
—, to — the doup thread through a glass bead 361.14
—, to — the ends from the bobbins 44.23
—, to — the harness cords through the comber board 218.6
—, to — the lappet thread through the needle eye 350.10
—, to — the lifted heald down (lingo). . . . 219.10
—, to — the pile threads upwards. 340.17
—, to — a portion of cloth forward with every turn of the slay . . 134.9
—, to — into the raddle 82.19.20
—, to — the shaft in the upper (lower) shed 187.17.18
—, to — the warp from the beam 118.4
—, to — the warp through the healds and the reed 109.15
—, to — the warp thread through the reed. . 109.4
—, to — the warp threads together 139.5
—, to — the weft through the eye 244.21
draw, to — the weft ends over a guide . 261.6
draw-in, to — from back to front 103.19
—, to — from front to back 102.17
—, to — dent after dent 83.4
—, to — a new warp . 103.3
—, to — the selvedge threads doubled . . 434.23
—, to — the warp in the healds 219.16
—, to — the warp threads in a wrong order. . 104.4
drawer, pattern 378.11
—, warp 103.7.8
—'s lease 47.3
—'s lease pegs 45.18
drawer-in 103.7.8
—, reed 107.1.2
— wage 445.9
drawing the warp forward 130.3
— into the raddle . . 82.20
—, cord 209.8
drawing-in appliances . 105.8
— from back to front . 219.17
— from front to back . 103.16
— by groups 219.19
— the outline 379.18
— the warp threads . . 102.16
— of warp threads in the mails 219.15
— in a wrong order . . 104.5
—, straight 219.18
— fault. 104.2
— frame . . . 105.11, 106.1.2
— hook 105.9, 106.7
— and reeding frame . 109.14
drawn simple cord . . 386.8
— through tubes (weft threads) 341.8
— nearer to each other (threads) 114.11
— sideways (lever) . . 109.1
dreadnaught 397.26
dress goods 432.14
— material, plush . . . 406.10
— taffeta 400.12
— trimming. 428.22
— trimming, double edged 428.20
—, to — the goods . . 437.1
—, to — the twine healds 179.16
—, to — the warp. . . 64.4.6
dressed warp 64.5.7
— yarn 10.4
— and finished ribbon . 427.16
dressing 63.17, 64.21
— of the twine healds. 179.15
— the yarn in hanks . 69.19
— agent, chemical. . . 437.6
— brush 73.6
— machine 66.6
— machine, crank . . . 72.13
— machine, Scotch . . 72.13
— processes. 436.20
— room 73.9
— trough 70.18
drift, key. 373.6
—, rifled 373.5
drill 394.7, 396.4
—, sack 396.5
— weaver. 5.22
drilled hole 115.11
drive from above . . . 368.5
— of the Jacquard . . 212.17
— of single lift machine 213.9
—, band 257.2
—, belt. 358.10
—, bevel gear 307.18
—, bobbin carriage . . 366.20
—, chain 70.17
—, friction 307.12
—, gear 310.12
—, group 305.9
—, individual 305.10
—, line shaft 305.8
—, locking wheel . . . 309.2
—, loom 305.6
—, negative 213.1
—, positively controlled 213.5
—, rolling locker . . . 367.20
—, skew bevel 95.6
—, spindle 93.13, 98.16
—, spur gear 307.17
—, support 62.1
—, thread guide. . . . 37.9
—, variable speed . . . 308.4
—, worm and worm wheel 34.7

drive, to – the bobbin by friction . . 27.11, 87.19
–, to – the crank shaft by belt 310.6
–, to – the fan by the sley 76.7
–, to – through gearing 310.16
–, to – the loom by motive power . . . 300.5
–, to – the mill by hand 46.1
–, to – the picker . . 248.17
–, to – the shuttle . . 246.19
–, to – the shuttle positively 257.7
–, to – the shuttle through the shed. . 246.21
–, to – the spindle by a friction disc . . . 100.11
driven friction disc . . 98.13
– by friction rollers, bobbins. 27.4
– pulley 305.17
– on right (left) hand side (loom) . . . 305.11.12
– by the threads (measuring roller). . . . 50.7
–, positively (spindle) . 99.12
– in, ring 115.1
driver 36.8, 61.15, 128.16, 136.12, 178.8, 269.18
–, shuttle . . 346.3.15, 347.3
– needle 229.6
– needle head 229.10
– needles, inclined . . 229.22
– plate 229.15
driving from below . . 366.21
– by fast and loose pulley. 307.11
– by friction 50.8
– with[out] lost motion 189.4.5
– the shuttle 246.18
–, belt. 307.7
–, dobby 203.14
–, electric 309.14
–, gear 307.16
–, single tin roller – for two rows of spindles 39.16
–, spindle section . . 92.11
–, tappet 201.1
– band 32.4
– band pulley 56.7
– bar 366.8
– bar, vibrating . . . 348.6
– blade 369.5
– chain 213.15
– cone. 308.5
– disc 31.8, 36.8
– disc, friction 98.12
– drum 48.1
– end framing 304.21
– finger 347.20
– gear, spindle 39.15
– motion for Hattersley dobby 203.15
– pin . . . 80.15, 275.11, 347.2
– pinion 347.11
– pinion, bevel 308.10
– pulley 305.16
– pulley for slow speed 53.14
– rod 301.8
– shaft 34.3, 54.3, 89.18, 178.2, 302.9
– shaft, bobbin . . . 33.1
– shaft, spindle . . . 96.2
– shaft coupling . . . 54.4
– speed, variable 34.16, 53.13
– wheel, spindle . . . 95.7
drop, to (front of the shuttle box) . . . 268.16
–, to – into the notch (crumped lever) . . 48.22
drop box 35.7, 291.3
– box, lowered 272.15
– box, raised. 272.13
– box changing motion 273.8
– box lathe 344.10
– box lathe with presser 291.8
– box lathe for ribbon looms 358.9
– box lever 275.6
– box loom 303.17
– box loom for broché goods 349.2
– box motion, Smith's 274.15
– box slay 290.10
– detector . . . 35.6, 319.13
– motion swift 28.16
– needle stop motion . 50.11
– pin 35.6, 50.14
– pin, hinged 53.7
– pin grid, steel . . . 50.13
drop reed 284.1
– roller 48.8
– roller end 49.15
– roller guide slot . . 48.3
– wire . . 33.10, 35.6, 319.13
dropped end 81.10
– stop rod nib 316.19
dropper . 35.6, 319.13, 369.6
– with eye 319.17
–, open ended 319.21
–, slotted 319.18
– Jacquard 369.4
dropping into gear of the catch 127.2
– part of the slay . . 345.10
drum with interchangeable hollow cones. 372.3
–, cone 53.4
–, double traverse . . 32.6
–, driving 48.1
–, expanding 48.19
–, friction . 27.5, 35.2, 48.1
–, split 31.12, 99.11
–, winding 30.4
–, winding on 324.9
– beam 35.3
– shaft 30.3, 48.2
– supporting lever . . 31.13
dry, to wind 85.2
– spun yarn 12.23
– weft 236.21
–, to – by air current. 75.11
–, to – in the shade . 72.2
–, to – the sized warp 65.22
dryer 65.23.24
drying of the hanks. . 170.15
– in moderately warm air 65.26
– in the open air . . 72.1
– in the shade 65.25
–, machine 66.3
–, to prevent 67.6
– apparatus, warp . . 72.5
– blower 66.1
– chamber 71.4
– fan 66.1
– frame, warp 72.3
– loft 72.11
– machine, hank . . . 71.3
– room 72.10
Duchesse satin 402.14
duck 395.16
dues 446.28
duffel 398.6, 417.10
duffle 417.10
durability of carpets. . 409.18
duration of stroke . . 247.23
– of working of the shuttle 341.26
duster 420.17
dwell. 364.9
– of the carriages in the centre position . . 369.10
– of the hooks 211.10
– of the pusher . . . 364.21
– of the slay 292.21
–, to – in the back position (slay) 295.6
dyed in the piece . . . 429.14
– in the yarn 429.13
– cloth 431.4
– yarn 9.25
dyeing, flake yarn made by 18.24
dyers wage 444.25
dynamometer (watch shaped pocket). . . 440.14

E

earthenware, glazed . . 208.2
– tube. 208.14
eased off crossing warp 353.11
easer. 354.4
easing the brake . . . 309.13
– bar 354.4
easy movement 122.14
– running loom . . . 304.2
eccentric, double . . . 275.19
–, griffe lift 213.2
–, picking 249.15
–, reversible 256.5
–, slay. 317.16
– card 201.4
– movement of the beam 116.1
– pick with falling catch 252.12
– rod, jointed 213.18
– shaft 91.4
– sheave . . 34.9, 94.19, 276.3
eccentric slit in crown . 61.1
– spur wheel. 333.16
– strap . 34.8, 213.17, 275.18
– toothed wheel . . . 214.1
– wheel 38.14
Eccles' box motion . . 276.1
ecclesiastical robes and draperies 422.21
echelon, pin holes set in 57.20
edge of cloth 139.15
– of cloth deflected upwards. 140.8
– of cloth, cut 140.20
– of disc. 90.6
– of pattern 378.1
–, cutting 111.14
–, knife 327.5
–, rounded 117.8
– carriage 366.18
edgewise, placed . . . 224.10
edging with superposed knots 426.16
–, lace. 426.4
–, ruche 426.20
–, twisted loop 425.23
effect of the weight . . 123.4
–, colour. 391.18
–, crimp 162.2
–, diamond. 152.11
–, gauze 352.14
–, good – of the fabric 429.8
–, granulated. 152.15
–, interlacing 381.19
–, leno. 352.14
–, light 422.15
–, mixed colour . . . 152.10
–, pattern 391.15
–, raised 152.15
–, shade 422.16
–, warp 391.16
–, weft 391.17
–, weft rib 146.3
effective output of the loom 441.4
– weight 11.16
efficiency, loss in . . . 4.16
Egyptian style 376.14
– yarn. 12.4
eight end satin 224.4
eject, to – the shuttle 268.13
–, to – the spent shuttle through the bottom of the box 266.17
–, to – the spent shuttle from the box 270.1
–, to – the spent shuttle upwards. 267.1
–, machine to – spent and replace full bobbins. 363.15
ejected shuttle 268.2
ejection of the spent shuttles 341.27
ejector, bobbin . . . 364.3.19
– spring 268.1
elastic 415.19.24
– band 425.15
– band for belts . . . 427.1
– braces 427.25
– hook 229.20
– material 359.15
– reel 29.7
– stocking 359.14
– warp yarn 114.6
– webbing for braces . 415.23
– wire 326.15
– yarn. 9.19, 435.12
– yarn carrier 29.8
–, non – warp 360.4
elasticity 415.20
electric driving 309.14
– spring cop guard . . 319.1
– stopping of the loom 319.21
– warp stop motion. . 320.1
electrical card punching machine 387.3
electromagnet 269.8, 301.4 ,387.7
electromagnetic propulsion of shuttle. . . 301.1
eliptical wheel 214.2
elongation, yarn. . . . 114.7
embossed calico 393.6
– cloth 431.7
– plush 400.1
embroider, to – on the face of the cloth. . 349.12
–, to – in several colours 344.22
embroidered braid. . . 428.15
– carpet 407.25
– fabric 344.2
embroidered gauze . . 165.5
– pattern 344.4
– shawl 420.24
embroiderer, name . . 6.6
embroidering face side upwards. 349.13
– with extra weft . . 344.3
– needle 351.2
embroidery, flat stitch. 344.15
– frame, single needle. 350.12
– lathe with shuttles in curved path 347.12
– lathe with straight moving shuttles . . 347.9
– slay, Viennese . . . 347.16
– slay top 345.19
– weft 344.5
– weft visible only in the figure 344.7
– yarn, metal covered. 19.23
emery plate 332.8
– roller 117.16, 135.7
– stone 332.9
emptied cop 317.17
– shuttle. 243.21
empty beam 77.4
– bobbin 23.6
– carriage 364.15
– healds 219.21
– weft bobbin 260.9
emptying the hurdle. . 102.13
end of bobbin, conical. 87.14
– of boiler, spherical . 69.11
– of cylinder, conical . 60.15
– of hook 210.12
– of lever forming eccentric strap 34.18
– of machine bed. . 113.10.11
– of rope, free 124.4
– of thread 365.8
– of warp, conical . . 79.5
– of weft yarn . . . 264.20.21
– of the yarn 51.10
– of yarn to be threaded 245.12
– placed in a wrong dent of reed 81.11
– and end, lease rods threaded 138.11
–, bobbin creel 356.9
–, broken 51.6
–, catch – at the selvedge 147.11
–, conical – of bobbin 85.19
–, dropped. 81.10
–, first – in the creel. 44.21
–, frame 106.4
–, free – of the pile thread 342.8
–, grooved 264.7
–, hook 193.11, 343.1
–, last – in the creel . 44.22
–, lifter 186.6
–, nicked 264.7
–, numbered – of the card 382.13
–, open – of crank arm 293.13
–, pointed iron 177.4
–, switch. 178.20
–, toothed – of bent lever 259.5
–, various coloured . . . 19.3
– bearing of driving shaft 55.16
– binder 172.1
–-and-end lease. . . . 47.3
– position of the spring 137.19
– position of the weight 137.13
– ring of warp beam . 77.21
ends of cop threads . . 45.9
– per inch . . . 107.9, 434.15
–, cottered 83.15
–, pointed 244.17
–, two (three) – in a dent 168.2.3
–, warp – pieced together. 110.11
endless chain . . 266.3, 372.20
– paper card 229.19
energy, kinetic 312.6
engage, to – with the bobbin butt (claw end) 263.18
–, to – the clutch . . 334.2
–, to – with the hooks (knives) 210.25
–, to – the stop catch 205.3
engagement of the catch 48.20, 278.10
– of knocking off finger 312.1
– of the lever wheel . 203.11
– of the pawl 126.14

engaging the catch . . 334.4
– of knives 191.19
– pin 303.7
English carpet 408.4
– cord machine. . . . 225.2
– pitch 216.6
– warping measure . . 52.3
– yarn threading. . . . 245.14
enlarged weave 232.2
enlarging the weave . . 222.4
enquiry 443.3
entangled (threads) 81.12, 107.22
– appearance 153.3
– hank 25.15
entanglement of threads 81.13, 107.23
enter, to – the shed (lathe) 345.11
–, to – the warp threads 103.2
entering the warp threads 102.16
entrance of the fork into the grid 318.7
– of shuttle into the box 316.3
eolienne 401.20
Epsom salt . . . 68.15, 437.25
equal arms, lever with. 191.5
equalisation of strain . 143.7
equalise, to – the difference in length of porters 66.14
–, to – the tension . . 119.6
–, to – the thickness of filling 132.12
–, to – the warp threads with a brush . . . 110.7
–, to – the warp threads with a comb. . . . 110.8
–, to – the warp threads with moistened fingers. 110.9
equaliser, thread tension 98.1
equalising, to act . . . 136.20
– motion. 136.5
equilibrium of the brake 120.10
erect pile. 168.22
eskimo 398.5, 417.3
estimating 443.4
etamines 394.1
even distribution . . . 69.22
– Jacquard heald. . . 234.6
– number of rows . . 214.20
– numbered card . . . 383.12
– numbered threads. . 41.21
– picks 193.19, 235.3
– tension of the warp. 126.9
– twilling bars 234.4
evenly, to distribute the size 69.21
–, to size 65.17
– spun yarn . . . 9.6, 435.7
evenness tester 440.9
exact alinement of the holes 388.19
examination of the ash 436.13
–, micro-chemical . . . 436.18
–, microscopic 436.16
examiner 6.1
examining, cloth . . . 445.11
exceed, to – the depth of shed (depth of reed) 282.11
excess size 69.23
– speed of ratchet wheel 135.15
excess, in (threads) . . 182.15
excessive production of waste 86.1
exhausted bobbin . . . 265.3
– cop . 243.22, 262.3, 317.17
expand, to (card) . . . 383.22
expanding block . . . 54.19
– drum 48.19
– reed . . 49.21, 73.2, 74.4, 285.21
– reel 29.6
expenses, cartage . . . 447.3
–, travelling 446.21
–, unforeseen 446.17
–, working 445.19
extensibility of the rubber threads 415.22
extensible 415.21
extension of the paper cards 382.5
–, hook 195.1
–, socket. 259.7
extensometer 440.13
extra figuring weft . . 162.9
– pay for each woven piece 445.16
– pick 154.11
extra pile. 405.11
– shuttle. 341.28
– weft 154.11
– weft back 155.1
– weighted cloth . . . 154.7
extract yarn 14.20
eye 175.18
– of the needle 187.19, 211.6, 350.15
– for pile thread . . . 330.8
– for spring 309.1
–, doup 362.16
–, glass 176.6
–, guide 71.16
–, heald 103.6
–, long 175.20
–, long filling thread . 330.9
–, metal 176.1
–, needle. 362.13
–, porcelain 244.12
–, shaft 171.12
–, shuttle 244.10
–, stamped. 176.4
–, thread 365.7
–, thread guide. . . . 27.14
–, twine 175.19
–, warp 171.7
–, wire 176.2, 363.3
–, wire guide. 367.17
eyed heald 174.13
eyelet 45.5, 171.7
– of drop pin 53.5
– for thread 218.15
–, glass 34.14
–, heald 105.17
–, metal 218.10
–, porcelain 46.11
–, thread guide. . . . 27.14
–, wire 360.16
eyletted plate. 240.9

F

fabric (s. a. cloth, goods, material, stuff). . . 3.9
– with crimps running lengthwise 161.17
– with the figure in weft 162.12
– with flat stitch embroidery 344.15
– with hair lying flat on the upper side . 417.8
– with motes on the face 417.16
– with patterns woven in by extra floating weft 162.7
– with patterns wrought on the surface . . . 163.1
– with a pile on each face. 170.5
– of porters 434.20
– with wadding threads 156.5
– woven by shafts . . 392.8
–, brass wire 416.19
–, brocaded 162.10
–, brocaded warp . . . 351.6
–, broché 344.13
–, check back 154.17
–, check brocaded . . . 163.5
–, check pattern . . . 271.13
–, closely woven . . . 132.11
–, cotton pile 394.26
–, covering. 419.16
–, cross striped . . . 271.12
–, embroidered 344.2
–, figured . . . 344.13, 432.10
–, figured warp backed 156.1
–, figured weft backed 155.10
–, horsehair 414.10
–, Jacquard 392.9
–, jute. 396.13
–, knitted 3.8
–, ladies dress 397.12
–, long striped 196.1
–, looped. . . . 166.2, 417.21
–, metallic woven. . . 431.1
–, needle brocaded . . 163.6
–, open texture. . . . 164.1
–, open worked. . . . 164.1
–, ornamented 421.1
–, patterned 421.1
–, pile 403.7, 432.9
–, plain 391.8
–, pleated 162.6
–, rain coat 398.11
–, reed marked. . . 4.7, 143.13
–, reversible 392.5
–, x shaft 181.5
–, silk 400.7
fabric, silk pile 403.1
–, speckled. 421.3
–, spotted . . . 392.7, 421.3
–, strong. 159.4
–, textile. 432.13
–, thick 159.5
–, twilled 432.5
–, union 400.2
–, upholstery. . 418.1, 433.10
–, velvet. 166.12
–, velvet like. 166.12
–, warp backed. . . . 155.11
–, warp pile 404.1
–, weft backed 154.18
–, weft figured 344.14
–, weft pile 404.13
–, wire 416.14
–, worsted 398.17
–, woven. 3.7
– taking up motion. . 132.20
face of the cloth underneath 345.1
– of transfer hammer . 262.1
–, on the (warp thread) 144.5
–, cloth 417.17
–, right – of the cloth 430.3
– cloth 157.4
– weft 155.3, 325.10
– weft shuttle 271.20
facing bar 366.16
facon hessian 396.15
factory, weaving . . . 1.7
failing of a weft end . 268.20
faille 401.14
fall, to (bar) 98.6
–, to (dropper) 319.19
–, to – out, (shuttle) . 269.13
–, to – by its own weight (shuttle). 270.17
–, to – through the slit (drop pin) 51.3
–, to – into the trough (pirn) 96.9
–, to – into a vertical position (cylinder batten). 211.18
faller. 202.11
– catch 253.10
falling of the box . . . 273.16
– into gear of the catch 127.2
– of the shuttle boxes. 290.19
– bobbin. 364.24
– carriage 364.25
– catch 252.13
– roller 48.8
– shaft 198.3
false draft 104.6
– fringe 355.3
– twill. 149.13
fan. . 73.18, 75.8, 76.6, 113.1
–, drying 66.1
– shaped reed 285.4
–, to – the sized warp 65.29
fancy braid. 330.10
– brocade 402.18
– cloth 3.17
– cloth covering . . . 419.27
– leno 164.21
– net . 363.13, 412.15, 423.19
– net machine 365.19
– pass 105.3
– pattern 160.14
– plush 406.12
– reed 285.3
– silk fabrics 402.15
– silk yarn. 17.10
– thread 421.11
– towelling. 417.26
– twill. 149.2
– twist 19.2
– warp 40.14
– weaving 2.7, 208.15
– weaving by harness. . 2.9
– weaving by shaft and treadle 2.8
– yarns 18.7
fast, to make – the warp threads on the mill 42.2
– knop 18.18
– pulley 304.13, 358.14
– reed. 283.5
– running loom . 304.5, 326.5
fasten, to – the cloth on to the cloth beam . 298.14
–, to – the warp ends to the mill 57.1
–, to – the warp threads by sections on the cloth beam . . . 110.3
fastener 172.3
fastening the warp to the beam 116.11
– rod 92.22
– in the lease rods . . 138.1
fastness of the dye . . 429.9
– to light 429.15
– to rain 429.16
– to washing 429.17
fat. 437.18
fatty substances. . . . 67.5
fault in weaving . . . 4.3
–, drawing in 104.2
faulty change 260.14
– pick 302.10
fearnaught 397.26
feather chenille 21.10
– shag. 403.5
– shag, silk and cotton 403.6
feed, card 390.9
–, yarn 85.4
– cock 69.14
– gear 258.15
– gear, bobbin 265.18
– lever 113.7
– motion, chain . . . 117.21
– roller 117.15, 135.7
–, to – the mail for knitting in 177.13
feeder 342.14
feeding various coloured weft yarns. 258.14
– device 113.8
– motion, automatic . 269.7
– motion, weft 341.23
feel 427.17
feeler . 252.14, 262.11, 274.11, 318.12.18.19
–, bobbin 266.5.13
–, cop 318.17
–, cop – with counter 318.21
– arm 317.13
– bow 318.14
– lever 316.13
– mechanism, Northrop 261.11
– pin 318.20
– roller 124.6, 128.8
– roller, wooden . . . 125.18
– shaft 125.14, 253.13
– shaft lever 125.13
– weight 137.6
fell of the cloth. . . . 284.9
felt, conveying 414.9
–, mixed. 414.6
–, paper 397.15, 414.5
–, plain 414.7
–, tubular 414.8
felted yarn 19.17
female thread. 60.11
fermentation 65.7
ferrule 111.17
festoon trimming . . . 425.18
festooning the yarn on rods 65.27
fibre, vegetable 13.14
–, vulcanised 243.14
– cup 97.20
figure 413.5
– with warp effect . . 380.17
– with weft effect . . 380.18
– colour 230.15
– outline. 379.17
– shading 381.1
– warp 223.7
figured goods . . . 3.17, 153.5
– pattern 376.5
– portion . . . 386.24, 387.1
– weaving 208.15
figuring 344.17
– by hand 345.5
– on the power loom . 345.8
– with weft 344.19
–, appliqué. 406.6
–, mechanical 345.6
–, mechanical – on the hand loom. 345.7
–, warp 349.4
–, whip 349.4
– cylinder 230.12
– design, limited . . . 349.10
– harness 231.18
– hook 232.9, 350.19
– machine 209.16
– mechanism 232.6
– position 344.18
– shafts 231.17
– shuttle. 346.4
– spool 350.7
– warp 165.6
– weft 344.6
fill, to (pirn) 87.20

fill, to — the creel with spools 44.10
—, to — the dent 107.4
—, to — in the squares of the outline sketch 380.16
filled beam 77.6
— in with colour, square 380.8
filler cock 69.14
fillet, guide 280.18
—, covered breast beam 117.9
filling 7.22, 10.10, 84.7, 413.15
— the battery 261.2
— the beam 77.5
— the hurdle 102.14
—, bobbin 87.21
—, rubber 256.8
— device, shuttle 372.2
— thread 84.8
— thread eye, long 330.9
— warp 167.19, 330.1
— weft 325.12
filoselle yarn 17.11
find, to — the broken end 51.9
—, to — the repeat 434.11
finding the broken end 51.8
— the broken weft 214.8
— lost picks 302.11
— the repeat 434.10
fine count 11.9
— bar Jacquard 370.8
— pitch of needles 216.11
— tinsel braid 428.6
— worked tapestry 422.6
finest grege 16.3
finger 339.25, 385.18.22, 388.12
— raised by drawing the simple cord 386.9
—, blade 234.13
—, changing 276.17
—, driving 347.20
—, indicator 54.15
—, knocking off 311.13
—, locking 363.17
—, moistened 110.9
finish, to — the goods 437.1
—, to — the twine healds 179.16
finished cloth 431.15
— cop 317.17
— goods 4.9, 443.9
finisher 6.5
finishers wage 445.12
finishing process 436.21
Finnish curtain 419.12
first end in the creel 44.21
— position 265.19
fish skin 117.12
fit, an easy — in the socket (pin) 292.12
fitted in, card 385.10
fitting the bobbin to the nozzle of the compressed air pipe 265.6
fittings, shuttle 237.17
five beer warp 107.21
— shaft satin 402.5
fix, to — the girders in position over the loom 212.11
—, to — the halfmoon plate 58.5
—, to — the reed in the slay groove 289.7
—, to — the open reel with cord 25.21
fixed in the carriage (disc) 90.8
— in grooves (spokes) 29.5
— back rest 117.2, 323.10
— grid 227.13
— nip rollers 50.12
fixing the flanges 115.18
— rod bracket 93.7
flake twist 19.5, 421.16
— yarn 18.20, 421.15
— yarn made by doubling winding 18.21
— yarn made by dyeing 18.24
— yarn made by printing 18.25
— yarn made by spinning 18.22
— yarn made by twisting 18.23
flange 89.19
— of the bobbin 24.14
— with clips 115.14
— of the pirn 264.17
—, perforated 78.4
—, split 115.19
—, warp beam 78.6
flanges 55.11
flanged bobbin 10.17, 63.10
— coupling 94.9
flank of tappet 198.19
flank of tooth 126.24
flannel 397.23
—, double 398.10
— yarn 14.6
flap 342.11
—, closing 269.11
flaps, retaining — for the lowest bobbin 265.2
flat bobbin 89.3
— chenille 20.22, 410.20
— chenille, sewn 411.1
— chenille, woven 410.21
— chisel 373.9
— gold wire 423.12
— spring 97.18
— stitch embroidery 344.15
— surface gobelin 408.6
— wire 20.10
— wire braid 428.5
flathead bolt 374.9
flattened pattern 377.20
— silk 17.4
— thread 94.4
flaw 4.4
flax line yarn 12.19
— linen 395.9
— yarns 12.18
— weaver 5.12
fleecy 417.7
flexible belt slipper 372.14
— heald 174.18
— stripper 89.13
float 4.4
—, warp 392.1
—, weft 166.18, 392.3
—s, irregular 146.10
float, to (warp) 392.2
—, to — at the back of the cloth 163.3, 344.8
—, to — on the ground weave 351.7
floating cloth roller bearing 136.4
— thread 344.9
floor carpet 407.7
floral design 376.6
florence 400.18
flour 437.9
fluff, to (pile) 405.3
flute, spiral 140.13
fluted roller 70.14, 117.17, 277.6
— tube for cheeses 24.11
fly, loom 4.15
— cord 248.3
— nut 89.15
— shuttle lathe 248.1, 289.14
— wheel 302.4
—, to — downward in an inclined direction (spent shuttle) 267.6
—, to — forward in a curve (spent shuttle) 267.7
—, to — out (shuttle) 312.10
—, to — out at the back of the box (shuttle) 267.3
flywheel 55.4, 254.12
flyer thread guide 99.16
flying off of the cop 239.10, 247.18
— out of shuttle 312.9
— up of the peg 243.1
— shuttle 237.7
fold, to — the cloth 298.19
—, to — up the reel 28.17
foldable single spring peg 238.9
folded selvedge 424.18
— yarn 435.6
folder 6.7.8
—, hand 6.3
folding machine operator 6.10.11
— magnifying glass 438.10
— plate 442.2
— stripe 162.5
follower 98.13
following bobbin 264.15
foot board 53.9
— lease 47.4
— lever 53.9, 277.17
—plate, loom 304.22
— pegs 45.19
— step 249.10
— step change box motion 274.16
— step lever 275.3
force, tractive — of the belt 307.8
—, to — the cop into the shuttle 240.10
—, to — the spoiled bobbins out of the shuttle 265.4
force, to — water into the bobbins 101.11
forced between the rollers (pin) 51.4
forcing out of the swell 316.4
foreman 5.4
— warper 40.10
fork 46.4, 236.6, 276.11
—, change 127.18
—, lower 45.19
—, picker 280.19
—, top 45.17
—, weft 263.17, 268.4, 270.13, 318.3, 322.13
— comb 339.3
forked angle lever 188.11
— change lever 277.13
— rod of the griffe 210.18
— slot 233.19
form, to — the ground weave (pressure harness) 231.9
—, to — a loop (warp threads) 339.17
—, to — its own pattern (figuring warp) 349.8
—, to — the shed 141.4
—, to — two sheds one above the other 328.18
—, to — the upper shed (shaft) 181.24
—, to — a tunnel (floats) 166.20
—, in a wavy 336.4
—, zigzag 49.5
formation of cone 87.5
— of cone by segment and guide 99.7
— of grooves 161.1
— of pile 333.4
— of plush in hook loom 334.5
— of reliefs by special interlacings 422.20
— of reliefs by use of different counts of yarn 422.19
— of the shed 141.1
—, loop 170.9, 423.8
—, snarl 170.9
formed shed 142.3
forming the knots 339.12
forward movement 135.16
— movement of the carriage 388.21
— movement of the overswung slay by eccentric 295.14
forwards, to move the box 279.16
—, to tip (reed) 283.21
foulard 401.9
foundation 408.18
— thread 19.18
— warp 147.4, 422.13
four armed lever 228.14
— end twill 148.1
— leaf transposed double faced twill 157.10
— piled lambskin 407.1
— shaft twill 148.1
—sided beam 117.8
— spring peg with shoulder 238.11
— weft binding 169.16
fracture 436.15
frame 112.5, 178.10, 362.21, 386.11
— for fan 76.5
— of heald shaft 194.14
— for making sieve bottoms 324.11.12.13
— with steel wires crossing each other at right angles 208.4
—, battery 261.4
—, beaming 80.6
—, bobbin 30.5, 43.12
—, card 206.11
—, dobby 190.12, 206.18
—, drawing in 105.11, 106.1.2
—, drawing in and reeding 109.14
—, harness 105.13
—, Jacquard 209.20, 212.7
—, knife 276.15
—, lever 185.11, 388.15
—, looming 105.11, 106.1
—, movable running off 61.25
—, needle 349.16
—, notched 208.5
—, rebated 217.14
frame, reed 285.12
—, ribbon loom 355.13
—, running off 56.1
—, shaft s. shaft frame
—, shuttle 244.9
—, side 335.2
—, spindle 36.7
—, taking up 331.3.4
—, twisting in 111.2
—, weaver's beam 111.9
—, winding off 56.8
—, wood 108.6
— end 106.4
— slanting 209.3
— tie with groove 210.1
framing 111.3, 278.13
— for change box arrangement 305.1
— for warpers beams 82.3
—, change box 276.13
—, driving end 304.21
—, loom 297 f.
—, reed 283.6.14
—, wooden 289.15
fraying band 427.13
— braid 428.21
free from knots 167.22
— and open, to go (warp threads) 81.15
— end of the pile thread 342.8
— end of rope 124.4
— falling box movement 273.10
— falling slay 295.10
— passage 364.12
— swinging slay 317.11
— tying up 181.11
—, to hang (shafts) 184.14
—, to pass — through the harness (ground warp) 223.9
—, to — the brake 92.14, 309.12
—, to — the knot 222.18
—, to — the latched hook rod 95.13
freight 447.2
French chalk 68.17, 207.18
— draw loom 7.12
— ground 413.16
— lawn 393.25, 396.2
— pitch 216.7
— treadle 322.9
fresh shuttle 266.18
freshly made size 65.4
friction of the warp threads 319.10
— of weaver's beam gudgeons 120.18
—, block 125.4
—, brake 309.11
— bevel 97.14
— block 125.8
— block, leather lined 125.21
— block brake 125.1
— block brake with self-regulation at both ends of beam 125.5
— bowl 55.6
— cam 127.10
— cam ratchet motion 127.9, 134.18
— clutch, centrifugal 311.5
— clutch, leather covered conical 307.13
— coupling 34.4
— disc 27.6, 34.12, 36.3, 51.13, 55.7
— disc with tongue and groove 61.6
— disc, driven 98.13
— disc, leather covered 101.1
— disc coupling 51.12
— disc shaft 36.9
— drive 307.12
— driven bobbin 27.2
— driving disc 98.12
— drum 27.5, 35.2, 48.1
— pulley 120.21
— roller 27.5, 34.11, 89.21, 100.5
— roller thread guide 100.3
— washer, bottom 93.2
— washer, top 93.3
— wheel 100.7
frictional let off motions 119.18
— resistance of letting off 130.9
frieze 397.26, 417.10
— lined tension disc 35.19
friezed cloth 397.26
fringe, false 355.3
—, knotted 426.2

fringe, true 355.2
—, twisted 426.1
—, warp 355.4
—, weft 355.5
— weft 355.8
fringed material 355.1
— trimming 425.24
frizzled mohair yarn . . 170.11
frog . . 264.6, 311.14, 316.12, 317.7, 318.10, 322.10
— with finger 322.11
— bracket 322.12
front of the loom, placed at the 220.12
— of shuttle box . 256.2, 267.4
—, from — to back . 103.16.17
—, shuttle box 316.7
— bar 356.3
— comb 369.15
— end of winding frame 27.7
— hook 92.2
— leaves 231.4
— machine 235.5
— needle 195.2
— plate 356.2
— shaft 352.6
— shed 143.8
fuel 446.5
fulcrum 185.6, 193.6, 199.12, 255.5
— of lever 31.4, 92.7
—, lever 253.16
— bracket, weight lever 125.11
— knife edge 388.14
— pin, common 127.7
— pin for bent lever . . 60.8
full battery 261.3
— beam 48.16, 77.6
— bobbin 22.8, 23.5
— carriage 364.14.23
— cop 262.2
— cop stop motion . . 91.16
— cop stopping ring . . 92.4
— cross gauze 352.16
— pile plush 404.22
— pirn 87.22
— shuttle 266.18
— width sizing 72.12
fulled cloth 431.9
fully manufactured goods 443.9
— perforated card . . . 383.3
function 87.2
funnel 69.12
— shape of the cop . . 93.17
fur, imitation 419.25
— rug 407.23, 419.24
furniture cover 419.18
— damask 399.25
— plush 404.18
— plush loom 328.19
— satin 402.13
— stuff 404.21
fustian 394.27, 403.13
—, long piled 403.14
fuzzy nose of cop . . . 80.5

G

gabardine 394.18
gaberdine 394.18
Gabler's weft supply motion 265.13
gait up lap 110.5
gaiting of the Jacquard loom 217.2
— up the warp 118.14
Galle chain . . . 71.5, 372.15
galloon 428.14.17
gantry 329.12
garter 415.25, 426.19
— with ruche edging . 426.20
gas pliers 373.16
— thread 374.14
gassed cotton yarn . . 12.15
gauge of the cloth . . 3.13
—, bevel 60.14
—, pressure 69.16
—, sketch dividing . . 379.15
—, spindle 88.1
—, square 60.16
— block 219.13
gauze . . 353.1, 393.28, 401.23, 432.7
— with left, right and middle crossing . . 165.4
— with right (left) band crossing threads . 352.17.18
— woven by Jacquard . 352.20
— woven by shafts . . 352.19
gauze, brocaded . . . 349.5
—, crochet 165.9
—, full cross 352.16
—, half cross 352.15
—, cross stitched . . . 165.3
—, damask 393.30
—, double 353.7
—, embroidered 165.5
—, figured 164.18
—, glazed 393.29
—, imitation 165.11
—, Jacquard 352.20
—, left 352.18
—, net 165.7
—, plain 164.17
—, right 352.17
—, Scotch 394.2
—, silk 401.11.24
—, wire 416.14
—, zigzag 164.20
— cloth 163.8
— curtain 419.1
— draft 105.7
— effect 352.14
— harness 352.4, 353.5, 361.9
— shaft 354.1
— shed 362.14
— treadle 352.10
— trimming 426.6
— twisting disc 426.8
— weave 352.12
— weave as a selvedge 166.1
— weaving 352.3
gauzy silk fabrics . . . 401.22
gear 112.17, 133.16
—, bevel wheel reversing 127.17
—, differential 303.3
—, feed 258.15
—, reversing . . 127.16, 311.11
—, spindle driving . . . 39.15
—, to put out of 92.18, 306.21
—, to take the catch out of 180.6
— drive, [direct] . . 310.12.17
— driving 307.16
— wheel, hyperbolic . . 213.16
—, to — into the rack (toothed segment) . 234.16
gearing 133.16
—, iron — with cast iron 310.19
—, Knowles' 277.18
—, ratchet 133.6
— segments 192.11
Geiringer's lappet loom 351.3
gelatine 67.2, 437.13
genappe yarn 15.4
Geneva stop wheel . . 201.3
Genoa back velveteen . 395.5
genuine gold thread . . 19.25
— silver thread 20.3
geometric pattern . . . 413.9
German Axminster carpet 410.14
Ghiordes knot 409.9
gilt wire 20.1
gimp 19.22
gingham 393.9
girder 212.9
—, cast iron 212.12
girdle 427.24
girth 428.24
—, pommel 429.1
— strap 428.29
glacé thread 12.17
Glanzstoff 17.18
Glasgow detector . . . 320.14
glass, magnifying . . . 438.9
—, web 434.14
— bead 19.12
— bush for creel peg . 44.20
— case 439.15
— cloth 420.14
— eye 176.6
— eyelet 34.14
— house 416.13
— mail 219.1
— rod 35.5, 359.5
— step for creel peg . . 44.20
— tube 237.15
— weight 208.13
Glauber's salt . . 68.20, 437.26
glazed calico 392.18
— earthenware 208.2
— gauze 393.29
— silk 17.3
gloria 401.29, 430.21
glucose 68.5
glue 437.15
— from skin and hides 67.1
—, animal 66.26
—, bone 66.27
glue solution 71.18
glued together, beam . 115.5
glutinous substance . . 67.19
glycerine 68.9, 437.16
go, to — well (warp) . 114.15
— through of the carriages 369.9
goat's hair yarn 15.17
gobelin 408.5, 422.8
—, flat surface 408.6
—, pile surface 408.8
—, tufted surface . . . 408.8
— rib 418.7
goffered cloth 431.7
— plush cover 406.5
— silk 17.5
— tinsel 20.11
going part 288.19
gold bead 19.13
— braid 428.3
— brocade 402.20
— thread 423.9
— thread, oriental . . . 423.13
— thread, Renaissance . 423.11
— wire, flat 423.12
goods (s. a. cloth, fabric, material, stuff)
— in dozens 441.9
—, broché 344.12
—, circular 156.10
—, close woven 392.13
—, closely bound . . . 226.14
—, cotton 392.11
—, dress 432.14
—, figured 3.17, 153.5
—, finished 4.9, 443.9
—, fully manufactured . 443.9
—, hand made 405.21
—, linen 395.6, 433.2
—, lining 394.12
—, loose woven 393.21
—, piece 441.8
—, plain linen 395.7
—, plain hemp 395.7
—, quilted 394.24
—, semi-manufactured . 443.8
—, tubular 300.10
—, worsted 397.7
Gothic style 376.19
govern, to — the warp 118.1
governing the warp . . 118.3
—, cloth 298.12
—, warp 126.5, 298.5
— motion, warp 119.7
grab shaped bottom of shuttle box 269.17
gradually tensioned (threads) 59.12
graduation of the amount of let off . 126.17
grained sheet metal . . 117.10
granit, figured 152.17
—, ribbed 153.1
— weave 152.16
granitic upholstery fabric 418.10
Grant's reeling 11.2
granulated effect . . . 152.15
grape sugar 68.5
graphite 124.24, 207.17
grate, treadle 322.6
—, weft fork 322.16
—, wheel lever 277.9
grease 374.20
— box 375.8
greaser, machine . . . 375.10
great coating 417.2
Greek style 376.15
green 380.15
greenhouse 416.13
grege 16.2
—, finest 16.3
grenadine silk 16.20
— yarn 15.10
grey cotton cloth . . . 392.14
— warp 21.7, 64.2
grid . . 186.10, 207.3, 210.19
— of glass rods 218.8
— of wooden slats . . . 218.7
—, adjustable 228.12
—, fixed 186.8, 227.13
—, movable 354.3
—, needle 229.8
—, needle pusher . . . 229.12
—, slanting 222.14
—, steel drop pin . . . 50.13
—, weft 318.2
griffe . . . 186.10, 207.13, 210.6
—, lower 226.15
—, upper 226.16
— bar 190.7, 192.12
— block, fixed 228.11
griffe block, double . . 226.13
— box 229.18
— lift eccentric 213.2
grip, to — in the bobbin slit (nose) 95.17
—, to — the edge of cloth into the temple . . . 139.16
—, to — the end of the yarn (bobbin carrier) 263.19
—, to — the pile warp threads 333.12
—, to — the selvedges . 139.13
—, to — the warp threads 81.17
— ring 77.21, 80.16
gripper 337.12, 339.6
— in shuttle box . . . 357.8
—, thread 333.10
gripping arm 334.10
— flange 115.19
— hook 239.3
— jaw 241.6, 372.6
— shuttle 241.1, 258.9
groove . . 111.16, 115.3, 172.2, 326.21, 356.1
— in the framing . . . 48.9
— in the ground plate . 80.12
— in the loom batten . 289.6
— for the metal box . . 347.18
— on race board . . . 350.11
— of the shuttle box . 248.18
— in the shuttle race . 257.1
— in the warp beam . 77.18
— in the wire 168.10
—, cam 294.5
—, central 202.8
—, cross 245.9
—, curved 294.6
—, cylinder 236.4
—, guide 334.14
—, spindle 336.12
—, longitudinal 245.10
—, milled 240.7, 354.12
—, slay 289.7
grooved belt pulley . . 309.19
— bowl 92.10
— cam 55.8, 228.10
— cylinder end 236.5
— disc . . 101.3, 199.9, 363.1
— end 264.7
— lag 189.15
— pile wire 327.19
— pulley 122.7.11, 331.15, 343.3
— ring 99.4
— roller, heated 343.9
— table 343.7
— tappet 202.3
— wire 168.13, 327.8
gros 400.21
— d'Afrique 400.30
— d'Alger 401.2
— de Berlin 400.29
— de Chine 401.3
— d'été 401.5
— grain 400.25
— des Indes 400.27
— d'Ispahan 400.26
— de Naples 400.22
— noble 401.4
— d'Orleans 401.4
— de Pologne 400.28
— de Suisse 401.1
— de Tours 400.24
gross selling price . . . 442.19
— weight 4.10
ground 408.18
— of the cloth 222.8
— without interlacing . 232.4
— of lace 413.8
—, diamond 413.17
—, French 413.12
—, guipure 413.18
—, imitation net 413.19
—, lace 423.20
—, loop 413.11
—, Matitsch 413.20
—, net 413.7
—, sateen 151.1
— beam 116.4
— colour 230.14
— form, triangular . . 366.17
— harness . . . . *. . 353.4
— pattern 377.13
— pick 147.5, 166.7
— plate with groove . . 80.10
— stripe 162.4
— texture 166.15
— thread . 19.18, 164.5, 182.11, 353.2
— thread with closely coiled covering . . . 20.15

ground thread with extended coil covering 20.14
— twill 149.8
— warp 147.4, 161.4, 163.10, 167.18, 325.3
— warp, straight 166.4
— warp beam 333.6
— warp thread 339.15
— weave 381.13
— weave for the figured portions 386.25
— weave card 383.9
— weave mechanism 232.7
— weft 161.5, 411.8
— weft, linen 412.1
ground off (wire) 111.18
group of bobbins 44.9
— of dents 282.14, 354.17
— of floating threads 392.4
— of harness cords 220.20
— of healds 208.9
— of hooks 214.22
— of lifting wires 227.4
— of neck cords 209.4
— of picks to be beaten home 166.10
— of shafts 181.8
— of threads 47.5
— drive 305.9
— lifting 226.17
groups, by 219.19
—, left in (warp threads) 176.8
—, moved in (warp threads) 176.7
group, to — the threads 182.14
grouped harness 223.3
— pass 104.18
growth of mildew 65.9
guard, cop 318.17
—, hinged 312.14
—, knife 332.19
—, shuttle 312.4
—, shuttle box 314.1
—, thread 32.18
—, tin 32.18
—, wheel 323.2
gudgeons of weaver's beam 120.18
guide 140.5, 168.18, 362.18
— for the ejected shuttle 268.2
—, box 278.5
—, chain 263.2
—, cop 440.6
—, fixed 389.7
—, hook 70.9
—, needle 350.13
—, notched 97.17
—, pig tail 93.5
—, shuttle 343.22, 356.19
—, slotted 278.1, 313.15
—, spindle collar 98.18
—, thread s. thread guide
—, wire 93.5
— bar 353.16
— bars, independent 368.17
— belt 365.16
— bowl 35.4, 210.16
— cap, rail 28.10
— comb 89.9, 350.17
— cone 99.2
— cylinder 206.14, 390.10
— end 224.17
— eye 71.16, 171.7
— fillet 280.18
— groove 334.14
— holder, sliding steel 28.9
— hole 388.18
— piece 348.16
— piece, centrally slotted 228.16
— piece, curved 280.16
— pin 353.17
— plate 194.18, 251.9
— plate, bottom 388.5
— plate, chain 259.9
— plate, rounded off 57.11
— plate, stamp 388.4
— pulley 332.12
— pulley for the check strap 255.17
— rail 94.13, 263.14, 327.17, 328.2
— rail, shuttle 270.10
— rail lifting rod 38.17
— rail lip 270.11
— reed 46.2
— rod 72.17, 267.15, 268.10, 439.4
— rod for cloth 116.15
— rod for griffe box 229.17
— rod for the tension roller 53.2
guide rod, horizontal 108.7
— rod, warp 337.10
— roller 48.10, 63.12, 73.12, 99.13, 287.15
— roller, fixed 50.5
— screw spindle 100.6
— slit 28.7
— slot 93.6
— slot for the knife box 186.12
— table 342.20
— tongue with tapered end 328.7
— trough 140.14
— tube, pile thread 342.3
— wire, lamp 356.4
—, to — the bobbin spindle 179.11
—, to — the cloth below the shafts 298.20
—, to — the knife in the spindle groove 336.12
—, to — the threads over a smooth rod 57.13
guided over (bobbin spindle) 179.12
guiding in the hooks 211.5
—, reed 283.4
—, shuttle 257.8
guipure ground 413.18
gum arabic 437.12
— dragon 67.3
— tragacanth 67.3
gummed selvedge 424.18
gun cotton silk 17.19
— metal spur wheel 310.18
gunny cloth 396.20
Günther's damask machine 232.5
gut band 341.10
— cord 209.13
gypsum 437.23

H

Hacking's box motion 275.5
hackled jute yarn 13.9
haft 105.10
hair, mane 414.13
—, tail 414.12
— carpet 408.2
— carpet with woollen warp 407.14
— cord 393.18
— sieve bottom 414.14
— tuft 417.20
— yarns 15.16
hairpin shaped wire 111.13
hake, leasing 46.2
— box 45.15
half of pattern 40.15
— beer 47.6
— boiled silk 16.22
— circle 202.9
— cross gauze 352.15
— damask 402.26
— harness 232.11
— heald 174.9, 231.16
— linen cloth 395.13, 430.9
— moon 202.9, 322.1
— moon plate 58.4
— paired healds 173.12
— porter 47.6
— revolution 277.19
— round and fixed back rest 116.13
— shed 141.9
— twist 164.10
— woollen cloth 430.16
— woollen yarn 12.9
— worsted 15.7
halter 429.2
— rein 429.11
hammer 211.26, 373.11, 385.4
—, bell 82.5
—, cylinder 205.16, 235.15
—, transfer 261.15, 262.9, 264.8
—, trip 252.8
—, weft 268.3, 318.5, 322.17
hand, to drive by 46.1
—, to warp by 41.10
—, to weave by 4.19
—, to wind by 24.20
— adjuster 204.13
— beamer 77.15
— brush 83.19
— button 348.2
— comb for beating up 336.5
— crank 287.14
hand cut velvet ribbon for trimming 425.11
— drive for the mill 45.20
— folder with sticks 6.9
— inserted mat work 165.10
— knotted carpet 336.19, 408.16
— lacing frame 390.1
— lathe 288.16
— lever 55.13, 58.8, 178.14, 303.8
— loom 7.7, 296.3
— loom for cotton weaving 321.4
— loom for linen weaving 323.6
— loom for pile carpets 335.1
— loom for piqués 325.8
— loom for silk weaving 323.13
— loom for terry weaving 325.1
— loom for wire weaving 324.5
— loom slay 321.8
— loom weaver 4.23.24
— loom weaving 4.18
— made goods 405.21
— mill warper 40.6.7
— painted carpet 407.26
— pressure oil cup 375.4
— ratchet wheel 132.21
— reel 26.7
— sample 47.17
— shuttle 237.6
— size, to 69.24
— sizer 66.10.11
— sizer for hanks 69.25
— sizing apparatus 71.14
— spike, warp beam 374.3
— spooler 25.1.2
— sprinkler 101.12
— spun yarn 12.21
— temple 138.15
— tied knot 336.14
— warper 40.6.7
— warping mill, small 56.12
— wheel 192.16
— wheel on adjusting screw 55.17
— wheel with female thread 60.11
— wheel to move the cylinder 59.4
— winder 25.1.2
— winding 24.21
— woven chenille 410.18
—, to — the threads 103.11
handing the threads 103.12
handkerchief loom 275.20
— material 433.5
— motion 196.22
—, pocket 420.6
handle 58.8, 105.10, 204.13, 287.12, 291.12
— (feel) 427.17
—, bobbin stop 32.5
—, crank 26.11, 80.5
—, knocking off 308.19
—, setting on 332.18
—, starting 316.12
—, wood 111.15
hang, to — free (shafts) 184.14
—, to — loose (warp) 114.10
—, to — up the shafts 106.10
hanger 212.16
hanging, shawl 419.7
—, wall 407.8
hangings, material for 418.17
hank 10.21, 52.4, 64.1
—, binding yarn 170.13.14
—, dipped 70.2
—, entangled 25.15
—, soaked 70.13
—, suspended 71.6
—, tied up 10.24
— brushing machine 70.10
— drying machine 71.3
— hook 25.13
— sizing and wringing machine 70.5
— tie 10.23
— yarn 10.20, 435.21
hard bobbin 23.8
— material 431.25
— size 64.26
— weft material 236.15
— winding 23.7, 85.22
— wood 243.5
— worsted yarn 14.23
— to start (loom) 309.21
— twisted yarn 9.14, 17.24
—, to beam the warp 79.9
—, to become (yarn) 64.16
hardened shuttle tip 244.16
hardened steel butt 239.8
harness 105.12
— for crossing threads 353.9
— with fixed healds 177.15
— with sliding healds 173.6
— for stationary warp 353.8
—, common 231.4
—, crossed 221.3
—, doup 361.9
—, figuring 231.18
—, gauze 352.4, 353.5, 361.9
—, ground 353.4
—, grouped 223.3
—, half 232.11
—, leno 352.4
—, lowering 231.15
—, open 221.6
—, pressure 231.4
—, pressure— for raising, lowering and stationary shafts 231.3
—, raising 231.14
— board 207.21
— border, reciprocal 221.10
— chain 171.15
— cleaner 180.9
— cord 207.15, 217.15, 224.3, 225.11
— cords, stitched 218.3
— frame 105.13
— hook 171.14, 210.10
— mounting 220.10
— mounting in several groups 223.1
— repairer 180.10
— wire 171.13
harsh material 431.27
Hartmann's automatic weft supply mechanism 262.8
hat band 427.3
Hattersley's dobby 194.2
head of the bobbin 263.10
— of connecting rod 276.16
— of feeler 389.5
— of the punch 385.19
—, braiding 179.1
—, driver needle 229.10
—, hook 193.11
—, lifter 186.18
—, nipper 241.2
—, picker 248.8
—, slotted 180.12, 238.15
—, spindle 96.5, 242.18
—, spool 240.2
—, wire 327.6
— board 225.3
— lease 47.3
— peg 45.17
— plate 308.14, 314.7
— shawl 420.30
— stock, section 55.3
heading, to weave the 1.14
heald 171.6, 218.9, 368.18
— with long eye 175.20
— without eye 175.23
— with glass eye 361.13
— with mailed eyes 176.13
— with twine eye 175.19
— free from knots 175.8
— with long loops 174.14
— in pressure harness 231.10
— of varnished cotton twine 175.1
—, cast steel wire 175.12
—, damask 232.12
—, eyed 174.13
—, fixed 173.21
—, flexible 174.18
—, half 174.9, 231.16
—, horsehair 175.7
—, iron wire 175.11
—, Jacquard 208.6
—, Jacquard gauze 362.1
—, lifting 174.7
—, linen 175.3
—, link 223.13
—, lowering 174.8
—, mailed 174.13
—, metal 175.9
—, rigid 174.17
—, rolled wire 175.14
—, rough 174.15
—, sheet metal 175.15
—, sheet zinc 175.16
—, silk 175.4
—, singed 179.20
—, sized 174.21, 179.21
—, sliding 173.20
—, steel wire 218.11
—, sticky 174.16

heald, tapestry 330.7
—, tinned 175.17
—, twine 174.19
—, twisted wire 175.13
—, varnished 174.20, 179.18
—, waxed 179.19
—, wire 175.10
—, wire gauze 361.15
—, worsted 175.2
— braiding machine 178.1
— calculation 173.17
— cleaner 180.9
— eye 105.17, 171.7, 175.18
— eye, wrong 104.3
— hook 105.9
— knitter 177.16
— knitting frame 177.17
— knitting machine 176.9
— lath 171.4
— leveller, Schoene's 197.15
— leveller, twisted wire 197.16
— levelling motion 197.10
— lift 182.5
— machine 186.3
— maker 177.16
— making 176.10
— motion 182.4
— repairer 180.10
— sector 322.1
— shaft cord 184.13
— shaft motion by cords 204.3
— shaft motion with rocking levers 204.4
— stop motion 321.1
— tie 181.15.16
— tinned at the eye 176.5
— twine 176.19
— wire key 373.18
healds 208.18, 360.2
— crossed over 173.9
— for the new warp 111.7
— for open sheds 182.10
—, belting 360.13
—, complete paired 173.11
—, empty 219.21
—, half paired 173.12
—, pattern 177.15
—, selvedge 173.8
healder 103.7.8
heart 33.13
—, picking 314.9
— shaped cam 33.13, 191.10
— shaped pile warp gripper 334.11
heated grooved roller 343.9
heater, multitubular 75.9
heating 446.6.19
— pipe 73.1
— pipe, ribbed 71.7
— pipe, steam 72.9
heavy blow of the reed 283.20
— cloth 431.17
— loom 296.4
— make of calico 392.16
— overcoat materials 417.1
— pick 246.16
— running loom 304.3
— thread 20.7
— treadle 352.10
— warp 21.13
heck, leasing 46.2
— box 45.15, 56.5
— box, up and down traversing 46.3
— cord 45.16
heddle 171.6, 218.9
— hook 105.9
—, to — the warp threads 103.2
heddling the warp threads 102.16
heel, spindle 242.16
—, treadle 322.5
height of backrest 304.16
— of breast beam 304.15
— of curls 170.19
— of drop 49.8
— of the healds 171.5, 218.12
— of layers 97.8
— of loops 328.9
— of thread 239.13
— of wire 327.10
—s of pile, two different 167.13
held up by the tension of the yarn (drop pin) 53.18
helical slot 32.8
— spring 91.12, 127.15, 180.16, 210.13, 270.6
hem, border 378.2
hemp cloth 430.10
— linen 395.10
— strap 428.25
hemp tow yarn 13.7
— weaver 5.13
— yarns 13.4
herring bone stitch trimming 426.15
— bone twilled fabric 397.2
Herrlinger's weft stop motion 318.8
hessian 396.16
—, common 396.17
—, facon 396.15
—, fine 396.18
—, ordinary 396.17
— bagging 396.23
Hettrich's shuttle 242.15
hexagonal mesh 412.10
— mesh net 363.9
— prism 225.8
hickory picking stick 251.4
hidden wadding threads 156.7
high angled twill 148.10
— pressure steam inlet 74.13
— pressure steam mixing apparatus 69.9
— speed loom 304.5, 326.5
— warp arrangement 335.15
— warp loom 298.7
—, placed 116.7
higher lying switch shoulder 179.7
highest speed of the shuttle 257.14
hinge bolt 278.12
hinged (slay cap) 289.4
— bar 368.14
— bottom of the box 266.20
— drop pin 53.7
— guard 312.14
— peg 45.12
— reed 317.6
— shuttle peg 238.1
— spindle peg 29.12
— wooden lags 201.6
Hitchon's indicator 51.17
Hodgson's box motion 276.7
— dobby 193.8
hold, to — back the thick places of the yarn 28.4
—, to — the healds stretched 180.7
—, to — the ravel 81.20
—, to — the twine whilst knitting in the mail 177.14
—, to — the wire with the clamp 177.9
holder for end of weft yarn 264.21
— for top raddle plate 82.16
—, beam 48.3
—, card 384.3
—, cop 440.5
—, cup shaped 264.11
—, knife 332.1
—, pirn 242.14
—, reed 106.8
—, shuttle 269.16, 347.14, 348.13
—, strap 314.15
—, temple 140.7
—, thread guide 95.1
—, tube shaped 365.13
—, weft fork 322.14
—, wraith 59.15
holdfast coupling 313.7
— pirn, sheet metal 239.19
holding cord 233.2
— out the fabric 139.1
hole board 46.9, 207.21
— board with glass eyelets 46.10
— board, double row 46.13
— board, single row 46.12
— in the card 383.4
—, comber board 217.9
—, cylinder 188.1
—, drilled — with notch 115.11
—, guide 388.18
—, lacing 382.15
—, pattern 383.2
—, peg 383.1
holes in the beam bored at right angles to each other 119.9
— in spaced rows 217.11
— in straight rows 217.10
— in the trap board 225.12
hollow in the winding 79.1
— arm 338.10
— band 426.17
— cone, interchangeable 372.3
— part of the shuttle 244.11
hollow piston 74.12, 256.11
— punch 373.12
— warp beam 115.6
home spun linen 395.17
— spun yarn 14.9
— weaving 6.19
honeycomb covering 419.28
— weave 152.6
— weave, figured 152.8
hook (s. a. wire) 186.5, 274.9, 326.10, 339.4.13
— with three catches 227.12
— with handle 277.23
— of lifting wire 207.9
— with a spring leg 215.6
— for twilling bars 233.14
— for withdrawing the wires 328.4
—, bent 211.3
—, catch 190.9, 233.11
—, change 277.1
—, double 230.16, 439.6
—, draw 279.6
—, drawing in 105.9, 106.7
—, elastic 229.20
—, figuring 232.9, 350.19
—, first 220.15
—, front 92.2
—, gripping 239.3
—, hank 25.13
—, harness 171.14, 210.10
—, heald 105.9
—, heddle 103.6
—, horizontal 232.9
—, knife 191.7
—, last 220.16
—, lifting 187.8
—, long 207.14, 227.9
—, lowering 187.9
—, main 229.3
—, needle 259.18
—, oscillating 177.1
—, reed 106.9, 108.14
—, retaining 237.21
—, screw 172.19
—, screwed 124.12
—, shaft 171.11, 172.14
—, sley 108.1
—, slotted 275.1
—, spare 214.23
—, spring 100.15, 315.3
—, suspended 232.8
—, threading 365.6
—, upright 211.7
—, weft inserting 339.24
—, wire 172.20, 215.5
—, wooden 210.8
—, yarn 439.19
— bar 351.9
— end 193.11, 343.1
— extension 195.1
— guide 70.9
— head 193.11
— lever 274.14, 279.8
— loom for plush fabrics 333.12
— needle 338.6
— rail 334.8
hooks left down 205.8
hooked needle 259.12, 351.10
— peg 238.8, 239.5
— pin 346.17
— rod 94.20
— wire 389.9
hooking the harness cords to the neck bands 218.4
hoop, adjustable wire 100.1
hop pocketing 397.6
— sacking 397.6
hopsack weave 147.6
— weave, check pattern 147.8
— weave, mixed 147.9
— weave, rayed 147.7
hopper 264.3.4
horizontal movement 340.10
— stripes 153.8
horizontally, disposed (warp) 298.8
—, to slide (change box) 345.14
horse cloth 419.19
— cloth strap 428.28
horsehair 414.11
—, artificial 17.21
— cloth 430.24
— fabric 414.10
— heald 175.7
— loom 259.13
— seat covering 414.18
— weaver 5.28
— yarn 15.28
horseshoe weight 329.10
— wheel path 345.18
hosepipe, woven 156.11
hosiery yarn 14.10
hot air chamber 75.7
— air sizing machine 75.4.12
household linen 420.4
housing, magnet 387.8
—, rack 356.18
huckaback weave 152.14
human figure 422.10
hurdle, yarn 102.9
hydraulic press tenter 6.14
hyperbolic gear wheel 213.16

I

Iceland moss 67.22, 437.14
idler wheel 388.9
imitation astrakan 407.2
— brocade 163.7
— carpet 407.6
— doubled threads 156.2
— fur 419.25
— fur rug 407.24
— gauze 165.11
— gold thread 20.2
— knotted carpet 409.1
— leno 165.11
— net ground 413.19
— poodle skin 406.21
— shawl 420.21
— silver thread 20.5
— velvet 399.3
— worsted 15.7
— yarn 12.7
immersion roller, copper 73.14
implements, weavers' 8.9
impregnate, to — the warp 65.13, 71.13
impregnated 65.14
— cloth 431.14
— wood shuttle 243.12
inclination of the twill line 148.3
incline of x degrees 148.8
inclined direction, in an 267.6
— plane 338.10
— position of the blades 234.2
increase of the sett of the warp 114.14
— of strain 143.6
— of tension 120.7
—, irregular — of binding points 151.13
—, uniform — of binding points 151.12
—, to — the sett of the warp 114.13
—, to — the strength 64.12, 246.17
—, to — the tension 119.2
increasing length 341.22
— throw 88.16
— of the production of a loom 206.9
independent guide bars 368.17
— motion 211.22
independently mounted nip roller 51.1
index 28.13
— machine 186.3
India-rubber 415.6
— bolster 243.20
— thread 56.13
— warp 415.4
Indian calico 393.1
— carpet 407.25
— shawl 420.26
— shirting 393.13
— style 376.17
indicate, to — an empty bobbin (bobbin feeler) 266.6
indicator 28.14
—, cent 54.16
—, dial 56.10
—, Hitchon's 51.17
—, yarn 48.12
—, yarn counts 440.16
— finger 54.15
— wheel 51.21
indirect acting negative taking up motion 131.9
— acting positive let off motion 128.12
— Jacquard pattern 377.15
— positive taking up motion 135.5
— taking up 131.3
— weighting 120.11

indistinct interlacing effect 391.13
– pattern 377.12
individual drive . . . 305.10
individually, to move . 196.2
industry, cloth 2.18
–, weaving 1.10
inertia of the pendulum weight 317.4
– of the spring . . . 255.21
influence of twist on the appearance of the cloth 145.7
ingrain carpets 408.9
ingredients, sizing . . . 66.17
initial speed 247.9
inlet, high pressure steam 74.13
inlets 394.13
inner eccentric sheave . 275.16
– packing weft . 156.9, 161.2
insert, to – the ends of the wire in slotted blocks 180.16
– to – the fresh shuttle from above (below) 266.18.21
–, to – the fresh shuttle at the side 266.19
–, to – the hand shuttle 246.9
–, to – pick and pick (alternately from different sides) 247.21,271.14.15
–, to – the shuttle as the slay moves forwards 267.2
–, to – the spikes into the edges of the cloth 139.8
inserted peg . . . 238.17.18.19
– spike 133.1
insertion of the weft threads 258.7
– of weft without shuttles 259.10
–, simultaneous – of two shuttles 257.15
– peg, interchangeable. 239.1
inside selvedge 361.2
– shedding 300.11
– tappet 199.7
– treading motion . . 199.1
inspecting table, cloth . 442.4
insurance 446.15
interceptor 368.10
–, spring stem 368.11
interchangeable hollow cone 372.3
– peg 238.16
interest on capital outlay 445.20
– on loan capital . . 446.10
– on works capital . . 446.9
interlace, to – the threads 381.12
–, to – tightly . . . 152.3
–, to – with the upper and lower texture (pile warp) 169.6
–, to – warp and weft 1.13
interlaced threads . . . 179.14
interlacing 144.1
– of bottom shot . . 422.12
– the figure with the ground 223.10
– in opposite direction 382.9
– of the threads . . . 381.11
– of the upper (lower) threads 160.5.6
– the warp and weft threads 1.12
–, principles of 143.14
–, rib like 144.11
–, simple. 232.2
–, special 421.2
–, tight 152.4
–, twill 144.11
– dot 159.15
– effect 381.19
– effect, clear 391.12
– effect, indistinct . . 391.13
– plan, preliminary . . 159.16
– point 144.4
interlining, linen . . . 395.19
intermediate lever . . . 194.17
– lever to stop rod . . 308.9
intermediate shaft 178.4, 262.13
intermittent forward movement 130.4
– let off 126.7
– taking up motion. . 130.5
intermittently, to work. 130.6
interrupt, to – the lines of twill 150.3
interrupted twill . . . 150.2
interrupting the movement of warp . . . 129.11
interruption of service . 266.11
intersecting the weft (warp) in the same order, threads . . . 144.7.8
– the weft (warp) in a different order, threads 144.9.10
interval between knops 18.9
intervals, to lease at . 83.3
interweave, to – the wires 168.8
introduce, to – the wire into the shed . . . 329.1
Irish moss 67.21
iron gearing with cast iron 310.19
– wire 416.16
ironshod wood cross bar 289.1
ironed plush 406.13
ironing 429.20
irregular beaming . . . 76.19
– count of reed. . . . 282.17
– disposition of weft . 132.16
– floats 146.10
– running 306.11
– sateen 151.10
– shed. 142.20
– weft 236.19
– yarn 9.7
– yarn tension 29.17
irregularly, to run (loom) 306.10
– pitched reed 282.16
– spun yarn 18.2
issue of material . . . 6.25
Italian cloth 400.6

J

jack 45.15, 368.10.11.12
– for quadrant rod . . 322.3
–, top 185.3, 188.4
– lever 213.4, 322.7
– screw 322.8
jaconet. 393.26
Jacquard 209.18
– with extra fine pitch 215.11
– with the finest pitch 216.1
– with x hooks 214.12
– with swing needle box 226.1
– for weaving damask. 231.2
–, auxiliary 229.5
–, Berlin double . . . 234.8
–, Berlin pitch 215.9
–, bottom bar 370.8
–, centre shed 228.6
–, Crefeld pitch. . . . 215.10
–, double cylinder . . 230.2
–, dropper 369.4
–, fine bar 370.8
–, iron 215.4
–, little 186.3
–, Manchester 368.20
–, x-row 214.19
–, thick thread 368.20
–, top bar 368.20
–, twilling 233.7
–, Verdol 229.1
–, Vienna coarse (fine) pitch 215.7.8
–, wooden 215.3
– apparatus 209.18
– card 382.2
– card from an endless paper roll 382.8
– card cutter . . . 384.10.11
– cylinder 210.14
– design 4.2
– fabric 392.9
– frame 209.20, 212.7
– gauze 352.20
– gauze heald 362.1
– heald 208.6
– heald, even (odd) . 234.6.7
– loom . 7.12, 296.15, 300.7
– machine 7.13, 209.18, 342.24
– machine for clean shedding 228.13
– machine with double griffe blocks 226.13
– machine, double lift. 227.1
– machine, open shed . 226.18
– machine, single lift – for open shedding . 227.11
– mail 208.6
– pattern, single (two) colour. 377.16.17
– pattern, multicoloured 377.18
Jacquard pattern, [in]direct . . . 377.14.15
– pattern, transposed . 377.19
– pattern damask. . 153.17, 396.12
– trestle 209.20
– weaving 208.15
Japanese curtain . . . 419.13
jaw 313.8
–, gripping 241.6
jean back velveteen . . 395.5
jerked warp 118.19
jerking of the heald shafts 197.17
jerky start 306.7
jet trimming 428.10
join, to – a backing weft 155.6
–, to – with the tie piece 110.6
–, to – the warp threads 110.2
joining of the backing weft 155.5
– the top with the bottom cloth 157.13
– the warp threads . . 109.16
– the warp threads, apparatus for 111.1
joint, toggle 294.10
–, universal 204.2
jointed eccentric rod. . 213.18
– rod 270.5
journal, bottom 69.5
jute carpet 407.21
– cloth 430.13
– fabric 396.13
– fabric, plain 396.14
– fabric, broken twilled 397.2
– fabric, twilled . . . 397.1
– filling warp 167.20
– long line yarn . . . 13.9
– loom shuttle 241.16
– plush 406.7
– sacking, twilled. . . 397.3
– tow yarn 13.10
– warp yarn 13.11
– weaver. 5.14
– weaving 2.12
– weft yarn 13.12
– yarns 13.8

K

Kabyle shawl 420.28
kaolin 68.14
keel, to – the chain . 74.24
keeler, automatic . . . 46.17
keeling the warp . . . 46.16
keeping the looms clean 375.11
– to the number of picks 132.19
Keighley dobby . . . 194.2
Kelim carpet 408.7
– curtain 419.11
kersey 397.14
key 373.20, 385.14
–, box 373.19
–, cranked box 373.21
–, heald wire. 373.18
– drift. 373.6
– frame, coupling. . . 277.10
– lever 388.13
– motion. 385.13, 389.13
keyed on, crank disc . 358.11
keyway of block 55.1
Kidderminster carpet . 408.11
kinds of yarn. 12.1
kinetic energy 312.6
kissing, shuttle . 245.13, 372.12
Kitay 392.22
kitchen linen 420.13
knee 250.11
– board 33.18
knife. . . 233.13, 274.8, 336.8
– for cutting double plush 332.2
– for grooved wire . . 327.4
– with hook 337.4
–, adjustable 210.24
–, circular 343.8
–, disc. 342.23
–, double edged lifting 187.7
–, inclined 210.7
–, lever 190.11
–, lower 191.16
–, oscillating 196.4
–, scoop 193.9
–, straight 375.16
–, upper 191.15
–, velvet 168.15
knife blade 186.9, 207.10, 334.7
– box 186.10
– box with tongue and groove guide 186.20
– carrier 327.16
– cloth 420.16
– edge. 327.5, 388.14
– frame 276.15
– guard 332.19
– holder 332.1
– hook 191.7
– lever 262.16, 301.14
– pivot 191.18
– sharpening motion . 332.7
– slide with stop block 331.16
knives, superimposed . 236.1
knit, to – the healds . 176.11
knitted fabric. 3.8
knitter, heald 177.16
knitting in 177.13
– frame, heald 177.17
– machine for healds with mailed eyes. . 176.13
– machine, heald . . . 176.9
– yarn 14.11
knock off. 91.9
knocker off 91.9
knocking-off, automatic – when bobbin is full 37.10
– finger 311.13
– handle 308.19
– motion. 309.3
– rod 308.18, 323.1
knop, artificial 18.15
–, coloured. 18.16
–, cotton. 18.11
–, fast 18.18
–, loose 18.17
–, manufactured . . . 18.15
–, natural 18.14
–, silk 18.13
–, wool 18.12
– yarn 18.8, 421.13
knot 11.3, 225.6
– held in the slot . . 222.16
– in the yarn 83.13
–, double thread – with ends side by side (separated) . . . 409.12.13
–, Ghiordes 409.9
–, hand tied 336.14
–, Persian . . . 336.17, 409.10
–, Sehna. 409.10
–, single thread. . . . 409.11
–, slip 183.11, 197.18
–, superposed. 426.16
–, Turkish . . . 336.15, 409.9
–, warper's. 110.17
– catcher 28.5
– cord 225.11
knots placed over the slots 225.10
–, free from 167.22
knot, to – the heald thread above (below) the eye 175.21.22
–, to – the warp ends 110.15
knotted carpet 408.15
– carpet, imitation . . 409.1
– fringe 426.2
knotter 111.12
–, Barber's. 112.3
knotting 4.4, 409.2
– the warp ends . . . 110.16
– device 338.1
– tube. 339.5
knotty yarn 435.8
Knowles' box motion . 276.12
– dobby motion . . . 203.1
– gearing 277.18
Koechlin's weft supply motion 264.1

L

label, red 10.25
–, white 10.26
labeller. 6.13
labourer 5.8
Lacasse machine . . . 215.11
lace, boot 427.5
–, coach 359.13, 428.18
–, net 413.3, 423.21
–, ribbon loom 423.15
–, round 428.17
–, woven. . . . 413.4, 423.14
–, woven imitation . . 423.16
– bobbin 179.2

lace curtain 419.2
— curtain machine . . 368.3
— edging 426.4
— ground. . . . 413.8, 423.20
— ground, figured . . 413.10
— machine 369.7
— machine, twist . . . 369.8
— trimming. 426.3
laced cards 389.18
lacelike material . . . 412.25
lacer, card 384.12.13
lacing, card 389.17
— frame 390.1
— hole 382.15
— machine, card . . . 390.4
— thread 412.14
— twine 389.19
ladies coating 398.1
— dress fabric 397.12
— dress material . . . 432.15
lag. 188.16, 189.11
—, barrel 186.13
—, body 197.5
—, border 197.4
—, lattice. . . . 192.3, 194.7
lags, hinged wooden . 201.6
laid to the cone (warp sheet) 60.4
— pile 403.11, 405.2
lama 397.19
lambskin 170.6, 406.22
— with double pile . . 406.23
—, four piled 407.1
—, striped [with double pile] 406.24.25
lamp, loom 356.12
— carrier 356.5
— guide wire 356.4
— wick 156.12
lampas 402.27, 423.3
landscape 422.11
lantern 205.13, 211.24
— of the revolving box 279.5
— end of the card . . 382.13
— end of the cylinder . 220.9
— side of cylinder . . 212.1
lap, gait up 110.5
lap, to — the warp round the mill 46.18
—, to — the warp tightly 79.6
lapper 6.12
lappet loom 349.3
— loom, Geiringer's . . 351.3
— thread . . . 349.14, 350.16
— weaving 349.6
lapping machine, cloth. 442.6
lappit loom 349.3
large cylinder . . 74.6, 233.9
— shed. 265.15
lash 209.12, 379.5
lashes 386.15
last end in the creel. . 44.22
lasting yarn 15.11
latched hook rod . . . 95.13
lath with pins 57.18
— with sheet metal plates 58.3
—, conical ended . . . 61.5
—, cross 185.8
—, heald 171.4
lathe (s. a. batten, slay) 288.15
— for broché ribbons . 346.12
— with circular moving shuttles 347.6
—, drop box 344.10
—, fly shuttle . 248.1, 289.14
—, free falling 295.10
—, hand 288.16
—, swivel 347.1
— stud 290.3
lattice, dobby 192.3
—, lag 192.3, 194.7
law charges 446.29
lawn 395.26
—, French . . . 393.25, 396.2
—, Silesian . . 393.25, 396.2
— weaver. 5.24
lay 288.15
— of threads, close . . 23.1
—, to — the loose fibres on the surface of the thread 64.13
—, to — the warp threads on the foot pegs . . 47.2
—, to — the warp threads upon the lease pegs 47.1
layer of warp 56.11
— of yarn, [conical] . . 87.6.7
—, crossing 91.7
—, yarn 54.13
layers on mill, warp . 56.20
laying on the cards . . 390.3
— in the wires 327.1
lea 10.22
— tester 440.12
lead rod 208.12
leading rein. 429.12
leaf 171.3, 360.15
— with few healds . . 173.15
— with healds placed close together . . . 173.16
lease . . . 42.12, 47.3, 138.9
—, bottom 47.4
—, making the 42.9
— band 42.17
— bar . . 61.17, 82.12, 137.20
— cord 42.13
— peg 45.18
— peg, beamer's . . . 45.19
— peg, weaver's . . . 45.17
— reed . . 46.14, 61.6, 72.16
— rod 46.6, 56.6, 61.17, 76.4, 137.20
— rod covered with sheet metal 138.8
— rod, channeled . . . 138.6
— rod, double 138.7
— rod, flat 138.4
— rod, round 138.3
— stand 58.7
— warping 41.9
—, to 42.8, 82.19
—, to — at intervals. . 83.3
—, to — by pairs of threads 42.11
—, to — by porters . . 83.1
—, to — the threads singly 138.10
—, to — two and two . 138.12
leaser 42.14.15
leash 209.12, 379.5
leashes 386.15
leasing 82.20
— heck 46.2
leather, tanned 248.10
— covered block . . . 248.16
— covered friction clutch 307.13
— covered roller . . . 35.13
— lined friction block . 125.21
— brake band 72.15
— lining of the spindle bearing 93.19
— piece 138.2
— roller 237.12
leave, to — the picker (shuttle) 250.16
leaves, front 231.4
leese (s. a. lease) . . . 42.12
left (warp threads) . . 142.10
— down, hooks 205.8
— in groups (warp threads) 176.8
— crossing 164.7
— gauze 352.18
— hand, at the weaver's 220.14
— hand picking mechanism 252.11
— hand side, box motion 281.5
— hand twist 9.13
— hand twisted yarn 9.11, 145.9
leg, spring 215.6
length of block 54.20
— of brake arm . . . 121.3
— of cone 87.8
— of cut 75.1, 77.9
— of drum 48.18
— of the hank 11.1
— of the piece . . 3.11, 441.12
— of the shed 141.12
— of stroke . . . 126.16, 128.11
— of traverse . . 30.14, 100.2
— of tufts 409.6
— of warp 443.17
— of warp turned back 49.14
— of warp unwound . . 118.9
— of warp wound on during one revolution of notched bowl . . 49.1
— of warp beam . . . 78.5
— warped . . . 41.14, 443.16
— woven 3.11
— of yarn worked up . 11.21, 443.20
—, calculated . . 436.5, 443.19, 444.17
—, increasing 341.22
—, turn 46.15
—, warped 52.5
lengthways, to set. . . 217.3
lengthwise movable side comb 369.17
— placed to the loom (machine) 225.18
lengthening piece . . . 110.5
— piece of hook . . . 195.1
leno 353.1, 432.7
— with hand inserted mat work 165.10
—, double 353.7
—, fancy 164.21
—, imitation 165.11
—, waved. 165.2
— brocade 165.1
— cloth 163.8
— effect 352.14
— effect in close woven fabrics 164.19
— harness 352.4
— thread 164.4, 353.3
— treadle 352.10
— weave 352.12
— weaving 352.3
lens 434.14
—, single 438.9
lese (s. a. lease) . . . 42.12
let-off of the warp . . 118.3
—, continuous 126.6
—, intermittent 126.7
— motion 117.21, 119.7, 261.8
— motion, frictional . . 119.18
— motion, [in]direct acting positive . . 128.3.12
— motion, negative . . 129.2
— motion, positive . . 128.2
— motion, Roper self-adjusting 129.12
—, to — the warp 118.2, 126.5
letting-off of the warp. 118.3
— motion, pile warp. . 333.5
— motion, positive . . 128.2
— and taking up motion 298.4
levantine 401.30
level 219.14
— of the reed. 283.8
— surface. 41.18
—, to — the healds . . 181.13, 197.14
leveller, Schoene's heald 197.15
levelling of the healds . 181.14, 219.12
— motion, heald . . . 197.10
lever 182.20, 236.10
— with toothed segment 188.12
— with equal arms . . 191.5
—, auxiliary 194.5
—, balance weight. . . 99.1
—, band adjusting . . . 125.17
—, bell crank 95.2, 124.3, 261.15, 341.11, 385.11
—, bent . 95.2, 137.7, 212.5, 255.4, 293.21
—, bent — to operate the cone 60.7
—, brake s. brake lever
—, breast beam 320.10
—, cam s. cam lever
—, catch 259.20, 278.15, 280.11
—, change 178.7
—, compound 137.8
—, contact . . . 320.3, 387.6
—, cord 370.11
—, crank 262.12
—, crumped. 48.22
—, cut off 269.4
—, differential. 125.16
—, disengaging . 95.2, 133.11, 268.5
—, double heald shaft . 192.10
—, drop box 275.6
—, drum supporting . . 31.13
—, feed. 113.7
—, feeler 316.13
—, feeler shaft 125.13
—, foot 53.9, 277.17
—, foot step 275.3
—, four armed 228.14
—, hand 55.13, 58.3, 178.14, 303.8
—, hook 279.8
—, intermediate 194.17
—, intermediate — to stop rod. 308.9
—, jack 322.7
—, key 388.13
—, knife 262.16, 310.14
—, lifting 207.1
—, link. 136.15
—, locking 270.4
—, needle 191.11, 279.7
—, notched . . . 123.16, 322.3
—, oscillating . . 204.7, 270.14
lever, pedal 53.9
—, picking 314.10
—, push 236.8, 301.15
—, pusher 264.16
—, ratchet 119.15, 133.7, 285.16
—, reed hook 108.11
—, rocking . . . 90.19, 137.17
—, shaft lifting . 191.13, 301.13
—, slay stopping . . . 325.4
—, slotted 257.6
—, spring. 52.19
—, spring weighted . . 137.15
—, stop . . 35.11, 52.14, 91.10
—, stop rod. 320.5
—, stopping 50.15
—, supporting. 348.10
—, swing 192.5
—, swivel. 194.6
—, taking up 133.5
—, tension bowl. . . . 93.14
—, thread guide. . . . 94.18
—, thread turning . . 339.14
—, three armed . 129.6, 213.7, 315.11
—, top 185.3, 213.4
—, transferring 364.13
—, treadle 195.9, 199.2, 295.12
—, vibrating 192.13
—, weft hammer . . . 318.4
—, weft motion . 320.4, 322.18
—, weight 91.14, 96.7
—, weighted . 120.23, 121, 9.12, 384.9
—, weighted two armed 108.18
—, wheel 276.14
— arm 136.7
— arm, adjustable . . . 50.16
— arm, balanced . . . 439.23
— arms, bent 109.2
— arrangement 333.11
— frame 185.11, 388.15
— fulcrum 253.16
— knife 190.11
— notch 121.18
— pick loom 303.11
— spring 228.15
— tackle 184.5
levers, compound . . . 196.5
—, stop motion 53.6
Liberty satin 402.8
lid, bone 347.23
lie, to — alternately left and right of the straight thread (crossing thread) 164.9
—, to — in the open shed (weft) 237.3
—, to — on its side (shuttle) 265.14
—, to — side by side (warp yarn layers) . 41.11
—, to — over (under) the staves (heald twines) 177.5.6
—, to — stepped over each other (warp yarn layers) 41.12
—, to — on the warp dish (ball) 81.3
life, working . . 174.12, 244.1
lift of the box 273.12
— of the box, limited . 291.2
— of shuttle box . . . 291.1
—, cam. 37.16
—, multiple 201.12
—, shaft. 182.5
—, x threads 220.21
—, to — box x (x th bush) 281.10
—, to — box x (x th perforation). 281.9
—, to — box x (x th roller) 281.11
—, to — from the x th box to the y th box 281.8
—, to — the drop pins by levers for threading 53.19
—, to — the feeler out 389.10
—, to — the hooks out of the threads 352.1
—, to — the roller from the drum 35.17
—, to — the shaft . . . 186.19
—, to — the stopping lever by spring . . 325.7
—, to — the warp groups into the upper shed 351.14
— out, to — the brush 73.8
— up, to — the brake lever 95.19

lift up, to — the brake weight 123.10
— up, to — the stop rod nib 316.22
— up, to — the top warp for the lower weft . 157.8
—, to — and to lower the needle frame . . . 350.5
lifted (pile warp) . . . 168.4
— (warp threads) . . . 141.21
—, bobbins — out of the carrier chains . . . 340.8
— stop rod nib 316.17
— warp 159.12, 380.9
lifter . . 186.5, 208.19, 368.19
—, auxiliary 350.18
—, bobbin 340.9.10.11
—, change box 277.16
—, sector shaped . . . 191.8
— head. 186.18
— nose 186.6
— wheel 277.4
lifters passing through the needle eyes . . 187.20
lifting of the binding warp 158.6
— of x threads 224.13
— the warp by means of the healds . . . 181.21
— the warp threads . . 141.20
— of the second (third) warp 159.10.11
— up of the stop rod nib 316.20
—, group 226.17
—, multiple 187.16
— arrangement, double. 193.7
— bar 207.13
— blade 186.9, 207.10
— cog 288.3
— cord 225.4
— cords hanging with knots on the head board 225.9
— cords placed in angle 233.4
— cord loop 224.2
— heald 174.7
— hook 186.5, 187.8
— knife 186.9
— lever 207.1, 213.4
— mechanism 197.20
— and lowering mechanism 198.1
— motion. 189.2
— motion, bobbin . . . 97.11
— motion, yarn beam . 106.11
— plan 7.16
— plate 74.23
— rod 268.17
— rod, guide rail . . . 38.17
— strain 118.13
— twilling bar 233.6
— wire 207.8
light blow 130.12
— cloth 431.16
— effect 422.15
— loom 296.5
— satin 402.12
— thread 20.6
— treadle 352.11
— warp 21.14
lighting 446.7.20
lightly stretched warp . 118.22
limit of elasticity . . . 143.10
limited (lift of the box) 291.2
— (figuring design) . . 349.10
— stroke 133.23
line of twill 150.3
—, dividing — between two weaves 361.4
—, x — draft 104.8
—, looming 104.7
—, raised 154.13
—, return 387.14
—, twill 147.16
—, warp 379.10
—, weft 379.11
— shaft drive 305.8
linen, calendered . . . 395.23
— with flax warp and tow weft 395.12
—, bed . . . 420.11.12, 433.4
—, body 420.5
—, cotton warp 395.13
—, covered 414.3
—, flax. 395.9
—, hemp 395.10
—, home spun 395.17
—, household 420.4
—, kitchen 420.13
—, multiple 414.2
linen, packing. 395.25
—, single 414.1
—, table 420.8
—, tow 395.11
— border 427.9
— cloth 395.8, 430.8
— damask 396.11
— goods 395.6, 433.2
— goods in twill and sateen weave . . . 396.3
— goods, figured . . . 396.10
— ground weft 412.1
— heald 175.3
— interlining 395.19
— loom 297.11
— plush 406.8
— [twist] tape . . . 424.19.20
— weaver. 5.11
— weaving 2.11
— yarn 12.19
lingerie ribbon 427.8
lingo 208.10, 219.4
lingo of $^1/_8$ ($^1/_4$) ounce . 219.7.8
— of $1^1/_4$ ounces . . . 219.9
lining 432.20
— of friction disc . . . 51.14
—, leather 93.19
—, linen 395.19
—, moire 395.21
—, steel, ... 288.9
—, unbleached 395.20
—, wood 311.3
—, woollen felt 123.19
— goods 394.12
— goods, plain 394.9
— goods, striped . . . 394.14
— plush 406.11
— taffeta 400.10
link 128.6, 212.4, 255.3, 257.5, 340.2, 384.5
— of chain, high . . . 196.21
— of chain, low 196.20
— of pattern chain . . 274.1
—, chain 259.6
—, concentric 128.20
—, connecting 253.7
—, sheet iron 281.2
—, slide 353.19
— bar 123.22
— heald 223.13
— heald for lifting . . 174.2
— heald for lifting and lowering 174.3
— heald for lowering . 174.1
— lever 136.15, 194.17
—, to — up the warp . 43.8
links, parallel 311.7
linking the warp yarn into chain 43.7
— point 174.10
linseed decoction . . . 67.20
— oil. 179.17
linsey woolsey 400.5
lip, guide rail. 270.11
—, projecting — of hook 232.14
list 3.10
— yarn 14.15
listing 3.10
little Jacquard 186.3
livery trimming 428.19
llama yarn 15.25
load, to — the end of the lever 185.1
loaded silk 17.1
— yarn 10.5
loader 113.3
loading of the brake rope 121.11
—, indirect — of the brake 120.11
— agent 68.12
loan capital. 446.10
lock 190.10, 340.12
locked clamp 172.7
— punch 386.3
locker, rolling. 368.1
— bar 366.9
locking of the cloth beam 130.17, 134.16
— of the cylinder . . . 205.12
— of the figuring mechanism 349.1
— arrangement for the lag cylinder 192.7
— catch 333.20
— cone. 439.5
— disc 276.9
— finger 363.17
— lever 270.4
— ring 197.13
— spring 333.19
locking wheel for warp protector 317.8
— wheel drive 309.2
loft, drying 72.11
long check strap . . . 252.3
— eye 175.20
— haired brush 73.7
— hook 207.14, 227.9
— pile shag 403.5
— pile Turkey carpet . 409.17
— piled fustian 403.14
— ribbed warp soleil. . 152.1
— side 27.8
— slot 293.6
— stripe pattern . . . 377.10
— striped 153.7
— stripes 153.6
— treadle 185.4
— zigzag twill 150.11
—, to have the chain . 42.3
longitudinal bar . 297.4, 335.7
— groove 245.10
— tricot 160.4
looker, cloth 6.1
loom 7.6
— for beaded material . 354.5
— for woven belting . 360.12
— with bevel drive gear 308.1
— with x boxes. . . . 290.17
— for braidings 360.8
— for broché goods . . 344.12
— with automatic cop changing motion . . 304.1
— running continuously 306.17
— driven on right (left) hand side 305.11.12
— for embroidered goods 344.1
— for fringed material 355.1
— for figured gauze . . 353.12
— out of gear 306.22
— hard to start. . . . 309.21
— with hook bar . . . 351.8
— for leno weave . . . 352.2
— for weaving with pile wires 359.8
— for pile weaving with double beat 326.2
— for weaving plush . 330.11
— for sample work . . 304.19
— with one shaft . . . 302.1
— with two shafts of equal speed (of different speeds) . . 302.5.7
— with rocking shafts . 209.17
— with under-(over-) swung slay . . . 303.15.16
— arranged for split warp 361.1
— with stock and bowls 184.4
— for strap belts . . . 360.9
— for tapes 360.9
— for trimmings . . . 360.7
— for two workers . . 185.12
— for double velvet . . 330.13
— for double velvet and double plush ribbon 359.7
— for wicks 360.6
—, automatic 266.8
—, automatic reshuttling 303.19
—, Axminster carpet. . 343.15
—, barrel 209.15
—, buckskin 253.3
—, carpet 297.15
—, check 303.14
—, chenille 340.22
—, circular 300.9
—, circular box 303.18
—, cloth 297.10
—, cotton. 321.3
—, crank 304.20
—, damask 297.13
—, deep 296.9, 324.2
—, dobby 7.10, 206.17, 296.14
—, double width . . . 296.12
—, drop box 303.17
—, easy running. . . . 304.2
—, fast running . 304.5, 326.5
—, furniture plush . . 328.19
—, hand 7.7, 296.3
—, handkerchief . . . 275.20
—, heavy running . . . 304.3
—, heavily constructed. 296.4
—, high speed. . 304.5, 326.5
—, high warp 298.7
—, hook 333.13
—, horsehair 259.13
—, Jacquard 7.12, 296.15, 300.7
—, lappet 349.3
—, lever pick 308.11
—, lightly constructed . 296.5
—, linen 297.11
loom, low warp . . . 298.9
—, mechanical 7.8
—, mohair plush . . . 331.9
—, moquette 331.8
—, multiple box . . . 303.14
—, narrow 296.10
—, Northrop 260.18
—, ordinary 300.8
—, overpick 303.10
—, pattern 299.1
—, plain 303.13
—, positive lift 207.5
—, power 301.6
—, power — for cotton goods 321.9
—, revolving box . . . 303.18
—, ribbon 355.10
—, slow running . 304.4, 326.4
—, Seaton's. 257.21
—, semi-power . . . 7.9, 301.7
—, short 296.8
—, silk 297.12
—, silk ribbon 359.1
—, simple. 209.9
—, single shuttle . . . 303.13
—, slow speed. 304.4
—, small ware . 355.10, 360.8
—, spring pick 303.12
—, stopped 306.16
—, swivel. 348.7
—, tapestry 334.16
—, terry 297.14
—, towel 297.14
—, treadle . . . 182.19, 296.13
—, tube 339.18
—, Turkish carpet . . 335.4
—, Turkish tapestry . . 337.1
—, underpick 303.11
—, velvet. 359.8
—, velvet ribbon . . . 359.2
—, wide 296.11
— beam . . 73.3, 76.18, 114.18
— brake 311.12
— construction 300.3
— drive 305.6
— drive on right (left) hand 305.13.14
— factory 7.4
— fly 4.15
— footplate 304.22
— framing 297.2
— framing, braced. . . 297.7
— lamp 356.12
— maker 7.5
— parts 321.10
— seating. 297.2
— shuttle 237.5
— top rail 190.13
— waste 4.14
—, to — the warp threads 103.2
looming the warp threads 102.16
— up the warp 118.14
— appliances 105.8
— frame 105.11, 106.1
— line 104.7
loop . . 108.13, 168.19, 425.22
— of the picking strap 250.8, 251.14, 254.16
—, cut 168.20
—, double sided 167.12
—, lifting cord 224.2
—, lower 166.9
—, lower — of the heald 174.5
—, one sided 167.14
—, raised 167.15
—, upper 166.7
—, upper — of the heald 174.4
—, U shaped 167.11
—, wire 227.2
— formation . . . 170.9, 423.8
— ground. 413.11
— thread, lower. . . . 166.8
— thread, upper . . . 166.6
— warp 170.8, 325.2
— yarn 19.7, 421.17
loops, two twine — linked together 208.7
— cut between the two ground textures . . 169.8
— forming pile cord . 167.6
loop, to — the warp. . 43.8
looped braid 428.11
— carpet 411.11
— carpet with (woollen) worsted pile warp 411.12.13
— fabric 417.21
looping the warp yarn into chain 43.7
loose on the shaft (step pulley) 34.1
— bevel wheel 127.2

loose coils 98.8
— inserted peg 238.17
— knop 18.17
— pin 93.1
— pulley 304.14, 307.14, 358.13
— reed 136.10, 285.22, 317.5
— reed for supplementary beating up 283.13
— reed mechanism 315.15
— striker cam 202.7
— tension rod 339.2
— tongue under pick 254.6
— warp 118.22
— weft 346.10
— woven goods 393.21, 431.21
loosely, to wind 85.25
loss in efficiency 4.16
— in time 4.17
— in work 4.16
— in yarn 11.23, 444.18
— in yarn per unit length 11.24
—, trade 446.16
lost motion of the pawl 127.3
— pick 266.12
Louisiana yarn 12.3
louisine 401.7
low, placed 116.10
— warp loom 298.9
lower covering warp 170.1
— forks 45.19
— griffe 226.15
— knife 191.16
— loop 166.9
— lying switch shoulder 179.8
— pile thread 166.8
— raddle plate 82.14
— shaft 302.9
— shed 142.17, 216.16, 328.17
— texture 169.5
— twilling bar 224.15
— warp frame 113.12
— weft 157.8
—, to — box *x* (*x*th bush) 281.10
—, to — box *x* (*x*th perforation) 281.9
—, to — box *x* (*x*th roller) 281.11
—, to — from the *x*th box to the *y*th box 281.8
—, to — the boxes by hand 290.7
—, to — the drop box 272.14
—, to — the healds 191.1
—, to — the lath 61.22
—, to lift and to — the needle frame 350.5
—, to — the shafts [for the bottom sheds] 182.3, 187.10
—, to — the warp threads into the under shed 351.15
lowered (bottom board) 187.11
— (threads) 142.9
— by *x* compartments (drop box) 272.17
— drop box 272.15
— position, in the 228.4
— row of needles 205.2
— warp 380.9
lowering of the beam 111.11
— of the binding warp 158.7
— of the griffe 211.2
— of the peg 242.20
— the reed 285.18
— of the shafts 182.2
— the threads 142.8
— of the weight 137.11
— harness 231.15
— heald 174.8
— hook 187.9
— mechanism 197.21
— shaft 231.7
— twilling bar 233.5
lowest bobbin 264.9
lubricant 67.5, 374.18
lubricate, to — the wires 328.14
lubricating the brake surface 124.22
— the wires 328.13
— oil 374.19
lubricator, needle 375.5
lug 327.21
— strap 249.14
Luna silk 17.20
lustered linen yarn 13.3
lustracellulose 17.18
lustre wool yarn 14.25
lustrine 401.8
lustrous yarn 435.11
Lyons double heald 174.6
— pitch 216.8

M

machine for sewn chenille 342.1
— to eject spent and replace full bobbins in the carriage 363.15
—, warping 47.18
—, *x*'s 214.12
— beamer 77.16
— bed 113.9, 287.6
— woven chenille 410.19
— drying 66.3
— greaser 375.10
— sizer 66.12
— sizing 70.4
— made tapestry 422.5
— warper 40.8
— winding 26.2
— spun yarn 12.22
machinery, knotted by 408.19
—, weaving 7.3
madapolam 393.16
made up ribbons 427.22
Madras muslin curtain 419.10
magazine 261.17, 264.2
—, bobbin 364.2
—, Northrop 261.1
—, shuttle 267.10, 269.3, 270.8
—, vertical 269.15
magnesium 437.24
— chloride 68.13
— sulphate 68.15
magnet housing forming part of the electric circuit 387.8
magnetising of the iron core 269.12
magnifier [with two lenses] 438.9.11
— with pointer 438.16
magnifying glass 438.9
— glass, folding 438.10
mail 105.17, 171.7, 177.2, 218.13
— with one opening 218.14
— with *x* openings 218.16
—, brass 219.3
—, *x* decked 218.16
—, glass 219.1
—, Jacquard 208.6
—, stamped 176.4
—, steel 219.2
—, wire 218.17
— wire 176.3
mailed heald 174.13
maille 218.13
main beam 116.4
— electric circuit 320.6
— hook 229.3
— shaft 34.3, 36.14
maintain, to — the shaft in the mid position 185.15
—, to — the tension on the rope by ratchet wheel and weighted lever 122.9
—, to — uniform tension 98.4
Maitland cord 173.3
maize straw 416.2
maker up, sample 6.16
making the knot 338.12
— the lease 42.9
— up, cost for 446.22
manager, weaving mill 1.6
Manchester Jacquard 368.20
mandarin 417.4
mane hair 414.13
mangle wheel 38.9
— wheel pinion 38.11
manufacture of woolen goods 2.16
—, cloth 2.15
—, cotton goods 2.10
manufactured knop 18.15
manufacturer 1.5
manufactory, cloth 2.17
marabou silk 16.13
marceline 400.13
mark 379.7
—, cut 75.2, 77.11
—, division 62.12
—, red 380.10
—, reed 107.17, 433.23
—, type 304.8
—, to 379.19
mark, to — the chain 74.24
—, to — off the warp in dots 434.8
marker 6.17
—, cut 74.22
—, dhootee 75.3
marking the warp 46.16
— band 62.13
— motion 74.19
marly 394.2
marzolano straw 416.4
master, shed 5.5
masters wage 445.18
mat 416.10
mat of small wooden staves 416.12
—, bed 433.17
—, cane 416.11
—, door 407.16
—, praying 410.8
—, reed 416.11
— work, hand inserted 165.10
— weave 147.6
matelasse 160.9
—, figured 160.10
material s. a. cloth, fabric, goods, stuff
— dyed in the raw state 429.10
— for men's clothes 432.16
— with laid pile 403.11
— with upright pile 403.10
— for table linen 433.8
— for ties 402.29
— for underwear 433.3
— for warp 8.15
— for weft 9.1
— made from wood 416.9
—, adhesive 89.11
—, beaded 414.21
—, crackling 431.29
—, curtain 413.1, 433.11
—, fringed 355.1
—, handkerchief 433.5
—, hard 431.25
—, harsh 431.27
—, lacelike 412.25
—, ladies dress 432.15
—, preparatory 340.21, 342.19
—, raw 8.8
—, rubber 415.3
—, sizing 180.8
—, slack 431.28
—, smooth 431.26
—, soft 431.24
—, straw 416.1
—, weaving 3.6
—, weft 236.14
materials, weaving 8.6
—, woven 391.1
Matitsch ground 413.20
matrice 385.1
matrix 385.1
matting, straw 416.8
mattress 433.6
maximum charge on loom 307.4
— shuttle speed 247.14
— speed 85.7, 306.18
meal, potato 66.20
—, rye 66.22
—, wheat 66.21
means for forming the shed 170.20
measure, to — in hanks the length warped 52.5
measurement of cloth 441.10
measurer 6.3.4
measuring the tension on the warp, arrangement for 371.13
— and carrier roller 74.2
— devices 370.2
— device, roller 442.3
— and knocking off motion 52.9
— machine, cloth 442.5.6
— machine, table 442.1
— machine with cloth inspecting table 442.4
— motion 48.12, 54.9
— motion, Hitchon's 51.17
— roller 48.11, 54.7, 58.15, 63.3, 82.9
— roller shaft 51.24
mechanical figuring 345.6.7
— loom 7.8
— means, by 378.16
— stiffening liquid 437.4
— temple 139.14
— weaving 300.1
— working 300.4
mechanically operated slay 289.8
mechanism for operating the wires 326.6
—, picking 247.24
—, ratchet wheel 59.7
medio twist 10.9
medium to prevent decomposition of the size 67.23
— to prevent drying 67.6
— to prevent mildew 67.24
medium cotton cambric 392.21
— count 11.8
— make of calico 392.15
— pitch 216.10
melange yarn 15.6
melted wax 207.19
men's clothes, material for 432.16
menders wage 445.15
mercerised cloth 431.5
— linen yarn 13.2
— yarn 12.13
merino 399.10
— yarn 14.26
mesh, coarse 365.22
—, fine 365.23
—, hexagonal 412.10
—, triangular 412.11
Messaline satin 402.9
metal bar, flat 234.11
— bead 19.16
— box 347.19
— coating 243.15
— covered embroidery yarn 19.23
— covered yarn 20.16
— eye 176.1
— eyelet 218.10
— heald 175.9
— pattern 387.4
— plate 384.2
— plate, movable 350.4
— ribs 286.14
— shaft stave 171.9
— shuttle 347.8
— thread 20.9
— tube 171.10
metallic cloth 416.14
— woven fabric 431.1
metallised yarn 20.17
meters, *x* — per piece 441.14
method of reading in 386.19
— of reed binding 286.7
— of weaving 1.11
—, binding — for each cloth 159.13
Mexican 393.14
— blanket 420.3
micro-chemical examination 436.18
micrometer screw 28.12
microscope 438.17
microscopic examination 436.16
mid position 230.10, 233.12
middle crossing 165.4
mildew, to develop (size) 65.8
military braid 428.13
mill 46.5
—, horizontal 56.18
—, warping 45.13
—, weaving 1.7
— cylinder with pins 57.17
— spun yarn 12.22
— warping 41.1
mille-points 402.25
milled cloth 431.9
— groove 240.7, 354.12
milliners ribbon 427.7
minimum speed 306.19
mislift 196.16
mispick 302.10
miss of weft 132.13
missed thread 142.23
mixed colour effect 152.10
— colour stripe 421.6
— felt 414.6
— hopsack weave 147.9
— mohair yarn 15.20
— pass 105.1
— rib 146.5
— tie up 222.12
— yarn 13.18
mixer, paddle 69.3
—, size 69.18
mixing, size 64.24
—, weft 271.1
— apparatus, high pressure steam 69.9
— apparatus, size 68.21

mixture, size 71.18
— cloth part silk part cotton. 430.20
— cloth part silk part wool 430.21
— yarn. 10.3
mock water. 10.9
— worsted 15.7
mode of action of the brake 120.9
model of loom 304.7
modification of uniform patterns 145.5
mohair 398.25
— covering 406.2
— lustre binding . . . 169.17
— plush 399.29
— plush, figured . . . 405.23
— plush, plain . . . 405.20
— plush binding . . . 169.17
— plush loom. 331.9
— yarn. 15.18
— yarn, curly. 170.11
— yarn, frizzled. . . . 170.11
— yarn, mixed 15.20
— yarn, pure 15.19
— yarn, slightly twisted 170.10
— yarn, white 15.21
moire 400.20
— cloth 431.8
— effect, wavy lined . 286.2
— lining 395.21
— ribbon. 427.19
moist weft 236.20
moisten, to — the weft 101.7
moistened finger . . . 110.9
moistener, air. 102.11
—, yarn 101.16
moistening the weft . . 101.6
— chamber 102.1.10
moisture, saturated with 75.13
moleskin 394.19
—, half woollen 400.3
montagnac 417.19
Moorish style 376.18
moquette 411.10
— with rough pile. . . 405.9
—, cotton. 405.7
—, double 405.14
—, printed 405.6
—, triple weft. 405.8
—, true. 405.5
— loom 331.8
moreen. 398.23
Moroccan carpet . . . 410.7
Morrison thread brake. 92.20
—'s weft winder for cross wound cops 91.2
mortice wheel. 275.8
mortised slay sword . 289.19
moss, Iceland . . 67.22, 437.14
mote 417.16
motion s. a. movement
— of the twilling bars 224.11
—, accelerated . 198.11, 247.13
—, alternating — of the thread guides . . . 39.11
—, independent — of the batten 211.22
—, oscillating 39.14
—, retarded. 198.12
—, rocking 39.14
—, rotary. 205.10
—, shaft 182.4
—, synchronous — of the thread guides . . . 39.10
—, to and fro 205.11
—, uniformly retarded . 247.11
—, up an down — of the spindle 97.4
motive power. 300.5
motor 113.4
— with swivel bearing and tension spring . 309.18
—, continuous current . 309.16
—, Schorch 310.15
—, three phase 309.17
—, totally enclosed . . 309.20
mottled tapestry carpet 411.18
— velvet carpet . . . 411.19
— yarn. 14.13
mousing for the lag cylinder 192.7
mount, to — the motor on slide rails . . . 310.10
mounted on a frame, warping cylinder . . 59.10
— on the measuring roller shaft, worm . 51.24
mounting. 105.12
— the Jacquard machine 212.6
mounting of the Jacquard on a suspended frame 212.15
— of the warp 118.14
—, harness — in several groups 223.1
mouth of tongs 341.2
— of the tube 288.8
moutonne 417.7
movable bottom board . 210.22
— running off frame . 61.25
move, to — axially . . 99.6
—, to — badly 390.16
—, to — from below upwards 351.1
—, to — the box backwards 279.17
—, to — the box forwards 279.16
—, to — the cards forward 206.9
—, to — the comb to and fro 81.6
—, to — each cylinder individually 196.2
—, to — in a figure of ∞ (bobbin spindle) . . 179.13
—, to — the hooks sideways 351.11
—, to — the needle frame 350.6
—, to — in opposite direction (shafts). . . 184.1
—, to — the pattern threads aside by x warp threads. 368.9
—, to — in adjustable rails (thread guides) 32.9
—, to — round by x compartments 279.15
—, to — the shafts . . 190.18
—, to — to and fro . . 88.14
—, to — up and down. 88.13
—, to — upward . . . 227.3
—, to — the wheel teeth forward 133.22
—, to — the wraith holder along the inclined rail 59.21
—, to — the yarn about in the size. 65.28
moved by the bobbin spindle (switch) . . 179.10
— in groups (warp threads) 176.7
movement s. a. motion
— of the carriages from one row to the other 367.5
— of the cylinder batten by connecting rods. 212.3
— of fulcrum of the swivel lever 194.10
— of ratchet wheel . . 127.4
— of the reed hook from left to right 109.10
— of the reed hook from right to left 109.9
— of the reed hook by treadle 109.13
— of the roller 183.14
— of shafts, positive. . 202.4
— of the shuttle . . . 246.6
— of the slay 292.5
— of the slay by means of a crank. 293.1
— of the slay by means of grooved cam . . 294.4
— of the slay with short crank arm. 293.19
— of the slay during the dwell of the crank shaft 293.16
— of the slay by means of links 294.3
— of the slay by treadle 292.13
— of slide 326.16
— of the warp 117.19
— of warp and cloth . 114.2
— of the warp to form the shed 141.5
— of the warp threads. 141.6
—, alternating. 367.10
—, backward 135.17
—, backward — of the cards 206.8
—, backward — of the crank shaft 294.11
—, backward — of the slay. 292.20
—, backward — of slay by means of springs 295.2
—, continuous. 130.7
—, cylinder 205.9
movement, easy — of the beam in the brake band 122.14
—, forward 135.16
—, forward — of the cards 206.7, 385.12
—, forward — of the slay 292.11.19
—, free falling box . . 273.10
—, horizontal — of the lifting levers. . . . 340.10
—, intermittent forward — of the warp . . 130.4
—, inward — of the cylinder batten . . . 211.20
—, inward — of slide . 326.17
—, lengthwise — of the warp 120.4
—, outward — of the cylinder batten . . . 211.19
—, pendulum 292.9
—, picking 284.6
—, positive — of the cylinder 214.5
—, positively controlled — of the slay . . . 292.23
—, reed 283.3
—, return — of the hammer 265.12
—, rocking — of the cloth 140.17
—, side — of the broché lathe 345.13
—, sideways 109.11
—, stiff — of the beam in the brake band . 122.15
—, to and fro — of the slay. 130.11
—, transverse — of the bobbin 265.11
—, vertical swing — of the lifting levers . . 340.11
moving forward of the ratch 127.1
— shaft 360.5
— the warp forward. . 130.3
moyen apprêt. 16.19
muffler. 420.18
mule cop 84.10
— spun yarn 12.11
— warp 22.1
— warp cop 22.2
mull 393.22
— curtain 418.19
multicoloured chenille . 411.3
— damask 154.3
— Jacquard pattern . . 377.18
— warp . . 21.12, 40.14, 434.2
multiple box 290.12
— box with horizontal motion 291.17
— box lathe 272.3
— box loom 303.14
— box motion 271.22
— coloured yarn . . . 10.2
— lift 201.12
— linen 414.2
— loom shuttle 242.10
— raising of the warp . 220.18
— weft trimming . . . 426.14
multitubular heater . . 75.9
mungo yarn 14.18
muslin 393.24
—, fine 393.22
—, semi worsted . . . 398.20
—-de-laine 398.19
—-de-laine, twilled. . . 399.7
— yarn. 15.9

N

naked eye, by 436.10
name of the cloth. . . 3.14
— of material. 8.14
— embroiderer 6.6
nankeen 393.19
—, fine 393.20
nap 403.9
—, erect 168.22
— cloth 417.22
— cloth, pressed . . . 417.23
— cloth weave 160.1
— warp 167.21
naps forming pile cord 167.6
napkin, table 420.9
narrow, to adjust the temple 139.10
— carpet loom 293.2
— loom 296.10
narrower, to become (cloth) 139.6
natural knop 18.14
nature of the surface of the cloth 431.30
neb, picking 250.2
— peg 238.8
neck board 208.24
neck cord 208.23, 210.9, 225.4.11
— twine 207.12
neckerchief 420.18
needle . . 187.14, 192.4, 194.4, 210.11, 275.14, 354.16
— with eye 354.2
— with long eyelet . . 225.15
—, beating up 360.11
—, bent 211.13
—, driver 229.6
—, embroidering. . . . 351.2
—, fixed 362.11
—, front 195.2
—, hook 338.6
—, hooked . . . 259.12, 351.10
—, movable. 362.12
—, presser 229.6
—, selecting. 353.15
—, separating 434.6
—, sewing 342.15
—, spring. 320.15
—, standard 362.19
—, steel 259.15
—, threading 372.10
—, vertical 229.7
—, weft 259.11, 318.12, 358.5
— adjusting lever . . . 350.3
— bar 349.16
— board . 210.4, 229.9, 354.15
— board, double . . . 226.10
— board, transverse moving 226.10
— board adjusting apparatus 204.16
— box, swing 226.2
— brocaded fabric. . . 163.6
— covered cloth roller . 335.9
— covered roller . . . 70.21
— embroidered tapestry 422.3
— ends put in the needle board 210.23
— eye 187.19, 362.13
— frame 349.12
— frame with common movement of the needles 350.1
— grid 229.8
— guide 350.13
— guide wire 226.5
— hook 259.18
— lever 191.11, 279.7
— lubricator 375.5
— plate for card cutting 190.1
— plate, adjustable . . 196.7
— point 350.8
— pusher 229.15
— pusher grid 229.12
— roller 117.18, 326.8
— spring 187.15
— tray 50.19
— trough 50.19
— tying 235.1
needles arranged in two rows 190.6
— caught by the perforations of the cards 226.9
— for x group tie up . 225.14
— suspended in the grid 229.23
negative box movement 273.10
— dobby 196.17
— drive 213.1
— let off motion . . . 129.2
— shaft motion 182.7
— shedding motion . . 198.5
— shuttle box drive . . 272.2
— taking up motion. . 131.11
— taking up motion worked by weighted lever 137.3
— tappet 200.1
neps 28.2
net (s. a. bobbin net) . 423.17
—, fancy 363.13, 412.15
—, figured 423.19
—, hexagonal mesh . . 363.9
—, plain . 363.10, 412.6, 423.18
—, spotted . . . 363.12, 412.18
—, sprig 412.15
—, striped 363.11
—, traverse 412.23
—, non-traverse 412.24
— bobbin. . . 366.7.19, 412.5
— curtain 413.2

net gauze 165.7
— ground 413.7, 423.20
— lace 413.3, 423.21
— machine with double locker bars 366.5
— machine with rolling locker drive 367.20
— machine, double tier 366.4
— machine, single tier 366.3
— stripe with fast selvedge 412.18
— trimming 426.6
nettle cloth 430.12
— fibre weaver 5.16
— yarn 13.16
new warp 113.17
nib, stop rod 311.13, 316.10
—, weft 318.9
nick in the ground plate 80.12
nicked end 264.7
— plate 80.10
nip roller, independently mounted 51.1
— rollers, continuously revolving 50.12
— rollers, fixed 50.12
nipper head 241.2
— peg 239.6
— shuttle 241.1
— temple 139.12
nippers, pile adjusting 339.8
—, spring 241.3
—, weaver's 8.12, 112.2
nitro-cellulose silk 17.19
no load running of the motor 310.2
non-positive dobby 196.17
non-traverse net 412.24
normal twill 148.9
Norman style 376.20
Northrop battery 261.1
— feeler mechanism 261.11
— loom 260.18
— pick counter 370.6
— pirn 260.15
— shuttle 242.9
— skewer 239.7
— threading device 260.17
nose 365.15
— of cop, ruffled 86.3
— of the jack 368.13
— of knife box 226.4
— in shuttle 265.20
—, lifter 186.6
—, picking 250.2, 254.13
—, stop 278.16
notch 48.5, 279.9, 316.14
— in lifter 191.9
— to put in the heald shaft 106.6
— in the warp beam 77.18
—, lever 121.18
notched bowl 48.7
— brake lever 90.12
— carrier arm 120.13
— frame 208.5
— guide 97.17
— lever 123.16, 322.3
— plate 290.2
— weft board 335.17
— wheel 178.22
nozzle 340.5
— of the compressed air pipe 265.6
number of beers 47.11
— of cards to a pattern 206.16
— of colour 3.21
— of compartments 280.12
— of dents 282.15, 443.23
— of ends of a warp 41.15
— of filling threads per inch 132.8
— of harness cords operated by a hook 220.19
— of hooks 214.11
— of hooks expressed in hundreds 214.13
— of the loom 7.15
— of meters of cloth 441.13
— of pattern 7.17
— of picks and dents in the pattern 381.4
— of picks per inch 132.9
— of picks per minute 306.12
— of picks to the round of pattern 144.16
— of pieces 443.10
— of the reed 282.13
— of repeats 381.5
— of revolutions per minute 306.13
number of revolutions of the notched bowl 49.2
— of shafts 181.4, 444.4
— of shuttles 272.9
— of shuttle boxes 272.7
— of spindles 87.25
— of teeth in ratchet wheel 127.8
— of threads 443.21
— of threads in the beer 47.12
— of threads per dent 107.14, 282.18
— of threads per inch 41.15
— of threads in the porter 83.2
— of threads per unit of length 434.17
— of threads in the warp 376.8
— of treadles 183.2
— by weight of given length 435.19
— of wires in 10 centimetres 327.13
— of yards for a given weight 435.20
— of yarn 11.6
—, bale 4.12
—, even (odd) — of rows 214.20.21
—, progressive 151.2
—, rising 151.2
—, total — of ends 41.16
—, total — of warp threads 434.18
—, unlimited — of colours 409.4
—, variable — of revolutions of drum 53.12
— disc 278.14
—, to 11.10
numbered end of the card 382.13
numbering 11.11
— the cards 383.5
— of Jacquard machines 214.10
nut 91.18, 139.20, 371.11, 374.13
— for quadrant rod 322.4
— screwed home 439.9
—, adjusting 126.1
—, screw 139.20
—, sliding 55.14
—, split 59.22
—, thumb 89.15, 122.13
—, wing 122.13, 196.15, 439.2
Nuttall's dobby 193.1

O

obliquely, arranged 340.13
odd Jacquard heald 234.7
— number of rows 214.21
— numbered card 383.11
— numbered threads 41.20
— picks 103.10, 235.4
— twilling bars 234.5
odourless size 65.5
offer 443.2
oil 437.19
—, castor 67.12
—, coco nut 67.11
—, linseed 179.17
—, lubricating 374.19
—, olive 67.13
—, palm 67.10
—, paraffin 67.14
— catcher for shaft bearings 375.9
— chamber 328.11
— cup, hand pressure 375.4
— feeder 375.2
— feeder, pressure 375.3
— groove 375.7
— hole 375.6
— press cloth 399.17
— storage can 375.1
oiled picker 248.13
oiling the working parts 374.17
old warp 113.15
olive oil 67.13
ondee 16.9
ondulé 417.15
one colour chenille 411.2
— colour towelling 417.25
— face twill 148.12
— face upholstery fabric 418.2
— and a half twist 164.12
— piece cam 200.2
— shuttle change 272.19
— shuttle loom 303.13
— shuttle plush 169.9
one warp winding frame 26.18
onesided loop 167.14
open air, in the 72.1
— creel 44.4
— cross winding 23.3
— end of crank arm 293.13
— ended dropper 319.20
— harness 221.6
— reed 49.18
— shed 142.18
— shed dobby 188.18
— shed dobby Schönherr 188.10
— shed Jacquard machine 226.18
— texture fabric 164.1
— tie up 221.5
— warp 81.18
— work 413.12
— work cloth 431.23
— work stripes 426.9
— work trimming 426.5
— worked fabric 164.1
— yarn 9.15
—, to (shed) 141.22
—, to (mouth of tongs) 341.19
—, to — the wires of the reed 109.8
—, to — out the reel 29.1
—, to — out the threads 84.4
opener, dent 108.15
opening of the shed 141.10, 181.19
— in table 365.3
—, shuttle race 357.3
operate, to — the cone 60.7
—, to — the gearing through the lever 133.15
—, to — the shuttle by compressed air 256.14
operated by eccentrics (arms) 285.19
operating arm for star wheel 201.2, 214.3
— hook 190.9
— mechanism for spotting shuttles 348.14
— rack 276.5
operator, folding machine 6.10.11
opposite direction, to move in 184.1
order of colours 271.8
— of drawing in 103.15
— of picking 247.22
— of picks 271.9
— of threads in the weave 433.26
— of treadling 183.3
— of the warp threads 159.14, 433.27
— of weft 434.4
—, in a descending 181.12
—, parallel — of threads 25.14
—, reeding 107.5
—, wrong 104.4
orders, ribbon for 427.6
ordinary carpets 408.1
— damask 153.15
— hessian 396.17
— loom 300.8
organdie 393.23
organzine 16.5
Oriental carpet 410.1
— curtain 419.9
— gold thread 423.13
— shawl 420.25
original position 248.21
orlean 399.5
ornament 4.1, 149.4, 413.5
ornamental pattern 376.4
ornamentation in groups 223.6
ornamented fabrics 421.1
ornamenting by the backing weft 155.7
— by a special interlacing 421.2
— by special threads 421.8
— by stripes 421.4
oscillate, to (shafts) 182.9
—, to (slay) 292.7
—, to (temple) 140.19
oscillating arm with bowl 257.10
— back bearer 329.14
— back rest 117.5
— bearing 129.8
— hook 177.1
— knife 196.4
— lever 204.7, 270.14
— motion 39.14
— motion of the reed 283.2
— motion of the shafts 182.8
— rail 333.9
— sector 188.14, 193.2
— thread guide rod 37.12
oscillating treading motion, Nuttall's 193.1
oscillation of back rest 117.3
— of the reed carrier 283.12
— of the slay 292.8
— of the temple 140.18
ossein 66.27
ostrich yarn 19.1
otter plush 406.17
Ottoman cloth 401.17
outer eccentric sheave 275.16
outlay, capital 445.20
outline 379.18
—, figure 379.17
— sketch 380.16
output, effective 441.4
—, theoretical 441.3
outside tappet 199.10
— treading motion 199.8
over-pick 248.23
— loom 303.10
— motion 249.1.7
— motion with drop box 249.2
overall width of loom 304.11
— width of slay 308.3
overboiling the threads 74.9
overcharging the loom 307.5
overcoat materials, heavy 417.1
overcoating 417.2
overcome, to — the resistance 118.6
overcoming the resistance 118.7
overlooker 5.6
overlying bobbin 265.10
overrunning of the cylinder 190.14
— of the friction disc 127.11
— of the mill cylinder 57.9
— of the reel 33.6
— of the spool 346.9
overswung slay 289.9
overtwisting of binding yarn hanks 170.13
own weight 270.17
Oxford shirting 394.21

P

pace of the warp 114.16
pacing of the warp 126.5
—, warp 298.5
— motion 117.21, 130.2
— motions, coupled 135.4
packer 6.18
packing 256.12
— canvas 396.17
— linen 395.25
— warp 156.8
pad roller 124.1
padded buffer stop 358.17
paddle mixer 69.3
padesoy 400.23
paduasoy 400.23
painted ribbon 427.21
pair of hooks 334.6
— of rollers 70.16
— of spokes, movable 29.2
— of threads 338.16
palm oil 67.10
pan, boiling 69.7
panne 403.3
paper, card 388.2
—, cartridge 379.1
—, design 379.1
—, drafting 379.1
—, plain 387.17
—, point 379.1
—, ruled 379.1
—, satin — for cards 382.7
—, squared 379.1
—, tracing 379.14
—, unlined 387.17
— band 189.18
— card 382.4
— card for dobbies 189.17
— card, endless 229.19
— centre tube 90.7
— felt 397.15, 414.5
— packing warp 411.17
— pirn with conical base 86.15
— strip with divisions 371.1
— thread cloth 430.23
— through tube 10.14
— tube 10.11, 24.5, 86.14, 90.7
— yarn 13.24
— yarn, textiline 14.2
— yarn, textilite 14.1
— yarn, textilose 13.26

paper yarn weaving . . 2.21
paperer. 6.15
papier mâché pirn. . . 289.16
paraffin 437.21
— oil. 67.14
parallel cheese 23.21
parallel, to beam the threads 81.8
— cords 124.17
— links. 311.7
— link motion 192.14
— lying threads . . . 97.6
— order of threads . . 25.14
parallelisation of the threads 81.7
part of cloth 145.4
parts of change mechanism 262.7
—, loom 321.10
partial revolution . . . 364.7
pass 103.4
— for corner pieces . . 105.2
—, broken 104.16
—, complicated 105.5
—, continuous 104.9
—, diamond. 104.11
—, double point. . . . 104.13
—, fancy 105.3
—, grouped 104.18
—, x line 104.8
—, mixed 105.1
—, point 104.11
—, reduced 105.4
—, repeated 104.19
—, return 104.11
—, simple point . . . 104.12
—, skip. 104.10
—, space 105.6
—, stage 104.17
—, straight 104.9
to — over the back rest (warp) . 76.10, 298.11
—, to — over the breast beam (cloth). . . . 298.13
—, to — through the carriage (feeler) . . . 364.11
—, to — through the casing (baulks) . . . 287.17
—, to — over the cone pulley (lifting cords) 291.15
—, to — a cord through the heald eyes . . . 103.5
—, to — from dent to dent (reed hook) . 108.3
—, to — through the eyelet (thread) . . 45.6
—, to — free through the harness (ground warp) 223.9
—, to — between frieze lined discs (yarn) . 35.18
—, to — through the grid (cords) 207.4
—, to — through the heald eye (doup) . 361.12
—, to — the heddle hook through the heald eye 103.6
—, to — the lease band between the threads 42.13
—, to — into the middle of the cylinder holes (needles) 188.1
—, to — through the needles (lappet threads) . . . . . 350.
—, to — through the needle eyes (cords) . 225.16
—, to — through the next dent of the reed (reed opener) . . . 109.7
—, to — through the reed (twists) 110.12
—, to — through the shed (shuttle) 247.3
—, to — through the straightening rolls (wire) 288.11
—, to — through the thread guide (yarn). 39.7
—, to — the threads. 103.10.11
—, to — the threads over guide rods . . 41.19
—, to — to and fro in the figure only (broché weft) 344.21
—, to — the warp threads 103.2
—, to — the warp threads through the heald eyes 103.9
—, to — the yarn through the size 65.12, 74.8
passage of the shuttle . 189.7, 247.1
—, free — through the carriage 364.12
passing through, shaft . 125.6
— the warp threads . . 102.16, 103.12
paste, starch 66.19
pasteboard card 382.4
patent strong yarn . . 12.17
patents, cost of . . . 446.8
path, angular . . 50.4, 298.10
—, curved 347.12
—, shuttle 357.4
pattern 4.1, 413.5
— for card cutting . . 193.17
— formed by groups of threads 232.1
— formed by single threads 232.1
— of loom 304.7
— with long stripes . . 160.11
— with transverse stripes 160.12
— for treadle work . . 154.5
— wrought on the surface 163.1
—, change 292.1
—, check 160.13
—, continuous 154.6
—, counter 349.9
—, dice 160.13
—, embroidered 344.4
—, fancy 160.14
—, figured 376.5
—, flattened 377.20
—, geometric 413.9
—, ground 377.13
—, indistinct 377.12
—, Jacquard . . . 377.14—19
—, metal 387.4
—, ornamental 376.4
—, small 3.18
—, star. 377.5
—, stripe 377.8, 412.17
—, cross stripe 377.9
—, long stripe. 377.10
—, transverse stripe . . 377.9
—, symmetrical 377.6
—, twig and leaf . . . 377.4
—, uniform 145.5
—, warp 7.18, 40.13
—, weft 7.19
— bowl chain. 193.5
— card 275.15, 277.25, 342.25, 383.10
— card, pegged 353.13
— card rails 206.1
— chain 259.4
— cutting 375.15
— cylinder . . 196.12, 230.12
— designing. 376.1
— drawer. 378.11
— effect 391.15
— healds 177.15
— hole 383.2
— loom. 299.1
— making 299.5
— repeat 8.1 273.2
— roller. 281.4
— room. 299.6
— selecting device. . . 189.9
— sketch 376.11
— stripe 377.11
— thread 368.8, 413.13
— warp 147.1, 223.7
— weave 413.6
— weaver. 299.7
— weaving 2.6, 299.4
patterns, converse . . 377.7
patterned chenille . . . 21.9
— cloth 391.14
— fabrics 421.1
— weave 200.12
pawl 51.22, 58.9, 96.14, 126.23, 133.12
—, adjustable 136.2
—, catch 32.3
—, pressing 134.13
—, pulling . . . 134.14, 195.12
—, pushing 195.13
—, ratchet 133.2, 192.15
—, spring. 346.20
— mechanism 135.14
pawls mounted on a common fulcrum pin 127.7
pay, extra — for each woven piece. 445.16
peat yarn 13.21
pedal 321.5
— for heald levelling motion 322.9
pedal lever 53.9
pedestal, bracket . . . 310.11
peg 39.1.13, 46.4, 240.12, 385.3
— with loose spring . . 238.13
— for Northrop loom . . 239.7
— with roughened spring grip 239.2
— with slotted head . 238.14
—, Alpaca 238.12
—, bobbin 29.18
—, conical 206.4
—, creel 44.16
—, cylinder 210.20
—, double spring . . . 238.10
—, foldable single spring 238.9
—, foot 45.19
—, four spring — with shoulder 238.11
—, head 45.17
—, hinged 45.12
—, hooked 238.3, 239.5
—, loose inserted . . . 238.17
—, inserted — with screw catch 238.19
—, inserted — with spring catch 238.18
—, interchangeable . . 238.16
—, interchangeable insertion 239.1
—, neb 238.8
—, screw 238.2
—, shaky 239.12
—, shuttle 237.22
—, single spring . . . 238.7
—, soft iron 189.14
—, spiral 238.2
—, split 239.6
—, two spring. 237.20
—, wooden . . . 189.13, 390.2
—, wooden conical — with grooves . . . 238.4
— hole 383.1
— plan 193.17, 381.15
pegged cylinder . 188.7, 229.13
— pattern card 353.13
pegger, card 384.12.13
pegging plan 7.16
pen, recording 371.7
pendulum 317.2, 440.1
— movement of the slay 292.9
— weight 317.3
percale 393.1
—, corded 393.3
—, printed 393.4
— tape 424.23
percaline 393.2
perforate, to — the cards 384.14
—, to — the interlacing points 384.18
perforated card 382.12
— conical tube for cheeses 24.3
— flange 78.4
— punching plate . . . 385.6
— rail 337.2
— sheet metal 117.11
— tube. 10.15
—, double 231.1
perforating, card . . . 384.6
— pliers 384.19
perforation of the card 226.9
—, x th 281.9
period of warehousing . 443.11
—, repeat 189.8
permanent softness, of. 64.19
Persian carpet 410.3
— knot 336.17, 409.10
persimmon wood . . . 243.11
photographic method, by 378.17
photomechanical means, by 378.18
Phulkari curtain . . . 419.15
physical stiffening liquid 437.5
piano card cutting machine 385.8
pick 236.22, 246.12
— done. 247.19
—, back 155.4
—, backing 154.11
—, binding 147.5
—, broken 268.21
—, even 235.3
—, face weft 155.3
—, faulty 302.10
—, ground . . . 147.5, 166.17
—, heavy 246.16
—, lost 266.12
—, odd 235.4
—, pile. 166.14
—, smooth 246.15
—, wadding 156.9
—, wire 168.6
pick counter 370.5.15
— counter, Demoulin . 370.7
— counter, Northrop . 370.6
—, to — with double weft 237.2
—, to — the shuttle [through the shed] 246.19.21
—, to — the weft . . . 237.1
—, to — the weft into the cross shed 351.13
picked from the healds, thread 109.5
— shuttle 312.5
picker . 248.4, 250.13, 317.14
—, buffalo hide 248.12
—, oiled 248.13
—, pigskin 248.11
—, pin 356.20
—, spring pick 256.6
—, tanned leather . . . 248.10
— fork 280.19
— head. 248.8
— pusher 255.19
— shield 248.14
— spindle. 256.3
— tongue. 248.9
picks per centimeter. . 444.12
— per inch 3.13, 376.9, 434.16, 444.13
— per minute 306.12.14
—, even 193.19
—, odd 193.18
pickers wage 445.14
picking 236.11, 246.13
— above 143.2
— below 143.1
— by hand 246.7
— the shuttle 246.18
— by tappet 250.18
— arm carried in joint 313.9
— arm carried in a slotted guide 313.11
— band 248.7, 290.7
— band, compensation . 125.12
— bar 301.20
— bowl. 249.5.12, 253.5
— bowl adjustable parallel to the shaft . . 252.9
— bowl stud, adjustable 249.6
— cam 314.9
— catch 255.8, 348.12
— cord 248.3
— disc cam. 359.11
— eccentric 249.15
— heart 314.9
— lever 251.13, 253.6, 255.7, 314.10
— lever with bowl . . 250.21
— lever pusher 313.14
— mechanism 247.24
— mechanism, right (left) hand 252.10.11
— motion. 8.3
— motion for buckskin looms 253.3
— motion, cam and bowl 252.5
— motion, crank . . . 255.1
— motion, pneumatic . 256.10
— motion, positive . . 256.16, 358.2
— motion, see saw . . 357.9
— motion, side lever quadrant 251.11
— motion, spring . . 255.14.15
— motion, trip hammer 252.7
— motion breakage . . 313.2
— motion control . . . 254.7
— movement 284.6
— neb 250.2
— nose 254.13
— point 250.2
— quadrant 251.15, 253.8, 255.6
— repeat 273.4
— shaft 203.18, 249.8, 252.6, 302.9
— shaft, inclined . . . 254.14
— spindle. 250.9
— spring 255.16
— stick. 249.11, 291.10
— stick, ash 251.3
— stick, hickory . . . 251.4
— strap 248.7, 249.14
— tappet 249.15, 253.4
piece with slit 288.10
— of warp unwound. . 118.9
—, cross 388.7
—, fixed inclined . . . 283.18
—, intermediate — of friction block . . . 125.19
—, leather 138.2
—, lengthening 110.5

piece, sliding 124.14
—, thumb 112.14
—, tie 110.5
—, wedge shaped 242.18
piece beam 116.17
— goods 405.15, 441.8
— marker 6.17
—, to — the broken ends 51.11
—, to — the warp ends 110.10
pieced together, warp ends 110.11
piecers wage 445.8
pigskin picker 248.11
pigtail fashion, to twist up in 57.14
— guide 93.5
pike, beam 115.2, 374.2
—, iron 115.4
pile 403.9
— formed between the two textures 169.7
— in the winding 79.2
—, closed 404.23
—, erect 168.22
—, extra 405.11
—, laid 405.2
—, thin 404.24
—, upright 166.16, 405.1
— adjusting nippers 339.8
— carpet 408.13
— carpet loom 298.3
— carpet loom with Jacquard machine 335.13
— cutting motion 334.9
— fabric 403.7, 432.9
— fabric, worsted 399.26
— loop pusher 338.17
— pick 166.14
— picks arranged as a sateen weave 166.19
— rail, movable 332.20
— surface gobelin 408.8
— thread 338.5, 342.2, 412.2
— thread, lower 166.8
— thread, upper 166.6
— thread bobbin 329.5, 339.26
— thread cutters 340.18
— thread guide tube 342.3
— warp 167.21, 169.20, 330.2
— warp free from knots 167.22
— warp with printed pattern 411.16
— warp, lifted 168.4
— warp, slack 166.5
— warp beam 128.13
— warp gripper, heart shaped 334.11
— warp letting off motion 333.5
— warp tension arrangement for carpet looms 329.4
— weaving 2.24
— weft 411.7
— wire 168.9, 327.3
— wire, grooved 327.19
— wire motion 326.6
pillow 394.9
pilot cloth 397.26
pin 39.13, 44.16, 46.4, 91.15, 176.21
—, batten 230.6
—, bent 57.19
—, brass 117.14
—, catch 364.6
—, crank 59.8, 213.11, 255.2, 358.12
—, cylinder 210.20
—, driving 80.15, 275.11, 347.2
—, drop 35.6, 50.14
—, engaging 303.7
—, feeler 318.20
—, guide 353.17
—, hooked 346.17
—, loose 93.1
—, profiled 311.2
—, reed 136.11
—, separating 57.15
—, shuttle carrying 346.14
—, slay 290.3
—, slay sword 293.9
—, split 374.16
—, spool 242.4
—, stationary — to form the eye 180.13
—, steel 337.3
—, striker 269.9, 371.5
—, wire 228.1
— box 35.7
— cop 84.10
— disc 275.9, 280.10
pin holes set in echelon 57.20
— lease 47.4
— picker 356.20
— wheel 274.2, 278.7, 388.3
pins lowered into the figuring position 346.18
— of increasing length 341.22
pincers 373.14
—, spring 326.11
—, wire 330.6
pinion 112.9, 362.17
—, bevel driving 308.10
—, driving 347.11
—, mangle wheel 38.11
—, raw hide 310.14
—, skew bevel — for spindle drive 94.7
—, sliding 180.15
pinned swivel shuttle 347.7
pipe, by-pass 102.3
—, circulating 102.12
—, compressed air 264.13
—, heating 73.1
—, ribbed heating 71.7
—, steam 69.6, 73.21
piping 424.16
piqué 394.24
—, figured 161.8
—, stitched 160.16
pirn 237.14
— for automatic loom 240.1
— with conical base 97.12
— with slit 319.2
—, conical sheet metal 239.20
—, fixed 86.19
—, full 87.22
—, movable 89.2
—, paper 86.15
—, papier mâché 239.16
—, sheet metal 239.17
—, sheet metal holdfast 239.19
—, sheet metal ringed 239.18
—, spring wood 239.15
—, weft 240.13
—, wooden 86.11, 239.14
— board with skewers 323.5
— holder 242.14
— winding machine 86.7
— winding machine for silk 96.19
piston 101.19
—, disc 256.13
—, hollow 74.12, 256.11
—, press 388.11
—, spring 388.17
pitch of figuring 345.2
— of figuring in the length (width) 345.3.4
— of coil 87.13
— of cylinder 211.15
— of Jacquard 216.2
— of needles in the dobby 204.15
— of the reed 282.13
— of the teeth 126.20
— of warp threads 412.7, 434.15
— of weft threads 434.16
— in winding, variable 22.18
—, Chemnitz 216.4
—, coarse — of needles 216.9
—, Crefeld 216.3
—, English 216.6
—, [very] fine — of needles 216.11.12
—, finest — of needles 216.13
—, French 216.7
—, Lyons 216.8
—, medium 216.10
—, Schröer 216.12
—, spindle 88.1
—, Verdol 216.13
—, Vienna 216.5
—, Vincenzi 216.12
— bound reed 286.10
— thread 286.9
pivot 90.2, 328.6
—, knife 191.18
—, left side beam 81.4
—, right side beam 81.5
— centre 293.18, 338.11
— bearing, ball — of spindle 94.12
place, thick — in the yarn 9.9, 28.3
—, thin — in the yarn 9.8
—, to — the bobbins in the spool carrier 30.12
—, to — the bobbins on wire pegs 44.11
—, to — the card chain 390.7
place, to — the cards in position 205.5
—, to — the cop in the shuttle 260.3
—, to — the cop on the shuttle peg 239.9
—, to — the cords in the comb 386.16
—, to — the drop pins on the threads 51.2
—, to — the hank on the reel 25.16
—, to — the lease rod near to the healds 138.5
—, to — the punches in the plate 385.7
—, to — the shuttle in the box 250.14
—, to — the top spindle bearing in position 37.6
placed at the front of the loom (cylinder) 220.12
placing the bobbins in the carriages 363.14
— the card on the cylinder 220.8
— the hank on the reel 25.17
— sheets of paper between the layers of yarn 62.15
— the shuttle in the box 265.17
— the wires 168.7
plaid 420.2
plain back 167.4
— back velveteen 395.4, 403.15
— beam flange 78.7
— circular weave 160.8
— cloth 3.16, 432.4
— cloth tappet 200.8.10.11
— coating 397.27
— cotton goods 392.12
— crimp 161.12
— fabric 391.8
— felt 414.7
— gauze 164.17
— goods 2.5
— hemp goods 395.7
— jute fabrics 396.14
— linen goods 395.7
— lining goods 394.9
— loom 303.13
— mohair plush 405.20
— net 363.10, 412.6, 423.18
— net machine 363.8, 366.1
— paper 387.17
— woven ribbon [with looped selvedge] 425.4.5
— ring pushed on 202.13
— sacking 396.24
— woven shawl 420.29
— tube 96.10
— upholstery fabric 418.4
— weave 145.18, 157.11
— weave of the selvedge 147.10
— weave silk fabrics 400.8
— weft plush 405.13
— woollen goods 397.9
— worsted fabrics 398.18
plait, to — the cloth 298.19
plaiter 6.7.8
plaiting 414.4
— of the cloth 298.18
plan of loom 304.9
— for piqué 160.15
—, binding 157.12
—, peg 193.17, 381.15
—, preliminary interlacing 159.16
—, weaving 7.16, 434.12
—, to — the top (under) web 157.2.3
plane, inclined 339.10
plate 287.5, 385.1
—, beam end 115.7
—, bobbin 178.16
—, brass 168.16
—, breast beam 311.17
—, cast steel 190.2
—, chain guide 259.9
—, clearer guide 28.1
—, clearing 28.1
—, closing 267.11
—, driver 229.15
—, emery 332.8
—, eyletted 240.9
—, folding 442.2
—, front 356.2
—, guide 194.18, 251.9
—, half-moon 58.4
—, head 308.14
plate, iron 289.2
—, lifting 74.23
—, metal 384.2
—, nicked 80.10
—, notched 290.2
—, perforated 229.14
—, press 389.15
—, pressure 229.4
—, raddle 82.14.15
—, rear 356.6
—, regulating — on the warp beam 78.15
—, sheet metal 58.3
—, sliding 270.9, 328.3
—, slit 28.1
—, spindle 36.3, 38.1
—, stud 268.6
—, switch 178.18
—, thread guide 97.16
—, top 385.5
—, wringing 71.19
— cutting machine 384.20
— grip temple 139.12
— spring 50.18, 136.9
— tension 245.18
— washer 249.13
platting 414.4
play of the brake 120.12, 123.11
— in the tension 119.5
pleated fabric 162.6
pliable, to make the yarn 64.18
— thread 236.18
pliers 373.15
—, gas 373.16
—, perforating 384.19
plumbago 124.24
plush 169.2, 404.10
— with cut pile 404.13
— for top hats 406.14
—, beaver 406.18
—, corded 406.1
—, cotton 406.9
—, decorative 406.3
—, double 169.3
—, double sided 170.4
—, double weft 404.17
—, embossed 400.1
—, fancy 406.12
—, figured 404.14
—, full pile 404.22
—, furniture 404.18
—, ironed 406.13
—, jute 406.7
—, linen 406.8
—, lining 406.11
—, mohair 405.19
—, otter 406.17
—, polar bear skin 406.20
—, pressed 400.1
—, shoe 406.16
—, one shuttle 169.9
—, two shuttle 169.10
—, silk 403.4
—, tiger skin 406.19
—, uncut 404.12
—, upholstery 418.15
—, x weft 404.15
—, single weft 404.16
— board 38.4
— cover, goffered 406.5
— cover with rough pile border 406.4
— covered clearer roller 32.17, 38.5
— dress material 406.10
— pile binding for travelling rugs 170.3
— roller running in opposite direction 39.3
— roller brush 38.6
— weaving 2.23
pneumatic operation of the shuttle 256.9
— picking motion 256.10
pocket dynamometer, watch shaped 440.14
— handkerchief 420.6
pocketing, hop 397.6
point 367.19
— of attachment of the cord 204.9
— of the pirn 264.18
— of reed opener, bent 108.16
—, binding 381.16
—, changing 270.16
—, crossing 144.4, 353.6
—, dead 306.2
—, interlacing 145.1
—, linking 174.10
—, needle 350.8
—, picking 250.2

point, sateen binding . 150.16
—, transposing 380.21
— bar 366.15
— paper 379.1
— paper with printed draft 379.16
— paper, fine squared . 379.3
— paper draft 378.8
— paper strip gummed on pasteboard . . . 387.18
— pass 104.11
— shaft 104.14
— switch 193.4
point, to 379.19
pointed ends 244.17
— iron end 177.4
— tie up 221.7
pointer 28.14, 52.2
pointing colour 380.6
poker 38.17
polar bear skin plush . 406.20
polished back rest . . 333.7
— thread 94.3
— yarn 12.17
pommel girth 429.1
poodle skin, imitation . 406.21
poplin 401.18
—, cotton weft 401.19
—, worsted 398.28
poppet, sliding 80.19
porcelain eye 244.12
— eyelet 46.11
— thread guide 27.16
portee 47.5
porter . . 47.5, 107.18, 434.19
portion of cloth 134.9
—, figured 386.24
—, figured — left . . . 387.1
portrait tapestry . . . 422.9
position of box 272.6
— of the healds 173.7
— of indicator 28.14
— of the shuttle . . . 291.20
— of tappets on single shuttle loom . . . 251.5
—, back — of slay . . . 326.7
—, dead centre 306.3
—, end 137.13.19
—, figuring 344.18
—, first 265.19
—, inclined of the blades 234.2
—, mid — of the catch hooks 233.12
—, mid — of the heald shafts 203.13
—, original 248.21
—, reversing 38.10
—, top — of switch axle 179.6
positive dobby 196.18
— continuous taking up motion 134.8
— intermittent taking up motion 136.5
— let off motion . . 128.2.12
— lift loom 207.5
— movement of shafts . 202.4
— picking motion 256.16, 358.2
— ratchet motion . . . 134.12
— shaft motion 182.6
— shedding motion . . 198.6
— shuttle box drive . 272.1
— support 313.13
— tappet . . . 199.9, 202.3
— treadle movement . . 323.11
—ly, to drive 257.7
— controlled drive . . . 213.5
— controlled movement of the slay 292.23
— controlled taking up motion 131.10
— driven spindle . . . 99.12
— moved shafts of healds 184.9
post, wooden 72.6
postage 447.4
potash soap 67.16
potato meal 66.20
— starch 437.7
powdering the rubber threads 56.15
power, cost of 446.4
—, motive 300.5
— driven dobby loom . . 300.6
— loom 7.8, 301.6
— loom for cotton goods 321.9
— loom for pile carpets 337.6
— loom for pile weaving 326.1
— loom for double plush 330.12
— loom, Crossley's Turkish carpet 338.18
— loom, Seydlitz's — for Turkish carpets . . 337.8
power loom weaver . . 5.1.2
— loom weaving . . . 7.2
— saving 307.6
— station 309.15
— wasted in running on no load 310.3
practice of interlacing . 143.17
praying carpet 410.8
predecessors of the Jacquard 208.16
preliminary interlacing plan 159.16
preparation of size . . 64.23
— of the warp 21.3
— of the weft 84.5
preparatory, processes — to weaving 21.2
— material . . . 340.21, 342.19
prepare, to — the loom 7.14
preservation of the healds 204.11
press, card 384.1
— arm, wooden 316.1
— bar 383.17
—man 6.14
— off 365.11
— piston 388.11
— plate 389.15
— roller 73.16, 186.16
— spring 230.7
— spring for shuttle . 348.5
—, to — against the batten spring (roller) 187.4
—, to — the bobbin on to the shaft 33.2
—, to — the bobbins by weighted levers against the driving discs 31.5
—, to — the bowl against the cam by a weight 37.15
—, to — against the cam (bowl) 34.1
—, to — the cloth beam on the taking up roller 131.4
—, to — the coupling on the wheel 95.9
—, to — the keys down 385.17
—, to — the lever down 288.14
—, to — on the lifter (pegs) 188.9
—, to — back the lifting hooks 205.7
—, to — the main needles back 229.21
—, to — the punch down 388.20
—, to — the reed against the cloth 284.5
—, to — the roller against the block by means of lever and weight 55.20
—, to — the slay cap by helical springs against the reed 289.3
—, to — the spindle against the cup . . 95.11
—, to — the spring on the spool 346.6
—, to — out the surplus size 69.23
—, to — down a treadle 183.6
—, to — against the twine (fingers) . . . 177.12
—, to — out the yarn . 65.20
pressed nap cloth . . . 417.23
— plush 400.1
— rubber thread . . . 415.13
— on to the lantern (hammer) 205.20
— against the needle board (cylinder) . . 211.16
presser . 242.3, 262.10, 291.9, 365.9
— for turning the knives 236.2
—, bobbin 262.17
— needle 229.6
pressing the bobbin on the drum 32.15
— the cloth beam against the taking up roller [by weighted lever] 131.5.7
— down the treadles . 182.23
— out the yarn . . . 65.21
— up, close — pick against pick 132.7
— pawl 134.13
pressure of the chain on the back rail . . . 129.16
— in the direction of the axis of beam shaft . 120.2
— on friction disc . . 51.16
pressure of the reed . . 130.10
— for turning the knives 336.2
— of weight 124.7
—, atmospheric 74.17
—, punching 384.17
—, reduced 74.15
—, spring 124.8
—, steam 74.16
—, vertical — on the beam shaft 120.1
— beam 128.15
— gauge 69.16
— harness 231.4
— harness for raising, lowering and stationary shafts 231.3
— harness, double . . 231.13
— harness, single . . . 231.12
— lever, curved 31.3
— oil feeder 375.3
— plate 229.4
— regulator valve . . . 73.20
— roller 55.9, 70.19, 73.16, 89.14
— screw 115.17
— spring 241.5
prevent, to — drying . 67.6
—, to — streaks in the goods 222.2
preventing breakage . 254.17
prevention of breakage . 313.5
price of warp yarn . . 444.3
— of weft yarn 444.9
—, cost 442.14
—, selling 442.18.19.20
— list 447.6
principles of interlacing . 143.14
printed calico 392.17
— carpet 407.27
— cloth 431.6
— curtain 419.4
— cut pile carpet . . . 411.15
— draft 379.16
— knop yarn 18.10
— moquette 405.6
— percale 393.4
printed ribbon 427.20
— shawl 420.23
— upholstery material . 418.16
— yarn 9.27
printing the point paper draft 378.19
—, cost of 447.7
—, made by 18.25
prism 210.14, 236.9
—, hexagonal 225.8
process, finishing . . . 436.21
—, weaving 1.9
—, winding 22.14
processes preparatory to weaving 21.2
production of loom . . 304.18
— per spindle 88.4
— of waste, excessive . 86.1
profile of bobbin . . . 23.11
— of the cam 37.17
— of the tappet 198.15
profiled pin 311.2
profit 442.16
progressive number . . 151.2
— raising 87.11
project, to — from the tubes (pile threads) . 340.7
projecting lip of hook . 232.14
projection 202.14, 283.17, 284.3, 372.9
— of card cylinder . . 206.4
— on lever 278.18
— on spur wheel . . . 52.6
—, punch 386.4
—, slotted — on indicator wheel 52.7
projections on spur wheel and indicator wheel 52.11
prominence of the twill 144.13
prominences in the tissue 422.18
pronged, x-(weft fork) . 318.6
prop, to — the loom framing 297.8
propel, to (shuttle) . 246.20.21
propeller 248.4
properties, steaming . . 429.21
proportional 130.9
propulsion, electromagnetic — of shuttle . . 301.1
protect, to — the warp against rubbing up . 64.11
protecting board . . . 226.11
— screen 313.1
protector, warp . . . 315.4.8
prover, cloth 434.14
pull of the weight . . . 123.6
—, double — on the yarn in cross shedding . . 231.11
pull to 136.8, 288.20
pulley, band 26.12, 70.8, 178.12, 257.4
—, belt 58.19
—, card 235.8
—, cone 53.4
—, driven 305.17
—, driving 305.16
—, driving — for slow speed 53.14
—, driving band 56.7
—, fast 304.13, 358.14
—, friction 120.21
—, grooved . . 122.7.11, 331.15, 343.3
—, grooved belt . . . 309.19
—, guide 332.12
—, loose 304.14, 307.14, 358.13
—, step 34.5
—, tension 359.4
— tackle 184.3
pulling cord 108.12
— pawl 134.14, 195.12
pump cylinder 101.18
punch . 373.10, 385.2, 386.2, 388.6.10
— and pin drift 373.7
—, cast steel 190.3
—, hollow 373.12
—, locked 386.3
— block 190.1
— box 385.21
— carriage 388.8
— projection 386.4
—, to — the cards . . . 384.14
—, to — the holes for the rising shafts 194.1
—, to — the holes at one operation 387.2
—, to — the holes for blanks in the binding 193.20
punched card 382.12
punching the peg holes 383.21
—, card 384.6
— machine, electrical card 387.3
— plate, perforated . . 385.6
— pressure 384.17
— tongs 373.13, 384.19
puncture, to — the cards 226.7
pure colour stripe . . . 421.5
— mohair yarn 15.19
— silk cloth 430.18
— woollen cassimere . 397.17
purl 20.12
purse silk 16.14
— twist 16.14
push bar 348.1
— button 387.9
— lever 236.8, 301.15
—, to — the lifter foreward (backward) . 188.2.3
—, to — the remaining needles back 226.12
—, to — the shuttles on the pins 346.19
—, to — the slit tube over the reed . . . 287.3
pushed on (plain ring) . 202.13
pusher 365.4
— moved step by step . 364.20
—, needle 229.15
—, picker 255.19
—, picking lever 313.14
—, pile loop 338.17
—, reciprocating 364.18
— lever 264.16
pushing catch 195.13
— stud 348.17
put, to — the block on the shaft 55.2
—, to — the cheeks on the baulk ends . . . 283.1
—, to — the guide plate on the rail 57.12
—, to — the loom out of gear 306.21
—, to — the warp into chains 43.8
put-in, to — the beam . 48.15
—, to — the ground weft 336.2
—, to — the warp . . . 118.15
—, to — the yarn beam 106.12
put on, to — the change wheel 133.17
putter out 6.24
putting on the belt . . 372.17
— in the full bobbin . 260.12

putting the hank on the reel 25.17
— in the marking band 62.13

Q

quadrant 322.
—, picking 251.15
—, yarn 88.20, 439.13
— rod 322.2
quadruple hair sieve bottom 414.17
quality of the cloth 3.15
— term for yarns 11.25
quantity of yarn 11.19, 41.23
quick action treadle 352.10
— traverse bobbin 10.18
— traverse winder with curved discs for the thread guides 32.11
quill boy 84.20
— winding machine for silk 96.19
quiller 84.18.19
quilling 412.12
quilt 419.30
quilted goods 394.24

R

race 290.5, 343.18
— of slay 346.1
—, shuttle 290.5
—, tappet 198.9
— board 290.5
racer with fixed spokes 29.3
—, collapsible 28.16
rack 38.12, 257.18, 268.9, 344.11, 347.3
— for the tension roller 53.2
—, bobbin 262.18
—, curved 257.3, 368.2
—, double 279.19
—, operating 276.5
—, weighted 288.4
— housing 356.18
raddle 82.13
—, expanding 74.4
— plate, lower 82.14
— plate, top 82.15
radially, placed 342.7
radius of the warp beam 115.22
— vector 198.20
rag 190.16
rail 59.3
—, adjustable 32.9
—, adjustable thread guide 32.10
—, adjustable traverse 32.10
—, angle 333.1
—, back s. back rail
—, contact 320.2, 321.6
—, cutting 332.3
—, fixed 90.17
—, guide s. guide rail
—, hook 334.8
—, inclined 59.17
—, longitudinal 297.4
—, movable 326.13
—, oscillating 333.9
—, perforated 337.2
—, slide 61.14, 62.4, 326.12
—, spindle 91.3, 99.3
—, swing 288.17
—, swinging back 129.9
—, T 333.2
—, tension 332.4
—, thread guide 45.4, 367.16
—, traverse 33.9
—, traverse guide 32.13
— guide cap 28.10
—s, pattern card 206.1
rain coat fabric 398.11
raise, to — the boxes by cords 291.14
—, to — the boxes by hand 291.6
—, to — the drop box 272.12
—, to — the healds 181.20, 190.19
—, to — the lath 61.23
—, to — the pile 343.19
—, to — the pirn (cup) 96.16
—, to — the rack (cog) 288.12
—, to — the shafts 182.23
—, to — the spool carrier 30.11
raised cloth 431.10
— by x compartments (drop box) 272.16
raised drop box 272.13
— effect 152.15
— line 154.13
— loop 167.15
— pointed diamonds 152.7
— position, in 226.19, 228.2.3
— row of needles 205.1
— spool carrier 30.6
— under side 417.6
— warp threads 141.21
raising of the beam 111.10
— the figure without interlacing 232.3
— of the hooks 211.11
— the lathe 345.12
— of the peg 242.19
— the pile 343.16
— the reed 285.17
— of the spindle, progressive 87.11
— the warp threads 141.20
—, barklike 417.18
—, multiple — of the warp 220.18
—, shaft 181.23
—, wavelike 417.17
— harness 231.14
— motion, shaft 181.22
— shaft 231.6
ramie cloth 430.11
— yarn 13.15
ranging the picks to each other 132.6
rash 399.9
ratch 126.18
ratchet drive, friction cam 135.2
— gearing 133.6
— lever 119.15, 133.7, 285.16
— motion 126.12, 134.11
— motion, friction cam 127.9, 134.18
— motion, positive 134.12
— motion, reversible 128.1
— pawl 133.2, 192.15
— spring 92.3, 119.16
— wheel 58.11, 124.15, 127.5, 133.3.14, 136.18
— wheel for cam disc 96.13
— wheel with taking up lever and pawl 133.5
— wheel mechanism 59.7
rate of knitting 173.13.14
—s 446.14
rateen 417.13
ratine 417.13
ratio of strains on the warp 118.12
ravel 81.20
raw hide pinion 310.14
— material 8.8
— silk 16.2
— yarn 9.23
rayed hopsack weave 147.7
rayon cloth 430.22
reach, to — the threads 103.11
reacher in 103.10.13
reaching the threads 103.12
reaction, chemical 436.19
read 384.15
—, to 209.5
—, to — the colours 386.23
—, to — the design 409.3
— in, to 386.17
reader 209.7
— in 386.20.21
— off 386.20.21
reading device 307.12
reading-in 386.18
— board 386.10
— machine 209.6, 385.20
readjusting mechanism 137.18
readjustment by hand 120.16
—, automatic — of the brake 120.17
real value 429.6
rear plate 356.6
rebated frame 217.14
rebound, to (shuttle) 247.17
—, to — through the blow of the shuttle (picker) 248.20
rebounding of shuttle 247.16, 316.5
receive, to — the shuttle 246.11, 217.6
receptacle, shuttle 269.6
recess 90.5, 364.5, 367.2
— of driving shaft 81.5
— in the finger 386.1
— in the lever 204.17
— in the pusher 364.22
recessed stripe 154.14
reciprocal harness border 221.10
reciprocating pusher 364.18
reclining twill 148.11
recording pen 371.7
rectangular shaft 280.14
— wire loop 263.7
rectometer 441.15
red colour 380.11
— coloured square 380.9
— label 10.25
— mark 380.10
reduce, to — the friction on the warp threads 182.16
—, to — the movement of the ratchet wheel 134.4
—, to — the roughness of the yarn 64.14
—, to — the speed by change wheels 53.15, 266.16
—, to — the tension 119.3.4, 126.10
reduced blow of the slay 130.14
— pass 105.4
— pressure 74.15
— resistance to taking up 130.10
reducing the number of picks per inch 132.10
— valve 74.11
reduction of angle of ratch 135.18
— in diameter of the beam 120.6
— of the let off movement 128.10
— of stroke 135.19
— of throw 135.19
— of weight 121.15, 123.5
reed (s. a. comb) 49.16, 83.21, 108.8, 282.4, 324.7
— for bead weaving 354.14
— with wooden baulks 286.13
— of cane 284.17
— with brass dents 284.19
— with dents in a curved line 285.10
— with inclined dents 285.7
— with steel dents 284.20
— with single row of uniform dents 284.21
— with multiple rows of uniform dents 284.22
— with metal ribs 286.14
— supported by springs 283.9
— for trimmings 286.3
— arranged to move up and down 285.11
— for the new warp 111.6
—, adjustable 285.20
—, bent 286.19
—, circular 300.12
—, closed 49.17
—, divergent 50.1
—, dividing 338.8
—, double 285.1
—, double fan shaped 285.5
—, drop 284.1
—, expanding 49.21, 73.2 74.4, 285.21
—, fan shaped 285.4
—, fancy 285.3
—, fast 283.5
—, figured 285.6
—, fixed 283.5
—, guide 46.2
—, hinged 317.6
—, irregularly pitched 282.16
—, lease 46.14, 54.5, 61.16, 72.16
—, loose 136.10, 283.13, 285.22, 317.5
—, open 49.18
—, pitch bound 286.10
—, soldered 286.15
—, spaced 285.2
—, split 284.18
—, spring 285.23
—, suspended 80.9
—, swiveling 136.10
—, zigzag 49.20
— binding 286.5
— blade 282.7
— adjusting bracket 108.9
— carrier 283.6
— case 136.6
— cover, removable 49.19
— drawer in 107.1.2
— frame 285.12
— framing 283.6.14
— guiding 283.4
— holder 106.8
reed hook 106.9, 108.1.5.14, 109.12
— hook lever 108.11
— locking device 282.9
— maker 287.1
— making 286.5
— making machine 287.4
— mark 107.17, 433.23
— marked fabric 4.7, 143.13
— mat 416.11
— movement 283.3
— opener 108.15
— pin 136.11
— setter 282.10
— space 304.12, 443.24, 444.10
— tube 86.10
— wire 286.18
—, to 107.3
—, to — the warp clear 107.7
— to — the warp close 107.11
reeded twill 149.12
reeder 107.1.2
reeding 106.13, 168.1, 443.25
— for Brussels carpets 330.3
— frame, drawing in and 109.14
— machine 108.4.5, 109.12
— order 107.5
reedy fabric 4.7
reel 25.19, 26.8, 46.5, 440.3
— of binding wire 287.16
— controlled by a brake 176.17
— with cop holder and fixed thread guide 440.5
— with automatic thread and cop guide 440.6
— on top 30.2
—, birdcage 29.9, 440.7
—, collapsible 25.20
—, counter 440.4
—, elastic 29.7
—, expanding 29.6
—, hand 26.7
—, horizontal warping 56.9
—, six armed 28.15
—, winding off 34.15
— braking 33.4
— carrier 33.19
— centre 25.23
— spindle 29.4
— stand 26.9
— support 33.19
reeled yarn 10.20
reeling, cross 11.2
—, Grant's 11.2
regular disposition of weft 132.15
— rib 145.20, 418.6
— sateen 151.9
— yarn 9.6
regulate, to — the change by the hook 275.4
—, to — the letting off of the warp 118.1
—, to — the order of picks 247.20
—, to — the tension 39.5, 98.5, 119.1, 329.9
regulated by the spring and swivel bearing (pull of the belt) 310.8
regulating device 28.11
— plate on the warp beam 78.15
regulation, automatic — of the yarn tension 94.1
—, tension — by sprocket wheel 119.11
regulator 317.1
—, breast beam 134.5
—, catch 253.12
—, cloth 342.21
—, cloth beam 134.7
—, thread tension 58.10
—, yarn beam 126.3
rein, halter 429.11
—, leading 429.12
reins 427.26
relacing the cards 390.17
relation between warp and weft setting 376.10
relatively displaced (thread layers) 97.9
release spring 303.9
relief, tissue in 422.17
relieving roller 308.15
remanufactured yarn 14.17
removable iron shaft stave 172.10
— reed cover 49.19
remove, to — the band from the lease 42.18
—, to — the bobbins 30.13, 37.8

remove, to — the tubes from the spindles . 372.5
renaissance gold thread 423.11
— style. 376.21
renewals 446.1
rent 446.18
rep 398.27
—, regular 418.6
— carpet 407.15.18
repairer, heald 180.10
repairs 446.2
repeat 381.3
— in position of boxes 273.3
— in a diamond design 221.8
— of the draft 104.1
— of interlacing. . . . 381.9
— of pattern . . 40.16, 144.14
— of the shuttles . . . 271.17
— of warp threads . 144.15, 381.7
— of weft threads. . . 381.8
— in the width 434.21
—, box change 273.1
—, centre. 222.9
—, to find the 434.11
—, pattern 273.2
—, picking 273.4
—, skip box 273.7
—, * —s in the width of the cloth 381.6
— period 189.8
—, to 381.2
—, to — in order (shuttles) 271.18
repeated pass 104.19
repeater 389.3
repeating the cards . . 389.1
— of design. 8.1
— apparatus 235.3.7
— mechanism 343.4
repetition of the pattern 434.9
replace, machine to — full bobbins 363.15
repp weave 145.19
required, count 11.15
requirements, yarn . . 443.12
reserve, yarn . . 98.2, 263.12
— cylinder 56.19
resetting the spring in tension 255.22
reshuttling, automatic . 266.7
— loom, automatic . . 266.8, 303.19
— motion, circular . . 270.12
resistance to braking . 120.15
— to friction 120.14
— of letting off, frictional 130.9
— to rubbing 429.19
— to taking up 130.9
— to unwinding . 95.20, 118.5
—, braking 95.18
—, secondary 123.12
rest, stop rod 312.2
—, to — on the friction blocks (beam) . . . 125.3
—, to — on the lattice (lever). 194.9
—, to — on a plate (bobbin). 38.20
restart, to — the loom 266.15
restore, to — the shafts to the closed position 182.1
retainer for the following bobbins 264.15
retaining flaps for the lowest bobbin . . . 265.2
— hook 237.21
retardation of the reel. 33.7
retarded motion 198.12, 247.11
return line 387.14
— motion. . . . 201.14, 202.2
— movement of the hammer. 265.12
— pass. 104.11
— spring 314.16, 315.14
—, to — to the box (shuttle). 251.19
—, to — to its original position (shuttle) . 248.21
—, to — the picker by means of a spring . 248.22
returned spring 250.1
reversal of traverse motion. 39.12
— in warping 43.6
reverse motion . 184.10, 201.14
— motion with differential gear. 303.3
— motion for lower shed 184.15
— motion for upper shed 184.11
reverse motion for upper and lower shed . . 185.2
— motion for top, bottom and open shed 185.14
— motion, double acting 185.10
— motion, double acting spring. 204.10
— motion, single acting 185.7
— motion, single acting spring. 204.5
— motions placed abreast 185.13
— twill. 149.6
—, to 268.27, 277.21
—, to — the card . . . 214.7
—, to — the motion of the cards 390.15
—, to — the order of warp threads . . . 47.10
—, to — the slide . . . 62.9
—, to — in warping . . 43.5
reversed twist. 9.12
reversible chenille carpet 410.11
— cloth 430.5
— eccentric 256.5
— ratchet motion . . . 128.1
reversing the slide by hand 62.14
— gear 127.16, 311.11
— gear, bevel wheel . . 127.17
— position 38.10
— weft 424.9
revolution of the drum 32.7
— of measuring roller . 50.6
— of the screw spindle 177.7
—, half. 277.19
—, one — of the notched bowl 48.23
—, partial 49.3, 364.7
—, * —s per minute . . 306.14
— counter . 54.8, 58.16, 370.3
revolve, to — round the bobbin (thread guide) 97.5
—, to — by friction (cop) 99.9
revolver sizing and brushing machine for hanks 70.15
revolving the spindle . 87.23
— back rest 117.4
— back rest, round . . 116.12
— bobbin. . . . 86.18, 343.21
— box 280.3
— box loom 303.18
— box motion 279.1
— boxes 279.2
— brush 71.2
— bush. 338.9
— cop carrier 45.10
— dasher 69.3
— nip rollers, continuously 50.12
— reed hook 109.12
— skip box 279.18
— spool 240.14
— thread guide . . . 35.8, 97.2
— tongs 342.9
rewind, to 22.9, 85.20
—, to — ball warps on to bobbins 63.16
—, to — the thread waste 22.12
—, to — warp balls into cops 63.15
rewinding. 22.10
— of the cloth 298.18
— the thread waste . . 22.13
— the warp. 63.4
— machine for warp balls 63.7
rib. 78.10
— in the pattern . . . 391.10
— of reed 282.6
—, broken 146.12
—, curved 71.1
—, diagonal s. diagonal rib 146.7
—, figured — with two warps 146.13
—, gobelin 418.7
—, metal 286.14
—, mixed. 146.5
—, regular 145.20, 418.6
—, sateen. 150.18
—, stitched 146.6
—, strengthening . . . 115.20
—, warp 146.1
—, weft 146.2
—, wooden core —s . . 286.16
— effects, diagonal . . 146.11
— twill. 149.7
— weave 145.19
—like interlacing . . . 144.11
ribbed cloth 391.9
— covering 419.29
ribbed granit 153.1
— heating pipe 71.7
— lease rod. 138.6
— plush 406.1
— roller 70.12
— upholstery fabric . . 418.5
— velveteen 395.1
ribbon (s. a. band). . . 424.2
— with plain edges . . 424.6
— as it comes from the loom 427.15
— for orders 427.6
— with a folded and gummed selvedge . 424.18
— with hollow selvedges 424.7
— with open work stripes 426.9
— for trimming 427.4
— with figuring warp . 426.11
— with figuring weft . 426.10
—, Astrakhan 425.12
—, batiste 424.24
—, beaded 425.14
—, chenille 425.13
—, chiné 425.8
—, conical 424.5
—, corded silk 425.9
—, cut 424.17
—, dressed and finished 427.16
—, elastic. 425.15
—, hand cut velvet — for trimming 425.11
—, lingerie 427.8
—, made up 427.22
—, milliners. 427.7
—, moire 427.19
—, painted 427.21
—, plain woven . . . 425.4.5
—, printed 427.20
—, satin 425.7
—, silk 425.2
—, straight 424.4
—, strong taffeta . . . 425.6
—, twilled 424.25
—, twilled floss silk . . 425.3
—, velvet. 425.10
—, wire gauze. 425.17
—, worsted 425.1
—, woven. 424.3
— box 301.12
— loom 355.10
— loom with beating up needle. 360.11
— loom with double beat up 360.10
— loom for elastic material 359.15
— loom for elastic stockings. 359.14
— loom with suspended slay. 355.12
— loom frame 355.13
— loom lace 423.15
— loom slay . 289.13, 356.16, 358.3
— loom type 355.11
— weaver. 5.26
— weaving 56.2
rice 66.24
— starch 437.8
ride, to — over (yarn). 27.12
ridge, spiral 139.11
— band 173.3, 176.14
— bar 105.18
riding over of the yarn 27.13
rifled drift 373.5
rig, to — the cloth . . 298.19
right crossing 164.6
— gauze 352.17
— hand twist 9.12
— side of the cloth . . 430.3
rigid heald 174.17
rim of the bobbin. . . 24.14
—, brake 123.17
—, wooden 133.4
ring 171.7, 380.3
— on the bobbin butt. 263.11
— driven in 115.1
— with stud 341.5
—, brake 370.12
—, end — of warp beam 77.21
—, grip. 80.16
—, grooved 99.4
—, split 311.1
—, strengthening . . . 115.13
—, temple 140.10
—, weighting 115.16
—, wire 219.6
— frame twist 21.16
— spun yarn 12.10
— temple. 139.17
ring temple, horizontal 140.9
— warp 12.10, 21.16
— warp cop 21.17
rise of the griffe . . . 211.1
— of treadle lever. . . 295.15
—, to . . 98.5, 361.7, 364.10
—, to — and fall 288.13, 290.18
—, to — out of the bearing (spindle) 93.18
—, to — up the screw (spring) 100.8
riser 200.6, 202.12
rising box motion, Tannwald 278.3
— box change motion . . 273.8
— number 151.2
— shaft 198.2
— and falling of the shuttle boxes . . . 290.19
— and falling spindle . 97.1
robes, ecclesiastical . . 422.21
rock, to — on the shaft (thread guides). . . 37.13
rocker 251.17, 279.20
rocking beam . . 116.5, 329.14
— lever 90.19, 137.17
— lever, stop motion . 35.15
— motion. 39.14
— movement of the cloth 140 17
— shaft . 278.6, 288.17, 293.5
— tree 288.14
rococo style 377.1
rod 234.15, 371.6
— with bent ends . . . 312.16
— with suspended hanks 71.6
— with vertical holes . 350.14
—, assembling — for carriages 365.12
—, brake lever 308.8
—, buffer 254.1
—, clasp 138.7
—, connecting s. connecting rod
—, crossing . . . 61.17, 220.1
—, dividing s. dividing rod
—, driving 301.8
—, fastening 92.22
—, fixed wooden . . . 106.5
—, forked — of the griffe 210.18
—, glass 35.5, 359.5
—, guide 27.17, 439.4
—, hooked 94.20
—, knocking off 308.18, 323.1
—, latched hook. . . . 95.13
—, lead. 208.12
—, lease 46.6, 61.17, 76.4, 137.20
—, oscillating thread guide 37.12
—, quadrant 322.2
—, shaft 171.4
—, shed 329.16
—, simple. 209.10
—, smooth 57.13
—, stay 280.5
—, stop s. stop rod
—, stop motion 92.9
—, strap fork 52.18
—, tension 123.23
—, top cross 322.2
—, treading . . 188.6, 195.9
—, valve 69.2
—, warp beam 119.10
—, warp tension. . . . 59.6
—, weighting 93.16
— tension roller . . . 48.8
roll, cloth 261.10
—, straightening. . . . 288.11
—, whip 350.7
—, to — on the curved rack (toothed wheel) 257.12
—s for straightening the dent wire 288.1
rolled rubber thread. . 415.12
— wire heald 175.14
roller. 203.5, 287.8
— with spiral flutes . . 140.13
— with spiral ridges. . 139.11
—, brush . . 70.11, 76.3, 180.2
—, chain 314.18
—, cloth 116.17, 135.6, 136.16
—, cloth (workman) . . 6.12
—, copper 70.7
—, cord 207.2
—, crank pin 251.12
—, damping. 89.12
—, emery . . . 117.16, 135.7
—, falling. 48.8
—, feed. 117.15, 135.7
—, feeler 124.6, 128.8
—, fluted 70.14, 277.6

roller, friction . 34.11, 100.5
—, guide s. guide roller
—, heated grooved . . 343.9
—, leather . . . 35.13, 237.12
—, measuring s. measuring roller
—, needle . 70.21, 117.18, 326.8
—, pad 124.1
—, pattern 281.4
—, plush 38.5
—, press 186.16
—, pressure . 55.9, 70.19, 73.16, 89.14
—, relieving 308.15
—, ribbed 70.12
—, sand 117.16, 135.7
—, shaft 183.13
—, size box 73.15
—, sizing 73.15, 76.2
—, spiked 117.18
—, spring supported . . 243.19
—, squeezing 70.20
—, steel 237.11
—, stop 37.11
—, stop motion 36.10
—, surface . . . 117.15, 135.7
—, take up 117.15
—, taking up s. taking up roller
—, temple 140.11
—, tension . 59.1, 63.11, 73.13
—, thread guide 100.14
—, tin 30.4
—, top s. top roller
—, warp 40.20
—, wooden feeler . . . 125.18
— arrangement 183.12
— brush 343.10
— card 189.10, 203.4
— carrier 230.8
— change card 281.1
— and lever tackle, combined 184.6
— measuring device . . 442.3
— shaper 99.13
— shuttle 237.9
— shuttle for cloth weaving 241.10
— temple 140.2
— tension 245.24
rolling bobbin 86.18
— locker 368.1
— locker drive 367.20
— machine, cloth . . . 442.5
Roman style 376.16
room, drying 72.10
—, sample 299.6
—, sizing 66.7
—, warping 40.3
—, winding 22.6
root of tooth 126.22
rope of warp yarn . . 63.9
—, weighted 123.1
— brake 121.7, 124.10
— brake with a pair of levers 121.17
— fastening on brake lever 124.13
Roper self adjusting let off motion 129.12
Ross' circular box motion 280.2
rotary motion of the cylinder 205.10
rotate, to — the bobbin 87.18
—, to — the cylinder . 212.2
—, to — in opposite directions (bobbin) . . 362.9
rotated by the warp threads (sizing roller) 76.13
rotation of the magazine by means of a ratchet wheel 262.5
— of the revolving box 279.14
—, uniform — of spindle 100.12
rotor 301.3
—, squirrel cage 309.17
rough cloth 397.10
— heald 174.15
— pile border 406.4
— rug 397.16
— yarn . . . 9.21, 18.3, 435.10
roughened disc 100.16
— sheet metal 117.10
— tube for cheeses . . 24.4
roughness 64.14
round of pattern 144.14, 381.3
— chenille 20.24
— lace 428.17
— wire 168.11, 327.7
rounded edge 117.8
rounded wooden head . 234.1
— oil guide plate . . . 57.11
row of carriages 366.2
— of parallel cords . . 124.17
— of dents 282.12
— of healds 208.8
— of hooks 214.14
— of hooks, double . . 187.12
— of loops 327.22
— of needles . 214.24, 205.1.2
— of peg holes 197.3
— of spindles 87.26
— crosswise 214.16
— in the length 214.15
—, cross — of knots . . 338.15
—, warp thread 154.9
—s, alternate — of beads 354.13
Royal Axminster carpet 410.16
rub, to — against 39.4, 182.17
rubber 415.6, 420.17
—, vulcanised 415.18
— bottle 415.7
— buffer 248.15
— cloth 431.13
— filling 256.8
— material 415.8
— thread, bare . 56.14, 415.15
— thread, covered 56.16, 415.16
— thread, cut 415.11
— thread, pressed . . . 415.13
— thread, rolled 415.12
— thread warp beam . 360.1
— tube 415.10
rubbing of the yarn in the cup 94.2
— up 64.11
ruche edging 426.20
ruffle 79.12, 115.16
— with slot 79.13
—, smooth cast iron brake 124.21
ruffled nose of cop . . 86.3
rug 407.7, 419.21
—, bedside 433.17
—, chenille 419.23
—, fur 407.23, 419.24
—, imitation fur 407.24
—, rough 397.16
—, travelling . . 419.22, 433.14
rule, weaving 8.5
—s in cloth construction 143.18
ruled paper 379.1
run out weft bobbin . . 260.8
—, to — from the ball (warp) 81.2
—, to — the chain from the mill on to the warper's beam . . . 57.4
—, to — in a curve (shuttle) 247.5
—, to — off the end of the cop (yarn) . . . 237.16
—, to — in the groove (thread) 101.2
—, to — on without interruption (loom) . . . 269.1
—, to — irregularly (loom) 306.10
—, to — the full number of picks (loom) . . 306.15
— to — between the pins (warp sheet) 57.21
—, to — along the race board (shuttle) . . . 247.4
—, to — to the reed at an angle 50.2
—, to — on rollers (fly shuttle) 237.10
—, to — over rollers (heald cords) 183.20
—, to — off tangentially from the pirn (yarn) 240.15
—, to — out of truth on to the wharve . . . 88.9
—, to — the completed warps on the beam 82.11
—, to — well (loom) . . 306.9
—, to — the yarn on the beam 78.17
—, to — zigzag (pattern threads) 369.2
runner 424.14
— for carrying beams . 79.16
— bowl 35.4
running of the loom . . 306.8
— the warp ends together on the beam . . . 82.10
— in of warp sheet . . 58.1
— out of spool 45.2
— continuously 306.17
running from left to right 148.6
— in opposite direction 39.3
— from right to left . . 148.7
— round in a circle . . 301.2
— off frame 56.1 61.25
—, irregular 306.11
—, no load 310.2
—, untrue 116.1
Russian sheeting . . . 395.16
ryce, collapsible 28.16
rye meal 66.22

S

sabre, velour 403.18
sack, seamless 156.13
— cloth 395.24
— drill 396.5
sacking 395.24
—, hop 397.6
—, plain 396.24
saddle bag 410.9
Sadowa 398.9
safety appliances . . . 312.3
— catch 279.21
— coupling 279.11
— coupling for picking motion 314.5
— spring 61.7
— thread counter . . . 438.14
— valve 69.17
— valve, dead weight . 74.18
sago 66.23, 437.10
sail cloth 395.14
salaries 446.13
salicylic acid . . . 68.3, 438.1
salt of arsenious acid . 67.27
—, common 67.28
—, Epsom 68.15
—, Glauber's 68.20
sample 430.1
—, hand 47.17
— maker up 6.16
— room 299.6
— warp 47.16
— warping frame . . . 47.15
sampling 299.5
sand beam 117.16
— crêpe 153.2
— roller 117.16, 135.7
— roller wheel 135.8
saponified 67.18
— bees' wax 67.8
saponify, to 67.17
sarcenet 393.5
sarsenet 393.5, 400.11
—, twilled 401.30
sateen with x shafts . 151.8
—, broken 151.10
—, cotton 394.20
—, [ir]regular 151.9.10
—, shaded 151.14
—, stitched 151.11
—, two step 151.4
—, upholstery 418.9
—, warp 150.14
—, weft 150.15
—, worsted 399.16
— binding point 150.16
— ground 151.1
— rib 150.18
— weave 150.13
satin 402.4, 432.6
—-de-Chine 402.10
— merveilleux 402.7
— à la reine 402.6
— turc 402.5
—, Duchesse 402.14
—, eight end 224.4
—, five shaft 402.5
—, furniture 402.13
—, Liberty 402.8
—, light 402.12
—, Messaline 402.9
—, seven shaft 402.7
—, six shaft 402.6
—, strong 402.11
— braid 428.2
— paper for cards . . . 382.7
— ribbon 425.7
— tops 394.11
— twill 150.8
saturated with moisture 75.13
saving in the number of cards 197.1
— in power 307.6
— motion, card . 196.22, 236.7
Savonnerie carpet . . . 409.15
scale 28.13, 439.21
scale twill 150.1
scallop 425.19
scalloped trimming . . 425.18
scalloping by figuring weft 425.20
— pattern 375.14
scarf 420.18
schappe silk twist . . . 17.9
— silk yarn, [single] . . 17.7.8
— silk yarn, white . . 17.12
— silk yarn, yellow . . 17.13
Schatz's warp stop motion 320.17
scheme for arranging the blanks for hooks out of action 383.13
schock 11.5
Schoene's heald leveller 197.15
Schönherr's open shed dobby 188.10
— automatic weft supply mechanism . . 262.15
— box motion 274.12
— cross winder with traverse motion 33.8
— dobby 191.2
— weft supply motion . 266.2
school, weaving 8.13
Schorch motor 310.15
Schröer pitch 216.12
Schroers' closed shed dobby 189.1
Schwabe's box motion . . 276.2
scoop knife 193.9
scorched in dyeing (yarn) 9.26
Scotch carpet 408.12
— dressing machine . . 72.13
— gauze 394.2
— silk stuff 400.19
— warping mill 56.17
scoured silk 16.23
— yarn 10.7
screen, protecting . . . 313.1
screw 374.4
— for adjusting throw of crank 204.1
— with hexagon head and oil hole 374.12
— with right and left hand thread 318.15
—, adjusting . . 126.2, 283.7
—, binding 136.3
—, countersunk — with plain head 374.10
—, jack 322.8
—, micrometer 28.12
—, pressure 115.17
—, set 259.1
—, thumb 83.7
— bolt 327.20, 328.10
— driver 373.17
— hook 172.19
— nut 139.20
— peg 238.2
— spindle 55.18, 59.18, 126.2, 176.16
— spindle in a fixed bush 60.9
— spindle, thread guide 100.17
— thread, square . . . 100.9
screwed home, nut . . 439.9
— hook 124.12
— spindle 74.5, 287.16
— wire 191.3
screwing up the tappets 198.22
scroll cam 202.7
sealskin 399.29, 405.19
seamless sack 156.13
seasoned wood 243.8
seat, weaver's 297.6
— covering 405.16
— covering, horsehair . 414.18
seating, loom 297.2
Seaton's loom 257.21
second bobbin 264.12
— yarn guide 85.1
secondary resistance . . 123.12
section of warp . . 47.14, 54.18
— of the weft threads . 132.5
— block 54.14
— head stock 55.3
— warping machine . . 54.2
sectional warping . . . 41.4
sector 204.6, 341.9
—, heald 322.1
—, oscillating . . 188.14, 193.2
—, toothed 38.13, 194.8, 268.8, 276.10, 347.15
— catch 314.12
— shaped lifter 191.8
secure, to — the heald lath in the slots . . 173.2

secure, to — the leases by bands 42.16
see saw picking motion 357.9
segment fixed on the picking lever 250.20
—, toothed 51.23 112.17, 129.7, 358.6
—, toothed — to vary the pressure 54.10
—, wooden 115.8
— shaped comb 367.12
— toothed cylinder 203.2
segments, gearing 192.11
Sehna knot 409.10
Seidel's damask machine 233.1
seize, to — the end of the weft (tongs) 341.18
select, to — the carriages 369.20
—, to — the reed 106.15
selected thread 113.16
selecting device, pattern 189.9
— mechanism, thread 113.5
— needle 353.15
selector 113.6, 259.14
—, thread 368.10
— device 370.1
self acting temple 139.14
— adjusting let off motion, Roper 129.12
— colour effect 152.9
— regulation at both ends of beam 125.5
— stopping motion 88.11
— threading 27.9
— threading of the weft 260.13
— threading shuttle 245.7
selfactor warp yarn 22.1
selling cost 442.17
— price 442.18
selvage 3.10
selvedge 3.10, 433.21
—, centre 361.2
—, folded 424.18
—, gummed 424.18
—, hollow taffeta 424.10
—, complete hollow 424.8
—, half hollow 424.12
—, three quarter hollow 424.11
—, inside 361.2
— cam 202.7
— healds 173.8
— shaft 199.5, 444.5
— tappet 199.6
— thread 335.16, 362.8, 434.22
— yarn 14.15, 435.1
semi-manufactured goods 443.3
—-power loom 7.9
—-power loom for ribbon weaving 301.7
—-worsted muslin 398.20
—-worsted yarn 15.7
separate, to — the cuts 77.12
—, to — from each other (warp threads) 84.1
—, to — the sections on the mill cylinder by pins 57.16
—, to — the threads 84.4
separated by sheet metal flanges (sections on the cylinder) 58.2
separating the beads 354.18
— the adherent threads by beating 66.2
— of the warp threads 84.2, 142.22
— disc, bead 354.20
— needle 434.6
— pins 57.15
— and tying mechanism, thread 112.23
separator 339.1
—, bead 354.19
—, warp 363.2
serge 399.8, 401.28
series of cards 206.13
serrated vibrator 319.16
serve, to — both sides of the loom (tappet) 251.6
set of bobbins 44.9
— of cards 206.15
— of looms 304.6
— of the reed 443.22
— of tappets 198.21
— of tools 373.4
— of warp 41.15, 107.9
— of the weft 132.8
—, adjacent 165.8
set, clear — of warp threads 107.6
—, close — of warp threads 107.10
— screw 61.21, 92.23, 259.1
— screw with pointed end 374.7
—, to — the beam flanges 78.14
—, to — the brake band on the friction pulley 57.10
—, to — the cop 38.22
—, to — the crank pin 59.9
—, to — the Jacquard lengthways (widthways) on the loom 217.3.4
—, to — the pointer at zero 440.17
—, to — the slay 289.16
—, to — the slay by cords 290.1
—, to — the slay by pins 289.17
—, to — the temple 139.7
—, to — tne warp clear (close) 107.7.11
—, to — the warp in the reed 106.17
— out, to — the loom 7.14
— up, to 44.10
sett of the cloth 3.13
— of the reed 434.15
— of the warp 114.13
setter, reed 282.10
setting 376.7, 434.13
— the cops 38.21
— the slay by screws 289.18
— the warp in the reed 106.16
— in width 139.2
—, unequal — of the shed 141.18
— on handle 316.12, 332.18
— pin, weft fork 322.15
seven shaft satin 402.7
sewing needle 342.15
— thread 342.12
sewn chenille 20.20
— ılat chenille 411.1
Seydlitz's power loom for Turkish carpets 337.8
shade 65.25
— effect 422.16
—, in the 72.2
—, to — by ines 380.23
shaded sateen 151.14
shading 380.22, 422.14
—, figure 381.1
shadowing 422.14
shaft 224.1, 360.15
— with bowl 250.22
— for the discharge of air saturated with moisture 75.13
— of healds 171.3, 324.6
— of heddles 171.3
— of hook 230.17
— with interchangeable staves 172.11
— passing through 125.6
— of section block 55.12
— supported on loom side 302.6
— of the thread guide rod 36.12
— for threads crossing strongly 173.18
—, back 352.7
—, crank 301.16
—, cranked 384.4
—, cross 348.8
—, cylinder 60.10, 195.11, 235.10
—, doup 361.11
—, driving 34.3, 54.3, 89.18
—, drum 30.3, 48.2
—, eccentric 91.4
—, falling 198.3
—, feeler 125.14
—, friction disc 36.9
—, front 352.6
—, gauze 354.1
—, intermediate 178.4, 262.13
—, lower 302.9
—, lowering 231.7
—, main 34.3, 36.14
—, measuring roller 51.24
—, moving 360.5
—, picking 203.18, 249.8
—, picking — with long slot 249.4
—, point 104.14
—, raising 231.6
—, rectangular 280.14
shaft, rising 198.2
—, rocking 251.17, 278.6, 293.5
—, selvedge 199.5, 444.5
—, spring 185.9
—, standard 361.10
—, stationary 231.8
—, stop rod 314.8, 316.9
—, tappet 302.9
—, wiper 250.19
—, wire heald 172.8
—, worm 127.19
— carrier 183.17
— cord 188.5
— eye 171.12
— frame 172.9.13
— frame which can be taken apart 171.17
— hook 172.14
— lift 182.5
— lifting lever 191.13, 301.13
— motion 182.4
— motion, negative 182.7
— motion, positive 182.6
— raising 181.23
— raising motion 181.22
— rod 171.4
— rod, wedge shaped 173.10
— roller 183.13
— stave 171.4, 172.4.12
— stave formed from a metal tube 171.10
— stave, metal 171.9
— stave, removable iron 172.10
— stave, wooden 171.8
— stave bracket 172.5
— suspension hook 171.11
— weaving 181.1
shafts hanging free 184.14
—, figuring 231.17
— of healds, positively moved 184.9
shag 404.10
—, feather 403.5
—, long pile 403.5
—, worsted 399.28, 404.20
shaggy coverlet 397.16
shagreen 402.24
shake, to — the hank 25.12
shaky peg 239.12
shank with ragged surface 238.6
shape of bobbin 23.11
— of shuttle 244.3
— of tappet curves 198.9
— of treading tappets 201.9
—, barrel — of bobbin 23.17
—, conical — of the cup 93.17
—, cop 87.4
—, tappet 198.10
shaper, roller 99.13
— cam for cop bottom 92.17
sharp pick 246.16
sharpening motion, knife 332.7
shawl 420.19
—, Cashmere 420.27
—, coloured 420.22
—, embroidered 420.24
—, head 420.30
—, imitation 420.21
—, Indian 420.26
—, Kabyle 420.28
—, Oriental 420.25
—, plain woven 420.29
—, printed 420.23
—, true 420.20
— hanging 419.7
— machine 235.17
sheared cloth 431.11
shears, weaver's 8.11, 112.1
sheave, eccentric 34.9, 94.19
—, inner eccentric 275.16
—, outer eccentric 275.17
—, tappet 198.14
shed 141.3
— for the figure 223.12
— of fixed length 141.14
— for shuttle 328.17
— for wire 168.5
—, bottom 216.16
—, centre 142.19, 216.17
—, clear 142.21, 217.1
—, closed 142.14
—, cross 231.5
—, double 141.16, 339.22
—, double — for pile weaving loom 328.15
—, formed 142.3
—, front 143.8
—, gauze 362.14
—, half 141.9
—, irregular 142.20
shed, large 265.15
—, ower 142.17, 216.16, 328.17
—, open 142.18
—, top 216.15, 328.16
—, uneven 142.20
—, upper 142.15, 216.15
—, V 142.21, 217.1
—, weaving 1.8
—, wire 328.16
— adjusting lever 195.4
— clearing arrangement 329.15
— master 5.5
— rod 329.16
shedding 141.1, 335.12
— by dobbies 186.1
— by harness 207.6
— by healds 171.1
— by Jacquard machine 216.14
— by treadles 182.22
—, clean 228.13
—, inside 300.11
— mechanism 8.2
— motion 8.2 197.19, 335.11
— motion, negative 198.5
— motion, positive 198.6
— motion, vertical 199.11
— strain 118.13
— warp 339.21
sheet of paper 62.15
— of rubber 415.9
— of threads 41.3
—, bed 420.12
—, warp 57.21
—, warped 41.6
— iron link 281.2
— metal, grained 117.10
— metal, perforated 117.11
— metal, roughened 117.10
— zinc heald 175.16
sheets, to warp in 41.2
sheeting 420.11
—, Russian 395.16
shelf 32.19
— bordering 428.23
shell of spool 346.8
shellac bead 19.15
shield, picker 248.14
shifting, automatic — of belt 53.16
— arm 373.1
shifter, belt 372.18
shirting 393.12
—, Indian 393.13
—, Oxford 394.21
shoddy yarn 14.19
shoe, brake 32.16, 277.2, 308.7, 316.16
— brake 120.20
— canvas 399.22
— plush 406.16
— velvet 404.9
shoot out, to (spring) 319.4
shorn cloth 431.11
short, to have the chain 42.4
— circuit 320.13
— check strap 252.4
— connecting rod 124.5
— hook 227.10
— loom 296.8
— pile Turkey carpet 409.16
— treadle 185.5
— tube 10.13, 85.12, 90.3
shorten, to (warp) 66.15
—, to — the stop lever 92.15
shortening of the warp 66.16
shot 7.22, 236.22, 246.12
—, bottom 422.12
— taffeta 400.15
shoulder 309.9
—, switch 178.20
shouldered shuttle 242.11
show, to — the number of revolutions (pointer) 52.2
— board tester 440.9
shrink, to (warp) 66.15, 114.8.12
—, to — in width (cloth) 139.4
shrinkage of the warp 66.16, 444.2
— in width 444.11
shrinking of cloth 139.3
— of the warp 114.9
shroud disc 275.13
shuttle 237.5, 257.16
— for Axminster carpet loom 343.20
— for bead weft 354.9
— for weaving belting 241.15
— for weaving broché goods 346.4

shuttle for chenille loom 341.25
– with coating of vulcanised fibre 243.14
– for coco mat weaving 241.14
– with cover 240.8
– for damask 241.13
– to be ejected 268.12
– with iron side plates 243.17
– for weaving jute 241.16
– with narrow well 244.8
– with pirn 237.13
– with revolving spool 240.11
– for ribbon loom 242.1
– running round in a circle 301.2
– of seasoned wood 243.8
– for solid cops [with cover] 240.3.6
– with spring clips 262.19
– with spring peg 237.19.20
– with tension regulator 245.16
– for velvet pile carpet weaving 241.19
– with weft cop 237.13
– for wet weaving 242.8
– with yarn tension through eyelets 243.16
–, apple wood 243.7
–, auxiliary 355.9
–, bow 244.6
–, box 243.2
–, boxwood 243.6
–, carpet 241.18
–, cloth – with cheeks 241.11
–, compressed wood 243.9
–, cop – for ribbon loom 242.7
–, cotton 241.20
–, curved 340.15, 347.13
–, double 240.17
–, ejected 268.2
–, emptied 243.21
–, extra 341.28
–, face weft 271.20
–, figuring 346.4
–, flying 237.7, 312.11
–, fresh 266.18
–, full 266.18
–, gripping 241.1, 258.9
–, hand 237.6
–, Hettrich's 242.15
–, impregnated wood 243.12
–, jute loom 241.16
–, loom 237.5
–, metal 347.8
–, multiple loom 242.10
–, nipper 241.1
–, Northrop 242.9
–, picked 312.5
–, roller 237.9
–, roller – for cloth weaving 241.10
–, self threading 245.7
–, sliding 237.8
–, shouldered 242.11
–, silk 241.12
–, single 240.16
–, small 348.15
–, spent 266.17, 341.27
–, spindle 237.18
–, spotting 346.4
–, steel 243.18
–, straight moving 347.9
–, swivel 346.4
–, swivel loom 242.10
–, toothed 347.10
–, trapped 315.6
–, upper 141.17
–, wadding weft 271.21
–, Walter and Stolle's 242.12
–, weft motion – with feeler 318.13
–, wooden 243.4
–, worn 243.23
– body 243.3
shuttle-box 248.5, 250.7, 252.15, 290.6, 357.7
– with *x* compartments 272.8
– level with the race 251.7
– on the slay 269.10
– of a spring picking loom 255.23
–, *x*-chambered 272.8
– change 290.15
– compartment 274.10
– drive, negative 272.2
– drive, positive 272.1
– front 316.7
– guard 314.1
– motion 271.22
– slide 273.11, 278.4, 291.4, 314.6
shuttle-box swell 253.2, 316.8
shuttle-boxes arranged side by side 291.18
– in wrong position 313.16
–, superposed 290.9
shuttle braking 316.21
– carrier 347.14
– carrying pin 346.14
– case 257.17
– change for loom with *x* boxes 290.17
– change on one side 272.19, 292.2
– change from both sides 272.20, 292.3
– change motion, Baker and Kip's 269.2
– change motion, Crossley's 269.14
– change motion, Zschweigert's 267.8
– change motion, Zwicki's 270.3
– changing, automatic 266.7
– changing by means of a pattern chain 273.18
– control 348.19
– course 247.2
– driver 346.3.15, 347.3
– eye 244.10
– filling device 372.2
– fittings 237.17
– frame 244.9
– guard 312.4
– guard, Becker's 312.13
– guard, fixed 312.15
– guard, swinging 312.17
– guide 343.22, 348.4, 356.19
– guide rail 270.10
– guiding 257.8
– holder 269.16, 347.14, 348.13
– kissing 245.13, 372.12
– magazine 267.10, 269.3, 270.8
– motion for lathe with horizontally moved multiple boxes 357.10
– motion, Swiss 277.22
– movement for 1 and 1 weft picked alternately from either side 271.19
– path 357.4
– peg 237.22
– peg, hinged 238.1
– race 290.5
– race opening 357.3
– receptacle 269.6
– spring 246.5
– smash 315.7
– tip 244.15
– tip, hardened 244.16
– threading device 372.7
– trap 315.7
shuttles, *x* – in *x*+1 boxes 272.10
–, *x* – in 2 *x* boxes 272.11
Sicilienne 401.16
side for changing 279.12
– of creel 43.14
– of tappet 198.19
– at which the shuttle is ejected 268.18
– by side, to lie 41.11
–, long – of winding frame 27.8
–, right (wrong) – of the cloth 430.3.4
– arm 112.4
– comb, lengthwise movable 369.17
– frame 335.2
– lever bracket 251.16
– lever quadrant picking motion 251.11
– movement of the broché lathe 345.13
– plate, iron 243.17
– tip 241.17
sideways, drawn (lever) 109.1
–, to move the hooks 351.11
–, to slide the spindle 37.9
–, to swing 187.3
sieve, brass wire 416.23
–, iron wire 416.24
–, washing 416.25
–, wire 416.21
– bottom 416.22
– bottom, hair 414.14
– bottom, double hair 414.15
– bottom, treble hair 414.16
sieve bottom, quadruple hair 414.17
– making frame, endless 324.14
signal for colour changing 271.10
–, bell 62.8
– bell 62.7
silent ratchet motion 127.9
Silesian lawn 393.25, 396.2
silicate of magnesia 68.18
silk, artificial 17.17
–, boiled off 16.24
–, bolting 401.24
–, cable 16.15
–, Chardonnet 17.19
–, collodion 17.19
–, coloured 17.2
–, crude 16.21
–, cuprated 17.18
–, degummed 16.23
–, doubled 334.19
–, flattened 17.4
–, glazed 17.3
–, goffered 17.5
–, grenadine 16.20
–, gun cotton 17.19
–, half boiled 16.22
–, loaded 17.1
–, Luna 17.20
–, marabou 16.13
–, nitro-cellulose 17.19
–, purse 16.14
–, raw 16.2
–, scoured 16.23
–, thrown 16.4
–, unscoured 16.21
–, viscose 17.20
–, weft 16.6
– beam 324.3, 359.6
– braid 428.1
– camlet 401.6
– cloth 430.17
– cord 401.14
– and cotton feather shag 403.6
– damask 402.16
– fabrics 400.7
– fabrics in sateen 402.3
– fabrics, fancy 402.15
– fabrics, gauzy 401.22
– fabrics, plain weave 400.8
– fabrics, twilled 401.26
– gauze 401.11.24
– ground thread 19.20
– heald 175.4
– heald, soaped 175.6
– heald, waxed 175.5
– knop 18.13
– loom 297.12
– manufacture 2.20
– pile fabrics 403.1
– plush 403.4
– ribbon 425.2
– ribbon loom 359.1
– shoddy yarn 17.15
– shuttle 241.12
– stuff [slightly] shot with gold and silver 402.22.23
– thread covered with flattened gold wire 423.11
– velvet 403.2, 404.6
– voile 401.21
– warp bobbin 34.13, 43.10
– warping machine 60.17
– weaving 2.19
– winding frame 34.2
– yarn 16.1
– yarn, tussah 17.6
silvalin pulp yarn 13.25
silver bead 19.14
– braid 428.4
– brocade 402.21
– plated wire 20.4
– thread 423.10
simple 386.6
– cord 209.11, 386.7
– cord, drawn 386.8
– cords, tightened 386.12
– interlacing 232.2
– loom 209.9
– point pass 104.12
– stick 209.10
simplified method of card cutting 387.15
simultaneous insertion 257.15
singed chenille 411.5
– heald 179.20
single 16.12
– acting [spring] reverse motion 185.7, 204.5
single acting spring under motion 204.5
– beat 326.3
– card 383.6
– colour effect 152.9
– colour Jacquard pattern 377.16
– coloured yarn 10.1
– damask 153.16
– diagonal 380.4
– faced warp winding frame 26.18
– lift dobby 190.4
– lift motion dobby 190.5
– lift up and down motion dobby 190.15
– lift Jacquard machine for open shedding 227.11
– linen 414.1
– pile binding 168.23
– row hole board 46.12
– shuttle loom 303.13
– spring peg 238.7
– thread 435.5
– thread worm 36.15
– tier net machine 366.3
– tin roller driving 39.16
– warp bagging 396.21
– weft plush 404.16
– weft trimming 426.12
– worm 127.14
– yarn 9.3, 17.23
singly, to lease the threads 138.10
sinker 200.5, 202.11
sink in, to (threads) 57.8
sinking in of the threads 57.7
six armed reel 28.15
– shaft satin 402.6
size of carpet 407.10
– of the mesh 365.21
– of Jacquard 215.2
– of shuttle 244.4
size (dressing) 64.21.22
–, boiled 65.3
–, boiling 65.2
–, excess 69.23
–, freshly made 65.4
–, hard 64.26
–, odourless 65.5
–, soft 64.25
–, sour 65.11
–, warm 64.27
– box 70.18, 75.5, 76.1, 180.5
– box roller 73.15
– mixer 69.18
– mixing 64.24
– mixing apparatus [with agitator] 68.21.22
– mixture 71.18
–, to – the ball warp 71.9
–, to – cold 65.18
–, to – evenly 65.17
–, to – by hand 69.24
–, to – by machine 70.3
–, to – warm 65.19
–, to – the warp 64.4.6
–, to – the warp on the loom 76.9
–, to – the yarn in hanks 69.20
sized heald 174.21, 179.21
– warp 64.5.7
sizeman 75.6
sizer 66.8.9, 75.6
–, hand 66.10.11
–, machine 66.12
–, slasher 73.10
sizers wage 445.6
sizing 63.17
– the ball warp 71.8
– in hanks 69.19
– on the loom 76.8
– in a tub 71.10
–, beam 72.12
–, commission 66.13
–, full width 72.12
–, machine 70.4
– agents 66.17
– apparatus 72.18
– apparatus attached to the loom 75.14
– apparatus, hand 71.14
– beam 40.20
– brush 73.6, 180.4
– machine 66.6
– machine for twine healds 180.1
– machine, ball 71.21
– machine, hot air 75.4
– machine, slasher 73.10

sizing and brushing machine, revolver . 70.15
— and wringing machine, hank . 70.5
— material . 180.8
— roller . 73.15, 76.2
— room . 66.7
— trough . 70.18, 71.17
skein . 10.22
skeleton cylinder . 75.10
skellered beam . 116.2
sketch of interlacing . 143.19
—, outline . 380.16
—, pattern . 376.11
— dividing gauge . 379.15
sketcher . 378.11
skew bevel drive . 95.6
— bevel pinion . 94.7
— bevel wheel . 94.6
skewer . 39.1, 44.16
—, bobbin . 26.10
—, Northrop . 239.7
—, to — the weft bobbin 260.7
skewering device, cop . 372.1
skip . 4.4
— for yarn damping . 102.8
— box . 273.6
— box, revolving . 279.18
— box repeat . 273.7
— carrier, travelling yarn . 102.6
— change . 292.4
— draft . 219.20
— pass . 104.10
—, to . 280.1
skipped thread . 142.23
— tie up . 222.1
skirt braid . 428.21
— trimming, double edged . 428.20
slack material . 431.28
— tension . 118.23
— warp . 405.12
— weft . 346.10
— yarn . 49.5
slacken, to (upper shed) 142.16
—, to — the heald ties 181.15
—, to — the screw . 250.3
—, to — the warp . 49.12
slackened warp . 49.13
slackener . 354.4
slackening of the threads 79.10
— of the warp 118.11, 129.10, 319.8
— of the warp tension 126.11
slanting of the hooks . 211.8
— frame . 209.3
— grid . 222.14
slasher, machine . 66.12
— sizer . 73.10
— sizing machine . 73.10
slashing . 72.12
slat, wooden . 218.7
slay (s. a. lathe, batten, sley) . 288.15, 335.10
— pivoted below . 289.11
— swung from top . 289.9
— with double curved shuttle races . 357.5
— for lappet looms [with two needle frames] . 349.15, 351.4
— with pins for guiding the shuttle . 346.13
— with shuttle . 301.18
— without a shuttle race 339.23
—, change box . 272.3
—, circular swivel . 345.17
—, drop box . 290.10
—, fly shuttle . 289.14
—, free falling . 295.10
—, free swinging . 317.11
—, hand loom . 321.8
—, movable suspended . 289.10
—, mechanically operated 289.8
—, overswung . 289.9
—, ribbon loom 289.13, 356.16, 358.3
—, single shuttle — with curved shuttle race . 357.2
—, sliding . 289.12
—, straight — with single (double) shuttle race 356.17.21
—, suspended . 289.9
—, swivel embroidery . 345.9
—, two high [with curved shuttle races] . 357.1.6
—, underswung . 289.11, 299.2, 350.20
— beam . 280.19, 293.3, 301.19
slay beam mounted on x swords . 295.3
— cap . 136.8, 288.20, 293.7
— cap, hinged . 289.4
— cheek . 288.19
— eccentric . 317.10
— groove . 289.6
— motion with negative tappets . 294.12
— motion for two beating up positions . 294.7
— stopping lever . 325.4
— pin . 290.3
— sword . 134.10, 288.18, 293.4
— sword, mortised . 289.19
— sword pin . 293.9
—, to . 106.17
slaying . 106.16
sleazy cloth . 4.8
sleeve . 241.7, 242.6
—, back bearing split . 96.4
—, coupling . 94.10
—, clutch . 80.17
sley (s. a. slay) . 288.15
— hook . 108.1
slide . 62.2, 245.11, 258.11, 301.17, 326.9
—, beam carrier . 61.13
—, carriage . 367.13
—, knife . 331.16
—, shuttle box . 273.11, 278.4, 291.4, 314.6
—, spool . 90.4
—, weft fork . 320.9
— bar . 136.13
— bracket . 172.16
— link . 353.19
— rail . 61.14, 62.4, 326.12
— rail, upper . 112.21
— tappet . 62.3
—, to — above one another (ends of the reed openers) . 109.6
—, to — in the comb spaces (carriages) . 367.3
—, to — along the guide rail (bobbin holder) . 263.20
—, to — over the head of the punch (finger) . 385.19
—, to — horizontally (change box) . 345.14
—, to — the spindle sideways . 37.9
—, to — in slots (drop roller ends) . 49.15
—, to — on spindles (boxes) . 291.5
slider . 259.16
sliding of the warp over the back rest . 117.1
— block . 128.9
— cam . 250.4
— cone . 60.12
— contact . 387.5
— heald . 173.20
— nut . 55.14
— plate . 270.9, 328.3
— piece . 124.14
— pinion . 180.15
— poppet . 80.19
— shuttle . 237.8
— slay . 289.12
— spur wheel . 178.6
— steel guide holder . 28.9
— weight . 439.20
slight contact, in . 78.17
— depth of reed . 324.10
slightly twisted mohair yarn . 170.10
sling, webbing . 428.26
slip of the friction disc 37.3
— arrangement . 255.10
— knot . 183.11, 197.18
—, to (warp) . 50.10
—, to (belt) . 307.10
—, to (spindle band) . 88.7
—, to — under the cord (warp beam) . 124.18
slipping of the belt . 307.9
— of the spindle band . 88.8
— of the threads . 57.2
— of thread layers 86.2, 97.10
— of the warp . 50.9
— of yarn out of the thread guide . 92.19
— clutch, centrifugal . 311.10
— wheel . 310.20
slit in crown, eccentric 61.1
—, bobbin . 95.17
—, cup . 95.10
— plate . 28.1
slit plates, adjustable . 28.6
— sheet iron tube . 287.2
— cup . 94.15
slitter stud . 374.8
slot 128.7, 172.15, 225.13, 333.23
— in the bracket . 172.17
— in the clamp . 258.5
— in the framing . 48.9
— in the hook . 211.4
— for knife . 193.12
— for sliding block . 257.13
— in wharve for spindle 95.16
—, adjustable . 439.22
—, forked — of the hook 233.19
—, guide . 93.6
—, helical — in drum . 32.8
—, long . 293.6
—, spiral — in spool carrier . 30.9
—, stock . 83.6
—, wedge shaped — in the griffe box . 233.18
slotted arm . 55.15, 137.16
— bar . 196.8
— bearing . 34.10
— bobbin holder . 365.14
— bobbin rail . 95.4
— cam . 213.6
— crank . 203.16
— dropper . 319.18
— guide . 278.1
— head . 180.12
— hook . 275.1
— lever . 96.6, 257.6
slow running loom . 326.4
— speed loom . 304.4
slowly, to start (cylinder) 59.11
slub . 18.17
— in the yarn . 83.14
small cylinder . 74.7, 233.10
— glass roller tension . 246.1
— pattern . 3.18
— shuttle . 348.15
— square . 379.6
— ware . 424.1
— ware loom . 355.10, 360.8
smash, shuttle . 315.7
Smith's drop box motion 274.15
smooth cast iron brake pulley . 124.21
— material . 431.26
— pick . 246.15
— upper side . 417.5
— yarn . 9.20, 435.9
—, to — the surface of the yarn . 64.15
—, to — off the splinters 244.2
Smyrna carpet made by needle work . 408.17
— yarn . 15.8
snarl catcher . 28.5
— formation . 170.9
— warp . 170.8
snarls, to form . 245.5
soaked bobbin . 101.14
— hank . 70.13
soaker, yarn . 101.16
soap . 68.10
—, potash . 67.16
—, soft . 67.16
soaped silk heald . 175.6
Société Alsacienne de Constructions Mécaniques weft, supply motion . 263.5
socket . 242.5
— for picking stick . 314.14
— extension . 259.7
soda, caustic . 68.4
sodium chloride . 67.28
— phosphate . 438.6
— sulphate . 68.19
soft, to beam . 57.6
— bobbin . 23.10
— material . 431.24
— size . 64.25
— soap . 67.16
— thread . 236.18
— winding . 23.9, 85.23
— iron peg . 189.14
— nose of cop . 86.3
— spun yarn . 18.1
— worsted yarn . 14.24
softeners . 68.8
softness, of permanent . 64.19
soldered reed . 286.15
— in dents . 286.17
soleil, long ribbed warp 152.1
—, warp . 151.17
—, weft . 151.16
— weave . 151.15
solenoid . 320.11
solid . 379.20
— cop . 84.11
solution, glue . 71.18
Soumak carpet . 407.29
sour, to become (size) . 65.10
— size . 65.11
source of electric current 320.8
sowe box . 70.18, 75.5
space between the dents 282.8, 443.24
— in the loom for the shafts . 181.6
— between the wires . 82.18
—, comb . 367.14
—, reed . 304.12, 444.10
— pass . 105.6
spaced cross winding . 23.3
— reed . 285.2
spangled braid . 428.9
spanner . 373.20, 374.1
spare bobbin . 81.9, 262.4
— hook . 214.23
special thread . 421.8
speckled fabric . 421.3
speed of beaming . 77.7
— of drum . 48.17
— of reel . 25.26
— of the shuttle . 247.8
— of spindle . 88.2
— of warping . 42.6
— of winding . 24.19
—, excess . 135.15
—, at half . 302.15
—, high . 85.8
—, highest . 257.14
—, initial . 247.9
—, maximum . 85.7, 247.14
—, minimum . 306.19
—, taking up . 365.20
—, terminal . 247.10
—, uniform . 85.6
—, variable . 34.16
—, winding . 85.5
— change of thread guide 31.10
— counter . 370.3
spent shuttle . 266.17, 341.28
spherical end of boiler 69.11
spike, inserted . 133.1
spiked bobbin board . 88.18
— brass ring . 139.18
— chain . 140.6
— chain temple . 140.4
— roller . 117.18
— spindle . 238.5
spindle . 26.14, 180.14, 280.4
— in swivelling bobbin carrier . 31.2
—, band driven . 37.18
—, bare . 87.24
—, bobbin s. bobbin spindle
—, centre . 80.18, 81.4, 139.21
—, friction driven . 36.2
—, guide screw . 100.6
—, horizontal . 87.15
—, iron . 290.13
—, picking . 250.9
—, positively driven . 99.12
—, reel . 29.4
—, rising and falling . 97.1
—, screw . 55.18, 59.18, 126.2
—, screwed . 74.5, 287.10
—, screwed — for ratchet wheel . 91.17
—, shuttle . 237.22
—, spiked . 238.5
—, spool . 89.16
—, spring . 97.13
—, square . 94.11
—, upright . 38.18
—, vertical . 38.18
— arrangement, double row . 39.17
— band . 88.7
— base, conical . 93.11
— bearing . 93.12
— bearing, top . 37.6
— bush . 94.8, 98.15
— catch . 242.17
— collar . 98.17
— collar guide . 98.18
— drive . 93.13 98.16
— drive by friction discs 37.2
— driving gear . 39.15
— driving shaft . 96.2
— driving wheel . 95.7
— driving wheel coupling 95.8
— frame . 36.7
— gauge . 88.1
— groove . 336.12

spindle head . . 96.5, 242.18
— heel 242.16
— peg, hinged 29.12
— plate 36.3, 38.1
— rail 91.3, 99.3
— section, stopped . . 92.12
— section driving . . . 92.11
— shuttle. 237.18
— speed, variable . . . 88.3
— spring 319.3
— trough 96.8
— washer. 36.3, 38.1
— wharve 29.14, 95.15
— wheel 96.3
spinner's bobbin . . . 36.4
spinning, made by . . 18.22
— frame bobbin. . . . 36.4
spiral, Swiss 242.2
— flute. 140.13
— form, in 46.19
— peg 238.2
— ridge 139.11
— shaped dent 285.24
— slot in spool carrier. 30.9
— spring 358.15
spirals of twist 145.11
—, to wind in 22.19
splinter. 244.2
—, to (shuttle) 243.13
split 282.7
— between the wires . 82.18
— cane. 284.18
— drum 31.12, 99.11
— drum winder for cheeses 31.11
— flange 115.19
— motion, Stäubli's . . 362.15
— motion [with needle frame]. 362.3.10
— nut 59.22
— peg 239.6
— pin 374.16
— reed 284.18
— ring 311.1
— straw 416.5
— tube. 176.20
spoiled bobbin 265.4
spoiling of yarn. . . . 11.22
spoke, fixed 29.3
sponge cloth 394.3
spool. 84.12
— for bobbinet frames. 90.1
— with one flange. . . 89.5
— without flanges . . 89.6
— between two flanges 89.4
— for x mm height of thread 239.13
— with hole straight through 85.16
— for swivel shuttle. . 346.7
—, disc. 10.17
—, figuring 350.7
—, revolving 240.14
—, warper's. . . . 38.2, 44.8
—, wood 10.19
— carrier 30.5, 32.14
— carrier, raised . . . 30.6
— head. 240.2
— pin 242.4
— removing machine . 372.4
— slide. 90.4
— spindle. 89.16
— thread 368.8
— winder. 86.7
—, to 84.14
spooler, hand 25.1.2
—, warp 25.3.4
spooling wheel 26.7
spot 412.19
— yarn. 18.19, 421.14
spots, staggered. . . . 412.22
—, transposed. 412.22
spotted fabric. . . 392.7, 421.3
— net 363.12, 412.18
— net machine 365.25
— weave 349.7
spotting shuttle 346.4
— threads 412.20
spread, to — a dark (light) cloth under the light (dark) warp 62.19.20
—, to — the size on the yarn 65.16
—, to — out the hank . 25.18
—, to — out the threads in a level surface. . 41.18
spreader 241.4
spreading out the sized warp 72.4
sprig net 412.15
spriggy net 363.13
spring 195.14, 205.15
— in tension 283.23
—, batten 186.15
—, bill 112.10
—, carrier. 275.7
—, catch 112.16
—, coupling — for picking motion 315.1
—, ejector 268.1
—, flat 97.18, 259.17
—, helical 91.12, 127.15, 180.16, 210.13, 270.6
—, lever 228.15
—, locking 333.19
—, loose 238.13
—, needle. 187.15
—, piston. 388.17
—, plate 50.18, 136.9
—, press 230.7
—, pressure 241.5
—, ratchet . . . 92.3, 119.16
—, release 303.9
—, return. . . . 250.1, 314.16
—, safety 61.7
—, shuttle 246.5
—, spindle 319.3
—, spiral (s. a. spring, helical) 358.15
—, stop motion 35.14
—, tension 33.11, 242.3, 283.11.15
—, wire head 328.9
— balance 438.19
— box 210.5, 371.3
— brake for bobbin . . 346.5
— catch 97.19, 100.15, 226.3
— checking of the shuttle 254.5
— clip 263.8, 270.15
— clip bobbin holder . 263.16
— cop guard, electric . 319.1
— cop spindle. 95.14
— fork with pin . . . 197.11
— grip, roughened. . . 239.2
— hook. 100.15, 315.3
— leg 215.6
— lever 52.19
— loaded rope brake . 122.10
— needle 320.15
— nippers 241.3
— pawl. 346.20
— pick loom 303.12
— pick picker. 256.6
— picking loom 255.23
— picking motion . . . 255.14
— picking motion with reversible eccentric . 256.5
— picking motion on single shuttle loom 255.15
— pincers. 326.11
— pressure 124.8
— reed 285.23
— reverse motion, double acting . . . 204.10
— shaft 185.9, 183.17
— spindle. 97.13
— stem interceptor . . 308.11
— support 140.15
— support of the motor 310.9
— supported rollers . . 243.19
— swell 308.17
— tightening block . . 122.12
— under motion, single acting. 204.5
— weighted lever . . . 137.15
— weighted negative taking up motion . 137.14
— wood pirn 239.15
—, to — up between two ground weft threads (pile) 168.21
sprinkler, hand 101.12
—, yarn 101.16
sprocket wheel . 119.14, 259.2
spur gear drive 307.17
— wheel . 51.20, 137.4, 287.11
— wheel, eccentric. . . 333.16
— wheel, gun metal . . 310.18
— wheel, sliding. . . . 178.6
— wheel, steel 310.13
— wheel taking up motion. 131.12
square filled in with colour. 380.8
—, blank 380.7
—, red coloured 380.9
—, small 379.6
— bar 136.14
— beam shaft 78.1
— gauge 60.16
— meter of stuff . . . 442.10
— screw thread 100.9
— spindle. 94.11
squared paper 379.1
—, fine — paper. . . . 379.3
squeeze, to — the bobbins by hand. 101.13
—, to — the yarn . . . 65.20
squeezing the yarn . . 65.21
— roller 70.20
squirrel cage rotor. . . 309.17
stair carpet. . . 407.13, 433.16
stage pass 104.17
staggered spots 412.22
— weft pile weave . . 167.3
stalk, weight 93.16
stamp 388.6, 389.14
— guide plate 388.4
stamped mail 176.4
stamping, card 384.6
— carriage 388.8
— machine for endless paper cards . . . 388.1.22
stand 440.2
—, beam 72.14, 111.9
—, lease 58.7
—, reel 26.9
—, warper's beam . . . 83.17
—, weaver's beam . . . 83.18
—, to — exactly over the knives (hooked ends) 211.14
standard 352.8
— and doup 352.5
— needle 362.19
— shaft 361.10
— twisted yarn 161.16
— warp 42.5
— weaves. 145.12
— weight 436.6
— yarn 436.2
standing still of the shafts 189.6
— thread 361.3
star pattern 377.5
— wheel 128.17, 201.3, 214.4, 275.12, 280.7
— wheel eight to the round. 274.3
starch, potato. 437.7
—, rice 437.8
— box 70.18
— paste 66.19
starching, wage for . . 445.17
start of loom 306.5
—, jerky 306.7
—, steady 306.6
—, unsteady 309.23
—, to — the bobbins . 87.17
—, to — the loom [by hand] 306.1.4
—, to — the machine by the foot lever . . . 54.1
—, to — slowly (cylinder) 59.11
—, to — the spindle . 88.5
starter 310.4
starting handle 316.12
station, power 309.15
stationary, to remain (hooks) 205.8
— bobbin 258.1
— shaft 231.8
— warp 339.19.20
Staub's yarn balance . 439.18
Stäubli's split motion . 362.15
stave, interchangeable . 172.11
—, shaft 171.4, 172.4.12
—, small wooden . . . 416.12
—, wooden — with pointed iron end . 177.4
stay 171.3
— to breast beam . . 305.4
—, outside — for crank shaft 305.5
— rod 280.5
—, to — the loom framing. 297.8
steady start 306.6
steadying the cop on the peg 239.11
steam heating pipe . . 72.9
— inlet, high pressure . 74.13
— mixing apparatus, high pressure . . 69.9
— pipe 69.6, 73.1.21
— pipe agitator . . . 69.3
— pressure 74.16
— trap 73.22
steaming of cut chenille 343.14
— properties 429.21
stearine 67.15
steel band 124.20, 371.2
— lining 288.9
— shuttle 243.18
— wire heald 218.11
steeper, yarn 101.16
stem of jack 368.15
stenciller 6.17
step 279.9
—, foot 249.10
—, glass — for creel peg 44.20
— by step, moved. . . 364.20
— pulley 34.5
stepped over each other 41.12
— warp layers 41.13
— twill. 149.14
stick, picking . . 249.11, 291.10
—, simple. 209.10
—, tail 208.22
—, tightening 71.12
sticky heald 174.16
stiff, to become (yarn). 64.16
— movement 122.15
— yarn 435.14
stiffener 115.13
stiffening liquid, mechanical 437.4
— liquid, physical . . 437.5
stiffness of rope . . . 123.13
stirring. 69.8
stirrup 122.8, 183.19
— treadle 360.17
stitch, chain 342.18
—, to — a backing weft 155.6
—, to — the brocading threads 163.4
—, to — the face to the back cloth . . . 157.14
—, to — a row of warp threads 154.10
—, to — the spots into the cloth 349.11
stitched harness cords . 218.3
— piqué 160.16
— rib 146.6
— sateen 151.11
— twill. 149.1
stitching 161.7
— of the backing weft. 155.5
— of warp thread row. 154.9
— warp . 161.3, 325.9, 329.20
stock. 443.7
—, simple. 209.10
— and bowl motion . 183.18, 184.2, 199.4
— slot 83.6
stocking, elastic . . . 359.14
stop . . 180.3, 241.8, 250.10, 284.4, 318.16, 332.15
— of the comber board 222.17
— on picking lever . . 255.9
—, angle bracket . . . 332.6
—, to — automatically (full pirn) 87.22
—, to — automatically (warping machine) . 52.16
—, to — the bobbin [after a given length is wound] 20.19, 31.6
—, to — the loom . 306.23, 313.3
—, to — the loom suddenly 307.2
—, to — the slay before beating up 292.22
—, to — the spindle . 88.6
—, to — turning. . . . 180.20
— block 35.12
— bracket 254.2
— catch 204.18
— cock. 265.7
— lever . . 35.11, 52.14, 91.10
— lever, crumped . . . 48.6
— lever catch. 52.13
— motion. 96.20
— motion when a card is displaced 390.5
— motion for doffing . 91.19
— motion, drop needle. 50.11
— motion, full cop . . 91.16
— motion, heald . . . 321.1
— motion, warp . 50.11, 53.10, 319.6
— motion, weft 268.22
— motion levers. . . . 53.6
— motion rocking lever 35.15
— motion rod 92.9
— motion roller . 36.10, 99.5
— motion spring . . . 35.14
— motion tappet, [adjustable] 91.8, 95.3
— nose 278.16
— rod 36.11, 48.4, 52.12, 82.8, 254.1
— rod lever. 320.5

stop rod motion in buckskin looms . . 253.17
— rod nib . . . 311.13, 316.10
— rod nib, dropped . . 316.19
— rod nib, lifted . . . 316.17
— rod rest 312.2
— rod shaft . . 314.8, 316.9
— roller 37.11
— weight 32.2
stoppage of loom . . . 307.3
— when an end breaks. 51.7
— of the spindle . . . 88.10
— of the weight . . . 137.12
—, automatic . . 134.15, 313.4
stopped spindle 38.19
— loom 306.16
— spindle section . . . 92.12
stopping of the loom . 306.24
— the loom during the change of shuttles . 266.14
— handle 316.12
— lever 50.15
— ring, full cop 92.4
—, electric 319.21
storage can, oil 375.1
strafilato 16.18
straight bobbin 22.20
— comb 367.11
— course 50.3
— creel 44.5
— drawing in 219.18
— edge. 354.10, 383.18
— ground warp 166.4
— knife 375.16
— moving shuttle . . . 347.9
— part of the hook . . 343.2
— pass 104.9
— ribbon 424.4
— slay 356.17.21
— thread 164.5
— tie up 221.1
— tip 244.20
— twill. 148.2
— warp 161.10, 405.10, 433.24
straighten, to — the bent reed 286.18
straightening the dent wire 288.1
— roll 288.11
strain on the warp threads 143.5
— on yarn 98.10
— on the yarn in forming the shed 141.19
—, lifting 118.13
—, shedding 118.13
stranded wire 416.17
strap . 112.18, 183.16, 428.24
—, check 250.12, 314.11
—, coupling. 333.17
—, eccentric 34.8, 213.17, 275.18
—, girth 428.29
—, hemp 428.25
—, lug 249.14
—, picking . . . 248.7, 249.14
—, wrought iron . . . 293.14
— belt 360.9
— fork 309.6, 363.20
— fork for working forwards (backwards) 303.1.2
— fork rod 52.18
— holder 314.15
— iron, arched 341.7
— weaving 3.4
stratorto 16.17
straw, maize 416.2
—, marzolano 416.4
—, split 416.5
—, wheat 416.3
— band 416.6
— mat 416.8
— material 416.1
— thread 416.7
— yarn, twisted. . . . 416.6
strength of the fabric . 429.7
— of the spring . . . 255.20
— of the stroke . . . 246.14.17
— of the warp thread . 143.9
—, tensile. . . . 114.5, 435.24
— test 436.14
— tester for cloths . . 438.18
— tester for hanks . . 440.12
strengthen, to — the under frame 356.13
strengthening rib . . . 115.20
— ring 115.13
stretch of the cloth . . 439.11
—, to — the hank. . . 25.10
—, to — the warp. . . 66.5
—, to — the weft . . . 245.6
stretched thread . . . 237.4
stretched warp 118.17
—, to keep the heald . 180.19
stretcher 138.15
stretching the cloth . . 139.1
— of the warp . . 66.4, 118.10
— bar 72.7
strike, to — the cylinder batten (pin) 235.12
striker 254.10
— pin 269.9, 371.5
string 207.15
—, to — up the healds. 173.5
stringing the beads . . 414.23
strip of metal, flat . . 173.1
strip, point paper . . . 378.18
stripe, cross . . 153.8, 412.16
—, folding 162.5
—, ground 162.4
—, horizontal 153.8
—, long 153.6
—, mixed colour . . . 421.6
—, open work 426.9
—, pattern 377.11
—, pure colour 421.5
—, recessed 154.14
—, transverse 160.12
—, twill 147.16
—, warp 3.22
— loom 303.13
— pattern 377.8, 412.17
striped, cross 153.9
— long 153.7
— crimp 161.13
— lambskin. 406.24
— lining goods 394.14
— net 363.11
— taffeta 400.16
stripper, flexible . . . 89.13
stroke of the cylinder . 211.17
— by dead weight. . . 292.14
— of lever, long. . . . 134.1
— of lever, short . . . 134.2
— of the pawl 126.15
— of the slay. 292.10
—, cam. 295.1
—, limited 133.23
strong beat up 226.6
— fabric 159.4
— iron wire. 208.11
— pick 246.16
— satin 402.11
— taffeta ribbon . . . 425.6
— tension 118.18, 119.12
— twisted yarn 9.14
— yarn 435.13
structure of the cloth . 391.3
— of the fibre 436.17
strung on threads, beads 414.24
stuck together (warp) . 319.11
stud . . . 263.13, 323.3, 389.8
— under spring pressure 328.5
—, adjustable picking bowl 249.6
—, contact 387.9
—, knife 191.18
—, lathe 290.3
—, pushing 348.17
—, slitter 374.8
— bush. 327.18
— link chain with ring 314.17
— plate 268.6
studs of increasing length 341.22
stuff (s. a. cloth, fabric, goods, material) . . 3.9
— for blinds 433.7
—, close woven 431.22
—, loose woven 431.21
—, waist coat 432.19
—, furniture 404.21
stuffing box 73.19
style 376.12
— of fabric 391.6
— of loom 304.7
— of pirn winding. . . . 86.17
—, Assyrian. 376.13
—, baroque 376.22
—, Egyptian 376.14
—, Gothic 376.19
—, Greek 376.15
—, Indian 376.17
—, Moorish 376.18
—, Norman 376.20
—, renaissance 376.21
—, rococo. 377.1
—, Roman 376.16
substance, adhesive . . 66.18
—, fatty 67.5
—, glutinous 67.19
—, weighting 68.12
successive circular box motion 279.4
suck, to — the thread through the eye . . 372.13
sucking the thread . . 372.12
suet 67.9
sugar, grape 68.5
suitability for folding . 429.22
— for ironing 429.20
sulphate of barium . . 437.23
— of copper 68.2
— of lime 68.16
— of magnesia 437.25
— of soda 68.19
— of zinc. 67.29
—, magnesium 68.15
summer cloth 431.18
superimposed compartments 273.9
— knives 236.1
superposed knots . . . 426.16
— shuttle boxes. . . . 290.9
supple, to make the yarn 64.18
supplementary beating up 283.13
supply, weft 260.1
—, to — the fresh shuttle from above 266.18
support . 59.16, 287.13, 362.5
— of the cylinder . . . 186.14
— of the slay. 295.5
— for ridge bars . . . 105.16
— of the Jacquard . . 212.8
—, adjustable 61.19
—, comber board . . . 217.13
—, positive — of picking arm 313.13
—, reel 33.19
—, slotted — of picking arm 313.12
—, spring. 140.15
—, spring — of the motor 310.9
— drive 62.1
—, to — on cushioned bearing 313.6
—, to — the lever . . 194.11
supported on rollers, carriage 287.20
— by pivots 335.3
—, excentrically (spiked rings) 140.1
supporting bar 353.18
— lever 348.10
surah 401.27
surface of the cloth . . 431.30
— of drum 30.10
— with upright hairs . 417.12
— of web. 41.17
—, concave 280.8
—, convex 280.9
—, level 41.18
—, winding — of the bobbin 23.12
— roller 117.15, 135.7
surplus of yarn 98.9
— size 69.23
suspend, to — the yarn beam 106.12
—, to — the shafts in a descending order . . 181.12
suspended in the grid (needles). 229.23
— in the loom (shafts). 181.7
— band brake 123.20
— comb 80.9
— creel 44.1
— hank 71.6
— hook 232.8
— slay 289.9
—, freely — by the threads (falling roller) 49.7
—, movable. 289.10
suspender for stockings. 427.23
suspension with spring shaft 183.15
— point of spring . . . 204.8
— wire, card 390.11
swan neck 210.15
swansdown 394.10.25
swanskin 398.3
swell . 253.2, 256.4, 268.19
— of the bobbin . . . 23.16
— of the shuttle box . 308.16
—, spring. 308.17
swelling in the winding 79.2
swift 46.5
—, drop motion 28.16
swing 188.14
— beam 288.17, 299.3
— box 273.6, 291.19
— cylinder arm 210.17
— lever . 192.5, 274.6, 365.5
swing movement, vertical — of the lifting levers 340.11
— needle box 226.2
— rail 288.17
—, to — sideways (cylinder batten) 187.3
—, to — forward quickly (slay) 295.7
—, to — with the slay (shuttle box). . . . 272.18
swinging of the reed . 316.2
— back rail 129.9
— bracket 112.15
— shuttle guard . . . 312.17
Swiss broché lathe . . . 348.3
— shuttle motion . . . 277.22
— spiral 242.2
swivel bearing 309.18
— coupling 213.12
— embroidery slay . . 345.9
— lathe 347.1
— lever 194.6
— loom 348.7
— loom shuttle 242.10
— shuttle 346.4
— shuttle, pinned . . . 347.7
— slay 345.16
— weaving 344.16
swivelling reed 136.10
— bobbin carrier . . . 31.2
switch 326.20
— centre 178.19
— centre, movable . . . 179.5
— plate 178.18
— shoulder, higher (lower) lying. . . . 179.7.8
— shoulders of different height 178.20
— wire motion 326.19
—, point 193.4
—, slay . 134.10, 288.18, 293.4
symmetrical pattern . . 377.6
— right and left border ties 221.11
synchronous motion . . 39.10

T

tabby 391.8
— back. 167.4
— back velveteen 395.4, 403.15
— weave 145.18
table. . . 288.5, 365.2, 389.12
—, cutting 383.19
—, grooved 343.7
—, guide 342.20
— cloth 420.10
— cover 419.17, 433.12
— linen 420.8
— napkin 420.9
— measuring machine . 442.1
tackle 108.17
—, lever 184.5
—, pulley. 184.3
taffeta 400.9
—, check 400.17
—, cotton. 392.21
—, dress 400.12
—, lining 400.10
—, shot 400.15
—, single coloured . . . 400.14
—, striped 400.16
— carpet 407.17
— ribbon, strong . . . 425.6
— selvedge, hollow . . 424.10
tail block. 80.19
— cords 208.20
— hair 414.12
— spindle. 80.18
— stick. 208.22
— stock 80.19
take, to — the catch out of gear 180.6
—, to — off the bobbins 30.13
—, to — off the card chain 390.8
—, to — off floats . . 145.2
—, to — off from the cloth beam 298.17
take-up, to — the cloth 298.16
—, to — a dropped end 81.10
—, to — the slack yarn in a zigzag form . 49.5
—, to — the surplus of yarn 98.9
— motion. . . . 132.20, 261.9
— roller 117.15
taking-off of the cloth. 298.18

taking-up 129.18
– during backward (forward) movement of the slay 130.15.16
–, active 132.3
–, direct 131.1
–, indirect 131.3
– frame 331.3.4
– lever 133.5
– motion 132.20
– motion with friction cam ratchet drive . 135.2
– motion with ratchet wheel 135.1
– motion regulated by change wheels . . . 132.1
– motion regulated by changing the length of the stroke 132.2
– motion, continuous . 130.8
– motion, differential . 135.12
– motion, direct acting positive 131.3
– motion, indirect acting negative . . . 131.9
– motion, indirect positive 135.5
– motion, intermittent . 130.5
– motion, negative . . 131.11
– motion, negative – worked by weighted lever 137.3
– motion, positive continuous 134.8
– motion, positive intermittent 136.5
– motion, positively controlled 131.10
– motion, spring weighted negative 137.14
– motion, spur wheel . 131.12
– motion, worm and worm wheel 131.13, 135.13
– motion regulator . . 134.7
– roller 131.2
– speed 365.20
tallow 67.9, 437.17
tammy 394.1
tangentially, placed . . 342.6
–, to run off 240.15
tangle 4.4
tanned leather picker . . 248.10
tannic acid 437.30
tannin 437.30
Tannwald dobby . . . 192.9
– rising box motion . . 278.3
tape, cotton 424.22
–, cut 424.17
–, fine twilled linen . . 424.21
–, linen 424.19
–, linen twist 424.20
–, percale 424.23
–, twilled 424.25
– sizing machine . . . 71.21
– weaving 3.4
tapes 424.2
taper of conical end . . 60.3
– winding 24.1
tapered bobbin 24.10
– cheese 24.2
– end 328.7
– paper tube 24.9
– ribbon 424.5
tapestries for church hangings 402.30
tapestry 407.8, 422.2
–, coarse worked . . . 422.7
–, fine worked 422.6
–, machine made . . . 422.5
–, needle embroidered . 422.3
–, portrait 422.9
–, woven 334.17
– braid 428.16
– carpet 411.14
– carpet, Turkish . . . 337.5
– carpet strip 411.20
– fabric for upholstery 418.12
– heald 330.7
– loom 334.16
– loom, Turkish . . . 337.1
– weaving 422.4
tappet . . 80.15, 137.9, 196.13, 198.7, 228.9
– built up in sections . 202.15
– for double (treble) beating up 295.8.9
– for closed shedding . 200.14
– fixed on the wiper shaft 250.19
– for open shedding . . 200.13
– for patterned weaves 200.12
tappet with quadrant . 294.2
– for shedding 201.7
–, adjustable stop motion 95.3
–, bottom board . . . 213.3
–, box plate 200.3
–, built up 200.3
–, grooved 202.3
–, inside 199.7
–, negative 200.1
–, outside 199.10
–, picking 249.15
–, plain cloth – for uniform (variable) speed of heald shafts . 200.8.10
–, plain cloth – with equal rises 200.11
–, one piece 200.2
–, positive . . . 199.9, 202.3
–, single 251.2
–, slide 62.3
–, stop motion 91.8
–, whole plate – for plain weaving . . . 202.5
–, whole plate – for four shafts 202.6
– bowl 200.9
– chain 201.13
– curve 198.9
– driving 201.1
– motion 198.8
– nose 250.2
– plan 7.16
– shaft 302.9
– shape 198.10
– sheave 198.14
– weaver 5.3
– wheel 202.10
tappets cast solid . . . 198.23
tariff, winding . . . 26.3, 89.1
tariton 393.27
tarpauling 396.19
tarpawling 396.19
task wage 444.23
taxes 446.14
T cloth 393.15
tearing of the cloth . . 439.12
technology of textiles . 1.2
– of weaving 2.2
– of weaving, referring to the 2.1
teeth of the crown . . . 61.4
– of lifter 188.13
telephone charges . . . 447.8
temperature of sizing room 73.9
temple 138.14
–, spiked chain 140.4
–, choked 140.16
–, hand 138.15
–, plate grip 139.12
–, mechanical 139.14
–, ring 139.17
–, horizontal ring . . . 140.9
–, roller 140.2
–, three roller 140.3
–, self acting 139.14
– holder 140.7
– ring 140.10
– roller, [cut] . . . 140.11.12
temporary weaver . . . 5.7
tend, to – one loom . . 441.5
–, to – several looms . 441.6
tennis cloth 399.12
tensile breaking strength 114.5
– strength 435.24
– stress of the taking up motion 130.18
tension by counterweight 122.1
– caused by shedding . 118.13
– of the spring . . . 334.1
– by sliding weight . . 122.6
– by winding up weights 122.4
– of the warp 118.16
–, bent spring 245.23
–, bow spring 246.3
–, constant – of the front warp . 126.9, 129.17
–, cover 245.22
–, drag pin 246.2
–, double 246.4
–, increased – in the shed 143.8
–, plate 245.18
–, roller 245.24
–, small glass roller . 246.1
–, slack 118.23
–, strong . . . 118.18, 119.12
–, uniform 79.8
–, variable – of the yarn 49.9
tension, warp . . 126.8, 444.1
–, weak 118.23
–, wing 245.20
–, to maintain the . . 122.9
–, to put the spring in 251.18, 283.22
–, to put the spring under strong . . . 92.16
– arrangement for pile threads 329.3
– bar 48.8, 80.3.8
– bowl lever 93.14
– brake roller 93.15
– cover 245.19
– device 341.4
– device, gun metal . . 245.17
– disc, frieze lined . . 35.19
– gear, thread 245.15
– pulleys 359.4
– rail 332.4
– rail adjusting wedge . 332.5
– regulation by a sprocket wheel . . . 119.11
– regulator 245.16
– rod 123.23, 329.7
– rod, loose 339.2
– roller . . . 59.1, 63.11, 73.13
– pin roller 245.21
– spring 33.11, 242.3, 283.11.15
– washer 92.21
– weight 122.3, 329.6
– wire 90.14, 253.15
–, to – the warp chain 81.19
tensioned, gradually (threads) 59.12
tensioning by weights . 301.11
– bar 138.15
tent cloth 395.15
tenter, hydraulic press . 6.14
term, quality 11.25
–, trade 432.13
terms, weavers 8.4
terminal board 387.11
– dent 232.19
– speed 247.10
terry 432.8
–, figured 166.11
– loom 297.14
– motion 294.8
– pile towelling . . . 417.24
– towelling 166.3
– velvet 404.2
– warp 325.2
– warp, slack 166.5
test for fastness of the dye 429.9
–, burning 436.12
–, strength 436.14
– cock 69.15
–, to – by burning . . 436.11
tester, evenness 440.9
–, lea 440.12
–, twist 440.8
–, yarn strength . . . 440.10
testing, cloth . . 430.3, 438.8
–, yarn 435.2
– elasticity of yarn, machine for . . . 440.15
textile fabrics 391.1
textilite paper yarn . . 14.1
textiline paper yarn . . 14.2
textilose paper yarn . . 13.26
texture, ground . . . 166.15
–, lower 169.5
–, upper 169.4
theoretical output of the loom 441.3
theory of interlacing . . 143.16
thibet 399.11
–, alpaca figured . . . 399.23
– yarn 14.21
thick fabric 159.5
– place in the yarn 9.9, 83.14
– thread . . . 236.16, 421.12
– thread Jacquard . . 368.20
– yarn 9.18
thickness of filling . . 132.12
– of yarn 9.16
– of yarn layers . . . 101.5
– of weft 132.12
– of wire 327.11
thickset 395.2
thin pile 404.24
– place in the yarn . . 9.8
– thread 236.17
thinning of threads by drawing 415.14
thread s. a. yarn
– picked from the healds 109.5
– of a special colour . 421.10
– by thread, to cross . 42.10
thread by thread lease . 47.3
–, backing 412.3
–, bead 354.6, 414.22
–, beam 367.6
–, binding 173.4, 223.11, 342.4
–, bobbin 367.7
–, border 14.15
–, bright 421.9
–, brocading 163.3
–, catch 147.11, 358.7
–, centre 104.15, 221.9
–, core 19.18
–, cotton ground . . . 19.19
–, course 236.16
–, covering 20.8
–, crossing 164.4, 301.5, 353.3
–, doup 361.5
–, draw 424.14
–, fancy 421.11
–, felted 19.17
–, female 60.11
–, filling 84.8
–, fine 236.17
–, flattened 94.4
–, floating 344.9
–, foundation 19.18
–, gas 374.14
–, genuine gold 19.25
–, genuine silver . . . 20.3
–, glacé 12.17
–, gold 423.9
–, ground 19.18, 164.5, 182.11, 353.2
–, ground warp . . . 339.15
–, ground weft 168.21
–, heavy 20.7
–, imitation gold . . . 20.2
–, imitation silver . . 20.5
–, India rubber . . . 56.13
–, lacing 412.14
–, lappet . . . 349.14, 350.16
–, left hand 318.15
–, leno 164.4, 353.3
–, light 20.6
–, lower pile 166.8
–, metal 20.9
–, missed 142.23
–, pattern 413.13
–, pile 338.5
–, pliable 236.18
–, polished 94.3
–, right hand 318.15
–, selected – of the old (new) warp . . . 113.16.18
–, selvedge . . . 335.16, 434.22
–, sewing 342.16
–, silk ground 19.20
–, silver 433.10
–, single 435.5
–, skipped 142.23
–, standing 361.3
–, straight 164.5
–, straw 416.7
–, stretched 237.4
–, soft 236.18
–, spotting 412.20
–, tie 339.16
–, tie up 10.23
–, thick 236.16, 421.12
–, thin 236.17
–, twisted 9.5
–, under weft 155.4
–, upper pile 166.6
–, upper weft 155.3
–, wadding 156.5.6.7
–, warp 21.15, 367.6
– brake Morrison's system 92.20
– breakage 4.5
– clearer 39.6
– clearer brush 38.7
– counter . . . 434.14, 438.12
– counter, safety . . . 438.14
– counter, universal . . 438.13
– cutter 258.6
– eye 365.7
– gripper 333.10
– guard 32.18
thread-guide 32.1, 63.13, 90.15, 94.17, 261.5
– with two adjustable slit plates 23.6
–, adjustable 45.11
–, friction roller . . . 100.3
–, flyer 99.16
–, porcelain 27.16
–, revolving 37.3, 97.2
–, split drum 99.10
–, steel 240.4
–, traversing 30.15

thread-guide, up and down traversing . . 38.8
—, tubular 258.3
—, wire 27.15
— bar 366.14
— coupling 35.10
— drive 37.9
— eyelet 27.14
— holder 95.1
— lever 94.18
— motion regulated by the thickness of yarn layers 101.5
— plate 97.16
— rail 45.4, 367.16
— rail, adjustable 32.10
— rod 36.12
— rod, oscillating 37.12
— roller 100.14
— screw spindle 100.17
thread guiding by split drum 99.14
— layer 86.2
— layers displaced relatively 97.9
— selecting mechanism 113.5
— selector 368.10
— separating and tying mechanism 112.23
— stop motion roller 99.5
— tension device, Morrison's 92.20
— tension equaliser 98.1
— tension gear 245.15
— tension regulator 58.10
— turning lever 339.14
— waste 4.14, 22.11
—, to — automatically 27.10
threads broken by shuttle 4.6
— crossing strongly 173.18
— in excess 182.15
— intersecting the warp (weft) in the same order 144.7.8, 220.17, 381.20
— intersecting the warp (weft) in a different order 144.9.10, 382.1
— to be wound on 89.8
—, adherent 66.2
—, cut 4.6
—, entangled 81.12
—, even numbered 41.21
—, imitation doubled 156.2
—, interlaced 179.14
—, odd numbered 41.20
—, parallel lying 97.6
—, twisted 97.7
—, x — in the dent 107.15
threaded end and end (lease rods) 138.11
—, end of yarn to be 245.12
threading the yarn in the shuttle 265.8
— the weft through the shuttle eye 372.11
—, automatic 27.9
—, English yarn 245.14
— device, Northrop 260.17
— device, shuttle 372.7
— hook 365.6
— motion 365.1
— needle 372.10
— tube 245.8
three and one weft 156.3
— and one warp 156.4
— armed lever 129.6, 213.7, 315.11
— coloured damask 154.2
— decked dobby 197.8
— end twill 147.17
— fold crossing 164.15
— leaved twill 147.17
— part cam 274.18
— part comb 369.14
— phase motor with squirrel cage rotor 309.17
— ply carpet 408.12
— ply cloth weave 159.6
— roller temple 140.3
— shaft upright twill 147.18
— throw cam 97.3
— weft binding 169.15
throat of the shuttle 244.13
through tube 10.14, 85.13
throw of the crank 213.13
— of the needle frames 351.5
— of the reed 137.2
— of the tappet 198.17
—, cam 37.16
throw, increasing — of thread guide 88.16
—, uniform — of thread guide 88.15
—, uniform — of the driving blade 369.5
—, to — with the right hand 246.10
—, to — the hand shuttle 246.8
—, to — out in an upward direction (shuttle) 270.2
throwing off the belt 373.2
— of the shuttle by hand 246.7
thrown silk 16.4
thrum 110.19
thrums, warp 111.8
thumb nut 89.15, 122.13
— piece 112.14
— screw 83.7
thrust, to — out the empty bobbin from the shuttle 262.6
ticketer 6.13
ticking, bed 392.20, 394.13, 396.6
— weave 153.11
— weaver 5.22
tie, double 426.18
— band 110.4
— piece 110.5
— thread 339.16
—, to — the broken ends 51.11
—, to — the knot into two warp threads 336.16
—, to — the knot on one thread 336.18
—, to — the leases 42.16
—, to — the pattern threads to the ground warp threads 369.1
—, to — the pile thread parts into the warp 336.13
—, to — the ridge bands on the cross bar 177.3
—, to — the warp ends 110.15
ties, material for 402.29
—, heald 181.15
tie-up 7.16, 220.10
— for bordered fabrics 222.6
— commencing at the left (right) hand side 221.2.4
— for corner pattern 222.7
— with lifting rods 223.16
— with pressure harness 223.5
— with twilling bars 223.16
— for weaving names 222.13
—, compound 222.3
—, cross 222.10
—, diamond 221.7
—, double 222.11
—, double pointed 221.12
—, mixed 222.12
—, open 221.5
—, pointed 221.7
—, repeating — in bands 222.5
—, skipped 222.1
—, straight 221.1
— thread 10.23
—, to 218.6
—, to — the harness 217.5
—, to — the shafts 181.9
—, to — the treadles 183.9
tied up hank 10.24
tier of carriages 366.2
tiger skin plush 406.19
tight, to remain (threads) 79.7
— interlacing 152.4
tighten, to — the heald ties 181.16
—, to — up the nut 439.8
—, to — the wing screw 83.10
tightened simple cords 386.12
tightening of the threads 79.11
— the warp 118.10
— stick 71.12
tightly, to beam 57.5
—, to beat up 284.10
—, to wind 85.24
— stretched warp 118.20
— woven stuff 431.22
tightness of the warp 118.21
tin guard 32.18
— roller 30.4
— roller driving, single — for two rows of spindles 39.16
tinned copper 73.17
— heald 175.17
tinsel 20.10
— for trimmings 19.24
—, goffered 20.11
tinsel braid 428.5
tip, blunt 244.19
—, side 241.17
—, shuttle 244.15
—, straight 244.20
—, to — forwards (reed) 283.21
tissue in relief 422.17
—, figured 402.28
to and fro, to move 81.6, 88.14
— motion 205.11
toggle joint 294.10
toilet 161.8
toilinet 399.21
tongs, auxiliary 342.10
—, punching 373.13, 384.19
—, revolving 342.9
—, weft 341.1
tongue, box 280.15
—, guide 328.7
—, picker 248.9
—, shuttle 237.22
— and groove 61.6, 186.20
tool 373.3
—, beating up 360.19
—, blade 108.2
tools, weaver's 8.9
tooth of comb 367.15
— of ratchet bar 126.19
—, carriage 367.1
toothed back of the box 278.9
— end of bent lever 259.5
— bar 190.16
— disc 62.6, 201.5, 203.3
— sector 38.13, 194.8, 268.8, 276.10, 347.15
— segment 51.23, 112.17, 129.7, 358.6
— shuttle 347.10
— wheel 257.19, 362.4
— wheel for adjustable crown 61.3
— wheel with brake 276.4
— wheel, eccentric 214.1
top, embroidery lathe 345.19
— bearing lever 36.6
— bar Jacquard 368.20
— bowl 199.3
— box for cheeses 32.19
— bracket 249.9
— cloth 157.4
— and under cloth each worked by a separate shuttle 169.12
— and under cloth worked by one shuttle 169.11
— cloth weave 157.5, 158.4
— coating 417.2
— cross piece 210.2
— cross rod 322.2
— fork 45.17
— friction washer 93.3
— hat plush 406.14
— jack 185.3, 188.4
— lease 47.3
— lever 185.3, 213.4
— plate 385.5
— position 179.6
— raddle plate 82.15
— rail, loom 190.13
— rollers for three (four, five) shafts 201.15.16, 202.1
— shed 216.15, 328.16
— shed, arched 217.7
— shedding machine 228.7
— spindle bearing 36.5
— texture 169.4
— web 157.4
tops 394.10
—, satin 394.11
torque, high starting — of the motor 309.22
total number of ends 41.16
totally enclosed motor 309.20
Tournay yarn 15.3
tow carpet 407.22
— linen 395.11
— weaver 5.15
— yarn 12.20
towel 420.7
—, figured 166.11
— loom 297.14
— weave 166.3
towelling 396.9, 433.9
—, one colour 417.25
—, fancy 417.26
—, terry 166.8
—, terry pile 417.24
—, Turkish 417.24, 432.8
T rail 333.2
trace of the sketch 379.13
tracing paper 379.14
tractive force 307.8
trade loss 446.16
— term 432.13
tragacanth 67.3
trailing wheel 59.2
tram 16.6
—, coarse 16.7
—, hard twisted 16.8
transfer hammer 261.15, 262.9, 263.15, 264.8
—, to — the chain from the mill on to the warper's beam 57.4
—, to — the design 378.13
—, to — by hand 378.15
transferring the sketch to point paper 378.14
— by mechanical means 378.16
— by photographic methods 378.17
— lever 364.13
transition of types of interlacing 144.21
transmission of crank motion 294.1
— by levers 277.20
— of power 310.5
— of loom vibration to the machine 212.14
transpose, to — a figure x times 380.20
—, to — the interlacing points 145.1
transposed Jacquard pattern 377.19
— spots 412.22
transposing the figures 380.19
— point 380.21
transverse machines 363.8
— movement of the bobbin 265.11
— moving needle board 226.10
— stripe pattern 377.9
— tricot 160.3
transversely placed to the loom (machine) 225.17
trap, steam 73.22
—, shuttle 315.7
— board 225.5
trapped in the shedding (shuttle) 315.5
— shuttle 315.6
trash board 290.5
travel of knives 193.14
— of the warp 114.16
—, upward (downward) — of the thread guide 39.8.9
—, to — from left to right (cards) 390.14
traveller 343.17
travelling apron 33.3
— creel 62.17
— expenses 446.21
— rug 419.22, 433.14
— yarn skip carrier 102.6
traverse of thread guide 88.12
—, double — during one revolution of the drum 32.7
—, uniform — of thread guide 88.15
— bar 90.18
— beam, centre 305.2
— chain 38.16
— chain bowl 92.8
— guide rail 32.13
— motion 33.8
— net 412.23
— rail 33.9
— rail, adjustable 32.10
—, to — the carriage to the right (left) 287.19
—, to — the support the full width of section 61.20
—, to — the thread 26.13
—, to — the width of the material (carriages) 367.4
traversing thread guide 30.15
tray, cop 32.21
—, needle 50.19
treading motion, inside 199.1
— motion, outside 199.8
— rod 188.6, 195.9
— tappet 201.7
— tappet for single (double, multiple) lift 201.10.11.12
treadle 182.20, 188.6, 203.7, 275.2, 321.5
— for figuring warp 325.13

treadle with slip knot . 183.10
—, French 322.9
—, gauze 352.10
—, heavy 352.10
—, leno. 352.10
—, light 352.11
—, long 185.4
—, quick action . . . 352.10
—, short 185.5
—, stirrup 360.17
— bowl. 193.3, 201.8
— bracket 322.5
— grate 322.6
— guide 322.6
— heel 322.5
— lever 195.9, 199.2, 295.12
— loom 182.19, 296.13
— loom weaver 5.3
— motion. 182.21
— movement, positive . 323.11
— work 154.5
treble cloth, figured . . 159.2
— hair sieve bottom . 414.16
treddle 182.20
tree, rocking 288.17
trellis 396.5
tress, to twist up in a 57.14
trestle, Jacquard . . . 209.20
triangular cross section 354.11
— ground form 366.17
— mesh 412.11
tricot, diagonal . . . 160.7
—, longitudinal . . . 160.4
—, transverse 160.3
— weave 160.2
trimming 427.27
— for aprons 427.12
— with twisted loop edging. 425.23
— with weft loops. . . 425.21
—, corset 427.11
—, double edged dress. 428.20
—, double weft 426.13
—, dress 428.22
—, festoon 425.18
—, fringed 425.24
—, gauze 426.6
—, herring bone stitch 426.15
—, jet 428.10
—, lace. 426.3
—, livery 428.19
—, multiple weft . . . 426.14
—, open work 426.5
—, single weft 426.12
—, velour 428.12
trip hammer 252.8
— hammer picking motion 252.7
triple carpet 408.12
— weft moquette . . . 405.8
trivet 167.10
trolley, basket 371.14
—, iron 371.10
trough 89.10
—, colour 74.21
—, guide 140.14
—, needle 50.19
—, sizing 70.18, 71.17
—, spindle 96.8
—, water 101.20
— shaped bobbin holder 266.4
trousering . . . 399.19, 432.18
—, twilled linen . . . 396.7
truck, beam 112.22
true shawl 420.20
truth, out of 88.9
truvat 167.10
Tschörner's damask machine 232.13
tub 71.10
tube 86.9, 232.10, 340.5, 341.6
— for cheeses, fluted . 24.11
— for cheeses, perforated conical 24.3
— for cheeses, roughened 24.4
— placed radially . . . 342.7
— placed tangentially . 342.6
— of spool 89.7
—, bent 338.2
—, brass 439.3
—, conical paper . . . 24.9
—, curved 258.3
—, cylindrical paper . . 24.6
—, dampproof 24.7
—, double flanged paper 24.16
—, double flanged sheet metal 24.17
—, earthenware 208.14
—, funnel shaped . . . 288.2
—, glass 237.15
—, knotting 339.5
tube, paper 10.11, 24.5, 86.14, 90.7
—, perforated 10.15
—, perforated sheet metal 101.10
—, plain 96.10
—, reed 86.10
—, rubber 415.10
—, sheet metal 10.12
—, short . . 10.13, 85.12, 90.3
—, slit sheet iron . . . 287.2
—, split 176.20
—, steel 256.7
—, tapered paper . . . 24.9
—, threading 245.8
—, through 85.13
—, waterproof 24.8
—, weft pile 167.1
—, wooden — with head 86.13
— carrier 338.8, 340.6
— loom for carpets . . 339.18
— removing machine . 372.4
— shaped holder . . . 365.13
tubes arranged obliquely 340.13
tubular cop 84.11
— felt 414.8
— goods 300.10
— thread guide 258.3
tuft 409.5
— made of carded wool 409.7
—, hair 417.20
tufts per unit of surface 409.8
tufted surface gobelin . 408.8
tugged warp 118.19
tulle 423.17
— curtain 418.18
tunnel 166.20
Turcoman carpet . . . 410.6
Turkey carpet 409.15
— carpet, short (long) pile 409.16.17
Turkish carpet made by machinery 337.7
— carpet loom 335.4
— carpet power loom, Crossley's 338.18
— curtain 419.8
— knot 336.15, 409.9
— tapestry carpet . . 337.5
— tapestry loom . . . 337.1
— towelling. . . 417.24, 432.8
turn of rope 124.11
— of the slay 292.6
— length 46.15
— table 81.3
—, to — back the crank shaft 302.12
—, to — the blades . . 233.17
—, to — the cylinder . 187.2, 205.18
—, to — the ratchet wheel by the pawl . 96.15
—, to — the screw spindle 55.22, 177.8
turned back, length of warp 49.14
turning 180.20
— back of cloth roller . 134.17
— back of the crank shaft 302.13
— back the warper's beam 49.11
— the knives 236.2
— and locking of the cylinder 205.12
Turquoise 401.10
tussah silk yarn. . . . 17.6
tussore schappe yarn . 17.16
— silk yarn 17.6
tweel weave 147.13
tweeled cotton 394.17
tweezer. 112.2
— peg 239.6
tweezers, weaver's . . . 8.12
twelve end flat twill . 148.2
twig and leaf pattern . 377.4
twill 3.19
— alongside 149.5
— of 45 degrees . . . 148.9
— with incline of x degrees 148.8
— left to right 148.4
— right to left 148.5
— with ribs running at a low angle 148.11
—, Batavia 148.14
—, broken 149.8
—, cashmere 397.95
—, combined cross. . . . 150.7
—, continuous 149.11
—, cross 150.6
twill, cross zigzag. . . 150.10
—, curved 149.10
—, diagonal zigzag . . 150.12
—, dovetailed 150.4
—, elongated 149.14
—, one face 148.12
—, double face 148.13
—, false 149.13
—, fancy 149.2
—, four shaft 148.1
—, four leaf transposed double faced. . . . 157.10
—, ground 149.3
—, high angled 148.10
—, interrupted 150.2
—, long zigzag 150.11
—, normal 148.9
—, reclining 148.11
—, reeded 149.12
—, rib 149.7
—, satin 150.8
—, scale 150.1
—, several leaf 394.8
—, stepped 149.14
—, stitched 149.1
—, three end 147.17
—, three shaft upright . 147.18
—, twelve end flat . . 148.2
—, upright 148.10
—, warp 147.15
—, wave 149.9
—, weft 147.14
—, zigzag 150.9
— backed cloth 154.8
— carpet 407.19
— coating 398.14
— interlacing 144.11
— line 147.16
— line running from left to right 148.6
— line running from right to left 148.7
— weave 147.13
twill, to 147.12
twilled bombazet . . . 399.10
— cloth 3.19
— cotton 394.17
— fabric 432.5
— fabric, arrowhead . 397.2
— fabric, herringbone . 397.2
— floss silk ribbon . . 425.3
— jute fabrics 397.1
— jute sacking 397.3
— jute sacking, common 397.4
— jute sacking, fine . 397.5
— linen trowsering . . 396.7
— muslin-de-laine . . . 399.7
— ribbon 424.25
— sarsenet 401.30
— satin 150.8
— silk fabrics 401.26
— upholstery fabric . . 418.8
— warp back cloth . . 154.15
— weft back cloth . . 154.12
— woollen cloth. . . . 398.15
twilling bar . . . 224.1, 232.15
— bar connected by cords to two hooks 224.12
— bar connected to spare hooks 224.16
— bar with guide end . 224.17
— bar, lifting 233.6
— bar, lower 224.15
— bar, lowering . . . 233.5
— bar, upper 224.9
— bars placed edgewise on the grid 224.10
— bars under the comber board . . . 224.14
— bars, even 234.4
— bars, odd 234.5
— bar arrangement under the bottom board 224.8
— Jacquard [with divided cylinder] . . . 233.7.8
twine 217.15
—, heald 176.19
—, lacing 389.19
—, neck 207.12
— eye 175.19
— heald 174.19
— heald with metal eyelet 218.10
— hole 382.15
— loops linked together 208.7
twist. 110.11, 435.6
— of warp 433.25
— in the yarn . 145.6, 435.15
—, beaded 19.9
—, single beaded . . . 19.10
—, double beaded . . . 19.11
twist, complete 164.11
—, cotton. 12.14
—, fancy 19.2
—, flake 19.5, 421.16
—, half 164.10
—, left hand 9.13
—, medio 10.9
—, purse 16.14
—, one and a half. . . 164.12
—, right hand 9.12
—, ring frame 21.16
—, schappe silk 17.9
—, water 12.10
—, worsted 334.20
— lace machine 369.8
— tester 440.8
— yarn, double coloured 15.5
—, to — in the warp ends 110.10
—, to — the weft ends round a pin 261.7
—, to — the yarn ends up in a tress . . . 57.14
twisted round the other (sets of warp threads) 164.2
— round the warp and pattern threads (bobbin thread) 368.21
— round the warp threads (bobbin thread) . . 412.8
—, hard 9.14
—, left hand 9.11
—, right hand. 9.10
—, soft 9.15
—, strong 9.14
— beer 47.13
— chenille . . . 20.21, 411.6
— fringe 426.1
— loop edging 425.23
— straw yarn 416.6
— thread 9.5
— threads 97.7
— wire heald 175.13
— wire heald leveller . 197.16
— yarn 18.6
twister in 110.13.14
twisting of the pile threads 338.14
— various coloured ends together 19.3
—, made by 18.23
— in frame 111.2
— machine, wire heald. 180.11
twitching of the thread 98.7
two armed lever, weighted 108.18
— colour Jacquard pattern. 377.17
— coloured damask . . 154.1
— faced warp winding frame 26.19
— high slay 357.1
— part crank arm . . 293.11
— pile velvet 404.4
— ply carpets 408.9
— set card 383.7
— shuttle plush . . . 169.10
— spring peg 237.20
— step sateen 151.4
— and one warp . . . 155.11
— and one weft . . . 154.18
— and two, to lease. . 138.12
tying the threads from several cops 45.8
— the warp ends . . . 110.16
—, needle 235.1
— machine, Barber's warp 112.20
— mechanism, thread separating and . . 112.23
tying-up 181.10, 207.20
—, free 181.11
type of interlacing . . 144.21
— of loom 304.7
— of winding 23.4
—, ribbon loom 355.11
— mark of loom . . . 304.8
Tyrolese carpet 408.3

U

umbrella cloth 392.21
unbleached lining . . . 395.20
uncurled weft yarn . . 170.12
uncut carpet plush . . 411.22
— chenille 21.1
— plush 404.12
— velvet 404.2
— velveteen 395.3

under frame 356.13
underlinen 433.3
under motion, single acting spring . . . 204.5
underneath (face of the cloth) 345.1
under-pick 250.17
—, loose tongue 254.6
— loom 303.11
— motion 251.1, 254.11
under side, raised . . . 417.6
underswung slay 289.11, 299.2, 350.20
under texture 169.5
— web 157.6
— weft thread 155.4
undivided beam flange. 78.11
undulated weft thread 245.4
undulation of weft . . 284.13
unequal setting of the shed 141.18
— weighting 109.3
uneven shed 142.20
unforeseen expenses . . 446.17
unfulled cloth 397.10
unhooking the neck cords 211.12
uniform beating up . . 143.12
— pattern 145.5
— rotation 100.12
— speed 85.6
— tension 126.9
— throw 369.5
— spun yarn 435.7
uniformly, to distribute the coils of yarn . 22.17
— retarded motion . . 247.11
union cloth . . 400.4, 430.16
— fabrics 400.2
unit of design 144.14
—of length. 436.4
— of surface 409.8
— length, per 11.24
universal joint 204.2
— thread counter . . . 438.13
— yarn quadrant . . . 439.17
unlimited number of colours 409.4
unlined paper 387.17
unmilled cloth 397.10
unornamented cloth . . 145.17
unraised cheviot . . . 397.21
unread 384.16
unreliability in the working of the loom . 266.10
unreliably, to work . . 273.17
unscoured silk 16.21
unscrew, to — the nut. 439.7
unsteady start 309.23
untrue running of the beam 116.1
untwist, to — the yarn 435.16
untwisting of the hanks 170.16
unwind, to 85.21
—, to — the hank . . 25.8
—, to — the warp. . . 77.2
—, to — the warp from the beam 118.4
unwinding a ball of warp 63.14
— the hank. 25.9
— the thread 346.11
— the warp. 77.3
— of the yarn 244.22
unwound by the capsule (yarn) 265.1
— over top (yarn). . . 237.16
— weft yarn 245.1
—, length of warp . . 118.9
—, piece of warp . . . 118.9
up and down, to move 88.13
— motion. 97.4
upholstery damask . . 418.11
— fabric . . . 418.1, 433.10
— fabric, broché . . . 418.13
— fabric, granitic . . . 418.10
— fabric, one face . . 418.2
— fabric, plain . . . 418.4
— fabric, reversible . . 418.3
— fabric, ribbed. . . . 418.5
— fabric, tapestry . . 418.12
— fabric, twilled . . . 418.8
— material, printed . . 418.16
— plush 418.15
— sateen 418.9
— velour 418.14
— webbing 428.27
upkeep, cost of 446.8
upper shed . . . 142.15, 216.15
— texture 169.4
— side, smooth 417.5
upright . . 80.7, 207.8, 335.5
—, of the loom 297.3
upright creel 43.13
— hook 211.7
— mill 56.3
— pile 166.16, 405.1
— spindle. 38.18
— spindle warp winding frame 36.1
— twill. 148.10
— twill, three shaft . . 147.18
— wire 186.5
upward travel 39.8
upwards, edge of cloth deflected 140.8
use, to — the cloth beam as the taking up roller 130.2
used up (warp) 110.18
U shaped chenille . 20.23, 411.5
— loop 167.11
Utrecht velvet 405.22

V

value of the materials . 443.14
—, actual 429.6
valuing the cloth . . . 429.5
valve, dead weight safety 74.18
—, pressure regulator . 73.20
—, reducing 74.11
—, safety 69.17
— rod 69.2
variable driving speed 34.16, 53.13
— pitch in winding . . 22.18
— speed drive 308.4
— spindle speed. . . . 88.3
— tension 49.9
variation in number of revolutions 306.20
— in speed 310.1
— in warp tension . . 120.8
various coloured weft yarns 258.14
varnish for harness . . 220.5
—, to — the heald twine with linseed oil . . 179.17
varnished cord 220.4
— cotton twine 175.1
— heald 174.20, 179.18
varnishing the harness. 220.3
vary, to — the traverse of the thread guide. 95.12
varying woven goods . 392.6
vat, wooden 69.1
vector, radius 198.20
vegetable fibre 13.14
veiling 396.1
velour 417.11
— du Nord 406.15
—, upholstery 418.14
— sabre 403.18
— trimming. 428.12
velvet 404.1
—, button 404.7
—, collar 404.8
—, cotton. 403.13
—, Crefeld 404.5
—, cut 404.3
—, double 330.13
—, imitation 399.3
—, shoe 404.9
—, silk 403.2, 404.6
—, two pile 404.4
—, uncut 404.2
—, Utrecht 405.22
—, warp 167.16
—, worsted 399.27
— brocade 423.2
— cutting machine . . 168.14
— fabric 166.12
— knife 168.15
—like fabric 166.12
— loom 359.8
— pile carpet 241.19
— ribbon 425.10
— ribbon loom 359.2
— weaver. 5.27
— weaving 2.24
velveteen . . . 394.27, 403.13
—, double pile 403.17
—, jean back 395.5
—, plain back . 395.4, 403.15
—, ribbed. 395.1
—, uncut 395.3
Venetian carpet . . . 407.13
vent, air 74.14
Verdol Jacquard . . . 229.1
— pitch 216.13
Verdol's stamping machine for endless paper cards 388.22
vertical pressure on the beam shaft 120.1
— shedding motion . . 199.11
— spindle warp winding frame 36.1
— swing movement . . 340.11
vertically, to adjust . . 196.9
—, disposed (warp) . . 298.6
vest material 432.19
vesting 399.20
vibrate, to (box) . . . 273.14
vibrating arm 192.2
— catcher 342.17
— comb 319.16
— driving bar. 348.6
— lever 192.13
— lever with nose piece 203.9
vibration of the box . 273.13
— of the loom 212.13
— of the slay. 295.4
vibrator 333.9
—, serrated 319.16
Victoria Axminster carpet 410.15
vicuna yarn 15.24
Vienna pitch 216.5
— coarse (fine) pitch Jacquard 215.7.8
— repeating apparatus. 236.3
Viennese embroidery slay 347.16
vigogne yarn 12.8
Vigoureux yarn 15.6
Vincenzi pitch 216.12
viscose silk 17.20
visible only in the figure (embroidery weft) . 344.7
vitriol, blue. 68.2
—, white 67.29
voile 394.4, 398.21
—, silk 401.21
—, yarn 15.14
V shaped creel 44.6
V shed 142.21, 217.1
vulcanised fibre . . . 243.14
— rubber 415.18
vulcanising 415.17
V wraith 54.6

W

wadding pick 156.9
— thread 156.5.6.7
— threads, hidden . . . 156.7
— warp 156.8, 167.19
— weft 161.6, 325.12
— weft shuttle 271.21
wage. 444.19
— for cloth examining. 445.11
— per hour 444.20
— for starching 445.17
— paid per thousand picks 444.24
—, beamers 445.7
—, bleachers 445.1
—, burlers 445.14
—, cleaners 445.13
—, daily 444.21
—, doublers 445.4
—, drawer in 445.9
—, dyers 444.25
—, finishers 445.12
—, masters 445.18
—, menders 445.15
—, piecers 445.8
—, sizers 445.6
—, task 444.23
—, warp winders 445.2
—, warpers 445.5
—, weavers 445.10
—, weekly 444.22
—, weft winders . . . 445.3
wages, winding . . . 26.5, 88.22
waist belt . . . 416.20, 427.24
— coat stuff 432.19
— coating 399.20
Walker's circular box motion 280.13
wall hanging 407.8
Walter and Stolle's shuttle 242.12
want of style 377.2
warehouse charges . . 446.27
warehousing 443.11
warm, to size. 65.19
— size 64.27
warm, to — the binding points. 286.11
warp. 7.20, 114.4
— with border design . 77.8
— carried over weighted bowls 356.15
— for coloured goods . 40.14
— of x cuts 41.22
— disposed horizontally 298.8
— disposed vertically . 298.6
— with gauze weave. . 341.14
— of x pieces. 41.22
— which forms the ribs 147.2
— stuck together . . . 319.11
— on under (top) ground texture 169.18.19
—, additional . . 143.11, 443.18
—, ascending 338.4
—, bead 354.7, 415.1
—, binding . . . 161.3, 329.20
—, bleached. 21.8
—, brocade 163.2
—, chain 43.9
—, clearly set 107.8
—, closely set . 107.12, 319.9
—, coloured 64.3
—, single coloured 21.11, 434.1
—, multicoloured 21.12, 40.14, 434.2
—, completed 82.11
—, crimp 161.11
—, crossing 163.9
—, dark 62.20
—, descending 338.3
—, doubled 21.6
—, dressed 64.5.7
—, non elastic 360.4
—, fancy 40.14
—, figure 223.7
—, figuring 165.6
—, filling . . . 167.19, 330.1
—, five beer 107.21
—, foundation . . 147.4, 422.13
—, grey 21.7, 64.2
—, ground 147.4, 161.4, 163.10, 167.18, 223.8
—, heavy 21.13
—, India rubber . . . 415.4
—, jerked 118.19
—, jute filling 167.20
—, lifted 159.12, 380.9
—, light 21.14
—, loop 170.3, 325.2
—, loose 118.22
—, lower covering . . . 170.1
—, lowered 380.9
—, mule 22.1
—, nap 167.21
—, new 113.17
—, old 113.15
—, open 81.18
—, packing 156.8
—, paper packing . . . 411.17
—, pattern 147.1
—, pile . . 167.21, 169.20, 330.2
—, ring 12.10
—, sample 47.16
—, shedding 339.21
—, single yarn 21.5
—, sized 64.5.7
—, slack 405.12
—, slack pile 166.5
—, slackened 49.13
—, snarl 170.8
—, standard 42.5
—, stationary 339.19.20
—, stitching 161.3, 325.9, 329.20
—, straight . 161.10, 405.10, 433.24
—, stretched 118.17
—, tightly (lightly) stretched 118.20.22
—, three and one . . . 156.4
—, two and one 155.11
—, tugged 118.19
—, upper covering. . . 170.2
—, wadding. . . 156.8, 167.19
—, weighted 64.10
—, worsted 15.2
— back cloth, twilled . 154.15
— backed fabric. . . . 155.11
— ball 63.8, 71.15
— balling machine. . . 63.5
— beam . 77.71, 80.4, 114.17, 323.9, 366.10
— beam with brake on 120.3
— beam with flanges . 78.3
— beam with lever weighted rope brake . . . 121.13
— beam with iron pike 115.4

warp beam with spring loaded rope brake . 122.10
— beam, hollow 115.6
— beam, iron 115.10
— beam, pile 128.13
— beam, rubber thread 360.1
— beam, steel tube 78.2, 115.12
— beam, wooden . . . 114.19
— beam brakes 119.18
— beam carrier 79.15
— beam creel 79.14
— beam flange 78.6
— beam hand spike . . 374.3
— beam rod 119.10
— beaming 76.14
— beaming machines . 80.1
— brocaded fabric . . . 163.1
— calculation 443.13
— cheese 63.2
— cleaning 83.11
— count 7.21
— dish 81.3
— divider 286.4
— drawer 103.7.8
— dresser 66.8.9
— drying apparatus . . 72.5
— drying frame . . . 72.3
— effect 391.16
— and weft effect, change of 153.13
— end 57.1
— ends pieced together 110.11
— eye 171.7
— figuring 349.4
— float 392.1
— frame, lower 113.12
— frame, upper 113.13
— fringe 355.4
— governing . . 126.5, 298.5
— governing motion . 119.7
— guide rod 337.10
— layers with bevel gauge 60.14
— layers on mill . . . 56.20
— layers, stepped . . . 41.13
— let off 126.5
— let off motion, automatic 261.8
— line 379.10
— particulars . . . 7.23, 434.3
— pattern 7.18, 40.13
— pile carpets 411.9
— pile fabrics 404.1
— protector 315.4.8
— protector for circular box loom 317.12
— protector for free swinging slay . . . 317.11
— protector with regulator 317.1
— protector, English type of 316.6
— rib 146.1
— roller 40.20
— rope, crosswound . . 43.4
— sateen 150.14
— separator 363.2
— setting 376.10
— sheet 57.21
— soleil 151.17
— soleil, long ribbed . . 152.1
— spooler 25.3.4
— stop motion . 50.11, 53.10, 319.6
— stop motion with detectors 319.14
— stop motion, electric — with droppers . . . 320.1
— stop motion, Schatz's 320.17
— stripe 3.22
— tension . . . 126.8, 444.1
— tension controlled by springs 119.8
— tension gear for ribbon loom 356.14
— tension rod 59.6
— thread . 21.15, 367.6, 391.4
— thread, broken 143.3, 319.7, 321.7
— thread row 154.9
— threads in groups . . 341.13
— threads moved (left) in groups 176.7.8
— threads led down from above 335.14
— thrums 111.8
— twill 147.15
— tying machine, Barber's 112.20
— velvet 167.16
— winder 25.3.4, 26.16
warp winders wage . . 445.1
— winding frame . . . 26.16
— winding frame with friction driven bobbins 27.2
— winding frame with friction driven upright spindles . . . 36.2
— winding frame with horizontal spindles . 30.1
— winding frame with positively driven spindles 27.1
— winding frame, double sided 26.19
— winding frame, double sided single drum — for flanged bobbins . 31.1
— winding frame, double sided double drum — for flanged bobbins with reels on top . 30.2
— winding frame, double sided — with single row of bobbin driving drums 27.3
— winding frame, one sided 26.18
— winding frame, single faced 26.18
— yarn 10.8, 21.15
— yarn of permanent softness 64.19
— yarn, elastic 114.6
— yarn, rough 182.18
— yarn layer 41.11
—, to (bobbin flanges) . 24.18
—, to — from bobbins . 40.17
—, to — from cops . . 40.18
—, to — by hand . . . 41.10
—, to — in sections . . 41.5
—, to — in sheets . . . 41.2
—, to — at a uniform speed 42.7
—, to — the yarn . . . 40.11
warped, length . 41.14, 443.16
— beam 116.2
— sheet 41.6
warper (s. a. warping machine) . . 40.4.5, 47.18
—, American 53.1
—, foreman 40.10
—, hand 40.6.7
—, hand mill 40.6.7
—, machine 40.8
warper's bank 43.12
— beam . 40.20, 47.20, 73.11, 82.2
— beam, conical ended . 40.21
— beam stand 83.17
— bobbin 38.2, 44.8
— knot 110.17
— spool 38.2, 44.8
— wage 445.5
warping 40.1
— on section blocks . . 41.8
— India rubber threads 56.13
—, additional — of the selvedge threads . . 43.2
—, beam 40.19
—, chain 41.9
—, mill 41.1
—, sectional 41.4
— beam 47.20
— bobbin 38.2
— creel 43.12
— cylinder [mounted on a frame] . . . 58.17, 59.10
— department 40.3
— frame, sample . . . 47.15
— machine (s. a. warper) 47.18
— machine with separating pins 57.15
— machine, American . 53.1
— machine, beam . . . 47.19
— machine, cheese . . . 63.1
— machine, cone . . . 58.6
— machine, section . . 54.2
— machine, silk 60.17
— measure, English . . 52.3
— mill for ribbon weaving 56.2
— mill, Bradford . . . 45.13
— mill, Scotch 56.17
— mill, small band . . 56.12
— reel, horizontal . . . 56.9
— room 40.3
washer for screws . . . 374.15
—, bottom friction . . . 93.2
—, top friction 93.3
—, iron 139.19
washer, plate 249.13
—, spindle 36.3, 38.1
—, tension 92.21
—, weighting 93.4
washing 437.3
— sieve 416.25
waste left on bobbin . 22.11, 45.1
—, bobbin 85.29
—, cleaning 375.13
—, thread 4.14
—, weaver's 4.13
— collector 113.2
— yarn 14.16, 85.30
— yarn, cotton 12.12
watch shaped pocket dynamometer . . . 440.14
water, mock 10.9
— atomiser 102.5
— trough 101.20
— twist 12.10
— way 74.1
waterproof cloth . . . 431.12
— tube 24.8
wave twill 149.9
—, to — the band . . . 427.18
waved leno 165.2
— yarn 19.6
wavelike raising 417.17
wavy form, in a 336.4
— lined moire effect . . 286.2
— weft 421.18
wax 67.7, 437.20
—, melted 207.19
—, to — the harness cords 207.16
waxed heald 179.19
— silk heald 175.5
waxing the harness cords 220.6
way, water 74.1
weak blow 246.15
— tension 118.23
weakening of the yarn . 284.14
wear of bearings . . . 313.10
— of belt 310.7
— of parts of change mechanism 262.7
— of the tappet 250.5
— on the yarn 284.15
weave . 4.1, 7.25, 144.1, 381.10
— for the back cloth . 159.9
— for back texture . . 167.17
— for brocaded fabrics . 162.10
— for the centre web . 159.8
— for checks 153.5
— for circular goods . . 156.10
— for crimps 161.9
— with x ends . . . 144.17.18
— for extra weighted cloths 154.7
— for fabrics with patterns woven in by extra floating weft . 162.7
— for the face cloth . 159.7
— for figured goods . . 153.5
— for fustians 166.13
— for gauze cloths . . 163.8
— for looped fabrics . . 166.2
— for matelasse . . . 160.9
— for plain cloths . . 145.17
— for pleated cloth . . 162.3
— for rubber material . 415.5
— for stripes 153.5
— for Turkish towelling 166.3
— for velvet fabrics . . 166.12
— for velveteens . . . 166.13
— for fabrics with wadding threads . . . 156.5
— with three warps and two wefts 158.11
— with two warps and three wefts 158.10
— for warp velvet . . . 167.16
— for wicks 156.10
—, Axminster 410.13
—, basket 147.6
—, bottom cloth 157.7, 158.5
—, calico 145.18
—, check pattern hopsack 147.8
—, corduroy 167.5
—, crêpe 152.16
—, damask 153.12
—, dice 147.6
—, double carpet . . . 408.10
—, double cloth 157.9
—, double weft 146.4
—, enlarged — with simple interlacing 232.2
—, gauze 352.12
—, granit 152.16
—, ground 381.13
weave, [figured] honeycomb 152.6.8
—, hopsack 147.6
—, mixed hopsack . . . 147.9
—, rayed hopsack . . . 147.7
—, huckaback 152.14
—, leno 352.12
—, mat 147.6
—, nap cloth 160.1
—, pattern 413.6
—, plain . . . 145.18, 157.11
—, plain — of the selvedge 147.10
—, plain circular . . . 160.8
—, repp 145.19
—, rib 145.19
—, sateen 150.13
—, soleil 151.15
—, spotted 349.7
—, staggered weft pile . 167.3
—, tabby 145.18
—, three ply cloth . . . 159.6
—, ticking 153.11
—, top cloth . . 157.5, 158.4
—, towel 166.3
—, twill 147.13
—, tricot 160.2
—, uniform — over the whole surface . . . 391.11
—, weft pile 167.2
— changing mechanism 196.11
— design 193.16
weaves, combined . . . 145.15
—, derived 145.13
—, standard 145.12
weave, to 1.4
—, to — several colours 271.7
—, to — in commission 6.20
—, to — with[out] cross shed 223.14.15
—, to — heavy goods on light looms 296.6
—, to — light goods on heavy looms . . . 296.7
—, to — by hand . . . 4.19
—, to — the heading . 1.14
—, to — landscapes . . 422.11
—, to — without lease rods 138.13
—, to — with x shafts . 181.3
—, to — with moist (dry) weft 236.20.21
weaver 4.21.22
—, asbestos 5.29
—, bag 5.23
—, cambric 5.24
—, carded wool 5.20
—, commission 6.22.23
—, cotton 5.10
—, damask 5.25
—, drill 5.22
—, figured cloth 5.9
—, flax 5.12
—, hand loom 4.23.24
—, hemp 5.13
—, horsehair 5.28
—, lawn 5.24
—, linen 5.11
—, jute 5.14
—, nettle fibre 5.16
—, pattern 299.7
—, power loom 5.1.2
—, ribbon 5.26
—, tappet 5.3
—, temporary 5.7
—, ticking 5.22
—, tow 5.15
—, treadle loom 5.3
—, velvet 5.27
—, woollen stuff . . . 5.17
—, worsted 5.21
weaver's beam . 73.3, 76.18, 114.18
— beam frame 111.9
— beam gudgeons . . . 120.18
— beam stand 83.18
— comb 8.10
— implements 8.9
— lease peg 45.17
— nippers 8.12, 112.2
— seat 297.6
— shears 8.11, 112.1
— shuttle 237.5
— terms 8.4
— wage 445.10
— waste 4.13
weaving 1.3
— in commission . . . 6.21
— coloured goods . . . 2.4
— figures by extra floating weft . . . 162.8

weaving by hand 4.18
— of human figures 422.10
— plain goods 2.5
— of trimmings 3.3
— tubular goods 300.10
— white goods 2.3
—, bead 354.14
—, coloured 271.5
—, cotton 321.4
—, cross 352.3
—, doup 352.3
—, fancy 2.7, 208.15
—, figured 208.15
—, gauze 352.3
—, Jacquard 208.15
—, lappet 349.6
—, leno 352.3
—, paper yarn 2.21
—, pattern 2.6, 299.4
—, power loom 300.1
—, ribbon 56.2, 90.10
—, shaft 181.1
—, swivel 344.16
—, tapestry 422.4
—, wet 242.8
—, wire cloth 2.22
— calculations 441.1
— factory 1.7
— industry 1.10
— machinery 7.3
— material 3.6, 8.6
— mill 1.7
— mill manager 1.6
— plan 7.16, 434.12
— process 1.9
— repeat 8.1
— rule 8.5
— school 8.13
— shed 1.8
— spool 84.12
— waste 4.13
— width 331.1
web, centre 159.8
—, top 157.4
—, under 157.6
— glass 434.14
webbing 428.24
—, elastic — for braces 415.23
—, upholstery 428.27
— sling 428.26
wedge 311.8
—, coupling 277.11
— section wire 327.14
— shaped piece 242.13
— shaped shaft rod 173.10
— shaped slot in the griffe box 233.18
weekly wage 444.22
weft 7.22, 84.7, 236.12
— which forms the ribs 147.3
— off the fell of the cloth 325.6
—, back 325.11
—, backing 155.4
—, bead 354.8, 415.2
—, binding 158.2
—, broché 344.20
—, chenille 341.15, 411.7
—, coloured 271.11, 334.18
—, dry 236.21
—, embroidery 344.5
—, extra 154.11
—, extra figuring 162.9
—, face 155.3, 325.10
—, figuring 344.6
—, filling 325.12
—, fringe 355.8
—, ground 161.5
—, inner packing 156.9, 161.2
—, irregular 236.19
—, loose 346.10
—, lower 157.8
—, moist 236.20
—, reversing 424.9
—, slack 346.10
—, three and one 156.8
—, two and one 154.13
—, wadding 161.6
—, wavy 421.18
—, worsted 15.1
— backed fabric 154.18
— bar 132.13
— board, notched 335.17
— bobbin 84.12, 341.3
— bobbin, empty 260.9
— bobbin, run out 260.8
— brocade, [double sided] 162.12.13
— calculation 444.7
— carrier 263.6
— change 271.1
weft change without cards 278.11
— change motion 271.3
— changer 271.3
— changing for coloured weaving 271.5
— consumption 444.14.15
— cop 84.10, 237.14, 260.6
— counter 370.5
— cutting motion 341.24
— distributor 84.16.17
— doubler winder 96.18
— effect 391.7
— feeding motion 341.23
— figured fabric 344.14
— float 166.18, 392.3
— fork 268.4, 270.13, 318.3, 320.7, 322.13
— fork, x-pronged 318.6
— fork grate 322.16
— fork holder 322.14
— fork motion 318.1
— fork setting pin 322.15
— fork slide 320.9
— fringe 355.5
— grid 318.2
— hammer 268.3, 318.5, 322.17
— hammer lever 318.4
— inserting hook 339.14
— insertion by gripping shuttles 257.20
— insertion arrangement for horsehair looms 259.13
— insertion motion for Seaton's loom 257.21
— line 379.11
— loop 425.21
— material, [hard] 236.14.15
— mixing 271.1
— motion lever 320.4, 322.18
— motion shuttle with feeler 318.13
— needle 259.11, 318.12, 358.5
— nib 318.9
— particulars 434.5
— pattern 7.19, 329.19
— pile carpets 408.14
— pile fabrics 403.13
— pile tube 167.1
— pile weave 167.2
— pile weave, staggered 167.3
— pirn 240.13
— pirn winder 86.7
— pirn winder with horizontal (upright) spindles 87.15.16
— pirn winding 84.22
— plush, plain 405.13
— rib 146.2
— rib effect 146.3
— sateen 150.15
— setting 376.10
— silk 16.6
— soleil 151.16
— stop motion 268.22, 317.15, 318.8
— supply 260.1
— supply by endless chain 263.1
— supply, automatic 260.11
— supply apparatus 258.2
— supply mechanism, Hartmann's 262.8
— supply mechanism, Schönherr's 262.15
— supply motion of the Société Alsacienne 263.5
— supply motion, Gabler's 265.13
— supply motion, Koechlin's 264.1
— supply motion, Schönherr's 266.2
— thread 236.13, 391.5
— thread, broken 317.16
— thread, undulated 245.4
— threads, cut 343.13
— threads drawn through tubes 341.8
— tongs 341.1
— twill 147.14
— winder 84.18.19
— winder, Morrison's 91.2
— winders wage 445.3
— winding 84.6
— winding machine 86.7
— winding machine for fixed (movable) pirns 89.2, 91.1
— winding machine for ribbon weaving 90.10
weft winding machines with friction roller thread guide 100.3
— winding machine with horizontal spindles 100.13
— winding machine with upright spindles 100.4
— winding room 85.1
— yarn 10.10, 84.8, 236.13, 335.18
— yarn, uncurled 170.12
— yarn, unwound 245.1
— yarns, various coloured 258.14
weight 90.13, 91.13, 121.10, 123.2, 137.10
— on lever 121.1
— on pressure lever 55.10
— of the rails 333.3
— of a square meter of stuff 442.10
— of warp 42.1
— of weft worked up 444.16
— of yarn, calculated 11.17
—, actual 11.16, 442.12
—, balance 203.19
—, calculated 442.11
—, contact 137.6
—, dead s. dead weight
—, drag 32.20
—, effective 11.16
—, glass 208.13
—, gross 4.10
—, horseshoe 329.10
—, own 270.17
—, pendulum 317.3
—, sliding 439.20
—, standard 436.6
—, stop 32.2
—, tension 122.3, 329.6
— box 122.2
— brake, counterpoise 123.7
— brake, self-adjusting 123.21
— lever 91.14, 96.7, 274.7
— lever fulcrum bracket 125.11
— lever, brake 125.9
— stalk 93.16
weights, adding 123.3
weight, to — the healds 362.2
—, to — the heald threads by rings 177.11
—, to — the slay beam with an iron plate 289.2
—, to — the warp 64.9
weighted arm 311.6
— cord 123.1, 235.9
— lever 120.23, 121.9.12, 348.9
— rack 288.4
— rope 123.1
— warp 64.10
— yarn 10.5
weighting by adding an extra weft back 155.1
— of the cloth 4.11
— the warp 64.8
— of the warp threads 49.6
—, indirect — of the brake 120.11
—, unequal 109.3
— ring 115.16
— rod 93.16
— substance 68.12
— washer 93.4
well 366.13
—, grooved — of the shuttle 244.14
—, hollow — of the shuttle 244.11
—, narrow 244.8
welliné 417.14
Wenzel's dobby 196.3
Westphalian carpet 407.28
wet, to wind 85.3
— spun yarn 13.1
— weaving 242.8
wharve 26.15
—, spindle 29.14, 95.15
wheat meal 66.21
— straw 416.3
wheel for driving rolling locker 367.21
— for driving second yarn guide 35.1
—, beam 128.19
—, bevel 178.3
—, bevel crown — for cank shaft 308.11
—, breast beam 134.6
—, carrier 128.18, 133.9, 135.9, 137.5, 178.5
—, chain 259.2, 372.19
wheel, change s. change wheel
—, cloth beam 133.10
—, cog 275.8
—, counter 370.9
—, cylinder 58.13, 277.7
—, eccentric 38.14
—, eliptical 214.2
—, friction 100.7
—, hand 192.16
—, idler 388.9
—, indicator 51.21
—, lifter 277.4
—, locking — for warp protector 317.8
—, mortice 275.8
—, notched 178.22
—, pin 274.2, 278.7, 388.3
—, ratchet s. ratchet wheel
—, sand roller 135.8
—, single pin 201.2
—, slipping 310.20
—, spindle 96.3
—, spooling 26.7
—, sprocket 119.14
—, spur 137.4, 287.11
—, star 128.17, 201.3, 214.4, 275.12, 370.14
—, tappet 202.10
—, toothed 257.19
—, trailing 59.2
—, winding 86.4
—, worm 127.13
— cover 323.2
— lever 276.14
— lever grate 277.9
— path, horseshoe 345.18
— teeth, inclined 133.21
whip figuring 349.4
— roll 350.7
— thread 349.14
white copperas 67.29
— goods, weaving 2.3
— label 10.26
— lead 124.23
— mohair yarn 15.21
— schappe silk yarn 17.12
— vitriol 67.29
White's double lift dobby 194.12
whole plate tappet for four shafts 202.6
— plate tappet for plain weaving 202.5
wick, lamp 156.12
wide, to adjust the temple 139.9
— loom 296.11
width of block 54.20
— of carpet 407.11
— of cloth 442.7
— of drum 48.18
— between the flanges 24.13
— between framings 308.2, 331.2
— of fringe 355.7
— of goods 3.12
— of warp beam 78.5
— of warped sheet 41.6
—, current 442.8
—, overall — of loom 304.11
—, overall — of slay 308.3
—, weaving 331.1
—, working 304.10
widthways, to set 217.4
wigan 432.21
Wilton carpet 412.4
wind, to 22.7, 84.14
—, to — a beam without flanges 79.4
—, to — from bobbins 25.7, 37.4, 85.27
—, to — the bobbins barrel shape 23.15
—, to — the chain [upwards and] downwards 47.8.9
—, to — from cops 25.6
—, to — into cops 85.18
—, to — the cords round the slay beam 290.4
—, to — from cross wound bobbins 89.20
—, to — dry 85.2
—, to — a full bobbin 22.8
—, to — by hand 24.20
—, to — from hanks 25.5, 37.5, 85.26
—, to — loosely 85.25
—, to — by machine 26.1

wind, to — off 85.21
—, to — off the warp 77.2
—, to — off the weft bobbin 260.10
—, to — on to the bare spindle 85.10
—, to — on the conical base of the pirn 86.16
—, to — on a sheet of threads 41.3
—, to — on to tubes 85.11
—, to — on to weft pirns 85.14
—, to — pitch threads round the baulks 286.9
—, to — from the reel 33.5
—, to — the strap round the picking stick 250.15
—, to — the thread in spirals on the bobbin 22.19
—, to — the tie band on the cloth beam 110.4
—, to — tightly 79.6, 85.24
—, to — up (cord) 122.5
—, to — the warp on a beam without flanges 79.4
—, to — the warp from beam to beam 76.20
—, to — at a uniform tension 79.8
—, to — the weft 84.15
—, to — the weft on the board 335.19
—, to — wet 85.3
—, to — the yarn 336.9
winder s. a. winding frame
winder with band driven upright spindles 37.18
—, cop 87.1
—, hand 25.1.2
—, quick traverse s. quick traverse winder
—, split drum — for cheeses 31.11
—, warp 25.3.4, 26.16
—, weft s. weft winder
winder's boy 84.20
winding 22.4
— downwards 47.7
— by hand 24.21, 86.5
— the warp from beam to beam 77.1
—, bobbin 23.13
—, commission 88.21
—, conical 24.1
—, cop 85.17
—, cross 87.12
—, cylindrical 22.21
—, hand 24.21
—, hard 23.7, 85.22
—, machine 26.2
—, soft 23.9, 85.23
—, taper 24.1
—, weft 84.6
—, weft pirn 84.22
— cam 37.14
— cost 88.23
— department 22.6
— drum 30.4
— frame s. a. winder
— frame, silk 34.2
— frame, warp 26.16
— frame, upright spindle warp 36.1
— machine for flat bobbins 89.3
— machine for linen 33.14
— machine for solid cops 87.3, 94.5
— machine, cup s. cup winding machine
— machine, quill 96.19
— machine, weft 89.2
— off the warp 77.3
— off direction 121.2
— off frame 56.8
— off reel 34.15
— on of the cord 235.13
— on the yarn by revolving the spindle 87.23
— on to weft pirns 85.9
— on, to flanged bobbins, motion for 31.7
— on beam 73.3
— on drum 324.9
— process 22.14
— room, weft 85.1
— speed 85.5
— speed, uniform 53.11
— surface 23.12
— tariff 26.3, 89.1
winding wages 26.5, 88.22
— wheel 86.4
— wheel with treadle 86.6
wing of creel 43.14
— of warping mill 46.7
— nut 89.15, 122.13, 196.15, 439.2
— screw 83.7
— tension 245.20
winged disc 337.11
winter cloth 431.19
— weight cloths 417.1
wiper 420.7
— motion 198.8
— shaft 350.19
wire (s.a. hook) 20.9, 176.18, 327.3
— ground off at the bend 111.18
— x millimetres thick 327.12
— for the open shed machine 227.7
— for terry weaving 168.11
— for trimmings 19.24
— woven in 329.2
—, annealed 416.18
—, brass 416.15
—, conducting 387.10
—, connecting 277.8
—, detector 35.6
—, draw 259.19, 278.17
—, drop 33.10, 35.6, 319.13
—, elastic 326.15
—, flat 20.10
—, gilt 20.1
—, grooved 168.13, 327.8
—, hair pin shaped 111.13
—, harness 171.13
—, hooked 389.9
—, iron 416.16
—, lifting 207.8
—, mail 176.3
—, needle guide 226.5
—, pile 168.9, 327.3
—, reed 286.18
—, round 168.11, 327.7
—, screwed 191.3
—, silver plated 20.4
—, stranded 416.17
—, tension 90.14, 253.15
—, upright 207.8
—, wedge section 327.14
— arm 346.16
— arrangement 359.9
— binding 286.12
— cloth weaving 2.22
— cord 416.17
— core 19.21
— creel peg 44.18
— end bent back 227.6
— eye 176.2, 363.3
— eyelet 360.16
— fabrics 416.14
— gauze 416.14
— gauze heald 361.15
— gauze ribbon 425.17
— guide 95.5, 350.19
— guide for furniture plush looms 328.19
— guide eye 367.17
— head 327.6
— head bridge 328.8
— head spring 328.9
— heald 175.10
— heald shaft 172.8
— heald twisting machine 180.11
— hook 172.20, 215.5
— hook for the double lift machine 227.8
— hoop, adjustable 100.1
— loop 227.2
— loop, rectangular 263.7
— mail 218.17
— motion for velvet looms 328.1
— motion, switch 326.19
— peg 44.11
— pick 168.6
— pin 228.1
— pincers 330.6
— ring 219.6
— shed 328.16
— sieve 416.21
— thread guide 27.15
witch 186.3
withdraw, to — the warp (the chain) from the mill 43.3, 57.3
withdrawing the slide 326.18
— the wires 327.2
withstand, to — a high speed (thread) 85.8
wizard 186.3
Wolfrum's dobby 194.13
wood, cornel 243.10
—, dog 243.10
—, hard 243.5
—, naturally matured 243.8
—, persimmon 243.11
—, seasoned 243.8
— beam 77.20
— box, copper lined 70.6
— bush for creel pegs 44.19
— card 382.11
— cone 93.11
— fibre yarn 13.23
— frame 108.6
— handle 111.15
— lath cone 60.2
— lining 311.3
— spool 10.19
— pirn 239.14
wooden peg 189.13, 390.2
— pirn 86.11
woof (s. a. weft) 7.22, 84.7, 236.12
—, worsted 15.1
— yarn 10.10, 84.8
wool braid 427.30
— knop 18.12
— weaver 5.17.20
— weaving 2.13
— yarns 14.3
woollen cloth 397.11 430.14
— cloth, twilled 398.15
— fabrics in twill and sateen weave 398.12
— felt lining 123.19
— goods, carded 397.8
— goods, plain 397.9
— goods factory 2.14
— pile warp 411.12
— stuff weaver 5.17
— yarn 14.4
— yarn for lama 14.5
woollens weaving 2.13
work, day 441.7
—, treadle 154.5
—, to — backwards 302.14
—, to — intermittently 130.6
—, to — with shafts of healds 181.2
—, to — with x shuttles 271.16
—, to — with extra shuttles 341.28
—, to — the treadle 183.1
—, to — on the treadle at the free end 183.7
—, to — on the treadle near the fulcrum 183.8
worked by one (by separate) shuttle (top and under cloth) 169.11.12
— up (warp) 110.18
— up, length 11.21
worker for sick 5.7
—, cloth 5.18
working backwards at half speed 302.15
— with a closed shed 142.11
— with an open shed 142.4
—, mechanical 300.4
— expenses 445.19
— life 174.12, 244.1
— width 304.10
workmen 4.20
works capital 446.9
worm 54.11, 61.10, 371.8
— of measuring roller 51.18
— and worm wheel drive 34.7, 127.12
— and worm wheel taking up motion 131.13, 135.13
— and wheel 30.7, 52.10, 101.21
—, single 127.14
—, single thread — to drive the cam 36.15
— cylinder 358.1
— shaft 127.19
— wheel 51.19, 61.11, 127.13
— wheel on cam 37.1
worn shuttle 243.23
worsted, half 15.7
—, imitation 15.7
—, mock 15.7
— band 425.1
— canvas 398.24
— cop 260.5
— chevron 399.14
— cloth 430.15
— damask 399.24
— diagonal 399.15
— fabrics 398.17
worsted fabrics in twill and sateen weave 399.6
— fabrics, figured 399.18
— fabrics, plain 398.18
— heald 175.2
— pile fabrics 399.26
— pile warp 411.13
— poplin 398.28
— sateen 399.16
— shag 399.28, 404.20
— twist 334.20
— velvet 399.27
— warp 15.2
— weaver 5.21
— weft 15.1
— woof 15.1
— yarns 14.22
wound on to the cloth beam (cloth) 298.15
— on, threads to be 89.8
— yarn 10.16, 26.6, 86.12
woven 1.15
— by shafts, fabric 392.8
—, length 3.11
— belting 427.14
— braid 427.28
— chenille 20.19
— fabric 3.7
— flat chenille 410.21
— hosepipe 156.11
— in wire 329.2
— imitation lace 423.16
— lace 413.4, 423.14
— materials 391.1
— off cop 243.22, 262.3
— ribbon 424.3
— roller cots 156.14
— tapestry 334.17
wraith 59.14, 61.18
—, V 54.6
— holder 59.15
wrap reel 440.4
—, to — the brake rope round the beam 121.16
—, to — the warp into a ball 63.6
wrench 374.1
wringing plate 71.19
— out the dipped hank 70.2
wrinkly cloth 432.2
wrong heald eye 104.3
— order, in a 104.5
— side of the cloth 430.4
wrought iron crank shaft 302.8
— iron strap 293.14

Y

yarder 6.3.4
yarn (s. a. thread) 9.2, 435.5
— in hanks 10.20, 22.3
— for the knots 338.13
— in oil 10.6
— scorched in dyeing 9.26
— to be tested 430.3
— unwound by the capsule 265.1
—, Alpaca 15.26
—, artificial knop 18.10
—, artificial silk 17.17
—, asbestos 17.22
—, barchant 12.7
—, bead 19.8
—, bleached 9.24
—, blended 13.13
—, bobbin 435.22
—, boucle 14.14
—, bourrette 17.14
—, brilliantine 14.7
—, brittle 9.22
—, camel hair 15.23
—, camlet 15.12
—, carded 14.4
—, carded cotton 12.5
—, carded worsted 15.7
—, carpet 14.12
—, cashmere 15.22
—, castor 14.29
—, cellulose 13.12
—, Ceylon coir 13.20
—, chenille 20.18
—, cheviot 14.30
—, china grass 13.15
—, coarse 9.18
—, cochin coir 13.18
—, coconada coir 13.19
—, coir 13.17
—, coloured twist 15.5
—, combed cotton 12.6

yarn, commercial . . . 11.26
—, condensed 12.7
—, cop 435.23
—, cordonnet 12.16
—, cotton waste . . . 12.12
—, cow hair 15.27
—, crape 15.15, 16.10
—, crêpe 161.15
—, Crêpe-de-Chine . . 16.11
—, crochet 14.28
—, curled 170.18
—, damask 15.13
—, diamond 19.4
—, double 435.6
—, doubled 9.4
—, dressed 10.4
—, dry spun 12.23
—, dyed 9.25
—, Egyptian 12.4
—, elastic 9.19, 435.12
—, evenly spun 9.6
—, extract 14.20
—, fancy 18.7
—, fancy silk 17.10
—, felted 19.17
—, filoselle 17.11
—, fine 9.17
—, flake 18.20, 421.15
—, flannel 14.6
—, flax 12.18
—, flax line 12.19
—, x fold 177.10
—, gassed cotton . . . 12.15
—, genappe 15.4
—, goat's hair 15.17
—, grenadine 15.10
—, hair 15.16
—, half woollen 12.9
—, hand spun 12.21
—, hank 435.21
—, hard twisted . . 9.14, 17.24
—, very hard twisted . 161.15
—, hard worsted . . . 14.23
—, hemp 13.4
—, fine hemp 13.5
—, coarse hemp . . . 13.6
—, hemp tow 13.7
—, home spun 14.9
—, horsehair 15.28
—, hosiery 14.10
—, imitation 12.7
—, irregular 9.7
—, irregularly spun . . 18.2
—, jute 13.8
—, hackled jute . . . 13.9
—, jute long line . . . 13.9
—, jute tow 13.10
—, jute warp 13.11
—, jute weft 13.12
—, knitting 14.11
—, knop 18.8, 421.13
yarn, knotty 435.8
—, lasting 15.11
—, left hand twisted 9.11, 145.9
—, linen 12.19
—, list 14.15
—, llama 15.25
—, loaded 10.5
—, loop 19.7, 421.17
—, Louisiana 12.3
—, lustered linen . . . 13.3
—, lustre wool 14.25
—, machine spun . . . 12.22
—, medio 10.9
—, melange 15.6
—, merino 14.26
—, metal covered . . . 20.16
—, metal covered embroidery 19.23
—, metallised 20.17
—, mercerised 12.13
—, mercerised linen . . 13.2
—, mixed 13.13
—, mixture 10.8
—, mohair 15.18
—, mottled 14.13
—, mule spun 12.11
—, multiple coloured . . 10.2
—, mungo 14.18
—, muslin 15.9
—, nettle 13.16
—, open 9.15
—, ostrich 19.1
—, paper 13.24
—, patent strong . . . 12.17
—, peat 13.21
—, polished 12.17
—, printed 9.27
—, printed knop . . . 18.10
—, pulp 13.25
—, ramie 13.15
—, raw 9.23
—, reeled 10.20
—, regular 9.6
—, remanufactured . . 14.17
—, right hand twisted 9.10, 145.10
—, ring spun 12.10
—, ring warp 21.16
—, rough . . 9.21, 18.3, 435.10
—, schappe silk 17.7
—, scoured 10.7
—, selfactor warp . . . 22.1
—, selvedge . . . 14.15, 435.1
—, semi-worsted 15.7
—, shoddy 14.19
—, silk 16.1
—, silk shoddy 17.15
—, silvalin 13.25
—, single 9.3, 17.23
—, single coloured . . 10.1
—, single schappe silk . 17.8
yarn, slack 49.5
—, smooth 9.20, 435.9
—, Smyrna 15.8
—, soft twisted . . . 9.15, 18.1
—, soft worsted 14.24
—, spot 18.19, 421.14
—, standard 436.2
—, standard twisted . . 161.16
—, stiff 435.14
—, strong 435.13
—, textiline 14.2
—, textilite 14.1
—, textilose 13.26
—, Thibet 14.21
—, thick 9.18
—, Tournay 15.3
—, tow 12.20
—, tussore schappe . . 17.16
—, tussore silk 17.6
—, twisted 18.6
—, uniform spun . . . 435.7
—, vicuna 15.24
—, vigogne 12.8
—, Vigoureux 15.6
—, voile 15.14
—, warp s. warp yarn
—, waste 14.16, 85.30
—, waved 19.6
—, weft . . 10.10, 84.8, 335.18
—, weighted 10.5
—, wet spun 13.1
—, white schappe silk . 17.12
—, wood fibre 13.23
—, woof 10.10
—, woollen 14.4
—, woollen — for lama . 14.5
—, worsted 14.22
—, wound . . 10.10, 26.6, 86.12
—, yellow schappe silk . 17.13
—, zephyr 14.27
—, zibeline 14.8
— balance 439.13
— balance with glass case 439.15
— balance with wrap reel 439.14
— balance, Staub's . . 439.18
— beam . 75.15, 77.17, 114.17, 323.9
— beam with shaft passing through . . 125.6
— beam flange 115.15
— beam lifting motion . 106.11
— beam regulators . . 126.3
— brake 31.9
— carrier 84.21
— carrier, elastic . . . 29.8
— clearer 28.1
— clearer, double plate adjustable 28.8
— cone 87.9
yarn consumption . . . 11.20
— counts indicator . . 440.16
— damper 101.16
— damping arrangement 101.17
— distributor 84.16.17
— elongation 114.7
— feed 85.4
— guide, driving second 35.1
— hook 439.19
— hurdle 102.9
— indicator 48.12
— layer 54.13, 87.6
— moistener 101.16
— quadrant . . 88.20, 439.13
— quadrant, accurate . 439.16
— quadrant, universal . 439.17
— requirements 443.12
— requirements for weft (warp) 444.8.15
— reserve 98.2, 263.12
— rest 116.8
— skip carrier, travelling 102.6
— soaker 101.16
— sprinkler 101.16
— steeper 101.16
— strength tester [for single ends] . . . 440.10.11
— tension, irregular . . 29.17
— tension, uniform . . 29.16
— tension bowl 94.16
— test by comparison . 436.1
— tester with extensometer 440.13
— testing 435.2
yellow 380.12
— schappe silk yarn . . 17.13
Yorkshire dobby . . . 194.2

Z

zephyr 393.7
— yarn 14.27
zero, to set at (indicator finger) . . . 54.17, 440.17
zibeline 398.13
— yarn 14.8
zigzag comb . . . 81.1, 83.5
— form 49.5
— gauze 164.20
— reed 49.20
— twill 150.9
— twill, cross 150.10
— twill, diagonal . . . 150.12
— twill, long 150.11
zinc chloride 68.1
Zschweigert's shuttle change motion . . 267.8
Zwicki's shuttle change motion 270.3

Russisch · Russian · Русский · Russe · Russo · Ruso

А

автомат, сменный револьверного типа 270.12
автоматический см. самодействующий
аграмант, драпировочный 428.16
Адриа, переплетение. 146.7
–, переплетение с неравными подкидными нитями 146.10
–, основное переплетение . . . 146.8
–, уточное переплетение . . . 146.9
ажурн-ый товар . 164.1
–ая лента 426.5
аксминстер, рояль 410.16
аксминстерск-ий ковер . . 410.12, 340.20
–ий ковер виктория 410.15
–ий ковер, королевский . . . 410.16
–ий ковер, немецкий 410.14
–ий товар (станок) 343.15
–ое переплетение 410.13
альпака, пряжа . 14.20
–, тибет- 399.23
алюминиевая соль 438.5
амбарные деньги . 446.27
амортизация с. т. погашение . .
– машин 445.21
ангорск-ий плюш 399.20
–ий плюш, гладкий 405.20
–ий плюш, узорчатый 405.23
–ая пряжа, завитая 170.11
–ая пряжа, слабокрученая . . . 170.10
–ая пряжа, чистая 15.19
–ая шерсть . . . 15.18
аншлаг 290.11
аппарат с. т. прибор *или* приспособление *или* механизм *или* машина *или* устройство . .
– для шлихтоварения с мешалкой 68.22
–, варочный – для шлихта . . . 68.21
–, револьверный . 281.12
аппаратная пряжа с. т. кардная пряжа . . . .
– пряжа. 14.4
– хлопчатобумажная пряжа . . 12.5
– шерсть 5.20
апретирование *или* апретура с. т. отделка
– нитяных колышек 179.15
– нитяных колышек (машина) . 180.1
апретированная лента 427.16
апретировать товар 437.1
апретура *или* апретирование с. т. отделка
аркат (с. т. аркатный шнур *или* голосинник *или* под'емный шнур) 207.15, 208.19, 217.15
–, проступающий 209.5
–, узорный . . . 231.18
аркатн-ый голосинник 217.15
–ый шнур 207.15, 217.15, 224.3
–ый шнур, сшитый 218.3
–ая лица 208.6.18
–ая олифа . . . 220.5
–ая подвязь . . . 207.6
–ая подвязь, групповая 223.3
–ая подвязь, крестообразно пробранная . . . 221.3
–ая подвязь, открытая 221.6
армюр 402.1
асбест 17.22
асбестовая пряжа с хлопчатобумажной (латунной) жилой . 18.4.5
– ткань 5.29
атлас 166.19
– с двойным шагом переплета. 151.4
– усиленного типа 151.11
–, восьми-ремизный 224.4
–, легкий 402.12
–, мебельный 402.13, 418.9
–, неправильный 151.10
–, оттененный . . 151.14
–, плотный . . . 402.11
–, полушерстяной пятиремизный . 400.6
–, правильный . . 151.9
–, х-ремизный . . 151.8
–, уплотненный . 151.11
–, тяжелый . . . 402.11
–, шерстяной . . 399.16
атласн-ая разбивка 150.8
–ое переплетение. 150.13
–ое переплетение, основное . . . 150.14
–ое переплетение, уточное . . . 150.15
атласовое основание. 151.1

Б

бабка, задняя . . 80.19
–, подвижная . . 80.19
бадья для клея . 71.17
байка . . . 398.6, 417.10
байковый каток для торможения нити 35.19
балка, опорная чугунная 212.12
–, передняя поперечная 305.3
–, подвесная опорная 212.16
–, поперечная . . 212.10
балочка, направляющая . . . 327.17
–, опорная. . . . 190.13
–, полая. 338.10
банк 446.10
банковые издержки 446.11
барабан с двуххододовым прорезом 32.6
– луженой листовой меди . . . 73.17
– мотовила . . . 29.10
– с прорезом . . . 31.12
– со сменными полыми конусами 372.3
– со щелью . . . 99.11
–, большой . . . 74.6
–, вращающий . . 30.2.4
–, вытяжной . . . 48.19
–, запасный . . . 56.19
–, зубчатый . . . 277.6
–, конусный сновальный . . . 60.1
–, малый 74.7
–, мерный . . 48.11, 63.3
–, накатный . 48.1, 324.9
–, нитеводный . . 31.12
–, прорезной. . . 99.11
–, реечный . . . 75.10
–, револьверный . 280.3
–, сновальный . . 58.17
–, сновальный –, лежащий в стойках 59.10
–, сновальный, снабженный шпильками . . 57.17
–, счетный . . . 62.5
–, узорный . . . 353.14
–, фрикционный 27.5, 35.2
–, шнурочный . . 178.12
–, щеточный . . . 70.11
барабанн-ый брус 35.3
–ый венец . . . 60.18
–ый конус . . . 60.15
–ый ткацкий станок . . 209.15, 300.9
–ая шлихтовальная машина . . 73.10
–ая шестерня . 58.18, 277.7
–ое мотовило . 29.9, 440.7
барабано – мерительный прибор 442.3
барабанчик с. т. призма
– для узорной карты 196.12
–, кареточный . . 186.13
–, карточный . . 192.7
–, кулачный . . . 188.7
баран 46.5
–, сновальный . . 56.9
баранчик (с. т. мотовило) . . 25.19, 70.12
барашек (с. т. каракуль) . . . 89.15
–, двухворсовый 406.23.25
–, искусственный 170.6
–, полосатый фальшивый 406.24
–, четырехворсовой. 407.1
барашка 439.2
Барбер, присучальная машина для основы 112.20
–, узловязатель . 112.3
барий, сернокислый 437.28
бархат 403.12
–, бумажный . . 403.13
–, бумажный – с саржевым переплетением . 395.5
–, двухворсовой . 404.4
–, воротовый . . 404.8
–, крефельдский . 404.5
–, мебельный . . 418.14
–, настоящий . . 404.6
–, ненастоящий . 394.27
–, основный . . . 404.1
–, плотный . . . 404.7
–, пруточный . . 404.2
–, пуговичный . . 404.7
–, резаный . . . 404.3
–, рубчатый . . . 395.1
–, туфельный . . 404.9
–, уточный 166.13, 403.13
–, шелковый 403.2, 404.6
–, шерстяной . . 399.27
бархатистая ткань 432.9
бархатная крутка 16.17
– лента 359.2
– лента, двойная 359.7
бархатовидная камвольная ткань. . . . 399.26
– шелковая ткань 403.1
барэж 398.26
барэжевая ткань . 401.25
басон (с. т. бордюр) 427.27
–, тканый 427.28
басонный станок для бордюрной тесьмы 360.3
– станок для плетеной тесьмы . 360.7
батавия 148.14
батан . 264.5, 335.10, 339.7
– с вращающимися кольцевыми челноками . . 347.6

батан с двойной сменой 290.10
— с кольцевым вершником 345.17, 347.1
— ленточного станка . 289.13, 356.16, 358.3
— без направляющей для челнока 339.23
— с передвижным вершником . . 345.16
— на салазках . . 289.12
— для смены с нажимным рычагом. 291.8
— для сменных челноков . . . 272.3
— с челноком . . 301.18
—, боевой 248.1
—, бросовой 248.1
—, быстроходный. 289.14
—, висячий. . . . 289.9
—, восходящий . 303.17
—, вращающийся висячий . . . 289.10
—, вышивной см. вышивной батан
—, двухшпульный прямой . . . 356.21
—, двухэтажный . 357.1
—, двухэтажный пазовый — с дугообразными пазами 357.6
—, игольный . . . 366.15
—, колодочный . . 356.20
—, лаппетиновый см. лаппетиновый батан . .
—, механически движимый 289.6
—, одношпульный пазовый — с дуговыми пазами 357.2
—, одношпульный прямой 356.17
—, пазовый — с крестовой прокидкой утка . . . 357.5
—, пилообразный . 357.10
—, прокидной . . 344.10
—, револьверный (Росса) 280.2
—, ручной . 288.16, 321.8
—, свободно-падающий 295.10
—, скользящий . . 289.12
—, сменный — для ленточных станков. 358.9
—, стоячий 289.11, 299.2, 350.20
—, Таннвальдский под'емный . . 278.3
батанн-ый паз . 289.6
—ый угловой рычаг 293.21
—ый эксцентрик . 317.10
—ая лопасть 134.10, 288.18
—ая лопасть, скрепленная шипами 289.19
—ая ось 251.17
—ая смена посредством под'ема 273.8
—ая тяга, шарнирная 308.12
—ая щека 290.8
батарея, нагревательная. . . . 75.9
батист, льняной . 5.24, 395.26
батист, тонкий льняной . . . 5.24
—, шелковый . . 401.23
батистовая лента . 424.24
бахрома, закрученная 426.1
—, настоящая . . 355.2
—, ненастоящая . 355.3
—, основная . . . 355.4
—, узелковая . . 426.2
—, уточная . . . 355.5
бахромн-ый уток . 355.8
—ая лента 425.24
башенная воздушная сушилка . 75.22
башмак (с. т. колодка) 251.16
— погонялки . . 314.14
— для траверс . 212.10
—, задерживающий 284.4
—, зажимной . . 127.10
—, тормозной 284.4, 308.7
башмачный плюш 406.16
— страмин 399.22
бегунок 59.2
Беккер, челноко — уловитель —а . 312.13
беленая пряжа . . 9.24
— ткань 431.3
белизна в ткани . 433.23
белила, свинцовые 124.23
белка 429.18
белошвейный товар 433.2
бел-ый медвежий плюш 406.20
—ый суровый товар 2.3
—ый флорет . . . 17.12
—ая ангорская пряжа 15.21
—ая основа . . . 21.8
—ая перевязка . . 10.26
белье 420.4
— ,кухонное . . . 420.13
—, носильное . . 420.5
—, постельное . . 420.11
—, столовое . . . 420.8
бельевая тесьма . 427.8
— ткань, простынная 433.4
— ткань, столовая 433.8
бенгалин 401.15 398.29
бенгалия 401.15
бердо (с. т. гребень) 108.8, 282.2, 324.7
— с волнообразно установленными зубьями . . . 285.10
— двойного веерного набора . 285.5
— с камышевыми зубьями . . . 284.17
— с латунными зубьями . . . 284.19
— с наклонно установленными зубьями . . . 285.7
— с оловянными сволочками . . 286.15
— с передвижными зубьями . . . 285.20
— для позументного ткачества 286.3
— с прогалинами (пропусками) . 285.2
— с различной плотностью рассадки зубьев . 282.16
— со стальными зубьями . . . 284.20
— узорчатого набора 285.6
—, веерное 285.4
бердо, второе . . 330.5
—, движущееся вверх и вниз . 285.11
—, двойное . . . 285.1
—, заднее 61.16
—, круглое . . . 300.12
—, ложное 349.16
—, многорядное . 284.22
—, набранное на вару 286.10
—, набранное на сволочках . . 286.13.14
—, направляющее. 350.17
—, неподвижное . 283.5
—, однорядное равномерно набранное 284.21.22
—, откидное . 285.22, 317.5
—, откидывающееся назад 284.1
—, первое (переднее) 330.4
—, передвижное сновальное . . 54.6
—, поворотно подвешенное 317.6
—, подымающееся и опускающееся 285.11
—, пружинное 283.9, 285.23
—, пружинящее откидное 136.10
—, раздвижное . . 285.21
—, сменное . . . 111.6
—, сновальное . . 49.16
—, ткацкое . 282.4, 286.3
—, ткацкое — для бисерных тканей. 354.14
—, установленное подвижно . . 283.13
—, фасонное . . . 285.3
бердовщик . . . 287.1
бердовязание. . 286.5
бердодержатель . 106.8
бердочн-ый желоб 107.17
—ый зуб 282.7
—ый зуб, спиралеобразный . . . 285.24
—ый крючек . . . 106.9
—ый нож 108.1
—ая машина . . 287.4
—ая проволока . 286.18
—ая рамка 283.6.14, 285.12
—ое шило 108.14
—ое шило, вращающееся 109.12
—ые зубья, изогнутые. 285.8
—ые зубья, крестообразно установленные . . 285.9
—ые зубья, припаяные 286.17
бережное обращение с ремизками 204.11
беркан 399.2
бесконечн-ый винт 61.10
—ый червяк . . . 54.11
—ая бумажная карта. 229.19
—ая картная лента 229.19
—ая рама для сетконлетения . . 324.14
—ая ручная цепь . 372.20
—ая цепь 266.3
—ая цепь карт 192.3, 193.5, 194.7
—ое полотно для передвижения шпуль 33.3
беспорядочный вид ткани 153.3
беспрерывный пробор 104.9
бечевка (с. т. шнур *или* веревка) . 173.4
—, картовязальная 389.19
—, просмоленая . 286.9
бечевочная пряжа 12.16
бирюза 401.10
бисер, золотистый 19.13
—, нанизанный на нити 414.24
—, серебристый . 19.24
—, стекляный . . 19.12
—, шеллачный . . 19.15
бисерн-ый бордюр 428.8
—ый уток . . 354.8, 415.2
—ая лента 425.14
—ая нить 19.8, 354.6, 414.22
—ая нить двойной оплетки . . . 19.11
—ая нить с одной оплеткой . . . 19.10
—ая нить, тонкая 19.9
—ая основа . 354.7, 415.1
—ая ткань 414.21
бисерно-ткацкое производство . 3.5
биток, прокидной 360.19
бить 428.5
—, золотая 423.12
—, настоящая . . 428.6
—, ненастоящая . 428.7
— (навой) 116.2
блесковый бордюр 428.9
блестящая нить . 421.9
блок 291.11
— грузовой цепи . 53.3
— с желобком . . 122.7
—, грузовой . . . 108.17
—, желобчатый 92.10, 122.11
—, направляющий 332.12
—, роличный . . 360.14
—, тормозной. . . 120.21
—, цепной . 38.15, 92.6, 263.3, 314.18, 372.19
—, шнурочный 56.7, 70.8, 235.8, 331.15, 343.3
блокировка товарного ролика . 130.17
блочек веретена 26.15, 29.14, 95.15
— для шнура с шестеренкой, направляющий . 257.11
—, шнурочный . . 257.4
блочн-ый рычаг . 322.7
—ый шнур 88.7
—ый шпиндель . . 322.8
—ая вилка 122.8
—ая серьга. . . . 291.11
бобина 347.4
бобинка с. т. катушка *или* шпуля
— для вышивного утка 346.7
— для тюля . . . 366.19
— для тюлевых станков . . . 90.1
бобровый плюш. . 406.18
бобышка 238.11
боев-ой батан . . 248.1
—ой брус 366.8
—ой вал с продолговатой дырой 249.4
—ой валик, наклонно расположенный 254.14
—ой диск . . 314.9, 315.13
—ой каточек, передвигающийся вдоль оси. . . 252.9

боев-ой кривошип с каточком 250.21
–ой кулачек 254.10
–ой механизм от кривошипа с каточком 251.11
–ой носок 254.13
–ой ремень 249.14, 251.14
–ой рычаг 251.13, 253.6, 255.7, 314.10
–ой сектор 251.15, 253.8, 255.6
–ой эксцентрик 249.15, 253.4
–ой эксцентрик, однокулачный 251.2
–ая горка 252.8
–ая защелка 348.12
–ая пружина 255.16
–ая собачка 252.13, 253.10, 255.8
–ое приспособление для бускиновых станков 253.3
–ое приспособление (правое, левое) 252.10.11
боек погонялки 313.14
бой с. т. кидка *или* удар
– при помощи кривошипа (механизм) 255.1
– челнока 246.12
–, верхний см. верхний бой
–, нижний см. нижний бой
–, пневматический (механизм) 256.10
–, пружинный (механизм) 255.14
–, пружинный – на одночелночных ткацких станках (механизм) 255.15
–, эксцентриковый – при помощи боевого кулачка 254.6
–, эксцентриковый – с эксцентриком и боевым валиком с каточком 252.5
бок эксцентрика 198.19
боковина челнока 244.9
боков–ой диск 89.19
–ой крайний зуб 282.19
–ой сдвиг 345.13
–ая гильза 89.7
–ая поверхность зуба 126.24
–ая продвижка 109.11
–ая стенка челнока 244.9
–ая стойка 335.2
–ое движение 109.1
–ое скрепление 172.1
болванка, каучуковая 415.8
более сильное натяжение переднего зева 143.8
болт (с. т. шуруп *или* винт) 374.4, 385.3
– с винтовой резьбой 327.20
– с выступом 374.6
– с гайками 172.18
– с кольцевым наварком 323.3, 374.8
болт с круглой головкой 374.5
– нажимного ролика 186.17
– ножовой решетки 210.18
– с плоской головкой 374.9
– с потайной головкой и установительной шпилькой 374.11
– с резьбой 328.10
– толкача 348.17
– с чистой потайной головкой 374.10
– с шаровой головкой уточной вилки 322.15
– с шестигранной головкой и сверлением для масла 374.12
–, головной 315.10
–, направляющий 353.17
–, общий 127.7
–, поперечный 129.4
–, сквозной 139.21
–, шарнирный 278.12
болтовая гайка 139.20, 374.13
большой барабан 74.6
большая скорость 85.8
бомбазин 398.30
бордюр (с. т. басон) 378.3
– с ворсовыми шишечками 428.11
–, атласный 428.2
–, бархатный 428.12
–, бисерный 428.8
–, блесковый 428.9
–, бумажный 427.29
–, золотой 428.3
–, серебряный 428.4
–, стеклярусный 428.10
–, тканый 427.28
–, шелковый 428.1
–, шерстяной 427.30
–, экипажный 428.18
бордюрн-ая бархатная лента 425.11
–ое производство 3.3
бородок (с. т. пробойник *или* высечка *или* просечка) 373.12, 385.2, 386.2, 388.6
–, выдвинутый задвижкою 386.3
борозда 154.14
– иглы 168.10
–, основная 162.4
бороздчатая двойная ткань 160.9
бочкообразн-ый с. т. пузатый *или* выпуклый
–ая дисковая катушка 23.18
–ая мотка шпули 23.14
браковщик 6.1
брезент 395.15
брезентовая льняная ткань 395.22
– ткань, мешочная 396.24
бриллиантиновая пряжа 14.7
бродить взад и вперед от одной кромки ткани к другой 367.4
брожение 65.7
брокатель 423.5
бронзовый тормаз 245.17
бросание челнока 246.18
– (механизм) 247.24
бросать гонок 248.17
– челнок 246.19
бросовой батан 248.1
брошенный челнок 312.5
брошировальн-ый с. т. вышивной
–ая игольная рама 354.15
брошировние (с. т. вышивание) 344.17
– вручную 345.5
– прокидным утком 162.8
„брошэ“ 162.10
–, двухстороннее уточное 162.13
–, имитация 163.7
–, клетчатое 163.5
–, мебельное 418.13
–, основное 163.1
–, уточное 162.12
брус с. т. прут *или* штанга
– для веретен 99.3
– для основы, ценовый 356.7
–, барабанный 35.3
–, боевой 366.8
–, веретенный 37.7, 91.3
–, верхний – батана 136.8
–, грудничный 309.4
–, лобовой 356.3
–, накладной 119.10
–, направляющий 328.2, 343.18
–, направляющий – для салазок 61.14
–, направляющий – для ножовых салазок 332.3
–, натяжной 80.3.8
–, нижний 82.14
–, нитеводный 38.17
–, ограждающий мотовило 33.18
–, опорный 178.11
–, основной – вершинка батана 346.1
–, остановочный 36.11
–, передаточный 185.9
–, передний поперечный 305.3
–, поперечный соединительный 297.5
–, продольный 335.7
–, продольный соединительный 297.4
–, продырявленный 337.2
–, рамный 208.22
брусок, деревянный 60.2
брутто, вес 4.10
брызги 429.16
брюссельский ковер 411.21
брючный льняной тик 396.7
– товар 399.19
бугорчатый металлический лист 117.10
буйволова кожа 248.12
букскин 398.7
букскиновый станок 274.4
– быстроходный станок 195.6
буксование ремня 307.9
буксовать (ремень) 307.10
бумага 13.24
– для карты 388.2
– для патронов 379.1
– тонкой разлиневки для патронов 379.3
–, клетчатая 379.1
–, клетчатая – с предварительно отпечатанным переплетением 379.16
–, нелиневанная 387.17
–, патронная 387.18
–, прессованная 239.16
–, прозрачная 379.14
бумаготкацкий станок 321.3
– станок, механический 321.9
– станок, ручной 321.4
бумаготкацкая 5.10
бумаго-ткацкое производство 2.10
бумажно-ткацкое производство 2.21
бумажн-ый бархат 403.13
–ый мокет 405.7
–ый патрончик 10.11, 24.5, 86.14
–ый патрончик, конический 24.9
–ый патрончик, цилиндрический 24.6
–ый плюш 406.9
–ая крученая нить 12.14
–ая лента 189.18
–ая полоска, разграфленая 371.1
–ая пряжа сильвалин 13.25
–ая пряжа, угарная 12.12
–ая ткань 392.11
–ая ткань миткалевого переплетения 392.12
–ая ткань с саржевым и атласным переплетением 394.6
–ая ткань, бархатовидная 394.26
–ая ткань, суровая 392.14
–ая ткань, узорчатая 394.22
–ое полотно 393.13
бумазея 394.8
–, атласная 394.11
–, гладкая 394.9
–, грубая 394.10
–, одеяльная 394.13
–, подкладочная 394.12
–, полосатая 394.14
бура 67.26, 438.2
бурет 17.14
буфер (с. т. упорная *или* буферная щечка *или* упорка) 311.14, 322.10
– с обивкой 358.17
–, выключательный – с пальцем 322.11
буферн-ый валик 254.1
–ый отросток 254.3
–ая пружина из плоской пружинной стали 254.4
–ая щечка (с. т. буфер *или* упорная щечка *или* упорка) 322.10

быстроходный батан 289.14
– станок . . 304.5, 326.5
– челнок 237.7
Бэкер и Кип, приспособление автоматическое для смены челноков 269.2
бязь 392.14

В

вал (с. т. ось) . . . 55.2
– барабана 30.3, 48.2, 60.10
– боевого эксцентрика 203.18
– с каточком . . 250.22
– нитеводной рейки 36.12
– погонялки . . 249.8
– для приведения катушек во вращение 33.1
– призмы 195.11
– фрикционных дисков 36.9
– щупального рычага 253.13
– эксцентрика . . 91.4
–, боевой –с продолговатой дырой 249.4
–, ведущий . 34.3, 302.9
–, главный приводный 36.14
–, квадратный . . 280.14
–, коленчатый см. коленчатый вал
–, кривошипный . 274.5
–, крыльчатый . 366.9
–, лопастной . . 366.9
–, мерный . 48.11, 54.7
–, ножовой . . . 191.18
–, передаточный 178.4, 262.13
–, поперечный . . 348.8
–, приводный . 34.3, 54.3, 89.18, 178.2
–, приводный – для веретен . 96.2
–, расположенный сбоку станины 302.6
–, ударный . 302.9, 314.8
–, четырехгранный 280.14
–, щеточный . . 180.2
валек в мотке . . 79.2
– нити 83.14
–, спиральный . 139.11
валеная нить . . 19.17
валик с. т. ролик *или* каточек
– с винтовыми рифлями (канавками) . . . 140.13
– с крючками . . 70.21
–, буферный . . 254.1
–, боевой 252.6
– боевой – наклонно расположенный 254.14
–, вращающийся . 50.12
–, игольчатый . . 117.18, 140.11
–, медный 70.7
–, медный погрузочный 73.14
–, мерный 82.9
–, мерный передаточный 74.2
–, надирочный . 70.21
валик, нажимной 70.19, 89.14, 128.15
–, направляющий 48.10, 63.12, 73.12, 75.16, 263.4
–, направляющий, –, лежащий в неподвижных подшипниках . 50.5
–, натяжной . 48.8, 63.11, 73.13
–, обтянутый кожей 35.13
–, остановочный . 51.1
–, отжимной . . 70.20
–, питательный – обтянутый плюшем 329.13
–, плюшевый . . 38.5
–, реечный . . . 70.12
–, ремизный . . . 183.13
–, рифленый . 70.14, 117.17
–, смачивающий . 89.12
–, соединенный с рычагом . . . 184.7
–, спускной . . . 49.7
–, тормозной. . . 89.21
–, упорный . . . 254.1
–, фрикционный 27.5 30.4
–, чистильный – обтянутый плюшем 32.17
–, шлихтовальный . . . 73.15, 76.2.12
–, щеточный . 71.2, 76.3
–, щупальный . . 128.8
валиковое приспособление . . . 183.12
валичный войлок 397.15
валовая продажная цена . . . 442.19
Вальтер и Штолле, (челнок) . . . 242.12
вальцованная каучуковая нить . 415.12
вальцовка для прокатки бердочной проволоки 288.1
валяная ткань . . 431.9
варильщик шлихта 69.18
варка шлихта . . 64.28
варочный аппарат для шлихта . 68.21
– сосуд 69.7
ватер 12.10, 21.15
–, кольцевой. . . 21.16
–, мюльный . . . 21.1
ватерная катушка 38.2
– пряжа (с. т. основная пряжа) 12.10, 21.15
– пряжа с кольцевых ватеров . 21.16
– пряжа, сохраняющая гибкость 64.19
– пряжа, растяжимая 114.6
ввалившаяся вершина початка 86.3
введение с. т. заводка
– нитей 53.19
– прутков 327.1
– утка 236.11
– – к станку Ситона (приспособление) . . . 257.21
– – посредством челнока с захваткой 257.20
– – (приспособление) 8.3
введение, одновременное двух челноков 257.15
вверх и вниз, двигаться 88.13
– откинутая вилка веретена . 30.6
вверху расположенные мотовила 30.2
вводить грунтовый уток 336.2
– пруток в зев . 329.1
– одну уточину за другой 247.21
– последовательно одну уточину за другой (с разных сторон). . 271.14.15
– свежий челнок сбоку. 266.19
– сверху новый челнок 266.18
– новый челнок снизу в коробку 266.21
– ручной челнок. 246.9
– челнок в коробку 250.14
– челнок во время прибоя батана 267.2
вводиться (уток) . 237.1
вводя-ый с. т. заводный *или* подбивной
–ый уток . . 147.5, 156.9
–ая нить 156.5
–ая основа . . . 147.4
вдавливать концевыя планки . 139.13
вдвигать два саржевых переплетения одно в другое 150.5
вдвижная колышка 173.20
вдвинут-ое одно в другое саржевое переплетение 150.4
–ые один в другой диски эксцентрика 275.19
вдевание с. т. заводка *или* продевание
– (английский способ) 245.14
– всасыванием . . 245.13
– нити в челнок . 265.8
– нити (прибор) . 365.1
– уточины в хрусталик челнока 372.11
– уточин (прибор) 372.7
– уточных нитей . 258.7
– утка, автоматическое 260.13
вдеваться сама (нить) 27.10
вдевн-ая игла . . 372.10
–ое приспособление Нортропа. 260.17
вделанная рукоятка 133.1
вдоль оси, сдвигаться 99.6
ведомый приводный шкив . . 305.17
ведущ-ий вал . 34.3, 302.9
–ий палец 275.11
–ий приводный шкив . . . 305.16
–ий шатун. . . . 301.8
–ая зубчатая рейка 276.5
ведущ-ая карты рама. 390.12
–ая планка, закругленная . . 57.11
–ая шестеренка сыромятной кожи 310.14
–ее колесо . . 94.6, 95.7
веер, сушильный . 66.1
веерн-ый набор, двойной . . . 285.5
–ое бердо 285.4
величина завитков 170.19
– качания кулиссного рычага . 128.11
– ковра 407.10
– машины Жаккарда 215.2
– подачи 126.13
– под'ема 100.2
– рапорта 381.4
– сдвига игольных гребней . 351.5
– ступеней подачи 126.17
– хода нитевода, постоянная . . 88.15
– хода нитевода, увеличивающаяся 88.16
– челнока 244.4
веллинэ 417.14
вельвет 403.15
вельветин 394.27
велюр 417.11
– дю нор. 406.15
венец, барабанный 60.18
–, зубчатый . . . 303.6
венская машина с грубым (мелким) делением 215.7.8
вентиль с. т. клапан
– регулятора давления 73.20
вентилятор . . . 113.1
Венцель, каретка 196.3
верблюж-ий мешок 410.9
–ья шерсть . . . 15.23
Вердоль, деление 216.13
–, карта 382.8
–, машина . . . 229.1
веревка (с. т. шнур *или* бечевка) . 25.25
–, рамная 207.12
–, вспомогательная рамочная . 208.20
–, главная рамная 208.23
–, под'емная . . 233.4
веревочный конный повод . . 429.12
– крючок 225.11
веретена, катушечные – укрепленные в откидывающихся коромыслах . . 31.2
–, приводимые во вращение фрикционными дисками . . . 36.2
–, приводимые во вращение шнурами 37.18
веретено (с. т. шпиндель *или* ось *или* шпиль) 26.14, 240.12
– с движением вверх и вниз . 97.1
– катушки. . . . 26.10
– для надевания катушек . . . 44.16
– с принудительным приводом 99.12

веретено с пружиной ... 97.13
—, горизонтальное 30.1
—, деревянное ... 44.17
—, катушечное ... 44.16
—, лежачее ... 44.14
—, насадочное ... 39.1
—, остановленное 38.19
—, отвесное ... 38.18
—, откидное . 29.12, 45.12
—, пружинное — катушки ... 29.18
— початочное пружинящее ... 95.14
—, пустое ... 87.24
—, стоячее ... 44.15
—, четырехгранное ... 94.11
веретенн-ый брус 36.7, 91.3
—ая планка ... 91.3
вертикальный с. т. отвесный
вертикальный проступный рычаг 199.11
вертушка веретена 26.15
вертящийся стол . 81.3
верх ... 169.4
верхний с. т. лицевой ...
— бой (механизм) 249.1.7
— бой (механизм с этажной коробкой) ... 249.2
— зев (машина) ... 228.7
— ролик ... 199.3
вершина початка, обломанная ... 86.3
— початка, провалившаяся ... 86.3
—, о х вершинах . 104.8
вершинная линия 104.7
— нить ... 104.15
— ремизка ... 104.14
вершник ... 293.7
— батана . . 136.8, 288.20
— батана, вышивной ... 345.9
— батана, качающийся ... 346.13
— батана, опускающийся ... 345.10
—, кольцевой ... 345.1
—, скользящий ... 345.16
вес ... 11.18
— брутто ... 4.10
— квадратного метра материи ... 442.10
— основы ... 42.1
—, высчитанный . 11.17
—, действительный 11.16, 442.2
—, определяющий номер ... 436.6
—, расчетный ... 442.11
—, собственный . 121.6
—, теоретический . 11.17
весов-ой номер . 435.19
—ое количество ... 444.16
весочки Штауба . 439.18
вести концы нитей поверх розетки 261.6
— нить взад и вперед вдоль шпули ... 26.13
— нити поверх гладкого прутка ... 57.13
— нож в выемке шпинделя ... 336.12
— основу вокруг роликов, нагруженных гирею 356.15
весы для пряжи . 439.13
весы для пряжи с предохранительной коробкой . 439.15
— для пряжи, микрометрические 88.20
— длв пряжи, мотовильные ... 439.41
— для пряжи, точные ... 439.16
дляпряжи, уни-
—, версальные ... 439.17
—. неравноплечие рычажные ... 439.18
—, пружинные ... 438.19
вешать остановочные иглы на нити ... 51.2
вещество для проклейки ... 66.17
—, клейкое ... 66.18
—, связующее ... 89.11
—, слизеобразующее ... 67.19
—, ткацкое ... 3.6
взад и вперед, передвигать (жгуторасправитель) ... 81.6
взаимный сдвиг . 367.10
взаимно — заменимый ... 392.6
—-противоположный ... 377.7
— устанавливаемый ... 28.6, 8
вибрация с. т. сотрясение
— станка ... 212.13
вигоньевая пряжа 12.8
вид с. т. эффект
— переплетения . 381.10
— поверхности товара ... 431.30
— початка ... 87.4
— ткани, беспорядочный ... 153.3
— ткани, наружный 391.7
— ткацкого станка 304.7
—, выпуклый ... 23.17
—, красивый внешний ... 429.8
—, пузатый ... 23.15
—, пузыристый ... 162.2
—, сводчатый ... 217.7
видимая вышивка 349.13
виктория ... 410.15
викунья, лама- ... 15.24
вилка (с.т. державка *или* рамка) ... 236.6, 276.11
— для большого пальца ... 112.14
— веретена ... 30.5
— веретена, откинутая вверх ... 30.6
— гонка ... 280.19
— катушки ... 32.14
— остановочного приспособления 309.6
— ролика ... 183.19
— ухвата ... 48.13
—, блочная ... 122.8
—, переключательная ... 127.18
—, пруточная ... 330.6
—, ременная ... 363.20
—, уточная 268.4, 270.13, 318.3, 320.7, 322.13
вилкообразн-ый вырез в пластине. 233.19
—ый коленчатый рычаг ... 188.11
—ый сменный рычаг ... 277.13
вилкообразная захватка ... 264.11
—ая ременная отводка ... 52.18
вилочка для регулирования установки ремиза . 197.10
— с штифтом, пружинящая ... 197.11
—, передвижная . 439.22
вильтоновский бархатный ковер ... 412.4
виноградный сахар ... 68.5
винт (с. т. болт *или* шуруп) ... 374.4
— с барашком . 83.7, 439.2
— с крючком ... 172.19
— с правой и левой резьбой ... 318.15
—, бесконечный . 61.10
—, завернутый туго ... 439.9
—, зажимной 61.21, 259.1
—, микрометрический ... 28.12
—, нажимной ... 115.17
—, соединительный 136.3
—, установительный ... 92.23, 283.7
—, установительный — с конусом ... 374.7
винтов-ой ключ . 374.1
—ой пружинный тормаз ... 125.20
—ой шпиндель 55.18, 74.5, 100.6, 176.16, 287.10
—ой шпиндель включающего колеса ... 91.17
—ая гайка ... 371.11
—ая канавка ... 140.13
—ая линия ... 46.19
—ая нарезка ... 238.2
—ая пружина 91.12, 127.15, 270.6, 288.7, 389.6
—ая резьба ... 371.8
—ая резьба в крепкосидящей втулке ... 60.9
винтообразн-ый прибор для выверки ремиза . 197.16
—ая мотка ... 23.20
—ая щель барабана ... 32.8
Винценс, деление 216.12
висеть на доске (иглы) ... 229.23
— своими узлами на подвесной доске (под'емные шнуры) ... 225.9
вискозный шелк . 17.20
висюлька (с. т. кегля) ... 219.4
— лицы ... 208.10
—, деревянная ... 209.2
—, ½ (¼, 2½) лотовая ... 219.7.8.9
—, натяжная ... 329.6
висячий с. т. подвесной
висячий батан ... 289.9
витая ангорская пряжа ... 170.11
— нить ... 245.4
— шениль ... 21.1
виток каната ... 124.11
— нити 22.15, 24.15, 336.7
—, зигзагообразный ... 49.5
виток, слабый ... 98.8
витье проволочных колышек (машина) ... 180.11
вкладывание полных шпуль ... 260.12
— прутков ... 327.1
вкладывать навой 48.15, 106.12
включатель, скользящий ... 387.5
включать веретено 88.5
— машину при помощи педали . 54.1
— ткацкий станок 306.1
включающ-ий и выключающий рычаг ... 50.15
—ее колесо ... 91.17
включение питательного крючка ... 278.10
владелец ткацкой фабрики ... 1.5
влажность ... 75.13
влажный палец . 110.9
влево крученая пряжа ... 9.11
влетание с. т. вхождение *или* вход
влетание челнока в коробку ... 316.3
влияние крутки пряжи на вид товара ... 145.7
внешний вид ткани, красивый ... 429.8
вносить переплетение лицевой (подкладочной) ткани ... 157.2.3
внутренний эксцентрик ... 199.7
вогнутая поверхность ... 280.8
вода ... 68.7
водок ... 61.15, 91.15
водонепроницаемая гильза ... 24.8
— ткань ... 431.12
водоотводчик ... 73.22
водяное сопло ... 102.5
военный галун . 428.13
возвратное движение берда ... 283.2
— качание батана 130.11
возвратно-движущийся ... 30.15, 90.18, 364.18
—-поступательное движение веретена ... 97.4
возвращать ремизки в сходное положение ... 182.1
—ся в своё исходное положение (челнок) ... 248.21
—ся в коробку (челнок) ... 251.19
возвышение в мотке ... 79.2
воздух, горячий . 74.4
—, насыщенный влажностью . 75.13
—, сжатый ... 264.13
—, увлажняющий ... 102.15
—, умеренно теплый 65.26
воздуходувка ... 102.4
воздуходувное крыло 73.18, 75.3, 76.6
воздушн-ый клапанчик ... 74.14
—ый кран ... 69.13

воздушн-ая башенная сушилка . 75.12
—ая камера . . . 102.2
вожжа 427.26
войлок для бумажных фабрик 414.5
— трубой 414.8
—, валичный . . . 397.15
—, кусковый . . . 414.7
—, мешаный . . . 414.6
войлочн-ый холст, бесконечный 414.9
—ая обшивка. . . 123.19
—ая пряжа . . . 19.17
волнистая крученая нить . . . 19.6
— нить 245.4
— саржа 149.9
волнообразн-ый газ 165.2
—ый начес 417.17
—ое изгибание уточины 284.13
волнообразно установленные . . 285.10
волокно торфа . . 13.21
—, древесное . . . 13.23
—, кокосовое . . . 13.18
—, крашеное . . . 429.10
—, растительное . 13.14
—, торчащее . . . 64.13
волос из гривы . 414.13
— из хвоста . . . 414.12
—, двойной. . . . 414.15
—, длинный животный 14.8
—, конский . . . 414.11
—, конский искусственный . . . 17.21
—, коровий . . . 408.2
—, проволочный . 324.13
—, торчащий . . . 417.12
—, тройной. . . . 414.16
—, четверной . . 414.17
волосян-ый ковер 408.2
—ая дорожка. . . 407.14
—ая покрышка 403.9, 417.12
—ая ткань для сидений 414.18
волочить пряжу через шлихт . 65.12
Вольфрум, каретка 194.13
вороба, роличная 440.7
воронка 69.12
—, мотальная . . 93.10
—, мотальная — с щелью 94.15
—, фибровая . . . 97.20
воронкообразная трубка 288.2
вороночная мотальная машина с вертикальными веретенами . . 93.9
— мотальная машина с вертикальными веретенами для мотки гильз без основного конуса 96.10
— мотальная машина с вращающимся нитеводом 96.17
— мотальная машина с горизонтальными веретенами . . 96.1
— мотальная машина для твердых трубчатых початков . . . 94.5
ворот 72.8
воротник, тормазный . . 115.16, 120.21
—, тормазный — навоя с зацепкой 79.12
воротовый бархат 404.8
ворс, лежачий . . 403.11
—, лишний . . . 405.11
—, образующийся промеж двух тканей 169.7
—, торчащий . . . 168.22
ворсов-ой с. т. флеровый
—ой пучок, торчащий 405.1
—ой узелок . . . 409.5
—ой уток . . 166.14, 411.7
—ая с. т. гарнитурная
—ая изнанка . . . 417.6
—ая нить . 412.2, 342.2
—ая основа . 167.21, 169.20, 330.2
—ая основа с набивным узором 411.16
—ая основа без узелков. . . . 167.22
—ая основа, образующая переплетение с лицевой и с подкладной тканью 169.6
—ая петля 168.19
—ая петля, двубокая 167.12
—ая петля, однобокая 167.14
—ая петля, разрезанная 168.20
—ая петля, скобообразная . . . 167.11
—ая покрышка . 403.9
—ая покрышка, стоящая торчком 166.16
—ая пряжа, завитая 19.1
—ое переплетение, простое . . . 168.23
—ое переплетение, сдвоенное . . 169.1
—ые пучки, уплотненные 404.23
—ые ткани 403.7
—ые трубки . . . 167.2
—ые утки, расположенные по типу атласа 166.19
воск 67.7, 437.20
—, омыленный пчелиный . . 67.8
—, растопленный . 207.19
восходящ-ий батан 303.17
—ий и нисходящий жгутонаправитель 46.3
—ий слева направо хребет саржи . 148.6
—ая коробка . . 291.3
—ая основа . . . 338.4
—ая полоса саржи 148.3
—ее движение нитевода 39.8
восьмиконечная звезда 274.3
восьми-ремизный атлас 224.4
воткание основных и уточных нитей. 1.12
воткать уток в основу 1.13
воткать цветные уточины в основные нити. 334.18
воткнуть иглы в кромки ткани . 139.8
— ручную ширилку 139.7
вощение аркатных шнуров . . . 220.6
впадина в навое . 77.18
впечатление, производимое основой (утком) . . . 391.16.17
—, производимое переплетением. 381.19
—, производимое узором на ткани 391.15
вправка игл . . . 168.7
вправо крученая пряжа 9.10
впускаться в вальцовку (проволока) 288.11
вращать винтовой шпиндель . . 177.8
— винтовой шпиндель маховичком 55.22
— каждую призму самостоятельно 196.2
— назад коленчатый вал . . . 302.12
— храповое колесо при помощи собачки 96.15
— шнулю 87.18
вращаться назад (призма) . . . 235.14
— в противоположные стороны (шпули) . 362.9
— посредством трения (початок) . 99.9
вращательное движение 205.10
—, движение, постоянное . . . 100.12
вращающий диск. 31.8
—ся против движения нитей . . 39.3
—ся шип 93.1
вращение винтового шпинделя . 177.7
— коленчатого вала, обратное . 294.11
—, навоя, обратное 49.11
— револьверного барабана . . . 279.14
— ткацкого станка, обратное . . . 302.13
—, некруглое — навоя. 116.1
—, обратное — выталкивающего рычага 265.12
—, принудительное (веретен) . . . 27.1
время 4.17
— хранения на складе 443.11
вручную, ткать . 4.19
всаженн-ая рукоятка 133.1
—ое кольцо . . . 115.1
вскакивать в ножку шпули (захватка). . . 263.18
— в прорез (рычаг) 52.20
вскипятить шлихт 65.1
всовывать концы проволоки в прорезные головки 180.18
всовывать челнок в коробку . . . 250.14
вспомогатель-ный вал. 178.4
—ый навой (с. т. промежуточный навой) . 40.20, 47.20, 117.15, 128.14
—ая игла (с. т. ударная игла) . . 229.6
—ая машина . . . 229.5
—ое установочное приспособление 137.18
—ые щипцы . . . 342.10
вставка с. т. втулка
— полных шпуль . 260.12
— полных шпуль (машина) . . . 363.15
— шпуль (машина) 372.2
— шпуль в салазки 363.14
— с щелеобразным отверстием . . 288.10
—, резиновая . . 256.8
—, стальная . . . 288.9
вставлять бородки в пробивную доску. 385.7
— катушки. . . . 30.12
— початок в челнок 260.3
вставная шпрынка 238.17
— шпрынка с пружинной (стержневой) державкой 238.18.19
— шпрынка, сменная 239.1
встречное движение для верхнего и нижнего зева (прибор) . 185.2
— движение для верхнего, нижнего и центрального зева (приспособление) . 185.14
— движение при верхнем (нижнем) зеве (приспособление) 184.11.15
— движение ремиз 207.5
— движение (прибор с наружными проступными подножками) 202.2
— движение (пятиремизный прибор) 202.1
— движение (трехремизный прибор) 201.15
— движение (четырехремизный роличный прибор) 201.16
— движение (приспособление) . 201.14
— движение (приспособления, расположенные рядом друг с другом) . . . 185.13
— движение (двойное приспособление) . . . 185.10
— движение (простое приспособление) 185.7
— саржевое переплетение . . . 149.6
вступание в действие челноков, повторное. . . 271.17

вступать в поле действия упорки (захватный палец) 178.23
— повторно в действие (челноки) 271.18
вступление в действие эксцентрика при прибое батана . . 295.1
вторичное растяжение пружины 255.22
втулка (с. т. вставка *или* стакан) 213.19
— веретена . . 94.8, 98.15
— деревянной шестерни 275.8
— подушки с продольным прорезом. 96.4
— с ребрами для жесткости . . 115.20
— цапфы 327.18
— для шейки . . 92.1
—, деревянняя . . 346.8
—, захватывающая — веретена . . 93.12
—, короткая . . . 90.3
—, крепкосидящая 60.9
—, латунная . . . 439.3
—, поворачивающаяся 338.9
—, разрезная . . 96.4
—, стальная . . . 288.9
—, сцепляющая — муфты 94.10
втулочка . . 203.6, 242.5
втыкание тычка . 312.1
втыкать уточную шпулю на шпрынку . . . 260.7
вуаль . . . 394.4, 398.21
—, льняная . . . 396.1
—, шелковый . . . 401.21
вулканизирование 415.17
вулканизированный каучук . . 415.18
—ая фибра . . . 243.14
вход с. т. вхождение *или* влетание
— готового товара 6.26
— челнока в коробку 316.3
входить в вальцовку (проволока) 288.11
— в гребень косо (нити) 50.2
— в дыры игольной доски (концы игл) 210.23
— (рама призмы) . 211.18
— в соседний межзубный промежуток (разводка бердочных зубьев) 109.7
вхождение с. т. вход *или* влетание
— вилки в решетку 318.7
— челнока в коробку 316.3
вхолодную шлихтовать 65.18
выбирание нитей основы группами 187.16
выбирать бердо . 106.15
выбирающее приспособление . 370.1
выборка образцов, отбор и 430.2
— основных нитей 141.20
выборщик нитей (с. т. селектор *или* нитеизбиратель) 368.10
выбранная из ремизок нить . . 109.5
выбрасывать пустой челнок вверх. 267.1
— пустой челнок из коробки . . 270.1
выбрасывающая пружина . . . 268.1
вываливаться под действием собственного веса (холостой челнок) 270.17
— (челнок) 269.13
выверять высоту ремиза 171.16
— ремизки . . . 197.14
вывести ножи из действия 233.16
выводить переплетение 145.14
выгнутый верхний зев 217.7
— челнок 347.13
выдавальщик пряжи 84.16
выдавальщица пряжи 84.17
выдавливать пустую шпулю из челнока . . . 262.6
выдвижная коробка 291.17
выделять шерсть (ворс). 405.3
выдерживать большую скорость (нить) 85.8
выдряной плюш . 406.17
выемка . . .172.2.15, 356.1
— батана 289.6
— нитей основы группами . . 187.16
— для ползуна . 364.22
— рычага . . 121.18, 204.17
— челнока 244.11
— шпинделя . . . 336.2
— щечки 258.5
—, поперечная . . 189.15
выемная железная фланка 172.10
выжимание с. т. отжимание
— погруженного мотка 70.2
выжимать пряжу. 65.20
— шпули вручную 101.13
— пустую шпулю из челнока . . 262.6
выйти из зацепления (собачка) . 105.10
выкидная пружина 268.1
выкидывание сработанных челноков 341.27
выкидывать челнок 268.13
—ся вверх (челнок) 270.2
выключатель . 48.4, 50.17, 52.12, 133.11, 309.5, 332.18
— обратного хода. 311.11
— для сновальных машин 52.17
—, пусковой . . . 310.4
выключательн-ый с. т. отводный *или* остановочный
выключательн-ый буфер с пальцем 322.11
—ый кривошип . 308.19
—ый передвижной палец 95.3
—ый рычаг и отводная рукоятка см. выключатель
—ый рычаг 95.2, 268.5, 311.16, 316.12, 323.1
—ый рычаг, промежуточный . . 308.9
—ый шпиндель . . 82.8
—ая пластинка . 268.6
—ая тяга 92.9
—ое коромысло . 52.14
—ое приспособление для режущего прибора. 332.10
выключать веретено 88.6
— муфту 35.16
— образующий механизм . . . 92.18
— станок 306.21
— тормаз 309.12
— тычок 316.22
— с. т. приподнимать
—ся автоматически (сновальная машина) 52.16
выключающ-ий с. т. отводный
—ий рычаг . 50.15, 320.5
—ий рычажек . . 318.16
—ий прут 308.20
—ий стоячок . . . 308.18
—ее приспособление. 309.3
выключение боевых защелок . 314.4
— веретена . . . 88.10
— веретена при обрыве нити (автоматическое приспособление) 88.11
— муфты 307.1
— товарного ролика 133.20
— тормаза 309.13
— тычка . ., . . . 316.20
— при помощи электричества 319.21
выключенн-ая группа веретен 92.12
—ое положение станка 306.22
вылет челнока . . 312.9
вылетание початка 239.10
вылетать дугою вперед (пустой челнок) . . . 267.7
— косо вниз (пустой челнок) . 267.6
— из коробки назад (челнок) . 267.3
— (челнок) 312.10
вылетевший челнок 312.11
вынимать щупальную иглу . . 389.10
выносливость основной нити . 143.9
— ткани 429.7
вынуть щетку . . 73.8
выпиленный вырез 44.19
выправлять изогнутое бердо . 286.19
выпряденая неровно пряжа . . 9.7
выпрядка, машинная 12.22
выпрядка, мокрая 13.1
—, ручная 12.21
—, сухая 12.23
выпуклость переплетения . . . 144.12
— челнока . . . 244.5
— шпули 23.16
выпукл-ый с. т. бочкообразный *или* пузатый .
—ый вид катушки. 23.17
—ый узор 163.1
—ая полоса . . . 154.13
—ая полоса переплетения . . . 144.12
—ая мотка шпули 23.14
—ая флянцевая катушка 23.18
—ая дисковая катушка 23.18
—ая поверхность . 280.9
—ое днище . . . 69.11
—ое переплетение. 144.11
выпуск веретена . 88.4
выпускн-ой конец челнока . . . 244.18
—ое отверстие трубки 288.8
—ые щипцы для гарнитура . . 339.8
выпушка . .154.13, 428.17
— в узоре 391.10
выпушный шнур 428.17
выработанный с.т. изготовленный
— механическим способом смирнский ковер . . 337.7
выработка аксминстерских ковров (станок) 340.20
— дамаска (машина Гюнтера) . 235.5
— образцов . . . 299.5
— товара в виде кишки 300.10
— шалей (машина) 235.17
выравнение длин лиц 219.12
— колебаний натяжения 331.10
— напряжения . . 143.7
выравнить нити основы при помощи щеток (гребня) 110.7.8
— нити основы влажными пальцами 110.9
— разницу в длине ходов основы . 66.14
— толщину утка . 132.12
выравнитель натяжения нити . 98.1
выражения, ткацкие. 8.4
вырванная кромка ткани 140.20
вырез (с. т. паз *или* канавка) 333.23, 364.5, 367.2
— в задвижке . . 386.1
— для закладывания ремизной фланки 106.6
— крючка . . 191.9, 211.4
— для ножа . . . 193.12
— призмы 236.4
—, вилкообразный — в пластине . 233.19
—, выпиленный . 44.19
—, клинообразный 233.18

вырез, сегментообразный . . . 275.13
вырезание образцов. 375.15
вырезанное дно челнока . . . 244.7
высвободить узел 222.18
высечка (с. т. бородок *или* пробойник *или* просечка) . . . 373.12, 385.2
выскакивание нити из нитевода . 92.19
— нитей основы . 142.22
выскакивать вперед (пружинка) 319.4
— из захватывающей втулки (веретено) 93.18
высок-ий начальный момент вращения . . 309.22
—ое давление . . 69.9
высота берда. . . 282.5
— берда, небольшая 324.10
— ворсового узелка 409.6
— грудницы . . . 304.15
— зева 141.11
— конуса 87.8
— опускания . . 49.8
— петельки . . . 327.9
— прутка 327.10
— ремизки 171.5
— скала 304.16
— слоев, различная 97.8
высушивание. . . 67.6
выстаивающиеся ремизки . . . 182.10
выступ . 283.17, 284.3, 309.9, 372.9
— бородка 386.4
— буфера 316.11
— для погонялки . 241.9
— рычага 278.18
— салазок 367.1
— на цилиндрическом зубчатом колесе 52.6.11
— на челноке . . 265.20
— со щелью на колесе указателя 52.7
—, запорный . . . 388.16
—, захватный . . 358.16
—, упорный . 178.9, 241.8
выступание хребта переплетения . 144.13
выступать между двумя основными утками (ворс) 168.21
— из прутков (гарнитурные нити) 340.7
выступающ-ий рубец 154.13
—ий рубчик атласа 150.18
—ие мушки . . . 152.15
высчитанн-ый вес 11.17
—ая длина 436.5
высчитывать нити переплетения . 434.7
выталкивание шпуль (прибор) 364.3
— шпуль из салазок (машина) . 363.15
выталкиватель . . 274.11
— шпули 364.19
выталкивать негодные шпули из челнока . . . 265.4
выталкивающий рычаг 264.8
вытаскивать ремизку в нижний зев 187.18
вытеснитель нити 365.9
вытягивание кеглей. 209.8
— основы 66.4
— прутков 327.2
вытягивать основу 66.5
— ремизку в верхний зев. . . . 187.17
— щупальную иглу 389.10
—ся (карта) . . . 383.22
вытяжка картона 382.5
—, простая . . . 12.7
вытяжн-ой барабан. 48.19
—ой гребень 49.21, 74.4, 83.5
—ой пруток 168.11, 327.7
—ая труба для воздуха, насыщенного влажностью 75.13
—ое бердо 285.21
вытянутая нить . 237.4
выход с веретена . 88.4
— материала . . . 6.25
вычес, набивной . 15.6
вычисление с. т. расчет
вычисление веса товара 442.9
вычисление длины 441.11
вычисленный с. т. расчетный . .
— вес 442.11
вышивальная пряжа, обвитая металлом 19.23
вышивальщица . 6.6
вышивание (с. т. вышивка *или* броширование) 162.11
— вручную. . . . 345.5
— на механическом станке 345.8
— механическим способом (на ручном станке) 345.6.7.
— прокидным утком 162.8
вышивать по лицевой стороне ткани 349.12
— в несколько цветов 344.22
вышивка (с. т. вышивание) . . . 344.17
— основными нитями 349.4
— утком . 162.12, 344.19
—, видимая . . . 349.13
—, лаппетиновая . 349.6
—, основная . . . 163.1
вышивной с. т. брошировальный .
вышивн-ой батан . 345.9
—ой батан с движущимся по прямой челноком . 347..9
—ой батан с движением челнока по дуге . . . 347.12
—ой батан для ленто-ткацких станков. 346.12
—ой батан, венский 347.16
—ой батан, тройной — с направляющей для крючков . . . 346.21
—ой батан, швейцарский . . . 348.3
вышивн-ой вершник батана 345.9
—ой ткацкий станок 348.7
—ой ткацкий станок с приспособлением для прокидки 349.2
—ой узор 406.6
—ой уток 344.20
—ой челнок . . . 346.4
—ой челночек . . 348.15
—ая игла . . 351.2, 354.16
—ая нить 350.16
—ая основная нить 347.14
—ая основа . 163.2, 165.6
— ткань 162.10
вышина ворса, двоякая . . . 167.13
вышит-ый газ . . 165.5
—ый галун . . . 428.15
—ый ковер . 407.25, 411.14
— бархатный ковер 411.15
—ый ковер с набивной основой . 411.18
—ый смирнский ковер 337.5
—ый товар 349.7
—ая дорожка. . . 411.20
—ая на иглах ткань 163.6
—ая клетчатая ткань. 163.5
—ая мебельная материя. 418.13
—ая обойная ткань 422.3
—ая ткань 344.13
вьющаяся ворсовая пряжа . . 19.1
вязальная петля . 409.5
— пряжа. 14.11
— рейка 351.9
вязальщик карт . 384.12
— лиц 177.16
вязальщица карт. 384.13
вязание 409.2
—, закрепляющее . 177.14
вязаный газ . . . 165.9
— ковер, ручной (машинной выработки) . 408.16.19
— ковер, сработанный иглой . 408.17
— товар 3.8
вязать ремизные колышки . . . 176.11
вязка (с. т. перевязка) . 342.4, 389.7
— берда 286.7
— ковров (станок) 335.13
— (прибор) . . . 338.1
—, проволочная . 286.12
—, ручная 336.14
вялая ткань . . . 431.28

Г

габардин 394.18
Габлер, приспособление для смены шпуль . . 265.13
гаечн-ый ключ . . 374.1
—ые щипцы . . . 373.16
газ 353.1, 393.28
— по вышивной основе 165.1
— с крестовыми стежками . . . 165.3
— с левой, правой и средней оплеткой 165.4
— половинной (полной) перекрутки 352.15.16
газ правой (левой) оплетки . . . 352.17.18
—, вышитый . . . 165.5
—, волнообразный 165.2
—, вязаный . . . 165.9
—, групповый . . 165.9
—, Жаккардовый . 352.20
—, зигзагообразный 164.20
—, кареточный . . 352.19
—, сетчатый . . . 165.7
—, фасонный . . . 164.21
—, шелковый . . 401.11
—, шерстяной . . 398.24
газов-ой пробор . 105.7
—ой ремиз . 352.4, 353.5
—ая полуремизка 352.5
—ая резьба . . . 374.14
—ая ткань 353.1, 393.28
—ая ткань ручного переплетения . . 165.10
—ая ткань, двойная 353.7
—ая ткань, ненастоящая . . . 165.11
—ое переплетение. 352.12
—ое переплетение в качестве кромки 166.1
газообразная ткань, полушерстяная 398.26
гайка с барашком 89.15, 122.13, 196.15
— шпинделя проступного сектора 322.4
—, болтовая 139.20, 374.13
—, винтовая . . . 371.11
—, передвижная , 91.18, 126.1
—, разрезная . . 59.22
галстух, трубчатый 426.13
галстучный товар 402.29
галун 428.14
—, военный . . . 428.13
—, вышитый . . . 428.15
—, ливрейный . . 428.19
галь с. т. колышка *или* лица
—, ремизная . . . 171.6
Галль, цепь —я . 71.5
галэт, пряжа . . 17.11
гардинн-ый ткацкий станок . . 368.3
—ый товар 418.17
—ая ткань 393.30
гардинообразная кружевная ткань 413.1
гарнитур 333.4
гарнитура с. т. обтяжка
гарнитура, кожаная — втулки веретена . . . 93.19
гарнитурн-ый с. т. прокидной *или* накидной *или* флеровый *или* голый
—ая с. т. лаппетиновая *или* оплеточная *или* перекрещивающаяся
—ая лента, щитая 342.1
—ая нить (с. т. ворсовая *или* узорная нить) 338.5, 342.2, 353.3, 412.2
—ая основа . . . 163.9
Гартман, самодействующее приспособление для смены шпуль . 262.8

Гаттерслей, Добби 194.2
Гейрингер, лаппетиновый станок 351.3
геометрическое изображение 413.9
Герлингер, остановочный прибор при обрыве утка 318.8
Геттрих, челнок –а 242.15
гибк-ий скребок 89.13
–ая колышка 174.18
–ая нить 236.18
–ая ткань 431.26
гибкость 67.4
гибко соединенные между собой деревянные планки решетки 189.12
гильза с. т. патрончик *или* цевка
– с надиром для шпули крестовой мотки 24.4
– без основного конуса 96.10
– челнока 257.17
–, боковая 89.7
–, бумажная 10.11
–, бумажная – с основным конусом 86.15
–, бумажная – с флянцами 24.16
–, водонепроницаемая 24.8
–, деревянная 54.14
–, деревянная – с дисками 24.12
–, деревянная – с насадком 86.13
–, длинная 85.13
–, жестяная 10.12
–, жестяная дырчатая 101.10
–, жестяная – с флянцами 24.17
–, коническая дырчатая – для шпули крестовой мотки 24.3
–, короткая 10.13, 85.12
–, латунная 347.22
–, металлическая 347.19
–, паронепроницаемая 24.7
–, продырявленная 10.15
–, рифленая – для шпули крестовой мотки 24.11
–, сквозная 10.14, 85.13
–, трубчатая 86.10
–, холостая 86.9
гиперболическ-ая зубчатка веретена 94.7
–ое зубчатое зацепление 94.6
–ое колесо 213.16
гипс 437.23
гипюровый фон 413.18
гирька, стеклянная 208.13
гиря (с. т. груз) 53.8, 90.13, 121.10, 124.2, 184.16
– маятника 317.3
– для ремизки 184.12
–, нагрузочная 137.10
–, подковообразная 329.10
–, упорная 32.2
Гитчон (счетчик) 51.17
главн-ый с. т. основной
главн-ый навой 116.4
–ая машина 229.2
гладиться (нить) 94.3
гладк-ий грунт 167.4
–ий нож 375.16
–ая пряжа 9.20
–ая ткань 3.16, 391.8
глаженый плюш 406.13
глазетная парча 402.28
глазковая металлическая полоска 240.9
глазок с. т. петля *или* мальон *или* ушко
– для ворсовой нити 330.8
– гали 103.6
– заполняющей нити, петлеобразный 330.9
– иглы 187.19, 350.15
– колышки 105.17, 171.7, 175.18
– лицы 218.13
– для нити 365.7
– нитевода 27.14
– нитевода, стеклянный 34.14
– челнока 244.10
–, нитеводный 45.5
–, нитяной 175.19
–, подвесный см. пластинка *или* скобочка, подвесная
–, проволочный 176.2, 360.16
–, стеклянный 176.6, 237.15
–, фарфоровый 46.11, 244.12
–, штампованный из жести 176.4
глазурованный фаяс 208.2
глауберова соль 68.20, 437.26
глина, жженая 208.14
–, китайская 437.22
–, фарфоровая 68.14
глицерин 68.9, 437.16
глориа 401.29
глубина без накатной станины 331.3
– вместе с накатной станиной 330.4
– вместе со стойкой для кромочных шпуль 331.5
– станка 324.1
глубокий станок 296.9, 324.2
глянцевитая нить 94.3
глянцев-ый шелк 17.3
–ая газовая ткань 393.20
–ая пряжа 12.17
–ое полотно 395.23
глянцштоф 17.18
гнезда, расположенные по окружности 279.3
–, расположенные рядом 345.15
гнездо (с. т. постель *или* подушка *или* камера) 80.13
– батана, челночное 269.10
– для навоя 116.6
– для навоя, передвижное 80.11
– для челнока 274.10
– шпинделя 81.4
гнездо, деревянное 116.14
гниение (с. т. загнивание) 67.23
гобелэн 334.17, 408.5, 422.8
–, гладкий 408.6
–, келимский 408.7
гобелэнов-ый репс 418.7
–ый станок с лежачей (стоячей) основой 298.7.9
–ый ткацкий станок 334.16
–ая ткань 422.3
Годчсон, лопастная каретка 193.8
–, смена 276.7
головка веретена 96.5
– с вырезом 238.15
– гонка 248.8
– захватки 241.2
– крючка 186.18, 193.11
– молоточка 262.1
– прутка 327.6
– соединительной тяги 276.16
– ударной иглы 229.10
– шпрынки 242.18
–, закаленная стальная 239.8
–, захватная 389.5
–, захватная – веретена 93.13
–, открытая шатунная 293.13
–, плетельная 179.1
–, потайная 374.10
–, прорезная 180.12
–, тормозная 122.12
–, шаровая 322.15
–, шестигранная 374.12
головн-ой болт 315.10
–ой каточек 257.10
–ой крест нитей 47.3
–ой платок 420.30
–ой шпенек 45.17
–ая скобка 308.14, 314.7
голый с. т. гарнитурный *или* прокидной *или* накидной *или* флеровой
голая основная нить 392.1
– резиновая нить 56.14
– уточная нить 166.18, 392.3
голосинник 173.4
–, аркатный (с. т. аркат *или* аркатный шнур *или* под'емный шнур) 217.15
–, под'емный 217.15
гонок 248.4.7, 250.13, 290.7, 317.14
– буйволовой кожи 248.12
– красной кожи 248.10
– для пружинного боя 256.6
–, пропитанный маслом 248.13
горизонтальный крючок 232.9
горка 288.3
–, боевая 252.8
горшок, конденсационный 73.22
горькая соль 68.15.18, 437.25
горячий воздух 74.4
готовый товар 4.9, 443.9
гофрированн-ый плюш 400.1
гофрированн-ый шелк 17.5
–ая полоса 162.5
–ая плоская проволока 20.11
гофрировать ленту 427.18
граненый ценовый пруток 138.6
гранит, мебельный 418.10
графит 124.24, 207.17
гребенка 171.3
–, делительная 339.1
–, направляющая 46.2
–, подводящая 324.12
–, распределительная 333.8
–, сновальная 46.14, 59.14
–, ткацкая 8.10
–, ударная 336.5
гребенная с. т. гребнечесная *или* камвольная
– хлопчатобумажная пряжа 12.6
гребенчатая рейка 386.13
гребень (с. т. бердо) 61.16, 82.7, 83.21, 340.16
– с расходящимися зубьями 50.1
–, боковой продольно-передвижной 369.17
–, вилкообразный 339.3
–, вытяжной 49.21, 74.4, 83.5
–, задний 54.5, 369.16
–, задний сновальный 49.16
–, закрытый 49.17
–, зигзагообразный 49.20
–, игольный 349.16
–, изогнутый по дуге круга 367.12
–, направляющий – для нитей 89.9
–, направляющий – из трех частей 369.14
–, нитеразделительный 82.13
–, открытый 49.18
–, передний 369.15
–, подвесный 80.9
–, поясной 360.13
–, прямой 367.11
–, расправляющий 81.1
–, растяжной 83.5
–, средний 369.18
–, средний неподвижный 369.19
–, угловой 54.6
–, устанавливаемый 73.2
гребнечесная с. т. камвольная *или* гребенная
– хлопчатобумажная пряжа 12.6
греж (с. т. грежа *или* шелк-сырец) 16.2
грежа 16.2
– высшего сорта 16.3
гренадин 15.10, 16.20
гренадиновая крутка 16.20
гринсбон 393.9
гро 400.21
грогрен 400.25
гродалмэ 401.2
гродафрик 400.30
гродеберлин 400.29

гродезэнд 400.27
гроденапль 400.22
гродеполонь 400.28
гродесюисс 401.1
гродетэ 401.5
гродетур 400.24
гродешин 401.3
гродиспаган 400.26
гродорлеан 401.4
груб-ый шелковый уток 16.7
—ая пряжа 9.18
—ая трама 16.7
—ое деление 216.9
грубонасеченный 100.16
грудница 116.16, 136.17, 267.9, 323.7, 355.14
—, игольчатая 326.8
—, обтянутая полотном со стальными надиральными иглами 117.9
—, обтянутая рыбьей чешуей 117.12
—, усаженная шипами 117.13
грудничн-ый брус 309.4
—ая поперечина 305.3
—ая шестерня 134.6
груз (с. т. гиря) 90.13, 91.13, 121.10.14, 124.2
— на конце рычага 121.1
— тормаза 32.20
—, круглый тормозной 125.10
—, натяжной 122.3
—, неподвижный 122.6
—, передвижной 439.20
—, подвижной 122.4
—, тормозной 32.20
—, упорный 32.2
грузов-ой блок 108.17
—ой рычаг 91.14, 96.7, 121.9, 274.7, 348.9
—ой рычаг, тормозной 125.9
—ой рычаг хвостообразный 31.3
—ой тормаз 121.7
—ой тормаз, самодействующий 123.21
—ой ящик 122.2
—ая скобка 329.10
—ая цепь 53.3
грунт (с. т. грунтовая ткань *или* фон) 157.6, 222.8
— под шениль 342.19
—, гладкий 167.4
—, делимый 412.23
грунтов-ый с. т. нижний *или* подкладной *или* изнанковый *или* подбивной
—ой уток 155.4, 161.5, 325.11, 411.8
—ой уток, льняной 412.1
—ой цвет 230.14
—ая карта 197.5, 383.9
—ая нить (с. т. стержневая *или* основная *или* главная нить) 19.18, 164.5, 182.11, 353.2, 361.3
—ая основа 161.4, 163.10, 325.3, 330.1
—ая основа, верхняя 169.19
—ая основа, нижняя 169.18
—ая основа, туго натянутая 166.4
грунтов-ая основа, не принимающая участия в образовании зева 339.20
—ая ткань 157.6, 166.15
—ая ткань под шениль 340.21, 342.19
грунтовая ткань с. т. грунт
—ая ткань, шенильная 343.12
—ое переплетение в ткани 381.13
—ое переплетение узорных частей 386.25
группа бердочных зубьев 282.14
— голых нитей 392.4
— зубьев гребня 354.17
— крючков 214.22
— оплеточных нитей 353.9
— ткацких станков 304.6
—, единичная — веретен 92.11
—, основная — нитей 353.8
—, остановленная — веретен 92.12
группировать бисер по узору 414.25
группов-ый газ 165.9
—ой под'ем 220.18
—ой привод 305.9
—ой пробор 104.18
—ой пробор, составной 105.6
—ая аркатная подвязь 223.3
—ая заправка 219.19
—ая проборка подвязи 223.1
—ое проступание 220.18
груша 108.13
губа направляющего полоза 270.11
гужевой провоз 447.3
гумми арабик 437.12
—-эластик 415.24
гусеничный ковер 410.10
гусеничная крученка 422.1
— пряжа (с. т. шениль) 20.18
— пряжа, крученая 20.21
—, пряжа, плоская 20.22
— пряжа, u-образная 30.23
— пряжа, шитая 20.26
Гюнтер, машина —а для выработки дамаска 232.5

Д

давалец 6.24
давальческ-ий товар 66.13
—ая пряжа 6.20
давление (с. т. нажим) 73.20
— вдоль оси навоя 120.2
— воздуха 74.17
— груза 124.7
— между дисками 51.16
— пара 74.16
— пружины 124.8
— цепи на скало 129.16
— штампа 384.17
—, высокое 69.9
—, перпендикулярное к оси навоя 120.1
давление, уменьшенное 74.15
дальнейшее продвижение ткани 292.11
дамаск 153.14
— сложного переплетения 154.4
—, бумажный 394.23
—, двухцветный 154.1
—, льняной 396.11
—, мебельный 399.25, 418.11
—, многоцветный 154.3
—, обыкновенный 153.15
—, простой 153.16
—, составной 154.4
—, трехцветный 154.2
—, шелковый 402.16
—, шерстяной 399.24
дамасков-ый станок 297.13
—ая пряжа 15.13
—ая ткань 5.25
дамассэ 402.16
дамское сукно 397.12
двенадцатиремизная пологая саржа 148.2
дверной половик 407.16
двигатель 113.4
двигать карты назад 206.10
— челнок посредством сжатого воздуха 256.14
—ся вверх и вниз (нитевод) 88.13
—ся вверх по винтовой нарезке (пружина) 100.8
—ся взад и вперед (нитевод) 88.14
—ся по груднице (товар) 298.13
—ся навстречу друг дружке (ремизки) 184.1
—ся по направляющей челночной коробки (гонок) 248.18
—ся по прутку (гонок) 248.19
—ся снизу вверх (иглы) 351.1
—ся в устанавливаемых полозках (нитеводы) 32.9
—ся шаг за шагом вперед (цепь) 340.3
—ся в шарнирах (вершник) 289.4
—ся при помощи эксцентриков (штанги) 285.19
движение с. т. ход
— барабанчика 205.9
— батана от кривошипа 293.1
— батана при помощи короткого шатуна 293.19
— батана при неподвижном коленчатом вале 293.16
— батана от кулиссного рычага 294.3
— батана при помощи пазовых дисков 294.4
— батана при помощи подножки 292.13
движение батана с двумя положениями прибоя 294.7
— батана от открытых эксцентриков 294.12
— берда взад и вперед 283.2.3
— бердочного шила справа налево (слева направо) 109.9.10
— бердочного шила при посредстве педали 109.13
— валика 183.14
— вверх и вниз (веретена) 97.4
— волоса (механизм) 324.13
— вперед 135.16
— вышивных челноков (механизм) 348.14
— игол для плисовых ткацких станков (механизм) 328.1
— карты вперед (назад) 206.7.8
— нитей основы 141.6
— нитевода вверх (вниз) 39.8.9
— основы для образования зева 141.5
— основы и суровья 114.2
— подачи основы 117.21
— под'емной коробки со свободным падением 273.10
— под'емных фланок 224.11
— призмы взад и вперед 205.11
— прутков (механизм) 326.6
— прутков (приспособление со стрелкой) 326.19
— рамы призмы посредством тяг 212.3
— ремиз посредством вспомогательных секторов 204.4
— ремизок 182.4
— салазок вперед 326.16.17
— скала 117.3
— для смены 261.16
— утка 284.6
— челнока вручную 246.7
— челнока по дуге 347.12
— челнока при пилообразном батане (механизм) 357.10
— челнока посредством сжатого воздуха 256.9
— челнока (приспособление электромагнитное) 301.1
— челноков (управляющий прибор) 348.19
— челночных коробок вверх и вниз 290.16
—, боковое 109.1
—, вертикальное качательное 340.11
—, возвратное 283.2

движение, вращательное . . . 205.10
—, встречное см. встречное движение
—, горизонтальное 340.10
—, зависимое . . 272.1
—, замедленное . 198.12
—, зигзагообразное 298.10
—, качательное . 39.14
—, комбинированное роличное и коромысловое . 184.6
—, коромысловое . 184.5
—, косвенное . . 358.2
—, круговое . . . 301.2
—, негативное 182.7, 272.2, 273.10
—, независимое — рамы призмы 211.22, 272.2
—, обратное . . . 134.17
—, одиночное . . . 369.13
—, позитивное 182.6, 202.4, 214.5, 272.1
—, порядковое . . 369.8
—, постоянное вращательное . . 100.12
—, поступательное 87.11, 120.4
—, принужденное 182.6, 202.4, 292.23, 323.11
—, равномерно замедленное . . 247.11
—, ремизное . . 199.11
—, роликовое. . 184.2
—, сквозное . . . 369.9
—, трущееся . . . 140.17
—, ускоренное . . 198.11, 247.13
—, шнурочное . . 204.3
движимый батан (механически) . 289.8
движущийся вверх и вниз нитевод 38.8
— принужденно . 184.9
двоекромочная сюртучная обшивка 428.20
двойной с. т. сдвоенный
— бархат, ткацкий станок 330.13
— плюш, механический станок для выработки 330.12
— под'ем (приспособление) . . . 193.7
— пружинный передаточный механизм к ремизу 204.10
двойное приспособление для встречного движения 185.10
двоякая вышина ворса 167.13
двубокая ворсовая петля. 167.12
двугранный нож . 187.7
двуплечий верхний рычаг . . 185.3
— нагруженный гирей рычаг . . 108.18
двухвальный ткацкий станок с равным (разным) числом оборотов валов 302.5.7
двухворсовой бархат 404.4
двух-замочный привод 366.5
двухзахватный крючок . . . 196.6
двухниточн-ый узелок со смежнолежащими концами 409.12
—ая парча 402.19
двухножевая каретка 192.8
двухосновн-ый узорчатый репс 146.13
—ая ткань с тремя утками 158.10
двухпод'емная каретка Уайта . 194.12
двухпризменн-ая машина . . . 230.2
—ое приспособление для смены цветов по основе 230.11
двухпружинная шпрынка . . . 238.10
двухрядн-ый тюлевый ткацкий станок 366.4
—ая сновальная дощечка 46.13
—ое расположение веретен . . . 39.17
двухсторонн-ий мокет. 405.14
—яя мотальная машина для основы 26.19
—яя мотальная машина для основы на катушках с флянцами с одним рядом вращающих барабанов . . . 31.1
—яя мотальная машина для основы на катушках с двумя рядами вращающих барабанов и с расположенными вверху мотовилами 30.2
—яя мотальная машина для основы с одним рядом вращающих катушки барабанов . . 27.3
—яя смена 292.3
—ее саморегулирование. 125.5
двухуточн-ая лента 426.13
—ое переплетение . 169.14
двухходовый прорез 32.6
двухцветный дамаск 154.1
— Жаккардовый узор 377.17
двухчелночный плюш . 169.10, 404.17
двухшпульн-ый прямой батан . 356.21
—ая лента 426.13
двухэтажный пазовый батан с дуговыми пазами 357.1.6
Деват, машина —а. 234.14
дегумированный шелк 16.23
декатировка . . . 429.21
декорационный плюш 406.3
декос 393.26
декстрин . . 66.25, 437.11
действие груза . 123.4
— натяжения накатного приспособления. 130.18
— пружины . . . 119.8
— расцеветки . . 391.18
— тормаза (способ) 120.9
— эксцентрика при прибое батана. 295.1
действительный вес 11.16
действовать с перерывами (регулятор для товарного ролика) . 130.6
— уравнивающе (регулятор) . . 136.20
делать нить гибкой прибавлением сала 64.18
—ся хрупкой (нить) 64.17
деление (с. т. распределение) . . 62.12
— веретен . . . 88.1
— Вердоля . . . 216.13
— Винценса . . . 216.12
— вышивки . . . 345.2
— каретки . . . 204.15
— Лакасса . . . 216.12
— основных нитей 412.7
— призмы . . . 211.15
— Шроэрса . . . 216.12
— эксцентрика . . 198.13
—, английское . . 216.6
—, венское 216.5
—, грубое 216.9
—, крефельдское . 216.3
—, лионское . . . 216.8
—, мелкое 216.11
—, мельчайшее . . 216.13
—, поперечное . . 345.4
—, продольное . . 345.3
—, среднее 216.10
—, французское . . 216.7
—, хемницкое . . 216.4
деления 28.13
делимый грунт . 412.23
делительн-ый круг 178.22
—ый шнур 62.13
—ая гребенка . . 339.1
—ая рейка . . 41.7, 72.20
делить иглами участки на сновальном барабане 57.16
— шаг переплета . 151.3
делящая нить . . 412.14
деникатон . 151.17, 392.16
Демулэн, счетчик уточин 370.7
деньги, амбарные. 446.27
дергалка. . . . 108.13
дергальщик . . . 209.14
дергание кеглей . 209.8
— ремизок взад и вперед 197.17
дергаться (основа) 118.19
дерево 44.19
— воздушной сушки 243.8
— хиккори . . . 251.4
—, корнелевое . . 243.10
—, персимоновое . 243.11
—, плотное . . . 243.5
—, спрессованное . 243.9
—, твердое 243.5
—, тяжелое . . . 243.5
деревянный штифт 189.13
державка (с. т. вилка *или* рамка) . 168.17, 280.17, 287.13
— с. т. кронштейн *или* суппорт *или* подпорка
державка для валика 230.8
— веретена . . . 30.5
— кассейной доски 217.13
— крыла 112.15
— для кончика уточной нити . 264.21
— ножа 332.1
— для ремизных фланок 172.14
— тормозных шкивов 92.21
— для трубочки . 338.8
— уловителя . . . 334.10
— уточной вилки . 322.14
— шпули 90.16, 242.14, 262.18
—, направляющая — рейки . . . 28.10
—, пружинящая . 140.15
—, стержневая . . 238.19
держатель для вышивных челноков. 346.2
— сновальной планки 59.15
держать канат в натянутом состоянии при помощи храповика и грузового рычага . 122.9
— колышку в туго натянутом положении . . 180.19
— натяжение нити постоянным . 98.4
— нитеразделительный гребень . 81.20
— в поднятом состоянии основные нити . . . 228.2
—ся в верхнем положении натяжением нити (игла) 53.18
—ся нитями в равновесии (спускной валик) . . 49.7
—ся ухватными рычагами (шипы вала) 48.14
десяток 379.9
детали каретки . 197.9
— ткацкого станка 321.10
дерюга, джутовая 396.15
джут 5.14
джутов-ый ковер . 407.21
—ый плюш . . . 406.7
—ый тик 397.2
—ый уток 13.12
—ая кудель . . . 13.10
—ая мешочная ткань (простая) 396.20.21
—ая основа . . . 13.11
—ая подкладная основа . . . 167.20
—ая пряжа для основы . . . 13.11
—ая прочесанная пряжа 13.9
—ая саржа 397.3
—ая саржа, обыкновенная . . . 397.4
—ая саржа, тонкая 397.5
—ая сарпинка . . 396.15
—ая уточная пряжа 13.12
—ая ткань 430.13
—ая ткань митналевого переплетения 396.14

джутов-ая ткань саржевого переплетения 397.1
—ое полотно 396.16
—ое полотно для хмеля 397.6
—ое полотно, двойное 396.19
—ое полотно, обыкновенное 396.17
—ое полотно, тонкое 396.18
—ое ткацкое производство 2.12
диагональ (с. т. саржа) 149.7
— камвольной шерсти 399.15
—, двойная 380.5
—, простая 380.4
диагональное трико 160.7
диаметр намотанного навоя 121.5
— приводного шкива 305.15
— холостого навоя 121.4
диаметрально — расположенные шпули 362.7
диагонально-рубчатая ткань 154.16
диван, спальный 405.18
динамометр (с. т. измеритель крепости пряжи) 440.10
— с измерителем удлинения 440.13
— для мотков 440.12
— для одной нити 440.11
—, карманный — в виде часов 440.14
директор ткацкой фабрики 1.6
диск с. т. флянец *или* шайба *или* тарелка *или* круг
диск с болтом 127.21
— с выемками 201.5
— с канавкой 199.9
— катушки 24.14
— катушки, крепко сидящий в салазках 90.8
— с криволинейной образующей 277.24
— кривошипа 276.8
—навоя 78.6
— навоя с отверстиями 78.4
— навоя, перфорированный 78.4
— навоя, свертный из двух половин 78.12
— с направляющей кривой 90.20
— с пазом 55.8
— с сегментообразным вырезом 275.13
— со штифтом 274.2
— эксцентрика 34.9
—, боевой 314.9, 315.13
—, боковой 89.19
—, верхний прижимной 249.13
—, вращающий 31.8, 36.8
—, желобчатый проступный — для четырехкратного переплетения 202.3.6
—, зажимный 134.18
диск, зубчатый 62.6, 203.3
—, игольчатый 139.17
—, изогнутый 32.12
—, канавчатый 363.1
—, концевой — для пряжи 115.15
—, косой 32.12, 34.6
—, крепкосидящий 358.11
—, кривошипный — с пальцем 213.8
—, крыльчатый 337.11
—, мерный — с зарубкой 48.7
—, навойный — с зажимной муфтой 78.13
—, направляющий 251.9
—, номерный 278.14
—, основной 200.4
—, отделяющий бисер 354.20
—, от'емный — катушки 90.9
—, пазовый 55.8
—, плетельный 178.16
—, подающий — вращаемый 363.16
—, ребристый навойный 78.10
—, режущий 342.23
—, секционный 202.10
—, торцевой 55.11
—, фрикционный 27.6, 34.12, 55.7, 100.10
—, фрикционный конусный 97.14
—, цельный — навоя 78.11
—, шпеньковый 280.10
—, штампованный — навоя 78.8
диски эксцентрика, вдвинутые один в другой 275.19
дисков-ый нож (с. т. циркулярный нож *или* режущий диск) 342.23
—ый поршень 256.13
—ая катушка 63.10
—ая катушка, бочкообразная 23.18
—ая катушка, выпуклая 23.18
—ая муфта 51.12, 94.9
дисконт 446.12
дифференциальный регулятор 135.12
—ый рычаг 125.16
—ый тормаз 123.21
—ая передача 127.16
длина барабана 48.18
— батана 304.11, 308.3
— ворсового узелка 409.6
— зева 141.12
— колодки 54.20
— куска 75.1, 77.9
— лицы 218.12
— мотки 100.2
— основы 41.14, 443.17
— основы, обратно смотанная 49.14
— отреза 77.9
— плеча нагрузки 121.3
— пряжи в x метров 11.1
— рапорта 381.8
— сновки, общая 443.16
— ткани 3.11
— товара 3.11, 441.12
— хода 126.16
— ходов основы 66.14
—, возрастающая 341.22
—, вычисленная 443.19
длина, израсходованная 11.21
—, калькулированная 444.17
—, нормальная 42.5
—, определенная 29.19
—, продажная 443.20
—, расчетная 436.5
длинный крючок 227.9
длинноволос-ый смирнский ковер 409.17
—ый уточный бархат 403.14
—ая щетка 73.7
длинноворсный плюш 405.19
длиннополосатый 153.7
днище, выпуклое 69.11
дно 115.7
— коробки, клапанообразное 266.20
— сита 416.22
—, вырезанное 244.7
—, заостренно — скошенное 347.21
—, клещеобразное 269.17
—, ситчатое см. ситчатое дно
донышко для придания жесткости 115.13
—, клещеобразное 269.17
—, пружинное 375.3
добавочн-ый с. т. запасной
—ый крючок 214.23
—ое саржевое переплетение 149.5
—ые точки переплета 153.4
—ые уточины 166.10
Добби (с. т. каретка) 186.3
— Гаттерслея 194.2
добротность ковров 409.18
дождевая вода 429.16
долговечность ковров 409.18
— службы колышки 174.12
— службы челнока 244.1
долевая деревянная планка сегментного сечения 115.8
— сторона мотальной машины 27.8
доместик 393.17
домотканый товар 14.9
дополнительная колосниковая решетка 210.19
— приставная к берду решетка 286.4
— работа 445.12
дорожка винтового хода 294.6
—, вышитая 411.20
—, лестничная 407.13, 433.16
—, парижская 407.14
—, рубчатая 407.15
дорожн-ый плед 433.14
—ое одеяло 433.14
—ое покрывало 419.22
доска (с. т. пластина *или* рама) 287.5
— для веретен 99.3
— для подвесных игл 229.8
— для пробивки кареточных карт 190.1
доска для ручной пробивки 384.20
—, игольная (подвижная) 210.4, 226.10, 229.9
—, кассейная см. кассейная доска
—, катушечная 301.9
—, кегельная 209.1
—, контактная 387.11
—, кулиссная 213.6
—, нажимная 229.4, 389.15
—, направляющая 208.21, 225.7, 388.4
—, ограждающая 298.1
—, опорная 210.3
—, основная 80.10
—, отжимная 71.19
—, передвижная кассейная 222.15
—, подвесная 225.3
—, подкладная 385.1, 388.5
—, под'емная 225.12
—, предохранительная 226.11
—, привернутая к груднице 311.17
—, пробивная 385.5.6
—, рамная 225.5
—, сновальная 59.14, 61.18
—, уборочная 219.14
—, установительная 227.14
—, шпульная 88.15, 95.4, 323.5, 371.15
досновывание кромочных нитей 43.2
достигать наибольшей величины в середине зева (скорость челнока) 257.14
дощечка с зарубками 290.2
— с насечками 335.17
—, однорядная (двухрядная) сновальная 46.12.13
—, опорная 186.7
—, плюшевая 38.4
—, сновальная 46.9.10
—, чистильная — обитая кардой 39.5
дра де суа 402.2
драгант 67.3
дранка 209.12, 386.15
драп 398.15
—, зимний 298.16
—, шелковый 402.2
драпировочный аграмант 428.16
древесина 13.23
древесн-ая кора 417.18
—ые волокна 13.23
дрель 396.4
дробное снование 41.4
дрожания нити 98.7
дрожать (коробка) 273.14
Дрэпер, американская сновальная машина —а 53.1
дублирная машина для навоев 82.1
— уточная машина 96.18
дублирование навоев 82.10
дублировать см. сдваивать
дуга с. т. сегмент
—, зубчатая 38.13, 129.7, 112.17, 257.3, 368.2
—, зубчатая — для измерения нагрузки 54.10

дуга, концентрическая 128.20
–, направляющая желобчатая . . 366.12
–, несущая карты 390.13
–, храповая . . . 51.23
дуговой челночек 340.15
дугообразн-ый крючок . . . 191.8
–ая катушечная рамка 44.7
–ая железная скоба 206.3
–ая направляющая колодка . . . 280.16
–ое ребро 71.1
дужка (с. т. фестон) 251.15, 254.15, 425.19
–, опорная – станка 190.13
–, угловая . . . 341.7
дупло челнока . . 244.11
–, рубчатое – челнока 244.14
дыра с. т. отверстие
– кассейной доски 217.9
–, сверленая с вырезом. 115.11
дыропробивные клещи 373.13
дырчат-ый с. т. перфорированный *или* продырявленный
–ый диск навоя . 78.4
–ая жестяная гильза 101.10
–ая коническая гильза для шпули крестовой мотки 24.3
–ая пластина . . 229.14
–ая рамка . . . 208.24
–ая рейка . . . 350.14
дюжинный товар . 441.9
дюйм 444.13
дюшес 402.14

Е

единица длины . 436.4
единичные группы веретен . . . 92.11
елочный рисунок . 426.15
естественная шишка 18.14

Ж

Жаккард, машина 208.16
–, машина –а для дамаскового ткачества . . . 231.2
–, машина –а, деревянная . . . 215.3
–, машина –а с двумя картными лентами . . 230.2
–, машина –а об х крючках . . 214.12
–, машина –а с качающейся игольной рамой . . 226.1
–, машина –а для косого зева . 228.13
–, машина –а для открытого зева 226.18
–, машина –а для полуоткрытого зева 227.1
Жаккард, одноподъемная машина *для* открытого зева –а 227.11
–, машина –а с особыми приспособлениями 225.1
–, машина –а х-рядная 214.19
–, машина (установка) 212.6
Жаккардное ткачество 208.15
Жаккардов-ый газ 352.20
–ый картон . . . 382.2
–ый рисунок. . . 4.2
–ый ткацкий станок . 7.12, 296.15, 300.7
–ый узор, двуцветный (многоцветный) 377.17.18
–ый узор, непосредственный . 377.14
–ый узор, рассаженный. . . . 377.16
–ый узор, свободный (одноцветный) 377.15.16
–ая карта из бесконечного картона 382.8
–ая лица для оплеточной нити . 362.1
–ая машина 7.13, 342.24
–ая машина для верхнего и нижнего зева . . . 228.6
–ая машина с наимельчайшим делением . . . 216.1
–ая машина с особо мелким делением 215.11
–ая машина с раздельной (двойной) ножовой рамой 226.13
–ая машина со свободнопадающими крючками . 369.4
–ая машина, берлинская . . . 215.9
–ая машина, боковая. 370.8
–ая машина, железная 215.4
–ая машина, крефельдская . . 215.10
–ая машина, манчестерская . . 368.20
–ая ткань. . . . 392.9
жалованье мастера 445.18
жалованья . . . 446.13
жгут с. т. рядок *или* полоска *или* прядь
– основы 63.9
–, накрест намотанный 43.4
жгутовая сновка . 41.1
– шлихтовальная машина . . . 71.21
жгутонаправитель (с. т. направитель *или* ползушка) 45.15
– сновального барабана 56.5
–, восходящий и нисходящий. . 46.3
жгутораспрaвитель 81.1
желатин . . 67.2, 437.13
железный навой . 115.10
железо, листовое . 287.2
–, обручное . . . 341.7
–, угловое . 229.11, 323.14
желоб . . . 125.2, 356.1
– для выброшенного челнока . 268.2
– для игл 35.7
– для металлической гильзы . 347.18
– для улавливания шпилек . 50.19
– шлюза батана . 257.1
–, бердочный . . 107.17
–, направляющий 264.3
–, обитый кожей . 125.21
–, тормозной. . . 125.8
желобковый тормаз с двухсторонним саморегулираванием . 125.1.5
желобок (с. т. канавка) . 111.16, 168.10, 326.21
– челнока 244.13
–, центральный . 202.8
желобчат-ый блок 92.10, 122.11
–ый диск 363.1
–ый приемник для шпуль 266.4
–ый проступный диск (для четырехкратного переплетения) 202.3.6
–ая дуга, направляющая 366.12, 367.8.9
–ая лента 426.17
желтый 380.12
– флорет 17.13
жемчужная крученая нить . . . 19.6
женапп, пряжа . 15.4
жердь, увешанная мотками пряжи 71.6
жесткий шлихт . 64.26
жесткость каната 123.13
жесть 281.2
жестяной нитеводный щиток . . 28.1
жженая глина . . 208.14
– шениль 411.5
живая сила челнока 312.8
живопись, ткапая 422.4
животик 210.13
животный клей . . 66.26
– длинный волос. 14.8
жидкое мыло . . 67.16
жидкость, клейкая 71.18
–, шлихтовальная 64.21
жила, латунная . 18.5
–, хлопчатобумажная 18.4
жилетная материя (ткань) . 399.20, 432.19
жир 437.18
жирная пряжа . 10.6
журавль 203.7

З

забегание шпули . 346.9
забивные уточины 166.10
забитое кольцо. . 115.1
заведение, уточное мотальное . . 85.1
–, шлихтовальное (для давальческого товара) . 66.7.13
заведенная неверно нить . . . 81.11
заведующий ткацкой фабрики . 1.6
завернутый винт . 439.9
завернуть крепче винт 439.8
зависимое движение челночной коробки . . . 272.1
завитковая крученая нить . . . 19.6
– основа 170.8
– пряжа. 170.14
завит-ой ковер с ворсовой основой аппаратной (камвольной) . шерсти . . 411.11.12.13
–ой мокет 405.9
–ая пряжа . . . 170.18
–ая ангорская пряжа 170.11
–ая ворсовая пряжа 19.1
заводимая нить . 245.12
заводить мальон для его ввязки 177.13
– нити прядями . 83.1
– ручной челнок 246.9
– уточину в хрусталик 244.21
–ся сама (нить) . 27.10
заводка с. т. введение *или* вдевание *или* продевание
– всасыванием . . 245.13
– разноцветных уточных нитей 258.14
– утка без помощи челнока . . . 259.10
–утка (приспособление) 259.13
заводн-ый с. т. вводный *или* подбивной
–ая игла . 259.11, 358.5
–ая основа .156.8, 422.13
–ая палочка . . . 329.16
–ая трубочка . . 245.8
–ое, приспособление. 258.13
–ые нити 156.5
–ые щипцы . . . 341.4
заводчик нити уловлявателя . . 338.17
– шпуль, снабженный зажимными щечками . 262.17
заворотчик нитей . 339.14
завязать в узел нить колышки над (под) глазком 175.21.22
загиб 339.4
– иглы 259.18
– крючка . 207.9, 210.12, 211.14, 343.1, 348.18
– направляющего полоза 270.11
загнивание (с. т. гниение) . . . 67.23
загнутый рычаг . 48.22
заготовка патронов. 378.6
заготовлять основу 42.3.4.5
– патроны . . . 378.7
заготовщик патронов. 378.11
загружение с. т. заполнение *или* зарядка
– решетки . . . 102.14

загрузка основных нитей 143.5
загрузочн-ый ящик 122.2
—ая шайба 93.4
зад, с —а на перед (проборка) 103.18
задвигать храповую дугу 52.8
задвижка (с. т. коленце, передаточное *или* ползун) 365.4, 385.18.22
—, поднятая оттяжкой узорного шнура 386.9
задвижная колышка 173.20
— планка 301.17
задержанный в щели узел 222.16
задерживание початка на шпрынке 239.11
задерживать батан перед прибоем 292.22
— вращательное движение 180.20
— место утолщения нити 28.4
— торможением катушки от опережения 29.15
— шишечки (жестяной щиток) 28.2
задерживающ-ий башмак 284.4
—ий крючок 237.21
—ий прибор для продвигающихся вслед шпуль 264.15
—ая собачка 133.13
—ая уток кромочная нить 147.11
задержка 278.16
задн-ий зев 141.15
—яя машина 235.6
заершенная железная шпрынка 238.5
зажать лунку 58.5
— нити основы 81.17
— початок в челнок 240.10
зажим (с. т. клапан *или* ухватик) 337.12, 339.6
— коробки 254.9
— для нитей 81.16, 333.10
— уточной каретки 357.8
— шпрынки 242.17
— щипцов 341.2
—, пружинный 326.11
зажимать концевые кромки 139.13
— кромку товара в расправитель 139.16
— нити гарнитурной основы 333.12
— полоску ткани 439.10
— товар в товарный ролик 298.14
—ся (зажим щипцов) 341.20
зажимн-ой винт 61.21, 259.1
—ой фланец 115.19
—ая игла 360.11
—ая карта 385.10
—ая колодка 127.10
—ая муфта 313.7
—ая рейка 138.7
—ая скоба шпрынки 242.17
—ая шпарутка 139.12
—ая шпуля 239.19
зажимн-ая щечка 241.6, 372.6
—ое приспособление 113.14
—ые щипцы 371.4
закаленн-ый мысок челнока 244.16
—ая стальная головка 239.8
закладка 77.19
— делительного шнура 62.13
закладн-ой клин 439.5
—ой прут 77.19
—ая шпрынка 238.14
закладывание картона между слоями нитей 62.15
— делительного шнура 62.13
— ремизной фланки 106.6
закладывать нить накрест 42.13
— нити прядями 83.1
законы переплетения 143.18
законченный удар 247.19
закрашивание, предварительное — переплетения нижней сетки 157.1
закрашенная предварительно поверхность переплетения 159.16
закреп для ремня 314.15
закрепить винт с барашком 83.10
закрепление основы на навое 116.11
— товарного ролика 130.17
закрепленн-ый деревянный пруток 106.5
—ая рейка 90.17
—ая скоба 172.7
закрепляющее вязание 177.14
закругленн-ый край 117.8
—ая ведущая планка 57.11
закрученные нити 107.22
закрывать зев 142.7
закрытие зева 142.6
закрытый зев 142.14
зал, ткацкий 1.8
замазывать нити шлихтом 65.16
замедленное движение 198.12, 247.11
заменить катушки 45.3
замкнут-ый зев 142.14
—ый нитяной слой 23.1
—ая передача для образования зева 198.6
—ая полая кайма 424.8
замок 340.12
замочное колесо 309.2
— колесо остановочного прибора при недолете челнока 317.8
замыкание тока, производить 319.5
— электрической цепи 320.12
—, короткое 320.13
замыкать соединительную муфту 334.2
замыкающ-ий с. т. контактный
—ий ток рычаг 320.3
—ая ток линейка 320.2
занавес, тюлевый 418.18
занавеска из гардинной ткани 419.6
— из мадраса 419.10
— из келима 419.11
—, восточная 419.9
—, газовая 419.1
—, дамасковая 419.3
—, индийская 419.14
—, индийская фулькари 419.15
—, кисейная 418.19
—, кружевная 419.2
—, набивная 419.4
—, турецкая 419.8
—, тюлевая 413.2
—, финляндская 419.12
—, шалевая 419.7
—, шенильная 419.5
—, японская 419.13
занавесочный товар 433.11
заостренные концы 244.17
заостренно-скошенное дно 347.21
запавший тычок 316.19
западание ножей 191.19
— собачки 127.2
западать в зарубку (загнутый рычаг) 48.22
западающая собачка 178.21
запаривание резаной шенили 343.14
запас 443.7
— нитей 263.12
— нитей в подмотке 98.2
запасн-ый с. т. добавочный
—ый барабан 56.19
—ый крючок 214.23
—ый ткач 5.7
—ая катушка 81.9
—ая шпуля 262.4
запах 65.5
запирание боевого механизма вышивного челнока 349.1
— товарного ролика 130.17
заплетание цепью жгута основы 43.7
заплетать концы нитей в косы 57.14
— основу в цепь 43.8
заполнение (с. т. загружение *или* зарядка) 413.14
— навоя 77.5
— решетки 102.14
— из хлопка 19.19
— шпули 87.21
—, резиновое 256.8
заполненн-ый с. т. заряженный
—ая шпуля 87.22
заполнять катушечную рамку катушками 44.10
— клетки переплетения линейного контура 380.16
—ся (шпуля) 87.20
заполняющ-ий уток 325.12
—ая основа из бумаги 411.17
запор 270.4, 333.18, 340.12
—, защелкивающий 269.11
—, клапанный 269.11
—, рычажный 269.4
запорн-ый зуб 388.16
—ый кран 265.7
—ый палец 363.17
—ая планка, деревянная 316.1
—ая пружина 92.3, 333.19, 346.20
—ая пружина для скобы 172.6
—ая рейка 53.20, 192.6
—ая собачка 133.13, 333.20
—ая щеколда, вращающаяся 178.15
—ое приспособление для карточного барабанчика 192.7
—ое приспособление для товарного ролика 134.16
заправка (с. т. продевание *или* вдевание) 386.18
— аркатной подвязи 207.20
— каймы 424.13
— нитей накрест 42.9
— нитей основы сзаду наперед 219.17
— основы 118.14
— посередке 424.15
— узора (приспособление) 189.9
—, групповая 219.19
—, крестообразная — арката 219.22
—, повторная — катушек 44.13
—, простая — катушек 44.12
—, проступная 219.20
—, четная 219.18
заправить картон 390.7
— катушечную рамку катушками 44.10
— каждую нить отдельно 42.10
— нити попарно 42.11
заправлять с. т. убирать
— зуб 107.4
— кегельный прибор 209.5
— концы проволоки в прорезные головки 180.18
— лицы (крестообразно) 219.16, 223.4
— нить накрест 42.13
— нити основы на крестовые (разводные) колки 47.1.2
— основу (на сновальной раме) 42.2, 118.15
— ремизки 181.9
заправная нить 424.14
заправочн-ый шнур 176.14
—ая игла 358.5
—ая карточка ткани 434.12
запутанн-ый узор 377.12
—ые нити 81.12
заработная плата с. т. плата
— плата за мотку 88.22
заработок 442.16
— за мотку 26.5
— основы 110.19
заруб на рычаге 121.18

зарубка 172.2, 333.23, 367.2
зарядка с. т. заполнение *или* загружение
— магазина 261.2
зарядник 113.3
зарядный револьверный магазин 261.1
— ящик 263.6
заряженн-ый с. т. заполненный
—ый магазин 261.3
—ые шпульные салазки 364.14
засеченный конец 236.5, 264.7
засоренная шпарутка 140.16
застилающая нижняя основа 170.1
застилистая крученка 421.16
— крученая нить 19.5
— пряжа 18.20
— пряжа, избивная 18.25
— пряжа, изготовленная кручением (прядением) 18.22.23
— пряжа, крашеная 18.24
— пряжа, пестрая 421.15
— пряжа, сдвоенная 18.21
застревать в зеве (челнок) 315.5
— в отверстиях карт (иглы) 226.9
застрявший челнок 315.6
затворная планка 267.11
заткание основных и уточных нитей 1.12
затканный пруток 329.2
заткать иглы 168.8
затормаживать мотовило ремнем 25.24
— навой 119.20
— основу 118.8
— отдельные шпули 329.8
— ткацкий станок 309.10
заторможенный навой 120.3
— ролик 176.17
затылок 103.19
— зуба 126.21
затяжной крючок 242.4
заусенцы 244.2
захватка (с. т. ухватик) 263.9, 291.12
— веретена 95.16, 98.16
— останова 94.20
—, вилкообразная 264.11
захватн-ый кривошип 214.3
—ый крючок 205.14, 359.10
—ый палец 62.3, 80.15, 137.9, 178.8
—ый поводок 269.16
—ый рычаг 192.15
—ая головка 93.13, 389.5
—ая игла 259.14
—ая рейка 368.6
—ое колесо, однозубое 201.2
захватчик 61.15, 128.16, 269.16, 358.16, 364.6
захватывание при помощи трения 50.8
захватывать катушку трением 27.11
— крючки (ножи) 210.25
— место вышивки (костыли) 346.18
— погонялку при помощи ремня (собачка) 252.16
захватывающая втулка веретена 93.12
— нить из стальной проволоки 355.6
захлестнувшаяся нить 142.23
захлестывание гарнитурных нитей 338.14
— кромочных нитей 361.6
— нити (нитей) 27.13, 81.13
захлестываться (нить) 27.12
заходить за головку высечки (задвижка) 385.19
— одни за другой (концы разводок бердочных зубьев) 109.6
зацепка (с. т. носик) 195.3
— ножовой рамки 226.3
зацепление зубчатого диска 203.11
— крючка 188.13
зацепление собачки 126.14
—, гиперболическое зубчатое 94.6
—, зубчатое 61.4, 310.19
зацепляться за штифты фонаря (захватные крючки) 205.19
зацепляющиеся одна за другою нитяные петли 208.7
зацепн-ой рычаг 192.15
—ая собачка 134.14
защелка 58.9, 180.3, 204.18, 269.5, 278.15
— замочного колеса 317.9
—, боевая 348.12
—, предохранительная 279.21
—, секторная 314.12
защелкивание ножей 191.19
— собачки 195.18
— щеколды за приклон 48.20
защелкивать собачку 205.3
защелкивающий запор 269.11
— рычаг 280.11
— сектор 314.12
защелкнувший тычок 316.19
защелкнутый крючек (останова) 95.13
звезда, восьмиконечная 274.3
—, управляющая движением 364.8
звездка 275.12
звездочка 128.17, 201.3, 280.7, 359.11, 370.14
—, игольчатая 140.10
звездообразн-ый ценовый пруток 138.6
—ое колесо 340.4
звездчатый узор 377.5
звено кулачной цепи 274.1
— цепи 259.6, 340.2
— цепи с выступом 196.21
—, низкое 196.20
—, плоское 281.2
—, рядовое 196.20
—, толстое 196.21
—, тонкое 196.20
—, фигурное 259.4
—, четыреугольное — литой стали 372.16
звонковый сигнал 62.8
звонок 62.8, 82.4
—, сигнальный 62.7
звоночный прибор 82.4
зев 141.3, 379.5
— для газа 362.14
— постоянной длины 141.14
— пруточного станка, двойной 328.15
—, большой 265.15
—, верхний 142.15
—, верхний (нижний) 216.15.16
—, верхний и нижний 216.17
—, верхний — сводчатого вида 217.7
—, выгнутый верхний 217.7
—, двойной 141.16, 142.19, 339.22
—, задний 141.15
—, закрытый 142.14
—, замкнутый 200.14
—, игольчатый 168.5
—, косой 217.1, 142.21
—, крестовый 231.5
—, неподвижный 188.18
—, неправильный 142.20
—, нижний 142.17
—, образованный 142.3
—, открытый 200.13
—, полуоткрытый 227.1
—, постоянный 142.18
—, промежуточный 188.17
—, пруточный (верхний) 168.5, 328.16
—, скрещенный 231.5
—, узорный 223.12
—, челночный (нижний) 328.17
—, чистый 217.1
Зейдель, машина —я для дамаска 233.1
Зейдлиц, механический ткацкий станок 337.8
зеленый 380.15
зефирная пряжа 14.27
зибелин 398.13
зигзагообразн-ый с. т. остроконечный
—ый виток 49.5
—ый газ 164.20
—ый гребень 49.20
—ый пробор 104.11
—ая саржа 150.9.10.11.12
—ое движение основных нитей 298.10
зимн-ий драп 398.16
—ий товар 431.19
—яя шерстяная ткань, тяжелая 398.4
—яя одежная ткань 417.1
змеевидная линия 286.2
знак переплетения 159.15
— для смены цвета 271.10
—, обозначающий куски 77.11
знак, отличительный 435.4
—, отмечающий куски 75.2
золотая бить 423.12
— нить 423.9.11.13
— парча 402.20
— пряжа 19.25, 20.1.2
золотистый бисер 19.13
зуб 39.13
— берда 82.17
— берда, кромочный 282.19
—, бердочный см. бердочный зуб
—, запорный 388.16
—, камышевый 284.17
—, крайний боковой 282.19
—, латунный 284.19
—, подающий 126.19
—, стальной 284.20
зубило, мечевидное 373.8
—, плоское 373.9
зубцовая уточная вилка, х— 318.6
зубчатка барабана 58.18
— веретена, гиперболическая 94.7
зубчат-ый барабан 277.6
—ый венец 303.6
—ый диск 62.6, 203.3
—ый конец коленчатого рычага 259.5
—ый обод, стальной (бронзовый) 310.13.18
—ый пробор 104.11
—ый рычаг 123.16
—ый сегмент 112.17, 358.6
—ый сектор 38.13, 194.8, 276.10, 347.15
—ый толкач 268.9
—ый челнок 347.10
—ая дуга 129.7, 257.3, 268.18, 368.2
—ая дуга для измерения нагрузки 54.10
—ая муфта 51.15
—ая передача 53.15
—ая рейка 38.12, 190.16, 257.18, 344.11
—ая рейка, ведущая 270.5
—ая рейка, идущая вверх и вниз 288.13
—ая рейка, колеблющаяся 319.16
—ая рейка, кулиссная 279.19
—ая рейка, нагруженная 288.4
—ая рейка, направляющая 97.17
—ая саржа 149.12
—ая спинка подъемной коробки 278.9
—ое зацепление 61.4, 310.19
—ое колесо 61.3, 133.8, 362.4
—ое колесо, цилиндрическое 51.29
—ое колесо, эксцентричное 214.1
зубья, крестообразно установленные бердочные 108.15, 285.9
—, наклонно установленные 285.7

зубья, расходящиеся 50.1
– шестерни, косо расположенные 133.21

И

игла (с. т. шило *или* нож *или* шпилька) 136.11, 194.4, 275.14, 342.26
– для х-аркатной подвязи . . . 225.14
– с глазком . . . 354.2
– для грунтовой нити 362.19
– крючка . 187.14, 210.11
– останова. . . . 35.6
– останова от обрыва нити, поворачивающаяся 53.7
– с продолговатым ушком . . 225.15
– станка 367.19
–, бердочная . . 108.1
–, вдевная . . . 372.10
–, висячая . . . 229.7
–, вспомогательная 229.6
–, вытяжная . . 168.11
–, вышивная . . 354.16
–, заводная . . . 358.5
–, зажимная . . 360.11
–, захватная . . 259.14
–, изогнутая . . 57.19
–, круглая . . . 168.11
–, крючечная . . 351.10
–, крючкообразная 259.12, 337.4, 338.6
–, латунная . . . 117.14
–, неподвижная . 362.11
–, остановочная . 50.14 51.3
–, подвесная . . 229.7
–, пробивная . . 388.10
–, проборная . . 105.9
–, прорезная. . . 168.9
–, пружинная . . 320.15
–, сколочная. . . 113.6
–, согнутая . . . 211.13
–, стальная . . . 259.15
–, счетная 434.6
–, ударная с. т. ударная игла . 229.6
–, узорная. . . . 353.15
–, уточная . 259.11, 318.12
–, швейная . . . 342.15
–, щупальная . . 389.4
иглы, порознь передвигаемые . 350.12
–, расположенные в два ряда . . 190.6
–, совместно передвигаемые . . 350.1
игольн-ый батан . 366.15
–ый гребень . . . 349.16
–ый механизм . . 359.9
–ый рычаг . . . 279.7
–ая доска . 210.4, 229.9
–ая доска, подвижная . . . 226.10
–ая планка (с. т. игольная рамка
–ая планка 301.20, 359.12
–ая планка нитевода 366.14
–ая планка, деревянная 350.2
–ая рама 349.16
–ая рама с совместно передвигаемыми иглами . 350.1
игольн-ая рама, вышивная. . . 354.15
–ая рама, качающаяся 226.5
–ая рамка (с. т. игольная планка) 204.12
игольчат-ый с. т. колючий
–ый валик . 117.18, 140.11
–ый диск 139.17
–ый зев 168.5
–ый товарный ролик 335.9
–ая грудница . . 326.8
–ая звездочка . . 140.10
–ая планка . . . 57.18
–ая сновальная машина 57.15
–ая цепь 140.6
игольчатые каточки расположены эксцентрично 140.1
игра в натяжении 119.5
– тормаза . 120.12, 123.11
– шипа в подушке 292.12
избегать полосатость товара . 222.2
избивная застилистая пряжа . 18.25
избыток нитей . . 98.9
– шлихта 69.23
известь, сернокислая 68.16
извилистая саржа 149.10
изгиб 111.18
изгибание уточины, волнообразное 284.13
изготовление образцов . . . 299.5
– патронов . . 378.6.17
– шенили (станок) 340.22
изготовленн-ый с. т. выработанный
–ая (прядением) кручением застилистая пряжа 18.22.23
изготовлять патроны 378.7
изделие, готовое . 443.9
–, шерстяное . . 2.14
издержки, банковые 446.11
–, непредвиденные 446.17
–, судебные . . . 446.29
излишние нити. . 182.15
изменение величины хода . . . 132.2
– высоты под'ема 213.13
– плотности утка 132.9
–, подвергать –ю 365.20, 21
– порядка связывания карт . . 390.17
– скорости нитевода 31.10
изменять величину клеточки . . . 365.21
– натяжение мотка 25.11
– направление движения . . 277.21
– последовательность ударов . 247.22
– размах качания 95.12
– скорость подачи 365.20
– цвет. 341.16
измерение нагрузки 54.10
– натяжения основы (прибор) . 371.13
измеритель длины 52.9
– крепости пряжи (с. т. динамометр) 440.10
– крутки пряжи . 440.8
– удлинения . . 440.13
измерительный прибор 54.9
– угольник . . . 60.16
измерять длину основы мотками 52.5
изнанка товара . 430.4
–, крепкоперевязанная 152.5
–, начесанная . . 417.6
изнанков-ый с. т. нижний *или* грунтовый *или* подкладной *или* подбивной
–ый товар. . . . 169.5
–ая петля 166.9
изнашивание с. т. износ
– ремня 310.7
– сменных частей 262.7
– строений . . . 445.22
– эксцентрика . . 250.5
износ с. т. изнашивание
– нити 284.15
– подшипников . 313.10
– сменных частей 262.7
– эксцентрика . . 250.5
изображение переплетений, наглядное. . . . 143.19
– товара 378.9
–, геометрическое 413.9
изогнут-ый диск 32.12, 34.6
–ый по дуге круга 367.12
–ая игла 57.19
–ая трубочка . . 338.2
–ые бердочные зубья. 285.8
–ые концы . . . 109.2
израсходованная длина пряжи . 11.21
имитация аксминстерского ковра 410.10
– бархата . 394.27, 399.3
– барашка . . . 406.22
– брошэ 163.7
– вязаного ковра 409.1
– газовой ткани . 165.11
– двойной по основе ткани . . . 156.2
– меха 14.8
– обойной ткани . 422.5
– тюлевого фона . 413.19
– шерсти пуделя . 406.21
– шишковидной пряжи 18.10
импрегнированный деревянный челнок 243.12
инерция (сила) . 317.4
– пружины . . . 255.21
инструмент . . . 373.3
–, ножевидный . 108.2
ирландский мох . 67.21
искание уточины . 302.11
искомый номер . 11.15
искра (ткань) . . 392.7
искривление ударом игл . . . 226.8
искусственн-ый барашек 170.6
–ый каракуль . . 170.6
–ый конский волос 17.21
–ый мех 419.25
–ый шелк . .17.17, 430.22
искусственн-ая шишка 18.15
исландский мох . 67.22, 437.14
исправлять изогнутое бердо . 286.19
испытание с. т. проба *или* исследование
– нитей сравнением 436.1
– на прочность окраски . . . 429.9
– прочности ткани (прибор) . . . 438.18
– пряжи на равномерность (прибор) . . . 440.9
– на разрыв . . 436.14
– на сжигание . 436.12
– ткани 429.3
–, химикомикроскопическое . 436.18
исследование с. т. испытание *или* проба
– золы 436.13
–, микроскопическое 436.16
источник электрического тока . 320.8
исходн-ый с. т. начальный
–ое положение . 265.19
итти хорошо (основа, станок) 114.15, 306.9

К

кажущееся саржевое переплетение. 149.13
казимир, полушерстяной 397.18
–, чистошерстяной 397.17
каемочные салазки 366.18
кайма (с. т. кромка *или* покрома) . 433.21
– узора 378.1
–, гладкая . . . 424.6
–, полая замкнутая 424.8
–, полая тафтяная 424.10
–, полая трехчетвертая 424.11
–, полуполая . . 424.12
–, прочная кружевная 426.4
–, пустая 424.7
–, сложенная и клееная . . . 424.18
–, срединная. . . 361.2
каймы, разрезные – с газовым ремизом (приспособление) 361.8
–, срединные (приспособление Штейбли) . . . 362.15
–, срединные – со шпильками (приспособление) 362.10
каленкор . 392.18, 393.6
–, цветной . . . 393.5
калька 379.14
калькулированная длина мотков . 444.17
калькуляция ткани 441.1
кальций, сернокислый 437.23

кальций, фосфорнокислый 438.7
—, хлористый 68.11
камвольн-ый с. т. гребнечесный *или* гребенной
—ый уток 15.1
—ый шеверон 399.14
—ая крученая нить 334.20
—ая основа 15.2
—ая пряжа 14.22.23.24
—ая уточная пряжа 15.1
—ая ткань 430.15
—ая ткань миткалевого переплетения 398.17.18
—ая ткань саржевого и атласного переплетения (узорчатая) 399.6.18
—ая шерсть 5.21
камедь, аравийская 437.12
камень 55.14, 202.9
—, кулиссный 128.9
—, наждачный 332.9
—, передвижной 91.18
камера с. т. гнездо
— для масла 328.11
— для увлажнения пряжи 102.1
—, воздушная 102.2
—, сушильная 71.4, 75.7
камилла 394.2
камлот 399.4
—, шелковый 401.6
камфора 438.4
камчатка 153.14
—, пестротканая 394.21
камыш, расколотый 284.18
камышевый зуб 284.17
— прут 290.14
канавка (с. т. паз *или* вырез *или* желобок) 111.16
— винтового хода 294.6
— в навое 77.18
—, бердочная 107.17
—, винтовая 140.13
—, винтообразнонарезанная 358.1
—, кольцевая 99.4
—, профрезерованная 354.12
—, шпоночная 55.1
—, эксцентрическая 294.5
канал, смазочный 375.7
канат, нагруженный гирей 123.1
—, тормозной 121.11
канаты, параллельные 124.17
канатный тормаз 121.8, 124.10
— тормаз с двумя рычагами 121.17
— тормаз, находящийся под действием пружины 122.10
канаус 400.11
канва 394.5
канитель 20.12
канительная тесьма 428.5
каолин 68.14, 437.22
капельная чашка 375.9
капитал в банке 446.10
—, оборотный 446.9
каракулевая лента 325.12
каракуль с. т. барашек
каракуль, искусственный 170.7
—, фальшивый 407.2
карболовая кислота 68.6
карда 39.5
кардная пряжа см. аппаратная пряжа
— хлопчатобумажная пряжа 12.5
каретка (с. т. Добби) 343.17, 385.9, 438.15
— для быстроходных букскиновых ткацких станков 195.6
— Венцеля 196.3
— для верхнего зева 186.4
— для верхнего, нижнего и центрального зева 187.6.13
— Вольфрума 194.13
— для двойного зева 195.5
— двойного под'ема 192.8
— для двух (трех) переплетений 197.7.8
— для закрытого зева (Шроэрса) 188.19, 189.1
— Кромптона с роличной картой 191.12
— для неподвижного зева 188.18
— для нижнего зева 187.5
— Нутталя 193.1
— для под'ема и опускания ремизок 187.6
— пробирного механизма 388.8
— для промежуточного зева 188.17
— для сменного проступания 195.10
— Таннвальда 192.9
— ткацкого станка 7.11
— Шенгерра (для открытого зева) 188.10, 191.9
—, двухножовая 192.8
—, двухпод'емная — Уайта 194.12
—, качающаяся 193.1
—, лопастная — Годчсона 193.8
—, негативная 196.17
—, одноножовая (для под'ема) 190.4.5
—, одноножовая — для под'ема и опускания 190.15
—, однопод'емная 190.4
—, платочная 196.22
—, позитивная 196.18
—, ткацкая 186.3
—, уточная 357.8
кареточн-ый барабанчик 186.13
—ый газ 352.19
—ый картон 189.17, 205.6
—ый механический ткацкий станок 300.6
—ый нож 194.19
—ый ткацкий станок 7.10, 296.14, 325.8
—ая карта 205.6
—ая призма 186.13
карманный динамометр 440.14
„каро" 153.10
карта с. т. решетка
— для бордюр 197.4
— Вердоля 382.8
— для вращения коробки 281.18
— для вращения направо (налево) 281.14, 15
— для грунтового переплетения 383.9
— для двух переплетений 235.2
— из деревянных планок 189.11
— для нескольких переплетений 197.2
— в одно (два) полотно 383.6.7.8
— с поперечными выемками 189.15
— для приостановки смены (движения) коробки 281.13.17
— для смены 277.25
— для с'емных штифтов 189.16
—, бесконечная бумажная 229.19
—, грунтовая 197.5
— двойная 383.7
—, деревянная 382.11
—, Жаккардовая 382.2
—, жестяная 279.10, 382.10
—, зажимная 385.10
—, кареточная 205.6
—, картонная 192.1
—, кромочная 197.4
—, нечетная 383.11
—, продырявленная (пробитая) 382.12
—, пропускная 383.14
—, проступная 201.4
—, роличная 189.10
—, слепая 197.6
—, сменная см. сменная карта
—, узорная 342.25, 353.13
—, фигурная 383.10
—, холостая 389.16
—, четная 383.12
карты для смены с пропусками на револьверном аппарате 281.16
—, собранные 389.18
—, укороченные (приспособление) 196.22
картн-ый цилиндр 229.13
—ая лента, бесконечная 229.19
—ая призма 210.14, 196.12
картовязальная бечевка 389.19
— машина 390.4
— рама 390.1
картодержатель 384.3
картон 382.4, 390.6
— со шпеньками 188.16
—, глянцевый 382.7
—, Жаккардовый 382.2
—, кареточный 189.17, 205.6
картонн-ая кареточная карта 189.17, 382.4
—ое кольцо 90.7
картопробивная машина, электрическая 387.3
картопробивная мастерская 384.7
картофельн-ый крахмал 437.7
—ая мука 66.20
карточка, заправочная — ткани 434.12
—, сновальная 7.23, 40.12, 434.3
—, товарная 7.16
—, уточная 7.24, 435.5
карточн-ый барабанчик 192.7
—ый лист 383.15, 390.3
—ая решетка 194.9
—ая цепь 206.13
касательная 342.6
кассейная доска 207.21, 217,6
— доска из глазурованного фаянса 208.2
— доска, вспомогательная 354.3
— доска, передвижная 222.15
— доска, просверленная 227.10.11.12
— доска из пластинок (фарфоровая) 208.1.3
кастор 397.26
—, гладкий 397.27
—, дамский 398.1
—, тяжелый шинельный 398.2
касторов-ая пряжа 14.29
—ое масло 67.12
катающийся станок для корзины 102.6
— станок для основы 112.22
катиться на роликах (быстроходный челнок) 237.10
каток, байковый — для торможения нити 35.19
—, мерный 58.15
—, натягивающий нить 94.16
каточек (с. т. ролик *или* валик) 388.9
— под'емного рычага 33.15
—, боевой 249.5.12, 253.5
—, боевой — передвигающийся вдоль оси каточек 252.9
—, головной 257.10
—, конический 117.7
—, латунный колючий 139.18
—, направляющий 99.13
—, отбойный 308.15
—, подхватывающий 255.17
—, прижимной 210.16
каточки, игольчатые — расположены эксцентрично 140.1
каточная шпарутка 140.2
катучий шпульный станок 62.17
катушечница 445.2
катушечн-ый с. т. шпульный
—ый пруток 89.16
—ый стол 32.19
—ая доска 301.9
—ая планка 356.10

катушечн-ая рамка (с. т. решетка *или* стойка *или* клетка) 45.14, 359.3
—ая рамка, двойная 44.3
—ая рамка, дугообразная 44.7
—ая рамка, клиновидная 44.6
—ая рамка, косая 43.16
—ая рамка, лежачая 43.15
—ая рамка, одинарная 44.2
—ая рамка, открытая 44.4
—ая рамка, плоская 44.5
—ая рамка, раздельная 44.4
—ая рамка, сновальная 43.12
—ая рамка, стоячая 43.13
—ая рамка, угловая 44.6
—ая сновальная машина 54.2
—ая стойка 331.6
—ое веретено 44.16
—ые веретена, укрепленные в откидывающихся коромыслах 31.2
—ые ткацкие станки 363.6
катушка (с. т. бобинка *или* шпуля *или* колодка) 10.19
— без боковых флянцев 89.6
— с одним боковым флянцем 89.5
—с дисками 10.17
— между двумя боковыми дисками 89.4
— винтообразной (крестовой) мотки 23.20
— на диске 38.20
— крестовой мотки 10.18
— с лаппетиновой нитью 350.7
— перевязочной проволоки 287.16
— тонкой пряжи 36.4
— с флянцами 10.17
—, горизонтальная 30.8
—, деревянная 10.19
—, дисковая 63.10
—, дисковая выпуклая 23.18
—, коническая — крестовой мотки 24.2
—, лежащая 30.8
—, основная 38.2
—, плоская 23.19
—, полная 23.5
—, приводимая во вращение фрикционными роликами 27.4
—, приставная 81.9
—, раздвижная сновальная 54.19
—, сновальная 44.8
—, сновальная вытяжная 54.19
—, сновальная — для шелка 34.13
катушка, сснованная секционная 54.18
—, тонкопрядильная 37.4
—, флянцевая 31.7
—, цилиндрическая — крестовой мотки 23.21
катушкодержатель 331.6
каучук 415.6
—, вулканизированный 415.18
—-сырец 415.7
каучуковая болванка 415.8
— нить, голая 415.15
— нить, катанная 415.12
— нить, оплетенная 415.16
— нить, прессованная 415.13
— нить, резаная 415.11
— основа 415.4
— подушка (прокладка) 243.20
— ткань 415.3
каустическая сода 68.4
качалка 279.20
качание батана 292.8
— батана, возвратное 130.11
— батана, маятникообразное 292.9
— бердочной рамки 283.12
— ремизок 182.8
качательное движение 39.14
качаться (батан) 292.7
— вместе с батаном (челночная коробка) 272.18
— около вала (нитеводы) 37.13
— (расправитель) 140.19
— (ремизки) 182.9
качающийся нож 196.4
качель 279.20
—, уточная 357.9
качество с. т. свойство
— пряжи 11.25
— ткани 3.15
кашмир 397.24
кашмирет 397.25
кашмировая шаль 420.27
кашмирская шерсть 15.22
квадрант 322.1
—, храповой 51.23
квадрат 136.14
—, незаполненный 380.7
—, покрытый краскою 380.8
квадратный вал 280.14
— метр 442.10
квалификация сырья 436.9
квасцы 67.25, 483.3
кверху отогнутая кромка товара 140.8
кегельн-ый прибор 209.5
—ый станок 208.17
—ый шнур 208.25
—ая доска 209.1
кегля (с. т. висюлька) 209.2
келим 419.11
Кехлин, приспособление для смены шпуль 264.1
кидать челнок 246.19
кидка с. т. бой *или* удар
кидка челнока 246.18
— челнока (механизм, управляющий — ою) 314.2
килограмм 444.14
кинутый челнок 312.5
кирза 397.14
кисея 393.22
— жесткой отделки 393.23
—, сильно прокрахмаленная 393.27
кисейная занавеска 418.19
кислота, карболовая 68.6
—, салициловая 68.3, 438.1
кислый шлихт 65.11
киснуть (шлихт) 65.10
кипа 4.12
киперная диагональная ткань 3.19
кипятильник, паровой — высокого давления 69.9
кипячение перекрученных прядей завитковой пряжи 170.14
кипяченый шелк 16.24
— шлихт 65.3
кипящий шлихт 65.2
кишечная струна 341.10
кишка (с. т. рядок *или* трубка) 156.11
— ворсового утка 167.1
клавиатура 385.13, 389.13
клавиш 385.14
клавишн-ый рычаг 388.13
—ая пробивная машина 385.8
—ое устройство 385.13
клапан (с. т. вентиль *или* зажим) 342.11
— коробки 254.9, 256.4
— челночной коробки 253.2, 268.19
—, редукционный 74.11
—, предохранительный 69.17, 74.18
—, тормазный 245.19
клапанный запор 269.11
клапанообразное дно коробки 266.20
клапанчик, воздушный 74.14
клеевина 16.21
клей 64.22, 437.15
—, животный 66.26
—, костяной 66.27
—, мяздровый 67.1
клейк-ая масса 71.18
—ое вещество 66.18
клейстер, крахмаловый 66.19
клепка 115.8
клетка см. стойка *или* рамка *или* решетка
— см. квадрат
— переплета 379.6
—, большая 379.8
—, малая 379.6
—, оставленная пустой 380.7
—, сновальная (катушечная) 43.12, 56.4
клеточка с. т. ячейка
—, большая 365.22
—, малая 365.23
—, шестигранная 412.10
—, шестиугольная 363.9
клетчат-ый товар 143.13, 271.13
—ый узор 153.11, 160.13
—ая бумага 379.1
—ое с. т. кубическое *или* шашечное *или* панама *или* рогожное
—ое брошэ 163.5
—ое переплетение 147.6
клетчатка 13.22
клещевидная шпрынка 239.6
клещеобразное дно челночного гнезда 269.17
клещи 373.14
—, дыропробивные 373.13
клеющее вещество 66.18
клиент 443.1
клин 293.15, 311.8
—, закладной 439.5
—, сцепляющий 277.11
—, установительный — натяжного бруса 332.5
клиновидн-ый придаток 242.13
—ая катушечная рамка 44.6
клинообразн-ый вырез 233.18
—ый пруток 327.14
—ая ремизная фланка 173.10
клубок с. т. круг
— основы 63.8, 71.15
— уточной нити 336.1
клубочная машина для основы 63.5
клюв 112.6
ключ для регулятора 373.20
— для ремизной проволоки 373.18
—, винтовой 374.1
—, гаечный 374.1
—, торцовый (одноплечий) 373.19, 21
—, установочный 373.20
кляп 71.12
кованый железный хомут 293.14
ковер 433.15
— из искусственного меха 407.24
— имитация 407.6
— из кокосовых волокон 407.20
— мокет, плюшевый 411.10
— для пола 407.7
— ручной вязки 336.19
— шениль 410.11.12
—, аксминстерский см. аксминстерский ковер
—, анатолийский 410.2
—, английский 408.4
—, арабский 410.5
—, афганский 410.4
—, бархатный гобелэновый 408.3
—, бархатный — с набивной основой 411.19
—, брюссельский 411.21
—, вестфальский 407.23
—, волосяный 408.2
—, ворсовой 408.13
—, восточный 410.1
—, вышитый см. вышитый ковер

ковер, вязаный — сработанный иглой 408.17
—, ручной вязаный 408.16
—, гусеничный 410.10
—, двойной 408.9
—, джутовый 407.21
—, завитой см. завитой ковер
—, индийский 407.25
—, киддерминстерский 408.11
—, мароккский 410.7
—, меховой 407.23
—, молитвенный 410.8
—, настоящий 407.5
—, ненастоящий 407.6
—, ненастоящий вязаный 409.1
—, основно-ворсный 411.9
—, пакляный 407.22
—, персидский 410.3
—, печатаный 407.27
—, простой 408.1
—, размерный 407.9
—, расписной 407.26
—, репсовый 407.18
—, саржевый 407.19
—, смирнский см. смирнский ковер
—, составной 407.12
—, стенной 407.8
—, сумакский 407.29
—, тафтяной 407.17
—, текинский 410.6
—, тирольский 408.3
—, турецкий 409.15
—, турнейский бархатный 412.4
—, уточно-ворсяной 408.14
—, шотландский 408.12
ковров-ый плюш, пруточный 411.22
—ый станок 297.15
—ый ткацкий станок, пруточный 339.18
—ая пряжа 14.12.14
—ая ткань, двойная 408.10
—ое производство 3.1
коверткот 399.13
козла, передвижные 61.25
—, с'емные 56.8
козлы с. т. станок *или* стойка
— для навоев 72.14, 79.14, 82.3, 111.9
— для основного (промежуточного) навоя 83.17.18
—, передвижные 105.15
—, сновальные 56.12
козлообразная станина 287.6
козья шерсть 5.28
кожа 35.13
—, буйволова 248.12
—, красная 248.10
—, подошвенная 248.16
—, свиная 248.11
кожаный валик 35.13
кожух 32.18, 101.22
— барабана 277.12
— для пружины сцепляющего механизма 315.2
— шестерен 323.2
коклюшечный шпиндель 178.17
коклюшечный шпиндель, короткий (длинный) 179.3.4
коклюшка 179.2
коконада, пряжа — из кокоса 13.19
кокос 13.17
кокосов-ая пряжа, цейлонская 19.20
—ое волокно 13.18
—ое масло 67.11
колебание батана 295.4
— натяжения основы 120.8
— расправителя 140.18
— ремизок 182.8
— числа оборотов 306.20, 310.1
колеблющаяся зубчатая рейка 319.16
колено 302.2
— главного вала 293.10
— крючка 230.17
—, пружинящее 215.6
колено-рычажное соединение 294.10
коленце, передаточное см. задвижка
—, проступное 201.7.10.11.12
коленчатый с. т. угловой
— вал 301.16, 384.4
— вал кованого железа 302.8
— рычаг 212.5, 255.4, 262.12, 385.11.15
— рычаг, вилкообразный 188.11
колесо для привода веретен 96.3
— для привода в движение второго нитевода 35.1
— указателя 51.21
— эксцентрика, червячное 37.1
—, ведущее — с гиперболическим зубчатым зацеплением 94.6
—, включающее 91.17
—, гиперболическое 213.16
—, замочное см. замочное колесо
—, звездообразное 340.4
—, зубчатое см. зубчатое колесо
—, кулачное 119.14
—, маточное 38.9
—, мерное — с зарубкой 48.7
—, мотальное — с ножным приводом 86.4.6
—, однозубое захватное 201.2
—, питательное 127.5
—, подающее храповое 58.11
—, приводное — для тихого хода 53.14
—, ручное мотальное 26.7
—, ручное храповое 132.21
—, счетное 370.9
—, тормозное 311.15
—, фонарное 38.11
—, фрикционное 98.12, 100.7
—, храповое см. храповое колесо
колесо, цилиндрическое зубчатое 51.20
—, червячное 51.19, 61.11, 127.13
—, шнурочное 26.12
—, шпеньковое 278.7, 388.3
—, эксцентриковое 38.14
—, эксцентричное зубчатое 214.1
—, эллиптическое 214.2
количество пряжи 11.19, 41.23
—, весовое — введенного утка 444.16
—, неограниченное — цветов 409.4
колода узорчатого станка 209.10
колодка с. т. башмак *или* катушка
— буфера, направляющая 322.12
— останова 35.12
—, дугообразная направляющая 280.16
—, зажимная 127.10
—, крестовинная 56.6
—, навивальная 80.5
—, нажимная — для передвижения ножей 236.2
—, направляющая 356.19
—, обитая подошвенной кожей 248.16
—, передвижная 124.14
—, раздвижная сновальная 54.19
—, тормозная 32.16, 91.11, 120.22, 316.16
—, ходовая 46.6
колодочный батан 356.20
— тормаз 120.20
колок (с. т. цен *или* шпенек) 46.4
—, головной 45.17
—, крестовой 47.1
—, нижний 45.19
—, разводный 47.2
—, ценовый 45.18
колонка штатива 440.2
колосник 50.13
колосниковая решетка, дополнительная 210.19
колотильный молоток 385.4
колотушка 385.4
колочение 66.2
колпачек 264.19
—, обмотанный концом уточной нити 264.20
—, отлетающий 265.1
колышка с. т. галь *или* лица
— для вышитых ковровых тканей 330.7
— с глазком 174.13
— без глазка 175.23
— с длинной петлей 175.20
— из железной проволоки 175.11
— из конского волоса 175.7
— из листового металла (цинка) 175.15.16
— из льняной крученой нити 175.3
— с нитяным глазком 175.19
колышка для оплеточной нити, проволочная 361.15
— переднего механизма 231.10
— с петлей для опускания (под'ема) 174.1.2.3
— из (прокатанной) стальной проволоки 175.12.14
— из пролаченной хлопчатобумажной крученой нити 175.1
— со стекляным глазком 361.13
— без узлов 175.8
— из шерстяной крученой нити 175.2
—, вдвижная 173.20
—, вспомогательная 350.18
—, вылуженная около глазка 176.5
—, гибкая 174.18
—, двойная 173.9
—, длинная 174.14
—, жесткая 174.17
—, кромочная 173.8
—, лионская двойная 174.6
—, липкая 174.16
—, луженая 175.17
—, металлическая 175.9
—, нажимная 174.8
—, неподвижная 173.21
—, нитяная 174.19
—, опаленая 179.20
—, опускная 174.1
—, передвижная 173.6
—, под'емная 174.2.7
—, полусдвоенная 173.12
—, проволочная 175.10
—, провощенная (шелковая) 175.5, 179.19
—, пролаченная (олифой) 174.20, 179.18
—, прошлихтованная 179.21
—, ремизная 171.6
—, смазанная мылом шелковая 175.6
—, сплетенная из проволоки 175.13
—, шелковая 175.4
—, шероховатая 174.15
—, целиком сдвоенная 173.11
колышков-ый шнур 179.17
—ая нить 177.5
—ая крученая нить 176.19
кольцев-ой ватер 21.16
—ой наварок 89.17
—ой вершник 345.17
—ой сегмент 345.18
—ой челнок см. челнок, кольцевой
—ая канавка, направляющая кольцо 99.4
кольцо 99.4
— из двух половин 311.1
— навоя 77.21
— с шпинделем 341.5
—, всаженное 115.1
—, картонное 90.7
—, направляющее 71.16
—, неподвижное направляющее 389.7
—, опорное 362.6

кольцо, остановочное — для полных початков . 92.4
—, передвижное . 172.16, 197.13
—, проволочное. . 219.6
—, проставное . 202.13
—, сцепляющее . 333.17
—, тормазное — навоя с зацепкой 79.12
—, тормозящее . . 370.12
колюч-ий с. т. игольчатый
—ий каточек латунный 139.18
—ий ролик . . . 140.10
—ая цепь 140.6
комбинированн-ый ход нитеводов 39.11
—ый тормаз 124.9
—ое роличное и коромысловое движение . . 184.6
—ые переплетения 145.15
коммутатор . . . 301.5
компенсационный валик 48.8
— регулятор . . . 136.5
компенсирующе действовать (регулятор) . . 136.20
комплект с. т. набор
— карт 206.15
конденсационный горшок 73.22
конденсорная пряжа 12.7
конец ворсовой нити, свободный 342.8
— гарнитурной нити 409.5
— нити 51.10
— подножки . . . 183.7
— рычага в виде эксцентрикового хомута . . 34.18
— ткани 145.4
—, выпускной . . 244.18
—, загнутый . . 227.6
—, засеченный . . 236.5, 264.7
—, зубчатый . . . 259.5
—, отогнутый. . . 312.16
—, свободный . . 124.4
—, спущенный . . 118.9
—, удлиненный . 195.1
—, утоненный . . 328.7
конечн-ая скорость челнока . . . 247.10
—ое с. т. крайнее
—ое положение груза 137.13
конический ролик 117.7
конный повод . . 427.26
конский волос . . 414.11
— волос, искусственный 17.21
консоль 333.15
конструкция ткацкого станка 300.2
контакт, падающий 387.6
—, скользящий . . 387.5
контактн-ый с. т. замыкающий
—ый рычаг . . . 387.6
—ая доска 387.11
—ая линейка 320.2, 321.6
—ая пуговица . . 387.9
—ая упорка . . . 269.9
—ая шпилька . . 318.20
—ое щупальце . . 318.19
контргруз 55.10
контркарта . . . 389.11
контроль пробора нитей. 182.5
— расчета 443.6
контрольн-ый с. т. проверочный
—ый прибор, уточный 370.15
—ый рычаг . . . 262.11
—ая счетная лупа 438.14
контур с. т. очертание
— фигуры 379.17
—, линейный . . . 380.16
контурная нить . 413.13
конус из деревянных планок . 60.2
— с зубчатым венцом 303.6
— основы 79.5
— пряжи 87.9
— рамы 60.4
— ременной передачи 53.4
— шпули 85.19
—, барабанный . . 60.15
—, закладной. . . 439.5
—, накладной . . 56.1
—, направляющий 99.2
—, начальный . . 87.10
—, основной . . . 86.15
—, передвижной . 60.12
—, приводный фрикционный . 308.5
—, прикладной . . 56.1
—, ременной . 53.4, 74.3
—, сновальный . . 60.7
—, укрепленный . 60.5
—, установочный . 60.6
—, фрикционный —, обтянутый кожей 307.13
конусн-ый сновальный барабан . 60.1
—ый навой . . . 40.21
—ый насадок . . 86.15
—ый слой пряжи . 87.7
—ый фрикционный диск 97.14
—ая лента 424.5
—ая сновальная машина . . . 58.6
— ая шейка шпули 87.14
—ое основание шпули 99.8
конусовая муфта, управляемая выключателем. 311.4
конусообразный придаток веретена 93.11
конфекционные ленты 427.22
концев-ой диск для пряжи 115.15
—ой подшипник приводного вала 55.16
—ая нить в катушечной рамке. 44.22
—ая пластина . . 282.9
—ая скобка . 308.14, 314.7
—ая шайба . . . 115.7
—ые кромки . . . 139.13
—ые планки . . . 139.13
концентрическая дуга 128.20
концы на катушках 45.1
— нитей початков 45.9
— пряжи на шпулях 22.11
—, заостренные . . 244.17
—, изогнутые . . 109.2
—, обтирочные . . 375.13
концы, початочные 85.28
—, ткацкие . . . 4.14
—, шпульные . . 85.29
кончик волокна . 436.15
— нити 365.8
копирная машина 389.3
копировка карт . 389.1
копировать карты 389.2
— узор 378.10
копьевидный железный наконечник 177.4
корд 403.16
корда 379.4
кордонет . . . 12.16, 16.14
—, соломенный . . 416.6
—, толстый . . . 16.15
корелева шениль . 21.1
коренной ременной шкив . . . 358.14
— шкив 304.13
корзина для карт. 206.12
— для увлажнения пряжи 102.8
коркскрю 397.22
корнелевое дерево 243.10
коробиться (диски катушки) . . . 24.18
— (крючки) . . . 211.3
— (навой) 116.2
коробка (с. т. салазки) 258.16, 364.4
— об х гнездах. . . 272.8
— с заостренноскошенным донышком 347.21
— проступных рычагов 322.5
— для смены челноков об х рядом расположенных гнездах. . 345.15
— для смены шпуль об х друг над другом расположенных гнездах . . . 273.9
— уточной вилки. 320.9
—, выдвижная . . 291.17
—, деревянная . 347.17
—, качающаяся . 291.19
—, левая (правая) 248.2
—, нисходящая . 291.3
—, педальная. . . 322.5
—, перескакивающая. 273.6
—, под'емная . . 291.3
—, правая 248.6
—, смазочная . . 375.8
—, сменная . 272.4, 290.12
—, сменная опущенная (поднятая) . . . 272.13, 15
—, уточная . . . 357.7
—, челночная см. челночная коробка
—, этажная . . . 249.2
коробление навоя 116.1
коробочная шпрынка с задерживающим крючком 239.3
коробчатый челнок 243.2
коровий волос . . 408.2
коромысло 365.5
— останова. . . . 35.15
—, верхнее . 185.3, 188.4
—, выключательное 95.2
—, загнутое остановочное . . . 48.6
коромысло, остановочное . . . 52.14
—, откидывающееся 31.2
—, передаточное . 185.9
—, приводное — нитеводного бруса 33.12
коромысловое движение 184.5
коротк-ий крючок 227.10
—ое замыкание . 320.13
коротковолосый смирнский ковер 409.16
короткозамкнутый якорь 309.17
корпус с. т. тело
— челнока 243.3
корридорная дорожка 407.13
корсетная тесьма 427.11
корыто . . . 89.10, 180.5
— под веретена . 96.8
— для клея . . . 75.5
— для улавливания шпилек. . 50.19
— для шлихта . . 76.1
—, деревянное —, обитое медным листом 70.6
—, шлихтовальное 70.18
корытце для краски 74.21
косвенная нагрузка 120.11
— намотка 131.3
косвенно — действующий негативный регулятор товарного ролика . . 131.9
— положительный регулятор размота 128.12
— регулятор товарного ролика с принужденным движением . . 135.5
косвенное движение челнока . . 358.2
косо расположенные зубья шестерни 133.21
—стоящая катушечная рамка . 43.16
косой с. т. наклонный
— зев . . . 142.21, 217.1
костылик 242.3
костыль (с. т. крючок) 346.17
— нажимного ролика 186.17
— ножовой решетки 210.18
— челнокодержателя 346.14
косы 57.14
костюмн-ый с. т. одежный
—ая саржа . . . 398.14
костян-ой клей. . 66.27
—ая крышка . . 347.23
котел с. т. чан *или* сосуд
—, варочный . . . 69.7
—, медный 69.10
Кохин (пряжа из кокос. волокон с острова —а) . 13.18
коэффициент . . . 443.5
— трения 120.13
—, постоянный — передачи . . . 133.19

краев-ой с. т. кромочный
—ая основная нить 434.22
край диска . . . 90.6
— узора 378.1
—, закругленный . 117.8
крайн-ий боковой зуб 282.19
—яя кромочная нить 147.11
—ее с. т. конечное
—ее положение груза 137.13
—ее положение пружины 137.19
кран для наполнения 69.14
—, воздушный . . 69.13
—, запорный . . . 265.7
—, пробный . . . 69.15
крап, красный . . 380.10
крапива 5.16
крапина 418.19
крапины, смещенные 412.22
крапление 379.19
крапленый тюль . 412.18
красивый внешний вид ткани . . 429.8
краска для крапления 380.6
краска для крапления 380.6
—, красная. . . . 380.11
красн-ый 380.11
—ая кожа 248.10
красящая шайба . 74.20
крахмал, картофельный 437.7
—, рисовый. . . . 437.8
крахмаление с. т. апретирование 445.17
— нитяных колышек 179.15
крахмалить нитяные колышки . 179.16
крахмаловый клейстер 66.19
крашен-ый в пряже (куске) . . 429.13.14
—ый шелк . . . 17.2.4
—ая пряжа (застилистая) . . 9.25, 18.24
—ая шерсть . . . 14.8
крейцмейсель . . 373.8
кремнекислый магний 68.18
креозот 437.29
креп (с. т. крэп) . 398.22
—, песочный . . . 153.2
—, репсовый . . . 153.1
—, спутанный . . 153.2
—, узорчатый . . 152.17
—, шелковый . . 401.12
крепкая намотка . 23.7
крепкоперевязанная изнанка . 152.5
крепкосидящий диск 358.11
крепов-ая пряжа . 15.15, 16.10
—ое переплетение. 152.16
крепон 161.15
крепость нити на разрыв 435.24
— основной нити. 143.9
— на растяжение . 114.5
крест 380.2
— нитей . . . 42.12, 138.9
— нитей, головной 47.3
— нитей, малый . 47.4
—, ценовый 42.12, 138.9
крестовинная колодка 56.6
крестов-ый зев (с. т. скрещенный зев) 231.5
—ой колок 47.1
—ой пробор . . . 104.16
—ой рычаг . . . 228.14
—ой стежок. . . . 165.3
—ая с. т. перекрестная
—ая крутка . . . 19.4
—ая мотка 87.12
—ая мотка, машина для —ой — и с вращающимся нитеводом . 34.19
—ая мотка, машина для — ой — и с изогнутыми дисками 32,11
—ая мотка, машина для — ой — и с нитеводом Шенгерра . . 33.8
—ая мотка на мотовиле 11.2
—ая мотка, разомкнутая 23.3
—ая мотка, редкая 23.3
—ая саржа . . . 150.6.7.8
—ое мотовило с крепко сидящими спицами . . . 29.3
крестообразн-ая заправка арката 219.22
—ая скобка для шпули 323.4
—ое сверление навоя. 119.9
—о наматывать нить 23.2
— пробранная аркатная подвязь 221.3
— установленные . 285.9
кретон. 392.23
кривая, промежуточная 198.16
—, соединительная 198.16
кривые, образующие — эксцентрика 37.17
кривизна 198.20
— челнока 244.5
кривой профиль эксцентрика . . 198.15
криволинейн-ый профиль кулиссной скобы . . 211.21
—ая образующая . 277.24
кривошип . 194.20, 255.11
— с зубчатой дугой 188.12
— с каточком . . 251.12
— с обыкновенным шатуном . . . 293.2
— с прорезом 136.15, 203.16
— распределительного механизма 58.14, 59.19
— с угловым рычагом. 293.20
—, боевой . .250.21, 255.18
—, выключательный 308.19
—, двойной. . . . 213.10
—, двойной роличный 295.11
—, захватный . . 214.3
—, качающийся. . 137.17
—, кулиссный . . 203.16
—, направляющий 257.5
—, ручной 287.14
кривошипн-ый вал 274.5
—ый диск с пальцем 213.8
кривошипн-ый механизм 203.8
—ый палец . . . 358.12
—ый ткацкий станок. 304.20
—ая тяга 308.13
—ая шлихтовальная машина . 72.13
кринолин 414.20
кромка с. т. кайма *или* покрома . 433,21
— ткани 3.10
— ткани, вырванная 140 20
— товара . . 139.15, 140.8
—, срединная. . . 361.2
кромки 413.4
—, концевые . . . 139.13
кромочн-ый с. т. краевой
—ый зуб берда . . 282.19
—ая карта 197.4
—ая нить . . 147.11, 362.8
—ая подвязь . . 221.10.11
—ая пряжа . 14.15, 435.1
—ая ремизка 199.5, 444.5
—ая шпуля . . . 331.5
—ое производство . 3.3
—ые колышки . . 173.8
—ые нити 43.2
—ые салазки . . . 366.18
Кромптон, каретка с роличной картой . . . 191.12
—, машина с картонной картой 192.1
кронштейн с. т. суппорт *или* державка
— грудницы . . . 305.4
— с зарубками . . 129.13
— каретки 190.12
— станины 95.1
— для точильного прибора . . . 332.7
—, вспомогательный 280.6
—, устанавливающийся 61.19
—, ценовый . . . 111.4
Кросслей, механический ткацкий станок 338.18
круг (с. т. флянец *или* шайба *или* тарелка *или* диск *или* клубок) 380.3
— основы . . 63.8, 71.15
— пряжи 54.18
—, делительный . 178.22
—, наборный . . . 202.10
—, навойный . . 78.6, 115.15.21
—, сновальный — крестовой мотки 63.2
кругл-ый эксцентрик 276.3
—ая шениль . . . 20.24, 411.6
круговое движение. 301.2
кругооборот увлажняющего воздуха 102.15
кружевн-ой ткацкий станок 369.7.8.13
—ой фон 423.20
—ая ткань 413.1.4
кружево, настоящее (ненастоящее) тканое 423.14.15.16
—, тюлевое . 413.3, 423.21
кружевообразная ткань. 412.25
кружок, деревянный 119.13
—, колючий 140.10
—, оплеточный . . 426.8
—, торцевой . . 115.7
крутильщица . . 445.4
крутка с. т. кручение
— пряжи 145.6
— шелка 16.16
—, бархатная. . . 16.17
—, гренадиновая . 16.20
—, двойная . . . 164.13
—, крестовая . . 19.4
—, обыкновенная . 9.11
—, полная 164.11
—, половинная . . 164.10
—, полуторная . . 164.12
—, правая (левая) 9.12.13, 164.6.7
—, противоположная 164.8
—, сатиновая . . 16.18
—, средняя . . . 16.19
—, тройная. . . . 164.15
крут-ой шелковый уток 16.8
—ая пряжа . . 9.14, 17.24, 161.15
—ая камвольная пряжа 14.23
—ая саржа . . . 148.10
—ая трехремизная саржа 147.18
кручение с. т. крутка
— нити 435.15
— пряжи 145.6
крученка 435.6
—, гусеничная . . 422.1
—, застилистая . 421.17
—, шелковая . . . 16.9
кручен-ый (прочесный) шелк 16.4, 17.9
—ая нить 9.5
—ая нить, бумажная 12.14
—ая нить, волнистая 19.6
—ая нить, завитковая 19.6
—ая нить, застилистая 19.5
—ая нить жемчужная 19.6
—ая нить, камвольная 334.20
—ая нить, колышковая 176.19
—ая нить, льняная 175.3
—ая нить, петлистая 19.7
—ая нить, фасонная 19.2
—ая нить, шелковая. 334.19
—ая нить, шерстяная 175.2
—ая пряжа . . . 18.6
—ая влево (вправо) пряжа . . . 9.10.11
—ая гусеничная пряжа 20.21
—ая нормально пряжа 161.16
—ая пряжа х-кратной крутки . . 177.10
—ая хлопчато-бумажная пролаченная нить . 175.1
—ая шениль . . . 411.6
крыло .112.4, 188.14, 210.17

крыло вентилятора 73.18, 75.8
— катушечной рамки 43.14
— останова 32.3
— сновальной рамы 46.7
—, воздуходувное 73.18, 75.8, 76.6
—, упругое — мотовила 29.8
крыльчат-ый с. т. рогульчатый
—ый вал 366.9
—ый диск 337.11
—ый нитевод 99.16
—ый тормаз 245.20
—ая гайка 89.15
крышка 139.22, 342.11, 385.5
— вышивного батана 345.19
— гребня 82.15
— гребня, с'емная 49.19
— на основные катушки 356.9
—, костяная 347.23
крэп с. т. креп
— де шин 401.13
—-де-шиновая пряжа 16.11
крю, шелк- 16.21
крюк с резьбой 124.12
—, проволочный 172.20
крючок (с. т. пластина *или* костыль) 186.5, 194.3, 274.9, 326.10, 339.13
— для верхнего (нижнего) зева 187.8.9
— в верхнем (нижнем) зеве 228.3.4
— Жаккардовой машины для открытого зева 227.7
— о трех загибах 227.12
— иглы 259.18
— останова 94.20
— останова, защелкнутый 95.13
— с прорезом 275.1
— с пружинящим коленом 215.6
— рамников 211.12
— с ручкой 277.23
— для узорных нитей 350.19
— челнокодержателя 346.14
—, бердочный 106.9
—, вспомогательный 188.15
—, главный 229.3
—, горизонтальный 232.9
—, двойной 193.10, 230.16, 439.6
—, двухзахватный 196.6
—, двухсторонний 193.10
—, деревянный 210.8
—, длинный 207.14
—, длинный (короткий) 227.9.10
—, дугообразный 191.8
—, задерживающий 237.21
—, затяжной 242.4
—, запасный (добавочный) 214.23
—, захватный 205.14, 359.10
—, качающийся 177.1, 232.8
—, отвесно-стоящий 211.7
—, оттяжной — для прутков 328.4
крючок, первый 220.15
—, передний 92.2
—, повертывающий 190.9
—, поворачивающий 205.14
—, поворотный 193.13
—, подающий 278.8
—, подвесной — для пряжи 439.19
—, последний 220.16
—, проборный 105.9, 106.7
—, проволочный 215.5, 227.8, 389.9
—, продевной 365.6
—, проступной 191.14
—, пружинящий 100.15, 229.20
—, ремизный 171.14
—, сменный 277.1
—, стальной 194.15
—, тупой проволочный 234.11
—, ударный 195.2
—, фланковый 233.14
—, фланочный 171.12
—, цепляющийся за пружину 315.3
—, челночный 237.21
—, шнурочный (веревочный) 225.11
—, петлеподобный 367.17
—, проволочный 210.10
крючки, продетые сквозь ушки 187.20
—, расположенные продольными (поперечными) рядами 214.17.18
—, свободнопадающие 369.4
крючковидн-ый нож 191.7
—ая шпрынка 239.5
крючкообразн-ый палец 368.13
—ая ворсовая петля 167.11
—ая игла 259.12
крючечн-ый стержень 368.12
—ый ткацкий станок для выработки плюшевидных тканей 333.13
—ая игла 351.10
—ая планка 334.8
—ая рамка с двойным сверлением 231.1
—ая рейка 351.9
кубическое с. т. клетчатое *или* шашечное *или* панама *или* рогожное
— переплетение 147.6
кудель 12.20
—, джутовая 13.10
кудельный ковер 407.22
кудрявая пряжа 170.18
кукурозовая солома 416.2
кулачок 288.3, 370.10
—, боевой 254.10
—, под'емный 196.13
кулачн-ый барабанчик 188.7
—ая муфта 51.15, 80.17, 333.21
—ая цепь 274.1
—ая шайба 74.23, 96.12, 117.6, 228.9, 275.9
кулачн-ое колесо 119.14
кулисса 128.7
кулиссн-ый камень 128.9
—ый кривошип 203.16
—ый рычаг (с. т. рычаг с прорезом) 55.15, 128.6, 136.15, 196.8
—ая доска 213.6
—ая зубчатая рейка 279.19
—ая опора погонялки 313.12
—ая ползушка 278.1
—ая скоба 210.15
купорос, медный 68.2
—, цинковый 67.29
кусок с. т. отрез
— ткани 145.4
— (х метров в —е) 441.14
кусковый товар 405.15, 441.8
кустарн-ый товар 14.9
—ое полотно 395.17
—ое ткачество 6.19
куфта 11.3.5
кухонн-ая тесьма 428.23
—ое белье 420.13
кушак (с. т. пояс) 427.24
кушачная лента 427.1
кэмбрик, рубашечная ткань 393.10

Л

Лакасс, деление —а 216.12
—, машина —а 215.11
лама 14.5
—, двусторонняя полушерстяная ткань 400.5
— викунья 15.24
—-фланель 397.19
лампа, станковая 356.12
лампасная ткань 402.27, 423.3
ламповый фитиль 156.12
ландшафты 422.11
лаппетин, ровный 164.17
—, фигурный 164.16
лаппетинов-ый батан 349.15
—ый батан с двумя ложными бердами 350.4
—ый батан с поровнь передвигаемыми иглами 350.12
—ый станок 349.3
—ый станок Гейрингера 351.3
—ая с. т. гарнитурная *или* оплеточная *или* перекрещивающаяся
—ая вышивка 349.6
—ая нить 350.16
—ая нить, попеременно образующая переплетение с смежной группой 165.8
—ая нить, расположенная поочередно справа и слева от основной нити 164.9
—ая основа 163.9
—ая основная нить 349.14
ластик 415.24
латунный мальон 219.3
латунно-проволочная ткань 416.19
левантин 401.30
лев-ый ткацкий станок 305.12
—ое боевое приспособление 252.11
левокрученая пряжа 145.9
легкий атлас 402.12
— на ходу, станок 304.2
лежать на боку (челнок) 265.14
— на вертящемся столе (круг) 81.3
— на вспомогательном навое (нажимной валик) 129.1
— в гнезде ведущего вала (правый шип навоя) 81.5
— в гнезде шпинделя подвижной бабки (левый шип навоя) 81.4
—, крючки остаются 205.8
— непосредственно друг на друге (слои сновальных нитей) 41.11
— в открытом зеве (уточина) 237.3
— поверх (основная нить) 392.2
— сверху (сверху) (основная нить) 144.5.6
— свободно на изнанке товара (вышивные нити) 163.3
— свободно на изнанке ткани (уточины) 344.8
— свободно на грунтовой ткани (основные нити) 351.7
— уступами 41.12
лежач-ая катушечная рамка 43.15
—ее веретено 44.14
—ие поперечные складки 162.6
лежащ-ий в неподвижных подшипниках 50.5
—ий в стойках 59.10
—ая катушка 30.8
лезвие ножа 327.5, 334.7
лейка для смазочного масла 375.1
лен, чесаный 12.19
лента с. т. прядь *или* полоска *или* тесьма
— с ажурными полосами 426.9
— с гладкой каймой 424.6
— дифференциального натяжения 125.12
— с елочным рисунком 426.15
— с закрученной выпускной петлей 425.23
— с конусной оболочкой 424.5
— с муаровой отделкой 427.19
— основы 63.9

лента для помочей 415.23, 426.21
— с проволочной прокладкой 425.17
— с прорезом, стальная 369.12
— прочесного шелка 425.3
— с пустой каймой 424.7
— для связки сигар 427.10
— со сложенной и клееной каймой 424.18
— со станка 427.15
— с уточными петлями 425.21
— с фасонным утком (основой) 426.10.11
— с фестонами 425.18
—, ажурная 426.5
—, аппретированная 427.16
—, атласная 425.7
—, бархатная 425.10
—, батистовая 424.24
—, бахромная 425.24
—, бесконечная картная 229.19
—, бисерная 425.14
—, бордюрная бархатная — ручной резки 425.11
—, бумажная 189.18
—, волосяная 427.2
—, газовая 426.6
—, гарнитурная см. гарнитурная лента
—, голландская 424.21
—, двойная плюшевая 359.7
—, двухуточная 426.13
—, каракулевая 425.12
—, китайская 425.8
—, кожаная тормазная 72.15
—, конфекционная 427.22
—, кружевная 426.3
—, лубочная 425.16
—, многоуточная 426.14
—, модная шелковая 427.7
—, набивная 427.20
—, натяжная 384.5
—, нитяная 424.20
—, одноуточная 426.12
—, орденная 427.6
—, перкалевая 424.23
—, подвязочная 426.19.20
—, полотняная 424.19
—, поясная 427.1
—, продевная 427.9
—, пружинная 270.15
—, прямая 424.4
—, разрезная 424.17
—, расписанная 427.21
—, резиновая 425.15
—, репсовая 425.9
—, саржевая 424.25
—, сновальная 60.14
—, стальная 124.20, 371.2
—, тафтяная 425.4.5.6
—, тканая 424.3
—, тормозная 125.7
—, трубчатая 426.17
—, файевая 425.9
—, хлопчатобумажная 424.22
—, шелковая 425.2
—, шенильная 425.13
—, шерстяная 425.1
—, шляпная 427.3
лента, штрипочная 427.5
ленто-ткацкой станок 346.12
ленточно-ткацкая 90.10
ленточный ткацкий станок с висячим батаном 355.12
— станок для двойных плюшевых (бархатных) лент 359.7
— станок для приводных ремней 360.12
— станок для тесьмы к резиновым чулкам 359.14
— станок с двойным ударом 360.10
— станок с зажимной иглой 360.11
— станок для упругих тканей 359.15
— шелкоткацкий станок 359.1
— тормаз (висячий) 123.18.20
— ящик 301.12
ленточная ткань 424.1
ленточное производство 3.2
— ткачество 56.2
лестничн-ый половик 433.16
—ая дорожка 407.13
летать по дугообразной кривой (челнок) 247.5
— по шлюзу батана (челнок) 247.4
летний товар 431.18
либерти, сатин — 402.8
ливрейный галун 428.19
линейка (с. т. планка *или* рейка) 354.10, 383.18
—, железная 224.5
—, качающаяся 333.9
—, контактная 320.2, 321.6
—, крючечная 334.8
—, натяжная 354.4
—, скользящая 326.12
линейный контур 380.16
линия поверхности берда 283.8
—, вершинная 104.7
—, винтовая 46.19
—, волнообразная 336.4
—, змеевидная 286.2
—, основная 379.10
—, разделяющая — между обеими тканями 361.4
—, уточная 379.11
линон 393.25, 396.2
—-батист 393.26
лионская пряжа 19.24
липкая колышка 174.16
лист, железный —, сглаживающий складки 442.2
—, карточный 383.15, 390.3
—, медный 70.6
лиственный узор 377.4
листов-ый металл 175.15
—ый цинк 175.16
—ая медь, луженая 73.17
—ая сталь 115.12
—ое железо 287.2
литая сталь 190.2
лица (с. т. колышка *или* галь) 218.9, 368.18
— для дамаска 232.12
лица для оплеточной нити, Жаккардовая 362.1
— с петлицей 223.13
— из стальной проволоки 218.11
—, аркатная 208.6.18
—, нечетная — Жаккардовой машины 234.7
—, нитяная — с металлическим мальоном 218.10
—, четная — Жаккардовой машины 234.6
лицев-ой с. т. верхний
—ой и изнанковый товар сработаны каждый в один челнок 169.12
—ой слой товара 157.4
—ой товар 157.4, 169.4
—ой уток 155.3
—ая петля 166.7
—ая поверхность из пучков волос 417.20
—ая сторона, гладкая 417.5
—ая сторона ткани, повороченная вниз 345.1
—ая ткань 157.2
лицо 157.4, 169.4
— товара 430.3
—, гладкое 417.5
лишний ворс 405.11
лобов-ой брус 356.3
—ая сторона мотальной машины 27.7
лоден 397.10
ложиться на (под) прутки (колышковые нити) 177.5.6
ложное бердо 349.16
— саржевое переплетение 149.13
ложно-неравномерный пробор 105.3
ломан-ый пробор 104.16
—ый репс 146.12
—ый шатун 293.7
—ое саржевое переплетение 149.8
ломкая пряжа 9.22
лопасть батана 293.4
— призменной рамки 235.12
—, батанная 134.10, 288.18, 289.19
—, качающаяся — для остановочного приспособления 91.5
лопастн-ой вал 366.9
—ая каретка Годчсона 193.8
лотовой 219.9
лоток 32.21
лохматая основная пряжа 182.18
— ткань 432.8
лощенка 414.19, 432.21
лубочная лента 425.16
луженая колышка 175.17
— листовая медь 73.17
луизианский хлопок 12.3
луизин 401.7
лунка 58.4
лупа 438.9
лупа с указателем 438.16
—, двойная о двух чечевицах 438.11
—, контрольная счетная 438.14
—, складная 438.10
—, счетная 438.12
—, универсальная счетная 438.13
лучевое шашечное переплетение 147.7
льноткацкая 5.12
льноткацкий станок, ручной 297.11, 323.6
льно-ткацкое производство 2.11
льнян-ой батист (тонкий) 5.24, 395.26
—ой дамаск 396.11
—ой полудамаск 396.12
—ой плюш 406.8
—ой тик для полотенц 396.9
—ая вуаль 396.1
—ая крученая нить 175.3
—ая пряжа 33.14
—ая пряжа люстровая 13.3
—ая пряжа, мерсеризованная 13.2
—ая ткань 430.8
—ая ткань миткалевого переплетения 395.7
—ая ткань саржевого и атласного переплетения 396.3
—ая ткань, брезентовая 395.22
—ая ткань, узорчатая 396.10
—ая чортова кожа 395.18
—ое масло 179.17
—ое полотно 395.9.13
—ое семя 67.20
люлька (с. т. рама *или* рамка) 210.17, 274.6
—, призменная 186.14
люстралевое переплетение 151.15
люстраль, бумажный 392.21
люстрин, шелковый 401.8
люстринов-ая пряжа 14.25
—ое переплетение 169.17
люстрированный шелк 17.3
люстровая льняная пряжа 13.3

М

магазин с. т. приемник
— для шпуль 261.17, 264.2
— для челноков 269.3
—, заряженный 261.3
—, револьверный зарядный 261.1
—, стоячий 269.15
—, челночный 270.8
магний 437.24
—, кремнекислый 68.18
—, сернокислый 68.15, 437.25
—, хлористый 68.13
магнитный ящик, электропроводный 387.8

мадаполам 393.16
мадрас 393.1
мази 67.5
мако, пряжа . . . 12.4
максимальная скорость ткацкого станка 85.7, 306.18
— скорость челнока. 247.14
мал-ый барабан . 74.7
—ый крест (нитей) 47.4
—ый розмах рычага 134.2
—ах клетка . . . 379.6
—ая клеточка . . 365.23
—ая призма . . . 233.10
—ые рисунки . . 3.18
мальон (с. т. глазок *или* петля) . . 177.2, 218.13
— об одном (х) отверстии . . 218.14.16
—, латунный . . . 219.3
—, металлический 176.1, 218.10
—, проволочный . 218.17
—, стальной . . . 219.2
—, стеклянный . . 219.1
мальчик . . 205.16, 211.26
— при сновальной 40.9
мандарин 417.4
манометр 69.16
манчестер 395.1
—, переплетение для —а 167.5
—, полосатый . . 395.2
—, рубчатый . . . 403.16
—, саржевый . . . 395.5
—, узорчатый . . 403.18
манчестерская Жаккардовая машина . . . 368.20
марабу, шелк . . 16.13
маркировочн-ый рычаг для отметки (частей) кусков . . 74.22, 75.3
—ое приспособление (с. т. отметочное приспособление) . . . 74.19
маркировщик . . 6.17
марцолано 416.4
масса 123.14
—, клейкая . . . 71.18
массивный фланец навоя 78.7
масленка с ручным нажимом . 375.14
—, игольчатая . . 375.5
—, ручная 375.2.3
масло 437.19
—, касторовое . . 67.12
—, кокосовое . . 67.11
—, оливковое . . 67.13
—, пальмовое . . 67.10
—, парафиновое . 67.14
—, смазочное . . 374.19
мастер по починке ткани 6.2
—, сновальный . . 40.10
—, ткацкий . . . 5.5
мастерская, картопробивная . . 384.7
мат (с. т. половик *или* цыновка) . 416.10
—, соломенный . . 416.8
материал, жесткий ткацкий . . . 236.15
—, основный . . . 8.15
—, смазочный . . 374.18
—, уточный . . 9.1, 236.14
материалы, печатные 447.7
материалы, ткацкие 8.6
—, шлихтовальные 66.17
материя с. т. товар *или* ткань . .
— для дамского платья 432.15
— для занавесок . 418.17
— с лежачей волосяной покрышкой 417.8
— для пальто . . 417.2
— с петлистой поверхностью . . 417.21
— для покрывал . 419.16
— с хлопьевидной поверхностью . 417.22
— с шерстяными узелками . . . 417.16
—, брючная . . . 432.18
—, двухсторонняя 430.5
—, жилетная . . . 432.19
—, зимняя одежная 417.1
—, мебельная см. мебельная материя
—, мехообразная . 417.7
—, резиновая . . 431.13
—, юбочная . . . 432.17
матич, фон — . . 413.20
маточное колесо (с. т. шпеньковое *или* фонарное колесо *или* фонарь) 38.9
матрасный товар . 433.6
матрица (с. т. пробивная доска) . 385.1
маховик . . 254.12, 302.4
маховичек (винта) 55.4.17
— с внутренней резьбой . . . 60.11
— для передвижения барабана . 59.4
— шпинделя . . . 55.17
—, ручной 192.16
машина с. т. приспособление *или* прибор *или* аппарат *или* механизм *или* устройство
— Вердоля . . . 229.1
— Гюнтера для выработки дамаска 232.5
— Девата 234.14
— Зейделя для дамаска 233.1
— Кромптона с картонной картой 192.1
— Лакасса 215.11
— Чернера для дамаска 232.13
— для аппретирования нитяных колышек . . . 180.1
— с бесконечным полотном . . 209.16
— для витья проволочных колышек 180.11
— для верхнего зева 228.7
— для вставки шпуль 372.2
— для выталкивания шпуль из салазок и для вставки полных шпуль . . . .
— с качающимся шилом для проборки берда . 108.5
машина для крестовой мотки с изогнутыми дисками для нитеводов . . . 32.11
— для крестовой мотки с вращающимся нитеводом . . . 34.19
— для крестовой мотки с нитеводом Шенгерра 33.8
— для крестовой мотки с прорезным барабаном 31.11
— для нижнего зева 228.8
— для перематывания основы . 63.7
— для переплетения 232.7
— для плетения колышек . . . 178.1
— для пробивки контркарт . . 389.11
— для проборки . 385.20
— для проборки берда . . 108.4, 109.12
— для пробора основных нитей для ремиза и берда 109.14
— для резки карт с рычажными ножницами . . 383.16
— для резки образцов зубчиками 375.14
— для резки шенили 343.5
— для рисунка . . 232.6
— для сводки карт 389.3
— для стаскивания гильз 372.4
— для шалей. . . . 235.17
— для шитых гарнитурных лент 342.1
—, Жаккардовая см. Жаккардовая машина
—, мерительная см. мерительная машина
—, однопод'емная (привод) . . . 213.9
—, передняя (задняя) 235.5.6
—, пробивная см. пробивная машина
—, установленная поперек (вдоль) станка . . . 225.17.18
—, фланковая см. фланковая машина
машинн-ый складальщик . . . 6.10
—ый сновальщик . 40.8
—ый способ . . . 70.3
—ая выпрядка . . 12.22
—ая мотка 26.2
—ая плита 113.9
—ая сушка 66.3
маятник . . 317.2, 440.1
маятникообразное качание батана 292.9
мебельн-ый атлас. 402.13, 418.9
—ый бархат . . . 418.14
—ый гранит . . . 418.10
—ый дамаск . 399.25, 418.11
—ый мокет . . . 405.4
—ый плюш . . . 418.15
—ый товар 433.10
—ая материя 418.2.3.4.5.12
мебельн-ая обивка 404.21
—ая саржа . . . 418.3
медвежий плюш, белый 406.20
медио 10.9
медленно натягиваться (нити) . 59.12
медный купорос . 68.2
— лист 70.6
меднокисло-аммиачный шелк . . 17.18
медь, луженая листовая 73.17
межзубный соседний промежуток 109.7
мел 437.27
меланж 10.3
меланжевая пряжа 10.3
мелкое деление . . 216.11
мельничная ткань 401.24
мельчайшее деление. 216.13
менять зев . . . 142.13
— направление своего движения (батан) . . 268.27
— плотность рассадки бердочных зубьев . . 287.21
— проступание . . 183.5
меняться от нити до нити (перекрест нитей) . 153.18
меняющееся натяжение нитей . . 49.9
мера основы на оборот мерного колеса 49.1
—, английская . . 52.3
—, товарная . . . 441.10
мерильная см. мерительная
мерильщик товара 6.3
мерильщица товара 6.4
мериносовая шерсть 14.26
мерительная машина 442.1.4
мерительно — накатная машина для тканей . . 442.5
—-складальный прибор 441.15
—-складальная машина для тканей. 442.6
мерн-ый барабан 48.11, 50.7, 63.3
—ый вал 54.7
—ый валик . . . 82.9
—ый диск с зарубкой 48.7
—ый каток . . . 58.15
—ый передаточный валик 74.2
—ое колесо с зарубкой 48.7
—ое приспособление Гитчона . 51.17
мерсеризованная пряжа 12.13
— льняная пряжа 13.2
— ткань 431.5
мертв-ый ход собачки 127.3
—ая точка . 255.13, 306.2
—ая точка, задняя 268.26
—ая точка, передняя 268.25
место вышивки . . 344.18
— карты . . 382.14, 383.4
— переплета . . . 150.16

место переплетения 144.4
— разрыва нити . 435.25
— расположения ремня на ткацком станке . . 181.6
— скрещения атласного переплетения . . . 150.16
— смены 270.16
— схода шнурка . 204.9
— утолщения нити 9.9, 28.3
металл, листовый. 175.15
металлизированная нить . . . 20.17
металлическ-ий шарик 19.16
—ая нить 20.9
—ая пряжа, легкая (тяжелая) . . . 20.6.7
метка 75.2, 77.11
метр, квадратный 442.10
метрический счетчик 54.16
мех 14.8
—, искусственный 419.25
мехов-ой ковер . . 407.23
—ое покрывало . . 419.24
мехообразная материя 417.7
механизм с. т. машина *или* прибор *или* приспособление *или* аппарат *или* устройство . .
— для боя при помощи кривошипа 255.1
— бросания . . . 247.24
— для верхнего боя 249.1.2.7
— движения волоса 324.13
— движения игол. 328.1
— движения прутков. 326.6
— для движения вышивных челноков 348.14
— движения челнока 357.10
— натяжных роликов. 359.4
— для нижнего боя 251.1, 254.11
— для откидного берда 315.15
— для подачи . . 113.8
— подачи основы и ткани 130.2
— под'ема шпуль . 97.11
— для пневматического боя . . 256.10
— для прорезания каймы 363.5
— для пружинного боя . . 255.14.15, 256.5
— для смены утка 271.22
— сменных челночных коробок . 271.22
— собачки . . . 253.12
— для удара горкою 252.7
— хода проволоки 324.12
— эксцентриков . 189.8
—, боевой — от кривошипа с каточком 251.11
—, двойной пружинный передаточный 204.10
механизм, защелкивающий . . 314.8
—, игольный . . . 359.9
—, кривошипный . 203.8
—, одинарный пружинный . . . 204.5
—, остановочный . 253.17
—, передаточный —Нойльса . . 277.18
—, передний . . 231.3.4
—, питательный . 126.12, 127.9
—, подающий. . . 134.12
—, приводный . . 35.9
—, пробивной . . 385.21
—, прокидной . . 248.1
—, проступной . . 199.14, 203.1
—, пруточный . . 359.9
—, распределительный передаточный 58.14, 59.7
—, рычажный 196.5, 333.11
—, управляющий боем (кидкою) 254.7, 314.2.3
—, счетный . . . 48.12
—, храповой 134.11, 135.14
—, шаблонный — образующий начинок 92.17
механический ткацкий станок . . 301.6
— ткацкий станок Кросслея . . . 338.18
— ткацкий станок Зейдлица . . . 337.8
— ткацкий станок для вязаных ковров 337.6
мечевидное зубило 373.8
мешалка 69.3
мешан-ый войлок . 414.6
—ая пряжа . 13.13, 15.20
мешок 395.24
—, верблюжий . . . 410.9
мешочная ткань для сахара . . 396.23
— ткань без шва . 156.13
— ткань, брезентовая. 396.24
— ткань, джутовая 396.20.22
— ткань, шерстяная 399.1
микрометрическ-ий винт 28.12
—ие весы для пряжи 88.20
микроскоп 438.17
микроскопическое исследование . 436.16
милиметр 327.12
миль-пуэн 402.25
минимальная скорость ткацкого станка 306.19
миньярдиз 330.10
миткаль 157.11, 392.14,15
миткалев-ый проступной механизм 199.14
—ый эксцентрик для равномерного (переменного) движения 200.8.10
—ый эксцентрик, закрытый . . . 202.5
—ый эксцентрик, прямобокий . 200.11
—ое переплетение. 145.18
—ое переплетение кромки 147.10
мишурный бордюр 428.9
многократное переплетение . . 200.12
многополосная саржа 149.1
многорядное равномерно набранное бердо . . 284.22
многослойн-ый холст 414.2
—ая ткань 158.12
многоуточная лента 426.14
многоцветн-ый дамаск 154.3
—ый Жаккардовый узор 377.18
—ая пряжа . . . 10.2
многочелночный батан для ленточных станков 358.9
—станок . . . 303.14.17.18
многошпульная лента 426.14
могаировая ткань 398.25
модель ткацкого станка 304.8
модная шелковая лента 427.7
мокет, бумажный . 405.7
—, двойной. . . . 405.14
—, завитой 405.9
—, мебельный . . 405.4
—, набивной . . . 405.6
—, настоящий . . 405.5
—, трехуточный . 405.8
—-фризэ 405.9
мокетовый станок 331.8
мокр-ый способ . 85.3
—ая выпрядка . . 13.1
молескин, полушерстяной . . 400.3
молитвенный ковер 410.8
молоток 373.11
—, колотильный . 385.4
молоточек 82.5
— прибора при обрыве утка . 268.3
— остановочного прибора при обрыве утка . 318.5
— рычага уточной вилки 322.17
—, сменный . . . 261.15
мольтон 398.3
—, бумажный . . 394.16
момент вращения электромотора, высокий начальный 309.22
монограммная проборка 222.13
монтаньяк 417.19
Моррисон, уточная мотальная машина для початков крестовой мотки —а . 91.2
—, нитяной тормаз. 92.20
мостик 229.14
мотальн-ый барабан. 58.17
—ый эксцентрик . 37.14
—ая воронка 93.10, 94.15
—ая машина с. т. перегонная *или* шпульная машина
—ая машина для льняной пряжи 33.14
—ая машина для плоских катушек 89.3
мотальн-ая машина для основы 26.16
—ая машина для основы с горизонтальными веретенами . . 30.1
—ая машина для основы с отвесными веретенами 36.1.2
—ая машина для основы 27.1.2
—ая двусторонняя машина для основы. 26.19
—ая двусторонняя машина для основы на катушках . 30.2, 31.1
—ая двусторонняя машина для основы с одним рядом вращающих катушки барабанов . . 27.3
—ая односторонняя машина для основы . . 26.18
—ая машина с отвесными веретенами, приводимыми во вращение шнурами 37.18
—ая машина для трубчатых початков 87.3
—ая машина, вороночная см. вороночная мотальная машина
—ая машина, початочная см. початочно-мотальная машина
—ая машина, уточная см. уточная мотальная машина
—ая планка, упругая 29.8
мотальная 22.6
— для давальческой пряжи. . . 88.21
мотальное колесо с ножным приводом (ручное) 26.7, 86.6
мотальня 22.6
мотальщик вручную 25.1
— основы 25.3
— уточной пряжи 84.18
мотальщица вручную 25.2
— основы 25.4
— уточной пряжи 84.19
мотание вручную . 24.12
— в клубки и перематывание основы 63.4
мотать (с. т. перематывать *или* перегонять) 22.7, 84.14
— на веретено (гильзы) . . . 85.10.11
— вручную. . . . 24.20
— с катушек для крестовой мотки 89.20
— механическим способом . . . 26.1
— мокрым способом 85.3

мотать с мотка 25.5, 85.26
— с мотовила 33.5
— основу в клубок 63.6
— плотно 85.24
— с початка 25.6
— пряжу в початки 85.18
— слабо 85.25
— сухим способом 85.2
— туго 85.24
— уток 84.15
— на уточные патроны 85.14
— с шпули 85.27
мотка с. т. перегон
— вручную 24.21, 86.5
— початков 85.17
— утка 84.22
— шпули 23.13
—, бочкообразная 23.14
—, винтообразная 23.20
—, выпуклая 23.14
—, жесткая 85.22
—, коническая 24.1
—, крестовая 11.2, 87.12
—, механическая 26.2
—, мягкая 85.23
—, пузатая 23.14
—, разомкнутая крестовая 23.3
—, редкая крестовая 23.3
—, слабая 23.9
—, тугая 85.22
—, цилиндрическая 22.21
мотовило (с. т. баранчик) 25.19, 26.8, 46.5
— с автоматическим перемещением нитевода и початков 440.6
— для пряжи 440.3,5
— с роличной воробой 440.7
—, барабанное 440.7
—, крестовое 29.3
—, падающее 25.20
—, расположенное вверху 30.2
—, растяжное 29.6
—, сгонное 34.15
—, складное 28.16
—, сновальное 56.9
—, счетное 440.4
—, упругое 29.7
—, швейцарское 29.9
—, шестигранное 29.15
мотовильные весы 439.14
моток 52.4
— пряжи 10.21, 64.1
—, перевязанный 10.24
—, перепутанный 25.15
—, погруженный 70.2
—, пропитанный 70.13
—, прошлихтованный 71.3
мотор 309.18
моточная пряжа 22.3, 435.21
мотыль (с. т. шатун) 301.8, 203.17, 277.3
мох, ирландский 67.21
—, исландский 67.22, 437.14
мохнатая материя фроттэ 417.24
— покрышка 403.9
— пряжа 9.21, 18.3
— ткань 166.3
мохнатость 64.11
мохровой товар 355.1
муар 400.20
муаров-ый эффект в виде змеевидных линий 286.2
муаров-ая отделка 427.19
—ое подкладочное полотно, крашеное 395.21
муарэ 398.23
мужской костюмный товар 432.16
мука 437.9
—, картофельная 66.20
—, пшеничная 66.21
—, ржаная 66.22
мулинэ, пряжа 15.5
мунго, пряжа 14.18
муслин 393.24
— саржевого переплетения, шерстяной 399.7
—, полушерстяной 398.20
—, шерстяной 398.19
муфта нитевода 35.10
— приводного вала 54.4
— с резьбой 277.15
—, дисковая 51.12, 94.9
—, зажимная 313.7
—, конусовая 311.4
—, кулачная 80.17, 333.21
—, самодействующая центробежная 311.9
—, скользящая 310.20
—, тормозная 123.17
—, фрикционная 34.4
—, центробежная 311.5.10
—, шипообразная 51.15
мушка 418.19
—, выступающая 152.15
мыло 68.10
—, жидкое 67.16
мысок, закаленный — челнока 244.16
—, однобокий 241.17
—, прямой 244.20
—, тупой 244.19
—, челночный 244.15
мытье 437.3
мышьяковоя соль 67.27
мэрино 399.10
мюль 12.11
мюльная основа 22.1
— пряжа 12.11
мягкий шлихт 64.25
мягкость 67.4
мягчильные средства 68.8
мягчильщик 101.16
мяздровый клей 67.1

Н

набегание пряди нитей 58.1
набегать углом на блочек (шнур) 88.9
набегающие нити со шпуль 89.8
набивание карт для лопастной каретки 193.15
набивать моток 25.12
набивн-ой с. т. печатаный
—ой вычес 15.6
—ой ковер 407.27
—ой мокет 405.6
—ой ситец 392.17
—ая пряжа 9.27
набирание берда 286.5
— гребня нитями 82.20
набирать бердо 286.6
— гребень 82.19
— зуб к зубу 83.4
— карты 205.5
набирать колышки на ремизы 173.5
— крест в две нити (парными нитями) 138.12
— нити в группы 182.14
— основу нормальной длины 42.5
— основу плотно 107.11
— с промежутками 83.3
— простой крест в одну нить 138.10
набойка фрикционного диска 51.14
набор (с. т. комплект *или* распределение) 220.7
— берда 286.7
— инструмента 373.4
— карт 206.15
— нитей накрест 42.9
— основы 7.18, 40.13
— ремиза 173.13
— ремиза, крефельдский 173.14
— ремизок 181.8
— эксцентриков 198.21
—, веерный двойной 285.5
—, плотный 107.10
—, узорный 386.6
—, узорчатый 285.6
наборн-ый круг 202.10
—ая проступная цепь 201.13
наборщик основы 40.4
наборщица основы 40.5
набранн-ый из сегментов 202.15
—ая плотно ремизка 173.16
набросок узора 376.11
набрюшный пояс 419.20
наварок, кольцевой 89.17
наващивание аркатных шнуров 220.6
навешивать картон 390.7
— ремизки 106.10
навивание с. т. наматывание
— на навой размотанных прядей 170.17
— нити вращением веретена 87.23
— основы 76.14
— товара, положительно действующее 132.3
навивальн-ый станок 80.6
—ая колодка 80.5
—ая рама 46.5
—ая станина (с. т. накатная станина) 331.4
—ое приспособление для катушечных секционных сновальных машин 55.3
навивальщик вручную 77.15
— основы 77.14
навивать с. т. накатывать *или* наматывать *или* обматывать *или* обвивать
— жгут пряжи 41.3
—нить крестообразно 22.19, 23.2
— основу 76.16
— основу в расправку 81.18
навивать плотно основу 57.5
— параллельно нити 81.8
— товар 298.16
навивка 22.18
навой 73.3.11, 75.15, 77.17, 80.4, 366.10
— ворсовой основы 329.11
— для гарнитурной основы 128.13
— грунтовой основы 333.6
— с железными шипами 115.4
— с канатным тормазом 121.13, 122.10
— с конусом 40.21
— из листовой стали 115.12
— для основы 114.17
— пряжи 63.19
— с резиновыми нитями 360.1
— с сквозной осью 125.6
— с торцевыми дисками 78.3
— шелкоткацкого станка 324.3
— для шенильной грунтовой ткани 343.6
—, вспомогательный 40.20, 47.20, 117.15, 128.14
—, главный 116.4
—, деревянный 77.20, 114.19
—, железный 115.10
—, заторможенный 120.3
—, накатанный 77.6
—, намотанный 121.5
—, полный 77.6
—, полый 115.6
—, пустой 77.4
—, промежуточный 83.17
—, расположенный вверху (внизу) 116.7.10
—, склеенный 115.5
—, сснованный 48.16, 77.6
—, стальной трубчатый 78.2
—, ткацкий 76.18, 114.18
—, холостой 121.4
—, четырехгранный — с закругленными краями 117.8
—, шелковый 359.6
навойн-ый диск 78.10.13
—ый круг 78.6, 115.15.21
—ый поводок 374.2
—ый тормаз 119.18
—ая ручка 374.3
наглядное изображение переплетений 143.19
нагонять воду в шпули 101.11
нагревательн-ый прибор 75.9
—ая труба 73.1
—ая труба, паровая 72.9
—ая трубка, ребристая 71.7
нагревать места перевязки 286.11
нагретый пазовый ролик 343.9
нагружать конец рычага гирей 185.1

нагружать колышковые нити кольцами 177.11
– полуколышки 362.2
нагруженный гирею шнур 235.9
нагрузка нитей основы гирями 49.6
– станка, полная 307.4
– тормозного каната 121.11
–, косвенная 120.11
–, непосредственная 74.18
–, пружинная 137.14
–, скользящая 122.6
нагрузочный стержень для початка 93.16
надвигать ведущую планку на брус 57.12
надевание початков 38.21
– початков на шпрынки (прибор) 372.1
– ремня 372.17
надевать державку 37.6
– катушки на прутки 44.11
– остановочные иглы на нити 51.2
– початок на веретено (шпрынку) 38.22, 239.9
надевн-ой ключ, торцевой 373.21
–ой рычаг ремненадевателя 373.1
–ая пластинка 319.20
надежный пуск в ход 306.6
надзевник 142.1
надир 24.4
надиральные стальные иглы 117.9
надирочный валик 70.21
надкидывание 143.2
надставные уточины 166.10
надхлестывание 143.2
наем 446.18
наждачный камень 332.9
нажим (с. т. давление) 32.15
– берда 130.10
– груза 124.7
нажимать вниз бородок 388.20
– клавиши вниз 385.17
– на крючок (кулачки *или* деревянные пшеньки) 188.9
– ногой на конец подножки 183.7
– подножку 183.6
– на рамочную пружину (нажимной ролик) 187.4
– рычаг вниз 288.14
– на спинку подножек 183.8
нажимн-ой валик 70.19, 73.16, 89.14, 128.15
–ой винт 115.17
–ой палец 269.18
–ой ролик 55.9, 186.16
–ой рычаг 291.9
–ая доска 229.4, 389.15
–ая колодка для передвижения ножей 236.2
нажимн-ая колышка 174.8
–ая пружина 205.15, 241.5, 348.5
–ая собачка 134.13, 195.13
название материалов 8.14
– ткани 3.14
назначение (ткани) 392.10
наибольшая скорость 85.7
найм 446.18
наименование тканей 430.6
наименьшая скорость ткацкого станка 306.19
накатанный навой 77.6
накатка, непосредственная 131.1
–, неравномерная 76.19
накатн-ый барабан 48.1, 324.9
–ый стан 80.2
–ая машина для основ в мотках 80.14
–ая станина (с. т. навивальная станина) 331.3
–ое приспособление 59.5, 61.24, 130.18
накатывание непосредственно на ткацкий навой 76.17
– основы 76.14
накатывать с. т. наматывать *или* навивать *или* обматывать *или* обвивать
– жгут пряжи 41.3
– несколько кусков на навой 77.10
– основу 76.16
– плотно основу 57.5
– основу в расправку 81.18
– слабо основу 57.6
– туго основу 79.9
– основу на навой без флянцев 79.4
– основу с равномерным натяжением 79.8
– основу между торцевыми флянцами 78.16
– пряжу на навой при легком ея прилегании к флянцам 78.17
накатчик 6.12
– основы 77.14
– основы на машине 77.16
накидн-ой с. т. гарнитурный *или* прокидной *или* флеровой *или* голый
–ой платок 420.19
–ой узор 344.4
–ой уток 344.5
–ая нить 145.2
–ая основа 147.1
накладка 103.12, 261.13
– карты на призму 220.8
– фрикционного диска 51.14
–, эксцентриковая 200.5.6.7
накладн-ой брус 119.10
–ой конус 56.1
накладн-ой узор 163.1
–ой холст 414.3
–ая основа см. заводная основа
–ая плита литой стали 190.2
накладывание гирь 123.3
– карточных листов 390.3
– мотка на мотовило 25.17
– и скидка ремня (прибор) 372.18
накладывать с. т. подавать
– моток на мотовило 25.16
– нити 103.11
– нити основы по винтовой линии 46.19
– тормозной канат на навой 121.16
– тормозную ленту на тормозной блок 57.10
–ся на конус рамы (прядь нитей) 60.4
наклейщик этикетов 6.13
наклейщица образцов 6.16
наклон с. т. шаг
– витка нити 87.13
– конуса 60.3
–, нормальный 148.9
наклонн-ый с. т. косой
–ая установка крючков 211.8
наклонно расположенный нож 210.7
наклонно – лежащая рама 331.7
наконечник, копьевидный железный 177.4
накопление нитей 365.24
накрепко-связанные ремизки 177.15
накрест (набор нитей) 42.9
– намотанный жгут 43.4
– пробранная аркатная подвязь 221.3
наладка крышки гребня 82.16
налаживать ремизки 181.9
– ткацкий станок 7.14
налоги 446.14
намагничивание железного сердечника 269.12
намазывать шлихт на нити 65.15
наматывание с. т. навивание
– вручную 24.21
– товара 129.18
– на флянцевые катушки (приспособление) 31.7
– шнурка 235.13
наматывать с. т. накатывать *или* навивать *или* обматывать *или* обвивать
– вручную 24.20
– жгут пряжи 41.3
– нить 336.6
– основу 76.16
наматывать основу на мотовило 46.18
– туго основу 79.6
– уточную пряжу на дощечку 335.19
–ся (канат) 122.5
наматывающийся груз 122.4
намот нити 29.19
намотанный накрест жгут 43.4
намотать шпулю до отказа 22.8
намотка суровья, приспособление для –и 132.20
– товара при (отходе) ходе вперед батана 130.15, 16
– товара (приспособление) 261.9
–на шпули 23.4
–, косвенная 131.3
–, крепкая 23.7
намотчик вручную 25.1
нанесение очертаний 379.18
нанизывание бисера 414.23
нанизанный на нити бисер 414.24
нанизывать колышки на ремизы 173.5
нанкин 393.19
нанкинет 393.20
наносить креплением 379.19
– шлихт (на нити) 65.15, 73.4
наполнение 69.14
направитель (с. т. жгутонаправитель *или* ползушка) 45.15, 140.5, 268.10
направление берда 283.4
– болта 257.13
– гонка 256.3
– движения основных нитей 298.5
– движения прутков 328.19
– коробки 273.11
– крутки пряжи 145.8
– крючков 70.9, 211.5
– навивания 22.16
– нити 99.14
– для ножовой рамки 186.12
– основы 433.19
– полос 433.22
– рельефа переплетения 144.12
– сматывания основы 121.2
– товара 298.12
– уточины 433.20
– хребта переплетения 144.12
– челнока 257.8
– челночной коробки 291.4, 314.6
–, боковое 367.18
–, обратное 43.5
–, осевое 307.15
–, тангенциальное 240.15
–, установленное 141.17
направляющ-ий блок 332.12
–ий блочек для шнура с шестеренкой 257.11
– ий болт 353.17
–ий брус 327.17, 328.2, 343.18

направляющ-ий брус для (ножевых) салазок 61.14, 332.3
–ий валик 48.10, 63.12, 73.12, 75.16, 263.4
–ий валик, лежащий в неподвижных подшипниках 50.5
–ий горизонтальный прут 108.7
–ий гребень 350.17
–ий гребень для нитей 89.9
–ий гребень из трех частей 369.14
–ий диск 251.9
–ий желоб 264.3
–ий каточек 99.10.13
–ий конус 99.2
–ий кривошип 275.5
–ий паз 334.14
–ий полоз 136.13
–ий полоз для салазок 367.13
–ий полоз челнока 270.10
–ий прорез станины 48.9
–ий прут 72.17, 267.15
–ий пруток челночной коробки 250.9
–ий ролик 35.4, 206.2, 287.16
–ий стержень 439.4
–ий стол 342.20
–ий цепной ролик 33.17
–ий шип 206.4
–ий шпиндель 100.6
направляющая 362.18
– челнока 343.22, 348.4
направляющ-ая гребенка 46.2
–ая державка рейки 28.10
–ая доска 208.21, 225.7
–ая доска для бородков 388.4
–ая зубчатая рейка 97.17
–ая кольцо кольцевая канавка 99.4
–ая колодка буфера 322.12
–ая колодка, дугообразная 280.16
–ая планка 168.18, 280.18
–ая пластина с центральными прорезами 228.16
–ая пластина для цепи 259.9
–ая пластинка 194.18
–ая призма 206.14, 390.10
–ая пружина 100.15
–ая плоская пружина для призменной рамки 186.15
–ая рейка 353.16
–ая решетка для игол 350.13
–ая скоба 348.16
–ая стойка 94.13
–ая трубочка для ворсовой нити 342.3
–ая штанга 229.17
–ее кольцо 71.16
–ее кольцо неподвижное 389.7
–ее отверстие 388.18
–ие салазок 62.4
направлять коклюшечный шпиндель (острие стрелки) 179.11
напрестольная пелена 423.1.7
напряжение нити 98.10
– основных нитей 143.5
наращивание основы (устройства) 111.1
наращивать основу 110.2
– при помощи подкладки 110.6
нарезать бердочные зубья 287.18
– в концы двойной длины 218.2
нарезка с. т. резьба
– аркатных шнуров 218.1
– карточных листов 383.15
– для установки длины 204.1
–, винтовая 100.8
–, прямоугольная 100.9
нарезн-ой крюк 124.12
–ой стол 383.19
–ая машина с циркулярными ножами 383.20
наречие, ткацкое 8.4
наружный эксцентрик 199.10
нарушение хода 266.11
насадить сменную шестерню на ось 133.17
насадка, конусообразная веретена 93.11
насадок на головке прутка 328.8
– оправки шпули 264.17
–, конический 260.16
–, конусный 86.15
насадочное веретено 39.1
насаживать катушки 30.12
–початок на веретено 38.22
насеченный ременной шкив 309.19
– стержень 238.6
насквозь смоченная шпуля 101.14
наснованный слой 56.11
насосный цилиндр 101.18
настоящ-ий бархат 403.2, 404.6
–ий дамаск 153.16
–ий ковер 407.5
–ий мокет 405.5
–ая бахрома 355.2
наступание на проступную подножку 182.22
наступать на подножку 183.1
насыщенный влажностью воздух 75.13
натр, сернокислый 68.19
–, фосфорнокислый 438.6
натыкать уточную шпулю на шпрынку 260.7
натягивание прошлихтованной основы 72.4
натягивать туго колышки 180.7
– основу 118.15
– подвязь 181.16
– пружину 251.18, 283.22
– прядь основы 81.19
натягивать темное (светлое сукно под светлой (темной) основой 62.19.20
– продольно разрезанную трубку 287.3
– уточную нить 245.6
–ся медленно (нити) 59.12
натягивающий нить каток 94.16
натяжение с. т. натяжка
– ворсовых нитей (прибор) 329.3
– при помощи гирь 301.11
– груза 123.6
– заправки 118.13
– мотка 25.11
– нити при образовании зева 141.19
– при помощи наматывающегося груза 122.4
– основы 118.16, 444.1
– основы при помощи действия пружины 119.8
– основы ленточного станка 356.14
– противовесом 122.1
– посредством скользящей нагрузки 122.6
–, более сильное – переднего зева 143.7.8
–, держать в – и 122.9
–, меняющееся 49.9
–, неизменное 129.17
–, неравномерное 29.17
–, переменное 49.9
–, податливое 118.23
–, постоянное 126.9
–, равномерное 29.16, 79.8
натяжка с. т. натяжение
– основы 118.10.16
–, тугая 118.18, 119.12
натяжн-ой брус 80.3.8, 332.4
–ой валик (с. т. опускной валик) 48.8, 63.11, 73.13
–ой груз 122.3
–ой нитенаправитель, трубчатый 59.6
–ой прут 291.10
–ой прут, свободнолежащий 339.2
–ой пруток 72.7, 90.14, 329.7
–ой ролик 59.1, 99.5
–ой рычаг для нитей 93.14
–ая висюлька 329.6
–ая лента 384.5
–ая линейка 354.4
–ая пружина 33.11, 199.13, 283.11.15
–ая собачка 134.14, 195.12
–ое приспособление 341.4
–ые ролики (механизм) 359.4
натянутая туго основа 161.10
натянуть туго пружину 92.16
находиться в нижнем (верхнем) зеве (крючок) 228.3.4
находиться в плоскости батана (челночная коробка) 251.7
– по правую (левую) сторону от ткача 220.14
начальн-ый с. т. исходный
–ый конус початка 87.10
–ый момент вращения электромотора, высокий 309.22
–ая нить в катушечной рамке 44.21
–ая скорость челнока 247.9
–ая установка от руки 120.16
–ая установка тормаза, самодействующая 120.17
–ое положение 265.19
начес на подобие древесной коры 417.18
–, волнообразный – на поверхности ткани 417.17
начесанная изнанка 417.6
начинок 87.10
небольшой образчик 47.17
неверный см. неправильный
неверно пробирать нити основы 104.4
– установленные челночные коробки 313.16
негативн-ый привод 213.1
–ый регулятор размота 129.2
–ый регулятор приемного ролика 137.3.14
–ый регулятор товарного ролика, косвенно действующий 131.9
–ая каретка 196.17
–ая передача для образования зева 198.5
–ое движение под'емной коробки 273.10
–ое движение ремизок 182.7
–ое движение челночной коробки 272.2
неделимый фон 412.24
недоброкачественный уток 302.19
недостаток ткачества 4.3
недоуздок 429.2
недочет проборки 104.2
незавитая уточная пряжа 170.12
незаполненный квадрат 380.7
независим-ое движение 211.22, 272.2
–ые стержни 368.17
неизменный под'ем ножа 369.5
некипяченый шелк 16.21
некруглое вращение навоя 116.1
нелиневанная бумага 387.17

ненастоящ-ий бархат 394.27
–ий ковер 407.6
–ая бахрома . . 355.3
–ая газовая ткань 165.11
ненадежность работы 266.10
ненадежный пуск в ход . . 306.7, 309.23
неограниченное количество цветов 409.4
неодинаковая плотность рассадки зубьев берда . 282.17
неотчетливый эффект переплетения. . . . 391.13
неочищенный шелк-сырец . 16.21
неплотные ткани . 393.21
неподвижно стоящая шпилька . 180.13
неподвижный челнокоуловитель 312.15
неподдельная золотая пряжа . 19.25
– серебряная пряжа 20.3
непосредственная накатка . . . 131.1
непосредственно действующий положительный регулятор размота 128.3
неправильность проступания . . . 196.16
неправильно пробирать нити основы 104.4
неправильный зев 142.20
непредвиденные издержки . . 446.17
непрерывн-ый узор 154.6
–ая саржа . . . 149.11
непрерывно работающий станок 306.17
непринужденный удар батана . 292.14
непромокаемый плащ 398.11
непропускающая пар гильза . . 24.7
непрорезанный манчестер . . 395.3
неравномерный ход станка . . 306.11
неравное расположение зева . . 141.18
нерезаная шениль 21.1
неровный уток . 236.19
неровно выпряденая пряжа . . 9.7
несущий рычаг барабан 31.13
неттовая продажная цена . . . 442.20
неупругая основа 360.4
нечетн-ый ряд крючков . . . 214.21
–ая карта 383.11
–ая лица Жаккардовой машины 234.7
–ое число уточин . 235.4
–ые нити 41.20
–ые уточины . . 193.18
–ые фланки . . 234.5
нечистая полоса . 421.6
неясный эффект переплетения . 391.13
низкий номер . . 11.7
ниже расположенное плечо стрелки 179.8
нижний с. т. грунтовый *или* подкладной *или* изнанковый *или* подбивной
– бой (механизм) 251.1, 254.11
– брус 82.14
– зев (машина) . . 228.8
нисходящ-ий жгутонаправитель 46.3
–ая коробка . . 291.3
–ая основа . . . 338.3
–ее движение нитевода 39.9
нитевод 32.1, 63.13, 90.15, 112.13, 347.5
– в форме свиного хвостика . . . 93.5
–, возвратно движущийся . . . 30.15
–, вращающийся 35.8, 97.2
–, движущийся вверх и вниз . 38.8
–, неподвижный . 440.5
–, передвижной . 45.11
–, рогульчатый . 99.16
–, из двух взаимно устанавливаемых жестяных щитков с прорезами 28.6
– из раздельных взаимно устанавливаемых жестяных направляющих пластинок . . 28.8
–, трубчатый . . 258.3
–, фарфоровый . 27.16
–, фрикционно – роликовый . . 100.3
нитеводн-ый барабан. 31.12
–ый брус 38.17
–ый глазок . . . 45.5
–ый пруток . . . 33.9
–ый ролик. . . . 100.14
–ый стержень . . 100.17
–ый щиток, жестяной 28.1
–ая полоска, стальная 240.4
–ая рейка . . 45.4, 367.16
–ая щель 93.6
нителелительный пруток 83.20
нитеизбиратель (с. т. селектор *или* выборщик нитей) 368.10
–, пружинный . . 368.11
нитенаправитель, трубчатый натяжной . . . 59.6
нитеразделитель . 111.5
нитеразделители, пробранные в одну нить . . 138.11
нитеразделительный с. т. ценовый
–ый гребень 54.5, 72.16, 82.13
–ый прибор . . . 112.23
–ый пруток . 76.4, 82.12
–ая палочка . . . 137.20
нитеуловитель . . 112.8
нити, х –ей в берде 107.15
–, вводные. . . . 156.5
нити, вышивные . 163.4
–, голые 145.2
–, закрученные . 107.22
–, запутанные . . 81.12
–, излишние . . 182.15
–, колышковые . 177.5
–, кромочные . . 77.8
–, набегающие со шпуль 89.8
–, накидные . . . 145.2
–, неравные подкидные 146.10
–, нечетные . . . 41.20
–, образующие крапины 418.20
– основы, идущие открыто . . . 81.15
– основы, одинаково переплетающиеся . . . 220.17
– основы, отхлестнутые 143.3
– основы, одинаково переплетающиеся . . . 144.7
– основы, различно переплетающиеся . . . 144.9
– основы, расположенные в подзевнике (надзевнике) 142.1.2
–, параллельно – расположенные 97.6
–, парные 138.12
–, перекрученные 107.22
–, перепутанные 81.12
–, подбивные прикрытые 156.7
–, подкидные . . . 145.2
–, приставшие одна к другой . . 83.15
–, провисающие . 49.5
–, резиновые. . . 56.13
–, склеившиеся . 66.2
–, скрученные . . 97.7
–, смежные . . . 97.6
–, сновальные . . 41.11
–, соединенные между собой . 83.15
–утка, одинаково переплетающиеся 144.8
– утка, различно переплетающиеся 144.10
–, уточные. . . . 1.12
–, четные 41.21
нить для верхних петель 166.6
– грунтовой основы 339.15
– крестовой крутки 19.4
– для нижних петель 166.8
– новой основы, сколотая . . . 113.18
– оси симметрии . 221.9
– особой окраски 421.10
– попадает не в тот глазок колышки 104.3
– своеобразного вида 421.11
–, бисерная см. бисерная нить
–, блестящая 421.9, 435.11
–, валеная . . . 19.17
–, вершинная . . 104.15
–, витая 245.4
–, волнистая . . 245.4
–, ворсовая см. ворсовая нить
нить, выбранная из ремизок . . . 109.5
–, вытянутая (протянутая) . . . 237.4
–, вышивная . . 350.16
–, гарнитурная см. гарнитурная нить . . .
–, гибкая (мягкая) . 236.18
–, гладкая . . . 435.9
–, грубая (толстая) 236.16
–, грунтовая 19.18, 164.5, 182.11
–, жесткая . . . 435.14
–, заводимая. . . 245.12
–, заправная. . . 424.14
–, захватывающая 355.6
–, золотая (серебряная) . . . 423.9.10
–, каучуковая см. каучуковая нить
–, контурная . . 413.13
–, концевая . . . 44.22
–, кромочная 147.11, 362.9
–, крученая см. крученая нить
–, лаппетиновая см. лаппетиновая нить
–, металлизированная 20.17
–, металлическая 20.9
–, наружная . . 147.11
–, начальная . . 44.21
–, неверно подведенная 81.11
–, обвитая металлической нитью . 20.16
–, обвитая шелком 19.22
–, оборванная . . 51.6
–, оборванная уточная 268.21
–, оплеточная . . 164.4, 361.5
–, определенная . 436.2
–, основная см. основная нить
–, парчевая . . . 20.16
–, перевязочная . 10.23, 223.11
–, перекрещивающаяся. . . . 164.4
–, перескачившая 142.23
–, петельная . . 358.7
–, подкладная . . 412.3
–, подлежащая испытанию . . 436.3
–, привязная . . 339.16
–, пролаченная хлопчатобумажная крученая . 175.1
–, простая . . . 435.5
–, прочная . . . 435.13
–, равномерная . 435.7
–, разделяющая . 412.14
–, резиновая голая (оплетеная) . . 56.14.16
–, сколотая – пробранной основы 113.16
–, соломенная . . 416.7
–, сплющенная . 94.4
–, стержневая . 19.18
–, талечная . . . 10.23
–, толстая . 413.21, 421.12
–, тонкая 236.17
–, трощеная . . . 435.6
–, узловатая. . . 435.8
–, улавливающая кромочная . . . 147.11
–, упругая . . . 435.12
–, уточная . . . 236.15
–, уточная голая . 166.18

нить, фасонная 421.11
–, цветная 19.3
–, шероховатая 435.10
–, швейная 342.16
–, шпульная см. шпульная нить
нитян-ой глазок 175.19
–ой слой, замкнутый 23.1
–ой слой, плотный 23.1
–ой тормаз 245.15
–ой тормаз по Моррисону 92.20
–ой тормаз со скобой 245.23
–ая колышка 174.19
–ая лента 424.20
–ая лица с металлическим мальоном 218.10
–ая основа 21.6
–ая петля 208.7
нитроцеллулоза 17.19
нитро-шелк 17.19
– силькин 17.19
новая основа 113.17
нож (с. т. шило *или* игла *или* тычок) 111.14, 136.12, 233.13, 264.6, 334.13
– с закругленной деревянной пуговицей 234.1
– с крючком 337.4
– в виде лопасти 193.9
– предохранителя 311.13
– для прорезания бархата 168.15
– для прорезания каймы 363.5
– прутка 327.4
– для резки двойного плюша 332.2
–, бердочный 108.1
–, верхний (нижний) 191.15.16
–, гладкий 375.16
–, двугранный 187.7
–, кареточный 194.19
–, качающийся 196.4
–, крючковидный 191.7
–, наклонно расположенный 210.7
–, нижний 232.15
–, обрезной 338.7
–, опорный 353.18
–, передвижной 210.24, 233.15
–, под'емный 207.10
–, прорезной 167.10, 168.13
–, рычажный 190.11
–, циркулярный 342.23
ножи, расположенные друг над другом 236.1
ножевидный инструмент 108.2
ножов-ой вал 191.18
–ой рычаг 190.7, 192.12, 262.16
–ая рама 229.18, 276.15
–ая рама, неподвижная 228.11
–ая рама, нижняя (верхняя) 226.15.16
–ая рама, раздельная 226.13
–ая рамка 186.10.20
–ая решетка 207.13, 210.6.18
–ые салазки с буфером 331.16
ножка (с. т. основание) 240.2, 362.21
– гонка 248.9
ножка зуба 126.22
– шпули 263.10
– шпрынки 242.16
ножн-ый привод 86.6
–ая петля 360.17
ножницы 258.6, 268.24
– для обрезания гарнитурной нити 340.18
–, рычажные 383.16
–, ткацкие 8.11, 112.1
Нойльс, передаточный механизм 277.18
–, проступной механизм 203.1
–, смена –а 276.12
номера карт со стороны фонаря 220.9
номер кипы 4.12
– образца 7.17
– основы 7.21
– пряжи 435.18
– расцветка 3.21
– сорта 7.17
– ткацкого станка 7.15
– тонины пряжи 11.6, 435.18
–, весовой 435.19
–, искомый 11.15
–, низкий 11.7
–, пересчитанный 11.14
–, погонный 435.20
–, подлежащий пересчету 11.13
–, ровный 11.8
–, средний 11.8
–, тонкий 11.9
номерн-ый диск 278.14
–ая сторона карты 382.13
номерование карт 383.5
номеровать 11.10
нормальн-ый наклон 148.9
–ая ремизка 361.10
нормально крученая пряжа 161.16
Нортроп, вдевное приспособление 260.17
–, счетчик уточин –а 370.6
–, ткацкий станок –а 260.18
–, уточный щупалец –а 261.11
–, челнок для станка –а 242.9
–, шпрынка –а 239.7
–, шпуля –а 260.15
носик (с. т. зацепка) 112.6, 326.14, 365.15
– крючка 186.6, 210.12, 232.14
– ножовой рамки 226.3
– остановочного прибора при обрыве утка 318.9
– упорной щечки 316.11
– шпинделя, упорный 250.10
– эксцентрика 250.2
носильный бельевой товар 420.5, 433.3
носильщик навоев 79.15
– пряжи 84.21
носовой платок 420.6
носок, боевой 254.13
нулевое положение 54.17
нумерация пряжи 435.17
нумерование машин Жаккарда 214.10
Нутталь, каретка 193.1

О

обвивать с. т. обматывать *или* накатывать *или* наматывать
– концы нитей вокруг пуговки 261.7
– основную нить (оплеточная нить) 353.10
– основную и узорную нити (нить шпульных салазок) 368.21
– проволокой 20.13
– ремень вокруг погонялки 250.15
– вокруг товарного ролика шнур для наращивания 110.4
–ся (канат) 122.5
–ся вокруг товарного ролика (товар) 298.15
–ся третьей лаппетиновой нитью (две пары лаппетиновых нитей) 164.16
обвитая каучуковая нить 415.16
– металлом вышивальная пряжа 19.23
– шелком нить 19.22
обводная труба 102.3
обвязывать шнурами лопасть батана 290.4
обезжиренная пряжа 10.7
обертывать призму 187.2
обивка для сидений 405.16
– для ручек 405.17
–, мебельная 404.21
–, металлическая 243.15
–, спинная 405.18
обитый железом 289.1
– кардой 39.5
– кожей желоб 125.21
облачение, церковное 422.22
обложения, налоговые 446.14
обломанная вершина початка 86.3
обматывать с. т. обвивать *или* накатывать *или* навивать *или* наматывать
– конусный насадок шпули 86.16
– сволочки просмоленными бечевками 286.9
обмотанный навой 121.5
обмотка барабана 56.20
– уточной шпули 85.9
обмыленный 67.18
обмыливать 67.17
обновление 446.1
обод, деревянный 133.4
–, бронзовый зубчатый 310.18
–, стальной зубчатый 310.13
–, тормазный 115.16
–, тормазный – навоя с зацепкой 79.12.13
обозначать число отмеров нитей (указатель) 52.2
обозначающий куски знак 77.11
обозначение качества пряжи 11.25
– материй по их применению 432.12
– модели ткацкого станка 304.8
– ткани 3.14
–, общепринятое торговое 432.13
обойма 112.18
обойная ткань 422.3.6.7
оболочка барабана 30.10
оборвавшаяся с. т. порванная
– основная нить 319.7, 321.7
– уточина 317.16
оборванная нить 51.6, 143.3, 268.21
оборот барабана 32.7
– каната 124.11
– мерного вала 50.6
– мерного диска 48.23
–, частичный 364.7
обороты ткацкого станка (x –ов) 306.14
оборотный капитал 446.9
– уток 424.9
обработка шелка 2.20
образ действия початочной мотальной машины 87.2
– действия сменных карт 281.7
образец основы 47.16
– переплетения 159.15
– товара 430.1
образование борозд 161.1
– гарнитура 333.4
– зева 181.19, 335.12
– зева при помощи аркатной подвязи 207.6
– – при помощи Жаккардовой машины 216.14
– – при помощи кареток 186.1
– – посредством ремиз 171.1
– – (приспособление) 335.11
– конуса 87.5, 99.7
– кромок 202.7
– кудрей 170.9
– переплетений (приспособление) 8.2
– петель 423.8
– плесени 65.9
– плюша на крючечном ткацком станке 334.5
– рельефов 422.19.20
– рисунка участками 223.6
– срединной каймы (приспособление) 362.3
– узла 339.12
– узелка 338.12
– узора 232.1
– фестона 425.20
–, внутреннее – зева 300.11
–, чрезмерное – угаров 86.1

образованный зев 142.3
образовать воздушную подушку 256.15
– зев 141.4
– два зева друг над другом 328.18
– переплетение с лицевой и с подкладной тканью (ворсовая основа) 169.6
– попеременно переплетение с смежной группой (лаппетиновая нить) 165.8
– переплетение с одним утком (ворсовая петля) 169.13
– петлю (основные нити) 339.17
– петли (уточина) 245.5
– трубки (уточные ворсовые петли) 166.20
– узор (вышивные нити) 349.8
–ся промеж двух тканей (ворс) 169.7
образующ-ий початок прибор 96.11
–ий эксцентрик 91.6
–ая, криволинейная 277.24
–ие кривые эксцентрика 37.17
образцовый ткацкий станок 299.1
образцовая 299.6
образчик 430.1
– основы 47.16
–, небольшой 47.17
обратный ход карты 206.8
– ход с дифференциальной передачей (приспособление) 303.3
– ход с ременным приводом (приспособление) 302.16
обратная подача карты (приспособление) 214.9
обратно смотанная длина основы 49.14
обратнодействующий регулятор размота 129.2
обращаться вокруг шпули (нитевод) 97.5
– слева направо (карты) 390.14
обращение, бережное – с ремизками 204.11
обрез 42.4
обрезание утка (приспособление) 341.24
обрезной нож 338.7
обручное железо 341.7
обрыв нити 4.5, 51.5, 88.17
– нити (остановочный прибор при –е) 53.10
– основной нити 319.12
– нитей, сплошной 4.6
– пряжи 245.3
– ткани 439.12
– утка (прибор) 268.22
– уточной нити 132.17
обрывание нитей основы 143.4
обрываться (уток) 245.2
– при сматывании (нити) 79.3
– челноком (нити основы) 247.7
обслуживать обе стороны станка (один боевой эксцентрик) 251.6
обсыпка резиновой нити пудрой 56.15
обтирочн-ая ткань 394.3
–ые концы 375.18
обтянутый кожей валик 35.13
– плюшем 32.17
– рыбьей чешуей 117.12
обтяжка с. т. гарнитура
–, кожаная – втулки веретена 93.19
обувной плюш 406.16
обхват 46.15
– мотовила 25.22
– рамы 46.8
обхватывать два крючка (игла) 227.5
обходная труба 102.3
обшивка, войлочная 123.19
–, двоекромочная сюртучная 428.20
обшивочная тесьма 427.4
общее число основных нитей 434.18
общепринятое торговое обозначение тканей 432.13
обыкновенный дамаск 153.15
овечья шерсть 14.3
огибать направляющий валик (основа) 76.10
– ролики (подвязные шнурки ремизок) 183.20
огонек (ткань) 392.7
ограждающ-ий мотовило брус 33.18
–ая доска 298.1
ограждение шестерен 322.2
ограниченный ход 133.23
ограничивать продвижение вперед храпового колеса 134.4
–ся (ход коробки) 291.2
одевать продольно разрезанную трубку из листового железа на бердо 287.3
одежный с. т. костюмный
– плюш, полушелковый 403.6
– тик 394.7
одеяло 419.20, 433.13
– ангорского плюша 406.2
– с тисненым рисунком, плюшевое 406.5
–, плюшевое с бордюром фризэ 406.4
–, стеганое 419.30
–, шерстяное 419.21
одеяльная ткань 397.16
одеяльщик 5.19
одинаково переплетающиеся нити основы (утка) 144.7.8
одинарн-ый челнок 240.16
–ый пружинный передаточный механизм к ремизу 204.5
–ый прочесный шелк 17.8
–ая карта 383.6
–ая нить 435.5
одиночн-ый привод 305.10
–ое движение шпульных салазок 369.13
однобарабанный привод двух рядов веретен 39.16
однобок-ий мысок 241.17
–ая ворсовая петля 167.14
–ая саржа 148.12
одновальный станок 302.1
одновременный ход нитеводов 39.10
однозубое захватное колесо 201.2
однокулачный боевой эксцентрик 251.2
однониточный узелок 409.11
одноножовая каретка 190.4.5.15
однообразные рисунки 145.5
одноплечий ключ, торцевой 373.21
одноподʼемная каретка 190.4
– машина Жаккарда для открытого зева 227.11
– машина (привод) 213.9
однопружинная шпрынка 238.7.8.9
однорядн-ый тюлевый ткацкий станок 366.3
–ая сновальная дощечка 46.12
–ое равномерно набранное бердо 284.21
односторонняя мотальная машина для основы 26.18
– саржа 148.12
– смена 292.2
– смена челноков 272.19
одноуточная лента 426.12
одноходовой червяк 36.15, 127.14
одноцветн-ый Жаккардовый узор 377.16
–ая основа 21.11, 434.1
–ая пряжа 10.1
одночелночный плюш 169.9, 404.16
– ткацкий станок 303.13
одношпульн-ый пазовый батан с дуговыми пазами 357.2
–ый прямой батан 356.17
–ая лента 426.12
означать поднятую (опущенную) основу (крапленые красным цветом клетки) 380.9
окаймленный ковер 407.9
– узор 377.21
оконечность, отогнутая 108.16
окончательная плотность набора 41.16
окружность 46.15
– вспомогательного навоя 131.6
– кольца, внутренняя 341.21
– мотовила 25.22
– рамы 46.8
оксфордовое двойное уточное переплетение 146.4
оливковое масло 67.13
олифа, аркатная 220.5
оловянные сволочки 286.15
омыленый 67.18
омыленый пчелиный воск 67.8
ондюлэ 417.15
онда, шелк- 16.9
опаленая колышка 179.20
– хлопчато-бумажная пряжа 12.15
опережение подающего колеса 127.11
– сновального барабана 57.9
– храповой шестерни 135.15
описывать восьмерку (коклюшечный шпиндель) 179.13
оплетать основные нити (шпульные нити) 412.8
– проволокой 20.13
–ся другой лаппетиновой нитью (пара лаппетиновых нитей) 164.14
оплетенная плотно (редко) основная нить 20.14.15
– резиновая нить 56.16
оплетка 20.8
–, двойная 19.11
–, левая 165.4
–, полная 426.7
–, правая 165.4
–, средняя 165.4
оплеточн-ый кружок 426.8
–ая нить (с. т. гарнитурная *или* перекрещивающаяся *или* лаппетиновая нить) 164.4, 353.3, 361.5
опора 318.10, 362.5
– на колоннах для машины Жаккарда 212.8
– для поперечных балок 212.10
– прутков 340.6
–, кулисная 313.12
–, позитивная 313.13
опоражнивание с. т. разгружение
– катушки 45.2
– решетки 102.13
опорожниться (уточная шпуля) 260.8
опорн-ый брус 178.11
–ый нож 353.18
–ый рычаг 178.7, 348.10
–ая балка 212.12.16
–ая балочка станка 190.13
–ая доска для крючков 210.3

опорн-ая дощечка для крючков . 186.7
–ая планка . . . 366.16
–ая рама 212.9
–ая рамка для крючков . . 210.21.22
–ое кольцо . . . 362.6
–ые точки 194.10
оправка 140.5
– с центрирующим хвостом . 373.7
– челнока 257.17
–, коническая . . 373.6
–, разгонная . . 373.5
определение аппретуры 436.20
– нитей 435.2
– номера 11.11
– переплетения . 433.18
– рапорта 434.10
– сырья 436.9
– тонины 435.17
– упругости пряжи (прибор) . 440.15
– числа колышек 173.17
определенная нить 436.2
– длина 29.19
определять материал на глаз (сжиганием) 436.10.11
– рапорт 434.11
опускание берда . 285.18
– нагрузочной гири 137.11
– навоя 111.11
– нитей 142.8
– нитевода . . . 39.9
– ножовой решетки 211.2
– ремизок 182.2
– связывающей основы 158.7
– шпрынки . . . 242.20
опускать группы нитей в нижний зев 351.15
– x-ую коробку (x-вый ролик) 281.11
– коробки от руки 291.7
– рейку конуса . 61.22
– ремизки . 182.3, 191.1
– сменную коробку 272.14
–ся (нити) 142.9
–ся (опорная дощечка для крючков) . . . 187.11
–ся при открытии дна коробки (пустой челнок) 266.17
–ся (прут) 98.6
–ся на x гнезд (сменная коробка) 272.17
опускающийся вершник батана 345.10
–ремиз 198.3
опускн-ой валик см. натяжной валик
–ой ремиз 231.15
–ая колышка . . 174.1
–ая фланка . . . 233.5
–ое приспособление. 197.21
–ое и под'емное приспособление. 198.1
опушка ткани . . 284.9
опущенная сменная коробка . 272.15
оранжерейная цыновка 416.18
органзин 16.5
орденная лента . 427.6
оренбургский платок 420.27
ореховое дерево хиккори . . . 251.4
орлеан 399.5
орнамент . . 149.4, 413.5
орнаментный узор 376.4
орудия ткацкого производства . 8.9
орудийный ключ, торцевой . . . 373.21
освещение 446.20
освободить защелкнутый крючек останова . . . 95.13
освобождаться (крючок) . . . 268.23
оселок 332.9
ослабевание нитей 79.10
ослабить основу . 49.12
ослабление натяжения основы 118.11 126.11, 129.10
– нити 284.14
– основной нити . 319.8
ослабленная основа 49.13
ослаблять натяжение основы 126.10
– подвязь 181.15
–ся (удар батана). 130.14
–ся (оплеточная основа) 353.11
ослабший уток . . 346.10
основа . 7.20, 10.8, 360.18
– из беленой пряжи 21.8
– большей крутки чем уток . . . 433.25
– для брошэ . . 163.2
– на x кусков . . 41.22
– с кромочными нитями 77.8
– из крученки . . 21.6
– на навое . . . 120.5
– для оплетки . . 163.9
– из прочесного шелка 17.9
– из пряжи . . . 21.5
– в расправку . . 81.18
– для строчки . . 161.3
– о x ходах . . . 107.20
–, белая 21.8
–, бисерная 354.7, 415.1
–, бумажная связывающая . . 411.23
–, вводная . . . 147.4
–, верхняя грунтовая . . 169.19, 170.2 325.9
–, ворсовая . . 167.21.22, 169.20, 330.2
–, восходящая . . 338.4
–, вышивная 163.2, 165.6
–, гарнитурная . 163.9
–, горизонтально установленная 298.8
–, грунтовая 161.4, 163.10, 223.8, 325.3, 330.1
–, грунтовая – туго натянутая . 166.4
–, джутовая .13.11, 167.20
–, завитковая . . 170.8
–, заводная . . . 156.8
–, камвольная . . 15.2
–, каучуковая . . 415.4
–, лаппетиновая 163.9
–, лежачая . . . 298.9
–, легкая 21.14
–, многоцветная . 434.2
–, мюльная . . . 22.1
–, плотно набранная 107.12
основа, накидная. 147.1
–, накладная . . 422.13
–, натянутая. . . 118.17
–, слабо натянутая для образования петель . 166.5
–, слабо-натянутая 118.22
–, натянутая туже утка . . . 433.24
–, туго натянутая 118.20, 161.10
–, неупругая . . 360.4
–, нижняя . 169.18, 170.1
–, нисходящая . 338.3
–, нитяная . . . 21.6
–, новая 113.17
–, образующая зев 339.21
–, образующая складки . . . 161.11
–, одноцветная . 21.11, 434.1
–, оплеточная . . 353.11
–, ослабленная. . 49.13
–, отвесно установленная . . 298.6
–, отработанная . 110.18
–, отягченная . . 64.10
–, перевязанная на подобие газа 341.14
–, петельная гарнитурная . . . 325.2
–, плотная. . . . 319.9
–, подбивная . . 147.2
–, подкладная . . 167.19
–, поднятая. . . 159.12
–, придающая рельеф 156.8
–, пробранная . . 107.13, 113.15, 443.25
–, прокидная . . 128.13
–, проклееная . . 64.7, 319.11
–, прошлихтованная 65.22
–, пятиходовая . 107.21
–, развернутая . 41.17
–, разноцветная . 21.12, 40.14
–, редкая 107.8
–, связывающая . 329.20
–, слабонатянутая 405.12
–, гладко сснованная 434.1
–, стоячая . . . 298.7
–, суровая . . 21.7, 64.2
–, ткацкая. . . . 114.4
–, тугонатянутая 405.10
–, тяжелая . . . 21.13
–, узорная. . . . 223.7
–, уворчатая . . 40.14
–, уплотнительная – из бумаги . . 411.17
–, утяжеленная . 64.10
–, флеровая . . . 128.13
–, цветная . 21.12, 64.3
–, шелковая . . . 16.5
–, шлихтованая . 64.5
основн-ой с. т. главный
–ой брус 346.1
–ой диск 200.4
–ой конус початка 87.10
–ой навой 116.4
–ой стержень . . 368.16
–ой узор 377.13
–ой уток 166.17
–ый бархат . . . 404.1
–ый материал . . 8.15
–ый рапорт . . . 144.15
–ый репс 146.1
–ый сатин 151.17
–ая бахрома . . . 355.4
–ая группа нитей 353.8
основн-ая доска с прорезом . . . 80.10
–ая катушка. . . 38.2
–ая линия . . . 379.10
–ая нить (с. т. стержневая *или* грунтовая нить) 19.18, 21.15, 367.6, 391.4
–ая нить, голая . 392.1
–ая нить, кромочная . . . 335.16, 434.22
–ая нить, лаппетиновая 349.14
–ая нить, оборвавшаяся . .319.7, 321.7
–ая нить, плотно (редко) оплетенная 20.14.15
–ая нить, хлопчатобумажная . 19.19
–ая нить, шелковая. 19.20
–ая полоса . . . 162.4
–ая пряжа (с. т. ватерная пряжа) 10.8, 182.18
–ая рама . 297.2, 304.21
–ая саржа . . . 147.15
–ая ткань . 159.7, 408.18
–ая шестерня навоя. 128.19
–ая шпуля . . . 240.2
–ое атласное переплетение . . 150.14
–ое брошэ 163.1
–ое переплетение Адриа 146.8
–ое саржевое переплетение . . . 149.3
–ые нити, одинаково переплетающиеся . . . 381.20
–ые нити, лежачие по группам . 176.8, 341.13
–ые нити, различно переплетающиеся . . . 382.1
–ые нити, расположенные по направлению сверху вниз . 335.14
–ые переплетения 145.12
основно-ворсные ковры 411.9
основоносец . . . 79.15
основоразделительная скобка 363.2
основание с. т. ножка
– зуба 126.22
–, атласовое . . . 151.1
–, коническое . . 97.12
–, конусное . . . 99.8
оставаться лежать (крючки) . . . 205.8
– в поднятом состоянии (основные нити) . . . 226.19
– постоянной (длина зева) . . . 141.13
– пустыми (x лиц) 219.21
– туго-натянутыми (нити) . . . 79.7
оставляться лежачими по группам (основные нити) 176.8
останавливать батан перед прибоем 292.22
– катушку . 29.19, 31.6
– (разом) станок . 307.2, 313.3

останавливаться сама (заполненная шпуля) . . 87.22
останов ножа (прибор) 332.19
– при неправильном ходе карт (приспособление) 390.5
– при обрыве нити 51.7, 96.20
– при обрыве основных нитей . 50.11
– для полного початка 91.16
– для с'ема . . . 91.19
– товарного ролика 133.20
–, автоматический 37.10
–, рычажный прибор для – а. . 53.6
остановка батана. 292.21
– катушки. . . . 32.5
– ползуна 364.21
– ремизок 189.6
– станка при неправильном положении челночных коробок (прибор) . . . 314.1
– ткацкого станка 306.24
– ткацкого станка во время смены челнока . . . 266.14
– станка, автоматическая 313.4
– шпульных салазок 369.10
– при помощи электричества 319.21
остановленн-ая группа веретен 92.12
–ое веретено . . 38.19
остановочн-ый с. т. выключательный *или* отводный
–ый валик . . . 51.1
–ый механизм при бункзиновых станках. . . . 253.17
–ый палец . . . 91.8
–ый прибор (с. т. предохранительный прибор) 268.11
–ый прибор Герлингера при обрыве утка . 318.8
–ый прибор при недолете челнока 317.11.12
–ый прибор при обрыве нити . 53.10
–ый прибор при обрыве основных нитей . . 50.11
–ый прибор при обрыве основной нити с подвесными пластинками . . . 319.14
–ый прибор при обрыве основной нити 320.1.17
–ый прибор с уточной вилкой . . 318.1
–ый прибор при обрыве утка . 317.15
–ый прилив . . . 91.9
–ый прут . . 36.11, 302.3
–ый ролик . .36.10, 37.11
–ый рычаг . 35.11, 50.15, 91.10, 278.15
остановочн-ая игла 50.14, 51.3
–ая колодка . . . 35.12
–ая рейка 53.20
–ая тяга 92.9
–ая щеколда . . . 53.17
–ое кольцо . . . 92.4
–ое коромысло . 48.6, 52.14
–ое приспособление . . . 91.5, 309.3
остатки пряжи на шпулях. . . . 22.11
острие иглы . . . 350.8
–стрелки 179.11
–, латунное . . . 117.14
–, отогнутое . . . 108.16
острогубцы . . . 373.14
остроконечн-ый с. т. зигзагообразный
–ый пробор . . . 104.11
–ая саржа . . . 150.9
–ая шпуля . . . 24.10
остроконечность оправки шпули 264.18
ось (с. т. веретено *или* вал *или* шпиль *или* шпиндель) 240.12, 285.14
– батана . . 278.6, 293.5
– барабанов . . . 30.3
– вращения 31.4, 193.6, 253.16, 316.9
– вращающегося шипа 338.11
– колодки 55.12
– мерного вала . 51.24
– мотовила . 25.23, 29.4
– призмы 235.10
– симметрии . . . 221.9
– стрелки . 178.19, 179.5
– червяка 127.19
– щупального ролика 125.14
–, батанная . . . 251.17
–, квадратная . . 78.1
–, круглая . . . 77.22
–, сквозная . . . 125.6
–, четырыхгранная 78.1
осев-ая передвижка боевых эксцентриков . . 251.8
–ое направление . 307.15
отбелка 445.1
отбивание уточных шпуль 247.18
отбивать моток. . 25.12
отбирающее приспособление . 370.1
отбитая нить основы 143.3
отбойка 25.13
отбойный каточек 308.15
отбойщик узора . 384.8
отбойщица узора . 384.9
отбор образцов . . 430.2
отборная пряжа . 9.17
отвар льняного семени 67.20
отваривание картофельной муки 66.20
отвернуть винт . 439.7
отверстие с. т. дыра
– блочка 95.16
– кассейной доски 217.9
– для нити . . . 218.15
– для смычки . . 382.15
– стола 365.3
– для узора . . . 383.2
– для шипа
–, выпускное . . 288.8
отверстие, направляющее. . . . 388.18
–, продолговатое 293.6
–, проходное. . . 367.3
–, смазочное . . 375.6
–, щелеобразное 288.10
отверстия игл . . 57.20
отвертка 373.17
отвесн-ый с. т. вертикальный
–ое веретено . . 38.18
отвесно стоящий крючок . . . 211.7
– установленная основа 289.6
отвод салазок назад от руки . . 62.14
отводить назад карту 214.7
– салазки назад . 62.9
– товар под ремизами 298.20
отводка 144.2
– остановочного приспособления 309.6
–, вилкообразная ременная . . . 52.18
–, ременная – для прямого (обратного) хода . . 303.1.2
отводн-ый с. т. выключательный *или* остановочный
–ый рычаг . . . 311.16
–ая рукоятка и выключательный рычаг см. выключатель . .
отводчик. 270.7
отводящий палец . 270.7
отвязывать основу 42.16
отгибная пружина 238.13
отдать тормаз . 309.12
отдача тормаза . 309.13
отделанная пряжа . 10.4
– ткань 431.15
отделение 144.2
– бисера . . . 354.18
– нитей основы . 83.24, 84.2
– склеившихся нитей колочением 66.2
– ходов 47.14
–, мотальное . . 22.6
–, сновальное . . 40.3
–, ткацкое . . . 1.8
–, уточное мотальное 85.1
–, шлихтовальное 66.7
отделитель бисера 354.19
отделка см. аппретура *или* аппретирование . .
отделывать товар . 437.1
отделывальщик. . 6.5
отделять нити основы 83.23
–ся от гонка (челнок) 250.16
–ся одна от другой (нити основы) 84.1
отдых крючка . . 211.10
отжимание (с. т. выжимание) . 144.2
– язычка челночной коробки . 316.4
отжимать избыток шлихта . . . 69.23
– назад (главные) крючки . 205.7, 229.21
– пряжу 65.20
отжимка пряжи . 65.21
отжимн-ой валик . 70.20
–ая доска . . . 71.19
отказ 22.8
откатываться с плюшевого валика (нить) . . 39.4
откачивание висячего батана . . 295.14
– рамы призмы . 211.19
откачиваться быстро вперед (батан) 295.7
– в сторону (рамка барабанчика) 187.3
откидка с. т. отход
– батана 292.20
– берда 316.2
– качания берда . 137.2
откидн-ой валик . 51.1
–ой рычаг 311.6
–ой тормаз . . . 245.22
–ой шпиндель . . 29.12
–ая шпрынка . . 238.1
–ое бердо . 285.22, 317.0
–ое бердо, пружинящее 136.15
–ое веретено . . 45.12
откидывание предохранителя . 279.13
– шпрынки . . . 242.19
откидывающ-еесся назад бердо . 284.1
–иеся коромысла . 31.2
откидывать боевую собачку. . . . 253.1
откинутая вверх вилка веретена 30.6
откинуть вверх державку веретена 30.11
– вверх защелку 180.6
– захватной палец 62.10
откладывание товара в сторону 298.18
откладывать товар в сторону. . . 298.17
отклонение берда 316.2
– качания берда . 137.2
– челнока 312.8
отклонять челнок от его траектории движения 312.7
открывание с. т. раскрытие
– зева 141.10
открытый эксцентрик 200.1
открыто итти (нити основы) . . . 81.15
отсканивание назад челнока . 316.5
отлитые в одно целое эксцентрики 198.23
отличительный знак пряжи. . 435.4
отматывать с. т. сгонять
– катушки. . . . 44.23
–ся (уточная нить) 245.1
отмер нитей . . . 52.2
– основы на оборот мерного колеса 49.1
–, английский . . 52.3
отметка 77.11
отметочн-ый рычаг для отметки (частей) кусков 74.22, 75.3
–ый штифт . . . 371.7
–ое приспособление (с. т. маркировочное приспособление) . 74.19

отметчик . . 6.17, 46.17
отмечание основы . 46.16
отмечать кусок . 74.24
– слегка краской выступающую основу 434.8
– холостой ход (щупалец для шпуль) 266.6
отмечающее приспособление . 46.17
отмотка нити . . 346.11
отнесенная к длине потеря в пряже 11.24
отношение плотностей нитей по основе и утку . 376.10
отогнутая кверху кромка товара 140.8
– оконечность . . 108.16
отодвигать салазки назад . . . 62.9
отопление 446.19
отпуск основы . . 118.11
отпускание собачки 334.4
– тормаза 309.13
отпускающий отросток 202.11
отпустить винт . 250.3, 439.7
– основу 49.12
– тормаз 309.12
отработанная основа 110.18
отраженн-ый с. т. симметричный
–ый рапорт . . . 221.8
–ый узор 349.9
–ая проборка . 221.7.12
отрез с. т. кусок
–, сновальный . . 54.18
отрезание утка . . 258.8
отрезать кусок . . 77.12
– подкидные нити 344.9
отрезывание конца нити 265.9
отросток, буферный 254.3
–, отпускающий . 202.11
–, упорный . . . 178.10
отскакивание нитей основы . . 142.22
– челнока 247.16
– шлихта 64.20
отскакивать назад (челнок) . . . 247.17
отставание мотовила 33.7
отстать от кромки товара (уток) . 325.6
отстегивание крючков рамников . 211.12
отсутствие стиля . 377.2
– уточной нити . 268.20
отсчитывать слева вправо (справа влево) 151.6.7
– точки переплета атласа 151.5
отталкиваться назад прибоем челнока (гонок) 248.20
оттенение . .380.22, 422.14
–, фигурное . . . 381.1
оттененный атлас . 151.14
оттенять полосами 380.23
оттопыриваться (концы уточин) 361.7
отточенная на изгибе проволока 111.18
оттягивать с. т. тянуть
– вниз поднятую лицу (висюлька) 219.10
оттягивать гонок при помощи пружины 248.22
– назад остановившиеся иглы (игольная рамка) 226.12
– полоску ткани при каждом ударе батана . 134.9
оттяжн-ой крючок для прутков . 328.4
–ой рычаг 259.20
–ой шнур 233.2
–ая пружина 250.1, 303.9, 314.16, 315.4
отхлестнутая нить основы 143.3
отход с. т. откидка
– батана . . 292.20, 295.2
– рамы призмы . 211.19
– салазок назад . 326.18
отчесывать гарнитурные нити кверху (гребень) 340.17
отчетлив-ый эффект переплетения 391.12
–ая вышивка . . 349.13
отшлифовать заусенцы 244.2
отыскивание нити 51.8
– утка 214.8
– уточины 302.11
отыскивать нить . 51.9
от'емный диск катушки 90.9
отягчение ткани . 4.11
отягченная основа 64.10
– пряжа 10.5
отяжеленный шелк 17.1
оценка 443.4
– товара 429.5
очертание с. т. контур
– узора, ограниченное 349.10
– фигуры 379.17
– шпули 23.11
– эксцентрика . . 198.10
очесочное полотно 395.11
очистка нитей (приспособление) . 39.6
– от шишек и орешка 445.14
очищать товар . . 437.1
очищенный шелк . 16.23
очко остановочной иглы 53.5
– для трубочки . 338.8

П

падать вниз (передняя стенка челночной коробки) 268.16
– в корыто (шпуля) 96.9
– (пластинка) . . 319.19
падающ-ий контакт 387.6
–ая шпуля . . . 364.24
–ее мотовило . . 25.20
–ие коробки . . . 274.15
–ие шпульные салазки 364.25
падение коробки . 273.16
паз (с. т. вырез *или* канавка) . 90.5, 356.1
– для закладывания ремизной фланки 106.6
паз сволочки . . 107.17
– шлюза 350.11
–, бердочный . . 107.17
–, дуговой 357.2
–, направляющий 334.14, 357.4
–, продольный . . 115.3
пазовый батан с крестовой прокидкой утка . 357.5
– диск 55.8
– ролик, нагретый 343.9
– эксцентрик . . 228.10
пакля 5.15
–, пеньковая . . . 13.7
пакляный ковер . 407.22
паковщик 6.18
паковочное полотно 395.25
палатка 395.15
паленая плоская пряжа 20.23
палец (с. т. шип) . 176.21, 251.10, 264.4, 283.10, 339.25
– бородка . . . 386.4
– кривошипа 59.8, 213.11, 255.2, 277.5
– ножа 234.13
– салазок 62.3
– толкача 348.17
– углового рычага 60.8
–, ведущий . . . 275.11
–, влажный . . . 110.9
–, запорный . . . 363.17
–, захватный 80.15, 137.9, 178.8
–, кривошипный . 358.12
–, крючкообразный 368.13
–, нажимной . . . 269.18
–, остановочный . 91.8
–, отводящий . . 270.7
–, передвижной выключательный 95.3
–, поперечный . . 129.4
–, сцепной . . . 303.7
палочка, деревянная узкая . . 224.6
–, заводная . . . 329.16
–, нитеразделительная 137.20
–, свинцовая . . . 208.12
–, стекляная . . . 359.5
–, ценовая –, обтянутая жестью 138.8, 320.16
–, ценочная . . . 82.12
пальмовое масло . 67.10
пан 403.3
панама с. т. рогожное *или* шашечное *или* кубическое *или* клетчатое
–, переплетение . 147.6
пар 24.7
пара валиков . . 70.16
– зажимов . . . 439.1
– крючков . . . 334.6
– нитей 338.16
– спиц, вращающаяся 29.2
параллелизация нитей 81.7
параллельные канаты 124.17
параллельно навивать нити . . . 81.8
– -расположенные нити 97.6
параллелограмм . 192.14
–, в виде –а . . 311.7
парафин 437.21
парафиновое масло 67.14
парниковая цыновка 416.13
парные колышки 173.9
– нити 138.12
паров-ой кипятильник высокого давления . . . 69.9
–ая труба 69.6
–ая нагревательная труба . . 72.9
паронепроницаемая гильза . . 24.7
паропровод . . . 73.21
партия катушек . 44.9
парусина (с. т. холст *или* полотно) 395.14.16
–, обыкновенная . 414.1
парусиная прокладка, жесткая 432.21
парча 402.17–23.28, 423.2.5.6
– для церковных облачений . . 402.30
парчевая напрестольная пелена 423.4
– нить 20.16
паспорт станковый 7.16
пасьма 10.22
патентные сборы . 446.3
патрон 378.8
– для работы с проступными подножками . 154.5
– для шалей. . . 235.16
–, изготовленный фотомеханическим способом 378.18
–, металлический 387.4
–, пробивной . . 193.17
–, просечной . . 381.15
–, скрепленный между зажимными планками . 386.14
–, сменный . . . 292.1
–, уточный . . . 85.14
патрончик с. т. гильза *или* цевка
–, бумажный . . 10.11, 24.5.6.9, 86.14
пачка пряжи . . 11.4
педаль (с. т. подножка) . . 53.9, 295.12
педальн-ый ткацкий станок 296.13
–ая коробка . . . 322.5
пелена, напрестольная 423.1.4
пенька 5.13
пеньковая пакля . 13.7
– пряжа 13.5.6
– ткань миткалевого переплетения 395.7
пеньковое полотно 395.10
первичная ткань . 159.7
перебег мотовила 33.6
перебивание действия подачи . 129.11
перебой 150.2
перевод (с. т. передача *или* стрелка) 326.20
– веса 436.7
– номера (пряжи) 11.12, 435.26
переводиться (коклюшка) . . . 179.12
переводный Жаккардовый узор 377.15

переводчик на карты 378.12
перевозка навоев 79.16
перевязание 409.2
— нитей 381.11
перевязанный моток 10.24
перевязать вышивные нити 163.4
— нити 381.12
— основу 42.16
перевязка с. т. вязка 10.23
—, проволочная 286.12
—, белая 10.26
—, красная 10.25
перевязочная нить (с. т. перевязь *или* талечная нить) 10.23
— проволока 287.16
перевязь (с. т. перевязочная *или* талечная нить) 10.23, 42.17
— узора с фоном 223.10
—, связывающая 223.11
перегиб нити 50.4
перегибаться (нити) 50.3
перегнанная пряжа 26.6
перегон (с. т. мотка) 22.10
— концов со шпуль 22.13
— утка 84.22
перегонная машина с. т. мотальная *или* шпульная машина
— машина для основы 26.16
перегонщик вручную 25.1
— основы 25.3
перегонщица вручную 25.2
— основы 25.4
перегонять (с. т. перематывать *или* мотать) 22.9, 85.20
— с цевки 25.7
перегородка, жестяная 58.2
—, передняя (задняя) 356.2.6
перегрузка станка 307.5
перед, сзади на — (проборка) 103.18
передаточн-ый брус 185.9
—ый вал 178.4, 262.13
—ый валик, мерный 74.2
—ый механизм Нойльса 277.18
—ый двойной (одинарный) пружинный механизм к ремизу 204.5.10
—ый распределительный механизм 59.7
—ый ременной шкив 58.19
—ая шестерня 128.18 135.9, 137.5, 178.5
передача с. т. перевод
— к веретенам 39.15
— вибрации станка на машину 212.14
— винтовыми колесами 101.21
— движения кривошипа 294.1
передача к Добби 203.14
— с зажимным диском 134.18
— с мертвым ходом (без) 189.4.5
— к нитеводу 101.5
— для образования зева 198.5.6
— для переменной скорости 308.4
— для подачи 126.12
— для под'ема 189.2
— с положительным сцеплением 135.4
— силы от электромотора к ткацкому станку 310.5
— червячной шестерней 127.12
—, зубчатая 53.15
—, передвижная 180.15
—, реверсивная 127.16.17
—, реверсивная храповая 128.1
—, ременная 53.4
—, рычажная 277.20
—, фрикционная 134.18, 307.12
—, храповая 133.6
—, цепная 70.17, 213.15
—, червячная 30.7, 34.7, 52.10
—, шестеренная см. шестеренная передача
—, шнуровая 268.7
—, электрическая 309.14
передвигать барабан 59.13
— вперед (назад) крючок 188.2.3
— гнездо в прорезе основной доски 80.13
— жгутораспрaвитель взад и вперед 81.6
— игольную раму 350.6
— игольчатую планку в вертикальном направлении 196.9
— концевой подшипник 55.21
— палец кривошипа 59.9
— планкодержатель по рейке 59.21
— ремизки 190.18
— точку переплетения колышки 174.11
— фрикционный ролик по валу 55.19
— части переплета 145.1
—ся в горизонтальном направлении (приемник) 345.14
передвигающийся вверх и вниз 179.5
— вдоль оси 252.9
передвижение барабана 59.4
— коленчатого вала в осевом направлении 305.15
— шпуль 33.3
—, боковое 345.13
—, рассадочное 367.10
передвижка игольной доски 234.3
— ремня, самодействующая 53.10
— шпули 265.11
—, осевая 251.8
передвижной с. т. переставной
— камень 91.18
переделка однообразных рисунков 145.5
передн-ий крючек 92.2
—ий механизм (с. т. передний (—яя) ремиз *или* подвязь *или* переплетные ремизки) 231.3.4
—ий ремиз (с. т. передний механизм *или* передняя подвязь *или* переплетные ремизки) 231.4.12.13
—яя машина 235.5
—яя подвязь (с. т. передний механизм *или* передний ремиз *или* переплетные ремизки) 231.4
перекатка основы с навоя на навой 77.1
перекатывать основу 76.20
перекладина (с. т. поперечина *или* траверса) 168.17
—, верхняя 105.14
переключатель 311.11
переключательная вилка 127.18
перекрест нитей 138.9
перекрестная с. т. крестовая
— саржа 150.6
перекрещивание нитей 352.13
перекрещивать нити грунтовой основы (узорные нити) 369.3
перекрещивающаяся (с. т. оплеточная *или* гарнитурная *или* лаппетиновая) нить 164.4, 353.3
перекрутка нитей 107.23
—, половинная (полная) 352.15.16
перекручен-ый ход 47.13
—ая пряжа 161.15
—ые нити 107.22
перекручивание нитей 352.13
— прядей завитковой пряжи 170.13
перекрывать шлюз батана 312.12
перекрывающая основа 170.1.2
перелет мотовила 33.6
перематывание основы с клубков на катушки (машина) 63.7
перематывать (с. т. мотать *или* перегонять) 22.9, 85.20
— клубки основы 63.15.16
— концы со шпуль 22.12
— с мотка 37.5
— основу 76.20
— с тонкопрядильных катушек 37.4
перемена положения опорных точек пластины 194.10
перемена хода 38.10, 39.12
— цвета 421.7
перемен-ая рабочая скорость 34.16
—ое число оборотов барабана 53.12
перемешивание 69.8
— шлихта 64.24
перемещение, автоматическое 440.6
перемотанная пряжа 26.6
перемотка основы с навоя на навой 77.1
перенесение эскиза 378.14.16
переносить вручную 378.15
— рисунок 378.13
переплет с. т. переплетение
— нитей 144.1
—, плотный 152.4
переплетать по диагонали 147.12
— плотно 152.3
—ся с нитями основы (уток) 144.3
переплетающ-ая машина 232.7
—иеся одинаково нити основы (утка) 144.7.8
—иеся различно нити основы (утка) 144.9.10
переплетение (с. т. переплет) 7.25, 144.1
— Адриа 146.7.10
— для бархата и бархатовидных тканей 166.12
— для брошэ 162.10
— верхней ткани 159.9
— ворсовых трубок 167.2
— для газа 163.8
—для гладких тканей 145.17
— грунтовой ткани 157.7
— для дамаска 153.12
— двойной ткани 157.9
— для камчатки 153.12
— для каучуковой ткани 415.5
— для крепов 161.9
— лицевых нитей 160.5
— лицевого слоя товара 157.5
— лицевого товара 158.4
— для манчестера 167.5
— для мохнатой ткани 166.3
— мушками 152.14
— в х нитей 144.17
— для основного бархата 167.16
— основной ткани 167.17
— панама 147.6
— первичной ткани 159.7
— для петлистых тканей 166.5
— для пикэ 160.13
— плиссэ 162.2
— подкладочного товара 158.5
— для полосатых, клетчатых и узорчатых тканей 153.5
— для полых тканей 156.10

переплетение для тканей с прокидным утком 162.7
– промежуточной ткани 159.8
– в противоположные стороны 382.9
– в рассадку ворсовых трубок 167.3
– в x ремизок 144.18
– для тика 160.9
– ткани 381.10
– тканей с вводными нитями 156.5
– для тканей со складками 161.9
– для трико 160.2
– тройной ткани 159.6
– для тяжелых тканей 154.7
– для уточного бархата 166.13
– для фитильных тканей 156.10
– хлопьевидных тканей 160.1
–, аксминстерское 410.13
–, атласное 150.13
–, ворсовое 168.23
–, встречное саржевое 149.6
–, выпуклое 144.11
–, газовое 166.1, 352.12
–, грунтовое см. грунтовое переплетение
–, двойное уточное оксфордовое 146.4
–, двухуточное 169.14
–, диагональное 147.13
–, добавочное саржевое 149.5
–, кажущееся саржевое 149.13
–, креповое 152.16
–, левое саржевое 148.5
–, ломаное саржевое 149.8
–, лучевое шашечное 147.7
–, люстриновое 169.17
–, миткалевое 145.18
–, многократное 200.12
–, основное 145.12
–, основное – Адриа 146.8
–, основное атласное 150.14
–, основное саржевое 149.3
–, плюшевое 170.3
–, побочное саржевое 149.5
–, правое саржевое 148.4
–, производное 145.13
–, простое ворсовое 168.23
–, рельефное 144.11
–, репсовое 145.19
–, рогожное 147.6
–, саржевое 147.13
–, саржевое противоположное 149.6
–, сатиновое 151.15
–, сдвоенное ворсовое 169.1
–, смешанное рогожное 147.9
–, составное 145.15
–, ступенчатое саржевое 149 14
–, тафтяное 160.8
–, трехуточное 169.15
переплетение, узорчатое 413.6
–, узорчатое шашечное 152.8
–, уточное – Адриа 146.9
–, уточное атласное 150.15
–, четырехкратное 157.10
–, четырехуточное 169.16
–, чешуйчатое саржевое 150.1
–, шахматное шашечное 147.8
–, шашечное 152.6
переплетенная крестовая саржа 150.7
переплетные ремизки (с. т. передняя подвязь *или* передний механизм *или* передний ремиз) 231.4
перепрыгивающая коробка 273.6
перепутанный моток 25.15
перепутанные нити 81.12
перерасход пряжи 11.22
перерывы 306.16
перескакивающ-ий револьвер 279.18
–ая коробка 273.6
перескачившая нить 142.23
переслежина 9.8
переслежист-ый уток 236.19
–ая пряжа 9.7
пересновывать со сновального барабана на навой 57.4
переставлять катушки 45.3
– винт в прорезе 134.3
– диски навоя 78.14
– концевой подшипник 55.21
– ножи 233.17
– ход рычага 133.24
– шипы 206.5
переставляющийся нож 210.24
переставной с. т. передвижной
– супорт для реек 105.16
перестанавливать супорт в сторону на ширину ленты 61.20
– части ткацкого станка 304.17
пересчет веса 436.7
– номера 435.26
– размера 436.8
пересчитанный номер 11.14
перетравленная краской пряжа 9.26
перетягивать пряжу в шлихте 65.28
переход переплетений 144.21
– шпульных салазок из одного ряда в другой 367.5
период, полный – узора 189.8
периодическое повторение чередования нитей 40.16
перистая шениль 21.10
перкалевая лента 424.23
перкалин 393.2
перкаль 393.1.3.4
персимоновое дерево 243.11
перфорированный с. т. продырявленный *или* дырчатый
– диск навоя 78.4
песочный креп 153.2
пест 389.14
пестик 192.4, 262.10
пестро-глянцевая пряжа 14.13
пестроткачество 2.4
пестрый эффект расцветки 152.10
петелька с. т. петля
– прочесного шерстяного волоса 409.7
–, скобообразная ворсовая 167.11
петельная гарнитурная основа 325.2
– нить 358.7
петинка пряжи 10.21
петлеобразный глазок 330.9
петлеподобный крючочек 367.17
петлистая крученая нить 19.7
– ткань, узорчатая 166.11
петлица 105.17
петля (с. т. глазок *или* мальон *или* петелька) 174.10, 183.11, 425.22
– колышки 171.7, 175.18
– остановочной иглы 53.5
– рамника 224.2
– ручной вязки 336.14
–, верхняя 166.6
–, ворсовая 168.19
–, выпускная закрученная 425.22
–, вязальная 409.5
–, двубокая ворсовая 167.12
–, изнанковая 166.9
–, лицевая 166.7
–, нижняя 166.8
–, ножная 360.17
–, однобокая ворсовая 167.14
–, проволочная 227.2, 363.3
–, присученая 110.11
–, разрезанная ворсовая 168.20
–, ременная 254.16
–, скобообразная ворсовая 167.11
–, торчащая вверх 167.15
–, уточная 425.21
петли, две зацепляющиеся одна за другую нитяные 208.7
–, уточные ворсовые 166.20
печатание патрона 378.19
печатан-ый с. т. набивной
–ый мокет 405.6
–ая пряжа 9.27
печатные произведения 447.7
пикэ 394.24.25
–, рубчатый 160.16
– -бумазея 394.25
пикейная ткань, узорчатая 161.8
пилообразный батан 357.10
питатель-ый с. т. подающий
–ый валик, обтянутый плюшем 329.13
–ый крючок 278.10
–ый механизм 126.12
–ый механизм с зажимной колодкой 127.9
–ый рычаг 113.7
–ая рейка 126.18
–ое колесо 127.5
–ое приспособление, самодействующее 269.7
план ткацкого станка 304.9
планка с. т. линейка *или* рейка
– с перегородками 58.3
– для регулирования установки ремиза 197.10
– для скрещивания лиц 220.1
– сновальной рамы 46.7
–, веретенная 91.3
–, верхняя 82.15
–, деревянная запорная 315.16
–, деревянная узкая 224.6
–, долевая деревянная – сегментного сечения 115.8
–, задвижпая 301.17
–, закругленная ведущая 57.11
–, затворная 267.11
–, игольная см. игольная планка
–, игольчатая 57.18
–, катушечная 356.10
–, крючечная 333.14
–, мотальная упругая 29.8
–, набранная зубьями 83.8
–, направляющая 168.18, 280.18
–, нижняя 82.14
–, нитеводная 367.16
–, плюшевая 38.4
–, прижимная 383.17
–, расправительная 138.15
–, сновальная 59.14
–, шпеньковая подвижная 196.7
планки, деревянные – решетки, гибко соединенные между собой 189.12
–, концевые 139.13
планкодержатель 59.15
планочка с рядом дырочек 197.12
планочки, деревянные – соединенные между собой шарнирами 201.6
пластина (с. т. доска *или* крючок) 207.8, 261.13, 342.27
–, дырчатая 229.14
–, игольная 229.9

пластина, каучуковая 415.9
—, концевая 282.9
—, металлическая 384.2
—, направляющая — с центральными прорезами 228.16
—, направляющая — для цепи 259.9
—, под'емная 339.9
—, пружинящая 263.8
—, фланковая 233.14
пластиночный тормаз 245.18
пластинка с. т. глазок *или* скобочка *или* щиток
— с глазком 319.17
— гребня 367.15
— с наждачным камнем 332.8
— остановочного прибора при обрыве основной нити 320.18
— с прорезом 319.18
— с рядом дырочек 197.12
—, выключательная 268.6
—, задвижная 385.22
—, жестяная — нитевода 28.1
—, надевная 319.20
—, направляющая 194.18
—, передвижная металлическая 350.4
—, подвесная 319.13
—, раздельные взаимно устанавливаемые жестяные направляющие —и 28.8
плата за гужевой провоз 447.3
— за дополнительные работы 445.12
— за испытание товара 445.11
— катушечницам 445.2
— с куска 445.16
— по крахмалению 445.17
— по крашению 444.25
— крутильщицам 445.4
— мотальщицам 445.3
— за накатку на навои 445.7
— по отделке 445.1
— за очистку от шишек и орешка 445.14
— за присучку основы 445.8
— за проборку 445.9
— за провоз 447.1
— сновальщицам 445.5
— за телефон 447.8
— ткачу 445.10
— чистильщи-кам (-цам) 445.13
— швеям 445.15
— шлихтовальщикам 445.6
—, заработная —за мотку 26.5, 88.22
—, наемная 446.18
—, поденная 444.21
—, понедельная 444.22
—, сдельная 444.23
—, урочная 444.20
платок, головной 420.30
—, накидной 420.19
—, оренбургский 420.27
платок, шейный 420.18
платочн-ый станок 275.20
—ая каретка 196.22
—ая ткань 433.5
плащ 397.10
плед 419.22, 420.2
—, дорожный 433.14
плэд см. плед
плесень 65.9
плесневеть (шлихт) 65.8
плетельн-ый диск 178.16
—ая головка 179.1
плетение 414.4
— колышек 178.1
— проволочных сеток 324.11
плечо вилки для нажима на катушку 32.15
— защелки 278.20
— нагрузки 121.3
— рычага 136.7, 288.6
— рычага, нагруженное гирею 120.23
— рычага, среднее 315.12
— стрелки, расположенное выше (ниже) 179.7.8
— стрелки, расположенные на различной высоте —и 178.20
— с установительным винтом 283.16
— щупальца 317.13
—, поворачивающееся 54.12
—, проволочное 346.16
—, рычажное см. рычажное плечо
плис 5.27
плисовый с. т. пруточный
— станок 326.1
плиссированная полоса 162.5
плиссэ 162.6
плита (с. т. станина) 287.5
— салазок 328.3
—, машинная 113.9
—, накладная — литой стали 100.8
плоск-ий ткацкий станок 300.8
—ая катушка (крестовой мотки большого диаметра) 23.19
—ая проволока 20.10.11
—ая пружина 50.18, 97.18, 136.9, 230.7, 259.17
—ая шпуля 366.7
плоско-вышитая ткань 344.15
плоскогубцы 373.15
плоскость, наклонная 339.10
плотн-ый атлас 402.11
—ый бархат 404.7
—ый набор основы 107.10
—ый нитяной слой 23.1
—ый переплет 152.4
—ый товар 132.11, 159.4
—ая основа 319.9
—ая шишка 18.18
—ое дерево 243.5
—ое прилегание уточных нитей друг к дружке 132.7
плотно мотать 85.24
плотность берда 443.22
— заправки 107.9
плотность набора, окончательная 41.16
— навивки, переменная 22.18
— нитей (по основе, утку) 376.7.8.9
— основы 41.15, 434.15
— рассадки зубьев 282.13.17
— ткани 3.13
— утка 132.8, 434.16
плохая присучка 9.9, 28.3
плошка с. т. тарелка
— веретена 36.3, 38.1
—, вращающаяся початочная 45.10
площадь ковра 407.10
— развернутой основы 41.17
— сечения уточных нитей 132.5
плюш 169.2
—, ангорский см. ангорский плюш
—, башмачный 406.16
—, белый медвежий 406.20
—, бобровый 406.18
—, бумажный 406.9
—, выдряной 406.17
—, гоффированный 400.1
—, двойной 169.3
—, двухсторонний 170.4
—, двучелночный 169.10, 404.17
—, декорационный 406.3
—, джутовый 406.7
—, льняной 406.8
—, мебельный 418.15
—, одежный 403.5
—, одночелночный 169.9, 404.16
—, плотный 404.22
—, подкладочный 406.11
—, прессованный 400.1
—, пруточный 404.12, 411.22
—, резаный 404.13
—, рубчатый 406.1
—, тигровый 406.19
—, узорчатый 404.14
—, х-уточный 404.15
—, утрехтский 405.22
—, утюженый 406.13
—, фасонный 406.12
—, шелковый 403.4
—, шерстяной 399.28, 404.20
—-мокет 405.4
—-роскошь 406.12
—-цилиндр 403.5, 406.14
плюшев-ый валик 38.5
—ое производство 2.23
плющеный крашеный шелк 17.4
пневматический бой (механизм) 256.10
побочное саржевое переплетение 149.5
— сопротивление 123.12
поваренная соль 67.28
повертывающий крючок 190.9
поверх-лежащая уточная (основная) нить 392.1.3
поверхность нити 64.15
— переплетения, предварительно закрашенная 159.16
— разрыва 436.15
поверхность шпули 37.11
—, боковая 126.24
—, вогнутая 280.8
—, выпуклая 280.9
—, задняя 126.21
—, лицевая — из пучков волос 417.20
—, наружная 23.12
—, петлистая 417.21
—, хлопьевидная 417.22
повинности 446.28
повод, веревочный конный 429.12
—, чумбурный 429.11
поводок 124.5, 347.2
— звездочки 214.3
— кривошипа 308.13
—, захватный 269.16
—, навойный 374.2
—, проволочный 191.3, 253.15, 278.17
—, шарнирный 270.5
поворачивание и задерживание призмы 205.12
поворачивать барабанчик, (захватный крючок) 205.18
— на х коробок 279.15
— призму 187.2, 212.2
поворачивающ-ий крючок (с. т. захватный крючок) 205.14
—ая собачка 211.23, 277.26, 279.6
—ийся шип 93.1
—аяся игла останова от обрыва нити 53.7
—еся плечо 54.12
поворот 39.12
— призмы 190.14
поворотн-ый крючок 193.13
—ый шнур 211.25
—ая собачка 233.11
—ая точка 38.10
поворотно подвешенное бердо 317.6
повороченная вниз лицевая сторона ткани 345.1
повторение 381.3
— переплетения 434.9
—, периодическое — чередования нитей 40.16
повторн-ая заправка катушек 44.13
—ое вступание в действие челноков 271.17
—ое приспособление 235.7, 236.3, 343.4
повторяемость переплета 144.14
повторять 381.2
погашение с. т. амортизация
— машин 445.21
— порчи строений 445.22
погонялка 249.11
— орехового дерева хиккори 251.4
—, качающаяся 348.6
—, покоящаяся в направляющем прорезе (ножницах) 313.9.11
погоняльн-ый ремень 248.3, 249.14
—ый рычаг 315.14

погоняльн-ый шнур 248.3
—ая шпилька 347.20
погружаться в зев (батан) 345.11
— в шлихтовальное корыто шлихтовальный валик) 76.11
погружение пряжи в шлихт 70.1
погруженный моток 70.2
погрузочный медный валик 73.14
подавальщик 103.13
подавальщица 103.14
подавание вперед расположенных друг над дружкой шпуль 265.10
— карты вперед 385.12
подавать с. т. накладывать
— карту дальше 206.9
— нити 103.11
— призму на х делений вперед 195.17
— основу 118.2
— (подавальщик) 103.10
податливое натяжение 118.23
— расположение товарного ролика 136.4
подача 103.12
— вперед каретки 388.21
— назад 135.17
— основы 118.3, 126.5, 130.2.3.4
— пряжи 85.4
— и удаление, автоматические — корзин с пряжей 102.7
— утка 260.1
— уточны (приспособление) 341.23
— шестерней 127.4
— шпуль Шенгерра, автоматическая 262.15
—, механизм для —и 113.8
—, непрерывная 126.6, 130.7
—, обратная 135.17
—, обратная — карты (приспособление) 214.9
—, прямая 135.16
—, следующая 262.5
подающ-ий с. т. питательный
—ий диск, шаг за шагом вращаемый 363.16
—ий зуб 126.19
—ий крючок 278.8
—ий механизм с принужденным движением 134.12
—ий рычаг 113.7, 340.9
—ий ход собачки 126.15
—ая собачка 129.3
—ая шестерня 127.5
—ее храповое колесо 58.11
подбивать ткань 156.6
подбивн-ой с. т. вводный *или* заводный
—ой с. т. грунтовый *или* нижний *или* изнанковый
подбивн-ой уток 154.11, 147.3, 161.2, 325.12
—ая нить 412.3
—ая основа 147.2, 167.19
подведенная неверно нить 81.11
подвергать отбору шпульные салазки 369.20
— узорные нити сдвигу в боковом направлении 368.9
подвеска 183.15
— для лампы, передвижная 356.5
— пружины 204.8
— для ремизок 105.13
— роликов 199.4
—, деревянная 71.11
—, катушечная 331.6
—, потолочная — для машины Жаккарда 212.15
—, ремизная 171.13
подвесн-ой с. т. висячий
—ой батан 289.9
—ой крючок для пряжи 439.19
—ой прут для лампы 356.4
—ый гребень 80.9
—ая доска 225.3
—ая игла 229.7
—ая опорная балка 212.16
—ая проволока для карт 390.11
—ая скобочка 319.13
подвешенный на станке ремиз 181.7
подвешивать ремизки уступами 181.12
подвигание карты вперед 385.12
подвигать карту дальше 206.9
— коробку вперед (назад) 279.16.17
— тележку направо (налево) 287.19
подвижн-ой груз 122.4
—ая бабка 80.19
подвижно расположенное скало 129.9
подвод пара высокого давления 74.13
подводить набор уточных нитей 154.10
— нить 81.10
— уток 284.8
подводка набора основных нитей 154.9
— пряжи 85.4
— разноцветных уточных нитей 258.14
— утка при помощи бесконечных цепей 263.1
— утка (приспособление) 258.2
подводчик 262.9, 263.15, 342.14
— шпуль 264.16, 265.18
подводящ-ая гребенка 324.12
—ее приспособление 258.15
подвязка 415.25, 426.19
— ремиза 181.10
— для чулок 427.23
—, свободная 181.11
подвязн-ая нить 339.16
—ая поперечина 183.17
подвязн-ые шнуры 207.4
подвязь (с. т. связка) 184.13
— игл 235.1
— лиц к аркатам 219.11
—, аркатная 217.5
—, х-аркатная 225.14
—, групповая аркатная 223.3
—, кромочная см. кромочная подвязь
—, накрест пробранная аркатная 221.3
—, открытая аркатная 221.6
—, передняя 231.4
подвязывание аркатов к рамным веревочкам 218.4
подвязывать рамную веревочку к крючку 218.5
— ремиз к подножкам 183.9
поддерживаемая роликами каретка 287.20
поддерживающая пружина коробки 275.7
поддержка для батана 295.5
поджимание коленчатого рычага 255.12
подкидные нити, неравные 146.10
подкидывание 143.1
подкладка 110.5, 392.22, 432.20
— под станок 304.22
подкладн-ой с. т. грунтовый *или* нижний *или* изнанковый *или* подбивной
—ой слой 157.6
—ой уток 161.6
—ая доска 385.1
—ая основа 167.19.20
—ая ткань 169.6
—ая шайба для болтов 374.15
подкладочн-ый товар 158.5
—ая ткань 157.3
—ое полотно, суровое 395.20
подковообразная гиря 329.10
подмастер 5.4
—, ткацкий 5.6
подмастерье, ткацкий 5.6
подмости для установки машины Жаккарда 212.7
поднимание батана 345.12
— боевых защелок 314.4
— основы с помощью ремиза 181.21
— ремизок 181.23
— связывающей основы 158.6
— шпрынки 243.1
поднимать боевую собачку 253.1
— группы нитей в верхний зев 351.14
— зубчатую рейку (кулачок) 288.12
— иглы рычажным прибором для введения нитей 53.19
поднимать коробки при помощи шнуров 291.14
— х-вую коробку (х-вое отверстие) 281.9
— крючки из нитей 352.1
— нити верхней основы при прокидах нижних уточин 157.8
— рейку 61.23
— ремизки 181.20
— сменную коробку 272.12
—ся (ворсовая основа) 168.4
—ся (нити основы) 141.21
—ся на х гнезд (сменная коробка) 272.16
—ся и опускаться (коробки) 290.18
—ся (прут, штанга) 98.5
—ся, передняя стенка челночной коробки 268.14
—ся (штанга) 98.5
поднимающ-ийся ремиз 198.2
—ая секция 202.12
подножка (с. т. педаль) 188.6, 275.2, 277.17, 295.12, 321.5
— для образования узора 325.13
— с петлей 183.10
—, проступная см. проступная подножка 182.20
подносчик пряжи 84.21
поднятая основа 159.12
— ремизка 231.6
— сменная коробка 272.13
поднятие с. т. под'ем
— крючка 211.11
— навоя 111.10
— нитей 141.20
— второй (третьей) основы 159.10.11
— челночной коробки 291.1
подошвенная кожа 248.16
подпирать рычажок 194.11
подплетина 4.4
подпорка (с. т. державка) 287.13
— с зарубками 129.13
— кассейной доски 217.13
подпруга 428.29
—, натяжная седельная 429.1
—, пеньковая 428.25
подпятник 249.10
— веретена, шариковый 94.12
подработанный челнок 243.23
подразделение Жаккардовых машин 215.1
— тканей по материалу, переплетению и их назначению 392.10
подручный 5.8
подсасывание нити 372.12
подскальник 116.8
подставка 288.5, 333.15
— для батана 295.5

подставка для катушек 62.16
– стержня 93.7
подсчет прокидов. 370.4
подсчитывать нити переплетения . 434.7
подтягивание нитей 79.11
– собачки 334.3
подтяжка собачки 334.3
подтяжной шатун. 293.12
подтянуть винт . . 439.8
подушка (с. т. постель *или* гнездо) 256.12
– для направляющих роликов 301.10
– скала 116.9
–, каучуковая . . 243.20
–, резиновая . . 248.15
–, шариковая . . 97.21
подхватчик, сердцевидный 334.11
подхватывание челнока (приспособление) . . . 315.8
– челнока, упругое 254.5
подхватывающ-ий каточек 255.17
–ая нить из стальной проволоки 355.6
подхлестывание . 143.1
подход призмы . . 211.17
подшипник для шейки . . 69.4, 249.9
– веретена, верхний 36.5
– веретена, стеклянный 44.20
–, качающийся. . 129.8
–, концевой . . . 55.16.21
–, неподвижный . 50.5
–, передвижной . 61.12
подшипниковая капельная чашка 375.9
подымать ворс . . 343.19
– и опускать игольную раму. 350.5
– коробки от руки 291.6
– х-вую коробку (х-вая проставка) 281.10
– ремизку (крючек) 186.19
– ремизки 190.19
– ремизы наступанием на подножку 182.23
– упорный рычаг при помощи пружины . . . 325.7
– шпулю (воронка) 96.16
–ся группами (основные нити 176.7
–ся (запорный палец) 364.10
под'ем (с. т. поднятие) 100.2
– берда 285.17
– веретена 87.11
– коробки 273.12
– нитей 141.20
– нитевода . . . 30.14
– ножа, неизменный 369.5
– ножей 193.14
– ножовой решетки 211.1
– подножки . . . 295.15
– ремизок (приспособление) . 181.22.23
под'ем шпуль (механизм). . . . 97.11
– эксцентрика . . 198.17
–, групповой . . 220.18
–, двойной (приспособление) 193.7
–, раздельный . . 226.17
под'емн-ый батан Таннвальдский 278.3
–ый голосинник . 217.15
–ый кулачек . . 196.13
–ый нож 207.10
–ый ремиз . . . 231.14
–ый рычаг . . . 188.4
–ый рычаг для сменной коробки 277.16
–ый стержень . . 268.17
–ый шнур (с. т. аркат *или* аркатный шнур *или* голосинник) . 217.15, 225.4
–ый шнур жгутонаправителя . 45.16
–ый эксцентрик . 98.14, 275.16.17
–ая доска 225.12
–ая колышка . . 174.2.7
–ая коробка . . . 291.3
–ая пластина . . 339.9
–ая рейка нитевода 38.17
–ая фланка 224.1.9.12.15.17, 233.6
–ая цепь 92.8
–ая шестерня . . 277.4
–ое приспособление. 197.20
–ое приспособление для навоя . . 106.11
–ое и опускное приспособление . 198.1
–ые веревки, установленные под углом 233.4
–ые фланки под кассейной доской 224.14
–ые фланки, соединенные с добавочными крючками 224.16
–ые шнуры . . . 225.9
позитивн-ый с. т. принужденный
–ый регулятор основы 126.3
–ый регулятор размота. . . . 128.2
–ый прямодействующий регулятор товарного ролика 131.8
–ая каретка . . . 196.18
–ая опора погонялки 313.13
–ая передача для образования зева 198.6
–ое движение . . 202.4, 214.5
позументный станок 209.17
покоиться в желобах (навой) . . 125.3
– на карточной решетке (рычажек) 194.9
покоробиться (навой) 116.2
покоющийся на шипах товарный ролик . . 335.3
покрома с. т. кайма *или* кромка
покрома, срединная 361.2
покрывало 419.20
– для путешествия 419.22
– с ясным рисунком по обе стороны 420.1
–, грубое войлочное 419.26
–, дорожное . . . 433.14
–, мебельное . . 419.18
–, меховое . . . 419.24
–, репсовое . . . 419.29
–, роскошное . . 419.27
–, столовое . . . 419.17
–, шашечное . . . 419.28
–-шениль 419.23
покрышка для валиков. 156.14
–, волосяная – с торчащим волосом. 417.12
–, ворсовая . . . 403.9
–, стоящая торчком ворсовая. . . . 166.16
–, флеровая . . . 403.9
покупатель . . . 443.1
полежалое 446.27
полезная производительность станка 441.4
ползун (с. т. задвижка) 55.14, 128.9, 365.4
–, движущийся 364.18.20
–, скользящий в кулиссе. . . . 313.15
ползунок 362.20
ползушка (с. т. ползушка *или* полозок) .202.9, 245.11
– шарнира . . . 98.18
–, кулиссная . . 278.1
полированное скало. 333.7
полиспаст 184.3
полка для веретен 99.3
– нитевода . . . 97.16
– станины 95.1
–, шпульная – с прорезами . . . 95.4
полки для пряжи . 102.9
полный навой . . 77.6
половик (с. т. цыновка *или* мат) 416.10
–, дверной . . . 407.16
половина основы . 141.9
– узора 40.15
половинная крутка 164.10
половой ковер . . 407.7
пологая пряжа 9.15, 18.1
– камвольная пряжа 14.24
– саржа 148.2.11
положение батана в задней (передней) мертвой точке 268.25.26
– батана, заднее . 326.7
– батана, неподвижное . . . 292.21
– груза, конечное 137.13
– коробки 272.6
– на мертвой точке 306.3
– опорных точек пластины . . . 194.10
– пружины, крайнее 137.19
– стрелки 28.14
– указателя . . . 28.14
– челнока 291.20
–, верхнее 179.6
–, выключенное . 306.22
–, исходное 265.19
положение, наклонное 234.2
–, нулевое . . . 54.17
–, среднее . 203.13, 233.12
положительн-ый (непосредственно) косвенно-действующий регулятор размота 128.3.12
–ое сцепление . . 135.4
положительно действующее навивание товара . 132.3
полоз 59.3, 263.14
– под'емной коробки 278.5
– для салазок, направляющий . 367.13
–, направляющий 136.13, 270.10
полозковая цепь нитевода . . . 33.16
полозок нитевода 32.10.13
полозья, верхние . 112.21
–, направляющие – для цепи . . 263.2
поломка 254.17
– боевого механизма 313.2
полоса с. т. хребет
– бордюра 378.2
– патронной бумаги, наклеенная на картон . . 387.18
– переплетения, выпуклая . . 144.12
– саржи 147.16
– саржи, восходящая 148.3
– тюля с прочными каймами . 412.13
– узора 377.11
–, ажурная . . . 426.9
–, боковая скрепляющая. 172.1
–, выпуклая . . . 154.13
–, железная . . . 289.2
–, основная . . . 162.4
–, плиссированная 162.5
–, поперечная . . 412.16
–, прочная кружевная 426.4
–, стальная передвижная . . . 28.9
–, правильная (неправильная) 421.5.6
–, чистая (нечистая) 421.5.6
полосатость товара 222.2
полосатый товар . 143.13
–, длинно 153.7
–, поперечно . . 153.9
полосистый товар. 4.7
полоска с. т. прядь *или* лента
– с. т. рядок *или* жгут
– основы 63.9
–, кожаная . . . 138.2
–, металлическая глазковая. . . 240.9
–, предохранительная кожаная . 250.11
–, пружинная жестяная 328.9
–, разграфленая бумажная. . . 371.1
–, стальная нитеводная 240.4
–, уточная . 132.13, 146.3
полосы крутки . 145.11

полосы, поперечные 153.8
—, продольные . . 153.6
полотенце . .420.7.14.15.16
полотенцевый товар. 433.9
полотняная лента. 424.19
— фабрика . . . 5.11
полотно (с. т. парусина *или* холст) 157.11, 395.8
—, бесконечное см. бесконечное полотно. 33.3
—, бумажное . . . 393.13
—, глянцевое . . 395.23
—, джутовое . . . 396.16
—, кустарное . . 395.17
—, льняное. . . . 395.9
—, обыкновенное . 414.1
—, паковочное . . 395.25
—, пеньковое . . 395.10
—, подкладочное 395.19.20
—, полульняное . 395.12
—, рубашечное . . 393.14
—, рубчатое бумажное — с цветной основой. . . . 393.18
—, Т- 393.15
—, угарное 395.11
полпряди 47.6
полу-бумажное льняное полотно 395.13
—газ. 352.15
—готовый товар . 443.8
—дамаск . . 153.17, 402.26
—дамаск, льняной 396.12
—камвольная пряжа 15.7
—колышка 174.4.5.9, 231.16, 352.5
—колышковая ремизка 361.11
—круглое неподвижное скало. 116.13
—льняное полотно 395.12
—механический ткацкий станок (для ленточной ткацкой) . 7.9, 301.7
—оборот 277.19
—открытый зев . 227.1
—парча, шелкоканительная . . 402.22
—полая кайма . . 424.12
—полотняная ткань 430.9
—ремиз 232.11
—ремизка . . 252.9, 361.11
—сдвоенные колышки 173.12
—торная крутка . 164.12
—фабрикат . . . 443.8
—чистая золотая (серебряная) пряжа 20.1.4
—шелковый одежный плюш . . 403.6
—шелковый фай . 401.17
—шелковая ткань с бумагой (шерстью) 430.20.21
—шерстяной казимир 397.18
—шерстяной молескин 400.3
—шерстяной муслин 398.20
—шерстяная пряжа 12.9
—шерстяное сукно 400.4
полый с. т. пустой
— навой 115.6
польза. 442.16
помечать кусок . 74.24
помещаться со стороны фонаря (номера карт) . 220.9
помещение, увлажнительное. . . 102.1
—, сушильное . . 72.10
—, шлихтовальное 73.9
помочи, эластичные 427.25
понижать число оборотов ткацкого станка для смены 266.16
пончо 420.3
попадать не в тот глазок колышки (нить) . . . 104.3
— в середину отверстий барабанчика (иглы) . 188.1
поперечина (с. т. перекладина *или* траверса) 106.3, . 191.6 297.5, 335.6
— батана, верхняя 288.17, 299.3
— станины 190.17
—, верхняя . 105.14, 210.2
—, грудничная . . 305.3
—, деревянная . . 71.11
—, подвязная. . . 183.17
—, разводная . . 46.6
—, роличная . . . 356.11
—, средняя . 305.2, 356.8
—, ходовая . . . 46.6
поперечный брус . 299.3
поперечно-полосатый узор . . 160.12, 377.9
—-рубчатая ткань 154.15
поплин 401.18.19
поползушка (с. т. ползушка *или* жгутонаправитель) . . 45.15, 353.19
— нитевода . . . 32.13
— сновального барабана 56.5
—, устанавливаемая — нитевода 32.10
попона 419.19
попонный пояс . . 428.28
порванная с. т. оборвавшаяся
— основная нить . 319.7
порожек, поперечный 278.19
порожние шпульные салазки . 364.15
порок проборки . 104.2
— ткачества . . . 4.3
порошок 56.15
портретная ткань. 422.9
порча шлихта . . 65.6
поршень 101.19
—, дисковый . . . 256.13
—, полый . 74.12, 256.11
—, пробивной . . 388.11
поршневая пружина 388.17
порядковое движение салазок . 369.8
порядок проступания 183.3
посадить колодку на вал 55.2
посадочная рейка для шпульных салазок . . . 365.12
последний крючок 220.16
последовательная револьверная смена. 279.4
последовательно заправить нити 42.10
последовательность проступания . 183.3
— расположения нитей основы . 159.14
— расположения нитей в ткани . 433.26
— расположения уточин 434.4
поставить стрелку в нулевое положение . . . 54.17
поставленные на вершины шашки 152.7
постель с. т. гнездо *или* подушка
— для навоя . . 116.6
постельн-ый половик 433.17
—ая бельевая ткань 433.4
—ое белье 420.11
постоянный коэффициент передачи 133.19
— ток 309.16
построение очертания эксцентрика 198.9
постройка ткацких станков . . . 300.3
поступательное движение . . 87.11, 120.4
потеря во времени 4.17
— пряжи . . 11.23, 444.18
— в пряже, отнесенная к длине 11.24
— в работе. . . . 4.16
— в ширине . . . 444.11
потолок 44.1
потолочная подвеска для машины Жаккарда 212.15
потребность основы, увеличенная 143.11
— пряжи для основы 443.15
— пряжи для утка 444.8
почасная работа . 441.7
початок . . . 38.3, 84.9
— бумажной пряжи 260.4
— ватерной пряжи с кольцевых ватеров 21.17
— камвольной пряжи 260.5
— крестовой мотки 91.2
— мюльной основы 22.2
— пряжи 86.12
— уточной пряжи. 260.6
—, полный 262.2
—, сработанный . 243.22, 262.3
—, трубчатый . . 84.11
—, твердый трубчатый 94.5
—, уточный . . . 84.10
початочн-ый челнок . . . 240.6.9, 242.7
—ая мотальная машина с вертикальными (горизонтальными) веретенами . 87.1.15.16
—ая плошка, вращающаяся . . . 45.10
—ая пряжа . . . 435.23
—ая рама 440.5
—ая сновальная рамка 45.7
—ое веретено, пружинящее . . . 95.14
—ые концы 85.28
початочно-мотальная машина с направляющим каточком . . . 99.10.15
— машина с направляющим роликом 98.11
починка ткани . . 6.2
починщик лиц . . 180.10
почтовые расходы 447.4
поштучная плата . 445.16
пояс (с. т. кушак) . 427.24
—, набрюшный . . 416.20
—, носильный . . 428.26
—, попонный . . . 428.28
поясн-ой гребень . 360.13
—ая ткань 415.26
поясок, ремешковый 183.16
правила переплетения. 143.18
правило ткачества 8.5
правильный атлас 151.9
— зев 142.21
прав-ый ткацкий станок 305.11
—ое боевое приспособление . 252.10
правокрученая пряжа 145.10
практическое учение о переплетении. 143.17
превосходить величину открытия зева (высота берда) . . . 282.11
предварительное закрашивание переплетения нижней ткани . 157.1
предварительно закрашенный . 159.16
предел удлинения 143.10
предложение . . . 443.2
предохранение от загнивания . . 67.23
— от поломки . . 313.5
предохранитель для гонка . . 248.14
— для подхватывания челнока, английский . . 316.6
—, тычковый — при недолете челнока с регулятором вращения 317.1
предохранительный клапан 69.17, 74.18
—ый прибор с. т. остановочный прибор
—ый сцепляющий прибор для боевого механизма 314.5
—ый щиток . . . 298.1
—ая доска 226.11
—ая защелка . . 279.21
—ая кожаная полоска. 250.11
—ая пружина . . 61.7
—ая решетка 312.14, 313.1
—ая тесьма, подшивная . . . 428.21
—ое приспособление 312.3
—ое приспособление от поломки боевого механизма 313.2
—ое средство против высушивания . 67.6
—ое сцепление . . 279.11
предохранять основу от мохнатости 64.11

предшественники машины Жаккарда 208.16
преодоление сопротивления 118.7
преодолевать сопротивление 118.6
прерывание действия подачи 129.11
прерывать саржевые полосы 150.3
прерывистый пробор 104.10
прерывисто действующий регулятор для товарного ролика 130.5
пресс 6.14
— для карт 384.1
прессовщик 6.14
прецизионные весы для пряжи 439.16
прибавка на прибыль 442.15
— на уработку основы 443.18
прибавление воды 68.7
— сала 64.18
прибавлять накидные нити 145.3
прибивание утка 282.1
прибивать батан после смены зева 323.12
— гарнитурные петли 340.19
— грунтовый уток 336.4
— плотно ряды узелков 409.14
— уток 336.3
— уток плотно 284.10
— уток (бердо) 284.7.8
—ся к игольной доске (призма) 211.16
прибой с. т. удар
— батана 292.10.14.19, 324.4
— берда, дополнительный (резкий) 283.19.20
— призмы 211.17
— рамы призмы 211.20
— утка при открытом (закрытом) зеве 284.11.12
— челнока 247.15
прибор с. т. приспособление *или* аппарат *или* механизм *или* машина *или* устройство
— для боевого механизма, предохранительный сцепляющий 314.5
— для вдеваниянити 365.1
— для вдевания уточин 372.7
— для встречного движения для верхнего и нижнего зева 185.2
— для встречного движения при нижнем зеве 184.15
— для встречного движения с наружными проступными подножками 202.2
— для встречного движения (пяти-, четырех-) трехремизный 201.1.15.16
прибор для выталкивания шпуль 364.2
— для вязки 338.1
— для измерения натяжения основы 371.13
— для испытания крепости ткани 438.18
— для испытания пряжи на равномерность 440.9
— для надевания початков на шпрынки 372.1
— для накладывания и для скидки ремня 372.18
— для натяжения ворсовых нитей 329.3
— для определения упругости пряжи 440.15
— для останова ножа 332.19
— для остановки станка при неправильном положении челночных коробок 314.1
— для останова при обрыве основной нити, Глазговский 320.14
— для разрезания узелков гарнитура 334.9
— для сколки 113.5
— со счетчиком, действующий при сработке шпули 318.21
— Шене для выверки ремиза 197.15
— для эксцентрикового боя при помощи боевой собачки 252.12
—, действующий при сработке шпули 318.17
—, действующий при обрыве утка 268.22
—, образующий початок 96.11
—, останавливающий станок при неправильной кидке челнока 315.4
—, пружинный электрический
—, действующий при сработке шпули 319.11
—, управляющий движением челноков 348.19
прибыль 442.16
приведение в движение трением 50.8
привести в движение челнок принудительно 257.7
— ремизки в среднее положение 203.12
— стрелку в нулевое положение 54.17
— шпули во вращение 87.17
привод барабана, шнурочный 32.4
— веретен 37.2, 39.15
привод единичных групп веретен 92.11
— с гиперболическим зацеплением 95.6
— с замочным колесом 309.2
— кареток 203.14
— каретки Гаттерслея 203.15
— катушечных салазок 366.20
— к машине Жаккарда 212.17
— нитевода 35.9
— однопод'емной машины 213.9
— при помощи рабочего и холостого шкива 307.11
— супорта 62.1
— ткацкого станка, (правый)левый 305.13.14
— от трансмиссии 305.8
— посредством шестерен 310.12
— эксцентриков 201.1
—, верхний 368.5
—, групповой 305.9
—, двух-замочный 366.5
—, негативный 213.1
—, нижний 366.21
—, ножный 86.6
—, одиночный 305.10
—, однобарабанный 39.16
—, принудительный 213.5
—, принужденный 134.8
—, ременной см. ременной привод 358.10
—, ручной 45.20
—, фрикционный 27.2
—, цепной 70.17, 213.14
—, шнурочный 257.2
—, электрический 309.14
приводимые во вращение фрикционными роликами катушки 27.4
приводить веретено во вращение 100.11
— воздуходувное крыло в движение 76.7
— в движение вал ткацкого станка (электромотор) 310.6.16
— ножи в наклонное положение 234.2
— сновальную раму во вращение от руки 46.1
— ткацкий станок в движение от двигателя 300.5
— шестеренную передачу в движение рычагом 133.15
— шпулю в движение при помощи трения 87.19
—ся во вращение нитями (мерный барабан) 50.7
—ся во вращение нитями основы (шлихтовальный валик) 76.13
—ся во вращение коклюшечным шпинделем (стрелка) 179.10
приводн-ый вал 34.3, 54.3, 89.18, 178.2
—ый вал для веретен 96.2
—ый вал, главный 36.14
—ый диск 36.8
—ый механизм нитевода 35.9
—ый ремень, тканый 427.14
—ый ролик веретена 98.16
—ый рычаг нитеводного бруса 33.12
—ый стакан веретена 93.12
—ый фрикционный конус 308.5
—ый шкив 305.16.17
—ая шестерня 347.11
—ая шестерня маточного колеса 38.11
—ая шестерня шпульных салазок 367.21
—ая шестерня, коническая 308.10
—ая штанга 203.17
—ое колесо для тихого хода 53.14
привязная нить 339.16
привязывать заправочные шнуры к поперечине 177.3
приготовительные работы для ткачества 21.2
приготовление шлихта 64.23
— основы 21.3
— утка 84.5
приготовлять бердо 286.6
придание эффекта при помощи особого вида переплетения 421.2
придавать вид шашек 152.11.12.13
— катушкам пузатый вид 23.15
— ленте добротность на ощупь 427.17
— основным нитям волнообразное расположение 286.1
придаток, клиновидный 242.13
—, конусообразный 93.11
придающая рельеф основа 156.8
придвигать челноки к костылям 346.19
придерживать кольшковые нити при закрепляющем вязании 177.14
— конец нити (шпуледержатель) 263.19
приемка готового товара 7.1
приемник с. т. магазин *или* ящик
— для салазок с порожними шпулями 364.1
— для челноков 267.10, 279.2
— для шпуль 264.2, 266.4, 364.2, 365.14
—, сборный 264.14, 365.17
—, трубчатый 365.13
приемный ролик (с. т. товарный ролик) 135.6, 360.3

приемщик 6.1
прижим 190.10
прижимание товарного ролика к вспомогательному навою (грузовым рычагом) 131.5.7
— шпули к соплу трубопровода. 265.6
прижимать плотно бердо к ткани 284.5
— валик противовесом к колодке 55.20
— веретено к воронке 95.11
— вершник винтовыми пружинами к берду 289.3
— катушку к валу 33.2
— катушки к приводным шкивам 31.5
— муфту к колесу. 95.9
— пружинку к бобинке 346.6
— ролик эксцентрика посредством груза 37.15
— товарный ролик к вспомогательному навою 131.4
—ся к нитям (штифты) 177.12
—ся к фонарю призмы (мальчик) 205.20
прижимн-ой диск, верхний 249.13
—ой каточек 210.16
—ой ролик 360.3
—ой шип для призмы 235.15
—ая колышка 174.8
—ая скоба 210.15
—ая верхняя основа 325.9
призма (с. т. барабанчик) 236.9, 388.4
— по правую (левую) сторону от ткача 220.14
—для продольных полос. 196.1
—, большая 233.9
—, кареточная 186.13
—, картная 196.12, 210.14
—, малая 233.10
—, направляющая 206.14, 390.10
—, расцветочная 230.13
—, узорная. 230.12
—, фланковая 233.10
—, шестигранная 225.8
призменн-ый рычаг 301.14
—ая люлька 186.14
—ая рамка 186.14, 190.8
прикасаться к поверхности шпули (остановочный ролик) 37.11
прикладной конус 56.1
прикладывать шаблон конуса к пряди нитей 60.13
приклон 48.5, 364.9
— крючка 211.10
— отводного рычага 312.2
—, остановочный 91.9
прикрепление каната к тормозному рычагу 124.13
— нижнего утка 155.5
прикреплять нижний уток 155.6
прикреплять опорные балки к станине станка. 212.11
— нити основы участками на товарный ролик 110.3
— прядь нитей к барабану 57.1
прикрывать острия игл (игольная доска) 230.1
прикрытые подбивные нити 156.7
прилегание, легкое 78.17
—, плотное 132.7
прилегать к нитям основы (шлихтовальный валик) 76.12
— ближе друг к дружке (нити основы) 114.11
— к пряже (ролик) 101.4
— к эксцентрику (ролик) 34.1
прилеплять торчащие волокна нити 64.13
прилив 202.14, 284.3, 309.9, 327.21
— гильзы 259.7
—, остановочный 91.9
—, упорный 194.21
прилипание нитей к шлихтовальному валику 74.10
применение нижнего утка для придачи эффекта 155.7
—, одновременное — расцветки и переплетения 152.13
применять товарный ролик в качестве вспомогательного навоя. 131.2
примесь, придающая мягкость и гибкость 67.4
принадлежности челнока 237.17
принудительн-ый привод для машины Жаккарда 213.5
—ое вращение веретен 27.1
принудительно привести в движение челнок 257.7
—-действующий регулятор для товарного ролика 131.11
принужденн-ый с. т. позитивный
—ый привод 134.8
—ое движение 182.6, 202.4, 292.23, 323.11
принужденно движущиеся ремизки 184.9
—-действующий регулятор для товарного ролика 131.10
приостановка ткацкого станка 306.24
приостановить станок 306.23
припаяные бердочные зубья 286.17
приподнимание ножей 193.14
— тычка 316.20
приподимать с. т. выключать
— валик с барабана 35.17
— тормозной груз 123.10
— тормозной рычаг 95.19
— тычок 316.22
приподнятый тычок 316.17
прирост с. т. увеличение
— натяжения. 120.7
присасывание нити 372.12
присасывать нить 372.13
приспособление с. т. аппарат *или* прибор *или* механизм *или* машина *или* устройство
— для введения утка (к станку Ситона) 8.3, 257.21
— для встречного движения 184.10.11, 201.14
— для встречного движения, расположенные рядом друг с другом 185.13.14
— для высокостоящей основы 335.15
— для вязки 287.22
— Габлера для смены шпуль 265.13
— для двойного под'ема 193.7
— для заводки утка на ткацких станках для конского волоса 259.13
— для заполнения челнока, самодействующее 261.12
— для заправки узора. 189.9
— Кехлина для смены шпуль 264.1
— Кросслея для смены челноков, самодействующее 269.14
— для нескольких навоев 116.3
— для наматывания на фланцевые катушки 31.7
— для намотки суровья 132.20
— для намотки товара 261.9
— для образования переплетений 8.2
— для образования зева 335.11
— для образования срединной каймы 362.3
— для обратной подачи карты 214.9
— для обратного хода с ременным приводом 302.16
— для обратного хода с дифференциальной передачей 303.3
— для обрезания утка 341.24
приспособление для останова при неправильном ходе карт 390.5
— для очистки нитей 39.6
— для подачи уточины 341.23
— для подводки утка 258.2
— для подхватывания челнока 315.8
— для под'ема ремизок 181.22
— для прокидки 349.2
— для проклейки, ручное 71.14
— для прорезания бархата. 168.14
— с (наружными) внутренними проступными рычагами 199.1.8
— для разрезания ворсовых петелек. 327.15
— для разрезных каем с газовым ремизом 361.8
— для раз'единения боевого каточка от боевого вала 249.3
— для резки 342.22
— для сбережения карт для платочных станков 275.20
— для смены переплетения 196.11
— для смены шпуль Эльзасского Машиностроительного Общества 263.5
— для срединных каем со шпильками 362.10
— со стрелкой для движения прутков. 326.19
— для считывания 387.12
— для укороченных карт 196.22
— для улавливания челнока с захваткой. 258.10
— для установки игольной планки 204.16
— Цвики для смены челноков, самодействующее 270.3
— для чистки зева 329.15
— Швейгерта для смены челноков. 267.8
— Шенгерра для смены шпуль 266.2
— Штейбли для срединых каем 362.15
приставание нитей к шлихтовальному валику 74.10
приставлять концевые пластины к концам берда 283.1
приставная катушка 81.9
приставшие одна к другой нити 83.15
пристегивание лицевого товара к грунту 157.13

пристегивание нижнего утка . . . 155.5
пристегивать нижний уток . . . 155.6
присучальн-ый станок 111.2
–ый прибор . . . 112.23
–ая машина для основы Барбера 112.20
присучальщик основы 110.13
присучальщица основы 110.14
присучать с. т. ссучать *или* прихлестывать
– нити основы . 110.10
присучка 110.11
–, плохая . . . 9.9, 28.3
присучная петля. 110.11
прихватка 80.15
прихватки для нижней шпули . . 265.2
прихлестывать с. т. ссучать *или* присучать
– нити основы . 110.10
приходить во вращение медленно (барабан) . 59.11
пришлепываться вперед (бердо) 283.21
проба с. т. испытание *или* исследование
– на разрыв . . 436.14
пробивальщик Жаккардовых карт 384.10
пробивальщик карт 384.8
пробивальщица Жаккардовых карт 384.11
пробивать дыры ремизок . 193.20, 194.1
– карты . . 226.7, 384.14
– точки переплетения. 384.18
пробивка карт . 387.15.16
– кареточных карт 190.1
– обратных карт (машина) . . . 389.11
пробивн-ой патрон 103.17
–ой поршень. . . 388.11
–ой механизм . . 385.21
–ая доска (с. т. матрица) 384.20, 385.6, 386.5
–ая игла 388.10
–ая матрица . . 385.1
–ая машина для бумажных карт Вердоля . . . 388.1.22
–ая машина, клавишная . . . 385.8
–ые щипцы . . . 384.19
пробирание берда 106.13
– основы 102.16
пробирать с зада на перед . . . 103.19
– кассейную доску по группам . . 223.2
– с лица 103.17
– нити в бердо . 107.3
– по х нитей основы сквозь бердо 107.16
– нити основы сквозь глазки колышек . . . 103.9
– плотно в берде основу 107.13
– основу в ремизки и бердо . . 109.15
пробирать основу сквозь ремиз . 103.2
– заново основу сквозь ремиз . 103.3
– неверно нити основы 104.4
– патрон 409.3
– рисунок 386.17
– расцветку . . . 386.23
– шнуры сквозь гребенчатую рейку 386.16
пробитый 384.15
пробный кран . . 69.15
пробойник (с. т. бородок *или* высечка *или* просечка) . . 373.10, 385.2
– литой стали . . 190.3
пробор о х вершинах 104.8
– в разбивку. . . 104.10
– в раскладку. . . 104.19
– ремиза 103.4
– для углов . . . 105.2
–, газовой 105.7
–, групповой 104.18, 105.6
–, зубчатый . . . 104.11
–, ложно-неравномерный . . . 105.3
–, ломаный . . . 104.16
–, машина для –а основных нитей для ремиза и берда 109.14
–, неправильный 104.5.6
–, обыкновенный зигзагообразный 104,12
–, ограниченный . 105.4
–, сдвинутый . . 104.16
–, сборный . . . 105.1
–, сквозной . . . 104.9
–, сложный (зигзагообразный) 104.13, 105.5
–, смешанный . . 105.1
–, ступенчатый. . 104.17
проборка 386.18
– берда для брюссельских ковров 330.3
– вперед и назад. 222.10
– кромок 222.6
– с лица 103.16
– (машина) . . . 385.20
– (машина с качающимся шилом для –и берда) . 108.4.5
– (машина для –и берда с вращающимся бердочным шилом) 109.12
– в (две) три нити 168.2.3
– основы 102.16
– основных нитей в бердо . . . 168.1
– с передним механизмом 223.5
– подвязи . 221.1.2, 223.1
– полосами . . . 222.5
– по частям (группам) 222.3
– в разбивку . . 222.1
– сзади на перед . 103.18
– углов 222.7
– (устройства для –и). 105.8
–, английская . . 221.5
–, двойная . . . 222.11.12
–, монограммная 222.13
–, отраженная . 221.7
–, правая 221.4
–, прямая открытая 221.5
проборка, симметрическая. . . 221.7
–, смешанная . . 222.12
–, французская . 221.4
проборн-ый крючек . . . 105.9, 106.7
–ый рапорт . . . 104.1
–ый станок 105.11, 106.2
–ая игла 103.6
–ая рама 386.10
проборщик. . . . 103.7
– берд 107.1
– рисунка 386.20
– цен 42.14
проборщица . . . 103.8
– берд 107.2
– рисунка 386.21
– цен 42.15
пробанная накрест аркатная подвязь 221.3
– основа 113.15
провал в мотке . . 79.1
проваливаться сквозь щель (остановочная игла) 51.3
провалившаяся вершина початка 86.3
проверка веса. . . 11.18
– расчета 443.6
проверочный см. контрольный
проверяльщик . . 6.1
провисание нитей 57.7
– основной нити . 319.8
провисать (нити) . 57.8
– (основа) 114.10
провисающие нити 49.5
проводить товар под ремизами . 298.20
проводка основы и товара 298.4
– основных нитей 298.5
проводник электрического тока . 387.13
–, прижатый . . 387.10
провоз. 447.1
–, гужевой . . . 447.3
проволока 176.18
для глазка . . 176.3
– для карт, подвесная 390.11
– решетки 226.4
–, бердочная . . 286.18
–, железная 219.5, 416.16
–, загнутая . . . 389.9
–, латунная . . . 416.14
–, отожженная . 416.18
–, отточенная на изгибе 111.18
–, перевязочная . 287.16
–, плоская . . . 20.10.11
–, прокатанная . 175.14
–, пружинящая . 326.15
–, ремизная . . . 373.18
–, согнутая в виде шпильки . . . 111.13
–, стальная . . . 175.12
–, толстая железная 208.11
–, тяговая . . . 259.19
проволоки скрещивающиеся стальные. 208.4
проволочный крюк 172.20
проволочно-ткацкое производство 2.22
провощеная шелковая колышка 175.5, 179.19
провощить аркаты 207.16
провязка . . 42.12, 176.14
провязывать . . . 42.13
прогалины 285.3
прогонять челнок сквозь зев . . 246.21
продавливание отверстий для шипов. 383.21
продажная цена см. цена, продажная
продвигание вперед каретки . 388.21
продвигаться на зуб вперед (крючек) 108.3
продвижение ткани, дальнейшее 292.11
продвижка рейки 127.1
–, боковая . . . 109.11
продевание с. т. вдевание *или* заводка *или* заправка
– нити 27.9
– нитей основы сзаду наперед. 219.17
– нитей основы сквозь лицы . 219.15
– уточных нитей . 258.7
продевать аркаты через кассейную доску 218.6
– лаппетиновую нить сквозь глазок иглы . . . 350.10
– нити сквозь бердо 107.3
– оплеточную нить сквозь бисерную пуговицу 361.14
– проборную иглу сквозь глазок колышки . . . 103.6
– уточину в хрусталик 244.21
–ся сама (нить) . 27.10
продевн-ой крючок 365.6
–ая игла 372.10
–ая трубочка . . 245.8
продетые сквозь ушки игол крючки 187.20
продолговатое отверстие . . . 293.6
продолжать лежать (нити основы) . 142.10
– работать (станок) 269.1
продолжительность колышки . . . 174.12
– работы челнока 341.26
– удара 247.23
– хранения на складе 443.11
продольный брус . 335.7
продольно-полосатый узор 160.11, 377.10
–-рубчатая ткань 154.12
продырявленный с. т. перфорированный
– брус 337.2
продырявливать карты 384.14
проездные 446.21
проекция станка, горизонтальная 304.9
прозрачная бумага 379.14
производительность станка, теоретическая (полезная) . . 441.3.4

производить замыкание тока 319.5
— основную ткань (передний механизм) 231.9
— под'ем от х-вой до у-вой коробки 281.8
— прокид двойным утком 237.2
— проступание 183.6
производные переплетения 145.13
производство бархата 2.24
— проступания для рисунка без переплетения 232.3
— ремиза 176.10
— тканых ремней 3.4
— шитых гарнитурных лент (машина) 342.1
—, бисерно-ткацкое 3.5
—, бумажно-ткацкое 2.21
—, джутовое ткацкое 2.12
—, ковровое 3.1
—, кромочное 3.3
—, ленточное 3.2
—, льно-ткацкое 2.11
—, механическое 300.4
—, плюшевое 2.23
—, проволочно-ткацкое 2.22
—, суконное ткацкое 2.15
—, текстильное 1.2
—, тесемочное 3.2
—, ткацкое 1.3
—, шелкоткацкое 2.19
—, шерстоткацкое 2.13
пройма 413.12
прокатанная проволока 175.14
прокатка бердочной проволоки 288.1
прокид с. т. пролет
— утка 236.22
— челнока 189.7, 247.1
— в два челнока с одной сменой 271.19
прокидка 344.3
— (приспособление) 349.2
— утка 357.5
прокидн-ой с. т. гарнитурный *или* накидной *или* флеровой *или* голый
—ой батан 344.10
—ой биток 360.19
—ой механизм 248.1
—ой рисунок 344.4
—ой уток 154.11, 162.9
—ой уток, видимый лишь в узоре 344.7
—ая основа 128.13
—ая ткань 344.2
прокидывание утка 236.22
прокидывать грунтовый уток 336.2
— правой рукой 246.10
— ручной челнок 246.8
— уточины в крестовый зев 351.13
—ся (уток) 237.1
прокисать (шлихт) 65.10
прокисший шлихт 65.11
прокладка, жесткая парусиная 432.21
—, каучуковая 243.20
проклееная основа 64.7, 319.11
проклеивание в бадье 71.10
— основы прядью 71.8
— основы в расправку 72.12
проклеивать основу 64.6
проклейка 63.17
— пряжи в мотках 69.19
— (ручное приспособление) 71.14
пролаченн-ый с. т. пропитанный
—ый олифой шнур 220.4
—ая колышка 179.18
—ая олифой колышка 174.20
—ая хлопчатобумажная крученая нить 175.1
пролачивание олифой аркатной подвязи 220.3
пролет с. т. прокид
— челнока 189.7, 247.1.2
пролетать сквозь ось (челнок) 247.3
промазывание 72.19
промахивание 65.29
промежуток между бердочными зубьями 443.24
—, соседний межзубный 109.7
промежутки, набирать с —ами 83.3
промежуточный зев 188.17
промежуточн-ый навой (с. т. вспомогательный навой) 47.20
—ый выключательный рычаг 308.9
—ый рычаг 194.17
—ая кривая 198.16
—ая ткань 159.8
—ая часть желоба 125.19
—ая шестерня 133.9
промывание 437.3
промышленность, суконная 2.18
—, ткацкая 1.10
—, шерстяная 2.16
пропаривание перекрученных прядей завитковой пряжи 170.14
пропащая уточина 266.12
пропитанн-ый (с. т. пролаченный) 65.14
—ый деревянный челнок 243.12
—ый маслом гонок 248.13
—ый моток 70.13
—ая олифой колышка 174.20
—ая шлихтом колышка 174.21
пропитывать колышковый шнур льняным маслом (олифой) 179.17
— основу 65.13, 71.13
пропускать 280.1
пропуски, набирать с —ами 83.3
пропускная карта 383.14
пропущенный 384.16
пропорционально, сопротивление 130.9
прорез (с. т. щель) 172.15
— воронки 95.10
прорез в навое 77.18
— для направления болта 257.13
— направляющей рейки 83.6
— для ножа 193.12
— передвижного кольца 172.17
— станины, направляющий 48.9
—, двухходовый 32.6
—, направляющий 28.7
—, поперечный 245.9
—, продольный 245.10
прорезание бархата 168.14
— ворса 167.7.8.9
— каймы (механизм) 363.5
— петель 327.23
прорезать ворсовую нить 336.10
—ся промеж обеих основных тканей (узелки) 169.8
прорезн-ой барабан 31.12, 99.11
—ой нож 167.10
—ой пруток 168.13
—ая головка 180.12
—ая игла 168.9
просвет между бердочными зубьями 443.24
— между зубьями 82.18
просверленный стержень шпули 85.16
— рядами 217.10.12
— в шахматном порядке 217.11
просекать карты 226.7, 384.14
просеченная карта 382.12
просечка с. т. высечка *или* бородок *или* пробойник
— карт 384.6
просечной патрон 381.15
просмоленый 286.9
просовывание прутков 327.1
просовывать пруток в зев 329.1
проставка 281.3, 369.6
— желоба 125.19
—, х-вая — подымает х-вую коробку 281.10
проставн-ая труба 281.3
—ое кольцо 202.13
простеганная двойная ткань 160.10
простегивать узор в ткань 349.11
простой станка 307.3
— шелк 16.12
— челнок 240.16
простроченная двойная ткань 160.10
проступание для газового переплетения 352.10
— в х нитей 220.21
— нитей, двойное — при крестовом зеве 231.11
— ремизок 182.4
—, групповое 220.18
—, х-кратное 224.13
—, легкое (мягкое) 352.11
—, сменное 195.10
—, тяжелое (жесткое) 352.10
проступать в верхний зев (ремизка) 181.24
проступающая ремизка 360.5
проступн-ой крючок 191.14
—ой механизм 197.19
—ой механизм Нойльса 203.1
—ой механизм, миткалевый 199.14
—ой ролик 193.3
—ой рычаг (с. т. проступная подножка) 182.20, 191.13, 195.9, 199.2, 203.7
—ой сектор 193.2, 322.1
—ый диск, желобчатый 202.3.6
—ый рычаг с зарубками 322.3
—ый рычаг для лиц 370.11
—ый рычаг, верхний 301.13
—ый рычаг, длинный (короткий) поперечный 185.4.5
—ый рычаг, французский центральный 322.9
—ый станок 5.3
—ый эксцентрик 198.7, 199.6
—ая заправка 219.20
—ая карта 201.4
—ая подножка (с. т. проступный рычаг) 182.20
—ая подножка, наружная 202.2
—ая скобочка (с. т. проступное коленце) 201.7
—ая решетка 201.4
—ая цепь, наборная 201.13
—ое коленце 201.10.11.12
—ое приспособление 182.21
—ые ремизки 194.1
—ые рычаги (приспособление) 199.1.8.11
простынная бельевая ткань 433.4
простыня 420.12
проталкивать вперед зубья шестерни 133.22
—ся (челнок) 246.20
противовес 53.8, 55.10, 203.19
— веретенного бруса 94.14
противоположн-ая крутка 164.8
—ое саржевое переплетение 149.6
протискиваться между валиками (игла) 51.4
протягивать краевые основные нити попарно 434.23
— лаппетиновую нить сквозь глазок иглы 350.10
— нити сквозь шлихт 74.8
— основу вокруг роликов 356.15
— прихваченную нить сквозь бердо (бердочное шило) 109.4

протягивать пряжу через шлихт . 65.12
— шнур сквозь глазки колышек 103.5
протянутая нить . 237.4
профиль шпули . 23.11
— эксцентрика 198.10.15
—, криволинейный — кулиссной скобы 211.21
профрезерованная канавка . . . 354.12
проход, свободный — сквозь салазки 364.12
проходить между байковыми катками (нить) . . 35.18
— сквозь бердо (присученые петли) 110.12
— сквозь глазок (нить) . . 45.6, 361.12
— по канавке ролика (нить) . . 101.2
— сквозь иглы (лаппетиновые нити) 350.9
— между иглами (сновальная прядь) . . . 57.21
— сквозь игольные глазки (рамные веревки) 225.16
— сквозь нитевод (нить) 39.7
— свободно мимо носика буфера (тычок) 316.18
— свободно сквозь подвязь (грунтовая основа) . 223.9
— сквозь решетку (подвязные шнуры) . . . 207.4
— сквозь салазки для шпуль (щупалец) . . . 364.11
— над ступенчатым роликом (под'емные шнуры) 291.15
— по узору взад и вперед (вышивной уток) . . 344.21
— сквозь ящик (сволочки) . . 287.17
проходн-ой шпиндель 315.10
—ое отверстие . . 357.3
проценты с капитала в банке . 446.10
— на оборотный капитал . . . 446.9
— по стоимости обзаведения . . . 445.20
процесс апретирования 436.21
— мотки на шпули 22.14
— тканья 1.9
прочесанная джутовая пряжа . . 13.9
прочесн-ый шелк . 17.7.8.9
—ый шерстяной волос 409.7
—ая шелковая пряжа тусса . . . 17.16
прочесывать основу гребнем . . 84.3
прочность на брызги 429.16
— на истирание . 429.19
— на мыло . . . 429.17
— на свет 429.15
прочность ткани 429.7
прочно-укрепленный челноко-уловитель . . 312.15
прошлихтованная колышка . . . 179.21
— основа 72.4
проштамповать дыры сразу . . . 387.2
пружина . 195.14, 267.16, 326.15
— иглы 187.15
— нитеуловителя 112.16
— носика 112.10
— останова. . . . 35.14
— собачки 346.20
— сцепляющего прибора боевого механизма . 315.1
— шпульных салазок, тормозящая 365.10
—, боевая 255.16
—, буферная . . . 254.4
—, винтовая . 91.12, 127.15, 180.16, 275.10, 288.7
—, выкидная (выбрасывающая). 268.1
—, запорная 92.3, 172.6, 333.19
—, нажимная 205.15, 241.5, 348.5
—, направляющая 100.15
—, насеченная . . 239.2
—, натяжная 33.11, 199.13, 283.11.15
—, натянутая. . . 283.23
—, отгибная . . . 238.13
—, оттяжная 250.1, 303.9, 314.16
—, плоская . 97.18, 50.18, 136.9, 259.17
—, плоская направляющая для призменной рамки 186.15
—, плоская — для прижима карт 230.7
—, поддерживающая коробки 275.7
—, поршневая . . 388.17
—, предохранительная 61.7
—, рамочная . . . 186.15
—, рычажная . . . 228.15
—, спиральная см. спиральная пружина
—, храповая . . . 119.16
—, челночная. . . 246.5
пружинка для торможения бобинки 346.5
— язычка 308.17
—, шпрынковая . 319.3
пружинн-ый бой (механизм) . .255.14.15, 256.5
—ый передаточный механизм к ремизу 204.5.10
—ое бердо 285.23
—ые весы 438.19
—ые щипцы . . . 241.3
пружинящий крючок. 229.20
прут с. т. брус *или* штанга
— с отогнутыми концами . . . 312.16
—, выключающий 308.20
—, горизонтальный направляющий 108.7
—, закладной. . . 77.19
прут, камышевый 290.14
—, направляющий 72.17, 267.15
—, натяжной см. натяжной прут
—, подвесной — для лампы 356.4
—, остановочный . 36.11, 302.3
—, скрепляющий — для ремиз . . 172.13
—, укрепительный 92.22
прутик, ценовый .320.16
прутковый шнур . 209.13
пруток (с. т. трубка) 168.9, 209.12, 327.3, 341.6
— (трубка) 340.5
— для бархата с канавкой . . . 327.10
— толщиной х миллиметров 327.12
— решетки . . . 226.4
—, вытяжной 168.11, 327.7
—, гладкий. . . . 57.13
—, граненый ценовый 138.6
—, деревянный — с копьевидным железным наконечником . 177.4
—, закрепленный деревянный . . 106.5
—, затканный . . 329.2
—, катушечный . 89.16
—, клинообразный 327.14
—, круглый ценовый 138.3
—, направляющий 250.9
—, натяжной 72.7, 90.14, 329.7
—, нитеводный . . 33.9
—, нитеделительный 83.20
—, нитеразделительный . 76.4, 82.12
—, плоский ценовый 138.4
—, помещенный под основу . . 168.6
—, проволочный . 228.1, 277.8
—, прорезной. . . 168.13
—, режущий . . . 327.8
—, соединительный 194.16
—, стеклянный 35.5, 359.5
—, ценовый . . . 137.20
—, ценочный . . . 111.5
—, х —ков на 10 сантиметров . . . 327.13
прутки, установленные косо . . 340.13
пруточн-ый с. т. плисовый
—ый бархат . . . 404.2
—ый зев . .168.5, 328.16
—ый ковровый ткацкий станок . . 339.18
—ый плюш . . . 404.12
—ый станок с двойным ударом батана . . 326.1.2, 357.8
—ая вилка 330.6
прыгание коробки 273.13
прыгать (коробка) 273.14
прядение 18.22
прядь с. т. рядок *или* полоска *или* жгут *или* лента
— нитей 47.5
— основы 63.9
—, сновальная. . 47.5
пряди, перекрученные 170.17
пряди, разложенные 170.17
—, размотанные . 170.14
пряжа 9.2
—альпака . . 14.20, 15.26
— ангорской шерсти 15.18
— из асбеста . . 17.22
— из бумаги . . . 13.24
— из верблюжьей шерсти 15.23
— вигонь 12.8
— из волокон торфа 13.21
— из волоса . . . 15.16
— для вуаля . . . 15.14
— для вязки . . . 338.13
— галэт 17.11
— для гренадина . 15.10
— для дамаска . 15.13
— из джутовой кудели 13.10
— из древесины . 13.23
— из древесных волокон 13.23
— женапп 15.4
— для имитации меха 14.8
— из искусственного шелка . . 17.17
— для камлота . . 15.12
— из кашмирской шерсти 15.22
— из клетчатки . 13.22
— козьей шерсти . 15.17
— из кокоса (с Кохина) 13.17.18
— из конского волоса 15.28
— из коровьего волоса 15.27
— из крапивы . . 13.16
— из крашеной шерсти с примесью длинных животных волос 14.8
— дна крэпа . . . 12.20
— из кудели . . . 12.20
— для кустарных товаров . . . 14.9
— для ламы . . . 14.5
— для ластика . . 15.11
— из луизианского хлопка 12.3
— мако 12.4
— машинной выпрядки 12.22
— из мериносовой шерсти 14.26
— мокрой выпрядки 13.1
— в мотках . . . 10.20
— с мотка 22.3
— мулинэ 15.5.9
— мунго 14.18
— из набивного вычеса 15.6
— из некипяченого шелка-сырца . 16.21
— из неочищенного от клеевины шелка-сырца . 16.21
— обыкновенной крутки 9.11
— овечьей шерсти 14.3
— для основы . 10.8, 21.15
— из пеньковой пакли 13.7
— простой вытяжки 12.7
— противоположной крутки . . 9.10
— из прочих растительных волокон 13.14

пряжа ручной выпрядки 12.21
— для сатина 15.11
— сухой выпрядки 12.23
— для трико 14.10
— Турнэ 15.3
— из умягченного шелка 16.22
— из чесаного льна 12.19
— для шевиота 14.30
— из шерсти ламы 15.25
— шерсти ламы-викуньи 15.24
— шодди 14.19
— на шпулях 10.16
— филозель 17.11
— для фланели 14.6
—, ангорская белая 15.21
—, аппаратная хлопчатобумажная 12.5
—, асбестовая 18.4.5
—, беленая 9.24
—, бечевочная 12.16
—, бриллиантиновая 14.7
—, бумажная — сильвалин 13.25
—, буретная 17.14
—, ватерная см. ватерная пряжа
—, войлочная 19.17
—, ворсовая 19.1
—, вправо (влево) крученая 9.10.11
—, вышивальная обвитая металлом 19.23
—, вязальная 14.11
—, гладкая 9.20
—, глянцевая 12.17
—, гребнечесная хлопчато-бумажная 12.6
—, грубая 9.18
—, гусеничная 20.18.20.21.22.23
—, давальческая 6.20
—, дамасковая 15.13
—, джутовая 13.9.11.12
—, жирная 10.6
—, завитая 170.11.18
—, завитковая 170.14
—, застилистая 18.20—25
—, зефирная 14.27
—, золотая 19.25, 20.1.2
—, камвольная 14.23.24, 15.1.2
—, касторовая 14.29
—, ковровая 14.12.14
—, кокосовая цейлонская 19.20
—, конденсорная 12.7
—, крашеная 9.25
—, кромочная 14.15, 435.1
—, крутая 9.14, 17.24
—, крученая 18.6, 177.10
—, крэповая 16.10
—, крэп-де-шиновая 16.11
—, левокрученая 145.9
—, лионская 19.24
—, ломкая 9.22
—, лохматая основная 182.18
—, льняная люстровая 13.3
—, люстриновая 14.25
—, мерсеризованная 12.13, 13.2
—, металлическая 20.6.7
—, меланжевая 10.3
—, мешаная 13.13, 15.20
—, многоцветная 10.2
пряжа, моточная 435.21
—, мохнатая 9.21, 18.3
—, мюльная 12.11
—, набивная 9.27
—, намотанная на навое 120.5
—, незавитая уточная 170.12
—, неравномерная 18.2
—, неровная 9.7
—, нормально крученая 161.16
—, обезжиренная 10.7
—, обыкновенная 9.3, 17.23
—, одноцветная 10.1
—, основная 10.8, 22.1
—, отборная 9.17
—, отделанная 10.4
—, отягченная 10.5
—, пеньковая 13.5.6
—, перекрученая 161.15
—, премотанная 26.6
—, переслежистая 9.7
—, перетравленная краской 9.26
—, пестрая застилистая 421.15
—, пестро-глянцевая 14.13
—, печатаная 9.27
—, плоская паленая 20.23
—, пологая 9.15, 18.1
—, полукамвольная 15.7
—, полушерстяная 12.9
—, початочная 435.23
—, правокрученая 145.10
—, простая 17.23
—, прочесная шелковая — тусса 17.16
—, равномерная 9.6
—, ровная 9.6
—, рыночная 11.26
—, сдвоенная 9.4
—, серебряная 20.3
—, слабо-крученая ангорская 170.10
—, смирнская 15.8
—, суровая 9.23, 18.13
—, толстая 9.18
—, тонкая 9.17
—, угарная 12.12, 14.16.17
—, узелковая 421.14
—, узловатая 18.19
—, узловидная 18.19
—, упругая 9.19
—, уточная 10.10, 84.8, 335.18
—, утяжеленная 10.5
—, фасонная 18.7
—, хлопчатобумажная 12.5.6.15
—, хрупкая 9.22
—, чистая ангорская 15.19
—, шелковая — тусса 17.6
—, шелковая — шодди 17.15
—, шероховатая 9.21, 18.13
—, шероховатая основная 182.18
—, шишковатая 18.8
—, шишковидная 18.8, 421.13
—, шпульная 435.22
—, эластичная 9.19
—-зефир, двойная крутая 14.28
—-имитация 12.7
—-коконада из кокоса 13.19
пряжа-рами 13.15
—-тибет 14.21
прям-ой гребень 367.11
—ой ход 303.1
—ая открытая проборка 221.5
прямодействующий позитивный регулятор товарного ролика 131.8
— размот 128.8
прямобокий миткалевый эксцентрик 200.11
прямоугольная нарезка 100.9
пуговица (с. т. шип *или* шишка) 123.8, 206.4
— призмы 210.20
—, бисерная 361.14
—, контактная 387.9
—, ручная 348.2
пуговичный бархат 404.7
пуговка 263.13
пудель 406.21
пудесуа 400.23
пудра 56.15
пузат-ый с. т. выпуклый *или* бочкообразный
—ый вид катушки 23.17
—ая мотка шпули 23.14
пузыристый вид 162.2
пульверизатор для воды 102.5
пульт 209.8
пуск в ход станка 306.5.6.7
пускать карты обратным ходом 390.15
— в ход ткацкий станок 306.1
— в ход ткацкий станок, снова 266.15
пусковой выключатель 310.4
пустой с. т. холостой *или* свободный *или* полый
— навой 77.4
пустотелый навой 115.6
путь, установленный 141.17
пух, ткацкий 4.15
пучок с. т. узелок
— аркатных шнуров 220.20
— волос 259.21
— ворсовых нитей 336.13
— лиц 208.9
—, ворсовой см. ворсовой пучок
—, лежачий 405.2
пчелиный воск, омыленный 67.8
пшеница, итальянская 416.4
пшеничная мука 66.21
пятка 249.10
пятиремизный прибор для встречного движения 202.1
— сатин 402.5
пятиходовая основа 107.21

Р

работа 4.16
— при закрытом (раскрытом) зеве 142.4.11
работа заполнения 413.15
— электромотора, холостая 310.3
—, дополнительная 445.12
—, почасная 441.7
—, приготовительная — для ткачества 21.2
работать с добавочными челноками 341.28
— задним ходом (ткацкий станок) 302.14
— ненадежно (свободно падающая коробка) 273.17
— неравномерно (станок) 306.10
— с полным числом оборотов 306.15
— в рапорт (челноки) 271.18
— с ремизками (станок) 181.2
— на одном (нескольких) станке (—ах) 441.5.6
— позади (впереди) станка (призма) 220.12.13
— хорошо (станок) 306.9
— с х сменными челноками 271.16
—, не (веретено) 38.19
рабочий на прессе 6.14
— по умягчению пряжи 101.16
—, вспомогательный 5.8
рабочие (фабрики) 4.20
рабоч-ий ременной шкив 358.14
—ая поверхность зуба 126.24
—ая переменная скорость 34.19
—ая ширина 304.10, 331.1
равнобокая саржа 148.13
равновесие 49.7
— тормаза 120.10
равномерный атлас 151.9
— удар батана 143.12
равномерно распределять шлихт 69.21
—-повторяющееся расположение утка 132.15
равноплечий рычаг 191.5
равносторонняя материя 430.5
равный репс 418.6
радиально установленный 342.7
радиус кривизны 198.20
— сечения навоя 115.22
разбег станка 306.5
разбивать кассейную доску на продольные ряды 217.8
— рисунок на группы нитей 386.22
разбивка ковра 409.8
— нитей 182.12
— пропусков 383.13
—, атласная 150.8
—, в —у расположенные точки переплета 150.17
разборная рамка ремизки 171.17
разваривание нитей 74.9

разварить шлихт . 65.1
развериться (навой) 116.2
разверка навоя . 116.1
развернутая основа 41.17
развертываться по зубчатой дуге (шестеренка) . 257.12
развешивание пряжи на жердях . 65.27
разводить накрест (прядь) жгуты нитей . . 42.19, 43.1
— нити основы . . 83.23
— основу 141.8
разводка нитей основы 83.24
— основы 141.7
разводки бердочных зубьев . . 108.15
разводн-ая поперечина 46.6
—ая шпилька . . 374.16
—ые колки . . . 45.19
разворачивать станок рукой. . . 306.4
разгон 49.8
— нитевода . . . 30.14
— сдвига игольных гребней. . 351.5
разгонная оправка 373.5
разграфленая бумажная полоска 371.1
разгружение с. т. опоражнивание
— решетки 102.13
раздатчик утка . . 84.16
— шпуль. 84.21
раздатчица утка . 84.17
раздвигать зубья берда (разводки) 109.8
раздвижн-ая сновальная катушка 54.19
—ая сновальная колодка . . . 54.19
—ая собачка . . . 136.2
—ое бердо 285.21
раздел между обеими тканями . 361.4
разделение основы 141.7
раздельн-ый под'ем 226.17
—ая катушечная рамка 44.4
—ая ножовая рама 226.13
—ые взаимно устанавлимаемые жестяные направляющие пластинки . . 28.8
разделять бердо по ходам 107.19
— жестяными перегородками участки на барабане 58.2
— нити 84.4
— нити на группы 339.11
— нити основы . . 83.23
— основу 141.8
разделяющая гребенка. 333.8
разжиматься (зажим щипцов) . 341.19
разлиневка бумаги для патронов. 379.2.3
разлиневанная бумага 379.1
различная плотность рассадки 282.17
различно переплетающиеся нити основы (утка) . 144.9.10
разложенные пряди 170.17
размазывать шлихт 65.16
разматывание с. т. смотка *или* сматывание
— клубка основы . 63.14
— прядей 170.16
размер мотовила . 25.22
размеры ткацкого станка для выработки двойного плюша . 330.15
размещать равномерно колышки на ремизы . . 173.5
размот. 129.2
размотка утка . . 84.22
размотанные пряди 170.17
размоточное мотовило 34.15
разница в длине ходов основы . 66.14
разность натяжения нитей. 49.10
разносчик шпуль. 84.20
разноцветная основа . . . 21.12, 40.14
разомкнутая крестовая мотка . 23.8
разостлать нити в одной плоскости 41.18
разрезание с. т. резка
— ворсовых петелек (приспособление) 327.15
— ворсовых узелков. 168.12
— петель. 327.23
— шенильной грунтовой ткани 343.12
разрезанная ворсовая петля . 168.20
разрезать соединения нитей в выемке 336.11
разрезн-ой фланец 115.19
—ая втулка . . . 96.4
—ая гайка 59.22
—ая кайма (с. т. срединная кайма) 361.2
разрыв ткани . . 439.12
раз'единение боевого каточка от боевого вала (приспособление) 249.3
— нитей основы . 84.2
раз'единять нити . 84.4
—ся (нити основы). 84.1
ракля, гибкая . . 89.13
рами, пряжа . . . 13.15
рама (с. т. доска *или* люлька) . 178.10, 210.9, 386.11
— для веретен . . 36.7
— для катушек. . 43.11
— магазина . . . 261.4
— машины 209.20
— ленточного ткацкого станка . 355.13
— с подводящей гребенкой. . . 324.12
— призмы . .210.17, 230.3.4
— для сеткоплетения . . . 324.11.14
рама из скрещивающихся под прямым углом стальных проволок 208.4
—, ведущая карты 390.12
—, верхняя — для основы 113.13
—, деревянная . . 289.15
—, игольная см. игольная рама
—, картовязальная 390.1
—, качающаяся (игольная) 210 17, 226.5
—, навивальная . . 46.5
—, наклонно — лежащая 331.7
—, нижняя — для основы 113.12
—, ножовая 226.13.15.16, 228.11, 229.18, 276.15
—, опорная . . . 212.9
—, основная 297.2, 304.21
—, проборная . . 386.10
—, ремизная . . . 194.14
—, рычажная . . 388.15
—, сменная. . . . 305.1
—, снабженная пазами 208.5
—, сновальная . . 46.5, 56.3,18
рамка с. т. вилка *или* державка. 112.5
— с. т. решетка *или* стойка *или* клетка
— барабанчика . . 186.14
— берда 136.6
— веретена . . . 30.5
— для крючков . 207.11
— для ремиз . . . 172.9
— под'емной коробки 278.4
— призмы, стоячая 234.9
— сцепляющегося клина 277.10
— с фальцами . . 217.14
— с четвертями . . 217.14
— для шпуль . . 90.11
—, бердочная . . 283.6.14 285.12
—, дырчатая . . . 208.24
—, игольная . . . 204.12
—, катушечная . 43.16, 44.2—7, 45.14, 359.3
—, крючечная — с двойным сверлением 231.1
—, лежачая катушечная 43.15
—, неподвижная опорная — для крючков . . 210.21
—, ножовая . . . 186.10.20
—, подвешенная к потолку . . . 44.1
—, подвижная опорная — для крючков . . . 210.22
—, початочная сновальная . . . 45.7
—, призменная . . 186.14 190.8
—, разборная — ремизки 171.17
—, сновальная катушечная . . 43.12
—, сновальная — для образцов основы 47.15
—, стоячая катушечная 43.13
—, угловая катушечная 44. 6
рамник (с. т. рама *или* рамная веревка) . . 207.12, 210.9
рамники, принадлежащие одинаково проступающим аркатам. 209.4
рамн-ый брус . . 208.22
—ая веревка (с. т. рама *или* рамник) 207.12
—ая доска 225.5
—ые веревочки, главные . . . 208.23
рамочн-ая пружина 186.15
—ые веревочки, вспомогательные 208.20
рапорт . . . 40.16, 381.3
— карт 206.16
— для кидки . . 273.4
— машины 214.11
— по основе . . . 381.7
— основных нитей 144.15
— переплета . . . 144.14
— переплетения 8.1, 381.9
— рисунка 222.4
— смены с пропусками 273.7
— узора 273.2
— установки коробок 273.3
— утка 144.16
— по утку 381.8
—, отраженный . 221.8
—, полный 381.5
—, проборный . . 104.1
—, сменный . . . 273.1
—, срединный . . 222.9
рапорты, x —ов по ширине ткани. 381.6
рапортная точка . 380.21
раскладывать шаг переплета . . 151.3
расколотый камыш 284.18
раскрывать мотовило 29.1
—ся (зев). 141.22
раскрытие с. т. открывание
— зева 141.10
раскрытый зев . . 142.3
раскручивать нить 435.16
распертая станина станка 297.7
распирать станину станка 297.8
расписание основы (утка) 7.23.24
расписаный ковер 407.26
располагать бисер по узору . . . 414.25
— основу в берде. 106.17
— основу редко . 107.7
— две основы одну над другой . 155.12
— над прорезами (узлы) 225.10
— ряд игл 205.4
— косыми рядами отверстия игл 57.20
— упруго 313.6
— уток в два слоя 155.2
— ценовую палочку в непосредственной близости к ремизам . 138.5
расположение боевых эксцентриков на одночелночных станках 251.5
— веретен в два ряда 39.17

расположение игл 363.4
— колышек 173.7
— нитей 107.9
— основных нитей 433.27
— основы в берде 106.16
— под'емных фланок 224.7.8
— расцветок 377.3
— сновальных шпилек в выпиленных в дереве вырезах 44.19
— утка 132.4.15.16
—, волнообразное 286.1
—, неравное 141.18
—, плотное 107.10
—, податливое 136.4
—, равномерное 25.14
—, редкое 107.6
расположенн-ый вверху (внизу) 205.1.2
—ый на изнанке нижний уток 155.9
—ый наклонно боевой валик 254.14
—ый по направлению сверху вниз 335.14
—ый по типу атласа 166.19
—ое выше (ниже) плечо стрелки 179.7.8
—ое подвижно скало 129.9
—ые друг над другом 236.1
—ые на различной высоте 178.20
—ые косо зубья шестерни 133.21
—ые в надзевнике (подзевнике) нити основы 142.1.2
—ые по окружности 279.3
—ые в разбивку точки переплета 150.17
—ые в два ряда иглы 190.6
—ые рядом друг с другом 185.13
—ые поперечными (продольными) рядами 214.17.18
—ые одна над другой челночные коробки 290.9
—ые одна за другой (шпули) 262.14
распорка 241.4, 280.5
расправители 138.14
расправитель, механический 139.14
расправительная планка 138.15
расправка 138.15
расправление товара 139.1
расправлять мотовило 29.1
— моток 25.10
расправляющий гребень 81.1
распределение с. т. деление *или* набор
— больших клеток 379.8
— вышивки 345.2
— груза, неравномерное 109.3
— нитей 182.12.13
— основных нитей 40.13
— шлихта, равномерное 69.22
— эскиза 379.12
распределитель для эскиза 379.15
распределительный механизм (передаточный) 58.14, 59.7
распределять добавочные точки переплета 153.4
— нити в группы 182.14
— равномерно витки нити на шпуле 22.17
— равномерно шлихт 69.21
распускание нитей 79.10
распутывать нити 81.14
распылитель воды 102.5
рассадка бердочных зубьев 282.8
— ворсовых пучков, редкая 404.24
рассадочное передвижение 367.10
рассаженн-ый атлас 151.10
—ый Жаккардовый узор 377.19
—ые рядки бисера 354.13
рассаживание фигур 380.19
рассаживать фигуру x раз 380.20
расстилать моток 25.18
расстояние между дисками катушки 24.13
— между зубьями 282.8
— между иглами 216.2
— между рамами 308.2
— тормаза от тормозного колеса 311.18
— между шишками 18.9
расстройство производства 266.11
растительные волокна 13.14
растопленный воск 207.19
растягивание товара в ширину 139.1
растягивать моток 25.10
растяжение с. т. удлинение
— нитей 114.7
—, вторичное — пружины 255.22
растяжим-ый 415.21
—ая ватерная пряжа 114.6
растяжимость каучуковых нитей 415.22
— ткани 439.11
растяжн-ой гребень 49.21, 74.4, 83.5
—ое мотовило 29.6
расход пряжи 11.20
— утка в килограммах (фунтах) 444.14.15
—, увеличенный — основы 143.11
расходы по обновлению 446.1
— по патентам 446.3
— на печатные материалы 447.7
— по продаже 442.17
— по проездам 446.21
— производства, общие 445.19
— на рекламу 447.5
— по ремонтам 446.2
— по уборке 446.22
—, почтовые 447.4
—, судебные 446.20
—, торговые 442.17
расходящиеся зубья 50.1
расцветок 3.20, 152.9
расцветочная призма 230.13
расценка (расценок) мотки 26.3, 89.1
расцепление муфты 307.1
расчет с. т. вычисление
— длины 441.11
— основы 443.13
— очертания эксцентрика 198.9
— ткани 441.1
— утка 444.7
— числа колышек 173.17, 444.6
расчетный см. вычисленный
расширение товара 139.1
расщепленая солома 416.5
ратинэ 417.13
рваться при сматывании (нити) 79.3
реакция, химическая 436.19
ребра, фрезерованные 240.7
ребро с. т. рубчик
— для жесткости 115.20
— ножки шпули 263.11
—, дугообразное 71.1
—, поперечное 388.7
—, режущее 111.14
ребрист-ый навойный диск 78.10
—ая нагревательная трубка 71.7
—ая ткань 154.8, 391.9
реверсивная передача 127.16.17, 128.1
револьвер 279.2
— с пропусками 279.18
револьверн-ый аппарат 281.12
—ый барабан 280.3
—ый батан 303.18
—ый батан Росса 280.2
—ый зарядный магазин 261.1
—ая смена, последовательная 279.4
—ая челночная коробка Уокера 280.13
—ая шлихтовальнощеточная машина для моточной пряжи 70.15
регулировать с. т. уравнивать
— натяжение 329.9
— натяжение нитей 39.3, 98.3
— натяжение основы 119.1
— подачу основы 118.1
— последовательность ударов 247.20
—ся сообразно с толщиной слоев нитей (передача к нитеводу) 101.5
—ся шарниром (натяжение ремня) 310.8
регулируемый тормаз 245.16
регулирующий рычаг 125.17
регулятор вращения 317.1
— для грудницы 134.5
— давления 73.20
регулятор с изменением величины хода 132.2
— натяжения нитей 58.10
— натяжения основы, самодействующий 261.8
— с передачей сменными шестернями 132.1
— подачи ворсовой основы 333.5
— подачи товара 342.21
— размота 128.2.12, 129.2
— товарного ролика 131.9.10.11, 134.7.8, 135.5, 136.5
— с фрикционной передачей 135.2
— с храповой передачей 135.1
— с червячной передачей 131.13, 135.13
— с цилиндрической шестеренной передачей 131.12
—, дифференциальный 135.12
—, негативный — товарного ролика 137.3.14
—, непосредственно действующий положительный — размота 128.3
—, непрерывно действующий — для товарного ролика 130.8
—, позитивный — основы 126.3
—, прерывисто действующий — для товарного ролика 130.5
—, прямодействующий позитивный — товарного ролика 131.8
—, уравнительный 136.5
редк-ая крестовая мотка 23.3
—ая основа 107.8
—ая ткань 4.8
—ое расположение нитей 107.6
редко оплетенная основная нить 20.14
— располагать основу 107.7
редукционный клапан 74.11
редуцированное давление 74.15
реечн-ый барабан 75.10
—ый валик 70.12
—ая цепь нитевода 33.16
режущ-ий диск (с. т. дисковый *или* циркулярный нож) 342.23
—ий пруток 327.8
—ий прибор 332.10
—ее ребро 111.14
—ее приспособление 331.11
резан-ый бархат 404.3
—ый плюш 404.13
—ая шениль 343.11
резина 415.6
резинка 415.24
резинов-ая нить 56.14.16
—ое заполнение 256.8

резка с. т. разрезание
– карт с рычажными ножницами (машина) 383.16
– карточных листов 383.15
– образцов зубчиками (машина) 375.14
– петель гарнитура (прибор) 334.9
– (приспособление) 342.22
– шенили (машина) 343.5
резкий прибой берда 283.20
– удар батана 292.17
резьба с. т. нарезка
–, винтовая 60.9, 371.8
–, внутренняя 60.11
–, газовая 374.14
рейка (с. т. планка *или* шина *или* линейка) 234.15
– конуса 61.5
– натяжного валика 53.2
– нижней рамки 232.15
– нитевода, качающаяся 37.12
– навивальной рамы 46.7
– таврового сечения 333.2
– углового сечения 333.1
–, боевая 366.8
–, возвратно-движущаяся 90.18
–, вязальная 351.9
–, гребенчатая 386.13
–, движущая челноки 346.3.15, 347.3
–, делительная 41.7, 72.20
–, дырчатая 350.14
–, зажимная 138.7, 339.6
–, закрепленная 90.17
–, запорная 192.6
–, захватная 368.6
–, зубчатая см. зубчатая рейка
–, качающаяся 368.14
–, косая 59.17
–, крючечная 351.9
–, направляющая 353.16
–, нижняя 82.14
–, нитеводная 33.9, 45.4, 367.16
–, остановочная 53.20
–, передвижная скользящая 348.1
–, питательная 126.18
–, плоская металлическая 173.1
–, подвижная 325.13, 332.20
–, под'емная – нитевода 38.17
–, посадочная 365.12
–, плюшевая 38.4
–, скользящая 326.12
–, стальная передвижная 28.9
–, установочная для навойных флянцев 78.15
реклама 447.5
ректометр 441.15
рельеф переплетения 144.12
рельефы в тканье 422.18
рельефн-ая ткань 422.17
рельефн-ое переплетение 144.11
рельс 59.3
ремень 112.18, 295.13
– защелкивающего механизма 314.11
–, боевой 249.14, 251.14
–, погоняльный 248.3, 249.14
–, скользящий 365.16
–, тканый приводный 427.14
–, улавливающий 250.12, 252.3.4
ременн-ой конус 53.4, 74.3
–ой привод для ленточных станков 358.10
–ой шкив 58.19, 304.13, 309.19, 358.13.14
–ая отводка для прямого (обратного) хода 52.18, 303.1.2
–ая передача 53.4
–ая петля 254.16
–ая скобка 314.15
ремешок 183.16
ремешковый поясок 183.16
ремиз 105.12
– для газового переплетения 352.4
– для грунтовых нитей 353.4
– с небольшим числом колышек 173.15
– для оплеточных нитей 353.5
– с передвижными колышками 173.6
– для проволочных колышек 172.8
– со сменными фланками для колышек 172.11
–, газовый 353.5
–, двойной передний 231.13
–, опускной 231.15
–, опускающийся 198.3
–, передний 231.4.12
–, подвешенный на станке 181.7
–, подпимающийся 198.2
–, под'емный 231.14
–, сменный 111.7
–, ткацкий 171.3
–, узорный 231.17
ремизка 171.3, 324.6, 360.15
– для газа 354.1
– для крутого скрещивания нитей 173.18
–, верхняя 231.6
–, вершинная 104.14
–, задняя 352.7
–, кромочная 199.5, 444.5
–, плотно набранная 173.16
–, неподвижная 231.8, 360.2
–, нижняя 231.7
–, нормальная 361.10
–, образующая зев 360.5
–, опущенная 231.7
–, передняя 352.6
–, поднятая 231.6
–, полуколышковая 361.11
–, цельная 352.8
ремизки для оплеточных нитей 361.9
–, выстаивающиеся 182.10
ремизки, принужденно движущиеся 184.9
–, накрепко-связанные 177.15
–, остающиеся неподвижными 182.10
–, переменные 194.1
–, переплетные 231.4
–, подвешенные свободно 184.14
–, постоянные 193.20
ремизн-ый атлас, х– 151.8
–ый валик 183.13
–ый крючек 171.14
–ый прибор для останова при обрыве основной нити 321.1
–ый сектор 322.1
–ая галь 171.6
–ая колышка 171.6
–ая подвеска 171.13
–ая рама 194.14
–ая скобка 171.11
–ая ткань 392.8
–ая фланка 171.8.9.10, 172.4.12, 173.10
–ая цепь 171.17
–ое движение с вертикальными проступными рычагами 199.11
–ое стремячко 171.11
–ое ткачество 181.1
ремизовязальн-ый станок 177.17
–ая машина для колышек с нитяными глазками (с мальонами) 176.12.13
ремизодержатель 105.13
ремненадеватель, гибкий 372.14
ремонт 446.2
ренессанс, золотая нить 423.11
репс смешанного типа 146.5
–, гладкий 145.20, 418.6
–, косой 146.7
–, косой – уточного (основного) образования 146.8.9
–, мебельный 418.5
–, основный 146.1
–, поперечный 146.1
–, продольный 146.2
–, сдвинутый 146.12
–, узорчатый двухосновный 146.13
–, усиленный 146.6
–, уточный 418.7
–, шерстяной 398.28
–– плюш 406.1
репсов-ый ковер 407.18
–ый креп 153.1
–ое переплетение 145.19
–ая саржа 149.7
решетка (с. т. карта) 207.3, 342.12
– с. т. рамка *или* стойка *или* клетка
– из деревянных палочек 218.7
– для игол, направляющая 350.13
– с прорезами 50.13
– проступных рычагов 322.6
– для пряжи 102.9
решетка из стеклянных палочек 218.8
– из угольников 229.12
– уточной вилки 322.16
– шестеренного рычага 277.9
–, карточная 206.13
–, колосниковая дополнительная 210.19
–, наклонно расположенная 222.14
–, неподвижная 186.8, 227.13
–, ножовая 207.13, 210.6
–, передвижная 228.12
–, подвижная предохранительная 312.14
–, предохранительная 313.1
–, приставная дополнительная к берду 286.4
–, проступная 201.4
–, роличная 189.10, 203.4
–, сновальная (катушечная) 43.12, 56.4
–, уточная 318.2
решетчатый барабан 75.10
ржаная мука 66.22
риза 422.22
рис 66.24
рисовый крахмал 437.8
рисовальщик 378.11
рисование узора 376.1
рисунок с. т. узор
– переплетания 193.16, 381.14
– для подвязи 329.19
– для проборки берда 329.18
– с рубчиками типа Адриа 146.11
– товара 4.1
– узора 376.11
– для чередования утков 329.19
–, елочный 426.15
– Жаккардовый 4.2
–, малый 3.18
–, однообразный 145.5
–, прокидной 344.4
–, симметричный 221.11
–, тисненый 406.5
рифлен-ый валик 70.14, 117.17
–ый ролик 101.3
–ая гильза для шпули крестовой мотки 24.11
рифли, винтовые 140.13
ровн-ый лаппетин 164.17
–ый номер 11.3
–ая нить 435.7
рогожное (с. т. панама *или* шашечное *или* кубическое *или* клетчатое) переплетение 147.6.9
рогульчатый с. т. крыльчатый
– нитевод 99.16
род ленточного станка 355.11
– намотки на шпули 23.4
– переплетения 381.10
– переплетения заводного утка 422.12
– переплетения отдельных тканей 159.13

род пробора берда 107.5
— проборки 103.15
— ткани 391.6
— ткачества 1.11
— уточной мотки 86.17
розетка 261.5
розмах качания 95.12
— рычага 133.24, 134.1.2
ролик (с. т. валик *или* каточек) 203.5, 287.8, 388.9
— с гнездами 92.10
— с грубонасеченной поверхностью 100.16
— нитевода 94.16
— для образования узора 281.4
— под'емного рычага 33.15
— под'емной цепи 92.8
— проступной подножки 201.8
— в связи с рычагом 184.8
— со спиральными вальками 139.11
— тяги 124.1
— шелка 43.10
— с шелком 359.6
— эксцентрика 36.13, 200.9
—, верхний 199.3
—, деревянный щупальный 125.18
—, двойной 100.14
—, заторможенный 176.17
—, кожаный 237.12
—, колючий 140.10
—, конический 117.7
—, нагретый пазовый 343.9
—, нажимной 55.9, 186.16
—, накладной 119.10
—, направляющий 35.4, 206.2, 287.15, 332.12
—, натяжной 59.1, 99.5
—, х-вый опускает х-вую коробку 281.11
—, остановочный 36.10, 37.11
—, покрытый песком 117.16, 135.7
—, приводный – веретена 98.16
—, приемный 135.6, 360.3
—, проступной 193.3
—, рифленый 101.3
—, стальной 237.11
—, товарный 116.17, 136.16, 261.10, 323.8
—, тормозной 93.15
—, фрикционный 34.11, 55.6, 61.6, 100.5, 101.1
—, холостой 35.4
—, цепной 33.17
—, шнурочный 26.15, 207.2
—, шпульный 343.21
—, щупальный 124.6
роликов-ая шпарутка 140.2.12
—ое движение для х ремизок 184.2
роличн-ый блок 360.14
—ый кривошип, двойной 295.11
—ый привод к шпульным салазкам 367.20
—ый тормаз 245.24
—ый челнок (для сукна) 237.9, 241.10
—ый четырехремизный прибор для встречного движения 201.16
роличн-ая поперечина 356.11
—ая решетка 189.10, 203.4
—ая сменная карта из листовой стали 281.1
—ое приспособление 183.18
ромбический фон 413.17
Ропер, самодействующий тормаз –а для навоя 129.12
Росс, револьверный батан –а 280.2
рубашечн-ый ситец 393.1
—ое двойное оксфордовое переплетение 146.4
рубец, выступающий 154.13
рубчатка 154.8
рубчат-ый металлический лист 117.10
—ый узор типа Адриа 146.11
—ая дорожка 407.15
—ая ткань 391.9
—ое дупло челнока 244.14
—ое пикэ 160.16
рубчик с. т. ребро
— атласа, выступающий 150.18
— репса, уточный 146.3
—, выпуклый — в узоре 391.10
рукав 156.11
—, войлочный 414.8
рукоятка (с. т. ручка) 26.11, 55.13, 58.8, 287.12
— для остановки катушки 32.5
—, всаженная 133.1
ручка (с. т. рукоятка) 58.8, 112.19, 178.14, 204.13, 291.12
—, деревянная 111.15
—, навойная 374.3
ручник, прокидной 360.19
ручн-ой батан 288.16
—ой ткацкий станок 7.7
—ой складальщик 6.9
—ой ткацкий станок для вязаных ковров 335.1
—ой товар 405.21
—ая выпрядка 12.21
—ая сновальная машина 45.13
—ая шишка 348.2
—ая щетка 83.19
—ое приспособление для проклейки 71.14
—ое ткачество 4.18
—ое шлихтовальное приспособление для моточной пряжи 69.25
рыбья чешуя 117.12
рыночная пряжа 11.26
рычаг 236.10, 266.1
— барабана 31.13
— батана, упорный 325.4
— с головным каточком, качающийся 257.10
— грудницы 320.10
— каретки 207.1
— с крючком 279.8
рычаг крючков 274.14
— машины Жаккарда 213.4
— нитевода 94.18
— на оси щупального ролика 125.13
— остановочного прибора при обрыве утка 318.4
— с прорезом (с. т. кулиссный рычаг) 96.6, 128.6, 196.8, 257.6
— противовеса 99.1
— с пружинной нагрузкой 137.15
— собачки 253.14
— для установки зева 195.4
— для установки игл 350.3
— уточной вилки 320.4, 322.18
— для челночной коробки 275.6
— эксцентрика 319.15
— — режущего приспособления с зубчатым сектором 331.12
—, боевой 251.13, 253.7, 255.7, 314.10
—, блочный 322.7
—, верхний (двуплечий) 185.3, 188.4
—, вилкообразный сменный 277.13
—, включающий и выключающий 50.15
—, выключагельный 133.11, 268.5, 316.12, 323.1
—, выключающий 320.5
—, выталкивающий 264.8
—, грузовой 31.3, 91.14, 121.9, 274.7, 348.9
—, двуплечий, нагруженный гирей 108.18
—, двойной секторный ремизный 192.10
—, двойной сменный 277.14
—, дифференциальный 125.16
—, загнутый 48.22
—, закладной 348.10
—, замыкающий ток 320.3
—, зацепной 192.15
—, защелкивающий 280.11
—, зубчатый 123.16
—, игольный 279.7
—, качающийся 90.19, 192.2.5.13, 194.6, 204.7
—, клавишный 388.13
—, коленчатый 212.5, 255.4, 262.12, 341.11, 385.11.15
—, контактный 387.6
—, контрольный 262.11
—, крестовой 228.14
—, кулиссный 55.15, 136.15, 196.8
—, маркировочный 75.3
—, надевной 373.1
—, нагруженный 121.12
—, нажимной 291.9
—, натяжной – для нитей 93.14
—, несущий барабан 31.13
—, ножовой 190.7, 192.12, 262.16
рычаг, опорный 178.7
—, остановочный 35.11, 91.10, 278.5
—, отводный 311.16
—, откидной 311.6
—, отметочный 74.22, 75.3
—, оттяжной 259.20
—, питательный 113.7
—, погоняльный 315.14
—, подающий шпули 340.9
—, под'емный 188.4, 277.16
—, поперечный 185.8
—, приводный — нитеводного бруса 33.12
—, призменный 301.14
—, промежуточный (выключательный) 194.17, 308.9
—, проступной см. проступной рычаг
—, пружинный 52.19
—, равноплечий 191.5
—, регулирующий 125.17
—, ручной 303.8
—, ступенчатый 275.3
—, сцепляющий 363.19
—, трехплечий 213.7
—, тормозной 95.5, 124.16, 308.6, 309.7, 316.5
—, тормозной грузовой 125.9
—, тормозной — с зарубками 90.12
—, трехплечий 129.6, 315.11
—, угловой см. угловой рычаг
—, управляющий 276.17
—, установочный — гребня 82.6
—, ухватный 48.3
—, храповой 119.15, 133.7, 285.16
—, четырехплечий 228.14
—, шестеренный 276.14
—, щупальный 125.15, 252.14, 254.8
рычажек верхнего подшипника 36.6
— с двойным крючком 195.8
— державки веретена 36.6
— для проборки берда 108.11
—, вспомогательный 194.5, 195.7
—, выключающий 318.16
—, качающийся 270.14
—, щупальный 316.13
рычажн-ый запор 269.4
—ый механизм 196.5, 333.11
—ый нож 190.11
—ый прибор для останова 53.6
—ый тормаз 246.2, 277.2
—ая передача 277.20
—ая пружина 228.15
—ая рама 388.15
—ое плечо, уравновешенное 439.23
—ые ножницы 383.16
рыхл-ая шишка 18.17
—ые витки нити 98.8
рюш, кромочный 426.20
ряд веретен 87.26
— зубьев 282.12
— игл 205.1.2, 214.24

ряд крапин, поперечный 412.21
— крючков 187.12, 214.14
— параллельных канатов. . . . 124.17
— узелков, поперечных 338.15
— шпульных салазок 366.2
—, нечетный (четный) 214.20.21
—, поперечный . . 214.16
—, продольный . . 214.15
ряды, косые . . . 57.20
рядов-ой пробор . 104.9
—ое звено цепи . 196.20
рядок (с. т. трубка *или* кишка *или* жгут) 379.9
— веретен 87.26
— ворсового утка . 167.1
— лиц 208.8
— нитей 47.8
— петель. 327.22
—, перекрученый . 47.13
рядки бисера, рассаженные . . 354.13
— переплетений . 197.3
рядков-ый хребет 104.7
—ая сновка . . . 41.1
рядом расположенные гнезда . . 345.15

С

саго 66.23, 437.10
садиться (ткань) . 139.4
— (основа) 66.15
— по ширине (основа) 114.12
салазки (с. т. коробка) . . 62.2, 258.11, 326.9
— с буфером, ножовые 331.16
— подшипника . . 61.13
— уточной вилки 320.9
— шпули 90.4
—, каемочные . . 366.18
—, шпульные см. шпульные салазки
салициловая кислота . . 68.3, 438.1
сало . . . 67.9, 437.17
—, смазочное . . 374.20
салфетка. 420.9
сальник 73.19
самодействующ-ий с. т. автоматический
—ий ткацкий станок 266.8
—ее приспособление для заполнения челнока . . . 261.12
—ее приспособление для продевания нити 27.9
—ее питательное приспособление 269.7
—ее приспособление Кросслея для смены челноков 269.14
—ее приспособление Цвики для смены челноков . 270.3
саморегулирование натяжения нитей 94.1
—, двухстороннее 125.5
самоторможение . 134.15
самшитовый челнок 243.6
сантиметр 444.12
саржа (с. т. саржевое переплетение *или* диагональ) . . 394.17, 399.8, 401.28
— нормального наклона 148.9
— с основным эффектом . . . 147.15
— с перебоем . . 150.2
— с углом наклона в x градусов . 148.8
—с уточным эффектом 147.14
—, волнистая . . 149.9
—, двенадцатиремизная пологая 148.2
—, двухсторонняя 148.13
—, диагональная зигзагообразная 150.12
—, джутовая . . . 397.3
—, зигзагообразная 150.9–11
—, зубчатая . . . 149.12
—, извилистая . . 149.10
—, костюмная . . 398.14
—, крестовая . . .150.6.8
—, крутая 148.10
—, крутая трехремизная 147.18
—, мебельная. . . 418.8
—, многополосная 149.1
—, обыкновенная джутовая . . . 397.4
—, односторонняя 148.12
—, основная . . . 147.15
—, переплетенная крестовая . . 150.7
—, пологая . . . 148.11
—, равнобокая . . 148.13
—, репсовая . . . 149.7
—, сквозная . . . 149.11
—, ступенчатая двухсторонняя четырехкратного переплетения 157.10
—, тонкая джутовая. 397.5
—, трехремизная . 147.17
—, узорчатая . . 149.2
—, усиленная . . 149.1
—, уточная . . . 147.14
—, фасонная . . . 149.10
—, четырехремизная 148.1.14
саржев-ый ковер . 407.19
—ый манчестер . . 395.5
—ая диагональная ткань. 3.19
—ая лента 424.25
—ое переплетение (с. т. саржа) . . 147.13
—ое переплетение, вдвинутое одно в другое . . . 150.4
—ое переплетение, встречное . . 149.6
—ое переплетение, добавочное . . 149.5
—ое переплетение, кажущееся . . 149.13
—ое переплетение, левое 148.5
—ое переплетение, ломаное . . . 149.8
—ое переплетение, основное . . . 149.3
—ое переплетение, побочное . . . 149.5
—ое переплетение, правое 148.4
саржев-ое переплетение, противоположное . 149.6
—ое переплетение, ступенчатое . 149.14
—ое переплетение, чешуйчатое . . 150.1
сарпинка 395.17
—, джутовая . . . 396.15
сарсонет 393.5
сатин 394.20
—, китайский . . 402.10
—, основный . . . 151.17
—, продольно-полосатый уточный 152.1
—, пятиремизный. 402.5
—, семиремизный . 402.7
—, уточный . . . 151.16
—, шелковый . . 402.4
—, шестиремизный 402.6
—-либерти 402.8
—-мессалин . . . 402.9
сатинов-ая крутка 16.18
—ое переплетение 151.15
сахар 396.23
—, виноградный . 68.5
сбегать косо (нить) 39.2
— с початка в осевом направлении (нить) . . 237.16
сбережение карт . 197.1
— карт для платочных станков (приспособление) 275.20
— карт (устройство) 236.7
— силы 307.6
сбор, складочный 446.27
сборка карт . . . 389.17
сборник для угаров. 113.2
— для челноков . 269.6
сборный приемник 365.17
— приемник для отлетающих колпачков 264.14
— пробор 105.1
сборы, патентные. 446.3
сборщик берд . . 282.10
сбрасывание ремня 373.2
свежий челнок . 266.19
— шлихт 65.4
сверленая дыра с вырезом . . . 115.11
сверление для масла 374.12
— под'емной доски 225.12
—, крестообразное — навоя . . . 119.9
свертный из двух половин диск навоя 78.12
сверток каучукасырца 415.7
свертывание между собой эксцентриков 198.22
свет (прочность) . 429.15
светлое сукно . . 62.20
световой эффект . 422.15
свин-ой хвостик . 27.15
—ая кожа 248.11
свинцов-ая палочка 208.12
—ые белила . . . 124.23
свободн-ый с. т. пустой *или* холостой
—ый Жаккардовый узор 377.15
—ый конец основы 118.9
—ый прибой батана 292.14
свободно-западающая собачка. 136.19
—-лежащий . . . 339.2
—-падающий батан 295.10
сводить карты . . 389.2
— рисунок . . . 378.13
сводка карт . . . 389.1
сводчатый вид . . 217.7
сводчик рисунка . 286.20
сводчица рисунка. 386.21
свойство с. т. качество
— нити, внешнее . 435.3
— поверхности товара 431.30
сволочка. 282.6
—, деревянная . 286.13.16
—, металлическая 286.14
—, оловянная . . 286.15
связанные карты 389.18
связка (с. т. подвязь) 11.5
— аркатных шнуров. 220.20
— игл 235.1
связующее вещество 89.11
связывание карт . 389.17
— нитей 381.11
— узлами концов нитей основы 110.16
связывать зубья с сволочками . . 286.8
— лицевую ткань с грунтовой. . 157.14
— пучки ворсовых нитей с основой 336.13
— узлами концы нитей основы . 110.15
— узорные нити с нитями грунтовой основы . . 369.1
— спицы мотовила шнурами . . . 25.21
связывающая основа 329.20
— верхняя основа 325.9
— перевязь . . . 223.11
связь 157.12
сглаживать поверхность нити . . 64.15
сглаживающий складки лист . 442.2
сгонять (с. т. отматывать) . . . 85.21
— катушки. . . . 44.23
сгонн-ая шпуля, неподвижная . 86.19
—ое мотовило . . 34.15
сдача готового товара 6.27
сдваивание навоев 82.10
— цветных нитей . 19.3
сдваивать ремизки 181.18
— сснованные основы 82.11
сдвиг коленчатого вала в осевом направлении . 307.15
— накидных нитей 152.2
— нитей 57.2
—, боковой . . . 345.13
—, взаимный . . . 367.10
сдвигать веретено в сторону. . . 37.9
— игольную раму. 350.6
— ремизки 181.17
— части переплета 145.1
—ся вдоль оси (главный вал) . . . 99.6
сдвинут-ый пробор 104.16
—ый репс 146.12
—ые друг против друга слои нитей 97.9

сдвинуть барабан мотовила . . . 29.11
сдвоенн-ый с. т. двойной
–ая машина, берлинская . . . 234.8
–ая нить 435.6
–ая пряжа . . . 9.4
–ое ворсовое переплетение . . . 169.1
–ые целиком колышки 173.11
сдуваться струей сжатого воздуха (колпачек) 264.22
себестоимость . . 442.13
– мотки 26.4
сегмент с. т. дуга
–, зубчатый 112.17, 358.6
–, кольцевой . . 345.18
сегментное сечение 115.8
седельная подпруга, натяжная . 429.1
сектор 204.6, 274.14, 341.9
–, боевой . .251.15, 253.8, 255.6
–, вспомогательный 204.4
–, зубчатый 38.13, 194.8, 276.10, 347.15
–, проступной . . 193.2
–, ремизный . . . 322.1
–, храповой . . . 51.23
секторн-ый ремизный рычаг, двойной 192.10
–ая защелка . . 314.12
секционн-ый диск. 202.10
–ая сновальная машина 54.2
–ая сснованная катушка . . . 54.18
секция, отпускающая 202.11
–, поднимающая . 202.12
селектор (с. т. нитеизбиратель *или* выборщик нитей) 368.10
семиремизный сатин. 402.7
семя, льняное . . 67.20
сердечник 33.13
–, железный . . . 269.12
сердцевидн-ый подхватчик гарнитурной основы 334.11
–ая шайба эксцентрика 33.13
сердцевина, проволочная . . . 19.21
серебристый бисер 19.14
серебряная нить . 423.10
– парча 402.21
– пряжа 20.3.4.5
сернокисл-ый барий 437.28
–ый кальций . . 437.23
–ый магний . 68.15, 437.25
–ый натр 68.19
–ый цинк 67.29
–ая известь . . . 68.16
серьга крючечной планки 333.14
– нитевода . . . 94.18
– пружины . . . 309.1
– для ремизной фланки 172.5
– ролика 183.19
–, блочная . 122.8, 291.11
–, соединительная 253.7
сетка 394.5
– эскиза. 379.13
–, грунтовая . . 413.8
–, нижняя . . . 157.1
сетка, предохранительная. . . . 313.1
сеткоплетение . . 324.11
сетчат-ый газ . . 165.7
–ый фон 413.8
–ая ткань, полосатая 412.5.12
сечение, сегментное 115.8
–, тавровое . . . 333.2
–, треугольное . 354.11
–, угловое . . . 333.1
сжатый воздух . . 264.13
садн на перед, проборка . . . 103.18
сигнал, звонковый 62.8
сигнальный звонок 62.7
– прибор 77.13
сидение 405.16
сидеть на боевом кривошипе (эксцентрик) . . . 250.20
– на диске (катушка) 38.20
– на оси мерного вала (червяк) . 51.24
– в пазах (спицы) 29.5
– на проступном валу (эксцентрик) 250.19
– свободно на валу (ступенчатый шкив) 34.17
сидящий крепко в салазках . . 90.8
сила инерции гири маятника . . . 317.4
– натяжения основы 126.8
– натяжения пружины. 334.1
– натяжения ремня 307.8
– пружины . . . 255.20
– удара 246.14
– челнока, живая 312.6
силикат магния . 68.18
силовая станция . 309.15
сильвалин, пряжа бумажная. . . 13.25
силькин, нитрошелк 17.19
сильный удар . . 246.16
сильскин 399.29
симметрическая проборка . . . 221.7
симметричный с. т. отраженный. .
– узор . . . 349.9, 377.6
симметрия 221.9
синий 380.13
система двойного станка 330.14
– рычагов для останова 53.6
– тяг 137.8
ситец 392.16
–, набивной . . . 392.17
–, подкладочный . 392.19
–, простынный . . 392.20
–, рубашечный . . 393.1
–, узкий подкладочный 392.22
–, цветной . . . 393.8
сито из железной проволоки . . 416.24
–, латунно-проволочное 416.23
–, проволочное. . 416.21
–, промывное . . 416.25
Ситон, приспособление для введения утка к станку –а 257.21
ситчатое дно из двойного (тройного, четверного) волоса . . 414.15.16
– дно, волосяное. 414.14
сицилиэн 401.16
скакать (коробка) 273.14
скало . 80.8, 116.5, 129.14, 335.8, 337.10
– в виде ролика . 116.8
–, вращающееся. 117.4
–, качающееся . . 117.5, 329.14
–, круглое вращающееся 116.12
–, неподвижное . 117.2, 323.10
–, полированное . 333.7
–, подвижно расположенное . 129.9
–, полукруглое неподвижное . 116.13
–, товарное . . . 116.15
скамейка 297.6
скатерть 420.10, 433.12
скатывание см. сматывание *или* смотка *или* разматывание
скачек 292.4
скашивание деревянных крючков. 211.9
сквозн-ой болт . 139.21
–ой пробор . . . 104.9
–ая гильза . 10.14, 85.13
–ая ось 125.6
–ая саржа . . . 149.11
–ое движение салазок. 369.9
скидывание ремня 373.2
склад 443.11
складальщик . . 6.7
складальщик, машинный . . . 6.10
складальщик, ручной 6.9
складальщица . . 6.8
складальщица на машине . . . 6.11
складка 162.5
–, лежачая поперечная 162.6
–, поперечная . . 162.1
–, продольная . . 161.17
складн-ая однопружинная шпрынка 238.9
–ое мотовило . . 28.16
складочный сбор . 446.27
складывание навоев 82.10
складывать мотовило 28.17
– накрест прядь нитей. 42.19
складывать накрест рядки нитей 43.1
– провисающие нити зигзагообразными витками 49.5
– товар складками 298.19
– товар в сторону 298.17
–ся 429.22
склеенный навой . 115.5
склеившиеся нити 66.2
скоба (с. т. стремя) 80.16, 172.3
– щупальца . . . 318.14
–, дугообразная железная . . . 206.3
скоба, зажимная – шпрынки . . . 242.17
–, закрепленная . 172.7
–, кулисная . . . 210.15
–, направляющая 348.16
–, передвижная проволочная . 100.1
–, прижимная . . 210.15
–, устанавливающаяся 315.9
–, установочная – для берда . . 108.9
–, четырехугольная проволочная 263.7
скобка . 50.14, 112.7, 168.17
–, головная 308.14, 314.7
–, грузовая . . . 329.10
–, крестообразная – для шпули . 323.4
–, основоразделительная. . . . 363.2
–, ременная . . . 314.15
–, ремизная . . . 171.11
скобообразная ворсовая петля . . 167.11
скобочка (с. т. пластинка *или* глазок) 111.17
–, надевная . . . 319.20
–, подвесная . . 319.13
–, проступная . . 201.7
скобочный тормаз 246.3
сколотая нить пробранной (новой) основы . . . 113.16.18
сколочн-ая игла . 113.6
–ое приспособление. 113.5
скольжение блочного шнура . . 88.8
– основы 50.9
– основы по скалу 117.1
– ремня 307.9
– фрикционных дисков 37.3
–, свободное – навоя по тормозной ленте. . . 122.14
–, тугое – по тормозной ленте . 122.15
скользить вверх (проволочная петля) 227.3
– в выемках желобчатой дуги (салазки) . . . 367.3
– под канатом (навой) 124.18
– по направляющему полозу (шпуледержатель) 263.20
– в направляющих прорезах (шипы валиков) . . . 49.15
– (основа) . . . 50.10
– по скалу (основные нити). . . 298.11
– (ремень) 307.10
– по шпилькам (коробки) 291.5
– (шнур блочный) 88.7
скользящ-ий контакт 387.5
–ий ремень . . . 365.16
–ая нагрузка . . 122.6
–ие в пазах шипы 186.20
скопление нитей . 365.24
скорость вращения веретен . . . 88.2.3
– вращения катушки 24.19
–вращения мотовила 25.26

скорость вращения накатного барабана 48.17
– движения челнока . . . 247.8
– навивания 24.19, 85.5
– навивания, постоянная . . . 53.11
– накатки на навой. 77.7
– намота 85.5.6
– передачи, переменная 53.13
– пролета челнока 247.8
– снования 42.6
– ткацкого станка, максимальная (минимальная)306.18.19
– челнока 257.14
–, большая . . . 85.8
–, конечная – челнока 247.10
–, максимальная – челнока . . 247.14
–, наибольшая . . 85.7, 247.14
–, начальная – челнока . . . 247.9
–, переменная рабочая. 34.16
–, половинная . . 302.15
–, равномерная . . 42.7
скос 267.14, 317.7
скошенная неподвижная часть . 283.18
скребок, гибкий . 89.13
скрепление, боковое 172.1
скрепленный шипами 289.19
скреплять лицевую ткань с грунтовой. 157.14
– узелок с одной основной нитью 336.18
скрепляющ-ий прут для ремиз . . 172.13
–ая тяга 332.17
скрещенный зев (с. т. крестовой зев) 231.5
скрещивание нижних нитей . . . 160.6
– нитей основы . 164.3
– подвязи 219.22
скрещивать группы нитей. 351.12
– нити 42.8
– подвязь 219.23
скрещивающиеся стальные проволоки 208.4
скрипящая ткань. 431.29
скрученн-ая проволока 416.17
–ые нити 97.7
слабение нитей . 79.10
слабеть (верхний зев) 142.16
слабый удар . . . 246.15
слабо мотать . . 85.25
–-крученая ангорская пряжа . 170.10
–-натянутая основа 118.22, 405.12
–-натянутая основа для образования петель . 166.5
слева направо восходящий хребет саржи 148.6
следующая подача магазина . . . 262.5
слепая карта . . . 197.6
слизеобразующее вещество . . . 67.19
сложн-ый пробор. 105.5
–ые переплетения 145.15
слой дерева . . . 311.3
– пряжи . . 54.13, 87.6
–, конусный . . . 87.7
–, лицевой – товара 157.4
–, наснованный . 56.11
– нитяной, замкнутый 23.1
–, нитяной плотный 23.1
–, подкладной . . 157.6
слои нитей, сдвинутые друг против друга. . . 97.9
– нитей, ступенчатые. 41.13
слойная ткань, х– 159.1
смазанная мылом шелковая колышка 175.6
смазка с. т. смазывание
– прутков 328.13
– рабочих частей. 374.17
смазочн-ый канал 375.7
–ый материал . . 374.18
–ое масло 374.19
–ое отверстие . . 375.6
–ое сало. 374.20
–ые средства. . . 67.5
смазывание поверхности тормозного обода . . 124.22
– рабочих частей 374.17
смазывать прутки 328.14
смазчик машин . 375.10
сматывание с. т. смотка *или* разматывание *или* скатывание
– клубка основы . 63.14
– мотка пряжи . . 25.9
– обратно основы 43.6
– толчками . . . 126.7
сматывать 85.21
– моток пряжи . . 25.8
– нить с уточной шпули 260.10
– основу 77.2
– основу с навоя . 118.4
– прядь нитей со сновальной рамы 43.3
–ся с круга (основа) 81.2
–ся с отлетающего колпачка (уточная нить) . . . 265.1
смахивать избыток нитей. 98.9
смачивать шпули . 101.9
смачивающий валик 89.12
смежно-расположенные челночные коробки . 291.18
смежные нити . . 97.6
смена на бускиновых станках . 274.4
– Годчсона . . . 276.7
– зева 228.5
– Нойльса . . . 276.12
– носиков эксцентрика 250.6
– переплетения . 196.10
– переплетения (приспособление) 196.11
– по порядку . . 273.5
– пропусками . . 292.4
смена проступа . 189.3
– проступания . 183.4
– при помощи револьверного батана 279.1
– рядов челноков 358.8
– скачками . . . 292.4
– посредством падающих коробок Смита . . 274.15
– при помощи ступенчатых роликов. 291.13
– утка для пестроткачества . . . 271.5
– утка (приспособление) . . . 271.3
– утка без сменных карт . . . 278.11
– Хаккинга . . . 275.5
– хода 189.3
– цвета 421.7
– цвета утка . . 341.17
– цветов. 271.6
– цветов по основе (двухпризменное приспособление) 230.11
– челноков (автоматическое приспособление Бэкера и Кипа) . 269.2
– челноков (самодействующее приспособление Кросслея) . . 269.14
– челноков (самодействующее приспособление Цвики) 270.3
– челноков при помощи кулачной цепи . . . 273.18
– челноков (приспособление Швейгерта) . . 267.8
– челноков, двухсторонняя . . 272.20
– челноков, односторонная . . 272.19
– челноков, самодействующая . 266.7
– челноков для х коробочных станков . . . 290.17
– челночных коробок. 290.15
– шпуль от руки . 260.2
– шпуль (приспособление Габлера) 265.13
– шпуль (самодействующее приспособление Гартмана). . . 262.8
– шпуль (приспособление Кехлина) 264.1
– шпуль Эльзасского общества (приспособление) 263.5
– уточных шпуль, автоматическая 260.11
– Швабе. 276.2
– Шенгерра . . . 274.12
– шпуль (приспособление Шенгерра) 266.2
– Экклеса 276.1
–, батанная – посредством под'ема. 273.8
–, двойная. . . . 290.10
–, двухсторонняя 292.3
–, х-кратная . . . 272.5
смена, неправильная. 260.14
–, односторонняя 292.2
–, последовательная револьверная 279.4
–, ступенчатая . 274.16
–, швейцарская . 277.22
сменн-ый автомат револьверного типа 270.12
–ый батан для ленточных станков 358.9
–ый крючок . . . 277.1
–ый молоточек . 261.15
–ый патрон . . . 292.1
–ый рапорт . . . 273.1
–ый ремиз . . . 111.7
–ый рычаг . . . 277.13.14
–ая карта 275.15
–ая карта из листовой стали. . . 280.21
–ая карта для челноков 280.20
–ая карта, роличная – из листовой стали. . . . 281.1
–ая коробка 272.4, 290.12
–ая коробка, поднятая (опущенная) 272.13.15
–ая рама 305.1
–ая шестерня 128.1, 133.8, 135.10, 136.1
–ая шестерня в х зубьев 133.13
–ая фланка для колышек 172.11
–ая цепочка . . . 196.19
–ая шпрынка . . 238.16
–ая вставная шпрынка . . . 239.1
–ое бердо 111.6
–ое приспособление, расположенное слева (справа) . . . 281.5.6
–ое проступание . 195.10
сменять катушки . 45.3
– челночные коробки 290.16
сменяющийся цвет 230.15
сметка 85.28
смешанн-ый пробор 105.1
–ый эффект расцветки 152.10
–ая проборка . . 222.12
–ое рогожное переплетение . . 147.9
смещение накидных нитей . . 152.2
смещать основные нити в боковом направлении . 367.18
– ремизки 181.17
– части переплета 145.1
смирнский ковер . 409.15
– ковер, вышитый 337.5
– ковер, длинноворсный . . . 409.17
– ковер, изготовленный механическим способом 337.7
– ковер коротковолосый . . . 409.16
– узелок . . 336.15, 409.9
смирнская пряжа. 15.8
Смит, смена при помощи падающих коробок 274.15
смотанн-ый конец основы 118.9
–ая обратно длина основы 49.14

смотанн-ая уточная шпуля . . 260.9
смотка с. т. сматывание *или* разматывание
— мотка пряжи . 25.9
— нити 346.11
— основы 77.3
— утка (нити) . . 244.22
смотровый стол . 442.4
смоченн-ый с. т. увлажненный
—ая насквозь шпуля 101.14
смычка карт . . . 389.17
снова пустить в ход. 266.15
снабженн-ый зажимными пружинами 262.19
—ый зажимными щечками . . . 262.17
—ый зубьями на полокружности 203.2
—ая пазами рама . 208.5
снимание катушки 37.7
снимать картон . 390.8
— катушки. . . . 30.13
— основу с сновальной рамы . . 57.3
сновальн-ый баран 56.9
—ый барабан . . 58.17
—ый барабан, конусный 60.1
—ый барабан, лежащий в стойках 59.10
—ый барабан, снабженный иглами 57.17
—ый задний гребень 49.16
—ый конус . . 60.7
—ый круг крестовой мотки . . 63.2
—ый мастер . . . 40.10
—ый отрез 54.18
—ая гребенка 46.14, 59.14
—ая доска . 59.14, 61.18
—ая дощечка 46.9.10.12.13
—ая карточка . 7.23, 40.12
—ая карточка, узорная 434.3
—ая катушка. . . 44.8
—ая катушка для шелка 34.13
—ая катушка, раздвижная . . . 54.19
—ая катушечная рамка 43.12
—ая лента с приложенным к ней шаблоном конуса 60.14
—ая машина с горизонтальной сновальной рамой 56.17
—ая машина для кругов крестовой мотки . . 63.1
—ая машина для ленточного ткачества 56.2
—ая машина с навоем 47.19
—ая машина, американская — Дрэпера . . . 53.1
—ая машина, английская . . . 47.19
—ая машина, игольчатая 57.15
—ая машина, катушечная 54.2
—ая машина, конусная 58.6
—ая машина, ручная 45.13
сновальная машина, секционная 54.2
—ая рама, вертикальная . . . 56.3
—ая рама, горизонтальная . . . 56.18
—ая рама, круглая 46.5
—ая рамка для образцов основы 47.15
—ая поперечина . 46.6
—ая початочная рамка 45.7
—ая прядь . . 47.5, 57.21
—ая раздвижная колодка . . . 54.19
—ая решетка . . . 56.4
—ая шпилька . . . 44.19
—ое бердо 49.16
—ое бердо, передвижное . . . 54.6
—ое мотовило . . 56.9
—ое отделение . 40.3
—ые козла 56.12
—ые нити 41.11
сновальня 40.3
сновальщик 40.4
— вручную. . . . 40.6
—, машинный . . 40.8
сновальщица . . . 40.5
— вручную. . . . 40.7
снование с. т. сновка
— жгутами . . . 41.1
— на катушки . . 41.8
— с навоя 40.19
— в обратном направлении . . 43.6
— полоски вниз . 47.7
— частями 41.4
—, дробное . . . 41.4
сновать жгут в обратном направлении 43.5
— жгутами 41.2
— нити основы в обратном порядке 47.10
— полоску вверх и вниз (взад и вперед) 47.9
— с початков . . 40.18
— прядь нитей вниз 47.8
— пряжу 40.11
— от руки 41.10
— с равномерною скоростью движения пряжи . 42.7
— участками . . . 41.5
— с шпуль . . . 40.17
сновка с. т. снование
— резиновых нитей 56.13
—, рядковая . . . 41.1
—, ходовая — на барабан . . . 41.9
снять катушку с веретена . . . 37.8
— тормозной рычаг 95.19
— щетку 73.8
собачка 51.22, 58.12, 126.23, 133.2.12, 204.18
— храповика . . 96.14
— (механизм) . . . 253.12
—, боевая . . 252.13, 253.10, 255.8
—, двойная. . . . 259.8
—, западающая . 178.21
—, запорная . . . 333.20
—, зацепная . . . 134.14
—, нажимная 134.13, 195.13
—, натяжная . . . 195.12
—, поворачивающая . . 211.23, 277.26, 279.6
собачка, поворотная . . 233.11, 359.10
—, подающая . . 129.3
—, пружинная . . 258.12
—, пружинящая . 226.2
—, раздвижная . . 136.2
—, свободно-западающая. . . . 136.19
—, тормозная 133.13, 135.11
—, храповая 128.5, 268.15
собачки на общем болте 127.7
соблюдение числа уточин 132.19
собранные карты . 389.18
собственный вес рычага 121.6
согнут-ый в виде шпильки . . . 111.13
—ая игла крючка . 211.13
сода, каустическая 68.4
содержание машин 446.8
— станков в чистоте 375.11
соединение угольниками 323.15
—, коленорычажное 294.10
соединенные гибко между собой деревянные планки решетки 189.12
— между собой нити 83.15
соединительн-ый винт 136.3
—ый пруток . . . 194.16
—ый проволочный пруток 277.8
—ый шарнир . . . 253.7
—ая кривая . . . 198.16
—ая тяга . . 253.9, 385.16
—ые тяги в виде параллелограмма 311.7
соединять рычаг с подножкой . . 188.8
— узелок с двумя основными нитями 366.16
сокращенная пробивка карт . . 387.15
солдатик. 50.14
солдатское сукно 397.13.14
соленоид. 320.11
солома пшеницы . 416.3
— итальянской пшеницы . . . 416.4
—, кукурузовая . 416.2
—, расколотая . . 416.5
соломенный кордонет 416.6
— мат 416.8
соль алюминия . . 438.5
—, глауберова . . 68.20, 437.26
—, горькая 68.15.18, 437.25
—, мышьяковая . 67.27
—, поваренная . . 67.28
сообщать боковое движение крючкам 351.11
сообщение удара челноку . . . 246.13
соразмерять длину основы с числом оборотов мерного колеса . 49.4
сорт пряжи . . . 12.1
—, высший . . . 16.3
соскакивать с упорки (крючек) . 92.14
сосновывание полоски вниз . . 47.7
соснованн-ый навой . . . 48.16, 77.6
—ая секционная катушка 54.18
сосновать вниз полоску нитей . 47.8
сопло, водяное . 102.5
сопротивление намотке пропорционально торможению навоя 130.9
— размотки . . . 95.20
— сматыванию основы 118.5
— тормаза 120.15
— торможения . . 95.18
— трения 120.14
—, побочное . . . 123.12
соседний межзубный промежуток 109.7
сосуд с. т. котел *или* чан
—, варочный . . . 69.7
состав для шлихтовки. 180.8
составленный из пластинок . . 208.1
составн-ой из двух частей шатун . 293.11
—ой ковер 407.12
—ой групповой пробор. 105.6
—ой дамаск . . . 154.4
—ой эксцентрик . 200.3
—ая часть эксцентрика 198.14
—ые переплетения 145.15
составлять набросок узора. . . 376.3
состояние покоя ползуна . . . 364.21
— равновесия тормаза 120.10
— ремизок, неподвижное 189.6
—, подвешенное . 49.7
сотрясение с. т. вибрация
— коробки 273.13
— станка 212.13
сохранять натяжение нити постоянным 98.4
сочетание цветов в рисунке . . . 3.20
спаривать машины Жаккарда . 214.6
— ремизки 181.18
спинка зуба . . . 126.21
—, зубчатая — под'емной коробки 278.9
спинная обивка . 405.17.18
спиралеобразный бердочный зуб 285.23
спираль 22.19
спиральн-ый виток нити
—ая пружина . . 210.13, 358.15
—ая щель вилки . 30.9
спихивать щеколду с приклона 52.15
—ся с приклона (щеколда) . . 48.21
спицы 29.2
— мотовила . . . 25.21
—, крепко сидящие 29.3
—, сидящие в пазах 29.5
сплетаться (все нити колышек) . 179.14

сплетаться между собой (групы основных нитей) . 164.2
сплетение узора с фоном 223.10
сплетенная из проволоки колышка 175.13
сплошной обрыв нитей. 4.6
сплюснутый узор . 377.20
сплющенная нить. 94.4
сползание нитей . 57.2
— слоев нитей . . 97.10
— слоя пряжи . 86.2
спорт 399.12
способ апретирования, механический (физический) 437.4.5
— вдевания, английский 245.14
— действия сменных карт . . . 281.7
— действия тормаза 120.9
— заправки . . . 386.19
— скрещивания . 381.10
— тканья 1.11
—, машинный . . 70.3
—, механический . 26.1
—, мокрый 85.3
—, сухой 85.2
способность декатировки . . . 429.21
— складываться . 429.22
— утюжиться . . 429.20
справа налево восходящий хребет саржи 148.7
спресованное дерево 243.9
спринцовка, ручная 101.12
спрос 443.3
спуск воды . . . 74.1
— нитей 142.8
— основы 118.3
— основы (устройство) 119.7
спускать основу . 118.2
— основу с навоя . 118.4
—ся (нити) 142.9
спускающаяся основа 338.3
спускной валик . 48.8
спутанность нитей 81.13
спутанный вид ткани 153.3
— креп 153.2
спущенный конец основы 118.9
срабатывание подшипников. . . 313.10
сработанн-ый початок . . . 243.22, 262.3
—ый челнок . . . 243.21
—ая основа . . . 110.18
—ая шпуля . . . 265.3
—ая уточная шпуля 317.17
—ые в один челнок (товар лицевой и изнанковый) 169.11
сработка шпули (прибор) . . . 318.17
— шпули (прибор со счетчиком) . 318.21
— шпули (пружинный электрический прибор) . 319.1
сразу остановить ткацкий станок 307.2
средина ткани . . 222.8
срединн-ый рапорт 222.9
срединн-ая кайма (с. т. разрезная кайма) 361.2
средн-ий номер . 11.8
—яя крутка . . . 16.19
—яя поперечина . 305.2
—яя ткань 159.8
—ее деление . . . 216.10
средства для образования зева . 170.20
— для производства, вспомогательные 371.9
—, вспомогательные — для исследования тканей 438.8
—, смазочные. . . 67.5
—, умягчающие. . 68.8
средство против образования плесени. . . . 67.24
— для предохранения шлихта от гниения . . 67.23
—, предохранительное — против высушивания . . 67.6
—, утяжеляющее . 68.12
ссучать с. т. присучать *или* прихлестывать
— нити основы . . 110.10
ссучивание нитей нескольких початков 45.8
ссучивать концы оборванной нити 51.11
ссучка 110.11
ставка початков . 38.21
стакан с. т. втулка
— веретена . . . 94.8
—, приводный — веретена 93.12
—, пробивной . . 388.11
стаканчик 241.7
сталкивать щеколду с приклона. 52.15
—ся с приклона (щеколда) . . . 48.21
сталь, листовая . 115.12
—, литая 190.2
стальной челнок . 243.13
стан, накатный . . 80.2
—, ткацкий . . . 7.6
станина (с. т. плита) 178.10
— станка 297.2
— бумаготкацкого станка 297.9
—станка для выработки вязаных ковров 298.3
— дамаскового станка 297.13
— станка для дорожек 298.2
— коврового станка 297.15
— ленточного ткацкого станка . 355.13
— льноткацкого станка 297.11
— станка для лохматых тканей . 297.14
— станка для сукна 297.10
— шелкоткацкого станка 297.12
— для установки каретки . . . 206.18
—, козлообразная 287.6
—, машинная . . 113.9
—, накатная. . . 331.4
—, распертая . . 297.7
станков-ый паспорт 7.16
—ая лампа . . . 356.12
становиться жесткой и твердой (нить) 64.16
станок с. т. стойка *или* козлы . .
— для бархатных лент 359.2
— для бархатных тканей, механический 326.1
— с обыкновенным батаном . . . 303.13
— с встречным движением ремиз 207.5
— для вязки ковров с Жаккардовой машиной 335.13
— для гобеленов и ковров 434.15
— двойной ширины 296.12
— для дорожек . . 298.2
— для карт . . . 206.11
— для ламповых фитилей . . . 360.6
— для лохматых тканей 297.14
— машины 209.20
— мотовила . . . 33.19
— для навоя . 72.14, 82.3
— для образцов . 304.19
— для плетения проволочных сеток 324.11
— для двойного плюша (механический). . 330.12.15
— для поясов . . 360.9
— для проборки основы 106.1
— в виде пульта . 209.3
— с решеткой . . 243.10
— с роличным движением ремиза 184.4
— Ситона 257.21
— для смены . . 276.13
— для смирнских ковров 335.4
— для сращивания 111.2
— для сукна . . . 297.10
— автоматический 240.1
—, барабанный . . 209.15
—, басонный см. басонный станок
—, букскиновый . 253.3
—, бумаготацкий см. бумаготкацкий станок
—, быстроходный 304.5, 326.5
—, вырабатывающий мебельный плюш . . . 328.19
—, глубокий . . . 324.2
—, гобеленовый 298.7.9
—, двухвальный см. двухвальный станок
—, Жаккардовый ткацкий . . . 7.12
—, заправленный проволочным волосом . . . 324.13
—, кареточный ткацкий . . . 7.10
—, катающийся — для корзины . 102.6
—, катающийся — для основы . . 112.22
станок, катучий шпульный . . 62.17
—, кегельный . . 208.17
—, х-коробочный. 290.17
—, лаппетиновый см. лаппетиновый станок
—, легкий на ходу 304.2
—, ленточный см. ленточный станок
—, механический (с. т. механический станок) для двойного бархата 330.13
—, многочелночный 303.14.17.18
—, мокетовый . . 331.8
—, навивальный . 80.6
—, одновальный . 302.1
—, плисовый . . . 326.1
—, позументный . 209.17
—, полумеханический ткацкий . 7.9
—, проборный 105.11, 106.2
—, проступный . . 5.3
—, пруточный . . 359.8
—, работающий с перебоями (непрерывно) . . 306.16.17
—, ремизовязальный 177.17
—, ручной см. ручной станок
—, тихоходный . . 303.4, 326.4
—, ткацкий см. ткацкий станок *или* станок
—, тюлевой . . . 90.1
—, тяжелый на ходу 304.3
—, уборочный . . 219.13
—, узорчатый . . 209.9
—, шелкоткацкий с. т. шелкоткацкий станок
—, шпульный . . 62.16
станция, силовая . 309.15
стаскивание натрончиков (машина) 372.4
стаскивать патрончики с веретен 372.5
стеарин 67.15
стеган-ый узор . . 161.7
—ое одеяло . . . 419.30
стежка (с. т. строчка) 161.7
—, крестовая . . 165.3
стежковый шов, цепной 342.18
стежок, мелкий (крупный) . . 422.6.7
—, цепной 342.18
стекло, увеличительное 438.9
стекляный бисер . 19.12
стеклярусный бордюр 428.10
стеллаж для пряжи 102.9
стенка станины . 278.13
—, боковая — челнока 244.9
—, задняя — челночной коробки . 256.1, 267.5
—, передняя — челночной коробки . . 267.4.13, 316.7
стенн-ой ковер . 407.8
—ая ткань 422.2
степень белки . . 429.18

степень крутки шелка 16.16
— натяжения основы 118.12
стерженек с носиком 203.9
стержень . . 25.13, 371.6
— вентиля 69.2
— крючка 343.2
— нитеизбирателя 368.15
— початка 84.13
—, крючечный . . 368.12
—, нагрузочный — для початка . . 93.16
—, направляющий 439.4
—, насеченный . . 238.6
—, независимый . 368.17
—, нитеводный — в виде винтового шпинделя . . 100.17
—, основной . . . 368.16
—, под'емный . . 268.17
—, проволочный . 19.21
—, просверленный 85.16
—, стальной . . . 337.3
—, укрепительный 92.22
стержневая державка 238.19
— нить (с. т. основная *или* грунтовая нить) . . . 19.18
стиль 376.12
— барок 376.22
— ренессанс . . . 376.21
— рококо 377.1
—, ассирийский . 376.13
—, готический . . 376.19
—, греческий . . 376.15
—, египетский . . 376.14
—, индийский . . 376.17
—, мавританский . 376.18
—, норманнский . 376.20
—, римский . . . 376.16
стиральное сито 416.25
стоечка для шпули 90.16
стойка (с. т. козлы *или* станок) 80.7, 111.3, 329.12, 335.5, 386.11
— с. т. рамка *или* клетка *или* решетка
— берда 58.7
— воздуходувного крыла 76.5
— для втулки . . 284.2
— грузового рычага 125.11
— для кромочных шпуль 331.5
— мотовила . 26.9, 33.19
— для навоев 72.14, 79.14
— для привода . 305.5
— с прорезью . . 34.10
— рамы с пазом . 210.1
— для рычагов . 185.11
— станка . . 106.4, 297.3
— стержня . . . 93.7
— для шпуль . . 90.11
—, боковая . . . 335.2
—, деревянная 72.6, 108.6
—, катушечная . . 331.6
—, направляющая 94.13
—, под'емная . . . 38.17
—, сновальная катушечная . . . 43.12
—, сушильная — для основы . . 72.3
—, угловая 297.3
стоимости обзаведения 445.20
стоимость изготовления чертежей 446.24
— карт 446.26
— мотки . . 26.4, 88.23
стоимость образцов 446.23
— освещения . . 446.7
— отопления . . 446.6
— патронов . . . 446.25
— прейскурантов . 447.6
— содержания машин 446.8
— топлива для производства . . 446.5
— уборки 446.22
— хранения . . . 446.27
стол . 288.5, 358.4, 365.2, 389.12
— с канавками . 343.7
— с прорезами . . 50.13
—, вертящийся . . 81.3
—, катушечный . 32.19
—, направляющий 342.20
—, нарезной . . . 383.19
—, смотровой . . 442.4
столовой льняной тик. 396.8
столов-ая бельевая ткань. 433.8
—ая мерительная машина . . . 442.1
—ое покрывало . 419.17
сторона выбрасывания челнока 268.18
— призмы Жаккардовой машины. 220.11
— смены 279.12
— карты, номерная 382.13
— материи, (изнанковая) лицевая 430.3.4
— машинной плиты (правая, левая) 113.10.11
—, долевая — мотальной машины 27.8
—, лобовая — мотальной машины 27.7
—, продольная — мотальной машины. 27.8
—, торцевая — мотальной машины 27.7
—, фонарная — призмы 212 1
стороны, взаимнозаменимые . . 392.6
стояк 80.7
стояние на мертвой точке . . 306.3
стоять (веретено) . 38.19
— неподвижно в заднем положении (батан) . . 295.6
— на ребро в решетке (под'емные фланки) . . . 224.10
стоячий магазин 269.15
стоячок, выключающий 308.18
стоящ-ий неподвижно 180.13
—ая основа (приспособление) 335.15
—ая торчком ворсовая покрышка 166.16
страмин (башмачный) 399.22
страхование. . . . 446.15
страусовый уток . 421.18
стрелка (с. т. перевод *или* указатель) 54.15, 178.18, 326.29
— коробки 280.15
— с язычками . . 193.4
стремя с. т. скоба
стремя, передвижное проволочное 100.1
стремячко, проволочное 33.10
—, ремизное . . . 171.11
стренга, проволочная 416.17
стриженая ткань . 431.11
строение волокна 436.17
— ткани 391.3
строчка (с. т. стежка) 161.7
структура ткани . 391,3
струна, кишечная 341.10
струя воздуха . . 75.11
— сжатого воздуха 265.5
ступенчат-ый пробор. 104.17
—ый рычаг . . . 275.3
—ый шкив 34.5
—ая смена 274.16
—ая двухсторонняя саржа четырехкратного переплетения . . . 157.10
—ое саржевое переплетение . . . 149.14
—ые слои нитей . 41.13
стягивать избыток нитей. 98.9
— нити основы (уток) 139.5
судебные издержки 446.29
суживаться (товар) 139.6
сукно 397.11
—, валичное . . . 397.15
—, дамское . . . 397.12
—, полушерстяное 400.4
—, светлое . . . 62.20
—, солдатское . . 397.13.14
—, темное 62.19
суконн-ая промышленность . . . 2.18
—ая фабрика . . 2.17
—ое ткацкое производство . . . 2.15
суконщик 5.18
сумка, верблюжья 410.9
супорт (с. т. кронштейн *или* державка) . . 59.16, 334.12
— кронштейна . . . 310.11
— ножей 327.16
— тормозных шкивов 92.21
— шпарутки . . . 140.7
—, переставной — для реек . . . 105.16
—, устанавливающийся 61.19
суровая бумажная ткань. 392.14
— основа . . 21.7, 64.2
— пряжа . . . 9.23, 18.13
суровье 431.2
—, ткацкое 3.6
сушилка 72.10
—, воздушная башенная . . . 75.12
сушильн-ый веер . 66.1
—ый чердак . . . 72.11
—ая камера . 71.4, 75.7
—ая машина для прошлихтованных мотков пряжи 71.3
—ая стойка для основы . . . . . . 72 .3
—ое приспособление для основы . . 72.5
сушильщик . . . 65.23
сушильщица . . . 65.24
сушить движением воздуха. . . . 75.11
— прошлихтованную основу (промахиванием) 65.22.29
— струей воздуха. 75.11
— в тени 72.2
сушка горячим воздухом 74.4
— прядей 170.15
— основы на открытом воздухе . 72.1
— в тени 65.25
— при умеренно-теплом воздухе 65.26
—, машинная . . 66. 3
сход шнурка . . 204.9
сходить со шпули в тангенциальном направлении (нить) . . 240.15
сходное положение 182.1
сух-ой способ . . 85.2
—ая выпрядка . . 12.23
сцепить передачи регулятора . . 135.3
сцепление железа по железу . . 310.19
—, положительное . 135.4
—, предохранительное 279.11
сцепленные передачи 135.4
сцеплять ведущие колеса 95.7
—ся с зубчатой рейкой (зубчатый сегмент) . . 234.16
сцепляющ-ий клин 277.11
—ий рычаг . . . 363.19
—ая втулка муфты 94.10
—ая муфта ведущего колеса веретена 95.8
—ее кольцо . . . 333.17
—иеся друг с дружкой зубчатые дуги 192.11
сцепной палец . . 303.7
счет уточин . . . 370.4
счетчик . . . 48.12, 56.10
— Гитчона 51.17
— нитей 434.14
— оборотов . 54.8, 58.16, 370.3
— уточин 370.5
— уточин Демулэна 370.7
— уточин Нортропа 370.6
— числа метров . 54.16, 371.12
— числа нитей (с. т. счетная лупа) . 438.12
счетн-ый барабан. 62.5
—ый механизм . . 48.12
—ый прибор . . . 370.2
—ая игла 434.6
—ая лупа см. лупа, счетная *или* счетчик числа нитей
—ое колесо. . . . 370.9
—ое мотовило . . 440.4
считывание (приспособление) . 387.12
счищать шишечки (жестяной щиток) 28.2
сшивать лицевую ткань с грунтовой. 157.14
сшитые аркатные шнуры 218.3

сыромятная кожа . 310.14
сырье 8.8
с'ем 91.19
с'емн-ая крышка гребня 49.19
—ые козла 56.8
—ые штифты 189.16
сюра 401.27
сюртучная обшивка 428.20

Т

тавровое сечение . 333.2
талечная нить (с. т. перевязочная нить *или* перевязь) 10.23
тальк 68.17, 207.18
Таннвальд, каретка 192.9
Таннвальдский под'емный батан 278.3
тангенциальное направление 240.15
таннин 437.30
тарелка с. т. фланец *или* шайба *или* диск *или* круг *или* плошка
— веретена 36.3, 38.1
— катушки 24.14
— шпульных салазок 364.17
—, вращающаяся початочная 45.10
—, торцевая 55.11
—, фрикционная 97.15, 98.13
тарлатан 393.27
тафта 400.9
—, двойная 400.13
—, клетчатая 400.17
—, одежная 400.12
—, одноцветная 400.14
—, подкладочная 400.10
—, продольно-полосатая 400.16
— шанжан 400.15
тафтян-ой ковер 407.17
—ая точка переплета 381.18
—ое переплетение 160.8
тверд-ый трубчатый початок 94.5
—ое дерево 243.5
текстилин 14.2
текстилит 14.1
текстилоза 13.26
текстильное производство 1.2
тележка 256.17, 287.9, 324.8, 343.17
— с бегунками 257.9
— для корзин 371.14
— для основы 112.21
— для перевозки навоев 79.16
— для шпуль, железная 371.10
—, поддерживаемая роликами 287.20
телефон 447.8
тело с. т. корпус
— бобинки 346.8
— початка 86.12
— челнока 243.3
темное сукно 62.19
температура шлихтовального помещения 73.9
тень 65.25
теневой атлас 151.14
— эффект 422.16
теоретическ-ий вес 11.17
—ая производительность станка 441.3
теория учения о переплетении 143.16
теплый шлихт 64.27
тепловатый шлихт 65.19
тереться о ремизки (нить основы) 182.17
тесемочн-ая ткань 424.1
—ое производство 3.2
тесьма с. т. лента
— с накладными шишечками 426.16
— для помочей 415.23
— к резиновым чулкам 359.14
—, бордюрная 360.8
—, канительная 428.5
—, кухонная 428.23
—, мебельная поясная 428.27
—, одежная гарнитурная 428.22
—, плетеная 360.7
—, подшивная брючная 427.13
—, предохранительная 428.21
—, экипажная 359.13
техника, по —е ткачества 2.1
технология ткачества 2.2
тибет 399.11
—, пряжа 14.21
—-альпака 399.23
тигровый плюш 406.19
тик 396.4
— для полотенц, льняной 396.9
—, брючный льняной 396.7
—, джутовый 397.2
—, мешочный 396.5
—, одежный 394.7
—, постельный льняной 396.6
—, простынный 396.6
—, столовой льняной 396.8
тиковые товары 5.22
тип ленточного станка 355.11
— ткацкого станка 304.7
тисненый рисунок 406.5
тисочки, пара —ов 439.1
тихий ход 53.14
тихоходный станок 304.4, 326.4
ткание см. тканье
ткальня 1.7
ткан-ый 1.15
—ый товар 3.7
—ая живопись 422.4
—ая шениль 20.19
ткань (с. т. материя *или* товар) 3.9, 391.3
— из ангорской шерсти 398.25
— атласного переплетения 432.6
— из бумажной массы 430.23
— с взаимно-заменимыми сторонами 392.6
— с торчащим (лежачим) ворсом 403.10.11
— с выпушкой 154.8
ткань с двухсторонней ворсовой поверхностью 170.5
— газового переплетения 432.7
— с гладкой поверхностью 391.8
— с двойной основой 155.11
— с двойным утком 154.18
— из дерева 416.9
— из древесины 416.9
— искусственного шелка 430.22
— с искрой 392.7
— из конского волоса 430.24
— из крапивы 430.12
— с курчавой поверхностью 432.2
— с лежачими поперечными складками 162.6
— для масляных прессов 399.17
— из металлических нитей 431.1
— миткалевого переплетения 432.4
— муаровой отделки 431.8
— с мушками 421.3
— с накладными основными узорами 351.6
— для непромокаемых плащей 398.11
— с огоньком 392.7
— с основной вышивкой 163.1
— плиссэ 162.6
— с прерывистым саржевым переплетением 397.22
— с равномерным переплетением 391.11
— с продольными полосами 3.22
— из рами 430.11
— с рисунком 3.17.18
— саржевого переплетения 432.5
— с продольными складками 161.17
— со складками 161.12.13.14
— с выпуклыми узорами 163.1
— с одним вышивным утком 162.12
— из флорета 430.19
— с шестиугольными клеточками 363.9
— с эффектовыми точками 392.7
—, ажурная 431.23
—, аппаратно — шерстяная 430.14
—, апретированная 431.15
—, асбестовая 5.29
—, барежевая 401.25
—, бархатистая 432.9
—, беленая 431.3
—, бельевая см. бельевая ткань
—, бисерная см. бисерная ткань
—, брючная 399.19
—, бумажная 430.7
—, валяная 431.9
—, волосяная — для сидений 414.18
—, ворсован см. ворсовая ткань
ткань, ворсованная 431.10
—, вышитая 344.13
—, вышитая на иглах 163.6, 349.5
—, вышитая утком 344.14
—, газовая 353.1, 393.28
—, газовая — ручного переплетения 165.10
—, гардинная 393.30, 413.1
—, гладкая 3.16
—, гофрированная 431.7
—, грубая 431.27
—, грунтовая см. грунтовая ткань
—, дамасковая 432.11
—, двойная 398.8
—, двойная бороздчатая 160.9
—, двойная — с подбивной основой 158.1
—, двойная — с подбивным утком 157.15
—, двойная — о х расцветках 158.9
—, двойная — с нижней основой 158.11
—, двойная — со связывающей основой 158.3
—, двойная — со связывающим утком 158.2
—, двойная узорчатая 158.8
—, двойная узорчатая по основе 156.1
—, двойная — с нижним утком 158.10
—, двухосновная — с тремя утками 158.10
—, двусторонняя 392.5
—, джутовая см. джутовая ткань
—, диагонально-рубчатая 154.16
—, Жаккардовая 392.9
—, жесткая 431.25
—, жилетная 399.20
—, камвольная см. камвольная ткань.
—, каучуковая 415.3
—, киперная диагональпая 3.10
—, клетчатая вышитая 163.5
—, крашеная 431.4
—, креповая 432.3
—, кружевообразная 412.25
—, лампасная 402.27, 423.3
—, латунно-проволочная 416.19
—, легкая 431.16
—, лицевая 157.2
—, лохматая 432.8
—, льняная см. льняная ткань
—, мельничная 401.24
—, мерсеризованная 431.5
—, мешочная 395.24
—, мешочная — без шва 156.13
—, многослойная 158.12
—, мохнатая 166.3
—, мягкая 431.24
—, набивная 431.6
—, настоящая шелковая 430.18
—, ненастоящая газовая 165.11

ткань, непромокаемая 431.12
—, обойная см. обойная ткань
—, обтирочная . . 394.3
—, палаточная . . 395.15
—, парчевая . . . 402.17
—, пеньковая. . . 430.10
—, первичная . . 159.7
—, платочная. . . 433.5
—, плотная. . . . 431.22
—, подкладная . . 169.6
—, подкладочная . 157.3
—, полотняная . . 430.8
—, полульняная . 430.9
—, полушелковая с бумагой (шерстью) 430.20.21
—, полушерстяная 430.16
—, поперечно-рубчатая 154.15
—, портретная . . 422.9
—, поясная. . . . 415.26
—, провислая . . 431.28
—, проволочная . 416.14
—, продольно-рубчатая 154.12
—, пропитанная . 431.14
—, плоско — вышитая 344.15
—, простеганная двойная . . . 160.10
—, простроченная двойная . . . 160.10
—, ребристая 154.8, 391.9
—, редкая . . 4.8, 431.21
—, рельефная . . 422.17
—, ремизная 181.5, 392.8
—, рубашечная — кэмбрик . . . 393.10
—, рубчатая . . . 391.9
—, саржевая диагональная . . . 3.19
—, х-слойная . . 159.1
—, соломенная . . 416.1
—, средняя . . . 159.8
—, стриженая . . 431.11
—, трех-основная с двумя утками. 158.11
—, тройная по основе 156.4
—, тройная по утку 156.3
—, тройная узорчатая 159.2
—, тяжелая . . . 431.17
—, угарно-шелковая. 430.19
—, узорчатая 3.17, 391.14, 432.10
—, узорчатая — с двойным утком 155.10
—, узорчатая петлистая 166.11
—, узорчатая пикейная 161.8
—, узорчато-рубчатая 154.17
—, хрустящая . . 431.29
—, чепрачная. . . 397.16
—, четырехслойная узорчатая. . . . 159.3
—, шелковая см. шелковая ткань
—, шерстяная . . 397.10
—, шершавая . . 432.2
—, эластичная . . 431.26
ткани 391.1
— аппаратной шерсти 397.8
— аппаратной шерсти саржевого и атласного переплетения . . . 398.12
ткани аппаратной шерсти миткалевого переплетения. 397.9
—, бархатовидные шелковые . . . 403.1
—, вышивные. . . 162.10
—, газовые . . . 163.8
—, клетчатые . . 153.5
—, петлистые . . 166.2
—, плотные . . . 392.13
—, полосатые . . 153.5
—, полые 156.10
—, редкие 393.21
—, сетчатые . . . 412.5
—, стенные . . . 422.2
—, тесемочные . . 424.1
—, трубчатые . . 156.10
—, узорчатые шелковые 402.15
—, уплотненные . 154.7
—, хлопчатобумажные 392.11
—, хлопьевидные . 160.1
—, шерстяные . . 397.7
тканье 1.3
— белых суровых товаров . . . 2.3
— с вышивкой . . 344.16
— газа 352.3
— гладких товаров. 2.5
— образцов . . . 299.4
— в обратном направлении с половинной скоростью 302.15
— человеческих фигур 422.10
ткать 1.4
— вручную . . . 4.19
— из давальческой пряжи 6.20
— с (без) крестовым зевом 223.14.15
— ландшафты . . 422.11
— легкий товар на тяжелом станке 296.7
— мокрым (сухим) утком . . . 236.20.21
— в обратном направлении . . 302.14
— опушку ткани . 1.14
— с х ремизками . 181.3
— тяжелый товар на легком станке 296.6
— без ценочного прутка 138.13
— в несколько цветов 271.7
ткач 4.21
— на бумаготкацкой (фабрике) . 5.10
— вручную. . . . 4.23
— аппаратной шерсти 5.20
— асбестовой ткани 5.29
— бархата 5.27
— дамасковой ткани 5.25
— джута 5.14
— камвольной шерсти 5.21
— козьей шерсти . 5.28
— конского волоса 5.28
— крапивы . . . 5.16
— лент 5.26
— ленточно-ткацкой 5.26
— на льноткацкой 5.12
— на механическом станке 5.1
ткач мешков . . 5.23
— пакли 5.15
— пеньки 5.13
— плиса 5.27
— на полотняной фабрике . . . 5.11
— на проступном станке . . . 5.3
— тика 5.22
— тонких льняных батистов . . . 5.24
— узорчатых тканей. 5.9
— шерсти 5.17
—, вырабатывающий образцы 299.7
—, запасный . . . 5.7
—, работающий из давальческой пряжи 6.22
ткачество 1.3
— из давальческой пряжи 6.21
—, Жаккардное. . 208.15
—, кустарное . . 6.19
—, ленточное . . 56.2
—, механическое . 7.2
—, ремизное . . . 181.1
—, ручное 4.18
—, узорчатое . . . 2.6.9
—, фасонное . . . 2.7
—, фигурное . . . 2.7.8
ткачи-кустари . . 6.23
ткачиха 4.22
— вручную. . . . 4.24
— на механическом станке 5.2
ткацкий зал . . . 1.8
— материал, жесткий 236.15
— мастер 5.5
— навой . . 76.18, 114.18
— подмастер . . . 5.6
— порок 4.3
— пух 4.15
— ремиз 171.3
— станок 7.6
— станок с автоматической сменой челноков . 303.19
— станок с автоматической сменой шпуль 304.1
— станок для аксминстерского товара 343.15
— станок для аксминстерских ковров 340.20
— станок со стоячим (висячим) батаном . . . 303.15.16
— станок для бахромного товара 355.1
— станок для бисерных тканей . . 354.5
— станок с пружинным (верхним, нижним) боем 303.10.11.12
— станок для вышитых смирнских ковров 337.1
— станок для вязаных ковров, механический (ручной) . . 335.1, 337.6
— станок для газовых тканей . . 352.2
— станок для узорчатых газовых тканей 353.12
— станок легкой конструкции . 296.5
ткацкий станок с крючечной рейкой 351.8
— станок для лохматых тканей . 325.1
— станок Нортропа 260.18
— станок для пикэ, ручной (кареточный) . . . 325.8
— станок для прокидных товаров 344.1
— станок для проволочных тканей, ручной. . 324.5
— станок с приспособлением для срединной каймы 361.1
— станок с проступными подножками 182.19
— станок с тяжелым пуском в ход. 309.21
— станок для работы двумя ткачами 185.12
— станок для гладкого тюля . . 366.1
— станок для тюля с мушками . 365.25
— станок для полосатого (узорного) тюля . . 365.18.19
— станок тяжелой конструкции . 296.4
— станок для изготовления шенили 340.22
— станок с конической шестеренной передачей 308.1
— станок, автоматический . . . 303.19
— станок, барабанный 300.9
— станок, вышивной см. вышивной ткацкий станок
— станок, гардинный 368.3
— станок, глубокий 296.9
— станок, гобелэновый . . . 334.16
— станок, (двойной плюш) 330.13
— станок, двухвальный . . . 302.5
— станок, Жаккардовый 7.12, 296.15, 300.7
— станок, кареточный 7.10, 206.17, 296.14, 300.6
— станок, ковровый 339.18
— станок, короткий 296.8
— станок, кривошипный 304.20
— станок, кружевной см. кружевной ткацкий станок
— станок, крючечный см. крючечный ткацкий станок
— станок, левый . 305.12
— станок, ленточный см. ленточный ткацкий станок

ткацкий станок, механический 7.8, 301.6, 330.12.13, 337.8, 338.18
– станок, образцовый 299.1
– станок, одночелночный 303.13
– станок, педальный 296.13
– станок, плоский 300.8
– станок, полумеханический 7.9, 301.7
– станок, правый 305.11
– станок, ручной 7.7, 296.3
– станок, самодействующий. . . 266.8
– станок, тюлевый см. тюлевый ткацкий станок
– станок, узкий 296.10
– станок, широкий 296.11
– угар 4.13
– фабрикант на ткачах-кустарях 6.23
– челнок 237.5
ткацкая 1.7
ткацк-ая гребенка 8.10
–ая каретка . . . 186.3
–ая основа . . . 114.4
–ая промышленность 1.10
–ая фабрика . . 1.5
–ая школа. . . . 8.13
–ое бердо см. бердо, ткацкое
–ое наречие . . . 8.4
–ое правило . . . 8.5
–ое производство 1.3, 2.15
–ое суровье . . . 3.6
–ие выражения . 8.4
–ие концы . . . 4.14
–ие материалы . 8.6
–ие машины . . . 7.3
–ие ножницы 8.11, 112.1
–ие станки для плюша 330.11
–ие букскиновые станки, быстроходные 195.6
–ие станки, катушечные 363.6
–ие щипцы . 8.12, 112.2
товар с. т. материя
– с белизной . . 4.7
– из крашеного волокна 429.10
– многократного переплетения . 200.12
– с основным узором 3.23
– переплетения в x нитей (ремизок) . . 144.19.20
– с плотным переплетением . 226.14
– с поперечными полосами . . . 271.12
– с проймами . . 164.1
– с уточным узором 3.24
–, ажурный . . 164.1
–, аксминстерский 343.15
–, брючный . . . 399.19
–, белошвейный . 433.2
–, белый суровый 2.3
–, вышитый . . . 349.7
–, вязаный . . . 3.8
–, галстучный . . 402.20
–, гладкий. . . . 432.1
–, готовый . . . 4.9
–, давальческий . 66.13
товар, дамский одежный . . . 432.15
–, двойной. . . . 431.20
–, домотканый . . 14.9
–, дюжинный . . 441.9
–, занавесочный . 433.11
–, зимний 431.19
–, изнанковый . . 169.5
–, клетчатый. . . 271.13
–, костюмный . . 432.14
–, кусковый 405.15, 441.8
–, кустарный . . 14.9
–, летний 431.18
–, лицевой . 157.4, 169.4
–, лицевой и изнанковый – сработаны в один челнок 169.11
–, матрасный . . 433.6
–, мебельный . . 433.10
–, мохровой . . . 355.1
–, мужской костюмный 432.16
–, носильный бельевой. 433.3
–, одежный . . . 432.14
–, плотный . 132.11, 159.4
–, подкладочный . 432.20
–, полотенцевый . 433.9
–, полуготовый . 443.8
–, полосатый . . 143.13
–, полосистый . . 4.7
–, прокидной . . 344.2
–, ручной 405.21
–, суровый . . . 431.2
–, тиковый . . . 5.22
–, тканый 3.7
–, толстый . . . 159.5
–, фартучный . . 433.1
–, x-ходовой . . . 434.20
–, шторный . . . 433.7
товарн-ый ролик (с. т. приемный ролик) . 116.17, 136.16, 261.10, 323.8, 366.11
–ый ролик на шипах 335.3
–ый ролик, игольчатый 335.9
–ая карточка для станка 7.16
–ая мера 441.10
–ое скало 116.15
товаронаправитель 140.14
ток, постоянный . 309.16
–, трехфазный . . 309.17
толкач 133.12, 229.5, 236.8, 270.9, 388.12
– машины Жаккарда 213.4
– погонялки . . 313.14
– челнока 346.3
– для шпуль . . 364.13
–, зубчатый . . . 268.9
толкающая собачка 134.13 195.13
толстый товар . . 159.5
толчек 126.7
толщина нити утка 132.14
– прутка 327.11
– пряди 83.2
– пряжи 9.16
– слоев нитей . . 101.5
тонина (номер) . 435.18
тонк-ий номер . . 11.9
–ий шлюз 289.5
–ая пряжа 9.17
тонкопрядильная катушка . . . 36.4
топливо 446.5
торговое обозначение тканей . 432.13
тормаз 180.17, 278.16, 309.8
– катушки. . . . 29.13
тормаз для нитей . 31.9
– с противовесом 123.7
– со стальной лентой 124.19
– из стекляных трубочек . . . 246.1
– ткацкого станка 311.12
–, бронзовый . . 245.17
–, винтовой пружинный . . . 125.20
–, висячий (ленточный) . . . 123.7.20
–, грузовой . . . 121.7
–, двойной. . . . 246.4
–, дифференциальный 123.21
–, желобковый . 125.1.5
–, канатный . . 121.8.17, 122.10, 124.10
–, колодочный . . 120.20
–, крыльчатый . 245.20
–, ленточный . . 123.18
–, навойный . . . 119.18
–, нитяной 92.20, 245.15.23
–, откидной . . . 245.22
–, пластиночный . 245.18
–, регулируемый . 245.16
–, роличный . . . 245.24
–, рычажный 246.2, 277.2
–, самодействующий – для навоя, Ропера. . 129.12
–, скобочный . . 246.3
–, сложный . . . 124.9
–, фрикционный . 120.19
–, цепной 123.15
–, шпеньковый – с роликом . . 245.21
–, шпульный . . 95.5
тормазн-ой башмак 284.4, 308.7
–ый блок. . 120.21, 124.21
–ый валик. . . . 89.21
–ой воротник . . 115.16
–ой груз . . 32.20, 125.10
–ой желоб . . . 125.8
–ой канат 121.11
–ой клапан . . . 245.19
–ой обод навоя с зацепкой . . . 79.13
–ой ролик . . . 93.15
–ой рычаг . 95.5, 124.16, 308.6, 309.7, 316.15
–ой рычаг с зарубками 90.12
–ой рычаг, грузовой. 125.9
–ой шкив 92.21
–ая головка . . . 122.12
–ая колодка 32.16, 91.11, 120.22, 316.16
–ая лента . 72.15, 125.7
–ая муфта . . . 123.17
–ая собачка 133.13, 135.11
–ая шайба, верхняя (нижняя) . 93.2.3
–ое колесо. . . . 311.15
–ое кольцо навоя с зацепкой . . 79.12
торможение ворсовой основы на ковровых станках 329.4
– посредством давления перпендикулярно к (водоль) оси навоя 120.1.2
– задерживает катушки от опережения . . . 29.15
– мотовила . . . 33.4
– навоя 119.21
– нити 35.19
торможение челнока 316.21
тормозить веревкой 25.25
– мотовило ремнем 25.24
– отдельные шпули 329.8
– шнуром 25.25
тормозящ-ая пружина шпульных салазок . . . 365.10
–ее кольцо . . . 370.12
торф 13.21
торцев-ой диск . 55.11
–ой (одноплечий) ключ 373.19.21
–ой кружок . . . 115.7
–ая сторона мотальной машины . 27.7
–ая тарелка . . . 55.11
торчать из прутков (гарнитурные нити) 340.7
торчащ-ий ворс . 168.22
–ая вверх петля . 167.15
торчек для наладки крышки гребня 82.16
точильный прибор 332.7
точка вращения . . 185.6
– вращения рычага 92.7
– качания 199.12
– перемены хода . 38.10
– переплета 150.16, 379.7, 381.16
– переплета контура 381.17
– переплета, круглая 380.1
– переплета, тафтяная 381.18
– переплета, четырехугольная . 379.20
– переплетения . 381.16
– переплетения колышки . . . 174.10
– подвеса 255.5
– подвески пружины 204.8
– приложения силы пружины . 137.1
– скрещивания . 353.6
– скрещения атласного переплетения. 150.16
–, мертвая 255.13, 306.2
–, поворотная . . 38.10
–, рапортная . . 380.21
точки переплета, расположенные в разбивку . . 150.17
– переплета, добавочные 153.4
–, опорные . . . 194.10
–, эффектовые . . 392.7
точная установка. 388.19
траверса (с. т. поперечина *или* перекладина) . 176.15
– ткацкого станка 259.3
траектория движения челнока . 290.5
трама 16.6
–, грубая 16.7
трансмиссия . . . 305.8
трение желоба . . 125.4
– основных нитей 319.10
– пряжи о стенку воронки . . . 94.2
– при торможении 309.11
– в шипах навоя . 120.18

трение шнуров между собой 220.2
треугольн-ая форма, основная 366.17
–ое сечение 354.11
трехгранная ячейка 412.11
трехкаточная шпарутка 140.3
трехосновная ткань с двумя утками 158.11
трехплечий рычаг 129.6, 213.7, 315.11
трехремизн-ый прибор для встречного движения 201.15
–ая саржа 147.17.18
трехступенчатый эксцентрик 274.13
трехуточн-ый мокет 405.8
–ое переплетение 169.15
трехфазный ток 309.17
трехцветный дамаск 154.2
трико, поперечное (продольное) 160.3.4
– диагональ 160.7
трип 399.9
трогаться медленно (барабан) 59.11
тройн-ой волос 414.16
–ой вышивной батан 346.21
–ой ковер 408.12
–ая крутка 164.15
–ая по основе (утку) ткань 156.3.4
–ая узорчатая ткань 159.2
тростниковая цыновка 416.11
трощеная нить 435.6
труба, вытяжная 75.13
–, нагревательная 73.1
–, обводная 102.3
–, паровая 69.6
–, паровая нагревательная 72.9
–, проставная 281.3
–, циркуляционная 102.12
трубка (с. т. кишка *или* рядок *или* пруток) 156.11, 340.5
– ворсового утка 167.1
– для выпуска воздуха 74.14
– из листового железа с продольным прорезом 287.2
– с прорезом 176.20
–, воронкообразная 288.2
–, ворсовая 167.2
–, изогнутая по дуге круга 258.3
–, каучуковая 415.10
–, латунная 439.3
–, ребристая нагревательная 71.7
–, стальная 256.7
трубопровод сжатого воздуха 264.13
трубочка 203.6, 232.10, 341.6
– для ворсовой нити, направляющая 342.3
– глины 208.14
– для оплеточной нити 362.16
–, заводная 245.8
–, изогнутая 338.2
трубочка, продевная 245.8
–, уаловязальная 339.5
–, установленная по радиусу (касательной) 342.6.7
трубочный ковровый ткацкий станок 339.18
трубчат-ый навой, стальной 78.2
–ый нитевод 258.3
–ый натяжной нитенаправитель 59.6
–ый початок 84.11
–ая гильза 86.10
–ая ткань 156.10
трущееся движение ткани 140.17
тряпка 420.17
– для ножей 420.16
–, столовая 420.15
туалинет 399.21
туг-ая мотка 85.22
–ая натяжка 118.18, 119.12
–ая основа 405.10
–ая шпуля 23.8
–ое скольжение по тормозной ленте 122.15
туго мотать 85.24
– натянуть пружину 92.16
тугость натяжки основы 118.21
тупой мысок 244.19
– проволочный крючок 234.11
турнэ, пряжа 15.3
тусса, шелковая пряжа (прочесная) 17.6.16
туфельный бархат 404.9
тычковый остановочный прибор 317.12
– предохранитель при недолете челнока 317.1
тычок с. т. нож
– буфера 316.10
– предохранителя 311.13
–, запавший 316.19
–, приподнятый 316.17
тюль 363.8, 423.17
– с мушками 363.12, 418.18
–, гладкий 412.6
–, крапленый 412.18
–, обыкновенный 423.18
–, полосатый 363.11, 412.12
–, простой 363.10
–, узорный 363.13
–, узорчатый 412.15, 423.19
тюлев-ый занавес 418.18
–ый ткацкий станок с двух-замочным приводом 366.5
–ый ткацкий станок с роличным приводом к шпульным салазкам 367.20
–ый ткацкий станок, однорядный (двухрядный) 366.3.4
–ый фон 413.7
–ая занавеска 413.2
–ая ткань 412.5
–ое кружево 423.21
тюркуаз 401.10
тяга (с. т. шатун) 123.23, 229.16, 234.10, 293.8, 348.11
– с прорезом 137.16
– тормозного рычага 308.8
–, выключательная 92.9
–, деревянная – с предохранительным шарниром 255.10
–, железная 186.11
–, кривошипная 308.13
–, проволочная 253.15, 259.19
–, пружинная 325.5
–, скрепляющая 332.17
–, соединительная 253.9, 385.16
–, соединительная – в виде параллелограмма 311.7
–, цепная 230.9
–, шарнирная батанная 308.12
–, шарнирная эксцентриковая 213.18
–, шнурковая 230.5
–, шнурочная 318.11
–, щеколдовая 50.17, 52.12, 61.8, 48.4
тяговая проволока 259.19
тяжел-ый атлас 402.11
–ый станок 296.7
–ый товар 159.4
–ый толстый шлюз 288.21
–ый на ходу станок 304.3
–ый шпат 437.28
–ая основа 21.13
–ая металлическая пряжа 20.7
–ая ткань 154.7
–ое дерево 243.5
–ое проступание 352.10
–ое скольжение 122.15
тяжело разбегающийся ткацкий станок 309.21
тяжник 108.12, 119.17, 188.5
тянуть с. т. оттягивать
– вниз поднятую лицу (висюлька) 219.10
– нити по направляющим пруткам 41.19
Т-полотно 393.15

У

Уайт, двухпод'емная каретка 194.12
убавлять с. т. уменьшать
– натяжение при уменьшении окружности навоя 119.4
убирание аркатной подвязи 207.20
убирать с. т. заправлять
– аркатную подвязь 217.5
– кегельный прибор 209.5
уборка Жаккардового станка 217.2
– подвязи 220.10
– подвязи с под'емными фланками 323.16
уборочн-ый станок 219.13
–ая доска 219.14
–ая машина 209.6
уборщик 6.15, 209.7
убыток от дела 446.16
увеличение с. т. прирост
– напряжения 143.6
– натяжения 120.7
– плотности основы 114.14
– производительности ткацкого станка 266.9
– рапорта рисунка 222.4
увеличенный расход основы 143.11
– узор с простым переплетением 232.2
увеличивать крепость нити 64.12
– натяжение 119.2
– плотность основы 114.13
– силу удара 246.17
увеличивающаяся величина хода нитевода 88.16
увеличительное стекло 438.9
увешанная мотками пряжи жердь 71.6
увлажнение пряжи (устройство) 101.17
– утка 101.6
увлажненн-ый с. т. смоченный
–ая шпуля 101.15
увлажнитель воздуха 102.11
увлажнительн-ый ящик 102.10
–ое помещение 102.1
увлажнять пряжу в мотках 101.8
– уток 101.7
– шпули ручной спринцовкой 101.12
увлажняющий воздух 102.15
угар пряжи 11.23, 85.30, 444.18
– ткачества 4.13
–, початочный 85.28
–, шпульный 85.29
угарн-ая пряжа 14.16
–ая бумажная пряжа 12.12
–ая шерстяная пряжа 14.17
–ое полотно 395.11
углов-ой с. т. коленчатый
–ой гребень 54.6
–ой пробор 105.2
–ой рычаг 95.2, 124.3, 137.7, 234.12, 333.22
–ой рычаг с переменным плечом (со скользуном) 123.22
–ой рычаг для перестановки сновального конуса 60.7
–ой рычаг, батанный 293.21
–ая дужка обручного железа 341.7
–ая катушечная рамка 44.6
–ая стойка 297.3
–ая часть бордюра 378.4
–ое железо 229.11, 323.14

углов-ое сечение . 333.1
углубление в мотке 79.1
— в навое 77.18
— рычага 204.17
угол качания берда 137.2
— наклона в х градусов 148.8
— отклонения веревок..... 233.3
— подачи 127.6
— под'ема 198.18
угольник, железный . . . 229.11, 323.14
—, измерительный 60.16
—, проволочный . 191.11
—, упорный . . . 332.6
угольчатый пробор 104.16
удаление, автоматическое — корзин с пряжей . 102.7
удалять голые (накидные) нити . 145.2
— перевязь из провязки 42.18
— подкидные нити 145.2
удар с. т. бой *или* прибой *или* кидка
— при помощи горки (механизм) . 252.7
— батана при закрытом (раскрытом) зеве 142.5.12
— батана при помощи толчка (нажима) . . 292.15.16
— батана, двойной 294.8
— батана, (мягкий) жесткий . . . 130.12.13
— батана, простой 326.3
— батана, равномерный 143.12
— батана, свободный 292.14
— батана, слабый (сильный) . . 292.17.18
— станка для выработки лохматой ткани . 294.8
— челнока 315.7
—, двойной. . . . 360.10
—, законченный . 247.19
—, сильный (слабый) . 226.6, 246.15.16
ударник . . 82.5, 254.2
ударн-ый вал 302.9, 314.8
—ый крючок . . 195.2
—ая гребенка . . 336.5
—ая игла (с. т. вспомогательная игла) 229.6
—ая игла, наклонно установленная 229.22
ударяться о лопасть призменной рамки (шпенек) 235.12
— о плечо стрелки (коклюшечный шпиндель) . . 179.9
удерживание груза 137.12
— початка на шпрынке . . . 239.11
удерживать нитеразделительный гребень 81.20
— проволоку при помощи зажима 177.9
— ремизку в среднем положении 185.15
удлинение с. т. растяжение
удлинение картона 382.5
— нитей 114.7
удлиненный конец крючка . . . 195.1
удлиняться (карта) 383.22
узел 225.6
— подвязи 197.18
—, задержанный в щели 222.16
узелок с. т. пучок
— в нити 83.13
— нити основы . 110.17
— прочесного шерстяного волоса 409.7
— ручной вязки . 336.14
—, ворсовый . . . 409.5
—, однониточный (двухниточный) 409.11.12.13
—, персидский . . 336.17, 409.10
—, смирнский . . 336.15, 409.9
—, торчащий ворсовой 405.1
узелки, образующие ребра . . 167.6
узелковая пряжа. 421.14
узк-ий ткацкий станок 296.10
—ая деревянная планка 224.6
—ая катушка. . . 23.19
узко переплетать 152.3
— установить ручную ширилку. 139.10
узловатая нить . 435.8
— пряжа. 18.19
узловидная пряжа 18.19
узловязание . . . 339.12
узловязальная машина для основы Барбера . 112.20
— трубочка . . . 339.5
узловязатель . . 111.12
— Барбера . . . 112.3
узлоуловитель . . 28.5
узор (с. т. рисунок *или* фигура) . 149.4, 413.5
— с ребрами типа Адриа 146.11
— розетками 377.5
—, взаимно противоположный . 377.7
—, выпуклый . . 163.1
—, вышивной . . 406.6
—, Жаккардовый см. Жаккардовый узор
—, запутанный . . 377.12
—, звездчатый . . 377.5
—, клетчатый . . 153.11, 160.13
—, лиственный . . 377.4
—, накидной . . . 344.4
—, накладной . . 163.1
—, непосредственный Жаккардовый ... 377.14
—, непрерывный . 154.6
—, окаймленный . 377.21
—, орнаментный . 376.4
—, основной . . . 377.13
—, полосатый (поперечно, продольно) 160.11.12, 377.8.9.10, 412.17
—, рубчатый — типа Адриа . . 146.11
—, симметричный 349.9, 377.6
—, сплюснутый . . 377.20
—, стеганый . . . 161.7
узор, тисненый . 417.23
—, увеличенный — с простым переплетением . 232.2
—, уточный 7.19
—, фасонный — на полотне. . . . 155.9
—, фигурный 160.14, 376.5
—, цветистый . . 376.6
узорн-ый аркат . 231.18
—ый барабан . . 353.14
—ый зев 223.12
—ый крючок . . . 232.9
—ый набор шнуров 386.6
—ый ремиз . . . 231.17
—ый уток . 325.10, 344.6
—ый шнур . . 386.7.8.12
—ая игла 353.15
—ая карта . 342.25, 353.13, 383.10
—ая машина . . . 232.6
—ая нить (с. т. гарнитурная нить) 368.8, 369.2
—ая основа 147.1, 223.7
—ая призма . . . 230.12
—ая часть см. часть, узорная
узорчат-ый двухосновный репс . 146.13
—ый креп 152.17
—ый набор 285.6
—ый плюш . . . 404.14
—ый станок . . . 209.9
—ая двойная по основе ткань . . 156.1
—ая основа . . . 40.14
—ая петлистая ткань. 166.11
—ая пикейная ткань. 161.8
—ая саржа 149.2
—ая ткань . . 3.17, 391.14
—ая ткань с двойным утком . . 155.10
—ая ткань со складками 161.14
—ая ткань, двойная 158.8
—ая ткань, тройная 159.2
—ая ткань, четырехслойная . . 159.3
—ая ткань, шелковая. 402.15
—ое ткачество . . 2.6.9
—ое шашечное переплетение . . 152.8
узорчато-рубчатая ткань. 154.17
указатель (с. т. стрелка) . . . 54.15
— длины 52.9
— номера пряжи . 440.16
укладка уточных нитей, последовательная. . . . 132.6
укоротить остановочный рычаг 92.15
укорочение картона 382.6
укороченные карты (приспособление) 196.22
украшение . . . 149.4
— введением полос 421.4
— при помощи особого вида переплетения . . . 421.2
— при помощи особых нитей . . 421.8
укрепительный стержень . . . 92.22
укрепление ценовых прутков . 138.1
укрепленный конус сновального барабана 60.5
улавливание челнока 252.1
— челнока с захваткой (приспособление) . . . 258.10
— шпилек 50.19
улавливатель челнока (с. т. челнокоуловитель) 312.4
улавливать возвращающийся челнок (ремень) 252.2
— вылетевший челнок 312.11
— левой рукой . 246.11
— петлю уточины (челночки) . . 340.14
— челнок 247.6
улавливающ-ий ремень . . 250.12, 252.3.4
—ая кромочная нить 147.11
улитка 112.9
уложенные шпули 340.8
уменьшать с. т. убавлять
— натяжение . . 119.3
— натяжение основы 126.10
— скорость движения посредством зубчатых передач 53.15
— трение нитей основы 182.16
— число оборотов ткацкого станка для смены челноков . . . 266.16
— шероховатость нити 64.14
—ся благодаря нажиму берда (сопротивление намотке) 130.10
уменьшение величины подачи . 128.10
— груза 121.15
— диаметра навоя. 120.6
— нагрузки гирями 123.5
— окружности навоя. 119.4
— плотности утка. 132.10
— угла подачи . . 135.18
— хода 135.19
уменьшенное давление. 74.15
умереннотеплый воздух 65.26
умягчающие средства 68.8
умягчение пряжи. 101.16
умягченный шелк. 16.22
универсальн-ая счетная лупа . 438.13
—ые весы для пряжи 439.17
Уокер, челночная револьверная коробка . . 280.13
упаковщик. . . . 6.18
упирание тычка . 312.1
уплата заработка с тысячи уточин 444.24
уплотнение при помощи нижнего утка 155.1
—, равномерное (неравномерное) 151.12.13

уплотненн-ый атлас 151.11
—ые ворсовые пучки 404.23
—ые ткани 154.7
уплотнять ткань 156.6
упор 178.9
упорка (с. т. упорная щечка *или* буфер *или* буферная щечка) 91.9, 194.21, 290.11, 332.15, 341.12
— батана 265.16
— выключательного коромысла 52.13
— кассейной доски 222.17
—, контактная 269.9
упорн-ый валик 254.1
—ый выступ 241.8
—ый груз 32.2
—ый носик шпинделя 250.10
—ый отросток 178.10
—ый прилив 194.21
—ый рычаг батана 325.4
—ый угольник 332.6
—ая щечка (с. т. буфер *или* буферная щечка *или* упорка) подвижная 311.14
управление зубчатой рейки 276.6
— собачкой 253.12
управлять движением коробок (крючки) 291.16
управляющий боем челнока механизм 254.7
— рычаг 276.17
упруг-ий 415.19
—ая мотальная планка 29.8
—ая пряжа (с. т. эластичная пряжа) 9.19
—ая установка мотора 309.18
—ое мотовило 29.7
—ое натяжение 118.23
—ое подхватывание челнока 254.5
упруго располагать 313.6
упругость 415.20
урабатываться при тканье (основа) 114.8
уработка с. т. усадка
— основы при тканье 114.9, 444.2
— товара 139.3
уравнивать с. т. регулировать
— натяжение 119.6
— натяжение нитей 98.3
уравнительный регулятор 136.5
уравнивающе действовать (регулятор) 136.20
уравновесить вес рейки 333.3
уравновешенное рычажное плечо 439.23
уравновешивать вес челночной коробки 273.15
урочная работа 441.7
усадка с. т. уработка
усадка картона 382.6
— основы при тканье 66.16, 114.9
— товара 139.3, 444.11
усаженный шипами 117.13
усиленн-ый репс 146.6
—ая саржа 149.1
усиливать основание 356.13
ускорение массы 123.14
ускоренное движение (челнока) 198.11, 247.13
ускорять движение челнока 247.12
устав ткани 434.12
устанавливаем-ый гребень 73.2
—ый полозок нитевода 32.10
—ый шип рычага 50.16
—ая поползушка нитевода 32.10
—ые взаимно жестяные щитки (пластинки) 28.6.8
устанавливать батан 289.16.17
— батан при помощи шнуров 290.1
— бердо в паз шлюза 289.7
— вал эксцентрика 92.13
— гребень 83.9
—длину основы счетчиком 62.11
— карты (шипы) 206.6
— направляющий прорез 28.7
— поворотные собачки в среднее положение 230.10
— призму 187.1
— рапорт 381.2
— ремизки на одинаковой высоте 181.13
— ремизную фланку в прорезах 173.2
— узко ручную ширилку 139.10
— смену посредством крючка 275.4
— на станке Жаккардовую машину в поперечном направлении 217.4
— стрелку указателя на нуль 440.17
— упруго 313.6
— число уточин 132.18
— широко ручную ширилку 139.9
— электромотор на салазках 310.10
устанавливающ-ийся кронштейн 61.19
—аяся скоба 315.9
установительн-ый болт уточной вилки 322.15
—ый винт 92.23, 283.7
—ый винт с конусом 374.7
—ый клин натяжного бруса 332.5
—ая доска 227.14
установить см. устанавливать
установка батана при помощи винтов 289.18
установка боевых эксцентриков на одночелночных станках 251.5
— игл 363.4
— игольной планки (приспособление) 204.14.16
— коробки 272.8
— машины Жаккарда 212.6
— мотора на шарнире, упругая 309.18
— навойных кругов 115.18
— отверстий, точная 388.19
— ткацкого челнока в коробке 265.17
— тормаза, начальная самодействующая 120.17
— ширины 139.2
— электромотора, пружинная 310.9
—, начальная — от руки 120.16
—, наклонная (косая) 211.8
установление натяжения при помощи кулачного колеса 119.11
— плотности ковра 409.8
— ремизок на одинаковой высоте 181.14
установленн-ый вдоль (поперек) станка 225.17.18
—ый путь 141.17
—ые крестообразно 285.6
—ые наклонно 229.22
—ые под углом 233.4
установочн-ый ключ 373.20
—ый конус 60.6
—ый рычаг гребня 82.6
—ая рейка для навойных флянцев 78.15
—ая скоба для берда 108.9
—ое приспособление 28.11
—ое приспособление, вспомогательное 137.18
устранение поломки 254.17
устройство с. т. приспособление *или* прибор *или* аппарат *или* механизм *или* машина
— для наращивания основы 111.1
— для проборки 105.8
— для сбережения карт 236.7
— для спуска основы 119.7
— для увлажнения пряжи 101.17
—, клавишное 385.13
уступ 279.9
— прореза 316.14
утки, ворсовые — расположенные по типу атласа 166.19
уток 7.22, 10.10
— для завитков 421.18
— для основной ткани 166.17
уток для рубцов 154.11
—, бахромный 355.8
—, бисерный 354.8, 415.2
—, вводный 147.5, 156.9
—, верхний 325.10
—, ворсовой 166.14, 167.1
—, вышивной 344.20
—, гарнитурный 411.7
—, грунтовой 161.5
—, двойной 154.18
—, джутовый 13.12
—, камвольный 15.1
—, лицевой 155.3
—, льняной грунтовый 412.1
—, накидной 344.5
—, недоброкачественный 302.10
—, неровный 236.19
—, нижний 155.4, 325.11
—, оборотный 424.9
—, ослабший 346.10
—, основной 166.17
—, переслежистый 236.19
—, подбивной 147.3, 161.2, 325.12
—, подкладной 161.6
—, прокидной 154.11, 162.9
—, узорный 344.6
—, флеровый 166.14
—, цветной 271.11
—, шелковый 16.6.7.8
—, шенильный 341.15
утолщение нити 83.14
утонение нитей путем вытягивания 415.14
утоненный конец 328.7
уточина (с. т. шпульная нить) 236.13, 391.5
—, оборвавшаяся 317.16
—, пропащая 266.12
—, холостая 266.12
уточины на один сантиметр (дюйм) 444.12.13
—, надставные 166.10
—, нечетные 193.18
—, нижние 157.8
—, продетые в трубочки 341.8
—, разрезанные 343.13
—, четные 193.19
уточн-ый бархат 403.13.14
—ый контрольный прибор 370.15
—ый материал 9.1, 236.14
—ый патрон 85.14
—ый плюш, гладкий 405.13
—ый початок 84.10
—ый рапорт 144.16
—ый репс 146.2
—ый рубчик репса 146.3
—ый сатин 151.16, 152.1
—ый узор 7.19
—ый шелк 16.6
—ый щупалец Нортропа 261.11
—ая бахрома 355.5
—ая вилка 263.17, 270.13, 318.3.6, 320.7, 322.13
—ая игла 259.11, 318.12
—ая каретка 357.8
—ая карточка 7.24, 434.5
—ая качель 357.9
—ая коробка 357.7
—ая линия 379.11
—ая дублирная машина 96.18
—ая мотальная машина 86.7

уточн-ая мотальная машина с горизонтальными веретенами и фрикционно-роликовым нитеводом 100.13
—ая мотальная машина для вращающихся шпуль 89.2
—ая мотальная машина для ленточноткацкой 90.10
—ая мотальная машина Моррисона для початков крестовой мотки 91.2
—ая мотальная машина для неподвижных сгонных шпуль 91.1
—ая мотальная машина с фрикционнороликовым нитеводом 100.3.4
—ая мотальная машина для шелка 96.19
—ая нить 236.13, 367.7
—ая нить, голая 166.18, 392.3
—ая нить, оборванная 268.21
—ая полоска (репса) 132.13, 146.3
—ая пряжа 10.10, 84.8, 335.18
—ая пряжа, джутовая 13.12
—ая пряжа, камвольная 15.1
—ая пряжа, незавитая 170.12
—ая решетка 318.2
—ая саржа 147.14
—ая шпуля 84.12, 240.13, 341.3
—ая шпуля, деревянная 239.14
—ая шпуля, смотанная 260.9
—ая шпуля, сработанная 317.17
—ое атласное переплетение 150.15
—ое брошэ 162.12.13
—ое мотальное отделение 85.1
—ое оксфордовое переплетение, двойное 146.4
—ое переплетение Адриа 146.9
уточно-ворсяные ковры 408.14
утюгообразный челнок 244.6
утюженый плюш 406.13
утюжиться 429.20
утяжеление основы 64.8
— ткани 4.11
утяжеленная основа 64.10
— пряжа 10.5
утяжелять основу 64.9
— полуколышки 362.2
— шлюз железной полосой 289.2
утяжеляющее средство 68.12
ухват 48.3
ухватик с. т. захватка *или* зажим
— для введения утка 339.24
— щипцов 341.2
—, качающийся 342.17
ухватный рычаг 48.3
ухватывать конец уточины (щипцы) 341.18
—ся за прорез катушки (носик) 95.17
участок (с. т. часть) 110.3
— на барабане 58.2
— на сновальном барабане 57.16
учение о переплетении 143.14.16.17
учет 446.12
ушко (с. т. глазок) 27.15, 425.22
— иглы 187.19, 211.6, 350.15
— колышки 171.7
— шпильки 362.13
—, кожаное — боевого ремня 250.8
—, проволочное 363.3
—, продолговатое 225.15

Ф

фабрика ткацких станков 4.7
— шерстяных изделий 2.14
—, полотняная 5.11
—, суконная 2.17
—, ткацкая 1,5
фабрикант ткацких станков 7.5
—, ткацкий — на ткачах-кустарях 6.23
фай 401.14.17
файевая лента 425.9
фактический вес товара 442.12
фальсифицированная серебряная (золотая) пряжа 20.2.5
фальц 217.14
фальшив-ый барашек см. барашек
—ый каракуль 407.2
—ое, саржевое переплетение 149.13
фартук основы 110.19
фартучн-ый товар 433.1
—ая тесьма 427.12
фарфоров-ый нитевод 27.16
—ая глина 68.14
фасонн-ый с. т. фигурный
—ый газ 164.21
—ый креп 152.17
—ый лаппетин 164.18
—ый плюш 406.12
—ый узор на полотне 155.9
—ый шелк 17.10
—ая крученая нить 19.2
—ая пряжа 18.7
—ая саржа 149.10
—ая шениль 21.9
—ая шпилька 311.2
—ое бердо 285.3
—ое ткачество 2.7
фаянс, глазурованный 208.2
фестон (с. т. дужка) 425.19
фибра, вулканизированная 243.14
фибровая воронка 97.20
фигура (с. т. узор) 413.5
— с эффектом по основе (утку) 380.17.18
—, геометрическая 413.9
фигурн-ый с. т. фасонный
—ый лаппетин 164.18
—ый узор 160.14, 376.5
—ая карта 383.10
—ая парча 402.18
—ое звено 259.4
—ое оттенение 381.1
—ое ткачество 2.7.8
филозель, пряжа 17.11
фитиль, ламповый 156.12
фитильная ткань 156.10
фланелин 394.15
фланель 397.23
—, двойная 398.10
фланка ремизки 105.18
—, деревянная ремизная 171.8
—, выемная железная 172.10
—, металлическая ремизная 171.9
—, опускная 233.5
—, под'емная 233.6, 224.1
—, под'емная верхняя 224.9
—под'емная нижняя 224.15
— под'емная — с направляющей планкой 224.17
—, под'емная — соединенная каждая шнурами с двумя крючками 224.12
—, клинообразная ремизная 173.10
—, ремизная 171.4
—, ремизная — для колышек 172.4
—, ремизная — для лиц 172.12
—, ремизная — сделанная из металлической трубки 171.10
фланки, нечетные 234.5
—, под'емные — под кассейной доской 224.14
—, под'емные, соединенные с запасными крючками 224.16
—, сменные — для колышек 172.11
—, четные 234.4
фланков-ый крючок 233.14
—ый шнур 173.3
—ая машина с разделенной призмой 233.8
—ая призма 233.10
фланочный крючек 171.12
флеров-ый с. т. накидной *или* прокидной *или* гарнитурный *или* голый *или* ворсовой
—ый уток 166.14
—ая основа 128.13
—ая покрышка 403.9
флоконнэ 417.22.23
флоренция, ткань 400.18
флорет 17.7.12.13
флянец с. т. диск *или* шайба *или* тарелка *или* круг
— катушки 24.14
— навоя 78.6.9
— со скобами 115.14
—, жестяной 78.8
—, массивный 78.7
—, полный 78.7
—, разрезной 115.19
флянцевая катушка 63.10
— катушка, выпуклая 23.18
— катушка, пустая 24.12
фон (с. т. грунт) 222.8
— без переплетения 232.4
—, английский 413.11
—, гипюровый 413.18
—, делимый 412.23
—, кружевной 423.20
—, неделимый 412.24
—, петлистый 413.11
—, ромбический 413.17
—, тюлевый 413.7
—, узорчатый кружевной 413.10
—, французский 413.16
—, четырехгранный 413.17
—-матич 413.20
фонов-ый цвет 230.14
—ая сетка 413.8
фонарн-ая сторона 212.1, 382.13
—ое колесо (с. т. маточное *или* шпеньковое *или* фонарь) 38.11
фонарь 211.24, 229.13
— призмы 205.13
— револьверного батана 279.5
форма початка 87.4
— проступного коленца 201.9
— челнока 244.3
—, коническая воронки 93.17
—, основная треугольная 366.17
фосфорнокислый кальций 438.7
— натр 438.6
фотографический способ (изготовлять патроны) 378.17
фотомеханический способ (патрон, изготовленный) 378.18
фрахт 447.2
фрезерованные ребра 240.7
фриз 417.9
фризэ 417.21
фрикцион кривошипа 194.20
фрикционн-ый барабан 35.2, 48.1
—ый валик 30.4
—ый диск 27.6, 34.12, 36.8, 55.7, 100.10
—ый кожаный ролик 101.1
—ый конус 307.13, 308.5
—ый привод веретен 37.2
—ый ролик 27.5, 34.11, 55.6, 61.6, 100.5
—ый тормаз 120.19

фрикционн-ая муфта (центробежная) . . . 34.4, 311.5
—ая передача 134.18, 307.12
—ая тарелка . 97.15, 98.13
—ое колесо . 98.12, 100.7
фрикционно-роликовый нитевод 100.3
Фроттэ, мохнатая материя . 417.24.25.26
фулькари 419.15
фуляр 392.7
—, шелковый . . 401.9
фунт 444.15
футляр 258.16
— крючка 242.6
— пружины 210.5, 371.3
— для пружины спепляющего прибора . . . 315.2
—, деревянный . . 286.16, 347.17

Х

Хаккинг, смена . 275.5
хвост основы . . 111.8
—, центрирующий 373.7
хвостик, свиной . 27.15
хвостовой волос . 414.12
хвостообразный грузовой рычаг 31.3
хиккори (дерево) . 251.4
химико-микроскопическое испытание 436.18
химическая реакция 436.19
хлопок, луизианский 12.13
хлопчатобумажн-ый с. т. бумажный
—ая жила 18.4
—ая пряжа . . . 12.2
—ая аппаратная пряжа 12.5
—ая гребенная пряжа 12.6
—ая гребнечесная пряжа 12.6
—ая кардная пряжа 12.5
—ая опаленая пряжа 12.15
—ая лента 424.22
—ая основная нить 19.19
—ая пролаченная крученая нить 175.1
—ая ткань 392.11
—ая шишка . . . 18.11
хлопьевидная поверхность . . 417.22
— ткань 160.1
хлористый кальций 68.11
— магний 68.13
— цинк 68.1
хмель 397.6
хоботок 124.5
ход (с. т. движение) 107.18
— батана 292.6
— карт 390.9
— нитевода . 30.14, 88.12
— основы . .114.16, 434.19
— основы и суровья 114.2
— проволоки (механизм) 324.12
— роличной карты 191.17
— собачки 126.15
— станка . . . 306.8.11
— узорной карты . 206.1
— челнока 247.2
— эксцентрика . . 37.16
— электромотора, холостой . . . 310.2
ход, комбинированный 39.11
—, мертвый с. т. мертвый ход
—, мертвый — собачки 127.3
—, обратный . . . 303.2
—, обратный — карты 206.8
—, обратный — с дифференциальной передачей (приспособление) 303.3
—, обратный — с ременным приводом (приспособление) . . . 302.16
—, ограниченный 133.23
—, одновременный — нитеводов . 39.10
—, передний - карты 206.7
—, перекрученый . 47.18
—, прямой 303.1
—, тихий. 53.14
хода, два — нити на один оборот барабана 32.7
ходить вверх и вниз (зубчатая рейка) 288.13
— взад и вперед от одной кромки ткани к другой (салазки) . . . 367.4
— плохо (картон) . 390.16
ходовая, х — основа 107.20
— поперечипа . . 46.6
— сновка на барабан. 41.9
— ширина 442.8
— цепь 38.16
холост-ой с. т. пустой *или* свободный
—ой навой 77.4
—ой ролик 35.4
—ой ход собачки . 127.3
—ой ход электромотора 310.2
—ой челнок . . . 270.17
—ой шкив . . 304.14, 307.14
—ая гильза . . . 86.9
—ая карта . 383.14, 389.16
—ая работа электромотора . . . 310.3
—ая уточина . . . 266.12
—ая коническая шестерня . . . 127.20
—ая шпуля . . . 23.6
холст с. т. парусина *или* полотно
—, бесконечный войлочный 414.9
—, многослойный . 414.2
—, накладной . . 414.3
—, обыкновенный 414.1
—, открытый войлочный 414.7
хомут . . . 80.16, 172.3
— эксцентрика . . 275.18
—, кованый железный 293.14
—, эксцентриковый 34.8, 213.17
хомутик, передвижной 124.14, 172.16, 249.6
хранение на складе (время) 443.11
храпов-ой квадрант 51.23
—ой механизм . . 134.11, 135.14
—ой рычаг . 119.15, 133.7, 285.16
—ой шатун . . . 58.13
храпов-ая передача 133.6
—ая передача реверсивная 128.1
—ая пружина . . . 119.16
—ая собачка 128.5, 268.15
—ая шестерня . . 135.15
—ое колесо . 124.15, 133.3.14, 136.18, 276.9, 285.15
—ое колесо с кулачной шайбой . . 96.13
—ое колесо с подающим рычагом и собачкой . . 133.5
—ое колесо, подающее 58.11
—ое колесо, ручное 132.21
храповик . . 58.11, 129.15
хребет с. т. полоса
— переплетения . 144.12
— саржи 147.16
— саржи, восходящий слева направо (справа налево) 148.6.7
—, рядковый . . 104.7
хрупкая нить . . 64.17
— пряжа 9.22
хрусталик . 237.15, 244.10
— челнока 372.11
хрустящая ткань . 431.29

Ц

цанелла 400.6
цапфа (с. т. шип) . 323.3, 389.8
— кривошипа . . 59.8
— рамы призмы . 230.6
—, нижняя . . . 69.5
—, переставная . 50.16
цвет 3.20
—, грунтовый . . 230.14
—, красный . . . 380.9
—, сменяющийся . 230.15
—, фоновый . . . 230.14
—, чередующийся 230.15
цветистый узор . 376.6
цветн-ой уток . . 271.11
—ой шелк 17.2
—ая нить 19.3
—ая основа . 21.12, 64.3
—ая шишка . . . 18.16
Цвики, самодействующее приспособление для смены челноков 270.3
цевка (с. т. гильза *или* патрончик) 25.7
—, деревянная . . 54.14
целиком просеченная карта . . 383.3
— сдвоенные колышки 173.11
цельн-ый диск навоя. 78.11
—ый круглый эксцентрик . . . 200.2
—ая ремизка . . . 352.8
—ое место карты . 382.14
цен (с. т. колок *или* шпенек) . . . 76.4
цена основной (уточной) пряжи . . 444.3.9
— себестоимости . 442.14
—, валовая продажная . . . 442.19
—, продажная . . 442.18
—, чистая продажная 442.20
ценность материала 443.14
—, действительная 429.6
ценов-ый с. т. нитеразделительный
—ый брус для основы 356.7
-ый крест . .42.12, 138.9
—ый кронштейн . 111.4
—ый прутик . . . 320.16
—ый пруток . . . 137.20
—ый пруток, граненый 138.6
—ый пруток, круглый 138.3
—ый пруток, плоский 138.4
—ая палочка, обтянутая жестью 138.8
—ые шпеньки . . 45.18
ценочн-ый пруток 111.5
—ая палочка . . . 82.12
цены 61.17
центр зева . . . 198.4
— шипа 293.18
центральный желобок 202.8
— проступный рычаг, французский 322.9
центрирующий хвост 373.7
центробежная муфта скольжения 311.10
— муфта, самодействующая . . . 311.9
— фрикционная муфта 311.5
цепочка 191.4
—, сменная. . . . 196.19
цепь 43.9, 92.5
— Галля . . 71.5, 372.15
— с фигурными звеньями . . . 259.4
—, бесконечная . 266.3
—, бесконечная — карт . . 192.3, 193.5, 194.7
—, железная . . . 278.2
—, грузовая . . . 53.3
—, игольчатая . . 140.6
—, карточная. . . 206.13
—, наборная проступная . . . 201.13
—, подающая шпули 340.1
—, под'емная . . . 38.16
—, полозковая . . 33.16
—, ремизная . . . 171.15
—, ходовая . . . 38.16
—, шарнирная — с роликами . . 314.17
цепн-ой блок 38.15, 92.6, 195.15, 263.3, 372.19
—ой направляющий ролик 33.17
—ой привод . . . 70.17
—ой привод для призмы . . . 213.14
—ой стежок . . . 342.18
—ой тормаз . . . 123.15
—ая передача . . 213.15
—ая тяга 230.9
церковн-ая парча 422.21
—ое облачение . . 422.22
цилиндр с винтообразнонарезанными канавками 358.1
—, картный . . . 229.18
—, кулачный . . . 188.7
—, насосный . . . 101.18
—, снабженный зубьями на полокружности . . 203.2

цилиндрическ-ий бумажный патрончик 24.6
–ая катушка крестовой мотки 23.21
–ая шестерня 137.4, 287.11
–ая шестеренная передача 307.17
–ая шпуля 22.20
–ое зубчатое колесо 51.20
цинк, листовый 175.16
–, сернокислый 67.29
–, хлористый 68.1
цинковый купорос 67.29
циркулярный нож (с. т. дисковый нож *или* режущий диск) 342.23, 343.8
циркуляционная труба 102.12
циферблат счетчика 52.1
цыновка (с. т. мат *или* половик) 416.10
– из деревянных прутьев 416.12
–, тростниковая 416.11

Ч

чан с. т. котел *или* сосуд
– для клея 71.17
–, деревянный 69.1
части ткацкого станка 321.10
–, из трех –ей 97.3
частичный оборот 364.7
часть с. т. участок
– батана, опускающаяся 345.10
– бордюра 378.4.5
– крючка 227.4
– оборота мерного колеса 49.3
– ткани 145.4
– челнока, полая 244.11
–, верхняя 174.4
–, нижняя 174.5
–, промежуточная 125.19
–, скошенная неподвижная 283.18
–, составная 198.14
–, узорная 386.24, 387.1
чашка, подшипниковая капельная 375.9
челнок 237.5, 257.16, 264.10
– с автоматической заводкой 245.7
– для бархата со спинкой 241.19
– для бисерного утка 354.9
– Вальтера и Штолля 242.12
– для верхнего утка 271.20
– с вращающейся шпулей 240.11
– Геттриха 242.15
– для грунтовой ткани 271.21
– для дамаска 241.13
– с движением по дуге 347.12
– с двхпружинной шпрынкой 237.20
– из дерева воздушной сушки 243.8
– из дерева яблони 243.7
челнок для джута 241.16
– с захваткой 258.9
– для ковров 241.18
– для кокосовых рогожек 241.14
– с круговым движением 301.2
– с крышкой 240.8
– для ленточных станков 242.1
– листовой стали с упругой опорой ролика 243.19
– для мокрого ткачества 242.8
– с натяжкой нитяной петлей 243.16
– с неподвижной шпулей 237.13
– с обивкой вулканизированной фиброй 243.14
– с однопружинной шпрынкой 237.19
– с плечиком 242.11
– для приводных ремней 241.15
– с приспособлением для останова, снабженный щупальцем утка 318.13
– с регулируемым тормазом из пружиных пластинок 245.16
– из спрессованного дерева 243.9
– для станка Нортропа 242.9
– для станка с решеткой 242.10
– для станков, вырабатывающих аксминстерские товары 343.20
– для сукна со щечками 241.11
– для тканья шенили 341.25
– для трубчатых початков 240.3
– с узкой коробкой (узким дуплом) 244.8
– с ухватиком 241.1
– для хлопчатой бумаги 241.20
– для шелка 241.12
–, брошенный 312.5
–, быстроходный 237.7
–, верхний – не имеющий твердо установленного пути 141.17
–, возвращающийся 252.2
–, вспомогательный 355.9
–, вращающийся кольцевой 347.6
–, выгнутый 347.13
–, вылетевший 312.11
–, вышивной 346.4
–, движущийся по прямой 347.9
–, двойной 240.17
–, деревянный 243.4
–, застрявший 315.6
–, зубчатый 347.7.10
–, импрегнированный деревянный 243.12
–, коробчатый 243.2
–, металлический 347.8
челнок, новый 266.19
–, обитый железными полосами 243.17
–, одинарный 240.16
–, подлежащий выкидыванию 268.12
–, подработанный 243.23
–, початочный – с крышкой 240.6
–, початочный – для ленточных станков 242.7
–, початочный – с металлической глазковой полоской 240.9
–, простой 240.16
–, пустой 266.17
–, роличный 237.9
–, роличный – для сукна 241.10
–, ручной 237.6
–, самшитовый 243.6
–, свежий 266.19
–, скользящий обыкновенный 237.8
–, снабженный зажимными пружинами 262.19
–, сработанный 243.21
–, стальной 243.18
–, ткацкий 237.5
–, утюгообразный 244.6
–, холостой 270.17
–, шпрынковый 237.18
челноки в x коробках (x –ов) 272.10
– в 2 x коробках (x –ов) 272.11
челнокодержатель 346.2, 347.14, 348.13
челнокоуловитель (с. т. улавливатель челнока) 312.4
– Беккера 312.13
–, качающийся 312.17
–, неподвижный 312.15
челночек, дуговой 340.15
челночн-ый зев 328.17
–ый крючок 237.21
–ый магазин 270.8
–ый мысок 244.15
–ый ящик 269.6
–ая коробка 248.5, 250.7, 252.15, 267.12, 296.6
–ая коробка в плоскости батана 251.7
–ая коробка на станках с пружинным боем 255.23
–ая коробка, револьверная – Уокера 280.13
–ые коробки, неверно установленные 313.16
–ые коробки, расположенные одна над другой 290.9
–ые коробки, смежно-расположенные 291.18
–ая пружина 246.5
–ое гнездо батана 269.10
человеческая фигура 422.10
чепрачная ткань 397.16
червяк 61.10
– мерного вала 51.18
–, бесконечный 54.11
червяк, одноходовой 127.14
–, одноходовой – для привода эксцентрика 36.15
червячн-ая передача 30.7, 34.7, 52.10
–ая шестерня 127.12
–ое колесо 51.19, 61.11, 127.13
–ое колесо эксцентрика 37.1
червячок, швейцарский 242.2
чердак, сушильный 72.11
чередование нитей 40.16
– утка 7.19
– уточин, последовательное 271.9
– цветов, последовательное 271.8
– эффекта основы и утка 153.13
чередующийся цвет 230.15
Чернер, машина –а для дамаска 232.13
черный 380.14
чесаный лен 12.19
чесуча 393.19.20
четверной волос 414.17
четверть 90.5
четн-ый ряд крючков 214.20
–ая заправка 219.18
–ая карта 383.12
–ая лица Жаккардовой машины 234.6
–ое число уточин 235.3
–ые нити 41.21
–ые уточины 193.19
–ые фланки 234.4
четырехгранн-ый вал 280.14
–ый навой с закругленными краями 117.8
–ая ось навоя 78.1
–ое веретено 94.11
четырехкратное переплетение 202.6
четырехплечий рычаг 228.14
четырехпружинная шпрынка с бобышкой 238.11
четырехремизн-ый роличный прибор для встречного движения 201.16
–ая саржа 148.1.14
четырехслойная узорчатая ткань 159.3
четырехугольн-ая проволочная скоба 263.7
–ая точка переплета 379.20
–ое звено литой стали 372.16
четырехуточное переплетение 169.16
чечевица 438.11
чешуйчатое саржевое переплетение 150.1
чешуя, рыбья 117.12
число аркатных шнуров, приходящееся на крючок 220.19
– веретен 87.25
– гнезд 280.12
– зубьев в берде 282.15, 443.23

число зубьев питательного колеса 127.8
— камер 280.12
— коробок 272.7
— крючков (в сотнях) 214.11.13
— кусков 443.10
— метров в ткани 441.13
— нитей 443.21
— нитей на единицу длины 434.17
— нитей на зуб 107.14
— нитей в зубе 282.18
— нитей в полоске 47.12
— основных нитей, полное 434.18
— оборотов барабана, переменное 53.12
— оборотов валов, равное 302.5
— оборотов валов, разное 302.7
— оборотов мерного колеса 49.2
— оборотов в минуту 306.13
— оборотов, полное 306.15
— проступных подножек 183.2
— ремизок 181.4, 444.4
— узоров по ширине 434.21
— уточин в минуту 306.12
— уточин, нечетное 235.4
— уточин, четное 235.3
— ходов 47.11
— челноков 272.9
—, основное 443.5
чист-ый атлас 151.9
—ый зев 142.21, 217.1
—ый эффект расцветки 152.9
—ая ангорская пряжа 15.19
—ая полоса 421.5
чистильн-ый валик 38.5
—ый валик, обтянутый плюшем 32.17
—ая дощечка, обитая кардой 39.5
—ая машина 83.16
—ая щетка для нитей 38.7
чистильщик 445.13
— подвязи 180.9
чистильщица 445.13
чистить основу 83.12
— основу щеткой 83.22
чистка зева 329.17
— зева (приспособление) 329.15
— нитей 62.18
— основы 83.11
— пряжи щетками 73.5
— станков 375.12
чистошерстяной казимир 397.17
чортова кожа 394.19
— кожа, льняная 395.18
чрезмерное образование угаров 86.1
чугунн-ый тормозной блок гладкий 124.21
—ые опорные балки 212.12
чулок, резиновый 359.14
чумбурный повод 429.11

Ш

шаблон конуса 60.13
шаблонн-ый механизм, образующий начинок 92.17
шаблонн-ая шайба 91.6
шаг с. т. наклон
— витка нити 87.13
— зубьев 126.20
— переплета 151.2
— за шагом вращаемый 363.16
шагрэн 402.24
шайба с. т. фланец *или* диск *или* круг *или* тарелка
—, вращающая 31.8
—, деревянная 115.9
—, железная 139.19
—, загрузочная 93.4
—, концевая 115.7
—, кулачная 74.23, 96.12, 117.6, 228.9, 275.9
—, красящая 74.20
—, нижняя (верхняя) тормозная 93.2.3
—, оплеточная 426.8
—, подкладная 374.15
—, сердцевидная 33.13
—, торцевая 55.11
—, фрикционная 27.6
—, шаблонная 91.6
—, эксцентриковая 94.19
—, эксцентриковая — с угловым рычагом 294.2
шалевая занавеска 419.7
шаль 235.17
— с вышивкой 420.24
— суконного переплетения 420.29
—, африканская 420.28
—, восточная 420.25
—, индийская 420.26
—, кашмировая 420.27
—, набивная 420.23
—, настоящая 420.20
—, ненастоящая 420.21
—, пестрая 420.22
—, шерстяная 420.27
шанжан, тафта 400.15
шарик, металлический 19.16
шариков-ый подпятник веретена 94.12
—ая подушка 97.21
шарнир 255.3
— веретена 98.17
—, двойной 204.2, 213.12
—, соединительный 253.7
шарнирн-ый болт 278.12
—ый поводок 270.5
—ый шатун 308.12
—ая батанная тяга 308.12
—ая цепь с роликами 314.17
—ая эксцентриковая тяга 213.18
шаровая головка 322.15
шатание батана 295.4
шатун (с. т. мотыль *или* тяга) 59.20, 229.16, 277.3, 293.8
—, ведущий 301.8
—, короткий 293.19
—, ломаный 293.17
—, обыкновенный 293.2
—, подтяжной 293.12
—, составной 293.11
—, храповой 58.13
—, шарнирный 308.12
шатунная головка, открытая 293.13
шахматное шашечное переплетение 147.8
шахта, воздушная 102.2
Шац, остановочный прибор при обрыве основной нити 320.17
шашечное (с. т. панама *или* рогожное *или* кубическое *или* клетчатое) переплетение 147.6, 152.6
— переплетение, лучевое 147.7
— переплетение, узорчатое 152.8
— переплетение, шахматное 147.8
шашки 153.10
—, поставленные на вершины 152.7
Швабе, смена 276.2
Швейгерт, приспособление для смены челноков 267.8
швейная игла 342.15
— нить 342.16
швея 445.15
шеверон, камвольный 399.14
шевиот 397.20, 398.14
— с покрышкой 397.21
шейка основы 79.5
— шпули, конусная 87.14
шейный платок 420.18
шелк 2.20
— бархатной крутки 16.17
— гренадиновой крутки 16.20
— марабу 16.13
— из нитроцеллулозы 17.19
— сатиновой крутки 16.18
— средней крутки 16.19
—, вискозный 17.20
—, гофрированный 17.5
—, дегумированный 16.23
—, искусственный 17.17
—, кипяченый 16.24
—, крашеный 17.2
—, крученый 16.4
—, меднокислоаммиачный 17.18
—, некипяченый 16.21
—, отяжеленный 17.1
—, очищенный от клеевины 16.23
—, плющеный крашеный 17.4
—, простой 16.12
—, прочесный 17.7.8.9
—, умягченный 16.22
—, уточный 16.6
—, фасонный 17.10
—, цветной 17.2
шелк-крю 16.21
шелк-люстрин 17.3
шелк-ондэ 16.9
шелк-сырец (с. т. греж) 16.2.21
шелк-экрю 16.21
шелков-ый бархат 403.2
—ый батист 401.23
—ый вуаль 401.21
—ый газ 401.11
—ый дамаск 402.16
—ый драп 402.3
—ый камлот 401.6
—ый креп 401.12
—ый люстрин 401.8
—ый навой 359.6
—ый плюш 403.4
—ый сатин 402.4
—ый уток 16.6.7.8
шелковый фуляр 401.9
—ая колышка 175.4.5
—ая крученка 16.9
—ая крученая нить 334.19
—ая основная нить 19.20
—ая основа 16.5
—ая прочесная пряжа тусса 17.16
—ая пряжа тусса 17.6
—ая пряжа шодди 17.15
—ая ткань 430.17
—ая ткань атласного переплетения 402.3
—ая ткань типа газов 401.22
—ая ткань миткалевого переплетения 400.8
—ая ткань саржевого переплетения 401.26
—ая ткань, бархатовидная 403.1
—ая ткань, мешочная 401.24
—ая ткань, узорчатая 402.15
—ая шишка 18.13
шелкоканительная парча (полупарча) 402.22.23
шелко-мотальная машина 34.2
шелкосновальная машина 60.17
шелкоткацкий станок 297.12
— станок, ленточный 359.1
— станок, ручной 323.13
шелкоткацкое производство 2.19
шеллачный бисер 19.15
Шенгерр, автоматическая подача шпуль 262.15
—, каретка —а 191.2
Шенгерр, каретка для открытого зева —а 188.10
—, машина для крестовой мотка с нитеводом —а 38.8
—, приспособление для смены шпуль 266.2
—, смена 274.12
Шене, прибор для выверки ремиза 197.15
шениль (с. т. гусеничная пряжа) 20.18, 410.17, 422.1
—, аксминстерская — газового переплетения 410.22
—, витая 21.1
—, корелева 21.1
—, корытообразная 411.5
—, круглая 20.24, 411.6
—, нерезаная 21.1
—, перистая 21.10
—, ручная 410.18
—, машинная 410.19
—, многоцветная 411.3
—, одноцветная 411.2
—, паленая 411.5
—, плоская 410.20.21
—, резаная 343.11, 411.4
—, тканая 20.19
—, фасонная 21.9
—, шитая плоская 411.1
шенильн-ый уток 341.15
—ая грунтовая ткань 343.12

шероховатая колышка 174.15
— пряжа 9.21, 18.3
— основная пряжа 182.18
шероховатость нити 64.14
шерстоткацкое производство 2.13
шерсть ламы 15.25
— ламы-викуньи 15.24
—, ангорская 15.18
—, аппаратная 5.20
—, верблюжья 15.23
—, камвольная 5.21
—, кашмирская 15.22
—, козья 5.23
—, крашеная 14.8
—, мериносовая 14.26
—, обыкновенная 15.20
—, овечья 14.3
шерстян-ой атлас 399.16
—ой бархат 399.27
—ой газ 398.24
—ой муслин 398.19
—ой плюш 404.20
—ой репс 398.27
—ая крученая нить 175.2
—ая материя с кудрявой поверхностью 417.19
—ая промышленность 2.16
—ая угарная пряжа 14.17
—ая ткань для верхних плащей 397.10
—ая ткань с насечком, двойная 398.9
—ая ткань, тяжелая зимняя 398.4
—ая шишка 18.12
—ые изделия 2.14
шертинг 393.12
шершавая бумазея 394.10
— ткань 432.2
шестеренка 257.19, 362.17
—, ведущая — сыромятной кожи 310.14
шестеренн-ый рычаг 276.14
—ая передача 133.16
—ая передача, коническая 307.18
—ая передача, непосредственно действующая 310.17
—ая передача, цилиндрическая 307.17
шестерня 203.3, 362.4
— с бронзовым (стальным) зубчатым ободом 310.13.18
— коленчатого вала 308.11
— покрытого песком ролика 135.8
— товарного ролика 133.10
— с тормазом 276.4
—, барабанная 58.18, 277.7
—, двойная коническая 303.5
—, грудничная 134.6
—, коническая 55.5, 61.9, 178.3, 303.4
—, коническая — с втулкой 331.14
—, коническая приводная 308.10
—, основная — навоя 128.19
—, передаточная 128.18, 135.9, 137.5, 178.5
—, передвижная 178.6
—, подающая 127.5
—, под'емная 277.4
шестерня, приводная 347.11
—, приводная — шпульных салазок 367.21
—, приводная — фонарного колеса 38.11
—, промежуточная 133.9
—, сменная 128.21, 133.8.18, 135.10, 136.1
—, холостая коническая 127.20
—, храповая 135.15
—, цилиндрическая 137.4, 287.11
—, червячная 127.12
—, эксцентрично — установленная в подшипниках 333.16
шестигранн-ая призма 225.8
—ая ячейка 412.10
—ое мотовило 28.15
шестиремизный сатин 402.6
шестиугольные клеточки 363.9
шило с. т. игла *или* нож
—, бердочное 106.9, 108.1.14, 109.12
—, качающееся 108.5
шина с. т. рейка
—, косая 59.17
шинельный кастор, тяжелый 398.2
шип (с. т. шишка *или* пуговка *или* палец *или* цапфа) 39.13, 90.2, 115.2
— батана 290.3, 293.9, 371.5
— валика 49.15
— в гнезде 81.4.5
— с игрой в подушке 292.12
— для наладки крышки гребня 82.16
— призмы 210.20
— рамы призмы 230.6
— углового рычага 60.8
—, вращающийся 93.1, 328.6
—, железный 115.4
—, направляющий 206.4
—, прижимной — для призмы 235.15
—, устанавливаемый — рычага 50.16
шипообразная муфта 51.15
ширилка (с. т. шпарутка) 138.15
ширина бахромы 355.7
— берда 304.12, 444.10
— зева 141.11
— ковра 407.11
— колодки 54.20
— материи 442.7
— набора 107.9
— навоя 78.5
— полоски 41.6
— рапорта 381.7
— станины 308.2, 331.2
— станка 304.11
— ткани 3.12
— тканья 331.1
— товара 3.12
— участка основы 41.6
— хода 47.12
—, рабочая 304.10, 331.1
—, ходовая 442.8
широкий ткацкий станок 296.11
широко установить ручную ширилку 139.9
шитая гарнитурная лента 342.1
— гусеничная пряжа 20.20
— мебельная материя 418.12
шиффон 393.11
шишечка 28.2
—, накладная 426.16
шишка 108.13
— в мотке 79.2
—, естественная 18.14
—, искусственная 18.15
—, плотная 18.18
—, ручная 348.2
—, рыхлая 18.17
—, хлопчато — бумажная 18.11
—, цветная 18.16
—, шелковая 18.13
—, шерстяная 18.12
шишковатая пряжа 18.8
шишковидная пряжа 18.8, 421.13
шкала 28.13, 439.21
шкив, ведущий приводный 305.16
—, насеченный ременной 309.19
—, передаточный ременной 58.19
—, приводный 31.5
—, ременной см. ременной шкив
—, ступенчатый 34.5.17
—, тормазный 92.21
—, холостой (ременной) 307.14, 358.13
школа, ткацкая 8.13
шлихт 64.21, 180.8
— без запаха 65.5
—, жесткий 64.26
—, кислый 65.11
—, кипяченый 65.3
—, кипящий 65.2
—, мягкий 64.25
—, свежий 65.4
—, тепловатый 65.19
—, теплый 64.27
шлихтовальн-ый валик 73.15, 76.2.12
—ый материал 66.17
—ая жидкость 64.21
—ая машина 66.6
—ая машина с башенной воздушной сушилкой 75.12
—ая машина для моточной пряжи 70.5
—ая машина с сушкою горячим воздухом 75.4
—ая машина, английская 73.10
—ая машина, барабанная 73.10
—ая машина, жгутовая 71.21
—ая машина, кривошипная 72.13
—ая машина, шотландская 72.13
—ая щетка 180.4
—ое заведение для давальческого товара 66.13
—ое корыто 70.18
—ое отделение 66.7
—ое приспособление 72.13
шлихтовальное приспособление, ручное для моточной пряжи 69.25
—ое приспособление для ткацкого станка 75.14
шлихтовальнощеточная револьверная машина для моточной пряжи 70.15
шлихтовальня 66.7
шлихтовальщик 66.8, 75.6
— вручную 66.10
— на машине 66.12
шлихтовальщица 66.9
— вручную 66.11
шлихтованая основа 64.5
шлихтование 63.17
— машинным способом 70.4
шлихтовар 69.18
шлихтоварение с мешалкой 68.22
шлихтовать вручную 69.24
— вхолодную 65.18
— без капели 65.17
— машинным способом 70.3
— основу 64.4
— основу прядью 71.9
— основу на станке 76.9
— пряжу в мотках 69.20
— тепловатым шлихтом 65.19
шлихтовка основы прядью 71.8
— основы в расправку 72.12
— пряжи в мотках 69.19
— на ткацком станке 76.8
шлюз батана 288.19, 293.3, 301.19
— из тонкого дерева 289.5
—, закрепленный на х лопастях 295.8
—, обитый железом 298.1
—, тонкий 289.5
—, тяжелый толстый 288.21
шляпочная лента 427.3
шнур (с. т. бечевка *или* веревка) 178.13, 332.13, 379.4
— для крючков 205.17
— для наращивания 110.4
— узорчатого станка 209.11
—, аркатный 207.15, 217.15, 224.3
—, блочный 88.7
—, выпушный 428.17
—, двойной 123.9
—, делительный 62.13
—, заправочный 176.14
—, кегельный 208.25
—, колышковый 179.17
—, нагруженный гирею 235.9
—, оттяжной 233.2
—, поворотный 211.25
—, погоняльный 248.3
—, подвязной 207.4
—, под'емный 45.16, 217.15, 225.4.9
—, полый 424.16

шнур, пролаченный олифой 220.4
–, прутковый . . 209.13
–, сшитый аркатный 218.3
–, узорный см. узорный шнур
–, фланковый . . 173.3
шнурковая тяга . 230.5
шнуровая передача 268.7
шнурок 203.10
– щупального рычага 253.11
–, подвязной . . . 183.20
шнурочн-ый барабан 178.12
–ый блок . 56.7, 70.8, 235.8, 331.15, 332.11
–ый блочок . . . 257.4
–ый крючок . . . 225.11
–ый привод . . . 257.2
–ый привод барабана 32.4
–ый ролик 207.2
–ый ролик веретена 26.15
–ая английская машина 225.2
–ая тяга 318.11
–ое движение ремиз 204.3
–ое колесо 26.12
шодди, пряжа . . 14.19
–, шелковая пряжа 17.15
Шорх, электромотор 310.15
шотландка . . . 400.19
шпарутка с. т. ширилка
– со звездочками 140.9
– с игольчатыми дисками . . . 139.17
– с игольчатой цепью 140.4
–, зажимная . . 139.12
–, засоренная . . 140.16
–, каточная . . . 140.2
–, роликовая . . 140.12
–, ручная 138.15
–, трехкаточная . 140.3
шпат, тяжелый . . 437.28
шпенек (с. т. колок *или* цен *или* штифт) . . 46.4, 123.8
– из мягкого железа 189.14
– призмы 210.20
–, головной . . . 45.17
–, деревянный . . 189.13
–, ценовый . . . 45.18
шпеньков-ый диск 280.10
–ый тормаз с роликом 245.21
–ая планка, подвижная . . . 196.7
–ое колесо (с. т. маточное *или* фонарное колесо *или* фонарь) . . 38.9, 278.7, 388.3
–ое отверстие . . 383.1
шпилечка, передвижная . . . 439.22
шпиль (с. т. шпиндель *или* ось *или* веретено) 26.14
– катушки 26.10
шпилька (с. т. штифт *или* игла) 39.1, 136.11
– вытеснителя . 365.11
шпилька для надевания катушек 44.16
–, контактная . . 318.20
–, неподвижная . 362.11
–, неподвижно стоящая для образования глазков 180.13
–, погоняльная . 347.20
–, подвижная . . 362.12
–, проволочная . 44.18
–, разводная . . 374.16
–, сновальная . . 44.19
–, согнутый в виде –и 111.13
–, фасонная . . . 311.2
шпиндель (с. т. шпиль *или* веретено *или* ось) 26.14, 180.14, 280.4, 371.6
– подвижной бабки 80.18
– проступного сектора 322.2
– для резки ворсовой нити . . 336.6
– челночной коробки 250.9
–, блочный . . . 322.8
–, винтовой 55.18, 74.5, 126.2, 176.16, 287.10
–, винтовой – включающего колеса 91.17
–, выключательный 82.8
–, железный . . 290.13
–, коклюшечный . 178.17
–, коклюшечный (длинный) короткий . . . 179.3.4
–, направляющий 100.6
–, откидной . . . 29.12
–, проходной . . 315.10
шпиндели возрастающей длины 341.22
шплинт 374.16
шпонка 61.6
шпоночная канавка колодки . . 55.1
шпрынка 237.22
– с винтовой нарезкой 238.2
– с насеченной пружиной . . 239.2
– Нортропа . . . 239.7
– с отгибной пружиной 238.13
– для шерсти альпака 238.12
–, вставная . . . 238.17
–, вставная – со стержневой (пружинной) державкой . 238.18.19
–, двухпружинная 238.10
–, железная заершенная . . . 238.5
–, закладная . . . 238.14
–, качающаяся . 239.12
–, клещевидная . 239.6
–, коническая деревянная . . . 238.3.4
–, коробочная – с задерживающим крючком . . . 239.3
–, крючковидная . 239.5
–, однопружинная 238.7.8
–, откидная . . . 238.1
–, складная однопружинная . . 238.9
–, сменная . 238.16, 239.1
шпрынка, четырехпружинная – с бобышкой . . . 238.11
–, ящичная – для стальных челноков 239.4
шпрынков-ый челнок 237.18
–ая пружинка . . 319.3
шпуледержатель . 331.6
– для мокетовых станков . . . 331.8
– для плюшевых станков из ангорской пряжи 331.9
–, пружинящий . 263.16
шпуленаправитель 331.6
шпули, расположенные в магазине одна за другой 262.14
–, расположенные по окружности 261.18
–, уложенные в подающих цепях с возможностью их вынимания 340.8
–, установленные по диаметру . 362.7
шпуля с. т. бобинка *или* катушка
– для автоматических станков 240.1
– ворсовой нити . 329.5
– с высотой намотки в x мм . 239.13
– гарнитурной нити 339.26
– с двойным конусом 85.15
– с коническим насадком 97.12
– Нортропа . . . 260.15
– из прессованной бумаги . . 239.16
– с прорезом . . 319.2
– для тюлевых станков . . . 90.1
–, вращающаяся 86.18, 240.14
–, вторая снизу . 264.12
–, деревянная 10.19, 86.11
–, деревянная уточная 239.14
–, зажимная жестяная 239.19
–, запасная . . . 262.4
–, заполненная . 87.22
–, жестяная . . 239.17.18
–, коническая (жестяная) . 24.10, 239.20
–, мягкая 23.10
–, неподвижная сгонная 86.19
–, нижняя 264.9
–, основная . . . 240.2
–, остроконечная . 25.10
–, падающая . . 364.24
–, плоская 366.7
–, полная 23.5
–, пружинящая деревянная . . 239.15
–, пустая 23.6
–, смотанная уточная 260.9
–, смоченная насквозь 101.14
–, сработанная . 265.3
–, сработанная уточная . . . 317.17
–, стоячая . . . 258.1
–, тугая 23.8
–, увлажненная . 101.15
шпуля, уточная . 84.12, 240.13, 341.3
–, цилиндрическая 22.20
шпульн-ый с. т. катушечный . .
–ый ролик . . . 343.21
–ый станок . . . 62.16.17
–ый тормаз . . . 95.5
–ый угар 85.29
–ая доска . 88.13, 371.15
–ая доска с прорезами 95.4
–ая доска со шпильками 323.5
–ая машина с. т. перегонная *или* мотальная машина
–ая машина для основы 26.16
–ая машина для трубчатых початков 87.3
–ая нить с. т. уточина
–ая нить, направленная по диагонали 412.9
–ая пряжа . . . 435.22
–ые салазки . . . 366.6
–ые салазки с порожней шпулей 364.16
–ые салазки не бродящие взад и вперед . . . 368.4
–ые салазки, заполненные 364.14
–ые салазки, заряженные . . . 364.23
–ые салазки, падающие 364.25
–ые салазки, порожние 364.15
–ые салазки, снабженные зубьями 368.1
Шроэрс, деление. 216.12
–, каретка для закрытого зева 189.1
штамп 384.17
штампованный диск навоя . . 78.8
– из жести глазок 176.4
штанга (с. т. брус *или* прут) . . 285.13
– боевого механизма 314.13
–, направляющая 229.17
–, приводная . . 203.17
штатив 440.2
Штауб, весочки –а 439.18
Штейбли, приспособление для срединных каем 362.15
штифт (с. т. колок *или* цен *или* шпенек *или* шпилька) . . . 176.21
– кольца 347.2
–, деревянный . 189.13, 390.2
–, захватный . . 364.6
–, отметочный . . 371.7
–, с'емный . . . 189.16
штифтик 235.11
– под давлением пружины . . . 328.5
шторный товар . . 433.7
штрипочная лента 427.5
штучный ковер . 407.9
шуруп (с. т. болт *или* винт) . . 374.4

Щ

щека салазок . . 328.3
—, батанная . . . 290.8
щеколда . . 180.3, 333.18, 372.8
— боевого рычага. 255.9
— замочного колеса 317.9
—, вращающаяся запорная . . . 178.15
—, остановочная . 53.17
—, пружинная . . 97.19
щеколдовая пружина 92.3
— тяга 48.4, 50.17, 52.12, 61.8
щелевидная опора погонялки . . 313.12
щель (с. т. прорез) 225.13, 366.13
— воронки 95.10
— гребня 367.14
— в навое 77.18
— основной доски 80.12
—, винтообразная — барабана . 32.8
—, двухходовая. . 32.6
—, нитеводная . . 93.6
— спиральная — вилки 30.9
—, эксцентричная венца. 61.1
щепиться (челнок) 243.13
щетина, длинная. 73.7
щетка из длинной щетины . . . 73.7
— для подымания ворса 343.16
— для плюшевых валиков . . . 38.6
— для промазывания 72.19
— для шлихта . . 73.6
—, длинноволосая 73.7
—, круглая . 76.3, 180.2, 328.12, 343.10
—, ручная 83.19
—, чистильная — для нитей . . . 38.7
—, шлихтовальная 180.4
щеточка 240.5
щеточник 180.9
щеточн-ый барабан 70.11
—ый вал 180.2
—ый валик . . 71.2, 76.3
—ая машина для прошлихтованных мотков пряжи 70.10
щечка 258.4
— ножниц 313.8
—, буферная . . . 322.10
—, зажимная 241.6, 372.6
—, кожаная 138.2
—, латунная . . . 168.16
—, подвижная упорная 311.14
щипцы 373.14
—, вспомогательные 342.10
—, выпускные . . 339.8
—, гаечные . . . 373.16
—, движущиеся по окружности . . 342.9
—, заводные . . . 341.1
—, зажимные . . . 371.4
—, пробивные . . 384.19
—, пружинные . 241.3, 326.11
—, ткацкие . 8.12, 112.2
щиток с. т. пластинка
—, жестяной нитеводный 28.1
—, предохранительный 298.1
щитки, взаимно устанавливаемые жестяные — с прорезами 28.6
щупалец 137.6, 196.14, 363.18
— для шпуль . . 266.5.13
— Нортропа, уточный 261.11
щупальн-ый валик 128.8
—ый ролик (деревянный) . 124.6, 125.18
—ый рычаг . 125.15, 252.14, 254.8
—ая игла 389.4
щупальце . 316.13, 318.18, 342.13
— утка 318.13
— шпули 318.17
—, контактное . . 318.19

Э

экипажн-ый бордюр 428.18
—ая тесьма . . . 359.13
Экклес, смена . . 276.1
экоссез 400.19
экрю, шелк- . . . 16.21
эксплуатационная стоимость силовой энергии . 446.4
эксцентрик 112.12, 129.5, 191.10, 370.13
— на боевом кривошипе 250.20
— для замкнутого (открытого) зева 200.13.14
— для крестовой мотки 91.7
— с круглым профилем 200.2
— для крючечной рамы 213.3
— для ножовой решетки 213.2
— для образования кромок 202.7
— для различной высоты слоев . 97.8
— режущего приспособления 331.18
— для товаров многократного переплетения . . 200.12
— для (двойного) тройного удара батана . . . .295..8.9
— из трех частей . 97.8
—, батанный . . . 317.10
—, боевой . 249.15, 253.4
—, внутренний . . 199.7
—, закрытый (миткалевой) . . 202.3.5
—, круглый . . . 276.3
—, миткалевый — для переменного движения . 200.10
—, миткалевый — для равномерного движения ремиза 200.8
—, мотальный . . . 37.14
—, набранный из сегментов . . 202.15
—, наружный . . . 199.10
—, образующий. . 91.6
—, обыкновенный. 200.1
—, однокулачный боевой 251.2
—, открытый . . . 200.1
—, пазовый . . . 228.10
эксцентрик, под'емный 98.14
—, под'емный внешний (внутренний) 275.16.17
—, проступный . . 198.7
—, проступной — для образования кромки . . . 199.6
—, прямобокий миткалевый . 200.11
—, скользящий . 250.4
—, составной . . 200.3
—, трехступенчатый 274.13
эксцентрики, отлитые в одно целое 198.23
эксцентриков-ый бой 250.18
—ый бой при помощи боевой собачки (прибор) 252.12
—ый бой при помощи боевого кулачка 254.6
—ый бой с эксцентриком и боевым валиком с каточком . . . 252.5
—ый диск 34.9
—ый хомут . . 34.8, 213.17
—ая накладка для опускания (под'ема) 200.5.6
—ая накладка для открытого зева 200.7
—ая шайба . . . 94.19
—ая шайба с угловым рычагом . 294.2
—ая шарнирная тяга 213.18
—ое колесо. . . . 38.14
эксцентрицитет эксцентрика . 198.17
эксцентрическая канавка . . . 294.5
эксцентричн-ая щель венца . . 61.1
—ое зубчатое колесо 214.1
эксцентрично-расположенный . 140.1
—-установленный . 333.16
эластичность . . 415.20
эластичн-ый (с. т. упругий) . . . 415.19
—ая пряжа . . . 9.19
электрическ-ий привод 309.14
—ий ток 387.13
—ая картопробивная машина . 387.3
—ая цепь, главная 320.6
электричество . 319.21
электромагнит . . 269.8, 301.4, 387.7
электромагнитное приспособление для движения челнока . . . 301.1
электромотор закрытого типа. 309.20
— постоянного тока 309.16
— трехфазного тока с короткозамкнутым якорем 309.17
— Шорха 310.15
электропровод . . 387.13
—, обратный . . . 387.14
электропроводный магнитный ящик 387.8
эллиптическое колесо 214.2
эльзасское Машиностроительное общество (приспособление для смены шпуль). 263.5
энергия, силовая . 446.4
эолиэн. 401.20
эскиз узора . . . 376.11
эскимо . . . 398.5, 417.3
этажная коробка . 249.2
этамин 394.1
этикет 6.13
этикетчик 6.13
эффект с. т. вид
— выступающих мушек 152.15
— газового переплетения . . . 352.14
— газового переплетения на плотной ткани . . 164.19
— по основе (утку) 380.17.18
— переплетения, неясный (отчетливый) . . . 391.12.13
— расцветка в рисунке. . . . 3.20
— расцветки . . . 391.18
—, муаровый . . . 286.2
—, основный . . . 391.16
—, производимый переплетением 381.19
—, пузыристый . . 162.2
—, световой . . . 422.15
—, смешанный . . 152.10
—, теневой 422.16
—, уточный . . . 391.17
—, чистый 152.9
эффектовые точки 392.7

Ю

юбочная материя . 432.17

Я

яблоня 243.7
являться отражением правой (левая кромочная подвязь) . 221.10
язычок 339.4
— челночной коробки . . 308.16, 316.8
—, направляющий — с утоненным концом 328.7
якорь 301.3
—, короткозамкнутый 309.17
ясный рисунок . . 420.1
ячейка с. т. клеточка
—, шестигранная (трехгранная) 412.10.11
ящик (с. т. приемник) . . 287.7, 364.4
— для воды . . . 101.20
— зубчатой рейки 356.18
— для упаковки пряжи 11.27
— для шпуль . 88.19, 364.2
—, грузовой . . . 122.2
—, зарядный . . . 263.6
—, ленточный . . 301.12
—, увлажнительный 102.10
—, челночный . . . 269.6
—, электропроводный магнитный 387.8
ящичная шпрынка для стальных челноков . . . 239.4

Französisch · French · Французский · Français · Francese · Francés

A

abaissement de la broche 242.20
— de la chaîne de liage 158.7
— du contrepoids . . . 137.11
— de l'ensouple 111.11
— des fils 142.8
— des lames 182.2
abaisser de la *x*ième boîte à la *y*ième boîte 281.8
— les groupes de fils dans le pas inférieur 351.15
— les lames. 182.3
— les lames pour la foule inférieure . . 187.10
— la latte 61.22
—, s'— (barre) 98.6
—, s'— dans l'espace à brocher (aiguilles) . 346.18
—, s'— (fils) 142.9
—, s'— (planche à crochets) 187.11
accélération des masses 123.14
accélérer le mouvement de la navette . . . 247.12
accessoires d'exploitation 371.9
— de navette 237.17
accouplé, mécanismes régulateurs —s . . . 135.4
accouplement de l'arbre de commande . . . 54.4
— automatique par force centrifuge 311.9
— conique commandé par tringle d'arrêt . 311.4
— à disques de friction 51.12
— élastique 310.20
— élastique par force centrifuge 311.10
— à friction par force centrifuge 311.5
— à griffes 51.15
— par manchon à frettes 313.7
— de manivelle 194.20
— du mécanisme de chasse 315.1
— des roues de commande des broches . 95.8
— de sûreté 279.11
— de sûreté pour mécanisme de chasse-navette 314.5
accoupler les mécanismes régulateurs 135.3
— les mécaniques Jacquard 214.6
— les roues de commande des broches . 95.7
accrochage des aiguilles 235.1
— des fils d'arcades aux collets 218.4
— des lisses aux fils d'arcades 219.11
— du tissu supérieur à l'inférieur 157.13
— de la trame d'envers 155.5
accrocher les fils d'arcades aux collets. . 218.5
— les lames. 106.10
— une trame d'envers . 155.6
accumulation de fils . 365.24
acide carbolique . . . 68.6
— digallique 437.30
— phénique. 68.6
— salicylique . . . 68.3, 438.1
— tannique 437.30
acide, la colle devient . 65.10
acier 28.9
— durci 239.8
— fondu 372.16
acheteur 443.1
actif, enroulement du tissu 132.3
action directe, à . . . 131.8
— du frein 120.9
— indirecte 131.9
actionné par degrés . . 363.16
actionner la bobine par friction 87.19
— la bobine par frottement 27.11
— les engrenages par le levier 133.15
— le métier par force motrice 300.5
— la navette par l'air comprimé 256.14
— le ventilateur par le battant 76.7
addition d'eau 68.7
— de poids 123.3
— pour rendre doux et flexible 67.4
— de suif. 64.18
additionnel, exigence — le 143.11
adhésif, substance —ve. 66.18
adhésion des fils sur le rouleau encolleur. . 74.10
adjonction d'une chaîne supplémentaire sur l'envers 154.9
adoucir les éclats . . . 244.2
adoucissant, produits —s 68.8
adragante, gomme . . 67.3
affaibli par la teinture. 9.26
affaiblissement du fil . 284.14
affleurement du peigne 283.8
agent d'apprêt chimique 437.6
— pour empêcher la décomposition de la colle 67.23
— pour empêcher la moisissure 67.24
— pour prévenir le desséchage 67.6
agglutinant, substance —e 67.19
agitateur mécanique . 69.3
agitation 69.8
agrafe de fermeture . . 172.3
— fixée. 172.7
aide du contremaître . 5.4
aide-bobineur 84.20
— -ourdisseur 40.9
— -rentreur 103.13
— -rentreuse 103.14
aigrette 168.20
aiguille (du casse-chaîne) 50.14
— (fer à velours) . . . 327.3
— (du mécanisme de changement des boîtes) 275.14
— (de la ratière) 192.4, 194.4
— (de la roue à lanterne) 39.13
— (de la tresseuse mécanique) 178.18
— d'acier 259.15
— à bec 351.10
— brodeuse 351.2
— casse-fil articulée . . 53.7
— à crochet . 338.6, 346.17, 351.10
— à coudre 342.15
— en cuivre jaune . . 117.14
— pour la décomposition 434.6
— déformée. 211.13
— détectrice 35.6
— d'enfilage 372.10
— du fil fixe 362.19
— fixe 362.11
— forcée entre les cylindres. 51.4
— horizontale . 187.14, 210.11
— indicatrice 54.15
— à insérer la trame . 259.11
aigulle intermédiaire . 195.2
— de métier 367.19
— mobile 362.12
— de piquage 388.10
— pliée 211.13
— portant la navette . 346.14
— de pressage 360.11
— à ressort 320.15
— de sélection . 113.6, 353.15
— de séparation . . . 57.15
— -tâteur articulée . . 53.7
— pour trame. 358.5
— à trou 354.2
—, mettre l'— à zéro . 54.17
—, l'— possède deux crochets 227.5
—s à cheval 51.2
—s pour *x* cordons . . 225.14
—s disposées en deux séries 190.6
—s mues ensemble. . . 350.1
—s mues individuellement 350.12
—s avec œillets longs . 225.15
—s restantes 226.12
—s, les — restent accrochées dans les trous des cartons 226.9
aiguillette métallique . 228.1
— verticale 229.7
—s suspendues dans la grillette 229.23
aiguisage du couteau, support d'. 332.7
aiguisé, fil métallique . 111.18
aile d'arrêt 32.3
aimantation du noyau en fer. 269.12
air chaud. 75.4
— circulant 75.11
— comprimé 256.14
— humide 102.15
— libre, à l' 72.1
— tempéré 65.26
à jour, galon 426.5
—, tissu 164.1
ajouter des flottés . . 145.3
— une trame supplémentaire sur l'envers. . 154.10
ajustable, bielle . . . 293.12
ajusté bas 205.2
— haut 205.1
ajuster les cartons (pédonnes) 206.6
— le support 55.21
— le support d'ensouple dans la rainure du pied 80.13
— le templet large (étroit) 139.9.10
— la tournette 29.11
alépine 398.30
Alexandre, bobine . . 23.21
alignement exact des trous 388.19
alimentaire de bobines. 265.18
—, mécanisme 342.14
alimentation automatique, mécanisme d' . 269.7
— du fil 85.4
— de fils de trame de diverses couleurs . . 258.14
— de trame, dispositif d' 341.23
— de la trame (par un chapelet à chaînons) 260.1, 263.1
—, dispositif d' 258.15
—, mécanisme d' 113.8, 258.2
alimenter le maillon à l'enfilage 177.13
allées et venues, deux . 32.7
aller et venir, faire — le peigne. 81.6
allongement des cartons 382.5
— du fil 114.7
—, pièce d' 195.1
—, qualité d'— du tissu 439.11
allonger, s'— (carton) . 383.22
alpaca, broche à . . . 238.12
alpaga-thibet 399.23
alternatif, mouvement . 39.11, 367.10
alterné, couches de fil —es 97.9
—, rangées —es 354.13
alterner les lames . . . 181.17
alun 67.25, 438.3
amalgamé, sergé . . . 150.4
amalgamer deux sergés. 150.5
âme 19.18
— en coton 18.4
— en laiton 18.5
— métallique 19.21
amener la lame dans la foule supérieure (inférieure) . . . 187.17.18
— les lames à la position de milieu 203.12
— les loquets à la position médiane . . . 230.10
ameublement, tissu d' . 418.1
amiante 5.29, 17.22
amidon 66.19
amidonnier 445.17
amortissement des bâtiments 445.22
— des machines . . . 445.21
amplitude de déroulement 126.13
analyse des tissus . . . 429.3
ancienne chaîne . . . 113.15
angle aigu 148.10
— de la denture . . . 127.6
— formé par les cordons 233.3
— d'inclinaison 198.18
— obtus 148.11
— de passage du fil . . 50.4
—, courir suivant un certain (corde) 88.9
—, le fil forme un 39.2, 50.3
—, motif d' 378.4
—, mouvement en . . 298.10
anneau de l'aiguille . . 187.19
— d'arrêt pour cannette pleine 92.4
— avec cheville 341.5
— coulissant 197.13
— sur l'embase de la bobine 263.11
— enfoncé 115.1
— en fer à cheval. . . 345.18
— de frein 370.12
— à gorge 99.4
— à lame. 171.12
— métallique 219.6
— monté sur les excentriques 202.13
— en deux pièces . . . 311.1
— de renfort 115.13
—x, mise en — de la chaîne. 43.7
annexe du tube . . . 259.7
annulaire, pièce-guide . 280.16
aplati, dessin 377.20
—, fil 94.4
appareil, v. a. dispositif, machine, mécanisme
— compteur 370.2
— d'encollage à la main 71.14
— d'encollage sur métier 75.14
— enrouleur 132.20
— d'ensouplage . . 59.5, 61.24
— humidificateur pour fils 101.17
— de levée 207.13
— marqueur 74.19

appareil mesureur . . . 370.2
– de parage 72.18
– pour piquage manuel 384.20
– de préparation de colle avec agitateur 68.22
– de préparation de colle à haute pression 69.9
– de séchage pour chaîne. 72.5
–s pour essais des tissus 438.8
appareillage 219.12
–, métier d' 219.13
appareiller le métier . 7.14
apparence de confusion du tissu 153.3
appeler les couleurs . . 386.23
appliqué, dessin 400.6
appliquer la colle sur les fils 65.15
– une forme conique sur les couches de fils de chaîne. 60.13
– le parement 73.4
appointé, extrémité –e 328.7
appointements 446.13
– des contremaîtres . 445.18
appondeur 110.13
appondeuse 110.14
appondre les fils de chaîne. 110.2
apprêt 64.21, 180.8
– des lisses en fil textile 179.15
– de la soie, nombre d' –s 16.16
–, faible 16.17
–, fort 16.18
–, moyen 16.19
–, moyen d' 437.4
apprêté, fil 10.4
–, tissu 431.15
apprêter l'étoffe. . . . 437.1
– les lisses en fil textile 179.16
apprêteur 445.12
– -finisseur 6.5
approvisionnement. . . . 443.7
appui positif du bras de chasse 313.13
appuyer, sur la came (galet) 34.1
– sur l'extrémité de la marche 183.7
– sur la lanterne (garde-cylindre) 205.20
– sur le levier 288.14
– sur la marche (près du point d'appui) 183.1.8
– sur les platines (chevilles) 188.9
– sur les touches . . . 385.17
aptitude au décatissage 429.21
– au pliage 429.22
– au repassage 429.20
arbitrage 448.4
arbre. 280.4
– de l'aspe. 29.4
– du bloc 55.12
– du butoir . . 314.8, 316.9
– à cames . . . 203.18, 302.9
– de chasse 252.6
– de chasse avec longue rainure 249.4
– de chasse-navette . 203.18
– de chasse oblique . 254.14
– de commande 36.14, 54.3, 89.18
– de commande des broches 96.2
– de commande des tambours 30.3
– coudé 384.4
– des couteaux . . . 191.18
– du cylindre 195.11, 235.10
– du cylindre compteur 51.24
– des disques de friction 36.9
– d'ensouple carré . . 78.1
– d'ensouple rond. . . 77.22
– de l'épée de chasse . 288.17
– à excentriques . . . 91.4
– avec galet 250.22
– inférieur . . . 203.18, 302.9
– intermédiaire . 178.4, 262.13
– du levier tâteur . . 253.13
– à manivelle 274.5
– moteur . 34.3, 89.18, 178.2
– moteur des bobines . 33.1
– rectangulaire 280.14
– des secteurs 322.2
– supporté sur le côté du métier 302 6
arbre du tambour 48.2, 60.10
– du tâteur 125.14
– de transmission . . . 305.8
– transversal 348.8
– traversant 125.6
– de la tringle guide-fil 36.12
– à vilebrequin 274.5, 301.16
– à vilebrequin en fer forgé 302.8
– à vis sans fin . . . 127.19
–s tournant à la même vitesse 302.5
–s tournant à des vitesses différentes . . 302.7
arc angulaire en fer feuillard 341.7
– denté 257.3
– tâteur 318.14
arcade 167.11, 168.19, 207.15, 217.15, 224.3
–s croisées 221.3
–s ouvertes. 221.6
arête, armure en forme d' 144.11
argent demi-fin 20.4
– faux. 20.5
– fin 20.3
– imitation 20.5
argenté, perle –e . . . 19.14
armature 301.3
armure (empoutage) . . 220.10
– (v. a. liage). . . 7.25, 144.1, 381.10
– (tissu de soie) . . . 402.1
– en forme d'arête . . 144.11
– augmentée avec liage simple. 232.2
– pour brochés-poils traînants 162.7
– cannelé 145.19
– classique 145.12
– combinée. 145.15
– composée 145.15
– contre-semplée de la trame de poil . . . 167.3
– du corps du tissu. . 167.17
– coutil 153.11
– pour crêpés 161.9
– croisé 147.13
– damier 153.11
– dérivée 145.13
– double duite 146.4
– pour étoffes doubles 157.9
– d'étoffe flocon . . . 160.1
– pour étoffe plissée . 162.3
– à x fils 144.17
– du fond 167.17
– fondamentale . . . 145.12
– gaze 163.8, 352.12
– granité. 152.14
– petit granité 152.16
– à x lames 144.18
– pour lancés 162.7
– du liage 193.16
– de la lisière à point de gaze 166.1
– pour matelassé . . . 160.9
– natté à effet damier. 147.8
– natté mélangé . . . 147.9
– natté rayé 147.7
– natté toile 147.6
– panama 147.6
– du perçage de cartons 193.17
– piqué 160.15
– reps 145.19
– satin 150.13
– sergé 147.13
– pour serviette éponge 166.3
– soleil 151.15
– spéciale 421.2
– taffetas 145.18
– pour tissus bouclés . 166.2
– pour tissu broché . 162.10
– pour tissu composé . 154.7
– pour tissu damassé . 153.12
– du tissu de dessous . 157.7
– du tissu de dessus . 157.5
– du tissu d'endroit. . 158.4, 159.7
– du tissu d'envers . . 158.5, 159.9
– pour tissu façonné . 153.5
– pour tissu fourré . . 156.5
– du tissu intermédiaire 159.8
– pour tissu à poils . 166.12
– pour tissu quadrillé . 153.5
– pour tissu rayé . . 153.5
– pour tissu triple . . 159.6
– pour tissu tubulaire. 156.10
– pour tissu uni . . . 145.17
– toile 145.18, 157.11
– toile de la lisière . . 147.10
armure toile pour tissu creux 160.8
– de la trame de poil. 167.2
– tricot 160.2
– uni 145.18
– pour velours par chaîne. 167.16
– du velours côtelé . . 167.5
– pour velours par trame 166.13
arqué, espolin 347.13
arranger le dessin . . . 370.3
arrêt . . 241.8, 290.11, 341.12
– de l'arbre à vilebrequin 293.16
– automatique 134.15
– automatique pour bobine pleine 37.10
– automatique du métier 313.4
– du battant 292.21
– de la bobine 32.5
– des bobines suivantes 264.15
– des chariots à leur position centrale . . . 369.10
– du contrepoids . . . 137.12
– électrique du métier 319.21
– de l'ensouple du tissu 130.17, 134.16
– du levier de roue . 277.9
– du métier . . 306.24, 307.3
– du métier pendant le changement des navettes 266.14
– de la planchette . . 222.17
– du pousseur 364.21
– par rupture de fil . 51.7
–, dispositif d'– pour le cylindre à cartons 192.7
–, mécanisme d'– automatique de la broche 88.11
–, mécanisme d'– pour cannette pleine. . . 91.16
–, mécanisme d'– pour carton mal placé . 390.5
–, mécanisme d'– pour faire la levée . . . 91.19
–, mécanisme d'– pour métier à grosse draperie 253.17
–, mouvement d' . . . 35.15
arrêté, broche –e . . . 92.12
arrêter le battant avant le battage 292.22
– la bobine 31.6
– la bobine après une longueur de fil déterminée 29.19
– le métier . . 306.23, 313.3
– le métier brusquement 307.2
– la rotation 180.20
–, s'– automatiquement (ourdissoir) . . 52.16, 87.22
arrière de la boîte à navettes. 267.5
– denté de la boîte . 278.9
– du métier, travailler à l' (cylindre) . . . 220.13
–, mouvement en . 134.17, 135.17
–, travailler en 302.14
arrivée de la navette dans la boîte . . . 316.3
– du tissu 6.26
arrondi, coin 117.8
art du tissage 1.3
article v. a. tissu, étoffe
– broché 344.12
– fabriqué 4.9
– fini 4.9
– à franges 355.1
– d'habillement. . . . 406.10
– laine. 2.16
– à x lames 181.5
– léger. 296.7
– lourd 296.6
– fait à la main . . . 405.21
– à poils 326.1
– à points brodés . . 349.7
– tubulaire. 300.10
articulation en tôle . . 281.2
articulé, bielle –e . . . 293.17
artificiel, bouton . . . 18.15
–, crin 17.21
aspe 25.19, 26.8
– à six bras 28.15
– à bras repliables sur eux-mêmes 28.16
– en étoile 28.15
– en étoile à bras fixes 29.3
aspect du tissu 391.7
aspiration du fil par la bouche 372.12
aspirer le fil 372.13
asple. 25.19, 26.8
– de dévidage 34.15
asplet 25.19
assiette à broche . 36.3, 38.1
assortiment de bobines 44.9
– de métiers 304.6
– d'outils 373.4
assouplisseur de trame, ouvrier 101.16
assujettir les cartons . 205.5
assurance 446.15
assurer l'encroix par des ficelles 42.16
– le liseron dans les rainures 173.2
astrakan 170.7, 407.2
atelier de construction de métiers à tisser . 7.4
– de parage 73.9
– de piquage des cartons 384.7
– de tissage 1.7
attachage des fils d'arcades aux collets. . 218.4
attache 10.23
– de la chaîne sur l'ensouple 116.11
attacher les cristelles à la barre transversale 177.3
– les fils d'arcades aux collets 218.5
– les fils de chaîne par sections sur l'ensouple du tissu . . 110.3
attraper la navette sautante 312.11
aube, en forme d' . . . 193.9
auge 89.10, 125.2
– à bobines 32.21
auget de la broche . . 96.8
augmentation de l'armure 222.4
– de la densité de la chaîne. 114.14
– de poids du tissu . 4.11
– [ir]régulière des points de liage 151.12.13
– de la production du métier. 266.9
– de la tension 120.7, 143.6
augmenté, armure –e . 232.2
augmenter la densité de la chaîne 114.13
– la force du coup . . 246.17
– la résistance du fil . 64.12
– la tension 119.2
automatique, arrêt . . 37.10
automatiquement, s'arrêter 52.16
–, se placer (fil) . . . 27.10
auxiliaire, pincettes –s 342.10
avance de la bobine. . 346.9
– de la chaîne 117.21
– du plateau de friction 127.11
– du tambour 57.9
avancement de la barre 127.1
– des cartons. 206.7
– de la chaîne 130.3
– latéral 109.11
– du tissu 292.11
avancer pas à pas (chaîne) 340.3
–, faire – le cylindre de x dents 195.17
–, faire – le quadrant denté 52.8
–, faire – une certaine quantité du tissu à chaque tour du battant 134.9
avant du métier, travailler à l' (cylindre) 220.12
–, mouvement en. . . 135.16
avant-corps 231.4
– double 231.13
– pour lames montantes, descendantes et stationnaires 231.3
– simple 231.12
–, l'– fait le fond . . 231.9
axe 252.9, 285.14
– de l'aspe. 25.23
– du battant . 251.17, 288.17, 293.5
– commun 127.7
– de l'ensouple 120.2
– de l'excentrique . . 178.19

axe de l'excentrique à mouvement vertical 179.5
— du pivot 338.11
— de rotation du levier 31.4
axial, déplacement 251.8, 307.15
axialement, mobile 367.9
Axminster, tapis d' 410.12

B

bac 89.10
— à colle 70.18, 75.5, 76.1, 180.5
— à cuisson 69.7
— à eau 101.20
bâche à colle 70.18, 75.5
—, toile à 396.19
bague 281.3
baguette 6.9
— de bois fixe 106.5
— d'encroix 61.17, 137.20
— d'encroix cannelée 138.6
— d'encroix placée à croisure simple 138.11
— d'encroix plate 138.4
— d'encroix à revêtement métallique 138.8
— d'encroix ronde 138.3
— de l'ensouple 77.19
— d'envergeure 61.17, 76.4, 82.12, 111.5
— de pinçage 138.7
— de séparation 41.7, 72.20, 83.20
baguetteur 6.9
baisse de la griffe 211.2
— du peigne 285.18
baisser la *x*ième boîte (*x*ième douille) 281.10
— la *x*ième boîte (*x*ième roulette) 281.11
— la *x*ième boîte (*x*ième trou) 281.9
— dans le pas (plongeoir) 345.11
Baker et Kip, mécanisme de changement de navettes 269.2
balance 439.13
balancier 186.14, 210.17, 274.6, 440.1
balle 4.12
banc à rappondre 111.2
— à rentrer les chaînes 105.11
— des tambours 35.3
— du tisseur 297.6
— pour tricoter les lisses 177.17
bande d'acier 124.20, 371.2
— d'acier à rainure 369.12
— de dessin 377.11
— différentielle 125.12
— élastique pour bretelle 415.23
— en fer-blanc élastique 328.9
— du frein 125.7
— de frein en cuir 72.15
— de frein, mettre la — sur la poulie de friction 57.10
— de métal plate 173.1
— de papier 189.18
— en papier à divisions 371.1
— du tissu 439.10
— de tulle avec lisière 412.13
bandeau 427.2
bandelette 427.2
Barber, noueur 112.3
—, noueuse mécanique 112.20
—, rappondeuse mécanique 112.20
barège 398.26, 401.25
barillet du Northrop 261.1
barillet-chargeur 261.17
barre 333.18, 372.8
— d'accouplement 277.10
— à aiguilles 83.8, 349.16
— avec aiguilles mues ensemble 350.1
— à ailettes 366.9
— d'arrière 116.8
— d'arrière demi-ronde et fixe 116.13
— d'arrière ronde et tournante 116.12
— en bois avec aiguilles 350.2
— carrée 136.14
— de chasse 301.20
— de commande 366.8
barre de commande oscillante 348.6
— de contact 320.2
— à crochets 351.9
— d'ensouple 119.10
— d'envergeure 137.20
— de fer 289.2
— -guide 353.16
— des guide-fils 32.13, 366.14
— garnie de pointes 366.15
— de la poitrinière 305.3, 309.4
— de poussée 348.1
— de pression 383.17
— quadrangulaire à coins arrondis 117.8
— à rochet 126.18
— de soutien des lisses 105.18
— de support 366.16
— de tension 72.7, 80.8
— de tension à main 138.15
— transversale 176.15, 177.3
— de va-et-vient 90.18
— verticale du râtelier 356.10
—s indépendantes 368.17
barrette en bois 218.7
— avec rangée de trous 197.12
— en verre 218.8
bas de la cannette 92.17
—, ajusté 205.2
—, épaulement — de l'excentrique 179.8
bas élastiques 359.14
—, suspenseur pour 427.23
basculant, levier 192.13
bascule 121.9, 279.20
— à besace 122.1
— chargée 121.12
— du moteur 310.8
—, double 121.17
—, mécanisme de — de la duite 357.9
—, support à 309.18
base de la cannette 87.10
— conique 260.16
— conique de la cannette 99.8
— conique du tube 86.16
— de fuseau 240.2
basse-lisse, métier à 298.9
batavia 148.14
bâti 178.10, 278.13, 386.11
— en bois 108.6
— des cartons 206.11
— du changement des boîtes 276.13
— côté changement 305.1
— côté commande 304.21
— de déroulement 56.8
— à dresser 80.6
— d'enroulement d'étoffe 331.3
— d'entrée 72.14
— extérieur de la commande 305.5
— du Jacquard 209.20
— latéral 335.2
— des leviers 185.11, 388.15
— de lisage 386.10
— de la machine 287.6
— de la mécanique Jacquard 212.7
— du métier 297f.
— du métier étrésillonné 297.7
— du métier de rubanerie 355.13
— du peigne d'envergeure 58.7
— en forme de pupitre 209.3
— de la ratière 190.12, 206.18
— des rouleaux d'ourdissage 82.3
— -support 362.21
bâtiments 445.22
batiste 5.24
— de coton 393.10
— de lin 395.26
bâton 224.1
— de chasse 291.10
— d'encroix 111.5
— de rame 208.22
— en rotin 290.14
— de semple 209.10
— de tension 354.4
—, long 185.4
battage 282.1
— par choc 292.15
— double 293.9
— à pas fermé 284.12
— à pas ouvert 284.11
— par pression 292.16
— uniforme 143.12
—, double 360.10
battage, triple 295.9
battant 264.5, 335.10, 339.7
— actionné mécaniquement 289.8
— à boîtes montantes 358.9
— à plusieurs boîtes 344.10
— à bras 288.16
— brocheur 345.9
— brocheur à commande de navettes par aiguilles 346.13
— brocheur avec navettes mues en ligne droite (en arc) 347.9.12
— brocheur à petites navettes 346.13
— brocheur à trois navettes avec guide à crochets 346.21
— brocheur pour métier à ruban 346.12
— brocheur suisse 348.3
— brocheur viennois 347.16
— brodeur avec deux peignes 351.4
— à cercles 345.17, 347.1
— à changement horizontal des boîtes 345.16
— de chasse 249.11
— à chute libre 295.10, 317.11
— à cintres pour une navette 357.2
— à cintres pour deux séries de navettes 357.6
— à doubles cintres croisés 357.5
— du cylindre 186.14, 190.8, 210.17
— du cylindre inférieur 230.4, 234.9
— du cylindre libre 230.3
— du cylindre supérieur 230.8
— du cylindre, le — revient à sa position primitive 211.18
— à deux séries de navettes 357.1
— droit pour une navette 356.17
— droit pour deux navettes 356.21
— par en dessus 303.16
— à espoliner 349.15
— à espoliner avec des aiguilles mues individuellement 350.12
— à glissière 289.12
— inférieur 289.11
— libre 289.9
— du métier à main 321.8
— du métier de rubanerie 289.13, 356.16, 358.3.9
— avec navette 301.18
— à navettes circulaires 347.6
— à plusieurs navettes 272.3, 290.10
— à plusieurs navettes avec loquet 291.8
— à navette volante 248.1, 289.14
— à oscillation par en dessous 299.2, 350.20
— en repos dans sa position arrière 295.6
— à roulettes 324.8
— sans semelle pour navette 339.23
— de la sonnette 82.5
— suspendu à marteau 289.10
— suspendu sur pivot 289.10
battoir de trame 360.19
battre les boucles de poil 340.19
— après changement de la foule 323.12
— la duite 284.8, 336.3
— la duite de fond en forme ondulée 336.4
— l'écheveau 25.12
beau côté du tissu 430.3
bec 112.6, 326.14
— d'âne 373.8
— de cane 270.4
— de chasse 250.2, 254.13
— de corbin 186.6, 207.9, 210.12
— du crochet 210.12, 343.1, 348.18
— d'excentrique 250.2, 254.10
— de pincettes 341.2
— de la platine 186.6, 207.9
— du rail-guide 270.11
bec sur tringle d'arrêt 311.13
—s juste au-dessus des couteaux 211.14
Becker, pare-navette 312.13
bédâne 373.8
bénéfice 442.16
bengaline 398.29, 401.15
Berry, drap de 398.15
besace, bascule à 122.1
besoins en fil 443.12
— en fil pour la chaîne 443.15
— en fil pour la trame 444.8
bielle 58.13, 229.16, 234.10, 293.8, 348.11
— ajustable 293.12
— articulée 293.17
— du battant 308.12
— ordinaire 293.2
— en deux parties 293.11
— petite 293.19
bilatéral, changement de navettes 292.3
biseau, placé en 224.10
blanc 380.7
— du carton 382.14
blanchi, fil 9.24
—, tissu 431.3
blanchiment, degré du 429.18
blanchisseur 445.1
bleu 380.13
bloc 258.17, 334.12
— d'arrêt 35.12, 318.10, 332.15
— de caoutchouc 415.8
— extensible 54.19
— à fente 180.12
— de point d'appui du ressort 122.12
— recouvert de cuir fort 248.16
— sectionnel 54.14
blocage du cylindre 205.12
bluteau, toile à 399.1
bobinage 23.13
— bombé 23.14
— conique 24.1
— convexe 23.14
— croisé ouvert 23.3
— dur 23.7
— de l'écheveau 25.9
— à la main* 24.21
— mécanique 26.2
— mou 23.9
— de la trame 84.22
—, mécanisme de — pour bobines à plateaux 31.7
bobine (v. a. cannette) 347.4
— Alexandre 23.21
— la plus basse 264.9
— en bois 10.19
— bombée 23.18
— à bouts coniques 85.15
— de brochage 346.7
— de chaîne croisée 63.2
— de chaîne soie 43.10.13
— conique 24.10
— pour une course de fil de *x* mm 239.13
— croisée conique 24.2
— croisée cylindrique 23.21
— cylindrique 22.20
— à dérouler 86.18, 240.14
— à disques 10.17
— entre deux disques 89.4
— à disque unique 89.5
— sans disques 89.6
— droite 22.20
— dure 23.8
— à embase conique 97.12
— épuisée 265.3
— à fil croisé 10.18, 23.20
— de fil métallique pour liage 287.16
— de fil de poil 329.5, 339.26
— de filature 36.4
— formée 23.5
— horizontale 30.8
— humectée 101.15
— molle 23.10
— mouillée 101.15
— à ourdir 44.8
— d'ourdissoir 38.2, 44.8
— plate 366.7
— plate pour métier-tulle 90.1
— à plateaux 10.17
— pleine 23.5
— à rebords 10.17, 63.10
— de réserve 81.9, 262.4
— à rondelles 10.17
— soleil 23.19
— tombante 364.24
— tournante 343.21
— de trame 84.12, 341.3

bobine de trame brodeuse 350.7
— trempée 101.14
— à tulle-bobin 366.19
— vide 23.6
—, grosse 258.1
—, mauvaise 265.4
—, seconde 264.12
—s commandées par cylindres de friction 27.4
—s disposées dans le magasin l'une au-dessus de l'autre 262.14
—s placées diamétralement 362.7
—s suivantes 264.15
—s superposées 265.10
bobiné, fil 10.16, 26.6
bobiner 22.7, 84.14, 85.21
— de la bobine 37.4
— des cannettes 25.6
— en croisé 23.2
— du dévidoir 33.5
— de l'écheveau 37.5
— l'écheveau 25.8
— le fil 336.9
— le fil régulièrement 22.17
— à la machine 26.1
— à la main 24.20
bobineur de fil de chaîne 25.3
— à la main 25.1
bobineuse de fil de chaîne 25.4
— à la main 25.2
bobinoir 26.16
— pour bobines plates 89.3
— à broches horizontales 30.1
— à broches positives 27.1
— à commande des bobines par friction 27.2
— croisé avec disques courbes pour les guide-fil 32.11
— croisé avec guide-fil de Schönherr 33.8
— croisé à tambour fendu 31.11
— à une face 26.18
— à deux faces 26.19
— double 26.19
— double face (pour bobines à plateaux) avec une seule rangée de tambours 27.3, 31.1
— double face pour bobines à plateaux avec double rangée de tambours et râtelier supérieur 30.2
— à fil croisé avec guide-fil à mouvement rotatif 34.19
— pour fils de trame 89.2
— à lin 33.14
— à main 26.7, 86.4
— mécanique à broches verticales 36.1
— mécanique avec broches verticales à commande par cordes 37.18
— mécanique à broches verticales conduites par friction 36.2
— mécanique pour soie 34.2
— à pédale 86.6
— simple 26.18
boie 417.9
bois 86.11
— avant 356.8
— comprimé 243.9
— de cornouiller 243.10
— dur 243.5
— imprégné 243.12
— lourd 288.21
— du métier 297.2
— de persimon 243.11
— séché à l'air 243.8
boîte 258.16, 287.7, 356.1, 364.4
— à aiguilles 35.7, 50.19
— à aiguilles oscillante 226.2
— des aimants soumise à l'action d'un courant électrique 387.8
— à bobines 88.19
— en bois 347.17
— de la broche 98.15
— de la broche avec fente longitudinale 96.4
— à changement avec x compartiments côte à côte 345.15
boîte à changement avec r compartiments superposés 273.9
— à changement horizontal 291.17
— à coulisses 357.10
— à couteaux 210.6
— descendue 272.15
— droite 248.2
— étroite 244.8
— gauche 248.2
— à l'huile 375.8
— en laiton 347.22
— latérale 357.10
— pour les marches 322.5
— métallique 347.19
— montante 291.3
— montante Tannwald 278.3
— montée 272.13
— montée (descendue) de x compartiments 272.16.17
— à navette 250.7, 252.15, 267.12, 290.6, 357.7
— à navette du battant 269.10
— à navette avec x compartiments 272.8
— à navette d'un métier à chasse par ressort 255.23
— à navette de niveau avec le plan du battant 251.7
— à navette en position incorrecte 313.16
— de la navette 244.11
— oscillante 291.19
— à plusieurs navettes 290.12
— à poids 122.2
— aux poinçons 385.21
— de protection 439.15
— rainurée de la navette 244.14
— au repos 281.13
— à ressort 371.3
— pour ressort d'accouplement 315.2
— -revolver 279.2
— rotative 279.2
— rotative sautante 279.18
— à ruban 301.12
— sautante 273.6
— tournante 279.2
— tournante (Ross) 280.2
— tournante (Walker) 280.13
— à plusieurs trames 272.4
—s à extrémité conique 347.21
—s manœuvrés par les crochets 291.16
—s à navette placées les unes à côté des autres 291.18
—s à navette superposées 290.9
bombasin 398.30
bombé 154.13
—, bobine —e 23.18
—, effet de 162.2
bombement de la bobine 23.16
bomber les bobines 23.15
bon effet du tissu 429.8
bonneterie, fil de 14.10
borax 67.26, 438.2
bord (de la navette) 265.14
— du tissu 139.15
— du tissu défectueux 140.20
— du tissu éraillé 140.20
— du tissu replié vers le haut 140.8
bordure 378.3
— droite symétrique de celle de gauche 221.11
— frisée 406.4
— gauche est la contre-partie de la bordure droite renversée 221.10
bosse dans l'enroulement 79.2
—, came à trois —s 97.3
boucle 168.19, 171.7, 175.18, 425.22
— à une seule aigrette 167.14
— à double aigrette 167.12
— de l'aiguille 211.6
— d'attache de la lanière de chasse 250.8, 251.14, 254.16
— du collet 224.2
— coupée 168.20
— droite 167.15
— de fil 336.11
— inférieure 166.9
— liée par une seule duite 169.13
— métallique 227.2
— de poil 168.12
— supérieure 166.7
boucle de trame 340.14
— en forme d'U 167.11
—s formant côtes 167.6
—s coupées entre les deux tissus de fond 169.8
—s, former des 245.5
bouclé, fil 14.14
—, tissu 166.2, 417.21
bouclettes de poils 417.20
bouger, ne pas (platines) 205.8
bougran 395.22, 414.19, 432.21
bouillant, colle —e 65.2
bouilli, colle —e 65.3
bouillir, faire — la colle 65.1
bouillon 20.12
boule de chaîne 63.8
— de chaîne croisée 43.4
boulon central 139.21
— de la charnière 278.12
— de débrayage 308.18
— à écrous 172.18
— à ergot 374.6
— noyé avec ergot 374.11
— noyé à tête simple 374.10
— de peigne 136.11
— à tête 315.10
— à tête hexagonale et trou d'huile 374.12
— à tête plate 374.9
— à tête ronde 374.5
— à vis 327.20, 328.16
bouracan 399.2
bourrelet dans l'enroulement 79.2
bourrette 17.14
bout 251.16
— de chaîne 110.19
— conique du tambour 60.15
— du fil 51.10
— de la navette 244.15
— tombé 81.10
—s de bobines 22.11, 45.1
—s de chaîne 111.8
—s de fils 57.14
—s des fils de cannette 45.9
—s de fil de poil 336.13
—s de trame 361.7
bouteille de caoutchouc 415.7
bouton 28.2, 206.4, 209.2, 263.13, 389.8
— artificiel 18.15
— de contact 387.9
— de coton 18.11
— de couleur 18.16
— floche 18.17
— de laine 18.12
— à main 348.2
— de manivelle 59.8, 213.11, 255.2, 277.5, 358.12
— naturel 18.14
— de soie 18.13
— solide 18.18
—s, velours pour 404.7
boyau de chaîne 63.9
— de chaîne croisée 43.4
— de chaîne placé sur la table tournante 81.8
—, la chaîne vient du 81.2
—, corde de 341.10
brancard 206.1, 390.9
branche du crochet 230.17
— glissante 238.9
— -ressort 215.6
branlant, broche —e 239.12
bras 285.13
— auxiliaire 280.6
— du battant 134.10
— du cantre 43.14
— central du levier 315.12
— de chasse 249.11
— de chasse supporté dans une glissière 313.11
— de chasse supporté par manchon à frettes 313.9
— à coulisse 55.15, 137.16
— égaux, levier à 191.5
— en fil métallique 346.16
— fixés dans des gorges 29.5
— incurvé 254.15
— latéral 112.4
— du levier 136.7, 288.6
— du levier d'arrêt 278.20
— de levier équilibré 439.23
— mobile 54.12
— à mouvement vibratoire pour mécanisme d'arrêt 91.5
— mus par des excentriques 285.19
— oscillant 137.17, 192.2
— oscillant avec galet 257.10
bras de pinçage 334.10
— du rail des crochets 333.14
— recourbés du levier 109.2
— repliables sur eux-mêmes 28.16
— du rouleau tâteur 125.15
— de support pour presser sur la bobine 32.15
— de la tige d'arrêt 254.8
— vertical du battant 288.18
— avec vis de réglage 283.16
—, tisser à 4.19
brassière 428.26
brèche 4.4
bref 220.7, 434.12
— de rentrage 7.16
bretelles élastiques 427.25
brevet, frais de 446.3
bricoteau 185.3, 188.4
bride 167.11, 168.19
— de frein 122.14
brillant, fil 421.9
brillantine, fil 14.7
brin 409.5
— de laine cardée 409.7
brindille de bois 416.12
brocart 402.17, 423.6
— en broché or (argent) 402.20.21
— fantaisie 402.18
— velours 423.2
brocatelle 423.5
brochage 162.11, 344.17
— par chaîne 349.4
— au lancé 162.8
— à la main 345.5
— mécanique 345.6
— mécanique sur métier à la main 345.7
— sur métier à tisser mécanique 345.8
— au poil traînant 162.3, 344.3
— par trame 344.19
—, mécanisme de 349.1
broche 26.14, 180.14, 240.12
— à alpaca 238.12
— arrêtée 92.12
— des bobines 89.16
— en bois conique (avec rainures) 238.3.4
— branlante 239.12
— à caisse pour navettes en acier 239.4
— pour cannette à ressort 95.14
— de cantre 44.16
— carrée 94.11
— à clapet 238.1
— à commande positive 99.12
— à coquille avec griffe de serrage 239.3
— à couper le fil de poil 336.6
— courte du fuseau 179.3
— à crochet 239.5
— fendue 239.6
— en fer 290.13
— en fer à picots 238.5
— du fuseau 178.17
— du fuseau au contact de l'épaulement de l'excentrique 179.9
— horizontale 87.15
— longue du fuseau 179.4
— pour métiers Northrop 239.7
— à mortaise 238.17
— à mortaise avec écrou de maintien 238.19
— à mortaise interchangeable 239.1
— à mortaise avec ressort de maintien 238.18
— à mouvement de monte-et-baisse 97.1
— de navette 237.22
— nue 87.24
— du peigne 282.7
— à pied entaillé 238.14
— pivotante 238.1
— à pointeau 81.4
— positive 27.1
— de la poupée mobile 80.18
— de râteau 82.17
— de râtelier 44.16
— de rechange 238.16
— à ressort 97.13
— à un seul ressort 238.7
— à deux ressorts 238.10
— à quatre ressorts avec épaulement 238.11
— avec ressort et bec 238.8
— à ressort avec branche glissante 238.9

broche à ressort fou. . 238.13
— avec ressort rugueux 239.2
— spirale 238.2
— verticale 38.18
— verticale à commande par cordes. 37.18
— verticale conduite par friction 36.2
broché 162.11, 344.13
— à l'aiguille, tissu . . 163.6
— par chaîne 165.1
— par chaîne, effet de 165.1
— double fil 402.19
— -poils traînants 162.7, 344.2
— par trame . . 162.12, 344.14
— par trame double-face 162.13
—, imitation de 163.7
brocher. 344.18
— en plusieurs couleurs 344.22
brochette 39.1, 44.16
— du bobinoir 26.10
— en bois 44.17
— à charnière 45.12
— horizontale 44.14
— métallique 44.18
— de navette 237.22
— verticale 44.15
—s placées dans des supports à charnière . 31.2
brocheur, fil 344.20
brodé, châle 420.24
—, tapis 407.25
broder le dessin dans le tissu 349.11
— sur la face d'endroit du tissu 349.12
broderie à trame apparente à l'endroit du tissu 349.13
brodeuse 6.6
bronze 245.17, 310.18
brossage du fil 73.5
brosse 240.5
— circulaire 180.2, 328.12, 343.10
— distributrice 72.19
— encolleuse 180.4
— à main 83.19
— nettoyeuse du cylindre de peluche. 38.6
— nettoyeuse du fil . . 38.7
— à parer 73.6
— à poils longs 73.7
— pour relevage du poil 343.16
— rotative 71.2
brossement du fil . . . 73.5
brosser la chaîne . . . 83.22
— les écheveaux, machine à 70.10
brosseur de lames . . . 180.9
brosseuse et encolleuse mécanique revolver. 70.15
— mécanique pour écheveaux 70.10
brûlage, essai au . . . 436.12
brûlant, déterminer en 436.11
brûlé par la teinture (fil) 9.26
brusquement, arrêter . 307.2
brut, chaîne —e 64.2
—, fil 9.23
buée 75.13
buffet de cuisine, garniture pour 428.23
buffle 248.12
buis 243.6
bulletin d'ourdissage 7.23, 40.12
burette à huile 375.2
— à huile avec pompe . 375.3
busette. 85.12
butoir . 178.9, 229.6, 264.6, 311.14, 322.10
— en caoutchouc . . . 248.15
— avec doigt 322.11
— du fouet 241.9
— garni de buffle . . 358.17
— du levier d'arrêt . . 52.13
— réglable 50.16
—s placés obliquement 229.22

C

cabestan 72.8
câblé 16.15
— à x bouts 177.10
— coton verni 175.1
— laine. 175.2
— lin 175.3
— pour lisse 176.19
cachemire 397.24
— de Ternaux 420.27
cachemirette 397.25
cadran à cames 359.11
— du compteur . . 52.1, 56.10
— à ressort 438.19
cadre 112.5, 386.11
— à aiguilles 362.10
— en bois 289.15
— du chargeur 261.4
— à feuillure 217.14
— à lisses . . . 172.9, 194.14
— à lisses démontable . 171.17
— du peigne . . 136.6, 283.6, 285.12
— à rainures 208.5
— de la ratière 206.18
— de séchage pour chaîne 72.3
— de support des cartons 390.12
— avec tirants en acier se croisant à angles droits 208.4
cafard 402.26
cage d'écureuil 29.9
— de la mécanique Jacquard 212.7
caisse de fil 11.27
calancas 393.8
calandré, toile —e . . . 395.23
calcul de la chaîne . . 443.13
— des lisses. . . 173.17, 444.6
— de la longueur . . . 441.11
— du poids de la pièce 442.9
— de la trame 444.7
—s de tissage 441.1
calculé, poids . . 11.17, 442.11
calencas 393.8
calibre diviseur d'esquisse 379.15
calicot pour doublure . 392.19
— fort 392.16
— imprimé 392.17
— pour literie 392.20
— moyen 392.15
calmouk 398.4
came . . 196.13, 288.3, 370.10
— de chasse 249.15
— en cœur 33.13
— de formation 37.14
— de friction 127.10
— simple 251.2
camelot 399.4
— de soie 401.6
camphre 438.4
canevas pour chaussure 399.22
— de coton 394.5
— de l'esquisse 379.13
— de laine 398.24
caniche, peluche imitation 406.21
cannelé 398.27
— brisé. 146.12
— en chaîne 146.2
— diagonale 146.7
— diagonale avec effets de chaîne (trame) . 146.8.9
— diagonale à flottés irréguliers. 146.10
— figuré à deux chaînes 146.13
— irrégulier. 146.5
— lié 146.6
— oblique 397.22
— régulier . . . 145.20, 418.6
— renforcé 146.6
— trame 146.1
— par trame pour ameublement 418.7
canneler le ruban . . . 427.18
cannelure de la navette 244.13
— en spirale 140.13
cannetage 85.17
— sur cannettes de trame 85.9
— croisé 87.12
— à façon 88.21
— à la main 86.5
— de la trame 84.22
canneter 84.14
— sur la base conique du tube 86.16
— sur broche nue . . . 85.10
— au mouillé 85.3
— à sec 85.2
— la trame 84.15
— sur tubes 85.11
— sur tubes trame . . 85.14
canneteur. 84.18
canneteuse 84.19
— mécanique 87.1
cannetier 84.18
cannetière à broches horizontales 87.15
cannetière à broches verticales 87.16
— à broches verticales (horizontales) et guide-fil actionné par rouleau de friction 100.4.13
— pour cannette à dévidage intérieur . . . 87.3
— à cônes de guidage . 98.11
— à cône avec rouleau-guide et tambour fendu 99.10
— doubleuse 96.18
— pour fils de trame . 91.1
— à godet 93.9, 96.1
— à godet pour canneter sur tube sans embase conique 96.10
— à godet pour cannettes à dévidage intérieur 94.5
— à godet à guide-fil tournant 96.17
— à guide-fil actionné par rouleau de friction 100.3
— mécanique 87.1
— Morisson à fils croisés 91.2
— à rouleau-guide et guide-fil à ailette. . 99.15
— pour rubanerie . . . 90.10
— pour soie 96.19
cannetille. 20.12
cannette (v. a. bobine) 38.3, 84.9
— -chaîne de continu à anneau 21.17
— -chaîne de renvideur. 22.2
— -cocon 84.11
— de coton 260.4
— à défiler . . . 86.19, 237.14
— à dévidage intérieur. 84.11
— épuisée 243.22, 260.9, 262.3, 317.17
— en laine peignée . . 260.5
— pleine 262.2
— trame 84.10, 260.6
—s disposées en cercle . 261.18
cannette à huile . . . 375.1
cantre . . . 45.14, 56.4, 331.6
— pour cannette . . . 45.7
— double 44.3
— droit 44.5
— horizontal 43.15
— oblique 43.16
— d'ourdissoir. 43.12
— ouvert à angle . . . 44.4
— semi-circulaire . . . 44.7
— simple 44.2
— suspendu 44.1
— en forme de V . . . 44.6
— vertical 43.13
caoutchouc 415.6
— vulcanisé 415.18
caoutchouté, tissu . . 431.13
cape 288.20
capie 10.23
capieuse 10.23
capital de crédit . . . 446.10
caprice, dessin 377.12
capsule 264.19
— avec extrémité du fil de trame enroulée . 264.20
— soufflée par un courant d'air comprimé 264.22
caractère extérieur du fil 435.3
caractéristiques des fils 435.4
cardé-peigné 15.7
caribari 248.7
carpette 433.15
— de Smyrne 337.5
carqueron 185.8
carragaheen 67.21
carré blanc 380.7
— coloré 380.8
— du contour de l'esquisse 380.16
—, arbre d'ensouple . . 78.1
carreau à pointe en bas et en haut 152.7
carreaux 153.10
—, tissu à 271.13
carrosserie, galon de. . 428.18
carsaie 397.14
carsaye 397.14
carte. 220.7
— pour boîtes au repos 281.13.17
— pour boîtes rotatives sautantes 281.16
— de changement en acier 280.21
carte de changement à roulettes 281.1
— à dentelle 384.10
— pour métier revolver 281.12
— d'ourdissage . 40.12, 434.3
— pour tourner la boîte 281.18
— pour tourner à droite (à gauche). . . . 281.14.15
— du tramage 434.5
carton 382.4
— blanc 197.6
— en bois 382.11
— des bordures 197.4
— de changement . . 275.15, 277.25
— à chevilles 188.16
— à chevilles en bois 189.11, 353.13
— à chevilles interchangeables 189.16
— de dessin . . 342.25, 383.10
— pour plusieurs dessins 197.2
— des excentriques . . 201.4
— de façonnage 383.10
— de fond . . . 197.5, 383.9
— à galets 191.12
— glacé 382.7
— impair 383.11
— Jacquard 382.2
— pour deux liages . . 235.2
— métallique . . 279.10, 382.10
— pair 383.12
— en papier fort . . . 189.17
— percé 382.12
— perforé. 382.12
— piqué 382.12
— placé 385.10
— plein 197.6
— de ratière 205.6
— à rouleaux . . 189.10, 203.4
— satiné 382.7
— sauté 383.14
— sillonné de mortaises 189.15
— simple 383.6
— troué 382.12
— entièrement troué. . 383.3
— à deux séries de trous 383.7
— à x séries de trous . 383.8
— vierge 389.16
—s en bois articulés . . 189.12
—s pour crochets hors d'action, disposition des 383.13
—s lacés 389.18
case 379.6
— de la boîte à navettes 274.10
— aux bobines . . 32.19, 88.19
casimir 148.14
— mi-laine 397.18
— pure laine 397.17
cassant, le fil devient . 64.17
casse du fil. . . . 51.5, 88.17
casse-chaîne. . . 53.10, 319.6
— automatique 50.11
— électrique à lamelles 320.1
— de Glasgow 320.14
— à lamelles 319.14
— à lisses 321.1
— de Schatz 320.17
casse-fil 96.20
— automatique 50.11
casse-trame . . . 268.22, 317.15
— système Herrlinger . 318.8
cassé, fil 51.6, 317.16
casser (trame). 245.2
—, se — dans l'enroulement (fils). 79.3
cassin 208.21
castor, fil. 14.29
—, peluche imitation. . 406.18
castorine 398.2
catch-bar 368.6
cavalier 35.6, 50.14
cavité de la navette . 244.11
ceinture 415.26, 416.20, 427.24
cellulose 13.22
cendres 436.13
centaine 10.23
—s, exprimé en 214.13
centimètre 444.12
centrale électrique. . . 309.15
centre du pas 198.4
— du pivot 293.18
cercle 86.13, 380.3
—, disposé en 261.18
céruse 124.23
cétraire d'Islande . . . 67.22
Ceylan, fil de 13.20
chagrin 402.24
chaîne 92.5
— d'armure 273.18

chaîne à articulation avec anneau 314.17
— de cartons . . 192.3, 193.5, 194.7, 206.13, 390.6
— de changement . . . 196.19
— de commande . . . 213.15
— des excentriques . . 201.13
— en fer 278.2
— Galle 71.5, 372.15
— de harnais 171.15
— de levée 92.8
— à maillons pour dessin 259.4
— pour le mouvement des guide-fil 38.16
— du rail guide-fil. . . 33.16
— sans fin 266.3
— sans fin à main . . 372.20
— sans fin à picots . . 140.6
— de tirage 230.9
— transportant les bobines 340.1
—s porteuses, les bobines peuvent s'enlever des 340.8
chaîne (fils) 7.20, 114.4, 360.18
— blanchie 21.8
— de bouclage lâche . 166.5
— à boucles . . 170.8, 325.2
— en boyau 63.9
— de brochage 163.2
— de broderie. 165.6
— brute 64.2
— de caoutchouc . . . 415.4
— chargée 64.10
— en compte réduit . . 107.8
— en compte serré . 107.12, 319.9
— qui forme les côtes . 147.2
— couleur . . . 40.14, 64.3
— de couleur claire (foncée) 62.19.20
— à plusieurs couleurs 434.2
— de crêpé 161.11
— descendante 338.3
— de dessin . . 147.1, 223.7
— avec dessin à bordures 77.8
— disposée verticalement (horizontalement) 298.6.8
— droite 161.10
— plus droite que la trame 433.24
— écrue 21.7, 64.2
— d'échantillonnage . . 47.16
— non-élastique 360.4
— encollée 64.7
— d envers 158.11
— épuisée 110.18
— fantaisie 40.14
— des fils droits . . . 339.19
— en fil retors 21.6
— en fil simple 21.5
— fixe 339.19
— fixe, la — ne concourt pas à la formation du pas 339.19
— de fond 147.4, 161.4, 163.10 325.3, 422.13
— de fond droite . . . 166.4
— de fond inférieure. . 169.18
— de fond supérieure . 169.19
— de fourrure. . 156.8, 167.19
— de frisures 170.8
— jaspée 411.18
— de jute 13.11
— lâche 405.12
— légère 21.14
— levée 159.12
— de liage 329.20
— de liage en coton . 411.23
— lourde 21.13
— mise en mailles . . . 43.9
— montante 338.4
— multicolore 21.12
— normale 42.5
— ourdie 43.7
— parée 64.5
— formant le pas . . . 339.21
— de perle . . . 354.7, 415.1
— de pièce 167.18
— à x pièces 41.22
— piquée forte dans la dent 107.13
— de piqûre . . 161.3, 325.9
— de poil 167.21, 169.20, 170.8, 330.2
— de poil avec dessin imprimé 411.16
— de poil en laine cardée (peignée) 411.12.13
chaîne de poil levée . 168.4
— de poil sans nœuds . 167.22
— à point de gaze . . 341.14
— à cinq portées . . . 107.21
— de recouvrement inférieure (supérieure . 170.1.2
— relâchée 49.13
— de remplissage 167.19, 330.1
— de remplissage en jute 167.20
— de renfort en papier 411.17
— de schappe 17.9
— soie 43.10
— stationnaire 188.18
— supplémentaire . . . 443.18
— tendue. 118.17, 405.10
— fortement tendue . . 118.20
— tendue lâche 118.22
— tiraillée 118.19
— du tissu supérieur. . 157.8
— de tordage 163.9
— plus tordue que la trame 433.25
— de tour 163.9
— 3 et 1 . . . . 156.4
— unicolore 21.11
— unie 434.1
—, ancienne. 113.15
—, nouvelle 103.3
—, seconde 159.11
—, troisième 159.11
—, la — vient du boyau 81.2
chaînette 43.9, 191.4
chaînon 255.3, 340.2
— de la chaîne d'armure 274.1
— rectangulaire en acier fondu 372.16
châle brodé 420.24
— cachemire 420.27
— en couleur 420.22
— imitation 420.21
— imprimé 420.23
— indien 420.26
— Kabyle 420.28
— oriental 420.25
— pour la tête 420.30
— uni 420.29
— véritable 420.20
chambre à air 102.2
— à air chaud 75.7
— de chaleur 75.7
— à huile 328.11
— d'humidification . . 102.10
— de mouillage 102.1
— de séchage . . . 71.4, 75.7
— à sécher 75.7
— verticale 75.12
chandelle 38.17, 249.8
chanfrein 267.14
chanfreinage des crochets en bois . . . 211.9
changeant, taffetas . . 400.15
changement 326.20
— automatique de cannette 260.11, 262.8
— automatique des navettes 266.7
— de bobines à la main 260.2
— des boîtes à navette 290.15
— de boîtes sans cartons 278.11
— de boîtes à gradins . 274.16
— de boîtes, mécanisme de — pour métier à grosse draperie. . . 274.4
— de boîtes montantes (Smith) 274.15
— de boîtes par roues (Schwabe) 276.2
— de boîtes (Hacking) 275.5
— de boîtes (Hodgson). 276.7
— de boîtes (Knowles). 276.12
— de boîtes (Schönherr) 274.12
— de couleur . . 271.6, 421.7
— de couleurs de la chaîne. 230.11
— de couleur dans la trame 341.17
— de la course 189.3
— de la course de la manivelle 213.13
— défectueux 260.14
— d'effet de chaîne et de trame 153.13
— de la foule 323.12
— des lames 182.4
— de liage 196.10
— de liage, mécanisme de 196.11
— de liage des cartons . 390.17
— de marches. 183.4
— des navettes 266.14
changement de navettes, mécanisme de (Baker et Kip) 269.2
— de navettes, mécanisme de (Crossley). 269.14
— de navettes, mécanisme de (Zschweigert) 267.8
— de navette, mécanisme de (Zwicki) . 270.3
— de x navettes 272.5
— de navettes bilatéral 292.3
— de navette par boîtes montantes 273.8
— de navettes à boîte rotative 270.12
— de navettes par boîte tournante 279.1
— de navettes au moyen d'une chaîne d'armure 273.18
— de navettes d'un seul côté. 272.19
— de navettes des deux côtés 272.20
— de navettes pour métier à x boîtes . . 290.17
— de navettes suisse. . 277.22
— de navettes unilatéral 292.2
— du nombre des duites 132.9
— dans l'ordre simple . 273.5
— de pas. 228.5
— de point d'appui . . 194.10
— par poulie à gradins. 291.13
— des rangées de navettes 358.8
— sauté 292.4
— de la trame, dispositif de 271.3
— de trame pour tissage en couleurs 271.5
— de vitesse 31.10
— de voie 178.18
—, mécanisme de (Eccles) 276.1
—, mécanisme de — disposé à gauche (à droite) 281.5.6
changer les bobines . . 45.3
— les boîtes à navette. 290.16
— le compte du peigne au moyen de pignons de rechange 287.21
— la couleur 341.16
— à chaque duite (croisement des fils de chaîne) 153.18
— la grosseur des mailles 365.21
— les marches 183.5
— les navettes 271.4
— avec x navettes . . . 271.16
— la navette pendant le mouvement en avant du battant 267.2
— l'ordre des chasses . 247.22
— le pas 142.13
— le point d'articulation de la maille 174.11
— les points de croisure 145.1
— la tension de l'écheveau 25.11
— la vitesse d'enroulement 365.20
chanvre . . . 5.13, 13.4, 395.10
chape de poulie . . . 183.19
— et poulie 360.14
chapeau . 139.22, 288.20, 385.5
— du battant . . 136.8, 293.7
— du battant-brocheur 345.19
— déplaçable du peigne 49.19
— haute-forme 406.14
— du vautoir 82.15
chapelet des cartons à galets 191.17
— à chaînons 263.1
Chardonnet, soie artificielle de. 17.19
charge 123.2
— complète du métier . 307.4
— sur la corde du frein 121.11
— indirecte du frein . 120.11
— à ressort 137.15
—, substance pour la . 68.12
chargé, chaîne —e . . 64.10
—, fil 10.5
—, magasin 261.3
—, soie —e 17.1
chargement automatique de navette. 303.19
— automatique de la trame 304.1
chargement de la chaîne 64.8
— du magasin 261.2
charger la chaîne . . . 64.9
— les lisses 362.2
— la masse d'une barre de fer. 289.2
— la navette pleine par au-dessous 266.21
— la navette pleine par au-dessus (par le côté) 266.18.19
chargeur . . 6.24, 113.3, 263.6
— automatique de la navette 261.12
— automatique de la navette (Schönh err) . 262.15
— du Northrop 261.1
chariot (de la machine à fabriquer les peignes) 287.9
— (du mécanisme de mouvement des fers) 326.9
— (du métier pour tapis-chenille) 343.17
— (du métier pour toile métallique) 324.8
— (de la piqueuse) . . 385.9
— à bobine 366.6
— avec bobine vide . . 364.16
— de la boîte aux poinçons 388.8
— du couteau avec butoir 331.16
— denté 368.1
— de l'ensouple 112.22
— de l'extrémité . . . 366.18
— supporté par des galets 287.20
— garni 364.14.23
— pour lampe 356.5
— métallique pour bobines 371.10
— du métier-tulle . . . 90.4
— en osier 371.14
— porte-bobine 366.6
— porte-ensouple . . . 79.16
— porte-navette . . . 256.17
— monté sur roulettes 257.9
— tombant 364.25
— vide 364.15
—s actionnés individuellement 369.13
—s actionnés par séries 369.8
charnière 278.12
— de sûreté 255.10
—, se mouvoir dans des —s 289.4
—s, relié par des . . . 201.6
chas d'aiguille . 350.15, 362.13
chasse 288.15
— douce 246.15
— dure. 246.16
— faible 246.15
— forte. 246.16
— à fouet vertical . . 248.23
— à ressort pour métier à une navette . . . 255.15
— terminée 247.19
—, mécanisme de la . . 247.24
—, mécanisme de — à coquille 252.7
—, mécanisme de — droite (gauche) 252.10.11
—, mécanisme de — à excentrique et arbre de chasse avec galet 252.5
—, mécanisme de — avec manivelle à roulette 251.11
—, mécanisme de — pour métier à grosse draperie 253.3
—, mécanisme de — à ressort 255.14
—, mouvement de — supérieur avec boîte montante 249.2
châsse de la navette. . 244.11
chasse-navette 248.4
— à bec d'excentrique. 254.6
— à chevilles 356.20
— au-dessous 303.11
— au-dessus 303.10
— à excentrique avec loquet 252.12
— inférieur, mécanisme de 251.1, 254.11
— inférieur, mouvement de 250.17
— pneumatique 256.10
— par ressort 303.12

chasse-navette à ressort avec excentrique tournant en sens contraire 256.5
— supérieur 249.1
—, mécanisme de — à manivelle 255.1
chassé, navette —e 246.20
chasser la bobine épuisée de la navette 262.6
— la navette par la foule 246.21
— la navette à main 246.8
chasseur 248.4, 290.7
châssis à bobine 90.16
— à crémaillère 356.18
— pare-navette 312.14
chasuble 422.22
chaud, colle —e 64.27
—, encoller à 65.19
chaudière en cuivre 69.10
chauffage 446.19
chauffe, corps de 75.9
chauffé, cylindre 343.9
chauffer les points de liage 286.11
chaussure 399.22, 427.5
chef-ourdisseur 40.10
chemin 40.16, 381.7
— de fer 206.1
— en forme de ∞ 179.13
— de la navette 290.5, 357.4
— de remettage 104.7
cheminée pour évacuer les buées 75.13
chenille 410.17, 422.1
— d'Axminster à point de gaze 410.22
— coupée 411.4
— cousue 20.20
— cousue, machine pour la fabrication de 342.1
— découpée 343.11
— non découpée 21.1
— façonnée 21.9
— en hélice 21.1
— faite à la main 410.18
— faite mécaniquement 410.19
— multicolore 411.3
— plate 20.22, 410.20
— plate cousue 411.1
— en plumes 21.10
— ronde 20.24, 411.6
— tissée 20.19
— tissée plate 410.21
— tordue 20.21, 411.6
— en U 20.23, 411.5
— unicolore 411.2
cherché, numéro 11.15
chercher le fil cassé 51.9
chevalet 329.12
cheville 39.13, 91.15, 123.8, 129.4, 206.4
— d'arrêt 363.17, 364.10
— du bas 45.19
— en bois 189.13, 390.2
— au contact du butoir 178.23
— en fer doux 189.14
— fixe pour la formation du maillon 180.13
— de frappe 178.8
— inférieure 45.19
— interchangeable 189.16
— de la lanterne 205.19
— de longueur croissante 341.22
— mobile 93.1
— de l'ourdissoir 46.4
— du poussoir 348.17
— recourbée 57.19
— de séparation 57.15
— supérieure 45.17
— à tourniquet 71.12
—s d'encroix 45.18
—s d'envergeure 45.18
cheviote 397.20
— non grattée 397.21
chevron 150.9
— diagonal 150.12
— en largeur 150.10
— en long 150.11
— peigné 399.14
chien 211.23
chiffon pour essuyage 394.3
— à nettoyer 375.13
—, tissu 393.11
chiné, fil 18.25
—, ruban 425.8
chlorure de calcium 68.11
— de magnésium 68.13
— de sodium 67.23
— de zinc 68.1
choc de la navette 247.15, 248.20
—, battage par 292.15
chocs sur le fil 98.7
choisir les chariots 369.20
— le peigne 106.15
chondrus crispus 67.21
chute de la boîte 273.16
— du cliquet 127.2
— libre 295.10
— libre, mouvement à 273.10
cintre de support des cartons 390.13
cirage des arcades 220.6
circonférence intérieure de l'anneau 341.21
— du moulin 46.8
— du rouleau d'appel 131.6
circuit électrique principal 320.6
circulation de l'air humide 102.15
cire 67.7, 437.20
— d'abeille saponifiée 67.8
— fondue 207.19
ciré, lisse —e 179.19
cirer les arcades 207.16
cisaille 383.16
ciseau plat 373.9
—x de tisserand 8.11, 112.1
claie à bobines 102.9
clair 132.13
—, compte 107.6
—, couleur —e 62.19
—, effet 391.12
claire-voie, plateau à 78.4
clanche 190.9, 193.13, 205.14, 279.7
clapet 342.11
—, broche à 238.1
claveté, plateau 358.11
clavette 293.15, 374.16
— d'accouplement 303.7
clavier 385.13
—, piqueuse à 385.8
Clavis, machine 385.8
clef 374.1
— à douille 373.19
— à douille coudée 373.21
— d'ensouple 374.2
— pour lisses métalliques 373.18
— de réglage 373.20
client 443.1
clinquette 283.6.14
cliquet 51.22, 112.8, 136.19, 180.3, 188.15, 214.3
— d'action 133.12
— d'arrêt 133.13, 268.15
— du cylindre 190.9
— décroché 195.19
— double 259.8
— de poussée 134.13, 195.13
— réglable 136.2
— à ressort 226.2, 258.12
— de retenue 133.13
— de rochet 192.15
— du secteur 314.12
— de sûreté 279.21
— de traction 134.14, 195.12
—s montés sur un axe commun 127.7
coco 13.17
— Cochin 13.18
Coconada 13.19
coconneuse mécanique 86.7
coefficient de friction 120.13
cœur, came en 33.13
coin 311.8
— d'accouplement 277.11
— arrondi 117.8
— de réglage du rail de tension 332.5
col de cygne 210.15
—, velours pour 404.8
collage des fils sur le rouleau-encolleur 74.10
collant, matière —e 89.11
colle 64.22, 437.15
— acide 65.11
— animale 66.26
— bouillante 65.2
— bouillie 65.3
— chaude 64.27
— cuite 65.3
— douce 64.25
— dure 64.28
— fraîche 65.4
— inodore 65.5
— de peau 67.1
collé, ensouple —e 115.5
—s ensemble, fils 319.11
collecteur 365.17
— des capsules soufflées 264.14
— de déchets 113.2
collet 69.4, 89.17, 207.12, 208.23, 210.9
— de la broche 98.17
colletage 218.4
colleter 218.5
colleur 75.6
— de chaînes 66.8
— à la machine 66.12
— à la main 66.10
colleuse de chaînes 66.9
— d'échantillons 6.16
— à la main 66.11
collier 80.16
— de l'arbre des secteurs 322.4
— de l'ensouple 77.21
— de l'excentrique 34.8, 213.17, 275.18
— du frein avec encoche 79.13
— du frein de l'ensouple 79.12
colonnes de support des mécaniques Jacquard 212.8
coloré, carré 380.8
combinaison de couleur et d'armure 152.13
combiné, armure —e 145.15
—, frein 124.9
combustible pour la force motrice 446.5
commande par arbres de transmission 305.8
— des bobines par friction 27.2
— des broches par disques à friction 37.2
— des broches, mécanisme de 39.15
— des broches par tambour unique conduisant deux rangées de broches 39.16
— par came de friction 134.18
— par chaîne du cylindre 213.14
— des chariots à bobine 366.20
— par cordes 37.18
— par courroie 302.16, 307.7, 358.10
— de la crémaillère 276.6
— par en-dessous 366.21
— par au-dessus 368.5
— directe par engrenages 310.17
— droite 305.11
— électrique 309.14
— par engrenages 310.12
— par engrenages cylindriques 307.17
— des espolins 348.19
— de l'excentrique 36.15
— des excentriques, mécanisme de 201.1
— par friction 307.12
— gauche 305.12
— par groupes 305.9
— du guide-fil 35.9
— individuelle 305.10
— des loquets du chasse-navette 314.3
— de la mécanique Jacquard 212.17
— de la mécanique à simple lève 213.9
— du mécanisme de chasse-navette 314.2
— du métier 305.6
— du métier droite (gauche) 305.13.14
— avec (sans) mouvement perdu 189.4.5
— de navette électromagnétique 301.1
— négative 213.1
— positive de la mécanique Jacquard 213.5
— par poulie fixe et folle 307.11
— des ratières 203.14
— de la ratière Hattersley 203.15
— par roue à loquet 309.2
— par roues d'angle 307.18
— par rouleaux pour les chariots 367.20
— à vitesse variable 308.4
commandé par cylindres de friction 27.4
—, poulie —e 305.17
commander l'arbre du métier par courroie (par engrenages) 310.6.16
— la broche par un disque de friction 100.11
commercial, désignation —e des étoffes 432.13
—, fil 11.26
commission de banque 446.11
commun, axe 127.7
commutateur 301.5
comparaison, essai par 436.1
compartiment de la boîte à navettes 274.10
—s disposés en cercle 279.3
—s superposés 273.9
compensation de la tension 143.7
— des variations dans la tension 331.10
—, régulateur à — automatique 136.5
compensativement, travailler (régulateur) 136.20
compenser la tension 119.6
composer l'esquisse 376.3
composé, armure —e 145.15
—, tapis 407.12
composition des coloris 377.3
— des tissus 143.14
comprimé, fil de caoutchouc 415.13
comptage des duites 370.4
compte 3.13, 376.7
— en chaîne 41.15, 376.8, 434.15
— de chaîne clair 107.6
— de chaîne en peigne 106.16.17
— de chaîne réduit 107.6.7
— de chaîne serré 107.10.11
— de fils 107.9, 434.13
— en lisses 173.13
— en lisses au taux de Krefeld 173.14
— au peigne 434.15, 443.22
— du peigne 282.13
— du peigne irrégulier 282.17
— serré, à 319.9
— total 41.16
— en trame 434.16
compte-fils 434.14, 438.12
compte-fils de sûreté 438.14
— universel 438.13
compter de droite à gauche 151.7
— les fils du dessin 434.7
— de gauche à droite 151.6
— les points de liage 151.5
compteur 48.12
— Hitchon 51.17
— de duites 370.5.15
— de duites Demoulin 370.7
— de duites Northrop 370.6
— marqueur 74.19
— de mètres 371.12
— métrique 54.16
— à sonnette 77.13
— de torsion 440.8
— de tours 54.8, 58.16, 370.3
—, appareil 370.2
—, mécanisme 54.9
concave, surface 280.8
concentrique, segment 128.20
conducteur électrique 387.13
— moteur 61.15
conduire le fil le long de la bobine 26.13
— les fils sur une tringle lisse 57.13
— un seul métier 441.5
— plusieurs métiers 441.6
conduite de la broche 93.13, 98.16
— de dérivation 102.3
— d'eau 74.1
— de vapeur 69.6, 73.21
cône 53.4, 74.3
— de la bobine 85.19
— en bois 93.11
— creux interchangeable 372.3
— de fil 87.9
— fixe du tambour ourdisseur 60.5
— de friction 97.14
— de friction de commande 308.5
— glissant du tambour ourdisseur 60.12
— à gradins 34.5
— de guidage 99.2
— à lattes de bois 60.2
— réglable du tambour ourdisseur 60.6
confection des lames 176.16
—, frais de la 446.22
confectionné, tissu 4.9
—s, rubans 427.22

confectionner les harnais en fil métallique, machine à 180.11
— les lisses 176.11
confusion, apparence de 153.3
conique, bobinage 24.1
connexion à genouillère 294.10
console . 59.16, 310.11, 333.15
— de la poitrinière 305.4
— réglable 105.15
— de support des baguettes d'envergeure 111.4
consommation de fil 11.20
— de trame en kilogrammes (en livres) 444.14.15
consommé, fil 11.21
constant, tension —e 126.9
constante 133.10, 443.5
construction des métiers 300.3
contact par frottement 387.5
— de glissement 387.5
—, en léger 78.17
—, en — avec la surface de la bobine (galet d'arrêt) 37.11
—, mettre en — l'accouplement avec la roue 95.9
contexture du tapis double 408.10
— du tissu 391.3
continu à anneau 21.16
—, déroulement 126.6
—, dessin 154.6
—, mouvement 130.7
continuellement, cylindre tournant 50.12
contour du dessin 379.17
contracter, se (largeur de la chaîne) 114.12
contraction des cartons 382.6
— du tissu dans la largeur 139.3
contrarié, tour 164.8
contre-cliquet . 133.13, 135.11
contrecoup, cuir de 250.11
contremachine 389.11
contremaître du métier 5.6
— d'ourdissage 40.10
— de rentrayage 6.2
— de salle 5.5
contremarche 185.4
— à action simple 185.7
— à double action 185.10
— pour foule haute, basse et immobile 185.14
— pour 3 (4, 5) lames 201.15.16, 202.1
— à levée 184.11
— à levée et rabat 185.2
— pour marches extérieures 202.2
— à rabat 184.15
—, dispositif de 184.10, 201.14
—, dispositifs de — placés l'un contre l'autre 185.13
contreplaque . 229.14, 388.5
contrepoids . 90.13, 91.13, 124.2, 137.10, 203.19
— de la lame 184.12
— du levier 55.10, 121.1
— du rail des broches 94.14
—, mettre un — à l'extrémité du levier 185.1
contre-poupée 80.19
contre-semplé, dessin 377.19
contrôle de calcul 443.6
— du remettage 182.5
conversion des mesures 436.8
— des numéros . 11.12, 435.26
— des poids 436.7
converti, numéro 11.14
convertir, numéro à 11.13
convexe, bobinage 23.14
—, surface 280.9
copier les cartons 389.2
— le dessin 378.10
coquille 125.2
— de chasse 252.8
— de friction 125.8
— recouverte de cuir 125.21
corbeille à cartons en forme d'arc 206.12
corde 178.13, 203.10, 207.12, 268.7, 379.4
— de boyau 341.10
— de la broche 88.7
— chargée par contrepoids 123.1
— de chasse-navette 248.3
corde de commande 257.2
— de commande du tambour 32.4
— double 123.9
— du frein 121.11
— des lames 184.13
— du plot 45.16
— poissée 286.9
— de rame 208.20
— de semple 209.11
— du taquet 248.3
— tubulaire 424.16
— vernie 220.4
cordeau 188.5
corder les marches 183.9
cordon . 207.12, 318.11, 332.13
— des boutons 208.25
— chargé de poids 225.9
— de la clanche 205.17
— de commande 108.12, 119.17
— de contrôle 62.13
— d'encroix 42.17
—, de laçage 389.19
— de lève 208.19, 225.4.11
— du levier tâteur 253.11
— des loquets 211.25
— du plot 45.16
— de rappondage 110.4
— de retenue 233.2
— de semple 386.7
— de semple tendu 386.12
— de semple tiré 386.8
— de tirage 230.5, 248.3
—s de lève angulaires 233.4
—s de lève retenus par des nœuds sur la planche supérieure 225.9
cordonné, fil de paille 416.6
cordonnet 16.14
— en paille 416.6
corkscrew 397.22
cornière du poussoir en tôle 229.11
cornouiller, bois de 243.10
coronelle du peigne 282.6
corps 217.5
— des boîtes 266.17
— de la cannette 86.12
— chauffant 75.9
— de chauffe 75.9
— de l'époule 84.13
— de fil sur l'ensouple 120.5
— des fils fixes 353.8
— des fils de tour 353.9
— de la navette 243.3
— du tissu 167.17
corset 427.11
côte bombée 154.13
— dans le dessin 391.10
— en relief 154.13
— par trame 146.3
côte-cheval 154.8
— par chaîne 154.15
— avec effet de piqûre 154.17
— oblique 154.16
— par trame 154.12
côté arrière (avant) de la boîte à navette 256.1.2
— du changement 279.12
— commande, bâti 304.21
— du cylindre de la mécanique Jacquard 220.11
— d'éjection de la navette 268.18
— endroit du tissu 430.3
— envers du tissu 430.4
— de l'excentrique 198.19
— lanterne du carton 382.13
— lanterne du cylindre 212.1
— du métier 251.6, 302.6
— de la pièce 139.15
—, beau — du tissu 430.3
—, long — du bobinoir 27.8
—, tiré de 109.1
côtelé, cylindre 70.12
—, velours 403.16
coton 2.10, 241.20
— cardé 12.5
— d'Egypte 12.4
— à nettoyer 375.13
— peigné 12.6
— retors 12.14
cotonnade 392.12, 430.7
cou en S 210.15
couche de fils 54.13, 87.6
— de fils de chaîne 56.11
— de fils de chaîne avec jauge conique 60.14
— de fil conique 87.7
—s de fil alternées 97.9
couches de fil en échelons 41.12.13
— de fils sur le tambour 56.20
— de fils les unes à côté des autres 41.11
couché, poil 405.2
coucher le duvet du fil 64.13
coude 302.2
— de l'arbre à vilebrequin 293.10
coudé, levier d'arrêt 48.6
coulant 172.16, 245.11, 259.16, 301.17
coulé plein 198.23
couleur 3.21
— claire 62.19
— de dessin 230.15
— foncée 62.19
— de fond 230.14
— de pointage 380.6
— pure 421.5
— rouge 380.11
— spéciale 421.10
—, chaîne 64.3
—, effets de 3.20
—, tissage en 2.4
—s différentes, fil de 19.3
—s, à plusieurs 10.2
—s, de x 158.9
coulissant, anneau 197.13
coulisse . 128.7, 171.7, 210.15, 293.6, 366.13
— de la boîte montante 273.11
— de la boîte à navettes 278.4, 291.4, 314.6
— du couteau 193.12
—, grande 174.14
coulisse-guide 136.13
coulisseau 128.9, 202.9
coup du battant 265.16, 292.10
— du battant diminué 130.14
— de battant à pas ouvert (fermé) 142.5.12
— du battant par son propre poids 292.14, 324.4
— de battant en retour 283.19
— de battant simple 326.3
— du cylindre 211.17
— doux 246.15
— dur 246.16
— énergique 246.16
— d'excentrique pendant la frappe du battant 295.1
— faible 246.15, 292.18
— fort . 226.6, 246.16, 283.20, 292.17
— léger 130.12, 292.18
— lourd 130.13, 292.17
— du peigne 137.2
— supplémentaire du peigne 283.19
coupage des cartons pour ratière Hodgson 193.15
— des échantillons 375.15
— des fils d'arcades 218.1
— du poil, mécanisme de 304.9
— du tissu chenille 343.12
— de la trame 258.8
— de la trame, mécanisme de 341.24
—, dispositif de 331.11
—, mécanisme de 342.22
coupe 75.1, 77.22
— des boucles de poil 168.12, 327.23
— des boucles, mécanisme pour la 327.15
des fils de trame 132.5
— par rangées des tubes de poil 167.8
— des tubes de poil (suivant un dessin) 167.7.9
coupe-fil 258.6, 261.14, 268.24
coupé, velours 404.3
—, velours non 395.3
couper les boucles de fil dans la rainure 336.11
— la chenille, machine à 343.5
— les dents 287.18
— le fil de poil 336.10
— les flottés 344.9
— en longueurs doubles 218.2
couperose blanche 67.29
coupeur . 258.6, 332.14, 334.13
coupeuse pour échantillons à zig-zag 375.14
— à velours 168.14
coupon 3.11
coupure 9.8, 161.1
— de l'extrémité du fil 265.9
courant d'air comprimé 265.5
— continu 309.16
— triphasé 309.17
courant léger, métier 304.2
— lourd, métier 304.3
courant, largeur —e 442.8
courante 407.13
courbe 210.15
— excentrique 198.9
— de l'excentrique 198.15
— d'union 198.16
—, disque 34.6
courbé, tube 338.2
courbure du col de cygne 211.21
— de la navette 244.5
courir sur l'arc denté (roue dentée) 257.12
— dans la foule (navette) 247.3
— dans la gorge (fil) 101.2
— sur la gorge suivant un certain angle (corde) 88.9
— sur la planchette du battant (navette) 247.4
— sur des rouleaux (navette volante) 237.10
— en zig-zag (fils de dessin) 369.2
couronne en bois 133.4
— du métier 190.13
— réglable 61.2
— du tambour 60.18
courroie 112.18, 295.13
— d'arrêt 250.12
— d'arrêt longue (courte) 252.3.4
— de chasse 249.14
— -guide 365.16
— du loquet 314.11
— de pommeau 429.1
— tissée 427.14
cours 40.16, 381.7
course accélerée du guide-fil 88.16
— de la boîte 273.12
— de la came 37.16
— du cliquet 132.2
— de l'excentrique 198.17
— de fil de x mm 239.13
— du guide-fil 30.14
— de la levée 126.16
— du levier 133.24
— du levier, grande (petite) 134.1.2
— du levier à glissière 128.11
— limitée 133.23, 291.2
— de la manivelle 213.13
— de la navette 247.2
— des peignes à broder 351.5
— de remettage 104.7
— de la roue à rochet 134.4
— uniforme 88.15, 369.5
court, mettre la chaîne —e 42.4
court-circuit 320.13
courtepointe 419.30
coussinet fixe 60.9
cousu, chenille —e 20.20
coût du bobinage 26.4
— de l'éclairage 446.7
couteau 112.11, 186.9, 332.14, 336.8, 388.14
— en forme d'aube 193.9
— circulaire 343.8
— pour couper le fil de poil 340.18
— avec crochet 337.4
— en forme de crochet 191.7
— pour découpage de la peluche double 332.2
— à disque 342.23
— droit 375.16
— hors d'action 233.16
— incliné 210.7
— inférieur 191.16, 232.15
— à double lame 187.7
— de levée 194.19, 207.10
— à levier 190.11
— oscillant 196.4
— réglable 210.24, 233.15
— supérieur 191.15
— avec tête en bois arrondie 234.1
— à velours 168.15
—x superposés 236.1
coutier 5.22
coutil 394.7, 396.4
— en jute 397.2
— pour literie 394.13, 396.8
— pour pantalons 396.7
— rayé 394.14

couture, sac sans 156.13
couvercle du cylindre 277.12
— en os 347.23
couvert, tissu peu 4.8, 143.13
couverture en chenille 419.23
— pour chevaux 419.19
— à dessin clair sur les deux faces 420.1
— de dos pour lit-sofa 405.18
— de dossier 405.17
— en fourrure 419.24
— grossière en laine 419.26
— en laine 419.21
— de mobilier 419.18
— mohair 406.2
— nid d'abeille 419.28
— de parade 419.27
— en peluche avec bordure frisée 406.4
— en peluche gaufrée 406.5
— en reps 419.29
— de siège 405.16
— de voyage 419.22, 433.14
couverturier 5.19
couvre-engrenage 323.2
— -lit 419.20, 433.13
— -roue 323.2
couvrir la semelle du battant 312.12
covercoat 399.13
craie 437.27
crampon 112.7
cran 48.5, 364.9
— de la bascule 121.18
— de la tringle d'arrêt 312.2
crapaudine 249.10
craquant, tissu 431.29
cravate creuse 426.18
—, tissu pour —s 402.29
crée 395.18
crémaillère 38.12, 190.16, 257.18, 268.9, 344.11
— chargée 288.4
— à coulisse 279.19
— courbe 368.2
— du cylindre de tension 53.2
— -guide 97.17
— motrice 276.5
créosote 437.29
crêpe 398.22, 401.12
— de Chine 401.13
crêpé 161.9
— façonné 161.14
— rayé 161.13
— uni 161.12
— dans le sens de la longueur 161.17
—, tissu 432.3
crépon 398.22
crès 395.18
créseau 397.14
cretonne 392.23
creux de l'arbre moteur 81.5
— dans l'enroulement 79.1
— du levier 204.17
—, cylindre 85.16
—, tissu 160.8
crible de lavage 416.25
crin 5.28, 414.11
— artificiel 17.21
— de cheval 175.7
— de la queue 414.12
crinière du cheval 414.13
crinol 17.21
crinoline 414.20
cristelle 173.3, 176.14
crochet 186.5, 259.12, 326.10, 339.4, 389.9
— de l'aiguille 259.18
— antérieur 92.2
— d'arrêt 192.6
— baissé 228.4
— à battre 25.13
— en bois 210.8
— à branche-ressort 215.6
— court 227.10
— déclanché 48.21
— de dessin 232.9, 350.19
— double 439.6
— à double bec 196.6
— à double branche 230.16
— à échevette 439.19
— élastique 229.20
— d'enfilage 365.6
— de harnais 171.14
— horizontal 232.9
— hors d'action 383.13
— pour insérer la trame 339.24
— de lève 187.8, 207.8
— levé 228.3
— libéré 268.23
crochet à liserons 171.11, 172.14
— long 207.14, 227.9
— de la mécanique à pas ouvert 227.7
— métallique 172.20, 215.5
— métallique pour double lève 227.8
— en forme d'œillet 367.17
— oscillant 177.1, 342.17
— pour peigne 108.1
— principal 229.3
— de rabat 187.9
— de réserve 214.23
— à ressort 100.15
— du ressort 315.3
— de retenue 237.21
— de retrait des fers 328.4
— de sûreté 279.13
— de suspension 232.8
— tournant 109.12
— à trois becs 227.12
— vertical 211.7
— à vis 124.12
—, dernier 220.16
—, gaze au 165.9
—, premier 220.15
—s placés en largeur 214.18
—s placés en longueur 214.17
croisé 394.17, 432.5
— à angle aigu 148.10
— à angle obtus 148.11
— à 45 degrés 148.9
— de droite à gauche 148.5
— à une face 148.12
— façonné 149.2
— de fantaisie 149.2
— de gauche à droite 148.4
— à inclinaison de x degrés 148.8
— en jute 397.3
— en jute commun 397.4
— en jute fin 397.5
— à quatre lames 148.1
— lié 149.1
— normal 148.9
— sans envers 148.13
croisé, cannetage 87.12
—, étoffe —e 3.19
croisement 7.25
— des cordes 219.22
— des couches de fil 91.7
— à droite, gaze à 352.17
— des fils 144.1, 352.13
— des fils de chaîne 164.3
— des fils de dessus (de dessous) 160.5.6
— fort 173.18
— à gauche, gaze à 352.18
croiser la chaîne (trame) 144.3
— les cordes 219.23
— une étoffe 147.12
— les fils de fond (fils de dessin) 369.3
— les groupes de fils 351.12
— les portées 43.1
—, se — à angles droits 208.4
—, se — avec un second (troisième) fil de tour 164.14.16
croiseur, ouvrier 42.14
croiseuse, ouvrière 42.15
croissant, longueur —e 341.22
croisure 42.12, 138.9
— des fils de lisière 361.6
— des portées 42.19
— simple 138.11
croix 380.2
Crompton, ratière — avec cartons à galets 191.12
—, ratière — avec cartons en papier fort 192.1
Crossley, mécanisme automatique de changement de navettes 269.14
—, métier mécanique pour tapis de Smyrne 338.18
cru, soie —e 16.21
cuir anglais 394.19
— de contrecoup 250.11
— fort 248.16
— tanné 248.10
— vert 310.14
cuirassé, moteur 309.20
cuiseur de colle 69.18
cuisson de la colle 64.28
— des écheveaux 170.14
— exagérée 74.9
cuite, colle 65.3
—, soie 16.24
cuivre 69.10
cuivre étamé 73.17
— jaune 117.14, 139.18
cul de la cannette 87.10
culotte 352.9, 361.11
— à perle 361.14
—, lisse à 174.9
cunéiforme 327.14
curseur 62.3, 91.18, 438.15
cuve en bois 69.1
— à la colle 70.18, 71.17
— à couleur 74.21
— doublée de cuivre à l'intérieur 70.6
cuvette d'égouttage pour paliers d'arbre 375.9
cylindre (v. a. rouleau, tambour) 236.9
— d'arrêt 51.1
— brosseur 76.3
— cannelé 70.14, 277.6
— avec cannelures en spirale 140.13
— à cartons 196.12, 210.14, 229.13, 353.14
— chauffé 343.9
— à chevilles 188.7
— compteur entraîné par les fils 50.7
— côtelé 70.12
— pour la couleur 230.13
— creux de la bobine 85.16
— pour le dessin 230.12
— divisé 233.8
— double 230.2
— à droite (à gauche) du tisseur 220.14
— d'encollage 73.15
— enrouleur 116.17
— pour étoffes à rayures en long 196.1
— exprimeur 70.20
— de friction 27.5, 89.21
— garni d'aiguilles 140.11
— -guide 63.12, 71.20, 342.5, 390.10
— Jacquard 210.14
— mesureur 82.9
— mesureur et transporteur 74.2
— nettoyeur recouvert de peluche 32.17
— oscillant 51.1
— de peluche 38.5
— plongeur 89.12
— de la pompe 101.18
— pressé contre la planchette aux aiguilles 211.16
— de pression 55.9, 70.19, 73.16, 89.14
— à prisme 186.13
— à rainure hélicoïdale 358.1
— à rainures en spirales 139.11
— de rappel 48.8
— recouvert d'aiguilles 70.21
— recouvert de cuir 35.13
— sablé 135.7
— tendeur 73.13
— de tension 48.8
— tombant 48.8
— transporteur 74.2
— des tringles 233.10
—, grand 233.9
—, petit 233.10
—s lamineurs 288.11
—s tournant continuellement 50.12
cylindrique, bobine 22.20

D

damas 153.14
— bout à bout 154.4
— cafard 402.26
— deux couleurs 154.1
— trois couleurs 154.2
— façonné Jacquard 153.17
— multicolore 154.3
— ordinaire 153.15
— simple 153.16
damassé 153.14
— d'ameublement 399.25, 418.11
— coton 394.23
— à effet Jacquard 396.12
— laine 399.24
— lin 396.11
— de soie 402.16
damasseur 5.25
damier, armure 147.8, 153.11
—, armure natté à effet 147.8
débrayage de l'accouplement 307.1
— de la broche 88.10
— de l'ensouple du tissu 133.20
— du loquet 334.3
—, dispositif de — pour le mécanisme de coupage 332.10
—, dispositif de — pour ourdissoir mécanique 52.17
—, mécanisme de 268.11, 309.3
débrayer la broche 88.6
— l'embrayage 35.16
décalquer, papier à 379.14
décatissage, aptitude au 429.21
décharge 123.5
déchargement du tissu 298.18
décharger le tissu 298.17
déchet de coton 12.12
déchets de bobines 22.11
— de fil 4.14, 85.30
— de tissage 4.13
déclanché, crochet 48.21
déclanchement du crochet 279.13
—, mécanisme de 268.11
déclancher la tige d'arrêt 52.15
déclic 126.23
— du levier de chasse 255.9
— mobile 178.15
décliquetage des loquets de chasse 314.4
décochement 151.2
décoction de fécule de pomme de terre 66.20
— de graine de lin 67.20
décomposition de la colle 65.6
— du tissu 430.2
découpage des cartons 383.15
— des fausses lisières, mécanisme de 363.5
— de la peluche double 332.2
découpé, chenille —e 343.11
—, chenille non —e 21.1
découpeuse mécanique pour carton avec cisaille 383.16
— mécanique pour carton à couteaux circulaires 383.20
découpure, ligne de 361.4
décreusé, soie —e 16.23
décrochage des collets 211.12
décroché, cliquet 195.19
défaut de tissage 4.3
défectueux, bord du tissu 140.20
—, changement 260.14
—, travailler d'une manière —se 273.17
défiler, se — suivant l'axe de la cannette (fil) 237.16
déflecteur 270.7
déformé, aiguille —e 211.13
défreinage 309.13
défreiner 309.12
dégager le cliquet 180.6
— le loquet 253.1
— le taquet 62.10
dégommé, soie —e 16.23
dégradé, effet de 422.16
dégraissé, fil 10.7
degré du blanchiment 429.18
—s, actionné par 363.16
déjeté, ensouple —e 116.2
déjeter, se (crochets) 211.3
délié, fil de chanvre 13.5
déliquescent, produits —s 68.8
délivrer la chaîne 118.2
demande 443.3
démêler les fils 81.14
démêleuse-nettoyeuse 83.16
demi-creuse, lisière 424.12
— -diamètre de l'ensouple à chaîne 115.22
— -foule 141.9
— -lame 352.9
— -lisse 174.9, 231.16, 352.9
— -maille 174.9
— -once 219.8
— -pas 141.9
— -portée 47.6
— -révolution 277.19
— -rond, disque 58.4
— -tour 164.10
— -vitesse 302.15
démontable, cadre à lisses 171.17
Demoulin, compteur de duites 370.7
densité de la chaîne 114.13
— des nœuds 409.8
— variable de renvidage 22.18

dent d'acier 284.20
— d'arrêt 388.16
— de la barre 126.19
— du chariot 367.1
— par dent, introduire 83.4
— de l'extrémité 282.19
— fausse 81.11
— de garde 282.19
— de laiton 284.19
— oblique 285.7
— du peigne 282.7, 367.15
— de râteau 82.17
— en forme de spirale 285.24
— suivante 109.7
—, deuxième 330.5
—, première 330.4
dents arquées 285.8
— croisées 285.9
— de la roue inclinées 133.21
— soudées 286.17
—, pignon à x 133.18
denté, quadrant 51.23
dentelle découpée 423.16
— imitation 423.21
— mécanique 423.21
— au métier à ruban 423.15
— à réseaux 413.3
—s tissées 413.4, 423.14
denture de la couronne 61.4
— de la platine 188.13
départ irrégulier 306.7, 309.23
— lourd 309.21
— régulier 306.6
dépasser la hauteur de la foule (hauteur du peigne) 282.11
déplaçable dans le sens de la longueur 369.17
—, chapeau 49.19
déplacement automatique de la courroie 53.16
— axial de l'arbre coudé 307.15
— axial des excentriques 251.8
— de la bobine 265.11
— des couteaux 236.2
— des flottés 152.2
— de la planche à aiguilles 234.3
— de la roue à rochet 127.4
— à vide du cliquet 127.3
déplacer la barre à aiguilles 350.6
— la broche latéralement 37.9
— les couteaux 233.17
— les crochets latéralement 351.11
— les fils de chaîne latéralement 367.18
— le galet de friction le long de l'arbre 55.19
— latéralement les fils de dessin de x fils de chaîne 368.9
— les pédonnes 206.5
— le support latéralement suivant la largeur de la section 61.20
— le support du peigne le long de la tringle inclinée 59.21
— le tambour 59.4.13
dérangement dans le service 266.11
dérivation, conduite de 102.3
dérivé, armure —e 145.13
dériver l'armure 145.14
dernier crochet 220.16
— fil du râtelier 44.22
déroulé, fil 265.1
déroulement de la chaîne 77.3, 118.3, 126.5
— continu 126.6
— du fil 346.11
— intermittent 126.7
— à réglage automatique, Roper 129.12
— de la trame 244.22
—, bâti de 56.8
dérouler la chaîne 77.2
— la chaîne de l'ensouple 118.4
— la chaîne de l'ourdissoir 43.3
— les fils des bobines 44.23
— le fil de la cannette 260.10
—, se — de gauche à droite (cartons) 390.14
—, se — mal (carton) 390.16
—, se — tangentiellement de la bobine (fil) 240.15
descendant, chaîne —e 338.3
—, lame —e 198.3
descendre, faire — la boîte 272.14
—, faire — les boîtes à la main 291.7
—, faire — les lames 191.1
descendu, boîte —e 272.15
descente de la griffe 211.2
— de lit 433.17
—, mouvement de 39.9
désembrayé, métier 306.22
désembrayer le métier 306.21
désengrener l'excentrique 92.18
désignation commerciale des étoffes 432.13
— de la qualité des fils 11.25
— des matières 8.14
— du tissu 3.14, 430.6, 432.12
desséchage 67.6
desserrer l'écrou 439.7
dessin 4.1, 413.5
— d'angle 222.7
— aplati 377.20
— appliqué 406.6
— à bordures 377.21
— caprice 377.12
— à carreaux 160.13
— clair sur les deux faces 420.1
— continu 154.6
— de dessous 157.1
— à effet de chaîne 380.17
— avec effets de diagonales 146.11
— à effet de trame 380.18
— pour étoffe façonnée à la marche 154.5
— étoilé 377.5
— fantaisie 160.14
— figuré 376.5
— de fils individuels 232.1
— floral 376.6
— du fond 377.13
— géométrique 413.9
— de groupes de fils 232.1
— Jacquard 4.2
— Jacquard contre-semplé 377.19
— Jacquard à une seule couleur 377.16
— Jacquard à deux couleurs 377.17
— Jacquard à plusieurs couleurs 377.18
— Jacquard [in]direct 377.14.15
— au lancé 344.4
— de liage 381.14
— de milieu 222.9
— mis en carte 378.8
— mis en carte (par des moyens photomécaniques) 378.8.18
— ornemental 376.4
— à pointe 377.6
— quadrillé 160.13
— de ramage 377.4
— à rayures 377.3, 412.17
— à rayures en long 160.11
— à rayures longitudinales 377.10
— à rayures transversales 377.9
— à rayures en travers 160.12
— de rentrage 7.16
— à retour 349.9
— symétrique 377.6
— du tissu 378.9
— uniforme 145.5
—s réciproques 377.7
—s, tissu à petits 3.18
dessinateur 378.11
dessous, le fil de chaîne apparaît en 144.6
dessus, le fil de chaîne apparaît en 144.5
détails du métier 321.10
— de la ratière 197.9
détectrice, aiguille 35.6
détente de la chaîne, dispositif de 119.7
— des fils de chaîne, mécanisme de 261.8
détermination de l'armure 433.18
— de la matière première 436.9
— du numéro 11.11
— du titre 435.17
déterminer la longueur de chaîne d'après le compteur 62.11
— la longueur de la chaîne par le nombre de tours du disque à cran 49.4
— la matière en la brûlant 436.11
— la matière à l'œil nu 436.10
détissage à demi-vitesse 302.15
—, dispositif de — avec commande par courroie 302.16
—, mouvement différentiel pour le 303.3
détisser 302.14
détordre le fil 435.16
détordu, écheveau 170.17
détorsion des écheveaux 170.16
détournement du roule 49.11
détourner les cartons 206.10
— la navette de sa course 312.7
devancement du dévidoir 33.6
devant de la boîte à navettes 267.4.13
déverger 42.18
déviation de la navette 312.8
dévidage croisé 11.2
— à grande croisure 11.2
— Grant 11.2
— d'une pelote de chaîne 63.14
dévider 85.21
— des bobines 85.27
— de bobines croisées 89.20
— des écheveaux 85.26
—, se (fil de trame) 245.1
dévidoir 25.19, 440.3
— à cage d'écureuil 29.9, 440.7
— compteur 440.4
— élastique 29.7
— extensible 29.6
— à guide-fils et guide-cannettes automatiques 440.6
— d'ourdissoir 43.12
— avec porte-cannettes et guide-fils fixe 440.5
— vertical 46.5
dévier la navette de sa course 312.7
Dewath, mécanique 234.14
dextrine 66.25, 437.11
diagonale double 380.5
— peignée 399.15
— reps 149.7
— du satin 150.18
— simple 380.4
diamétralement, bobines placées 362.7
diamètre de l'ensouple 119.4
— de l'ensouple garnie 121.5
— de l'ensouple pleine 121.5
— de l'ensouple vide 121.4
— du fil 132.14
— de la poulie 305.15
diapré 396.8
différence dans la tension des fils 49.10
—s de longueur des portées 66.14
différentiel, frein 123.21
—, mouvement 303.3
dimensions d'un métier 330.14
— du tapis 407.10
diminué (coup du battant) 130.11
— par la pression du peigne (résistance à l'enroulement) 130.10
diminuer la rugosité du fil 64.14
— la tension 119.3
— la tension sur la chaîne 126.10
diminution de l'amplitude de déroulement 128.10
— de l'angle de la denture 135.18
— de la course 135.19
— du diamètre de l'ensouple 119.4, 120.6
— du duitage 132.10
— du poids 121.15
direct, enroulement 131.1
directeur-gérant de tissage 1.6
direction de bobinage 22.16
— de la chaîne 433.19
direction des rayures 433.22
— des sillons 144.12
— de la torsion du fil 145.8
— de la trame 433.20
—s opposées 362.9
dispersé, points de liage —s 150.17
disposer la chaîne en spirale 46.19
— les fils de chaîne sur les chevilles 47.1.2
— les perles pour former un dessin 414.25
— le roule 48.15
dispositif v. a. appareil, machine, mécanisme
— d'alimentation 258.15
— d'alimentation de trame 341.23
— d'arrêt pour le cylindre à cartons 192.7
— de changement de la trame 271.3
— de contremarche 184.10, 201.14
— de contremarche à action simple 185.7
— de contremarche à double action 185.10
— de contremarche pour foule haute, basse et immobile 185.14
— de contremarche pour 3 (4, 5) lames 201.15.16, 202.1
— de contremarche à levée 184.11
— de contremarche à levée et rabat 185.2
— de contremarche pour marches extérieures 202.2
— de contremarche à rabat 184.15
— de coupage 331.11
— de double cylindre pour changement de couleurs 230.11
— de débrayage pour le mécanisme de coupage 332.10
— de débrayage pour ourdissoir mécanique 52.17
— de déroulement de la chaîne par freinage de l'ensouple 119.18
— de détente de la chaîne 119.7
— de détissage 302.16
— d'égalisation du pas 329.15
— éjecteur de bobines 364.3
— d'embrochage de la cannette 372.1
— d'enfilage 365.1
— d'enlèvement du galet de chasse de l'arbre du chasse 249.3
— d'enroulement pour ourdissoirs à sections 55.3
— de fausse lisière 362.3
— de fausse lisière avec cadre à aiguilles 362.10
— de fausse lisière avec harnais de gaze 361.8
— de fausse lisière de Stäubli 362.15
— pour forcer la bobine dans la navette 372.2
— de haute-lice 335.15
— d'insertion de la trame 8.3
— de lisage 387.12
— pour double lève 193.7
— de mesure de tension de la chaîne 371.13
— de nouage 338.1
— de pinçage 113.14
— de purgeage du fil 39.6
— de réglage 28.11
— de réglage de la planche à aiguilles 204.16
— de relevage des lames 181.22
— de renversement 311.11
— pour saisir la navette à pince 258.10
— sélecteur 370.1
— de sélection du dessin 189.9
— de soulèvement de l'ensouple de chaîne 106.11
— de sûreté contre les ruptures du mécanisme de chasse-navette 313.2

dispositif de suspension par poulies 183.18
— de suspension par rouleau 183.12
— de suspension avec tire-lisses 183.15
— de tension 341.4
— de tension de la chaîne. 356.14
— de tension du fil (Morisson) 92.20
— de tension des fils de poil 329.3.4
— des verges 359.9
—s de contremarche placés l'un contre l'autre 185.13
disposition des bobines uniques (répétée) 44.12.13
— des broches sur deux rangées 39.17
— des cartons pour crochets hors d'action. 383.13
— du fil à spires juxtaposées 23.1
— des motifs en contresemplé 380.19
— parallèle des fils . . 25.14
— pour plusieurs ensouples 116.3
— de la trame 132.4
— des tringles au-dessous de la planche à collets 224.8
— des tringles au-dessus (au-dessous) de la planche d'arcades . 224.7
disque 89.19
— à ailes 337.11
— d'arrêt. 276.9
— de la bobine 24.14
— en bois . . . 115.9, 119.13
— à came 74.23, 96.12, 117.6, 228.9
— cannelé 101.3
— du chariot de bobines 364.17
— de commande . . . 31.8
— de conduite 36.8
— au contact avec le fil 101.4
— courbe 32.12, 34.6
— à crans 48.7
— en cuivre jaune garni de pointes 139.18
— demi-rond 58.4
— denté 62.6, 203.3
— échancré 275.13
— encoché 48.7
— chargé d'encre de couleur 74.20
— enlevable. 90.9
— d'ensouple 78.6
— à entailles 178.22
— excentrique. . 94.19, 179.5, 276.3
— excentrique avec levier coudé 294.2
— à excentriques . . . 202.10
— en fer 139.19
— fixé dans le chariot. 90.8
— de frein . . 115.16, 123.17
— du frein de l'ensouple 79.12
— de frein lisse en fonte 124.21
— de friction 27.6, 36.8, 51.13, 55.7, 100.10
— de friction à commande positive. . . 98.12
— de friction en cuir . 101.1
— de friction entraîné . 98.13
— de friction inférieur . 93.2
— de friction avec languette et rainure . . 61.6
— de friction supérieur. 93.3
— garni de frise pour la tension du fil . . . 35.19
— à goupilles . . 275.9, 280.10
— -guide 251.9
— guide-fil à gorge . . 100.14
— à manivelle 276.8
— du mécanisme d'arrêt 268.6
— à numéro 278.14
— porteur actionné par degrés 363.16
— à rainure . . 199.9, 363.1
— de renfort 115.13
— rugueux 100.16
— de séparation des perles 354.20
— de serrage 249.13
— à tordre les fils de gaze 426.8
—s placés en excentrique 140.1
disséminé, points de liage —s 150.17
dissimulé (fil de fourrure) 156.7
distance du frein à la roue à frein 311.18
— entre les plateaux . 24.13
distribuer la colle uniformément 69.21
— les points additionnels de renforcement 153.4
distributeur de trames . 84.16
distribution des fils . . 182.12
— irrégulière des fils de chaîne. 182.13
— uniforme de la colle. 69.22
distributrice de trames. 84.17
diviser la chaîne . . . 141.8
— le dessin en parties . 386.22
— les fils de chaîne . . 83.23
— les fils en groupes . 339.11
— le nombre de décochement 151.3
— le peigne d'après les portées 107.19
— la planche d'arcades dans le sens de la longueur 217.8
— la planchette en plusieurs corps 223.2
diviseur de chaîne, peigne 286.4
—, calibre — d'esquisse 379.15
divisible, réseau . . . 412.23
division anglaise . . . 216.6
— de Berlin 215.9
— en carré 379.8
— de la chaîne 141.7
— de Chemnitz 216.4
— de crochets. . 214.22, 216.2
— du cylindre 211.15
— de l'esquisse 379.12
— des fils 42.9
— des fils de chaîne. . 83.24
— fine 216.11
—, fine — viennoise . . 215.8
— extra-fine 215.11
—, la plus fine . . . 216.1.13
— française 216.7
—, grosse 216.9
—, grosse — viennoise . 215.7
— de Krefeld 216.3
— Lacasse 216.12
— de Lyon 216.8
— moyenne 216.10
— de la nappe 141.7
— Schröer 216.12
— de Vienne 216.5
— Vincenzi 216.12
—s de l'excentrique . . 198.13
dizaine 379.9
Djim, rideau 419.14
doigt . 176.21, 264.4, 283.10, 339.25
— à bascule réglable. . 95.3
— de changement . . . 276.17
— de commande . . . 347.26
— de contact 269.9
— en forme de crochet. 368.13
— indicateur 28.14
— mouillé 110.9
— tâteur pour arrêt . . 91.8
domestic 393.17
domicile, tissage à . . 6.19
donnée de la chaîne . . 118.1
donner du toucher au ruban 427.17
donneur de fils 103.13
— de trames 84.16
donneuse de fils. . . . 103.14
doré, perle —e 19.13
dos de la dent 126.21
—, couverture de . . 405.18
doskin 398.16
dossier, couverture de . 405.17
doublage 18.21
— des nappes 82.10
double (tissu) 308.5
— duite, armure . . . 146.4
double-face, bobinoir . 27.3
—, tissu 154.18
doublé de cuivre à l'intérieur 70.6
—, fils —s 9.4
doubler les chaînes ourdies 82.11
— les lames. 181.18
doubleuse, cannetière . 96.18
doublure 394.12
douceur permanente. . 64.19
douille . . 241.7, 242.5, 281.3
— de la bobine 346.8
— de la broche 94.8
douille entraîneuse de la broche 93.12
— de support 213.19
— du tourillon 327.18
doux et flexible, rendre 67.4
—, coup 246.15
—, tissu 431.24
douzaine, marchandise à la. 441.9
drap 397.11
— d'argent 402.21
— d'autel avec boucles métalliques 423.7
— d'autel en brocart . 423.4
— d'autel avec dessins appliqués en fils métalliques 423.1
— de Berry 398.15
— brut 397.10
— pour dame . . 397.12, 398.1
— pour filtre à huile . 399.17
— fort anglais 398.7
— fort pour pantalons . 398.16
— frisé 397.26
— d'habit uni 397.27
— italien 400.6
— de lit 420.12
— militaire 397.13
— montagnac 417.19
— d'or 402.20
— tricot diagonale . . 160.7
— tricot à rayures en travers (en long) 160.3.4
— union 400.4
— de veston 399.20
drap-de-soie. 402.2
Draper, ourdissoir . . 53.1
draperie (fabrique) . . 2.17
— (tissu) 2.15
drapière, industrie . . . 2.18
dressage 414.4
dresser les fils de poil vers le haut 340.17
— la nappe 81.18
dresseur de chaînes . . 77.14
dresseuse mécanique pour chaîne en boyau 80.14
— -doubleuse 82.1
droit, boucle —e . . . 167.15
—, cantre 44.9
—, chaîne —e 161.10
—, côté. 113.10
—, tors 9.12
—e, de — à gauche, mouvement de 109.9
droits 446.28
— légaux 446.29
dropper 369.6
—, Jacquard- 369.4
duitage . 132.8, 376.9, 434.16
— de dessus 143.2
— d'envers 143.1
duite 391.5
— à battre 166.10
— de broché, la — n'est visible que sur le dessin 344.7
— à duite, insérer . . 247.21
— de chenille . . 341.15, 411.7
— distante de la ligne de serrage 325.6
— de fond 147.5, 411.8
— impaire 193.18
— de lancé 162.9
— paire 193.19, 235.3
— perdue. 266.12
— de retour 424.9
—, fausse . . 268.21, 302.10
—s au centimètre . . . 444.12
—s par minute, nombre de 306.12
—s de poil disposées en armure satin . . . 166.10
—s par pouce 444.13
duité, tissu très . . . 132.11
duiter avec x navettes. 271.16
— à double trame . . 237.2
dur, bobinage 23.7
—, colle —e 64.26
—, coup 246.16
—, le fil devient . . . 64.16
—, tissu 431.25
durabilité des tapis . . 409.18
durée de la chasse . . 247.23
— de la navette. . . . 244.1
— de travail de la lisse 174.12
— de travail de la navette 341.26
duvet 64.11
— en forme d'écorces . 417.18
— du fil 64.13
duvet de métier 4.15
— ondé sur l'endroit du tissu 417.17
duveteux, envers . . . 417.6
—, fil 9.21, 435.10
—, poil 405.3
dynamomètre pour écheveaux 440.12
— pour fil (simple) . 440.10.11
— avec indicateur d'allongement 440.13
— de poche en forme de montre 440.14
— pour tissu 438.18

E

eau 68.7
— de condensation . . 73.22
éboulé, pointe de cannette —e 86.3
éboulement des couches de fils. 97.10
— des fils 57.7
ébouler, s'— (fils) . . . 57.8
écaille 19.15
écaillement de l'empois 64.20
écartement des aiguilles 204.15
— des boutons 18.9
— des broches 88.1
— des brochés 345.2
— des brochés dans la longueur (largeur) 345.3.4
— des dents du peigne. 282.13
— des fils de chaîne. . 412.7
Eccles, mécanisme de changement 276.1
échancré, disque . . . 275.13
échancrure de la navette 244.13
échantillon . . . 47.17, 430.1
— à zig-zag 375.14
échantillonnage 299.5
échantillonneur 299.7
échappement de l'air . 74.14
— des cannettes . . . 247.18
— du peigne 316.2
échasse 288.15
échelle 28.18, 439.21
échelon, couches de fils en —s 41.13
écheveau 10.21, 22.3, 52.4, 64.1
— détordu en fils séparés 170.17
— de fils frisés 170.13
— immergé 70.2
— imprégné 70.13
— lié en centaines . . 10.24
— suspendu 71.6
— vrillé 25.15
échevette 10.22
éclairage 446.20
éclat 244.2
éclisse en forme d'arc . 206.3
école de tissage 8.13
économie de cartons. . 197.1
— de force 307.6
économiseur, mécanisme — de cartons 236.7, 275.20
écorce, duvet en forme d'—s 417.18
écossais 400.19
écran protecteur . . . 313.1
— protecteur mobile . 312.14
écrou 91.13, 139.20, 371.11, 374.13
— à fente 59.22
— glissant 55.14
— de maintien 238.19
— à oreilles . . 89.15, 122.13, 196.15, 439.2
— de réglage 126.1
— serré. 439.9
écru, chaîne —e . 21.7, 64.2
—, soie —e 16.21
—, tissu 392.14
effet de bombé 162.2
— de broché par chaîne 165.1
— de carreaux 152.11
— de chaîne 391.16
— clair 391.12
— de couleur . . . 3.20, 391.18
— de x couleurs . . . 158.9
— de couleur mélangé . 152.10
— de couleur pur . . . 152.9
— de dégradé 422.16
— de dessin sur pointé toile 155.9
— de diagonales . . . 146.11
— de façonnage . . . 391.15
— de gaze 352.14

effet de gaze sur tissu serré 164.19
— de granité 152.15
— indistinct 391.13
— de liage 381.19
— de lumière 422.15
— du moiré par lignes ondulées 286.2
— d'ombré 422.16
— de piqûre 154.17
— de piqûre en travers 160.16
— du poids 123.4
— de trame 391.17
—, bon — du tissu 429.8
effort sur le fil 98.10, 143.5
— de traction produit par l'appareil enrouleur 130.18
— de traction du fil dû à la formation de la foule 141.19
égal, fil 435.7
également, encolier bien 65.17
égalisage des lisses 219.12
égalisation du pas 329.17
— du pas, dispositif d' 329.15
égaliser les différences de longueur des portées 66.14
— l'épaisseur de la trame 132.12
— les fils de chaîne avec une brosse 110.7
— les fils de chaîne avec les doigts mouillés 110.9
— les fils de chaîne avec un peigne 110.8
égaliseur de tension du fil 98.1
égalité du fil 440.9
égouttage, cuvette d'— 375.9
éjectée vers le haut (navette) 270.2
éjecter des bobines vides, machine à — et à replacer des bobines pleines 363.15
— la navette 268.13
— la navette épuisée hors de la boîte 270.1
— la navette epuisée par en haut 267.1
— hors de la navette les mauvaises bobines 265.4
éjecteur de bobines 364.19
—, dispositif — de bobines 364.3
éjection de la navette 268.18
— des navettes épuisées 341.27
élasticité 415.20
— des fils 440.15
élastique 415.6.19
— (adj.) 415.19
élastiquement, supporter 313.6
électrique, commande 309.14
—, tâteur de cannette 319.1
électro-aimant 269.8, 301.4, 387.7
électromagnétique, commande 301.1
élément de l'excentrique 198.14
élévation de l'ensouple 111.10
— progressive de la broche 87.11
élever, s'— en dehors de sa douille (broche) 93.18
elliptique, roue 214.2
emballage, toile d' 395.25
emballeur 6.18
embardes 386.15
embase en acier durci 239.8
— de la bobine 263.10
— conique de la broche 93.11
— du fuseau 264.17
— de maintien 239.19
emboire dans la largeur (tissu) 139.4
embrayage à friction 34.4
— à griffes 333.21
— de guide-fil 35.10
— du loquet 334.4
— à plateaux 94.9
—, mécanisme d'— et de débrayage de la courroie 372.18
embrayer la broche 88.5
embreuvage 183.3
embrochage de la cannette, dispositif d' 372.1
embrocher la cannette 38.22, 260.7
embuvage 66.16, 114.9, 139.3, 444.11
émeri, pierre d' 332.9
emmener le fouet par une lanière de connexion 252.16
émoussé, pointe —e 244.19
empaqueteur 6.15
empêcher la décomposition de la colle 67.23
— la formation des rayures 222.2
empêcher la moisissure 67.24
empeignage 82.20, 106.13, 168.1, 304.12
— pour moquette bouclée 330.3
— utile 304.10, 331.1
empeigner 82.10
empeigneur 107.1
empeigneuse 107.2
emploi (des tissus) 392.10, 432.12
employer l'ensouple du tissu comme rouleau d'appel 131.2
empois 64.21
emporte-pièce 373.12
empoutage 207.20, 220.10
— avec avant-corps 223.5
— pour bordures 222.6
— à chemins 222.5
— combiné 222.3
— croisé 221.2
— pour dessins d'angle 222.7
— à dispositif de tringles 223.16
— double 222.11
— des fils de chaîne dans les lisses 219.15
— mixte 222.12
— pour monogrammes 222.13
— pour noms 222.13
— sur plusieurs corps 223.1
— à pointe 221.7
— à pointe et retour 222.10
— à retour 221.12
— sauté 222.1
— suivi 221.1
— à tour anglais 221.5
— à tour français 221.4
empouter 218.6
encarteur 378.12
encarteuse 6.16
encastrer le peigne dans la rainure de la masse 289.7
enchevêtré, fils —s 107.22
enchevêtrement des fils 81.13, 107.23
enclanché, tige —e 95.13
enclanchement du crochet 48.20
encliquetage 127.2
— des couteaux 191.19
encliqueter le crochet 205.3
encoche 48.5
— pour placer le liseron 106.6
— dans la platine 386.1
— dans le pousseur 364.22
— du secteur 191.9
encoché, disque 48.7
encollage 63.17
— de la chaîne en boyau 71.8
— en cuve 71.10
— en écheveaux 69.19
— à façon 66.13
— au large 72.12
— à la main, appareil d' 71.14
— à la mécanique 70.4
— sur métier 76.8
— sur métier, appareil d' 75.14
encollé, lisse —e 179.21
— à l'empois, lisse —e 174.21
encoller la chaîne 64.6
— la chaîne en boyau 71.9
— la chaîne sur métier 76.9
— à chaud 65.19
— en écheveaux 69.20
— bien également 65.17
— sans ficelles 65.17
— à froid 65.18
— à la machine 70.3
— à la main 69.24
— sans tresses 65.17
—, machine à 66.6
encolleur de chaînes 66.8, 75.6
— à la machine 66.12
— à la main 66.10
— à la main pour écheveaux 69.25
encolleuse 66.9
— à la main 66.11
— mécanique 66.6
encolleuse mécanique à air chaud 75.4
— mécanique à cylindres 73.10
— mécanique pour chaînes en boyau 71.21
— mécanique pour écheveaux 70.5
— mécanique pour lisses 180.1
encolleuse mécanique revolver 70.15
— mécanique à tambours 73.10
encordage 181.10, 207.20, 220.10
— libre 181.11
encorder 181.9
encouloir 116.16
encroiser les fils 42.8
— fil à fil 42.10
— simple 138.10
encroisure des fils 42.9
encroix 42.12, 138.9
—, former l' 42.8
endroit lisse 417.5
— du tissu formé de bouclettes de poils 417.20
— uni 417.5
énergie cinétique de la navette lancée 312.6
énergique, coup 246.16
enfilage anglais 245.14
— par aspiration 245.13
— automatique 27.9, 245.7, 260.13
— du fil dans la navette 265.8
— du maillon 177.14
— des perles 414.23
— de la trame dans l'œillet de la navette 372.11
— de la trame, mécanisme d' 372.7
—, dispositif d' 365.1
—, mécanisme d'— Northrop 260.17
enfilé, perles —es 414.24
—s dans des tubes (fils de trame) 341.8
enfiler le bloc sur l'arbre 55.2
— la trame dans l'œillet 244.21
enfileur de chaînes 103.7
enfileuse de chaînes 103.8
enfoncé, anneau 115.1
—, levier 316.19
enfoncer le poinçon 388.20
engagement du cliquet 195.18
— du disque denté 203.11
— du levier à bec de corbin 278.10
engager l'embrayage 334.2
—, s'— dans les chevilles de la lanterne (clanches) 205.19
—, s'— dans l'échancrure (levier) 52.20
—, s'— dans l'embase de la bobine (griffe) 263.18
engrenage 133.16
— conique 127.17
— cylindrique 307.17
— en fer sur fer 310.19
— à glissière 180.15
— à vis sans fin 34.7, 52.10, 101.21, 127.12
engrener (segments dentés) 102.11
— avec la crémaillère (segment denté) 234.16
— dans la fente de la bobine (nez) 95.17
enlevable, disque 90.9
enlèvement de la bobine 37.7
— de la courroie 373.2
— du galet de chasse de l'arbre de chasse, dispositif d' 249.3
enlever la bobine de la broche 37.8
— les bobines de leur support 30.13
— la brosse 73.8
— la chaîne de cartons 390.8
— le cylindre du tambour 35.17
— des flottés 145.2
— le surplus du fil 98.9
— les tubes des broches 372.5
— les tubes, machine à 372.4
enroulement sur la bobine 23.13
— de la chaîne du rouleau d'ourdissage sur l'ensouple du métier à tisser 77.1
enroulement du cordon 235.13
— cylindrique 22.21
— direct 131.1
— de l'étoffe, mouvement d' 261.9
— indirect 131.3
— du tissu actif 132.3
— du tissu, mécanisme d' 132.20
— du tissu pendant le mouvement en arrière (en avant) du battant 130.15.16
—, dispositif d'— pour ourdissoirs à sections 55.3
enrouler (fil) 84.14
— (corde) 122.5
— la chaîne sur le moulin 46.18
— la chaîne du rouleau d'ourdissage sur l'ensouple du métier à tisser 76.20
— la chaîne en spirale sur le moulin 46.19
— la chaîne avec forte tension 79.6
— la chaîne sous une tension uniforme 79.8
— les cordes autour des montants du battant 290.4
— la corde de freinage autour de l'ensouple 121.16
— des cordes poissées autour des jumelles 286.9
— le cordon de rappondage sur l'ensouple du tissu 110.4
— les extrémités des fils autour d'un bouton 261.7
— les fils parallèlement 81.8
— le fil de trame sur la planchette 335.19
— la lanière autour du fouet 250.15
— une nappe de fils 41.3
— le tissu 298.16
— le tissu, machine à 442.5
— la trame 84.15
enrouleur 77.14
— d'étoffes 6.12
— à la machine 77.16
— à la main 77.15
—, appareil 132.20
ensimant, produits —s 68.8
ensouplage de la chaîne 76.14
— irrégulier 76.19
—, appareil d' 59.5, 61.24
ensouple 73.3, 75.15, 80.4
— en acier 78.2
— d'appel 116.15
— arrière 323.9
— en bois 77.20
— de chaîne 63.19, 77.17, 114.17, 323.9, 337.9
— de chaîne avec arbre traversant 125.6
— à chaîne creuse 115.6
— à chaîne en fer 115.10
— de la chaîne de fond 333.6
— de la chaîne de pièce 333.6
— de chaîne de poil 128.13, 329.11
— de chaîne principale 116.4
— à chaîne avec tourillon en fer 115.4
— à chaîne en tube d'acier 115.12
— collée 115.5
— définitive 114.18
— déjetée 116.2
— dérouleuse 114.17
— de derrière 114.17
— de derrière en bois 114.10
— de devant 116.16, 267.9
— de devant garni de petites aiguilles 117.13
— de devant recouverte de garnitures de carde 117.9
— de devant recouverte de peau de poisson 117.12
— d'enroulement 360.3
— enrouleuse 116.17
— de l'étoffe 116.17
— du fil 323.9
— des fils de chaîne en caoutchouc 360.1
— avec frein à corde et bascule 121.13
— avec frein à corde maintenu par un ressort 122.10

ensouple freinée . . . 120.3
— garnie 77.6
— du métier à tisser . 76.18, 114.18
— d'ourdissage . . 40.20, 47.20
— placée à la partie supérieure (inférieure) du bâti 116.7.10
— à plateaux 78.3
— sans plateaux . . . 79.4
— pleine 121.5
— provisoire 47.20
— de soie . . . 324.3, 359.6
— du tissu . . . 135.6, 136.16
— du tissu chenille . . 343.6
— du tissu garnie d'aiguilles 335.9
— du tissu supportée par des pivots . . . 335.3
— de la toile . . 116.17, 323.8
— de travail 116.17
— vide 77.4
ensoupleau 116.17
ensoupler la chaîne . . 76.16
— la nappe 81.18
— avec forte (faible) tension 57.5.6
ensoupleur 77.14
entaille 364.5, 367.2
entaillé, pied 238.15
entoilage 412.12
entonnoir 69.12
— en fibre vulcanisée . 97.20
entraîné par les fils (cylindre) 50.7
— par les fils (rouleau-encolleur) 76.13
entraînement par frottement 50.8
entraîneur . . . 61.15, 358.16
— de la navette. . . . 269.16
entrayeur de chaînes . 103.7
entrayeuse de chaînes . 103.8
entrebas 4.7
entre-côte 154.14
entrée du chariot . . . 326.17
— de la fourchette dans la grille 318.7
— de la navette dans la boîte 316.3
— du tissu 6.26
entrelacé, fils —s . . . 179.14
entrelacement des fils . 144.1
— des fils de chaîne et de trame 1.12
— serré. 152.4
entrelacer la chaîne et la trame 1.13
— serrément 152.3
entretien des machines. 446.3
— de la propreté des métiers 375.11
entretoise 106.3, 280.5
— longitudinale . 297.4, 335.7
— du métier 259.3
— transversale . 297.5, 335.6
enveloppe 101.22
— serrée 20.15
envelopper le fil de chaîne et le fil de dessin (fil de tour) . 368.21
— avec du fil métallique 20.13
— à spires allongées . . 20.14
enverger les fils . . . 42.8
— fil à fil 42.10
— les lisses 223.4
— par paires de fils 42.11, 138.12
— simple 138.10
envergeure . . . 42.12, 138.9
— (cordon) 42.17
— du bas. 47.4
— des fils 42.9
— du haut 47.3
enverjer les cordes . . 219.23
enverjure 42.12, 138.9
— (cordon) 42.13.17
— des cordes 219.22
— des fils 42.9
envers 154.10
— duveteux. 417.6
— tissé serré 152.5
—, sans 148.13
éolienne 401.20
épais, tissu 159.5
épaisseur des couches de fil 101.5
— du fer 327.11
— du fil 9.16
— de la trame 132.12
épaulement . . . 202.14, 309.9
— du butoir 316.11
épaulement haut (bas) de l'excentrique . 179.7.8
—s de l'excentrique de différentes hauteurs. 178.20
épée 177.4
— du battant 134.10, 288.18, 293.4
— de battant à mortaise 289.19
— de chasse 288.18
épeuleur 84.18
épeuleuse 84.19
épinceteur 445.14
épinglé 399.3
—, velours 404.2
épinglette. 226.4
épingline 399.3
époulage 84.6
époule 84.9
épouleur 84.18
épouleuse 84.19
époulolr mécanique . . 86.7
Epsom, sel d' . . 68.15, 437.25
épuisé, cannette —e 243.22, 260.8
—, chaîne —e 110.18
épuisement de la bobine 45.2
épurateur de nœuds . . 28.5
— à deux plaques en tôle d'ouverture réglable 28.6
— à doubles plaques réglables 28.8
équerre d'arrêt 332.6
— en fer 323.14
équilibre 120.10
équilibré, bras de levier 439.23
équilibrer le poids de la boîte à navettes . . 273.15
— le poids des tringles. 333.3
équipage 105.12
éraillé, bord du tissu . 140.20
ergot 241.17
erreur de lève 196.16
escompte 446.12
espace à brocher . . . 344.18
— pour les lames dans le métier 181.6
espèce de lisses 173.19
— de tissu 391.6
espolin 346.4, 348.15
— arqué 347.13
— à crémaillère 347.10
— métallique 347.8
esquiller, s' (navette) . 243.13
esquimau 398.5, 417.3
esquisse du dessin . . 376.11
essai 299.4
— au brûlage 436.12
— des fils 435.2
— des fils par comparaison 436.1
— de résistance 436.14
— sur la solidité de la teinture 429.9
—s des tissus, appareils pour 438.8
essorage des fils . . . 65.21
essorer les fils 65.20
essuie-assiettes 420.15
— -couteaux. 420.16
— -main 420.7
— -verres 420.14
estampé, maillon métallique 176.4
établi pour laçage à la main 390.1
étage, poulie à —s. . . 34.5
étai de la poitrinière . 305.4
étain, peigne en 286.15
étaler l'écheveau . . . 25.18
étamé, cuivre 73.17
étamine 394.1
étançonner le bâti du métier. 297.8
état d'équilibre du frein 120.10
été, étoffe d' 431.18
étendage de la chaîne encollée 72.4
étendeur 241.4
étendre la colle sur les fils 65.16
— une étoffe de couleur claire (foncée) sous la chaîne de couleur foncée (claire) . . 62.19.20
étiqueteur 6.13
étiquette blanche . . . 10.26
— rouge 10.25
étirer l'écheveau . . . 25.10
étoffe (v. a. tissu, article) 3.9
— pour ameublement . 404.21
étoffe d'argent 402.21
— de couleur foncée (claire) 62.19.20
— pour couvertures grossières 397.16
— croisée 3.19
— pour dames 432.15
— à dessins 391.14
— double 157.9
— double-face 430.5
— pour doublure . . . 432.20
— avec effet de piqûre en travers 160.16
— d'été 431.18
— façonnée 3.17
— façonnée à la marche 154.5
— flocon 160.1
— grand façonnée . . . 208.15
— pour gilet . 399.20, 432.19
— d'habillement . . . 432.14
— pour habit 432.17
— d'hiver. 431.19
— pour hommes . . . 432.16
— laine et soie 430.21
— à x lames 181.5
— à liage serré 226.14
— pour linge de corps . 433.3
— pour linge de table . 433.8
— pour lit 433.4
— à matelas 433.6
— mi-soie 430.20
— pour mouchoirs . . . 433.5
— moutonnée 417.7
— à nœuds de laine sur l'endroit 417.16
— d'or 402.20
— pour paletot 417.2
— pour pantalon . . . 399.19, 432.18
— plissée 162.6
— avec poil couché sur l'endroit 417.8
— à poil en soie . . . 403.1
— ratinée 417.13
— à rayures en long . . 196.1
— pour rideaux 433.11
— satinée 3.19
— de schappe de soie . 430.19
— pour serviette de toilette 433.9
— de soie 430.17
— en soie artificielle . . 430.22
— de soie pure 430.18
— tout soie 430.18
— pour stores 433.7
— pour tablier 433.1
— pour vêtements d'hiver 417.1
étoile 201.3
étoilé, dessin 377.5
étoupe 5.15, 395.11
— de chanvre 13.7
— de jute 13.10
étranglé, templet . . . 140.16
étrésillonné, bâti . . . 297.7
étrésillonner le bâti du métier. 297.8
étroit, boîte —e 244.8
—, devenir (tissu) . . . 139.6
étui 210.5
— oscillant 226.1
évacuer les buées . . . 75.13
évaluation d'un tissu . 429.5
évoluer de x compartiments 279.15
évolution de la boîte tournante 279.14
exact, alignement . . . 388.19
examen des cendres . . 436.13
excédent de colle . . . 69.23
—, fils —s 182.15
excentrique 98.14, 178.18, 277.24, 339.9, 370.13
— axial 32.12, 90.20
— pour double (triple) battage 295.8.9
— du battant 317.10
— à trois bosses 97.3
— de chasse . . 249.15, 253.4, 314.9
— en cœur 191.10
— pour le croisement des couches de fil . . . 91.7
— du dispositif de coupage 331.13
— pour coup supplémentaire 295.8
— double 275.19
— extérieur . . 199.10, 275.17
— fixé sur l'arbre inférieur 250.19
excentrique de formation de la cannette . . . 91.6
— pour la formation du bas de la cannette . 92.17
— pour la formation de la foule 198.7
— glissant 250.4
— à glissière 213.6
— de la griffe. 213.2
— pour hauteurs variables des couches de fils 97.8
— à l'intérieur . 199.7, 275.16
— à languette. 193.4
— pour double lève . . 201.11
— pour lève multiple . 201.12
— pour simple lève . . 201.10
— pour la lisière 199.6, 202.7
— mis en rotation par la broche du fuseau 179.10
— de la marche. . . . 201.9
— multiple 200.3
— négatif 200.1
— pour pas fermé . . 200.14
— pour pas ouvert . . 200.13
— de la planche à collets 213.3
— à trois pointes . . . 274.13
— à rainure . . 55.8, 202.3, 213.6, 228.10
— à rainure pour quatre lames 202.6
— à rainure pour tissu toile 202.5
— construit à segments 202.15
— simple 200.1, 251.2
— simple à profil rond 200.2
— à tapettes 200.3
— pour tissu façonné . 200.12
— pour tissu toile à flancs droits 200.11
— pour tissu toile pour mouvement uniforme (variable) des lames 200.8.10
— tournant en sens contraire 256.5
—, un — sert pour les deux côtés du métier 251.6
—s coulés pleins . . . 198.23
excentrique, fente . . . 61.1
—, placé en 140.1
excessif, production —ve 86.1
—, rotation —ve . . . 190.14
exécuter l'esquisse . . 376.3
exécution du dessin . . 376.1
exigence additionnelle de la chaîne 143.11
exploitation, accessoire d' 371.9
exprimer l'excédent de colle 69.23
— les fils 65.20
— à la main l'eau des bobines 101.13
expulser la bobine épuisée de la navette. . 262.6
extensibilité des fils de caoutchouc 415.22
extensible 415.21
extract, fil 14.20
extracteur d'eau de condensation 73.22
extrémité des aiguillettes, la planchette reçoit l' 230.1
— appointée 328.7
— de l'arbre 48.14
— conique de la bobine 87.14
— conique de la chaîne 79.5
— côté droit (gauche) du fond de la machine 113.10.11
— du cylindre à rainure 236.5
— dentée du levier coudé 259.5
— à encoche 264.7
— du fil 365.8
— fournisseuse de la navette 244.18
— du levier en forme d'excentrique . . . 34.18
— libre de la bande . 124.4
— libre du fil de poil . 342.8
— de la marche . . . 183.7
— du peigne 283.1
— en pointe du fuseau. 264.18
— du râtelier des bobines 356.9
— recourbée du crochet 227.6
— de la tringle 250.10
—s des aiguilles 210.23
—s des ouvreurs de dents 109.6
—s pointues. 244.17

F

fabricant de métiers à tisser 7.5
— de tissus sans atelier de tissage 6.23
fabrication de chenille cousue 342.1
— de cotonnades . . . 2.10
— de draperies 2.15
— des peignes. 286.5
— de sangles 3.4
— des soieries. 2.20
— de tissus de coton . 2.10
fabrique de drap . . . 2.17
— de lainages. 2.14
fabriquer le peigne . . 286.6
— les peignes, machine à 287.4
face d'endroit en dessous 345.1
—, bobinoir à une. . . 26.18
—, bobinoir double . . 27.3
façon de rentrage . . . 103.15
—, tisser à 6.20
façonnage, carton de . 383.10
façonné par trame (chaîne), ruban. . 426.10.11
—, étoffe —e 3.17
—, partie —e 149.4
—s, petits 3.18
facteur constant. . . . 443.5
faible apprêt, organsin à 16.17
—, coup 246.15
—, tension 118.23
faïence 208.2
faille 401.14
faisceau de collets. . . 209.4
— de fils 47.5
faire le peigne 286.6
fait à l'aiguille, tapis noué 408.17
fantaisie 149.4
—, chaîne. 40.14
—, dessin 160.14
farine 437.9
— de froment. 66.21
— de seigle 66.22
fausse duite . . 268.21, 302.10
— frange 355.3
— lisière 361.2
— lisière, dispositif de . 361.8, 362.3.10.15
fausses lisses 286.4
faute de rentrage . . . 104.2
— en trame. 268.21
faux sergé 149.13
—-rond de l'ensouple . 116.1
fécule de pomme de terre 66.20, 437.7
— de riz 437.8
feinte 132.13
fendu, fuseau 319.2
—, roseau. 284.18
fente. 225.13, 333.23
— de la bobine 95.17
— en forme de coin dans la boîte à couteaux 233.18
— à cran 316.14
— du crochet 211.4
— excentrique dans la couronne 61.1
— en forme de fourchette de la platine. . . . 233.19
— du godet 95.10
— longitudinale 96.4
— dans la mâchoire . . 258.5
— dans la noix de la broche 95.16
— dans le pied du bâti 80.12
— réglable 439.2
— du support de bobine en forme de spirale 30.9
— du tambour courant obliquement 32.8
fer. 327.3
— à cheval, anneau en 345.18
— coupant 327.8
— doux 189.14
— feuillard 341.7
— forgé 293.14
— de x millimètres d'épaisseur. 327.12
— placé sous la chaîne de poil 168.6
— passé dans le pas. . 329.2
— à rainure pour velours 168.13, 327.8.19
— rond 168.11, 327.7
— de section cunéiforme 327.14
— à velours 168.9
—s au décimètre . . . 327.13
fer-blanc 328.9
fermentation 65.7
fermer le circuit . . . 319.5
— le pas 142.7
—, se (bec de pincettes) 341.20
fermeture du circuit électrique 320.12
— par levier 269.4
— du mécanisme de brochage 349.1
— du pas. 142.6
— à trappe. 269.11
feston 425.19
festonnage par trame de dessin 425.20
festonné, ruban 425.18
feuille de caoutchouc . 415.9
— métallique 239.17
— d'ourdissage . 40.12, 434.3
— de papier 62.15
— du tramage 434.5
— de zinc 175.16
feuillet métallique . . . 58.3
feuillure, cadre à . . . 217.14
feutre de laine 123.19
— mélangé 414.6
— ouvert 414.7
— de papeterie . 397.15, 414.5
— sans fin 414.9
— tubulaire. 414.8
feutré, fil 19.17
fibre de bois . . 13.23, 416.9
— de coco 407.20
— végétale 13.14
— vulcanisée . . 97.20, 243.14
ficelle . . 25.21, 42.13, 103.5, 224.12
— d'encroix 42.17
— de liage 173.4
—s, encoller sans . . . 65.17
fiche de tissage 7.16
— de renseignements sur la trame 7.24
fichu. 420.18
figuré, dessin 376.5
figures humaines . . . 422.10
fil 9.2
— d'acier . . . 175.12, 218.11
— affaibli par la teinture 9.26
— d'alpaca 15.26
— d'alpaga 15.26
— d'âme 19.18
— d'amiante 17.22
— d'amiante avec âme en coton (laiton) . . 18.4.5
— aplati 94.4
— apprêté 10.4
— d'arcade . . 207.15, 217.15
— d'argent 423.10
— d'argent demi-fin . . 20.4
— d'argent faux. . . . 20.5
— d'argent fin 20.3
— d'argent imitation . 20.5
— en asples. 10.20
— autruche 19.1
— blanchi 9.24
— de bobine 367.7
— en bobine 435.22
— de la bobine déroulé par le mouvement de la capsule 265.1
— bobiné 10.16, 26.6
— de bonneterie. . . . 14.10
— bouchonneux 421.14
— de bouclage inférieur 166.8
— de bouclage supérieur 166.6
— bouclé 14.14, 421.17
— de bourrette 17.14
— boutonné. 18.19
— boutonneux 18.19
— boutonneux artificiel 18.10
— boutonneux imprimé 18.10
— brillant . . . 421.9, 435.11
— brillantine 14.7
— de broché 163.4
— brocheur 344.20
— à broder . . 349.14, 350.16
— de broderie. 350.16
— de broderie recouvert de métal 19.23
— brodeur 349.14, 350.9
— brûlé par la teinture 9.26
— brut 9.23
— cachemire 15.22
— pour camelot 15.12
— de cannette 45.9
— en cannette 435.23
— de caoutchouc comprimé 415.13
— de caoutchouc coupé 415.11
fil de caoutchouc guipé 56.16, 415.16
— de caoutchouc laminé 415.12
— de caoutchouc nu . 56.14, 415.15
— de caoutchouc recouvert. 415.16
— cassant 9.22
— cassé 51.6
— castor 14.29
— de cellulose 13.22
— de centre 221.9
— de Ceylan 13.20
— de chaîne 10.8, 21.15, 367.6, 391.4
— de chaîne brisé par la navette 143.3
— de chaîne en caoutchouc 360.1
— de chaîne cassé 319.7, 321.7
— de chaîne continu à anneau 21.16
— de chaîne en dessous 144.6
— de chaîne au dessus. 144.5
— de chaîne d'une douceur permanente . . 64.19
— de chaîne duveteux . 182.18
— de chaîne élastique . 114.6
— de la chaîne de fond 339.15
— pour chaîne de jute. 13.11
— de chaîne levé . . . 434.8
— de chaîne de renvideur 22.1
— de chanvre 13.4
— de chanvre délié . . 13.5
— de chanvre, gros . . 13.6
— chargé 10.5
— chenille 20.18
— cheviot 14.30
— chiné 18.25
— choisi de l'ancienne chaîne. 113.16
— choisi de la nouvelle chaîne. 113.18
— de coco 13.17
— du coco Cochin . . . 13.18
— de Coconada 13.19
— commercial. 11.26
— conducteur 387.10
— consommé 11.21
— de continu à anneau 12.10
— de cordon 43.2
— cordonnet 12.16
— de coton 12.2
— de coton cardé . . . 12.5
— en coton d'Egypte . 12.4
— de coton gazé . . . 12.15
— de coton peigné . . 12.6
— à coudre 342.16
— de couleurs différentes 19.3
— à plusieurs couleurs. 10.2
— de couleur spéciale . 421.10
— de couverture . 20.8, 342.4
— de crêpe 161.15
— crêpé 15.15
— de crin 15.28
— à crochet 14.28
— à croisement fort . . 173.18
— de cuivre jaune. . . 416.15
— pour damassé . . . 15.13
— de déchet 14.16
— de déchet de coton . 12.12
— dégraissé 10.7
— placé dans une dent fausse 81.11
— de dessin . . 368.8, 413.13
— de dessous 155.4
— de dessus 155.3
— doux 236.18
— droit 164.5
— duveteux. 9.21, 435.10
— filé à l'eau chaude . 13.1
— en écheveaux. . 10.20, 22.3, 435.21
— égal 435.7
— élastique 9.19, 435.12
— à enfiler 245.12
— d'essai 436.3
— d'étoupe 12.20
— d'étoupe de chanvre 13.7
— d'étoupe de jute . . 13.10
— extract 14.20
— fantaisie . 18.7, 19.2, 421.11
— de fer 175.11, 416.16
— de fer en hélice . . 197.16
— de fer avec œillet. . 33.10, 219.5
— feutré 19.17
— de fibre de bois . . 13.23
— à fil, enverger . . . 42.10
— fin 9.17, 236.17
— fixe . . 164.5, 353.2, 361.3
fil flammé . . . 18.20, 421.15
— flammé produit par doublage 18.21
— flammé produit par filage 18.22
— flammé produit par impression 18.25
— flammé produit par retordage 18.23
— flammé produit par teinture 18.24
— pour flanelles. . . . 14.6
— de fleuret 17.7
— de fleuret blanc . . 17.12
— de fleuret jaune . . 17.13
— filé floche . . . 18.1, 49.5
— de fond 19.18, 164.5, 182.11
— de fond en coton . . 19.19
— de fond à enveloppe serrée 20.15
— de fond enveloppé à spires allongées . . 20.14
— de fond en soie. . . 19.20
— de fourrure. 412.3
— frisé 170.18
— à fuseau 12.21
— à futaine. 12.7
— glacé 12.17
— génappe 15.4
— en graisse 10.6
— grenadine 15.10
— gros . . 9.18, 28.3, 236.16, 413.21
— grossier . . . 236.16, 421.12
— pour homespun . . . 14.9
— imitation. 12.7
— imitation vigogne . . 12.8
— imprimé 9.27
— irrégulier 9.7, 18.8
— de jute 13.2
— de jute peigné . . . 13.9
— Jumel 12.4
— de laine 14.3
— de laine brillante . . 14.25
— de laine cardée . . . 14.4
— de laine peignée . . 14.22
— de laine renaissance 14.17
— de lama 15.25
— laminé 175.14
— pour lasting 15.11
— léger. 20.6
— de liage . . . 223.11, 342.4
— de lin 12.19
— de lin lustré 13.3
— de lin mercerisé . . 13.2
— de lisière. . . 335.16, 362.8, 434.22, 435.1
— lisse 9.20, 435.9
— de lisse 175.21
— Louisiane 12.3
— lourd 20.7
— de main 12.21
— marbré 14.13
— mécanique 12.22
— mélangé boutonneux 18.8, 421.13
— mélangé en couleur . 10.3
— mercerisé. 12.13
— mérinos 14.26
— de métal. 175.10
— de métal pour maillon 176.3
— métallique . . . 20.9, 176.18
— métallique aiguisé à la courbure 111.18
— métallique aplati . . 20.10
— métallique de connexion 253.15, 259.19, 277.8
— métallique élastique. 326.15
— métallique en forme d'épingle à cheveux 111.13
— métallique, fort. . . 208.11
— métallique pour liage 287.16
— métallique pour peigne 286.18
— métallique de suspension des lames . . . 171.13
— métallisé. 20.17
— mi-chaîne 10.9
— mi-laine 12.9
— mince 236.17
— mixte 13.13
— mohair. 15.18
— mohair blanc 15.21
— mohair frisé 170.11
— mohair mixte. . . . 15.20
— mohair pur. 15.19
— mohair légèrement tordu 170.10
— au mouillé 13.1
— mouliné 15.5
— pour mousseline . . 15.9
— mungo 14.18

fil pour napolitaine . . 14.5
— pour les nœuds . . 338.13
— à nouer 339.16
— noueux 435.8
— d'or 423.9
— d'or demi-fin 20.1
— d'or faux 20.2
— d'or fin 19.25
— d'or imitation . . . 20.2
— d'or oriental . . . 423.13
— d'or renaissance . . 423.11
— ondé 19.6
— d'ortie 13.16
— de paille 416.7
— de paille cordonné . 416.6
— de papier . . . 2.21, 13.24
— de pâte silvaline . . 13.25
— peigné pour chaîne . 15.2
— peigné doux 14.24
— peigné dur 14.23
— peigné pour trame . 15.1
— de perle . . . 354.6, 414.22
— perlé simple 19.8
— perlé à plusieurs bouts 19.9
— garni d'une rangée de perles 19.10
— garni de deux rangées de perles 19.11
— de plumetis 349.14
— de poil 338.5, 342.2, 412.2
— à poil frisé 19.1
— de poils 15.16
— de poils de chameau 15.23
— de poils de chèvres . 15.17
— de poils de vache. . 15.27
— de pointe . . 104.15, 221.9
— poli 94.8
— raide 435.14
— de raison 353.2
— de ramie 13.15
— recouvert de métal . 20.16
— recuit 416.18
— régulier 9.6
— de rentrage 424.14
— rentré à travers un maillon faux 104.3
— de renvideur 12.11
— résistant 435.13
— de retenue . . 147.11, 358.7
— de retenue en acier . 355.6
— retors . . 9.5, 18.6, 435.6
— à rouet 12.21
— rude 9.21
— rugueux 18.3
— sauté 142.23
— de sayette 15.7
— de schappe 17.7
— de schappe fantaisie. 17.10
— au sec 12.23
— de séparation. . . . 412.14
— de shoddy 14.19
— silvaline 13.25
— simple . . 9.3, 17.23, 435.5
— Smyrne 15.8
— de soie 16.1
— de soie artificielle. . 17.17
— soie crêpe 16.10
— soie crêpe de chine . 16.11
— de soie galette . . . 17.11
— de soie shoddy . . . 17.15
— de soie tussah . . . 17.6
— souple 236.18
— de support 19.18
— surfilé 161.15
— surtordu 161.15
— de tapisserie 14.12
— teint. 9.25
— tendu 237.4
— de tension 90.14
— textile 179.16
— textiline 14.2
— textilite 14.1
— textilose 13.26
— tiré des lisses. . . . 109.5
— Thibet 14.21
— tordu à droite . . . 9.10
— fortement tordu . . 17.24
— tordu à gauche . . . 9.11
— tordu normal. . . . 161.16
— à torsion douce. . . 9.15
— à torsion droite. . . 145.10
— à torsion floche. . . 9.15
— à torsion forte . 9.14, 17.24
— à torsion gauche . . 145.9
— à torsion inverse . . 9.10
— à torsion montée . . 9.14
— à torsion ordinaire . 9.11
— à torsion reverse . . 9.10
— de tour 164.4, 353.3, 361.5
— de tourbe 13.21
— de Tournai 15.3
fil de traction 278.17
— pour trame. 84.8
— de trame 10.10, 236.13, 335.18, 391.5
— de trame cassé . . . 317.16
— de trame non frisé . 170.12
— de trame inséré dans le pas ouvert . . . 237.3
— pour trame de jute . 13.12
— de trame oblique . . 412.9
— de trame ondulé . . 245.4
— à tricoter 14.11
— type 436.2
— unicolore 10.1
— uniforme 435.7
— de vigogne 15.24
— Vigoureux 15.6
— voile 15.14
— zébré 14.13
— zéphire 14.27
— zibeline 14.8
fils d'arcades cousus. . 218.3
— brodeurs, les — constituent eux-mêmes leur dessin. . . . 349.8
— de chaîne cassés par la navette 247.7
— de chaîne collés ensemble 319.11
— de chaîne en groupes 341.13
— de chaîne pris (laissés) en groupe 176.7.8
— de chaîne guidés de haut en bas 335.14
— de chaîne immobiles 142.10
— de chaîne levés . . . 141.21
— de chaîne liant de la même façon . 144.7, 220.17, 381.20
— de chaîne liant dans un ordre différent . 144.9, 382.1
— de chaîne dans le pas d'en haut (d'en bas) 142.1.2
— de chaîne, les — restent dans la position levée 226.19
— collés ensemble . . . 66.2
— par dent, x 107.15
— doublés 9.4
— enchevêtrés. 107.22
— à enrouler 89.8
— entrelacés 179.14
— excédents 182.15
— de fourrure recouverts 156.7
— de différentes grosseurs 422.19
— impairs 41.20
— individuels 232.1
— liés 83.15
— de lisses au-dessus (en dessous) des épées . 177.5.6
— mêlés 81.12
— métalliques toronnés 416.17
— de mouchetures. . . 412.20
— pairs 41.21
— disposés parallèlement 97.6
— pris 380.9
— retordus 97.7
— séparés 170.17
— spéciaux 421.8
— de trame coupés . . 343.13
— de trame de diverses couleurs 258.14
— de trame enfilés dans des tubes 341.8
— de trame liant de la même façon 144.8
— de trame liant dans un ordre différent . 144.10
— voisins 165.3
— sautés 380.9
— tressés ensemble . . 179.14
fil-guide pour lampe . . 356.4
filage 18.22
filasse, ruban 425.16
filé 9.2
filet 371.8
— carré 100.9
— droit et gauche . . . 318.15
— rectangulaire 100.9
— simple 127.14
— taraudé 60.11
— de tuyau à gaz. . . 374.14
— de vis pour le réglage de la longueur . . . 204.1
—, machine à — au moyen des bobines 363.6
—, réseau de 413.18
filet-gaze 165.7
fileté, tige —e . . 55.18, 59.18
filoselle. 17.11, 425.3
filtre à huile, drap pour 399.17
fine division des aiguilles 216.11
final, position —e . . . 137.13
fini, article 4.9
fixation des baguettes d'encroix 138.1
— de la cannette sur la broche 239.11
— de la chaîne sur l'ensouple. 116.11
— de la corde sur le levier de frein. . . . 124.13
— des disques. 115.18
fixe, bras. 29.3
fixé, agrafe —e 172.7
fixer la chaîne sur l'ourdissoir. 42.2
— le disque demi-rond. 58.5
— les fils de chaîne . . 81.17
— la nappe sur le tambour 57.1
— les supports au bâti du métier 212.11
— la vis ailée. 83.10
flammé, fil . . . 18.20, 421.15
flanc de la dent . . . 126.24
— de l'excentrique . . 198.19
flanelle 397.23
— de coton 394.15
— double 398.10
flasque 55.11
— d'ensouple 78.6
— de poulie 183.19
fleuret 17.7
— blanc 17.12
— jaune 17.13
flexible, lisse 174.18
—, rendre. 67.4
floche, fil. 49.5
—, torsion 9.15
flocon, étoffe 160.1
floconneux, tissu . . . 417.22
floral, dessin 376.6
florence 400.18
flotté de chaîne 392.1
— irrégulier. 146.10
— de trame. . . 166.18, 392.3
flotter (fil de chaîne) . 392.2
— sur l'envers du tissu 163.3, 344.8
— sur le tissu de fond. 351.7
folle sur l'arbre moteur (poulie) 34.17
foncé, couleur —e . . . 62.19
fonctionnement de la cannetière 87.2
— du métier 266.10
fond 166.15, 408.18
— de la boîte en forme de tenailles 269.17
— de boîte en forme de trappe 266.20
— de cannette 85.28
— de la cannette . . . 87.10
— de la chaudière en forme de cuvette . 69.11
— de dentelle 413.8
— sans liage 232.4
— de la machine . . . 113.9
— ouvert de la navette 244.7
— en satin 151.1
— à tamis 416.22
— de tamis en crin . . 414.14
— de tamis à double (triple, quadruple) crin. 414.15
— du tissu 222.8
— en tulle 413.7
— uni 167.4
—s de bobines 22.11
fonds de roulement . . 446.9
fondu, cire —e 207.19
fonte. 212.12
force centrifuge 311.5
— du coup de chasse . 246.14
— de départ élevée du moteur 309.22
— élastique du ressort . 334.1
— motrice . . . 300.5, 446.4
— du ressort 255.20
— de traction de la courroie 307.8
— vive de la navette lancée. 312.6
forcer la bobine dans la navette, dispositif pour 372.2
— l'eau à pénétrer dans la bobine 101.11
forfait, salaire à. . . . 444.23
forlançure 4.4
formation du bas de la cannette. 92.17
— des boucles. 423.8
— de la cannette, mécanisme de 96.11
— du cône 87.5
— du cône par l'entonnoir et le rouleau-guide 99.7
— de coupures 161.1
— de duvet. 64.11
— de l'effet par la trame d'envers 155.7
— de l'encroix 42.9
— de la foule 141.1
— de la foule par harnais 207.6
— de la foule par lames 171.1
— de la foule par mécaniques d'armure . . 186.1
— de la foule à la mécanique Jacquard . . 216.14
— de la foule, mécanisme pour la 8.2
— de frisures 170.9
— intérieure du pas . . 300.11
— du maillon 180.13
— de la moisissure . . 65.9
— des nœuds 339.12
— du pas. 335.12
— du pas, mécanisme de 8.2, 197.19
— de la peluche sur métier à crochets . . . 334.5
— du poil 333.4
— des rayures dans le tissu 222.2
— des reliefs par des fils de différentes grosseurs 422.19
— des reliefs par un liage spécial 422.20
forme (bombée) de la bobine 23.11.17
— de cannette 87.4
— carrée 60.16
— conique du godet . . 93.17
— du dessin limitée . . 349.10
— de l'excentrique . . 198.10
— des excentriques de la marche 201.9
— de la navette. . . . 244.3
— principale triangulaire 366.17
formé, pas 142.3
former des boucles 245.5, 339.17
— les boucles sur les fers 168.8
— l'encroix 42.8
— la foule 141.4
— la foule supérieure . 181.24
— des lâchages (trame) 245.5
— un matelas d'air . . 256.15
— deux pas l'un au-dessus de l'autre . . . 328.18
— des poux (trame) . . 245.5
— des petits tubes (flottés de la trame) . . 166.20
— des vrilles 245.5
—, se — entre les deux tissus (poil) 169.7
fort apprêt 16.18
fortement, tendre . . . 92.16
fosse de la navette . . . 244.11
fossé 367.14
fouet. . . 248.7, 249.11, 290.7
foulard 401.9
foule (v. a. pas) 141.3
— à baisse 216.16
— d'en bas 216.16
— pour le dessin . . . 223.13
— grande. 265.15
— haute 216.15
— haute arquée 217.7
— intérieure du peigne. 282.5
— à levée 216.15
— de levée et de rabat 216.17
— oblique 217.1
— progressive 217.1
— de rabat 216.16
— superposée 141.16
—, double 141.16
foulé, tissu 431.9
fourche de débrayage . 309.6
— guide-courroie pour marche en avant (en arrière) 303.1.2
fourchette . . . 236.6, 276.11
— du casse-trame 268.4, 270.13, 318.1, 320.7, 322.13
— de changement . . . 127.13
— de la courroie 52.18
— élastique avec goupille 197.11

fourchette du pouce . . 112.14
—-presse 242.3
— du taquet 280.19
— de trame à x dents . 318.6
fournir la chaîne . . . 118.2
fournisseur 364.4
fourré, tissu 156.5
fourrer un tissu . . . 156.6
fourrure artificielle . . 407.24
— imitation 419.25
— par trame d'envers . 155.1
fraîche, colle 65.4
frais d'acquisition . . . 445.20
— de brevet 446.3
— des cartons 446.26
— de chauffage 446.6
— de combustible pour la force motrice . . 446.5
— de la confection . . 446.22
— d'échantillonnage . . 446.23
— d'entretien des machines 446.8
— des esquisses 446.24
— de fabrication . . . 442.13
— de force motrice . . 446.4
— généraux 445.19
— des imprimés . . . 447.7
— de magasinage . . . 446.27
— des patrons 446.25
— de poste 447.4
— de prix-courants . . 447.6
— de production . . . 442.13
— de réclame 447.5
— de renouvellement . 446.1
— de réparations . . . 446.2
— de téléphone 447.8
— de transport 447.1
— de vente 442.17
— de voiturage 447.3
— de voyage 446.21
fraisé, rainure —e . . 354.12
frange par chaîne . . . 355.4
— latérale 355.5
— nouée 426.2
— tordu 426.1
— par trame 355.5
— véritable 355.2
—, fausse 355.3
frangé, ruban 425.24
frappe du battant . . . 292.19
— du cylindre 211.17
frapper la duite 284.8
— rapidement (battant) 295.7
frein 180.17, 309.8
— à bande 123.18
— à bande d'acier . . . 124.19
— à bande suspendue . 123.20
— de bobine 29.13
— de la boîte 253.2
— en bronze 245.17
— à chaîne 123.15
— combiné 124.9
— à contrepoids 123.7
— à coquille 125.1
— à coquille à réglage automatique des deux côtés 125.5
— à corde . . . 121.8, 124.10
— à corde avec double bascule 121.17
— différentiel 123.21
— double 246.4
— pour le fil . . 31.9, 245.15
— pour fil à ressort courbe 245.23
— à friction 120.19
— à languettes échancrées 245.22
— par leviers en chicane 246.2
— du métier 311.12
— à navette . . . 315.4, 315.8
— à navette anglais . . 316.6
— à poids 121.7
— à poids automatique 123.21
— à ressorts arqués . . 246.3
— à ressort à boudin . 125.20
— à ressort plat . . . 245.18
— à rouleaux en forme de chevilles 245.21
— à roulettes 245.24
— à roulettes en verre . 246.1
— à ruban 123.18
— à sabot 120.20
— de tension à ailettes 245.20
freinage de l'aspe . . . 33.4
— de l'ensouple 119.21
— de la navette 316.21
— par une pression suivant l'axe de l'ensouple 120.2
freinage par une pression verticale sur l'ensouple 120.1
freiné, ensouple —e . . 120.3
freiner les bobines individuelles 329.8
— les bobines pour prévenir l'avance . . . 29.15
— la chaîne 118.8
— par une corde . . . 25.25
— le dévidoir par une courroie 25.24
— l'ensouple 119.20
— le métier 309.10
frêne 251.3
frets 447.2
frette de serrage avec goupilles 115.14
friction des coquilles . . 125.4
— du fil sur le godet . 94.2
— du frein 309.11
— du tourillon de l'ensouple 120.18
frise 35.19, 397.26
— croisée 398.14
frisé, fil 170.11
—, fil non 170.12
frisure 170.9
froid, encoller à 65.18
froissement des fils de chaîne 319.10
fromage 23.21, 54.18
fronce dans le sens de la largeur 162.1
frottement des cordes . 220.2
— des fils de chaîne . 182.16, 319.10
frotter contre le cylindre (fil) 39.4
— contre les lames (fil de chaîne) 182.17
fuseau 179.2
— en bois 86.11
— en bois avec ressort . 239.15
— de cannette en bois . 239.14
— fendu 319.2
— en feuille métallique 239.17
— métallique avec anneau 239.18
— métallique conique . 239.20
— métallique avec embase de maintien . . 239.19
— pour métier automatique 240.1
— de Northrop 260.15
— en papier comprimé . 239.16
— de trame 240.13
fût 23.6
— rugueux 238.6
futaine 394.8
— pour doublure . . . 394.12
— à deux envers . . . 394.9
— à poil 394.10
— satinée 394.11

G

gabardine 394.18
Gabler, mécanisme de remplacement des bobines 265.13
galon 428.14
— d'argent 428.4
— d'attache de vêtements 428.21
— bouclé 428.11
— de carrosserie . . . 428.18
— de coton 427.29
— à coudre 428.17
— dentelle 426.3
— à gaze 426.6
— en jais 428.10
— à jour 426.5
— de laine 427.30
— lamé 428.5
— lamé faux 428.7
— lamé fin 428.6
— double lisière pour jupes 428.20
— de livrée 428.19
— militaire 428.13
— à nœuds appliqués . 426.16
— d'or 428.3
— pailleté 428.9
— de parure de vêtements 428.22
— perlé 428.8
— avec picots tordus . 425.23
— avec picots par trame 425.21
— satin 428.2
galon de soie 428.1
— de tapissier 428.16
— tissé 427.28
— à une seule trame . 426.12
— à deux trames . . . 426.13
— à plusieurs trames . 426.14
— velours 428.12
— de voiture 359.13
galet 287.8
— d'arrêt 36.10, 37.11
— de carte 281.4
— de la chaîne . 33.17, 38.15, 92.6, 314.18
— de la chaîne de levée 92.8
— de chasse . 249.5.12, 253.5
— de chasse réglable parallèle à l'axe . . . 252.9
— de la courroie d'arrêt 255.17
— de l'excentrique 36.13, 200.9
— en fer 203.5
— à frein 176.17
— de friction 55.6
— à glissement 124.1
— du levier 33.15
— de la marche . 193.3, 201.8
— de pression 186.16
— racleur 308.15
— de tension du fil 94.16, 99.5
— de tension formant frein 93.15
galet-guide . 35.4, 206.2, 210.16
galette, soie 17.11
Galle, chaîne . . 71.5, 372.15
ganses 427.27
garçon de râtelier . . . 40.9
garde du peigne 282.9
garde-boîtes 314.1
—-couteau 332.19
—-cylindre . . 205.16, 235.15
—-navette fixe 312.15
—-navette oscillant . . 312.17
—-roue 323.2
garni d'aiguilles 335.9
— de peluche 38.5
—, chariot 364.14
—, ensouple —e . . 77.6, 121.5
garnir le cantre 44.10
— la dent 107.4
garniture pour buffet de cuisine 428.23
— de carde . . . 39.5, 117.9
— en cuir du support de broche 93.19
— de corset 427.11
— du disque de friction 51.14
— en feutre de laine . 123.19
— de tablier 427.12
gaspillage de fil 11.22
gauche, côté 113.11
—, de — à droite, mouvement de 109.10
gauchir (plateaux de la bobine) 24.18
gaufré, tissu 431.7
gavassinière 209.13
gaze . . 353.1, 393.28, 401.23
— à blutoir 401.24
— brochée 349.5
— au crochet 165.9
— à croisement à droite (à gauche) 352.17.18
— damassée 393.30
— à demi-tour 352.15
— à double tour 353.7
— avec effet de broché par chaîne 165.1
— façonnée 164.18
— fantaisie 164.21
— glacée 393.29
— au Jacquard 352.20
— à la lame 352.19
— ondée 165.2
— à point de broderie . 165.5
— à point croisé . . . 165.3
— de soie 401.11
— au tour anglais . . . 352.15
— à tour complet . . . 352.16
— à tour gauche, droit et intermédiaire . . 165.4
— avec tresse à main . 165.10
— unie 164.17
— en zig-zag 164.20
—, à point de 341.14
gaze-bluterie 401.24
gaze-filet 165.7
gazé, fil 12.15
Geiringer, métier à plumetis 351.3
gélatine 67.2, 437.13
génappe, fil 15.4
genouillère, connexion à 294.10
genre de cannetage . . 86.17
— de métier 304.7
— de tissu 391.6
géométrique, dessin . . 413.9
gilet 399.20, 432.19
glacé, carton 382.7
—, fil 12.17
Glanzstoff, soie 17.18
Glauber, sel de . 68.20, 437.26
glissant, cône 60.12
glissement de la chaîne 50.9
— de la chaîne sur la traverse arrière . . 117.1
— de la corde à broche 88.8
— d'une couche de fil . 86.2
— de la courroie . . . 307.9
— du disque à friction . 37.3
— des fils 57.2
— du fil hors du guide-fil 92.19
glisser (chaîne) 50.10
— (corde de la broche) . 88.7
— (courroie) 307.10
— sur des broches (boîtes) 291.5
— sous la corde (ensouple) 124.18
— dans les fossés (chariots) 367.3
— horizontalement (boîte à changement) . . . 345.14
— sur le rail-guide (porte-bobine) 263.20
— dans des rainures (tourillons) 49.15
— sur la tête du poinçon (platine) 385.19
— l'une au-dessus de l'autre (extrémités des ouvreurs de dents) 109.6
glissière . 62.2, 128.7, 326.12, 328.2, 362.20
— du bras de chasse . 313.12
— des cartons 206.1
— du collet de la broche 98.18
— de la fourchette du casse-trame 320.9
— du support d'ensouple 61.13
glissière-guide . . . 83.6, 94.13
— des boîtes 278.5
— des chariots 367.13
gloria 401.20
glucose 68.5
glycérine 68.9, 437.16
gobelin 408.5, 422.8
— ras 408.6
— velouté 408.8
godet 93.10
— à fente 94.15
gomme adragante . . . 67.3
— arabique 437.12
gommé sur carton . . . 387.18
—, lisière —e 424.18
gorge 115.3
— excentrique 294.5
— de guidage 334.14
— longitudinale 245.10
— transversale 245.9
go-through, mouvement de — des chariots . 369.9
goupille 176.21, 235.11, 251.10, 389.8
— en acier 337.3
— du battant . . 230.6, 293.9
— pour le chapeau du vautoir 82.16
— de commande 275.11, 347.2
— de contact 318.20
— d'engagement 127.21
— de la fourchette casse-trame 322.15
— de frappe 371.5
— de guidage 353.17
— du presseur 365.11
— sous pression d'un ressort 328.5
— profilée 311.2
— réceptrice 364.6
goupille-support du galet 186.17
gradin 279.9
graduation de la quantité de déroulement . . 126.17
grain, tôle à 117.10
graine de lin, décoction de 67.20
graissage des fers . . . 328.13
graisse 437.18
— de lubrification . . . 374.20
—, fil en 10.6
graisser les fers 328.14
graisseur 375.16

graisseur à aiguille . . 375.5
— à main 375.4
grand cylindre 233.9
— tambour 74.6
—e course du levier . . 134.1
—e vitesse 195.6
grandeur de la navette 244.4
— du rapport 381.4
granité d'ameublement. 418.10
—, petit 152.16
—, petit — façonné . . 152.17
—, petit — en reps . . 153.1
Grant, dévidage. . . . 11.2
graphique, représentation. 143.19
graphite 124.24, 207.17
gras, substances —ses . 67.5
gratté, tissu 431.10
—, cheviote non —e . . 397.21
grège. 16.2
— extrafine 16.3
grenadine, fil 15.10
—, soie 16.20
grenier à séchage . . . 72.11
griffe. . 186.10, 210.6, 229.18, 262.17, 263.9
— dans la boîte à navettes 357.8
— de la broche 242.17
— double 226.13
— fixe 228.11
— en forme de fourchette 264.11
— guidée par rainure et languette 186.20
— inférieure 226.15
— de serrage 239.3
— supérieure 226.16
grille. . . 46.2, 207.3, 342.12
— avec barrettes en bois (en verre) 218.7.8
— de la boîte détectrice 50.13
— à collets 210.19
— fixe 186.8, 227.13
— de la fourchette casse-trame 318.2, 322.16
— des marches 322.6
— mobile 228.12
— placée obliquement . 222.14
— du poussoir 229.12
grillette 46.2, 229.8
grisaille 155.9
gros 400.21
— d'Afrique 400.30
— d'Alger 401.2
— de Berlin 400.29
— de Chine. 401.3
— d'été 401.5
— grain 400.25
— des Indes 400.27
— de Pologne. 400.28
— d'Ispahan 400.26
— de Naples 400.22
— noble 401.4
— d'Orléans 401.4
— de Suisse 401.1
— de Tours. 400.24
gros fil 28.3
— fil de chauvre . . . 13.6
— numéro 11.7
— point, tapisserie au . 422.7
grosseur 9.9
— dans le fil . . . 28.3, 83.14
— des mailles 365.21
grossier, fil 236.16
—, tissu 431.27
groupe de bobines. . . 44.9
— de broches arrêtées. 92.12
— de collets 209.4
— de crochets. 227.4
— de dents . . . 282.14, 354.17
— de duites à battre . 166.10
— de fils 47.5
— de flottés 392.4
— de lames. 181.8
— de mailles 208.9
— de métiers 304.6
—, commande par —s . 305.9
—, fils pris en —s . . . 176.7
grouper les fils 182.14
— les perles pour former un dessin 414.25
guidage des crochets. . 211.5
— des fils de chaîne. . 298.5
— du fil par tambour fendu 99.14
— de la navette. . . . 257.8
— du peigne 283.4
— du tissu 298.12
guide . . 140.5, 168.18, 362.18
— de la boîte à navette 248.18
— à coulisse . . 278.1, 313.15
guide à crochets . . . 346.21
— fixe 389.7
— de la griffe. 186.12
— pour la navette éjectée 268.2
— du rouleau tendeur . 48.9
— des verges 359.12
guide-aiguille 350.13
—-cannettes automatique 440.6
—-cartons . . . 206.1, 390.9
—-courroie 363.20
—-crochet 70.9
—-espolin 348.4
—-fer pour métier à peluche 328.19
guide-fil . . 32.1, 90.15, 94.17, 347.5, 369.11
— en acier 240.4
— actionné par rouleau de friction 100.3
— à ailette 99.16
— automatique 440.6
— à fente 28.1
— fixe 440.5
— métallique 27.15
— à mouvement de montée et de descente . 38.8
— à mouvement rotatif 34.19, 35.8
— en porcelaine 27.16
— en queue de cochon. 93.5
— sur des rails réglables 32.9
— réglable 45.11
— tournant 96.17, 97.2
— tubulaire. 258.3
— à va-et-vient 30.15
guide-navette . . 343.22, 356.19
—-rail 28.10
—-tissu. 140.14
guider la broche du fuseau 179.11
— le couteau dans la rainure de la broche 336.12
— le fil de poil, tube pour 342.3
— le tissu en dessous des lames 298.20
guimperie. 19.22
guindre. 25.19
guingan 393.9
guipé, fil de caoutchouc 56.16, 415.16
guipure, réseau de. . . 413.18
Günther, mécanique pour damassé . . . 232.5
gypse 437.23

H

habillement, article d' . 406.10
—, étoffe d'. 432.14
habit, étoffe pour . . . 432.17
Hacking, changement des boîtes 275.5
haircord 393.18
harnais 105.12
— de la nouvelle chaîne 111.7
— à plusieurs corps . . 223.3
— de dessin 231.17
— de fond 353.4
— de la gaze . . 352.4, 353.5, 361.9
— de lève 231.14
— à lisses fixes 177.15
— à lisses mobiles . . 173.6
— de rabat 231.15
harnat 105.12, 138.5
Hartmann, mécanisme de changement de cannettes 262.8
Hattersley, ratière . . 194.2
haut, ajusté 205.1
—, épaulement — de l'excentrique 179.7
—e pression 69.9
haute-lice, dispositif de 335.15
—, métier à. 298.7
hauteur des boucles . . 327.9
— du cône 87.8
— de l'enroulement . . 100.2
— du fer 327.10
— de la foule 282.11
— des frisures. 170.19
— des lames 171.5
— de la lisse 218.12
— du pas. 141.11
— du peigne 282.5
— de la poitrinière . . 304.15
— du porte-fils 304.16
— du rappel 49.8
hauteur, petite — du peigne 324.10
—s, deux — différentes. 167.13
—s variables des couches de fil 97.8
hélicoïdal, rainure —e . 358.1
Herrlinger, casse-trame. 318.8
Hettrich, navette de. . 242.15
heure, salaire par . . . 444.20
hexagonal, maille —e . 363.9, 412.10
Hitchon, compteur . . 51.17
hiver, étoffe d' 431.19
Hodgson, changement des boîtes 276.7
—, ratière 193.8
homespun, fil pour . . 14.9
horizontal, cantre . . . 43.15
—, mouvement 340.10
huilage des parties travaillantes 374.17
huile 437.19
— de coco 67.11
— de graissage 374.19
— de lin 179.17
— de palme 67.10
— de paraffine 67.14
— d'olive 67.13
— de ricin 67.12
huilé, taquet 248.13
huileur 375.10
humectation de la trame 101.6
humecté, bobine —e . . 101.15
humecteur d'air . . . 102.11
humidificateur, appareil — pour fils 101.17
humidification de la trame 101.6
humidifier la trame . . 101.7
hyperbolique, roue . . 94.6, 213.16

I

illimité, nombre de couleurs 409.4
imbibé 65.14
imbiber la chaîne . . . 65.13
imitation de broché . . 163.7
— de gaze 165.11
—, tapis 407.6
—, tissu double-face en chaîne. 156.2
immergé, écheveau . . 70.2
immersion du fil dans la colle 70.1
immobile, les fils restent —s 142.10
—, lames —s 182.10
impair, carton 383.11
—, fils —s 41.20
imperméable à l'eau, tube 24.8
— à la vapeur, tube. . 24.7
—, tissu 431.12
impôts 446.14
imprégné 65.14
—, tissu 431.14
imprégner la chaîne . . 65.13
— la chaîne d'une solution de colle . . . 71.13
impression 18.25
— de la mise en carte . 378.19
imprévus 446.17
imprimé, calicot . . . 392.17
—, tissu d'ameublement 418.16
imprimés, frais des . . 447.7
inclinaison du bout conique 60.3
— de x degrés 148.8
— du sillon 148.3
inclination des crochets. 211.8
incliné, couteau 210.7
incorrect, position —e . 313.16
incurvé, bras 254.15
indépendant, barres —es 368.17
—, mouvement 211.22
index 28.13
indicateur d'allongement 440.13
— d'élasticité des fils . 440.15
— de longueur 52.9
— du numéro du fil . 440.16
— de tours 54.8
indienne 392.17
indiquer une bobine vide (tâteur de bobine) . 266.6
— des fils pris (carrés pointés en rouge) . 380.9
— le nombre de tours (aiguille). 52.2
indirect, charge —e . . 120.11
—, enroulement 131.3
indistinct, effet — du liage 391.13
individuel, commande —le 305.10
individuellement, faire mouvoir 196.2
indivisible, réseau . . . 412.24
induit 301.3
— en court-circuit . . 309.17
industrie des articles laine 2.16
— drapière 2.18
— du tissage 1.10
inégal, position —e . . 141.18
—, répartition —e . . . 109.3
inertie du poids du pendule 317.4
— du ressort 255.21
inférieur, tourillon . . 69.5
influence de la torsion du fil sur l'aspect du tissu 145.7
initial, vitesse —e . . . 247.9
inodore, colle 65.5
insécurité dans le fonctionnement du métier 266.10
inséré, pièce —e 288.9
insérer duite à duite (alternativement sur deux côtés) 247.21, 271.14.15
— la navette à main . 246.9
— la trame dans la chaîne. 1.13
— des trames couleur dans les fils de chaîne 334.18
— la trame de fond . . 336.2
insertion des fers . . . 168.7
— des fils de trame . . 258.7
— simultanée de deux navettes. 257.15
— de la trame, dispositif d' 8.3
— de la trame, mécanisme d'— du métier Seaton 257.21
— de la trame, mécanisme d'— pour métier à tisser le crin 259.13
— de la trame par navette à pince . . . 257.20
— de la trame sans navettes 259.10
interchangeable, chevilles —s 189.16
intérêts des frais d'acquisition. 445.20
— du capital de crédit. 446.10
— du fonds de roulement 446.9
intermédiaire, levier . . 194.17
intermittences, travailler par 130.6
intermittent, mouvement 130.4
interrompre les lignes du sergé 150.3
interruption de mouvement de la chaîne . 129.11
intervalle entre les dents 82.18, 282.8, 367.14, 443.24
—s, introduire par . . 83.3
introduire les fils dent par dent 83.4
— les fils entre les dents (par portées) 82.19, 83.1
— les fils par intervalles 83.3
inverse, torsion 9.10
—, tourner en sens . . 235.14
irrégulier, ensouplage . 76.19
—, fil 9.7, 18.2

J

Jacquard, machine . . 209.18
—, mécanique 342.24
—, métier. . . . 296.15, 300.7
— en bois 215.3
— de x crochets . . . 214.12
— à double cylindre . 230.2
— à division de Berlin. 215.9
— à fine division viennoise 215.8
— à division extra-fine 215.11
— à la plus fine division 216.1
— à grosse division viennoise 215.7

Jacquard à division de Krefeld 215.10
— dropper 369.4
— avec étui oscillant 226.1
— en fer 215.4
— à double griffe 226.13
— latéral 370.8
— simple lève pour pas ouvert 227.11
— double lève 227.1
— de levée et de baisse 228.6
— Manchester 368.20
— à pas oblique 228.13
— à pas ouvert 226.18
— à platines tombantes 369.4
— à x rangées 214.19
— supérieur 368.20
— pour tissage damassé 231.2
jaconas 393.26
jais 428.10
jarretière 415.25, 426.19
— à ruchet 426.20
jaspé, chaîne —e 411.18
jauge carrée 60.16
— conique 60.13
jaune 380.12
jeu d'arcades 231.18
— de cartons 206.15
— d'excentriques 198.21
— du frein 120.12, 123.11
— dans la tension 119.5
joint double 204.2, 213.12
jointure 253.7
jouer librement dans son logement (pivot) 292.12
jour 413.12
journalier, salaire 444.21
Jumel 12.4
jumelle en bois 286.13.16
— inférieure du vautoir 82.14
— métallique 286.14
— du peigne 282.6
— avec rainure 210.1
— supérieure du vautoir 82.15
jupe 428.20
jute 2.12
— peigné 13.9

K

Kabyle, châle 420.28
kaolin 68.14, 437.22
khébala 336.5
Kidderminster, tapis de 408.11
Kilim, rideau 419.11
—, tapis 408.7
kilogramme 444.14
Kitay 392.22
Knowles, changement des boîtes 276.12
—, mécanisme 277.18
—, mécanisme de ratière 203.1
Köchlin, mécanisme de remplacement des bobines 264.1
Krefeld, taux de 173.14

L

lac 379.5
lacs 209.12, 386.15
laçage des cartons 389.17
— à la main, établi pour 390.1
Lacasse, division 216.12
—, mécanique 215.11
lacé, cartons —s 389.18
lacer les cartons, machine à 390.4
lacet 209.12, 389.19, 427.9
laceur de cartons 384.12
laceuse de cartons 384.13
lâchage 245.5
lâche, le pas supérieur devient 142.16
—, pendre 114.10
—, tissu 4.8, 393.21, 431.21
lâchement, enroulé 98.8
lainage 2.14
laine 2.13
— cardée 5.20
— filée 14.3
— peignée 5.21
— renaissance 14.17
— et soie, étoffe 430.21
lainé, tissu 431.10
laise 3.12, 139.2
laissé 384.16
laissés en groupes (fils de chaîne) 176.8
laissés de l'armure 193.20
laiton 18.5, 284.19
laize 3.12
lama 397.19
lame 20.10, 186.9, 324.6, 360.5
— du couteau 334.7
— descendante 198.3, 231.3
— de devant 352.6
— pour fils à croisement fort 173.18
— du fil fixe 352.7
— du fil de tour 352.6
— de formation du pas 360.5
— gaufrée 20.11
— gaze 352.5, 354.1
— grise 352.8
— de lève 231.6
— de levée 352.6
— à liserons interchangeables 172.11
— pour les lisières 444.5
— à lisse métallique 172.8
— avec peu (beaucoup) de lisses 173.15.16
— montante 198.2, 231.3
— d'or 423.12
— du peigne 282.7, 367.15
— de pointe 104.14
— de rabat 231.7, 352.7
— de râteau 82.17
— stationnaire 231.8, 360.2
—s actionnées positivement 184.9
—s de dessin 231.17
—s à coulisses 231.4
—s immobiles 182.10
—s pour passementerie 19.24
—s suspendus librement 184.14
lamé, galon 428.5
—, galon — faux 428.7
—, galon — fin 428.6
—, peu 402.22
—, tout 402.23
lamelle 319.13
— d'arrêt 319.13
— casse-chaîne 319.13, 320.18
— à coulisse 319.18
— avec extrémité fendue 319.20
— métallique 35.6
— à trou 319.17
lamette (casse-chaîne) 319.13
— (lame pour les lisières) 199.5
— (liseron) 171.4, 444.5
—, en bois 171.8
— métallique 171.9
— formée d'un tube métallique 171.10
lamier 103.7, 177.16
laminage 415.14
laminé, fil 175.14, 415.12
—, soie —e 17.4
laminoir pour redresser le fil métallique 288.1
lampas 402.27, 423.3
lampaze 402.27
lampe de métier 356.12
lançage 236.22
— de la navette 246.18
— de la navette à la main 246.7
lancé 162.7
—, navette —e 312.5
—, tissu 344.2
lancement par excentrique 250.18
— de la navette 246.18
— de la navette à la main 246.7
lancer avec la main droite 246.10
— la navette 246.19
— la navette par la foule 246.21
— la navette à main 246.8
— la navette positivement 257.7
languette de la boîte à navettes 254.9, 280.15, 308.16, 316.8
— de frein 245.19
— et rainure 61.6
languette-guide avec extrémité appointée 328.7
lanière 183.16
— de chasse 249.14
— de connexion 252.16
lanterne 38.9, 205.13, 211.24
— de la boîte-revolver 279.5
laque, perle de 19.15
large, ajuster le templet 139.10
—, encollage au 72.12
largeur du bâti 331.2
— du bloc 54.20
— de la chaîne 114.12
— courante 442.8
— de l'ensouple 78.5
— de la frange 355.7
— du métier 304.11, 308.2
— de la nappe 41.6
— au peigne 444.10
— de la section 61.20
— du tapis 407.11
— du tissu 3.12, 304.10, 442.7
—, rayure dans le sens de la 153.8
lasting 15.11
latéral, mouvement 345.13
latéralement, déplacer 37.9, 61.20
latte de bois 60.2
— à bout conique 61.5
— avec chevilles 57.18
— avec feuillets métalliques 58.3
—s reliées par des charnières 201.6
lavage 437.3
léger contact, en 78.17
—, coup 130.12
—, tissu 431.16
lentement, les fils prennent — leur tension 59.12
—, partir 59.11
levantine 401.30
lève des bobines, levier de 340.9
— de la boîte à navette 291.1
— de la seconde (troisième) chaîne 159.10.11
— des couteaux 193.14
— à x fils 220.21, 224.13
— de plusieurs fils 220.18
— de la griffe 211.1
— par groupes 226.17
— du levier de marche 295.15
— multiple des fils de chaîne 187.16
—, double 201.11
—, simple 201.10
lève-et-baisse, maille à 174.3
levé (chaîne de poil) 168.4
—, fils de chaîne —s 141.21
levée de la bobine, mécanisme de 97.11
— de la chaîne de liage 158.6
— du cliquet 126.15
— des crochets 211.11
— du dessin sans liage 232.3
— des fils de chaîne 141.20
— de la griffe 211.1
— du levier du butoir 316.20
— du plongeoir 345.12
—, appareil de 207.13
—, faire la 91.19
lever la $x$ième boîte ($x$ième douille) 281.10
— la $x$ième boîte ($x$ième roulette) 281.11
— la $x$ième boîte ($x$ième trou) 281.9
— de la $x$ième boîte à la $y$ième boîte 281.8
— la brosse 73.8
— la chaîne du tissu supérieur pour laisser passer la trame inférieure 157.8
— les crochets hors des fils 352.1
— les groupes de fils dans le pas supérieur 351.14
— les lames 181.20
— les lames en appuyant sur les marches 182.23
— la latte 61.23
— le poids du frein 123.10
— par ressort le levier d'arrêt 325.7
— le tâteur 389.10
—, faire — les aiguilles 53.19
—, faire — le levier du butoir 316.22
—, se (barre) 98.5
—, se (cheville d'arrêt) 364.10
leveur 259.14
levier 236.10, 266.1, 291.9
— d'accouplement 363.19
— d'action des lames 322.7
— des aiguilles 191.11
— d'alimentation 113.7
— de l'arbre du tâteur 125.13
levier d'arrêt 35.11, 50.15, 52.14, 91.10, 278.15
— d'arrêt du battant 325.4
— d'arrêt coudé 48.6
— à auge 48.3
— auxiliaire 204.4
— basculant 192.13
— à bascule 204.7
— à bec de corbin 274.9, 278.8, 279.6
— des boîtes montantes 275.6
— à bras égaux 191.5
— à deux bras à contrepoids 108.18
— à trois bras 129.6, 213.7, 315.11
— à quatre bras 228.14
— du butoir (enfoncé) 316.10.19
— du butoir relevé 316.17
— du casse-trame 318.4, 320.4, 322.18
— de changement 178.7, 276.17, 373.1
— de changement double 277.14
— de changement à fourche 277.13
— avec charge à ressort 137.15
— chargé 31.5
— de chasse 251.13, 253.6, 255.7, 314.10
— de chasse en hickory 251.4
— à cliquet 119.15, 133.7, 280.11
— de commande des lames 191.13, 301.13
— de commande de la tringle à guide-fil 33.12
— de contact 320.3, 387.6
— à contrepoids 99.1, 120.23, 274.7, 348.9
— à corde 370.11
— tiré de côté 109.1
— coudé 95.2, 124.3, 212.5, 255.4, 262.1
— coudé à fourche 188.11
— à coulisse 136.15
— à couteaux 262.16, 301.14
— à crans 123.16, 322.3
— à crochet 274.14 279.8,
— à double crochet 195.8
— de débrayage 95.2, 133.11, 268.5, 320.5
— de détente 259.20
— différentiel 125.16
— du dispositif à butoir 254.2
— double de la commande des lames 192.10
— à encoche 48.22
— d'enroulage 133.5
— en équerre 323.15, 333.22
— en équerre pour régler l'inclinaison du cône 60.7
— de l'excentrique 319.15
— de l'excentrique pour le dispositif de coupage avec secteur denté 331.12
— de frappe avec galet 250.21
— de frein 95.5, 124.16, 308.6, 309.7, 316.15
— de frein à dents pour les bobines 90.12
— de glissement courbé 123.22
— à glissière 96.6, 128.6
— à gradins 275.3
— de la griffe 190.7, 192.12
— de guide-fil 94.18
— intermédiaire 194.17
— intermédiaire d'arrêt 308.9
— de lève 207.1 213.4
— de lève des bobines 340.9
— du loquet 253.14
— à main 55.13, 178.14, 303.8
— de marche 194.5, 195.7, 295.12
— de marquage de la coupe 74.22
— de marquage pour les subdivisions 75.3
— de mise en marche 310.4
— oscillant 90.19, 192.5, 194.6, 270.14, 365.5
— oscillant du mouvement d'arrêt 35.15
— oscillant avec nez 203.9
— en parallélogramme 311.7
— de la passette 108.11
— pivotant 311.6
— à poids du frein 125.9
— de la poitrinière 320.10
— pousseur 236.8, 301.15
— de pression courbe 31.3

levier à rainure . . . 257.6
— réglable du peigne . 82.6
— de réglage des aiguilles 350.3
— de réglage de la foule 195.4
— pour régler la bande 125.17
— à ressort 52.19
— de roue 276.14
— de la roue à rochet . 285.16
— avec segment denté 188.12
— de support 348.10
— -support du tambour 31.13
— du support supérieur de la broche . . . 36.6
— tâteur 252.14, 254.8, 274.11, 316.13, 317.13
— de tension 93.14
— de touche 388.13
— pour tourner le fil . 339.14
— de traction 212.4
leviers 137.8
— pour manœuvrer les lames 184.5
liage (v. a. armure) 7.25, 144.2, 157.12, 381.10
— de l'Axminster . . . 410.13
— des cartons. 389.17
— du dessin 413.6
— du dessin avec le fond 223.10
— des dessins par groupes 223.6
— en direction opposée. 382.9
— par double duite . . 169.14
— par triple duite . . 169.15
— par quadruple duite. 169.16
— des fils 381.11
— par fil métallique . 286.12
— des fils de poil . . . 338.14
— de fond 381.13
— du fond, mécanique pour le 232.7
— de fond pour parties façonnées 386.25
— des peignes. 286.5
— peluche pour couvertures de voyage . . 170.3
— pour peluche mohair 169.17
— par un seul poil . . 168.23
— double poil 169.1
— serré. 226.14
— simple 232.2
— du tissu élastique. . 415.5
— de la trame de fond. 422.12
— uniforme sur toute la surface 391.11
—, mécanisme de . . . 287.22
liais 181.15
liaison, en — avec . 184.7.8
libéré, crochet 268.23
libérer le nez d'arrêt (crochet) 92.14
— le nœud 222.18
— la tige à crochet enclanchée 95.13
libre, extrémité — du fil 342.8
—, passage 364.12
librement, les fils s'en vont 81.15
lice (v. a. lisse) 171.6
lichen 67.22, 437.14
licol 429.2
licou 429.2
lié en centaines, écheveau 10.24
— au tissu de dessus et au tissu de dessous (chaîne de poil) . . 169.6
—, fils —s 83.15
lier les dents sur les jumelles 286.8
— les fils 381.12
— les fils de broché . . 163.4
— les fils de dessin aux fils de chaîne de fond 369.1
— le nœud avec un seul fil de chaîne . . . 336.18
— le nœud avec deux fils de chaîne . . . 336.16
— le tissu d'endroit avec le tissu d'envers . . 157.14
—, se — alternativement avec le système de fils voisins (fil de tour) 165.8
lieur de cartons . . . 384.12
lieuse de cartons . . . 384.13
ligature 10.23
ligne de chaîne 379.10
— courbe 285.10
— de découpure des deux tissus 361.4
— droite 217.10
— oblique 217.12
ligne ondulée 286.2
— du sergé 150.3
— de serrage de la duite 284.9
— de retour 387.14
— de trame. 379.11
ligneux 129.14
limite d'élasticité . . . 143.10
limité, course —e . . . 133.23
—, forme du dessin —e. 349.10
lin 5.12
— retors 424.20
linge de corps 420.5
— de cuisine 420.13
— damassé 153.14
— de lit 420.11
— de ménage 420.13
— de table . . . 396.8, 420.8
lingerie 420.4
linon 396.2
— clair 396.1
— de coton 393.25
lire 209.5
— les couleurs 386.23
— le dessin . . 386.17, 409.3
— de droite à gauche . 151.7
— de gauche à droite . 151.6
—, machine à 385.20
lisage 386.18
—, dispositif de 387.12
—, faire le 209.5
—, machine pour le . . 209.6
liseron 171.4, 172.4.12
— métallique enlevable. 172.10
— à section triangulaire 173.10
liseur 209.7
— de dessins 386.20
liseuse de dessins . . . 386.21
— mécanique 385.20
lisière 3.10, 433.21
— de la bordure 378.2
— creuse complète. . . 424.8
— creuse en taffetas. . 424.10
— demi-creuse 424.12
— trois quarts creuse . 424.11
— de découpure 361.2
— de la dentelle . . . 426.4
— du dessin 378.1
— du milieu 361.2
— de pantalon 427.13
— repliée et gommée . 424.18
— solide 412.13
— unie 424.6
—, fausse 361.2
lissage 176.10
lisse . . . 171.6, 218.9, 368.18
— anglaise 174.9, 352.8, 361.10
— de l'avant-corps . . 231.10
— brute 174.15
— en câblé 174.19
— en câblé coton verni. 175.1
— en câblé laine . . . 175.2
— en câblé lin 175.3
— en câblé avec maillon métallique 218.10
— cirée 179.19
— collée 179.21
— complète . . 352.8, 361.10
— de correspondance . 352.6
— coulante 223.13
— à coulisse 352.8
— en crin de cheval . 175.7
— à culotte 174.9
— pour damassé . . . 232.12
— encollée 179.21
— encollée à l'empois . 174.21
— étamée. 175.17
— étamée au maillon . 176.5
— en feuille de zinc . 175.16
— en fil d'acier 175.12, 218.11
— en fil de fer 175.11
— en fil laminé 175.14
— en fil de métal . . 175.10
— en fil métallique torsionné 175.13
— en fil retors 174.19
— en fil textile 179.15
— fixe 173.21, 352.7
— flexible 174.18
— gaze à la Jacquard . 362.1
— gaze métallique . . 361.15
— gazée 179.20
— de Jacquard [im]paire 234.6.7
— levée 219.10
— de lisières 173.8
— à maillon 174.13
— avec maillon long . 175.20
— en métal plat . . . 175.15
— métallique 175.9
— mobile 173.20
— sans nœuds 175.8
lisse avec œillet en fil retors 175.19
— avec œillet en verre. 361.13
— sans œillet 175.23
— parée 179.21
— rigide 174.17
— en soie 175.4
— en soie cirée 175.5
— en soie polie au savon 175.6
— pour tapisseries . . 330.7
— vernie . . . 174.20, 179.18
— visqueuse 174.16
lisses 108.10
— croisées 173.9
— laissées libre 219.21
— mobiles 173.6
— montées par [demi-] paires 173.11.12
lisse, endroit 417.5
—, fil 9.20, 435.9
lisser la surface du fil . 64.15
lissette 208.6
— auxiliaire. 350.18
lisseur 177.16
lissier 177.16
lit de la navette . . . 290.5
—, étoffe pour 433.4
lit-sofa, couverture de dos pour 405.18
literie, calicot pour . . 392.20
livraison de la chaîne . 118.3
— du tissu 6.27
livre 444.15
livrée, galon de 428.19
livrer la chaîne 118.2
livreur de fils 103.13
— de trames 84.16
livreuse de fils 103.14
loden 397.10
logement de la navette 257.17
lois des entrelacements des fils 143.18
long bâton 185.4
— de la bobine, conduire le fil le 26.13
— côté du bobinoir . . 27.8
—, mettre la chaîne —ue 42.3
long-poil, velours . . . 403.14
longe du licou 429.11
longitudinal, fente —e . 96.4
—, mouvement 120.4
longueur du battant 304.11, 308.3
— du bras de levier jusqu'au poids 121.3
— des brins. 409.6
— calculée . . . 436.5, 443.19
— calculée des écheveaux 444.17
— de chaîne déroulée . 118.9
— de la chaîne développée pendant un tour du disque à cran . . . 49.1
— de la chaîne [ourdie] 52.5, 443.16.17
— de chaîne rappelée . 49.14
— constante . . . 141.13.14
— de la coupe . . . 75.1, 77.9
— du coupon 3.11
— croissante 341.22
— double 218.2
— de l'étoffe 3.11
— du fil consommé . . 11.21
— de fil déterminée . . 29.19
— de fil travaillée . . 443.20
— à ourdir 41.14
— du pas. 141.12
— de la pièce 75.1, 77.9, 441.12
— des portées 66.14
— du tambour 48.18
— du tour 46.15
loquet . . 211.23, 269.5, 291.9, 332.16, 340.12
— de chasse 348.12
— du chasse-navette. 252.13, 253.10, 255.8
— du chasse-navette, mécanisme du 253.12
— du cylindre 190.9
— du prisme 277.23
— à ressort 97.19
— de la roue 317.9
Louisiane, fil 12.3
louisine. 401.7
loupe 438.9
— à coulisse 438.10
— avec index 438.16
— à double lentille . . 438.11
lourd, chaîne —e . . . 21.13
—, coup 130.13
lourd, courant 304.3
—, fil 20.7
—, mouvement 122.15
—, tissu 431.17
loutre peluche imitation 406.17
loyer 446.18
lubrifiant . . . 67.5, 374.18
lubrification de la surface du disque de frein 124.22
lumière, résistance à l'action de la 429.15
lustré, fil de lin . . . 13.3
—, toile —e 395.23
lustrine. 392.18, 401.3

M

machine, v. a. appareil, dispositif, mécanisme
— à bobiner 26.16
— à brosser les écheveaux 70.10
— Clavis 385.8
— à confectionner les harnais en fil métallique 180.11
— à couper la chenille. 343.5
— à éjecter les bobines vides et à replacer des bobines pleines 363.15
— à encoller 66.6
— à encoller les écheveaux 70.5
— à enlever les tubes . 372.4
— pour la fabrication de chenille cousue . . 342.1
— à fabriquer les peignes 287.4
— à filet au moyen des bobines 363.6
— Jacquard (v. a. Jacquard) . . . 7.13, 209.18
— à lacer les cartons . 390.4
— à lire 385.20
— pour le lisage 209.6
— à mesurer à table . 442.1
— à mesurer et à enrouler le tissu 442.5
— à parer 66.6
— à monter sur ensouple 80.1
— à ourdir 47.18
— à parer écossaise . . 72.13
— à repiquer les cartons 389.3
— à tricoter les lisses . 176.9
— à tricoter pour lisses à maillons 176.13
— à tricoter pour lisses avec œillets en fil retors 176.12
—, bobiner à la 26.1
—s de tissage 7.3
mâchoire . 241.6, 258.4, 313.8, 372.6
mâchoires 439.1
madapolam 393.16
Madras, rideau 419.10
magasin 261.17, 264.2
— à bobines 364.2
— chargé 261.3
— à navettes . 267.10, 269.3, 270.8
— du Northrop 261.1
— rempli 261.3
— vertical 269.15
magasinage 443.11
magnésie 437.24
maigre, tissu 4.8
maille . . 105.17, 171.7, 175.18
— carrée 413.17
— de corps 208.6.18
— à coulisse 174.6
— à grande coulisse . . 174.14
— à culotte 174.9
— fine 365.23
— grosse 365.22
— hexagonale 412.10
— inférieure 174.5
— de levée 174.7
— de levée à nœud simple. 174.2
— à nœud simple . . . 223.13
— de rabat 174.8
— de rabat à nœud simple. 174.1
— simple à lève-et-baisse 174.3
— supérieure 174.4
— triangulaire. 412.11

mailles, mise en — de la chaîne 43.7
maillon . 105.17, 171.7, 177.2, 218.13
— en acier 219.2
— de chaîne 259.6
— en cuivre 219.3
— pour dessin 259.4
— faux 104.3
— en fil métallique . . 218.17
— long 175.20
— métallique 360.16
— métallique estampé . 176.4
— à un seul œillet . . 218.14
— à x œillets 218.16
— plat de la chaîne . . 196.20
— relevé de la chaîne . 196.21
— en verre . . . 176.6, 219.1
main, bobiner à la . . 24.20
—, bobineur à la . . . 25.1
—, bobinoir à 26.7
main-d'œuvre de bobinage 26.5
— de cannetage . . . 88.22
maintenir l'encroix par des ficelles 42.16
— les fils de lisses pendant l'enfilage du maillon 177.14
— le fil métallique par des mâchoires . . . 177.9
— la lame à la position intermédiaire 185.15
— la lisse tendue . . . 180.19
— relevés les fils de chaîne 228.2
— la tension de la corde 122.9
— par la tension du fil (aiguille) 53.18
— uniforme la tension des fils 98.4
maintenu en suspension par les fils (cylindre de rappel) 49.7
maintien de la bobine, pièce de 242.14
— du duitage 132.19
— du tissu en largeur . 139.1
manche 105.10
— en bois 111.15
Manchester 403.13
—, Jacquard- 368.20
manchon d'accouplement 94.10, 333.17
— d'accouplement à vis 277.15
— de cartons 192.3
— des cartons à galets . 191.17
— de feutre 414.8
— à frettes 313.7.9
— à glissière 124.14
— à griffes 80.17
— de serrage 78.13
mandarin 417.4
mandrin à bec 373.7
— à raies 373.5
— rond 373.6
manette donnant impulsion aux espolins . 346.3
manière d'action du frein 120.9
— d'agir des cartes de changement 281.7
— de fabriquer le peigne 286.7
manivelle . 26.11, 58.14, 59.19, 255.11, 287.14
— avec bielle ordinaire . 293.2
— de chasse 255.18
— de débrayage . . . 308.19
— double 210.10
— à double action à galets 295.11
— pour ensouple de chaîne 374.3
— à glissière 203.16
— à levier coudé . . . 293.20
— à roulette 251.12
—, mécanisme à . . . 199.14
—, mouvement à . . . 45.20
manivelle-guide 257.5
manœuvre 5.8
— des pédales 182.22
manœuvrer les lames . 190.18
— le moulin à la main . 46.1
—, faire — la boîte en avant (arrière) 279.16.17
manomètre 69.16
manque du fil de trame 268.20
— de style 377.2
manufacture de laine . 2.14
— de tapis 3.1
— de tissage 1.7
marabout 16.13
marbré, fil 14.13
marchage 183.3
marchandise à la douzaine 441.9
— finie 443.9
— mi-finie 443.8
marchant d'une façon continue 306.17
marche en arrière . . . 303.2
— en arrière de l'arbre à manivelle 294.11
— en avant 303.1
— de la chaîne 114.16
— de la chaîne et du tissu 114.2
— irrégulière 306.11
— du métier 306.8
— du métier, la — n'est pas interrompue . . 269.1
— du tissu 292.11
— à vide du moteur . . 310.2
marche (pédale) 182.20, 195.9, 199.2, 203.7, 321.5
— pour chaîne effet . . 325.13
— droite 199.11
— extérieure . . 199.8, 202.2
— française 322.9
— intérieure 199.1
— avec nœud coulant . 183.10
— verticale 199.11
marcher bien (chaîne) . 114.15
— bien (métier) 306.9
— irrégulièrement (métier) 306.10
marchette 185.5.9
marceline 400.13
marchure 182.22
marli 394.2
marquage de la chaîne . 46.16
— de la coupe, levier de 74.22
—, mécanisme de . . . 74.19
marque de la coupe 75.2, 77.11
— indicatrice 62.12
— de liage 159.15
— de modèle du métier 304.8
marquer 379.19
— les fils de chaîne levés 434.8
— la pièce 74.24
marqueur 6.17
— automatique 46.17
—, appareil 74.19
marteau 373.11
— du casse-trame 268.3, 318.5, 322.17
— de piquage 385.4
— de la sonnette . . . 82.5
marteau-chargeur 261.15, 262.9, 263.15, 264.8, 364.13
masse du battant 288.19, 293.3
massif, traverse —ve . 288.21
matelas, étoffe à . . . 433.6
— d'air 256.15
matelassé 160.9
— façonné 160.10
matière pour chaîne . . 8.15
— collante 80.11
— lubrifiante 374.18
— première 8.8, 436.9
— de préparation 340.21, 342.19
— teinte en fibre . . . 429.10
— teinte en laine . . . 429.10
— de tissage 3.6
— pour trame . . . 9.1, 236.14
— pour trame dure . . 236.15
— travaillée 443.14
—s textiles 8.6
Matitsch, réseau 413.20
matrice 385.1
— de perçage pour carton 190.1
mauvais rentrage . . . 104.6
—e bobine 265.4
—e rattache 28.3
maximum, vitesse 85.7, 247.14
mécanique anglaise à cordons 225.2
— d'arrière 235.6
— d'armure . . . 7.11, 186.3
— de baisse 228.8
— pour châles 235.17
— placée les côtés courts (longs) parallèles à la planchette . . . 225.17.18
— à cylindre 209.16
— pour damassé . . 232.5.13, 233.1
— pour le dessin . . . 232.6
— de devant 235.5
— Dewath 234.14
— double de Berlin . . 234.8
mécanique Jacquard (v. a. Jacquard) 209.18, 342.24
— Lacasse 215.11
— à simple lève . . . 213.9
— de levée 228.7
— pour le liage du fond 232.7
— à tringles avec cylindre divisé 233.8
— Verdol 229.1
—, à la 70.4
—, tissage 7.2
mécaniquement, actionné 289.8
mécanisme v. a. appareil, dispositif, machine
— alimentaire 342.14
— d'alimentation . . . 113.8
— d'alimentation automatique 269.7
— d'alimentation de la trame 258.2
— d'arrêt 53.6
— d'arrêt automatique de la broche en cas de rupture d'un fil . 88.11
— d'arrêt pour cannette pleine 91.16
— d'arrêt pour carton mal placé 390.5
— d'arrêt pour faire la levée 91.19
— d'arrêt pour métier à grosse draperie . . 253.17
— de baisse 197.21
— de bascule de la duite 357.9
— de bobinage pour bobines à plateaux . . 31.7
— de brochage 349.1
— de casse-chaîne . . . 319.6
— de casse-trame . . . 317.15
— de la chaîne et du tissu 130.2
— de changement, système Eccles 276.1
— de changement disposé à gauche (à droite) 281.5.6
— de changement de boîtes pour métier à grosse draperie . 274.4
— de changement automatique de cannettes 262.8
— de changement de liage 196.11
— de changement de navettes . . 269.2.14, 270.3
— de détente des fils de chaîne 261.8
— de changement de navettes à boîte rotative 270.12
— de changement de navette, système Zschweigert 267.8
— de la chasse 247.24
— de chasse à coquille . 252.7
— de chasse droite (gauche) 252.10.11
— de chasse à excentrique et arbre de chasse avec galet . . 252.5
— de chasse avec manivelle à roulette . . 251.11
— de chasse pour métier à grosse draperie . . 253.3
— de chasse à ressort . 255.14
— de chasse à ressort pour métier à une navette 255.15
— de chasse-navette inférieur . . . 251.1, 254.11
— de chasse-navette à manivelle 255.1
— de chasse-navette pneumatique . . . 256.10
— de chasse-navette à ressort avec excentrique tournant en sens contraire . . . 256.5
— de commande des broches 39.15
— de commande par came de friction . . 127.9, 134.18
— de commande des excentriques 201.1
— à commande positive de la roue à cliquet 134.12
— compteur 54.9
— de coupage . . 332.10, 342.22
— de coupage du poil . 334.9
— de coupage de la trame 341.24
mécanisme pour la coupe des boucles 327.15
— de débrayage 268.11, 309.3
— de déclanchement . 268.11
— de découpage des fausses lisières . . . 363.5
— économiseur de cartons 236.7, 375.20
— d'embrayage et de débrayage de la courroie 372.18
— d'enfilage Northrop . 260.17
— d'enfilage de la trame 372.7
— d'enroulement du tissu 132.20
— des excentriques . . 198.8
— de formation de la cannette 96.11
— pour la formation de la foule 8.2
— de formation du pas 8.2, 197.19, 335.11
— de formation du pas négatif (positif) . . 198.5.6
— de la fourchette du casse-trame 318.1
— d'insertion de la trame du métier Seaton . 257.21
— d'insertion de trame pour métier à tisser le crin 259.13
— Knowles 277.18
— de lève 189.2, 197.20
— de lève-et-baisse . . 198.1
— de levée de la bobine 97.11
— de liage 287.22
— du loquet du chasse-navette 253.12
— à manivelle . . 199.14, 203.8
— des marches et lisses 182.21
— de marquage 74.19
— de mouvement des espolins 348.14
— de mouvement des fers [à changement] 326.6.19
— de mouvement des fers dans les métiers à velours 328.1
— de mouvement de navette pour boîtes latérales 357.10
— du peigne à échappement 315.15
— de rabat 197.21
— de ratière de Knowles 203.1
— de réajustage 137.18
— réducteur de cartons 196.22, 275.20
— de remplacement des bobines 263.5, 264.1, 265.13, 266.2
— de renversement des cartons 214.9
— de renversement de marche [à cliquets] 127.1, 128.1
— de renversement de marche à engrenage conique 127.17
— de répétition 235.7, 343.4
— de répétition viennois 236.3
— de la roue à cliquet 59.7, 133.6, 134.11
— de la roue à rochet . 126.12
— de sélection de fils . 113.5
— à séparer et à nouer les fils 112.22
— de sonnette 82.4
— du support 62.1
— des touches 385.13, 389.13
—s régulateurs accouplés 135.4
mèche 111.8
— de lampe . . 156.12, 360.6
mélange de l'apprêt . . 64.24
mélangé en couleur, fil . 10.3
mêlé, fils —s 81.12
—, pointe de cannette —e 86.3
—, rayure —e 421.6
ménage, toile de 395.17
ménagement des lames 204.11
mercerisé, fil 12.13
—, tissu 431.5
mérinos 399.10
merveilleux 402.7
messaline, satin de . . 402.9
mesurage des tissus . . 441.10
mesure anglaise de la chaîne 52.3

mesure de tension de la chaîne, dispositif de 371.13
—s, conversion des 436.8
mesurer en écheveaux la longueur de la chaîne ourdie 52.5
—, machine à — à table 442.1
—, machine à — et à enrouler le tissu 442.5
mesureur de pièces 6.3
—, appareil 370.2
mesureuse de pièces 6.4
métallique, lamette 171.9
métallisé, fil 20.17
méthode de lisage 386.19
— de tissage 1.11
métier à aiguilles 359.8
— d'appareillage 219.13
— à arbre unique 302.1
— à deux arbres tournant à la même vitesse 302.5
— à deux arbres tournant à des vitesses différentes 302.7
— automatique 240.1
— à balancier 209.17
— à barre à crochets 351.8
— à basse-lice 298.9
— à battant par en dessus 303.16
— à battant libre 303.16
— à battant oscillant par au-dessous 303.15
— à x boîtes 290.17
— à boîtes montantes 303.17
— à boîtes multiples 303.14
— à boutons 208.17
— à bras 296.3
— pour articles brochés 344.12
— broché-lancé 349.2
— à brocher 348.7
— pour brochés-poils traînants 344.1
— brodeur 349.3
— à cadre pour toile métallique 324.11
— pour carpette de Smyrne 337.1
— à chargement automatique de navette 303.19
— à chargement automatique de la trame 304.1
— à chasse-navette au-dessous 303.11
— à chasse-navette au-dessus 303.10
— à chasse-navette par ressort 303.12
— à chenille 340.22
— circulaire 300.9
— avec commande droite 305.11
— avec commande gauche 305.12
— avec commande par roues d'angle 308.1
— à contremarche 207.5
— pour coton 321.3
— courant léger 304.2
— courant lourd 304.3
— pour tissage de courroie 360.12
— court 296.8
— à crochets pour tissus pelucheux 333.13
— de damassé 297.13
— à dentelle 369.7.8.13
— à départ lourd 309.21
— désembrayé 306.22
— à deux ouvriers 185.12
— pour drap fort anglais 195.6
— de draperie 297.10
— à grosse draperie 253.3
— à échantillonner 299.1, 304.19
— étroit 296.10
— pour articles à franges 355.1
— pour galons 360.8
— pour la gaze 352.2
— pour gaze damassée 353.12
— à haute-lisse 298.7
— Jacquard 7.12, 296.15, 300.7
— jumelle 361.1
— large 296.11
— à double largeur 296.12
— léger 296.5
— lourd 296.4
— à main 296.3
— à main pour piqués 325.8
— à main pour soieries 323.13
métier à main pour tapis à points noués 335.1
— à main pour tissage de la toile 323.6
— à main pour tissus de coton 321.4
— à main pour tissu éponge 325.1
— à main pour toile métallique 324.5
— à manivelle 304.20
— marchant d'une façon continue 306.17
— à marches 182.19, 296.13
— mécanique 301.6
— mécanique pour coton 321.9
— mécanique pour double peluche 330.12
— mécanique pour articles à poils 326.1
— mécanique pour tapis à points noués 337.6
— mécanique pour tapis de Smyrne 337.8, 338.18
— à mécanique armure 7.10, 296.14
— pour mèche de lampe 360.6
— à moquette 331.8
— à mouchoirs 275.20
— à une navette 251.5, 303.13
— à plusieurs navettes 303.14
— Northrop 260.18
— à ourdir 47.18
— à peluche d'ameublement 328.19
— pour double peluche 330.14
— à peluche mohair 331.9
— pour plumetis 349.3, 351.3
— à poulies 184.4
— profond 296.9, 324.2
— à quilles 208.17
— à ratière 7.10, 206.17, 296.14
— à ratière mécanique 300.6
— rectiligne 300.8
— à rentrer les chaînes 105.11, 106.1.2
— en repos 306.16
— revolver 303.18
— à rideaux 368.3
— à ruban 242.7, 355.10
— pour rubans élastiques 359.15
— pour ruban de soie 359.1
— pour ruban de velours 359.2
— à rubans de velours et peluche doubles 359.7
— de rubanerie 355.10
— de rubanerie avec aiguille de pressage 360.11
— de rubanerie pour bas élastiques 359.14
— de rubanerie à double battage 360.10
— de rubanerie à battant libre 355.12
— pour sangles 360.9
— Seaton 257.21
— semi-mécanique pour rubanerie 301.7
— à semples 209.9
— simple 303.13
— pour soutaches 360.7
— à tambour 209.15
— à tapis 329.4
— pour tapis d'Axminster 340.20, 343.15
— pour tapis de chemin 298.2
— pour tapis à point noué 298.3
— pour tapis à points noués avec mécanique Jacquard 335.13
— pour tapis de Smyrne 335.4
— pour tapis-chenille 343.15
— pour tapisserie 334.16
— à tisser 7.6
— à tisser automatique 266.8
— à tisser à bras 7.7
— à tisser le coton 297.9
— à tisser le crin 259.13
— à tisser mécanique 7.8
— à tisser mi-mécanique 7.9
— à tisser la peluche 330.11
— à tisser la soie 297.12
— à tisser la toile 297.11
— pour tissu éponge 297.14
— pour tissu perlé 354.5
— pour tissu à poils à double coup de battant 326.2
— à toile métallique fine 324.13
métier à toile métallique sans fin 324.14
— à toile métallique grossière 324.12
— à tubes pour tapis 339.18
— à tulle-bobin 363.6
— à tulle avec double barre à ailettes 366.5
— à tulle en bandes 365.18
— à tulle avec commande par rouleaux 367.20
— à tulle façonné 365.19
— à tulle moucheté 365.25
— à tulle avec une seule rangée de chariots 366.3
— à tulle avec deux rangées de chariots 366.4
— à tulle uni 366.1
— pour velours double 330.13
— à verges 359.8
— à grande vitesse 304.5, 326.5
— à petite vitesse 304.4, 326.4
— à xemples 209.9
—s de tissage 7.3
métis, tissu 430.9
mètre carré 442.10
—s par pièce, x 441.14
—s, l'écheveau mesure x 11.1
métreur de pièces 6.3
métreuse de pièces 6.4
— à rouleaux 442.3
— à table 442.1
— avec table de visitage 442.4
métrique, compteur 54.16
metteur en carte 378.12
mettre en carte 378.7
— la chaîne courte 42.4
— la chaîne longue 42.3
— la chaîne en mailles 43.8
— les couteaux hors d'action 233.16
— l'enverjure 42.13
— le métier en marche [à la main] 306.1.4
— en place le pignon de rechange 133.17
— le métier en route 306.1
— en place le support supérieur de la bobine 37.6
— en route les bobines 87.17
— en route la machine par la pédale 54.1
mexicain 393.14
mi-chaîne, fil 10.9
microchimique, recherche 436.18
micrométrique, romaine 88.20
microscope 438.17
microscopique, recherche 436.16
mi-cuite, soie 16.22
—-finie, marchandise 443.8
—-harnais 232.11
—-laine 12.9
—-lin mi-coton, tissu 395.13
—-lin mi-étoupe, tissu 395.12
—-mécanique, métier 7.9
—-soie 430.20
mignardise 330.10
milieu de la foule 257.14
— des trous du cylindre 188.1
—, position de 203.13
militaire, drap 397.13
mille-points 402.25
mince, fil 236.17
mise en anneaux de la chaîne ourdie 43.7
— en carte 378.6
— en carte pour empeignage 329.18
— en carte de l'empoutage 329.19
— en carte maintenue entre des baguettes 386.14
— en carte métallique 387.4
— en carte de perçage 381.15
— en carte photographique 378.17
— en carte préliminaire 159.16
— en carte du tramage 329.19
— à cheval 109.16
— en corde 109.16
— en mailles de la chaîne ourdie 43.7
— en marche de groupes de broches 92.11
— en marche du métier 306.5
— en place de la bobine pleine 260.12
— en place du cordon de contrôle 62.13
mobile axialement 367.9
—, bras 54.12
—, réunisseuse 61.25
—, support d'ensoupleau 136.4
mode d'entrelacement pour chaque étoffe 159.13
modèle de métier 304.7
modification de dessins uniformes 145.5
mohair 398.25
— blanc 15.21
— mixte 15.20
— pur 15.19
moire 400.20
—-laine 398.23
moiré, effet du 286.2
moisir (colle) 65.8
moisissure 65.9
moitié du chemin 40.15
— du cours 40.15
molesquine 394.19
— mi-laine 400.3
molette 140.10
molle, bobine 23.10
molleton 398.3
—-coton 394.16
—-piqué 394.25
monogramme 222.13
montage des cannettes 38.21
— du carton sur le cylindre 220.8
— de la chaîne 76.14, 118.14
— de la courroie 372.17
— direct sur l'ensouple du métier à tisser 76.17
— des écheveaux détordus en fils séparés 170.17
— de la mécanique Jacquard 212.6
— du métier Jacquard 217.2
montagnac 397.26, 417.19
montant 80.7, 106.4, 111.3, 335.5, 362.5
— du métier 297.3
— vertical du battant 288.18
— vertical du moulin 46.7
—, chaîne —e 338.4
montant ajouté pour le bénéfice 442.15
monte de la griffe 211.1
monte-et-baisse, mouvement de 97.1, 285.11
monte-courroie flexible 372.14
monté sur l'arbre du cylindre compteur (vis sans fin) 51.24
— sur bâti 59.10
—, torsion —e 9.14
montée et baisse des boîtes à navette 290.19
— de la broche 243.1
— du peigne 285.17
monter et baisser (boîtes) 290.18
monter et baisser (crémaillère) 288.13
— et baisser, faire — la barre à aiguilles 350.5
— la chaîne 76.16, 118.15
— la chaîne sur ensouple sans plateaux 79.4
— la chaîne entre les plateaux 78.16
— le corps 217.5
— plusieurs coupes sur une ensouple 77.10
— et descendre (guide-fil) 88.13
— dur la chaîne 79.9
— sur ensouple, machines à 80.1
— dans le filet (ressort) 100.8
— la mécanique Jacquard suivant la longueur (largeur) du métier 217.3.4
— le moteur sur une glissière 310.10
—, faire — la boîte 272.12
—, faire — les boîtes par des cordes 291.14
—, faire — les boîtes à main 291.6
monteur de chaînes 77.14
— de peigne 282.10
montre, en forme de 440.14
moquette 405.4, 411.10
— bouclée 330.3, 411.11
— bouclée à chaîne imprimée (jaspée) 411.14.18
— bouclée à chaîne de poil en laine cardée (peigné) 411.12.16

moquette de Bruxelles 411.21
— coton 405.7
— double 405.14
— épinglée 411.11
— frisée 405.9, 411.11
— imprimée 405.6
— triple trame 405.8
— veloutée 412.4
— veloutée à chaîne imprimée (jaspé) 411.15.19
— vraie 405.5
morceau de cuir 138.2
Morisson, cannetière 91.2
—, dispositif de tension du fil 92.20
mortaise du bloc 55.1
moscova 398.5
moscovite 401.19
moteur 113.4
— à courant triphasé à induit en court-circuit 309.17
— cuirassé 309.20
— électrique à courant continu 309.16
— Schorch 310.15
motif 4.1, 413.5
— d'angle 378.4
mou, bobinage 23.9
—, tissu 431.24
moucheté, tissu 392.7
moucheture 412.19
—s contre-semplées 412.22
mouchoir de cou 420.18
— de poche 420.6
moufle 122.8, 184.3, 291.11
mouillage de la trame 101.6
mouillé, bobine —e 101.15
—, canneter au 85.3
mouiller les bobines 101.9
— les bobines par la seringue 101.12
— le fil en écheveau 101.8
— la trame 101.7
mouilleur de trame, ouvrier 101.16
moulin 46.5
— horizontal 56.9
— rond 41.9
— vertical 56.3
—, petit — à ourdir à la main 56.12
mouliné soie 16.4, 334.19
—, fil 15.5
mousqueton 210.10
mousse d'Irlande 67.21
— d'Islande 67.22
— perlée 67.21
mousseline 393.24
— de coton 393.10
— fine 393.22, 418.19
— de laine 398.19
— de laine en croisé 399.7
— mi-laine 398.20
moutonné, étoffe —e 417.7
mouvement accéléré 198.11, 247.13
— alternatif 367.10
— alternatif des guide-fil 39.11
— en angle de la chaîne 298.10
— d'arrêt 35.15
— en arrière 135.17
— en arrière du battant 292.20
— en arrière de l'ensouple du tissu 134.17
— d'avance de la chaîne 117.21
— d'avancement des cartons 206.7
— en avant 135.16
— en avant du battant 292.19
— en avant du battant libre par excentrique 295.14
— en avant des bobines superposées 265.10
— en avant du carton 385.12
— avant du chariot 388.21
— en avant du magasin 262.5
— de baisse du battant du cylindre 211.20
— du battant 292.5
— du battant pendant l'arrêt de l'arbre à vilebrequin 293.16
— du battant à petite bielle 293.19
— du battant par excentrique à rainure 294.4
— du battant par excentriques simples 294.12
mouvement du battant par leviers à coulisse 294.3
— du battant au moyen d'une manivelle 293.1
— du battant pour métier à tissu éponge 294.8
— du battant par pédale 292.13
— du battant positif 292.23
— du battant à double position de battage 294.7
— du battant renversé 268.27
— du battant du cylindre par leviers 212.3
— à plusieurs boîtes pour changement de navette 271.22
— de la chaîne 117.19
— de la chaîne pour la formation du pas 141.5
— de la chaîne et du tissu 298.4
— du chariot 326.16
— des chariots d'une rangée à l'autre 367.5
— de chasse 246.13
— de chasse positif 358.2
— de chasse supérieur 249.7
— de chasse supérieur avec boîte montante 249.2
— de chasse-navette inférieur 250.17
— de chasse-navette supérieur 249.1
— à chute libre des boîtes montantes 273.10
— continu 130.7
— continu de la boîte rotative 279.4
— du crochet par pédale 109.13
— du cylindre 205.9
— de déroulement à réglage automatique Roper 129.12
— de descente du guide-fil 39.9
— différentiel pour le détissage 303.3
— de duitage 284.6
— d'enroulement de l'étoffe 261.9
— des espolins, mécanisme de 348.14
— des fers, mécanisme de 326.6
— des fers à changement, mécanisme de 326.19
— des fers dans les métiers à velours, mécanisme de 328.1
— des fils de chaîne 141.6
— de la foule 8.2
— de go-through des chariots 369.9
— du guide-fil 101.5
— horizontal des leviers de lève 340.10
— hyperbolique 95.6
— indépendant du battant 211.22
— intermittent de la chaîne 130.4
— des lames par cordes 204.3
— des lames par leviers auxiliaires 204.4
— des lames avec marches droites 199.11
— des lames positif 202.4
— latéral du battant brocheur 345.13
— léger de l'ensouple dans la bride de frein 122.14
— de levée du battant du cylindre 211.19
— à leviers pour manœuvrer les lames 184.5
— longitudinal de la chaîne 120.4
— lourd de l'ensouple dans la bride de frein 122.15
— à manivelle de l'ourdissage 45.20
— de marches extérieures 199.8
— de marches intérieures 199.1
— de monte-et-baisse de la broche 97.4
— de montée et de descente 38.8
— de montée du guide-fil 39.8
— de la navette 246.6
mouvement de navette pour boîtes latérales, mécanisme de 357.10
— de navettes 1 duite et 1 duite alternativement de chaque côté 271.19
— de la navette uniformément retardé 247.11
— négatif des boîtes montantes 273.10
— négatif des boîtes à navettes 272.2
— négatif des lames 182.7
— obligatoire de la marche 323.11
— oscillant du tissu 140.17
— d'oscillation vertical des leviers de lève 340.11
— oscillatoire 39.14
— du pas 8.2
— de la passette de droite à gauche 109.9
— de la passette de gauche à droite 109.10
— du peigne 283.3
— pendulaire du battant 292.9
— perdu 189.4
— pneumatique de la navette 256.9
— positif des boîtes à navettes 272.1
— positif du cylindre 214.5
— positif des lames 182.6
— positif de la marche 323.11
— positif de la navette 256.16
— à poulies 199.4
— à poulies pour x lames 184.2
— à poulies et à leviers pour manœuvrer les lames 184.6
— de rabat des lames à ressort à simple (double) action 204.5.10
— de recul des cartons 206.8
— de recul du marteau 265.12
— de remplacement 261.16
— retardé 198.12
— de rotation du cylindre 205.10
— du rouleau 183.14
— simultané des guide-fil 39.10
— successif de la boîte rotative 279.4
— des tringles 224.11
— uniforme des lames 200.8
— de va-et-vient du battant 130.11
— de va-et-vient du cylindre 205.11
— de va-et-vient du peigne 283.2
— variable des lames 200.10
— vertical 179.5
— à vis sans fin 30.7
mouvoir, faire — chaque cylindre individuellement 196.2
—, se — de bas en haut (aiguilles) 351.1
—, se — dans des charnières (chapeau) 289.4
—, se — de côté (chariots) 368.4
—, se — en dessus (boucle métallique) 227.3
—, se — en direction opposée (lames) 184.1
—, se — dans le sens de son axe (arbre principal) 99.6
moyen apprêt 16.19
moyen d'apprêt mécanique 437.4
— d'apprêt physique 437.5
—s pour la formation du pas 170.20
moyen avec nervures de renfort 115.20
— de la roue à dents de bois 275.8
multicolore, chaîne 21.12
multiple, lève 201.12
—, tissu 158.12
mungo, fil 14.18
musette 47.6

N

nankin 393.19
nankinet 393.20
nanquin 393.19
napolitaine 14.5
nappe de fils 41.3, 141.7
— de table 420.10
—, la — court entre les chevilles 57.21
—, la — se pose sur le cône 60.4
natte 416.10
— en brindilles de bois 416.12
— en coco 241.14
— en paille 416.8
— en roseaux 416.11
— pour serres 416.13
natté à effet damier 147.8
— mélangé 147.9
— rayé 147.7
— toile 147.6
nature de la surface du tissu 431.30
naturel, bouton 18.14
navette 257.16, 264.10
— en acier 243.18
— en acier avec support de rouleaux élastique 243.19
— arquée 244.6, 340.15
— arrêtée en chemin 315.6
— auxiliaire 355.9
— en bois 243.4
— en bois comprimé 243.9
— en bois imprégné 243.12
— en bois séché à l'air 243.8
— à boîte 243.2
— à boîte étroite 244.9
— à broche 237.18
— avec broche à un seul ressort 237.19
— avec broche à deux ressorts 237.20
— en buis 243.6
— à cannette pour métier à ruban 242.7
— pour cannette avec plaque à œillets 240.9
— pour cannette tubulaire 240.3
— à casse-trame avec tâteur de trame 318.13
— chassée 246.20
— cintrée 237.6
— circulaire à chevilles 347.7
— courant circulairement 301.2
— pour coton 241.20
— pour la fabrication des courroies 241.15
— à couvercle [pour cannette] 240.6.8
— pour damassé 241.13
— à défiler 237.13
— à dérouler 240.11
— avec dispositif de frein à ressort réglable 245.16
— double 240.17
— droite 236.7
— éjectée 268.2
— éjectée vers le haut 270.2
— à éjecter 268.12
— à enfilage automatique 245.7
— à épaule 242.11
— épuisée, la — est éjectée par l'ouverture du corps des boîtes 266.17
— glissante 237.8
— à griffe 241.1
— de Hettrich 242.15
— à joues pour drap 241.11
— pour jute 241.16
— lancée 312.5
— à main 237.6
— pour métier d'Axminster 343.20
— pour métier à chenille 341.25
— pour métier à grille 242.10
— pour métier à ruban 242.1
— mue en arc 347.12
— mue en ligne droite 347.9
— pour nattes en coco 241.14
— Northrop 242.9
— à pince 257.20, 258.9
— avec plaques latérales en fer 243.17
— en pommier 243.7
— prise 315.6
— avec ressorts de pression 262.19
— restée dans la foule 315.6

navette à revêtement en fibre vulcanisée . . 243.14
— qui revient 252.2
— roulante 237.9
— à rouleaux pour drap 241.10
— à roulettes 237.9
— sans roulettes . . . 237.8
— sautante 312.11
— simple 240.16
— pour soie 241.12
— supérieure, la — n'a pas de lit 141.17
— supplémentaire . . . 341.23
— pour tapis 241.18
— pour tapis velouté . 241.19
— avec tension de fil par œillets 243.16
— de tissage 237.5
— pour tissage au mouillé 242.8
— de tisserand 237.5
— de trame d'endroit . 271.20
— de trame de fourrure 271.21
— pour trame de perle 354.9
— usée 243.23
— vidée 243.21
— volante 237.7
— Walter et Stolle . . 242.12
—, petite 348.15
—, la — repose sur l'un de ses bords . . . 265.14
—s, x — dans $x + 1$ boîtes 272.10
—s, x — dans $2x$ boîtes 272.11
négatif, mouvement . . 182.7
nervure courbe 71.1
—, de renfort 115.20
nettoyage de la chaîne 83.11
— des fils 62.18
— des métiers 375.12
nettoyer la chaîne . . 83.12
— l'étoffe 437.2
— le fil des boutons . . 28.2
nettoyeur à garniture de carde 39.5
— de nœuds 28.5
nettoyeuse 445.13
nez 365.15
— d'arrêt . . . 91.9, 278.16
— de la boîte à couteaux 226.3
— du casse-trame . . . 318.9
— de chasse 250.2
— du crochet 232.14
— à fente sur la roue à aiguille 52.7
— de la navette 265.20
— sur la roue droite [et la roue à aiguille] 52.6.11
nid 4.4, 315.7
— d'abeille 152.6
— d'abeille façonné . . 152.8
niveau, la boîte à navette est de — avec le plan du battant . 251.7
niveler les lames 181.13, 197.14
niveleur des lames . . 197.10
nivellement des lames . 181.14
nœud 108.13, 225.6
— coulant . . 183.11, 197.18
— dans le fil 83.13
— à un fil 409.11
— à deux fils avec bouts côte à côte (séparés) 409.12.13
— de laine 417.16
— fait à la main . . . 336.14
— de Perse 336.17
— de rattachage . . . 110.11
— retenu dans la fente 222.16
— de Smyrne 336.15
— de tapis persan . . 409.10
— de tapis de Smyrne . 409.9
— de tisserand 110.17
—s appliqués 426.16
—s au-dessus des fentes 225.10
—s en câblé reliés ensemble 208.7
—s, chaîne de poil sans 167.22
noir 380.14
noix 26.15
— de la broche . 29.14, 95.15
nom 222.13
nombre d'apprêts de la soie 16.16
— des boîtes 272.7
— de broches 87.25
— de cartons pour un dessin 206.16
— de compartiments . 280.12
— de couleurs illimité . 409.4
nombre de crochets . . 214.11, 216.2
— de crochets exprimé en centaines 214.13
— de décochement . . . 151.3
— de dents . 282.15, 443.23
— de dents de la roue à rochet 127.8
— de dents par unité de longueur 282.13
— des duites 132.8
— de duites au centimètre 444.12
— de duites par minute 306.12
— de duites dans la trame 376.9
— de fils 443.21
— de fils d'arcades attachés à un crochet . 220.19
— de fils dans la chaîne 376.8, 434.15
— de fils en dent 107.14, 282.18
— de fils dans une portée 47.12, 83.2
— de fils en trame . . 434.16
— de fils par unité de longueur . . . 41.15, 434.17
— de lames . . 181.4, 444.4
— des marches 183.2
— de mètres du tissu . 441.13
— des navettes 272.9
— de nœuds par unité de surface 409.8
— de pièces 443.10
— de portées 47.11
— des répétitions . . . 381.5
— total des fils de chaîne 434.18
— de tours 49.2, 52.2
— de tours, le métier fait son 306.15
— de tours par minute . 306.13
— de tours variable . . 53.12
normal, chaîne —e . . . 42.5
—, fil tordu 161.16
Northrop, barillet . . . 261.1
—, broche pour métiers 239.7
—, chargeur 261.1
—, compteur de duites 370.6
—, fuseau 260.15
—, magasin 261.1
—, mécanisme d'enfilage 260.17
—, métier 260.18
—, navette 242.9
—, revolver 261.1
—, sonde-trame 261.11
—, tâteur de trame . . 261.11
nouage 409.2
— des fils de chaîne . 110.16
—, dispositif de 338.1
noué à la main 336.19, 408.16
nouer les bouts de fil de poil dans la chaîne . 336.13
— les fils de la nouvelle chaîne 110.15
— le fil de lisse au-dessus (en dessous) de l'œillet 175.21
— les fils, mécanisme à 112.23
noueur 111.12
— Barber 112.3
— de chaînes 110.13
noueuse de chaînes . . 110.14
— mécanique Barber . 112.20
noueux, fil 435.8
nouveauté, ruban . . . 427.7
—s, peluche pour . . . 406.12
nouvelle chaîne . 103.3, 113.17
noyau de la cannette . 87.10
— de l'époule 84.13
— en fer 269.12
nu, broche —e 87.24
—, fil de caoutchouc . 56.14, 415.15
numéro de la balle . . 4.12
— de la chaîne 7.21
— cherché 11.15
— converti 11.14
— à convertir 11.13
— de la couleur 3.21
— du dessin 7.17
— du fil 11.6, 435.18
— fin 11.9
— obtenu de la longueur 435.20
— de la mécanique Jacquard 215.2
— du métier 7.15
— moyen 11.8
— obtenu du poids . . 435.19
—, gros 11.7
—s des cartons sur le côté de la lanterne 220.9
numérotage 11.11
— des cartons 383.5
— de crochets 216.2
— des mécaniques Jacquard 214.10
numéroter 11.10
Nuttall, ratière — à balancier . . . . . . 193.

O

obligatoire, mouvement 323.11
oblique, cantre 43.16
—, rangée 57.20
obliquement, les fils passent — dans le peigne 50.2
obtenir l'effet de carreaux par combinaison de couleur et d'armure 152.13
— l'effet de carreaux par composition de couleurs 152.12
— l'effet de carreaux par croisement des fils . 152.11
œil 171.7
— de l'aiguille 187.19
— de la navette 244.10
— nu, déterminer à l' . 436.10
— pour ressort 309.1
œillet 45.5, 105.17, 171.7, 175.8
— de l'aiguille 53.5
— pour fil 218.15
— en fil métallique . . 176.2
— pour fil de poil . . 330.8
— pour fil de remplissage en forme de fente 330.9
— en fil retors 175.19
— du guide-fil 27.14
— long 225.15
— en métal 176.1
— métallique 363.3
— de la navette 244.10
— en porcelaine 46.11, 244.12
— en verre . . . 34.14, 237.15
œillet-guide 71.16
offre 443.2
ombrage . . . 380.22, 422.14
— façonné 381.1
ombre 65.25
—, sécher à l' 72.2
ombré, effet d' 422.16
—, satin 151.14
ombrer par lignes . . . 380.21
ondé 16.9
—, fil 19.6
ondulation de la trame . 284.13
ondulé 417.15
—, fil de trame 245.4
—, tissu 432.2
onduler, faire — les fils de chaîne 286.1
opaque, partie 413.14
opposé, se mouvoir en direction —e 184.1
or demi-fin 20.1
— faux 20.2
— fin 19.25
— imitation 20.2
ordre des chasses . . . 247.20
— des couleurs 271.8
— des duites . . 271.9, 434.4
— des fils de chaîne . 159.14, 433.27
— des fils dans le tissu 433.26
— du piquage au peigne 107.5
ordre, ruban pour . . . 427.6
organdi 393.23
organe de changement 262.7
— du métier 304.17
— de sûreté 312.3
organsin 16.5
— à faible apprêt . . . 16.17
— à fort apprêt 16.18
orifice pour fil 218.15
orléans 399.5
ornemental, dessin . . . 376.4
ornement . . . 149.4, 413.5
—s d'église, tissu pour . 402.30
ornementation par armure spéciale 421.2
— par fils spéciaux . . 421.8
— par rayures 421.4
ortie, tissu d' 430.12
os, couvercle en 347.23
oscillant, cylindre . . . 51.1
oscillation du battant . 292.8
— des lames 182.8
oscillation de la traverse arrière 117.3
oscillatoire, mouvement 39.14
osciller (battant) . . . 292.7
— (lames) 182.9
— sur l'arbre (guide-fil) . 37.13
— avec le battant (boîte à navettes) 272.18
— sur le côté (battant du cylindre) 187.3
osséine 66.27
ottoman 401.17
ourdir la chaîne par [en haut et par] en bas 47.8.9
— une chaîne normale . 42.5
— les fils de chaîne . . 40.11
— à la main 41.10
— en nappe 41.2
— en partant de cannettes (de bobines) 40.17.18
— à sections 41.5
— à une vitesse uniforme 42.7
ourdissage 40.1
— additionnel des fils de lisière 43.2
— par en bas 47.7
— sur des blocs sectionnels 41.8
— des fils de caoutchouc 56.13
— à la main 41.9
— au moulin rond . . . 41.9
— par nappe 41.1
— sur des roules . . . 40.19
— à sections 41.4
ourdisseur 40.4
— à la machine 40.8
— à la main 40.6
ourdisseuse 40.5
— à la main 40.7
ourdissoir américain, type Draper 53.1
— pour bobines croisées 63.1
— à cône 58.6
— droit 47.15
— mécanique à chevilles de séparation . . . 57.15
— mécanique à ensouple 47.19
— mécanique à sections 54.2
— mécanique pour soie . 60.17
— rond 45.13
— à tambour horizontal 56.17
— pour le tissage de rubans 56.2
— tournant 45.13
ours polaire, peluche imitation 406.20
outil 373.3
— en forme de couteau 108.2
—s de rentrage 105.8
—s de tisserand 8.9
ouverture du corps des boîtes 266.17
— de la course de navette 357.3
— des fils 141.3
— de la foule 181.19
— du pas 141.10
— dans la table 365.3
— du tube 288.8
ouvreurs de dents . . . 108.15
ouvrier assouplisseur de trame 101.16
— croiseur 42.14
— encolleur 75.6
— de lisage 386.20
— mouilleur de trame . 101.16
— plieur 6.7
— sécheur 65.23
— tisseur 4.21
—, premier 5.4
ouvriers 4.20
ouvrière croiseuse . . . 42.15
— de lisage 386.21
— plieuse 6.8
— sécheuse 65.24
ouvrir les bras du dévidoir 29.1
— les dents du peigne (ouvreur) 109.8
—, s' (bec de pincettes) 341.19
—, s' (foule) 141.22
oxford 394.21

P

paillasson . . . 407.16, 416.8
paille de blé 416.3
— fendue 416.5

paille de maïs 416.2
— marzolano 416.4
pailleté, galon. 428.9
pair, fils —s 41.21
paire de bras mobiles . 29.2
— de crochets. 334.6
— de cylindres 70.16
— de fils 338.16
pairé, tissu 143.13
palan 108.17, 184.3
paletot 417.2
palette du couteau . . 234.13
palier d'arbre 375.9
— à billes 97.21
— à collet 69.4
panama 147.6
panier à fil roulant . . 102.6
— pour le mouillage du fil 102.8
panne de soie 403.3
pantalons, coutil pour . 396.7
pantoufles, velours pour 404.9
papeline 401.18
papeterie, feutre pour . 414.5
papier 13.24
— briqueté 235.16
— de carton 388.2
— comprimé 239.16
— continu pour mécanique Verdol. 382.8
— à décalquer 379.14
— à divisions 379.1
— à fines divisions . . 379.3
— fort 189.17
— de mise en carte . . 379.1
— à patron 379.1
— quadrillé 379.1
— non quadrillé . . . 387.17
— quadrillé avec pointé de liage imprimé . 379.16
— sans fin Verdol . . . 388.1
paquet d'arcades . . . 220.20
— de crin 259.21
— de fil 11.4
parade, couverture de . 419.27
paraffine 437.21
parage 63.17
—, appareil de 72.18
parallèle, cordes —s . . 124.17
parallèlement, enrouler. 81.8
parallélisation des fils . 81.7
parallélogramme 192.14, 311.7
parcourir un chemin en forme de ∞ (broche du fuseau) 179.13
paré, chaîne —e . . . 64.5
parement 64.21, 180.8
—s d'autel 422.21
pare-navette . . 312.4, 313.1
— système Becker . . 312.13
parer la chaîne 64.4
—, machine à 66.6
pareur 75.6
— de chaînes 66.12
— -encolleur 66.12
pareuse à air chaud à chambre verticale . 75.12
— écossaise 72.13
— mécanique 66.6
partager les fils sur une surface plane . . . 41.18
partie accessoire de la mécanique 229.5
— antérieure de la boîte à navettes [relevée] 267.13, 268.14
— arrière du pas . . . 141.15
— avant de la boîte à navettes 316.7
— centrale 378.5
— droite du crochet . 343.2
— façonnée . . . 149.4, 386.24
— façonnée laissée . . 387.1
— inférieure du bâti . 356.13
— latérale de la navette 244.9
— opaque 413.14
— principale de la mécanique 229.2
— de tissu 145.4
—s du métier 321.10
—s travaillantes . . . 374.17
partiel, révolution —le . 364.7
partir lentement (tambour) 59.11
parure de vêtements. . 428.22
pas (v. a. foule) . . . 141.3
— antérieur 143.8
— d'en bas 142.17
— de chat 4.6, 315.7
— croisé 231.5
— demi-ouvert 188.17
pas des dents 126.20
— double . . 141.16, 339.22
— doux 352.11
— dur 352.10
— égal 142.21
— de l'enroulement . . 87.13
— pour le fer 168.5
— fermé . . . 142.14, 188.19
— formé 142.3
— de gaze . . 352.11, 362.14
— d'en haut 142.15
— inégal 142.20
— inférieur . . 142.17, 328.17
— de lève 142.15
— de levée et de baisse 142.19
— à longueur constante 141.13.14
— de la navette. . . . 328.17
— net 142.21, 217.1
— oblique 142.21
— à pas, avancer . . . 340.3
— du poil 328.16
— de rabat 142.17
— simple, vis à 36.15
— stationnaire 142.18
— supérieur . 142.15, 328.16
— uni 142.21
—, former deux — l'un au-dessus de l'autre 328.18
passage. 103.4
— des fils de chaîne dans le crochet . 102.16, 103.12
— de deux (trois) fils en dent 168.2.3
— libre à travers le chariot 364.12
— de la nappe sur le tambour 58.1
— de la navette . 189.7, 247.1
— au peigne . 106.13, 443.25
passementerie 3.3
passer à travers les aiguilles (fils brodeurs) 350.9
— les arcades dans la planche 218.6
— à travers la boîte (jumelles) 287.17
— au-dessus du butoir (levier) 316.18
— à travers le chariot (tâteur) 364.11
— le cordon dans les encroix 42.13
— le crochet dans les maillons des lisses . 103.6
— à travers les cylindres lamineurs (fil) . . . 288.11
— dans la dent suivante (ouvreur de dents) . 109.7
— entre des disques (fil) 35.18
— les extrémités des fils sur un guide. . . . 261.6
— la ficelle dans les encroix 42.13
— une ficelle dans les maillons des lisses . 103.5
— les fils de chaîne dans l'équipage 103.2
— les fils de chaîne à travers les maillons. 103.9
— le fil dans la colle . 65.12
— le fil dans le crochet 103.10.11
— les fils sur des tringles-guides 41.19
— à travers la grille (cordes) 207.4
— par le guide-fil (fil) . 39.7
— librement à travers le harnais (chaîne de fond) 223.9
— dans le milieu des trous du cylindre (aiguilles) 188.1
— obliquement dans le peigne (fil) 50.2
— dans l'œillet (culotte) 361.12
— par l'œillet (fil) . . 45.6
— à travers les œillets des aiguilles (cordons)225.16
— à travers le peigne (nœud de rattachage) 110.12
— à travers la planchette aux aiguilles (extrémités des aiguilles) 210.23
— d'un plateau à l'autre (fuseau) 179.12
— sur la poitrinière (tissu) 298.13
passer sur le porte-fils (chaîne) . . . 76.10, 298.11
— sur des poulies (cordes des lames) 183.20
— au-dessus de la poulie à gradins (collets) . 291.15
— par des rouleaux chargés (chaîne) . . 356.15
— la trame dans l'envergeure 351.13
—, faire — les fils sur l'ensouple 78.17
—, faire — les fils dans la colle 74.8
passette 105.9, 106.7
— pour peigne 106.9, 108.1.14
passeur de chaînes . . 103.7
— de peigne 107.1
passeuse de chaînes . . 103.8
— de peigne 107.2
pâte d'amidon 66.19
patin de frein. . 32.16, 277.2, 308.7
patron pour le changement 292.1
paysages 422.11
peau d'agneau . 170.6, 406.22
— d'agneau double poil [à rainures] . . . 406.23.25
— d'agneau quatre poils 407.1
— d'agneau à rainures. 406.24
— de buffle 248.12
— de cochon 248.11
— de poisson 117.12
— de taupe 394.19
pédale 53.9, 182.20, 188.6, 321.5, 360.17
pédonne . 206.4, 210.20, 385.3
peigne 49.16, 106.14, 282.2, 366.12, 386.13
— arrière 369.16
— d'avant . . . 59.14, 369.15
— de battage 336.5
— à broder 351.5
— chassé en avant . . 283.21
— circulaire 300.12
— sur clinquette à ressorts 283.9
— de côté déplaçable dans le sens de la longueur. 369.17
— courbé 286.19
— à dents d'acier . . . 284.20
— avec dents disposées suivant une ligne courbe 285.10
— à dents en éventail . 285.4
— à dents en groupes, disposées en éventails 285.5
— à dents de laiton . 284.19
— à dents obliques . . 285.7
— en deux pièces . . . 367.8
— divergent 50.1
— diviseur de chaîne . 288.4
— double 285.1
— droit 307.11
— à écartement de dents irrégulier 282.16
— échancré 367.12
— à échappement 283.13, 317.5
— à échappement, mécanisme du 315.15
— d'envergeure 46.14
— à espacements . . . 285.2
— en étain 286.15
— extensible 49.21, 73.2, 74.4, 285.21
— façonné 285.6
— de fantaisie 285.3
— fermé 49.17
— fixe 54.5, 61.16, 72.16, 283.5
— à fourchettes . . . 339.3
— -guide 350.17
— guide-fil 89.9
— avec jumelles en bois 286.13
— avec jumelles métalliques 286.14
— de milieu [fixe] . . 369.18.19
— mobile . . . 61.18, 285.22, 317.5
— mobile axialement . 367.9
— à mouvement de monte et baisse . . 285.11
— de la nouvelle chaîne 111.6
— ouvert 49.18
— de passementerie . . 286.3
— poissé 286.10
— réglable 285.20
— régulier à une seule rangée 284.21
peigne régulier à plusieurs rangées 284.22
— renversé 284.1
— à renversement . . 284.1
— répartiteur . . 82.13, 333.8, 339.1
— à ressort 285.23
— en roseau 284.17
— à sangle 360.13
— soudé 286.15
— suspendu 80.9
— suspendu librement . 317.6
— pour tissage des perles 354.14
— à tisser 282.4
— de tisserand 8.10
— en trois parties . . 369.14
— en forme de V . . . 54.6
— en zig-zag 49.20, 81.1, 83.5
peigné, laine —e. . . . 398.17
peigné-cardé 15.7
— -chaîne 15.2
— -mixte 15.7
— -trame 15.1
peigner la chaîne . . . 84.3
peigneron 287.1
peint, ruban 427.21
— à la main, tapis . . 407.26
pelote de chaîne . 63.8, 71.15
— de fil de trame . . . 336.1
pelotonnage de la chaîne 63.4
pelotonner la chaîne . . 63.6
pelotonneuse mécanique pour chaînes . . . 63.5
peluche. 169.2, 404.10
— d'ameublement 404.18, 418.15
— pour articles d'habillement 406.10
— pour chapeau haute-forme 406.14
— pour chaussure . . . 406.18
— côtelé 406.1
— de coton 406.9
— coupée 404.13
— pour couvertures de voyage 170.3
— double 169.3
— double-face 170.4
— de doublure 406.11
— à une seule duite . . 404.16
— par double duite . . 404.17
— par x duites 404.15
— épinglée 404.12
— façonnée 404.14
— frisée 404.12
— gaufrée 400.1, 406.5
— imitation caniche . . 406.21
— imitation castor . . 406.18
— imitation loutre. . . 406.17
— imitation ours polaire 406.20
— imitation tigre . . . 406.19
— de jute 406.7
— de laine . . 399.28, 404.20
— de lin 406.8
— long-poil 403.5
— long-poil soie et coton 403.6
— mohair 169.17, 399.29, 405.19
— mohair façonnée . . 405.23
— mohair unie 405.20
— pour nouveautés . . 406.12
— à poil serré 404.22
— repassée au fer . . . 406.13
— de soie 403.4
— de tapis non coupée 411.22
— de tapisserie 406.3
— par une seule trame. 169.9
— par double trame . 169.10
— unie par trame . . 405.13
pelucheux, tissu . . . 333.13
pendre lâche (chaîne) . 114.10
pendulaire, mouvement 292.9
pendule 317.2, 440.1
pénétration de la plaque dans la boîte . . . 312.1
penne 111.8
perçage des cartons . . 384.6
— des trous de pédonnes 383.21
percé, carton 382.12
percer les cartons . . . 384.14
— les trous pour les pris (sautés) . . . 193.20, 194.1
perceur de cartons . . 384.8
— de cartons Jacquard. 384.10
perceuse de cartons Jacquard 384.11
percale 393.1
— imprimée. 393.4
— rayée 393.3
percaline 393.2
perche 65.27
— avec des écheveaux suspendus 71.6

perforé, carton . . . 382.12
périmètre de l'aspe . . . 25.22
période de magasinage . . . 443.11
— de répétition . . . 189.8
perle argentée . . . 19.14
— dorée . . . 19.13
— en écaille . . . 19.15
— de laque . . . 19.15
— métallique . . . 19.16
— en verre . . . 19.12
—s enfilées . . . 414.24
perlé, fil . . . 19.8
—, tissu . . . 414.21
persimon, bois de . . . 243.11
perte commerciale . . . 446.16
— de fil . . . 11.23, 444.18
— de fil par longueur . . . 11.24
— de temps . . . 4.17
— de travail . . . 4.16
petit cylindre . . . 233.10
— point, tapisserie au . . . 422.6
— tambour . . . 74.7
—s façonnés . . . 3.18
—e course du levier . . . 134.2
phénol . . . 68.6
phosphate de chaux . . . 438.7
— de soude . . . 438.6
photographique, mise en carte . . . 378.17
photomécanique, dessin mis en carte par des moyens —s . . . 378.18
phulkari, rideau . . . 419.15
physique, moyen . . . 437.5
picot . . . 425.22
— tordu . . . 425.23
— par trame . . . 425.21
—s, tôle à . . . 117.10
pièce (d'étoffe) . . . 74.24
— d'accouplement de la manivelle . . . 308.13
— d'acier insérée . . . 288.9
— d'allongement de la platine . . . 195.1
— d'arrêt 258.13, 284.4, 318.16
— en coin . . . 242.13
— courbée . . . 315.9
— courbée en fer forgé . . . 293.14
— excentrique . . . 201.7
— fixe inclinée . . . 283.18
— glissante . . . 270.9
— de guidage . . . 348.16
— intermédiaire de la coquille . . . 125.19
— de maintien de la bobine . . . 242.14
— rectangulaire en fil métallique . . . 263.7
— réglable . . . 249.6
— réglable en fil métallique courbé . . . 100.1
— de traverse . . . 191.6
— avec trou en forme de fente . . . 288.10
—, plateau d'ensouple d'une seule (à deux —s) . . . 78.11.12
pièce-guide annulaire . . . 280.16
— à rainures centrales . . . 228.16
pied . . . 440.2
— en acier durci . . . 239.8
— de la broche . . . 242.16
— de la dent . . . 126.22
— entaillé . . . 238.15
— avec fente . . . 80.10
— de fuseau . . . 240.2
— de lisage . . . 386.10
— avec rainure . . . 80.10
— du taquet . . . 248.9
pierre d'émeri . . . 332.9
pignon . . . 112.9, 257.19
— d'angle . . . 303.4
— d'angle avec moyeu . . . 331.14
— de commande . . . 347.11
— de commande de la lanterne . . . 38.11
— en cuir vert . . . 310.14
— hyperbolique de la commande des broches 94.7
— intermédiaire . . . 135.9
— de rechange . 133.8, 135.10
— de rechange à x dents 133.18
pilou . . . 394.16
pinçage, dispositif de . . . 113.14
pince 81.16, 337.12, 339.6, 371.4
— en forme de cœur de la chaîne de poil . . . 334.11
— coupante . . . 373.14
— à écrou . . . 373.16
— à fer . . . 330.6
— du fil . . . 333.10
pince plate . . . 373.15
— à poinçonner . . . 373.13
— de réglage de la hauteur du poil . . . 339.8
— à ressort . . . 241.3, 270.15
— à trous . . . 373.13, 384.19
pinces . . . 138.7
— de maintien pour la bobine la plus basse 265.2
— à ressort . . . 326.11
pincer la bande du tissu 439.10
— le bord du tissu dans le templet . . . 139.16
— la cannette dans la navette . . . 240.10
— les fils de la chaîne de poil . . . 333.12
— les lisières . . . 139.13
pincettes auxiliaires . . . 342.10
— d'insertion . . . 341.1
— de tisserand . . . 8.12, 112.2
— tournantes . . . 342.9
piquage accéléré . . . 387.15
— des cartons . . . 384.6
— direct d'après l'esquisse . . . 387.16
— manuel, appareil pour 384.20
— en peigne 82.20, 106.13, 443.25
piqué . . . 394.24
— façonné . . . 161.8
— -molleton . . . 394.25
—, double . . . 160.10
—, carton . . . 382.12
piquer . . . 82.19
— les cartons . . . 226.7, 384.14
— x fils en dent . . . 107.16
— au peigne . . . 107.3
— les points de liage . . . 384.18
— les trous à la fois . . . 387.2
piqueur de cartes à dentelles . . . 384.10
— de cartons . . . 384.8
— au peigne . . . 107.1
piqueuse de cartes à dentelles . . . 384.12
— de cartons . . . 384.9
— à clavier . . . 385.8
— électrique pour cartons 387.3
— mécanique . . . 108.4
— mécanique à crochet oscillant . . . 108.5
— mécanique à crochet tournant . . . 109.12
— mécanique pour papier sans fin Verdol . 388.1.22
— au peigne . . . 107.2
piqûre . . . 161.7
— en travers . . . 160.16
—, effet de . . . 154.17
piston . . . 101.19
— creux . . . 74.12, 256.11
— presseur . . . 388.11
pivot . . . 90.2, 328.6
— du battant . . . 290.3
pivotant, broche —e . . . 238.1
pivotement de la clinquette . . . 283.12
place fine (grosse) dans le fil . . . 9.8.9
placement des bobines dans le chariot . . . 363.14
— de l'écheveau sur l'aspe . . . 25.17
— des fers . . . 327.1
— de feuilles de papier entre les couches de fils . . . 62.15
— de la navette dans la boîte . . . 265.17
placer l'aiguille à zéro 440.17
— la baguette près du harnat . . . 138.5
— les bobines sur des brochettes . . . 44.11
— les bobines dans leur support . . . 30.12
— la cannette sur la broche . . . 239.9
— la cannette dans la navette . . . 260.3
— les cavaliers sur les fils 51.2
— la chaîne de cartons . . . 390.7
— les cordons dans le peigne . . . 386.16
— les couteaux dans une position oblique . . . 234.2
— l'écheveau sur l'aspe 25.16
— l'ensouple de chaîne . 106.12
— les extrémités du fil métallique dans les blocs à fente . . . 180.18
placer le fer dans le pas . . . 329.1
— le fil en spirales sur la bobine . . . 22.19
— les gardes aux extrémités du peigne . . . 283.1
— la navette dans la boîte . . . 250.14
— le plateau-guide sur le rail . . . 57.12
— les poinçons dans la plaque . . . 385.7
— les pointes dans les bords du tissu . . . 139.8
— les pointés du tissu dessous . . . 157.3
— le templet . . . 139.7
— le tube en tôle fendu sur le peigne . . . 287.3
— se — automatiquement (fil) . . . 27.10
placeur de bandes . . . 6.15
plafond, suspension au . 212.15
plaid . . . 420.2
plan du battant . . . 251.7
— incliné . . . 317.7, 339.10
— du métier . . . 304.9
planche à aiguilles . . . 204.12
— à aiguilles double . . . 226.10
— à aiguilles mobiles . 196.7, 226.10
— d'arcades . . . 207.21, 217.6
— d'arcades composée de planchettes . . . 208.1
— d'arcades en faïence . 208.2
— d'arcades mobile . . . 354.3
— d'arcades en porcelaine . . . 208.3
— d'arcades en terre cuite vernie . . . 208.2
— d'arcades à trous en ligne droite . . . 217.10
— d'arcades à trous en lignes obliques . . . 217.12
— d'arcades à trous en quinconce . . . 217.11
— à bobines . . . 88.18, 371.15
— des boutons . . . 209.1
— à cannettes avec broches . . . 323.5
— à collets . . 207.11, 208.24, 210.3
— à collets fixe . . . 210.21
— à collets mobile . . . 210.22
— à collets à doubles trous . . . 231.1
— à cordons mobile . . . 225.5
— à crochets . . . 186.7
— à genoux . . . 33.18
— -guide . . . 225.7
— à peluche . . . 38.4
— des platines 207.11, 354.15
— à une seule rangée de trous . . . 46.12
— à double rangée de trous . . . 46.13
— supérieure . . . 225.3
— de support des platines . . . 186.7
— à trous . . . 46.9, 207.21
— à trous avec œillets en verre . . . 46.10
— des aiguilles . 204.12, 210.4
— des aiguillettes . . . 229.9
— du battant . . . 247.4
— en bois à entailles . 335.17
— mobile . . . 222.15
— de protection . 226.11, 298.1
— de réglage . . . 227.14
plaque en acier fondu . . . 190.2
— d'aiguisage en émeri 332.8
— d'arrêt . . . 35.12
— arrière . . . 356.6
— avant . . . 356.2
— de bout de l'ensouple 115.7
— coulissante . . . 328.3
— élastique . . . 263.8
— à exprimer . . . 71.19
— de fermeture . . . 267.11
— de guidage . . . 194.18
— guide-fil . . . 97.16
— latérale en fer . . . 243.17
— métallique . . . 384.2
— métallique mobile . . . 350.4
— métallique de protection . . . 32.18
— à œillets . . . 240.9
— de perçage pour carton . . . 190.1
— perforée . . . 229.14
— perforée mobile . . . 386.5
plaque perforée de piquage . . . 385.6
— de pliage . . . 442.2
— de la poitrinière . . . 311.17
— de pressage . . . 389.15
— de pression . . . 229.4
— rainurée . . . 290.2
— de réglage de l'ensouple . . . 78.15
— pour relier les extrémités . . . 172.1
— supérieure . 308.14, 314.7, 385.5
— de support du métier 304.22
— en tôle . . . 28.6
—s réglables . . . 28.8
plaque-guide de la chaîne 259.9
— des poinçons . . . 388.4
plateau . . . 97.15, 287.5
— de la bobine . . . 24.14
— avec bouton . . . 213.8
— à claire-voie . . . 78.4
— claveté . . . 358.11
— de contrepoids . . . 93.4
— en cuivre jaune . . . 168.16
— denté . . . 201.5
— en deux parties . . . 115.19
— d'ensouple . . . 78.6
— d'ensouple en bois . . . 78.9
— d'ensouple à chaîne . 115.15
— d'ensouple avec côtes 78.10
— d'ensouple avec manchon de serrage . . . 78.13
— d'ensouple en métal . 78.8
— d'ensouple d'une seule pièce . . . 78.11
— d'ensouple à deux pièces . . . 78.12
— d'ensouple plein . . . 78.7
— d'entraînement . . . 100.10
— de l'excentrique . . . 34.9
— de fixation . . . 200.4
— formant frein . . . 115.21
— de friction . . . 127.11
— de friction conique recouvert de cuir . . . 307.13
— des fuseaux . . . 178.16
— avec goupille d'engagement . . . 127.21
— -guide arrondi . . . 57.11
— de serrage . . . 249.13
plate-bande des bobines 36.7
— des broches . . . 99.3
— guide . . . 280.18
platine . 186.5, 191.14, 207.8, 354.16, 385.22, 388.12
— en acier . . . 194.15
— de changement . . . 277.1
— à coulisse . . . 275.1
— à double crochet . . . 193.10
— levée par tirage du cordon de semple . . . 386.9
— métallique sans crochet . . . 234.11
— avec poignée . . . 277.23
— des tringles . . . 233.14
—s tombantes . . . 369.4
—s traversant les anneaux des aiguilles . 187.20
plein du carton . . . 382.14
—, ensouple —e . . . 121.5
—, plateau d'ensouple . 78.7
pliage des aiguilles . . . 226.8
—, aptitude au . . . 429.22
—, plaque de . . . 442.2
plié, aiguille —e . . . 211.13
plier le tissu . . . 298.19
plieur, ouvrier . . . 6.7
— à la baguette . . . 6.9
— de chaînes . . . 77.14
— à la machine . . . 6.10
plieuse, ouvrière . . . 6.8
— à la machine . . . 6.11
— -métreuse mécanique pour tissus . . . 442.6
plis, tissu x- . . . 159.1
plissage, rayure de . . . 162.5
plissé . . . 162.6
plomb . . . 208.10, 219.4
plombagine . . . 124.24
plongeoir . . . 345.10
plonger dans le bac à colle (rouleau encolleur) . . . 76.11
plongeur, rouleau . . . 48.8
plot . . . 45.15, 56.5
— à monte et baisse . . . 46.3
pluie, résistance à l'action de la . . . 429.16
plume à marquer . . . 371.7
plumetis, métier pour . . . 349.3

pneumatique, mouvement — de la navette 256.9
poche de la navette . 244.11
—, dynamomètre de . . 440.14
—, faire (chaîne) . . . 114.10
poids. 123.2, 219.4
— actuel 442.12
— pour arrêter 32.2
— de la boîte à navettes 273.15
— brut 4.10
— calculé . . . 11.17, 442.11
— de la chaîne 42.1
— de contact 137.6
— de 1/4, 1/2, 2 1/2 demi-once 219.7.8.9
— effectif 11.16
— en forme d'étrier . . 329.10
— du frein 32.20
— glisseur 439.20
— immobile 122.6
— des lissettes . . . 208.10
— par mètre carré du tissu 442.10
— mobile 122.4
— mort du levier . . . 121.6
— du pendule 317.3
— de la pièce 442.9
— réel 11.16, 442.12
— rond du frein . . . 125.10
— sensible 137.6
— tâteur 137.6
— de tension . 121.10, 122.3, 329.6
— du tissu 4.11
— de la trame employée 444.16
— type 436.6
— en forme d'U . . . 329.10
— en verre 208.13
—, propre 270.17
poignée 58.8, 80.5, 112.19, 287.12, 288.20 291.12
— d'arrêt de la bobine 32.5
— d'embrayage 316.12
— insérée 133.1
poil de chameau . . . 15.23
— de chèvre 15.17
— de la crinière du cheval 414.13
— de vache 15.27
poil (soie) 16.12
poil (du velours) . . . 403.9
— d'un seul côté, tapis à 410.12
— couché 405.2
— court 409.16
— droit . . . 168.22, 405.1
— duveteux. 405.3
— long 409.17
— redressé 417.12
— relevé 405.1
— [peu] serré 404.23.24
— supplémentaire . . . 405.11
— traînant, brochage au 162.8, 344.3
—, double 403.17
poinçon . 373.10, 385.2, 386.2, 388.6, 389.14
— en acier fondu . . . 190.3
— à emporte-pièce. . . 384.19
— en prise 386.3
point d'action du ressort 137.1
— additionnel de renforcement 153.4
— d'appui . . . 185.6, 193.6
— d'appui du levier . . 253.16
— d'articulation . . . 174.10
— d'attache. 174.10
— d'attache de la corde 204.9
— d'attache du ressort. 204.8
— brodé, tissage à . . 349.6
— brodé plat, tissu à . 344.15
— de broderie. 165.5
— de chaînette 342.18
— de changement . . . 270.16
— croisé, gaze à . . . 165.3
— de croisement . . . 144.4
— de croisure 145.1
— d'esprit, tulle . . . 363.12
— fixe du levier . . . 92.7
— de gaze 353.6
— de liage 144.4, 379.7, 381.16
— de liage de l'armure satin 150.16
— de liage carré . . . 379.20
— de liage du contour . 381.17
— de liage rond . . . 380.1
— de liage en taffetas . 381.18
— mort 255.13, 306.2
point mort avant (arrière) du battant 268.25.26
— de rotation 199.12
— rouge 380.10
— de rupture du fil . . 435.25
— russe, ruban à . . . 426.15
— de suspension . . . 255.5
— de transposition . . 380.21
—, tapisserie au petit (gros) 422.6.7
—s de liage dispersés . 150.17
pointage, couleur de . 380.6
pointe 139.8
— d'aiguille 350.8
— de la came 250.2
— de cannette éboulée . 86.3
— de cannette mêlée . 86.3
— droite 244.20
— émoussée 244.19
— de l'excentrique . . 179.11
— latérale 241.17
— de la navette. . . . 244.15
— recourbée de côté . 108.16
— trempée de la navette 244.16
pointé 381.16
— de liage imprimé . . 379.16
— toile 155.9
—s du tissu 157.3
pointer 379.19
pointicelle 237.22
pointillé, tissu . . . 421.3
pointiller 379.19
pointu, extrémités —es 244.17
poire de caoutchouc . 415.7
poissé, peigne 286.10
poisser les arcades à la cire 207.16
poitrinière 116.16, 136.17, 323.7, 355.14, 358.4
poli, fil. 94.3
—, porte-fils 333.7
polka 208.1
pommier, navette en . 243.7
pompe 101.18, 375.3
poncho 420.3
popeline 401.18
— commune 401.19
— de laine 398.28
porcelaine 27.16
porte. 413.12
porte-battant . 251.17, 278.6, 288.17, 299.3
porte-bobine 30.5
— à charnière 29.12
— élastique 263.16
— à ressort 29.18
—s, râtelier 90.11
porte-cannettes 440.5
porte-fil 75.16, 116.8, 129.14, 335.8
— fixe 323.10
— mobile 116.5
— oscillant . . . 129.9, 329.14
— poli 333.7
porte-lame 105.13
porte-lisse 105.13
porte-rouleaux 72.14
portée . . 47.5, 107.18, 434.19
— tordue 47.13
—s, la chaîne comprend x 107.20
—s, introduire par . . 83.1
porteur de cannettes . 84.21
— d'ensouples 79.15
— du tube 340.6
portrait, tapisserie . . 422.9
pose des cartons . . . 390.3
positif, broche —ve . . 27.1
—, commande —ve . . 99.12, 213.5
—, mouvement — des lames 182.6
position arrière du battant 326.7
— de battage, double . 294.7
— du battant 289.16
— de la boîte 272.6
— centrale 369.10
— de départ 265.19
— du doigt indicateur . 28.14
— des excentriques . . 251.5
— finale du contrepoids 137.13
— finale du ressort . . 137.19
— incorrecte 313.6
— inégale des foules . 141.18
— initiale 248.21
— intermédiaire 185.15
— levée 226.19
— des lisses. 173.7
— médiane des loquets. 233.12
— de milieu des lames. 203.13
position de la navette . 291.20
— oblique 234.2
— de point mort . . . 306.3
— primitive 211.18
— de renversement . . 38.10
— supérieure de l'axe de l'excentrique . . 179.6
— verticale 196.9
positivement, actionné . 184.9
posséder deux crochets (aiguille). 227.5
poste, frais de 447.4
poteau en bois 72.6
pou-de-soie 400.23
pouce 444.13
poudre, recouvrage de . 56.15
poulie de commande. . 31.8, 305.16
— de commande du cordon 56.7
— commandée 305.17
— conique 53.4
— à corde . . . 70.8, 178.12
— de la courroie . . . 58.19
— de courroie cannelée 309.19
— à étages 34.5
— fixe 304.13, 358.14
— folle . 304.14, 307.14, 358.13
— de frein 115.16
— de friction 120.21
— à gorge 92.10, 122.7, 331.15, 332.11, 343.3
— à gorge avec roue dentée 257.11
— à gradins 291.13
— de ralentissement . . 53.14
— de renvoi 332.12
— supérieure 199.3
— de tension . . 59.1, 359.4
poulies-guides 301.10
poult-de-soie 400.23
poupée 11.3
— mobile 80.19
poussée de la languette hors de la boîte . . 316.4
pousser en avant les dents de la roue . . 133.22
— le battant du cylindre (goupille) 235.12
— le chariot à droite (à gauche) 287.19
— les navettes vers les aiguilles 346.19
— la platine en avant (en arrière) 188.2.3
— le taquet. 248.17
pousseur 229.15
— actionné par degrés . 364.20
— de bobines 264.16
— de bobines à griffes. 262.17
— pour le déplacement des couteaux . . . 236.2
— du levier de chasse . 313.14
— de navette . . 346.15, 347.3
— à va-et-vient 364.18
poussoir . 229.15, 255.19, 365.4
— de la boucle 338.17
poutre centrale 356.8
poux 245.5
pratique des armures . 143.17
précision, romaine de . 439.16
prédécesseurs de la mécanique Jacquard . 208.16
prélart, toile à 396.19
préliminaire, mise en carte 159.16
premier crochet 220.15
— fil du râtelier . . . 44.21
— ouvrier 5.4
première dent 330.4
préparateur de colle . 69.18
préparation de l'apprêt 64.23
— de la chaîne 21.3
— de colle, appareil de 68.22, 69.9
— du fil de trame. . . 84.5
— du tissage 21.2
pressage de la bobine contre la sortie du tuyau d'air comprimé 265.6
presse 190.10, 210.17
— à carton 384.1
— à cartons 230.7
— -étoupe 73.19
pressé contre la planchette, cylindre . . 211.16
—, tissu floconneux . . 417.23
presser la bobine sur l'arbre 33.2
— sur la bobine, bras pour 32.15
presser les bobines par des leviers chargés sur les disques de commande 31.5
— la broche contre le godet 95.11
— le chapeau contre le peigne par des ressorts à boudin . . . 289.3
— le cylindre contre le bloc par levier et contrepoids 55.20
— sur l'ensouple du tissu le rouleau d'appel . 131.4
— contre les fils (doigts) 177.12
— sur la marche . . . 183.6
— le peigne contre le tissu 284.5
— le ressort du battant (cylindre) 187.4
— le ressort sur la bobine 346.6
—, faire — le galet contre la came 37.15
presseur . 6.14, 211.26, 262.10, 269.18, 291.9
— de bobines à griffes . 262.17
— en bois 316.1
— du fil 365.9
pression de l'air . . . 74.17
— atmosphérique . . . 74.17
— suivant l'axe de l'ensouple 120.2
— de la chaîne sur le porte-fils 129.16
— sur le disque de friction 51.16
— de l'ensouple du tissu sur le rouleau d'appel [par levier à poids] 131.5.7
— du peigne 130.10
— du poids 124.7
— du poinçon 384.17
— réduite. 74.15
— du ressort 124.8
— de vapeur 74.16
— verticale sur l'ensouple 120.1
—, haute 69.9
prévenir l'avance . . . 29.15
— le desséchage . . . 67.6
prévention de la rupture 254.17
principe de composition des tissus 143.13
— d'entrecroisement des fils 143.14
pris 384.15
— de l'armure 194.1
— en groupes, fils de chaîne. 176.7
—, navette —e 315.6
prise du cliquet . . . 126.14
—, poinçon en 386.3
prisme 186.13, 236.9
— -guide 206.14
— hexagonal 225.8
— Jacquard 210.14
prix coûtant 442.14
— du fil de chaîne . . 444.3
— du fil de trame. . . 444.9
— de revient 26.4, 88.23, 442.14
— de vente 442.18
— de vente brut . . . 442.19
— de vente net 442.20
prix-courants 447.6
procédé d'apprêt . . . 436.21
— de bobinage 22.14
— de tissage 1.9
production par broche . 88.4
— excessive de déchets . 86.1
— du métier 304.18
— réelle du métier . . 441.4
— théorique du métier. 441.3
produit d'encollage . . 66.17
— de parage 66.17
—s adoucissants . . . 68.8
—s déliquescents . . . 68.8
—s ensimants 68.8
profil de la came . . . 37.17
— de l'excentrique . . 198.15
profilé, goupille —e . . 311.2
profit 442.16
profondeur du métier . 324.1
— sans (avec) les bâtis d'enroulement d'étoffe 331.3.4
— avec le râtelier des bobines de lisière. . 331.5
progressif, élévation —ve 87.11
projection 372.9
— d'arrêt. 327.21

projection de la tête du fer 328.8
proportionnel à la résistance 130.9
propre poids 292.14
propreté des métiers, entretien de la . . 375.11
propriétaire de tissage . 1.5
protecteur de taquet . 248.14
—, écran 312.14
protection, planchette de 226.11, 298.1
protéger la chaîne contre la formation de duvet 64.11
pulvérisateur d'eau . . 102.5
pupitre, en forme de . 209.3
pur, effet de couleur . 152.9
—e laine, casimir . . . 397.17
purgeage des fils . . . 62.18
— du fil, dispositif de . 39.6
purgeur automatique d'eau de condensation 73.22
— du fil 28.1
— de nœuds 28.5

Q

quadrangulaire, barre . 117.8
quadrant denté 51.23
quadrillé, dessin . . . 160.13
quadruple duite, liage par 169.16
—, tissu 159.3
qualité d'allongement du tissu 439.11
— du tissu 3.15
quantité de fil . 11.19, 41.23
— du tissu 134.9
queue de cochon . 27.15, 93.5
quille 209.2
quinconce, trous à. . . 217.11
quitter le taquet (navette) 250.16

R

rabat des lames, mouvement de — à ressort à simple (double) action 204.5.10
—, maille de 174.1.8
rabot 167.10, 327.4
raccord 220.20
raccourcir le levier d'arrêt 92.15
—, se (chaîne). . 66.15, 114.8
raccourcissement de la chaîne. . . . 66.16, 114.9
racloir flexible 89.13
radialement, placé . . . 342.7
radiateur de chauffage . 71.7
raffinement des fils par laminage 415.14
raide et dur, le fil devient 64.16
raideur de la corde . . 123.13
raidir les lisses 180.7
rail 59.3
— des bobines 36.7
— des bobines avec rainures 95.4
— des broches . . 91.3, 99.3
— de contact 321.6
— de coupage 332.3
— des crochets 334.8
— fixe 90.17
— de la glissière . 61.14, 62.4
— de guide supérieur . 112.21
— guide-chaîne 263.2
— guide-fil 367.16
— des guide-fil réglable 32.10
— mobile 326.13
— perforé. 337.2
— en T 333.2
— de tension 332.4
— transversal 212.9.10
rail-guide . . . 263.14, 327.17
— pour navettes . . . 270.10
rainure . 90.5, 111.16, 115.3, 172.2.15, 326.21
— du bâti 48.9
— dans le battant . . 289.6
— du bloc 55.1
— pour la boîte métallique 347.18
— de la broche 336.12
rainure centrale 202.8
— pour la cheville. . . 257.13
— dans le coulant . . 172.17
— du cylindre 236.4
— de l'ensouple 77.18
— excentrique. 294.5
— du fer 168.10
— fraisée 240.7, 354.12
— -guide 93.6, 264.3
— hélicoïdale 358.1
— pour l'huile 375.7
— incurvée 294.6
— et languette 186.20
— de peigne 107.17
— du pied 80.13
— dans la semelle du battant 350.11
— en spirale 139.11
—, longue 249.4
rainuré, boîte —e . . . 244.14
ralentir la vitesse par engrenages 53.15
ralentissement. 53.14
ramage, dessin de . . 377.4
ramener les lames . . . 182.1
ramie 13.15, 430.11
rangée d'aiguilles . . . 214.24
— d'aiguilles ajustée haut (bas) 205.1.2
— des boucles. 327.22
— de broches . . . 39.16, 87.26
— de chariots 366.2
— de cordes parallèles . 124.17
— de crochets. 214.14
— de crochets [impaire 214.20.21
— de dents 282.12
— double de platines . 187.12
— en largeur 214.16
— de liage 197.3
— en longueur 214.15
— de mailles 208.8
— de navettes 358.8
— des nœuds 409.14
— oblique 57.20
— transversale de mouchetures 412.21
— transversale de nœuds 338.15
— de trous, planche à une seule (à double) 46.12.13
—, coupe par —s . . . 167.8
—s de perles alternées . 354.13
rangement des duites les unes à côté des autres 132.6
ranger les lisses sur les lamettes 173.5
rappel de l'arbre à vilebrequin 302.13
— du battant 292.20
— du battant par ressorts 295.2
— du roule 49.11
rappelé, longueur de chaîne —e. 49.14
rappondage de la chaîne 109.16
rappondeur 110.13
rappondeuse . . . 110.14, 111.2
— mécanique Barber. . 112.20
rappondre les fils de chaîne [par torsion] 110.2.10
— avec le tissu 110.6
rapport. 381.3
— d'armure . . . 144.14, 273.2
— en chaîne 7.18, 40.13, 144.15, 381.7
— de changement des boîtes 273.1
— entre le compte en chaîne et le compte en trame 376.10
— de dessin 8.1, 40.16
— de duitage 273.4
— des duites 144.16
— de liage 8.1
— de la position des boîtes 273.3
— de sautage 273.7
— entre les tensions de la chaîne 118.12
— en trame 7.19, 144.16, 381.8
rapprocher, se (fils de chaîne) 114.11
ras. 399.9
—, tissu 432.1
rat. 248.4
râteau 82.13, 210.19
râtelier 62.16, 72.14, 301.9, 359.3
— des bobines 331.6
— des bobines de lisière 331.5
— pour ensouples . . . 79.14
— incliné 331.7
râtelier pour métier à moquette 331.8
— pour métier à peluche mohair 331.9
— mobile 62.17
— oblique 331.7
— d'ourdissoir. 43.12
— porte-bobines . . . 90.11
— supérieur 30.2
ratière 7.11, 186.3
— à aubes 193.8
— à la baisse 187.5
— pour chaîne stationnaire 188.18
— à changement . . . 195.10
— Crompton avec cartons à galets . . . 191.12
— Crompton avec cartons en papier fort. 192.1
— à simple effet . . . 190.4
— pour foule haute, basse et immobile . 187.13
— à une seule griffe . 190.4
— Hattersley 194.2
— Hodgson 193.8
— à la lève 186.4
— à la lève et baisse . 187.6
— à la lève et baisse à simple effet 190.15
— à la lève à une seule griffe 190.5
— de levée et rabat . . 187.6
— à double levée . . . 192.8
— pour deux (trois) liages 197.7.8
— pour métier à grande vitesse pour drap fort anglais 195.6
— négative 196.17
— Nuttall à balancier . 193.1
— à pas demi-ouvert . 188.17
— à double pas 195.5
— à pas fermé 188.19
— à pas fermé de Schroers 189.1
— à pas ouvert de Schönherr 188.10
— positive 196.18
— de rabat 187.5
— de Schönherr . . . 191.2
— de Tannwald 192.9
— Wenzel 196.3
— White à double lève. 194.12
— Wolfrum 194.13
ratine 417.13
ratinée, étoffe 417.13
rattache, mauvaise . . . 28.3
rattacher les fils cassés 51.11
rattraper un bout tombé 81.10
— la navette 247.6
rayé dans le sens de la longueur (largeur) 153.7.9
— à travers. 271.12
—, tissu 153.5, 391.9
rayon de l'aspe 25.21
— de l'ensouple à chaîne 115.22
— vecteur 198.20
rayure en chaîne . . . 3.22
— de couleur pure . . 421.5
— de dessin . . 377.11, 391.10
— de fond 162.4
— à jour 426.9
— en long 152.1
— mêlée 421.6
— de peigne . 107.17, 433.23
— de plissage 162.5
— relevée 154.13
— dans le sens de la longueur (largeur) du tissu 153.6.8
— transversale 412.16
réaction chimique . . . 436.19
réajustage, mécanisme de 137.18
réajustement automatique du frein. . . 120.17
— à la main 120.16
rebobinage 22.10
— de la chaîne 63.4
— des restes de bobines 22.13
rebobiner 22.9, 85.20
— la chaîne du tambour sur l'ensouple . . . 57.4
— les restes de bobines 22.12
rebobineuse mécanique pour pelotes de chaîne. 63.7
rebondir (navette) . . 247.17
rebondissement de la navette 247.16, 316.5
rebord de la bobine . . 24.14
— du disque 90.6
rebord-guide 224.17
recanneter 85.20
récepteur 365.17
— de chariots de bobines vides 364.1
— de navettes 269.6
réception des pièces . . 7.1
réceptionnaire de pièces 6.1
recevoir l'extrémité des aiguillettes (planchette) 230.1
— de la main gauche . 246.11
— la navette 247.6
rechange des nez de l'excentrique . . . 250.6
rêche, tissu 431.25
recherche des apprêts . 436.20
— de la duite . 214.8, 302.11
— du fil cassé 51.8
— microchimique . . . 436.18
— microscopique . . . 436.16
— du rapport 434.10
rechercher le fil cassé . 51.9
— le rapport 434.11
réciproques, dessins . . 377.7
réclame 447.5
recourbé, cheville —e . 57.19
— de côté 108.16
recouvert (fil de fourrure) 156.7
— d'aiguilles 70.21
—, fil de caoutchouc. . 415.16
recouvrage de poudre des fils de caoutchouc 56.15
rectangulaire pièce . . 263.7
rectomètre 441.15
recuit, fil 416.18
recul du roule 49.11
—, mouvement de . . . 265.12
redresser le fil métallique 288.1
— le peigne courbé . . 286.19
—, se (ressort) 319.4
réducteur de pression . 74.11
—, mécanisme — de cartons 196.22, 275.20
réduction de la charge. 123.5
réduire la course de la roue à rochet . . . 134.4
— le frottement des fils 182.16
— la tension avec la diminution du diamètre de l'ensouple. . . . 119.4
— la vitesse du métier pendant le changement 266.16
réduit, compte 107.6
—, pression —e 74.15
réglable parallèle à l'axe 252.9
—, guide-fil 45.11
réglage des aiguilles . . 363.4
— automatique des deux côtés 125.5
— automatique de la tension du fil . . . 94.1
— du battant par des vis 289.18
— de la foule, levier de 195.4
— de la hauteur du poil, pince de. 339.8
— de la laise 139.2
— de la longueur . . . 204.1
— du peigne, support de 108.9
— de la planche à aiguilles 204.14.16
— de la tension par roue à taquets . . . 119.11
—, dispositif de 28.11
règle 234.15, 383.18
— d'appareillage. . . . 219.14
— des entrelacements des fils 143.18
— en fer 224.5
— en plomb 208.12
— de tisserand 8.5
régler l'arbre à excentrique 92.13
— la bande, levier pour 125.17
— le battant par des cordes 290.1
— le bouton de manivelle 59.9
— le changement . . . 275.4
— la course du levier . 133.24
— le cylindre 187.1
— la donnée de la chaîne 118.1
— le duitage 132.18
— la fente suivant le numéro du fil 28.7
— la hauteur des lames 171.16
— l'inclinaison du cône 60.7
— la livraison de la chaîne. 118.1

régler l'ordre des chasses 247.20
— les organes du métier 304.17
— le peigne 83.9
— la planche à aiguilles dans sa position verticale 196.9
— les plateaux de l'ensouple 78.14
— la position du battant [par des chevilles] 289.16.17
— la rangée d'aiguilles 205.4
— la tension 329.9
— la tension de la chaîne 119.1
— la tension du fil 39.3, 98.3
— la vis dans l'encoche 134.3
—, se — d'après l'épaisseur des couches de fil (mouvement du guide-fil) 101.5
réglet 354.10
réglette en bois 224.6
— déplaçable en acier 28.9
— de lève 224.1
— de lames [avec fil de fer en hélice] 197.10.16
— des lames de Schoene 197.15
régulateur 261.9
— de la chaîne de poil 333.5
— à changement de la course du cliquet 132.2
— compensateur 136.5
— à compensation automatique 136.5
— de déroulement 126.3
— de déroulement négatif 129.2
— de déroulement positif 128.2
— de déroulement positif à action [in]directe 128.3.12
— différentiel 135.12
— d'enroulement par came de friction 135.2
— d'enroulement continu 130.8
— d'enroulement intermittent 130.5
— d'enroulement négatif 131.11
— d'enroulement négatif à action indirecte 131.9
— d'enroulement positif 131.10
— d'enroulement à roues droites 131.12
— d'enroulement à roues de rechange 132.1
— d'enroulement par roue à rochet 135.1
— d'enroulement à vis sans fin 131.13
— pour l'ensouple de chaîne 126.3
— d'ensouple positif et indirect 135.5
— d'ensoupleau 134.7
— d'ensoupleau intermittent 136.5
— d'ensoupleau négatif avec levier à contrepoids 137.3
— d'ensoupleau négatif avec ressort 137.14
— d'ensoupleau positif et continu 134.8
— du mouvement de chasse 254.7
— de la poitrinière 134.5
— de tension des fils 58.10
— du tissu 342.21
— à vis sans fin 135.13
régulier, fil 9.6
—, tramage 132.15
régulièrement, bobiner 22.17
rejeter les platines en arrière 205.7
relâché, chaîne —e 49.13
—s, fils de tour 353.11
relâchement de la chaîne 118.11, 129.10, 319.8
— des fils 79.10
— de la tension sur la chaîne 126.11
relâcher la chaîne 49.12
— l'écrou 250.3
— le frein 309.12
— les liais 181.15
relevage de la chaîne par les lames 181.21
— des lames 181.22.23
— du poil 343.16
relevé, poil 405.1
relevé, rayure —e 154.13
—s, maintenir — les fils de chaîne 228.2
relèvement de la broche 242.19
relever la brosse 73.8
— les lames 181.20
— le poil 343.19
— le support de bobine 30.11
—, se (bouts de trame) 361.7
relief, côté en 154.13
—, tissu en 422.17
—s dans le tissu 422.18
relier le bricoteau à la marche 188.8
— les extrémités, plaque pour 172.1
— les rayons de l'aspe par des ficelles 25.21
rembourrage 256.12
remettage amalgamé 105.1
— pour bordures 105.2
— chevron interrompu 104.16
— compliqué 105.5
— à plusieurs corps 105.6
— à course [de x fils] 104.8.9
— en escalier 104.17
— façonné 105.3
— des fils de chaîne 102.16
— gaze 105.7
— par groupes 104.18
— à paquets 104.18
— réduit 105.4
— par deux remises 104.19
— par plusieurs remises 104.19
— à répétition de x fils 104.8
— à retour redoublé 104.13
— à retour simple 104.12
— satin 104.10
— sauté 104.10
— sinueux 105.7
— suivi 104.9
— suivi à retour 104.11
remetteur de brins aux lisses 180.10
— de chaînes 103.7
— en peigne 107.1
remetteuse de chaînes 103.8
— en peigne 107.2
remettre les fils 103.2
— en marche le métier 266.15
— les pelotes de chaîne en cannettes (en bobines) 63.15.16
remise du ressort sous tension 255.22
remisse 105.12
remonter, faire — les lames 190.19
remplaçant 5.7
remplacement de bobines, mécanisme de 263.5, 264.1, 265.13, 266.2
—, mouvement de 261.16
rempli 413.14
—, magasin 261.3
remplir une bobine 22.8
— les carrés du contour de l'esquisse 380.16
—, se (bobine) 87.20
remplissage 413.15
— de la bobine 87.21
— en caoutchouc 256.8
— des claies 102.14
— de l'ensouple 77.5
— du magasin 261.2
remuer les fils dans la colle 65.23
renaissance, or 423.11
rêne de bride 429.12
— pour cheval 427.26
— de mors 429.12
renfiler 103.2
— les fils de la lisière doubles 434.23
renfileur 107.1
— de chaînes 103.7
renfileuse 107.2
— de chaînes 103.8
renflement de la bobine 23.16
renforcé, cannelé 146.6
renforcer la partie inférieure du bâti 356.13
renfort, disque de 115.13
renouer les fils cassés 51.11
renouvellement, frais de 446.1
renseignements sur la trame, fiche de 7.24
rentrage de l'arrière à l'avant 103.18, 219.17
— d'avant à l'arrière 103.16
— chevron 104.11
rentrage à la course 219.18
— effectué dans un mauvais ordre 104.5
— des fils de chaîne 102.16, 219.15
— du fil dès la lisière 424.13
— du fil dès le milieu 424.15
— par groupes 219.19
— par paquets 219.19
— à pointe 104.11
— à pointe et à retour 104.16
— sauté 219.20
— du tissu 444.11
—, mauvais 104.6
rentrayage, contremaître de 6.2
rentrayeur de chaînes 103.7
rentrayeuse de chaînes 103.8
rentré à travers un maillon faux 104.3
rentrer de l'arrière à l'avant 103.19
— d'avant à l'arrière 103.17
— la chaîne dans les lisses 219.16
— la chaîne dans les lisses et le peigne 109.15
— les fils de chaîne dans l'équipage 103.2
— les fils de chaîne à faux 104.4
— les fils de la lisière doubles 434.23
— une nouvelle chaîne 103.3
rentreur de chaînes 103.7
— en peignes 107.1
rentreuse de chaînes 103.8
— en peigne 107.2
— mécanique pour harnais et peigne 109.14
renversé, mouvement du battant 268.27
renversement des cartons, mécanisme de 214.9
— de la course 39.12
— de la glissière à la main 62.14
— de marche, mécanisme de 127.16.17
— de marche, mécanisme de — à cliquets 128.1
— dans l'ourdissage 43.6
—, dispositif de 311.11
renverser le carton 214.7
— la glissière 62.9
— la marche 277.21
— le mouvement de marche des cartons 390.15
— l'ordre des fils de chaîne 47.10
— dans l'ourdissage 43.5
renvidage conique 24.1
— dur 85.22
— du fil par rotation de la broche 87.23
— lâche 85.23
renvider sur cannette 85.18
— dur 85.24
— lâche 85.25
renvideur 22.1
réparations, frais de 446.2
répartir la colle sur les fils 65.16
répartition inégale du poids 109.8
repassage, aptitude au 429.20
repassé au fer, peluche —e 406.13
repasseur de peigne 107.1
repasseuse de peigne 107.2
répété, disposition des bobines —e 44.13
répéter 381.2
répétition 381.3
— de l'armure dans la largeur 104.1
— du dessin 8.1, 434.9
— dans un dessin à retour 221.8
— des fils de chaîne dans le tissu 144.15
— des fils sur les lames 104.1
— des fils de trame dans le tissu 144.16
— en largeur 381.6, 434.21
— des navettes 271.17
— des points de liage 381.9
—, mécanisme de 235.7, 343.4
—, mécanisme de — viennois 236.3
repiquage des cartons 389.1
repiquer les cartons, machine à 389.3
replacer des bobines pleines dans le chariot, machine à 363.15
repliables sur eux-mêmes, bras 28.16
replié vers le haut 140.8
— lisière —e 424.18
replier l'aspe sur lui-même 28.17
repos du battant 292.21
— des crochets 211.10
— des lames 189.6
— broche au 38.19
— métier en 306.16
reposer sur la chaîne de cartons (levier) 194.9
repoussé par le choc de la navette (taquet) 248.20
repousser les aiguilles principales 229.21
— les aiguilles restantes (étui) 226.12
— les platines en arrière 205.7
représentation graphique des armures 143.19
reproduction de l'esquisse sur papier quadrillé 378.14
— mécanique du dessin 378.16
reproduire le dessin 378.13
— à la main 378.15
reps 398.27
— en chaîne 146.2
— travers 146.1
réseau anglais 413.11
— de dentelle 413.8, 423.20
— divisible 412.23
— façonné 413.10
— à fond clair 413.12
— français 413.16
— de guipure 413.18
— indivisible 412.24
— à mailles carrées 413.17
— Matitsch 413.20
— tulle-bobin imitation 413.19
réserve de fil 98.2, 263.12
—, crochet de 214.23
résistance à l'action de la lumière 429.15
— à l'action de la pluie 429.16
— de déroulement de la chaîne 130.9
— au dévidage 95.20
— à l'enroulement proportionnelle à la résistance de déroulement 130.9
— du fil de chaîne 143.9
— du frein 95.18
— au freinage 120.15
— à la friction 120.14
— au frottement 429.19
— au lavage 429.17
— s'opposant au déroulement de la chaîne 118.5
— à la rupture du fil 435.24
— à la rupture par traction 114.5
— secondaire 123.12
résistant, fil 435.13
résister à une grande vitesse (fil) 85.8
ressaut du fil 27.13
— du poinçon 386.4
resserrer les fils de chaîne 139.5
— se (chaîne) 114.8
ressort 195.14, 267.16
— pour l'accouplement du mécanisme de chasse 315.1
— en acier plat du dispositif à butoir 254.4
— de l'aiguille 187.15
— d'arrêt 35.14
— d'arrêt pour l'agrafe 172.6
— du battant 186.15
— à bec 112.10
— de bobine formant frein 346.5
— à boudin 91.12, 270.6, 275.10, 288.7, 389.6
— de la broche 319.3
— du chariot formant frein 365.10
— de chasse 255.16
— du cliquet 92.3, 112.16, 119.16, 333.19, 346.20
— compresseur 205.15

ressort de compression. 205.15
— éjecteur 268.1
— à feuille 136.9
— fou 238.13
— en hélice 91.12, 180.16
— à lame. 50.18, 97.18, 136.9
— de la languette 308.17
— du levier 228.15
— de maintien 238.18
— de navette 242.2, 246.5
— du piston 388.17
— plat 259.17
— de pression 241.5
— de pression pour espolin 348.5
— de rappel 303.9 314.16
— de rappel de l'arbre de chasse 250.1
— de rappel du mécanisme de chasse 315.14
— rugueux 239.2
— à spirale 358.15
— de support des boîtes 275.7
— de sûreté 61.7
— tendu 283.23
— de tension 33.11, 325.5
— de traction 199.13, 283.11.15
— levier à 52.19
rester sur une assiette (bobine) 38.20
— avec les disques de frein sur des coquilles (ensouple) 125.3
— prise dans la foule (navette) 315.5
restes de bobines 22.11
retab. 335.17
retard du dévidoir 33.7
retardé uniformément (mouvement) 247.11
retenir l'extrémité du fil (porte-bobine) 263.19
— les grosseurs du fil 28.4
retenu dans la fente nœud 222.16
retirer la chaîne du tambour 57.3
retordage 18.23
retordage de fils de couleurs différentes 19.3
retordeuse 445.4
retordu fils —s 97.7
retors 9.5
— bouclé 19.7
— à x bouts 177.10
— croisé 19.4
— flammé 19.5, 421.10
— en laine peignée 334.20
— pour lisse 176.19
— coton 12.14
— fil 18.6
retourner le taquet au moyen d'un ressort 248.22
retracement du dessin 157.1
retracer le dessin du tissu supérieur (dessous) 157.2.3
retrait des fers 327.2
rétrécir se (chaîne) 114.8
— se — dans la largeur (tissu) 139.4
rétrécissement de la chaîne 444.2
— du tissu dans la largeur 139.3, 444.11
retrouver le fil cassé 51.9
réunion des fils de plusieurs cannettes 45.8
réunisseuse [mobile] pour chaîne ourdie 56.1, 61.25
revenir dans la boîte (navette) 251.19
— à la position initiale (navette) 248.21
— suivant le rapport d'armure (navettes) 271.18
reverse, à torsion 9.10
revêtement en fibre vulcanisée 243.14
— métallique 138.8 243.15
revêtue de fer 289.1
révolution partielle 49.3, 364.7
— du rouleau de mesurage 50.6
revolver du Northrop 261.1
— brosseuse et encolleuse mécanique 70.15
rideau châle 419.7
— chenille 419.5
— damassé 419.3
— de dentelle 419.2
— Djim 419.14
rideau finlandais 419.12
— de gaze 419.1
— de gaze damassée 419.6
— imprimé 419.4
— indien phulkari 419.15
— japonais 419.13
— Kilim 419.11
— Madras 419.10
— de mousseline fine 418.19
— oriental 419.9
— de tulle 413.2, 418.18
— turc 419.8
rigide, lisse 174.17
rigidité de la chaîne 118.21
riz 66.24
robinet d'air 69.13
— alimentaire 69.14
— d'arrêt 265.7
— d'épreuve 69.15
rochet du disque à came 96.13
romaine 439.13
— avec boîte de protection 439.15
— à bras inégaux 439.18
— avec dévidoir 439.14
— micrométrique pour fil 88.20
— de précision 439.16
— de Staub 439.18
— universelle 439.17
rompre, se (trame) 245.2
rond 380.3
— fer 168.11
rondelle pour vis 374.15
Roper, mouvement de déroulement à réglage automatique 129.12
roquet en bois 10.19
ros (v. a. rot, peigne) 83.21, 106.14, 282.4
— à échappement 136.10
— V 54.6
roseau 86.10 416.11
— fendu 284.18
rosette 261.5
rosier 287.1
Ross, boîte tournante 280.2
rot (v. a. ros, peigne) 83.21, 106.14, 282.4
— ourdisseur mobile 54.6
— V 54.6
rotatif, mouvement 34.19
rotation et blocage du cylindre 205.12
— de la broche 87.23
— du cylindre 205.10
— excessive du cylindre 190.14
— de la tige filetée 177.7
— uniforme de la broche 100.12
rotier 287.1
rotin 290.14
rotor 301.3
roue à aiguille 51.21, 52.7
— d'angle 307.18
— de l'arbre à vilebrequin 308.11
— d'arrêt à main 132.21
— de la broche 96.3
— à chaîne 195.15, 259.2, 372.19
— à chaîne avec contrepoids 53.3
— à cheville 201.2
— à chevilles 388.3
— à cliquet 58.11, 133.3
— de commande des broches 95.7
— de commande des chariots 367.21
— de commande conique 308.10
— de commande du cylindre sablé 135.8
— de commande hyperbolique 94.6
— de commande du second guide-fil 35.1
— du compteur 370.9
— conique 55.5, 61.9, 178.3, 303.4
— conique double 303.5
— conique folle 127.20
— à corde 26.12
— du cylindre 277.7
— cylindrique 287.11
— dentée 362.4.17
— dentée en acier 310.13
— dentée en bronze 310.18
— dentée pour couronne réglable 61.3
— dentée excentrique 214.1, 333.16
— dentée avec frein 276.4
roue dentée à lanterne 38.9
— à dents de bois 275.8
— droite 51.20, 137.4, 287.11
— droite coulissante 178.6
— elliptique 214.2
— d'ensouple 128.19
— de l'ensouple du tissu 133.10
— étoilée 128.17, 214.4, 275.12, 280.7, 370.14
— étoilée à huit dents 274.3
— excentrique 38.14
— à frein 311.15
— de friction 100.7
— à goupille 201.2, 274.2
— à goupilles 278.7
— hyperbolique 213.16
— intermédiaire 128.18, 133.9, 137.5, 178.5
— de levée 277.4
— à loquet du serre-navettes 317.8
— à planètes 303.5
— de la poitrinière 134.6
— porteuse 59.2, 388.9
— de rechange 128.21, 136.1
— à rochet 58.11, 124.15, 127.5, 133.14, 136.18
— à rochet du disque à came 96.13
— à rochet avec levier d'enroulage et cliquet 133.5
— du tambour 58.18
— à taquets 119.14
— à vis sans fin 51.19, 61.11, 127.13
— à vis sans fin sur l'arbre de l'excentrique 37.1
rouge, couleur 380.11
roulant, panier à fil 102.6
roule 47.20
— à bout conique 40.21
— à ourdir 40.20
— d'ourdissage 40.20
— plein 48.16
— sectionnel 54.14
rouleau (v. a. cylindre, tambour) 47.20
— d'acier 237.11
— d'appel 117.15, 135.7
— cannelé 117.17
— de la chaîne 366.10
— chargé 356.15
— des cordes 207.2
— de cuir 237.12
— en cuivre 70.7
— encolleur 76.2
— d'entraînement 128.14
— de friction 34.11, 100.5
— garni d'aiguilles 117.18
— garni de sable 117.16
— guide 48.10
— des lames 183.13
— en liaison avec le levier (la poulie) 184.7.8
— de mesurage 48.11
— mesureur 48.11, 54.7, 58.15, 63.3
— à ourdir 40.20
— d'ourdissage 40.20, 73.11, 82.2
— piqué 326.8
— plongeur 48.8
— plongeur en cuivre 73.14
— de pression 128.15
— de pression au contact du rouleau d'entraînement 129.1
— sablé 135.7
— tâteur 124.6, 128.8
— tâteur en bois 125.18
— tendeur 48.8
— de tension 63.11, 73.13
— de toile 261.10
— transporteur de la chaîne 263.3
— transporteur recouvert de peluche 329.13
— du tulle 366.11
rouleau-encolleur 72.18, 73.15
— en contact avec les fils de chaîne 76.12
rouleau-guide 73.12, 263.4, 287.15
— fixe 50.5
rouleau-presseur 73.16
roulette 203.5, 210.16
— de carte 281.4
— conique 117.7
— de la marche 201.8
route de crochets 214.14
ruban apprêté 427.16
— astrakan 425.12
— de batiste 424.24
— de chapeau 427.3
— de chaussure 427.5
— chenille 425.13
— chiné 425.8
— pour cigares 427.10
— conique 424.5
— continu de papier 229.19
— de coton 424.22
— coupé 424.17
— creux 426.17
— en croisé 424.25
— droit 424.4
— élastique 425.15
— élastique pour bretelles 426.21
— élastique pour ceinture 427.1
— façonné par trame (chaîne) 426.10.11
— festonné 425.18
— filasse 425.16
— de filoselle 425.3
— frangé 425.24
— imprimé 427.20
— de laine 425.1
— en lin 424.19
— en lin croisé fin 424.21
— en lin retors 424.20
— de lingerie 427.8
— à lisières creuses 424.7
— à lisières repliées et gommées 424.18
— à lisières unies 424.6
— métallique 425.17
— moiré 427.19
— nouveauté 427.7
— pour ordre 427.6
— à oreille 427.5
— de papier de mise en carte gommé sur carton 387.18
— de passementerie 427.4
— peint 427.21
— de percale 424.23
— perlé 425.14
— à point russe 426.15
— avec rayures à jour 426.9
— renforcé 425.6
— en reps 425.9
— de satin 425.7
— de soie 359.1, 425.2
— taffetas [à picots] 425.4.5
— tissé 424.3
— tombant du métier 427.15
— de velours 425.10
— de velours coupé à la main pour passementerie 425.11
—s confectionnés 427.22
rubanerie 90.10, 424.1
rubanier 5.26
ruchet 426.20
rude, fil 9.21
rugosité du fil 64.14
rugueux, disque 100.16
—, fil 18.3
rupture de l'étoffe 439.12
— du fil 51.5, 88.17
— du fil de chaîne 319.12
— des fils de chaîne par la navette 143.4
— de fils en masse 4.6
— du mécanisme de chasse-navette 313.2
— de la trame 132.17, 245.3

S

S, cou en 210.15
sablé 153.2
sabot du bâton de chasse 314.14
— de frein 91.11, 120.22, 277.2, 316.16
sabre, velours 403.18
sac 5.23
— de chamelier 410.9
— sans couture 156.13
— à houblon 397.6
— à sucre 306.23
sadowa 398.9
sagou 66.23, 437.10
saillant 195.3.16
saillie du levier 278.18
— du sillon 144.13

saisie [élastique] de la navette 252.1, 254.5
saisir les boucles de trame (navettes) 340.14
— le bout de trame (pincettes) 341.18
— les crochets (couteaux) 210.25
— la navette 247.6
— la navette qui revient (lanière) 252.2
—, dispositif pour — la navette à pince 258.10
salaire des amidonniers. 445.17
— des apprêteurs 445.12
— des blanchisseurs 445.1
— des bobineurs 445.2
— des cannetteuses 445.3
— des encoleurs 445.6
— des ensoupleurs 445.7
— des épinceteurs 445.14
— à forfait 444.23
— par heure 444.20
— journalier 444.21
— des monteurs de chaine. 445.7
— des nettoyeuses 445.13
— des noueurs 445.8
— des ourdisseurs 445.5
— payé aux mille duites 444.24
— des rentrayeuses 445.15
— des rentreurs 445.9
— des retordeuses 445.4
— par semaine 444.22
— supplémentaire par pièce 445.16
— à la tâche 444.23
— des teinturiers 444.25
— des tisserands 445.10
— pour la vérification des pièces 445.11
salle de bobinage 22.6
— de cannetage 85.1
— d'échantillonnage 299.6
— d'encollage 66.7
— d'ourdissage 40.3
— de parage 66.7
— de tissage 1.8
sangle en chanvre 428.25
— pour écurie. 428.28
— de selle 428.29
— de tapissier 428.27
saponifié 67.18
saponifier 67.17
sarcenet 393.5, 400.11
satin 432.6
— d'ameublement 402.13, 418.9
— brisé. 151.10
— par chaine 150.14
— de coton 394.20
— à double décochement 151.4
— fort 402.11
— de 8 224.4
— irrégulier 151.10
— de laine 399.16
— léger. 402.12
— lié 151.11
— merveilleux. 402.7
— de messaline 402.9
— ombré 151.14
— régulier 151.9
— à la reine 402.6
— renforcé 151.11
— simple 151.9
— de soie 402.4
— par trame 150.15
— turc 402.5
— de *x* 151.8
—, disposé en armure 166.19
satin-de-Chine 402.10
— -duchesse 402.14
— -liberty 402.8
— -sergé 150.8
satiné, carton 382.7
—, étoffe —e 3.19
saut de la cannette 239.10
— de la navette. 312.9
sautant, boite rotative —e 279.18
sauté. 384.16
—, fil 142.23
—s de l'armure 193.20
sauter 280.1
— (fil) 27.12
— en avant suivant une courbe (navette épuisée) 267.7
— hors de sa boite à l'arrière (navette) 267.3
— en dehors de la foule (navette) 312.10
sauter obliquement vers le bas (navette épuisée) 267.6
savon 68.10
— mou 67.16
— de potasse 67.16
— vert 67.16
—, poli au 175.6
sayette, fil de. 15.7
schappe fantaisie 17.10
— de soie, étoffe de 430.19
— tussah 17.16
Schatz, casse-chaine 320.17
Schoene, régleur des lames 197.15
Schönherr, bobinoir croisé 33.8
—, changement de boites 274.12
—, chargeur automatique de la navette 262.15
—, mécanisme de remplacement des bobines 266.2
—, ratière 191.2
—, ratière à pas ouvert 188.10
Schorch, moteur 310.15
Schröer, division 216.12
Schroers, ratière à pas fermé 189.1
Schwabe, changement des boites 276.2
Seaton, métier 257.21
sec, canneter à 85.2
séchage à l'air tempéré 65.26
— de la chaine à l'air libre 72.1
— des écheveaux 170.15
— mécanique 66.3
— à l'ombre 65.25
—, appareil de — pour chaine. 72.5
—, cadre de — pour chaine. 72.3
sécher par air circulant 75.11
— la chaine encollée 65.22
— à l'ombre 72.2
sécheur, ouvrier 65.23
sécheuse mécanique pour écheveaux 71.3
—, ouvrière 65.24
second guide-fil 35.1
—e bobine 264.12
—e chaine 159.11
secteur 191.8, 201.7, 204.6, 341.9
— de chasse 251.15, 253.8, 255.6
— denté 38.13, 194.8, 268.8, 276.10, 347.15
— des lames 322.1
— oscillant 188.14, 193.2
— de suspension des cartons 390.11
section de chaine 47.14
— de fils 54.16
— triangulaire. 354.11
—s séparées par des feuillets métalliques 58.2
segment en bois. 115.8
— à coulisse concentrique 128.20
— denté 112.17, 129.7, 188.12, 358.6
— denté pour faire varier la pression. 54.10
— fixé sur le levier de frappe. 250.20
—s dentés engrenant entre eux 192.11
Seidel, mécanique pour damassé 233.1
sel de l'acide arsénieux 67.27
— d'aluminium 438.5
— amer 437.25
— anglais 68.15
— commun 67.28
— de cuisine 67.28
— d'Epsom 68.15, 437.25
— de Glauber 68.20, 437.26
— ordinaire 67.28
sélecteur 368.10
— élastique 368.11
— flexible 368.11
—, dispositif 370.1
sélection du dessin, dispositif de 189.9
— de fils, mécanisme de 113.5
selle 353.18
semaine, salaire par 444.22
semelle du battant 288.19, 346.1
— pour navette 339.23
semi-circulaire, cantre 44.7
semi-mécanique, métier 301.7
semple 386.6
—, corde de 209.11
sens de bobinage 22.16
— de la chaine 433.19
— de déroulement de la chaine. 121.2
— de la trame 433.20
sensible, poids 137.6
sentène 10.23
séparateur de chaine. 363.2
— d'eau de condensation 73.22
— des perles 354.19
séparation des fils de chaine. 84.2, 142.22
— des fils collés ensemble par le battage 66.2
— des perles 354.18
séparé, sections —es 58.2
séparer les coupes 77.12
— les fils 84.4
— et à nouer les fils, mécanisme à 112.23
— les sections sur les cylindres au moyen de chevilles 57.16
—, se (fils de chaine) 84.1
serrage des duites 132.7
— du nœud 338.12
serge 399.8, 401.28
— de coton 394.17
sergé 394.17
— amalgamé 150.4
— brisé. 149.8
— cannelé 149.7
— par chaine 147.15
— continu 149.11
— croisé 150.6
— croisé combiné 150.7
— à dents 149.12
— de douze à angle obtus 148.2
— à échelle 150.1
— en escalier 149.14
— de fond 149.3
— interrompu 150.2
— ondulé 149.9
— de quatre 148.1
— de quatre contre-semplé double-face. 157.10
— recourbé 149.10
— renversé 149.6
— subordonné 149.5
— par trame 147.14
— de trois [à angle aigu] 147.17.18
—, faux 149.13
sergé-satin 150.8
seringue 101.12
serre 416.13
serre-navette 315.8
— pour battant à chute libre 317.11
— pour métier revolver 317.12
— avec régulateur 317.1
serré, chaine à compte. 319.9
—, écrou 439.9
—, tissu 132.11, 392.13, 431.22
serrément, entrelacer 152.3
serrer la duite [fortement] 284.7.8.10
— l'écrou 439.8
— les rangées des nœuds 409.14
— le tissu sur l'ensouple du tissu 298.14
service 266.11
— mécanique 300.4
serviette éponge 166.3
— de table 420.9
— de toilette 433.9
Seydlitz, métier pour tapis de Smyrne 337.8
shirting 393.12
— indien 393.13
shoddy, fil de. 14.19
—, fil de soie 17.15
sibérienne 398.6, 417.10
sicilienne 401.16
siège, couverture de 405.16
signal pour changement de couleur 271.10
— du timbre 62.8
silésienne 392.21
silicate de magnésium 68.18
sillon. 144.12, 154.14
— de droite à gauche 148.7
— de gauche à droite 148.6
— de peigne 107.17, 433.23
— du satin 150.18
— du sergé 147.16
sillonné, carton 189.15
silvaline, fil 13.25
simple lève 201.10
—, bobinoir 20.18
simultané, insertion —e 257.15
—, mouvement 39.10
Smith, changement de boites montantes 274.15
Smyrne, fil 15.8
Société Alsacienne de Constructions Mécaniques, mécanisme de remplacement de bobines 263.5
soie 2.19, 18.13, 400.7
— artificielle 17.17
— artificielle de Chardonnet 17.19
— artificielle au collodion 17.19
— artificielle au cuivre. 17.18
— artificielle à la nitrocellulose 17.19
— artificielle au pyroxyle 17.19
— câblée 16.15
— chaine 16.5
— chargée 17.1
— cordonnet 16.14
— et coton, peluche 403.6
— couleur 17.2
— crêpe 16.10
— crêpe de Chine 16.11
— crue 16.21
— cuite 16.24
— décreusée 16.23
— dégommée 16.23
— écrue 16.21
— façonnée 402.28
— galette 17.11
— glacée 17.3
— Glanzstoff 17.18
— grège [extrafine] 16.2.3
— grenadine 16.20
— laminée 17.4
— marabout 16.13
— mi-cuite 16.22
— moulinée 16.4
— ondée 16.9
— ouvrée 16.4
— à l'oxyde de cuivre ammoniacal 17.18
— pure 430.18
— retorse 16.4
— shoddy 17.15
— souple 16.22
— torse 16.4
— trame 16.6
— tussah 17.6
— viscose 17.20
soieries 323.13, 400.7
— en armure croisée. 401.26
— façonnées 402.15
— en gaze 401.22
— satin 402.3
— unies 400.8
soixantaine 11.5
soleil par chaine 151.17
— par trame 151.16
— par trame à rayures en long 152.1
soléno 320.11
solénoïde 320.11
solide, tissu 159.4
solidité de la teinture 429.9
— du tissu 429.7
solution de colle 71.13.18
sommier 290.8
— du battant 288.19, 301.19
— du battant monté sur *x* épées 295.3
sonde-trame Northrop 261.11
sonnerie 62.7
sonnette 248.7
—, mécanisme de 82.4
sorte de bobinage 23.4
— de peignes 284.16
— de ratières 186.2
—s de construction de métier. 300.2
sortie du chariot 326.18
— des matières 6.25
— du tuyau d'air comprimé 265.6
sortir entre deux trames de fond (poil) 168.21
— des tubes (fils de poil) 340.7
soubassement en toile 403.15
soude caustique 68.4
soudé, peigne 286.15
soufflé, capsule —e 264.22
souffleur 102.4

soulèvement de l'ensouple de chaîne, dispositif de . . . 106.11
soulever la bobine (godet) . . . 96.16
— la crémaillère (came) 288.12
— la lame (platine) . . 186.19
— le levier du frein . . 95.19
Soumak, tapis de . . . 407.29
soupape de réduction . 74.11
— de sûreté . . . 69.17
— de sûreté à contrepoids . . . 74.18
souple, rendre le fil . . 64.18
—, soie . . . 16.22
—, tissu . . . 431.26
source du courant électrique . . . 320.8
soutaches . . . 427.27
spirales, placer le fil en — sur la bobine . . 22.19
spire allongée . . . 20.14
— de la corde . . . 124.11
— de fil . . . 22.15, 336.7
— juxtaposée . . . 23.1
— de torsion . . . 145.11
—s enroulées lâchement 98.8
—s de fil . . . 24.15
stationnaire, lame . . . 231.8
—, les platines restent —s . . . 205.8
Staub, romaine . . . 439.18
Stäubli, dispositif de fausse lisière . . . 362.15
stéarine . . . 67.15
stock . . . 443.7
store . . . 433.7
structure de la fibre . . 436.17
style . . . 376.12
— assyrien . . . 376.13
— baroque . . . 376.22
— égyptien . . . 376.14
— gothique . . . 376.19
— grec . . . 376.15
— indien . . . 376.17
— mauresque . . . 376.18
— normand . . . 376.20
— renaissance . . . 376.21
— rococo . . . 377.1
— roman . . . 376.16
subdivision . . . 75.3
subordonné, sergé . . . 149.5
substance adhésive . . 66.18
— agglutinante . . . 67.19
— pour la charge . . . 68.12
— grasse . . . 67.5
successif, mouvement — de la boîte rotative 279.4
sucre de raisin . . . 68.5
suif . . . 67.9, 437.15
sulfate de baryte . . 437.28
— de chaux . . 68.16, 437.23
— de cuivre . . . 68.2
— de magnesium . . 68.15, 437.25
— de soude . . . 68.19
— de zinc . . . 67.29
supérieur, ensouple placée à la partie —e . 116.7
superposé, bobines —es 265.10
—, toile —e . . . 414.3
superposer deux chaînes 155.12
— deux trames . . . 155.2
support . 59.16, 168.17, 178.11, 280.17, 287.13, 353.18
— d'aiguisage du couteau . . . 332.7
— d'asple . . . 26.9
— à auge . . . 48.13
— d'axe du levier à poids . . . 125.11
— de la barre d'arrière 116.9
— à bascule du moteur 309.18
— du battant . . . 295.5
— à billes . . . 97.21
— de bobine . . 30.5, 32.14
— de bobine en forme de bac . . . 266.4
— de bobine relevé . . 30.6
— de bobines . . 88.18, 262.18
— de bobines à glissière 365.14
— des bobines d'ourdissoir . . . 43.12
— en bois . . . 116.14
— en bois pour les brochettes . . . 44.19
— du bout du fil de trame . . . 264.21
— du bras latéral . . 112.15
— de la broche . . . 98.15
— du butoir . . . 322.12
support de cannette tournant . . . 45.10
— des cartons . . . 384.3
— de chaîne inférieur . 113.12
— de chaîne supérieur . 113.13
— à charnière . . . 31.2
— circulaire . . . 362.6
— de la courroie . . 314.15
— de couteau 276.15, 327.16, 332.1
— avec crans . . . 129.13
— creux . . . 338.10
— de dévidoir . . . 33.19
— des disques de tension 92.21
— à douille . . . 284.2
— élastique . . . 140.15
— élastique du moteur. 310.9
— d'ensouple de chaîne 116.6
— de l'ensouple du métier à tisser 83.18, 111.9
— de l'ensouple réglable 80.11
— d'ensoupleau mobile. 136.4
— des espolins . 346.2, 347.14, 348.13
— de l'extrémité de l'arbre de commande . . . 55.16
— de fil élastique . . . 29.8
— en fonte . . . 212.12
— de la fourchette casse-trame . . . 322.14
— du guide-fil . . . 95.1
— des lames . . . 183.17
— des lamettes . . . 172.13
— du liseron . . . 172.5
— oscillant . . . 129.8
— du peigne . . 59.15, 106.8
— pendant . . . 212.16
— de la planche d'arcades . . . 217.13
— de la planche à cannettes . . . 323.4
— des poulies-guides . 301.10
— du rail transversal . 212.10
— à rainures . . . 34.10
— réglable . . . 61.19
— réglable pour les barres de soutien des lisses . . . 105.16
— réglable pour ensouple . . . 61.12
— de réglage du peigne 108.9
— -rouleau . . . 230.8
— de rouleaux élastique 243.19
— du rouleau d'ourdissage . . . 83.17
— supérieur . . . 249.9
— supérieur de la bobine . . . 36.5
— de templet . . . 140.7
— de la tige de maintien 93.7
— du tourillon à boulet de la broche . . . 94.12
— des tringles-guides de la chaîne . . . 356.7
— du tube . . . 338.8
— en forme de tube . 365.13
— du ventilateur . . . 76.5
— en verre pour les brochettes . . . 44.20
—, mécanisme du . . . 62.1
supporté par des pivots 335.3
supporter élastiquement 313.6
— les extrémités de l'arbre . . . 48.14
— le levier . . . 194.11
surah . . . 401.27
surcharge du métier . 307.5
sûreté contre les ruptures . . . 313.5
—, dispositifs de . . . 313.2
surface de bobinage de la bobine . . . 23.12
— de la bobine . . . 37.11
— concave . . . 280.8
— convexe . . . 280.9
— du disque de frein . 124.22
— du fil . . . 64.15
— de la nappe . . . 41.17
— plane . . . 41.18
— de poils redressés . 417.12
— de rupture . . . 436.15
— du tambour . . . 30.10
— du tissu . . . 431.30
surfilé, fil . . . 161.15
surjet du fil . . . 27.13
surmontage de la résistance . . . 118.7
surmonter la résistance. 118.6
surplus du fil . . . 98.9
surtordu, fil . . . 161.15
surtorsion des écheveaux de fils frisés . . . 170.13
suspendre les lames obliquement . . . 181.12
suspendu librement . 184.14, 317.6
— à marteau . . . 289.10
— dans le métier (lames) 181.7
— sur pivot . . . 289.10
suspenseur pour bas . 427.23
suspension des cartons, secteur de . . . 390.11
— du fil sur des perches 65.27
— des lames . . . 171.13
— au plafond de la mécanique Jacquard . 212.15
— par poulies . . . 183.18
— par rouleau . . . 183.12
— avec tire-lisses . . 183.15
— maintenu, en . . . 49.7
symétrique, dessin . . 377.6
système de cliquets . . 135.14
— de fils de chaîne, un — tourne autour d'un autre . . . 164.2
— de fils voisins . . . 165.8
— de leviers . . 196.5, 333.11
— de leviers pour enfiler les fils . . . 53.19
— de leviers du mécanisme d'arrêt . . . 53.6
— de métier . . . 304.7

T

T, rail en . . . 333.2
T-cloth . . . 393.15
table . . 288.5, 365.2, 389.12
— de découpage . . . 383.19
— -guide . . . 342.20
— tournante . . . 81.3
— de visitage . . . 442.4
tablette de bois . . . 311.3
— à bornes . . . 387.11
— à rainures . . . 343.7
tablier . . 427.12, 433.1
— transporteur des bobines . . . 33.3
tâche, salaire à la . . 444.23
taffetas . . . 400.9
— changeant . . . 400.15
— doublure . . . 400.10
— quadrillé . . . 400.17
— rayé . . . 400.16
— uni . . . 400.14
— pour vêtement . . . 400.12
talc . . . 68.17, 207.18
talon . . . 283.17, 284.3
— du butoir . . . 229.10
tambour v. a. rouleau, cylindre
— d'appel . . . 48.1
— à bout conique . . . 60.1
— brosseur . . . 70.11
— avec chevilles . . . 57.17
— à claire-voie . . . 75.10
— pour la commande des bobines . . . 27.3
— compteur . . . 62.5
— avec cônes creux interchangeables . . 372.3
— en cuivre étamé . . 73.17
— d'enroulement . . . 324.9
— extensible . . . 48.19
— fendu . . . 31.12, 99.11
— de friction . 30.4, 35.2, 48.1
— horizontal . . . 56.18
— ourdisseur . . . 58.17
— ourdisseur monté sur bâti . . . 59.10
— de réserve . . . 56.19
— -revolver . . . 280.3
— à segment denté . . 203.2
— à deux spires . . . 32.6
— unique . . . 39.16
— à double va-et-vient. 32.6
—, grand . . . 74.6
—, petit . . . 74.7
tamis en crin . . . 414.14
— en fil de cuivre jaune 416.23
— en fil de fer . . . 416.24
— en fil métallique . 416.21
tampon de caoutchouc. 243.20
tangentiellement, placé. 342.6
tannin . . . 437.30
Tannwald, boîte montante . . . 278.3
—, ratière de . . . 192.9
tapette de la griffe . . 213.2
tapette de levée 200.6, 202.12
— pour pas ouvert . . 200.7
— de rabat . . 200.5, 202.11
— simple . . . 251.2
tapis . . . 407.3, 433.15
— d'Afghanistan . . . 410.4
— de l'Anatolie . . . 410.2
— anglais . . . 408.4
— d'Arabie . . . 410.5
— d'Axminster . . . 410.12
— d'Axminster allemand 410.14
— d'Axminster Royal . 410.16
— d'Axminster Victoria 410.15
— à bordure . . . 407.9
— brodé . . . 407.25
— -chemin . . . 407.13
— -chemin en moquette 411.20
— chenille . . . 410.10
— chenille double face. 410.11
— chenille à poil d'un seul côté . . . 410.12
— composé . . . 407.12
— cordelé . . . 407.15
— en croisé . . . 407.19
— double . . . 408.9
— écossais . . . 408.12
— d'escalier . . 407.13, 433.16
— en étoupe . . . 407.22
— en fibre de coco . . 407.20
— fourré . . . 407.23
— à fourrure artificielle 407.24
— imitation . . . 407.6
— imprimé . . . 407.27
— de jute . . . 407.21
— de Kidderminster . 408.11
— Kilim . . . 408.7
— marocain . . . 410.7
— de murailles . . . 407.8
— à nœuds . . . 408.15
— noué fait à l'aiguille. 408.17
— noué fait mécaniquement . . . 408.19
— noué imitation . . . 409.1
— noué à la main . . 408.16
— ordinaire . . . 408.1
— oriental . . . 410.1
— parisien . . . 407.14
— peint à la main . . 407.26
— de Perse . . . 410.3
— de pied . . . 407.7
— double pli . . . 408.9
— à poil . . . 408.2
— à point noué . . . 408.15
— à point noué à la main . . . 336.19
— de prières . . . 410.8
— en reps . . . 407.18
— rhénan . . . 407.28
— de la Savonnerie . . 409.15
— simples . . . 408.1
— de Smyrne . . . 409.13
— de Smyrne fabriqué mécaniquement . . 337.7
— de Soumak . . . 407.29
— de table . . 419.17, 433.12
— -taffetas . . . 407.17
— de Tournay . . . 412.4
— triple . . . 408.12
— turcoman . . . 410.6
— de Turquie . . . 409.15
— de Turquie à poil court (long) . . . 409.16.17
— tyrolien . . . 408.3
— velouté . . . 408.13
— velouté par chaîne . 411.9
— velouté par trame . 408.14
— véritable . . . 407.5
tapisserie . . . 407.8, 422.4
— à l'aiguille . . . 422.3
— mécanique . . . 422.5
— au petit (gros) point 422.6.7
— portrait . . . 422.9
— tissée . . . 334.17
taquet . . 80.15, 128.16, 136.12, 248.4, 250.13
— d'arrêt . . . 53.17
— en cuir tanné . . . 248.10
— de la glissière . . . 62.3
— huilé . . . 248.13
— pour mécanisme de chasse à ressort . . 256.6
— en peau de buffle . 248.12
— en peau de cochon . 248.11
— repoussé par le choc de la navette . . . 248.20
—, le — se meut sur une broche . . . 248.19
—, le — se meut dans un guide de la boîte à navette . . . 248.18
taraudé, filet . . . 60.11

tarif de bobinage . . . 26.3
— de cannetage 89.1
tarlatane 393.27
tâteur . 196.14, 262.11, 318.18, 363.18, 389.4
— à aiguille 318.12
— de bobine 266.5
— de cannette 318.17
— de cannette avec compteur. 318.21
— de cannette électrique à ressort 319.1
— de carton 390.5
— à contact 318.19
— de fil 53.10
— de trame. . 266.13, 318.13
— de trame Northrop . 261.11
tavelle 25.19
technique textile . . . 1.2
— du tissage, au point de vue de la . . 2.1
technologie du tissage . 2.2
teint en fibre 429.10
— en fil 429.13
— en laine 429.10
— en pièce 429.14
—, tissu 431.4
teinture, affaibli par la 9.26
teinturier 444.25
téléphone, frais de . . 447.8
tempe 138.14
température de la salle de parage 73.9
templa . . . 138.14
temple . . . 138.14
templet . . . 138.14
— automatique . . . 139.14
— à chaîne à picots . . 140.4
— à cylindre . . . 140.2
— à cylindre sans aiguilles . . . 140.12
— à trois cylindres . . 140.3
— à disques verticaux . 139.17
— étranglé . . . 140.16
— à griffes . . . 139.12
— mécanique . . . 139.14
— à molettes horizontales . . . 140.9
— à pinces . . . 139.12
— à rouleau . . . 140.2
— à soleil . . . 140.9
temploir . . . 138.14
templu . . . 138.14
tenaille à couper . . . 373.14
tendre le boyau de chaîne. . . 81.19
— la chaîne. . . 66.5
— l'écheveau . . . 25.10
— les fils retors au moyen d'anneaux . 177.11
— fortement le ressort 92.16
— les liais . . 181.16
— les lisses . . 180.7
— le ressort . . 251.18, 283.22
— la trame . . 245.6
tendu fortement. . . 118.20
— lâche . . . 118.22
—, les fils restent —s . 79.7
—, maintenir la lisse —e 180.19
tenir le vautoir . . . 81.20
tennis, tissu . . . 399.12
tenon . . . 323.3
tension par bascule à besace. . . 122.1
— de la chaîne 66.4, 118.10.16, 444.1
— de la chaîne par des ressorts . . . 119.8
— de la chaîne, dispositif de — pour métier de rubanerie . . . 356.14
— constante de la chaîne 126.9, 129.17
— par contrepoids . . 122.1
— directe par poids mobile . . . 122.4
— due à la formation de la foule . . 118.13
— de l'écheveau . . . 25.11
— élastique . . . 118.23
— élevée dans le pas antérieur . . . 143.8
— faible . . . 118.23
— du fil . . . 35.19
— du fil, dispositif de (Morisson) . . . 92.20
— de fil par œillets . . 243.16
— des fils de chaîne par poids . . . 49.6
— des fils de poil . . 329.3
tension des fils de poil, dispositif de . . . 329.4
— forte. . . . 118.18, 119.12
— irrégulière du fil . . 29.17
— par poids . . . 301.11
— par poids immobile . 122.6
— souple . . . 118.23
— du tissu en largeur . 139.1
— uniforme . . 29.16, 126.9
— variable . . . 49.9
—, remise du ressort sous 255.22
tente, toile à . . . 395.15
tenture . . . 407.8
termes de tisserand . . 8.4
terminal, vitesse —e . . 247.10
terminé, chasse —e . . 247.19
Ternaux, cachemire de. 420.27
terre cuite vernie . . . 208.2
tête de bielle ouverte . 293.13
— en bois arrondie . . 234.1
— de la broche . . 96.5, 242.18
— du fer . . . 327.6
— de griffe . . . 241.2
— hexagonale, boulon à 374.12
— du marteau . . . 262.1
— plate, boulon à . . 374.9
— de la platine . 186.18, 193.11
— du poinçon . . . 385.19
— du taquet . . . 248.8
— du tâteur . . . 389.5
— de tressage . . . 179.1
— de la tringle de connexion . . . 276.16
têtière du bobinoir . . 27.7
textile, matières —s . . 8.7
—, technique . . . 1.2
textiline, fil. . . 14.2
textilite, fil . . . 14.1
textilose, fil . . . 13.26
théorie des armures . . 143.16
théorique, production . 441.3
thibet . . . 399.11
tige . . . 180.14, 371.6
— d'arrêt . 36.11, 92.9, 254.1
— à charnière . . . 270.5
— de commande . . . 203.17
— de connexion en bois avec charnière de sûreté . . . 255.10
— courte . . . 124.5
— à crochet . . . 94.20
— à crochet enclanchée 95.13
— de déclanchement 48.4, 50.17, 52.12, 61.8
— d'égalisation . . . 329.16
— filetée . 55.18, 59.18, 176.16, 191.3, 287.10
— filetée dans un coussinet fixe . . . 60.9
— filetée de la moufle. 322.8
— filetée pour roue à rochet . . . 91.17
— de fixation . . . 332.17
— de fond . . . 368.16
— de fourchette de la courroie . . . 52.18
— -guide horizontale . . 108.7
— de maintien . . . 92.22
— de pression pour la cannette . . . 93.16
— du sélecteur . . . 368.15
— de tension folle . . 339.2
— avec trous verticaux. 350.14
— de valve . . . 69.2
tigre, peluche imitation 406.19
timbre-avertisseur . . . 62.7
tirage des cordes . . . 209.8
— du cordon de semple 386.9
— double du fil dans le pas croisé . . . 231.11
tiraillé, chaîne —e . . 118.19
tiraillement des lames . 197.17
tirant . 123.23, 384.5, 385.16, 427.5, 428.24
— de la chasse . . . 314.13
— d'excentrique articulé 213.18
tire-lames. . . . 185.9
— -lisse . . . 183.17, 185.9
tiré des lisses, fil . . . 109.5
tirer en bas la lisse levée (poids) . . . 219.10
— le fil brodeur à travers le chas . . . 350.10
— le fil de tour par une culotte à perle . . 361.14
— le fil à travers le peigne (passette) . . 109.4
tiretaine . . . 400.5
tireur de lacs . . . 209.14
tissage (art) . . . 1.3, 114.1
— (atelier) . . . 1.7
tissage d'articles tubulaires . . . 300.10
— à bras . . . 4.18, 296.1
— à chaîne croisée . . 352.3
— du coton . . . 2.10
— en couleur . . . 2.4
— damassé . . . 231.2
— à domicile . . . 6.19
— du drap . . . 2.15
— des échantillons et des essais . . . 299.4
— en écru . . . 2.3
— des étoffes à dessin . 2.6
— des étoffes façonnées . 2.7
— des étoffes grand façonnées . . . 208.15
— des étoffes façonnées par harnais . . . 2.9
— des étoffes façonnées par lame et marche 2.8
— des étoffes unies . . 2.5
— à façon . . . 6.21
— de figures humaines. 422.10
— du fil de papier . . 2.21
— de fils de perles . . 3.5
— de la gaze. . . 352.3
— au Jacquard . . . 208.15
— du jute . . . 2.12
— de la laine . . . 2.13
— à lames . . . 181.1
— mécanique . . 7.2, 300.1
— au mouillé . . . 242.8
— imitant la peinture . 422.4
— de la peluche. . . 2.23
— des perles . . . 354.14
— à points brodés . . 349.6
— de rubans . . . 3.2
— de la soie . . . 2.19
— des tapis . . . 3.1
— de la toile . . . 2.11
— de la toile métallique 2.22
— du velours . . . 2.24
—, au point de vue du 2.1
tissé . . . 1.15
— serré, envers . . . 152.5
tisser. . . . 1.4
— des articles lourds (légers) sur métiers légers (lourds) . . 296.6.7
— sans baguettes d'encroix . . . 138.13
— à bras . . . 4.19
— le chef de la pièce . 1.14
— plusieurs couleurs . 271.7
— à façon . . . 6.20
— avec x lames . . . 181.3
— avec (sans) pas croisé 223.14.15
— les paysages . . . 422.11
— à trame mouillée . . 236.20
— à trame sèche . . 236.21
tisserand . . . 4.21
— à bras . . . 4.23
— à façon . . . 6.22
— à la mécanique . . 5.1
tisserande . . . 4.22
— à bras . . . 4.24
— à la mécanique . . 5.2
tisseur . . . 4.21
— d'amiante . . . 5.29
— en batiste . . . 5.24
— à bras . . . 4.23
— de chanvre . . . 5.13
— de coton . . . 5.10
— de coutil . . . 5.22
— de crin . . . 5.28
— de draps . . . 5.18
— -échantillonneur . . 299.7
— d'étoffes façonnées . 5.9
— d'étoupe . . . 5.15
— de fil d'ortie . . . 5.16
— de jute . . . 5.14
— de lainages . . . 5.17
— de laine . . . 5.17
— de laine cardée . . 5.20
— de laine peignée . . 5.21
— de lin . . . 5.12
— de linon . . . 5.24
— à pédales . . . 5.3
— de sacs . . . 5.23
— supplémentaire . . 5.7
— de toile . . . 5.11
— de toile à sacs . . 5.23
— de velours . . . 5.27
tisseuse. . . . 4.22
— à bras . . . 4.24
— à la mécanique . . 5.2
tissu (v. a. article, étoffe) 3.9
— d'ameublement . . . 433.10
— d'ameublement broché . . . 418.13
tissu d'ameublement à côtes . . . 418.5
— d'ameublement croisé 418.8
— d'ameublement double-face . . . 418.3
— d'ameublement avec envers. . . 418.2
— d'ameublement imprimé . . . 418.16
— d'ameublement en tapisserie . . . 418.12
— d'ameublement uni . 418.4
— apprêté . . . 431.15
— d'argent . . . 402.21
— à armure toile . . . 432.4
— blanchi . . . 431.3
— bouclé . . . 166.2, 417.21
— bouclé façonné . . . 166.11
— broché . . . 162.10, 344.13
— broché à l'aiguille. . 163.6
— broché à carreaux . 163.5
— broché-poils traînants 344.2
— brut . . . 431.2
— en caoutchouc . . . 415.3
— caoutchouté . . . 431.13
— à carreaux . . . 271.13
— à deux chaînes et trois trames . . . 158.10
— à trois chaînes et deux trames . . . 158.11
— de chanvre . . . 430.10
— chenille . . . 340.21
— chiffon . . . 393.11
— composé . . . 154.7
— confectionné . . . 4.9
— à corps plein . . . 431.22
— à côtes . . . 391.9
— de coton . . 321.4, 392.11
— de coton en croisés . 394.6
— de coton écru . . . 392.14
— de coton façonné . . 394.22
— de coton à poils . . 394.26
— de coton en satin. . 394.6
— de coton uni . . . 392.12
— peu couvert . . 4.8, 143.13
— pour couverture . . 419.16
— craquant . . . 431.29
— pour cravates . . . 402.29
— crêpé . . . 432.3
— crêpé dans le sens de la longueur . . . 161.17
— creux . . . 160.8
— en crin . . 414.10, 430.24
— en crin pour siège . 414.18
— croisé . . . 394.17, 432.5
— damassé . . 153.12, 432.11
— en forme de dentelle 412.25
— à petits dessins . . . 3.18
— de dessous . . 157.6, 169.5
— de dessus . . 157.4.5, 169.4
— double . . 398.8, 431.20
— double à effet de x couleurs . . . 158.9
— double façonné . . . 158.8
— double avec trame (chaîne) d'envers 158.10.11
— double avec trame (chaîne) de liage . 158.2.3
— double avec trame (chaîne) de remplissage . . . 157.15, 158.1
— double-face . . . 392.5
— double-face en chaîne 155.11
— double-face en chaîne façonné . . . 156.1
— double-face en chaîne imitation . . . 156.2
— double-face en trame 154.18
— double-face en trame façonné . . . 155.10
— doux . . . 431.24
— très duité . . . 132.11
— dur . . . 431.25
— écru . . . 431.2
— à effet de chaîne 3.23, 351.6
— à effet de trame . . 3.24
— élastique . . . 415.3
— élastique pour bottines . . . 415.24
— enroulé sur l'ensouple du tissu . . . 298.15
— avec entrebas . . . 4.7
— d'envers . . 157.6, 166.15
— sans envers . . . 392.6
— épais . . . 159.5
— éponge . . 417.24, 432.8
— éponge façonné . . 417.26
— éponge unicolore . . 417.25
— façonné 391.14, 421.1, 432.10
— en fibre de bois . . 416.9
— à x fils . . . 144.19

tissu en fil de cuivre jaune . . . 416.19
— en fil métallique 416.14, 431.1
— en fil de papier . . . 430.23
— floconneux . . . 417.22
— floconneux pressé . 417.23
— de fond . . 166.15, 408.18
— sans force . . . 431.28
— foulé . . . 431.9
— fourré . . . 156.5
— gaufré . . . 431.7
— gratté . . . 431.10
— grossier . . . 431.27
— imperméable . . . 431.12
— imprimé . . . 431.6.14
— inférieur et supérieur faits chacun de son côté par une navette . . . 169.12
— inférieur et supérieur faits par une seule navette . . . 169.11
— intermédiaire . . . 159.8
— à la Jacquard . . . 392.9
— à jour . . . 164.1, 431.23
— de jute . . 396.13, 430.13
— de jute en armure toile . . . 396.14
— de jute en croisé . . 397.1
— lâche . 4.8, 393.21, 431.21
— de laine . . . 397.7
— de laine cardée 397.8, 430.14
— de laine cardée en armure croisée . . . 398.12
— de laine cardée en armure satin . . . 398.12
— de laine cardée uni . 397.9
— de laine peignée . 398.17, 430.15
— de laine peignée en armure croisée (satin) . 399.6
— de laine peignée façonné . . . 399.18
— de laine peignée uni . 398.18
— lainé . . . 431.10
— à lames . . . 392.8
— à x lames . . . 144.20
— lancé . . . 344.2
— léger . . . 431.16
— à liage uniforme sur toute la surface . . 391.11
— de lin . . . 395.6, 430.8
— de lin en armure croisée (satin) . . . 396.3
— de lin façonné . . . 396.10
— lourd . . . 431.17
— maigre . . . 4.8
— par mailles . . . 3.8
— à mailles hexagonales 363.9
— mercerisé . . . 431.5
— métis . . . 430.9
— mi-laine . . . 400.2, 430.16
— mi-lin mi-coton . . 395.13
— mi-lin mi-étoupe . . 395.12
— mixte . . . 430.9
— moiré . . . 431.8
— mou . . . 431.24
— moucheté . . . 392.7
— multiple . . . 158.12
— ondulé . . . 432.2
— d'or . . . 402.20
— ordinaire . . . 3.7
— pour ornements d'église . . . 402.30
— d'ortie . . . 430.12
— en paille . . . 416.1
— pairé . . . 143.13
— à pas simple . . . 391.8
— pelucheux . . . 333.13
— perlé . . . 414.21
— en pièces . . . 405.15, 441.8
— double piqué . . . 160.10
— x-plis . . . 159.1
— à poil . . . 403.7, 432.9
— à poil couché . . . 403.11
— à poil droit . . . 403.10
— à poils sur chaque face . . . 170.5
— à point brodé plat . 344.15
— à point de gaze . . 432.7
— pointillé . . . 421.3
— de x portées . . . 434.20
— quadrillé . . . 271.13
— quadruple façonné . 159.3
— de ramie . . . 430.11
— à rappondre . . . 110.5
— ras . . . 432.1
— rayé . . . 391.9
— rayé à travers . . . 271.12
— à rayures en chaîne . 3.22
— rêche . . . 431.25
tissu en relief . . . 422.17
— en réseau . . . 412.5
— en réseau genre rideaux . . . 413.1
— pour rideaux . . . 418.17
— serré . 132.11, 392.13, 431.22
— de soie . . . 400.7, 430.17
— de soie peu (tout) lamé . . . 402.22.23
— solide . . . 159.4
— souple . . . 431.26
— supérieur . . . 157.4
— teint . . . 431.4
— tennis . . . 399.12
— toile . . . 202.5
— tondu . . . 431.11
— triple . . . 159.6
— triple façonné . . . 159.2
— tubulaire . . . 156.10
— tubulaire pour cylindres . . . 156.14
— uni . . 3.16, 391.8, 432.4
— union . . . 400.2
— velouté en peignée . 399.26
titrage . . . 11.11
titre du fil . . . 11.6, 435.18
titrer . . . 11.10
toile . . . 395.8, 413.8
— à bâche . . . 396.19
— à bluteau . . . 399.1
— calandrée . . . 395.23
— de chanvre . . . 395.10
— de coton . . . 392.12
— de coton gaufrée . 393.6
— doublure . . . 395.19
— doublure écrue . . 395.20
— doublure moirée . . 395.21
— d'emballage . . . 395.25
— d'endroit . . . 157.4
— d'envers . . . 157.6
— à essuie-main . . . 396.9
— d'étoupe . . . 395.11
— à filet . . . 396.15
— de jute . . . 396.16
— de jute commune . . 396.17
— de jute fine . . . 396.18
— de lin . . . 395.9
— lustrée . . . 395.23
— à matelas . . . 394.13
— de ménage . . . 395.17
— métallique . . 2.22, 416.14
— métallique fine . . 324.13
— métallique grossière . 324.12
— métallique sans fin . 324.14
— mixte . . . 395.12.13
— multiple . . . 414.2
— à prélart . . . 396.19
— à sac . . . 395.24
— pour sac à houblon . 397.6
— à sac en jute . . . 396.20
— à sac en jute simple (double) . . . 396.21.22
— pour sac à sucre . 396.23
— à sac unie . . . 396.24
— simple . . . 414.1
— superposée . . . 414.3
— à tente . . . 395.15
— à voile [pour yacht] 395.14.16
toilerie . . . 433.2
toilinette . . . 399.21
tôle . . . 10.12
— à grain . . . 117.10
— perforée . . . 117.11
— à picots . . . 117.10
tombant, bobine —e . 364.24
tombé, bout . . . 81.10
tomber (lamelle) . . 319.19
— dans l'auget (bobine) 96.9
— vers le bas (partie antérieure de la boîte) 268.16
— hors de la boîte (navette) . . . 269.13
— dans le cran (levier à encoche) . . . 48.22
— par la fente (cavalier) . . . 51.3
— par son propre poids (navette épuisée) . 270.17
tondu, tissu . . . 431.11
torchon . . . 420.17
tordu à droite . . . 9.10
— fortement . . . 17.24
— à gauche . . . 9.11
— légèrement . . . 170.10
— normal . . . 161.16
—, chenille —e . . . 20.21
toron métallique . . 416.17
toronné, fils métalliques —s . . . 416.17
torque de fil . . . 11.3
tors droit . . . 9.12
— gauche . . . 9.13
torse, soie . . . 16.4
torsiomètre . . . 440.8
torsion douce . . . 9.15
— à droite . . . 9.12
— de l'écheveau immergé . . . 70.2
— du fil . . . 145.6, 435.15
— floche . . . 9.15
— forte . . . 9.14
— à gauche . . . 9.13
— inverse . . . 9.12
— montée . . . 9.14
— ordinaire . . . 9.13
— reverse . . . 9.10
torsionné, lisse en fil métallique . . . 175.13
touche . . . 385.14
—s, mécanisme des . . 385.13, 389.13
toucher, donner du . . 427.17
tour . . . 381.8
— anglais, gaze au . . 352.15
— du battant . . . 292.6
— complet . . . 164.11, 426.7
— complet, gaze à . . 352.16
— contrarié . . . 164.8
— de la corde . . . 124.11
— du disque à cran 48.23, 49.1
— à droite . . . 164.6
— à gauche . . . 164.7
— intermédiaire . . . 165.4
— du tambour . . . 32.7
—, double . . . 164.13
—, triple . . . 164.15
—, un — et demi . . 164.12
—s par minute . . 306.13.14
tourbe . . . 13.21
tourillon . . . 115.2
— du battant . . . 290.3
— droit de l'ensouple placé dans un creux de l'arbre moteur . 81.5
— en fer . . . 115.4
— gauche de l'ensouple placé sur la broche à pointeau . . . 81.4
— inférieur . . . 69.5
— du levier en équerre 60.8
—s des cylindres de rappel . . . 49.15
Tournai, fil de . . . 15.3
tournant en sens inverse 39.3
—, guide-fil . . 96.17, 97.2
tourner autour de . . 97.5, 164.2
— autour des fils de chaîne (fils de trame) 412.8
— autour du fil fixe (fil de tour) . . . 353.10
— le cylindre . . . 212.2
— dans des directions opposées (bobines) . 362.9
— le fil de tour une fois à droite et une fois à gauche . . . 164.9
— par friction (cannette) 99.9
— en sens inverse (cylindre) . . . 235.14
—, faire — l'arbre à vilebrequin . . . 302.12
—, faire — la bobine . 87.18
—, faire — les cartons . 206.9
—, faire — le cylindre . 187.2, 205.18
—, faire — la roue à rochet par le cliquet . 96.15
—, faire — la tige filetée 177.8
—, faire — la vis par le volant . . . 55.22
tournette . . . 25.19
— à bras retombants . 25.20
— en cage d'écureuil . 29.10
tourne-vis . . . 373.17
tout soie, étoffe . . 430.18
traçage du contour . 379.18
trace de la navette . . 290.5
— de peigne . 107.17, 433.23
tracé de la courbe excentrique . . . 198.9
— de l'esquisse . . . 379.13
traction sur la chaîne . 126.8
— de la courroie réglée par la bascule du moteur . . . 310.8
— par poids . . . 123.6
trait . . . 20.9
— de graduation . . . 62.12
— renforcé du papier quadrillé . . . 379.2
trait, gros — du papier quadrillé . . . 379.2
—s pour passementerie . 19.24
trajectoire courbe, la navette fait une . . . 247.5
tramage . 7.19, 84.5, 132.4, 236.11, 376.9
— [ir]régulier . . . 132.15.16
— uniforme . . . 132.15
trame . . . 7.22, 84.7, 236.12
— de broché . . 162.9, 344.5.20
— de broché, la — va et vient pour former seulement le dessin . 344.21
— brodeuse . . . 350.16
— qui forme les côtes . 147.3
— de couleur . . . 271.11
— de dessin . . . 344.6
— de dessous . . . 325.11
— de dessus . . . 325.10
— double . . . 237.2
— employée . . . 444.16
— d'endroit . . 155.3, 325.10
— d'envers . . 155.4, 325.11
— d'envers à l'envers . 155.8
— de fond 147.5, 161.5, 166.7
— de fond en lin . . . 412.1
— de fourrure . . 154.11, 161.6, 325.12
— de frange . . . 355.8
— gaufrée . . . 17.5
— inférieure . . . 157.3
— insérée . . . 237.1
— irrégulière . . . 236.19
— de jute . . . 13.12
— lâche . . . 346.10
— de liage . . . 158.2
— mouillée . . . 236.20
— ondulée . . . 421.18
— de perle . . . 354.8, 415.2
— de poil . . . 166.14
— de remplissage . . . 156.9, 161.2, 325.12
— de schappe simple . 17.8
— sèche . . . 236.21
— supplémentaire . . . 154.11
— à torsion montée . . 16.8
— 3 et 1 . . . 156.3
tramette . . . 16.7
tranchant . . . 111.14
— du rabot . . . 327.5
tranche-fil . . . 338.7
transition d'armures . . 144.21
transmission par chaîne 70.17
— de force du moteur au métier . . . 310.5
— par leviers . . . 277.20
— du mouvement de la manivelle . . . 294.1
— de la vibration du métier à la mécanique . . . 212.14
transport automatique des paniers à fil . . 102.7
transporteur . . . 354.9
transposer un motif x fois . . . 380.20
trappe, en forme de . 266.20
travail par heures . . 441.7
— à pas fermé . . . 142.11
— à pas ouvert . . . 142.4
— de la soie . . . 2.20
— à vide du moteur . . 310.3
travailler en arrière (métier) . . . 302.14
— à l'avant (arrière) du métier (cylindre) 220.12.13
— par intermittences . 130.6
— avec des lames (métier) . . . 181.2
— d'une manière défectueuse (boîte) . . . 273.17
— avec x navettes . . 271.10
— avec des navettes supplémentaires . . . 341.23
traversant, arbre . . . 125.6
traverse . . . 105.14, 210.2, 278.19, 388.7
— arrière . . . 116.8
— arrière fixe . . . 117.2
— arrière oscillante . . 117.5
— arrière tournante . . 117.4
— du bâti . . . 190.17
— en bois . . . 71.11
— en bois mince . . . 289.5
— d'envergeure . . 46.7, 56.6
— guide-fil . . . 116.8
— du guide-fil . . . 88.12
— massive en bois lourd 288.21
— de milieu . . . 305.2
— revêtue de fer . . . 389.1

traverse des rouleaux . 356.11
— de tension 80.3
traverser la largeur du tissu (chariots) . . 367.4
— successivement chaque dent (passette) . . 108.3
treillage protecteur . . 313.1
treillis 394.7, 396.4
— à sac 396.5
trempé, bobine —e . . 101.14
—, pointe —e 244.16
tressage, tête de . . . 179.1
tresse 111.8, 428.14
— brodée 428.15
— à main 165.10
—s, encoller sans . . . 65.17
tresser les bouts de fils 57.14
tressés ensemble, fils . 179.14
tresseuse mécanique pour lisses 178.1
triangulaire, section . . 354.11
tricot (v. a. drap tricot) 160.2
tricoter les lisses . . . 176.11
—, fil à 14.11
—, machine à — pour lisses 176.12.13
tricoteuse pour lisses . 176.9
tringle 224.1
— d'arrêt . 48.4, 53.20, 82.8, 302.3, 311.16
— de commande . . . 301.8
— de connexion 186.11, 194.16, 253.9, 277.3
— à coulisse 196.8
— à crochet 368.12
— de débrayage 308.20, 309.5, 323.1, 332.18
— d'enverjure 320.16
— en équerre 333.1
— avec extrémités recourbées 312.16
— en fer 224.5
— à guide-fil . . . 33.9, 45.4
— guide-fil oscillante . 37.12
— guide-fil en forme de vis 100.17
— inclinée 59.17
— inférieure 224.15
— de lève 233.6
— de levée 268.17
— de levée du changement des boîtes . . . 277.16
— de levée guide-fil . . 38.17
— du levier de frein . 308.8
— lisse 57.13
— oscillante. . . 333.9, 368.14
— de poil mobile . . . 332.20
— de rabat 233.5
— à rainure 168.13
— avec rebord-guide . . 224.17
— réceptrice des chariots 365.12
— supérieure 224.9
— du taquet . . 250.9, 256.3
— de tension 329.7
— de tension des fils . 59.6
— de tirage 242.4
— en verre 35.5, 359.5
—, chaque — reliée par des ficelles à deux crochets 224.12
—s au-dessous de la planche à collets (planche d'arcades) 224.8.14
—s au-dessus (au-dessous) de la planche d'arcades 224.7
—s [im]paires 234.4.5
—s placées en biseau sur la grille 224.10
—s reliées aux crochets de réserve 224.16
— -fourche de la griffe 210.18
tringle-guide 41.19, 72.17, 267.15, 268.10, 439.4
— de la chaîne 337.10
— du cylindre de tension 53.2
— de la griffe. 229.17
triple battage 295.9
— duite, liage par . . 169.15
— tour 164.15
— trame 405.8
— tissu. 159.6
trou de l'aiguille . . . 187.19
— dans le carton . . . 383.4
— en forme de croix dans l'ensouple 119.9
— du cylindre 188.1
— à dessin 383.2
— avec entaille 115.11
— en forme de fente . 288.10
trou pour le fil 365.7
— -guide 388.18
— d'huile 375.6
— de laçage 382.15
— de pédonne 383.1
— de la planche d'arcades 217.9
—s pour les chevilles placés en rangées obliques 57.20
—s en ligne droite . . 217.10
—s en lignes obliques . 217.12
—s dans la planche à cordons 225.12
—s à quinconce 217.11
troué, carton entièrement 383.3
trouer les cartons . . . 384.14
Tschörner, mécanique pour damassé 232.13
tube . . . 23.6, 86.9, 232.10, 340.5, 341.6
— en acier 256.7
— de la bobine 89.7
— en bois 86.11
— en bois à plateaux . 24.12
— cannelé pour bobines croisées 24.11
— de caoutchouc . . . 415.10
— en carton à plateaux 24.16
— avec cercle 86.13
— conique en papier. . 24.9
— conique perforé pour bobine croisée 24.3
— courbe 258.3, 338.2
— court . . 10.13, 85.12, 90.3
— en cuivre jaune. . . 439.3
— cylindrique en papier 24.6
— sans embase conique 96.10
— d'enfilage 245.8
— en forme d'entonnoir 288.2
— à fente 176.20
— pour fil de tour . . 362.16
— pour guider le fil de poil 342.3
— imperméable à la vapeur (à l'eau) . . . 24.7.8
— en métal à plateaux 24.17
— métallique 10.12
— métallique perforé . 101.10
— de nouage 339.5
— en papier 10.11, 24.5, 86.14, 90.7
— en papier avec embase conique 86.15
— perforé. 10.15
— de poil 167.7
— placé radialement . 342.7
— de roseau 86.10
— rugueux pour bobine croisée 24.4
— placé tangentiellement 342.6
— en terre cuite . . . 208.14
— tissé 156.11
— en tôle 10.12
— en tôle fendu. . . . 287.2
— tournant 338.9
— trame 85.14
— traversant . . . 10.14, 85.13
— de la tringle de tirage 242.6
—, petit 85.12
—, petit — de la trame de poil 167.1
—s disposés obliquement 340.13
tubulaire, guide-fil. . . 258.3
—, tissu 156.10
tulle 363.8, 423.17
— en bandes . 365.18, 412.12
— -bobin 412.5
— façonné 363.13, 412.15, 423.19
— fantaisie . . . 363.13, 423.19
— moucheté . . 363.12, 412.18
— ordinaire 412.6
— point d'esprit. . . . 363.12
— rayé 363.11
— uni . . 363.10, 412.6, 423.18
turquoise 401.10
tussah, fil de soie . . 17.6
tuyau d'air comprimé . 264.13
— d'arrivée pour vapeur à haute pression . . 74.13
— de chauffage [à vapeur] 72.9, 73.1
— de circulation . . . 102.12
— d'échappement de l'air 74.14
— de vapeur 73.1.21
type de métier [de rubanerie] . . . 304.7, 355.11
—, fil 436.2

U

uni, tissu 3.16
unicolore, chaîne . . . 21.11
uniforme, course . . . 88.15
—, fil 435.7
—, maintenir — la tension 98.4
uniformément retardé, mouvement 247.11
unilatéral, changement de navettes 292.2
union, tissu 400.2
unique, disposition des bobines 44.12
unité de longueur 11.24, 436.4
— de surface 409.8
usé, navette —e . . . 243.23
usure de la courroie. . 310.7
— de l'excentrique . . 250.5
— du fil 284.15
— des organes de changement 262.7
— des supports 313.10

V

va-et-vient du battant. 130.11
— du cylindre 205.11
—, double 32.6
vaincre la résistance . 118.6
valet 205.16
valeur des matières . . 443.14
— réelle 429.6
valve de réglage de la pression 73.20
vapeur à haute pression 74.13
vaporisage de la chenille découpée 343.14
— de la trame 101.6
variable, densité . . . 22.18
—, vitesse 53.13, 88.3
variation dans le nombre de tours 306.20
— de la tension de la chaîne. 120.8
— dans la vitesse . . . 310.1
—s dans la tension . . 331.10
varier la pression . . . 54.10
—, faire — la course du guide-fil 95.12
vautoir 82.13
vecteur, rayon 198.20
velours 403.12, 417.11
— d'ameublement . . . 418.14
— pour boutons . . . 404.7
— par chaîne 404.1
— pour col 404.8
— cordelé. 395.1
— côtelé 395.1, 403.16
— à côtes 395.1, 403.16
— de coton . . . 394.27, 403.13
— de coton à fond croisé 395.5
— de coton à fond lisse 395.4
— de coton à fond uni 395.4
— de coton non coupé. 395.3
— de coton rayé . . . 395.2
— coupé 404.3
— double 330.13, 359.7
— double poil 404.4
— épinglé. 404.2
— frisé 404.2
— de Krefeld 404.5
— de laine 399.27
— du Nord 406.15
— pour pantoufles . . 404.9
— sabre 403.18
— similé 399.3
— de soie 403.2, 404.6
— par trame . . 166.13, 403.13
— par trame double poil 403.17
— par trame long-poil . 403.14
— par trame à soubassement en toile . . . 403.15
— d'Utrecht 405.22
velouté droit 166.16
—, tissu 399.26
veloutier 5.27
velventine 394.27
ventilateur . 73.18, 75.8, 76.6, 113.1
— sécheur 66.1
ventiler la chaîne encollée 65.29
verdillon 77.19
Verdol, mécanique. . . 229.1
—, papier sans fin . . 388.1
verge 168.13, 171.4
— de croisure 220.1
verges, dispositif des . 359.9
verget 171.4
verguillon 77.19
vérificateur d'égalité du fil 440.9
— de pièces. 6.1
vérification des pièces . 7.1
— du poids 11.18
véritable, châle . . . 420.20
vermisseau suisse . . . 242.2
verni, corde —e 220.4
vernir les fils de lisses à l'huile de lin. . . . 179.17
vernis pour arcades . . 220.5
— pour harnais 220.5
vernissage du harnais . 220.3
verre 19.12
— grossissant 438.9
vert 380.15
vertical, broche —e . . 38.18
—, mouvement d'oscillation 340.11
veston 399.20
vêtement 400.12
—s d'hiver 417.1
vibrateur 333.9
— denté 319.16
vibration du battant . 295.4
— de la boîte 273.13
— du métier 212.13
— du templet 140.18
vibrer (boîte) 273.14
— (templet) 140.19
vidange des claies . . 102.13
vide 380.7
—, bobine 23.6
—, déplacement à . . . 127.3
—, travail à 310.3
vidé, navette —e . . . 243.21
vigogne, fil de 15.24
—, fil imitation 12.8
Vigoureux, fil 15.6
vilebrequin, arbre à . . 274.5
Vincenzi, division . . . 216.12
virole 111.17, 203.6
vis 374.4
— ailée 83.7
— à collet 374.8
— à crochet 172.19
— à filet droit et gauche 318.15
— -guide 100.6
— micrométrique . . . 28.12
— à oreilles 83.7
— de réglage . . . 92.23, 283.7
— de réglage avec pointe 374.7
— sans fin . . . 54.11, 61.10
— sans fin du cylindre compteur 51.18
— sans fin à filet simple 127.14
— sans fin montée sur l'arbre 51.24
— sans fin à pas simple pour la commande de l'excentrique 36.15
— de serrage . 61.21, 115.17, 186.3, 250.1
viscose, soie 17.20
visitage, table de . . . 442.4
visqueux, lisse —se . . 174.16
vissage des excentriques 198.22
vitesse de bobinage . . 24.19
— de la broche 88.2
— de cannetage 85.5
— du dévidoir 25.26
— d'enroulement uniforme 53.11
— d'ensouplage 77.7
— excessive 135.15
— du guide-fil 31.10
— initiale 247.9
— maximum 85.7, 247.14, 306.18
— du métier 266.16
— minimum 306.19
— motrice variable 34.16, 53.13
— de la navette. . . . 247.8
— de la navette (la plus grande au milieu de la foule). 257.14
— d'ourdissage 42.6
— du tambour 48.17
— terminale 247.10
— uniforme 42.7, 85.6
— variable 88.3, 308.4
—, grande 195.6, 304.5
—, petite 304.4
vitriol blanc 67.29
— de cuivre 68.2
voie du battant . . . 257.1
— de la navette. . . . 290.5
voile . . 394.4, 396.1, 398.21
— de soie 401.21

voile pour yacht . . . 395.16
voiturage, frais de. . . 447.3
voiture, galon de . . . 359.13
volant . . 55.4, 254.12, 302.4
— pour déplacer le tambour 59.4
— à filet taraudé . . . 60.11
— à main 192.16
— de la vis 55.17
voyage, frais de . . . 446.21
vrai, moquette —e. . . 405.5
vrillé, écheveau 25.15
vrilles 245.5
vulcanisation 415.17
vulcanisé, caoutchouc . 415.18

W

Walker, boîte tournante 280.13
Walter et Stolle, navette 242.12
warpeur 40.8
welliné 417.14
wellington 398.11
Wenzel, ratière 196.3
White, ratière à double lève 194.12
Wolfrum, ratière . . . 194.13

Z

zébré, fil 14.13
zéphyr 393.7
zéro, mettre l'aiguille à 54.17, 440.17
zibeline. 398.13
zig-zag, courir en . . . 369.2
—, mettre les fils floches en forme de 49.5
zinc 175.10
Zschweigert, mécanisme de changement de navette 267.8
Zwicki, mécanisme de changement de navette 270.3

Italienisch · Italian · Итальянский · Italien · Italiano · Italiano

A

abbassamento del contrappeso 137.11
— dei fili. 142.8
— del fuso 242.20
— dei licci 182.2
— del subbio 111.11
abbassare l'assicella . . 61.22
— la cassa x (bossolo x mo) 281.10
— cassa x (foro x mo). 281.9
— dalla cassa x ma alla cassa y ma 281.8
— le casse a mano . . 291.7
— i gruppi di fili nel passo inferiore . . . 351.15
— i licci 182.3, 191.1
— i licci per il passo inferiore 187.10
— i pedali 182.23
—si (asta) 98.6
—si (fili) 142.9
—si (tavola delle platine) 187.11
—si nello spazio per il brocco (aghi) . . . 346.18
abbassato, dito 316.19
—, pelo. 405.2
abbozzo stampato . . 379.16
abbracciare due platine (ago) 227.5
abito d'inverno 417.1
— sacerdotale 422.22
accelerare il moto . . 247.12
accelerato, moto 247.13
accelerazione della massa 123.14
accessori di navetta . . 237.17
— di officina 371.9
accettazione della pezza 7.1
acciaio 28.9
— fuso 190.2
— temperato 239.8
accoppiamento dell'albero motore 54.4
— conico azionato dall'asta d'arresto. . . 311.4
— a dischi di frizione . 51.12
— elastico (con forza centrifuga) . . 310.20, 311.10
— a frizione 34.4
— della manivella . . . 194.20
— delle ruote di comando dei fusi 95.8
— di sicurezza per il meccanismo di percussione 314.5
accoppiare i meccanismi Jacquard 214.6
— i meccanismi regolatori 135.3
— le ruote di comando dei fusi 95.7
accoppiato, meccanismi regolatori —i. . . . 135.4
accorciamento dell'ordito 114.9
accorciarsi (ordito) . . 114.8
accumulazione di fili . 365.24
acido carbolico 68.6
— fenico 68.6
— salicilico 68.3, 438.1
— saliciloso 68.3
— tannico 437.30
acido, bozzima —a . 65.10.11
acqua 68.7
— di condensazione . . 73.22
adattabilità allo decatissaggio 429.21
— alla piegatura . . . 429.22
— allo stiramento . . . 429.20
addensamento del tessuto 282.1
addizionale, esigenza . 143.11
addolcente, prodotti —i 68.8
addolcire il filo 64.18
addoppiare le catene ordite. 82.11
addoppiatrice, cannettiera 96.18
addoppiatura 18.21
aderente, fili — i 66.2
adesione dei fili sul cilindro collatore. . . 74.10
afferramento del filo. . 333.10
—, dispositivo di 113.14
afferrare la base della spola (ganascia) . . 263.18
— le cimosse 139.13
— i fili d'ordito (di pelo) 81.17, 333.12
afferratore a forma di cuore della catena a pelo. 334.11
— di nodi 28.5
— oscillante. 342.17
affilamento del coltello, dispositivo d' . . . 332.7
affilato, filo metallico . 111.18
affitto 446.18
affondamento dei fili . 57.7
affondarsi (fili) 57.8
agente d'appretto chimico 437.6
— d'appretto fisico . . 437.5
— d'appretto meccanico 437.4
agganciato, asta ad uncino —a 95.13
aggiungere dei fili liberi 145.3
— una trama supplementare sul rovescio . . 154.10
aggiunta d'acqua . . . 68.7
— d'una catena supplementare sul rovescio 154.9
— di pesi 123.3
— per profitto 442.15
— per rendere dolce e flessibile. 67.4
— di sego 64.18
— del tubo 259.7
aggiustabile, biella. . . 293.12
aggiustare i cartoni (spine) 206.6
— i licci alla stessa altezza 181.13
— il sopporto del subbio 80.13
— il tempiale lungo (corto) 139.9.10
agglutinante, sostanza . 67.19
aggomitolare l'ordito. . 63.6
aggomitolatrice meccanica per catene . . 63.5
aggomitolatura della catena 63.4
aggrovigliato, matassa —a 25.15
agitatore 69.3
agitazione 69.8
ago (del cambio delle casse) 275.14
— (dell'indicatore) . . 440.17
— (de meccanismo Jacquard) 342.26
— (della ratiera) 187.14, 192.4, 194.4
— d'acciaio 259.15
— d'arresto . . . 35.6, 50.14
— battitore 371.5
— per la battuta . . . 360.11
— a coltello 168.13
— di comando 347.2
— del compressore. . . 365.11
— di contatto 195.2
— con cruna 354.2
— da cucire 342.15
ago per la decomposizione 434.6
— deformato 211.13
— del filo fisso 362.19
— fisso 362.11
— forzato fra i cilindri 51.4
— indicatore (a zero) 54.15.17
— d'infilatura 372.10
— per inserire la trama 259.11
— inserito nel passo pel pelo. 168.6
— con intaglio per il lungo 168.13
— metallico 228.1
— mobile 362.12
— a molla 320.15
— della platina 210.11
— per portare la navetta 346.14
— punzonatore 388.10
— da ricamo 351.2
— ricevitore 364.6
— ricurvo 57.19
— selettore 113.6, 259.14, 353.15
— di separazione . . . 57.15
— spingitore 229.6
— tastatore 389.4
— del telaio 367.19
— tondo 168.11
— per trama 358.5
— ad uncino . . 338.6, 346.17, 351.10
— per velluto (v. a. ferro) 168.9, 327.3
— verticale 229.7
aghi appesi nei fori dei cartoni 226.9
— d'arresto, mettere gli — sui fili 51.2
— per x cordoni 225.14
— disposti in due serie 190.6
— mossi assieme . . . 350.1
— mossi individualmente. 350.12
— con occhielli lunghi . 225.15
— che restano 226.12
— sospesi nella griglia . 229.23
— spingitori posti obliquamente 229.22
—, dispositivo degli . . 359.9
aiuto-orditore 40.9
a jour, tessuto 164.1
ala d'arresto 32.3
alamaro 428.22
albero 280.4
— appoggiato sul fianco del telaio 302.6
— dell'aspo 29.4
— dell'asta guida-fili. . 36.12
— del blocco 55.12
— di caccia-navetta . . 252.6, 203.18
— del cilindro. 195.11
— del cilindro contatore 51.24
— del cilindro di contatto 125.14
— dei coltelli 191.18
— di comando 178.2
— di comando del battitore 249.8
— di comando dei fusi. 96.2
— di comando della navetta con foro lungo 249.4
— di comando della navetta obliquo . . . 254.14
— di comando dei tamburi. 30.3
— dei dischi di frizione 36.9
— del dito d'arresto 314.8, 316.9
— degli eccentrici 91.4, 302.9
— a gomito 274.5
— inferiore 302.9
— intermedio . . 178.4, 262.13
— della leva di contatto 253.13
albero a manovella . . 274.5, 301.16, 384.4
— a manovella in ferro battuto 302.8
— motore. . . 34.3, 54.3, 89.18
— motore delle spole . 33.1
— principale 36.14
— del prisma 235.10
— rettangolare 280.14
— con rullo 250.22
— dei settori 322.2
— del subbio rotondo . 77.22
— del subbio a sezione quadrata 78.1
— del tamburo . . 48.2, 60.10
— trasversale 348.8
— traversante. 125.6
— a vite perpetua . . 127.19
—i con velocità diverse 302.7
—i a velocità eguale. . 302.5
alimentare il maglione per l'attacco . . . 177.13
alimentatore delle bobine 265.18
—, meccanismo 342.14
alimentazione del filo . 85.4
— di fili di trama di diversi colori 258.14
— della trama 260.1
— della trama, meccanismo d' 258.2
—, dispositivo di 113.8, 258.15
—, meccanismo di — automatico 269.7
allacciamento, buco d' 382.15
allacciare i cartoni, macchina per 390.4
allacciato, cartoni —i . 389.18
allacciatura dei cartoni . 389.17
— a mano, quadro per 390.1
allentamento dei fili . 79.16
— dell'ordito 129.10
allentare la vite 250.3
allentato, fili —i. 49.5
allestimento del telaio Jacquard 217.2
allineamento esatto dei buchi 388.19
— delle maglie 210.12
allume 67.25, 438.3
allungamento dei cartoni 382.5
— del filo 114.7
—, pezzo d' 195.1
allungarsi (cartone) . . 383.22
alona, tela d' 394.5
alpaca, filato d'. 15.26
alpaga-tibet 399.23
—, filato 14.20
alta pressione 69.9
altalena, meccanismo ad 357.9
alternare i licci 181.17
alternativo, movimento 39.11
alternato, disegno . . . 377.19
—, fori —i 217.11
altezza dell'avvolgimento 100.2
— del cono 87.8
— della discesa 49.8
— del ferro 327.10
— dei licci 171.5
— del liccio 218.12
— delle maglie 327.9
— del passo 141.11
— del pettine 282.5
— del porta-fili 304.16
— degli strati 97.8
— del subbio 78.5
— del subbio anteriore. 304.15
— del tessuto . . 3.12, 442.7
— utile. 304.10
—, bozzimatura in tutta 72.12

altezza, poca — del pettine 324.10
—e, due — diverse di pelo 167.13
alto liccio, dispositivo di 335.15
—, movimento in . . . 39.8
—, posto 205.1
alzamento v. a. alzata, sollevamento
— ed abbassamento delle casse a navette . . 290.19
— dei licci 181.23
— del pettine 285.17
alzare v. a. sollevare
— ed abbassare, maglia per 174.3
— l'assicella. 61.23
— la cassa . . 272.12, 281.9.10
— dalla cassa x ma alla cassa y ma 281.8
— le casse con corde . 291.14
— le casse a mano . . 291.6
— il dito d'arresto . . 316.22
— i fili d'ordito superiori per far passare le trame inferiori . 157.8
— la leva d'arresto con molla 325.7
— i licci 181.20, 190.19
— i licci coll'abbassare i pedali 182.23
— il pelo 343.19
— e scendere il portaaghi 350.5
— il subbio della catena, dispositivo per . . 106.11
— il tastatore. 389.10
— il telaio della bobina 30.11
alzarsi (asta) 98.5
— (caviglia d'arresto) . 364.10
— (estremità delle trame) 361.7
— (molla). 319.4
— fuori del sopporto (fuso) 93.18
alzata (v. a. alzamento, sollevamento) . . . 141.3
— del battente 345.12
— della bobina, meccanismo d' 97.11
— della capsula a coltelli. 211.1
— della catena di collegamento 158.6
— della catena con licci 181.21
— e discesa delle casse a navette 290.19
— e discesa, movimento d' 285.11
— del disegno senza legamento 232.3
— del dito d'arresto . 316.20
— a x fili 220.21
— dei fili di catena . . 141.20
— per gruppi 226.17
— della leva del pedale 295.15
— dei licci 181.23
— dei licci, dispositivo d' 181.22
— dei licci, meccanismo per l' 8.2
— multipla dei fili . 187.16, 220.18
— del nottolino 126.15
— della seconda (terza) catena 159.10.11
—, doppia 201.11
—, semplice. 201.10
alzato, dito d'arresto . 316.17
amalgamare due saie . 150.5
amalgamato, damasco . 154.4
amianto 17.22
amidatura 445.17
amido 66.19
ammortamento degli edifici 445.22
— del macchinario. . . 445.21
ammuffirsi (bozzima) . 65.8
analisi dei tessuti . . . 429.3
andamento dei fili. . 433.19.20
— delle strisce 433.22
andata del battente . . 130.16
— e ritorno del battente 130.11
— e ritorno del pettine. 283.2
— e ritorno del prisma 205.11
— e ritorno, movimento di 364.18
anello (collare) 80.16
— (del liccio) v. a. maglia, occhio, occhiello, nodo, staffa . 105.17, 171.7
— alto della catena . . 196.21
anello d'arresto per cannetta ultimata . . . 92.4
— della base della spola 263.11
— calato 115.1
— con caviglia 341.5
— di chiusura con fermagli 115.14
— della cinghia del caccia-tacchetto . 250.8, 251.14
— della cinghia di percussione 254.16
— in due pezzi 311.1
— dell'eccentrico . 34.8, 219.17
— a ferro di cavallo . 345.18
— di filo di ferro . . . 176.2
— del freno 370.12
— per licci 171.12
— di metallo . . 176.1, 219.6
— montato sopra gli eccentrici 202.13
— piatto della catena . 196.20
— a scanalatura . . . 99.4
— scorrevole 197.13
— del subbio 77.21
— tranciato da lamiera 176.4
— di vetro 176.6
angolare, movimento . 298.10
angolo acuto 148.10
— delle corde 233.3
— della dentatura . . 127.6
— d'inclinazione. . . . 198.18
— d'inserzione (v. a. passo). 141.3
— di lamiera 229.11
— ottuso 148.11
— di passaggio del filo. 50.4
—, correre ad 88.9
—, il filo fa. 39.2
—, motivo d' 378.4
anima della cannetta . 84.13
— di cotone 18.4
— metallica. 19.21
— d'ottone 18.5
animella 354.16
annodare le catene, macchina Barber da . . 112.20
— i fili della nuova catena 110.15
— i fili rotti 51.11
— il filo del liccio sopra (sotto) all'occhiello 175.21.22
— i pezzi di filo di pelo nella catena 336.13
—, dispositivo per 111.2, 338.1
—, meccanismo per — i fili 112.23
annodato a mano, tappeto 336.19
annodatore 111.12
— Barber 112.3
— d'orditi 110.13
annodatrice d'orditi . . 110.14
annodatura 409.2
— dei fili della catena . 110.16
anteriore, gancio . . . 92.2
anticipato, velocità —a. 135.15
anticipo dell'aspo . . . 33.6
— nella corsa del tamburo 57.9
— del disco di frizione. 127.11
—, impedire l' 29.15
anulare, pezzo di guida 280.16
aperto, incannatura incrociata —a 23.3
—, pettine 49.18
—, tessuto 164.1
apertura della corsa della navetta 357.3
— pel passaggio del filo 218.15
— del passo . 141.10, 181.19
— nella tavola 365.3
— del tubo 288.8
— a reticolato 413.12
apparecchiare i licci, macchina per . . . 180.1
apparecchiato, filato . 10.4
apparecchiatore 6.5
apparecchiatura dei licci 179.15
apparecchio v. a. dispositivo, meccanismo, macchina
— per assaggiare i tessuti 438.8
— per avvolgere sul subbio 59.5
— a broccato e a lancé 349.2
— di cacciata 346.3
— di cambio della trama 271.3
— per collare 72.18
— per collare a mano . 71.14
apparecchio per collare sul telaio 75.14
— di collatura a mano per matasse 69.25
— contatore 370.2
— di cottura della materia collante con agitatore 68.22
— di essiccazione per catene 72.5
— Jacquard (v. a. Jacquard) 209.18
— misuratore 370.2
— per piegare sul subbio 59.5, 61.24
— per punzonare a mano 381.20
— rompitrama 268.22
— di spostamento delle casse 271.22
— tenditore dei fili Morrison 92.20
— umettatore per filati 101.17
— d'umidificazione per filati 101.17
apparenza confusa del tessuto 153.3
— del tessuto 145.7
appendere le lame . . 106.10
appianare le scheggie . 244.2
appiatito, filo 94.4
applicare la bozzima sui fili 65.15
— la colla 73.4
— il fascio sul tamburo 57.1
— i fili da catena alle spine 47.1.2
applicato, disegno . . . 406.6
applicazione (del tessuto) 432.12
appoggiare sull'eccentrico (rullo) 34.1
— la leva. 194.11
—si sul cartone continuo (leva) 194.9
appoggio dell'aspo . . . 26.9
— positivo 313.13
— della traversa di sostegno. 212.10
apprestare i licci . . . 179.16
apprettare la stoffa . . 437.1
apprettato, tessuto . . 431.15
apprettatore 445.12
appretto 64.21, 180.8
appuntatura 161.7
appuntellare l'incastellatura del telaio . . . 297.8
aprire l'aspo 29.1
— i denti del pettine. 109.8
aprirsi (becco delle pinze) 341.19
— (passo) 141.22
apritoi dei denti . . . 108.15
arazzo 334.17, 407.8, 408.5, 422.8
— raso 408.6
— vellutato 408.8
arcata . . 207.15, 217.15, 224.3
arcate 231.18
— aperte 221.6
— incrociate 221.3
arco angolare in ferro a nastro 341.7
— dentato . . . 257.3, 368.2
— di regolazione . . . 315.9
— di sopporto dei cartoni 390.13
— tastatore 318.14
argano 72.8
argentato, perla —a . . 19.14
argento genuino 20.8
— imitazione 20.5
— semi-imitazione . . . 20.4
argilla 208.14
— caolina. 68.14
aria calda 75.4
— circolante 75.11
— compressa 256.14
— libera, all' 72.1
— satura d'umidità . . 75.13
— temperata 65.26
— umida 102.15
armatura (rotore) . . . 301.3
armatura (carta) . 7.16, 220.7
— per l'imputaggio . . 329.19
— del legamento . . . 193.16
— per la trama 329.19
armatura v. a. sistema di licci
— anteriore di licci . . 352.6
— a licci 172.9
— di licci per il fondo . 353.4
— di licci per garza . 353.5
— a licci smontabile . . 171.17
armatura posteriore di licci 352.7
armatura (v. a. legamento, incrocio) 7.25, 144.1, 381.10
— alternata della trama di pelo 167.3
— d'Axminster 410.13
— per broccati 162.10
— cannellato 145.19
— per cordelet 167.5
— per crespi 161.9
— per damasco 153.12
— a doppia trama. . . 146.4
— felpa per coperte da viaggio 170.3
— a x fili 144.17
— per il fondo 167.17, 381.13
— di fondo per parti figurate 386.25
— per garza 352.12
— garza per la cimossa 166.1
— di granité 152.14
— inferiore 157.1
— ingrandita con legamento semplice . . 232.2
— a x lame 144.18
— della levantina . . . 147.13
— liscia 145.18
— per Manchester a striscie 167.5
— per matelassé. . . . 160.9
— natté 147.6
— natté composto . . 147.9
— natté misto 147.9
— natté raggiato . . . 147.7
— natté a riquadri . . 147.8
— nido d'api 152.6
— panama 147.6
— per piccolo granité . 152.16
— per piqué 160.15
— raso 150.13
— di reps 145.19
— saia 147.13
— satin 150.13
— soleil 151.15
— speciale 421.2
— spiga 147.13
— a spina 144.11
— per stoffe a broccato 162.10
— per stoffe a catena incrociata 163.8
— per stoffe a garza. . 163.8
— per stoffe incrociate diagonali 147.13
— per stoffe lanciate . 162.7
— per stoffe liscie . . 145.17
— per stoffe rasate . . 150.13
— per stoffe satinate . 150.13
— per stoffe a spina. . 147.13
— taffetà 145.18
— taffetà per tessuto cavo 160.8
— tela 145.18, 157.11
— tela della cimossa. . 147.10
— di tela rozza operata 152.14
— per tessuti bouclé . 166.2
— per tessuti di caucciù 415.5
— per tessuti cavi . . 156.10
— per tessuti composti 154.7
— per tessuti doppi . . 157.9
— dei tessuti felpati . 160.1
— per tessuti figurati . 153.5
— per tessuti con fili di riempimento 156.5
— del tessuto di fondo. 159.9
— del tessuto inferiore 157.7, 158.5
— del tessuto intermedio 159.8
— per tessuti a maglie. 166.2
— per tessuto pieghettato. 162.3
— per tessuto a quadrati 153.5
— per tessuto rigato. . 153.5
— per tessuti a sacco . 156.10
— per tessuto a spugna 166.3
— del tessuto superiore 157.5, 158.4, 159.7
— di tessuto triplice. . 159.6
— per tessuti tubulari . 156.10
— per tessuti vellutati. 166.12
— per tessuti vuoti . . 156.10
— a traliccio 153.11
— della trama di pelo . 167.2
— per trapuntino . . . 160.15
— per tricot 160.2
— per velluti 166.12
— per velluti formati colla trama (catena) 166.13, 167.16
— per velluti Manchester 166.13

armatura per velluti propriamente detti 167.16
armature composte 145.15
— derivate 145.13
— fondamentali 145.12
armura (v. a. armatura, legamento, incrocio) 7.25
armure 402.1
arpino (v. a. platina, uncino, gancio) 207.8, 274.9
— del cambio 277.1
— a glifo 275.1
arpione (v. a. platina, uncino, gancio) 186.5, 188.15
— (v. a. nottolino) 126.23, 128.5, 129.3, 133.2, 233.11
— di comando del prisma 205.14, 211.23
— di inversione 277.26, 279.6
— mobile 191.14
— di scambio 277.26, 279.6
— di sicurezza 279.13
arpionismo 59.7, 126.12
— a denti 133.6, 134.11
— a frizione 127.9, 134.18
arrestare bruscamente 307.2
— la navetta proiettata 312.11
— la rotazione 180.20
— la spola 31.6
— il telaio 306.23, 313.3
arresto 241.8, 258.13, 290.11, 341.12
— dell'albero a manovella 293.16
— automatico 134.15
— automatico alla rottura di un filo 50.11, 53.10, 88.11, 96.20
— automatico a spola ultimata 37.10
— automatico del telaio 313.4
— del battente 292.21
— per le bobine che seguono 264.15
— a cannetta ultimata 91.16
— dei carrelli nella posizione centrale 369.10
— del contrappeso 137.12
— elettrico 319.21
— imbottito 358.17
— della leva della ruota 277.9
— del prisma 205.12
— alla rottura di un filo 51.7
— dello spingitore 364.21
— del subbio d'avvolgimento 134.16
— del subbio di tessuto 130.17
— della tavoletta 222.17
— del telaio 306.24 307.3
— del telaio durante il ricambio delle navette 266.14
—, dispositivo d'— per il cilindro a cartoni 192.7
—, meccanismo d'— per cartoni 390.5
—, meccanismo d'— per far la levata 91.19
—, meccanismo d'— per telaio per drappi forti 253.17
arricciato, filato 170.18
—, filato non 170.12
arrotolamento sul subbio 76.14
arrotondato, placca di guida —a 57.11
arruffamento dei fili 81.13
arruffato, matassa —a 25.15
arte degli arazzi 422.4
— di tessere 1.3
articolato, asta —a 213.18
articolazione 255.3
— della catena a disegno 274.1
— di lamiera 281.2
articoli v. a. tessuto, stoffa
— fatti a mano 405.21
— a frangia 355.1
— di lana 2.14
— leggeri 296.7
— pesanti 296.6
— a sacco 300.10
— tubulari 300.10
artificiale, crine 17.21
ascendente, liccio 198.2
ascesa del guida-fili 39.8
asciuga-bicchieri 420.14
— -coltelli 420.16
— -piatti 420.15
asciugamano 420.7
asciugamento in aria temperata 65.26
asciugare la catena imbozzimata 65.22
asciugatoi, operaio addetto agli 65.23
asciutto, trama —a 236.21
aspato, filato 10.20
aspatura incrociata 11.2
aspetto del tessuto 391.7
aspirare il filo 372.13
aspirazione del filo 372.12
aspo 25.19, 26.8, 440.3
— a bracci cadenti 25.20
— a bracci pieghevoli 28.16
— di dipanamento 34.15
— elastico 29.7
— essagonale 28.15
— essagonale con bracci fissi 29.3
— estensibile 29.6
— a guida-fili e guida-cannette automatici 440.6
— misuratore 440.4
— dell'orditoio 46.5
— orizzontale 56.9
— con porta-cannette e guida-fili fisso 440.5
— posto in alto 30.2
— registrabile 29.9
— a ruzzelle 29.9, 440.7
— di svolgimento 34.15, 56.8
— verticale 56.3
assaggiare i tessuti, apparecchi per 438.8
assaggio per bruciamento 436.12
— dei fili per confronto 436.1
— della forza 436.14
asse 240.12, 285.14
— dell'aspo 25.23
— del battente 251.17, 278.6, 293.5
— comune 127.7
— della guida 178.19
— della guida con movimento di salita e discesa 179.5
— di navetta 237.22
— di oscillazione 288.17
— del perno 338.11
— di rotazione 31.4
— del subbio anteriore 305.3, 309.4
—, spostabile nel senso dell' 367.9
asse di protezione 298.1
assiale, spostamento 307.15
assicella dei boutons 209.1
— dei colletti 207.11, 208.24, 210.3
— dei colletti fissa 210.21
— dei colletti mobile 210.22
— ad estremità conica 61.5
— scanalata 200.2
— a spole con perni 323.5
assicurare l'incrociatura a mezzo di spago 42.16
— la licciola nelle scanalature 173.2
assicurazione 446.15
assistente-tessitore 5.8
assortimento d'utensili 373.4
assottigliamento dei fili per laminazione 415.14
assottigliato, estremità —a 328.7
asta (v. a. barra) 371.6
— d'accoppiamento 253.9
— ad aghi 349.16
— angolare 333.1
— d'appoggio 353.18
— d'arresto 48.4, 82.8, 254.1, 302.3, 309.5
— articolata d'eccentrico 213.18
— a cerniera 270.5
— di coda 208.22
— collettrice dei carrelli 365.12
— di comando 203.17, 301.8
— di connessione 186.11
— di contatto 320.2, 321.6
— corta 124.5
— dentata (v. a. cremagliera, dentiera) 38.12, 190.16, 257.18, 268.9
— dentata a glifo 279.19
— dentata motrice 276.5
— dentata con peso 288.4
— di disinnesto 92.9, 323.1
— di divisione 41.7, 72.20
— d'eguaglizzazione 329.16
asta con estremità ricurve 312.16
— filettata 55.18, 59.18, 74.5, 191.3, 287.10
— filettata della carrucola 322.8
— filettata in un cuscinetto fisso 60.9
— filettata per ruota d'arresto 91.17
— di fissaggio 92.22
— di fissazione 332.17
— a forca della griffa 210.18
— della forcella sposta-cinghia 52.18
— a glifo 196.8
— di guida 72.17, 263.14, 267.15, 268.10, 439.4
— guida-fili 32.13, 33.9, 45.4
— del guida-fili d'acciaio spostabile 28.9
— del guida-fili a forma di vite 100.17
— guida-fili oscillante 37.12
— del guida-fili regolabile 32.10
— di guida della griffa 229.17
— di guida dell'ordito 337.10
— di guida orizzontale 108.7
— per incrociare 46.6
— di legno di connessione con cerniera di sicurezza 255.10
— di legno con punta a spada di ferro 177.4
— liscia 57.13
— di manovra 366.8
— di manovra dei carrelli 368.6
— oscillante 333.9, 368.14
— per pelo mobile 332.20
— perforata 350.14
— porta-catena 356.7
— porta guida-fili 38.17
— posta a coltello sulla griglia 224.10
— di pressione per la cannetta 93.16
— a punte 366.15
— del selettore 368.15
— di sollevamento 224.1, 268.17
— di sollevamento per il cambio delle casse 277.16
— di sollevamento con estremità di guida 224.17
— di sollevamento inferiore 224.15
— di sollevamento legata da spaghi con due platine 224.12
— di sollevamento al di sopra (al di sotto) della tavola delle arcate 224.7.14
— di sollevamento al di sotto della tavola dei colletti 224.8
— di sollevamento superiore 224.9
— di sostegno dei licci 105.18
— del subbio 77.19
— a T 333.2
— del tacchetto 256.3
— di tensione 329.7
— di tensione dei fili 59.6
— di tensione libera 339.2
— di trazione 212.4, 242.4
— uncinata 368.12
— degli uncini 333.14
— ad uncini 351.9
— ad uncino 94.20
— ad uncino agganciata 95.13
— di vetro 359.5
— a vite 126.2
aste di sollevamento connesse con platine di riserva 224.16
asticciola di piombo 208.12
astracan v. astrakan
astrachan v. astrakan
astrakan 170.7, 407.2
astuccio della navetta 257.17
attaccare le corde di legamento alla traversa 177.3
— i denti sui listelli 286.8
— i fili d'arcata ai colletti 218.5
— i licci ai pedali 181.9
attaccaticcio, liccio 174.16
attaccatore d'orditi 110.13
attaccatrice d'orditi 110.14
attaccatura 110.11
attacco dei fili d'arcata ai colletti 218.4
— dei licci ai fili d'arcate 219.11
— dei licci ai pedali 181.10
— dei maglioni 177.14
attivo, avvolgimento 132.3
attraversare la larghezza del tessuto (carrelli) 367.4
attrezzi di tessitura 8.9
attrito dei fili d'ordito 182.16
— del freno 309.11
aumentare la densità della catena 114.13
— la forza del colpo 246.17
— la resistenza del filo 64.12
— la tensione 119.2
aumento della densità della catena 114.14
— [ir]regolare dei punti di legamento 151.12.13
— di peso del tessuto 4.11
— della produzione del telaio 266.9
— della tensione 120.7, 143.6
ausiliario, cilindro 128.14
autentico, scialle 420.20
automaticamente, infilarsi 27.10
automatico, arresto 37.10
avanti, movimento in 135.16
avanzamento della barra 127.1
— della catena, meccanismo di 117.21
— laterale 109.11
— dell'ordito 130.3
— del tessuto 292.11
avanzare passo a passo (catena) 340.3
—, far — i cartoni 206.9
—, far — la cassa 279.16
—, far — il prisma di x denti 195.17
—, far — il settore dentato 52.8
—, far — una parte del tessuto con ogni giuoco del battente 134.9
avignone 400.18
avviamento difficile 309.21
— irregolare 306.7, 309.23
— regolare 306.6
— del telaio 306.5
avviare a mano 306.4
avviatore 310.4
avvicinarsi (fili di catena) 114.11
avvitamento degli eccentrici 198.22
avviticchiato, disegno d' 377.4
avvolgere 84.14
— dalla bobina 85.27
— la catena sopra un subbio senza flange 79.4
— la catena sotto tensione uniforme 79.8
— le catene, macchine per 80.1
— la cinghia attorno al battitore 250.15
— la corda di collegamento sul subbio 110.4
— la corda del freno in giro al subbio 121.16
— le corde in spire ai montanti del battente 290.4
— duro la catena 79.9
— le estremità dei fili su un perno 261.7
— il fascio di fili sull'aspo 46.18
— il filo in spire 22.19, 336.9
— sul fuso nudo 85.10
— da gomitoloni, macchina per 80.14
— dalla matassa 85.26
— un nastro di fili 41.3
— l'ordito disteso sopra il subbio 81.18
— l'ordito dal rullo a catena sul subbio del telaio 76.20
— parallelamente 81.8
— da rulli a catena al subbio del telaio, macchina per 82.1
— spaghi impeciati ai listelli 286.9

avvolgere a spira i fasci di fili da una costola all'altra . . 46.19
— strettamente 79.6
— sul subbio, apparecchio per 59.5
— a forte tensione . . 57.5
— a poca tensione. . . 57.6
— il tessuto 298.16
— la trama 84.15
— la trama sulla tavoletta 335.19
— su tubetti di trama . 85.14
— su tubi 85.11
avvolgersi (corda) . . . 122.5
— su rulli (corde dei listelli) 183.20
avvolgimento conico . 24.1
— della corda. 235.13
— diretto. 131.1
— diretto sul subbio del telaio 76.17
— del filo per rotazione del fuso 87.23
— incrociato 91.7
— indiretto 131.3
— multiplo 82.10
— dell'ordito dal rullo a catena sul subbio del telaio 77.1
— sulla spola 23.13
— sul subbio 76.14
— del tessuto attivo. . 132.3
— del tessuto durante il ritorno (l'andata) del battente. 130.15.16
—, dispositivo d'— per orditoi a sezioni . . 55.3
avvolgitore di tessuti . 6.12
Axminster, tappeto . . 410.12
azionamento v. a. comando, movimento
— dall'alto 368.5
— dell'asta dentata . . 276.6
— dal basso 366.21
— dei carrelli a bobine. 366.20
— diretto con ingranaggi 310.17
— degli eccentrici, meccanismo d' 201.1
— dei fusi con dischi a frizione 37.2
— di gruppi singoli di fusi 92.11
— del meccanismo Jacquard (a corsa semplice) 212.17, 213.9
— della navetta elettromagnetico 301.1
— negativo 213.1
— positivo 213.5
— del prisma a catena. 213.14
azionare l'albero del telaio con ingranaggi (motore) 310.16
— il fuso da un disco di frizione 100.11
— il ruotismo colla leva 133.15
— la spola per attrito . 27.11
— la spola per frizione. 87.19
— il telaio con forza motrice 300.5
— il ventilatore col battente 76.7
azionato passo a passo. 363.16
— con rulli d'attrito. . 27.4
—i con corde, fusi. . . 37.18
—i a serie, carrelli . . 369.8
azione diretta, ad . . . 131.8
— doppia, meccanismo a molla ad 204.10
— indiretta 131.9

B

bacchetta d'arresto . . 36.11
— di divisione 83.20
— per invergare. 76.4, 82.12
— d'invergatura 111.5, 137.20, 220.1
— d'invergatura piatta 138.4
— d'invergatura con rivestimento metallico 138.8
— d'invergatura rotonda 138.3
— d'invergatura a scanalature 138.6
— di legno fissa . . . 106.5
— del subbio 77.19
— di vetro 35.5
d'invergatura . . . 61.17
bacchette d'invergatura poste ad incrocio semplice 138.11
— a serraggio 138.7
bacino ad amido . 75.5, 180.5
— a colla . 70.18, 75.5, 76.1
bagnamento della trama 101.6
bagnare la trama . . . 101.7
bagnato, bobina —a . . 101.14
bagnatore per la trama, operaio 101.16
baietta 417.9
Baker e Kip, meccanismo automatico di ricambio per navette . . 269.2
balla 4.12
— a dodici pacchi . . 11.5
ballotto 4.12
banchi ad ordire . . . 47.18
banco per preparare i licci 177.17
— di rimettaggio . . . 105.11
— dei tamburi 35.3
bandolo 10.23
Barber, annodatore . . 112.3
—, macchina per annodare le catene . . . 112.20
barbino 34.14
barège 398.26, 401.25
baritina 437.28
barra v. a. asta . . . .
— d'accoppiamento . . 277.10
— ad aghi 83.8
— ad alette 366.9
— caccia-navetta . . . 301.20
— di comando oscillante 348.6
— di davanti 356.3
— di fondo 368.16
— di guida 353.16
— di legno 218.7
— longitudinale 297.4, 335.7
— a movimento di va e vieni 90.18
— a nottolino. 126.18
— di pressione 383.17
— di protezione dell'aspo 33.18
— quadra. 136.14
— quadrangolare con spigoli smussati . . 117.8
— di tensione . . 72.7, 80.8
— verticale della rastrelliera 356.10
— di vetro 218.8
—e, doppie — ad alette per azionare i carrelli di bobine 366.5
barracano 399.2
barrette di legno unite da cerniere 201.6
base in acciaio temperato. 239.8
— conica 260.16
— conica della cannetta 99.8
— conica del fuso . . . 93.11
— conica del tubo. . . 86.16
— del fuso 242.16
— scanalata. 238.15
— di serraggio 239.19
— della spola . . 240.2, 263.10, 264.17
bassi licci, telaio a . . 298.9
basso, movimento in . 39.9
—, posto 205.2
bastone di restringimento 71.12
— di sample 209.10
— per sbattere le matasse 25.13
— del subbio 119.10
— di tensione 354.4
batavia. 148.14
batista di cotone . . . 393.10
—, tela 395.26
battente . 264.5, 335.10, 339.7
— con aghi per guidare le navette 346.13
— ad archi per una navetta 357.2
— ad archi per due serie di navette 357.6
— a broccato 345.9
— a broccato con navette mosse in linea dritta 347.9
— a broccato a navette con percorso ad arco 347.12
— a broccato svizzero . 348.3
— a broccato per telai a nastro 346.12
battente a broccato a tre navette con guida ad uncino 346.21
— a broccato viennese. 347.16
— a caduta libera . . 295.10
— con cassa a più navette 290.10
— a più casse. 344.10
— a casse montanti per telaio per nastri . . 358.9
— a cerchi . . . 345.17, 347.1
— del cilindro. 186.14, 190.8, 210.17
— del cilindro inferiore. 230.4
— del cilindro liberamente sospeso . . . 230.3
— del cilindro in salita 230.4
— diritto per due navette 356.21
— diritto per una navetta 356.17
— a doppi archi incrociati 357.5
— a due piani 357.1
— a due serie di navette 357.1
— senza guida per navetta 339.23
— inferiore 289.11
— a mano 288.16
— mosso meccanicamente. 289.8
— multiplo 290.10
— con navetta 301.18
— a navetta volante. . 248.1, 289.14
— a più navette . . . 272.3
— a più navette con pressore 291.8
— a navette circolari . 347.6
— di prisma inferiore . 234.9
— del prisma in posizione verticale . . . 211.18
— per ricamare con aghi mossi individualmente. 350.12
— a ricamo con due pettini 351.4
— in riposo nella sua posizione posteriore 295.6
— a rotelle 324.8
— in salita . . 289.11, 299.2
— con scambio orizzontale delle casse. . . 345.16
— scorrevole 289.12
— di sopra 289.9
— a sospensione . . . 289.9
— sospeso 289.9
— sospeso liberamente . 289.10
— di sotto . . 289.11, 350.20
— superiore. 289.9
— del telaio a mano. . 321.8
— per telai da nastri 289.13, 356.16, 358.3
— per telai da ricamo . 349.15
—, doppio 290.10
battere rapidamente (battente) 295.7
— i ricci di pelo . . . 340.19
— la trama . 284.8, 336.3
— la trama dopo il cambio del passo . . . 323.12
— la trama di fondo sotto forma ondulata 336.4
battitore 249.11
— di trama. 360.19
battitura 66.2
— uniforme 143.12
battuta a passo aperto (chiuso) 284.11.12
— per pressione . . . 292.16
— della trama 282.1
— per urto 292.15
—, doppia 360.10
bavella 425.3
becchetto. 238.8
becchi esattamente sopra ai coltelli . . . 211.14
becco 112.6, 326.14
— di corvo 207.9
— d'eccentrico 254.10
— delle pinze 341.2
— della platina 207.9, 210.12, 348.18
— dell'uncino 343.1
Becker, para-navette . 312.13
bellezza del tessuto . . 429.8
benda 427.2
beneficio 442.16
bengalina. . . 398.29, 401.15
Berry, drappo di . . . 398.15
biacca 124.23
biancheria 420.5
— da cucina 420.13
— da dosso 433.3
— da letto 420.11
— da tavola . . 396.8, 420.8
bianco del cartone . . 382.14
biella 58.13, 59.20, 229.16, 277.3, 293.8
— aggiustabile 293.12
— articolata . 293.17, 294.10
— del battente 308.12
— in due parti 293.11
— ordinaria. 293.2
—, piccola 293.19
bilancia v. a. romana
— per filato 439.13
— per filato con aspo . 439.14
— per filato con cassetta di protezione . . . 439.15
— micrometrica 88.20
— a molla 438.19
bilanciere. . . 185.3, 186.14, 210.17, 279.20
— superiore. 188.4
bilancino 53.7
bilaterale, cambio . . . 292.3
bilico del motore . . . 310.8
—, sopporto a. 309.18
binato, filo 9.4
blocco 258.17, 334.12
— d'arresto 35.12, 318.10, 332.15
— d'assaggio 219.13
— di caucciù 415.8
— estensibile 54.19
— d'orditura 54.14
— ricoperto di cuoio forte 248.16
— a scanalatura . . . 180.12
bleu 380.13
bobina (v. a. cannetta, rocca, rocchetto, spola) 38.3, 347.4
— bagnata 101.14
— con base conica . . 97.12
— a broccato 346.7
— cadente 364.24
— di catena da filatoio ad anelli 21.17
— di catena da filatoio automatico 22.2
— di catena di seta . 43.10
— cilindrica 22.20
— conica alle due estremità 85.15
— per una corsa di filo di x mm 239.13
— esaurita 262.3
— di filo metallico per legamento 287.16
— del filo di pelo . . . 329.5, 339.26
— flangiata 63.10
— girevole 343.21
— inservibile 265.4
— d'intrecciamento . . 179.2
— inumidita 101.15
— orizzontale 30.8
— piatta 366.7
— piena 23.5, 262.2
— svolta 262.3
— di trama. 341.3
— di trama da ricamo. 350.7
— a tulle. 366.19
— verticale del pavimento 258.1
— vuota 266.6
—, grossa. 258.1
—, penultima 264.12
—, ultima 264.9
bobinato, filato 10.16
bobine disposte in cerchio 261.18
— disposte diametralmente. 362.7
— disposte nel magazzino l'una sull'altra. 262.14
— che seguono 264.15
— sovrapposte 265.10
bobinatrice a filo incrociato con guida-filo rotativo 34.19
bocciolo . 178.8, 196.13, 288.3
— in contatto col tacchetto 178.23
— della leva di percussione 255.9
boccola ad olio 375.8
bodola, chiusura a . . 269.11
bollente, bozzima . . . 65.2
bollire la bozzima . . 65.1
bollito, bozzima —a . . 65.3

bombasin 398.30
bombé, fondo a . . . 69.11
borace 67.26, 438.2
borato di sodio 438.2
bordo crespato 406.4
— destro simmetrico a quello sinistro . . . 221.11
— pieghettato 426.20
— sinistro è la contrapartita riversata del bordo destro 221.10
bordura 378.3
— da cucitrice 428.17
— militare 428.13
— da vetture 428.18
borretta 17.14
bosso 243.6
bossolo . 241.7, 242.5, 281.3
— per il grasso 375.8
— a stoppa 73.19
botola, chiusura a . . . 269.11
bottiglia di caucciù . . 415.7
bottone 263.13
— colorato 18.16
— di contatto 387.9
— di cotone 18.11
— di lana 18.12
— a mano 348.2
— della manovella 59.3, 255.2
—i, velluto per 404.7
bouclé, filato 14.14
—, tessuto 166.2
bourrette 17.14
bouton 209.2
bozzello 122.8
bozzima 64.21
— acida 65.11
— bollente 65.2
— bollita 65.3
— calda 64.27
— dolce 64.25
— dura 64.26
— fresca 65.4
— inodora 65.5
bozzimatura della catena in tutta altezza . . 72.12
bracci eguali 191.5
— mossi da eccentrici . 285.19
— pieghevoli 28.16
— ricurvi della leva . . 109.2
— in scanalature . . . 29.5
braccio 285.13
— d'afferramento . . . 334.10
— dell'aspo 25.21
— dell'asta d'arresto . . 254.3
— dell'asta degli uncini 333.14
— ausiliario 280.6
— del battente 134.10, 288.18, 293.4
— del battente incastrato 289.19
— centrale della leva . 315.12
— del cilindro di contatto 125.15
— curvo 254.15
— in filo metallico . . 346.16
— fisso 29.3
— laterale 112.4
— della leva . . 136.7, 288.6
— della leva d'arresto . 278.20
— di leva equilibrato . 439.23
— della leva regolabile. 50.16
— mobile 54.12
— oscillante. . . 137.17, 192.2
— oscillante per il meccanismo d'arresto . 91.5
— oscillante con rullo . 257.10
— di percussione 249.11, 291.10
— di percussione in ghiere 313.9
— di percussione portato in glifo 313.11
— della platina 230.17
— di pressione 32.16
— di pressione in legno 316.1
— della rastrelliera . . 43.14
— a scorritoio. 137.16
— del telaio per stringere la spola al tamburo 32.15
— con vite di registro . 283.16
branca 238.18
— a vite 238.19
bretelle elastiche . . . 427.25
brevetti 446.3
briccola 185.3, 188.4
brillantato, filato . . . 12.17
brillante, filo 421.9
brillantino, filato . . . 14.7
brocca della bobina . . 26.10
roccare in più colori . 344.22
broccatello 423.5
broccato . . . 344.13, 402.17
— all'ago, tessuto . . . 163.6
— d'argento 402.21
— autentico. 423.6
— per catena 163.1
— a due fili 402.19
— imitazione 163.7
— ad ornamenti figurativi 402.18
— d'oro 402.20
— quadrettato 163.5
— per trama . 162.12, 344.14
— per trama a doppia faccia 162.13
—, apparecchio a — e a lancé 349.2
broccatura 344.17
— per catena 349.4
— a mano 345.5
— meccanica 345.6
— meccanica su telaio a mano 345.7
— sopra telaio meccanico. 345.8
—, meccanismo di . . 349.1
brocco 344.18
bronzo 245.17
bruciamento 436.12
bruciando, identificare . 436.11
bruciato in tintura . . 9.26
bruscamente, arrestare 307.2
bucare cartoni, piastra per 190.1
bucato, cartone 382.12
bucherame 395.22, 414.19, 432.21
buckskin 398.7
buco d'allacciamento. . 382.15
— nel cartone 383.4
— del disegno 383.2
— di guida 388.18
— per la spina 383.1
— con taglio 115.11
—chi dispesti in linee inclinate 57.20
budella 341.10
bullone della cerniera . 278.12
— di disinnesto 308.18
— della forchetta rompitrama 322.15
— incastrato con nasello 374.11
— incastrato a testa semplice 374.10
— con madreviti . . . 172.18
— a nasello 374.6
— di sopporto del rullo 186.17
— a testa 315.10
— a testa di diamante e foro per olio 374.12
— a testa piatta . . . 374.9
— a testa rotonda . . . 374.5
— a vite . . . 327.20, 328.10
buon effetto del tessuto 429.8
burattello 399.1
burattino 300.1
buratto 399.1
bussola 203.6
busto 427.11

C

cabile, scialle 420.28
caccia-navetta. . 248.4, 290.7, 346.15, 347.3
— a caviglie 356.20
— inferiore 303.11
— a molla 303.12
— pneumatico, meccanismo di 256.10
— superiore 303.10
—, meccanismo di — a conchiglia 252.7
—, meccanismo di — destro (sinistro) . 252.10.11
cacciata per eccentrico 250.18
—, apparecchio di . . . 346.3
cacciavite 373.17
cachemire 397.24
cachemirette 397.25
cadente, bobina 364.24
cadere (lamella) 319.19
— per la fessura (ago d'arresto) 51.3
— fuori della cassa (navetta) 269.13
— per il proprio peso (navetta vuota) . . . 270.17
— nella tacca (leva d'arresto) 48.22
cadere nel truogo (cannetta) 96.9
— verso il basso (davanti della cassa) 268.16
caduta della cassa . . 273.16
— libera 273.10
caduto, filo 81.10
calancà, tela 393.8
calato, anello 115.1
calcatura 183.3
calcola 182.20, 203.7, 275.2, 321.5
— perpendicolare . . . 199.11
— verticale 199.11
calcolato, peso 11.17
calcolina 185.5
calcolo della catena . . 443.13
— dei licci . . . 173.17, 444.6
— della lunghezza . . . 441.11
— del peso della pezza 442.9
— della trama 444.7
caldaia di cottura (ad alta pressione) . . . 69.7.9
— in rame 69.10
caldo, bozzima —a . . 64.27
calettato, disco 358.11
calibro conico 60.13
— divisore di schizzi. . 379.15
— quadrato. 60.16
calicò per fodera . . . 392.19
— impresso 392.17
— per letti 392.20
— lucidato 392.18
— medio 392.15
— pesante 392.16
— stampato. 392.17
calicotto medio 392.15
calmucco 398.4
calzatura, stoffa per. . 15.11
calze elastiche 359.14
calzetteria, filato per. . 14.11
calzoni, traliccio per. . 396.7
cambellotto 399.4
— di seta. 401.6
cambiamento di colore (nella trama) 341.17, 421.7
— di corsa della manovella 213.13
— dell'effetto di catena e trama 153.13
— delle file di navette. 358.8
— del moto, meccanismo per il 127.16
— del numero dei fili di trama 132.9
— di passo 228.5
cambiare l'armatura, meccanismo per 196.11
— le casse a navette. . 290.16
— il colore 341.16
— i colori della catena. 230.11
— la grandezza delle maglie 365.21
— da una inserzione all'altra (incrocio dei fili) 158.16
— le navette 271.4
— con x navette 271.16
— l'ordine dei colpi . . 247.22
— il passo 142.13
— i pedali 183.5
— i punti d'incrocio. . 145.1
— il punto d'attacco della maglia 174.11
— lo scartamento dei denti 287.21
— le spole 45.3
— la tensione sulla matassa 25.11
— la velocità d'avvolgimento 365.20
cambievole, fuso 238.16
cambio d'allacciamento dei cartoni 390.17
— d'armatura 196.10
— automatico della bobina 304.1
— delle bobine, meccanismo per il . 263.5, 264.1
— delle casse senza cartoni. 278.11
— delle casse a gradini 274.16
— delle casse montanti 274.15
— delle casse a navette 290.15
— delle casse con ruote 276.2
— delle casse di telaio per drappi forti, meccanismo per il . . . 274.4
— delle casse, sistema Hacking. 275.5
cambio delle casse, sistema Hodgson . 276.7
— delle casse, sistema Knowles. 276.12
— delle casse, sistema Schönherr 274.12
— di colore 271.6
— della corsa 189.3
— difettoso 260.14
— dei licci 182.4
— nel modo semplice . 273.5
— della navetta con casse montanti. . . 273.8
— di x navette 272.5
— delle navette bilaterale 292.3
— delle navette con catena a disegno . . 273.18
— delle navette sui due fianchi del battente 292.3
— delle navette su un sol fianco del battente. 292.2
— di navette da uno stesso lato. 272.19
— di navette dai due diversi lati 272.20
— delle navette per meccanismo a revolver. 279.1
— delle navette svizzero 277.22
— di navette per telaio a x casse 290.17
— delle navette unilaterale 292.2
— del passo 323.12
— dei pedali 183.4
— nel percorso del nottolino 132.2
— con puleggia a gradini 291.13
— del punto d'appoggio 194.10
— a salti 292.4
— di trama per tessitura in colori. 271.5
— della trama, apparecchio di 271.3
— di velocità 31.10
—, meccanismo di (Eccles) 276.1
—, meccanismo di — alla sinistra (destra) . . 281.5.6
cambric 393.10
camelot, filato 15.12
camera d'aria 102.2
— d'essiccazione. . 71.4, 72.10, 75.7
— ad olio 328.11
— per la preparazione di campioni 299.6
— d'umidificazione . 102.1.10
— verticale 75.12
camicia del tamburo. . 30.10
camilla 394.2
camma 370.10
— di cacciata 249.15
— ad unico sporto . . . 251.2
cammellotto 399.4
cammino per eliminare l'aria satura d'umidità 75.13
— della navetta 357.4
campanello avvisatore . 62.7
campione 47.17
— a zig-zag 375.14
can barbone, felpa imitazione 406.21
canapa 395.10
canavaccio (v. a. canovaccio) 420.17
— di cotone 394.5
candeggiato, filato. . . 9.24
candeggio, grado del. . 429.18
canfora 438.4
canna 290.14
— palustre 416.11
— tagliata 284.18
cannellare il nastro . . 427.18
cannellato 398.27
— per catena 146.2
— diagonale 146.7
— diagonale con effetto catena (trama). . . 146.8.9
— diagonale con fili liberi irregolari . . 146.10
— figurato a due catene 146.13
— interrotto 146.12
— irregolare 146.5
— legato 146.6
— obliquo 397.22
— rafforzato 146.8
— regolare . . . 145.20, 418.6
— per trama 146.1

cannellato per trama per mobili 418.7
—, saia —a 149.7
cannello di legno con cerchio 86.13
— di trama 85.9
cannetta (v. a. bobina, rocca, rocchetto, spola) 38.3, 84.9
— senz'anima 84.11
— di catena da filatoio ad anelli 21.17
— di catena da filatoio automatico 22.2
— di cotone 260.4
— esaurita 243.22
— di lana pettinata 260.5
— di trama 84.10, 260.6
— ultimata 91.16
cannettiera 87.1
— addoppiatrice 96.18
— a cilindro di guida e guida-filo ad alette 99.15
— con cilindro-guida e tamburo guida-fili a scanalatura spirale 99.10
— a coni di guida 98.11
— a coppe per fusi orizzontali 96.1
— a coppe con fusi verticali per avvolgere su cannelli 96.10
— a coppe a guida-filo rotativo 96.17
— per seta 96.19
—, operaia 84.19
cannettiere, operaio 84.18
canovaccio v. a. canavaccio
— di cotone 394.5
— di lana 398.24
— per scarpe 399.22
canutiglia 20.12
caolino 68.14, 437.22
capitale disponibile 446.9
capo caduto 81.10
— del filo 51.10
—, filato ad un sol 17.8
—, filo a due —i 9.4
— -operaio 5.4
— -orditore 40.10
— -rammendatore 6.2
— -sala 5.5
— -tessitore 5.6
cappello 264.19
— avvolto coll'estremità del filo di trama 264.20
— del battente 288.20, 293.7
— a cilindro 406.14
— soffiato via da una corrente d'aria compressa 264.22
— a tuba 406.14
cappiatura 10.23
capriccio, disegno a 377.12
capsula a coltelli (v. a. griffa) 186.10, 207.13, 210.6
— a coltelli guidata da scanalatura e linguetta 186.20
— ad elastici 210.5
— a lame 207.13
— a navetta 248.5
— di scarico delle navette 269.6
carattere esterno del filo 434.3
caratteristici dei fili 435.4
carbonato di piombo 124.23
caribari 248.7
carica completa del telaio 307.4
—, sostanza per la 68.12
caricamento dei graticci 102.14
— indiretto del freno 120.11
caricare bobine piene nel carrello 363.16
— la catena 64.9
— i fili ritorti con anelli 177.11
— i licci 362.2
— con un peso 185.1
— la rastrelliera 44.10
— le spole 30.12
— la traversa del battente con una placca di ferro 289.2
caricato, filato 10.5
caricatore 113.3, 263.6
— automatico della navetta 261,12, 262.15
carico a molla 137.15
—, catena —a 64.10
carragheen 67.21
carrelli azionati individualmente 369.13
— azionati a serie 369.8
carrello (della macchina per fabbricare pettini) 287.9
— (del telaio per tela metallica) 324.8
— (del telaio per tappeti Axminster) 343.17
— (della punzonatrice) 385.9
— (porta-navetta) 256.17
— a bobine 366.6
— con bobina vuota 364.16
— cadente 364.25
— della cassa a punzoni 388.8
— dentato 368.1
— di estremità 366.18
— guarnito 364.14
— metallico per bobine 371.10
— montato su rotelle 257.9
— a paniere 371.14
— pieno 364.14.23
— portato da rotelle 287.20
— del subbio 112.22
— del telaio per tulle 90.4
— vuoto 364.15
carrettaggio 447.3
carro porta-subbi 79.16
carrozzeria, gallone per 359.13
carrucola 122.8
carrucolina 35.4
— del fuso 26.15
carsaia 397.14
carta d'armatura 220.7
— per cartoni 388.2
— compressa 189.17
— dell'orditura 40.12, 434.3
— da patrona 379.1
— quadrettata 379.1
— quadrettata con abbozzo stampato 379.16
— a quadrettatura fina 379.3
— da ricalco 379.14
— rigata 379.1
— rigata per scialli 235.16
— senza fine Verdol 388.1
— senza righe 387.17
— della trama 434.5
cartella per cambio navette 280.20
— per più legamenti 197.2
cartiera, feltro per 414.5
cartone 382.4
— in bianco 383.14
— dei bordi 197.4
— bucato 382.12
— di cambio 275.15, 277.25
— di cambio d'acciaio 280.21
— di cambio a rotelle 281.1
— di carta compressa 189.17
— per casse in riposo 281.13.17
— a caviglie di legno 353.13
— cieco 389.16
— continuo 194.7, 206.13
— per il disegno 342.25
— doppio 383.7
— degli eccentrici 201.4
— entrato 385.10
— per il figurato 383.10
— per il fondo 197.5, 383.9
— forato 382.12
— per girare la cassa 281.18
— per girare a destra (sinistra) 281.14.15
— glacé 382.7
— impari 383.11
— con incavature 189.15
— interamente forato 383.3
— da Jacquard 382.2
— da Jacquard di carta senza fine 382.8
— per più legamenti 197.2
— per due legature 235.2
— in legno 382.11
— metallico 279.10, 382.10
— pari 383.12
— pieno 197.6
— da ratiera 205.6
— a rulli 191.12
— satinato 382.7
— semplice 383.6
— a x serie di buchi 383.8
— a spine 188.16, 189.11
— a spine ricambiabili 189.16
— per uncini fuori azione 383.13
— Verdol 382.8
—i allacciati 389.18
—i per casse a revolver a salto 281.16
—i per portanavette a revolver 281.12
casalingo, tela —a 395.17
—, tessitura —a 6.19
cascami delle bobine 22.11, 85.29
— di cannette 85.28
— di cotone 12.12
— di filato 4.14, 85.30
— delle spole 45.1
— di tessitura 4.13
cascemire 397.24, 420.27
cascimirra 397.24
— diagonale 397.25
casimirra mezza-lana 397.18
— pura lana 397.17
casmir 397.24
cassa 258.16, 287.7, 364.4
— abbassata 272.15
— ad aghi 50.19
— alzata 272.13
— alzata (abbassata) di x scompartimenti 272.16.17
— circolare 303.18
— a cremagliera 356.18
— destra 248.2
— degli elettromagneti sotto l'azione della corrente elettrica 387.8
— di filati 11.27
— girevole, Ross 280.2
— girevole, Walker 280.13
— laterale 357.10
— di legno 347.17
— metallica 347.19
— a molla 371.3
— della molla d'innesto 315.2
— montante 249.2
— montante Tannwald 278.3
— multipla 290.12
— multipla mobile verticalmente (orizzontalmente) 291.3.17
— multipla oscillante 291.19
— a nastri 301.12
— a navetta (v. a. cassa) 248.5, 250.7, 252.15, 290.6, 267.12
— a più navette 272.4, 290.12
— a navetta del battente 269.10
— a navetta in livello col piano del battente 251.7
— a navette in posizione falsa 313.16
— a navette con x scompartimenti 272.8
— a più navette con x scompartimenti uno accanto all'altro 345.15
— a più navette con x scompartimenti sovrapposti 273.9
— a navetta d'un telaio a percussione a molla 255.23
— in ottone 347.22
— per punzoni 385.21
— raccoglitrice dei cappelli soffiati 264.14
— della rastrelliera 56.5
— rotativa delle navette 279.2
— rotativa saltuaria 279.18
— saltante 273.6
— sinistra 248.2
— a spole 88.19
casse ad estremità conica 347.21
— manovrate dalle platine 291.16
— mobili verticalmente 303.17
— a navette disposte le une appresso alle altre 291.18
— a navette disposte verticalmente una sull'altra 290.9
— in riposo 281.13
cassetta ad aghi oscillante 226.5
— per cannette 32.21
— a pesi 122.2
— di protezione 439.15
— dei rulli 183.19
cassettiera a bilancini 35.7
cassettina a bilancini 35.7
castello della macchina 209.20
— della meccanica 190.12, 206.18
— del meccanismo Jacquard 212.7
castorina 398.2
castoro, felpa imitazione 406.18
catena 92.5
— d'alzata 92.8
— articolata con anello 314.17
— di azionamento 213.15
catena di cartoni 192.3, 193.5, 206.13, 390.6
— di cartoni con rulli 203.4
— continua a punte 140.6
— a disegno 273.18
— degli eccentrici 201.13
— di ferro 278.2
— senza fine 266.3
— Galle 71.5, 372.15
— dei licci 171.15
— con maglie a disegno 259.4
— a mano senza fine 372.20
— per la manovra dei guida-fili 38.16
— d'ordito 43.9
— perpetua 266.3
— a piuoli-rotelle 281.1
— porta-bobine 340.1
— di ricambio 196.19
— a rulli (di disegno) 189.10, 191.17
— della traversa dell'asta guida-fili 33.16
— di trazione 230.9
catene, le bobine si possono alzare dalle — che le portano 340.8
catena (v. a. ordito) 7.20, 114.4
— ad armatura di garza 341.14
— ascendente 338.4
— carica 64.10
— di caucciù 415.4
— di chappe 17.9
— chiara 62.19
— a cinque portate 107.21
— collata 64.7
— di collegamento 158.6
— colorata 64.3
— a più colori 40.14, 434.2
— in corda 71.8
— che forma le costole 147.2
— per crespo 161.11
— diritta 161.10
— più diritta della trama 433.24
— del diritto 161.3
— discendente 338.3
— con disegno per i bordi 77.8
— disposta verticalmente (orizzontalmente) 298.6.8
— distribuita chiaramente 107.8
— non-elastica 360.4
— esaurita 110.18
— della faccia 161.8
— di figura 147.1, 163.2, 223.7
— di filato ritorto 21.6
— di filato semplice 21.5
— fissa 339.19
— fissa, la — non concorre alla formazione del passo 339.20
— di fondo 147.4, 167.18, 325.3, 422.13
— di fondo inferiore 169.18
— del fondo superiore 169.19
— di fondo tesa 166.4
— per formare il passo 339.21
— di giro 353.11
— greggia 21.7
— d'imbottitura 325.9, 330.1
— d'imbottitura di carta 411.17
— d'imbottitura inferiore 170.1
— d'imbottitura superiore 170.2
— imbozzimata 64.5
— inferiore 161.4
— di juta 13.11
— di legamento 329.20
— di legatura 329.20
— di legatura in cotone 411.23
— leggiera 21.14
— per maglie 170.8
— multicolore 21.12
— normale 42.5
— nuova 103.3, 113.17
— ordita 43.7
— di pelo 167.12, 169.20, 330.2
— di pelo allentata 166.5
— di pelo con disegno stampato 411.16
— di pelo in lana cardata (pettinata) 411.12.13
— di pelo senza nodi 167.22
— di pelo sollevata 168.4
— a perle 354.7, 415.1
— pesante 21.13
— per x pezze 41.22
— rallentata 49.13, 405.12
— da ricamo 165.6
— per ricci 325.2

catena di riempimento 156.8, 167.19
— di riempimento in juta 167.20
— del rovescio 161.4
— da saggio 47.16
— sbiancata 21.8
— scattata 118.19
— screziata 411.18
— scura 62.20
— serrata 107.12, 319.9
— di seta 43.10
— sollevata 159.12
— supplementare 443.18
— con poca tensione 166.5
— tesa 118.17, 161.10, 405.10
— fortemente tesa 118.20
— poco tesa 118.22
— più torta della trama 433.25
— unicolore 21.11
— unita 434.1
— vecchia 113.15
—, seconda 159.10
—, terza 159.11
—, la — viene dal gomitolone 81.2
catenetta 191.4
caucciù 415.6
— vulcanizzato 415.18
cava, fuso con 238.17
cavalletto 329.12, 362.21
— del cambio delle casse 276.13
— dei cartoni 206.11
— della ratiera 190.12
— regolabile 105.15
cavezza 429.2
caviglia 385.3
— d'arresto 363.17, 364.10
— fissa per la formazione dei maglioni 180.13
— di legno 390.2
— dello spingitore 348.17
— a vite 176.16
caviglie di lunghezza crescente 341.22
cavità della navetta 244.11
— stretta 244.8
cavo, cilindro 85.16
—, tessuto 160.8
cedevole, tensione 118.23
—, tessuto 431.26
cella della cassa a navette 274.10
cellulosa 13.22
ceneri 436.13
centimetro 444.12
centinaia, espresso in 214.3
centrale elettrica 309.15
centrale, posizione 203.13
centro dell'aspo 25.23
— di cotone 18.4
— d'ottone 18.5
— del passo 198.4, 257.14
— del perno 293.18
ceppo del freno 91.11, 120.22, 277.2, 316.16
— della molla 122.19
cera 67.7, 437.20
— d'api saponificata 67.8
— fusa 207.19
—, sfregare con 207.16
cerato, liccio 175.5, 179.19
ceratura delle arcate 220.6
cercare il filo rotto 51.9
cercato, numero 11.15
cerchio 86.13
— di filo metallico regolabile 100.1
—, disposto in 261.18, 279.3
cerniera 278.12
— di sicurezza 255.10
—, fondo a 266.20
—e, muoversi in 289.4
cerussa 124.23
cesoia per cartoni a coltelli circolari 383.20
— per cartoni a lama diritta 383.16
chagrin 402.24
changeant, taffetà 400.15
chappe bianco 17.12
— giallo 17.13
— ad un sol capo 17.8
— tussah 17.16
Chardonnet, seta 17.19
cheviot 397.20
— non garzato 397.21
chevron pettinato 399.14
chiarella 132.13, 433.23
chiaro, catena —a 62.19
—, effetto — di legatura 391.12
chiavarda a testa piatta 374.9
chiave per dadi 374.1
— femmina 373.19
— a gomito 373.21
— per licci metallici 373.18
— di registrazione 373.20
— per subbio 374.2
chiavetta 293.15, 374.16
—, scanalatura a 55.1
chiazzato, tulle 412.18
chiazzatura 412.19
chiffon 393.11
chilo 444.14
chimico, reazione —a 436.19
chiné, nastro 425.8
chiodo di legno 46.4
chioma, crine della 414.13
chiudere l'aspo 28.17
— il circuito 319.5
— il passo 142.7
chiudersi (becco delle pinze) 341.20
chiuso, pettine 49.17
—, tessuto 132.11
chiusura a bodola 269.11
— del circuito elettrico 320.12
— a leva 269.4
— del meccanismo di broccatura 349.1
— del passo 142.6
—, materiale di 236.14
—, placca di 267.11
chondrus crispus 67.21
cignone 428.29
cilindrato, filo di caucciù 415.12
cilindrico, bobina —a 22.20
cilindro (v. a. rullo, tamburo) 186.13, 236.9
— ad aghi 70.21, 117.18, 326.8
— d'arresto 36.10, 51.1
— ausiliario 128.14, 129.1
— carico 356.15
— a cartoni 229.13, 353.14
— cavo 85.16
— collatore 73.15, 76.2
— collatore in contatto coi fili della catena 76.12
— connesso colla leva 184.7
— connesso col rullo 184.8
— di contatto 124.6, 128.8
— di contatto in legno 125.18
— a corde 207.2
— a costole trasversali 70.12
— di felpa 38.5
— di frizione 89.21, 100.5
— di guida 48.10, 63.12, 99.13, 263.4, 390.10
— d'immersione 73.14
— per inumidire 89.12
— dei licci 183.13
— misuratore 82.9
— misuratore e trasportatore 74.2
— con nervature a spirale 139.11
— a noccioli 188.7
— dell'ordito 40.20, 47.20
— oscillante 51.1
— a parer 73.15
— della pompa 101.18
— di pressione 55.9, 70.19, 73.16, 89.14, 128.15
— di pressione sul cilindro ausiliario 129.1
— pulitore ricoperto di felpa 32.17
— a punte 140.11
— di rame 70.7
— ricoperto di cuoio 35.18
— riempito 48.16
— riscaldato 343.9
— a scanalatura elicoidale 358.1
— con scanalature a spirale 140.13
— scanalato 70.14, 277.6
— a scorrimento 124.1
— spazzolatore 70.11, 76.3
— a spine 188.7
— spremitore 70.20
— strascinatore 117.15
— tenditore 73.13
— di tensione 59.1
— di tensione del filo 99.5
— trasportatore 74.2
— trasportatore ricoperto di felpa 329.13
—, doppio 230.11
—i di guida 342.5
— laminatori 288.11
— a rotazione continua 50.12
cilindro-guida 206.2
— fisso 50.5
cimato, tessuto 431.11
cimossa (v. a. vivagno) 3.10, 433.21
— centrale 361.2
— centrale, dispositivo per — con armatura di licci per garza 361.8
— falsa 361.2
— di mezzo 361.2
cinghia 112.18, 183.16, 295.13
— (v. a. cintura) 415.26
— d'arresto 250.12
— d'arresto corta 252.4
— d'arresto lunga 252.3
— del caccia-tacchetto 249.14
— di canapa 428.25
— di connessione 252.16
— del freno in cuoio 72.15
— del freno, mettere la — sulla puleggia di frizione 57.10
— di guida 365.16
— per mobili 428.27
— del nottolino 314.11
— del pomo della sella 429.1
— portante 428.26
— per scuderia 428.28
— di tappezziere 428.27
— di trasmissione di tessuto 427.14
ciniglia 20.18, 410.17, 422.1
— Axminster a garza 410.22
— ad un colore 411.2
— cucita 20.20, 342.1
— elicoidale 411.6
— elicoidale a forma di bruco 21.1
— monocromo 411.2
— multicolore 411.3
— operata 21.9
— con penne 21.10
— piatta 20.22, 410.20
— piatta cucita 411.1
— policromo 411.3
— prodotta a mano 410.18
— prodotta meccanicamente 410.19
— rotonda 20.24
— tagliata 343.11, 411.4
— tessuta 20.19
— tessuta piatta 410.21
— torta 20.21
— a U 20.23, 411.5
— unicolore 411.2
cinto 416.20
cintola 427.24
cintolo da calze 415.25
cintura 415.26, 416.20, 427.24
circolare, rastrelliera 44.7
circolazione dell'aria umida 102.15
circolo 380.3
circonferenza dell'aspo 46.8
— del cilindro strascinatore 131.6
— interiore dell'anello 341.21
circuito elettrico principale 320.6
cliente 443.1
cloruro di calcio 68.11
— di magnesio 68.13
— di sodio 67.28
— di zinco 68.1
coating diagonale 398.14
— liscio 397.27
cocco 13.17, 407.20
— di Ceylon 13.20
— Cochin 13.18
— Coconada 13.19
codino di porco 27.15, 93.5
coefficiente d'attrito 120.13
colla 64.22, 437.15
— animale 66.26
— da carniccio 67.1
— d'ossa 66.27
— da pelli 67.1
collante, materia 66.18
collare 69.4, 89.17, 92.1
— dell'albero dei settori 322.4
— dell'eccentrico 275.18
— del freno con orecchio 79.13
— del freno sul subbio 79.12
— del fuso 98.17
collare la catena 64.6
— la catena sul telaio 76.9
— il filato in matasse 69.20
— a macchina 70.3
— a mano 69.24, 71.14
— sul telaio, apparecchio per 75.14
collato, catena —a 64.7
collatura 63.17
— della catena in corda 71.8
— della catena in tutta altezza 72.12
— del filato in matasse 69.19.25
— sul telaio 76.8
— in tino 71.10
collaudo della pezza 7.1
collegamento 157.12
— del tessuto superiore coll'inferiore 157.13
collegare la briccola al pedale 188.8
— i fili della (nuova) catena 110.2.15
— i licci ai pedali 183.9
colletti 208.23
colletto 210.9
—, velluto per 404.8
collo della catena 79.5
collocamento delle bobine nel carrello 363.14
— della matassa sull'aspo 25.17
collocare la matassa sull'aspo 25.16
— la ruota di ricambio 133.17
— il subbio di catena 106.12
collocatore di nastri di carta 6.15
colonne di sopporto dei meccanismi Jacquard 212.8
colorato, filato 9.25
—, quadrato 380.8
colore del disegno 230.15
— di fondo 230.14
— mescolato 152.10
— della punteggiatura 380.6
— puro 421.5
— rosso 380.11
— speciale 421.10
—, catena a più —i 40.14
—, fili di diverso 19.3
—i, a più 10.2
—i, seta a 17.2
colpo del battente 265.16, 292.10
— del battente doppio 294.9
— del battente a passo aperto (chiuso) 142.5.12
— del battente col proprio peso 292.14, 324.4
— del battente ridotto 130.14
— di battente semplice 326.3
— di battente triplo 295.9
— del battitore dal di sopra 248.23
— debole 246.15
— duro 246.16
— d'eccentrico durante l'andata del battente 295.1
— energico 246.16, 283.20, 292.17
— eseguito 247.19
— forte 130.13, 226.6, 246.16, 292.17
— inferiore 250.17
— leggero 130.12, 292.18
— della navetta 246.12
— del pettine 137.2
— del prisma 211.17
— dal di sotto 251.1, 254.11
— successivo del pettine 283.19
— superiore 248.23
— supplementare del pettine 283.19
coltello (dell'annodatore) 112.11
— (della meccanica a regoli) 233.13
— (del meccanismo tagliatore) 332.14, 334.13, 336.8
— (della punzonatrice) 388.14
— (della ratiera) 186.9, 194.19
— (del tastatore Northrop) 261.14
— circolare 343.8
— diritto 375.16
— a disco 342.23
— a doppia lama 187.7
— a forma di paletta 193.9
— in forma d'uncino 191.7
— inclinato 210.7
— inferiore 191.16, 232.15
— a leva 190.11
— oscillante 196.4
— regolabile 210.24, 233.15
— da sollevamento delle platine 207.10
— superiore 191.15
— per tagliare il filo di pelo 340.18
— per tagliare peluche doppio 332.2

coltello per tagliare le trame del Manchester 167.10
— con testa in legno arrotondata 234.1
— con uncino 337.4
— per velluto 168.15, 327.4
—, posto a 224.10
coltelli fuori azione 233.16
— sovrapposti 236.1
comandare v. a. azionare, muovere
— con cinghia 310.6
comando v. a. azionamento, movimento
— a cinghia 307.7
— a cinghia per telaio a nastri 358.10
— a destra 305.11
— elettrico 309.14
— a frizione 307.12
— dei fusi, meccanismo di 39.15
— dei fusi con tamburo unico azionando due file di fusi 39.16
— a gruppi 305.9
— del guida-filo 35.9
— individuale 305.10
— inferiore 366.21
— ad ingranaggi 307.16, 310.12
— dei licci, dispositivo di 197.19
— del meccanismo di percussione 314.2
— con (senza) movimento a vuoto 189.4.5
— delle navette 348.19
— della navetta a becco d'eccentrico 254.6
— della navetta con colpo dal di sotto 251.1, 254.11
— della navetta a colpo superiore 249.1.2.7
— della navetta ad eccentrico con albero di caccia-navetta e rullo 252.5
— della navetta ad eccentrico con scatto 252.12
— della navetta con manovella a rotella 251.11
— della navetta a molla 255.14
— della navetta a molla con eccentrico girante in senso contrario 256.5
— della navetta a molla sopra telaio ad una sola navetta 255.15
— della navetta per telaio a drappi forti 253.3
— positivo 99.12, 134.12, 184.9
— positivo dei fusi 27.1
— con puleggia fissa e folle 307.11
— delle ratiere 203.14
— della ratiera di Hattersley 203.15
— a rulli per i carrelli 367.20
— a ruote di angolo 307.18
— a ruote cilindriche 307.17
— con ruota a nottolino 309.2
— dello scatto di caccia-navette 314.3
— a sinistra 305.12
— del telaio 305.6
— del telaio a destra (a sinistra) 305.13.14
— con trasmissione 305.8
— a velocità variabile 308.4
combinato, freno 124.9
combinazione dei colori e dell'armatura 152.13
combustibile per la forza motrice 446.5
commerciale, filato 11.26
—, voce — dei tessuti 432.13
commissione bancaria 446.11
commutatore 301.5
compatto, incannatura ben (poco) —a 23.7.9
—, tessuto 431.22
compensando, lavorare 136.20
compensare la tensione 119.6
compensazione della tensione 143.7
— delle variazioni di tensione 331.10
completo, incannare al 22.8
composizione dei colori 377.3
composto, tappeto 407.12
om pratore 443.1
compresso, filo di caucciù 415.13
compressione della bobina contro l'uscita del tubo d'aria compressa 265.6
compressore del filo 365.9
comprimere la molla del battente (rullo) 187.4
— sulle platine (noccioli) 188.9
comune (seta) 16.19
—, asse 127.7
concavo, superficie —a 280.8
concentrico, segmento a scorritoio 128.20
conchiglia 125.2
— di caccia-navetta 252.8
— di frizione 125.8
— ricoperta di cuoio 125.21
condotta d'acqua 74.1
— del vapore 69.6, 73.21
condotto di derivazione 102.3
condurre il filo lungo la spola 26.13
— il liccio nel passo superiore (inferiore) 187.17.18
conduttore di corrente 387.13
conduttura di ritorno 387.14
confezionare i licci in filo metallico, macchina per 180.11
confezionati, nastri 427.22
confezione 446.22
confronto, assaggio per 436.1
confuso, apparenza —a 153.3
congegno di leve a ginocchio 294.10
conico, avvolgimento 24.1
connesso colla leva, cilindro 184.7
cono 53.4
— di comando a frizione 308.5
— di filo 87.9
— fisso del tamburo d'orditura 60.5
— di frizione 97.14
— di frizione ricoperto di cuoio 307.13
— di guida 99.2
— di legno 93.11
— regolabile del tamburo d'orditura 60.6
— a regoli di legno 60.2
— (scorrevole) del tamburo 60.12.15
—i cavi scambievoli 372.3
consegna dell'ordito 118.3
— del tessuto 6.27
consegnare la catena 118.2
conservazione dei licci 204.11
consumato, filo 11.21
—, navetta —a 243.23
—, spola —a 262.3
consumo di filato 11.20
— di trama in chili (libbre) 444.14.15
conta-fili 434.14, 438.12
— di sicurezza 438.14
— universale 438.13
conta-giri 370.3
conta-trame 370.5.6.7.15
contametri 371.12
contare da destra a sinistra 151.7
— da sinistra a destra 151.6
— i fili d'ordito e di trama 434.7
— i punti di legamento 151.5
contatore 48.12
— di giri 54.8, 58.16
— a suoneria 77.13
—, apparecchio 370.2
—, meccanismo — Hitchon 51.17
contatto a scorrimento 387.5
— di strisciamento 387.5
—, in — colla superficie della spola (cilindro d'arresto) 37.11
—, in lieve 78.17
—, mettere in — l'accoppiamento colla ruota 95.9
contatura delle trame 370.4
contextura del tappeto doppio 408.10
continuo, disegno 154.6
—, movimento 130.7
conto terzi, per 6.20, 66.13
contorno del disegno 379.17
contraccolpo, cuoio del 250.11
contrappesato, leva —a 91.14
contrappeso 53.8, 90.13, 121.10, 137.10, 203.19
— della leva 55.10, 121.1
— dei licci 208.10
— della traversa portafusi 94.14
— in vetro 208.13
— -tenditore 208.10
contrapposto, dispositivi di contromarcia —i 185.13
—, punti —i 412.22
contrarsi (larghezza della catena) 114.12
contratto, tessere a 6.20
contrazione dei cartoni 382.6
— in larghezza 444.11
— dell'ordito 444.2
contro-calcola 185.4
contro-macchina 389.11
contro-placca 229.14, 388.5
controllo del calcolo 443.6
— del peso 11.18
— del rimettaggio 182.5
contromarcia ad azione semplice 185.7
— a doppia azione 185.10
— per calcole esterne 202.2
— per tre (quattro, cinque) licci 201.15.16, 202.1
— per passo inferiore 184.15
— per passo superiore 184.11.15
— per passo superiore ed inferiore 185.2
— per passo superiore, inferiore ed immobile 185.14
—, dispositivo di 184.10, 201.14
—, dispositivi di — contrapposti 185.13
conversione delle misure 436.8
— dei pesi 436.7
— del titolo 11.12, 435.26
convertire, numero da 11.13
convesso, profilo 23.15
—, superficie —a 280.9
cop 38.3, 84.9
coperchio 139.22, 240.6, 249.13
— del battente 136.8
— del battente da broccato 345.19
— del cilindro 277.12
— in osso 34[illegible]
— spostabile del pettine 49.19
coperta di cannellato 419.29
— da cavalli 419.19
— in ciniglia 419.23
— con disegno chiaro sulle due facce 420.1
— a forma di peli verticali 166.16
— grossolana in lana 419.26
— imbottita 419.30
— di lusso 419.27
— nido d'api 419.28
— ornamentale 419.27
— in pelliccia 419.24
— da viaggio 419.22, 433.14
coperto d'aghi 335.9
—, fili di riempimento —i 156.7
—, poco 4.8
—, tessuto 132.11
copertura in felpa con bordo crespato 406.4
— in felpa goffrata 406.5
— di lana 419.21
— per mobili 404.21
— mohair 406.2
— di peli rialzati 417.12
— posteriore per ottomana 405.18
— dello schienale 405.17
— del sedile 405.16
— per serre 416.13
copiare i cartoni 389.2
— cartoni, macchina a 389.3
— il disegno 378.10
copiatura dei cartoni 389.1
copiglia 389.8
— di guida 353.17
— sotto la pressione d'una molla 328.5
coppia di cilindri 70.16
copri-letto 419.20, 433.13
copri-mobile 419.18
copri-ruote 323.2
copripiedi 408.2
coprire le estremità degli aghi (tavoletta inferiore) 230.1
— la guida del battente 312.12
copritura dei fili di caucciù con polvere 56.15
corame, tela 395.18
corazzato, motore 309.20
corda 178.13, 203.10, 268.7, 318.11, 379.4
— d'allacciamento 389.19
— d'armatura 220.5
— di azionamento del tamburo 32.4
— di budella 341.10
— del caccia-navetta 248.3
— caricata con peso 235.9
— di collegamento 110.4
— di comando 108.12, 119.17, 257.2
— di comando degli arpioni 205.17
— di comando dei licci 208.19
— con contrappeso 123.1
— doppia 123.9
— del freno 121.11
— della guida 45.16
— d'incrociatura 42.17
— di inversione 211.25
— dei lacci 209.13
— di legamento 176.14
— legatrice 173.3
— della leva di contatto 253.11
— dei licci 184.13
— dei listelli 183.20
— delle platine 210.9
— di ritegno 233.2
— di sample 209.11, 386.7
— di sample tirata 386.8
— di sollevamento 207.12
— di tirata 208.25, 211.25
— di trazione 230.5
— tubulare 424.16
— verniciata 220.4
—, catena in 71.8
corde d'alzata angolari 233.4
— di coda 208.20
— di sample tese 386.12
cordelet 167.5
cordetta del fuso 88.7
cordicella 209.12
— delle platine 210.9
cordoncino 16.14
— di cappiatura 10.23
cordone 4.4, 188.5
— d'alzata 225.4.11
— di controllo 62.13
— d'alzata ritenuti da nodi sulla tavoletta superiore 225.9
cordonetto 12.16, 16.14
— cablé 16.15
— di paglia 416.6
corniolo, legno di 243.10
corona di legno 133.4
— regolabile 61.2
— del tamburo 60.18
corpo della cannetta 84.13, 86.12
— dei fili fissi 353.8
— dei fili di giro 353.9
— del filo sul subbio d'ordito 120.5
— dei licci 217.5
— della navetta 243.3
— del telaio 212.11
corrente continua 309.16
— trifase 309.17
— d'aria compressa 265.5
corrente, larghezza 442.8
correre fra gli aghi (fascio di fili) 57.21
— ad angolo nella scanalatura (cordetta) 88.9
— sopra l'arco dentato (ruota dentata) 257.12
— attraverso il passo (navetta) 247.3
— sul piano del battente (navetta) 247.4
— su rotelle (navetta volante) 237.10
corsa accelerata 88.16
— dell'alzata 126.16
— della cassa 273.12
— dell'eccentrico 37.16, 198.17
— eccessiva 346.9
— di filo di x mm 239.13
— grande della leva 134.1
— del guida-filo 30.14
— leggera 304.2
— della leva scorrevole 128.11
— limitata 133.23, 291.2
— della manovella 213.13
— della navetta 357.3
— pesante 304.3
— della ruota d'arresto 134.4
— semplice, Jacquard a 227.11

corsa uniforme . 88.15, 369.5
—, piccola — della leva 134.2
corso 40.16, 381.7
— della navetta . . . 247.2
— di rimettaggio . . . 104.7
corsoio 128.9
— a bobine 366.6
— in ottone 168.16
— del telaio per tulle . 90.4
cortinaggio 368.3
corto circuito 320.13
—, aggiustare il tempiale 139.10
—, mettere la catena —a 42.4
costa 167.6
costante 133.19, 443.5
—, velocità 85.6
costo dei brevetti . . . 446.3
— del combustibile per la forza motrice . . 446.5
— dell'incannatura 26.4, 88.23
— di lavorazione dei tessuti 441.1
— di produzione . . . 442.13
— del riscaldamento . . 446.6
— per gli stampati . . 447.7
— di vendita 442.17
costola dell'aspo 46.7
— per trama 146.3
—e trasversali 70.12
costruzione della curva dell'eccentrico . . . 198.9
— dei telai 300.3
— dei tessuti 143.14
costura, gallone di . . 428.18
côte-cheval 154.8
— per catena 154.15
— ad effetto di piqûre . 154.17
— a solchi obliqui . . . 154.16
— per trama 154.12
cotone 241.20
— cardato 12.5
— egiziano 12.4
— pettinato 12.6
— ritorto verniciato . . 175.1
cotta, seta 16.24
cottimo, salario per . . 444.23
—, tessere a 6.20
cottura della bozzima . 64.28
— esagerata 74.9
— delle matasse 170.14
— della materia collante, apparecchio di 68.22, 69.9
covertcoat 399.13
cravatta cava 426.18
— doppia 426.18
creas 395.18
cremagliera (v. a. asta dentata, dentiera) . 38.12, 190.16, 344.11
— del cilindro di tensione 53.2
— di guida 97.17
creosoto 437.29
crêpe 16.10, 398.22, 401.12, 432.3
crêpe-de-Chine 401.13
crépon 398.22
crescente, lunghezza . . 341.22
crespa nel senso della larghezza 162.1
—, effetto di 162.2
crespato, tessuto . . . 432.3
crespo 16.10, 398.22, 401.12, 432.3
— della China . . 16.11, 401.13
— operato 161.14
— rigato 161.13
— semplice 161.12
creta 437.27
cretonne 392.23
— di Persia 393.8
crine artificiale 17.21
— di cavallo 414.11
— della chioma 414.13
— della coda 414.12
— del collo 414.13
— della criniera 414.13
criniera 414.13
crinolina 414.20
croce 380.2
—, fori a 119.9
crochet 259.12
Crompton, ratiera 191.12, 192.1
Crossley, meccanismo automatico per il ricambio delle navette 269.14
—, telaio meccanico per tappeto di Smirne . 338.18
crudo, seta —a 16.21
cruna (dell'ago) . 350.15, 362.13
cucito, ciniglia —a . . . 20.20
cucitura, tessuto a sacco senza 156.13
cuneiforme, pezzo . . . 242.13
cuneo 311.8
— d'innesto 277.11
— per regolare la traversa di tensione . . 332.5
—, in forma di 233.18
cuoio del contraccolpo . 250.11
— alla corteccia 248.10
— crudo 310.14
— forte 248.16
cuore, eccentrico a . . 33.13
cursore 438.15
curva 210.15
— del battente 186.15
— dell'eccentrico . . . 198.15
— d'unione 198.16
curvatura della molla . 211.21
— della navetta . . . 244.5
curvo, braccio 254.15
cuscinetto a biglie . . . 97.21
— fisso 60.9
— a sfere 97.21
cuscino d'aria 256.15

D

dadi (quadretti) . . . 153.10
dado (madrevite) . . . 139.20, 371.11, 374.13
— ad alette . . 89.15, 122.13, 196.15
— a due parti 59.22
— scorrevole . . . 91.18, 126.1
— scorritore 55.14
— tagliato 59.22
damascato ad effetto Jacquard 396.12
damascato, tela —a . . 394.23
damasco 153.14
— amalgamato 154.4
— a due colori 154.1
— a tre colori 154.2
— per copertura di mobili 399.25
— di cotone 394.23
— ad effetto Jacquard . 153.17
— di lana 399.24
— di lino 396.11
— da mobili 418.11
— multicolore 154.3
— normale 153.15
— semplice 153.16
— di seta 402.16
dare il filo nell'uncino 103.10.11
— il tatto al nastro . . 427.17
datore di lavoro . . . 6.24
davanti della cassa a navette . . . 267.4.13, 316.7
— della cassa a navette rialzato 268.14
— del telaio 220.12
davanzale 358.4
debole, colpo 246.15
decatissaggio 429.21
declivio 267.14
decomposizione della bozzima 65.6
— del disegno 430.2
decorazione, felpa per . 406.3
decozione di seme di lino 67.20
definitivo, numero — dei fili d'ordito 41.16
deflettore 270.7
deformarsi (platine) . . 211.3
deformato, ago 211.13
—, subbio 116.2
deliquescenti, prodotti . 68.8
Demoulin, conta-trame . 370.7
denominazione dei materiali 8.14
— del tessuto 8.14
densità delle catene . . 434.15
— dei fili 376.7
— dei licci 173.13
— dei nodi 409.8
— del tessuto 3.13
— delle trame 434.16
— variabile 22.18
denso, tessuto 392.13
dentato, settore 51.23
dentatura della corona . 61.4
dente in acciaio 284.20
— d'arresto 388.16
— della barra 126.19
— di canna 284.17
— del carrello 367.1
dente per dente, passare i fili 83.4
— di estremità 282.19
— in forma di spirale . 285.24
— obliquo 285.7
— in ottone 284.19
— del pettine . 82.17, 282.7, 367.15
—, prossimo 109.7
denti curvati 285.8
— inclinati 133.21
— incrociati 285.9
— della platina 188.13
— saldati 286.17
dentiera (v. a. cremagliera, asta dentata) . 38.12
deposto, trama —a . . 237.1
derivare l'armatura . . 145.14
derivato, armature —e . 145.13
derivazione, condotto di 102.3
destra, da — a sinistra, movimento 109.9
—, torsione a 9.12
destrina 66.25, 437.11
determinare la lunghezza della catena col contatore 62.11
determinazione del costo di lavorazione . . . 441.1
— della materia prima . 436.9
— del numero 11.11
— del titolo 11.11
dettagli della ratiera . . 197.9
deviare la navetta dalla sua traiettoria . . . 312.7
deviazione della navetta 312.8
Dewath, meccanica . . 234.14
diagonale (tessuto) . . 394.17
— doppia 380.5
— di juta 397.3
— di juta comune . . . 397.4
— di juta fino 397.5
— pettinato 399.15
— semplice 380.4
—, cannellato 146.7
diametralmente, bobine disposte 362.7
diametro del filo . . . 132.14
— della puleggia . . . 305.15
— del subbio pieno . . 121.5
— del subbio vuoto . . 121.4
dicitura commerciale dei tessuti 432.13
diecina 379.9
dietro, lavorare sul di — del telaio 220.13
difetto di tessitura . . 4.3
difettoso, cambio . . . 260.14
differenza nella tensione 49.10
—e di lunghezza 66.14
differenziale, meccanismo 303.3
—, regolatore 135.12
difficile, movimento . . 122.15
dimensioni del tappeto . 407.10
— d'un telaio 330.14
diminuire il diametro del subbio 119.4
— la tensione 119.3
— la velocità durante il ricambio 266.16
dinamometro per filato (semplice) 440.10.11
— per matasse 440.12
— con misuratore d'allungamento 440.13
— tascabile 440.14
— per tessuto 438.18
dipanamento della matassa 25.9
dipanare la matassa . . 25.8
dipinto, nastro 427.21
— a mano, tappeto . . . 407.27
diretto, avvolgimento . . 131.1
direttore di tessitura . . 1.6
direzione dell'incannatura 22.16
— dei solchi 144.12
— delle spine 144.12
— di svolgimento . . . 121.2
— della torsione 145.8
—i opposte 362.9
diritti 446.28
— legali 446.29
diritto liscio 417.5
— della stoffa 430.3
— del tessuto con fiocchettini 417.20
— del tessuto al di sotto 345.1
—i, tessuto a due . . . 148.13
disbracare l'asta d'arresto 52.15
— il fuso 88.6
— l'innesto 35.16
disbracato, scatto . . . 48.21
discendente, catena . . 338.3
discendere nel passo (battente) 345.11
discesa della capsula a coltelli 211.2
— della catena 158.7
— del guida-fili 39.9
— dei licci 182.2
— del pettine 285.18
disco 89.19, 97.15
— per abbassamento . 200.5
— ad aghi 280.10
— ad alette 337.11
— per alzata . . 200.6, 202.12
— d'arresto 276.9
— calettato 358.11
— del carrello di bobine 364.17
— con chiavella 127.21
— del colore 74.20
— di comando . . . 31.8, 36.8
— in contatto col filo . 101.4
— del contrappeso . . . 93.4
— dentato 62.6, 201.5, 203.3
— di discesa 202.11
— ad eccentrici 202.10, 359.11
— eccentrico . . 94.19, 96.12, 117.6, 129.5, 276.3
— eccentrico con leva angolare 294.2
— in ferro 139.19
— fissato nel corsoio . . 90.8
— del freno . . 115.16, 123.17
— di frizione 27.6, 34.12, 36.8, 55.7, 100.16
— di frizione a comando positivo 98.12
— di frizione in cuoio . 101.1
— di frizione inferiore . 93.2
— di frizione con linguetta e scanalatura 61.6
— di frizione strascinato 98.13
— di frizione superiore . 93.3
— di guida 251.9
— guida-filo con scanalatura 100.14
— incavato in forma di mezza luna 275.13
— in legno . . . 115.9, 119.13
— liscio del freno in ghisa 124.21
— a manovella 276.8
— metallico 58.3
— a numero 278.14
— ad orecchio 74.23
— di ottone con punte 139.18
— perforato 78.4
— a perni 275.9
— con perno 213.8
— portatore azionato passo a passo . . . 363.18
— ricurvo . 32.12, 34.6, 90.20
— di rinforzo 115.13
— ruvido 100.16
— scanalato 101.3
— a scanalatura 199.9, 363.1
— con scatto 48.7
— semi-circolare 58.4
— di separazione delle perle 354.20
— staccabile 90.9
— del subbio 78.6
— del subbio intero . . 78.11
— del subbio in lamiera 78.8
— del subbio in legno . 78.9
— del subbio con manicotto di chiusura . 78.13
— del subbio con nervature 78.10
— del subbio in due pezzi 78.12
— del subbio piano . . 78.7
— con tacca . . . 48.7, 178.22
— a tacche 178.22
— tendifilo ricoperto di rascia 35.19
— per torcere la garza . 426.8
disegnatore 378.12
disegno 4.1, 413.5
— ad angolo 222.7
— appiattito 377.20
— applicato 406.6
— dell'armatura . . . 381.14
— d'avviticchiato . . . 377.4
— a bordure 377.21
— a capriccio 377.12
— del centro 222.9

disegno chiaro sulle due facce 420.1
— continuo 154.6
— con effetti diagonali 146.11
— ad effetto di catena (trama) 380.17.18
— figurato 376.5
— da fili individuali 232.1
— fissato fra bacchette 386.14
— floreale 376.6
— del fondo 377.13
— per la foratura dei cartoni 193.17
— geometrico 413.9
— da gruppi di fili 232.1
— Jacquard 4.2
— Jacquard alternato 377.19
— Jacquard a un solo colore 377.16
— Jacquard a due colori 377.17
— Jacquard a più colori 377.18
— Jacquard diretto 377.14
— Jacquard indiretto 377.15
— messo in carta (fotomeccanicamente) 378.8.18
— operato 160.14
— ad orli 377.21
— ornamentale 376.4
— a quadrati 160.13
— con righe nella larghezza 160.12
— a righe longitudinali 160.11
— a riquadri 160.13
— a ritorno 349.9
— simmetrico 377.6
— a stelle 377.5
— a strisce 377.8, 412.17
— a strisce longitudinali 377.10
— a strisce trasversali 377.9
— per la tessitura delle stoffe operate con pedali 154.5
— a trama lanciata 344.4
—, corrispondente a dato 167.9
—, piccolo 3.18
—i reciprochi 377.7
disimpegnato, nottolino 195.19
disinnestare il telaio 306.21
disinnestato, telaio 306.22
disinnesto dell'accoppiamento 307.1
— del fuso 88.10
— del nottolino 334.3
— degli scatti di caccianavette 314.4
— del subbio a tessuto 133.20
—, dispositivo di — per il meccanismo tagliatore 332.10
—, dispositivo di — per orditoi 52.17
—, meccanismo di 268.11, 309.3
dispari, fili 41.20
disporre i fili su superficie unica 41.18
— i licci 173.5
dispositivo v. a. apparecchio, meccanismo, macchina
— di afferramento 113.14, 333.10
— d'affilamento del coltello 332.7
— degli aghi 359.9
— di alimentazione 113.8, 258.15
— di alto liccio 335.15
— per alzare il subbio della catena 106.11
— per doppia alzata 193.7
— d'alzata dei licci 181.22
— per annodare 111.2, 338.1
— d'arresto per il cilindro a cartoni 192.7
— d'avvolgimento per orditoi a sezioni 55.3
— a doppio cilindro per cambiare i colori della catena 230.11
— per cimossa centrale 361.8
— per il comando dei licci 182.21
— di contromarcia 184.10, 201.14
— di contromarcia a doppia azione 185.10
— di contromarcia ad azione semplice 185.7
— di contromarcia per calcole esterne 202.2
dispositivo di contromarcia per passo superiore (inferiore) 184.11.15
— di contromarcia per passo superiore ed inferiore 185.2
— di contromarcia per passo superiore, inferiore ed immobile 185.14
— di contromarcia per tre (quattro, cinque) licci 201.15.16, 202.1
— di disinnesto per il meccanismo tagliatore 332.10
— di disinnesto per orditoi 52.17
— per distaccare il rullo di contatto dall'albero di comando della navetta 249.3
— per eguagliare il passo 329.15
— esci-bobine 364.3
— per falsa cimossa 362.3.10.15
— per forzare la bobina nella navetta 372.2
— del guida-trama 341.23
— d'incannatura per spole a flangia 31.7
— per infilare 365.1
— per infilare la cannetta 372.1
— di inversione 311.11
— di lettura 387.12
— a leve per la manovra dei licci 184.5
— di marcaggio 74.19
— per marcia indietro 302.16
— misura-tensione per la catena 371.13
— misuratore 54.9
— di movimento a rulli ed a leve per la manovra dei licci 184.6
— per prendere la navetta a morsetto 258.10
— per pulire il filo 39.6
— per purgare il filo 39.6
— di regolamento della tavola ad aghi 204.16
— regolatore 28.11
— di rimettaggio 105.8
— selettore 370.1
— di selezione del disegno 189.9
— di sicurezza 312.3
— di sicurezza contro le rotture del meccanismo del caccia-navette 313.2
— di sospensione a carrucola 183.18
— di sospensione per cilindro 183.12
— di sospensione a rulli 199.4
— di sospensione a rulli per x licci 184.2
— di sospensione con tiralicci 183.15
— per più subbi 116.3
— per tagliare 331.11
— tenditore della catena 119.7
— di tensione 341.4
— di tensione della catena per telaio a nastri 356.14
— di tensione dei fili di pelo 329.3.4
— per unire i fili d'ordito 111.1
—i di contromarcia contrapposti 185.13
disposizione delle aste di sollevamento al di sopra (al di sotto) della tavola delle arcate 224.7
— delle aste di sollevamento al di sotto della tavola dei colletti 224.8
— dei cartoni per uncini fuori azione 383.13
— del filo a spire chiuse 23.1
— dei fusi in due file 39.17
— [ir]regolare della trama 132.15.16
— ripetuta delle spole 44.13
— della trama 7.19, 132.4
— unica delle spole 44.12
disseminato, legamenti —i 150.17
dissesto nel funzionamento 266.11
distaccare il rullo di contatto dall'albero di comando della navetta, dispositivo per 249.3
distanza dei bottoni 18.9
— fra le flange 24.13
— del freno dalla ruota a freno 311.18
— del peso dal punto d'appoggio 121.3
distendere la matassa 25.10.18
— un tessuto chiaro sotto la catena scura 62.20
— un tessuto scuro sotto la catena chiara 62.19
distendimento della catena collata 72.4
distenditore 241.4
distorcere il filo 435.16
distorcimento delle matasse 170.16
distribuire la bozzima sui fili 65.16
— la bozzima in modo uniforme 69.21
— il filo regolarmente sul rocchetto 22.17
— le perle secondo un dato disegno 414.25
— i punti addizionali 153.4
distributore di trame 84.16
distributrice di trame 84.17
distribuzione della catena nel pettine 106.16.17
— di catena serrata 107.10.11
— chiara della catena 107.6.7
— dei fili 182.12
— dei fili di catena 107.9
— irregolare dei fili d'ordito 182.13
— uniforme della bozzima 69.22
disturbo nel funzionamento 266.11
dito 176.21, 264.4, 283.10, 339.25
— d'arresto 91.8, 311.13, 316.10
— d'arresto abbassato 316.19
— d'arresto alzato 316.17
— d'arresto regolabile 95.3
— bagnato 110.9
— del cambio 276.17
— del coltello 234.13
— di comando 347.20
— di contatto 269.9
— in forma d'uncino 368.13
divergente, pettine 50.1
dividere il disegno in parti 386.22
— i fili della catena 83.23, 141.8
— i fili in gruppi 339.11
— il numero di scoccamento 151.3
— il pettine a secondo delle portate 107.19
— la tavoletta di arcate nel senso della lunghezza 217.8
— la tavoletta in più corpi 223.2
divisibile, fondo 412.23
divisione di Berlino 215.9
— di Chemnitz 216.4
— dei fili della catena 83.24, 141.7
— extra fina 215.11
— fina 216.11
— fina viennese 215.8
— la più fina 216.13
— francese 216.7
— grossa 216.9
— grossa viennese 215.7
— inglese 216.6
— di Krefeld 216.3
— Lacasse 216.12
— di Lione 216.8
— media 216.10
— di platine 214.22, 216.2
— del prisma 211.15
— in quadrati 379.8
— dello schizzo 379.12
— Schröer 216.12
— di Vienna 216.5
— Vincenzi 216.12
—i dell'eccentrico 198.13
divisore, pettine 286.4
Djim, tenda 419.14
doeskin 398.16
dolce, bozzima 64.25
—, filo 236.18
dolce, tensione 118.23
— e flessibile, aggiunta per rendere 67.4
domanda 443.3
domestic 393.17
domicilio, tessitura a 6.19
doppi fori, a 231.1
doppia alzata 193.7
— battuta 360.10
— corsa 227.1
— faccia 154.18
— fila 187.12
— serie di tamburi 30.2
— trama 146.4
doppio colpo 294.9
— giro 164.13
— passo 328.15
— pelo 169.1
— taffetà 400.13
dorato, perla —a 19.13
dorso del dente 126.21
— della stoffa 430.4
dowlas 395.13
dozzina, tessuti a —e 441.9
dragante, gomma 67.3
drapperia (fabbrica) 2.17
— (tessuti) 2.18
drappo 3.9
— di Berry 398.15
— da burattare farina 399.1
— greggio 397.10
— di mezza-lana 400.4
— da pressoio per olio 399.17
— di seta 402.2
drell 396.4
— di juta 397.2
drill 394.7, 396.4
dritto, punta —a 244.20
dropper 369.6
duchesse, raso 402.14
due altezze diverse di pelo 167.13
— catene, a 146.13
— colori, damasco a 154.1
— movimenti di va e vieni del filo durante un giro del tamburo 32.7
— trame, felpa per 169.10
durabilità dei tappeti 409.13
durata del colpo 247.23
— del lavoro della navetta 341.26
— del liccio 174.12
— della navetta 244.1
duro, avvolgere 79.9
—, bozzima —a 64.26
—, colpo 246.16
—, il filo diviene 64.16
—, tessuto 431.25
duttilità del tessuto 439.11

E

eccedente di colla 69.23
—, fili —i 182.15
eccentricamente, fissato 140.1
eccentrico 98.14, 112.12, 277.24, 370.13
— sull'albero inferiore 250.19
— per doppia alzata 201.11
— per alzata multipla 201.12
— per semplice alzata 201.10
— aperto 200.1, 294.12
— dell'assicella a colletti 213.3
— per avvolgimento incrociato 91.7
— del battente 317.10
— di cacciata 249.15, 253.4
— chiuso 202.3
— per cimossa 199.6, 202.7
— circolare 276.3
— per doppio (triplo) colpo del battente 295.8.9
— a cuore 33.13, 191.10
— esterno 199.10, 275.17
— per le due estremità del telaio 251.6
— per formare il fondo della cannetta 92.17
— di formazione della cannetta 91.6
— girante in senso contrario 256.5
— a glifo 213.6
— della griffa 213.2
— d'incannatura 37.14
— interno 199.7, 275.16
— multiplo 200.3
— a nasello 228.9

eccentrico negativo . . 200.1
— per formare il passo 198.7
— per passo aperto . . 200.13
— per passo chiuso . . 200.14
— del pedale 201.7
— di percussione 253.4, 314.9
— a scanalatura . 55.8, 202.3, 228.10
— a scanalatura per quattro licci 202.6
— a scanalatura per tessuti lisci. 202.5
— scorritore 250.4
— composto di segmenti 202.15
— semplice circolare . 200.2
— a tre sporti 274.13
— del dispositivo per tagliare 331.13
— per tessuti lisci con fianchi diritti . . . 200.11
— per tessuti lisci a movimento uniforme (variabile) dei licci 200.8.10
— per tessuto figurato. 200.12
— triplice. 97.3
— per variare l'altezza degli strati 97.8
—, scanalatura —a. . . 61.1
eccentrici fusi in un sol pezzo 198.23
— girevoli uno dentro l'altro 275.19
eccessivo, produzione —a 86.1
—, rotazione —a . . . 190.14
eccesso di filo. 98.9
Eccles, meccanismo di cambio 276.1
economia di cartoni . . 197.1
— di forza 307.6
edifici, ammortamento degli 445.22
effetto di broccato per catena (trama) 165.1, 344.19
— di catena 391.16
— chiaro 391.12
— di colore . . . 3.20, 391.18
— di colore mescolato . 152.10
— di colore puro . . . 152.9
— di colori 158.9
— di crespa. 162.2
— diagonale 146.11
— del disegno 391.15
— di disegno su tela. . 155.9
— di garza 352.14
— garza su tessuto fitto 164.19
— granulato 152.15
— d'incrocio . . 149.4, 381.19
— indistinto 391.13
— di luce. 422.15
— di moerre con linee ondulate. 286.2
— d'ombreggiatura . . 422.16
— del peso 123.4
— di piqûre 154.18
— di quadrati. 152.11
— della tinta 391.18
— di trama. 391.17
—, buon — del tessuto. 429.8
eguagliare le differenze di lunghezza . . . 66.14
— i fili d'ordito . 110.7.8.9
— lo spessore della trama 132.12
— il passo, dispositivo per 329.15
eguaglizzatore della tensione del filo . . . 98.1
eguaglizzazione del passo 329.17
elasticità 415.20
— dei fili, misuratore d' 440.15
elastico da scarpe . . . 415.24
— (agg.) 415.19
—, aspo 29.7
—, catena non —a. . . 360.4
—, filato 9.19
—, sopporto. 140.15
—, tensione —a 118.23
elemento dell'eccentrico 198.14
elettrico, comando . . 309.14
elettrocalamita . 269.8, 301.4
elettromagnete . 269.8, 301.4, 387.7
elettromagnetico, azionamento 301.1
elicoidale, scanalatura . 358.1
eliminare l'aria satura d'umidità 75.13
— i fiocchetti 28.2
— i nodi 28.3
elittico, ruota —a . . . 214.2
energico, colpo 246.16
entrare la catena nei licci 219.16
— la catena nei licci e nel pettine 109.15
— i fili di catena nelle maglie 103.9
— lo spago d'incrociatura 42.13
— il tempiale 139.7
— le catene, telaio per 106.1.2
entrata del cordone di controllo 62.13
— di fogli di carta tra gli strati di fili . . 62.15
— della forchetta nella griglia 318.7
— della navetta nella cassa 316.3
— dello scorritoio . . . 326.17
— del tessuto 6.26
eolienne 401.20
épinglé 399.3
epinglina 399.3
Epsom, sale d' 68.15
equilibrare il peso delle aste 333.3
— il peso della cassa a navette 273.15
equilibrato, braccio . . 439.23
equilibrio 120.10
errore nell'alzata . . . 196.16
— di rimettaggio . . . 104.2
esagonale, maglia . . . 363.9
esame delle ceneri . . . 436.13
— microchimico 436.18
esaminare il materiale ad occhio nudo 436.10
esatto, alineamento . . 388.19
esaurimento del filo sulla spola 45.2
esaurito, cannetta —a . 243.22
—, catena —a 110.18
esci-bobine, dispositivo. 364.3
esecuzione del disegno . 376.1
eseguire lo schizzo. . . 376.3
eseguito, colpo 247.19
esercizio meccanico . . 300.4
esigenza addizionale della catena 143.11
eskimo 398.5, 417.3
espansione, pettine ad . 49.21
espellere la navetta vuota 270.1
espulso, navetta —a all'alto 270.2
essiccamento all'aria libera 72.1
— delle matasse. . . . 170.15
essiccare con aria circolante 75.11
— all'ombra 72.2
— la catena, telaio per. 72.3
essicatoio per filato in matassa 71.3
essiccazione a macchina 66.3
— all'ombra 65.25
—, apparecchio di — per catene. 72.5
estate, stoffa d' . . . 431.18
estensibile 415.21
estensibilità dei fili . . 415.22
estensione, pettine ad . 49.21
esterno, eccentrico . . 199.10
estimo 443.4
estract, filato 14.20
estremità degli apritoi di denti 109.6
— assottigliata 327.7
— della catena 111.8
— conica della bobina . 85.19, 87.14
— dentata della leva . 259.5
— destra (sinistra) del fondo della macchina 113.10.11
— destra del subbio piazzata in una scanalatura dell'albero motore 81.5
— dei fili delle cannette 45.9
— del filo . . . 51.10, 365.8
— del filo di trama . . 264.21
— del fuso 250.10
— di guida 224.17
— della leva in forma d'eccentrico 34.18
— libera del filo . . . 342.8
— libera del nastro . . 124.4
— della navetta . . . 244.15
— numerata del cartone 382.13
— dell'ordito 110.19
estremità del pedale. . 183.7
— del pettine 283.1
— del prisma a scanalatura 236.5
— a punta della spola . 264.18
— puntate 244.17
— della rastrelliera . . 356.9
— ricurva della platina 227.6
— scanalata. 264.7
— sinistra del subbio piazzata sul fuso centrale 81.4
— del telaio 251.6
— temperata della navetta 244.16
— delle trame. 361.7
etamine 394.1
evitare la decomposizione della colla . . . 67.23
— la formazione di muffa 67.24

F

fabbrica d'articoli di lana 2.14
— di laneria 2.14
— di panni 2.17
— di telai 7.4
fabbrica-pettini 287.1
fabbricante di coperte . 5.19
— di telai 7.5
fabbricare i pettini, macchina per 287.4
fabbricazione della ciniglia cucita 342.1
— dei licci 176.10
— di telerie 2.11
— dei tessuti metallici . 2.22
faccia di diritto della stoffa 430.3
— inferiore della stoffa 430.4
— della lanterna del prisma 212.1
— di rovescio della stoffa 430.4
— superiore della stoffa 430.3
—, saia ad una 148.12
—e, tessuto a x 159.1
facile, movimento . . . 122.14
façon hessian 396.15
faille 401.14
falsa cimossa 361.2
— cimossa, dispositivo per 362.3.10.15
falso, frangia —a . . . 355.3
—, posizione —a. . . . 313.16
fantasia, seta 17.10
—, tessuto 430.19
fare il pettine. 286.6
farina 437.9
— di frumento 66.21
— di segale 66.22
fascia 427.2
fascio d'arcate 220.20
— di crine 259.21
— di fili 47.5, 54.18
— d'ordito 63.9
— d'ordito incrociato . 43.4
—, il — si mette sul cono 60.4
fatto all'ago, tappeto a nodi 408.17
— a mano, tappeto a nodi 408.16
fattura, imbozzimatura a 66.13
—, tessere a 6.20
fazzoletto da collo. . . 420.18
— da naso 420.6
fecola di patate 437.7
— di riso 437.8
felpa (v. a. peluche, peluzzo) . . . 169.2, 404.10
— per abiti 406.10
— per cappelli a cilindro 406.14
— per cappelli a tuba . 406.14
— per coperte da viaggio 170.3
— a coste 406.1
— di cotone 406.9
— per decorazione. . . 406.3
— doppia. 169.3, 170.4
— a doppia faccia. . . 170.4
— a doppio pelo . . . 359.7
— da fodere 406.11
— goffrata 406.5
— imitazione pelle di can barbone 406.21
— imitazione castoro . 406.18
— imitazione lontra . . 406.17
— imitazione orso polare 406.20
— imitazione tigre . . 406.19
— di juta 406.7
felpa di lana 404.20
— di lino. 406.8
— liscia per trama . . 405.13
— a lungo pelo (seta e cotone) 403.5.6
— di lusso 406.12
— per mobili . 404.18, 418.15
— mohair. 405.19
— mohair liscia 405.20
— mohair operata . . 405.23
— operata 404.14
— a pelo serrato . . . 404.22
— per scarpe 406.16
— di seta. 403.4
— stirata 406.13
— tagliata 404.13
— non tagliata 404.12
— per tappeti 411.22
— per una sola trama . 169.9, 404.16
— per due trame 169.10, 404.17
— per x trame 404.15
felpato tessuto 160.1
—, rovescio 417.6
feltrato, filo 19.17
feltro aperto 414.7
— da cartiera . 397.15, 414.5
— di lana 123.19
— mescolato 414.6
— tubulare 414.8
femmina, filetto. . . . 60.11
fenditura 28.7
feritoia 128.7
fermaglio 115.14
fermare v. a. arrestare
— il battente prima della battuta 292.22
— la spola 31.6
— la spola dopo una data lunghezza di filo . . 29.19
fermarsi automaticamente (orditoio) 52.16
— automaticamente (spola) 87.22
fermato, fusi —i . . . 92.12
fermentazione 65.7
fermo, fuso 38.19
ferro 139.19
— angolare 323.14
— angolare d'arresto . 332.6
— battuto 293.14
— di cavallo, anello a 345.18
— dolce 189.14
— inserito nel passo . 329.2
— a intaglio 327.8
— con intaglio per il lungo 168.13
— di x millimetri di spessore 327.12
— a nastro 341.7
— ovale 327.7
— a scanalatura . . . 327.8
— a sezione cuneiforme 327.14
— tondo 168.11, 327.7
— per velluto (v. a. ago) 168.9, 327.3
— per velluto con incavatura 327.19
— per velluto con scanalatura 327.19
—i per decimetro . . . 327.13
fesso, paglia —a. . . . 416.5
fessura 225.13, 333.23
— della bobina 95.17
— in forma di cuneo nella griffa 233.18
— in forma di forchetta 233.19
— dell'imbuto. 95.10
— longitudinale 96.4
— nella noce del fuso . 95.16
— della platina 211.4
— del sopporto 48.9
fessurina del pettine. . 282.8
festonado, nastro . . . 425.18
festonatura per trama a disegno 425.20
festone 425.19
fianco (della navetta) . 265.14
— del dente 126.24
— dell'eccentrico . . . 198.19
— dell'incannatoio . . 27.7
— della navetta . . . 244.9
— del telaio 302.6
—chi diritti, eccentrico con 200.11
fibra di cocco 407.20
— di legno 13.23, 416.9
— vulcanizzata . 97.20, 243.14
—e vegetali 13.14
figura 4.1, 413.5
—e umane 422.10

figurato, disegno 376.5
— per trama (catena), nastro 426.10.11
fila d'aghi 214.24
— d'aghi posta alta (bassa) 205.1.2
— di buchi 197.12
— di buchi, tavoletta ad una sola 46.12
— di cilindri di comando per le spole 27.3
— di corde parallele 124.17
— di corsoi 366.2
— di denti 282.12
— per fila, taglio 167.8
— di fori 197.3
— di fusi 87.26
— di licci 208.8
— longitudinale 214.15
— di maglie 327.22
— di navette 358.8
— di nodi 409.14
— di platine (pari) 214.14.20
— trasversale 214.16
— trasversale di nodi 338.15
— trasversale di punti 412.21
—, doppia — di platine 187.12
—, fusi in due —e 39.17
—e di buchi, tavoletta a due 46.13
—e di perle alternate 354.13
filacce per limpiare 375.13
filato (v. a. filo) 9.2
— d'alpaca 15.26
— alpaga 14.20
— america 12.3
— di amianto 17.22
— d'amianto con anima di cotone (d'ottone) 18.4.5
— d'amianto con centro di cotone (d'ottone) 18.4.5
— apparecchiato 10.4
— apprettato 10.4
— arricciato 19.7, 170.18
— aspato 10.20
— bobinato 10.16
— di borretta 17.14
— bouclé 14.14
— di bourrette 17.14
— brillantato 12.17
— brillantino 14.7
— bruciato in tintura 9.26
— cachemire 15.22
— da calze 14.11
— per calzetteria 14.11
— cambellotto 15.12
— camelot 15.12
— di canapa 13.4
— di canapa fino 13.5
— di canapa grossolano 13.6
— candeggiato 9.24
— in cannette 435.23
— ad un capo 9.3
— dalla carda continua 12.7
— caricato 10.5
— di carta 13.24
— di carta tessilosa 13.26
— di cascame 14.16
— di cascami di cotone 12.12
— castorino 14.29
— di catena 10.8
— di catena pettinato 15.2
— di cellulosa 13.22
— di chappe 17.7
— di chappe ad un sol capo 17.8
— cheviot 14.30
— per la cimossa 14.15, 435.1
— di cocco 13.17
— di cocco di Ceylon 13.20
— di cocco Cochin 13.18
— di cocco Coconada 13.19
— colorato 9.25
— a più colori 10.2
— commerciale 11.26
— consumato 11.21
— in cops 435.23
— di cotone cardato 12.5
— di cotone egiziano 12.4
— di cotone gazato 12.15
— di cotone Louisiana 12.2
— di cotone pettinato 12.6
— crêpe 15.15
— crespato 15.15
— per crespo 161.15
— di crine di cavallo 15.28
— per damascati 15.13
— destro 9.10
— duro 9.14
— elastico 9.19
— estract 14.20
filato di fantasia 18.7
— di fibre di legno 13.23
— del filatoio automatico 12.11
— sul filatoio continuo 12.10
— di filatura ad umido 13.1
— di filosella 17.11
— per flanella 14.6
— a forte torsione 17.24
— fragile 9.22
— per fustagni 12.7
— di galettame 17.11
— genappe 15.4
— glacé 12.17
— greggio 9.23
— grenadine 15.10
— grosso 9.18
— per homespun 14.9
— d'imitazione 12.7
— incannato 10.16, 26.6
— increspato 19.1
— ineguale di titolo 9.7
— ingrassato 10.6
— irregolare 9.7, 18.2
— di jumel 12.4
— di juta 13.8
— di juta pettinata 13.9
— per lama 14.5
— di lana 14.3
— uso lana 12.7
— di lana artificiale 14.17
— di lana brillante 14.25
— di lana cardata 14.4
— di lana meccanica 14.17
— di lana pettinata 14.22
— di lana pettinata dolce 14.24
— di lana pettinata duro 14.23
— lanuginoso 9.21
— per lasting 15.11
— di lino 12.19
— di lino lucidato 13.3
— di lino mercerizzato 13.2
— liscio 9.20
— lustrato 12.17
— a macchina 12.22
— macò 12.4
— per maglieria 14.10
— makò 12.4
— a mano 12.21
— marmorizzato 14.13
— in matasse 10.20, 22.3, 435.21
— meccanico 12.22
— medio 10.9
— mercerizzato 12.13
— merino 14.26
— di mezza catena 10.9
— di mezza lana 12.9
— mezzo pettinato 15.7
— misto 10.3, 13.13
— mohair 15.18
— mohair arricciato 170.11
— mohair bianco 15.21
— mohair leggermente torto 170.10
— mohair misto 15.20
— mohair puro 15.19
— morbido 9.15
— mouliné 15.5
— mungo 14.18
— per mussolina 15.9
— ondulato 19.6
— ad ondulazioni 19.6
— per ordito 10.8
— d'ortica 13.16
— d'ortica bianca 13.15
— di pasta silvalina 13.25
— di pelo 15.16
— di pelo di camello 15.23
— di pelo di capra 15.17
— di pelo di lama 15.25
— di pelo di vacca 15.27
— di ramiè 13.15
— regolare 9.6
— sul ring 12.10
— ritorto 9.5, 18.6
— in rocchetti 435.22
— ruvido 9.21, 18.3
— ruvido d'ordito 182.18
— sbiancato 9.24
— a secco 12.23
— sul selfacting 12.11
— semi-pettinato 15.7
— semplice 9.3, 17.23
— di seta 16.1
— di seta shoddy 17.15
— di seta tussah 17.6
— sgrassato 10.7
— shoddy 14.19
— sinistro 9.11
— di Smyrne 15.8
filato sopratorto 161.15
— sottile 9.17
— stampato 9.27
— per stoffa per calzatura 15.11
— di stoppa 12.20
— di stoppa di canapa 13.7
— di stoppa di juta 13.10
— da tappeti 14.12
— tessiline 14.2
— tessilite 14.1
— Thibet 14.21
— a tinta unica 10.1
— tinto 9.25
— tipo 436.2
— di torba 13.21
— a torsione destra 9.10
— a torsione dolce 9.15, 18.1
— a torsione ordinaria 9.11
— a torsione sinistra 9.11
— a torsione soffice 9.15
— di Tournai 15.3
— di trama 10.10, 335.18
— di trama non arricciato 170.12
— di trama pettinato 15.1
— per l'uncinetto 14.28
— unico 9.3
— uniforme 9.6
— per velati 15.14
— di vigogna 15.24
— uso vigogna 12.8
— Vigoureux 15.6
— voile 15.14
— water 12.10
— zeffiro 14.27
— zibelino 14.8
filatoio ad anelli 21.16
— automatico 22.1
filatura 18.22
filettato, perno 177.8
filettatura destra e sinistra 318.15
— per regolare la lunghezza 204.1
— per tubi da gas 374.14
filetti 4.14, 85.30
filetto 371.8
— femmina 60.11
— quadrangulare 100.9
— semplice 127.14
fili abbassati 380.9
— aderenti 66.2
— alzati 380.9
— d'arcata cuciti 218.3
— arruffati 81.12
— di catena alzati 141.21
— di catena in gruppi 341.13
— di catena immobili 142.10
— di catena che incrociano allo stesso modo 144.7, 381.20
— di catena che incrociano la trama in modo differente 144.9, 382.1
— di catena nel passo superiore (inferiore) 142.1.2
— di catena nella posizione alzata 226.19
— di colore diverso 19.3
— nel dente, x 107.15
— dispari 41.20
— disposti parallelamente 97.6
— eccedenti 182.15
— di grossezza differente 422.19
— per incannare 89.8
— ad incrocio forte 173.18
— individuali 232.1
— inferiori 160.6
— intralciati 107.22
— intrecciati 81.12, 179.14
— lasciati 193.20
— legati 83.15
— liberi 145.2, 344.9, 392.4
— liberi irregolari 146.10
— dei licci sopra (sotto) all'asta di legno 177.5.6
— d'ordito guidati giù dall'alto 335.14
— d'ordito incollati assieme 319.11
— d'ordito lasciati a gruppi 176.8
— d'ordito preso a gruppi 176.7
— dell'ordito rotti dalla navetta 247.7
— d'ordito superiori 157.8
— pari 41.21
— presi 194.1
fili per punteggiatura 412.20
— di ricamo, i — formano disegno da sè stessi 349.8
— di riempimento coperti 156.7
— ritorti 97.7
— sciolti 344.9, 392.4
— slegati 392.4
— speciali 421.8
— superiori 160.5
— di trama di diversi colori 258.14
— di trama che incrociano allo stesso modo (in modo differente) 144.8.10
— di trama infilati nei tubetti 341.8
— di trama tagliati 343.13
— vicini 165.8
filo (v. a. filato) 9.2
— d'acciaio 175.12
— allentato 49.5
— ad anellini 421.17
— da annodare 339.16
— appiatito 94.4
— d'argento 423.10
— d'argento genuino 20.3
— d'argento imitazione 20.5
— d'argento semi-imitazione 20.4
— d'assaggio 436.8
— binato 9.4
— di bobina 367.7
— sulla bobina svolto dal cappello soffiato via 265.1
— a bottoni 421.13
— brillante 421.9
— del broccato 163.3
— caduto 81.10
— della canetta 45.9
— a due capi 9.4
— a più capi 435.6
— di catena 21.15, 367.6, 391.4
— da catena elastico 114.6
— per catena da filatoio ad anelli 21.16
— per catena da filatoio automatico 22.1
— della catena di fondo 339.15
— di catena di morbidezza permanente 64.19
— di catena rotto 319.7, 321.7
— di catena rotto dalla navetta 143.3
— di catena sopra 144.5
— di catena sotto 144.6
— di catena spezzato 319.7
— di caucciù 360.1
— di caucciù cilindrato 415.12
— di caucciù compresso 415.13
— di caucciù laminato 415.12
— di caucciù nudo 56.14, 415.5
— di caucciù rivestito 56.16, 415.16
— di caucciù tagliato 415.11
— di cimossa 335.16, 362.8, 434.22
— colorato stampato 9.27
— di colore speciale 421.10
— del coltello 327.5
— conduttore 387.10
— di cotone 12.2
— da cucire 342.16
— diritto 164.5, 353.2
— del disegno 368.8, 413.13
— dolce 236.18
— elastico 435.12
— di fantasia 421.11
— feltrato 19.17
— di ferro 416.16
— di ferro forte 208.11
— di ferro con occhiello 33.10, 219.5
— a filo, invergare 42.10
— fino 236.17
— fisso 164.5, 353.2, 361.3
— flammé 18.20—25, 421.15
— fondamentale 19.18
— di fondo 19.18, 182.11
— di fondo in cotone 19.19
— di fondo a rivestimento serrato 20.15
— di fondo rivestito in spire a passo largo 20.14
— di fondo in seta 19.20
— a forte torsione 9.14
— fuori posto 81.11
— di giro 164.4, 353.3, 361.5

filo di giro resta una volta a destra ed una volta a sinistra 164.9
— grosso 236.16, 413.21
— grossolano 421.12
— guarnito di perle 19.10.11
— per infilare 245.12
— laminato 175.14
— lanuginoso 435.10
— di legamento 223.11, 342.4
— leggiero 20.6
— del liccio 175.21
— di Lione 19.24, 428.5
— lisciato 94.3
— liscio 435.9
— lucidato 435.11
— di maglia inferiore 166.8
— di maglia superiore 166.6
— metallico 20.9, 976.18
— metallico affilato alla curva 111.18
— metallico di connessione 194.16, 253.15, 259.19, 277.8
— metallico elastico 326.15
— metallico in forma di forcina 111.13
— metallico guida-lampada 356.4
— metallico per legamento 287.16
— metallico per occhielli 176.3
— metallico per pettine 286.18
— metallico piatto 20.10
— metallico ricotto 416.18
— metallico per sospendere i cartoni 390.11
— metallico di sospensione dei licci 171.13
— metallico torto 197.16
— metallico di trazione 278.17
— metallico ad uncino 389.9
— metallizzato 20.17
— a nodi 421.14
— per i nodi 338.13
— con nodi stampati 18.10
— nodoso 435.8
— ad occhielli 421.17
— d'ordito 21.15
— d'ordito provvisorio d'acciaio 355.6
— d'ordito che sormonta quello di trama 434.8
— di orlo d'acciaio 355.6
— d'oro 423.9
— d'oro genuino 19.25
— d'oro imitazione 20.2
— d'oro mezza-imitazione 20.1
— d'oro orientale 423.13
— d'oro rinascimento 423.11
— d'ottone 416.15
— di paglia 416.7
— passato per una maglia sbagliata 104.3
— di pelo 338.5, 342.2, 412.2
— perlato 354.6, 414.22
— perlato semplice 19.8
— di perle 354.6, 414.22
— pesante 20.7
— placcato 19.22
— placcato di metallo 20.16
— di punta 104.15, 221.9
— resistente 435.13
— da ricamo 349.14, 350.16
— per ricamo rivestito con metallo 19.23
— di riempimento 412.3
— di rientramento 424.14
— rigido 435.14
— che rimane sopra il rocchetto 22.11, 45.1
— di ritegno 147.11
— ritenitore 358.7
— ritorto 18.6, 435.6
— ritorto a bottoni 18.8
— ritorto per licci 176.19
— ritorto a nodi 18.8.19
— di rivestimento 20.8
— rotto 51.6
— ruvido 435.10
— saltato 142.23
— selezionato della vecchia (nuova) catena 113.16.18
— semplice 434.5
— di separazione 412.14
— di seta artificiale 17.17
— spezzato 51.6
— stracannato 10.16
— di tensione 90.14
filo teso 237.4
— tirato dai licci 109.5
— con torsione destra 145.10
— con torsione normale 161.16
— con torsione sinistra 145.9
— per trama 84.8
— di trama 236.13, 391.5
— di trama inserito nel passo aperto 237.3
— di trama ondulato 245.4
— di trama rotto 317.16
— di trama spezzato 317.16
— uniforme 435.7
— di vertice 104.15
filo-guida dell'ago 226.5
filosello 425.3
filzuolo 10.22
finale, posizione 137.13
—, velocità 247.10
finito, tessuto 4.9
fino, tratto — nel filato 9.8
fiocchetti 28.2
fiocchettino 168.20, 417.20
fiocchetto di cotone 18.11
fiocco 409.5
— di lana cardata 409.7
fioccoso, tessuto 417.22
fisico, mezzo 437.5
fissaggio della cannetta sul fuso 239.11
— della catena al subbio 116.11
— delle flange 115.18
fissamento della corda sulla leva del freno 124.13
fissare i denti sui listelli 286.8
— il disco semi-circolare 58.5
— i fili della catena a sezioni sul subbio del tessuto 110.3
— il nottolino 205.3
— l'orlo del tessuto nel tempiale 139.16
— il pettine nella scanalatura del battente 289.7
— i sopporti sul corpo del telaio 212.11
— la striscia di tessuto 439.10
— il tessuto sul suo subbio 298.14
— la vite ad alette 83.10
fissato, pezzo di collegamento 172.7
fissatore dei pettini 282.10
fissazione delle bacchette d'invergatura 138.1
fisso, braccio 29.3
fitto, poco 4.8
—, tessuto 132.11
flammé 18.20, 19.5, 421.15
flanella 397.23
— di cotone 394.15
— doppia 398.10
flangia a freno 115.21
— in due parti 115.19
— piana 24.12
— della spola 24.14
— del subbio 78.6, 115.15
flange 55.11
flessibile, liccio 174.18
—, montacinghia 372.14
—, rendere 67.4
floreale, disegno 376.6
florence 400.18
floscio, tessuto 431.28
fodera della bobina 346.8
— di cuoio del sopporto del fuso 93.19
—, calicò per 392.19
foderato con lamiera di rame 70.6
foglio di carta 62.15
— di caucciù 415.9
— dell'orditura 434.3
— della trama 434.5
follato, tessuto 431.9
folle, ruota 127.20
fondo 408.18
— aperto della navetta 244.7
— a bombé 69.11
— della cannetta 92.17
— della cassa 266.17
— della cassa in forma di tenaglie 269.17
— a cerniera della cassa 266.20
— divisibile 412.23
— francese 413.16
— a guipure 413.18
— imitazione bobinet 413.19
— indivisibile 412.24
— inglese 413.11
fondo senza legamento 232.4
— liscio 403.15
— liscio a tela 167.4
— della macchina 113.9
— del magazzino 261.4
— Matitsch 413.20
— a merletto 413.8, 423.20
— a merletto operato 413.10
— rasato 151.1
— rettangolare 413.17
— romboidale 413.17
— di staccio 416.22
— di staccio in crine 414.14
— di staccio a crine doppio (triplo, quadruplo) 414.15.16.17
— del tessuto 222.8
— a tulle 413.7
forare i cartoni 384.14
forato, cartone 382.12
—, cartone interamente 383.3
foratoio 373.12
foratura dei cartoni 384.6
— dei cartoni per la ratiera Hodgson 193.15
forbice annodatrice Barber 112.3
forbici del tessitore 8.11, 112.1
forcella sposta-cinghia 52.18
forchetta 236.6, 276.11
— disbracatrice 309.6
— elastica con ago 197.11
— di pressione 242.3
— del rompi-trama 268.4, 270.13, 318.3, 320.7, 332.13
— del tacchetto 280.19
— di trama 263.17
— di trama a x denti 318.6
forchetto del pollice 112.14
forma della cannetta 87.4
— conica dell'imbuto 93.17
— del disegno limitato 349.10
— dell'eccentrico 198.10, 201.9
— della navetta 244.3
— principale triangolare 366.17
— della spola 23.11
— di V, a 44.6
formare un cuscino d'aria 256.15
— il fondo della cannetta 92.17
— occhielli (trama) 245.5
— un occhiello (fili di catena) 339.17
— il passo 141.4
— il passo, meccanismo per 8.2
— due passi l'uno sull'altro 328.18
— dei tubi (fili di pelo della trama) 166.20
formarsi fra i due tessuti (pelo) 169.7
formato, passo 142.3
formazione della cannetta, meccanismo di 96.11
— di chiarelle nel tessuto 222.2
— del cono 87.5
— del cono a mezzo dell'imbuto e del cilindro di guida 99.7
— dell'effetto colla trama inferiore 155.7
— interna del passo 300.11
— dei maglioni 180.13
— della muffa 65.9
— dei nodi 339.12
— di ondulazioni 170.9
— del passo 141.1, 335.12
— del passo per macchine ad armatura 186.1
— del passo con meccanismo Jacquard 216.14
— del passo con pedali e licci 171.1
— del passo mediante trazione 207.6
— del pelo 333.4
— di peluria 64.11
— del peluzzo 334.5
— di ricci 170.9, 423.8
— dei rilievi 422.19.20
— di solchi 161.1
— delle spolette 84.6
fornire la catena 118.2
fornitura della trama con catena perpetua 263.1
foro in forma di taglio 288.10
— per lubrificare 375.6
— lungo 175.20, 249.4
— della navetta 244.10
— per olio 374.12
foro ovale 175.20
— pel passaggio del filo 218.15
— della tavola di arcate 217.9
fori alternati 217.11
— dei cartoni 226.9
— del cilindro 188.1
— a croce nel rullo d'ordito 119.9
— doppi 231.1
— in linea diritta 217.10
— in linee oblique 217.12
— per le spine 383.21
— nella tavoletta a cordoni 225.12
forte tensione 9.14
—, colpo 130.13
forza d'avviamento grande del motore 309.22
— centrifuga 311.5
— del colpo 246.14
— elastica della molla 334.1
— del filo 435.24
— della molla 255.20
— motrice 300.5, 446.4
— viva della navetta lanciata 312.6
— di trazione della cinghia 307.8
forzare dell'acqua nelle bobine 101.11
— la bobina nella navetta, dispositivo per 372.2
fosfato di calce 438.7
— di sodio 438.6
fossetta 356.1
fotografico, messa in carta —a 378.17
fotomeccanicamente, disegno messo in carta 378.18
foulard 401.9
fragile, il filo diventa 64.17
frangia per catena 355.4
— falsa 355.3
— a nodi 426.2
— ritorta 426.1
— per trama 355.5
— vera 355.2
frassino, legno 251.3
freddo, imbozzimare a 65.18
frenamento del subbio della catena 130.9
frenare l'aspo a mezzo di cinghie 25.24
— le bobine individuali 329.8
— la catena 118.8
— con una corda 25.25
— il subbio a catena 119.20
— il telaio 309.10
frenato, subbio 120.3
frenatura con pressione nella direzione assiale del subbio 120.2
— con pressione verticale sul subbio 120.1
— del subbio a catena 119.21
freno 180.17, 309.8
— della bobina 29.13
— di bronzo 245.17
— a catena 123.15
— a ceppo 120.20
— combinato 124.9
— a conchiglia 125.1.5
— a contrappeso 123.7
— a corda 121.8, 124.10
— a corda con doppia leva a peso 121.17
— differenziale 123.21
— doppio 246.4
— per il filo 31.9, 245.15
— per filo con molla piegata 245.23
— a frizione 120.19
— a leve 246.2
— a linguette 245.22
— a molle arcate 246.3
— a molla ad elica 125.20
— a molla piatta 245.18
— a nastro 123.18
— a nastro d'acciaio 124.19
— a nastro sospeso 123.20
— con peso 121.7
— a peso automatico 123.21
— a rotelle 245.24
— a rotelle a forma di caviglie 245.21
— a rotelle di vetro 246.1
— del subbio a catena 119.18
— di tensione ad alette 245.20
— del telaio 311.12
— a zoccolo 120.20

freno, mettere il — alle bobine per impedire l'anticipo 29.15
fresato, scanalatura —a 354.12
fresco, bozzima —a . . 65.4
frizione delle conchiglie 125.4
— del perno del subbio 120.18
—, azionare per 87.19
—, comando a 27.2
fronte dell'incannatoio . 27.8
fronti, incannatoio a due 26.19
frustagno (v. a. fustagno) 394.8
funzionamento della cannettiera 87.2
— del telaio 266.10
funzione del freno . . . 120.9
fuso 26.14, 240.12
— per alpaca 238.12
— americano 239.1
— ad astuccio per navette d'acciaio 239.4
— ad astuccio con uncino d'afferramento 239.3
— a base scanalata . . 238.14
— con becchetto . . . 239.5
— cambievole 238.16
— cambievole con cava 239.1
— per cannette a molla 95.14
— con cava 238.17
— con cava e branca . 238.18
— con cava e branca a vite 238.19
— centrale 81.4
— a comando positivo . 99.12
— diviso 239.6
— fermato 92.12
— in ferro 290.13
— in ferro a spine . . . 238.5
— girevole 238.1
— in legno conico . . 238.3
— in legno conico con scanalature 238.4
— a molla 97.13
— ad una sola molla . 238.7
— con molla e becchetto 238.8
— a molla libera . . . 238.13
— a molla ruvida . . . 239.2
— a molla scivolante . 238.9
— a molla unica . . . 237.19
— a due molle 237.20, 238.10
— a quattro molle con testa 238.11
— a movimento di salita e discesa 97.1
— di navetta 237.22
— nudo 85.10, 87.24
— orizzontale . . . 30.1, 87.15
— oscillante 239.12
— in un sol pezzo . . 198.23
— porta-bobina a cerniera 29.12
— porta-bobina a linguetta 29.18
— a sezione quadrata . 94.11
— delle spole 89.16
— del tacchetto . . . 250.9
— per tagliare il filo di pelo 336.6
— in telai a cerniera . 31.2
— per telaio Northrop 239.7
— della testa mobile . . 80.18
— verticale 38.18
— verticale azionato con corde 37.18
— verticale con comando a frizione 36.2
— a vite 238.2
fuso, cera —a 207.19
fusone 38.3
fustagno 394.8
— per fodere 394.12
— greggio 394.10
— per letti 394.13
— liscio 394.9
— a righe 394.14
— satinato 394.11
fusto della bobina . . . 178.17
— della bobina diretto da una piastra all'altra 179.12
— corto della bobina . 179.3
— lungo della bobina . 179.4
— a superficie ruvida . 238.6

G

gabardina 394.18
Gabler, meccanismo per il cambio delle bobine 265.13
galettame, filato di . . 17.11
Galle, catena di . 71.5, 372.15
gallone 427.4, 428.14
— d'argento 428.4
— per carrozzeria . . . 359.13
— di costura 428.18
— di cotone 427.29
— a doppio orlo per gonne 428.20
— in filo di Lione . . . 428.5
— a frangia 425.24
— di garza 426.6
— in giaietto 428.10
— di laminetta 428.5
— di laminetta falsa . . 428.7
— di laminetta fina . . 428.6
— di lana 427.30
— di livrea 428.19
— a lustrini 428.9
— di merletto 426.3
— militare 428.13
— a nodi sovrapposti . 426.16
— ad occhielli 428.11
— d'oro 428.3
— a paglietta 428.9
— perlato 428.8
— di raso 428.2
— ricamato 428.15
— a ricci 428.11
— di seta 428.1
— con smerli ritorti . . 425.23
— con smerli per trama 425.21
— da tappezziere . . . 428.16
— tessuto 427.28
— traforato 426.5
— a due trame 426.13
— a più trame 426.14
— a una sola trama . . 426.12
— di velluto 428.12
ganascia 263.9
— in forma di forchetta 264.11
gancio . . 112.8, 261.13, 339.4
— anteriore 92.2
— nella cassa a navette 357.8
— dei colletti 210.10
— del fuso 242.17
— molleggiante 100.15
— di propulsione . . . 348.12
— di sospensione . . . 439.19
garza . 353.1, 393.28, 401.23
— broccata 349.5
— damascata 393.30
— con effetto di broccato per catena 165.1
— fantasia 164.21
— figurata 164.18
— a giro a destra . . . 352.17
— a doppio giro . . . 353.7
— a giro intero 352.16
— a giro a sinistra . . 352.18
— imitazione 165.11
— ad incrocio sinistro, destro ed intermedio 165.4
— con intrecciatura a mano 165.10
— a Jacquard 352.20
— tessuta con licci . . 352.19
— lucida 393.29
— a mezzo-giro 352.15
— ondulata 165.2
— a punto incrociato . 165.3
— a punto di ricamo . 165.5
— a rete 165.7
— di seta 401.11
— di seta da buratti . 401.24
— ad uncinetto 165.9
— unita 164.17
— a zig-zag 164.20
garzato, tessuto 431.10
—, cheviot non 397.21
gazato, filato 12.15
Geiringer, telaio per stoffe a ricamo . . . 351.3
gelatina 67.2, 437.13
genappe, filato 15.4
genere di incannatura . 86.17
genuino, tappeto . . . 407.5
geometrico, disegno . . 413.9
gergo dei tessitori . . . 8.4
gesso 437.23
ghiera 111.17
— di congiunzione 94.10, 313.7
ghisa 212.12
giacere liberi al rovescio del tessuto (fili del broccato) 163.3
— liberi sul tessuto di fondo (fili di catena) 351.7
giacitura, libera — dei fili di catena (di trama) 392.1.3
giaconetto 393.26
giaietto 428.10
giallo 380.12
giarrettiera . . . 415.25, 426.19
— a bordo pieghettato . 426.20
gilè 399.20, 432.19
gingham 393.9
gioco v. giuoco 105.12
giornaliero, salario . . . 444.21
giovane alle cannettiere 84.20
girare attorno alla bobina (guida-filo) . . 97.5
— attorno ai fili di catena (fili di trama) . 412.8
— attorno al filo fisso (filo di giro) 353.10
— per attrito (cannetta) 99.9
— il cilindro (arpione) . 205.18
— in direzioni opposte (bobine) 362.9
— indietro l'albero a manovella 302.12
— nel senso inverso 39.3, 235.14
— il prisma . . . 187.2, 212.2
— la ruota dentata a mezzo del nottolino 96.15
— x scompartimenti . . 279.15
— la vite con ruota a mano 55.22
—, far il perno filettato 177.8
—, far — la spola . . . 87.18
girato indietro, catena —a 49.14
girevole, fuso 238.1
giro 381.8
— completo . . . 164.11, 426.7
— destro 164.6
— del disco a tacca . . 48.23
— doppio 164.13
— indietro del cilindro d'ordito 49.11
— intero, garza a . . . 352.16
— parziale del disco a tacca 49.3
— del rullo misuratore 50.6
— sinistro 164.7
— del tamburo 32.7
— triplo 164.15
—, un — e mezzo . . . 164.12
—i per minuto . . . 306.13.14
giunto a denti 51.15, 80.17, 333.21
giunto a dischi 94.9
giuntura 253.7
— doppia 204.2, 213.12
— mal fatta 28.3
giuoco 105.12
— del battente 292.6
— di cartoni 206.15
— d'eccentrici 198.21
— del freno . . . 120.12, 123.11
— dei guida-fili 88.12
— nella tensione . . . 119.5
glacé, cartone 382.7
—, filato 12.17
Glanzstoff 17.18
Glauber, sale 68.20
glicerina 68.9, 437.16
glifo 353.19
— del braccio di percussione 313.12
— per il bullone 257.13
gloria 401.29, 430.21
glucosio 68.5
gobelin . . 334.17, 408.5, 422.8
— raso 408.6
goffrato, peluche . . . 400.1
goffré, seta 17.5
gola di guida 334.14
— longitudinale 245.10
— della navetta 244.13
— trasversale 245.9
gomma arabica 437.12
— dragante 67.3
— elastica 415.6
gommato, orlo 424.18
gomito 302.2
— sull'albero principale 293.10
gomitolo di filo di trama 336.1
gomitolone d'ordito 63.8, 71.15
— sul tavolo girevole . . 81.3
—, la catena viene dal . 81.2
gonfiamento della spola 23.16
gonfiatura nell'avvolgimento 79.2
gonna 428.20
gradino 279.9
grado del candeggio . . 429.18
— d'inclinazione . . . 148.8
— della sbianca 429.18
— di torcitura 16.16
graduazione del passo di svolgimento 126.17
grafico, rappresentazione —a 143.19
grafite 124.24, 207.17
grana ruvida, lamiera a 117.10
granatina 16.20
gran tamburo 74.6
grande prisma 233.9
— velocità 304.5
grandezza delle maglie . 365.21
— della navetta 244.4
— del rapporto 381.4
— dei ricci 170.19
— dello spostamento . . 351.5
granité per mobili . . . 418.10
— piccolo operato . . . 152.17
—, piccolo — cannellato 153.1
Grant, zettatura 11.2
granulato, effetto . . . 152.15
grasso 437.18
— lubrificante 374.20
—, sostanze —e 67.5
graticcio per filato . . 102.9
graticolato protettore mobile 312.14
greggia (seta) 16.2
— di primo ordine . . 16.3
greggio, materiale . . . 8.8
grembiale 427.12
grembiule 433.1
grenadine 15.10, 16.20
griffa (v. a. capsula a coltelli) 207.13, 210.6, 229.18
— doppia 226.13
— fissa 228.11
— inferiore 226.15
— superiore 226.16
griglia 207.3, 342.12
— d'arcate mobile . . . 354.3
— con barre di legno . 218.7
— con barre di vetro . 218.8
— dei colletti 210.19
— fissa 186.8, 227.13
— della forchetta rompitrama . . . 318.2, 322.16
— mobile 228.12
— obliqua 222.14
— dei pedali 322.6
— dello spingitoio . . . 229.12
grigliato protettore mobile 312.14
— di protezione 313.1
grinzoso, tessuto . . . 432.2
grossa bobina 258.1
grossagrana 400.25
grossezza del filato . . 9.16
grosso 400.21
— d'Africa 400.30
— d'Algeria 401.2
— di Berlino 400.29
— di China 401.3
— d'été 401.5
— d'India 400.27
— d'Ispahan 400.26
— di Napoli 400.22
— di Orleans 401.4
— di Polonia 400.28
— di Svizzera 401.1
— di Tours 400.24
grosso, tratto — nel filato 9.9
grossolano, filo 421.12
gruppo di colletti . . . 209.4
— di denti del pettine . 354.17
— di fili liberi 392.4
— di fili sciolti 392.4
— di fili slegati 392.4
— dei fili vicini 165.8
— di fusi fermati . . . 92.12
— di licci 181.8, 208.9
— di platine 227.4
— di telai 304.6
— di trame a battere . 166.10
—i di fili d'ordito . . . 164.2
—i, comando a 305.9
—i, fili presi a 176.7
guarda-casse 314.1
guarda-coltello 332.19
guarda-trama, apparecchio 268.22
guardia del pettine . . 282.9
guarnire il dente . . . 107.4
— la rastrelliera 44.10
guarnito di felpa . . . 38.5
— di punte 117.13
—, carrello 364.14
guarnizione per busto . 427.11
— da carde 39.5
— in feltro di lana . . 123.19
— per grembiale . . . 427.12
— per scaffale 428.23
guida . 136.13, 140.5, 168.18, 178.18, 366.12

guida per l'ago . 350.13, 359.12
— del battente 312.12
— della capsula a coltelli 186.12
— della cassa 278.5
— della catena 263.2
— del cilindro. 48.9
— circolare 367.12
— dei ferri per telai a peluche 328.19
— dei fili d'ordito . . . 298.5
— del filo a mezzo tamburo a scanalatura spirale 99.14
— fissa 389.7
— di fondo 368.16
— inclinata 59.17
— mossa dal fusto della bobina 179.10
— a movimento di saliscendi 46.3
— per navetta 257.8, 270.10, 356.19
— per la navetta espulsa 268.2
— del pettine 283.4
— delle platine 211.5
— scanalata 313.15
— a scanalatura 278.1
— dello scorritoio . 61.14, 62.4
— del tessuto . . 140.14, 298.12
— dell'uncino 70.9
— ad uncino 346.21
—e independenti 368.17
guida-cannette automatico 440.6
guida-cartoni 390.9
guida-cinghia 363.20
— per la marcia in avanti (indietro) . 303.1.2
guida-fili 63.13, 112.13, 261.5, 369.11
— sopra aste regolabili. 32.9
— automatico 440.6
— azionato da cilindro di frizione 100.3
— fisso 440.5
— multiplo 258.15
— con due placche bucate aggiustabili . . 28.6
— con placche in due parti regolabili . . . 28.8
— regolabile 45.11
— a movimento di saliscendi 38.8
— scorrevole . . . 45.15, 56.5
— tubolare 258.3
guida-filo . 32.1, 90.15, 94.17, 347.5
— in acciaio 240.4
— ad alette 99.16
— metallico 27.15
— con moto di va e vieni 30.15
— di porcellana 27.16
— rotativo 35.8, 97.2
—, secondo 35.1
guida-lampada 350.4
guida-navetta . . 343.22, 348.4
guida-trama, dispositivo del 341.23
guidare il coltello nella scanalatura del fuso 336.12
— i fili sopra un'asta liscia 57.13
— il filo di pelo 342.3
— il tessuto sotto i licci 298.20
guipure, fondo a . . . 413.18
Günther, meccanica per damasco 232.5

H

Hacking, cambio delle casse 275.5
haircord 393.18
Hartmann, meccanismo di ricambio automatico delle spolette . 262.8
Hattersley, ratiera . . . 194.2
Herrlinger, meccanismo rompi-trama 318.8
hessian 396.16
Hettrich, navetta di . . 242.15
hickory, legno 251.4
Hitchon, meccanismo misuratore 51.17
Hodgson, cambio delle casse 276.7
—, ratiera 193.8
homespun, filato per . 14.9

I

identificare la fibra bruciandola 436.11
identificazione dell'appretto 436.20
illimitato, numero di colori 409.4
illuminazione 446.20
imballaggio, tela d' . . 395.25
imballatore 6.18
imballo, tela per . . . 395.25
imboccamento del nottolino 127.2
— dello scatto 48.20
imbottitura 256.12
—, trama d' . . 161.6, 325.12
imbozzimare a caldo . . 65.19
— la catena 64.4
— il filato in matasse . 69.20
— a freddo 65.18
— uniformemente . . . 65.17
—, macchina a 66.6
—, macchina per — a tamburi 73.10
imbozzimato, catena —a 64.5
imbozzimatore . . 66.8, 75.6
— a macchina 66.12
— a mano 66.10
imbozzimatrice 66.9
— a mano 66.11
— meccanica 66.6
— scozzese 72.13
—, macchina — ad aria calda 75.4.12
imbozzimatura della catena con carica . . 64.8
— della catena in corda 71.8
— per conto terzi . . . 66.13
— a fattura 66.13
— del filato in matasse 69.19
imbuto 69.12, 93.10
— a fessura 94.15
— di fibra vulcanizzata 97.20
imitazione pelliccia . . 407.24
—, filo d'oro 20.2
—, tappeto 407.6
immersione del filato nella colla 70.1
immerso, matassa —a . 70.2
immobile, i fili restano —i 142.10
—, licci —i 182.10
impari, trame 193.18
impedimento della rottura 254.17
impedire l'anticipo . . 29.15
impegnarsi nella fessura della bobina (nasello) 95.17
— nelle platine (coltelli) 210.25
— nelle spine della lanterna (arpioni) . . . 205.19
impegnato, punzone . . 386.3
impegno dei coltelli . . 191.19
— del disco dentato . . 203.11
— del nottolino 195.18
impermeabile, tessuto . 131.12
— al vapore, tubo . . . 24.7
impettinatura per tappeti di Bruxelles . . 330.3
impiegare sopporti elastici 313.6
— il subbio del tessuto come cilindro strascinatore 131.2
imposte 446.14
impregnare la catena 65.13, 71.13
impregnato 65.14
impresso, calicò 392.17
imprevisto, spese —e . . 446.17
impugnatura 291.12
impuntire il disegno nel tessuto 349.11
imputaggio 207.20
— aperto 221.5
— a banda 222.5
— per bordure 222.6
— combinato 222.3
— su più corpi 223.1
— per disegni ad angolo 222.7
— doppio 222.11
— francese 221.4
— incrociato 221.2
— inglese 221.5
— misto 222.12
— per monogrammi . . 222.13
— per nomi 222.13
— per orli 222.6
— a principio destro . . 221.4
— a punta 221.7
— a punta e ritorno . . 222.10
imputaggio con rimessa di davanti 223.5
— a ritorno 221.12
— saltuario 222.1
— di seguito 221.1
— con tringles 223.16
imputare 218.6
inalzarsi e abbassarsi (casse) 290.18
inattivo, fuso 38.19
incannare 22.7, 84.14
— dall'aspo 33.5
— sulla base conica del tubo 86.16
— da bobine 37.4
— dalla cannetta . . . 25.6
— compatto 85.24
— al completo 22.8
— sotto forma di spolette 85.18
— a secco 85.2
— a spire incrociate . . 23.2
— a umido 85.3
— a macchina 26.1
— a mano 24.20
— dalla matassa . 25.5, 37.5
— la matassa 25.8
— molle 85.25
— regolarmente 22.17
— dalla spola 25.7
— la trama 84.15
incannato, filato . . 10.16, 26.6
incannatoio ad avvolgimento incrociato con tamburo a scanalatura spirale 31.11
— per bobine girevoli (piatte) 89.2.3
— per cannette senz'anima 87.3
— con comando a frizione delle spole . . 27.2
— con comando positivo dei fusi 27.1
— doppio 26.19
— doppio con una sola fila di cilindri . . . 27.3
— a due fronti 26.19
— con fusi orizzontali . . 30.1
— con fusi verticali azionati con corde . 37.18
— per lino 33.14
— a mano 26.7
— semplice 26.18
— per seta 34.2
incannatore della catena 25.3
— a mano 25.1
incannatrice della catena 25.4
— a mano 25.2
— per trame 86.7
incannatura (atto) . . . 23.13
— (riparto) 22.6
— su cannelli di trama. 85.9
— cilindrica 22.21
— ben compatta 23.7
— poco compatta . . . 23.9
— per conto terzi . . . 88.21
— convessa 23.14
— dura 85.22
— a fattura 88.21
— incrociata 87.12
— incrociata aperta . . 23.3
— a mano 24.21, 86.5
— meccanica 26.2
— molle 85.23
— delle spolette 85.17
— della trama 84.22
—, dispositivo d'— per spole a flangia . . . 31.7
incastellatura laterale . 335.2
— delle leve 388.15
— della macchina . . . 287.6
— del telaio . . . . . 297 f.
— del telaio puntellata 297.7
— del telaio per nastri . 355.13
incastrato, braccio . . . 289.19
—, telaio 217.14
incastro 364.5, 367.2
incavato in forma di mezza-luna, disco . 275.13
incavatura nell'avvolgimento 79.1
— della navetta 244.11
— scanalata della navetta 244.14
incavo nella platina . . 386.1
incertezza nel funzionamento del telaio . . 266.10
inclinato, coltello . . . 210.7
—, linea —a 57.20
inclinazione dell'estremità conica 60.3
inclinazione delle platine 211.8
— del solco 148.3
incollare la catena in corda 71.9
— le matasse, macchina per 70.5
— e spazzolare i filati, macchina a revolver per 70.15
incollato, liccio . 174.21, 179.21
— assieme, subbio . . . 115.5
— assieme, fili —i . . . 319.11
incollatore 75.6
incollatrice di campioni 6.16
— per licci 180.1
incollatura a macchina. 70.4
incordatura 181.10
— libera 181.11
increspato longitudinalmente 161.17
incrociamento dei fili d'ordito e di trama 1.12
incrociare la catena (trama) 144.3
— i fili 42.8
— i fili del fondo (fili del disegno) 369.3
— filo a filo 42.10
— i gruppi di fili . . . 351.12
— i licci 223.4
— le portate 43.1
—, verga per 56.6
incrociarsi ad angolo retto (fili in acciaio) 208.4
— con un terzo filo di giro 164.16
— reciprocamente (gruppi di fili) 164.2
incrociata dei fili . . . 144.1
incrociato di juta . . . 397.3
— di juta fino 397.5
— di juta comune . . . 397.4
—, fascio d'ordito . . . 43.4
—, incannatura —a . . 87.12
— da un secondo filo di giro 164.14
incrociatura bassa . . . 47.4
— in direzioni opposte . 164.8
— dei fasci di fili . . . 42.19
— dei fili d'ordito . . . 42.9
— grossa 47.3
— delle portate di fili . 42.19
— di testa 47.3
incrocio (v. a. armatura, legamento) 7.25
— (invergatura) 138.9
— delle corde 219.22
— destro 165.4
— in direzioni opposte . 382.9
— dei fili 352.13
— dei fili di cimossa . . 361.6
— dei fili d'ordito . . . 164.3
— dei fili superiori . . 160.5
— dei fili inferiori . . . 160.6
— forte 173.16
— intermedio 165.4
— semplice 138.11
— sinistro 165.4
incurvarsi (flange della spola) 24.18
incurvato, scanalatura —a 294.6
indebolimento del filo . 284.14
indicare una bobina vuota (tastatore) . . 266.6
— i fili alzati (quadrati rossi) 380.9
— il numero dei giri (ago) 52.2
indicatore di lunghezza 52.9
— del numero del filo . 440.16
indicazione della qualità del filato 11.25
indietro, movimento . . 135.17
indipendente, guide —i . 368.17
—, movimento 211.22
indiretto, avvolgimento 131.3
indistinto, effetto . . . 391.13
individuale, comando . 305.10
indivisibile, fondo . . . 412.24
indotto 301.3
industria delle drapperie 2.18
— laniera 2.16
— del panno 2.18
— tessile 1.10
ineguale di titolo, filato 9.7
—, ripartizione 109.3
inerzia della molla . . 255.21
— del peso del pendolo 317.4
inferiore, disco di frizione 93.2

infilamento delle cannette 38.21
infilare le arcate nella tavoletta 218.6
— la cannetta. . 38.22, 329.9
— il filo da ricamo attraverso l'occhiello dell'ago 350.10
— la spoletta sul fuso . 260.7
— la trama nell'occhiello 244.21
—, meccanismo per . 260.17, 365.1, 372.7
infilarsi automaticamente (filo) 27.10
infilato, perle —e . . . 414.24
infilatura per aspirazione 245.13
— automatica . 27.9, 260.13
— del filo nella navetta 265.8
— inglese. 245.14
— delle perle 414.23
— della trama nell'occhiello della navetta 372.11
influenza della torsione dei fili sull'apparenza del tessuto 145.7
ingommato su cartone . 387.18
ingorgato, tempiale . . 140.16
ingranaggio 133.16
— conico 127.17
— ferro con ferro . . . 310.19
— spostabile 180.15
— a vite perpetua 34.7, 52.10, 127.12
— a vite senza fine . . 101.21
ingranare colla cremagliera (segmento dentato) 234.16
ingranarsi (segmenti dentati) 192.11
ingrandimento del disegno 222.4
ingrandito, armatura —a 232.2
ingrassato, filato . . . 10.6
ingrossamento del filo . 28.3
iniziale, velocità. . . . 247.9
innestare il fuso. . . . 88.5
— il giunto 334.2
innesto automatico con forza centrifuga . . 311.9
— a frizione 34.4
— a frizione con forza centrifuga 311.5
— del guida-filo . . . 35.10
— del meccanismo caccianavette 315.1
— del nottolino 334.4
— di sicurezza 279.11
— dell'uncino d'arresto 278.10
innovazione. 446.1
inodoro, bozzima —a . 65.5
inserire la navetta a mano 246.9
— con x navette . . . 271.16
— le punte negli orli del tessuto 139.8
— la trama nella catena 1.13
— una trama a due fili 237.2
— la trama di fondo. . 336.2
— la trama successivamente da uno stesso lato. 247.21
— trama dopo trama 271.14.15
— trame colorate nei fili di catena 334.18
inserito, pezzo 288.9
—, trama —a 237.1
inservibile, bobina. . . 265.4
inserzione degli aghi. . 168.7
— dei ferri 327.1
— dei fili di trama . . 258.7
— simultanea di due navette 257.15
— della trama con navetta a morsetto. . 257.20
— della trama senza navette 259.10
— della trama, meccanismo d'— per telaio per crine 259.13
— della trama, meccanismo d'— del telaio Seaton 257.21
—i al minuto, numero delle 306.11
insubbiamento a filo delle matasse 170.17
insubbiatore . . . 77.14.15.16
intaccato, leva —a. . . 123.16
intaccatura della leva . 121.18
intaglio dell'ago . . . 168.10
— nella platina 386.1
intaglio del settore . . 191.9
intelaiatura 178.10
— con fili in acciaio che s'incrociano ad angolo retto 208.4
— del pettine . . 136.6, 283.6
— a scanalature. . . . 208.5
interessi bancari. . . . 446.10
— del capitale disponibile 446.9
— delle spese di acquisti 445.20
intermedio, pezzo . . . 125.19
intermittente, movimento. 130.4
intermittentemente, lavorare. 130.6
interno, movimento verso l' 211.20
intero, disco del subbio 78.11
interrompere le linee della saia 150.3
interruzione del movimento della catena . 129.11
—, lavorare senza . . . 269.1
intervallo fra i denti 82.18, 282.8, 367.14, 443.24
— di pettine, primo (secondo) 330.4.5
—i, passare i fili ad . . 83.3
intessere gli aghi . . . 168.8
intralciamento dei fili . 107.23
intralciato, fili —i . . . 107.22
intrecciamento, testa d' 179.1
intrecciare le estremità dei fili 57.14
— strettamente 152.3
intrecciato, fili —i 81.12, 179.14
intrecciatrice meccanica per licci 178.1
intrecciatura 414.4
— a mano 165.10
intreccio dei fili. 1.12, 81.13, 144.1
— serrato. 152.4
introdurre la cannetta nella navetta . . . 260.3
— il ferro nel passo . . 329.1
— la navetta durante il movimento in avanti del battente 267.2
— la navetta piena dal basso 266.21
— la nuova navetta dal di sopra (lateralmente) 266.18.19
introduttore della navetta. 269.18
introduzione dei ferri . 327.1
— della spoletta piena. 260.12
inumidimento della trama 101.6
inumidire le bobine (collo spruzzatore) . . . 101.9.12
— il filato in matassa . 101.8
— la trama 101.7
inumidito, bobina —a . 101.15
invergare 219.23
— filo a filo . . 42.10, 138.10
— a paia di fili . 42.11, 138.12
invergatore 42.14
invergatrice. 42.15
invergatura . . . 42.12, 138.9
— delle corde 219.22
— dei fili d'ordito. . . 42.9
—, bacchetta d' 111.5
inverno, stoffa d' . . . 431.19
inverso, girare nel senso 39.3
inversione della corsa . 39.12
— di marcia, meccanismo ad ingranaggio conico per. 127.17
—, dispositivo di . . . 311.11
—, meccanismo di — a nottolini. 128.1
invertimento, posizione d' 38.10
invertire il movimento. 277.21
— il movimento dei cartoni. 206.10, 390.15
— l'ordine dei fili da catena 47.10
invertito, movimento del battente. 268.27
inviluppare i fili d'ordito e del disegno (filo della bobina) . . . 368.21
inviluppo 101.22
involucro di fili 60.13
iperbolico, ruota —a . . 94.6, 213.16
irregolare, filato . . 9.7, 18.2
irregolare, tensione . . 29.17
irregolarità nel tessuto. 4.3
irregolarmente, lavorare 273.17
iuta v. juta

J

Jacquard (meccanismo) 209.18, 342.24
— accessorio 229.5
— con cassetta ad aghi oscillante 226.1
— a doppia corsa . . . 227.1
— a corsa semplice per passo aperto. . . . 227.11
— di costruzione in legno (ferro). 215.3.4
— a divisione di Berlino 215.9
— con divisione extra fina. 215.11
— a divisione fina viennese 215.8
— colla più fina divisione 216.1
— a divisione grossa viennese. 215.7
— a divisione di Krefeld 215.10
— con x file 214.19
— con doppia griffa . . 226.13
— laterale 370.8
— Manchester. 368.20
— a passo alto e basso 228.6
— a passo aperto . . . 226.18
— a passo obliquo. . . 228.13
— di x platine 214.12
— a platine cadenti . . 369.4
— a due prismi 230.2
— superiore. 368.20
— per tessere damasco. 231.2
—, piccolo 7.11
—, telaio a . . . 296.15, 300.7
jumel 12.4
juta 396.16
— pettinata. 13.9

K

kersey 397.14
Kidderminster, tappeto di 408.11
Kilim, tappeto 408.7
—, tenda di. 419.11
Kitai. 392.22
Knowles, cambio delle casse 276.12
—, meccanismo . 203.1, 277.18
Köchlin, meccanismo per il cambio delle bobine 264.1
Krefeld, numero di . . 173.14
krimmer 170.6

L

labbro della guida. . . 270.11
Lacasse, divisione . . . 216.12
—, meccanismo 215.11
lacca. 19.15
laccetto 427.9
lacci 386.15
laccio 209.12, 427.9
— del colletto. 224.2
— metallico. 227.2
lacciuolo 427.9
lady-coating 398.1
lama (coltello) 207.10
— del coltello 334.7
— per velluto. 327.4
— (filo). 20.10
— goffrata 20.11
— (v. a. sistema di licci) 171.3
— discendente. 231.3
— a licci di filo metallico 172.8
— con licciole spostabili 172.11
— montante 231.3
— di punta. 104.14
— stazionaria 231.3
— (tessuto) 397.19
— di mezza-lana . . . 400.5
—, filato per 14.5
lamella 319.13
— per appendere . . . 319.20
— d'arresto 35.6
— con fessura. 319.18
— con occhiello 319.17
— rompicatena 320.18
lametta 207.10
lamiera. 78.8
— d'acciaio 115.12
— elastica 263.8
— a grana ruvida . . . 117.10
— perforata. 117.11
— protettrice 32.18
— di rame 70.6
— di zinco 175.16
lamina 20.10, 319.13
— d'acciaio a scanalatura 369.12
— d'oro 423.12
laminato, filo 175.14
—, seta —a 17.4
laminatoio per raddrizzare il filo metallico 288.1
laminazione. 415.14
laminetta falsa 428.7
— fina 428.6
— del pettine 282.7
—, gallone di 428.5
lampada del telaio . . 356.12
lampaze 402.27, 423.3
lana 397.7
— artificiale 14.17
— cardata 397.8
— meccanica 14.17
— pettinata. 398.17
lanato, tessuto 431.10
lancé, tessuto 344.2
lanciamento della navetta 246.13
lanciare colla mano destra 246.10
— la navetta 246.19
— la navetta attraverso il passo 246.21
— la navetta a mano . 246.8
lanciata 236.22
lanciato, navetta —a. 246.20, 312.5
—, tessuto . . . 162.8, 344.2
lancio della navetta 246.12.18
laneria 2.14
lanificio 2.14
lanoso, stoffa —a . . . 417.7
lanuginoso, filato 9.21, 435.10
lanterna 205.18, 211.24
— della cassa rotativa . 279.5
larghezza del blocco . 54.20
— della catena 114.12
— corrente 442.8
— del fascio di fili. . . 41.6
— della frangia 355.7
— di lavoro. 304.10
— del nastro di fili . . 41.6
— fra le pareti . 308.2, 331.2
— del pettine . . 304.12, 444.10
— della sezione 61.20
— della stoffa. 3.12
— del tappeto 407.11
— del telaio 304.11
— del tessuto 442.7
— utile del pettine . . 331.1
—, righe nel senso della 153.8
lasciare il tacchetto (navetta) 250.16
lasciato. 384.16
—, parte figurata —a . 387.1
—i a gruppi (fili d'ordito) 176.8
lasting 15.11
laterale, spostamento . 251.8
lateralmente, spostare . 61.20
lato del cambio 279.12
— della rastrelliera . . 43.14
— di scarico della navetta 268.18
lavaggio 437.3
lavorare sul davanti (di dietro) del telaio (prisma) 220.12.13
— indietro (telaio). . . 302.14
— intermittentemente (regolatore) 130.6
— senza interruzione (telaio) 269.1
— all'inverso (telaio). . 302.14
— irregolarmente (cassa) 273.17
— con licci (telaio) . . 181.2
— con x navette . . . 271.16
— con navette supplementari 341.28
— più telai 441.6
— un solo telaio . . . 441.5
lavorazione della seta . 2.20
lavoro di broccato. . 162.11, 344.17
— orario 441.7
— col passo aperto . . 142.4
— col passo chiuso . . 142.11
— a vuoto del motore. 310.3

lavori di preparazione per la tessitura. . . 21.2
legaccio 10.23, 415.25, 426.19
legamento (v. a. armatura) 7.25
— degli aghi 235.1
— del disegno. 413.6
— dei fili. . . . 144.1, 381.11
— dei fili di pelo . . . 338.14
— del fondo 232.7
— per peluche mohair . 169.17
— semplice 232.2
— serrato. 226.14
— con trama doppia. . 169.14
— della trama di fondo 422.12
— della trama inferiore 155.5
— con trama quadrupla 169.16
— con trama tripla . . 169.15
—i disseminati 150.17
legare i bracci dell'aspo con spago 25.21
— i denti sui listelli . . 286.8
— i fili. 381.12
— i fili del broccato. . 163.4
— i fili del disegno ai fili della catena di fondo 369.1
— il nodo con due fili di catena 336.16
— il nodo sopra un solo filo di catena . . . 336.18
— i pedali 183.9
— il pettine 286.6
— i raggi dell'aspo con spago 25.21
— alla stessa maniera (fili di catena) . . . 220.17
— il tessuto del dritto col tessuto del rovescio 157.14
— nel tessuto superiore ed inferiore (la catena di pelo) 169.6
— una trama inferiore. 155.6
—, meccanismo per . . 287.22
legato alternativamente col gruppo dei fili vicini (filo di giro) . 165.8
—, cannellato 146.6
—, fili —i. 83.15
legatore di cartoni . . 384.12
legatrice di cartoni, operaia 384.13
legatura 144.2, 381.10
— bianca 10.26
— dei cartoni 389.17
— del disegno col fondo 223.10
— con filo metallico. . 286.12
— per doppio pelo . . 169.1
— per un solo pelo . . 168.23
— rossa 10.25
— uniforme su tutta la superficie 391.11
leggere 209.5
— i colori 386.23
— il disegno . . 386.17, 409.3
leggiero, tessuto 431.16
—, colpo 130.12
—, a corsa —a 304.2
leggio, a forma di. . . 209.3
legno. 10.19
— compresso 243.9
— di corniolo 243.10
— duro. 243.5
— duro e pesante . . . 288.21
— frassino 251.3
— hickory 251.4
— impregnato 243.12
— di persimon 243.11
— di pomo 243.7
— stagionato 243.8
lentamente, i fili prendono — la tensione. 59.12
lente con indice. . . . 438.16
— di ingrandimento . 434.14, 438.9
— pieghevole 438.10
lento, moto. 326.4
lenzuolo 420.12
letto, calicò per —i . . 392.20
lettore 209.7
— d'armature 386.20
lettrice d'armature . . 386.21
lettura 386.18
—, macchina per la . . 209.6, 385.20
—, dispositivo di . . . 387.12
leva 236.10, 266.1
— degli aghi 191.11
— dell'albero del cilindro di contatto 125.13
— di alimentazione . . 113.7
leva d'alzata 213.4
— d'alzata delle bobine 340.9
— angolare . . . 124.3, 137.7, 212.5, 255.4, 293.21
— angolare per regolare l'inclinazione del cono 60.7
— ad angolo . . 234.12, 333.22
— d'appoggio 348.10
— degli arpini 274.14
— d'arresto 35.11, 50.15, 91.10, 278.15
— d'arresto del battente 325.4
— d'arresto a scatto. . 48.6
— ausiliare . . . 194.5, 195.7
— d'avvolgimento . . . 133.5
— a due bracci con contrappeso. 108.18
— a tre bracci . 129.6, 213.7, 315.11
— a bracci eguali . . . 191.5
— di cambio . . 178.7, 276.17
— di cambio doppia. . 277.14
— di cambio a forchetta 277.13
— con carico a molla . 137.15
— delle casse montanti 275.6
— a coltelli . . 262.16, 301.14
— di comando 182.20
— di comando per l'asta guida-fili 33.12
— di comando dei licci 191.13, 301.13
— di contatto. . 252.14, 254.8, 320.3, 387.6
— contrappesata 91.14, 120.23
— a contrappeso . 96.7, 99.1, 274.7, 348.9
— a corda 370.11
— corta 185.5
— a croce 228.14
— differenziale 125.16
— di disinnesto . . 52.14, 92.5, 133.11, 268.5, 320.5
— del dispositivo d'arresto 254.2
— doppia per il comando dei licci 192.10
— dell'eccentrico . . . 319.15
— dell'eccentrico per il dispositivo per tagliare con settore dentato 331.12
— con feritoia 128.6
— a forca ad angolo. . 188.11
— del freno 95.5, 124.16, 308.6, 309.7, 316.15
— del freno dentato per le spole 90.12
— del gancio 279.8
— a ginocchio. 294.10
— a glifo 96.6
— a gomito 95.2, 255.4, 262.12
— a gradini. 275.3
— della griffa. . 190.7, 192.12
— del guida-cinghia . . 52.18
— del guida-filo . . . 94.18
— d'innesto. 363.19
— intaccata. 123.16
— intermedia 194.17
— intermedia d'arresto 308.9
— lunga 185.4
— a mano 55.13, 178.14, 303.8
— della meccanica. . . 207.1
— del meccanismo rompitrama. 318.4, 320.4
— a molla 52.19
— motrice dei licci . . 322.7
— oscillante. . . 90.19, 102.5, 192.13, 274.6, 311.6
— oscillante del meccanismo d'arresto . . 35.15
— oscillante con nasello 203.9
— in parallelogrammo . 311.7
— a pedale . . . 53.9, 295.12
— di percussione 251.13, 253.6, 255.7, 314.10
— di percussione di legno frassino (hickory). . 251.3.4
— di percussione con rullo 250.21
— a peso 31.5, 137.3
— a peso del freno . . 125.9
— a peso, doppia . . . 121.17
— di pressione 121.9
— di pressione ricurva. 31.3
— regolabile del pettine 82.6
— per regolare il nastro 125.17
— regolatrice degli aghi 350.3
— di regolazione del passo 195.4
— ricurva 323.15
leva ricurva di scorrimento. 123.22
— del rompi-trama . . 322.18
— del rullo 48.3
— della ruota 276.14
— della ruota d'arresto 133.7, 285.16
— del salterello 253.14
— a scatto 119.15, 259.20, 280.11
— scorrevole 128.11
— a scorritoio. . 136.15, 257.6
— con segmento dentato 188.12
— per segnare la pezza 74.22
— per segnare le suddivisioni. 75.3
— del sopporto superiore del fuso 36.6
— di sopporto del tamburo 31.13
— a spine 279.7
— spingitrice . . 236.8, 301.15
— sposta-cinghia . . . 373.1
— del subbio anteriore. 320.10
— a tacche 322.3
— tastatrice . . 316.13, 317.13
— di tasto 388.13
— di tensione 93.14
— dell'uncino 108.11
— per voltare il filo. . 339.14
—e per la manovra dei licci, dispositivo a . 184.5
levantina 147.13, 401.30
levare la catena di cartoni. 390.8
— il cilindro dal tamburo 35.17
— l'eccesso di filo . . . 98.9
— dei fili liberi 145.2
— i gruppi di fili nel passo superiore. . . 351.14
— il peso sul freno . . 123.10
— lo spago d'incrociatura 42.18
— i tubetti dai fusi . . 372.5
— i tubetti, macchina per 372.4
— gli uncini fuori dei fili 352.1
levata della cinghia. . . 373.2
—, far la 91.19
levatoio 207.13, 210.6
libbra 444.15
libera giacitura dei fili 392.1.3
liberamento del freno . 309.13
liberare l'asta ad uncino agganciata. 95.13
— l'eccentrico 92.18
— il freno 309.12
— l'innesto 35.16
— il nodo 222.18
— il nottolino. . 92.14, 180.6
— lo scatto. 253.1
— il tacchetto 62.10
liberato, platina —a . . 268.23
libero, estremità —a . . 124.4, 342.8
—, i fili d'ordito vanno —i 81.15
—, passaggio 364.12
liberty, raso 402.8
licciata 105.12
licciatura 105.12
liccio. 171.3.6, 324.6, 360.15
— d'alzata 231.6
— ascendente 198.2
— attaccaticcio 174.16
— ausiliario. 350.18
— cerato 179.19
— per la cimossa 199.5, 444.5
— del corpo 208.6
— di cotone ritorto verniciato 175.1
— di crine di cavallo. . 175.7
— per damasco 232.12
— di davanti 352.6
— discendente. 198.3
— di discesa 231.7
— di filo d'acciaio. . 175.12, 218.11
— di filo di ferro . . . 175.11
— di filo laminato. . . 175.14
— di filo metallico . . 172.8, 175.10
— di filo metallico torto 175.13
— di filo ritorto. . . . 174.19
— di filo ritorto con maglione metallico . . 218.10
— fisso 173.21
— flessibile 174.18
— per formare il passo. 360.5
— a lungo foro 175.20
— con foro ovale . . . 175.20
— per garza . . 352.5, 354.1
liccio per garza al Jacquard. 362.1
— per garza metallica . 361.15
— gazato 179.20
— a giorno 173.20
— incollato . . . 174.21, 179.21
— inglese. . . . 352.8, 361.10
— intero 352.8
— di Jacquard [im]pari 234.6.7
— in lamiera 175.15
— in lamiera di zinco . 175.16
— levato 219.10
— con maglia di vetro. 361.13
— metallico. 175.9
— senza nodi 175.8
— ad occhiello 174.13
— senza occhiello . . . 175.23
— con lungo occhiello . 174.14
— con occhiello di filo ritorto 175.19
— posteriore 352.7
— rigido 174.17
— della rimessa di davanti 231.10
— di ritorto di lana (lino, seta) 175.2.3.4
— ruvido 174.15
— di seta cerata . . . 175.5
— di seta lucidata al sapone 175.6
— spostabile 173.20
— stagnato 175.17
— stagnato all'anello . 176.5
— stazionario . . 231.8, 360.2
— per tapezzeria . . . 330.7
— verniciato . . 174.20, 179.18
licci 108.10
— delle cimosse 173.8
— a comando positivo . 184.9
— del corpo 208.18
— da garza . . 352.4, 361.9
— immobili 182.10
— incrociati. 173.9
— per metà appaiati. . 173.12
— montati per paia . . 173.11
— della nuova catena . 111.7
— per il passo inferiore 187.10
— sospesi liberamente . 184.14
— spostabili 173.6
— lasciati vuoti 219.21
licciola 171.4, 172.4.12
— a sezione triangolare 173.10
— spostabile di ferro. . 172.10
lichene islandico. 67.22, 437.14
limitato, corsa —a. . . 133.23
limite d'elasticità . . . 143.10
linea della catena . . . 379.10
— diritta 217.10
— di divisione dei due tessuti 361.4
— grossa della carta quadrettata 379.2
— obliqua 217.12
— ondulata 285.10
— della saia 150.3
— della trama 379.11
—e inclinate 57.20
lingeria. 420.4
— damascata . . 153.14, 396.11
— da tavola 396.8
linguaggio dei tessitori. 8.4
linguetta 29.18
—della cassa a navetta 253.2, 254.9, 256.4, 280.15, 316.8
— del freno. 245.19
— di guida con estremità assottigliata 328.7
— e scanalatura. . . . 61.6
lino . . 2.11, 5.12, 33.14 395.6
— e cotone, tela mista di 395.13
— e stoppa, tela mista di 395.12
linone 396.2
— di cotone 393.25
Lione, fili di 19.24
lisciare la peluria del filo 64.13
— la superficie del filo. 64.15
lisciato, filo. 94.3
—, tela —a 395.23
liscio, filo 435.9
—, tessuto 3.16
lisiera 3.10
lista in acciaio 371.2
— con aghi 57.18
— di appoggio 366.16
— di carta a divisioni . 371.1
— con dischi metallici . 58.3
— in lamiera elastica . 328.9
— laterale 3.10
— con spine 57.18
— spingitrice 348.1

listello ad aghi 349.16
— delle animelle . . . 354.15
— di divisione 320.16
— di guida 280.18
— inferiore (superiore) del pettine . . . 82.14.15
— di legno . . . 171.8, 286.16
— di legno, sottile. . . 224.6
— di legno con aghi. . 350.2
— dei licci 171.4
— metallico. 171.9
— metallico a tubo . . 171.10
— del pettine. 282.6
— del subbio 77.19
listini di prezzi 447.6
livella 219.14
livellamento dei licci . 181.14
livellare i licci . 181.13, 197.14
livellatore dei licci . 197.10.15
— dei licci con filo metallico torto 197.16
livellazione dei licci . . 219.12
livello 219.14
— del pettine. 283.8
—, la cassa è in — col piano del battente . 251.7
livrea, gallone di . . . 428.19
lobo della camma . . . 250.2
loden 397.10
logoramento della camma 250.5
— della cinghia . . . 310.7
— degli organi di ricambio 262.7
logorio del filo 284.15
— dei sopporti 313.10
longitudinale, movimento 120.4
—, righe nel senso. . . 153.6
lontra, felpa imitazione 406.17
Louisiana, filato di cotone 12.2
louisina 401.7
lubrificante 374.18
lubrificanti 67.5
lubrificare i ferri . . . 328.14
lubrificatore ad ago . . 375.5
— per macchine. . . . 375.10
— a pressione a mano . 375.4
lubrificazione dei ferri 328.13
— delle parti lavoratrici 374.17
— della superficie del disco del freno. . . 124.22
luce 446.20
— fra i denti 82.18
—, resistenza alla . . . 429.15
lucidato, calicò 392.18
—, filo 435.11
lucido, garza —a . . . 393.29
lucignolo cavo da lampada 156.12
Luna, seta 17.20
lunga 429.11
lunghezza del battente 304.11, 308.3
— calcolata 436.5
— della catena avvolta durante un giro del disco a tacca. . . . 49.1
— della catena girata indietro 49.14
— della catena (ordita) 443.16.17
— costante 141.13.14
— crescente. 341.22
— di filato consumato . 11.21
— dei fiocchi 409.6
— dell'ordito 41.14
— del passo 141.12
— della pezza 3.11, 75.1, 77.9, 441.12
— delle portate 66.14
— pratica. 443.20
— del tamburo 48.18
— teorica. . . . 436.5, 443.19
— teorica delle matasse 444.17
— del tessuto. 3.11
—, rigato nella 153.7
—e doppie 218.2
lungo pelo, velluto . . 403.14
— la spola, condurre il filo 26.13
—, aggiustare il tempiale 139.9
—, mettere la catena —a 42.3
lusso, felpa di 406.12
lustrato, filato 12.17
lustrina, tela 395.23
lustrino 401.8
—, gallone a —i 428.9

M

macchina v. a. apparecchio, dispositivo, meccanismo
— per allacciare i cartoni 390.4
— per apparecchiare i licci 180.1
— ad armatura . . 7.11, 186.3
— ad armatura per ordito stazionario . . 188.18
— ad armatura a passo aperto. 188.10
— ad armatura a passo chiuso . . . 188.19, 189.1
— ad armatura Schönherr. 191.2
— ad armatura a passo semi-aperto 188.17
— per avvolgere le catene 80.1
— per avvolgere da gomitoloni 80.14
— per avvolgere da rulli a catena al subbio del telaio 82.1
— Barber da annodare le catene. 112.20
— a far cannette . . . 87.1
— a far cannette ad avvolgimento incrociato 91.2
— per la fabbricazione di ciniglia cucita . 342.1
— per confezionare i licci in filo metallico . . 180.11
— a copiare cartoni . . 389.3
— per entrare i fili della catena nei licci e nel pettine 109.14
— per fare gomitoloni d'ordito 63.5
— a imbozzimare . . . 66.6
— per imbozzimare a tamburi 73.10
— imbozzimatrice ad aria calda 75.4.12
— ad imbuto per far cannette senz'anima 94.5
— per incollare la catena in corda 71.21
— per incollare le matasse 70.5
— Jacquard (v. a. Jacquard) 7.13
— per la lettura 209.6, 385.20
— per levare i tubetti . 372.4
— per la preparazione dei licci a maglioni. 176.13
— per la preparazione dei licci con occhielli in filo ritorto . . . 176.12
— per misurare . . . 442.1.3
— per misurare con tavolo per verificare le pezze 442.4
— per misurare ed avvolgere il tessuto . 442.5
— orditrice 47.18
— orditrice inglese. . 47.19
— a parer 66.6
— a parer scozzese . . 72.13
— per il passaggio nel pettine 108.4
— per il passaggio a uncino girevole. . . . 109.12
— di passatura a uncino oscillante 108.5
— per fabbricare i pettini 287.4
— pulitrice 83.16
— a revolver per incollare e spazzolare il filato in matasse. . 70.15
— a far rocche incrociate con movimento guida-fili 33.8
— per scaricare bobine vuote e caricare bobine piene nel carrello 363.15
— per spazzolare filati in matasse. 70.10
— a far spole a fusi verticali 36.1.2
— a far spolette . . . 86.7
— a far spolette fisse . 91.1
— a spolette con fusi orizzontali 87.15
macchina a far spolette con fusi orizzontali e guidafili azionato da cilindro a frizione 100.13
— a spolette con fusi verticali . . . 87.16, 100.4
— a far spolette con guida-fili azionato da cilindro di frizione . 100.3
— a far spolette ad imbuto 93.8.9
— a far spolette per tessitura di nastri . . 90.10
— per tagliare la ciniglia 343.5
— per tagliare il velluto 168.14
—, incannare a 26.1
—, orditore a 40.8
—, tessitura a 7.2
macchinario per tessitura 7.3
macò, filato 12.4
madapolam 393.16
Madras, tenda di . . . 419.10
maestranza 4.20
magazzinaggio, periodo di 443.11
magazzino . . . 261.17, 264.2
— a bobine 364.2
— a bobine girevole . . 261.1
— di navette . . 269.3, 270.8
— pieno 261.3
— verticale 269.15
maglia (del liccio) v. a. anello, occhio, occhiello, nodo . . 105.17, 171.7, 175.18, 218.13
— (del tessuto a pelo) . 327.15
— di abbassamento . . 174.8
— alzata 167.15
— d'alzata 174.7
— della catena . 259.6, 340.2
— a disegno 259.4
— doppia. 174.6
— esagonale . . 363.9, 412.10
— fina. 365.23
— in forma di U . . . 167.11
— grossa 365.22
— inferiore . . . 166.9, 174.5
— a due lati 167.12
— con un solo lato . . 167.14
— legata con una sola trama 169.13
— a nodo semplice . . . 223.13
— rettangolare in acciaio fuso. 372.16
— sbagliata 104.3
— semplice di abbassamento 174.1
— semplice per alzare (ed abbassare) . . . 174.2.3
— superiore. . . 166.7, 174.4
— triangolare 412.11
— a velluto (tagliata) . 168.19.20
— di vetro 361.13
—, mettere la catena in —e 43.7.8
—e che formano coste . 167.6
—e tagliate fra i due tessuti di fondo . . . 169.8
maglieria, filato per . . 14.10
maglione . 175.16, 177.2, 218.13
— ad una sola apertura 218.14
— con x aperture . . . 218.16
magnesio 437.24
magnetizzazione del nucleo di ferro . . . 269.12
makò, filato 12.4
malafatta 4.3
mancanza dei filo di trama 268.20
— di stile 377.2
Manchester . . . 394.27, 403.13
— a coste 395.1, 403.16
— a fondo incrociato . . 395.5
— a fondo liscio. . . . 395.4
— a strisce 395.2
— non tagliato 395.3
mandarino 417.4
mandrino a becco . . . 373.7
— rotondo 373.6
— a scanalature 373.5
manella 11.3
manico 58.8, 80.5, 105.10, 112.19, 291.12
— d'arresto per la spola 32.5
— di disinnesto 316.12
— inserito 133.1
— di legno 111.15
manicotto 242.6
— d'accoppiamento . . 94.10, 333.17
manicotto di chiusura . 78.13
— del fuso con fessura longitudinale. . . . 96.4
— d'innesto a vite . . 277.15
— del perno 327.18
— di sostegno 213.19
manifattura di panni . 2.17
— di telerie 2.11
maniglia 58.8
mano, incannatore a. . 25.1
—, incannatoio a . . . 26.7
—, tessere a 4.19
— d'opera dell'incannatura 26.5
manometro 69.16
manovella 26.11, 58.14, 59.19, 255.11, 287.14
— con biella ordinaria . 293.2
— di disinnesto 308.19
— doppia. 213.10
— a doppia azione con rotelle 295.11
— di guida 257.5
— con leva angolare. . 293.20
— del meccanismo di percussione 255.18
— a rotella 251.12
— a scorritoio. 203.16
— per subbio d'ordito . 374.8
—, meccanismo a . . . 199.14
manovra della navetta colla mano 246.7
— dei pedali 182.22
manovrare l'aspo a mano 46.1
— i licci 190.18
— i ferri, meccanismo per 326.6.19, 328.1
mantenere il liccio nella posizione intermedia 185.15
— sollevati i fili d'ordito 228.2
— la tensione sulla corda 122.9
— uniforme la tensione dei fili 98.3
mantenimento del numero delle trame . 132.19
— pulito dei telai . . . 375.11
manutenzione delle macchine 446.8
marabout 16.13
marcaggio della catena. 46.16
—, dispositivo di . . . 74.19
marca del modello del telaio 304.8
marca-pezze 6.17
marceline. 400.13
marcia 381.8
— in avanti 303.1
— continua 306.17
— indietro dell'albero a manovella . . 294.11, 302.13
— indietro, dispositivo per — con comando a cinghia 302.16
— indietro, meccanismo differenziale per la . 303.3
— irregolare 306.11
— del telaio 306.8
— a vuoto del motore . 310.2
marciare bene (telaio) . 306.9
— irregolarmente (telaio) 306.10
marezzato, nastro . . . 427.19
—, tela da fodere —a . 395.21
marmorizzato, filato . . 14.13
marli. 394.2
martello 373.11
— caricatore 262.9
— per punzonare . . . 385.4
— del rompi-trama 268.3, 318.5, 322.17
— della soneria 82.5
mascella 241.6, 313.8, 372.6, 439.1
massima, velocità . . . 247.14
matassa . . .10.21, 52.4, 64.1
— aggrovigliata 25.15
— arricciata 170.13
— arruffata 25.15
— a filzuoli. 10.24
— immersa 70.2
— impantinata 10.24
— impregnata. 70.13
— intrecciata 25.15
— ripiegata 11.3
— sospesa 71.6
matassina 10.22
matelassé. 160.9
— operato 160.10
materassa 433.6
materia collante 66.18, 89.11
materiale per catena . 8.15
— di chiusura 236.14

materiale greggio . . . 8.8
— di preparazione 340.21, 342.19
— da tessere 3.6
— tinto allo stato greggio 429.10
— per trama . . . 9.1, 236.14
— per trama duro . . 236.15
—i tessili 8.6
Matitsch, fondo 413.20
matrice. 385.1
mazzotto di filato . . 11.4
meccanica (ratiera) . . 186.3
— ad armatura 7.11
— per damasco 232.5.13, 233.1
— di davanti 235.5
— Dewath 234.14
— per il disegno . . . 232.6
— doppia di Berlino . . 234.8
— Jacquard 209.18
— per il legamento del fondo 232.7
— posta nel senso della larghezza (lunghezza) del telaio 225.17.18
— posteriore 235.6
— a regoli con prisma diviso 233.8
— per scialli 235.17
— Verdol 229.1
meccanicamente, mosso 289.8
meccanico, telaio . . . 7.8
—, tessitura —a 7.2
meccanismo v. a. dispositivo, apparecchio, macchina
— di abbassamento . . 197.21
— alimentatore 342.14
— di alimentazione automatico 269.7
— d'alimentazione della trama 258.2
— ad altalena della trama 357.9
— d'alzata . . . 189.2, 197.20
— d'alzata della bobina 97.11
— d'alzata e discesa . 198.1
— per l'alzata dei licci. 8.2
— d'arresto automatico alla rottura d'un filo 88.11
— d'arresto a cannetta ultimata 91.16
— d'arresto per cartoni 390.5
— d'arresto per far la levata. 91.19
— d'arresto alla rottura d'un filo 96.20
— d'arresto per telaio per drappi forti . . 253.17
— automatico per regolare la tensione dell'ordito 261.8
— automatico per il ricambio delle navette 269.2.14 270.3
— di avanzamento della catena 117.21
— d'avvolgimento del tessuto 261.9
— d'azionamento degli eccentrici 201.1
— di broccatura . . . 349.1
— di caccia-navetta a conchiglia 252.7
— di caccia-navetta destro (sinistro) . . 252.10.11
— di caccia-navetta pneumatico 256.10
— per il cambiamento del moto 127.16
— per cambiare l'armatura 196.11
— di cambio, sistema Eccles 276.1
— per il cambio delle bobine . . . 263.5, 264.1
— per il cambio delle casse di telaio per drappi forti 274.4
— di cambio alla sinistra (destra) . . . 281.5.6
— a cassa circolare . . 303.18
— di comando dei fusi. 39.15
— di comando a molla sopra telaio ad una navetta 255.15
— di comando della navetta 247.24
— di comando della navetta a becco d'eccentrico 254.6
meccanismo di comando della navetta con colpo dal di sotto . 251.1, 254.11
— di comando della navetta a colpo superiore 249.1.2.7
— di comando della navetta ad eccentrico con albero di caccianavetta e rullo. . . 252.5
— di comando della navetta ad eccentrico con scatto 252.12
— di comando della navetta a manovella . 255.1
— di comando della navetta con manovella a rotella. 251.11
— di comando della navetta a molla . . . 255.14
— di comando della navetta a molla con eccentrico girante in senso contrario . . 256.5
— di comando della navetta per telaio per drappi forti . . . 253.3
— a comando positivo della ruota d'arresto 134.12
— contatore Hitchon . 51.17
— a corsa semplice . . 213.9
— differenziale per la marcia indietro . . 303.3
— di discesa 197.21
— di disinnesto . 268.11, 309.3
— degli eccentrici . . . 198.8
— per formare il passo 8.2, 335.11
— per formare il passo negativo (positivo) 198.5.6
— di formazione della cannetta. 96.11
— d'incannatura per spole a flangia 31.7
— per infilare tipo Northrop 260.17
— per infilare la trama 372.7
— inglese a cordoni . . 225.2
— ad ingranaggio conico per inversione di marcia 127.17
— d'inserzione della trama del telaio Seaton 257.21
— d'inserzione della trama per telaio per crine 259.18
— di inversione a nottolini 128.1
— Jacquard (v. a. Jacquard) 342.24
— Knowles . . . 203.1, 277.18
— Lacasse 215.11
— per legare 287.22
— a manovella . 100.14, 203.8
— a manovella per l'aspo 45.20
— per manovrare i ferri 326.6, 328.1
— misuratore Hitchon . 51.17
— a molla ad azione semplice (doppia) . . 204.5.10
— di moto dei licci all'interno (esterno) 199.1.8
— di moto dei licci con calcole verticali . . 199.11
— per il movimento della navetta 8.3
— per il movimento delle navette a broccato . 348.14
— di movimento dell'ordito e del tessuto . 130.2
— per muovere navette per casse laterali . 357.10
— a nottolino. 135.14
— a passo alto 228.7
— a passo basso . . . 228.8
— a pettine mobile . . 315.15
— di raggiustamento. . 137.18
— di ricambio automatico delle spolette . . 262.8
— per il ricambio delle bobine . . 265.13, 266.2
— di ricambio della navetta 267.8
— di ricambio delle navette a cassa rotativa 270.12
— per la riduzione dei cartelli . . . 236.7, 275.20
— per la riduzione dei cartoni 196.22
— di ripetizione . . . 343.4
meccanismo di ripetizione viennese . . . 236.3
— di ritorno dei cartoni 214.9
— rompicatena 319.6
— rompicatena di Glasgow 320.14
— rompicatena (elettrico) a lamelle 319.14, 320.1
— rompicatena a licci . 321.1
— rompicatena di Schatz 320.17
— rompitrama 317.15, 318.1.8
— della ruota d'arresto 126.12
— a scambio per manovrare i ferri . . . 326.19
— dello scatto di cacciata 253.12
— selettore dei fili . . 113.5
— per separare ed annodare i fili 112.23
— del sopporto 62.1
— di svolgimento automatico Roper . . . 129.12
— tagliacimosse 363.5
— per tagliare 342.22
— per tagliare le maglie 327.15
— per tagliare il pelo . 334.9
— taglia-trama 341.24
— a tela 209.16
— a vite perpetua . . 30.7
—i regolatori accoppiati 135.4
medio (filato) 10.9
— (seta) 16.19
—, divisione —a . . . 216.10
mélange, striscia . . . 421.6
mensola 333.15
merce finita 443.9
— mezzo-finita 443.8
— semi-lavorata 443.8
mercerizzato, tessuto . 431.5
merinos 399.10
merletto di imitazione . 423.21
— di tulle 413.3
—i al telaio 423.14
—i tessuti 413.4
merveilleux, satin . . . 402.7
mescolato, feltro . . . 414.6
mescolatura della bozzima 64.24
messa in carta 7.16
— in carta fotografica . 378.17
— in carta per l'impettinatura 329.18
— in carta metallica . 387.4
— in carta per passatura nel pettine 329.18
— in carta preliminare. 159.16
— in carta per la punzonatura 381.15
— in maglie della catena ordita 43.7
messalina, raso 402.9
messicano 393.14
metà del corso 40.15
— del disegno 40.15
— della via 40.15
metallico, perla —a . . 19.16
metallizzato, filo . . . 20.17
metodo di legamento per ogni tessuto 159.13
— di lettura 386.19
— di rimettitura . . . 103.15
— di tessere 1.11
metro quadrato 442.10
—i per pezza 441.14
—i, la matassa è lunga — x 11.1
metrico, registratore . 54.16
mettere l'ago su zero . 440.17
— in carta 378.7
— i cartoni a posto . . 205.5
— la catena di cartoni. 390.7
— la catena lunga (corta) 42.3.4
— la catena in maglie . 43.8
— fuori azione i coltelli 233.16
— i coltelli in posizione obliqua 234.2
— le corde nel pettine. 386.16
— le estremità del filo metallico nei blocchi a scanalatura 180.18
— le guardie alle estremità del pettine . . 283.1
— in moto la macchina a mezzo del pedale. 54.1
— in moto le spole. . 87.17
— in moto il telaio . . 306.1
— la navetta nella cassa 250.14
— in posizione il sopporto superiore della bobina 37.6
— i punzoni nella placca 385.7
mettere le spole sopra perni di filo metallico 44.11
— il tubo spaccato sul pettine 287.8
mezza catena, filato di. 10.9
— cotta, seta 16.22
— finita, merce 443.8
— imitazione, filo d'oro 20.1
— lama 402.22
— lama, tessuto di . . 430.16
— luna, incavato in forma di. 275.13
— portata 47.6
— rimessa 232.11
— seta, stoffa. 430.20
— velocità 302.15
mezzo per evitare la decomposizione della colla 67.23
— per evitare la formazione di muffa . . . 67.24
— per prevenire l'essiccazione 67.6
—i d'imbozzimatura . . 66.17
—i per formare il passo 170.20
mezzo dei fori del cilindro 188.1
— cavo, orlo 424.12
— damasco 402.26
— giro 164.10, 277.19
— liccio 174.9, 231.16, 352.9, 361.11
— lino, tessuto di . . . 430.9
— pettinato, filato. . . 15.7
microchimico, esame . . 436.18
micrometrico, bilancia —a 88.20
microscopico, ricerca —a 436.16
microscopio 438.17
— semplice a due lenti 438.11
mignardise 330.10
militare, stoffa 397.13
mille punti 402.25
minugia 341.10
misto, filato 10.3
misura inglese della catena 52.3
— -tensione, dispositivo 371.13
misurare la lunghezza della catena dal numero di giri del disco a tacca 49.4
— in matasse la lunghezza della catena ordita 52.5
—, macchina per . . 442.1.3
—, macchina per — ed avvolgere il tessuto. 442.5
—, macchina per — con tavolo per verificare le pezze 442.4
misuratore d'allungamento 440.18
— automatico 56.10
— di duttilità. 440.13
— d'elasticità dei fili . 440.15
— per tessuto. 6.3
—, apparecchi —i . . . 370.2
—, dispositivo. 54.9
—, meccanismo — Hitchon 51.17
misuratrice per tessuto. 6.4
— meccanica per tessuti 442.6
misurazione dei tessuti. 441.10
mobile, braccio 54.12
mobili, tessuti per . . 418.1
mocchetta 411.10
— di cotone 405.7
— crespata 405.9
— doppia. 405.14
— a ricci 411.11
— a ricci con catena di pelo in lana cardata (pettinata). . . . 411.12.13
— a ricci a catena screziata 411.18
— a ricci con catena stampata 411.14
— stampata. 405.6
— per triplice trama. . 405.8
— vellutata a catena screziata. 411.19
— vellutata con catena stampata 411.15
—, vera 405.5
modello 378.8
— del telaio 304.8
modificazione di tessuti uniformi 145.5

modo di fabbricare il pettine ... 286.7
— di funzionare dei cartoni ... 281.7
— di funzione del freno 120.9
— di tessere ... 1.11
moerre di lana ... 398.23
—, effetto di ... 286.2
mohair ... 398.25
— bianco, filato ... 15.21
— misto, filato ... 15.20
— puro, filato ... 15.19
moire ... 400.20
—, nastro ... 427.19
—, tela da fodere con finissaggio ... 395.21
moleskin ... 394.19
— di mezzalana ... 400.3
molinato, seta —a ... 16.4
molla .. 195.14, 210.15, 267.16
— dell'ago ... 187.15
— ad arco ... 50.18
— d'arresto ... 35.14
— d'arresto in acciaio piatto ... 254.4
— d'arresto per il pezzo di collegamento ... 172.6
— del battente ... 186.15
— a becco ... 112.10
— ad elica 91.12, 127.15, 180.16
— elicoidale .. 210.13, 270.6, 275.10, 288.7, 389.6
— d'espulsione ... 268.1
— a foglia ... 136.9
— del freno per la bobina ... 346.5
— del freno del carrello 365.10
— del fuso ... 319.3
— del gancio ... 112.16
— per l'innesto del meccanismo caccianavette ... 315.1
— a lamina ... 97.18
— della leva ... 228.15
— libera ... 238.13
— della linguetta ... 308.17
— di navetta ... 246.5
— del nottolino 92.3, 333.19, 346.20
— di percussione ... 255.16
— piatta ... 259.17
— del pistone ... 388.17
— di pressione . 205.15, 241.5
— di pressione per navetta ... 348.5
— di richiamo . 250.1, 303.9, 314.16
— di richiamo del meccanismo di percussione ... 315.14
— della ruota d'arresto 119.16
— ruvida ... 239.2
— scivolante ... 238.9
— di sicurezza ... 61.7
— di sopporto delle casse 275.7
— a spirale ... 358.15
— di tensione . 33.11, 325.5
— tesa ... 283.23
— di trazione 199.13, 283.11.15
molle, incannatura ... 85.23
—, nodo ... 18.17
molleggiante, gancio . 100.15
mollettone ... 398.3
— di cotone ... 394.16
monocromo, ciniglia ... 411.2
monogramma ... 222.13
monta-cinghia flessibile. 372.14
montaggio del cartone sul prisma ... 220.8
— della catena ... 118.14
— della cinghia ... 372.17
— irregolare ... 76.19
montagnac, stoffa ... 417.19
montare (laccio metallico) ... 227.3
— il blocco sull'albero . 55.2
— la catena .. 76.16, 118.15
— la catena fra i dischi 78.16
— il corpo dei licci ... 217.5
— la meccanica Jacquard nel senso della lunghezza (larghezza) del telaio ... 217.3.4
— il motore sopra uno scorritoio ... 310.10
— più pezze sopra un subbio ... 77.10
— il rullo ... 48.15
montante . . 80.7, 111.3, 335.5
— dell'aspo ... 26.9
— del battente ... 288.18
montante in legno 72.6, 108.6
— del telaio ... 297.3
montatore della catena 77.14
montatura del meccanismo Jacquard ... 212.6
montone, stoffa ... 417.7
moquette v. mocchetta
morbidezza permanente 64.19
morbido, filato ... 9.15
Morrison, macchina a far cannette ... 91.2
—, tendi-fili ... 92.20
morsetta . 81.16, 337.12, 339.6
morsetto ... 112.7, 258.4
mosso passo a passo ... 364.20
—, puleggia —a ... 305.16
motivo ... 413.5
— d'angolo ... 378.4
moto accelerato della navetta ... 247.13
— dei licci all'esterno . 199.8
— dei licci con calcole verticali ... 199.11
— lento ... 326.4
— rapido ... 326.5
— di salita e discesa . 97.4
—, ridare ... 266.15
motore ... 113.4
— corazzato ... 309.20
— a corrente trifase ... 309.17
— elettrico a corrente continua ... 309.16
— Schorch ... 310.15
—, albero ... 34.3
mouliné, filato ... 15.5
movimento v. a. azionamento, comando
— accelerato ... 198.11
— alternativo . . 39.11, 367.10
— in alto del guida-fili. 39.8
— d'andata del battente 292.19
— d'andata del battente sospeso con eccentrico ... 295.14
— d'andata e ritorno del battente ... 130.11
— d'andata e ritorno del pettine ... 283.2
— d'andata e ritorno del prisma ... 205.11
— angolare dell'ordito . 298.10
— delle aste di sollevamento ... 224.11
— in avanti ... 135.16
— in avanti del battente 267.2
— in avanti delle bobine sovrapposte ... 265.10
— in avanti del carrello 388.21
— in avanti dei cartoni 206.7, 385.12
— in avanti del magazzino ... 262.5
— in basso del guida-fili 39.9
— del battente durante l'arresto dell'albero a manovella ... 293.16
— del battente con eccentrici aperti ... 294.12
— del battente con eccentrico a scanalatura ... 294.4
— del battente per la fabbricazione dei tessuti a spugna ... 294.8
— del battente con leve a scorritoio ... 294.3
— del battente con manovella ... 293.1
— del battente a pedale 292.13
— del battente con piccola biella ... 293.19
— del battente positivo 292.23
— del battente a due posizioni di battuta ... 294.7
— del battente del prisma verso l'esterno (l'interno) ... 211.19.20
— del bilanciere con aste di trazione ... 212.3
— caccia-navetta positivo ... 358.2
— a caduta libera delle casse montanti ... 273.10
— dei carrelli d'una fila all'altra ... 367.5
— della catena ... 117.19
— della catena per formare il passo ... 141.5
— della catena e del tessuto ... 114.2
— del cilindro ... 183.14
movimento continuo ... 130.7
— facile (difficile) del subbio nel nastro del freno ... 122.14.15
— dei fili di catena ... 141.6
— indietro ... 135.17
— indipendente del bilanciere ... 211.22
— d'inserzione della trama ... 284.6
— intermittente dell'ordito ... 130.4
— invertito del battente 268.27
— iperbolico ... 95.6
— laterale ... 109.1
— dei licci con corde . 204.3
— dei licci con leve ausiliarie ... 204.4
— dei licci positivo ... 202.4
— longitudinale della catena ... 120.4
— della navetta ... 246.6
— della navetta, meccanismo per il ... 8.3
— delle navette a broccato, meccanismo di 348.14
— della navetta ritardato uniformemente . 247.11
— di navette per 1 e 1 trama alternatamente da ogni lato ... 271.19
— negativo dei licci ... 182.7
— negativo delle casse montanti ... 273.10
— negativo delle casse a navette ... 272.2
— orizzontale delle leve d'alzata ... 340.10
— oscillante ... 39.14
— oscillante del tessuto 140.17
— oscillatorio ... 39.14
— d'oscillazione verticale delle leve d'alzata ... 340.11
— del pedale positivo . 323.11
— a pendolo del battente ... 292.9
— del pettine ... 283.3
— pneumatico della navetta ... 256.9
— positivo delle casse a navette ... 272.1
— positivo dei licci ... 182.6
— positivo della navetta 256.16
— positivo del prisma . 214.5
— di ricambio ... 261.16
— di rinculo de battente a molla ... 295.2
— di rinculo del trasportatore ... 265.12
— ritardato ... 193.12
— di ritorno del battente 292.20
— di ritorno dei cartoni 206.8
— di ritorno del subbio a tessuto ... 134.17
— di rotazione del prisma ... 205.10
— di saliscendi ... 38.8
— di salita e discesa ... 97.1
— scentrato del subbio 116.1
— dello scorritoio ... 326.16
— simultaneo dei guidafili ... 39.10
— successivo della cassa rotativa ... 279.4
— di traversata ininterrotta dei carrelli a bobine ... 369.9
— dell'uncino da destra a sinistra ... 109.9
— dell'uncino a mezzo di pedale ... 109.13
— dell'uncino da sinistra a destra ... 109.10
— uniforme dei licci ... 200.8
— variabile dei licci ... 200.10
— di va e vieni, dare un 81.6
— a vuoto ... 189.4
—i di va e vieni, due . 32.7
mozzo con nervature di rinforzo ... 115.20
— della ruota a denti di legno ... 275.8
muffa ... 65.9
multicolore, catena ... 21.2
multiplo, alzata —a ... 187.16
—, tessuto ... 158.12
mungo, filato ... 14.18
muovere il battitore con una cinghia di connessione ... 252.16
muovere la navetta con aria compressa ... 256.14
— navette per casse laterali, meccanismo per 357.10
— ogni prisma per suo conto ... 196.2
— positivamente la navetta ... 257.7
— e rimovere i fili nella bozzima ... 65.28
—si dal basso in alto (aghi) ... 351.1
—si in cerniere (cappello del battente) ... 289.4
—si in direzioni opposte (licci) ... 184.1
—si liberamente nel foro (perno) ... 292.12
—si male (cartone) ... 390.16
mussolina ... 393.24
— di cotone ... 393.10
— fina ... 393.22
— di lana ... 398.19
— di lana diagonale ... 399.7
— di lana incrociata ... 399.7
— di mezzalana ... 398.20

N

nanchina ... 393.19
nanchinetta ... 393.20
nanquin ... 393.19
nanquinetto ... 393.20
nasello ... 358.16, 365.15
— d'arresto ... 278.16
— della camma ... 250.2
— della griffa ... 226.3
— incavato sulla ruota indice ... 52.7
— del meccanismo rompi-trama ... 318.9
— di percussione ... 254.13
— della platina . 186.6, 210.12
— sulla ruota cilindrica 52.6.11
— della ruota indice ... 52.11
—i, a due ... 196.6
naso della navetta ... 265.20
naspo (v. a. aspo) ... 25.19
nastrame ... 424.1
nastro d'acciaio ... 124.20
— apprettato ... 427.16
— astrakan ... 425.12
— di batista ... 424.24
— di bavella ... 425.3
— per biancheria ... 427.8
— da cappello ... 427.3
— di carta ... 6.15, 189.18
— di carta a divisioni . 371.1
— di carta rigata ingommato su cartone ... 387.18
— cavo ... 426.17
— chiné ... 425.8
— di ciniglia ... 425.13
— conico ... 424.5
— continuo di carta ... 229.19
— di cotone ... 424.22
— diagonale ... 424.25
— differenziale ... 125.12
— dipinto ... 427.21
— diritto ... 424.4
— elastico ... 425.15
— elastico per bretelle. 415.23, 426.21
— elastico per cintura . 427.1
— festonato ... 425.18
— figurato per trama (catena) ... 426.10.11
— di fili ... 41.3
— di filosello ... 425.3
— del freno ... 125.7
— di guarnizione ... 427.4
— di lana ... 425.1
— di lino ... 424.19
— marezzato ... 427.19
— metallico ... 425.17
— moiré ... 427.19
— novità ... 427.7
— d'Olanda ... 424.21
— per ordine ... 427.6
— ordito con calibro conico ... 60.14
— ad orli cavi ... 424.7
— ad orli piegati e gommati ... 424.18
— ad orli semplici ... 424.6
— di percallo ... 424.23
— perlato ... 425.14
— a punto a spina di pesce ... 426.15

nastro quale viene dal telaio 427.15
— di raso 425.7
— in reps 425.9
— rinforzato 425.6
— a ritorto di lino . . 424.20
— di scorza d'albero. . 425.16
— screziato 425.8
— di seta. 425.2
— per sigari 427.10
— stampato. 427.20
— con strisce a traforo 426.9
— in taffetà 425.4
— in taffetà a maglie . 425.5
— in taffetà ad orecchiette 425.5
— in taffetà a smerli . 425.5
— tagliato 424.17
— al telaio 424.3
— per tirastivali . . . 427.5
— trasportatore per le spole 33.3
— di velluto 425.10
— di velluto tagliato a mano per passamanteria 425.11
—i confezionati 427.22
natté, armatura . . . 147.6
— composto 147.9
— misto 147.9
— raggiato 147.7
— a riquadri 147,8
natura della superficie del tessuto 431.30
naturale, nodo 18.14
navetta 257.16, 264.10
— in acciaio 243.18
— in acciaio con sopporto di rotelle elastico. . 243.19
— ad arco 244.6
— ausiliaria. 355.9
— di bosso 243.6
— a broccato . . 346.4, 348.15
— a cannetta per telaio a nastri 242.7
— per cannette con coperchio 240.6
— per cannette con placca ad occhielli . . . 240.9
— per cannette senz'anima 240.3
— per cannette tubulari 240.3
— a cassetta 243.2
— con cavità stretta. . 244.8
— circolare a denti . . 347.7
— consumata 243.23
— a coperchio 240.8
— a corsa circolare . . 301.2
— per cotone 241.20
— curva 340.15, 347.13
— per damasco 241.13
— a denti 347.10
— diritta 237.7
— doppia. 240.17
— esaurita 341.27
— espulsa 268.2
— espulsa all'alto . . . 270.8
— con freno regolabile a molla 245.16
— con fuso 237.18
— con fuso a molla unica 237.19
— con fuso a due molle 237.20
— con guancie per drappi 241.11
— di Hettrich. 242.15
— ad infilatura automatica 245.7
— per juta 241.16
— lanciata . . . 346.20, 312.5
— di legno 240.4
— in legno compresso . 243.9
— in legno impregnato. 243.12
— in legno di pomo . 243.7
— in legno stagionato . 243.8
— a mano 237.6
— metallica. 347.8
— con molle di pressione 262.19
— a morsetto . 241.1, 257.20, 258.9
— mossa in linea dritta 347.9
— Northrop. 242.9
— nuova 266.18
— con percorso ad arco 347.12
— con piastrine di ferro ai fianchi 243.17
— piccola 348.15
— presa nel passo . . 315.6
— proiettata 312.11
— che ritorna. 252.2
— con rivestimento di fibra vulcanizzata . 243.14
navetta a rompi-trama con tastatore di trama 318.13
— con rotelle 237.9
— a rotelle per drappi. 241.10
— con rulli 237.9
— senza rulli 237.8
— a sbiego 237.6
— da scaricare 268.12
— semplice 240.16
— per seta 241.12
— con spalla 242.11
— con spola girevole. . 240.11
— con spola a sfilamento 237.13
— per stuoie in fibra di cocco 241.14
— superiore, la — non ha guida 141.17
— supplementare . . . 341.28
— per tappeti (vellutati) . 241.18.19
— per telaio Axminster 343.20
— per telaio a ciniglia . 341.25
— per telaio a griglia . 242.10
— per telaio a nastri . 242.1
— con tensione sul filo prodotta da occhielli 243.16
— per tessere cinghie di trasmissione 241.15
— da tessitore 237.5
— per tessitura in umido 242.8
— per trama del diritto 271.20
— per trama di perle . 354.9
— per trama del rovescio 271.21
— volante 237.7
— vuota 243.21
— vuota espulsa . . . 266.17
— Walter e Stolle. . . 242.12
—, la — riposa sul suo fianco 265.14
—e, x — in $x + 1$ casse 272.10
—e, x — in 2 x casse . 272.11
navicella 237.5
negativo, azionamento . 213.1
—, ratiera —a 196.17
nero 380.14
nervatura ricurva . . . 71.1
— di rinforzo 115.20
— a spirale 139.11
nido d'api, armatura . 152.6
— d'api, coperta . . . 419.28
— d'api figurato . . . 152.8
nocciolo della cannetta 87.10
— della lanterna . . . 206.4
noce della catena 263.3, 314.18
— (di comando) del fuso 26.15, 29.14, 93.13, 95.15, 98.16
nodo (del cordone) . . 225.6
— (del liccio) v. a. maglia, occhio, occhiello, anello . . . 171.7, 175.18
— artificiale 18.15
— di colore 18.16
— di cotone 18.11
— fatto a mano . . . 336.14
— sopra le fessure . . 225.10
— a due fili colle estremità una accanto all'altra 409.12
— a due fili colle estremità separate . . . 409.13
— di fili d'ordito . . . 110.17
— nel filo . . . 28.2.5, 83.13
— ad un sol filo . . . 409.11
— di lana 417.16
— lungo 28.3
— molle 18.17
— naturale 18.14
— di Persia 336.17
— ritenuto nella scanalatura 222.16
— scorsoio . . . 183.11, 197.18
— di seta. 18.13
— di Smirne 336.15
— solido 18.18
— di tappeto persiano . 409.10
— di tappeto di Smirne 409.9
—i di ritorto uno sospeso all'altro 208.7
—i sovrapposti, gallone a 426.16
nodoso, filo. 435.8
noli 447.2
nome 222.13
non-elastico, catena —a 360.4
normale, catena . . . 42.5
—, torsione 161.16
Northrop, conta-trame 370.6
—, fuso per telaio . . 239.7
—, meccanismo per infilare 260.17
Northrop, navetta. . . . 242.9
—, porta-bobine . . . 261.1
—, spola 260.15
—, tastatore di trama . 261.11
—, telaio 260.18
nottolino (v. a. arpione, scatto) 51.22, 96.14, 128.5, 136.19, 178.21, 180.3, 204.18, 214.3, 332.16, 333.20, 340.12, 359.10, 439.5
— d'arresto 58.9, 91.9, 133.13, 135.11
— d'azionamento . . . 133.12
— di cambiamento . . 127.18
— disimpegnato 195.19
— d'innesto. 192.15
— mobile 178.15
— a molla 226.2
— regolabile 136.2
— della ruota 317.9
— del settore 314.12
— di sicurezza 279.21
— di spinta . . 134.13, 195.13
— di trazione . 134.14, 195.12
—i posti sopra un asse comune 127.7
novità, nastro. 427.7
nucleo della cannetta . 84.13
— di ferro 269.12
nudo, filo di caucciù . 56.14, 415.15
—, fuso. 87.24
numerare 11.10
numerazione dei cartoni 383.5
— dei meccanismi Jacquard 214.10
numerizzare. 11.10
numero della balla . . 4.12
— del ballotto 4.12
— di cartoni per un disegno 206.16
— delle casse 272.7
— della catena 7.21
— cercato 11.15
— di colori illimitato . 409.4
— da convertire. . . . 11.13
— definitivo dei fili d'ordito 41.16
— dei denti . . 282.15, 443.23
— dei denti della ruota d'arresto 127.8
— del disegno 7.17
— del filato (v. a. titolo) 11.6, 435.18
— di fili 443.21
— di fili d'arcata per platina 220.19
— dei fili nella catena . 376.8
— di fili per dente 107.14, 282.18
— di fili in una portata 47.12, 83.2
— dei fili di trama . . 132.8
— di fili per unità di lunghezza . . 41.15, 434.17
— dei fusi 87.25
— dei giri 52.2
— di giri completo, il telaio marcia col suo 306.15
— di giri del disco a tacca 49.2
— di giri per minuto . 306.13
— di giri variabile. . . 53.12
— delle inserzioni al minuto 306.12
— di Krefeld per il calcolo dei licci . . . 173.14
— di licci. 444.4
— della meccanica Jacquard 215.2
— di metri del tessuto 441.13
— delle navette 272.9
— di nodi per unità di superficie 409.8
— ottenuto dal peso (dalla lunghezza) 435.19.20
— dei pedali 183.2
— di pezze 443.10
— di platine 214.11
— delle platine espresso in centinaia 214.13
— delle portate 47.11
— dei rapporti 381.5
— da ridurre 11.13
— di scoccamento . . . 151.2
— degli scompartimenti 280.12
— dei sistemi di licci . 181.4
— del telaio 7.15
— della tinta 3.21
— totale dei fili d'ordito 434.18
— delle trame. 376.9
— da trasformare . . . 11.13
numero trasformato . . 11.14
—i dei cartoni dalla parte della lanterna . . . 220.9
nuova catena 113.17
Nuttall, ratiera 193.1

O

obliquamente, i fili passano — nel pettine . 50.2
—, sospendere. 181.12
obliquo, rastrelliera —a 43.16
oblungo, occhiello . . . 330.9
occhiello (della corda) . 108.13
— (del liccio) v. a. occhio, anello, maglia, nodo 171.7, 175.18
— dell'ago 53.5, 187.19, 350.15
— per il filo 365.7
— per filo di pelo . . 330.8
— per filo di riempimento oblungo. . . 330.9
— di filo ritorto. . . . 175.19
— di guida 45.5, 71.16
— del guida-filo . . . 27.14
— lungo 174.14, 225.15
— metallico 176.1, 360.16, 363.3
— per molla 309.1
— della navetta . . . 244.10
— di porcellana . 46.11, 244.12
— di vetro 34.14
—, la trama forma —i . 245.5
occhio (del liccio) v. a. occhiello, anello, maglia, nodo 171.7
— (della carta rigata) . 379.6
— dell'ago 211.6
— nudo, esaminare ad. 436.10
offerta 443.2
oliatore. 375.2
— con pompa. 375.3
olio 437.19
— di cocco 67.11
— di lino. 179.17
— lubrificante 374.19
— d'oliva. 67.13
— di palma 67.10
— di paraffina 67.14
— di ricino. 67.12
olivetta 206.4
ombra, essiccazione all' 65.25
ombreggiare con righe . 380.23
ombreggiato, raso . . . 151.14
ombreggiatura 422.14
ombreggio 380.22
— figurato 381.1
ombrella, tela di cotone per —e 392.21
oncia. 219.7
ondata, seta 16.9
ondé 16.9
ondulare i fili 286.1
ondulato 417.15
—, filo 245.4
ondulazione. 170.9
—i della trama 284.13
operaia addetta agli asciugatoi 65.24
— cannettiera 84.19
— legatrice di cartoni . 384.14
— passa-fili 103.14
— passa-licci 103.8
— perforatrice di cartoni 384.9.11
— piegatrice 6.8
— tessitrice 4.22
— tessitrice a mano . . 4.24
operaio addetto agli asciugatoi 65.23
— bagnatore per la trama 101.16
— cannettiere 84.18
— passa-fili 103.13
— passa-licci 103.7
— alle presse 6.14
— tessitore 4.21
— tessitore a mano . . 4.23
operato, disegno. . . . 160.14
—, stoffa —a 3.17
opposto, direzioni —e . 362.9
ora, salario per 444.20
ordine dei colori . . . 271.8
— dei colpi 247.20
— dei fili di catena . . 159.14
— dei fili d'ordito . . 433.27
— dei fili nel tessuto . 433.26
— della passatura . . . 107.5
— di successione nella manovra dei pedali 183.3

ordine delle trame 271.9, 434.4
—, nastro per 427.6
ordire da cannette 40.18
— la catena 40.11
— una catena normale 42.5
— il fascio di fili in (salita e) discesa 47.8.9
— i fili 40.11
— a mano 41.10
— a nastri 41.2
— in salita 43.5
— a sezioni 41.5
— di sotto in su 43.5
— da spole 40.17
— ad una velocità uniforme 42.7
ordito (v. a. catena) 7.20, 10.8, 114.4, 360.18
— di broccato 163.2
— di collegamento 158.3
— disteso sopra il subbio 81.18
— di fondo 163.10
— forte nei vani del pettine 107.13
— di giro 163.9
— greggio 64.2
— inferiore 158.11
— di juta 13.11
— di seta 34.13
— stazionario 188.18
orditoio sistema americano 53.1
— con aghi di separazione 57.15
— a coni 58.6
— a mano, piccolo 56.12
— meccanico 47.18
— meccanico per seta 60.17
— rettilineo 47.15
— per far rocche incrociate 63.1
— semplice 45.13
— sezionale 54.2
— a sezioni 54.2
— a tamburo orizzontale 56.17
— per la tessitura di nastri 56.2
orditore 40.4
— a macchina 40.8
— a mano 40.6
orditrice 40.5
— a mano 40.7
orditura 40.1
— addizionale dei fili di cimossa 43.2
— dall'alto al basso 47.7
— sopra bobine 41.8
— su cilindri 40.19
— in discesa 47.7
— in divisioni 41.1
— dei fili di caucciù 56.13
— a mano 41.9
— a nastri 41.1
— su rulli 40.19
— in salita 43.6
— sezionale 41.4
— a sezioni 41.4
— di sotto in su 43.6
— sopra spole 41.8
orecchietta 425.5
orecchio 79.13
organdie 393.23
organo di ricambio 262.7
— di spinta della navetta 248.7
organzinata, trama 16.8
organzino 16.5
— grenadine 16.20
orizzontale, aspo 56.9
—, movimento 340.10
orlatura 378.3
orleans 399.5
orlo della bordura 378.2
— cavo in taffetà 424.10
— cavo completo 424.8
— mezzo-cavo 424.12
— tre-quarti cavo 424.11
— del disco 90.6, 378.1
— piegato e gommato 424.18
— del pizzo 426.4
— rotto 140.20
— semplice 424.6
— solido 412.13
— tagliante 111.14
— del tessuto 139.15
— del tessuto piegato insù 140.8
ornamentale, coperta 419.27
—, disegno 376.4
ornamentazione con armatura speciale 421.2
— con fili speciali 421.8
— a gruppi 223.6
— con strisce 421.4
— a trama lanciata 344.3
ornamento 149.4
ornamenti figurativi, broccato ad 402.18
oro, broccato d' 402.20
— genuino 19.25
— rinascimento 423.11
orologio, in forma d' 440.14
orso polare, felpa imitazione 406.20
ortica 13.16
— bianca 13.15
—, tessuto d' 430.12
oscillante, movimento 39.14
—, leva 35.15
oscillare (battente) 292.7
— (licci) 182.9
— sull'albero (guida-fili) 37.13
— col battente (cassa a navette) 272.18
— lateralmente (battente del cilindro) 187.3
oscillatorio, movimento 39.14
oscillazione del battente 292.8
— dei licci 182.8
— del quadro del pettine 283.12
— della traversa posteriore 117.3
osso, coperchio in 347.23
ottenere l'effetto di quadrati 152.11.12.13
ottomana 405.18
ottomano 401.17
ottone 18.5
ottuso, punta —a 244.19
oxford 394.21

P

pacco di filato 11.4
paesaggi 422.11
paga d'incannatura 26.5, 88.22
paghe 446.13
paglia fessa 416.5
— di frumento 416.3
— di grano turco 416.2
— di marzolano 416.4
paglietta, gallone a 428.9
palo di bracci girevoli 29.2
— di fili 338.16
— di fili di giro 164.14
— di fili, invergare per 42.11
— d'uncini 334.6
—a di fili, invergare a 138.12
palanco 108.17, 184.3
paletta, a forma di 193.9
panama, armatura 147.6
pane quadrangulare 100.9
paniere dei cartoni 206.12
— di filato mobile 102.6
— per inumidire il filato 102.8
pannaccio 397.26
panne 403.3
panno per abiti da signora 398.1
— per abiti unito 397.27
— greggio 397.10
pantaloni, stoffa per 432.18
pantofole, velluto per 404.9
papeline 401.18
— comune 401.19
— di lana 398.28
paracolpi 331.16
paraffina 437.21
parallelamente, avvolgere 81.8
parallelizzazione dei fili 81.7
parallelo, corde —e 124.17
parallelogrammo 192.14
paramento 64.21, 422.21
—i, stoffa per 402.30
para-navette 312.4
— fisso 312.15
— oscillante 312.17
— sistema Becker 312.13
paranco 184.3
parati 422.21
pareggiamento delle maglie 219.12
parer, macchina a 66.6
parete del banco 278.13
— di cambio 305.1
— del comando 304.21
— interna della cassa a navette 267.5
parete della navetta 244.9
— posteriore dentata della cassa 278.9
— del telaio 106.4
pareuse scozzese 72.13
pari, fila di platine 214.20
—, fili 41.21
parte centrale 378.5
— di davanti della cassa a navetta 256.2
— diritta dell'uncino 343.2
— dell'eccentrico per passo aperto 200.7
— figurata 386.24
— figurata lasciata 387.1
— inferiore dell'incastellatura 356.13
— lavoratrice 374.17
— posteriore della cassa a navetta 256.1
— posteriore del passo 141.15
— principale della meccanica 229.2
— del prisma del meccanismo Jacquard 220.11
— spostabile del battente 345.10
— del tessuto 134.9, 145.4
— d'uscita del filo della navetta 244.18
—i singole del telaio 321.10
partire piano (tamburo) 59.11
partita di spole 44.9
parziale, giro 49.3
passa-fili, operaia 103.14
—, operaio 103.13
passa-licci, operaia 103.8
—, operaio 103.7
passaggio delle catene nei licci 102.16, 219.15
— del fascio di fili sul tamburo 58.1
— dei fili di catena dall'ultimo al primo liccio 219.17
— dei fili fra i denti del pettine 82.20
— dei fili nell'uncino 103.12
— per gruppi 219.19
— libero attraverso il carrello 364.12
— nel pettine, macchina per il 108.4
— nel pettine, utensile pel 106.9
— della navetta 189.7, 247.1
— sotto (sopra) della navetta 143.1.2
— saltuario 219.20
— seguito 219.18
—, macchina per il — a uncino girevole 109.12
passamano 428.14
passamanteria 3.3
passare attraverso gli aghi (fili da ricamo) 350.9
— attraverso il carrello (tastatore) 364.11
— attraverso la cassa (listelli) 287.17
— attraverso la griglia (corde) 207.4
— bene (ordito) 114.15
— la catena dal tamburo di ordito al subbio del telaio 57.4
— una nuova catena 103.3
— sopra cilindri carichi (catena) 356.15
— per i cilindri laminatori (filo) 288.11
— dal davanti al di dietro 103.17
— di dente a dente, (uncino) 108.3
— dal di dietro all'avanti 103.19
— tra dischi (filo) 35.18
— le estremità dei fili sopra un guida-fili 261.6
— il filato per la bozzima 65.12
— i fili sopra delle aste di guida 41.19
— i fili di catena nei licci 103.2
— i fili della cimossa doppi 434.23
— i fili dente per dente 83.4
— x fili nel dente 107.16
— i fili fra i denti del pettine 82.19
— i fili ad intervalli 83.3
— il filo attraverso il pettine (uncino) 109.4
— i fili nel pettine 107.3
— i fili per portate 83.1
passare nel guida-fili (filo) 39.7
— liberamente per le arcate (catena di fondo) 223.9
— nel mezzo dei fori del cilindro (aghi) 188.1
— obliquamente nel pettine (fili) 50.2
— per gli occhielli degli aghi (cordoni) 225.16
— nell'occhiello (filo) 45.6
— nell'occhiello (mezzoliccio) 361.12
— per il pettine (attaccature) 110.12
— le pezze, salario per 445.11
— sul porta-fili (catena) 76.10, 298.11
— in posizione verticale (battente del prisma) 211.18
— per il prossimo dente (apritoio del pettine) 109.7
— sopra la puleggia a gradini (corde delle platine) 291.15
— uno spago nelle maglie dei licci 103.5
— sul subbio anteriore (tessuto) 298.13
— per la tavola degli aghi (punte degli aghi) 210.23
— la trama nel passo incrociato 351.13
— l'uncino nelle maglie dei licci 103.6
— sopra lo zoccolo (dito) 316.18
—, far — i fili nella colla 74.3
—, far — i fili sul subbio in lieve contatto coi dischi 78.17
passato per una maglia sbagliata (filo) 104.3
passatoia 407.13
— di mocchetta 411.20
— di Parigi 407.14
passatore d'ordito 107.1
passatrice d'ordito 107.2
passatura di due (tre) fili per dente 168.2.3
— dei fili d'ordito nel pettine 168.1
— nel pettine 106.13, 443.25
—, macchina di — a uncino oscillante 108.5
passo 141.3, 379.5
— di abbassamento 142.17
— in alto 216.15
— di alzamento (ed abbassamento) 142.15.19
— d'alzata e di discesa 216.17
— anteriore 143.8
— aperto 200.13
— dell'avvolgimento del filo 87.13
— in basso 216.16
— chiuso 142.14
— completo 142.19
— della dentatura 126.20
— dei denti 282.14
— per il disegno 223.12
— doppio 141.16, 339.22
— eguale 142.21
— dei fili di pelo 328.16
— di fondo 328.17
— formato 142.3
— di garza 362.14
— grande 265.15
— incrociato 231.5
— inferiore 142.17, 216.16, 328.17
— a lunghezza costante 141.13.14
— per la navetta 328.17
— netto 142.21
— non netto 142.20
— obliquo 217.1
— dell'ordito 114.16
— pel pelo 168.5
— progressivo 217.1
— semi-aperto 188.17
— stazionario 142.18
— superiore 142.15, 216.15, 328.16
— superiore ad arco 217.7
— dello svolgimento 126.13
— leggero, pedale a 352.11
— a passo, avanzare 340.3
— a passo, azionato 363.16
— pesante, pedale a 352.10
— semplice, vite a 30.15

passo superiore, il liccio va nel 181.24
—i, due — l'uno sull'altro 328.18
pasta d'amido 66.19
— di fecola di patate . 66.20
patrona 378.8
— per il cambio 292.1
— per la foratura dei cartoni 193.17
pattino 55.15
pece, pettine alla . . . 286.10
pedale . . 188.6, 195.9, 199.2, 321.5, 360.17
— ausiliare trasversale . 185.8
— centrale francese . . 322.9
— per effetti di catena 325.13
— con nodo scorsoio . . 183.10
— a passo leggero . . . 352.11
— a passo pesante . . 352.10
pedana da letto 433.17
pelle d'agnello a doppio pelo 406.23
— d'agnello a quattro peli 407.1
— d'agnello rigato (a doppio pelo) . . . 406.24.25
— di bufalo 248.12
— di daino 398.7
— di maiale 248.11
— di pesce 117.12
— di talpa 394.19
— di can barbone, felpa imitazione 406.21
pelliccia imitazione . . 419.25
—, tappeto di 407.23
pelo, filati di —i . . . 15.16
— di camello 15.23
— di capra 15.17
— di lama 15.25
— di vacca 15.27
pelo (piano vellutato) . 403.9
— abbassato 405.2
— corto 409.16
— diritto 405.1
— lungo 409.17
— rialzato 405.1
— serrato 404.23
— poco serrato . . . 404.24
— di seta 16.12
— da una sola parte, tappeto con 410.12
— supplementare . . . 405.11
— verticale . . . 166.16, 168.22
—, doppio 403.17
peluche (v. a. felpa, peluzzo) 169.2, 404.10
— doppio 330.12
— goffrato 400.1
— di lana 399.28
— mohair 399.29
— di seta 403.4
peluria del filo . . . 64.13
— in forma di scorza . 417.18
— ondulata sul diritto del tessuto 417.17
peluzzo (v. a. peluche, felpa) 404.10
— di seta 403.4
pendere (ordito) 114.10
pendolo 317.2, 440.1
—, movimento a . . . 292.9
penetrazione del dito d'arresto nella cassa . . 312.1
penna per segnare . . . 371.7
pennellino 168.20
penultima bobina . . . 264.12
pera di caucciù 415.7
percallina 303.2
percallo 393.1
— rigato 393.3
— stampato 393.4
percorrere una traiettoria ad ∞ (fusto della bobina) 179.13
percorso del nottolino . 132.2
— a curva 247.5
percussione, leva di . . 250.21
perdita commerciale . . 446.16
— di filato . . . 11.23, 444.18
— di filato calcolata in rapporto alla lunghezza 11.24
— in filetti 11.23
— nel lavoro 4.16
— di tempo 4.17
perduto, trama —a . . 266.12
perforare i cartoni . . 384.14
perforato, disco 78.4
—, tubetto 10.15
perforatore di cartoni 384.8.10
perforatrice, operaia — di cartoni 384.9.11
periferia dell'aspo . . . 25.22
periodo di magazzinaggio 443.11
— di ripetizione 189.8
perla argentata 19.14
— dorata 19.13
— di lacca 19.15
— metallica 19.16
— di vetro 19.12
—e infilate 414.24
perlato, filo 19.8
—, tessuto 414.21
permanente, morbidezza 64.19
perno 39.13, 90.2, 91.15, 129.4, 180.14
— d'accoppiamento . . . 303.7
— del battente . 230.6, 290.3, 293.9
— a cerniera 45.12
— del cilindro di tensione 49.15
— di comando 275.11
— di contatto 318.20
— di ferro 115.4
— di legno 44.17, 46.4
— della manovella 59.8, 213.11, 255.2, 277.5, 358.12
— metallico 44.18
— mobile 93.1
— orizzontale 44.14
— del pettine 136.11
— profilato 311.2
— della rastrelliera . . 44.16
— di rotazione 328.6
— di rotazione inferiore 69.5
— di rotazione della leva angolare 60.8
— del subbio 120.18
— del tamburo 48.14
— per i tubetti 39.1
— verticale 44.15
— a vite 176.16
persimon, legno di . . 243.11
pertica con matasse sospese 71.6
pesante, a corsa 304.3
—, tessuto 431.17
pescare nel bacino a colla (cilindro collatore) . 76.11
peso . . 123.2, 184.16, 219.4
— per arrestare 32.2
— brutto 4.10
— calcolato del filato . 11.17
— della cassa a navette 273.15
— della catena 42.1
— di contatto 137.6
— sulla corda del freno 121.11
— effettivo 11.16
— a forma di ferro di cavallo 329.10
— a forma d'U 329.10
— del freno 32.20
— immobile 122.6
— per i licci 184.12
— lordo 4.10
— di un metro quadrato di stoffa 442.10
— mobile 122.4
— morto della leva . . 121.6
— di $^1/_8$, $^1/_4$, $1^1/_4$ once 219.7.8.9
— del pendolo 317.3
— della pezza 442.9
— reale 11.16, 442.12
— rotondo del freno . . 125.10
— scorrevole 439.20
— di tensione . . . 122.3, 329.6
— teorico 11.17, 442.11
— del tessuto 4.11
— tipo 436.6
— della trama impiegata 444.16
—, proprio 270.17
pettinare la catena . . 84.3
pettine . . . 49.16, 82.7, 106.14, 282.4, 366.12, 386.13
— anteriore 369.15
— aperto 49.18
— per battere 336.5
— centrale (fisso) . . 369.18.19
— chiuso 49.17
— circolare 300.12
— di davanti 369.15
— con denti in acciaio . 284.20
— con denti di canna . 284.17
— con denti in gruppi disposti obliquamente 285.5
— con denti in linea ondulata 285.10
— con denti obliqui . . 285.7
— con denti in ottone . 284.19
— con denti a ventaglio 285.4
pettine diritto 367.11
— divergente 50.1
— divisore dell'ordito . 286.4
— doppio 285.1
— in due pezzi 367.8
— ad espansione . 49.21, 74.4
— estensibile . . 73.2, 285.21
— ad estensione 49.21
— fantasia 285.3
— figurato 285.6
— fisso . . . 54.5, 72.16, 283.5
— a forchette 339.3
— di guida . . . 46.2, 350.17
— guida-fili 89.9
— incurvato ad arco . . 367.12
— d'invergatura . 46.14, 61.16
— ad inversione 284.1
— laterale spostabile longitudinalmente . 369.17
— con listelli in legno . 286.13
— con listelli metallici . 286.14
— mobile 61.18, 136.10, 283.13, 285.22, 317.5
— mobile, meccanismo a 315.15
— a molla 285.23
— con movimento d'alzata e discesa . . . 285.11
— della nuova catena . 111.6
— per passamanterie . . 286.3
— alla pece 286.10
— piegato 286.19
— posteriore 369.16
— primo 61.16
— sopra quadro a molle 283.9
— regolabile 285.20
— regolare ad una sola fila 284.21
— regolare a più file . 284.22
— a ricamare 351.5
— saldato 286.15
— a scartamento irregolare 282.16
— secondo 59.14
— separatore 82.13, 333.8, 339.1
— sospeso 80.9
— sospeso liberamente . 317.6
— con spazi liberi . . . 285.2
— spinto avanti 283.21
— spostabile nel senso dell'asse 367.9
— per tessere cinghie . 360.13
— del tessitore 8.10
— per tessitura a perle 354.1
— in tre parti 369.14
— a V 54.6
— a zig-zag . 49.20, 81.1, 83.5
pezza 3.11
— per unire 110.5
pezzo d'acciaio inserito 288.9
— d'accoppiamento della manovella 308.13
— d'allungamento della platina 195.1
— d'arresto . . . 284.4, 318.16
— di collegamento (fissato) 172.3.7
— cuneiforme 242.13
— di cuoio 138.2
— fisso inclinato . . . 283.18
— con foro in forma di taglio 288.10
— a glifo 55.15
— di guida 348.16
— di guida anulare . . 280.16
— -guida a scanalature centrali 228.16
— intermedio della conchiglia 125.19
— regolabile 249.6
— rettangolare in filo metallico 263.7
— ricurvo di ferro battuto 293.14
— scorrevole . . . 202.9, 270.9
— sporgente 202.14
— di strascinamento . . 61.15
— di trama a velluto . 409.5
— trasversale 191.6
—i di fili di pelo . . . 336.13
—i del telaio 321.10
—i, in due 78.12
phulkari, tenda indiana 419.15
piano del battente . . . 247.4
— di corsa della navetta 290.5
— inclinato . . . 317.7, 399.10
— di movimento delle bobine 178.16
— del telaio 304.9
— vellutato 403.9
—, disco 78.7
—, partire 59.11
piastra in acciaio fuso . 190.2
— per bucare cartoni . 190.1
— di fissazione 200.4
— di guida 194.18
— metallica 384.2
— in ottone 168.16
— di pressione 229.4
— di scorrimento delle bobine 178.16
— per vite 374.15
piastrella con fila di buchi 197.12
piastrina di ferro ai fianchi 243.17
piatto del fuso . . 36.3, 38.1
— di legno coperto di felpa 38.4
—, bacchetta —a . . . 138.4
piazza-etichette 6.13
piazzamento dei fili di trama l'uno a fianco dell'altro 132.6
— della navetta nella cassa 265.17
piazzare la bacchetta d'invergatura vicino ai licci 138.5
piccola corsa della leva 134.2
— navetta 348.15
— velocità 53.14
piccolo Jacquard . . . 7.11
— prisma 233.10
— tamburo 74.7
piede 440.2
— in acciaio temperato 239.8
— del dente 126.22
— della spola 240.2
— del tacchetto 248.9
piegamento della leva a gomito 255.12
piegare il tessuto . . . 298.19
— sul subbio, apparecchio per 59.5, 61.24
—, placca per 442.2
piegato insù 140.8
—, orlo 424.18
piegatore 6.7
— a bacchette 6.9
— a macchina 6.10
piegatrice a macchina . 6.11
— e misuratrice meccanica per tessuti . . 442.6
—, operaia 6.8
piegatura degli aghi . . 226.8
—, adattabilità alla . . 429.22
pieghevole, bracci —i . 28.16
—, tessuto 431.26
pieghettato, bordo . . . 426.20
—, tessuto 162.6
pieno 413.14
—, bobina —a 23.5
—, rullo 48.16
pietra a smeriglio . . . 332.9
pignone 112.8
— di comando 347.11
— di comando della lanterna 38.11
— conico con mozzo . . 331.14
— in cuoio crudo . . . 310.14
— iperbolico per il comando dei fusi . . . 94.7
— di ricambio 133.8
pinza 371.4, 373.15
— a molla 270.15
— regolatrice del pelo . 339.8
pinze ausiliarie 342.10
— girevoli 342.9
— d'inserzione 341.1
— a molla 326.11
— ritenitrici della ultima bobina 265.2
pinzetta a molla . . . 241.3
— del tessitore . . 8.12, 112.2
pioggia, solidità alla . . 429.16
piombaggine 124.24
piombo 208.10, 219.4
piqué 394.24
— -fustagno 394.25
— -mollettone 394.25
— operato 151.8
— a striscie trasversali . 160.16
piqûre 161.7
—, effetto di 154.18
pirossilo, seta artificiale di 17.19
pistone 101.19
— cavo 256.11
— di pressione 388.11
piuolo 281.4
pizzo al telaio 423.14
— al telaio a nastro . . 423.15

pizzo tagliato 423.16
—, tessuto- 412.25
placca 287.5
— d'arresto 35.12
— bucata 28.6
— di chiusura 267.11
— di davanti 356.2
— di ferro 289.2
— a fessure 50.13
— di fondazione del telaio 304.22
— di fondo con scanalatura 80.10
— di guida 57.12
— di guida arrotondata 57.11
— -guida della catena 259.9
— guida-fili 97.16
— di guida dei punzoni 388.4
— del meccanismo d'arresto 268.6
— metallica 384.2
— metallica spostabile 350.4
— ad occhielli 240.9
— perforata 229.14
— perforata mobile 386.5
— perforata per punzonare 385.6
— per piegare 442.2
— di pietra a smeriglio 332.8
— posteriore 356.6
— di pressione 389.15
— regolatrice del subbio 78.15
— scorrevole 328.3
— spremitrice 71.19
— del subbio 115.7
— del subbio anteriore 311.17
— superiore 308.14, 314.7, 385.5
—che in due parti regolabili 28.8
placcato, filo 20.16
placchetta guida-filo 28.1
plaid 420.2
platina (v. a. arpino, uncino) 186.5, 191.8.14, 207.8, 385.22, 388.12
— di abbassamento 187.9
— d'acciaio 194.15
— di alzamento 187.8
— cadente 369.4
— corta 227.10
— da disegno 232.9
— doppia 230.16
— a doppio nasello 193.10
— a due naselli 195.8, 196.6
— elastica 229.20
— in filo di ferro 215.5
— di legno 210.8
— liberata 268.23
— lunga 227.9
— con manico 277.23
— della meccanica a passo aperto 227.7
— metallica per meccanica a doppia corsa 227.8
— metallica spuntata 234.11
— a molla 215.6
— orizzontale 232.9
— in posizione alta (bassa) 228.3.4
— principale 229.3
— a regoli 233.14
— di riserva 214.23
— sollevata per tirata della corda di sample 386.9
— sospesa 232.8
— a tre becchi 227.12
— disposta verticale 211.7
—, prima 220.15
—, ultima 220.16
platine disposte in file nel senso della lunghezza (larghezza) del telaio 214.17.18
— che passano per l'occhiello dell'ago 187.20
pneumatico, movimento — della navetta 256.9
poca altezza del pettine 324.10
policromo, ciniglia 411.3
pollice 444.13
polvere, copritura con 56.15
polverizzatore ad acqua 102.5
pomo, legno di 243.7
pompa 375.3
poncio 420.3
porcellana 27.16
porre il calibro conico sull'involucro di fili 60.13
porta-aghi 349.16
porta-aghi con aghi mossi assieme 350.1
— -battente 288.17, 299.3
— -bobina elastico 263.16
— -bobine Northrop 261.1
— -bobine a revolver 261.1
— -cannette 440.5
— -ceppi 308.7
— -fili 75.16, 129.14, 335.8
— -fili elastico 29.8
— -fili fisso 323.10
— -fili lucidato 333.7
— -fili oscillante 129.9, 329.14
— -forchetta del rompitrama 322.14
— -fusi, traversa 99.3
— -lampada 356.5
— -licci 105.13, 183.17
— -navetta 347.14, 348.13
— -pettine 59.15
— -rulli 72.14
— -spole 32.14, 242.14
— -tempiale 140.7
— -tubo 340.6
portare indietro i licci 182.1
— i perni del tamburo dalle leve del rullo 48.14
— nella posizione centrale 203.12, 230.10
portata 47.5, 107.18, 434.19
— torta 47.13
—e, la catena comprende x 107.20
—e, passare per 83.1
portatore di bobine 84.21
— di subbi 79.15
posa dei cartoni 390.3
positivamente, muovere la navetta 257.7
positivo, azionamento 213.5
—, ratiera —a 196.18
posizione alta dell'asse della guida 179.6
— alzata 226.19
— del battente 289.16
— della cassa 272.6
— centrale degli arpioni 233.12
— centrale dei licci 203.13
— di chiusura del tessuto già fatto 284.9
— di dietro del battente 326.7
— degli eccentrici 251.5
— falsa 313.16
— finale 137.13.19
— ineguale dei passi 141.18
— iniziale 265.19
— intermedia 185.15
— d'invertimento 38.10
— dei licci 173.7
— della navetta 291.20
— obliqua 234.2
— parallela dei fili 25.14
— posteriore 295.6
— del punto morto 306.3
— della sfera indicatrice 28.14
— verticale 196.9
—i di battuta, due 294.7
posta, spese di 447.4
posto alto 205.1
— basso 205.2
poult-de-soie 400.23
pratica delle armature 143.17
precisione, romana di 439.16
precursori della meccanica Jacquard 208.16
preliminare, messa in carta 159.16
premere il cappello del battente contro il pettine 289.3
— contro i fili (diti) 177.12
— la lanterna (stampella) 205.20
— la leva 288.14
— la molla sulla bobina 346.6
— il pedale 183.1.6
— il pedale all'estremità (al mezzo) 183.7.8
— il punzone 388.20
— il subbio del tessuto contro il cilindro strascinatore 131.4
— sui tasti 385.17
premibaderne 73.19
premistoppa 73.19
prendere l'estremità della trama (pinze) 341.18
— la navetta che ritorna (cinghia) 252.2
— i ricci della trama (navette) 340.14
prendere, dispositivo per — la navetta a morsetto 258.10
preparare i licci 176.11
— il pettine 286.6
— il telaio 7.14
preparatore di bozzime 69.18
— dei licci 177.16
— dei pettini 287.1
preparazione della bozzima 64.23
— della catena 21.3
— dei campioni 299.5
— dei licci, macchina per la 176.9
— dei pettini 286.5
— della trama 84.5
—, lavori di 21.2
presa della navetta 252.1
— elastica della navetta 254.5
— del nottolino 126.14
prescrizione per l'ordimento (la trama) 7.23.24
preso 384.15
— a gruppi, fili —i 176.7
— nel passo, navetta —a 315.6
pressa a cartone 230.7, 384.1
—, operaio alle —e 6.14
pressato, tessuto 417.23
pressione d'aria 74.17
— atmosferica 74.17
— della catena sul subbio posteriore 129.16
— nella direzione assiale del subbio 120.2
— sul disco di frizione 51.16
— della molla 124.8
— del peso 124.7
— del pettine 130.10
— del punzone 384.17
— ridotta 74.15
— del subbio del tessuto sul cilindro strascinatore 131.5.7
— del vapore 74.16
— verticale sul subbio 120.1
—, alta 69.9
pressoio 190.10, 210.17, 262.10
— del battente 186.15
— di bobine a ganascia 262.17
— per olio, drappo da 399.17
pressore 291.9
prevenire l'essiccazione 67.6
— la formazione di chiarelle nel tessuto 222.2
prezzo di costo 442.14
— del filo di catena (trama) 444.3.9
— dell'incannatura 26.4
— lordo (netto) 442.19.20
— di vendita 442.18
prigioniero 323.3
prima platina 220.15
primo filo della rastrelliera 44.21
— intervallo di pettine 330.4
principi della costruzione dei tessuti 143.14
prisma 186.13, 236.9
— a cartoni 196.12
— per il colore 230.13
— a destra (a sinistra) del tessitore 220.14
— per il disegno 230.12
— diviso 233.8
— esagonale 225.8
— di guida 206.14
— Jacquard 210.14
— a regoli 233.10
— spinto verso la tavola ad aghi 211.16
— per tessuti striati in lunghezza 196.1
—, grande 233.9
—, piccolo 233.10
procedimento d'appretto 436.21
processo d'incannatura 22.14
— di tessitura 1.9
prodotti addolcenti 68.8
— deliquescenti 68.8
produzione eccessiva di cascame 86.1
— effettiva del telaio 441.4
— per fuso 88.4
— del nodo 338.12
— pratica 441.4
— teorica 441.3
— del telaio 304.18
profilato, perno 311.2
profilo convesso della bobina 23.17
profilo dell'eccentrico 37.17
— del rocchetto 23.11
profitto 442.16
profondità del telaio 324.1, 331.3.4.5
progressivo, rialzo 87.11
proiettarsi fuori (navetta) 312.10
proiezione della navetta all'infuori 312.9
proporzionale al frenamento 130.9
proprietario di tessitura 1.5
proprio peso 270.17
proteggere la catena contro la formazione di peluria 64.11
protettore della catena 315.8
— della catena per battente a caduta libera 317.11
— della catena inglese 316.6
— della catena con regolatore 317.1
— della catena per telaio a revolver 317.12
— del tacchetto 248.14
—, graticolato 312.14
protettrice, lamiera 32.18
protezione, tavoletta di 226.11
prova per la solidità del colore 429.9
— di tenacità 436.14
provinatura 11.11
provvista 443.7
puleggia della catena 33.17, 92.6
— della catena d'alzata 92.8
— a cinghia 58.19
— per cinghia scanalata 309.19
— a cono 53.4, 74.3
— a corda 70.8, 178.12
— fissa 304.13, 358.14
— folle 304.14, 307.14, 358.13
— del freno 120.21
— di frizione 57.10
— a gola 92.10, 122.7.11, 235.8, 257.4, 331.15
— a gola con ruota dentata 257.11
— a gradini 34.5
— di guida 332.12
— mossa 305.17
— motrice 305.16
— motrice della corda 56.7
— per piccola velocità 53.14
— superiore 199.3
—e di tensione 359.4
pulire la catena 83.12
— il filo, dispositivo per 39.6
— la stoffa 437.2
pulitore per filo 28.1
— con guarnizioni da carde 39.5
pulitrice 445.13
—, macchina 83.16
pulitura della catena 83.11
— dei fili 62.18
— dei nodi 445.14
— dei telai 375.12
pulviscolo del telaio 4.15
puncio 420.3
pungere i cartoni 226.7
punta 139.8
— dell'ago 350.8
— di cannetta arruffata 86.3
— dritta 244.20
— della guida 179.11
— laterale 241.17
— della navetta 244.15
— in ottone 117.14
— ottusa 244.19
— ricurva lateralmente dell'apritoio di denti 108.16
—, estremità a 264.18
puntato, estremità —e 244.17
punteggiare 379.19
punteggiato, tessuto 392.7, 421.3
punteggiatura, colore della 380.6
—, fili per 412.20
puntellato, incastellatura —a 297.7
punto 380.1, 412.19
— d'appoggio 193.6, 253.16
— d'attacco 174.10, 204.8.9
— d'azione della molla 137.1
— a catena 342.18
— grosso, tappezzeria a 422.7
— incrociato 165.3
— d'incrociatura 144.4
— d'incrocio 353.6, 381.16

punto d'incrocio del contorno 381.17
— d'incrocio del taffetà 381.18
— di legamento 144.4
— di legamento del raso 150.16
— morto 255.13, 306.2
— morto di davanti (di didietro) del battente 268.25.26
— piatto, ricamo a . . 344.15
— piccolo, tappezzeria a 422.6
— di ricambio 270.16
— di ricamo 165.5
— rosso 380.10
— di rotazione 199.12
— di rotazione della leva 92.7
— di rotazione dei pedali 185.6
— di rottura del filo. . 435.25
— di sospensione . . . 255.5
— a spina di pesce . . 426.15
— di trasposizione. . . 380.21
—i addizionali. 153.4
—i contrapposti 412.22
punzonare i buchi per i fili lasciati (presi) . 193.20, 194.1
— i cartoni 384.14
— i fori in una sola operazione. 387.2
— a mano, apparecchio per 384.20
— i punti di legamento 384.14
punzonatrice elettrica per cartoni 387.3
— meccanica per carta senza fine Verdol 388.1.22
— a tasti 385.8
punzonatura accelerata. 387.15
— dei cartoni 384.6
— diretta dallo schizzo 387.16
— dei fori per le spine 383.21
punzone 373.10, 385.2, 386.2, 388.6, 389.14
— in acciaio fuso . . . 190.3
— impegnato 386.3
purgare il filo, dispositivo per 39.6
purgato, seta —a . . . 16.23
puro, effetto di colore . 152.9
—a lana 397.17

Q

quadrangolare, barra . 117.8
quadrante del contatore 52.1
quadrato bianco. . . . 380.7
— colorato 380.8
—, a sezione —a. . . . 78.1
—, divisione in —i. . . 379.8
—i del contorno dello schizzo 380.16
—i a punta 152.7
—i, effetto di 152.11
quadrettato, tessuto . . 271.13
quadrettatura fina. . . 370.8
quadretti 153.10
quadro 386.11
— ad aghi 362.10
— per allacciatura a mano 390.1
— in legno 289.15
— per lettura. 386.10
— del pettine 283.6.14, 285.12
— di sopporto dei cartoni. 390.12
—, barra —a 136.14
quadruplo, tessuto. . . 159.3
qualità del tessuto . . 3.15
quantità di filato 11.19, 41.23
quattro peli, pelle d'agnello a 407.1

R

raccogliere il tessuto. . 298.16
raccoglitore 365.17
— dell'acqua di condensazione 73.22
— di carrelli di bobine vuote 364.1
— di cascame 113.2
raccorciamento dell'ordito 66.16, 114.9
raccorciare la leva d'arresto 92.15
—si (catena) 66.15
raddolcita, seta 16.22
raddoppiare i licci . . 181.18
raddrizzare il filo metallico 288.1
— il pelo 343.19
— il pettine piegato . . 286.19
radialmente, messo . . 342.7
radiatore 75.9
— ad alette 71.7
rado, tessuto . . . 4.8, 431.21
rafforzato, cannellato . 146.6
raffrenamento dell'aspo 33.4
raggio dell'aspo 25.21
— del subbio 115.22
— vettore 198.20
raggiustamento automatico del freno . . . 120.17
— a mano 120.16
—, meccanismo di . . 137.18
raggruppare i fili . . . 182.14
ralla 249.10
rallentamento del filo . 319.8
rallentare la catena . . 49.12
rallentare le corde dei licci 181.15
rallentare la velocità . 53.15
—si (passo superiore). . 142.16
rallentato, catena —a . 49.13, 353.11, 405.12
rame. 69.10
— stagnato 73.17
ramiè 13.15, 430.11
rammendatore, capo- . 6.2
rammendatrice 445.15
ranella per vite 374.15
rapido, moto 326.5
rapporto 381.3
— d'armatura . . 8.1, 144.14, 273.2
— delle cacciate. . . . 273.4
— del cambio delle casse 273.1
— del disegno 40.16
— dei fili d'ordito 40.13, 144.15
— dei fili di trama . . 144.16
— fra il numero delle catene e delle trame 376.10
— della posizione delle casse 273.3
— dei salti 273.7
— fra gli sforzi di tensione della catena . 118.12
rappresentazione grafica delle armature . . . 143.19
— grafica del tessuto . 378.9
rasato, tessuto . 399.6, 432.6
rascia 399.9
raso 402.4
— di China 402.10
— duchesse 402.14
— forte. 402.11
— irregolare 151.10
— a x legamenti . . . 151.8
— leggero. 402.12
— liberty 402.8
— a 5, 6, 7 licci . . 402.5.6.7
— da 8. . . . . 224.4
— messalina 402.9
— da mobili . . 402.13, 418.9
— a due numeri di scoccamento. 151.4
— ombreggiato 151.14
— regolare 151.9
— rinforzato 151.11
— per trama 150.15
— turco 402.5
—, arazzo. 408.6
rastrelliera 45.14, 56.4, 62.16, 90.11, 539.3
— aperta 44.4
— ad arco 44.7
— delle bobine 331.6
— per bobine di cimossa 331.5
— per cannette 45.7
— circolare 44.7
— per cops 45.7
— doppia. 44.3
— a forma di 44.6
— inclinata 331.7
— mobile 62.17
— obliqua 43.16
— dell'orditoio 43.12
— orizzontale 43.15
— piana 44.5
— semplice 44.2
— sospesa 44.1
— per subbi 79.14
— di telaio per mocchetta 331.8
— di telaio per peluche mohair 331.9
— verticale 43.13
ratiera 7.11, 186.3
ratiera a doppia alzata. 192.8
— a cambio 195.10
— Crompton con cartoni di carta compressa . 192.1
— Crompton con cartoni a rulli. 191.12
— ad effetto semplice . 190.4
— ad effetto semplice con movimento d'alzata (e di discesa)190.5.15
— Hattersley 194.2
— Hodgson 193.8
— per due (tre) legamenti 197.7.8
— negativa 196.17
— oscillante di Nuttall. 193.1
— a doppio passo . . . 195.5
— per passo inferiore . 187.5
— per passo superiore . 186.4
— per passo superiore ed inferiore 187.6
— per passo superiore, inferiore ed immobile 187.13
— positiva 196.18
— di Tannwald 192.9
— per telaio rapido per buckskin 195.6
— Wenzel 196.3
— White a doppia corsa 194.12
— Wolfrum 194.13
ratinée 417.13
reazione chimica . . . 436.19
recesso 364.5
— della leva 204.17
— nello spingitore . . 364.22
reciprochi, disegni . . 377.7
recisione dei cartoni . 383.15
reclame, spese per la . 447.5
redine 429.12
— per cavallo. 427.26
registrare il fusto della bobina 179.11
registratore di giri 54.8, 58.16
— metrico 54.16
registrazione degli aghi 363.4
regola del tessitore . . 8.5
regolabile, braccio . . 50.16
— parallelo all'albero . 252.9
regolamento automatico dalle due parti . . 125.5
— della tavola ad aghi 204.14.16
— della tensione con ruota a tacchetti . . . 119.11
regolare l'albero degli eccentrici 92.13
— l'altezza dei licci . . 171.16
— il battente con corde 290.1
— il cambio 275.4
— la consegna della catena 118.1
— la corsa della leva . 133.24
— i dischi del subbio . 78.14
— la fenditura a secondo del numero del filo. 28.7
— la fila d'aghi 205.4
— l'inclinazione del cono 60.7
— la lunghezza 204.1
— il nastro, leva per . 125.17
— il numero delle trame 132.18
— l'ordine dei colpi . 247.20
— le parti del telaio. . 304.17
— il perno della manovella 59.9
— il pettine 83.9
— la posizione del battente (con caviglie)289.16.17
— il prisma 187.1
— il sopporto 55.21
— la tavola ad aghi in posizione verticale . 196.9
— la tensione 98.3, 119.1, 329.9
— la tensione del filo (cilindro) 39.3
— la tensione dell'ordito, meccanismo automatico per 261.8
— la vite nella fessura. 134.3
—si a secondo dello spessore degli strati di filo (spostamento del guida-fili) 101.5
regolare, disposizione — della trama 132.15
—, filato 9.6
regolarmente, incannare 22.17
regolatore d'avvolgimento con arpionismo a frizione 135.2
— d'avvolgimento continuo 130.8
regolatore d'avvolgimento intermittente 130.5
— d'avvolgimento negativo (ad azione indiretta) 131.9.11
— d'avvolgimento positivo (ad azione diretta) 131.8.10
— d'avvolgimento con ruota d'arresto. . . 135.1
— d'avvolgimento a ruote cilindriche . . . 131.12
— d'avvolgimento con ruote di ricambio . 132.1
— d'avvolgimento a vite perpetua 131.13
— con cambio nel percorso del nottolino . 132.2
— della catena di pelo. 333.5
— differenziale 135.12
— dei licci 197.10
— del meccanismo di percussione 254.7
— positivo indiretto del subbio a tessuto . . 135.5
— positivo del subbio d'ordito ad azione indiretta 128.12
— del subbio anteriore. 134.5
— per il subbio a catena 126.3
— del subbio a stoffa . 134.7
— del subbio a stoffa negativo con carico a molla 137.14
— del subbio a stoffa negativo con leva a peso 137.3
— del subbio a stoffa positivo e continuo . 134.8
— del subbio a stoffa positivo intermittente. 136.5
— di svolgimento positivo 128.2
— di svolgimento negativo 129.2
— di svolgimento positivo ad azione diretta 128.3
— del telaio 134.7
— della tensione sui fili 58.10
— del tessuto 342.21
— a vite senza fine . . 135.13
regolatore, dispositivo . 28.11
regolatrice, pinza — del pelo. 339.8
regolazione automatica della tensione del filo 94.1
— del battente con viti 289.18
— della larghezza . . . 139.2
— del passo, leva di. . 195.4
— del pettine, sopporto di 108.9
regole degli intrecci dei fili 143.18
regolo . . 224.1, 354.10, 383.18
— d'alzata 233.6
— di discesa 233.5
— ad estremità conica . 61.5
— di legno 60.2
— del subbio 77.19
— tenditore. 138.15
—i dispari 234.5
—i pari 234.4
rensa. 393.25, 396.2
reps 398.27
repulsore in caucciù . . 248.15
resistente, filo. 435.13
— all'acqua 24.8
resistenza all'avvolgimento proporzionale al frenamento del subbio della catena . . 130.9
— all'avvolgimento ridotta dalla pressione del pettine 130.10
— del filo 143.9
— al frenamento 95.18, 120.15
— alla frizione 120.14
— alla luce 429.15
— che si oppone allo svolgimento della catena 118.5
— alla rottura 435.24
— secondaria 123.12
— allo svolgimento . . 95.20
— alla trazione 114.5
resistere ad una grande velocità (filo) 85.8
respinto dall'urto della navetta (tacchetto) . 248.20
restare nel passo (navetta) 315.5
— sopra un piatto (spola) 38.20

restringersi nella larghezza (tessuto) . . 139.4
restringimento in larghezza del tessuto . . . 139.3
rete, garza a 165.7
—i, telaio per — a bobine 363.6
retrocedere, far — la cassa 279.17
rettangolare, albero . . 280.14
rettometro 441.15
revolver 261.17, 279.2
— pieno 261.3
rialzamento del fuso . . 242.19
— del subbio 111.10
rialzare i fili di pelo (pettine) 340.17
rialzato, pelo 405.1
rialzo progressivo del fuso 87.11
ricalco, carta da . . . 379.14
ricamare sul diritto del tessuto 349.12
ricamare il disegno nel tessuto 349.11
ricamato, stoffa —a . . 349.7
—i, tessitura dei 349.6
ricamatrice del nome . 6.6
ricambiabile, spine —i . 189.16
ricambio automatico delle navette 266.7
— automatico delle spolette 260.11, 262.8
— delle bobine, meccanismo per il . 265.13, 266.2
— del nasello della camma 250.6
— delle navette, meccanismo di . 267.8, 269.2.14, 270.3.12
— delle spolette a mano 260.2
ricamo a punto piatto . 344.15
— visibile 349.13
—, stoffa a 349.7
riccio 170.9
— -guidafilo . . 27.15, 93.5
— metallico 423.7
— di pelo 338.17
— della trama 340.14
ricerca dell'armatura . . 433.18
— del filo rotto . . . 51.8
— microscopica 436.16
— del rapporto 434.10
— della trama rotta . 214.8, 302.11
ricercare il rapporto . 434.11
ricevere colla mano sinistra 246.11
— la navetta 247.6
richiamo, molla di . . . 314.16
richiesta di filato . . . 443.12
—e di filato per la catena (trama) 443.15, 444.8
ricoperto di cuoio . . . 35.13
— di felpa 32.17
ricotto, filo metallico . 416.18
ricurvo, ago 57.19
—, estremità —a 227.6
— lateralmente 108.16
ridare moto al telaio . 266.15
ridotto, pressione —a . 74.15
ridurre l'attrito 182.16
— la corsa 134.4
— la ruvidezza del filo . 64.14
— lo sfregamento dei fili 182.16
— la tensione diminuendo il diametro del subbio 119.4
— la tensione sull'ordito 126.10
—, numero da 11.13
riduzione dell'angolo della dentatura . . . 135.18
— dei cartoni, meccanismo per la 196.22, 236.7, 275.20
— nella corsa 135.19
— del diametro del subbio 120.6
— del numero dei fili . 132.10
— del passo di svolgimento 128.10
— del peso . . . 121.15, 123.5
— del pettine 443.22
riempimento 413.15
— dei graticci 102.14
— del magazzino . . . 261.2
— della spola 87.21
— del subbio 77.5
— del tamburo 56.20
riempire i quadrati . . 380.16
riempire con spole la rastrelliera 44.10
— un tessuto 156.6
—si (spola) 87.20
riempito, cilindro . . . 48.16
rientramento del filo dagli orli 424.13
— del filo dal mezzo . 424.15
riga 234.15
— di colore puro . . . 421.5
— di ferro 224.5
— nel senso della larghezza del tessuto . 153.8
— nel senso longitudinale del tessuto . . 153.6
— in rilievo 154.13
— sporgente 391.10
rigato nella larghezza . 153.9
— nella lunghezza . . 153.7
— trasversalmente . . 271.12
—, tessuto 153.5
rigidezza della catena . 118.21
rigidità della corda . . 123.13
rigido, filo . . . 64.16, 435.14
—, materiale per trama 236.15
rigonfiato nel mezzo, rocchetto 23.18
rilassamento dell'ordito . 118.11
— della tensione sull'ordito 126.11
rilievo, tessuto in . . . 422.17
rimbalzare (navetta) . 247.17
rimbalzo della navetta 247.16, 316.5
rimessa 105.12
— d'alzata 231.14
— di davanti (doppia) 231.4.13
— di davanti per lame montanti, discendenti e stazionarie . . . 231.3
— di davanti semplice . 231.12
— di davanti, la — fa il fondo 231.9
— di discesa 231.15
— per il disegno . . . 231.17
— per fili ad incrocio forte 173.18
— a licci fissi 177.15
— con licci molto vicini 173.16
— con licci spostabili . 173.6
— con pochi licci . . . 173.15
— sotto tensione della molla 255.22
—, mezza 232.11
rimettaggio 43.7, 103.4, 219.15
— amalgamato 105.1
— per bordure 105.2
— combinato 104.18
— complicato 105.5
— a più corpi 105.6
— alla corsa 104.9
— a corsa di x fili . . 104.8
— dal davanti al di dietro 103.16
— dal di dietro all'avanti 103.18
— diretto 104.9
— a doppia punta . . 104.13
— fantasia 105.3
— a fasci 104.18
— a gruppi 104.18
— interrotto 104.16
— per orli 105.2
— progressivo 104.17
— a punta 104.11
— a punta semplice . . 104.12
— ridotto 105.4
— saltuario 104.10
— sbagliato 104.6
— seguente 104.9
— seguito 104.9
— sinuoso 105.7
— suddiviso 104.19
rimettere i fili di catena nei licci 103.2
rimettitura 102.16
rimuovere i fili nella bozzima 65.28
— lo scorritoio 62.9
rinascimento, filo d'oro . 423.11
rincannare 85.20
rinculo, movimento di . 265.12, 295.2
rinforzare la parte inferiore dell'incastellatura 356.13
rinforzato, nastro . . . 425.6
rinforzo con trama inferiore 155.1
—, tirante di 280.5
rinserrare i fili della catena 139.5
riparatore di licci . . . 180.10
riparazioni 446.2
ripartizione ineguale del peso 109.3
riparto di foratura dei cartoni 384.7
— d'incannatura 22.6
ripetere 381.2
— a secondo del rapporto d'armatura (navette) 271.18
ripetizione 381.3
— del disegno 434.9
— in un disegno a ritorno 221.8
— dei fili di catena 7.18, 40.13, 104.1
— nella larghezza del tessuto . . . 381.6, 434.21
— delle legature . . . 381.9
— delle navette 271.17
— dell'ordito 381.7
— della trama 381.8
—, meccanismo di 235.7, 343.4
—, meccanismo di — viennese 236.3
ripetuto, disposizione —a delle spole . . . 44.13
ripiegature tubulari delle trame di pelo . . . 167.1
ripieno . . . 7.22, 84.7, 236.12
— di caucciù 256.8
riportare il tacchetto con una molla 248.22
riposare coi dischi di freno in conchiglie (subbio) 125.3
riposo del battente . . 292.21
— dei licci 189.6
— delle platine 211.10
— del telaio 307.3
—, telaio in 306.16
riprodurre il disegno . . 378.13
— a mano 378.15
riproduzione del disegno sopra carta rigata . 378.14
— meccanica del disegno 378.16
riquadri, disegno a . . 160.13
risaltato 16.9
riscaldamento 446.19
riscaldato, cilindro . . . 343.9
riserva del filo . 98.2, 263.12
—, platina di 214.23
riso 66.24
ritagliare i fili liberi . 344.9
ritardato, movimento . 198.12
— uniformemente . . . 247.11
ritenuto nella scanalatura, nodo 222.16
ritirare la catena dal tamburo 57.3
— i fili dalle spole . . 44.23
— la spola dal fuso . . 37.8
ritiro dei ferri 327.2
— della spola 37.7
ritorcitrice 445.4
ritorcitura di fili di colore diverso 19.3
ritornare nella cassa (navetta) 251.19
— alla sua posizione iniziale (navetta) . . . 248.21
—, far — i cartoni . . . 206.10, 214.7
ritorno del battente . . 130.15
— dei cartoni, meccanismo di 214.9
—, movimento di . . . 134.17
ritorto 9.5
— ad anellini 19.7
— a x capi 177.10
— di cotone 12.14
— di fantasia 19.2
— flammé . . . 19.5, 421.16
— incrociato 19.4
— di lana 175.2
— di lana pettinata . . 334.20
— di lino 175.3
— di metallo 416.17
— di seta 175.4
—, filo 18.6
ritratto, tappezzeria- . . 422.9
riunione dei fili d'ordito 109.16
riunire i fili della catena (per torsione) . . 110.2.10
— colla pezza 110.6
riunitrice per catene ordite 56.1
riunitrice spostabile per catene ordite . . . 61.25
rivestimento del disco di frizione 51.14
— di fibra vulcanizzata 243.14
— metallico 243.15
— serrato, a 20.15
rivestire con filo metallico 20.13
rivestito di ferro . . . 289.1
— in spire a passo largo 20.14
—, filo di caucciù 56.16, 415.16
rivoluzione parziale . . 364.7
robinetto v. a. rubinetto
— di alimentazione . . 69.14
— ad aria 69.13
— di prova 69.15
rocca v. a. rocchetto, bobina, cannetta, spola
— conica 24.16
— a filo incrociato 10.18. 23.20
— incrociata cilindrica . 23.21
— incrociata conica . . 24.2
— incrociata d'ordito . 63.2
— incrociata piatta . . 23.19
— d'orditoio 38.2
rocchettiera 26.16
— ad avvolgimento incrociato con dischi ricurvi 32.11
— doppia con doppia serie di tamburi ed aspi posti in alto . . . 30.2
— doppia con una sola serie di tamburi . . 31.1
rocchetto v. a. rocca, bobina, cannetta, spola
— di carta a flange piane 24.16
— ben compatto . . . 23.8
— poco compatto . . . 23.10
— duro 23.8
— a filo incrociato . . 10.18
— a flange 10.17
— di latta a flange piane 24.17
— di legno 10.19
— di legno a flange piane 24.12
— rigonfiato nel mezzo . 23.18
— di riserva 81.9
— a schiena d'asino . . 23.18
— a superficie convessa 23.18
— vuoto 23.6
romana v. a. bilancia
— micrometrica per filato 88.20
— di precisione 439.16
— di Staub 439.18
— universale 439.17
romboidale, fondo . . 413.17
rompersi (trama) . . . 245.2
— durante lo svolgimento (fili) 79.3
rompi-catena, meccanismo 319.6.14, 320.1.14.17, 321.1
rompi-trama, apparecchio 268.22
—, meccanismo 317.15, 318.1.8
Roper, meccanismo di svolgimento automatico 129.12
rosetta per vite . . . 374.15
Ross, cassa girevole . . 280.2
rosso, colore 380.11
rotaia 59.3
rotativo, guida-filo . . 97.2
rotazione ed arresto del prisma 205.12
— continua 50.12
— eccessiva del prisma 190.14
— del fuso 87.23
— indietro dell'albero a manovella 302.13
— del perno a vite . . 177.7
— del prisma 205.10
— del revolver 279.14
— uniforme 100.12
rotella 281.4, 287.8
— d'acciaio 237.11
— $x$ma alza (abbassa) la cassa x 281.11
— conica 117.7
— di cuoio 237.12
— dell'eccentrico . . . 36.13
— a punte 140.10
rotolo di tessuto . . . 261.10
rotondo, albero 77.22
rotore 301.3
— a corto circuito . . . 309.17
rotto, filo 51.6
—, orlo 140.20
rottura dei fili di catena colla navetta . . . 143.4

rottura del filo 4.5, 51.5, 88.17
— del filo d'ordito 319.12
— del tessuto 439.12
— della trama 132.17, 245.3
—e del meccanismo del caccia-navette 313.2
rovescio felpato 417.6
— ad intreccio serrato 152.5
— della stoffa 430.4
—, saia senza 148.12
rubinetto v. a. robinetto
— ad aria 69.13
— d'arresto 265.7
rullo (v. a. cilindro, tamburo, rotella) 186.13
— di attrito 27.5, 30.4
— a catena 73.11
— della cinghia d'arresto 255.17
— di contatto 249.5.12, 253.5
— di contatto regolabile parallelo all'albero 252.9
— dell'eccentrico 200.9
— ad estremità conica 40.21
— del freno 93.15, 176.17
— di frizione 34.11, 55.6
— grande 281.4, 203.5
— grosso 203.5
— di guida 210.16, 287.15
— della leva 33.15
— misuratore 48.11, 54.7, 58.15, 63.3
— misuratore (strascinato dai fili) 50.7
— dell'ordito 40.20, 47.20, 82.2
— del pedale 193.3, 201.8
— piccolo 203.6, 281.3
— pieno 48.16
— di pressione 186.16
— a punte 140.11
— raschiatore 308.15
— a sabbia 117.16, 135.7
— scanalato 117.17
— di tensione 48.8, 49.7, 63.11
— di tensione del filo 94.16
ruota ad aghi 278.7
— dell'albero a manovella 308.11
— di angolo 307.18
— d'arresto 124.15, 127.5, 128.4, 129.5, 136.18
— d'arresto con leva d'avvolgimento e nottolino 133.5
— d'arresto a mano 132.21
— a catena 195.15, 259.2, 372.19
— a catena con contrappeso 53.3
— a caviglia 201.2, 388.3
— cilindrica 51.20, 137.4, 287.11
— cilindrica spostabile 178.6
— del cilindro 277.7
— di comando dei carrelli 367.21
— di comando conica 308.10
— di comando dei fusi 95.7
— di comando iperbolica 94.6
— di comando del secondo guida-filo 35.1
— conica 55.5, 61.9, 178.3, 303.4
— conica doppia 303.5
— conica folle 127.20
— del contatore 370.9
— a corda 26.12
— a corona 303.6
— dentata 257.19, 362.4.17
— dentata in acciaio 310.18
— dentata in bronzo 310.18
— dentata per la corona regolabile 61.3
— dentata del disco eccentrico 96.13
— dentata eccentrica 214.1, 333.16
— dentata con freno 276.4
— a denti di legno 275.8
— a denti di sega 58.11
— dritta 287.11
— eccentrica 38.14
— elittica 214.2
— a formar spolette con pedale 86.6
— a formare spolette a mano 86.4
— a freno 311.15
— di frizione 100.7
— del fuso 96.3
— indicatrice 51.21
— indice 51.21
ruota intermedia 128.18, 133.9, 135.9, 137.5, 178.5
— iperbolica 213.16
— a lanterna 38.9
— a mano 192.16
— a mano dell'asta filettata 55.17
— a nottolino del protettore della catena 317.8
— a vite perpetua 51.19, 61.11, 127.13
— a vite perpetua sull'albero dell'eccentrico 37.1
— portante 59.2, 388.9
— di ricambio 128.21, 135.10, 136.1
— di ricambio a x denti 133.18
— del rullo a sabbia 135.8
— di sollevamento 277.4
— a spina 274.2
— a stella 128.17, 201.3, 214.4, 275.12, 370.14
— a stella a otto denti 274.3
— del subbio 128.19
— del subbio anteriore 134.6
— del subbio a stoffa 133.10
— a tacchetti 119.14
— del tamburo 58.18
— trasportatrice 128.18
ruotare il prisma 187.2
ruotismo 133.15
ruvidezza del filo 64.14
ruvido, disco 100.16
—, filo 435.10
ruzzella d'aspo 29.10, 440.7

S

sablé 153.2
sabre, velluto 403.18
sacco di cammelliere 410.9
— senza cucitura 156.13
— per luppoli 397.6
— di zucchero 396.23
—, tessuto a 156.10
saccoccia 166.20
sadowa 398.9
saggio del tessuto 430.1
—, catena da 47.16
sago 66.23, 437.10
sagù 437.10
saia 394.17, 399.8, 401.28
— amalgamata 150.4
— ad angolo acuto 148.10
— ad angolo ottuso 148.11
— cannellata 149.7
— continua 149.11
— destra 148.4
— di dodici ad angolo ottuso 148.2
— ad una faccia 148.12
— falsa 149.13
— di fondo 149.3
— a 45 gradi 148.9
— con x gradi d'inclinazione 148.8
— a gradini 149.14
— interrotta 150.2
— invertita 149.6
— irregolare 149.8
— a nervature operate 149.12
— normale 148.9
— ondulata 149.9
— per ordito 147.15
— di quattro 148.1
— di quattro interrotta doppia faccia 157.10
— ricurva 149.10
— senza rovescio 148.12
— satinata 150.8
— a scaglie 150.1
— sinistra 148.5
— subordinata 149.5
— per trama 147.14
— di tre 147.17
— di tre ad angolo acuto 147.18
— a zig-zag 150.9
sala d'imbozzimatura 66.7
— d'incannatura 85.1
— di orditura 40.3
— di tessitura 1.8
salario per amidatura 445.17
— degli annodatori 445.8
— degli apprettatori 445.12
— per cottimo 444.23
— giornaliero 444.21
— delle incannatrici della trama 445.3
salario per l'incannatura 26.5
— degli incollatori 445.6
— degli insubbiatori 445.7
— pagato per mille trame 444.24
— per ora 444.20
— degli orditori 445.5
— per passare le pezze 445.11
— delle pulitrici 445.13
— per la pulitura dei nodi 445.14
— delle rammendatrici 445.15
— delle ritorcitrici 445.4
— per rimettaggio 445.9
— degli sbiancatori 445.1
— settimanale 444.22
— degli spolatori 445.2
— supplementare per pezza 445.16
— dei tessitori 445.10
— dei tintori 444.25
— per verificare le pezze 445.11
saldato, pettine 286.15
sale dell'acido arsenioso 67.27
— di alluminio 438.5
— amaro 68.15
— comune 67.28
— da cucina 67.28
— d'Epsom 68.15
— di Glauber 68.20, 437.26
— di Sedlitz 68.15
salire e discendere (guidafili) 88.13
salire nel filetto della vite (molla) 100.8
— e scendere (asta dentata) 288.13
saliscendi, movimento di 38.8
salita della cassa a navette 291.1
— e discesa, movimento di 97.1, 179.5
— del fuso 243.1
— dei licci 181.23
saltare 280.1
— (filo) 27.12
— in avanti formando una curva (navetta esaurita) 267.7
— obliquamente verso il basso (navetta esaurita) 267.6
— alla parte posteriore della cassa (navetta) 267.3
saltato, filo 142.23
salterello, leva del 253.14
salto della cannetta 239.10
— del filo 27.13
— della navetta 312.9
saltuario, cassa rotativa —a 279.18
salvacalzoni 427.13, 428.21
salvagonna 428.21
salvietta 420.9
sample 386.6
sapone 68.10
— molle 67.16
— di potassa 67.16
—, lucidato al 175.6
saponificare 67.17
saponificato 67.18
sarsenet 393.5, 400.11
satin a broccato 150.14
— di cotone 394.20
— ad effetto di catena (trama) 150.14.15
— di lana 399.16
— merveilleux 402.7
— à la reine 402.6
satinato, cartone 382.7
—, tessuto 432.6
sbagliare la maglia 104.4
sbagliato, rimettaggio 104.5
—, trama —a 302.10
sbaglio di rimettaggio 104.2
sbattere la matassa 25.12
sbianca, grado della 429.18
sbiancato, tessuto 431.3
sbiancatore 445.1
sbiecatura delle platine di legno 211.9
sbrogliare i fili 81.14
scacciare la spola esaurita dalla navetta 262.6
scaffale, guarnizione per 428.23
scala 28.13, 439.21
scaldare i punti di legatura 286.11
scalpello piano 373.9
scambievole, coni cavi —i 372.3
scambio 326.20
— a linguetta 193.4
scampionatura 299.5
scanalato, cilindro 70.13
scanalatura 90.5, 111.16, 172.2.15, 326.21, 366.13
— dell'albero motore 81.5
— nel battente 289.6
— per cassa metallica 347.18
— centrale 202.8
— a chiavetta del blocco 55.1
— eccentrica 294.5
— eccentrica nella corona 61.1
— elicoidale 358.1
— fresata 240.7, 354.12
— del fuso 336.12
— a gradino 316.14
— di guida 83.6, 93.6
— dell'imbuto 95.10
— incurvata 294.6
— e linguetta 186.20
— longitudinale 115.3
— lunga 293.6
— nel morsetto 258.5
— per olio 375.7
— del pettine 367.3
— nella placca di fondo 80.12
— del prisma 236.4
— regolabile 439.22
— nello scorritoio 172.17
— spirale 30.9, 32.8
— del subbio 77.18
— nel traverso del battente 350.11
scanalatura-guida 264.3
— sul battente 257.1
scappamento dell'aria 74.14
— della cannetta 239.10, 247.18
— del filo dal guida-filo 92.19
— del pettine 316.2
scaricamento dei graticci 102.13
— delle navette esaurite 341.27
scaricare la navetta 268.13
— la navetta esaurita dall'alto 267.1
— le spole 30.13
— il tessuto 298.17
—, macchina per — bobine vuote e caricare bobine piene nel carrello 363.15
scaricatore delle bobine 364.19
scarico della navetta 268.18
— del tessuto 298.18
scarpa, canovaccio per —e 399.22
scartamento degli aghi 204.15
— dei brocchi 345.2
— dei brocchi nella larghezza 345.4
— dei brocchi nella lunghezza 345.3
— dei denti 287.21
— dei denti del pettine 282.13
— dei fili di catena 412.7
— dei fusi 88.1
— irregolare dei denti 282.17
scatola 251.16
— del braccio di percussione 314.14
— a stoppa 73.19
scattare nella guida (leva) 52.20
scattato, catena —a 118.19
scatto (v. a. nottolino, arpione) 51.22, 58.12, 270.4
— dell'arpione di sicurezza 279.13
— d'arresto 53.17, 58.9
— di caccia-navetta 252.13, 253.10, 255.8
— di cacciata, meccanismo di 253.12
— disbracato 48.21
— a molla 97.19, 258.12
scegliere i carrelli 369.20
— il pettine 106.15
scendere, far — la cassa 272.14
scentrato, movimento 116.1
Schatz, meccanismo rompi-catena 320.17
scheggia 244.2
scheggiarsi (navetta) 243.13
schema dell'armatura 434.12
schienale, copertura dello 405.17
schizzatore 378.11
schizzo del disegno 376.11
Schoene, livellatore dei licci 197.15
Schönherr, cambio delle casse 274.12
—, caricatore automatico della navetta 262.15

Schönherr, macchina ad armatura 191.2
—, macchina ad armatura a passo aperto 188.10
—, macchina a far rocche incrociate 33.8
—, meccanismo per il ricambio delle bobine 266.2
Schorch, motore . . . 310.15
Schröer, divisione . . . 216.12
Schroers, macchina ad armatura a passo chiuso. 189.1
Schwabe, cambio delle casse 276.2
scialle autentico. . . . 420.20
— cabile 420.28
— da capo 420.30
— di cascemire 420.27
— colorato 420.22
— imitazione 420.21
— indiano 420.26
— orientale 420.25
— ricamato 420.24
— semplice 420.29
— stampato. 420.23
— da viaggio 420.2
sciogliere la vite . . . 439.7
sciolto, filo 392.2
scivolamento della catena 50.9
— del disco a frizione . 37.3
— dei fili 57.2
— d'uno strato di filo . 86.2
scivolare (catena) 50.10
— l'una sull'altra (estremità degli apritoi di denti) 109.6
— sotto la corda (subbio) 124.18
— sopra fusi (casse) . . 291.5
— nelle scanalature del pettine (carrelli) . . 367.3
— sulla testa del punzone (platina) . . . 385.19
scoccamento, numero di 151.2
scompartimento della cassa a navette . . 274.10
—i disposti in cerchio . 279.3
—i sovrapposti 273.9
sconnettere l'innesto. . 35.16
sconto 446.12
scorrere sopra l'asta di guida (porta-bobina) 263.20
— in guide (perni del cilindro di tensione) . 49.15
— nella scanalatura (filo) 101.2
— da sinistra a destra (cartoni). 390.14
scorrevole, cono . . . 60.12
scorrimento della catena sulla traversa superiore 117.1
— ritardato dell'aspo . 33.7
scorritoio 62.2, 124.14, 128.7, 172.16, 328.2, 343.18
— dei carrelli 367.13
— della cassa montante 273.11
— della cassa a navette 278.4, 291.4, 314.6
— del collare del fuso . 98.18
— del coltello 193.12
— del coltello con paracolpi 331.16
— della forchetta rompitrama 320.9
— di guida 94.13
— del sopporto per subbio 61.13
scorritore, dado 55.14
scorza, peluria in forma di 417.18
— d'albero, nastro di . 425.16
scosse sul filo. 98.7
scozzese 400.19
screpolamento della bozzima 64.20
screziato, catena —a . 411.18
—, nastro. 425.8
scricchiolante, tessuto . 431.29
scuola di tessitura. . . 8.13
scuotimento dei licci. . 197.17
scuro, tessuto 62.19
Seaton, telaio. 257.21
secco, incannare a . . 85.2
—, trama —a 236.21
secondo guida-filo . . . 35.9
— intervallo di pettine 330.5
sedile del tessitore. . . 297.6
—, copertura del . . . 405.16
Sedlitz, sale di 68.15
segmento dentato 112.17, 129.7, 358.6
segmento fissato sulla leva di percussione . 250.20
— in legno 115.8
— a scorritoio concentrico 128.20
—i dentati ingranandosi 192.11
segnaggio della catena . 46.16
segnale per il cambio di colore 271.10
— a suoneria 62.8
segnare la pezza . . . 74.24
segnatore automatico . 46.17
segno d'armatura . . . 159.15
— di legamento 379.7
— del pettine 107.17
— della pezza. . . 75.2, 77.11
— quadrato di legamento 379.20
sego 67.9, 437.17
Seidel, meccanica per damasco. 233.1
selettore 368.10
— molleggiante 368.11
—, dispositivo. 370.1
—, meccanismo — dei fili 113.5
selezione del disegno, dispositivo di . . . 189.9
seme di lino, decozione di 67.20
semi-cilindrico, traversa —a 116.13
— -circolare, disco. . . 58.4
— -imitazione, argento. 20.4
— -lavorata, merce . . 443.8
— -liccio 174.9, 352.9
— -meccanico, telaio 7.9, 301.7
— -pettinato, filato . . 15.7
semplice alzata 201.10
—, incannatoio 26.18
—, vite a passo 36.15
senso dell'incannatura . 22.16
separare i fili 84.4
— ed annodare i fili, meccanismo per . . 112.23
— le pezze 77.12
— le sezioni d'ordito sul cilindro con aghi . . 57.16
—si (fili della catena) . 84.1
separato, sezioni d'ordito —e da dischi metallici 58.2
separatore dell'acqua di condensazione . . . 73.22
— per ordito 363.2
— delle perle 354.19
separazione dei fili aderenti a mezzo di battitura 66.2
— dei fili della catena . 84.2, 142.22
— delle perle 354.18
serbatoio di riserva . . 267.10
serica, tessitura 2.19
serie di tamburi, sola (doppia) 31.1.2
serimetro 440.10
serra 416.13
serrafilo, tavola per . . 387.11
serraggio dei fili . . . 132.7
—, bacchette a 138.7
serramento della navetta 316.21
serrare le file di nodi 409.14
— (fortemente) la trama 284.7.8.10
serrato, catena —a . . 319.9
—, a legamento 226.14
—, a rivestimento . . . 20.15
—, tessuto 431.22
—, vite —a 439.9
seta 400.7
— artificiale 17.17
— artificiale di collodio 17.19
— artificiale al cuprammonio 17.18
— artificiale di Elberfeld 17.18
— artificiale Glanzstoff 17.18
— artificiale di nitrocellulosa. 17.19
— artificiale di Oberbruch 17.18
— artificiale all'ossido di rame ammoniacale . 17.18
— artificiale di pirossilina 17.19
— artificiale, stoffa di . 430.22
— brillantata 17.3
— caricata 17.1
— Chardonnet. 17.19
— colorata 17.2
— a colori 17.2
— e cotone, felpa . . . 403.6
— cotta 16.24
— cruda 16.21
— fantasia 17.10
seta gloria 430.21
— goffré 17.5
— greggia 16.2
— laminata 17.4
— Luna 17.20
— marabout 16.13
— mezza cotta 16.22
— mezza purgata . . . 16.22
— molinata 16.4
— ondata. 16.9
— operata 16.4
— purgata 16.23
— raddolcita 16.22
— ritorta 16.4, 334.19
— sgommata 16.23
— shoddy 17.15
— souple 16.22
— trama 16.6
— tramé 16.7
— tussah 17.6
— viscosa. 17.20
seterie 400.7
settimanale, salario . . 444.22
settore . . 191.8, 204.6, 341.9
— di cacciata 251.15
— dentato 38.13, 51.23, 194.8, 268.8, 276.10
— dentato per variare la pressione 54.10
— dei licci 322.1
— oscillante. . . 188.14, 193.2
— di percussione 251.15, 253.8, 255.6
sevo 67.9
Seydlitz, telaio meccanico per tappeti . . 337.8
sezionale, orditura. . . 41.4
sezione della catena . . 47.14
— di fili 54.18
— dei fili di trama . . 132.5
— d'ordito 57.16
— triangolare 354.11
—, orditura a —i . . . 41.4
—i d'ordito separate da dischi metallici. . . 58.2
—i, fissare i fili a . . . 110.3
sfasciamento degli strati di fili 97.10
sfera indicatrice . . . 28.14
sferza 248.7, 290.7
sfilacciarsi (pelo) . . . 405.3
sforzo sul filo. . 98.10, 143.5
— di tensione sull'ordito 126.8
— di tensione prodotto dal meccanismo d'avvolgimento 130.18
— di trazione nel filo dovuto alla formazione del passo 141.19
sfregamento delle corde 220.2
— dei fili d'ordito . . 319.10
— del filo sull'imbuto . 94.2
—, solidità allo 429.19
sfregare contro il cilindro (filo) 39.4
— i fili d'arcata con cera 207.16
—si nei licci (filo d'ordito) 182.17
sgocciolatoio per alberi . 375.9
sgommato, seta —a . . 16.23
sgrassato, filato 10.7
shirting 393.12
— indiano 393.13
— T 393.15
shoddy, filato. 14.19
—, filato di seta . . . 17.15
siberiana 398.6, 417.10
siciliana 401.16
sicurezza contro le rotture. 313.5
—, dispositivi di. 312.3, 313.2
signora, stoffa per. . . 397.12
silicato di magnesio . . 68.18
silvalina, filato 13.25
simmetrico, disegno . . 377.6
simultaneo, inserzione —a 257.15
—, movimento 39.10
sinistra, da — a destra, movimento 109.10
—, torsione a 9.13
sistema di arcate a più corpi 223.3
— di leve 137.8, 196.5, 333.11
— di leve per infilare i fili 53.19
— di leve del meccanismo d'arresto. . . . 53.6
— di licci. 171.3
—i di costruzione del telaio 300.2
slegato, filo della catena 392.2
slegatura per effetto della catena (trama) 392.1.3
— di trama. 166.18
slittamento della cinghia 307.9
— della cordetta del fuso 88.8
slittare (cinghia) . . . 307.10
— (cordetta del fuso) . 88.7
smeriglio, pietra a. . . 332.9
smerlo 425.22
—i ritorti 425.23
—i per trama 425.21
Smith, cambio delle casse montanti 274.15
smontabile, armatura a licci. 171.17
smussato, spigolo . . . 117.8
Smyrne, filato di . . . 15.8
Société Alsacienne des Constructions Mécaniques, meccanismo per il ricambio delle bobine della. . . . 263.5
soda caustica 68.4
soffiato via (cappello) 264.14.22
soffiatore 102.4
soffice, tessuto 431.24
—, torsione 9.15
soffitto, sospensione al 212.15
sola navetta, lavorato da una 169.11
— trama, felpa per una 169.9
solaio di essiccazione . 72.11
solco 154.14
— di destra a sinistra. . 148.7
— obliquo 154.16
— del raso 150.18
— della saia 147.16
— di sinistra a destra . 148.6
soleil ad effetto di trama (catena) 151.16.17
— ad effetto di trama con righe longitudinali 152.1
solenoide 320.11
solfato di bario 437.28
— di calce . . . 68.16, 437.23
— di magnesio . 68.15, 437.25
— di rame 68.2
— di sodio 68.19
— di zinco 67.29
solidità del colore . . . 429.9
— al lavaggio 429.17
— alla luce 429.15
— alla pioggia 429.16
— allo sfregamento . . 429.19
— del tessuto 429.7
solido, nodo 18.18
—, tessuto 159.4
sollevamento v. a. alzamento, alzata
— dei coltelli 193.14
— di x fili 224.13
— delle platine 211.11
sollevare v. a. alzare
— l'asta dentata (bocciuolo) 288.12
— la cannetta (coppa). 96.16
— un capo caduto. . . 81.10
— la leva del freno . . 95.19
— il liccio (platina) . . 186.19
— la spazzola 73.8
sollevato, catena —a. . 159.12
—, mantenere —i i fili d'ordito 228.2
soluzione di colla . . . 71.18
soneria 82.4
soppedaneo 408.2
sopporto 59.16, 168.17, 178.11, 280.17, 287.13
— dell'aspo 33.19
— dell'assicella a spole 323.4
— dell'asta di fissaggio. 93.7
— dell'asta dei guida-fili 28.10
— per le aste porta-catena 356.7
— d'avvolgimento . . . 331.3
— delle bacchette d'invergatura 111.4
— di base 249.10
— del battente 295.5
— delle bobine 262.18
— di bobina in forma di truogolo 266.4
— di bobine a scorritoio 365.14
— del braccio laterale . 112.15
— di cannette girevole. 45.10
— dei cartoni 384.3
— cavo. 338.10
— del cilindro. 230.8
— della cinghia 314.15
— circolare 362.6

sopporto a collare 92.1, 284.2
— del coltello 276.15, 327.16, 332.1
— dei dischi di tensione 92.21
— per il dispositivo d'affilamento del coltello 332.7
— elastico 140.15, 310.9
— dell'estremità dell'albero motore 55.16
— per l'estremità del filo di trama 264.21
— in forma di tubo 365.13
— dei fusi 36.7
— del fuso 93.12, 94.8, 98.15
— in ghisa 212.12
— del guida-filo 95.1
— inferiore per la catena 113.12
— di legno 72.6, 116.14
— in legno per i perni 44.19
— della leva a peso 125.11
— delle leve 185.11
— della licciola 172.5.13
— del listello superiore 82.16
— a mensola 310.11
— mobile del subbio a stoffa 136.4
— del motore a bilico 309.18
— della navetta 348.13
— per la navetta a broccato 346.2
— oscillante 129.8
— per i pedali 322.5
— pendente 212.16
— del pettine 58.7, 106.8
— delle puleggie di guida 301.10
— regolabile 61.19
— regolabile per le aste di sostegno dei licci 105.16
— regolabile per subbio 61.12
— di regolazione del pettine 108.9
— di rotelle elastico 243.19
— del rullo 48.13
— dei rulli d'ordito 82.3
— del rullo d'ordito 83.17
— con scanalatura 210.1
— a scanalature 34.10
— sferico 94.12
— per spole 88.18
— della spoletta 90.16
— del subbio d'ordito 111.9, 116.6
— del subbio regolabile 80.11
— del subbio del telaio 83.18
— superiore 249.9
— superiore della bobina 36.5
— superiore per la catena 113.13
— con tacche 129.13
— della tavoletta d'arcate 217.13
— della traversa posteriore 116.9
— del tubo 338.8
— del ventilatore 76.5
— in vetro per i perni 44.20
— dello zoccolo 322.12
—, meccanismo del 62.1
sopra, il filo di catena si trova 144.5
—, subbio d'ordito collocato 116.7
soprabito 417.2
sopraccarico del telaio 307.5
sopratorsione delle matasse 170.13
sopratorto, filato 161.15
—, matasse —e 170.14
sorgente della corrente elettrica 320.8
sormontare la resistenza 118.6
sorpassare l'altezza del passo (altezza del pettine) 282.11
sospendere i cartoni, filo metallico per 390.11
— i licci obliquamente 181.12
sospenditore per calze 427.23
sospensione a carrucola, dispositivo di 183.18
— per cilindro, dispositivo di 183.12
— del filato sulle pertiche 65.27
— dei licci, filo metallico di 171.13
— a rulli, dispositivo di 199.4
— a rulli per x licci, dispositivo di 184.2
— al soffitto del meccanismo Jacquard 212.15
— con tira-licci, dispositivo di] 183.15
sospeso liberamente dai fili (rullo di tensione) 49.7
— nel telaio (licci) 181.7
sospingere la trama 284.8
sostanza agglutinante 67.19
— per la carica 68.12
—e grasse 67.5
sostegno 440.2
— esteriore per l'albero a manovella 305.5
— del subbio anteriore 305.4
sostenuto da perni 335.3
— dalla tensione del filo (ago) 53.18
sottile, tratto — nel filato 9.8
sotto, il filo di catena si trova 144.6
—, subbio d'ordito collocato 116.10
souple, seta 16.22
sovrapporre due serie di trame (catene) 155.2.12
sovrapposto, coltelli —i 236.1
—, tela —a 414.3
spaccato, tubo 287.2
spago 25.21
— impeciato 286.9
— d'incrociatura 42.17
— di legatura 173.4
spato pesante 437.28
spazio per il brocco 344.18
— libero 285.2
— per i licci sul telaio 181.6
spazzola per alzare il pelo 343.16
— per il cilindro di felpa 38.6
— circolare 180.2, 328.12, 343.10
— per collare 73.6
— distributrice 72.19
— incollatrice 180.4
— a mano 83.19
— a peli lunghi 73.7
— per pulire il filo 38.7
— rotativa 71.2
spazzolare la catena 83.22
— filati in matasse, macchina per 70.10.15
spazzolatore dei licci 180.9
—, cilindro 70.11
spazzolatura dei fili 73.5
spazzoletta 240.5
specie di armatura 145.16
— di fili 12.1
— d'incannatura 23.4
— d'intreccio 145.16
— di pettini 284.16
— di tessuto 391.6
spesa dei campioni 446.23
— per i cartoni 446.26
— per forza motrice 446.4
— per illuminazione 446.7
— per la manutenzione delle macchine 446.8
— delle patrone 446.25
— degli schizzi 446.24
spese di acquisti 445.20
— per carrettaggio 447.3
— di confezione 446.22
— generali 445.19
— impreviste 446.17
— per innovazioni 446.1
— per listini di prezzi 447.6
— di magazzinaggio 446.27
— di posta 447.4
— per la reclame 447.5
— per riparazioni 446.2
— telefoniche 447.8
— di trasporto 447.1
— di viaggio 446.21
spesso, tessuto 159.5
spessore del ferro 327.11
— del filato 9.16
— della trama 132.12
spezzato, filo 51.6
spiccamento della spina 144.13
spiga 394.17
spigare 147.12
spigato 150.6
— combinato 150.7
— fantasia 149.2
— rinforzato 149.1
— a zig-zag diagonale 150.12
— a zig-zag longitudinale 150.11
— a zig-zag trasversale 150.10
spighetta 428.17
spigolo smussato 117.8
spina 176.21
— centrale 139.21
— di ferro dolce 189.14
— della lanterna 206.4, 210.20
spina di legno 46.4, 189.13
— di pesce, nastro a punto di 426.15
— ricambiabile 189.16
— della testiera 45.17
— per i tubetti 39.1
—, armatura a 144.11
spine per incrociatura 45.18
— inferiori 45.19
spingere in avanti i denti della ruota 133.22
— avanti la platina 188.2
— il battente del prisma (perno) 235.12
— le bobine inservibili fuori dalla navetta 265.4
— il carrello a destra (sinistra) 287.19
— indietro gli aghi principali 229.21
— indietro gli aghi che restano (cassetta ad aghi) 226.12
— indietro la platina 188.3, 205.7
— la leva 288.14
— le navette verso gli aghi 346.19
— il pettine aderente al tessuto 284.5
— il tacchetto 248.17
spingi-navetta 346.3
spingimento della linguetta fuori della cassa 316.4
spingitoio 248.4
— degli aghi 229.15
spingitore 255.19, 365.4
— di bobine 264.16
— del braccio di percussione 313.14
— mosso passo a passo 364.20
— a movimento di andata e ritorno 364.18
— del riccio di pelo 338.17
— per lo spostamento dei coltelli 236.2
spinta indietro dello scorritoio a mano 62.14
spinto verso la tavola, prisma 211.16
spira della corda 124.11
— di filo 22.15, 336.7
—, avvolgere a 46.19
—e chiuse 23.1
—e di filo 24.15
—e flosce 98.8
—e a passo largo 20.14
—e, avvolgere in 22.19
spirale svizzera 242.2
—, in forma di 285.24
—i della torsione 145.11
spogliatore flessibile 89.13
spola v. a. bobina, rocca, rocchetto, cannetta
— di carta compressa 239.16
— consumata 262.3
— fra due dischi 89.4
— con disco unico 89.5
— di filatura 36.4
— fissa 237.14
— a flangia 31.7
— fresca 262.2
— girevole 240.14
— in lamiera (con anello) 239.17.18
— in lamiera con base di serraggio 239.19
— in lamiera conica 239.20
— di legno 86.11, 239.14
— di legno con molla 239.15
— Northrop 260.15
— d'ordito di seta 34.13
— d'orditoio 38.2, 44.8
— di ricambio 262.4
— riempita 87.22
— a sfilamento 237.14
— a srotolamento 240.14
— con taglio 319.2
— per telaio automatico 240.1
— per telaio per tulle 90.1
— di trama 240.13
— ultimata 37.10
—e azionate con rulli d'attrito 27.4
spolatore 445.2
spoletta 84.9
— esaurita 260.9, 265.3, 317.17
— fissa 86.19
— girevole 86.18
— mobile 86.18
spoletta piena 260.12
— a svolgimento assiale 86.19
— a svolgimento tangenziale 86.18
— di trama 84.12
—e per tessitura di nastri, macchina a far 90.10
sporgenze nel tessuto 422.18
sporgere fra due trame di fondo (pelo) 168.21
— dai tubi (fili di pelo) 340.7
sporto 195.3.16, 283.17, 309.9, 372.9
— alto della guida 179.7
— d'arresto 327.21
— basso della guida 179.8
— a caccia-navetta 241.9
— della camma 250.2
— della leva 278.18
— della platina 232.14
— del punzone 386.4
— della testa del ferro 328.8
— dello zoccolo 316.11
—i della guida d'altezza diversa 178.20
sposta-cinghia 372.18
spostabile longitudinalmente 369.17
— nel senso dell'asse 367.9
spostamento assiale dell'albero a manovella 307.15
— automatico della cinghia 53.16
— della bobina 265.11
— delle casse, apparecchio di 271.22
— di coltelli 236.2
— del guida-fili 101.5
— laterale del battente da broccato 345.13
— laterale dell'eccentrico 251.8
— della ruota d'arresto 127.4
— delle slegature 152.2
— della tavoletta ad aghi 234.3
— a vuoto del nottolino 127.3
spostare i coltelli 233.17
— i fili di catena lateralmente 367.18
— lateralmente i fili del disegno di x fili d'ordito 368.9
— lateralmente il fuso 37.9
— i licci 190.18
— il porta-aghi 350.6
— il porta-pettine sulla guida inclinata 59.21
— il prisma 187.2
— il rullo di frizione sull'albero 55.19
— la ruzzella 29.11
— il sopporto lateralmente a secondo la larghezza della sezione 61.20
— le spine 206.5
— il tamburo 59.13
— gli uncini lateralmente 351.11
—si lateralmente (carrelli) 368.4
—si orizzontalmente (cassa a navette) 345.14
—si nel senso del suo asse (albero principale) 99.6
spostato, strati di fili —i l'uno contro l'altro 97.9
spreco di filato 11.22
spremere le bobine a mano 101.13
— l'eccedente di colla 69.23
— i fili 65.20
spremitore, cilindro 70.20
spremitura dei fili 65.21
spruzzatore 101.12
spuntato, platina —a 234.11
squarcio 315.7
— nell'ordito 4.6
srotolare la catena dal subbio 118.4
stabilimento di tessitura 1.7
staccabile, disco 90.9
staccatura delle corde delle platine 211.12
staccio in crine 414.14
— in filo di ferro 416.24
— di filo metallico 416.21
— per lavare 416.25
— in filo d'ottone 416.23
staffa 218.13, 291.11
— d'acciaio 219.2
— di filo metallico 218.17
— di ottone 219.3

staffa con puleggia 360.14
— dei rulli 183.19
— di vetro 219.1
staggio del battente 288.18
stagnato, liccio 175.17
stampa 18.25
— dell'armatura 378.19
stampati 447.7
stampato, tessuto 418.16
stampella 205.16, 211.26, 235.15
stampello in acciaio fuso 190.3
stanga di comando 203.17
stantuffo cavo 74.12, 256.11
— a disco 256.13
stato d'equilibrio del freno 120.10
Staub, romana di 439.18
Stäubli, dispositivo per falsa cimossa 362.15
stazionario, passo 142.18
—, restare 205.8
stazione elettrica 309.15
stearina 67.15
stecca del pettine 282.7
stella 201.3
stelle, disegno a 377.5
stelo della valvola 69.2
stile 376.12
— assiro 376.13
— barocco 376.22
— egiziano 376.14
— gotico 376.19
— greco 376.15
— indiano 376.17
— moresco 376.18
— normanno 376.20
— rinascimento 376.21
— rococo 377.1
— romano 376.16
stima d'un tessuto 429.5
stipendio dei capi 445.18
stiramento, adattabilità allo 429.20
stirare la corda d'ordito 81.19
— la matassa 25.10
stirato, felpa —a 406.13
stoffa (v. a. tessuto, articoli) 3.9
— per abiti 432.14
— per abiti d'inverno 417.1
— per abiti da signora 432.15
— d'altare broccato 423.4
— d'altare con disegni applicati in fili metallici 423.1
— d'altare con ricci metallici 423.7
— ad armatura 2.6
— per asciugamani 433.9
— per biancheria da dosso 433.3
— per biancheria da letto 433.4
— per biancheria da tavola 433.8
— brillante 402.28
— a broccato 402.17
— per calzatura 15.11
— per calzoni 399.19
— a catena incrociata 353.1
— per coperte grossolane 397.16
— damascata di seta 402.16
— a disegno con effetto di catena 163.1
— doppia 398.8
— a doppia faccia 430.5
— d'estate 431.18
— per fazzoletti 433.5
— figurata 5.9
— finita 4.9
— per fodera 432.20
— a garza 163.8
— per gilè 399.20, 432.19
— per grembiali 433.1
— incrociata diagonale 147.13
— d'inverno 431.19
— di lana 397.11
— lanciata 162.7, 344.1
— lanosa 417.7
— liscia 3.16
— per materasse 433.6
— mezza-seta 430.20
— militare 397.13
— per mobili 404.21, 433.10
— montagnac 417.19
— montone 417.7
— con nodi di lana sul diritto 417.16
— operata 3.17
— operata con pedali 154.5
— per pantaloni 432.18
stoffa per paramenti 402.30
— con pelo abbassato sul diritto 417.8
— rasata 150.13
— ricamata 349.7
— a ricamo 349.7
— satinata 150.13
— di seta 430.17
— di seta artificiale 430.22
— per signora 397.12
— per soprabito 417.2
— a spina 147.13
— per store 433.7
— per tende 433.11
— per tendine 433.7
— per uomo 432.16
— per vestiti 432.17
stoppa 5.15
— di canapa 13.7
— di juta 13.10
stoppino di lampada 360.6
storcere il filo 435.16
store 433.7
stracannare 22.9, 85.20
— i cascami delle bobine 22.12
— i gomitoloni d'ordito sopra cannette 63.15
— i gomitoloni d'ordito sopra rocchetti 63.16
stracannato, filo 10.16
stracannatoio per gomitoloni d'ordito 63.7
stracannatura 22.10
— dei cascami delle bobine 22.13
— della catena 63.4
strafilato 16.18
strascinamento per attrito 50.8
strascinato dai fili (rullo) 50.7
strato di fili 54.13, 87.6
— di filo conico 87.7
— d'ordito 56.11
—i di fili gli uni accanto degli altri 41.11
—i di fili spostati l'uno contro l'altro 97.9
—i di fili sul tamburo 56.20
—i di filo a gradini 41.12.13
stratorto 16.8.17
strazza 4.13
strettamente, avvolgere 79.6
stretto, divenire più — (tessuto) 139.6
striato in lunghezza 196.1
stribbia 28.1
stringa 427.9
stringere la cannetta nella navetta 240.10
— il cilindro contro il blocco 55.20
— il cilindro all'eccentrico 37.15
— il fuso all'imbuto 95.11
— la spola all'albero 33.2
— le spole ai tamburi di comando 31.5
— la vite 439.8
striscia 427.2
— di colore puro 421.5
— del disegno 377.11
— di fondo 162.4
— mélange 421.6
— piatta di metallo 173.1
— pieghettata 162.5
— di tessuto 439.10
— a traforo 426.9
— trasversale 412.16
— di tulle con orli solidi 412.13
struttura della fibra 436.17
— del tessuto 391.3
stuoia 407.16, 416.10
— di canne palustri 416.11
— in fibra di cocco 241.14
— di paglia 416.8
— di verghette di legno 416.12
subbiello 136.17
— anteriore 116.16
— anteriore guarnito di punte 117.13
— anteriore ricoperto di guarnizioni da carda 117.9
— anteriore ricoperto di pelle di pesce 117.12
subbio in acciaio 78.2
— anteriore 116.16, 136.17, 267.9, 323.7, 355.14
— di avvolgimento 116.17, 360.3
— a catena 75.15, 77.17, 114.17, 366.10
— a catena di ferro 115.10
subbio a catena frenato 120.3
— a catena di pelo 128.13, 329.11
— deformato 116.2
— con dischi 78.3
— del filato con albero traversante 125.6
— senza flange 79.4
— incollato assieme 115.5
— in legno 77.20
— d'ordito 63.19, 73.3, 77.17, 114.17, 323.9
— d'ordito cavo 115.6
— d'ordito di fili di caucciù 360.1
— dell'ordito di fondo 333.6
— d'ordito con freno a corda e leva a peso 121.13
— d'ordito con freno a corda e molla 122.10
— d'ordito in lamiera d'acciaio 115.12
— dell'ordito in legno 114.19
— d'ordito con perno di ferro 115.4
— d'ordito principale 116.4
— d'ordito collocato sopra (sotto) 116.7.10
— pieno 77.6
— posteriore 114.17, 129.14
— raccoglitore 136.16
— scanalato 117.17
— di seta 324.3, 359.6
— da stoffa 116.17
— di svolgimento 114.17, 323.9
— della tela 323.8
— del telaio 76.18, 114.18
— di tensione mobile 116.5
— del tessuto 116.17, 135.6
— del tessuto ciniglia 343.6
— del tessuto coperto d'aghi 335.9
— del tessuto sostenuto da perni 335.8
— del tulle 366.11
— vuoto 77.4
successivo, movimento 279.4
suddivisione 75.3
Sumakh, tappeto di 407.29
suoneria 62.7, 82.4
superficie della catena 41.17
— concava 280.8
— convessa 280.9
— del disco del freno 124.22
— del filo 64.15
— d'incannatura della spola 23.12
— della rottura 436.15
— della spola 37.11
— del tamburo 30.10
— del tessuto 431.30
— unica 41.18
superiore, disco di frizione 93.3
supplementare, pelo 405.11
—, tessitore 5.7
surah 401.27
sviluppo dell'aspo 46.15
svolgere 85.21
— la catena 77.2
— la catena dall'orditoio 43.3
— la catena dal subbio 118.4
— i fili dalle spole 44.23
— il filo dalla spoletta 260.10
— la matassa 25.8
— da rocchetti a fili incrociati 89.20
— il tessuto 298.17
—si (filo di trama) 245.1
—si assialmente dalla cannetta (filo) 237.16
—si tangenzialmente dalla bobina (filo) 240.15
—si a zig-zag (fili del disegno) 369.2
svolgimento assiale 86.19
— automatico Roper 129.12
— della catena 77.3, 126.5
— continuo 126.6
— del filo 346.11
— d'un gomitolone d'ordito 63.14
— intermittente 126.7
— della matassa 25.9
— dell'ordito 118.3
— tangenziale 86.18
— del tessuto 298.18
— della trama 244.22
svolto, bobina —a 262.3

T

T, asta a 333.2
T, shirting 393.15
tacca 48.5, 195.3, 248.4, 264.6, 364.9
— dell'asta d'arresto 312.2
— della leva 121.18
— per piazzare la licciola 106.6
tacchetto 80.15, 128.16, 136.12, 137.9, 178.9, 248.4, 311.14
— in cuoio alla corteccia 248.10
— di frizione 127.10
— della leva di disinnesto 52.13
— per meccanismo di caccianavetta a molla 256.6
— unto d'olio 248.13
— in pelle di bufalo 248.12
— in pelle di maiale 248.11
— respinto dall'urto della navetta 248.20
— dello scorritoio 62.3
—, il — si muove sopra un fuso 248.19
—, il — si muove in una guida della cassa a navetta 248.18
taffetà 3.16, 400.9
— da abiti 400.12
— changeant 400.15
— di cotone 392.21
— da fodere 400.10
— marezzato 400.20
— a quadretti 400.17
— rigato 400.16
— unicolore 400.14
taglia 184.3
— -cimosse, meccanismo 363.5
— -filo 268.24
— -trama, meccanismo 341.24
tagliante, orlo 111.14
tagliare la ciniglia, macchina per 343.5
— i denti 287.18
— il filo di pelo 336.10
— in lunghezze doppie 218.2
— le maglie, meccanismo per 327.15
— gli occhielli del filo nella scanalatura 336.11
— il pelo, meccanismo per 334.9
— peluche doppio 332.2
— il velluto, macchina per 168.14
—, dispositivo per 331.11
—, meccanismo per 342.22
tagliato a mano, nastro di velluto 425.11
—, ciniglia —a 343.11
—, dado 59.22
—, velluto 404.3
—, velluto non 404.2
tagliatore 258.6, 338.7
—, meccanismo 332.10
tagliatrice per campioni a zig-zag 375.14
tagliatura dei cartoni 383.15
— del tessuto ciniglia 343.12
taglio 115.11
— dei campioni 375.15
— dell'estremità del filo 265.9
— dei fili d'arcata 218.1
— delle maglie 168.12, 327.23
— della trama 258.8
— dei tubi di pelo (corrispondente a dato disegno) 167.7.9
— dei tubi di pelo fila per fila 167.8
talco 68.17, 207.18
tamburo (v. a. cilindro, rullo) 186.13
— con aghi 57.17
— di attrito 30.4
— d'avvolgimento 324.9
— di comando 31.5, 48.1
— con coni cavi scambievoli 372.3
— contatore 62.5
— estensibile 48.19
— ad estremità conica 60.1
— a frizione 35.2, 48.1
— d'ordito montato in sopporti 59.10
— d'orditoio 58.17
— d'orditura 54.14
— orizzontale 56.18

tamburo piccolo . . . 74.7
— in rame stagnato . . 73.17
— a revolver 280.3
— di riserva 56.19
— a scanalatura spirale 31.12, 99.11
— a due scanalature . 32.6
— a scheletro 75.10
— a segmento dentato. 203.2
— unico 39.16
—, gran 74.6
tampone di caucciù . . 243.20
tanaglia (v. a. tenaglia) 373.14
tangenziale, svolgimento 86.18
tangenzialmente, tubetto messo 342.6
tannino 437.30
Tannwald, cassa montante 278.3
—, ratiera di 192.9
tappetino da scala . . 407.13
tappeto 433.15
— d'Afganistan 410.4
— d'Anatolia 410.2
— annodato a mano. . 336.19
— d'Arabia 410.5
— d'Axminster 410.12
— d'Axminster Royal . 410.16
— d'Axminster tedesco. 410.14
— d'Axminster Victoria 410.15
— con bordo 407.9
— di Bruxelles 411.21
— a ciniglia 410.10
— a ciniglia con due diritti 410.11
— a ciniglia con pelo da una sola parte . . 410.12
— composto 407.12
— cordato 407.15.18
— diagonale 407.19
— dipinto a mano . . 407.26
— doppio. 408.9
— in fibra di cocco . . 407.20
— genuino 407.5
— Gobelin 334.17
— imitazione 407.6
— imitazione pelliccia . 407.24
— inglese 408.4
— di juta 407.21
— di Kidderminster . . 408.11
— Kilim 408.7
— marocchino 410.7
— a nodi 335.1
— a nodi fatto all'ago . 408.17
— a nodi imitazione . 409.1
— a nodi fatto a mano 408.16
— a nodi costruito meccanicamente 408.19
— d'Olanda. . . 334.17, 408.5
— ordinario. 408.1
— orientale 410.1
— di Parigi. 407.14
— da pavimento 407.7
— di pelliccia 407.23
— a pelo 408.13
— a pelo di vacca . . 408.2
— di Persia 410.3
— per preghiera. . . . 410.8
— a punti annodati . . 408.15
— renano. 407.28
— ricamato 407.25
— per scala . . 407.13, 433.16
— scozzese 408.12
— semplice 408.1
— di Smirne 409.15
— di Smirne prodotto meccanicamente . . 337.7
— stampato. 407.27
— in stoppa 407.22
— di Sumakh. 407.29
— taffetà 407.17
— a tappezzeria di Smirne 337.5
— da tavola . . 419.17, 433.12
— tirolese 408.3
— di Tournay. 412.4
— triplo 408.12
— turco 409.15
— turco di pelo corto (lungo) 409.16.17
— turcomanno 410.6
— vellutato . . 241.19, 408.13
— vellutato per catena (trama) 411.9.14
— di Westfalia 407.28
tappezzeria 407.8
— all'ago 422.3
— a macchina 422.5
— per mobili 418.12
— a punto grosso . . . 422.7
— a punto piccolo. . . 422.6
tappezzeria-ritratto . . 422.9
— di Smirne 337.1
tariffa d'incannatura 26.3, 89.1
tarlatana 393.27
tascabile, dinamometro. 440.14
tasse 446.28
tastatore 196.14, 262.11, 274.11, 318.18, 342.13, 363.18
— ad ago. 318.12
— delle bobine 266.5.13
— a contatto 318.19
— di spoletta 318.17
— di spoletta con contatore 318.21
— di spoletta elettrico a molla 319.1
— di trama Northrop . 261.11
tastiera. . . . 385.13, 389.13
tasto. 385.14
tatto, dare il 427.17
tavola . . 288.5, 365.2, 389.12
— ad aghi . . . 204.12, 210.4
— ad aghi mobile . . . 196.7
— dei colletti 207.11
— con fessure. 50.13
— forata 217.6
— di guida 342.20
— di guida degli aghi . 210.4
— di montaggio delle arcate. 207.21
— delle platine 186.7
— porta-spole 32.19
— per serrafilo 387.11
— per tagliare 383.19
tavoletta ad aghi doppia 226.10
— ad aghi inferiore . . 229.9
— ad aghi mobile . . . 226.10
— ad aghi superiore. . 229.8
— d'arcate . . . 207.21, 217.6
— d'arcate composta di assicelle 208.1
— d'arcate con fori alternati 217.11
— d'arcate con fori in linee diritte (oblique) 217.10.12
— d'arcate di porcellana 208.3
— d'arcate di terra vetrata 208.2
— a bobine 371.15
— ad una sola fila di buchi 46.12
— a due file di buchi . 46.13
— dei colletti a doppi fori 231.1
— a cordoni mobile . . 225.5
— di guida . . . 208.21, 225.7
— di legno 311.3
— di legno a intagli. . 335.17
— mobile 222.15
— con occhielli di vetro 46.10
— d'orditoio 46.9
— di protezione 226.11
— regolatrice 227.14
— a scanalature 343.7
— a spine 189.11
— superiore. 225.3
—e di legno legate . . 189.12
tavolo girevole 81.3
— per verificare le pezze 442.4
tecnica tessile 1.2
tecnologia tessile . . . 2.2
tela 395.8
— d'alona 394.5
— per asciugamani . . 396.9
— batista 395.26
— batista di cotone . . 393.10
— calancà 393.8
— di canapa 395.10
— casalinga. 395.17
— corame 395.18
— di cotone damascata. 394.23
— di cotone goffrata . 393.6
— di cotone per ombrelle 392.21
— doppia di juta . . . 396.19
— da fodere 395.19
— da fodere con finissaggio moire 395.21
— da fodere greggia . 395.20
— da fodere marezzata 395.21
— galona 394.5
— gommata. 395.22
— d'imballaggio 395.25
— per imballo 395.25
— incollata 395.22
— di juta 396.16
— di juta comune (fino) 396.17.18
— di lino. 395.9
— lisciata. 395.23
— lustrata 395.23
tela lustrina 395.23
— metallica. 416.14
— metallica fina . . . 324.13
— metallica forte . . . 324.12
— metallica senza fine . 324.14
— mista di lino e cotone 395.13
— mista di lino e stoppa 395.12
— multipla 414.2
— di Normandia . . . 392.23
— della regina 393.10
— rensa 393.25
— a rete 396.15
— rozza operata. . . . 152.14
— per sacchi 395.24
— per sacchi di juta. . 396.20
— per sacchi di juta doppia 396.22
— per sacchi di juta semplice. 396.21
— per sacchi liscia . . . 396.24
— da sacchi per luppoli 397.6
— per sacchi di zucchero 396.23
— semplice 414.1
— sovrapposta 414.3
— di stoppa 395.11
— da tenda 395.15
— da vele 395.14
— da vele per yacht. . 395.16
telaietto a forma di leggio 209.3
telaio 7.6, 112.5
— ad aghi 349.3, 359.8
— con due alberi a velocità eguale (diverse) 302.5.7
— ad albero unico. . . 302.1
— con apparecchio a broccato e a lancé . 349.2
— per arazzi 334.15
— ad avviamento difficile 309.21
— di avvolgimento della catena 80.6
— automatico 266.8
— con battente in salita 303.15
— con battente sospeso 303.16
— della bobina 30.5
— di bobina rialzato. . 30.6
— a boutons 208.17
— per broccati 348.7
— con caccia-navetta inferiore. 303.11
— con caccia-navette a molla 303.12
— con caccia-navetta superiore 303.10
— con cambio automatico della bobina . 304.1
— per far campioni . . 304.19
— a x casse 290.17
— a casse mobili verticalmente 303.17
— a cerniera 31.2
— per cinghie. 360.9
— per cinghie di trasmissione. 360.12
— a ciniglia 340.22
— circolare 300.9
— con comando a destra 305.11
— con comando a ruote di angolo 308.1
— con comando a sinistra. 305.12
— a contromarcia . . . 207.5
— per cordoncini . . . 360.7
— a corsa leggera . . . 304.2
— a corsa pesante . . 304.3
— da cortinaggi 368.3
— corto 296.8
— per cotone 321.3
— per crine di cavallo . 259.13
— per damasco 297.13
— disinnestato 306.22
— a doppia larghezza . 296.12
— da drappi 297.10
— per drappi forti . . 253.3
— a due operai 185.12
— per entrare le catene 106.1.2
— per essiccare la catena 72.3
— a fazzoletti 275.20
— per articoli a frangia 355.1
— dei fusi 36.7
— per galloni 360.8
— per garza damascata 353.12
— per garza figurata . 353.12
— a griglia 242.10
— incastrato 217.14
— Jacquard . . 7.12, 296.15, 300.7
— per lancés 344.1
— largo 296.11
— leggero. 296.5
telaio dei licci 194.14
— ad alti licci 298.7
— a bassi licci 298.9
— da lino 297.11
— a mano 7.7, 296.3
— a mano per piqué . 325.8
— a mano per seterie . 323.13
— a mano per tappeti a nodi 335.1
— a mano per tela metallica. 324.5
— a mano per tessere la tela 323.6
— a mano per tessuti di cotone 321.4
— a mano per tessuti a ricci 325.1
— a mano per tessuti a spugna 325.1
— a manovella 304.20
— a marcia continua . 306.17
— a meccanica 7.10
— meccanico 7.8, 301.6
— meccanico per cotone 321.9
— meccanico per peluche doppio 330.12
— meccanico per tappeti a nodi 337.6
— meccanico per tappeti di Smirne . . 337.8, 338.18
— meccanico per tessuti a pelo. 326.1
— con meccanismo a cassa circolare . . . 303.18
— con meccanismo a più pedali 209.17
— a merletti con carrelli azionati a serie (individualmente) . . 369.8.13
— per mocchetta . . . 331.8
— a moto lento 326.4
— a moto rapido . . . 326.5
— per nastri 355.10
— a nastri con ago per la battuta 360.11
— per nastri a battente liberamente sospeso. 355.12
— a nastri per calze elastiche 359.14
— a nastri con doppia battuta 360.10
— per nastri elastici . 359.15
— per nastri di seta. . 359.1
— per nastri di velluto 359.2
— per nastri di velluto e di felpa a doppio pelo 359.7
— ad una navetta . . 303.13
— a più navette . . . 303.14
— a navette multiple . 303.14
— Northrop. 260.18
— a pedale . . 182.19, 296.13
— per peluche 330.11
— per peluche doppio . 330.14
— da peluche da mobili 328.19
— per peluche mohair . 331.9
— a percussione a molla 255.20
— pesante 296.4
— per pezze gemelle. . 361.1
— porta-spola 32.14
— profondo . . 296.9, 324.2
— rapido per buckskin. 195.6
— a ratiera 7.10, 206.17, 296.14
— a ratiera meccanico . 300.6
— per reti a bobine . . 363.6
— rettilineo. 300.8
— a revolver 303.18
— a ricambio automatico di navette . . . 303.19
— in riposo. 306.16
— robusto 296.4
— a rulli 184.4
— a sample 209.9
— Seaton 257.21
— semi-meccanico . . . 7.9
— semi-meccanico per nastri 301.7
— da seta 297.12
— per stoffe lanciate . 344.1
— per stoffe a ricamo . 349.3, 351.3.8
— per stoppini di lampade 360.6
— stretto 296.10
— a tamburo 209.15
— per tappeti 297.15
— per tappeti di Axminster . . 340.20, 343.15
— per tappeti a nodi . 298.3
— per tappeti a nodi con Jacquard 335.13
— per tappeti da scala. 298.2

telaio per tappeti di Smirne . . . 335.4
— per tappezzeria . . . 334.16
— per tapezzeria di Smirne . . . 337.1
— per tela metallica 324.11.12.13
— per tela metallica senza fine . . . 324.14
— da tende . . . 368.3
— per tessuti a pelo a doppio colpo di battente . . . 326.2
— per tessuto perlato . 354.5
— per tessuto a spugna 297.14
— a tubi per tappeti . . 339.18
— a tulle con comando a rulli . . . 367.20
— a tulle con doppie barre ad alette . . . 366.5
— per tulle a doppia fila di corsoi . . . 366.4
— per tulle con unica fila di corsoi . . . 366.3
— per tulle liscio . . . 366.1
— a tulle operato . . . 365.19
— a tulle punteggiato . 365.25
— per tulle a striscie. 365.18
— ad uncini per tessuti a peluzzo . . . 333.13
— a velluto . . . 328.1
— per velluti doppi . . 330.13
— a grande velocità . 304.5, 326.5
— a piccola velocità. . 304.4, 326.4
telefonico, spese — che 447.8
telerie . . . 433.2
temperato, estremità —a 244.16
temperatura della sala di imbozzimatura . 73.9
tempiale . . . 138.14
— automatico . . . 139.14
— con catena continua a punte . . . 140.4
— a cilindro . . . 140.2
— a cilindro senza punte 140.12
— a tre cilindri . . . 140.3
— a dischi eccentrici con punte . . . 139.17
— ingorgato . . . 140.16
— a mano . . . 138.15
— a rotelle orizzontali . 140.9
— a tenaglia . . . 139.12
tenacità del filo . . . 435.24
tenaglia . . . 373.14
— per dadi . . . 373.16
— per estrarre i ferri . 330.6
— a punzone . 373.13, 384.19
tenaglie, in forma di . 269.17
tenaglino . . . 373.15
tenda di ciniglia . . . 419.5
— damascata . . . 419.3
— Djim . . . 419.14
— finlandese . . . 419.12
— di garza . . . 419.1
— di garza damascata . 419.6
— giapponese . . . 419.13
— indiana phulkari . . 419.15
— di Kilim . . . 419.11
— di Madras . . . 419.10
— di mussolina fina . . 418.19
— orientale . . . 419.9
— a pizzi . . . 419.2
— a scialle . . . 419.7
— stampata. . . 419.4
— di tulle . . 413.12, 418.18
— turca . . . 419.8
tendere le corde dei licci 181.16
— i licci . . . 180.7
— la molla . . 251.18, 283.22
— l'ordito . . . 66.5
— la trama . . . 245.6
tendi-fili, sistema Morrison . . . 92.20
tendifilo, disco . . . 35.19
tendina. . . . 433.7
tenditore dei fili, sistema Morrison . . . 92.20
—, dispositivo — della catena . . . 119.7
tenditura trasversale del tessuto . . . 139.1
tenere fermo il filo metallico con morsetti . 177.9
— i fili dei licci durante l'attacco dei maglioni . . . 177.14
— il pettine separatore 81.20
— teso il liccio . . . 180.19
tennis, tessuto . . . 399.12
tensione della catena . 66.4, 118.10.16
— della catena con molle 119.8
— della catena, dispositivo di — per telaio a nastri . . . 356.14
— cedevole . . . 118.23
— della cinghia regolata dal bilico del motore 310.8
— a contrappeso . . . 122.1
— costante . . . 126.9, 129.17
— dolce . . . 118.23
— dovuta alla formazione del passo . . . 118.13
— elastica . . . 118.23
— elevata nel passo anteriore . . . 143.8
— dei fili . . . 79.11
— dei fili con pesi . . 49.6
— dei fili di pelo, dispositivo di. . . 329.3.4
— sul filo prodotta da occhielli . . . 243.16
— forte. . . . 118.18, 119.12
— irregolare . . . 29.17
— sulla matassa . . . 25.11
— dell'ordito . . . 444.1
— con pesi . . . 301.11
— con peso immobile . 122.6
— con peso mobile . . 122.4
— uniforme . . 29.16, 126.9
— variabile . . . 49.9
—, catena di pelo con poca . . . 166.5
—, dispositivo di . . . 341.4
—, mettere la molla sotto forte . . . 92.16
—, rimessa sotto — della molla . . . 255.22
teoria delle armature . 143.16
teorico, peso . . . 11.17
—, produzione —a . . 441.3
terra vetrata . . . 208.2
terza catena . . . 159.11
teso, filo . . . 237.4
—, fortemente . . . 118.20
—, poco . . . 118.22
—, tenere — il liccio . . 180.19
tessere . . . 1.4
— articoli leggeri sopra telai pesanti . . . 296.7
— articoli pesanti sopra telai leggeri . . . 296.6
— senza bacchette d'invergatura . . . 138.13
— più colori . . . 271.7
— per conto terzi . . . 6.20
— a contratto . . . 6.20
— a cottimo . . . 6.20
— a fattura . . . 6.20
— a mano . . . 4.19
— paesaggi . . . 422.11
— con (senza) passo incrociato . . . 223.14
— con x sistemi di licci 181.3
— le testate . . . 1.14
— con trama secca . . 236.21
— con trama umida . 236.20
tessile, materiali —i . . 8.6
—, riferentesi alla tecnica . . . 2.1
tessiline . . . 14.2
tessilite . . . 14.1
tessilosa . . . 13.26
tessimento . 7.22, 84.7, 236.12
tessitore . . . 4.21
— di batista . . . 5.24
— per campioni . . . 299.7
— di canapa . . . 5.13
— a commissione . . . 6.23
— d'articoli di cotone . 5.10
— di crine di cavallo . 5.28
— di damasco . . . 5.25
— di drappi . . . 5.18
— a fattura . . . 6.22
— di filato di amianto. 5.29
— di juta . . . 5.14
— d'articoli di lana . . 5.17
— di lana cardata . . 5.20
— di lana pettinata . . 5.21
— di lanerie . . . 5.17
— di lino . . . 5.12
— a mano . . . 4.23
— di nastri . . . 5.26
— d'ortica . . . 5.16
— di panni . . . 5.18
— di stoffe figurate . . 5.9
— di stoppa . . . 5.15
— supplementare . . . 5.7
— di tela . . . 5.11
— per telaio meccanico. 5.1
tessitore al telaio a pedale . . . 5.3
— di tessuto da sacco . 5.23
— di traliccio . . . 5.22
— di velluti . . . 5.27
tessitrice . . . 4.22
— a mano . . . 4.24
— per telaio meccanico 5.2
tessitura (arte) . . 1.3, 114.1
— (stabilimento) . . . 1.7
— di articoli di biancheria . . . 2.3
— a broccato . . . 344.16
— dei campioni . . . 299.4
— casalinga . . . 6.19
— delle cinghie . . . 3.4
— di colorati . . . 2.4
— in colore . . . 2.4
— del cotone . . . 2.10
— a domicilio . . . 6.19
— a fattura . . . 6.21
— della felpa . . . 2.23
— di figure umane . . 422.10
— dei filati di carta . . 2.21
— con fili perlati . . . 3.5
— della garza . . . 352.3
— in greggio . . . 2.3
— indietro a mezza velocità . . . 302.15
— con Jacquard . . . 208.15
— della juta . . . 2.12
— della lana . . . 2.13
— del lino . . . 2.11
— a macchina . . . 7.2
— a mano . . . 4.18, 296.1
— meccanica . . . 7.2, 300.1
— dei nastri . . . 3.2
— del panno . . . 2.15
— con pedali e licci . . 181.1
— a perle . . . 3.5
— dei ricamati . . . 349.6
— d'articoli a sacco . . 300.10
— serica . . . 2.19
— della seta . . . 2.19
— di stoffe ad armatura 2.6
— delle stoffe a catena incrociata . . . 352.3
— di stoffe liscie . . . 2.5
— di stoffe operate 2.7, 208.15
— di stoffe operate con licci e pedali . . . 2.8
— di stoffe operate mediante trazione . . 2.9
— dei tappeti . . . 3.1
— della tela . . . 2.11
— tipo tela . . . 2.5
— di tessuti lanciati . 162.8
— d'articoli tubulari . 300.10
— in umido . . . 242.8
— del velluto . . . 2.24
tessoria . . . 1.7
— di lana . . . 2.14
tessuto (v. a. stoffa, articoli) . . . 3.9
— aperto . . . 164.1
— apprettato . . . 431.15
— d'argento . . . 402.21
— avvolto sul suo subbio 298.15
— bouclé . . . 166.2
— broccato all'ago . . . 163.6
— broccato per mobili . 418.13
— di canapa . . . 430.10
— di canapa liscio . . . 395.7
— candeggiato . . . 431.3
— formato da una catena e tre serie di trame 156.3
— con due catene e tre trame . . . 158.10
— con tre catene e due trame . . . 158.11
— di caucciù . . 415.3, 431.13
— cavo . . . 156.10
— cedevole . . . 431.26
— con chiarelle . . . 4.7
— chiaro . . . 62.20
— chiuso . . . 132.11
— cimato . . . 431.11
— ciniglia . . . 343.6
— compatto . . 392.13, 431.22
— composto . . . 154.7
— per coperte . . . 419.16
— coperto . . . 132.11
— poco coperto . . . 4.8
— di cotone . . 392.11, 430.7
— di cotone greggio . . 392.14
— di cotone operato . . 394.22
— di cotone tipo tela . 392.12
— per cravatte . . . 402.29
— crespato . . . 432.3
— di crine . . 414.10, 430.24
— in crine da sedili . . 414.18
tessuto damascato. . . 432.11
— denso . . . 392.13
— diagonale . . . 432.5
— diagonale di cotone . 394.6
— con due diritti . . . 392.5
— doppio . . . 431.20
— doppio con catena di riempimento . . . 158.1
— doppio con effetti di colori . . . 158.9
— a doppia faccia per catena . . . 155.11
— a doppia faccia per catena imitazione . 156.2
— a doppia faccia per catena operato . . 156.1
— a doppia faccia per trama . . . 154.18
— a doppio faccia per trama figurato . . 155.10
— doppio operato . . . 158.8
— doppio con ordito di collegamento . . . 158.3
— doppio con ordito inferiore . . . 158.11
— doppio con trama di collegamento . . . 158.2
— doppio con trama inferiore . . . 158.10
— doppio con trama di riempimento . . . 157.15
— doppio trapuntato . 160.10
— a dozzine . . . 441.9
— del dritto . . . 157.14
— duro . . . 431.25
— con effetti di catena 3.23, 351.6
— con effetti di trama. 3.24
— elastico . . . 415.3
— a x faccie . . . 159.1
— fantasia . . . 430.19
— felpato . . . 160.1
— di fibra di legno . . 416.9
— figurato . . . 391.14, 421.1
— in filato di carta . . 430.23
— a x fili . . . 144.19
— di fili metallici 416.14, 431.1
— in filo d'ottone . . 416.19
— con fili di riempimento . . . 156.5
— finito . . . 4.9
— fioccoso (pressato) 417.22.23
— fitto . . . 132.11
— poco fitto . . . 4.8
— floscio . . . 431.28
— follato . . . 431.9
— di fondo . . 166.15, 408.18
— di fondo a tela . . 167.4
— a garza . . . 432.7
— garzato . . . 431.10
— goffrato . . . 431.7
— di gomma elastica . 431.13
— greggio . . . 431.2
— grinzoso . . . 432.2
— grossolano . . . 431.27
— impermeabile . . . 431.12
— impregnato . . . 431.14
— increspato longitudinalmente . . . 161.17
— incrociato . . . 3.19, 432.5
— incrociato a quattro licci . . . 148.1
— inferiore . . . 169.5, 157.6
— intermedio . . . 159.8
— al Jacquard . . . 392.9
— a jour . . . 164.1
— di juta . . 396.13, 430.13
— di juta incrociato . 397.1
— di juta liscio . . . 396.14
— prodotto con lame . 392.8
— a x lame . . . 144.20
— di lana . . . 397.7
— di lana cardata 397.8, 430.14
— di lana cardata incrociato . . . 398.12
— di lana cardata liscio 397.9
— di lana cardata rasato 398.12
— di lana pettinata 398.17, 430.15
— di lana pettinata incrociato . . . 399.6
— di lana pettinata liscio . . . 398.18
— di lana pettinata operato . . . 399.18
— di lana pettinata rasato . . . 399.6
— lanato . . . 431.10
— lancé . . . 344.2
— lanciato . . . 344.2
— a legamento serrato . 226.14

tessuto a legatura uniforme su tutta la superficie 391.11
— leggero 431.16
— a x licci 181.5
— di lino 395.6, 430.8
— di lino diagonale 396.3
— di lino liscio 395.7
— di lino operato 396.10
— di lino rasato 396.3
— liscio 3.16, 391.8, 432.1
— a maglia 3.8, 166.2
— a maglia esagonale 363.9
— marezzato 431.8
— mercerizzato 431.5
— di mezzalana 400.2, 430.16
— mezza-seta 430.20
— di mezzo lino 430.9
— per mobili 418.1
— per mobili cannellato 418.5
— per mobili diagonale 418.8
— per mobili con diritto e rovescio 418.2
— per mobili a doppia faccia 418.3
— per mobili liscio 418.4
— moiré 431.8
— multiplo 158.12
— operato 432.10
— d'oro 402.20
— d'ortica 430.12
— di paglia 416.1
— a pelo 326.1
— a pelo abbassato 403.11
— a pelo diritto 403.10
— con pelo dalle due parti 170.5
— a peluzzo 333.13
— perlato 414.21
— pesante 431.17
— in pezza 405.15, 441.8
— a piccoli disegni 3.18
— pieghettato 162.6
— pieghevole 431.26
— -pizzo 412.25
— -pizzo per tende 413.1
— di x portate 434.20
— per pulire le macchine 394.3
— punteggiato 392.7, 421.3
— a quadrati 153.5
— quadrettato 271.13
— quadruplo operato 159.3
— rado 4.8, 431.21
— di ramiè 430.11
— rasato 394.6, 432.6
— a reticolato 412.5
— con ricamo a punto piatto 344.15
— a ricci 417.21
— rigato 153.5
— rigato con effetti di catena 3.22
— rigato trasversamente 271.12
— a righe sporgenti 391.9
— in rilievo 422.17
— del rovescio 157.14
— senza rovescio 392.6
— a sacco 5.23, 156.10
— a sacco senza cucitura 156.13
— satinato 432.6
— sbiancato 431.3
— scricchiolante 431.29
— scuro 62.19
— segnato dal pettine 143.13
— semplice 3.7
— serrato 431.22
— di seta 400.7, 430.17
— di seta a garza 401.22
— di seta incrociato 401.26
— di seta liscio 400.8
— di seta operato 402.15
— di seta rasato 402.3
— di tutta seta 430.18
— soffice 431.24
— solido 159.4
— spesso 159.5
— a spina 432.5
— a spina a due diritti 148.13
— a spugna 417.24, 432.8
— a spugna figurato 166.11
— a spugna operato 417.26
— a spugna unicolore 417.25
— stampato 431.6
— stampato per mobili 418.16
— striato in lunghezza 196.1
— superiore 157.4, 169.4
— superiore e tessuto inferiore lavorati da una sola navetta (da navette separate) 169.11.12
tessuto T 393.15
— tipo tela 3.16, 432.4
— per tende 418.17
— tennis 399.12
— terminato 4.9
— tinto 431.4
— tosato 431.11
— a traforo 164.1, 431.23
— formato da una trama e tre serie di catene 156.4
— trasparente 393.21
— triplice 159.6
— triplice operato 159.2
— tubulare 156.10
— tubulare per cilindri 156.14
— ultimato 4.9
— uniforme 145.5
— vellutato 403.7, 432.9
— vellutato di cotone 394.26
— vellutato di lana pettinata 399.26
— vellutato di seta 403.1
— vuoto 156.10
testa dell'ago spingitore 229.10
— della biella aperta 293.13
— di diamante, bullone a 374.12
— del ferro 327.6
— del fuso 96.5, 242.18
— d'intrecciamento 179.1
— in legno arrotondata 234.1
— mobile 80.19
— del morsetto 241.2
— piatta, bullone a 374.9
— della platina 186.18, 193.11
— del punzone 385.19
— del tacchetto 248.8
— del tastatore 389.5
— del tirante 276.16
— del trasportatore 262.1
testate, tessere le 1.14
testiera mobile 80.19
Thibet, filato 14.21
tibet 399.11
tigre, felpa imitazione 406.19
tino per colla 71.17
— a colore 74.21
— di legno 69.1
— di legno foderato con lamiera di rame 70.6
tinta 3.21
— unica, filato a 10.1
tinto in filato 429.13
— in pezza 429.14
— allo stato greggio 429.10
—, tessuto 431.4
tintore 444.25
tintura 18.24
—, bruciato in 9.26
tipo di telaio 304.7
— di telaio per nastri 355.11
—, filato 436.2
tira-licci 183.17, 185.9
tirante 123.23, 384.5, 385.16
— del caccia-navette 314.13
— della leva del freno 308.6
tirantino di rinforzo 280.5
tirare il filo di giro per una perla di vetro 361.14
— in giù il liccio levato (peso) 219.10
tirastivali, nastro per 427.5
tirata della corda di sample 386.9
tirato dai licci, filo 109.5
tiratore di lacci 209.14
tiratura delle corde 209.8
titolazione 11.11
titolo v. a. numero
— basso 11.7
— del filato 11.6, 435.18
— fino 11.9
— grosso 11.7
— medio 11.8
— tondo 11.7
togliere la catena dal tamburo 57.3
— le platine (coltelli) 210.25
— la spola dal fuso 37.8
toilinette 399.21
tondo, ago 168.11
—, titolo 11.7
torba 13.21
torcimetro 440.8
torcitura, grado di 16.16
torsione a destra 9.12
— a sinistra 9.13
— dolce 9.15
—, a forte 17.24
— del filo 145.6, 435.15
— della matassa immersa 70.2
torsione media 16.19
— normale 161.16
— ordinaria 9.11
— soffice 9.15
tortiglia 16.14
torto, ciniglia —a 20.21
—, filo metallico 175.13
—, leggermente 170.10
tosato, tessuto 431.11
Tournai, filato di 15.3
tovaglia 420.10
tovagliolo 420.9
tracciamento del contorno 379.18
tracciato dello schizzo 379.13
traforato, gallone 426.5
traforo, tessuto a 164.1, 431.23
traiettoria 312.7
— ad ∞ 179.14
traliccio 5.22, 394.7, 396.4
— per calzoni 396.7
— di juta 397.2
— per letti 396.6
— a sacco 396.5
trama (filo) 10.10
— (ripieno) 7.22, 84.7, 236.12
— (seta) 16.6
— asciutta 236.21
— di broccato 344.20
— del broccato, la — va e viene per formare soltanto il disegno 344.21
— di chappe 17.8
— di ciniglia 341.15, 411.7
— di collegamento 158.2
— colorata 334.18
— di colore 271.11
— che forma le costole 147.3
— deposta 237.1
— del diritto 325.10
— a disegno 425.20
— dispari 235.4
— distante dal vertice dell'angolo 325.6
— doppia, legamento con 169.14
— a due fili 237.2
— della figura 162.9, 344.6.20
— floscia 346.10
— di fondo 147.5, 166.17, 411.8
— di fondo in lino 412.1
— della frangia 355.8
— d'imbottitura 161.6, 325.12
— impiegata 444.16
— inferiore 155.4, 161.5
— inferiore sul rovescio 155.8
— inserita 237.1
— dell'inverso 325.11
— irregolare 236.19
— di juta 13.12
— lanciata 344.5
— lanciata, la — è solo visibile nel figurato 344.7
— obliqua 412.9
— ondulata 421.18
— organzinata 16.8
— pari 235.3
— di pelo 166.14
— perduta 266.12
— di perle 354.8, 415.2
— quadrupla, legamento con 169.16
— da ricamo 350.7
— di riempimento 156.9, 161.2
— di ritorno 424.9
— rotta 268.21
— del rovescio 161.5
— sbagliata 302.10
— secca 236.21
— stratorta 16.8
— superiore 155.3, 325.10
— supplementare 154.11
— di forte torsione 16.8
— dopo trama, inserire 271.14
— tripla, legamento con 169.15
— umida 236.20
—e a battere 166.10
—e per centimetro 444.12
—e impari 193.18
—e libere sulla parte posteriore del tessuto 344.8
—e pari 193.19
—e di pelo disposte per armatura satin 166.19
—e per pollice 444.13
tramé, seta 16.7
tranciato, anello 176.4
transizione di armature 144.21
trapassare il filo 22.9
trapasso del filo 22.10
trapuntato, tessuto 160.10
trapuntino 160.15
trascinato dai fili della catena (cilindro collatore) 76.13
trasformare, numero da 11.13
trasformato, numero 11.14
trasmissione per catena 70.17
— della forza del motore al telaio 310.5
— con leve 277.20
— del movimento della manovella 294.1
— della vibrazione del telaio sul meccanismo 212.14
—, comando con 305.8
trasporre un disegno x volte 380.20
trasportare il disegno 378.13
trasportatore 261.15, 262.9, 263.15, 264.8, 354.9
— delle bobine 364.13
— della navetta 269.16
trasporto automatico dei panieri di filato 102.7
—, spese di 447.1
trasposizione dei disegni 380.19
tratteggiamento dell'armatura inferiore 157.1
— del rovescio 157.1
tratteggiare l'armatura del tessuto superiore (inferiore) 157.2.3
— il filo d'ordito che sormonta quello di trama 434.8
trattenere l'estremità del filo (porta-bobina) 263.19
— gli ingrossamenti del filo 28.4
tratto fino nel filato 9.8
— di graduazione 62.12
— grosso nel filo 9.9, 28.3, 83.14
— libero della catena 118.9
— sottile nel filato 9.8
trave superiore del battente 288.17
traversa 105.14, 106.3, 176.15, 278.19, 297.5, 388.7
— dell'asta guida-fili 33.16
— del battente 288.19, 290.8, 293.3, 301.19
— del battente montata su x bracci 295.3
— centrale 305.2
— dei cilindri 356.11
— di ferro ad arco 206.3
— fissa 90.17
— di guida 327.17
— dei guida-fili 366.14, 367.16
— di guida superiore 112.21
— di guida del tessuto 116.15
— dell'intelaiatura 190.17
— in legno 71.11
— di legno duro e pesante 288.21
— in legno rivestito di ferro 289.1
— in legno sottile 289.5
— mobile 326.13
— perforata 337.2
— porta-bobine con fessure 95.4
— porta-fusi 91.3, 99.3
— posteriore 116.8
— posteriore fissa 117.2
— posteriore girevole 117.4
— posteriore oscillante 117.5
— posteriore rotonda e girevole 116.12
— posteriore semi-cilindrica e fissa 116.13
— di scorrimento 326.12
— di sostegno 212.9
— per tagliare 332.3
— del telaio 190.13, 259.3
— di tensione 80.3, 332.4
— degli uncini 334.8
traversante, albero 125.6
traversata ininterrotta dei carrelli a bobine 369.9
traverso del battente 346.1
— centrale 356.8
trazione doppia del filo nel passo incrociato 231.11
— del peso 123.6
—, tessitura mediante 2.9
tre colori, damasco a 154.2
triangolare, sezione 354.11
tricot 160.2
— diagonale 160.7

tricot con righe longitudinali 160.4
— con righe trasversali 160.3
tringle 224.1
triplice, eccentrico . . . 97.3
—, tessuto 159.2
triplo, colpo di battente 295.9
—, giro 164.15
truogo 89.10
— ad acqua 101.20
— del fuso 96.8
— di legno foderato con lamiera di rame . . 70.6
truogolo per cannette . 32.21
—, in forma di 266.4
Tschörner, meccanica per damasco 232.13
tubetto 232.10, 341.6
— di argilla 208.14
— di carta 10.11
— corto 10.13, 85.12
— per guidare il filo di pelo 342.3
— d'infilatura 245.8
— messo radialmente . 342.7
— messo tangenzialmente 342.6
— metallico 10.12
— passante . . . 10.14, 85.13
— perforato 10.15
— di trama 85.14
— di vetro 237.15
tubo 86.9, 340.5
— d'acciaio 256.7
— d'annodamento . . . 339.5
— per l'aria compressa . 264.13
— di canna 86.10
— di carta . 24.5, 86.14, 90.7
— di carta con base conica 86.15
— di carta cilindrico . . 24.6
— di cartone 86.14
— di caucciù 415.10
— di circolazione . . . 102.12
— conico 24.9
— corto 90.3
— curvo 258.3, 338.2
— senza dischi 89.6
— per filo di giro . . . 362.16
— girevole 338.9
— in forma d'imbuto . 288.2
— impermeabile al vapore 24.7
— d'introduzione del vapore 74.13
— in lamiera di ferro spaccato 287.2
— metallico perforato . 101.10
— in ottone 439.3
— di peli 167.7
— perforato conico per rocca incrociata . . 24.3
— resistente all'acqua . 24.8
— di riscaldamento 72.9, 73.1
— a scanalatura . . . 176.20
— scanalato per rocche incrociate 24.11
— di scappamento dell'aria 74.14
— semplice 89.6
— della spola 89.7
— a superficie ruvida . 24.4
— di tessuto 156.11
— di trame di pelo . . 167.1
—i disposti obliquamente 340.13
tubolare, guida-fili . . . 258.3
tubulare, tessuto . . . 156.10
tulle 363.8, 423.17
— chiazzato 412.18
— da cortinaggi . . . 413.1
— liscio 363.10, 412.6
— operato 363.13, 412.15, 423.19
— punteggiato . 363.12, 412.18
— rigato 363.11
— semplice 423.18
— a strisce 412.12
turco, tenda —a . . . 419.8
turquoise 401.10
tussah 17.6.16
tutta lama 402.23
— seta 430.18

U

U, maglia in forma di . 167.11
uguagliare le differenze di lunghezza delle portate 66.14
ultimato, spola —a . . 37.10
ultimo filo della rastrelliera 44.22
—a bobina 264.9
—a platina 220.16
umettatore d'aria . . . 102.11
— per filati, apparecchio 101.17
umidificazione, apparecchio d'— per filati . 101.17
umido, incannare a . . 85.3
uncinato, asta —a . . . 368.12
uncinetto, garza ad . . 165.9
uncino (v. a. platina, arpino, gancio) 207.8, 326.10, 339.13 342.27
— d'afferramento . . . 239.3
— dell'ago 259.18
— d'arresto . . . 192.6, 278.8
— di comando 193.13
— di comando del cilindro 190.9
— di comando del prisma 211.23
— doppio 439.6
— per figurato 350.19
— di filo di ferro . . . 172.20
— a forma d'occhiello . 367.17
— fuori azione 383.13
— girevole 109.12
— per infilare 365.6
— per inserire la trama 339.24
— per le licciole 172.14
— lungo 207.14
— della molla 315.3
— oscillante 177.1
— per passare i fili . . 105.9, 106.7
— per il pettine . . . 108.1.14
— di rientramento . . . 105.9
— di ritegno 237.21
— per ritirare i ferri . . 328.4
— di sospensione dei licci 171.11.14
— a vite 124.12
unghietta 373.8
unico, disposizione —a delle spole 44.12
—, tamburo 39.16
unicolore, catena . . . 21.11
uniforme, corsa 88.15
—, distribuzione 69.22
—, filo 435.7
—, mantenere — la tensione 98.3
uniformemente, imbozzimare 65.17
—, movimento ritardato 247.11
uniformità del filato . . 440.9
unilaterale, cambio delle navette 292.2
unione dei fili di più cannette 45.8
— della trama alla catena 1.12
unire i fili d'ordito, dispositivi per 111.1
unità di lunghezza . . 436.4
— di superficie 409.8
unito, catena —a . . . 434.1
—, garza —a 164.17
unitore d'estremità . . 172.1
unto d'olio, tacchetto . 248.13
urtare contro lo sporto della guida (fusto della bobina) 179.9
urto della navetta . . . 247.15
—, battuta per 292.15
uscita dei ferri 327.2
— del materiale 6.25
— dello scorritoio . . . 326.18
— del tubo d'aria compressa 265.6
utensile 373.3
— in forma di coltello . 108.2
— pel passaggio nel pettine 106.9
—i pel tessitore 8.9

V

va e viene, il guida-fili 88.14
va e vieni, moto di . . 30.15
—, due movimenti di . 32.7
—, dar un movimento di 81.6
valore della materia . 443.14
— reale 429.6
valorizzazione d'un tessuto 429.5
valvola per regolare la pressione 73.20
— di riduzione 74.11
valvole di sicurezza . . 69.17
— di sicurezza a contrappeso 74.18
— di strozzamento . . . 74.11
vano fra i denti . . . 82.18
— del pettine 282.8
vapore ad alta pressione 74.13
vaporisaggio della ciniglia tagliata 343.14
variabile, densità . . . 22.18
—, movimento 200.10
variare l'altezza degli strati 97.8
— la corsa del guida-filo 95.12
— la pressione 54.10
variazione nel numero dei giri 306.20
— della tensione della catena 120.8
— nella velocità 310.1
vaso ad olio 375.1
vecchia catena 113.15
vela 396.1
velati, filato per . . . 15.14
vele, tela da 395.14
vele per yacht, tela da 395.16
velliné 417.14
vellutato, tessuto . . . 166.12
velluto 417.11
— per bottoni 404.7
— broccato 423.2
— per catena 404.1
— per colletto 404.8
— di cotone . . 394.27, 403.13
— doppio 330.13
— a doppio pelo 404.4
— di Krefeld 404.5
— di lana 399.27
— Manchester 394.27
— Manchester a coste . 395.1, 403.16
— Manchester a fondo incrociato 395.5
— Manchester a fondo liscio 395.4
— Manchester a striscie 395.2
— Manchester non tagliato 395.3
— per mobili 418.14
— del Nord 406.15
— per pantofole 404.9
— propriamente detto . 167.16
— sabre 403.18
— di seta 403.2, 404.6
— tagliato 404.3
— non tagliato 404.2
— per trama 403.13
— per trama a doppio pelo 403.17
— per trama a fondo liscio 403.15
— per trama lungo-pelo 403.14
— di Utrecht 405.22
velo di seta 401.21
velocità anticipata . . . 135.15
— dell'aspo 25.26
— d'avvolgimento 24.19, 77.7
— costante 85.6
— finale 247.10
— del fuso 88.2
— del guida-filo 31.10
— dell'incannatura . . . 85.5
— iniziale 247.9
— massima . . . 85.7, 247.14, 306.18
— massima, la navetta raggiunge la sua — al centro del passo . . 257.14
— minima 306.19
— motrice variabile . . 34.16, 53.13
— della navetta 247.8
— dell'orditura 42.6
— del tamburo 48.17
— del telaio 266.16
— uniforme . . . 53.11, 85.6
— variabile 88.3
—, grande 304.5
—, piccola 53.14
ventilare la catena imbozzimata 65.29
ventilatore 73.18, 75.8, 76.6, 113.1
— d'essiccazione 66.1
verde 380.15
Verdol, carta senza fine 388.1
—, cartone 382.8
—, meccanica 229.1
verga d'acciaio 337.3
— per incrociare . 46.6, 56.6
verghetta di legno . . . 416.12
— di piombo 208.12
verifica del peso . . . 11.18
verificare le pezze, tavolo per 442.4
verificatore di pezze . . 6.1
— di uniformità del filato 440.9
verme 371.8
— quadrangulare . . . 100.9
vernice per corde d'armatura 220.5
verniciare i fili di licci con olio di lino . . 179.17
verniciato, liccio . . . 179.18
verniciatura dei licci . . 220.3
vero, frangia —a . . . 355.2
verticale, aspo 56.3
—, disposto 211.7
vertice dell'angolo . . . 284.9
vestiti, stoffa per . . . 432.17
vetro 19.12
vettore, raggio 198.20
vetture, bordura da . . 428.18
via 40.16, 381.7
— di rimettaggio . . . 104.7
viaggio, spese di . . . 446.21
vibrare (cassa) 273.14
— (tempiale) 140.19
vibratore a denti . . . 319.16
vibrazione del battente 295.4
— della cassa 273.13
— del telaio 212.13
— del tempiale 140.18
vigogna, filato di . . . 15.24
—, filato uso 12.8
Vigoureux, filato . . . 15.6
Vincenzi, divisione . . 216.12
vincita della resistenza . 118.7
viscosa, seta 17.20
visibile, ricamo 349.13
vite 55.18, 374.4
— ad alette . . . 83.7, 439.2
— di arresto . . . 61.21, 136.3, 259.1
— d'arresto con punta . 374.7
— a colletto 374.8
— con filettatura destra e sinistra 318.15
— senza fine 61.10
— di guida 100.6
— micrometrica 28.12
— perpetua . . . 54.11, 61.10
— perpetua del cilindro misuratore 51.18
— perpetua a filetto semplice 127.14
— perpetua montata sull'albero del cilindro contatore 51.24
— perpetua a passo semplice per l'azionamento dell'eccentrico . . . 36.15
— perpetua, ingranaggio a 34.7
— perpetua, meccanismo a 30.7
— di pressione 115.17
— di registro . . 92.23, 283.7
— serrata 439.9
— ad uncino 172.19
—, a forma di 100.17
vitriolo bianco 67.29
— di rame 68.2
vivagno (v. a. cimossa) 433.21
— del centro 361.2
voce commerciale dei tessuti 432.13
voile 394.4, 398.21
volante 55.4, 254.12, 302.4
— con filetto femmina . 60.11
volantino per spostare il tamburo 59.4
voltare il filo, leva per 339.14
vulcanizzato, caucciù . 415.18
vulcanizzazione 415.17
vuoto 413.12
—, carrello 364.15
—, marcia a 310.2
—, rocchetto 23.6
—, spostamento a . . . 127.3
—, tessuto 156.10

W

Walker, cassa girevole . 280.13
Walter e Stolle, navetta 242.12
water, filato 12.10
welliné 417.14
wellington 398.11
Wenzel, ratiera 196.3
White, ratiera a doppia corsa 194.12
Wolfrum, ratiera . . . 194.13

Z

zampa d'oca 178.18
zanella 400.6
zeffiro 393.7
zero, mettere a — l'ago indicatore . . 54.17, 440.17
zettatura Grant . . . 11.2
zetto americano 11.2
zibellino 398.13
zig-zag, raccogliere i fili allentati a. 49.5
—, svolgersi in 369.2
zinco. 175.16
zoccolo 311.14, 322.10
— con dito 322.11
Zschweigert, meccanismo di ricambio della navetta 267.8
zucchero d'uva 68.5
Zwicki, meccanismo automatico di ricambio delle navette . 270.3

Spanisch · Spanish · Испанский · Espagnol · Spagnuolo · Español

A

abandonar el taco (lanzadera) 250.16
abarcar dos ganchos (aguja) 227.5
abertura de la calada 141.10, 181.19
— de la carrera de la lanzadera 357.3
— del cuerpo de la caja 266.17
— en la mesa 365.3
aberturas 413.12
abierto, bobina do cruzado 23.3
—, fondo 244.7
—, peine 49.18
abovedado, de forma —a 69.11
abridores de dientes. . 108.15
abrir los brazos de la devanadera 29.1
— los dientes del peine (separadores) . . . 109.8
—se (calada) 141.22
—se (pico de las tenacillas) 341.19
absorber el hilo . . . 372.13
absorción del hilo mediante la boca . . . 372.12
acabado, artículo . . . 4.9
—, artículo completamente 443.9
—, cinta —a 427.16
acabador 6.5
acanalado (v. t. réps y teletón) 398.27
— con dibujos de dos urdimbres 146.13
— interrumpido 146.12
— mixto 146.5
— oblicuo . . . 146.7, 397.22
— oblicuo de cordoncitos desiguales 146.10
— oblicuo por trama . 146.9
— oblicuo por urdimbre 146.8
— reforzado. 146.6
— regular. . . . 145.20, 418.6
— por trama 146.1
— por trama para muebles 418.7
— por urdimbre. . . . 146.2
acanalado, disco . . . 101.3
acanalar la cinta . . . 427.18
acarreo, gastos de . . 447.3
accesorios de explotación. 371.9
— de fabricación . . . 371.9
— de lanzadera 237.17
acción del freno . . . 120.9
accionado por cuerdas . 37.18
— por fricción 36.2
— por peldaños 363.16
accionador del huso . . 93.13
accionamiento por árboles de transmisión 305.8
— de los carros portabobinas 366.20
— del cilindro por cadena 213.14
— por correa 307.7
— de la cremallera . . 276.6
— derecho del telar . . 305.13
— eléctrico 309.14
— por engranajes . . . 307.16
— por engranaje cilíndrico 307.17
— por excéntrico de fricción 134.18
— por fricción 307.12
— por grupos 305.9
— de los gatillos de expulsión 314.3
accionamiento individual 305.10
— izquierdo del telar . 305.14
— con (sin) juego muerto 189.4.5
— de la Jacquard . . 212.17
— del mecanismo de expulsión 314.2
— del mecanismo de simple alza 213.9
— negativo 213.1
— por polea fija y loca 307.11
— positivo . . . 134.12, 213.5
— por ruedas cónicas . 307.18
— por rueda con picaporte 309.2
— del telar 305.6
— a velocidad variable. 308.4
accionar por aire comprimido 256.14
— por correa (motor) . 310.6
— por una correa de conexión (picaporte) . 252.16
— mediante un disco de fricción 100.11
— por engranajes (motor) 310.16
— los excéntricos, mecanismo para 201.1
— por una fuerza motriz 300.5
— por fricción 87.19
— mediante la palanca (engranaje) 133.15
— por medio de rozamiento 27.11
— el ventilador por medio del batán . . . 76.7
aceitado, taco 248.13
aceite 437.19
— de coco 67.11
— de engrase 374.19
— de linaza. 179.17
— de oliva 67.13
— de palma 67.10
— de parafina 67.14
— de ricino. 67.12
aceitera 375.2
— con bomba. 375.3
aceleración de la masa 123.14
acelerado, carrera —a . 88.16
—, movimento 198.11
acelerar el movimiento. 247.12
aceptación del tejido . 7.1
acercarse entre sí (hilos) 114.11
acero. 78.2, 175.12
— endurecido 239.8
— fundido . . . 190.2, 372.16
achatado, muestra —a . 377.20
ácido carbólico 68.6
— fénico 68.6
— salicílico . . . 68.3, 438.1
— tánico 437.30
—, degenerar en —a (cola) 65.10
acolchado en doble tela 160.10
—, ligamento 160.15
acodado, palanca —a del freno 48.6
acoplado, mecanismos reguladores —s . . . 135.4
acoplamiento del árbol principal 54.4
— automático por fuerza centrífuga 311.9
— cónico accionado por el disparo 311.4
— dentado 333.21
— por dientes 51.15
— por discos de fricción 51.12
— elástico (por fuerza centrífuga) . 310.20, 311.10
— de fricción 34.4
— de fricción por fuerza centrífuga. 311.5
acoplamiento del guíahilos 35.10
— de manivela 194.20
— del mecanismo de expulsión 315.1
— de mordaza 313.7
— de las ruedas de impulsión de los husos 95.8
— de seguridad 279.11
— de seguridad para el mecanismo de expulsión 314.5
acoplar las máquinas Jacquard 214.6
— los mecanismos reguladores 135.3
— las ruedas impulsoras de los husos . . . 95.7
acorazado, motor . . . 309.20
acortar la palanca del freno 92.15
activo, arrollamiento. . 132.3
actuar intermitentemente (regulador arrollador). 130.6
acumulación de hilos . 365.24
adamascado. 153.14
— de algodón 394.23
— a la Jacquard . . . 396.12
— de lana 399.24
— de lino 396.11
— para muebles . 399.25, 418.11
— de seda 402.16
adelgazamiento en el hilo 9.8
— de los hilos por laminado 415.14
adherido, hilo. 66.2
adhesión de los hilos al cilindro encolador . 74.10
adhesivo, substancia —a 66.18
adición de agua. . . . 68.7
— de pesos 123.3
— de sebo 64.18
— que produce suavidad y flexibilidad . 67.4
— de una urdimbre suplementaria en el envés 154.9
adicional, exigencia . . 143.11
adorno para bufete . . 428.23
— para corsé 427.11
— para delantal. . . . 427.12
— de trencilla. 330.10
afilado, alambre . . . 111.18
afilador, dispositivo — del cuchillo 332.7
aflojado, urdimbre —a . 49.13
aflojamiento de los hilos 79.10
— del hilo de urdimbre 319.8
— de la tensión de la urdimbre 126.11
— de la urdimbre . . . 118.11
aflojar las cuerdas de los lizos 181.15
— el freno 309.12
— la tuerca . . 250.3, 439.7
— la urdimbre 49.12
—se (calada de ascenso) 142.16
agarrar las barritas de la linterna (cuchillos) 205.19
— la orilla del tejido con el templazo 139.16
— los orillos 139.13
—se a la hendedura (palanca) 52.20
agente físico de apresto 437.5
— contra la formación de moho 67.24
— mecánico de apresto 437.4
— para prevenir la descomposición de la cola 67.23
agente para prevenir el secamiento 67.6
— químico de apresto . 437.6
agitación 69.8
agitador 68.22, 69.3
aglutinante, substancia. 67.19
agotado, canilla —a . . 243.22
agrupar los hilos . . . 182.14
— las perlas para formar un dibujo 414.25
agua 68.7
— de condensación . . 73.22
aguja (de la Jacquard). 210.11
— (de la máquina para chenilla). 342.26
— (de la maquinita) 187.14, 192.4, 194.4
— (del peine para tissaje de perlé) 354.16
— (del piñón de la linterna) 39.13
— (paraurdimbre) . . . 35.6
— (del telar para gaza labrada) 353.15
— de acero 259.15
— bordadora 351.2
— colgante 229.7
— de coser 342.15
— deformada 211.13
— de enhebrado 372.10
— fija 362.11
— con gancho. . 259.12, 351.10
— de gancho . . 338.6, 346.17
— del hilo fijo 362.19
— impulsora 229.6
— indicadora 28.14
— para insertar la trama 259.11
— intermedia 195.2
— de latón 117.14
— móvil 362.12
— con nariz 351.10
— de picado 388.10
— portadora de la lanzadera 346.14
— de prensadura . . . 360.11
— -resorte. 320.15
— secundaria 229.6
— selectora 113.6
— de separación. . . . 57.15
— con taladro 354.2
— de telar 367.19
— para trama. 358.5
— vertical 229.7
—s cogidas en los agujeros de los cartones . 226.9
—s para *x* cordones . . 225.14
—s movidas conjuntamente. 350.1
—s movidas individualmente. 350.12
—s con ojales alargados 225.15
—s quedas 226.12
—s dispuestas en dos series 190.6
—s secundarias colocadas oblicuamente . 229.22
—s verticales suspendidas en el emparrillado . 229.23
—s, dispositivo de las . 359.9
agujereado, plato . . . 78.4
agujero de aceite . . . 375.6
— en el cartón 383.4
— del cilindro. 188.1
— para el cosido . . . 382.15
— para el hilo 365.7
— con muesca 115.11
— de muestra 383.2
— para el pezón 383.1
— de la tabla de arcadas 217.9
—s para las clavijas colocados en líneas oblicuas 57.20
—s en línea recta . . . 217.10

agujero-s en líneas oblicuas 217.12
—s en la tabla de cordones 225.12
—s al tresbolillo 217.11
aire 69.13
— caliente 75.4
— circulante 75.11
— comprimido 256.14
— húmedo 102.15
— cargado de humedad 75.13
— libre 72.1
ajustable, biela 293.12
ajustado de las agujas. 363.4
— alto 205.1
— bajo 205.2
— de la pasada 282.1
ajustar el árbol de los excéntricos 92.13
— los cartones (pezones) 206.6
— el cilindro 187.1
— el gorrón de manivela 59.9
— la linterna 29.11
— el soporte 55.21
— el soporte del plegador en la ranura del pie 80.13
— el soporte superior de la bobina 37.6
— el templazo largo (corto) 139.9.10
— el tornillo en la ranura 134.3
alamar 428.22
alambre . 20.9, 176.18, 346.16
— de acero 175.12
— afilado en la curvatura 111.18
— arrollado en hélice . 197.16
— compensador 90.14
— de conexión . 227.2, 253.15, 277.8
— grueso 208.11
— de hierro 175.11
— en forma de horquilla 111.13
— laminado 175.14
— para mallones 176.3
— con ojete . . 33.10, 219.5
— para lámpara 356.4
— para el ligado 287.16
— para ojos 176.3
— para peines 286.18
— recocido 416.18
— de retención de acero 355.6
— retorcido 416.17
— tensor 90.14
— revelador 35.6
alargamiento de los cartones 382.5
— del hilo 114.7
alargarse (cartón) 383.22
albayalde 124.23
alcanfor 438.4
alcuza 375.1
alejar la cinta de encruzamiento 42.18
— el cono del árbol de la expulsión, dispositivo para 249.3
alfiler de metal 228.1
— para el análisis 434.6
alfombra 407.7, 433.15
— de Afghanistán 410.4
— de Anatolia 410.2
— de Arabia 410.5
— de Asia Menor 410.2
— aterciopelada 241.19, 408.13
— aterciopelada por trama 408.14
— aterciopelada por urdimbre 411.9
— de Axminster 410.12
— de Axminster alemana 410.14
— de Axminster Royal 410.16
— de Axminster Victoria 410.15
— bordada 407.25
— de Bruselas 411.21
— de cama 433.17
— con cenefa 407.9
— de chenilla 410.10
— de chenilla de doble cara 410.11
— de chenilla con pelo en una sola cara . 410.12
— compuesta 407.12
— de cordoncito 407.15
— de corredor en moqueta 411.20
— doble 408.9
— de escalera . . 407.13, 433.16
alfombra escocesa 408.12
— estampada 407.27
— de estopa 407.22
— de fibra de coco 407.20
— forrada 407.23
— con forro artificial . 407.24
— imitación 407.6
— inglesa 408.4
— de Kidderminster 408.11
— Kilim 408.7
— de Marruecos 410.7
— marroquí 410.7
— nudosa hecha mecánicamente 408.19
— nudosa a la aguja . 408.17
— nudosa imitación 409.1
— de oratorio 410.8
— ordinaria 408.1
— oriental 410.1
— parisién 407.14
— con pelo 408.13
— con pelo de vaca 408.2
— persa 410.3
— pintada a mano 407.26
— a puntos nudosos 408.15
— con puntos nudosos a mano 408.16
— renana 407.28
— formando reps 407.18
— formando sarga 407.19
— sencilla 408.1
— de Smirna 409.15
— de Smirna de pelo corto (largo) 409.16.17
— de Soumak 407.29
— formando tafetán 407.17
— formando teletón 407.18
— tirolesa 408.3
— de Tournay 412.4
— triple 408.12
— turcomana 410.6
— de Turquía 409.15
— verdadera 407.5
— de Westfalia 407.28
— de yute 407.21
alga marina 67.21
algodón 2.10, 241.20
— egipcio 12.4
— para forro 392.19
alicates 373.15
— del tejedor 8.12
alimentación del hilo 85.4
— de hilos de trama de diversos colores 258.15
— de la trama 260.1
— de la trama por cadena sin fin 263.1
— de la trama, mecanismo de 258.2
—, dispositivo de 258.15
—, mecanismo de 113.8
alimentador, mecanismo — automático 269.7
alimentario, mecanismo 342.14
alineación exacta de los agujeros 388.19
alinear las mallas en los lizos 173.5
alma de la bobina 346.8
— de la canilla 84.13
almacenaje 443.11
almidón 66.19
— de patata 66.20
almidonero 445.17
almohadilla de aire 256.15
— de freno 120.22
alojamiento 292.12
alpaca 15.26
— -extract 14.20
— -tibet 399.23
alquiler 446.18
alternado, capas —as 97.9
alternar los lizos 181.17
alternativo, movimiento 39.11, 367.10
alto, ajustado 205.1
—, espadón — del excéntrico 179.7
—, pasado en — de la lanzadera 143.2
altura del antepecho 304.15
— de arrollamiento 100.2
— de la calada . 141.11, 282.11
— de la capa 97.8
— del cono 87.8
— del guía-hilos 304.16
— del hierro 327.10
— del lizo 218.12
— de los lizos 171.5
— del peine 282.5
— de los rizos 327.9
altura, pequeña — del peine 324.10
—s, dos — de pelo 167.13
alumbrado 446.20
alumbre 67.25, 438.3
alza y baja, corrón de. 46.3
— de las bobinas, palanca de 340.9
— de la grifa 211.1
— de x hilos 224.13
— de los lizos, dispositivo de 181.22
— múltiple 201.12
—, doble 201.11
—, simple 201.12
alzamiento del gatillo . 126.15
— de la urdimbre por los lizos 181.21
alzaprima 439.5
amalgamado, damasco . 154.4
amalgamar dos sargas . 150.5
amarillo 380.12
amianto 5.29, 17.22
amordazar los hilos de la urdimbre de pelo 333.12
— los orillos 139.13
amortiguado, golpe del batán 130.14
—, resistencia al arrollamiento —a por la presión del peine 130.10
amortización de los edificios 445.22
— de las máquinas 445.21
amplitud de alzada 126.16
— de desarrollo 126.13
análisis de los hilos por comparación 436.1
— de la muestra 430.2
— de tejidos 429.3
ancho del peine 304.12, 444.10
— de la pieza 3.12
— útil del peine. 304.10, 331.1
— del telar 304.11
anchura de la alfombra 407.11
— del batán 308.3
— corriente 442.8
— de la faja 41.6
— de la franja 355.7
— del peine 444.10
— del plegador 78.5
— del tambor . . 48.18, 54.20
— del tejido 442.7
— de la urdimbre 114.12
—, en el sentido de la 153.8
anejo del tubo 259.7
Angora, hilo de cabra de 170.10
angular, motivo 378.4
ángulo formado por los cordones 233.3
— del dentado . 127.6, 135.18
— de freno 332.6
— de hierro 323.14
— de inclinación 198.18
— obtuso 148.11
— de pasaje del hilo 50.4
— de remetido del hilo 50.4
—, evolucionar según un determinado 88.9
—, formar un (hilo) 39.2
—, movimiento en 298.10
anillo acanalado 99.4
— sobre la base de la canilla 263.11
— con clavijas 115.14
— de conexión 227.2
— corredizo 197.13
— frenador por canilla llena 92.4
— de freno 370.12
— incrustado 115.1
— de latón guarnecido de puntas 139.18
— metálico 219.6
— montado sobre los segmentos 202.13
— con perno 341.5
— en dos piezas 311.1
—s colocados en forma excéntrica 140.1
ánima de algodón 18.4
— de latón 18.5
— metálica 19.21
ante-cuerpo 223.5, 231.4
— para lizos ascendentes, descendentes y estacionarios 231.3
antepecho 116.16, 136.17, 323.7, 355.14, 358.4
— de la caja 267.4.13
ante-plegador 47.20
ante-plegador cónico . 40.21
anterior, gancho 92.2
antiguo, urdimbre —a . 113.15
antiséptico 67.24
anudado 409.2
— de los hilos de urdimbre 110.16
— a mano 336.19
—, banco de 111.2
—, dispositivo de 338.1
anudador 445.8
— Barber 112.3
— de urdimbres 110.13
—, aparato 111.12
anudadora mecánica . 111.1
— de urdimbres 110.14
— de urdimbre de Barber 112.20
anudar los cabos de hilo de pelo en la urdimbre 336.13
— los cordeles de sujeción en la barra transversal 177.3
— el hilo del lizo encima (debajo) del mallón 175.21.22
— los hilos, dispositivo para 112.23
— los hilos de la nueva urdimbre 110.15
— los hilos rotos 51.11
aparato v. t. dispositivo, mecanismo, máquina
— anudador 111.12
— arrollador 130.18
— contador 370.2
— contador de listas 74.19
— economizador de cartones 236.7
— de encolado a mano. 71.14
— para ensayo de los tejidos 438.8
— humidificador para hilos 101.17
— marcador de listas . 74.19
— medidor 370.2
— mojador para hilos . 101.17
— de plegado . . 59.5, 61.24
— para la preparación de la cola 68.21
— para la preparación de la cola con agitador 68.22
— para la preparación de la cola a alta presión 69.9
— regulador por cambio del curso del gatillo 132.2
— para remeter urdimbres. . . . 105.11, 106.1.2
aparejo 184.3
apartar el cono del árbol de la expulsión, dispositivo para 249.3
aplacar la pelusilla del hilo 64.13
aplastado, hilo 94.4
aplicado, muestra —a . 406.6
aplicar la cola . 65.15, 73.4
— un marco de forma cónica sobre la napa de hilos 60.13
— las puntas en los orillos del tejido 139.8
—se sobre el cono (napa) 60.4
apoyar sobre el excéntrico (rodillo) 34.1
— la palanca 194.11
— sobre la palanca 288.14
—se sobre los ganchos (tapones) 188.9
—se sobre la linterna (marsillo) 205.20
apoyo del brazo oscilante 194.10
— positivo de la espada 313.13
— de la traviesa 212.10
aprestado de los lizos de torzal 179.15
—, tejido 431.15
—, urdimbre —a 64.5
aprestador 6.5
aprestar los lizos de torzal 179.16
— el tejido 437.1
— la urdimbre 64.4
apresto 436.20
—, agente de 437.4.5-6
—, grados de 16.16.18.19
apretadamente, plegar . 79.9
apretado, arrollado 85.22
—, tuerca —a 439.9

apretar la bobina sobre el árbol 33.2
— las bobinas con romanas sobre los tambores de fricción 31.5
— el cilindro contra el tambor 55.20
— el huso contra el embudo 95.11
— los orillos 139.13
— los pedales 182.23
— el resorte sobre la bobina 346.6
— el rodillo contra el excéntrico 37.15
— las teclas 385.17
— la tuerca 439.8
aprisionado, lanzadera —a 315.6
aprisionamiento de la canilla contra el tubo de aire comprimido 265.6
aprisionar la base de la canilla (garra) 263.18
aptitud para el deslustre 429.21
— para el planchado 429.20
— para el plegado 429.22
apuntado, extremidad —a 328.7
apuntalado, bastidor 297.7
apuntalar el bastidor del telar 297.8
arandela de hierro 139.19
— para tornillo 374.15
arbitraje 443.4
árbol 280.4
— acodado 384.4
— del aspe 29.4
— atravesando 125.6
— auxiliar 178.4
— de la barra de los guía-hilos 36.12
— de las cigüeñas 203.18, 274.5, 301.16
— cigüeñal de hierro forjado 302.8
— del cilindro 195.11, 235.10
— del cilindro de contacto 125.14
— del cilindro contador 51.24
— cuadrado del plegador 78.1
— cuadrangular de espigas redondeadas 117.8
— de las cuchillas 191.18
— de los discos de fricción 36.9
— del excéntrico 37.1
— de los excéntricos 91.4, 302.9
— de la expulsión 252.6
— de expulsión con larga hendidura 249.4
— de impulsión del palo 249.8
— inferior 302.9
— intermedio 178.5, 262.13
— motor 34.3, 89.18, 178.2
— motor de las bobinas 33.1
— motor de los husos 96.2
— oblicuo de expulsión 254.14
— de la palanca de contacto 253.13
— de la palanca pulsora 316.9
— principal 34.3, 36.14, 54.3
— del pulsador 314.8
— rectangular 280.14
— redondo del plegador 77.22
— con rodillo 250.22
— de secciones 54.14, 322.2
— de los sectores 322.4
— soportado por la bancada lateral 302.6
— del tambor 48.2, 55.12, 60.10
— de los tambores 30.3
— del tornillo sin fin 127.19
— de transmisión 305.8
— transversal 348.8
—es girando a la misma (a distinta) velocidad 302.5.7
arcada 207.15, 217.15, 224.3
arcadas 231.18
— abiertas 221.6
— cruzadas 221.3
arco angular de llanta de hierro 341.7
— dentado 257.3
— pulsador 318.14
— soportador de los cartones 390.13
—, en forma de 206.3
argolla 80.16
— del plegador 77.21
arista cortante 111.14
— de refuerzo para el garrote 241.9
armadura 301.3
— de la polea 183.19
armazón con las agujas movidas individualmente 350.12
— de bordado con dos peines 351.4
— de brocado para telar de cintas 346.12
— a círculos 347.1
— con espolines circulares 345.17, 347.1.6
— con espolines moviéndose en línea recta (en arco) 347.9.12
— de pequeñas lanzaderas 346.13
— suizo de brocado 348.3
— de telar para lappet 349.15
— triple de brocado con guía de ganchos 346.21
— vienés de brocado 347.16
armure 402.1
aro 80.16
— con nervios de refuerzo 115.20
— del plegador 77.21
— de presión 78.13
— de refuerzo 115.13
arqueado, espolín 347.13
arranque, punto de 204.8
arrastrado por los lizos, hilo 109.5
arrastrar el hilo a través del peine (repasadera) 109.4
arrendamiento 446.18
arrollado apretado 85.22
— en canillas de trama 85.9
— compacto 85.22
arrollador de tejido 6.12, 116.17
—, mecanismo — del tejido 132.20
—, obrero — de urdimbres 77.14
arrollamiento activo del tejido 132.3
— del cordón 235.13
— cruzado 87.12, 91.7
— directo 131.1
— del hilo por rotación de la broca 87.23
— indirecto 131.3
— del tejido 129.18
— del tejido durante el retroceso (el avance) del batán 130.15.16
— de la urdimbre en el plegador del telar 76.14.17, 77.1
—, dispositivo de — para urdidor de secciones 55.3
arrollar los cabos de hilo sobre un botón 261.7
— el cordón de unión sobre el plegador de tejido 110.4
— la cuerda de freno alrededor del plegador 121.16
— las cuerdas alrededor de los montantes del batán 290.4
— una faja de hilos 41.3
— el hilo en la base cónica del tubo 86.16
— el hilo blando 85.25
— el hilo compacto 85.24
— el hilo flojo 85.25
— los hilos paralelamente 81.8
— el hilo regularmente sobre el carrete 22.17
— el hilo de trama sobre la planchita 335.19
— varias listas en el plegador 77.10
— los ovillos de urdimbre en husadas (en carretes) 63.15.16
— partiendo de bobinas cruzadas 89.20
— partiendo de husadas 85.27
— partiendo de madejas 85.26
— sedales alrededor de los listones 286.9
— el tejido 298.16
— el tejido, máquina de 442.5
arrollar el tiratacos en el garrote 250.15
— la trama 84.15
— la urdimbre en espiral sobre la devanadera 46.19
— la urdimbre con fuerte tensión 79.6
— la urdimbre en ovillos 63.6
— la urdimbre en pelota 63.6
— la urdimbre entre los platos 78.16
— la urdimbre en el plegador 46.18
— la urdimbre en plegador sin platos 79.4
— la urdimbre del plegador de urdidor en el plegador del telar 76.20
— la urdimbre con una tensión uniforme 79.8
—se (cuerda) 122.5
arroz 66.24
arrugado, tejido 432.2
artesa de agua 101.20
— de cola 180.5
— del huso 96.8
—, en forma de 266.4
articulación 255.3
— de chapa 281.2
— en paralelogramo 311.7
—, doble 204.2, 213.12
articulado, biela —a 293.17
artículo v. t. tejido, género
— acabado 4.9
— sin acabar 443.8
— brocado 344.12
— completamente acabado 443.9
— ligero 296.7
— pesado 296.6
— pesante 296.6
— con puntos bordados 349.7
— tubular 300.10
—s a franjas 355.1
—s hechos a mano 405.21
artificial, crin 17.21
—, nudo 18.15
ascendente, lizo 198.2
—, urdimbre 338.4
ascensional, movimiento 39.8
ascenso y descenso, movimiento de 97.1
— por grupos 226.17
— de muchos hilos 220.18
— del motivo sin ligamento 232.3
— múltiple 220.18
— de la palanca-calca 295.15
asegurar la cruz por ligaduras 42.16
— el listón en las ranuras 173.2
asentamiento del gancho en el descanso 48.20
asiento, cobertura para 405.16
aspe 25.16.19, 26.8
— de seis brazos 28.15
— de brazos plegables 28.16
— contador 440.4
— a corredera 25.20
— de devanadera 34.15
aspeado, hilo 10.20
aspecto confuso 153.3
— del tejido 145.7, 391.7
áspero, superficie —a 100.16
—, tejido 431.27
astilla 244.2
astillarse (lanzadera) 243.13
astracán 170.7, 407.2
atado, madeja —a 10.24
atadura libre 181.11
— de los lizos 181.10
atar las calcas 183.9
— los coletes a los ganchos 218.5
— los dientes sobre los listones 286.8
— los hilos de urdimbre por secciones sobre el arrollador de tejido 110.3
— el nudo con dos hilos de urdimbre 336.16
— el nudo con un solo hilo de urdimbre 336.18
aterciopelado, tejido 399.26
atiesar las mallas 180.7
atornillado de los excéntricos 198.22
atornillador 373.17
atornillamiento de los excéntricos 198.22
atrás, marcha 302.13
—, trabajar hacia 302.14
atravesando, árbol 125.6
atravesar el carro (pulsador) 364.11
— el guía-hilos (hilo) 39.7
— oblicuamente el peine (hilos) 50.2
— el ojal (hilo) 45.6
— el peine (ligaduras de torsión) 110.12
aumentado, muestra —a 232.2
aumentar la densidad de la urdimbre 114.13
— la fuerza del golpe 246.17
— la resistencia del hilo 64.12
— la tensión 119.2
aumento añadido para el beneficio 442.15
— de la densidad de la urdimbre 114.14
— de la muestra 222.4
— del peso del tejido 4.11
— de producción del telar 266.9
— de tensión 120.7, 143.6
auténtico, chal 420.20
automáticamente, colocarse 27.10
automático, paro 37.10
auxiliar, cilindro 128.14
avance de la barra 127.1
— del batán 130.16, 292.19
— de la bobina 346.9
— de la devanadera 33.6
— lateral 109.11
— del plato de fricción 127.11
— del tambor 57.9
— del tejido 292.11
— de la urdimbre 130.3
—, movimiento de 135.16, 262.5
avanzar el cilindro hacia adelante x dientes 195.17
— paso a paso (cadena) 340.3
— hacer — los dientes de la rueda 133.22
—, hacer — una cierta cantidad del tejido a cada evolución del batán 134.9
axial, desplazamiento 251.8, 307.15
—, movimiento 367.9
Axminster, alfombra de 410.12
ayudante 5.8
— del pasador (obrero) 103.13
— del pasador (obrera) 103.14
— de urdidor 40.9
azabache, galón de 428.10
azúcar de uvas 68.5
azul 80.13

B

baguilla, hilo de —s 421.17
baja de los hilos 142.8
bajada de la grifa 211.2
— de los hilos 142.8
— del peine 285.18
bajado, caja —a 272.15
—, hilos —s 142.9
bajar los grupos de hilos en el paso inferior 351.15
— el listón 61.22
— el lizo levantado (peso) 219.10
— los lizos 182.3
— los lizos para la calada de baja 187.10
— (vástago) 98.6
— la $x$ésima caja ($x$ésimo cubo) 281.10
— la $x$ésima caja ($x$ésimo rodillo) 281.11
— la $x$ésima caja ($x$ésimo taladro) 281.9
— de la $x$ésima a la $y$ésima caja 281.8
—, hacer — la caja 272.14
—, hacer — las cajas a mano 291.7
—, hacer — los lizos 191.1
bajo, ajustado 205.2
—, espadón — del excéntrico 179.8
Baker y Kip, mecanismo de cambio de lanzaderas 269.2

balancín 274.6
balanza 439.13
— con caja de protección 439.15
— con devanadera. . . 439.14
— micrométrica 88.20
— de precisión 439.16
— de resorte 438.19
— universal. 439.17
bamboleante, huso . . 239.12
bancada de bobinas con ranuras 95.4
— de los husos 91.3
— lateral. 335.2
— lateral para accionamiento 304.21
— lateral para cambio. 305.1
— de la máquina . . . 287.6
— de los plegadores . . 72.14
— porta-husos. 99.3
— del telar para cintería 355.13
—s del telar . . . . . 297 f.
banco de anudado. . . 111.2
— de bolos 208.17
— de igualar 219.13
— para producir lizos . 177.17
— de semples 209.9
— de tambor 209.15
— de los tambores . . 35.3
— del tejedor 297.6
— con volante 209.17
banda 6.15
— de acero 371.2
— diferencial 125.12
— de freno 127.7
— de papel con divisiones 371.1
bañón 206.4, 210.20
banqueta 45.15
Barber, anudador . . 112.3.20
barés. 398.26, 401.25
baritina 437.28
barniz para mallas . . 220.5
barnizado de las mallas 220.3
—, cuerda —a. 220.4
—, malla —a 179.18
barnizar los hilos de malla con aceite de linaza 179.17
barra 333.18, 372.8
— de aletas. 366.9
— ascensora 232.15
— corta 124.5
— cuadrada. 136.14
— de encruzamiento . . 137.20
— de freno 32.3
— de gancho 368.12
— de gatillo 126.18
— de la grifa 210.18
— guarnecida de agujas 366.15
—-guía de la grifa . . 229.17
—-guía horizontal . . . 108.7
— de los guía-hilos 32.13, 33.9, 366.14
— de guía-hilos oscilante 37.12
— de hierro. 289.2
— impulsadora de los carros 368.6
— de impulsión . 348.1, 366.8
— de impulsión oscilante 348.6
— longitudinal . 297.4, 335.7
— oscilante 368.14
— plana metálica . . . 234.11
— del soporte. 366.16
— de sostén de los lizos 105.18
— de tensión 80,3.8
— transversal . . 176.15, 177.3
— con movimiento de vaivén 90.18
— vertical de la fileta . 356.10
barragán 399.2
barreño 89.10
— de agua 101.20
barrita de contacto . . 320.2
báscula. 121.9, 279.20
— cargada 121.12
— doble 121.17
— del motor 310.8
—, mecanismo de — de la pasada 357.9
basculante, soporte . . 309.18
base de la canilla . . . 263.10
— cónica 86.15, 260.16
— cónica del huso. . . 93.11
— cónica del tubo. . . 86.16
— del diente 126.22
— del huso 264.17
— del taco 248.9
— del tubo 240.2
basta 145.2, 344.9
— de trama . . 166.18, 392.3
— de urdimbre 392.1
— de la trama de pelo 166.20
bastidor 111.3, 112.5, 178.10, 278.13, 362.21, 386.11
— apuntalado del telar 297.7
— de la bobina 90.16
— del cambio de cajas 276.13
— de desplegado . . . 56.1
— con encaje 217.14
— de lectura 386.10
— de los lizos. 172.13
— de madera 108.6
— de la máquina Jacquard 212.7
— de la maquinita . 190.12, 206.18
— a media madera . . 217.14
— móvil de desplegado 61.25
— de las palancas. . 185.11, 388.15
— del peine. 283.6
— en forma de pupitre 209.3
— soporte de la Jacquard 209.20
— del telar 297.2
— del telar para cintería 355.13
basto, hilo 236.16
bastón 6.9, 224.1
— de cola 208.22
— con madejas suspendidas 71.6
— del plegador 119.10
— de rota 290.14
— de semple 209.10
batán . 265.5, 288.15, 335.10, 339.7
— de brocado. 345.9
— de brocado para telar de cintas 346.12
— de caída libre 295.10, 317.11
— con varias cajas 272.3, 344.10
— de cajas yuxtapuestas 358.9
— con cambio horizontal de cajas. 345.16
— del cilindro. . 186.14, 190.8, 210.17
— del cilindro inferior . 230.4, 234.9
— del cilindro superior. 230.3
— colgante 289.9
— derecho para una lanzadera 356.17
— deslizante 289.12
— con espolines circulares 345.17
— inferior 289.11
— con lanzadera . . . 301.18
— para varias lanzaderas 290.10
— para lanzadera rápida 289.14
— para lanzadera volante 248.1
— libre. 303.16
— con líneas arqueadas dobles. 357.5
— con líneas arqueadas para una lanzadera. 357.2
— con líneas arqueadas para dos series de lanzaderas 357.6
— a mano 288.16
— movido mecánicamente 289.8
— para múltiples lanzaderas con compresor 291.8
— de oscilación por abajo 350.20
— de oscilación inferior 299.2
— de pie 299.2, 303.15
— recto para dos lanzaderas 356.21
— en reposo en su posición atrasada . . . 295.6
— con dos series de lanzaderas 357.1
— suspendido 289.9.10
— superior 289.9
— de telar para cintas 289.13, 356.16, 358.3
— del telar de mano. . 321.8
— sin zócalo para lanzadera 339.23
batanado 282.1
— por choque. 292.15
— doble 294.9, 295.8
— por presión. 292.16
— triple 295.9
— uniforme 143.12
—, tejido 431.9
batavia. 148.14
batería de electro-imanes sometida a la acción de una corriente eléctrica 387.8
batido 66.2
— de la pasada a paso abierto (cerrado) . 284.11.12
batidor giratorio . . . 69.3
batidor de trama . . . 360.19
batir los bucles de pelo 340.19
— la pasada . . 284.8, 336.3
— la pasada de fondo en forma ondulada. 336.4
batista 5.24
— de algodón. 393.10
— de lino 395.26
bayeta 417.9
Becker, guarda-lanzaderas 312.13
beneficio 442.16
bengalina. . . . 398.29, 401.15
biela 58.13, 59.20, 229.16, 277.3, 293.8, 348.11
— ajustable. 293.12
— articulada 293.17
— del batán 308.12
— bipartida. 293.11
— corta 293.19
— ordinaria. 293.2
bilateral, cambio — de lanzaderas 292.3
bipartido, biela —a . . 293.11
bisagra, porta-bobinas a 29.12
blanco del cartón . . . 382.14
blando, bobinado . . . 23.9
—, tejido 431.24
blanqueado, hilo . . . 9.24
—, tejido 431.3
blanqueador 445.1
blanqueo, grado de . . 429.18
blonda v. encaje
bloque 258.17, 334.12
— de caucho 415.8
— corredor 55.14, 91.18
— de desembrague . . 35.12
— de freno 318.10
— con hendidura . . . 180.12
— recubierto de suela . 248.16
— del resorte 122.12
bobina (v. t. carrete, canilla) 347.4
— bordadora 350.7
— cayente 364.24
— chata 366.7
— cilíndrica. 22.20
— combada 23.18
— cónica 24.10
— cónica cruzada . . . 24.2
— convexa 23.18
— cruzada 10.18, 23.20
— cruzada cilíndrica. . 23.21
— cruzada plana . . . 23.19
— derecha 22.20
— para desarrollo axial 237.14
— de desarrollo por rotación. . . . 89.2, 240.14
— para desarrollo en el sentido del eje. . . 237.14
— para desarrollo tangencial 240.14
— de desplegado por rotación 86.18
— para devanado tangencial 86.18
— con un solo disco. . 89.5
— sin disco 89.6
— entre dos discos . . 89.4
— dura. 23.8
— floja. 23.10
— giratoria 343.21
— gruesa 258.1
— de hilatura. 36.4
— de hilo de pelo 329.5, 339.26
— horizontal 30.8
— llena. 23.5
— de madera 10.10
— a plegado cruzado . 10.18
— de recambio 81.9
— de reserva 81.9
— de telar para tejer tul 90.1
— de trama 341.3
— de trenzado 179.2
— de tul 366.19
— de urdido 44.8
— de urdimbre de continua 21.17
— de urdimbre cruzada 63.2
— de urdimbre de seda 34.13, 43.10
— vacía 23.6
—s movidas por cilindros de fricción. 27.4
bobinado 22.4
— blando. 23.9
— cilíndrico. 22.21
— cónico 24.1
— convexo 23.14
— cruzado abierto. . . 23.3
— duro. 27.7
bobinado flojo 23.9
— de la madeja. . . . 25.9
— a mano 24.21
— mecánico. 26.2
—, hilo. 10.16, 26.6
—, mecanismo de — para carretes 31.7
bobinador a mano. . . 25.1
— de urdimbre 25.3
bobinadora de una sola cara. 26.18
— de dos caras 26.19
— cruzada con guía-hilos giratorio. 34.19
— cruzada con guía-hilos de Schönherr . . . 33.8
— cruzada con poleas de llanta corva para los guía-hilos 32.11
— cruzada con tambor con ranura 31.11
— doble 26.19
— de doble cara para carretes con una sola hilera de tambores . 31.1
— de doble cara para carretes con doble hilera de tambores y devanadera superior 30.2
— de doble cara con una sola hilera de tambores para el movimiento de las bobinas 27.3
— de husos horizontales 30.1
— de husos con mando positivo de la púa . 27.1
— de lino 33.14
— a mano . 25.2, 26.7, 86.4
— mecánica de husos verticales (accionados por fricción) 36.1.2
— mecánica para seda . 34.2
— con movimiento de los carretes por fricción. 27.2
— de pedal 86.6
— simple 26.18
— de urdimbre . . 25.4, 26.16
bobinar 22.7
— de bobinas 25.7
— en cruz 23.2
— de la devanadera . . 33.5
— en forma convexa. . 23.15
— en espirales . 22.19, 336.9
— de husadas. 25.6
— de madejas. 25.5
— la madeja 25.8
— a mano 24.20
— a máquina 26.1
— regularmente 22.17
boca del tubo. 288.8
bocací 395.22, 414.19
boj 243.6
boletín de urdido . . . 40.12
bolo 209.2
bolsillo, dinamómetro de 440.14
bolso de camellero . . 410.9
— de trajina-camellos . 410.9
bomba 101.18
bombasí 398.30
borax 67.26, 438.2
bordado 344.17
— simétrico. 349.9
— por urdimbre. . . . 349.4
—, chal. 420.24
bordadora 6.6
bordadura visible . . . 349.13
bordar el dibujo en el tejido 349.11
— sobre la haz del tejido 349.12
— a varios colores. . . 344.22
borde derecho (simétrico del izquierdo) . . . 221.11
— con dobleces 426.20
— izquierdo (imagen del derecho) 221.10
— roto 140.20
— del tejido 139.15
— del tejido curvado hacia arriba 140.8
bordón en el dibujo . . 391.10
— oblicuo de la sarga . 147.16
— de pelo 167.7
— rizado 406.4
— por trama 146.3
— de la trama de pelo 167.1
bordoncillo, tejido de . 418.5
borla de cabos de hilos 111.6
borras de tejedura. . . 4.15
bosquejo 378.14
bote de aceite 375.8

botella de caucho . . . 415.7
botón 18.18, 263.13
— de algodón 18.11
— bajo la acción de un resorte 328.5
— de contacto 387.9
— fuerte 18.18
— en el hilo 9.9, 28.3
— de mano 348.2
bouclé, hilo 14.14
bramante de ligadura . 173.4
—, hilo 42.17
brazo 180.8, 285.13
— de alambre 346.16
— del aspe 25.21, 46.7
— auxiliar 280.6
— central de la palanca 315.12
— del cilindro de contacto 125.15
— de colisa 137.16
— curvado 254.15
— de desacoplamiento . 95.2
— fijo 29.3
— de la fileta 43.14
— de golpear 25.13
— lateral 112.4
— móvil 54.12
— oscilante . . . 54.12, 137.17, 192.2.13, 194.6
— oscilante con rodillo . 257.10
— oscilatorio para el mecanismo de freno 91.5
— de palanca . . 136.7, 288.6
— de palanca equilibrado 439.23
— de la palanca de freno 278.20
— de palanca regulable 50.16
— de potencia 121.3
— pulsador 317.13
— de retención 334.10
— del rodillo 186.17
— de sacudir 25.13
— del soporte para hacer presión sobre la bobina 32.15
— del tirante de freno . 254.3
— con tornillo regulador 283.16
— de tracción 212.4
— de la varilla de ganchos 333.14
—s curvados de la palanca 109.2
—s iguales 191.5
—s movidos por excéntricos 285.19
—s plegables 28.16
bricho 20.10
— falso 428.7
— fino 428.6
— gaufré 20.11
— de oro 423.12
brida 250.12
brillante, hilo . . 421.9, 435.11
—, gasa 393.29
—, seda 17.3
briscado 20.12
brizna 409.5
broca 180.14, 240.12
— de las bobinas 89.16, 178.17
— de la bobina en contacto con el espadón del excéntrico . . . 179.9
— del cabezal móvil . . 80.18
— corta de bobina . . 179.3
— de corte para el hilo de pelo 336.6
— desnuda 87.24
— de hierro 290.13
— para lanzadera . . . 237.22
— larga de bobina . . . 179.4
— de punzón 81.4
— con un resorte 237.19
— con dos resortes . . 237.20
— con resorte de rama deslizante 238.9
—s horizontales 87.15
brocado 162.11, 344.13, 402.7
— por aguja 163.6
— auténtico 423.6
— a cuadros 163.5
— de doble hilo 402.19
— de fantasía 402.18
— a mano 345.5
— mecánico 345.6
— mecánico en telar de mano 345.7
— de oro 402.20
— de plata 402.21
— de terciopelo 423.2
— por trama 162.12
— por trama de doble cara 162.13
brocado por urdimbre . 163.1
—, imitación 163.7
—, mecanismo de . . . 349.1
—, poco 402.22
— parcialmente 402.22
— totalmente 402.23
brocar a varios colores 344.22
brocatel 423.5
brocha 240.5
— distribuidora 72.19
— encoladora 180.4
bronce 245.17, 310.18
bruñido, guía-hilos . . 333.7
bruscamente, parar . . 307.2
bruto, malla en 174.15
bucarán 395.22, 414.19, 432.21
bucle 168.19, 327.15
— en forma de U . . . 167.11
— de hilo 336.11
— de inserción del tiratacos 254.16
— ligado a una sola pasada 169.13
— de doble penacho . . 167.12
— de un solo penacho . 167.14
— perpendicular 167.15
— de sujeción del tiratacos 250.8, 251.14
—, formar —s 245.5
—s cortados entre los dos tejidos de fondo . . 169.8
—s formando cordones . 167.6
—s de trama 340.14
buen efecto del tejido . 429.8
búfalo, piel de 248.12
bufete, adorno para . . 428.23
bulto en el arrollamiento 79.2
busca del curso 434.10
— del hilo roto 51.8
— de la pasada 302.11
— de la trama rota . . 214.8
buscado, número . . . 11.15
buscar el curso 434.11
— el hilo roto 51.9

C

caballero 35.6, 50.14, 319.13, 320.18
— en forma de horquilla 319.20
— con ranura 319.18
— con taladro 319.17
caballete . 56.4, 62.16, 90.11, 329.12
— de arrollamiento . . 331.3
— de cartones 206.11
— de desplegado . . . 56.8
— de fundición 212.12
— de los husos 36.7
— para montar el plegador 80.2
— de las palancas . . 185.11
— del peine 58.7
— de los plegadores 72.14, 79.14
— de los plegadores de urdidor 82.3
— para plegar el plegador 80.2
— para plegar la urdimbre 80.6
— para remeter las urdimbres . . 105.11, 106.1.2
— de secado de la urdimbre 72.3
— soporte del plegador de urdimbre 111.9
— del urdidor 43.12
cabestro 429.2
cabeza 139.22
— de acero endurecido . 239.8
— de biela abierta . . 293.13
— de corchete 193.11
— embutida simple . . 374.10
— entallada 238.15
— exagonal 374.12
— del gancho 186.18
— del hierro 327.6
— del huso . . . 96.5, 242.18
— del martillo 262.1
— de la mordaza 241.2
— del pulsador 389.5
— del punzón 385.19
— redondeada de madera 234.1
— de retención 239.19
— del taco 248.8
— del tirante 276.16
— de trenzado 179.1
cabezal 70.9
cabezal móvil 80.19
Cabila, chal 420.28
cableado (seda) 16.15
cabo caído (ligar un) . 81.10
— del hilo . . . 51.10, 365.8
— suelto (ligar un) . . 81.10
— de trama 341.18
— de la urdimbre . . . 110.19
—, hilo a un 9.3
—, hilo a dos —s 9.4
—, torzal de *x* —s . . . 177.10
—s de los hilos de las husadas 45.9
cabra de Angora . . . 170.10
cabrestante 72.8
cachemira 397.24
— cruzada 397.25
—, chal 420.27
cadena 92.5
— accionadora 213.15
— de alza 92.8
— articulada con anillo 314.17
— de la barra guía-hilos 33.16
— de cartones . 192.3, 193.5, 206.13, 390.6
— de los cartones de rodillos 191.17
— con eslabones para el dibujo 259.4
— de excéntricos 201.13, 273.18
— sin fin . . . 263.1, 266.3
— sin fin de mano . . 372.20
— Galle 71.5, 372.15
— de hierro 278.2
— para lizos 171.15
— llevando las bobinas 340.1
— para el movimiento de los guía-hilos . . . 38.16
— de puntas 140.6
— de recambio 196.19
— de tracción 230.9
—s portadores 340.8
cadenita 191.4
caer en la artesa (canilla) 96.9
— (caballero) 319.19
— fuera de la caja (lanzadera) 269.13
— hacia abajo (parte anterior de la caja) . . 268.16
— por la hendedura (caballero) 51.3
— en la muesca (palanca del disparo) 48.22
— por su propio peso (lanzadera vacía) . . 270.17
caída de la caja . . . 273.16
— de la canilla 239.10
— del gatillo 127.2
— de la grifa 211.2
— libre, movimiento de 273.10
caído, cabo 81.10
—, palanca —a 316.19
caja 258.16, 287.7
— de agujas 35.7
— ascendente . . 273.10, 291.3
— ascendente Tannwald 278.3
— bajada 272.15
— bajada (subida) *x* compartimientos 272.16.17
— de caballeros 35.7
— de cambio . . 272.4, 290.12
— de cambio con *x* compartimientos superpuestos 273.9
— de cambio con *x* compartimientos uno al lado de otro 345.15
— de cambio horizontal 291.17
— con *x* compartimientos 272.8
— de canillas 88.19
— derecha 248.2
— de estopas 73.19
— con extremidad cónica 347.21
— de hilo 11.27
— izquierda 248.2
— de la lanzadera 248.5, 250.7, 252.15, 290.6, 357.7
— de lanzadera del batán 269.10
— de la lanzadera al nivel del plano del batán 251.7
— de lastres 122.2
— de latón 347.22
— de madera 347.17
— metálica 347.19
— oscilante 291.19
— de pesos 122.2
— de la polea 183.19
— de protección 439.15
— con resorte 371.3
caja saltante 273.6
— subida 272.16
— de un telar de expulsión por resorte . . 255.23
—s colocadas unas al lado de otras . . . 291.18
—s en falsa posición . . 313.16
—s giratorias 279.2
—s laterales 357.10
—s en reposo 281.13
—s superpuestas 290.9
—s yuxtapuestas 358.9
cajón 32.21, 287.7
— de lanzadera 267.12
calada (v. t. paso) . . . 141.3
— de alza . . . 216.15, 142.15
— de alza y baja 142.19, 216.17
— de ascenso . . 142.15, 216.15
— de ascenso y descenso 142.19, 216.17
— de baja . . . 142.17, 216.16
— cerrada 142.14
— de descenso . 142.17, 216.6
— desigual 142.20
— para el dibujo . . . 223.12
— estacionaria 142.18
— formada 142.3
— forzada 352.10
— de gasa 362.14
— para el hierro . . . 168.5
— inferior 328.17
— limpia 142.21
— de longitud constante 141.13.14
— oblicua 217.1
— regular 142.21
— suave 352.11
— sucia 142.20
— superior 328.16
—, gran 265.15
—s, formar dos — una encima de otra . . 328.18
calado, plato 78.4
—, tejido 431.23
calandrado, tela —a . . 395.23
calca 182.20, 188.6, 195.9, 199.2, 203.7, 321.5, 360.17
— para efectos de urdimbre 325.13
— francesa 322.9
—, doble 192.10
—, gran 185.4
—, pequeña 185.5
calcar, papel para . . . 379.14
calculado, peso . 11.17, 442.11
cálculo de los lizos 173.17, 444.6
— de la longitud . . . 441.11
— del peso de la pieza 442.9
— de la trama 444.7
— de la urdimbre . . . 443.13
— de tejedura 441.1
caldera de cobre 69.10
— de cocción 69.7
calefacción 446.6.19
calentado, tambor . . . 343.9
calentador, tubos —es . 75.9
calentar los puntos de fijación 286.11
calidad del tejido . . . 3.15
caliente, cola 64.27
—, encolar en 65.19
calmuco 398.4
calor, moderado 65.26
calota . . 174.9, 352.9, 361.11
— de perla 361.14
calqueado 183.3
calquear 183.1
calzado 399.22
cama . . . 47.5, 107.18, 370.10
— de sostenimiento . . . 206.1
—s, remeter por 83.1
cámara de aceite . . . 328.11
— de aire 102.2
— de aire caliente . . . 75.7
— de desecación 71.4
— de humidificación . . 102.10
— de secado 72.10
— de secamiento 71.4
cambiable, huso 238.16
cambiar las bobinas . . 45.3
— las cajas 290.16
— la calada 142.13
— las calcas 183.5
— el color 341.16
— la densidad del peine mediante piñones de recambio 287.21
— el grosor de las mallas 365.21
— las lanzaderas . . . 271.4
— con *x* lanzaderas . . 271.16
— el orden del picado . 247.22

cambiar a cada pasada (entrelazamiento de los hilos de urdimbre) 153.18
— el punto de enlace del lizo 174.11
— los puntos de ligadura 145.1
— la tensión de la madeja 25.11
— la velocidad de arrollamiento 365.20
cambio de apoyo del brazo oscilante 194.10
— automático de canilla 260.11
— automático de lanzadera 266.7, 303.19
— automático del trama 304.1
— bilateral de lanzaderas 292.3
— de las cajas 290.15
— de cajas sin cartones 278.11
— de cajas por peldaños 274.16
— de cajas (Hacking) 275.5
— de cajas (Hodgson) 276.7
— de cajas (Knowles) 276.12
— de cajas (Schönherr) 274.12
— de cajas (Schwabe) 276.2
— de las cajas (Smith) 274.15
— de cajas, mecanismo de — para telar de paño fuerte 274.4
— de calada 323.12
— de calcas 183.4
— de canilla, mecanismo de (Gabler) 265.13
— de canilla mecanismo de (Hartmann) 262.8
— de canilla, mecanismo de (Schönherr) 266.2
— de canillas, mecanismo de (Société Alsacienne) 263.5
— de canillas, mecanismo de (Köchlin) 264.1
— de canillas a mano 260.2
— de la carrera de la manivela 213.13
— de color 271.6, 421.7
— de color en la trama 341.17
— de color de la urdimbre 230.11
— de cosido de los cartones 390.17
— del curso del gatillo 132.
— defectuoso 260.14
— de densidad del tramado 132.9
— de efecto 189.3
— de efecto de urdimbre y de trama 153.13
— de enlace de los cartones 390.17
— de las hileras de lanzaderas 358.8
— de x lanzaderas 272.5
— de lanzadera por cajas superpuestas 273.8
— de lanzadera mediante una cadena de excéntricos 273.18
— de lanzaderas de un solo lado 272.19
— de lanzaderas de ambos lados 272.20
— de lanzaderas por mecanismo revólver 279.1
— de lanzaderas para telar de x cajas 290.17
— de la lanzadera, mecanismo de 267.8, 269.2.14, 270.3
— de lanzaderas, mecanismo de — de revólver 270.12
— de ligamento 196.10
— de ligamento, dispositivo para el 196.11
— de los lizos 182.4
— de marcha por engranaje cónico, mecanismo de 127.17
— de la nariz del excéntrico 250.6
— a orden simple 273.5
— de paso 228.5
— por polea escalonada 291.13
— a saltos 292.4
— de la trama 271.1
— de la trama, mecanismo de 271.3
cambio de trama para tisaje en colores 271.5
— unilateral de lanzaderas 292.2
— de velocidad del guía-hilos 31.10
—, mecanismo de (Eccles) 276.1
—, mecanismo de — a la izquierda (derecha) 281.5.6
—, movimiento de 261.16
camelote 399.4
— de seda 401.6
camino de la lanzadera 247.2, 290.5, 357.4
— en forma de ocho 179.13
campana 62.7
canal 356.1
canastilla 371.14
canilla (v. t. bobina, carrete) 84.9
— agotada 243.22
— de algodón 260.4
— sin alma 84.11
— de capas cruzadas 91.2
— consumida 243.22
— para devanado axial 86.19, 91.1
— de desarrollo interior 84.11
— de estambre 260.5
— de fondo cónico 97.12
— humedecida 101.15
— sin huso 84.11
— inservible 265.4
— llena 260.12, 262.2
— maciza 84.11
— mojada 101.14
— de recambio 262.4
— siguiente 264.15
— terminada 265.3
— de trama 85.9, 240.13, 260.6
— vacía 260.9, 262.3, 265.3, 317.17
—, segunda 264.12
—, última 264.9
—s dispuestas en el cargador una sobre la otra 262.14
—s dispuestas en círculo 261.18
—s superpuestas 265.10
canillado 84.6, 85.17
— apretado 85.22
— blando 85.23
— a comisión 88.21
— compacto 85.22
— flojo 85.23
— a mano 86.5
— de la trama 84.22
canilladora 445.3
canillar en husos 85.10
— en mojado 85.3
— de nuevo 85.20
— en seco 85.2
— la trama 84.15
— en tubos 85.11
— en tubos de trama 85.14
canillera 84.19
— para bobinas chatas 89.3
— para bobinas de desarrollo por rotación 89.2
— de brocas horizontales 87.15
— para canillas de desarrollo interior 87.3
— de hacer canillas de trama 86.7
— de canillas para devanado axial 91.1
— para carretes 89.2
— de cilindro-guía y guía-hilos de aleta 99.15
— para cintería 90.10
— dobladora 96.18
— de embudo 93.8
— de embudo para canillas de desarrollo interior 94.5
— de embudo de husos horizontales 96.1
— de embudo de husos verticales 93.9
— de embudo con husos verticales para arrollamiento sobre tubo sin base cónica 96.10
— de embudo con guía-hilos giratorio 96.17
— de husos horizontales y guía-hilos accionado por rodillo de fricción 100.13
— de husos horizontales 87.15
— de husos verticales 87.16
canillera de husos verticales y guía-hilos accionado por rodillo de fricción 100.4
— mecánica 87.1
— Morrison para canillas de capas cruzadas 91.2
— reunidora 96.18
— con rodillo guía y tambor de ranura guía-hilos 99.10
— con rodillos cónicos guías 98.11
— para seda 96.19
—s con guía-hilos accionado por rodillo de fricción 100.3
canillero 84.18
cantidad de hilo 11.19, 41.23
— del tejido 134.9
canto, puesto de 224.10
canutillo 20.12
caña 86.10, 416.11
— de encruzamiento 76.4, 111.5, 137.20
— hendida 284.18
— de superficie rugosa 238.6
cañamazo de algodón 394.5
— del dibujo 379.13
— de lana 398.24
— para calzado 399.22
cáñamo 5.13, 13.4, 395.10
cañería de agua 74.1
caolín 437.22
capa cónica de hilo 87.7
— de hilos 54.13, 87.6
— de hilos sobre el tambor 56.20
—s alternadas de hilo 97.9
—s, tejido de x 159.1
caparrosa azul 68.2
caperuza 264.19
capital circulante 446.9
— de crédito 446.10
capricho, muestra a 377.12
cápsula 264.19
— con la extremidad del hilo arrollada 264.20
— soplada por una corriente de aire comprimido 264.22
cara de la bobinadora 27.8
— del tejido 430.3
— unida 417.5
—, bobinadora de una sola 26.18
—, bobinadora de doble 27.3
carácter exterior del hilo 435.3
características de los hilos 435.4
carbonato de plomo 124.23
cárcola 182.20, 188.6
— exterior 199.8
— interior 199.1
— perpendicular 199.11
cardado 12.5
cardas, recubierto de 70.21
carencia de estilo 377.2
carga completa del telar 307.4
— sobre la cuerda del freno 121.11
— de los hilos de urdimbre 49.6
— de resorte 137.15
— de la urdimbre 64.8
— del zarzo 102.14
cargado indirecto del freno 120.11
—, bascula —a 121.12
—, hilo 10.5
—, seda —a 17.1
cargador 113.3, 261.17, 263.6
— automático de la lanzadera 261.12, 262.15
— lleno 261.3
— de tambor 261.1
cargar la lanzadera llena por arriba (por el lado) 266.18.19
— la lanzadera llena por debajo 266.21
— la lanzadera durante el movimiento de avance del batán 267.2
— los lizos 362.2
— sobre el plegador del tejido el cilindro de contacto 131.4
— la urdimbre 64.9
cargar el zócalo del batán mediante una barra de hierro 289.2
carrera acelerada del guía-hilos 88.16
— de la caja 273.12
— de la caja limitada 291.2
— del excéntrico 37.16, 198.17
— del guía-hilos 30.14, 88.12
— de hilo de x mm 239.13
— de la lanzadera 247.2, 290.5, 357.3
— limitada 133.23
— de la manivela 213.13
— de la palanca 133.24
— de los peines de bordar 351.5
— de la rueda de estrella 134.4
— uniforme de la cuchilla 369.5
— uniforme del guía-hilos 88.15
—, gran (pequeña) — de la palanca 134.1.2
carrete (v. t. bobina, canilla) 10.17, 63.10, 86.18
— de alambre para el ligado 287.16
— de brocado 346.7
— de cartón 24.16
— de madera 10.19, 24.12
— metálico 24.17
— de trama 84.12, 240.13
— de urdidor 38.2
—s colocados diametralmente 362.7
carril 59.3
— de batán 257.1
— del carro-soporte del plegador 61.14
carro (de la máquina perforadora) 385.9
— (de la máquina productora de peines) 287.9
— (del mecanismo de expulsión) 256.17
— (del telar para tapiz chenilla) 343.17
— (del telar para tela metálica) 324.8
— con bobina vacía 364.16
— cayente 364.25
— dentado 368.1
— del estuche de punzones 388.8
— de extremidad 366.18
— lleno 364.14.23
— metálico para bobinas 371.10
— montado sobre ruedecitas 257.9
— del plegador 112.22
— porta-bobina 366.6
— soportado por rodillos 287.20
—-soporte del plegador 61.13
— transportador de los plegadores 79.16
— vacío 364.15
—s accionados por series 369.8
—s movidos individualmente 369.13
carta 220.7
— del tramado 434.5
— de urdido 40.12, 434.3
cartón 382.4
— de anillos 189.10
— de los bordes 197.4
— de cambio 275.15, 277.28
— de cambio de rodillos 281.1
— colocado 385.10
— del cuerpo 197.5
— de dibujo 342.25
— doble 383.7
— de los excéntricos 201.4
— completamente perforado 383.3
— del fondo 197.5, 383.9
— para ganchos fuera de acción 383.13
— impar 383.11
— Jacquard 382.2
— lleno 197.6
— dispuesto para varios ligamentos 197.2
— para maquinitas 189.17, 205.6
— metálico 382.10
— de motivo 383.10
— de los orillos 197.4
— de papel cartón 192.1
— par 383.12
— de plancha 279.10
— para dos pasadas 235.2
— perforado 382.12

cartón ranurado 189.15
— de rodillos 189.10, 191.12, 203.4
— saltado 383.14
— satinado 382.7
— con x series de agujeros 383.8
— simple 383.6
— sin fin 229.19
— taladrado 382.12
— con tapones 188.16
— de tapones intercambiables 189.16
— vacío 389.16
cartones enlazados 389.18
casero, lienzo 395.17
casilla 379.6
casimir de lana pura 397.17
— de media lana 397.18
casquillo 251.16
— de presión 78.13
castor (hilo) 14.29
castorina 398.2
casulla 422.22
caucho 243.20, 415.6
— vulcanizado 415.18
cavidad del árbol motor 81.5
— estrecha 244.8
— de la lanzadera 244.11
— ranurada de la lanzadera 244.14
cayente, bobina 364.24
cebellina 398.13
céfiro 393.7
celulosa 13.22
cenefa 378.3
cenizas 436.13
centenares, expresado por 214.13
centímetro 444.12
central eléctrica 309.15
—, ranura 202.8
centro de la calada 198.4
— del perno 293.18
cepillador de lizos 180.9
—, tambor 70.11
cepilladora mecánica circular para madejas 70.15
cepillamiento de los hilos 73.5
cepillar madejas, máquina para 70.10
— la urdimbre 83.22
cepillo 167.10
— de cerdas largas 73.7
— circular 180.2, 328.12, 343.10
— descargador del cilindro de felpa 38.6
— distribuidor 72.19
— de encolado 73.6
— encolador 180.4
— para enderezar el pelo 343.16
— giratorio 71.2
— limpiador del cilindro de felpa 38.6
— limpiador del hilo 38.7
— de mano 83.19
— para terciopelo 168.14
cepo y polea 360.14
cera 67.7, 437.20
— de abejas saponificada 67.8
— fundida 207.19
cero, colocar en el 54.17, 440.17
cerrado, peine 49.17
cerraja 270.4
cerrar la calada 142.7
— el circuito 319.5
—se, (pico de las tenacillas) 341.20
cesta de hilo móvil 102.6
cesto para el mojado del hilo 102.8
cierre de la calada 142.6
— del circuito eléctrico 320.12
— del mecanismo de espolinado 349.1
— por palanca 269.4
— de trapa 269.11
cigüeña del árbol principal 293.10
—, doble 213.10
—, mecanismo de 199.14
cigüeñal 203.8, 274.5, 301.16
cilíndrico, bobina —a 22.20
cilindro 186.13, 236.9
— acanalado 70.14, 117.17
— acanalado calentado 343.9
— auxiliar 117.15, 128.14, 129.1
— de la bomba 101.18
— para cartones 192.7, 196.12, 229.13, 353.14
— cepillador 76.3
cilindro de cobre 70.7
— para el color 230.13
— compensador 35.4, 48.8, 73.13
— en conexión con la palanca (polea) 184.7.8
— de contacto 117.15, 124.6, 128.8, 131.4, 135.7
— de contacto de madera 125.18
— cubierto de cuero 35.13
— cubierto de esmeril 135.7
— de las cuerdas 207.2
— a la derecha (izquierda) del tejedor 220.14
— descargador 76.3
— para el dibujo 230.12
— encolador 73.15, 76.2
— encolador en contacto con los hilos de urdimbre 76.12
— estriado 277.6
— expresor 70.20
— forrado de felpa 38.5
— frenador 51.1
— de fricción 27.5, 89.21
—-guía 48.10, 63.12, 117.15, 131.2, 206.2, 390.10
—-guía fijo 50.5
— guarnecido de agujas 117.18
— guarnecido de arena 117.16
— guarnecido de puntas 140.11
— hueco de la canilla 85.16
— humectador 89.12
— inmersor de cobre 73.14
— limpiador recubierto de felpa 32.17
— de los lizos 183.13
— del mecanismo Jacquard 210.14
— medidor 48.11, 50.6, 54.7, 58.15, 63.3, 82.9
— medidor y de transporte 74.2
— medidor movido por los hilos 50.7
— mojador 89.12
— partido 233.8
— para piezas listadas a lo largo 196.1
— prensado contra la tabla de agujas 211.16
— de presión 55.9, 70.19, 73.16, 89.14, 182.15
— de presión en contacto con el cilindro auxiliar 129.1
— punteado 326.8
— con ranura helicoidal 358.1
— de ranuras en espiral 139.11
— recubierto de cardas 70.21
— regulador 135.7
— semidentado 203.2
— con surcos en espiral 140.13
— con tapones 188.7
— tensor 35.4, 48.8, 59.1, 73.13, 99.5
— de transporte 74.2
—, doble 230.2
—, gran 233.9
—, pequeño 233.10
—s-guías 342.5
—s laminadores 288.11
—s de rotación continua 50.12
cincha para caballeriza 428.28
— de cáñamo 428.25
— de silla 428.29
cinta acabada 427.16
— de acero 124.20
— de algodón 424.22
— aprestada 427.16
— de astracán 425.12
— de batista 424.24
— calada 426.5
— para ceñir la cabeza 427.2
— de chenilla 425.13
— chiné 425.8
— para cigarros 427.10
— cónica 424.5
— cortada 424.17
— de corteza de árbol 425.16
— de cuero del freno 72.15
— elástica 425.15
— elástica para cinturón 427.1
— elástica para tirantes 419.23, 426.21
— de encruzamiento 42.17
— estampada 427.20
— festoneada 425.18
— de filadiz 425.3
— con fleco 425.24
— franjeada 425.24
cinta de freno 57.10, 125.7
— labrada por trama 426.10
— labrada por urdimbre 426.11
— de lana 425.1
— para lencería 427.8
— de lino 424.19
— de lino formando sarga 424.21
— de lino retorcido 424.20
— metálica 425.17
— muaré 427.19
— novedad 427.7
— para orden 427.6
— para orejas de zapato 427.5
— de orillo para pantalones 427.13
— con orillos fofos 424.7
— con orillos plegados y engomados 424.18
— con orillos unidos 424.6
— de papel 189.18
— de pasamanería 427.4
— de percal 424.23
— perlé 425.14
— pintada 427.21
— de punto ruso 426.15
— de raso 425.7
— recta 424.4
— reforzada 425.6
— de reps 425.9
— saliendo del telar 427.15
— formando sarga 424.25
— de seda 425.2
— para sombrero 427.3
— de tafetán 425.4
— de tafetán con dientes 425.5
— de tafetán con picos 425.5
— tejida 424.3
— de tejido calado a listas 426.9
— de terciopelo 359.2, 425.10
— de terciopelo cortada a mano para pasamanería 425.11
— tubular 426.17
—s confeccionadas 427.22
cintería 424.1
cinto 415.26
— de tapicero 428.27
cinturón 415.26, 416.20, 427.24
circuito 319.5
— eléctrico principal 320.6
—, corto 309.17
circulación del aire húmedo 102.15
circular, cepilladora 70.15
círculo 380.3
—, dispuesto en 261.18, 279.3
circunferencia del cilindro auxiliar 131.6
— interior del anillo 341.21
— del plegador del urdidor 46.8
cizalla 383.16
cizalladora mecánica para cartón con cuchillos circulares 383.20
—, máquina — de muestras en zig-zag 375.14
clariana 4.7
claro 132.13, 282.8
— que no corresponde 81.11
— entre los dientes 82.18, 443.24
—, color 62.19.20
—, cuenta —a 107.6.7
—, efecto 391.12
—, tejido 164.1, 393.21, 431.21
clase de bobinado 23.4
— de remetido 103.15
— de tejido 391.6
— de telar 304.7
—s de construcción de telar 300.2
clasificación de las máquinas Jacquard 215.1
clavete de acero 337.3
claveteado, plato 358.11
clavija 91.15, 129.4, 136.12, 251.10, 374.16
— de batido 371.5
— batiente 178.8
— batiente en contacto con el tope 178.23
— de contacto 318.20
— curvada 57.19
— fija para la formación del mallón 180.13
— en forma de gancho 368.13
— giratoria 93.1
— de golpe 371.5
clavija-guía 353.17
— de hierro dulce 189.14
— de madera 390.2
— perfilada 311.2
— receptora 364.6
— de separación 57.15
— superior 45.17
— del urdidor 46.4
—s de encruzamiento 45.18
—s para formar la cruz 45.18
—s inferiores 45.19
cliente 443.1
cloruro de calcio 68.11
— de magnesio 68.13
— de sodio 67.28
— de zinc 68.1
cobertura para asiento 405.16
— para respaldo 405.17
cobre 69.10
— estañado 73.17
coco 13.17
— Ceylon 13.20
— Cochin 13.18
— Coconada 13.19
cocción del almidón de patata 66.20
— de la cola 64.28
— desmesurada de los hilos 74.9
— exagerada de los hilos 74.9
— de las madejas de hilos rizados 170.14
cocido, seda —a 16.24
—, seda medio —a 16.22
cocimiento de linaza 67.20
codo 302.2
coeficiente de fricción 120.13
cogedor de la lanzadera 269.16
coger los bucles de trama (lanzaderas) 340.14
— el cabo de trama (tenacillas) 341.18
— los ganchos (cuchillas) 210.25
— la lanzadera 247.6
— la lanzadera de mordaza, dispositivo para 258.10
— la lanzadera que ha saltado 312.11
— la lanzadera que vuelve (correa) 252.2
— con la mano izquierda 246.11
—, no (gatillo) 195.19
cogida elástica de la lanzadera 254.5
— de la lanzadera 252.1
cojín de aire 256.15
cojinete de bolas 97.21
— fijo 60.9
— del perno 327.18
cola 64.21.22, 180.8, 437.15
— ácida 65.11
— de almidón 66.19
— animal 66.26
— caliente 64.27
— de carnaza 67.1
— de cuero 67.1
— fresca 65.4
— fuerte 64.26
— hervida 65.3
— hirviente 65.2
— inodora 65.5
— ligera 64.25
— de piel 67.1
— de puerco 27.15, 93.5
— suave 64.25
colcha 161.7, 419.30
— gruesa en lana 419.26
colchón 394.13, 433.6
colector 365.17
— de aceite para los soportes de los ejes 375.9
— del agua de condensación 73.22
— de cápsulas sopladas 264.14
— de desperdicios 113.2
colete 207.12, 208.23, 210.9
colgamiento de los lizos en los hilos de arcadas 219.11
colgante, fileta 44.1
colgar los lizos 106.10
— los lizos atándolos 181.9
— las mallas 217.5
colisa 128.7, 343.18, 353.19
— de la caja 314.6
— de los cajones 278.4
— de la cuchilla 193.12
— curva 210.15
— de la espada 313.12
— para la espiga 257.13
—-guía 136.13

colisa de la horquilla del para-tramas 320.9
collar 69.4, 203.6
— del excéntrico 34.8, 213.17, 275.18
— del huso 98.17
— de presión 78.13
colocación de las bobinas en el carro 363.14
— de la canilla llena 260.12
— de los cartones 390.3
— de hojas de papel entre las napas de hilos 62.15
— de la lanzadera en la caja 265.17
— de la lista divisoria 62.13
— de la madeja sobre el aspe 25.17
— de las reglillas debajo de la tabla de coletes 224.8
— de las reglillas encima (debajo) de la tabla de arcadas 224.7
colocador de bandas 6.15
— de fajas 6.15
colocar las bobinas 30.12
— las bobinas en los husillos 44.11
— la cadena de cartones 390.7
— la canilla sobre el huso 239.9
— la canilla en la lanzadera 260.3
— los cartones en posición 205.5
— un contrapeso en la extremidad de la palanca 185.1
— los cordones en el peine 386.16
— las cuchillas fuera de acción 233.16
— las cuchillas en posición oblicua 234.2
— los extremos del alambre en los bloques con hendidura 180.18
— los guardas en los extremos del peine 283.1
— el hilo en el gancho 103.10
— los hilos de urdimbre sobre las clavijas 47.1.2
— la husada en el huso 38.22
— la lanzadera en la caja 250.14
— la madeja sobre el aspe 25.16
— el piñón de recambio 133.17
— el plegador de urdimbre 106.12
— los punzones en la tabla 385.7
— la saeta en el cero 440.17
— el templazo 139.7
— la urdimbre larga (corta) 42.3.4
— la varilla cerca de los lizos 138.5
—se automáticamente (hilo) 27.10
color claro 62.19.20
— de dibujo 230.15
— especial 421.10
— de fondo 230.14
— del marcado 380.6
— de muestra 230.15
— oscuro 62.19.20
— puro 421.5
— rojo 380.11
—, hilo de un solo 10.1
—, seda de 17.2
—, tejedura en 2.4
—es, a dos 154.1
—es, a tres 154.2
—es, de x 158.9
—es, de varios 10.2
—es, de diferentes 19.3
colorado, cuadro 380.8
coloreado, urdimbre —a 64.3
columna 80.7
— de madera 72.6
—s de soporte de las Jacquard 212.8
combado, bobina —a 23.18
combinación de color y ligamento 152.13
combinado, freno 124.9
combustible para la fuerza motriz 446.5
comercial, denominación — de los tejidos 432.13
comisión de banca 446.11
—, encolado a 66.13
compacto, canillado 85.22
—, tejido 392.13, 431.22
comparación, análisis por 436.1
compartimiento de la caja 274.10
—s dispuestos en círculo 279.3
—s superpuestos 273.9
compensación de la tensión 143.7
— de las variaciones en la tensión 331.10
compensando, trabajar 136.20
compensador, regulador 136.5
compensar la tensión 119.6
componer el ligamento 376.3
composición de colores 152.12, 377.3
— de los tejidos 143.14
comprador 443.1
compresor 291.9
comprimido, hilo de caucho 415.13
comprobación del peso 11.18
— del remetido de los lizos 182.5
común, eje 127.7
cóncavo, superficie —a 280.8
concéntrico, segmento 128.20
concha de expulsión 252.8
condición de equilibrio del freno 120.10
conducción de los espolines 348.19
— por fricción 50.8
— de los ganchos 211.5
— del hilo por tambor de ránura 99.14
— de la lanzadera 257.8
— del peine 283.4
conducido, polea —a 305.17
conducir el hilo a lo largo de la bobina 26.13
— los hilos por encima de una varilla lisa 57.13
— los hilos a través de la cola 74.8
— los lizos a su posición primitiva 182.1
— un solo telar 441.5
— varios telares 441.6
conducto de agua 74.1
conductor de corriente 387.13
— motor 61.15
— de vapor 73.21
— de vuelta 387.14
conectar los mecanismos reguladores 135.3
— la palanca tira-lizos a la calca 188.8
conexión, en — con 184.7.8
— por palancas articuladas en codo 294.10
confección, gastos de 446.22
confeccionado, cintas —as 427.22
confeccionador de lizos 177.16
confuso, aspecto 153.8
cónico, bobinado 24.1
—, tambor 60.1
conjunto de bobinas 44.9
— de dientes de la corona 61.4
conmutador 301.5
cono 249.5.12
— deslizante del tambor 60.12
— de fricción 97.15
— de fricción recubierto de cuero 307.13
—guía 99.2
— de hilo 87.9
— de la husada 85.19
— de listones de madera 60.2
— de madera 93.11
— motor de fricción 308.5
— de poleas 34.5
— regulable del tambor urdidor 60.6
— del tambor 60.15
— fijo al tambor urdidor 60.5
—s vacíos cambiables 372.3
conservación de la limpieza de los telares 375.11
consola 333.15
constante 133.19, 443.5
—, tensión 126.9, 129.17
construcción de los telares 300.3
constructor de telares 7.5
consumido, canilla —a 243.22
consumo de hilo 11.20
— de trama en kilogramos 444.14
— de trama en libras 444.15
contacto 196.14
— deslizante 387.5
—, poner en — el acoplamiento con la rueda 95.9
—, con suave 78.17
—, en — con la superficie de la bobina (rodillo de paro) 37.11
contado de las pasadas 370.4
— de la urdimbre 46.16
contador 48.12, 62.5, 318.21
— automático 46.17
— de hilos 434.14
— Hitchon 51.17
— de longitud 52.9
— métrico 54.16
— de metros 371.12
— de pasadas 370.5.15
— de pasadas Demoulin 370.7
— de pasadas Northrop 370.6
— con timbre 77.13
— de vueltas 54.8, 58.16, 370.3
—, aparato 370.2
—, aparato — de listas 74.19
—, cuadrante 56.10
—, mecanismo 54.9
contar de la derecha a la izquierda 151.7
— de la izquierda a la derecha 151.6
— los hilos del ligamento 434.7
— los puntos de ligadura 151.5
contextura de la alfombra doble 408.10
continua de hilar 21.16
continuamente, funcionando 306.17
continuo, desarrollo 126.6
—, movimiento 130.7
—, muestra —a 154.6
contorno del dibujo 379.17
contracción de los cartones 382.6
— del tejido en el ancho 139.3
— de la urdimbre 66.16, 114.9
contraefecto, dispositivo de 184.10, 201.14
—, dispositivo de — para cárcolas exteriores 202.2
—, dispositivo de — para 3, 4, 5 lizos 201.15.16, 202.1
—, moverse a 184.1
contraer los hilos de urdimbre 139.5
—se (urdimbre) 66.15, 114.8
—se a lo ancho (tejido) 139.4
contra-gatillo 133.13, 135.11, 195.13
contramaestre 5.4.5
— de telar 5.6
contramáquina 389.11
contramarcha de acción simple 185.7
— de alza 184.11
— de alza y baja 185.2
— de doble acción 185.10
— de baja 184.15
— para calada de alza, de baja y en reposo 185.14
—, dispositivo de 184.10
—, dispositivos de — colocados unos al lado de otros 185.13
contrapeso 53.8, 90.13, 121.10, 137.10, 203.19
— para los lizos 184.12
— de la palanca 55.10, 121.1
— redondo del freno 125.10
— de la regla porta-husos 94.14
contrapunta 80.19
contrario, giro 164.8
contra-tabla 229.14, 388.5
control de cálculo 443.6
conversión de las medidas 436.8
— del número 11.12, 435.26
— de los pesos 436.7
convertido, número 11.14
convertir, número a 11.13
convexidad de la bobina 23.16
convexo, plegado 23.14
—, superficie —a 280.9
copiar la muestra 378.10
copo 160.1, 412.19
— de crin 259.21
—s transpuestos 412.22
coposo, tejido 417.22
corbata doble 426.18
corchete 191.14, 389.9
corchete de doble gancho 193.10, 196.6
— de madera 210.8, 211.9
—, doble 279.6
cordel 42.17, 178.13
— accionador 108.12
— del huso 88.7
— del lizo 184.13
— de sujeción 173.3, 176.14
— tira-lizos 188.5
— tubular 424.16
cordón 12.16, 42.17, 167.6, 360.7, 427.9
— accionador 119.17
— de alza 208.19, 225.4.11
— de bolos 208.25
— cargado mediante un peso 235.9
— del corrón 45.16
— del cuchillo 205.17
— de enlace 389.19
— de la palanca de contacto 253.11
— de retención 233.2
— de tracción 230.5
— de unión 110.4
cordones de alza angulares 233.4
— de alza retenidos por nudos sobre la tabla superior 225.9
— tensos de semple 386.12
cordoncillo de paja 416.6
— de seda 16.14
cordoncitos desiguales 146.10
— horizontales 160.16
cornejo, madera de 243.10
corona de madera 133.4
— regulable 61.2
— del tambor 60.18
correa 25.24, 112.18, 183.16, 295.13, 428.24
— de conexión 252.16
— corta de freno 252.4
— del gatillo 314.11
—guía 365.16
— larga de freno 252.3
— de pomo 429.1
— de remate 429.1
— tejida 427.14
— tiratacos 249.14
— de transmisión 241.15
corredera 128.7, 326.9
— del collar del huso 98.18
— del cuchillo con tope 331.16
—guía de los carros 367.13
— regulable 439.22
corredizo, anillo 197.13
corredor 362.20
—, bloque 55.14
correr sobre el arco dentado (rueda dentada) 257.12
— entre las clavijas (faja de urdimbre) 57.21
— por la garganta (hilo) 101.2
— sobre rodillos (lanzadera veloz) 237.10
— las mallas en los lizos 173.5
— a través de la calada (lanzadera) 247.3
— por el zócalo del batán (lanzadera) 247.4
corriente de aire comprimido 264.22, 265.5
— continua 309.16
— trifásica 309.17
—, anchura 442.8
corrón 45.15, 56.5, 128.9
— de alza y baja 46.3
corsé 427.11
cortado, chenilla —a 343.11
—, terciopelo 404.3
cortador, mecanismo — de los bucles 327.15
—, mecanismo — de falsos orillos 363.5
cortadora mecánica para cartón con cizalla 383.16
— mecánica para cortón con cuchillos circulares 383.20
— para terciopelo, máquina 168.14
—, máquina — de muestras en zig-zag 375.14
cortadura de los cartones 383.15
— de las muestras 375.15
cortante del cuchillo 327.5
—, arista 111.14
cortar las bastas 344.9

cortar los bucles de hilo en la ranura . . . 336.11
— la chenilla, máquina para 343.5
— los dientes 287.18
— el hilo de pelo . . . 336.10
— las líneas de la sarga 150.3
— en longitudes dobles 218.2
—, terciopelo sin 395.3, 404.2
corte de los bordones de pelo (siguiendo un determinado motivo) 167.7.9
— de los bucles de pelo 168.12, 327.23
— de la extremidad del hilo 265.9
— de los hilos de arcada 218.1
— por líneas de los bordones de pelo . . . 167.8
— oblicuo de los corchetes de madera . 211.9
— del tejido de chenilla 343.12
— de la trama 258.8
— del pelo, mecanismo de 334.9
— de la trama, mecanismo de 341.24
—, dispositivo de . . . 331.11
—, mecanismo de . . . 342.22
corteza de árbol, cinta de 425.16
cortina de chal 419.7
— de chenilla 419.5
— de damasco 419.3
— Djim 419.14
— de encaje 419.2
— estampada 419.4
— finlandesa 419.12
— de gasa 419.1
— de gasa labrada . . 419.6
— india phulkari . . . 419.15
— japonesa 419.13
— Kilim 419.11
— de Madrás 419.10
— de muselina fina . . 418.19
— oriental 419.9
— de resorte 433.7
— de tul 413.2, 418.18
— turca 419.8
corto circuito 320.13
—, ajustar el templazo. 139.10
—, colocar la urdimbre —a 42.4
corvo, peine 367.12
coser los cartones, máquina de 390.4
cosido a mano, marco para 390.1
— de los cartones . . . 389.17
cosido, chenilla —a 20.20, 342.1
coste de bobinado . . . 26.4
— de los bosquejos . . 446.24
— de los cartones . . . 446.26
— del encanillado . . . 88.23
— de los gráficos . . . 446.25
— de las muestras . . . 446.23
costilla 382.11
— con espigas de madera 353.13
— de madera 189.11
—s articuladas 189.12
costura, sin 156.13
côte 154.8
— a cuadros 154.17
— con surcos oblicuos . 154.16
— por trama 154.12
— por urdimbre 154.15
cover-coat 399.13
crea 395.18
crapodina 249.10
crecido, cuenta —a . 107.10.11
cremallera 38.12, 190.16, 257.18, 268.9, 344.11
— del cilindro tensor . 53.2
— con colisa 279.19
— curva 368.2
— del gancho 188.13
—-guía 97.17
— motora 276.5
— con peso 288.4
crenol 17.21
creosota 437.29
crepe de seda 16.10
cresciente, longitud . . 341.22
crespón 398.22
— de China 401.13
— liso 161.12
— listado 161.13
— longitudinal 161.17
— de seda 401.12
cresponado, hilo 15.15
creta 437.27
cretona 392.23
criba de crin 414.14
criba de lavado . . . 416.25
— metálica 416.21
crin artificial 17.21
— de caballo 175.7
— de la cola del caballo 414.12
crinera del caballo . . . 414.13
crinolina 414.20
Crompton, maquinita 191.12, 192.1
Crossley, mecanismo de cambio de lanzaderas 269.14
—, telar mecánico para tapiz de Smirna . . 338.18
crudo, hilo en 9.23
—, seda —a 16.2.21
—, tejido de algodón en 392.14
crujiente, tejido 431.29
cruz . . 42.12, 137.20, 138.9, 351.14, 380.2
— sencilla 138.11
—, en forma de 119.9
—, formar la 42.8
—, hacer la — hilo por hilo 42.10
—, hacer la — de dos en dos hilos 42.11
—, obrero (—a) que hace la 42.14.15
cruzado de las portadas 42.19
—, arrollamiento . . . 87.12
—, hilos apretadamente —s 173.18
—, tejido 3.19
cruzamiento de las cuerdas 219.22
— de los hilos 352.13
— de los hilos de orillo 361.6
— de hilos de urdimbre 164.3
— de las portadas . . . 42.19
cruzar las cuerdas . . . 219.23
— con los hilos de fondo (hilos de muestra) . 369.3
— los grupos de hilo . 351.12
— los lizos 223.4
— las portadas 43.1
— un tejido 147.12
— a la urdimbre (trama) 144.3
—se en ángulo recto . . 208.4
—se con un segundo (tercio) hilo de vuelta . 164.14
cuadrado, árbol 78.1
cuadrangular, árbol . . 117.8
—, tejido 153.5
cuadrante contador . . 56.18
— dentado 51.23
— numerado del contador 52.1
— de precisión 439.18
cuadrícula para chales . 235.16
cuadro 379.6
— blanco 380.7
— colorado 380.8
— vacío 380.7
cuadros 153.10
— del contorno del bosquejo 380.16
— en punta 152.7
—, división en 379.8
—, tejido a 271.13
cuádruple pasada, ligamento con 169.16
— tela 159.3
cuba 89.10
— para la cola 71.17
— de encolar . . . 70.18, 75.5
— de madera 69.1
— de madera revestida interiormente de cobre 70.6
cubierta de acanalado . 419.29
— del armazón 345.19
— de chenilla 419.23
— del cilindro 277.12
— de felpa con bordón rizado 406.4
— de felpa estampada . 406.5
— con forro 419.24
— de hueso 347.23
— de lana 419.21
— de lujo 419.27
— de mohair 406.2
— con motivo claro en las dos caras . . . 420.1
— móvil del peine . . . 49.19
— para muebles 419.18
— de punto de tripa . . 419.28
— de viaje 419.22
—, tejido para gruesas —s 397.16
cubierto de frisa . . . 35.19
cubo 281.3, 331.14
cubo de la rueda con dientes de madera . 275.8
cubre-asiento 405.16
—-cama 419.20, 433.13
—-respaldo 405.17
—-respaldo para sofá-cama 405.18
—-taco 248.14
cubrir con hilo metálico 20.13
— la pista del batán . . 312.12
cuchilla 186.9, 194.19, 207.10, 233.13, 388.14
— ajustable 233.15
— con cabeza redondeada de madera 234.1
— de doble hoja . . . 187.7
— en forma de gancho 191.7
— en forma de pala . 193.9
— fuera de acción . . . 223.16
— inferior 191.16, 232.15
— inclinada 210.7
— lisa 375.16
— oscilante 196.4
— de palanca 190.11
— regulable 210.24
— superior 191.15
—s superpuestas 236.1
cuchillo 112.11, 193.13, 205.14, 211.23, 327.4, 332.14
— del cilindro 190.9
— circular . . . 343.8, 383.20
— para cortar el hilo de pelo 340.18
— en forma de disco . 342.23
— con gancho 337.4
— del prisma 277.26
— para seccionar la felpa doble 332.2
— para terciopelo . . . 168.15
cuello 92.1, 249.9
— de la urdimbre . . . 79.5
—, terciopelo para —s . 404.8
cuenta 376.7
— clara de urdimbre . 107.6.7
— crecida de urdimbre 107.10.11
— definitiva de hilos . 41.16
— densa de urdimbre 107.10.11
— espesa de urdimbre 107.10.11
— de hilos . . . 107.9, 434.13
—-hilos 438.12
—-hilos de seguridad . . 438.14
—-hilos universal . . . 438.13
— de los lizos 173.13
— del peine 282.13
— de la urdimbre 41.15, 106.16, 376.8
— de la urdimbre, hacer la 106.17
cuerda . 178.13, 268.7, 332.13, 379.4
— de alza 225.4
— barnizada 220.4
— con contrapeso . . . 123.1
— cruzada de urdimbre 43.4
— doble 123.9
— del freno 121.11
— para girar 211.25
— de inversión 211.25
— de los lazos 209.13
— de los lizos 181.15
— de mando del tambor 32.4
— de semple . . . 209.11, 386.7
— de semple estirada . 386.8
— de tracción . . . 230.5, 257.2
— de tripa 341.10
— tubular 424.16
— de urdimbre 63.9
—s de cola 208.20
—s paralelas 124.17
cuero sin adobar . . . 310.14
— curtido con corteza de roble 248.10
— inglés 394.19
cuerpo de la bomba . . 101.18
— de la caja 266.17
— de la canilla 86.12
— de los hilos fijos . . 353.8
— de hilo en el plegador 120.5
— de los hilos de vuelta 353.9
— de la lanzadera . . . 243.3
— liso 167.4
cuidado de los lizos . . 204.11
cuña 293.15, 311.8
— de acoplamiento . . 277.11
— reguladora de rail de tensión 332.5
—, en forma de 233.18
cuneiforme, de sección . 327.14
curso 7.18, 381.3
— de cambio de las cajas 273.1
— del gatillo 132.2
curso del ligamento 8.1, 144.14
— de la palanca de colisa 128.11
— en un pasado a retorno 221.9
— de remetido 104.7
— por trama 381.8
— del urdido 40.16
— de la urdimbre . . . 40.13
— por urdimbre 381.7
—s, *x*— en todo lo ancho del tejido 381.6
cursor 438.15
curva de conexión . . . 198.16
curvado hacia arriba . 140.8
— lateralmente 108.16
—, brazo 254.15
curvatura de la colisa . 211.21
— de la lanzadera . . . 244.5
cutí 394.7, 396.4
— de yute 397.2
— para juego de cama 396.6
— para pantalones . . 396.7

Ch

chaconada 393.26
chaflán 267.14
chagrín 402.24
chal auténtico 420.20
— bordado 420.24
— para la cabeza . . . 420.30
— Cabila 420.28
— cachemira 420.27
— de color 420.22
— estampado 420.23
— imitación 420.21
— indio 420.26
— liso 420.29
— oriental 420.25
chaleco 399.20, 432.19
chamuscado, malla —a . 179.20
chapa 281.2
— del batán 136.8
— labrada de granos . . 117.10
— labrada de picos . . 117.10
— perforada 117.11
— de zinc 175.16
chapita . . 35.6, 53.5, 319.13
— articulada 53.7
Chardonnet, seda . . . 17.19
charnela 278.12
— de seguridad 255.10
—s, unidos por 201.6
—s, moverse en 289.4
chaveta de acoplamiento 303.7
chenilla 410.17, 422.1
— de Axminster con punto de gasa . . . 410.22
— cortada . . . 343.11, 411.4
— cosida 20.20
— cosida, máquina para 342.1
— en espiral 21.1
— de fantasía 21.9
— hecha a mano . . . 410.18
— hecha a máquina . . 410.19
— multicolor 411.3
— plana 20.22, 410.20
— plana cosida 411.1
— con plumas 21.10
— redonda 20.24
— tejida 20.19
— tejida en forma plana 410.21
— torcida 20.21, 411.6
— en U 20.23, 411.5
— unicolor 411.2
cheviot 397.20
— sin perchar 397.21
chevron de estambre . 399.14
chiffon 393.11
chimenea para evacuar el aire cargado de humedad 75.13
chiné, cinta 425.8
chondrus crispus . . . 67.21
choque de la lanzadera 247.15, 248.20, 292.15
—s en el hilo 98.7

D

damasco 153.14
— amalgamado 154.4
— a dos (tres) colores 154.1.2
— a la Jacquard . . . 153.17
— multicolor 154.3
— ordinario 153.15
— sencillo 153.16

dar tacto a la cinta . . 427.17
debajo, aparecer . . . 144.6
débil, golpe 246.15
—, tensión 118.23
—, torsión 9.15
debilitación del hilo . . 284.14
decena 379.9
decocción del almidón de patata 66.20
— de la fécula de patata 66.20
— de linaza 67.20
decorativo, felpa —a . . 406.3
dedo 176.21, 264.4, 283.10, 339.25
— mojado 110.9
defecto de tejedura . . 4.3
— de una tela 4.4
— de tramado 132.13
—s del hilo 28.5
defectuoso, cambio . . 260.14
definitivo, número — de hilos 41.16
deformado, aguja —a . 211.13
—, plegador 116.2
degenerar en ácida (cola) 65.10
— en vello (pelo) . . . 405.3
dejado 384.16
—s en grupos (hilos) . 176.8
dejador, segmento . . 202.11
dejar (hilo de urdimbre) 144.6
dejo del hilo suplementario 158.7
—s del ligamento . . . 193.20
delantal 427.12, 433.1
delante del telar, trabajar (cilindro) 220.12
delantera de la caja de lanzadera 256.2
delgado, hilo . . . 9.17, 236.17
delicuescente, materias —s 68.8
Demoulin, contador . . 370.7
denominación comercial de los tejidos . . . 432.13
— del hilo por la calidad 11.25
— de materias 8.14
— del tejido . . . 3.14, 430.6
densidad irregular del peine 282.17
— de lizos 173.13
— del peine . . . 282.13, 443.22
— del tramado 132.8
— de la urdimbre . . . 114.13
— variable del plegado 22.18
denso, cuenta —a . . 107.10.11
—, tejido 132.11, 392.13, 431.22
—, tramado 132.7
—, urdimbre de cuenta —a 319.9
dentado, cuadrante . . 51.23
departamento de canillado 85.1
depósito 264.2, 443.7
— de bobinas 364.2
— de canillas giratorio 261.1
— de cartones 200.11
— de cartones en forma de arco 206.12
— de cintas 301.12
— del huso 96.8
— de lanzaderas 267.10, 269.3, 270.8
— vertical 269.15
depurador, dispositivo — del hilo 39.6
derecho del tejido . . 430.3
—, de —a a izquierda . 109.9
—, torsión —a 9.12
derechos 446.28
— legales 446.29
derivado, ligamentos —s 145.13
derivar el ligamento . . 145.14
desarrollado, hilo . . . 265.1
—, longitud —a. 49.14, 118.9
desarrollar 85.21
— los hilos de las bobinas 44.23
— el hilo de la canilla 260.10
— la urdimbre 77.2
— la urdimbre del plegador 118.4
— la urdimbre del urdidor 43.3
—se (hilo de trama) . . 245.1
—se siguiendo el eje de la canilla (hilo) . . 237.16
—se tangencialmente a la bobina (hilo) . . 240.15
desarollo automático de Roper 129.12
— continuo 126.6
— del hilo 346.11
— intermitente 126.7
desarollo de la trama . 244.22
— de la urdimbre 77.3, 118.3, 126.5
desborrador de hilo . . 445.14
descansar sobre los cartones (palanca) . . . 194.9
— sobre uno de sus flancos (lanzadera) . . . 265.14
descanso 48.5, 364.9
— del disparo 312.2
— en el impulsor . . . 364.22
descarga del zarzo . . . 102.13
descargador con guarniciones de cardas . . 39.5
descargar el tejido . . 298.17
descargue del tejido . . 298.18
descendente, lizo . . . 198.3
descender (tabla de los coletes) 187.11
descendimiento del huso 242.20
descensional, movimiento 39.9
descenso del contrapeso 137.11
— de la grifa 211.2
— de los hilos . 142.8, 182.2
— del plegador 111.11
descomposición de la cola 65.6
— de la muestra . . . 430.2
descuento 446.12
desechos de hilos . 22.11, 45.1
desembragado, telar . . 306.22
desembragar el acoplamiento 35.16
— el arrollador de tejido 133.20
— el telar 306.21
— el tirante del freno . 52.15
desembrague del acoplamiento 307.1
— del gatillo 334.3
—, mecanismo de . . . 268.11
desenganche de los coletes 211.12
— del gatillo de seguridad 279.13
desengatillado de los gatillos de expulsión . 314.4
desengomado, seda —a . 16.23
desenredar los hilos . . 81.14
desenroscar la tuerca . 439.7
desfrenado 309.13
desgaste de la correa . 310.7
— del excéntrico . . . 250.5
— del hilo 284.15
— del mecanismo de cambio 262.7
— de los soportes . . . 313.10
desgrasado, hilo . . . 10.7
—, seda no —a 16.21
desigual, posición . . . 141.18
—, repartimiento . . . 109.3
deslizable, listón . . . 172.10
deslizamiento de una capa de hilo 86.2
— del cordel del huso . 88.8
— de la correa 307.9
— del disco de fricción 37.3
— de los hilos 57.2
— del hilo por el guía-hilos 92.19
— de la urdimbre . . . 50.9
— de la urdimbre por el guía-hilos 117.1
deslizante 62.2, 245.11, 258.11, 259.16, 301.17
— del collar del huso . 98.18
—, cono 60.12
—, pieza 124.14
deslizar el huso lateralmente 37.9
— en las ranuras (espigas) 40.15
—se (cordel del huso) . 88.7
—se (urdimbre) 50.10
—se entre discos (hilo) . 35.18
deslustre, aptitud para el 429.21
desmontable, marco de lizos 171.17
desnudo, hilo de caucho 56.14, 415.15
—, huso 87.24
despedir la lanzadera, mecanismo de . . . 8.3
— la lanzadera, mecanismo de — para telares de paño fuerte . . . 253.3
desperdicios de algodón 12.12
— de bobinas . . . 22.11, 85.29
— de hilo 4.14, 85.30
— de husadas 85.28
— del tejido 4.13
desplazable en el sentido de su longitud, peine 369.17
desplazamiento automático de la correa . . 53.16
desplazamiento axial del cigüeñal 307.15
— axial de los excéntricos 251.8
— de las bastas 152.2
— de la canilla 265.11
— de las capas de hilo 97.10
— de la rueda de estrella 127.4
— de la tabla de las agujas 234.3
— en vacío del gatillo . 127.3
desplazar los ganchos lateralmente 351.11
— lateralmente los hilos de muestra = hilos de urdimbre 368.9
— lateralmente los hilos de urdimbre 367.18
— los pezones 206.5
— la regla de agujas . . 350.6
— el rodillo de fricción a lo largo del árbol 55.19
— el soporte siguiendo la anchura de la faja . 61.20
— el soporte del peine a largo del rail inclinado 59.21
— el tambor 59.13
—se en el sentido de su eje (árbol principal) 99.6
desplegado de la urdimbre 77.3, 118.3
— por rotación 86.18
desplegar la urdimbre . 77.2
desprendimiento del huso 88.10
destajo, salario a . . . 444.23
—, tejer a 6.20
destejer (telar) 302.14
destejido a media velocidad 302.15
destorcer el hilo 405.16
destorcido, madeja —a . 170.17
destorsión de las madejas 170.16
desván de secado . . . 72.11
desviación de la lanzadera 312.8
desviador 270.7
desviamiento de los hilos 57.2
desviar la lanzadera de su carrera 312.7
detalles de la maquinita 197.9
— del telar 321.10
detrás del telar, trabajar (cilindro) 220.13
detector de la canilla Northrop 261.11
detener la lanzadera que vuelve (correa) . . . 252.2
detentor, palanca —a . 259.20
determinación de los aprestos 436.20
— del ligamento 433.18
— de la materia prima 436.9
— del número del hilo . 11.11, 435.17
determinar la longitud de urdimbre mediante el contador 62.11
— la longitud de la urdimbre por el número de vueltas del disco contador 49.4
— la materia a ojo . . 436.10
— la materia quemándola 436.11
— la materia a simple vista 436.10
devanadora 26.8, 40.5, 440.3
— de seis brazos fijos . 29.3
— corrediza 29.9
— elástica 29.7
— extensible 29.6
— con guía-hilos y guía-canillas automáticos 440.6
— horizontal 56.9
— de linternas . . 29.9, 440.7
— con porta-canillas y guía-hilos fijo . . . 440.5
— superior 30.2
— vertical 56.3
devanado axial 86.19
— en cruz 11.2
— de un ovillo de urdimbre 63.14
— tangencial 86.18
dextrina 66.25, 437.11
Dewath, máquina . . . 234.14
diagonal doble 380.5
— de estambre 399.15
— del raso 150.18
— sencilla 380.4
diametralmente, carretes colocados 362.7
diámetro del hilo de trama 132.14
— del plegador lleno . . 121.5
— del plegador vacío . 121.4
— de la polea motriz . 305.15
dibujante 378.11
— en carta 378.12
dibujo (v. t. muestra, motivo) 4.1
— de adorno 376.4
— de ángulo 222.7
— bordado 423.1
— con efectos de trama 380.18
— con efectos de urdimbre 380.17
— de espolinado 344.4
— estrellado 377.5
— floral 376.6
— de fondo 377.13
— a Jacquard 4.2
— a listas 377.8
— a listas longitudinales 377.10
— a listas transversales 377.9
— pequeño 3.18
— de ramaje 377.4
— del remetido del peine 329.18
— de repetición 8.1
— simétrico . . . 349.9, 377.6
— de la trama 7.19
— del tramado 329.19
diente 425.22
— de acero 284.20
— de la barra 126.19
— de caña 284.17
— del carro 367.1
— por diente, remeter . 83.4
— en forma de espiral . 285.24
—-guarda 282.19
— de latón 284.19
— oblicuo 285.7
— del peine 82.17, 282.7, 367.15
— retorcido 425.23
— siguiente 109.7
— por trama 425.21
—, primer 330.4
—, segundo 330.5
—s arqueados 285.8
—s cruzados 285.9
—s curvados 285.8
—s estañados 286.17
—s inclinados de la rueda 133.21
diferencia de longitud de las portadas 66.14
— en la tensión de los hilos 49.10
diferencial, freno . . . 123.21
—, mecanismo — 303.3
diferentes colores . . . 19.3
dilatabilidad del tejido . 439.11
dimensiones de la alfombra 407.10
— de un telar para doble felpa 330.14
dinamómetro de bolsillo en forma de reloj . 440.14
— para hilo 440.10
— para hilo sencillo . . 440.11
— con indicador de alargamiento 440.13
— para madejas 440.12
— para tejido 438.18
dirección del bobinado . 22.16
— de las listas 433.22
— de las rayas 433.22
— del surco 144.12
— de la torsión 145.8
— de la trama 433.20
— de la urdimbre . . . 433.19
directo, arrollamiento . 131.1
director de tejeduría . . 1.6
disco 89.19
— acanalado 101.3
— alado 337.11
— cargado de color . . 74.20
— del carrete 24.14
— del carro de bobinas 364.17
— en contacto con el hilo 101.4
— contador 48.7
— curvado 90.20
— dentado 62.6, 201.5
— con entalladura 48.7, 178.22
— de espigas . . 275.9, 280.10
— excéntrico 94.19, 96.12, 117.6, 276.3
— excéntrico con palanca acodada . . . 294.2
— de excéntricos . . . 359.11
— extremo del plegador 115.7
— fijo en la lanzadera . 90.8

disco de fricción 27.6, 34.12, 36.8, 51.13, 55.7
— de fricción de cuero 101.1
— de fricción con lengüeta y ranura 61.6
— conducido de fricción 98.13
— cubierto de frisa para la tensión del hilo 35.19
—-guía 251.9
— guía-hilos 97.16
— guía-hilos de garganta 100.14
— inferior de fricción 93.2
— de madera 115.9, 119.13
— con manivela 276.8
— del mecanismo de freno 268.6
— de media luna 58.4
— motor de fricción 98.12
— con muesca 48.7
— de nariz 74.23
— numerado 278.14
— recubierto de pañete 35.18
— de paro 276.9
— del plegador 78.6
— portador accionado por peldaños 363.16
— de ranura 363.1
— ranurado 199.9
— de recorte arqueado 275.13
— de resalto 74.23
— de segmentos 202.10
— semicircular 58.4
— separable 90.9
— de separación de las perlas 354.20
— de superficie áspera 100.16
— superior de fricción 93.3
— para torcer la gasa 426.8
— de vuelta 426.8
—s de freno encajados en horteras 125.3
diseño de la muestra 376.11
disminución de la amplitud de desarrollo 128.10
— del ángulo del dentado 135.18
— de la carrera 135.19
— del curso 135.19
— de la densidad del tramado 132.10
— de diámetro del plegador 120.6
— del peso 121.15
disminuir (anchura de la urdimbre) 114.12
— el diámetro del plegador 119.4
— el rozamiento de los hilos de urdimbre 182.16
— la rugosidad del hilo 64.14
— la tensión 119.3, 126.10
— la velocidad por engranajes 53.15
disparar la máquina con el pedal 54.1
disparo 50.15, 82.8, 308.20, 320.5, 323.1, 332.18
— de resorte 52.19
disperso, puntos de ligadura —s 150.17
disponer el mallón para fijarlo 177.13
— las perlas para formar un dibujo 414.25
— el plegador 48.15
— el telar para el trabajo 7.14
disposición de los cartones para ganchos fuera de acción 383.13
— del hilo en espiras juxtapuestas 23.1
— de los hilos de urdimbre 159.14
— de los husos en dos líneas 39.17
— paralela de los hilos 25.14
— preliminar 159.16
— repetida de las bobinas 44.13
— de la trama 132.4
— única de las bobinas 44.12
— para varios plegadores 116.3
dispositivo v. t. mecanismo, máquina
— afilador del cuchillo 332.7
— de las agujas 359.9
— para alejar (apartar) el cono del árbol de la expulsión 249.3
— de alimentación 258.15
— de alza de los lizos 181.22
dispositivo de anudado 338.1
— de arrollamiento para urdidor de secciones 55.3
— para el cambio de ligamento 196.11
— para coger la lanzadera de mordaza 258.10
— de contraefecto 184.10, 201.14
— de contraefecto para cárcolas exteriores 202.2
— de contraefecto para 3, 4, 5 lizos 201.15.16, 202.2
— de contramarcha 184.10
— de contramarcha de acción simple 185.7
— de contramarcha de doble acción 185.10
— de contramarcha de alza 184.11
— de contramarcha de alza y baja 185.2
— de contramarcha de baja 184.15
— de contramarcha para calada de alza, de baja y en reposo 185.14
— de corte 331.11
— depurador del hilo 39.6
— de doble ascenso 193.7
— de doble cilindro para cambios de color de la urdimbre 230.11
— elevador de la canilla 97.11
— de encolado 72.18
— encolador 72.18
— encolador montado sobre el telar 75.14
— para encolar a mano las madejas 69.25
— de enhebrado 365.1
— de expulsión de bobinas 364.3
— de expulsión con picaporte 252.12
— de falso orillo 362.3
— de falso orillo con malla de vuelta 361.8
— de falso orillo con regla de agujas 362.10
— de falso orillo de Stäubli 362.15
— de fijación de la canilla 372.1
— para la formación de la calada 8.2
— para forzar la canilla en la lanzadera 372.2
— frenador de la urdimbre 119.7
— de freno 309.3
— de freno para cartón mal colocado 390.5
— de freno para el mecanismo seccionador 332.10
— de freno del urdidor 52.17
— guía-trama 341.23
— para igualar la calada 329.15
— de inversión 311.11
— de lectura 387.12
— de levantamiento del plegador de urdimbre 106.11
— de lizos altos 335.15
— de marcha atrás por correa 302.16
— para medir la tensión de la urdimbre 371.13
— Northrop de enhebrado 260.17
— de pinzado 113.14
— para recibir la lanzadera de mordaza 258.10
— regulador 28.11
— para regular la tabla de las agujas 204.16
— de remetido 105.8
— de secado de la urdimbre 72.5
— de seguridad contra la ruptura del mecanismo de expulsión 313.2
— de selección del ligamento 189.9
— seleccionador 370.1
— selector de hilos 113.5
— para separar y anudar los hilos 112.23
— de suspensión de poleas 183.18, 199.4
— de suspensión con tiralizos 183.15
dispositivo de suspensión por torno 183.12
— de tensión 341.4
— para la tensión del hilo (Morrison) 92.20
— de tensión de los hilos de pelo 329.3, 339.4
— de tensión de la urdimbre para telar de cintería 356.14
—s de contramarcha colocados unos al lado de otros 185.13
distancia entre las bancadas laterales 308.2, 331.2
— del freno a la rueda del freno 311.18
— entre los husos 88.1
— entre dos nudos 18.9
— entre los platos del carrete 24.13
distribución de los hilos 182.12
— irregular de los hilos de urdimbre 182.13
— irregular de los puntos de refuerzo 151.13
— uniforme de la cola 69.22
— uniforme de los puntos de refuerzo 151.12
distribuidor de bobinas 84.21
— de tramas 84.16
distribuidora de tramas 84.17
distribuir la cola con regularidad 69.21
— las mallas en los lizos 173.5
— los puntos adicionales de refuerzo 153.4
divergencia 42.12
dividir los hilos en grupos 339.11
— los hilos de urdimbre 83.23
— la muestra en partes 386.22
— el peine según las portadas 107.19
— la tabla de arcadas longitudinalmente 217.8
— la tabla en varios cuerpos 223.2
— la tabla en varias secciones 223.2
— el valor del escalonado 151.3
— la urdimbre 141.8
divisible, redecilla 412.23
—, tul 412.23
división del cilindro 211.15
— en cuadros 379.8
— del dibujo 379.12
— de ganchos 214.22, 216.2
— de la urdimbre 83.27, 141.7
—es del excéntrico 198.13
—es, papel con 371.1
divisor del bosquejo 379.15
divisorio, línea —a 361.4
Djim, cortina 419.14
doblado 18.21
— de la palanca acodada 255.12
dobladora 445.4
dobladura de las agujas 226.8
doblar los lizos 181.18
— las urdimbres urdidas 82.11
doble alza 201.11
— articulación 204.2, 213.12
— ascenso, dispositivo de 193.7
— aspecto, de 148.13
— báscula 121.17
— calada del telar para terciopelos 328.15
— cilindro, dispositivo de 230.11
— moqueta 405.14
— franela 398.10
— felpa 330.12
— tafetán 400.13
— tela 398.8
— tela con efecto de colores 158.9
— tela con hilos suplementarios 158.3
— tela con pasadas suplementarias 158.2
— tela de saco de yute 396.22
— tela con trama de envés 158.10
— tela con trama de forro 157.15
— tela con urdimbre de envés 158.11
— tela con urdimbre de forro 158.1
— tela de yute 396.19
dobleces 426.20
domanda 443.3
doméstico 393.17
domicilio, tejedura a 6.19
dorado, perla —a 19.13
dorso del diente 126.21
— del tejido 430.4
dos caras, tejido a 154.18
— en dos hilos, hacer la cruz de 42.11
drap-de-soie 402.2
Draper, urdidor 53.1
dril 394.7, 396.4
— para juego de cama 396.6
— para pantalones 396.7
— de yute 397.2
dropper 369.6
duchesse, raso 402.14
duplicado de los cartones 389.1
duplicar los cartones 389.2
— cartones, máquina de 389.3
durabilidad de las alfombras 409.18
duración de la lanzadera 244.1
— del lizo 174.12
— del picado 247.23
— del trabajo de la lanzadera 341.26
duro, bobinado 23.7
—, golpe 246.16
—, hilo 64.16
—, tejido 431.25

E

ecartamiento de los hilos de urdimbre 412.7
Eccles, mecanismo de cambio 276.1
echar la lanzadera vacía fuera de la caja 270.1
economía de cartones 197.1
— de fuerza 307.6
economizador de cartones 196.22
— de cartones, aparato 236.7
— de cartones, mecanismo — en telares para pañuelos 275.20
efecto de brocado por urdimbre 165.1
— claro 391.12
— de color 3.20, 391.18
— de x colores 158.9
— de colorido 391.18
— de cuadros 152.11
— diagonal 146.11
— de frunces 162.2
— de gasa 352.14
— de gasa en tejido espeso 164.19
— de granito 152.15
— indistinto 391.13
— de labrado 391.15
— de ligadura 381.19
— de luz 422.15
— mezclado de color 152.10
— de muaré por líneas onduladas 286.2
— del peso 123.4
— puro de color 152.9
— de sombra 422.16
— de trama 391.17
— de urdimbre 391.16
—, buen — del tejido 429.8
eje 285.14
— del aspe 25.23
— del batán 251.17, 278.6, 288.17, 293.5
— del cilindro 235.10
— común 127.7
— de la espiga 338.11
— del excéntrico 178.19, 179.5
— del plegador 120.2
— de rotación de la palanca 31.4
ejecución del ligamento 376.1
ejecutado, golpe 247.19
ejecutar el ligamento 376.3
elaboración de la seda 2.20
elaborar las mallas 176.11
elásticamente, soportar 313.6
elasticidad 415.20
— de los hilos 440.15
— permanente 64.19
elástico 415.24
— (adj.) 415.19
—, hacer — el filo 64.18
eléctrico, accionamiento 309.14
—, pulsador de canilla 319.1

electro-imán 269.8, 301.4, 387.7
—-magnético, impulsión —a 301.1
elemento del excéntrico 198.14
elevación del cilindro tensor 49.8
— del plegador 111.10
— progresiva del huso . 87.11
elevador, dispositivo — de la canilla 97.11
elevarse del soporte (huso) 93.18
elíptico, rueda —a . . 214.2
embalador 6.18
embalaje, tela de . . . 395.25
embeber la urdimbre . 71.13
émbolo 101.19
— de disco 256.13
— hueco 74.12
— vacio 256.11
embragador 358.16
embragar 334.2
embrague y desembrague de la correa, mecanismo de 372.18
— de discos 94.9
— del gatillo 334.4
embrocar la canilla de trama 260.7
embrollado, hilos —s . 81.12
—, punta de canilla —a 86.3
embudo 69.12, 93.10
— de fibra vulcanizada 97.20
— de ranura 94.15
emoliente, materias —s. 68.8
emparrillado . . 207.3, 210.19
— de las agujas 229.8
— móvil 228.12
— protector 313.1
empesado 63.17
— de la urdimbre . . . 64.8
—, urdimbre —a. . . . 64.5.10
empesante 68.12
empesar la urdimbre. 64.4.9
emplear el plegador como cilindro-guía 131.2
empleo (de los tejidos) 392.10, 432.12
empujar las agujas principales 229.21
— las agujas quedas (estuche) 226.12
— el carro hacia la derecha (izquierda) . . 287.19
— por el choque de la lanzadera (taco) . . 248.20
— el gancho hacia adelante (atrás) 188.2.3
— hacia atrás los ganchos 205.7
— luego del cambio de calada 323.12
— la pasada (peine) . 284.7.8
— el peine contra el tejido 284.5
— la tabla superior contra el peine por resortes en hélice 289.3
empuje de la lengüeta de la caja 316.4
empuñadura 58.8
encajado, vástago . . . 95.13
encajamiento de las cuchillas 191.19
— del gatillo 195.18
encajar el peine en la ranura del zócalo . 289.7
—, no (gatillo) 195.19
encaje 29.5, 217.14
— de imitación 423.21
— labrado 413.10
— mecánico 369.7
— tejido 413.4, 423.14
— tejido auténtico . . . 423.15
— tejido falso 423.16
— en telar de cintas . . 423.15
—s, fijarse en los (brazos) 29.5
encanillado 84.6
— de la trama 84.22
encanilladora 445.3
encanillar 84.14
— de las bobinas 37.4
— de la madeja 37.5
encarretado, hilo 10.16
encerado de las arcadas 220.6
—, malla —a 179.19
encerar las arcadas . . 207.16
encima, aparecer . . . 144.5
—, una calada — de otra 328.18
encogerse (urdimbre) . . 114.8
encogimiento de la urdimbre (en anchura) 444.2.11
encolado 63.17
— a lo ancho de la urdimbre 72.12
— a comisión 66.13
— en cuba 71.10
— de los hilos en madejas 69.19
— a mano, aparato de. 71.14
— a máquina 70.4
— sobre el telar 76.8
— de la urdimbre en ovillo 71.8
—, dispositivo de . . . 72.18
—, urdimbre —a. 64.5.7
—, juntos —s 319.11
encolador 75.6
— a mano 66.10
— a máquina 66.12
— de urdimbres 66.8
—, dispositivo 72.18
—, dispositivo — montado sobre el telar . 75.14
—, substancia —a . . . 89.11
encoladora (obrera) . . 66.9
— a mano 66.11
— de muestras 6.16
— (máquina) 66.6
— de cámara de aire caliente 75.4.12
— circular para madejas 70.15
— para mallas 180.1
— para pelotas 71.21
— de tambores 73.10
— vertical 75.12
encolar en caliente . . 65.19
— en frio 65.18
— los hilos en madejas 69.20
— madejas, maquina para 70.5
— a mano 69.24
— a mano las madejas, dispositivo para . . 69.25
— a máquina 70.3
— con regularidad . . . 65.17
— la urdimbre 64.4.6
— la urdimbre en ovillo 71.9
— la urdimbre en el telar 76.9
—, máquina escocesa de 72.13
encoletado . . . 207.20, 218.4
encoletar 218.5
encorvado, palanca —a. 31.3
—, plegador 116.2
encorvarse (ganchos) . . 211.3
encruzamiento . 42.12, 138.9
— inferior 47.4
— superior 47.3
encruzar los hilos . . . 42.8
— por par de hilos . . 138.12
— sencillamente 138.10
endentadura de la corona 61.4
enderezar el alambre . . 288.1
— los hilos de pelo (peine) 340.17
— el peine curvado . . 286.19
— el pelo 343.19
—se (resorte) 319.4
energía del golpe . . . 246.14
enfurtido, tejido 226.14
enganchamiento de las agujas 235.1
engarce de la rueda . . 317.9
engarzamiento de la urdimbre 109.16
engarzar los hilos de urdimbre 110.2
engatillado del doble gancho 278.10
engatillar 205.3
engomado 63.17
— de los hilos en madejas 69.19
— de la urdimbre en ovillo 71.8
—, malla —a 174.21
—, urdimbre —a. 64.5
engomar la urdimbre . 64.4.6
engranaje. . . . 133.16, 307.16
— cilíndrico 307.17
— cónico 127.17
— deslizable 180.15
— de hierro con hierro 310.19
— de la rueda dentada 203.11
— de tornillo sin fin . 34.7, 52.10, 101.21, 127.12
engranar (segmentos dentados) 192.11
— con la cremallera (segmento dentado) . . 234.16
engrane con virolas . . 313.7
engrasado de los hierros 328.13
—, hilo 10.6
engrasador 375.10
— de aguja 375.5
— de mano 375.4
engrase de las partes de trabajo 374.17
engrudo de almidón . . 66.19
enhebrado por absorción 245.13
— automático de la trama 260.13
— del hilo en la lanzadera 265.8
— del hilo de trama, mecanismo de 372.7
— inglés 245.14
— de las perlas 414.23
— de la trama por el ojete de la lanzadera . . 372.11
—, dispositivo de 365.1
—, dispositivo Northrop de 260.17
enhebrar los hilos . . . 53.19
— la trama en el ojo . 244.21
—, hilo a 245.12
enjuga-cuchillos 420.16
—-platos 420.15
—-vasos 420.14
enjulio 114.17
enlace de los hilos de urdimbre y de trama 1.12
enlazado de los cartones 389.17
enlazador de cartones . 384.12
enlazadora de cartones. 384.13
enlazar los cartones, máquina de 390.4
enmohecerse (cola) . . 65.8
enredado de los hilos . 107.23
—, hilos —s 81.12
—, punta de canilla —a 86.3
enredamiento de los hilos 81.13
ensanchador 241.4
ensayo de los hilos . . 435.2
— de los hilos por comparación 436.1
— por ignición 436.12
— de resistencia 436.14
— sobre la solidez de la tintura 429.9
— de los tejidos, aparatos para 438.8
entallado, palanca —a . 123.16
entalladura . . . 364.5, 367.2
— de la báscula 121.18
— para colocar el listón 106.6
— del tambor 55.1
entrada de la corredera 326.17
— del hilo desde el centro 424.15
— del hilo procedente del orillo 424.13
— de la horquilla en la reja 318.7
— de la lanzadera en la caja 316.3
— del tejido 6.26
entrar en medio de los agujeros del cilindro (agujas) 188.1
entrecruzado de los hilos 143.14
entrega del tejido . . . 6.27
entregar los hilos . . . 103.11
entrelazamiento fuerte . 152.4
— de los hilos inferiores 160.6
— de los hilos superiores 160.5
entrelazar fuertemente 152.3
— la trama con la urdimbre 1.15
entretenimiento de las máquinas 446.8
envés fuertemente ligado 152.5
— del tejido 430.4
— velloso 417.6
envolver (hilo) 368.21
envuelto, hilo — en forma de hélice de paso largo 20.14
eoliana 401.20
Epsom, sal de . 68.15, 437.25
equilibrado, brazo de palanca 439.23
equilibrar el peso de la caja 273.15
— el peso de los railes. 333.3
equilibrio 120.10
error de alza 196.16
escabel 45.15
escala 28.13, 439.21
escalonado 151.2
—, lechos de hilo —s. 41.12.13
—, polea —a 34.5
escamamiento de la cola 64.20
escape 133.13, 135.11
— del aire 74.14
— del peine 316.2
— del peine, mecanismo de 315.15
escisor, mecanismo — de falsos orillos 363.5
escocés 400.19
escoger los carros . . . 369.20
— el peine 106.15
escopleadura 364.5
escoplo plano 373.9
escuela de tejidos . . . 8.13
escurrimiento de los hilos 65.21
escurrir los hilos . . . 65.20
—se hacia arriba (anillo) 227.3
esfuerzo sobre el hilo . 98.10, 143.5
— de tracción en el hilo debido a la formación de la calada . 141.19
— de tracción producido por el aparato arrollador 130.18
eslabón aplastado . . . 196.20
— de cadena . . . 259.6, 340.2
— de la cadena de excéntricos 274.1
— para el dibujo . . . 259.4
— levantado 196.21
— rectangular de acero fundido 372.16
esmeril, piedra de . . . 332.9
Esmirna, hilo de . . . 15.8
espaciado, peine. . . . 285.2
espaciamiento de los bordados 345.2
espacio a bordar . . . 344.18
— entre los dientes 82.18, 443.24
— para los lizos en el telar 181.6
— entre dos nudos . . 18.9
— del peine 367.14
espada 177.4, 291.10
— de fresno 251.3
— de hicoria 251.4
— soportada en una colisa 313.11
— soportada por la mordaza 313.9
— soportada en una resbaladera 313.11
—, mecanismo de 251.1, 254.11
espaldar 238.11
espaldón alto (bajo) del excéntrico 179.7
—es del excéntrico de diferentes alturas . . 178.20
esparcimiento de los bordados 345.2
— de los bordados a lo ancho 345.4
— de los bordados a lo largo 345.3
espárrago 139.21
especie de tejido 391.6
espesante 68.12
espeso, cuenta —a . 107.10.11
—, tejido 132.11
—, tramado 132.7
espesor de la capa de hilo 101.5
— del hierro 327.11
— de la trama 132.12
espiga . 235.11, 323.3, 389.8
— del árbol 48.14
— del batán . . 230.6, 290.3
— de batido 371.5
— del cilindro tensor . 49.15
— de desembrague . . . 308.18
— de freno . . . 363.17, 364.10
— de golpe 371.5
— impulsora 275.11, 347.2, 348.17
— para el listón superior 82.16
— de madera . . 189.13, 390.2
— de mando 347.2
— de la manivela 213.11, 277.5
— de manubrio 255.2
— de la palanca angular 60.8
— del prensador 365.11
— del punzón 386.4
— receptora 364.6
— redondeada 117.8
espina 238.5
espira de la cuerda . . 124.11
— del hilo 22.15, 336.7
—, tornillo de una sola 127.14
—s flojas 98.8
—s de hilo 24.15
—s juxtapuestas 23.1
espiral suiza 242.2

espiral, arrollar en . . 46.19
—es de torsión 145.11
espita de alimentación. 69.14
— de interrupción . . . 265.7
espolín 346.4, 348.15
— arqueado. 347.13
— circular provisto de clavijas 347.7
— con cremallera . . . 347.10
— en forma de herradura 345.18
— metálico 347.8
— moviendose en arco 347.12
— moviendose en línea recta 347.9
espolinado . . . 162.8, 344.3
—, mecanismo de . . . 349.1
—, tejido 344.2
esquema general de tisaje 434.12
esquimo 398.5, 417.3
estacionario, calada —a 142.18
estado de equilibrio del freno 120.10
estambre . 5.21, 14.22, 398.17
estameña 394.1, 399.1
estampado, hilo 9.27
—, mallón metálico . . 176.4
—, tejido 418.16
estante para bobinas . 32.19
— para el cosido a mano 390.1
estañado, cobre 73.17
estaquilla de madera. . 189.13
estearina 67.15
estera 407.16, 416.10
— de caña 416.11
— para invernaderos. . 416.13
— de paja 416.8
— con varillas de madera 416.12
estilete marcador . . . 371.7
estilo. 376.12
— asirio 376.13
— barroco 376.22
— egipcio. 376.14
— gótico 376.19
— griego 376.15
— indio 376.17
— moro 376.18
— normando 376.20
— renacimiento 376.21
— rococo 377.1
— romano 376.16
estirar la cuerda de urdimbre 81.19
estofa para muebles . . 404.21
estopa 5.15
— de cáñamo 13.7
— para limpiar 375.13
— de yute 13.10
estore 433.7
estrechamiento de la urdimbre en anchura 444.11
estrechar las hileras de puntos 409.14
—se (tejido). 139.6
estrecho, cavidad —a . 244.8
estrellado, dibujo . . . 377.5
estría 238.4
estriado, cilindro . . . 277.6
—, varilla —a 138.6
estriar la cinta 427.18
estropearse (ganchos) . 211.3
estructura de la fibra . 436.17
— del tejido 391.3
estucado, hilo 14.13
estuche. 101.22, 210.5
— de las agujas . 50.19, 385.21
— de las calcas 322.5
— del huso 93.12, 98.15
— del huso con ranura longitudinal 96.4
— de la lanzadera. . . 257.17
— oscilante de las agujas 226.5
— de la púa 93.12
— de los punzones . . 385.21
— del resorte del acoplamiento 315.2
etiqueta blanca 10.26
— roja 10.25
etiquetador 6.13
evacuación de las lanzaderas vacías 341.27
evacuado, lanzadera —a por arriba 270.2
evacuar el aire cargado de humedad 75.13
— la lanzadera 268.13
— la lanzadera vacía por arriba 267.1
evaluación de un tejido 429.5
evasión de las canillas. 247.18
evitar el avance. . . . 29.15
evitar la formación de listas en el tejido . 222.2
evolución del batán . . 134.9
— del cilindro medidor 50.6
— de las portadas. . . 42.19
— de la urdimbre . 7.18, 40.13, 114.16
—es de la trama . . . 7.19
evolucionar bien (urdimbre) 114.15
— de izquierda a derecha (cartones) 390.14
— libremente (hilos) . . 81.15
— mal (cartón) 390.16
— sobre la poleita según un determinado ángulo (cordel) . . . 88.9
— rotos (hilos) 50.3
— en zig-zag (hilos de muestra) 369.2
exacto, alineación —a . 388.19
exagonal, malla 412.10
exámen microquímico . 436.18
— microscópico 436.16
examinador 6.1
excedente, hilos —s . . 182.15
excéntrico . 98.14, 129.5, 178.18, 228.9, 277.24
— de tres alturas . . . 274.13
— para simple alza . . 201.10
— para doble alza. . . 201.11
— para alza múltiple . 201.12
— para el arrollamiento cruzado de las capas 91.7
— del batán 317.10
— para batanado doble (triple) 295.8.9
— de la cárcola 201.7
— de corazón . . 33.13, 191.10
— deslizante 250.4
— del dispositivo de corte 331.13
— doble 275.19
— de expulsión 249.15, 253.4, 314.9
— exterior . . . 199.10, 275.17
— fijo sobre el árbol inferior 250.19
— en forma de gatillo . 193.4
— de formación 37.14
— para la formación de la calada 198.7
— de formación de la canilla 91.6
— para la formación del fondo de la canilla. 92.17
— de fricción 127.10
— girando en sentido contrario 256.5
— de la grifa 213.2
— interior . . . 199.7, 275.16
— múltiple 200.3
— con una sola nariz . 251.2
— negativo 200.1
— para orillo . . 199.6, 202.7
— para paso abierto (cerrado) 200.13.14
— de ranura 55.8, 202.3, 213.6, 228.10
— de ranura para cuatro lizos 202.6
— de ranura para tafetán 202.5
— puesto en rotación por la broca de la bobina 179.10
— hecho de segmentos 202.15
— sencillo 251.2
— simple 294.12
— simple de perfil circular 200.2
— de la tabla de coletes 213.3
— de tafetán de flancos iguales 200.11
— de tafetán para movimiento uniforme (variable) de los lizos . 200.8
— para tejido labrado . 200.12
— en el telar con una sola lanzadera . . . 251.5
— para variar la altura de la capa de hilo . . 97.8
—, movimiento 116.1
—, triple 97.3
—s fundidos en una sola pieza 198.23
excesivo, producción —a 86.1
—, rotación —a 190.14
exceso de cola 69.23
— de hilo 98.9
exigencia adicional de la urdimbre 143.11
expresar con la mano el agua de las canillas 101.13
expresión de los hilos . 65.21
exprimir el exceso de cola. 69.23
— los hilos 65.20
— con la mano el agua de las canillas . . . 101.13
— el sobrante de cola . 69.23
expulsar las bobinas vacías, máquina para 363.15
— la canilla vacía de la lanzadera 262.6
— de la lanzadera las canillas inservibles . 265.4
— la lanzadera positivamente. 257.7
expulsión por abajo, mecanismo de 251.1
— por arriba, mecanismo de 249.1
— de bobinas, dispositivo de 364.3
— por espada, mecanismo de 251.1
— por excéntrico . . . 250.18
— por garrote 248.23
— de la lanzadera por abajo 250.17
— de la lanzadera mediante pico excéntrico 254.6
— de la lanzadera por resorte 303.12
— superior, mecanismo de 249.1.7
— superior, mecanismo de — con cajas superpuestas 249.2
— superior, mecanismo de — con juego de cajas 249.2
—, dispositivo de — con picaporte 252.12
—, mecanismo de — de concha 252.7
—, mecanismo de — derecho (izquierdo) 252.10.11
—, mecanismo de — con excéntrico y látigo con rodillo. 252.5
—, mecanismo de — con manivela 255.1
—, mecanismo con — con manivela con rodillo 251.11
—, mecanismo de — neumático. 256.10
—, mecanismo de — por resorte 255.14
—, mecanismo de — por resorte con excéntrico girando en sentido contrario 256.5
—, mecanismo de — por resorte para telar de una lanzadera . . . 255.15
expulsor de bobinas . . 364.19
— de clavijas de la lanzadera 356.20
extender la cola sobre los hilos. 65.16
— los hilos en una superficie plana. 41.18
— la madeja 25.10.18
— un paño de color claro (oscuro) debajo de la urdimbre de color oscuro (claro) . . 62.19.20
extensibilidad de los hilos de caucho . . . 415.22
extensible 415.21
extensión de la urdimbre encolada. 72.4
extremidad de las agujas 230.1
— apuntada 328.7
— del cilindro de ranura 236.5
— cónica 61.5
— cónica de la canilla . 87.14
— cónica de la urdimbre 79.5
— curvada 312.16
— curvada del gancho . 227.6
— dentada de la palanca acodada. 259.5
— derecha del fondo de la máquina 113.10
— derecha del plegador en una cavidad del árbol motor 81.5
— de la fileta de los carretes 356.9
extremidad izquierda del fondo de la máquina 113.11
— izquierda del plegador en la broca 81.4
— libre del hilo de pelo 342.8
— con muesca 264.7
— numerada del cartón 382.13
— de la palanca . . . 185.1
— de la palanca en forma de excéntrico . . . 34.18
— puntiaguda del huso 264.18
— suministradora de la lanzadera 244.18
— de la urdimbre . . . 110.19
— de la varilla-guía . . 250.10
—es de los hilos de las husadas 45.9
—es puntiagudas . . . 244.17
extremo del alambre. . 180.18
— del hilo de trama. . 264.21
— libre de la cinta . . 124.4
— del pedal 183.7
— del peine. 283.1
—s de las agujas . . . 210.23

F

fábrica de paños . . . 2.17
— de tejidos 1.7
— de telares 7.4
fabricación de chenilla cosida. 342.1
— de lizos 176.10
— de peines 286.5
fabricante de mantas . 5.19
— de tejidos mercenario 6.23
fabricar las mallas . . 176.11
— mallas de alambre, máquina para . . . 180.11
— el peine 286.6
factor 6.24
faille 401.14
faja 6.15
— de hilos 54.18
— de urdimbre . . 47.14, 57.21
falsa posición 313.16
— sarga 149.13
falso orillo 361.2
— orillo, dispositivo de 362.3
— orillo, dispositivo de — con malla de vuelta 361.8
— orillo, dispositivo de — con regla de agujas 362.10
— orillo, dispositivo de — de Stäubli. 362.15
falta del hilo de trama 268.20
— de remetido 104.2
fécula de arroz 437.8
— de patata 437.7
felpa 169.2, 404.10
— de alfombra no cortada 411.22
— de algodón 406.9
— para artículos de vestido. 406.10
— para calzado 406.16
— de cordoncillo . . . 406.1
— cortada 404.13
— sin cortar 404.12
— decorativa 406.3
— doble 330.12
— estampada 400.1
— de forro 406.11
— imitación castor . . 406.18
— imitación nutria . . 406.17
— imitación oso polar . 406.20
— imitación perro de aguas 406.21
— imitación tigre . . . 406.19
— labrada 404.14
— de lana . . . 399.28, 404.20
— de lino 406.8
— para mantas de viaje 170.3
— mohair. . . . 399.29, 405.19
— mohair labrada. . . 405.23
— mohair de superficie unida 405.20
— para muebles . 404.18, 418.15
— para novedades. . . 406.12
— con doble pelo . . . 359.7
— de pelo denso . . . 404.25
— de pelo espeso . . . 414.22
— de pelo largo. . . . 403.2
— de pelo largo media seda 403.6
— de pelo largo seda y algodón 403.8
— planchada 406.13
— con rizo 404.12

felpa de seda. 403.4
— para sombrero de forma alta. 406.14
— de una sola trama . 404.16
— de doble trama. . . 404.17
— de x tramas 404.15
— por trama de superficie unida. 405.13
— de yute 406.7
fermentación 65.7
festón 425.19
festoneado producido por la trama de muestra 425.20
—, cinta —a 425.18
fibra de coco 407.20
— de madera . . 13.23, 416.9
— vegetal 13.14
— vulcanizada . 97.20, 243.14
fieltrado, hilo 19.17
fieltro, abierto 414.7
— sin fin 414.9
— de lana 123.19
— mezclado. 414.6
— de papelería . 397.15, 414.15
— tubular 414.8
figuras humanas . . . 422.10
fijación de la canilla en el huso 239.11
— de la canilla, dispositivo de 372.1
— de la cuerda en la palanca de freno . . . 124.13
— de los discos 115.18
— del mallón 177.14
— de la urdimbre en el plegador. 116.11
— de las varillas de encruzamiento 138.1
fijar el disco semicircular 58.5
— los hilos de urdimbre 81.17
— los hilos de urdimbre por secciones sobre el arrollador de tejido. 110.3
— la napa sobre el tambor 57.1
— los soportes encima del telar. 212.11
— el tejido sobre el plegador del tejido . . 298.14
— la tira del tejido . . 439.10
— el tornillo de mariposa 83.10
— una trama suplementaria en el envés. . 154.10
— la urdimbre en el urdidor 42.2
—se en los encajes (brazos) 29.5
—se en la ranura de la bobina (nariz) . . . 95.17
fijo, brazo 29.3
fila de agujas. 214.24
— de ganchos. 214.14
— (im)par de ganchos 214.20.21
filadiz 425.3
fileta 36.7, 45.14, 56.4, 301.9, 331.6
— abierta en ángulo. . 44.4
— para las bobinas de los orillos 331.5
— colgante 44.1
— doble 44.3
— en forma de plano . 44.5
— en forma de V . . . 44.6
— horizontal 43.15
— para husadas . . . 45.7
— inclinada. . . 43.16, 331.7
— lisa 44.5
— móvil 62.17
— para plegadores. . . 79.14
— semicircular 44.7
— sencilla 44.2
— simple 44.2
— para telar de moqueta 331.8
— para telar de pelo de cabra de Angora . . 331.9
— del urdidor. 43.12
— vertical 43.13
filete. 371.8
— derecho e izquierdo . 318.15
— matriz 60.11
— de tornillo cuadrado 100.9
— de tornillo para regulación de la longitud 204.1
— para tubos de gas . 374.14
—, tornillo de un sol . 36.15, 127.14
fileteado, varilla —a . . 55.18
final, posición. 137.13
fino, hilo 9.17, 236.17
—, numeración —a. . . 216.11
finura del peine. . . . 282.13
flameado, hilo 421.15
flanco (de la lanzadera) 265.14
— del diente 126.24
— del excéntrico . . . 198.19
— de la fileta. . 43.14, 356.9
— de la lanzadera. . . 244.9
—s derechos 200.11
fleco, cinta con 425.24
fletes. 447.2
flexibilidad 67.4
flexible, tejido 431.26
—, hacer — el hilo. . . 64.18
flojamente, arrollado. . 98.8
flojo, bobinado 23.9
—, tejido 393.21, 431.28
—, tensión —a 118.23
floral, dibujo 376.6
florence 400.18
flotar (hilo de urdimbre) 392.2
— en el envés del tejido (hilos de brocado) . 163.3
— sobre el envés del tejido (pasadas) . . . 344.8
— sobre el tejido de fondo (hilos de urdimbre) 351.7
fofo, tejido . . . 393.21, 431.21
fondo abierto de la lanzadera 244.7
— de bobina 22.11
— de la caja en forma de tenazas 269.17
— de la caja en forma de trapa 266.20
— de la canilla 92.17
— de carrete 22.11
— cónico de la canilla . 99.8
— de criba de crin . . 414.14
— de encaje . . 413.8, 423.20
— de forma abovedada 69.11
— de forma combada . 69.11
— francés. 413.16
— de la husada 87.10
— inglés 413.11
— sin ligamento. . . . 232.4
— liso 167.4
— de mallas cuadradas 413.17
— de la máquina . . . 113.9
— Matitsch 413.20
— en raso 151.1
— de tafetán 403.15
— de tamiz. . . 414.14, 416.22
— de tamiz de doble (triple, cuádruple) crin. 414.15.16.17
— del tejido 222.8
— de tul 413.7
— de tul imitación . . 413.19
—, hacer el (antecuerpo) 231.9
forma de la bobina . . 23.11
— de la canilla 87.4
— cónica del embudo . 93.17
— convexa de la bobina 23.17
— del dibujo limitada . 349.10
— del excéntrico . . . 198.10
— de los excéntricos de la cárcola 201.9
— de la lanzadera. . . 244.3
— principal triangular . 366.17
formación de la calada 141.1, 335.12. 339.20
— de la calada por maquinitas de lizos . . 186.1
— de la calada mediante lizos 171.1
— de la calada mediante mallas. 207.6
— de la calada por medio de la Jacquard 216.14
— de la calada, dispositivo para 8.2
— de la calada, mecanismo para 197.19
— de la canilla, mecanismo de 96.11
— del cono 87.5
— de la cruz 42.9
— del cuerpo cónico mediante el embudo y el rodillo-guía . . . 99.7
— del efecto por la trama de envés 155.7
— de la felpa en el telar de ganchos 334.5
— del fondo de la canilla 92.17
— interior de la calada 300.11
— de listas en el tejido 222.2
— del mallón 180.13
— de moho 65.9
— de los nudos 339.12
— del pelo 333.4
formación de pelusilla . 64.11
— de relieves por un ligamento especial . 422.20
— de relieves mediante hilos de diferente grosor 422.19
— de rizos . . . 170.9, 423.8
— de surcos 161.1
formado, calada —a . . 142.3
formar una almohadilla de aire 256.15
— bucles (trama) . . . 245.5
— un bucle (hilos de urdimbre) 339.17
— los bucles sobre los hierros 168.8
— la calada. 141.4
— dos caladas una encima de otra . . . 328.18
— un cojín de aire . . 256.15
— la cruz 42.8
— el paso 141.4
— pequeños tubos (bastas de la trama de pelo) 166.20
— el plano superior de la calada (lizo). . . 181.24
— rizos (trama) 245.5
—se entre las dos telas (pelo) 169.7
forrado de cuero . . . 125.21
—, alfombra —a 407.23
—, hilo de caucho. . . 56.16
forrar un tejido . . . 156.6
forro 394.12
— artificial 407.24
— imitación. 419.25
forzadamente, pasar — por entre los cilindros (cabellero) 51.4
forzar la canilla en la lanzadera, dispositivo para 372.2
fosfato de cal. 438.7
— de sosa 438.6
fotográfico, puesta en carta por el método 378.17
fotomecánicos, puesta en carta por métodos . 378.18
foulard 401.9
frágil, hilo 9.22
franela 397.23
— de algodón 394.15
franja falsa 355.3
— nudosa. 426.2
— retorcida 426.1
— por trama 355.5
— por urdimbre. . . . 355.4
— verdadera 355.2
franjeado, cinta —a . . 425.24
frenado de la devanadera 33.4
— de la lanzadera. . . 316.21
— mediante una presión siguiendo el eje del plegador. 120.2
— mediante una presión vertical sobre el plegador 120.1
— del plegador 119.21
— del telar 306.24
—, huso 92.12
frenador de la urdimbre, dispositivo. 119.7
frenar el batán antes del golpe 292.22
— las bobinas para evitar el avance . . . 29.15
— las bobinas individuales. 329.8
— por cuerda 25.25
— la devanadera por correa. 25.24
— el plegador. 119.20
— la rotación. 180.20
— el telar 306.23, 309.10, 313.3
— la urdimbre 118.8
freno. . 180.17, 241.8, 258.13, 309.8, 341.12
— de almohadilla . . . 120.20
— de bobina 29.13
— de bronce 245.17
— de cadena 123.15
— de cinta 123.18
— de cinta de acero. . 124.19
— de cinta suspendida 123.20
— combinado 124.9
— con contrapeso . . . 123.7
— de cuerda . . 121.8, 124.10
— de cuerda con doble báscula 121.17
— diferencial 123.21
freno doble. 246.4
— en forma de resorte del carro 365.10
— por fricción 120.19
— del hilo . . . 31.9, 245.15
— del hilo de resorte curvo 245.23
— de hortera 125.1
— de hortera de regulación automática por los dos lados. . 125.5
— de lengüetas 245.22
— de palancas 246.2
— de la palanca de la rueda 277.9
— de paro 91.9
— de peso 121.7
— de peso automático . 123.21
— del plegador de urdimbre 119.18
— de resortes arqueados 246.3
— de resorte en hélice. 125.20
— de resorte llano. . . 245.18
— de rodillos 245.24
— de rodillos en forma de clavijas. 245.21
— con rodillos de vidrio 246.1
— de soga 124.10
— del telar 311.12
— de telar para paños fuertes 253.17
— de tensión con aletas 245.20
— de zapata 120.20
—, dispositivo de . . . 309.3
—, dispositivo de — para cartón mal colocado 390.5
—, dispositivo de — para el mecanismo seccionador. 332.10
—, dispositivo de — del urdidor 52.17
—, mecanismo de — para el cilindro de cartones 192.7
—, mecanismo de — cuando se rompe un hilo 88.11
fresado, ranura —a . . 354.12
fresco, cola —a 65.4
fresno 251.3
fricción. 50.8
— del freno. 309.11
— de horteras. 125.4
— del tornillo del plegador 120.18
frío, encolar en 65.18
frisa 397.26
— asargada 398.14
— fina 398.1
frotamiento de las cuerdas 220.2
— de los hilos de urdimbre 319.10
frotar con el cilindro (hilo) 39.4
— contra los lizos (hilo) 182.17
frote, resistencia al . . 429.19
frunce en le sentido de la anchura 162.1
fruncidor 6.7
— con bastón. 6.9
— a máquina 6.10
fruncidora 6.8
— a máquina 6.11
fuerte apresto. 16.18
— torsión. 9.14
—, tejido 392.13
fuertemente, entrelazar 152.3
fuerza centrífuga . . . 311.5
— elástica del resorte . 334.1
— de excitación elevada del motor 309.22
— del golpe. 246.14
— motriz 300.5
— del resorte 255.20
— de tracción de la correa. 307.3
— viva 312.6
funcionamiento de la canillera. 87.2
— del telar 266.10
fundición 212.12
fundido en una sola pieza 198.23
—, cera —a 207.19
fustán 394.8
— para forro 394.12
— liso 394.9
— listado 394.14
— con pelo 394.10

G

gabardina 394.18
Gabler, mecanismo de cambio de canilla . 265.13
Galle, cadena . . 71.5, 372.15
galón 428.14
— de adorno 428.22
— de algodón 427.29
— de azabache 428.10
— bordado 428.15
— de bricho 428.5
— de bricho falso . . . 428.7
— de bricho fino . . . 428.6
— con bucles 428.11
— de coche . . 359.13, 428.18
— a coser 428.17
— con dientes retorcidos 425.23
— con dientes por trama 425.21
— de gasa 426.6
— de lana 427.30
— con lentejuelas . . . 428.9
— de librea 428.19
— militar 428.13
— de múltiple trama . 426.14
— de nudos superpuestos 426.16
— de doble orillo para vestido 428.20
— de orillo para vestidos 428.21
— de oro 428.3
— perlé 428.8
— con picos por trama 425.21
— de plata 428.4
— de raso 428.2
— de seda 428.1
— de tapicero 428.16
— tejido 427.28
— de una sola trama . 426.12
— de doble trama . . . 426.13
— velours 428.12
ganancia 442.16
ganchillo 43.9
gancho . 194.3, 274.9, 326.10, 339.4, 385.22, 388.12
— de acero 194.15
— de la aguja 259.18
— de alambre 172.20
— de alambre de los lizos 171.13
— de alza 187.8
— anterior 92.2
— de baja 187.9
— en la caja para lanzaderas 357.8
— del cambio 277.1
— cayente 369.4
— del cilindro 190.9
— de colisa 275.1
— del corchete 207.9
— corto 227.10
— desembragado . . . 48.21
— de dibujo 350.19
— doble 439.6
— elástico 229.20
— de enhebrado 365.6
— fileteado 172.19
— en forma de ojo . . 367.17
— en forma de pinza . 215.6
— frenador 192.6
— fuera de acción . . . 383.13
— giratorio 109.12
— para el hilo 439.19
— horizontal 232.9
— para insertar la trama 339.24
— largo 207.14, 227.9
— levantado por tracción de la cuerda de semple 386.9
— puesto en libertad . 268.23
— para lizos 171.11.14
— de madera 210.8
— con mango 277.23
— de la máquina a paso abierto 227.7
— metálico 215.5
— metálico de doble ascenso 227.8
— de motivo 350.19
— oscilante . . . 177.1, 342.17
— para pasar en el peine 108.1
— perpendicular 186.5
— de tres picos 227.12
— en posición alta (baja) 228.3.4
— de presión 239.3
— principal 229.3
— con rama de muelle 215.6
— de doble rama . . . 230.16
— de recambio 214.23
— repasador . . 105.9, 106.7
— de reserva 214.23
— de resorte . . 100.15, 315.3
gancho de retención . . 237.21
— de retirada de los hierros 328.4
— soporte del listón . . 172.14
— de suspensión . . . 232.8
— con tornillo 124.12
— vertical 186.5, 207.8, 211.7
—, doble 278.8, 279.6
—, primer 220.15
—, último 220.16
—s que atraviesan los ojales de las agujas 187.20
—s dispuestos longitudinalmente 214.17
—s dispuestos transversalmente 214.18
garganta de la lanzadera 244.13
garra 263.9
— en forma de horquilla 264.11
garrote 249.11
—, mecanismo de —s . 249.1
garrucha 108.17, 122.8, 184.3
gasa . . 353.1, 393.28, 401.23
— brillante 393.29
— brocada 349.5
— de cerner de seda . 401.24
— con efectos de brocado por urdimbre . 165.1
— de fantasía 164.21
— en forma de red . . 165.7
— de ganchillo 165.9
— a la Jacquard . . . 352.20
— labrada . . . 164.18, 393.30
— lisa 164.17
— de media vuelta . . 352.15
— por medio de lizos . 352.19
— ondulada 165.2
— de punto de bordado 165.5
— de punto cruzado . . 165.3
— de seda 401.11
— con trenza a mano . 165.10
— de vuelta 163.8
— de doble vuelta . . . 353.7
— de vuelta completa . 352.16
— de vuelta a la derecha 352.17
— de vuelta a la izquierda 352.18
— de vuelta izquierda, derecha e intermedia 165.4
— en zig-zag 164.20
gaseado, hilo 12.15
gastado, urdimbre —a . 110.18
gasto innecesario de hilo 11.22
gastos de acarreo . . . 447.3
— de adquisición . . . 445.20
— de almacenaje . . . 446.27
— de calefacción . . . 446.6
— de combustible para la fuerza motriz . . 446.5
— de confección . . . 446.22
— de entretenimiento de las máquinas . . . 446.8
— de fabricación . . . 442.13
— de fuerza motriz . . 446.4
— generales 445.19
— de iluminción 446.7
— de impresos 447.7
— de listas de precios . 447.6
— de patentes 446.3
— de producción . . . 442.18
— de reclamo 447.5
— para renovaciones . . 446.1
— para reparaciones . . 446.2
— de teléfono 447.8
— de transporte 447.1
— de venta 442.17
— de viaje 446.21
gata en el hilo 9.9, 28.3, 83.14
gatillo 51.22, 58.9, 136.19, 188.15, 214.3, 333.20
— accionador 133.12
— accionando por presión 134.13
— accionando por tracción 134.14
— doble 259.8
— de escape 133.5
— de estrella 192.15
— de expulsión 252.13, 253.10, 255.8
— de expulsión, mecanismo del 253.12
— de golpe 348.12
— de impulsión 348.12
— móvil 178.15
— operador 133.12
— del prisma 277.26
— regulable 136.2
— de resorte 97.19, 226.2, 258.12
— del sector 312.12
— de seguridad 279.21
gatillo de tracción . . 195.12
—s montados sobre un eje común 127.7
gaufré, bricho 20.11
Geiringer, telar para lappet 351.3
gelatina 67.2, 437.13
genappe 15.4
género completamente acabado 443.9
— sin acabar 443.8
— para caballeros . . . 432.16
— para colchones . . . 433.6
— para chaleco 432.19
— para cortinas 433.11
— para cortinas de resorte 433.7
— para delantal 433.1
— para forro 432.20
— de invierno 431.19
— para juegos de cama 433.4
— para mantelería . . . 433.8
— con nudos de lana en la haz 417.16
— para paletó 417.2
— para pantalón . . . 432.18
— para pañuelos . . . 433.5
— de punto 3.8
— para ropa blanca . . 433.3
— para señoras 432.15
— para stores 433.7
— de tejido 391.6
— de telar 304.7
— para toallas 433.9
— para traje 432.17
— para trajes de invierno 417.1
— de verano 431.18
— para vestidos 432.14
— para vestidos de invierno 417.1
geométrico, motivo . . 413.9
girara la derecha (izquierda) del hilo fijo 164.9
— alrededor de otro (sistema de hilos) . 164.2
— alrededor de la canilla (guía-hilos) . . . 97.5
— alrededor del hilo fijo (hilo de vuelta) . . 353.10
— alrededor de los hilos de urdimbre (hilos de trama) 412.8
— por fricción (canilla) 99.9
— por frotamiento con los hilos (cilindro encolador) 76.13
— en sentido inverso (cilindro) 235.14
— en sentido opuesto (carretes) 362.9
— el tornillo mediante el volante 55.22
—, obligar al cilindro a 205.18
—, hacer — el árbol de las cigüeñas en sentido inverso 302.12
—, hacer — la canilla . 87.18
—, hacer — los cartones 206.9
—, hacer — el cilindro . 187.2
—, hacer — x huecos . 279.15
—, hacer — la linterna . 212.2
—, hacer — la rueda dentada mediante el gatillo 96.15
—, hacer — la varilla fileteada 177.8
giratorio, guía-hilos . . 97.2
giro del batán 292.6
— contrario 164.8
glacé, hilo 12.17
Glanzstoff 17.18
Glauber, sal de . 68.20, 437.26
glicerina 68.9, 437.16
gloria 401.29, 430.21
glucosa 68.5
gobelino 408.5, 422.8
— aterciopelado 408.8
— de superficie unida . 408.6
gofrado, tejido 431.7
golpe por abajo 303.11
— por arriba 303.10
— del batán . . 265.16, 292.10
— de batán amortiguado 130.14
— de batán a paso abierto (cerrado) . . . 142.5.12
— del batán por su propio peso . . 292.14, 324.4
— brusco 292.17
— del cilindro 211.17
— débil 246.15
golpe doble 360.10
— duro 246.16
— ejecutado 247.19
— enérgico 292.17
— del excéntrico durante el batanado 295.1
— fuerte 130.13, 226.6, 246.16, 283.20
— de la lanzadera . . . 246.12
— ligero 130.12
— del peine 137.2
— simple 326.3
— suave 130.12, 292.18
— suplementario del peine 283.19
golpeado, lanzadera —a 246.20
golpeador 25.13
— de clavijas de la lanzadera 356.20
— de trama 360.19
golpear el batán del cilindro (espiga) . . . 235.12
— la madeja 25.12
— la pasada . . 284.8, 336.3
— la pasada de fondo en forma ondulada . . 336.4
— la pasada fuertemente 284.10
— rápidamente 295.7
goma 64.21.22
— adragante 67.3
— arábiga 437.12
gorrón 193.6, 199.12
— de la charnela . . . 278.12
— de la manivela 59.8, 213.11
grado de apresto de la seda 16.16
— de blanqueo 429.18
— de calor del recinto de encolado 73.9
— de calor de la sala de encolado 73.9
— de inclinación . . . 148.8
— de la cantidad de desarrollo 126.17
gráfico para el cambio . 292.1
— del ligamento 381.14
— de picado 381.15
— sostenido por varillas 386.14
— para tejidos labrados hechos con pedales . 154.5
—, representación —a . 143.19
grafito 124.24, 207.17
gran calada 265.15
— calca 185.4
— carrera de la palanca 134.1
— cilindro 233.9
— tambor 74.6
grande velocidad . . . 304.5
granadina, hilo 15.10
— seda 16.20
granito embrollado . . 153.2
— para muebles 418.10
—, pequeño 152.16
—, pequeño — a capricho 152.17
—, pequeño — en teletón 153.1
grapa 112.7
grasa 437.18
— de lubricación . . . 374.20
graso, substancias —as . 67.5
grifa . . 186.10, 207.13, 210.6, 229.18
— fija 228.11
— guiada por ranura y lengüeta 186.20
— inferior 226.15
— superior 226.16
—, doble 226.13
grifo de aire 69.13
— alimentario 69.14
— de prueba 69.15
gro 400.21
— de Africa 400.30
— de Argelia 401.2
— de Berlín 400.29
— de China 401.3
— d'été 401.5
— de las Indias 400.27
— de Ispahan 400.26
— de Nápoles 400.22
— de Orléans 401.4
— de Polonia 400.28
— de Suiza 401.1
— de Tours 400.24
—-grain 400.25
grosero, tejido 431.27
grosor de las mallas . . 365.21
grueso en el hilo 9.9.16, 28.3
—, hilo 9.18
grupo de bastas 392.4
— de bobinas 44.9
— de coletes 209.4

grupo de dientes 282.14, 354.17
— de ganchos 227.4
— de husos frenados 92.12
— de lizos 181.8
— de mallas 208.9
— de pasadas a batanar 166.10
— de telares 304.6
—, accionamiento por —s 305.9
—, hilos tomados en —s 176.7
guarda del peine 282.9
—-cajas 314.1
—-cuchillo 332.19
—-lanzaderas 312.4
—-lanzaderas Becker 312.13
—-lanzaderas fijo 312.15
—-lanzaderas oscilante 312.17
—-ruedas 323.2
guarnecido de agujas 335.9
— de cuero 125.21
guarnición de cardas 39.5, 117.9
— para corsé 427.11
— de cuero del soporte del huso 93.19
— de fieltro de lana 123.19
— para muebles 404.21
— de trencilla 330.10
guía 140.5, 168.18, 362.18
— de la caja de la lanzadera 248.18
— de las cajas de ascenso 273.11
— de los cajones 278.5
— de las calcas 322.6
— con colisas 313.15
— cubierta de felpa 38.4
— del espolín 348.4
— fijo 389.7
— del gancho 70.9
— de la grifa 186.12
— de los hilos de urdimbre 298.5
— inferior del tejido 116.15
— para la lanzadera evacuada 268.2
— ranurada 278.1
— de sostenimiento 206.1
— superior del tejido 116.16
— del taco 256.8
— del tejido 140.14, 298.12
— del tejido guarnecido de pequeñas agujas 117.13
— del tejido recubierto de guarniciones de carda 117.9
— del tejido recubierto de lija 117.12
—, no tener (lanzadera) 141.17
—-aguja 350.13
—-canilla automática 440.6
—-cartones 390.9
—-correa 363.20
—-hierro para telares de tejidos para tapizar muebles 328.19
guía-hilos 32.1, 75.16, 112.13, 116.8, 129.14
— de acero 240.4
— accionado por rodillo de fricción 100.3
— de alambre 27.15
— de aleta 99.16
— bruñido 333.7
— cilíndrico y giratorio 116.12
— fijo 117.2
— giratorio 35.8, 97.2, 117.4
— con hendiduras diagonales 28.1
— metálico 27.15
— móvil 117.5, 129.9
— con movimiento de ascenso y descenso 38.8
— con movimiento de vaivén vertical 38.8
— oscilante 117.5, 329.14
— de porcelana 27.16
— regulable 45.11
— semicilíndrico y fijo 116.13
— tubular 258.3
— sobre reglillas ajustables 32.9
guía-lanzadera 343.22, 356.19
guía-rail 28.10
guía-trama, dispositivo 341.23
guiar la broca de la bobina (punta del excéntrico) 179.11
— el cuchillo por la ranura de la broca 336.12
— el hilo a lo largo de la bobina 26.13
— el hilo de pelo, tubo para 342.3
guiar el tejido por debajo de los lizos 298.20
guimpe 19.22
guinga 393.9
guipur, redecilla de 413.18
Günther, máquina para adamascados 232.5
gusanillo 187.15

H

Hacking, cambio de cajas 275.5
haircord 393.18
harina 437.9
— de centeno 66.22
— de trigo 66.21
Hartmann, mecanismo de cambio de canilla 262.8
Hattersley, maquinita 194.2
haz lisa 417.5
— del tejido 430.3
— del tejido debajo 345.1
— del tejido formada de penachos de pelo 417.20
hélice de paso largo 20.14
helicoidal, ranura 32.8
hendedura v. hendidura
hendido, caña —a 284.18
—, huso 319.2
hendidura 333.23
— en forma de cuña en la grifa 233.18
— en forma de horquilla del gancho 233.19
—-guía 83.6
— larga 249.4
— con muesca 316.14
—, en forma de 330.9
herradura, en forma de 345.18
herramienta 373.3
— en forma de cuchillo 108.2
Herrlinger, para-tramas 318.8
hervido, cola —a 65.3
hervir, hacer — la cola 65.1
Hettrich, lanzadera 242.15
hexagonal, prisma 225.8
hicoria 251.4
hierro 327.3
— colocado debajo de la urdimbre de pelo 168.6
— dulce 189.14
— forjado 293.14
— fundido, de 124.21
— inserto en la calada 329.2
— de x milímetros de espesor 327.12
— del plegador 77.19
— de ranura 168.13
— con ranura para terciopelo 327.19
— ranurado 327.8
— redondo 168.11, 327.7
— de sección cuneiforme 327.14
— para terciopelo 168.9
—s por decímetro 327.13
hilado (v. t. hilo) 9.2
— de algodón egipcio 12.4
— cardado 12.5
— de continua 12.10
— de desperdicios de algodón 12.12
— de Jumel 12.4
— de lana brillante 14.25
— a mano 12.21
— a máquina 12.22
— media-lana 12.9
— peinado 12.6
— de selfactina 12.11
hilera de agujas ajustada alta (baja) 205.1.2
— de agujeros 46.12, 197.3
— de agujeros, doble 46.13
— de carros 366.2
— de cuerdas paralelas 124.17
— de ganchos 214.14
— de husos 87.26
— de lanzaderas 358.8
— longitudinal 214.15
— de mallas 208.8
— de puntos 409.14
— de taladros 197.12
— de tambores 27.3
— de tambores, doble 30.2
— transversal 214.16
—s alternadas de perlas 354.13
hilo (v. t. hilado) 9.2
— de acero 218.11
hilo adornado de una (doble) hilera de perlas 19.10.11
— para alfombras 14.12
— de algodón 12.2
— de alpaca 15.26
— de alpaca-extract 14.20
— de amianto 17.22
— de amianto con ánima de algodón (latón) 18.4.5
— de ánima 19.18
— de ánima de algodón (seda) 19.19.20
— para anudar 339.16
— aplastado 94.4
— aprestado 10.4
— arrastrado por los lizos 109.5
— aspeado 10.20
— áspero 9.21, 18.3
— de atar las madejitas 10.23
— de baguillas 421.17
— basto 236.16
— blando de estambre 14.24
— blanqueado 9.24
— de bobina 367.7
— bobinado 10.16, 26.6
— de bordado 349.14
— de bordar recubierto de metal 19.23
— con botones 18.8.19
— formando botones 421.13
— bouclé 14.14
— bramante 42.17
— brillante 421.9, 435.11
— de brocado 163.3
— bucleado 421.17
— de bucles 19.7, 421.17
— a un cabo 9.3
— a dos cabos 9.4
— de varios cabos con perlas 19.9
— de cabra de Angora ligeramente torcido 170.10
— de cabra de Angora rizado 170.11
— cachemira 15.22
— para camelot 15.12
— de canilla 367.7
— en canilla 435.23
— de la canilla desarrollado por el movimiento de la cápsula 265.1
— de cáñamo 13.4
— cargado 10.5
— en carrete 435.22
— castor 14.29
— de caucho comprimido 415.13
— de caucho cortado 415.11
— de caucho desnudo 415.15
— de caucho forrado 56.16
— de caucho laminado 415.12
— de caucho recubierto 415.16
— de celulosa 13.22
— de coco 13.17
— de coco de Ceylon 13.20
— de coco Coconada 13.19
— de coco Cochin 13.18
— de un solo color 10.1
— de varios colores 10.2
— de color especial 421.10
— comercial 11.26
— conducido por un claro que no le corresponde 81.11
— conductor 387.10
— consumido 11.21
— de copo 412.20
— de coser 342.16
— de crepe de seda 16.10
— de crespón 161.15
— de crespón de China 16.11
— cresponado 15.15
— de crin 15.28
— de crochet 14.28
— en crudo 9.23
— de cubrir 20.8
— de chenilla 20.18
— cheviot 14.30
— para damasco 15.13
— delgado 9.17, 236.17
— desnudo de caucho 56.14
— de desperdicios 14.16
— detentor 147.11
— duro de estambre 14.23
— con efectos de rizado 19.6
— elástico 9.19, 435.12
— elástico de urdimbre 114.6
— encarretado 10.16
— engrasado 10.6
— a enhebrar 245.12
hilo a ensayar 436.3
— de entrada 424.14
— de Esmirna 15.8
— de estambre 14.22
— de estambre cardado 15.7
— estampado 9.27
— de estopa 12.20
— de estopa de cáñamo 13.7
— de estopa de yute 13.10
— estucado 14.13
— de fantasía 18.7, 421.11
— de fibra de madera 13.23
— fieltrado 19.17
— fijo 164.5, 353.2, 361.3
— fino 9.17, 236.17
— fino de cáñamo 13.5
— flameado 421.15
— flojo 49.5
— de fondo 19.18, 182.11
— de fondo completamente revestido 20.15
— de fondo envuelto en forma de hélice de paso largo 20.14
— de fondo de seda 19.20
— de forro 412.3
— frágil 9.22
— para franela 14.6
— de fustán 12.7
— de ganchillo 14.28
— gaseado 12.15
— para género de punto 14.10
— glacé 12.17
— desgrasado 10.7
— granadina 15.10
— grueso 9.18, 236.16, 413.21, 421.12
— grueso de cáñamo 13.6
— de hierro 416.16
— de hilaza 12.19
— por hilo, hacer la cruz 42.10
— para homespun 14.9
— de las husadas 45.9
— con huso y rueca 12.21
— imitación a lana 12.7
— individual 435.5
— irregular 9.7, 18.2
— para lama 14.5
— de lana 14.3
— de lana cardada 14.4
— de lana y turba 13.21
— para lasting 15.11
— de latón 416.15
— de ligadura 223.11, 342.4
— ligero 20.6
— de lino 12.18
— de lino lustrado 13.3
— de lino mercerizado 13.2
— liso 9.20, 435.9
— del lizo 175.21
— de Louisiana 12.3
— lustrado 94.3
— de llamas 18.20
— llameado 18.20, 421.15
— llameado estampado 18.25
— llameado obtenido por doblado 18.21
— llameado obtenido por hilado 18.22
— llameado obtenido por teñido 18.24
— llameado obtenido por torcido 18.23
— en madejas 10.20, 22.3, 435.21
— a mano 12.21
— a máquina 12.22
— media-urdimbre 10.9
— de medias 14.11
— mercerizado 12.13
— merino 14.26
— metálico 20.9
— metálico de conexión 259.19
— metálico elástico 326.15
— metálico plano 20.10
— metálico plano gaufré 20.11
— metalizado 20.17
— de mezcla 13.13
— de mezcla lustroso 14.7
— mezcla de fibras de diferente color 10.3
— mohair 15.18
— mohair blanco 15.21
— mohair mezclado 15.20
— mohair puro 15.19
— en mojado 13.1
— molinado 15.5
— de motivo 413.18
— de muestra 368.8
— multicolor 14.13
— de mungo 14.18
— para muselina 15.9

hilo para los nudos 338.13
— de nudos 18.8.19, 421.14
— de nudos imitación 18.10
— nudoso 435.8
— de ojetes 19.7, 421.17
— ondeado 19.6
— de orillo 335.16, 362.8, 434.22, 435.1
— para orillos 14.15
— de oro 423.9
— de oro imitación 20.2
— de oro legítimo 19.25
— de oro oriental 423.13
— de oro semi-imitación 20.1
— de oro viejo 423.11
— de ortiga 13.16
— de paja 416.7
— de papel 13.24
— de pasta silvalina 13.25
— de pelo 15.16, 338.5, 342.2, 412.2
— de pelo de avestruz 19.1
— de pelo de caballo 15.28
— de pelo de cabra 15.17
— de pelo de cabra de Angora 15.18
— de pelo de camello 15.23
— de pelo de llama 15.25
— de pelo de vaca 15.27
— con pelusilla 435.10
— de perla 414.22
— perlado 354.6
— perlé 354.6
— pesado 20.7
— de plata 423.10
— de plata imitación 20.5
— de plata legítima 20.3
— de plata semi-imitación 20.4
— pulido 12.17
— de punta 104.15, 221.9
— quebradizo 9.22
— quemado por el tinte 9.26
— de ramio 13.15
— recubierto de metal 20.16
— de regenerado 14.17
— regular 9.6, 435.7
— remetido por una malla que no corresponde 104.3
— resistente 435.13
— de retención 358.7
— de retención de acero 355.6
— retorcido 435.6
— rígido 435.14
— rizado 170.18
— de rizo inferior 166.8
— de rizo superior 166.6
— roto 51.6, 321.7
— rugoso 9.21
— saltado 142.23
— de schappe 17.7
— de schappe amarillo 17.13
— de schappe blanco 17.12
— en seco 12.23
— de seda 16.1
— de seda artificial 17.17
— de seda basta 17.14
— de seda de crespón 16.10
— de seda shoddy 17.15
— de seda tussah 17.6
— sencillo 9.3, 17.23
— sencillo con perlas 19.8
— sencillo de schappe 17.8
— de separación 412.14
— de shoddy 14.19
— simple 435.5
— suave 236.18
— suplementario 158.3
— para tapices 14.12
— tenso 237.4
— tenue 236.18
— teñido 9.25
— textilina 14.2
— textilita 14.1
— textilose 13.26
— Thibet 14.21
— tieso 435.14
— tipo 436.2
— torcido 9.5, 18.6
— torcido a derecha 9.10
— torcido a la inversa 9.10
— torcido a izquierda 9.11
— a fuerte torsión 9.14, 17.24
— a torsión débil 9.15
— de torsión derecha 145.10
— de torsión floja 18.1
— de torsión izquierda 145.9
— de torsión normal 161.16
— a torsión ordinaria 9.11
— de Tournai 15.3
hilo de trama 10.10, 84.8, 335.18, 391.5
— de trama insertado en la calada abierta 237.3
— de trama oblicuo 412.9
— de trama ondulado 245.4
— de trama sin rizar 170.12
— de trama roto 317.16
— unicolor 10.1
— uniforme 435.7
— de urdimbre 10.8, 21.15, 367.6, 391.4
— de urdimbre de caucho 360.1
— de urdimbre de elasticidad permanente 64.19
— de urdimbre encima 144.5
— de la urdimbre de fondo 339.15
— de urdimbre levantado 434.8
— de urdimbre roto 319.7
— de urdimbre roto por la lanzadera 143.3
— de urdimbre rugoso 182.18
— escogido de la nueva urdimbre 113.18
— escogido de la urdimbre antigua 113.16
— para velos 15.14
— de vicuña 15.24
— vigogne 12.8
— Vigoureux 15.6
— de vuelta 164.4.9, 353.3, 361.5
— de yute 13.8
— de yute de hilaza 13.9
— de yute peinado 13.9
— zephyr 14.27
— zibelina 14.8
hilos adheridos 66.2
— agrupados 231.1
— apretadamente cruzados 173.18
— de arcada cosidos 218.3
— bajados 142.9
— de bordado 349.8
— cableados, dos — entrelazados 208.7
— por claro, x 107.15
— dejados 380.9
— de diferentes colores 19.3
— de diferente grosor 422.19
— embrollados 81.12
— enredados 81.12, 107.22
— especiales 421.8
— excedentes 182.15
— del forro ocultos 156.7
— impares 41.20
— individuales 232.1
— ligados 83.15
— de lizo debajo de la espada 177.6
— de lizo encima de la espada 177.5
— metálicos para pasamanería 19.24
— dispuestos paralelamente 97.6
— pares 41.21
— a plegar 89.8
— separados 170.17
— tomados 380.9
— torcidos 97.7
— de trama cortados 343.13
— de trama enhebrados en los tubos 341.8
— de trama que evolucionan del mismo modo 144.8
— de trama evolucionando de modo diferente 144.10
— trenzados 179.14
— de urdimbre en la calada alta (baja) 142.1.2
— de urdimbre dejados en grupos 176.8
— de urdimbre encolados juntos 319.11
— de urdimbre que evolucionan igual 220.17
— de urdimbre que evolucionan del mismo modo 144.7
— de urdimbre evolucionando de modo diferente 144.9
— de urdimbre en grupos 341.13
— de urdimbre guiados de arriba abajo 335.14
— de urdimbre inmóviles 142.10
hilos de urdimbre levantados 141.21
— de urdimbre ligando en el mismo orden 381.20
— de urdimbre ligando en orden diferente 382.1
— de urdimbre rotos por la lanzadera 247.7
— de urdimbre tomados en grupos 176.7
— de urdimbre, los — permanecen en la posición alta 226.19
hiperbólico, rueda —a 213.16
hirviente, cola 65.2
Hitchon, contador 51.17
—, indicador 51.17
Hodgson, cambio de cajas 276.7
—, maquinita 193.8
hoja de caucho 415.9
— del cuchillo 334.7
— de hierro 287.2
— de papel 62.15
— del tramado 434.5
— de urdido 40.12, 434.3
hojalata 175.15
homespun, hilo para 14.9
horizontal, bobina 30.8
—, movimiento 340.10
horquilla 35.6, 236.6, 276.11
— de la correa 52.18
— de desembrague 309.6
— de inversión 127.18
— del paratramas 268.4, 270.13, 318.3, 320.7, 322.13
— del paratramas, mecanismo de la 318.1
— de presión 242.3
— del pulgar 112.14
— regulable 95.3
— del taco 280.19
— de trama de x dientes 318.6
—-guía de la correa para la marcha hacia adelante (atrás) 303.1.2
hortera 125.2
— forrada de cuero 125.21
— de fricción 125.8
hueco del árbol motor 81.5
— en el arrollamiento 79.1
— de la lanzadera 244.11
— de la palanca 204.17
—, cilindro 85.16
hueso 347.23
humedecido, canilla —a 101.15
humidificación de la trama 101.6
humidificador del aire 102.11
— para hilos, aparato 101.17
humidificar la trama 101.7
hundimiento de los hilos 57.7
hundir el punzón 388.20
—se (hilos) 57.8
—se en el espacio a bordar (agujas) 346.18
husada 38.3, 84.9
— para una carrera de hilo de x mm 239.13
— de doble cono 85.15
— especial para canilla 86.17
— de trama 84.10
— de urdimbre de selfactina 22.2
husete 240.12
husillo 39.1.13, 44.16
— de la bobina 26.10
— de charnela 45.12
— horizontal 44.14
— de madera 44.17
— metálico 44.18
— vertical 44.15
huso 26.14, 240.12
— para alpaca 238.12
— bamboleante 239.12
— de la bobina 89.7, 178.17
— con cabeza entallada 238.14
— de caja para lanzadera de acero 239.4
— cambiable 238.16
— cambiable con mortaja 239.1
— cónico de madera 238.3
— cónico de madera con estrías (ranuras) 238.4
— de contra-punta 80.18
— a charnela 238.1
— colocado en soporte a charnela 31.2
— desnudo 87.24
— espiral 238.2
huso de estuche con ganchos de presión 239.3
— de estuche para lanzadera de acero 239.4
— frenado 92.12
— con gancho 239.5
— hendido 239.6, 319.2
— de hierro con espinas 238.5
— horizontal 30.1
— de impulsión positiva 99.12
— para lanzadera 237.22
— de madera (con resalto) 86.11.13
— con mortaja y resorte de retención 238.18
— con mortaja y tuerca de retención 238.19
— con movimiento de ascenso y descenso 97.1
— con muesca 238.17
— partido 239.6
— de resorte 97.13
— con un solo resorte 238.7
— con 2 resortes 238.10
— con 4 resortes y espaldar 238.11
— de resorte para canilla 95.14
— con resorte estriado 239.2
— con resorte loco 238.13
— con resorte y nariz 238.8
— con resorte suelto 238.13
— para telares Northrop 239.7, 260.15
— vacilante 239.12
— vertical 38.18
—s en dos líneas 39.16.17
—s verticales accionados por cuerdas 37.18

I

ignición, ensayo por 436.12
igualación de la calada 329.17
igualador de tensión del hilo 98.1
igualamiento de los lizos 219.12
igualar la calada, dispositivo para 329.15
— las diferencias de longitud de las portadas 66.14
— el espesor de la trama 132.12
— los hilos de urdimbre con un cepillo 110.7
— los hilos de urdimbre con los dedos mojados 110.9
— los hilos de urdimbre con un peine 110.8
— los lizos 181.13
ilimitado, número — de colores 409.4
iluminación 446.7
imantación del núcleo de hierro 269.12
imitación brocado 163.7
— gasa 165.11
— tela a dos caras con dos urdimbres 156.2
— terciopelo 399.3
impar, fila 214.21
impedir la descomposición de la cola 67.23
— la formación de listas en el tejido 222.2
impelido contra la tabla, cilindro 211.16
impermeable al vapor (al agua) 24.7.8
—, tejido 431.12
impregnado 65.14
impregnar la urdimbre (con una solución de cola) 65.13, 71.13
impresión de la puesta en carta 378.19
impresos 447.7
imprevistos 446.17
impuestos 446.14
impulsado, lanzadera —a 246.20
impulsador de la espada 313.14
impulsar las lanzaderas hacia las agujas 346.19
— el taco 248.17
impulsión por abajo 366.21
— por arriba 368.5
— por correa 358.10
— electro-magnética 301.1
— de la lanzadera 246.18
— de la lanzadera, mecanismo de 247.24

impulsión de las maquinitas 203.14
— de la maquinita Hattersley 203.15
— positiva 99.12
— por rodillos de los carros 367.20
impulso de los husos por discos de fricción. . 37.2
impulsor 262.10, 269.18, 358.16, 365.4
— de las agujas 229.15
— de canillas 264.16
— de las canillas con garra 262.17
— del guía-hilos 35.9
— del huso 93.13, 98.16
— para el invertimiento de las cuchillas . . 236.2
— de lanzadera 346.3.15, 347.3
— accionado por peldaños 364.20
— de vaivén 364.18
inclinación del cono . . . 60.3
— de la parte cónica . 60.3
— de los ganchos . . . 211.8
— del surco. 148.3
inclinado, pelo 405.2
—, rail 59.17
incrustado, anillo . . . 115.1
independiente, movimiento 211.22
indiana. 392.17
indicaciones sobre la urdimbre (la trama) . 7.23.24
indicador de alargamiento 440.13
— Hitchon 51.17
— del número del hilo . 440.16
— de vueltas 54.8
indicar una canilla vacía (pulsador) 266.6
— los hilos tomados (cuadros pintados de rojo) 380.9
el número de vueltas (saete) 52.2
índice 28.13
indirecto, arrollamiento 131.3
indistinto, efecto — del ligamento 391.13
individual, accionamiento 305.10
individualmente, mover 196.2
indivisible, redecilla . . 412.24
inducido 301.3
industria de tejidos . . . 1.10
— de telas de lana . . 2.16
— del paño 2.18
inelástico, urdimbre —a 360.4
inercia del peso del péndulo 317.4
— del resorte 255.21
influencia de la torsión del hilo en el aspecto del tejido 145.7
inicial, velocidad. . . . 247.9
inmergido, madeja —a . 70.2
inmergirse en la tina de encolar (cilindro encolador) 76.11
inmersión del hilo en la cola. 70.1
inmóvil, lizos —es . . . 182.10
inodoro, cola —a . . . 65.5
inseguridad en el funcionamiento del telar 266.10
inserción de los hierros 168.7, 327.1
— de los hilos de trama 258.7
— simultánea de dos lanzaderas 257.15
— de la trama 236.11
— de la trama por lanzadera de mordaza . 257.20
— de la trama sin lanzaderas 259.10
— de la trama, mecanismo de — del telar Seaton 257.21
— de la trama, mecanismo de — para tejer crin 259.13
insertado, pasada —a . 237.1
—, pieza —a 288.9
insertar el hierro en la calada 329.1
— el huso 88.5
— la lanzadera de mano 246.9
— pasadas de color en los hilos de urdimbre 334.18
insertar pasada tras pasada [alternativamente por distinto lado] 271.14.15
— pic y pic. 271.14
— doble trama 237.2
— la trama de fondo . 336.2
inserto, puño 133.1
inservible, canilla . . . 265.4
insuflador 102.4
intercambiable, tapón . 189.16
interés del capital circulante 446.9
— del capital de crédito 446.10
— de los gastos de adquisición 445.20
intermedio, pieza —a . 125.19
intermitente, movimiento 130.4
intermitentemente, trabajar 130.6
interrupción de la marcha 266.11
— de movimiento de la urdimbre 129.11
— del servicio. 266.11
intersticio entre diente y diente. 82.18
intervalo entre los dientes 443.24
introducir los hilos . . 53.19
—se en la calada (marco deslizante) 345.11
invariable, tensión. . . 129.17
invernadero 416.13
inversa, torcido a la. . 9.10
inversión de la carrera 39.12
— de la marcha, mecanismo de 127.16
—, dispositivo de . . . 311.11
—, mecanismo de — de gatillos 128.1
inverso, girar en sentido 39.3
invertido, movimiento . 268.27
invertimiento de las cuchillas. 236.2
invertir las cuchillas . . 233.17
— el movimiento . . . 277.21
— el movimiento de los cartones . . . 206.10, 390.15
— el orden de los hilos 47.10
inyectar agua en las bobinas 101.11
inyector 102.4
irregular, hilo 9.7
—, tramado 132.16
izquierda, de — a derecha 109.10
—, torcido a 9.11

J

jabón 68.10
— blando 67.16
Jacquard de alza y baja 228.6
— de doble alza. . . . 227.1
— de doble cilindro . . 230.2
— de doble grifa . . . 226.13
— con estuche oscilante de las agujas . . . 226.1
— de x filas 214.19
— de x ganchos. . . . 214.12
— de ganchos cayentes 369.4
— de hierro. 215.4
— lateral 370.8
— de madera 215.3
— Manchester. 368.20
— de número de Berlín 215.9
— de número fino de Viena 215.8
— de número extrafino 215.11
— de número grueso de Viena 215.7
— de número Krefeld . 215.10
— de número superfino 216.1
— a paso abierto . . . 226.18
— a paso oblicuo . . . 228.13
— a paso progresivo. . 228.13
— de simple ascenso a paso abierto 227.11
— superior 368.20
— para tejidos adamascados 231.2
—, doble — berlinesa . 234.8
—, máquina. . . 209.18, 342.24
jaspeado, urdimbre —a 411.18
jefe urdidor. 40.10
jornal 444.21
juego de cajas 249.2
— de cama 420.11
— de cartones 206.15
juego de excéntricos . 198.21
— del freno. . . 120.12, 123.11
— de gatillos 133.6
— de lizos 171.3
— de lizos deslizables . 173.6
— de lizos fijos 177.15
— de lizos con listones cambiables. 172.11
— de lizos metálicos . . 172.8
— muerto 189.4
— en la tensión 119.5
Jumel 12.4
juntar bastas 145.3

K

kaolín 68.14
kersey 397.14
Kidderminster, alfombra de 408.11
Kilim, alfombra 408.7
—, cortina 419.11
kilogramo 444.14
Kitay 392.22
Knowles, cambio de cajas 276.12
—, mecanismo. . 203.1, 277.18
Köchlin, mecanismo de cambio de canillas . 264.1

L

labrado de acolchado en doble tela 160.10
— en crespón 161.14
— en cuádruple tela. . 159.3
— en piqué 161.8
— de punto de tripa. . 152.8
— en tela a dos caras con doble trama (urdimbre). 155.10, 156.1
— en doble tela. . . . 158.8
— en triple tela. . . . 159.2
—, cinta —a 426.10.11
—, muestra —a . 160.14, 376.5
labro del rail-guía. . . 270.11
laca 19.15
Lacasse, máquina . . . 215.11
—, numeración 216.12
lado del cambio. . . . 279.12
— del cilindro de la Jacquard 220.11
— de evacuación de la lanzadera 268.18
— de la linterna del cilindro 212.1
— del telar 251.6
lama 397.19
lámina 319.13
—s, dobles — regulables 28.8
laminado 415.14
—, hilo de caucho . . 415.12
—, seda —a 17.4
laminador para enderezar el alambre 288.1
laminilla 35.6, 319.13
lámpara de telar . . . 356.12
lampas 402.27, 423.3
lana 397.7
— cardada . . 5.20, 14.4, 397.8
— peinada 398.17
— pura. 397.17
lanzadera 237.5, 257.16, 264.10
— de acero . . . 239.4, 243.18
— de acero con soporte de rodillos elásticos. 243.19
— para alfombras [atercíopeladas]. . . . 241.18.19
— para algodón 241.20
— aprisionada. 315.6
— arqueada. . . 244.6, 340.15
— auxiliar 355.9
— con bobina para desarrollo axial 237.13
— con bobina para desarrollo por rotación 240.11
— de boj 243.6
— de broca 237.18
— de broca con un resorte 237.19
— de broca con dos resortes 237.20
— de caja 243.2
— de cajón 243.2
— para canillas con cubierta 240.6
— para canilla con placa taladrada 240.9
lanzadera para canillas con tapa 240.6
— con canilla para telar de cintas 242.7
— para canilla tubular 240.3
— con cavidad estrecha 244.8
— corriendo en círculo. 301.2
— para damasco . . . 241.13
— deslizante 237.8
— con dispositivo de freno con resorte regulable 245.16
— de enhebrado automático 245.7
— espaldada 242.11
— evacuada. 268.2
— evacuada por arriba 270.2
— a evacuar 268.12
— para la fabricación de correas de transmisión. 241.15
— para fibras de coco . 241.14
— golpeada 246.20
— de Hettrich 242.15
— de huso 237.18
— impulsada . . 246.20, 312.5
— llena. 266.19
— de madera 243.4
— de madera comprimida 243.9
— de madera impregnada 243.12
— de madera de manzano 243.7
— de madera sazonada 243.8
— de madera secada al aire 243.8
— de mano 237.6
— con mejillas para paños 241.11
— de mordaza . 241.1, 257.20, 258.9
— Northrop. 242.9
— de para-tramas con pulsador de trama . 318.13
— picada 246.20
— con placas laterales de hierro 243.17
— con resortes de presión. 262.19
— con revestimiento de fibras vulcanizadas . 243.14
— con rodillos 237.9
— con rodillos para paños 241.10
— con ruedecillas . . . 237.9
— con rulos 237.9
— que ha saltado . . . 312.11
— para seda 241.12
— sencilla 240.16
— simple 240.16
— superior 141.17
— suplementaria . . . 341.28
— con tapa. 240.8
— para telar de Axminster 340.20
— del telar para cintas 242.1
— para telar de chenilla 341.25
— para telar con emparrillado 242.10
— del telar para tejer tul 90.4
— con tensión de hilo por ojetes 243.16
— para tisaje en mojado 242.9
— para trama del derecho 271.20
— para trama de forro 271.21
— para trama de perlé 354.9
— usada 243.23
— vacía 243.24
— vacía, evacuada por la abertura del cuerpo de la caja 266.17
— volante 237.7
— que vuelve 252.2
— de Walter y Stolle . 242.13
— para yute 241.16
—, doble 240.17
—, x —s en $x + 1$ cajas 272.10
—, x —s en $2x$ cajas . 272.11
lanzado 236.22
lanzamiento de la lanzadera 246.18
lanzar el hilo de bordado a través del ojal de la aguja. 350.10
— la lanzadera 246.8.19
— con la mano derecha 246.10
lappet 349.3
largo de la pieza . . . 3.11
—, ajustar el templazo 139.9
—, colocar la urdimbre —a 42.3

largo, conducir el hilo
— de la bobina . . 26.13
—, listado a lo 153.7
larguero antepecho . . 136.17
— superior 116.16
lasting 15.11
lateral, movimiento . . 345.13
lateralmente, deslizar . 37.9
látigo 248.7
latón. 284.19
lavado 437.3
lavaje 437.3
lazo 209.12, 379.5
— del colete 224.2
lazos 386.15
lector de ligamentos . . 386.20
—, obrero. 209.7
lectora de ligamentos . 386.21
— mecánica. 385.20
lectura 386.18
—, dispositivo de . . . 387.12
lecho de hilos. . . 54.13, 56.11
—s de hilo escalonados 41.12.13
—s de los hilos unos al
lado de otros . . . 41.11
leer 209.5
— los colores 386.23
— la muestra . . 386.17, 409.3
lencería 420.4, 433.2
lengua de carpa. . . . 373.8
lengüeta de la caja 254.9, 256.4,
280.15, 308.16, 316.8
— de freno 245.19
—-guía con extremidad
apuntada 328.7
— y ranura. 61.6
lentamente, partir . . 59.11
lentejuela. 428.9
leva 196.13
— de subida 288.3
levantado, mantener —s
los hilos de urdimbre 228.2
levantamiento de las
cuchillas. 193.14
— de los hilos de ur-
dimbre 141.20
— del huso 242.19
— de los lizos. 181.23
— múltiple de hilos de
urdimbre 187.16
— de la palanca pulsora 316.20
— del plegador de ur-
dimbre, dispositivo de 106.11
— de la urdimbre por
los lizos 181.21
levantar la canilla (em-
budo) 96.16
— el cepillo. 73.8
— la cremallera (leva) . 288.12
— las chapitas 53.19
— los ganchos fuera de
los hilos. 352.1
— los grupos de hilos en
el paso superior . . 351.14
— el listón 61.22
— el lizo (gancho). . . 186.19
— los lizos 181.20
— los lizos apretando
los pedales 182.23
— la palanca del freno 95.19
— la palanca pulsora . 316.22
— la palanquita. . . . 180.6
— el peso del freno . . 123.10
— el picaporte 253.1
— el pulsador. 389.10
— por resorte la palanca
de paro. 325.7
— el soporte de la bo-
bina 30.11
— la urdimbre de la tela
superior para dejar
paso a la trama in-
ferior 157.8
—se (cabos de trama) . 361.7
—se (espiga de freno) . 364.10
levantina 401.30
libertad, dejar en — el
vástago de gancho
encajado 95.13
—, gancho puesto en . 268.23
libertar el nudo . . . 222.18
liberty, raso 402.8
libra 444.15
libre, dejar — el disparo
(gancho). 92.14
—, extremo 124.4
librea, galón de 428.19
libremente, evolucionar
(hilos). 81.15
licerón auxiliar 350.18
lienzo 395.8
lienzo de algodón . . . 392.12
— casero 395.17
liga 415.25, 426.19
— de bordes con dobleces 426.20
ligado de la pasada de
fondo 422.12
—, fuertemente 152.5
ligadura 144.2, 157.12
— por alambre 286.12
— del dibujo con el fondo 223.10
— de fondo 381.13
— de los hilos 381.11
— de los hilos de pelo . 338.14
— de la pasada de envés 155.5
— para un solo pelo. . 168.23
— para doble pelo. . . 169.1
— del tejido superior con
el inferior 157.13
— de torsión 110.11
ligamento. 7.25, 144.1, 381.10
— acanalado 145.19
— acolchado 160.15
— adamascado 147.7
— de la Axminster . . 410.13
— formando copos. . . 160.1
— para crespón 161.9
— con cuádruple pasada 169.16
— de cuerpo del tejido 167.17
— de damas 153.11
— para damasco . . . 153.12
— de enmedio 222.9
— especial 421.2
— de felpa para mantas
de viaje. 170.3
— de fondo. . . 167.17, 381.13
— de fondo para pasajes
con motivo 386.25
— del fondo, mecanismo
para el 232.7
— para gasas de vuelta 163.8
— gasa de vuelta para
orillo 166.1
— granito 152.14
— de x hilos 144.17
— inferior 157.2
— de x lizos 144.18
— del motivo. 413.6
— de motivos por grupos 223.6
— en oposición 382.9
— panamá 147.6
— de doble pasada 146.4, 169.14
— con triple pasada. . 169.15
— de peluche mohair . 169.17
— sencillo 232.2
— pequeño granito . . 152.16
— piqué 160.15
— de la primera tela . 159.7
— puesto en carta 193.16, 378.8
— radiado 147.6
— radiado [mixto] por
oposición 147.7.9
— radiado por oposición
a cuadros 147.8
— raso 150.13
— reps 145.19
— para sacos 156.10
— sarga 147.13
— en forma de sarga . 144.11
— sol(eil) 151.15
— superior 157.2
— tafetán . . . 145.18, 157.11
— tafetán del orillo . . 147.10
— tafetán para tejidos
tubulares 160.8
— para tejido acolchado
en doble tela . . . 160.9
— para tejidos brocados 162.10
— para tejidos a capricho 153.5
— para tejidos com-
puestos 154.7
— para tejidos cuadran-
gulares 153.5
— del tejido elástico. . 415.5
— para tejidos espolina-
dos 162.7
— para tejidos con forro 156.5
— del tejido inferior. . 157.7
— para tejidos lisos . . 145.17
— para tejidos listados 153.5
— para tejido plisé . . 162.3
— para tejidos con rizo 166.2
— del tejido superior . 157.5
— para tejidos de tercio-
pelo. 166.12
— para tejidos tubulares 156.10
— para doble tela. . . 157.9
— de la segunda tela . 159.8
— triple tela 159.6
— de la tela inferior. . 158.5
— de la tela superior . 158.4
— de la tercera tela. . 159.9
ligamento terciopelo de
cordoncito 167.5
— para terciopelo por
urdimbre 167.16
— para terciopelos por
trama 166.13
— para toalla rusa . . 166.3
— para toalla turca . . 166.3
— de la trama de pelo 167.2
— transpuesto. 167.3
— para tricot 160.2
— uniforme en toda la
superficie 391.11
— de unión. 157.12
— de vuelta 352.12
—s combinados 145.15
—s compuestos 145.15
—s derivados 145.13
—s fundamentales . . . 145.12
ligar un cabo caído . . 81.10
— los hilos 381.12
— los hilos de brocado. 163.4
— los hilos de muestra
con los de urdimbre
de fondo 369.1
— una pasada del dorso 155.6
— el tejido superior con
el inferior 157.14
— con el tejido de la cara
superior y con el teji-
do de la cara inferior
(urdimbre de pelo). 169.6
—, mecanismo de . . . 287.22
—se alternativamente con
el sistema vecino de
hilos (hilo de vuelta) 165.8
ligero, golpe 130.12
—, hilo 20.6
—, marcha —a 304.2
—, tejido 431.16
lija 117.12
limitado, carrera —a. . 133.23
—, forma del dibujo —a 349.10
límite de elasticidad. . 143.10
limpia de los hilos. . . 62.18
limpiador, planchita —a 28.1
limpiadora 445.13
—, máquina. 83.16
limpiar el hilo 28.2
— el tejido 437.2
— la urdimbre 83.12
limpieza de los telares. 375.12
— de la urdimbre . . . 83.11
linaza. 67.20
línea de bucles 327.22
— de dientes 282.12
— divisoria de los dos
tejidos 361.4
— doble de ganchos . . 187.12
— de empuje de la pa-
sada 284.9
— de ganchos. 214.14
— oblicua 217.12
— ondulada. 285.10
— recta 217.10
— de remetido 104.7
— de la sarga. 150.3
— de trama 379.11
— transversal de copos 412.21
— transversal de nudos 338.15
— de urdimbre 379.10
—s, finas 379.3
lino 395.9
— retorcido 424.20
linón. 396.2
— de algodón 393.25
— claro 396.1
linterna . 38.9, 205.13, 211.24
— de devanadera . . . 29.10
— del revólver 279.5
liquen islándico . 67.22, 437.14
lisaje. 386.18
—, máquina para el . . 209.6
liso, hilo 435.9
—, tejido 3.16
lista de color puro . . 421.5
— de cuerpo 162.4
— de dibujo 377.11
— divisoria 62.13
— de fondo. 162.4
—-guía 280.18
— de indicaciones sobre
la urdimbre (la tra-
ma). 7.23.24
— de mezcla 421.6
— de precios 447.6
— transversal 412.16
— de tul con orillos . . 412.13
—s horizontales 160.16
—s en el sentido de la
anchura 153.8
listas en el sentido de
la longitud 153.6
listado a lo ancho. . . 153.9
— a lo largo 153.7
— al través. 271.12
listón 171.4, 172.4.12
— cambiable 172.11
— con clavijas 57.18
— de encruzamiento 46.6, 56.6,
220.1
— con estremidad cónica 61.5
— formado de un tubo
metálico 171.10
— guarnecido con cla-
vijas 83.8
—-guía 353.16
— guía-hilos 45.4
— de impulsión 301.20
— inferior del peine . . 82.14
— de madera . . 171.8, 189.11
— metálico 171.9
— metálico deslizable . 172.10
— del peine. 282.6
— de picado 301.20
— con planchas metáli-
cas 58.3
— de presión 383.17
— ranurado. 290.2
— para regular el plega-
dor 78.15
— de sección triangular 173.10
— superior del peine. . 82.15
— de vidrio. 218.8
—es de madera 286.16
—es de madera unidos
por charnelas . . . 201.6
—es transversales . . . 70.12
lizo . . 108.10, 171.3.6, 360.15
— para adamascados . . 232.12
— de alza . . . 174.2.7, 231.6
— de alza y baja . . . 174.3
— del ante-cuerpo. . . 231.10
— ascendente 198.2
— de baja . . . 174.1.6, 231.7
— completo. 352.8
— a varios cuerpos . . 223.3
— descendente 198.3
— estacionario . . 231.8, 360.2
— fijo 173.21
— de formación de la ca-
lada 360.5
— de hilo de acero . . 218.11
— de hilo cableado con
mallón metálico . . 218.10
— del hilo fijo 352.7
— del hilo de vuelta. . 352.6
— de Jacquard 208.6
— impar 234.7
— inglés 352.8, 361.10
— levantado 219.10
— de doble malla . . . 174.6
— sin mallón 175.23
— con mallón. 174.13
— con pocas mallas . . 173.15
— con muchas mallas . 173.16
— con mallón alargado 175.20
— con mallón de torzal 175.19
— metálico 172.8
— sin nudos 175.8
— con ojal 174.13
— con ojete. 174.13
— con ojo de vidrio. . 361.13
— para los orillos . . . 444.5
— par 234.6
— para tapicerías . . . 330.7
— de torzal. 179.15
— de vuelta . . . 352.5, 354.1
— de vuelta de Jacquard 362.1
— de vuelta metálico . 361.15
lizos 171.2, 324.6
— accionados positiva-
mente. 184.9
— altos, dispositivo de 335.15
— de bajada 231.15
— bajos, telar de . . . 298.9
— cruzados 173.9
— deslizables 173.6
— para hilos apretada-
mente cruzadas . . 173.18
— inmóviles 182.10
— a medio acoplados . 173.12
— montados por pares 173.11
— de motivo 231.17
— de la nueva urdimbre 111.7
— para orillos. . 173.8, 199.5
— de subida 231.14
— suspendidos libre-
mente. 184.14
— suspendidos en el te-
lar 181.7
— de vuelta . . 352.4, 361.9

lizos, medios 232.11
—, *x* — quedan libres 219.21
loca en el árbol motor (polea) 34.17
loco, rueda cónica —a . 127.20
lona para yate 395.16
longitud del batán . . 304.11
— del brazo de potencia 121.3
— de las brisnas . . . 409.6
— de la calada 141.12
— calculada. . . 436.5, 443.19, 444.17
— constante 141.13.14
— creciente 341.22
— fijada 29.19
— de hilo consumido . 11.21
— de hilo trabajado . . 443.20
— de hilo urdido durante una vuelta del disco contador . . . 49.1
— de la lista . . . 75.1, 77.9
— de la pieza. 441.12
— de la urdimbre 41.14, 443.17
— de la urdimbre urdida 443.16
— de urdimbre desarrollada . . . 49.14, 118.9
—, en el sentido de la 153.6
—es dobles 218.2
longitudinal, movimiento 120.4
—, ranura. 96.4
lonja del ronzal 429.11
Louisiana, hilo de . . 12.3
louisine. 401.7
loza 208.2
lubricación de los hierros 328.13
— de la superficie de la polea del freno. . . 124.22
lubricante . . . 67.5, 374.18
lubricar los hierros . . 328.14
Luna, seda 17.20
lupa 438.9
— con doble lente . . . 438.11
— con índice 438.16
— plegable 438.10
lustrado, hilo 94.3
lustrina 392.18, 401.8

Ll

llameado, hilo. . 18.20, 421.15
llanta de hierro 341.7
llave para mallas metálicas 373.18
— de muletilla 373.19
— de plegador 374.2
— reguladora 373.20
— tubular 373.19
— para tuercas 374.1
— de vaso [con mango acodado] 373.19.21
llenado 413.15
llenar una bobina . . . 22.8
— un carrete 22.8
— el claro 107.4
— los cuadros del contorno del bosquejo . 380.16
—se (canilla) 87.20
llene de la canilla . . . 87.21
— del cargador 261.2
— del plegador 77.5
lleno, bobina —a 23.5
—, cartón. 197.6
—, plato — del plegador 78.7
llevar los cuchillos a la posición central . . 230.10
— los hilos sobre los guía-hilos 41.19
— el lizo en la calada de alza (de baja) . . 187.17.18
— los lizos a la posición media 203.12

M

macizo, traviesa —a . . 288.21
madapolán 393.16
madeja. . . 10.21, 52.4, 64.1
— atada 10.24
— destorcida en hilos separados 170.17
— enredada 25.15
— impregnada 70.13
— inmergida 70.2
— trenzada 11.3
—s de hilos rizados . . 170.15
—s suspendidas 71.6
madejita 10.22
madera. 10.19
— comprimida 243.9
— de cornejo 243.10
— dura. 243.5
— fuerte 243.5
— impregnada 243.12
— de manzano 243.7
— de persimón 243.11
— sazonada. 243.8
— secada al aire . . . 243.8
madero anterior. . . . 356.3
— central. 356.8
— delantero. 356.3
Madrás, cortina de . . 419.10
magnesio 437.24
mahón 393.19
— fino 393.20
mal remetido 104.6
malla 105.17, 171.6
— ajustable. 173.20
— de alambre. 175.10
— de alambre de acero 175.12
— de alambre de hierro 175.11
— de alambre laminado 175.14
— de alambre torcido . 175.13
— áspera 174.15
— barnizada . . 174.20, 179.18
— en bruto 174.15
— que no corresponde . 104.3
— de crin de caballo . 175.7
— de cuerpo 208.6
— chamuscada 179.20
— en chapa de zinc . . 175.16
— deslizable 173.20
— encerada 179.19
— encolada . . . 174.21, 179.21
— engomada 174.21
— estañada 175.17
— estañada cerca del mallón 176.5
— exagonal 412.10
— fina 365.23
— flexible 174.18
— de fondo 353.4
— de la gasa . . 353.5, 361.9
— gaseada 179.20
— grosera 365.22
— gruesa 365.22
— de hojalata. 175.15
— inferior 174.5
— metálica 175.9
— con nudo simple . . 223.13
— sin nudos 175.8
— de ojal alargado . . 174.14
— pegajosa 174.16
— de punta. 104.14
— rígida 174.17
— de seda 175.4
— de seda encerada . . 175.5
— de seda lustrada con jabón 175.6
— sollamada 179.20
— superior 174.4
— de torzal. 174.19
— de torzal de algodón barnizado 175.1
— de torzal de lana . . 175.2
— de torzal de lino . . 175.3
— triangular 412.11
— de vuelta 361.8
—, media 174.9
mallas 231.18
— cuadradas 413.17
— de cuerpo 208.18
mallón . 105.17, 171.7, 175.18, 177.2, 218.13
— de acero 219.2
— alargado 175.20
— de cristal 219.1
— de hilo metálico . . 218.17
— de latón 219.3
— de metal 176.1
— metálico 360.16
— metálico estampado . 176.4
— de un solo ojo . . . 218.14
— de *x* ojos 218.16
— de torzal. 175.19
manantial de electricidad 320.8
mancha 412.19
Manchester 403.13
mandarín 417.4
mandíbula 241.6
mando de los husos, mecanismo de . . . 39.15
— positivo de la púa . 27.1
manera de accionar de los cartones de cambio 281.7
— de ligar 381.10
— de ligar de cada tela 159.13
manga 156.11
mango . 80.5, 105.10, 204.13, 287.12, 291.12
— de desembrague . . 308.19
— de madera 111.15
— de paro de la bobina 32.5
manguito 89.17, 213.19, 242.5
— de acoplamiento 94.10, 333.17
— del árbol de los sectores 322.4
— de embrague 80.17
— fileteado de acoplamiento 277.15
maniobra de la calada mediante la calca . 182.22
maniobrar las cajas (ganchos) 291.16
— el revólver hacia adelante (atrás) . . . 279.16.17
manipular la devanadera 46.1
manivela . 26.11, 58.14, 59.19, 255.11
— con biela ordinaria . 293.2
— de colisa 203.16
— de corredera 203.16
— de doble acción con rodillos 295.11
— de expulsión 255.18
—-guía 257.5
— de palanca acodada 293.20
— para plegador de urdimbre 374.3
— con rodillo 251.12
— de la varilla fileteada 55.17
—, doble 213.10
—, mecanismo de . . . 45.20
mano de obra del bobinado 26.5
— de obra de canillado 88.22
—, bobinador a 25.1
—, tejer a 4.19
manojo de arcadas . . 220.20
manómetro 69.16
manta para caballo . . 419.19
— mejicana 420.3
— de viaje . . . 419.22, 433.14
mantel 420.10
— de altar en brocado . 423.4
— de altar con dibujos bordados en hilo metálico 423.1
— de altar con rizos metálicos 423.7
mantelería . . . 396.8, 420.8
mantener el alambre mediante mordazas . 177.9
— firme la cruz mediante cordeles 42.16
— levantados los hilos de urdimbre 228.2
— el lizo en reposo . . 185.15
— la malla tensa . . . 180.19
— la tensión de la cuerda por rueda de gatillo y romana 122.9
— uniforme la tensión de los hilos 98.4
—se por la tensión del hilo (chapita) . . . 53.18
mantenimiento de la densidad de la trama 132.19
manubrio. . . . 287.14, 358.12
— con rodillo 251.12
—, mecanismo de . . . 199.14
manufactura de lana . 2.14
manufacturero de peines 287.1
manzano, madera de . 243.7
máquina v. t. mecanismo, dispositivo
— de alza 228.7
— anterior 235.5
— anudadora de urdimbre de Barber . . . 112.20
— de ascenso 228.7
— de baja 228.8
— para cepillar madejas 70.10
— cizalladora de muestras en zig-zag. . . . 375.14
— colocada transversalmente (longitudinalmente) sobre el telar 225.17.18
— cortadora de muestras en zig-zag 375.14
— cortadora para terciopelo. 168.14
— para cortar la chenilla 343.5
— de coser los cartones 390.4
— para chales. 235.17
— de descenso 228.8
— Dewath 234.14
— de duplicar cartones 389.3
máquina para encolar madejas 70.5
— de enlazar los cartones 390.4
— escocesa de encolar . 72.13
— para expulsar las bobinas vacías y substituirlas por bobinas llenas 363.15
— para la fabricación de chenilla cosida . . . 342.1
— para la fabricación de las mallas 176.9
— para fabricar mallas de alambre 180.11
— de Günther para adamascados 232.5
— de hacer canillas de trama 86.7
— de hacer carretes con husos verticales accionados por cuerdas 37.18
— de hacer mallas con mallones [de torzal] 176.12.13
— inglesa de cuerdas . 225.2
— Jacquard (v. t. Jacquard) 7.13, 209.18, 342.24
— Lacasse 215.11
— limpiadora 83.16
— para el lisaje 209.6
— medidora de rodillos 442.3
— medidora con tabla . 442.1
— medidora con tabla de inspección . . . 442.4
— de medir y arrollar el tejido 442.5
— para montar plegadores de urdimbre . 80.1
— de montar plegadores de urdimbre procedente de ovillos . . 80.14
— de parar de tambores 73.10
— perforadora eléctrica 387.3
— perforadora de teclado 385.6
— para picado a mano 384.20
— plegadora-medidora para tejidos 442.6
— posterior 235.6
— productora de peines 287.4
— purgadora 83.16
— remetedora del peine 108.4
— remetedora del peine de gancho giratorio 109.12
— remetedora de reposadera oscilante . . . 108.5
— para remeter los hilos de urdimbre en los lizos y peine. 109.14
— para remeter las urdimbres 106.1.2
— de repicar cartones . 389.3
— de reunir las urdimbres urdidas sobre el plegador. 82.1
— de Seidel para adamascados 233.1
— de separar los tubos 372.4
— de tela 209.16
— trenzadora para lizos 178.1
— de Tschörner para adamascados. 232.13
— con varillas de cilindro partido 233.8
— Verdol 229.1
—, bobinar a 26.1
—, encolado a. 70.4
maquinaria de tejidos . 7.3
maquinilla 186.3
maquinita 7.11
— de alza 186.4
— de alza y baja . . . 187.6
— de alza y baja a simple efecto 190.15
— de ascenso simple con una sola grifa . . . 190.5
— de doble ascenso . . 192.8
— de baja 187.5
— de doble calada . . 195.5
— para calada de alza, de baja y en reposo 187.13
— para calada en reposo 188.18
— de cambio 195.10
— Crompton con cartones de papel cartón 192.1
— Crompton con cartones de rodillos . . . 191.12
— de doble cuchilla . . 192.8
— de cuna de Nuttall . 193.1
— de efecto simple . . 190.4
— de doble grifa . . . 192.8
— Hattersley 194.2

maquinita Hodgson 193.8
— para dos (tres) ligamentos 197.7.8
— de lizos 186.3
— negativa 196.17
— oscilante de Nuttall 193.1
— a paso abierto de Schönherr 188.10
— a paso cerrado 188.19
— a paso cerrado de Schroers 189.1
— a paso semi-abierto 188.17
— positiva 196.18
— de Schönherr 191.2
— de Tannwald 192.9
— para telar a gran velocidad para paño cuero 195.6
— Wenzel 196.3
— White de doble ascenso 194.12
— Wolfrum 194.13
marabú 16.13
maravilloso, raso 402.7
marca de ligadura 159.15
— de modelo del telar 304.8
— del peine 433.23
— roja 10.25
marcador 6.17
— automático 46.17
—, aparato — de listas 74.19
—, estilete 371.7
marcar 379.19
— los hilos de urdimbre levantados 434.8
— la lista 74.24
— los tomados 434.8
— el trazo 74.24
marcado de la lista 75.2, 77.11
— de la urdimbre 46.16
marceline 400.13
marco 112.5, 386.11
— del cargador 261.4
— cónico 60.14
— para el cosido a mano 390.1
— con cremallera 356.18
— cuadrado 60.16
— deslizante 62.2
— deslizante del batán 345.10
— de los husos 36.7
— de los lizos 172.9
— de lizos desmontable 171.17
— de madera 289.15
— de madera para los husillos 44.19
— de las mallas 194.14
— oscilante 210.17
— del peine 136.6, 283.6.14, 285.12
— con ranuras 208.5
— soportador de los cartones 390.12
— con tirantes de acero cruzándose en ángulo recto 208.4
— de unión con ranura 210.1
— del urdidor 43.12
marcha hacia adelante 303.1
— atrás del árbol cigüeñal 302.13
— atrás, dispositivo de — por correa 302.16
— atrás, mecanismo diferencial de 303.3
— hacia atrás del batán por resortes 295.2
— irregular del telar 306.11
— ligera 304.2
— pesada 304.3
— del telar 306.8
— en vacío del motor 310.2
marchar bien (telar) 306.9
— sin interrupción (telar) 269.1
— irregularmente (telar) 306.10
marli 394.2
martillo 205.16, 211.26, 261.15, 373.11
—-cargador 262.9, 263.15, 264.8, 364.13
— del cilindro 235.15
— del para-tramas 268.3, 318.5, 322.17
— de picado 385.4
— del timbre 82.5
martinete de la palanca de expulsion 255.9
masa encoladora 180.8
materia encoladora 89.11
— prima 436.9
— teñida en crudo 429.10
— textil 8.6
—, primera 8.8
materias delicuescentes 68.8
— emolientes 68.8
— de encolado 66.17
— para la tejedura 3.6
— para la trama 9.1
— para la urdimbre 8.15
material duro para trama 236.15
— de preparación 340.21, 342.19
— para trama 236.14
Matitsch, fondo 413.20
matriz 385.1
máxima velocidad 247.14
mayordomo de telar 5.6
mecánicamente, batán movido 289.8
mecánico, tejedura —a 7.2
—, telar 7.8
mecanismo v. t. dispositivo, máquina
— de accionamiento por excéntrico de fricción 127.9, 134.18
— de accionamiento positivo de la rueda de gatillo 134.12
— de alimentación 113.8
— de alimentación de la trama 258.2
— alimentador automático 269.7
— alimentario 342.14
— de alza 189.2, 197.20
— de simple alza 213.9
— de alza y baja 198.1
— arrollador del tejido 132.20
— de baja 197.21
— de báscula de la pasada 357.9
— de bobinado para carretes 31.7
— de brocado 349.1
— para cajas múltiples 271.22
— de cambio de cajas para telar de paño fuerte 274.4
— de cambio de canilla 262.8, 263.5, 264.1, 265.13, 266.2
— de cambio de Eccles 276.1
— de cambio a la izquierda (derecha) 281.5.6
— de cambio de lanzaderas 269.2.14, 267.8, 270.3
— de cambio de lanzaderas de revólver 270.12
— de cambio de marcha por engranaje cónico 127.17
— de cambio de la trama 271.3
— de cárcolas interiores (exteriores) 199.1.8
— de cigüeña 199.14
— contador 54.9
— cortador de los bucles 327.15
— cortador de falsos orillos 363.5
— de corte 342.22
— de corte del pelo 334.9
— de corte de la trama 341.24
— de desarrollo automático de Roper 129.12
— de desembrague 268.11
— de despedir la lanzadera 8.3
— de despedir la lanzadera para telares de paño fuerte 253.3
— diferencial de marcha atrás 303.3
— economizador de cartones 275.20
— de embrague y desembrague de la correa 372.18
— de enhebrado del hilo de trama 372.7
— de escape del peine 315.15
— escisor de falsos orillos 363.5
— de espada 251.1, 254.11
— de espolinado 349.1
— de estrella para accionar los excéntricos 201.1
— de los excéntricos 198.8
— de expulsión por arriba (abajo) 249.1, 251.1
— de expulsión de concha 252.7
— de expulsión derecho (izquierdo) 252.10.11
— de expulsión por espada 251.1
— de expulsión con excéntrico y látigo con rodillo 252.5
mecanismo de expulsión con manivela 255.1
— de expulsión con manivela con rodillo 251.11
— de expulsión neumático 256.10
— de expulsión por resorte 255.14
— de expulsión por resorte con excéntrico girando en sentido contrario 256.5
— de expulsión por resorte para telar de una lanzadera 255.15
— de expulsión superior 249.1.7
— de expulsión superior con cajas superpuestas 249.2
— de expulsión superior con juego de cajas 249.2
— para la formación de la calada 197.19, 335.11
— de formación de la canilla 96.11
— de freno del plegador 261.8
— de freno para el cilindro de cartones 192.7
— de garrotes 249.1
— de gatillos 135.14
— del gatillo de expulsión 253.12
— de la horquilla del para-tramas 318.1
— de impulsión de la lanzadera 247.24
— de inserción de la trama para tejer crin 259.13
— de inserción de la trama del telar Seaton 257.21
— de inversión de gatillos 128.1
— de inversión de la marcha 127.16
— de Knowles 203.1, 277.18
— para el ligamento del fondo 232.7
— de ligar 287.22
— de mando de los husos 39.15
— de manivela del urdidor 45.20
— de manubrio 199.14, 203.8
— para el motivo 232.6
— de movimiento de los espolines 348.14
— de movimiento de los hierros 326.6
— de movimiento de hierros en los telares para terciopelos 328.1
— de movimiento de los hierros con vara 326.19
— de movimiento horizontal para cajas laterales 357.10
— de movimiento de los lizos mediante cárcolas perpendiculares 199.11
— negativo de formación de la calada 198.5
— para-tramas 317.15
— de para-urdimbres 319.6
— de paro cuando la carilla está llena 91.16
— de paro cuando se rompe un hilo 88.11
— de paro para mudar 91.19
— de pedal 182.21
— positivo para la formación de la calada 198.6
— de reajuste 137.18
— de repetición 235.7, 343.4
— de la rueda de estrella 126.12
— de la rueda de gatillo 134.11
— seccionador 332.10
— del soporte 62.1
— suizo de cambio de lanzaderas 277.22
— de tiralizos de acción simple 204.5
— de tiralizos por resorte de doble acción 204.10
— por tornillo sin fin 30.7
— de trinquete 59.7, 126.12
— de la urdimbre y del tejido 130.2
— vienés de repetición 236.3
—s reguladores acoplados 135.4
mecha 156.12
— de lámpara 360.6
mechón de crin 259.21
media calada 141.9
— estopa, tejido 395.12
— lana 12.9, 397.18 430.16
— luna 202.9
— malla 174.9
— onza 219.7
— revolución 277.19
— seda 403.6, 430.20
— portada 47.6
— velocidad 302.15
— vuelta 164.10
—-urdimbre, hilo 10.9
medias elásticas 359.14
medición de los tejidos 441.10
medida inglesa de la urdimbre 52.3
—s, conversión de las 436.8
medidor 6.3
— de la elasticidad de los hilos 440.15
— de longitud 52.9
—, aparato 370.2
medidora 6.4
— de rodillos 442.3
— con tabla de inspección 442.4
medio de los agujeros del cilindro 188.1
— apresto 16.19
— fofo, orillo 424.12
— para la formación de la calada 170.20
— lizo 231.16, 352.9
— mecánico de apresto 437.4
— para prevenir la descomposición de la cola 67.23
— terminada, mercancía 443.8
—s lizos 232.11
medio-damasco 402.26
—-estambre 15.7
—-lino media-estopa, tejido 395.12
—-lino medio-algodón, tejido 395.13
medir y arrollar el tejido, máquina de 442.5
— por madejas la longitud de urdimbre urdida 52.5
— la tensión de la urdimbre, dispositivo para 371.18
mejicano 393.14
melena del caballo 414.13
mercancía por docenas 441.9
— [medio] terminada 443.8.9
mercerizado, hilo 12.18
merino 399.10
mermas de husadas 85.28
mesa 288.5, 365.2, 389.12
— giratoria 81.3
— regulable 105.15
mesalina, raso 402.9
metálico, perla —a 19.16
metalizado, hilo 20.17
método de lectura 386.19
— de tejido 1.11
métrico, contador 54.16
metro cuadrado 442.10
—s por pieza 441.14
mezcla de la cola 64.24
mezclado, efecto — de color 152.10
—, fieltro 414.6
micrométrico, balanza —a 88.20
microquímico, exámen 436.18
microscópico, exámen 436.16
microscopio 438.17
militar, paño 397.13
mitad del curso 40.15
— del modelo 40.15
mixto, tejido 430.9
mille-points 402.25
modelo de la urdimbre 40.13
modificación de tejidos uniformes 145.5
modo de acción del freno 120.9
— de fabricar el peine 286.7
mohair 398.25
— blanco 15.21
— mezclado 15.20
— puro 15.19
moho 65.9
mojado de la trama 101.6
—, canilla —a 101.14
—, canillar en 85.3
mojador para hilos, aparato 101.17
— de trama, obrero 101.16
mojar las bobinas 101.9

mojar las canillas por la regadera . . . 101.12
— el hilo en madeja . . 101.8
— la trama 101.7
moletón 398.3
— de algodón 394.16
— de piqué 394.25
molinado, hilo . . . 15.5
monta-correa flexible . 372.14
montado sobre caballete 59.10
montador de peines . . 282.10
—, obrero — de urdimbres. 77.14
—, obrero — de urdimbres a mano. . . . 77.15
—, obrero — de urdimbres a máquina. 77.16
montagnac 417.10
montaje del cartón sobre el cilindro 220.8
— de la correa 372.17
— de la Jacquard . . 212.6
— de las madejas destorcidas en hilos separados 170.17
— de la urdimbre . . . 118.14
montante 106.4, 111.3, 335.5
— del batán . 134.10, 288.18, 293.4
— del batán con mortaja. 289.19
— de madera 108.6
— regulable del peine . 82.6
— del telar 297.3
montar las bobinas en la fileta 44.10
— los caballeros en los hilos 51.2
— la Jacquard longitudinalmente (transversalmente) en el telar 217.3.4
— el motor sobre una resbaladera 310.10
— plegadores de urdimbre [procedente de ovillos], máquina de 80.1.14
— el tambor sobre el árbol 55.2
— sobre el tornillo (resorte) 100.8
— la urdimbre 118.15
montura de las husadas 38.21
— del telar Jacquard . 217.2
moqueta 405.4, 411.16
— de algodón 405.7
— aterciopelada de urdimbre estampada (jaspeada) 411.15.19
— estampada 405.8
— rizada 405.9
— con rizos 411.11
— con rizos de urdimbre estampada (jaspeada) 411.14.18
— con rizos y urdimbre de pelo de lana cardada (peinada) . . 411.12.13
— de triple trama. . . 405.8
— verdadera 405.5
—, doble 405.14
mordacillas para fijar los cabos de los hilos . 81.16
mordaza 258.4, 313.8, 337.12, 339.6, 372.6
— del huso 242.17
mordazas 439.1
Morrison, canillera. . . 91.2
—, dispositivo para la tensión del hilo . . 92.20
mortaja 289.19
— del tambor 55.1
mosca 412.19
mosqueteado, tejido . . 392.7
mota. 412.19
motivo (v. t. dibujo, muestra) . . 149.4, 413.5
— angular 378.4
— claro 420.1
— geométrico 413.9
— de hilos agrupados . 232.1
— de hilos individuales 232.1
—s formados en tafetán 155.9
—s recíprocos 377.7
motor 113.4
— acorazado 309.20
— de corriente trifásica con rotor en circuito corto 309.17
— eléctrico de corriente continua. 309.18
— Schorch 310.15
motón 122.8, 291.11
mover cada cilindro individualmente 196.2
— el cuadrante dentado 52.8
— la devanadera a mano 46.1
— los lizos 190.18
—se de abajo arriba (agujas) 351.1
—se en charnelas (tabla superior) 289.4
—se a contraefecto (lizos) 184.1
—se en una guía . . . 248.18
—se lateralmente (carros) 368.4
—se libremente en su alojamiento (pivote) 292.12
—se sobre una varilla . 248.19
movido por cilindros de fricción 27.4
— por los hilos (cilindro) 50.7
movimiento acelerado 198.11, 247.13
— hacia adelante del batán libre por excéntrico 295.14
— alternativo . . 39.11, 367.10
— en ángulo de la urdimbre 298.10
— ascensional 39.8
— de ascenso y descenso 97.1.4
— de avance 135.16
— de avance de las canillas superpuestas . 265.10
— de avance del cargador 262.5
— de avance del carro. 388.21
— de avance de los cartones 206.7, 385.12
— de avance de la urdimbre 117.21
— axial 367.9
— de bajada del batán del cilindro 211.20
— del batán 292.5
— del batán con biela corta 293.19
— del batán del cilindro por palancas. . . . 212.3
— del batán por excéntrico de ranura . . 294.4
— del batán por excéntricos simples . . . 294.12
— del batán invertido . 268.27
— del batán mediante una manivela . . . 293.1
— del batán por palancas con colisa 294.3
— del batán por pedal 292.13
— del batán para doble posición de golpeo . . 294.7
— del batán durante el reposo del árbol de las cigüeñas 293.16
— del batán para tejer toallas turcas . . . 294.8
— de caída libre de las cajas ascendentes. . 273.10
— de cambio 261.16
— de los carros de una hilera a otra. . . . 367.5
— del cilindro. . 183.14, 205.9
— continuo 130.7
— continuo del revólver 279.4
— de contraefecto para x lizos por poleas . 184.2
— de la corredera . . . 326.16
— de derecha a izquierda de la repasadera . . 109.9
— descensional 39.9
— de los espolines, mecanismo de 348.14
— excéntrico del plegador 116.1
— por fricción 27.2
— del gancho por pedal 109.13
— del guía-hilos . . . 101.5
— de los hierros, mecanismo de . 326.6.19, 328.1
— de los hilos de urdimbre 141.6
— hiperbólico 95.6
— horizontal, mecanismo de — para cajas laterales 357.10
— horizontal de las palancas de alza . . . 340.10
— independiente del batán 211.22
— de inserción de la trama 284.6
— intermitente de la urdimbre 130.4
movimiento sin interrupción de los carros de parte a parte del telar 369.9
— de izquierda a derecha de la repasadera 109.10
— de la lanzadera. . . 246.6
— de lanzaderas para 1 y 1 pasadas alternativamente a cada lado 271.19
— lateral del batán de brocado 345.13
— de los lizos, mecanismo de — mediante cárcolas perpendiculares 199.11
— de los lizos por cuerdas 204.3
— de los lizos por palancas auxiliares . . 204.4
— longitudinal de la urdimbre 120.4
— de la manivela . . . 294.1
— a mano de la lanzadera 246.7
— negativo de las cajas ascendentes 273.10
— negativo de cambio de cajas 272.2
— negativo de los lizos 182.7
— neumático de la lanzadera 256.9
— de oscilación vertical de las palancas de alza. 340.11
— oscilante del tejido . 140.17
— oscilatorio 39.14
— del peine. 283.3
— pendular del batán . 292.9
— de plegado del tejido 261.9
— positivo de la calca. 323.11
— positivo de cambio de las cajas 272.1
— positivo del cilindro 214.5
— positivo de expulsión 358.2
— positivo de la lanzadera 256.16
— positivo de los lizos 182.6, 202.4
— de las regillas . . . 224.11
— retardado 198.12
— de retroceso 135.17
— de retroceso de los cartones 206.8
— de retroceso del cilindro 214.9
— de retroceso del martillo. 265.12
— de retroceso del plegador del tejido . . 134.17
— de rompe-trama . . 268.22
— de rotación del cilindro 205.10
— simultáneo de los guíahilos 39.10
— de subida del batán de cilindro 211.19
— del tejido 114.2
— uniforme de los lizos 200.8
— uniformemente retardado 247.11
— de la urdimbre 114.2, 117.19
— de la urdimbre para la formación de la calada 141.5
— de la urdimbre y del tejido 298.4
— de vaivén del batán. 130.11
— de vaivén del cilindro 205.11
— de vaivén del peine . 283.2
— de vaivén, dar un . . 81.6
— variable de los lizos. 200.10
— vertical 179.5
móvil, bastidor 61.25
—, cesta de hilo. . . . 102.6
muaré 400.20
— de lana 398.23
muchacho para las canillas 84.20
mudar 91.19
muelle de hoja 136.9
— del pistón 388.17
— de seguridad 61.7
— de tensión 33.11
muesca 225.13, 364.5
— de la báscula 121.18
— para colocar el listón 106.6
— del gancho . . . 211.4, 386.1
— en el impulsor . . . 364.22
— larga 293.6
muesca en la mordaza. 258.5
— del sector 191.9
muestra (v. t. dibujo, motivo) 47.17, 413.5, 430.1
— achatada 377.20
— aplicada 406.6
— aumentada con ligamento sencillo . . . 232.2
— para el cambio . . . 292.1
— a capricho 377.12
— de cenefas 377.21
— continua 154.6
— a cuadros 160.13
— directa de Jacquard 377.14
— con efectos diagonales 146.11
— floral 376.6
— indirecta de Jacquard 377.15
— de Jacquard de un solo color 377.16
— de Jacquard a dos colores 377.17
— de Jacquard transpuesta 377.19
— de Jacquard a varios colores 377.18
— labrada . . . 160.14, 376.5
— con listas 412.17
— con listas en el sentido de la longitud (de la anchura) 160.11.12
— de orlas 377.21
— de picado de cartones 193.17
— de repetición 8.1
— en zig-zag 375.14
—, tejer la 1.14
multicolor, hilo 14.13
múltiple, alza 201.12
—, tejido 158.12
mungo 14.18
muselina 393.24
— muy clara 393.27
— fina 393.22
— de lana 398.19
— de lana formando sarga 399.7
— medialana 398.20
musgo de Irlanda . . . 67.21

N

nanquín 393.19
— fino 393.20
napa de hilos con marco cónico. 60.14
— de hilos sobre el tambor 56.20
— de hilos de urdimbre 56.11
narices justamente encima de las cuchillas. 211.14
nariz 365.15
— del excéntrico . . . 250.2
— de expulsión 254.13
— de freno 278.16
— del gancho . . 186.6, 210.12, 232.14, 343.1, 348.18
— de la grifa 226.3
— de la lanzadera . . . 265.20
— del para-tramas . . . 318.9
— del tope 316.11
natural, nudo 18.14
naturaleza exterior del hilo 435.3
— de la superficie del tejido 431.30
necesidades de hilo . . 443.12
— de hilo para la trama 444.8
— de hilo para la urdimbre 443.15
negativo, accionamiento 213.1
negro 380.14
nervio curvo 71.1
— de refuerzo. 115.20
nervura curva 71.1
neumático, movimiento 256.9
nido 315.7
nivel 219.14
— del peine. 283.8
—, la caja está al — del plano del batán . . 251.7
nivelación de los lizos . 181.14
nivelador de lizos 197.10.15.16
nivelar los lizos 197.14
nombrar los colores . . 386.23
nombre. 222.18
nomenclatura de las máquinas Jacquard. 214.10
Northrop, contador de pasadas 370.6
—, detector de la canilla 261.11

Northrop, dispositivo de enhebrado 260.17
—, huso para telares. . 239.7, 260.15
—, lanzadera 242.9
—, pulsador de la canilla 261.11
—, telar 260.18
novedad, cinta 427.7
—es, felpa para . . . 406.12
núcleo de hierro . . . 269.12
nudo. . 108.13, 175.18, 225.6
— de algodón 18.11
— artificial 18.15
— de color 18.16
— corredizo. . . 183.11, 197.18
— duro. 18.18
— flojo. 18.17
— en el hilo 83.13
— sobre un hilo. . . . 409.11
— sobre dos hilos con los cabos separados . . 409.13
— sobre dos hilos con los cabos uno al lado de otro. 409.12
— de lana . . . 18.12, 417.16
— hecho a mano . . . 336.14
— natural. 18.14
— de Persia . . 336.17, 409.10
— retenido en la muesca 222.16
— de seda 18.13
— de Smirna . . 336.15, 409.9
— de tejedor 110.17
—s colocados encima de las muescas 225.10
—s superpuestos 426.16
nudoso, hilo 435.8
nueva urdimbre. 103.8, 113.17
nuez del huso 26.15, 29.14, 95.15
numeración de Chemnitz 216.4
— fina 216.11
— francesa 216.7
— de ganchos. 216.2
— gruesa 216.9
— inglesa. 216.6
— de Krefeld 216.3
— Lacasse 216.12
— de Lyon 216.8
— de las máquinas Jacquard 214.10
— media 216.10
— Schröer 216.12
— superfina. 216.13
— Vincenzi 216.12
— de Viena. 216.5
numerado de los cartones 383.5
— de las máquinas Jacquard 214.10
numerar 11.10
número de arcadas unidas a un mismo gancho 220.19
— de Berlín 215.9
— buscado 11.15
— de las cajas . 272.7, 280.12
— de cartones para un ligamento 206.16
— completo de vueltas 306.15
— convertido 11.14
— a convertir. 11.13
— de cursos 381.5
— definitivo de hilos . 41.16
— del dibujo 7.17
— de dientes . . 282.15, 443.23
— de dientes de la rueda de estrella 127.8
— extrafino. 215.11
— fino 11.9
— fino de Viena . . . 215.8
— de ganchos. . 214.11, 216.2
— de ganchos expresado por centenares . . . 214.13
— grueso 11.7
— grueso de Viena . . 215.7
— del hilo . . . 11.6, 435.13
— de hilos 443.21
— de hilos por claro. . 107.14
— de hilos por diente . 282.18
— de hilos por espacio 107.14
— de hilos en una portada 47.12, 83.2
— de hilos de trama. . 434.16
— de hilos por unidad de longitud 434.17
— de hilos por unidad de medida. 3.13
— de hilos de urdimbre 434.15
— de husos 87.25
— ilimitado de colores . 409.4
— de Krefeld 215.10
— de las lanzaderas . . 272.9
— de lizos . . . 181.4, 444.4
número de la máquina Jacquard 215.2
— mediano 11.8
— de metros del tejido 441.13
— de la muestra . . . 7.17
— obtenido del peso (de la longitud) . . . 435.19.20
— de pasadas 376.9
— de pasadas por centímetro 444.12
— de pasadas por minuto 306.12
— de pedales 183.2
— de piezas 443.10
— de portadas 47.11
— de puntos por unidad de superficie . . . 409.8
— de revoluciones por minuto 306.13
— del rollo 4.12
— superfino 216.1
— del telar 7.15
— de la tinta 3.21
— total de los hilos de urdimbre 434.18
— de la urdimbre . . . 7.21
— de vueltas del disco contador 49.2
— de vueltas por minuto 306.18
— de vueltas variable . 53.12
—s de los cartones sobre el lado de la linterna 220.9
nutria, felpa imitación 406.17
Nuttall, maquinita oscilante 193.1

O

oblicuamente, atravesar — el peine 50.2
—, suspender los lizos . 181.12
oblicuo, línea —a . . . 57.20
obrera que hace la cruz 42.15
— entrega hilos 103.14
— pasadora del peine . 107.2
— remetedora del peine 107.2
— remetedora de urdimbres 103.8
— secadora 65.24
obrero arrollador de urdimbres 77.14
— que hace la cruz . . 42.14
— entrega hilos 103.13
— lector 209.7
— tira-lazos 209.14
— mojador de trama . . 101.16
— montador de urdimbres. 77.14
— montador de urdimbres a mano. . . . 77.15
— montador de urdimbres a máquina . . 77.16
— plegador de urdimbres 77.14
— productor de lizos . 177.16
— remetedor del peine 107.1
— remetedor de urdimbres. 103.7
— secador 65.23
— suavizador de trama 101.16
obreros 4.20
obstruído, templazo . . 140.16
obtener el efecto de cuadros 152.11.12.13
oculto, hilos del forro —s 156.7
oferta 443.2
ojal 45.5, 105.17
— de la aguja . 187.19, 350.15
— alargado . . . 174.14, 225.15
— del caballero 53.5
— de la chapita 53.5
— del colete 224.2
—-guía 71.16
— del guía-hilos 27.14
— de porcelana 46.11
— de vidrio. 237.15
ojete 175.18
— de la aguja . 211.6, 350.15, 362.13
— del guía-hilos. . . . 27.14
— para hilo de forro en forma de hendidura 330.9
— para hilo de pelo . . 330.8
— metálico 363.3
— de vidrio. 34.14
ojo 171.7, 177.2
— de alambre. 176.2
— para el hilo 218.15
— de la lanzadera. . . 244.10
— de metal. 176.1
ojo de porcelana . . . 244.12
— para resorte 309.1
— de vidrio. 176.6
—, determinar a. . . . 436.10
ondeada, seda 16.9
ondulación del hilo de trama 284.13
ondulado, hilo de trama 245.4
ondular, hacer — los hilos de urdimbre 286.1
ondulé 417.15
oprimir el resorte del batán (rodillo) . . . 187.4
opuesto, girar en sentido 362.9
orden de colores 271.8
— de los hilos en el tejido 433.26
— de los hilos de urdimbre . . . 159.14, 433.27
— de pasadas. . 271.9, 434.4
— de pasar la tabla. . 220.10
— del picado 247.20
— de remetido . 103.15, 107.5
—, cinta para 427.6
ordenación de las pasadas unas al lado de otras 132.6
ordenar las mallas en los lizos 173.5
oreja de zapato 427.5
organdí. 393.23
órgano de seguridad. . 312.3
órganos del telar . . . 304.17
— de trabajo 374.17
organzín 16.5
orificio para resorte . . 309.1
—s en forma de cruz en el plegador. 119.9
orilla. 3.10
orillo 3.10, 433.21
— de la cenefa 378.2
— central. 361.2
— del dibujo 378.1
— fofo completo . . . 424.8
— $^{1}/_{2}$ ($^{3}/_{4}$) fofo . . . 424.11.12
— fofo de tafetán . . . 424.10
— del medio 361.2
— plegado y engomado 424.18
— de la puntilla . . . 426.4
— sólido 412.13
— del tejido 139.8
— unido 424.6
— vacío completo . . . 424.8
—, falso 361.2
orla 378.3
orleans 399.5
ornamentación por hilos especiales 421.8
— por ligamento especial 421.2
— por listas 421.4
ornamentos de iglesia . 402.30
oro legítimo 19.25
— viejo 423.11
ortiga 5.16, 13.16, 430.12
oscilación del batán . . 292.8
— del guía-hilos. . . . 117.3
— de los lizos. 182.8
— del marco del peine . 283.12
oscilante, brazo 54.12
oscilar (batán) 292.7
— (lizos) 182.9
— sobre el árbol (guía-hilos) 37.13
— con el batán (caja) . 272.18
— sobre sus lados (batán del cilindro) 187.3
oscilatorio, movimiento 39.14
oscuro, color 62.19.20
oseína 66.27
oso polar, felpa imitación. 406.20
ottoman 401.17
ovalillo para tornillo. . 374.15
ovillado de la urdimbre 63.4
ovillera mecánica para urdimbres 63.5
ovillo de hilo de trama 336.1
— de plegado cruzado . 23.20
— de urdimbre . . 63.8, 71.15
— de urdimbre encima de la mesa giratoria 81.3
—, la urdimbre proviene del 81.2
oxford 394.21

P

pagas 446.13
paisajes 422.11
paja hendida 416.5
— de maíz 416.2
paja marzolano 416.4
— de trigo 416.3
pala, en forma de. . . 193.9
palabras de tejedor . . 8.4
palanca 236.10, 266.1
— de acción de los lizos 322.7
— accionadora 207.1
— acodada 137.7, 234.12, 255.4, 279.7, 293.21
— acodada del freno. . 48.6
— acodada en forma de horquilla 188.11
— de acoplamiento . . 363.19
— de las agujas. . . . 191.11
— de alimentación. . . 113.7
— de alza 213.4
— de alza de las bobinas 340.9
— angular para regular la inclinación del cono 60.7
— de ángulo . . 124.3, 333.22
— del antepecho . . . 320.10
— del árbol del cilindro de contacto 125.13
— de arrollamiento . . 133.5
— de articulación . . . 253.7
— articulada en codo . 294.10
— auxiliar . . . 194.5, 195.7
— de paro del batán. . 325.4
— de brazos iguales . . 191.5
— de dos brazos con contrapeso 108.18
— de tres brazos . . . 129.6
— de las cajas 275.6
—-calca 295.12
— de cambio . . 178.7, 276.17, 373.1
— con carga de resorte 137.15
— de colisa 128.6, 136.15, 257.6
— de contacto 252.14, 254.8, 316.13, 320.3, 387.6
— y contrapeso . 274.7, 348.9
— del contrapeso 91.14, 96.7, 99.1, 120.23, 274.7
— de contrapeso del freno 125.9
— del corchete 280.11
— en cruz 228.14
— de las cuchillas 192.12, 301.14
— con cuerda 370.11
— curvada 323.15
— curvada de deslizamiento 123.22
— dentada del freno para las bobinas 90.12
— de desacoplamiento . 95.2
— de desembrague 35.11, 268.5
— deslizante 96.6
— desplazada lateralmente. 109.1
— detentora 259.20
— diferencial 125.16
— doble de cambio . . 277.14
— de embrague 363.19
— encorvada de presión 31.3
— entallada. 123.16
— con entalladuras . . 322.3
— escalonada 275.3
— excéntrica 251.13
— del excéntrico . . . 319.15
— del excéntrico para el dispositivo de corte con sector dentado. 331.12
— de expulsión . 253.6, 255.7, 314.10
— de expulsión con rodillo 250.21
— de freno 50.15, 95.5, 124.16, 278.15, 308.6
— del gancho 279.8
— de doble gancho . . 195.8
— de los ganchos . . . 274.14
— de gatillo . . 119.15, 133.7, 253.14, 280.11
— de la grifa 190.7
— del guía-hilos. . . . 94.18
— con hendedura . 55.15, 96.6
— de horquilla del cambio 277.13
— impulsora . . . 236.8, 301.15
— impulsora de la barra guía-hilos 33.12
— intermedia 194.17
— intermedia de freno. 308.9
— de los lizos. 301.3
— de mano. . . 178.14, 303.8
— que marca la lista . 74.22
— que marca las subdivisiones 75.3
— del martillo 318.4
— oscilante 90.19, 192.5, 204.7, 270.14, 311.6

palanca oscilante del freno 35.15
— oscilante con nariz 203.9
— oscilante con saliente 203.9
— del para-tramas 318.4, 320.4, 322.18
— del plegador 48.3
— de la puesta en marcha 310.4
— pulsora 274.11, 316.10
— pulsora caída 316.19
— pulsora levantada 316.17
— de regulación de las agujas 350.3
— reguladora de la calada 195.4
— para regular la cinta 125.17
— de la repasadera 108.11
— de resorte 52.19
— de la rueda 276.14
— de la rueda de estrella 285.16
— con segmento dentado 188.12
— de soporte 348.10
— del soporte superior del huso 36.6
— soporte del tambor 31.13
— de tecla 388.13
— de tensión 93.14
— tetrabraquial 228.14
— tiralizos 185.3, 188.4, 191.13
— triarticulada 213.7
— tribraquial 315.11
— para voltear el hilo 339.14
palanquita 180.3
paleta de la cuchilla 234.13
paletó 417.2
palo 249.11
pana 403.3
panamá 147.6
pantalón 396.7, 432.18
pañería 297.10
pañete 397.26
paño 397.11
— no batanado 397.10
— para chaleco 399.20
— de color oscuro (claro) 62.19.20
— cuero 195.6
— para filtrar aceite 399.17
— fuerte inglés 398.7
— italiano 400.6
— liso para traje 397.27
— de manos 396.9
— media lana 400.4
— militar 397.13
— [fuerte] para pantalones 398.16, 399.19
— para señora 397.12
—s de cocina 420.13
—s de lana 5.17
pañuelo de bolsillo 420.6
— del cuello 420.18
papel 10.11, 13.24
— blanco 387.17
— para calcar 379.14
— de cartón 388.2
— comprimido 239.16
— cuadriculado 379.1
— cuadriculado con puntos de ligadura anteriormente imprimidos 379.16
— de finas líneas 379.3
— sin fin Verdol 382.8, 388.1
papelina 401.18
— común 401.19
— de lana 398.28
— moscovita 401.19
paquete de hilo 11.4
par de brazos móvil 29.2
— de cilindros 70.16
— de ganchos 334.6
— de hilos 138,12, 338.16
— de hilos de vuelta 164.14
—, fila 214.20
para-cartón 390.5
—-hilos 96.20
—-tramas 268.22, 317.15, 318.8
—-urdimbre 35.6, 50.11, 53.10
—-urdimbres por chapitas 319.14
—-urdimbres eléctrico con caballeros 320.1
—-urdimbres de Glasgow 320.14
—-urdimbres sobre lizos 321.1
—-urdimbres de Schatz 320.17
—-urdimbres, mecanismo de 319.6
parada de los carros en su posición central 369.10
— del impulsor 364.21
— por ruptura de un hilo 51.7
parado, huso 38.19
parafina 437.21
paraguas, tela para 392.21
paralelamente, arrollar 81.8
—, hilos dispuestos 97.6
paralelización de los hilos 81.7
paralelo, disposición —a de los hilos 25.14
paralelogramo 192.14
—, articulación en 311.7
paramentos 422.21
parar el batán antes del golpe 292.22
— la bobina [luego de una longitud fijada] 29.19, 31.6
— el telar [bruscamente] 306.23, 307.2
—, máquina de — de tambores 73.10
—se automáticamente (canilla) 87.22
—se automáticamente (urdidor) 52.16
parcial, revolución 49.3, 364.7
pared de la lanzadera 244.9
— posterior dentada de la caja 278.9
paro automático 134.15
— automático cuando está llena la bobina 37.10
— automático del telar 313.4
— de las canillas siguientes 264.15
— del contrapeso 137.12
— eléctrico del telar 319.21
— del plegador del tejido 130.17, 134.16
— de la tabla 222.17
— del telar 307.3
— del telar durante el cambio de lanzaderas 266.14
—, mecanismo de — cuando la canilla está llena 91.16
—, mecanismo de — cuando se rompe un hilo 88.11
—, mecanismo de — para mudar 91.19
parte anterior de la caja 267.13, 316.7
— anterior de la caja de lanzaderas 316.7
— anterior de la caja levantada 268.14
— central 378.5
— cónica 60.3
— delantera de la caja 256.2
— hueca de la lanzadera 244.11
— inferior del bastidor 356.13
— posterior de la calada 141.15
— principal de la máquina 229.2
— recta del gancho 343.2
— secundaria de la máquina 229.5
— de tejido 145.4
— trasera de la caja 256.1, 267.5
— trasera de la calada 141.15
—s del telar 321.10
—s de trabajo 374.17
partir lentamente (tambor) 59.11
pasada 391.5
— a batanar 166.10
— de chenilla 341.15, 411.7
— defectuosa 302.10
— del derecho 155.3
— distante de la línea de empuje 325.6
— del dorso 155.4
— del envés 155.4
— de espolinado 162.9, 344.7
— de fondo 411.8
— de forro 161.2
— de la haz 155.3
— impar 193.18, 235.4
— inferior 161.5
— insertada 237.1
— par 193.19, 235.3
— a pasada, insertar 247.21
— de pelo 166.14
— perdida 266.12
— de retorno 424.9
— del revés 155.4
— rota 268.21
— suplementaria 154.11
—s de pelo dispuestas en forma de raso 166.19
—s por pulgada 444.13
pasadas por minuto, número de 306.12
pasado en alto de la lanzadera 143.2
— con antecuerpo 223.5
— automático de los hilos 27.9
— por bandas 222.5
— por caminos 222.5
— cruzado 221.2
— debajo de la lanzadera 143.1
— para dibujos de ángulo 222.7
— doble 222.11
— francés 221.4
— de los hilos de urdimbre en el gancho 103.12
— inglés 221.5
— mediante reglillas 223.16
— mixto 222.12
— múltiple 222.3
— para nombres 222.13
— a orden seguido 221.1
— para orillos 222.6
— en punta 221.7
— a punta y retorno 222.10
— a retorno 221.12
— saltado 222.1
— de la urdimbre 102.16
— a varios cuerpos 223.1
pasador 103.7, 105.9, 106.3, 172.16
— del peine 107.1
pasadora 103.8
— del peine, obrera 107.2
pasaje del hilo 50.4
pasamanería 3.3
pasamanos 427.27
pasar sobre el antepecho (tejido) 298.13
— las arcadas por la tabla 218.6
— los cabos de hilo sobre un plato-guía 261.6
— la cinta de encruzamiento 42.13
— un cordel por las mallas de los lizos 103.5
— de diente a diente (repasadera) 108.3
— por el diente siguiente (separador de dientes) 109.7
— por encima de la polea escalonada (coletes) 291.15
— por encima de los rodillos cargados (urdimbre) 356.15
— por encima del tope (palanca pulsora) 316.18
— forzadamente por entre los cilindros (caballero) 51.4
— el gancho por las mallas 103.6
— por las gargantas de las poleas (cordeles de los lizos) 183.20
— sobre el guía-hilos (urdimbre) 76.10, 298.11
— el hilo a través de la cola 65.12
— los hilos sobre los guía-hilos 41.19
— libremente a través de los lizos (urdimbre) 223.9
— por el ojo (calota) 361,12
— de un plato a otro (bobina) 179.12
— la trama por la cruz 351.13
— a través de las agujas (hilos de bordado) 350.9
— a través de la caja (listones) 287.17
— a través de los cilindros laminadores (hilo) 288.11
— a través del emparrillado (cuerdas) 207.4
— a través de los ojales de las agujas (cordones) 225.16
— a través de la tabla de las agujas (extremos de las agujas) 210.23
—, hacer — los hilos sobre el plegador 78.17
paso v. t. calada 141.3
— anterior 143.8
— de arrollamiento 87.13
— cerrado 188.19
— cruzado 231.5
— de los dientes 126.20
— de la lanzadera 189.7, 247.1
paso libre a través del carro 364.12
— a paso, avanzar 340.3
— semi-abierto 188.17
— superior arqueado 217.7
— variable del plegado 22.18
pasta de almidón 66.19
pastera 76.1
patente, gastos de —s 446.3
patín de freno 32.16
pedal 53.9, 182.20, 188.6, 275.2, 277.17
— auxiliar transversal 185.8
— con nudo corredizo 183.10
pegado sobre cartón 387.18
pegajoso, malla —a 174.16
peinado 12.6
peinar la urdimbre 84.3
peine 49.16, 106.14, 282.4, 366.12, 386.13
— de abanico 50.1, 285.4
— doble abanico 285.5
— abierto 49.18
— ajustable 285.20
— de ballesta 81.1, 83.5
— de batido 336.5
— de bordar 351.5
— por cambio de direcciones 285.5
— cerrado 49.17
— circular 300.12
— corvo 367.12
— curvado 286.19
— delantero 369.15
— de densidad irregular 282.16
— con dientes de acero 284.20
— con dientes de caña 284.17
— con dientes de latón 284.19
— con dientes en línea ondulada 285.10
— de dientes oblicuos 285.7
— distribuidor 82.13
— divergente 50.1
— divisor de urdimbre 286.4
— doble 285.1
— en dos piezas 367.8
— empujado hacia adelante 283.21
— espaciado 285.2
— especial 285.3
— estañado 286.15
— extensible 49.21, 73.2, 74.4, 285.21
— fijo 54.5, 72.16, 283.5
— fijo para tomar la cruz 46.14, 61.16
—-guía 46.2, 350.17
— guía-hilos 89.9
— con horquillas 339.3
— de inversión 284.1
— labrado 285.6
— de lado desplazable en el sentido de su longitud 369.17
— libre 283.13
— con listones de madera 286.13
— con listones metálicos 286.14
— medio [fijo] 369.18.19
— móvil 59.14, 61.18, 136.10, 283.13, 317.5
— con movimiento axial 367.9
— con movimiento de sube y baja 285.11
— de la nueva urdimbre 111.6
— oscilante 283.13
— de pasamanería 286.3
— hecho con pez 286.10
— recto 367.11
— regular con una sola línea 284.21
— regular con múltiples rayas 284.22
— repartidor 333.8
— con resorte 285.23
— separador 339.1
— soportado por resortes 283.9
— suspendido 80.9
— suspendido libremente 317.6
— de tejedor 8.10
— para tejer chinchas 360.13
— para tisaje de perlé 354.14
— trasero 369.16
— tripartido 369.14
— en forma de V 54.6
— en zig-zag 49.20, 81.1, 83.5
peldaño 279.9
pelo (de seda) 16.12
— de caballo 15.28
— de caballo artificial 17.21
— de cabra 15.17

pelo de cabra de Angora 15.18
— de camello 15.23
— de crinera del caballo 414.13
— de llama 15.25
— de melena del caballo 414.13
— de vaca 15.27, 408.2
pelo (del terciopelo) 403.9
— en una sola cara, alfombra con 410.12
— corto 409.16
— [poco] denso 404.23.24
— derecho 405.1
— doble 403.17
— horizontal 417.8
— inclinado 405.2
— largo 403.14, 409.17
— perpendicular 166.16, 168.22
— suplementario 405.11
— tieso 405.1
— yaciente 403.11
—s levantados 417.12
pelota de hilo de trama 336.1
— de urdimbre 63.8
peluche (v. t. felpa) 169.2
— doble 169.3
— en doble cara 170.4
— formado por una sola pasada 169.9
— formado por doble pasada 169.10
— mohair 169.17
— de rizo 170.6
pelusa en forma de corteza 417.18
— ondulada en la haz del tejido 417.17
pelusilla del hilo 64.13
penacho 111.8, 168.20
pendular, movimiento 292.9
péndulo 317.2, 440.1
penetración del pulsador en la caja 312.1
pequeña altura del peine 324.10
— calca 185.5
— carrera de la palanca 134.2
— velocidad 304.4
pequeño cilindro 233.10
— tambor 74.7
percal 393.1
— con cordoncillos 393.3
— estampado 393.4
percalina 393.2
percha con madejas suspendidas 71.6
— de madera 71.11
perchado de los lizos 171.4
—, tejido 431.10
pérdida comercial 446.16
— de hilo 11.23, 444.18
— de hilo por unidad de longitud 11.24
— de tiempo 4.17
— de trabajo 4.16
perfil del excéntrico 37.17, 198.9.15
perfilado, clavija —a 311.2
perforado, cartón 382.12
—, completamente 383.3
perforador de los cartones 384.8.10
perforadora de los cartones 384.9.11
— mecánica para papel sin fin Verdol 388.1.22
—, máquina — eléctrica 387.3
—, máquina — de teclado 385.8
perforar los cartones 384.14
perímetro del aspe 25.22
— del plegador 46.15
período de almacenaje 443.11
— de curso 189.8
— de repetición 189.8
perla dorada 19.13
— de laca 19.15
— metálica 19.16
— plateada 19.14
— de vidrio 19.12
—s enhebradas 414.24
perlado, tejido 414.21
perlé, tejido 414.21
permanecer aprisionada en la calada (lanzadera) 315.5
— en la posición alta (hilos de urdimbre) 226.19
— en su posición natural (ganchos) 205.8
permanente, elasticidad 64.19
perno 251.10
— del batán 293.9
— con cabeza 315.10
perno fileteado 327.20, 328.10
— de la horquilla paratramas 322.15
— del peine 136.11
— con tuercas 172.18
—s de longitud creciente 341.22
perpendicular, bucle 167.15
perro de aguas, felpa imitación 406.21
persimón, madera 243.11
personal obrero 4.20
pértiga de paro 50.17
pesado, marcha —a 304.3
—, tejido 431.17
peso 121.10, 123.2, 219.4
— actual 442.12
— bruto 4.10
— de la caja 273.15
— calculado 11.17, 442.11
— de contacto 137.6
— corredor 439.20
— de cristal 208.13
— sobre la cuerda del freno 121.11
— efectivo 11.16
— para frenar 32.2
— del freno 32.20
— inmóvil 122.6
— de $^1/_4$, $^1/_2$, $2^1/_2$ media onza 219.7.8.9
— por metro cuadrado del tejido 442.10
— móvil 122.4
— muerto 121.6
— del péndulo 317.3
— de la pieza 442.9
— propio 292.14, 324.4
— real 11.16, 442.12
— del tejido 4.11
— de tensión 122.3, 329.6
— tipo 436.6
— de la trama empleada 444.16
— en forma de U 329.10
— de la urdimbre 42.1
pez 286.10
pezón 206.4, 210.20, 385.3
phulkari, cortina india 419.15
pic y pic 271.14
picado 246.13
— de los agujeros de los pezones 383.21
— de los cartones 384.6
— de cartones para maquinita Hodgson 193.15
— directo partiendo del dibujo 387.16
— a mano de la lanzadera 246.7
— a mano, máquina para 384.20
— simplificado 387.15
—, lanzadera —a 246.20
picador de los cartones 384.8
picadora de los cartones 384.9
picaporte 340.12
— de expulsión 252.13
picar los agujeros para los dejos (tomos) del ligamento 193.20, 194.1
— los cartones 226.7, 384.14
— la lanzadera en la calada 246.21
— la lanzadera de mano 246.8
— con x lanzaderas 271.16
— los puntos de ligadura 384.18
— a la vez los agujeros 387.2
pico 112.6, 326.14, 425.22
— excéntrico 254.10
— del gancho 343.1
— de las tenacillas 341.2
— por trama 425.21
pie 440.2
— del diente 126.22
— del huso 252.16
— de lectura 386.10
— con ranura 80.10
piedra de esmeril 332.9
piel de cerdo 248.11
— de cordero [listada] 406.22.24
— de cordero con doble pelo [rayada] 406.23.25
— de cordero con cuádruple pelo 407.1
— de cordero rayada 406.24
pieza (de tejido) 3.11
— de acero insertada 288.9
— de acoplamiento de la manivela 308.13
— de alargamiento del gancho 195.1
— curvada 315.9
pieza curvada de hierro forjado 293.14
— deslizante 124.14, 270.9
— en dibujo 5.9
—-guía 348.16
—-guía curvada 280.16
—-guía con ranuras centrales 228.16
— fija inclinada 283.18
— en forma de cuña 242.13
— de freno 284.4, 318.16
— intermedia de la hortera 125.19
— listada a lo largo 196.1
— rectangular de alambre 263.7
— regulable 249.6
— regulable de alambre 100.1
— de retención de la canilla 242.14
— con taladro en forma de hendidura 288.10
— transversa 191.6
— transversal 278.19
— de unión [fija] 172.3.7
piloso, tejido 333.13
pintado, cinta —a 427.21
pinza 371.4
— en forma de corazón de la urdimbre de pelo 334.11
— para los hierros 330.6
— reguladora de la altura del pelo 339.8
pinzas 138.7
— con clavija 197.11
— con punta 197.11
— de resorte 241.3, 270.15, 326.11
— de retención para la última canilla 265.2
— del tejedor 112.2
pinzado, dispositivo de 113.14
piñón 112.9
— cónico con cubo 331.14
— de cuero sin adobar 310.14
— hiperbólico del mando de los husos 94.7
— intermediario 135.9
— de la linterna 38.11
— motor 347.11
— de recambio 133.8, 135.10
— de recambio de x dientes 133.18
piqué 394.24
— con cordoncitos horizontales 160.16
— labrado 161.8
— con listitas horizontales 160.16
pisar la calca 183.1.6
— el extremo del pedal 183.7
— el pedal cerca del punto de apoyo 183.8
pista del batán 346.1
pistón 101.19
— hueco 74.12
— presionador 388.11
pivotación del marco del peine 283.12
pivote 69.5, 90.2, 115.2, 328.6
— de hierro 115.4
placa de acero fundido 190.2
— elástica 263.8
— expresora 71.19
—-guía de la cadena 259.9
— hendida 50.13
— lateral 243.17
— metálica 384.2
— metálica móvil 350.4
— metálica protectora 32.18
— para el picado de cartones 190.1
— de piedra de esmeril 332.8
— de plegado 442.2
— de presión 229.4
— taladrada 240.9
— para unir los extremos 172.1
plaid 420.2
plancha 287.5
— de las agujas 204.12
— del antepecho 311.17
— de cierre 267.11
— curva 229.14
— deslizante 328.3
—-guía 194.18
— hendida 50.13
— de latón 168.16
— metálica 58.3
— perforada 229.14
— de protección del aspe 33.18
— superior 308.14, 314.7
plancha de soporte del telar 304.22
planchado, aptitud para el 429.20
—, felpa —a 406.13
planchita angular 229.11
— para cajas giratorias a saltos 281.16
— para cajas en reposo 281.13.17
— de cambio 280.20
— de cambio de chapa de acero 280.21
— para cambio revólver 281.12
— para giro a la derecha (izquierda) 281.14.15
— con una hilera de taladros 197.12
— limpiadora 28.1
— de madera con entallas 335.17
— de protección 298.1
— purgadora 28.1
— para la rotación de la caja 281.18
plano inclinado 317.7, 339.10
—, barra —a 234.11
planta del telar 304.9
plata imitación 20.5
— legítima 20.3
— semi-imitación 20.4
plateado, perla —a 19.14
platina de las reglillas 233.14
plato 97.15, 261.5
— agujereado 78.4
— de ajuste 249.13
— asegurado por clavetes 358.11
— bipartido 115.19
— de bobinas 178.16
— calado 78.4
— del carrete 24.14
— claveteado 358.11
— con clavija 127.21
— conducido de fricción 98.13
— curvado 90.20
— con espiga 213.8
— del excéntrico 34.9
— de fijación 200.4
— formando freno 115.21
— de fricción 127.11
— del huso 36.3, 38.1
— inferior de fricción 93.2
— lleno del plegador 78.7
— de madera del plegador 78.9
— metálico del plegador 78.8
— oscilante 193.2
— de una pieza del plegador 78.11
— de dos piezas del plegador 78.12
— del plegador 78.6, 115.15
— del plegador con collar de presión 78.13
— del plegador con radios 78.10
— de presión 93.4, 249.13
— de segmentos 202.10
platos 55.11
plegable, brazos —s 28.16
plegado sobre la bobina 23.13
— convexo 23.14
— cruzado 23.20
— directo 131.1
— de la faja sobre el tambor 58.1
— irregular 76.19
— múltiple 82.10
— del tejido, movimiento de 261.9
— de la urdimbre en el plegador 76.14
—, aparato de 59.5, 61.24
—, aptitud para el 429.22
—, orillo 424.18
plegador (obrero) 6.7, 77.14
— con bastón 6.9
— a máquina 6.10
— de acero 78.2
— con árbol atravesando 125.6
— arrollador 360.3
— colocado en la parte superior del bastidor 116.7
— deformado 116.2
— encolado 115.5
— encorvado 116.2
— frenado 120.3
— con freno de cuerda y báscula 121.13
— con freno de cuerda mantenida en tensión por resorte 122.10

plegador de los hilos de urdimbre de caucho 360.1
— hueco 115.6
— lleno 48.16, 77.6
— de madera 77.20, 114.19
— móvil 116.5
— con platos 78.3
— sin platos 79.4
— principal 116.4
— de seda 324.3, 359.6
— situado en la parte inferior del bastidor 116.10
— del tejido 135.6, 136.16, 261.10
— del tejido de chenilla 343.6
— del tejido guarnecido de agujas 335.9
— del tejido soportado por espigas 335.3
— de tela 261.10, 323.8
— del telar 76.18, 114.18
— del tul 366.11
— de urdidor 40.20, 46.5, 47.20, 73.11, 82.2
— de urdimbre 63.19, 73.3, 77.17, 114.17, 323.9
— de la urdimbre de fondo 333.6
— de urdimbre de hierro 115.10
— de urdimbre de pelo 128.13, 329.11
— de urdimbre con pivote de hierro 115.4
— de urdimbre con tubo de acero 115.12
— vacío 77.4
plegadora 6.8
— a máquina 6.11
—-medidora, máquina 442.6
plegar apretadamente la urdimbre 79.9
— el aspe sobre sí misma 28.17
— una faja de hilos 41.3
— el hilo en canilla 85.18
— el hilo regularmente sobre el carrete 22.17
— el tejido 298.19
— la tela de urdimbre 81.18
— la urdimbre 76.16
— la urdimbre flojamente 57.6
— la urdimbre entre los platos 78.16
— la urdimbre con débil tensión 57.6
— la urdimbre con gran tensión 57.5
pliegue 162.5
plisé 162.6
plomo 208.10, 219.4
polea 58.19, 122.8
— de la cadena [de alza] 92.6.8
— conducida 305.17
— cónica 53.4, 74.3
— para correa de freno 255.17
— de correa ranurada 309.19
— escalonada 34.5
— fija 304.13, 358.14
— de freno 115.16, 123.17, 176.17
— de freno lisa de hierro fundido 124.21
— del freno con muesca 79.13
— del freno del plegador 79.12
— de fricción 120.21
— de garganta 70.8, 92.10, 127.7.11, 178.12
— de garganta con rueda dentada 257.11
—-guía 332.12
— loca 304.14, 307.14, 358.13
— de llanta corva 32.12, 34.6
— motriz 305.16
— motriz del cordón 56.7
— de movimiento 31.8
— múltiple 34.5
— de retardamiento 53.14
— superior 199.3
—s compensadoras 359.4
poleita 26.15
polispasto 184.3
poncho 420.3
poner en carta 378.7
— en marcha las canillas 87.17
— en marcha con la mano 306.4
— en marcha con el pedal 54.1
— en marcha el telar 306.1
— en marcha, volver a 266.15
— tensa la trama 245.6
poner el tubo hendido sobre el peine 287.3
porcelana 27.16
porción del motivo 386.24
— del motivo en reposo 387.1
— del motivo sin tomar 387.1
porta-arcadas 210.10
—-batán 299.3
—-bobina 30.5
—-bobina de muelle 29.18
—-bobinas a bisagra 29.12
—-bobinas a charnela 29.12
—-canillas 261.17
—-canilla elástico 263.16
—-cilindros 230.8
—-espolines 346.2
—-hilo de la lanzadera 244.10
—-hilos fijo 323.10
—-husadas 261.17
—-husos, bancada 99.3
—-plegadores 72.14
—-templazo 140.7
—-tubo 338.8, 340.6
portada 47.5, 107.18, 434.19
— torcida 47.18
—s, la urdimbre consta de x 107.20
portador de plegadores 79.15
portes 447.4
posición de la aguja indicadora 28.14
— alta del eje del excéntrico 179.6
— atrasada 295.6
— más atrasada del batán 326.7
— del batán 289.16
— de la caja 272.6
— central 230.10, 369.10
— central de los cuchillos 233.12
— desigual de las caladas 141.18
— de los excéntricos 251.5
— falsa 313.16
— final 137.13.19
— de golpeo, doble 294.7
— del índice 28.14
— inicial 248.21, 265.19
— de inversión 38.10
— de la lanzadera 291.20
— de los lizos 173.7
— media 203.13
— oblicua 234.2
— del punto muerto 306.3
— vertical 196.9, 211.18
positivamente, accionado 184.9
positivo, accionamiento 213.5
—, maquinita —a 196.18
poult-de-soie 400.23
práctica de los ligamentos 143.17
precio de coste 442.14
— del hilo de trama 444.9
— del hilo de urdimbre 444.3
— de venta 442.18
— de venta bruto 442.19
— de venta neto 442.20
predecesores de la máquina Jacquard 208.16
preliminar, disposicion 159.16
prensa 190.10, 389.15
— para cartones 384.1
—-estopas 73.19
prensado contra la tabla, cilindro 211.16
—, tejido coposo 417.23
prensador 6.14
— del hilo 365.9
preparación de la cola 64.23
— de la cola, aparato para la 68.22, 69.9
— de las muestras 299.5
— de la tejedura 21.2
— de la trama 85.5
— de la urdimbre 21.3
preparador de la goma 69.18
presión atmosférica 74.17
— sobre el disco de fricción 51.16
— del peine 130.10
— del peso 124.7
— del plegador del tejido sobre el cilindro auxiliar 131.5.7
— del punzón 384.17
— reducida 74.15
— del resorte 124.8
— siguiendo el eje del plegador 120.2
presión de la urdimbre sobre el guía-hilos 129.16
— del vapor 74.16
— vertical sobre el plegador 120.1
—, alta 69.9
—, hacer — sobre 177.12
pretina 428.24
prevención de la ruptura 254.17
prevenir la descomposición de la cola 67.23
— el secamiento 67.6
primer diente 330.4
— hilo de la fileta 44.21
primera materia 8.8
prisma (v. t. cilindro) 236.9
—-guía 206.14
— hexagonal 225.8
— del mecanismo Jacquard 210.14
procedimiento de apresto 436.21
proceso del bobinado 22.14
— de tejido 1.9
producción excesiva de desperdicios 86.1
— por huso 88.4
— del nudo 338.12
— real 441.4
— del telar 304.18
— teórica 441.3
producir una urdimbre normal 42.5
— por sí mismo su dibujo (hilos de bordado) 349.8
productor de lizos, obrero 177.16
productos encoladores 66.17
profundidad sin (con) los caballetes de arrollamiento 331.3.4
— con la fileta para las bobinas de los orillos 331.5
— del telar 324.1
progresivo, elevación —a 87.11
propietario de una fábrica de tejidos 1.5
propio peso 270.17
proporcional a la resistencia 130.9
protector de la urdimbre 315.4.8
— de la urdimbre para batán de caída libre 317.11
— de la urdimbre inglés 316.6
— de la urdimbre con regulador 317.1
— de la urdimbre para telar revólver 317.12
—, reja —a 312.14
proteger la urdimbre contra la formación de pelusilla 64.11
provisión 443.7
púa 26.14
— cuadrada 94.11
puesta en carta 378.6
— en carta metálica 387.4
— en carta por el método fotográfico (fotomecánico) 378.17.18
— en marcha dificultosa 309.21
— en marcha de grupos de husos 92.11
— en marcha [ir]regular 306.6.7, 309.23
— en marcha del telar 306.5
— de nuevo en tensión del resorte 255.22
pulgada 444.13
pulido, hilo 12.17
pulir las astillas 244.2
pulsador 262.11, 269.9, 311.13, 318.18, 389.4
— de aguja 318.12
— del bucle 338.17
— de canilla 266.5.13, 318.17
— de canilla con contador 318.21
— de canilla eléctrico por resorte 319.1
— de la canilla Northrop 261.11
— de contacto 318.19
— de madera 316.1
— de trama 318.13
pulsor 255.19
pulverizador de agua 102.5
punta 139.8
— afilada 244.20
— de aguja 350.8
— de canilla embrollada 86.3
— de canilla enredada 86.3
— de canilla floja 86.3
— curvada lateralmente 108.16
punta de la lanzadera 244.15
— lateral 241.17
— roma 244.19
— templada de la lanzadera 244.16
punteado, tejido 421.3
puntiagudo, extremidad —a 264.18
puntilla 426.3
punto 409.5
— de acción del resorte 137.1
— adicional de refuerzo 153.4
— de arranque de la cuerda 204.9
— de arranque del resorte 204.8
— de bordado 165.5
— bordado plano 244.15
— de cadeneta 342.18
— de cambio 270.16
— cruzado, gasa de 165.3
— de cruzamiento 144.4
— de enlace 144.4, 174.10
— de gasa 353.6
— de giro 193.6
— grueso, tapiz de 422.7
— de lana cardada 409.7
— de ligadura 144.4, 379.7, 381.16
— de ligadura del contorno 381.17
— de ligadura cuadrado 379.20
— de ligadura del raso 150.16
— de ligadura redondo 380.1
— de ligadura de tafetán 381.18
— de medias 14.11
— muerto 255.13, 306.2
— muerto anterior (posterior) del batán 268.25.26
— de oscilación 185.6, 199.12
— de oscilación de la palanca 92.7, 253.16
— pequeño, tapiz de 422.6
— rojo 380.10
— de ruptura del hilo 435.25
— ruso, cinta de 426.15
— de suspensión 255.5
— de transposición 380.21
— de tripa 152.6
—s bordados, artículo con 349.7
—s de ligadura dispersos 150.17
—s de ligadura anteriormente imprimidos 379.16
punzón 373.10, 385.2, 386.2, 388.6, 389.14
— de acero fundido 190.3
— cilíndrico 373.6
— con clavija 373.7
— estriado 373.5
— con pico 373.7
— tomado 386.3
puño 58.8, 80.5, 287.12
— del disparo 316.12
— inserto 133.1
pupitre, en forma de 209.
purga de los hilos 62.18
— de la urdimbre 83.11
purgador de defectos del hilo 28.5
— de dobles láminas regulables 28.8
— de dos planchas de abertura regulable 28.6
purgadora, máquina 83.16
purgar el hilo 28.2

Q

quebradizo, hilo 9.22, 64.17
quemado por el tinte 9.26
quemando, determinar 436.11
queso 23.20
— cilíndrico 23.21
— paralelo 23.21
químico, reacción —a 436.19
quitar la bobina del huso 37.8
— la cadena de cartones 390.8
— la cinta de encruzamiento 42.18
— los defectos del hilo 28.2
— el exceso de hilo 98.9

R

radialmente, colocado 342.7
radio 78.16
— del plegador de urdimbre 115.22

radio vector 198.20
rail 59.3
— en ángulo 333.1
— del carro-soporte del plegador 61.14
— de contacto 321.6
— de la corredera 326.12
— del deslizante 62.4
— fijo 90.17
— de los ganchos 334.8
— guía-hilo 367.16
— inclinado 59.17
— móvil 326.13
— de pelo móvil 332.20
— perforado 337.2
— de seccionamiento 332.3
— en T 333.2
— de tensión 332.4
rail-guía 94.13, 263.14, 327.17, 328.2
— de la cadena 263.2
— para lanzaderas 270.10
— superior 112.21
rama deslizante 238.9
— del gancho 230.17
— de muelle 215.6
ramaje, dibujo de 377.4
ramal 429.2
ramio 13.15, 430.11
ranura 90.5, 111.16, 172.2.15, 326.21, 366.13
— para el aceite 375.7
— del bastidor 48.9
— del batán 289.6
— de la bobina 95.17
— de la broca 336.12
— del caballete 48.9
— para la caja metálica 347.18
— central 202.8
— del cilindro 236.4
— curvada 294.6
— del embudo 95.10
— en espiral 139.11
— excéntrica 61.1, 294.5
— fresada 240.7, 354.12
— del guía-hilo 28.7
— en el hierro 168.10
— helicoidal del tambor 32.8
— y lengüeta 186.20
— longitudinal 115.3, 245.10
— en el marco del armazón 350.11
— en la nuez del huso 95.16
— del pasador 172.17
— de peine 107.17, 367.3
— en el pie del caballete 80.12
— del plegador 77.18
— regulable 439.22
— del soporte de forma espiral 30.9
— transversal 245.9
ranura-guía 93.6, 264.3, 334.14
— de la caja 291.4
— sobre el carril del batán 257.1
ranurado, cartón 189.15
raso 432.6
— de algodón 394.6.20
— de China 402.10
— compuesto 151.11
— de doble escalonado 151.4
— duchesse 402.14
— de estambre 399.16
— de fustán 394.11
— irregular 151.10
— liberty 402.8
— ligero 150.15, 402.12
— maravilloso 402.7
— mesalina 402.9
— para muebles 402.13, 418.9
— pesado 150.14, 402.11
— reforzado 151.11
— regular 151.9
— de la reina 402.6
— de seda 402.4
— sombreado 151.14
— turco 402.5
— de 8 224.4
— de x 151.8
—, dispuesto en forma de 166.19
rasolina 399.9
rasqueta flexible 89.13
rastel 46.14
rastrillo 351.8
ratera 186.3
ratina 417.13
raya de color puro 421.5
— de graduación 62.12
rayado del ligamento inferior 157.1
— en la urdimbre, tejido 3.22
rayar el ligamento superior del tejido 157.2
reacción química 436.19
reajustamiento a mano 120.16
— automático del freno 120.17
reajuste, mecanismo de 137.18
realce 154.13
—s en el tejido 422.18
rebajar las astillas 244.2
rebatén 174.1.8, 231.4
— doble 231.13
— simple 231.12
rebobinado 22.10
— de restos de carretes 22.13
— de la urdimbre 63.4
rebobinadora mecánica para ovillos de urdimbre 63.7
rebobinar 22.9
— restos de carretes 22.12
reborde del disco 90.6
—guía 224.17
rebotar (lanzadera) 247.17
rebote de la lanzadera 247.16, 316.5
recanillar 85.20
receptor 365.17
— de carros con bobinas vacías 364.1
— de lanzaderas 269.6
recibir la extremidad de las agujas (tablilla) 230.1
— la lanzadera de mordaza, dispositivo para 258.10
— con la mano izquierda 246.11
recinto de mojado 102.1
— de secado 72.10
— de secamiento 71.4
— donde se urde 40.3
recipiente de agua 101.20
recíproco, motivos —s 377.7
reclamo, gastos de 447.5
recocido, alambre 416.18
recogedor de aceite para los soportes de los ejes 375.9
recorrer la anchura del tejido (carros) 367.4
— un camino en forma de ∞ (broca de la bobina) 179.13
recorte arqueado 275.13
rectangular, árbol 280.14
—, pieza 263.7
rectómetro 441.15
recubierto de cardas 70.21
— de cuero 307.13
— de suela 248.16
—, hilo de caucho 415.16
recubrimiento de polvo de los hilos de caucho 56.15
red, gasa en forma de 165.7
redecilla divisible 412.23
— francesa 413.16
— de guipur 413.18
— indivisible 412.24
— inglesa 413.11
— de mallas cuadradas 413.17
redondeado, cabeza —a 234.1
redondo, árbol 77.22
reducción del peso 121.15, 123.5
reducido, presión —a 74.15
reducir la carrera 134.4
— el número de vueltas del telar 266.16
— la tensión disminuyendo el diámetro del plegador 119.4
— la velocidad del telar 266.18
reforzado, acanalado 146.6
reforzar la parte inferior del bastidor 356.13
refuerzo por pasadas de envés 155.1
regadera 101.12
regenerado 14.17
regla 234.15, 354.10, 383.13
— de agujas 349.16, 354.15, 362.10
— de agujas movidas conjuntamente 350.1
—-guía 353.16
— guía-hilos 45.4
— de los husos 99.3
— de madera con agujas 350.2
— porta-husos 91.3
— de tejedor 8.5
—s de entrelazamiento de los hilos 143.18
reglilla 224.1
reglilla ajustable de los guía-hilos 32.10
— de alza 233.6
— de baja 233.5
— desplazable de acero 28.9
— de ganchos 351.9
— de hierro 224.5
— inferior 224.15
— de madera 224.6
— puesta de canto sobre la rejilla 224.10
— con reborde-guía 224.17
— superior 224.9
—, cada — unida a dos ganchos 224.12
—s unidas a ganchos de reserva 224.16
—s debajo (encima) de la tabla de arcadas 224.7.14
—s debajo de la tabla de coletes 224.8
regulable, brazo 50.16
— paralelo al eje 252.9
regulación de la anchura 139.2
— automática por los dos lados 125.5
— de la longitud 204.1
— del peine 108.9
— de la tabla de las agujas 204.14
— de la tensión mediante rueda de estacas 119.11
regulado automático de la tensión 94.1
— del batán mediante tornillos 289.18
regulador del antepecho 134.5
— para el arrollado 134.7
— para el arrollado intermitente 136.5
— arrollador continuo 130.8
— arrollador por excéntrico de fricción 135.2
— arrollador intermitente 130.5
— arrollador de ruedas cilíndricas 131.12
— arrollador por rueda de estrella 135.1
— arrollador de ruedas de recambio 132.1
— arrollador de tornillo sin fin 131.13
— compensador 136.5
— diferencial 135.12
— de lizos 197.10
— del mecanismo de expulsión 254.7
— negativo para el arrollado con palanca y contrapeso 137.3
— negativo para el arrollado 131.11
— negativo para el arrollado con resorte 137.14
— negativo de desarrollo 129.2
— negativo indirecto para el arrollado 131.9
— del plegador del tejido 134.7
— positivo arrollador 131.10
— positivo y continuo para el arrollado 134.8
— positivo directo para el arrollado 131.8
— positivo indirecto para el arrollamiento 135.5
— positivo de desarrollo 128.2
— positivo de desarrollo de acción directa 128.3
— positivo de desarrollo de acción indirecta 128.12
— del tejido 342.21
— de tensión de los hilos 58.10
— de tornillo sin fin 135.13
— de urdimbre 126.3
— de la urdimbre de pelo 333.5
—, aparato — por cambio del curso del gatillo 132.2
—, dispositivo 28.11
regular, hilo 9.6, 435.7
—, tramado 132.15
— la altura de los lizos 171.16
— el batán por cuerdas 290.1
— el cambio 275.4
— la carrera 133.24
— la cinta 125.17
— la densidad de la trama 132.18
— el desarrollo de la urdimbre 118.1
— la hilera de agujas 205.4
regular la inclinación del cono 60.7
— el orden del picado 247.20
— los órganos del telar 304.17
— el peine 83.9
— los platos del plegador 78.14
— la posición del batán 289.16
— la posición del batán por clavijas 289.17
— la ranura del guía-hilos según el número del hilo 28.7
— la tabla de las agujas en su posición vertical 196.9
— la tabla de las agujas, dispositivo para 204.16
— la tensión 329.9
— la tensión del hilo 39.3, 98.3
— la tensión de la urdimbre 119.1
— el tornillo en la ranura 134.3
—se según el espesor de la capa de hilo (movimiento del guía-hilos) 101.5
regularmente, arrollar 22.17
reja del estuche 226.4
— fija 227.13
— de la horquilla paratramas 318.2, 322.16
— protectora móvil 312.14
rejilla 210.19, 342.12
— de las agujas 229.3
— fija 186.8
— de hilo 102.9
— del impulsor 229.12
— inclinada 222.14
— de listones de madera (vidrio) 218.7.8
— móvil 228.12
— oblicua 222.14
relación entre la cuenta de urdimbre y de trama 376.10
— entre las tensiones de la urdimbre 118.12
— por trama 144.16
— por urdimbre 144.15
relieve, tejido en 422.17
reloj 56.10
— de longitud 52.9
relleno 256.12, 413.14
— de caucho 256.3
remesa 105.12
remetedor del peine, obrero 107.1
— de urdimbres, obrero 103.7
remetedora, obrera — de urdimbres 103.8
— del peine, obrera 107.2
— del peine, máquina 108.4
— de repasadera oscilante, máquina 108.5
—, máquina — del peine de gancho giratorio 109.12
remeter las arcadas en la tabla 218.6
— de delante atrás 103.17
— de detrás adelante 103.19
— x hilos en el claro 107.16
— los hilos por camas 83.1
— los hilos por los claros 82.19
— los hilos diente por diente 83.4
— los hilos a intervalos 83.3
— los hilos en los lizos 219.16
— los hilos por las mallas 103.9
— los hilos por mallas falsas 104.4
— los hilos del orillo dobles 434.23
— los hilos en el peine 107.3
— los hilos por portadas 83.1
— la urdimbre 43.8, 103.2
— una urdimbre nueva 103.3
— la urdimbre en los lizos y peine 109.15
—, aparato para 105.11
—, máquina para 106.1.2, 109.14
remetido amalgamado 105.1
— de atrás adelante 219.17
— caprichoso 105.3
— complicado 105.5
— a varios cuerpos 105.6
— de delante atrás 103.16
— de detrás adelante 103.18
— escalonado 104.17
— a grupos 104.18
— por grupos 219.19

remetido de los hilos por los claros . . . 82.20
– de dos hilos por diente 168.2
– de tres hilos por diente 168.3
– de x hilos 104.8
– de los hilos de urdimbre en los lizos . 219.15
– interrumpido 104.16
– de los lizos. 103.4
– por mallas 43.7
– por una malla que no corresponde 104.3
– efectuado en mal orden 104.5
– mixto 105.1
– para orillos. 105.2
– del peine 106.13, 168.1, 443.25
– del peine para tapiz Bruselas 330.3
– a punta 104.11
– a punta doble . . . 104.13
– a punta simple . . . 104.12
– en forma de raso . . 104.10
– reducido 105.4
– a dos remesas . . . 104.19
– a varias remesas . . 104.19
– saltado 219.20
– seguido . . . 104.9, 219.18
– sinuoso 105.7
– de la urdimbre . . . 102.16
–, mal 104.6
remover los hilos en la cola. 65.28
remuneraciones 446.13
rendija del embudo . . 95.10
renovaciones 446.1
reparaciones 446.2
reparador de lizos . . 180.10
repartimiento desigual del peso. 109.3
repartir la cola sobre los hilos 65.16
– los hilos en una superficie plana. 41.18
repasadera . . . 105.9, 108.1.14
– de peine 106.9
repetición. 381.3
– a lo ancho. 434.21
– de cambio de las cajas 273.1
– de la disposición . . 40.16
– de los hilos de urdimbre 104.1
– de las lanzaderas . . 271.17
– del ligamento. 273.2, 434.9
– del picado 273.4
– de la posición de las cajas 273.3
– de los puntos de ligadura 381.9
– de los saltos 273.7
–, mecanismo de 235.7, 343.4
–, mecanismo vienés de 236.3
repetido, disposición –a de las bobinas . . . 44.13
repetir 381.2
–se siguiendo el curso del dibujo (lanzaderas) 271.18
repicado de los cartones 389.1
repicar los cartones . . 389.2
– cartones, máquina de 389.3
reposo del árbol de las cigüeñas. 293.16
– del batán 292.21
– de los ganchos . . . 211.10
– de los lizos. 189.6
–, huso en 38.19
representación gráfica de los ligamentos . . . 943.19
– del tejido 378.9
reproducción del diseño en el papel cuadriculado 378.14
– mecánica del dibujo. 378.16
reproducir el dibujo . . 378.13
– a mano 378.15
reps (v. t. acanalado y teletón) 398.27
– diagonal 149.7
resalto 309.9, 372.9
– de la cabeza del hierro 328.8
– de expulsión 254.13
– de la palanca 278.18
– del punzón. 386.4
– con ranura sobre la rueda indicadora . . 52.7
– de la rueda cilíndrica 52.6
– del tope 316.11
–s en la rueda cilíndrica 52.11
–s en la rueda indicadora 52.11
resbaladera 313.11
resbalamiento ligero (pesado) del plegador en la banda de freno 122.14.15
resbalar (correa). . . . 307.10
– sobre las brocas (cajas) 291.5
– sobre la cabeza del punzón (gancho) . . 385.19
– debajo de la cuerda (plegador) 124.18
– uno debajo de otro 109.6
– horizontalmente (caja de cambio) 345.14
– sobre el rail-guía (porta-canilla) . . . 263.20
– por las ranuras del peine (carros) . . . 367.3
reserva de hilo . 98.2, 263.12
resistencia al arrollamiento proporcional a la del desarrollo . 130.9
– al desarrollamiento . 95.20, 118.5
– de frenado . . 95.18, 120.15
– a la fricción 120.14
– al frote . . . 120.14, 429.19
– del hilo de urdimbre 143.9
– al lavado 429.17
– a la luz 429.15
– a la lluvia 429.16
– a la ruptura del hilo 435.24
– secundaria 123.12
– a la tracción 114.5
resistente, hilo 435.13
resorte 195.14, 267.16
– para el acoplamiento del mecanismo de expulsión 315.1
– de arco 136.9
– del batán 186.15
– de la broca 319.3
– cilíndrico 91.12, 127.15, 210.13
– de cinta 50.18
– de cinta de acero . . 97.18
– compresor 205.15
– en espiral 358.15
– estriado 239.2
– de expulsión 255.16
– eyector 268.1
– frenador para la pieza de unión 172.6
– del freno. 35.14
– de freno de la bobina 346.5
– del gatillo . 92.3, 119.16, 333.19, 346.20
– en hélice. 270.6
– helicoidal . . 91.12, 127.15, 180.16, 275.10, 288.7
– de hoja 259.17
– para lanzadera . . . 246.5
– de la lengüeta . . . 308.17
– loco 238.13
– de la palanca 228.15
– de pico 112.10
– del pistón 388.17
– en plancha de acero 254.4
– de presión 241.5
– de presión de los cartones 230.7
– de presión para espolín 348.5
– de retención 238.18
– de retroceso . 250.1, 303.9, 314.16
– de retroceso del mecanismo de expulsión 315.14
– de seguridad 61.7
– de soporte de las cajas 275.7
– suelto 238.13
– de tensión 325.5
– tenso 283.22
– de tracción 199.13, 283.11.15
– de la uña 112.16
respaldo, cobertura para 405.17
resto de bobina 22.11
– de carrete 22.11
–s de hilos 22.11
retardado uniformemente (movimiento) . . . 247.11
retardamiento de la devanadera 33.7
retención elástica de la lanzadera 254.5
retener la extremidad del hilo (porta-canilla) 263.19
– los gruesos del hilo . 28.4
retenido en la muesca, nudo 222.16
retirada de los hierros 327.2
retorcido de fantasía. . 19.2
– fuerte gaseado . . . 15.4
retorcido de hilos de diferentes colores. . 19.2
retrato, tapiz 422.9
retroceder en el urdido 43.5
–, hacer – el cartón . 214.7
–, hacer – el deslizante 62.9
–, hacer – el taco mediante un resorte. . 248.22
retroceso del árbol de la cigüeña 294.11
– del batán . . 130.15, 292.20
– del batán por resortes 295.2
– del cilindro. 214.9
– de los cartones . . . 206.8
– del deslizante a mano 62.14
– del plegador 49.11
– en el urdido 43.6
–, movimiento de. . . 135.17
reunidora, canillera . . 96.18
reunión de los hilos de diversas husadas . . 45.8
reunir las urdimbres urdidas sobre el plegador, máquina de . . 82.1
revestido, completamente 20.15
– de hierro. 289.1
– interiormente de cobre 70.6
revestimiento del disco de fricción. 51.14
– de fibras vulcanizadas 243.14
– de madera 311.3
– metálico 243.15
revisor 6.1
revolución del disco contador 48.23
– parcial. . . . 49.3, 364.7
–es por minuto . . 306.13.14
revólver 279.2
– para saltos múltiples 279.18
– sistema Ross 280.2
– sistema Walker . . 280.13
ribete 378.3
rienda 429.12
– para caballo 427.26
rígido y duro, hilo . . 64.16
rigidez de la cuerda . . 123.13
– de la urdimbre . . . 118.21
rizado, hilo 170.11
–, tejido 417.7.21
rizar, hilo sin 170.12
rizo 168.19
– inferior 166.9
– metálico 423.7
– superior 166.7
–, formar –s 245.5
–s formando cordones . 167.6
roce de las cuerdas . . 220.2
rodilla 420.17
rodillo . . 203.5, 281.4, 287.8
– de acero 237.11
– arrollador del tejido 116.17
– de la cadena 33.17, 38.15, 314.18
– de la calca 193.8
– de la cárcola 201.8
– cargado 350.15
– cónico 117.7
– de cuero 237.12
– deslizante 124.1
– del excéntrico 36.13, 200.9
– de expulsión 253.5
– de expulsión regulable paralelo al eje 252.9
– frenador para la tensión. 93.15
– del freno. 36.10
– de fricción 34.11, 55.6, 100.5
– guarnecido de puntas 140.10
–-guía . . 99.13, 210.16, 263.4, 287.15
– guía-hilos de tensión 94.16
– de la palanca . . . 33.15
– de presión 186.18
– rasante 308.15
– tensor de hilos . . . 94.16
– transportador de la cadena 263.3
– transportador recubierto de pelusa . . 329.13
rojo, color 380.11
rollo 11.5
– de piezas 4.12
– de urdimbre 63.8
– de urdimbre encima de la mesa giratoria 81.3
romana. 121.9
– (balanza). 439.13
– micrométrica para hilos 88.20
– de Staub 439.18
romo, punta –a. . . . 244.19
romperse (trama) . . . 245.2
– al desarrollarse (hilos) 79.3
– al evolucionar (hilos) 79.3
ronzal 429.2
ropa blanca. 420.5
– de mesa 396.8
– para paletó 417.2
– rizada 417.7
–s para vestidos de invierno. 417.1
Roper, mecanismo de desarrollo. 129.12
rosca de mariposa. . . 83.7
Ross, revólver 280.2
rotación de la broca. . 87.23
– del cilindro. 205.10
– continua 50.12
– excesiva 190.14
– del revólver 279.14
– y sujeción del cilindro 205.12
– uniforme 100.12
– de la varilla fileteada 177.7
rotatorio, soporte . . . 45.10
roto, borde – del tejido 140.20
–, hilos –s 50.3
rotor. 301.3
– en corto circuito . . 309.17
rotura del hilo 88.17
– del tejido 439.12
rozamiento del hilo con las paredes del embudo 94.2
rozamiento de los hilos de urdimbre 182.16
rueda del antepecho . . 134.6
– del árbol cigüeñal. . 308.11
– del arrollador del tejido 133.10
– de ascenso 277.4
– de la cadena 195.15, 259.2, 372.19
– de cadena con contrapeso 53.3
– cilíndrica. . . 51.20, 137.4, 287.11
– cilíndrica deslizable. 178.6
– del cilindro. 277.7
– del cilindro de contacto 135.8
– de clavija 201.2
– con clavijas 388.3
– cónica 55.5, 61.9, 178.3, 303.4
– cónica doble 303.5
– cónica loca 127.20
– cónica de transmisión 308.10
– del contador 370.9
– de corona 303.6
– dentada 203.3, 257.19, 362.4.17
– dentada de acero . . 310.13
– dentada de bronce . 310.18
– dentada para la corona regulable . . . 61.3
– dentada del disco excéntrico 96.13
– dentada excéntrica . 214.1, 333.10
– dentada con freno . 276.4
– con dientes de madera 275.8
– elíptica 214.2
– con espiga 274.2
– de espigas . . 278.7, 388.3
– de estacas 119.14
– de estrella . 124.15, 127.5, 128.17, 201.3, 364.8
– de estrella de 8 dientes 274.3
– de estrella con palanca de arrollamiento y gatillo de escape 133.5
– excéntrica 38.14
– del freno. 311.15
– de fricción 100.7
– de garganta 26.12
– de gatillo . . 58.11, 133.3
– hiperbólica 213.16
– de husillos 38.9
– del huso 96.3
– impulsora de los carros. 367.21
– impulsora de los husos 95.7
– indicadora 51.21
– intermediaria 128.18, 133.9, 137.5
– de mando intermedia 178.5
– de mano con filete matriz 60.11
– de mano de la varilla fileteada. 55.17
– motriz 201.2
– motriz hiperbólica . 94.6
– muerta 137.5
– de paro a mano . . 132.21

rueda con picaporte del protector de la urdimbre 317.8
— de plegador 128.19
— de recambio 128.21, 136.1
— del tambor 58.18
— de tornillo sin fin 51.19, 61.11, 127.13
— de tornillo sin fin sobre el árbol del excéntrico 37.1
— transportadora 59.2, 388.9
— de transporte 128.18
rugosidad del hilo 64.14
rugoso, hilo 9.21
—, tubo 24.4
ruptura de hilo 4.5, 51.5, 88.17
— de hilos por paro de lanzadera 4.6, 143.4
— del hilo de urdimbre 319.12
— del mecanismo de expulsión 313.2
— de la pasada 132.17
— de la trama 132.17, 245.3

S

sábana 420.12
sacabocado 373.12
sacar las bobinas 30.13
— el taco 62.10
saco 5.23, 156.10
— para azúcar 396.23
— sin costura 156.13
— para lúpulo 397.6
sacudida del batán 295.4
— de la caja 273.13
— del telar 212.13
sacudido, urdimbre —a 118.19
sacudidor 25.13
sacudir la madeja 25.12
sadowa 398.9
saeta indicadora 54.15
— indicadora en el cero 54.17
sagú 66.23, 437.10
sal del ácido arsenioso 67.27
— de aluminio 438.5
— de cocina 67.28
— común 67.28
— de Epsom 68.15, 437.25
— de Glauber 68.20, 437.26
sala v. t. sección
— de apresto 66.7
— de bobinado 22.6
— de canillado 85.1
— de encolado 66.7
— de hacer muestras 299.6
— de tejidos 1.8
salario de los almidoneros 445.17
— de los anudadores 445.8
— de los aprestadores 445.12
— del bobinado 26.5
— de los blanqueadores 445.1
— de los bobinadores 445.2
— de canillado 88.22
— del contramaestre 445.18
— de los desborradores de hilo 445.14
— a destajo 444.23
— de las dobladoras 445.4
— de las encanilladoras 445.3
— de los encoladores 445.6
— por hora 444.20
— de los limpiadoras 445.13
— de los montadores de urdimbre 445.7
— pagado por mil pasadas 444.24
— con prima 445.16
— de los purgadores de hilo 445.14
— de las remetedoras 445.15
— de los remetedores 445.9
— por semana 444.22
— de los tejedores 445.10
— de los tintoreros 444.25
— de los urdidores 445.5
— para la verificación de las piezas 445.11
salarios 446.13
salida de la corredera 326.18
— del material 6.25
saliente 202.14, 206.4, 210.20, 283.17, 284.3
— curvo 71.1
— del gancho 186.6
— soldado 327.21
— del surco 144.18
salir entre dos pasadas de fondo (pelo) 168.21
— de los tubos (hilos de pelo) 340.7
saltado, hilo 142.23
saltar 280.1
— (hilo) 27.12
— a fuera (lanzadera) 312.10
— fuera de su caja hacia atrás (lanzadera) 267.3
— hacia delante siguiendo una curva (lanzadera) 267.7
— oblicuamente hacia abajo (lanzadera) 267.6
salto 151.2
— de la canilla 239.10, 247.18
— del hilo 27.13
— de la lanzadera 312.9
salva-lanzaderas 312.4
saponificado 67.18
saponificar 67.17
sarga 399.8, 401.28
— acanalada 149.7
— de algodón 394.17
— amalgamada 150.4
— de ángulo agudo 148.10
— de ángulo obtuso 148.11
— de aspecto sencillo 148.12
— de doble aspecto 148.13
— batavia reforzada 149.1
— compuesta 149.2
— continua 149.11
— cortada 149.8, 150.2
— de cuatro 148.1
— de cuatro transpuesta de doble cara 157.10
— curvada 149.10
— de derecha a izquierda 148.5
— discordante 149.12
— de doce de ángulo obtuso 148.2
— en escalera 149.14
— escalonada 150.1
— fina de yute 397.5
— de fondo 149.3
— de 45 grados 148.9
— de x grados de inclinación 148.8
— interrumpida combinada 150.7
— interrumpida cuadrangular 150.6
— invertida 149.6
— de izquierda a derecha 148.4
— de lana 398.15
— ligera 147.14
— normal 148.9
— ondulada 149.9
— ordinaria de yute 397.4
— pesada 147.15
—-raso 150.8
— secundaria 149.5
— de tres 147.17
— de yute 397.3
— en zig-zag 150.9
— en zig-zag diagonal 150.12
— en zig-zag longitudinal 150.11
— en zig-zag transversal 150.10
—, falsa 149.13
satinado, cartón 382.7
schappe 17.7, 430.19
— blanco 17.12
— tussah 17.16
Schatz, para-urdimbres 320.17
Schoene, nivelador de lizos 197.15
Schönherr, bobinadora cruzada 33.8
—, cambio de cajas 274.12
—, cargador de la lanzadera 262.15
—, maquinita 191.2
—, maquinita a paso abierto 188.10
—, mecanismo de cambio de canilla 266.2
Schorch, motor 310.15
Schroers, maquinita a paso cerrado de 189.1
Schröer, numeración 216.12
Schwabe, cambio de cajas 276.2
Seaton, telar 257.21
sebo 67.9, 437.17
secado a calor moderado 65.26
— de las madejas 170.15
— mecánico 66.3
— a la sombra 65.25
— de la urdimbre al aire libre 72.1
secado de la urdimbre, dispositivo de 72.5
secador, obrero 65.23
secadora mecánica para madejas 71.3
—, obrera 65.24
secamiento 67.6
secar por medio de aire circulante 75.11
— a la sombra 72.2
— la urdimbre encolada 65.22
— ventilando 65.29
sección v. t. sala
— de bobinado 22.6
— de los bucles 327.23
— de hilos 54.18
— de los hilos de trama 132.5
— de husos frenados 92.12
— triangular 354.11
— de urdimbre 47.14
secciones separadas por planchas metálicas 58.2
—, atar por 110.3
seccionador, mecanismo 332.10
seccionar 332.2
seco, canillar en 85.2
—, trama —a 236.21
sector 191.8, 204.6, 341.9
— dentado 38.13, 194.8, 268.8, 276.10, 347.15
— de expulsión 251.15, 253.8, 255.6
— oscilante 188.14, 193.2
— porta-lizos 322.1
— suspensor de los cartones 390.11
seda 16.1, 400.5
— artificial 17.17
— artificial al cobre 17.18
— artificial de colodión 17.19
— artificial de Elberfeld 17.18
— artificial de nitrocelulosa 17.19
— artificial de Oberbruch 17.18
— artificial al óxido cupro-amoniacal 17.18
— aspeada 16.2
— basta 17.14
— brillante 17.3
— de capullos 17.11
— cargada 17.1
— Chardonnet 17.19
— cocida 16.24
— de color 17.2
— cruda 16.2.21
— cruda extrafina 16.3
— desengomada 16.23
— no desgrasada 16.21
— estampada 17.5
— de fantasía 17.10
— gofrada 17.5
— granadina 16.20
— labrada 402.28
— laminada 17.4
— Luna 17.20
— marabú 16.13
— medio cocida 16.22
— molinada 334.19
— ondeada 16.9
— pura 430.18
— roscada 16.9
— shoddy 17.15
— suavizada 16.22
— de todo capullo 17.11
— torcida 16.4, 334.19
— trama 16.6
— tussah 17.6
— viscose 17.20
sedal 286.9
sedería 400.7
segmento de alza 200.6, 202.12
— de baja 200.5, 202.11
— de colisa concéntrico 128.20
— dejador 202.11
— dentado 112.17, 129.7, 358.6
— dentado para variar la presión 54.10
— fijo sobre la palanca
— de expulsión 250.20
— de madera 115.8
— para paso abierto 200.7
— de subida 202.12
— tomador 202.12
—s dentados engranando entre ellos 192.11
seguir, hacer — el hilo 81.10
segunda canilla 264.12
— tela 159.8
seguridad contra las rupturas 313.5
seguridad, dispositivos de 313.2
seguro 446.15
Seidel, máquina para adamascados 233.1
selección del ligamento, dispositivo de 189.9
seleccionador 259.14
—, dispositivo 370.1
selector 368.10
— de resorte 368.11
—, dispositivo — de hilos 113.5
selfactina 22.1
semicilíndrico, guía-hilos 116.13
semicircular, disco 58.4
semidentado, cilindro 203.2
semi-estambre 15.7
—-imitación, oro 20.1
—-imitación, plata 20.4
—-mecánico, telar 7.9, 301.7
semple 386.6
sencillo (seda) 16.12
sentar la husada en el huso 38.22
sentido de desarrollo de la urdimbre 121.2
— opuesto, en 362.9
— de la trama 433.20
— de la urdimbre 433.19
señal para el cambio de color 271.10
— de campanilla 62.8
— de ligadura 159.15
separable, disco 90.9
separación de las agujas en la maquinita 204.15
— de la bobina 37.7
— de la correa 373.2
— de los hilos adheridos por batido 66.2
— de los hilos de urdimbre 84.2, 142.22
— del huso 88.10
— de los husos 88.1
— de las perlas 354.18
separador del agua de condensación 73.22
— de las perlas 354.19
— de urdimbre 363.2
—es de dientes 108.15
separar y anudar los hilos, dispositivo para 112.23
— bastas 145.2
— la bobina del huso 37.8
— el cilindro del tambor 35.17
— los dientes del peine (separadores) 109.8
— el excéntrico 92.18
— los hilos 84.4
— el huso 88.6
— las listas 77.12
— el picaporte 253.1
— las secciones sobre el tambor por medio de clavijas 57.16
— el taco 62.16
— los tubos de los husos 372.5
— los tubos, máquina de 372.4
— la urdimbre del tambor 57.3
—se (bobinas) 340.8
—se (hilos de urdimbre) 84.1
serpiente 210.15
servicio 266.11
servilleta 420.9
servir para los dos lados del telar (excéntrico) 251.6
Seydlitz, telar para tapiz de Smirna 337.8
siberiana 398.6, 417.16
siciliana 401.16
silicato de magnesio 68.18
silvalina, hilo 13.25
simétrico, dibujo 377.6
simple alza 201.19
—, bobinadora 26.18
simultáneo, inserción —a 257.15
—, movimiento 39.16
sistema de hilos de urdimbre 164.2
— de palancas 137.8, 196.5, 333.11
— de palancas para enhebrar los hilos 53.19
— de palancas del mecanismo del freno 53.6
— de telar 304.7
— de trinquete 135.14
— vecino de hilos 165.8
Smith, cambio de las cajas 274.15
sobrante de cola 69.23

sobre-cama 419.20
—-carga del telar . . . 307.5
sobretorcido, madeja —a 170.14
sobretorsión de las madejas de hilos rizados 170.13
Société Alsacienne de Constructions Mécaniques, mecanismo de cambio de canillas . 263.5
sofá-cama 405.18
sol de efectos de trama 151.16
— de efectos de trama formando listas . . 152.1
— de efectos de urdimbre 151.17
— ligero 151.16
— pesado 151.17
soleil v. sol
solenoide 320.11
solidez a la luz 429.15
— del tejido 429.7
— de la tintura 429.9
sólido, tejido 159.4
solución de cola 71.18
sollamado, malla —a . . 179.20
sombra, efecto de . . . 422.16
sombreado . . . 380.22, 422.14
— en motivos 381.1
—, raso 151.14
sombrear en listas . . . 380.23
sombrero de forma alta 406.14
soplado, cápsula —a . . 264.22
soportado por espigas . 335.3
soportar elásticamente . 313.6
— las espigas del árbol 48.14
— una gran velocidad (hilo) 85.8
soporte . 59.16, 168.17, 280.17
287.13, 353.18, 362.5
— del antepecho . . . 305.4
— de la aspa 26.9
— basculante del motor 309.18
— del batán 295.5
— de la bobina . . 30.5, 32.14
— de bobinas con colisa 365.14
— del brazo lateral . . 112.15
— de las canillas . . . 262.18
— de canillas en forma de artesa 266.4
— de los cartones . . . 384.3
— circular 362.6
— colgante 212.16
— de consola 310.11
— de la correa 314.15
— de la cruz 111.4
— de cubo 284.2
— de la cuchilla 276.15, 327.16, 332.1
— a charnela 31.2
— de devanadera . . . 33.19
— de los discos de tensión 92.21
— del dispositivo afilador del cuchillo . . 332.7
—, elástico 140.15
— elástico del hilo . . 29.8
— elástico del motor . 310.9
— con entalladuras . . 129.13
— esférico de la púa . . 94.12
— de espolín . . 347.14, 348.13
— de la extremidad del árbol principal . . . 55.16
— del extremo del hilo de trama 264.21
— en forma de tubo . . 365.13
— de fundición 212.12
— del guía-hilos . . 95.1, 116.9
— de la horquilla paratramas 322.14
— del huso 93.12, 94.8
— del huso con ranura longitudinal 96.4
— inferior de urdimbre 113.12
— levantado de la bobina 30.6
— del listón 172.5
— de madera 71.11, 72.6, 116.14
— de madera para los husillos 44.19
— móvil del arrollador . 136.4
— oscilante 129.8
— de la palanca de contrapeso 125.11
— del peine 59.15, 106.8
— del plegador . 48.13, 116.6
— del plegador de telar 83.18
— del plegador de urdidor 83.17
— de las poleas-guías . 301.10
— de la púa 93.12
— de ranuras 34.10
— regulable 61.19
soporte regulable para las barras de sostén de los lizos 105.16
— regulable de las cañas de la cruz 105.15
— regulable para plegador 61.12, 80.11
— de regulación del peine 108.9
— de la remesa 105.13
— de rodillos elástico . 243.19
— rotatorio de husadas 45.10
— superior de la bobina 36.5
— superior de urdimbre 113.13
— de la tabla de arcadas 217.13
— para la tabla de canillas 323.4
— del tope 322.12
— vacío 338.10
— de las varillas guíaurdimbre 356.7
— del vástago fijador . 93.7
— del ventilador . . . 76.5
— de vidrio para los husillos 44.20
—, mecanismo del . . . 62.1
—s de los ejes 375.9
sosa cáustica 68.4
sospensión de los hilos en perchas 65.27
sostener el peine repartidor 81.20
Soumak, alfombra de . 407.29
Staub, romana 439.18
Stäubli, dispositivo de falso orillo 362.15
stock 443.7
store 433.7
stratorto 16.17
suave contacto, con . . 78.17
—, golpe 130.12
—, tejido 431.26
suavidad 67.4
suavizado, seda —a . . 16.22
suavizador de trama, obrero 101.16
suavizar la superficie del hilo 64.15
subdivisión 75.3
sube y baja, movimiento de 285.11
subida de la caja . . . 291.1
— y bajada de las cajas 290.19
— de los ganchos . . . 211.11
— de la grifa 211.1
— de x hilos 220.21
— del huso 243.1
— del marco deslizante 345.12
— del peine 285.17
subido, caja —a . . . 272.13
subir (vástago) 98.5
— y bajar (cajas) . . . 290.18
— y bajar (cremallera) 288.13
— y bajar (guía-hilos) . 88.13
— y bajar, hacer — la regla de agujas . . . 350.5
— la $x$ésima caja ($x$ésimo cubo) 281.10
— la $x$ésima caja ($x$ésimo rodillo) 281.11
— la $x$ésima caja ($x$ésimo taladro) 281.9
— de la $x$ésima a la $y$ésima caja 281.8
—, hacer — la caja . . 272.12
—, hacer — las cajas por cuerdas 291.14
—, hacer — las cajas a mano 291.6
—, hacer — los lizos . . 190.19
substancia adhesiva . . 66.18
— aglutinante 67.19
— encoladora 89.11
— pesante 68.12
—s grasas 67.5
substituir bobinas llenas en el carro 363.15
suela 248.16
sueldos 446.13
suelto, cabo 81.10
—, los hilos van —s . . 81.15
sujeción del cilindro . . 205.12
sujetar la canilla en la lanzadera 240.10
— los hilos de lizo durante la fijación del mallón 177.14
sulfato de bario 437.28
— de cal 68.16, 437.23
— de cobre 68.2
— de magnesio . 68.15, 437.25
— de sosa 68.19
sulfato de zinc 67.29
suministrador . . 342.14, 364.4
— de canillas 265.18
suministrar la urdimbre 118.2
suministro del hilo . . 85.4
— de la urdimbre . . . 118.3
superficie de la bobina . 37.11
— cóncava 280.8
— convexa 280.9
— del hilo 64.15
— del peine 283.8
— de pelos derechos . . 417.12
— plana 41.18
— del plegado de la bobina 23.12
— de la polea 124.22
— de ruptura 436.15
— del tambor 30.10
— del tejido 431.30
— de la urdimbre . . . 41.17
superponer dos tramas . 155.2
— dos urdimbres . . . 155.12
superpuesto, canillas —as 265.10
—, tela —a 414.3
surah 401.27
surco 154.14
— de derecha a izquierda 148.7
— de izquierda a derecha 148.6
— oblicuo de la sarga . 147.16
—s en espiral 140.13
surtido de herramientas 373.4
suspender los lizos oblicuamente 181.12
suspendido por los hilos (cilindro tensor) . . 49.7
— libremente . . 184.14, 317.6
— oscilante 289.10
suspensión del apoyo del mecanismo Jacquard 212.15
— de poleas, dispositivo de 183.18, 199.4
— con tiralizos, dispositivo de 183.15
— por torno, dispositivo de 183.12
suspensor para medias . 427.23
—, sector — de los cartones 390.11
sustentáculo exterior del accionamiento . . . 305.5
— del telar 297.2
sustentar el peine repartidor 81.20

T

T, rail en 333.2
—-cloth 393.15
tabla de las agujas . 204.12, 210.4, 226.10, 354.15
— agujereada 46.9
— agujereada con ojales de vidrio 46.10
— agujereada para picado 385.6
— de arcadas . . 207.21, 217.6
— de arcadas con agujeros en líneas oblicuas 217.12
— de arcadas con agujeros al tresbolillo . 217.11
— de arcadas compuesta de tablillas 208.1
— de arcadas de loza . 208.2
— de arcadas de porcelana 208.3
— de arcadas con los taladros en línea recta 217.10
— de bobinas 371.15
— de bolos 209.1
— para bornes 387.11
— de canillas 88.18
— de canillas con husetes 323.5
— de cizallamiento . . 383.19
— de los coletes 207.11, 208.24, 210.3
— de coletes fija . . . 210.21
— de coletes móvil . . 210.22
— de coletes de dobles taladros 231.1
— de cordones móvil . 225.5
— cubierta de felpa . . 38.4
— de guía 208.21
— con una sola hilera de agujeros 46.12
— de doble hilera de agujeros 46.13
— de indicaciones para la tejedura 7.16
tabla de inspección . . 442.4
— móvil 222.15
— móvil de las agujas 196.7, 226.10
— móvil de arcadas . . 354.3
— móvil perforada . . 386.5
— ranurada 343.7
— de soporte de los ganchos 186.7
— superior 225.3, 288.20, 385.5
— superior del batán . 293.7
—-guía 342.20
—-guía de los coletes . 225.7
—-guía inferior 225.7
—-guía de los punzones 388.4
tablero-guía 57.12
— redondeado 57.11
tablilla de las agujas secundarias 229.9
— de hierro en forma de arco 206.3
— de protección 226.11
— reguladora 227.14
taco . . 128.9, 195.3.16, 248.4, 250.13, 317.14
— aceitado 248.13
— en cuero curtido con corteza de roble . . 248.10
— del deslizante 62.3
— empujado por el choque de la lanzadera 248.20
— para mecanismo de expulsión con resorte 256.6
— en piel de búfalo . . 248.12
— en piel de cerdo . . 248.11
tacto, dar 427.17
tafetán 3.16, 400.9
— a cuadros 400.17
— para forro 400.19
— listado 400.16
— tornasol 400.15
— unicolor 400.14
— para vestido 400.12
taladrado de los agujeros de los pezones . . 383.21
— de los cartones . . . 384.6
taladro de aceite . . . 374.12
— en forma de hendidura 288.10
—-guía 388.18
— de la tabla de arcadas 217.9
—s en forma de cruz en el plegador 119.9
—s en línea recta . . . 217.10
—s en la tabla de cordones 225.12
talco 68.17, 207.18
taller de picado de los cartones 384.7
tamaño del curso . . . 381.4
— de la lanzadera . . . 244.4
— del rizo 170.19
tambor acanalado calentado 343.9
— de arrollamiento . . 324.9
— cepillador 70.11
— con clavijas 57.17
— de cobre estañado . . 73.17
— cónico 60.1
— con conos vacíos cambiables 372.3
— extensible . . . 48.19, 54.19
— del freno del plegador 79.12
— de fricción 30.4, 35.2, 48.1
— horizontal 56.18
— de listones transversales 70.12
— pequeño 74.7
— con ranura . . 31.12, 99.11
— de dos ranuras . . . 32.6
— de repuesto 56.19
— revólver 280.3
— secador 75.10
— de secciones 54.14
— único impulsor de los husos en dos líneas . 39.16
— urdidor 58.17
— urdidor montado sobre caballete . . 59.10
— de doble vaivén . . 32.6
—, gran 74.6
tamiz de crin 414.14
— de hilo de hierro . . 416.24
— de hilo de latón . . 416.23
— de lavado 416.25
— metálico 416.21
tampón de caucho . . 243.20
tangencialmente, colocado 342.6
tanino 437.30

Tannwald, caja ascendente 278.3
—, maquinita de 192.9
tapa 264.6, 342.11
— del cilindro 277.12
tapete 419.17, 433.12
tapicería 422.4
tapiz 334.17, 407.8
— de Axminster 343.15
— a la aguja 422.3
— anudado 298.3
— Bruselas 330.3
— chenilla 343.15
— estrecho 298.2
— hecho mecánicamente 422.5
— para muebles 418.12
— de punto anudado a mano 336.19
— de punto grueso 422.7
— de punto pequeño 422.6
— de Smirna 337.5
— de Smirna fabricado mecánicamente 337.7
— retrato 422.9
tapón de hierro dulce 189.14
— intercambiable 189.16
— de madera 189.13
tarabilla 71.12
tarifa de bobinado 26.3
— de encanillado 89.1
tarlatana 393.27
tasa de Krefeld para la cuenta de lizos 173.14
tecla 385.14
teclado 385.13, 389.13
técnica del tejido, con referencia a la 2.1
técnica textil 1.2
tecnología textil 2.2
tejedor 4.21
— de algodón 5.10
— de amianto 5.29
— de batista 5.24
— de cáñamo 5.13
— de cintas 5.26
— de crines 5.28
— de cutí 5.22
— de damasco 5.25
— a destajo 6.22
— de estambre 5.21
— de estopa 5.15
— de fibra de ortiga 5.16
— de lana cardada 5.20
— de lienzo 5.11
— de lino 5.12
— de linón 5.24
— a mano 4.23
— mecánico 5.1
— de muestras 299.7
— de paños 5.18
— de paños de lana 5.17
— de pedal 5.3
— de piezas en dibujo 5.9
— sustituto 5.7
— de tela de sacos 5.23
— de terciopelos 5.27
— de terliz 5.22
— de yute 5.14
tejedora 4.22
— a mano 4.24
— mecánica 5.2
tejedura 1.3, 114.1
— de alfombras 3.1
— del algodón 2.10
— de artículos tubulares 300.10
— de cintas 3.2
— en color 2.4
— de correas 3.4
— en crudo 2.3
— a destajo 6.21
— a domicilio 6.19
— de la felpa 2.23
— de figuras humanas 422.10
— de la gasa 352.3
— de grandes dibujos 2.7
— de grandes dibujos con cuerpo de lizos 2.9
— de grandes dibujos con lizos y cárcolas 2.8
— del hilo de papel 2.21
— de hilos de perlas 3.5
— de la lana 2.13
— lappet 349.6
— del lino 2.11
— con lizos 181.1
— a mano 4.18, 296.1
— mecánica 7.2, 300.1
— del paño 2.15
— de la seda 2.19
— de tejidos con pequeños dibujos 2.6
tejedura de la tela metálica 2.22
— de telas lisas 2.5
— de terciopelos 2.24
— del yute 2.12
tejeduría (arte) 1.3
— (fábrica) 1.7
tejido (v. t. artículo, género) 3.7.9
— (p. p.) 1.15
— acolchado en doble tela 160.9
— adamascado 432.11
— de algodón 392.11, 430.7
— de algodón para juego de cama 392.20
— de algodón con pelo 394.26
— aprestado 431.15
— arrollado sobre el plegador 298.15
— arrugado 432.2
— áspero 431.27
— aterciopelado de estambre 399.26
— batanado 431.9
— blando 431.24
— blanqueado 431.3
— de bordoncillo para muebles 418.5
— a bordones 391.9
— brocado 162.10
— brocado para muebles 418.13
— calado 431.23
— calado a listas 426.9
— de cáñamo 430.10
— de x capas 159.1
— a capricho 153.5
— a dos caras 392.5
— a dos caras por trama 154.18
— de caucho 415.3, 431.13
— de cintas 56.2
— con clarianas 4.7
— claro 164.1, 393.21, 431.21
— compacto 392.13, 431.22
— compuesto 154.7
— coposo [prensado] 417.22.23
— para corbatas 402.29
— de cordoncillo para muebles 418.5
— para cortinas 418.17
— de crespón 432.3
— de crin 414.10, 430.24
— de crin para asientos 414.18
— en crudo 431.2
— crujiente 431.29
— cruzado 3.19
— cuadrangular 153.5
— a cuadros 271.13
— para cubiertas 419.16
— de chenilla 343.0
— denso 132.11, 392.13, 431.22
— con dibujos 3.17
— con pequeños dibujos 2.6
— doble tela 431.20
— duro 431.25
— con efectos por trama 3.24
— con efectos por urdimbre 3.23, 351.6
— enfurtido 226.14
— de envés 157.6
— sin envés 392.6
— espeso 132.11, 159.5
— espolinado 162.7, 344.2
— esponja 417.24, 432.8
— esponja labrado 417.26
— esponja unicolor 417.25
— de estambre 398.17, 430.15
— de estambre formando tafetán 398.18
— estampado 431.6
— estampado para muebles 418.16
— de fibra de madera 416.9
— flexible 431.26
— flojo 393.21, 431.28
— fofo 393.21, 431.21
— de fondo 166.15, 408.18
— formando motivos 391.14
— formando puntillas 412.25
— formando una redecilla 412.5
— formando sarga para muebles 418.8
— con forro 156.5
— fuerte 392.13
— gofrado 431.7
— grosero 431.27
— para gruesas cubiertas 397.16
— de hilo 430.8
— de x hilos 144.19
— de hilo de latón 416.19
— de hilo metálico 416.14, 431.1
tejido de hilo de papel 430.23
— impermeable 431.12
— impregnado 431.14
— inferior 157.6
— a la Jacquard 392.9
— labrado 391.14, 421.1, 432.10
— labrado de algodón 394.22
— labrado de lino 396.10
— labrado hecho con pedales 154.5
— de lana 397.7
— de lana cardada 397.8, 430.14
— de lana cardada formando raso 398.12
— de lana cardada formando sarga 398.12
— de lana cardada formando tafetán 397.9
— de lana peinada 398.17
— de lana peinada labrado 399.18
— de lana peinada formando raso 399.6
— de lana peinada formando sarga 399.6
— de lana y seda 430.21
— con ligamento uniforme en toda la superficie 391.11
— ligero 431.16
— ligero de algodón en crudo 392.14
— de lino 395.6, 430.8
— de lino en raso 396.3
— de lino en sarga 396.3
— liso 3.16, 391.8, 432.1
— liso de algodón 392.12
— liso de cáñamo 395.7
— liso de lino 395.7
— listado 153.5
— listado al través 271.12
— con lizos 392.8
— de x lizos 144.20
— con mallas exagonales 363.9
— marcado por el peine 143.13
— media-lana 400.2, 430.16
— media-seda 430.20
— medio de algodón 392.15
— medio-lino media-estopa 395.12
— medio-lino medio-algodón 395.13
— mercerizado 431.5
— mixto 430.9
— mosqueteado 392.7
— de motivo con rizo 166.11
— muaré 431.8
— para muebles [a dos caras] 418.1.3
— para muebles con envés 418.2
— múltiple 158.12
— para ornamentos de iglesia 402.30
— de ortiga 430.12
— de paja 416.1
— con pelo en ambas caras 170.5
— de pelo 403.7, 432.9
— de pelo derecho 403.10
— con pelo horizontal en la haz 417.8
— de pelo inclinado 403.11
— de pelo tieso 403.10
— de pelo yaciente 403.11
— a pequeños dibujos 3.18
— perlado 354.5, 414.21
— perlé 354.5, 414.21
— perchado 431.10
— pesado 431.17
— pesado de algodón 392.16
— en pieza 405.15, 441.8
— piloso 333.13
— plisé 162.3
— de x portadas 434.20
— punteado 421.3
— de punto bordado plano 344.15
— de punto de gasa 432.7
— de ramio 430.11
— rayado en la urdimbre 3.22
— de redecilla para cortinas 413.1
— en relieve 422.17
— rizado 166.2, 325.1, 417.7.21
— de sarga 432.5
— de schappe de seda 430.19
— de seda 400.7, 430.17
— de seda adamascado 402.15
— de seda artificial 430.22
— de seda poco brocado 402.22
tejido de seda brocado totalmente 402.23
— de seda formando raso 402.3
— de seda formando sarga 401.26
— de seda formando tafetán 400.8
— de seda de gasa 401.22
— de seda labrado 402.15
— de seda con pelo 403.1
— de seda pura 430.18
— sólido 159.4
— de superficie unida [para muebles] 418.4, 432.4
— superior 157.4
— suave 431.26
— de tafetán 432.4
— para tapizar muebles 433.10
— tennis 399.12
— teñido 431.4
— de terciopelo 166.12
— tubular 156.10, 160.8
— tubular para cilindros 156.14
— de tul para cortinas 413.1
— tundido 431.11
— poco tupido 4.8
— unido 391.8
— uniforme 145.5
— de unión 110.5
— de vuelta 352.2
— de yute 396.13, 430.13
— de yute formando sarga 397.1
— de yute formando tafetán 396.14
tejer 1.4
— artículos ligeros con telares pesados 296.7
— artículos pesados con telares ligeros 296.0
— sin cruz 138.13
— a destajo 6.20
— diversos colores 271.7
— con x lizos 181.3
— a mano 4.19
— la muestra 1.14
— paisajes 422.11
— a (sin) paso cruzado 223.14.15
— con trama mojada 236.20
— con trama seca 236.21
tejuelo 249.10
tela 3.9, 395.8
— de algodón 392.12
— de algodón para encuadernar 393.6
— calandrada 395.23
— de cáñamo 395.10
— de la cara superior (inferior) 169.4.5
— a dos caras 392.5, 430.5
— a dos caras para militares 397.14
— a dos caras con doble urdimbre 155.11, 156.2
— para colchón 394.13
— cruda para forro 395.20
— de embalaje 395.25
— de estopa 395.11
— fina de yute 396.18
— para forro 395.19
— inferior 158.5
— de lana 2.16
— de lino 395.9
— lisa de saco 396.24
— de x lizos 181.5
— metálica 2.22, 324.5.11, 416.14, 431.1
— metálica fina 324.13
— metálica grosera 324.12
— metálica sin fin 324.14
— mixta 395.12.13
— muaré para forros 395.21
— múltiple 414.2
— ordinaria de yute 396.17
— para paraguas 392.21
— de red 396.15
— para saco 395.24
— de saco para azúcar 396.23
— de saco para lúpulo 397.6
— de saco de yute 396.20
— sencilla 414.1
— sencilla de saco de yute 396.21
— superior 158.4
— superpuesta 414.3
— para toldo 395.15
— de urdimbre 81.18
— con dos urdimbres y tres tramas 158.10

tela con tres urdimbres y dos tramas . . . 158.11
— para velamen . . . 395.14
— para vestidos . . . 432.14
— de yute . . . 396.16
—, doble . . . 157.9
—, triple . . . 159.6
telas superior e inferior tejidas cada una por distinta lanzadera . 169.12
— superior e inferior tejidas por una sola lanzadera . . . 169.11
telar . . . 7.6
— con accionamiento derecho (izquierdo) . 305.11.12
— con accionamiento por ruedas cónicas . . . 308.1
— para adamascado . . 297.13
— con agujas . . . 359.8
— para algodón . . . 321.3
— ancho . . . 296.11
— de doble ancho . . 296.12
— de árbol único . . . 302.1
— de dos árboles girando a la misma (a distinta) velocidad . . . 302.5.7
— para artículos brocados . . . 344.12
— para artículos a franjas . . . 355.1
— automático . . . 266.8
— con batán libre . . . 303.16
— con batán de pie . . 303.15
— para blondas . . . 369.7
— de bolos . . . 208.17
— de x cajas . . . 290.17
— de cajas ascendentes 303.17
— de cajas superpuestas 303.17
— con calcas . . . 296.13
— con cambio automático de lanzadera . . . 303.19
— con cambio automático de trama . . . 304.1
— para cintas . . . 355.10
— para cintas elásticas 359.15
— para cinta de seda . 359.1
— para cinta de terciopelo . . . 359.2
— para cinta de terciopelo y de felpa con doble pelo . . . 359.7
— de cintería . . . 355.10
— de cintería con aguja de prensadura . . . 360.11
— de cintería con batán libre . . . 355.12
— de cintería de doble golpe . . . 360.10
— de cintería para medias elásticas . . . 359.14
— circular . . . 300.9
— para cordón . . . 360.7
— para correas . . . 360.12
— para cortinas . . . 368.3
— corto . . . 296.8
— de chenilla . . . 340.22
— para chinchas . . . 360.9
— desembragado . . . 306.22
— para dos obreros . . 185.12
— con emparrillado . . 242.10
— para encajes . . . 369.7
— para encajes con carros accionados por series . . . 369.8
— para encajes con carros movidos individualmente . . . 369.13
— para espolinados . . 344.1, 348.7
— para espolinados y brocados . . . 349.2
— estrecho . . . 296.10
— con expulsión por arriba (por abajo) 303.10.11
— con expulsión de la lanzadera por resorte 303.12
— para felpa . . . 330.11
— para doble felpa . . 330.14
— frenado . . . 306.16
— funcionando continuamente . . . 306.17
— para galones . . . 360.8
— de ganchos para tejidos pilosos . . . 333.13
— para gasa labrada . . 353.12
— con golpe por abajo . 303.11
— con golpe por arriba 303.10
— a la Jacquard 296.15, 300.7
— con una sola lanzadera . . . 303.18
telar con varias lanzaderas . . . 303.14
— para lappet . 349.3, 351.3
— ligero . . . 296.5
— de lizos altos . . . 298.7
— de lizos bajos . . . 298.9
— a manivela . . . 304.20
— de mano . . . 296.3
— de mano para piqués 325.8
— de mano para sederías 323.13
— de mano para tapiz de punto anudado . . . 335.1
— de mano para tejidos de algodón . . . 321.4
— de mano para tejidos rizados . . . 325.1
— de mano para tela . 323.6
— de mano para tela metálica . . . 324.5
— con maquinita 206.17, 296.14
— de marcha ligera . . 304.2
— de marcha pesada . . 304.3
— mecánico . . . 7.8, 301.6
— mecánico para algodón . . . 321.9
— mecánico para doble felpa . . . 330.12
— mecánico con maquinita . . . 300.6
— mecánico para tapiz de punto anudado . 337.6
— mecánico para tapiz de Smirna (Crossley) 338.18
— mecánico para tapiz de Smirna (Seydlitz) 337.8
— mecánico para tejidos con pelo . . . 326.1
— con mecanismo de espada . . . 303.11
— con mecanismo de garrotes . . . 303.10
— con mecanismo revólver de cambio . . . 303.18
— para mecha de lámpara . . . 360.6
— de moqueta . . . 331.8
— con movimiento de contraefecto . . . 207.5
— para muestras . . . 304.19
— Northrop . . . 260.18
— para producir un orillo central . . . 361.1
— para pañería . . . 297.10
— de paño fuerte 253.3, 274.4
— para pañuelos . . . 275.20
— a pedal . . . 182.19
— de pelo de cabra de Angora . . . 331.9
— pesado . . . 296.4
— profundo . . . 296.9, 324.2
— de puesta en marcha dificultosa . . . 309.21
— con rastrillo . . . 351.8
— rectilíneo . . . 300.8
— con regilla de ganchos 351.8
— revólver . . . 317.12
— Seaton . . . 257.21
— semi-mecánico . . . 7.9
— semi-mecánico para cintería . . . 301.7
— de semples . . . 209.9
— para tafetán . . . 297.11
— para tapicería . . . 334.16
— para tapiz . . . 297.15
— para tapiz anudado . 298.3
— para tapiz de Axminster . . . 340.20, 343.15
— para tapiz chenilla . 343.15
— para tapiz estrecho . 298.2
— para tapiz de puntos anudados . . . 335.13
— para tapiz de Smirna 335.4, 337.1
— para tejer algodón . 297.9
— para tejer muestras 299.1
— para tejer seda . . . 297.12
— para tejido con pelo de doble golpe de batán . . . 326.2
— para tejido perlado . 354.5
— para tejido rizado . . 297.14
— de tejidos para tapizar muebles . . . 328.19
— para tejidos de vuelta 352.2
— para tela metálica . 324.11
— para tela metálica fina . . . 324.13
— para tela metálica grosera . . . 324.12
— para tela metálica sin fin . . . 324.14
telar para terciopelo doble . . . 330.13
— con tiralizos de poleas 184.4
— para trencilla . . . 360.7
— de tubos para tapiz 339.18
— para tul . . . 363.6
— para tul con doble barra de aletas . . 366.5
— para tul con una sola hilera de carros . . 366.3
— para tul con dos hileras de carros . . . 366.4
— para tul con impulsión por rodillos de los carros . . . 367.20
— para tul labrado . . 365.19
— para tul liso . . . 366.1
— para tul listado . . . 365.18
— para tul mosqueteado 365.25
— para tul unido . . . 366.1
— con varillas . . . 359.8
— a gran velocidad 304.5, 326.5
— a gran velocidad para paño cuero . . . 195.6
— de pequeña velocidad 304.4, 326.4
teléfono, gastos de . . 447.8
telera-guía para las bobinas . . . 33.3
teletón (v. t. acanalado y reps) . . . 398.27
— regular . . . 145.20
temperatura del recinto de encolado . . . 73.9
— de la sala de encolado 73.9
templado, punta —a . 244.16
templazo de anillos . . 139.17
— automático . . . 139.14
— de cadena con puntas 140.4
— cilíndrico sin puntas 140.12
— de discos horizontales 140.9
— a mano . . . 138.15
— de mordaza . . . 139.12
— obstruido . . . 140.16
— de rodillo . . . 140.2
— de tres rodillos . . . 140.3
tenacillas auxiliares . . 342.10
— giratorias . . . 342.9
— de inserción . . . 341.1
— planas del tejedor . 8.12
tenazas cortantes . . . 373.14
— punzonadoras 373.13, 384.19
— para tuerca . . . 373.16
tender las cuerdas de los lizos . . . 181.16
— fuertemente el resorte 92.16
— la trama . . . 245.6
— la urdimbre . . . 66.5
tendido flojamente . . 118.22
tennis, tejido . . . 399.12
tensión constante de la urdimbre . . 126.9, 129.17
— por contrapeso . . . 122.1
— debida a la formación de la calada . . . 118.13
— débil . . . 118.23
— elevada en el paso anterior . . . 143.8
— floja . . . 118.23
— fuerte . . . 118.18, 119.12
— grande . . . 57.5
— de los hilos . . . 79.11
— del hilo, dispositivo para la . . . 92.20
— de hilo por ojetes . . 243.16
— de los hilos de pelo, dispositivo de . . . 329.3
— de los hilos de pelo, dispositivo de — en los telares para tapices . . . 329.4
— invariable . . . 129.17
— irregular . . . 29.17
— de la madeja . . . 25.11
— por peso . . . 301.11
— por peso [in]móvil . 122.4.6
— del tejido a lo ancho 139.1
— uniforme . . . 29.16, 126.9
— de la urdimbre . . . 66.4, 118.10.16, 444.1
— de la urdimbre, dispositivo de — para telar de cintería . . 356.14
— de la urdimbre mediante resortes . . . 119.8
— variable . . . 49.9
—, dispositivo de . . . 341.4
—, con fuerte . . . 79.6
—, puesta de nuevo en — del resorte . . . 255.22
tensionar el torzal por medio de anillos . . 177.11
—se gradualmente (hilos) 59.12
tenso, cordones —s . . 386.12
—, fuertemente . . . 118.20
—, los hilos quedan —s 79.7
—, mantener la malla —a 180.19
—, poner — el resorte 251.18, 283.22
tenue, hilo . . . 236.18
teñido en crudo . . . 429.10
— en hilado . . . 429.13
— en pieza . . . 429.14
—, tejido . . . 431.4
terciopelo . . . 403.12, 417.11
— de algodón . 394.27, 403.13
— de algodón con fondo de sarga . . . 395.5
— para botones . . . 404.7
— de cordoncillo de algodón . . . 395.1, 403.16
— cortado . . . 404.3
— sin cortar . . . 404.2
— sin cortar de algodón 395.3
— para cuellos . . . 404.8
— doble . . . 330.13
— Krefeld . . . 404.5
— de lana . . . 399.27
— liso de algodón . . . 395.4
— listado de algodón . 395.2
— media-lana . . . 400.3
— para muebles . . . 418.14
— del Norte . . . 406.15
— de doble pelo . . . 404.4
— con rizo . . . 404.2
— sable . . . 403.18
— de seda . . . 403.2, 404.6
— por trama . . . 403.13
— por trama con fondo de tafetán . . . 403.15
— por trama de largo pelo . . . 403.14
— por trama de doble pelo . . . 403.17
— por urdimbre . . . 404.1
— de Utrecht . . . 405.22
— para zapatillas . . . 404.9
teoría de los ligamentos 143.16
teórico, producción —a . 441.3
terliz . . . 394.7, 396.4
— de saco . . . 396.5
terminada, mercancía . 443.9
—, canilla —a . . . 265.3
términos de tejedor . . 8.4
teso, urdimbre —a . . . 161.10
testera de la bobinadora 27.7
tetrabraquial, palanca . 228.14
textil, materia . . . 8.6
textilina, hilo . . . 14.2
textilita, hilo . . . 14.1
textilose, hilo . . . 13.26
tibet . . . 399.11
tierra de China . . . 68.14
— cocida . . . 208.14
tieso, hilo . . . 435.14
tijera . 258.6, 261.14, 268.24, 338.7
— de tejedor . . . 8.11, 112.1
timbre . . . 82.4
— de alarma . . . 62.7
tina . . . 89.10
— para la cola . . . 71.17
— para el color . . . 74.21
— de encolar 70.18, 75.5, 76.1
tinta . . . 3.21
tinte, quemado por el . 9.26
tintorero . . . 444.25
tipo de telar . . . 304.7
— de telar para cintería 355.11
—, hilo . . . 436.2
tira de acero con ranura 369.12
— elástica de hojalata . 328.9
— lisa de metal . . . 173.1
— de papel cuadriculado pegada sobre cartón 387.18
— de papel con divisiones . . . 371.1
— del tejido . . . 439.10
tiralizos, obrero . . . 209.14
tiralizos . 183.17, 185.9, 197.19
— combinado de poleas y palancas . . . 184.6
— de palanca . . . 184.5
—, mecanismo de — de acción simple . . . 204.5
—, mecanismo de — por resorte de doble acción . . . 204.10
tiratacos . . . 248.3, 290.7
tirante . 123.23, 280.5, 371.6, 384.5, 385.16, 428.26

tirante accionador 203.17, 130.8
– de acero 208.4
– con agujeros verticales 350.14
– articulado del excéntrico 213.18
– de ascenso 268.17
– de ascenso del cambio de las cajas 277.16
– de charnela 270.5
– con colisa 196.8
– de conexión 253.9
– de la expulsión . . . 314.13
– de fijación 332.17
– de fondo 368.16
– del freno 36.11, 48.4, 52.12, 53.20, 254.1
–-guía 267.15, 268.10
– de madera con charnela de seguridad . 255.10
– de la palanca de freno 308.8
– del selector 368.15
– de tensión 329.7
– de tracción 278.17
tirantes 428.24
– elásticos 427.25
– independientes . . . 368.17
tirar el hilo de vuelta por una calota de perla 361.14
– los hilos de las bobinas 44.23
tiritaña 400.5
tisaje 1.3, 114.1
– de brocado 344.16
– en colores 271.5
– a la Jacquard . . . 208.15
– en mojado 242.8
– de muestras y ensayos 299.4
– de perlé 354.14
toalla 396.9, 420.7
– rusa 166.3, 417.24
– turca 166.3, 294.8
tocar la teclas 385.17
toilinet 399.21
toldo, tela para 395.15
toma del gatillo 126.14
tomado 384.15, 434.8
–, punzón 386.3
–s en grupos (hilos) . . 176.7
tomador, segmento . . 202.12
tomar (hilo de urdimbre) 144.5
–, porción del motivo sin 387.1
tomo del hilo suplementario 158.6
– de la segunda (tercera) urdimbre . 159.10.11
–s del ligamento . . . 194.1
tope 53.17, 80.15, 128.16, 178.9, 254.2, 311.14, 322.10
– de la aguja secundaria 229.10
– de caucho 248.15
– con clavija 322.11
– de cuero 250.11
– de disparo 91.8
– de freno . . . 332.15, 363.17
– guarnecido de colcha 358.17
– de la palanca del freno 52.13
toque de alarma 62.8
torcerse (ganchos) . . . 211.3
– (platos de los carretes) 24.18
torcido de algodón . . 12.14
– cruzado 19.4
– de estambre 334.20
– de fantasía 19.2
– flameado 421.16
– llameado . . . 19.5, 421.16
– de schappe 17.9
–, hilo 9.5
–, hilos –s 97.7
–, ligeramente 170.10
tornasol, tafetán . . . 400.15
torna-vis 373.17
tornillo . . 55.18, 59.18, 374.4
– ajustador 283.7
– de cabeza embutida con nariz 374.11
– de cabeza embutida simple 374.10
– de cabeza exagonal y taladro de aceite . 374.12
– de cabeza plana . . 374.9
– de cabeza redonda . 374.5
– de cierre 136.3
– en un cojinete fijo . 60.9
– de collar 374.8
– con filete derecho e izquierdo 318.15
– de gancho para lizo . 171.12
–-guía 100.6
– micrométrico 28.12
tornillo con nariz . . . 374.6
– de oreja 83.7
– del plegador 120.18
– de presión . . 61.21, 115.17, 259.1
– regulador . . 92.23, 283.7
– regulador terminado en punta 374.7
– con resalto 374.6
– sin fin 54.11, 61.10
– sin fin del cilindro contador 51.18
– sin fin de una sola espira 127.14
– sin fin impulsor de un filete del excéntrico 36.15
– sin fin montado sobre el árbol del cilindro contador 51.24
– sin fin, mecanismo por 30.7
– de los lizos 183.13
torsiómetro 440.8
torsión débil 9.15
– a derecha 9.12
– floja 18.1
– fuerte 9.14, 16.8
– del hilo . . . 145.6, 435.15
– a la inversa 9.12
– a izquierda . . . 9.13, 145.9
– de la madeja inmergida 70.2
– normal 161.16
– ordinaria 9.11
torzal 16.5
– de algodón barnizado 175.1
– de x cabos 177.10
– de lana 175.2
– de lino 175.3
– para lizos 176.19
Tournai, hilo de . . . 15.3
trabajar (delante) detrás del telar (cilindro) 220.12.13
– en forma defectuosa (caja) 273.17
– hacia atrás (telar) . . 302.14
– intermitentemente (regulador arrollador) . 130.6
– con x lanzaderas . . 271.16
– con lanzaderas suplementarias 341.28
– con lizos (telar) . . . 181.2
trabajo por horas . . . 441.7
– de marcha en vacío . 310.3
– mecánico 300.4
– a paso abierto . . . 142.4
– a paso cerrado . . . 142.11
tracción de la correa regulada por la báscula del motor 310.8
– de las cuerdas . . . 209.8
– doble del hilo en el paso cruzado . . . 231.11
– por peso 123.6
– en la urdimbre . . . 126.8
tragacanto 67.3
traje de inierno 417.1
trama . . . 7.22, 84.7, 236.12
– basta 16.7
– de bordado 350.16
– de brocado 344.20.21
– de color 271.11
– de dibujo 344.6
– doble 237.2
– de espolinado 344.5
– empleada 444.16
– de envés 158.10
– de envés en la cara inferior 155.8
– de estambre 15.1
– floja 346.10
– de fondo . . . 147.5, 166.17
– de fondo de lino . . . 412.1
– de forro . . . 156.9, 325.12
– formando los bordones 147.8
– de franja 355.8
– gruesa 16.7
– de la haz 325.10
– inferior 325.11
– insertada 237.1
– irregular 236.19
– mojada 236.20
– de muestra 425.20
– de mecha 161.6
– ondulada 421.18
– de perlas 415.2
– del revés 325.11
– superior 325.10
– seca 236.21
– de seda 16.6
trama triple 156.3
– a torsión fuerte . . . 16.8
– de yute 13.12
tramado 132.6
– denso 132.7
– espeso 132.7
– [ir]regular 132.15.16
– uniforme 132.15
transición de ligamentos 144.21
transmisión de cadena . 70.17
– [directa] por engranajes 310.12.17
– de fuerza del motor al telar 310.5
– del movimiento de la manivela 294.1
– por palancas 277.20
– de la vibración del telar a la máquina . 212.14
transponer un motivo x veces 380.20
transportador de lámpara 356.5
transporte automático de las cestas de hilo . 102.7
–, gastos de 447.1
transposición de los motivos 380.19
transpuesto, muestra –a 377.19
trapa, en forma de . . 266.20
trapo de limpieza . . . 394.3
–s de cocina 420.13
trasera de la caja de lanzadera 256.1
trasero, parte –a de la calada 141.15
trasladar la urdimbre del tambor al plegador 57.4
travesaño 105.14, 297.5
– central 305.2
– del telar 259.3
– de tensión 80.3
traviesa . 210.2, 212.9, 278.19, 335.6, 388.7
– del antepecho 305.3, 309.4
– anterior 356.2
– del bastidor 190.17
– guía-hilos 116.8
– maciza de madera dura 288.21
– de madera delgada . 289.5
– posterior 356.6
– revestida de hierro . 289.1
– de los rodillos . . . 356.11
– del telar 190.13
trayectoria curva . . . 247.5
trazado del contorno . 379.18
– del dibujo 379.13
– del ligamento inferior 157.1
– de la muestra . . . 376.11
– del perfil del excéntrico 198.9
trazar el ligamento superior (inferior) . 157.2.3
trazo 74.24
– de graduación . . . 62.12
– grueso del papel cuadriculado 379.2
trencilla 428.14
trenza a mano 165.10
trenzado 414.4
–, hilos –s 179.14
trenzadora para lizos, máquina 178.1
trenzar los cabos de los hilos 57.14
trepidación de los lizos . 197.17
trepidar (lizos) 182.9
tresbolillo, agujeros al . 217.11
triangular, sección . . 354.11
triarticulado, palanca –a 213.7
tribraquial, palanca . . 315.11
tricot 160.2
– diagonal 160.7
– longitudinal 160.4
– transversal 160.3
trinquete, mecanismo de 59.7, 126.12
tripa, cuerda de 341.10
–, punto de 152.6
tripartido, peine 369.14
triple excéntrico 97.3
– pasada, ligamento con 169.15
– tela 159.2.6
– trama, moqueta de . 405.8
– vuelta 164.15
troquillón 10.22
trozo de cuero 138.2
Tschörner, máquina para adamascados 232.13
tubería en derivación . 102.3
tubito 85.12
tubito de enhebrado . . 245.8
tubo 86.9, 232.10, 340.5, 341.6
– acanalado para bobinas cruzadas . . . 24.11
– de acero 256.7
– de admisión del vapor 69.6
– de aire comprimido . 264.13
– de anudamiento . . 339.5
– atravesador 85.13
– sin base cónica . . . 96.10
– de la bobina 89.7
– de calefacción . . . 73.1
– de calefacción de aletas 71.7
– de calefacción de vapor 72.9
– de caña 86.10
– de la canilla 84.13
– de canilla de madera 239.14
– de cartón 90.7
– de caucho 415.10
– cilíndrico de papel . 24.6
– de circulación . . . 102.12
– colocado radialmente 342.7
– colocado tangencialmente 342.6
– cónico de papel . . . 24.9
– cónico perforado para bobina cruzada . . 24.3
– corto . . 10.13, 85.12, 90.3
– curvado . . . 258.3, 338.2
– en forma de embudo 288.2
– de escape del aire . 74.14
– giratorio 338.9
– hendido de hoja de hierro 287.2
– con hendidura . . . 176.20
– impermeable al agua 24.8
– impermeable al vapor 24.7
– largo 10.14, 85.13
– de latón 439.3
– de madera 86.11
– de madera con resalto 86.13
– de madera con resorte 239.15
– metálico 10.12
– metálico con anillo . 239.18
– metálico con cabeza de retención 239.19
– metálico cónico . . . 239.20
– metálico perforado . 101.10
– de papel 10.11, 24.5, 86.14
– de papel de base cónica 86.15
– de papel comprimido 239.16
– para guiar el hilo de pelo 342.3
– para hilo de vuelta . 362.16
– perforado 10.15
– de plancha metálica . 239.17
– rugoso para bobina cruzada 24.4
– para telar automático 240.1
– en tierra cocida . . . 208.14
– de trama 85.14
– de la trama de pelo . 167.1
– de vapor 73.21
– de llegada de vapor a alta presión 74.13
–s calentadores 75.9
–s dispuestos oblicuamente 340.13
tubular, guía-hilos . . 258.3
–, tejido 156.10, 160.8
tuerca . 139.20, 371.11, 374.13
– alada 439.2
– apretada 439.9
– corredora 91.18
– hendida 59.22
– de mariposa 196.15
– de oreja 89.15, 122.13, 439.2
– reguladora 126.1
– de retención 238.19
tufo 409.5
tul 363.8, 423.17
– adamascado 412.15
– divisible 412.23
– con encaje 413.3
– de fantasía . . 363.13, 423.19
– indivisible 412.24
– labrado . . . 412.15, 423.19
– liso 363.10, 423.18
– listado 412.12
– mosqueteado 363.12, 412.18
– rayado 363.11, 412.12
– unido 363.10, 412.6
tupido, tejido poco . . 4.8
turba 13.21
turquesa 401.10
tussah, seda 17.6
–, schappe 17.16

U

U, bucle en forma de 167.11
última canilla 264.9
último gancho 220.16
– hilo de la fileta 44.22
único, disposición –a de las bobinas 44.12
–, tambor 39.16
unicolor, hilo 10.1
unidad de longitud 436.4
– de superficie 409.8
unido, tejido 391.8
uniforme, distribución 69.22
–, hilo 435.7
–, mantener la tensión 98.4
uniformidad, distribuir con 69.21
unilateral, cambio 292.2
unión de la urdimbre 109.16
unir bastas 145.3
– los brazos del aspe por cuerda 25.21
– los cabos de hilos por torsión 110.10
– los extremos, placa para 172.1
– los hilos de urdimbre 110.2
– mediante el tejido 110.6
uña 112.8
urdido 40.1
– adicional de los orillos 43.2
– por abajo 47.7
– sobre anteplegadores 40.19
– sobre bobinas 41.8
– por fajas 41.1
– de los hilos de caucho 56.13
– a mano 41.9
– por secciones 41.4
– sobre soportes 41.9
urdidor (obrero) 40.4
– a mano 40.6
– a máquina 40.8
– americano tipo Draper 53.1
– para hacer bobinas cruzadas 63.1
– de conos 58.6
– a mano, pequeño 56.12
– mecánico de agujas de separación 57.15
– mecánico de clavijas de separación 57.15
– mecánico con plegador 47.19
– mecánico para seda 60.17
– para muestras 47.15
– de secciones 54.2
– de tambor 45.13
– de tambor horizontal 56.17
– para el tejido de cintas 56.2
urdidora (obrera) 40.5
– a mano 40.7
urdidura 40.1
urdimbre 7.20, 114.4, 360.18
– de acolchado 325.9
– agotada 110.18
– aflojada 49.13
– antigua 113.15
– aprestada 64.5
– apretada en los claros 107.13
– ascendente 338.4
– blanqueada 21.8
– de bordado 165.6
– formando los bordones 147.2
– de brocado 163.2
– produciendo la calada 339.21
– cargada 64.10
– de caucho 415.4
– de color claro (oscuro) 62.19.20
– de un solo color 21.11
– de varios colores 21.12, 434.2
– coloreada 64.3
– de continua de hilar 21.16
– de crespón 161.11
– cruda 64.2
– en crudo 21.7
– de cuenta clara 107.8
– de cuenta crecida 107.12
– de cuenta densa 319.9
– de cuerpo 167.18, 325.3
– densa en los claros 107.13
– descendente 338.3
– del dibujo 147.1, 223.7
– empesada 64.5.10
– encolada 64.5.7
– engomada 64.5.7
– de envés 158.11
urdimbre de estambre 15.2
– de fantasía 40.14
– fija 339.19.20
– floja 114.10, 405.12
– de fondo 147.4, 161.4, 163.10, 325.3, 422.13
– de fondo de la tela inferior (superior) 169.18.19
– de fondo de fuerte tensión 166.4
– de forro 156.8, 167.19, 330.1
– de forro en yute 167.20
– gastada 110.18
– con hilos destinados a las orlas 77.8
– de hilo sencillo 21.5
– de hilo torcido 21.6
– dispuesta horizontalmente 298.8
– inelástica 360.4
– jaspeada 411.18
– levantada 159.12
– de ligadura 329.20
– de ligadura de algodón 411.23
– ligera 21.14
– de motivo 223.7
– de muestra 161.3, 47.16
– normal 42.5
– de novedad 40.14
– nueva 103.3
– en ovillo 71.8
– de pelo 167.21, 169.20, 330.2
– de pelo de lana cardada (peinada) 411.12.13
– de pelo levantada 168.4
– de pelo con el motivo estampado 411.16
– de pelo sin nudos 167.22
– de perlas 415.1
– pesada 21.13
– para x piezas 41.22
– de cinco portadas 107.21
– con punto de gasa 341.14
– más recta que la trama 433.24
– de recubrimiento 170.1.2
– de refuerzo de papel 411.17
– de rizo 170.8, 325.2
– de rizo de floja tensión 166.5
– sacudida 118.19
– de seda 34.13, 43.10
– de selfactina 22.1
– suplementaria 443.18
– tendida flojamente 118.22
– tensa 118.17, 405.10
– fuertemente tensa 118.20
– tesa 161.10
– de la tela superior 157.8
– triple 156.4
– unicolor 434.1
– dispuesta verticalmente 298.6
– de vuelta 163.9
– de yute 13.11
–, segunda 159.10
–, tercera 159.11
urdir por abajo 47.8
– por fajas 41.2
– los hilos 40.11
– a mano 41.10
– partiendo de bobinas (husadas) 40.17.18
– por secciones 41.5
– a una velocidad uniforme 42.7
– por arriba y por abajo 47.9
usado, lanzadera –a 243.23
útil 373.3
– en forma de cuchillo 108.2
–es de remetido 105.8
–es de tejedor 8.9

V

vaciado, canilla –a 260.8
vaciamiento de la bobina 45.2
vacilante, huso 239.12
vacío en el arrollamiento 79.1
–, bobina –a 23.6
–, desplazamiento en 127.3
vaina 241.7
– de la varilla impulsora 242.6
vaivén, doble 32.7
–, movimiento de 38.8, 81.6, 90.18
va y viene, el guía-hilos 88.14
valona del carrete 24.14
valor del escalonado 151.3
– de los materiales 443.14
– real 429.6
válvula 69.2
– para regular la presión 73.20
– de reducción 74.11
– de seguridad 69.17
– de seguridad con contrapeso 74.18
vapor 24.7
– a alta presión 74.13
vaporizado de la chenilla cortada 343.14
vara 326.20
– de acoplamiento 277.10
variable, tensión 49.9
–, velocidad 34.16, 53.13
variación en el número de vueltas 306.20
– de la tensión 120.8
– de la velocidad 310.1
variar la altura de la capa de hilo 97.8
–, hacer – la carrera del guía-hilos 95.12
– la presión 54.10
varilla 171.4, 224.1, 281.3
– de conexión 186.11, 194.16
– de desembrague 92.9
– de encruzamiento 76.4, 82.12, 111.5, 137.20, 138.11, 320.16
– de encruzamiento cilíndrica 138.3
– de encruzamiento plana 138.4
– estriada 138.6
– con las extremidades curvadas 312.16
– fileteada 55.18, 59.18, 74.5, 126.2, 191.3
– fileteada de la garrucha 322.8
– fileteada para rueda de estrella 91.17
– de freno 254.1, 316.9
– de ganchos 333.14
– -guía 72.17, 268.10, 439.4
– -guía del taco 250.9
– -guía de la urdimbre 337.10
– guía-hilos de alza 38.17
– guía-urdimbre 356.7
– de igualación 329.16
– impulsora 242.4
– lisa 57.13
– de madera 416.12
– oscilante 333.9
– del plegador 77.19
– de plomo 208.12
– de presión para la canilla 93.16
– receptora de los carros 365.12
– con revestimiento metálico 138.8
– de separación 41.7, 72.20, 83.20
– de tensión 354.4
– de tensión compensadora 339.2
– tensora 72.7
– tensora de los hilos 59.6
– de tracción 242.4
– de vidrio 35.5, 359.5
–s impares 234.5
–s pares 234.4
vástago de encruzamiento 111.5
– fijador 92.22
– de gancho 94.20
– de gancho encajado 95.13
– guía-hilos en forma de tornillo 100.17
– de madera fijo 106.5
– de la válvula 69.2
vector, radio 198.20
velamen, tela para 395.14
vello, degenerar en 405.3
velloso, envés 417.6
velo 398.21
– de seda 401.21
–, hilo para –s 15.14
velocidad de arrollamiento 365.20
– del aspe 25.26
– de bobinado 24.19
– de canillado 85.5
– excesiva 135.15
– final 247.10
– grande 304.5
– de guía-hilos 31.10
velocidad del huso 88.2
– inicial 247.9
– de la lanzadera 247.8
– máxima 85.7, 247.14, 306.18
– máxima de la lanzadera en el centro de la calada 257.14
– mínima 306.19
– motriz variable 34.16, 53.13
– pequeña 304.4
– del plegado 77.7
– del telar 266.16
– del tambor 48.17
– uniforme 42.7, 53.11, 85.6
– de urdido 42.6
– variable 88.3
velours 417.11
veludillo 417.11
vencer la resistencia 118.6
vencimiento de la resistencia 118.7
ventilador 73.18, 75.8, 76.6, 113.1
– secador 66.1
ventilando, secar 65.29
verdadero, alfombra –a 407.5
verde 380.15
Verdol, papel sin fin 388.1
–, máquina 229.1
verificación de cálculo 443.6
– del peso 11.18
– de las piezas 445.11
– del tejido 7.1
verificador 6.1
– de la regularidad del hilo 440.9
vertical, devanadera 56.3
–, movimiento de oscilación 340.11
vestido 428.20
– de invierno 417.1
viaje, gastos de 446.21
vibración del batán 295.4
– de la caja 273.13
– de los lizos 197.17
– del telar 212.13
– del templazo 140.18
vibrador dentado 319.16
vibrar (templazo) 140.19
– (caja) 273.14
Vincenzi, numeración 216.12
vicuña, hilo de 15.24
vidrio 19.12
vientre en el hilo 28.3
vigogne, hilo 12.8
Vigoureux, hilo 15.6
virginia 393.12
– muy fuerte 393.13
virola 111.17, 313.7
viscosa, seda 17.20
visible, bordadura 349.13
vista, determinar a simple 436.10
vitriolo azul 68.2
– blanco 67.29
voile 394.4
volante 55.4, 192.16, 254.12, 302.4
– para desplazar el tambor 59.4
– con fileta matriz 60.11
– de mano de la varilla fileteada 55.17
voltear el hilo, palanca para 339.14
volver a la caja (lanzadera) 251.19
– – a su posición vertical (inicial) 211.18, 248.21
vuelta del batán 292.6
– completa 164.11, 426.7
– a la derecha 164.6, 352.17
– del disco contador 48.23
– de giro contrario 164.8
– intermedia 165.4
– a la izquierda 164.7, 352.18
– del tambor 32.7
–, doble 164.13
–, triple 164.15
–, una – y media 164.12
–s por minuto, número de 306.13
vulcanización 415.17
vulcanizado, caucho 415.18

W

Walker, revólver 280.13
Walter y Stolle, lanzadera de 242.12

welliné 417.14
wellington 398.11
Wenzel, maquinita . . 196.3
White, maquinita de doble ascenso . . . 194.12
Wolfrum, maquinita . 194.13

Y

yeso 68.16, 437.23
yute 13.8, 396.13
yute de hilaza 13.9
– peinada 13.9

Z

zangalete . . . 393.5, 400.11
zapata 316.16
– de la espada 314.14
– del freno 91.11, 120.22, 277.2, 308.7
zapatillas, terciopelo para 404.9
zaraza 393.8
zarzo de hilo 102.9
zephyr, hilo 14.27
zibelina, hilo 14.8
zig-zag, evolucionar en 369.2
–, recoger los hilos flojos en 49.5
zinc 175.16
zócalo de apoyo. 141.17
– del batán . 288.19, 290.8, 293.3, 301.19
zócalo del batán montado sobre a montantes 295.3
– para lanzadera . . . 339.23
Zschweigert, mecanismo de cambio de la lanzadera 267.8
zurcidor 6.2
Zwicki, mecanismo de cambio de lanzadera 270.3

Druck von R. Oldenbourg, München.

www.ingramcontent.com/pod-product-compliance
Lightning Source LLC
La Vergne TN
LVHW092120300926
849161LV00002B/187